Full수록 기출문제집

Full수록은 Full(가득한)과 수록(담다)의 합성어로 '평가원의 양질의 기출문제'를 교재에 가득 담았음을 의미한다.
또한, 교재 네이밍인 Full수록 발음 시 '풀수록 1등급 달성'과 '풀수록 수능 만점' 등 목표 지향적 의미를 함께 내포하고 있다.

Full수록 기출문제집은 평가원 기출을 가장 잘 분석하여 30일 내 수능기출을 완벽 마스터하도록 구성하였다.

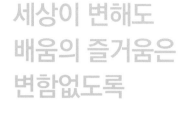

Full수록
수능기출문제집

수능 준비 최고의 학습 재료는 기출 문제입니다.
지금까지 다져온 실력을 기출 문제를 통해 확인하고, 탄탄히 다져가야 합니다.
진짜 공부는 지금부터 시작입니다.

"Full수록"만 믿고 따라오면
수능 1등급이 내 것이 됩니다!!

" 방대한 기출 문제를 효율적으로 정복하기 위한 구성 "

1 일차별 학습량 제안

하루 학습량 30문제 내외로 기출 문제를 한 달 이내 완성하도록 하였다.
→ 계획적 학습, 학습 진도 파악 가능

2 평가원 기출 경향을 설명이 아닌 문제로 제시

일차별 기출 경향을 문제로 시각적·직관적으로 제시하였다.
→ 기출 경향 및 빈출 유형 한눈에 파악 가능

3 보다 효율적인 문제 배열

문제를 연도별 구성이 아닌 쉬운 개념부터 복합 개념 순으로, 유형별로 제시하였다.
→ 효율적이고 빠른 학습이 가능

일차별 학습 흐름

기출 경향 파악 → 실전 개념 정리 → 기출 문제 정복 → 해설을 통한 약점 보완 을 통해 계획적이고 체계적인 수능 준비가 가능합니다.

1 오늘 공부할 기출 문제의 기출 경향 보기

- 빈출 문제, 빈출 유형을 한눈에 파악 가능

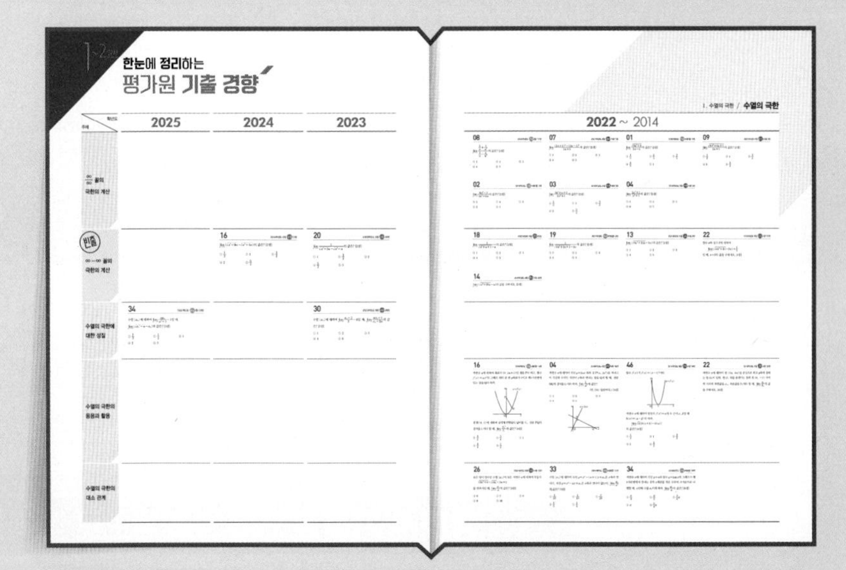

2 기출 문제에서 도출한 실전 개념

- 기출 문제를 분석하여 문제 풀이에 필요한 하위 개념까지 제시
- 개념을 쉽게 이해하도록 예시 강화

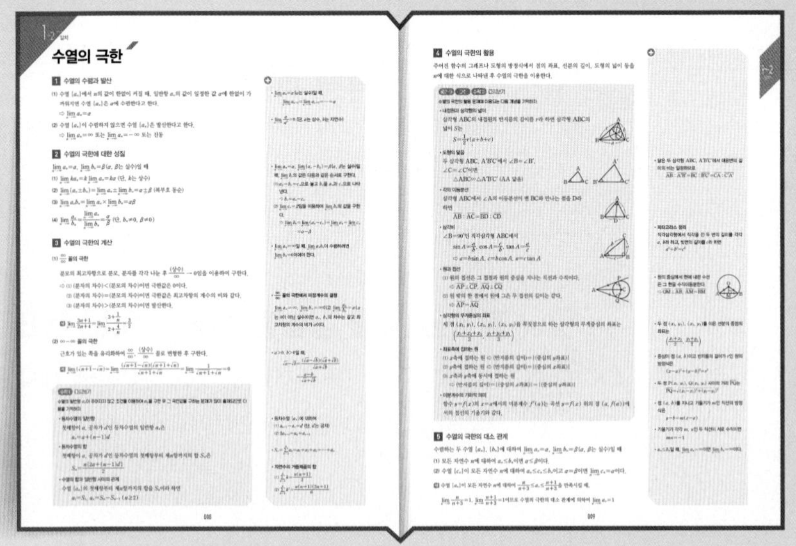

3 핵심 개념별로 구성한 기출 문제

/ 유형별 문제 구성을 통해 효율적인 학습 가능

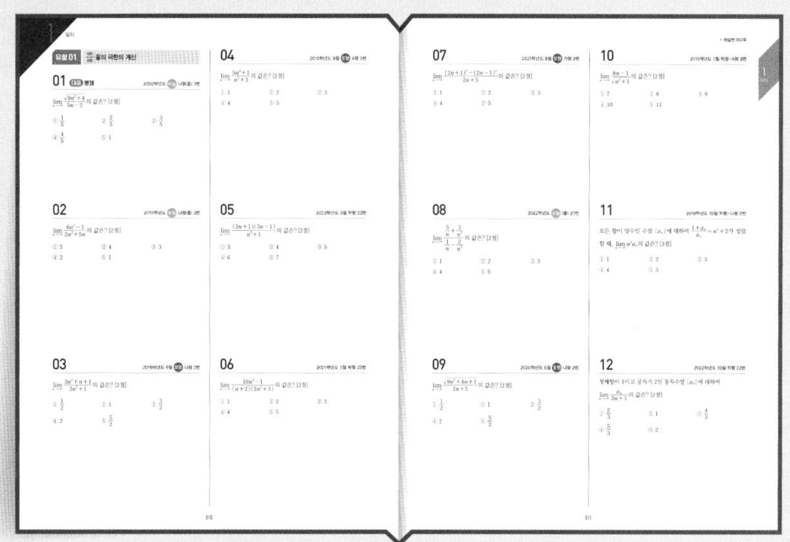

4 단계별로 제시된 해설

/ 쉽게 이해할 수 있도록 문제 풀이를 단계별로 제시

일차별 학습 계획

제안하는 학습 계획 868제 26일 완성

나의 학습 계획 868제 (　　)일 완성

단원	일차	학습 내용	쪽 수	문항 수	학습 날짜
I. 수열의 극한	1일차	수열의 극한	006쪽	49제	월　　일
	2일차		020쪽	38제	월　　일
	3일차	등비수열의 극한	034쪽	48제	월　　일
	4일차	급수와 등비급수의 합	050쪽	52제	월　　일
	5일차	등비급수의 활용	066쪽	34제	월　　일
	6일차		089쪽	26제	월　　일
II. 미분법	7일차	지수함수, 로그함수의 극한과 도함수	102쪽	54제	월　　일
	8일차	삼각함수의 덧셈정리	118쪽	31제	월　　일
	9일차		128쪽	24제	월　　일
	10일차	삼각함수의 극한과 활용	136쪽	40제	월　　일
	11일차		153쪽	40제	월　　일
	12일차	함수의 몫의 미분법과 합성함수의 미분법	172쪽	54제	월　　일
	13일차	여러 가지 미분법	192쪽	27제	월　　일
	14일차		202쪽	34제	월　　일

	일차	학습 내용	쪽 수	문항 수	학습 날짜
	15 일차	접선의 방정식	212쪽	26제	월 일
	16 일차	함수의 증가와 감소, 극대와 극소	224쪽	24제	월 일
	17 일차	변곡점, 함수의 최대와 최소	238쪽	33제	월 일
	18 일차	방정식과 부등식, 속도와 가속도	256쪽	26제	월 일
Ⅲ. 적분법	19 일차	여러 가지 함수의 적분	270쪽	27제	월 일
	20 일차	치환적분법	282쪽	24제	월 일
	21 일차		290쪽	22제	월 일
	22 일차	부분적분법	300쪽	27제	월 일
	23 일차	정적분으로 정의된 함수	312쪽	29제	월 일
	24 일차	정적분과 급수	326쪽	23제	월 일
	25 일차	넓이	336쪽	32제	월 일
	26 일차	부피, 속도와 거리	350쪽	24제	월 일

1~2일차

한눈에 정리하는 평가원 기출 경향

학년도 / 주제	2025	2024	2023
$\frac{\infty}{\infty}$ 꼴의 극한의 계산			
빈출 $\infty-\infty$ 꼴의 극한의 계산		**16** 2024학년도 6월 모평 23번 $\lim_{n\to\infty}(\sqrt{n^2+9n}-\sqrt{n^2+4n})$의 값은? [2점] ① $\frac{1}{2}$ ② 1 ③ $\frac{3}{2}$ ④ 2 ⑤ $\frac{5}{2}$	**20** 2023학년도 6월 모평 23번 $\lim_{n\to\infty}\frac{1}{\sqrt{n^2+3n}-\sqrt{n^2+n}}$의 값은? [2점] ① 1 ② $\frac{3}{2}$ ③ 2 ④ $\frac{5}{2}$ ⑤ 3
수열의 극한에 대한 성질	**34** 2025학년도 수능 (홀) 25번 수열 $\{a_n\}$에 대하여 $\lim_{n\to\infty}\frac{na_n}{n^2+3}=1$일 때, $\lim_{n\to\infty}(\sqrt{a_n^2+n}-a_n)$의 값은? [3점] ① $\frac{1}{3}$ ② $\frac{1}{2}$ ③ 1 ④ 2 ⑤ 3		**30** 2023학년도 9월 모평 25번 수열 $\{a_n\}$에 대하여 $\lim_{n\to\infty}\frac{a_n+2}{2}=6$일 때, $\lim_{n\to\infty}\frac{na_n+1}{a_n+2n}$의 값은? [3점] ① 1 ② 2 ③ 3 ④ 4 ⑤ 5
수열의 극한의 응용과 활용			
수열의 극한의 대소 관계			

2022 ~ 2014

08
2022학년도 수능 (홀) 23번

$\lim_{n\to\infty}\frac{\frac{5}{n}+\frac{3}{n^2}}{\frac{1}{n}-\frac{2}{n^3}}$의 값은? [2점]

① 1 ② 2 ③ 3 ④ 4 ⑤ 5

07
2021학년도 9월 모평 가형 2번

$\lim_{n\to\infty}\frac{(2n+1)^2-(2n-1)^2}{2n+5}$의 값은? [2점]

① 1 ② 2 ③ 3 ④ 4 ⑤ 5

01
2020학년도 수능 나형(홀) 3번

$\lim_{n\to\infty}\frac{\sqrt{9n^2+4}}{5n-2}$의 값은? [2점]

① $\frac{1}{5}$ ② $\frac{2}{5}$ ③ $\frac{3}{5}$ ④ $\frac{4}{5}$ ⑤ 1

09
2020학년도 6월 모평 나형 2번

$\lim_{n\to\infty}\frac{\sqrt{9n^2+4n+1}}{2n+5}$의 값은? [2점]

① $\frac{1}{2}$ ② 1 ③ $\frac{3}{2}$ ④ 2 ⑤ $\frac{5}{2}$

02
2019학년도 수능 나형(홀) 3번

$\lim_{n\to\infty}\frac{6n^2-3}{2n^2+5n}$의 값은? [2점]

① 5 ② 4 ③ 3 ④ 2 ⑤ 1

03
2019학년도 6월 모평 나형 2번

$\lim_{n\to\infty}\frac{3n^2+n+1}{2n^2+1}$의 값은? [2점]

① $\frac{1}{2}$ ② 1 ③ $\frac{3}{2}$ ④ 2 ⑤ $\frac{5}{2}$

04
2015학년도 9월 모평 A형 3번

$\lim_{n\to\infty}\frac{5n^3+1}{n^3+3}$의 값은? [2점]

① 1 ② 2 ③ 3 ④ 4 ⑤ 5

18
2022학년도 6월 모평 23번

$\lim_{n\to\infty}\frac{1}{\sqrt{n^2+n+1}-n}$의 값은? [2점]

① 1 ② 2 ③ 3 ④ 4 ⑤ 5

19
2021학년도 수능 가형(홀) 2번

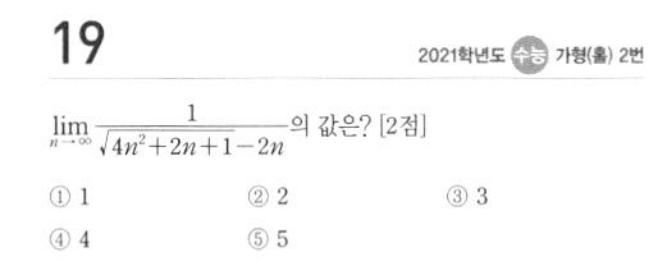

$\lim_{n\to\infty}\frac{1}{\sqrt{4n^2+2n+1}-2n}$의 값은? [2점]

① 1 ② 2 ③ 3 ④ 4 ⑤ 5

13
2021학년도 6월 모평 가형 2번

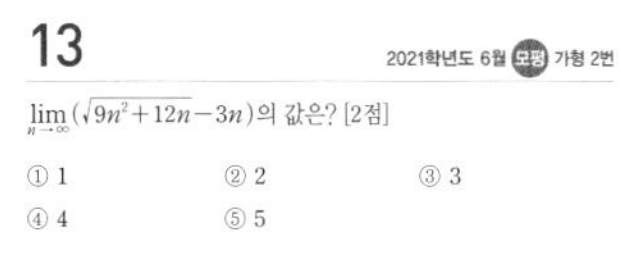

$\lim_{n\to\infty}(\sqrt{9n^2+12n}-3n)$의 값은? [2점]

① 1 ② 2 ③ 3 ④ 4 ⑤ 5

22
2016학년도 9월 모평 A형 27번

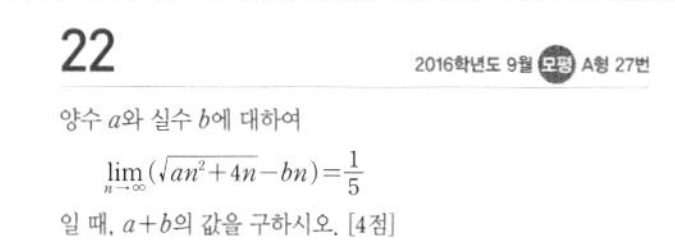

양수 a와 실수 b에 대하여

$$\lim_{n\to\infty}(\sqrt{an^2+4n}-bn)=\frac{1}{5}$$

일 때, $a+b$의 값을 구하시오. [4점]

14
2014학년도 9월 모평 A형 22번

$\lim_{n\to\infty}(\sqrt{n^2+28n}-n)$의 값을 구하시오. [3점]

16
2016학년도 수능 A형(홀) 14번

자연수 n에 대하여 좌표가 $(0,\ 2n+1)$인 점을 P라 하고, 함수 $f(x)=nx^2$의 그래프 위의 점 중 y좌표가 1이고 제1사분면에 있는 점을 Q라 하자.

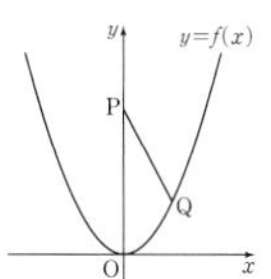

점 R$(0,\ 1)$에 대하여 삼각형 PRQ의 넓이를 S_n, 선분 PQ의 길이를 l_n이라 할 때, $\lim_{n\to\infty}\frac{S_n^2}{l_n}$의 값은? [4점]

① $\frac{3}{2}$ ② $\frac{5}{4}$ ③ 1 ④ $\frac{3}{4}$ ⑤ $\frac{1}{2}$

04
2016학년도 6월 모평 B형 10번

자연수 n에 대하여 직선 $y=2nx$ 위의 점 P$(n,\ 2n^2)$을 지나고 이 직선과 수직인 직선이 x축과 만나는 점을 Q라 할 때, 선분 OQ의 길이를 l_n이라 하자. $\lim_{n\to\infty}\frac{l_n}{n^3}$의 값은?

(단, O는 원점이다.) [3점]

① 1 ② 2 ③ 3 ④ 4 ⑤ 5

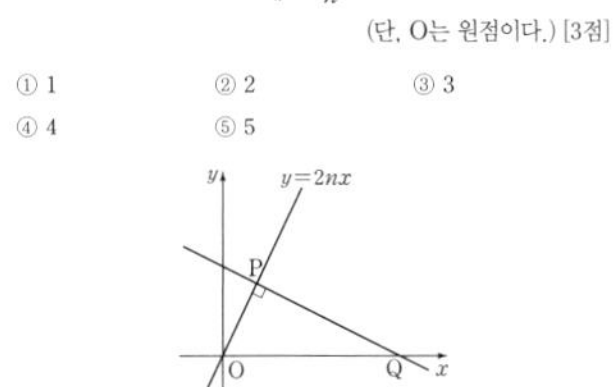

46
2016학년도 6월 모평 A형 14번

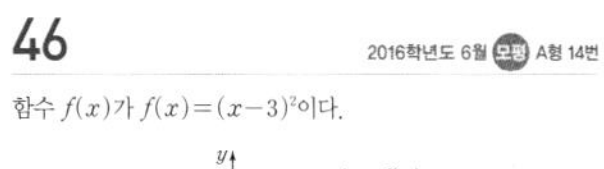

함수 $f(x)$가 $f(x)=(x-3)^2$이다.

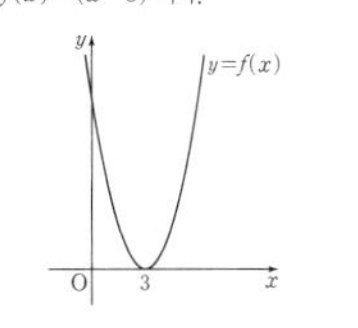

자연수 n에 대하여 방정식 $f(x)=n$의 두 근이 $\alpha,\ \beta$일 때 $h(n)=|\alpha-\beta|$라 하자.

$$\lim_{n\to\infty}\sqrt{n}\{h(n+1)-h(n)\}$$

의 값은? [4점]

① $\frac{1}{2}$ ② 1 ③ $\frac{3}{2}$ ④ 2 ⑤ $\frac{5}{2}$

22
2015학년도 9월 모평 A형 28번

자연수 n에 대하여 점 $(3n,\ 4n)$을 중심으로 하고 y축에 접하는 원 O_n이 있다. 원 O_n 위를 움직이는 점과 점 $(0,\ -1)$ 사이의 거리의 최댓값을 a_n, 최솟값을 b_n이라 할 때, $\lim_{n\to\infty}\frac{a_n}{b_n}$의 값을 구하시오. [4점]

26
2020학년도 9월 모평 나형 10번

모든 항이 양수인 수열 $\{a_n\}$이 모든 자연수 n에 대하여 부등식

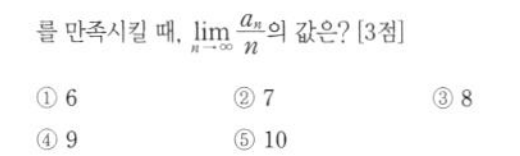

$$\sqrt{9n^2+4}<\sqrt{na_n}<3n+2$$

를 만족시킬 때, $\lim_{n\to\infty}\frac{a_n}{n}$의 값은? [3점]

① 6 ② 7 ③ 8 ④ 9 ⑤ 10

33
2016학년도 수능 A형(홀) 10번

수열 $\{a_n\}$에 대하여 곡선 $y=x^2-(n+1)x+a_n$은 x축과 만나고, 곡선 $y=x^2-nx+a_n$은 x축과 만나지 않는다. $\lim_{n\to\infty}\frac{a_n}{n^2}$의 값은? [3점]

① $\frac{1}{20}$ ② $\frac{1}{10}$ ③ $\frac{3}{20}$ ④ $\frac{1}{5}$ ⑤ $\frac{1}{4}$

34
2014학년도 수능 B형(홀) 18번

자연수 n에 대하여 직선 $y=n$과 함수 $y=\tan x$의 그래프가 제1사분면에서 만나는 점의 x좌표를 작은 수부터 크기순으로 나열할 때, n번째 수를 a_n이라 하자. $\lim_{n\to\infty}\frac{a_n}{n}$의 값은? [4점]

① $\frac{\pi}{4}$ ② $\frac{\pi}{2}$ ③ $\frac{3}{4}\pi$ ④ π ⑤ $\frac{5}{4}\pi$

수열의 극한

1 수열의 수렴과 발산

(1) 수열 $\{a_n\}$에서 n의 값이 한없이 커질 때, 일반항 a_n의 값이 일정한 값 α에 한없이 가까워지면 수열 $\{a_n\}$은 α에 수렴한다고 한다.

⇨ $\lim_{n\to\infty} a_n=\alpha$

(2) 수열 $\{a_n\}$이 수렴하지 않으면 수열 $\{a_n\}$은 발산한다고 한다.

⇨ $\lim_{n\to\infty} a_n=\infty$ 또는 $\lim_{n\to\infty} a_n=-\infty$ 또는 진동

2 수열의 극한에 대한 성질

$\lim_{n\to\infty} a_n=\alpha$, $\lim_{n\to\infty} b_n=\beta$ (α, β는 실수)일 때

(1) $\lim_{n\to\infty} ka_n=k\lim_{n\to\infty} a_n=k\alpha$ (단, k는 상수)

(2) $\lim_{n\to\infty}(a_n\pm b_n)=\lim_{n\to\infty} a_n\pm\lim_{n\to\infty} b_n=\alpha\pm\beta$ (복부호 동순)

(3) $\lim_{n\to\infty} a_nb_n=\lim_{n\to\infty} a_n\times\lim_{n\to\infty} b_n=\alpha\beta$

(4) $\lim_{n\to\infty}\dfrac{a_n}{b_n}=\dfrac{\lim_{n\to\infty} a_n}{\lim_{n\to\infty} b_n}=\dfrac{\alpha}{\beta}$ (단, $b_n\neq0$, $\beta\neq0$)

3 수열의 극한의 계산

(1) $\dfrac{\infty}{\infty}$ 꼴의 극한

분모의 최고차항으로 분모, 분자를 각각 나눈 후 $\dfrac{(\text{상수})}{\infty}\to0$임을 이용하여 구한다.

⇨ (1) (분자의 차수)<(분모의 차수)이면 극한값은 0이다.

(2) (분자의 차수)=(분모의 차수)이면 극한값은 최고차항의 계수의 비와 같다.

(3) (분자의 차수)>(분모의 차수)이면 발산한다.

예 $\lim_{n\to\infty}\dfrac{3n+1}{2n+4}=\lim_{n\to\infty}\dfrac{3+\frac{1}{n}}{2+\frac{4}{n}}=\dfrac{3}{2}$

(2) $\infty-\infty$ 꼴의 극한

근호가 있는 쪽을 유리화하여 $\dfrac{\infty}{\infty}$, $\dfrac{(\text{상수})}{\infty}$ 꼴로 변형한 후 구한다.

예 $\lim_{n\to\infty}(\sqrt{n+1}-\sqrt{n})=\lim_{n\to\infty}\dfrac{(\sqrt{n+1}-\sqrt{n})(\sqrt{n+1}+\sqrt{n})}{\sqrt{n+1}+\sqrt{n}}=\lim_{n\to\infty}\dfrac{1}{\sqrt{n+1}+\sqrt{n}}=0$

수학 I 다시보기

수열의 일반항 a_n이 주어지지 않고 조건을 이용하여 a_n을 구한 후 그 극한값을 구하는 문제가 많이 출제되므로 다음을 기억하자.

• 등차수열의 일반항

첫째항이 a, 공차가 d인 등차수열의 일반항 a_n은

$a_n=a+(n-1)d$

• 등차수열의 합

첫째항이 a, 공차가 d인 등차수열의 첫째항부터 제n항까지의 합 S_n은

$S_n=\dfrac{n\{2a+(n-1)d\}}{2}$

• 수열의 합과 일반항 사이의 관계

수열 $\{a_n\}$의 첫째항부터 제n항까지의 합을 S_n이라 하면

$a_1=S_1$, $a_n=S_n-S_{n-1}$ $(n\geq2)$

• $\lim_{n\to\infty} a_n=\alpha$ (α는 실수)일 때,
$\lim_{n\to\infty} a_{n+1}=\lim_{n\to\infty} a_{n+2}=\cdots=\alpha$

• $\lim_{n\to\infty}\dfrac{a}{n^k}=0$ (단, a는 상수, k는 자연수)

• $\lim_{n\to\infty} a_n=\alpha$, $\lim_{n\to\infty}(a_n-b_n)=\beta$ (α, β는 실수)일 때, $\lim_{n\to\infty} b_n$의 값은 다음과 같은 순서로 구한다.

(1) $a_n-b_n=c_n$으로 놓고 b_n을 a_n과 c_n으로 나타낸다.
⇨ $b_n=a_n-c_n$

(2) $\lim_{n\to\infty} c_n=\beta$임을 이용하여 $\lim_{n\to\infty} b_n$의 값을 구한다.
⇨ $\lim_{n\to\infty} b_n=\lim_{n\to\infty}(a_n-c_n)=\lim_{n\to\infty} a_n-\lim_{n\to\infty} c_n$
$=\alpha-\beta$

• $\lim_{n\to\infty} a_n=\infty$일 때, $\lim_{n\to\infty} a_nb_n$이 수렴하려면 $\lim_{n\to\infty} b_n=0$이어야 한다.

• $\dfrac{\infty}{\infty}$ 꼴의 극한에서 미정계수의 결정

$\lim_{n\to\infty} a_n=\infty$, $\lim_{n\to\infty} b_n=\infty$이고 $\lim_{n\to\infty}\dfrac{a_n}{b_n}=\alpha$ (α는 0이 아닌 실수)이면 a_n, b_n의 차수는 같고 최고차항의 계수의 비가 α이다.

• $a>0$, $b>0$일 때,
$\sqrt{a}-\sqrt{b}=\dfrac{(\sqrt{a}-\sqrt{b})(\sqrt{a}+\sqrt{b})}{\sqrt{a}+\sqrt{b}}$
$=\dfrac{a-b}{\sqrt{a}+\sqrt{b}}$

• 등차수열 $\{a_n\}$에 대하여

(1) $a_{n+1}-a_n=d$ (단, d는 공차)

(2) $2a_{n+1}=a_n+a_{n+2}$

• $S_n=\sum_{k=1}^{n}a_k=a_1+a_2+a_3+\cdots+a_n$

• 자연수의 거듭제곱의 합

(1) $\sum_{k=1}^{n}k=\dfrac{n(n+1)}{2}$

(2) $\sum_{k=1}^{n}k^2=\dfrac{n(n+1)(2n+1)}{6}$

4 수열의 극한의 활용

주어진 함수의 그래프나 도형의 방정식에서 점의 좌표, 선분의 길이, 도형의 넓이 등을 n에 대한 식으로 나타낸 후 수열의 극한을 이용한다.

중2~3 고1 수학Ⅱ 다시보기

수열의 극한의 활용 문제에 이용되는 다음 개념을 기억하자.

• 내접원과 삼각형의 넓이

삼각형 ABC의 내접원의 반지름의 길이를 r라 하면 삼각형 ABC의 넓이 S는

$$S=\frac{1}{2}r(a+b+c)$$

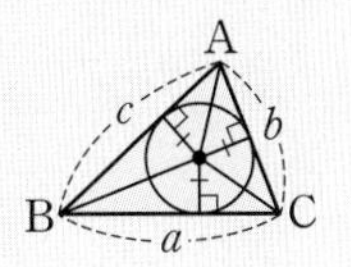

• 도형의 닮음

두 삼각형 ABC, A′B′C′에서 ∠B=∠B′, ∠C=∠C′이면

△ABC∽△A′B′C′ (AA 닮음)

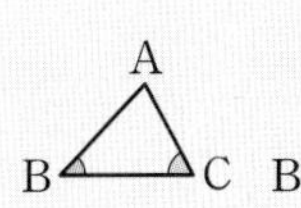

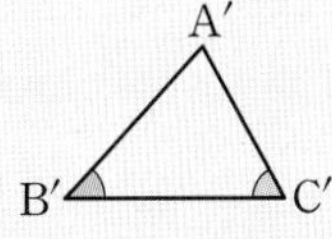

• 각의 이등분선

삼각형 ABC에서 ∠A의 이등분선이 변 BC와 만나는 점을 D라 하면

$\overline{AB}:\overline{AC}=\overline{BD}:\overline{CD}$

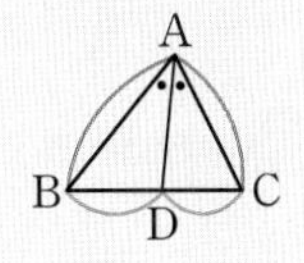

• 삼각비

∠B=90°인 직각삼각형 ABC에서

$\sin A=\frac{a}{b}$, $\cos A=\frac{c}{b}$, $\tan A=\frac{a}{c}$

⇨ $a=b\sin A$, $c=b\cos A$, $a=c\tan A$

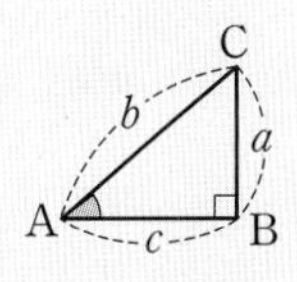

• 원과 접선

(1) 원의 접선은 그 접점과 원의 중심을 지나는 직선과 수직이다.

⇨ $\overline{AP}\perp\overline{CP}$, $\overline{AQ}\perp\overline{CQ}$

(2) 원 밖의 한 점에서 원에 그은 두 접선의 길이는 같다.

⇨ $\overline{AP}=\overline{AQ}$

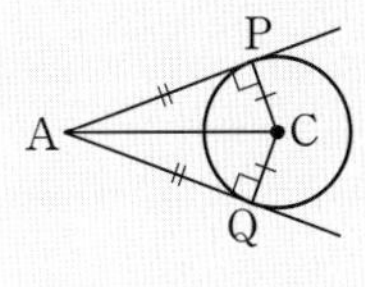

• 삼각형의 무게중심의 좌표

세 점 (x_1, y_1), (x_2, y_2), (x_3, y_3)을 꼭짓점으로 하는 삼각형의 무게중심의 좌표는

$$\left(\frac{x_1+x_2+x_3}{3}, \frac{y_1+y_2+y_3}{3}\right)$$

• 좌표축에 접하는 원

(1) x축에 접하는 원 ⇨ (반지름의 길이)=|(중심의 y좌표)|

(2) y축에 접하는 원 ⇨ (반지름의 길이)=|(중심의 x좌표)|

(3) x축과 y축에 동시에 접하는 원

⇨ (반지름의 길이)=|(중심의 x좌표)|=|(중심의 y좌표)|

• 미분계수의 기하적 의미

함수 $y=f(x)$의 $x=a$에서의 미분계수 $f'(a)$는 곡선 $y=f(x)$ 위의 점 $(a, f(a))$에서의 접선의 기울기와 같다.

• 닮은 두 삼각형 ABC, A′B′C′에서 대응변의 길이의 비는 일정하므로

$\overline{AB}:\overline{A'B'}=\overline{BC}:\overline{B'C'}=\overline{CA}:\overline{C'A'}$

• 피타고라스 정리

직각삼각형에서 직각을 낀 두 변의 길이를 각각 a, b라 하고, 빗변의 길이를 c라 하면

$a^2+b^2=c^2$

• 원의 중심에서 현에 내린 수선은 그 현을 수직이등분한다.

⇨ $\overline{OM}\perp\overline{AB}$, $\overline{AM}=\overline{BM}$

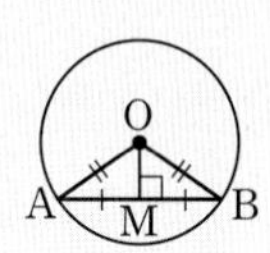

• 두 점 (x_1, y_1), (x_2, y_2)를 이은 선분의 중점의 좌표는

$\left(\frac{x_1+x_2}{2}, \frac{y_1+y_2}{2}\right)$

• 중심이 점 (a, b)이고 반지름의 길이가 r인 원의 방정식은

$(x-a)^2+(y-b)^2=r^2$

• 두 점 $P(x_1, y_1)$, $Q(x_2, y_2)$ 사이의 거리 $\overline{PQ}$는

$\overline{PQ}=\sqrt{(x_2-x_1)^2+(y_2-y_1)^2}$

• 점 (a, b)를 지나고 기울기가 m인 직선의 방정식은

$y-b=m(x-a)$

• 기울기가 각각 m, n인 두 직선이 서로 수직이면

$mn=-1$

5 수열의 극한의 대소 관계

수렴하는 두 수열 $\{a_n\}$, $\{b_n\}$에 대하여 $\lim_{n\to\infty} a_n=\alpha$, $\lim_{n\to\infty} b_n=\beta$ (α, β는 실수)일 때

(1) 모든 자연수 n에 대하여 $a_n\le b_n$이면 $\alpha\le\beta$이다.

(2) 수열 $\{c_n\}$이 모든 자연수 n에 대하여 $a_n\le c_n\le b_n$이고 $\alpha=\beta$이면 $\lim_{n\to\infty} c_n=\alpha$이다.

예 수열 $\{a_n\}$이 모든 자연수 n에 대하여 $\frac{n}{n+3}\le a_n\le\frac{n+1}{n+3}$을 만족시킬 때,

$\lim_{n\to\infty}\frac{n}{n+3}=1$, $\lim_{n\to\infty}\frac{n+1}{n+3}=1$이므로 수열의 극한의 대소 관계에 의하여 $\lim_{n\to\infty} a_n=1$

• $a_n\le b_n$일 때, $\lim_{n\to\infty} a_n=\infty$이면 $\lim_{n\to\infty} b_n=\infty$이다.

유형 01 $\frac{\infty}{\infty}$ 꼴의 극한의 계산

01 대표 문제

2020학년도 수능 나형(홀) 3번

$\lim_{n\to\infty}\frac{\sqrt{9n^2+4}}{5n-2}$의 값은? [2점]

① $\frac{1}{5}$　② $\frac{2}{5}$　③ $\frac{3}{5}$　④ $\frac{4}{5}$　⑤ 1

02

2019학년도 수능 나형(홀) 3번

$\lim_{n\to\infty}\frac{6n^2-3}{2n^2+5n}$의 값은? [2점]

① 5　② 4　③ 3　④ 2　⑤ 1

03

2019학년도 6월 모평 나형 2번

$\lim_{n\to\infty}\frac{3n^2+n+1}{2n^2+1}$의 값은? [2점]

① $\frac{1}{2}$　② 1　③ $\frac{3}{2}$　④ 2　⑤ $\frac{5}{2}$

04

2015학년도 9월 모평 A형 3번

$\lim_{n\to\infty}\frac{5n^3+1}{n^3+3}$의 값은? [2점]

① 1　② 2　③ 3　④ 4　⑤ 5

05

2023학년도 3월 학평 23번

$\lim_{n\to\infty}\frac{(2n+1)(3n-1)}{n^2+1}$의 값은? [2점]

① 3　② 4　③ 5　④ 6　⑤ 7

06

2021학년도 3월 학평 23번

$\lim_{n\to\infty}\frac{10n^3-1}{(n+2)(2n^2+3)}$의 값은? [2점]

① 1　② 2　③ 3　④ 4　⑤ 5

07

2021학년도 9월 모평 가형 2번

$\lim_{n\to\infty}\frac{(2n+1)^2-(2n-1)^2}{2n+5}$의 값은? [2점]

① 1 ② 2 ③ 3 ④ 4 ⑤ 5

08

2022학년도 수능 (홀) 23번

$\lim_{n\to\infty}\frac{\frac{5}{n}+\frac{3}{n^2}}{\frac{1}{n}-\frac{2}{n^3}}$의 값은? [2점]

① 1 ② 2 ③ 3 ④ 4 ⑤ 5

09

2020학년도 6월 모평 나형 2번

$\lim_{n\to\infty}\frac{\sqrt{9n^2+4n+1}}{2n+5}$의 값은? [2점]

① $\frac{1}{2}$ ② 1 ③ $\frac{3}{2}$ ④ 2 ⑤ $\frac{5}{2}$

10

2015학년도 3월 학평-A형 3번

$\lim_{n\to\infty}\frac{8n-1}{\sqrt{n^2+1}}$의 값은? [2점]

① 7 ② 8 ③ 9 ④ 10 ⑤ 11

11

2016학년도 10월 학평-나형 8번

모든 항이 양수인 수열 $\{a_n\}$에 대하여 $\frac{1+a_n}{a_n}=n^2+2$가 성립할 때, $\lim_{n\to\infty}n^2a_n$의 값은? [3점]

① 1 ② 2 ③ 3 ④ 4 ⑤ 5

12

2022학년도 10월 학평 23번

첫째항이 1이고 공차가 2인 등차수열 $\{a_n\}$에 대하여 $\lim_{n\to\infty}\frac{a_n}{3n+1}$의 값은? [2점]

① $\frac{2}{3}$ ② 1 ③ $\frac{4}{3}$ ④ $\frac{5}{3}$ ⑤ 2

유형 02 $\infty-\infty$ 꼴의 극한의 계산

13 대표 문제

2021학년도 6월 모평 가형 2번

$\lim_{n\to\infty}(\sqrt{9n^2+12n}-3n)$의 값은? [2점]

① 1 ② 2 ③ 3 ④ 4 ⑤ 5

14

2014학년도 9월 모평 A형 22번

$\lim_{n\to\infty}(\sqrt{n^2+28n}-n)$의 값을 구하시오. [3점]

15

2022학년도 7월 학평 23번

$\lim_{n\to\infty}(\sqrt{n^4+5n^2+5}-n^2)$의 값은? [2점]

① $\frac{7}{4}$ ② 2 ③ $\frac{9}{4}$ ④ $\frac{5}{2}$ ⑤ $\frac{11}{4}$

16

2024학년도 6월 모평 23번

$\lim_{n\to\infty}(\sqrt{n^2+9n}-\sqrt{n^2+4n})$의 값은? [2점]

① $\frac{1}{2}$ ② 1 ③ $\frac{3}{2}$ ④ 2 ⑤ $\frac{5}{2}$

17

2023학년도 7월 학평 23번

$\lim_{n\to\infty}2n(\sqrt{n^2+4}-\sqrt{n^2+1})$의 값은? [2점]

① 1 ② 2 ③ 3 ④ 4 ⑤ 5

18

2022학년도 6월  23번

$\lim_{n\to\infty}\frac{1}{\sqrt{n^2+n+1}-n}$의 값은? [2점]

① 1 ② 2 ③ 3 ④ 4 ⑤ 5

19

2021학년도 수능 가형(홀) 2번

$\lim_{n\to\infty}\frac{1}{\sqrt{4n^2+2n+1}-2n}$의 값은? [2점]

① 1　② 2　③ 3　④ 4　⑤ 5

20

2023학년도 6월  23번

$\lim_{n\to\infty}\frac{1}{\sqrt{n^2+3n}-\sqrt{n^2+n}}$의 값은? [2점]

① 1　② $\frac{3}{2}$　③ 2　④ $\frac{5}{2}$　⑤ 3

21

2022학년도 3월 학평 25번

$\lim_{n\to\infty}(\sqrt{an^2+n}-\sqrt{an^2-an})=\frac{5}{4}$를 만족시키는 모든 양수 a의 값의 합은? [3점]

① $\frac{7}{2}$　② $\frac{15}{4}$　③ 4　④ $\frac{17}{4}$　⑤ $\frac{9}{2}$

22

2016학년도 9월 모평 A형 27번

양수 a와 실수 b에 대하여

$$\lim_{n\to\infty}(\sqrt{an^2+4n}-bn)=\frac{1}{5}$$

일 때, $a+b$의 값을 구하시오. [4점]

유형 03 수열의 극한에 대한 성질

23 대표 문제

2020학년도 3월 학평-가형 25번

두 수열 $\{a_n\}$, $\{b_n\}$이

$$\lim_{n\to\infty} n^2a_n=3,\ \lim_{n\to\infty}\frac{b_n}{n}=5$$

를 만족시킬 때, $\lim_{n\to\infty} na_n(b_n+2n)$의 값을 구하시오. [3점]

24

2018학년도 4월 학평-나형 22번

두 수열 $\{a_n\}$, $\{b_n\}$에 대하여

$$\lim_{n\to\infty} a_n=2,\ \lim_{n\to\infty} b_n=1$$

일 때, $\lim_{n\to\infty}(a_n+2b_n)$의 값을 구하시오. [3점]

25

2018학년도 3월 학평-나형 8번

모든 항이 양수인 수열 $\{a_n\}$에 대하여 $\lim_{n\to\infty}\frac{1}{a_n}=0$일 때,

$\lim_{n\to\infty}\frac{-2a_n+1}{a_n+3}$의 값은? [3점]

① -2 ② -1 ③ 0 ④ 1 ⑤ 2

26

2017학년도 4월 학평-나형 12번

두 수열 $\{a_n\}$, $\{b_n\}$이

$$\lim_{n\to\infty}\frac{a_n}{3n}=2,\ \lim_{n\to\infty}\frac{2n+3}{b_n}=6$$

을 만족시킬 때, $\lim_{n\to\infty}\frac{a_n}{b_n}$의 값은? (단, $b_n\neq 0$) [3점]

① 10 ② 12 ③ 14 ④ 16 ⑤ 18

27

2024학년도 3월 학평 24번

두 수열 $\{a_n\}$, $\{b_n\}$이

$$\lim_{n\to\infty} na_n=1,\ \lim_{n\to\infty}\frac{b_n}{n}=3$$

을 만족시킬 때, $\lim_{n\to\infty}\frac{n^2a_n+b_n}{1+2b_n}$의 값은? [3점]

① $\frac{1}{3}$ ② $\frac{1}{2}$ ③ $\frac{2}{3}$ ④ $\frac{5}{6}$ ⑤ 1

28

2015학년도 7월 학평-A형 5번

두 수열 $\{a_n\}$, $\{b_n\}$에 대하여 $\lim_{n\to\infty} a_n=5$, $\lim_{n\to\infty}(b_n-4)=0$이 성립할 때, $\lim_{n\to\infty} a_nb_n$의 값은? [3점]

① 16 ② 17 ③ 18 ④ 19 ⑤ 20

29

2017학년도 3월 학평–나형 24번

두 수열 $\{a_n\}$, $\{b_n\}$이

$$\lim_{n\to\infty}(a_n-1)=2,\ \lim_{n\to\infty}(a_n+2b_n)=9$$

를 만족시킬 때, $\lim_{n\to\infty}a_n(1+b_n)$의 값을 구하시오. [3점]

30

2023학년도 9월 모평 25번

수열 $\{a_n\}$에 대하여 $\lim_{n\to\infty}\frac{a_n+2}{2}=6$일 때, $\lim_{n\to\infty}\frac{na_n+1}{a_n+2n}$의 값은? [3점]

① 1 ② 2 ③ 3 ④ 4 ⑤ 5

31

2019학년도 3월 학평–나형 24번

두 수열 $\{a_n\}$, $\{b_n\}$에 대하여

$$\lim_{n\to\infty}(a_n+2b_n)=9,\ \lim_{n\to\infty}(2a_n+b_n)=90$$

일 때, $\lim_{n\to\infty}(a_n+b_n)$의 값을 구하시오. [3점]

32

2022학년도 3월 학평 24번

수열 $\{a_n\}$이 $\lim_{n\to\infty}(3a_n-5n)=2$를 만족시킬 때,

$\lim_{n\to\infty}\frac{(2n+1)a_n}{4n^2}$의 값은? [3점]

① $\frac{1}{6}$ ② $\frac{1}{3}$ ③ $\frac{1}{2}$ ④ $\frac{2}{3}$ ⑤ $\frac{5}{6}$

33

2024학년도 7월 학평 25번

모든 항이 양수인 수열 $\{a_n\}$에 대하여

$$\lim_{n\to\infty}\{a_n\times(\sqrt{n^2+4}-n)\}=6$$

일 때, $\lim_{n\to\infty}\frac{2a_n+6n^2}{na_n+5}$의 값은? [3점]

① $\frac{3}{2}$ ② 2 ③ $\frac{5}{2}$ ④ 3 ⑤ $\frac{7}{2}$

34

2025학년도 수능 (홀) 25번

수열 $\{a_n\}$에 대하여 $\lim_{n\to\infty}\frac{na_n}{n^2+3}=1$일 때,
$\lim_{n\to\infty}(\sqrt{a_n^2+n}-a_n)$의 값은? [3점]

① $\frac{1}{3}$ ② $\frac{1}{2}$ ③ 1
④ 2 ⑤ 3

35

2023학년도 3월 학평 26번

두 수열 $\{a_n\}$, $\{b_n\}$에 대하여

$$\lim_{n\to\infty}(n^2+1)a_n=3,\ \lim_{n\to\infty}(4n^2+1)(a_n+b_n)=1$$

일 때, $\lim_{n\to\infty}(2n^2+1)(a_n+2b_n)$의 값은? [3점]

① -3 ② $-\frac{7}{2}$ ③ -4
④ $-\frac{9}{2}$ ⑤ -5

36

2015학년도 3월 학평-A형 17번

두 수열 $\{a_n\}$, $\{b_n\}$이 다음 조건을 만족시킨다.

(가) $\sum_{k=1}^{n}(a_k+b_k)=\frac{1}{n+1}\ (n\geq1)$
(나) $\lim_{n\to\infty}n^2b_n=2$

$\lim_{n\to\infty}n^2a_n$의 값은? [4점]

① -3 ② -2 ③ -1
④ 0 ⑤ 1

37

2018학년도 3월 학평-나형 20번

두 수열 $\{a_n\}$, $\{b_n\}$의 일반항이

$$a_n=\frac{(-1)^n+3}{2},\ b_n=p\times(-1)^{n+1}+q$$

일 때, 〈보기〉에서 옳은 것만을 있는 대로 고른 것은?
(단, p, q는 실수이다.) [4점]

〈 보기 〉
ㄱ. 수열 $\{a_n\}$은 발산한다.
ㄴ. 수열 $\{b_n\}$이 수렴하도록 하는 실수 p가 존재한다.
ㄷ. 두 수열 $\{a_n+b_n\}$, $\{a_nb_n\}$이 모두 수렴하면
$\lim_{n\to\infty}\{(a_n)^2+(b_n)^2\}=6$이다.

① ㄱ ② ㄴ ③ ㄱ, ㄴ
④ ㄱ, ㄷ ⑤ ㄱ, ㄴ, ㄷ

유형 04 수열의 극한의 응용

38 대표 문제

2022학년도 3월 학평 26번

첫째항이 1인 두 수열 $\{a_n\}$, $\{b_n\}$이 모든 자연수 n에 대하여

$$a_{n+1}-a_n=3,\ \sum_{k=1}^{n}\frac{1}{b_k}=n^2$$

을 만족시킬 때, $\lim_{n\to\infty} a_nb_n$의 값은? [3점]

① $\frac{7}{6}$　② $\frac{4}{3}$　③ $\frac{3}{2}$　④ $\frac{5}{3}$　⑤ $\frac{11}{6}$

39

2017학년도 10월 학평-나형 13번

등차수열 $\{a_n\}$이 $a_3=5$, $a_6=11$일 때, $\lim_{n\to\infty}\sqrt{n}(\sqrt{a_{n+1}}-\sqrt{a_n})$의 값은? [3점]

① $\frac{1}{2}$　② $\frac{\sqrt{2}}{2}$　③ 1　④ $\sqrt{2}$　⑤ 2

40

2023학년도 3월 학평 25번

등차수열 $\{a_n\}$에 대하여

$$\lim_{n\to\infty}\frac{a_{2n}-6n}{a_n+5}=4$$

일 때, a_2-a_1의 값은? [3점]

① -1　② -2　③ -3　④ -4　⑤ -5

41

2024학년도 3월 학평 26번

수열 $\{a_n\}$이 모든 자연수 n에 대하여

$$a_{n+1}-a_n=a_1+2$$

를 만족시킨다. $\lim_{n\to\infty}\frac{2a_n+n}{a_n-n+1}=3$일 때, a_{10}의 값은?

(단, $a_1>0$) [3점]

① 35　② 36　③ 37　④ 38　⑤ 39

42

2023학년도 3월 학평 27번

$a_1=3$, $a_2=-4$인 수열 $\{a_n\}$과 등차수열 $\{b_n\}$이 모든 자연수 n에 대하여

$$\sum_{k=1}^{n} \frac{a_k}{b_k}=\frac{6}{n+1}$$

을 만족시킬 때, $\lim_{n\to\infty} a_n b_n$의 값은? [3점]

① -54 ② $-\frac{75}{2}$ ③ -24
④ $-\frac{27}{2}$ ⑤ -6

43

2024학년도 3월 학평 27번

$a_1=3$, $a_2=6$인 등차수열 $\{a_n\}$과 모든 항이 양수인 수열 $\{b_n\}$이 모든 자연수 n에 대하여

$$\sum_{k=1}^{n} a_k(b_k)^2=n^3-n+3$$

을 만족시킬 때, $\lim_{n\to\infty} \frac{a_n}{b_n b_{2n}}$의 값은? [3점]

① $\frac{3}{2}$ ② $\frac{3\sqrt{2}}{2}$ ③ 3
④ $3\sqrt{2}$ ⑤ 6

44

2021학년도 3월 학평 27번

수열 $\{a_n\}$이 모든 자연수 n에 대하여

$$\sum_{k=1}^{n} \frac{a_k}{(k-1)!}=\frac{3}{(n+2)!}$$

을 만족시킨다. $\lim_{n\to\infty}(a_1+n^2a_n)$의 값은? [3점]

① $-\frac{7}{2}$ ② -3 ③ $-\frac{5}{2}$
④ -2 ⑤ $-\frac{3}{2}$

45

2019학년도 10월 학평-나형 9번

두 수열 $\{a_n\}$, $\{b_n\}$에 대하여 이차방정식
$a_nx^2+2a_{n+1}x+a_{n+2}=0$의 두 근이 -1, b_n일 때, $\lim_{n\to\infty} b_n$의 값은? [3점]

① -2 ② $-\sqrt{3}$ ③ -1
④ $\sqrt{3}$ ⑤ 2

46

2016학년도 6월 모평 A형 14번

함수 $f(x)$가 $f(x)=(x-3)^2$이다.

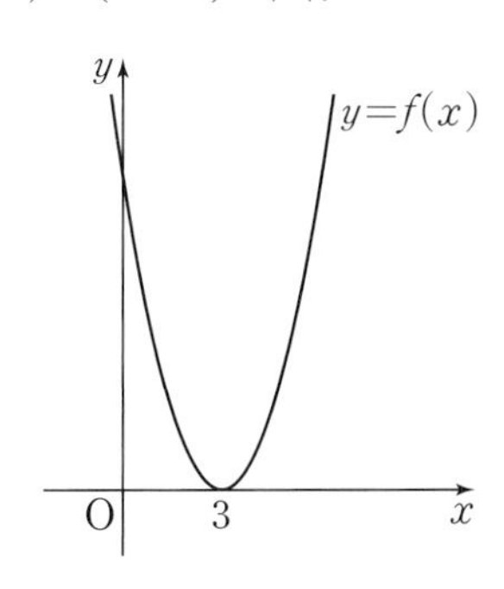

자연수 n에 대하여 방정식 $f(x)=n$의 두 근이 α, β일 때 $h(n)=|\alpha-\beta|$라 하자.

$$\lim_{n\to\infty}\sqrt{n}\{h(n+1)-h(n)\}$$

의 값은? [4점]

① $\frac{1}{2}$ ② 1 ③ $\frac{3}{2}$ ④ 2 ⑤ $\frac{5}{2}$

47

2023학년도 3월 학평 29번

자연수 n에 대하여 x에 대한 부등식 $x^2-4nx-n<0$을 만족시키는 정수 x의 개수를 a_n이라 하자. 두 상수 p, q에 대하여

$$\lim_{n\to\infty}(\sqrt{na_n}-pn)=q$$

일 때, $100pq$의 값을 구하시오. [4점]

48

2014학년도 3월 학평-A형 12번

1부터 $2n$까지의 자연수가 각각 하나씩 적힌 $2n$장의 카드가 있다. 이 중 세 장의 카드를 동시에 뽑을 때, 세 장의 카드에 적힌 수의 합이 짝수가 되도록 뽑는 경우의 수를 a_n이라 하자.

$\lim_{n\to\infty}\frac{a_n}{n^3}$의 값은? (단, $n\geq 2$인 자연수이다.) [3점]

① $\frac{1}{2}$ ② $\frac{2}{3}$ ③ $\frac{5}{6}$ ④ 1 ⑤ $\frac{7}{6}$

49

2016학년도 4월 학평-나형 21번

자연수 n에 대하여 집합 $S_n=\{x\,|\,x$는 $3n$ 이하의 자연수$\}$의 부분집합 중에서 원소의 개수가 두 개이고, 이 두 원소의 차가 $2n$보다 큰 원소로만 이루어진 모든 집합의 개수를 a_n이라 하자.

$\lim_{n\to\infty}\frac{1}{n^3}\sum_{k=1}^{n}a_k$의 값은? [4점]

① $\frac{1}{7}$ ② $\frac{1}{6}$ ③ $\frac{1}{5}$ ④ $\frac{1}{4}$ ⑤ $\frac{1}{3}$

유형 01 수열의 극한의 활용 – 좌표

01 대표 문제

2020학년도 4월 학평–가형 27번

자연수 n에 대하여 점 $(1,\ 0)$을 지나고 점 $(n,\ n)$에서 직선 $y=x$와 접하는 원의 중심의 좌표를 $(a_n,\ b_n)$이라 할 때, $\lim_{n \to \infty} \frac{a_n - b_n}{n^2}$의 값을 구하시오. [4점]

02

2018학년도 4월 학평–나형 16번

자연수 n에 대하여 원 $x^2+y^2=4n^2$과 직선 $y=\sqrt{n}$이 제1사분면에서 만나는 점의 x좌표를 a_n이라 할 때, $\lim_{n \to \infty}(2n-a_n)$의 값은? [4점]

① $\frac{1}{16}$ ② $\frac{1}{8}$ ③ $\frac{3}{16}$

④ $\frac{1}{4}$ ⑤ $\frac{5}{16}$

03

2016학년도 3월 학평–나형 26번

자연수 n에 대하여 곡선 $y=x^2-\left(4+\frac{1}{n}\right)x+\frac{4}{n}$와 직선 $y=\frac{1}{n}x+1$이 만나는 두 점을 각각 P_n, Q_n이라 하자. 삼각형 $\mathrm{OP}_n\mathrm{Q}_n$의 무게중심의 y좌표를 a_n이라 할 때, $30\lim_{n \to \infty} a_n$의 값을 구하시오. (단, O는 원점이다.) [4점]

유형 02 수열의 극한의 활용 – 선분의 길이

04 대표 문제

2016학년도 6월 모평 B형 10번

자연수 n에 대하여 직선 $y=2nx$ 위의 점 $P(n, 2n^2)$을 지나고 이 직선과 수직인 직선이 x축과 만나는 점을 Q라 할 때, 선분 OQ의 길이를 l_n이라 하자. $\lim_{n\to\infty}\frac{l_n}{n^3}$의 값은?

(단, O는 원점이다.) [3점]

① 1 ② 2 ③ 3
④ 4 ⑤ 5

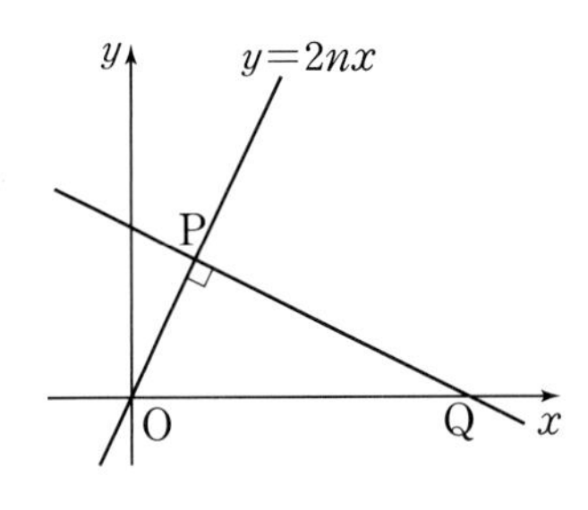

05

2020학년도 10월 학평–가형 26번

자연수 n에 대하여 좌표평면 위에 두 점 $A_n(n, 0)$, $B_n(n, 3)$이 있다. 점 $P(1, 0)$을 지나고 x축에 수직인 직선이 직선 OB_n과 만나는 점을 C_n이라 할 때, $\lim_{n\to\infty}\frac{\overline{PC_n}}{\overline{OB_n}-\overline{OA_n}}=\frac{q}{p}$이다.

$p+q$의 값을 구하시오.

(단, O는 원점이고, p와 q는 서로소인 자연수이다.) [4점]

06

2019학년도 4월 학평–나형 17번

그림과 같이 자연수 n에 대하여 직선 $x=n$이 두 곡선 $y=\sqrt{5x+4}$, $y=\sqrt{2x-1}$과 만나는 점을 각각 A_n, B_n이라 하자. 선분 OA_n의 길이를 a_n, 선분 OB_n의 길이를 b_n이라 할 때, $\lim_{n\to\infty}\frac{12}{a_n-b_n}$의 값은? (단, O는 원점이다.) [4점]

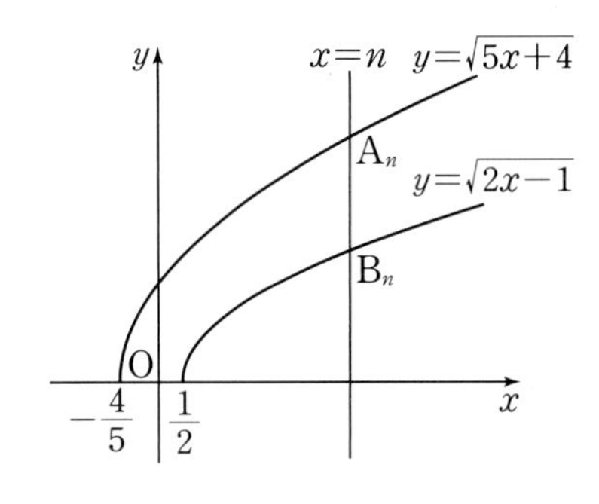

① 4 ② 6 ③ 8
④ 10 ⑤ 12

07

2013학년도 10월 학평–B형 13번

자연수 n에 대하여 곡선 $y=\frac{2n}{x}$과 직선 $y=-\frac{x}{n}+3$의 두 교점을 A_n, B_n이라 하자.

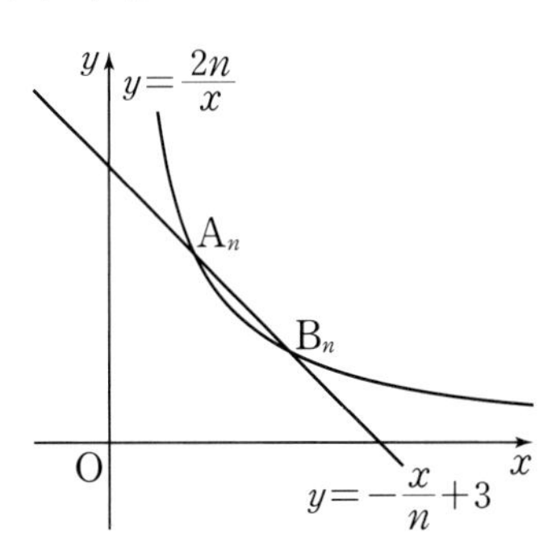

선분 A_nB_n의 길이를 l_n이라 할 때, $\lim_{n\to\infty}(l_{n+1}-l_n)$의 값은?

[3점]

① $\frac{1}{2}$ ② $\frac{\sqrt{2}}{2}$ ③ 1
④ $\sqrt{2}$ ⑤ 2

08

2016학년도 4월 학평-나형 15번

그림과 같이 자연수 n에 대하여 곡선 $y=x^2$ 위의 점 $\mathrm{A}_n(n,\ n^2)$을 지나고 기울기가 $-\sqrt{3}$인 직선이 x축과 만나는 점을 B_n이라 할 때, $\lim_{n\to\infty}\frac{\overline{\mathrm{OB}_n}}{\overline{\mathrm{OA}_n}}$의 값은? (단, O는 원점이다.) [4점]

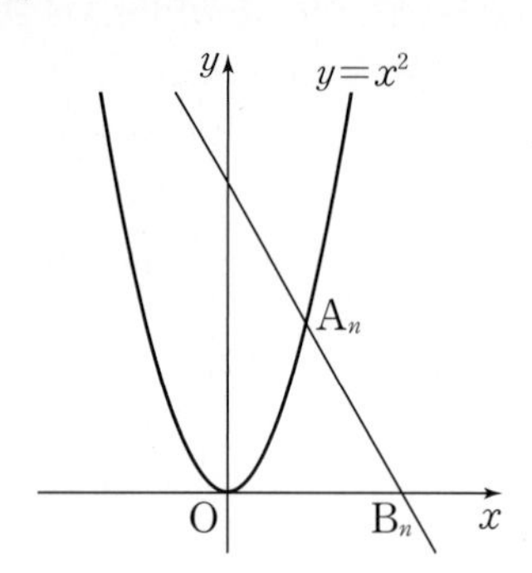

① $\frac{\sqrt{3}}{7}$ ② $\frac{\sqrt{3}}{6}$ ③ $\frac{\sqrt{3}}{5}$

④ $\frac{\sqrt{3}}{4}$ ⑤ $\frac{\sqrt{3}}{3}$

09

2013학년도 3월 학평-A형 11번

자연수 n에 대하여 직선 $y=n$이 두 곡선 $y=2^x$, $y=2^{x-1}$과 만나는 점을 각각 A_n, B_n이라 하자. 또, 점 B_n을 지나고 y축과 평행한 직선이 곡선 $y=2^x$과 만나는 점을 C_n이라 하자.

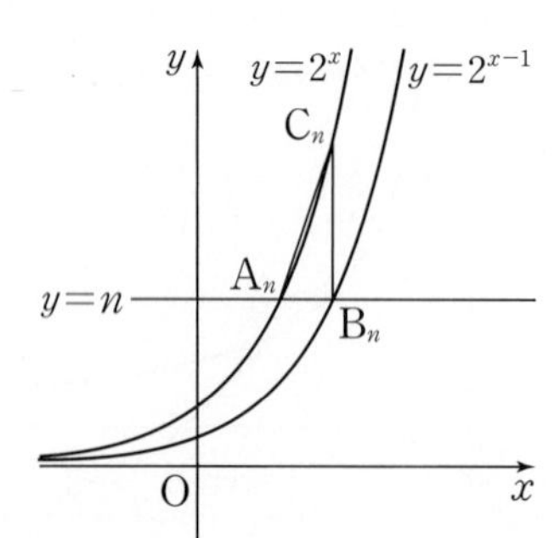

선분 $\mathrm{A}_n\mathrm{C}_n$의 길이를 $f(n)$, 선분 $\mathrm{B}_n\mathrm{C}_n$의 길이를 $g(n)$이라 할 때, $\lim_{n\to\infty}n\{f(n)-g(n)\}$의 값은? [3점]

① $\frac{1}{5}$ ② $\frac{1}{4}$ ③ $\frac{1}{3}$

④ $\frac{1}{2}$ ⑤ 1

10

2017학년도 3월 학평-나형 14번

그림과 같이 자연수 n에 대하여 직선 $y=\frac{1}{n}$과 원 $x^2+(y-1)^2=1$의 두 교점을 각각 A_n, B_n이라 하자. 선분 $\mathrm{A}_n\mathrm{B}_n$의 길이를 l_n이라 할 때, $\lim_{n\to\infty}n(l_n)^2$의 값은? [4점]

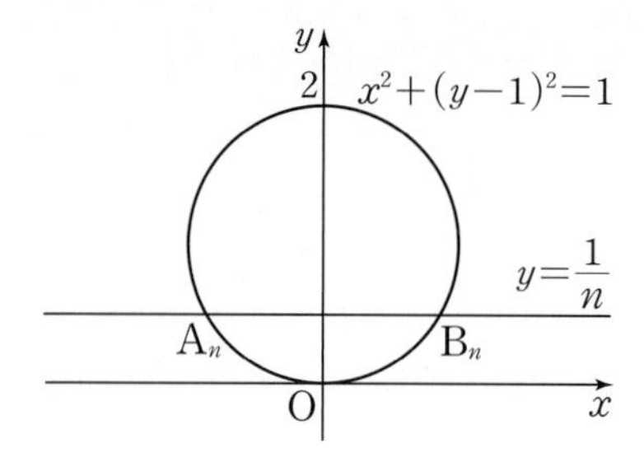

① 2 ② 4 ③ 6

④ 8 ⑤ 10

• 해설편 022쪽

11

2017학년도 7월 학평-나형 29번

그림과 같이 자연수 n에 대하여 곡선 $y=x^2$ 위의 점 $\mathrm{P}_n(n,\ n^2)$에서의 접선을 l_n이라 하고, 직선 l_n이 y축과 만나는 점을 Y_n이라 하자. x축에 접하고 점 P_n에서 직선 l_n에 접하는 원을 C_n, y축에 접하고 점 P_n에서 직선 l_n에 접하는 원을 C_n'이라 할 때, 원 C_n과 x축과의 교점을 Q_n, 원 C_n'과 y축과의 교점을 R_n이라 하자. $\lim_{n\to\infty}\frac{\overline{\mathrm{OQ}_n}}{\overline{\mathrm{Y}_n\mathrm{R}_n}}=\alpha$라 할 때, 100α의 값을 구하시오. (단, O는 원점이고, 점 Q_n의 x좌표와 점 R_n의 y좌표는 양수이다.) [4점]

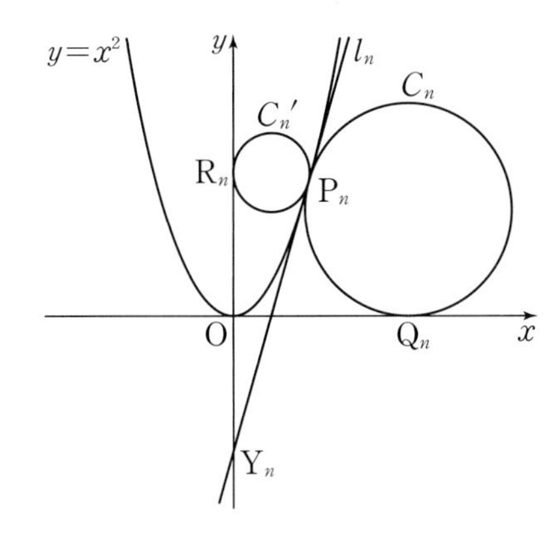

12

2021학년도 3월 학평 28번

자연수 n에 대하여 $\angle\mathrm{A}=90°$, $\overline{\mathrm{AB}}=2$, $\overline{\mathrm{CA}}=n$인 삼각형 ABC에서 $\angle\mathrm{A}$의 이등분선이 선분 BC와 만나는 점을 D라 하자. 선분 CD의 길이를 a_n이라 할 때, $\lim_{n\to\infty}(n-a_n)$의 값은? [4점]

① 1 ② $\sqrt{2}$ ③ 2 ④ $2\sqrt{2}$ ⑤ 4

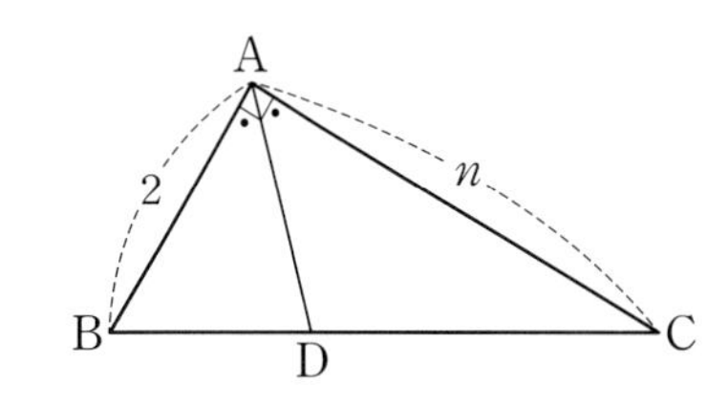

13

2015학년도 4월 학평-A형 20번

자연수 n에 대하여 그림과 같이 두 점 $A_n(n,\ 0)$, $B_n(0,\ n+1)$이 있다. 삼각형 OA_nB_n에 내접하는 원의 중심을 C_n이라 하고, 두 점 B_n과 C_n을 지나는 직선이 x축과 만나는 점을 P_n이라 하자. $\lim_{n\to\infty}\frac{\overline{OP_n}}{n}$의 값은? (단, O는 원점이다.) [4점]

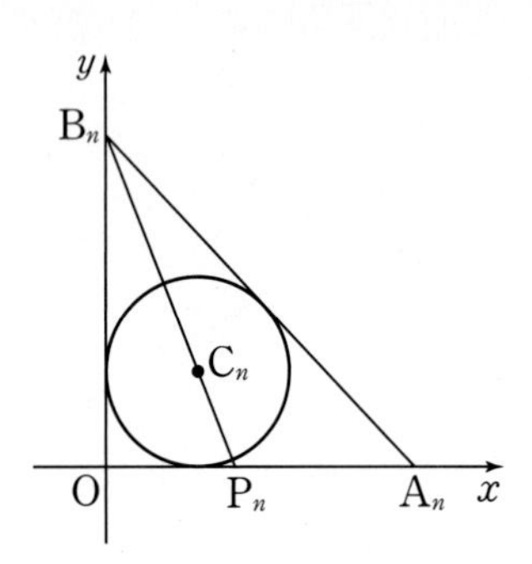

① $\frac{\sqrt{2}-1}{2}$　② $\sqrt{2}-1$　③ $2-\sqrt{2}$

④ $\frac{\sqrt{2}}{2}$　⑤ $2\sqrt{2}-2$

14

2022학년도 3월 학평 28번

자연수 n에 대하여 좌표평면 위의 점 A_n을 다음 규칙에 따라 정한다.

> (가) A_1은 원점이다.
> (나) n이 홀수이면 A_{n+1}은 점 A_n을 x축의 방향으로 a만큼 평행이동한 점이다.
> (다) n이 짝수이면 A_{n+1}은 점 A_n을 y축의 방향으로 $a+1$만큼 평행이동한 점이다.

$\lim_{n\to\infty}\frac{\overline{A_1A_{2n}}}{n}=\frac{\sqrt{34}}{2}$일 때, 양수 a의 값은? [4점]

① $\frac{3}{2}$　② $\frac{7}{4}$　③ 2

④ $\frac{9}{4}$　⑤ $\frac{5}{2}$

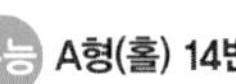

15

2015학년도 10월 학평-A형 21번

좌표평면 위의 점 P_n ($n=1, 2, 3, \cdots$)은 다음 규칙을 만족시킨다.

> (가) 점 P_1의 좌표는 $(1, 1)$이다.
> (나) $\overline{P_nP_{n+1}}=1$
> (다) 점 P_{n+2}는 점 P_{n+1}을 지나고 직선 P_nP_{n+1}에 수직인 직선 위의 점 중 $\overline{P_1P_{n+2}}$가 최대인 점이다.

수열 $\{a_n\}$은 $a_1=0$, $a_2=1$이고,

$a_n=\overline{P_1P_n}$ ($n=3, 4, 5, \cdots$)

일 때, $\lim_{n\to\infty}(a_{n+1}-a_n)$의 값은? [4점]

① $\frac{1}{2}$ ② $\frac{\sqrt{2}}{2}$ ③ $\frac{\sqrt{3}}{2}$ ④ 1 ⑤ 2

유형 03 수열의 극한의 활용 – 넓이

16 대표 문제

2016학년도 수능 A형(홀) 14번

자연수 n에 대하여 좌표가 $(0, 2n+1)$인 점을 P라 하고, 함수 $f(x)=nx^2$의 그래프 위의 점 중 y좌표가 1이고 제1사분면에 있는 점을 Q라 하자.

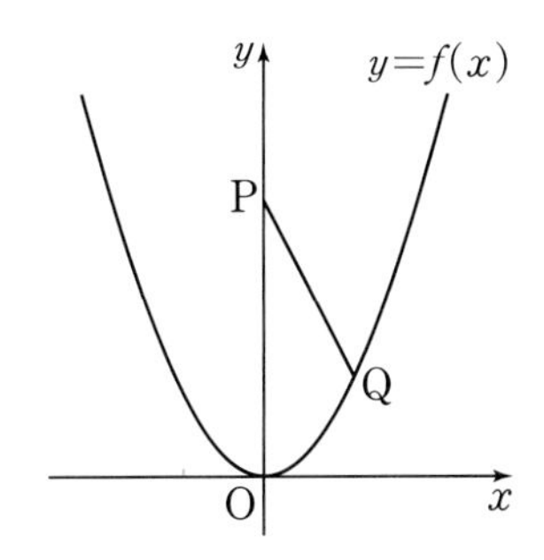

점 $R(0, 1)$에 대하여 삼각형 PRQ의 넓이를 S_n, 선분 PQ의 길이를 l_n이라 할 때, $\lim_{n\to\infty}\frac{{S_n}^2}{l_n}$의 값은? [4점]

① $\frac{3}{2}$ ② $\frac{5}{4}$ ③ 1 ④ $\frac{3}{4}$ ⑤ $\frac{1}{2}$

2 일차

17

2017학년도 4월 학평-나형 28번

그림과 같이 직선 $x=1$이 두 곡선 $y=\frac{4}{x}$, $y=-\frac{6}{x}$과 만나는 점을 각각 A, B라 하자. 자연수 n에 대하여 직선 $x=n+1$이 두 곡선 $y=\frac{4}{x}$, $y=-\frac{6}{x}$과 만나는 점을 각각 P_n, Q_n이라 할 때, 사다리꼴 $\mathrm{ABQ}_n\mathrm{P}_n$의 넓이를 S_n이라 하자. $\lim_{n\to\infty}\frac{S_n}{n}$의 값을 구하시오. [4점]

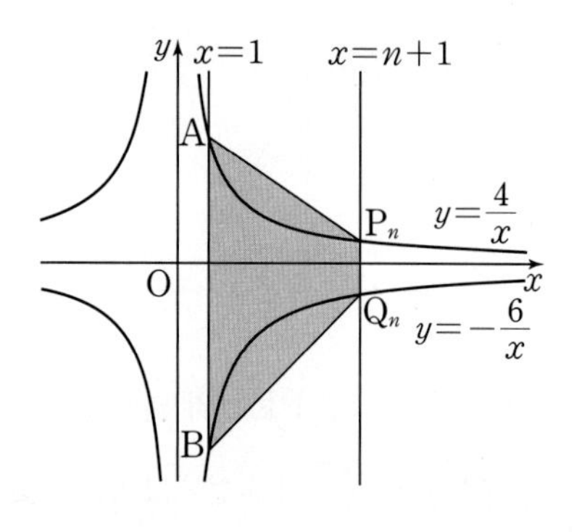

18

2015학년도 3월 학평-B형 10번

좌표평면에서 자연수 n에 대하여 원 $x^2+y^2=n^2$과 직선 $y=\frac{1}{n}x$가 제1사분면에서 만나는 점을 중심으로 하고 x축에 접하는 원의 넓이를 S_n이라 할 때, $\lim_{n\to\infty}S_n$의 값은? [3점]

① $\frac{\pi}{4}$ ② $\frac{\pi}{2}$ ③ $\frac{3}{4}\pi$

④ π ⑤ $\frac{5}{4}\pi$

19

2014학년도 4월 학평-A형 28번

그림과 같이 자연수 n에 대하여 좌표평면 위의 원 $x^2+y^2=n$을 C_n이라 하고, 직선 $y=\sqrt{3}x$ 위의 점 중에서 원점 O로부터 거리가 $n+2$인 점을 P_n, 점 P_n에서 x축에 내린 수선의 발을 Q_n이라 하자. 삼각형 $\mathrm{P}_n\mathrm{OQ}_n$의 내부와 원 C_n의 외부의 공통부분의 넓이를 S_n이라 하자. $\lim_{n\to\infty}\frac{n^2}{S_n}=a$일 때, $3a^2$의 값을 구하시오. (단, 점 P_n은 제1사분면 위의 점이다.) [4점]

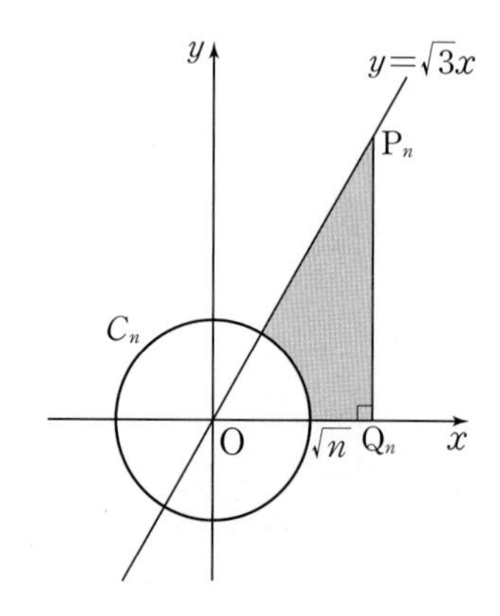

20

2016학년도 3월 학평-나형 14번

자연수 n에 대하여 좌표가 $(0,\ 3n+1)$인 점을 P_n, 함수 $f(x)=x^2\,(x\geq 0)$이라 하자. 점 P_n을 지나고 x축과 평행한 직선이 곡선 $y=f(x)$와 만나는 점을 Q_n이라 하자.

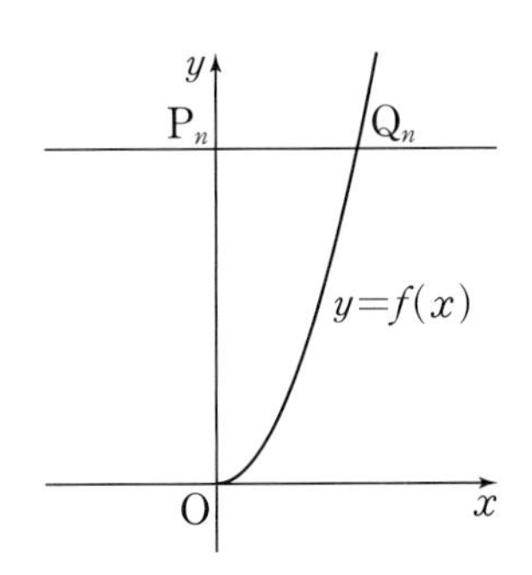

곡선 $y=f(x)$ 위의 점 R_n은 직선 $\mathrm{P}_n\mathrm{R}_n$의 기울기가 음수이고 y좌표가 자연수인 점이다. 삼각형 $\mathrm{P}_n\mathrm{OQ}_n$의 넓이를 S_n, 삼각형 $\mathrm{P}_n\mathrm{OR}_n$의 넓이가 최대일 때 삼각형 $\mathrm{P}_n\mathrm{OR}_n$의 넓이를 T_n이라 하자. $\lim_{n\to\infty}\frac{S_n-T_n}{\sqrt{n}}$의 값은? (단, O는 원점이다.) [4점]

① $\frac{\sqrt{3}}{4}$　② $\frac{1}{2}$　③ $\frac{\sqrt{5}}{4}$　④ $\frac{\sqrt{6}}{4}$　⑤ $\frac{\sqrt{7}}{4}$

21

2024학년도 3월 학평 28번

자연수 n에 대하여 직선 $y=2nx$가 곡선 $y=x^2+n^2-1$과 만나는 두 점을 각각 A_n, B_n이라 하자. 원 $(x-2)^2+y^2=1$ 위의 점 P에 대하여 삼각형 $\mathrm{A}_n\mathrm{B}_n\mathrm{P}$의 넓이가 최대가 되도록 하는 점 P를 P_n이라 할 때, 삼각형 $\mathrm{A}_n\mathrm{B}_n\mathrm{P}_n$의 넓이를 S_n이라 하자.

$\lim_{n\to\infty}\frac{S_n}{n}$의 값은? [4점]

① 2　② 4　③ 6　④ 8　⑤ 10

2
일차

유형 04 수열의 극한의 활용 – 거리

22 대표 문제

2015학년도 9월 모평 A형 28번

자연수 n에 대하여 점 $(3n,\ 4n)$을 중심으로 하고 y축에 접하는 원 O_n이 있다. 원 O_n 위를 움직이는 점과 점 $(0,\ -1)$ 사이의 거리의 최댓값을 a_n, 최솟값을 b_n이라 할 때, $\lim_{n\to\infty}\frac{a_n}{b_n}$의 값을 구하시오. [4점]

23

2014학년도 3월 학평–A형 30번

좌표평면 위에 직선 $y=\sqrt{3}x$가 있다. 자연수 n에 대하여 x축 위의 점 중에서 x좌표가 n인 점을 P_n, 직선 $y=\sqrt{3}x$ 위의 점 중에서 x좌표가 $\frac{1}{n}$인 점을 Q_n이라 하자. 삼각형 $\mathrm{OP}_n\mathrm{Q}_n$의 내접원의 중심에서 x축까지의 거리를 a_n, 삼각형 $\mathrm{OP}_n\mathrm{Q}_n$의 외접원의 중심에서 x축까지의 거리를 b_n이라 할 때 $\lim_{n\to\infty}a_nb_n=L$이다. $100L$의 값을 구하시오. (단, O는 원점이다.) [4점]

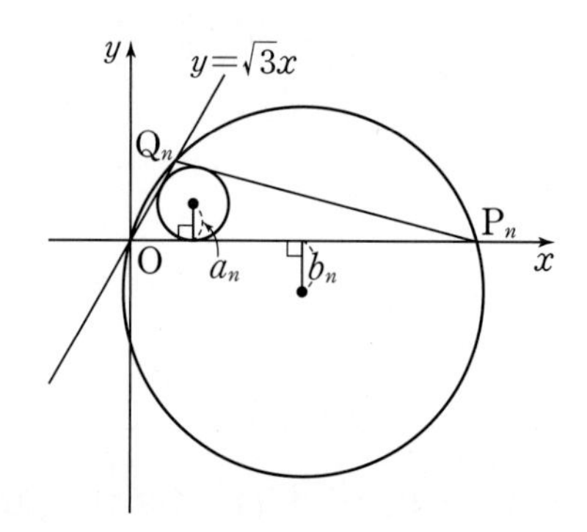

유형 05 수열의 극한의 활용 – 직선

24 대표 문제

2019학년도 3월 학평–나형 18번

자연수 n에 대하여 원점을 지나는 직선과 곡선 $y=-(x-n)(x-n-2)$가 제1사분면에서 접할 때, 접점의 x좌표를 a_n, 직선의 기울기를 b_n이라 하자.
다음은 $\lim_{n\to\infty} a_nb_n$의 값을 구하는 과정이다.

> 원점을 지나고 기울기가 b_n인 직선의 방정식은 $y=b_nx$이다.
> 이 직선이 곡선 $y=-(x-n)(x-n-2)$에 접하므로 이차방정식 $b_nx=-(x-n)(x-n-2)$의 근 $x=a_n$은 중근이다.
> 그러므로 이차방정식
> $$x^2+\{b_n-2(n+1)\}x+n(n+2)=0$$
> 에서 이차식
> $$x^2+\{b_n-2(n+1)\}x+n(n+2)$$
> 는 완전제곱식으로 나타내어진다.
> 그런데 $a_n>0$이므로
> $$x^2+\{b_n-2(n+1)\}x+n(n+2)=\{x-\sqrt{n(n+2)}\}^2$$
> 에서
> $$a_n=\boxed{\text{(가)}},\ b_n=\boxed{\text{(나)}}$$
> 이다.
> 따라서 $\lim_{n\to\infty} a_nb_n=\boxed{\text{(다)}}$이다.

위의 (가)와 (나)에 알맞은 식을 각각 $f(n)$, $g(n)$이라 하고, (다)에 알맞은 값을 α라 할 때, $2f(\alpha)+g(\alpha)$의 값은? [4점]

① 1 ② 2 ③ 3
④ 4 ⑤ 5

25

2018학년도 3월 학평–나형 18번

좌표평면에서 자연수 n에 대하여 곡선 $y=(x-2n)^2$이 x축, y축과 만나는 점을 각각 P_n, Q_n이라 하자.
두 점 P_n, Q_n을 지나는 직선과 곡선 $y=(x-2n)^2$으로 둘러싸인 영역(경계선 포함)에 속하고 x좌표와 y좌표가 모두 자연수인 점의 개수를 a_n이라 하자. 다음은 $\lim_{n\to\infty}\frac{a_n}{n^3}$의 값을 구하는 과정이다.

> 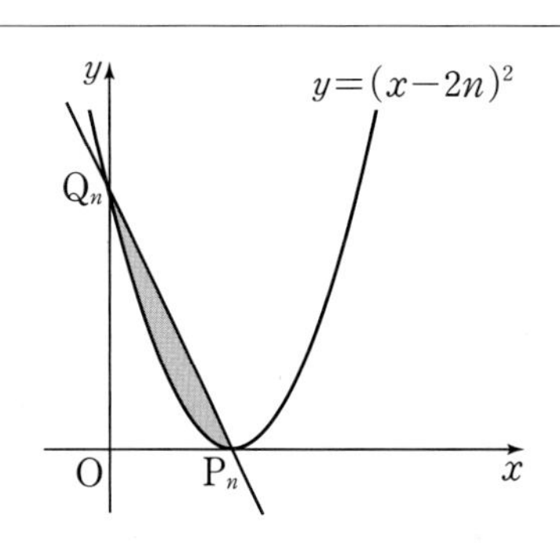
>
> 두 점 P_n, Q_n을 지나는 직선의 방정식은
> $$y=\boxed{\text{(가)}}\times x+4n^2$$
> 이다.
> 주어진 영역에 속하는 점 중에서 x좌표가 k(k는 $2n-1$ 이하의 자연수)이고 y좌표가 자연수인 점의 개수는
> $\boxed{\text{(나)}}+2nk$이므로
> $$a_n=\sum_{k=1}^{2n-1}\left(\boxed{\text{(나)}}+2nk\right)$$
> 이다.
> 따라서 $\lim_{n\to\infty}\frac{a_n}{n^3}=\boxed{\text{(다)}}$이다.

위의 (가), (나)에 알맞은 식을 각각 $f(n)$, $g(k)$라 하고, (다)에 알맞은 수를 p라 할 때, $p\times f(3)\times g(4)$의 값은? [4점]

① 100 ② 105 ③ 110
④ 115 ⑤ 120

유형 06 수열의 극한의 대소 관계

26 대표 문제

2020학년도 9월 모평 나형 10번

모든 항이 양수인 수열 $\{a_n\}$이 모든 자연수 n에 대하여 부등식

$$\sqrt{9n^2+4}<\sqrt{na_n}<3n+2$$

를 만족시킬 때, $\lim_{n\to\infty}\frac{a_n}{n}$의 값은? [3점]

① 6 ② 7 ③ 8 ④ 9 ⑤ 10

27

2020학년도 7월 학평-가형 3번

수열 $\{a_n\}$이 모든 자연수 n에 대하여

$$\frac{3n-1}{n^2+1}<a_n<\frac{3n+2}{n^2+1}$$

를 만족시킬 때, $\lim_{n\to\infty}na_n$의 값은? [2점]

① 3 ② 4 ③ 5 ④ 6 ⑤ 7

28

2018학년도 10월 학평-나형 24번

수열 $\{a_n\}$이 모든 자연수 n에 대하여 부등식

$$\frac{10}{2n^2+3n}<a_n<\frac{10}{2n^2+n}$$

을 만족시킬 때, $\lim_{n\to\infty}n^2a_n$의 값을 구하시오. [3점]

29

2024학년도 3월 학평 25번

수열 $\{a_n\}$이 모든 자연수 n에 대하여

$$2n+3<a_n<2n+4$$

를 만족시킬 때, $\lim_{n\to\infty}\frac{(a_n+1)^2+6n^2}{na_n}$의 값은? [3점]

① 1 ② 2 ③ 3 ④ 4 ⑤ 5

30

2014학년도 4월 학평-B형 5번

모든 항이 양수인 수열 $\{a_n\}$이 모든 자연수 n에 대하여

$$1+2\log_3 n<\log_3 a_n<1+2\log_3(n+1)$$

을 만족시킬 때, $\lim_{n\to\infty}\frac{a_n}{n^2}$의 값은? [3점]

① 1 ② 2 ③ 3 ④ 4 ⑤ 5

31

2022학년도 3월 학평 27번

수열 $\{a_n\}$이 모든 자연수 n에 대하여

$$a_n^2<4na_n+n-4n^2$$

을 만족시킬 때, $\lim_{n\to\infty}\frac{a_n+3n}{2n+4}$의 값은? [3점]

① $\frac{5}{2}$ ② 3 ③ $\frac{7}{2}$ ④ 4 ⑤ $\frac{9}{2}$

• 해설편 033쪽

32

2021학년도 3월 학평 26번

수열 $\{a_n\}$이 모든 자연수 n에 대하여

$$2n^2-3<a_n<2n^2+4$$

를 만족시킨다. 수열 $\{a_n\}$의 첫째항부터 제n항까지의 합을 S_n이라 할 때, $\lim_{n\to\infty}\frac{S_n}{n^3}$의 값은? [3점]

① $\frac{1}{2}$ ② $\frac{2}{3}$ ③ $\frac{5}{6}$
④ 1 ⑤ $\frac{7}{6}$

33

2016학년도 수능 A형(홀) 10번

수열 $\{a_n\}$에 대하여 곡선 $y=x^2-(n+1)x+a_n$은 x축과 만나고, 곡선 $y=x^2-nx+a_n$은 x축과 만나지 않는다. $\lim_{n\to\infty}\frac{a_n}{n^2}$의 값은? [3점]

① $\frac{1}{20}$ ② $\frac{1}{10}$ ③ $\frac{3}{20}$
④ $\frac{1}{5}$ ⑤ $\frac{1}{4}$

34

2014학년도 수능 B형(홀) 18번

자연수 n에 대하여 직선 $y=n$과 함수 $y=\tan x$의 그래프가 제1사분면에서 만나는 점의 x좌표를 작은 수부터 크기순으로 나열할 때, n번째 수를 a_n이라 하자. $\lim_{n\to\infty}\frac{a_n}{n}$의 값은? [4점]

① $\frac{\pi}{4}$ ② $\frac{\pi}{2}$ ③ $\frac{3}{4}\pi$
④ π ⑤ $\frac{5}{4}\pi$

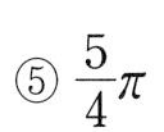

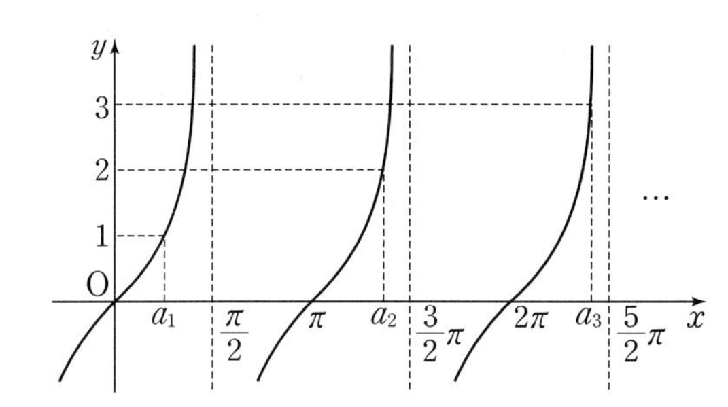

35

2024학년도 3월 학평 29번

자연수 n에 대하여 함수 $f(x)$를

$$f(x)=\frac{4}{n^3}x^3+1$$

이라 하자. 원점에서 곡선 $y=f(x)$에 그은 접선을 l_n, 접선 l_n의 접점을 P_n이라 하자. x축과 직선 l_n에 동시에 접하고 점 P_n을 지나는 원 중 중심의 x좌표가 양수인 것을 C_n이라 하자. 원 C_n의 반지름의 길이를 r_n이라 할 때, $40\times\lim_{n\to\infty}n^2(4r_n-3)$의 값을 구하시오. [4점]

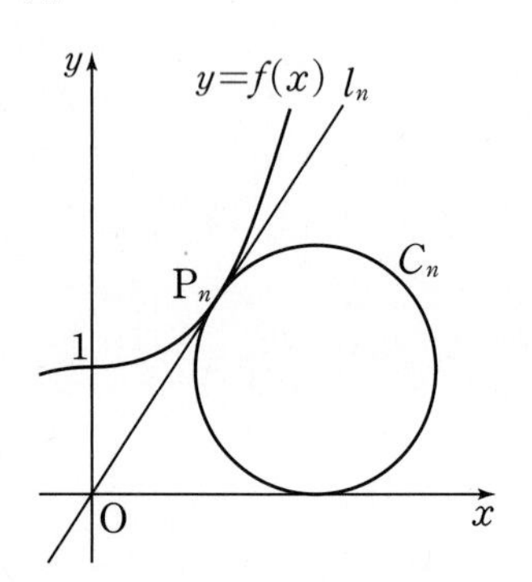

36

2022학년도 3월 학평 30번

그림과 같이 자연수 n에 대하여 곡선

$$T_n : y=\frac{\sqrt{3}}{n+1}x^2\ (x\geq 0)$$

위에 있고 원점 O와의 거리가 $2n+2$인 점을 P_n이라 하고, 점 P_n에서 x축에 내린 수선의 발을 H_n이라 하자.

중심이 P_n이고 점 H_n을 지나는 원을 C_n이라 할 때, 곡선 T_n과 원 C_n의 교점 중 원점에 가까운 점을 Q_n, 원점에서 원 C_n에 그은 두 접선의 접점 중 H_n이 아닌 점을 R_n이라 하자.

점 R_n을 포함하지 않는 호 $\mathrm{Q}_n\mathrm{H}_n$과 선분 $\mathrm{P}_n\mathrm{H}_n$, 곡선 T_n으로 둘러싸인 부분의 넓이를 $f(n)$, 점 H_n을 포함하지 않는 호 $\mathrm{R}_n\mathrm{Q}_n$과 선분 OR_n, 곡선 T_n으로 둘러싸인 부분의 넓이를 $g(n)$이라 할 때, $\lim_{n\to\infty}\frac{f(n)-g(n)}{n^2}=\frac{\pi}{2}+k$이다. $60k^2$의 값을 구하시오.

(단, k는 상수이다.) [4점]

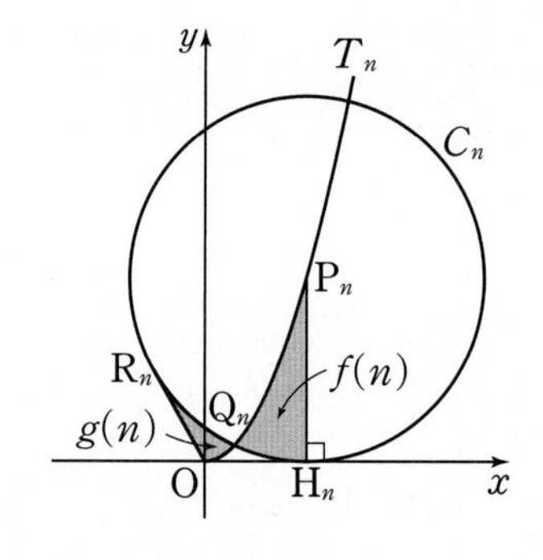

37

2021학년도 3월 학평 30번

자연수 n에 대하여 삼차함수 $f(x)=x(x-n)(x-3n^2)$이 극대가 되는 x를 a_n이라 하자. x에 대한 방정식 $f(x)=f(a_n)$의 근 중에서 a_n이 아닌 근을 b_n이라 할 때, $\lim_{n\to\infty}\frac{a_n b_n}{n^3}=\frac{q}{p}$이다. $p+q$의 값을 구하시오. (단, p와 q는 서로소인 자연수이다.)

[4점]

38

2021학년도 3월 학평 29번

자연수 n에 대하여 곡선 $y=x^2$ 위의 점 $\mathrm{P}_n(2n,\ 4n^2)$에서의 접선과 수직이고 점 $\mathrm{Q}_n(0,\ 2n^2)$을 지나는 직선을 l_n이라 하자. 점 P_n을 지나고 점 Q_n에서 직선 l_n과 접하는 원을 C_n이라 할 때, 원점을 지나고 원 C_n의 넓이를 이등분하는 직선의 기울기를 a_n이라 하자. $\lim_{n\to\infty}\frac{a_n}{n}$의 값을 구하시오. [4점]

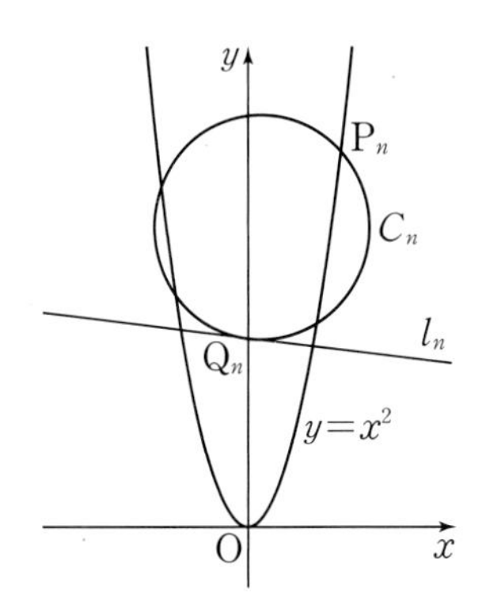

3 일차

한눈에 정리하는 평가원 기출 경향

주제 \ 학년도	2025	2024	2023

등비수열의 극한의 계산

2025

14 2025학년도 6월 모평 23번

$\lim_{n\to\infty}\frac{\left(\frac{1}{2}\right)^{n}+\left(\frac{1}{3}\right)^{n+1}}{\left(\frac{1}{2}\right)^{n+1}+\left(\frac{1}{3}\right)^{n}}$의 값은? [2점]

① 1 ② 2 ③ 3 ④ 4 ⑤ 5

빈출 등비수열의 극한의 응용

2025

17 2025학년도 9월 모평 25번

등비수열 $\{a_n\}$에 대하여

$$\lim_{n\to\infty}\frac{4^n\times a_n-1}{3\times2^{n+1}}=1$$

일 때, a_1+a_2의 값은? [3점]

① $\frac{3}{2}$ ② $\frac{5}{2}$ ③ $\frac{7}{2}$ ④ $\frac{9}{2}$ ⑤ $\frac{11}{2}$

2024

29 2024학년도 9월 모평 29번

두 실수 a, b $(a>1,\ b>1)$이

$$\lim_{n\to\infty}\frac{3^n+a^{n+1}}{3^{n+1}+a^n}=a,\ \lim_{n\to\infty}\frac{a^n+b^{n+1}}{a^{n+1}+b^n}=\frac{9}{a}$$

를 만족시킬 때, $a+b$의 값을 구하시오. [4점]

2023

16 2023학년도 수능 (홀) 25번

등비수열 $\{a_n\}$에 대하여 $\lim_{n\to\infty}\frac{a_n+1}{3^n+2^{2n-1}}=3$일 때, a_2의 값은? [3점]

① 16 ② 18 ③ 20 ④ 22 ⑤ 24

등비수열의 극한의 활용

2022 ~ 2014

10
2022학년도 9월 모평 23번

$\lim_{n\to\infty}\frac{2\times3^{n+1}+5}{3^n+2^{n+1}}$의 값은? [2점]

① 2 ② 4 ③ 6 ④ 8 ⑤ 10

08
2018학년도 수능 나형(홀) 3번

$\lim_{n\to\infty}\frac{5^n-3}{5^{n+1}}$의 값은? [2점]

① $\frac{1}{5}$ ② $\frac{1}{4}$ ③ $\frac{1}{3}$ ④ $\frac{1}{2}$ ⑤ 1

07
2018학년도 9월 모평 나형 4번

$\lim_{n\to\infty}\frac{4\times3^{n+1}+1}{3^n}$의 값은? [3점]

① 8 ② 9 ③ 10 ④ 11 ⑤ 12

09
2018학년도 6월 모평 나형 3번

$\lim_{n\to\infty}\frac{8^{n+1}-4^n}{8^n+3}$의 값은? [2점]

① 6 ② 8 ③ 10 ④ 12 ⑤ 14

05
2017학년도 6월 모평 나형 8번

$\lim_{n\to\infty}\left(2+\frac{1}{3^n}\right)\left(a+\frac{1}{2^n}\right)=10$일 때, 상수 a의 값은? [3점]

① 1 ② 2 ③ 3 ④ 4 ⑤ 5

32
2021학년도 수능 가형(홀) 18번

실수 a에 대하여 함수 $f(x)$를

$$f(x)=\lim_{n\to\infty}\frac{(a-2)x^{2n+1}+2x}{3x^{2n}+1}$$

라 하자. $(f\circ f)(1)=\frac{5}{4}$가 되도록 하는 모든 a의 값의 합은? [4점]

① $\frac{11}{2}$ ② $\frac{13}{2}$ ③ $\frac{15}{2}$ ④ $\frac{17}{2}$ ⑤ $\frac{19}{2}$

23
2021학년도 6월 모평 가형 7번

함수

$$f(x)=\lim_{n\to\infty}\frac{2\times\left(\frac{x}{4}\right)^{2n+1}-1}{\left(\frac{x}{4}\right)^{2n}+3}$$

에 대하여 $f(k)=-\frac{1}{3}$을 만족시키는 정수 k의 개수는? [3점]

① 5 ② 7 ③ 9 ④ 11 ⑤ 13

48
2018학년도 수능 나형(홀) 30번

이차함수 $f(x)=\frac{3x-x^2}{2}$에 대하여 구간 $[0, \infty)$에서 정의된 함수 $g(x)$가 다음 조건을 만족시킨다.

> (가) $0<x<1$일 때, $g(x)=f(x)$이다.
> (나) $n\le x<n+1$일 때,
> $g(x)=\frac{1}{2^n}\{f(x-n)-(x-n)\}+x$
> 이다. (단, n은 자연수이다.)

어떤 자연수 $k(k\ge6)$에 대하여 함수 $h(x)$는

$$h(x)=\begin{cases} g(x) & (0\le x<5 \text{ 또는 } x\ge k) \\ 2x-g(x) & (5\le x<k) \end{cases}$$

이다. 수열 $\{a_n\}$을 $a_n=\int_0^n h(x)\,dx$라 할 때, $\lim_{n\to\infty}(2a_n-n^2)=\frac{241}{768}$이다. k의 값을 구하시오. [4점]

20
2016학년도 수능 B형(홀) 25번

첫째항이 1이고 공비가 $r\,(r>1)$인 등비수열 $\{a_n\}$에 대하여 $S_n=\sum_{k=1}^{n}a_k$일 때, $\lim_{n\to\infty}\frac{a_n}{S_n}=\frac{3}{4}$이다. r의 값을 구하시오. [3점]

19
2016학년도 6월 모평 A형 12번

공비가 3인 등비수열 $\{a_n\}$의 첫째항부터 제n항까지의 합 S_n이

$$\lim_{n\to\infty}\frac{S_n}{3^n}=5$$

를 만족시킬 때, 첫째항 a_1의 값은? [3점]

① 8 ② 10 ③ 12 ④ 14 ⑤ 16

28
2015학년도 수능 A형(홀) 28번

자연수 k에 대하여

$$a_k=\lim_{n\to\infty}\frac{\left(\frac{6}{k}\right)^{n+1}}{\left(\frac{6}{k}\right)^{n}+1}$$

이라 할 때, $\sum_{k=1}^{10}ka_k$의 값을 구하시오. [4점]

33
2014학년도 6월 모평 A형 10번

함수

$$f(x)=\begin{cases} x+a & (x\le1) \\ \lim_{n\to\infty}\frac{2x^{n+1}+3x^n}{x^n+1} & (x>1) \end{cases}$$

이 실수 전체의 집합에서 연속일 때, 상수 a의 값은? [3점]

① 2 ② 4 ③ 6 ④ 8 ⑤ 10

37
2017학년도 수능 나형(홀) 28번

자연수 n에 대하여 직선 $x=4^n$이 곡선 $y=\sqrt{x}$와 만나는 점을 P_n이라 하자. 선분 P_nP_{n+1}의 길이를 L_n이라 할 때, $\lim_{n\to\infty}\left(\frac{L_{n+1}}{L_n}\right)^2$의 값을 구하시오. [4점]

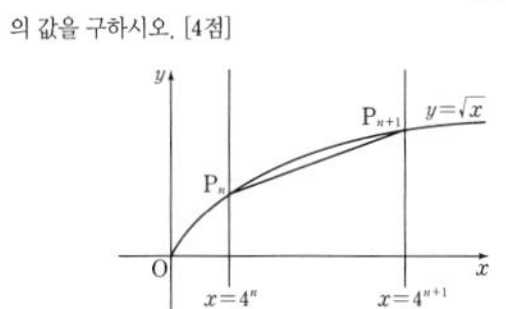

38
2015학년도 수능 B형(홀) 13번

$a>3$인 상수 a에 대하여 두 곡선 $y=a^{x-1}$과 $y=3^x$이 점 P에서 만난다. 점 P의 x좌표를 k라 할 때, $\lim_{n\to\infty}\frac{\left(\frac{a}{3}\right)^{n+k}}{\left(\frac{a}{3}\right)^{n+1}+1}$의 값은? [3점]

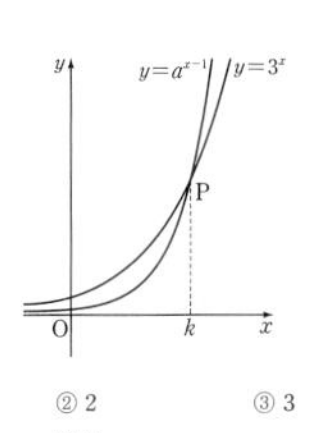

① 1 ② 2 ③ 3 ④ 4 ⑤ 5

3 일차

등비수열의 극한

1 등비수열의 극한

등비수열 $\{r^n\}$에서

(1) $r>1$일 때, $\lim_{n\to\infty} r^n=\infty$ (발산)

(2) $r=1$일 때, $\lim_{n\to\infty} r^n=1$ (수렴)

(3) $-1<r<1$일 때, $\lim_{n\to\infty} r^n=0$ (수렴)

(4) $r\le -1$일 때, 진동한다. (발산)

예 $\lim_{n\to\infty} 3^n=\infty$, $\lim_{n\to\infty}\left(\frac{1}{2}\right)^n=0$

2 등비수열의 수렴 조건

(1) 등비수열 $\{r^n\}$이 수렴하기 위한 조건 ⇨ $-1<r\le 1$

(2) 등비수열 $\{ar^{n-1}\}$이 수렴하기 위한 조건 ⇨ $a=0$ 또는 $-1<r\le 1$

예 (1) 등비수열 $\left\{\left(\frac{r}{5}\right)^n\right\}$이 수렴하려면

$-1<\frac{r}{5}\le 1$ $\quad\therefore -5<r\le 5$

(2) 등비수열 $\left\{\frac{r}{3}(r-2)^{n-1}\right\}$이 수렴하려면

$\frac{r}{3}=0$ 또는 $-1<r-2\le 1$ $\quad\therefore r=0$ 또는 $1<r\le 3$

수학 I 다시보기

수열의 일반항 a_n이 주어지지 않고 조건을 이용하여 a_n을 구한 후 그 극한값을 구하는 문제가 많이 출제되므로 다음을 기억하자.

• 등비수열의 일반항

첫째항이 a, 공비가 r인 등비수열의 일반항 a_n은

$$a_n=a\times r^{n-1}$$

• 등비수열의 합

첫째항이 a, 공비가 r인 등비수열의 첫째항부터 제n항까지의 합 S_n은

$$S_n=\frac{a(r^n-1)}{r-1}=\frac{a(1-r^n)}{1-r}\ (\text{단, } r\ne 1)$$

• 등비수열 $\{a_n\}$에 대하여

(1) $a_{n+1}=ra_n$ (단, r는 공비)

(2) $(a_{n+1})^2=a_n\times a_{n+2}$

3 x^n을 포함한 수열의 극한

x^n을 포함한 수열의 극한은 x의 값의 범위를

$|x|<1,\ x=1,\ |x|>1,\ x=-1$

인 경우로 나누어 구한다.

수학 II 다시보기

x^n을 포함한 수열의 극한으로 정의된 함수에서 x의 값의 경계에서 연속이 되도록 하는 미지수의 값을 구하는 문제가 출제되므로 다음을 기억하자.

• 함수의 연속

함수 $f(x)$가 $x=a$에서 연속이면

$$\lim_{x\to a+} f(x)=\lim_{x\to a-} f(x)=f(a)$$

• 해설편 040쪽

유형 01 등비수열의 수렴 조건

01 대표 문제 2013학년도 4월 학평-A형 6번

수열 $\left\{\left(\frac{2x-1}{5}\right)^n\right\}$이 수렴하도록 하는 모든 정수 x의 값의 합은? [3점]

① 1 ② 2 ③ 3
④ 4 ⑤ 5

02 2021학년도 3월 학평 24번

수열 $\{a_n\}$의 일반항이

$$a_n=\left(\frac{x^2-4x}{5}\right)^n$$

일 때, 수열 $\{a_n\}$이 수렴하도록 하는 모든 정수 x의 개수는? [3점]

① 7 ② 8 ③ 9
④ 10 ⑤ 11

03 2020학년도 4월 학평-가형 8번

수열 $\left\{\frac{(4x-1)^n}{2^{3n}+3^{2n}}\right\}$이 수렴하도록 하는 모든 정수 x의 개수는? [3점]

① 2 ② 4 ③ 6
④ 8 ⑤ 10

유형 02 등비수열의 극한의 계산

04 대표 문제 2024학년도 3월 학평 23번

$\lim_{n\to\infty}\frac{2^{n+1}+3^{n-1}}{2^n-3^n}$의 값은? [2점]

① $-\frac{1}{3}$ ② $-\frac{1}{6}$ ③ 0
④ $\frac{1}{6}$ ⑤ $\frac{1}{3}$

05 2017학년도 6월 모평 나형 8번

$\lim_{n\to\infty}\left(2+\frac{1}{3^n}\right)\left(a+\frac{1}{2^n}\right)=10$일 때, 상수 a의 값은? [3점]

① 1 ② 2 ③ 3
④ 4 ⑤ 5

06 2019학년도 4월 학평-나형 6번

$\lim_{n\to\infty}\frac{a+\left(\frac{1}{4}\right)^n}{5+\left(\frac{1}{2}\right)^n}=3$일 때, 상수 a의 값은? [3점]

① 11 ② 12 ③ 13
④ 14 ⑤ 15

07

2018학년도 9월 모평 나형 4번

$\lim_{n\to\infty}\frac{4\times3^{n+1}+1}{3^n}$의 값은? [3점]

① 8 ② 9 ③ 10 ④ 11 ⑤ 12

08

2018학년도 수능 나형(홀) 3번

$\lim_{n\to\infty}\frac{5^n-3}{5^{n+1}}$의 값은? [2점]

① $\frac{1}{5}$ ② $\frac{1}{4}$ ③ $\frac{1}{3}$ ④ $\frac{1}{2}$ ⑤ 1

09

2018학년도 6월 모평 나형 3번

$\lim_{n\to\infty}\frac{8^{n+1}-4^n}{8^n+3}$의 값은? [2점]

① 6 ② 8 ③ 10 ④ 12 ⑤ 14

10

2022학년도 9월 모평 23번

$\lim_{n\to\infty}\frac{2\times3^{n+1}+5}{3^n+2^{n+1}}$의 값은? [2점]

① 2 ② 4 ③ 6 ④ 8 ⑤ 10

11

2017학년도 10월 학평-나형 3번

$\lim_{n\to\infty}\frac{4^{n+2}-2^n}{4^n+1}$의 값은? [2점]

① 8 ② 10 ③ 12 ④ 14 ⑤ 16

12

2018학년도 4월 학평-나형 14번

$\lim_{n\to\infty}\frac{3n-1}{n+1}=a$일 때, $\lim_{n\to\infty}\frac{a^{n+2}+1}{a^n-1}$의 값은?

(단, a는 상수이다.) [4점]

① 1 ② 3 ③ 5 ④ 7 ⑤ 9

13

2022학년도 3월 학평 23번

$\lim_{n\to\infty}\frac{2^{n+1}+3^{n-1}}{(-2)^n+3^n}$의 값은? [2점]

① $\frac{1}{9}$　② $\frac{1}{3}$　③ 1
④ 3　⑤ 9

14

2025학년도 6월 모평 23번

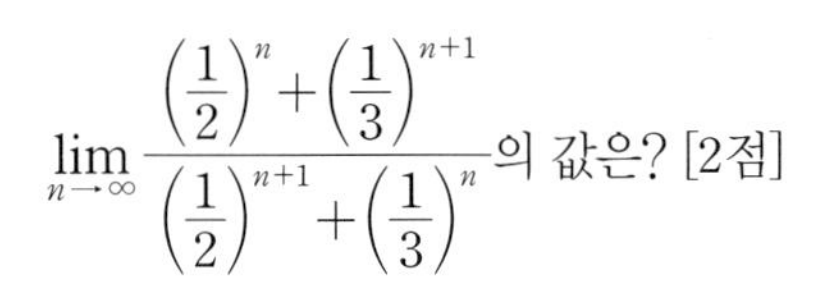

$\lim_{n\to\infty}\frac{\left(\frac{1}{2}\right)^n+\left(\frac{1}{3}\right)^{n+1}}{\left(\frac{1}{2}\right)^{n+1}+\left(\frac{1}{3}\right)^n}$의 값은? [2점]

① 1　② 2　③ 3
④ 4　⑤ 5

15

2015학년도 3월 학평-A형 5번

두 양의 실수 a, $b\,(a>b)$에 대하여 $\lim_{n\to\infty}\frac{2a^n}{a^n+b^n}$의 값은? [3점]

① 1　② 2　③ 3
④ 4　⑤ 5

유형 03 등비수열의 극한의 응용

16 대표 문제

2023학년도  수능 (홀) 25번

등비수열 $\{a_n\}$에 대하여 $\lim_{n\to\infty}\frac{a_n+1}{3^n+2^{2n-1}}=3$일 때, a_2의 값은? [3점]

① 16　② 18　③ 20
④ 22　⑤ 24

17

2025학년도 9월  모평 25번

등비수열 $\{a_n\}$에 대하여

$$\lim_{n\to\infty}\frac{4^n\times a_n-1}{3\times 2^{n+1}}=1$$

일 때, a_1+a_2의 값은? [3점]

① $\frac{3}{2}$　② $\frac{5}{2}$　③ $\frac{7}{2}$
④ $\frac{9}{2}$　⑤ $\frac{11}{2}$

18

2024학년도 10월 학평 25번

수열 $a_n=\left(\frac{k}{2}\right)^n$이 수렴하도록 하는 모든 자연수 k에 대하여

$$\lim_{n\to\infty}\frac{a\times a_n+\left(\frac{1}{2}\right)^n}{a_n+b\times\left(\frac{1}{2}\right)^n}=\frac{k}{2}$$

일 때, $a+b$의 값은? (단, a와 b는 상수이다.) [3점]

① 1 ② 2 ③ 3 ④ 4 ⑤ 5

19

2016학년도 6월 모평 A형 12번

공비가 3인 등비수열 $\{a_n\}$의 첫째항부터 제n항까지의 합 S_n이

$$\lim_{n\to\infty}\frac{S_n}{3^n}=5$$

를 만족시킬 때, 첫째항 a_1의 값은? [3점]

① 8 ② 10 ③ 12 ④ 14 ⑤ 16

20

2016학년도 수능 B형(홀) 25번

첫째항이 1이고 공비가 $r\ (r>1)$인 등비수열 $\{a_n\}$에 대하여 $S_n=\sum_{k=1}^{n}a_k$일 때, $\lim_{n\to\infty}\frac{a_n}{S_n}=\frac{3}{4}$이다. r의 값을 구하시오. [3점]

21

2023학년도 3월 학평 24번

수열 $\{a_n\}$이 모든 자연수 n에 대하여

$$3^n-2^n<a_n<3^n+2^n$$

을 만족시킬 때, $\lim_{n\to\infty}\frac{a_n}{3^{n+1}+2^n}$의 값은? [3점]

① $\frac{1}{6}$ ② $\frac{1}{3}$ ③ $\frac{1}{2}$ ④ $\frac{2}{3}$ ⑤ $\frac{5}{6}$

22

2014학년도 3월 학평–A형 20번

두 수열 $\{a_n\}$, $\{b_n\}$이 모든 자연수 n에 대하여 다음 조건을 만족시킨다.

(가) $4^n<a_n<4^n+1$
(나) $2+2^2+2^3+\cdots+2^n<b_n<2^{n+1}$

$\lim_{n\to\infty}\frac{4a_n+b_n}{2a_n+2^nb_n}$의 값은? [4점]

① $\frac{1}{4}$ ② $\frac{1}{2}$ ③ 1 ④ 2 ⑤ 4

유형 04 x^n을 포함한 수열의 극한

23 대표 문제

2021학년도 6월 모평 가형 7번

함수

$$f(x)=\lim_{n\to\infty}\frac{2\times\left(\frac{x}{4}\right)^{2n+1}-1}{\left(\frac{x}{4}\right)^{2n}+3}$$

에 대하여 $f(k)=-\frac{1}{3}$을 만족시키는 정수 k의 개수는? [3점]

① 5　② 7　③ 9　④ 11　⑤ 13

24

2019학년도 3월 학평-나형 13번

$\lim_{n\to\infty}\frac{\left(\frac{m}{5}\right)^{n+1}+2}{\left(\frac{m}{5}\right)^{n}+1}=2$가 되도록 하는 자연수 m의 개수는?

[3점]

① 5　② 6　③ 7　④ 8　⑤ 9

25

2021학년도 7월 학평 25번

자연수 r에 대하여 $\lim_{n\to\infty}\frac{3^n+r^{n+1}}{3^n+7\times r^n}=1$이 성립하도록 하는 모든 r의 값의 합은? [3점]

① 7　② 8　③ 9　④ 10　⑤ 11

26

2022학년도 4월 학평 26번

함수

$$f(x)=\lim_{n\to\infty}\frac{3\times\left(\frac{x}{2}\right)^{2n+1}-1}{\left(\frac{x}{2}\right)^{2n}+1}$$

에 대하여 $f(k)=k$를 만족시키는 모든 실수 k의 값의 합은?

[3점]

① -6　② -5　③ -4　④ -3　⑤ -2

27

2024학년도 5월 학평 26번

열린구간 $(0, \infty)$에서 정의된 함수

$$f(x)=\lim_{n\to\infty}\frac{x^{n+1}+\left(\frac{4}{x}\right)^{n}}{x^{n}+\left(\frac{4}{x}\right)^{n+1}}$$

이 있다. $x>0$일 때, 방정식 $f(x)=2x-3$의 모든 실근의 합은? [3점]

① $\frac{41}{7}$ ② $\frac{43}{7}$ ③ $\frac{45}{7}$

④ $\frac{47}{7}$ ⑤ 7

28

2015학년도 수능 A형(홀) 28번

자연수 k에 대하여

$$a_k=\lim_{n\to\infty}\frac{\left(\frac{6}{k}\right)^{n+1}}{\left(\frac{6}{k}\right)^{n}+1}$$

이라 할 때, $\sum_{k=1}^{10}ka_k$의 값을 구하시오. [4점]

29

2024학년도 9월 모평 29번

두 실수 a, b $(a>1, b>1)$이

$$\lim_{n\to\infty}\frac{3^n+a^{n+1}}{3^{n+1}+a^n}=a,\ \lim_{n\to\infty}\frac{a^n+b^{n+1}}{a^{n+1}+b^n}=\frac{9}{a}$$

를 만족시킬 때, $a+b$의 값을 구하시오. [4점]

30

2021학년도 3월 학평 25번

모든 항이 양수인 수열 $\{a_n\}$이 모든 자연수 n에 대하여

$$a_{n+1}=a_1a_n$$

을 만족시킨다. $\lim_{n\to\infty}\frac{3a_{n+3}-5}{2a_n+1}=12$일 때, a_1의 값은? [3점]

① $\frac{1}{2}$ ② 1 ③ $\frac{3}{2}$

④ 2 ⑤ $\frac{5}{2}$

31

2016학년도 10월 학평-나형 20번

두 함수

$$f(x)=\lim_{n\to\infty}\frac{2x^{2n+1}}{1+x^{2n}},\ g(x)=x+a$$

의 그래프의 교점의 개수를 $h(a)$라 할 때, $h(0)+\lim_{a\to 1+}h(a)$의 값은? (단, a는 실수이다.) [4점]

① 1 ② 2 ③ 3 ④ 4 ⑤ 5

32

2021학년도  수능 가형(홀) 18번

실수 a에 대하여 함수 $f(x)$를

$$f(x)=\lim_{n\to\infty}\frac{(a-2)x^{2n+1}+2x}{3x^{2n}+1}$$

라 하자. $(f\circ f)(1)=\frac{5}{4}$가 되도록 하는 모든 a의 값의 합은? [4점]

① $\frac{11}{2}$ ② $\frac{13}{2}$ ③ $\frac{15}{2}$ ④ $\frac{17}{2}$ ⑤ $\frac{19}{2}$

유형 05 등비수열의 극한과 연속

33 대표 문제

2014학년도 6월 모평 A형 10번

함수

$$f(x)=\begin{cases} x+a & (x\le 1) \\ \lim_{n\to\infty}\frac{2x^{n+1}+3x^n}{x^n+1} & (x>1) \end{cases}$$

이 실수 전체의 집합에서 연속일 때, 상수 a의 값은? [3점]

① 2 ② 4 ③ 6 ④ 8 ⑤ 10

34

2014학년도 4월 학평-A형 17번

함수

$$f(x)=\lim_{n\to\infty}\frac{x^{2n+1}+ax^2+bx-2}{x^{2n}+1}$$

가 실수 전체의 집합에서 연속일 때, 두 상수 a, b의 곱 ab의 값은? [4점]

① -2 ② -1 ③ 0 ④ 1 ⑤ 2

35

2016학년도 7월 학평-나형 27번

함수 $f(x)=\lim_{n\to\infty}\frac{x^{2n}}{1+x^{2n}}$과 최고차항의 계수가 1인 이차함수 $g(x)$에 대하여 함수 $f(x)g(x)$가 실수 전체의 집합에서 연속일 때, $g(8)$의 값을 구하시오. [4점]

36

2022학년도 3월 학평 29번

실수 t에 대하여 직선 $y=tx-2$가 함수

$$f(x)=\lim_{n\to\infty}\frac{2x^{2n+1}-1}{x^{2n}+1}$$

의 그래프와 만나는 점의 개수를 $g(t)$라 하자. 함수 $g(t)$가 $t=a$에서 불연속인 모든 a의 값을 작은 수부터 크기순으로 나열한 것을 $a_1, a_2, \cdots, a_m$(m은 자연수)라 할 때, $m\times a_m$의 값을 구하시오. [4점]

유형 06 등비수열의 극한의 활용

37 대표 문제

2017학년도 수능 나형(홀) 28번

자연수 n에 대하여 직선 $x=4^n$이 곡선 $y=\sqrt{x}$와 만나는 점을 P_n이라 하자. 선분 P_nP_{n+1}의 길이를 L_n이라 할 때, $\lim_{n\to\infty}\left(\frac{L_{n+1}}{L_n}\right)^2$의 값을 구하시오. [4점]

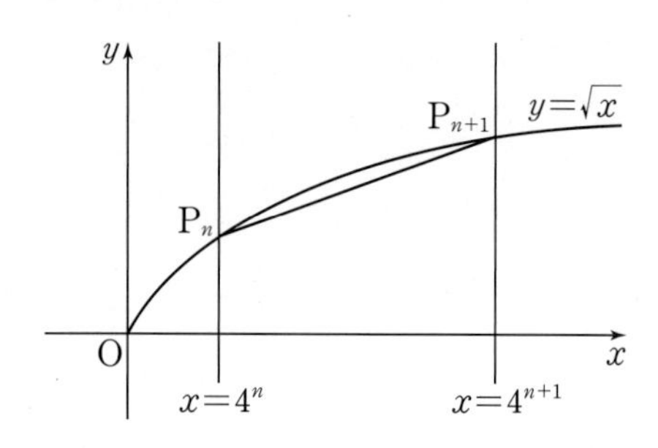

38

2015학년도 수능 B형(홀) 13번

$a>3$인 상수 a에 대하여 두 곡선 $y=a^{x-1}$과 $y=3^x$이 점 P에서 만난다. 점 P의 x좌표를 k라 할 때, $\lim_{n\to\infty}\frac{\left(\frac{a}{3}\right)^{n+k}}{\left(\frac{a}{3}\right)^{n+1}+1}$의 값은? [3점]

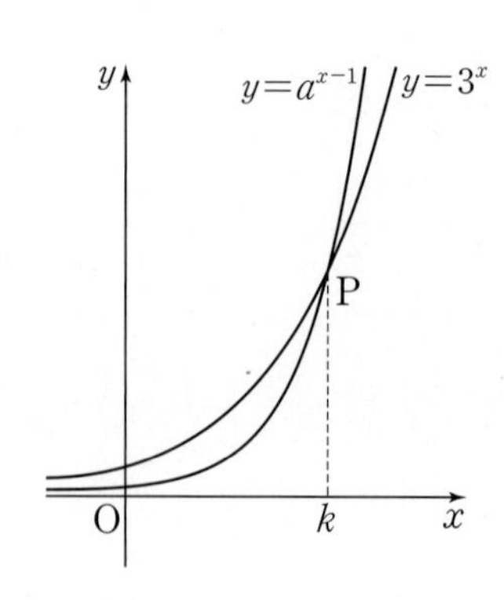

① 1 ② 2 ③ 3 ④ 4 ⑤ 5

39

2016학년도 3월 학평-나형 12번

그림과 같이 곡선 $y=f(x)$와 직선 $y=g(x)$가 원점과 점 $(3, 3)$에서 만난다. $h(x)=\lim_{n\to\infty}\frac{\{f(x)\}^{n+1}+5\{g(x)\}^n}{\{f(x)\}^n+\{g(x)\}^n}$일 때, $h(2)+h(3)$의 값은? [3점]

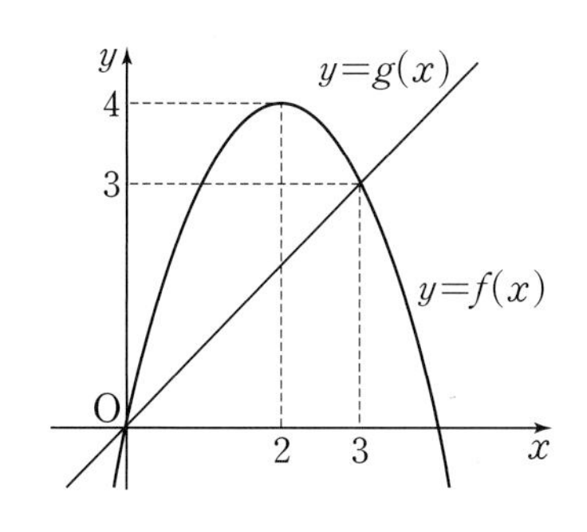

① 6 ② 7 ③ 8 ④ 9 ⑤ 10

40

2023학년도 3월 학평 28번

$a>0$, $a\neq1$인 실수 a와 자연수 n에 대하여 직선 $y=n$이 y축과 만나는 점을 A_n, 직선 $y=n$이 곡선 $y=\log_a(x-1)$과 만나는 점을 B_n이라 하자. 사각형 $A_nB_nB_{n+1}A_{n+1}$의 넓이를 S_n이라 할 때,

$$\lim_{n\to\infty}\frac{\overline{B_nB_{n+1}}}{S_n}=\frac{3}{2a+2}$$

을 만족시키는 모든 a의 값의 합은? [4점]

① 2 ② $\frac{9}{4}$ ③ $\frac{5}{2}$ ④ $\frac{11}{4}$ ⑤ 3

41

2014학년도 7월 학평-A형 20번

자연수 n에 대하여 중심이 x축 위에 있고 반지름의 길이가 r_n인 원 C_n을 다음과 같은 규칙으로 그린다.

> (가) 원점을 중심으로 하고 반지름의 길이가 1인 원 C_1을 그린다.
> (나) 원 C_{n-1}의 중심을 x축의 방향으로 $2r_{n-1}$만큼 평행이동시킨 점을 중심으로 하고 반지름의 길이가 $2r_{n-1}$인 원 C_n을 그린다. ($n=2, 3, 4, \cdots$)

원 C_n의 중심을 $(a_n, 0)$이라 할 때, $\lim_{n\to\infty}\frac{a_n}{r_n}$의 값은? [4점]

① $\frac{1}{2}$ ② 1 ③ $\frac{3}{2}$

④ 2 ⑤ $\frac{5}{2}$

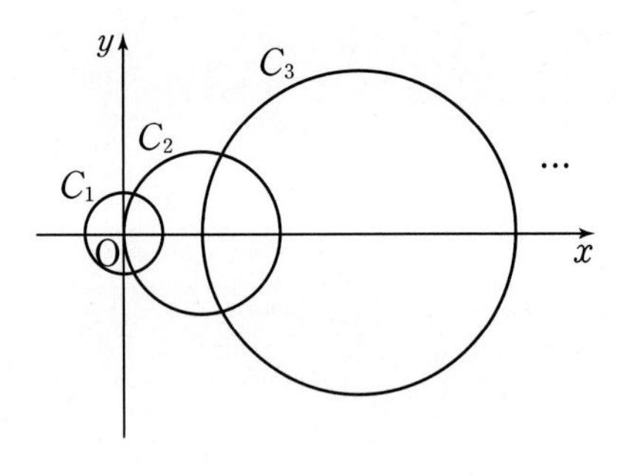

42

2014학년도 7월 학평-B형 19번

그림과 같이 좌표평면에 원 C_1: $(x-1)^2+y^2=1$과 점 $\mathrm{A}(2, 0)$이 있다. 원 C_1의 중심을 O_1이라 하고, 선분 $\mathrm{O}_1\mathrm{A}$를 지름으로 하는 원을 C_2라 하자. 원 C_2의 중심을 O_2라 하고, 선분 $\mathrm{O}_2\mathrm{A}$를 지름으로 하는 원을 C_3이라 하자. 이와 같은 과정을 계속하여 n번째 얻은 원을 C_n이라 하자. 점 $\mathrm{B}(-1, 0)$에서 원 C_n에 그은 접선의 기울기를 a_n이라 할 때, $\lim_{n\to\infty}2^n a_n$의 값은?

(단, $a_n>0$이다.) [4점]

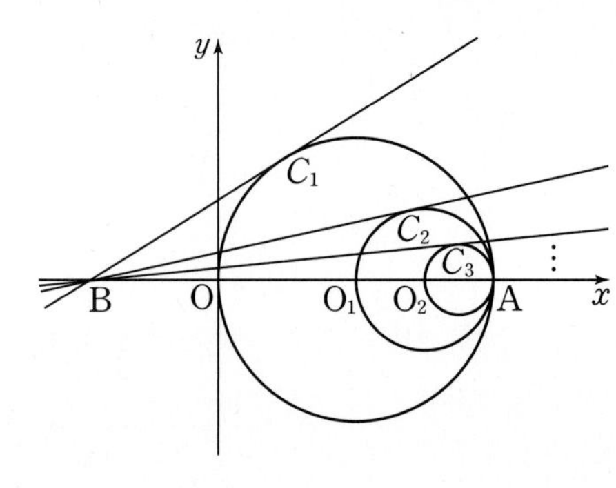

① $\frac{1}{3}$ ② $\frac{1}{2}$ ③ $\frac{2}{3}$

④ $\frac{5}{6}$ ⑤ 1

43

2016학년도 7월 학평–나형 29번

그림과 같이 한 변의 길이가 4인 정삼각형 ABC와 점 A를 지나고 직선 BC와 평행한 직선 l이 있다. 자연수 n에 대하여 중심 O_n이 변 AC 위에 있고 반지름의 길이가 $\sqrt{3}\left(\frac{1}{2}\right)^{n-1}$인 원이 직선 AB와 직선 l에 모두 접한다. 이 원과 직선 AB가 접하는 점을 P_n, 직선 O_nP_n과 직선 l이 만나는 점을 Q_n이라 하자. 삼각형 BO_nQ_n의 넓이를 S_n이라 할 때, $\lim_{n\to\infty} 2^n S_n = k$이다. k^2의 값을 구하시오. [4점]

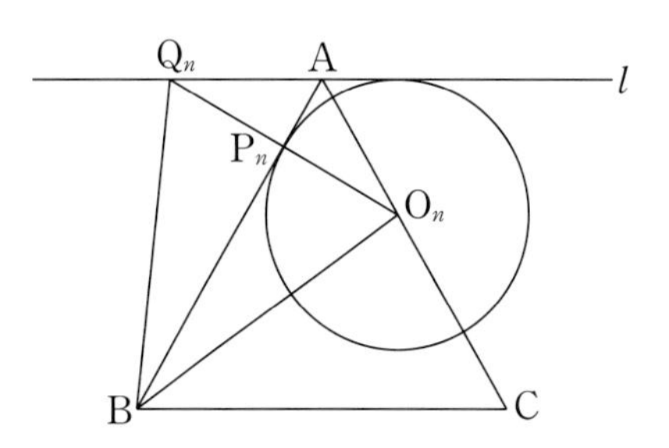

44

2023학년도 3월 학평 30번

함수

$$f(x)=\lim_{n\to\infty}\frac{x^{2n+1}-x}{x^{2n}+1}$$

에 대하여 실수 전체의 집합에서 정의된 함수 $g(x)$가 다음 조건을 만족시킨다.

> $2k-2\le|x|<2k$일 때,
>
> $$g(x)=(2k-1)\times f\left(\frac{x}{2k-1}\right)$$
>
> 이다. (단, k는 자연수이다.)

$0<t<10$인 실수 t에 대하여 직선 $y=t$가 함수 $y=g(x)$의 그래프와 만나지 않도록 하는 모든 t의 값의 합을 구하시오. [4점]

45

2021학년도 4월 학평 30번

함수 $f(x)$를

$$f(x)=\lim_{n\to\infty}\frac{ax^{2n}+bx^{2n-1}+x}{x^{2n}+2}\ (a,\ b\text{는 양의 상수})$$

라 하자. 자연수 m에 대하여 방정식 $f(x)=2(x-1)+m$의 실근의 개수를 c_m이라 할 때, $c_k=5$인 자연수 k가 존재한다.

$k+\sum_{m=1}^{\infty}(c_m-1)$의 값을 구하시오. [4점]

46

2024학년도 3월 학평 30번

최고차항의 계수가 1인 삼차함수 $f(x)$와 자연수 m에 대하여 구간 $(0,\ \infty)$에서 정의된 함수 $g(x)$를

$$g(x)=\lim_{n\to\infty}\frac{f(x)\left(\frac{x}{m}\right)^n+x}{\left(\frac{x}{m}\right)^n+1}$$

라 하자. 함수 $g(x)$는 다음 조건을 만족시킨다.

> (가) 함수 $g(x)$는 구간 $(0,\ \infty)$에서 미분가능하고, $g'(m+1)\leq 0$이다.
> (나) $g(k)g(k+1)=0$을 만족시키는 자연수 k의 개수는 3이다.
> (다) $g(l)\geq g(l+1)$을 만족시키는 자연수 l의 개수는 3이다.

$g(12)$의 값을 구하시오. [4점]

47

2019학년도 4월 학평-나형 21번

함수

$$f(x)=\lim_{n\to\infty}\frac{\left(\frac{x-1}{k}\right)^{2n}-1}{\left(\frac{x-1}{k}\right)^{2n}+1}\ (k>0)$$

에 대하여 함수

$$g(x)=\begin{cases}(f\circ f)(x) & (x=k)\\ (x-k)^2 & (x\neq k)\end{cases}$$

가 실수 전체의 집합에서 연속이다. 상수 k에 대하여 $(g\circ f)(k)$의 값은? [4점]

① 1 ② 3 ③ 5 ④ 7 ⑤ 9

48

2018학년도 수능 나형(홀) 30번

이차함수 $f(x)=\frac{3x-x^2}{2}$에 대하여 구간 $[0, \infty)$에서 정의된 함수 $g(x)$가 다음 조건을 만족시킨다.

> (가) $0\le x<1$일 때, $g(x)=f(x)$이다.
> (나) $n\le x<n+1$일 때,
> $g(x)=\frac{1}{2^n}\{f(x-n)-(x-n)\}+x$
> 이다. (단, n은 자연수이다.)

어떤 자연수 $k(k\ge6)$에 대하여 함수 $h(x)$는

$$h(x)=\begin{cases}g(x) & (0\le x<5 \text{ 또는 } x\ge k)\\ 2x-g(x) & (5\le x<k)\end{cases}$$

이다. 수열 $\{a_n\}$을 $a_n=\int_0^n h(x)\,dx$라 할 때, $\lim_{n\to\infty}(2a_n-n^2)=\frac{241}{768}$이다. k의 값을 구하시오. [4점]

4 일차

한눈에 정리하는 평가원 기출 경향

주제 \ 학년도	2025	2024 ~ 2023

급수의 합

2025

12 2025학년도 9월 모평 29번

수열 $\{a_n\}$의 첫째항부터 제m항까지의 합을 S_m이라 하자. 모든 자연수 m에 대하여

$$S_m=\sum_{n=1}^{\infty}\frac{m+1}{n(n+m+1)}$$

일 때, $a_1+a_{10}=\frac{q}{p}$이다. $p+q$의 값을 구하시오.

(단, p와 q는 서로소인 자연수이다.) [4점]

급수와 수열의 극한값 사이의 관계

2025

31 2025학년도 6월 모평 25번

수열 $\{a_n\}$이

$$\sum_{n=1}^{\infty}\left(a_n-\frac{3n^2-n}{2n^2+1}\right)=2$$

를 만족시킬 때, $\lim_{n\to\infty}(a_n^2+2a_n)$의 값은? [3점]

① $\frac{17}{4}$ ② $\frac{19}{4}$ ③ $\frac{21}{4}$ ④ $\frac{23}{4}$ ⑤ $\frac{25}{4}$

2024 ~ 2023

26 2023학년도 6월 모평 27번

첫째항이 4인 등차수열 $\{a_n\}$에 대하여 급수

$$\sum_{n=1}^{\infty}\left(\frac{a_n}{n}-\frac{3n+7}{n+2}\right)$$

이 실수 S에 수렴할 때, S의 값은? [3점]

① $\frac{1}{2}$ ② 1 ③ $\frac{3}{2}$ ④ 2 ⑤ $\frac{5}{2}$

등비급수의 수렴 조건

등비급수의 합

2025

51 2025학년도 수능 (홀) 29번

등비수열 $\{a_n\}$이

$$\sum_{n=1}^{\infty}(|a_n|+a_n)=\frac{40}{3},\ \sum_{n=1}^{\infty}(|a_n|-a_n)=\frac{20}{3}$$

을 만족시킨다. 부등식

$$\lim_{n\to\infty}\sum_{k=1}^{2n}\left((-1)^{\frac{k(k+1)}{2}}\times a_{m+k}\right)>\frac{1}{700}$$

을 만족시키는 모든 자연수 m의 값의 합을 구하시오. [4점]

2024 ~ 2023

49 2024학년도 수능 (홀) 29번

첫째항과 공비가 각각 0이 아닌 두 등비수열 $\{a_n\}$, $\{b_n\}$에 대하여 두 급수 $\sum_{n=1}^{\infty}a_n$, $\sum_{n=1}^{\infty}b_n$이 각각 수렴하고

$$\sum_{n=1}^{\infty}a_nb_n=\left(\sum_{n=1}^{\infty}a_n\right)\times\left(\sum_{n=1}^{\infty}b_n\right),$$

$$3\times\sum_{n=1}^{\infty}|a_{2n}|=7\times\sum_{n=1}^{\infty}|a_{3n}|$$

이 성립한다. $\sum_{n=1}^{\infty}\frac{b_{2n-1}+b_{3n+1}}{b_n}=S$일 때, $120S$의 값을 구하시오.

[4점]

48 2024학년도 6월 모평 30번

수열 $\{a_n\}$은 등비수열이고, 수열 $\{b_n\}$을 모든 자연수 n에 대하여

$$b_n=\begin{cases}-1 & (a_n\le -1)\\ a_n & (a_n>-1)\end{cases}$$

이라 할 때, 수열 $\{b_n\}$은 다음 조건을 만족시킨다.

> (가) 급수 $\sum_{n=1}^{\infty}b_{2n-1}$은 수렴하고 그 합은 -3이다.
> (나) 급수 $\sum_{n=1}^{\infty}b_{2n}$은 수렴하고 그 합은 8이다.

$b_3=-1$일 때, $\sum_{n=1}^{\infty}|a_n|$의 값을 구하시오. [4점]

47 2024학년도 9월 모평 26번

공차가 양수인 등차수열 $\{a_n\}$과 등비수열 $\{b_n\}$에 대하여 $a_1=b_1=1$, $a_2b_2=1$이고

$$\sum_{n=1}^{\infty}\left(\frac{1}{a_na_{n+1}}+b_n\right)=2$$

일 때, $\sum_{n=1}^{\infty}b_n$의 값은? [3점]

① $\frac{7}{6}$ ② $\frac{6}{5}$ ③ $\frac{5}{4}$ ④ $\frac{4}{3}$ ⑤ $\frac{3}{2}$

2022 ~ 2014

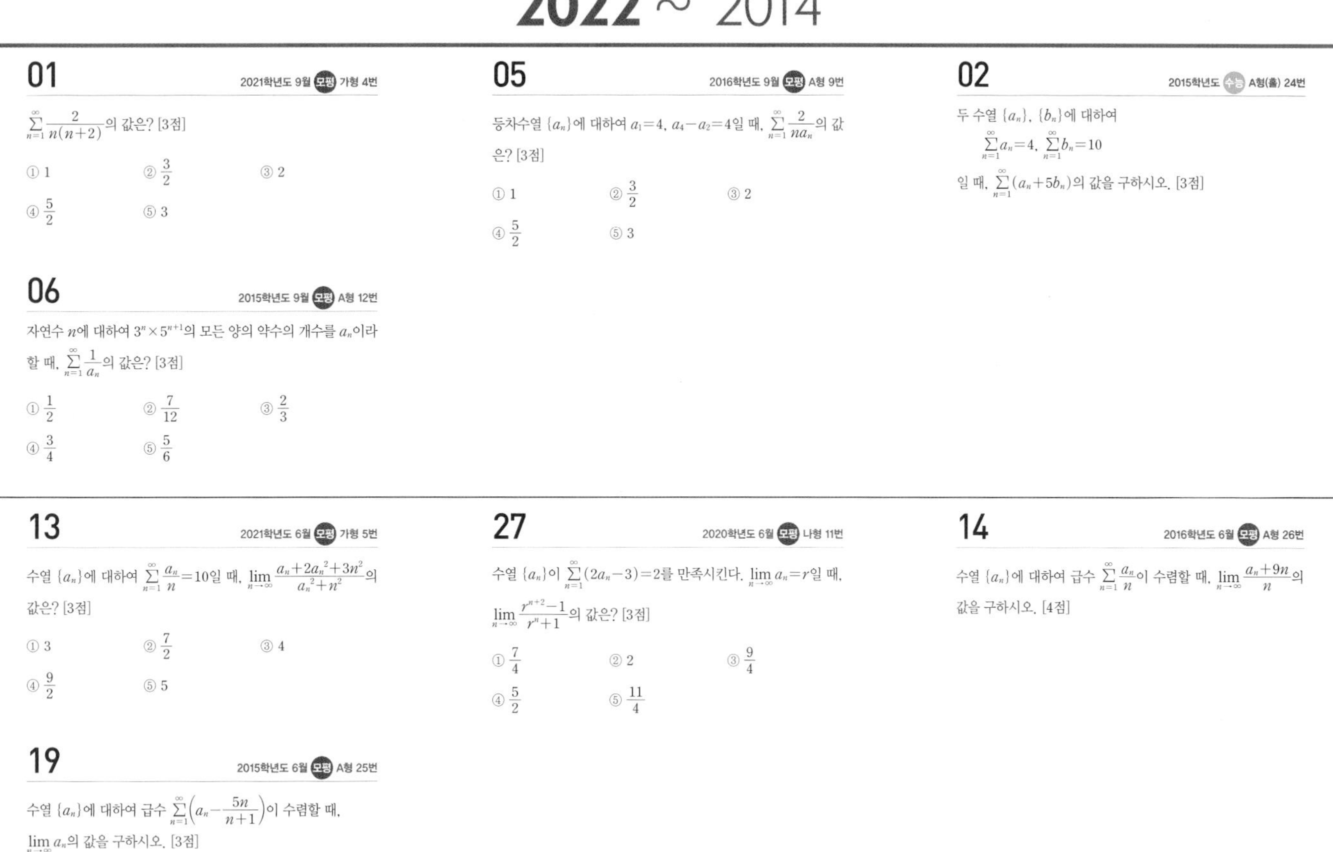

01
2021학년도 9월 모평 가형 4번

$\sum_{n=1}^{\infty} \frac{2}{n(n+2)}$의 값은? [3점]

① 1 ② $\frac{3}{2}$ ③ 2
④ $\frac{5}{2}$ ⑤ 3

05
2016학년도 9월 모평 A형 9번

등차수열 $\{a_n\}$에 대하여 $a_1=4$, $a_4-a_2=4$일 때, $\sum_{n=1}^{\infty} \frac{2}{na_n}$의 값은? [3점]

① 1 ② $\frac{3}{2}$ ③ 2
④ $\frac{5}{2}$ ⑤ 3

02
2015학년도 수능 A형(홀) 24번

두 수열 $\{a_n\}$, $\{b_n\}$에 대하여

$$\sum_{n=1}^{\infty} a_n=4,\ \sum_{n=1}^{\infty} b_n=10$$

일 때, $\sum_{n=1}^{\infty}(a_n+5b_n)$의 값을 구하시오. [3점]

06
2015학년도 9월 모평 A형 12번

자연수 n에 대하여 $3^n \times 5^{n+1}$의 모든 양의 약수의 개수를 a_n이라 할 때, $\sum_{n=1}^{\infty} \frac{1}{a_n}$의 값은? [3점]

① $\frac{1}{2}$ ② $\frac{7}{12}$ ③ $\frac{2}{3}$
④ $\frac{3}{4}$ ⑤ $\frac{5}{6}$

13
2021학년도 6월 모평 가형 5번

수열 $\{a_n\}$에 대하여 $\sum_{n=1}^{\infty} \frac{a_n}{n}=10$일 때, $\lim_{n\to\infty} \frac{a_n+2a_n^2+3n^2}{a_n^2+n^2}$의 값은? [3점]

① 3 ② $\frac{7}{2}$ ③ 4
④ $\frac{9}{2}$ ⑤ 5

27
2020학년도 6월 모평 나형 11번

수열 $\{a_n\}$이 $\sum_{n=1}^{\infty}(2a_n-3)=2$를 만족시킨다. $\lim_{n\to\infty} a_n=r$일 때, $\lim_{n\to\infty} \frac{r^{n+2}-1}{r^n+1}$의 값은? [3점]

① $\frac{7}{4}$ ② 2 ③ $\frac{9}{4}$
④ $\frac{5}{2}$ ⑤ $\frac{11}{4}$

14
2016학년도 6월 모평 A형 26번

수열 $\{a_n\}$에 대하여 급수 $\sum_{n=1}^{\infty} \frac{a_n}{n}$이 수렴할 때, $\lim_{n\to\infty} \frac{a_n+9n}{n}$의 값을 구하시오. [4점]

19
2015학년도 6월 모평 A형 25번

수열 $\{a_n\}$에 대하여 급수 $\sum_{n=1}^{\infty}\left(a_n-\frac{5n}{n+1}\right)$이 수렴할 때, $\lim_{n\to\infty} a_n$의 값을 구하시오. [3점]

34
2019학년도 6월 모평 나형 11번

급수 $\sum_{n=1}^{\infty}\left(\frac{x}{5}\right)^n$이 수렴하도록 하는 모든 정수 x의 개수는? [3점]

① 1 ② 3 ③ 5
④ 7 ⑤ 9

42
2022학년도 수능 (홀) 25번

등비수열 $\{a_n\}$에 대하여

$$\sum_{n=1}^{\infty}(a_{2n-1}-a_{2n})=3,\ \sum_{n=1}^{\infty} a_n^2=6$$

일 때, $\sum_{n=1}^{\infty} a_n$의 값은? [3점]

① 1 ② 2 ③ 3
④ 4 ⑤ 5

46
2021학년도 9월 모평 가형 8번

등비수열 $\{a_n\}$에 대하여 $\lim_{n\to\infty} \frac{3^n}{a_n+2^n}=6$일 때, $\sum_{n=1}^{\infty} \frac{1}{a_n}$의 값은? [3점]

① 1 ② 2 ③ 3
④ 4 ⑤ 5

36
2015학년도 수능 A형(홀) 11번

등비수열 $\{a_n\}$에 대하여 $a_1=3$, $a_2=1$일 때, $\sum_{n=1}^{\infty}(a_n)^2$의 값은? [3점]

① $\frac{81}{8}$ ② $\frac{83}{8}$ ③ $\frac{85}{8}$
④ $\frac{87}{8}$ ⑤ $\frac{89}{8}$

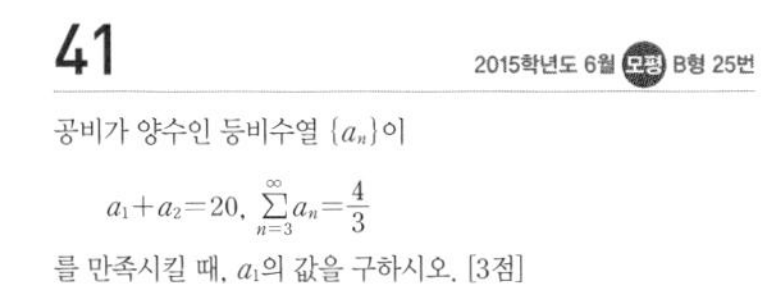

41
2015학년도 6월 모평 B형 25번

공비가 양수인 등비수열 $\{a_n\}$이

$$a_1+a_2=20,\ \sum_{n=3}^{\infty} a_n=\frac{4}{3}$$

를 만족시킬 때, a_1의 값을 구하시오. [3점]

4 일차

급수와 등비급수의 합

1 급수의 수렴과 발산

급수 $\sum_{n=1}^{\infty} a_n$의 첫째항부터 제n항까지의 부분합을 S_n이라 할 때

(1) $\lim_{n\to\infty} S_n = \lim_{n\to\infty} \sum_{k=1}^{n} a_k = S$ (S는 실수)이면 급수 $\sum_{n=1}^{\infty} a_n$은 수렴하고, 그 합은 S이다.

(2) 수열 $\{S_n\}$이 발산하면 급수 $\sum_{n=1}^{\infty} a_n$은 발산한다.

중1 고1 다시보기

수열의 일반항 a_n이 주어지지 않고 조건을 이용하여 a_n을 구한 후 $\sum_{n=1}^{\infty} a_n$의 값을 구하는 문제가 출제된다. 이때 다음을 이용하므로 기억하자.

- 양의 약수의 개수
  자연수 $N = p^{\alpha} \times q^{\beta}$ (p, q는 서로 다른 소수, α, β는 자연수)의 모든 양의 약수의 개수는 $(\alpha+1)(\beta+1)$
- 나머지정리
  다항식 $f(x)$를 일차식 $x-\alpha$로 나누었을 때의 나머지는 $f(\alpha)$이다.

2 급수와 수열의 극한값 사이의 관계

(1) 급수 $\sum_{n=1}^{\infty} a_n$이 수렴하면 $\lim_{n\to\infty} a_n = 0$이다.

(2) $\lim_{n\to\infty} a_n \neq 0$이면 급수 $\sum_{n=1}^{\infty} a_n$은 발산한다.

3 급수의 성질

$\sum_{n=1}^{\infty} a_n = S$, $\sum_{n=1}^{\infty} b_n = T$ (S, T는 실수)일 때

(1) $\sum_{n=1}^{\infty} ka_n = k\sum_{n=1}^{\infty} a_n = kS$ (단, k는 상수)

(2) $\sum_{n=1}^{\infty} (a_n \pm b_n) = \sum_{n=1}^{\infty} a_n \pm \sum_{n=1}^{\infty} b_n = S \pm T$ (복부호 동순)

4 등비급수의 수렴과 발산

등비급수 $\sum_{n=1}^{\infty} ar^{n-1}$ $(a \neq 0)$은

(1) $|r| < 1$일 때 수렴하고, 그 합은 $\frac{a}{1-r}$이다.

(2) $|r| \geq 1$일 때, 발산한다.

예 급수 $\sum_{n=1}^{\infty} \left(\frac{3}{4}\right)^n$에서 $-1 < \frac{3}{4} < 1$이므로 이 등비급수는 수렴하고 그 합은 $\sum_{n=1}^{\infty} \left(\frac{3}{4}\right)^n = \frac{\frac{3}{4}}{1-\frac{3}{4}} = 3$

5 등비급수의 수렴 조건

(1) 등비급수 $\sum_{n=1}^{\infty} r^n$이 수렴하기 위한 조건 ⇨ $-1 < r < 1$

(2) 등비급수 $\sum_{n=1}^{\infty} ar^{n-1}$이 수렴하기 위한 조건 ⇨ $a=0$ 또는 $-1 < r < 1$

- 수열 $\{a_n\}$의 수렴, 발산은 $\lim_{n\to\infty} a_n$을 조사하여 알 수 있고, 급수의 수렴, 발산은 $\lim_{n\to\infty} S_n$을 조사하여 알 수 있다.
- 급수 $\sum_{n=1}^{\infty} a_n$에서 a_n이 $\frac{1}{AB}$ $(A \neq B)$ 꼴로 주어지면 $\frac{1}{AB} = \frac{1}{B-A}\left(\frac{1}{A} - \frac{1}{B}\right)$임을 이용한다.
- 급수가 발산함을 보일 때 (2)를 이용한다.
- 수열 $\{a_n\}$에 대하여 $\sum_{n=1}^{\infty} (a_n - \alpha)$ (α는 실수)가 수렴할 때, $\lim_{n\to\infty} a_n$의 값은 다음과 같은 순서로 구한다.
  (1) $a_n - \alpha = b_n$으로 놓고 a_n을 b_n과 α로 나타낸다.
  ⇨ $a_n = b_n + \alpha$
  (2) $\lim_{n\to\infty} b_n = 0$임을 이용하여 $\lim_{n\to\infty} a_n$의 값을 구한다.
  ⇨ $\lim_{n\to\infty} a_n = \lim_{n\to\infty} (b_n + \alpha) = \lim_{n\to\infty} b_n + \lim_{n\to\infty} \alpha = \alpha$
- 급수 $\sum_{n=1}^{\infty} ar^{n-1}$에서 $a=0$이면 모든 항이 0이므로 이 급수의 합은 0이다.

• 해설편 063쪽

유형 01 급수의 합

01 대표 문제

2021학년도 9월 모평 가형 4번

$\sum_{n=1}^{\infty} \frac{2}{n(n+2)}$의 값은? [3점]

① 1　② $\frac{3}{2}$　③ 2　④ $\frac{5}{2}$　⑤ 3

02

2015학년도 수능 A형(홀) 24번

두 수열 $\{a_n\}$, $\{b_n\}$에 대하여

$$\sum_{n=1}^{\infty} a_n=4,\ \sum_{n=1}^{\infty} b_n=10$$

일 때, $\sum_{n=1}^{\infty} (a_n+5b_n)$의 값을 구하시오. [3점]

03

2018학년도 4월 학평-나형 23번

$\sum_{n=1}^{\infty} \frac{2}{(n+1)(n+2)}$의 값을 구하시오. [3점]

04

2015학년도 7월 학평-A형 25번

$\sum_{n=1}^{\infty} \frac{84}{(2n+1)(2n+3)}$의 값을 구하시오. [3점]

유형 02 급수의 합의 응용

05 대표 문제

2016학년도 9월 모평 A형 9번

등차수열 $\{a_n\}$에 대하여 $a_1=4$, $a_4-a_2=4$일 때, $\sum_{n=1}^{\infty}\frac{2}{na_n}$의 값은? [3점]

① 1 ② $\frac{3}{2}$ ③ 2 ④ $\frac{5}{2}$ ⑤ 3

06

2015학년도 9월 모평 A형 12번

자연수 n에 대하여 $3^n\times5^{n+1}$의 모든 양의 약수의 개수를 a_n이라 할 때, $\sum_{n=1}^{\infty}\frac{1}{a_n}$의 값은? [3점]

① $\frac{1}{2}$ ② $\frac{7}{12}$ ③ $\frac{2}{3}$ ④ $\frac{3}{4}$ ⑤ $\frac{5}{6}$

07

2013학년도 7월 학평-A형 10번

모든 자연수 n에 대하여 수열 $\{a_n\}$은 다음 두 조건을 만족시킨다. 이때 $\sum_{n=1}^{\infty}a_n$의 값은? [3점]

> (가) $a_n\neq0$
> (나) x에 대한 다항식 $a_nx^2+a_nx+2$를 $x-n$으로 나눈 나머지가 20이다.

① 10 ② 12 ③ 14 ④ 16 ⑤ 18

08

2024학년도 5월 학평 24번

첫째항이 1이고 공차가 $d\,(d>0)$인 등차수열 $\{a_n\}$에 대하여 $\sum_{n=1}^{\infty}\left(\frac{n}{a_n}-\frac{n+1}{a_{n+1}}\right)=\frac{2}{3}$일 때, d의 값은? [3점]

① 1 ② 2 ③ 3 ④ 4 ⑤ 5

09

2020학년도 4월 학평-가형 15번

첫째항이 양수이고 공차가 3인 등차수열 $\{a_n\}$과 모든 항이 양수인 수열 $\{b_n\}$이 다음 조건을 만족시킬 때, a_1의 값은? [4점]

(가) 모든 자연수 n에 대하여
$\log a_n + \log a_{n+1} + \log b_n = 0$
(나) $\sum_{n=1}^{\infty} b_n = \frac{1}{12}$

① 2 ② $\frac{5}{2}$ ③ 3 ④ $\frac{7}{2}$ ⑤ 4

10

2022학년도 4월 학평 27번

자연수 n에 대하여 곡선 $y=x^2-2nx-2n$이 직선 $y=x+1$과 만나는 두 점을 각각 P_n, Q_n이라 하자. 선분 $\mathrm{P}_n\mathrm{Q}_n$을 대각선으로 하는 정사각형의 넓이를 a_n이라 할 때, $\sum_{n=1}^{\infty} \frac{1}{a_n}$의 값은? [3점]

① $\frac{1}{10}$ ② $\frac{2}{15}$ ③ $\frac{1}{6}$ ④ $\frac{1}{5}$ ⑤ $\frac{7}{30}$

11

2016학년도 3월 학평-나형 21번

수열 $\{a_n\}$에 대하여

집합 $A=\{x \mid x^2-1<a<x^2+2x,\ x$는 자연수$\}$

가 공집합이 되도록 하는 자연수 a를 작은 수부터 크기순으로 나열할 때, n번째 수를 a_n이라 하자.

예를 들어, $a=3$은 $x^2-1<a<x^2+2x$를 만족시키는 자연수 x가 존재하지 않는 첫 번째 수이므로 $a_1=3$이다.

$\sum_{n=1}^{\infty} \frac{1}{a_n}$의 값은? [4점]

① $\frac{1}{2}$ ② $\frac{3}{4}$ ③ 1 ④ $\frac{5}{4}$ ⑤ $\frac{3}{2}$

12

2025학년도 9월 모평 29번

수열 $\{a_n\}$의 첫째항부터 제m항까지의 합을 S_m이라 하자. 모든 자연수 m에 대하여

$$S_m = \sum_{n=1}^{\infty} \frac{m+1}{n(n+m+1)}$$

일 때, $a_1+a_{10}=\frac{q}{p}$이다. $p+q$의 값을 구하시오.

(단, p와 q는 서로소인 자연수이다.) [4점]

유형 03 급수와 수열의 극한값 사이의 관계

13 대표 문제

2021학년도 6월 모평 가형 5번

수열 $\{a_n\}$에 대하여 $\sum_{n=1}^{\infty} \frac{a_n}{n}=10$일 때, $\lim_{n\to\infty} \frac{a_n+2a_n^2+3n^2}{a_n^2+n^2}$의 값은? [3점]

① 3 ② $\frac{7}{2}$ ③ 4 ④ $\frac{9}{2}$ ⑤ 5

14

2016학년도 6월 모평 A형 26번

수열 $\{a_n\}$에 대하여 급수 $\sum_{n=1}^{\infty} \frac{a_n}{n}$이 수렴할 때, $\lim_{n\to\infty} \frac{a_n+9n}{n}$의 값을 구하시오. [4점]

15

2013학년도 3월 학평–B형 6번

두 수열 $\{a_n\}$, $\{b_n\}$에 대하여 $\lim_{n\to\infty} \frac{a_n}{n}=1$, $\sum_{n=1}^{\infty} \frac{b_n}{n}=2$일 때, $\lim_{n\to\infty} \frac{a_n+4n}{b_n+3n-2}$의 값은? [3점]

① 1 ② $\frac{4}{3}$ ③ $\frac{5}{3}$ ④ 2 ⑤ $\frac{7}{3}$

16

2018학년도 3월 학평–나형 24번

수열 $\{a_n\}$의 첫째항부터 제n항까지의 합을 S_n이라 하자. $\lim_{n\to\infty} S_n=7$일 때, $\lim_{n\to\infty}(2a_n+3S_n)$의 값을 구하시오. [3점]

17

2016학년도 4월 학평–나형 11번

수열 $\{a_n\}$에 대하여 $\sum_{n=1}^{\infty}\left(3a_n-\frac{1}{4}\right)=4$일 때, $\lim_{n\to\infty} a_n$의 값은? [3점]

① $\frac{1}{12}$ ② $\frac{1}{6}$ ③ $\frac{1}{4}$ ④ $\frac{1}{3}$ ⑤ $\frac{1}{2}$

18

2020학년도 4월 학평–가형 6번

두 수열 $\{a_n\}$, $\{b_n\}$에 대하여 $\lim_{n\to\infty} a_n=3$이고 급수 $\sum_{n=1}^{\infty}(a_n+2b_n-7)$이 수렴할 때, $\lim_{n\to\infty} b_n$의 값은? [3점]

① 1 ② 2 ③ 3 ④ 4 ⑤ 5

19

2015학년도 6월 모평 A형 25번

수열 $\{a_n\}$에 대하여 급수 $\sum_{n=1}^{\infty}\left(a_n-\frac{5n}{n+1}\right)$이 수렴할 때, $\lim_{n\to\infty} a_n$의 값을 구하시오. [3점]

20

2015학년도 3월 학평-B형 8번

수열 $\{a_n\}$에 대하여 $\sum_{n=1}^{\infty}\left(a_n-\frac{5n^2+1}{2n+3}\right)=4$일 때, $\lim_{n\to\infty}\frac{2a_n}{n+1}$의 값은? [3점]

① 3 ② $\frac{7}{2}$ ③ 4 ④ $\frac{9}{2}$ ⑤ 5

21

2015학년도 7월 학평-B형 6번

수열 $\{a_n\}$에 대하여 $\sum_{n=1}^{\infty}(a_n-2)=4$일 때, $\lim_{n\to\infty}\left(4a_n+\frac{3n^2-1}{n^2+1}\right)$의 값은? [3점]

① 10 ② 11 ③ 12 ④ 13 ⑤ 14

22

2021학년도 10월 학평 24번

수열 $\{a_n\}$에 대하여 $\sum_{n=1}^{\infty}\frac{a_n-4n}{n}=1$일 때, $\lim_{n\to\infty}\frac{5n+a_n}{3n-1}$의 값은? [3점]

① 1 ② 2 ③ 3 ④ 4 ⑤ 5

23

2021학년도 4월 학평 25번

수열 $\{a_n\}$에 대하여 $\sum_{n=1}^{\infty}\left(\frac{a_n}{n}-2\right)=5$일 때, $\lim_{n\to\infty}\frac{2n^2+3na_n}{n^2+4}$의 값은? [3점]

① 2 ② 4 ③ 6 ④ 8 ⑤ 10

24

2015학년도 10월 학평-B형 9번

수열 $\{a_n\}$이 $\sum_{n=1}^{\infty}\left(\frac{a_n}{n}-\frac{2n}{n+3}\right)=5$를 만족시킬 때, $\lim_{n\to\infty}\frac{5a_n-2n}{a_n+2n+1}$의 값은? [3점]

① 1 ② 2 ③ 3 ④ 4 ⑤ 5

25

2015학년도 4월 학평-B형 8번

수열 $\{a_n\}$에 대하여 $\sum_{n=1}^{\infty}\left(\frac{a_n}{n+1}-\frac{1}{2}\right)$이 수렴할 때,

$\lim_{n\to\infty}\frac{a_n}{4n+1}$의 값은? [3점]

① $\frac{5}{8}$ ② $\frac{1}{2}$ ③ $\frac{3}{8}$

④ $\frac{1}{4}$ ⑤ $\frac{1}{8}$

26

2023학년도 6월 모평 27번

첫째항이 4인 등차수열 $\{a_n\}$에 대하여 급수

$$\sum_{n=1}^{\infty}\left(\frac{a_n}{n}-\frac{3n+7}{n+2}\right)$$

이 실수 S에 수렴할 때, S의 값은? [3점]

① $\frac{1}{2}$ ② 1 ③ $\frac{3}{2}$

④ 2 ⑤ $\frac{5}{2}$

27

2020학년도 6월 모평 나형 11번

수열 $\{a_n\}$이 $\sum_{n=1}^{\infty}(2a_n-3)=2$를 만족시킨다. $\lim_{n\to\infty}a_n=r$일 때,

$\lim_{n\to\infty}\frac{r^{n+2}-1}{r^n+1}$의 값은? [3점]

① $\frac{7}{4}$ ② 2 ③ $\frac{9}{4}$

④ $\frac{5}{2}$ ⑤ $\frac{11}{4}$

28

2019학년도 4월 학평-나형 12번

수열 $\{a_n\}$에 대하여 $\sum_{n=1}^{\infty}\left(7-\frac{a_n}{2^n}\right)=19$일 때, $\lim_{n\to\infty}\frac{a_n}{2^{n+1}}$의 값은?

[3점]

① 2 ② $\frac{5}{2}$ ③ 3

④ $\frac{7}{2}$ ⑤ 4

• 해설편 070쪽

29

2017학년도 4월 학평-나형 16번

수열 $\{a_n\}$에 대하여 $\sum_{n=1}^{\infty} \frac{2^n a_n - 2^{n+1}}{2^n+1} = 1$일 때, $\lim_{n \to \infty} a_n$의 값은? [4점]

① 1　② 2　③ 3　④ 4　⑤ 5

30

2023학년도 4월 학평 25번

수열 $\{a_n\}$에 대하여 급수 $\sum_{n=1}^{\infty} \left(a_n - \frac{2^{n+1}}{2^n+1}\right)$이 수렴할 때,

$\lim_{n \to \infty} \frac{2^n \times a_n + 5 \times 2^{n+1}}{2^n+3}$의 값은? [3점]

① 6　② 8　③ 10　④ 12　⑤ 14

31

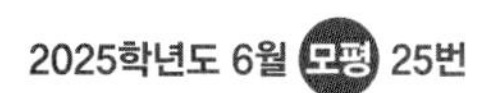
2025학년도 6월 모평 25번

수열 $\{a_n\}$이

$$\sum_{n=1}^{\infty} \left(a_n - \frac{3n^2 - n}{2n^2+1}\right) = 2$$

를 만족시킬 때, $\lim_{n \to \infty} (a_n{}^2 + 2a_n)$의 값은? [3점]

① $\frac{17}{4}$　② $\frac{19}{4}$　③ $\frac{21}{4}$　④ $\frac{23}{4}$　⑤ $\frac{25}{4}$

32

2013학년도 4월 학평-A형 10번

두 수열 $\{a_n\}$, $\{b_n\}$이 다음 조건을 만족시킬 때, $\lim_{n \to \infty} a_n$의 값은? [3점]

(가) $\frac{2n^3+3}{1^2+2^2+3^2+\cdots+n^2} < a_n < 2b_n$ $(n=1, 2, 3, \cdots)$

(나) $\sum_{n=1}^{\infty} (b_n - 3) = 2$

① 3　② 4　③ 5　④ 6　⑤ 7

33

2014학년도 3월 학평-B형 12번

두 수열 $\{a_n\}$, $\{b_n\}$이 모든 자연수 n에 대하여

$$1+2+2^2+\cdots+2^{n-1}<a_n<2^n$$

$$\frac{3n-1}{n+1}<\sum_{k=1}^{n} b_k<\frac{3n+1}{n}$$

을 만족시킬 때, $\lim_{n\to\infty}\frac{8^n-1}{4^{n-1}a_n+8^{n+1}b_n}$의 값은? [3점]

① 1 ② 2 ③ 4
④ 8 ⑤ 16

유형 04 등비급수의 수렴 조건

34 대표 문제

2019학년도 6월 모평 나형 11번

급수 $\sum_{n=1}^{\infty}\left(\frac{x}{5}\right)^n$이 수렴하도록 하는 모든 정수 x의 개수는? [3점]

① 1 ② 3 ③ 5
④ 7 ⑤ 9

35

2018학년도 3월 학평-나형 11번

등비급수 $\sum_{n=1}^{\infty}\left(\frac{2x-3}{7}\right)^n$이 수렴하도록 하는 정수 x의 개수는? [3점]

① 2 ② 4 ③ 6
④ 8 ⑤ 10

유형 05 등비급수의 합

36 대표 문제

2015학년도 수능 A형(홀) 11번

등비수열 $\{a_n\}$에 대하여 $a_1=3$, $a_2=1$일 때, $\sum_{n=1}^{\infty}(a_n)^2$의 값은? [3점]

① $\frac{81}{8}$ ② $\frac{83}{8}$ ③ $\frac{85}{8}$
④ $\frac{87}{8}$ ⑤ $\frac{89}{8}$

37

2013학년도 3월 학평-A형 6번

급수 $\sum_{n=1}^{\infty}\frac{1+(-1)^n}{3^n}$의 합은? [3점]

① $\frac{1}{8}$ ② $\frac{1}{4}$ ③ $\frac{3}{8}$
④ $\frac{1}{2}$ ⑤ $\frac{5}{8}$

38

2019학년도 3월 학평-나형 5번

수열 $\{a_n\}$은 첫째항이 3이고 공비가 $\frac{1}{2}$인 등비수열이다. $\sum_{n=1}^{\infty}a_n$의 값은? [3점]

① 4 ② 5 ③ 6
④ 7 ⑤ 8

39

2014학년도 3월 학평-A형 9번

수열 $\{a_n\}$이 $a_1=1$이고 $2a_{n+1}=7a_n\ (n\geq1)$을 만족시킬 때, 급수 $\sum_{n=1}^{\infty}\frac{10}{a_n}$의 값은? [3점]

① 11 ② 12 ③ 13
④ 14 ⑤ 15

40

2017학년도 3월 학평-나형 26번

수열 $\{a_n\}$이 모든 자연수 n에 대하여

$$a_1=3,\ a_{n+1}=\frac{2}{3}a_n$$

을 만족시킬 때, $\sum_{n=1}^{\infty}a_{2n-1}=\frac{q}{p}$이다. $p+q$의 값을 구하시오.
(단, p와 q는 서로소인 자연수이다.) [4점]

41

2015학년도 6월 모평 B형 25번

공비가 양수인 등비수열 $\{a_n\}$이

$$a_1+a_2=20,\ \sum_{n=3}^{\infty}a_n=\frac{4}{3}$$

를 만족시킬 때, a_1의 값을 구하시오. [3점]

4 일차

42

2022학년도 수능 (홀) 25번

등비수열 $\{a_n\}$에 대하여

$$\sum_{n=1}^{\infty}(a_{2n-1}-a_{2n})=3,\ \sum_{n=1}^{\infty}a_n^{\ 2}=6$$

일 때, $\sum_{n=1}^{\infty}a_n$의 값은? [3점]

① 1　② 2　③ 3　④ 4　⑤ 5

43

2023학년도 10월 학평 27번

모든 항이 자연수인 등비수열 $\{a_n\}$에 대하여

$$\sum_{n=1}^{\infty}\frac{a_n}{3^n}=4$$

이고 급수 $\sum_{n=1}^{\infty}\frac{1}{a_{2n}}$이 실수 S에 수렴할 때, S의 값은? [3점]

① $\frac{1}{6}$　② $\frac{1}{5}$　③ $\frac{1}{4}$　④ $\frac{1}{3}$　⑤ $\frac{1}{2}$

44

2015학년도 3월 학평-A형 12번

모든 항이 양의 실수인 수열 $\{a_n\}$이

$$a_1=k,\ a_na_{n+1}+a_{n+1}=ka_n^{\ 2}+ka_n\ (n\geq 1)$$

을 만족시키고 $\sum_{n=1}^{\infty}a_n=5$일 때, 실수 k의 값은? (단, $0<k<1$)

[3점]

① $\frac{5}{6}$　② $\frac{4}{5}$　③ $\frac{3}{4}$　④ $\frac{2}{3}$　⑤ $\frac{1}{2}$

45

2013학년도 10월 학평-B형 28번

수열 $\{a_n\}$이 $a_1=\frac{1}{8}$이고,

$$a_na_{n+1}=2^n\ (n\geq 1)$$

을 만족시킬 때, $\sum_{n=1}^{\infty}\frac{1}{a_{2n-1}}$의 값을 구하시오. [4점]

46

2021학년도 9월 모평 가형 8번

등비수열 $\{a_n\}$에 대하여 $\lim_{n\to\infty}\frac{3^n}{a_n+2^n}=6$일 때, $\sum_{n=1}^{\infty}\frac{1}{a_n}$의 값은?

[3점]

① 1　② 2　③ 3　④ 4　⑤ 5

47

2024학년도 9월 모평 26번

공차가 양수인 등차수열 $\{a_n\}$과 등비수열 $\{b_n\}$에 대하여
$a_1=b_1=1$, $a_2b_2=1$이고

$$\sum_{n=1}^{\infty}\left(\frac{1}{a_na_{n+1}}+b_n\right)=2$$

일 때, $\sum_{n=1}^{\infty}b_n$의 값은? [3점]

① $\frac{7}{6}$ ② $\frac{6}{5}$ ③ $\frac{5}{4}$
④ $\frac{4}{3}$ ⑤ $\frac{3}{2}$

1등급을 향한 **고난도 문제**

48

2024학년도 6월 모평 30번

수열 $\{a_n\}$은 등비수열이고, 수열 $\{b_n\}$을 모든 자연수 n에 대하여

$$b_n=\begin{cases}-1 & (a_n\le -1)\\ a_n & (a_n>-1)\end{cases}$$

이라 할 때, 수열 $\{b_n\}$은 다음 조건을 만족시킨다.

> (가) 급수 $\sum_{n=1}^{\infty}b_{2n-1}$은 수렴하고 그 합은 -3이다.
> (나) 급수 $\sum_{n=1}^{\infty}b_{2n}$은 수렴하고 그 합은 8이다.

$b_3=-1$일 때, $\sum_{n=1}^{\infty}|a_n|$의 값을 구하시오. [4점]

49

2024학년도 수능 (홀) 29번

첫째항과 공비가 각각 0이 아닌 두 등비수열 $\{a_n\}$, $\{b_n\}$에 대하여 두 급수 $\sum_{n=1}^{\infty} a_n$, $\sum_{n=1}^{\infty} b_n$이 각각 수렴하고

$$\sum_{n=1}^{\infty} a_n b_n = \left(\sum_{n=1}^{\infty} a_n\right) \times \left(\sum_{n=1}^{\infty} b_n\right),$$

$$3 \times \sum_{n=1}^{\infty} |a_{2n}| = 7 \times \sum_{n=1}^{\infty} |a_{3n}|$$

이 성립한다. $\sum_{n=1}^{\infty} \frac{b_{2n-1} + b_{3n+1}}{b_n} = S$일 때, $120S$의 값을 구하시오. [4점]

50

2024학년도 7월 학평 29번

첫째항이 1이고 공비가 0이 아닌 등비수열 $\{a_n\}$에 대하여 급수 $\sum_{n=1}^{\infty} a_n$이 수렴하고

$$\sum_{n=1}^{\infty} (20a_{2n} + 21|a_{3n-1}|) = 0$$

이다. 첫째항이 0이 아닌 등비수열 $\{b_n\}$에 대하여 급수 $\sum_{n=1}^{\infty} \frac{3|a_n| + b_n}{a_n}$이 수렴할 때, $b_1 \times \sum_{n=1}^{\infty} b_n$의 값을 구하시오. [4점]

51

2025학년도 수능 (홀) 29번

등비수열 $\{a_n\}$이

$$\sum_{n=1}^{\infty}(|a_n|+a_n)=\frac{40}{3},\ \sum_{n=1}^{\infty}(|a_n|-a_n)=\frac{20}{3}$$

을 만족시킨다. 부등식

$$\lim_{n\to\infty}\sum_{k=1}^{2n}\left((-1)^{\frac{k(k+1)}{2}}\times a_{m+k}\right)>\frac{1}{700}$$

을 만족시키는 모든 자연수 m의 값의 합을 구하시오. [4점]

52

2024학년도 5월 학평 30번

수열 $\{a_n\}$은 공비가 0이 아닌 등비수열이고, 수열 $\{b_n\}$을 모든 자연수 n에 대하여

$$b_n=\begin{cases} a_n & (|a_n|<\alpha) \\ -\dfrac{5}{a_n} & (|a_n|\geq\alpha) \end{cases}\ (\alpha\text{는 양의 상수})$$

라 할 때, 두 수열 $\{a_n\}$, $\{b_n\}$과 자연수 p가 다음 조건을 만족시킨다.

> (가) $\sum_{n=1}^{\infty}a_n=4$
>
> (나) $\sum_{n=1}^{m}\frac{a_n}{b_n}$의 값이 최소가 되도록 하는 자연수 m은 p이고,
>
> $\sum_{n=1}^{p}b_n=51$, $\sum_{n=p+1}^{\infty}b_n=\frac{1}{64}$이다.

$32\times(a_3+p)$의 값을 구하시오. [4점]

한눈에 정리하는 평가원 기출 경향

주제 \ 학년도	2025	2024	2023
등비급수의 활용 – 함수의 그래프			
등비급수의 활용 – 사분원, 반원, 원			09, 28

09

2023학년도 수능 (홀) 27번

그림과 같이 중심이 O, 반지름의 길이가 1이고 중심각의 크기가 $\frac{\pi}{2}$인 부채꼴 OA_1B_1이 있다. 호 A_1B_1 위에 점 P_1, 선분 OA_1 위에 점 C_1, 선분 OB_1 위에 점 D_1을 사각형 $OC_1P_1D_1$이 $\overline{OC_1} : \overline{OD_1} = 3 : 4$인 직사각형이 되도록 잡는다. 부채꼴 OA_1B_1의 내부에 점 Q_1을 $\overline{P_1Q_1} = \overline{A_1Q_1}$, $\angle P_1Q_1A_1 = \frac{\pi}{2}$가 되도록 잡고, 이등변삼각형 $P_1Q_1A_1$에 색칠하여 얻은 그림을 R_1이라 하자.

⋮

이와 같은 과정을 계속하여 n번째 얻은 그림 R_n에 색칠되어 있는 부분의 넓이를 S_n이라 할 때, $\lim_{n \to \infty} S_n$의 값은? [3점]

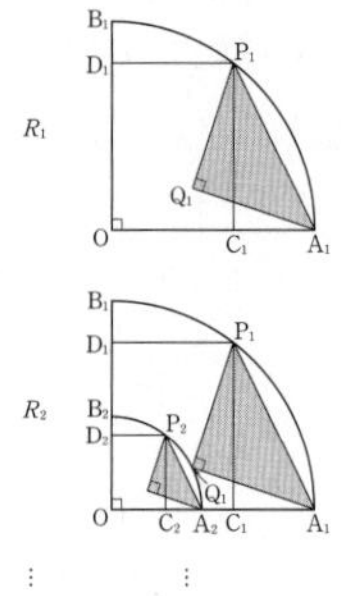

① $\frac{9}{40}$ ② $\frac{1}{4}$ ③ $\frac{11}{40}$ ④ $\frac{3}{10}$ ⑤ $\frac{13}{40}$

28

2023학년도 6월 모평 26번

그림과 같이 $\overline{A_1B_1} = 2$, $\overline{B_1A_2} = 3$이고 $\angle A_1B_1A_2 = \frac{\pi}{3}$인 삼각형 $A_1A_2B_1$과 이 삼각형의 외접원 O_1이 있다.
점 A_2를 지나고 직선 A_1B_1에 평행한 직선이 원 O_1과 만나는 점 중 A_2가 아닌 점을 B_2라 하자. 두 선분 A_1B_2, B_1A_2가 만나는 점을 C_1이라 할 때, 두 삼각형 $A_1A_2C_1$, $B_1C_1B_2$로 만들어진 ⪫ 모양의 도형에 색칠하여 얻은 그림을 R_1이라 하자.

⋮

이와 같은 과정을 계속하여 n번째 얻은 그림 R_n에 색칠되어 있는 부분의 넓이를 S_n이라 할 때, $\lim_{n \to \infty} S_n$의 값은? [3점]

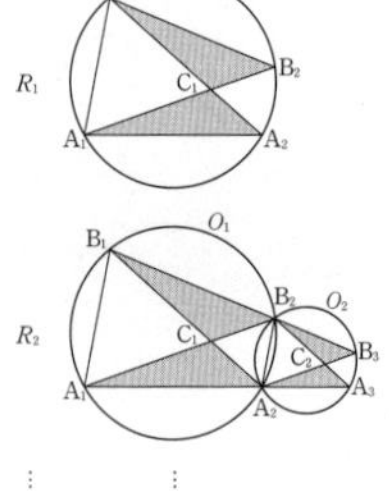

① $\frac{11\sqrt{3}}{9}$ ② $\frac{4\sqrt{3}}{3}$ ③ $\frac{13\sqrt{3}}{9}$ ④ $\frac{14\sqrt{3}}{9}$ ⑤ $\frac{5\sqrt{3}}{3}$

2022 ~ 2014

01

2016학년도 9월 모평 A형 20번

자연수 n에 대하여 직선 $y=\left(\frac{1}{2}\right)^{n-1}(x-1)$과 이차함수 $y=3x(x-1)$의 그래프가 만나는 두 점을 $\mathrm{A}(1,\ 0)$과 P_n이라 하자. 점 P_n에서 x축에 내린 수선의 발을 H_n이라 할 때, $\sum_{n=1}^{\infty}\overline{\mathrm{P}_n\mathrm{H}_n}$의 값은? [4점]

① $\frac{3}{2}$ ② $\frac{14}{9}$ ③ $\frac{29}{18}$
④ $\frac{5}{3}$ ⑤ $\frac{31}{18}$

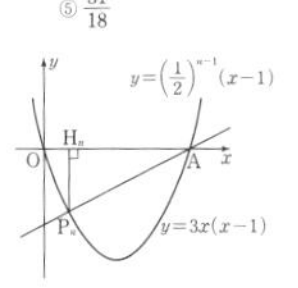

02

2014학년도 6월 모평 A형 14번

함수

$$f(x)=\begin{cases} x+2 & (x\le 0) \\ -\frac{1}{2}x & (x>0) \end{cases}$$

의 그래프가 그림과 같다.

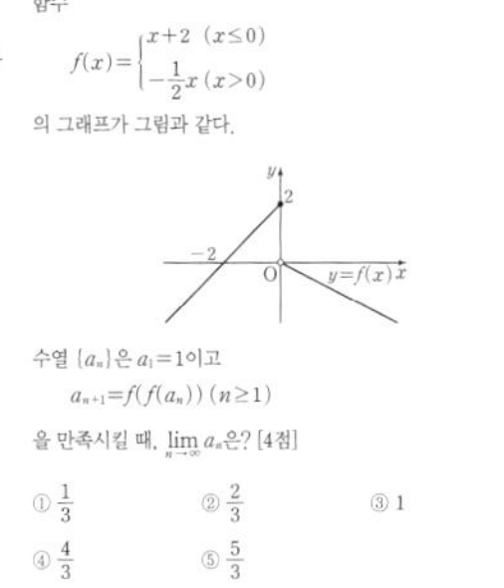

수열 $\{a_n\}$은 $a_1=1$이고

$a_{n+1}=f(f(a_n))\ (n\ge 1)$

을 만족시킬 때, $\lim_{n\to\infty}a_n$은? [4점]

① $\frac{1}{3}$ ② $\frac{2}{3}$ ③ 1
④ $\frac{4}{3}$ ⑤ $\frac{5}{3}$

34

2021학년도 6월 모평 가형 20번

그림과 같이 $\overline{\mathrm{AB_1}}=3$, $\overline{\mathrm{AC_1}}=2$이고 $\angle \mathrm{B_1AC_1}=\frac{\pi}{3}$인 삼각형 $\mathrm{AB_1C_1}$이 있다. $\angle \mathrm{B_1AC_1}$의 이등분선이 선분 $\mathrm{B_1C_1}$과 만나는 점을 $\mathrm{D_1}$, 세 점 A, $\mathrm{D_1}$, $\mathrm{C_1}$을 지나는 원이 선분 $\mathrm{AB_1}$과 만나는 점 중 A가 아닌 점을 $\mathrm{B_2}$라 할 때, 두 선분 $\mathrm{B_1B_2}$, $\mathrm{B_1D_1}$과 호 $\mathrm{B_2D_1}$로 둘러싸인 부분과 선분 $\mathrm{C_1D_1}$과 호 $\mathrm{C_1D_1}$로 둘러싸인 부분인 ◿ 모양의 도형에 색칠하여 얻은 그림을 R_1이라 하자.

⋮

이와 같은 과정을 계속하여 n번째 얻은 그림 R_n에 색칠되어 있는 부분의 넓이를 S_n이라 할 때, $\lim_{n\to\infty}S_n$의 값은? [4점]

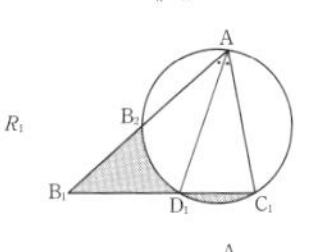

① $\frac{27\sqrt{3}}{46}$ ② $\frac{15\sqrt{3}}{23}$ ③ $\frac{33\sqrt{3}}{46}$
④ $\frac{18\sqrt{3}}{23}$ ⑤ $\frac{39\sqrt{3}}{46}$

12

2020학년도 수능 나형(홀) 18번

그림과 같이 한 변의 길이가 5인 정사각형 ABCD에 중심이 A이고 중심각의 크기가 90°인 부채꼴 ABD를 그린다. 선분 AD를 3 : 2로 내분하는 점을 $\mathrm{A_1}$, 점 $\mathrm{A_1}$을 지나고 선분 AB에 평행한 직선이 호 BD와 만나는 점을 $\mathrm{B_1}$이라 하자. 선분 $\mathrm{A_1B_1}$을 한 변으로 하고 선분 DC와 만나도록 정사각형 $\mathrm{A_1B_1C_1D_1}$을 그린 후, 중심이 $\mathrm{D_1}$이고 중심각의 크기가 90°인 부채꼴 $\mathrm{D_1A_1C_1}$을 그린다. 선분 DC가 호 $\mathrm{A_1C_1}$, 선분 $\mathrm{B_1C_1}$과 만나는 점을 각각 $\mathrm{E_1}$, $\mathrm{F_1}$이라 하고, 두 선분 $\mathrm{DA_1}$, $\mathrm{DE_1}$과 호 $\mathrm{A_1E_1}$로 둘러싸인 부분과 두 선분 $\mathrm{E_1F_1}$, $\mathrm{F_1C_1}$과 호 $\mathrm{E_1C_1}$로 둘러싸인 부분인 ◿ 모양의 도형에 색칠하여 얻은 그림을 R_1이라 하자.

⋮

이와 같은 과정을 계속하여 n번째 얻은 그림 R_n에 색칠되어 있는 부분의 넓이를 S_n이라 할 때, $\lim_{n\to\infty}S_n$의 값은? [4점]

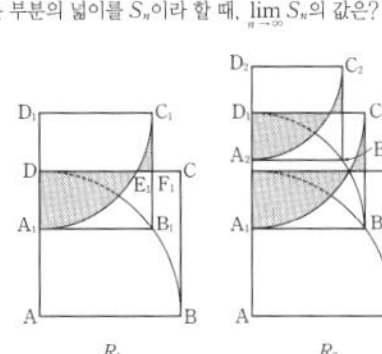

① $\frac{50}{3}\left(3-\sqrt{3}+\frac{\pi}{6}\right)$ ② $\frac{100}{9}\left(3-\sqrt{3}+\frac{\pi}{3}\right)$
③ $\frac{50}{3}\left(2-\sqrt{3}+\frac{\pi}{3}\right)$ ④ $\frac{100}{9}\left(3-\sqrt{3}+\frac{\pi}{6}\right)$
⑤ $\frac{100}{9}\left(2-\sqrt{3}+\frac{\pi}{3}\right)$

03

2019학년도 수능 나형(홀) 16번

그림과 같이 $\overline{\mathrm{OA_1}}=4$, $\overline{\mathrm{OB_1}}=4\sqrt{3}$인 직각삼각형 $\mathrm{OA_1B_1}$이 있다. 중심이 O이고 반지름의 길이가 $\overline{\mathrm{OA_1}}$인 원이 선분 $\mathrm{OB_1}$과 만나는 점을 $\mathrm{B_2}$라 하자. 삼각형 $\mathrm{OA_1B_1}$의 내부와 부채꼴 $\mathrm{OA_1B_2}$의 내부에서 공통된 부분을 제외한 ◿ 모양의 도형에 색칠하여 얻은 그림을 R_1이라 하자.

⋮

이와 같은 과정을 계속하여 n번째 얻은 그림 R_n에 색칠되어 있는 부분의 넓이를 S_n이라 할 때, $\lim_{n\to\infty}S_n$의 값은? [4점]

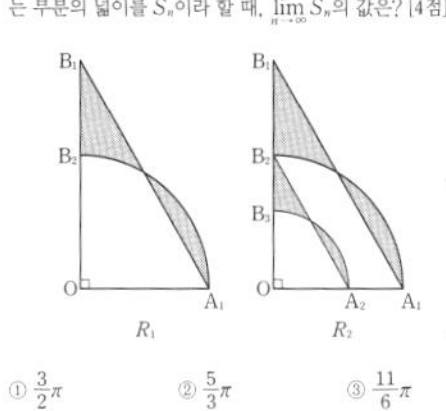

① $\frac{3}{2}\pi$ ② $\frac{5}{3}\pi$ ③ $\frac{11}{6}\pi$
④ 2π ⑤ $\frac{13}{6}\pi$

13

2019학년도 9월 모평 나형 19번

그림과 같이 $\overline{\mathrm{A_1B_1}}=3$, $\overline{\mathrm{B_1C_1}}=1$인 직사각형 $\mathrm{OA_1B_1C_1}$이 있다. 중심이 $\mathrm{C_1}$이고 반지름의 길이가 $\overline{\mathrm{B_1C_1}}$인 원과 선분 $\mathrm{OC_1}$의 교점을 $\mathrm{D_1}$, 중심이 O이고 반지름의 길이가 $\overline{\mathrm{OD_1}}$인 원과 선분 $\mathrm{A_1B_1}$의 교점을 $\mathrm{E_1}$이라 하자. 직사각형 $\mathrm{OA_1B_1C_1}$에 호 $\mathrm{B_1D_1}$, 호 $\mathrm{D_1E_1}$, 선분 $\mathrm{B_1E_1}$로 둘러싸인 ◸ 모양의 도형을 그리고 색칠하여 얻은 그림을 R_1이라 하자.

⋮

이와 같은 과정을 계속하여 n번째 얻은 그림 R_n에 색칠되어 있는 부분의 넓이를 S_n이라 할 때, $\lim_{n\to\infty}S_n$의 값은? [4점]

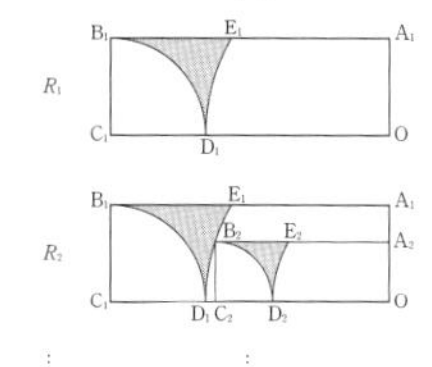

① $4-\frac{2\sqrt{3}}{3}-\frac{7}{9}\pi$ ② $5-\frac{5\sqrt{3}}{6}-\frac{35}{36}\pi$
③ $6-\sqrt{3}-\frac{7}{6}\pi$ ④ $7-\frac{7\sqrt{3}}{6}-\frac{49}{36}\pi$
⑤ $8-\frac{4\sqrt{3}}{3}-\frac{14}{9}\pi$

22

2018학년도 9월 모평 나형 18번

그림과 같이 반지름의 길이가 2인 원 O_1에 내접하는 정삼각형 $\mathrm{A_1B_1C_1}$이 있다. 점 $\mathrm{A_1}$에서 선분 $\mathrm{B_1C_1}$에 내린 수선의 발을 $\mathrm{D_1}$이라 하고, 선분 $\mathrm{A_1C_1}$을 2 : 1로 내분하는 점을 $\mathrm{E_1}$이라 하자. 점 $\mathrm{A_1}$을 포함하지 않는 호 $\mathrm{B_1C_1}$과 선분 $\mathrm{B_1C_1}$로 둘러싸인 도형의 내부와 삼각형 $\mathrm{A_1D_1E_1}$의 내부를 색칠하여 얻은 그림을 R_1이라 하자.

⋮

이와 같은 과정을 계속하여 n번째 얻은 그림 R_n에 색칠되어 있는 부분의 넓이를 S_n이라 할 때, $\lim_{n\to\infty}S_n$의 값은? [4점]

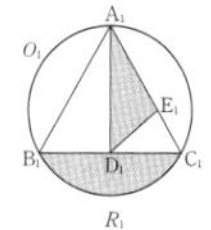

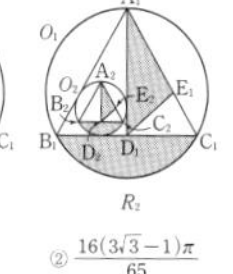

① $\frac{16(3\sqrt{3}-2)\pi}{69}$ ② $\frac{16(3\sqrt{3}-1)\pi}{65}$
③ $\frac{32(3\sqrt{3}-2)\pi}{69}$ ④ $\frac{32(3\sqrt{3}-1)\pi}{69}$
⑤ $\frac{32(3\sqrt{3}-1)\pi}{65}$

14

2018학년도 6월 모평 나형 18번

한 변의 길이가 $2\sqrt{3}$인 정삼각형 $\mathrm{A_1B_1C_1}$이 있다. 그림과 같이 $\angle \mathrm{A_1B_1C_1}$의 이등분선과 $\angle \mathrm{A_1C_1B_1}$의 이등분선이 만나는 점을 $\mathrm{A_2}$라 하자. 두 선분 $\mathrm{B_1A_2}$, $\mathrm{C_1A_2}$를 각각 지름으로 하는 반원의 내부와 정삼각형 $\mathrm{A_1B_1C_1}$의 내부의 공통부분인 ⋀⋀ 모양의 도형에 색칠하여 얻은 그림을 R_1이라 하자.

⋮

이와 같은 과정을 계속하여 n번째 얻은 그림 R_n에 색칠되어 있는 부분의 넓이를 S_n이라 할 때, $\lim_{n\to\infty}S_n$의 값은? [4점]

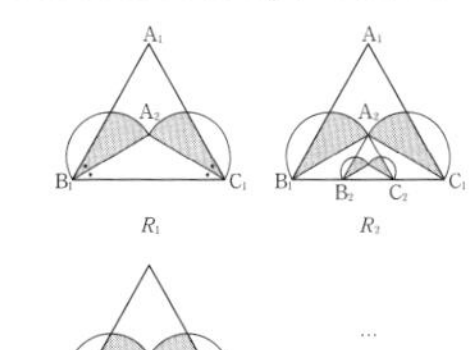

① $\frac{9\sqrt{3}+6\pi}{16}$ ② $\frac{3\sqrt{3}+4\pi}{8}$ ③ $\frac{9\sqrt{3}+8\pi}{16}$
④ $\frac{3\sqrt{3}+2\pi}{4}$ ⑤ $\frac{3\sqrt{3}+6\pi}{8}$

06

2017학년도 9월 모평 나형 16번

그림과 같이 한 변의 길이가 1인 정사각형 $\mathrm{A_1B_1C_1D_1}$ 안에 꼭짓점 $\mathrm{A_1}$, $\mathrm{C_1}$을 중심으로 하고 선분 $\mathrm{A_1B_1}$, $\mathrm{C_1D_1}$을 반지름으로 하는 사분원을 각각 그린다. 선분 $\mathrm{A_1C_1}$이 두 사분원과 만나는 점 중 점 $\mathrm{A_1}$과 가까운 점을 $\mathrm{A_2}$, 점 $\mathrm{C_1}$과 가까운 점을 $\mathrm{C_2}$라 하자. 선분 $\mathrm{A_1D_1}$에 평행하고 점 $\mathrm{A_2}$를 지나는 직선이 선분 $\mathrm{A_1B_1}$과 만나는 점을 $\mathrm{E_1}$, 선분 $\mathrm{B_1C_1}$에 평행하고 점 $\mathrm{C_2}$를 지나는 직선이 선분 $\mathrm{C_1D_1}$과 만나는 점을 $\mathrm{F_1}$이라 하자. 삼각형 $\mathrm{A_1E_1A_2}$와 삼각형 $\mathrm{C_1F_1C_2}$를 그린 후 두 삼각형의 내부에 속하는 영역을 색칠하여 얻은 그림을 R_1이라 하자.

⋮

이와 같은 과정을 계속하여 n번째 얻은 그림 R_n에 색칠되어 있는 부분의 넓이를 S_n이라 할 때, $\lim_{n\to\infty}S_n$의 값은? [4점]

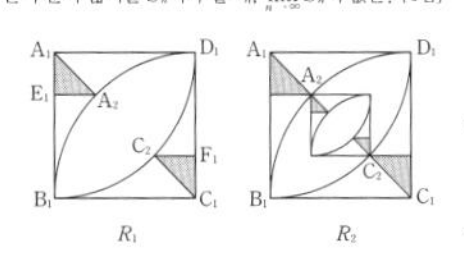

① $\frac{1}{12}(\sqrt{2}-1)$ ② $\frac{1}{6}(\sqrt{2}-1)$ ③ $\frac{1}{4}(\sqrt{2}-1)$
④ $\frac{1}{3}(\sqrt{2}-1)$ ⑤ $\frac{5}{12}(\sqrt{2}-1)$

24

2016학년도 6월 모평 A형 18번

반지름의 길이가 2인 원 O_1에 내접하는 정삼각형 $\mathrm{A_1B_1C_1}$이 있다. 그림과 같이 직선 $\mathrm{A_1C_1}$과 평행하고 점 $\mathrm{B_1}$을 지나지 않는 원 O_1의 접선 위에 두 점 $\mathrm{D_1}$, $\mathrm{E_1}$을 사각형 $\mathrm{A_1C_1D_1E_1}$이 직사각형이 되도록 잡고, 직사각형 $\mathrm{A_1C_1D_1E_1}$의 내부와 원 O_1의 외부의 공통부분에 색칠하여 얻은 그림을 R_1이라 하자.

⋮

이와 같은 과정을 계속하여 n번째 얻은 그림 R_n에 색칠되어 있는 부분의 넓이를 S_n이라 할 때, $\lim_{n\to\infty}S_n$의 값은? [4점]

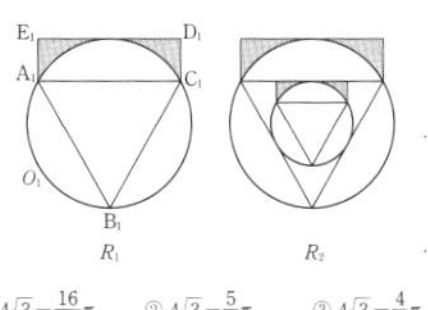

① $4\sqrt{3}-\frac{16}{9}\pi$ ② $4\sqrt{3}-\frac{5}{3}\pi$ ③ $4\sqrt{3}-\frac{4}{3}\pi$
④ $5\sqrt{3}-\frac{16}{9}\pi$ ⑤ $5\sqrt{3}-\frac{5}{3}\pi$

04

2015학년도 6월 모평 A형 18번

그림과 같이 $\overline{\mathrm{A_1D_1}}=2$, $\overline{\mathrm{A_1B_1}}=1$인 직사각형 $\mathrm{A_1B_1C_1D_1}$에서 선분 $\mathrm{A_1D_1}$의 중점을 $\mathrm{M_1}$이라 하자. 중심이 $\mathrm{A_1}$, 반지름의 길이가 $\overline{\mathrm{A_1B_1}}$이고 중심각의 크기가 $\frac{\pi}{2}$인 부채꼴 $\mathrm{A_1B_1M_1}$을 그리고, 부채꼴 $\mathrm{A_1B_1M_1}$에 색칠하여 얻은 그림을 R_1이라 하자.

⋮

이와 같은 과정을 계속하여 n번째 얻은 그림 R_n에 색칠되어 있는 부분의 넓이를 S_n이라 할 때, $\lim_{n\to\infty}S_n$의 값은? [4점]

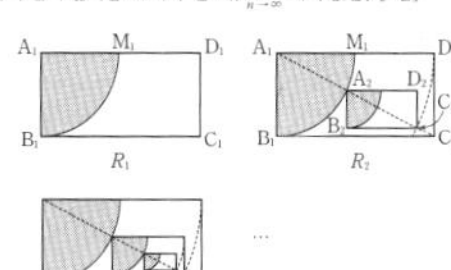

① $\frac{5}{16}\pi$ ② $\frac{11}{32}\pi$ ③ $\frac{3}{8}\pi$
④ $\frac{13}{32}\pi$ ⑤ $\frac{7}{16}\pi$

주제 \ 학년도	2025	2024	2023
등비급수의 활용 – 부채꼴, 다각형			16 (2023학년도 9월 모평 27번)
등비급수의 활용 – 개수가 증가하는 도형			

16

2023학년도 9월 모평 27번

그림과 같이 $\overline{A_1B_1}=4$, $\overline{A_1D_1}=1$인 직사각형 $A_1B_1C_1D_1$에서 두 대각선의 교점을 E_1이라 하자. $\overline{A_2D_1}=\overline{D_1E_1}$, $\angle A_2D_1E_1=\frac{\pi}{2}$이고 선분 D_1C_1과 선분 A_2E_1이 만나도록 점 A_2를 잡고, $\overline{B_2C_1}=\overline{C_1E_1}$, $\angle B_2C_1E_1=\frac{\pi}{2}$이고 선분 D_1C_1과 선분 B_2E_1이 만나도록 점 B_2를 잡는다. 두 삼각형 $A_2D_1E_1$, $B_2C_1E_1$을 그린 후 ◺◿ 모양의 도형에 색칠하여 얻은 그림을 R_1이라 하자.

⋮

이와 같은 과정을 계속하여 n번째 얻은 그림 R_n에 색칠되어 있는 부분의 넓이를 S_n이라 할 때, $\lim_{n\to\infty} S_n$의 값은? [3점]

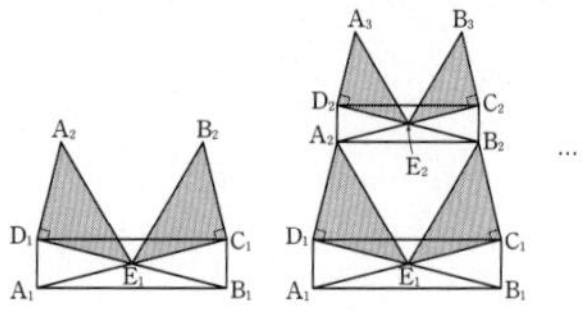

① $\frac{68}{5}$　② $\frac{34}{3}$　③ $\frac{68}{7}$　④ $\frac{17}{2}$　⑤ $\frac{68}{9}$

2022 ~ 2014

10

2022학년도 9월 모평 27번

그림과 같이 $\overline{AB_1}=1$, $\overline{B_1C_1}=2$인 직사각형 $AB_1C_1D_1$이 있다. $\angle AD_1C_1$을 삼등분하는 두 직선이 선분 B_1C_1과 만나는 점 중 점 B_1에 가까운 점을 E_1, 점 C_1에 가까운 점을 F_1이라 하자. $\overline{E_1F_1}=\overline{F_1G_1}$, $\angle E_1F_1G_1=\frac{\pi}{2}$이고 선분 AD_1과 선분 F_1G_1이 만나도록 점 G_1을 잡아 삼각형 $E_1F_1G_1$을 그린다. 선분 E_1D_1과 선분 F_1G_1이 만나는 점을 H_1이라 할 때, 두 삼각형 $G_1E_1H_1$, $H_1F_1D_1$로 만들어진 ◿ 모양의 도형에 색칠하여 얻은 그림을 R_1이라 하자.

⋮

이와 같은 과정을 계속하여 n번째 얻은 그림 R_n에 색칠되어 있는 부분의 넓이를 S_n이라 할 때, $\lim_{n\to\infty} S_n$의 값은? [3점]

① $\frac{2\sqrt{3}}{9}$ ② $\frac{5\sqrt{3}}{18}$ ③ $\frac{\sqrt{3}}{3}$ ④ $\frac{7\sqrt{3}}{18}$ ⑤ $\frac{4\sqrt{3}}{9}$

02

2022학년도 6월 모평 26번

그림과 같이 중심이 O_1, 반지름의 길이가 1이고 중심각의 크기가 $\frac{5\pi}{12}$인 부채꼴 $O_1A_1O_2$가 있다. 호 A_1O_2 위에 점 B_1을 $\angle A_1O_1B_1=\frac{\pi}{4}$가 되도록 잡고, 부채꼴 $O_1A_1B_1$에 색칠하여 얻은 그림을 R_1이라 하자.

⋮

이와 같은 과정을 계속하여 n번째 얻은 그림 R_n에 색칠되어 있는 부분의 넓이를 S_n이라 할 때, $\lim_{n\to\infty} S_n$의 값은? [3점]

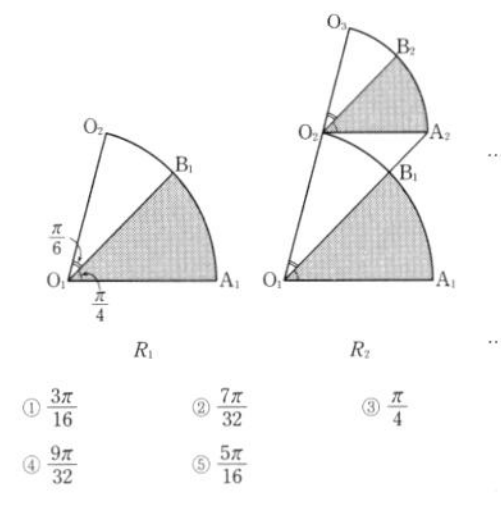

① $\frac{3\pi}{16}$ ② $\frac{7\pi}{32}$ ③ $\frac{\pi}{4}$ ④ $\frac{9\pi}{32}$ ⑤ $\frac{5\pi}{16}$

18

2021학년도 수능 가형(홀) 14번

그림과 같이 $\overline{AB_1}=2$, $\overline{AD_1}=4$인 직사각형 $AB_1C_1D_1$이 있다. 선분 AD_1을 3 : 1로 내분하는 점을 E_1이라 하고, 직사각형 $AB_1C_1D_1$의 내부에 점 F_1을 $\overline{F_1E_1}=\overline{F_1C_1}$, $\angle E_1F_1C_1=\frac{\pi}{2}$가 되도록 잡고 삼각형 $E_1F_1C_1$을 그린다. 사각형 $E_1F_1C_1D_1$을 색칠하여 얻은 그림을 R_1이라 하자.

⋮

이와 같은 과정을 계속하여 n번째 얻은 그림 R_n에 색칠되어 있는 부분의 넓이를 S_n이라 할 때, $\lim_{n\to\infty} S_n$의 값은? [4점]

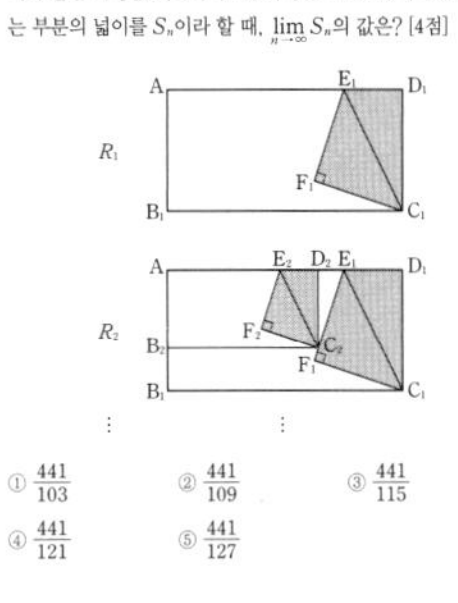

① $\frac{441}{103}$ ② $\frac{441}{109}$ ③ $\frac{441}{115}$ ④ $\frac{441}{121}$ ⑤ $\frac{441}{127}$

09

2020학년도 6월 모평 나형 17번

그림과 같이 한 변의 길이가 4인 정사각형 $A_1B_1C_1D_1$이 있다. 선분 C_1D_1의 중점을 E_1이라 하고, 직선 A_1B_1 위에 두 점 F_1, G_1을 $\overline{E_1F_1}=\overline{E_1G_1}$, $\overline{E_1F_1}:\overline{F_1G_1}=5:6$이 되도록 잡고 이등변삼각형 $E_1F_1G_1$을 그린다. 선분 D_1A_1과 선분 E_1F_1의 교점을 P_1, 선분 B_1C_1과 선분 G_1E_1의 교점을 Q_1이라 할 때, 네 삼각형 $E_1D_1P_1$, $P_1F_1A_1$, $Q_1B_1G_1$, $E_1Q_1C_1$로 만들어진 ◸◹ 모양의 도형에 색칠하여 얻은 그림을 R_1이라 하자.

⋮

이와 같은 과정을 계속하여 n번째 얻은 그림 R_n에 색칠되어 있는 부분의 넓이를 S_n이라 할 때, $\lim_{n\to\infty} S_n$의 값은? [4점]

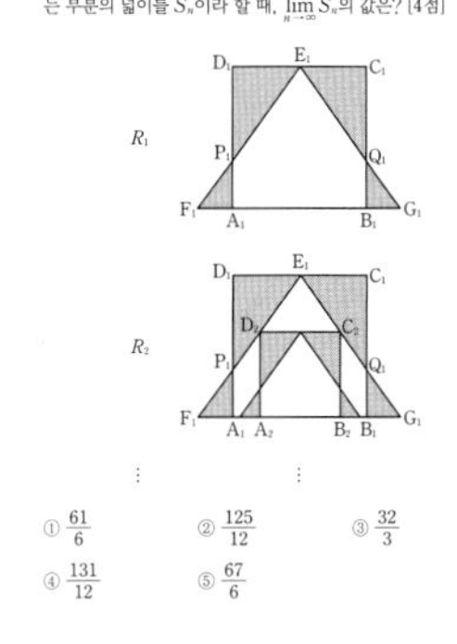

① $\frac{61}{6}$ ② $\frac{125}{12}$ ③ $\frac{32}{3}$ ④ $\frac{131}{12}$ ⑤ $\frac{67}{6}$

06

2019학년도 6월 모평 나형 18번

그림과 같이 $\overline{A_1B_1}=1$, $\overline{A_1D_1}=2$인 직사각형 $A_1B_1C_1D_1$이 있다. 선분 A_1D_1 위의 $\overline{B_1C_1}=\overline{B_1E_1}$, $\overline{C_1B_1}=\overline{C_1F_1}$인 두 점 E_1, F_1에 대하여 중심이 B_1인 부채꼴 $B_1E_1C_1$과 중심이 C_1인 부채꼴 $C_1F_1B_1$을 각각 직사각형 $A_1B_1C_1D_1$ 내부에 그리고, 선분 B_1E_1과 선분 C_1F_1의 교점을 G_1이라 하자. 두 선분 G_1F_1, G_1B_1과 호 F_1B_1로 둘러싸인 부분과 두 선분 G_1E_1, G_1C_1과 호 E_1C_1로 둘러싸인 부분인 ⋈ 모양의 도형에 색칠하여 얻은 그림을 R_1이라 하자.

⋮

이와 같은 과정을 계속하여 n번째 얻은 그림 R_n에 색칠되어 있는 부분의 넓이를 S_n이라 할 때, $\lim_{n\to\infty} S_n$의 값은? [4점]

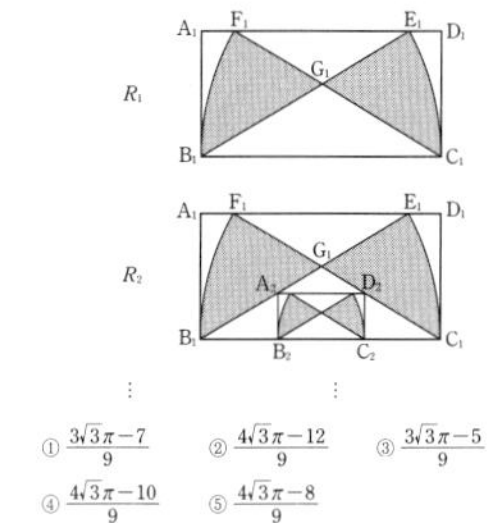

① $\frac{3\sqrt{3}\pi-7}{9}$ ② $\frac{4\sqrt{3}\pi-12}{9}$ ③ $\frac{3\sqrt{3}\pi-5}{9}$ ④ $\frac{4\sqrt{3}\pi-10}{9}$ ⑤ $\frac{4\sqrt{3}\pi-8}{9}$

01

2018학년도 수능 나형(홀) 19번

그림과 같이 한 변의 길이가 1인 정삼각형 $A_1B_1C_1$이 있다. 선분 A_1B_1의 중점을 D_1이라 하고, 선분 B_1C_1 위의 $\overline{C_1D_1}=\overline{C_1B_2}$인 점 B_2에 대하여 중심이 C_1인 부채꼴 $C_1D_1B_2$를 그린다. 점 B_2에서 선분 C_1D_1에 내린 수선의 발을 A_2, 선분 C_1B_2의 중점을 C_2라 하자. 두 선분 B_1B_2, B_1D_1과 호 D_1B_2로 둘러싸인 영역과 삼각형 $C_1A_2C_2$의 내부에 색칠하여 얻은 그림을 R_1이라 하자.

⋮

이와 같은 과정을 계속하여 n번째 얻은 그림 R_n에 색칠되어 있는 부분의 넓이를 S_n이라 할 때, $\lim_{n\to\infty} S_n$의 값은? [4점]

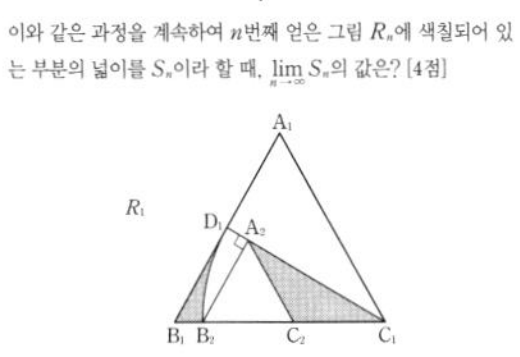

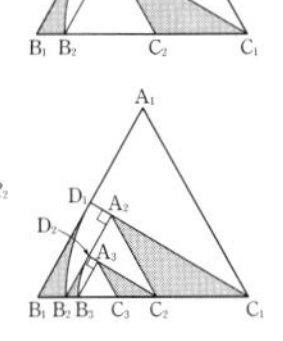

14

2017학년도 6월 모평 나형 17번

그림과 같이 한 변의 길이가 2인 정사각형 $A_1B_1C_1D_1$에서 선분 A_1B_1과 선분 B_1C_1의 중점을 각각 E_1, F_1이라 하자. 정사각형 $A_1B_1C_1D_1$의 내부와 삼각형 $E_1F_1D_1$의 외부의 공통부분에 색칠하여 얻은 그림을 R_1이라 하자.

⋮

이와 같은 과정을 계속하여 n번째 얻은 그림 R_n에 색칠되어 있는 부분의 넓이를 S_n이라 할 때, $\lim_{n\to\infty} S_n$의 값은? [4점]

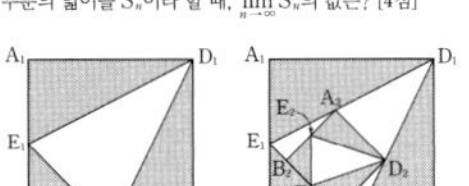

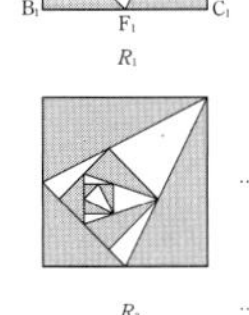

① $\frac{125}{37}$ ② $\frac{125}{38}$ ③ $\frac{125}{39}$ ④ $\frac{25}{8}$ ⑤ $\frac{125}{41}$

07

2015학년도 9월 모평 A형 18번

중심이 O, 반지름의 길이가 1이고 중심각의 크기가 $\frac{2}{3}\pi$인 부채꼴 OAB가 있다. 그림과 같이 호 AB를 이등분하는 점을 M이라 하고 호 AM과 호 MB를 각각 이등분하는 점을 두 꼭짓점으로 하는 직사각형을 부채꼴 OAB에 내접하도록 그리고, 부채꼴의 내부와 직사각형의 외부의 공통부분에 색칠하여 얻은 그림을 R_1이라 하자.

⋮

이와 같은 과정을 계속하여 n번째 얻은 그림 R_n에 색칠되어 있는 부분의 넓이를 S_n이라 할 때, $\lim_{n\to\infty} S_n$의 값은? [4점]

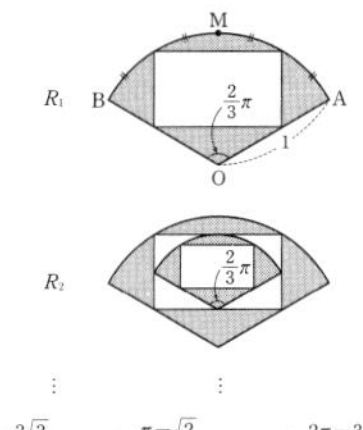

① $\frac{2\pi-3\sqrt{3}}{2}$ ② $\frac{\pi-\sqrt{2}}{3}$ ③ $\frac{2\pi-3\sqrt{2}}{3}$ ④ $\frac{\pi-\sqrt{3}}{2}$ ⑤ $\frac{2\pi-2\sqrt{3}}{3}$

19

2020학년도 9월 모평 나형 18번

그림과 같이 중심이 O, 반지름의 길이가 2이고 중심각의 크기가 90°인 부채꼴 OAB가 있다. 선분 OA의 중점을 C, 선분 OB의 중점을 D라 하자. 점 C를 지나고 선분 OB와 평행한 직선이 호 AB와 만나는 점을 E, 점 D를 지나고 선분 OA와 평행한 직선이 호 AB와 만나는 점을 F라 하자. 선분 CE와 선분 DF가 만나는 점을 G, 선분 OE와 선분 DG가 만나는 점을 H, 선분 OF와 선분 CG가 만나는 점을 I라 하자. 사각형 OIGH를 색칠하여 얻은 그림을 R_1이라 하자.

⋮

이와 같은 과정을 계속하여 n번째 얻은 그림 R_n에 색칠되어 있는 부분의 넓이를 S_n이라 할 때, $\lim_{n\to\infty} S_n$의 값은? [4점]

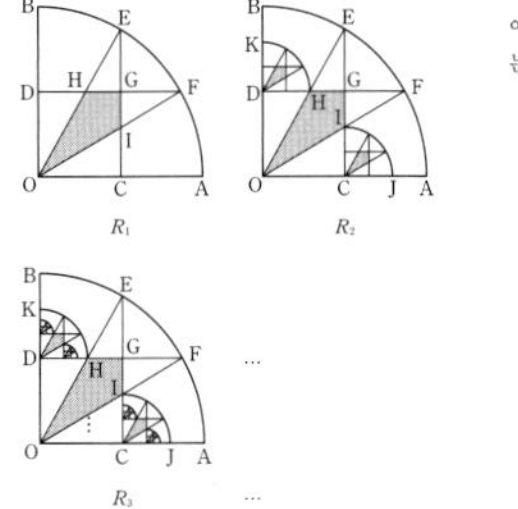

① $\frac{2(3-\sqrt{3})}{5}$ ② $\frac{7(3-\sqrt{3})}{15}$ ③ $\frac{8(3-\sqrt{3})}{15}$ ④ $\frac{3(3-\sqrt{3})}{5}$ ⑤ $\frac{2(3-\sqrt{3})}{3}$

25

2017학년도 수능 나형(홀) 17번

그림과 같이 길이가 4인 선분 AB를 지름으로 하는 원 O가 있다. 원의 중심을 C라 하고, 선분 AC의 중점과 선분 BC의 중점을 각각 D, P라 하자. 선분 AC의 수직이등분선과 선분 BC의 수직이등분선이 원 O의 위쪽 반원과 만나는 점을 각각 E, Q라 하자. 선분 DE를 한 변으로 하고 원 O와 점 A에서 만나며 선분 DF가 대각선인 정사각형 DEFG를 그리고, 선분 PQ를 한 변으로 하고 원 O와 점 B에서 만나며 선분 PR가 대각선인 정사각형 PQRS를 그린다. 원 O의 내부와 정사각형 DEFG의 내부의 공통부분인 ◺ 모양의 도형과 원 O의 내부와 정사각형 PQRS의 내부의 공통부분인 ◺ 모양의 도형에 색칠하여 얻은 그림을 R_1이라 하자.

⋮

이와 같은 과정을 계속하여 n번째 얻은 그림 R_n에 색칠되어 있는 부분의 넓이를 S_n이라 할 때, $\lim_{n\to\infty} S_n$의 값은? [4점]

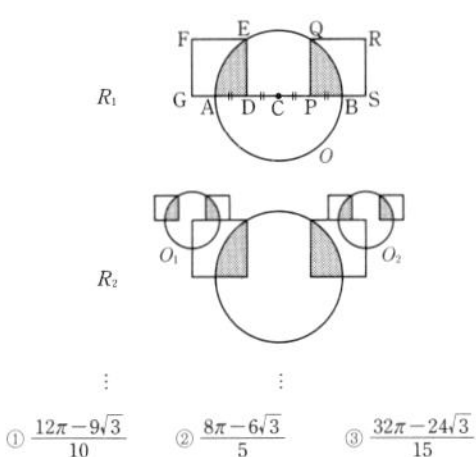

① $\frac{12\pi-9\sqrt{3}}{10}$ ② $\frac{8\pi-6\sqrt{3}}{5}$ ③ $\frac{32\pi-24\sqrt{3}}{15}$ ④ $\frac{28\pi-21\sqrt{3}}{10}$ ⑤ $\frac{16\pi-12\sqrt{3}}{5}$

20

2016학년도 수능 A형(홀) 15번

그림과 같이 한 변의 길이가 5인 정사각형 ABCD의 대각선 BD의 5등분점을 점 B에서 가까운 순서대로 각각 P_1, P_2, P_3, P_4라 하고, 선분 BP_1, P_2P_3, P_4D를 각각 대각선으로 하는 정사각형과 선분 P_1P_2, P_3P_4를 각각 지름으로 하는 원을 그린 후, 모양의 도형에 색칠하여 얻은 그림을 R_1이라 하자.

⋮

이와 같은 과정을 계속하여 n번째 얻은 그림 R_n에 색칠되어 있는 부분의 넓이를 S_n이라 할 때, $\lim_{n\to\infty} S_n$의 값은? [4점]

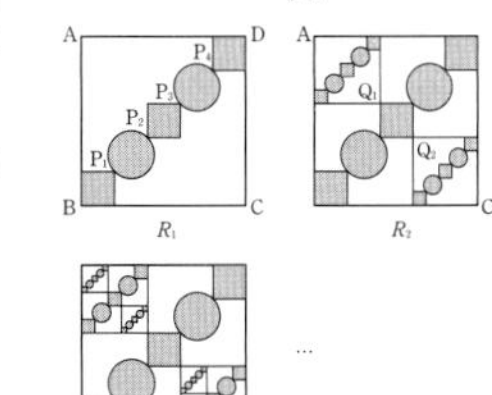

① $\frac{24}{17}(\pi+3)$ ② $\frac{25}{17}(\pi+3)$ ③ $\frac{26}{17}(\pi+3)$ ④ $\frac{24}{17}(2\pi+1)$ ⑤ $\frac{25}{17}(2\pi+1)$

26

2016학년도 9월 모평 B형 20번

그림과 같이 한 변의 길이가 6인 정삼각형 ABC가 있다. 정삼각형 ABC의 외심을 O라 할 때, 중심이 A이고 반지름의 길이가 $\overline{AO}$인 원을 O_A, 중심이 B이고 반지름의 길이가 $\overline{BO}$인 원을 O_B, 중심이 C이고 반지름의 길이가 $\overline{CO}$인 원을 O_C라 하자. 원 O_A와 원 O_B의 내부의 공통부분, 원 O_A와 원 O_C의 내부의 공통부분, 원 O_B와 원 O_C의 내부의 공통부분 중 삼각형 ABC 내부에 있는 모양의 도형에 색칠하여 얻은 그림을 R_1이라 하자.

⋮

이와 같은 과정을 계속하여 n번째 얻은 그림 R_n에 색칠되어 있는 부분의 넓이를 S_n이라 할 때, $\lim_{n\to\infty} S_n$의 값은? [4점]

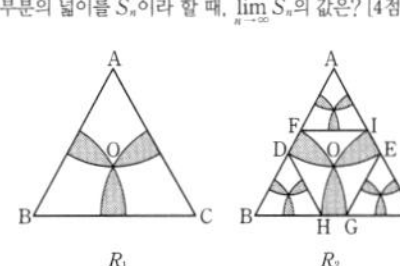

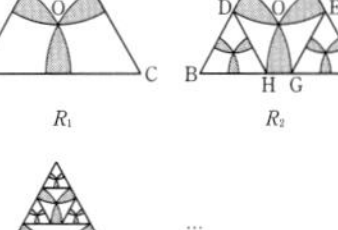

① $(2\pi-3\sqrt{3})(\sqrt{3}+3)$ ② $(\pi-\sqrt{3})(\sqrt{3}+3)$ ③ $(2\pi-3\sqrt{3})(2\sqrt{3}+3)$ ④ $(\pi-\sqrt{3})(2\sqrt{3}+3)$ ⑤ $(2\pi-2\sqrt{3})(\sqrt{3}+3)$

24

2014학년도 9월 모평 A형 16번

그림과 같이 반지름의 길이가 1인 원에 중심각의 크기가 60°이고 반지름의 길이가 1인 부채꼴을 서로 겹치지 않게 4개 그린 후 원의 내부와 새로 그린 부채꼴의 외부에 공통으로 속하는 영역을 색칠하여 얻은 그림을 [그림 1]이라 하자.

⋮

이와 같은 과정을 계속하여 n번째 얻은 그림에서 색칠되어 있는 부분의 넓이를 S_n이라 할 때, $\lim_{n\to\infty} S_n$의 값은? [4점]

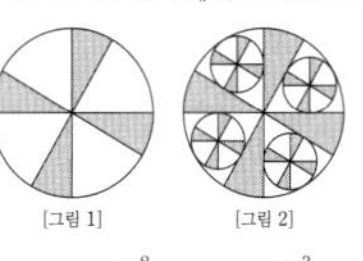

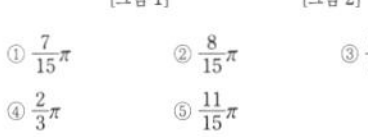

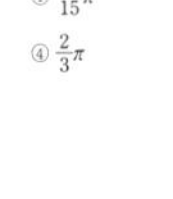

[그림 1] [그림 2]

① $\frac{7}{15}\pi$ ② $\frac{8}{15}\pi$ ③ $\frac{3}{5}\pi$ ④ $\frac{2}{3}\pi$ ⑤ $\frac{11}{15}\pi$

등비급수의 활용

1 등비급수의 활용

닮은꼴이 한없이 반복되는 도형에서 선분의 길이, 도형의 넓이 등의 합을 구하는 문제는 주어진 조건을 이용하여 선분의 길이 또는 넓이가 변하는 일정한 규칙을 찾은 다음 등비급수의 합을 이용한다.

중1~3 고1 수학I 다시보기

선분의 길이, 도형의 넓이를 구하는 과정에서 다음을 이용하므로 기억하자.

• 삼각형의 합동

두 삼각형 ABC, A′B′C′에서 $\overline{AB}=\overline{A'B'}$, $\overline{BC}=\overline{B'C'}$, $\overline{CA}=\overline{C'A'}$이면

$\triangle ABC \equiv \triangle A'B'C'$ (SSS 합동)

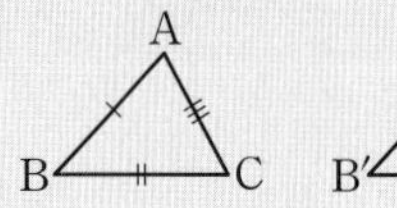

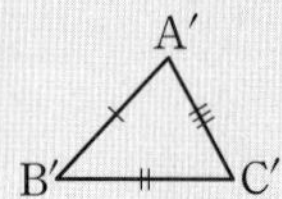

• 이등변삼각형의 성질

$\overline{AB}=\overline{AC}$인 이등변삼각형 ABC에서

(1) 두 밑각의 크기는 같다.

⇨ $\angle B=\angle C$

(2) 꼭지각의 이등분선은 밑변을 수직이등분한다.

⇨ $\overline{AD}\perp\overline{BC}$, $\overline{BD}=\overline{CD}$

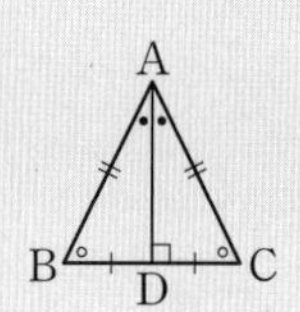

• 정삼각형은 세 변의 길이가 같으므로 이등변삼각형이다.

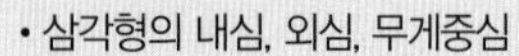
• 삼각형의 내심, 외심, 무게중심

(1) 삼각형의 세 내각의 이등분선은 한 점(내심)에서 만나고, 이 점(내심)에서 세 변에 이르는 거리는 같다.

(2) 삼각형의 세 변의 수직이등분선은 한 점(외심)에서 만나고, 이 점(외심)에서 세 꼭짓점에 이르는 거리는 같다.

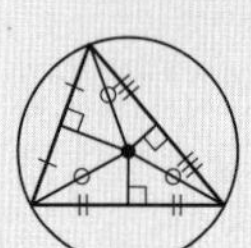

(3) 삼각형의 세 중선은 한 점 G(무게중심)에서 만나고, 이 점(무게중심)은 세 중선의 길이를 각 꼭짓점으로부터 각각 2 : 1로 나눈다.

⇨ $\overline{AG}:\overline{GD}=\overline{BG}:\overline{GE}=\overline{CG}:\overline{GF}=2:1$

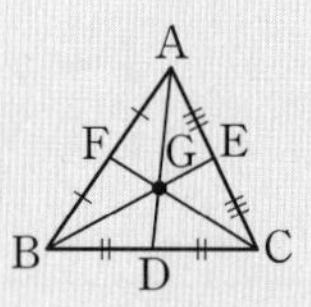

• 정삼각형은 내심, 외심, 무게중심이 모두 같다.

• 닮은 도형의 성질

닮은 두 평면도형에서

① 대응변의 길이의 비는 일정하다.

② 대응각의 크기는 각각 같다.

• 닮음비

(1) 닮은 두 평면도형에서 대응변의 길이의 비를 두 도형의 닮음비라 한다.

(2) 닮음비가 $m:n$인 두 도형의 넓이의 비는 $m^2:n^2$이다.

• 삼각형에서 평행선과 선분의 길이의 비

삼각형 ABC에서 $\overline{AB}$, $\overline{AC}$ 위에 각각 점 D, E가 있을 때, $\overline{BC}/\!/\overline{DE}$이면

① $\overline{AB}:\overline{AD}=\overline{AC}:\overline{AE}=\overline{BC}:\overline{DE}$

② $\overline{AD}:\overline{DB}=\overline{AE}:\overline{EC}$

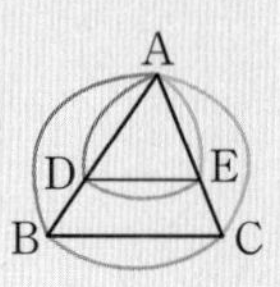

• 오른쪽 그림과 같이 삼각형 ABC에서 $\overline{AM}=\overline{MB}$, $\overline{AN}=\overline{NC}$이면

$\overline{MN}/\!/\overline{BC}$, $\overline{MN}=\frac{1}{2}\overline{BC}$

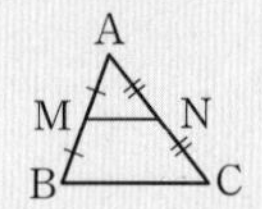

• 각의 이등분선

삼각형 ABC에서 ∠A의 이등분선이 변 BC와 만나는 점을 D라 하면

$\overline{AB}:\overline{AC}=\overline{BD}:\overline{CD}$

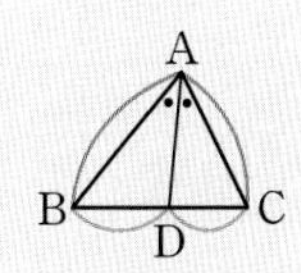

• 직각삼각형의 세 변의 길이의 비

(1) 세 내각의 크기가 45°, 45°, 90°인 직각이등변삼각형의 세 변의 길이의 비는

⇨ $1:1:\sqrt{2}$

(2) 세 내각의 크기가 30°, 60°, 90°인 직각삼각형의 세 변의 길이의 비는

⇨ $1:\sqrt{3}:2$

• 원주각과 중심각의 크기

(1) 한 호에 대한 원주각의 크기는 모두 같다.

⇨ $\angle APB=\angle AQB$

(2) 한 호에 대한 중심각의 크기는 원주각의 크기의 2배이다.

⇨ $\angle AOB=2\angle APB$

(3) 반원에 대한 원주각의 크기는 90°이다.

⇨ $\angle APB=90°$

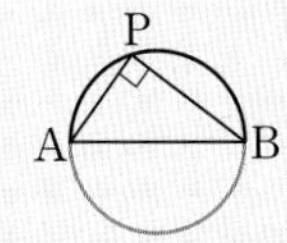

• 선분의 내분

선분 AB 위의 점 P에 대하여

$\overline{AP}:\overline{PB}=m:n\ (m>0,\ n>0)$

일 때, 점 P는 선분 AB를 $m:n$으로 내분한다고 한다.

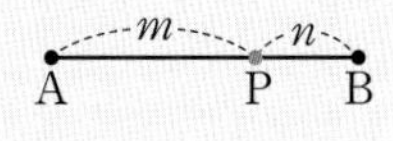

• 부채꼴의 호의 길이와 넓이

반지름의 길이가 r, 중심각의 크기가 θ(라디안)인 부채꼴의 호의 길이를 l, 넓이를 S라 하면

$l=r\theta,\ S=\frac{1}{2}r^2\theta$

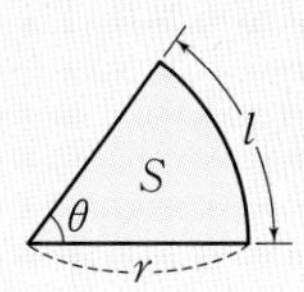

• 사인법칙

삼각형 ABC의 외접원의 반지름의 길이를 R라 하면

$\frac{a}{\sin A}=\frac{b}{\sin B}=\frac{c}{\sin C}=2R$

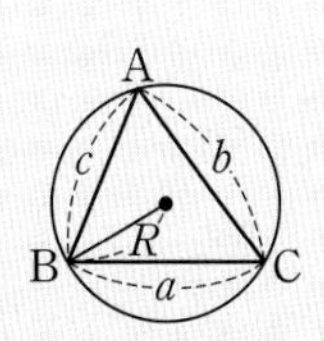

• 코사인법칙

삼각형 ABC에서

$a^2=b^2+c^2-2bc\cos A$

$b^2=c^2+a^2-2ca\cos B$

$c^2=a^2+b^2-2ab\cos C$

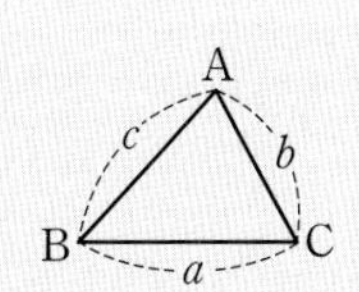

• 삼각형의 넓이

삼각형 ABC의 넓이를 S라 하면

$S=\frac{1}{2}ab\sin C=\frac{1}{2}bc\sin A=\frac{1}{2}ca\sin B$

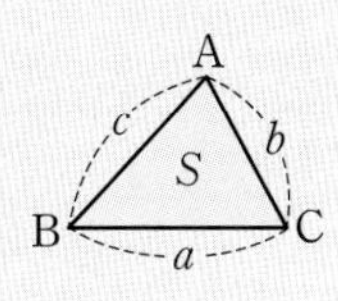

• 정삼각형 ABC의 무게중심을 G, 높이를 h라 하면 $\overline{AG}=\overline{BG}=\overline{CG}=\frac{2}{3}h$이므로

$h=\frac{3}{2}\overline{AG}=\frac{3}{2}\overline{BG}=\frac{3}{2}\overline{CG}$

• 한 변의 길이가 a인 정삼각형의 높이를 h, 넓이를 S라 하면

$h=\frac{\sqrt{3}}{2}a,\ S=\frac{\sqrt{3}}{4}a^2$

• 원에서 현의 수직이등분선은 그 원의 중심을 지난다.

유형 01 등비급수의 활용 – 함수의 그래프

01 대표 문제

2016학년도 9월 모평 A형 20번

자연수 n에 대하여 직선 $y=\left(\frac{1}{2}\right)^{n-1}(x-1)$과 이차함수 $y=3x(x-1)$의 그래프가 만나는 두 점을 $\mathrm{A}(1,\ 0)$과 P_n이라 하자. 점 P_n에서 x축에 내린 수선의 발을 H_n이라 할 때, $\sum_{n=1}^{\infty}\overline{\mathrm{P}_n\mathrm{H}_n}$의 값은? [4점]

① $\frac{3}{2}$ ② $\frac{14}{9}$ ③ $\frac{29}{18}$
④ $\frac{5}{3}$ ⑤ $\frac{31}{18}$

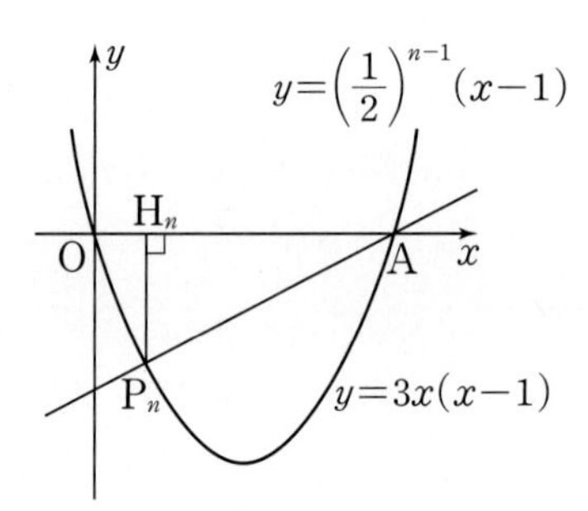

02

2014학년도 6월 모평 A형 14번

함수 $f(x)=\begin{cases} x+2 & (x\le 0) \\ -\frac{1}{2}x & (x>0) \end{cases}$의 그래프가 그림과 같다.

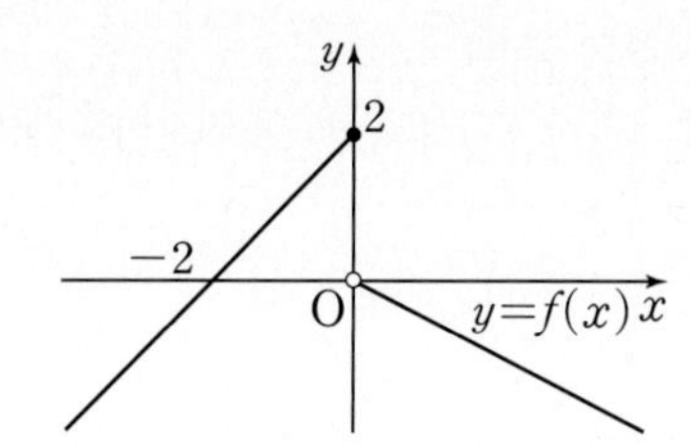

수열 $\{a_n\}$은 $a_1=1$이고

$$a_{n+1}=f(f(a_n))\ (n\ge 1)$$

을 만족시킬 때, $\lim_{n\to\infty}a_n$은? [4점]

① $\frac{1}{3}$ ② $\frac{2}{3}$ ③ 1
④ $\frac{4}{3}$ ⑤ $\frac{5}{3}$

• 해설편 083쪽

5 일차

유형 02 등비급수의 활용-사분원

03 대표 문제

2019학년도 수능 나형(홀) 16번

그림과 같이 $\overline{OA_1}=4$, $\overline{OB_1}=4\sqrt{3}$인 직각삼각형 OA_1B_1이 있다. 중심이 O이고 반지름의 길이가 $\overline{OA_1}$인 원이 선분 OB_1과 만나는 점을 B_2라 하자. 삼각형 OA_1B_1의 내부와 부채꼴 OA_1B_2의 내부에서 공통된 부분을 제외한  모양의 도형에 색칠하여 얻은 그림을 R_1이라 하자.

그림 R_1에서 점 B_2를 지나고 선분 A_1B_1에 평행한 직선이 선분 OA_1과 만나는 점을 A_2, 중심이 O이고 반지름의 길이가 $\overline{OA_2}$인 원이 선분 OB_2와 만나는 점을 B_3이라 하자. 삼각형 OA_2B_2의 내부와 부채꼴 OA_2B_3의 내부에서 공통된 부분을 제외한 ◿ 모양의 도형에 색칠하여 얻은 그림을 R_2라 하자.

이와 같은 과정을 계속하여 n번째 얻은 그림 R_n에 색칠되어 있는 부분의 넓이를 S_n이라 할 때, $\lim_{n\to\infty} S_n$의 값은? [4점]

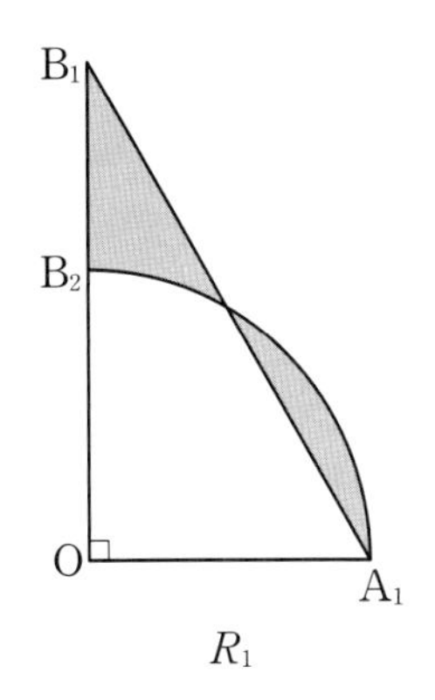

R_1

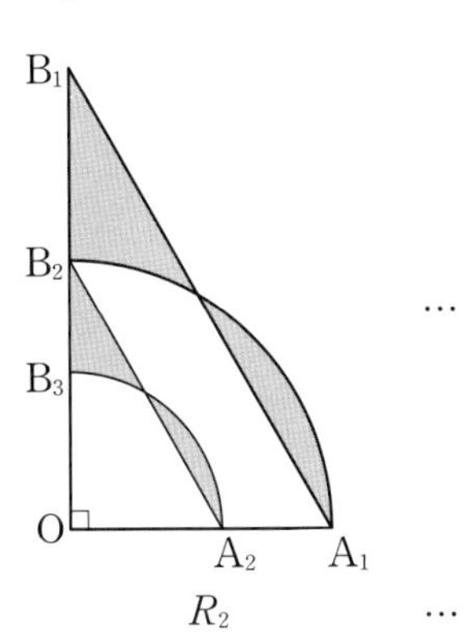

R_2

…

① $\frac{3}{2}\pi$　② $\frac{5}{3}\pi$　③ $\frac{11}{6}\pi$

④ 2π　⑤ $\frac{13}{6}\pi$

04

2015학년도 6월 모평 A형 18번

그림과 같이 $\overline{A_1D_1}=2$, $\overline{A_1B_1}=1$인 직사각형 $A_1B_1C_1D_1$에서 선분 A_1D_1의 중점을 M_1이라 하자. 중심이 A_1, 반지름의 길이가 $\overline{A_1B_1}$이고 중심각의 크기가 $\frac{\pi}{2}$인 부채꼴 $A_1B_1M_1$을 그리고, 부채꼴 $A_1B_1M_1$에 색칠하여 얻은 그림을 R_1이라 하자.

그림 R_1에서 부채꼴 $A_1B_1M_1$의 호 B_1M_1이 선분 A_1C_1과 만나는 점을 A_2라 하고, 중심이 A_1, 반지름의 길이가 $\overline{A_1D_1}$인 원이 선분 A_1C_1과 만나는 점을 C_2라 하자. 가로와 세로의 길이의 비가 2 : 1이고 가로가 선분 A_1D_1과 평행한 직사각형 $A_2B_2C_2D_2$를 그리고, 직사각형 $A_2B_2C_2D_2$에서 그림 R_1을 얻는 것과 같은 방법으로 만들어지는 부채꼴에 색칠하여 얻은 그림을 R_2라 하자.

이와 같은 과정을 계속하여 n번째 얻은 그림 R_n에 색칠되어 있는 부분의 넓이를 S_n이라 할 때, $\lim_{n\to\infty} S_n$의 값은? [4점]

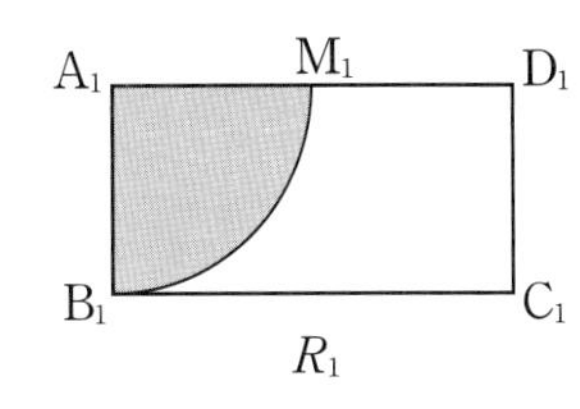

R_1

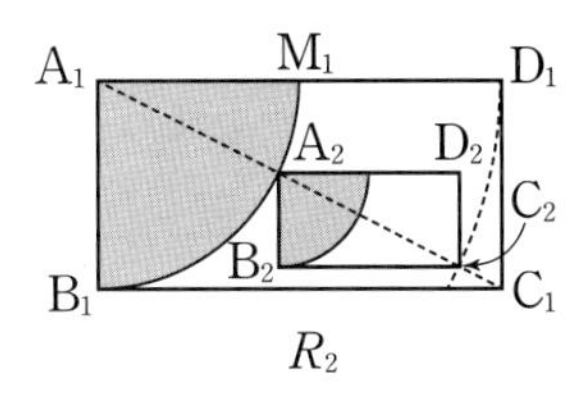

R_2

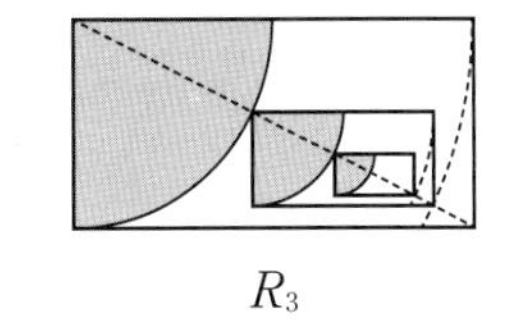
R_3

…

① $\frac{5}{16}\pi$　② $\frac{11}{32}\pi$　③ $\frac{3}{8}\pi$

④ $\frac{13}{32}\pi$　⑤ $\frac{7}{16}\pi$

05

2014학년도 10월 학평-A형 18번

빗변 BC의 길이가 2인 직각이등변삼각형 ABC가 있다. 그림과 같이 삼각형 ABC의 직각을 낀 두 변에 내접하고 두 점 B_1, C_1이 선분 BC 위에 놓이도록 정사각형 $P_1B_1C_1Q_1$을 그린다. 중심이 A, 반지름의 길이가 $\overline{AP_1}$이고 중심각의 크기가 $\frac{\pi}{2}$인 부채꼴 AP_1Q_1을 그린 후 부채꼴 AP_1Q_1의 호 P_1Q_1과 선분 P_1Q_1로 둘러싸인 부분인 ⌓ 모양에 색칠하여 얻은 그림을 F_1이라 하자.
그림 F_1에 선분 B_1C_1을 빗변으로 하는 직각이등변삼각형 $A_1B_1C_1$을 그리고, 직각이등변삼각형 $A_1B_1C_1$에서 그림 F_1을 얻는 것과 같은 방법으로 만들어 지는 ⌓ 모양에 색칠하여 얻은 그림을 F_2라 하자.
이와 같은 과정을 계속하여 n번째 얻은 그림 F_n에 색칠되어 있는 부분의 넓이를 S_n이라 할 때, $\lim_{n\to\infty} S_n$의 값은? [4점]

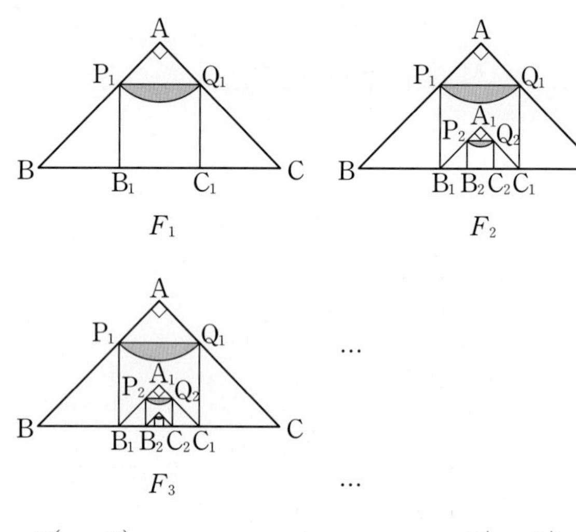

① $\frac{5(\pi-2)}{16}$　② $\frac{\pi-2}{4}$　③ $\frac{3(\pi-2)}{16}$　④ $\frac{\pi-2}{8}$　⑤ $\frac{\pi-2}{16}$

06

2017학년도 9월 모평 나형 16번

그림과 같이 한 변의 길이가 1인 정사각형 $A_1B_1C_1D_1$ 안에 꼭짓점 A_1, C_1을 중심으로 하고 선분 A_1B_1, C_1D_1을 반지름으로 하는 사분원을 각각 그린다. 선분 A_1C_1이 두 사분원과 만나는 점 중 점 A_1과 가까운 점을 A_2, 점 C_1과 가까운 점을 C_2라 하자. 선분 A_1D_1에 평행하고 점 A_2를 지나는 직선이 선분 A_1B_1과 만나는 점을 E_1, 선분 B_1C_1에 평행하고 점 C_2를 지나는 직선이 선분 C_1D_1과 만나는 점을 F_1이라 하자. 삼각형 $A_1E_1A_2$와 삼각형 $C_1F_1C_2$를 그린 후 두 삼각형의 내부에 속하는 영역을 색칠하여 얻은 그림을 R_1이라 하자.
그림 R_1에 선분 A_2C_2를 대각선으로 하는 정사각형을 그리고, 새로 그려진 정사각형 안에 그림 R_1을 얻는 것과 같은 방법으로 두 개의 사분원과 두 개의 삼각형을 그리고 두 삼각형의 내부에 속하는 영역을 색칠하여 얻은 그림을 R_2라 하자.
이와 같은 과정을 계속하여 n번째 얻은 그림 R_n에 색칠되어 있는 부분의 넓이를 S_n이라 할 때, $\lim_{n\to\infty} S_n$의 값은? [4점]

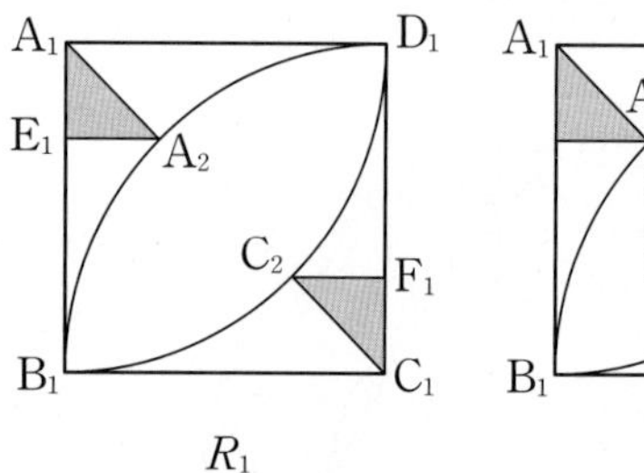

R_1

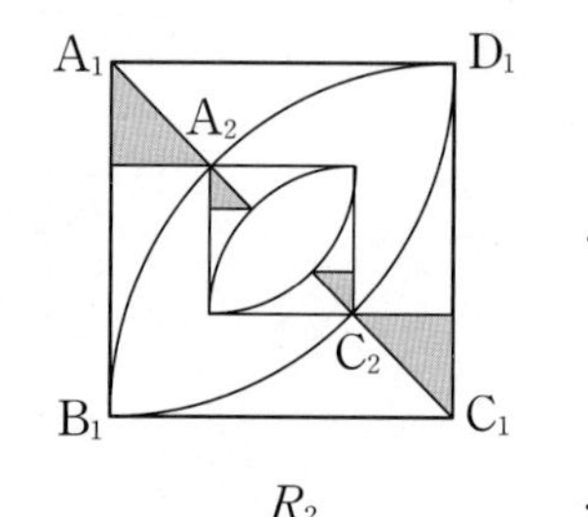

R_2　…

① $\frac{1}{12}(\sqrt{2}-1)$　② $\frac{1}{6}(\sqrt{2}-1)$　③ $\frac{1}{4}(\sqrt{2}-1)$　④ $\frac{1}{3}(\sqrt{2}-1)$　⑤ $\frac{5}{12}(\sqrt{2}-1)$

07

2021학년도 7월 학평 26번

그림과 같이 한 변의 길이가 4인 정사각형 $OA_1B_1C_1$의 대각선 OB_1을 $3:1$로 내분하는 점을 D_1이라 하고, 네 선분 A_1B_1, B_1C_1, C_1D_1, D_1A_1로 둘러싸인 ㄱ 모양의 도형에 색칠하여 얻은 그림을 R_1이라 하자.

그림 R_1에서 중심이 O이고 두 직선 A_1D_1, C_1D_1에 동시에 접하는 원과 선분 OB_1이 만나는 점을 B_2라 하자. 선분 OB_2를 대각선으로 하는 정사각형 $OA_2B_2C_2$를 그리고 정사각형 $OA_2B_2C_2$에 그림 R_1을 얻는 것과 같은 방법으로 ㄱ 모양의 도형을 그리고 색칠하여 얻은 그림을 R_2라 하자.

이와 같은 과정을 계속하여 n번째 얻은 그림 R_n에 색칠되어 있는 부분의 넓이를 S_n이라 할 때, $\lim_{n\to\infty} S_n$의 값은? [3점]

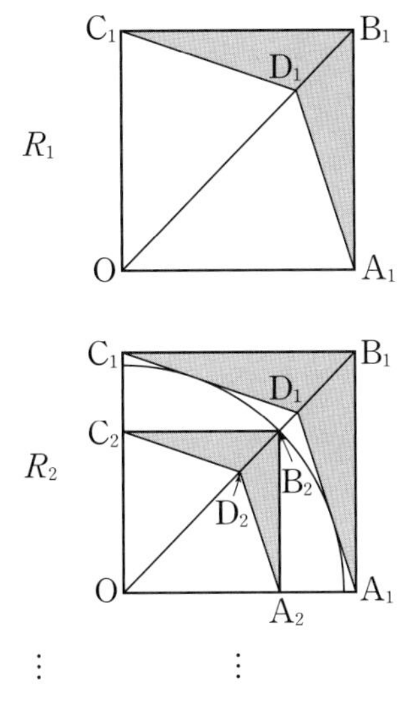

① $\frac{70}{11}$　② $\frac{75}{11}$　③ $\frac{80}{11}$　④ $\frac{80}{9}$　⑤ $\frac{85}{9}$

08

2019학년도 3월 학평-나형 19번

그림과 같이 중심이 O_1, 반지름의 길이가 2이고 중심각의 크기가 $90°$인 부채꼴 $O_1A_1B_1$에서 두 선분 O_1A_1, O_1B_1 위에 두 점 M_1, O_2를 각각 $\overline{O_1M_1}=\frac{\sqrt{2}}{2}\overline{O_1A_1}$, $\overline{O_1O_2}=\frac{\sqrt{2}}{2}\overline{O_1B_1}$이 되도록 정하자. 두 점 M_1, O_2와 호 A_1B_1 위의 두 점 C_1, A_2를 꼭짓점으로 하는 직사각형 $O_2M_1C_1A_2$를 그리고, 직사각형 $O_2M_1C_1A_2$와 삼각형 $O_1C_1A_2$의 내부의 공통부분에 색칠하여 얻은 그림을 R_1이라 하자.

그림 R_1에 중심이 O_2, 반지름의 길이가 $\overline{O_2A_2}$이고 중심각의 크기가 $90°$인 부채꼴 $O_2A_2B_2$를 점 B_2가 부채꼴 $O_1A_1B_1$의 외부에 있도록 그리고, 두 선분 O_2A_2, O_2B_2 위에 두 점 M_2, O_3을 각각 $\overline{O_2M_2}=\frac{\sqrt{2}}{2}\overline{O_2A_2}$, $\overline{O_2O_3}=\frac{\sqrt{2}}{2}\overline{O_2B_2}$가 되도록 정하자. 두 점 M_2, O_3과 호 A_2B_2 위의 두 점 C_2, A_3을 꼭짓점으로 하는 직사각형 $O_3M_2C_2A_3$을 그리고, 직사각형 $O_3M_2C_2A_3$과 삼각형 $O_2C_2A_3$의 내부의 공통부분에 색칠하여 얻은 그림을 R_2라 하자.

이와 같은 과정을 계속하여 n번째 얻은 그림 R_n에 색칠되어 있는 부분의 넓이를 S_n이라 할 때, $\lim_{n\to\infty} S_n$의 값은? [4점]

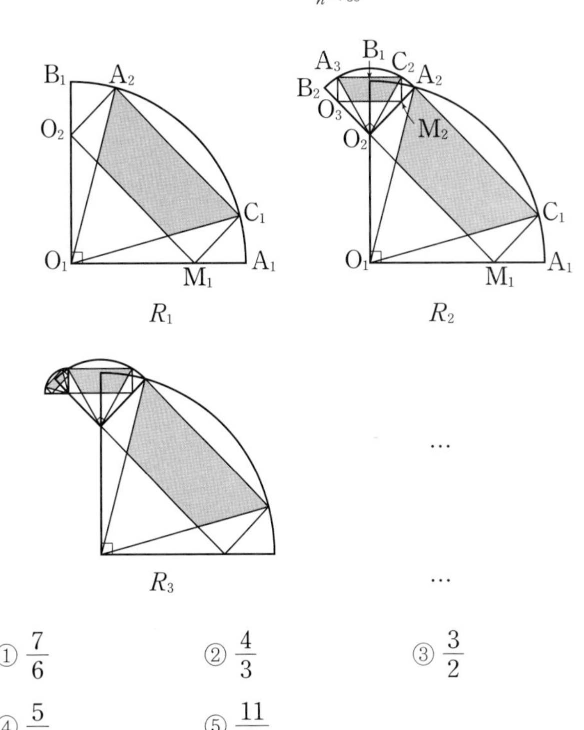

① $\frac{7}{6}$　② $\frac{4}{3}$　③ $\frac{3}{2}$　④ $\frac{5}{3}$　⑤ $\frac{11}{6}$

09

2023학년도 수능 (홀) 27번

그림과 같이 중심이 O, 반지름의 길이가 1이고 중심각의 크기가 $\frac{\pi}{2}$인 부채꼴 OA_1B_1이 있다. 호 A_1B_1 위에 점 P_1, 선분 OA_1 위에 점 C_1, 선분 OB_1 위에 점 D_1을 사각형 $OC_1P_1D_1$이 $\overline{OC_1} : \overline{OD_1} = 3 : 4$인 직사각형이 되도록 잡는다. 부채꼴 OA_1B_1의 내부에 점 Q_1을 $\overline{P_1Q_1} = \overline{A_1Q_1}$, $\angle P_1Q_1A_1 = \frac{\pi}{2}$가 되도록 잡고, 이등변삼각형 $P_1Q_1A_1$에 색칠하여 얻은 그림을 R_1이라 하자.

그림 R_1에서 선분 OA_1 위의 점 A_2와 선분 OB_1 위의 점 B_2를 $\overline{OQ_1} = \overline{OA_2} = \overline{OB_2}$가 되도록 잡고, 중심이 O, 반지름의 길이가 $\overline{OQ_1}$, 중심각의 크기가 $\frac{\pi}{2}$인 부채꼴 OA_2B_2를 그린다. 그림 R_1을 얻은 것과 같은 방법으로 네 점 P_2, C_2, D_2, Q_2를 잡고, 이등변삼각형 $P_2Q_2A_2$에 색칠하여 얻은 그림을 R_2라 하자.

이와 같은 과정을 계속하여 n번째 얻은 그림 R_n에 색칠되어 있는 부분의 넓이를 S_n이라 할 때, $\lim_{n\to\infty} S_n$의 값은? [3점]

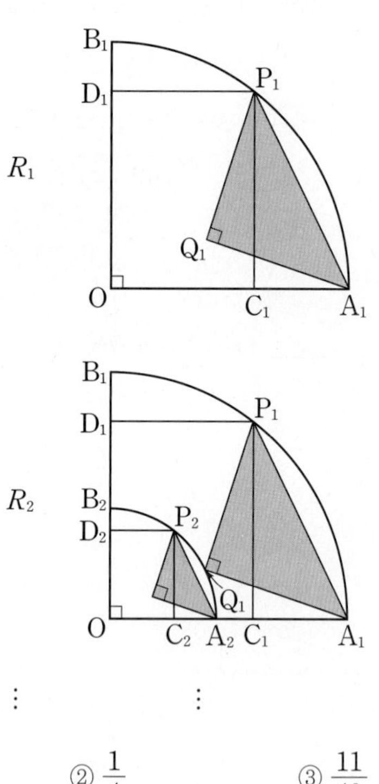

① $\frac{9}{40}$ ② $\frac{1}{4}$ ③ $\frac{11}{40}$

④ $\frac{3}{10}$ ⑤ $\frac{13}{40}$

10

2014학년도 4월 학평-A형 18번

그림과 같이 한 변의 길이가 3인 정사각형 $A_1B_1C_1D_1$이 있다. 네 선분 A_1B_1, B_1C_1, C_1D_1, D_1A_1을 각각 1 : 2로 내분하는 점을 각각 E_1, F_1, G_1, H_1이라 하고, 정사각형 $A_1B_1C_1D_1$의 네 꼭짓점을 중심으로 하고 네 선분 A_1E_1, B_1F_1, C_1G_1, D_1H_1을 각각 반지름으로 하는 4개의 사분원을 잘라내어 얻은 모양의 도형을 R_1이라 하자.

정사각형 $E_1F_1G_1H_1$과 도형 R_1과의 교점 중 정사각형 $E_1F_1G_1H_1$의 꼭짓점이 아닌 4개의 점을 A_2, B_2, C_2, D_2라 하자. 정사각형 $A_2B_2C_2D_2$에서 네 선분 A_2B_2, B_2C_2, C_2D_2, D_2A_2를 각각 1 : 2로 내분하는 점을 각각 E_2, F_2, G_2, H_2라 하고, 정사각형 $A_2B_2C_2D_2$의 네 꼭짓점을 중심으로 하고 네 선분 A_2E_2, B_2F_2, C_2G_2, D_2H_2를 각각 반지름으로 하는 4개의 사분원을 잘라내어 얻은 모양의 도형을 R_2라 하자.

정사각형 $E_2F_2G_2H_2$에서 도형 R_2를 얻는 것과 같은 방법으로 얻은 모양의 도형을 R_3이라 하자.

이와 같은 과정을 계속하여 n번째 얻은 모양의 도형 R_n의 넓이를 S_n이라 할 때, $\sum_{n=1}^{\infty} S_n$의 값은? [4점]

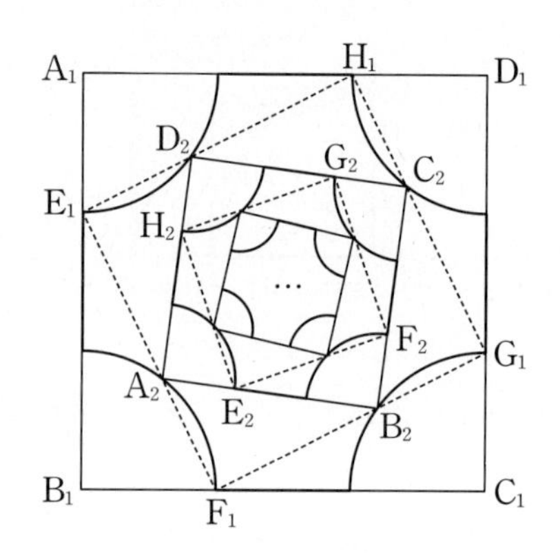

① $\frac{39}{32}(9-\pi)$ ② $\frac{5}{4}(9-\pi)$ ③ $\frac{21}{16}(9-\pi)$

④ $\frac{11}{8}(9-\pi)$ ⑤ $\frac{45}{32}(9-\pi)$

11

2022학년도 10월 학평 27번

그림과 같이 $\overline{A_1B_1}=1$, $\overline{B_1C_1}=2\sqrt{6}$인 직사각형 $A_1B_1C_1D_1$이 있다. 중심이 B_1이고 반지름의 길이가 1인 원이 선분 B_1C_1과 만나는 점을 E_1이라 하고, 중심이 D_1이고 반지름의 길이가 1인 원이 선분 A_1D_1과 만나는 점을 F_1이라 하자. 선분 B_1D_1이 호 A_1E_1, 호 C_1F_1과 만나는 점을 각각 B_2, D_2라 하고, 두 선분 B_1B_2, D_1D_2의 중점을 각각 G_1, H_1이라 하자.

두 선분 A_1G_1, G_1B_2와 호 B_2A_1로 둘러싸인 부분인 ◸ 모양의 도형과 두 선분 D_2H_1, H_1F_1과 호 F_1D_2로 둘러싸인 부분인 ▻ 모양의 도형에 색칠하여 얻은 그림을 R_1이라 하자.

그림 R_1에서 선분 B_2D_2가 대각선이고 모든 변이 선분 A_1B_1 또는 선분 B_1C_1에 평행한 직사각형 $A_2B_2C_2D_2$를 그린다.

직사각형 $A_2B_2C_2D_2$에 그림 R_1을 얻은 것과 같은 방법으로 ◸ 모양의 도형과 ▻ 모양의 도형을 그리고 색칠하여 얻은 그림을 R_2라 하자.

이와 같은 과정을 계속하여 n번째 얻은 그림 R_n에 색칠되어 있는 부분의 넓이를 S_n이라 할 때, $\lim_{n\to\infty} S_n$의 값은? [3점]

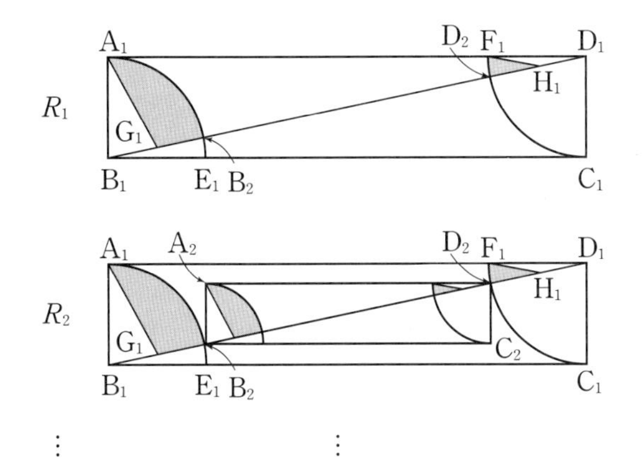

① $\dfrac{25\pi-12\sqrt{6}-5}{64}$　② $\dfrac{25\pi-12\sqrt{6}-4}{64}$

③ $\dfrac{25\pi-10\sqrt{6}-6}{64}$　④ $\dfrac{25\pi-10\sqrt{6}-5}{64}$

⑤ $\dfrac{25\pi-10\sqrt{6}-4}{64}$

12

2020학년도 수능 나형(홀) 18번

그림과 같이 한 변의 길이가 5인 정사각형 ABCD에 중심이 A이고 중심각의 크기가 90°인 부채꼴 ABD를 그린다. 선분 AD를 3 : 2로 내분하는 점을 A_1, 점 A_1을 지나고 선분 AB에 평행한 직선이 호 BD와 만나는 점을 B_1이라 하자. 선분 A_1B_1을 한 변으로 하고 선분 DC와 만나도록 정사각형 $A_1B_1C_1D_1$을 그린 후, 중심이 D_1이고 중심각의 크기가 90°인 부채꼴 $D_1A_1C_1$을 그린다. 선분 DC가 호 A_1C_1, 선분 B_1C_1과 만나는 점을 각각 E_1, F_1이라 하고, 두 선분 DA_1, DE_1과 호 A_1E_1로 둘러싸인 부분과 두 선분 E_1F_1, F_1C_1과 호 E_1C_1로 둘러싸인 부분인 ◺ 모양의 도형에 색칠하여 얻은 그림을 R_1이라 하자.

그림 R_1에서 정사각형 $A_1B_1C_1D_1$에 중심이 A_1이고 중심각의 크기가 90°인 부채꼴 $A_1B_1D_1$을 그린다. 선분 A_1D_1을 3 : 2로 내분하는 점을 A_2, 점 A_2를 지나고 선분 A_1B_1에 평행한 직선이 호 B_1D_1과 만나는 점을 B_2라 하자. 선분 A_2B_2를 한 변으로 하고 선분 D_1C_1과 만나도록 정사각형 $A_2B_2C_2D_2$를 그린 후, 그림 R_1을 얻은 것과 같은 방법으로 정사각형 $A_2B_2C_2D_2$에 ◺ 모양의 도형을 그리고 색칠하여 얻은 그림을 R_2라 하자.

이와 같은 과정을 계속하여 n번째 얻은 그림 R_n에 색칠되어 있는 부분의 넓이를 S_n이라 할 때, $\lim_{n\to\infty} S_n$의 값은? [4점]

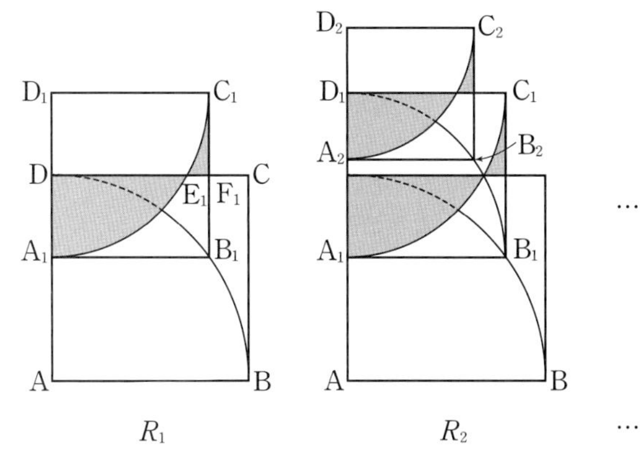

① $\dfrac{50}{3}\left(3-\sqrt{3}+\dfrac{\pi}{6}\right)$　② $\dfrac{100}{9}\left(3-\sqrt{3}+\dfrac{\pi}{3}\right)$

③ $\dfrac{50}{3}\left(2-\sqrt{3}+\dfrac{\pi}{3}\right)$　④ $\dfrac{100}{9}\left(3-\sqrt{3}+\dfrac{\pi}{6}\right)$

⑤ $\dfrac{100}{9}\left(2-\sqrt{3}+\dfrac{\pi}{3}\right)$

13

2019학년도 9월 모평 나형 19번

그림과 같이 $\overline{A_1B_1}=3$, $\overline{B_1C_1}=1$인 직사각형 $OA_1B_1C_1$이 있다. 중심이 C_1이고 반지름의 길이가 $\overline{B_1C_1}$인 원과 선분 OC_1의 교점을 D_1, 중심이 O이고 반지름의 길이가 $\overline{OD_1}$인 원과 선분 A_1B_1의 교점을 E_1이라 하자. 직사각형 $OA_1B_1C_1$에 호 B_1D_1, 호 D_1E_1, 선분 B_1E_1로 둘러싸인 ◸ 모양의 도형을 그리고 색칠하여 얻은 그림을 R_1이라 하자.

그림 R_1에 선분 OA_1 위의 점 A_2와 호 D_1E_1 위의 점 B_2, 선분 OD_1 위의 점 C_2와 점 O를 꼭짓점으로 하고 $\overline{A_2B_2}:\overline{B_2C_2}=3:1$인 직사각형 $OA_2B_2C_2$를 그리고, 그림 R_1을 얻은 것과 같은 방법으로 직사각형 $OA_2B_2C_2$에 ◸ 모양의 도형을 그리고 색칠하여 얻은 그림을 R_2라 하자.

이와 같은 과정을 계속하여 n번째 얻은 그림 R_n에 색칠되어 있는 부분의 넓이를 S_n이라 할 때, $\lim_{n\to\infty} S_n$의 값은? [4점]

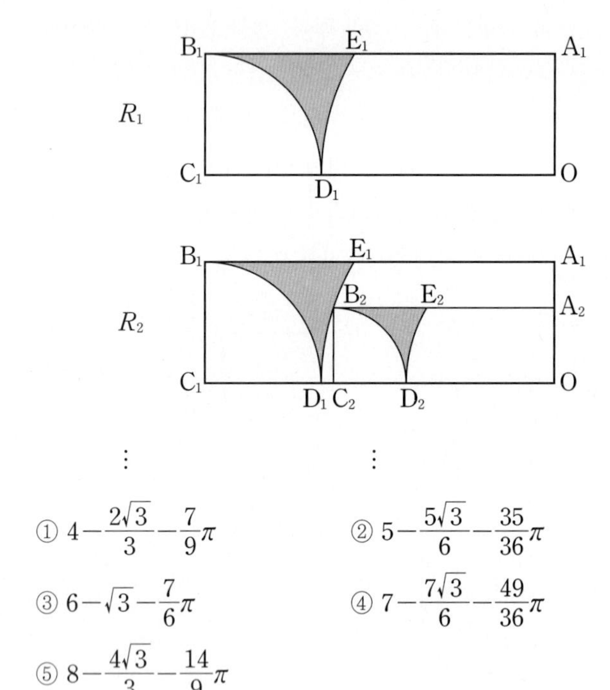

① $4-\frac{2\sqrt{3}}{3}-\frac{7}{9}\pi$ ② $5-\frac{5\sqrt{3}}{6}-\frac{35}{36}\pi$

③ $6-\sqrt{3}-\frac{7}{6}\pi$ ④ $7-\frac{7\sqrt{3}}{6}-\frac{49}{36}\pi$

⑤ $8-\frac{4\sqrt{3}}{3}-\frac{14}{9}\pi$

유형 03 등비급수의 활용 – 반원

14 대표 문제

2018학년도 6월 모평 나형 18번

한 변의 길이가 $2\sqrt{3}$인 정삼각형 $A_1B_1C_1$이 있다. 그림과 같이 $\angle A_1B_1C_1$의 이등분선과 $\angle A_1C_1B_1$의 이등분선이 만나는 점을 A_2라 하자. 두 선분 B_1A_2, C_1A_2를 각각 지름으로 하는 반원의 내부와 정삼각형 $A_1B_1C_1$의 내부의 공통부분인 ⋀⋀ 모양의 도형에 색칠하여 얻은 그림을 R_1이라 하자.

그림 R_1에서 점 A_2를 지나고 선분 A_1B_1에 평행한 직선이 선분 B_1C_1과 만나는 점을 B_2, 점 A_2를 지나고 선분 A_1C_1에 평행한 직선이 선분 B_1C_1과 만나는 점을 C_2라 하자. 그림 R_1에 정삼각형 $A_2B_2C_2$를 그리고, 그림 R_1을 얻는 것과 같은 방법으로 정삼각형 $A_2B_2C_2$의 내부에 ⋀⋀ 모양의 도형을 그리고 색칠하여 얻은 그림을 R_2라 하자.

이와 같은 과정을 계속하여 n번째 얻은 그림 R_n에 색칠되어 있는 부분의 넓이를 S_n이라 할 때, $\lim_{n\to\infty} S_n$의 값은? [4점]

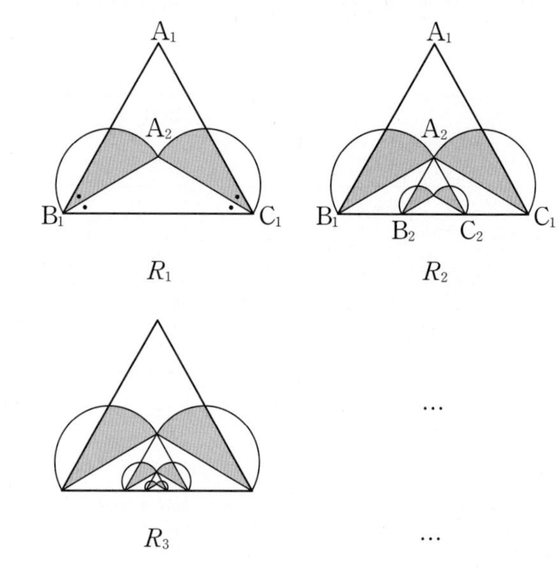

① $\frac{9\sqrt{3}+6\pi}{16}$ ② $\frac{3\sqrt{3}+4\pi}{8}$ ③ $\frac{9\sqrt{3}+8\pi}{16}$

④ $\frac{3\sqrt{3}+2\pi}{4}$ ⑤ $\frac{3\sqrt{3}+6\pi}{8}$

15

2016학년도 7월 학평-나형 15번

그림과 같이 한 변의 길이가 2인 정사각형 $A_1B_1C_1D_1$이 있다. 네 변 A_1B_1, B_1C_1, C_1D_1, D_1A_1을 각각 지름으로 하는 반원을 정사각형 $A_1B_1C_1D_1$의 외부에 그려 만들어진 4개의 호로 둘러싸인 모양의 도형을 E_1이라 하자. 네 변 D_1A_1, A_1B_1, B_1C_1, C_1D_1의 중점 P_1, Q_1, R_1, S_1을 꼭짓점으로 하는 정사각형에 도형 E_1을 얻는 것과 같은 방법으로 만들어지는 모양의 도형을 F_1이라 하자. 도형 E_1의 내부와 도형 F_1의 외부의 공통부분에 색칠하여 얻은 그림을 G_1이라 하자.

그림 G_1에 네 변 P_1Q_1, Q_1R_1, R_1S_1, S_1P_1의 중점 A_2, B_2, C_2, D_2를 꼭짓점으로 하는 정사각형을 그리고 도형 E_1을 얻는 것과 같은 방법으로 새로 만들어지는 모양의 도형을 E_2라 하자. 네 변 D_2A_2, A_2B_2, B_2C_2, C_2D_2의 중점 P_2, Q_2, R_2, S_2를 꼭짓점으로 하는 정사각형을 그리고 도형 E_1을 얻는 것과 같은 방법으로 새로 만들어지는 모양의 도형을 F_2라 하자. 그림 G_1에 도형 E_2의 내부와 도형 F_2의 외부의 공통부분에 색칠하여 얻은 그림을 G_2라 하자.

이와 같은 과정을 계속하여 n번째 얻은 그림 G_n에 색칠되어 있는 부분의 넓이를 T_n이라 할 때, $\lim_{n \to \infty} T_n$의 값은? [4점]

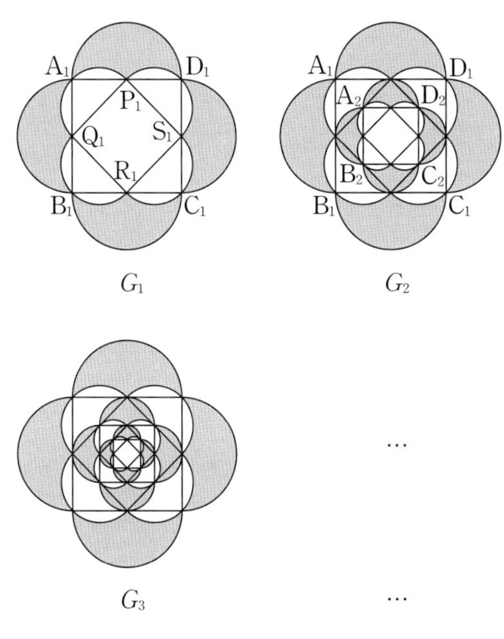

① $\frac{4}{3}(\pi+2)$ ② $\frac{3}{2}(\pi+2)$ ③ $\frac{5}{3}(\pi+2)$
④ $\frac{4}{3}(\pi+4)$ ⑤ $\frac{5}{3}(\pi+4)$

16

2018학년도 7월 학평-나형 19번

그림과 같이 한 변의 길이가 4인 정삼각형 $A_1B_1C_1$이 있다. 세 선분 B_1C_1, C_1A_1, A_1B_1의 중점을 각각 A_2, B_2, C_2라 하자. 선분 C_1C_2를 지름으로 하는 반원의 호와 선분 B_2A_2의 연장선이 만나는 점을 P_1, 선분 B_1B_2를 지름으로 하는 반원의 호와 선분 C_2A_2의 연장선이 만나는 점을 Q_1이라 하자. 두 선분 C_2A_2, A_2P_1과 호 P_1C_2로 둘러싸인 영역과 두 선분 B_2A_2, A_2Q_1과 호 Q_1B_2로 둘러싸인 영역에 색칠하여 얻은 그림을 R_1이라 하자.

그림 R_1에서 정삼각형 $A_2B_2C_2$의 세 변 B_2C_2, C_2A_2, A_2B_2의 중점을 각각 A_3, B_3, C_3이라 하자. 선분 C_2C_3을 지름으로 하는 반원의 호와 선분 B_3A_3의 연장선이 만나는 점을 P_2, 선분 B_2B_3을 지름으로 하는 반원의 호와 선분 C_3A_3의 연장선이 만나는 점을 Q_2라 하자. 두 선분 C_3A_3, A_3P_2와 호 P_2C_3으로 둘러싸인 영역과 두 선분 B_3A_3, A_3Q_2와 호 Q_2B_3으로 둘러싸인 영역에 색칠하여 얻은 그림을 R_2라 하자.

이와 같은 과정을 계속하여 n번째 얻은 그림 R_n에 색칠되어 있는 부분의 넓이를 S_n이라 할 때, $\lim_{n \to \infty} S_n$의 값은? [4점]

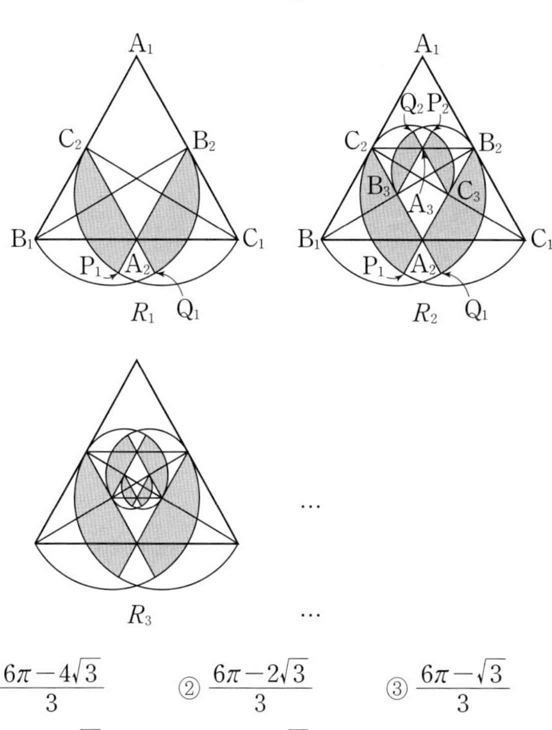

① $\frac{6\pi-4\sqrt{3}}{3}$ ② $\frac{6\pi-2\sqrt{3}}{3}$ ③ $\frac{6\pi-\sqrt{3}}{3}$
④ $\frac{8\pi-4\sqrt{3}}{3}$ ⑤ $\frac{8\pi-2\sqrt{3}}{3}$

17

2019학년도 7월 학평-나형 19번

그림과 같이 한 변의 길이가 3인 정삼각형 $A_1B_1C_1$이 있다. 세 선분 A_1B_1, B_1C_1, C_1A_1을 $1:2$로 내분하는 점을 각각 A_2, B_2, C_2라 하자. 선분 B_2C_1을 지름으로 하는 반원의 내부와 선분 B_2C_2를 지름으로 하는 반원의 외부의 공통부분인 ◡ 모양의 도형에 색칠하여 얻은 그림을 R_1이라 하자.

그림 R_1에서 세 선분 A_2B_2, B_2C_2, C_2A_2를 $1:2$로 내분하는 점을 각각 A_3, B_3, C_3이라 하자. 선분 B_3C_2를 지름으로 하는 반원의 내부와 선분 B_3C_3을 지름으로 하는 반원의 외부의 공통부분인 ◡ 모양의 도형에 색칠하여 얻은 그림을 R_2라 하자.

이와 같은 과정을 계속하여 n번째 얻은 그림 R_n에 색칠되어 있는 부분의 넓이를 S_n이라 할 때, $\lim_{n\to\infty} S_n$의 값은? [4점]

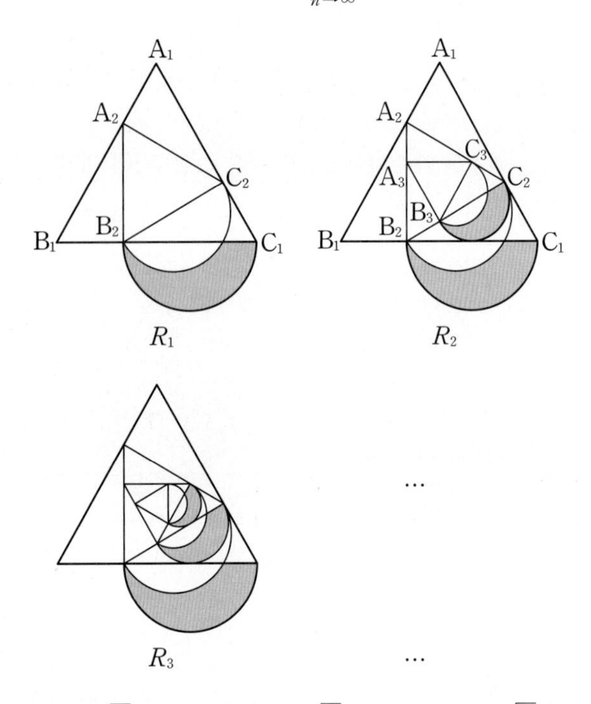

① $\frac{11\pi+8\sqrt{3}}{32}$ ② $\frac{11\pi+9\sqrt{3}}{32}$ ③ $\frac{3\pi+2\sqrt{3}}{8}$

④ $\frac{12\pi+9\sqrt{3}}{32}$ ⑤ $\frac{3\pi+3\sqrt{3}}{8}$

18

2021학년도 10월 학평 26번

그림과 같이 길이가 2인 선분 A_1B를 지름으로 하는 반원 O_1이 있다. 호 BA_1 위에 점 C_1을 $\angle BA_1C_1=\frac{\pi}{6}$가 되도록 잡고, 선분 A_2B를 지름으로 하는 반원 O_2가 선분 A_1C_1과 접하도록 선분 A_1B 위에 점 A_2를 잡는다. 반원 O_2와 선분 A_1C_1의 접점을 D_1이라 할 때, 두 선분 A_1A_2, A_1D_1과 호 D_1A_2로 둘러싸인 부분과 선분 C_1D_1과 두 호 BC_1, BD_1로 둘러싸인 부분인 ◺◠ 모양의 도형에 색칠하여 얻은 그림을 R_1이라 하자.

그림 R_1에서 호 BA_2 위에 점 C_2를 $\angle BA_2C_2=\frac{\pi}{6}$가 되도록 잡고, 선분 A_3B를 지름으로 하는 반원 O_3이 선분 A_2C_2와 접하도록 선분 A_2B 위에 점 A_3을 잡는다. 반원 O_3과 선분 A_2C_2의 접점을 D_2라 할 때, 두 선분 A_2A_3, A_2D_2와 호 D_2A_3으로 둘러싸인 부분과 선분 C_2D_2와 두 호 BC_2, BD_2로 둘러싸인 부분인 ◺◠ 모양의 도형에 색칠하여 얻은 그림을 R_2라 하자.

이와 같은 과정을 계속하여 n번째 얻은 그림 R_n에 색칠되어 있는 부분의 넓이를 S_n이라 할 때, $\lim_{n\to\infty} S_n$의 값은? [3점]

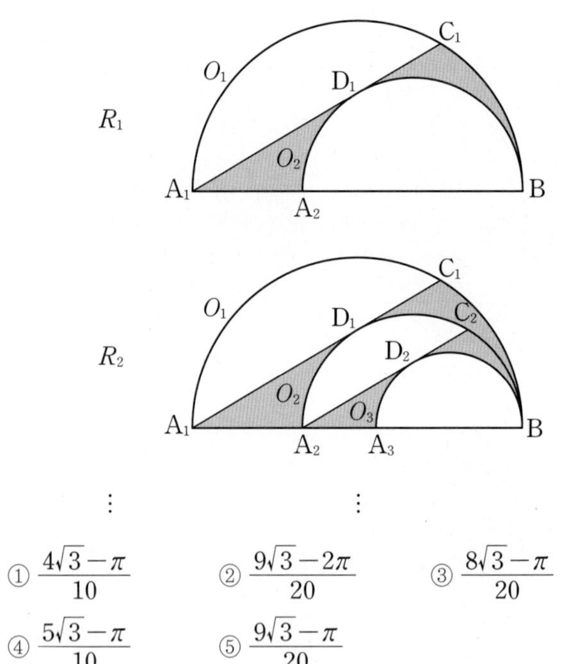

① $\frac{4\sqrt{3}-\pi}{10}$ ② $\frac{9\sqrt{3}-2\pi}{20}$ ③ $\frac{8\sqrt{3}-\pi}{20}$

④ $\frac{5\sqrt{3}-\pi}{10}$ ⑤ $\frac{9\sqrt{3}-\pi}{20}$

19

2020학년도 10월 학평-가형 18번

그림과 같이 길이가 4인 선분 A_1B_1을 지름으로 하는 반원 O_1의 호 A_1B_1을 4등분하는 점을 점 A_1에서 가까운 순서대로 각각 C_1, D_1, E_1이라 하고, 두 점 C_1, E_1에서 선분 A_1B_1에 내린 수선의 발을 각각 A_2, B_2라 하자. 사각형 $C_1A_2B_2E_1$의 외부와 삼각형 $D_1A_1B_1$의 외부의 공통부분 중 반원 O_1의 내부에 있는 ⌒ 모양의 도형에 색칠하여 얻은 그림을 R_1이라 하자.

그림 R_1에서 선분 A_2B_2를 지름으로 하는 반원 O_2를 반원 O_1의 내부에 그리고, 반원 O_2의 호 A_2B_2를 4등분하는 점을 점 A_2에서 가까운 순서대로 각각 C_2, D_2, E_2라 하고, 두 점 C_2, E_2에서 선분 A_2B_2에 내린 수선의 발을 각각 A_3, B_3이라 하자. 사각형 $C_2A_3B_3E_2$의 외부와 삼각형 $D_2A_2B_2$의 외부의 공통부분 중 반원 O_2의 내부에 있는 ⌒ 모양의 도형에 색칠을 하여 얻은 그림을 R_2라 하자.

이와 같은 과정을 계속하여 n번째 얻은 그림 R_n에 색칠되어 있는 부분의 넓이를 S_n이라 할 때, $\lim_{n\to\infty} S_n$의 값은? [4점]

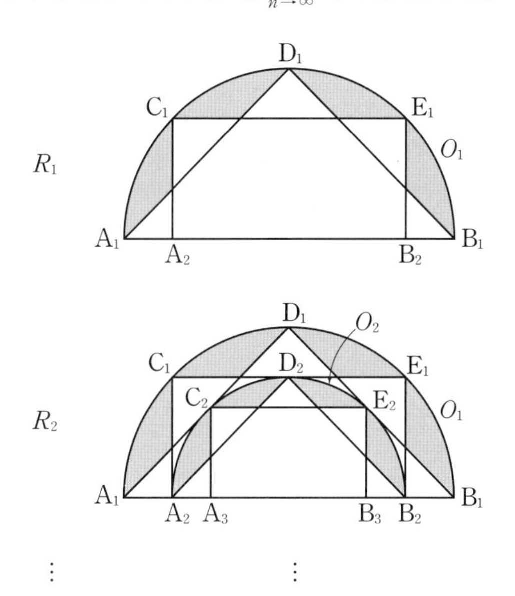

① $4\pi+4\sqrt{2}-16$
② $4\pi+16\sqrt{2}-32$
③ $4\pi+8\sqrt{2}-20$
④ $2\pi+16\sqrt{2}-24$
⑤ $2\pi+8\sqrt{2}-12$

20

2022학년도 4월 학평 28번

그림과 같이 $\overline{A_1B_1}=2$, $\overline{B_1C_1}=2\sqrt{3}$인 직사각형 $A_1B_1C_1D_1$이 있다. 선분 A_1D_1을 $1:2$로 내분하는 점을 E_1이라 하고 선분 B_1C_1을 지름으로 하는 반원의 호 B_1C_1이 두 선분 B_1E_1, B_1D_1과 만나는 점 중 점 B_1이 아닌 점을 각각 F_1, G_1이라 하자. 세 선분 F_1E_1, E_1D_1, D_1G_1과 호 F_1G_1로 둘러싸인 ▱ 모양의 도형에 색칠하여 얻은 그림을 R_1이라 하자.

그림 R_1에 선분 B_1G_1 위의 점 A_2, 호 G_1C_1 위의 점 D_2와 선분 B_1C_1 위의 두 점 B_2, C_2를 꼭짓점으로 하고 $\overline{A_2B_2}:\overline{B_2C_2}=1:\sqrt{3}$인 직사각형 $A_2B_2C_2D_2$를 그린다. 직사각형 $A_2B_2C_2D_2$에 그림 R_1을 얻은 것과 같은 방법으로 ▱ 모양의 도형을 그리고 색칠하여 얻은 그림을 R_2라 하자.

이와 같은 과정을 계속하여 n번째 얻은 그림 R_n에 색칠되어 있는 부분의 넓이를 S_n이라 할 때, $\lim_{n\to\infty} S_n$의 값은? [4점]

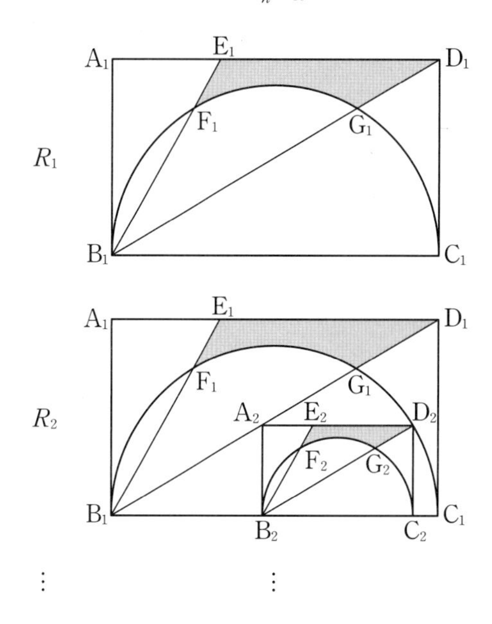

① $\frac{169}{864}(8\sqrt{3}-3\pi)$
② $\frac{169}{798}(8\sqrt{3}-3\pi)$
③ $\frac{169}{720}(8\sqrt{3}-3\pi)$
④ $\frac{169}{864}(16\sqrt{3}-3\pi)$
⑤ $\frac{169}{798}(16\sqrt{3}-3\pi)$

21

2018학년도 10월 학평–나형 19번

그림과 같이 한 변의 길이가 2인 정사각형 $A_1B_1C_1D_1$이 있다. 세 변 A_1B_1, B_1C_1, D_1A_1의 중점을 각각 E_1, F_1, G_1이라 하자. 선분 G_1F_1을 지름으로 하고 선분 D_1C_1에 접하는 반원의 호 G_1F_1과 두 선분 G_1E_1, E_1F_1로 둘러싸인 ◯ 모양의 도형의 외부와 정사각형 $A_1B_1C_1D_1$의 내부의 공통부분을 색칠하여 얻은 그림을 R_1이라 하자.

그림 R_1에서 선분 G_1E_1 위의 점 A_2, 선분 E_1F_1 위의 점 B_2와 호 G_1F_1 위의 두 점 C_2, D_2를 꼭짓점으로 하고 선분 A_2B_2가 선분 A_1B_1과 평행한 정사각형 $A_2B_2C_2D_2$를 그린다. 정사각형 $A_2B_2C_2D_2$에 그림 R_1을 얻는 것과 같은 방법으로 그린 ◯ 모양의 도형의 외부와 정사각형 $A_2B_2C_2D_2$의 내부의 공통부분을 색칠하여 얻은 그림을 R_2라 하자.

이와 같은 과정을 계속하여 n번째 얻은 그림 R_n에 색칠되어 있는 부분의 넓이를 S_n이라 할 때, $\lim_{n\to\infty} S_n$의 값은? [4점]

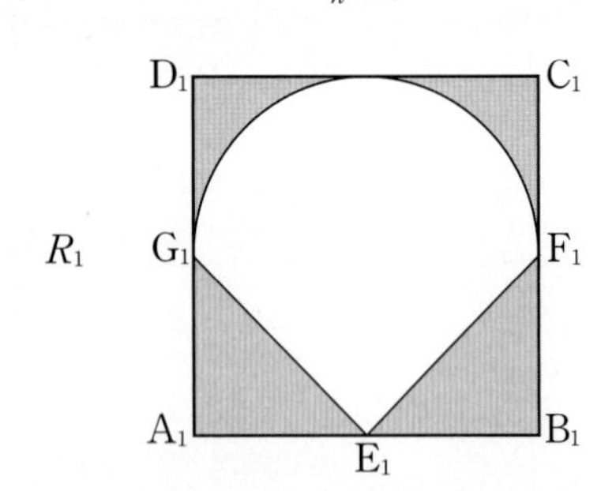

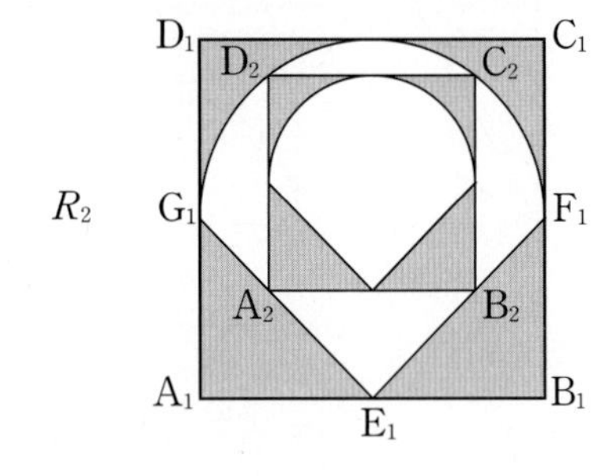

⋮ ⋮

① $\frac{25(6-\pi)}{42}$ ② $\frac{25(6-\pi)}{32}$ ③ $\frac{25(6-\pi)}{24}$
④ $\frac{25(6-\pi)}{21}$ ⑤ $\frac{5(6-\pi)}{4}$

유형 04 등비급수의 활용 – 원

22 대표 문제

2018학년도 9월 모평 나형 18번

그림과 같이 반지름의 길이가 2인 원 O_1에 내접하는 정삼각형 $A_1B_1C_1$이 있다. 점 A_1에서 선분 B_1C_1에 내린 수선의 발을 D_1이라 하고, 선분 A_1C_1을 $2:1$로 내분하는 점을 E_1이라 하자. 점 A_1을 포함하지 않는 호 B_1C_1과 선분 B_1C_1로 둘러싸인 도형의 내부와 삼각형 $A_1D_1E_1$의 내부를 색칠하여 얻은 그림을 R_1이라 하자.

그림 R_1에 삼각형 $A_1B_1D_1$에 내접하는 원 O_2와 원 O_2에 내접하는 정삼각형 $A_2B_2C_2$를 그리고, 점 A_2에서 선분 B_2C_2에 내린 수선의 발을 D_2, 선분 A_2C_2를 $2:1$로 내분하는 점을 E_2라 하자. 점 A_2를 포함하지 않는 호 B_2C_2와 선분 B_2C_2로 둘러싸인 도형의 내부와 삼각형 $A_2D_2E_2$의 내부를 색칠하여 얻은 그림을 R_2라 하자.

이와 같은 과정을 계속하여 n번째 얻은 그림 R_n에 색칠되어 있는 부분의 넓이를 S_n이라 할 때, $\lim_{n\to\infty} S_n$의 값은? [4점]

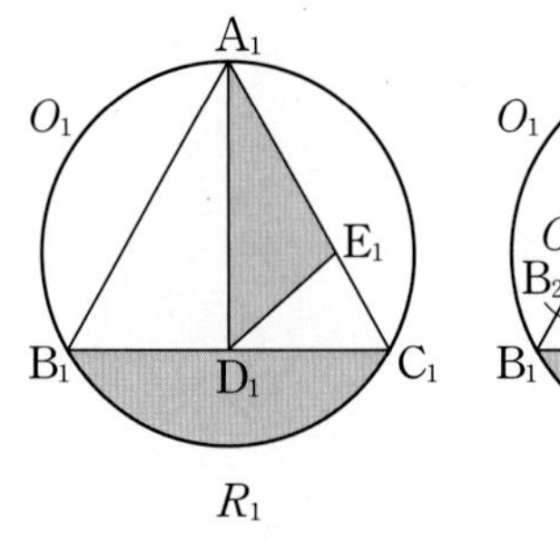

R_1

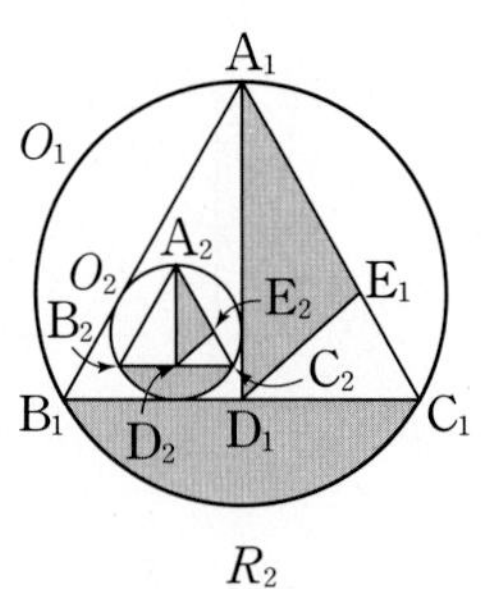

R_2

⋯

① $\frac{16(3\sqrt{3}-2)\pi}{69}$ ② $\frac{16(3\sqrt{3}-1)\pi}{65}$
③ $\frac{32(3\sqrt{3}-2)\pi}{69}$ ④ $\frac{32(3\sqrt{3}-1)\pi}{69}$
⑤ $\frac{32(3\sqrt{3}-1)\pi}{65}$

23

2016학년도 3월 학평-나형 18번

한 변의 길이가 4인 정사각형이 있다. 그림과 같이 지름이 2인 두 원이 서로 한 점 P_1에서 만나고 정사각형의 두 변에 각각 접하도록 그린다. 정사각형의 네 변 중 원과 접하지 않는 변의 중점을 Q_1이라 하고, 선분 P_1Q_1을 대각선으로 하는 정사각형 R_1을 그린다. 이때, R_1의 한 변의 길이를 l_1이라 하자.

지름이 $\frac{l_1}{2}$인 두 원이 서로 한 점 P_2에서 만나고 정사각형 R_1의 두 변에 각각 접하도록 그린다. 정사각형 R_1의 네 변 중 원과 접하지 않는 변의 중점을 Q_2라 하고, 선분 P_2Q_2를 대각선으로 하는 정사각형 R_2를 그린다. 이때, R_2의 한 변의 길이를 l_2라 하자.

지름이 $\frac{l_2}{2}$인 두 원이 서로 한 점 P_3에서 만나고 정사각형 R_2의 두 변에 각각 접하도록 그린다. 정사각형 R_2의 네 변 중 원과 접하지 않는 변의 중점을 Q_3이라 하고, 선분 P_3Q_3을 대각선으로 하는 정사각형 R_3을 그린다. 이때, R_3의 한 변의 길이를 l_3이라 하자.

이와 같은 과정을 계속하여 n번째 그린 정사각형 R_n의 한 변의 길이를 l_n이라 할 때, $\sum_{n=1}^{\infty} l_n$의 값은? [4점]

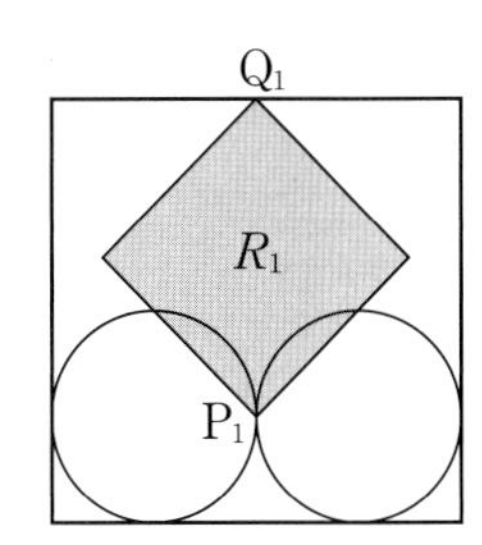

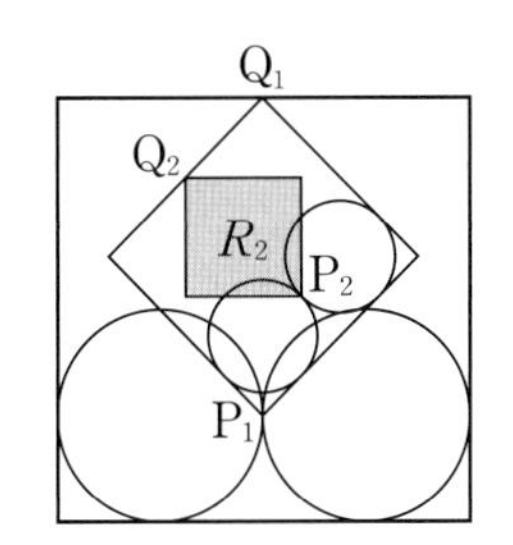

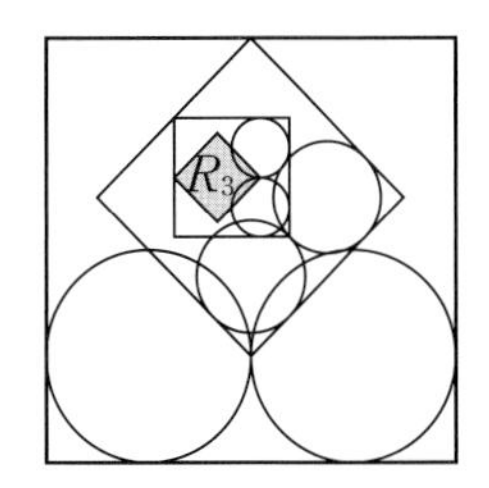

…

① $\frac{12(3+4\sqrt{2})}{23}$ ② $\frac{24(2+\sqrt{2})}{23}$ ③ $\frac{12(1+4\sqrt{2})}{23}$

④ $\frac{3(3+2\sqrt{2})}{7}$ ⑤ $\frac{3(3+\sqrt{2})}{7}$

24

2016학년도 6월 모평 A형 18번

반지름의 길이가 2인 원 O_1에 내접하는 정삼각형 $A_1B_1C_1$이 있다. 그림과 같이 직선 A_1C_1과 평행하고 점 B_1을 지나지 않는 원 O_1의 접선 위에 두 점 D_1, E_1을 사각형 $A_1C_1D_1E_1$이 직사각형이 되도록 잡고, 직사각형 $A_1C_1D_1E_1$의 내부와 원 O_1의 외부의 공통부분에 색칠하여 얻은 그림을 R_1이라 하자.

그림 R_1에 정삼각형 $A_1B_1C_1$에 내접하는 원 O_2와 원 O_2에 내접하는 정삼각형 $A_2B_2C_2$를 그리고, 그림 R_1을 얻는 것과 같은 방법으로 직사각형 $A_2C_2D_2E_2$를 그리고 직사각형 $A_2C_2D_2E_2$의 내부와 원 O_2의 외부의 공통부분에 색칠하여 얻은 그림을 R_2라 하자.

이와 같은 과정을 계속하여 n번째 얻은 그림 R_n에 색칠되어 있는 부분의 넓이를 S_n이라 할 때, $\lim_{n\to\infty} S_n$의 값은? [4점]

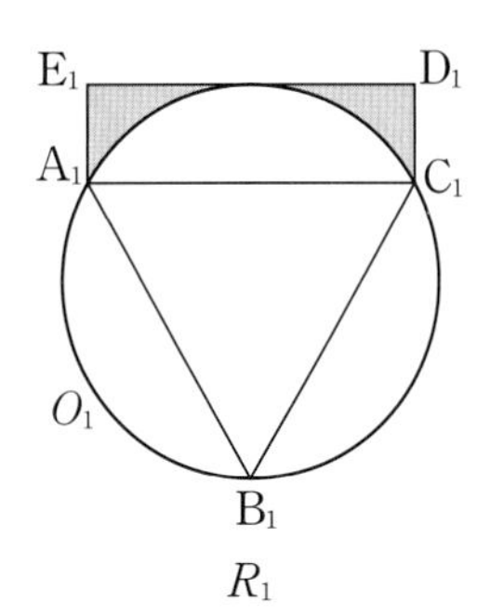

R_1

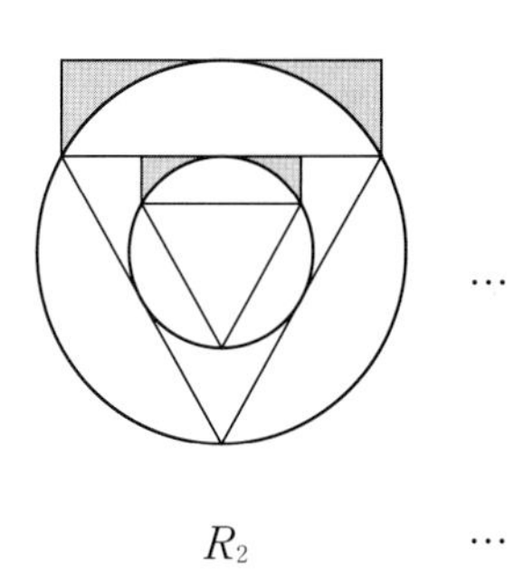
R_2

…

① $4\sqrt{3}-\frac{16}{9}\pi$ ② $4\sqrt{3}-\frac{5}{3}\pi$ ③ $4\sqrt{3}-\frac{4}{3}\pi$

④ $5\sqrt{3}-\frac{16}{9}\pi$ ⑤ $5\sqrt{3}-\frac{5}{3}\pi$

25

2016학년도 4월 학평-나형 20번

그림과 같이 한 변의 길이가 4인 정사각형에 내접하는 원 O_1이 있다. 정사각형과 원 O_1의 접점을 각각 A_1, B_1, C_1, D_1이라 할 때, 원 O_1과 두 선분 A_1B_1, B_1C_1로 둘러싸인 ☾ 모양의 도형에 색칠하여 얻은 그림을 R_1이라 하자.

그림 R_1에서 두 선분 A_1B_1, B_1C_1을 각각 $3:1$로 내분하는 두 점을 이은 선분을 한 변으로 하는 정사각형을 원 O_1의 내부에 그린다. 이 정사각형에 내접하는 원을 O_2라 하고 그 접점을 각각 A_2, B_2, C_2, D_2라 할 때, 원 O_2와 두 선분 A_2B_2, B_2C_2로 둘러싸인 ☾ 모양의 도형에 색칠하여 얻은 그림을 R_2라 하자.

그림 R_2에서 두 선분 A_2B_2, B_2C_2를 각각 $3:1$로 내분하는 두 점을 이은 선분을 한 변으로 하는 정사각형에 그림 R_1에서 그림 R_2를 얻는 것과 같은 방법으로 만들어진 ☾ 모양의 도형에 색칠하여 얻은 그림을 R_3이라 하자.

이와 같은 과정을 계속하여 n번째 얻은 그림 R_n에 색칠되어 있는 부분의 넓이를 S_n이라 할 때, $\lim_{n\to\infty} S_n$의 값은? [4점]

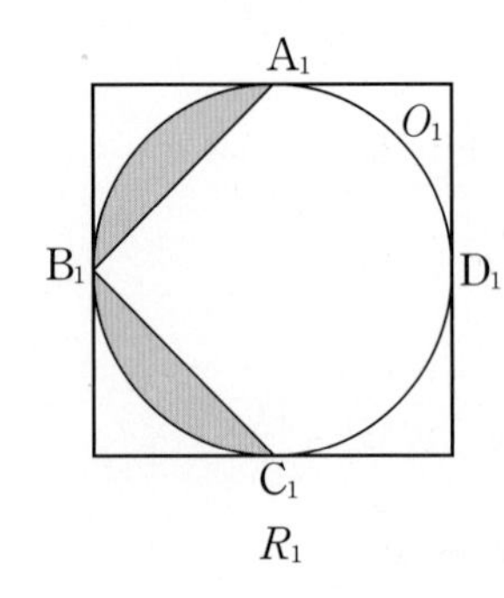

R_1

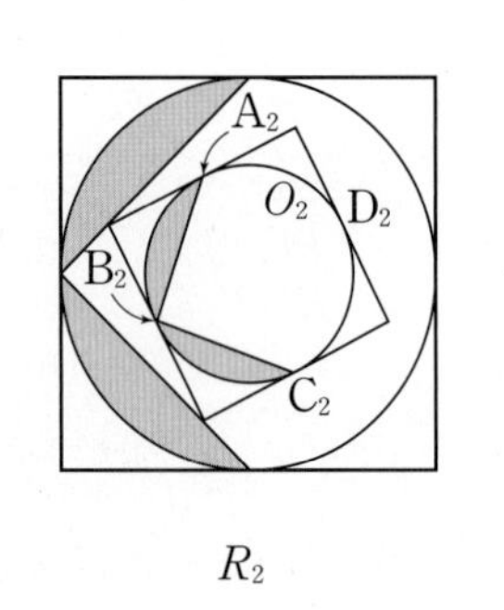

R_2

…

① $\frac{32}{11}(\pi-2)$　② $\frac{34}{11}(\pi-2)$　③ $\frac{36}{11}(\pi-2)$

④ $\frac{32}{11}(\pi-1)$　⑤ $\frac{34}{11}(\pi-1)$

26

2019학년도 4월 학평-나형 18번

$\overline{B_1C_1}=8$이고 $\angle B_1A_1C_1=120°$인 이등변삼각형 $A_1B_1C_1$이 있다. 그림과 같이 중심이 선분 B_1C_1 위에 있고 직선 A_1B_1과 직선 A_1C_1에 동시에 접하는 원 O_1을 그리고 이등변삼각형 $A_1B_1C_1$의 내부와 원 O_1의 외부의 공통부분에 색칠하여 얻은 그림을 R_1이라 하자.

그림 R_1에서 원 O_1과 선분 B_1C_1이 만나는 점을 각각 B_2, C_2라 할 때, 삼각형 $A_1B_1C_1$ 내부의 점 A_2를 삼각형 $A_2B_2C_2$가 $\angle B_2A_2C_2=120°$인 이등변삼각형이 되도록 잡는다. 중심이 선분 B_2C_2 위에 있고 직선 A_2B_2와 직선 A_2C_2에 동시에 접하는 원 O_2를 그리고 이등변삼각형 $A_2B_2C_2$의 내부와 원 O_2의 외부의 공통부분에 색칠하여 얻은 그림을 R_2라 하자.

이와 같은 과정을 계속하여 n번째 얻은 그림 R_n에 색칠되어 있는 부분의 넓이를 S_n이라 할 때, $\lim_{n\to\infty} S_n$의 값은? [4점]

R_1
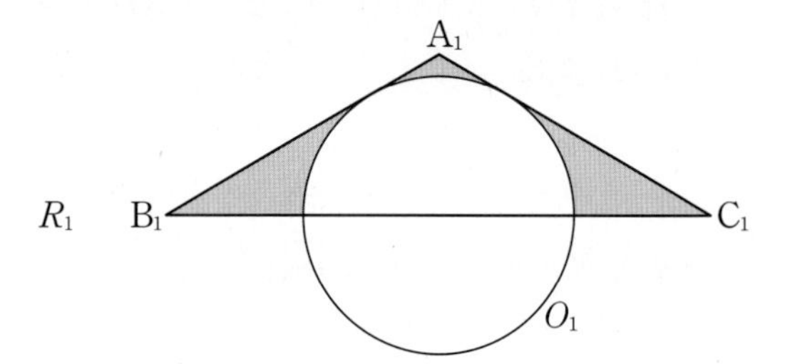

R_2
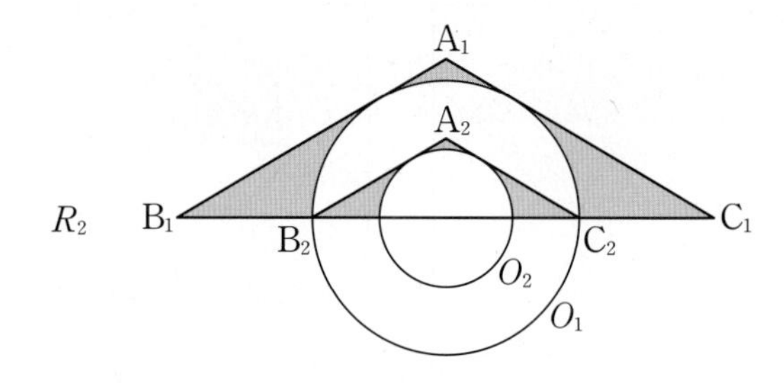

⋮　⋮

① $\frac{32}{3}\sqrt{3}-\frac{8}{3}\pi$　② $\frac{32}{3}\sqrt{3}-\frac{4}{3}\pi$　③ $\frac{64}{9}\sqrt{3}-\frac{8}{3}\pi$

④ $\frac{64}{9}\sqrt{3}-\frac{5}{3}\pi$　⑤ $\frac{64}{9}\sqrt{3}-\frac{4}{3}\pi$

27

2023학년도 4월 학평 28번

그림과 같이 $\overline{AB_1}=2$, $\overline{B_1C_1}=\sqrt{3}$, $\overline{C_1D_1}=1$이고 $\angle C_1B_1A=\frac{\pi}{2}$인 사다리꼴 $AB_1C_1D_1$이 있다. 세 점 A, B_1, D_1을 지나는 원이 선분 B_1C_1과 만나는 점 중 B_1이 아닌 점을 E_1이라 할 때, 두 선분 C_1D_1, C_1E_1과 호 E_1D_1로 둘러싸인 부분과 선분 B_1E_1과 호 B_1E_1로 둘러싸인 부분인 ◥ 모양의 도형에 색칠하여 얻은 그림을 R_1이라 하자.

그림 R_1에서 선분 AB_1 위의 점 B_2, 호 E_1D_1 위의 점 C_2, 선분 AD_1 위의 점 D_2와 점 A를 꼭짓점으로 하고 $\overline{B_2C_2}:\overline{C_2D_2}=\sqrt{3}:1$이고 $\angle C_2B_2A=\frac{\pi}{2}$인 사다리꼴 $AB_2C_2D_2$를 그린다. 그림 R_1을 얻은 것과 같은 방법으로 점 E_2를 잡고, 사다리꼴 $AB_2C_2D_2$에 ◥ 모양의 도형을 그리고 색칠하여 얻은 그림을 R_2라 하자.

이와 같은 과정을 계속하여 n번째 얻은 그림 R_n에 색칠되어 있는 부분의 넓이를 S_n이라 할 때, $\lim_{n\to\infty} S_n$의 값은? [4점]

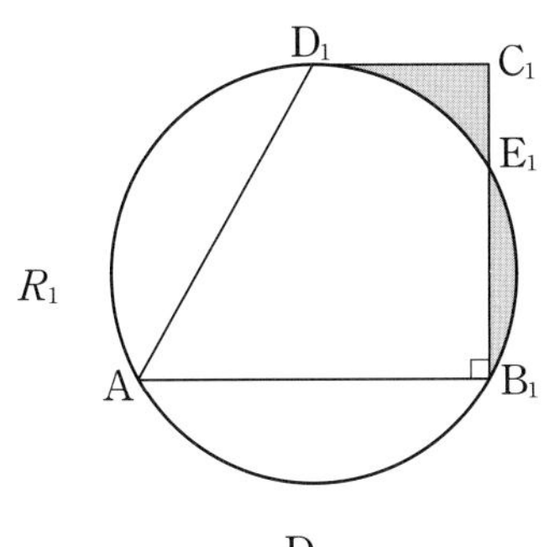

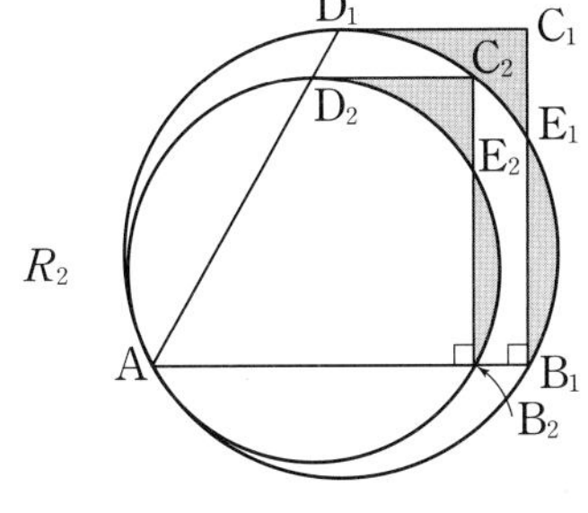

⋮ ⋮

① $\frac{49}{144}\sqrt{3}$ ② $\frac{49}{122}\sqrt{3}$ ③ $\frac{49}{100}\sqrt{3}$ ④ $\frac{49}{78}\sqrt{3}$ ⑤ $\frac{7}{8}\sqrt{3}$

28

2023학년도 6월 모평 26번

그림과 같이 $\overline{A_1B_1}=2$, $\overline{B_1A_2}=3$이고 $\angle A_1B_1A_2=\frac{\pi}{3}$인 삼각형 $A_1A_2B_1$과 이 삼각형의 외접원 O_1이 있다.

점 A_2를 지나고 직선 A_1B_1에 평행한 직선이 원 O_1과 만나는 점 중 A_2가 아닌 점을 B_2라 하자. 두 선분 A_1B_2, B_1A_2가 만나는 점을 C_1이라 할 때, 두 삼각형 $A_1A_2C_1$, $B_1C_1B_2$로 만들어진 ⧖ 모양의 도형에 색칠하여 얻은 그림을 R_1이라 하자.

그림 R_1에서 점 B_2를 지나고 직선 B_1A_2에 평행한 직선이 직선 A_1A_2와 만나는 점을 A_3이라 할 때, 삼각형 $A_2A_3B_2$의 외접원을 O_2라 하자. 그림 R_1을 얻은 것과 같은 방법으로 두 점 B_3, C_2를 잡아 원 O_2에 ⧖ 모양의 도형을 그리고 색칠하여 얻은 그림을 R_2라 하자.

이와 같은 과정을 계속하여 n번째 얻은 그림 R_n에 색칠되어 있는 부분의 넓이를 S_n이라 할 때, $\lim_{n\to\infty} S_n$의 값은? [3점]

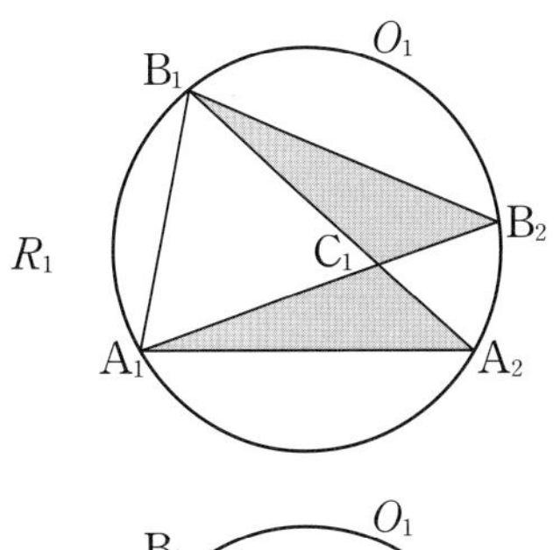

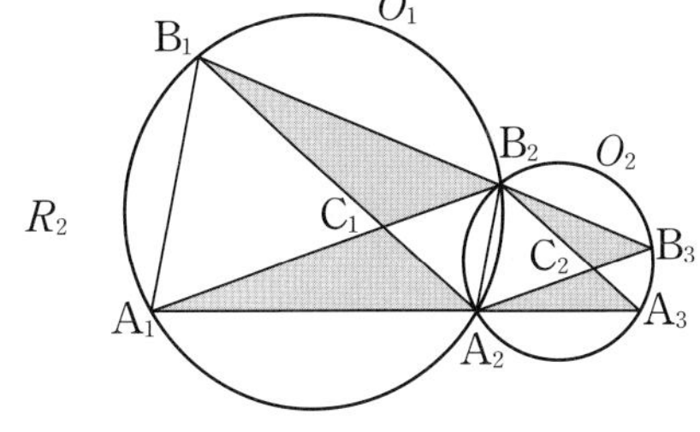

⋮ ⋮

① $\frac{11\sqrt{3}}{9}$ ② $\frac{4\sqrt{3}}{3}$ ③ $\frac{13\sqrt{3}}{9}$ ④ $\frac{14\sqrt{3}}{9}$ ⑤ $\frac{5\sqrt{3}}{3}$

29

2021학년도 4월 학평 28번

그림과 같이 길이가 4인 선분 A_1B_1을 지름으로 하는 원 O_1이 있다. 원 O_1의 외부에 $\angle B_1A_1C_1=\frac{\pi}{2}$, $\overline{A_1B_1}:\overline{A_1C_1}=4:3$이 되도록 점 C_1을 잡고 두 선분 A_1C_1, B_1C_1을 그린다. 원 O_1과 선분 B_1C_1의 교점 중 B_1이 아닌 점을 D_1이라 하고, 점 D_1을 포함하지 않는 호 A_1B_1과 두 선분 A_1D_1, B_1D_1로 둘러싸인 부분에 색칠하여 얻은 그림을 R_1이라 하자.

그림 R_1에서 호 A_1D_1과 두 선분 A_1C_1, C_1D_1에 동시에 접하는 원 O_2를 그리고 선분 A_1C_1과 원 O_2의 교점을 A_2, 점 A_2를 지나고 직선 A_1B_1과 평행한 직선이 원 O_2와 만나는 점 중 A_2가 아닌 점을 B_2라 하자. 그림 R_1에서 얻은 것과 같은 방법으로 두 점 C_2, D_2를 잡고, 점 D_2를 포함하지 않는 호 A_2B_2와 두 선분 A_2D_2, B_2D_2로 둘러싸인 부분에 색칠하여 얻은 그림을 R_2라 하자.

이와 같은 과정을 계속하여 n번째 얻은 그림 R_n에 색칠되어 있는 부분의 넓이를 S_n이라 할 때, $\lim_{n\to\infty} S_n$의 값은? [4점]

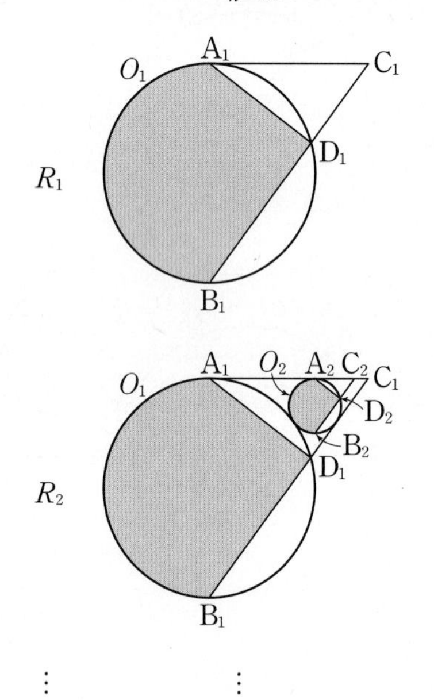

① $\frac{32}{15}\pi+\frac{256}{125}$ ② $\frac{9}{4}\pi+\frac{54}{25}$ ③ $\frac{32}{15}\pi+\frac{512}{125}$

④ $\frac{9}{4}\pi+\frac{108}{25}$ ⑤ $\frac{8}{3}\pi+\frac{128}{25}$

30

2018학년도 4월 학평–나형 18번

그림과 같이 한 변의 길이가 2인 정사각형 $A_1B_1C_1D$가 있다.
정사각형 $A_1B_1C_1D$의 두 대각선의 교점을 B_2라 하고, 점 B_2에서 두 변 A_1D, C_1D에 내린 수선의 발을 각각 A_2, C_2라 하자.
점 B_2를 지나고 두 변 A_1B_1, B_1C_1에 동시에 접하는 원을 O_1이라 하고, 원 O_1이 두 변 A_1B_1, B_1C_1에 접하는 점을 각각 P_1, Q_1이라 할 때, 삼각형 $B_2P_1Q_1$의 내부에 색칠하여 얻은 그림을 R_1이라 하자.

그림 R_1에서 정사각형 $A_2B_2C_2D$의 두 대각선의 교점을 B_3이라 하고, 점 B_3에서 두 변 A_2D, C_2D에 내린 수선의 발을 각각 A_3, C_3이라 하자. 점 B_3을 지나고 두 변 A_2B_2, B_2C_2에 동시에 접하는 원을 O_2라 하고, 원 O_2가 두 변 A_2B_2, B_2C_2에 접하는 점을 각각 P_2, Q_2라 할 때, 삼각형 $B_3P_2Q_2$의 내부에 색칠하여 얻은 그림을 R_2라 하자.

이와 같은 과정을 계속하여 n번째 얻은 그림 R_n에 색칠되어 있는 부분의 넓이를 S_n이라 할 때, $\lim_{n\to\infty} S_n$의 값은? [4점]

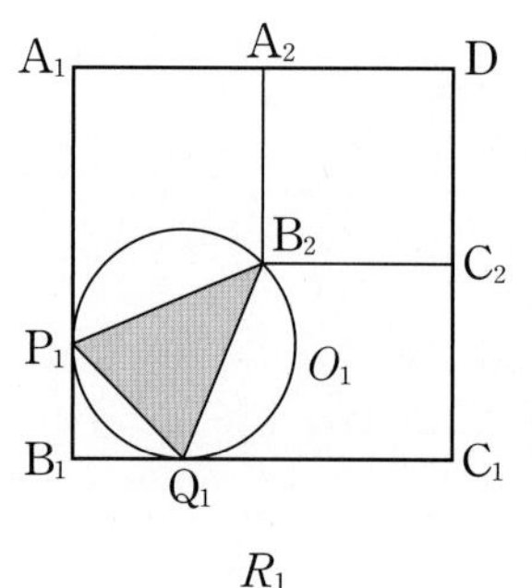

R_1

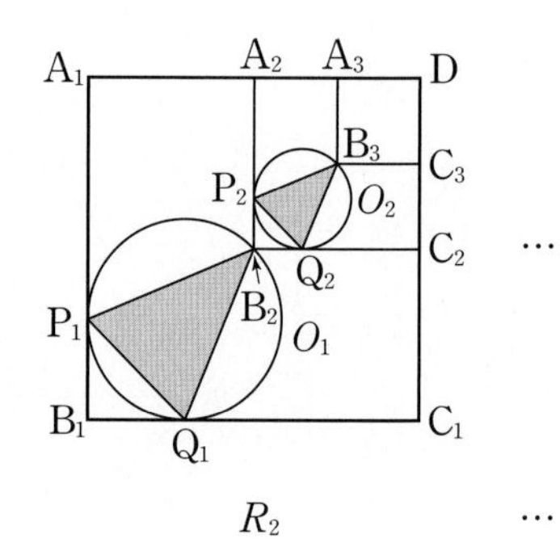

R_2 ⋯

① $\frac{4\sqrt{2}-4}{3}$ ② $\frac{4\sqrt{3}-5}{3}$ ③ $\frac{8\sqrt{3}-8}{9}$

④ $\frac{4\sqrt{2}-3}{4}$ ⑤ $\frac{5\sqrt{2}-3}{6}$

31

2017학년도 3월 학평-나형 19번

그림과 같이 한 변의 길이가 2인 정사각형 ABCD가 있다. 이 정사각형에 내접하는 원을 C_1이라 하자. 원 C_1이 변 BC, CD와 접하는 점을 각각 E, F라 하고, 점 F를 중심으로 하고 점 E를 지나는 원을 C_2라 하자. 원 C_1의 내부와 원 C_2의 외부의 공통부분인 모양의 도형과, 원 C_1의 외부와 원 C_2의 내부 및 정사각형 ABCD의 내부의 공통부분인 모양의 도형에 색칠하여 얻은 그림을 R_1이라 하자.

그림 R_1에서 두 꼭짓점이 변 CD 위에 있고 나머지 두 꼭짓점이 정사각형 ABCD의 외부에 있으면서 원 C_2 위에 있는 정사각형 PQRS를 그리고, 이 정사각형 안에 그림 R_1을 얻는 것과 같은 방법으로 만들어지는 모양과 모양의 도형에 색칠하여 얻은 그림을 R_2라 하자.

이와 같은 과정을 계속하여 n번째 얻은 그림 R_n에 색칠되어 있는 부분의 넓이를 S_n이라 할 때, $\lim_{n\to\infty} S_n$의 값은? [4점]

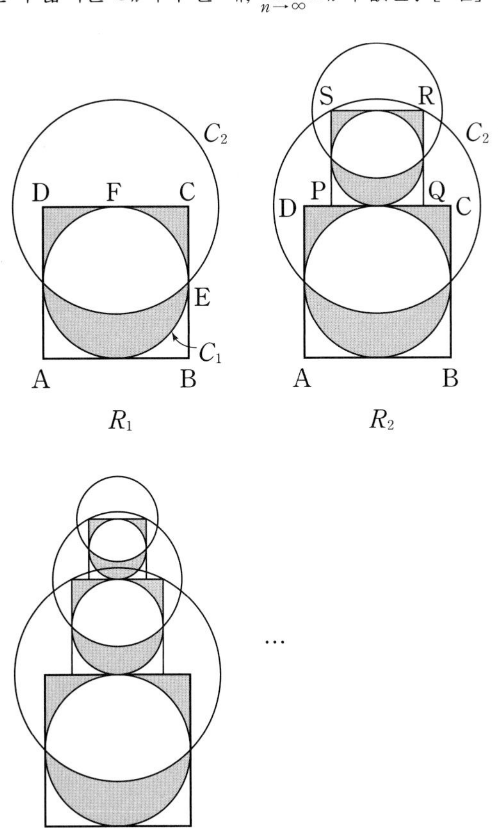

① $\frac{26-5\pi}{6}$ ② $\frac{28-5\pi}{6}$ ③ $\frac{30-5\pi}{6}$

④ $\frac{32-5\pi}{6}$ ⑤ $\frac{34-5\pi}{6}$

32

2015학년도 10월 학평-A형 20번

그림과 같이 한 변의 길이가 3인 정삼각형 $A_1B_1C_1$의 무게중심을 A_2, 점 A_2를 지나는 원과 두 변 A_1B_1, A_1C_1의 접점을 각각 B_2, C_2라 하자. 호 A_2B_2, 선분 B_2B_1, 선분 B_1A_2와 호 A_2C_2, 선분 C_2C_1, 선분 C_1A_2로 둘러싸인 부분인 모양의 도형을 색칠하여 얻은 그림을 R_1이라 하자.

그림 R_1에서 삼각형 $A_2B_2C_2$의 무게중심을 A_3, 점 A_3을 지나는 원과 두 변 A_2B_2, A_2C_2의 접점을 각각 B_3, C_3이라 하자. 그림 R_1에 호 A_3B_3, 선분 B_3B_2, 선분 B_2A_3과 호 A_3C_3, 선분 C_3C_2, 선분 C_2A_3으로 둘러싸인 부분인 모양의 도형을 색칠하고 추가하여 얻은 그림을 R_2라 하자.

그림 R_2에서 삼각형 $A_3B_3C_3$의 무게중심을 A_4, 점 A_4를 지나는 원과 두 변 A_3B_3, A_3C_3의 접점을 각각 B_4, C_4라 하자. 그림 R_2에 호 A_4B_4, 선분 B_4B_3, 선분 B_3A_4와 호 A_4C_4, 선분 C_4C_3, 선분 C_3A_4로 둘러싸인 부분인 모양의 도형을 색칠하고 추가하여 얻은 그림을 R_3이라 하자.

이와 같은 과정을 계속하여 n번째 얻은 그림을 R_n, 그림 R_n에 색칠되어 있는 부분의 넓이를 S_n이라 할 때, $\lim_{n\to\infty} S_n$의 값은?

[4점]

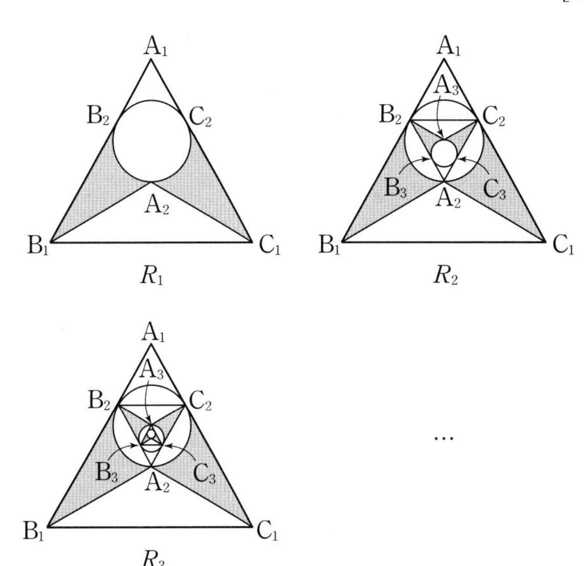

① $\frac{1}{16}(21\sqrt{3}-4\pi)$ ② $\frac{1}{16}(7\sqrt{3}-2\pi)$

③ $\frac{1}{8}(21\sqrt{3}-4\pi)$ ④ $\frac{1}{8}(7\sqrt{3}-2\pi)$

⑤ $\frac{1}{8}(21\sqrt{3}-2\pi)$

33

2017학년도 10월 학평–나형 18번

반지름의 길이가 $\sqrt{3}$인 원 O가 있다. 그림과 같이 원 O 위의 한 점 A에 대하여 정삼각형 ABC를 높이가 원 O의 반지름의 길이와 같고 선분 BC의 중점이 원 O 위의 점이 되도록 그린다. 그리고 정삼각형 ABC와 합동인 정삼각형 DEF를 점 D가 원 O 위에 있고 네 점 B, C, E, F가 한 직선 위에 있도록 그린다. 원 O의 내부와 정삼각형 ABC의 내부의 공통부분인 ◺ 모양의 도형과 원 O의 내부와 정삼각형 DEF의 내부의 공통부분인 ◿ 모양의 도형에 색칠하여 얻은 그림을 R_1이라 하자.

그림 R_1에서 두 선분 AC, DE에 동시에 접하고 원 O에 내접하는 원을 그린 후, 새로 그려진 원에 그림 R_1을 얻은 것과 같은 방법으로 만들어지는 ◺ 모양의 도형과 ◿ 모양의 도형에 색칠하여 얻은 그림을 R_2라 하자.

이와 같은 과정을 계속하여 n번째 얻은 그림 R_n에 색칠되어 있는 부분의 넓이를 S_n이라 할 때, $\lim_{n\to\infty} S_n$의 값은? [4점]

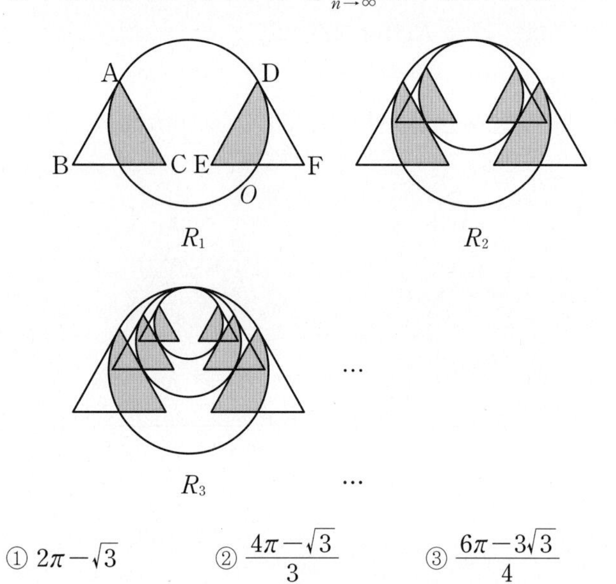

① $2\pi-\sqrt{3}$　② $\frac{4\pi-\sqrt{3}}{3}$　③ $\frac{6\pi-3\sqrt{3}}{4}$

④ $\frac{16\pi-4\sqrt{3}}{7}$　⑤ $\frac{18\pi-9\sqrt{3}}{10}$

34

2021학년도 6월 모평 가형 20번

그림과 같이 $\overline{AB_1}=3$, $\overline{AC_1}=2$이고 $\angle B_1AC_1=\frac{\pi}{3}$인 삼각형 AB_1C_1이 있다. $\angle B_1AC_1$의 이등분선이 선분 B_1C_1과 만나는 점을 D_1, 세 점 A, D_1, C_1을 지나는 원이 선분 AB_1과 만나는 점 중 A가 아닌 점을 B_2라 할 때, 두 선분 B_1B_2, B_1D_1과 호 B_2D_1로 둘러싸인 부분과 선분 C_1D_1과 호 C_1D_1로 둘러싸인 부분인 ◺◡ 모양의 도형에 색칠하여 얻은 그림을 R_1이라 하자.

그림 R_1에서 점 B_2를 지나고 직선 B_1C_1에 평행한 직선이 두 선분 AD_1, AC_1과 만나는 점을 각각 D_2, C_2라 하자. 세 점 A, D_2, C_2를 지나는 원이 선분 AB_2와 만나는 점 중 A가 아닌 점을 B_3이라 할 때, 두 선분 B_2B_3, B_2D_2와 호 B_3D_2로 둘러싸인 부분과 선분 C_2D_2와 호 C_2D_2로 둘러싸인 부분인 ◺◡ 모양의 도형에 색칠하여 얻은 그림을 R_2라 하자.

이와 같은 과정을 계속하여 n번째 얻은 그림 R_n에 색칠되어 있는 부분의 넓이를 S_n이라 할 때, $\lim_{n\to\infty} S_n$의 값은? [4점]

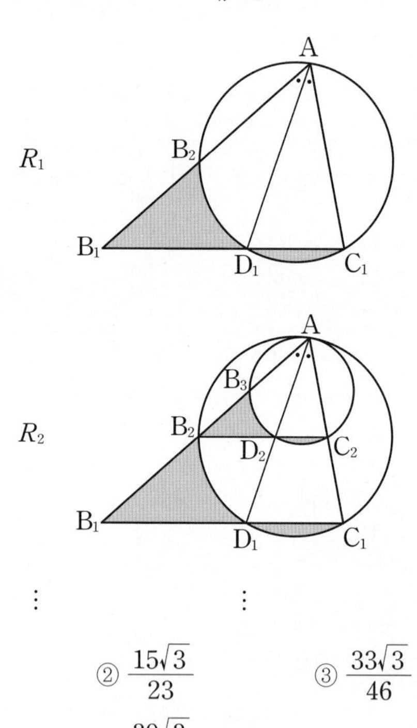

① $\frac{27\sqrt{3}}{46}$　② $\frac{15\sqrt{3}}{23}$　③ $\frac{33\sqrt{3}}{46}$

④ $\frac{18\sqrt{3}}{23}$　⑤ $\frac{39\sqrt{3}}{46}$

• 해설편 113쪽

유형 01 등비급수의 활용-부채꼴

01 대표 문제

2018학년도 수능 나형(홀) 19번

그림과 같이 한 변의 길이가 1인 정삼각형 $A_1B_1C_1$이 있다. 선분 A_1B_1의 중점을 D_1이라 하고, 선분 B_1C_1 위의 $\overline{C_1D_1}=\overline{C_1B_2}$인 점 B_2에 대하여 중심이 C_1인 부채꼴 $C_1D_1B_2$를 그린다. 점 B_2에서 선분 C_1D_1에 내린 수선의 발을 A_2, 선분 C_1B_2의 중점을 C_2라 하자. 두 선분 B_1B_2, B_1D_1과 호 D_1B_2로 둘러싸인 영역과 삼각형 $C_1A_2C_2$의 내부에 색칠하여 얻은 그림을 R_1이라 하자.

그림 R_1에서 선분 A_2B_2의 중점을 D_2라 하고, 선분 B_2C_2 위의 $\overline{C_2D_2}=\overline{C_2B_3}$인 점 B_3에 대하여 중심이 C_2인 부채꼴 $C_2D_2B_3$을 그린다. 점 B_3에서 선분 C_2D_2에 내린 수선의 발을 A_3, 선분 C_2B_3의 중점을 C_3이라 하자. 두 선분 B_2B_3, B_2D_2와 호 D_2B_3으로 둘러싸인 영역과 삼각형 $C_2A_3C_3$의 내부에 색칠하여 얻은 그림을 R_2라 하자.

이와 같은 과정을 계속하여 n번째 얻은 그림 R_n에 색칠되어 있는 부분의 넓이를 S_n이라 할 때, $\lim_{n\to\infty} S_n$의 값은? [4점]

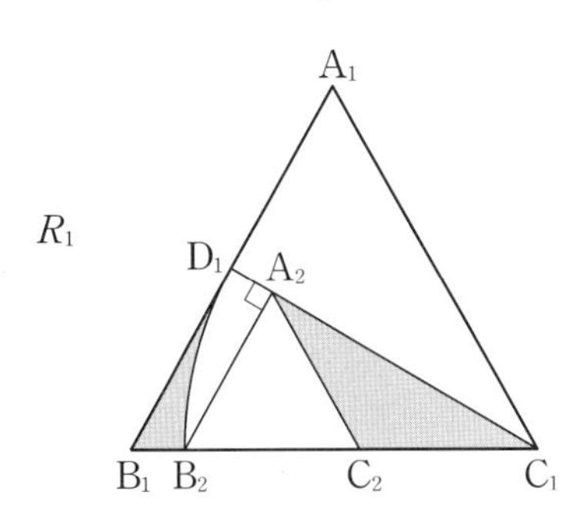

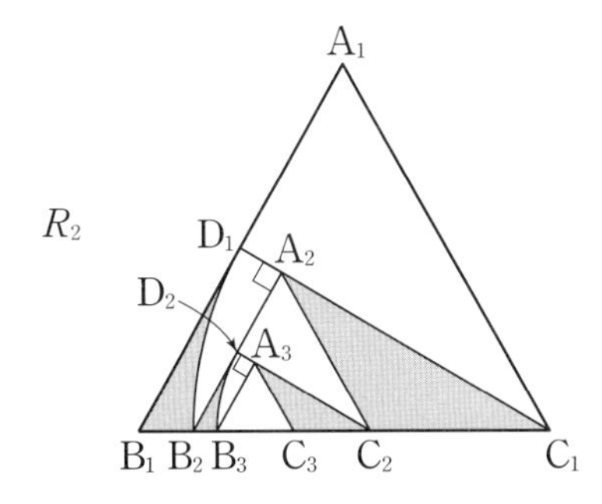

⋮ ⋮

① $\frac{11\sqrt{3}-4\pi}{56}$ ② $\frac{11\sqrt{3}-4\pi}{52}$ ③ $\frac{15\sqrt{3}-6\pi}{56}$

④ $\frac{15\sqrt{3}-6\pi}{52}$ ⑤ $\frac{15\sqrt{3}-4\pi}{52}$

02

2022학년도 6월 모평 26번

그림과 같이 중심이 O_1, 반지름의 길이가 1이고 중심각의 크기가 $\frac{5\pi}{12}$인 부채꼴 $O_1A_1O_2$가 있다. 호 A_1O_2 위에 점 B_1을 $\angle A_1O_1B_1=\frac{\pi}{4}$가 되도록 잡고, 부채꼴 $O_1A_1B_1$에 색칠하여 얻은 그림을 R_1이라 하자.

그림 R_1에서 점 O_2를 지나고 선분 O_1A_1에 평행한 직선이 직선 O_1B_1과 만나는 점을 A_2라 하자. 중심이 O_2이고 중심각의 크기가 $\frac{5\pi}{12}$인 부채꼴 $O_2A_2O_3$을 부채꼴 $O_1A_1B_1$과 겹치지 않도록 그린다. 호 A_2O_3 위에 점 B_2를 $\angle A_2O_2B_2=\frac{\pi}{4}$가 되도록 잡고, 부채꼴 $O_2A_2B_2$에 색칠하여 얻은 그림을 R_2라 하자.

이와 같은 과정을 계속하여 n번째 얻은 그림 R_n에 색칠되어 있는 부분의 넓이를 S_n이라 할 때, $\lim_{n\to\infty} S_n$의 값은? [3점]

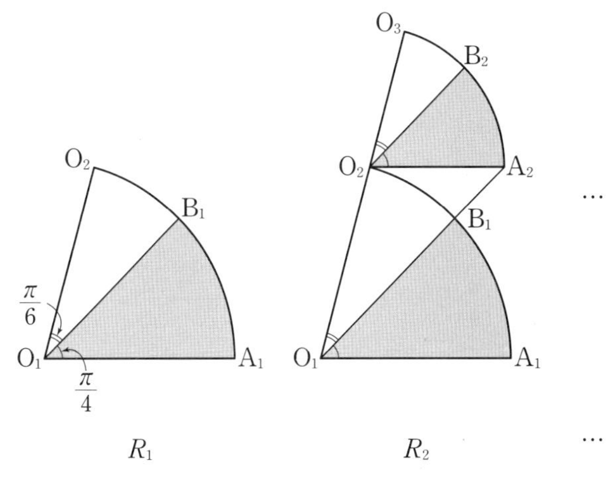

① $\frac{3\pi}{16}$ ② $\frac{7\pi}{32}$ ③ $\frac{\pi}{4}$

④ $\frac{9\pi}{32}$ ⑤ $\frac{5\pi}{16}$

03

2019학년도 10월 학평-나형 19번

그림과 같이 $\overline{AB}=2$, $\overline{BC}=4$이고 $\angle ABC=60^\circ$인 삼각형 ABC가 있다. 사각형 $D_1BE_1F_1$이 마름모가 되도록 세 선분 AB, BC, CA 위에 각각 점 D_1, E_1, F_1을 잡고, 마름모 $D_1BE_1F_1$의 내부와 중심이 B인 부채꼴 BE_1D_1의 외부의 공통부분에 색칠하여 얻은 그림을 R_1이라 하자.

그림 R_1에서 사각형 $D_2E_1E_2F_2$가 마름모가 되도록 세 선분 F_1E_1, E_1C, CF_1 위에 각각 점 D_2, E_2, F_2를 잡고, 마름모 $D_2E_1E_2F_2$의 내부와 중심이 E_1인 부채꼴 $E_1E_2D_2$의 외부의 공통부분에 색칠하여 얻은 그림을 R_2라 하자.

이와 같은 과정을 계속하여 n번째 얻은 그림 R_n에 색칠되어 있는 부분의 넓이를 S_n이라 할 때, $\lim_{n\to\infty} S_n$의 값은? [4점]

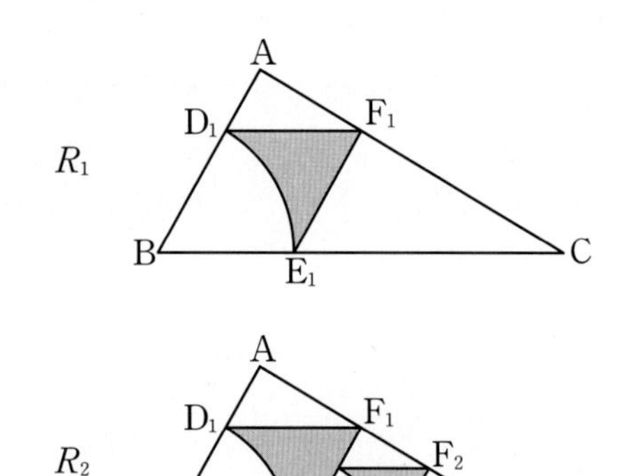

R₂ A D₁ F₁ F₂ D₂ B E₁ E₂ C

⋮ ⋮

① $\frac{4(3\sqrt{3}-\pi)}{15}$ ② $\frac{4(3\sqrt{3}-\pi)}{9}$ ③ $\frac{8(3\sqrt{3}-\pi)}{15}$

④ $\frac{2(3\sqrt{3}-\pi)}{3}$ ⑤ $\frac{8(3\sqrt{3}-\pi)}{9}$

04

2017학년도 7월 학평-나형 18번

그림과 같이 한 변의 길이가 2인 정삼각형 $A_1B_1C_1$이 있다. 세 선분 A_1B_1, B_1C_1, C_1A_1의 중점을 각각 L_1, M_1, N_1이라 하고, 중심이 M_1, 반지름의 길이가 $\overline{M_1N_1}$이고 중심각의 크기가 60°인 부채꼴 $M_1N_1L_1$을 그린 후 부채꼴 $M_1N_1L_1$의 호 N_1L_1과 두 선분 A_1L_1, A_1N_1로 둘러싸인 부분인 △ 모양의 도형을 T_1이라 하자. 두 정삼각형 $L_1B_1M_1$과 $N_1M_1C_1$에 도형 T_1을 얻은 것과 같은 방법으로 만들어지는 각각의 부채꼴의 호와 두 선분으로 둘러싸인 부분인 △ 모양의 도형을 각각 T_2, T_3이라 하자. 정삼각형 $A_1B_1C_1$에서 세 도형 T_1, T_2, T_3으로 이루어진 ⟁ 모양의 도형에 색칠하여 얻은 그림을 R_1이라 하자.

그림 R_1에서 부채꼴 $M_1N_1L_1$의 호 N_1L_1을 이등분하는 점을 A_2라 할 때, 부채꼴 $M_1N_1L_1$에 내접하는 정삼각형 $A_2B_2C_2$를 그리고 그림 R_1을 얻은 것과 같은 방법으로 만들어지는 ⟁ 모양의 도형에 색칠하여 얻은 그림을 R_2라 하자.

이와 같은 과정을 계속하여 n번째 얻은 그림 R_n에 색칠되어 있는 부분의 넓이를 S_n이라 할 때, $\lim_{n\to\infty} S_n$의 값은? [4점]

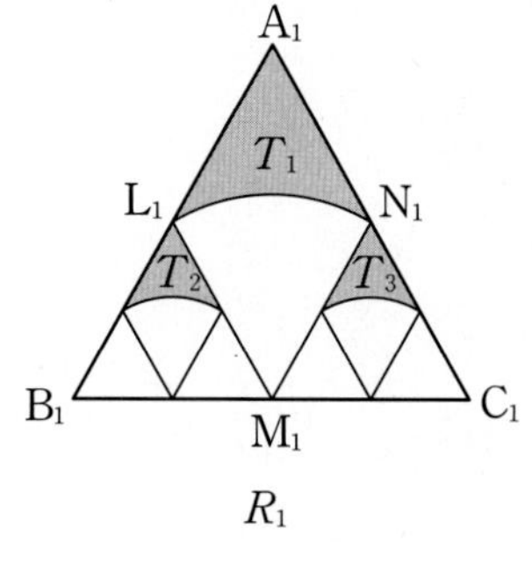

R_1

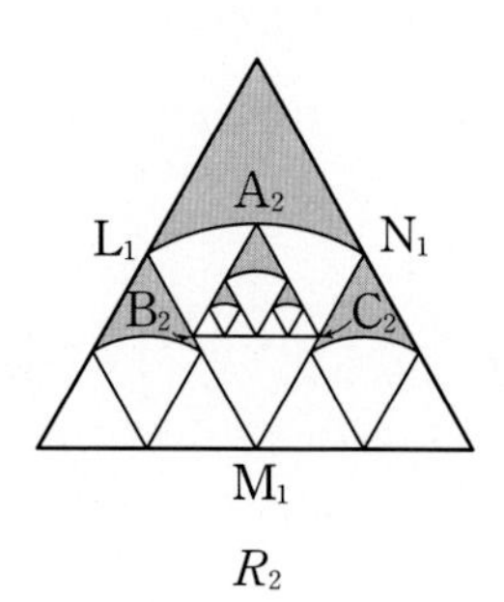

R_2

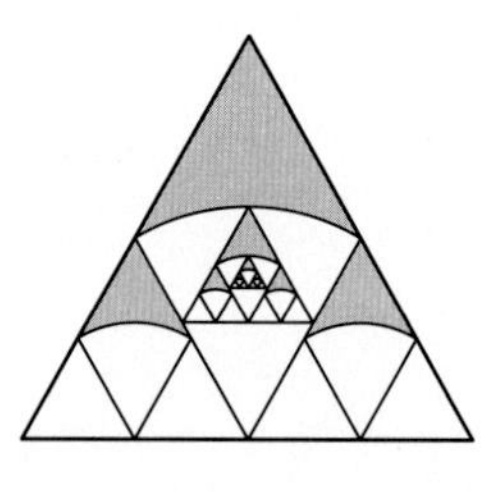

R_3

⋯

① $\frac{3(3\sqrt{3}-\pi)}{11}$ ② $\frac{13(3\sqrt{3}-\pi)}{44}$ ③ $\frac{7(3\sqrt{3}-\pi)}{22}$

④ $\frac{15(3\sqrt{3}-\pi)}{44}$ ⑤ $\frac{4(3\sqrt{3}-\pi)}{11}$

05

2015학년도 4월 학평–B형 18번

그림과 같이 중심각의 크기가 $\frac{\pi}{3}$이고 반지름의 길이가 6인 부채꼴 OAB가 있다. 부채꼴 OAB에 내접하는 원 O_1이 두 선분 OA, OB, 호 AB와 만나는 점을 각각 A_1, B_1, C_1이라 하고, 부채꼴 OA_1B_1의 외부와 삼각형 $A_1C_1B_1$의 내부의 공통부분의 넓이를 S_1이라 하자.
부채꼴 OA_1B_1에 내접하는 원 O_2가 두 선분 OA_1, OB_1, 호 A_1B_1과 만나는 점을 각각 A_2, B_2, C_2라 하고, 부채꼴 OA_2B_2의 외부와 삼각형 $A_2C_2B_2$의 내부의 공통부분의 넓이를 S_2라 하자.
위와 같은 과정을 계속하여 n번째 얻은 부채꼴 OA_nB_n의 외부와 삼각형 $A_nC_nB_n$의 내부의 공통부분의 넓이를 S_n이라 할 때, $\sum_{n=1}^{\infty} S_n$의 값은? [4점]

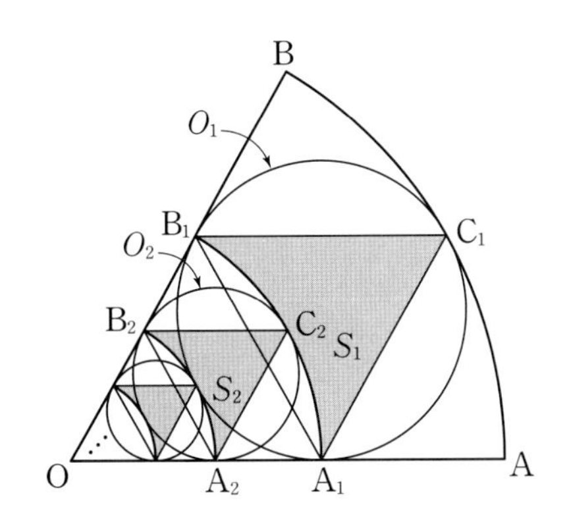

① $8\sqrt{3}-3\pi$　② $8\sqrt{3}-2\pi$　③ $9\sqrt{3}-3\pi$
④ $9\sqrt{3}-2\pi$　⑤ $10\sqrt{3}-3\pi$

06

2019학년도 6월 모평 나형 18번

그림과 같이 $\overline{A_1B_1}=1$, $\overline{A_1D_1}=2$인 직사각형 $A_1B_1C_1D_1$이 있다. 선분 A_1D_1 위의 $\overline{B_1C_1}=\overline{B_1E_1}$, $\overline{C_1B_1}=\overline{C_1F_1}$인 두 점 E_1, F_1에 대하여 중심이 B_1인 부채꼴 $B_1E_1C_1$과 중심이 C_1인 부채꼴 $C_1F_1B_1$을 각각 직사각형 $A_1B_1C_1D_1$ 내부에 그리고, 선분 B_1E_1과 선분 C_1F_1의 교점을 G_1이라 하자. 두 선분 G_1F_1, G_1B_1과 호 F_1B_1로 둘러싸인 부분과 두 선분 G_1E_1, G_1C_1과 호 E_1C_1로 둘러싸인 부분인 ⋈ 모양의 도형에 색칠하여 얻은 그림을 R_1이라 하자.
그림 R_1에서 선분 B_1G_1 위의 점 A_2, 선분 C_1G_1 위의 점 D_2와 선분 B_1C_1 위의 두 점 B_2, C_2를 꼭짓점으로 하고 $\overline{A_2B_2}:\overline{A_2D_2}=1:2$인 직사각형 $A_2B_2C_2D_2$를 그리고, 그림 R_1을 얻는 것과 같은 방법으로 직사각형 $A_2B_2C_2D_2$ 내부에 ⋈ 모양의 도형을 그리고 색칠하여 얻은 그림을 R_2라 하자.
이와 같은 과정을 계속하여 n번째 얻은 그림 R_n에 색칠되어 있는 부분의 넓이를 S_n이라 할 때, $\lim_{n\to\infty} S_n$의 값은? [4점]

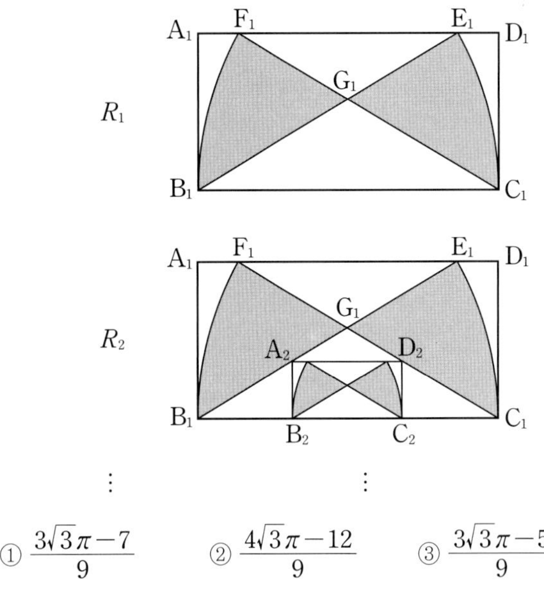

① $\frac{3\sqrt{3}\pi-7}{9}$　② $\frac{4\sqrt{3}\pi-12}{9}$　③ $\frac{3\sqrt{3}\pi-5}{9}$
④ $\frac{4\sqrt{3}\pi-10}{9}$　⑤ $\frac{4\sqrt{3}\pi-8}{9}$

6
일차

07

2015학년도 9월 모평 A형 18번

중심이 O, 반지름의 길이가 1이고 중심각의 크기가 $\frac{2}{3}\pi$인 부채꼴 OAB가 있다. 그림과 같이 호 AB를 이등분하는 점을 M이라 하고 호 AM과 호 MB를 각각 이등분하는 점을 두 꼭짓점으로 하는 직사각형을 부채꼴 OAB에 내접하도록 그리고, 부채꼴의 내부와 직사각형의 외부의 공통부분에 색칠하여 얻은 그림을 R_1이라 하자.
그림 R_1에 직사각형의 네 변의 중점을 모두 지나도록 중심각의 크기가 $\frac{2}{3}\pi$인 부채꼴을 그리고, 이 부채꼴에 그림 R_1을 얻는 것과 같은 방법으로 직사각형을 그리고 색칠하여 얻은 그림을 R_2라 하자.
그림 R_2에 새로 그려진 직사각형의 네 변의 중점을 모두 지나도록 중심각의 크기가 $\frac{2}{3}\pi$인 부채꼴을 그리고, 이 부채꼴에 그림 R_1을 얻는 것과 같은 방법으로 직사각형을 그리고 색칠하여 얻은 그림을 R_3이라 하자.
이와 같은 과정을 계속하여 n번째 얻은 그림 R_n에 색칠되어 있는 부분의 넓이를 S_n이라 할 때, $\lim_{n\to\infty} S_n$의 값은? [4점]

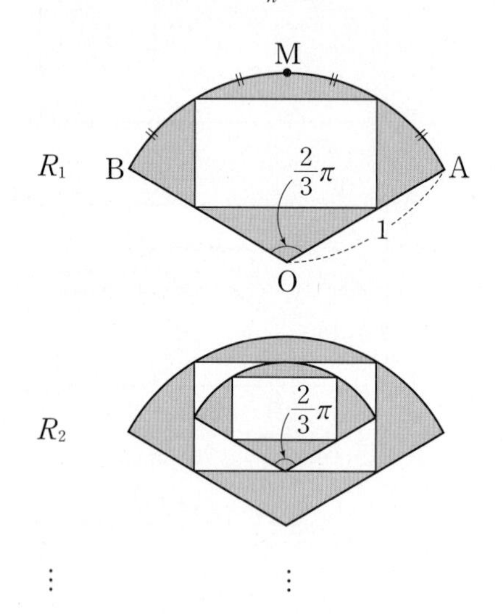

① $\frac{2\pi-3\sqrt{3}}{2}$　② $\frac{\pi-\sqrt{2}}{3}$　③ $\frac{2\pi-3\sqrt{2}}{3}$
④ $\frac{\pi-\sqrt{3}}{2}$　⑤ $\frac{2\pi-2\sqrt{3}}{3}$

08

2014학년도 7월 학평-A형 30번

그림과 같이 길이가 4인 선분 B_1C_1을 빗변으로 하고 $\angle B_1A_1C_1=90°$인 직각이등변삼각형 $A_1B_1C_1$을 그린다. $\overline{B_1A_1}=\overline{B_1C_2}$이고 $\overline{C_1A_1}=\overline{C_1B_2}$인 선분 B_1C_1 위의 두 점 C_2와 B_2에 대하여 부채꼴 $B_1A_1C_2$와 부채꼴 $C_1A_1B_2$를 그린 후 생긴 ⩘ 모양에 색칠하고 그 넓이를 S_1이라 하자.
선분 B_2C_2를 빗변으로 하고 삼각형 $A_1B_1C_1$의 내부의 점 A_2에 대하여 $\angle B_2A_2C_2=90°$인 직각이등변삼각형 $A_2B_2C_2$를 그린다. $\overline{B_2A_2}=\overline{B_2C_3}$이고 $\overline{C_2A_2}=\overline{C_2B_3}$인 선분 B_2C_2 위의 두 점 C_3과 B_3에 대하여 부채꼴 $B_2A_2C_3$과 부채꼴 $C_2A_2B_3$을 그린 후 생긴 ⩘ 모양에 색칠하고 그 넓이를 S_2라 하자.
선분 B_3C_3을 빗변으로 하고 삼각형 $A_2B_2C_2$의 내부의 점 A_3에 대하여 $\angle B_3A_3C_3=90°$인 직각이등변삼각형 $A_3B_3C_3$을 그린다. $\overline{B_3A_3}=\overline{B_3C_4}$이고 $\overline{C_3A_3}=\overline{C_3B_4}$인 선분 B_3C_3 위의 두 점 C_4와 B_4에 대하여 부채꼴 $B_3A_3C_4$와 부채꼴 $C_3A_3B_4$를 그린 후 생긴 ⩘ 모양에 색칠하고 그 넓이를 S_3이라 하자.
이와 같은 과정을 계속하여 얻은 S_n에 대하여 $\frac{1}{4-\pi}\sum_{n=1}^{\infty} S_n=a+\sqrt{b}$ (a, b는 정수)일 때, a^2+b^2의 값을 구하시오. [4점]

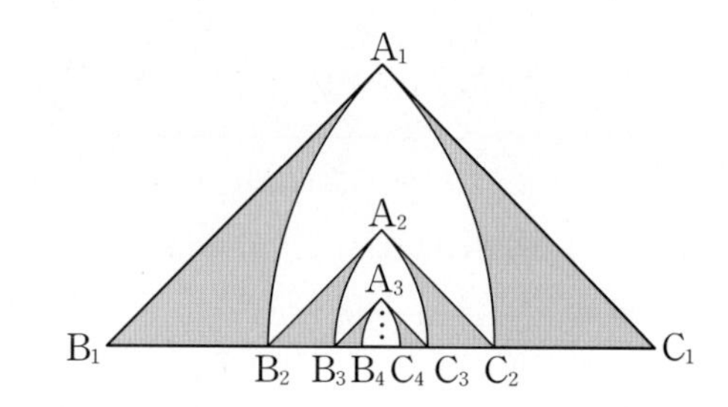

유형 02 등비급수의 활용 - 다각형

09 대표 문제

2020학년도 6월 모평 나형 17번

그림과 같이 한 변의 길이가 4인 정사각형 $A_1B_1C_1D_1$이 있다. 선분 C_1D_1의 중점을 E_1이라 하고, 직선 A_1B_1 위에 두 점 F_1, G_1을 $\overline{E_1F_1}=\overline{E_1G_1}$, $\overline{E_1F_1}:\overline{F_1G_1}=5:6$이 되도록 잡고 이등변삼각형 $E_1F_1G_1$을 그린다. 선분 D_1A_1과 선분 E_1F_1의 교점을 P_1, 선분 B_1C_1과 선분 G_1E_1의 교점을 Q_1이라 할 때, 네 삼각형 $E_1D_1P_1$, $P_1F_1A_1$, $Q_1B_1G_1$, $E_1Q_1C_1$로 만들어진 모양의 도형에 색칠하여 얻은 그림을 R_1이라 하자.

그림 R_1에 선분 F_1G_1 위의 두 점 A_2, B_2와 선분 G_1E_1 위의 점 C_2, 선분 E_1F_1 위의 점 D_2를 꼭짓점으로 하는 정사각형 $A_2B_2C_2D_2$를 그리고, 그림 R_1을 얻는 것과 같은 방법으로 정사각형 $A_2B_2C_2D_2$에 모양의 도형을 그리고 색칠하여 얻은 그림을 R_2라 하자.

이와 같은 과정을 계속하여 n번째 얻은 그림 R_n에 색칠되어 있는 부분의 넓이를 S_n이라 할 때, $\lim_{n\to\infty} S_n$의 값은? [4점]

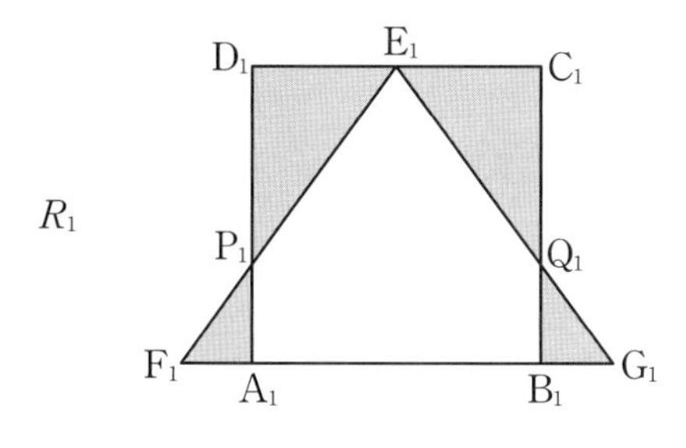

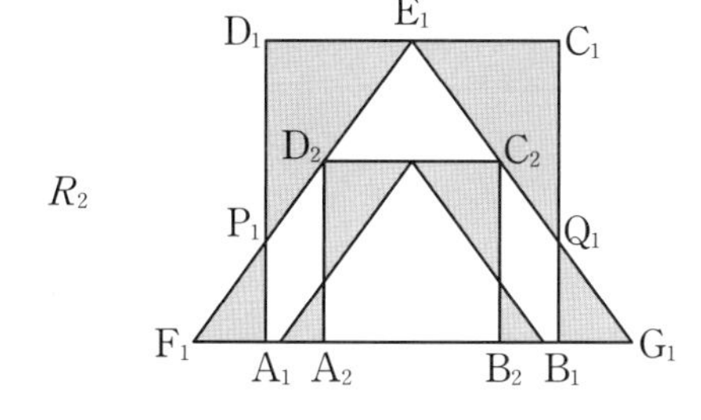

⋮ ⋮

① $\frac{61}{6}$ ② $\frac{125}{12}$ ③ $\frac{32}{3}$
④ $\frac{131}{12}$ ⑤ $\frac{67}{6}$

10

2022학년도 9월 모평 27번

그림과 같이 $\overline{AB_1}=1$, $\overline{B_1C_1}=2$인 직사각형 $AB_1C_1D_1$이 있다. $\angle AD_1C_1$을 삼등분하는 두 직선이 선분 B_1C_1과 만나는 점 중 점 B_1에 가까운 점을 E_1, 점 C_1에 가까운 점을 F_1이라 하자. $\overline{E_1F_1}=\overline{F_1G_1}$, $\angle E_1F_1G_1=\frac{\pi}{2}$이고 선분 AD_1과 선분 F_1G_1이 만나도록 점 G_1을 잡아 삼각형 $E_1F_1G_1$을 그린다.

선분 E_1D_1과 선분 F_1G_1이 만나는 점을 H_1이라 할 때, 두 삼각형 $G_1E_1H_1$, $H_1F_1D_1$로 만들어진 모양의 도형에 색칠하여 얻은 그림을 R_1이라 하자.

그림 R_1에 선분 AB_1 위의 점 B_2, 선분 E_1G_1 위의 점 C_2, 선분 AD_1 위의 점 D_2와 점 A를 꼭짓점으로 하고 $\overline{AB_2}:\overline{B_2C_2}=1:2$인 직사각형 $AB_2C_2D_2$를 그린다. 직사각형 $AB_2C_2D_2$에 그림 R_1을 얻은 것과 같은 방법으로 모양의 도형을 그리고 색칠하여 얻은 그림을 R_2라 하자.

이와 같은 과정을 계속하여 n번째 얻은 그림 R_n에 색칠되어 있는 부분의 넓이를 S_n이라 할 때, $\lim_{n\to\infty} S_n$의 값은? [3점]

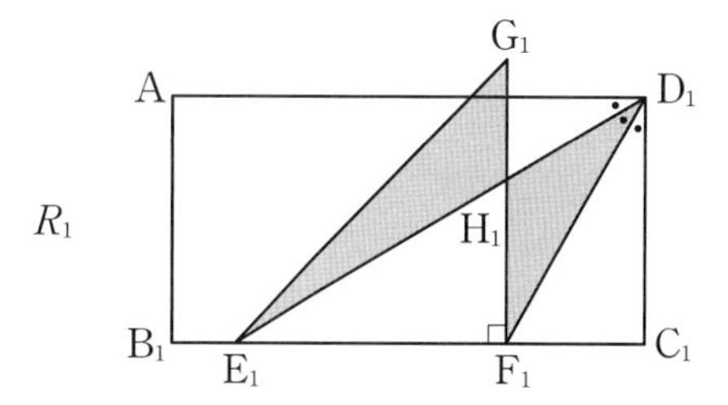

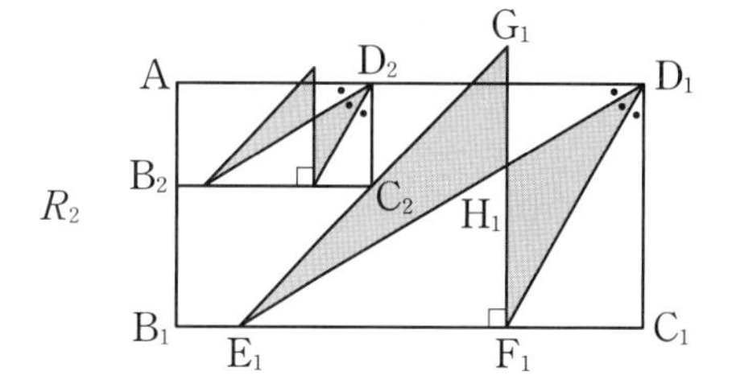

⋮ ⋮

① $\frac{2\sqrt{3}}{9}$ ② $\frac{5\sqrt{3}}{18}$ ③ $\frac{\sqrt{3}}{3}$
④ $\frac{7\sqrt{3}}{18}$ ⑤ $\frac{4\sqrt{3}}{9}$

11

2023학년도 7월 학평 27번

그림과 같이 $\overline{AB_1}=\overline{AC_1}=\sqrt{17}$, $\overline{B_1C_1}=2$인 삼각형 AB_1C_1이 있다. 선분 AB_1 위의 점 B_2, 선분 AC_1 위의 점 C_2, 삼각형 AB_1C_1의 내부의 점 D_1을

$$\overline{B_1D_1}=\overline{B_2D_1}=\overline{C_1D_1}=\overline{C_2D_1},\ \angle B_1D_1B_2=\angle C_1D_1C_2=\frac{\pi}{2}$$

가 되도록 잡고, 두 삼각형 $B_1D_1B_2$, $C_1D_1C_2$에 색칠하여 얻은 그림을 R_1이라 하자.

그림 R_1에서 선분 AB_2 위의 점 B_3, 선분 AC_2 위의 점 C_3, 삼각형 AB_2C_2의 내부의 점 D_2를

$$\overline{B_2D_2}=\overline{B_3D_2}=\overline{C_2D_2}=\overline{C_3D_2},\ \angle B_2D_2B_3=\angle C_2D_2C_3=\frac{\pi}{2}$$

가 되도록 잡고, 두 삼각형 $B_2D_2B_3$, $C_2D_2C_3$에 색칠하여 얻은 그림을 R_2라 하자.

이와 같은 과정을 계속하여 n번째 얻은 그림 R_n에 색칠되어 있는 부분의 넓이를 S_n이라 할 때, $\lim_{n\to\infty} S_n$의 값은? [3점]

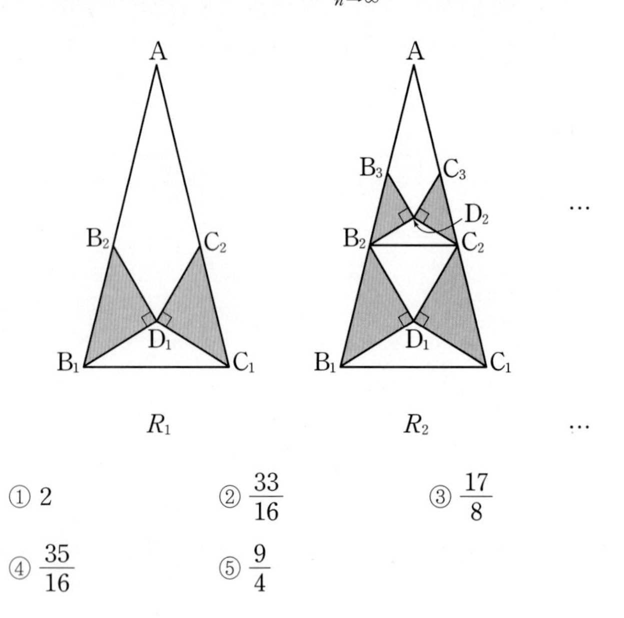

① 2　② $\frac{33}{16}$　③ $\frac{17}{8}$

④ $\frac{35}{16}$　⑤ $\frac{9}{4}$

12

2018학년도 3월 학평-나형 19번

그림과 같이 $\overline{A_1B_1}=2$, $\overline{B_1C_1}=3$인 직사각형 $A_1B_1C_1D_1$이 있다. 선분 A_1D_1을 삼등분하는 점 중에서 A_1에 가까운 점부터 차례대로 E_1, F_1이라 하고, 선분 B_1F_1과 선분 C_1E_1의 교점을 G_1이라 하자. 삼각형 $B_1G_1E_1$과 삼각형 $C_1F_1G_1$의 내부에 색칠하여 얻은 그림을 R_1이라 하자.

그림 R_1에서 선분 B_1C_1 위에 두 꼭짓점 B_2, C_2가 있고, 선분 B_1G_1 위에 꼭짓점 A_2, 선분 C_1G_1 위에 꼭짓점 D_2가 있으며 $\overline{A_2B_2}:\overline{B_2C_2}=2:3$인 직사각형 $A_2B_2C_2D_2$를 그린다. 선분 A_2D_2를 삼등분하는 점 중에서 A_2에 가까운 점부터 차례대로 E_2, F_2라 하고, 선분 B_2F_2와 선분 C_2E_2의 교점을 G_2라 하자. 삼각형 $B_2G_2E_2$와 삼각형 $C_2F_2G_2$의 내부에 색칠하여 얻은 그림을 R_2라 하자.

이와 같은 과정을 계속하여 n번째 얻은 그림 R_n에 색칠되어 있는 부분의 넓이를 S_n이라 할 때, $\lim_{n\to\infty} S_n$의 값은? [4점]

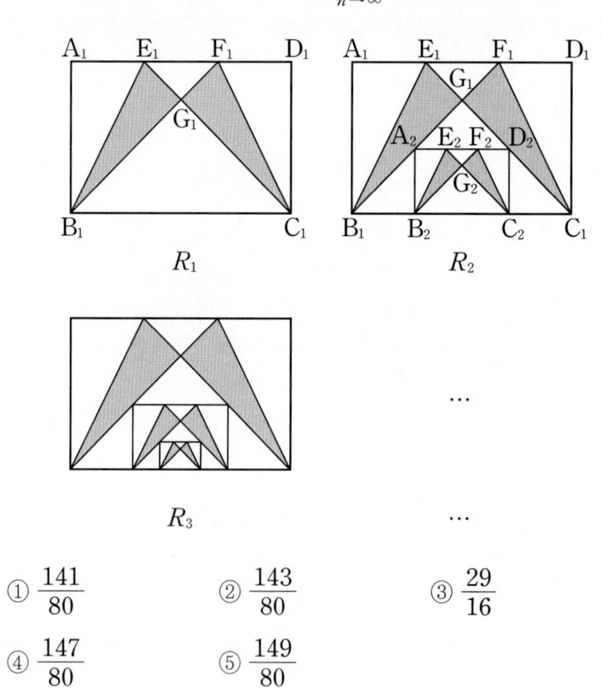

① $\frac{141}{80}$　② $\frac{143}{80}$　③ $\frac{29}{16}$

④ $\frac{147}{80}$　⑤ $\frac{149}{80}$

13

2022학년도 7월 학평 27번

그림과 같이 $\overline{A_1B_1}=1$, $\overline{B_1C_1}=2$인 직사각형 $A_1B_1C_1D_1$이 있다. 선분 A_1D_1의 중점 E_1에 대하여 두 선분 B_1D_1, C_1E_1이 만나는 점을 F_1이라 하자. $\overline{G_1E_1}=\overline{G_1F_1}$이 되도록 선분 B_1D_1 위에 점 G_1을 잡아 삼각형 $G_1F_1E_1$을 그린다. 두 삼각형 $C_1D_1F_1$, $G_1F_1E_1$로 만들어진 ⋈ 모양의 도형에 색칠하여 얻은 그림을 R_1이라 하자.
그림 R_1에서 선분 B_1F_1 위의 점 A_2, 선분 B_1C_1 위의 두 점 B_2, C_2, 선분 C_1F_1 위의 점 D_2를 꼭짓점으로 하고 $\overline{A_2B_2}:\overline{B_2C_2}=1:2$인 직사각형 $A_2B_2C_2D_2$를 그린다. 직사각형 $A_2B_2C_2D_2$에 그림 R_1을 얻은 것과 같은 방법으로 ⋈ 모양의 도형에 색칠하여 얻은 그림을 R_2라 하자.
이와 같은 과정을 계속하여 n번째 얻은 그림 R_n에 색칠되어 있는 부분의 넓이를 S_n이라 할 때, $\lim_{n\to\infty} S_n$의 값은? [3점]

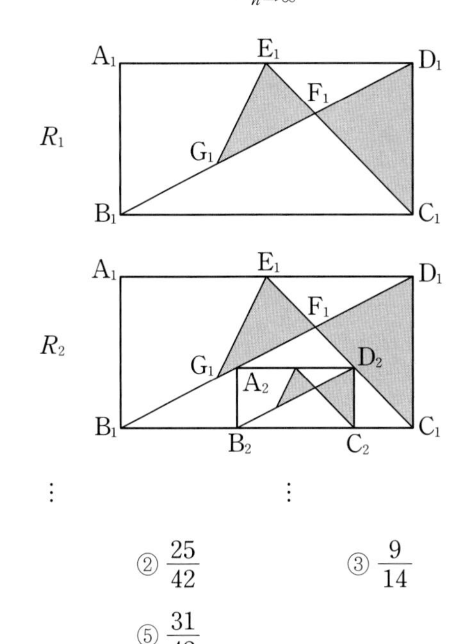

① $\frac{23}{42}$ ② $\frac{25}{42}$ ③ $\frac{9}{14}$ ④ $\frac{29}{42}$ ⑤ $\frac{31}{42}$

14

2017학년도 6월 모평 나형 17번

그림과 같이 한 변의 길이가 2인 정사각형 $A_1B_1C_1D_1$에서 선분 A_1B_1과 선분 B_1C_1의 중점을 각각 E_1, F_1이라 하자. 정사각형 $A_1B_1C_1D_1$의 내부와 삼각형 $E_1F_1D_1$의 외부의 공통부분에 색칠하여 얻은 그림을 R_1이라 하자.
그림 R_1에 선분 D_1E_1 위의 점 A_2, 선분 D_1F_1 위의 점 D_2와 선분 E_1F_1 위의 두 점 B_2, C_2를 꼭짓점으로 하는 정사각형 $A_2B_2C_2D_2$를 그리고, 정사각형 $A_2B_2C_2D_2$에 그림 R_1을 얻은 것과 같은 방법으로 삼각형 $E_2F_2D_2$를 그리고 정사각형 $A_2B_2C_2D_2$의 내부와 삼각형 $E_2F_2D_2$의 외부의 공통부분에 색칠하여 얻은 그림을 R_2라 하자.
이와 같은 과정을 계속하여 n번째 얻은 그림 R_n에 색칠되어 있는 부분의 넓이를 S_n이라 할 때, $\lim_{n\to\infty} S_n$의 값은? [4점]

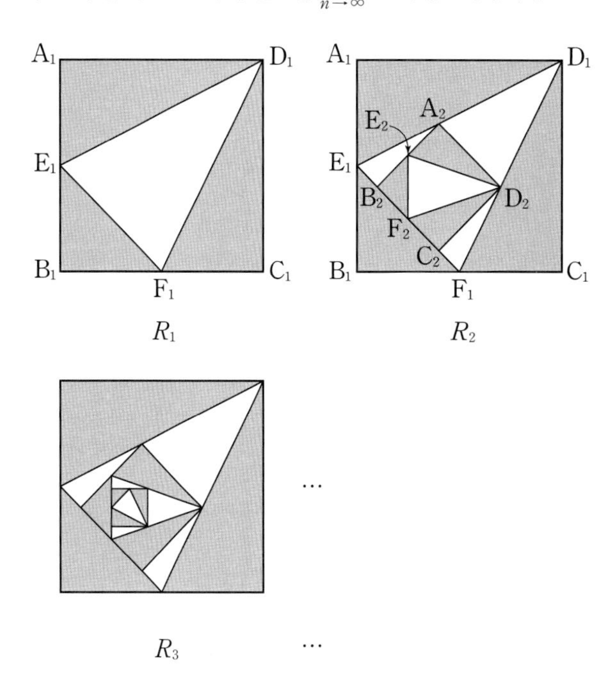

① $\frac{125}{37}$ ② $\frac{125}{38}$ ③ $\frac{125}{39}$ ④ $\frac{25}{8}$ ⑤ $\frac{125}{41}$

15

2020학년도 7월 학평-가형 18번

그림과 같이 한 변의 길이가 8인 정삼각형 $A_1B_1C_1$의 세 선분 A_1B_1, B_1C_1, C_1A_1의 중점을 각각 D_1, E_1, F_1이라 하고, 세 선분 A_1D_1, B_1E_1, C_1F_1의 중점을 각각 G_1, H_1, I_1이라 하고, 세 선분 G_1D_1, H_1E_1, I_1F_1의 중점을 각각 A_2, B_2, C_2라 하자. 세 사각형 $A_2C_2F_1G_1$, $B_2A_2D_1H_1$, $C_2B_2E_1I_1$에 모두 색칠하여 얻은 그림을 R_1이라 하자.

그림 R_1에서 삼각형 $A_2B_2C_2$에 그림 R_1을 얻은 것과 같은 방법으로 세 사각형 $A_3C_3F_2G_2$, $B_3A_3D_2H_2$, $C_3B_3E_2I_2$에 모두 색칠하여 얻은 그림을 R_2라 하자.

이와 같은 과정을 계속하여 n번째 얻은 그림 R_n에 색칠되어 있는 부분의 넓이를 S_n이라 할 때, $\lim_{n \to \infty} S_n$의 값은? [4점]

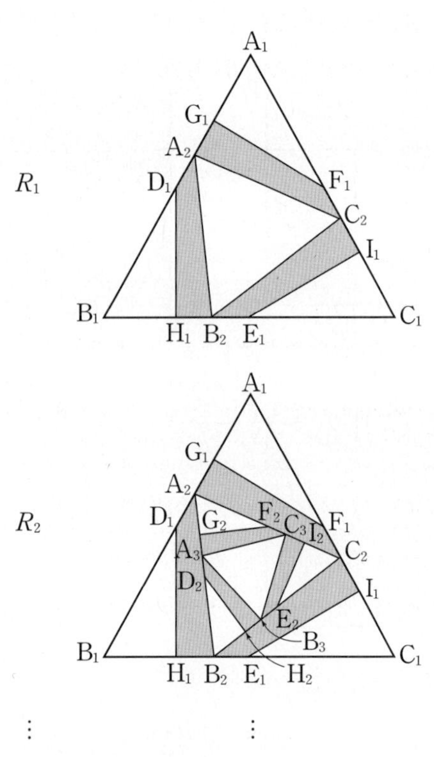

① $\frac{109\sqrt{3}}{15}$　② $\frac{112\sqrt{3}}{15}$　③ $\frac{23\sqrt{3}}{3}$　④ $\frac{118\sqrt{3}}{15}$　⑤ $\frac{121\sqrt{3}}{15}$

16

2023학년도 9월 모평 27번

그림과 같이 $\overline{A_1B_1}=4$, $\overline{A_1D_1}=1$인 직사각형 $A_1B_1C_1D_1$에서 두 대각선의 교점을 E_1이라 하자. $\overline{A_2D_1}=\overline{D_1E_1}$, $\angle A_2D_1E_1=\frac{\pi}{2}$이고 선분 D_1C_1과 선분 A_2E_1이 만나도록 점 A_2를 잡고, $\overline{B_2C_1}=\overline{C_1E_1}$, $\angle B_2C_1E_1=\frac{\pi}{2}$이고 선분 D_1C_1과 선분 B_2E_1이 만나도록 점 B_2를 잡는다. 두 삼각형 $A_2D_1E_1$, $B_2C_1E_1$을 그린 후 모양의 도형에 색칠하여 얻은 그림을 R_1이라 하자.

그림 R_1에서 $\overline{A_2B_2}:\overline{A_2D_2}=4:1$이고 선분 D_2C_2가 두 선분 A_2E_1, B_2E_1과 만나지 않도록 직사각형 $A_2B_2C_2D_2$를 그린다. 그림 R_1을 얻은 것과 같은 방법으로 세 점 E_2, A_3, B_3을 잡고 두 삼각형 $A_3D_2E_2$, $B_3C_2E_2$를 그린 후 모양의 도형에 색칠하여 얻은 그림을 R_2라 하자.

이와 같은 과정을 계속하여 n번째 얻은 그림 R_n에 색칠되어 있는 부분의 넓이를 S_n이라 할 때, $\lim_{n \to \infty} S_n$의 값은? [3점]

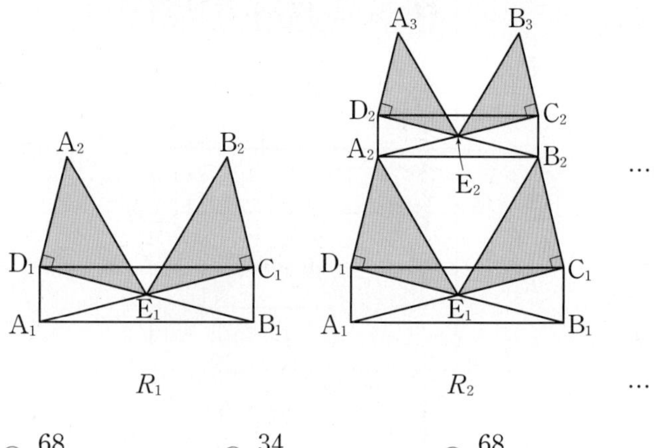

① $\frac{68}{5}$　② $\frac{34}{3}$　③ $\frac{68}{7}$　④ $\frac{17}{2}$　⑤ $\frac{68}{9}$

17

2020학년도 4월 학평-가형 18번

그림과 같이 두 선분 A_1B_1, C_1D_1이 서로 평행하고 $\overline{A_1B_1}=10$, $\overline{B_1C_1}=\overline{C_1D_1}=\overline{D_1A_1}=6$인 사다리꼴 $A_1B_1C_1D_1$이 있다. 세 선분 B_1C_1, C_1D_1, D_1A_1의 중점을 각각 E_1, F_1, G_1이라 하고 두 개의 삼각형 $C_1F_1E_1$, $D_1G_1F_1$을 색칠하여 얻은 그림을 R_1이라 하자.

그림 R_1에 선분 A_1B_1 위의 두 점 A_2, B_2와 선분 E_1F_1 위의 점 C_2, 선분 F_1G_1 위의 점 D_2를 꼭짓점으로 하고 두 선분 A_2B_2, C_2D_2가 서로 평행하며 $\overline{B_2C_2}=\overline{C_2D_2}=\overline{D_2A_2}$, $\overline{A_2B_2}:\overline{B_2C_2}=5:3$인 사다리꼴 $A_2B_2C_2D_2$를 그린다. 그림 R_1을 얻은 것과 같은 방법으로 사다리꼴 $A_2B_2C_2D_2$에 두 개의 삼각형을 그리고 색칠하여 얻은 그림을 R_2라 하자.

이와 같은 과정을 계속하여 n번째 얻은 그림 R_n에 색칠되어 있는 부분의 넓이를 S_n이라 할 때, $\lim_{n\to\infty} S_n$의 값은? [4점]

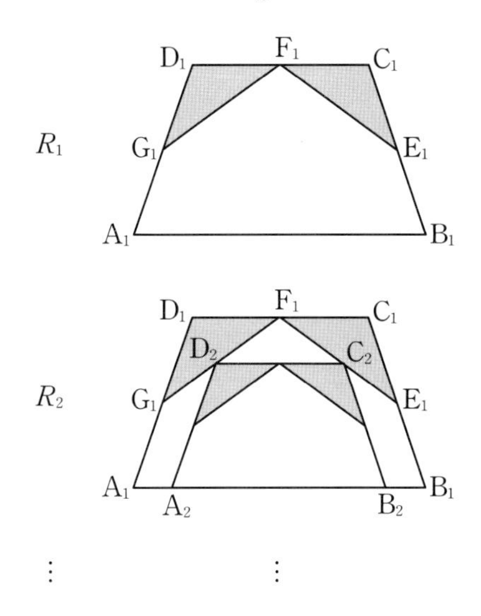

① $\frac{234}{19}\sqrt{2}$ ② $\frac{236}{19}\sqrt{2}$ ③ $\frac{238}{19}\sqrt{2}$ ④ $\frac{240}{19}\sqrt{2}$ ⑤ $\frac{242}{19}\sqrt{2}$

18

2021학년도 수능 가형(홀) 14번

그림과 같이 $\overline{AB_1}=2$, $\overline{AD_1}=4$인 직사각형 $AB_1C_1D_1$이 있다. 선분 AD_1을 $3:1$로 내분하는 점을 E_1이라 하고, 직사각형 $AB_1C_1D_1$의 내부에 점 F_1을 $\overline{F_1E_1}=\overline{F_1C_1}$, $\angle E_1F_1C_1=\frac{\pi}{2}$가 되도록 잡고 삼각형 $E_1F_1C_1$을 그린다. 사각형 $E_1F_1C_1D_1$을 색칠하여 얻은 그림을 R_1이라 하자.

그림 R_1에서 선분 AB_1 위의 점 B_2, 선분 E_1F_1 위의 점 C_2, 선분 AE_1 위의 점 D_2와 점 A를 꼭짓점으로 하고 $\overline{AB_2}:\overline{AD_2}=1:2$인 직사각형 $AB_2C_2D_2$를 그린다. 그림 R_1을 얻은 것과 같은 방법으로 직사각형 $AB_2C_2D_2$에 삼각형 $E_2F_2C_2$를 그리고 사각형 $E_2F_2C_2D_2$를 색칠하여 얻은 그림을 R_2라 하자.

이와 같은 과정을 계속하여 n번째 얻은 그림 R_n에 색칠되어 있는 부분의 넓이를 S_n이라 할 때, $\lim_{n\to\infty} S_n$의 값은? [4점]

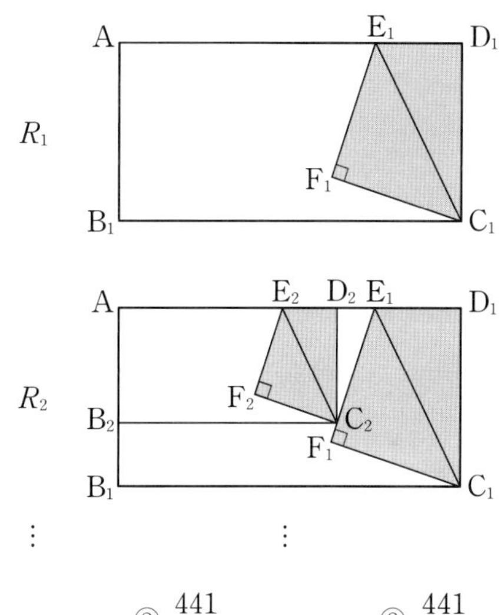

① $\frac{441}{103}$ ② $\frac{441}{109}$ ③ $\frac{441}{115}$ ④ $\frac{441}{121}$ ⑤ $\frac{441}{127}$

19 대표 문제

2020학년도 9월 모평 나형 18번

그림과 같이 중심이 O, 반지름의 길이가 2이고 중심각의 크기가 $90°$인 부채꼴 OAB가 있다. 선분 OA의 중점을 C, 선분 OB의 중점을 D라 하자. 점 C를 지나고 선분 OB와 평행한 직선이 호 AB와 만나는 점을 E, 점 D를 지나고 선분 OA와 평행한 직선이 호 AB와 만나는 점을 F라 하자. 선분 CE와 선분 DF가 만나는 점을 G, 선분 OE와 선분 DG가 만나는 점을 H, 선분 OF와 선분 CG가 만나는 점을 I라 하자. 사각형 OIGH를 색칠하여 얻은 그림을 R_1이라 하자.

그림 R_1에 중심이 C, 반지름의 길이가 $\overline{CI}$, 중심각의 크기가 $90°$인 부채꼴 CJI와 중심이 D, 반지름의 길이가 $\overline{DH}$, 중심각의 크기가 $90°$인 부채꼴 DHK를 그린다. 두 부채꼴 CJI, DHK에 그림 R_1을 얻는 것과 같은 방법으로 두 개의 사각형을 그리고 색칠하여 얻은 그림을 R_2라 하자.

이와 같은 과정을 계속하여 n번째 얻은 그림 R_n에 색칠되어 있는 부분의 넓이를 S_n이라 할 때, $\lim_{n\to\infty} S_n$의 값은? [4점]

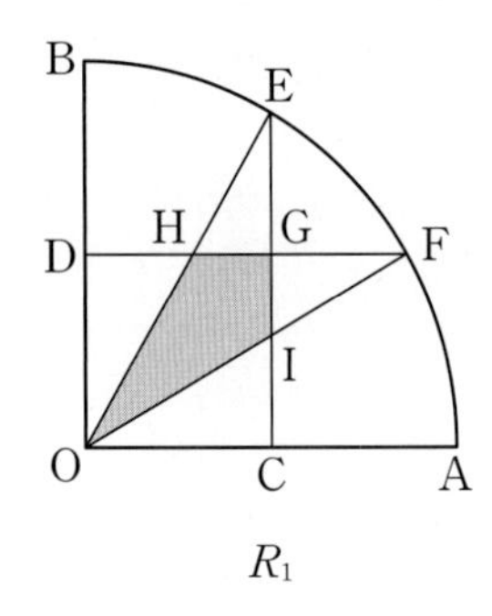

R_1

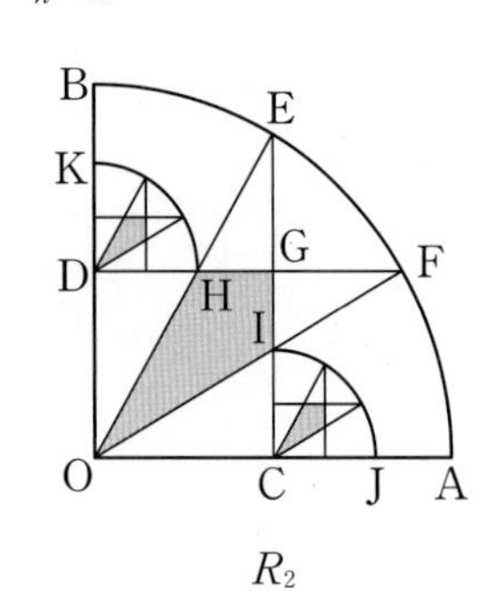

R_2

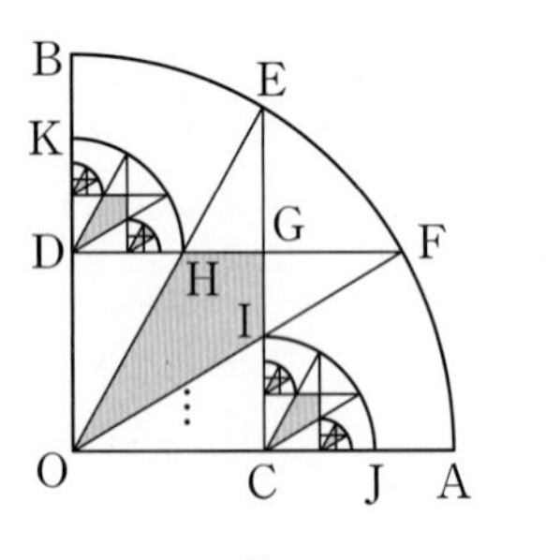

R_3

…

① $\frac{2(3-\sqrt{3})}{5}$ ② $\frac{7(3-\sqrt{3})}{15}$ ③ $\frac{8(3-\sqrt{3})}{15}$

④ $\frac{3(3-\sqrt{3})}{5}$ ⑤ $\frac{2(3-\sqrt{3})}{3}$

20

2016학년도 수능 A형(홀) 15번

그림과 같이 한 변의 길이가 5인 정사각형 ABCD의 대각선 BD의 5등분점을 점 B에서 가까운 순서대로 각각 P_1, P_2, P_3, P_4라 하고, 선분 BP_1, P_2P_3, P_4D를 각각 대각선으로 하는 정사각형과 선분 P_1P_2, P_3P_4를 각각 지름으로 하는 원을 그린 후, 모양의 도형에 색칠하여 얻은 그림을 R_1이라 하자.

그림 R_1에서 선분 P_2P_3을 대각선으로 하는 정사각형의 꼭짓점 중 점 A와 가장 가까운 점을 Q_1, 점 C와 가장 가까운 점을 Q_2라 하자. 선분 AQ_1을 대각선으로 하는 정사각형과 선분 CQ_2를 대각선으로 하는 정사각형을 그리고, 새로 그려진 2개의 정사각형 안에 그림 R_1을 얻는 것과 같은 방법으로 모양의 도형을 각각 그리고 색칠하여 얻은 그림을 R_2라 하자.

그림 R_2에서 선분 AQ_1을 대각선으로 하는 정사각형과 선분 CQ_2를 대각선으로 하는 정사각형에 그림 R_1에서 그림 R_2를 얻는 것과 같은 방법으로 모양의 도형을 각각 그리고 색칠하여 얻은 그림을 R_3이라 하자.

이와 같은 과정을 계속하여 n번째 얻은 그림 R_n에 색칠되어 있는 부분의 넓이를 S_n이라 할 때, $\lim_{n\to\infty} S_n$의 값은? [4점]

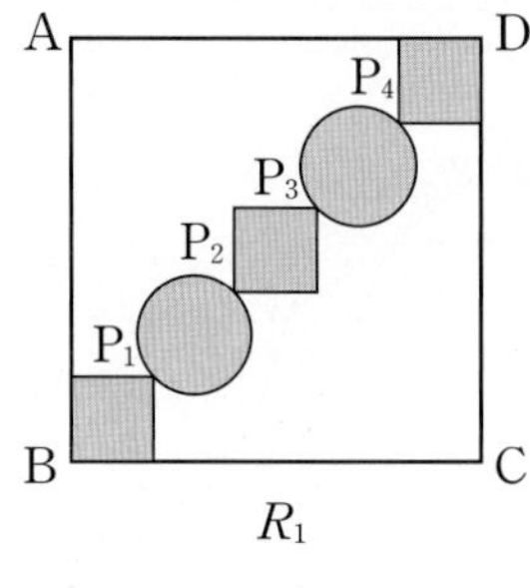

R_1

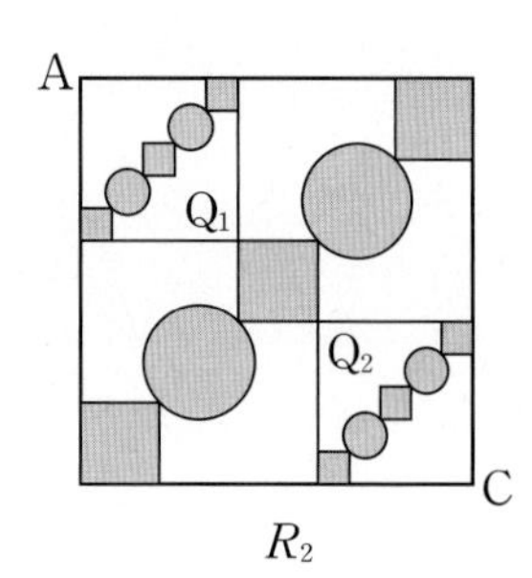

R_2

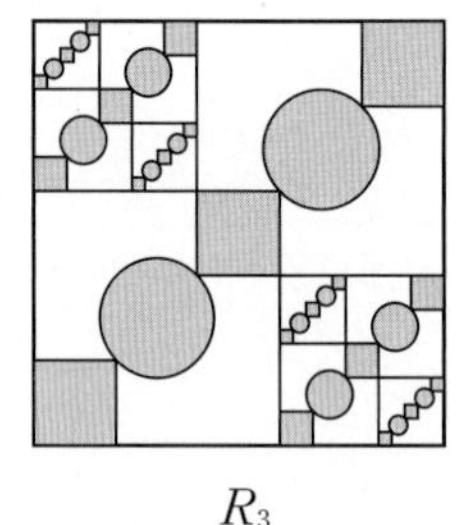
R_3

…

① $\frac{24}{17}(\pi+3)$ ② $\frac{25}{17}(\pi+3)$ ③ $\frac{26}{17}(\pi+3)$

④ $\frac{24}{17}(2\pi+1)$ ⑤ $\frac{25}{17}(2\pi+1)$

21

2017학년도 4월 학평-나형 18번

그림과 같이 한 변의 길이가 4인 정사각형 ABCD에서 선분 AB, 선분 CD, 선분 DA의 중점을 각각 E, F, G라 하자. 선분 EG를 한 변으로 하고 점 A가 내부에 있도록 정삼각형 EGH를 그리고, 선분 GF를 한 변으로 하고 점 D가 내부에 있도록 정삼각형 GFI를 그린다. 두 정삼각형 EGH, GFI의 내부와 정사각형 ABCD의 외부의 공통부분인 ◸◹ 모양의 도형에 색칠하여 얻은 그림을 R_1이라 하자.

그림 R_1에서 선분 HG의 중점을 M, 선분 IG의 중점을 N이라 하고, 선분 HM을 한 변으로 하는 정사각형 T_1과 선분 IN을 한 변으로 하는 정사각형 T_2를 각각 정사각형 ABCD와 만나지 않게 그린다. 정사각형 T_1, T_2에 각각 그림 R_1을 얻은 것과 같은 방법으로 ◸◹ 모양의 2개의 도형에 색칠하여 얻은 그림을 R_2라 하자.

이와 같은 과정을 계속하여 n번째 얻은 그림 R_n에 색칠되어 있는 부분의 넓이를 S_n이라 할 때, $\lim_{n \to \infty} S_n$의 값은? [4점]

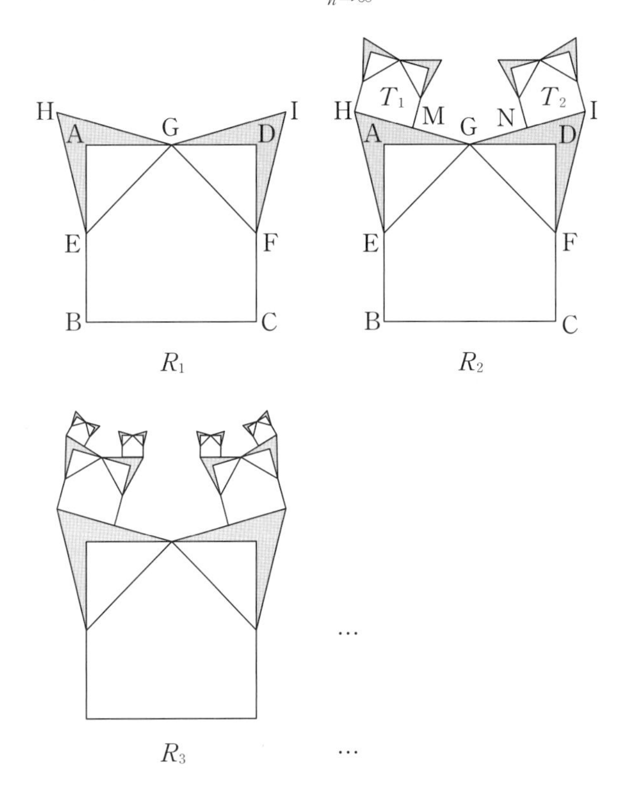

① $\frac{14}{3}(\sqrt{3}-1)$ ② $\frac{16}{3}(\sqrt{3}-1)$ ③ $6(\sqrt{3}-1)$

④ $\frac{20}{3}(\sqrt{3}-1)$ ⑤ $\frac{22}{3}(\sqrt{3}-1)$

22

2016학년도 10월 학평-나형 19번

한 변의 길이가 4인 정사각형 ABCD가 있다. 그림과 같이 선분 BC를 1 : 3으로 내분하는 점을 E, 선분 DA를 1 : 3으로 내분하는 점을 F라 하고 평행사변형 BEDF를 색칠하여 얻은 그림을 R_1이라 하자.

그림 R_1에서 정사각형 안에 있는 각 직각삼각형에 내접하는 가장 큰 정사각형을 각각 그리자. 새로 그려진 각 정사각형에 그림 R_1을 얻은 것과 같은 방법으로 평행사변형을 색칠하여 얻은 그림을 R_2라 하자.

그림 R_2에서 새로 그려진 정사각형 안에 있는 각 직각삼각형에 내접하는 가장 큰 정사각형을 각각 그리자. 새로 그려진 각 정사각형에 그림 R_1을 얻은 것과 같은 방법으로 평행사변형을 색칠하여 얻은 그림을 R_3이라 하자.

이와 같은 과정을 계속하여 n번째 얻은 그림 R_n에 색칠되어 있는 모든 평행사변형의 넓이의 합을 S_n이라 할 때, $\lim_{n \to \infty} S_n$의 값은? [4점]

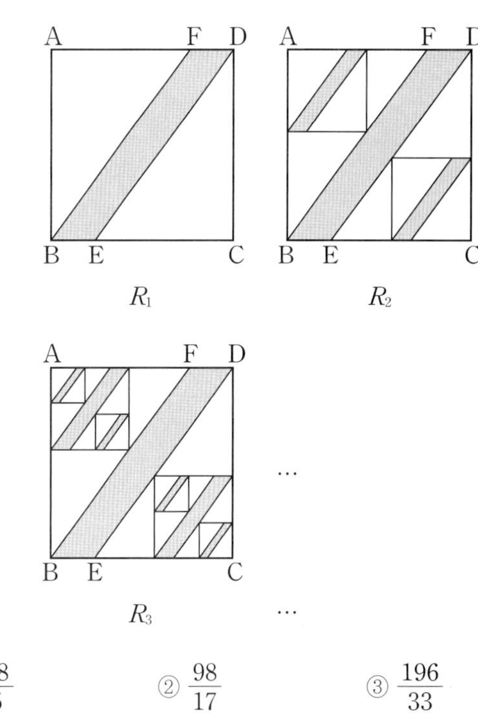

① $\frac{28}{5}$ ② $\frac{98}{17}$ ③ $\frac{196}{33}$

④ $\frac{49}{8}$ ⑤ $\frac{196}{31}$

23

2015학년도 7월 학평–A형 20번

그림과 같이 한 변의 길이가 8인 정삼각형 ABC가 있다. 세 선분 AB, BC, CA의 중점을 각각 D, E, F라 하고 두 정삼각형 BED, ECF를 그린 후 마름모 ADEF에 중심이 O인 원을 내접하도록 그린다. 원과 두 선분 DE, EF의 접점을 각각 P, Q라 할 때, 사각형 OPEQ를 그리고 색칠하여 얻은 그림을 R_1이라 하자.

그림 R_1에서 새로 그려진 두 개의 정삼각형의 내부에 그림 R_1을 얻은 것과 같은 방법으로 두 개의 사각형을 그리고 색칠하여 얻은 그림을 R_2라 하자.

그림 R_2에서 새로 그려진 네 개의 정삼각형의 내부에 그림 R_1을 얻은 것과 같은 방법으로 네 개의 사각형을 그리고 색칠하여 얻은 그림을 R_3이라 하자.

이와 같은 과정을 계속하여 n번째 얻은 그림 R_n에 색칠되어 있는 부분의 넓이를 S_n이라 할 때, $\lim_{n \to \infty} S_n$의 값은? [4점]

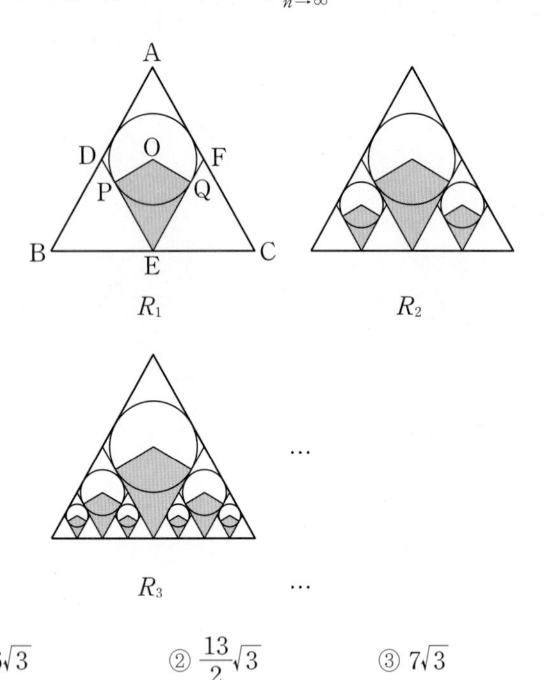

① $6\sqrt{3}$　　② $\frac{13}{2}\sqrt{3}$　　③ $7\sqrt{3}$

④ $\frac{15\sqrt{3}}{2}$　　⑤ $8\sqrt{3}$

24

2014학년도 9월 모평 A형 16번

그림과 같이 반지름의 길이가 1인 원에 중심각의 크기가 60°이고 반지름의 길이가 1인 부채꼴을 서로 겹치지 않게 4개 그린 후 원의 내부와 새로 그린 부채꼴의 외부에 공통으로 속하는 영역을 색칠하여 얻은 그림을 [그림 1]이라 하자.

[그림 1]에서 색칠되지 않은 각 부채꼴에 두 반지름과 호에 모두 접하도록 원을 그린다. 새로 그린 각 원에 중심각의 크기가 60°이고 반지름의 길이가 새로 그린 원의 반지름의 길이와 같은 부채꼴을 서로 겹치지 않게 4개씩 그린 후 새로 그린 원의 내부와 새로 그린 부채꼴의 외부에 공통으로 속하는 영역을 색칠하여 얻은 그림을 [그림 2]라 하자.

이와 같은 과정을 계속하여 n번째 얻은 그림에서 색칠되어 있는 부분의 넓이를 S_n이라 할 때, $\lim_{n \to \infty} S_n$의 값은? [4점]

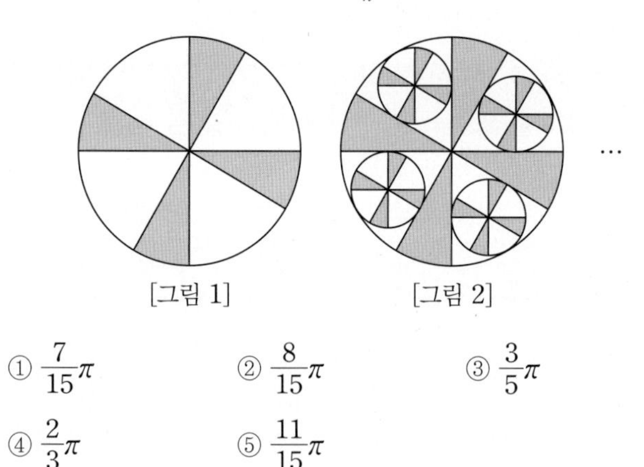

[그림 1]　　[그림 2]

① $\frac{7}{15}\pi$　　② $\frac{8}{15}\pi$　　③ $\frac{3}{5}\pi$

④ $\frac{2}{3}\pi$　　⑤ $\frac{11}{15}\pi$

25

2017학년도 수능 나형(홀) 17번

그림과 같이 길이가 4인 선분 AB를 지름으로 하는 원 O가 있다. 원의 중심을 C라 하고, 선분 AC의 중점과 선분 BC의 중점을 각각 D, P라 하자. 선분 AC의 수직이등분선과 선분 BC의 수직이등분선이 원 O의 위쪽 반원과 만나는 점을 각각 E, Q라 하자. 선분 DE를 한 변으로 하고 원 O와 점 A에서 만나며 선분 DF가 대각선인 정사각형 DEFG를 그리고, 선분 PQ를 한 변으로 하고 원 O와 점 B에서 만나며 선분 PR가 대각선인 정사각형 PQRS를 그린다. 원 O의 내부와 정사각형 DEFG의 내부의 공통부분인 ◿ 모양의 도형과 원 O의 내부와 정사각형 PQRS의 내부의 공통부분인 ◺ 모양의 도형에 색칠하여 얻은 그림을 R_1이라 하자.

그림 R_1에서 점 F를 중심으로 하고 반지름의 길이가 $\frac{1}{2}\overline{\mathrm{DE}}$인 원 O_1, 점 R를 중심으로 하고 반지름의 길이가 $\frac{1}{2}\overline{\mathrm{PQ}}$인 원 O_2를 그린다. 두 원 O_1, O_2에 각각 그림 R_1을 얻은 것과 같은 방법으로 만들어지는 ◿ 모양의 2개의 도형과 ◺ 모양의 2개의 도형에 색칠하여 얻은 그림을 R_2라 하자.

이와 같은 과정을 계속하여 n번째 얻은 그림 R_n에 색칠되어 있는 부분의 넓이를 S_n이라 할 때, $\lim_{n \to \infty} S_n$의 값은? [4점]

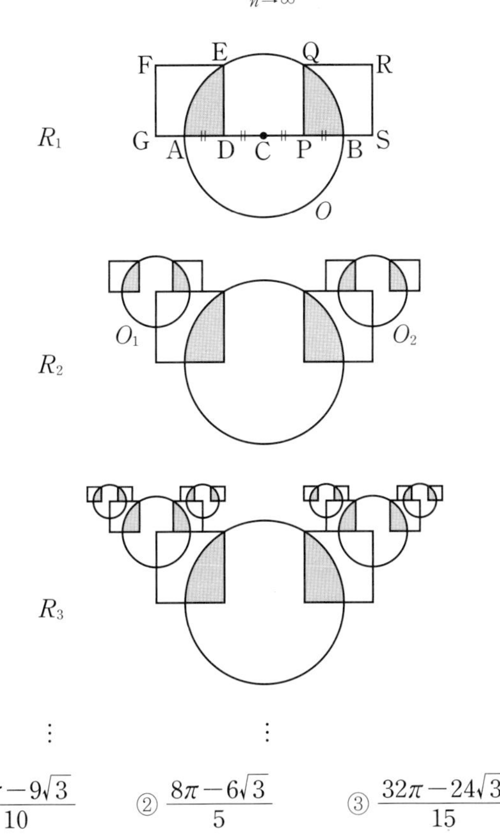

① $\frac{12\pi - 9\sqrt{3}}{10}$ ② $\frac{8\pi - 6\sqrt{3}}{5}$ ③ $\frac{32\pi - 24\sqrt{3}}{15}$
④ $\frac{28\pi - 21\sqrt{3}}{10}$ ⑤ $\frac{16\pi - 12\sqrt{3}}{5}$

26

2016학년도 9월 모평 B형 20번

그림과 같이 한 변의 길이가 6인 정삼각형 ABC가 있다. 정삼각형 ABC의 외심을 O라 할 때, 중심이 A이고 반지름의 길이가 $\overline{\mathrm{AO}}$인 원을 O_{A}, 중심이 B이고 반지름의 길이가 $\overline{\mathrm{BO}}$인 원을 O_{B}, 중심이 C이고 반지름의 길이가 $\overline{\mathrm{CO}}$인 원을 O_{C}라 하자. 원 O_{A}와 원 O_{B}의 내부의 공통부분, 원 O_{A}와 원 O_{C}의 내부의 공통부분, 원 O_{B}와 원 O_{C}의 내부의 공통부분 중 삼각형 ABC 내부에 있는 모양의 도형에 색칠하여 얻은 그림을 R_1이라 하자.

그림 R_1에 원 O_{A}가 두 선분 AB, AC와 만나는 점을 각각 D, E, 원 O_{B}가 두 선분 AB, BC와 만나는 점을 각각 F, G, 원 O_{C}가 두 선분 BC, AC와 만나는 점을 각각 H, I라 하고, 세 정삼각형 AFI, BHD, CEG에서 R_1을 얻는 과정과 같은 방법으로 각각 만들어지는 모양의 도형 3개에 색칠하여 얻은 그림을 R_2라 하자.

그림 R_2에 새로 만들어진 세 개의 정삼각형에 각각 R_1에서 R_2를 얻는 과정과 같은 방법으로 만들어지는 모양의 도형 9개에 색칠하여 얻은 그림을 R_3이라 하자.

이와 같은 과정을 계속하여 n번째 얻은 그림 R_n에 색칠되어 있는 부분의 넓이를 S_n이라 할 때, $\lim_{n \to \infty} S_n$의 값은? [4점]

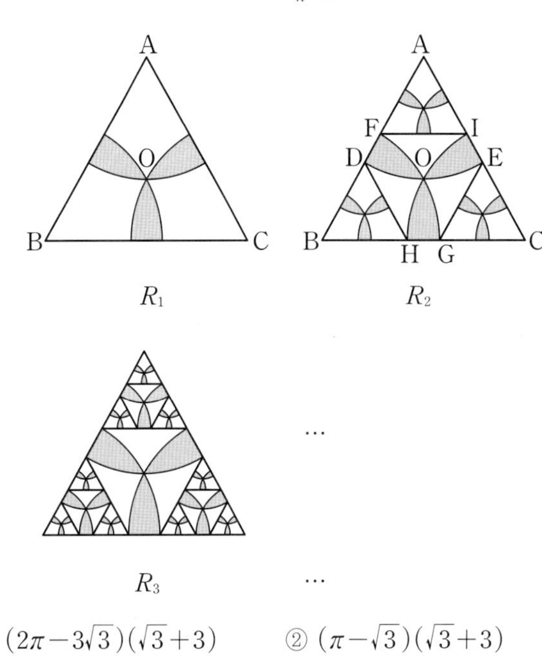

① $(2\pi - 3\sqrt{3})(\sqrt{3}+3)$ ② $(\pi - \sqrt{3})(\sqrt{3}+3)$
③ $(2\pi - 3\sqrt{3})(2\sqrt{3}+3)$ ④ $(\pi - \sqrt{3})(2\sqrt{3}+3)$
⑤ $(2\pi - 2\sqrt{3})(\sqrt{3}+3)$

6 일차

한눈에 정리하는 평가원 기출 경향

주제 \ 학년도	2025	2024	2023

무리수 e

빈출 지수함수와 로그함수의 극한과 연속

2025

44 2025학년도 6월 모평 26번

양수 t에 대하여 곡선 $y=e^{x^2}-1\ (x\geq 0)$이 두 직선 $y=t$, $y=5t$와 만나는 점을 각각 A, B라 하고, 점 B에서 x축에 내린 수선의 발을 C라 하자. 삼각형 ABC의 넓이를 $S(t)$라 할 때, $\lim_{t\to 0+}\frac{S(t)}{t\sqrt{t}}$의 값은? [3점]

① $\frac{5}{4}(\sqrt{5}-1)$ ② $\frac{5}{2}(\sqrt{5}-1)$ ③ $5(\sqrt{5}-1)$
④ $\frac{5}{4}(\sqrt{5}+1)$ ⑤ $\frac{5}{2}(\sqrt{5}+1)$

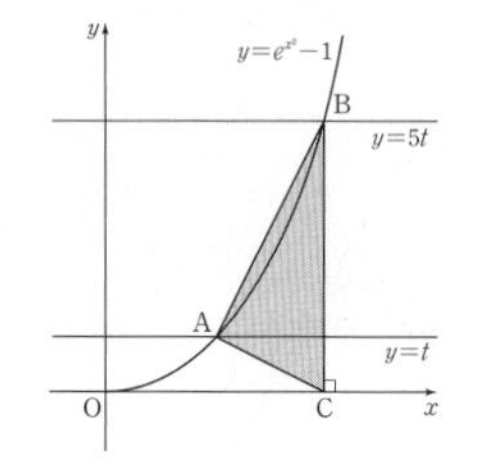

2024

30 2024학년도 수능 (홀) 23번

$\lim_{x\to 0}\frac{\ln(1+3x)}{\ln(1+5x)}$의 값은? [2점]

① $\frac{1}{5}$ ② $\frac{2}{5}$ ③ $\frac{3}{5}$
④ $\frac{4}{5}$ ⑤ 1

16 2024학년도 9월 모평 23번

$\lim_{x\to 0}\frac{e^{7x}-1}{e^{2x}-1}$의 값은? [2점]

① $\frac{1}{2}$ ② $\frac{3}{2}$ ③ $\frac{5}{2}$
④ $\frac{7}{2}$ ⑤ $\frac{9}{2}$

20 2024학년도 6월 모평 25번

$\lim_{x\to 0}\frac{2^{ax+b}-8}{2^{bx}-1}=16$일 때, $a+b$의 값은?

(단, a와 b는 0이 아닌 상수이다.) [3점]

① 9 ② 10 ③ 11
④ 12 ⑤ 13

2023

26 2023학년도 수능 (홀) 23번

$\lim_{x\to 0}\frac{\ln(x+1)}{\sqrt{x+4}-2}$의 값은? [2점]

① 1 ② 2 ③ 3
④ 4 ⑤ 5

19 2023학년도 9월 모평 23번

$\lim_{x\to 0}\frac{4^x-2^x}{x}$의 값은? [2점]

① ln2 ② 1 ③ 2ln2
④ 2 ⑤ 3ln2

지수함수와 로그함수의 도함수

2022 ~ 2014

05

2020학년도 9월 모평 가형 15번

함수 $y=e^x$의 그래프 위의 x좌표가 양수인 점 A와 함수 $y=-\ln x$의 그래프 위의 점 B가 다음 조건을 만족시킨다.

> (가) $\overline{\mathrm{OA}}=2\overline{\mathrm{OB}}$
> (나) $\angle \mathrm{AOB}=90°$

직선 OA의 기울기는? (단, O는 원점이다.) [4점]

① e　② $\frac{3}{\ln 3}$　③ $\frac{2}{\ln 2}$
④ $\frac{5}{\ln 5}$　⑤ $\frac{e^2}{2}$

01

2015학년도 9월 모평 B형 2번

$\lim_{x \to 0}(1+x)^{\frac{5}{x}}$의 값은? [2점]

① $\frac{1}{e^5}$　② $\frac{1}{e^3}$　③ 1
④ e^3　⑤ e^5

45

2021학년도 6월 모평 가형 16번

양수 t에 대하여 다음 조건을 만족시키는 실수 k의 값을 $f(t)$라 하자.

> 직선 $x=k$와 두 곡선 $y=e^{\frac{x}{2}}$, $y=e^{\frac{x}{2}+3t}$이 만나는 점을 각각 P, Q라 하고, 점 Q를 지나고 y축에 수직인 직선이 곡선 $y=e^{\frac{x}{2}}$과 만나는 점을 R라 할 때, $\overline{\mathrm{PQ}}=\overline{\mathrm{QR}}$이다.

함수 $f(t)$에 대하여 $\lim_{t \to 0+} f(t)$의 값은? [4점]

① $\ln 2$　② $\ln 3$　③ $\ln 4$
④ $\ln 5$　⑤ $\ln 6$

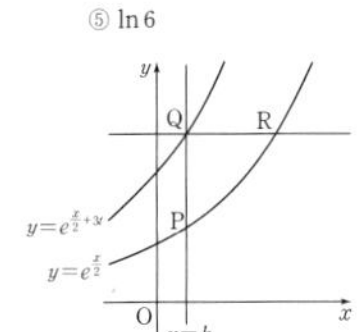

17

2020학년도 수능 가형(홀) 2번

$\lim_{x \to 0}\frac{6x}{e^{4x}-e^{2x}}$의 값은? [2점]

① 1　② 2　③ 3
④ 4　⑤ 5

13

2020학년도 9월 모평 가형 2번

$\lim_{x \to 0}\frac{e^{6x}-e^{4x}}{2x}$의 값은? [2점]

① 1　② 2　③ 3
④ 4　⑤ 5

12

2020학년도 6월 모평 가형 3번

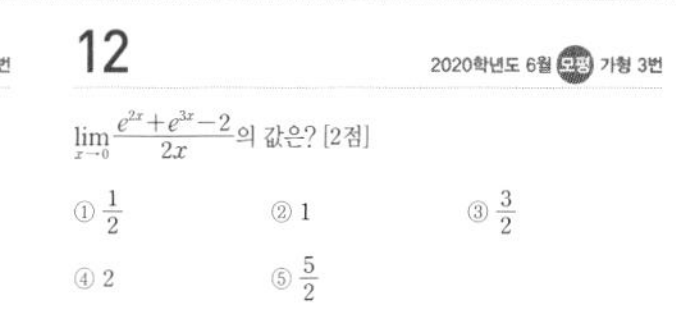

$\lim_{x \to 0}\frac{e^{2x}+e^{3x}-2}{2x}$의 값은? [2점]

① $\frac{1}{2}$　② 1　③ $\frac{3}{2}$
④ 2　⑤ $\frac{5}{2}$

24

2019학년도 수능 가형(홀) 2번

$\lim_{x \to 0}\frac{x^2+5x}{\ln(1+3x)}$의 값은? [2점]

① $\frac{7}{3}$　② 2　③ $\frac{5}{3}$
④ $\frac{4}{3}$　⑤ 1

10

2019학년도 9월 모평 가형 2번

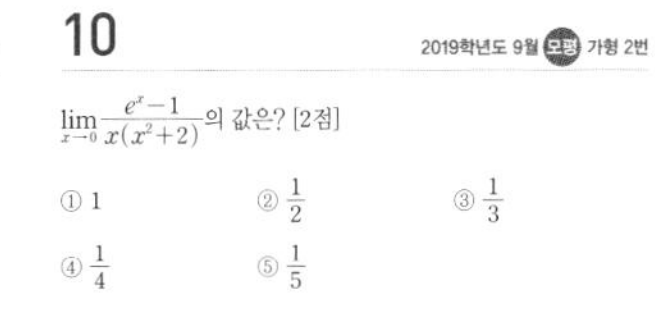

$\lim_{x \to 0}\frac{e^x-1}{x(x^2+2)}$의 값은? [2점]

① 1　② $\frac{1}{2}$　③ $\frac{1}{3}$
④ $\frac{1}{4}$　⑤ $\frac{1}{5}$

21

2019학년도 6월 모평 가형 2번

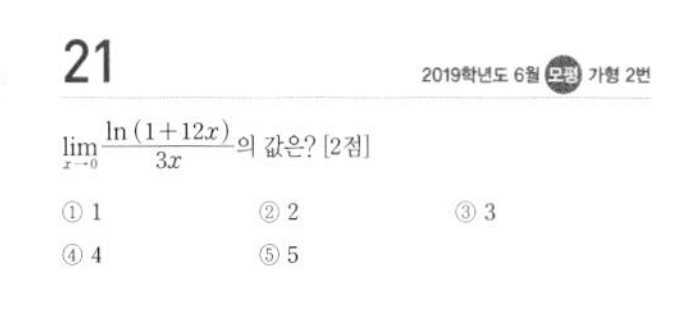

$\lim_{x \to 0}\frac{\ln(1+12x)}{3x}$의 값은? [2점]

① 1　② 2　③ 3
④ 4　⑤ 5

27

2018학년도 수능 가형(홀) 2번

$\lim_{x \to 0}\frac{\ln(1+5x)}{e^{2x}-1}$의 값은? [2점]

① 1　② $\frac{3}{2}$　③ 2
④ $\frac{5}{2}$　⑤ 3

28

2017학년도 수능 가형(홀) 2번

$\lim_{x \to 0}\frac{e^{6x}-1}{\ln(1+3x)}$의 값은? [2점]

① 1　② 2　③ 3
④ 4　⑤ 5

35

2016학년도 6월 모평 B형 16번

두 함수

$$f(x)=\begin{cases} ax & (x<1) \\ -3x+4 & (x \geq 1) \end{cases},\quad g(x)=2^x+2^{-x}$$

에 대하여 합성함수 $(g \circ f)(x)$가 실수 전체의 집합에서 연속이 되도록 하는 모든 실수 a의 값의 곱은? [4점]

① -5　② -4　③ -3
④ -2　⑤ -1

34

2014학년도 수능 B형(홀) 12번

이차항의 계수가 1인 이차함수 $f(x)$와 함수

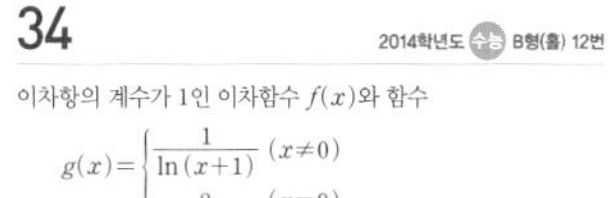

$$g(x)=\begin{cases} \frac{1}{\ln(x+1)} & (x \neq 0) \\ 8 & (x=0) \end{cases}$$

에 대하여 함수 $f(x)g(x)$가 구간 $(-1, \infty)$에서 연속일 때, $f(3)$의 값은? [3점]

① 6　② 9　③ 12
④ 15　⑤ 18

22

2014학년도 9월 모평 B형 22번

$\lim_{x \to 0}\frac{\ln(1+3x)+9x}{2x}$의 값을 구하시오. [3점]

09

2014학년도 6월 모평 B형 23번

$\lim_{x \to 0}\frac{e^{2x}+10x-1}{x}$의 값을 구하시오. [3점]

49

2020학년도 수능 가형(홀) 22번

함수 $f(x)=x^3\ln x$에 대하여 $\frac{f'(e)}{e^2}$의 값을 구하시오. [3점]

50

2020학년도 6월 모평 가형 2번

함수 $f(x)=7+3\ln x$에 대하여 $f'(3)$의 값은? [2점]

① 1　② 2　③ 3
④ 4　⑤ 5

46

2018학년도 6월 모평 가형 5번

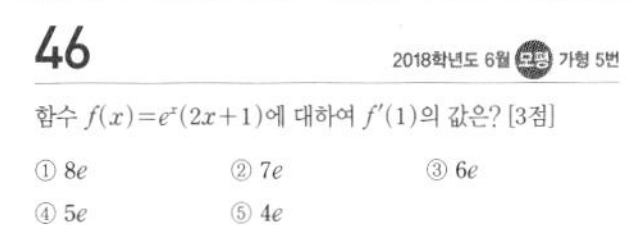

함수 $f(x)=e^x(2x+1)$에 대하여 $f'(1)$의 값은? [3점]

① $8e$　② $7e$　③ $6e$
④ $5e$　⑤ $4e$

53

2017학년도 9월 모평 가형 11번

함수 $f(x)=\log_3 x$에 대하여 $\lim_{h \to 0}\frac{f(3+h)-f(3-h)}{h}$의 값은? [3점]

① $\frac{1}{2\ln 3}$　② $\frac{2}{3\ln 3}$　③ $\frac{5}{6\ln 3}$
④ $\frac{1}{\ln 3}$　⑤ $\frac{7}{6\ln 3}$

7 일차

지수함수, 로그함수의 극한과 도함수

1 지수함수와 로그함수의 극한

(1) 지수함수 $y=a^x\,(a>0,\ a\neq1)$에서 $\lim_{x\to r}a^x=a^r$

(2) 로그함수 $y=\log_a x\,(a>0,\ a\neq1)$에서 $\lim_{x\to r}\log_a x=\log_a r$ (단, r는 양수)

예 (1) $\lim_{x\to2}\left(\frac{1}{3}\right)^x=\left(\frac{1}{3}\right)^2=\frac{1}{9}$　　(2) $\lim_{x\to4}\log_2 x=\log_2 4=2$

2 무리수 e

$$e=\lim_{x\to0}(1+x)^{\frac{1}{x}}=\lim_{x\to\infty}\left(1+\frac{1}{x}\right)^x$$

예 $\lim_{x\to0}(1+3x)^{\frac{2}{x}}=\lim_{x\to0}\{(1+3x)^{\frac{1}{3x}}\}^6=e^6$

3 e의 정의를 이용한 지수함수와 로그함수의 극한

$a>0,\ a\neq1$일 때

(1) $\lim_{x\to0}\frac{\ln(1+x)}{x}=1$　　(2) $\lim_{x\to0}\frac{e^x-1}{x}=1$

(3) $\lim_{x\to0}\frac{\log_a(1+x)}{x}=\frac{1}{\ln a}$　　(4) $\lim_{x\to0}\frac{a^x-1}{x}=\ln a$

예 (1) $\lim_{x\to0}\frac{\ln(1+2x)}{x}=\lim_{x\to0}\frac{\ln(1+2x)}{2x}\times2=1\times2=2$

(2) $\lim_{x\to0}\frac{e^{2x}-1}{x}=\lim_{x\to0}\frac{e^{2x}-1}{2x}\times2=1\times2=2$

(3) $\lim_{x\to0}\frac{\log_3(1+x)}{2x}=\lim_{x\to0}\frac{\log_3(1+x)}{x}\times\frac{1}{2}=\frac{1}{\ln3}\times\frac{1}{2}=\frac{1}{2\ln3}$

(4) $\lim_{x\to0}\frac{5^x-1}{3x}=\lim_{x\to0}\frac{5^x-1}{x}\times\frac{1}{3}=\ln5\times\frac{1}{3}=\frac{\ln5}{3}$

4 지수함수와 로그함수의 도함수

(1) $y=e^x$이면 $y'=e^x$

(2) $y=a^x\,(a>0,\ a\neq1)$이면 $y'=a^x\ln a$

(3) $y=\ln x$이면 $y'=\frac{1}{x}$

(4) $y=\log_a x\,(a>0,\ a\neq1)$이면 $y'=\frac{1}{x\ln a}$

예 (1) $y=3e^x+3^x$이면 $y'=3e^x+3^x\ln3$

(2) $y=3\ln x+\log_2 x$이면 $y'=\frac{3}{x}+\frac{1}{x\ln2}$

수학 Ⅱ 다시보기

극한으로 주어진 식을 미분계수로 나타낸 후 그 값을 구하는 문제와 지수함수, 로그함수의 연속과 관련된 문제가 출제되므로 다음을 기억하자.

- 미분계수의 정의

함수 $f(x)$의 $x=a$에서의 미분계수는

$$f'(a)=\lim_{h\to0}\frac{f(a+h)-f(a)}{h}=\lim_{x\to a}\frac{f(x)-f(a)}{x-a}$$

- 함수의 연속

함수 $f(x)$가 $x=a$에서 연속이면

$$\lim_{x\to a+}f(a)=\lim_{x\to a-}f(x)=f(a)$$

- 지수함수 $y=a^x\,(a>0,\ a\neq1)$은 실수 전체의 집합에서 연속이다.
- 로그함수 $y=\log_a x\,(a>0,\ a\neq1)$는 양의 실수 전체의 집합에서 연속이다.
- a가 0이 아닌 상수일 때, $\lim_{x\to0}(1+ax)^{\frac{1}{ax}}=e$
- 무리수 e를 밑으로 하는 로그 $\log_e x$를 x의 자연로그라 하고, $\ln x$로 나타낸다. 지수함수 $y=e^x$과 로그함수 $y=\ln x$는 서로 역함수 관계에 있다.

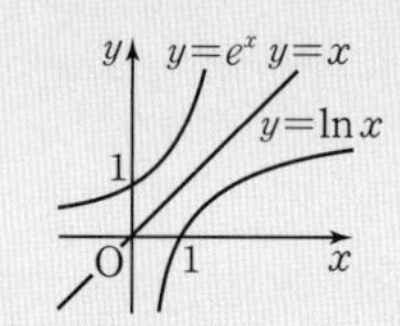

- m이 0이 아닌 상수일 때
  (1) $\lim_{x\to0}\frac{\ln(1+mx)}{mx}=1$
  (2) $\lim_{x\to0}\frac{e^{mx}-1}{mx}=1$
  (3) $\lim_{x\to0}\frac{\log_a(1+mx)}{mx}=\frac{1}{\ln a}$
  (4) $\lim_{x\to0}\frac{a^{mx}-1}{mx}=\ln a$
- 지수함수와 로그함수의 극한에서 $x\to0$이 아니면 치환하여 푼다. 즉, $x\to a$이면 $x-a=t$로, $x\to\infty$이면 $\frac{1}{x}=t$로 치환한다.
- 함수 $y=x^n$(n은 양의 정수)과 상수함수의 도함수
  (1) $y=c$(c는 상수)이면 $y'=0$
  (2) $y=x^n$(n은 양의 정수)이면 $y'=nx^{n-1}$

• 해설편 138쪽

유형 01 무리수 e의 정의

01 대표 문제

2015학년도 9월 모평 B형 2번

$\lim_{x\to0}(1+x)^{\frac{5}{x}}$의 값은? [2점]

① $\frac{1}{e^5}$ ② $\frac{1}{e^3}$ ③ 1
④ e^3 ⑤ e^5

02

2018학년도 3월 학평-가형 3번

$\lim_{x\to0}(1+2x)^{\frac{1}{x}}$의 값은? [2점]

① $\frac{1}{e^2}$ ② $\frac{1}{2e}$ ③ $\frac{1}{e}$
④ $2e$ ⑤ e^2

유형 02 밑이 e인 지수함수와 로그함수의 그래프

03 대표 문제

2019학년도 3월 학평-가형 5번

함수 $y=\ln(x-a)+b$의 그래프는 점 $(2, 5)$를 지나고, 직선 $x=1$을 점근선으로 갖는다. $a+b$의 값은?
(단, a, b는 상수이다.) [3점]

① 3 ② 4 ③ 5
④ 6 ⑤ 7

04

2016학년도 3월 학평-가형 6번

자연수 n에 대하여 함수 $y=e^{-x}-\frac{n-1}{e}$의 그래프와 함수 $y=|\ln x|$의 그래프가 만나는 점의 개수를 $f(n)$이라 할 때, $f(1)+f(2)$의 값은? [3점]

① 1 ② 2 ③ 3
④ 4 ⑤ 5

05

2020학년도 9월 모평 가형 15번

함수 $y=e^x$의 그래프 위의 x좌표가 양수인 점 A와 함수 $y=-\ln x$의 그래프 위의 점 B가 다음 조건을 만족시킨다.

> (가) $\overline{OA}=2\overline{OB}$
> (나) $\angle AOB=90°$

직선 OA의 기울기는? (단, O는 원점이다.) [4점]

① e ② $\frac{3}{\ln 3}$ ③ $\frac{2}{\ln 2}$ ④ $\frac{5}{\ln 5}$ ⑤ $\frac{e^2}{2}$

유형 03 지수함수의 극한

06 대표 문제

2019학년도 4월 학평-가형 1번

$\lim_{x\to 0}\frac{e^{4x}-1}{3x}$의 값은? [2점]

① 1 ② $\frac{4}{3}$ ③ $\frac{5}{3}$ ④ 2 ⑤ $\frac{7}{3}$

07

2016학년도 4월 학평-가형 1번

$\lim_{x\to 0}\frac{e^{x}-1}{4x}$의 값은? [2점]

① $\frac{1}{5}$ ② $\frac{1}{4}$ ③ $\frac{1}{3}$ ④ $\frac{1}{2}$ ⑤ 1

08

2013학년도 3월 학평-B형 3번

$\lim_{x\to 0}\frac{1-e^{-x}}{x}$의 값은? [2점]

① $-e$ ② -1 ③ 0 ④ 1 ⑤ e

09

2014학년도 6월 모평 B형 23번

$\lim_{x\to 0}\frac{e^{2x}+10x-1}{x}$의 값을 구하시오. [3점]

10

2019학년도 9월 모평 가형 2번

$\lim_{x\to 0}\frac{e^{x}-1}{x(x^{2}+2)}$의 값은? [2점]

① 1　② $\frac{1}{2}$　③ $\frac{1}{3}$　④ $\frac{1}{4}$　⑤ $\frac{1}{5}$

11

2018학년도 10월 학평-가형 2번

$\lim_{x\to 0}\frac{e^{3x}-1}{x(x+2)}$의 값은? [2점]

① 1　② $\frac{3}{2}$　③ 2　④ $\frac{5}{2}$　⑤ 3

12

2020학년도 6월 모평 가형 3번

$\lim_{x\to 0}\frac{e^{2x}+e^{3x}-2}{2x}$의 값은? [2점]

① $\frac{1}{2}$　② 1　③ $\frac{3}{2}$　④ 2　⑤ $\frac{5}{2}$

13

2020학년도 9월 모평 가형 2번

$\lim_{x\to 0}\frac{e^{6x}-e^{4x}}{2x}$의 값은? [2점]

① 1　② 2　③ 3　④ 4　⑤ 5

14

2018학년도 3월 학평-가형 5번

함수 $f(x)=e^{x}-e^{-x}$에 대하여 $\lim_{x\to 0}\frac{f(x)}{x}$의 값은? [3점]

① 1　② 2　③ 3　④ 4　⑤ 5

15

2019학년도 7월 학평-가형 2번

$\lim_{x \to 0} \frac{x^3+2x}{e^{3x}-1}$의 값은? [2점]

① $\frac{1}{3}$ ② $\frac{1}{2}$ ③ $\frac{2}{3}$
④ $\frac{5}{6}$ ⑤ 1

16

2024학년도 9월  23번

$\lim_{x \to 0} \frac{e^{7x}-1}{e^{2x}-1}$의 값은? [2점]

① $\frac{1}{2}$ ② $\frac{3}{2}$ ③ $\frac{5}{2}$
④ $\frac{7}{2}$ ⑤ $\frac{9}{2}$

17

2020학년도 수능 가형(홀) 2번

$\lim_{x \to 0} \frac{6x}{e^{4x}-e^{2x}}$의 값은? [2점]

① 1 ② 2 ③ 3
④ 4 ⑤ 5

18

2024학년도 7월 학평 23번

$\lim_{x \to 0} \frac{5^{2x}-1}{e^{3x}-1}$의 값은? [2점]

① $\frac{\ln 5}{3}$ ② $\frac{1}{\ln 5}$ ③ $\frac{2}{3}\ln 5$
④ $\frac{2}{\ln 5}$ ⑤ $\ln 5$

19

2023학년도 9월  23번

$\lim_{x \to 0} \frac{4^x-2^x}{x}$의 값은? [2점]

① $\ln 2$ ② 1 ③ $2\ln 2$
④ 2 ⑤ $3\ln 2$

20

2024학년도 6월  25번

$\lim_{x \to 0} \frac{2^{ax+b}-8}{2^{bx}-1}=16$일 때, $a+b$의 값은?

(단, a와 b는 0이 아닌 상수이다.) [3점]

① 9 ② 10 ③ 11
④ 12 ⑤ 13

유형 04 로그함수의 극한

21 대표 문제

2019학년도 6월 모평 가형 2번

$\lim_{x \to 0} \frac{\ln(1+12x)}{3x}$의 값은? [2점]

① 1　　② 2　　③ 3
④ 4　　⑤ 5

22

2014학년도 9월 모평 B형 22번

$\lim_{x \to 0} \frac{\ln(1+3x)+9x}{2x}$의 값을 구하시오. [3점]

23

2022학년도 4월 학평 25번

$\lim_{x \to 0+} \frac{\ln(2x^2+3x)-\ln 3x}{x}$의 값은? [3점]

① $\frac{1}{3}$　　② $\frac{1}{2}$　　③ $\frac{2}{3}$
④ $\frac{5}{6}$　　⑤ 1

24

2019학년도  가형(홀) 2번

$\lim_{x \to 0} \frac{x^2+5x}{\ln(1+3x)}$의 값은? [2점]

① $\frac{7}{3}$　　② 2　　③ $\frac{5}{3}$
④ $\frac{4}{3}$　　⑤ 1

25

2020학년도 7월 학평-가형 6번

$\lim_{x \to 0} \frac{x^2+4x}{\ln(x^2+x+1)}$의 값은? [3점]

① 3　　② 4　　③ 5
④ 6　　⑤ 7

26

2023학년도  (홀) 23번

$\lim_{x \to 0} \frac{\ln(x+1)}{\sqrt{x+4}-2}$의 값은? [2점]

① 1　　② 2　　③ 3
④ 4　　⑤ 5

27

2018학년도  가형(홀) 2번

$\lim_{x \to 0} \frac{\ln(1+5x)}{e^{2x}-1}$의 값은? [2점]

① 1　② $\frac{3}{2}$　③ 2　④ $\frac{5}{2}$　⑤ 3

28

2017학년도 수능 가형(홀) 2번

$\lim_{x \to 0} \frac{e^{6x}-1}{\ln(1+3x)}$의 값은? [2점]

① 1　② 2　③ 3　④ 4　⑤ 5

29

2024학년도 10월 학평 23번

$\lim_{x \to 0} \frac{e^{3x}-1}{\ln(1+2x)}$의 값은? [2점]

① 1　② $\frac{3}{2}$　③ 2　④ $\frac{5}{2}$　⑤ 3

30

2024학년도 수능 (홀) 23번

$\lim_{x \to 0} \frac{\ln(1+3x)}{\ln(1+5x)}$의 값은? [2점]

① $\frac{1}{5}$　② $\frac{2}{5}$　③ $\frac{3}{5}$　④ $\frac{4}{5}$　⑤ 1

31

2022학년도 10월 학평 24번

미분가능한 함수 $f(x)$에 대하여

$$\lim_{x \to 0} \frac{f(x)-f(0)}{\ln(1+3x)}=2$$

일 때, $f'(0)$의 값은? [3점]

① 4　② 5　③ 6　④ 7　⑤ 8

32

2013학년도 10월 학평-B형 9번

연속함수 $f(x)$에 대하여

$$\lim_{x \to 0} \frac{\ln\{1+f(2x)\}}{x}=10$$

일 때, $\lim_{x \to 0} \frac{f(x)}{x}$의 값은? [3점]

① 1　② 2　③ 3　④ 4　⑤ 5

• 해설편 144쪽

유형 05 지수함수와 로그함수의 연속

33 대표 문제

2017학년도 7월 학평-가형 6번

함수 $f(x)=\begin{cases} \dfrac{e^{ax}-1}{3x} & (x<0) \\ x^2+3x+2 & (x\geq 0) \end{cases}$이 실수 전체의 집합에서 연속일 때, 상수 a의 값은? (단, $a\neq 0$) [3점]

① 6 ② 7 ③ 8 ④ 9 ⑤ 10

34

2014학년도 수능 B형(홀) 12번

이차항의 계수가 1인 이차함수 $f(x)$와 함수

$$g(x)=\begin{cases} \dfrac{1}{\ln(x+1)} & (x\neq 0) \\ 8 & (x=0) \end{cases}$$

에 대하여 함수 $f(x)g(x)$가 구간 $(-1, \infty)$에서 연속일 때, $f(3)$의 값은? [3점]

① 6 ② 9 ③ 12 ④ 15 ⑤ 18

35

2016학년도 6월 모평 B형 16번

두 함수

$$f(x)=\begin{cases} ax & (x<1) \\ -3x+4 & (x\geq 1) \end{cases},\ g(x)=2^x+2^{-x}$$

에 대하여 합성함수 $(g\circ f)(x)$가 실수 전체의 집합에서 연속이 되도록 하는 모든 실수 a의 값의 곱은? [4점]

① -5 ② -4 ③ -3 ④ -2 ⑤ -1

유형 06 지수함수와 로그함수의 극한의 활용

36 대표 문제

2018학년도 4월 학평-가형 17번

$a>e$인 실수 a에 대하여 두 곡선 $y=e^{x-1}$과 $y=a^x$이 만나는 점의 x좌표를 $f(a)$라 할 때, $\lim_{a\to e+}\frac{1}{(e-a)f(a)}$의 값은? [4점]

① $\frac{1}{e^2}$　② $\frac{1}{e}$　③ 1

④ e　⑤ e^2

37

2016학년도 3월 학평-가형 12번

함수 $f(x)$가

$$f(x)=\begin{cases} e^x & (x\le 0,\ x\ge 2) \\ \ln(x+1) & (0<x<2) \end{cases}$$

이고, 함수 $y=g(x)$의 그래프가 그림과 같다.

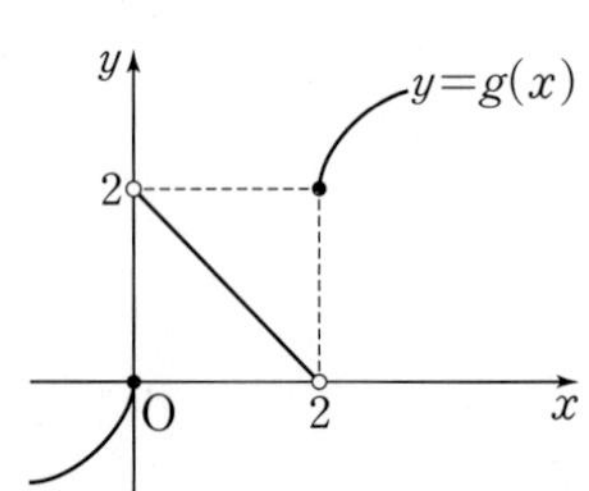

$\lim_{x\to 2+}f(g(x))+\lim_{x\to 0+}g(f(x))$의 값은? [3점]

① e　② $e+1$　③ $e+2$

④ e^2+1　⑤ e^2+2

38

2016학년도 3월 학평-가형 14번

좌표평면에 두 함수 $f(x)=2^x$의 그래프와 $g(x)=\left(\frac{1}{2}\right)^x$의 그래프가 있다. 두 곡선 $y=f(x)$, $y=g(x)$가 직선 $x=t\,(t>0)$과 만나는 점을 각각 A, B라 하자.

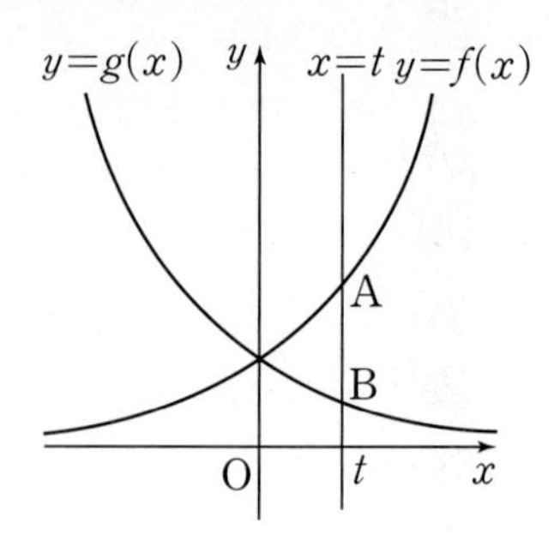

점 A에서 y축에 내린 수선의 발을 H라 할 때, $\lim_{t\to 0+}\frac{\overline{AB}}{\overline{AH}}$의 값은? [4점]

① $2\ln 2$　② $\frac{7}{4}\ln 2$　③ $\frac{3}{2}\ln 2$

④ $\frac{5}{4}\ln 2$　⑤ $\ln 2$

39

2021학년도 4월 학평 26번

좌표평면에서 양의 실수 t에 대하여 직선 $x=t$가 두 곡선 $y=e^{2x+k}$, $y=e^{-3x+k}$과 만나는 점을 각각 P, Q라 할 때, $\overline{PQ}=t$를 만족시키는 실수 k의 값을 $f(t)$라 하자. 함수 $f(t)$에 대하여 $\lim_{t\to 0+}e^{f(t)}$의 값은? [3점]

① $\frac{1}{6}$　② $\frac{1}{5}$　③ $\frac{1}{4}$

④ $\frac{1}{3}$　⑤ $\frac{1}{2}$

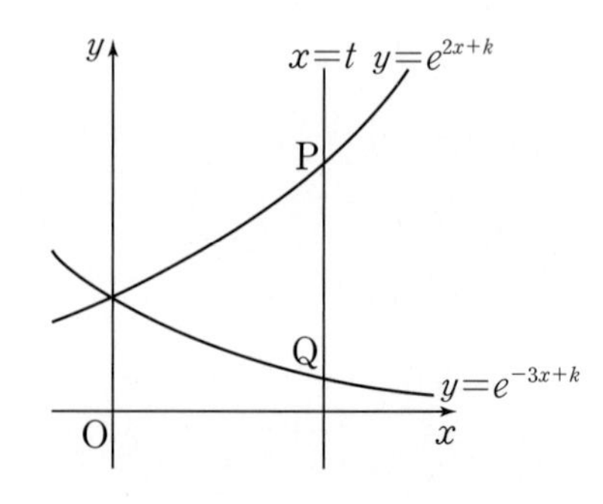

40

2024학년도 5월 학평 25번

곡선 $y=e^{2x}-1$ 위의 점 $\mathrm{P}(t,\ e^{2t}-1)(t>0)$에 대하여 $\overline{\mathrm{PQ}}=\overline{\mathrm{OQ}}$를 만족시키는 x축 위의 점 Q의 x좌표를 $f(t)$라 할 때, $\lim_{t\rightarrow 0+}\frac{f(t)}{t}$의 값은? (단, O는 원점이다.) [3점]

① 1 ② $\frac{3}{2}$ ③ 2 ④ $\frac{5}{2}$ ⑤ 3

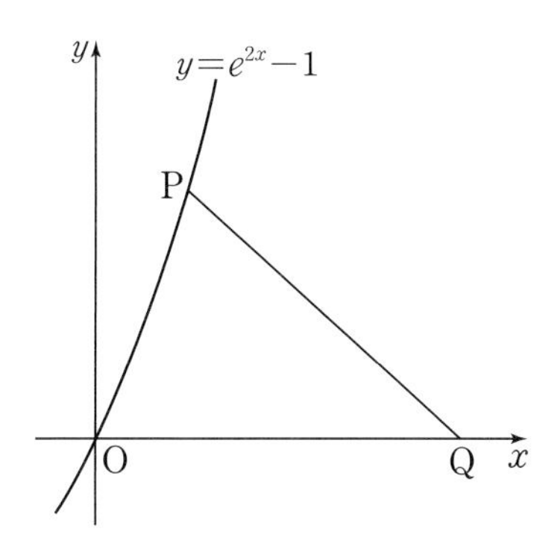

41

2017학년도 3월 학평-가형 13번

좌표평면 위의 한 점 $\mathrm{P}(t,\ 0)$을 지나는 직선 $x=t$와 두 곡선 $y=\ln x$, $y=-\ln x$가 만나는 점을 각각 A, B라 하자. 삼각형 AQB의 넓이가 1이 되도록 하는 x축 위의 점을 Q라 할 때, 선분 PQ의 길이를 $f(t)$라 하자. $\lim_{t\rightarrow 1+}(t-1)f(t)$의 값은?

(단, 점 Q의 x좌표는 t보다 작다.) [3점]

① $\frac{1}{2}$ ② 1 ③ $\frac{3}{2}$ ④ 2 ⑤ $\frac{5}{2}$

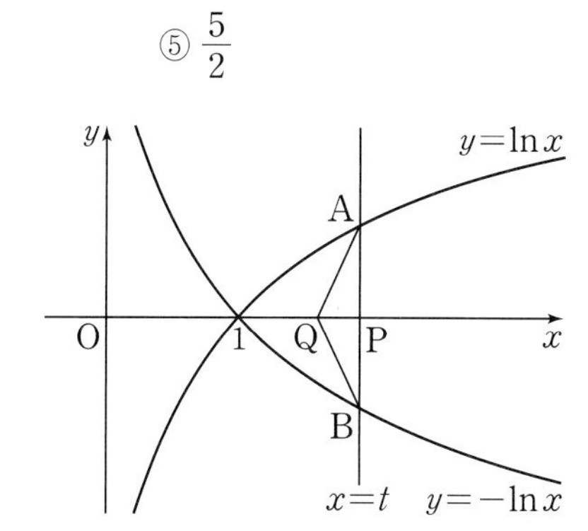

42

2014학년도 3월 학평-B형 14번

2보다 큰 실수 a에 대하여 두 곡선 $y=2^x$, $y=-2^x+a$가 y축과 만나는 점을 각각 A, B라 하고, 두 곡선의 교점을 C라 하자.

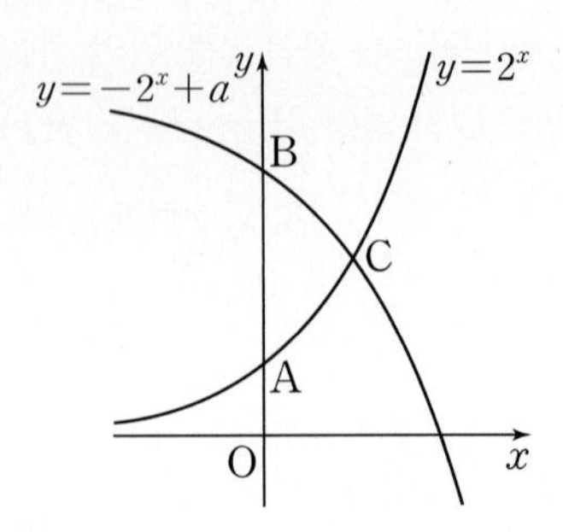

직선 AC의 기울기를 $f(a)$, 직선 BC의 기울기를 $g(a)$라 할 때, $\lim_{a \to 2+} \{f(a)-g(a)\}$의 값은? [4점]

① $\frac{1}{\ln 2}$ ② $\frac{2}{\ln 2}$ ③ $\ln 2$
④ $2\ln 2$ ⑤ 2

43

2017학년도 10월 학평-가형 17번

$t<1$인 실수 t에 대하여 곡선 $y=\ln x$와 직선 $x+y=t$가 만나는 점을 P라 하자. 점 P에서 x축에 내린 수선의 발을 H, 직선 PH와 곡선 $y=e^x$이 만나는 점을 Q라 할 때, 삼각형 OHQ의 넓이를 $S(t)$라 하자. $\lim_{t \to 0+} \frac{2S(t)-1}{t}$의 값은? [4점]

① 1 ② $e-1$ ③ 2
④ e ⑤ 3

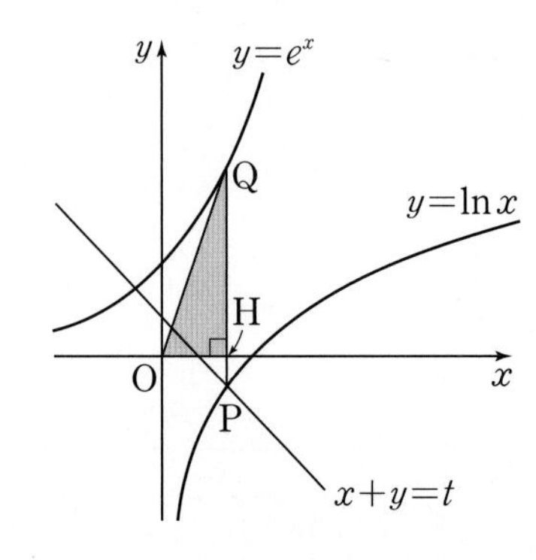

44

2025학년도 6월 모평 26번

양수 t에 대하여 곡선 $y=e^{x^2}-1$ $(x\geq 0)$이 두 직선 $y=t$, $y=5t$와 만나는 점을 각각 A, B라 하고, 점 B에서 x축에 내린 수선의 발을 C라 하자. 삼각형 ABC의 넓이를 $S(t)$라 할 때, $\lim_{t\to 0+}\frac{S(t)}{t\sqrt{t}}$의 값은? [3점]

① $\frac{5}{4}(\sqrt{5}-1)$ ② $\frac{5}{2}(\sqrt{5}-1)$ ③ $5(\sqrt{5}-1)$

④ $\frac{5}{4}(\sqrt{5}+1)$ ⑤ $\frac{5}{2}(\sqrt{5}+1)$

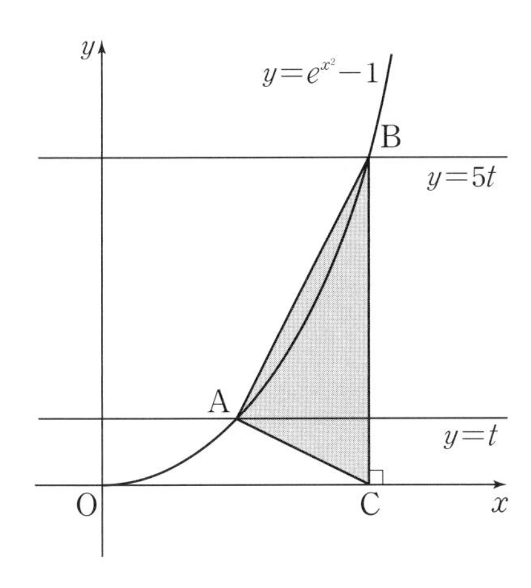

45

2021학년도 6월 모평 가형 16번

양수 t에 대하여 다음 조건을 만족시키는 실수 k의 값을 $f(t)$라 하자.

> 직선 $x=k$와 두 곡선 $y=e^{\frac{x}{2}}$, $y=e^{\frac{x}{2}+3t}$이 만나는 점을 각각 P, Q라 하고, 점 Q를 지나고 y축에 수직인 직선이 곡선 $y=e^{\frac{x}{2}}$과 만나는 점을 R라 할 때, $\overline{PQ}=\overline{QR}$이다.

함수 $f(t)$에 대하여 $\lim_{t\to 0+}f(t)$의 값은? [4점]

① $\ln 2$ ② $\ln 3$ ③ $\ln 4$

④ $\ln 5$ ⑤ $\ln 6$

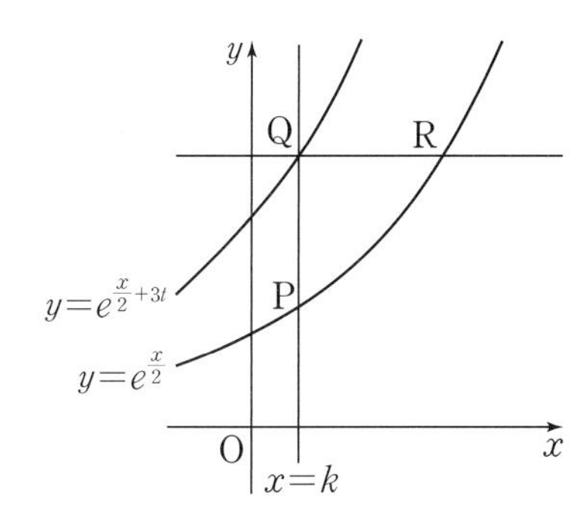

유형 07 지수함수의 도함수

46 대표 문제

2018학년도 6월 모평 가형 5번

함수 $f(x)=e^x(2x+1)$에 대하여 $f'(1)$의 값은? [3점]

① $8e$ ② $7e$ ③ $6e$
④ $5e$ ⑤ $4e$

47

2013학년도 4월 학평-B형 3번

함수 $f(x)=e^x+x^2-3x$에 대하여 $f'(0)$의 값은? [2점]

① -5 ② -4 ③ -3
④ -2 ⑤ -1

48

2022학년도 4월 학평 23번

함수 $f(x)=(x+a)e^x$에 대하여 $f'(2)=8e^2$일 때, 상수 a의 값은? [2점]

① 1 ② 2 ③ 3
④ 4 ⑤ 5

유형 08 로그함수의 도함수

49 대표 문제

2020학년도 수능 가형(홀) 22번

함수 $f(x)=x^3\ln x$에 대하여 $\dfrac{f'(e)}{e^2}$의 값을 구하시오. [3점]

50

2020학년도 6월 모평 가형 2번

함수 $f(x)=7+3\ln x$에 대하여 $f'(3)$의 값은? [2점]

① 1 ② 2 ③ 3
④ 4 ⑤ 5

51

2021학년도 4월 학평 24번

함수 $f(x)=\log_3 6x$에 대하여 $f'(9)$의 값은? [3점]

① $\dfrac{1}{9\ln 3}$ ② $\dfrac{1}{6\ln 3}$ ③ $\dfrac{2}{9\ln 3}$
④ $\dfrac{5}{18\ln 3}$ ⑤ $\dfrac{1}{3\ln 3}$

52

2018학년도 7월 학평-가형 5번

함수 $f(x)=x\ln x$에 대하여 $\lim_{h\to0}\frac{f(1+h)-f(1)}{h}$의 값은? [3점]

① 1 ② 2 ③ 3 ④ 4 ⑤ 5

53

2017학년도 9월 모평 가형 11번

함수 $f(x)=\log_3 x$에 대하여 $\lim_{h\to0}\frac{f(3+h)-f(3-h)}{h}$의 값은? [3점]

① $\frac{1}{2\ln3}$ ② $\frac{2}{3\ln3}$ ③ $\frac{5}{6\ln3}$ ④ $\frac{1}{\ln3}$ ⑤ $\frac{7}{6\ln3}$

54

2023학년도 4월 학평 26번

두 함수 $f(x)=a^x$, $g(x)=2\log_b x$에 대하여

$$\lim_{x\to e}\frac{f(x)-g(x)}{x-e}=0$$

일 때, $a\times b$의 값은? (단, a와 b는 1보다 큰 상수이다.) [3점]

① $e^{\frac{1}{e}}$ ② $e^{\frac{2}{e}}$ ③ $e^{\frac{3}{e}}$ ④ $e^{\frac{4}{e}}$ ⑤ $e^{\frac{5}{e}}$

8~9일차

한눈에 정리하는

평가원 기출 경향

주제 \ 학년도	2025	2024	2023
삼각함수 사이의 관계			
삼각함수의 덧셈정리			
삼각함수의 덧셈정리의 응용	**31** 2025학년도 6월 모평 30번 함수 $y=\frac{\sqrt{x}}{10}$의 그래프와 함수 $y=\tan x$의 그래프가 만나는 모든 점의 x좌표를 작은 수부터 크기순으로 나열할 때, n번째 수를 a_n이라 하자. $\frac{1}{\pi^2}\times\lim_{n\to\infty}a_n^3\tan^2(a_{n+1}-a_n)$ 의 값을 구하시오. [4점]		
삼각함수의 덧셈정리의 활용			

2022 ~ 2014

09

2020학년도 9월 모평 가형 9번

$\frac{\pi}{2}<\theta<\pi$인 θ에 대하여 $\cos\theta=-\frac{3}{5}$일 때, $\csc(\pi+\theta)$의 값은? [3점]

① $-\frac{5}{2}$　② $-\frac{5}{3}$　③ $-\frac{5}{4}$
④ $\frac{5}{4}$　⑤ $\frac{5}{3}$

01

2020학년도 6월 모평 가형 23번

$\cos\theta=\frac{1}{7}$일 때, $\csc\theta\times\tan\theta$의 값을 구하시오. [3점]

04

2019학년도 수능 가형(홀) 23번

$\tan\theta=5$일 때, $\sec^2\theta$의 값을 구하시오. [3점]

03

2019학년도 6월 모평 가형 23번

$\cos\theta=\frac{1}{7}$일 때, $\sec^2\theta$의 값을 구하시오. [3점]

15

2022학년도 9월 모평 24번

$2\cos\alpha=3\sin\alpha$이고 $\tan(\alpha+\beta)=1$일 때, $\tan\beta$의 값은? [3점]

① $\frac{1}{6}$　② $\frac{1}{5}$　③ $\frac{1}{4}$
④ $\frac{1}{3}$　⑤ $\frac{1}{2}$

10

2017학년도 9월 모평 가형 5번

$\cos(\alpha+\beta)=\frac{5}{7}$, $\cos\alpha\cos\beta=\frac{4}{7}$일 때, $\sin\alpha\sin\beta$의 값은? [3점]

① $-\frac{1}{7}$　② $-\frac{2}{7}$　③ $-\frac{3}{7}$
④ $-\frac{4}{7}$　⑤ $-\frac{5}{7}$

16

2017학년도 6월 모평 가형 7번

$\tan\left(\alpha+\frac{\pi}{4}\right)=2$일 때, $\tan\alpha$의 값은? [3점]

① $\frac{1}{3}$　② $\frac{4}{9}$　③ $\frac{5}{9}$
④ $\frac{2}{3}$　⑤ $\frac{7}{9}$

24

2016학년도 6월 모평 B형 4번

$\tan\theta=\frac{1}{7}$일 때, $\sin 2\theta$의 값은? [3점]

① $\frac{1}{5}$　② $\frac{11}{50}$　③ $\frac{6}{25}$
④ $\frac{13}{50}$　⑤ $\frac{7}{25}$

28

2015학년도 9월 모평 B형 8번

$0\le x\le\pi$일 때, 삼각방정식

$$\sin x=\sin 2x$$

의 모든 해의 합은? [3점]

① π　② $\frac{7}{6}\pi$　③ $\frac{5}{4}\pi$
④ $\frac{4}{3}\pi$　⑤ $\frac{3}{2}\pi$

19

2015학년도 6월 모평 B형 3번

$\sin\theta=\frac{2}{3}$일 때, $\cos 2\theta$의 값은? [2점]

① $\frac{1}{9}$　② $\frac{2}{9}$　③ $\frac{1}{3}$
④ $\frac{4}{9}$　⑤ $\frac{5}{9}$

23

2014학년도 수능 B형(홀) 2번

$\tan\theta=\frac{\sqrt{5}}{5}$일 때, $\cos 2\theta$의 값은? [2점]

① $\frac{\sqrt{6}}{3}$　② $\frac{\sqrt{5}}{3}$　③ $\frac{2}{3}$
④ $\frac{\sqrt{3}}{3}$　⑤ $\frac{\sqrt{2}}{3}$

29

2014학년도 9월 모평 B형 5번

$0\le x\le 2\pi$일 때, 방정식

$$\sin 2x-\sin x=4\cos x-2$$

의 모든 해의 합은? [3점]

① π　② $\frac{3}{2}\pi$　③ 2π
④ $\frac{5}{2}\pi$　⑤ 3π

01

2022학년도 6월 모평 25번

원점에서 곡선 $y=e^{|x|}$에 그은 두 접선이 이루는 예각의 크기를 θ라 할 때, $\tan\theta$의 값은? [3점]

① $\frac{e}{e^2+1}$　② $\frac{e}{e^2-1}$　③ $\frac{2e}{e^2+1}$
④ $\frac{2e}{e^2-1}$　⑤ 1

06

2020학년도 수능 가형(홀) 10번

$\overline{AB}=\overline{AC}$인 이등변삼각형 ABC에서 $\angle A=\alpha$, $\angle B=\beta$라 하자. $\tan(\alpha+\beta)=-\frac{3}{2}$일 때, $\tan\alpha$의 값은? [3점]

① $\frac{21}{10}$　② $\frac{11}{5}$　③ $\frac{23}{10}$
④ $\frac{12}{5}$　⑤ $\frac{5}{2}$

05

2018학년도 수능 가형(홀) 14번

그림과 같이 $\overline{AB}=5$, $\overline{AC}=2\sqrt{5}$인 삼각형 ABC의 꼭짓점 A에서 선분 BC에 내린 수선의 발을 D라 하자.
선분 AD를 3 : 1로 내분하는 점 E에 대하여 $\overline{EC}=\sqrt{5}$이다.
$\angle ABD=\alpha$, $\angle DCE=\beta$라 할 때, $\cos(\alpha-\beta)$의 값은? [4점]

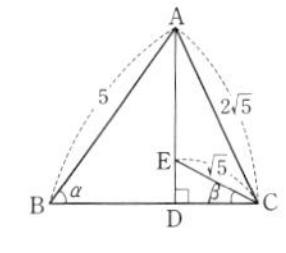

① $\frac{\sqrt{5}}{5}$　② $\frac{\sqrt{5}}{4}$　③ $\frac{3\sqrt{5}}{10}$
④ $\frac{7\sqrt{5}}{20}$　⑤ $\frac{2\sqrt{5}}{5}$

19

2018학년도 9월 모평 가형 15번

곡선 $y=1-x^2\ (0<x<1)$ 위의 점 P에서 y축에 내린 수선의 발을 H라 하고, 원점 O와 점 A(0, 1)에 대하여 $\angle APH=\theta_1$, $\angle HPO=\theta_2$라 하자. $\tan\theta_1=\frac{1}{2}$일 때, $\tan(\theta_1+\theta_2)$의 값은? [4점]

① 2　② 4　③ 6
④ 8　⑤ 10

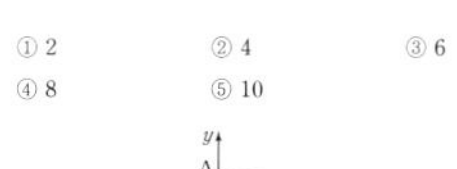

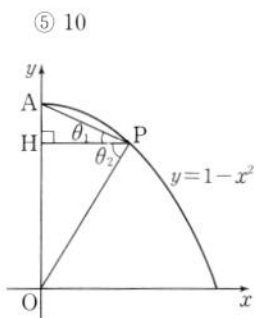

02

2016학년도 9월 모평 B형 11번

좌표평면에서 두 직선 $x-y-1=0$, $ax-y+1=0$이 이루는 예각의 크기를 θ라 하자. $\tan\theta=\frac{1}{6}$일 때, 상수 a의 값은? (단, $a>1$) [3점]

① $\frac{11}{10}$　② $\frac{6}{5}$　③ $\frac{13}{10}$
④ $\frac{7}{5}$　⑤ $\frac{3}{2}$

14

2014학년도 6월 모평 B형 11번

그림과 같이 중심이 O인 원 위에 세 점 A, B, C가 있다. $\overline{AC}=4$, $\overline{BC}=3$이고 삼각형 ABC의 넓이가 2이다. $\angle AOB=\theta$일 때, $\sin\theta$의 값은? (단, $0<\theta<\pi$) [3점]

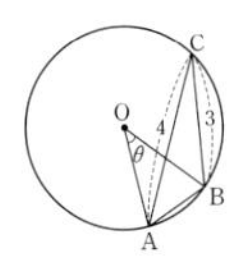

① $\frac{2\sqrt{2}}{9}$　② $\frac{5\sqrt{2}}{18}$　③ $\frac{\sqrt{2}}{3}$
④ $\frac{7\sqrt{2}}{18}$　⑤ $\frac{4\sqrt{2}}{9}$

8~9 일차

삼각함수의 덧셈정리

1 $\csc\theta$, $\sec\theta$, $\cot\theta$

$\csc\theta=\dfrac{1}{\sin\theta}$, $\sec\theta=\dfrac{1}{\cos\theta}$, $\cot\theta=\dfrac{1}{\tan\theta}$

예 (1) $\sin\theta=\dfrac{2}{3}$이면 $\csc\theta=\dfrac{1}{\sin\theta}=\dfrac{3}{2}$

(2) $\cos\theta=-\dfrac{5}{6}$이면 $\sec\theta=\dfrac{1}{\cos\theta}=-\dfrac{6}{5}$

(3) $\tan\theta=\dfrac{1}{2}$이면 $\cot\theta=\dfrac{1}{\tan\theta}=2$

• 삼각함수의 값의 부호

각 사분면에서 삼각함수의 값이 양수인 것만을 나타내면 다음 그림과 같다.

sin(+) all(+)
tan(+) cos(+)

2 삼각함수 사이의 관계

(1) $\tan\theta=\dfrac{\sin\theta}{\cos\theta}$

(2) $\sin^2\theta+\cos^2\theta=1$

(3) $1+\tan^2\theta=\sec^2\theta$

(4) $1+\cot^2\theta=\csc^2\theta$

참고 (1) $1+\tan^2\theta=1+\dfrac{\sin^2\theta}{\cos^2\theta}=\dfrac{\cos^2\theta+\sin^2\theta}{\cos^2\theta}=\dfrac{1}{\cos^2\theta}=\sec^2\theta$

(2) $1+\cot^2\theta=1+\dfrac{\cos^2\theta}{\sin^2\theta}=\dfrac{\sin^2\theta+\cos^2\theta}{\sin^2\theta}=\dfrac{1}{\sin^2\theta}=\csc^2\theta$

예 (1) $\tan\theta=\sqrt{5}$일 때, $\sec^2\theta=1+\tan^2\theta=1+(\sqrt{5})^2=6$

(2) $\cot\theta=2$일 때, $\csc^2\theta=1+\cot^2\theta=1+2^2=5$

• 삼각함수의 값을 구할 때, 부호에 유의한다.

수학 I 다시보기

삼각함수 사이의 관계를 이용하여 삼각함수의 값을 구하는 과정에서 다음을 이용하므로 기억하자.

• $\pi\pm\theta$의 삼각함수

$\sin(\pi\pm\theta)=\mp\sin\theta$, $\cos(\pi\pm\theta)=-\cos\theta$, $\tan(\pi\pm\theta)=\pm\tan\theta$ (복부호 동순)

3 삼각함수의 덧셈정리

(1) $\sin(\alpha+\beta)=\sin\alpha\cos\beta+\cos\alpha\sin\beta$

$\sin(\alpha-\beta)=\sin\alpha\cos\beta-\cos\alpha\sin\beta$

(2) $\cos(\alpha+\beta)=\cos\alpha\cos\beta-\sin\alpha\sin\beta$

$\cos(\alpha-\beta)=\cos\alpha\cos\beta+\sin\alpha\sin\beta$

(3) $\tan(\alpha+\beta)=\dfrac{\tan\alpha+\tan\beta}{1-\tan\alpha\tan\beta}$

$\tan(\alpha-\beta)=\dfrac{\tan\alpha-\tan\beta}{1+\tan\alpha\tan\beta}$

참고 (1) $\sin2\alpha=2\sin\alpha\cos\alpha$

(2) $\cos2\alpha=\cos^2\alpha-\sin^2\alpha=2\cos^2\alpha-1=1-2\sin^2\alpha$

(3) $\tan2\alpha=\dfrac{2\tan\alpha}{1-\tan^2\alpha}$

• $\sin2\alpha$, $\cos2\alpha$, $\tan2\alpha$는 삼각함수의 덧셈정리에서 β 대신 α를 대입하여 얻은 식이다.

예 (1) $\sin\alpha=\dfrac{3}{5}$, $\cos\alpha=\dfrac{4}{5}$, $\sin\beta=\dfrac{\sqrt{5}}{5}$, $\cos\beta=\dfrac{2\sqrt{5}}{5}$일 때,

$\sin(\alpha+\beta)=\sin\alpha\cos\beta+\cos\alpha\sin\beta=\dfrac{3}{5}\times\dfrac{2\sqrt{5}}{5}+\dfrac{4}{5}\times\dfrac{\sqrt{5}}{5}=\dfrac{2\sqrt{5}}{5}$

$\cos(\alpha-\beta)=\cos\alpha\cos\beta+\sin\alpha\sin\beta=\dfrac{4}{5}\times\dfrac{2\sqrt{5}}{5}+\dfrac{3}{5}\times\dfrac{\sqrt{5}}{5}=\dfrac{11\sqrt{5}}{25}$

(2) $\tan\alpha=3$, $\tan\beta=2$일 때,

$\tan(\alpha+\beta)=\dfrac{\tan\alpha+\tan\beta}{1-\tan\alpha\tan\beta}=\dfrac{3+2}{1-3\times2}=-1$

수학Ⅰ 다시보기

삼각함수의 덧셈정리를 이용하여 식을 정리한 후 삼각함수의 성질을 이용하거나 삼각방정식을 푸는 문제가 출제되므로 다음을 기억하자.

- 코사인함수의 주기

  함수 $y=a\cos(bx+c)+d$의 주기는

  $\dfrac{2\pi}{|b|}$

- 삼각방정식

  방정식 $\sin x=k$(또는 $\cos x=k$ 또는 $\tan x=k$)의 해

  ⇨ 삼각함수 $y=\sin x$(또는 $y=\cos x$ 또는 $y=\tan x$)의 그래프와 직선 $y=k$의 교점의 x좌표

- $-1\le\sin x\le 1$, $-1\le\cos x\le 1$

4 두 직선이 이루는 예각의 크기

두 직선 l, m이 x축의 양의 방향과 이루는 각의 크기가 각각 α, β일 때, 두 직선 l, m이 이루는 예각의 크기를 θ라 하면

$$\tan\theta=|\tan(\alpha-\beta)|=\left|\frac{\tan\alpha-\tan\beta}{1+\tan\alpha\tan\beta}\right|$$

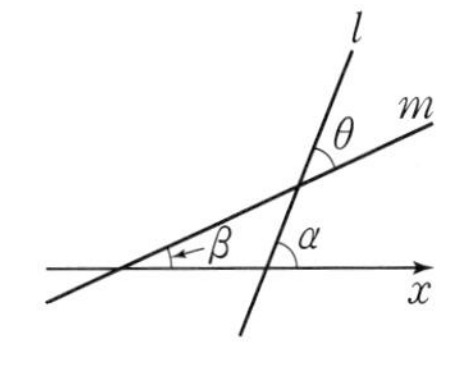

- 직선 $y=ax+b$가 x축의 양의 방향과 이루는 각의 크기를 θ라 하면

  $\tan\theta=a$

예 두 직선 l: $y=2x-1$, m: $y=x-4$가 x축의 양의 방향과 이루는 각의 크기를 각각 α, β라 하고, 두 직선 l, m이 이루는 예각의 크기를 θ라 하면 $\tan\alpha=2$, $\tan\beta=1$이므로

$$\tan\theta=|\tan(\alpha-\beta)|=\left|\frac{\tan\alpha-\tan\beta}{1+\tan\alpha\tan\beta}\right|=\left|\frac{2-1}{1+2\times1}\right|=\frac{1}{3}$$

5 삼각함수의 덧셈정리의 활용

도형에서 각 $\alpha+\beta$에 대한 삼각함수의 값을 구할 때, 도형의 성질을 이용하여 두 각 α, β에 대한 삼각함수의 값을 각각 구한 후 삼각함수의 덧셈정리를 이용한다.

중1 중3 다시보기

주어진 각을 구하는 과정에서 다음을 이용하므로 기억하자.

- 삼각형의 외각의 크기

  삼각형의 한 외각의 크기는 그와 이웃하지 않는 두 내각의 크기의 합과 같다.

  ⇨ ∠ACD=∠ABC+∠CAB

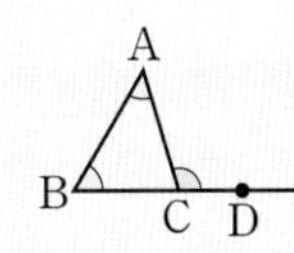

- 삼각비

  ∠B=90°인 직각삼각형 ABC에서

  $\sin A=\dfrac{a}{b}$, $\cos A=\dfrac{c}{b}$, $\tan A=\dfrac{a}{c}$

  ⇨ $a=b\sin A$, $c=b\cos A$, $a=c\tan A$

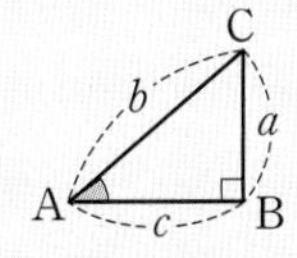

- 원과 접선

  (1) 원의 접선은 그 접점과 원의 중심을 지나는 직선과 수직이다.

  ⇨ $\overline{AP}\perp\overline{CP}$, $\overline{AQ}\perp\overline{CQ}$

  (2) 두 삼각형 APC, AQC는 합동이다.

  ⇨ ∠APC=∠AQC=90°, $\overline{AC}$는 공통, $\overline{PC}=\overline{QC}$

  ∴ △APC≡△AQC (RHS 합동)

  (3) 원 밖의 한 점에서 원에 그은 두 접선의 길이는 같다.

  ⇨ $\overline{AP}=\overline{AQ}$

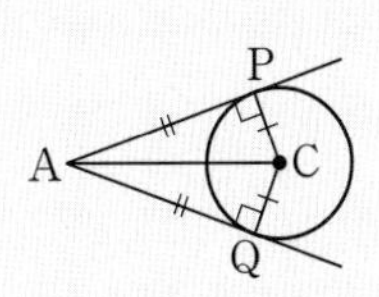

- **직각삼각형의 합동**(RHS 합동)

  두 직각삼각형 ABC, A′B′C′에서

  $\overline{AC}=\overline{A'C'}$, $\overline{AB}=\overline{A'B'}$(또는 $\overline{BC}=\overline{B'C'}$)

  이면 △ABC≡△A′B′C′

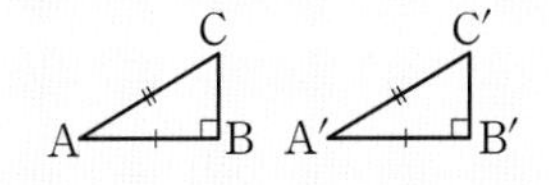

유형 01 삼각함수 사이의 관계

01 대표 문제

2020학년도 6월 모평 가형 23번

$\cos\theta=\frac{1}{7}$일 때, $\csc\theta\times\tan\theta$의 값을 구하시오. [3점]

02

2019학년도 3월 학평-가형 2번

$\cos\theta=\frac{2}{3}$일 때, $\sec\theta$의 값은? [2점]

① 1 ② $\frac{5}{4}$ ③ $\frac{3}{2}$
④ $\frac{7}{4}$ ⑤ 2

03

2019학년도 6월 모평 가형 23번

$\cos\theta=\frac{1}{7}$일 때, $\sec^2\theta$의 값을 구하시오. [3점]

04

2019학년도 수능 가형(홀) 23번

$\tan\theta=5$일 때, $\sec^2\theta$의 값을 구하시오. [3점]

05

2019학년도 7월 학평-가형 23번

$\sec\theta=10$일 때, $\tan^2\theta$의 값을 구하시오. [3점]

06

2022학년도 4월 학평 24번

$\sec\theta=\frac{\sqrt{10}}{3}$일 때, $\sin^2\theta$의 값은? [3점]

① $\frac{1}{10}$ ② $\frac{3}{20}$ ③ $\frac{1}{5}$
④ $\frac{1}{4}$ ⑤ $\frac{3}{10}$

• 해설편 155쪽

07

2016학년도 7월 학평-가형 6번

$\sin\theta-\cos\theta=\frac{\sqrt{3}}{2}$일 때, $\tan\theta+\cot\theta$의 값은? [3점]

① 6 ② 7 ③ 8 ④ 9 ⑤ 10

08

2021학년도 7월 학평 23번

$0<\theta<\frac{\pi}{2}$인 θ에 대하여 $\sin\theta=\frac{\sqrt{5}}{5}$일 때, $\sec\theta$의 값은? [2점]

① $\frac{\sqrt{5}}{2}$ ② $\frac{3\sqrt{5}}{4}$ ③ $\sqrt{5}$ ④ $\frac{5\sqrt{5}}{4}$ ⑤ $\frac{3\sqrt{5}}{2}$

09

2020학년도 9월 모평 가형 9번

$\frac{\pi}{2}<\theta<\pi$인 θ에 대하여 $\cos\theta=-\frac{3}{5}$일 때, $\csc(\pi+\theta)$의 값은? [3점]

① $-\frac{5}{2}$ ② $-\frac{5}{3}$ ③ $-\frac{5}{4}$ ④ $\frac{5}{4}$ ⑤ $\frac{5}{3}$

유형 02 삼각함수의 덧셈정리

10 대표 문제

2017학년도 9월 모평 가형 5번

$\cos(\alpha+\beta)=\frac{5}{7}$, $\cos\alpha\cos\beta=\frac{4}{7}$일 때, $\sin\alpha\sin\beta$의 값은? [3점]

① $-\frac{1}{7}$ ② $-\frac{2}{7}$ ③ $-\frac{3}{7}$ ④ $-\frac{4}{7}$ ⑤ $-\frac{5}{7}$

11

2016학년도 4월 학평-가형 8번

$\sin\theta=\frac{\sqrt{3}}{3}$일 때, $2\sin\left(\theta-\frac{\pi}{6}\right)+\cos\theta$의 값은? $\left(단, 0<\theta<\frac{\pi}{2}\right)$ [3점]

① $\frac{1}{2}$ ② $\frac{\sqrt{3}}{3}$ ③ 1 ④ $\sqrt{3}$ ⑤ 2

12

2018학년도 10월 학평-가형 7번

$\sin\alpha=\frac{3}{5}$, $\cos\beta=\frac{\sqrt{5}}{5}$일 때, $\sin(\beta-\alpha)$의 값은? (단, α, β는 예각이다.) [3점]

① $\frac{3\sqrt{5}}{20}$ ② $\frac{\sqrt{5}}{5}$ ③ $\frac{\sqrt{5}}{4}$ ④ $\frac{3\sqrt{5}}{10}$ ⑤ $\frac{7\sqrt{5}}{20}$

13

2019학년도 10월 학평-가형 8번

$0<\alpha<\beta<2\pi$이고 $\cos\alpha=\cos\beta=\frac{1}{3}$일 때, $\sin(\beta-\alpha)$의 값은? [3점]

① $-\frac{4\sqrt{2}}{9}$　② $-\frac{4}{9}$　③ 0

④ $\frac{4}{9}$　⑤ $\frac{4\sqrt{2}}{9}$

14

2018학년도 3월 학평-가형 23번

$\tan\alpha=4$, $\tan\beta=-2$일 때, $\tan(\alpha+\beta)=\frac{q}{p}$이다. $p+q$의 값을 구하시오. (단, p와 q는 서로소인 자연수이다.) [3점]

15

2022학년도 9월 모평 24번

$2\cos\alpha=3\sin\alpha$이고 $\tan(\alpha+\beta)=1$일 때, $\tan\beta$의 값은? [3점]

① $\frac{1}{6}$　② $\frac{1}{5}$　③ $\frac{1}{4}$

④ $\frac{1}{3}$　⑤ $\frac{1}{2}$

16

2017학년도 6월 모평 가형 7번

$\tan\left(\alpha+\frac{\pi}{4}\right)=2$일 때, $\tan\alpha$의 값은? [3점]

① $\frac{1}{3}$　② $\frac{4}{9}$　③ $\frac{5}{9}$

④ $\frac{2}{3}$　⑤ $\frac{7}{9}$

17

2017학년도 10월 학평-가형 7번

함수 $f(x)=\cos 2x \cos x-\sin 2x \sin x$의 주기는? [3점]

① 2π ② $\frac{5}{3}\pi$ ③ $\frac{4}{3}\pi$

④ π ⑤ $\frac{2}{3}\pi$

18

2019학년도 7월 학평-가형 15번

$\tan \alpha=-\frac{5}{12}\left(\frac{3}{2}\pi<\alpha<2\pi\right)$이고 $0 \leq x<\frac{\pi}{2}$일 때, 부등식

$$\cos x \leq \sin (x+\alpha) \leq 2 \cos x$$

를 만족시키는 x에 대하여 $\tan x$의 최댓값과 최솟값의 합은? [4점]

① $\frac{31}{12}$ ② $\frac{37}{12}$ ③ $\frac{43}{12}$

④ $\frac{49}{12}$ ⑤ $\frac{55}{12}$

유형 03 삼각함수의 덧셈정리의 응용-삼각함수의 값

19 대표 문제

2015학년도 6월 모평 B형 3번

$\sin \theta=\frac{2}{3}$일 때, $\cos 2\theta$의 값은? [2점]

① $\frac{1}{9}$ ② $\frac{2}{9}$ ③ $\frac{1}{3}$

④ $\frac{4}{9}$ ⑤ $\frac{5}{9}$

20

2015학년도 7월 학평-B형 3번

$\cos \theta=\frac{2}{\sqrt{5}}$일 때, $\cos 2\theta$의 값은? $\left(\text{단, } 0<\theta<\frac{\pi}{2}\right)$ [2점]

① $\frac{1}{2}$ ② $\frac{3}{5}$ ③ $\frac{7}{10}$

④ $\frac{4}{5}$ ⑤ $\frac{9}{10}$

21

2015학년도 4월 학평-B형 3번

$\tan \theta=\frac{1}{2}$일 때, $\tan 2\theta$의 값은? [2점]

① $\frac{3}{2}$ ② $\frac{4}{3}$ ③ $\frac{5}{4}$

④ $\frac{6}{5}$ ⑤ 1

22

2013학년도 4월 학평-B형 2번

$\cos\theta=\frac{3}{5}$일 때, $\sin 2\theta$의 값은? $\left(\text{단, } 0<\theta<\frac{\pi}{2}\right)$ [2점]

① $\frac{16}{25}$ ② $\frac{18}{25}$ ③ $\frac{4}{5}$ ④ $\frac{22}{25}$ ⑤ $\frac{24}{25}$

23

2014학년도 수능 B형(홀) 2번

$\tan\theta=\frac{\sqrt{5}}{5}$일 때, $\cos 2\theta$의 값은? [2점]

① $\frac{\sqrt{6}}{3}$ ② $\frac{\sqrt{5}}{3}$ ③ $\frac{2}{3}$ ④ $\frac{\sqrt{3}}{3}$ ⑤ $\frac{\sqrt{2}}{3}$

24

2016학년도 6월 모평 B형 4번

$\tan\theta=\frac{1}{7}$일 때, $\sin 2\theta$의 값은? [3점]

① $\frac{1}{5}$ ② $\frac{11}{50}$ ③ $\frac{6}{25}$ ④ $\frac{13}{50}$ ⑤ $\frac{7}{25}$

25

2013학년도 10월 학평-B형 3번

$\sin 2x=\frac{1}{3}$일 때, $\cos^2 x-\sin^2 x$의 값은?

$\left(\text{단, } 0<x<\frac{\pi}{4}\text{이다.}\right)$ [2점]

① 0 ② $\frac{\sqrt{2}}{3}$ ③ $\frac{\sqrt{2}}{2}$ ④ $\frac{2\sqrt{2}}{3}$ ⑤ 1

26

2014학년도 7월 학평-B형 5번

$0<\theta<\frac{\pi}{4}$인 θ에 대하여 $(1+\tan\theta)\tan 2\theta=3$일 때, $\tan\theta$의 값은? [3점]

① $\frac{1}{5}$ ② $\frac{3}{10}$ ③ $\frac{2}{5}$ ④ $\frac{1}{2}$ ⑤ $\frac{3}{5}$

27

2013학년도 3월 학평-B형 4번

$\tan 2\theta=\frac{3}{4}$일 때, $\tan\theta$의 값은? $\left(\text{단, } 0<\theta<\frac{\pi}{2}\text{이다.}\right)$ [3점]

① $\frac{1}{12}$ ② $\frac{1}{8}$ ③ $\frac{1}{6}$ ④ $\frac{1}{4}$ ⑤ $\frac{1}{3}$

유형 04 삼각함수의 덧셈정리의 응용 – 삼각방정식

28 대표 문제

2015학년도 9월  B형 8번

$0 \le x \le \pi$일 때, 삼각방정식

$\sin x = \sin 2x$

의 모든 해의 합은? [3점]

① π ② $\frac{7}{6}\pi$ ③ $\frac{5}{4}\pi$

④ $\frac{4}{3}\pi$ ⑤ $\frac{3}{2}\pi$

29

2014학년도 9월 모평 B형 5번

$0 \le x \le 2\pi$일 때, 방정식

$\sin 2x - \sin x = 4\cos x - 2$

의 모든 해의 합은? [3점]

① π ② $\frac{3}{2}\pi$ ③ 2π

④ $\frac{5}{2}\pi$ ⑤ 3π

30

2014학년도 4월 학평–B형 9번

$0 \le x < \pi$일 때, 방정식 $3\cos 2x - 2\sin^2 x - 4\cos x + 5 = 0$의 모든 실근의 합은? [3점]

① $\frac{7}{12}\pi$ ② $\frac{2}{3}\pi$ ③ $\frac{3}{4}\pi$

④ $\frac{5}{6}\pi$ ⑤ $\frac{11}{12}\pi$

1등급을 향한 고난도 문제

31

2025학년도 6월 모평 30번

함수 $y = \frac{\sqrt{x}}{10}$의 그래프와 함수 $y = \tan x$의 그래프가 만나는 모든 점의 x좌표를 작은 수부터 크기순으로 나열할 때, n번째 수를 a_n이라 하자.

$\frac{1}{\pi^2} \times \lim_{n \to \infty} a_n^3 \tan^2 (a_{n+1} - a_n)$

의 값을 구하시오. [4점]

유형 01 두 직선이 이루는 각

01 대표 문제

2022학년도 6월 모평 25번

원점에서 곡선 $y=e^{|x|}$에 그은 두 접선이 이루는 예각의 크기를 θ라 할 때, $\tan\theta$의 값은? [3점]

① $\dfrac{e}{e^2+1}$ ② $\dfrac{e}{e^2-1}$ ③ $\dfrac{2e}{e^2+1}$

④ $\dfrac{2e}{e^2-1}$ ⑤ 1

02

2016학년도 9월 모평 B형 11번

좌표평면에서 두 직선 $x-y-1=0$, $ax-y+1=0$이 이루는 예각의 크기를 θ라 하자. $\tan\theta=\dfrac{1}{6}$일 때, 상수 a의 값은? (단, $a>1$) [3점]

① $\dfrac{11}{10}$ ② $\dfrac{6}{5}$ ③ $\dfrac{13}{10}$

④ $\dfrac{7}{5}$ ⑤ $\dfrac{3}{2}$

03

2018학년도 4월 학평-가형 16번

그림과 같이 곡선 $y=e^x$ 위의 두 점 $\mathrm{A}(t,\ e^t)$, $\mathrm{B}(-t,\ e^{-t})$에서의 접선을 각각 l, m이라 하자. 두 직선 l과 m이 이루는 예각의 크기가 $\dfrac{\pi}{4}$일 때, 두 점 A, B를 지나는 직선의 기울기는? (단, $t>0$) [4점]

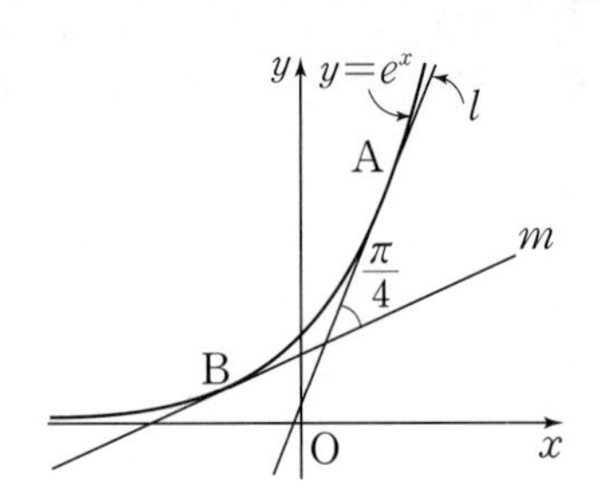

① $\dfrac{1}{\ln(1+\sqrt{2})}$ ② $\dfrac{1}{\ln 2}$ ③ $\dfrac{4}{3\ln(1+\sqrt{2})}$

④ $\dfrac{7}{6\ln 2}$ ⑤ $\dfrac{3}{2\ln(1+\sqrt{2})}$

04

2015학년도 10월 학평-B형 29번

좌표평면에 함수 $f(x)=\sqrt{3}\ln x$의 그래프와 직선 $l : y=-\dfrac{\sqrt{3}}{2}x+\dfrac{\sqrt{3}}{2}$이 있다. 곡선 $y=f(x)$ 위의 서로 다른 두 점 $\mathrm{A}(\alpha,\ f(\alpha))$, $\mathrm{B}(\beta,\ f(\beta))$에서의 접선을 각각 m, n이라 하자. 세 직선 l, m, n으로 둘러싸인 삼각형이 정삼각형일 때, $6(\alpha+\beta)$의 값을 구하시오. [4점]

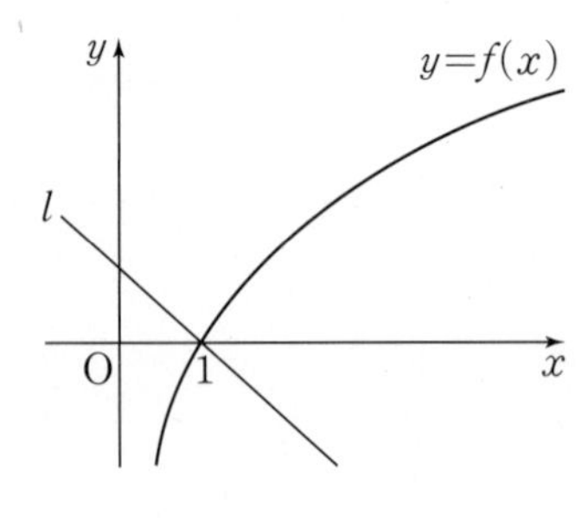

유형 02 삼각함수의 덧셈정리의 활용 - 도형

05 대표 문제

2018학년도 수능 가형(홀) 14번

그림과 같이 $\overline{AB}=5$, $\overline{AC}=2\sqrt{5}$인 삼각형 ABC의 꼭짓점 A에서 선분 BC에 내린 수선의 발을 D라 하자.
선분 AD를 3 : 1로 내분하는 점 E에 대하여 $\overline{EC}=\sqrt{5}$이다.
$\angle ABD=\alpha$, $\angle DCE=\beta$라 할 때, $\cos(\alpha-\beta)$의 값은? [4점]

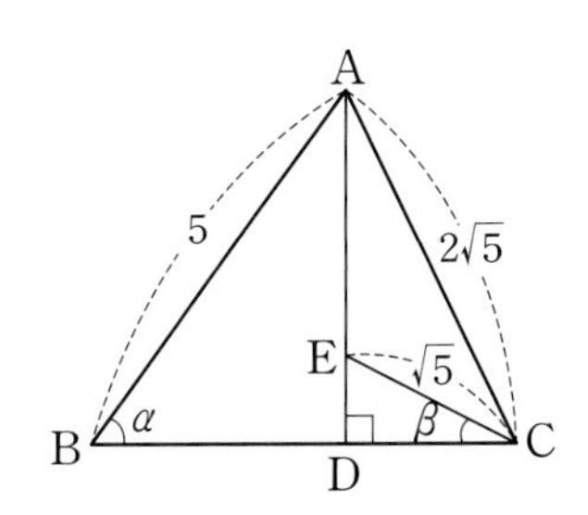

① $\frac{\sqrt{5}}{5}$ ② $\frac{\sqrt{5}}{4}$ ③ $\frac{3\sqrt{5}}{10}$
④ $\frac{7\sqrt{5}}{20}$ ⑤ $\frac{2\sqrt{5}}{5}$

06

2020학년도 수능 가형(홀) 10번

$\overline{AB}=\overline{AC}$인 이등변삼각형 ABC에서 $\angle A=\alpha$, $\angle B=\beta$라 하자. $\tan(\alpha+\beta)=-\frac{3}{2}$일 때, $\tan\alpha$의 값은? [3점]

① $\frac{21}{10}$ ② $\frac{11}{5}$ ③ $\frac{23}{10}$
④ $\frac{12}{5}$ ⑤ $\frac{5}{2}$

07

2017학년도 3월 학평-가형 10번

점 O를 중심으로 하고 반지름의 길이가 각각 1, $\sqrt{2}$인 두 원 C_1, C_2가 있다. 원 C_1 위의 두 점 P, Q와 원 C_2 위의 점 R에 대하여 $\angle QOP=\alpha$, $\angle ROQ=\beta$라 하자. $\overline{OQ}\perp\overline{QR}$이고 $\sin\alpha=\frac{4}{5}$일 때, $\cos(\alpha+\beta)$의 값은?

$\left(\text{단, } 0<\alpha<\frac{\pi}{2},\ 0<\beta<\frac{\pi}{2}\right)$ [3점]

① $-\frac{\sqrt{6}}{10}$ ② $-\frac{\sqrt{5}}{10}$ ③ $-\frac{1}{5}$
④ $-\frac{\sqrt{3}}{10}$ ⑤ $-\frac{\sqrt{2}}{10}$

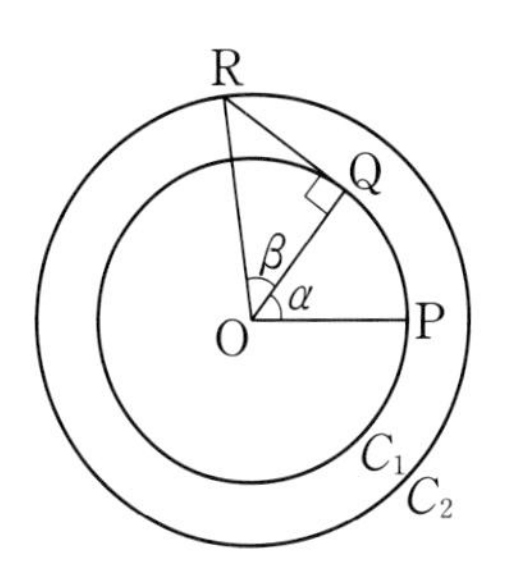

08

2020학년도 7월 학평-가형 26번

삼각형 ABC에 대하여 $\angle A=\alpha$, $\angle B=\beta$, $\angle C=\gamma$라 할 때, α, β, γ가 이 순서대로 등차수열을 이루고 $\cos\alpha$, $2\cos\beta$, $8\cos\gamma$가 이 순서대로 등비수열을 이룰 때, $\tan\alpha\tan\gamma$의 값을 구하시오. (단, $\alpha<\beta<\gamma$) [4점]

09

2017학년도 4월 학평-가형 16번

그림과 같이 선분 AB의 길이가 8, 선분 AD의 길이가 6인 직사각형 ABCD가 있다. 선분 AB를 1 : 3으로 내분하는 점을 E, 선분 AD의 중점을 F라 하자. $\angle EFC=\theta$라 할 때, $\tan\theta$의 값은? [4점]

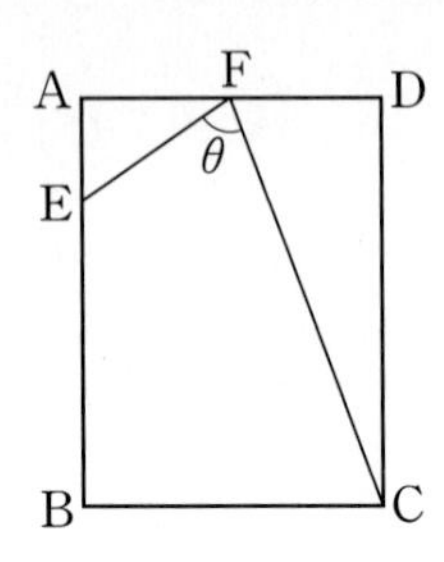

① $\frac{22}{7}$ ② $\frac{26}{7}$ ③ $\frac{30}{7}$

④ $\frac{34}{7}$ ⑤ $\frac{38}{7}$

10

2016학년도 10월 학평-가형 7번

그림과 같이 평면에 정삼각형 ABC와 $\overline{CD}=1$이고 $\angle ACD=\frac{\pi}{4}$인 점 D가 있다. 점 D와 직선 BC 사이의 거리는? (단, 선분 CD는 삼각형 ABC의 내부를 지나지 않는다.) [3점]

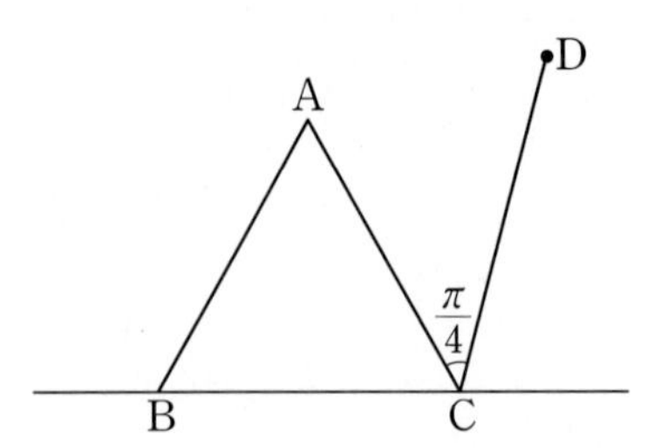

① $\frac{\sqrt{6}-\sqrt{2}}{6}$ ② $\frac{\sqrt{6}-\sqrt{2}}{4}$ ③ $\frac{\sqrt{6}-\sqrt{2}}{3}$

④ $\frac{\sqrt{6}+\sqrt{2}}{6}$ ⑤ $\frac{\sqrt{6}+\sqrt{2}}{4}$

11

2021학년도 4월 학평 29번

그림과 같이 $\angle BAC=\frac{2}{3}\pi$이고 $\overline{AB}>\overline{AC}$인 삼각형 ABC가 있다. $\overline{BD}=\overline{CD}$인 선분 AB 위의 점 D에 대하여 $\angle CBD=\alpha$, $\angle ACD=\beta$라 하자. $\cos^2\alpha=\frac{7+\sqrt{21}}{14}$일 때, $54\sqrt{3}\times\tan\beta$의 값을 구하시오. [4점]

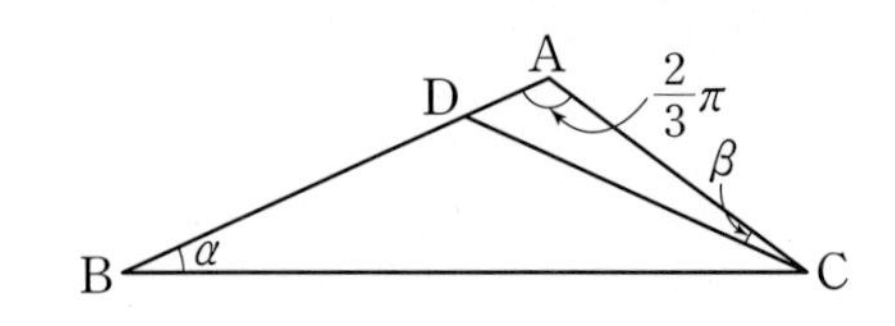

12

2019학년도 3월 학평-가형 15번

그림과 같이 한 변의 길이가 1인 정사각형 ABCD가 있다. 선분 AD 위의 점 E와 정사각형 ABCD의 내부에 있는 점 F가 다음 조건을 만족시킨다.

> (가) 두 삼각형 ABE와 FBE는 서로 합동이다.
> (나) 사각형 ABFE의 넓이는 $\frac{1}{3}$이다.

$\tan(\angle ABF)$의 값은? [4점]

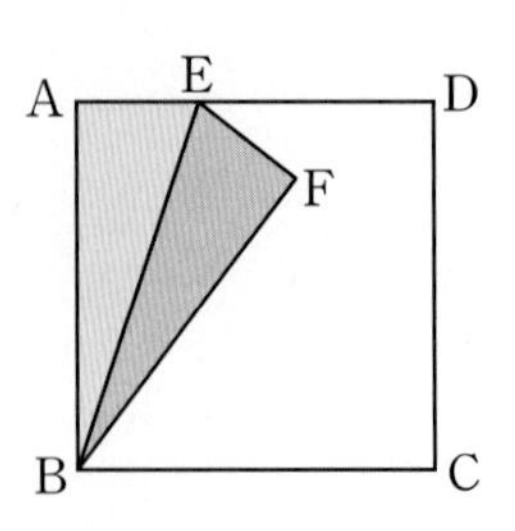

① $\frac{5}{12}$ ② $\frac{1}{2}$ ③ $\frac{7}{12}$

④ $\frac{2}{3}$ ⑤ $\frac{3}{4}$

13

2024학년도 7월 학평 26번

그림과 같이 $\overline{AB}=\overline{BC}=1$이고 $\angle ABC=\frac{\pi}{2}$인 삼각형 ABC가 있다. 선분 AB 위의 점 D와 선분 BC 위의 점 E가

$\overline{AD}=2\overline{BE}$ $(0<\overline{AD}<1)$

을 만족시킬 때, 두 선분 AE, CD가 만나는 점을 F라 하자.
$\tan(\angle CFE)=\frac{16}{15}$일 때, $\tan(\angle CDB)$의 값은?

$\left(단, \frac{\pi}{4}<\angle CDB<\frac{\pi}{2}\right)$ [3점]

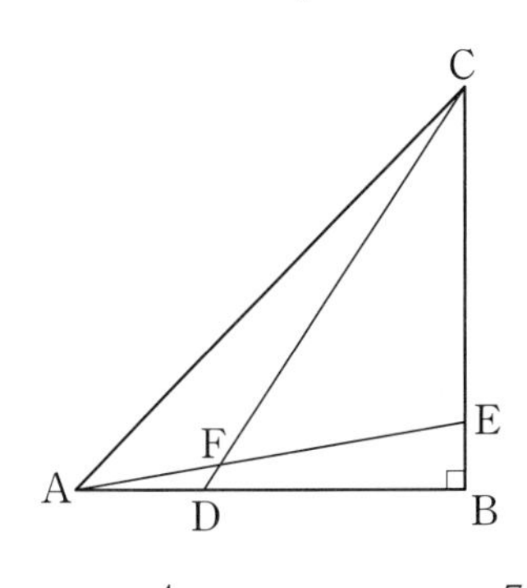

① $\frac{9}{7}$ ② $\frac{4}{3}$ ③ $\frac{7}{5}$
④ $\frac{3}{2}$ ⑤ $\frac{5}{3}$

14

2014학년도 6월 모평 B형 11번

그림과 같이 중심이 O인 원 위에 세 점 A, B, C가 있다.
$\overline{AC}=4$, $\overline{BC}=3$이고 삼각형 ABC의 넓이가 2이다.
$\angle AOB=\theta$일 때, $\sin\theta$의 값은? (단, $0<\theta<\pi$) [3점]

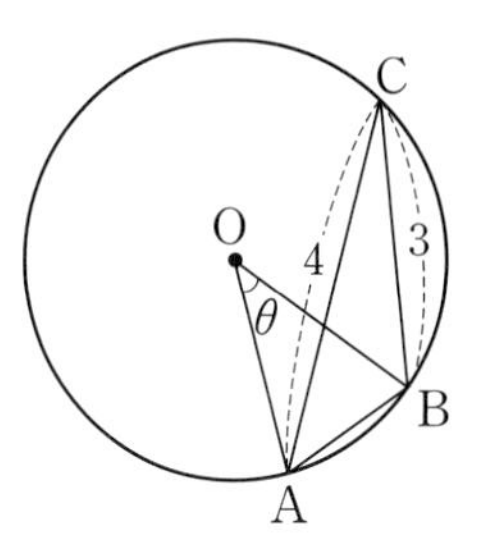

① $\frac{2\sqrt{2}}{9}$ ② $\frac{5\sqrt{2}}{18}$ ③ $\frac{\sqrt{2}}{3}$
④ $\frac{7\sqrt{2}}{18}$ ⑤ $\frac{4\sqrt{2}}{9}$

15

2015학년도 7월 학평-B형 20번

그림과 같이 반지름의 길이가 6이고 중심각의 크기가 $\frac{\pi}{2}$인 부채꼴 OAB가 있다. $\angle COA=\theta\left(0<\theta<\frac{\pi}{4}\right)$가 되도록 호 AB 위의 점 C를 잡고, 점 C에서의 접선이 변 OA의 연장선, 변 OB의 연장선과 만나는 점을 각각 P, Q라 하자. $\overline{PQ}=15$일 때, $\tan 2\theta$의 값은? [4점]

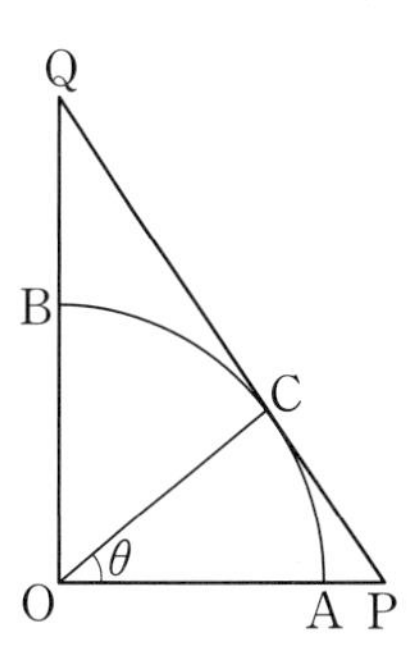

① $\frac{4}{3}$ ② $\frac{3}{2}$ ③ $\frac{5}{3}$
④ $\frac{11}{6}$ ⑤ 2

16

2023학년도 4월 학평 29번

그림과 같이 중심이 O, 반지름의 길이가 8이고 중심각의 크기가 $\frac{\pi}{2}$인 부채꼴 OAB가 있다. 호 AB 위의 점 C에 대하여 점 B에서 선분 OC에 내린 수선의 발을 D라 하고, 두 선분 BD, CD와 호 BC에 동시에 접하는 원을 C라 하자. 점 O에서 원 C에 그은 접선 중 점 C를 지나지 않는 직선이 호 AB와 만나는 점을 E라 할 때, $\cos(\angle\text{COE})=\frac{7}{25}$이다.
$\sin(\angle\text{AOE})=p+q\sqrt{7}$일 때, $200\times(p+q)$의 값을 구하시오. (단, p와 q는 유리수이고, 점 C는 점 B가 아니다.) [4점]

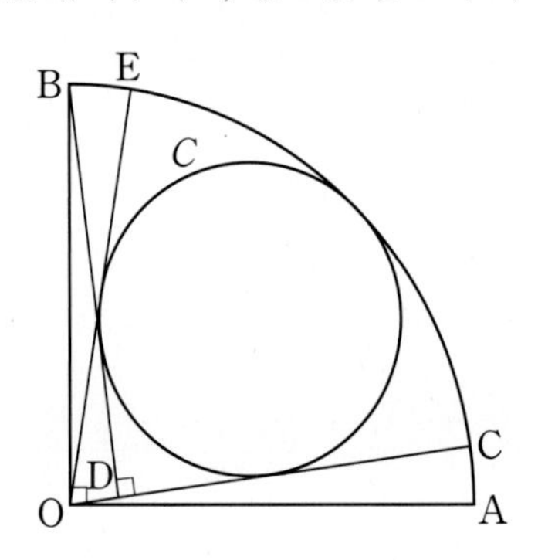

17

2013학년도 10월 학평-B형 19번

그림과 같이 정삼각형 ABC의 한 변 CB 위에 점 D를 $\angle\text{DAB}=\frac{\pi}{12}$가 되도록 정하고, 선분 CD를 지름으로 하는 원을 평면 ABC 위에 그린다. 이 원 위를 움직이는 점 P에 대하여 $\angle\text{CDP}=\theta$라 하자. 삼각형 ADP의 넓이가 최대가 되도록 하는 θ에 대하여 $\sin\theta\cos\theta$의 값은? [4점]

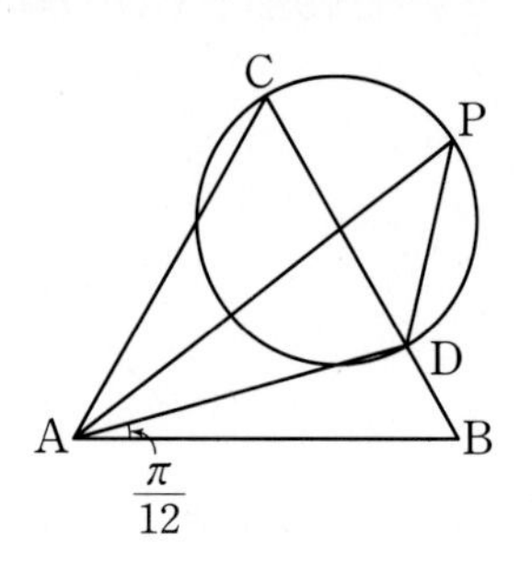

① $\frac{1}{8}$　② $\frac{\sqrt{6}-\sqrt{2}}{8}$　③ $\frac{1}{4}$
④ $\frac{\sqrt{6}-\sqrt{2}}{4}$　⑤ $\frac{\sqrt{6}+\sqrt{2}}{4}$

18

2013학년도 3월 학평–B형 28번

지름의 길이가 1인 원에 내접하는 사각형 ABCD가 다음 조건을 만족시킨다.

> (가) 선분 AB는 원의 지름이다.
> (나) $\overline{AD}=\overline{CD}<\frac{\sqrt{2}}{2}$

사각형 ABCD의 둘레의 길이가 $\frac{19}{8}$일 때, 선분 AD의 길이는 $\frac{q}{p}$이다. $p+q$의 값을 구하시오.

(단, p와 q는 서로소인 자연수이다.) [4점]

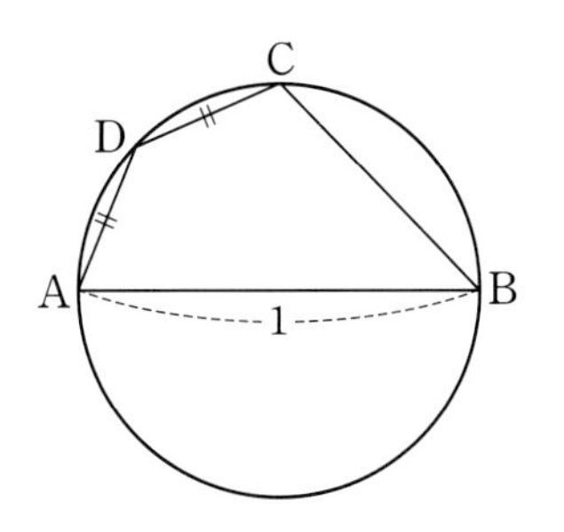

유형 03 삼각함수의 덧셈정리의 활용 – 좌표평면

19 대표 문제

2018학년도 9월  가형 15번

곡선 $y=1-x^2\,(0<x<1)$ 위의 점 P에서 y축에 내린 수선의 발을 H라 하고, 원점 O와 점 A$(0,\ 1)$에 대하여 $\angle\text{APH}=\theta_1$, $\angle\text{HPO}=\theta_2$라 하자. $\tan\theta_1=\frac{1}{2}$일 때, $\tan(\theta_1+\theta_2)$의 값은?

[4점]

① 2 ② 4 ③ 6
④ 8 ⑤ 10

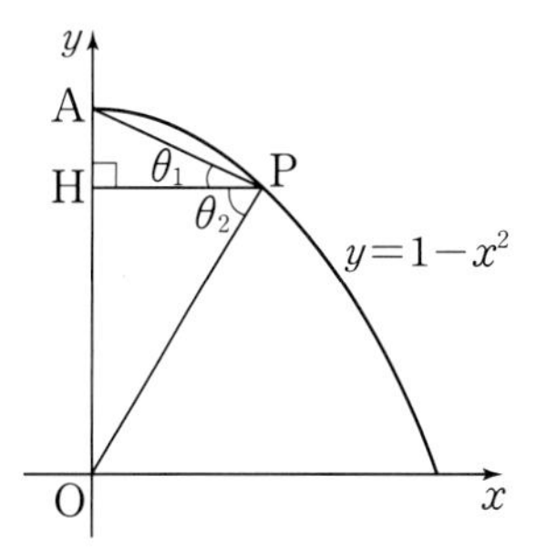

20

2015학년도 3월 학평–B형 12번

그림과 같이 원점에서 x축에 접하는 원 C가 있다. 원 C와 직선 $y=\frac{2}{3}x$가 만나는 점 중 원점이 아닌 점을 P라 할 때, 원 C 위의 점 P에서의 접선의 기울기는? [3점]

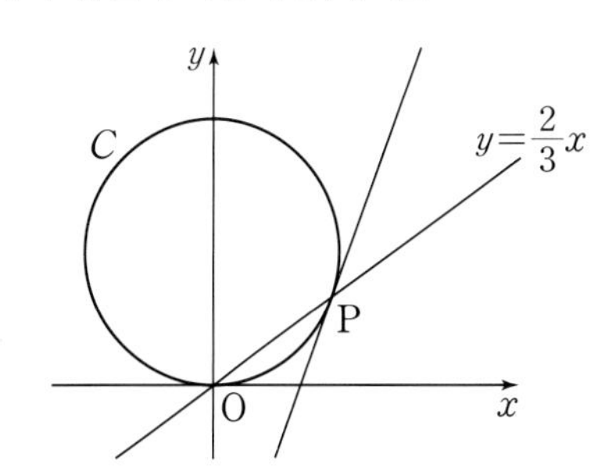

① $\frac{4}{3}$ ② $\frac{8}{5}$ ③ $\frac{28}{15}$
④ $\frac{32}{15}$ ⑤ $\frac{12}{5}$

21

2016학년도 3월 학평-가형 26번

그림과 같이 기울기가 $-\frac{1}{3}$인 직선 l이 원 $x^2+y^2=1$과 점 A에서 접하고, 기울기가 1인 직선 m이 원 $x^2+y^2=1$과 점 B에서 접한다. $100\cos^2(\angle \mathrm{AOB})$의 값을 구하시오.

(단, O는 원점이다.) [4점]

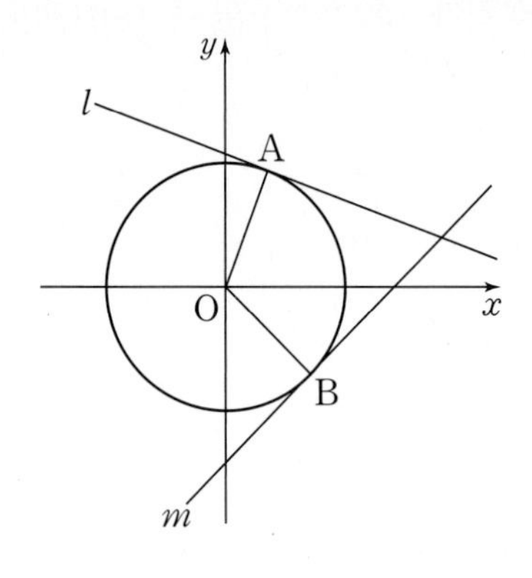

22

2022학년도 4월 학평 29번

그림과 같이 좌표평면 위의 제2사분면에 있는 점 A를 지나고 기울기가 각각 m_1, $m_2\,(0<m_1<m_2<1)$인 두 직선을 l_1, l_2라 하고, 직선 l_1을 y축에 대하여 대칭이동한 직선을 l_3이라 하자. 직선 l_3이 두 직선 l_1, l_2와 만나는 점을 각각 B, C라 하면 삼각형 ABC가 다음 조건을 만족시킨다.

> (가) $\overline{\mathrm{AB}}=12$, $\overline{\mathrm{AC}}=9$
> (나) 삼각형 ABC의 외접원의 반지름의 길이는 $\frac{15}{2}$이다.

$78\times m_1\times m_2$의 값을 구하시오. [4점]

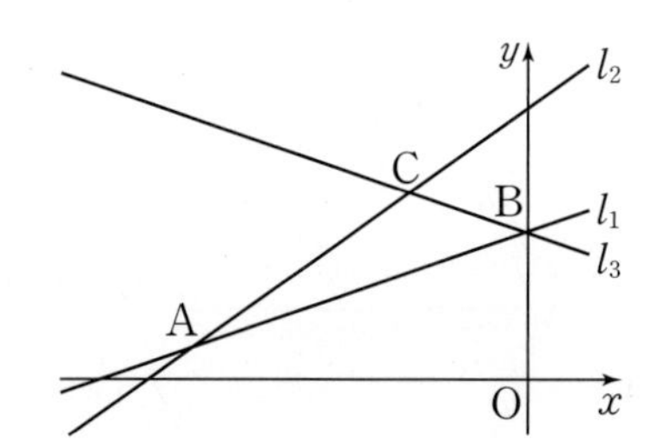

23

2019학년도 4월 학평-가형 29번

그림과 같이 중심이 점 A(1, 0)이고 반지름의 길이가 1인 원 C_1과 중심이 점 B(−2, 0)이고 반지름의 길이가 2인 원 C_2가 있다. y축 위의 점 P(0, a)($a>\sqrt{2}$)에서 원 C_1에 그은 접선 중 y축이 아닌 직선이 원 C_1과 접하는 점을 Q, 원 C_2에 그은 접선 중 y축이 아닌 직선이 원 C_2와 접하는 점을 R라 하고 $\angle \mathrm{RPQ}=\theta$라 하자. $\tan\theta=\frac{4}{3}$일 때, $(a-3)^2$의 값을 구하시오. [4점]

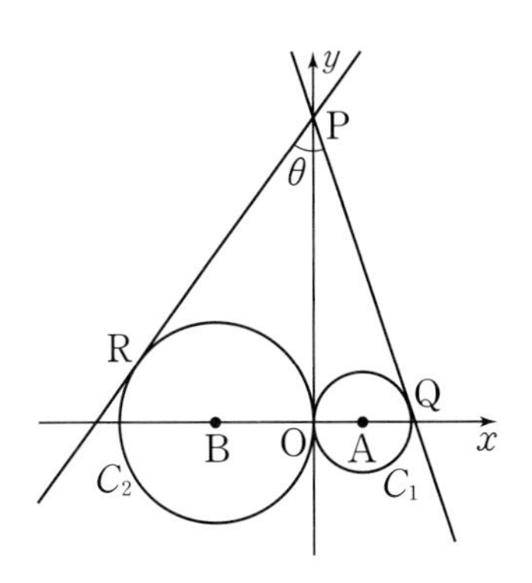

24

2016학년도 3월 학평-가형 18번

좌표평면에 중심이 원점 O이고 반지름의 길이가 3인 원 C_1과 중심이 점 A(t, 6)이고 반지름의 길이가 3인 원 C_2가 있다. 그림과 같이 기울기가 양수인 직선 l이 선분 OA와 만나고, 두 원 C_1, C_2에 각각 접할 때, 다음은 직선 l의 기울기를 t에 대한 식으로 나타내는 과정이다. (단, $t>6$)

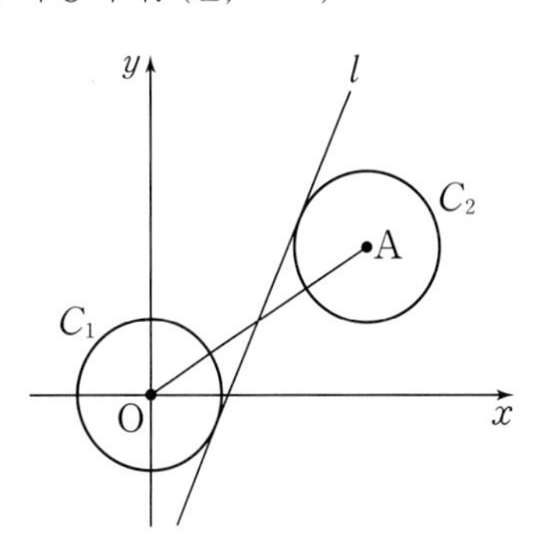

> 직선 OA가 x축의 양의 방향과 이루는 각의 크기를 α, 점 O를 지나고 직선 l에 평행한 직선 m이 직선 OA와 이루는 예각의 크기를 β라 하면
>
> $\tan\alpha=\frac{6}{t}$
>
> $\tan\beta=$ (가)
>
> 이다.
>
> 직선 l이 x축의 양의 방향과 이루는 각의 크기를 θ라 하면
>
> $\theta=\alpha+\beta$
>
> 이므로
>
> $\tan\theta=$ (나)
>
> 이다.
>
> 따라서 직선 l의 기울기는 (나) 이다.

위의 (가), (나)에 알맞은 식을 각각 $f(t)$, $g(t)$라 할 때, $\frac{g(8)}{f(7)}$의 값은? [4점]

① 2 ② $\frac{5}{2}$ ③ 3 ④ $\frac{7}{2}$ ⑤ 4

10~11일차

한눈에 정리하는 평가원 기출 경향

주제 \ 학년도	2025	2024	2023

삼각함수의 극한과 연속

2025

06 2025학년도 수능 (홀) 23번

$\lim_{x \to 0} \frac{3x}{\sin^2 x}$의 값은? [2점]

① 1 ② 2 ③ 3 ④ 4 ⑤ 5

01 2025학년도 9월 모평 23번

$\lim_{x \to 0} \frac{\sin 5x}{x}$의 값은? [2점]

① 1 ② 2 ③ 3 ④ 4 ⑤ 5

빈출 삼각함수의 극한의 활용

2024

16 2024학년도 6월 모평 27번

실수 $t\,(0<t<\pi)$에 대하여 곡선 $y=\sin x$ 위의 점 $\mathrm{P}(t, \sin t)$에서의 접선과 점 P를 지나고 기울기가 -1인 직선이 이루는 예각의 크기를 θ라 할 때, $\lim_{t \to \pi-} \frac{\tan \theta}{(\pi-t)^2}$의 값은? [3점]

① $\frac{1}{16}$ ② $\frac{1}{8}$ ③ $\frac{1}{4}$ ④ $\frac{1}{2}$ ⑤ 1

2023

17 2023학년도 수능 (홀) 28번

그림과 같이 중심이 O이고 길이가 2인 선분 AB를 지름으로 하는 반원 위에 $\angle \mathrm{AOC}=\frac{\pi}{2}$인 점 C가 있다. 호 BC 위에 점 P와 호 CA 위에 점 Q를 $\overline{\mathrm{PB}}=\overline{\mathrm{QC}}$가 되도록 잡고, 선분 AP 위에 점 R를 $\angle \mathrm{CQR}=\frac{\pi}{2}$가 되도록 잡는다. 선분 AP와 선분 CO의 교점을 S라 하자. $\angle \mathrm{PAB}=\theta$일 때, 삼각형 POB의 넓이를 $f(\theta)$, 사각형 CQRS의 넓이를 $g(\theta)$라 하자.
$\lim_{\theta \to 0+} \frac{3f(\theta)-2g(\theta)}{\theta^2}$의 값은? $\left(단, 0<\theta<\frac{\pi}{4}\right)$ [4점]

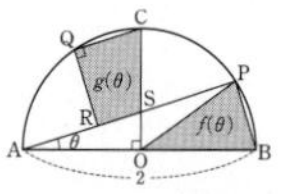

24 2023학년도 9월 모평 28번

그림과 같이 반지름의 길이가 1이고 중심각의 크기가 $\frac{\pi}{2}$인 부채꼴 OAB가 있다. 호 AB 위의 점 P에 대하여 $\overline{\mathrm{PA}}=\overline{\mathrm{PC}}=\overline{\mathrm{PD}}$가 되도록 호 PB 위에 점 C와 선분 OA 위에 점 D를 잡는다. 점 D를 지나고 선분 OP와 평행한 직선이 선분 PA와 만나는 점을 E라 하자. $\angle \mathrm{POA}=\theta$일 때, 삼각형 CDP의 넓이를 $f(\theta)$, 삼각형 EDA의 넓이를 $g(\theta)$라 하자.
$\lim_{\theta \to 0+} \frac{g(\theta)}{\theta^2 \times f(\theta)}$의 값은? $\left(단, 0<\theta<\frac{\pi}{4}\right)$ [4점]

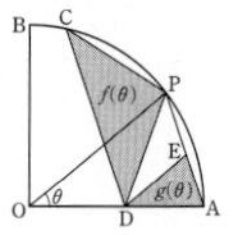

39 2023학년도 6월 모평 29번

그림과 같이 반지름의 길이가 1이고 중심각의 크기가 $\frac{\pi}{2}$인 부채꼴 OAB가 있다. 호 AB 위의 점 P에서 선분 OA에 내린 수선의 발을 H라 하고, $\angle \mathrm{OAP}$를 이등분하는 직선과 세 선분 HP, OP, OB의 교점을 각각 Q, R, S라 하자. $\angle \mathrm{APH}=\theta$일 때, 삼각형 AQH의 넓이를 $f(\theta)$, 삼각형 PSR의 넓이를 $g(\theta)$라 하자. $\lim_{\theta \to 0+} \frac{\theta^3 \times g(\theta)}{f(\theta)}=k$일 때, $100k$의 값을 구하시오.

$\left(단, 0<\theta<\frac{\pi}{4}\right)$ [4점]

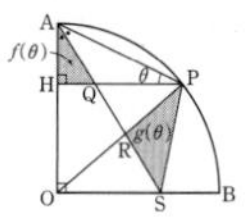

삼각함수의 도함수

2022 ~ 2014

12
2021학년도 6월 모평 가형 10번

실수 전체의 집합에서 연속인 함수 $f(x)$가 모든 실수 x에 대하여

$$(e^{3x}-1)^2 f(x)=a-4\cos\frac{\pi}{2}x$$

를 만족시킬 때, $a\times f(0)$의 값은? (단, a는 상수이다.) [3점]

04
2017학년도 6월 모평 가형 22번

$\lim_{x\to0}\frac{\sin 2x}{x\cos x}$의 값을 구하시오. [3점]

07
2016학년도 수능 B형(홀) 2번

$\lim_{x\to0}\frac{\ln(1+5x)}{\sin 3x}$의 값은? [2점]

① 1 ② $\frac{4}{3}$ ③ $\frac{5}{3}$ ④ 2 ⑤ $\frac{7}{3}$

05
2016학년도 9월 모평 B형 2번

$\lim_{x\to0}\frac{\tan x}{xe^x}$의 값은? [2점]

① 1 ② 2 ③ 3 ④ 4 ⑤ 5

40
2022학년도 수능 (홀) 29번

그림과 같이 길이가 2인 선분 AB를 지름으로 하는 반원이 있다. 호 AB 위에 두 점 P, Q를 $\angle PAB=\theta$, $\angle QBA=2\theta$가 되도록 잡고, 두 선분 AP, BQ의 교점을 R라 하자.
선분 AB 위의 점 S, 선분 BR 위의 점 T, 선분 AR 위의 점 U를 선분 UT가 선분 AB에 평행하고 삼각형 STU가 정삼각형이 되도록 잡는다. 두 선분 AR, QR와 호 AQ로 둘러싸인 부분의 넓이를 $f(\theta)$, 삼각형 STU의 넓이를 $g(\theta)$라 할 때,
$\lim_{\theta\to0+}\frac{g(\theta)}{\theta\times f(\theta)}=\frac{q}{p}\sqrt{3}$이다. $p+q$의 값을 구하시오.
(단, $0<\theta<\frac{\pi}{6}$이고, p와 q는 서로소인 자연수이다.) [4점]

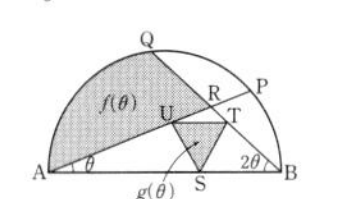

18
2022학년도 6월 모평 28번

그림과 같이 길이가 2인 선분 AB를 지름으로 하는 반원의 호 AB 위에 점 P가 있다. 선분 AB의 중점을 O라 할 때, 점 B를 지나고 선분 AB에 수직인 직선이 직선 OP와 만나는 점을 Q라 하고, $\angle OQB$의 이등분선이 직선 AP와 만나는 점을 R라 하자. $\angle OAP=\theta$일 때, 삼각형 OAP의 넓이를 $f(\theta)$, 삼각형 PQR의 넓이를 $g(\theta)$라 하자. $\lim_{\theta\to0+}\frac{g(\theta)}{\theta^4\times f(\theta)}$의 값은? $\left(단,\ 0<\theta<\frac{\pi}{4}\right)$ [4점]

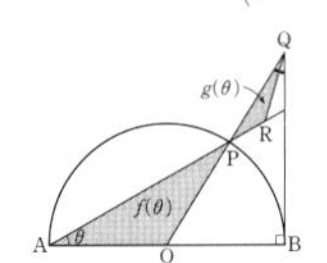

28
2021학년도 수능 가형(홀) 24번

그림과 같이 $\overline{AB}=2$, $\angle B=\frac{\pi}{2}$인 직각삼각형 ABC에서 중심이 A, 반지름의 길이가 1인 원이 두 선분 AB, AC와 만나는 점을 각각 D, E라 하자.
호 DE의 삼등분점 중 점 D에 가까운 점을 F라 하고, 직선 AF가 선분 BC와 만나는 점을 G라 하자.
$\angle BAG=\theta$라 할 때, 삼각형 ABG의 내부와 부채꼴 ADF의 외부의 공통부분의 넓이를 $f(\theta)$, 부채꼴 AFE의 넓이를 $g(\theta)$라 하자. $40\times\lim_{\theta\to0+}\frac{f(\theta)}{g(\theta)}$의 값을 구하시오. $\left(단,\ 0<\theta<\frac{\pi}{6}\right)$ [3점]

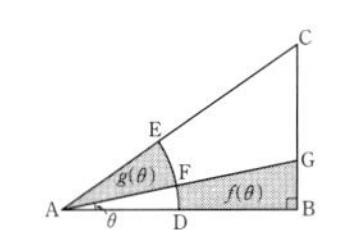

39
2021학년도 9월 모평 가형 28번

그림과 같이 길이가 2인 선분 AB를 지름으로 하는 반원이 있다. 선분 AB의 중점을 O라 할 때, 호 AB 위에 두 점 P, Q를 $\angle POA=\theta$, $\angle QOB=2\theta$가 되도록 잡는다. 두 선분 PB, OQ의 교점을 R라 하고, 점 R에서 선분 PQ에 내린 수선의 발을 H라 하자. 삼각형 POR의 넓이를 $f(\theta)$, 두 선분 RQ, RB와 호 QB로 둘러싸인 부분의 넓이를 $g(\theta)$라 할 때, $\lim_{\theta\to0+}\frac{f(\theta)+g(\theta)}{\overline{RH}}=\frac{q}{p}$이다. $p+q$의 값을 구하시오.
$\left(단,\ 0<\theta<\frac{\pi}{3}이고,\ p와\ q는\ 서로소인\ 자연수이다.\right)$ [4점]

38
2021학년도 6월 모평 가형 28번

그림과 같이 $\overline{AB}=1$, $\overline{BC}=2$인 두 선분 AB, BC에 대하여 선분 BC의 중점을 M, 점 M에서 선분 AB에 내린 수선의 발을 H라 하자. 중심이 M이고 반지름의 길이가 $\overline{MH}$인 원이 선분 AM과 만나는 점을 D, 선분 HC가 선분 DM과 만나는 점을 E라 하자. $\angle ABC=\theta$라 할 때, 삼각형 CDE의 넓이를 $f(\theta)$, 삼각형 MEH의 넓이를 $g(\theta)$라 하자. $\lim_{\theta\to0+}\frac{f(\theta)-g(\theta)}{\theta^3}=a$일 때, $80a$의 값을 구하시오. $\left(단,\ 0<\theta<\frac{\pi}{2}\right)$ [4점]

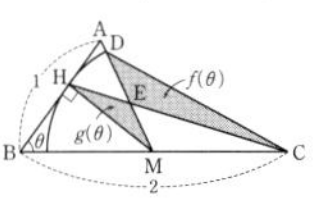

17
2020학년도 수능 가형(홀) 24번

좌표평면에서 곡선 $y=\sin x$ 위의 점 $P(t,\ \sin t)(0<t<\pi)$를 중심으로 하고 x축에 접하는 원을 C라 하자. 원 C가 x축에 접하는 점을 Q, 선분 OP와 만나는 점을 R라 하자.
$\lim_{t\to0+}\frac{\overline{OQ}}{\overline{OR}}=a+b\sqrt{2}$일 때, $a+b$의 값을 구하시오.
(단, O는 원점이고, a, b는 정수이다.) [3점]

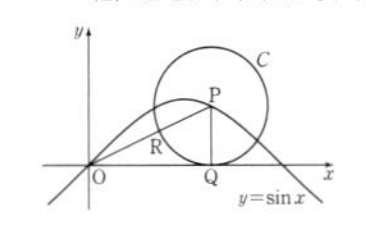

27
2020학년도 9월 모평 가형 20번

그림과 같이 반지름의 길이가 1이고 중심각의 크기가 $\frac{\pi}{2}$인 부채꼴 OAB가 있다. 호 AB 위의 점 P에서 선분 OA에 내린 수선의 발을 H, 점 P에서 호 AB에 접하는 직선과 직선 OA의 교점을 Q라 하자. 점 Q를 중심으로 하고 반지름의 길이가 $\overline{QA}$인 원과 선분 PQ의 교점을 R라 하자. $\angle POA=\theta$일 때, 삼각형 OHP의 넓이를 $f(\theta)$, 부채꼴 QRA의 넓이를 $g(\theta)$라 하자. $\lim_{\theta\to0+}\frac{\sqrt{g(\theta)}}{\theta\times f(\theta)}$의 값은? $\left(단,\ 0<\theta<\frac{\pi}{2}\right)$ [4점]

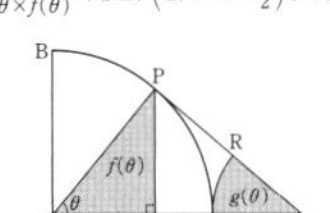

37
2020학년도 6월 모평 가형 28번

그림과 같이 길이가 2인 선분 AB를 지름으로 하는 반원의 호 AB 위에 점 P가 있다. 중심이 A이고 반지름의 길이가 $\overline{AP}$인 원과 선분 AB의 교점을 Q라 하자. 호 PB 위에 점 R를 호 PR와 호 RB의 길이의 비가 3 : 7이 되도록 잡는다. 선분 AB의 중점을 O라 할 때, 선분 OR와 호 PQ의 교점을 T, 점 O에서 선분 AP에 내린 수선의 발을 H라 하자. 세 선분 PH, HO, OT와 호 TP로 둘러싸인 부분의 넓이를 S_1, 두 선분 RT, QB와 두 호 TQ, BR로 둘러싸인 부분의 넓이를 S_2라 하자.
$\angle PAB=\theta$라 할 때, $\lim_{\theta\to0+}\frac{S_1-S_2}{\overline{OH}}=a$이다. $50a$의 값을 구하시오. $\left(단,\ 0<\theta<\frac{\pi}{4}\right)$ [4점]

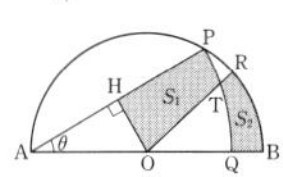

31
2019학년도 수능 가형(홀) 18번

그림과 같이 $\overline{AB}=1$, $\angle B=\frac{\pi}{2}$인 직각삼각형 ABC에서 $\angle C$를 이등분하는 직선과 선분 AB의 교점을 D, 중심이 A이고 반지름의 길이가 $\overline{AD}$인 원과 선분 AC의 교점을 E라 하자.
$\angle A=\theta$일 때, 부채꼴 ADE의 넓이를 $S(\theta)$, 삼각형 BCE의 넓이를 $T(\theta)$라 하자. $\lim_{\theta\to0+}\frac{\{S(\theta)\}^2}{T(\theta)}$의 값은? [4점]

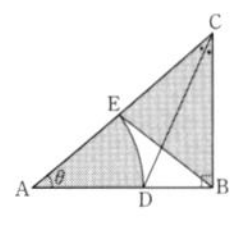

20
2019학년도 9월 모평 가형 19번

자연수 n에 대하여 중심이 원점 O이고 점 $P(2^n,\ 0)$을 지나는 원 C가 있다. 원 C 위에 점 Q를 호 PQ의 길이가 π가 되도록 잡는다. 점 Q에서 x축에 내린 수선의 발을 H라 할 때, $\lim_{n\to\infty}(\overline{OQ}\times\overline{HP})$의 값은? [4점]

① $\frac{\pi^2}{2}$ ② $\frac{3}{4}\pi^2$ ③ π^2 ④ $\frac{5}{4}\pi^2$ ⑤ $\frac{3}{2}\pi^2$

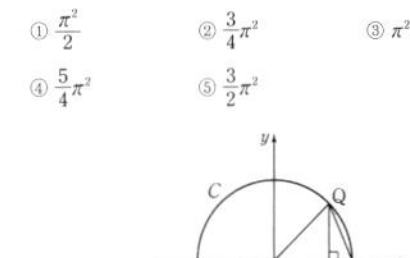
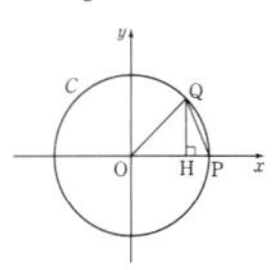

23
2019학년도 6월 모평 가형 16번

그림과 같이 반지름의 길이가 1이고 중심각의 크기가 $\frac{\pi}{2}$인 부채꼴 OAB가 있다. 호 AB 위의 점 P에서 선분 OA에 내린 수선의 발을 H라 하고, 호 BP 위에 점 Q를 $\angle POH=\angle PHQ$가 되도록 잡는다. $\angle POH=\theta$일 때, 삼각형 OHQ의 넓이를 $S(\theta)$라 하자. $\lim_{\theta\to0+}\frac{S(\theta)}{\theta}$의 값은? $\left(단,\ 0<\theta<\frac{\pi}{6}\right)$ [4점]

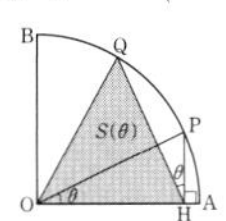

01
2018학년도 수능 가형(홀) 17번

그림과 같이 한 변의 길이가 1인 마름모 ABCD가 있다. 점 C에서 선분 AB의 연장선에 내린 수선의 발을 E, 점 E에서 선분 AC에 내린 수선의 발을 F, 선분 EF와 선분 BC의 교점을 G라 하자. $\angle DAB=\theta$일 때, 삼각형 CFG의 넓이를 $S(\theta)$라 하자. $\lim_{\theta\to0+}\frac{S(\theta)}{\theta^5}$의 값은? $\left(단,\ 0<\theta<\frac{\pi}{2}\right)$ [4점]

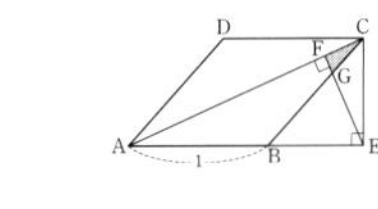

22
2018학년도 6월 모평 가형 28번

그림과 같이 반지름의 길이가 1이고 중심각의 크기가 θ인 부채꼴 OAB에서 호 AB의 삼등분점 중 점 A에 가까운 점을 C라 하자. 변 DE가 선분 OA 위에 있고, 꼭짓점 G, F가 각각 선분 OC, 호 AC 위에 있는 정사각형 DEFG의 넓이를 $f(\theta)$라 하자. 점 D에서 선분 OB에 내린 수선의 발을 P, 선분 DP와 선분 OC가 만나는 점을 Q라 할 때, 삼각형 OQP의 넓이를 $g(\theta)$라 하자. $\lim_{\theta\to0+}\frac{f(\theta)}{\theta\times g(\theta)}=k$일 때, $60k$의 값을 구하시오.
$\left(단,\ 0<\theta<\frac{\pi}{2}이고,\ \overline{OD}<\overline{OE}이다.\right)$ [4점]

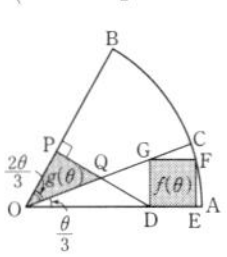

19
2017학년도 수능 가형(홀) 14번

그림과 같이 반지름의 길이가 1이고 중심각의 크기가 $\frac{\pi}{2}$인 부채꼴 OAB가 있다. 호 AB 위의 점 P에서 선분 OA에 내린 수선의 발을 H, 선분 PH와 선분 AB의 교점을 Q라 하자.
$\angle POH=\theta$일 때, 삼각형 AQH의 넓이를 $S(\theta)$라 하자.
$\lim_{\theta\to0+}\frac{S(\theta)}{\theta^4}$의 값은? $\left(단,\ 0<\theta<\frac{\pi}{2}\right)$ [4점]

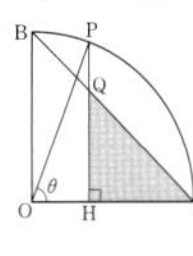

22
2017학년도 9월 모평 가형 20번

그림과 같이 한 변의 길이가 1인 정사각형 ABCD가 있다. 변 CD 위의 점 E에 대하여 선분 DE를 지름으로 하는 원과 직선 BE가 만나는 점 중 E가 아닌 점을 F라 하자. $\angle EBC=\theta$라 할 때, 점 E를 포함하지 않는 호 DF를 이등분하는 점과 선분 DF의 중점을 지름의 양 끝점으로 하는 원의 반지름의 길이를 $r(\theta)$라 하자. $\lim_{\theta\to\frac{\pi}{4}-}\frac{r(\theta)}{\frac{\pi}{4}-\theta}$의 값은? $\left(단,\ 0<\theta<\frac{\pi}{4}\right)$ [4점]

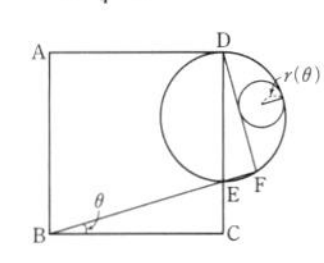

36
2016학년도 6월 모평 B형 29번

그림과 같이 길이가 1인 선분 AB를 지름으로 하는 반원 위에 점 C를 잡고 $\angle BAC=\theta$라 하자. 호 BC와 두 선분 AB, AC에 동시에 접하는 원의 반지름의 길이를 $f(\theta)$라 할 때,

$$\lim_{\theta\to0+}\frac{\tan\frac{\theta}{2}-f(\theta)}{\theta^2}=a$$

이다. $100a$의 값을 구하시오. $\left(단,\ 0<\theta<\frac{\pi}{4}\right)$ [4점]

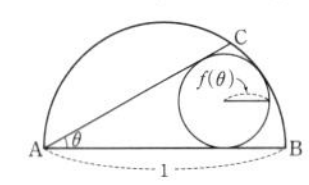

10
2015학년도 수능 B형(홀) 20번

그림과 같이 반지름의 길이가 1인 원에 외접하고 $\angle CAB=\angle BCA=\theta$인 이등변삼각형 ABC가 있다. 선분 AB의 연장선 위에 점 A가 아닌 점 D를 $\angle DCB=\theta$가 되도록 잡는다. 삼각형 BCD의 넓이를 $S(\theta)$라 할 때, $\lim_{\theta\to0+}\{\theta\times S(\theta)\}$의 값은? $\left(단,\ 0<\theta<\frac{\pi}{4}\right)$ [4점]

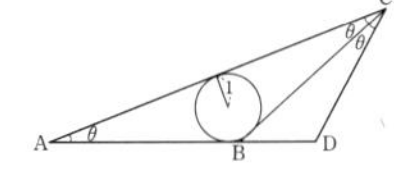

06
2015학년도 9월 모평 B형 28번

그림과 같이 서로 평행한 두 직선 l_1과 l_2 사이의 거리가 1이다. 직선 l_1 위의 점 A에 대하여 직선 l_2 위에 점 B를 선분 AB와 직선 l_1이 이루는 각의 크기가 θ가 되도록 잡고, 직선 l_1 위에 점 C를 $\angle ABC=4\theta$가 되도록 잡는다. 직선 l_2 위에 점 D를 $\angle BCD=2\theta$이고 선분 CD가 선분 AB와 만나지 않도록 잡는다. 삼각형 ABC의 넓이를 T_1, 삼각형 BCD의 넓이를 T_2라 할 때, $\lim_{\theta\to0+}\frac{T_1}{T_2}$의 값을 구하시오. $\left(단,\ 0<\theta<\frac{\pi}{10}\right)$ [4점]

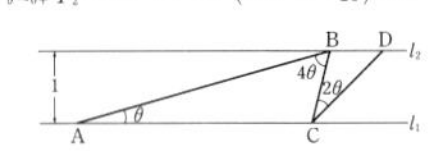

05
2014학년도 수능 B형(홀) 28번

그림과 같이 길이가 4인 선분 AB를 한 변으로 하고, $\overline{AC}=\overline{BC}$, $\angle ACB=\theta$인 이등변삼각형 ABC가 있다. 선분 AB의 연장선 위에 $\overline{AC}=\overline{AD}$인 점 D를 잡고, $\overline{AC}=\overline{AP}$이고 $\angle PAB=2\theta$인 점 P를 잡는다. 삼각형 BDP의 넓이를 $S(\theta)$라 할 때, $\lim_{\theta\to0+}(\theta\times S(\theta))$의 값을 구하시오. $\left(단,\ 0<\theta<\frac{\pi}{6}\right)$ [4점]

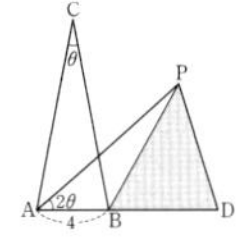

04
2014학년도 9월 모평 B형 29번

그림과 같이 길이가 1인 선분 AB를 빗변으로 하고 $\angle BAC=\theta\left(0<\theta<\frac{\pi}{6}\right)$인 직각삼각형 ABC에 대하여 점 D를

$\angle ACD=\frac{2}{3}\pi$, $\angle CAD=2\theta$

가 되도록 잡는다. 삼각형 BCD의 넓이를 $S(\theta)$라 할 때,
$\lim_{\theta\to0+}\frac{S(\theta)}{\theta^2}=p$이다. $300p^2$의 값을 구하시오.
(단, 네 점 A, B, C, D는 한 평면 위에 있다.) [4점]

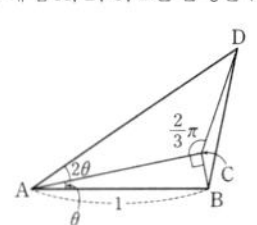

35
2019학년도 수능 가형(홀) 20번

점 $\left(-\frac{\pi}{2},\ 0\right)$에서 곡선 $y=\sin x\,(x>0)$에 접선을 그어 접점의 x좌표를 작은 수부터 크기순으로 모두 나열할 때, n번째 수를 a_n이라 하자. 모든 자연수 n에 대하여 〈보기〉에서 옳은 것만을 있는 대로 고른 것은? [4점]

〈보기〉

ㄱ. $\tan a_n=a_n+\frac{\pi}{2}$
ㄴ. $\tan a_{n+2}-\tan a_n>2\pi$
ㄷ. $a_{n+1}+a_{n+2}>a_n+a_{n+3}$

28
2015학년도 9월 모평 B형 3번

함수 $f(x)=\sin x-4x$에 대하여 $f'(0)$의 값은? [2점]

① -5 ② -4 ③ -3 ④ -2 ⑤ -1

10~11 일차

삼각함수의 극한과 활용

1 삼각함수의 극한

(1) 실수 a에 대하여 $\lim_{x\to a}\sin x=\sin a$, $\lim_{x\to a}\cos x=\cos a$

(2) $a\neq n\pi+\frac{\pi}{2}$ (n은 정수)인 실수 a에 대하여 $\lim_{x\to a}\tan x=\tan a$

예 $\lim_{x\to\frac{\pi}{2}}\sin x=\sin\frac{\pi}{2}=1$, $\lim_{x\to 0}\cos x=\cos 0=1$, $\lim_{x\to\frac{\pi}{3}}\tan x=\tan\frac{\pi}{3}=\sqrt{3}$

• 두 삼각함수 $y=\sin x$, $y=\cos x$는 실수 전체의 집합에서 연속이고, 삼각함수 $y=\tan x$는 $x\neq n\pi+\frac{\pi}{2}$ (n은 정수)인 실수의 집합에서 연속이다.

2 함수 $\frac{\sin x}{x}$, 함수 $\frac{\tan x}{x}$의 극한

x의 단위가 라디안일 때

(1) $\lim_{x\to 0}\frac{\sin x}{x}=1$　　(2) $\lim_{x\to 0}\frac{\tan x}{x}=1$

참고 (1) $\lim_{x\to 0}\frac{\sin bx}{ax}=\lim_{x\to 0}\frac{\sin bx}{bx}\times\frac{b}{a}=\frac{b}{a}$ (단, a, b는 0이 아닌 상수)

(2) $\lim_{x\to 0}\frac{\tan bx}{ax}=\lim_{x\to 0}\frac{\tan bx}{bx}\times\frac{b}{a}=\frac{b}{a}$ (단, a, b는 0이 아닌 상수)

예 (1) $\lim_{x\to 0}\frac{\sin 2x}{x}=\lim_{x\to 0}\frac{\sin 2x}{2x}\times 2=1\times 2=2$　　(2) $\lim_{x\to 0}\frac{\tan x}{3x}=\lim_{x\to 0}\frac{\tan x}{x}\times\frac{1}{3}=1\times\frac{1}{3}=\frac{1}{3}$

• $\lim_{x\to 0}\frac{\cos x}{x}$의 값은 존재하지 않는다.

• 삼각함수의 극한에서 $x\to 0$이 아니면 치환하여 푼다. 즉, $x\to a$이면 $x-a=t$로, $x\to\infty$이면 $\frac{1}{x}=t$로 치환한다.

3 삼각함수의 극한의 활용

함수의 그래프나 도형에서 선분의 길이, 도형의 넓이 등을 주어진 각에 대한 삼각함수로 나타낸 후 삼각함수의 극한을 이용한다.

중3 수학 I 다시보기

선분의 길이, 도형의 넓이 등을 구하는 과정에서 다음을 이용하므로 기억하자.

• 내접원과 삼각형의 넓이

삼각형 ABC의 내접원의 반지름의 길이를 r라 하면 삼각형 ABC의 넓이 S는

$$S=\frac{1}{2}r(a+b+c)$$

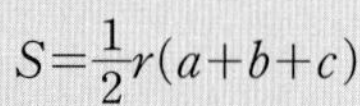

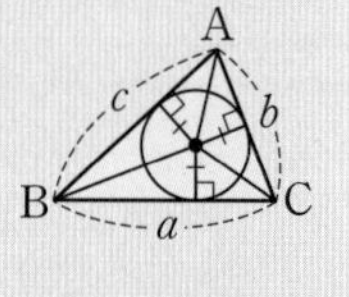

• 부채꼴의 호의 길이와 넓이

반지름의 길이가 r, 중심각의 크기가 θ(라디안)인 부채꼴의 호의 길이를 l, 넓이를 S라 하면

$$l=r\theta,\ S=\frac{1}{2}r^2\theta$$

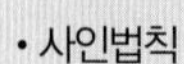

• 사인법칙

삼각형 ABC의 외접원의 반지름의 길이를 R라 하면

$$\frac{a}{\sin A}=\frac{b}{\sin B}=\frac{c}{\sin C}=2R$$

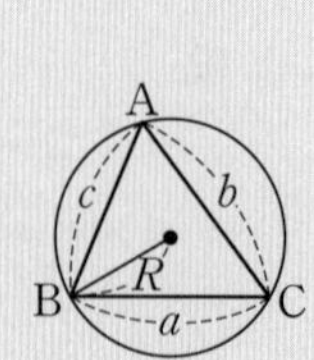

• 삼각형의 넓이

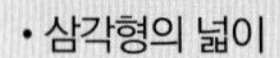

삼각형 ABC의 넓이를 S라 하면

$$S=\frac{1}{2}ab\sin C=\frac{1}{2}bc\sin A=\frac{1}{2}ca\sin B$$

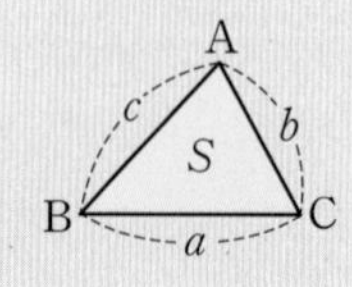

• $\pi\pm\theta$, $\frac{\pi}{2}\pm\theta$의 삼각함수

(1) $\sin(\pi\pm\theta)=\mp\sin\theta$, $\cos(\pi\pm\theta)=-\cos\theta$, $\tan(\pi\pm\theta)=\pm\tan\theta$ (복부호 동순)

(2) $\sin\left(\frac{\pi}{2}\pm\theta\right)=\cos\theta$, $\cos\left(\frac{\pi}{2}\pm\theta\right)=\mp\sin\theta$, $\tan\left(\frac{\pi}{2}\pm\theta\right)=\mp\frac{1}{\tan\theta}$ (복부호 동순)

4 삼각함수의 도함수

(1) $y=\sin x$이면 $y'=\cos x$　　(2) $y=\cos x$이면 $y'=-\sin x$

예 $y=2\sin x+\cos x$이면 $y'=2\cos x-\sin x$

• 해설편 178쪽

유형 01 삼각함수의 극한

01 대표 문제

2025학년도 9월 모평 23번

$\lim_{x \to 0} \frac{\sin 5x}{x}$의 값은? [2점]

① 1 ② 2 ③ 3 ④ 4 ⑤ 5

02

2015학년도 7월 학평–B형 22번

$\lim_{x \to 0} \frac{\sin^2 x}{1-\cos x}$의 값을 구하시오. [3점]

03

2014학년도 3월 학평–B형 3번

$\lim_{x \to 0} \frac{3x+\tan x}{x}$의 값은? [2점]

① 1 ② 2 ③ 3 ④ 4 ⑤ 5

04

2017학년도 6월 모평 가형 22번

$\lim_{x \to 0} \frac{\sin 2x}{x \cos x}$의 값을 구하시오. [3점]

05

2016학년도 9월 모평 B형 2번

$\lim_{x \to 0} \frac{\tan x}{xe^x}$의 값은? [2점]

① 1 ② 2 ③ 3 ④ 4 ⑤ 5

06

2025학년도  (홀) 23번

$\lim_{x \to 0} \frac{3x^2}{\sin^2 x}$의 값은? [2점]

① 1 ② 2 ③ 3 ④ 4 ⑤ 5

07

2016학년도 수능 B형(홀) 2번

$\lim_{x \to 0} \frac{\ln(1+5x)}{\sin 3x}$의 값은? [2점]

① 1　② $\frac{4}{3}$　③ $\frac{5}{3}$　④ 2　⑤ $\frac{7}{3}$

08

2017학년도 3월 학평-가형 23번

함수 $f(\theta)=1-\frac{1}{1+2\sin\theta}$일 때, $\lim_{\theta \to 0} \frac{10f(\theta)}{\theta}$의 값을 구하시오. [3점]

09

2015학년도 4월 학평-B형 24번

함수 $f(x)$에 대하여 $\lim_{x \to 0} f(x)\left(1-\cos\frac{x}{2}\right)=1$일 때, $\lim_{x \to 0} x^2 f(x)$의 값을 구하시오. [3점]

유형 02 삼각함수의 연속

10 대표 문제

2019학년도 3월 학평-가형 13번

$0 \le x \le \pi$에서 정의된 함수

$$f(x)=\begin{cases} 2\cos x \tan x + a & \left(x \ne \frac{\pi}{2}\right) \\ 3a & \left(x = \frac{\pi}{2}\right) \end{cases}$$

가 $x=\frac{\pi}{2}$에서 연속일 때, 함수 $f(x)$의 최댓값과 최솟값의 합은? (단, a는 상수이다.) [3점]

① $\frac{5}{2}$　② 3　③ $\frac{7}{2}$　④ 4　⑤ $\frac{9}{2}$

11

2013학년도 4월 학평-B형 10번

함수

$$f(x)=\begin{cases} \frac{e^x-\sin 2x-a}{3x} & (x \ne 0) \\ b & (x=0) \end{cases}$$

가 $x=0$에서 연속일 때, 두 상수 a, b에 대하여 $a+b$의 값은? [3점]

① $\frac{1}{3}$　② $\frac{2}{3}$　③ 1　④ $\frac{4}{3}$　⑤ $\frac{5}{3}$

12

2021학년도 6월 모평 가형 10번

실수 전체의 집합에서 연속인 함수 $f(x)$가 모든 실수 x에 대하여

$$(e^{2x}-1)^2 f(x)=a-4\cos\frac{\pi}{2}x$$

를 만족시킬 때, $a\times f(0)$의 값은? (단, a는 상수이다.) [3점]

① $\frac{\pi^2}{6}$　② $\frac{\pi^2}{5}$　③ $\frac{\pi^2}{4}$　④ $\frac{\pi^2}{3}$　⑤ $\frac{\pi^2}{2}$

13

2014학년도 4월 학평-B형 17번

함수

$$f(x)=\begin{cases} x^2 & (|x|<1) \\ x^2-4|x|+3 & (|x|\geq 1) \end{cases}$$

에 대하여 옳은 것만을 〈보기〉에서 있는 대로 고른 것은? [4점]

〈 보기 〉

ㄱ. 함수 $f(x)$가 불연속인 점은 2개이다.

ㄴ. 함수 $y=f(x)\cos\frac{\pi}{2}x$는 $x=-1$과 $x=1$에서 연속이다.

ㄷ. 함수 $y=f(x)f(x-a)$가 실수 전체의 집합에서 연속이 되도록 하는 상수 a는 없다.

① ㄱ　② ㄷ　③ ㄱ, ㄴ　④ ㄴ, ㄷ　⑤ ㄱ, ㄴ, ㄷ

14

2013학년도 4월 학평-B형 15번

열린구간 $(-2, 2)$에서 정의된 함수 $y=f(x)$의 그래프가 그림과 같을 때, 옳은 것만을 〈보기〉에서 있는 대로 고른 것은? [4점]

〈 보기 〉

ㄱ. $\lim_{x\to -1+}\{f(x)+f(-x)\}=0$

ㄴ. $\lim_{x\to 0}f(x)\sin\frac{1}{x}=0$

ㄷ. $g(x)=\sin\pi x$라 할 때, 함수 $(g\circ f)(x)$는 열린구간 $(-2, 2)$에서 연속이다.

① ㄱ　② ㄷ　③ ㄱ, ㄴ　④ ㄴ, ㄷ　⑤ ㄱ, ㄴ, ㄷ

15

2015학년도 3월 학평-B형 21번

실수 전체의 집합에서 정의된 두 함수

$$f(x)=\sin^2 x+a\cos x,\ g(x)=\begin{cases} 0 & \left(x<-\frac{\pi}{2}\right) \\ x & \left(-\frac{\pi}{2}\leq x<\pi\right) \\ bx & (x\geq\pi) \end{cases}$$

에 대하여 〈보기〉에서 옳은 것만을 있는 대로 고른 것은?

(단, a, b는 실수이다.) [4점]

〈 보기 〉

ㄱ. $\lim_{x\to -\frac{\pi}{2}-} g(x)=0$

ㄴ. $a=2$이면 합성함수 $(f\circ g)(x)$는 $x=-\frac{\pi}{2}$에서 연속이다.

ㄷ. a의 값에 관계없이 합성함수 $(f\circ g)(x)$가 $x=\pi$에서 연속이면 $b=2n-1$(n은 정수)이다.

① ㄱ　② ㄴ　③ ㄱ, ㄷ　④ ㄴ, ㄷ　⑤ ㄱ, ㄴ, ㄷ

유형 03 삼각함수의 극한의 활용 –두 직선이 이루는 각의 크기

16 대표 문제 2024학년도 6월 모평 27번

실수 $t\,(0<t<\pi)$에 대하여 곡선 $y=\sin x$ 위의 점 $\mathrm{P}(t,\ \sin t)$에서의 접선과 점 P를 지나고 기울기가 -1인 직선이 이루는 예각의 크기를 θ라 할 때, $\lim_{t \to \pi-} \frac{\tan\theta}{(\pi-t)^2}$의 값은? [3점]

① $\frac{1}{16}$ ② $\frac{1}{8}$ ③ $\frac{1}{4}$
④ $\frac{1}{2}$ ⑤ 1

유형 04 삼각함수의 극한의 활용 – 길이

17 대표 문제 2020학년도 수능 가형(홀) 24번

좌표평면에서 곡선 $y=\sin x$ 위의 점 $\mathrm{P}(t,\ \sin t)\,(0<t<\pi)$를 중심으로 하고 x축에 접하는 원을 C라 하자. 원 C가 x축에 접하는 점을 Q, 선분 OP와 만나는 점을 R라 하자.

$\lim_{t \to 0+} \frac{\overline{\mathrm{OQ}}}{\overline{\mathrm{OR}}}=a+b\sqrt{2}$일 때, $a+b$의 값을 구하시오.

(단, O는 원점이고, a, b는 정수이다.) [3점]

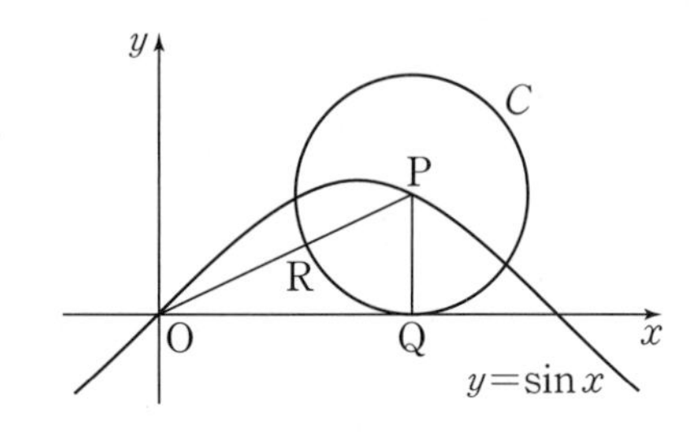

18 2021학년도 4월 학평 27번

그림과 같이 곡선 $y=x\sin x$ 위의 점 $\mathrm{P}(t,\ t\sin t)\,(0<t<\pi)$를 중심으로 하고 y축에 접하는 원이 선분 OP와 만나는 점을 Q라 하자. 점 Q의 x좌표를 $f(t)$라 할 때, $\lim_{t \to 0+} \frac{f(t)}{t^3}$의 값은?

(단, O는 원점이다.) [3점]

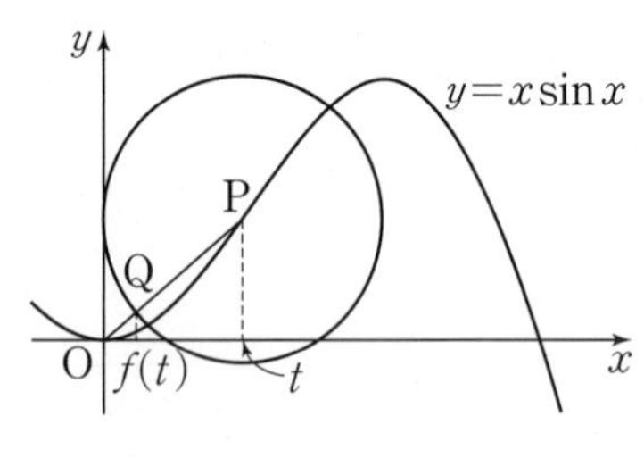

① $\frac{1}{4}$ ② $\frac{\sqrt{2}}{4}$ ③ $\frac{1}{2}$
④ $\frac{\sqrt{2}}{2}$ ⑤ 1

19

2015학년도 10월 학평–B형 12번

그림과 같이 길이가 2인 선분 AB를 지름으로 하는 반원 위의 점 P에 대하여 $\angle \mathrm{PAB}=\theta$라 하자. 선분 OB 위의 점 C가 $\angle \mathrm{APO}=\angle \mathrm{OPC}$를 만족시킬 때, $\lim_{\theta \to 0+} \overline{\mathrm{OC}}$의 값은?

$\left(\text{단, } 0<\theta<\frac{\pi}{4}\text{이고, 점 O는 선분 AB의 중점이다.}\right)$ [3점]

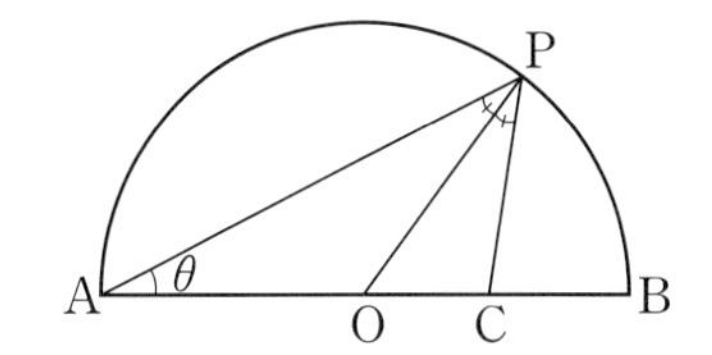

① $\frac{1}{12}$　② $\frac{1}{6}$　③ $\frac{1}{4}$
④ $\frac{1}{3}$　⑤ $\frac{5}{12}$

20

2019학년도 9월 모평 가형 19번

자연수 n에 대하여 중심이 원점 O이고 점 $\mathrm{P}(2^n,\ 0)$을 지나는 원 C가 있다. 원 C 위에 점 Q를 호 PQ의 길이가 π가 되도록 잡는다. 점 Q에서 x축에 내린 수선의 발을 H라 할 때, $\lim_{n \to \infty} (\overline{\mathrm{OQ}} \times \overline{\mathrm{HP}})$의 값은? [4점]

① $\frac{\pi^2}{2}$　② $\frac{3}{4}\pi^2$　③ π^2
④ $\frac{5}{4}\pi^2$　⑤ $\frac{3}{2}\pi^2$

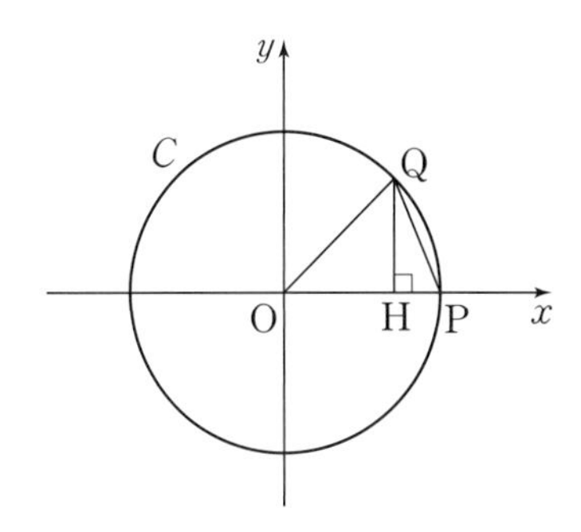

21

2016학년도 10월 학평–가형 28번

그림과 같이 $\overline{\mathrm{BC}}=1$, $\angle \mathrm{A}=\frac{\pi}{2}$, $\angle \mathrm{B}=\theta\left(0<\theta<\frac{\pi}{2}\right)$인 삼각형 ABC가 있다. 선분 AC 위의 점 D에 대하여 선분 AD를 지름으로 하는 원이 선분 BC와 접할 때, $\lim_{\theta \to 0+} \frac{\overline{\mathrm{CD}}}{\theta^3}=k$라 하자. $100k$의 값을 구하시오. [4점]

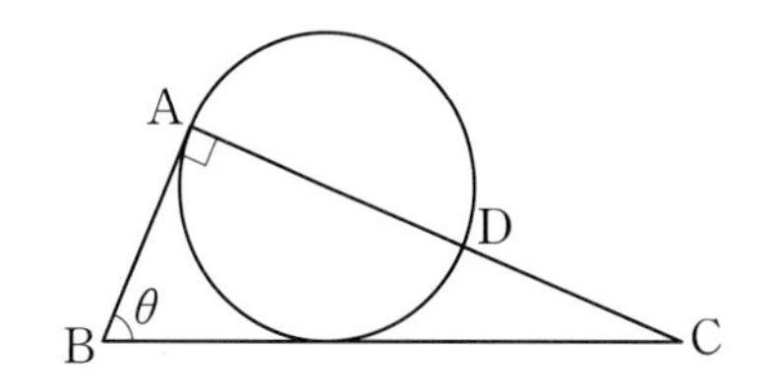

유형 05 삼각함수의 극한의 활용 - 원의 반지름의 길이

22 대표 문제

2017학년도 9월 모평 가형 20번

그림과 같이 한 변의 길이가 1인 정사각형 ABCD가 있다. 변 CD 위의 점 E에 대하여 선분 DE를 지름으로 하는 원과 직선 BE가 만나는 점 중 E가 아닌 점을 F라 하자. $\angle EBC=\theta$라 할 때, 점 E를 포함하지 않는 호 DF를 이등분하는 점과 선분 DF의 중점을 지름의 양 끝점으로 하는 원의 반지름의 길이를 $r(\theta)$라 하자. $\lim_{\theta \to \frac{\pi}{4}-} \frac{r(\theta)}{\frac{\pi}{4}-\theta}$의 값은? $\left(단, 0<\theta<\frac{\pi}{4}\right)$ [4점]

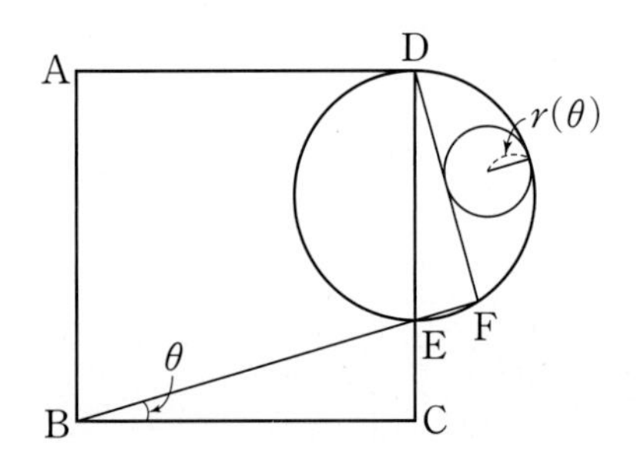

① $\frac{1}{7}(2-\sqrt{2})$ ② $\frac{1}{6}(2-\sqrt{2})$ ③ $\frac{1}{5}(2-\sqrt{2})$

④ $\frac{1}{4}(2-\sqrt{2})$ ⑤ $\frac{1}{3}(2-\sqrt{2})$

23

2017학년도 3월 학평-가형 17번

그림과 같이 반지름의 길이가 1이고 중심각의 크기가 $\frac{\pi}{2}$인 부채꼴 OAB가 있다. 호 AB 위의 점 P에 대하여 점 B에서 선분 OP에 내린 수선의 발을 Q, 점 Q에서 선분 OB에 내린 수선의 발을 R라 하자. $\angle BOP=\theta$일 때, 삼각형 RQB에 내접하는 원의 반지름의 길이를 $r(\theta)$라 하자. $\lim_{\theta \to 0+} \frac{r(\theta)}{\theta^2}$의 값은?

$\left(단, 0<\theta<\frac{\pi}{2}\right)$ [4점]

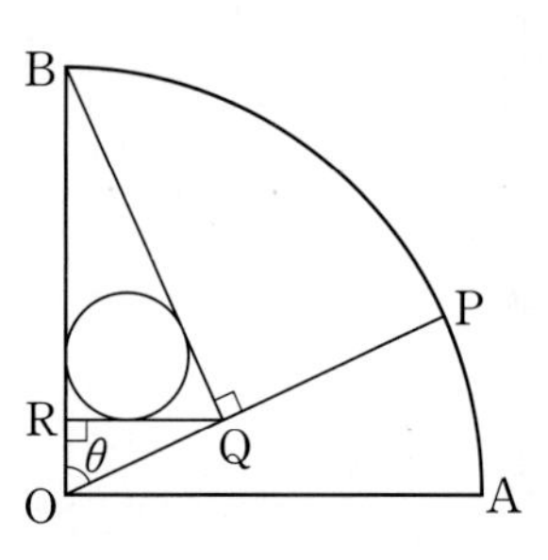

① $\frac{1}{2}$ ② 1 ③ $\frac{3}{2}$

④ 2 ⑤ $\frac{5}{2}$

24

2013학년도 4월 학평-B형 25번

그림과 같이 좌표평면에서 점 P가 원점 O를 출발하여 x축을 따라 양의 방향으로 이동할 때, 점 Q는 점 (0, 30)을 출발하여 $\overline{PQ}=30$을 만족시키며 y축을 따라 음의 방향으로 이동한다. $\angle OPQ=\theta\left(0<\theta<\frac{\pi}{2}\right)$일 때, 삼각형 OPQ의 내접원의 반지름의 길이를 $r(\theta)$라 하자. 이때, $\lim_{\theta\to0+}\frac{r(\theta)}{\theta}$의 값을 구하시오. [3점]

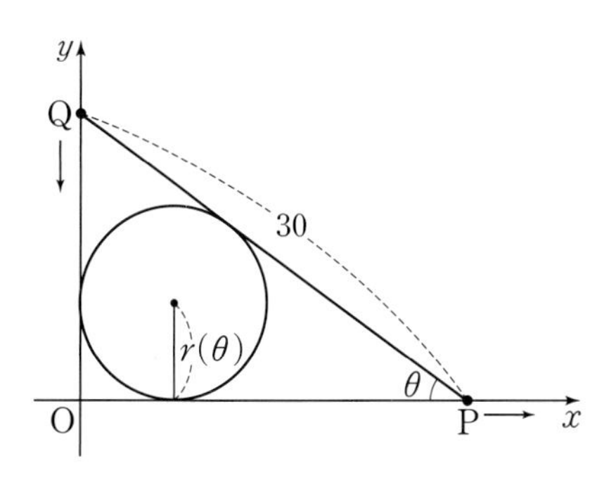

25

2014학년도 7월 학평-B형 21번

$\overline{AB}=8$, $\overline{AC}=\overline{BC}$, $\angle ABC=\theta$인 이등변삼각형 ABC가 있다. 그림과 같이 선분 BC의 연장선 위에 $\overline{AC}=\overline{AD}$인 점 D를 잡는다. 삼각형 ABC에 내접하는 원의 반지름의 길이를 r_1, 삼각형 ACD에 내접하는 원의 반지름의 길이를 r_2라 할 때, $\lim_{\theta\to0+}\frac{r_1r_2}{\theta^2}$의 값은? [4점]

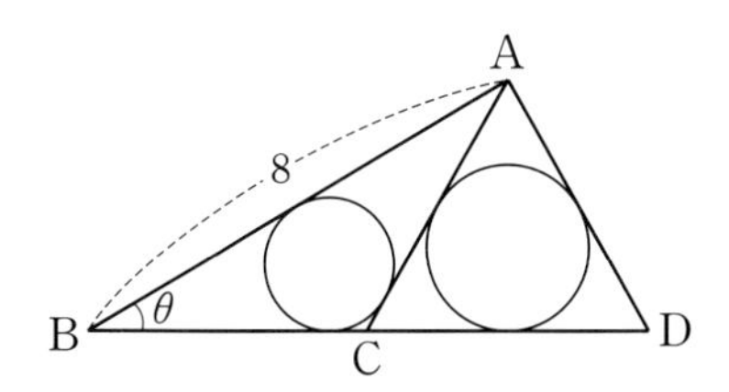

① 6 ② 7 ③ 8 ④ 9 ⑤ 10

26

2016학년도 3월 학평-가형 21번

그림과 같이 중심이 원점 O이고 반지름의 길이가 1인 원 C가 있다. 원 C가 x축의 양의 방향과 만나는 점을 A, 원 C 위에 있고 제1사분면에 있는 점 P에서 x축에 내린 수선의 발을 H, $\angle POA=\theta$라 하자. 삼각형 APH에 내접하는 원의 반지름의 길이를 $r(\theta)$라 할 때, $\lim_{\theta\to0+}\frac{r(\theta)}{\theta^2}$의 값은? [4점]

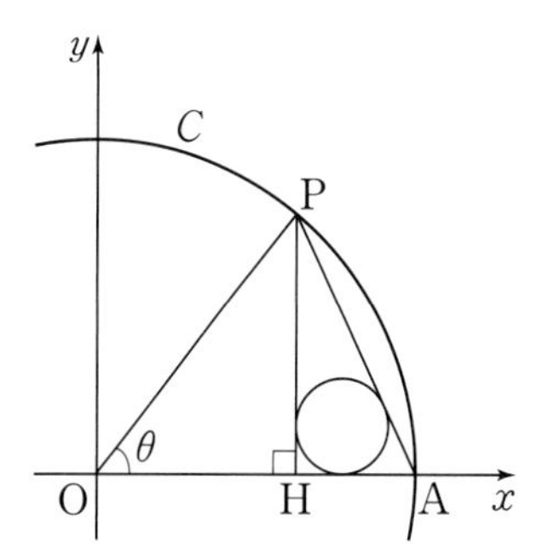

① $\frac{1}{10}$ ② $\frac{1}{8}$ ③ $\frac{1}{6}$ ④ $\frac{1}{4}$ ⑤ $\frac{1}{2}$

유형 06 삼각함수의 극한의 활용 – 원, 부채꼴의 넓이

27 대표 문제

2020학년도 9월 모평 가형 20번

그림과 같이 반지름의 길이가 1이고 중심각의 크기가 $\frac{\pi}{2}$인 부채꼴 OAB가 있다. 호 AB 위의 점 P에서 선분 OA에 내린 수선의 발을 H, 점 P에서 호 AB에 접하는 직선과 직선 OA의 교점을 Q라 하자. 점 Q를 중심으로 하고 반지름의 길이가 $\overline{QA}$인 원과 선분 PQ의 교점을 R라 하자. $\angle POA=\theta$일 때, 삼각형 OHP의 넓이를 $f(\theta)$, 부채꼴 QRA의 넓이를 $g(\theta)$라 하자. $\lim_{\theta \to 0+} \frac{\sqrt{g(\theta)}}{\theta \times f(\theta)}$의 값은? $\left(단, 0<\theta<\frac{\pi}{2}\right)$ [4점]

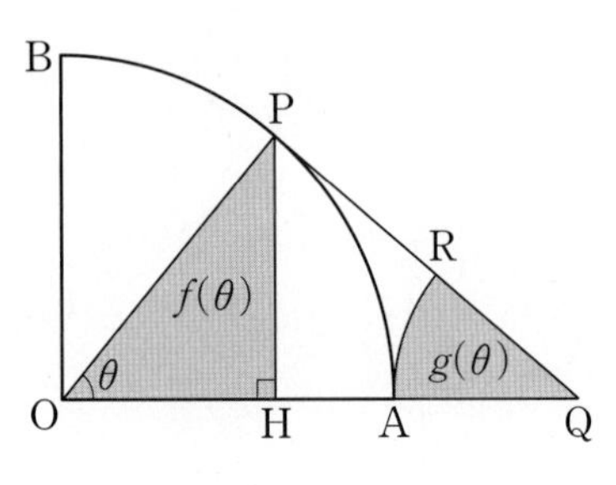

① $\frac{\sqrt{\pi}}{5}$　② $\frac{\sqrt{\pi}}{4}$　③ $\frac{\sqrt{\pi}}{3}$
④ $\frac{\sqrt{\pi}}{2}$　⑤ $\sqrt{\pi}$

28

2021학년도 수능 가형(홀) 24번

그림과 같이 $\overline{AB}=2$, $\angle B=\frac{\pi}{2}$인 직각삼각형 ABC에서 중심이 A, 반지름의 길이가 1인 원이 두 선분 AB, AC와 만나는 점을 각각 D, E라 하자.
호 DE의 삼등분점 중 점 D에 가까운 점을 F라 하고, 직선 AF가 선분 BC와 만나는 점을 G라 하자.
$\angle BAG=\theta$라 할 때, 삼각형 ABG의 내부와 부채꼴 ADF의 외부의 공통부분의 넓이를 $f(\theta)$, 부채꼴 AFE의 넓이를 $g(\theta)$라 하자. $40 \times \lim_{\theta \to 0+} \frac{f(\theta)}{g(\theta)}$의 값을 구하시오. $\left(단, 0<\theta<\frac{\pi}{6}\right)$

[3점]

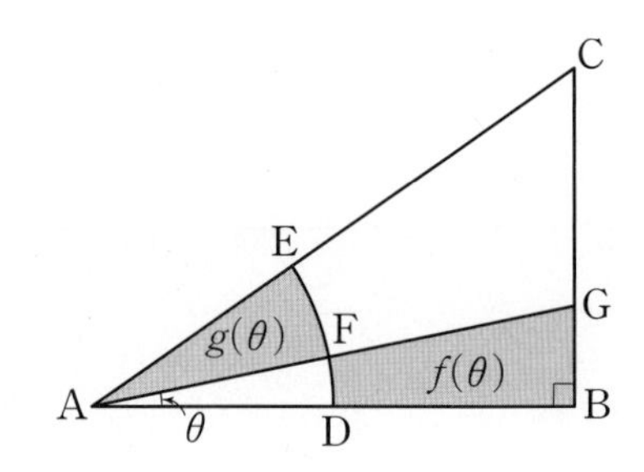

29

2016학년도 4월 학평-가형 29번

그림과 같이 길이가 2인 선분 AB를 지름으로 하는 반원이 있다. 호 AB 위의 한 점 P에 대하여 $\angle PAB=\theta$라 하자. 선분 PB의 중점 M에서 선분 PB에 접하고 호 PB에 접하는 원의 넓이를 $S(\theta)$, 선분 AP 위에 $\overline{AQ}=\overline{BQ}$가 되도록 점 Q를 잡고 삼각형 ABQ에 내접하는 원의 넓이를 $T(\theta)$라 하자.

$\lim_{\theta \to 0+} \frac{\theta^2 \times T(\theta)}{S(\theta)}$의 값을 구하시오. $\left(\text{단, } 0<\theta<\frac{\pi}{4}\right)$ [4점]

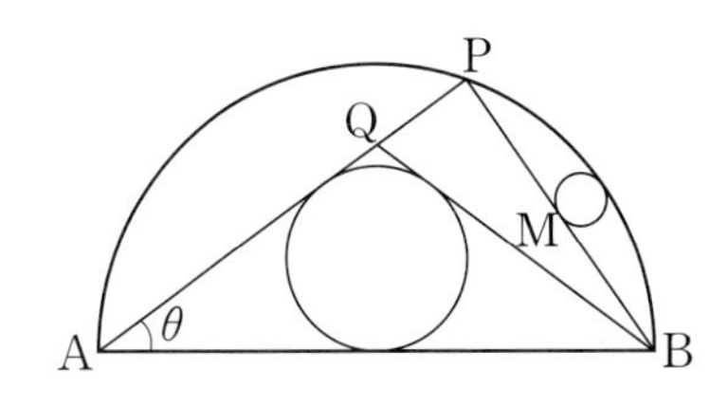

30

2017학년도 4월 학평-가형 21번

그림과 같이 길이가 1인 선분 AB를 지름으로 하는 반원이 있다. 호 AB 위의 점 P에 대하여 $\overline{BP}=\overline{BC}$가 되도록 선분 AB 위의 점 C를 잡고, $\overline{AC}=\overline{AD}$가 되도록 선분 AP 위의 점 D를 잡는다. $\angle PAB=\theta$에 대하여 선분 CD를 반지름으로 하고 중심각의 크기가 $\angle PCD$인 부채꼴의 넓이를 $S(\theta)$, 선분 CP를 반지름으로 하고 중심각의 크기가 $\angle PCD$인 부채꼴의 넓이를 $T(\theta)$라 할 때, $\lim_{\theta \to 0+} \frac{T(\theta)-S(\theta)}{\theta^2}$의 값은?

$\left(\text{단, } 0<\theta<\frac{\pi}{2}\text{이고 } \angle PCD\text{는 예각이다.}\right)$ [4점]

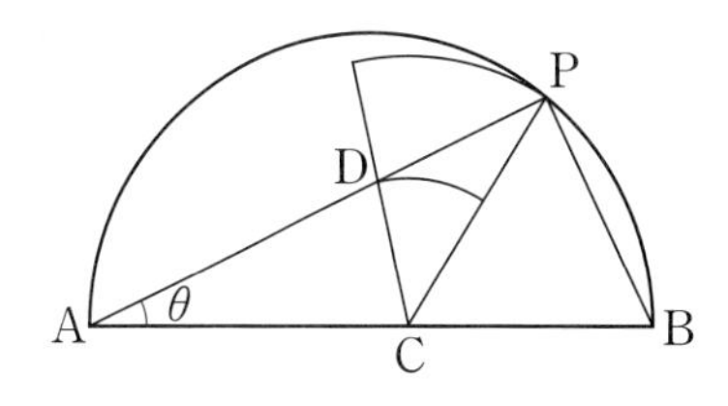

① $\frac{\pi}{16}$ ② $\frac{\pi}{8}$ ③ $\frac{3}{16}\pi$ ④ $\frac{\pi}{4}$ ⑤ $\frac{5}{16}\pi$

31

2019학년도 수능 가형(홀) 18번

그림과 같이 $\overline{\mathrm{AB}}=1$, $\angle\mathrm{B}=\frac{\pi}{2}$인 직각삼각형 ABC에서 $\angle\mathrm{C}$를 이등분하는 직선과 선분 AB의 교점을 D, 중심이 A이고 반지름의 길이가 $\overline{\mathrm{AD}}$인 원과 선분 AC의 교점을 E라 하자.
$\angle\mathrm{A}=\theta$일 때, 부채꼴 ADE의 넓이를 $S(\theta)$, 삼각형 BCE의 넓이를 $T(\theta)$라 하자. $\lim_{\theta\to 0+}\frac{\{S(\theta)\}^2}{T(\theta)}$의 값은? [4점]

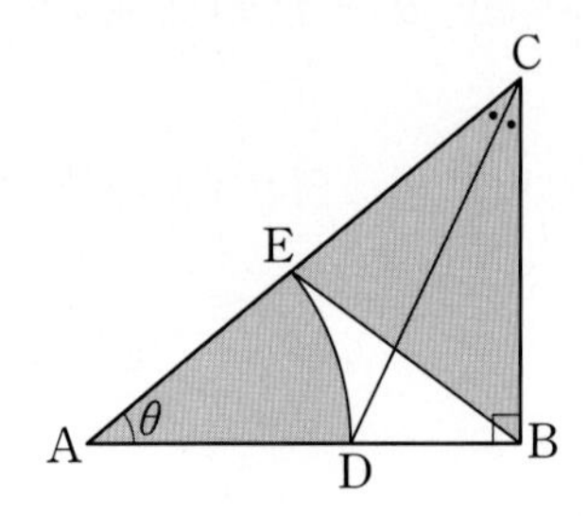

① $\frac{1}{4}$　② $\frac{1}{2}$　③ $\frac{3}{4}$
④ 1　⑤ $\frac{5}{4}$

32

2018학년도 4월 학평-가형 20번

그림과 같이 길이가 4인 선분 AB를 지름으로 하는 반원 위에 두 점 P, Q를 $\angle\mathrm{PAB}=\theta$, $\angle\mathrm{QAB}=2\theta$가 되도록 잡는다.
선분 AB의 중점 O에 대하여 선분 OQ와 선분 AP가 만나는 점을 R라 하자. 호 PQ와 두 선분 QR, RP로 둘러싸인 부분의 넓이를 $S(\theta)$라 할 때, $\lim_{\theta\to 0+}\frac{S(\theta)}{\theta}$의 값은? $\left(\text{단, } 0<\theta<\frac{\pi}{4}\right)$

[4점]

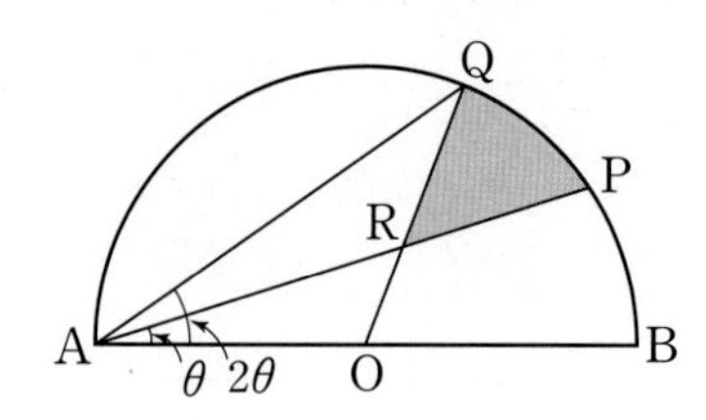

① $\frac{4}{3}$　② $\frac{5}{3}$　③ 2
④ $\frac{7}{3}$　⑤ $\frac{8}{3}$

• 해설편 194쪽

33

2015학년도 7월 학평-B형 29번

그림과 같이 길이가 12인 선분 AB를 지름으로 하는 반원의 호 AB 위에 $\angle PAB=\theta\left(0<\theta<\frac{\pi}{6}\right)$인 점 P가 있다.
$\angle APQ=3\theta$가 되도록 선분 AB 위의 점 Q를 잡을 때, 두 선분 PQ, QB와 호 BP로 둘러싸인 부분의 넓이를 $S(\theta)$라 하자.
$\lim_{\theta\to0+}\frac{S(\theta)}{\theta}$의 값을 구하시오. [4점]

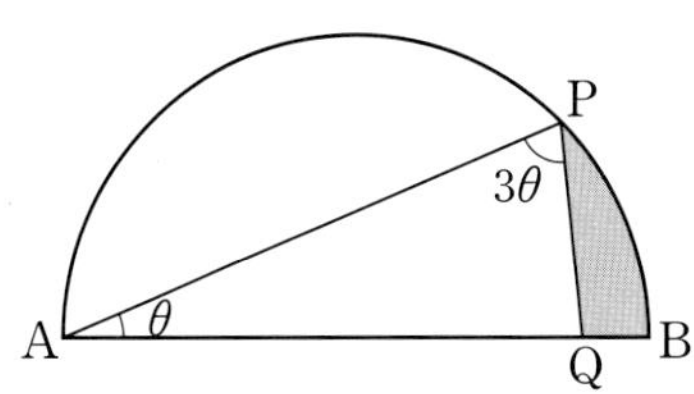

34

2022학년도 10월 학평 29번

그림과 같이 길이가 2인 선분 AB를 지름으로 하는 반원이 있다. 선분 AB의 중점을 O라 하고 호 AB 위에 두 점 P, Q를

$\angle BOP=\theta$, $\angle BOQ=2\theta$

가 되도록 잡는다. 점 Q를 지나고 선분 AB에 평행한 직선이 호 AB와 만나는 점 중 Q가 아닌 점을 R라 하고, 선분 BR가 두 선분 OP, OQ와 만나는 점을 각각 S, T라 하자. 세 선분 AO, OT, TR와 호 RA로 둘러싸인 부분의 넓이를 $f(\theta)$라 하고, 세 선분 QT, TS, SP와 호 PQ로 둘러싸인 부분의 넓이를 $g(\theta)$라 하자. $\lim_{\theta\to0+}\frac{g(\theta)}{f(\theta)}=a$일 때, $80a$의 값을 구하시오.

$\left(\text{단, } 0<\theta<\frac{\pi}{4}\right)$ [4점]

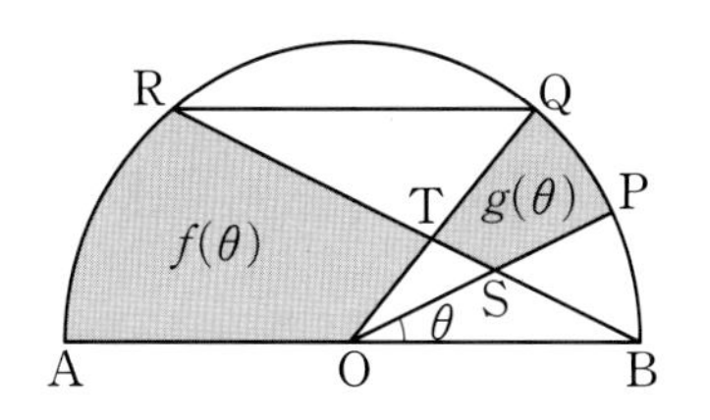

35

2014학년도 4월 학평-B형 19번

그림과 같이 중심이 O이고 길이가 2인 선분 AB를 지름으로 하는 반원이 있다. 호 AB 위를 움직이는 점 P에 대하여 $\angle\text{AOP}=\theta\left(0<\theta<\frac{\pi}{2}\right)$일 때, 세 점 A, O, P를 지나는 원의 넓이를 $f(\theta)$, 세 점 B, O, P를 지나는 원의 넓이를 $g(\theta)$라 하자. $\lim_{\theta\to\frac{\pi}{2}-}\frac{g(\theta)-f(\theta)}{\frac{\pi}{2}-\theta}$의 값은? [4점]

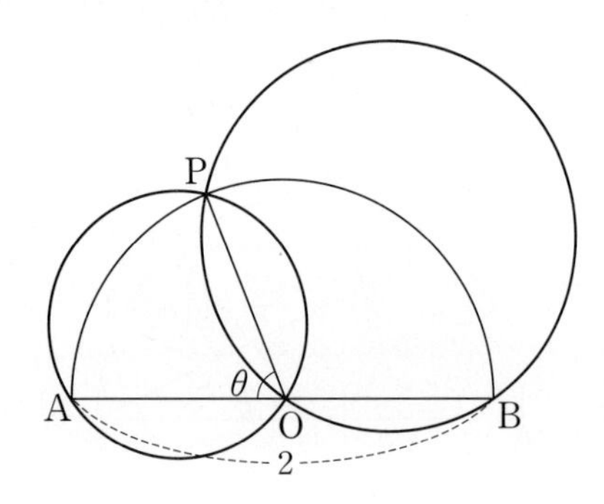

① π　② $\frac{2\pi}{3}$　③ $\frac{\pi}{2}$　④ $\frac{\pi}{3}$　⑤ $\frac{\pi}{4}$

36

2016학년도 6월 모평 B형 29번

그림과 같이 길이가 1인 선분 AB를 지름으로 하는 반원 위에 점 C를 잡고 $\angle\text{BAC}=\theta$라 하자. 호 BC와 두 선분 AB, AC에 동시에 접하는 원의 반지름의 길이를 $f(\theta)$라 할 때,

$$\lim_{\theta\to0+}\frac{\tan\frac{\theta}{2}-f(\theta)}{\theta^2}=\alpha$$

이다. 100α의 값을 구하시오. $\left(\text{단, } 0<\theta<\frac{\pi}{4}\right)$ [4점]

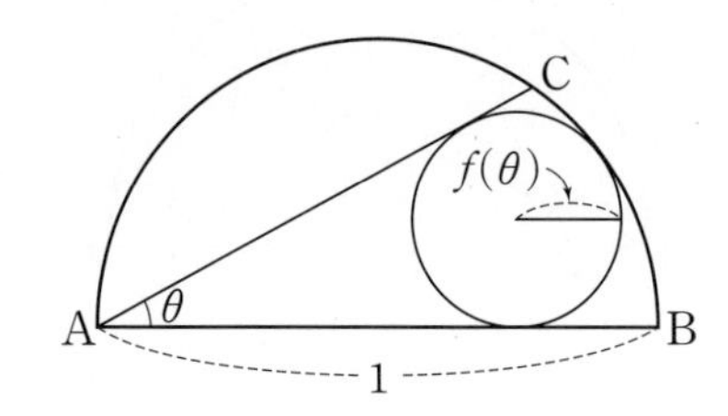

● 해설편 197쪽

37

2020학년도 6월 모평 가형 28번

그림과 같이 길이가 2인 선분 AB를 지름으로 하는 반원의 호 AB 위에 점 P가 있다. 중심이 A이고 반지름의 길이가 $\overline{\mathrm{AP}}$인 원과 선분 AB의 교점을 Q라 하자. 호 PB 위에 점 R를 호 PR와 호 RB의 길이의 비가 3 : 7이 되도록 잡는다. 선분 AB의 중점을 O라 할 때, 선분 OR와 호 PQ의 교점을 T, 점 O에서 선분 AP에 내린 수선의 발을 H라 하자. 세 선분 PH, HO, OT와 호 TP로 둘러싸인 부분의 넓이를 S_1, 두 선분 RT, QB와 두 호 TQ, BR로 둘러싸인 부분의 넓이를 S_2라 하자.

$\angle \mathrm{PAB}=\theta$라 할 때, $\lim_{\theta \to 0+} \frac{S_1-S_2}{\overline{\mathrm{OH}}}=a$이다. $50a$의 값을 구하시오. $\left(\text{단, } 0<\theta<\frac{\pi}{4}\right)$ [4점]

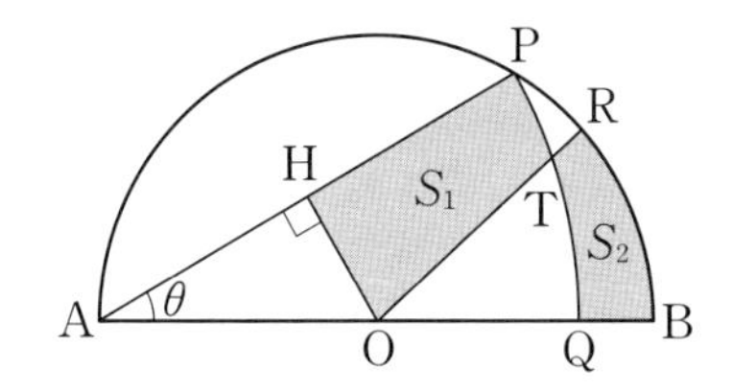

38

2022학년도 7월 학평 29번

그림과 같이 길이가 2인 선분 AB를 지름으로 하는 반원의 호 AB 위에 점 P가 있다. 호 AP 위에 점 Q를 호 PB와 호 PQ의 길이가 같도록 잡을 때, 두 선분 AP, BQ가 만나는 점을 R라 하고 점 B를 지나고 선분 AB에 수직인 직선이 직선 AP와 만나는 점을 S라 하자. $\angle \mathrm{BAP}=\theta$라 할 때, 두 선분 PR, QR와 호 PQ로 둘러싸인 부분의 넓이를 $f(\theta)$, 두 선분 PS, BS와 호 BP로 둘러싸인 부분의 넓이를 $g(\theta)$라 하자.

$\lim_{\theta \to 0+} \frac{f(\theta)+g(\theta)}{\theta^3}$의 값을 구하시오. $\left(\text{단, } 0<\theta<\frac{\pi}{4}\right)$ [4점]

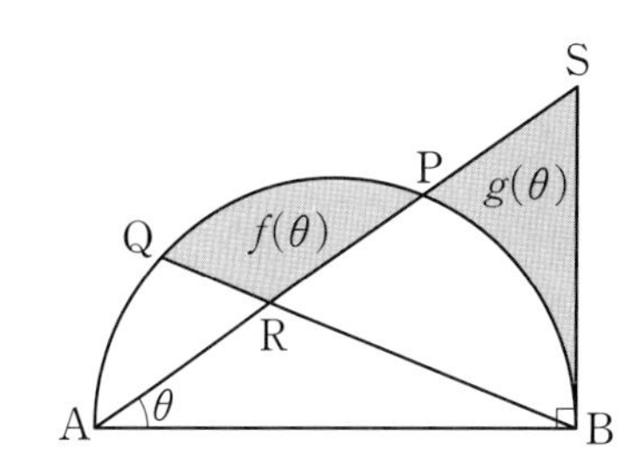

39

2021학년도 9월 모평 가형 28번

그림과 같이 길이가 2인 선분 AB를 지름으로 하는 반원이 있다. 선분 AB의 중점을 O라 할 때, 호 AB 위에 두 점 P, Q를 $\angle \mathrm{POA}=\theta$, $\angle \mathrm{QOB}=2\theta$가 되도록 잡는다. 두 선분 PB, OQ의 교점을 R라 하고, 점 R에서 선분 PQ에 내린 수선의 발을 H라 하자. 삼각형 POR의 넓이를 $f(\theta)$, 두 선분 RQ, RB와 호 QB로 둘러싸인 부분의 넓이를 $g(\theta)$라 할 때, $\lim_{\theta \to 0+} \frac{f(\theta)+g(\theta)}{\overline{\mathrm{RH}}}=\frac{q}{p}$이다. $p+q$의 값을 구하시오.

$\left(\text{단, } 0<\theta<\frac{\pi}{3}\text{이고, } p\text{와 } q\text{는 서로소인 자연수이다.}\right)$ [4점]

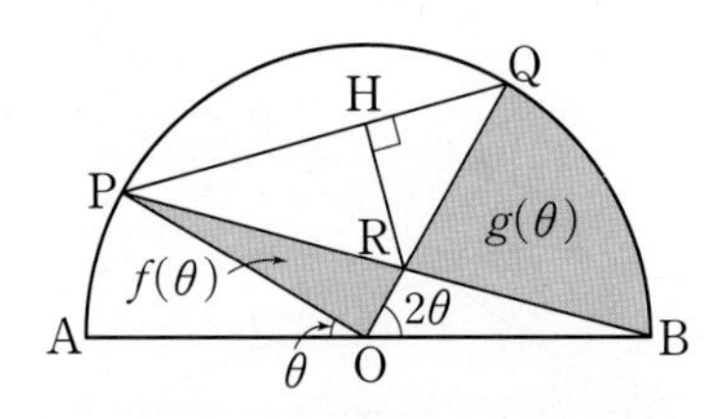

40

2022학년도 수능 (홀) 29번

그림과 같이 길이가 2인 선분 AB를 지름으로 하는 반원이 있다. 호 AB 위에 두 점 P, Q를 $\angle \mathrm{PAB}=\theta$, $\angle \mathrm{QBA}=2\theta$가 되도록 잡고, 두 선분 AP, BQ의 교점을 R라 하자.

선분 AB 위의 점 S, 선분 BR 위의 점 T, 선분 AR 위의 점 U를 선분 UT가 선분 AB에 평행하고 삼각형 STU가 정삼각형이 되도록 잡는다. 두 선분 AR, QR와 호 AQ로 둘러싸인 부분의 넓이를 $f(\theta)$, 삼각형 STU의 넓이를 $g(\theta)$라 할 때, $\lim_{\theta \to 0+} \frac{g(\theta)}{\theta \times f(\theta)}=\frac{q}{p}\sqrt{3}$이다. $p+q$의 값을 구하시오.

$\left(\text{단, } 0<\theta<\frac{\pi}{6}\text{이고, } p\text{와 } q\text{는 서로소인 자연수이다.}\right)$ [4점]

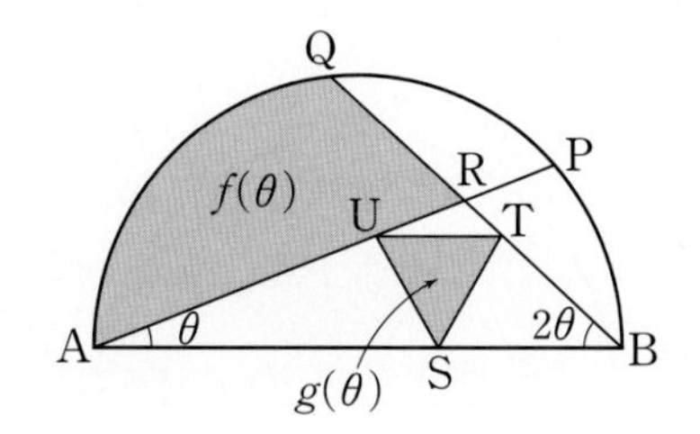

• 해설편 202쪽

유형 01 삼각함수의 극한의 활용 – 다각형의 넓이

01 대표 문제

2018학년도 수능 가형(홀) 17번

그림과 같이 한 변의 길이가 1인 마름모 ABCD가 있다. 점 C에서 선분 AB의 연장선에 내린 수선의 발을 E, 점 E에서 선분 AC에 내린 수선의 발을 F, 선분 EF와 선분 BC의 교점을 G라 하자. $\angle \mathrm{DAB}=\theta$일 때, 삼각형 CFG의 넓이를 $S(\theta)$라 하자. $\lim_{\theta \to 0+} \frac{S(\theta)}{\theta^5}$의 값은? $\left(\text{단, } 0<\theta<\frac{\pi}{2}\right)$ [4점]

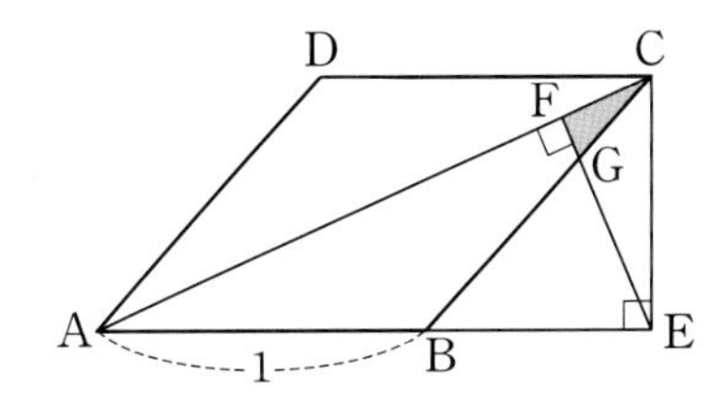

① $\frac{1}{24}$ ② $\frac{1}{20}$ ③ $\frac{1}{16}$ ④ $\frac{1}{12}$ ⑤ $\frac{1}{8}$

02

2019학년도 4월 학평–가형 19번

그림과 같이 $\overline{\mathrm{AB}}=1$, $\angle \mathrm{B}=\frac{\pi}{2}$인 직각삼각형 ABC에서 선분 AB 위에 $\overline{\mathrm{AD}}=\overline{\mathrm{CD}}$가 되도록 점 D를 잡는다. 점 D에서 선분 AC에 내린 수선의 발을 E, 점 D를 지나고 직선 AC에 평행한 직선이 선분 BC와 만나는 점을 F라 하자. $\angle \mathrm{BAC}=\theta$일 때, 삼각형 DEF의 넓이를 $S(\theta)$라 하자. $\lim_{\theta \to 0+} \frac{S(\theta)}{\theta}$의 값은?

$\left(\text{단, } 0<\theta<\frac{\pi}{4}\right)$ [4점]

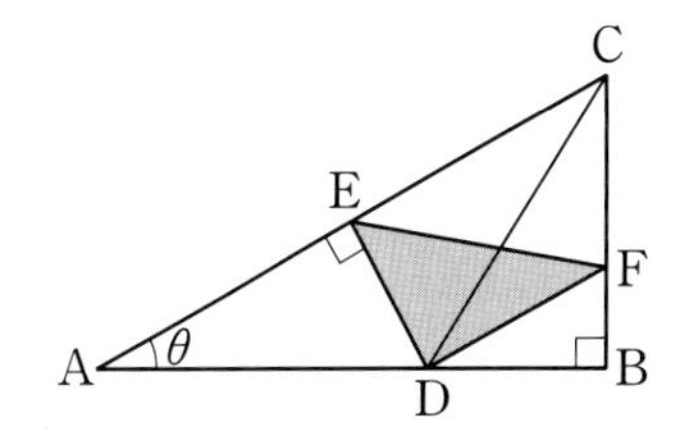

① $\frac{1}{32}$ ② $\frac{1}{16}$ ③ $\frac{3}{32}$ ④ $\frac{1}{8}$ ⑤ $\frac{5}{32}$

03

2018학년도 10월 학평–가형 17번

그림과 같이 빗변 AC의 길이가 1이고 $\angle BAC=\theta$인 직각삼각형 ABC가 있다. 점 B를 중심으로 하고 점 C를 지나는 원이 선분 AC와 만나는 점 중 점 C가 아닌 점을 D라 하고, 점 D에서 선분 AB에 내린 수선의 발을 E라 하자. 사각형 BCDE의 넓이를 $S(\theta)$라 할 때, $\lim_{\theta \to 0+} \frac{S(\theta)}{\theta^3}$의 값은? $\left(단, 0<\theta<\frac{\pi}{4}\right)$ [4점]

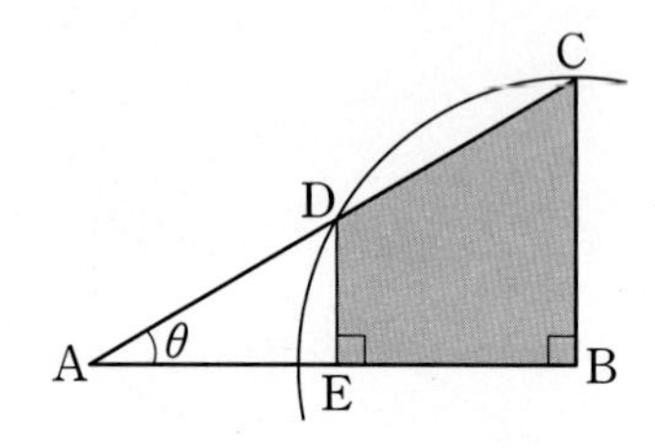

① $\frac{1}{4}$ ② $\frac{1}{2}$ ③ 1 ④ 2 ⑤ 4

04

2014학년도 9월 모평 B형 29번

그림과 같이 길이가 1인 선분 AB를 빗변으로 하고 $\angle BAC=\theta\left(0<\theta<\frac{\pi}{6}\right)$인 직각삼각형 ABC에 대하여 점 D를

$$\angle ACD=\frac{2}{3}\pi,\ \angle CAD=2\theta$$

가 되도록 잡는다. 삼각형 BCD의 넓이를 $S(\theta)$라 할 때, $\lim_{\theta \to 0+} \frac{S(\theta)}{\theta^2}=p$이다. $300p^2$의 값을 구하시오.

(단, 네 점 A, B, C, D는 한 평면 위에 있다.) [4점]

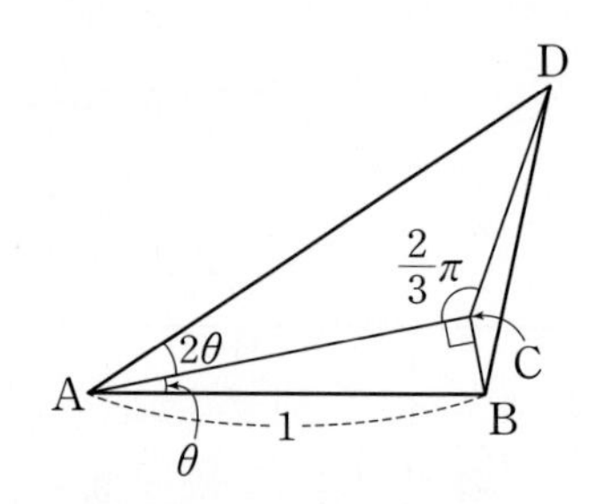

05

2014학년도 수능 B형(홀) 28번

그림과 같이 길이가 4인 선분 AB를 한 변으로 하고, $\overline{AC}=\overline{BC}$, $\angle ACB=\theta$인 이등변삼각형 ABC가 있다. 선분 AB의 연장선 위에 $\overline{AC}=\overline{AD}$인 점 D를 잡고, $\overline{AC}=\overline{AP}$이고 $\angle PAB=2\theta$인 점 P를 잡는다. 삼각형 BDP의 넓이를 $S(\theta)$라 할 때, $\lim_{\theta \to 0+}(\theta \times S(\theta))$의 값을 구하시오. $\left(\text{단, } 0<\theta<\frac{\pi}{6}\right)$ [4점]

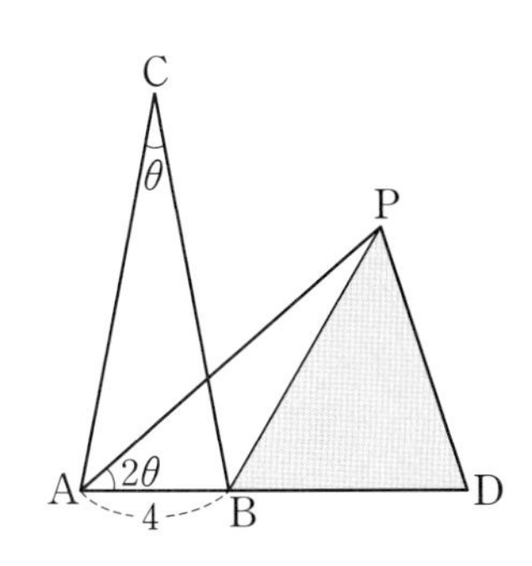

06

2015학년도 9월 모평 B형 28번

그림과 같이 서로 평행한 두 직선 l_1과 l_2 사이의 거리가 1이다. 직선 l_1 위의 점 A에 대하여 직선 l_2 위에 점 B를 선분 AB와 직선 l_1이 이루는 각의 크기가 θ가 되도록 잡고, 직선 l_1 위에 점 C를 $\angle ABC=4\theta$가 되도록 잡는다. 직선 l_2 위에 점 D를 $\angle BCD=2\theta$이고 선분 CD가 선분 AB와 만나지 않도록 잡는다. 삼각형 ABC의 넓이를 T_1, 삼각형 BCD의 넓이를 T_2라 할 때, $\lim_{\theta \to 0+}\frac{T_1}{T_2}$의 값을 구하시오. $\left(\text{단, } 0<\theta<\frac{\pi}{10}\right)$ [4점]

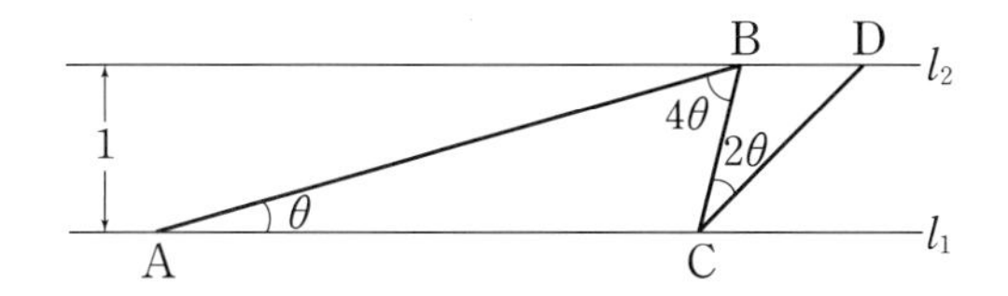

유형 02 삼각함수의 극한의 활용 –원에서 다각형의 넓이

07 대표 문제

2019학년도 10월 학평–가형 16번

그림과 같이 길이가 2인 선분 AB를 지름으로 하는 원 C_1과 점 B를 중심으로 하고 원 C_1 위의 점 P를 지나는 원 C_2가 있다. 원 C_1의 중심 O에서 원 C_2에 그은 두 접선의 접점을 각각 Q, R라 하자. $\angle PAB=\theta$일 때, 사각형 ORBQ의 넓이를 $S(\theta)$라 하자. $\lim_{\theta \to 0+} \frac{S(\theta)}{\theta}$의 값은? $\left(\text{단, } 0<\theta<\frac{\pi}{6}\right)$ [4점]

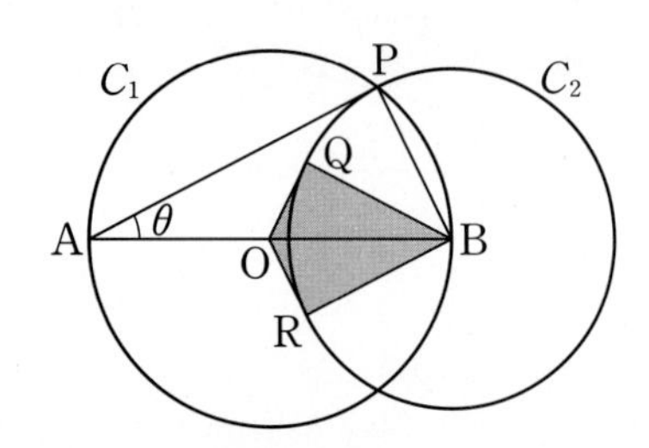

① 2　② $\sqrt{3}$　③ 1　④ $\frac{\sqrt{3}}{2}$　⑤ $\frac{1}{2}$

08

2023학년도 10월 학평 29번

그림과 같이 $\overline{AB}=\overline{AC}$, $\overline{BC}=2$인 삼각형 ABC에 대하여 선분 AB를 지름으로 하는 원이 선분 AC와 만나는 점 중 A가 아닌 점을 D라 하고, 선분 AB의 중점을 E라 하자.
$\angle BAC=\theta$일 때, 삼각형 CDE의 넓이를 $S(\theta)$라 하자.
$60\times\lim_{\theta \to 0+} \frac{S(\theta)}{\theta}$의 값을 구하시오. $\left(\text{단, } 0<\theta<\frac{\pi}{2}\right)$ [4점]

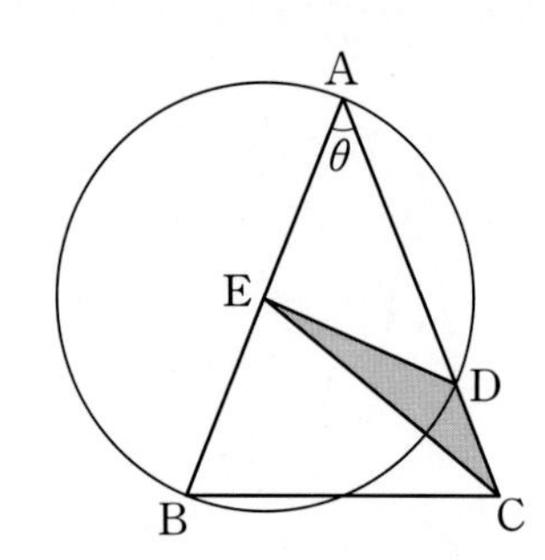

09

2021학년도 7월 학평 28번

그림과 같이 반지름의 길이가 5인 원에 내접하고, $\overline{AB}=\overline{AC}$인 삼각형 ABC가 있다. $\angle BAC=\theta$라 하고, 점 B를 지나고 직선 AB에 수직인 직선이 원과 만나는 점 중 B가 아닌 점을 D, 직선 BD와 직선 AC가 만나는 점을 E라 하자. 삼각형 ABC의 넓이를 $f(\theta)$, 삼각형 CDE의 넓이를 $g(\theta)$라 할 때, $\lim_{\theta \to 0+} \frac{g(\theta)}{\theta^2 \times f(\theta)}$의 값은? $\left(\text{단, } 0<\theta<\frac{\pi}{2}\right)$ [4점]

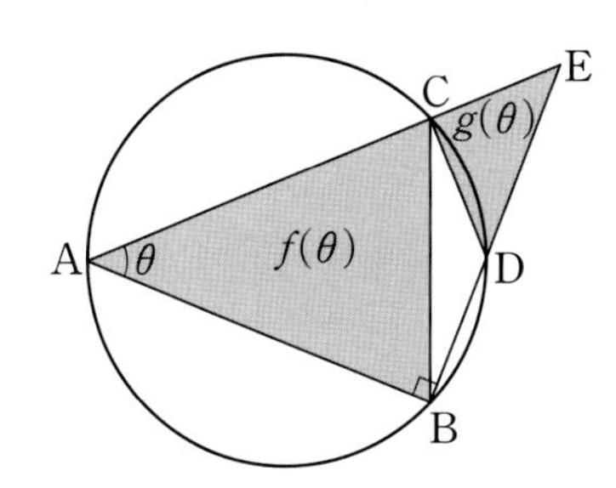

① $\frac{1}{8}$ ② $\frac{1}{4}$ ③ $\frac{3}{8}$
④ $\frac{1}{2}$ ⑤ $\frac{5}{8}$

10

2015학년도 수능 B형(홀) 20번

그림과 같이 반지름의 길이가 1인 원에 외접하고 $\angle CAB=\angle BCA=\theta$인 이등변삼각형 ABC가 있다. 선분 AB의 연장선 위에 점 A가 아닌 점 D를 $\angle DCB=\theta$가 되도록 잡는다. 삼각형 BCD의 넓이를 $S(\theta)$라 할 때, $\lim_{\theta \to 0+} \{\theta \times S(\theta)\}$의 값은? $\left(\text{단, } 0<\theta<\frac{\pi}{4}\right)$ [4점]

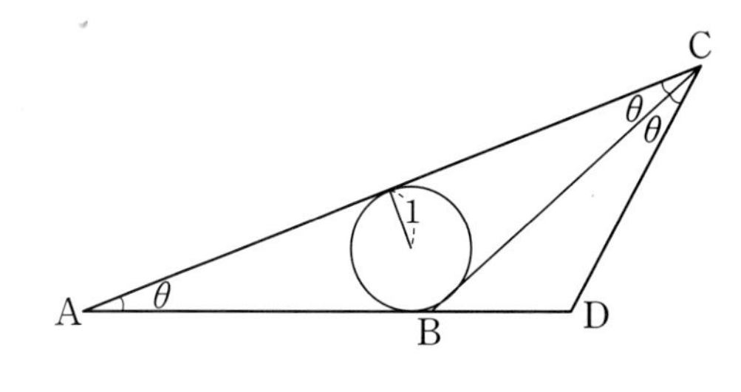

① $\frac{2}{3}$ ② $\frac{8}{9}$ ③ $\frac{10}{9}$
④ $\frac{4}{3}$ ⑤ $\frac{14}{9}$

11

2023학년도 7월 학평 28번

그림과 같이 중심이 O이고 길이가 2인 선분 AB를 지름으로 하는 원이 있다. 원 위에 점 P를 $\angle \mathrm{PAB}=\theta$가 되도록 잡고, 점 P를 포함하지 않는 호 AB 위에 점 Q를 $\angle \mathrm{QAB}=2\theta$가 되도록 잡는다. 직선 OQ가 원과 만나는 점 중 Q가 아닌 점을 R, 두 선분 PA와 QR가 만나는 점을 S라 하자. 삼각형 BOQ의 넓이를 $f(\theta)$, 삼각형 PRS의 넓이를 $g(\theta)$라 할 때, $\lim_{\theta \to 0+} \frac{g(\theta)}{f(\theta)}$의 값은? $\left(단,\ 0<\theta<\frac{\pi}{6}\right)$ [4점]

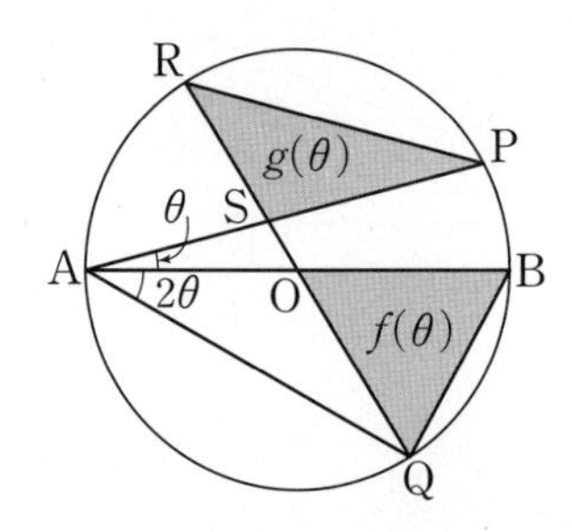

① $\frac{11}{10}$　② $\frac{6}{5}$　③ $\frac{13}{10}$

④ $\frac{7}{5}$　⑤ $\frac{3}{2}$

유형 03 삼각함수의 극한의 활용 −반원에서 다각형의 넓이

12 대표 문제

2019학년도 7월 학평−가형 17번

그림과 같이 길이가 2인 선분 AB를 지름으로 하는 반원이 있다. 선분 AB 위의 점 P에 대하여 $\overline{\mathrm{QB}}=\overline{\mathrm{QP}}$를 만족시키는 반원 위의 점을 Q라 할 때, $\angle \mathrm{BQP}=\theta\left(0<\theta<\frac{\pi}{2}\right)$라 하자. 삼각형 QPB의 넓이를 $S(\theta)$라 할 때, $\lim_{\theta \to 0+} \frac{S(\theta)}{\theta^3}$의 값은? [4점]

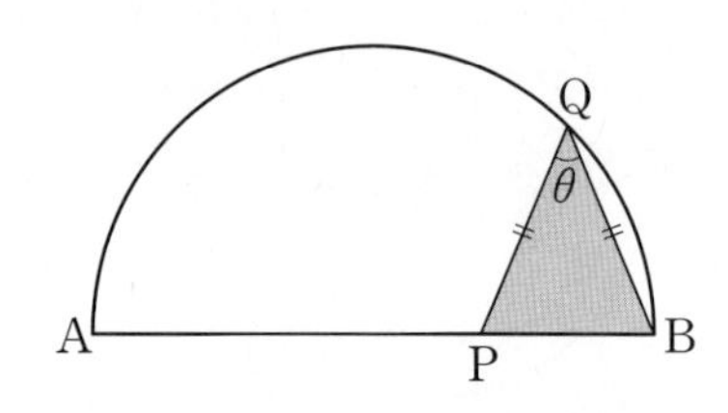

① $\frac{1}{4}$　② $\frac{1}{2}$　③ 1

④ 2　⑤ 4

• 해설편 208쪽

13

2018학년도 3월 학평-가형 19번

그림과 같이 길이가 1인 선분 AB를 지름으로 하는 반원 위의 점 P에 대하여 $\angle$ABP를 삼등분하는 두 직선이 선분 AP와 만나는 점을 각각 Q, R라 하자. $\angle \text{PAB}=\theta$일 때, 삼각형 BRQ의 넓이를 $S(\theta)$라 하자. $\lim_{\theta \to 0+} \frac{S(\theta)}{\theta^2}$의 값은?

$\left(\text{단, } 0<\theta<\frac{\pi}{2}\right)$ [4점]

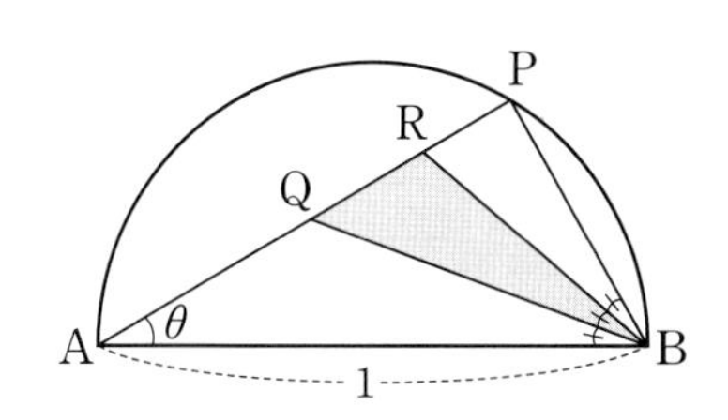

① $\frac{1}{3}$ ② $\frac{\sqrt{3}}{3}$ ③ 1
④ $\sqrt{3}$ ⑤ 3

14

2020학년도 10월 학평-가형 21번

그림과 같이 길이가 2인 선분 AB를 지름으로 하는 반원이 있다. 호 AB 위의 점 P와 선분 AB 위의 점 C에 대하여 $\angle \text{PAC}=\theta$일 때, $\angle \text{APC}=2\theta$이다. $\angle \text{ADC}=\angle \text{PCD}=\frac{\pi}{2}$인 점 D에 대하여 두 선분 AP와 CD가 만나는 점을 E라 하자. 삼각형 DEP의 넓이를 $S(\theta)$라 할 때, $\lim_{\theta \to 0+} \frac{S(\theta)}{\theta}$의 값은?

$\left(\text{단, } 0<\theta<\frac{\pi}{6}\right)$ [4점]

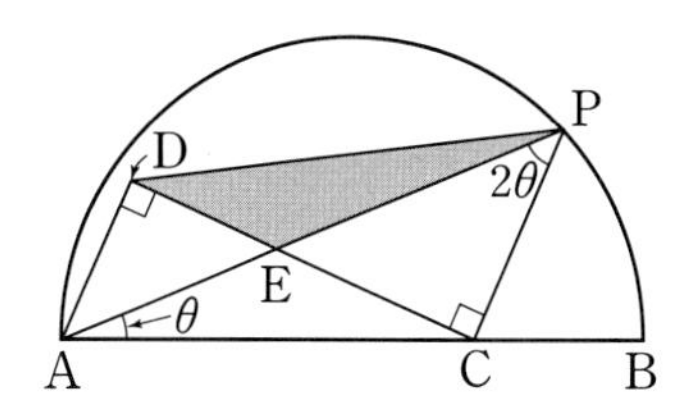

① $\frac{5}{9}$ ② $\frac{2}{3}$ ③ $\frac{7}{9}$
④ $\frac{8}{9}$ ⑤ 1

15

2019학년도 3월 학평-가형 19번

그림과 같이 중심이 O이고 길이가 2인 선분 AB를 지름으로 하는 반원이 있다. 호 AB 위의 점 P에서 선분 AB에 내린 수선의 발을 H라 하고, 점 H를 지나고 선분 OP에 수직인 직선이 선분 OP, 호 AB와 만나는 점을 각각 I, Q라 하자. 점 Q를 지나고 직선 OP에 평행한 직선이 호 AB와 만나는 점 중 Q가 아닌 점을 R라 하자. $\angle POB=\theta$일 때, 두 삼각형 RIP, IHP의 넓이를 각각 $S(\theta)$, $T(\theta)$라 하자. $\lim_{\theta \to 0+} \frac{S(\theta)-T(\theta)}{\theta^3}$의 값은? $\left(\text{단, } 0<\theta<\frac{\pi}{2}\right)$ [4점]

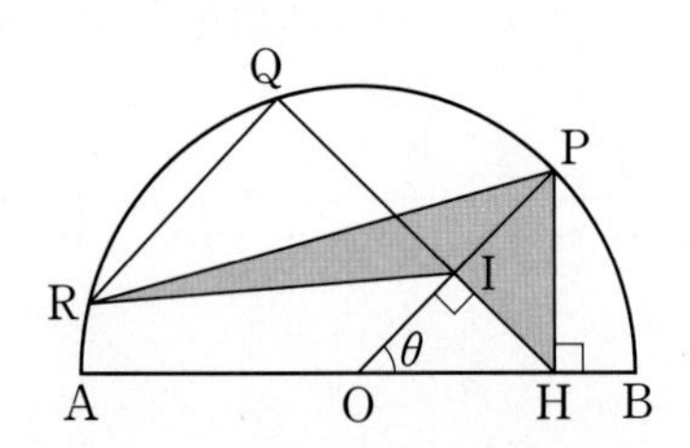

① $\frac{\sqrt{2}-1}{4}$　② $\frac{\sqrt{2}-1}{2}$　③ $\sqrt{2}-1$

④ $\frac{2\sqrt{2}-1}{4}$　⑤ $\frac{2\sqrt{2}-1}{2}$

16

2013학년도 3월 학평-B형 21번

그림과 같이 길이가 2인 선분 AB를 지름으로 하는 반원 위에 점 P가 있다. 점 B를 지나고 선분 AB에 수직인 직선이 직선 AP와 만나는 점을 Q라 하고, 점 P에서 이 반원에 접하는 직선과 선분 BQ가 만나는 점을 R라 하자. $\angle PAB=\theta$라 하고 삼각형 PRQ의 넓이를 $S(\theta)$라 할 때, $\lim_{\theta \to 0+} \frac{S(\theta)}{\theta^3}$의 값은?

$\left(\text{단, } 0<\theta<\frac{\pi}{4}\right)$ [4점]

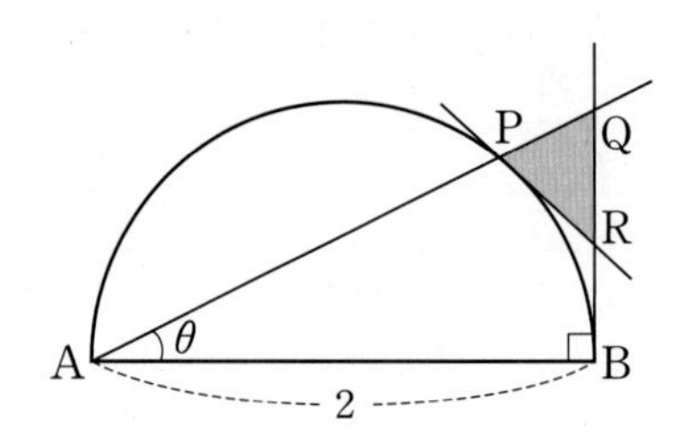

① $\frac{1}{2}$　② $\frac{3}{4}$　③ 1

④ $\frac{5}{4}$　⑤ 2

17

2023학년도 수능 (홀) 28번

그림과 같이 중심이 O이고 길이가 2인 선분 AB를 지름으로 하는 반원 위에 $\angle AOC=\frac{\pi}{2}$인 점 C가 있다. 호 BC 위에 점 P와 호 CA 위에 점 Q를 $\overline{PB}=\overline{QC}$가 되도록 잡고, 선분 AP 위에 점 R를 $\angle CQR=\frac{\pi}{2}$가 되도록 잡는다. 선분 AP와 선분 CO의 교점을 S라 하자. $\angle PAB=\theta$일 때, 삼각형 POB의 넓이를 $f(\theta)$, 사각형 CQRS의 넓이를 $g(\theta)$라 하자.
$\lim_{\theta \to 0+} \frac{3f(\theta)-2g(\theta)}{\theta^2}$의 값은? $\left(\text{단, } 0<\theta<\frac{\pi}{4}\right)$ [4점]

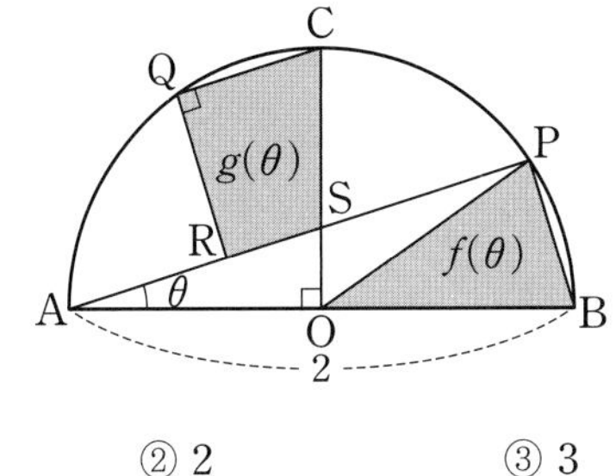

① 1 ② 2 ③ 3
④ 4 ⑤ 5

18

2022학년도 6월 모평 28번

그림과 같이 길이가 2인 선분 AB를 지름으로 하는 반원의 호 AB 위에 점 P가 있다. 선분 AB의 중점을 O라 할 때, 점 B를 지나고 선분 AB에 수직인 직선이 직선 OP와 만나는 점을 Q라 하고, $\angle OQB$의 이등분선이 직선 AP와 만나는 점을 R라 하자. $\angle OAP=\theta$일 때, 삼각형 OAP의 넓이를 $f(\theta)$, 삼각형 PQR의 넓이를 $g(\theta)$라 하자. $\lim_{\theta \to 0+} \frac{g(\theta)}{\theta^4 \times f(\theta)}$의 값은?
$\left(\text{단, } 0<\theta<\frac{\pi}{4}\right)$ [4점]

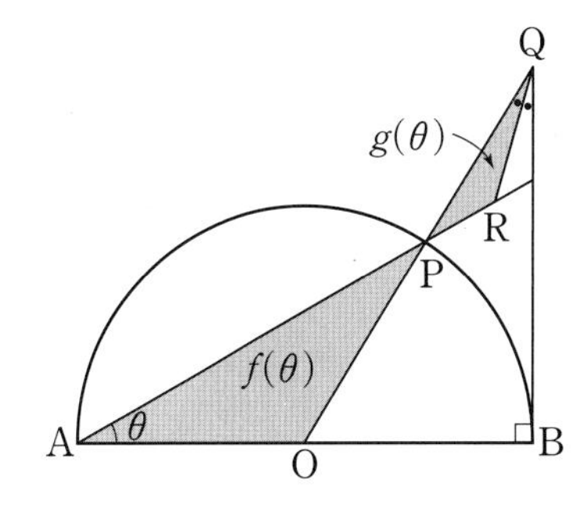

① 2 ② $\frac{5}{2}$ ③ 3
④ $\frac{7}{2}$ ⑤ 4

유형 04 삼각함수의 극한의 활용 -사분원, 부채꼴에서 다각형의 넓이

19 대표 문제

2017학년도 수능 가형(홀) 14번

그림과 같이 반지름의 길이가 1이고 중심각의 크기가 $\frac{\pi}{2}$인 부채꼴 OAB가 있다. 호 AB 위의 점 P에서 선분 OA에 내린 수선의 발을 H, 선분 PH와 선분 AB의 교점을 Q라 하자. $\angle$POH$=\theta$일 때, 삼각형 AQH의 넓이를 $S(\theta)$라 하자. $\lim_{\theta \to 0+} \frac{S(\theta)}{\theta^4}$의 값은? $\left(단,\ 0<\theta<\frac{\pi}{2}\right)$ [4점]

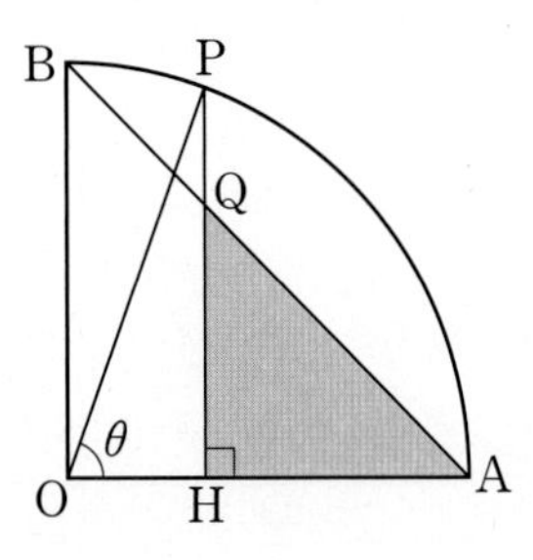

① $\frac{1}{8}$　② $\frac{1}{4}$　③ $\frac{3}{8}$　④ $\frac{1}{2}$　⑤ $\frac{5}{8}$

20

2017학년도 10월 학평-가형 27번

그림과 같이 한 변의 길이가 3인 정사각형 ABCD 안에 중심각의 크기가 $\frac{\pi}{2}$이고 반지름의 길이가 3인 부채꼴 BCA가 있다. 호 AC 위의 점 P에서의 접선이 선분 CD와 만나는 점을 Q, 선분 BP의 연장선이 선분 CD와 만나는 점을 R라 하자. $\angle$PBC$=\theta$일 때, 삼각형 PQR의 넓이를 $f(\theta)$라 하자. $\lim_{\theta \to 0+} \frac{8f(\theta)}{\theta^3}$의 값을 구하시오. $\left(단,\ 0<\theta<\frac{\pi}{4}\right)$ [4점]

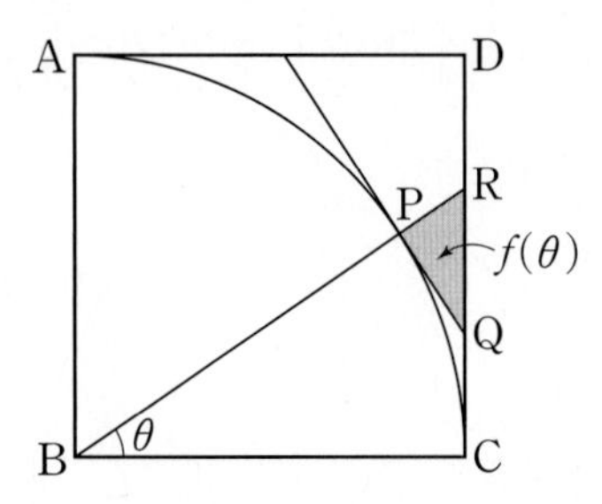

21

2014학년도 3월 학평-B형 19번

그림과 같이 반지름의 길이가 1이고 중심각의 크기가 $\frac{\pi}{2}$인 부채꼴 OAB와 선분 OA를 지름으로 하는 반원이 있다. 호 AB 위의 점 P에 대하여 점 P에서 선분 OA에 내린 수선의 발을 Q, 선분 OP와 반원의 교점 중 O가 아닌 점을 R라 하고, $\angle \mathrm{POA}=\theta$라 하자. 삼각형 PRQ의 넓이를 $S(\theta)$라 할 때, $\lim_{\theta \to 0+} \frac{S(\theta)}{\theta^3}$의 값은? [4점]

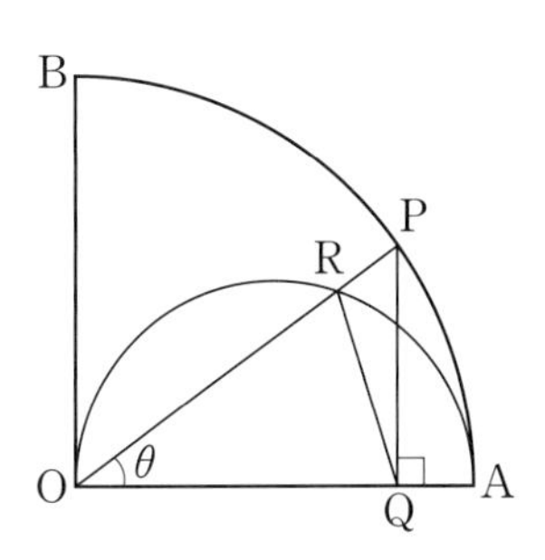

① $\frac{1}{8}$　② $\frac{1}{4}$　③ $\frac{3}{8}$　④ $\frac{1}{2}$　⑤ $\frac{5}{8}$

22

2018학년도 6월 모평 가형 28번

그림과 같이 반지름의 길이가 1이고 중심각의 크기가 θ인 부채꼴 OAB에서 호 AB의 삼등분점 중 점 A에 가까운 점을 C라 하자. 변 DE가 선분 OA 위에 있고, 꼭짓점 G, F가 각각 선분 OC, 호 AC 위에 있는 정사각형 DEFG의 넓이를 $f(\theta)$라 하자. 점 D에서 선분 OB에 내린 수선의 발을 P, 선분 DP와 선분 OC가 만나는 점을 Q라 할 때, 삼각형 OQP의 넓이를 $g(\theta)$라 하자. $\lim_{\theta \to 0+} \frac{f(\theta)}{\theta \times g(\theta)}=k$일 때, $60k$의 값을 구하시오.

(단, $0<\theta<\frac{\pi}{2}$이고, $\overline{\mathrm{OD}}<\overline{\mathrm{OE}}$이다.) [4점]

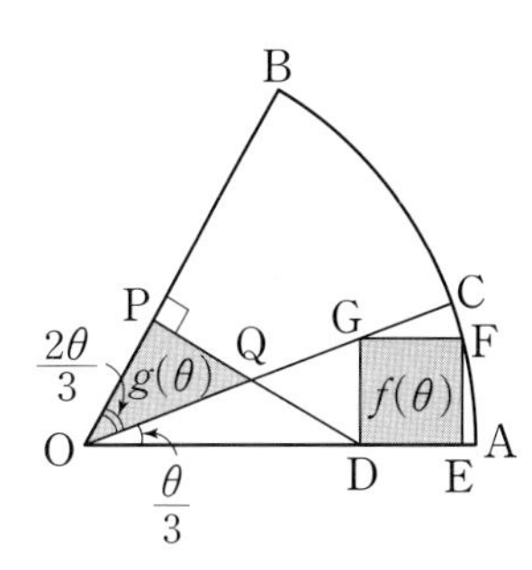

23

2019학년도 6월 모평 가형 16번

그림과 같이 반지름의 길이가 1이고 중심각의 크기가 $\frac{\pi}{2}$인 부채꼴 OAB가 있다. 호 AB 위의 점 P에서 선분 OA에 내린 수선의 발을 H라 하고, 호 BP 위에 점 Q를 $\angle \mathrm{POH} = \angle \mathrm{PHQ}$가 되도록 잡는다. $\angle \mathrm{POH} = \theta$일 때, 삼각형 OHQ의 넓이를 $S(\theta)$라 하자. $\lim_{\theta \to 0+} \frac{S(\theta)}{\theta}$의 값은? $\left(\text{단, } 0<\theta<\frac{\pi}{6}\right)$ [4점]

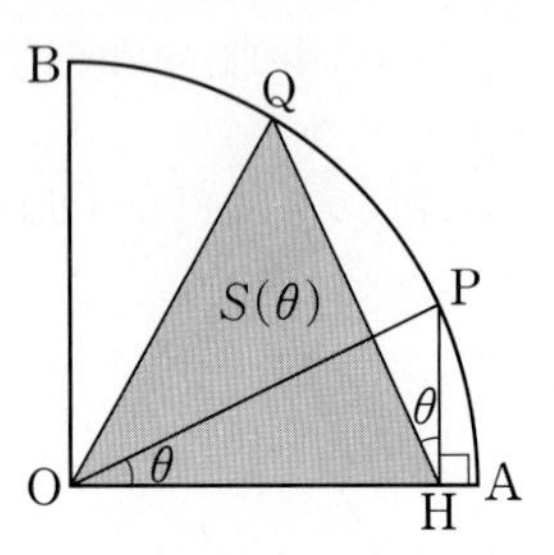

① $\frac{1+\sqrt{2}}{2}$　② $\frac{2+\sqrt{2}}{2}$　③ $\frac{3+\sqrt{2}}{2}$
④ $\frac{4+\sqrt{2}}{2}$　⑤ $\frac{5+\sqrt{2}}{2}$

24

2023학년도 9월 모평 28번

그림과 같이 반지름의 길이가 1이고 중심각의 크기가 $\frac{\pi}{2}$인 부채꼴 OAB가 있다. 호 AB 위의 점 P에 대하여 $\overline{\mathrm{PA}} = \overline{\mathrm{PC}} = \overline{\mathrm{PD}}$가 되도록 호 PB 위에 점 C와 선분 OA 위에 점 D를 잡는다. 점 D를 지나고 선분 OP와 평행한 직선이 선분 PA와 만나는 점을 E라 하자. $\angle \mathrm{POA} = \theta$일 때, 삼각형 CDP의 넓이를 $f(\theta)$, 삼각형 EDA의 넓이를 $g(\theta)$라 하자. $\lim_{\theta \to 0+} \frac{g(\theta)}{\theta^2 \times f(\theta)}$의 값은? $\left(\text{단, } 0<\theta<\frac{\pi}{4}\right)$ [4점]

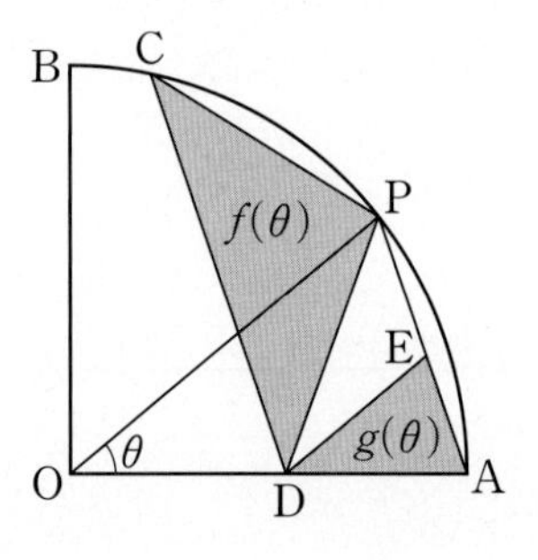

① $\frac{1}{8}$　② $\frac{1}{4}$　③ $\frac{3}{8}$
④ $\frac{1}{2}$　⑤ $\frac{5}{8}$

유형 05 삼각함수의 극한의 활용 –좌표평면에서 다각형의 넓이

25 대표 문제

2023학년도 4월 학평 27번

그림과 같이 좌표평면 위에 점 A$(0, 1)$을 중심으로 하고 반지름의 길이가 1인 원 C가 있다. 원점 O를 지나고 x축의 양의 방향과 이루는 각의 크기가 θ인 직선이 원 C와 만나는 점 중 O가 아닌 점을 P라 하고, 호 OP 위에 점 Q를 $\angle \mathrm{OPQ}=\frac{\theta}{3}$가 되도록 잡는다. 삼각형 POQ의 넓이를 $f(\theta)$라 할 때, $\lim_{\theta \to 0+} \frac{f(\theta)}{\theta^3}$의 값은?

(단, 점 Q는 제1사분면 위의 점이고, $0<\theta<\pi$이다.) [3점]

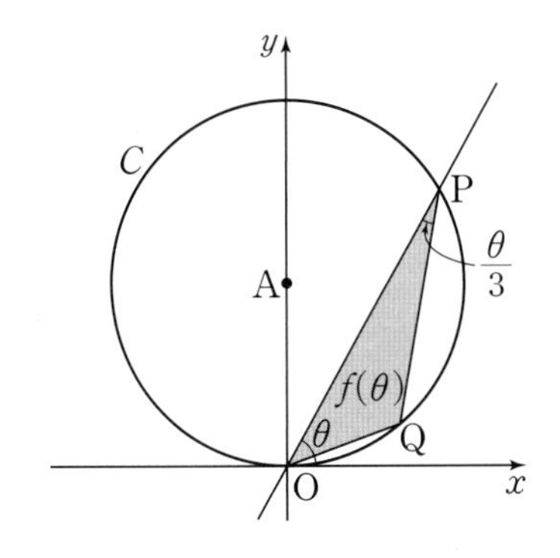

① $\frac{2}{9}$ ② $\frac{1}{3}$ ③ $\frac{4}{9}$

④ $\frac{5}{9}$ ⑤ $\frac{2}{3}$

26

2015학년도 3월 학평–B형 29번

그림과 같이 중심이 A$(3, 0)$이고 점 B$(6, 0)$을 지나는 원이 있다. 이 원 위의 점 P를 지나는 두 직선 AP, BP가 y축과 만나는 점을 각각 Q, R라 하자. $\angle \mathrm{PBA}=\theta$라 하고, 삼각형 PQR의 넓이를 $S(\theta)$라 할 때, $\lim_{\theta \to 0+} \frac{S(\theta)}{\theta^5}$의 값을 구하시오.

$\left(단, 0<\theta<\frac{\pi}{4}\right)$ [4점]

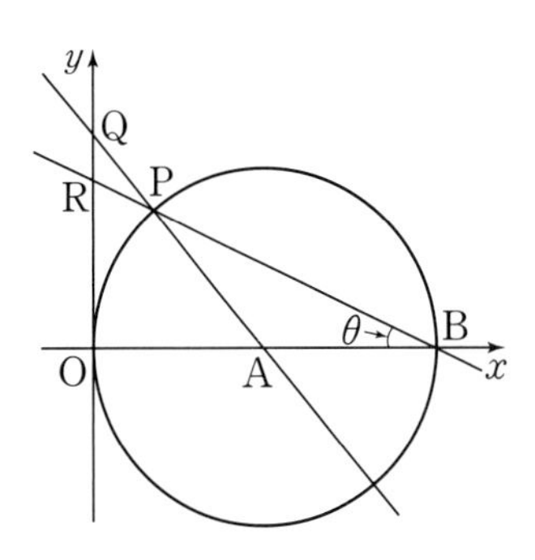

27

2018학년도 7월 학평-가형 21번

그림과 같이 좌표평면 위에 중심이 O(0, 0)이고 점 A(1, 0)을 지나는 원 C_1 위의 제1사분면 위의 점을 P라 하자. 점 P를 원점에 대하여 대칭이동시킨 점을 Q, x축에 대하여 대칭이동시킨 점을 R라 하자. 선분 QR를 지름으로 하는 원 C_2와 두 선분 PQ, AQ와의 교점을 각각 M, N이라 하자. $\angle \mathrm{POA}=\theta$라 할 때, 두 삼각형 MQN, PNR의 넓이를 각각 $S(\theta)$, $T(\theta)$라 하자. $\lim_{\theta \to 0+} \frac{\theta^2 \times S(\theta)}{T(\theta)}$의 값은? [4점]

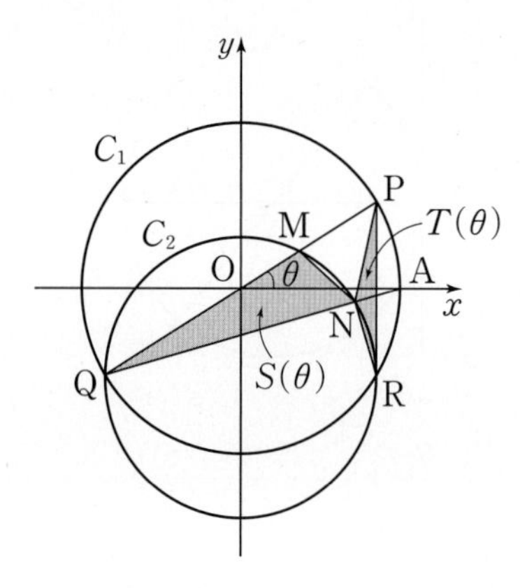

① 1　② 2　③ 3　④ 4　⑤ 5

유형 06 삼각함수의 도함수

28 대표 문제

2015학년도 9월 모평 B형 3번

함수 $f(x)=\sin x-4x$에 대하여 $f'(0)$의 값은? [2점]

① -5　② -4　③ -3　④ -2　⑤ -1

29

2016학년도 4월 학평-가형 3번

$f(x)=\sin x$일 때, $f'\left(\frac{\pi}{3}\right)$의 값은? [2점]

① -1　② $-\frac{1}{2}$　③ 0　④ $\frac{1}{2}$　⑤ 1

• 해설편 218쪽

30

2017학년도 4월 학평-가형 5번

함수 $f(x)=\cos x$에 대하여 $f'\left(\frac{\pi}{2}\right)$의 값은? [3점]

① -1　② $-\frac{1}{2}$　③ 0　④ $\frac{1}{2}$　⑤ 1

31

2019학년도 10월 학평-가형 23번

함수 $f(x)=\sin x-\sqrt{3}\cos x$에 대하여 $f'\left(\frac{\pi}{3}\right)$의 값을 구하시오. [3점]

32

2023학년도 4월 학평 24번

함수 $f(x)=e^{x}(2\sin x+\cos x)$에 대하여 $f'(0)$의 값은? [3점]

① 3　② 4　③ 5　④ 6　⑤ 7

33

2019학년도 3월 학평-가형 4번

함수 $f(x)=\frac{x}{2}+\sin x$에 대하여 $\lim_{x\to\pi}\frac{f(x)-f(\pi)}{x-\pi}$의 값은? [3점]

① $-\frac{5}{2}$　② -2　③ $-\frac{3}{2}$　④ -1　⑤ $-\frac{1}{2}$

34

2016학년도 3월 학평-가형 8번

함수 $f(x)=\sin x+a\cos x$에 대하여 $\lim_{x \to \frac{\pi}{2}} \frac{f(x)-1}{x-\frac{\pi}{2}}=3$일 때, $f\left(\frac{\pi}{4}\right)$의 값은? (단, a는 상수이다.) [3점]

① $-2\sqrt{2}$　② $-\sqrt{2}$　③ 0
④ $\sqrt{2}$　⑤ $2\sqrt{2}$

35

2019학년도 수능 가형(홀) 20번

점 $\left(-\frac{\pi}{2}, 0\right)$에서 곡선 $y=\sin x\,(x>0)$에 접선을 그어 접점의 x좌표를 작은 수부터 크기순으로 모두 나열할 때, n번째 수를 a_n이라 하자. 모든 자연수 n에 대하여 〈보기〉에서 옳은 것만을 있는 대로 고른 것은? [4점]

〈 보기 〉

ㄱ. $\tan a_n=a_n+\frac{\pi}{2}$
ㄴ. $\tan a_{n+2}-\tan a_n>2\pi$
ㄷ. $a_{n+1}+a_{n+2}>a_n+a_{n+3}$

① ㄱ　② ㄱ, ㄴ　③ ㄱ, ㄷ
④ ㄴ, ㄷ　⑤ ㄱ, ㄴ, ㄷ

36

2022학년도 4월 학평 30번

함수 $f(x)=a\cos x+x\sin x+b$와 $-\pi<\alpha<0<\beta<\pi$인 두 실수 α, β가 다음 조건을 만족시킨다.

> (가) $f'(\alpha)=f'(\beta)=0$
> (나) $\dfrac{\tan\beta-\tan\alpha}{\beta-\alpha}+\dfrac{1}{\beta}=0$

$\lim\limits_{x\to0}\dfrac{f(x)}{x^2}=c$일 때, $f\left(\dfrac{\beta-\alpha}{3}\right)+c=p+q\pi$이다. 두 유리수 p, q에 대하여 $120\times(p+q)$의 값을 구하시오.

(단, a, b, c는 상수이고, $a<1$이다.) [4점]

37

2021학년도 10월 학평 28번

그림과 같이 $\overline{AB}=1$, $\overline{BC}=2$인 삼각형 ABC에 대하여 선분 AC의 중점을 M이라 하고, 점 M을 지나고 선분 AB에 평행한 직선이 선분 BC와 만나는 점을 D라 하자. $\angle$BAC의 이등분선이 두 직선 BC, DM과 만나는 점을 각각 E, F라 하자. $\angle$CBA$=\theta$일 때, 삼각형 ABE의 넓이를 $f(\theta)$, 삼각형 DFC의 넓이를 $g(\theta)$라 하자. $\lim\limits_{\theta\to0+}\dfrac{g(\theta)}{\theta^2\times f(\theta)}$의 값은?

(단, $0<\theta<\pi$) [4점]

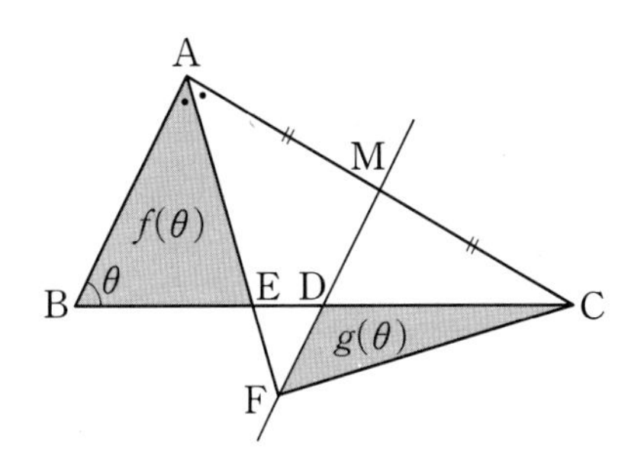

① $\dfrac{1}{8}$ ② $\dfrac{1}{4}$ ③ $\dfrac{1}{2}$
④ 1 ⑤ 2

38

2021학년도 6월 모평 가형 28번

그림과 같이 $\overline{AB}=1$, $\overline{BC}=2$인 두 선분 AB, BC에 대하여 선분 BC의 중점을 M, 점 M에서 선분 AB에 내린 수선의 발을 H라 하자. 중심이 M이고 반지름의 길이가 $\overline{MH}$인 원이 선분 AM과 만나는 점을 D, 선분 HC가 선분 DM과 만나는 점을 E라 하자. $\angle ABC=\theta$라 할 때, 삼각형 CDE의 넓이를 $f(\theta)$, 삼각형 MEH의 넓이를 $g(\theta)$라 하자. $\lim_{\theta \to 0+} \frac{f(\theta)-g(\theta)}{\theta^3}=a$일 때, $80a$의 값을 구하시오. $\left(\text{단, } 0<\theta<\frac{\pi}{2}\right)$ [4점]

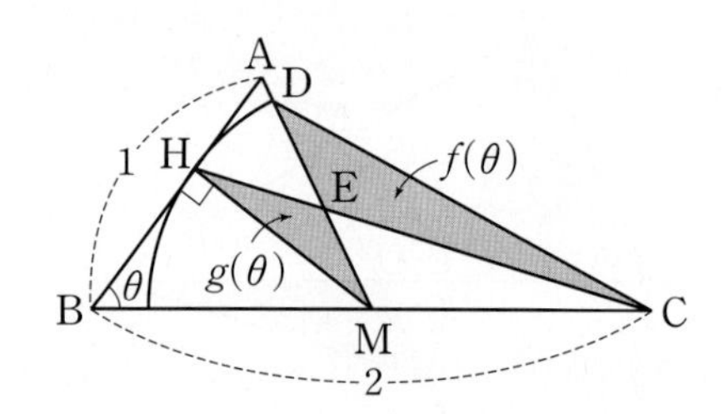

39

2023학년도 6월 모평 29번

그림과 같이 반지름의 길이가 1이고 중심각의 크기가 $\frac{\pi}{2}$인 부채꼴 OAB가 있다. 호 AB 위의 점 P에서 선분 OA에 내린 수선의 발을 H라 하고, $\angle OAP$를 이등분하는 직선과 세 선분 HP, OP, OB의 교점을 각각 Q, R, S라 하자. $\angle APH=\theta$일 때, 삼각형 AQH의 넓이를 $f(\theta)$, 삼각형 PSR의 넓이를 $g(\theta)$라 하자. $\lim_{\theta \to 0+} \frac{\theta^3 \times g(\theta)}{f(\theta)}=k$일 때, $100k$의 값을 구하시오.

$\left(\text{단, } 0<\theta<\frac{\pi}{4}\right)$ [4점]

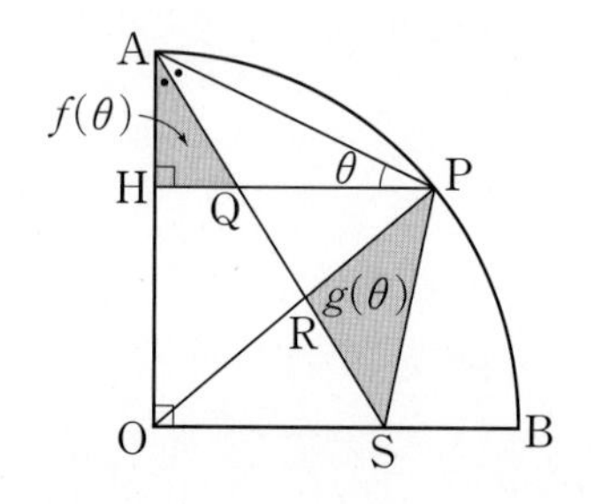

• 해설편 225쪽

40

2020학년도 7월 학평-가형 29번

그림과 같이 길이가 4인 선분 AB를 지름으로 하고 중심이 O인 원 C가 있다. 원 C 위를 움직이는 점 P에 대하여 $\angle \mathrm{PAB}=\theta$라 할 때, 선분 AB 위에 $\angle \mathrm{APQ}=2\theta$를 만족시키는 점을 Q라 하자. 직선 PQ가 원 C와 만나는 점 중 P가 아닌 점을 R라 할 때, 중심이 삼각형 AQP의 내부에 있고 두 선분 PA, PR에 동시에 접하는 원을 C'이라 하자. 원 C'이 점 O를 지날 때, 원 C'의 반지름의 길이를 $r(\theta)$, 삼각형 BQR의 넓이를 $S(\theta)$라 하자. $\lim_{\theta \to 0+} \frac{S(\theta)}{r(\theta)}=a$일 때, $45a$의 값을 구하시오.

$\left(\text{단, } 0<\theta<\frac{\pi}{4}\right)$ [4점]

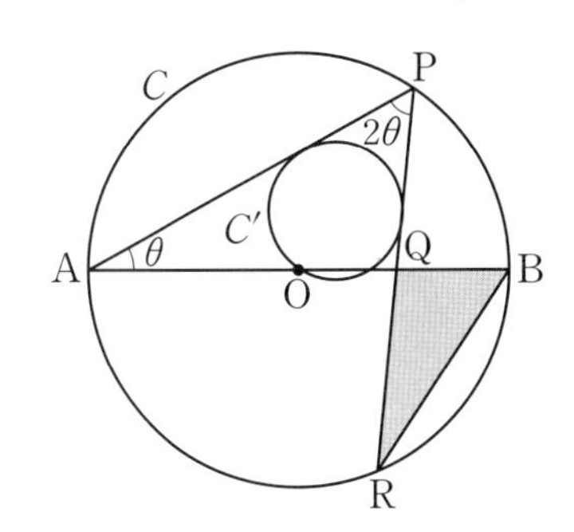

한눈에 정리하는 평가원 기출 경향

주제 \ 학년도	2025	2024	2023
함수의 몫의 미분법			
합성함수의 미분법	27		
합성함수의 미분법의 활용	52	47	

합성함수의 미분법

27
2025학년도 9월 모평 27번

실수 전체의 집합에서 미분가능한 함수 $f(x)$가 모든 실수 x에 대하여

$$f(x)+f\left(\frac{1}{2}\sin x\right)=\sin x$$

를 만족시킬 때, $f'(\pi)$의 값은? [3점]

① $-\frac{5}{6}$　② $-\frac{2}{3}$　③ $-\frac{1}{2}$
④ $-\frac{1}{3}$　⑤ $-\frac{1}{6}$

합성함수의 미분법의 활용

52
2025학년도 6월 모평 29번

함수 $f(x)=\frac{1}{3}x^3-x^2+\ln(1+x^2)+a$ (a는 상수)와 두 양수 b, c에 대하여 함수

$$g(x)=\begin{cases} f(x) & (x\geq b) \\ -f(x-c) & (x<b) \end{cases}$$

는 실수 전체의 집합에서 미분가능하다. $a+b+c=p+q\ln 2$일 때, $30(p+q)$의 값을 구하시오.

(단, p, q는 유리수이고, $\ln 2$는 무리수이다.) [4점]

47
2024학년도 9월 모평 30번

길이가 10인 선분 AB를 지름으로 하는 원과 선분 AB 위에 $\overline{\mathrm{AC}}=4$인 점 C가 있다. 이 원 위의 점 P를 $\angle \mathrm{PCB}=\theta$가 되도록 잡고, 점 P를 지나고 선분 AB에 수직인 직선이 이 원과 만나는 점 중 P가 아닌 점을 Q라 하자. 삼각형 PCQ의 넓이를 $S(\theta)$라 할 때, $-7\times S'\left(\frac{\pi}{4}\right)$의 값을 구하시오.

$\left(\text{단, } 0<\theta<\frac{\pi}{2}\right)$ [4점]

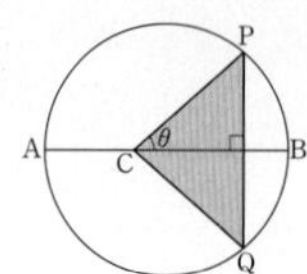

2022 ~ 2014

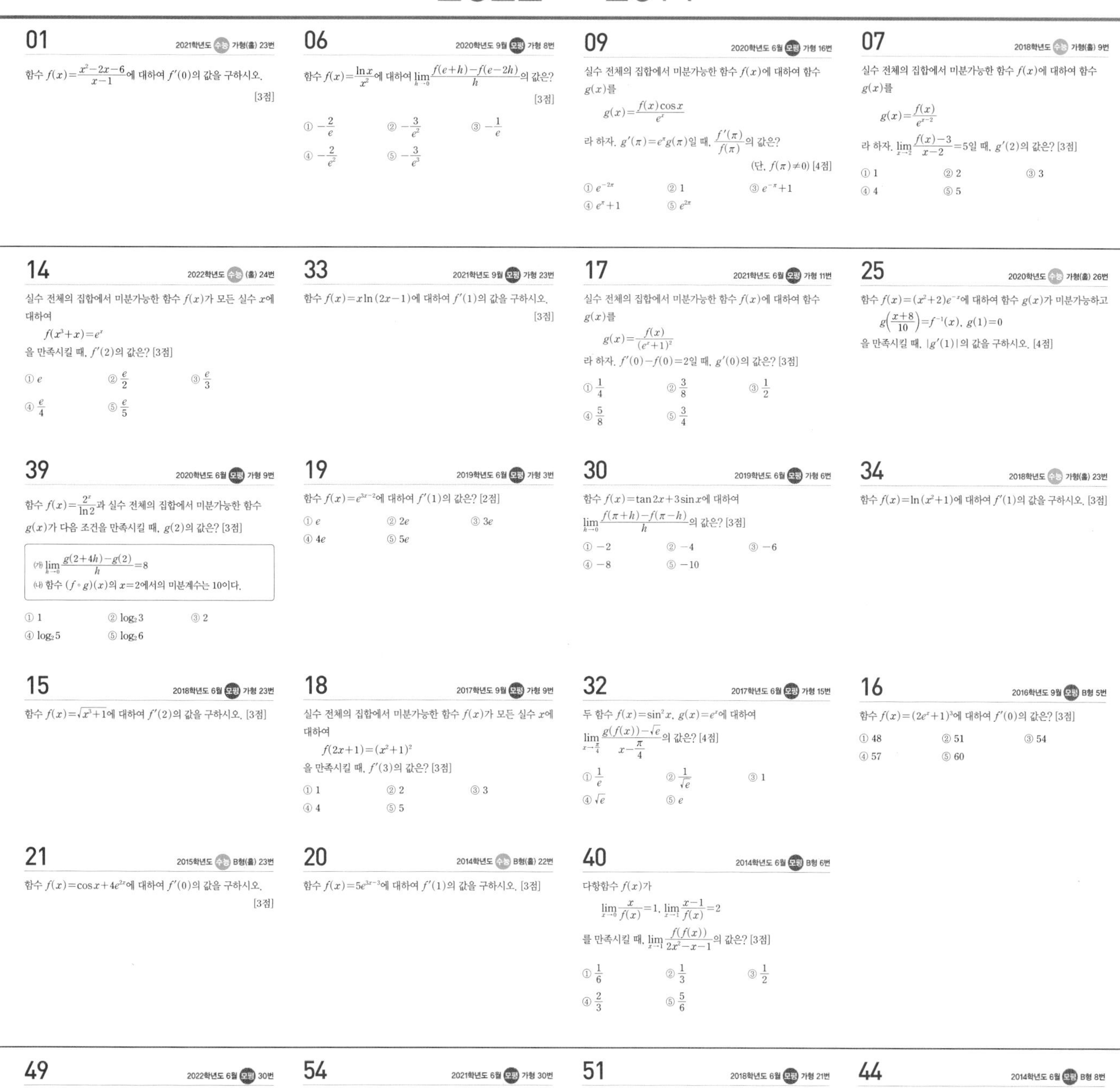

01
2021학년도 수능 가형(홀) 23번

함수 $f(x)=\frac{x^2-2x-6}{x-1}$에 대하여 $f'(0)$의 값을 구하시오. [3점]

06
2020학년도 9월 모평 가형 8번

함수 $f(x)=\frac{\ln x}{x^2}$에 대하여 $\lim_{h\to0}\frac{f(e+h)-f(e-2h)}{h}$의 값은? [3점]

① $-\frac{2}{e}$　② $-\frac{3}{e^2}$　③ $-\frac{1}{e}$　④ $-\frac{2}{e^2}$　⑤ $-\frac{3}{e^3}$

09
2020학년도 6월 모평 가형 16번

실수 전체의 집합에서 미분가능한 함수 $f(x)$에 대하여 함수 $g(x)$를

$$g(x)=\frac{f(x)\cos x}{e^x}$$

라 하자. $g'(\pi)=e^{\pi}g(\pi)$일 때, $\frac{f'(\pi)}{f(\pi)}$의 값은? (단, $f(\pi)\neq0$) [4점]

① $e^{-2\pi}$　② 1　③ $e^{-\pi}+1$　④ $e^{\pi}+1$　⑤ $e^{2\pi}$

07
2018학년도 수능 가형(홀) 9번

실수 전체의 집합에서 미분가능한 함수 $f(x)$에 대하여 함수 $g(x)$를

$$g(x)=\frac{f(x)}{e^{x-2}}$$

라 하자. $\lim_{x\to2}\frac{f(x)-3}{x-2}=5$일 때, $g'(2)$의 값은? [3점]

① 1　② 2　③ 3　④ 4　⑤ 5

14
2022학년도 수능 (홀) 24번

실수 전체의 집합에서 미분가능한 함수 $f(x)$가 모든 실수 x에 대하여

$$f(x^3+x)=e^x$$

을 만족시킬 때, $f'(2)$의 값은? [3점]

① e　② $\frac{e}{2}$　③ $\frac{e}{3}$　④ $\frac{e}{4}$　⑤ $\frac{e}{5}$

33
2021학년도 9월 모평 가형 23번

함수 $f(x)=x\ln(2x-1)$에 대하여 $f'(1)$의 값을 구하시오. [3점]

17
2021학년도 6월 모평 가형 11번

실수 전체의 집합에서 미분가능한 함수 $f(x)$에 대하여 함수 $g(x)$를

$$g(x)=\frac{f(x)}{(e^x+1)^2}$$

라 하자. $f'(0)-f(0)=2$일 때, $g'(0)$의 값은? [3점]

① $\frac{1}{4}$　② $\frac{3}{8}$　③ $\frac{1}{2}$　④ $\frac{5}{8}$　⑤ $\frac{3}{4}$

25
2020학년도 수능 가형(홀) 26번

함수 $f(x)=(x^2+2)e^{-x}$에 대하여 함수 $g(x)$가 미분가능하고

$$g\left(\frac{x+8}{10}\right)=f^{-1}(x),\ g(1)=0$$

을 만족시킬 때, $|g'(1)|$의 값을 구하시오. [4점]

39
2020학년도 6월 모평 가형 9번

함수 $f(x)=\frac{2^x}{\ln2}$과 실수 전체의 집합에서 미분가능한 함수 $g(x)$가 다음 조건을 만족시킬 때, $g(2)$의 값은? [3점]

> (가) $\lim_{h\to0}\frac{g(2+4h)-g(2)}{h}=8$
> (나) 함수 $(f\circ g)(x)$의 $x=2$에서의 미분계수는 10이다.

① 1　② $\log_2 3$　③ 2　④ $\log_2 5$　⑤ $\log_2 6$

19
2019학년도 6월 모평 가형 3번

함수 $f(x)=e^{3x-2}$에 대하여 $f'(1)$의 값은? [2점]

① e　② $2e$　③ $3e$　④ $4e$　⑤ $5e$

30
2019학년도 6월 모평 가형 6번

함수 $f(x)=\tan2x+3\sin x$에 대하여

$\lim_{h\to0}\frac{f(\pi+h)-f(\pi-h)}{h}$의 값은? [3점]

① -2　② -4　③ -6　④ -8　⑤ -10

34
2018학년도 수능 가형(홀) 23번

함수 $f(x)=\ln(x^2+1)$에 대하여 $f'(1)$의 값을 구하시오. [3점]

15
2018학년도 6월 모평 가형 23번

함수 $f(x)=\sqrt{x^3+1}$에 대하여 $f'(2)$의 값을 구하시오. [3점]

18
2017학년도 9월 모평 가형 9번

실수 전체의 집합에서 미분가능한 함수 $f(x)$가 모든 실수 x에 대하여

$$f(2x+1)=(x^2+1)^2$$

을 만족시킬 때, $f'(3)$의 값은? [3점]

① 1　② 2　③ 3　④ 4　⑤ 5

32
2017학년도 6월 모평 가형 15번

두 함수 $f(x)=\sin^2x$, $g(x)=e^x$에 대하여

$\lim_{x\to\frac{\pi}{4}}\frac{g(f(x))-\sqrt{e}}{x-\frac{\pi}{4}}$의 값은? [4점]

① $\frac{1}{e}$　② $\frac{1}{\sqrt{e}}$　③ 1　④ $\sqrt{e}$　⑤ e

16
2016학년도 9월 모평 B형 5번

함수 $f(x)=(2e^x+1)^3$에 대하여 $f'(0)$의 값은? [3점]

① 48　② 51　③ 54　④ 57　⑤ 60

21
2015학년도 수능 B형(홀) 23번

함수 $f(x)=\cos x+4e^{2x}$에 대하여 $f'(0)$의 값을 구하시오. [3점]

20
2014학년도 수능 B형(홀) 22번

함수 $f(x)=5e^{3x-3}$에 대하여 $f'(1)$의 값을 구하시오. [3점]

40
2014학년도 6월 모평 B형 6번

다항함수 $f(x)$가

$$\lim_{x\to0}\frac{x}{f(x)}=1,\ \lim_{x\to1}\frac{x-1}{f(x)}=2$$

를 만족시킬 때, $\lim_{x\to1}\frac{f(f(x))}{2x^2-x-1}$의 값은? [3점]

① $\frac{1}{6}$　② $\frac{1}{3}$　③ $\frac{1}{2}$　④ $\frac{2}{3}$　⑤ $\frac{5}{6}$

49
2022학년도 6월 모평 30번

$t>\frac{1}{2}\ln2$인 실수 t에 대하여 곡선 $y=\ln(1+e^{2x}-e^{-2t})$과 직선 $y=x+t$가 만나는 서로 다른 두 점 사이의 거리를 $f(t)$라 할 때, $f'(\ln2)=\frac{q}{p}\sqrt{2}$이다. $p+q$의 값을 구하시오. (단, p와 q는 서로소인 자연수이다.) [4점]

53
2015학년도 수능 B형(홀) 30번

함수 $f(x)=e^{x+1}-1$과 자연수 n에 대하여 함수 $g(x)$를

$$g(x)=100|f(x)|-\sum_{k=1}^{n}|f(x^k)|$$

이라 하자. $g(x)$가 실수 전체의 집합에서 미분가능하도록 하는 모든 자연수 n의 값의 합을 구하시오. [4점]

54
2021학년도 6월 모평 가형 30번

실수 전체의 집합에서 정의된 함수 $f(x)$는 $0\le x<3$일 때 $f(x)=|x-1|+|x-2|$이고, 모든 실수 x에 대하여 $f(x+3)=f(x)$를 만족시킨다. 함수 $g(x)$를

$$g(x)=\lim_{h\to0+}\left|\frac{f(2^{x+h})-f(2^x)}{h}\right|$$

이라 하자. 함수 $g(x)$가 $x=a$에서 불연속인 a의 값 중에서 열린구간 $(-5, 5)$에 속하는 모든 값을 작은 수부터 크기순으로 나열한 것을 $a_1, a_2, \cdots, a_n$(n은 자연수)라 할 때, $n+\sum_{k=1}^{n}\frac{g(a_k)}{\ln2}$의 값을 구하시오. [4점]

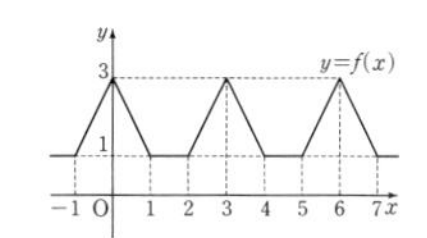

51
2018학년도 6월 모평 가형 21번

최고차항의 계수가 1인 사차함수 $f(x)$에 대하여

$$F(x)=\ln|f(x)|$$

라 하고, 최고차항의 계수가 1인 삼차함수 $g(x)$에 대하여

$$G(x)=\ln|g(x)\sin x|$$

라 하자.

$$\lim_{x\to1}(x-1)F'(x)=3,\ \lim_{x\to0}\frac{F'(x)}{G'(x)}=\frac{1}{4}$$

일 때, $f(3)+g(3)$의 값은? [4점]

① 57　② 55　③ 53　④ 51　⑤ 49

44
2014학년도 6월 모평 B형 8번

점 A(1, 0)을 지나고 기울기가 양수인 직선 l이 곡선 $y=2\sqrt{x}$와 만나는 점을 B, 점 B에서 x축에 내린 수선의 발을 C, 직선 l이 y축과 만나는 점을 D라 하자.

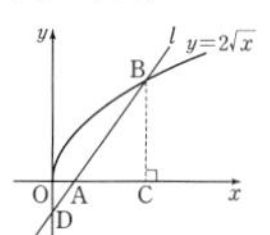

점 B$(t, 2\sqrt{t})$에 대하여 삼각형 BAC의 넓이를 $f(t)$라 할 때, $f'(9)$의 값은? [3점]

① 3　② $\frac{10}{3}$　③ $\frac{11}{3}$　④ 4　⑤ $\frac{13}{3}$

12 일차

함수의 몫의 미분법과 합성함수의 미분법

1 함수의 몫의 미분법

(1) 함수의 몫의 미분법

두 함수 $f(x)$, $g(x)$ $(g(x)\neq 0)$가 미분가능할 때

① $\left\{\dfrac{1}{g(x)}\right\}'=-\dfrac{g'(x)}{\{g(x)\}^2}$

② $\left\{\dfrac{f(x)}{g(x)}\right\}'=\dfrac{f'(x)g(x)-f(x)g'(x)}{\{g(x)\}^2}$

예 (1) $y=\dfrac{1}{x}$이면 $y'=-\dfrac{1}{x^2}$

(2) $y=\dfrac{x+1}{x+2}$이면 $y'=\dfrac{(x+1)'(x+2)-(x+1)(x+2)'}{(x+2)^2}=\dfrac{1}{(x+2)^2}$

(2) 삼각함수의 도함수

① $y=\tan x$이면 $y'=\sec^2 x$

② $y=\sec x$이면 $y'=\sec x\tan x$

③ $y=\csc x$이면 $y'=-\csc x\cot x$

④ $y=\cot x$이면 $y'=-\csc^2 x$

예 (1) $y=2\tan x+\sec x$이면

$y'=2\sec^2 x+\sec x\tan x=\sec x(2\sec x+\tan x)$

(2) $y=\csc x-3\cot x$이면

$y'=-\csc x\cot x-3(-\csc^2 x)=\csc x(3\csc x-\cot x)$

수학Ⅱ 다시보기

극한으로 주어진 식을 미분계수로 나타낸 후 몫의 미분법을 이용하여 미분계수의 값을 구하는 문제가 출제되므로 다음을 기억하자. 또 극한을 미분계수로 나타내는 과정에서 이용되는 개념도 알아두자.

• 미분계수의 정의

함수 $f(x)$의 $x=a$에서의 미분계수는

$$f'(a)=\lim_{h\to 0}\frac{f(a+h)-f(a)}{h}=\lim_{x\to a}\frac{f(x)-f(a)}{x-a}$$

예 (1) $\displaystyle\lim_{h\to 0}\frac{f(a+4h)-f(a)}{h}=\lim_{h\to 0}\frac{f(a+4h)-f(a)}{4h}\times 4=4f'(a)$

(2) $\displaystyle\lim_{x\to 1}\frac{f(x)-f(1)}{x^2-1}=\lim_{x\to 1}\frac{f(x)-f(1)}{(x-1)(x+1)}=\lim_{x\to 1}\left\{\frac{f(x)-f(1)}{x-1}\times\frac{1}{x+1}\right\}$

$\displaystyle=\lim_{x\to 1}\frac{f(x)-f(1)}{x-1}\times\lim_{x\to 1}\frac{1}{x+1}=\frac{1}{2}f'(1)$

• 함수의 극한의 응용

두 함수 $f(x)$, $g(x)$에 대하여

(1) $\displaystyle\lim_{x\to a}\frac{f(x)}{g(x)}=\alpha$ (α는 실수)이고 $\displaystyle\lim_{x\to a}g(x)=0$이면 $\displaystyle\lim_{x\to a}f(x)=0$

(2) $\displaystyle\lim_{x\to a}\frac{f(x)}{g(x)}=\alpha$ (α는 0이 아닌 실수)이고 $\displaystyle\lim_{x\to a}f(x)=0$이면 $\displaystyle\lim_{x\to a}g(x)=0$

예 (1) $\displaystyle\lim_{x\to -1}\frac{ax+2}{x+1}=2$에서 $x\to -1$일 때 (분모) → 0이므로 (분자) → 0이어야 한다.

즉, $\displaystyle\lim_{x\to -1}(ax+2)=0$에서 $-a+2=0$ $\quad\therefore a=2$

(2) $\displaystyle\lim_{x\to 1}\frac{x-1}{ax+3}=1$에서 $x\to 1$일 때 (분자) → 0이고 0이 아닌 극한값이 존재하므로 (분모) → 0이어야 한다.

즉, $\displaystyle\lim_{x\to 1}(ax+3)=0$에서 $a+3=0$ $\quad\therefore a=-3$

• 함수 $y=x^n$ (n은 음이 아닌 정수)이면 $y'=nx^{n-1}$

• $y=\sin x$이면 $y'=\cos x$
$y=\cos x$이면 $y'=-\sin x$

2 합성함수의 미분법

(1) 합성함수의 미분법

두 함수 $y=f(u)$, $u=g(x)$가 미분가능할 때, 합성함수 $y=f(g(x))$의 도함수는

$$\frac{dy}{dx}=\frac{dy}{du}\times\frac{du}{dx} \text{ 또는 } \{f(g(x))\}'=f'(g(x))g'(x)$$

참고 함수 $f(x)$가 미분가능할 때

(1) $y=f(ax+b)$이면 $y'=af'(ax+b)$ (단, a, b는 상수)

(2) $y=\{f(x)\}^n$이면 $y'=n\{f(x)\}^{n-1}f'(x)$ (단, n은 정수)

예 $y=(2x+1)^4$이면

$y'=4(2x+1)^3\times(2x+1)'=8(2x+1)^3$

(2) 로그함수의 도함수

미분가능한 함수 $f(x)$($f(x)\neq0$)에 대하여

① $y=\ln|x|$이면 $y'=\frac{1}{x}$

② $y=\log_a|x|$이면 $y'=\frac{1}{x\ln a}$ (단, $a>0$, $a\neq1$)

③ $y=\ln|f(x)|$이면 $y'=\frac{f'(x)}{f(x)}$

④ $y=\log_a|f(x)|$이면 $y'=\frac{f'(x)}{f(x)\ln a}$ (단, $a>0$, $a\neq1$)

예 (1) $y=\ln|x^2-1|$이면

$y'=\frac{(x^2-1)'}{x^2-1}=\frac{2x}{x^2-1}$

(2) $y=\log_3|e^{2x}-1|$이면

$y'=\frac{(e^{2x}-1)'}{(e^{2x}-1)\ln3}=\frac{2e^{2x}}{(e^{2x}-1)\ln3}$

(3) $y=x^n$(n은 실수)의 도함수

n이 실수일 때, $y=x^n$이면 $y'=nx^{n-1}$

예 $y=\sqrt{x}$이면 $y'=(x^{\frac{1}{2}})'=\frac{1}{2}x^{-\frac{1}{2}}=\frac{1}{2\sqrt{x}}$

수학 II 다시보기

합성함수의 미분법을 이용하여 접선의 기울기를 구하는 문제가 출제되므로 다음을 기억하자. 또 수학 II에서 출제되던 미분가능성에 대한 문제가 합성함수가 주어진 문제로 출제되므로 미분가능할 조건도 알아두자.

• 미분계수의 기하적 의미

함수 $y=f(x)$의 $x=a$에서의 미분계수 $f'(a)$는 곡선 $y=f(x)$ 위의 점 $(a, f(a))$에서의 접선의 기울기와 같다.

• 미분가능할 조건과 미분계수

연속인 두 함수 $g(x)$, $h(x)$에 대하여 함수 $f(x)=\begin{cases} g(x) & (x\geq a) \\ h(x) & (x<a)\end{cases}$가 $x=a$에서 미분가능하면 다음을 만족시킨다.

(1) 함수 $f(x)$가 $x=a$에서 연속이다. ⇨ $\lim_{x\to a+}g(x)=\lim_{x\to a-}h(x)$

(2) 미분계수 $f'(a)$가 존재한다. ⇨ $\lim_{x\to a+}g'(x)=\lim_{x\to a-}h'(x)$

예 함수 $f(x)=\begin{cases} e^{ax}+1 & (x\geq0) \\ x+b & (x<0)\end{cases}$가 $x=0$에서 미분가능하면

(i) $x=0$에서 연속이므로

$\lim_{x\to0+}(e^{ax}+1)=\lim_{x\to0-}(x+b)$ $\therefore b=2$

(ii) $f'(0)$이 존재하므로 $f'(x)=\begin{cases} ae^{ax} & (x>0) \\ 1 & (x<0)\end{cases}$에서

$\lim_{x\to0+}ae^{ax}=\lim_{x\to0-}1$ $\therefore a=1$

• 두 함수 $y=f(x)$, $y=g(x)$가 미분가능할 때, 합성함수 $y=f(g(x))$도 미분가능하다.

• 지수함수의 도함수

(1) $y=e^{f(x)}$이면 $y'=e^{f(x)}\times f'(x)$

(2) $y=a^{f(x)}$이면 $y'=a^{f(x)}\ln a\times f'(x)$ (단, $a>0$, $a\neq1$)

• 삼각함수의 도함수

(1) $y=\sin f(x)$이면 $y'=\cos f(x)\times f'(x)$

(2) $y=\cos f(x)$이면 $y'=-\sin f(x)\times f'(x)$

(3) $y=\tan f(x)$이면 $y'=\sec^2 f(x)\times f'(x)$

• $y=\sqrt[3]{x}=x^{\frac{1}{3}}$과 같이 x^n 꼴로 나타낼 수 있는 경우에는 $y=x^n$의 도함수를 이용한다.

유형 01 함수의 몫의 미분법

01 대표 문제

2021학년도 수능 가형(홀) 23번

함수 $f(x)=\frac{x^2-2x-6}{x-1}$에 대하여 $f'(0)$의 값을 구하시오. [3점]

02

2014학년도 3월 학평-B형 22번

함수 $f(x)=8x-\frac{4}{x}$에 대하여 $f'(1)$의 값을 구하시오. [3점]

03

2017학년도 4월 학평-가형 23번

함수 $f(x)=-\frac{1}{x^2}$에 대하여 $f'\left(\frac{1}{3}\right)$의 값을 구하시오. [3점]

04

2016학년도 3월 학평-가형 3번

함수 $f(x)=\frac{e^x}{x}$에 대하여 $f'(2)$의 값은? [2점]

① $\frac{e^2}{4}$ ② $\frac{e^2}{2}$ ③ e^2
④ $2e^2$ ⑤ $4e^2$

05

2019학년도 4월 학평-가형 5번

함수 $f(x)=\frac{1}{x-2}$에 대하여 $\lim_{h\to 0}\frac{f(a+h)-f(a)}{h}=-\frac{1}{4}$을 만족시키는 양수 a의 값은? [3점]

① 4 ② $\frac{9}{2}$ ③ 5
④ $\frac{11}{2}$ ⑤ 6

06

2020학년도 9월 모평 가형 8번

함수 $f(x)=\frac{\ln x}{x^2}$에 대하여 $\lim_{h\to 0}\frac{f(e+h)-f(e-2h)}{h}$의 값은? [3점]

① $-\frac{2}{e}$ ② $-\frac{3}{e^2}$ ③ $-\frac{1}{e}$
④ $-\frac{2}{e^2}$ ⑤ $-\frac{3}{e^3}$

07

2018학년도 수능 가형(홀) 9번

실수 전체의 집합에서 미분가능한 함수 $f(x)$에 대하여 함수 $g(x)$를

$$g(x)=\frac{f(x)}{e^{x-2}}$$

라 하자. $\lim_{x\to 2}\frac{f(x)-3}{x-2}=5$일 때, $g'(2)$의 값은? [3점]

① 1 ② 2 ③ 3
④ 4 ⑤ 5

08

2018학년도 4월 학평-가형 25번

함수 $f(x)=\frac{x}{x^2+x+8}$에 대하여 부등식 $f'(x)>0$의 해가 $\alpha<x<\beta$일 때, $\alpha^2+\beta^2$의 값을 구하시오. [3점]

09

2020학년도 6월 모평 가형 16번

실수 전체의 집합에서 미분가능한 함수 $f(x)$에 대하여 함수 $g(x)$를

$$g(x)=\frac{f(x)\cos x}{e^x}$$

라 하자. $g'(\pi)=e^{\pi}g(\pi)$일 때, $\frac{f'(\pi)}{f(\pi)}$의 값은?

(단, $f(\pi)\neq 0$) [4점]

① $e^{-2\pi}$ ② 1 ③ $e^{-\pi}+1$
④ $e^{\pi}+1$ ⑤ $e^{2\pi}$

유형 02 함수의 몫의 미분법의 활용

10 대표 문제

2015학년도 4월 학평-B형 13번

1보다 큰 실수 t에 대하여 그림과 같이 점 $\mathrm{P}\left(t+\frac{1}{t},\ 0\right)$에서 원 $x^2+y^2=\frac{1}{2t^2}$에 접선을 그었을 때, 원과 접선이 제1사분면에서 만나는 점을 Q, 원 위의 점 $\left(0,\ -\frac{1}{\sqrt{2}t}\right)$을 R라 하자.

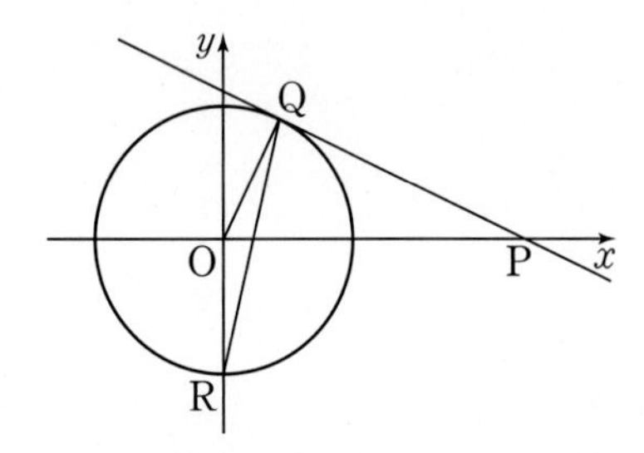

$\overline{\mathrm{OP}}\times\overline{\mathrm{OQ}}$를 $f(t)$라 할 때, $f'(\sqrt{2})$의 값은? [3점]

① -1　② $-\frac{1}{2}$　③ $-\frac{1}{4}$　④ $-\frac{1}{8}$　⑤ $-\frac{1}{16}$

11

2017학년도 10월 학평-가형 12번

그림과 같이 $\overline{\mathrm{BC}}=1$, $\angle\mathrm{ABC}=\frac{\pi}{3}$, $\angle\mathrm{ACB}=2\theta$인 삼각형 ABC에 내접하는 원의 반지름의 길이를 $r(\theta)$라 하자.

$h(\theta)=\frac{r(\theta)}{\tan\theta}$일 때, $h'\left(\frac{\pi}{6}\right)$의 값은? $\left(\text{단, } 0<\theta<\frac{\pi}{3}\right)$ [3점]

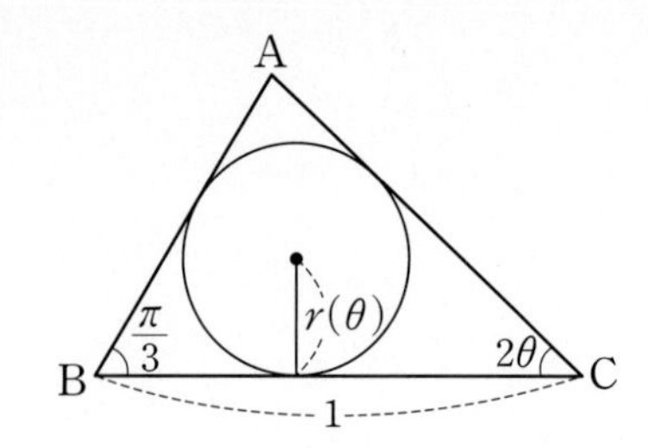

① $-\sqrt{3}$　② $-\frac{\sqrt{3}}{3}$　③ $\frac{\sqrt{3}}{6}$　④ $\frac{\sqrt{3}}{3}$　⑤ $\sqrt{3}$

● 해설편 231쪽

유형 03 합성함수의 미분법: $y=x^n$ 꼴

12 대표 문제

2019학년도 4월 학평-가형 23번

함수 $f(x)=x^3+4\sqrt{x}$에 대하여 $f'(4)$의 값을 구하시오. [3점]

13

2018학년도 10월 학평-가형 5번

곡선 $y=x\sqrt{x}$ 위의 점 $(4, 8)$에서의 접선의 기울기는? [3점]

① $\sqrt{2}$　② $\sqrt{3}$　③ 2　④ $2\sqrt{2}$　⑤ 3

14

2022학년도 수능 (홀) 24번

실수 전체의 집합에서 미분가능한 함수 $f(x)$가 모든 실수 x에 대하여

$$f(x^3+x)=e^x$$

을 만족시킬 때, $f'(2)$의 값은? [3점]

① e　② $\frac{e}{2}$　③ $\frac{e}{3}$　④ $\frac{e}{4}$　⑤ $\frac{e}{5}$

유형 04 합성함수의 미분법: $y=\{f(x)\}^n$ 꼴

15 대표 문제

2018학년도 6월 모평 가형 23번

함수 $f(x)=\sqrt{x^3+1}$에 대하여 $f'(2)$의 값을 구하시오. [3점]

16

2016학년도 9월 모평 B형 5번

함수 $f(x)=(2e^x+1)^3$에 대하여 $f'(0)$의 값은? [3점]

① 48　② 51　③ 54　④ 57　⑤ 60

17

2021학년도 6월 모평 가형 11번

실수 전체의 집합에서 미분가능한 함수 $f(x)$에 대하여 함수 $g(x)$를

$$g(x)=\frac{f(x)}{(e^x+1)^2}$$

라 하자. $f'(0)-f(0)=2$일 때, $g'(0)$의 값은? [3점]

① $\frac{1}{4}$　② $\frac{3}{8}$　③ $\frac{1}{2}$　④ $\frac{5}{8}$　⑤ $\frac{3}{4}$

18

2017학년도 9월 모평 가형 9번

실수 전체의 집합에서 미분가능한 함수 $f(x)$가 모든 실수 x에 대하여

$$f(2x+1)=(x^2+1)^2$$

을 만족시킬 때, $f'(3)$의 값은? [3점]

① 1 ② 2 ③ 3 ④ 4 ⑤ 5

유형 05 합성함수의 미분법 – 지수함수

19 대표 문제

2019학년도 6월 모평 가형 3번

함수 $f(x)=e^{3x-2}$에 대하여 $f'(1)$의 값은? [2점]

① e ② $2e$ ③ $3e$ ④ $4e$ ⑤ $5e$

20

2014학년도 수능 B형(홀) 22번

함수 $f(x)=5e^{3x-3}$에 대하여 $f'(1)$의 값을 구하시오. [3점]

21

2015학년도 수능 B형(홀) 23번

함수 $f(x)=\cos x+4e^{2x}$에 대하여 $f'(0)$의 값을 구하시오. [3점]

22

2017학년도 3월 학평-가형 3번

함수 $f(x)=e^{x^2-1}$에 대하여 $f'(1)$의 값은? [2점]

① 1　② 2　③ 3　④ 4　⑤ 5

23

2015학년도 7월 학평-B형 5번

곡선 $y=2^{2x-3}+1$ 위의 점 $\left(1, \frac{3}{2}\right)$에서의 접선의 기울기는? [3점]

① $\frac{1}{2}\ln 2$　② $\ln 2$　③ $\frac{3}{2}\ln 2$　④ $2\ln 2$　⑤ $\frac{5}{2}\ln 2$

24

2017학년도 7월 학평-가형 25번

두 함수 $f(x)=kx^2-2x$, $g(x)=e^{3x}+1$이 있다. 함수 $h(x)=(f\circ g)(x)$에 대하여 $h'(0)=42$일 때, 상수 k의 값을 구하시오. [3점]

25

2020학년도 수능 가형(홀) 26번

함수 $f(x)=(x^2+2)e^{-x}$에 대하여 함수 $g(x)$가 미분가능하고

$$g\left(\frac{x+8}{10}\right)=f^{-1}(x),\ g(1)=0$$

을 만족시킬 때, $|g'(1)|$의 값을 구하시오. [4점]

26

2024학년도 10월 학평 27번

함수 $f(x)=e^{3x}-ax$ (a는 상수)와 상수 k에 대하여 함수

$$g(x)=\begin{cases} f(x) & (x\geq k) \\ -f(x) & (x<k) \end{cases}$$

가 실수 전체의 집합에서 연속이고 역함수를 가질 때, $a\times k$의 값은? [3점]

① e ② $e^{\frac{3}{2}}$ ③ e^2
④ $e^{\frac{5}{2}}$ ⑤ e^3

유형 06 합성함수의 미분법 – 삼각함수

27 대표 문제

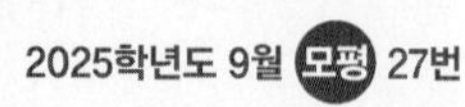
2025학년도 9월 모평 27번

실수 전체의 집합에서 미분가능한 함수 $f(x)$가 모든 실수 x에 대하여

$$f(x)+f\left(\frac{1}{2}\sin x\right)=\sin x$$

를 만족시킬 때, $f'(\pi)$의 값은? [3점]

① $-\frac{5}{6}$ ② $-\frac{2}{3}$ ③ $-\frac{1}{2}$
④ $-\frac{1}{3}$ ⑤ $-\frac{1}{6}$

28

2020학년도 10월 학평-가형 22번

함수 $f(x)=\sin(3x-6)$에 대하여 $f'(2)$의 값을 구하시오. [3점]

29

2016학년도 7월 학평-가형 23번

함수 $f(x)=6\tan 2x$에 대하여 $f'\left(\frac{\pi}{6}\right)$의 값을 구하시오. [3점]

30

2019학년도 6월 모평 가형 6번

함수 $f(x)=\tan 2x+3\sin x$에 대하여

$\lim_{h \to 0} \frac{f(\pi+h)-f(\pi-h)}{h}$의 값은? [3점]

① -2　② -4　③ -6
④ -8　⑤ -10

31

2018학년도 4월 학평-가형 11번

함수 $f(x)=\frac{x}{2}+2\sin x$에 대하여 함수 $g(x)$를

$g(x)=(f \circ f)(x)$라 할 때, $g'(\pi)$의 값은? [3점]

① -1　② $-\frac{7}{8}$　③ $-\frac{3}{4}$
④ $-\frac{5}{8}$　⑤ $-\frac{1}{2}$

32

2017학년도 6월 모평 가형 15번

두 함수 $f(x)=\sin^2 x$, $g(x)=e^x$에 대하여

$\lim_{x \to \frac{\pi}{4}} \frac{g(f(x))-\sqrt{e}}{x-\frac{\pi}{4}}$의 값은? [4점]

① $\frac{1}{e}$　② $\frac{1}{\sqrt{e}}$　③ 1
④ $\sqrt{e}$　⑤ e

유형 07 합성함수의 미분법 - 로그함수

33 대표 문제

2021학년도 9월 모평 가형 23번

함수 $f(x)=x\ln(2x-1)$에 대하여 $f'(1)$의 값을 구하시오. [3점]

34

2018학년도 수능 가형(홀) 23번

함수 $f(x)=\ln(x^2+1)$에 대하여 $f'(1)$의 값을 구하시오. [3점]

35

2019학년도 3월 학평-가형 7번

함수 $f(x)=\ln(ax+b)$에 대하여 $\lim_{x \to 0} \frac{f(x)}{x}=2$일 때, $f(2)$의 값은? (단, a, b는 상수이다.) [3점]

① $\ln 3$　② $2\ln 2$　③ $\ln 5$
④ $\ln 6$　⑤ $\ln 7$

유형 08 합성함수의 미분법 – 미분계수가 주어지는 경우

36 대표 문제

2019학년도 10월 학평–가형 12번

실수 전체의 집합에서 미분가능한 두 함수 $f(x)$, $g(x)$에 대하여 함수 $h(x)$를 $h(x)=(f\circ g)(x)$라 하자.

$$\lim_{x\to1}\frac{g(x)+1}{x-1}=2,\ \lim_{x\to1}\frac{h(x)-2}{x-1}=12$$

일 때, $f(-1)+f'(-1)$의 값은? [3점]

① 4 ② 5 ③ 6
④ 7 ⑤ 8

37

2019학년도 7월 학평–가형 12번

실수 전체의 집합에서 미분가능한 두 함수 $f(x)$, $g(x)$에 대하여 함수 $h(x)$를

$h(x)=(g\circ f)(x)$

라 할 때, 두 함수 $f(x)$, $h(x)$가 다음 조건을 만족시킨다.

> (가) $f(1)=2,\ f'(1)=3$
> (나) $\displaystyle\lim_{x\to1}\frac{h(x)-5}{x-1}=12$

$g(2)+g'(2)$의 값은? [3점]

① 5 ② 7 ③ 9
④ 11 ⑤ 13

38

2023학년도 7월 학평 24번

함수 $f(x)=\ln(x^2-x+2)$와 실수 전체의 집합에서 미분가능한 함수 $g(x)$가 있다. 실수 전체의 집합에서 정의된 합성함수 $h(x)$를 $h(x)=f(g(x))$라 하자.

$\displaystyle\lim_{x\to2}\frac{g(x)-4}{x-2}=12$일 때, $h'(2)$의 값은? [3점]

① 4 ② 6 ③ 8
④ 10 ⑤ 12

39

2020학년도 6월 모평 가형 9번

함수 $f(x)=\dfrac{2^x}{\ln 2}$과 실수 전체의 집합에서 미분가능한 함수 $g(x)$가 다음 조건을 만족시킬 때, $g(2)$의 값은? [3점]

> (가) $\displaystyle\lim_{h\to0}\frac{g(2+4h)-g(2)}{h}=8$
> (나) 함수 $(f\circ g)(x)$의 $x=2$에서의 미분계수는 10이다.

① 1 ② $\log_2 3$ ③ 2
④ $\log_2 5$ ⑤ $\log_2 6$

40

2014학년도 6월 모평 B형 6번

다항함수 $f(x)$가

$$\lim_{x\to 0}\frac{x}{f(x)}=1,\ \lim_{x\to 1}\frac{x-1}{f(x)}=2$$

를 만족시킬 때, $\lim_{x\to 1}\frac{f(f(x))}{2x^2-x-1}$의 값은? [3점]

① $\frac{1}{6}$　② $\frac{1}{3}$　③ $\frac{1}{2}$　④ $\frac{2}{3}$　⑤ $\frac{5}{6}$

유형 09 미분가능성과 합성함수의 미분법

41 대표 문제

2017학년도 10월 학평-가형 25번

함수

$$f(x)=\begin{cases} x+1 & (x<0) \\ e^{ax+b} & (x\geq 0) \end{cases}$$

은 $x=0$에서 미분가능하다. $f(10)=e^k$일 때, 상수 k의 값을 구하시오. (단, a와 b는 상수이다.) [3점]

42

2016학년도 4월 학평-가형 16번

함수 $f(x)=xe^{-2x+1}$에 대하여 함수

$$g(x)=\begin{cases} f(x)-a & (x>b) \\ 0 & (x\leq b) \end{cases}$$

가 실수 전체에서 미분가능할 때, 두 상수 a, b의 곱 ab의 값은? [4점]

① $\frac{1}{10}$　② $\frac{1}{8}$　③ $\frac{1}{6}$　④ $\frac{1}{4}$　⑤ $\frac{1}{2}$

12 일차

43

2019학년도 10월 학평-가형 17번

실수 전체의 집합에서 미분가능한 함수 $f(x)$가 다음 조건을 만족시킨다.

> (가) $x>0$일 때, $f(x)=axe^{2x}+bx^2$
> (나) $x_1<x_2<0$인 임의의 두 실수 x_1, x_2에 대하여
> $f(x_2)-f(x_1)=3x_2-3x_1$

$f\left(\frac{1}{2}\right)=2e$일 때, $f'\left(\frac{1}{2}\right)$의 값은? (단, a, b는 상수이다.) [4점]

① $2e$　② $4e$　③ $6e$　④ $8e$　⑤ $10e$

유형 10 합성함수의 미분법의 활용

44 대표 문제

2014학년도 6월 모평 B형 8번

점 A$(1, 0)$을 지나고 기울기가 양수인 직선 l이 곡선 $y=2\sqrt{x}$와 만나는 점을 B, 점 B에서 x축에 내린 수선의 발을 C, 직선 l이 y축과 만나는 점을 D라 하자.

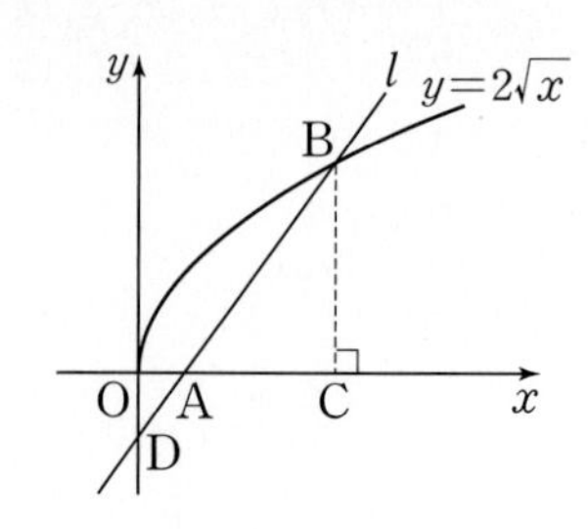

점 B$(t, 2\sqrt{t})$에 대하여 삼각형 BAC의 넓이를 $f(t)$라 할 때, $f'(9)$의 값은? [3점]

① 3　② $\frac{10}{3}$　③ $\frac{11}{3}$　④ 4　⑤ $\frac{13}{3}$

• 해설편 243쪽

45

2018학년도 3월 학평–가형 15번

실수 전체의 집합에서 미분가능한 함수 $f(x)$에 대하여 곡선 $y=f(x)$ 위의 점 $(4,\ f(4))$에서의 접선 l이 다음 조건을 만족시킨다.

> (가) 직선 l은 제2사분면을 지나지 않는다.
> (나) 직선 l과 x축 및 y축으로 둘러싸인 도형은 넓이가 2인 직각이등변삼각형이다.

함수 $g(x)=xf(2x)$에 대하여 $g'(2)$의 값은? [4점]

① 3　② 4　③ 5　④ 6　⑤ 7

46

2024학년도 10월 학평 29번

점 $(0,\ 1)$을 지나고 기울기가 양수인 직선 l과 곡선 $y=e^{\frac{x}{a}}-1\,(a>0)$이 있다. 직선 l이 x축의 양의 방향과 이루는 각의 크기가 θ일 때, 직선 l이 곡선 $y=e^{\frac{x}{a}}-1\,(a>0)$과 제1사분면에서 만나는 점의 x좌표를 $f(\theta)$라 하자. $f\left(\frac{\pi}{4}\right)=a$일 때, $\sqrt{f'\left(\frac{\pi}{4}\right)}=pe+q$이다. p^2+q^2의 값을 구하시오.

(단, a는 상수이고, $p,\ q$는 정수이다.) [4점]

47

2024학년도 9월 모평 30번

길이가 10인 선분 AB를 지름으로 하는 원과 선분 AB 위에 $\overline{AC}=4$인 점 C가 있다. 이 원 위의 점 P를 $\angle PCB=\theta$가 되도록 잡고, 점 P를 지나고 선분 AB에 수직인 직선이 이 원과 만나는 점 중 P가 아닌 점을 Q라 하자. 삼각형 PCQ의 넓이를 $S(\theta)$라 할 때, $-7\times S'\left(\frac{\pi}{4}\right)$의 값을 구하시오.

$\left(\text{단, } 0<\theta<\frac{\pi}{2}\right)$ [4점]

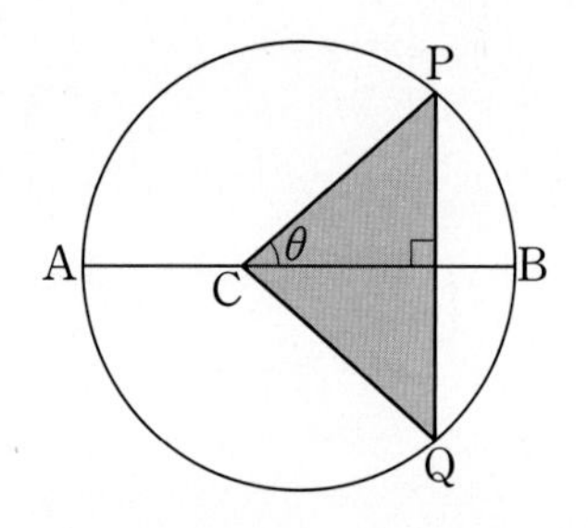

48

2024학년도 5월 학평 28번

두 상수 $a\,(a>0)$, b에 대하여 두 함수 $f(x)$, $g(x)$를

$$f(x)=a\sin x-\cos x,\ g(x)=e^{2x-b}-1$$

이라 하자. 두 함수 $f(x)$, $g(x)$가 다음 조건을 만족시킬 때, $\tan b$의 값은? [4점]

> (가) $f(k)=g(k)=0$을 만족시키는 실수 k가 열린구간 $\left(-\frac{\pi}{2}, \frac{\pi}{2}\right)$에 존재한다.
>
> (나) 열린구간 $\left(-\frac{\pi}{2}, \frac{\pi}{2}\right)$에서 방정식 $\{f(x)g(x)\}'=2f(x)$의 모든 해의 합은 $\frac{\pi}{4}$이다.

① $\frac{5}{2}$ ② 3 ③ $\frac{7}{2}$

④ 4 ⑤ $\frac{9}{2}$

1등급을 향한 고난도 문제

49

2022학년도 6월 모평 30번

$t>\frac{1}{2}\ln 2$인 실수 t에 대하여 곡선 $y=\ln(1+e^{2x}-e^{-2t})$과 직선 $y=x+t$가 만나는 서로 다른 두 점 사이의 거리를 $f(t)$라 할 때, $f'(\ln 2)=\frac{q}{p}\sqrt{2}$이다. $p+q$의 값을 구하시오.

(단, p와 q는 서로소인 자연수이다.) [4점]

50

2023학년도 4월 학평 30번

$x\geq 0$에서 정의된 함수 $f(x)$가 다음 조건을 만족시킨다.

> (가) $f(x)=\begin{cases} 2^x-1 & (0\leq x\leq 1) \\ 4\times\left(\frac{1}{2}\right)^x-1 & (1<x\leq 2) \end{cases}$
>
> (나) 모든 양의 실수 x에 대하여 $f(x+2)=-\frac{1}{2}f(x)$이다.

$x>0$에서 정의된 함수 $g(x)$를

$$g(x)=\lim_{h\to 0+}\frac{f(x+h)-f(x-h)}{h}$$

라 할 때,

$$\lim_{t\to 0+}\{g(n+t)-g(n-t)\}+2g(n)=\frac{\ln 2}{2^{24}}$$

를 만족시키는 모든 자연수 n의 값의 합을 구하시오. [4점]

51

2018학년도 6월 모평 가형 21번

최고차항의 계수가 1인 사차함수 $f(x)$에 대하여

$$F(x)=\ln|f(x)|$$

라 하고, 최고차항의 계수가 1인 삼차함수 $g(x)$에 대하여

$$G(x)=\ln|g(x)\sin x|$$

라 하자.

$$\lim_{x\to1}(x-1)F'(x)=3,\ \lim_{x\to0}\frac{F'(x)}{G'(x)}=\frac{1}{4}$$

일 때, $f(3)+g(3)$의 값은? [4점]

① 57 ② 55 ③ 53 ④ 51 ⑤ 49

52

2025학년도 6월  29번

함수 $f(x)=\frac{1}{3}x^3-x^2+\ln(1+x^2)+a$ (a는 상수)와 두 양수 b, c에 대하여 함수

$$g(x)=\begin{cases} f(x) & (x\geq b) \\ -f(x-c) & (x<b) \end{cases}$$

는 실수 전체의 집합에서 미분가능하다. $a+b+c=p+q\ln 2$일 때, $30(p+q)$의 값을 구하시오.

(단, p, q는 유리수이고, $\ln 2$는 무리수이다.) [4점]

53

2015학년도 수능 B형(홀) 30번

함수 $f(x)=e^{x+1}-1$과 자연수 n에 대하여 함수 $g(x)$를

$$g(x)=100|f(x)|-\sum_{k=1}^{n}|f(x^k)|$$

이라 하자. $g(x)$가 실수 전체의 집합에서 미분가능하도록 하는 모든 자연수 n의 값의 합을 구하시오. [4점]

54

2021학년도 6월 모평 가형 30번

실수 전체의 집합에서 정의된 함수 $f(x)$는 $0\le x<3$일 때 $f(x)=|x-1|+|x-2|$이고, 모든 실수 x에 대하여 $f(x+3)=f(x)$를 만족시킨다. 함수 $g(x)$를

$$g(x)=\lim_{h\to 0+}\left|\frac{f(2^{x+h})-f(2^x)}{h}\right|$$

이라 하자. 함수 $g(x)$가 $x=a$에서 불연속인 a의 값 중에서 열린구간 $(-5, 5)$에 속하는 모든 값을 작은 수부터 크기순으로 나열한 것을 a_1, a_2, $\cdots$, a_n(n은 자연수)라 할 때, $n+\sum_{k=1}^{n}\frac{g(a_k)}{\ln 2}$의 값을 구하시오. [4점]

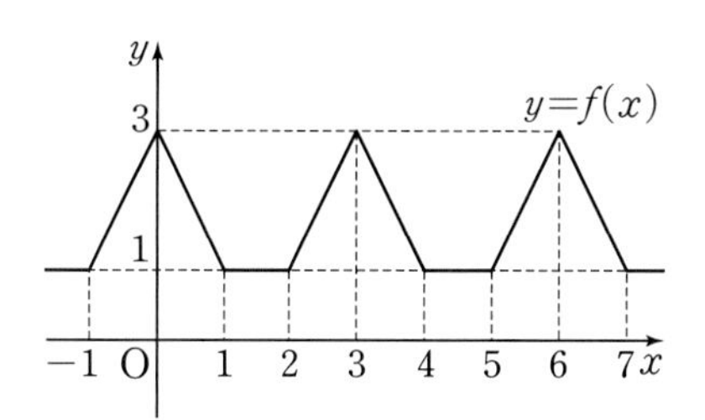

한눈에 정리하는 평가원 기출 경향

주제 \ 학년도	2025	2024 ~ 2023
빈출 매개변수로 나타낸 함수의 미분법		10 (2024학년도 수능 (홀) 24번), 06 (2024학년도 9월 모평 24번), 09 (2024학년도 6월 모평 24번)
음함수의 미분법	22 (2025학년도 6월 모평 24번)	20 (2023학년도 6월 모평 24번)
빈출 역함수의 미분법	22 (2025학년도 수능 (홀) 27번)	28 (2023학년도 9월 모평 29번), 01 (2023학년도 6월 모평 25번)
이계도함수		

매개변수로 나타낸 함수의 미분법

10
2024학년도 수능 (홀) 24번

매개변수 $t\,(t>0)$으로 나타내어진 곡선

$x=\ln(t^3+1),\ y=\sin\pi t$

에서 $t=1$일 때, $\dfrac{dy}{dx}$의 값은? [3점]

① $-\dfrac{1}{3}\pi$ ② $-\dfrac{2}{3}\pi$ ③ $-\pi$
④ $-\dfrac{4}{3}\pi$ ⑤ $-\dfrac{5}{3}\pi$

06
2024학년도 9월 모평 24번

매개변수 t로 나타내어진 곡선

$x=t+\cos 2t,\ y=\sin^2 t$

에서 $t=\dfrac{\pi}{4}$일 때, $\dfrac{dy}{dx}$의 값은? [3점]

① -2 ② -1 ③ 0
④ 1 ⑤ 2

09
2024학년도 6월 모평 24번

매개변수 t로 나타내어진 곡선

$x=\dfrac{5t}{t^2+1},\ y=3\ln(t^2+1)$

에서 $t=2$일 때, $\dfrac{dy}{dx}$의 값은? [3점]

① -1 ② -2 ③ -3
④ -4 ⑤ -5

음함수의 미분법

22
2025학년도 6월 모평 24번

곡선 $x\sin 2y+3x=3$ 위의 점 $\left(1,\ \dfrac{\pi}{2}\right)$에서의 접선의 기울기는? [3점]

① $\dfrac{1}{2}$ ② 1 ③ $\dfrac{3}{2}$
④ 2 ⑤ $\dfrac{5}{2}$

20
2023학년도 6월 모평 24번

곡선 $x^2-y\ln x+x=e$ 위의 점 $(e,\ e^2)$에서의 접선의 기울기는? [3점]

① $e+1$ ② $e+2$ ③ $e+3$
④ $2e+1$ ⑤ $2e+2$

역함수의 미분법

22
2025학년도 수능 (홀) 27번

최고차항의 계수가 1인 삼차함수 $f(x)$에 대하여 함수 $g(x)$를

$g(x)=f(e^x)+e^x$

이라 하자. 곡선 $y=g(x)$ 위의 점 $(0,\ g(0))$에서의 접선이 x축이고 함수 $g(x)$가 역함수 $h(x)$를 가질 때, $h'(8)$의 값은? [3점]

① $\dfrac{1}{36}$ ② $\dfrac{1}{18}$ ③ $\dfrac{1}{12}$
④ $\dfrac{1}{9}$ ⑤ $\dfrac{5}{36}$

28
2023학년도 9월 모평 29번

함수 $f(x)=e^x+x$가 있다. 양수 t에 대하여 점 $(t,\ 0)$과 점 $(x,\ f(x))$ 사이의 거리가 $x=s$에서 최소일 때, 실수 $f(s)$의 값을 $g(t)$라 하자. 함수 $g(t)$의 역함수를 $h(t)$라 할 때, $h'(1)$의 값을 구하시오. [4점]

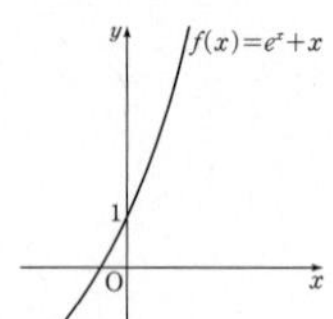

01
2023학년도 6월 모평 25번

함수 $f(x)=x^3+2x+3$의 역함수를 $g(x)$라 할 때, $g'(3)$의 값은? [3점]

① 1 ② $\dfrac{1}{2}$ ③ $\dfrac{1}{3}$
④ $\dfrac{1}{4}$ ⑤ $\dfrac{1}{5}$

이계도함수

2022 ~ 2014

04
2022학년도 9월 모평 25번

매개변수 t로 나타내어진 곡선

$x=e^t-4e^{-t}$, $y=t+1$

에서 $t=\ln 2$일 때, $\frac{dy}{dx}$의 값은? [3점]

① 1 ② $\frac{1}{2}$ ③ $\frac{1}{3}$ ④ $\frac{1}{4}$ ⑤ $\frac{1}{5}$

05
2022학년도 6월 모평 24번

매개변수 t로 나타내어진 곡선

$x=e^t+\cos t$, $y=\sin t$

에서 $t=0$일 때, $\frac{dy}{dx}$의 값은? [3점]

① $\frac{1}{2}$ ② 1 ③ $\frac{3}{2}$ ④ 2 ⑤ $\frac{5}{2}$

14
2021학년도 9월 모평 가형 7번

매개변수 $t\ (t>0)$로 나타내어진 함수

$x=\ln t+t$, $y=-t^3+3t$

에 대하여 $\frac{dy}{dx}$가 $t=a$에서 최댓값을 가질 때, a의 값은? [3점]

① $\frac{1}{6}$ ② $\frac{1}{5}$ ③ $\frac{1}{4}$ ④ $\frac{1}{3}$ ⑤ $\frac{1}{2}$

01
2018학년도 6월 모평 가형 6번

매개변수 t로 나타내어진 곡선

$x=t^2+2$, $y=t^3+t-1$

에서 $t=1$일 때, $\frac{dy}{dx}$의 값은? [3점]

① $\frac{1}{2}$ ② 1 ③ $\frac{3}{2}$ ④ 2 ⑤ $\frac{5}{2}$

02
2017학년도 9월 모평 가형 14번

매개변수 $t\ (t>0)$으로 나타내어진 함수

$x=t-\frac{2}{t}$, $y=t^2+\frac{2}{t^2}$

에서 $t=1$일 때, $\frac{dy}{dx}$의 값은? [4점]

① $-\frac{2}{3}$ ② -1 ③ $-\frac{4}{3}$ ④ $-\frac{5}{3}$ ⑤ -2

25
2021학년도 6월 모평 가형 25번

곡선 $x^3-y^3=e^{xy}$ 위의 점 $(a,\ 0)$에서의 접선의 기울기가 b일 때, $a+b$의 값을 구하시오. [3점]

15
2020학년도 수능 가형(홀) 5번

곡선 $x^2-3xy+y^2=x$ 위의 점 $(1,\ 0)$에서의 접선의 기울기는? [3점]

① $\frac{1}{12}$ ② $\frac{1}{6}$ ③ $\frac{1}{4}$ ④ $\frac{1}{3}$ ⑤ $\frac{5}{12}$

21
2020학년도 9월 모평 가형 6번

곡선 $\pi x=\cos y+x\sin y$ 위의 점 $\left(0,\ \frac{\pi}{2}\right)$에서의 접선의 기울기는? [3점]

① $1-\frac{5}{2}\pi$ ② $1-2\pi$ ③ $1-\frac{3}{2}\pi$ ④ $1-\pi$ ⑤ $1-\frac{\pi}{2}$

18
2019학년도 수능 가형(홀) 7번

곡선 $e^x-xe^y=y$ 위의 점 $(0,\ 1)$에서의 접선의 기울기는? [3점]

① $3-e$ ② $2-e$ ③ $1-e$ ④ $-e$ ⑤ $-1-e$

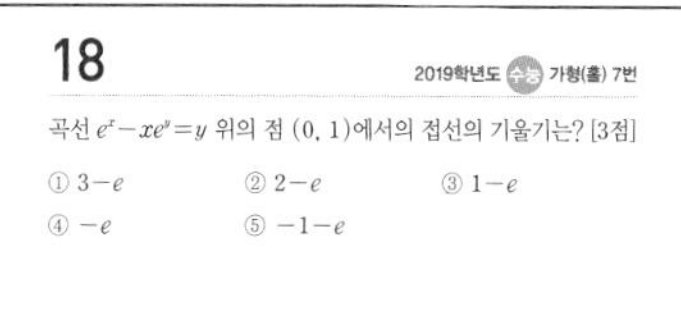

26
2019학년도 6월 모평 가형 9번

곡선 $e^x-e^y=y$ 위의 점 $(a,\ b)$에서의 접선의 기울기가 1일 때, $a+b$의 값은? [3점]

① $1+\ln(e+1)$ ② $2+\ln(e^2+2)$ ③ $3+\ln(e^3+3)$ ④ $4+\ln(e^4+4)$ ⑤ $5+\ln(e^5+5)$

17
2018학년도 수능 가형(홀) 24번

곡선 $2x+x^2y-y^3=2$ 위의 점 $(1,\ 1)$에서의 접선의 기울기를 구하시오. [3점]

16
2018학년도 9월 모평 가형 24번

곡선 $5x+xy+y^2=5$ 위의 점 $(1,\ -1)$에서의 접선의 기울기를 구하시오. [3점]

34
2021학년도 수능 가형(홀) 28번

두 상수 a, $b\ (a<b)$에 대하여 함수 $f(x)$를

$f(x)=(x-a)(x-b)^2$

이라 하자. 함수 $g(x)=x^3+x+1$의 역함수 $g^{-1}(x)$에 대하여 합성함수 $h(x)=(f\circ g^{-1})(x)$가 다음 조건을 만족시킬 때, $f(8)$의 값을 구하시오. [4점]

> (가) 함수 $(x-1)|h(x)|$가 실수 전체의 집합에서 미분가능하다.
> (나) $h'(3)=2$

19
2021학년도 9월 모평 가형 15번

열린구간 $\left(-\frac{\pi}{2},\ \frac{\pi}{2}\right)$에서 정의된 함수

$f(x)=\ln\left(\frac{\sec x+\tan x}{a}\right)$

의 역함수를 $g(x)$라 하자. $\lim_{x\to -2}\frac{g(x)}{x+2}=b$일 때, 두 상수 a, b의 곱 ab의 값은? (단, $a>0$) [4점]

① $\frac{e^2}{4}$ ② $\frac{e^2}{2}$ ③ e^2 ④ $2e^2$ ⑤ $4e^2$

06
2020학년도 9월 모평 가형 24번

정의역이 $\left\{x\,\middle|\,-\frac{\pi}{4}<x<\frac{\pi}{4}\right\}$인 함수 $f(x)=\tan 2x$의 역함수를 $g(x)$라 할 때, $100\times g'(1)$의 값을 구하시오. [3점]

07
2019학년도 수능 가형(홀) 9번

함수 $f(x)=\frac{1}{1+e^{-x}}$의 역함수를 $g(x)$라 할 때, $g'(f(-1))$의 값은? [3점]

① $\frac{1}{(1+e)^2}$ ② $\frac{e}{1+e}$ ③ $\left(\frac{1+e}{e}\right)^2$ ④ $\frac{e^2}{1+e}$ ⑤ $\frac{(1+e)^2}{e}$

15
2019학년도 9월 모평 가형 6번

$x\geq\frac{1}{e}$에서 정의된 함수 $f(x)=3x\ln x$의 그래프가 점 $(e,\ 3e)$를 지난다. 함수 $f(x)$의 역함수를 $g(x)$라고 할 때, $\lim_{h\to 0}\frac{g(3e+h)-g(3e-h)}{h}$의 값은? [3점]

12
2018학년도 수능 가형(홀) 11번

실수 전체의 집합에서 미분가능한 두 함수 $f(x)$, $g(x)$가 있다. $f(x)$가 $g(x)$의 역함수이고 $f(1)=2$, $f'(1)=3$이다. 함수 $h(x)=xg(x)$라 할 때, $h'(2)$의 값은? [3점]

09
2017학년도 9월 모평 가형 26번

함수 $f(x)=2x+\sin x$의 역함수를 $g(x)$라 할 때, 곡선 $y=g(x)$ 위의 점 $(4\pi,\ 2\pi)$에서의 접선의 기울기는 $\frac{q}{p}$이다. $p+q$의 값을 구하시오. (단, p와 q는 서로소인 자연수이다.) [4점]

27
2016학년도 수능 B형(홀) 21번

$0<t<41$인 실수 t에 대하여 곡선 $y=x^3+2x^2-15x+5$와 직선 $y=t$가 만나는 세 점 중에서 x좌표가 가장 큰 점의 좌표를 $(f(t),\ t)$, x좌표가 가장 작은 점의 좌표를 $(g(t),\ t)$라 하자. $h(t)=t\times\{f(t)-g(t)\}$라 할 때, $h'(5)$의 값은? [4점]

16
2014학년도 9월 모평 B형 27번

함수 $f(x)=\ln(\tan x)\ \left(0<x<\frac{\pi}{2}\right)$의 역함수 $g(x)$에 대하여 $\lim_{h\to 0}\frac{4g(8h)-\pi}{h}$의 값을 구하시오. [4점]

25
2018학년도 6월 모평 가형 9번

함수 $f(x)=\frac{1}{x+3}$에 대하여 $\lim_{h\to 0}\frac{f'(a+h)-f'(a)}{h}=2$를 만족시키는 실수 a의 값은? [3점]

① -2 ② -1 ③ 0 ④ 1 ⑤ 2

32

2017학년도 9월 모평 가형 30번

최고차항의 계수가 1인 사차함수 $f(x)$와 함수

$g(x)=|2\sin(x+2|x|)+1|$

에 대하여 함수 $h(x)=f(g(x))$는 실수 전체의 집합에서 이계도함수 $h''(x)$를 갖고, $h''(x)$는 실수 전체의 집합에서 연속이다. $f'(3)$의 값을 구하시오. [4점]

여러 가지 미분법

1 매개변수로 나타낸 함수의 미분법

(1) 매개변수로 나타낸 함수

두 변수 x, y의 관계를 새로운 변수 t를 이용하여

$x=f(t)$, $y=g(t)$

와 같이 나타낼 때, t를 매개변수라 하고, 함수 $x=f(t)$, $y=g(t)$를 매개변수로 나타낸 함수라 한다.

(2) 매개변수로 나타낸 함수의 미분법

두 함수 $x=f(t)$, $y=g(t)$가 t에 대하여 미분가능하고 $f'(t)\neq0$일 때,

$$\frac{dy}{dx}=\frac{\frac{dy}{dt}}{\frac{dx}{dt}}=\frac{g'(t)}{f'(t)}$$

예 매개변수 t로 나타낸 함수 $x=4t$, $y=t^2-1$에서 $\frac{dy}{dx}$를 구해 보자.

x, y를 각각 t에 대하여 미분하면

$\frac{dx}{dt}=4$, $\frac{dy}{dt}=2t$

$$\therefore \frac{dy}{dx}=\frac{\frac{dy}{dt}}{\frac{dx}{dt}}=\frac{2t}{4}=\frac{1}{2}t$$

2 음함수의 미분법

(1) 음함수

일반적으로 방정식 $f(x, y)=0$에서 x와 y의 값의 범위를 적당히 정하면 y는 x의 함수가 된다. 이와 같이 x의 함수 y가

$f(x, y)=0$

꼴로 주어질 때, 이를 y에 대한 음함수 표현이라 한다.

(2) 음함수의 미분법

음함수 표현 $f(x, y)=0$에서 y를 x의 함수로 보고 양변을 x에 대하여 미분하여 $\frac{dy}{dx}$를 구한다.

예 $x^2-y^2=3$에서 $\frac{dy}{dx}$를 구해 보자.

양변을 x에 대하여 미분하면

$2x-2y\frac{dy}{dx}=0$ $\quad\therefore \frac{dy}{dx}=\frac{x}{y}$ (단, $y\neq0$)

참고 곡선 $f(x, y)=0$ 위의 점 (x_1, y_1)에서의 접선의 기울기는 다음과 같은 순서로 구한다.

(1) $f(x, y)=0$에서 y를 x의 함수로 보고 양변을 x에 대하여 미분하여 $\frac{dy}{dx}$를 구한다.

(2) $\frac{dy}{dx}$에 $x=x_1$, $y=y_1$을 대입하여 접선의 기울기를 구한다.

• 음함수의 미분법은 y를 x에 대한 식으로 나타내기 어려울 때 이용하면 편리하다.

• 양변을 x에 대하여 미분할 때,
$\frac{d}{dx}y^n=ny^{n-1}\frac{dy}{dx}$

수학Ⅱ 다시보기

매개변수로 나타낸 함수의 미분법이나 음함수의 미분법을 이용하여 접선의 기울기를 구하는 문제가 출제되므로 다음을 기억하자.

• 미분계수의 기하적 의미

함수 $y=f(x)$의 $x=a$에서의 미분계수 $f'(a)$는 곡선 $y=f(x)$ 위의 점 $(a, f(a))$에서의 접선의 기울기와 같다.

3 역함수의 미분법

(1) 역함수의 미분법

미분가능한 함수 $f(x)$의 역함수 $g(x)$가 존재하고 미분가능할 때, 함수 $y=g(x)$의 도함수는

$$\frac{dy}{dx}=\frac{1}{\frac{dx}{dy}}\left(단,\ \frac{dx}{dy}\neq0\right)\ 또는\ g'(x)=\frac{1}{f'(g(x))}\ (단,\ f'(g(x))\neq0)$$

예 함수 $x=y^4$에서 $\frac{dy}{dx}$를 구해 보자.

양변을 y에 대하여 미분하면

$\frac{dx}{dy}=4y^3$

$\therefore \frac{dy}{dx}=\frac{1}{\frac{dx}{dy}}=\frac{1}{4y^3}$ (단, $y\neq0$)

(2) 역함수의 미분법의 응용

함수 $f(x)$의 역함수가 $g(x)$이고 $f(a)=b$, 즉 $g(b)=a$이면

$$g'(b)=\frac{1}{f'(a)}\ (단,\ f'(a)\neq0)$$

참고 함수 $f(x)$의 역함수 $g(x)$에 대하여 $g'(k)$의 값은 다음과 같은 순서로 구한다.

(1) $g'(k)=\frac{1}{f'(g(k))}$이므로 $g(k)=a$로 놓고 $f(a)=k$임을 이용하여 a의 값을 구한다.

(2) $f'(x)$를 구한다.

(3) $g'(k)=\frac{1}{f'(a)}$임을 이용하여 $g'(k)$의 값을 구한다.

- 역함수의 미분법을 이용하면 역함수를 직접 구하지 않고 역함수의 도함수를 구할 수 있다.
- 함수 f의 역함수가 f^{-1}일 때, $f(a)=b \Longleftrightarrow f^{-1}(b)=a$

고1 다시보기

역함수의 미분법을 이용하는 문제에서 역함수나 역함수의 그래프의 성질이 이용되므로 다음을 기억하자. 또 함숫값을 추론하는 과정에서 함수의 대칭성을 이용하는 문제가 출제되므로 이 개념도 알아두자.

• 역함수의 성질

(1) 함수 $f: X \longrightarrow Y$가 일대일대응일 때, 역함수 $f^{-1}: Y \longrightarrow X$가 존재한다.

(2) 함수 $f(x)$의 역함수를 $f^{-1}(x)$라 하면

$(f^{-1}\circ f)(x)=x$

(3) 두 함수 $f(x)$, $g(x)$에 대하여 $(g\circ f)(x)=x$이면 $g(x)=f^{-1}(x)$이다.

⇨ 두 함수 $f(x)$, $g(x)$는 서로 역함수 관계이다.

• 역함수의 그래프의 성질

함수 $y=f(x)$의 그래프와 그 역함수 $y=f^{-1}(x)$의 그래프는 직선 $y=x$에 대하여 대칭이다.

- 모든 실수 x에 대하여 $f'(x)\geq0$이면 함수 $f(x)$는 실수 전체의 집합에서 증가하므로 역함수 $f^{-1}(x)$를 갖는다.
- 실수 전체의 집합에서 미분가능한 함수 $f(x)$가
  (1) 증가하면 ⇨ $f'(x)\geq0$
  (2) 감소하면 ⇨ $f'(x)\leq0$
- **함수의 그래프의 대칭**
  함수 $f(x)$에 대하여
  (1) $f(-x)=f(x)$이면 ⇨ 함수 $y=f(x)$의 그래프는 y축에 대하여 대칭이다.
  (2) $f(-x)=-f(x)$이면 ⇨ 함수 $y=f(x)$의 그래프는 원점에 대하여 대칭이다.

4 이계도함수

함수 $y=f(x)$의 도함수 $f'(x)$가 미분가능할 때, $f'(x)$의 도함수

$$\lim_{\Delta x\to0}\frac{f'(x+\Delta x)-f'(x)}{\Delta x}$$

를 $y=f(x)$의 이계도함수라 하고, 이것을 기호로

$$f''(x),\ y'',\ \frac{d^2y}{dx^2},\ \frac{d^2}{dx^2}f(x)$$

와 같이 나타낸다.

예 함수 $y=x^3+3x^2$의 이계도함수를 구해 보자.

$y=x^3+3x^2$에서 $y'=3x^2+6x$

$\therefore y''=6x+6$

- $y=f(x)$ ↓ 미분 $y'=f'(x)$ ↓ 미분 $y''=f''(x)$

유형 01 매개변수로 나타낸 함수의 미분법

01 대표 문제

2018학년도 6월 모평 가형 6번

매개변수 t로 나타내어진 곡선

$$x=t^2+2,\ y=t^3+t-1$$

에서 $t=1$일 때, $\frac{dy}{dx}$의 값은? [3점]

① $\frac{1}{2}$ ② 1 ③ $\frac{3}{2}$

④ 2 ⑤ $\frac{5}{2}$

02

2017학년도 9월  가형 14번

매개변수 $t\,(t>0)$으로 나타내어진 함수

$$x=t-\frac{2}{t},\ y=t^2+\frac{2}{t^2}$$

에서 $t=1$일 때, $\frac{dy}{dx}$의 값은? [4점]

① $-\frac{2}{3}$ ② -1 ③ $-\frac{4}{3}$

④ $-\frac{5}{3}$ ⑤ -2

03

2020학년도 10월 학평-가형 6번

매개변수 $t\,(t>0)$로 나타내어진 곡선

$$x=t^2+1,\ y=4\sqrt{t}$$

에서 $t=4$일 때, $\frac{dy}{dx}$의 값은? [3점]

① $\frac{1}{8}$ ② $\frac{1}{4}$ ③ $\frac{3}{8}$

④ $\frac{1}{2}$ ⑤ $\frac{5}{8}$

04

2022학년도 9월 모평 25번

매개변수 t로 나타내어진 곡선

$$x=e^t-4e^{-t},\ y=t+1$$

에서 $t=\ln 2$일 때, $\frac{dy}{dx}$의 값은? [3점]

① 1 ② $\frac{1}{2}$ ③ $\frac{1}{3}$

④ $\frac{1}{4}$ ⑤ $\frac{1}{5}$

05

2022학년도 6월 모평 24번

매개변수 t로 나타내어진 곡선

$x=e^t+\cos t$, $y=\sin t$

에서 $t=0$일 때, $\frac{dy}{dx}$의 값은? [3점]

① $\frac{1}{2}$　② 1　③ $\frac{3}{2}$　④ 2　⑤ $\frac{5}{2}$

06

2024학년도 9월 모평 24번

매개변수 t로 나타내어진 곡선

$x=t+\cos 2t$, $y=\sin^2 t$

에서 $t=\frac{\pi}{4}$일 때, $\frac{dy}{dx}$의 값은? [3점]

① -2　② -1　③ 0　④ 1　⑤ 2

07

2024학년도 7월 학평 24번

매개변수 $t\,(t>0)$으로 나타내어진 함수

$x=3t-\frac{1}{t}$, $y=te^{t-1}$

에서 $t=1$일 때, $\frac{dy}{dx}$의 값은? [3점]

① $\frac{1}{2}$　② $\frac{2}{3}$　③ $\frac{5}{6}$　④ 1　⑤ $\frac{7}{6}$

08

2022학년도 7월 학평 25번

매개변수 $t\,(t>0)$으로 나타내어진 곡선

$x=t^2\ln t+3t$, $y=6te^{t-1}$

에서 $t=1$일 때, $\frac{dy}{dx}$의 값은? [3점]

① 1　② 2　③ 3　④ 4　⑤ 5

09

2024학년도 6월 모평 24번

매개변수 t로 나타내어진 곡선

$x=\frac{5t}{t^2+1}$, $y=3\ln(t^2+1)$

에서 $t=2$일 때, $\frac{dy}{dx}$의 값은? [3점]

① -1　② -2　③ -3　④ -4　⑤ -5

10

2024학년도 수능 (홀) 24번

매개변수 $t\,(t>0)$으로 나타내어진 곡선

$x=\ln(t^3+1)$, $y=\sin \pi t$

에서 $t=1$일 때, $\frac{dy}{dx}$의 값은? [3점]

① $-\frac{1}{3}\pi$　② $-\frac{2}{3}\pi$　③ $-\pi$　④ $-\frac{4}{3}\pi$　⑤ $-\frac{5}{3}\pi$

11

2018학년도 10월 학평-가형 25번

매개변수 $t\,(t>0)$으로 나타내어진 함수

$$x=\ln t,\ y=\ln(t^2+1)$$

에 대하여 $\lim_{t\to\infty}\frac{dy}{dx}$의 값을 구하시오. [3점]

12

2016학년도 7월 학평-가형 11번

좌표평면 위를 움직이는 점 P의 좌표 $(x,\ y)$가 $t\,(t>0)$을 매개변수로 하여

$$x=2t+1,\ y=t+\frac{3}{t}$$

으로 나타내어진다. 점 P가 그리는 곡선 위의 한 점 $(a,\ b)$에서의 접선의 기울기가 -1일 때, $a+b$의 값은? [3점]

① 6　② 7　③ 8　④ 9　⑤ 10

13

2022학년도 10월 학평 25번

매개변수 $t\,(0<t<\pi)$로 나타내어진 곡선

$$x=\sin t-\cos t,\ y=3\cos t+\sin t$$

위의 점 $(a,\ b)$에서의 접선의 기울기가 3일 때, $a+b$의 값은? [3점]

① 0　② $-\frac{\sqrt{10}}{10}$　③ $-\frac{\sqrt{10}}{5}$　④ $-\frac{3\sqrt{10}}{10}$　⑤ $-\frac{2\sqrt{10}}{5}$

14

2021학년도 9월 모평 가형 7번

매개변수 $t\,(t>0)$로 나타내어진 함수

$$x=\ln t+t,\ y=-t^3+3t$$

에 대하여 $\frac{dy}{dx}$가 $t=a$에서 최댓값을 가질 때, a의 값은? [3점]

① $\frac{1}{6}$　② $\frac{1}{5}$　③ $\frac{1}{4}$　④ $\frac{1}{3}$　⑤ $\frac{1}{2}$

유형 02 음함수의 미분법

15 대표 문제

2020학년도 수능 가형(홀) 5번

곡선 $x^2-3xy+y^2=x$ 위의 점 $(1, 0)$에서의 접선의 기울기는? [3점]

① $\frac{1}{12}$ ② $\frac{1}{6}$ ③ $\frac{1}{4}$
④ $\frac{1}{3}$ ⑤ $\frac{5}{12}$

16

2018학년도 9월 모평 가형 24번

곡선 $5x+xy+y^2=5$ 위의 점 $(1, -1)$에서의 접선의 기울기를 구하시오. [3점]

17

2018학년도 수능 가형(홀) 24번

곡선 $2x+x^2y-y^3=2$ 위의 점 $(1, 1)$에서의 접선의 기울기를 구하시오. [3점]

18

2019학년도 수능 가형(홀) 7번

곡선 $e^x-xe^y=y$ 위의 점 $(0, 1)$에서의 접선의 기울기는? [3점]

① $3-e$ ② $2-e$ ③ $1-e$
④ $-e$ ⑤ $-1-e$

19

2023학년도 7월 학평 25번

곡선 $2e^{x+y-1}=3e^x+x-y$ 위의 점 $(0, 1)$에서의 접선의 기울기는? [3점]

① $\frac{2}{3}$ ② 1 ③ $\frac{4}{3}$
④ $\frac{5}{3}$ ⑤ 2

20

2023학년도 6월 모평 24번

곡선 $x^2-y\ln x+x=e$ 위의 점 (e, e^2)에서의 접선의 기울기는? [3점]

① $e+1$ ② $e+2$ ③ $e+3$
④ $2e+1$ ⑤ $2e+2$

21

2020학년도 9월 모평 가형 6번

곡선 $\pi x = \cos y + x\sin y$ 위의 점 $\left(0, \frac{\pi}{2}\right)$에서의 접선의 기울기는? [3점]

① $1-\frac{5}{2}\pi$　② $1-2\pi$　③ $1-\frac{3}{2}\pi$

④ $1-\pi$　⑤ $1-\frac{\pi}{2}$

22

2025학년도 6월 모평 24번

곡선 $x\sin 2y + 3x = 3$ 위의 점 $\left(1, \frac{\pi}{2}\right)$에서의 접선의 기울기는? [3점]

① $\frac{1}{2}$　② 1　③ $\frac{3}{2}$

④ 2　⑤ $\frac{5}{2}$

23

2019학년도 7월 학평-가형 8번

곡선 $xy - y^3\ln x = 2$에 대하여 $x=1$일 때, $\frac{dy}{dx}$의 값은? [3점]

① 0　② 2　③ 4

④ 6　⑤ 8

24

2017학년도 10월 학평-가형 24번

곡선 $x^2 - y^2 - y = 1$ 위의 점 $\mathrm{A}(a, b)$에서의 접선의 기울기가 $\frac{2}{15}a$일 때, b의 값을 구하시오. [3점]

25

2021학년도 6월 모평 가형 25번

곡선 $x^3-y^3=e^{xy}$ 위의 점 $(a, 0)$에서의 접선의 기울기가 b일 때, $a+b$의 값을 구하시오. [3점]

26

2019학년도 6월 모평 가형 9번

곡선 $e^x-e^y=y$ 위의 점 (a, b)에서의 접선의 기울기가 1일 때, $a+b$의 값은? [3점]

① $1+\ln(e+1)$ ② $2+\ln(e^2+2)$ ③ $3+\ln(e^3+3)$
④ $4+\ln(e^4+4)$ ⑤ $5+\ln(e^5+5)$

1등급을 향한 고난도 문제

27

2024학년도 5월 학평 29번

그림과 같이 길이가 3인 선분 AB를 삼등분하는 점 중 A와 가까운 점을 C, B와 가까운 점을 D라 하고, 선분 BC를 지름으로 하는 원을 O라 하자. 원 O 위의 점 P를 $\angle\mathrm{BAP}=\theta\left(0<\theta<\frac{\pi}{6}\right)$가 되도록 잡고, 두 점 P, D를 지나는 직선이 원 O와 만나는 점 중 P가 아닌 점을 Q라 하자. 선분 AQ의 길이를 $f(\theta)$라 할 때, $\cos\theta_0=\frac{7}{8}$인 θ_0에 대하여 $f'(\theta_0)=k$이다. k^2의 값을 구하시오.

$\left(\text{단, } \angle\mathrm{APD}<\frac{\pi}{2}\text{이고 } 0<\theta_0<\frac{\pi}{6}\text{이다.}\right)$ [4점]

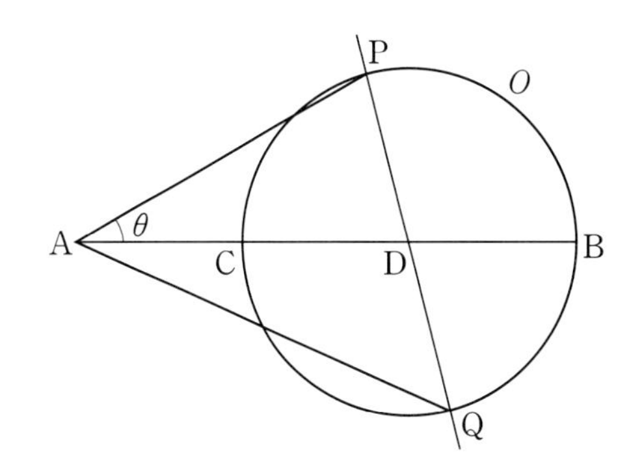

유형 01 역함수의 미분법

01 대표 문제

2023학년도 6월 모평 25번

함수 $f(x)=x^3+2x+3$의 역함수를 $g(x)$라 할 때, $g'(3)$의 값은? [3점]

① 1 ② $\frac{1}{2}$ ③ $\frac{1}{3}$
④ $\frac{1}{4}$ ⑤ $\frac{1}{5}$

02

2018학년도 7월 학평-가형 14번

함수 $f(x)=\frac{x^2-1}{x}$ $(x>0)$의 역함수 $g(x)$에 대하여 $g'(0)$의 값은? [4점]

① $\frac{1}{4}$ ② $\frac{1}{2}$ ③ $\frac{3}{4}$
④ 1 ⑤ $\frac{5}{4}$

03

2020학년도 10월 학평-가형 9번

함수 $f(x)=\frac{1}{e^x+2}$의 역함수 $g(x)$에 대하여 $g'\left(\frac{1}{4}\right)$의 값은? [3점]

① -5 ② -6 ③ -7
④ -8 ⑤ -9

04

2019학년도 7월 학평-가형 9번

함수 $f(x)=e^{x^3+2x-2}$의 역함수를 $g(x)$라 할 때, $g'(e)$의 값은? [3점]

① $\frac{1}{e}$ ② $\frac{1}{3e}$ ③ $\frac{1}{5e}$
④ $\frac{1}{7e}$ ⑤ $\frac{1}{9e}$

05

2014학년도 7월 학평-B형 12번

$0\le x\le\frac{\pi}{2}$에서 정의된 함수 $f(x)=2\sin x+1$의 역함수를 $g(x)$라 하자. $g'(2)$의 값은? [3점]

① $\frac{\sqrt{2}}{3}$ ② $\frac{1}{2}$ ③ $\frac{\sqrt{3}}{3}$
④ $\frac{\sqrt{2}}{2}$ ⑤ $\frac{\sqrt{3}}{2}$

06

2020학년도 9월 모평 가형 24번

정의역이 $\left\{x \middle| -\frac{\pi}{4}<x<\frac{\pi}{4}\right\}$인 함수 $f(x)=\tan 2x$의 역함수를 $g(x)$라 할 때, $100\times g'(1)$의 값을 구하시오. [3점]

07

2019학년도 수능 가형(홀) 9번

함수 $f(x)=\dfrac{1}{1+e^{-x}}$의 역함수를 $g(x)$라 할 때, $g'(f(-1))$의 값은? [3점]

① $\dfrac{1}{(1+e)^2}$　② $\dfrac{e}{1+e}$　③ $\left(\dfrac{1+e}{e}\right)^2$
④ $\dfrac{e^2}{1+e}$　⑤ $\dfrac{(1+e)^2}{e}$

08

2023학년도 10월 학평 26번

함수 $f(x)=e^{2x}+e^{x}-1$의 역함수를 $g(x)$라 할 때, 함수 $g(5f(x))$의 $x=0$에서의 미분계수는? [3점]

① $\dfrac{1}{2}$　② $\dfrac{3}{4}$　③ 1
④ $\dfrac{5}{4}$　⑤ $\dfrac{3}{2}$

09

2017학년도 9월 모평 가형 26번

함수 $f(x)=2x+\sin x$의 역함수를 $g(x)$라 할 때, 곡선 $y=g(x)$ 위의 점 $(4\pi,\ 2\pi)$에서의 접선의 기울기는 $\dfrac{q}{p}$이다. $p+q$의 값을 구하시오. (단, p와 q는 서로소인 자연수이다.) [4점]

10

2019학년도 3월 학평-가형 14번

함수 $f(x)=x^3-5x^2+9x-5$의 역함수를 $g(x)$라 할 때, 곡선 $y=g(x)$ 위의 점 $(4,\ g(4))$에서의 접선의 기울기는? [4점]

① $\dfrac{1}{18}$　② $\dfrac{1}{12}$　③ $\dfrac{1}{9}$
④ $\dfrac{5}{36}$　⑤ $\dfrac{1}{6}$

11

2017학년도 7월 학평-가형 16번

함수 $f(x)=\tan^3 x\left(-\dfrac{\pi}{2}<x<\dfrac{\pi}{2}\right)$의 역함수를 $g(x)$라 할 때, 곡선 $y=g(x)$ 위의 점 $(1,\ g(1))$에서의 접선의 기울기는? [4점]

① $\dfrac{1}{6}$　② $\dfrac{1}{3}$　③ $\dfrac{1}{2}$
④ $\dfrac{2}{3}$　⑤ $\dfrac{5}{6}$

12

2018학년도 수능 가형(홀) 11번

실수 전체의 집합에서 미분가능한 두 함수 $f(x)$, $g(x)$가 있다. $f(x)$가 $g(x)$의 역함수이고 $f(1)=2$, $f'(1)=3$이다. 함수 $h(x)=xg(x)$라 할 때, $h'(2)$의 값은? [3점]

① 1　② $\frac{4}{3}$　③ $\frac{5}{3}$　④ 2　⑤ $\frac{7}{3}$

13

2017학년도 4월 학평-가형 8번

함수 $f(x)=x^3+3x$의 역함수를 $g(x)$라 할 때,

$$\lim_{x \to 4}\frac{g(x)-g(4)}{x-4}$$

의 값은? [3점]

① $\frac{1}{6}$　② $\frac{1}{5}$　③ $\frac{1}{4}$　④ $\frac{1}{3}$　⑤ $\frac{1}{2}$

14

2016학년도 10월 학평-가형 24번

함수 $f(x)=e^{x-1}$의 역함수 $g(x)$에 대하여

$\lim_{h \to 0}\frac{g(1+h)-g(1-2h)}{h}$의 값을 구하시오. [3점]

15

2019학년도 9월 모평 가형 6번

$x \geq \frac{1}{e}$에서 정의된 함수 $f(x)=3x\ln x$의 그래프가 점 $(e,\ 3e)$를 지난다. 함수 $f(x)$의 역함수를 $g(x)$라고 할 때,

$\lim_{h \to 0}\frac{g(3e+h)-g(3e-h)}{h}$의 값은? [3점]

① $\frac{1}{3}$　② $\frac{1}{2}$　③ $\frac{2}{3}$　④ $\frac{5}{6}$　⑤ 1

16

2014학년도 9월 모평 B형 27번

함수 $f(x)=\ln(\tan x)\ \left(0<x<\frac{\pi}{2}\right)$의 역함수 $g(x)$에 대하여 $\lim_{h \to 0}\frac{4g(8h)-\pi}{h}$의 값을 구하시오. [4점]

17

2016학년도 4월 학평-가형 9번

실수 전체의 집합에서 증가하고 미분가능한 함수 $f(x)$가 $\lim_{x \to 1}\frac{f(x)-2}{x-1}=\frac{1}{3}$을 만족시킨다. $f(x)$의 역함수를 $g(x)$라 할 때, $g(2)+g'(2)$의 값은? [3점]

① $\frac{4}{3}$　② 2　③ $\frac{8}{3}$　④ $\frac{10}{3}$　⑤ 4

18

2022학년도 7월 학평 26번

양의 실수 전체의 집합에서 정의된 미분가능한 두 함수 $f(x)$, $g(x)$에 대하여 $f(x)$가 함수 $g(x)$의 역함수이고, $\lim_{x \to 2} \frac{f(x)-2}{x-2}=\frac{1}{3}$이다. 함수 $h(x)=\frac{g(x)}{f(x)}$라 할 때, $h'(2)$의 값은? [3점]

① $\frac{7}{6}$ ② $\frac{4}{3}$ ③ $\frac{3}{2}$
④ $\frac{5}{3}$ ⑤ $\frac{11}{6}$

19

2021학년도 9월 모평 가형 15번

열린구간 $\left(-\frac{\pi}{2}, \frac{\pi}{2}\right)$에서 정의된 함수

$$f(x)=\ln\left(\frac{\sec x+\tan x}{a}\right)$$

의 역함수를 $g(x)$라 하자. $\lim_{x \to -2} \frac{g(x)}{x+2}=b$일 때, 두 상수 a, b의 곱 ab의 값은? (단, $a>0$) [4점]

① $\frac{e^2}{4}$ ② $\frac{e^2}{2}$ ③ e^2
④ $2e^2$ ⑤ $4e^2$

20

2016학년도 7월 학평-가형 17번

미분가능한 함수 $f(x)$와 $f(x)$의 역함수 $g(x)$가 $g\left(3f(x)-\frac{2}{e^x+e^{2x}}\right)=x$를 만족시킬 때, 다음은 $g'\left(\frac{1}{2}\right)$의 값을 구하는 과정이다.

> $g\left(3f(x)-\frac{2}{e^x+e^{2x}}\right)=x$에서
> $3f(x)-\frac{2}{e^x+e^{2x}}=g^{-1}(x)$이므로
> $$f(x)=\frac{1}{\boxed{(가)}}$$
> 이다.
> $f(x)$의 도함수를 구하면
> $$f'(x)=\frac{-e^x-2e^{2x}}{(\boxed{(가)})^2}$$
> 이다.
> $f(0)=\frac{1}{2}$이므로 $g\left(\frac{1}{2}\right)=0$이다.
> 그러므로 $g'\left(\frac{1}{2}\right)=\boxed{(나)}$이다.

위의 (가)에 알맞은 식을 $h(x)$, (나)에 알맞은 수를 p라 할 때, $p\times h(\ln 2)$의 값은? [4점]

① -8 ② -4 ③ 0
④ 4 ⑤ 8

14 일차

21

2024학년도 5월 학평 27번

함수 $f(x)=x^3+x+1$의 역함수를 $g(x)$라 하자. 매개변수 t로 나타내어진 곡선

$$x=g(t)+t,\ y=g(t)-t$$

에서 $t=3$일 때, $\frac{dy}{dx}$의 값은? [3점]

① $-\frac{1}{5}$　② $-\frac{3}{10}$　③ $-\frac{2}{5}$　④ $-\frac{1}{2}$　⑤ $-\frac{3}{5}$

22

2025학년도 수능 (홀) 27번

최고차항의 계수가 1인 삼차함수 $f(x)$에 대하여 함수 $g(x)$를

$$g(x)=f(e^x)+e^x$$

이라 하자. 곡선 $y=g(x)$ 위의 점 $(0,\ g(0))$에서의 접선이 x축이고 함수 $g(x)$가 역함수 $h(x)$를 가질 때, $h'(8)$의 값은? [3점]

① $\frac{1}{36}$　② $\frac{1}{18}$　③ $\frac{1}{12}$　④ $\frac{1}{9}$　⑤ $\frac{5}{36}$

유형 02 이계도함수

23 대표 문제

2024학년도 5월 학평 23번

함수 $f(x)=\sin 2x$에 대하여 $f''\left(\frac{\pi}{4}\right)$의 값은? [2점]

① -4 ② -2 ③ 0
④ 2 ⑤ 4

24

2017학년도 4월 학평-가형 13번

함수 $f(x)=12x\ln x-x^3+2x$에 대하여 $f''(a)=0$인 실수 a의 값은? [3점]

① $\frac{1}{2}$ ② $\frac{\sqrt{2}}{2}$ ③ 1
④ $\sqrt{2}$ ⑤ 2

25

2018학년도 6월 모평 가형 9번

함수 $f(x)=\frac{1}{x+3}$에 대하여 $\lim_{h\to 0}\frac{f'(a+h)-f'(a)}{h}=2$를 만족시키는 실수 a의 값은? [3점]

① -2 ② -1 ③ 0
④ 1 ⑤ 2

26

2018학년도 3월 학평-가형 21번

함수 $f(x)=(x^2+ax+b)e^x$과 함수 $g(x)$가 다음 조건을 만족시킨다.

> (가) $f(1)=e$, $f'(1)=e$
> (나) 모든 실수 x에 대하여 $g(f(x))=f'(x)$이다.

함수 $h(x)=f^{-1}(x)g(x)$에 대하여 $h'(e)$의 값은?
(단, a, b는 상수이다.) [4점]

① 1 ② 2 ③ 3
④ 4 ⑤ 5

14 일차

27

2016학년도 수능 B형(홀) 21번

$0<t<41$인 실수 t에 대하여 곡선 $y=x^3+2x^2-15x+5$와 직선 $y=t$가 만나는 세 점 중에서 x좌표가 가장 큰 점의 좌표를 $(f(t),\ t)$, x좌표가 가장 작은 점의 좌표를 $(g(t),\ t)$라 하자. $h(t)=t\times\{f(t)-g(t)\}$라 할 때, $h'(5)$의 값은? [4점]

① $\dfrac{79}{12}$　② $\dfrac{85}{12}$　③ $\dfrac{91}{12}$

④ $\dfrac{97}{12}$　⑤ $\dfrac{103}{12}$

28

2023학년도 9월 모평 29번

함수 $f(x)=e^x+x$가 있다. 양수 t에 대하여 점 $(t,\ 0)$과 점 $(x,\ f(x))$ 사이의 거리가 $x=s$에서 최소일 때, 실수 $f(s)$의 값을 $g(t)$라 하자. 함수 $g(t)$의 역함수를 $h(t)$라 할 때, $h'(1)$의 값을 구하시오. [4점]

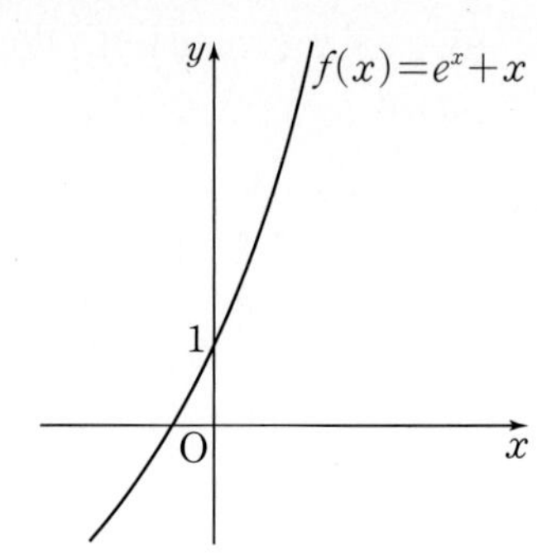

29

2024학년도 7월 학평 28번

최고차항의 계수가 1이고 역함수가 존재하는 삼차함수 $f(x)$에 대하여 함수 $f(x)$의 역함수를 $g(x)$라 하자. 실수 $k\,(k>0)$에 대하여 함수 $h(x)$는

$$h(x)=\begin{cases}\dfrac{g(x)-k}{x-k} & (x\neq k)\\[2mm] \dfrac{1}{3} & (x=k)\end{cases}$$

이다. 함수 $h(x)$가 다음 조건을 만족시키도록 하는 모든 함수 $f(x)$에 대하여 $f'(0)$의 값이 최대일 때, k의 값을 α라 하자.

> (가) $h(0)=1$
> (나) 함수 $h(x)$는 실수 전체의 집합에서 연속이다.

$k=\alpha$일 때, $\alpha\times h(9)\times g'(9)$의 값은? [4점]

① $\dfrac{1}{84}$ ② $\dfrac{1}{42}$ ③ $\dfrac{1}{28}$
④ $\dfrac{1}{21}$ ⑤ $\dfrac{5}{84}$

30

2021학년도 7월 학평 29번

함수 $f(x)=x^3-x$와 실수 전체의 집합에서 미분가능한 역함수가 존재하는 삼차함수 $g(x)=ax^3+x^2+bx+1$이 있다. 함수 $g(x)$의 역함수 $g^{-1}(x)$에 대하여 함수 $h(x)$를

$$h(x)=\begin{cases}(f\circ g^{-1})(x) & (x<0\ \text{또는}\ x>1)\\[2mm] \dfrac{1}{\pi}\sin\pi x & (0\le x\le 1)\end{cases}$$

이라 하자. 함수 $h(x)$가 실수 전체의 집합에서 미분가능할 때, $g(a+b)$의 값을 구하시오. (단, a, b는 상수이다.) [4점]

31

2018학년도 10월 학평-가형 21번

함수 $f(x)=-\dfrac{kx^3}{x^2+1}$ $(k>1)$에 대하여 곡선 $y=f(x)$와 곡선 $y=f^{-1}(x)$가 만나는 점의 x좌표 중 가장 작은 값을 α, 가장 큰 값을 β라 하자. 함수 $y=f(x-2\beta)+2\alpha$의 역함수 $g(x)$에 대하여 $f'(\beta)=2g'(\alpha)$일 때, 상수 k의 값은? [4점]

① $\dfrac{5+2\sqrt{2}}{7}$ ② $\dfrac{6+2\sqrt{2}}{7}$ ③ $\dfrac{4+2\sqrt{2}}{5}$

④ $\dfrac{5+2\sqrt{2}}{5}$ ⑤ $\dfrac{6+2\sqrt{2}}{5}$

32

2017학년도 9월 모평 가형 30번

최고차항의 계수가 1인 사차함수 $f(x)$와 함수

$$g(x)=|2\sin(x+2|x|)+1|$$

에 대하여 함수 $h(x)=f(g(x))$는 실수 전체의 집합에서 이계도함수 $h''(x)$를 갖고, $h''(x)$는 실수 전체의 집합에서 연속이다. $f'(3)$의 값을 구하시오. [4점]

33

2021학년도 10월 학평 30번

서로 다른 두 양수 a, b에 대하여 함수 $f(x)$를

$$f(x)=-\frac{ax^3+bx}{x^2+1}$$

라 하자. 모든 실수 x에 대하여 $f'(x)\neq 0$이고, 두 함수 $g(x)=f(x)-f^{-1}(x)$, $h(x)=(g\circ f)(x)$가 다음 조건을 만족시킨다.

> (가) $g(2)=h(0)$
> (나) $g'(2)=-5h'(2)$

$4(b-a)$의 값을 구하시오. [4점]

34

2021학년도  가형(홀) 28번

두 상수 a, $b\,(a<b)$에 대하여 함수 $f(x)$를

$$f(x)=(x-a)(x-b)^2$$

이라 하자. 함수 $g(x)=x^3+x+1$의 역함수 $g^{-1}(x)$에 대하여 합성함수 $h(x)=(f\circ g^{-1})(x)$가 다음 조건을 만족시킬 때, $f(8)$의 값을 구하시오. [4점]

> (가) 함수 $(x-1)|h(x)|$가 실수 전체의 집합에서 미분가능하다.
> (나) $h'(3)=2$

15 일차

한눈에 정리하는 평가원 기출 경향

학년도 주제	2025	2024	2023
접선의 방정식		**13** 2024학년도 6월 모평 29번 세 실수 a, b, k에 대하여 두 점 $\mathrm{A}(a,\ a+k)$, $\mathrm{B}(b,\ b+k)$가 곡선 C: $x^2-2xy+2y^2=15$ 위에 있다. 곡선 C 위의 점 A에서의 접선과 곡선 C 위의 점 B에서의 접선이 서로 수직일 때, k^2의 값을 구하시오. (단, $a+2k\neq0$, $b+2k\neq0$) [4점]	
접선의 방정식의 활용		**23** 2024학년도 수능 (홀) 27번 실수 t에 대하여 원점을 지나고 곡선 $y=\frac{1}{e^x}+e^t$에 접하는 직선의 기울기를 $f(t)$라 하자. $f(a)=-e\sqrt{e}$를 만족시키는 상수 a에 대하여 $f'(a)$의 값은? [3점] ① $-\frac{1}{3}e\sqrt{e}$ ② $-\frac{1}{2}e\sqrt{e}$ ③ $-\frac{2}{3}e\sqrt{e}$ ④ $-\frac{5}{6}e\sqrt{e}$ ⑤ $-e\sqrt{e}$	

2022 ~ 2014

11
2020학년도 9월 모평 가형 13번

양수 k에 대하여 두 곡선 $y=ke^x+1$, $y=x^2-3x+4$가 점 P에서 만나고, 점 P에서 두 곡선에 접하는 두 직선이 서로 수직일 때, k의 값은? [3점]

① $\frac{1}{e}$ ② $\frac{1}{e^2}$ ③ $\frac{2}{e^2}$
④ $\frac{2}{e^3}$ ⑤ $\frac{3}{e^3}$

01
2019학년도 9월 모평 가형 11번

곡선 $e^y\ln x=2y+1$ 위의 점 $(e, 0)$에서의 접선의 방정식을 $y=ax+b$라 할 때, ab의 값은? (단, a, b는 상수이다.) [3점]

① $-2e$ ② $-e$ ③ -1
④ $-\frac{2}{e}$ ⑤ $-\frac{1}{e}$

02
2017학년도 6월 모평 가형 11번

곡선 $y=\ln(x-3)+1$ 위의 점 $(4, 1)$에서의 접선의 방정식이 $y=ax+b$일 때, 두 상수 a, b의 합 $a+b$의 값은? [3점]

① -2 ② -1 ③ 0
④ 1 ⑤ 2

09
2016학년도 수능 B형(홀) 7번

곡선 $y=3e^{x-1}$ 위의 점 A에서의 접선이 원점 O를 지날 때, 선분 OA의 길이는? [3점]

① $\sqrt{6}$ ② $\sqrt{7}$ ③ $2\sqrt{2}$
④ 3 ⑤ $\sqrt{10}$

03
2016학년도 9월 모평 B형 10번

곡선 $y=\ln 5x$ 위의 점 $\left(\frac{1}{5}, 0\right)$에서의 접선의 y절편은? [3점]

① $-\frac{5}{2}$ ② -2 ③ $-\frac{3}{2}$
④ -1 ⑤ $-\frac{1}{2}$

12
2015학년도 6월 모평 B형 26번

양의 실수 전체의 집합에서 미분가능한 함수 $f(x)$에 대하여 함수 $g(x)$를

$$g(x)=f(x)\ln x^4$$

이라 하자. 곡선 $y=f(x)$ 위의 점 $(e, -e)$에서의 접선과 곡선 $y=g(x)$ 위의 점 $(e, -4e)$에서의 접선이 서로 수직일 때, $100f'(e)$의 값을 구하시오. [4점]

25
2020학년도 수능 가형(홀) 30번

양의 실수 t에 대하여 곡선 $y=t^3\ln(x-t)$가 곡선 $y=2e^{x-a}$과 오직 한 점에서 만나도록 하는 실수 a의 값을 $f(t)$라 하자. $\left\{f'\left(\frac{1}{3}\right)\right\}^2$의 값을 구하시오. [4점]

20
2020학년도 6월 모평 가형 21번

함수 $f(x)=\frac{\ln x}{x}$와 양의 실수 t에 대하여 기울기가 t인 직선이 곡선 $y=f(x)$에 접할 때 접점의 x좌표를 $g(t)$라 하자. 원점에서 곡선 $y=f(x)$에 그은 접선의 기울기가 a일 때, 미분가능한 함수 $g(t)$에 대하여 $a\times g'(a)$의 값은? [4점]

① $-\frac{\sqrt{e}}{3}$ ② $-\frac{\sqrt{e}}{4}$ ③ $-\frac{\sqrt{e}}{5}$
④ $-\frac{\sqrt{e}}{6}$ ⑤ $-\frac{\sqrt{e}}{7}$

16
2019학년도 9월 모평 가형 26번

미분가능한 함수 $f(x)$와 함수 $g(x)=\sin x$에 대하여 합성함수 $y=(g\circ f)(x)$의 그래프 위의 점 $(1, (g\circ f)(1))$에서의 접선이 원점을 지난다.

$$\lim_{x\to1}\frac{f(x)-\frac{\pi}{6}}{x-1}=k$$

일 때, 상수 k에 대하여 $30k^2$의 값을 구하시오. [4점]

26
2018학년도 수능 가형(홀) 21번

양수 t에 대하여 구간 $[1, \infty)$에서 정의된 함수 $f(x)$가

$$f(x)=\begin{cases}\ln x & (1\le x<e)\\ -t+\ln x & (x\ge e)\end{cases}$$

일 때, 다음 조건을 만족시키는 일차함수 $g(x)$ 중에서 직선 $y=g(x)$의 기울기의 최솟값을 $h(t)$라 하자.

> 1 이상의 모든 실수 x에 대하여 $(x-e)\{g(x)-f(x)\}\ge0$이다.

미분가능한 함수 $h(t)$에 대하여 양수 a가 $h(a)=\frac{1}{e+2}$을 만족시킨다. $h'\left(\frac{1}{2e}\right)\times h'(a)$의 값은? [4점]

① $\frac{1}{(e+1)^2}$ ② $\frac{1}{e(e+1)}$ ③ $\frac{1}{e^2}$
④ $\frac{1}{(e-1)(e+1)}$ ⑤ $\frac{1}{e(e-1)}$

21
2018학년도 6월 모평 가형 16번

실수 k에 대하여 함수 $f(x)$는

$$f(x)=\begin{cases}x^2+k & (x\le2)\\ \ln(x-2) & (x>2)\end{cases}$$

이다. 실수 t에 대하여 직선 $y=x+t$와 함수 $y=f(x)$의 그래프가 만나는 점의 개수를 $g(t)$라 하자. 함수 $g(t)$가 $t=a$에서 불연속인 a의 값이 한 개일 때, k의 값은? [4점]

① -2 ② $-\frac{9}{4}$ ③ $-\frac{5}{2}$
④ $-\frac{11}{4}$ ⑤ -3

15
2016학년도 6월 모평 B형 14번

닫힌구간 $[0, 4]$에서 정의된 함수

$$f(x)=2\sqrt{2}\sin\frac{\pi}{4}x$$

의 그래프가 그림과 같고, 직선 $y=g(x)$가 $y=f(x)$의 그래프 위의 점 $A(1, 2)$를 지난다.

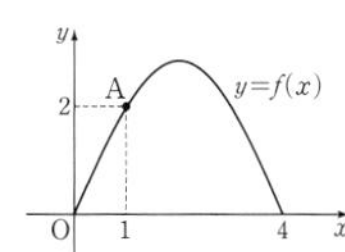

일차함수 $g(x)$가 닫힌구간 $[0, 4]$에서 $f(x)\le g(x)$를 만족시킬 때, $g(3)$의 값은? [4점]

① π ② $\pi+1$ ③ $\pi+2$
④ $\pi+3$ ⑤ $\pi+4$

접선의 방정식

1 접선의 방정식

함수 $f(x)$가 $x=a$에서 미분가능할 때, 곡선 $y=f(x)$ 위의 점 $(a, f(a))$에서의 접선의 방정식은

$$y-f(a)=f'(a)(x-a)$$

- 곡선 $y=f(x)$ 위의 점 $(a, f(a))$에서의 접선의 기울기는 $x=a$에서의 미분계수 $f'(a)$와 같다.
- 수직인 두 직선의 기울기의 곱은 -1이다.

2 접선의 방정식 구하기

(1) 접점이 주어진 접선의 방정식

곡선 $y=f(x)$ 위의 점 $(a, f(a))$에서의 접선의 방정식은 다음과 같은 순서로 구한다.

① 접선의 기울기 $f'(a)$를 구한다.

② 접선의 방정식 $y-f(a)=f'(a)(x-a)$를 구한다.

예 곡선 $y=\ln x$ 위의 점 $(e, 1)$에서의 접선의 방정식을 구해 보자.

$f(x)=\ln x$라 하면 $f'(x)=\frac{1}{x}$이므로 $f'(e)=\frac{1}{e}$

따라서 구하는 접선의 방정식은

$y-1=\frac{1}{e}(x-e)$ $\quad \therefore y=\frac{1}{e}x$

참고 (1) 매개변수로 나타낸 곡선 $x=f(t)$, $y=g(t)$ 위의 점 (x_1, y_1)에서의 접선의 방정식은 다음과 같은 순서로 구한다.

① 매개변수로 나타낸 함수의 미분법을 이용하여 $\frac{dy}{dx}=\frac{g'(t)}{f'(t)}$를 구한다.

② $f(t_1)=x_1$, $g(t_1)=y_1$을 만족시키는 t_1의 값을 구한다.

③ $t=t_1$을 $y-y_1=\frac{g'(t_1)}{f'(t_1)}(x-x_1)$에 대입하여 접선의 방정식을 구한다.

(2) 곡선 $f(x, y)=0$ 위의 점 (x_1, y_1)에서의 접선의 방정식은 다음과 같은 순서로 구한다.

① 음함수의 미분법을 이용하여 $\frac{dy}{dx}$를 구한다.

② ①에서 구한 $\frac{dy}{dx}$에 $x=x_1$, $y=y_1$을 대입하여 접선의 기울기 m을 구한다.

③ 접선의 방정식 $y-y_1=m(x-x_1)$을 구한다.

- **두 곡선의 공통인 접선**
  두 곡선 $y=f(x)$, $y=g(x)$가 점 (a, b)에서 공통인 접선을 가지면
  (1) $x=a$인 점에서 두 곡선이 만난다.
  ⇨ $f(a)=g(a)=b$
  (2) $x=a$인 점에서 두 곡선의 접선의 기울기가 같다.
  ⇨ $f'(a)=g'(a)$

(2) 기울기가 주어진 접선의 방정식

곡선 $y=f(x)$에 접하고 기울기가 m인 접선의 방정식은 다음과 같은 순서로 구한다.

① 접점의 좌표를 $(t, f(t))$로 놓는다.

② $f'(t)=m$임을 이용하여 t의 값과 접점의 좌표 $(t, f(t))$를 구한다.

③ 접선의 방정식 $y-f(t)=m(x-t)$를 구한다.

예 곡선 $y=e^x$에 접하고 기울기가 1인 접선의 방정식을 구해 보자.

$f(x)=e^x$이라 하면 $f'(x)=e^x$

접점의 좌표를 (t, e^t)이라 하면 접선의 기울기가 1이므로

$e^t=1$ $\quad \therefore t=0$

따라서 접점의 좌표는 $(0, 1)$이므로 구하는 접선의 방정식은

$y-1=x$ $\quad \therefore y=x+1$

(3) 곡선 밖의 한 점에서 그은 접선의 방정식

곡선 $y=f(x)$ 밖의 한 점 (x_1, y_1)에서 곡선에 그은 접선의 방정식은 다음과 같은 순서로 구한다.

① 접점의 좌표를 $(t, f(t))$로 놓으면 접선의 방정식이

$$y-f(t)=f'(t)(x-t) \quad \cdots\cdots ㉠$$

이므로 점 (x_1, y_1)의 좌표를 대입하여 t의 값을 구한다.

② t의 값을 ㉠에 대입하여 접선의 방정식을 구한다.

• 해설편 280쪽

유형 01 접점이 주어진 접선의 방정식

01 대표 문제 2019학년도 9월 모평 가형 11번

곡선 $e^y \ln x = 2y+1$ 위의 점 $(e, 0)$에서의 접선의 방정식을 $y=ax+b$라 할 때, ab의 값은? (단, a, b는 상수이다.) [3점]

① $-2e$ ② $-e$ ③ -1
④ $-\frac{2}{e}$ ⑤ $-\frac{1}{e}$

02 2017학년도 6월 모평 가형 11번

곡선 $y=\ln(x-3)+1$ 위의 점 $(4, 1)$에서의 접선의 방정식이 $y=ax+b$일 때, 두 상수 a, b의 합 $a+b$의 값은? [3점]

① -2 ② -1 ③ 0
④ 1 ⑤ 2

03 2016학년도 9월 모평 B형 10번

곡선 $y=\ln 5x$ 위의 점 $\left(\frac{1}{5}, 0\right)$에서의 접선의 y절편은? [3점]

① $-\frac{5}{2}$ ② -2 ③ $-\frac{3}{2}$
④ -1 ⑤ $-\frac{1}{2}$

04 2020학년도 7월 학평-가형 10번

함수 $f(x)=\tan 2x+\frac{\pi}{2}$의 그래프 위의 점 $\mathrm{P}\left(\frac{\pi}{8}, f\left(\frac{\pi}{8}\right)\right)$에서의 접선의 y절편은? [3점]

① $\frac{1}{2}$ ② $\frac{3}{4}$ ③ 1
④ $\frac{5}{4}$ ⑤ $\frac{3}{2}$

05

2017학년도 4월 학평-가형 11번

좌표평면에서 곡선 $y=e^{x-2}$ 위의 점 $(3,\ e)$에서의 접선이 x축, y축과 만나는 점을 각각 A, B라 하자. 삼각형 OAB의 넓이는? (단, O는 원점이다.) [3점]

① e　② $\frac{3}{2}e$　③ $2e$　④ $\frac{5}{2}e$　⑤ $3e$

06

2019학년도 3월 학평-가형 8번

좌표평면에서 곡선 $y=\frac{1}{x-1}$ 위의 점 $\left(\frac{3}{2},\ 2\right)$에서의 접선과 x축 및 y축으로 둘러싸인 부분의 넓이는? [3점]

① 8　② $\frac{17}{2}$　③ 9　④ $\frac{19}{2}$　⑤ 10

07

2016학년도 10월 학평-가형 14번

곡선 $x^2+5xy-2y^2+11=0$ 위의 점 $(1,\ 4)$에서의 접선과 x축 및 y축으로 둘러싸인 부분의 넓이는? [4점]

① 1　② 2　③ 3　④ 4　⑤ 5

08

2018학년도 3월 학평-가형 13번

$0<x<\frac{\pi}{2}$에서 정의된 함수 $f(x)=\ln(\tan x)$의 그래프와 x축이 만나는 점을 P라 하자. 곡선 $y=f(x)$ 위의 점 P에서의 접선의 y절편은? [3점]

① $-\pi$　② $-\frac{5}{6}\pi$　③ $-\frac{2}{3}\pi$　④ $-\frac{\pi}{2}$　⑤ $-\frac{\pi}{3}$

유형 02 접점이 주어지지 않은 접선의 방정식

09 대표 문제

2016학년도  B형(홀) 7번

곡선 $y=3e^{x-1}$ 위의 점 A에서의 접선이 원점 O를 지날 때, 선분 OA의 길이는? [3점]

① $\sqrt{6}$ ② $\sqrt{7}$ ③ $2\sqrt{2}$
④ 3 ⑤ $\sqrt{10}$

10

2016학년도 3월 학평-가형 23번

곡선 $y=\ln(x-7)$에 접하고 기울기가 1인 직선이 x축, y축과 만나는 점을 각각 A, B라 할 때, 삼각형 AOB의 넓이를 구하시오. (단, O는 원점이다.) [3점]

유형 03 수직 조건이 주어진 접선

11 대표 문제

2020학년도 9월 모평 가형 13번

양수 k에 대하여 두 곡선 $y=ke^x+1$, $y=x^2-3x+4$가 점 P에서 만나고, 점 P에서 두 곡선에 접하는 두 직선이 서로 수직일 때, k의 값은? [3점]

① $\frac{1}{e}$ ② $\frac{1}{e^2}$ ③ $\frac{2}{e^2}$
④ $\frac{2}{e^3}$ ⑤ $\frac{3}{e^3}$

12

2015학년도 6월 모평 B형 26번

양의 실수 전체의 집합에서 미분가능한 함수 $f(x)$에 대하여 함수 $g(x)$를

$$g(x)=f(x)\ln x^4$$

이라 하자. 곡선 $y=f(x)$ 위의 점 $(e, -e)$에서의 접선과 곡선 $y=g(x)$ 위의 점 $(e, -4e)$에서의 접선이 서로 수직일 때, $100f'(e)$의 값을 구하시오. [4점]

13

2024학년도 6월 모평 29번

세 실수 a, b, k에 대하여 두 점 $\mathrm{A}(a,\ a+k)$, $\mathrm{B}(b,\ b+k)$가 곡선 C: $x^2-2xy+2y^2=15$ 위에 있다. 곡선 C 위의 점 A에서의 접선과 곡선 C 위의 점 B에서의 접선이 서로 수직일 때, k^2의 값을 구하시오. (단, $a+2k\neq0$, $b+2k\neq0$) [4점]

유형 04 접선의 방정식의 활용

14 대표 문제

2015학년도 3월 학평-B형 14번

그림과 같이 함수 $f(x)=\log_2\left(x+\dfrac{1}{2}\right)$의 그래프와 함수 $g(x)=a^x\ (a>1)$의 그래프가 있다. 곡선 $y=g(x)$가 y축과 만나는 점을 A, 점 A를 지나고 x축에 평행한 직선이 곡선 $y=f(x)$와 만나는 점 중 점 A가 아닌 점을 B, 점 B를 지나고 y축에 평행한 직선이 곡선 $y=g(x)$와 만나는 점을 C라 하자.

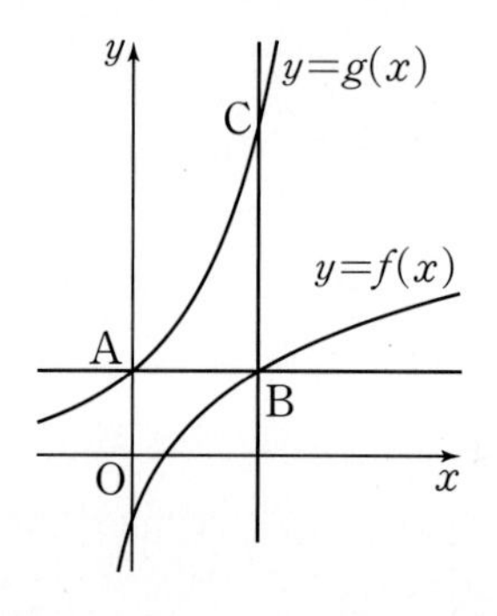

곡선 $y=g(x)$ 위의 점 C에서의 접선이 x축과 만나는 점을 D라 하자. $\overline{\mathrm{AD}}=\overline{\mathrm{BD}}$일 때, $g(2)$의 값은? [4점]

① $e^{\frac{2}{3}}$ ② $e^{\frac{5}{3}}$ ③ $e^{\frac{8}{3}}$
④ $e^{\frac{11}{3}}$ ⑤ $e^{\frac{14}{3}}$

15

2016학년도 6월 모평 B형 14번

닫힌구간 $[0, 4]$에서 정의된 함수

$$f(x)=2\sqrt{2}\sin\frac{\pi}{4}x$$

의 그래프가 그림과 같고, 직선 $y=g(x)$가 $y=f(x)$의 그래프 위의 점 $\mathrm{A}(1, 2)$를 지난다.

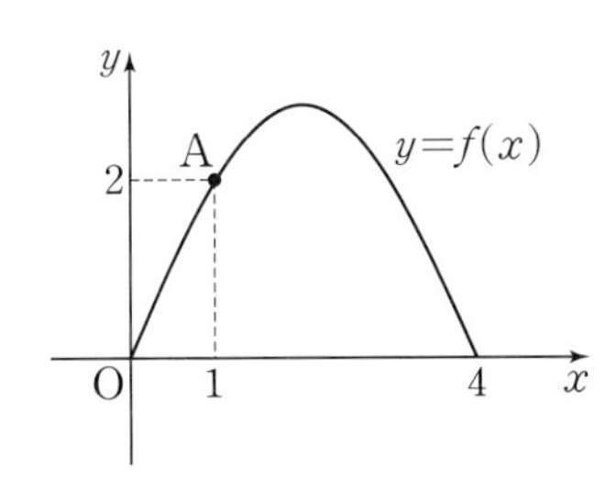

일차함수 $g(x)$가 닫힌구간 $[0, 4]$에서 $f(x)\le g(x)$를 만족시킬 때, $g(3)$의 값은? [4점]

① π ② $\pi+1$ ③ $\pi+2$
④ $\pi+3$ ⑤ $\pi+4$

16

2019학년도 9월 모평 가형 26번

미분가능한 함수 $f(x)$와 함수 $g(x)=\sin x$에 대하여 합성함수 $y=(g\circ f)(x)$의 그래프 위의 점 $(1, (g\circ f)(1))$에서의 접선이 원점을 지난다.

$$\lim_{x\to 1}\frac{f(x)-\frac{\pi}{6}}{x-1}=k$$

일 때, 상수 k에 대하여 $30k^2$의 값을 구하시오. [4점]

17

2019학년도 7월 학평-가형 21번

$0<t<1$인 실수 t에 대하여 직선 $y=t$와 함수 $f(x)=\sin x\left(0<x<\frac{\pi}{2}\right)$의 그래프가 만나는 점을 P라 할 때, 곡선 $y=f(x)$ 위의 점 P에서 그은 접선의 x절편을 $g(t)$라 하자. $g'\left(\frac{2\sqrt{2}}{3}\right)$의 값은? [4점]

① -28 ② -24 ③ -20
④ -16 ⑤ -12

18

2018학년도 7월 학평-가형 27번

원 $x^2+y^2=1$ 위의 임의의 점 P와 곡선 $y=\sqrt{x}-3$ 위의 임의의 점 Q에 대하여 $\overline{PQ}$의 최솟값은 $\sqrt{a}-b$이다. 자연수 a, b에 대하여 a^2+b^2의 값을 구하시오. [4점]

19

2016학년도 7월 학평-가형 20번

두 함수 $f(x)=\ln x$, $g(x)=\ln\dfrac{1}{x}$의 그래프가 만나는 점을 P라 할 때 〈보기〉에서 옳은 것만을 있는 대로 고른 것은? [4점]

〈 보기 〉

ㄱ. 점 P의 좌표는 $(1, 0)$이다.

ㄴ. 두 곡선 $y=f(x)$, $y=g(x)$ 위의 점 P에서의 각각의 접선은 서로 수직이다.

ㄷ. $t>1$일 때, $-1<\dfrac{f(t)g(t)}{(t-1)^2}<0$이다.

① ㄱ ② ㄷ ③ ㄱ, ㄴ
④ ㄴ, ㄷ ⑤ ㄱ, ㄴ, ㄷ

20

2020학년도 6월 모평 가형 21번

함수 $f(x)=\dfrac{\ln x}{x}$와 양의 실수 t에 대하여 기울기가 t인 직선이 곡선 $y=f(x)$에 접할 때 접점의 x좌표를 $g(t)$라 하자. 원점에서 곡선 $y=f(x)$에 그은 접선의 기울기가 a일 때, 미분가능한 함수 $g(t)$에 대하여 $a\times g'(a)$의 값은? [4점]

① $-\dfrac{\sqrt{e}}{3}$ ② $-\dfrac{\sqrt{e}}{4}$ ③ $-\dfrac{\sqrt{e}}{5}$
④ $-\dfrac{\sqrt{e}}{6}$ ⑤ $-\dfrac{\sqrt{e}}{7}$

21

2018학년도 6월 모평 가형 16번

실수 k에 대하여 함수 $f(x)$는

$$f(x)=\begin{cases} x^2+k & (x\le 2) \\ \ln(x-2) & (x>2) \end{cases}$$

이다. 실수 t에 대하여 직선 $y=x+t$와 함수 $y=f(x)$의 그래프가 만나는 점의 개수를 $g(t)$라 하자. 함수 $g(t)$가 $t=a$에서 불연속인 a의 값이 한 개일 때, k의 값은? [4점]

① -2 ② $-\frac{9}{4}$ ③ $-\frac{5}{2}$
④ $-\frac{11}{4}$ ⑤ -3

22

2019학년도 10월 학평-가형 21번

정수 n에 대하여 점 $(a,\ 0)$에서 곡선 $y=(x-n)e^x$에 그은 접선의 개수를 $f(n)$이라 하자. 〈보기〉에서 옳은 것만을 있는 대로 고른 것은? [4점]

〈 보기 〉

ㄱ. $a=0$일 때, $f(4)=1$이다.
ㄴ. $f(n)=1$인 정수 n의 개수가 1인 정수 a가 존재한다.
ㄷ. $\sum_{n=1}^{5} f(n)=5$를 만족시키는 정수 a의 값은 -1 또는 3이다.

① ㄱ ② ㄱ, ㄴ ③ ㄱ, ㄷ
④ ㄴ, ㄷ ⑤ ㄱ, ㄴ, ㄷ

23

2024학년도 수능 (홀) 27번

실수 t에 대하여 원점을 지나고 곡선 $y=\frac{1}{e^x}+e^t$에 접하는 직선의 기울기를 $f(t)$라 하자. $f(a)=-e\sqrt{e}$를 만족시키는 상수 a에 대하여 $f'(a)$의 값은? [3점]

① $-\frac{1}{3}e\sqrt{e}$　② $-\frac{1}{2}e\sqrt{e}$　③ $-\frac{2}{3}e\sqrt{e}$

④ $-\frac{5}{6}e\sqrt{e}$　⑤ $-e\sqrt{e}$

1등급을 향한 고난도 문제

24

2017학년도 3월 학평-가형 30번

그림과 같이 제1사분면에 있는 점 $\mathrm{P}(a, 2a)$에서 곡선 $y=-\frac{2}{x}$에 그은 두 접선의 접점을 각각 A, B라 할 때, $\overline{\mathrm{PA}}^2+\overline{\mathrm{PB}}^2+\overline{\mathrm{AB}}^2$의 최솟값을 구하시오. [4점]

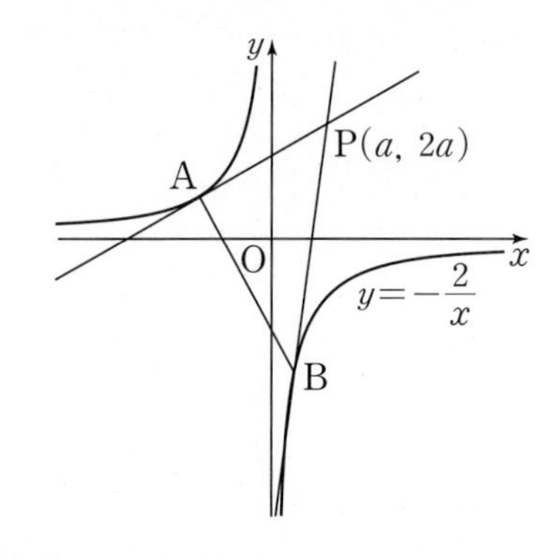

25

2020학년도 수능 가형(홀) 30번

양의 실수 t에 대하여 곡선 $y=t^3\ln(x-t)$가 곡선 $y=2e^{x-a}$과 오직 한 점에서 만나도록 하는 실수 a의 값을 $f(t)$라 하자. $\left\{f'\left(\frac{1}{3}\right)\right\}^2$의 값을 구하시오. [4점]

26

2018학년도 수능 가형(홀) 21번

양수 t에 대하여 구간 $[1, \infty)$에서 정의된 함수 $f(x)$가

$$f(x)=\begin{cases} \ln x & (1\le x<e) \\ -t+\ln x & (x\ge e) \end{cases}$$

일 때, 다음 조건을 만족시키는 일차함수 $g(x)$ 중에서 직선 $y=g(x)$의 기울기의 최솟값을 $h(t)$라 하자.

> 1 이상의 모든 실수 x에 대하여 $(x-e)\{g(x)-f(x)\}\ge 0$ 이다.

미분가능한 함수 $h(t)$에 대하여 양수 a가 $h(a)=\frac{1}{e+2}$을 만족시킨다. $h'\left(\frac{1}{2e}\right)\times h'(a)$의 값은? [4점]

① $\frac{1}{(e+1)^2}$　② $\frac{1}{e(e+1)}$　③ $\frac{1}{e^2}$

④ $\frac{1}{(e-1)(e+1)}$　⑤ $\frac{1}{e(e-1)}$

한눈에 정리하는 평가원 기출 경향

주제 \ 학년도	2025	2024	2023
함수의 극대와 극소			
빈출 함수의 극대와 극소의 응용	22	16	

함수의 극대와 극소의 응용

22

2025학년도 수능 (홀) 30번

두 상수 $a\,(1\le a\le 2)$, b에 대하여 함수
$f(x)=\sin(ax+b+\sin x)$가 다음 조건을 만족시킨다.

> (가) $f(0)=0$, $f(2\pi)=2\pi a+b$
> (나) $f'(0)=f'(t)$인 양수 t의 최솟값은 4π이다.

함수 $f(x)$가 $x=\alpha$에서 극대인 α의 값 중 열린구간 $(0, 4\pi)$에 속하는 모든 값의 집합을 A라 하자. 집합 A의 원소의 개수를 n, 집합 A의 원소 중 가장 작은 값을 α_1이라 하면, $n\alpha_1-ab=\frac{q}{p}\pi$이다. $p+q$의 값을 구하시오.

(단, p와 q는 서로소인 자연수이다.) [4점]

16

2024학년도 6월 모평 28번

두 상수 $a\,(a>0)$, b에 대하여 실수 전체의 집합에서 연속인 함수 $f(x)$가 다음 조건을 만족시킬 때, $a\times b$의 값은? [4점]

> (가) 모든 실수 x에 대하여
> $$\{f(x)\}^2+2f(x)=a\cos^3\pi x\times e^{\sin^2\pi x}+b$$
> 이다.
> (나) $f(0)=f(2)+1$

① $-\frac{1}{16}$ ② $-\frac{7}{64}$ ③ $-\frac{5}{32}$ ④ $-\frac{13}{64}$ ⑤ $-\frac{1}{4}$

2022 ~ 2014

12
2022학년도 6월 모평 29번

$t>2e$인 실수 t에 대하여 함수 $f(x)=t(\ln x)^2-x^2$이 $x=k$에서 극대일 때, 실수 k의 값을 $g(t)$라 하면 $g(t)$는 미분가능한 함수이다. $g(\alpha)=e^2$인 실수 α에 대하여 $\alpha\times\{g'(\alpha)\}^2=\frac{q}{p}$일 때, $p+q$의 값을 구하시오.

(단, p와 q는 서로소인 자연수이다.) [4점]

05
2021학년도 수능 가형(홀) 7번

함수 $f(x)=(x^2-2x-7)e^x$의 극댓값과 극솟값을 각각 a, b라 할 때, $a\times b$의 값은? [3점]

① -32　② -30　③ -28　④ -26　⑤ -24

04
2020학년도 9월 모평 가형 11번

함수 $f(x)=(x^2-3)e^{-x}$의 극댓값과 극솟값을 각각 a, b라 할 때, $a\times b$의 값은? [3점]

① $-12e^2$　② $-12e$　③ $-\frac{12}{e}$　④ $-\frac{12}{e^2}$　⑤ $-\frac{12}{e^3}$

07
2017학년도 6월 모평 가형 13번

함수 $f(x)=(x^2-8)e^{-x+1}$은 극솟값 a와 극댓값 b를 갖는다. 두 수 a, b의 곱 ab의 값은? [3점]

① -34　② -32　③ -30　④ -28　⑤ -26

17
2022학년도 수능 (홀) 28번

함수 $f(x)=6\pi(x-1)^2$에 대하여 함수 $g(x)$를

$$g(x)=3f(x)+4\cos f(x)$$

라 하자. $0<x<2$에서 함수 $g(x)$가 극소가 되는 x의 개수는? [4점]

① 6　② 7　③ 8　④ 9　⑤ 10

19
2021학년도 수능 가형(홀) 30번

최고차항의 계수가 1인 삼차함수 $f(x)$에 대하여 실수 전체의 집합에서 정의된 함수 $g(x)=f(\sin^2\pi x)$가 다음 조건을 만족시킨다.

(가) $0<x<1$에서 함수 $g(x)$가 극대가 되는 x의 개수가 3이고, 이때 극댓값이 모두 동일하다.
(나) 함수 $g(x)$의 최댓값은 $\frac{1}{2}$이고 최솟값은 0이다.

$f(2)=a+b\sqrt{2}$일 때, a^2+b^2의 값을 구하시오.

(단, a와 b는 유리수이다.) [4점]

21
2019학년도 수능 가형(홀) 30번

최고차항의 계수가 6π인 삼차함수 $f(x)$에 대하여 함수 $g(x)=\frac{1}{2+\sin(f(x))}$이 $x=\alpha$에서 극대 또는 극소이고, $\alpha\ge0$인 모든 α를 작은 수부터 크기순으로 나열한 것을 α_1, α_2, α_3, α_4, α_5, $\cdots$라 할 때, $g(x)$는 다음 조건을 만족시킨다.

(가) $\alpha_1=0$이고 $g(\alpha_1)=\frac{2}{5}$이다.
(나) $\frac{1}{g(\alpha_5)}=\frac{1}{g(\alpha_2)}+\frac{1}{2}$

$g'\left(-\frac{1}{2}\right)=a\pi$라 할 때, a^2의 값을 구하시오.

$\left(\text{단, } 0<f(0)<\frac{\pi}{2}\right)$ [4점]

14
2019학년도 9월 모평 가형 20번

열린구간 $(0, 2\pi)$에서 정의된 함수 $f(x)=\cos x+2x\sin x$가 $x=\alpha$와 $x=\beta$에서 극값을 가진다. 〈보기〉에서 옳은 것만을 있는 대로 고른 것은? (단, $\alpha<\beta$) [4점]

〈 보기 〉
ㄱ. $\tan(\alpha+\pi)=-2\alpha$
ㄴ. $g(x)=\tan x$라 할 때, $g'(\alpha+\pi)<g'(\beta)$이다.
ㄷ. $\frac{2(\beta-\alpha)}{\alpha+\pi-\beta}<\sec^2\alpha$

① ㄱ　② ㄷ　③ ㄱ, ㄴ　④ ㄴ, ㄷ　⑤ ㄱ, ㄴ, ㄷ

24
2017학년도 수능 가형(홀) 30번

$x>a$에서 정의된 함수 $f(x)$와 최고차항의 계수가 -1인 사차함수 $g(x)$가 다음 조건을 만족시킨다. (단, a는 상수이다.)

(가) $x>a$인 모든 실수 x에 대하여 $(x-a)f(x)=g(x)$이다.
(나) 서로 다른 두 실수 α, β에 대하여 함수 $f(x)$는 $x=\alpha$, $x=\beta$에서 동일한 극댓값 M을 갖는다. (단, $M>0$)
(다) 함수 $f(x)$가 극대 또는 극소가 되는 x의 개수는 함수 $g(x)$가 극대 또는 극소가 되는 x의 개수보다 많다.

$\beta-\alpha=6\sqrt{3}$일 때, M의 최솟값을 구하시오. [4점]

16 일차

함수의 증가와 감소, 극대와 극소

1 함수의 증가와 감소

(1) 함수의 증가와 감소의 판정

함수 $f(x)$가 어떤 열린구간에서 미분가능할 때, 그 구간에 속하는 모든 x에 대하여

① $f'(x)>0$이면 $f(x)$는 그 구간에서 증가한다.

② $f'(x)<0$이면 $f(x)$는 그 구간에서 감소한다.

예 함수 $f(x)=e^x-x$의 증가와 감소를 조사해 보자.

$f(x)=e^x-x$에서 $f'(x)=e^x-1$

$f'(x)=0$인 x의 값은 $x=0$

함수 $f(x)$의 증가와 감소를 표로 나타내면 오른쪽과 같다. 따라서 함수 $f(x)$는 구간 $(-\infty, 0]$에서 감소하고, 구간 $[0, \infty)$에서 증가한다.

x	$\cdots$	0	$\cdots$
$f'(x)$	$-$	0	$+$
$f(x)$	↘	1	↗

• $f'(x)=0$인 x의 값은 증가하는 구간과 감소하는 구간에 모두 포함될 수 있다.

(2) 함수가 증가 또는 감소하기 위한 조건

함수 $f(x)$가 어떤 열린구간에서 미분가능할 때

① 함수 $f(x)$가 그 구간에서 증가하면

⇨ 그 구간에 속하는 모든 실수 x에 대하여 $f'(x)\ge 0$

② 함수 $f(x)$가 그 구간에서 감소하면

⇨ 그 구간에 속하는 모든 실수 x에 대하여 $f'(x)\le 0$

• 이차방정식 $ax^2+bx+c=0$의 판별식을 D라 할 때, 모든 실수 x에 대하여 이차부등식이 항상 성립할 조건은 다음과 같다.
(1) $ax^2+bx+c\ge 0$ ⇨ $a>0$, $D\le 0$
(2) $ax^2+bx+c\le 0$ ⇨ $a<0$, $D\le 0$

2 함수의 극대와 극소

(1) 극값과 미분계수

미분가능한 함수 $f(x)$가 $x=a$에서 극값을 가지면

$f'(a)=0$

• 미분가능한 함수 $f(x)$가 $x=a$에서 극값 β를 가지면
$f'(a)=0$, $f(a)=\beta$

(2) 함수의 극대와 극소의 판정

① 도함수를 이용한 함수의 극대와 극소의 판정

미분가능한 함수 $f(x)$에 대하여 $f'(a)=0$일 때, $x=a$의 좌우에서 $f'(x)$의 부호가

(i) 양(+)에서 음(−)으로 바뀌면 $f(x)$는 $x=a$에서 극대이다.

(ii) 음(−)에서 양(+)으로 바뀌면 $f(x)$는 $x=a$에서 극소이다.

② 이계도함수를 이용한 함수의 극대와 극소의 판정

이계도함수를 갖는 함수 $f(x)$에 대하여 $f'(a)=0$일 때

(i) $f''(a)<0$이면 $f(x)$는 $x=a$에서 극대이다.

(ii) $f''(a)>0$이면 $f(x)$는 $x=a$에서 극소이다.

예 함수 $f(x)=2x^3-3x^2+6$의 극값을 구해 보자.

[방법 1] 도함수 이용하기

$f(x)=2x^3-3x^2+6$에서 $f'(x)=6x^2-6x=6x(x-1)$

$f'(x)=0$인 x의 값은 $x=0$ 또는 $x=1$

함수 $f(x)$의 증가와 감소를 표로 나타내면 오른쪽과 같다.

따라서 함수 $f(x)$는 $x=0$에서 극대이고 극댓값은 6, $x=1$에서 극소이고 극솟값은 5이다.

x	$\cdots$	0	$\cdots$	1	$\cdots$
$f'(x)$	$+$	0	$-$	0	$+$
$f(x)$	↗	6 극대	↘	5 극소	↗

[방법 2] 이계도함수 이용하기

$f'(x)=6x(x-1)$, $f''(x)=12x-6$이고 $f'(x)=0$인 x의 값은 $x=0$ 또는 $x=1$이므로

$f''(0)=-6<0$, $f''(1)=6>0$

따라서 함수 $f(x)$는 $x=0$에서 극대이고 극댓값은 6, $x=1$에서 극소이고 극솟값은 5이다.

고1 수학 I 수학 II 다시보기

극값을 구하는 문제에서 유리함수, 삼각함수가 주어지는 경우 각 함수의 그래프와 성질이 이용되므로 다음을 알아 두자. 또 사잇값의 정리를 이용하여 함숫값의 존재 여부를 확인하거나 함수의 그래프를 이용하여 미분가능성을 묻는 문제도 출제되므로 다음을 기억하자.

• 유리함수의 그래프

유리함수 $y=\frac{k}{x-p}+q\ (k\neq0)$의 그래프는 유리함수 $y=\frac{k}{x}$의 그래프를 x축의 방향으로 p만큼, y축의 방향으로 q만큼 평행이동한 것이다.

(1) $k>0$일 때

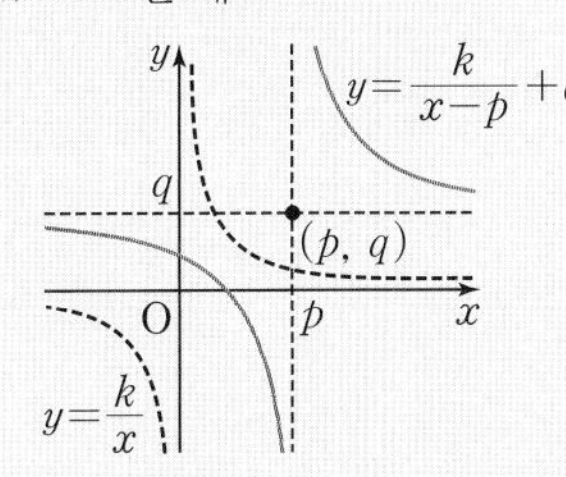

(2) $k<0$일 때

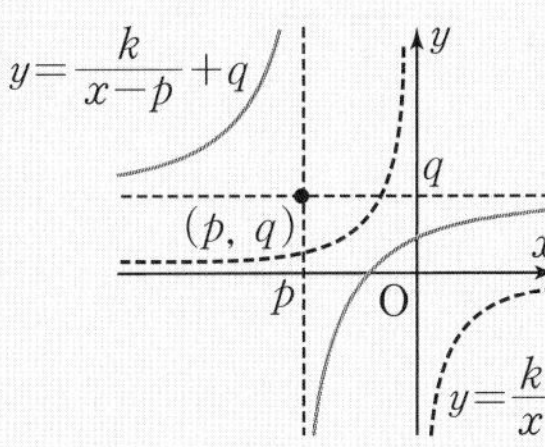

• 함수 $y=\frac{ax+b}{cx+d}$의 그래프는 $y=\frac{k}{x-p}+q$ 꼴로 변형하여 그린다.

• 일반각에 대한 삼각함수의 성질

(1) $2n\pi+\theta$ (n은 정수)의 삼각함수

$\sin(2n\pi+\theta)=\sin\theta$, $\cos(2n\pi+\theta)=\cos\theta$, $\tan(2n\pi+\theta)=\tan\theta$

(2) $-\theta$의 삼각함수

$\sin(-\theta)=-\sin\theta$, $\cos(-\theta)=\cos\theta$, $\tan(-\theta)=-\tan\theta$

(3) $\pi\pm\theta$의 삼각함수

$\sin(\pi\pm\theta)=\mp\sin\theta$, $\cos(\pi\pm\theta)=-\cos\theta$, $\tan(\pi\pm\theta)=\pm\tan\theta$

(복부호 동순)

(4) $\frac{\pi}{2}\pm\theta$의 삼각함수

$\sin\left(\frac{\pi}{2}\pm\theta\right)=\cos\theta$, $\cos\left(\frac{\pi}{2}\pm\theta\right)=\mp\sin\theta$, $\tan\left(\frac{\pi}{2}\pm\theta\right)=\mp\frac{1}{\tan\theta}$

(복부호 동순)

• 삼각함수 사이의 관계

(1) $\tan\theta=\frac{\sin\theta}{\cos\theta}$

(2) $1+\tan^2\theta=\sec^2\theta$

• 사잇값의 정리

함수 $f(x)$가 닫힌구간 $[a, b]$에서 연속이고 $f(a)\neq f(b)$일 때, $f(a)$와 $f(b)$ 사이의 임의의 값 k에 대하여 $f(c)=k$인 c가 열린구간 (a, b)에 적어도 하나 존재한다.

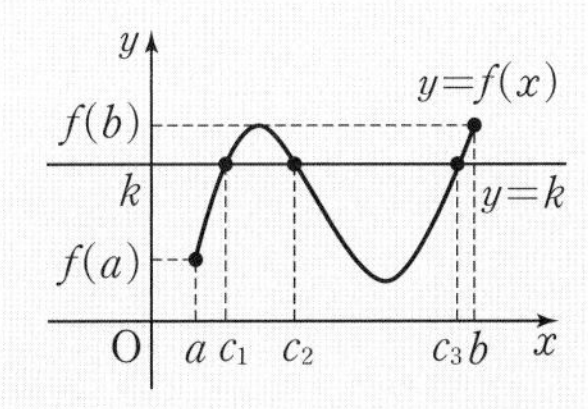

• 함수가 $x=a$에서 미분가능하지 않은 경우

(1)

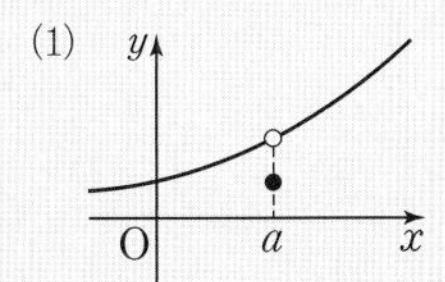

$x=a$에서 그래프가 연결되어 있지 않고 끊어져 있다.

⇨ $x=a$에서 불연속이다.

(2)

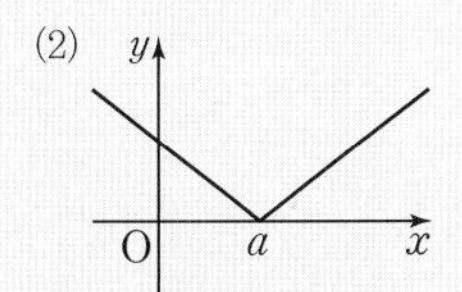

$x=a$에서 연속이지만 $x=a$에서 그래프가 꺾여 있다.

• 함수 $f(x)$가 $x=a$에서 미분가능하면 $x=a$에서 연속이다.

16 일차

유형 01 함수의 증가와 감소

01 대표 문제

2016학년도 10월 학평–가형 13번

함수 $f(x)=e^{x+1}(x^2+3x+1)$이 구간 (a, b)에서 감소할 때, $b-a$의 최댓값은? [3점]

① 1　② 2　③ 3　④ 4　⑤ 5

02

2016학년도 3월 학평–가형 9번

실수 전체의 집합에서 함수 $f(x)=(x^2+2ax+11)e^x$이 증가하도록 하는 자연수 a의 최댓값은? [3점]

① 3　② 4　③ 5　④ 6　⑤ 7

03

2017학년도 7월 학평–가형 17번

함수 $f(x)=\frac{1}{2}x^2-3x-\frac{k}{x}$가 열린구간 $(0, \infty)$에서 증가할 때, 실수 k의 최솟값은? [4점]

① 3　② $\frac{7}{2}$　③ 4　④ $\frac{9}{2}$　⑤ 5

유형 02 함수의 극대와 극소

04 대표 문제
2020학년도 9월 모평 가형 11번

함수 $f(x)=(x^2-3)e^{-x}$의 극댓값과 극솟값을 각각 a, b라 할 때, $a\times b$의 값은? [3점]

① $-12e^2$ ② $-12e$ ③ $-\frac{12}{e}$
④ $-\frac{12}{e^2}$ ⑤ $-\frac{12}{e^3}$

05
2021학년도 수능 가형(홀) 7번

함수 $f(x)=(x^2-2x-7)e^x$의 극댓값과 극솟값을 각각 a, b라 할 때, $a\times b$의 값은? [3점]

① -32 ② -30 ③ -28
④ -26 ⑤ -24

06
2018학년도 3월 학평-가형 10번

함수 $f(x)=\frac{x-1}{x^2-x+1}$의 극댓값과 극솟값의 합은? [3점]

① -1 ② $-\frac{5}{6}$ ③ $-\frac{2}{3}$
④ $-\frac{1}{2}$ ⑤ $-\frac{1}{3}$

07
2017학년도 6월 모평 가형 13번

함수 $f(x)=(x^2-8)e^{-x+1}$은 극솟값 a와 극댓값 b를 갖는다. 두 수 a, b의 곱 ab의 값은? [3점]

① -34 ② -32 ③ -30
④ -28 ⑤ -26

08

2013학년도 4월 학평-B형 5번

열린구간 $(0, 2\pi)$에서 정의된 함수 $f(x)=e^x(\sin x+\cos x)$의 극댓값을 M, 극솟값을 m이라 할 때, Mm의 값은? [3점]

① $-e^{2\pi}$ ② $-e^{\pi}$ ③ $\frac{1}{e^{3\pi}}$

④ $\frac{1}{e^{2\pi}}$ ⑤ $\frac{1}{e^{\pi}}$

09

2019학년도 3월 학평-가형 11번

함수 $f(x)=\tan(\pi x^2+ax)$가 $x=\frac{1}{2}$에서 극솟값 k를 가질 때, k의 값은? (단, a는 상수이다.) [3점]

① $-\sqrt{3}$ ② -1 ③ $-\frac{\sqrt{3}}{3}$

④ 0 ⑤ $\frac{\sqrt{3}}{3}$

10

2016학년도 4월 학평-가형 18번

양의 실수 t에 대하여 곡선 $y=\ln x$ 위의 두 점 $\mathrm{P}(t, \ln t)$, $\mathrm{Q}(2t, \ln 2t)$에서의 접선이 x축과 만나는 점을 각각 $\mathrm{R}(r(t), 0)$, $\mathrm{S}(s(t), 0)$이라 하자. 함수 $f(t)$를 $f(t)=r(t)-s(t)$라 할 때, 함수 $f(t)$의 극솟값은? [4점]

① $-\frac{1}{2}$ ② $-\frac{1}{3}$ ③ $-\frac{1}{4}$

④ $-\frac{1}{5}$ ⑤ $-\frac{1}{6}$

• 해설편 298쪽

유형 03 극값을 가질 조건

11 대표 문제

2017학년도 3월 학평-가형 14번

모든 실수 x에 대하여 $f(x+2)=f(x)$이고, $0\leq x<2$일 때 $f(x)=\frac{(x-a)^2}{x+1}$인 함수 $f(x)$가 $x=0$에서 극댓값을 갖는다. 구간 $[0,\ 2)$에서 극솟값을 갖도록 하는 모든 정수 a의 값의 곱은? [4점]

① -3　② -2　③ -1　④ 1　⑤ 2

12

2022학년도 6월 모평 29번

$t>2e$인 실수 t에 대하여 함수 $f(x)=t(\ln x)^2-x^2$이 $x=k$에서 극대일 때, 실수 k의 값을 $g(t)$라 하면 $g(t)$는 미분가능한 함수이다. $g(\alpha)=e^2$인 실수 α에 대하여 $\alpha\times\{g'(\alpha)\}^2=\frac{q}{p}$일 때, $p+q$의 값을 구하시오.

(단, p와 q는 서로소인 자연수이다.) [4점]

13

2014학년도 3월 학평-B형 10번

함수 $f(x)=e^{-x}(\ln x-2)$가 $x=a$에서 극값을 가질 때, 다음 중 a가 속하는 구간은? [3점]

① $(1, e)$　② (e, e^2)　③ (e^2, e^3)
④ (e^3, e^4)　⑤ (e^4, e^5)

유형 04 함수의 극대와 극소의 응용

14 대표 문제

2019학년도 9월 모평 가형 20번

열린구간 $(0, 2\pi)$에서 정의된 함수 $f(x)=\cos x+2x\sin x$가 $x=\alpha$와 $x=\beta$에서 극값을 가진다. 〈보기〉에서 옳은 것만을 있는 대로 고른 것은? (단, $\alpha<\beta$) [4점]

〈 보기 〉

ㄱ. $\tan(\alpha+\pi)=-2\alpha$
ㄴ. $g(x)=\tan x$라 할 때, $g'(\alpha+\pi)<g'(\beta)$이다.
ㄷ. $\dfrac{2(\beta-\alpha)}{\alpha+\pi-\beta}<\sec^2\alpha$

① ㄱ　② ㄷ　③ ㄱ, ㄴ
④ ㄴ, ㄷ　⑤ ㄱ, ㄴ, ㄷ

15

2019학년도 4월 학평-가형 21번

자연수 n에 대하여 열린구간 $(3n-3,\ 3n)$에서 함수

$$f(x)=(2x-3n)\sin 2x-(2x^2-6nx+4n^2-1)\cos 2x$$

가 $x=\alpha$에서 극대 또는 극소가 되는 모든 α의 값의 합을 a_n이라 하자. $\cos a_m=0$이 되도록 하는 자연수 m의 최솟값을 l이라 할 때, $\sum_{k=1}^{l+2} a_k$의 값은? [4점]

① $7+\frac{45}{2}\pi$　② $8+\frac{45}{2}\pi$　③ $7+\frac{47}{2}\pi$　④ $8+\frac{47}{2}\pi$　⑤ $7+\frac{49}{2}\pi$

16

2024학년도 6월 모평 28번

두 상수 $a\,(a>0)$, b에 대하여 실수 전체의 집합에서 연속인 함수 $f(x)$가 다음 조건을 만족시킬 때, $a\times b$의 값은? [4점]

(가) 모든 실수 x에 대하여

$$\{f(x)\}^2+2f(x)=a\cos^3 \pi x\times e^{\sin^2 \pi x}+b$$

이다.

(나) $f(0)=f(2)+1$

① $-\frac{1}{16}$　② $-\frac{7}{64}$　③ $-\frac{5}{32}$　④ $-\frac{13}{64}$　⑤ $-\frac{1}{4}$

17

2022학년도 수능 (홀) 28번

함수 $f(x)=6\pi(x-1)^2$에 대하여 함수 $g(x)$를

$$g(x)=3f(x)+4\cos f(x)$$

라 하자. $0<x<2$에서 함수 $g(x)$가 극소가 되는 x의 개수는? [4점]

① 6 ② 7 ③ 8
④ 9 ⑤ 10

1등급을 향한 고난도 문제

18

2017학년도 4월 학평-가형 30번

최고차항의 계수가 1인 다항함수 $f(x)$와 함수

$$g(x)=x-\frac{f(x)}{f'(x)}$$

가 다음 조건을 만족시킨다.

(가) 방정식 $f(x)=0$의 실근은 0과 2뿐이고 허근은 존재하지 않는다.
(나) $\lim_{x\to 2}\frac{(x-2)^3}{f(x)}$이 존재한다.
(다) 함수 $\left|\frac{g(x)}{x}\right|$는 $x=\frac{5}{4}$에서 연속이고 미분가능하지 않다.

함수 $g(x)$의 극솟값을 k라 할 때, $27k$의 값을 구하시오. [4점]

19

2021학년도 수능 가형(홀) 30번

최고차항의 계수가 1인 삼차함수 $f(x)$에 대하여 실수 전체의 집합에서 정의된 함수 $g(x)=f(\sin^2 \pi x)$가 다음 조건을 만족시킨다.

> (가) $0<x<1$에서 함수 $g(x)$가 극대가 되는 x의 개수가 3이고, 이때 극댓값이 모두 동일하다.
> (나) 함수 $g(x)$의 최댓값은 $\frac{1}{2}$이고 최솟값은 0이다.

$f(2)=a+b\sqrt{2}$일 때, a^2+b^2의 값을 구하시오.

(단, a와 b는 유리수이다.) [4점]

20

2023학년도 7월 학평 30번

최고차항의 계수가 1인 삼차함수 $f(x)$에 대하여 함수 $g(x)$를

$$g(x)=\sin|\pi f(x)|$$

라 하자. 함수 $y=g(x)$의 그래프와 x축이 만나는 점의 x좌표 중 양수인 것을 작은 수부터 크기순으로 모두 나열할 때, n번째 수를 a_n이라 하자. 함수 $g(x)$와 자연수 m이 다음 조건을 만족시킨다.

> (가) 함수 $g(x)$는 $x=a_4$와 $x=a_8$에서 극대이다.
> (나) $f(a_m)=f(0)$

$f(a_k)\leq f(m)$을 만족시키는 자연수 k의 최댓값을 구하시오.

[4점]

21

2019학년도 수능 가형(홀) 30번

최고차항의 계수가 6π인 삼차함수 $f(x)$에 대하여 함수

$g(x)=\dfrac{1}{2+\sin(f(x))}$이 $x=\alpha$에서 극대 또는 극소이고,

$\alpha \geq 0$인 모든 α를 작은 수부터 크기순으로 나열한 것을 α_1, α_2, α_3, α_4, α_5, $\cdots$라 할 때, $g(x)$는 다음 조건을 만족시킨다.

> (가) $\alpha_1=0$이고 $g(\alpha_1)=\dfrac{2}{5}$이다.
>
> (나) $\dfrac{1}{g(\alpha_5)}=\dfrac{1}{g(\alpha_2)}+\dfrac{1}{2}$

$g'\left(-\dfrac{1}{2}\right)=a\pi$라 할 때, a^2의 값을 구하시오.

$\left(\text{단, } 0<f(0)<\dfrac{\pi}{2}\right)$ [4점]

22

2025학년도 수능 (홀) 30번

두 상수 $a\,(1\leq a\leq 2)$, b에 대하여 함수

$f(x)=\sin(ax+b+\sin x)$가 다음 조건을 만족시킨다.

> (가) $f(0)=0$, $f(2\pi)=2\pi a+b$
>
> (나) $f'(0)=f'(t)$인 양수 t의 최솟값은 4π이다.

함수 $f(x)$가 $x=\alpha$에서 극대인 α의 값 중 열린구간 $(0,\ 4\pi)$에 속하는 모든 값의 집합을 A라 하자. 집합 A의 원소의 개수를 n, 집합 A의 원소 중 가장 작은 값을 α_1이라 하면,

$n\alpha_1-ab=\dfrac{q}{p}\pi$이다. $p+q$의 값을 구하시오.

(단, p와 q는 서로소인 자연수이다.) [4점]

23

2019학년도 7월 학평-가형 30번

$x=a(a>0)$에서 극댓값을 갖는 사차함수 $f(x)$에 대하여 함수 $g(x)$가

$$g(x)=\begin{cases} \dfrac{1-\cos\pi x}{f(x)} & (f(x)\neq 0) \\ \dfrac{7}{128}\pi^2 & (f(x)=0) \end{cases}$$

일 때, 함수 $g(x)$는 실수 전체의 집합에서 미분가능하고 다음 조건을 만족시킨다.

(가) $g'(0)\times g'(2a)\neq 0$
(나) 함수 $g(x)$는 $x=a$에서 극값을 갖는다.

$g(1)=\dfrac{2}{7}$일 때, $g(-1)=\dfrac{q}{p}$이다. $p+q$의 값을 구하시오.

(단, p와 q는 서로소인 자연수이다.) [4점]

24

2017학년도 수능 가형(홀) 30번

$x>a$에서 정의된 함수 $f(x)$와 최고차항의 계수가 -1인 사차함수 $g(x)$가 다음 조건을 만족시킨다. (단, a는 상수이다.)

(가) $x>a$인 모든 실수 x에 대하여 $(x-a)f(x)=g(x)$이다.
(나) 서로 다른 두 실수 α, β에 대하여 함수 $f(x)$는 $x=\alpha$, $x=\beta$에서 동일한 극댓값 M을 갖는다. (단, $M>0$)
(다) 함수 $f(x)$가 극대 또는 극소가 되는 x의 개수는 함수 $g(x)$가 극대 또는 극소가 되는 x의 개수보다 많다.

$\beta-\alpha=6\sqrt{3}$일 때, M의 최솟값을 구하시오. [4점]

17 일차

한눈에 정리하는 평가원 기출 경향

주제 \ 학년도	2025	2024	2023

변곡점과 함수의 그래프의 활용

2025

14 2025학년도 6월 모평 28번

함수 $f(x)$가

$$f(x)=\begin{cases}(x-a-2)^2e^x & (x\geq a)\\ e^{2a}(x-a)+4e^a & (x<a)\end{cases}$$

일 때, 실수 t에 대하여 $f(x)=t$를 만족시키는 x의 최솟값을 $g(t)$라 하자. 함수 $g(t)$가 $t=12$에서만 불연속일 때, $\dfrac{g'(f(a+2))}{g'(f(a+6))}$의 값은? (단, a는 상수이다.) [4점]

① $6e^4$ ② $9e^4$ ③ $12e^4$
④ $8e^6$ ⑤ $10e^6$

2024

30 2024학년도 수능 (홀) 30번

실수 전체의 집합에서 미분가능한 함수 $f(x)$의 도함수 $f'(x)$가

$$f'(x)=|\sin x|\cos x$$

이다. 양수 a에 대하여 곡선 $y=f(x)$ 위의 점 $(a, f(a))$에서의 접선의 방정식을 $y=g(x)$라 하자. 함수

$$h(x)=\int_0^x \{f(t)-g(t)\}dt$$

가 $x=a$에서 극대 또는 극소가 되도록 하는 모든 양수 a를 작은 수부터 크기순으로 나열할 때, n번째 수를 a_n이라 하자. $\dfrac{100}{\pi}\times(a_6-a_2)$의 값을 구하시오. [4점]

함수의 최대와 최소의 활용

2025

18 2025학년도 6월 모평 27번

상수 $a\,(a>1)$과 실수 $t\,(t>0)$에 대하여 곡선 $y=a^x$ 위의 점 $\mathrm{A}(t, a^t)$에서의 접선을 l이라 하자. 점 A를 지나고 직선 l에 수직인 직선이 x축과 만나는 점을 B, y축과 만나는 점을 C라 하자. $\dfrac{\overline{\mathrm{AC}}}{\overline{\mathrm{AB}}}$의 값이 $t=1$에서 최대일 때, a의 값은? [3점]

① $\sqrt{2}$ ② $\sqrt{e}$ ③ 2
④ $\sqrt{2e}$ ⑤ e

2022 ~ 2014

05

2020학년도 수능 가형(홀) 11번

곡선 $y=ax^2-2\sin 2x$가 변곡점을 갖도록 하는 정수 a의 개수는? [3점]

① 4　② 5　③ 6
④ 7　⑤ 8

06

2020학년도 9월 모평 가형 26번

함수 $f(x)=3\sin kx+4x^3$의 그래프가 오직 하나의 변곡점을 가지도록 하는 실수 k의 최댓값을 구하시오. [4점]

11

2018학년도 6월 모평 가형 20번

양수 a와 실수 b에 대하여 함수 $f(x)=ae^{3x}+be^{x}$이 다음 조건을 만족시킬 때, $f(0)$의 값은? [4점]

> (가) $x_1<\ln\frac{2}{3}<x_2$를 만족시키는 모든 실수 x_1, x_2에 대하여 $f''(x_1)f''(x_2)<0$이다.
> (나) 구간 $[k, \infty)$에서 함수 $f(x)$의 역함수가 존재하도록 하는 실수 k의 최솟값을 m이라 할 때, $f(2m)=-\frac{80}{9}$이다.

① -15　② -12　③ -9
④ -6　⑤ -3

01

2020학년도 6월 모평 가형 11번

함수 $f(x)=xe^x$에 대하여 곡선 $y=f(x)$의 변곡점의 좌표가 (a, b)일 때, 두 수 a, b의 곱 ab의 값은? [3점]

① $4e^2$　② e　③ $\frac{1}{e}$
④ $\frac{4}{e^2}$　⑤ $\frac{9}{e^3}$

03

2019학년도 6월 모평 가형 26번

좌표평면에서 점 $(2, a)$가 곡선 $y=\frac{2}{x^2+b}\ (b>0)$의 변곡점일 때, $\frac{b}{a}$의 값을 구하시오. (단, a, b는 상수이다.) [4점]

08

2017학년도 6월 모평 가형 21번

실수 전체의 집합에서 미분가능한 함수 $f(x)$가 모든 실수 x에 대하여 다음 조건을 만족시킨다.

> (가) $f(x)\neq 1$
> (나) $f(x)+f(-x)=0$
> (다) $f'(x)=\{1+f(x)\}\{1+f(-x)\}$

<보기>에서 옳은 것만을 있는 대로 고른 것은? [4점]

> < 보기 >
> ㄱ. 모든 실수 x에 대하여 $f(x)\neq -1$이다.
> ㄴ. 함수 $f(x)$는 어떤 열린구간에서 감소한다.
> ㄷ. 곡선 $y=f(x)$는 세 개의 변곡점을 갖는다.

① ㄱ　② ㄴ　③ ㄱ, ㄷ
④ ㄴ, ㄷ　⑤ ㄱ, ㄴ, ㄷ

24

2019학년도 6월 모평 가형 21번

열린구간 $\left(-\frac{\pi}{2}, \frac{3\pi}{2}\right)$에서 정의된 함수

$$f(x)=\begin{cases} 2\sin^3 x & \left(-\frac{\pi}{2}<x<\frac{\pi}{4}\right) \\ \cos x & \left(\frac{\pi}{4}\le x<\frac{3\pi}{2}\right) \end{cases}$$

가 있다. 실수 t에 대하여 다음 조건을 만족시키는 모든 실수 k의 개수를 $g(t)$라 하자.

> (가) $-\frac{\pi}{2}<k<\frac{3\pi}{2}$
> (나) 함수 $\sqrt{|f(x)-t|}$는 $x=k$에서 미분가능하지 않다.

함수 $g(t)$에 대하여 합성함수 $(h\circ g)(t)$가 실수 전체의 집합에서 연속이 되도록 하는 최고차항의 계수가 1인 사차함수 $h(x)$가 있다. $g\left(\frac{\sqrt{2}}{2}\right)=a$, $g(0)=b$, $g(-1)=c$라 할 때, $h(a+5)-h(b+3)+c$의 값은? [4점]

① 96　② 97　③ 98
④ 99　⑤ 100

07

2015학년도 9월 모평 B형 20번

3 이상의 자연수 n에 대하여 함수 $f(x)$가

$$f(x)=x^n e^{-x}$$

일 때, <보기>에서 옳은 것만을 있는 대로 고른 것은? [4점]

> < 보기 >
> ㄱ. $f\left(\frac{n}{2}\right)=f'\left(\frac{n}{2}\right)$
> ㄴ. 함수 $f(x)$는 $x=n$에서 극댓값을 갖는다.
> ㄷ. 점 $(0, 0)$은 곡선 $y=f(x)$의 변곡점이다.

① ㄴ　② ㄷ　③ ㄱ, ㄴ
④ ㄱ, ㄷ　⑤ ㄱ, ㄴ, ㄷ

27

2022학년도 9월 모평 29번

이차함수 $f(x)$에 대하여 함수 $g(x)=\{f(x)+2\}e^{f(x)}$이 다음 조건을 만족시킨다.

> (가) $f(a)=6$인 a에 대하여 $g(x)$는 $x=a$에서 최댓값을 갖는다.
> (나) $g(x)$는 $x=b$, $x=b+6$에서 최솟값을 갖는다.

방정식 $f(x)=0$의 서로 다른 두 실근을 α, β라 할 때, $(\alpha-\beta)^2$의 값을 구하시오. (단, a, b는 실수이다.) [4점]

26

2021학년도 9월 모평 가형 30번

다음 조건을 만족시키는 실수 a, b에 대하여 ab의 최댓값을 M, 최솟값을 m이라 하자.

> 모든 실수 x에 대하여 부등식
> $-e^{-x+1}\le ax+b\le e^{x-2}$
> 이 성립한다.

$|M\times m^3|=\frac{q}{p}$일 때, $p+q$의 값을 구하시오.
(단, p와 q는 서로소인 자연수이다.) [4점]

32

2018학년도 9월 모평 가형 30번

함수 $f(x)=\ln(e^x+1)+2e^x$에 대하여 이차함수 $g(x)$와 실수 k는 다음 조건을 만족시킨다.

> 함수 $h(x)=|g(x)-f(x-k)|$는 $x=k$에서 최솟값 $g(k)$를 갖고, 닫힌구간 $[k-1, k+1]$에서 최댓값 $2e+\ln\left(\frac{1+e}{\sqrt{2}}\right)$를 갖는다.

$g'\left(k-\frac{1}{2}\right)$의 값을 구하시오. $\left(\text{단, } \frac{5}{2}<e<3\text{이다.}\right)$ [4점]

16

2018학년도 6월 모평 가형 26번

그림과 같이 좌표평면에서 점 $A(1, 0)$을 중심으로 하고 반지름의 길이가 1인 원이 있다. 원 위의 점 Q에 대하여 $\angle AOQ=\theta\left(0<\theta<\frac{\pi}{3}\right)$라 할 때, 선분 OQ 위에 $\overline{PQ}=1$인 점 P를 정한다. 점 P의 y좌표가 최대가 될 때 $\cos\theta=\frac{a+\sqrt{b}}{8}$이다. $a+b$의 값을 구하시오.

(단, O는 원점이고, a와 b는 자연수이다.) [4점]

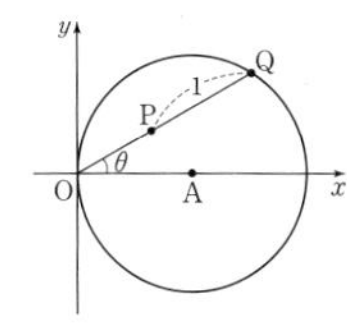

17

2017학년도 수능 가형(홀) 15번

곡선 $y=2e^{-x}$ 위의 점 $P(t, 2e^{-t})\ (t>0)$에서 y축에 내린 수선의 발을 A라 하고, 점 P에서의 접선이 y축과 만나는 점을 B라 하자. 삼각형 APB의 넓이가 최대가 되도록 하는 t의 값은? [4점]

① 1　② $\frac{e}{2}$　③ $\sqrt{2}$
④ 2　⑤ e

21

2014학년도 9월 모평 B형 21번

자연수 n에 대하여 함수 $y=f(x)$를 매개변수 t로 나타내면

$$\begin{cases} x=e^t \\ y=(2t^2+nt+n)e^t \end{cases}$$

이고, $x\ge e^{-\frac{n}{2}}$일 때 함수 $y=f(x)$는 $x=a_n$에서 최솟값 b_n을 갖는다. $\frac{b_3}{a_3}+\frac{b_4}{a_4}+\frac{b_5}{a_5}+\frac{b_6}{a_6}$의 값은? [4점]

22

2014학년도 6월 모평 B형 30번

좌표평면에서 곡선 $y=x^2+x$ 위의 두 점 A, B의 x좌표를 각각 s, $t\ (0<s<t)$라 하자. 양수 k에 대하여 두 직선 OA, OB와 곡선 $y=x^2+x$로 둘러싸인 부분의 넓이가 k가 되도록 하는 점 (s, t)가 나타내는 곡선을 C라 하자. 곡선 C 위의 점 중에서 점 $(1, 0)$과의 거리가 최소인 점의 x좌표가 $\frac{2}{3}$일 때, $k=\frac{q}{p}$이다. $p+q$의 값을 구하시오.

(단, O는 원점이고, p와 q는 서로소인 자연수이다.) [4점]

변곡점, 함수의 최대와 최소

1 곡선의 오목과 볼록

(1) 곡선의 오목과 볼록

이계도함수를 갖는 함수 $y=f(x)$에 대하여 어떤 구간에서

① $f''(x)>0$이면 곡선 $y=f(x)$는 이 구간에서 아래로 볼록하다.

② $f''(x)<0$이면 곡선 $y=f(x)$는 이 구간에서 위로 볼록하다.

(2) 변곡점

① 변곡점

곡선 $y=f(x)$ 위의 점 $\mathrm{P}(a, f(a))$에 대하여 $x=a$의 좌우에서 곡선의 모양이 아래로 볼록에서 위로 볼록으로 바뀌거나 위로 볼록에서 아래로 볼록으로 바뀔 때, 이 점 P를 곡선 $y=f(x)$의 변곡점이라 한다.

② 변곡점의 판정

이계도함수를 갖는 함수 $f(x)$에 대하여 $f''(a)=0$이고, $x=a$의 좌우에서 $f''(x)$의 부호가 바뀌면 점 $(a, f(a))$는 곡선 $y=f(x)$의 변곡점이다.

• $f''(a)=0$이어도 $x=a$의 좌우에서 $f''(x)$의 부호가 바뀌지 않으면 점 $(a, f(a))$는 변곡점이 아니다.

예 곡선 $f(x)=x^4-6x^2+8$의 오목과 볼록을 조사하고, 변곡점의 좌표를 구해 보자.

$f'(x)=4x^3-12x$, $f''(x)=12x^2-12=12(x+1)(x-1)$

$f''(x)=0$인 x의 값은 $x=-1$ 또는 $x=1$

따라서 곡선 $y=f(x)$는 열린구간 $(-\infty, -1)$, $(1, \infty)$에서 $f''(x)>0$이므로 아래로 볼록하고, 열린구간 $(-1, 1)$에서 $f''(x)<0$이므로 위로 볼록하다.

이때 변곡점의 좌표는 $(-1, 3)$, $(1, 3)$이다.

2 함수의 그래프의 개형

함수 $y=f(x)$의 그래프의 개형은 다음을 조사하여 그린다.

(1) 함수의 정의역과 치역

(2) 곡선과 좌표축의 교점

(3) 곡선의 대칭성과 주기

(4) 함수의 증가와 감소, 극대와 극소

(5) 곡선의 오목과 볼록, 변곡점

(6) $\lim_{x\to\infty} f(x)$, $\lim_{x\to-\infty} f(x)$, 점근선

• 함수의 그래프의 대칭

함수 $f(x)$에 대하여

(1) $f(-x)=f(x)$이면

⇨ 함수 $y=f(x)$의 그래프는 y축에 대하여 대칭이다.

(2) $f(-x)=-f(x)$이면

⇨ 함수 $y=f(x)$의 그래프는 원점에 대하여 대칭이다.

(3) $f(m-x)=f(m+x)$이면

⇨ 함수 $y=f(x)$의 그래프는 직선 $x=m$에 대하여 대칭이다.

예 함수 $f(x)=e^{-x^2}$의 그래프를 그려 보자.

(1) 정의역은 $(-\infty, \infty)$이다.

(2) $f(0)=1$이므로 그래프와 y축의 교점의 좌표는 $(0, 1)$이다.

(3) $f(-x)=e^{-(-x)^2}=e^{-x^2}=f(x)$이므로 그래프는 y축에 대하여 대칭이다.

(4), (5) $f'(x)=-2xe^{-x^2}$이므로

$f'(x)=0$인 x의 값은 $x=0$ ($\because e^{-x^2}>0$)

$f''(x)=-2e^{-x^2}+4x^2e^{-x^2}=2e^{-x^2}(2x^2-1)$이므로

$f''(x)=0$인 x의 값은 $2x^2-1=0$ ($\because e^{-x^2}>0$)　　$\therefore x=-\frac{1}{\sqrt{2}}$ 또는 $x=\frac{1}{\sqrt{2}}$

$x\geq0$에서 함수 $f(x)$의 증가와 감소, 오목과 볼록을 표로 나타내면 다음과 같다.

x	0	$\cdots$	$\frac{1}{\sqrt{2}}$	$\cdots$
$f'(x)$	0	$-$	$-$	$-$
$f''(x)$	$-$	$-$	0	$+$
$f(x)$	1 극대	↘(위로 볼록)	$\frac{1}{\sqrt{e}}$ 변곡점	↘(아래로 볼록)

→ 함수 $y=f(x)$의 그래프는 y축에 대하여 대칭이므로 $x\geq0$인 경우를 조사하여 그래프를 그린 후 y축에 대하여 대칭이동한다.

• 표에서

↗(위로 볼록)은 위로 볼록하면서 증가,

↗(아래로 볼록)은 아래로 볼록하면서 증가,

↘(위로 볼록)은 위로 볼록하면서 감소,

↘(아래로 볼록)은 아래로 볼록하면서 감소

를 나타낸다.

(6) $\lim_{x\to\infty} e^{-x^2}=\lim_{x\to\infty}\frac{1}{e^{x^2}}=0$이므로 점근선은 x축이다.

따라서 함수 $y=f(x)$의 그래프는 오른쪽 그림과 같다.

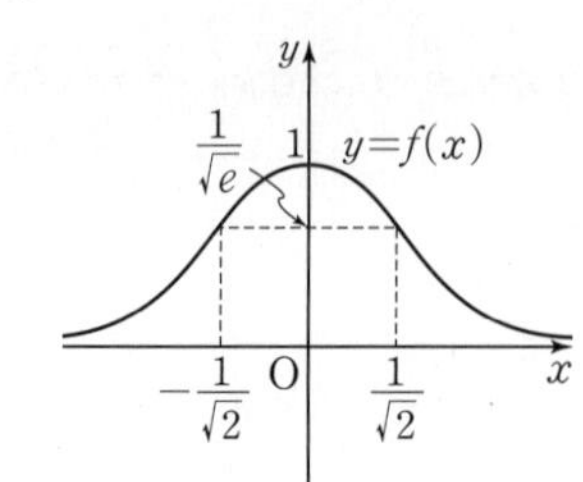

수학Ⅱ 다시보기

여러 가지 함수의 그래프를 이용하여 함수의 연속과 미분가능을 묻는 문제들이 출제되므로 다음을 기억하자.

• 함수의 연속

함수 $f(x)$가 $x=a$에서 연속이면

$$\lim_{x\to a+}f(x)=\lim_{x\to a-}f(x)=f(a)$$

• 미분가능

함수 $f(x)$가 $x=a$에서 미분가능하면

$$\lim_{h\to a+}\frac{f(a+h)-f(a)}{h}=\lim_{h\to a-}\frac{f(a+h)-f(a)}{h}$$

• 함수 $f(x)$가 $x=a$에서 미분가능하면 $f(x)$는 $x=a$에서 연속이다.

3 함수의 최대와 최소

최대·최소 정리에 의하여 함수 $f(x)$가 닫힌구간 $[a, b]$에서 연속이면 이 구간에서 반드시 최댓값과 최솟값을 갖는다.

이때 극댓값, 극솟값, $f(a)$, $f(b)$ 중에서 가장 큰 값이 최댓값, 가장 작은 값이 최솟값이다.

예 닫힌구간 $[-1, 1]$에서 함수 $f(x)=e^x-x$의 최댓값과 최솟값을 구해 보자.

$f(x)=e^x-x$에서 $f'(x)=e^x-1$

$f'(x)=0$인 x의 값은 $x=0$

닫힌구간 $[-1, 1]$에서 함수 $f(x)$의 증가와 감소를 표로 나타내면 다음과 같다.

x	-1	$\cdots$	0	$\cdots$	1
$f'(x)$		$-$	0	$+$	
$f(x)$	$\frac{1}{e}+1$	↘	1 극소	↗	$e-1$

따라서 함수 $f(x)$는 $x=1$일 때 최댓값 $e-1$, $x=0$일 때 최솟값 1을 갖는다.

중3 수학Ⅰ 다시보기

삼각형의 변의 길이나 넓이 또는 부채꼴의 넓이를 각 θ에 대한 함수로 나타낸 후 함수의 최대 또는 최소를 묻는 문제가 출제되므로 다음을 기억하자.

• 삼각비

$\angle B=90°$인 직각삼각형 ABC에서

$\sin A=\frac{a}{b}$, $\cos A=\frac{c}{b}$, $\tan A=\frac{a}{c}$

⇨ $a=b\sin A$, $c=b\cos A$, $a=c\tan A$

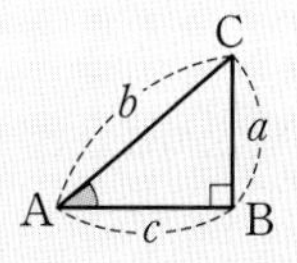

• 부채꼴의 넓이

반지름의 길이가 r, 중심각의 크기가 θ(라디안)인 부채꼴의 넓이를 S라 하면

$S=\frac{1}{2}r^2\theta$

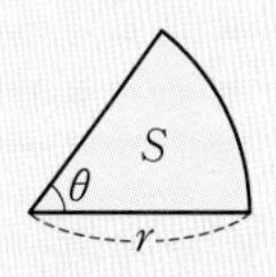

• 삼각형의 넓이

삼각형 ABC의 넓이를 S라 하면

$S=\frac{1}{2}ab\sin C=\frac{1}{2}bc\sin A=\frac{1}{2}ca\sin B$

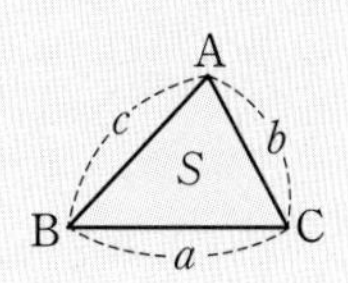

유형 01 변곡점

01 대표 문제

2020학년도 6월 모평 가형 11번

함수 $f(x)=xe^x$에 대하여 곡선 $y=f(x)$의 변곡점의 좌표가 (a, b)일 때, 두 수 a, b의 곱 ab의 값은? [3점]

① $4e^2$ ② e ③ $\frac{1}{e}$
④ $\frac{4}{e^2}$ ⑤ $\frac{9}{e^3}$

02

2019학년도 4월 학평-가형 25번

곡선 $y=\frac{1}{3}x^3+2\ln x$의 변곡점에서의 접선의 기울기를 구하시오. [3점]

03

2019학년도 6월 모평 가형 26번

좌표평면에서 점 $(2, a)$가 곡선 $y=\frac{2}{x^2+b}\ (b>0)$의 변곡점일 때, $\frac{b}{a}$의 값을 구하시오. (단, a, b는 상수이다.) [4점]

04

2021학년도 7월 학평 27번

곡선 $y=xe^{-2x}$의 변곡점을 A라 하자. 곡선 $y=xe^{-2x}$ 위의 점 A에서의 접선이 x축과 만나는 점을 B라 할 때, 삼각형 OAB의 넓이는? (단, O는 원점이다.) [3점]

① e^{-2} ② $3e^{-2}$ ③ 1
④ e^2 ⑤ $3e^2$

05

2020학년도 수능 가형(홀) 11번

곡선 $y=ax^2-2\sin 2x$가 변곡점을 갖도록 하는 정수 a의 개수는? [3점]

① 4 ② 5 ③ 6
④ 7 ⑤ 8

06

함수 $f(x)=3\sin kx+4x^3$의 그래프가 오직 하나의 변곡점을 가지도록 하는 실수 k의 최댓값을 구하시오. [4점]

07

2015학년도 9월 모평 B형 20번

3 이상의 자연수 n에 대하여 함수 $f(x)$가

$$f(x)=x^n e^{-x}$$

일 때, 〈보기〉에서 옳은 것만을 있는 대로 고른 것은? [4점]

〈 보기 〉

ㄱ. $f\left(\frac{n}{2}\right)=f'\left(\frac{n}{2}\right)$

ㄴ. 함수 $f(x)$는 $x=n$에서 극댓값을 갖는다.

ㄷ. 점 $(0,\ 0)$은 곡선 $y=f(x)$의 변곡점이다.

① ㄴ ② ㄷ ③ ㄱ, ㄴ
④ ㄱ, ㄷ ⑤ ㄱ, ㄴ, ㄷ

08

2017학년도 6월 모평 가형 21번

실수 전체의 집합에서 미분가능한 함수 $f(x)$가 모든 실수 x에 대하여 다음 조건을 만족시킨다.

(가) $f(x)\neq 1$
(나) $f(x)+f(-x)=0$
(다) $f'(x)=\{1+f(x)\}\{1+f(-x)\}$

〈보기〉에서 옳은 것만을 있는 대로 고른 것은? [4점]

〈 보기 〉

ㄱ. 모든 실수 x에 대하여 $f(x)\neq -1$이다.

ㄴ. 함수 $f(x)$는 어떤 열린구간에서 감소한다.

ㄷ. 곡선 $y=f(x)$는 세 개의 변곡점을 갖는다.

① ㄱ ② ㄴ ③ ㄱ, ㄷ
④ ㄴ, ㄷ ⑤ ㄱ, ㄴ, ㄷ

유형 02 변곡점의 응용

09 대표 문제

2020학년도 7월 학평-가형 15번

두 함수 $f(x)$, $g(x)$가 실수 전체의 집합에서 이계도함수를 갖고 $g(x)$가 증가함수일 때, 함수 $h(x)$를

$$h(x)=(f\circ g)(x)$$

라 하자. 점 $(2,\ 2)$가 곡선 $y=g(x)$의 변곡점이고 $\frac{h''(2)}{f''(2)}=4$이다. $f'(2)=4$일 때, $h'(2)$의 값은? [4점]

① 8 ② 10 ③ 12
④ 14 ⑤ 16

10

2019학년도 3월 학평-가형 20번

함수 $f(x)=x^2+ax+b\left(0<b<\frac{\pi}{2}\right)$에 대하여 함수 $g(x)=\sin(f(x))$가 다음 조건을 만족시킨다.

> (가) 모든 실수 x에 대하여 $g'(-x)=-g'(x)$이다.
> (나) 점 $(k,\ g(k))$는 곡선 $y=g(x)$의 변곡점이고, $2kg(k)=\sqrt{3}g'(k)$이다.

두 상수 a, b에 대하여 $a+b$의 값은? [4점]

① $\frac{\pi}{3}-\frac{\sqrt{3}}{2}$　② $\frac{\pi}{3}-\frac{\sqrt{3}}{3}$　③ $\frac{\pi}{3}-\frac{\sqrt{3}}{6}$
④ $\frac{\pi}{2}-\frac{\sqrt{3}}{3}$　⑤ $\frac{\pi}{2}-\frac{\sqrt{3}}{6}$

11

2018학년도 6월 모평 가형 20번

양수 a와 실수 b에 대하여 함수 $f(x)=ae^{3x}+be^{x}$이 다음 조건을 만족시킬 때, $f(0)$의 값은? [4점]

> (가) $x_1<\ln\frac{2}{3}<x_2$를 만족시키는 모든 실수 x_1, x_2에 대하여 $f''(x_1)f''(x_2)<0$이다.
> (나) 구간 $[k,\ \infty)$에서 함수 $f(x)$의 역함수가 존재하도록 하는 실수 k의 최솟값을 m이라 할 때, $f(2m)=-\frac{80}{9}$이다.

① -15　② -12　③ -9
④ -6　⑤ -3

• 해설편 317쪽

유형 03 함수의 그래프의 활용

12 대표 문제

2016학년도 3월 학평-가형 30번

함수 $f(x)=x^2e^{ax}\ (a<0)$에 대하여 부등식 $f(x)\geq t\ (t>0)$을 만족시키는 x의 최댓값을 $g(t)$라 정의하자. 함수 $g(t)$가 $t=\frac{16}{e^2}$에서 불연속일 때, $100a^2$의 값을 구하시오.

(단, $\lim_{x\to\infty}f(x)=0$) [4점]

13

2023학년도 10월 학평 30번

두 정수 a, b에 대하여 함수 $f(x)=(x^2+ax+b)e^{-x}$이 다음 조건을 만족시킨다.

> (가) 함수 $f(x)$는 극값을 갖는다.
> (나) 함수 $|f(x)|$가 $x=k$에서 극대 또는 극소인 모든 k의 값의 합은 3이다.

$f(10)=pe^{-10}$일 때, p의 값을 구하시오. [4점]

14

2025학년도 6월 모평 28번

함수 $f(x)$가

$$f(x)=\begin{cases} (x-a-2)^2e^x & (x\geq a) \\ e^{2a}(x-a)+4e^a & (x<a) \end{cases}$$

일 때, 실수 t에 대하여 $f(x)=t$를 만족시키는 x의 최솟값을 $g(t)$라 하자. 함수 $g(t)$가 $t=12$에서만 불연속일 때, $\dfrac{g'(f(a+2))}{g'(f(a+6))}$의 값은? (단, a는 상수이다.) [4점]

① $6e^4$ ② $9e^4$ ③ $12e^4$
④ $8e^6$ ⑤ $10e^6$

15

2015학년도 4월 학평-B형 21번

함수 $f(x)=\begin{cases} (x-2)^2e^x+k & (x\geq 0) \\ -x^2 & (x<0) \end{cases}$에 대하여 함수 $g(x)=|f(x)|-f(x)$가 다음 조건을 만족하도록 하는 정수 k의 개수는? [4점]

> (가) 함수 $g(x)$는 모든 실수에서 연속이다.
> (나) 함수 $g(x)$는 미분가능하지 않은 점이 2개다.

① 3 ② 4 ③ 5
④ 6 ⑤ 7

• 해설편 321쪽

유형 04 함수의 최대와 최소의 활용

16 대표 문제

2018학년도 6월 모평 가형 26번

그림과 같이 좌표평면에서 점 A$(1, 0)$을 중심으로 하고 반지름의 길이가 1인 원이 있다. 원 위의 점 Q에 대하여 $\angle AOQ=\theta\left(0<\theta<\frac{\pi}{3}\right)$라 할 때, 선분 OQ 위에 $\overline{PQ}=1$인 점 P를 정한다. 점 P의 y좌표가 최대가 될 때 $\cos\theta=\frac{a+\sqrt{b}}{8}$이다. $a+b$의 값을 구하시오.

(단, O는 원점이고, a와 b는 자연수이다.) [4점]

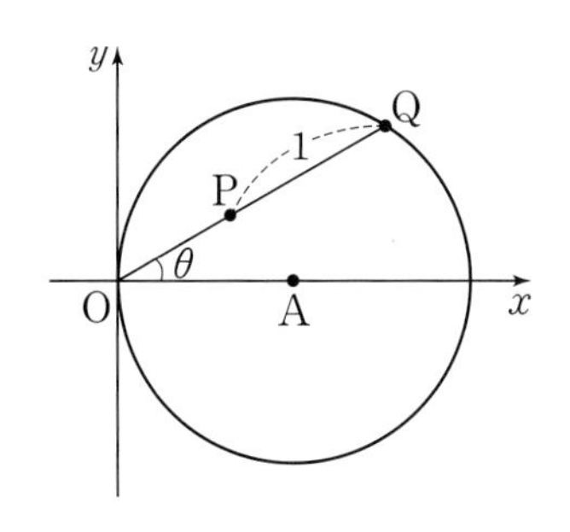

17

2017학년도 수능 가형(홀) 15번

곡선 $y=2e^{-x}$ 위의 점 P$(t, 2e^{-t})(t>0)$에서 y축에 내린 수선의 발을 A라 하고, 점 P에서의 접선이 y축과 만나는 점을 B라 하자. 삼각형 APB의 넓이가 최대가 되도록 하는 t의 값은?

[4점]

① 1 ② $\frac{e}{2}$ ③ $\sqrt{2}$
④ 2 ⑤ e

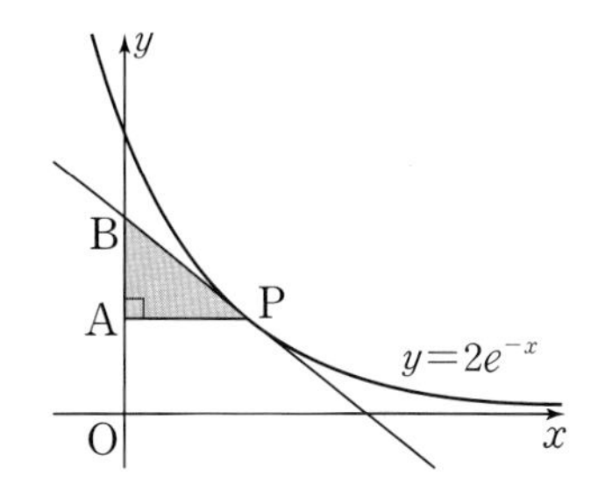

18

2025학년도 6월 모평 27번

상수 $a\,(a>1)$과 실수 $t\,(t>0)$에 대하여 곡선 $y=a^x$ 위의 점 $\mathrm{A}(t,\ a^t)$에서의 접선을 l이라 하자. 점 A를 지나고 직선 l에 수직인 직선이 x축과 만나는 점을 B, y축과 만나는 점을 C라 하자. $\dfrac{\overline{\mathrm{AC}}}{\overline{\mathrm{AB}}}$의 값이 $t=1$에서 최대일 때, a의 값은? [3점]

① $\sqrt{2}$ ② $\sqrt{e}$ ③ 2

④ $\sqrt{2e}$ ⑤ e

19

2017학년도 10월 학평-가형 21번

그림과 같이 길이가 2인 선분 AB를 지름으로 하는 반원 모양의 색종이가 있다. 호 AB 위의 점 P에 대하여 두 점 A, P를 연결하는 선을 접는 선으로 하여 색종이를 접는다. $\angle\mathrm{PAB}=\theta$일 때, 포개어지는 부분의 넓이를 $S(\theta)$라 하자. $\theta=\alpha$에서 $S(\theta)$가 최댓값을 갖는다고 할 때, $\cos 2\alpha$의 값은? $\left(\text{단, } 0<\theta<\dfrac{\pi}{4}\right)$ [4점]

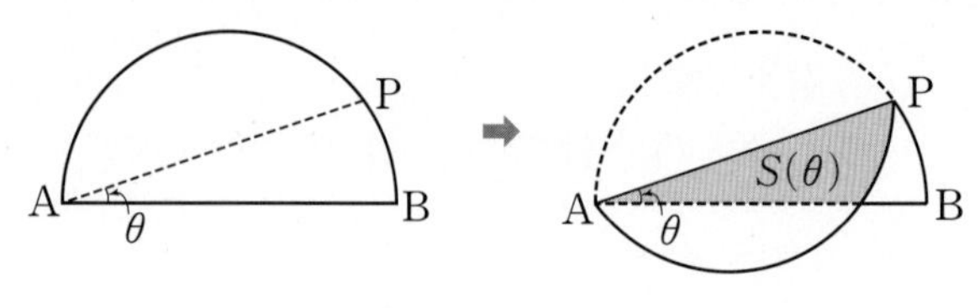

① $\dfrac{-2+\sqrt{17}}{8}$ ② $\dfrac{-1+\sqrt{17}}{8}$ ③ $\dfrac{\sqrt{17}}{8}$

④ $\dfrac{1+\sqrt{17}}{8}$ ⑤ $\dfrac{2+\sqrt{17}}{8}$

20

2015학년도 3월 학평-B형 20번

그림과 같이 $\overline{OP}=1$인 제1사분면 위의 점 P를 중심으로 하고 원점을 지나는 원 C_1이 x축과 만나는 점 중 원점이 아닌 점을 Q라 하자. $\overline{OR}=2$이고 $\angle ROQ=\frac{1}{2}\angle POQ$인 제4사분면 위의 점 R를 중심으로 하고 원점을 지나는 원 C_2가 x축과 만나는 점 중 원점이 아닌 점을 S라 하자. $\angle POQ=\theta$라 할 때, 삼각형 OQP와 삼각형 ORS의 넓이의 합이 최대가 되도록 하는 θ에 대하여 $\cos\theta$의 값은? $\left(\text{단, O는 원점이고, } 0<\theta<\frac{\pi}{2}\text{이다.}\right)$ [4점]

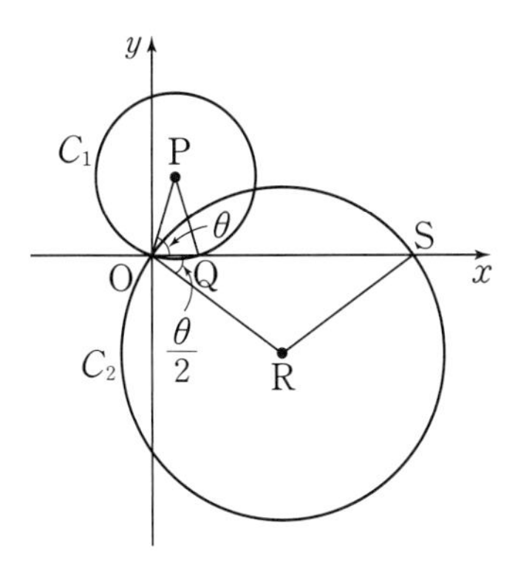

① $\frac{-3+2\sqrt{3}}{4}$ ② $\frac{2-\sqrt{3}}{2}$ ③ $\frac{-1+\sqrt{3}}{4}$
④ $\frac{-3+2\sqrt{3}}{2}$ ⑤ $\frac{-1+\sqrt{3}}{2}$

21

2014학년도 9월 모평 B형 21번

자연수 n에 대하여 함수 $y=f(x)$를 매개변수 t로 나타내면

$$\begin{cases} x=e^t \\ y=(2t^2+nt+n)e^t \end{cases}$$

이고, $x\geq e^{-\frac{n}{2}}$일 때 함수 $y=f(x)$는 $x=a_n$에서 최솟값 b_n을 갖는다. $\frac{b_3}{a_3}+\frac{b_4}{a_4}+\frac{b_5}{a_5}+\frac{b_6}{a_6}$의 값은? [4점]

① $\frac{23}{2}$ ② 12 ③ $\frac{25}{2}$
④ 13 ⑤ $\frac{27}{2}$

22

2014학년도 6월 모평 B형 30번

좌표평면에서 곡선 $y=x^2+x$ 위의 두 점 A, B의 x좌표를 각각 s, t $(0<s<t)$라 하자. 양수 k에 대하여 두 직선 OA, OB와 곡선 $y=x^2+x$로 둘러싸인 부분의 넓이가 k가 되도록 하는 점 (s, t)가 나타내는 곡선을 C라 하자. 곡선 C 위의 점 중에서 점 $(1, 0)$과의 거리가 최소인 점의 x좌표가 $\frac{2}{3}$일 때, $k=\frac{q}{p}$이다. $p+q$의 값을 구하시오.

(단, O는 원점이고, p와 q는 서로소인 자연수이다.) [4점]

23

2020학년도 7월 학평-가형 21번

양의 실수 전체의 집합에서 정의된 함수 $f(x)=\frac{4x^2}{x^2+3}$에 대하여 $f(x)$의 역함수를 $g(x)$라 할 때, 함수 $h(x)$를

$$h(x)=f(x)-g(x)\ (0<x<4)$$

라 하자. 〈보기〉에서 옳은 것만을 있는 대로 고른 것은? [4점]

〈 보기 〉

ㄱ. $h(1)=0$

ㄴ. 두 양수 a, b $(a<b<4)$에 대하여 $\int_a^b h(x)\,dx$의 값이 최대일 때, $b-a=2$이다.

ㄷ. $h(x)$의 도함수 $h'(x)$의 최댓값은 $\frac{7}{6}$이다.

① ㄱ ② ㄱ, ㄴ ③ ㄱ, ㄷ

④ ㄴ, ㄷ ⑤ ㄱ, ㄴ, ㄷ

24

2019학년도 6월 모평 가형 21번

열린구간 $\left(-\frac{\pi}{2}, \frac{3\pi}{2}\right)$에서 정의된 함수

$$f(x)=\begin{cases} 2\sin^3 x & \left(-\frac{\pi}{2}<x<\frac{\pi}{4}\right) \\ \cos x & \left(\frac{\pi}{4}\le x<\frac{3\pi}{2}\right) \end{cases}$$

가 있다. 실수 t에 대하여 다음 조건을 만족시키는 모든 실수 k의 개수를 $g(t)$라 하자.

> (가) $-\frac{\pi}{2}<k<\frac{3\pi}{2}$
>
> (나) 함수 $\sqrt{|f(x)-t|}$는 $x=k$에서 미분가능하지 않다.

함수 $g(t)$에 대하여 합성함수 $(h\circ g)(t)$가 실수 전체의 집합에서 연속이 되도록 하는 최고차항의 계수가 1인 사차함수 $h(x)$가 있다. $g\left(\frac{\sqrt{2}}{2}\right)=a$, $g(0)=b$, $g(-1)=c$라 할 때, $h(a+5)-h(b+3)+c$의 값은? [4점]

① 96 ② 97 ③ 98
④ 99 ⑤ 100

25

2024학년도 10월 학평 30번

두 상수 $a\,(a>0)$, b에 대하여 함수 $f(x)=(ax^2+bx)e^{-x}$이 다음 조건을 만족시킬 때, $60\times(a+b)$의 값을 구하시오. [4점]

> (가) $\{x\,|\,f(x)=f'(t)\times x\}=\{0\}$을 만족시키는 실수 t의 개수가 1이다.
>
> (나) $f(2)=2e^{-2}$

26

2021학년도 9월 모평 가형 30번

다음 조건을 만족시키는 실수 a, b에 대하여 ab의 최댓값을 M, 최솟값을 m이라 하자.

> 모든 실수 x에 대하여 부등식
> $$-e^{-x+1} \le ax+b \le e^{x-2}$$
> 이 성립한다.

$|M \times m^3| = \frac{q}{p}$일 때, $p+q$의 값을 구하시오.

(단, p와 q는 서로소인 자연수이다.) [4점]

27

2022학년도 9월 모평 29번

이차함수 $f(x)$에 대하여 함수 $g(x)=\{f(x)+2\}e^{f(x)}$이 다음 조건을 만족시킨다.

> (가) $f(a)=6$인 a에 대하여 $g(x)$는 $x=a$에서 최댓값을 갖는다.
> (나) $g(x)$는 $x=b$, $x=b+6$에서 최솟값을 갖는다.

방정식 $f(x)=0$의 서로 다른 두 실근을 α, β라 할 때, $(\alpha-\beta)^2$의 값을 구하시오. (단, a, b는 실수이다.) [4점]

28

2017학년도 7월 학평–가형 30번

상수항을 포함한 모든 항의 계수가 유리수인 이차함수 $f(x)$가 있다. 함수 $g(x)$가

$$g(x)=|f'(x)|e^{f(x)}$$

일 때, 함수 $g(x)$는 다음 조건을 만족시킨다.

> (가) 함수 $g(x)$는 $x=2$에서 극솟값을 갖는다.
> (나) 함수 $g(x)$의 최댓값은 $4\sqrt{e}$이다.
> (다) 방정식 $g(x)=4\sqrt{e}$의 근은 모두 유리수이다.

$|f(-1)|$의 값을 구하시오. [4점]

29

2022학년도 7월 학평 30번

최고차항의 계수가 3보다 크고 실수 전체의 집합에서 최솟값이 양수인 이차함수 $f(x)$에 대하여 함수 $g(x)$가

$$g(x)=e^{x}f(x)$$

이다. 양수 k에 대하여 집합 $\{x\,|\,g(x)=k,\ x\text{는 실수}\}$의 모든 원소의 합을 $h(k)$라 할 때, 양의 실수 전체의 집합에서 정의된 함수 $h(k)$는 다음 조건을 만족시킨다.

> (가) 함수 $h(k)$가 $k=t$에서 불연속인 t의 개수는 1이다.
> (나) $\lim_{k\to 3e+} h(k)-\lim_{k\to 3e-} h(k)=2$

$g(-6)\times g(2)$의 값을 구하시오. (단, $\lim_{x\to -\infty} x^2e^x=0$) [4점]

30

2024학년도 수능 (홀) 30번

실수 전체의 집합에서 미분가능한 함수 $f(x)$의 도함수 $f'(x)$가

$$f'(x)=|\sin x|\cos x$$

이다. 양수 a에 대하여 곡선 $y=f(x)$ 위의 점 $(a,\ f(a))$에서의 접선의 방정식을 $y=g(x)$라 하자. 함수

$$h(x)=\int_0^x \{f(t)-g(t)\}dt$$

가 $x=a$에서 극대 또는 극소가 되도록 하는 모든 양수 a를 작은 수부터 크기순으로 나열할 때, n번째 수를 a_n이라 하자. $\frac{100}{\pi}\times(a_6-a_2)$의 값을 구하시오. [4점]

31

2019학년도 3월 학평-가형 30번

다음 조건을 만족시키며 최고차항의 계수가 1인 모든 사차함수 $f(x)$에 대하여 $f(0)$의 최댓값과 최솟값의 합을 구하시오.

(단, $\lim_{x\to\infty}\frac{x}{e^x}=0$) [4점]

> (가) $f(1)=0,\ f'(1)=0$
> (나) 방정식 $f(x)=0$의 모든 실근은 10 이하의 자연수이다.
> (다) 함수 $g(x)=\frac{3x}{e^{x-1}}+k$에 대하여 함수 $|(f\circ g)(x)|$가 실수 전체의 집합에서 미분가능하도록 하는 자연수 k의 개수는 4이다.

32

2018학년도 9월 모평 가형 30번

함수 $f(x)=\ln(e^x+1)+2e^x$에 대하여 이차함수 $g(x)$와 실수 k는 다음 조건을 만족시킨다.

> 함수 $h(x)=|g(x)-f(x-k)|$는 $x=k$에서 최솟값 $g(k)$를 갖고, 닫힌구간 $[k-1, k+1]$에서 최댓값 $2e+\ln\left(\frac{1+e}{\sqrt{2}}\right)$를 갖는다.

$g'\left(k-\frac{1}{2}\right)$의 값을 구하시오. $\left(단, \frac{5}{2}<e<3이다.\right)$ [4점]

33

2019학년도 4월 학평-가형 30번

삼차함수 $f(x)=x^3+ax^2+bx$ (a, b는 정수)에 대하여 함수 $g(x)=e^{f(x)}-f(x)$는 $x=\alpha$, $x=-1$, $x=\beta$ ($\alpha<-1<\beta$)에서만 극값을 갖는다. 함수 $y=|g(x)-g(\alpha)|$가 미분가능하지 않은 점의 개수가 2일 때, $\{f(-1)\}^2$의 최댓값을 구하시오.

[4점]

18 일차

한눈에 정리하는 평가원 기출 경향

주제 \ 학년도	2025	2024 ~ 2023
빈출 방정식의 실근의 개수		02, 26, 09, 25 (아래)
부등식에의 활용		
속도와 가속도		

방정식의 실근의 개수 (빈출)

02
2024학년도 6월 모평 26번

x에 대한 방정식 $x^2-5x+2\ln x=t$의 서로 다른 실근의 개수가 2가 되도록 하는 모든 실수 t의 값의 합은? [3점]

① $-\frac{17}{2}$ ② $-\frac{33}{4}$ ③ -8
④ $-\frac{31}{4}$ ⑤ $-\frac{15}{2}$

26
2023학년도 수능 (홀) 30번

최고차항의 계수가 양수인 삼차함수 $f(x)$와 함수 $g(x)=e^{\sin \pi x}-1$에 대하여 실수 전체의 집합에서 정의된 합성함수 $h(x)=g(f(x))$가 다음 조건을 만족시킨다.

> (가) 함수 $h(x)$는 $x=0$에서 극댓값 0을 갖는다.
> (나) 열린구간 $(0, 3)$에서 방정식 $h(x)=1$의 서로 다른 실근의 개수는 7이다.

$f(3)=\frac{1}{2}$, $f'(3)=0$일 때, $f(2)=\frac{q}{p}$이다. $p+q$의 값을 구하시오. (단, p와 q는 서로소인 자연수이다.) [4점]

09
2023학년도 6월 모평 28번

최고차항의 계수가 $\frac{1}{2}$인 삼차함수 $f(x)$에 대하여 함수 $g(x)$가

$$g(x)=\begin{cases} \ln|f(x)| & (f(x)\neq 0) \\ 1 & (f(x)=0) \end{cases}$$

이고 다음 조건을 만족시킬 때, 함수 $g(x)$의 극솟값은? [4점]

> (가) 함수 $g(x)$는 $x\neq 1$인 모든 실수 x에서 연속이다.
> (나) 함수 $g(x)$는 $x=2$에서 극대이고, 함수 $|g(x)|$는 $x=2$에서 극소이다.
> (다) 방정식 $g(x)=0$의 서로 다른 실근의 개수는 3이다.

① $\ln\frac{13}{27}$ ② $\ln\frac{16}{27}$ ③ $\ln\frac{19}{27}$
④ $\ln\frac{22}{27}$ ⑤ $\ln\frac{25}{27}$

25
2023학년도 6월 모평 30번

양수 a에 대하여 함수 $f(x)$는

$$f(x)=\frac{x^2-ax}{e^x}$$

이다. 실수 t에 대하여 x에 대한 방정식

$$f(x)=f'(t)(x-t)+f(t)$$

의 서로 다른 실근의 개수를 $g(t)$라 하자.
$g(5)+\lim_{t\to 5} g(t)=5$일 때, $\lim_{t\to k-} g(t)\neq \lim_{t\to k+} g(t)$를 만족시키는 모든 실수 k의 값의 합은 $\frac{q}{p}$이다. $p+q$의 값을 구하시오.
(단, p와 q는 서로소인 자연수이다.) [4점]

부등식에의 활용

속도와 가속도

2022 ~ 2014

01
2022학년도 6월 모평 27번

두 함수

$f(x)=e^x$, $g(x)=k\sin x$

에 대하여 방정식 $f(x)=g(x)$의 서로 다른 양의 실근의 개수가 3일 때, 양수 k의 값은? [3점]

① $\sqrt{2}e^{\frac{3\pi}{2}}$ ② $\sqrt{2}e^{\frac{7\pi}{4}}$ ③ $\sqrt{2}e^{2\pi}$
④ $\sqrt{2}e^{\frac{9\pi}{4}}$ ⑤ $\sqrt{2}e^{\frac{5\pi}{2}}$

24
2019학년도 9월 모평 가형 30번

최고차항의 계수가 $\frac{1}{2}$이고 최솟값이 0인 사차함수 $f(x)$와 함수 $g(x)=2x^4e^{-x}$에 대하여 합성함수 $h(x)=(f\circ g)(x)$가 다음 조건을 만족시킨다.

> (가) 방정식 $h(x)=0$의 서로 다른 실근의 개수는 4이다.
> (나) 함수 $h(x)$는 $x=0$에서 극소이다.
> (다) 방정식 $h(x)=8$의 서로 다른 실근의 개수는 6이다.

$f'(5)$의 값을 구하시오. (단, $\lim_{x\to\infty}g(x)=0$) [4점]

23
2014학년도 수능 B형(홀) 30번

이차함수 $f(x)$에 대하여 함수 $g(x)=f(x)e^{-x}$이 다음 조건을 만족시킨다.

> (가) 점 $(1, g(1))$과 점 $(4, g(4))$는 곡선 $y=g(x)$의 변곡점이다.
> (나) 점 $(0, k)$에서 곡선 $y=g(x)$에 그은 접선의 개수가 3인 k의 값의 범위는 $-1<k<0$이다.

$g(-2)\times g(4)$의 값을 구하시오. [4점]

13
2016학년도 9월 모평 B형 30번

양수 a와 두 실수 b, c에 대하여 함수 $f(x)=(ax^2+bx+c)e^x$은 다음 조건을 만족시킨다.

> (가) $f(x)$는 $x=-\sqrt{3}$과 $x=\sqrt{3}$에서 극값을 갖는다.
> (나) $0\le x_1<x_2$인 임의의 두 실수 x_1, x_2에 대하여
> $f(x_2)-f(x_1)+x_2-x_1\ge 0$이다.

세 수 a, b, c의 곱 abc의 최댓값을 $\frac{k}{e^3}$라 할 때, $60k$의 값을 구하시오. [4점]

10
2016학년도 6월 모평 B형 21번

2 이상의 자연수 n에 대하여 실수 전체의 집합에서 정의된 함수

$f(x)=e^{x+1}\{x^2+(n-2)x-n+3\}+ax$

가 역함수를 갖도록 하는 실수 a의 최솟값을 $g(n)$이라 하자. $1\le g(n)\le 8$을 만족시키는 모든 n의 값의 합은? [4점]

① 43 ② 46 ③ 49
④ 52 ⑤ 55

21
2020학년도 수능 가형(홀) 9번

좌표평면 위를 움직이는 점 P의 시각 $t\left(0<t<\frac{\pi}{2}\right)$에서의 위치 (x, y)가

$x=t+\sin t\cos t$, $y=\tan t$

이다. $0<t<\frac{\pi}{2}$에서 점 P의 속력의 최솟값은? [3점]

① 1 ② $\sqrt{3}$ ③ 2
④ $2\sqrt{2}$ ⑤ $2\sqrt{3}$

18
2020학년도 9월 모평 가형 23번

좌표평면 위를 움직이는 점 P의 시각 $t\,(t\ge 0)$에서의 위치 (x, y)가

$x=\frac{1}{2}e^{2(t-1)}-at$, $y=be^{t-1}$

이다. 시각 $t=1$에서의 점 P의 속도가 $(-1, 2)$일 때, $a+b$의 값을 구하시오. (단, a와 b는 상수이다.) [3점]

14
2020학년도 6월 모평 가형 15번

좌표평면 위를 움직이는 점 P의 시각 $t\,(t>0)$에서의 위치 (x, y)가

$x=2\sqrt{t+1}$, $y=t-\ln(t+1)$

이다. 점 P의 속력의 최솟값은? [4점]

① $\frac{\sqrt{3}}{8}$ ② $\frac{\sqrt{6}}{8}$ ③ $\frac{\sqrt{3}}{4}$
④ $\frac{\sqrt{6}}{4}$ ⑤ $\frac{\sqrt{3}}{2}$

20
2019학년도 9월 모평 가형 10번

좌표평면 위를 움직이는 점 P의 시각 $t\,(t\ge 0)$에서의 위치 (x, y)가

$x=3t-\sin t$, $y=4-\cos t$

이다. 점 P의 속력의 최댓값을 M, 최솟값을 m이라 할 때, $M+m$의 값은? [3점]

① 3 ② 4 ③ 5
④ 6 ⑤ 7

15
2017학년도 수능 가형(홀) 10번

좌표평면 위를 움직이는 점 P의 시각 $t\,(t>0)$에서의 위치 (x, y)가

$x=t-\frac{2}{t}$, $y=2t+\frac{1}{t}$

이다. 시각 $t=1$에서 점 P의 속력은? [3점]

① $2\sqrt{2}$ ② 3 ③ $\sqrt{10}$
④ $\sqrt{11}$ ⑤ $2\sqrt{3}$

방정식과 부등식, 속도와 가속도

1 방정식에의 활용

(1) 방정식의 실근의 개수

① 방정식 $f(x)=0$의 서로 다른 실근의 개수

$\Longleftrightarrow$ 함수 $y=f(x)$의 그래프와 x축의 교점의 개수

② 방정식 $f(x)=g(x)$의 서로 다른 실근의 개수

$\Longleftrightarrow$ 두 함수 $y=f(x)$, $y=g(x)$의 그래프의 교점의 개수

예 방정식 $e^x-x-3=0$의 서로 다른 실근의 개수를 구해 보자.

$f(x)=e^x-x-3$이라 하면 $f'(x)=e^x-1$

$f'(x)=0$인 x의 값은 $x=0$

함수 $f(x)$의 증가와 감소를 표로 나타내면 다음과 같다.

x	$\cdots$	0	$\cdots$
$f'(x)$	$-$	0	$+$
$f(x)$	↘	-2 극소	↗

또 $\lim_{x\to\infty}(e^x-x-3)=\infty$, $\lim_{x\to-\infty}(e^x-x-3)=\infty$이므로 함수 $y=f(x)$의 그래프는 오른쪽 그림과 같다.

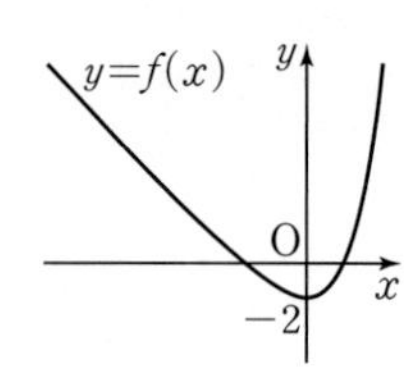

따라서 함수 $y=f(x)$의 그래프와 x축이 서로 다른 두 점에서 만나므로 주어진 방정식의 서로 다른 실근의 개수는 2이다.

- 방정식 $f(x)=0$의 실근은 함수 $y=f(x)$의 그래프와 x축의 교점의 x좌표와 같다.
- 방정식 $f(x)=g(x)$의 실근은 두 함수 $y=f(x)$, $y=g(x)$의 그래프의 교점의 x좌표와 같다.

2 부등식에의 활용

(1) 모든 실수에 대하여 성립하는 부등식의 증명

모든 실수 x에 대하여 부등식 $f(x)\geq 0$이 성립함을 증명하려면

⇨ 함수 $f(x)$에 대하여 ($f(x)$의 최솟값)≥ 0임을 보인다.

참고 모든 실수 x에 대하여 부등식 $f(x)>g(x)$가 성립함을 증명하려면 $h(x)=f(x)-g(x)$로 놓고 ($h(x)$의 최솟값)>0임을 보인다.

(2) 주어진 구간에서 성립하는 부등식의 증명

$x>a$에서 부등식 $f(x)>0$이 성립함을 증명할 때

① 함수 $f(x)$의 최솟값이 존재하면

⇨ $x>a$에서 ($f(x)$의 최솟값)>0임을 보인다.

② 함수 $f(x)$의 최솟값이 존재하지 않으면

⇨ $x>a$에서 함수 $f(x)$가 증가하고 $f(a)\geq 0$임을 보인다.

참고 $x>a$에서 부등식 $f(x)>g(x)$가 성립함을 증명하려면 $h(x)=f(x)-g(x)$로 놓고 ($h(x)$의 최솟값)>0임을 보인다.

예 ① $x>1$일 때, 부등식 $x>\ln(x-1)$이 성립함을 증명해 보자.

$x>\ln(x-1)$에서 $x-\ln(x-1)>0$

$f(x)=x-\ln(x-1)$이라 하면 $f'(x)=1-\dfrac{1}{x-1}=\dfrac{x-2}{x-1}$

$f'(x)=0$인 x의 값은 $x=2$ ($\because x>1$)

$x>1$에서 함수 $f(x)$의 증가와 감소를 표로 나타내면 다음과 같다.

x	1	$\cdots$	2	$\cdots$
$f'(x)$		$-$	0	$+$
$f(x)$		↘	2 극소	↗

함수 $f(x)$는 $x=2$일 때 최솟값 2를 가지므로 $x-\ln(x-1)>0$

따라서 $x>1$일 때, 부등식 $x>\ln(x-1)$이 성립한다.

- 부등식 $f(x)\leq 0$이 성립함을 증명하려면 ($f(x)$의 최댓값)≤ 0임을 보인다.

② $x>0$일 때, 부등식 $x>\ln(1+x)$가 성립함을 증명해 보자.

$x>\ln(1+x)$에서 $x-\ln(1+x)>0$

$f(x)=x-\ln(1+x)$라 하면 $f'(x)=1-\frac{1}{1+x}=\frac{x}{1+x}$

$x>0$에서 $f'(x)>0$이므로 함수 $f(x)$는 증가하고 $f(0)=0$이므로 $f(x)>0$

따라서 $x>0$일 때, 부등식 $x>\ln(1+x)$가 성립한다.

수학Ⅱ 다시보기

평균값 정리를 이용하여 부등식이 성립함을 알아보는 문제가 출제되므로 다음을 기억하자.

• 평균값 정리

함수 $f(x)$가 닫힌구간 $[a, b]$에서 연속이고 열린구간 (a, b)에서 미분가능하면

$\frac{f(b)-f(a)}{b-a}=f'(c)$인 c가 열린구간 (a, b)에 적어도 하나 존재한다.

3 속도와 가속도

(1) 직선 위에서 점의 속도와 가속도

수직선 위를 움직이는 점 P의 시각 t에서의 위치를 $x=f(t)$라 할 때, 시각 t에서의 점 P의 속도 v와 가속도 a는 다음과 같다.

① $v=\frac{dx}{dt}=f'(t)$

② $a=\frac{dv}{dt}=f''(t)$

(2) 평면 위에서 점의 속도와 가속도

좌표평면 위를 움직이는 점 P의 시각 t에서의 위치 (x, y)가 $x=f(t)$, $y=g(t)$일 때, 시각 t에서의 점 P의 속도와 가속도는 다음과 같다.

① 속도: $\left(\frac{dx}{dt}, \frac{dy}{dt}\right)$, 즉 $(f'(t), g'(t))$

⇨ 속력: $\sqrt{\left(\frac{dx}{dt}\right)^2+\left(\frac{dy}{dt}\right)^2}$

② 가속도: $\left(\frac{d^2x}{dt^2}, \frac{d^2y}{dt^2}\right)$, 즉 $(f''(t), g''(t))$

⇨ 가속도의 크기: $\sqrt{\left(\frac{d^2x}{dt^2}\right)^2+\left(\frac{d^2y}{dt^2}\right)^2}$

예 좌표평면 위를 움직이는 점 P의 시각 t에서의 위치 (x, y)가 $x=3t-6$, $y=t^3-2t+1$일 때, 시각 $t=1$에서의 속도와 가속도를 구해 보자.

$\frac{dx}{dt}=3$, $\frac{dy}{dt}=3t^2-2$이므로 점 P의 속도는 $(3, 3t^2-2)$

따라서 시각 $t=1$에서의 점 P의 속도는 $(3, 1)$

또 $\frac{d^2x}{dt^2}=0$, $\frac{d^2y}{dt^2}=6t$이므로 점 P의 가속도는 $(0, 6t)$

따라서 시각 $t=1$에서의 점 P의 가속도는 $(0, 6)$

수학Ⅰ 다시보기

원 위를 움직이는 점에 대한 속도를 구하는 문제에서 점의 좌표를 삼각함수를 이용하여 나타내야 하므로 다음을 기억하자.

• 삼각함수의 정의

중심이 원점 O이고 반지름의 길이가 r인 원에 대하여 동경 OP가 나타내는 각의 크기를 θ라 하면

$\sin\theta=\frac{y}{r}$, $\cos\theta=\frac{x}{r}$, $\tan\theta=\frac{y}{x}$ (단, $x\neq0$)

이때 $x=r\cos\theta$, $y=r\sin\theta$이므로 $\mathrm{P}(r\cos\theta, r\sin\theta)$

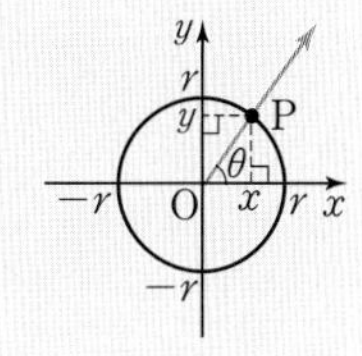

• 속력은 속도의 크기이다.

• 직선 $y=mx+n$이 x축의 양의 방향과 이루는 각의 크기를 θ라 하면
$\tan\theta=m$

18 일차

유형 01 방정식의 실근의 개수

01 대표 문제

2022학년도 6월 모평 27번

두 함수

$f(x)=e^x$, $g(x)=k\sin x$

에 대하여 방정식 $f(x)=g(x)$의 서로 다른 양의 실근의 개수가 3일 때, 양수 k의 값은? [3점]

① $\sqrt{2}e^{\frac{3\pi}{2}}$ ② $\sqrt{2}e^{\frac{7\pi}{4}}$ ③ $\sqrt{2}e^{2\pi}$

④ $\sqrt{2}e^{\frac{9\pi}{4}}$ ⑤ $\sqrt{2}e^{\frac{5\pi}{2}}$

02

2024학년도 6월  26번

x에 대한 방정식 $x^2-5x+2\ln x=t$의 서로 다른 실근의 개수가 2가 되도록 하는 모든 실수 t의 값의 합은? [3점]

① $-\frac{17}{2}$ ② $-\frac{33}{4}$ ③ -8

④ $-\frac{31}{4}$ ⑤ $-\frac{15}{2}$

03

2016학년도 7월 학평-가형 16번

닫힌구간 $[0, 2\pi]$에서 x에 대한 방정식 $\sin x-x\cos x-k=0$의 서로 다른 실근의 개수가 2가 되도록 하는 모든 정수 k의 값의 합은? [4점]

① -6 ② -3 ③ 0

④ 3 ⑤ 6

04

2018학년도 7월 학평-가형 19번

자연수 n에 대하여 함수 $f(x)$와 $g(x)$는 $f(x)=x^n-1$, $g(x)=\log_3(x^4+2n)$이다. 함수 $h(x)$가 $h(x)=g(f(x))$일 때, 〈보기〉에서 옳은 것만을 있는 대로 고른 것은? [4점]

〈 보기 〉

ㄱ. $h'(1)=0$

ㄴ. 열린구간 $(0, 1)$에서 함수 $h(x)$는 증가한다.

ㄷ. $x>0$일 때, 방정식 $h(x)=n$의 서로 다른 실근의 개수는 1이다.

① ㄱ ② ㄴ ③ ㄱ, ㄷ

④ ㄴ, ㄷ ⑤ ㄱ, ㄴ, ㄷ

• 해설편 341쪽

05

2016학년도 10월 학평-가형 21번

실수 전체의 집합에서 미분가능한 함수 $f(x)$가 다음 조건을 만족시킨다.

> (가) 모든 실수 x에 대하여 $f(x)=f(-x)$이다.
> (나) 모든 양의 실수 x에 대하여 $f'(x)>0$이다.
> (다) $\lim_{x\to 0} f(x)=0$, $\lim_{x\to\infty} f(x)=\pi$

함수 $g(x)=\dfrac{\sin f(x)}{x}$에 대하여 〈보기〉에서 옳은 것만을 있는 대로 고른 것은? [4점]

〈 보기 〉

ㄱ. 모든 양의 실수 x에 대하여 $g(x)+g(-x)=0$이다.
ㄴ. $\lim_{x\to 0} g(x)=0$
ㄷ. $f(a)=\dfrac{\pi}{2}\,(a>0)$이면 방정식 $|g(x)|=\dfrac{1}{a}$의 서로 다른 실근의 개수는 2이다.

① ㄱ　② ㄷ　③ ㄱ, ㄴ　④ ㄴ, ㄷ　⑤ ㄱ, ㄴ, ㄷ

06

2019학년도 4월 학평-가형 20번

좌표평면 위에 원 $x^2+y^2=9$와 직선 $y=4$가 있다. $t\neq-3$, $t\neq3$인 실수 t에 대하여 직선 $y=4$ 위의 점 $\mathrm{P}(t,\ 4)$에서 원 $x^2+y^2=9$에 그은 두 접선의 기울기의 곱을 $f(t)$라 할 때, 〈보기〉에서 옳은 것만을 있는 대로 고른 것은? [4점]

〈 보기 〉

ㄱ. $f(\sqrt{2})=-1$
ㄴ. 열린구간 $(-3,\ 3)$에서 $f''(t)<0$이다.
ㄷ. 방정식 $9f(x)=3^{x+2}-7$의 서로 다른 실근의 개수는 2이다.

① ㄱ　② ㄷ　③ ㄱ, ㄴ　④ ㄴ, ㄷ　⑤ ㄱ, ㄴ, ㄷ

07

2014학년도 4월 학평-B형 30번

함수 $f(x)=\frac{\ln x^2}{x}$의 극댓값을 α라 하자. 함수 $f(x)$와 자연수 n에 대하여 x에 대한 방정식 $f(x)-\frac{\alpha}{n}x=0$의 서로 다른 실근의 개수를 a_n이라 할 때, $\sum_{n=1}^{10} a_n$의 값을 구하시오. [4점]

08

2020학년도 10월 학평-가형 20번

자연수 n에 대하여 실수 전체의 집합에서 정의된 함수 $f(x)$가

$$f(x)=\begin{cases} \frac{nx}{x^n+1} & (x\neq-1) \\ -2 & (x=-1) \end{cases}$$

일 때, <보기>에서 옳은 것만을 있는 대로 고른 것은? [4점]

<보기>

ㄱ. $n=3$일 때, 함수 $f(x)$는 구간 $(-\infty, -1)$에서 증가한다.

ㄴ. 함수 $f(x)$가 $x=-1$에서 연속이 되도록 하는 n에 대하여 방정식 $f(x)=2$의 서로 다른 실근의 개수는 2이다.

ㄷ. 구간 $(-1, \infty)$에서 함수 $f(x)$가 극솟값을 갖도록 하는 10 이하의 모든 자연수 n의 값의 합은 24이다.

① ㄱ ② ㄱ, ㄴ ③ ㄱ, ㄷ ④ ㄴ, ㄷ ⑤ ㄱ, ㄴ, ㄷ

09

2023학년도 6월 모평 28번

최고차항의 계수가 $\frac{1}{2}$인 삼차함수 $f(x)$에 대하여 함수 $g(x)$가

$$g(x)=\begin{cases} \ln|f(x)| & (f(x)\neq 0) \\ 1 & (f(x)=0) \end{cases}$$

이고 다음 조건을 만족시킬 때, 함수 $g(x)$의 극솟값은? [4점]

> (가) 함수 $g(x)$는 $x\neq 1$인 모든 실수 x에서 연속이다.
> (나) 함수 $g(x)$는 $x=2$에서 극대이고, 함수 $|g(x)|$는 $x=2$에서 극소이다.
> (다) 방정식 $g(x)=0$의 서로 다른 실근의 개수는 3이다.

① $\ln\frac{13}{27}$ ② $\ln\frac{16}{27}$ ③ $\ln\frac{19}{27}$
④ $\ln\frac{22}{27}$ ⑤ $\ln\frac{25}{27}$

유형 02 부등식에의 활용

10 

2016학년도 6월 모평 B형 21번

2 이상의 자연수 n에 대하여 실수 전체의 집합에서 정의된 함수

$$f(x)=e^{x+1}\{x^2+(n-2)x-n+3\}+ax$$

가 역함수를 갖도록 하는 실수 a의 최솟값을 $g(n)$이라 하자.
$1\leq g(n)\leq 8$을 만족시키는 모든 n의 값의 합은? [4점]

① 43 ② 46 ③ 49
④ 52 ⑤ 55

11

2016학년도 4월 학평-가형 14번

다음은 모든 실수 x에 대하여 $2x-1 \geq ke^{x^2}$을 성립시키는 실수 k의 최댓값을 구하는 과정이다.

> $f(x)=(2x-1)e^{-x^2}$이라 하자.
>
> $f'(x)=($ (가) $)\times e^{-x^2}$
>
> $f'(x)=0$에서 $x=-\dfrac{1}{2}$ 또는 $x=1$
>
> 함수 $f(x)$의 증가와 감소를 조사하면 함수 $f(x)$의 극솟값은 (나) 이다.
>
> 또한 $\lim_{x\to\infty} f(x)=0$, $\lim_{x\to-\infty} f(x)=0$이므로 함수 $y=f(x)$의 그래프의 개형을 그리면 함수 $f(x)$의 최솟값은 (나) 이다.
>
> 따라서 $2x-1>ke^{x^2}$을 성립시키는 실수 k의 최댓값은 (나) 이다.

위의 (가)에 알맞은 식을 $g(x)$, (나)에 알맞은 수를 p라 할 때, $g(2)\times p$의 값은? [4점]

① $\dfrac{10}{e}$ ② $\dfrac{15}{e}$ ③ $\dfrac{20}{\sqrt[4]{e}}$

④ $\dfrac{25}{\sqrt[4]{e}}$ ⑤ $\dfrac{30}{\sqrt[4]{e}}$

12

2016학년도 3월 학평-가형 19번

함수 $f(x)=\dfrac{x}{x^2+1}$에 대하여 〈보기〉에서 옳은 것만을 있는 대로 고른 것은? [4점]

〈 보기 〉

ㄱ. $f'(0)=1$

ㄴ. 모든 실수 x에 대하여 $f(x)\geq -\dfrac{1}{2}$이다.

ㄷ. $0<a<b<1$일 때, $\dfrac{f(b)-f(a)}{b-a}>1$이다.

① ㄱ ② ㄷ ③ ㄱ, ㄴ

④ ㄴ, ㄷ ⑤ ㄱ, ㄴ, ㄷ

• 해설편 349쪽

13

2016학년도 9월 모평 B형 30번

양수 a와 두 실수 b, c에 대하여 함수 $f(x)=(ax^2+bx+c)e^x$은 다음 조건을 만족시킨다.

(가) $f(x)$는 $x=-\sqrt{3}$과 $x=\sqrt{3}$에서 극값을 갖는다.
(나) $0\le x_1<x_2$인 임의의 두 실수 x_1, x_2에 대하여 $f(x_2)-f(x_1)+x_2-x_1\ge 0$이다.

세 수 a, b, c의 곱 abc의 최댓값을 $\frac{k}{e^3}$라 할 때, $60k$의 값을 구하시오. [4점]

유형 03 속도와 가속도

14 대표 문제

2020학년도 6월 모평 가형 15번

좌표평면 위를 움직이는 점 P의 시각 $t\ (t>0)$에서의 위치 (x, y)가

$$x=2\sqrt{t+1},\ y=t-\ln(t+1)$$

이다. 점 P의 속력의 최솟값은? [4점]

① $\frac{\sqrt{3}}{8}$ ② $\frac{\sqrt{6}}{8}$ ③ $\frac{\sqrt{3}}{4}$
④ $\frac{\sqrt{6}}{4}$ ⑤ $\frac{\sqrt{3}}{2}$

15

2017학년도 수능 가형(홀) 10번

좌표평면 위를 움직이는 점 P의 시각 $t\ (t>0)$에서의 위치 (x, y)가

$$x=t-\frac{2}{t},\ y=2t+\frac{1}{t}$$

이다. 시각 $t=1$에서 점 P의 속력은? [3점]

① $2\sqrt{2}$ ② 3 ③ $\sqrt{10}$
④ $\sqrt{11}$ ⑤ $2\sqrt{3}$

18 일차

16

2021학년도 10월 학평 25번

좌표평면 위를 움직이는 점 P의 시각 $t\,(t>2)$에서의 위치 $(x,\,y)$가

$$x=t\ln t,\ y=\frac{4t}{\ln t}$$

이다. 시각 $t=e^2$에서 점 P의 속력은? [3점]

① $\sqrt{7}$　② $2\sqrt{2}$　③ 3　④ $\sqrt{10}$　⑤ $\sqrt{11}$

17

2015학년도 7월 학평-B형 26번

수직선 위를 움직이는 점 P의 시각 t에서의 위치 $x(t)$가

$$x(t)=t+\frac{20}{\pi^2}\cos(2\pi t)$$

이다. 점 P의 시각 $t=\frac{1}{3}$에서의 가속도의 크기를 구하시오. [4점]

18

2020학년도 9월 모평 가형 23번

좌표평면 위를 움직이는 점 P의 시각 $t\,(t\geq 0)$에서의 위치 $(x,\,y)$가

$$x=\frac{1}{2}e^{2(t-1)}-at,\ y=be^{t-1}$$

이다. 시각 $t=1$에서의 점 P의 속도가 $(-1,\,2)$일 때, $a+b$의 값을 구하시오. (단, a와 b는 상수이다.) [3점]

19

2019학년도 7월 학평-가형 25번

좌표평면 위를 움직이는 점 P의 시각 $t\,(t>0)$에서의 위치 $\mathrm{P}(x,\,y)$가

$$x=t+\ln t,\ y=\frac{1}{2}t^2+t$$

이다. $\frac{dx}{dt}=\frac{dy}{dt}$일 때, 점 P의 속력을 k라 하자. k^2의 값을 구하시오. [3점]

20

2019학년도 9월 모평 가형 10번

좌표평면 위를 움직이는 점 P의 시각 $t\,(t \ge 0)$에서의 위치 $(x,\ y)$가

$$x=3t-\sin t,\ y=4-\cos t$$

이다. 점 P의 속력의 최댓값을 M, 최솟값을 m이라 할 때, $M+m$의 값은? [3점]

① 3 ② 4 ③ 5 ④ 6 ⑤ 7

21

2020학년도 수능 가형(홀) 9번

좌표평면 위를 움직이는 점 P의 시각 $t\left(0<t<\frac{\pi}{2}\right)$에서의 위치 $(x,\ y)$가

$$x=t+\sin t\cos t,\ y=\tan t$$

이다. $0<t<\frac{\pi}{2}$에서 점 P의 속력의 최솟값은? [3점]

① 1 ② $\sqrt{3}$ ③ 2 ④ $2\sqrt{2}$ ⑤ $2\sqrt{3}$

22

2018학년도 10월 학평-가형 18번

원점 O를 중심으로 하고 두 점 A(1, 0), B(0, 1)을 지나는 사분원이 있다. 그림과 같이 점 P는 점 A에서 출발하여 호 AB를 따라 점 B를 향하여 매초 1의 일정한 속력으로 움직인다. 선분 OP와 선분 AB가 만나는 점을 Q라 하자. 점 P의 x좌표가 $\frac{4}{5}$인 순간 점 Q의 속도는 $(a,\ b)$이다. $b-a$의 값은? [4점]

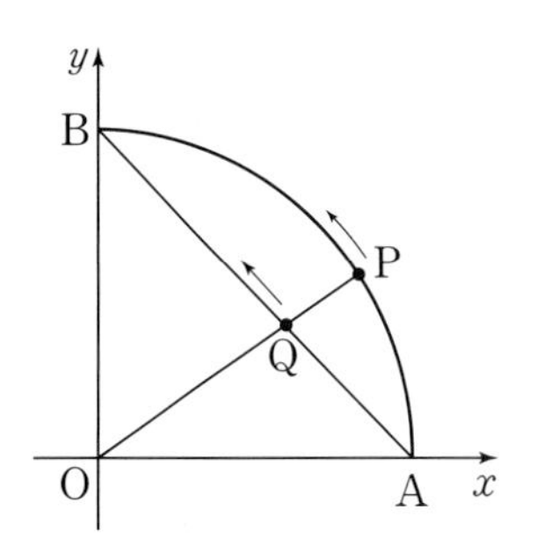

① $\frac{2}{49}$ ② $\frac{8}{49}$ ③ $\frac{18}{49}$ ④ $\frac{32}{49}$ ⑤ $\frac{50}{49}$

18 일차

23

2014학년도 수능 B형(홀) 30번

이차함수 $f(x)$에 대하여 함수 $g(x)=f(x)e^{-x}$이 다음 조건을 만족시킨다.

> (가) 점 $(1,\ g(1))$과 점 $(4,\ g(4))$는 곡선 $y=g(x)$의 변곡점이다.
> (나) 점 $(0,\ k)$에서 곡선 $y=g(x)$에 그은 접선의 개수가 3인 k의 값의 범위는 $-1<k<0$이다.

$g(-2)\times g(4)$의 값을 구하시오. [4점]

24

2019학년도 9월 모평 가형 30번

최고차항의 계수가 $\frac{1}{2}$이고 최솟값이 0인 사차함수 $f(x)$와 함수 $g(x)=2x^4e^{-x}$에 대하여 합성함수 $h(x)=(f\circ g)(x)$가 다음 조건을 만족시킨다.

> (가) 방정식 $h(x)=0$의 서로 다른 실근의 개수는 4이다.
> (나) 함수 $h(x)$는 $x=0$에서 극소이다.
> (다) 방정식 $h(x)=8$의 서로 다른 실근의 개수는 6이다.

$f'(5)$의 값을 구하시오. (단, $\lim_{x\to\infty} g(x)=0$) [4점]

25

2023학년도 6월 모평 30번

양수 a에 대하여 함수 $f(x)$는

$$f(x)=\frac{x^2-ax}{e^x}$$

이다. 실수 t에 대하여 x에 대한 방정식

$$f(x)=f'(t)(x-t)+f(t)$$

의 서로 다른 실근의 개수를 $g(t)$라 하자.

$g(5)+\lim_{t\to 5} g(t)=5$일 때, $\lim_{t\to k-} g(t)\neq\lim_{t\to k+} g(t)$를 만족시키는 모든 실수 k의 값의 합은 $\frac{q}{p}$이다. $p+q$의 값을 구하시오.

(단, p와 q는 서로소인 자연수이다.) [4점]

26

2023학년도 수능 (홀) 30번

최고차항의 계수가 양수인 삼차함수 $f(x)$와 함수 $g(x)=e^{\sin\pi x}-1$에 대하여 실수 전체의 집합에서 정의된 합성함수 $h(x)=g(f(x))$가 다음 조건을 만족시킨다.

(가) 함수 $h(x)$는 $x=0$에서 극댓값 0을 갖는다.
(나) 열린구간 $(0, 3)$에서 방정식 $h(x)=1$의 서로 다른 실근의 개수는 7이다.

$f(3)=\frac{1}{2}$, $f'(3)=0$일 때, $f(2)=\frac{q}{p}$이다. $p+q$의 값을 구하시오. (단, p와 q는 서로소인 자연수이다.) [4점]

19 일차

한눈에 정리하는 평가원 기출 경향

주제 \ 학년도	2025	2024	2023
여러 가지 함수의 정적분의 계산	**05** 2025학년도 수능 (홀) 24번 $\int_{0}^{10} \frac{x+2}{x+1}dx$의 값은? [3점] ① $10+\ln 5$ ② $10+\ln 7$ ③ $10+2\ln 3$ ④ $10+\ln 11$ ⑤ $10+\ln 13$		
여러 가지 함수의 부정적분과 정적분	**15** 2025학년도 9월 모평 24번 양의 실수 전체의 집합에서 정의된 미분가능한 함수 $f(x)$가 있다. 양수 t에 대하여 곡선 $y=f(x)$ 위의 점 $(t, f(t))$에서의 접선의 기울기는 $\frac{1}{t}+4e^{2t}$이다. $f(1)=2e^2+1$일 때, $f(e)$의 값은? [3점] ① $2e^{2e}-1$ ② $2e^{2e}$ ③ $2e^{2e}+1$ ④ $2e^{2e}+2$ ⑤ $2e^{2e}+3$		

2022 ~ 2014

09
2020학년도 6월 모평 가형 5번

$\int_0^{\ln 3} e^{x+3}dx$의 값은? [3점]

① $\frac{e^3}{2}$ ② e^3 ③ $\frac{3}{2}e^3$
④ $2e^3$ ⑤ $\frac{5}{2}e^3$

10
2017학년도 수능 가형(홀) 3번

$\int_0^{\frac{\pi}{2}} 2\sin x\,dx$의 값은? [2점]

① 0 ② $\frac{1}{2}$ ③ 1
④ $\frac{3}{2}$ ⑤ 2

01
2016학년도 9월 모평 B형 22번

$\int_1^{16} \frac{1}{\sqrt{x}}dx$의 값을 구하시오. [3점]

08
2016학년도 6월 모평 B형 5번

$\int_0^1 e^{x+4}dx$의 값은? [3점]

① e^5-e^4 ② e^5 ③ e^5+e^4
④ e^5+2e^4 ⑤ e^5+3e^4

02
2015학년도 수능 B형(홀) 4번

$\int_0^1 3\sqrt{x}\,dx$의 값은? [3점]

① 1 ② 2 ③ 3
④ 4 ⑤ 5

16
2021학년도 수능 가형(홀) 15번

$x>0$에서 미분가능한 함수 $f(x)$에 대하여

$$f'(x)=2-\frac{3}{x^2},\ f(1)=5$$

이다. $x<0$에서 미분가능한 함수 $g(x)$가 다음 조건을 만족시킬 때, $g(-3)$의 값은? [4점]

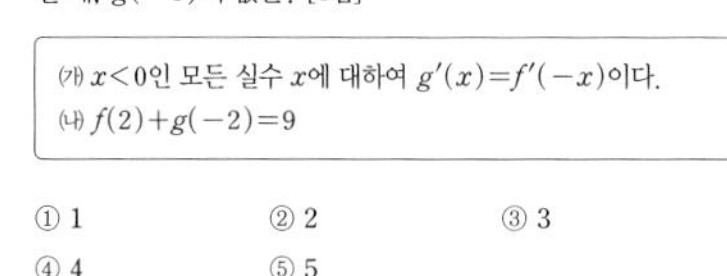
(가) $x<0$인 모든 실수 x에 대하여 $g'(x)=f'(-x)$이다.
(나) $f(2)+g(-2)=9$

① 1 ② 2 ③ 3
④ 4 ⑤ 5

24
2020학년도 수능 가형(홀) 21번

실수 t에 대하여 곡선 $y=e^x$ 위의 점 $(t,\ e^t)$에서의 접선의 방정식을 $y=f(x)$라 할 때, 함수 $y=|f(x)+k-\ln x|$가 양의 실수 전체의 집합에서 미분가능하도록 하는 실수 k의 최솟값을 $g(t)$라 하자. 두 실수 $a,\ b\ (a<b)$에 대하여 $\int_a^b g(t)\,dt=m$이라 할 때, 〈보기〉에서 옳은 것만을 있는 대로 고른 것은? [4점]

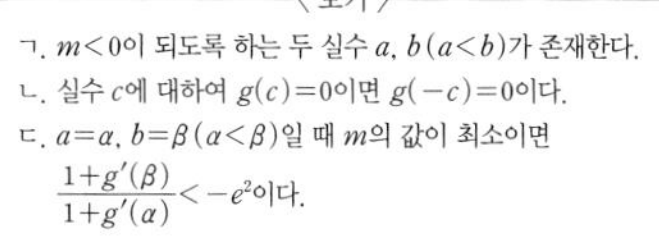
〈 보기 〉
ㄱ. $m<0$이 되도록 하는 두 실수 $a,\ b\ (a<b)$가 존재한다.
ㄴ. 실수 c에 대하여 $g(c)=0$이면 $g(-c)=0$이다.
ㄷ. $a=\alpha,\ b=\beta\ (\alpha<\beta)$일 때 m의 값이 최소이면 $\frac{1+g'(\beta)}{1+g'(\alpha)}<-e^2$이다.

① ㄱ ② ㄴ ③ ㄱ, ㄴ
④ ㄱ, ㄷ ⑤ ㄱ, ㄴ, ㄷ

19
2019학년도 수능 가형(홀) 16번

$x>0$에서 정의된 연속함수 $f(x)$가 모든 양수 x에 대하여

$$2f(x)+\frac{1}{x^2}f\left(\frac{1}{x}\right)=\frac{1}{x}+\frac{1}{x^2}$$

을 만족시킬 때, $\int_{\frac{1}{2}}^{2} f(x)\,dx$의 값은? [4점]

① $\frac{\ln 2}{3}+\frac{1}{2}$ ② $\frac{2\ln 2}{3}+\frac{1}{2}$ ③ $\frac{\ln 2}{3}+1$
④ $\frac{2\ln 2}{3}+1$ ⑤ $\frac{2\ln 2}{3}+\frac{3}{2}$

23
2019학년도 9월 모평 가형 21번

0이 아닌 세 정수 $l,\ m,\ n$이

$$|l|+|m|+|n|\le 10$$

을 만족시킨다. $0\le x\le \frac{3}{2}\pi$에서 정의된 연속함수 $f(x)$가

$f(0)=0,\ f\left(\frac{3}{2}\pi\right)=1$이고

$$f'(x)=\begin{cases} l\cos x & \left(0<x<\frac{\pi}{2}\right) \\ m\cos x & \left(\frac{\pi}{2}<x<\pi\right) \\ n\cos x & \left(\pi<x<\frac{3}{2}\pi\right) \end{cases}$$

를 만족시킬 때, $\int_0^{\frac{3}{2}\pi} f(x)\,dx$의 값이 최대가 되도록 하는 $l,\ m,\ n$에 대하여 $l+2m+3n$의 값은? [4점]

① 12 ② 13 ③ 14
④ 15 ⑤ 16

21
2016학년도 9월 모평 B형 21번

함수 $f(x)$를

$$f(x)=\begin{cases} |\sin x|-\sin x & \left(-\frac{7}{2}\pi\le x<0\right) \\ \sin x-|\sin x| & \left(0\le x\le \frac{7}{2}\pi\right) \end{cases}$$

라 하자. 닫힌구간 $\left[-\frac{7}{2}\pi,\ \frac{7}{2}\pi\right]$에 속하는 모든 실수 x에 대하여 $\int_a^x f(t)\,dt\ge 0$이 되도록 하는 실수 a의 최솟값을 α, 최댓값을 β라 할 때, $\beta-\alpha$의 값은? $\left(단,\ -\frac{7}{2}\pi\le a\le \frac{7}{2}\pi\right)$ [4점]

① $\frac{\pi}{2}$ ② $\frac{3}{2}\pi$ ③ $\frac{5}{2}\pi$
④ $\frac{7}{2}\pi$ ⑤ $\frac{9}{2}\pi$

26
2016학년도 6월 모평 B형 30번

정의역이 $\{x\,|\,0\le x\le 8\}$이고 다음 조건을 만족시키는 모든 연속함수 $f(x)$에 대하여 $\int_0^8 f(x)\,dx$의 최댓값은 $p+\frac{q}{\ln 2}$이다. $p+q$의 값을 구하시오.

(단, $p,\ q$는 자연수이고, $\ln 2$는 무리수이다.) [4점]

(가) $f(0)=1$이고 $f(8)\le 100$이다.
(나) $0\le k\le 7$인 각각의 정수 k에 대하여
$f(k+t)=f(k)\ (0<t\le 1)$
또는
$f(k+t)=2^t\times f(k)\ (0<t\le 1)$
이다.
(다) 열린구간 $(0,\ 8)$에서 함수 $f(x)$가 미분가능하지 않은 점의 개수는 2이다.

여러 가지 함수의 적분

1 여러 가지 함수의 부정적분

(1) $y=x^n$ (n은 실수)의 부정적분

① $n\neq-1$일 때, $\int x^n dx=\frac{1}{n+1}x^{n+1}+C$

② $n=-1$일 때, $\int \frac{1}{x}dx=\ln|x|+C$

예 (1) $\int \sqrt{x}\,dx=\int x^{\frac{1}{2}}dx=\frac{1}{\frac{1}{2}+1}x^{\frac{1}{2}+1}+C=\frac{2}{3}x\sqrt{x}+C$

(2) $\int \frac{1}{x^3}dx=\int x^{-3}dx=\frac{1}{-3+1}x^{-3+1}+C=-\frac{1}{2x^2}+C$

수학 I 다시보기

무리함수를 x^k 꼴로 변형할 때, 지수법칙을 이용하므로 다음을 기억하자.

• 지수법칙

$a>0$이고 x, y가 실수일 때

(1) $a^x a^y=a^{x+y}$
(2) $a^x\div a^y=a^{x-y}$
(3) $(a^x)^y=a^{xy}$
(4) $(ab)^x=a^x b^x$

(2) 지수함수의 부정적분

① $\int e^x dx=e^x+C$

② $\int a^x dx=\frac{a^x}{\ln a}+C$ (단, $a>0$, $a\neq1$)

예 (1) $\int e^{x+1}dx=\int e\times e^x dx=e\int e^x dx$
$=e\times e^x+C=e^{x+1}+C$

(2) $\int 2^{2x}dx=\int (2^2)^x dx=\int 4^x dx$
$=\frac{4^x}{\ln 4}+C=\frac{2^{2x}}{2\ln 2}+C$

(3) 삼각함수의 부정적분

① $\int \sin x\,dx=-\cos x+C$

② $\int \cos x\,dx=\sin x+C$

③ $\int \sec^2 x\,dx=\tan x+C$

④ $\int \csc^2 x\,dx=-\cot x+C$

⑤ $\int \sec x\tan x\,dx=\sec x+C$

⑥ $\int \csc x\cot x\,dx=-\csc x+C$

예 (1) $\int (\sin x+2\cos x)\,dx=\int \sin x\,dx+2\int \cos x\,dx$
$=-\cos x+2\sin x+C$

(2) $\int \csc x(\csc x+\cot x)\,dx=\int (\csc^2 x+\csc x\cot x)\,dx$
$=-\cot x-\csc x+C$

• 부정적분의 정의

$F(x)$는 $f(x)$의 한 부정적분이다.
$\Longleftrightarrow F'(x)=f(x)$
$\Longleftrightarrow \int f(x)\,dx=F(x)+C$

• $\frac{1}{x^n}$, $\sqrt[n]{x^m}$ 꼴을 포함한 적분은 다음을 이용하여 x^k 꼴로 변형하여 계산한다.

(1) $a\neq0$이고 n이 양의 정수일 때,
$a^{-n}=\frac{1}{a^n}$

(2) $a>0$이고 m, $n(n\geq2)$이 정수일 때,
$\sqrt[n]{a^m}=a^{\frac{m}{n}}$

• a^{x+k} ($a>0$, k는 상수) 꼴은 지수법칙을 이용하여 $a^k\times a^x$ 꼴로 변형한 후 부정적분을 구한다.

수학Ⅱ 다시보기

구간에 따라 다르게 정의된 도함수가 주어진 경우 각 구간에서의 부정적분을 구한 후 연속성을 이용하여 함수를 구하는 문제가 출제되므로 다음을 기억하자.

• 함수의 연속과 부정적분

함수 $f(x)$에 대하여 $f'(x)=\begin{cases} g(x) & (x>a) \\ h(x) & (x<a) \end{cases}$이고, $f(x)$가 $x=a$에서 연속이면

⇨ $f(x)=\begin{cases} \int g(x)\,dx & (x\ge a) \\ \int h(x)\,dx & (x<a) \end{cases}$이므로 $\lim_{x\to a+}\int g(x)\,dx=\lim_{x\to a-}\int h(x)\,dx=f(a)$

2 정적분의 정의

닫힌구간 $[a,\ b]$에서 연속인 함수 $f(x)$의 한 부정적분을 $F(x)$라 하면

$$\int_a^b f(x)\,dx=\Big[F(x)\Big]_a^b=F(b)-F(a)$$

예 $\int_0^{\frac{\pi}{2}}\cos x\,dx=\Big[\sin x\Big]_0^{\frac{\pi}{2}}=\sin\frac{\pi}{2}-\sin 0=1-0=1$

• 정적분 $\int_a^b f(x)\,dx$에서 적분변수 x 대신 다른 문자를 사용해도 그 값은 변하지 않는다.

⇨ $\int_a^b f(x)\,dx=\int_a^b f(t)\,dt=\int_a^b f(y)\,dy$

수학Ⅱ 다시보기

정적분의 값을 구하는 문제는 적분에 대한 기본 성질을 바탕으로 무리함수, 지수함수, 로그함수, 삼각함수에 적용하여 해결해야 하므로 다음을 기억하자.

• $a=b$ 또는 $a>b$일 때, 정적분 $\int_a^b f(x)\,dx$의 정의

(1) $a=b$일 때, $\int_a^a f(x)\,dx=0$

(2) $a>b$일 때, $\int_a^b f(x)\,dx=-\int_b^a f(x)\,dx$

• 함수의 실수배, 합, 차의 정적분

두 함수 $f(x)$, $g(x)$가 닫힌구간 $[a,\ b]$에서 연속일 때

(1) $\int_a^b kf(x)\,dx=k\int_a^b f(x)\,dx$ (단, k는 상수)

(2) $\int_a^b \{f(x)+g(x)\}\,dx=\int_a^b f(x)\,dx+\int_a^b g(x)\,dx$

(3) $\int_a^b \{f(x)-g(x)\}\,dx=\int_a^b f(x)\,dx-\int_a^b g(x)\,dx$

• 정적분의 성질

함수 $f(x)$가 세 실수 a, b, c를 포함하는 구간에서 연속일 때,

$$\int_a^c f(x)\,dx+\int_c^b f(x)\,dx=\int_a^b f(x)\,dx$$

• 그래프가 대칭인 함수의 정적분

함수 $f(x)$가 닫힌구간 $[-a,\ a]$에서 연속일 때, 다음이 성립한다.

(1) $f(-x)=f(x)$이면 ⟶ 함수 $y=f(x)$의 그래프가 y축에 대하여 대칭

$$\int_{-a}^a f(x)\,dx=2\int_0^a f(x)\,dx$$

(2) $f(-x)=-f(x)$이면 ⟶ 함수 $y=f(x)$의 그래프가 원점에 대하여 대칭

$$\int_{-a}^a f(x)\,dx=0$$

• $f(x+p)=f(x)$를 만족시키는 함수 $f(x)$의 정적분

함수 $f(x)$가 모든 실수 x에 대하여 $f(x+p)=f(x)$ (p는 0이 아닌 상수)를 만족시키고 연속일 때,

$$\int_a^b f(x)\,dx=\int_{a+np}^{b+np} f(x)\,dx \text{ (단, } n\text{은 정수)}$$

• 다항함수 $f(x)$에 대하여

(1) $f(-x)=f(x)$를 만족시키는 함수 $f(x)$는 짝수 차수의 항 또는 상수항으로만 이루어진 함수이다.

(2) $f(-x)=-f(x)$를 만족시키는 함수 $f(x)$는 홀수 차수의 항으로만 이루어진 함수이다.

유형 01 여러 가지 함수의 정적분의 계산

01 대표 문제

2016학년도 9월 모평 B형 22번

$\int_{1}^{16} \frac{1}{\sqrt{x}} dx$의 값을 구하시오. [3점]

02

2015학년도 수능 B형(홀) 4번

$\int_{0}^{1} 3\sqrt{x}\, dx$의 값은? [3점]

① 1　② 2　③ 3　④ 4　⑤ 5

03

2017학년도 7월 학평-가형 5번

$\int_{0}^{4} (5x-3)\sqrt{x}\, dx$의 값은? [3점]

① 47　② 48　③ 49　④ 50　⑤ 51

04

2019학년도 4월 학평-가형 6번

$\int_{1}^{16} \frac{1}{x\sqrt{x}} dx$의 값은? [3점]

① $\frac{3}{2}$　② $\frac{4}{3}$　③ $\frac{5}{4}$　④ $\frac{6}{5}$　⑤ $\frac{7}{6}$

05

2025학년도  (홀) 24번

$\int_{0}^{10} \frac{x+2}{x+1} dx$의 값은? [3점]

① $10+\ln 5$　② $10+\ln 7$　③ $10+2\ln 3$　④ $10+\ln 11$　⑤ $10+\ln 13$

06

2016학년도 3월 학평-가형 4번

$\int_{1}^{2} \frac{3x+2}{x^2} dx$의 값은? [3점]

① $2\ln 2-1$　② $3\ln 2-1$　③ $\ln 2+1$　④ $2\ln 2+1$　⑤ $3\ln 2+1$

07

2017학년도 4월 학평-가형 3번

$\int_{0}^{1}(e^{x}+1)\,dx$의 값은? [2점]

① $e-2$　② $e-1$　③ e
④ $e+1$　⑤ $e+2$

08

2016학년도 6월 모평 B형 5번

$\int_{0}^{1}e^{x+4}\,dx$의 값은? [3점]

① $e^{5}-e^{4}$　② e^{5}　③ $e^{5}+e^{4}$
④ $e^{5}+2e^{4}$　⑤ $e^{5}+3e^{4}$

09

2020학년도 6월 모평 가형 5번

$\int_{0}^{\ln 3}e^{x+3}\,dx$의 값은? [3점]

① $\frac{e^{3}}{2}$　② e^{3}　③ $\frac{3}{2}e^{3}$
④ $2e^{3}$　⑤ $\frac{5}{2}e^{3}$

10

2017학년도 수능 가형(홀) 3번

$\int_{0}^{\frac{\pi}{2}}2\sin x\,dx$의 값은? [2점]

① 0　② $\frac{1}{2}$　③ 1
④ $\frac{3}{2}$　⑤ 2

11

2015학년도 10월 학평-B형 4번

$\int_{0}^{\frac{\pi}{2}}3\cos x\,dx$의 값은? [3점]

① 0　② $\frac{3}{2}$　③ 3
④ $\frac{9}{2}$　⑤ 6

12

2016학년도 10월 학평-가형 4번

$\int_{0}^{\frac{\pi}{3}}\tan x\cos x\,dx$의 값은? [3점]

① $\frac{3}{4}$　② $\frac{4-\sqrt{2}}{4}$　③ $\frac{4-\sqrt{3}}{4}$
④ $\frac{1}{2}$　⑤ $\frac{4-\sqrt{5}}{4}$

유형 02 여러 가지 함수의 부정적분

13 대표 문제

2016학년도 7월 학평-가형 8번

연속함수 $f(x)$의 도함수 $f'(x)$가

$$f'(x)=\begin{cases} \dfrac{1}{x^2} & (x<-1) \\ 3x^2+1 & (x>-1) \end{cases}$$

이고 $f(-2)=\dfrac{1}{2}$일 때, $f(0)$의 값은? [3점]

① 1　② 2　③ 3　④ 4　⑤ 5

14

2019학년도 3월 학평-가형 24번

함수 $f(x)$의 도함수가 $f'(x)=\dfrac{1}{x}$이고 $f(1)=10$일 때, $f(e^3)$의 값을 구하시오. [3점]

15

2025학년도 9월 모평 24번

양의 실수 전체의 집합에서 정의된 미분가능한 함수 $f(x)$가 있다. 양수 t에 대하여 곡선 $y=f(x)$ 위의 점 $(t, f(t))$에서의 접선의 기울기는 $\dfrac{1}{t}+4e^{2t}$이다. $f(1)=2e^2+1$일 때, $f(e)$의 값은? [3점]

① $2e^{2e}-1$　② $2e^{2e}$　③ $2e^{2e}+1$　④ $2e^{2e}+2$　⑤ $2e^{2e}+3$

16

2021학년도 수능 가형(홀) 15번

$x>0$에서 미분가능한 함수 $f(x)$에 대하여

$$f'(x)=2-\frac{3}{x^2},\ f(1)=5$$

이다. $x<0$에서 미분가능한 함수 $g(x)$가 다음 조건을 만족시킬 때, $g(-3)$의 값은? [4점]

> (가) $x<0$인 모든 실수 x에 대하여 $g'(x)=f'(-x)$이다.
> (나) $f(2)+g(-2)=9$

① 1　② 2　③ 3　④ 4　⑤ 5

17

2015학년도 4월 학평-B형 25번

모든 실수 x에서 연속인 함수 $f(x)$에 대하여

$$f'(x)=\begin{cases} 3\sqrt{x} & (x>1) \\ 2x & (x<1) \end{cases}$$

이다. $f(4)=13$일 때, $f(-5)$의 값을 구하시오. [3점]

18

2016학년도 3월 학평-가형 7번

함수 $f(x)$가 모든 실수에서 연속일 때, 도함수 $f'(x)$가

$$f'(x)=\begin{cases} e^{x-1} & (x\leq 1) \\ \dfrac{1}{x} & (x>1) \end{cases}$$

이다. $f(-1)=e+\dfrac{1}{e^2}$일 때, $f(e)$의 값은? [3점]

① $e-2$ ② $e-1$ ③ e
④ $e+1$ ⑤ $e+2$

유형 03 여러 가지 함수의 정적분

19 대표 문제

2019학년도 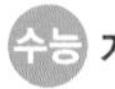 가형(홀) 16번

$x>0$에서 정의된 연속함수 $f(x)$가 모든 양수 x에 대하여

$$2f(x)+\frac{1}{x^2}f\left(\frac{1}{x}\right)=\frac{1}{x}+\frac{1}{x^2}$$

을 만족시킬 때, $\int_{\frac{1}{2}}^{2} f(x)\,dx$의 값은? [4점]

① $\dfrac{\ln 2}{3}+\dfrac{1}{2}$ ② $\dfrac{2\ln 2}{3}+\dfrac{1}{2}$ ③ $\dfrac{\ln 2}{3}+1$
④ $\dfrac{2\ln 2}{3}+1$ ⑤ $\dfrac{2\ln 2}{3}+\dfrac{3}{2}$

20

2017학년도 10월 학평-가형 14번

미분가능한 두 함수 $f(x)$, $g(x)$에 대하여 $g(x)$는 $f(x)$의 역함수이다. $f(1)=3$, $g(1)=3$일 때,

$$\int_1^3 \left\{ \frac{f(x)}{f'(g(x))} + \frac{g(x)}{g'(f(x))} \right\} dx$$

의 값은? [4점]

① -8 ② -4 ③ 0
④ 4 ⑤ 8

21

2016학년도 9월 모평 B형 21번

함수 $f(x)$를

$$f(x)=\begin{cases} |\sin x| - \sin x & \left(-\frac{7}{2}\pi \le x < 0\right) \\ \sin x - |\sin x| & \left(0 \le x \le \frac{7}{2}\pi\right) \end{cases}$$

라 하자. 닫힌구간 $\left[-\frac{7}{2}\pi, \frac{7}{2}\pi\right]$에 속하는 모든 실수 x에 대하여 $\int_a^x f(t)\,dt \ge 0$이 되도록 하는 실수 a의 최솟값을 α, 최댓값을 β라 할 때, $\beta-\alpha$의 값은? $\left(\text{단, } -\frac{7}{2}\pi \le a \le \frac{7}{2}\pi\right)$ [4점]

① $\frac{\pi}{2}$ ② $\frac{3}{2}\pi$ ③ $\frac{5}{2}\pi$
④ $\frac{7}{2}\pi$ ⑤ $\frac{9}{2}\pi$

1등급을 향한 고난도 문제

22

2015학년도 10월 학평-B형 21번

함수 $f(x)=\sin\pi x$와 이차함수 $g(x)=x(x+1)$에 대하여 실수 전체의 집합에서 정의된 함수 $h(x)$를

$$h(x)=\int_{g(x)}^{g(x+1)} f(t)\,dt$$

라 할 때, 닫힌구간 $[-1, 1]$에서 방정식 $h(x)=0$의 서로 다른 실근의 개수는? [4점]

① 1 ② 2 ③ 3
④ 4 ⑤ 5

23

2019학년도 9월 모평 가형 21번

0이 아닌 세 정수 l, m, n이

$$|l|+|m|+|n|\le 10$$

을 만족시킨다. $0\le x\le \frac{3}{2}\pi$에서 정의된 연속함수 $f(x)$가

$f(0)=0$, $f\left(\frac{3}{2}\pi\right)=1$이고

$$f'(x)=\begin{cases} l\cos x & \left(0<x<\frac{\pi}{2}\right) \\ m\cos x & \left(\frac{\pi}{2}<x<\pi\right) \\ n\cos x & \left(\pi<x<\frac{3}{2}\pi\right) \end{cases}$$

를 만족시킬 때, $\int_0^{\frac{3}{2}\pi} f(x)\,dx$의 값이 최대가 되도록 하는 l, m, n에 대하여 $l+2m+3n$의 값은? [4점]

① 12 ② 13 ③ 14
④ 15 ⑤ 16

24

2020학년도 수능 가형(홀) 21번

실수 t에 대하여 곡선 $y=e^x$ 위의 점 $(t,\ e^t)$에서의 접선의 방정식을 $y=f(x)$라 할 때, 함수 $y=|f(x)+k-\ln x|$가 양의 실수 전체의 집합에서 미분가능하도록 하는 실수 k의 최솟값을 $g(t)$라 하자. 두 실수 $a,\ b\ (a<b)$에 대하여 $\int_a^b g(t)\,dt=m$이라 할 때, 〈보기〉에서 옳은 것만을 있는 대로 고른 것은? [4점]

〈 보기 〉

ㄱ. $m<0$이 되도록 하는 두 실수 $a,\ b\ (a<b)$가 존재한다.

ㄴ. 실수 c에 대하여 $g(c)=0$이면 $g(-c)=0$이다.

ㄷ. $a=\alpha,\ b=\beta\ (\alpha<\beta)$일 때 m의 값이 최소이면 $\dfrac{1+g'(\beta)}{1+g'(\alpha)}<-e^2$이다.

① ㄱ ② ㄴ ③ ㄱ, ㄴ

④ ㄱ, ㄷ ⑤ ㄱ, ㄴ, ㄷ

25

2016학년도 7월 학평-가형 30번

$0\le\theta\le\dfrac{\pi}{2}$인 θ에 대하여 좌표평면 위의 두 직선 $l,\ m$은 다음 조건을 만족시킨다.

(가) 두 직선 $l,\ m$은 서로 평행하고 x축의 양의 방향과 이루는 각의 크기는 각각 θ이다.

(나) 두 직선 $l,\ m$은 곡선 $y=\sqrt{2-x^2}\ (-1\le x\le 1)$과 각각 만난다.

두 직선 l과 m 사이의 거리의 최댓값을 $f(\theta)$라 할 때, $\int_0^{\frac{\pi}{2}} f(\theta)\,d\theta=a+b\sqrt{2}\pi$이다. $20(a+b)$의 값을 구하시오.

(단, a와 b는 유리수이다.) [4점]

26

2016학년도 6월 모평 B형 30번

정의역이 $\{x\,|\,0\le x\le 8\}$이고 다음 조건을 만족시키는 모든 연속함수 $f(x)$에 대하여 $\int_0^8 f(x)\,dx$의 최댓값은 $p+\frac{q}{\ln 2}$이다. $p+q$의 값을 구하시오.

(단, p, q는 자연수이고, $\ln 2$는 무리수이다.) [4점]

(가) $f(0)=1$이고 $f(8)\le 100$이다.
(나) $0\le k\le 7$인 각각의 정수 k에 대하여
$$f(k+t)=f(k)\ (0<t\le 1)$$
또는
$$f(k+t)=2^t\times f(k)\ (0<t\le 1)$$
이다.
(다) 열린구간 $(0,\ 8)$에서 함수 $f(x)$가 미분가능하지 않은 점의 개수는 2이다.

27

2018학년도 4월 학평-가형 30번

함수 $f(x)=e^x(ax^3+bx^2)$과 양의 실수 t에 대하여 닫힌구간 $[-t,\ t]$에서 함수 $f(x)$의 최댓값을 $M(t)$, 최솟값을 $m(t)$라 할 때, 두 함수 $M(t)$, $m(t)$는 다음 조건을 만족시킨다.

(가) 모든 양의 실수 t에 대하여 $M(t)=f(t)$이다.
(나) 양수 k에 대하여 닫힌구간 $[k,\ k+2]$에 있는 임의의 실수 t에 대해서만 $m(t)=f(-t)$가 성립한다.
(다) $\int_1^5 \{e^t\times m(t)\}\,dt=\frac{7}{3}-8e$

$f(k+1)=\frac{q}{p}e^{k+1}$일 때, $p+q$의 값을 구하시오. $\left(\text{단, } a\text{와 } b\text{는 0이 아닌 상수, } p\text{와 } q\text{는 서로소인 자연수이고, } \lim_{x\to\infty}\frac{x^3}{e^x}=0\text{이다.}\right)$ [4점]

한눈에 정리하는
평가원 기출 경향

주제 \ 학년도	2025	2024	2023

치환적분법

2024

10 2024학년도 9월 모평 25번

함수 $f(x)=x+\ln x$에 대하여 $\int_{1}^{e}\left(1+\frac{1}{x}\right)f(x)\,dx$의 값은? [3점]

① $\frac{e^2}{2}+\frac{e}{2}$ ② $\frac{e^2}{2}+e$ ③ $\frac{e^2}{2}+2e$
④ e^2+e ⑤ e^2+2e

치환적분법 : $\int \frac{f'(x)}{f(x)}dx$ 꼴

빈출 치환적분법을 이용한 부정적분과 정적분

2024

03 2024학년도 수능 (홀) 25번

양의 실수 전체의 집합에서 정의되고 미분가능한 두 함수 $f(x)$, $g(x)$가 있다. $g(x)$는 $f(x)$의 역함수이고, $g'(x)$는 양의 실수 전체의 집합에서 연속이다. 모든 양수 a에 대하여

$$\int_{1}^{a}\frac{1}{g'(f(x))f(x)}dx=2\ln a+\ln(a+1)-\ln 2$$

이고 $f(1)=8$일 때, $f(2)$의 값은? [3점]

① 36 ② 40 ③ 44
④ 48 ⑤ 52

16 2024학년도 수능 (홀) 28번

실수 전체의 집합에서 연속인 함수 $f(x)$가 모든 실수 x에 대하여 $f(x)\geq 0$이고, $x<0$일 때 $f(x)=-4xe^{4x^2}$이다. 모든 양수 t에 대하여 x에 대한 방정식 $f(x)=t$의 서로 다른 실근의 개수는 2이고, 이 방정식의 두 실근 중 작은 값을 $g(t)$, 큰 값을 $h(t)$라 하자. 두 함수 $g(t)$, $h(t)$는 모든 양수 t에 대하여

$$2g(t)+h(t)=k \ (k\text{는 상수})$$

를 만족시킨다. $\int_{0}^{7}f(x)\,dx=e^4-1$일 때, $\frac{f(9)}{f(8)}$의 값은? [4점]

① $\frac{3}{2}e^5$ ② $\frac{4}{3}e^7$ ③ $\frac{5}{4}e^9$
④ $\frac{6}{5}e^{11}$ ⑤ $\frac{7}{6}e^{13}$

2023

15 2023학년도 9월 모평 30번

최고차항의 계수가 1인 사차함수 $f(x)$와 구간 $(0, \infty)$에서 $g(x)\geq 0$인 함수 $g(x)$가 다음 조건을 만족시킨다.

> (가) $x\leq -3$인 모든 실수 x에 대하여 $f(x)\geq f(-3)$이다.
> (나) $x>-3$인 모든 실수 x에 대하여
> $g(x+3)\{f(x)-f(0)\}^2=f'(x)$이다.

$\int_{4}^{5}g(x)\,dx=\frac{q}{p}$일 때, $p+q$의 값을 구하시오.

(단, p와 q는 서로소인 자연수이다.) [4점]

2022 ~ 2014

13
2019학년도 9월 모평 가형 25번

$\int_0^{\frac{\pi}{2}}(\cos x+3\cos^3 x)\,dx$의 값을 구하시오. [3점]

01
2019학년도 6월 모평 가형 11번

$\int_1^{\sqrt{2}} x^3\sqrt{x^2-1}\,dx$의 값은? [3점]

① $\frac{7}{15}$ ② $\frac{8}{15}$ ③ $\frac{3}{5}$
④ $\frac{2}{3}$ ⑤ $\frac{11}{15}$

08
2018학년도 9월 모평 가형 8번

$\int_1^e \frac{3(\ln x)^2}{x}\,dx$의 값은? [3점]

① 1 ② $\frac{1}{2}$ ③ $\frac{1}{3}$
④ $\frac{1}{4}$ ⑤ $\frac{1}{5}$

03
2018학년도 6월 모평 가형 24번

$\int_2^4 2e^{2x-4}\,dx=k$일 때, $\ln(k+1)$의 값을 구하시오. [3점]

02
2015학년도 9월 모평 B형 4번

$\int_0^1 2e^{2x}\,dx$의 값은? [3점]

① e^2-1 ② e^2+1 ③ e^2+2
④ $2e^2-1$ ⑤ $2e^2+1$

07
2015학년도 6월 모평 B형 6번

$\int_e^{e^e} \frac{\ln x}{x}\,dx$의 값은? [3점]

① 1 ② 2 ③ 3
④ 4 ⑤ 5

19
2018학년도 수능 가형(홀) 15번

함수 $f(x)$가

$$f(x)=\int_0^x \frac{1}{1+e^{-t}}\,dt$$

일 때, $(f\circ f)(a)=\ln 5$를 만족시키는 실수 a의 값은? [4점]

① $\ln 11$ ② $\ln 13$ ③ $\ln 15$
④ $\ln 17$ ⑤ $\ln 19$

15
2017학년도 9월 모평 가형 6번

$\int_0^3 \frac{2}{2x+1}\,dx$의 값은? [3점]

① $\ln 5$ ② $\ln 6$ ③ $\ln 7$
④ $3\ln 2$ ⑤ $2\ln 3$

16
2016학년도 수능 B형(홀) 4번

$\int_0^e \frac{5}{x+e}\,dx$의 값은? [3점]

① $\ln 2$ ② $2\ln 2$ ③ $3\ln 2$
④ $4\ln 2$ ⑤ $5\ln 2$

09

2022학년도 9월 모평 28번

좌표평면에서 원점을 중심으로 하고 반지름의 길이가 2인 원 C와 두 점 $\mathrm{A}(2,\ 0)$, $\mathrm{B}(0,\ -2)$가 있다. 원 C 위에 있고 x좌표가 음수인 점 P에 대하여 $\angle\mathrm{PAB}=\theta$라 하자.
점 $\mathrm{Q}(0,\ 2\cos\theta)$에서 직선 BP에 내린 수선의 발을 R라 하고, 두 점 P와 R 사이의 거리를 $f(\theta)$라 할 때, $\int_{\frac{\pi}{6}}^{\frac{\pi}{3}} f(\theta)\,d\theta$의 값은? [4점]

① $\frac{2\sqrt{3}-3}{2}$ ② $\sqrt{3}-1$ ③ $\frac{3\sqrt{3}-3}{2}$
④ $\frac{2\sqrt{3}-1}{2}$ ⑤ $\frac{4\sqrt{3}-3}{2}$

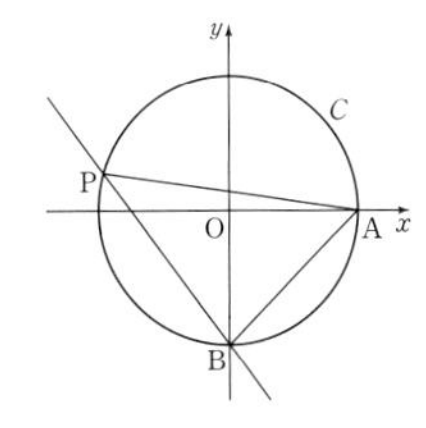

17
2018학년도 9월 모평 가형 21번

수열 $\{a_n\}$이

$$a_1=-1,\ a_n=2-\frac{1}{2^{n-2}}\ (n\ge 2)$$

이다. 구간 $[-1,\ 2)$에서 정의된 함수 $f(x)$가 모든 자연수 n에 대하여

$$f(x)=\sin(2^n\pi x)\ (a_n\le x\le a_{n+1})$$

이다. $-1<\alpha<0$인 실수 α에 대하여 $\int_\alpha^t f(x)\,dx=0$을 만족시키는 $t\ (0<t<2)$의 값의 개수가 103일 때, $\log_2(1-\cos(2\pi\alpha))$의 값은? [4점]

① -48 ② -50 ③ -52
④ -54 ⑤ -56

20

2020학년도 6월 모평 가형 30번

상수 $a,\ b$에 대하여 함수 $f(x)=a\sin^3 x+b\sin x$가

$$f\left(\frac{\pi}{4}\right)=3\sqrt{2},\ f\left(\frac{\pi}{3}\right)=5\sqrt{3}$$

을 만족시킨다. 실수 $t\ (1<t<14)$에 대하여 함수 $y=f(x)$의 그래프와 직선 $y=t$가 만나는 점의 x좌표 중 양수인 것을 작은 수부터 크기순으로 모두 나열할 때, n번째 수를 x_n이라 하고

$$c_n=\int_{3\sqrt{2}}^{5\sqrt{3}} \frac{t}{f'(x_n)}\,dt$$

라 하자. $\sum_{n=1}^{101} c_n=p+q\sqrt{2}$일 때, $q-p$의 값을 구하시오.
(단, p와 q는 유리수이다.) [4점]

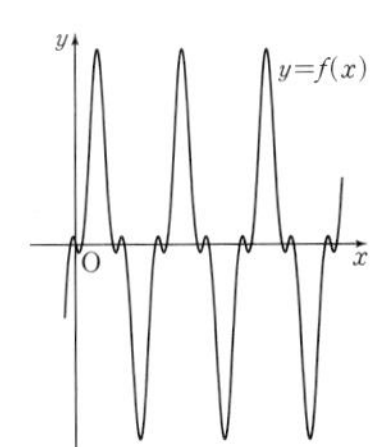

11
2017학년도 6월 모평 가형 20번

함수 $f(x)=\frac{5}{2}-\frac{10x}{x^2+4}$와 함수 $g(x)=\frac{4-|x-4|}{2}$의 그래프가 다음과 같다.

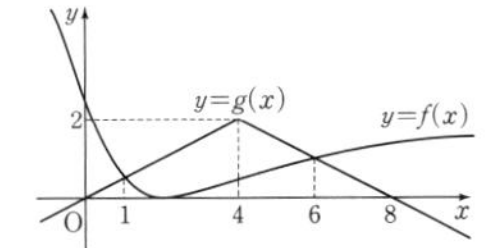

$0\le a\le 8$인 a에 대하여 $\int_0^a f(x)\,dx+\int_a^8 g(x)\,dx$의 최솟값은? [4점]

① $14-5\ln 5$ ② $15-5\ln 10$ ③ $15-5\ln 5$
④ $16-5\ln 10$ ⑤ $16-5\ln 5$

19
2022학년도 9월 모평 30번

최고차항의 계수가 9인 삼차함수 $f(x)$가 다음 조건을 만족시킨다.

(가) $\lim_{x\to 0}\frac{\sin(\pi\times f(x))}{x}=0$
(나) $f(x)$의 극댓값과 극솟값의 곱은 5이다.

함수 $g(x)$는 $0\le x<1$일 때 $g(x)=f(x)$이고 모든 실수 x에 대하여 $g(x+1)=g(x)$이다. $g(x)$가 실수 전체의 집합에서 연속일 때, $\int_0^5 xg(x)\,dx=\frac{q}{p}$이다. $p+q$의 값을 구하시오.
(단, p와 q는 서로소인 자연수이다.) [4점]

20
2019학년도 수능 가형(홀) 21번

실수 전체의 집합에서 미분가능한 함수 $f(x)$가 다음 조건을 만족시킬 때, $f(-1)$의 값은? [4점]

(가) 모든 실수 x에 대하여
$2\{f(x)\}^2 f'(x)=\{f(2x+1)\}^2 f'(2x+1)$이다.
(나) $f\left(-\frac{1}{8}\right)=1,\ f(6)=2$

① $\frac{\sqrt[3]{3}}{6}$ ② $\frac{\sqrt[3]{3}}{3}$ ③ $\frac{\sqrt[3]{3}}{2}$
④ $\frac{2\sqrt[3]{3}}{3}$ ⑤ $\frac{5\sqrt[3]{3}}{6}$

13
2014학년도 9월 모평 B형 30번

두 연속함수 $f(x),\ g(x)$가

$$g(e^x)=\begin{cases} f(x) & (0\le x<1) \\ g(e^{x-1})+5 & (1\le x\le 2)\end{cases}$$

를 만족시키고, $\int_1^{e^2} g(x)\,dx=6e^2+4$이다.
$\int_1^e f(\ln x)\,dx=ae+b$일 때, a^2+b^2의 값을 구하시오.
(단, $a,\ b$는 정수이다.) [4점]

치환적분법

1 치환적분법

(1) 치환적분법

미분가능한 함수 $g(t)$에 대하여 $x=g(t)$로 놓으면

$$\int f(x)\,dx=\int f(g(t))g'(t)\,dt$$

예 ① $\int (2x+1)^4 dx$에서 $2x+1=t$로 놓으면 $\frac{dt}{dx}=2$이므로

$$\int (2x+1)^4 dx=\int t^4\times\frac{1}{2}dt=\frac{1}{2}\int t^4 dt=\frac{1}{10}t^5+C=\frac{1}{10}(2x+1)^5+C$$

② $\int (x^2+x)^4(2x+1)\,dx$에서 $x^2+x=t$로 놓으면 $\frac{dt}{dx}=2x+1$이므로

$$\int (x^2+x)^4(2x+1)\,dx=\int t^4 dt=\frac{1}{5}t^5+C=\frac{1}{5}(x^2+x)^5+C$$

(2) $\int \frac{f'(x)}{f(x)}dx$ 꼴의 부정적분

$$\int \frac{f'(x)}{f(x)}dx=\ln|f(x)|+C$$

예 $\int \frac{2x+1}{x^2+x}dx$에서 $(x^2+x)'=2x+1$이므로

$$\int \frac{2x+1}{x^2+x}dx=\int \frac{(x^2+x)'}{x^2+x}dx=\ln|x^2+x|+C$$

(3) 유리함수의 부정적분

$\frac{f'(x)}{f(x)}$ 꼴이 아닌 유리함수의 부정적분은 다음과 같은 방법을 이용하여 유리함수의 합 또는 차로 식을 변형한 후 구한다.

① (분자의 차수)$\geq$(분모의 차수)인 경우

⇨ 유리함수의 분자를 분모로 나눈 후 적분한다.

② (분자의 차수)$<$(분모의 차수)이고 분모가 인수분해되는 경우

⇨ 유리함수를 $\frac{1}{AB}=\frac{1}{B-A}\left(\frac{1}{A}-\frac{1}{B}\right)$을 이용하여 변형한 후 적분한다.

예 ① $\int \frac{2x+1}{x+1}dx=\int \frac{2(x+1)-1}{x+1}dx=\int \left(2-\frac{1}{x+1}\right)dx$

$=2x-\ln|x+1|+C$

② $\int \frac{1}{(x-1)(x+1)}dx=\frac{1}{2}\int \left(\frac{1}{x-1}-\frac{1}{x+1}\right)dx$

$=\frac{1}{2}(\ln|x-1|-\ln|x+1|)+C$

$=\frac{1}{2}\ln\left|\frac{x-1}{x+1}\right|+C$

• 치환적분법으로 구한 부정적분은 그 결과를 처음의 변수로 바꾸어 나타낸다.

• $\frac{f'(x)}{f(x)}$ 꼴이 아닌 유리함수의 부정적분은 먼저 분자와 분모의 차수를 비교한다.

2 치환적분법을 이용한 정적분

닫힌구간 $[a, b]$에서 연속인 함수 $f(x)$에 대하여 미분가능한 함수 $x=g(t)$의 도함수 $g'(t)$가 닫힌구간 $[\alpha, \beta]$에서 연속이고, $a=g(\alpha)$, $b=g(\beta)$이면

$$\int_a^b f(x)\,dx=\int_\alpha^\beta f(g(t))g'(t)\,dt$$

예 $\int_0^1 (2x+1)^3 dx$에서 $2x+1=t$로 놓으면 $\frac{dt}{dx}=2$이고,

$x=0$일 때 $t=1$, $x=1$일 때 $t=3$이므로

$$\int_0^1 (2x+1)^3 dx=\int_1^3 t^3\times\frac{1}{2}dt=\left[\frac{1}{8}t^4\right]_1^3=10$$

● 해설편 372쪽

유형 01 치환적분법

01 대표 문제
2019학년도 6월 모평 가형 11번

$\int_{1}^{\sqrt{2}} x^3\sqrt{x^2-1}\,dx$의 값은? [3점]

① $\frac{7}{15}$ ② $\frac{8}{15}$ ③ $\frac{3}{5}$
④ $\frac{2}{3}$ ⑤ $\frac{11}{15}$

02
2015학년도 9월 모평 B형 4번

$\int_{0}^{1} 2e^{2x}\,dx$의 값은? [3점]

① e^2-1 ② e^2+1 ③ e^2+2
④ $2e^2-1$ ⑤ $2e^2+1$

03
2018학년도 6월 모평 가형 24번

$\int_{2}^{4} 2e^{2x-4}\,dx=k$일 때, $\ln(k+1)$의 값을 구하시오. [3점]

04
2018학년도 4월 학평-가형 5번

$\int_{0}^{\frac{\pi}{6}} \cos 3x\,dx$의 값은? [3점]

① $\frac{1}{6}$ ② $\frac{1}{4}$ ③ $\frac{1}{3}$
④ $\frac{5}{12}$ ⑤ $\frac{1}{2}$

05
2024학년도 10월 학평 24번

$\int_{0}^{\frac{\pi}{3}} \cos\left(\frac{\pi}{3}-x\right)dx$의 값은? [3점]

① $\frac{1}{3}$ ② $\frac{1}{2}$ ③ $\frac{\sqrt{3}}{3}$
④ $\frac{\sqrt{2}}{2}$ ⑤ $\frac{\sqrt{3}}{2}$

06
2019학년도 3월 학평-가형 6번

$\int_{0}^{\sqrt{3}} 2x\sqrt{x^2+1}\,dx$의 값은? [3점]

① 4 ② $\frac{13}{3}$ ③ $\frac{14}{3}$
④ 5 ⑤ $\frac{16}{3}$

07

2015학년도 6월 모평 B형 6번

$\int_{e}^{e^3} \frac{\ln x}{x} dx$의 값은? [3점]

① 1　② 2　③ 3　④ 4　⑤ 5

08

2018학년도 9월 모평 가형 8번

$\int_{1}^{e} \frac{3(\ln x)^2}{x} dx$의 값은? [3점]

① 1　② $\frac{1}{2}$　③ $\frac{1}{3}$　④ $\frac{1}{4}$　⑤ $\frac{1}{5}$

09

2022학년도 7월 학평 24번

$\int_{1}^{e} \left(\frac{3}{x}+\frac{2}{x^2}\right) \ln x\, dx - \int_{1}^{e} \frac{2}{x^2} \ln x\, dx$의 값은? [3점]

① $\frac{1}{2}$　② 1　③ $\frac{3}{2}$　④ 2　⑤ $\frac{5}{2}$

10

2024학년도 9월 모평 25번

함수 $f(x)=x+\ln x$에 대하여 $\int_{1}^{e} \left(1+\frac{1}{x}\right) f(x)\, dx$의 값은? [3점]

① $\frac{e^2}{2}+\frac{e}{2}$　② $\frac{e^2}{2}+e$　③ $\frac{e^2}{2}+2e$　④ e^2+e　⑤ e^2+2e

11

2016학년도 10월 학평-가형 23번

함수 $f(x)=8x^2+1$에 대하여 $\int_{\frac{\pi}{6}}^{\frac{\pi}{2}} f'(\sin x) \cos x\, dx$의 값을 구하시오. [3점]

12

2021학년도 7월 학평 24번

$\int_{0}^{\frac{\pi}{4}} 2\cos 2x \sin^2 2x\, dx$의 값은? [3점]

① $\frac{1}{9}$　② $\frac{1}{6}$　③ $\frac{2}{9}$　④ $\frac{5}{18}$　⑤ $\frac{1}{3}$

13

2019학년도 9월 모평 가형 25번

$\int_{0}^{\frac{\pi}{2}}(\cos x+3\cos^{3}x)\,dx$의 값을 구하시오. [3점]

14

2014학년도 4월 학평-B형 15번

$\int_{e^{2}}^{e^{3}}\frac{a+\ln x}{x}\,dx=\int_{0}^{\frac{\pi}{2}}(1+\sin x)\cos x\,dx$가 성립할 때, 상수 a의 값은? [4점]

① -2　② -1　③ 0　④ 1　⑤ 2

유형 02　치환적분법: $\int\frac{f'(x)}{f(x)}dx$ 꼴

15 대표 문제

2017학년도 9월 모평 가형 6번

$\int_{0}^{3}\frac{2}{2x+1}\,dx$의 값은? [3점]

① $\ln 5$　② $\ln 6$　③ $\ln 7$　④ $3\ln 2$　⑤ $2\ln 3$

16

2016학년도  B형(홀) 4번

$\int_{0}^{e}\frac{5}{x+e}\,dx$의 값은? [3점]

① $\ln 2$　② $2\ln 2$　③ $3\ln 2$　④ $4\ln 2$　⑤ $5\ln 2$

17

2016학년도 4월 학평-가형 25번

$\int_{1}^{5}\left(\frac{1}{x+1}+\frac{1}{x}\right)dx=\ln a$일 때, 실수 a의 값을 구하시오. [3점]

18

2018학년도 7월 학평-가형 9번

$\int_{3}^{6} \frac{2}{x^2-2x} dx$의 값은? [3점]

① $\ln 2$　② $\ln 3$　③ $\ln 4$
④ $\ln 5$　⑤ $\ln 6$

19

2018학년도 수능 가형(홀) 15번

함수 $f(x)$가

$$f(x)=\int_{0}^{x} \frac{1}{1+e^{-t}} dt$$

일 때, $(f \circ f)(a)=\ln 5$를 만족시키는 실수 a의 값은? [4점]

① $\ln 11$　② $\ln 13$　③ $\ln 15$
④ $\ln 17$　⑤ $\ln 19$

유형 03 치환적분법을 이용한 부정적분

20 대표 문제

2019학년도 수능 가형(홀) 21번

실수 전체의 집합에서 미분가능한 함수 $f(x)$가 다음 조건을 만족시킬 때, $f(-1)$의 값은? [4점]

> (가) 모든 실수 x에 대하여
> $2\{f(x)\}^2 f'(x)=\{f(2x+1)\}^2 f'(2x+1)$이다.
> (나) $f\left(-\frac{1}{8}\right)=1$, $f(6)=2$

① $\frac{\sqrt[3]{3}}{6}$　② $\frac{\sqrt[3]{3}}{3}$　③ $\frac{\sqrt[3]{3}}{2}$
④ $\frac{2\sqrt[3]{3}}{3}$　⑤ $\frac{5\sqrt[3]{3}}{6}$

21

2020학년도 7월 학평-가형 12번

$x>1$인 모든 실수 x의 집합에서 정의되고 미분가능한 함수 $f(x)$가

$$\sqrt{x-1}\,f'(x)=3x-4$$

를 만족시킬 때, $f(5)-f(2)$의 값은? [3점]

① 4　② 6　③ 8
④ 10　⑤ 12

22

2017학년도 10월 학평-가형 16번

연속함수 $f(x)$가 다음 조건을 만족시킨다.

(가) $x\neq0$인 실수 x에 대하여 $\{f(x)\}^2f'(x)=\dfrac{2x}{x^2+1}$
(나) $f(0)=0$

$\{f(1)\}^3$의 값은? [4점]

① $2\ln2$ ② $3\ln2$ ③ $1+2\ln2$
④ $4\ln2$ ⑤ $1+3\ln2$

23

2018학년도 3월 학평-가형 14번

뉴턴의 냉각법칙에 따르면 온도가 20으로 일정한 실내에 있는 어떤 물질의 시각 t(분)에서의 온도를 $T(t)$라 할 때, 함수 $T(t)$의 도함수 $T'(t)$에 대하여 다음 식이 성립한다고 한다.

$$\int\frac{T'(t)}{T(t)-20}dt=kt+C \text{ (단, } k, C\text{는 상수이다.)}$$

$T(0)=100$, $T(3)=60$일 때, k의 값은?

(단, 온도의 단위는 ℃이다.) [4점]

① $-\dfrac{\ln2}{3}$ ② $-\dfrac{2\ln2}{3}$ ③ $-\ln2$
④ $-\dfrac{4\ln2}{3}$ ⑤ $-\dfrac{5\ln2}{3}$

1등급을 향한 고난도 문제

24

2018학년도 4월 학평-가형 21번

$\dfrac{3}{5}<x<4$에서 정의된 미분가능한 함수 $f(x)$가 $f(1)=2$이고

$$f'(x)=\frac{1-x^2\{f(x)\}^3}{x^3\{f(x)\}^2}$$

을 만족시킨다. 함수 $f(x)$의 역함수 $g(x)$가 존재하고 미분가능할 때, 〈보기〉에서 옳은 것만을 있는 대로 고른 것은? [4점]

〈 보기 〉

ㄱ. $g'(2)=-\dfrac{4}{7}$
ㄴ. $g(x)=\dfrac{1}{3}x^3\{g(x)\}^3-\dfrac{5}{3}$
ㄷ. $2<g(1)<\dfrac{5}{2}$

① ㄱ ② ㄱ, ㄴ ③ ㄱ, ㄷ
④ ㄴ, ㄷ ⑤ ㄱ, ㄴ, ㄷ

유형 01 치환적분법을 이용한 정적분

01 대표 문제

2019학년도 4월 학평-가형 27번

실수 전체의 집합에서 미분가능한 두 함수 $f(x)$, $g(x)$가 있다. $g(x)$가 $f(x)$의 역함수이고 $g(2)=1$, $g(5)=5$일 때, $\int_1^5 \frac{40}{g'(f(x))\{f(x)\}^2}dx$의 값을 구하시오. [4점]

02

2016학년도 3월 학평-가형 11번

그림과 같이 제1사분면에 있는 점 P에서 x축에 내린 수선의 발을 H라 하고, $\angle\text{POH}=\theta$라 하자. $\frac{\overline{\text{OH}}}{\overline{\text{PH}}}$를 $f(\theta)$라 할 때, $\int_{\frac{\pi}{6}}^{\frac{\pi}{3}} f(\theta)\,d\theta$의 값은? (단, O는 원점이다.) [3점]

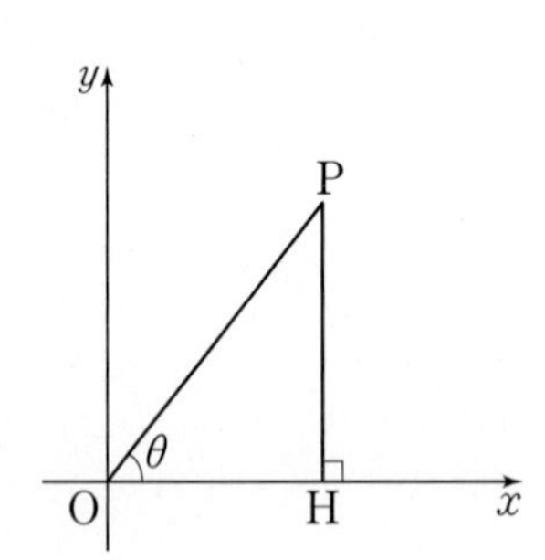

① $\frac{1}{2}\ln 3$　② $\ln 3$　③ $\ln 6$　④ $2\ln 3$　⑤ $2\ln 6$

03

2024학년도  (홀) 25번

양의 실수 전체의 집합에서 정의되고 미분가능한 두 함수 $f(x)$, $g(x)$가 있다. $g(x)$는 $f(x)$의 역함수이고, $g'(x)$는 양의 실수 전체의 집합에서 연속이다. 모든 양수 a에 대하여

$$\int_1^a \frac{1}{g'(f(x))f(x)}dx=2\ln a+\ln(a+1)-\ln 2$$

이고 $f(1)=8$일 때, $f(2)$의 값은? [3점]

① 36　② 40　③ 44　④ 48　⑤ 52

04

2014학년도 10월 학평-B형 10번

연속함수 $y=f(x)$의 그래프가 y축에 대하여 대칭이고, 모든 실수 a에 대하여

$$\int_{a-1}^{a+1} f(a-x)\,dx=24$$

일 때, $\int_0^1 f(x)\,dx$의 값은? [3점]

① 12　② 14　③ 16　④ 18　⑤ 20

05

2016학년도 3월 학평-가형 28번

함수 $f(x)=\frac{e^{\cos x}}{1+e^{\cos x}}$에 대하여

$$a=f(\pi-x)+f(x),\ b=\int_0^{\pi} f(x)\,dx$$

일 때, $a+\frac{100}{\pi}b$의 값을 구하시오. [4점]

06

2016학년도 10월 학평-가형 19번

연속함수 $f(x)$가 다음 조건을 만족시킬 때,
$\int_0^a \{f(2x)+f(2a-x)\}\,dx$의 값은? (단, a는 상수이다.) [4점]

> (가) 모든 실수 x에 대하여 $f(a-x)=f(a+x)$이다.
> (나) $\int_0^a f(x)\,dx=8$

① 12　　② 16　　③ 20
④ 24　　⑤ 28

07

2019학년도 7월 학평-가형 20번

실수 전체의 집합에서 미분가능한 함수 $f(x)$가 모든 실수 x에 대하여

$$f(1+x)=f(1-x),\ f(2+x)=f(2-x)$$

를 만족시킨다. 실수 전체의 집합에서 $f'(x)$가 연속이고, $\int_2^5 f'(x)\,dx=4$일 때, 〈보기〉에서 옳은 것만을 있는 대로 고른 것은? [4점]

〈 보기 〉

ㄱ. 모든 실수 x에 대하여 $f(x+2)=f(x)$이다.

ㄴ. $f(1)-f(0)=4$

ㄷ. $\int_0^1 f(f(x))f'(x)\,dx=6$일 때, $\int_1^{10} f(x)\,dx=\frac{27}{2}$이다.

① ㄱ ② ㄷ ③ ㄱ, ㄴ

④ ㄴ, ㄷ ⑤ ㄱ, ㄴ, ㄷ

08

2016학년도 4월 학평-가형 27번

모든 실수 x에 대하여 연속인 함수 $f(x)$가 다음 조건을 만족시킨다.

(가) 모든 실수 x에 대하여 $f(x+2)=f(x)$이다.

(나) $0\le x\le 1$일 때, $f(x)=\sin\pi x+1$이다.

(다) $1<x<2$일 때, $f'(x)\ge 0$이다.

$\int_0^6 f(x)\,dx=p+\frac{q}{\pi}$일 때, $p+q$의 값을 구하시오.

(단, p, q는 정수이다.) [4점]

09

2022학년도 9월 모평 28번

좌표평면에서 원점을 중심으로 하고 반지름의 길이가 2인 원 C와 두 점 $\mathrm{A}(2,\ 0)$, $\mathrm{B}(0,\ -2)$가 있다. 원 C 위에 있고 x좌표가 음수인 점 P에 대하여 $\angle \mathrm{PAB}=\theta$라 하자.
점 $\mathrm{Q}(0,\ 2\cos\theta)$에서 직선 BP에 내린 수선의 발을 R라 하고, 두 점 P와 R 사이의 거리를 $f(\theta)$라 할 때, $\int_{\frac{\pi}{6}}^{\frac{\pi}{3}} f(\theta)\,d\theta$의 값은? [4점]

① $\frac{2\sqrt{3}-3}{2}$　② $\sqrt{3}-1$　③ $\frac{3\sqrt{3}-3}{2}$　④ $\frac{2\sqrt{3}-1}{2}$　⑤ $\frac{4\sqrt{3}-3}{2}$

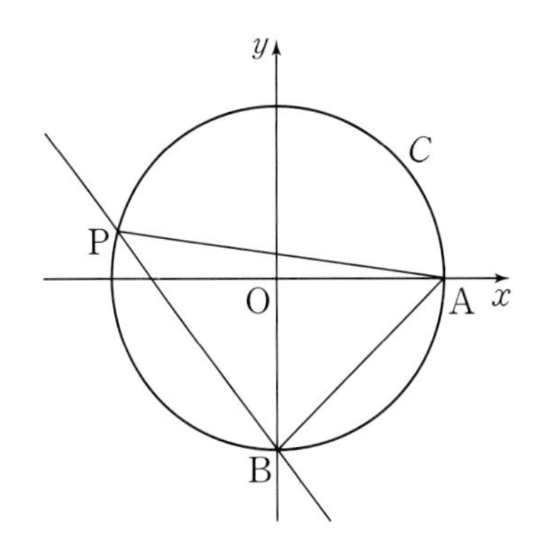

10

2017학년도 4월 학평-가형 20번

그림과 같이 세 점 $\mathrm{A}(1,\ 1)$, $\mathrm{B}(4,\ 1)$, $\mathrm{C}(4,\ 5)$를 꼭짓점으로 하는 삼각형 ABC가 있다. 점 P는 점 A를 출발하여 삼각형 ABC의 변을 따라 점 B를 지나 점 C까지 매초 1의 일정한 속력으로 움직이고 이차함수 $f(x)=kx^2$의 그래프가 점 P를 지난다. t초 후 곡선 $y=f(x)$ 위의 점 P에서의 접선의 기울기를 $g(t)$라 하자. 〈보기〉에서 옳은 것만을 있는 대로 고른 것은?

(단, 점 P는 한 번 지나간 점은 다시 지나가지 않는다.) [4점]

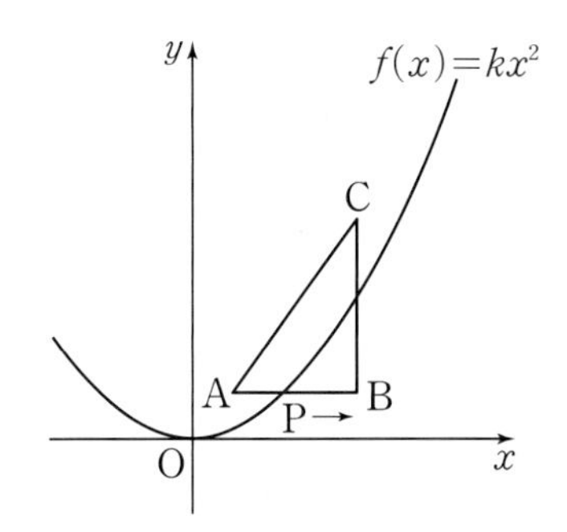

〈 보기 〉

ㄱ. $0\le t<3$일 때 점 P의 좌표는 $(t+1,\ 1)$

ㄴ. $g(t)=\frac{2}{t+1}$ $(0\le t<3)$

ㄷ. $\int_0^7 g(t)\,dt=6+4\ln 2$

① ㄱ　② ㄱ, ㄴ　③ ㄱ, ㄷ　④ ㄴ, ㄷ　⑤ ㄱ, ㄴ, ㄷ

11

함수 $f(x)=\frac{5}{2}-\frac{10x}{x^2+4}$와 함수 $g(x)=\frac{4-|x-4|}{2}$의 그래프가 다음과 같다.

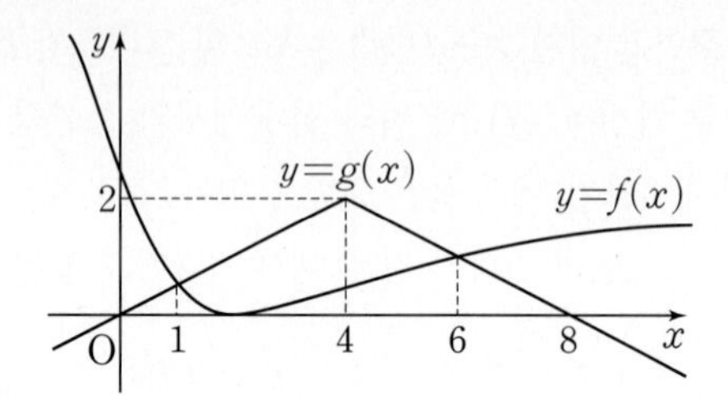

$0\le a\le 8$인 a에 대하여 $\int_0^a f(x)\,dx+\int_a^8 g(x)\,dx$의 최솟값은? [4점]

① $14-5\ln 5$　② $15-5\ln 10$　③ $15-5\ln 5$
④ $16-5\ln 10$　⑤ $16-5\ln 5$

12

2016학년도 3월 학평-가형 16번

함수 $f(x)=\lim_{n\to\infty}\frac{x^{2n}+\cos 2\pi x}{x^{2n}+1}$에 대하여 함수 $g(x)$를

$$g(x)=\int_{-x}^{2} f(t)\,dt+\int_2^x tf(t)\,dt$$

라 할 때, $g(-2)+g(2)$의 값은? [4점]

① -2　② 0　③ 2
④ 4　⑤ 6

13

2014학년도 9월 모평 B형 30번

두 연속함수 $f(x)$, $g(x)$가

$$g(e^x)=\begin{cases} f(x) & (0\leq x<1) \\ g(e^{x-1})+5 & (1\leq x\leq 2) \end{cases}$$

를 만족시키고, $\int_1^{e^2} g(x)\,dx=6e^2+4$이다.

$\int_1^e f(\ln x)\,dx=ae+b$일 때, a^2+b^2의 값을 구하시오.

(단, a, b는 정수이다.) [4점]

1등급을 향한 고난도 문제

14

2021학년도 10월 학평 29번

함수 $f(x)=\sin(ax)\ (a\neq 0)$에 대하여 다음 조건을 만족시키는 모든 실수 a의 값의 합을 구하시오. [4점]

(가) $\int_0^{\frac{\pi}{a}} f(x)\,dx \geq \frac{1}{2}$

(나) $0<t<1$인 모든 실수 t에 대하여

$$\int_0^{3\pi} |f(x)+t|\,dx=\int_0^{3\pi} |f(x)-t|\,dx$$

이다.

15

2023학년도 9월 모평 30번

최고차항의 계수가 1인 사차함수 $f(x)$와 구간 $(0, \infty)$에서 $g(x) \geq 0$인 함수 $g(x)$가 다음 조건을 만족시킨다.

> (가) $x \leq -3$인 모든 실수 x에 대하여 $f(x) \geq f(-3)$이다.
> (나) $x > -3$인 모든 실수 x에 대하여
> $g(x+3)\{f(x)-f(0)\}^2 = f'(x)$이다.

$\int_4^5 g(x)\,dx = \frac{q}{p}$일 때, $p+q$의 값을 구하시오.

(단, p와 q는 서로소인 자연수이다.) [4점]

16

2024학년도 수능 (홀) 28번

실수 전체의 집합에서 연속인 함수 $f(x)$가 모든 실수 x에 대하여 $f(x) \geq 0$이고, $x<0$일 때 $f(x) = -4xe^{4x^2}$이다. 모든 양수 t에 대하여 x에 대한 방정식 $f(x)=t$의 서로 다른 실근의 개수는 2이고, 이 방정식의 두 실근 중 작은 값을 $g(t)$, 큰 값을 $h(t)$라 하자. 두 함수 $g(t)$, $h(t)$는 모든 양수 t에 대하여

$$2g(t)+h(t)=k \text{ (}k\text{는 상수)}$$

를 만족시킨다. $\int_0^7 f(x)\,dx = e^4 - 1$일 때, $\frac{f(9)}{f(8)}$의 값은? [4점]

① $\frac{3}{2}e^5$　② $\frac{4}{3}e^7$　③ $\frac{5}{4}e^9$　④ $\frac{6}{5}e^{11}$　⑤ $\frac{7}{6}e^{13}$

• 해설편 389쪽

17

2018학년도 9월 모평 가형 21번

수열 $\{a_n\}$이

$$a_1=-1,\ a_n=2-\frac{1}{2^{n-2}}\ (n\geq 2)$$

이다. 구간 $[-1,\ 2)$에서 정의된 함수 $f(x)$가 모든 자연수 n에 대하여

$$f(x)=\sin(2^n\pi x)\ (a_n\leq x\leq a_{n+1})$$

이다. $-1<\alpha<0$인 실수 α에 대하여 $\int_{\alpha}^{t} f(x)\,dx=0$을 만족시키는 $t\ (0<t<2)$의 값의 개수가 103일 때, $\log_2(1-\cos(2\pi\alpha))$의 값은? [4점]

① -48　② -50　③ -52　④ -54　⑤ -56

18

2020학년도 10월 학평-가형 30번

최고차항의 계수가 $k\ (k>0)$인 이차함수 $f(x)$에 대하여 $f(0)=f(-2)$, $f(0)\neq 0$이다. 함수 $g(x)=(ax+b)e^{f(x)}\ (a<0)$이 다음 조건을 만족시킨다.

(가) 모든 실수 x에 대하여 $(x+1)\{g(x)-mx-m\}\leq 0$을 만족시키는 실수 m의 최솟값은 -2이다.
(나) $\int_0^1 g(x)\,dx=\int_{-2f(0)}^{1} g(x)\,dx=\frac{e-e^4}{k}$

$f(ab)$의 값을 구하시오. (단, a, b는 상수이다.) [4점]

19

2022학년도 9월 모평 30번

최고차항의 계수가 9인 삼차함수 $f(x)$가 다음 조건을 만족시킨다.

(가) $\lim_{x \to 0} \frac{\sin(\pi \times f(x))}{x} = 0$

(나) $f(x)$의 극댓값과 극솟값의 곱은 5이다.

함수 $g(x)$는 $0 \le x < 1$일 때 $g(x) = f(x)$이고 모든 실수 x에 대하여 $g(x+1) = g(x)$이다. $g(x)$가 실수 전체의 집합에서 연속일 때, $\int_0^5 xg(x)\,dx = \frac{q}{p}$이다. $p+q$의 값을 구하시오.

(단, p와 q는 서로소인 자연수이다.) [4점]

20

2020학년도 6월 모평 가형 30번

상수 a, b에 대하여 함수 $f(x) = a\sin^3 x + b\sin x$가

$$f\left(\frac{\pi}{4}\right) = 3\sqrt{2},\ f\left(\frac{\pi}{3}\right) = 5\sqrt{3}$$

을 만족시킨다. 실수 $t\,(1 < t < 14)$에 대하여 함수 $y = f(x)$의 그래프와 직선 $y = t$가 만나는 점의 x좌표 중 양수인 것을 작은 수부터 크기순으로 모두 나열할 때, n번째 수를 x_n이라 하고

$$c_n = \int_{3\sqrt{2}}^{5\sqrt{3}} \frac{t}{f'(x_n)}\,dt$$

라 하자. $\sum_{n=1}^{101} c_n = p + q\sqrt{2}$일 때, $q-p$의 값을 구하시오.

(단, p와 q는 유리수이다.) [4점]

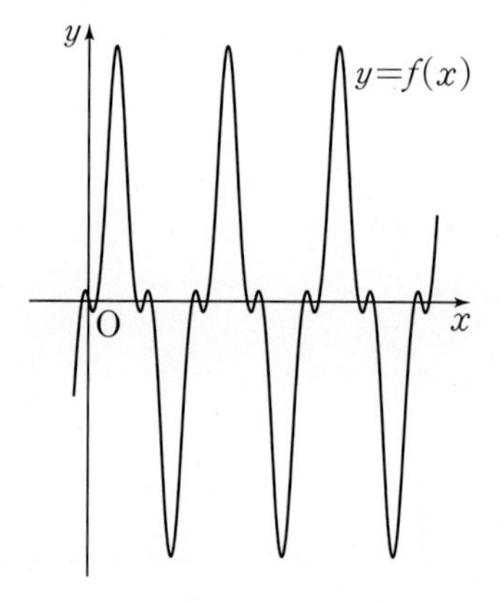

• 해설편 393쪽

21

2024학년도 7월 학평 30번

상수 $a\,(0<a<1)$에 대하여 함수 $f(x)$를

$$f(x)=\int_0^x \ln(e^{|t|}-a)\,dt$$

라 하자. 함수 $f(x)$와 상수 k는 다음 조건을 만족시킨다.

(가) 함수 $f(x)$는 $x=\ln\frac{3}{2}$에서 극값을 갖는다.

(나) $f\left(-\ln\frac{3}{2}\right)=\frac{f(k)}{6}$

$\int_0^k \frac{|f'(x)|}{f(x)-f(-k)}dx=p$일 때, $100\times a\times e^p$의 값을 구하시오. [4점]

22

2020학년도 7월 학평-가형 30번

함수 $f(x)=\sin\frac{\pi}{2}x$와 0이 아닌 두 실수 a, b에 대하여 함수 $g(x)$를

$$g(x)=e^{af(x)}+bf(x)\ (0<x<12)$$

라 하자. 함수 $g(x)$가 $x=\alpha$에서 극대 또는 극소인 모든 α를 작은 수부터 크기순으로 나열한 것을 α_1, α_2, α_3, $\cdots$, α_m (m은 자연수)라 할 때, m 이하의 자연수 n에 대하여 α_n은 다음 조건을 만족시킨다.

(가) n이 홀수일 때, $\alpha_n=n$이다.

(나) n이 짝수일 때, $g(\alpha_n)=0$이다.

함수 $g(x)$가 서로 다른 두 개의 극댓값을 갖고 그 합이 e^3+e^{-3}일 때, $m\pi\int_{\alpha_3}^{\alpha_4} g(x)\cos\frac{\pi}{2}x\,dx=pe^3+qe$이다. $p-q$의 값을 구하시오. (단, p와 q는 정수이다.) [4점]

한눈에 정리하는 평가원 기출 경향

주제 \ 학년도	2025	2024	2023
부분적분법			06
부분적분법을 이용한 부정적분	23		
부분적분법을 이용한 정적분	16		22

부분적분법

2023

06 2023학년도 9월 모평 24번

$\int_0^{\pi} x\cos\left(\frac{\pi}{2}-x\right)dx$의 값은? [3점]

① $\frac{\pi}{2}$　② π　③ $\frac{3\pi}{2}$　④ 2π　⑤ $\frac{5\pi}{2}$

부분적분법을 이용한 부정적분

2025

23 2025학년도 9월 모평 30번

양수 k에 대하여 함수 $f(x)$를

$$f(x)=(k-|x|)e^{-x}$$

이라 하자. 실수 전체의 집합에서 미분가능하고 다음 조건을 만족시키는 모든 함수 $F(x)$에 대하여 $F(0)$의 최솟값을 $g(k)$라 하자.

> 모든 실수 x에 대하여 $F'(x)=f(x)$이고 $F(x)\geq f(x)$이다.

$g\left(\frac{1}{4}\right)+g\left(\frac{3}{2}\right)=pe+q$일 때, $100(p+q)$의 값을 구하시오.

(단, $\lim_{x\to\infty} xe^{-x}=0$이고, p와 q는 유리수이다.) [4점]

부분적분법을 이용한 정적분

2025

16 2025학년도 9월 모평 28번

함수 $f(x)$는 실수 전체의 집합에서 연속인 이계도함수를 갖고, 실수 전체의 집합에서 정의된 함수 $g(x)$를

$$g(x)=f'(2x)\sin\pi x+x$$

라 하자. 함수 $g(x)$는 역함수 $g^{-1}(x)$를 갖고,

$$\int_0^1 g^{-1}(x)\,dx=2\int_0^1 f'(2x)\sin\pi x\,dx+\frac{1}{4}$$

을 만족시킬 때, $\int_0^2 f(x)\cos\frac{\pi}{2}x\,dx$의 값은? [4점]

① $-\frac{1}{\pi}$　② $-\frac{1}{2\pi}$　③ $-\frac{1}{3\pi}$　④ $-\frac{1}{4\pi}$　⑤ $-\frac{1}{5\pi}$

2023

22 2023학년도 수능 (홀) 29번

세 상수 a, b, c에 대하여 함수 $f(x)=ae^{2x}+be^{x}+c$가 다음 조건을 만족시킨다.

> (가) $\lim_{x\to-\infty}\frac{f(x)+6}{e^x}=1$
> (나) $f(\ln 2)=0$

함수 $f(x)$의 역함수를 $g(x)$라 할 때, $\int_0^{14} g(x)\,dx=p+q\ln 2$이다. $p+q$의 값을 구하시오.

(단, p, q는 유리수이고, $\ln 2$는 무리수이다.) [4점]

2022 ~ 2014

02
2021학년도 9월 모평 가형 6번

$\int_{1}^{2}(x-1)e^{-x}dx$의 값은? [3점]

① $\frac{1}{e}-\frac{2}{e^2}$ ② $\frac{1}{e}-\frac{1}{e^2}$ ③ $\frac{1}{e}$
④ $\frac{2}{e}-\frac{2}{e^2}$ ⑤ $\frac{2}{e}-\frac{1}{e^2}$

01
2020학년도 수능 가형(홀) 8번

$\int_{e}^{e^2}\frac{\ln x-1}{x^2}dx$의 값은? [3점]

① $\frac{e+2}{e^2}$ ② $\frac{e+1}{e^2}$ ③ $\frac{1}{e}$
④ $\frac{e-1}{e^2}$ ⑤ $\frac{e-2}{e^2}$

03
2020학년도 6월 모평 가형 10번

$\int_{1}^{e}x^3\ln x\,dx$의 값은? [3점]

① $\frac{3e^4}{16}$ ② $\frac{3e^4+1}{16}$ ③ $\frac{3e^4+2}{16}$
④ $\frac{3e^4+3}{16}$ ⑤ $\frac{3e^4+4}{16}$

04
2018학년도 6월 모평 가형 14번

$\int_{2}^{6}\ln(x-1)\,dx$의 값은? [4점]

① $4\ln5-4$ ② $4\ln5-3$ ③ $5\ln5-4$
④ $5\ln5-3$ ⑤ $6\ln5-4$

05
2017학년도 수능 가형(홀) 9번

$\int_{1}^{e}\ln\frac{x}{e}dx$의 값은? [3점]

① $\frac{1}{e}-1$ ② $2-e$ ③ $\frac{1}{e}-2$
④ $1-e$ ⑤ $\frac{1}{2}-e$

24
2020학년도 9월 모평 가형 30번

실수 전체의 집합에서 미분가능한 함수 $f(x)$가 모든 실수 x에 대하여

$$f'(x^2+x+1)=\pi f(1)\sin\pi x+f(3)x+5x^2$$

을 만족시킬 때, $f(7)$의 값을 구하시오. [4점]

21
2021학년도 수능 가형(홀) 20번

함수 $f(x)=\pi\sin 2\pi x$에 대하여 정의역이 실수 전체의 집합이고 치역이 집합 $\{0, 1\}$인 함수 $g(x)$와 자연수 n이 다음 조건을 만족시킬 때, n의 값은? [4점]

> 함수 $h(x)=f(nx)g(x)$는 실수 전체의 집합에서 연속이고
> $$\int_{-1}^{1}h(x)dx=2,\ \int_{-1}^{1}xh(x)dx=-\frac{1}{32}$$
> 이다.

① 8 ② 10 ③ 12
④ 14 ⑤ 16

13
2020학년도 9월 모평 가형 17번

두 함수 $f(x)$, $g(x)$는 실수 전체의 집합에서 도함수가 연속이고 다음 조건을 만족시킨다.

> (가) 모든 실수 x에 대하여 $f(x)g(x)=x^4-1$이다.
> (나) $\int_{-1}^{1}\{f(x)\}^2g'(x)dx=120$

$\int_{-1}^{1}x^3f(x)dx$의 값은? [4점]

① 12 ② 15 ③ 18
④ 21 ⑤ 24

25
2019학년도 6월 모평 가형 30번

실수 전체의 집합에서 미분가능한 함수 $f(x)$에 대하여 곡선 $y=f(x)$ 위의 점 $(t, f(t))$에서의 접선의 y절편을 $g(t)$라 하자. 모든 실수 t에 대하여

$$(1+t^2)\{g(t+1)-g(t)\}=2t$$

이고, $\int_{0}^{1}f(x)dx=-\frac{\ln 10}{4}$, $f(1)=4+\frac{\ln 17}{8}$일 때, $2\{f(4)+f(-4)\}-\int_{-4}^{4}f(x)dx$의 값을 구하시오. [4점]

27
2018학년도 수능 가형(홀) 30번

실수 t에 대하여 함수 $f(x)$를

$$f(x)=\begin{cases}1-|x-t| & (|x-t|\le1)\\ 0 & (|x-t|>1)\end{cases}$$

이라 할 때, 어떤 홀수 k에 대하여 함수

$$g(t)=\int_{k}^{k+8}f(x)\cos(\pi x)\,dx$$

가 다음 조건을 만족시킨다.

> 함수 $g(t)$가 $t=\alpha$에서 극소이고 $g(\alpha)<0$인 모든 α를 작은 수부터 크기순으로 나열한 것을 $\alpha_1, \alpha_2, \cdots, \alpha_m$ (m은 자연수)라 할 때, $\sum_{i=1}^{m}\alpha_i=45$이다.

$k-\pi^2\sum_{i=1}^{m}g(\alpha_i)$의 값을 구하시오. [4점]

부분적분법

1 부분적분법

두 함수 $f(x)$, $g(x)$가 미분가능할 때

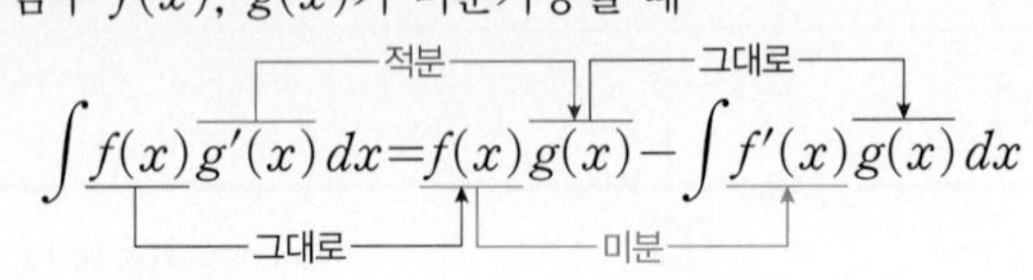

$$\int f(x)g'(x)\,dx=f(x)g(x)-\int f'(x)g(x)\,dx$$

참고 부분적분법을 이용할 때는 일반적으로 미분하기 쉬운 것을 $f(x)$, 적분하기 쉬운 것을 $g'(x)$로 놓으면 편리하다. 즉,

로그함수, 다항함수, 삼각함수, 지수함수

의 순으로 미분하여 간단해지는 함수를 $f(x)$로 선택하고, 나머지 함수를 $g'(x)$로 선택한다.

예 (1) $\int 3x\cos x\,dx$에서 $f(x)=3x$, $g'(x)=\cos x$로 놓으면
→ 다항함수를 $f(x)$, 삼각함수를 $g'(x)$로 놓는다.

$f'(x)=3$, $g(x)=\sin x$

$\therefore \int 3x\cos x\,dx=3x\sin x-\int 3\sin x\,dx$

$=3x\sin x+3\cos x+C$

(2) $\int (x-2)e^x\,dx$에서 $f(x)=x-2$, $g'(x)=e^x$으로 놓으면
→ 다항함수를 $f(x)$, 지수함수를 $g'(x)$로 놓는다.

$f'(x)=1$, $g(x)=e^x$

$\therefore \int (x-2)e^x\,dx=(x-2)e^x-\int e^x\,dx$

$=(x-2)e^x-e^x+C$

$=(x-3)e^x+C$

2 부분적분법을 이용한 정적분

두 함수 $f(x)$, $g(x)$가 미분가능하고 $f'(x)$, $g'(x)$가 닫힌구간 $[a, b]$에서 연속일 때,

$$\int_a^b f(x)g'(x)\,dx=\Big[f(x)g(x)\Big]_a^b-\int_a^b f'(x)g(x)\,dx$$

예 $\int_1^e 2x\ln x\,dx$에서 $f(x)=\ln x$, $g'(x)=2x$로 놓으면
→ 로그함수를 $f(x)$, 다항함수를 $g'(x)$로 놓는다.

$f'(x)=\frac{1}{x}$, $g(x)=x^2$

$\therefore \int_1^e 2x\ln x\,dx=\Big[x^2\ln x\Big]_1^e-\int_1^e \frac{1}{x}\times x^2\,dx$

$=e^2-\int_1^e x\,dx=e^2-\Big[\frac{1}{2}x^2\Big]_1^e$

$=e^2-\left(\frac{1}{2}e^2-\frac{1}{2}\right)=\frac{1}{2}e^2+\frac{1}{2}$

• 두 함수의 곱의 꼴로 되어 있으나 치환적분법을 이용하여 적분할 수 없는 경우에는 부분적분법을 이용한다.

• 해설편 398쪽

유형 01 부분적분법

01 대표 문제

2020학년도 수능 가형(홀) 8번

$\int_{e}^{e^2} \frac{\ln x-1}{x^2} dx$의 값은? [3점]

① $\frac{e+2}{e^2}$ ② $\frac{e+1}{e^2}$ ③ $\frac{1}{e}$
④ $\frac{e-1}{e^2}$ ⑤ $\frac{e-2}{e^2}$

02

2021학년도 9월 모평 가형 6번

$\int_{1}^{2} (x-1)e^{-x} dx$의 값은? [3점]

① $\frac{1}{e}-\frac{2}{e^2}$ ② $\frac{1}{e}-\frac{1}{e^2}$ ③ $\frac{1}{e}$
④ $\frac{2}{e}-\frac{2}{e^2}$ ⑤ $\frac{2}{e}-\frac{1}{e^2}$

03

2020학년도 6월 모평 가형 10번

$\int_{1}^{e} x^3 \ln x\, dx$의 값은? [3점]

① $\frac{3e^4}{16}$ ② $\frac{3e^4+1}{16}$ ③ $\frac{3e^4+2}{16}$
④ $\frac{3e^4+3}{16}$ ⑤ $\frac{3e^4+4}{16}$

04

2018학년도 6월 모평 가형 14번

$\int_{2}^{6} \ln(x-1)\, dx$의 값은? [4점]

① $4\ln 5-4$ ② $4\ln 5-3$ ③ $5\ln 5-4$
④ $5\ln 5-3$ ⑤ $6\ln 5-4$

05

2017학년도 수능 가형(홀) 9번

$\int_{1}^{e} \ln \frac{x}{e} dx$의 값은? [3점]

① $\frac{1}{e}-1$ ② $2-e$ ③ $\frac{1}{e}-2$
④ $1-e$ ⑤ $\frac{1}{2}-e$

06

2023학년도 9월 모평 24번

$\int_{0}^{\pi} x\cos\left(\frac{\pi}{2}-x\right) dx$의 값은? [3점]

① $\frac{\pi}{2}$ ② π ③ $\frac{3\pi}{2}$
④ 2π ⑤ $\frac{5\pi}{2}$

07

2015학년도 4월 학평-B형 17번

자연수 n에 대하여 함수 $f(n)=\int_1^n x^3e^{x^2}dx$라 할 때, $\frac{f(5)}{f(3)}$의 값은? [4점]

① e^{14} ② $2e^{16}$ ③ $3e^{16}$
④ $4e^{18}$ ⑤ $5e^{18}$

08

2024학년도 7월 학평 27번

양수 t에 대하여 곡선 $y=2\ln(x+1)$ 위의 점 $\mathrm{P}(t,\ 2\ln(t+1))$에서 x축, y축에 내린 수선의 발을 각각 Q, R이라 할 때, 직사각형 OQPR의 넓이를 $f(t)$라 하자.
$\int_1^3 f(t)\,dt$의 값은? (단, O는 원점이다.) [3점]

① $-2+12\ln 2$ ② $-1+12\ln 2$ ③ $-2+16\ln 2$
④ $-1+16\ln 2$ ⑤ $-2+20\ln 2$

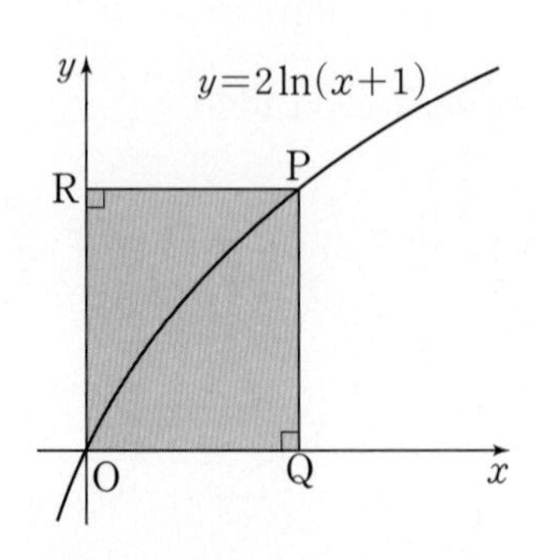

유형 02 부분적분법을 이용한 부정적분

09 대표 문제

2019학년도 7월 학평-가형 26번

실수 전체의 집합에서 미분가능한 함수 $f(x)$가 다음 조건을 만족시킨다.

> (가) $f(1)=0$
> (나) 0이 아닌 모든 실수 x에 대하여 $\frac{xf'(x)-f(x)}{x^2}=xe^x$이다.

$f(3)\times f(-3)$의 값을 구하시오. [4점]

10

2018학년도 4월 학평-가형 13번

실수 전체의 집합에서 연속인 함수 $f(x)$의 도함수 $f'(x)$가

$$f'(x)=\begin{cases}2x+3 & (x<1)\\ \ln x & (x>1)\end{cases}$$

이다. $f(e)=2$일 때, $f(-6)$의 값은? [3점]

① 9 ② 11 ③ 13
④ 15 ⑤ 17

11

2015학년도 7월 학평–B형 19번

구간 $(0, \infty)$에서 연속인 함수 $f(x)$의 한 부정적분을 $F(x)$라 할 때, 함수 $F(x)$가 다음 조건을 만족시킨다.

> (가) 모든 양수 x에 대하여 $F(x)+xf(x)=(2x+2)e^x$
> (나) $F(1)=2e$

$F(3)$의 값은? [4점]

① $\frac{1}{4}e^3$ ② $\frac{1}{2}e^3$ ③ e^3
④ $2e^3$ ⑤ $4e^3$

12

2014학년도 7월 학평–B형 9번

$x>0$에서 미분가능한 함수 $f(x)$가 다음 조건을 만족시킨다.

> (가) $f\left(\frac{\pi}{2}\right)=1$
> (나) $f(x)+xf'(x)=x\cos x$

$f(\pi)$의 값은? [3점]

① $-\frac{2}{\pi}$ ② $-\frac{1}{\pi}$ ③ 0
④ $\frac{1}{\pi}$ ⑤ $\frac{2}{\pi}$

유형 03 부분적분법을 이용한 정적분

13 대표 문제

2020학년도 9월 모평 가형 17번

두 함수 $f(x)$, $g(x)$는 실수 전체의 집합에서 도함수가 연속이고 다음 조건을 만족시킨다.

> (가) 모든 실수 x에 대하여 $f(x)g(x)=x^4-1$이다.
> (나) $\int_{-1}^{1}\{f(x)\}^2g'(x)\,dx=120$

$\int_{-1}^{1}x^3f(x)\,dx$의 값은? [4점]

① 12 ② 15 ③ 18
④ 21 ⑤ 24

14

2023학년도 7월 학평 26번

함수 $f(x)$는 실수 전체의 집합에서 도함수가 연속이고

$$\int_{1}^{2}(x-1)f'\left(\frac{x}{2}\right)dx=2$$

를 만족시킨다. $f(1)=4$일 때, $\int_{\frac{1}{2}}^{1}f(x)\,dx$의 값은? [3점]

① $\frac{3}{4}$ ② 1 ③ $\frac{5}{4}$
④ $\frac{3}{2}$ ⑤ $\frac{7}{4}$

15

2021학년도 10월 학평 27번

미분가능한 함수 $f(x)$가 다음 조건을 만족시킨다.

(가) $x_1 < x_2$인 임의의 두 실수 x_1, x_2에 대하여 $f(x_1) > f(x_2)$이다.
(나) 닫힌구간 $[-1, 3]$에서 함수 $f(x)$의 최댓값은 1이고 최솟값은 -2이다.

$\int_{-1}^{3} f(x)\,dx = 3$일 때, $\int_{-2}^{1} f^{-1}(x)\,dx$의 값은? [3점]

① 4　② 5　③ 6　④ 7　⑤ 8

16

2025학년도 9월  28번

함수 $f(x)$는 실수 전체의 집합에서 연속인 이계도함수를 갖고, 실수 전체의 집합에서 정의된 함수 $g(x)$를

$$g(x) = f'(2x)\sin\pi x + x$$

라 하자. 함수 $g(x)$는 역함수 $g^{-1}(x)$를 갖고,

$$\int_{0}^{1} g^{-1}(x)\,dx = 2\int_{0}^{1} f'(2x)\sin\pi x\,dx + \frac{1}{4}$$

을 만족시킬 때, $\int_{0}^{2} f(x)\cos\frac{\pi}{2}x\,dx$의 값은? [4점]

① $-\frac{1}{\pi}$　② $-\frac{1}{2\pi}$　③ $-\frac{1}{3\pi}$　④ $-\frac{1}{4\pi}$　⑤ $-\frac{1}{5\pi}$

17

2023학년도 10월 학평 28번

함수 $f(x) = \sin x\cos x \times e^{a\sin x + b\cos x}$이 다음 조건을 만족시키도록 하는 서로 다른 두 실수 a, b의 순서쌍 (a, b)에 대하여 $a-b$의 최솟값은? [4점]

(가) $ab = 0$
(나) $\int_{0}^{\frac{\pi}{2}} f(x)\,dx = \frac{1}{a^2+b^2} - 2e^{a+b}$

① $-\frac{5}{2}$　② -2　③ $-\frac{3}{2}$　④ -1　⑤ $-\frac{1}{2}$

18

2023학년도 7월 학평 29번

함수 $f(x)$는 실수 전체의 집합에서 도함수가 연속이고 다음 조건을 만족시킨다.

(가) $x<1$일 때, $f'(x)=-2x+4$이다.
(나) $x\geq 0$인 모든 실수 x에 대하여 $f(x^2+1)=ae^{2x}+bx$이다.
(단, a, b는 상수이다.)

$\int_0^5 f(x)\,dx=pe^4-q$일 때, $p+q$의 값을 구하시오.
(단, p, q는 유리수이다.) [4점]

19

2022학년도 10월 학평 30번

최고차항의 계수가 1인 이차함수 $f(x)$에 대하여 실수 전체의 집합에서 정의된 함수

$$g(x)=\ln\{f(x)+f'(x)+1\}$$

이 있다. 상수 a와 함수 $g(x)$가 다음 조건을 만족시킨다.

(가) 모든 실수 x에 대하여 $g(x)>0$이고
$$\int_{2a}^{3a+x} g(t)\,dt=\int_{3a-x}^{2a+2} g(t)\,dt$$
이다.
(나) $g(4)=\ln 5$

$\int_3^5 \{f'(x)+2a\}g(x)\,dx=m+n\ln 2$일 때, $m+n$의 값을 구하시오. (단, m, n은 정수이고, $\ln 2$는 무리수이다.) [4점]

20

2022학년도 7월 학평 28번

실수 전체의 집합에서 도함수가 연속인 함수 $f(x)$가 모든 실수 x에 대하여 다음 조건을 만족시킨다.

> (가) $f(-x)=f(x)$
> (나) $f(x+2)=f(x)$

$\int_{-1}^{5} f(x)(x+\cos 2\pi x)\,dx=\frac{47}{2}$, $\int_{0}^{1} f(x)\,dx=2$일 때,

$\int_{0}^{1} f'(x)\sin 2\pi x\,dx$의 값은? [4점]

① $\frac{\pi}{6}$　② $\frac{\pi}{4}$　③ $\frac{\pi}{3}$

④ $\frac{5}{12}\pi$　⑤ $\frac{\pi}{2}$

21

2021학년도 수능 가형(홀) 20번

함수 $f(x)=\pi\sin 2\pi x$에 대하여 정의역이 실수 전체의 집합이고 치역이 집합 $\{0, 1\}$인 함수 $g(x)$와 자연수 n이 다음 조건을 만족시킬 때, n의 값은? [4점]

> 함수 $h(x)=f(nx)g(x)$는 실수 전체의 집합에서 연속이고
> $$\int_{-1}^{1} h(x)\,dx=2,\ \int_{-1}^{1} xh(x)\,dx=-\frac{1}{32}$$
> 이다.

① 8　② 10　③ 12

④ 14　⑤ 16

● 해설편 407쪽

22

2023학년도 수능 (홀) 29번

세 상수 a, b, c에 대하여 함수 $f(x)=ae^{2x}+be^{x}+c$가 다음 조건을 만족시킨다.

> (가) $\lim_{x\to-\infty}\frac{f(x)+6}{e^{x}}=1$
> (나) $f(\ln 2)=0$

함수 $f(x)$의 역함수를 $g(x)$라 할 때,
$\int_{0}^{14}g(x)\,dx=p+q\ln 2$이다. $p+q$의 값을 구하시오.
(단, p, q는 유리수이고, $\ln 2$는 무리수이다.) [4점]

1등급을 향한 고난도 문제

23

2025학년도 9월  30번

양수 k에 대하여 함수 $f(x)$를

$$f(x)=(k-|x|)e^{-x}$$

이라 하자. 실수 전체의 집합에서 미분가능하고 다음 조건을 만족시키는 모든 함수 $F(x)$에 대하여 $F(0)$의 최솟값을 $g(k)$라 하자.

> 모든 실수 x에 대하여 $F'(x)=f(x)$이고 $F(x)\geq f(x)$이다.

$g\left(\frac{1}{4}\right)+g\left(\frac{3}{2}\right)=pe+q$일 때, $100(p+q)$의 값을 구하시오.
(단, $\lim_{x\to\infty}xe^{-x}=0$이고, p와 q는 유리수이다.) [4점]

24

2020학년도 9월 모평 가형 30번

실수 전체의 집합에서 미분가능한 함수 $f(x)$가 모든 실수 x에 대하여

$$f'(x^2+x+1)=\pi f(1)\sin\pi x+f(3)x+5x^2$$

을 만족시킬 때, $f(7)$의 값을 구하시오. [4점]

25

2019학년도 6월 모평 가형 30번

실수 전체의 집합에서 미분가능한 함수 $f(x)$에 대하여 곡선 $y=f(x)$ 위의 점 $(t,\ f(t))$에서의 접선의 y절편을 $g(t)$라 하자. 모든 실수 t에 대하여

$$(1+t^2)\{g(t+1)-g(t)\}=2t$$

이고, $\int_0^1 f(x)\,dx=-\frac{\ln 10}{4}$, $f(1)=4+\frac{\ln 17}{8}$일 때, $2\{f(4)+f(-4)\}-\int_{-4}^{4} f(x)\,dx$의 값을 구하시오. [4점]

• 해설편 411쪽

26

2021학년도 7월 학평 30번

두 자연수 a, b에 대하여 이차함수 $f(x)=ax^2+b$가 있다. 함수 $g(x)$를

$$g(x)=\ln f(x)-\frac{1}{10}\{f(x)-1\}$$

이라 하자. 실수 t에 대하여 직선 $y=|g(t)|$와 함수 $y=|g(x)|$의 그래프가 만나는 점의 개수를 $h(t)$라 하자. 두 함수 $g(x)$, $h(t)$가 다음 조건을 만족시킨다.

> (가) 함수 $g(x)$는 $x=0$에서 극솟값을 갖는다.
> (나) 함수 $h(t)$가 $t=k$에서 불연속인 k의 값의 개수는 7이다.

$\int_0^a e^x f(x)\,dx=me^a-19$일 때, 자연수 m의 값을 구하시오.

[4점]

27

2018학년도 수능 가형(홀) 30번

실수 t에 대하여 함수 $f(x)$를

$$f(x)=\begin{cases}1-|x-t| & (|x-t|\le 1)\\ 0 & (|x-t|>1)\end{cases}$$

이라 할 때, 어떤 홀수 k에 대하여 함수

$$g(t)=\int_k^{k+8} f(x)\cos(\pi x)\,dx$$

가 다음 조건을 만족시킨다.

> 함수 $g(t)$가 $t=\alpha$에서 극소이고 $g(\alpha)<0$인 모든 α를 작은 수부터 크기순으로 나열한 것을 α_1, α_2, $\cdots$, α_m (m은 자연수)라 할 때, $\sum_{i=1}^{m}\alpha_i=45$이다.

$k-\pi^2\sum_{i=1}^{m}g(\alpha_i)$의 값을 구하시오. [4점]

23 일차

한눈에 정리하는 평가원 기출 경향

학년도 / 주제	2025	2024	2023
정적분을 포함한 등식			
정적분으로 정의된 함수의 활용		25 (2024학년도 9월 모평 28번)	

25 2024학년도 9월 모평 28번

실수 $a\,(0<a<2)$에 대하여 함수 $f(x)$를

$$f(x)=\begin{cases} 2|\sin 4x| & (x<0) \\ -\sin ax & (x\geq 0) \end{cases}$$

이라 하자. 함수

$$g(x)=\left|\int_{-a\pi}^{x} f(t)\,dt\right|$$

가 실수 전체의 집합에서 미분가능할 때, a의 최솟값은? [4점]

① $\frac{1}{2}$ ② $\frac{3}{4}$ ③ 1 ④ $\frac{5}{4}$ ⑤ $\frac{3}{2}$

2022 ~ 2014

09

2019학년도 6월 모평 가형 15번

함수 $f(x)=a\cos(\pi x^2)$에 대하여

$$\lim_{x\to 0}\left\{\frac{x^2+1}{x}\int_1^{x+1}f(t)\,dt\right\}=3$$

일 때, $f(a)$의 값은? (단, a는 상수이다.) [4점]

① 1　② $\frac{3}{2}$　③ 2　④ $\frac{5}{2}$　⑤ 3

01

2018학년도 6월 모평 가형 12번

양의 실수 전체의 집합에서 연속인 함수 $f(x)$가

$$\int_1^x f(t)\,dt=x^2-a\sqrt{x}\ (x>0)$$

을 만족시킬 때, $f(1)$의 값은? (단, a는 상수이다.) [3점]

① 1　② $\frac{3}{2}$　③ 2　④ $\frac{5}{2}$　⑤ 3

08

2014학년도 6월 모평 B형 27번

함수 $f(x)=\frac{1}{1+x}$에 대하여

$$F(x)=\int_0^x tf(x-t)\,dt\ (x\ge 0)$$

일 때, $F'(a)=\ln 10$을 만족시키는 상수 a의 값을 구하시오. [4점]

17

2021학년도 9월 모평 가형 20번

함수 $f(x)=\sin(\pi\sqrt{x})$에 대하여 함수

$$g(x)=\int_0^x tf(x-t)\,dt\ (x\ge 0)$$

이 $x=a$에서 극대인 모든 a를 작은 수부터 크기순으로 나열할 때, n번째 수를 a_n이라 하자. $k^2<a_6<(k+1)^2$인 자연수 k의 값은? [4점]

① 11　② 14　③ 17　④ 20　⑤ 23

22

2020학년도 6월 모평 가형 20번

실수 전체의 집합에서 미분가능한 함수 $f(x)$가 모든 실수 x에 대하여 다음 조건을 만족시킨다.

> (가) $f(x)>0$
> (나) $\ln f(x)+2\int_0^x (x-t)f(t)\,dt=0$

〈보기〉에서 옳은 것만을 있는 대로 고른 것은? [4점]

〈 보기 〉

ㄱ. $x>0$에서 함수 $f(x)$는 감소한다.
ㄴ. 함수 $f(x)$의 최댓값은 1이다.
ㄷ. 함수 $F(x)$를 $F(x)=\int_0^x f(t)\,dt$라 할 때, $f(1)+\{F(1)\}^2=1$이다.

① ㄱ　② ㄱ, ㄴ　③ ㄱ, ㄷ　④ ㄴ, ㄷ　⑤ ㄱ, ㄴ, ㄷ

28

2018학년도 6월 모평 가형 30번

실수 a와 함수 $f(x)=\ln(x^4+1)-c$ ($c>0$인 상수)에 대하여 함수 $g(x)$를

$$g(x)=\int_a^x f(t)\,dt$$

라 하자. 함수 $y=g(x)$의 그래프가 x축과 만나는 서로 다른 점의 개수가 2가 되도록 하는 모든 a의 값을 작은 수부터 크기 순으로 나열하면 $\alpha_1, \alpha_2, \cdots, \alpha_m$ (m은 자연수)이다. $a=\alpha_1$일 때, 함수 $g(x)$와 상수 k는 다음 조건을 만족시킨다.

> (가) 함수 $g(x)$는 $x=1$에서 극솟값을 갖는다.
> (나) $\int_{\alpha_1}^{\alpha_m} g(x)\,dx=k\alpha_m\int_0^1 |f(x)|\,dx$

$mk\times e^c$의 값을 구하시오. [4점]

20

2017학년도 수능 가형(홀) 20번

함수 $f(x)=e^{-x}\int_0^x \sin(t^2)\,dt$에 대하여 〈보기〉에서 옳은 것만을 있는 대로 고른 것은? [4점]

〈 보기 〉

ㄱ. $f(\sqrt{\pi})>0$
ㄴ. $f'(a)>0$을 만족시키는 a가 열린구간 $(0, \sqrt{\pi})$에 적어도 하나 존재한다.
ㄷ. $f'(b)=0$을 만족시키는 b가 열린구간 $(0, \sqrt{\pi})$에 적어도 하나 존재한다.

① ㄱ　② ㄷ　③ ㄱ, ㄴ　④ ㄴ, ㄷ　⑤ ㄱ, ㄴ, ㄷ

19

2017학년도 수능 가형(홀) 21번

닫힌구간 $[0, 1]$에서 증가하는 연속함수 $f(x)$가

$$\int_0^1 f(x)\,dx=2,\ \int_0^1 |f(x)|\,dx=2\sqrt{2}$$

를 만족시킨다. 함수 $F(x)$가

$$F(x)=\int_0^x |f(t)|\,dt\ (0\le x\le 1)$$

일 때, $\int_0^1 f(x)F(x)\,dx$의 값은? [4점]

① $4-\sqrt{2}$　② $2+\sqrt{2}$　③ $5-\sqrt{2}$　④ $1+2\sqrt{2}$　⑤ $2+2\sqrt{2}$

26

2017학년도 6월 모평 가형 30번

실수 전체의 집합에서 미분가능한 함수 $f(x)$가 상수 $a\ (0<a<2\pi)$와 모든 실수 x에 대하여 다음 조건을 만족시킨다.

> (가) $f(x)=f(-x)$
> (나) $\int_x^{x+a} f(t)\,dt=\sin\left(x+\frac{\pi}{3}\right)$

닫힌구간 $\left[0, \frac{a}{2}\right]$에서 두 실수 b, c에 대하여

$f(x)=b\cos(3x)+c\cos(5x)$일 때, $abc=-\frac{q}{p}\pi$이다.

$p+q$의 값을 구하시오. (단, p와 q는 서로소인 자연수이다.) [4점]

18

2014학년도 수능 B형(홀) 21번

연속함수 $y=f(x)$의 그래프가 원점에 대하여 대칭이고, 모든 실수 x에 대하여

$$f(x)=\frac{\pi}{2}\int_1^{x+1} f(t)\,dt$$

이다. $f(1)=1$일 때,

$$\pi^2\int_0^1 xf(x+1)\,dx$$

의 값은? [4점]

① $2(\pi-2)$　② $2\pi-3$　③ $2(\pi-1)$　④ $2\pi-1$　⑤ 2π

정적분으로 정의된 함수

1 적분과 미분의 관계

함수 $f(t)$가 닫힌구간 $[a, b]$에서 연속일 때,

$$\frac{d}{dx}\int_a^x f(t)\,dt=f(x) \text{ (단, } a<x<b\text{)}$$

예 $\frac{d}{dx}\int_1^x (t^3-2t)\,dt=x^3-2x$

참고 (1) $\frac{d}{dx}\int_x^{x+a} f(t)\,dt=f(x+a)-f(x)$ (단, a는 상수)

(2) $\frac{d}{dx}\int_a^x tf(t)\,dt=xf(x)$ (단, a는 상수)

• $\int_a^x f(t)\,dt$에서 t는 적분변수이므로 $\int_a^x f(t)\,dt$는 t에 대한 함수가 아니라 x에 대한 함수이다.

2 정적분을 포함한 등식에서 함수 구하기

(1) 적분 구간이 상수인 경우

$f(x)=g(x)+\int_a^b f(t)\,dt$ (a, b는 상수) 꼴의 등식이 주어지면 함수 $f(x)$는 다음과 같은 순서로 구한다.

① $\int_a^b f(t)\,dt=k$ (k는 상수)로 놓으면

$f(x)=g(x)+k$ ...... ㉠

② ㉠을 $\int_a^b f(t)\,dt=k$에 대입하여 $\int_a^b \{g(t)+k\}\,dt=k$를 만족시키는 k의 값을 구한다.

③ ②에서 구한 k의 값을 ㉠에 대입하여 함수 $f(x)$를 구한다.

예 $f(x)=e^x+2\int_0^1 f(t)\,dt$를 만족시키는 함수 $f(x)$를 구해 보자.

$\int_0^1 f(t)\,dt=k$ (k는 상수)로 놓으면

$f(x)=e^x+2k$

$\int_0^1 (e^t+2k)\,dt=k$이므로

$\left[e^t+2kt\right]_0^1=k$

$e+2k-1=k$

$\therefore k=1-e$

$\therefore f(x)=e^x+2-2e$

(2) 적분 구간에 변수가 있는 경우

$\int_a^x f(t)\,dt=g(x)$ (a는 상수) 꼴의 등식이 주어지면

⇨ 주어진 등식의 양변을 x에 대하여 미분하여 함수 $f(x)$를 구한다.

이때 미정계수가 있으면 주어진 등식의 양변에 $x=a$를 대입하여 $\int_a^a f(t)\,dt=0$임을 이용한다.

예 $\int_{\frac{\pi}{2}}^x f(t)\,dt=2x+a\sin x$를 만족시키는 함수 $f(x)$를 구해 보자.

주어진 등식의 양변을 x에 대하여 미분하면

$f(x)=2+a\cos x$

주어진 등식의 양변에 $x=\frac{\pi}{2}$를 대입하면

$0=\pi+a \qquad \therefore a=-\pi$

$\therefore f(x)=2-\pi\cos x$

(3) 적분 구간과 적분하는 함수에 변수가 있는 경우

$\int_a^x (x-t)f(t)\,dt = g(x)$ (a는 상수) 꼴의 등식이 주어지면

⇨ 주어진 등식에서 $x\int_a^x f(t)\,dt - \int_a^x tf(t)\,dt = g(x)$이므로 양변을 x에 대하여 미분한다.

이때 $\int_a^x f(t)\,dt = g'(x)$이므로 다시 양변을 x에 대하여 미분하여 함수 $f(x)$를 구한다.

예 $\int_0^x (x-t)f(t)\,dt = xe^x - \sin x$를 만족시키는 함수 $f(x)$를 구해 보자.

주어진 등식에서

$x\int_0^x f(t)\,dt - \int_0^x tf(t)\,dt = xe^x - \sin x$

양변을 x에 대하여 미분하면

$\int_0^x f(t)\,dt + xf(x) - xf(x) = e^x + xe^x - \cos x$

$\therefore \int_0^x f(t)\,dt = (x+1)e^x - \cos x$

양변을 x에 대하여 미분하면

$$\begin{aligned} f(x) &= e^x + (x+1)e^x + \sin x \\ &= (x+2)e^x + \sin x \end{aligned}$$

3 정적분으로 정의된 함수의 극한

함수 $f(t)$의 한 부정적분을 $F(t)$라 하면

(1) $\lim_{x\to 0}\frac{1}{x}\int_a^{x+a} f(t)\,dt = \lim_{x\to 0}\frac{F(x+a)-f(a)}{x} = F'(a) = f(a)$

(2) $\lim_{x\to a}\frac{1}{x-a}\int_a^x f(t)\,dt = \lim_{x\to a}\frac{F(x)-F(a)}{x-a} = F'(a) = f(a)$

예 (1) $\lim_{x\to 0}\frac{1}{x}\int_\pi^{x+\pi} t\cos t\,dt$의 값을 구해 보자.

$f(t) = t\cos t$라 하고 $f(t)$의 한 부정적분을 $F(t)$라 하면

$$\begin{aligned} \lim_{x\to 0}\frac{1}{x}\int_\pi^{x+\pi} t\cos t\,dt &= \lim_{x\to 0}\frac{1}{x}\int_\pi^{x+\pi} f(t)\,dt \\ &= \lim_{x\to 0}\frac{F(x+\pi)-F(\pi)}{x} \\ &= F'(\pi) = f(\pi) \\ &= \pi\cos\pi = -\pi \end{aligned}$$

(2) $\lim_{x\to 1}\frac{1}{x-1}\int_1^x t(e^t+\ln t)\,dt$의 값을 구해 보자.

$f(t) = t(e^t+\ln t)$라 하고 $f(t)$의 한 부정적분을 $F(t)$라 하면

$$\begin{aligned} \lim_{x\to 1}\frac{1}{x-1}\int_1^x t(e^t+\ln t)\,dt &= \lim_{x\to 1}\frac{1}{x-1}\int_1^x f(t)\,dt \\ &= \lim_{x\to 1}\frac{F(x)-F(1)}{x-1} \\ &= F'(1) = f(1) \\ &= 1\times(e+0) = e \end{aligned}$$

수학 Ⅱ 다시보기

정적분으로 정의된 함수가 주어지고 어떤 구간에서 이 함수 또는 도함수로 나타내어진 방정식의 실근의 존재 여부 및 실근의 개수를 추론하는 문제가 출제된다. 이때 다음을 이용하므로 기억하자.

• 사잇값의 정리의 응용

함수 $f(x)$가 닫힌구간 $[a, b]$에서 연속이고 $f(a)$와 $f(b)$의 부호가 서로 다를 때, 즉 $f(a)f(b)<0$일 때, $f(c)=0$인 c가 열린구간 (a, b)에 적어도 하나 존재한다.

따라서 방정식 $f(x)=0$은 열린구간 (a, b)에서 적어도 하나의 실근을 갖는다.

• 사잇값의 정리

함수 $f(x)$가 닫힌구간 $[a, b]$에서 연속이고 $f(a)\neq f(b)$일 때, $f(a)$와 $f(b)$ 사이의 임의의 값 k에 대하여 $f(c)=k$인 c가 열린구간 (a, b)에 적어도 하나 존재한다.

유형 01 정적분을 포함한 등식

01 대표 문제

2018학년도 6월 모평 가형 12번

양의 실수 전체의 집합에서 연속인 함수 $f(x)$가

$$\int_1^x f(t)\,dt=x^2-a\sqrt{x}\ (x>0)$$

을 만족시킬 때, $f(1)$의 값은? (단, a는 상수이다.) [3점]

① 1 ② $\frac{3}{2}$ ③ 2 ④ $\frac{5}{2}$ ⑤ 3

02

2019학년도 7월 학평-가형 10번

실수 전체의 집합에서 연속인 함수 $f(x)$가

$$\int_a^x f(t)\,dt=(x+a-4)e^x$$

을 만족시킬 때, $f(a)$의 값은? (단, a는 상수이다.) [3점]

① e ② e^2 ③ e^3 ④ e^4 ⑤ e^5

03

2013학년도 10월 학평-B형 7번

연속함수 $f(x)$가 모든 실수 x에 대하여

$$\int_0^x f(t)\,dt=\cos 2x+ax^2+a$$

를 만족시킬 때, $f\left(\frac{\pi}{2}\right)$의 값은? (단, a는 상수이다.) [3점]

① $-\frac{3}{2}\pi$ ② $-\pi$ ③ $-\frac{\pi}{2}$ ④ 0 ⑤ $\frac{\pi}{2}$

04

2019학년도 4월 학평-가형 13번

실수 전체의 집합에서 미분가능한 함수 $f(x)$가

$$xf(x)=3^x+a+\int_0^x tf'(t)\,dt$$

를 만족시킬 때, $f(a)$의 값은? (단, a는 상수이다.) [3점]

① $\frac{\ln 2}{6}$ ② $\frac{\ln 2}{3}$ ③ $\frac{\ln 2}{2}$ ④ $\frac{\ln 3}{3}$ ⑤ $\frac{\ln 3}{2}$

05

2020학년도 10월 학평-가형 12번

연속함수 $f(x)$가 모든 양의 실수 x에 대하여

$$\int_{0}^{\ln t} f(x)\,dx=(t\ln t+a)^2-a$$

를 만족시킬 때, $f(1)$의 값은? (단, a는 0이 아닌 상수이다.) [3점]

① $2e^2+2e$ ② $2e^2+4e$ ③ $4e^2+4e$
④ $4e^2+8e$ ⑤ $8e^2+8e$

06

2018학년도 3월 학평-가형 27번

실수 전체의 집합에서 연속인 함수 $f(x)$가 모든 실수 x에 대하여

$$x\int_{0}^{x} f(t)\,dt-\int_{0}^{x} tf(t)\,dt=ae^{2x}-4x+b$$

를 만족시킬 때, $f(a)f(b)$의 값을 구하시오.

(단, a, b는 상수이다.) [4점]

07

2017학년도 7월 학평-가형 27번

함수 $f(x)$가

$$f(x)=e^x+\int_{0}^{1} tf(t)\,dt$$

를 만족시킬 때, $f(\ln 10)$의 값을 구하시오. [4점]

08

2014학년도 6월 모평 B형 27번

함수 $f(x)=\dfrac{1}{1+x}$에 대하여

$$F(x)=\int_{0}^{x} tf(x-t)\,dt \ (x\geq 0)$$

일 때, $F'(a)=\ln 10$을 만족시키는 상수 a의 값을 구하시오. [4점]

09

2019학년도 6월 모평 가형 15번

함수 $f(x)=a\cos(\pi x^2)$에 대하여

$$\lim_{x\to0}\left\{\frac{x^2+1}{x}\int_1^{x+1}f(t)\,dt\right\}=3$$

일 때, $f(a)$의 값은? (단, a는 상수이다.) [4점]

① 1 ② $\frac{3}{2}$ ③ 2

④ $\frac{5}{2}$ ⑤ 3

유형 02 정적분으로 정의된 함수의 최대, 최소

10 대표 문제

2018학년도 10월 학평-가형 13번

실수 전체의 집합에서 정의된 함수

$$f(x)=\int_0^x \frac{2t-1}{t^2-t+1}\,dt$$

의 최솟값은? [3점]

① $\ln\frac{1}{2}$ ② $\ln\frac{2}{3}$ ③ $\ln\frac{3}{4}$

④ $\ln\frac{4}{5}$ ⑤ $\ln\frac{5}{6}$

11

2018학년도 4월 학평-가형 27번

자연수 n에 대하여 양의 실수 전체의 집합에서 정의된 함수

$$f(x)=\int_1^x \frac{n-\ln t}{t}\,dt$$

의 최댓값을 $g(n)$이라 하자. $\sum_{n=1}^{12}g(n)$의 값을 구하시오. [4점]

12

2019학년도 10월 학평-가형 20번

함수 $f(x)=\int_{x}^{x+2}|2^t-5|\,dt$의 최솟값을 m이라 할 때, 2^m의 값은? [4점]

① $\left(\frac{5}{4}\right)^8$　② $\left(\frac{5}{4}\right)^9$　③ $\left(\frac{5}{4}\right)^{10}$
④ $\left(\frac{5}{4}\right)^{11}$　⑤ $\left(\frac{5}{4}\right)^{12}$

유형 03 정적분으로 정의된 함수의 활용

13 대표 문제

2020학년도 7월 학평-가형 19번

실수 전체의 집합에서 $f(x)>0$이고 도함수가 연속인 함수 $f(x)$가 있다. 실수 전체의 집합에서 함수 $g(x)$가

$$g(x)=\int_{0}^{x}\ln f(t)\,dt$$

일 때, 함수 $g(x)$와 $g(x)$의 도함수 $g'(x)$는 다음 조건을 만족시킨다.

> (가) 함수 $g(x)$는 $x=1$에서 극값 2를 갖는다.
> (나) 모든 실수 x에 대하여 $g'(-x)=g'(x)$이다.

$\int_{-1}^{1}\frac{xf'(x)}{f(x)}dx$의 값은? [4점]

① -4　② -2　③ 0
④ 2　⑤ 4

14

2017학년도 7월 학평-가형 20번

최고차항의 계수가 1인 이차함수 $f(x)$에 대하여 함수 $g(x)$가

$$g(x)=\int_{0}^{x}\frac{t}{f(t)}dt$$

일 때, 함수 $g(x)$는 다음 조건을 만족시킨다.

> (가) 모든 실수 x에 대하여 $g'(-x)=-g'(x)$이다.
> (나) 점 $(1,\ g(1))$은 곡선 $y=g(x)$의 변곡점이다.

$g(1)$의 값은? [4점]

① $\frac{1}{5}\ln 2$　② $\frac{1}{4}\ln 2$　③ $\frac{1}{3}\ln 2$
④ $\frac{1}{2}\ln 2$　⑤ $\ln 2$

15

2017학년도 3월 학평-가형 16번

연속함수 $f(x)$가

$$\int_{-1}^{1} f(x)\,dx=12,\ \int_{0}^{1} xf(x)\,dx=\int_{0}^{-1} xf(x)\,dx$$

를 만족시킨다. $\int_{-1}^{x} f(t)\,dt=F(x)$라 할 때, $\int_{-1}^{1} F(x)\,dx$의 값은? [4점]

① 6 ② 8 ③ 10 ④ 12 ⑤ 14

16

2018학년도 7월 학평-가형 20번

양의 실수 전체의 집합에서 미분가능한 두 함수 $f(x)$와 $g(x)$가 다음 조건을 만족시킨다.

(가) 모든 양의 실수 x에 대하여 $g(x)=\int_{1}^{x} \frac{f(t^2+1)}{t}\,dt$

(나) $\int_{2}^{5} f(x)\,dx=16$

$g(2)=3$일 때, $\int_{1}^{2} xg(x)\,dx$의 값은? [4점]

① 2 ② 4 ③ 6 ④ 8 ⑤ 10

17

2021학년도 9월 모평 가형 20번

함수 $f(x)=\sin(\pi\sqrt{x})$에 대하여 함수

$$g(x)=\int_{0}^{x} tf(x-t)\,dt\ (x\geq 0)$$

이 $x=a$에서 극대인 모든 a를 작은 수부터 크기순으로 나열할 때, n번째 수를 a_n이라 하자. $k^2<a_6<(k+1)^2$인 자연수 k의 값은? [4점]

① 11 ② 14 ③ 17 ④ 20 ⑤ 23

18

2014학년도 수능 B형(홀) 21번

연속함수 $y=f(x)$의 그래프가 원점에 대하여 대칭이고, 모든 실수 x에 대하여

$$f(x)=\frac{\pi}{2}\int_{1}^{x+1} f(t)\,dt$$

이다. $f(1)=1$일 때,

$$\pi^2\int_{0}^{1} xf(x+1)\,dx$$

의 값은? [4점]

① $2(\pi-2)$ ② $2\pi-3$ ③ $2(\pi-1)$ ④ $2\pi-1$ ⑤ 2π

19

2017학년도 수능 가형(홀) 21번

닫힌구간 $[0,\ 1]$에서 증가하는 연속함수 $f(x)$가

$$\int_0^1 f(x)\,dx=2,\ \int_0^1 |f(x)|\,dx=2\sqrt{2}$$

를 만족시킨다. 함수 $F(x)$가

$$F(x)=\int_0^x |f(t)|\,dt\ (0\le x\le 1)$$

일 때, $\int_0^1 f(x)F(x)\,dx$의 값은? [4점]

① $4-\sqrt{2}$ ② $2+\sqrt{2}$ ③ $5-\sqrt{2}$
④ $1+2\sqrt{2}$ ⑤ $2+2\sqrt{2}$

20

2017학년도  수능 가형(홀) 20번

함수 $f(x)=e^{-x}\int_0^x \sin(t^2)\,dt$에 대하여 〈보기〉에서 옳은 것만을 있는 대로 고른 것은? [4점]

〈 보기 〉

ㄱ. $f(\sqrt{\pi})>0$
ㄴ. $f'(a)>0$을 만족시키는 a가 열린구간 $(0,\ \sqrt{\pi})$에 적어도 하나 존재한다.
ㄷ. $f'(b)=0$을 만족시키는 b가 열린구간 $(0,\ \sqrt{\pi})$에 적어도 하나 존재한다.

① ㄱ ② ㄷ ③ ㄱ, ㄴ
④ ㄴ, ㄷ ⑤ ㄱ, ㄴ, ㄷ

21

2018학년도 3월 학평-가형 20번

함수 $f(x)=\int_0^x \sin(\pi\cos t)\,dt$에 대하여 〈보기〉에서 옳은 것만을 있는 대로 고른 것은? [4점]

〈 보기 〉

ㄱ. $f'(0)=0$
ㄴ. 함수 $y=f(x)$의 그래프는 원점에 대하여 대칭이다.
ㄷ. $f(\pi)=0$

① ㄱ ② ㄷ ③ ㄱ, ㄴ
④ ㄴ, ㄷ ⑤ ㄱ, ㄴ, ㄷ

22

2020학년도 6월 모평 가형 20번

실수 전체의 집합에서 미분가능한 함수 $f(x)$가 모든 실수 x에 대하여 다음 조건을 만족시킨다.

> (가) $f(x)>0$
> (나) $\ln f(x)+2\int_{0}^{x}(x-t)f(t)\,dt=0$

〈보기〉에서 옳은 것만을 있는 대로 고른 것은? [4점]

〈 보기 〉

ㄱ. $x>0$에서 함수 $f(x)$는 감소한다.
ㄴ. 함수 $f(x)$의 최댓값은 1이다.
ㄷ. 함수 $F(x)$를 $F(x)=\int_{0}^{x}f(t)\,dt$라 할 때, $f(1)+\{F(1)\}^2=1$이다.

① ㄱ ② ㄱ, ㄴ ③ ㄱ, ㄷ ④ ㄴ, ㄷ ⑤ ㄱ, ㄴ, ㄷ

23

2019학년도 3월 학평-가형 21번

함수 $f(x)$의 도함수가 $f'(x)=xe^{-x^2}$이다. 모든 실수 x에 대하여 두 함수 $f(x)$, $g(x)$가 다음 조건을 만족시킬 때, 〈보기〉에서 옳은 것만을 있는 대로 고른 것은? [4점]

> (가) $g(x)=\int_{1}^{x}f'(t)(x+1-t)\,dt$
> (나) $f(x)=g'(x)-f'(x)$

〈 보기 〉

ㄱ. $g'(1)=\frac{1}{e}$
ㄴ. $f(1)=g(1)$
ㄷ. 어떤 양수 x에 대하여 $g(x)<f(x)$이다.

① ㄱ ② ㄱ, ㄴ ③ ㄱ, ㄷ ④ ㄴ, ㄷ ⑤ ㄱ, ㄴ, ㄷ

• 해설편 426쪽

24

2017학년도 3월 학평–가형 21번

구간 $[0, 1]$에서 정의된 연속함수 $f(x)$에 대하여 함수

$$F(x)=\int_0^x f(t)\,dt \ (0\le x\le 1)$$

은 다음 조건을 만족시킨다.

> (가) $F(x)=f(x)-x$
> (나) $\int_0^1 F(x)\,dx=e-\frac{5}{2}$

〈보기〉에서 옳은 것만을 있는 대로 고른 것은? [4점]

〈 보기 〉

ㄱ. $F(1)=e$

ㄴ. $\int_0^1 xF(x)\,dx=\frac{1}{6}$

ㄷ. $\int_0^1 \{F(x)\}^2\,dx=\frac{1}{2}e^2-2e+\frac{11}{6}$

① ㄴ ② ㄷ ③ ㄱ, ㄴ
④ ㄴ, ㄷ ⑤ ㄱ, ㄴ, ㄷ

1등급을 향한 고난도 문제

25

2024학년도 9월  28번

실수 $a\ (0<a<2)$에 대하여 함수 $f(x)$를

$$f(x)=\begin{cases} 2|\sin 4x| & (x<0) \\ -\sin ax & (x\ge 0) \end{cases}$$

이라 하자. 함수

$$g(x)=\left|\int_{-a\pi}^{x} f(t)\,dt\right|$$

가 실수 전체의 집합에서 미분가능할 때, a의 최솟값은? [4점]

① $\frac{1}{2}$ ② $\frac{3}{4}$ ③ 1
④ $\frac{5}{4}$ ⑤ $\frac{3}{2}$

26

2017학년도 6월 모평 가형 30번

실수 전체의 집합에서 미분가능한 함수 $f(x)$가 상수 $a\,(0<a<2\pi)$와 모든 실수 x에 대하여 다음 조건을 만족시킨다.

> (가) $f(x)=f(-x)$
> (나) $\int_{x}^{x+a} f(t)\,dt=\sin\left(x+\frac{\pi}{3}\right)$

닫힌구간 $\left[0,\ \frac{a}{2}\right]$에서 두 실수 b, c에 대하여

$f(x)=b\cos(3x)+c\cos(5x)$일 때, $abc=-\frac{q}{p}\pi$이다.

$p+q$의 값을 구하시오. (단, p와 q는 서로소인 자연수이다.)

[4점]

27

2018학년도 7월 학평-가형 30번

$ab<0$인 상수 a, b에 대하여 함수 $f(x)$는

$f(x)=(ax+b)e^{-\frac{x}{2}}$이고 함수 $g(x)$는 $g(x)=\int_{0}^{x} f(t)\,dt$이다. 실수 $k\,(k>0)$에 대하여 부등식

$g(x)-k\geq xf(x)$

를 만족시키는 양의 실수 x가 존재할 때, 이 x의 값 중 최솟값을 $h(k)$라 하자. 함수 $g(x)$와 $h(k)$는 다음 조건을 만족시킨다.

> (가) 함수 $g(x)$는 극댓값 α를 갖고 $h(\alpha)=2$이다.
> (나) $h(k)$의 값이 존재하는 k의 최댓값은 $8e^{-2}$이다.

$100(a^2+b^2)$의 값을 구하시오. (단, $\lim_{x\to\infty} f(x)=0$) [4점]

28

2018학년도 6월 모평 가형 30번

실수 a와 함수 $f(x)=\ln(x^4+1)-c$ ($c>0$인 상수)에 대하여 함수 $g(x)$를

$$g(x)=\int_a^x f(t)\,dt$$

라 하자. 함수 $y=g(x)$의 그래프가 x축과 만나는 서로 다른 점의 개수가 2가 되도록 하는 모든 a의 값을 작은 수부터 크기 순으로 나열하면 α_1, α_2, $\cdots$, α_m (m은 자연수)이다. $a=\alpha_1$일 때, 함수 $g(x)$와 상수 k는 다음 조건을 만족시킨다.

(가) 함수 $g(x)$는 $x=1$에서 극솟값을 갖는다.
(나) $\displaystyle\int_{\alpha_1}^{\alpha_m} g(x)\,dx=k\alpha_m\int_0^1|f(x)|\,dx$

$mk\times e^c$의 값을 구하시오. [4점]

29

2019학년도 10월 학평-가형 30번

실수 전체의 집합에서 미분가능한 두 함수 $f(x)$, $g(x)$가 모든 실수 x에 대하여 다음 조건을 만족시킨다.

(가) $g(x+1)-g(x)=-\pi(e+1)e^x\sin(\pi x)$
(나) $\displaystyle g(x+1)=\int_0^x\{f(t+1)e^t-f(t)e^t+g(t)\}\,dt$

$\displaystyle\int_0^1 f(x)\,dx=\frac{10}{9}e+4$일 때, $\displaystyle\int_1^{10} f(x)\,dx$의 값을 구하시오.

[4점]

24 일차

한눈에 정리하는 평가원 기출 경향

학년도 / 주제	2025	2024	2023 ~ 2022
정적분과 급수의 관계			**06** 2023학년도 수능 (홀) 24번 $\lim_{n\to\infty}\frac{1}{n}\sum_{k=1}^{n}\sqrt{1+\frac{3k}{n}}$ 의 값은? [3점] ① $\frac{4}{3}$ ② $\frac{13}{9}$ ③ $\frac{14}{9}$ ④ $\frac{5}{3}$ ⑤ $\frac{16}{9}$ **16** 2022학년도 수능 (홀) 26번 $\lim_{n\to\infty}\sum_{k=1}^{n}\frac{k^2+2kn}{k^3+3k^2n+n^3}$ 의 값은? [3점] ① $\ln 5$ ② $\frac{\ln 5}{2}$ ③ $\frac{\ln 5}{3}$ ④ $\frac{\ln 5}{4}$ ⑤ $\frac{\ln 5}{5}$
정적분과 급수의 관계 – 도형에의 활용			

2021 ~ 2014

05
2021학년도 수능 가형(홀) 11번

$\lim_{n\to\infty}\frac{1}{n}\sum_{k=1}^{n}\sqrt{\frac{3n}{3n+k}}$의 값은? [3점]

① $4\sqrt{3}-6$ ② $\sqrt{3}-1$ ③ $5\sqrt{3}-8$
④ $2\sqrt{3}-3$ ⑤ $3\sqrt{3}-5$

12
2020학년도 9월 모평 나형 19번

함수 $f(x)=4x^4+4x^3$에 대하여 $\lim_{n\to\infty}\sum_{k=1}^{n}\frac{1}{n+k}f\left(\frac{k}{n}\right)$의 값은? [4점]

① 1 ② 2 ③ 3
④ 4 ⑤ 5

02
2015학년도 수능 B형(홀) 9번

함수 $f(x)=\frac{1}{x}$에 대하여 $\lim_{n\to\infty}\sum_{k=1}^{n}f\left(1+\frac{2k}{n}\right)\frac{2}{n}$의 값은? [3점]

① $\ln 2$ ② $\ln 3$ ③ $2\ln 2$
④ $\ln 5$ ⑤ $\ln 6$

19
2015학년도 9월 모평 B형 13번

그림과 같이 중심이 O, 반지름의 길이가 1이고 중심각의 크기가 $\frac{\pi}{2}$인 부채꼴 OAB가 있다. 자연수 n에 대하여 호 AB를 $2n$등분한 각 분점(양 끝점도 포함)을 차례로 $P_0(=A)$, P_1, P_2, $\cdots$, P_{2n-1}, $P_{2n}(=B)$라 하자.

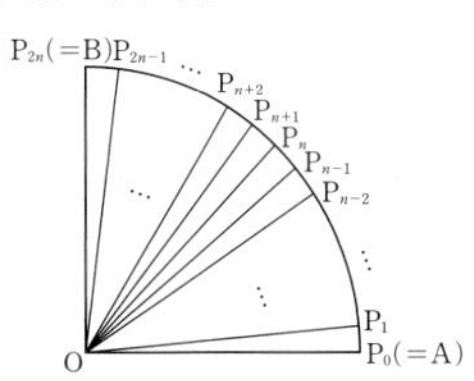

주어진 자연수 n에 대하여 $S_k\,(1\le k\le n)$을 삼각형 $OP_{n-k}P_{n+k}$의 넓이라 할 때, $\lim_{n\to\infty}\frac{1}{n}\sum_{k=1}^{n}S_k$의 값은? [3점]

① $\frac{1}{\pi}$ ② $\frac{13}{12\pi}$ ③ $\frac{7}{6\pi}$
④ $\frac{5}{4\pi}$ ⑤ $\frac{4}{3\pi}$

03
2021학년도 9월 모평 가형 25번

$\lim_{n\to\infty}\sum_{k=1}^{n}\frac{2}{n}\left(1+\frac{2k}{n}\right)^4=a$일 때, $5a$의 값을 구하시오. [3점]

08
2017학년도 9월 모평 나형 28번

함수 $f(x)=4x^2+6x+32$에 대하여

$$\lim_{n\to\infty}\sum_{k=1}^{n}\frac{k}{n^2}f\left(\frac{k}{n}\right)$$

의 값을 구하시오. [4점]

09
2014학년도 수능 A형(홀) 29번

함수 $f(x)=3x^2-ax$가

$$\lim_{n\to\infty}\frac{1}{n}\sum_{k=1}^{n}f\left(\frac{3k}{n}\right)=f(1)$$

을 만족시킬 때, 상수 a의 값을 구하시오. [4점]

20
2014학년도 6월 모평 B형 18번

함수 $f(x)=e^x$이 있다. 2 이상인 자연수 n에 대하여 닫힌구간 $[1, 2]$를 n등분한 각 분점(양 끝점도 포함)을 차례로

$$1=x_0,\ x_1,\ x_2,\ \cdots,\ x_{n-1},\ x_n=2$$

라 하자. 세 점 $(0, 0)$, $(x_k, 0)$, $(x_k, f(x_k))$를 꼭짓점으로 하는 삼각형의 넓이를 $A_k\,(k=1, 2, \cdots, n)$이라 할 때, $\lim_{n\to\infty}\frac{1}{n}\sum_{k=1}^{n}A_k$의 값은? [4점]

① $\frac{1}{2}e^2-e$ ② $\frac{1}{2}(e^2-e)$ ③ $\frac{1}{2}e^2$
④ e^2-e ⑤ $e^2-\frac{1}{2}e$

01
2020학년도 수능 나형(홀) 11번

함수 $f(x)=4x^3+x$에 대하여 $\lim_{n\to\infty}\sum_{k=1}^{n}\frac{1}{n}f\left(\frac{2k}{n}\right)$의 값은? [3점]

① 6 ② 7 ③ 8
④ 9 ⑤ 10

13
2015학년도 9월 모평 A형 14번

이차함수 $y=f(x)$의 그래프는 그림과 같고, $f(0)=f(3)=0$이다.

$\lim_{n\to\infty}\frac{1}{n}\sum_{k=1}^{n}f\left(\frac{k}{n}\right)=\frac{7}{6}$일 때, $f'(0)$의 값은? [4점]

① $\frac{5}{2}$ ② 3 ③ $\frac{7}{2}$
④ 4 ⑤ $\frac{9}{2}$

정적분과 급수

1 정적분과 급수의 관계

함수 $f(x)$가 닫힌구간 $[a, b]$에서 연속일 때,

$$\lim_{n\to\infty}\sum_{k=1}^{n} f(x_k)\Delta x=\int_a^b f(x)\,dx \left(\text{단, } \Delta x=\frac{b-a}{n},\ x_k=a+k\Delta x\right)$$

이를 이용하면 다음과 같이 급수를 정적분으로 나타낼 수 있다. (단, p는 상수)

(1) $\displaystyle\lim_{n\to\infty}\sum_{k=1}^{n} f\left(\frac{pk}{n}\right)\times\frac{p}{n}=\int_0^p f(x)\,dx$

(2) $\displaystyle\lim_{n\to\infty}\sum_{k=1}^{n} f\left(a+\frac{pk}{n}\right)\times\frac{p}{n}=\int_a^{a+p} f(x)\,dx=\int_0^p f(x+p)\,dx$

참고 $\displaystyle\lim_{n\to\infty}\sum_{k=0}^{n-1} f(x_k)\Delta x=\int_a^b f(x)\,dx$

예 (1) $\displaystyle\lim_{n\to\infty}\sum_{k=1}^{n} f\left(\frac{2k}{n}\right)\times\frac{2}{n}$에서 $\frac{2k}{n}$를 x로, $\frac{2}{n}$를 dx로 나타내면 적분 구간은 $[0, 2]$이므로

$\displaystyle\lim_{n\to\infty}\sum_{k=1}^{n} f\left(\frac{2k}{n}\right)\times\frac{2}{n}=\int_0^2 f(x)\,dx$ → $\displaystyle\lim_{n\to\infty}\sum_{k=1}^{n} f\left(\frac{pk}{n}\right)\times\frac{p}{n}=\int_0^p f(x)\,dx$에서 $p=2$

(2) $\displaystyle\lim_{n\to\infty}\sum_{k=1}^{n} \frac{k}{n}f\left(\frac{k}{n}\right)\times\frac{1}{n}$에서 $\frac{k}{n}$를 x로, $\frac{1}{n}$을 dx로 나타내면 적분 구간은 $[0, 1]$이므로

$\displaystyle\lim_{n\to\infty}\sum_{k=1}^{n} \frac{k}{n}f\left(\frac{k}{n}\right)\times\frac{1}{n}=\int_0^1 xf(x)\,dx$ → $\displaystyle\lim_{n\to\infty}\sum_{k=1}^{n} f\left(\frac{pk}{n}\right)\times\frac{p}{n}=\int_0^p f(x)\,dx$에서 $p=1$

(3) $\displaystyle\lim_{n\to\infty}\sum_{k=1}^{n} f\left(1+\frac{2k}{n}\right)\times\frac{2}{n}$에서 $1+\frac{2k}{n}$를 x로, $\frac{2}{n}$를 dx로 나타내면 적분 구간은 $[1, 3]$이므로

$\displaystyle\lim_{n\to\infty}\sum_{k=1}^{n} f\left(1+\frac{2k}{n}\right)\times\frac{2}{n}=\int_1^3 f(x)\,dx$ → $\displaystyle\lim_{n\to\infty}\sum_{k=1}^{n} f\left(a+\frac{pk}{n}\right)\times\frac{p}{n}=\int_a^{a+p} f(x)\,dx$에서 $a=1$, $p=2$

$\displaystyle=\int_0^2 f(x+1)\,dx$

(4) $\displaystyle\lim_{n\to\infty}\sum_{k=1}^{n} \frac{k}{n}f\left(2+\frac{k}{n}\right)\times\frac{1}{n}$에서 $2+\frac{k}{n}$를 x로, $\frac{1}{n}$을 dx로 나타내면 적분 구간은 $[2, 3]$이므로

$\displaystyle\lim_{n\to\infty}\sum_{k=1}^{n} \frac{k}{n}f\left(2+\frac{k}{n}\right)\times\frac{1}{n}=\int_2^3 (x-2)f(x)\,dx$ → $\displaystyle\lim_{n\to\infty}\sum_{k=1}^{n} f\left(a+\frac{pk}{n}\right)\times\frac{p}{n}=\int_a^{a+p} f(x)\,dx$에서 $a=2$, $p=1$

$\displaystyle=\int_0^1 xf(x+2)\,dx$

- 급수를 정적분으로 나타낼 때는 다음과 같은 순서로 한다.
  (1) 적분변수를 정한다.
  (2) 적분 구간을 구한다.
  (3) 정적분으로 나타낸다.

- $\displaystyle\int_\alpha^{\alpha+\beta} f(x)\,dx$에서 $x-\alpha=t$로 놓으면 $\frac{dt}{dx}=1$이고, $x=\alpha$일 때 $t=0$, $x=\alpha+\beta$일 때 $t=\beta$이므로

$$\int_\alpha^{\alpha+\beta} f(x)\,dx=\int_0^\beta f(t+\alpha)\,dt=\int_0^\beta f(x+\alpha)\,dx$$

• 해설편 434쪽

유형 01 정적분과 급수의 관계

01 대표 문제

2020학년도 수능 나형(홀) 11번

함수 $f(x)=4x^3+x$에 대하여 $\lim_{n\to\infty}\sum_{k=1}^{n}\frac{1}{n}f\left(\frac{2k}{n}\right)$의 값은? [3점]

① 6 ② 7 ③ 8 ④ 9 ⑤ 10

02

2015학년도 수능 B형(홀) 9번

함수 $f(x)=\frac{1}{x}$에 대하여 $\lim_{n\to\infty}\sum_{k=1}^{n}f\left(1+\frac{2k}{n}\right)\frac{2}{n}$의 값은? [3점]

① $\ln 2$ ② $\ln 3$ ③ $2\ln 2$ ④ $\ln 5$ ⑤ $\ln 6$

03

2021학년도 9월 모평 가형 25번

$\lim_{n\to\infty}\sum_{k=1}^{n}\frac{2}{n}\left(1+\frac{2k}{n}\right)^4=a$일 때, $5a$의 값을 구하시오. [3점]

04

2016학년도 7월 학평-가형 14번

함수 $f(x)=\frac{1}{x^2+x}$에 대하여 $\lim_{n\to\infty}\frac{2}{n}\sum_{k=1}^{n}f\left(1+\frac{2k}{n}\right)$의 값은? [4점]

① $\ln\frac{9}{8}$ ② $\ln\frac{5}{4}$ ③ $\ln\frac{11}{8}$ ④ $\ln\frac{3}{2}$ ⑤ $\ln\frac{13}{8}$

05

2021학년도 수능 가형(홀) 11번

$\lim_{n\to\infty}\frac{1}{n}\sum_{k=1}^{n}\sqrt{\frac{3n}{3n+k}}$의 값은? [3점]

① $4\sqrt{3}-6$ ② $\sqrt{3}-1$ ③ $5\sqrt{3}-8$ ④ $2\sqrt{3}-3$ ⑤ $3\sqrt{3}-5$

06

2023학년도  (홀) 24번

$\lim_{n\to\infty}\frac{1}{n}\sum_{k=1}^{n}\sqrt{1+\frac{3k}{n}}$의 값은? [3점]

① $\frac{4}{3}$ ② $\frac{13}{9}$ ③ $\frac{14}{9}$ ④ $\frac{5}{3}$ ⑤ $\frac{16}{9}$

07

2019학년도 3월 학평-가형 12번

함수 $f(x)=\sin(3x)$에 대하여 $\lim_{n\to\infty}\sum_{k=1}^{n}\frac{\pi}{n}f\left(\frac{k\pi}{n}\right)$의 값은? [3점]

① $\frac{2}{3}$ ② 1 ③ $\frac{4}{3}$ ④ $\frac{5}{3}$ ⑤ 2

08

2017학년도 9월 모평 나형 28번

함수 $f(x)=4x^2+6x+32$에 대하여

$$\lim_{n\to\infty}\sum_{k=1}^{n}\frac{k}{n^2}f\left(\frac{k}{n}\right)$$

의 값을 구하시오. [4점]

09

2014학년도 수능 A형(홀) 29번

함수 $f(x)=3x^2-ax$가

$$\lim_{n\to\infty}\frac{1}{n}\sum_{k=1}^{n}f\left(\frac{3k}{n}\right)=f(1)$$

을 만족시킬 때, 상수 a의 값을 구하시오. [4점]

10

2018학년도 3월 학평-가형 28번

함수 $f(x)=\ln x$에 대하여 $\lim_{n\to\infty}\sum_{k=1}^{n}\frac{k}{n^2}f\left(1+\frac{k}{n}\right)=\frac{q}{p}$일 때, $p+q$의 값을 구하시오. (단, p와 q는 서로소인 자연수이다.) [4점]

11

2020학년도 10월 학평-가형 14번

함수 $f(x)=\cos x$에 대하여 $\lim_{n\to\infty}\sum_{k=1}^{n}\frac{k\pi}{n^2}f\left(\frac{\pi}{2}+\frac{k\pi}{n}\right)$의 값은? [3점]

① $-\frac{5}{2}$ ② -2 ③ $-\frac{3}{2}$ ④ -1 ⑤ $-\frac{1}{2}$

12

2020학년도 9월 모평 나형 19번

함수 $f(x)=4x^4+4x^3$에 대하여 $\lim_{n\to\infty}\sum_{k=1}^{n}\frac{1}{n+k}f\left(\frac{k}{n}\right)$의 값은? [4점]

① 1 ② 2 ③ 3 ④ 4 ⑤ 5

13

2015학년도 9월 모평 A형 14번

이차함수 $y=f(x)$의 그래프는 그림과 같고, $f(0)=f(3)=0$ 이다.

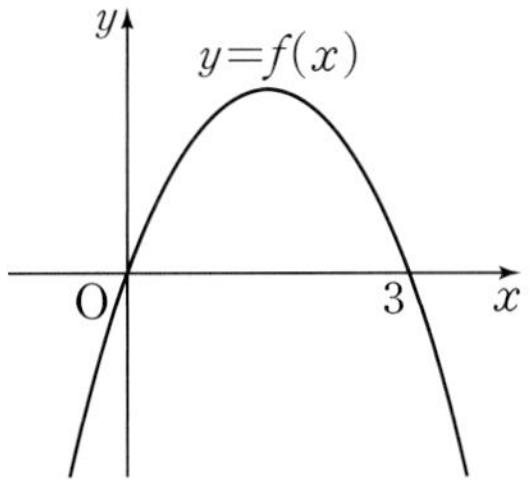

y
y=f(x)
O
3
x

$\lim_{n\to\infty}\frac{1}{n}\sum_{k=1}^{n}f\left(\frac{k}{n}\right)=\frac{7}{6}$일 때, $f'(0)$의 값은? [4점]

① $\frac{5}{2}$ ② 3 ③ $\frac{7}{2}$

④ 4 ⑤ $\frac{9}{2}$

14

2014학년도 7월 학평–A형 16번

이차함수 $f(x)=x^2+1$에 대하여 $\lim_{n\to\infty}\sum_{k=1}^{n}f\left(1+\frac{k}{n}\right)\frac{k^2+2nk}{n^3}$ 의 값은? [4점]

① $\frac{26}{5}$ ② $\frac{31}{5}$ ③ $\frac{36}{5}$

④ $\frac{41}{5}$ ⑤ $\frac{46}{5}$

15

2022학년도 10월 학평 26번

$\lim_{n\to\infty}\sum_{k=1}^{n}\frac{k}{(2n-k)^2}$의 값은? [3점]

① $\frac{3}{2}-2\ln 2$ ② $1-\ln 2$ ③ $\frac{3}{2}-\ln 3$

④ $\ln 2$ ⑤ $2-\ln 3$

16

2022학년도 수능 (홀) 26번

$\lim_{n\to\infty}\sum_{k=1}^{n}\frac{k^2+2kn}{k^3+3k^2n+n^3}$의 값은? [3점]

① $\ln 5$　② $\frac{\ln 5}{2}$　③ $\frac{\ln 5}{3}$　④ $\frac{\ln 5}{4}$　⑤ $\frac{\ln 5}{5}$

17

2013학년도 10월 학평-B형 20번

연속함수 $f(x)$가 다음 조건을 만족시킨다.

> (가) $f(2)=1$
> (나) $\int_0^2 f(x)\,dx=\frac{1}{4}$

$\lim_{n\to\infty}\sum_{k=1}^{n}\left\{f\left(\frac{2k}{n}\right)-f\left(\frac{2k-2}{n}\right)\right\}\frac{k}{n}$의 값은? [4점]

① $\frac{3}{4}$　② $\frac{4}{5}$　③ $\frac{5}{6}$　④ $\frac{6}{7}$　⑤ $\frac{7}{8}$

18

2024학년도 10월 학평 28번

함수 $y=\frac{2\pi}{x}$의 그래프와 함수 $y=\cos x$의 그래프가 만나는 점의 x좌표 중 양수인 것을 작은 수부터 크기순으로 모두 나열할 때, m번째 수를 a_m이라 하자. $\lim_{n\to\infty}\sum_{k=1}^{n}\{n\times\cos^2(a_{n+k})\}$의 값은? [4점]

① $\frac{3}{2}$　② 2　③ $\frac{5}{2}$　④ 3　⑤ $\frac{7}{2}$

• 해설편 438쪽

유형 02 정적분과 급수의 관계 - 도형에의 활용

19 대표 문제

2015학년도 9월 모평 B형 13번

그림과 같이 중심이 O, 반지름의 길이가 1이고 중심각의 크기가 $\frac{\pi}{2}$인 부채꼴 OAB가 있다. 자연수 n에 대하여 호 AB를 $2n$등분한 각 분점(양 끝점도 포함)을 차례로 $P_0(=A)$, P_1, P_2, $\cdots$, P_{2n-1}, $P_{2n}(=B)$라 하자.

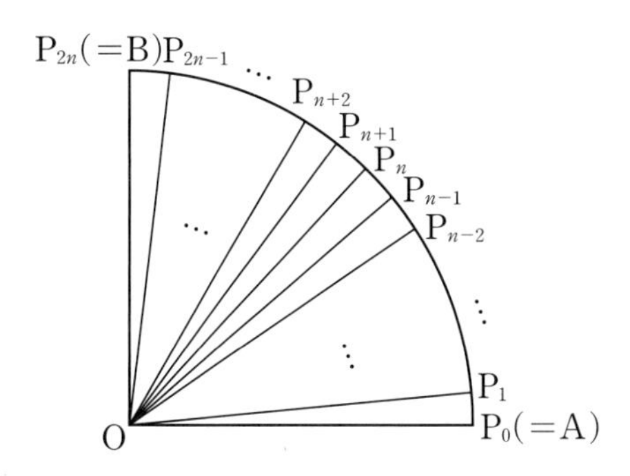

주어진 자연수 n에 대하여 $S_k\,(1\le k\le n)$을 삼각형 $OP_{n-k}P_{n+k}$의 넓이라 할 때, $\lim_{n\to\infty}\frac{1}{n}\sum_{k=1}^{n}S_k$의 값은? [3점]

① $\frac{1}{\pi}$ ② $\frac{13}{12\pi}$ ③ $\frac{7}{6\pi}$

④ $\frac{5}{4\pi}$ ⑤ $\frac{4}{3\pi}$

20

2014학년도 6월 모평 B형 18번

함수 $f(x)=e^x$이 있다. 2 이상인 자연수 n에 대하여 닫힌구간 $[1, 2]$를 n등분한 각 분점(양 끝점도 포함)을 차례로

$$1=x_0,\ x_1,\ x_2,\ \cdots,\ x_{n-1},\ x_n=2$$

라 하자. 세 점 $(0, 0)$, $(x_k, 0)$, $(x_k, f(x_k))$를 꼭짓점으로 하는 삼각형의 넓이를 $A_k\,(k=1, 2, \cdots, n)$이라 할 때, $\lim_{n\to\infty}\frac{1}{n}\sum_{k=1}^{n}A_k$의 값은? [4점]

① $\frac{1}{2}e^2-e$ ② $\frac{1}{2}(e^2-e)$ ③ $\frac{1}{2}e^2$

④ e^2-e ⑤ $e^2-\frac{1}{2}e$

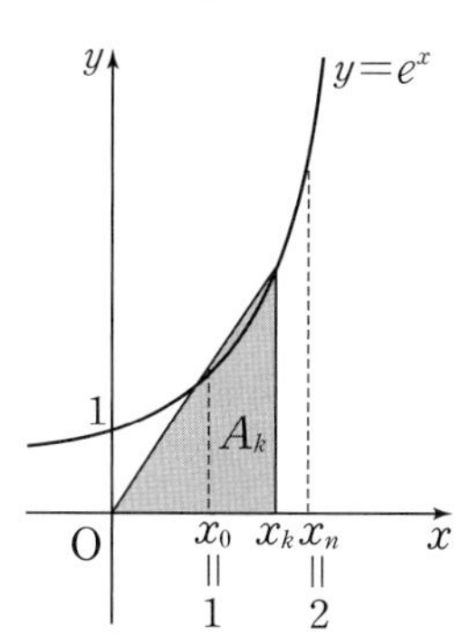

21

2013학년도 4월 학평-B형 29번

그림과 같이 한 변의 길이가 1인 정사각형 ABCD가 있다. 2 이상의 자연수 n에 대하여 변 BC를 n등분한 각 분점을 점 B에서 가까운 것부터 차례로 P_1, P_2, P_3, $\cdots$, P_{n-1}이라 하고, 변 CD를 n등분한 각 분점을 점 C에서 가까운 것부터 차례로 Q_1, Q_2, Q_3, $\cdots$, Q_{n-1}이라 하자. $1 \le k \le n-1$인 자연수 k에 대하여 사각형 AP_kQ_kD의 넓이를 S_k라 하자. $\lim_{n\to\infty} \frac{1}{n} \sum_{k=1}^{n-1} S_k = \alpha$일 때, 150α의 값을 구하시오. [4점]

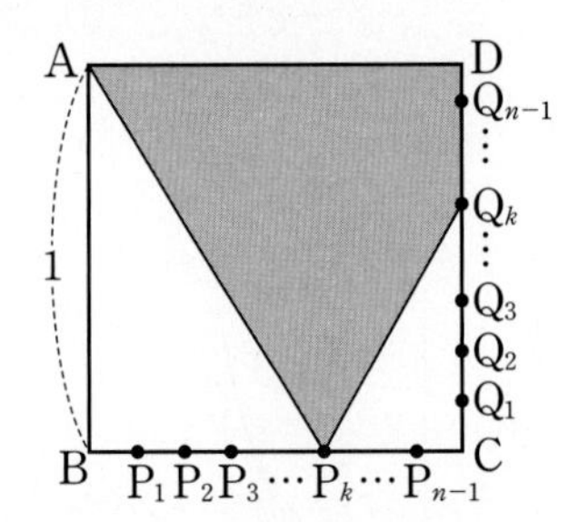

22

2015학년도 4월 학평-B형 28번

그림과 같이 중심각의 크기가 $\frac{\pi}{2}$이고, 반지름의 길이가 8인 부채꼴 OAB가 있다. 2 이상의 자연수 n에 대하여 호 AB를 n등분한 각 분점을 점 A에서 가까운 것부터 차례로 P_1, P_2, P_3, $\cdots$, P_{n-1}이라 하자. $1 \le k \le n-1$인 자연수 k에 대하여 점 B에서 선분 OP_k에 내린 수선의 발을 Q_k라 하고, 삼각형 OQ_kB의 넓이를 S_k라 하자. $\lim_{n\to\infty} \frac{1}{n} \sum_{k=1}^{n-1} S_k = \frac{\alpha}{\pi}$일 때, α의 값을 구하시오.

[4점]

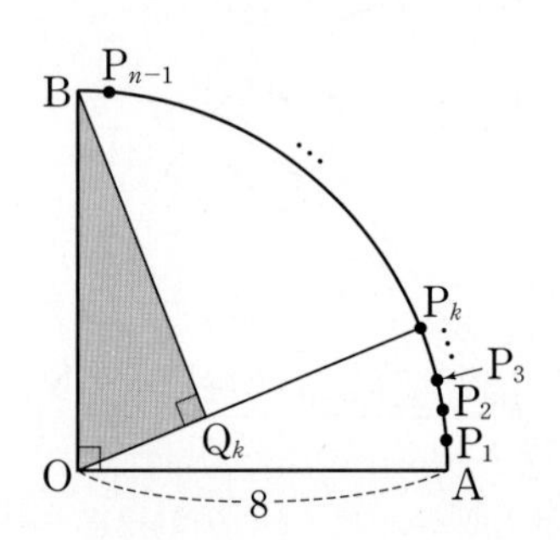

23

2014학년도 4월 학평-B형 28번

그림과 같이 곡선 $y=-x^2+1$ 위에 세 점 $\mathrm{A}(-1,\ 0)$, $\mathrm{B}(1,\ 0)$, $\mathrm{C}(0,\ 1)$이 있다. 2 이상의 자연수 n에 대하여 선분 OC를 n등분할 때, 양 끝점을 포함한 각 분점을 차례로 $\mathrm{O}=\mathrm{D}_0,\ \mathrm{D}_1,\ \mathrm{D}_2,\ \cdots,\ \mathrm{D}_{n-1},\ \mathrm{D}_n=\mathrm{C}$라 하자. 직선 AD_k가 곡선과 만나는 점 중 A가 아닌 점을 P_k라 하고, 점 P_k에서 x축에 내린 수선의 발을 Q_k라 하자. $(k=1,\ 2,\ \cdots,\ n)$

삼각형 $\mathrm{AP}_k\mathrm{Q}_k$의 넓이를 S_k라 할 때, $\lim_{n\to\infty}\frac{1}{n}\sum_{k=1}^{n}S_k=\alpha$이다. 24α의 값을 구하시오. [4점]

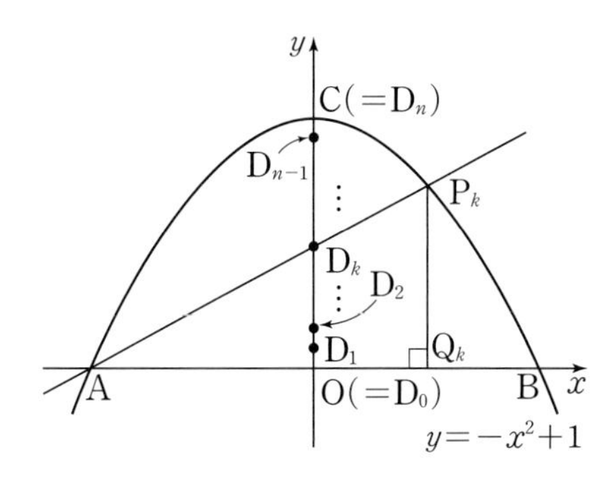

25 일차

한눈에 정리하는 평가원 기출 경향

주제 \ 학년도	2025	2024	2023
곡선과 좌표축 사이의 넓이			
곡선과 직선 또는 두 곡선 사이의 넓이	**12** 2025학년도 수능 (홀) 28번 실수 전체의 집합에서 미분가능한 함수 $f(x)$의 도함수 $f'(x)$가 $f'(x)=-x+e^{1-x^2}$ 이다. 양수 t에 대하여 곡선 $y=f(x)$ 위의 점 $(t,\ f(t))$에서의 접선과 곡선 $y=f(x)$ 및 y축으로 둘러싸인 부분의 넓이를 $g(t)$라 하자. $g(1)+g'(1)$의 값은? [4점] ① $\frac{1}{2}e+\frac{1}{2}$ ② $\frac{1}{2}e+\frac{2}{3}$ ③ $\frac{1}{2}e+\frac{5}{6}$ ④ $\frac{2}{3}e+\frac{1}{2}$ ⑤ $\frac{2}{3}e+\frac{2}{3}$		
정적분과 도형의 넓이			

2022 ~ 2014

02
2021학년도 수능 가형(홀) 8번

곡선 $y=e^{2x}$과 x축 및 두 직선 $x=\ln\frac{1}{2}$, $x=\ln 2$로 둘러싸인 부분의 넓이는? [3점]

① $\frac{5}{3}$ ② $\frac{15}{8}$ ③ $\frac{15}{7}$
④ $\frac{5}{2}$ ⑤ 3

01
2019학년도 6월 모평 가형 8번

곡선 $y=|\sin 2x|+1$과 x축 및 두 직선 $x=\frac{\pi}{4}$, $x=\frac{5\pi}{4}$로 둘러싸인 부분의 넓이는? [3점]

① $\pi+1$ ② $\pi+\frac{3}{2}$ ③ $\pi+2$
④ $\pi+\frac{5}{2}$ ⑤ $\pi+3$

08
2018학년도 9월 모평 가형 18번

실수 전체의 집합에서 미분가능한 함수 $f(x)$가 $f(0)=0$이고 모든 실수 x에 대하여 $f'(x)>0$이다. 곡선 $y=f(x)$ 위의 점 $A(t, f(t))(t>0)$에서 x축에 내린 수선의 발을 B라 하고, 점 A를 지나고 점 A에서의 접선과 수직인 직선이 x축과 만나는 점을 C라 하자. 모든 양수 t에 대하여 삼각형 ABC의 넓이가 $\frac{1}{2}(e^{3t}-2e^{2t}+e^{t})$일 때, 곡선 $y=f(x)$와 x축 및 직선 $x=1$로 둘러싸인 부분의 넓이는? [4점]

① $e-2$ ② e ③ $e+2$
④ $e+4$ ⑤ $e+6$

15
2019학년도 9월 모평 가형 9번

그림과 같이 두 곡선 $y=2^{x}-1$, $y=\left|\sin\frac{\pi}{2}x\right|$가 원점 O와 점 $(1, 1)$에서 만난다. 두 곡선 $y=2^{x}-1$, $y=\left|\sin\frac{\pi}{2}x\right|$로 둘러싸인 부분의 넓이는? [3점]

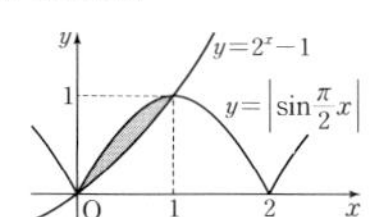

① $-\frac{1}{\pi}+\frac{1}{\ln 2}-1$ ② $\frac{2}{\pi}-\frac{1}{\ln 2}+1$
③ $\frac{2}{\pi}+\frac{1}{2\ln 2}-1$ ④ $\frac{1}{\pi}-\frac{1}{2\ln 2}+1$
⑤ $\frac{1}{\pi}+\frac{1}{\ln 2}-1$

10
2016학년도 6월 모평 B형 13번

닫힌구간 $[0, 4]$에서 정의된 함수

$$f(x)=2\sqrt{2}\sin\frac{\pi}{4}x$$

의 그래프가 그림과 같고, 직선 $y=g(x)$가 $y=f(x)$의 그래프 위의 점 $A(1, 2)$를 지난다.

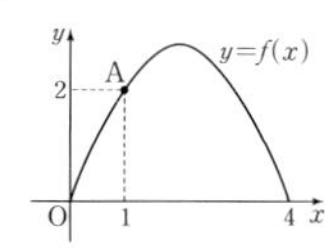

직선 $y=g(x)$가 x축에 평행할 때, 곡선 $y=f(x)$와 직선 $y=g(x)$에 의해 둘러싸인 부분의 넓이는? [3점]

① $\frac{16}{\pi}-4$ ② $\frac{17}{\pi}-4$ ③ $\frac{18}{\pi}-4$
④ $\frac{16}{\pi}-2$ ⑤ $\frac{17}{\pi}-2$

19
2014학년도 9월 모평 B형 14번

좌표평면에서 꼭짓점의 좌표가 $O(0, 0)$, $A(2^{n}, 0)$, $B(2^{n}, 2^{n})$, $C(0, 2^{n})$인 정사각형 OABC와 두 곡선 $y=2^{x}$, $y=\log_{2}x$가 있다. (단, n은 자연수이다.)

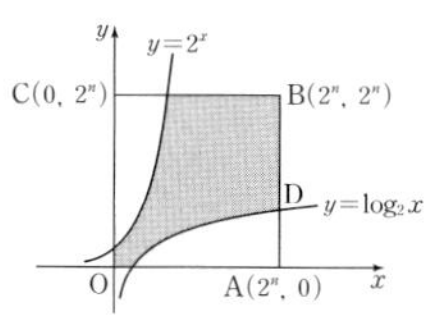

정사각형 OABC와 그 내부는 두 곡선 $y=2^{x}$, $y=\log_{2}x$에 의하여 세 부분으로 나뉜다. $n=3$일 때 이 세 부분 중 색칠된 부분의 넓이는? [4점]

① $14+\frac{12}{\ln 2}$ ② $16+\frac{14}{\ln 2}$ ③ $18+\frac{16}{\ln 2}$
④ $20+\frac{18}{\ln 2}$ ⑤ $22+\frac{20}{\ln 2}$

14
2015학년도 수능 B형(홀) 28번

양수 a에 대하여 함수 $f(x)=\int_{0}^{x}(a-t)e^{t}\,dt$의 최댓값이 32이다. 곡선 $y=3e^{x}$과 두 직선 $x=a$, $y=3$으로 둘러싸인 부분의 넓이를 구하시오. [4점]

29
2022학년도 수능 (홀) 30번

실수 전체의 집합에서 증가하고 미분가능한 함수 $f(x)$가 다음 조건을 만족시킨다.

> (가) $f(1)=1$, $\int_{1}^{2}f(x)\,dx=\frac{5}{4}$
> (나) 함수 $f(x)$의 역함수를 $g(x)$라 할 때, $x\ge 1$인 모든 실수 x에 대하여 $g(2x)=2f(x)$이다.

$\int_{1}^{8}xf'(x)\,dx=\frac{q}{p}$일 때, $p+q$의 값을 구하시오.
(단, p와 q는 서로소인 자연수이다.) [4점]

21
2015학년도 6월 모평 B형 9번

함수 $y=e^{x}$의 그래프와 x축, y축 및 직선 $x=1$로 둘러싸인 영역의 넓이가 직선 $y=ax\,(0<a<e)$에 의하여 이등분될 때, 상수 a의 값은? [3점]

① $e-\frac{1}{3}$ ② $e-\frac{1}{2}$ ③ $e-1$
④ $e-\frac{4}{3}$ ⑤ $e-\frac{3}{2}$

24
2018학년도 수능 가형(홀) 12번

곡선 $y=e^{2x}$과 y축 및 직선 $y=-2x+a$로 둘러싸인 영역을 A, 곡선 $y=e^{2x}$과 두 직선 $y=-2x+a$, $x=1$로 둘러싸인 영역을 B라 하자. A의 넓이와 B의 넓이가 같을 때, 상수 a의 값은?
(단, $1<a<e^{2}$) [3점]

① $\frac{e^{2}+1}{2}$ ② $\frac{2e^{2}+1}{4}$ ③ $\frac{e^{2}}{2}$
④ $\frac{2e^{2}-1}{4}$ ⑤ $\frac{e^{2}-1}{2}$

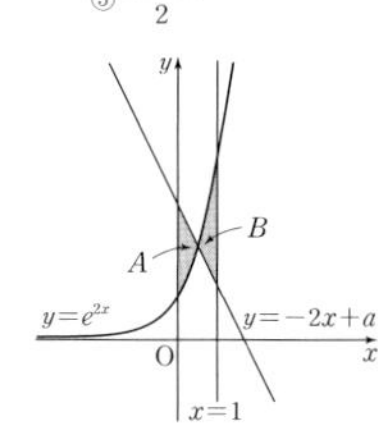

20
2017학년도 9월 모평 가형 13번

함수 $y=\cos 2x$의 그래프와 x축, y축 및 직선 $x=\frac{\pi}{12}$로 둘러싸인 영역의 넓이가 직선 $y=a$에 의하여 이등분될 때, 상수 a의 값은? [3점]

① $\frac{1}{2\pi}$ ② $\frac{1}{\pi}$ ③ $\frac{3}{2\pi}$
④ $\frac{2}{\pi}$ ⑤ $\frac{5}{2\pi}$

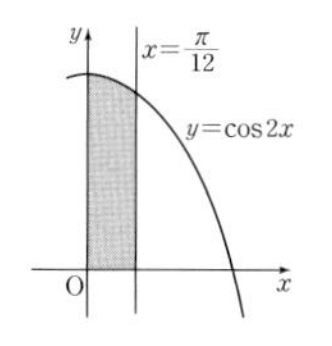

25 일차

넓이

1 곡선과 x축 사이의 넓이

함수 $f(x)$가 닫힌구간 $[a, b]$에서 연속일 때, 곡선 $y=f(x)$와 x축 및 두 직선 $x=a$, $x=b$로 둘러싸인 부분의 넓이 S는

$$S=\int_a^b |f(x)|\,dx$$

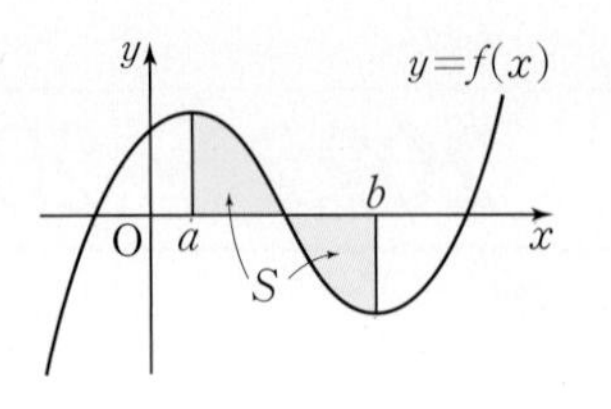

• 곡선 $y=f(x)$와 x축 사이의 넓이는 곡선 $y=f(x)$와 x축의 교점의 x좌표를 구한 후 $f(x)\geq 0$, $f(x)\leq 0$인 구간으로 나누어 구한다.

2 두 곡선 사이의 넓이

두 함수 $f(x)$, $g(x)$가 닫힌구간 $[a, b]$에서 연속일 때, 두 곡선 $y=f(x)$, $y=g(x)$와 두 직선 $x=a$, $x=b$로 둘러싸인 부분의 넓이 S는

$$S=\int_a^b |f(x)-g(x)|\,dx$$

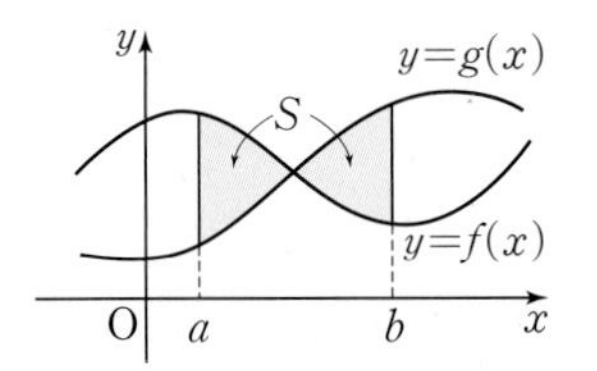

• 두 곡선 사이의 넓이를 구할 때는 두 곡선의 교점의 x좌표를 구하여 적분 구간을 정한 후 두 곡선 사이의 위치 관계를 파악한다.

3 역함수의 그래프와 넓이

함수 $y=f(x)$의 그래프와 그 역함수 $y=g(x)$의 그래프는 직선 $y=x$에 대하여 대칭이므로 함수 $y=f(x)$의 그래프와 x축 및 두 직선 $x=a$, $x=b$로 둘러싸인 부분의 넓이와 함수 $y=g(x)$의 그래프와 y축 및 두 직선 $y=a$, $y=b$로 둘러싸인 부분의 넓이는 같다.

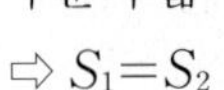
⇨ $S_1=S_2$

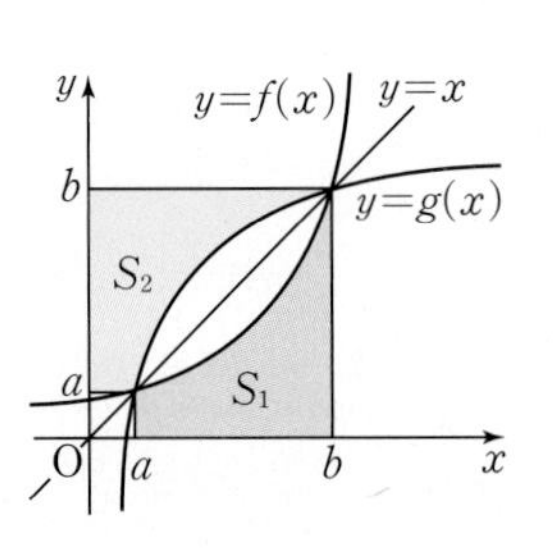

• 함수 $f(x)$가 증가할 때, 함수 $y=f(x)$의 그래프와 그 역함수 $y=g(x)$의 그래프의 교점의 x좌표는 곡선 $y=f(x)$와 직선 $y=x$의 교점의 x좌표와 같다.

고1 수학 I 다시보기

곡선과 직선 또는 두 곡선으로 둘러싸인 부분의 넓이를 구하는 문제에서 여러 가지 함수가 주어지므로 함수의 그래프의 개형을 기억하자.

• 유리함수 $y=\frac{1}{x}$의 그래프

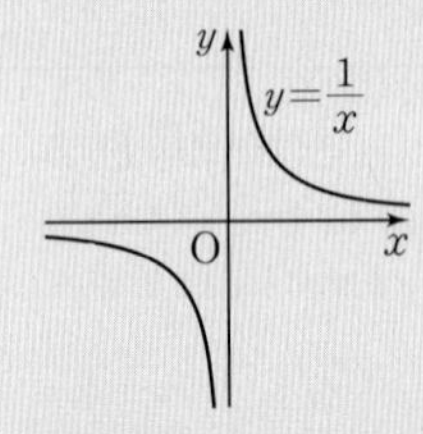

• 무리함수 $y=\sqrt{x}$의 그래프

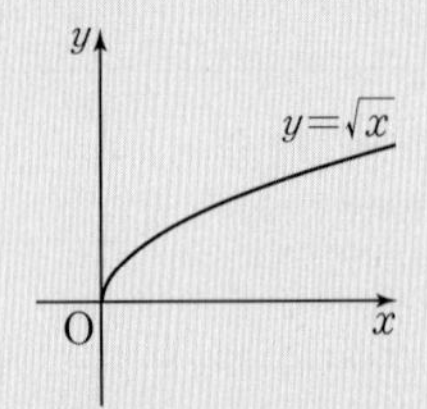

• 삼각함수 $y=\sin x$의 그래프

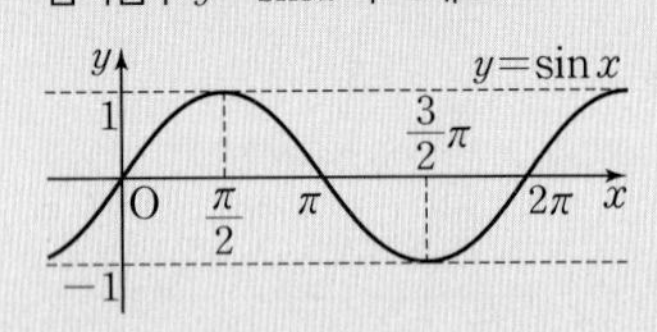

• 삼각함수 $y=\cos x$의 그래프

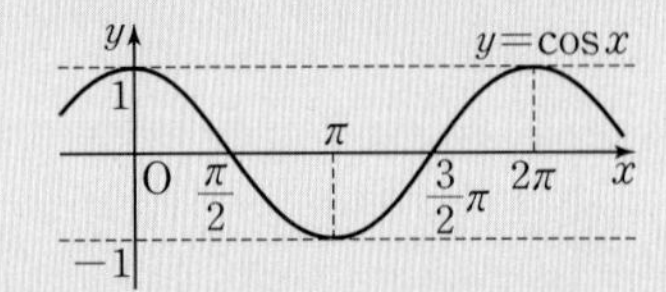

● 해설편 442쪽

유형 01 곡선과 좌표축 사이의 넓이

01 대표 문제

2019학년도 6월 모평 가형 8번

곡선 $y=|\sin 2x|+1$과 x축 및 두 직선 $x=\frac{\pi}{4}$, $x=\frac{5\pi}{4}$로 둘러싸인 부분의 넓이는? [3점]

① $\pi+1$　② $\pi+\frac{3}{2}$　③ $\pi+2$　④ $\pi+\frac{5}{2}$　⑤ $\pi+3$

02

2021학년도 수능 가형(홀) 8번

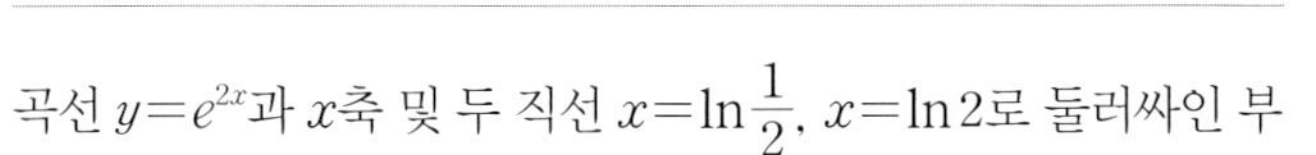

곡선 $y=e^{2x}$과 x축 및 두 직선 $x=\ln\frac{1}{2}$, $x=\ln 2$로 둘러싸인 부분의 넓이는? [3점]

① $\frac{5}{3}$　② $\frac{15}{8}$　③ $\frac{15}{7}$　④ $\frac{5}{2}$　⑤ 3

03

2017학년도 4월 학평-가형 10번

좌표평면 위의 곡선 $y=\sqrt{x}-3$과 x축 및 y축으로 둘러싸인 부분의 넓이는? [3점]

① 7　② $\frac{15}{2}$　③ 8　④ $\frac{17}{2}$　⑤ 9

04

2019학년도 10월 학평-가형 9번

모든 실수 x에 대하여 $f(x)>0$인 연속함수 $f(x)$에 대하여 $\int_{3}^{5} f(x)\,dx=36$일 때, 곡선 $y=f(2x+1)$과 x축 및 두 직선 $x=1$, $x=2$로 둘러싸인 부분의 넓이는? [3점]

① 16　② 18　③ 20　④ 22　⑤ 24

05

2019학년도 7월 학평-가형 14번

함수 $f(x)=\dfrac{2x-2}{x^2-2x+2}$에 대하여 곡선 $y=f(x)$와 x축 및 y축으로 둘러싸인 영역을 A, 곡선 $y=f(x)$와 x축 및 직선 $x=3$으로 둘러싸인 영역을 B라 하자. 영역 A의 넓이와 영역 B의 넓이의 합은? [4점]

① $2\ln 2$　② $\ln 6$　③ $3\ln 2$　④ $\ln 10$　⑤ $\ln 12$

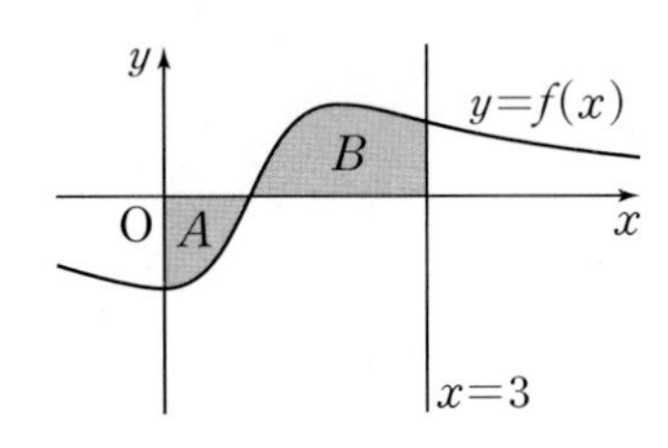

06

2018학년도 3월 학평-가형 12번

그림과 같이 곡선 $y=xe^x$ 위의 점 $(1,\ e)$를 지나고 x축에 평행한 직선을 l이라 하자. 곡선 $y=xe^x$과 y축 및 직선 l로 둘러싸인 도형의 넓이는? [3점]

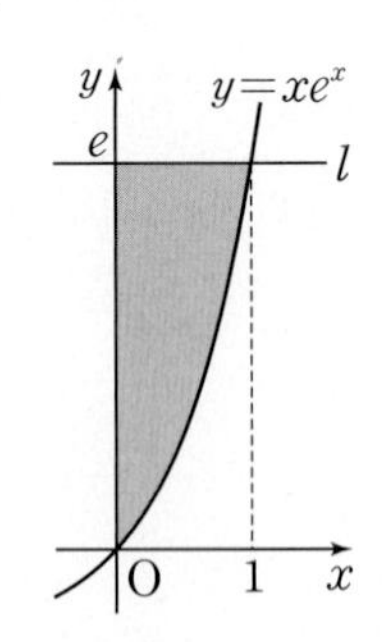

① $2e-3$　② $2e-\dfrac{5}{2}$　③ $e-2$　④ $e-\dfrac{3}{2}$　⑤ $e-1$

07

2017학년도 3월 학평-가형 9번

곡선 $y=\sin^2 x\cos x\left(0\leq x\leq \dfrac{\pi}{2}\right)$와 x축으로 둘러싸인 도형의 넓이는? [3점]

① $\dfrac{1}{4}$　② $\dfrac{1}{3}$　③ $\dfrac{1}{2}$　④ 1　⑤ 2

08

2018학년도 9월 모평 가형 18번

실수 전체의 집합에서 미분가능한 함수 $f(x)$가 $f(0)=0$이고 모든 실수 x에 대하여 $f'(x)>0$이다. 곡선 $y=f(x)$ 위의 점 $\mathrm{A}(t,\ f(t))\ (t>0)$에서 x축에 내린 수선의 발을 B라 하고, 점 A를 지나고 점 A에서의 접선과 수직인 직선이 x축과 만나는 점을 C라 하자. 모든 양수 t에 대하여 삼각형 ABC의 넓이가 $\dfrac{1}{2}(e^{3t}-2e^{2t}+e^t)$일 때, 곡선 $y=f(x)$와 x축 및 직선 $x=1$로 둘러싸인 부분의 넓이는? [4점]

① $e-2$　② e　③ $e+2$　④ $e+4$　⑤ $e+6$

• 해설편 443쪽

유형 02 곡선과 직선 사이의 넓이

09 대표 문제

2018학년도 7월 학평-가형 13번

점 $(1, 0)$에서 곡선 $y=e^x$에 그은 접선을 l이라 하자. 곡선 $y=e^x$과 y축 및 직선 l로 둘러싸인 부분의 넓이는? [3점]

① $\frac{1}{2}e^2-2$　② $\frac{1}{2}e^2-1$　③ e^2-3
④ e^2-2　⑤ e^2-1

10

2016학년도 6월 모평 B형 13번

닫힌구간 $[0, 4]$에서 정의된 함수

$$f(x)=2\sqrt{2}\sin\frac{\pi}{4}x$$

의 그래프가 그림과 같고, 직선 $y=g(x)$가 $y=f(x)$의 그래프 위의 점 $\mathrm{A}(1, 2)$를 지난다.

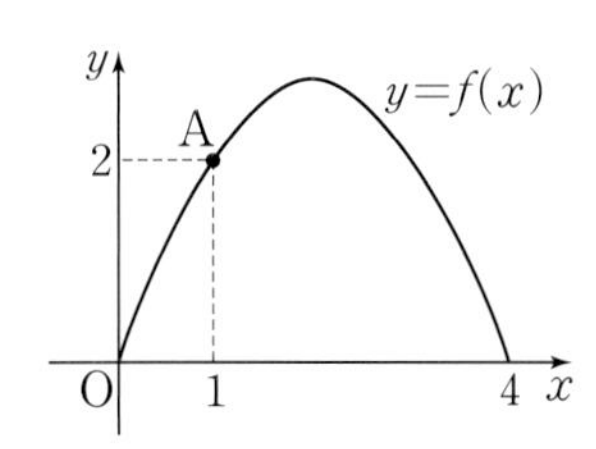

직선 $y=g(x)$가 x축에 평행할 때, 곡선 $y=f(x)$와 직선 $y=g(x)$에 의해 둘러싸인 부분의 넓이는? [3점]

① $\frac{16}{\pi}-4$　② $\frac{17}{\pi}-4$　③ $\frac{18}{\pi}-4$
④ $\frac{16}{\pi}-2$　⑤ $\frac{17}{\pi}-2$

11

2015학년도 7월 학평-B형 28번

양의 실수 k에 대하여 곡선 $y=k\ln x$와 직선 $y=x$가 접할 때, 곡선 $y=k\ln x$, 직선 $y=x$ 및 x축으로 둘러싸인 부분의 넓이는 ae^2-be이다. $100ab$의 값을 구하시오.

(단, a와 b는 유리수이다.) [4점]

12

2025학년도 수능 (홀) 28번

실수 전체의 집합에서 미분가능한 함수 $f(x)$의 도함수 $f'(x)$가

$$f'(x) = -x + e^{1-x^2}$$

이다. 양수 t에 대하여 곡선 $y=f(x)$ 위의 점 $(t,\ f(t))$에서의 접선과 곡선 $y=f(x)$ 및 y축으로 둘러싸인 부분의 넓이를 $g(t)$라 하자. $g(1)+g'(1)$의 값은? [4점]

① $\frac{1}{2}e+\frac{1}{2}$　② $\frac{1}{2}e+\frac{2}{3}$　③ $\frac{1}{2}e+\frac{5}{6}$

④ $\frac{2}{3}e+\frac{1}{2}$　⑤ $\frac{2}{3}e+\frac{2}{3}$

13

2014학년도 10월 학평-B형 19번

그림과 같이 원점을 지나고 x축의 양의 방향과 이루는 각의 크기가 $\theta\left(0 \le \theta < \frac{\pi}{4}\right)$인 직선을 l이라 하자. 곡선 $y=-x^3+x\ (x \ge 0)$과 직선 l로 둘러싸인 부분의 넓이를 $S(\theta)$라 할 때, $\lim_{\theta \to \frac{\pi}{4}-} \frac{S(\theta)}{\left(\theta-\frac{\pi}{4}\right)^2}$의 값은? [4점]

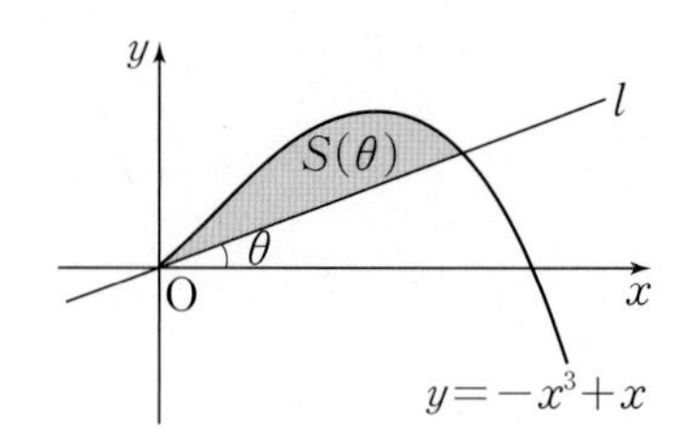

① $\frac{1}{3}$　② $\frac{1}{2}$　③ $\frac{2}{3}$

④ 1　⑤ $\frac{3}{2}$

14

2015학년도 수능 B형(홀) 28번

양수 a에 대하여 함수 $f(x)=\int_0^x (a-t)e^t\,dt$의 최댓값이 32이다. 곡선 $y=3e^x$과 두 직선 $x=a$, $y=3$으로 둘러싸인 부분의 넓이를 구하시오. [4점]

유형 03 두 곡선 사이의 넓이

15 대표 문제

2019학년도 9월 모평 가형 9번

그림과 같이 두 곡선 $y=2^x-1$, $y=\left|\sin\frac{\pi}{2}x\right|$가 원점 O와 점 $(1, 1)$에서 만난다. 두 곡선 $y=2^x-1$, $y=\left|\sin\frac{\pi}{2}x\right|$로 둘러싸인 부분의 넓이는? [3점]

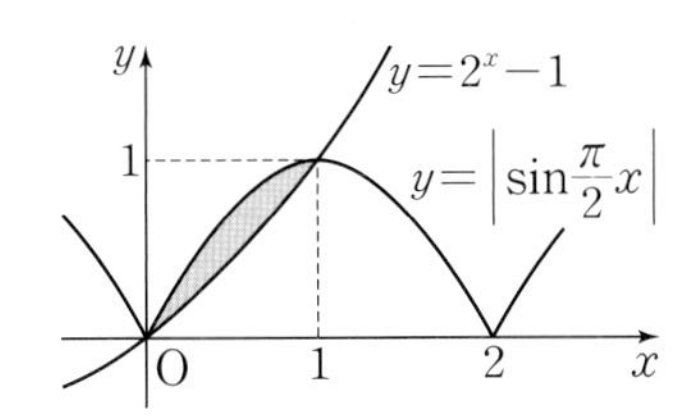

① $-\frac{1}{\pi}+\frac{1}{\ln 2}-1$
② $\frac{2}{\pi}-\frac{1}{\ln 2}+1$
③ $\frac{2}{\pi}+\frac{1}{2\ln 2}-1$
④ $\frac{1}{\pi}-\frac{1}{2\ln 2}+1$
⑤ $\frac{1}{\pi}+\frac{1}{\ln 2}-1$

16

2016학년도 3월 학평–가형 13번

좌표평면에 두 함수 $f(x)=2^x$의 그래프와 $g(x)=\left(\frac{1}{2}\right)^x$의 그래프가 있다. 두 곡선 $y=f(x)$, $y=g(x)$가 직선 $x=t\,(t>0)$과 만나는 점을 각각 A, B라 하자.

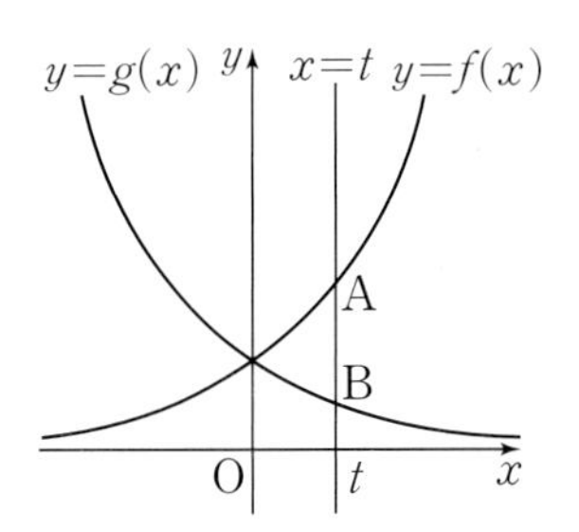

$t=1$일 때, 두 곡선 $y=f(x)$, $y=g(x)$와 직선 AB로 둘러싸인 부분의 넓이는? [3점]

① $\frac{5}{4\ln 2}$
② $\frac{1}{\ln 2}$
③ $\frac{3}{4\ln 2}$
④ $\frac{1}{2\ln 2}$
⑤ $\frac{1}{4\ln 2}$

17

2019학년도 4월 학평-가형 16번

두 곡선 $y=(\sin x)\ln x$, $y=\frac{\cos x}{x}$와 두 직선 $x=\frac{\pi}{2}$, $x=\pi$로 둘러싸인 부분의 넓이는? [4점]

① $\frac{1}{4}\ln\pi$　② $\frac{1}{2}\ln\pi$　③ $\frac{3}{4}\ln\pi$
④ $\ln\pi$　⑤ $\frac{5}{4}\ln\pi$

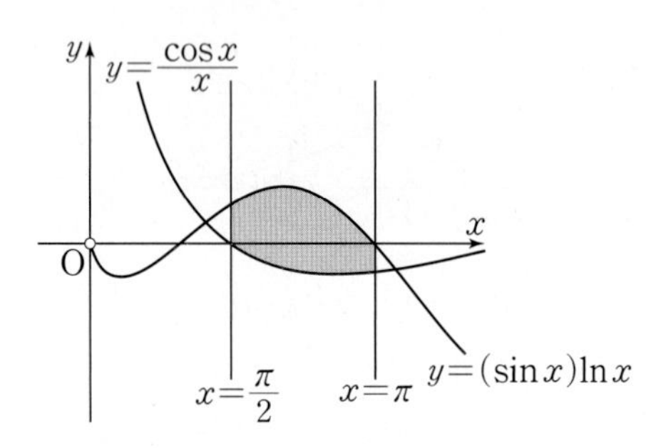

18

2019학년도 3월 학평-가형 17번

두 함수 $f(x)=ax^2\,(a>0)$, $g(x)=\ln x$의 그래프가 한 점 P에서 만나고, 곡선 $y=f(x)$ 위의 점 P에서의 접선의 기울기와 곡선 $y=g(x)$ 위의 점 P에서의 접선의 기울기가 서로 같다. 두 곡선 $y=f(x)$, $y=g(x)$와 x축으로 둘러싸인 부분의 넓이는? (단, a는 상수이다.) [4점]

① $\frac{2\sqrt{e}-3}{6}$　② $\frac{2\sqrt{e}-3}{3}$　③ $\frac{\sqrt{e}-1}{2}$
④ $\frac{4\sqrt{e}-3}{6}$　⑤ $\sqrt{e}-1$

19

2014학년도 9월 모평 B형 14번

좌표평면에서 꼭짓점의 좌표가 O$(0, 0)$, A$(2^n, 0)$, B$(2^n, 2^n)$, C$(0, 2^n)$인 정사각형 OABC와 두 곡선 $y=2^x$, $y=\log_2 x$가 있다. (단, n은 자연수이다.)

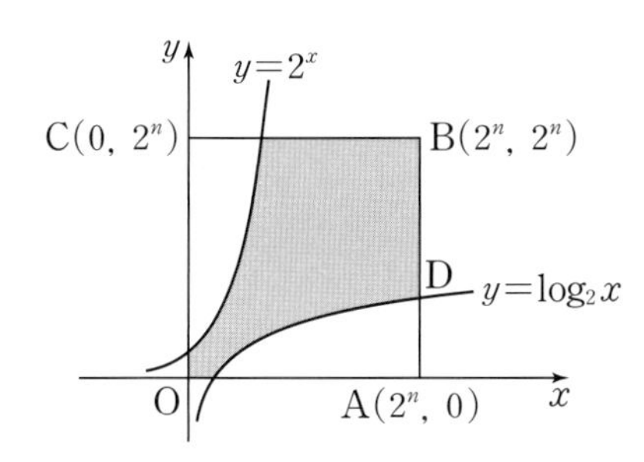

정사각형 OABC와 그 내부는 두 곡선 $y=2^x$, $y=\log_2 x$에 의하여 세 부분으로 나뉜다. $n=3$일 때 이 세 부분 중 색칠된 부분의 넓이는? [4점]

① $14+\frac{12}{\ln 2}$ ② $16+\frac{14}{\ln 2}$ ③ $18+\frac{16}{\ln 2}$
④ $20+\frac{18}{\ln 2}$ ⑤ $22+\frac{20}{\ln 2}$

유형 04 정적분과 도형의 넓이

20 대표 문제

2017학년도 9월 모평 가형 13번

함수 $y=\cos 2x$의 그래프와 x축, y축 및 직선 $x=\frac{\pi}{12}$로 둘러싸인 영역의 넓이가 직선 $y=a$에 의하여 이등분될 때, 상수 a의 값은? [3점]

① $\frac{1}{2\pi}$ ② $\frac{1}{\pi}$ ③ $\frac{3}{2\pi}$
④ $\frac{2}{\pi}$ ⑤ $\frac{5}{2\pi}$

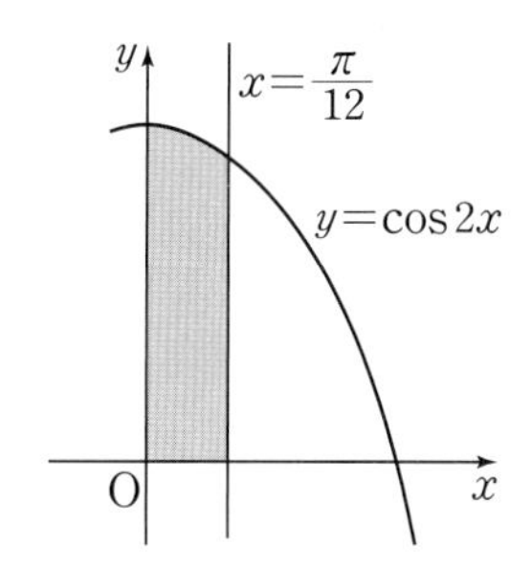

21

2015학년도 6월 모평 B형 9번

함수 $y=e^x$의 그래프와 x축, y축 및 직선 $x=1$로 둘러싸인 영역의 넓이가 직선 $y=ax\,(0<a<e)$에 의하여 이등분될 때, 상수 a의 값은? [3점]

① $e-\frac{1}{3}$ ② $e-\frac{1}{2}$ ③ $e-1$
④ $e-\frac{4}{3}$ ⑤ $e-\frac{3}{2}$

22

2020학년도 10월 학평-가형 27번

실수 전체의 집합에서 도함수가 연속인 함수 $f(x)$에 대하여 $f(0)=0$, $f(2)=1$이다. 그림과 같이 $0\le x\le 2$에서 곡선 $y=f(x)$와 x축 및 직선 $x=2$로 둘러싸인 두 부분의 넓이를 각각 A, B라 하자. $A=B$일 때, $\int_0^2 (2x+3)f'(x)\,dx$의 값을 구하시오. [4점]

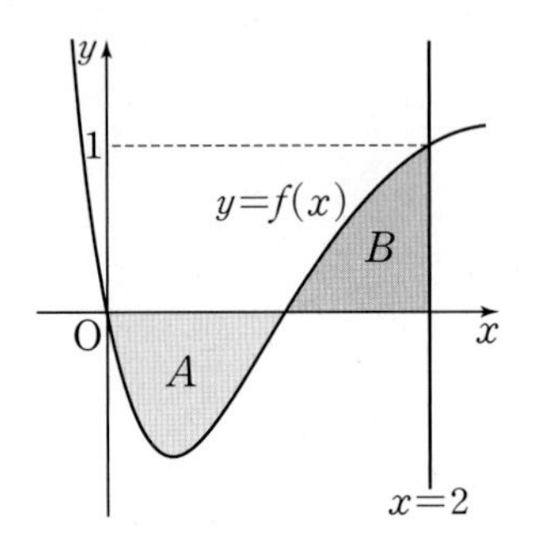

23

2018학년도 4월 학평-가형 15번

곡선 $y=\frac{1}{x}$과 두 직선 $x=1$, $x=2$ 및 x축으로 둘러싸인 부분의 넓이를 S라 하자. 곡선 $y=\frac{1}{x}$과 두 직선 $x=1$, $x=a$ 및 x축으로 둘러싸인 부분의 넓이가 $2S$가 되도록 하는 모든 양수 a의 값의 합은? [4점]

① $\frac{15}{4}$ ② $\frac{17}{4}$ ③ $\frac{19}{4}$
④ $\frac{21}{4}$ ⑤ $\frac{23}{4}$

24

2018학년도 수능 가형(홀) 12번

곡선 $y=e^{2x}$과 y축 및 직선 $y=-2x+a$로 둘러싸인 영역을 A, 곡선 $y=e^{2x}$과 두 직선 $y=-2x+a$, $x=1$로 둘러싸인 영역을 B라 하자. A의 넓이와 B의 넓이가 같을 때, 상수 a의 값은?

(단, $1<a<e^2$) [3점]

① $\frac{e^2+1}{2}$ ② $\frac{2e^2+1}{4}$ ③ $\frac{e^2}{2}$
④ $\frac{2e^2-1}{4}$ ⑤ $\frac{e^2-1}{2}$

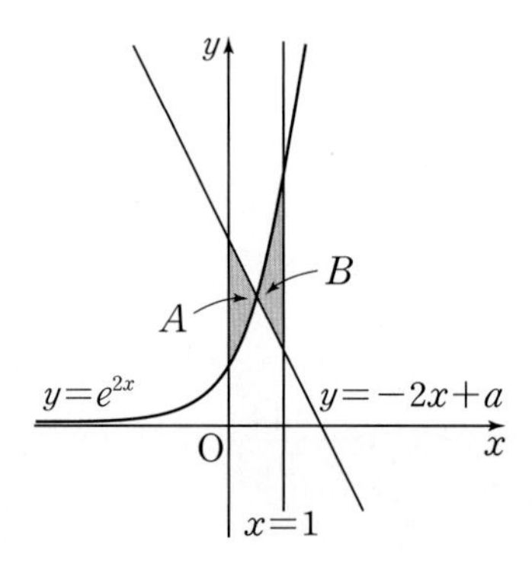

25

2019학년도 4월 학평-가형 18번

닫힌구간 $\left[0, \frac{\pi}{2}\right]$에서 정의된 함수 $f(x)=\sin x$의 그래프 위의 한 점 $\mathrm{P}(a, \sin a)\left(0<a<\frac{\pi}{2}\right)$에서의 접선을 l이라 하자. 곡선 $y=f(x)$와 x축 및 직선 l로 둘러싸인 부분의 넓이와 곡선 $y=f(x)$와 x축 및 직선 $x=a$로 둘러싸인 부분의 넓이가 같을 때, $\cos a$의 값은? [4점]

① $\frac{1}{6}$ ② $\frac{1}{3}$ ③ $\frac{1}{2}$
④ $\frac{2}{3}$ ⑤ $\frac{5}{6}$

• 해설편 452쪽

유형 05 정적분과 도형의 넓이의 활용

26 대표 문제

2017학년도 3월 학평-가형 28번

연속함수 $f(x)$와 그 역함수 $g(x)$가 다음 조건을 만족시킨다.

(가) $f(1)=1$, $f(3)=3$, $f(7)=7$
(나) $x\neq3$인 모든 실수 x에 대하여 $f''(x)<0$이다.
(다) $\int_1^7 f(x)\,dx=27$, $\int_1^3 g(x)\,dx=3$

$12\int_3^7 |f(x)-x|\,dx$의 값을 구하시오. [4점]

27

2016학년도 7월 학평-나형 28번

$f(1)=1$인 이차함수 $f(x)$와 함수 $g(x)=x^2$이 다음 조건을 만족시킨다.

(가) 모든 실수 x에 대하여 $f(-x)=f(x)$이다.
(나) $\lim_{n\to\infty}\frac{1}{n}\sum_{k=1}^{n}\left\{f\left(\frac{k}{n}\right)-g\left(\frac{k}{n}\right)\right\}=27$

두 곡선 $y=f(x)$와 $y=g(x)$로 둘러싸인 부분의 넓이를 구하시오. [4점]

28

2022학년도 10월 학평 28번

닫힌구간 $[0,\ 4\pi]$에서 연속이고 다음 조건을 만족시키는 모든 함수 $f(x)$에 대하여 $\int_0^{4\pi}|f(x)|\,dx$의 최솟값은? [4점]

(가) $0\leq x\leq\pi$일 때, $f(x)=1-\cos x$이다.
(나) $1\leq n\leq3$인 각각의 자연수 n에 대하여
$f(n\pi+t)=f(n\pi)+f(t)\ (0<t\leq\pi)$
또는
$f(n\pi+t)=f(n\pi)-f(t)\ (0<t\leq\pi)$
이다.
(다) $0<x<4\pi$에서 곡선 $y=f(x)$의 변곡점의 개수는 6이다.

① 4π ② 6π ③ 8π
④ 10π ⑤ 12π

29

2022학년도 수능 (홀) 30번

실수 전체의 집합에서 증가하고 미분가능한 함수 $f(x)$가 다음 조건을 만족시킨다.

(가) $f(1)=1$, $\int_1^2 f(x)\,dx=\frac{5}{4}$
(나) 함수 $f(x)$의 역함수를 $g(x)$라 할 때, $x\geq1$인 모든 실수 x에 대하여 $g(2x)=2f(x)$이다.

$\int_1^8 xf'(x)\,dx=\frac{q}{p}$일 때, $p+q$의 값을 구하시오.

(단, p와 q는 서로소인 자연수이다.) [4점]

30

2018학년도 3월 학평-가형 30번

함수

$$f(x)=\begin{cases} e^x & (0\leq x<1) \\ e^{2-x} & (1\leq x\leq 2) \end{cases}$$

에 대하여 열린구간 $(0,\ 2)$에서 정의된 함수

$$g(x)=\int_0^x |f(x)-f(t)|\,dt$$

의 극댓값과 극솟값의 차는 $ae+b\sqrt[3]{e^2}$이다. $(ab)^2$의 값을 구하시오. (단, a, b는 유리수이다.) [4점]

31

2017학년도 10월 학평-가형 30번

그림과 같이 길이가 2인 선분 AB 위의 점 P를 지나고 선분 AB에 수직인 직선이 선분 AB를 지름으로 하는 반원과 만나는 점을 Q라 하자.

$\overline{\mathrm{AP}}=x$라 할 때, $S(x)$를 다음과 같이 정의한다.

$0<x<2$일 때 $S(x)$는 두 선분 AP, PQ와 호 AQ로 둘러싸인 도형의 넓이이고, $x=2$일 때 $S(x)$는 선분 AB를 지름으로 하는 반원의 넓이이다.

$$\int_{\frac{\pi}{4}}^{\frac{3}{4}\pi}\{S(1+\sin\theta)-S(1+\cos\theta)\}\,d\theta=p+q\pi^2$$

일 때, $\frac{30p}{q}$의 값을 구하시오. (단, p와 q는 유리수이다.) [4점]

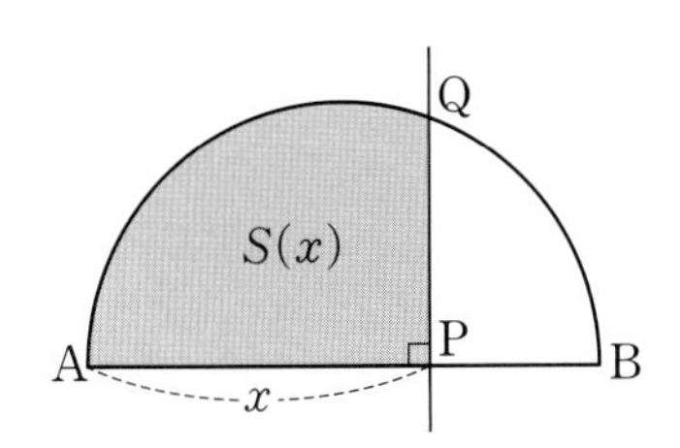

32

2018학년도 10월 학평-가형 30번

함수

$$f(x)=\begin{cases}-x-\pi & (x<-\pi)\\ \sin x & (-\pi\le x\le\pi)\\ -x+\pi & (x>\pi)\end{cases}$$

가 있다. 실수 t에 대하여 부등식 $f(x)\le f(t)$를 만족시키는 실수 x의 최솟값을 $g(t)$라 하자. 예를 들어, $g(\pi)=-\pi$이다. 함수 $g(t)$가 $t=\alpha$에서 불연속일 때,

$$\int_{-\pi}^{\alpha}g(t)\,dt=-\frac{7}{4}\pi^2+p\pi+q$$

이다. $100\times|p+q|$의 값을 구하시오.

(단, p, q는 유리수이다.) [4점]

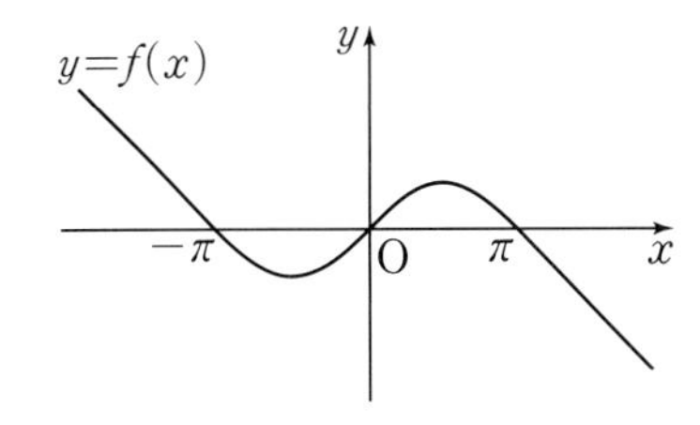

26 일차

한눈에 정리하는 평가원 기출 경향

주제 \ 학년도	2025	2024	2023

빈출 입체도형의 부피

2025

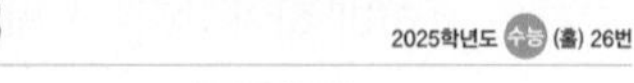

08 2025학년도 수능 (홀) 26번

그림과 같이 곡선 $y=\sqrt{\dfrac{x+1}{x(x+\ln x)}}$과 x축 및 두 직선 $x=1$, $x=e$로 둘러싸인 부분을 밑면으로 하는 입체도형이 있다. 이 입체도형을 x축에 수직인 평면으로 자른 단면이 모두 정사각형일 때, 이 입체도형의 부피는? [3점]

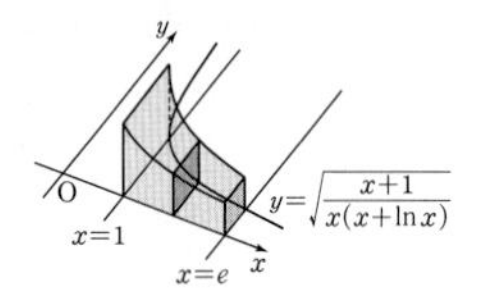

① $\ln(e+1)$ ② $\ln(e+2)$ ③ $\ln(e+3)$
④ $\ln(2e+1)$ ⑤ $\ln(2e+2)$

14 2025학년도 9월 모평 26번

그림과 같이 곡선 $y=2x\sqrt{x\sin x^2}\ (0\le x\le\sqrt{\pi})$와 x축 및 두 직선 $x=\sqrt{\dfrac{\pi}{6}}$, $x=\sqrt{\dfrac{\pi}{2}}$로 둘러싸인 부분을 밑면으로 하는 입체도형이 있다. 이 입체도형을 x축에 수직인 평면으로 자른 단면이 모두 반원일 때, 이 입체도형의 부피는? [3점]

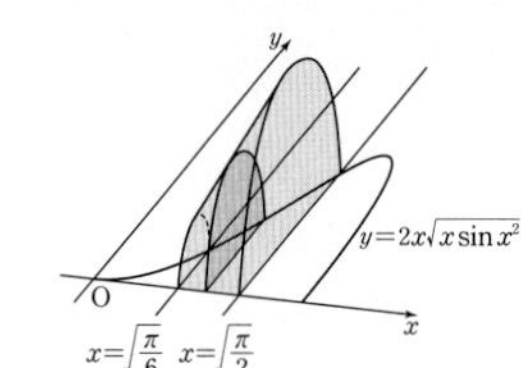

① $\dfrac{\pi^2+6\pi}{48}$ ② $\dfrac{\sqrt{2}\pi^2+6\pi}{48}$ ③ $\dfrac{\sqrt{3}\pi^2+6\pi}{48}$
④ $\dfrac{\sqrt{2}\pi^2+12\pi}{48}$ ⑤ $\dfrac{\sqrt{3}\pi^2+12\pi}{48}$

2024

09 2024학년도 수능 (홀) 26번

그림과 같이 곡선 $y=\sqrt{(1-2x)\cos x}\ \left(\dfrac{3}{4}\pi\le x\le\dfrac{5}{4}\pi\right)$와 x축 및 두 직선 $x=\dfrac{3}{4}\pi$, $x=\dfrac{5}{4}\pi$로 둘러싸인 부분을 밑면으로 하는 입체도형이 있다. 이 입체도형을 x축에 수직인 평면으로 자른 단면이 모두 정사각형일 때, 이 입체도형의 부피는? [3점]

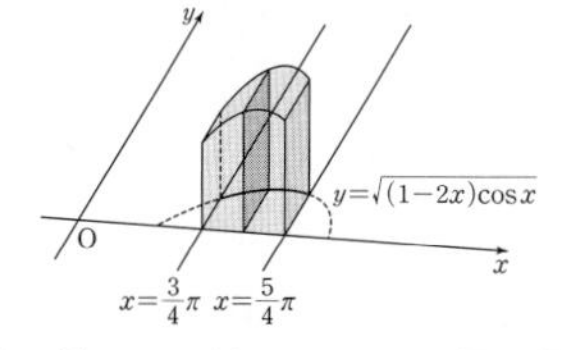

① $\sqrt{2}\pi-\sqrt{2}$ ② $\sqrt{2}\pi-1$ ③ $2\sqrt{2}\pi-\sqrt{2}$
④ $2\sqrt{2}\pi-1$ ⑤ $2\sqrt{2}\pi$

2023

05 2023학년도 수능 (홀) 26번

그림과 같이 곡선 $y=\sqrt{\sec^2 x+\tan x}\ \left(0\le x\le\dfrac{\pi}{3}\right)$와 x축, y축 및 직선 $x=\dfrac{\pi}{3}$로 둘러싸인 부분을 밑면으로 하는 입체도형이 있다. 이 입체도형을 x축에 수직인 평면으로 자른 단면이 모두 정사각형일 때, 이 입체도형의 부피는? [3점]

① $\dfrac{\sqrt{3}}{2}+\dfrac{\ln 2}{2}$ ② $\dfrac{\sqrt{3}}{2}+\ln 2$ ③ $\sqrt{3}+\dfrac{\ln 2}{2}$
④ $\sqrt{3}+\ln 2$ ⑤ $\sqrt{3}+2\ln 2$

07 2023학년도 9월 모평 26번

그림과 같이 양수 k에 대하여 곡선 $y=\sqrt{\dfrac{kx}{2x^2+1}}$와 x축 및 두 직선 $x=1$, $x=2$로 둘러싸인 부분을 밑면으로 하고 x축에 수직인 평면으로 자른 단면이 모두 정사각형인 입체도형의 부피가 $2\ln 3$일 때, k의 값은? [3점]

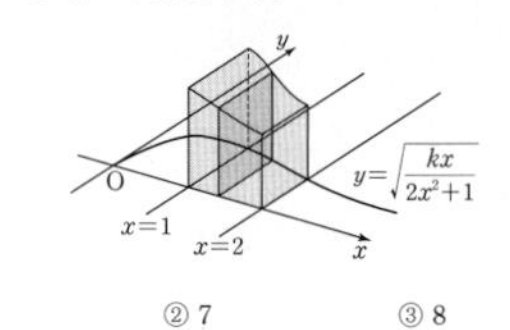

① 6 ② 7 ③ 8
④ 9 ⑤ 10

속도와 거리

2024

24 2024학년도 9월 모평 27번

$x=-\ln 4$에서 $x=1$까지의 곡선 $y=\dfrac{1}{2}(|e^x-1|-e^{|x|}+1)$의 길이는? [3점]

① $\dfrac{23}{8}$ ② $\dfrac{13}{4}$ ③ $\dfrac{29}{8}$
④ 4 ⑤ $\dfrac{35}{8}$

2022 ~ 2014

01

2022학년도 9월 모평 26번

그림과 같이 곡선 $y=\sqrt{\frac{3x+1}{x^2}}\ (x>0)$과 x축 및 두 직선 $x=1$, $x=2$로 둘러싸인 부분을 밑면으로 하고 x축에 수직인 평면으로 자른 단면이 모두 정사각형인 입체도형의 부피는? [3점]

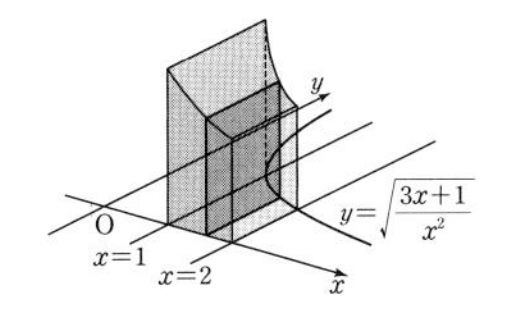

① $3\ln 2$　② $\frac{1}{2}+3\ln 2$　③ $1+3\ln 2$
④ $\frac{1}{2}+4\ln 2$　⑤ $1+4\ln 2$

06

2020학년도 수능 가형(홀) 12번

그림과 같이 양수 k에 대하여 곡선 $y=\sqrt{\frac{e^x}{e^x+1}}$과 x축, y축 및 직선 $x=k$로 둘러싸인 부분을 밑면으로 하고 x축에 수직인 평면으로 자른 단면이 모두 정사각형인 입체도형의 부피가 $\ln 7$일 때, k의 값은? [3점]

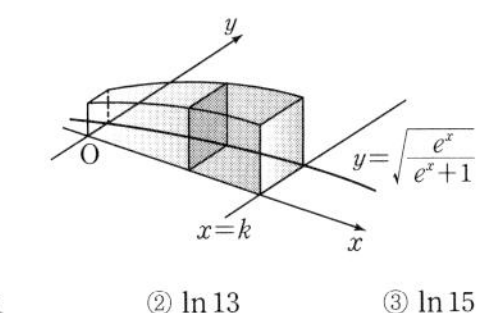

① $\ln 11$　② $\ln 13$　③ $\ln 15$
④ $\ln 17$　⑤ $\ln 19$

13

2020학년도 9월 모평 가형 14번

그림과 같이 양수 k에 대하여 함수 $f(x)=2\sqrt{x}e^{kx^2}$의 그래프와 x축 및 두 직선 $x=\frac{1}{\sqrt{2k}}$, $x=\frac{1}{\sqrt{k}}$로 둘러싸인 부분을 밑면으로 하고 x축에 수직인 평면으로 자른 단면이 모두 정삼각형인 입체도형의 부피가 $\sqrt{3}(e^2-e)$일 때, k의 값은? [4점]

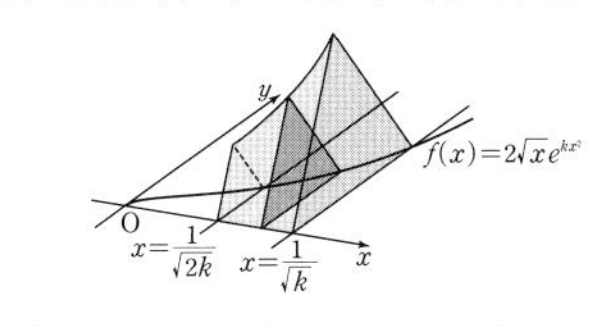

① $\frac{1}{12}$　② $\frac{1}{6}$　③ $\frac{1}{4}$
④ $\frac{1}{3}$　⑤ $\frac{1}{2}$

02

2017학년도 수능 가형(홀) 11번

그림과 같이 곡선 $y=\sqrt{x}+1$과 x축, y축 및 직선 $x=1$로 둘러싸인 도형을 밑면으로 하는 입체도형이 있다. 이 입체도형을 x축에 수직인 평면으로 자른 단면이 모두 정사각형일 때, 이 입체도형의 부피는? [3점]

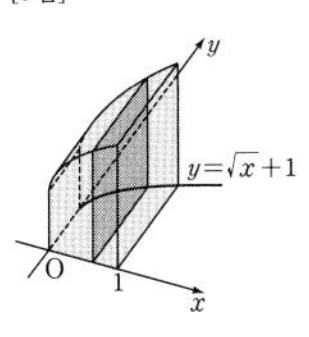

① $\frac{7}{3}$　② $\frac{5}{2}$　③ $\frac{8}{3}$
④ $\frac{17}{6}$　⑤ 3

21

2022학년도 수능 (홀) 27번

좌표평면 위를 움직이는 점 P의 시각 $t\ (t>0)$에서의 위치가 곡선 $y=x^2$과 직선 $y=t^2x-\frac{\ln t}{8}$가 만나는 서로 다른 두 점의 중점일 때, 시각 $t=1$에서 $t=e$까지 점 P가 움직인 거리는? [3점]

① $\frac{e^4}{2}-\frac{3}{8}$　② $\frac{e^4}{2}-\frac{5}{16}$　③ $\frac{e^4}{2}-\frac{1}{4}$
④ $\frac{e^4}{2}-\frac{3}{16}$　⑤ $\frac{e^4}{2}-\frac{1}{8}$

22

2019학년도 6월 모평 가형 12번

$x=0$에서 $x=\ln 2$까지의 곡선 $y=\frac{1}{8}e^{2x}+\frac{1}{2}e^{-2x}$의 길이는? [3점]

① $\frac{1}{2}$　② $\frac{9}{16}$　③ $\frac{5}{8}$
④ $\frac{11}{16}$　⑤ $\frac{3}{4}$

20

2017학년도 6월 모평 가형 29번

양의 실수 전체의 집합에서 이계도함수를 갖는 함수 $f(t)$에 대하여 좌표평면 위를 움직이는 점 P의 시각 $t\ (t\geq 1)$에서의 위치 (x, y)가

$$\begin{cases} x=2\ln t \\ y=f(t) \end{cases}$$

이다. 점 P가 점 $(0, f(1))$로부터 움직인 거리가 s가 될 때 시각 t는 $t=\frac{s+\sqrt{s^2+4}}{2}$이고, $t=2$일 때 점 P의 속도는 $\left(1, \frac{3}{4}\right)$이다. 시각 $t=2$일 때 점 P의 가속도를 $\left(-\frac{1}{2}, a\right)$라 할 때, $60a$의 값을 구하시오. [4점]

부피, 속도와 거리

1 입체도형의 부피

닫힌구간 $[a, b]$의 임의의 점 x에서 x축에 수직인 평면으로 자른 단면의 넓이가 $S(x)$인 입체도형의 부피 V는

$$V=\int_a^b S(x)\,dx$$

(단, $S(x)$는 닫힌구간 $[a, b]$에서 연속이다.)

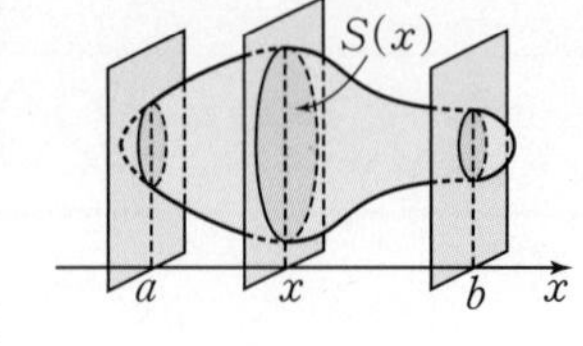

예 닫힌구간 $[0, 1]$의 임의의 점 x에서 x축에 수직인 평면으로 자른 단면의 넓이 $S(x)$가 $S(x)=2x+1$인 입체도형의 부피 V는

$$V=\int_0^1 S(x)\,dx=\int_0^1 (2x+1)\,dx$$
$$=\Big[x^2+x\Big]_0^1=2$$

2 속도와 거리

(1) 직선 위에서 점이 움직인 거리

수직선 위를 움직이는 점 P의 시각 t에서의 속도가 $v(t)$이고, 시각 $t=t_0$에서의 위치가 x_0일 때

① 시각 t에서의 점 P의 위치 x는

$$x=x_0+\int_{t_0}^t v(t)\,dt$$

② 시각 $t=a$에서 $t=b$까지 점 P가 움직인 거리 s는

$$s=\int_a^b |v(t)|\,dt$$

(2) 평면 위에서 점이 움직인 거리

좌표평면 위를 움직이는 점 P의 시각 t에서의 위치 (x, y)가 $x=f(t)$, $y=g(t)$일 때, 시각 $t=a$에서 $t=b$까지 점 P가 움직인 거리 s는

$$s=\int_a^b \sqrt{\left(\frac{dx}{dt}\right)^2+\left(\frac{dy}{dt}\right)^2}\,dt=\int_a^b \sqrt{\{f'(t)\}^2+\{g'(t)\}^2}\,dt$$

예 좌표평면 위를 움직이는 점 P의 시각 t에서의 위치 (x, y)가 $x=3t-2$, $y=4t+1$일 때, 시각 $t=0$에서 $t=2$까지 점 P가 움직인 거리는

$$\int_0^2 \sqrt{\left(\frac{dx}{dt}\right)^2+\left(\frac{dy}{dt}\right)^2}\,dt=\int_0^2 \sqrt{3^2+4^2}\,dt=\int_0^2 5\,dt$$
$$=\Big[5t\Big]_0^2=10$$

(3) 곡선의 길이

① 곡선 $x=f(t)$, $y=g(t)\,(a\le t\le b)$의 길이 l은

$$l=\int_a^b \sqrt{\left(\frac{dx}{dt}\right)^2+\left(\frac{dy}{dt}\right)^2}\,dt=\int_a^b \sqrt{\{f'(t)\}^2+\{g'(t)\}^2}\,dt$$

② 곡선 $y=f(x)\,(a\le x\le b)$의 길이 l은

$$l=\int_a^b \sqrt{1+\{f'(x)\}^2}\,dx$$

예 곡선 $f(x)=\frac{1}{12}x^3+\frac{1}{x}$의 $x=1$에서 $x=2$까지의 길이는

$$\int_1^2 \sqrt{1+\{f'(x)\}^2}\,dx=\int_1^2 \sqrt{1+\left(\frac{1}{4}x^2-\frac{1}{x^2}\right)^2}\,dx=\int_1^2 \sqrt{\left(\frac{1}{4}x^2+\frac{1}{x^2}\right)^2}\,dx$$
$$=\int_1^2 \left(\frac{1}{4}x^2+\frac{1}{x^2}\right)dx=\left[\frac{1}{12}x^3-\frac{1}{x}\right]_1^2=\frac{13}{12}$$

• 위치 $\xrightarrow{\text{미분}}$ 속도 (속도 $\xrightarrow{\text{적분}}$ 위치)

• 시각 $t=a$에서 $t=b$까지 점 P의 위치의 변화량은 $\int_a^b v(t)\,dt$

• 곡선 $y=f(x)$에서 $x=t$, $y=f(t)$로 나타내면 $\frac{dx}{dt}=1$, $\frac{dy}{dt}=f'(t)$이므로

$$l=\int_a^b \sqrt{\left(\frac{dx}{dt}\right)^2+\left(\frac{dy}{dt}\right)^2}\,dt$$
$$=\int_a^b \sqrt{1+\{f'(t)\}^2}\,dt$$

• 해설편 461쪽

유형 01 입체도형의 부피

01 대표 문제

2022학년도 9월 모평 26번

그림과 같이 곡선 $y=\sqrt{\dfrac{3x+1}{x^2}}\ (x>0)$과 x축 및 두 직선 $x=1$, $x=2$로 둘러싸인 부분을 밑면으로 하고 x축에 수직인 평면으로 자른 단면이 모두 정사각형인 입체도형의 부피는? [3점]

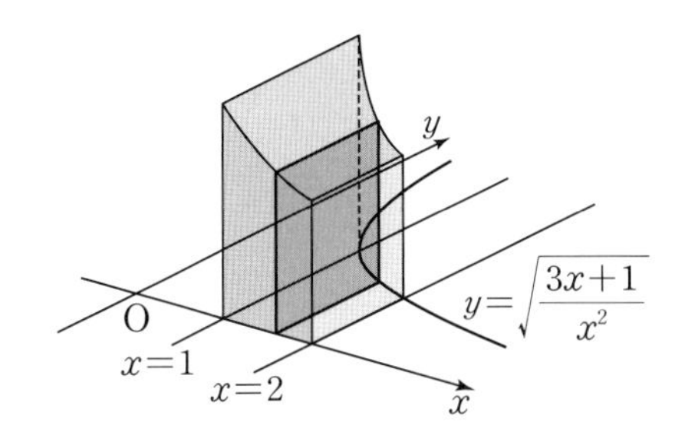

① $3\ln 2$ ② $\dfrac{1}{2}+3\ln 2$ ③ $1+3\ln 2$

④ $\dfrac{1}{2}+4\ln 2$ ⑤ $1+4\ln 2$

02

2017학년도 수능 가형(홀) 11번

그림과 같이 곡선 $y=\sqrt{x}+1$과 x축, y축 및 직선 $x=1$로 둘러싸인 도형을 밑면으로 하는 입체도형이 있다. 이 입체도형을 x축에 수직인 평면으로 자른 단면이 모두 정사각형일 때, 이 입체도형의 부피는? [3점]

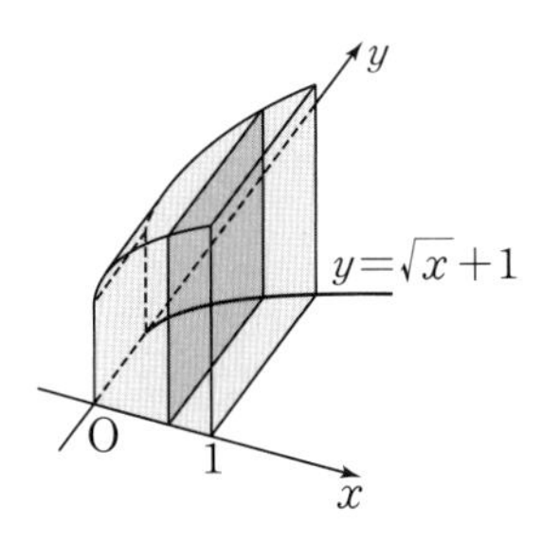

① $\dfrac{7}{3}$ ② $\dfrac{5}{2}$ ③ $\dfrac{8}{3}$

④ $\dfrac{17}{6}$ ⑤ 3

03

2023학년도 10월 학평 25번

그림과 같이 곡선 $y=\dfrac{2}{\sqrt{x}}$와 x축 및 두 직선 $x=1$, $x=4$로 둘러싸인 부분을 밑면으로 하고 x축에 수직인 평면으로 자른 단면이 모두 정사각형인 입체도형의 부피는? [3점]

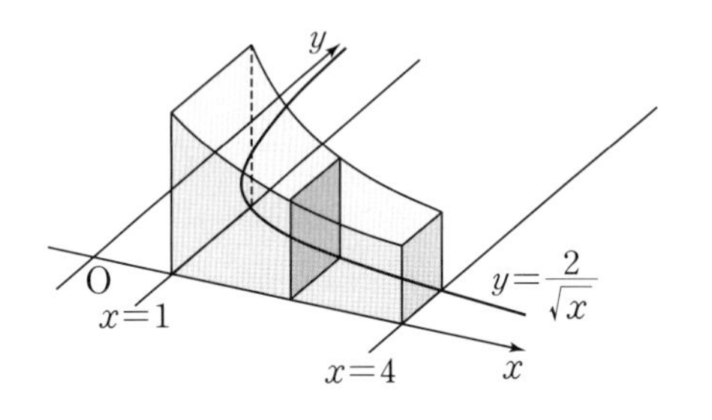

① $6\ln 2$ ② $7\ln 2$ ③ $8\ln 2$

④ $9\ln 2$ ⑤ $10\ln 2$

04

2017학년도 4월 학평-가형 27번

그림과 같이 곡선 $y=\sqrt{x+\dfrac{\pi}{4}\sin\left(\dfrac{\pi}{2}x\right)}$와 x축 및 두 직선 $x=1$, $x=4$로 둘러싸인 도형을 밑면으로 하는 입체도형이 있다. 이 입체도형을 x축에 수직인 평면으로 자른 단면이 모두 정사각형일 때, 이 입체도형의 부피를 구하시오. [4점]

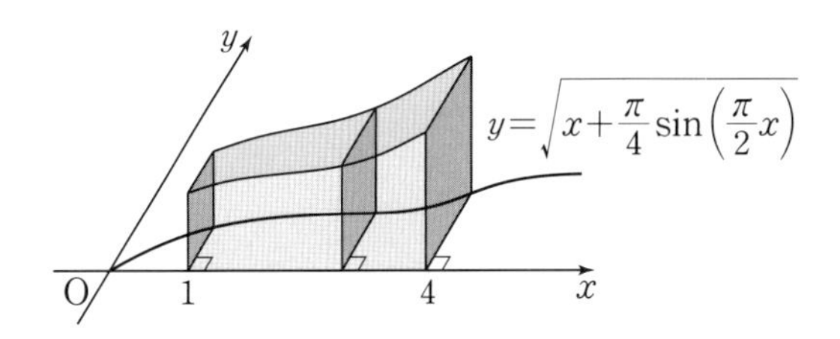

05

2023학년도 수능 (홀) 26번

그림과 같이 곡선 $y=\sqrt{\sec^2 x+\tan x}\left(0\le x\le \frac{\pi}{3}\right)$와 x축, y축 및 직선 $x=\frac{\pi}{3}$로 둘러싸인 부분을 밑면으로 하는 입체도형이 있다. 이 입체도형을 x축에 수직인 평면으로 자른 단면이 모두 정사각형일 때, 이 입체도형의 부피는? [3점]

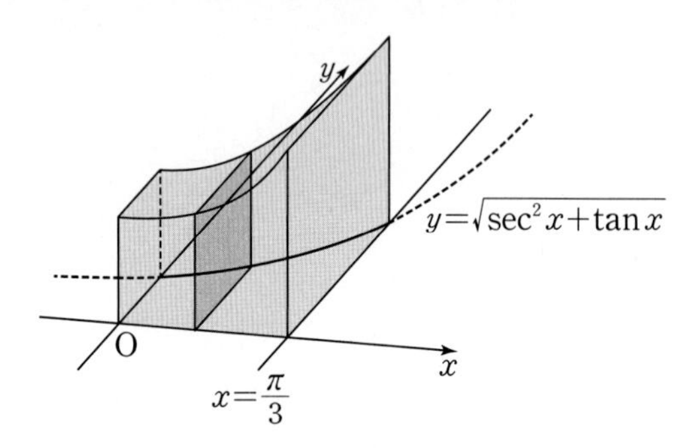

① $\frac{\sqrt{3}}{2}+\frac{\ln 2}{2}$　② $\frac{\sqrt{3}}{2}+\ln 2$　③ $\sqrt{3}+\frac{\ln 2}{2}$

④ $\sqrt{3}+\ln 2$　⑤ $\sqrt{3}+2\ln 2$

06

2020학년도 수능 가형(홀) 12번

그림과 같이 양수 k에 대하여 곡선 $y=\sqrt{\frac{e^x}{e^x+1}}$과 x축, y축 및 직선 $x=k$로 둘러싸인 부분을 밑면으로 하고 x축에 수직인 평면으로 자른 단면이 모두 정사각형인 입체도형의 부피가 $\ln 7$일 때, k의 값은? [3점]

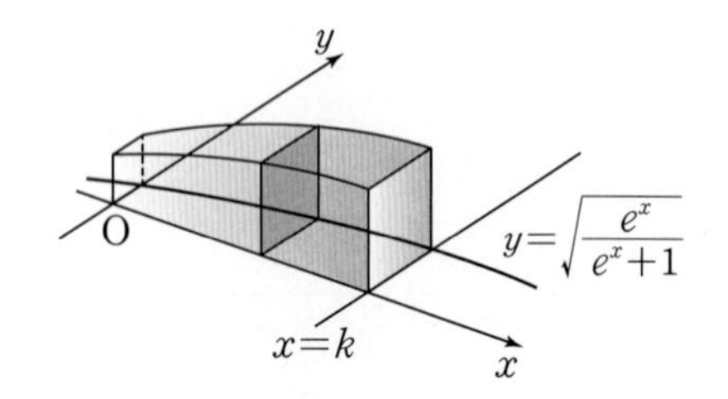

① $\ln 11$　② $\ln 13$　③ $\ln 15$

④ $\ln 17$　⑤ $\ln 19$

07

2023학년도 9월 모평 26번

그림과 같이 양수 k에 대하여 곡선 $y=\sqrt{\frac{kx}{2x^2+1}}$와 x축 및 두 직선 $x=1$, $x=2$로 둘러싸인 부분을 밑면으로 하고 x축에 수직인 평면으로 자른 단면이 모두 정사각형인 입체도형의 부피가 $2\ln 3$일 때, k의 값은? [3점]

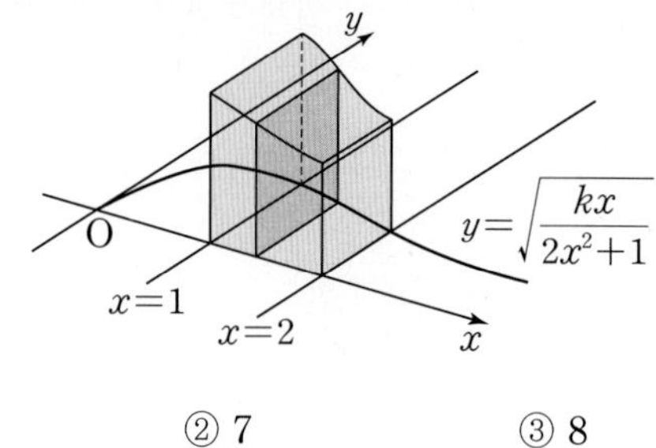

① 6　② 7　③ 8

④ 9　⑤ 10

08

2025학년도  (홀) 26번

그림과 같이 곡선 $y=\sqrt{\frac{x+1}{x(x+\ln x)}}$과 x축 및 두 직선 $x=1$, $x=e$로 둘러싸인 부분을 밑면으로 하는 입체도형이 있다. 이 입체도형을 x축에 수직인 평면으로 자른 단면이 모두 정사각형일 때, 이 입체도형의 부피는? [3점]

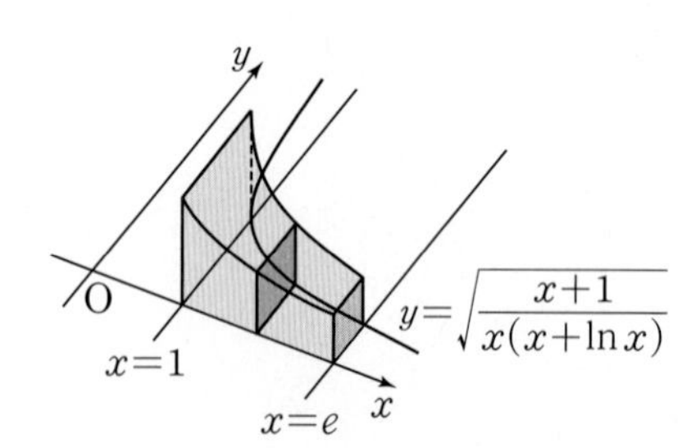

① $\ln(e+1)$　② $\ln(e+2)$　③ $\ln(e+3)$

④ $\ln(2e+1)$　⑤ $\ln(2e+2)$

09

2024학년도 수능 (홀) 26번

그림과 같이 곡선 $y=\sqrt{(1-2x)\cos x}\left(\frac{3}{4}\pi \le x \le \frac{5}{4}\pi\right)$와 x축 및 두 직선 $x=\frac{3}{4}\pi$, $x=\frac{5}{4}\pi$로 둘러싸인 부분을 밑면으로 하는 입체도형이 있다. 이 입체도형을 x축에 수직인 평면으로 자른 단면이 모두 정사각형일 때, 이 입체도형의 부피는? [3점]

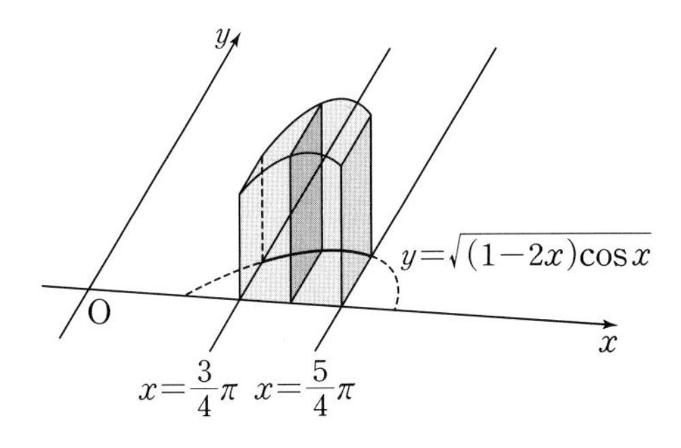

① $\sqrt{2}\pi-\sqrt{2}$ ② $\sqrt{2}\pi-1$ ③ $2\sqrt{2}\pi-\sqrt{2}$
④ $2\sqrt{2}\pi-1$ ⑤ $2\sqrt{2}\pi$

10

2024학년도 10월 학평 26번

그림과 같이 곡선 $y=\sqrt{(5-x)\ln x}\,(2\le x\le 4)$와 x축 및 두 직선 $x=2$, $x=4$로 둘러싸인 부분을 밑면으로 하는 입체도형이 있다. 이 입체도형을 x축에 수직인 평면으로 자른 단면이 모두 정사각형일 때, 이 입체도형의 부피는? [3점]

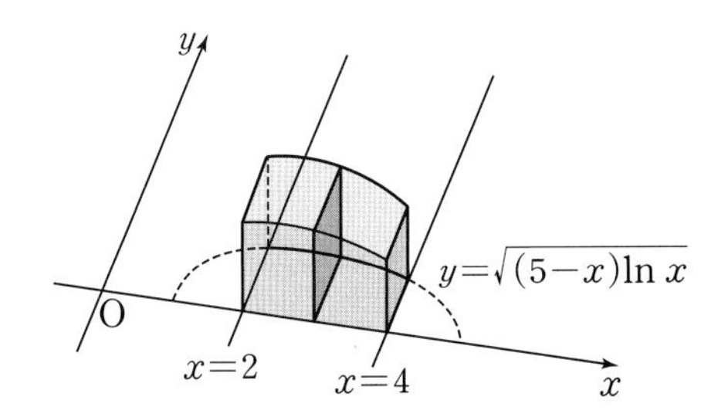

① $14\ln 2-7$ ② $14\ln 2-6$ ③ $16\ln 2-7$
④ $16\ln 2-6$ ⑤ $16\ln 2-5$

11

2016학년도 7월 학평-가형 27번

그림과 같이 함수 $f(x)=\sqrt{x}e^{\frac{x}{2}}$에 대하여 좌표평면 위의 두 점 $\mathrm{A}(x, 0)$, $\mathrm{B}(x, f(x))$를 이은 선분을 한 변으로 하는 정사각형을 x축에 수직인 평면 위에 그린다. 점 A의 x좌표가 $x=1$에서 $x=\ln 6$까지 변할 때, 이 정사각형이 만드는 입체도형의 부피는 $-a+b\ln 6$이다. $a+b$의 값을 구하시오.

(단, a와 b는 자연수이다.) [4점]

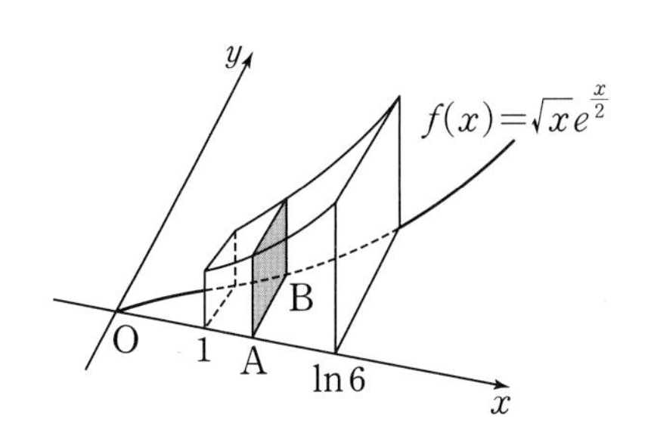

12

2017학년도 7월 학평-가형 15번

그림과 같이 곡선 $y=3x+\frac{2}{x}\,(x>0)$와 x축 및 직선 $x=1$, 직선 $x=2$로 둘러싸인 도형을 밑면으로 하는 입체도형이 있다. 이 입체도형을 x축에 수직인 평면으로 자른 단면이 모두 정삼각형일 때, 이 입체도형의 부피는? [4점]

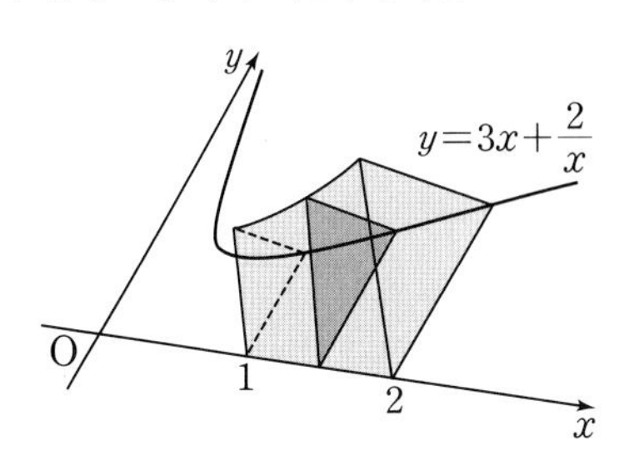

① $\frac{35\sqrt{3}}{4}$ ② $\frac{37\sqrt{3}}{4}$ ③ $\frac{39\sqrt{3}}{4}$
④ $\frac{41\sqrt{3}}{4}$ ⑤ $\frac{43\sqrt{3}}{4}$

26 일차

13

2020학년도 9월 모평 가형 14번

그림과 같이 양수 k에 대하여 함수 $f(x)=2\sqrt{x}e^{kx^2}$의 그래프와 x축 및 두 직선 $x=\frac{1}{\sqrt{2k}}$, $x=\frac{1}{\sqrt{k}}$로 둘러싸인 부분을 밑면으로 하고 x축에 수직인 평면으로 자른 단면이 모두 정삼각형인 입체도형의 부피가 $\sqrt{3}(e^2-e)$일 때, k의 값은? [4점]

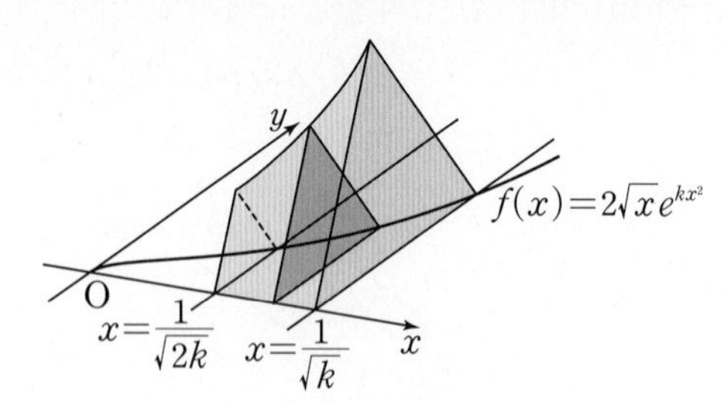

① $\frac{1}{12}$　② $\frac{1}{6}$　③ $\frac{1}{4}$

④ $\frac{1}{3}$　⑤ $\frac{1}{2}$

14

2025학년도 9월 모평 26번

그림과 같이 곡선 $y=2x\sqrt{x\sin x^2}\,(0\le x\le\sqrt{\pi})$와 x축 및 두 직선 $x=\sqrt{\frac{\pi}{6}}$, $x=\sqrt{\frac{\pi}{2}}$로 둘러싸인 부분을 밑면으로 하는 입체도형이 있다. 이 입체도형을 x축에 수직인 평면으로 자른 단면이 모두 반원일 때, 이 입체도형의 부피는? [3점]

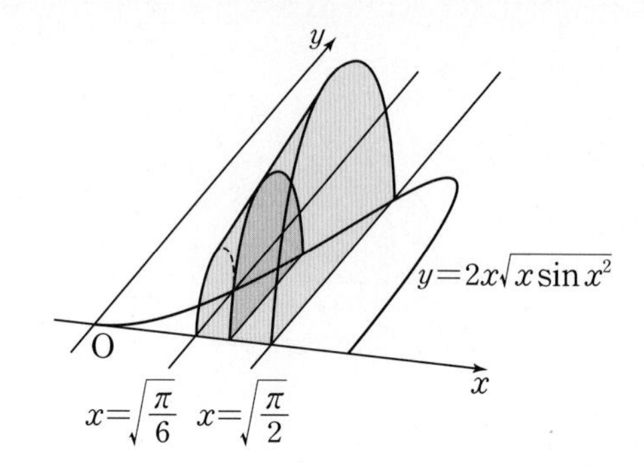

① $\frac{\pi^2+6\pi}{48}$　② $\frac{\sqrt{2}\pi^2+6\pi}{48}$　③ $\frac{\sqrt{3}\pi^2+6\pi}{48}$

④ $\frac{\sqrt{2}\pi^2+12\pi}{48}$　⑤ $\frac{\sqrt{3}\pi^2+12\pi}{48}$

15

2019학년도 3월 학평-가형 28번

그림과 같이 두 곡선 $y=2\sqrt{2x}+1$, $y=\sqrt{2x}$와 y축 및 직선 $x=2$로 둘러싸인 도형을 밑면으로 하는 입체도형이 있다. 이 입체도형을 x축에 수직인 평면으로 자른 단면이 모두 정사각형일 때, 이 입체도형의 부피를 V라 하자. $30V$의 값을 구하시오. [4점]

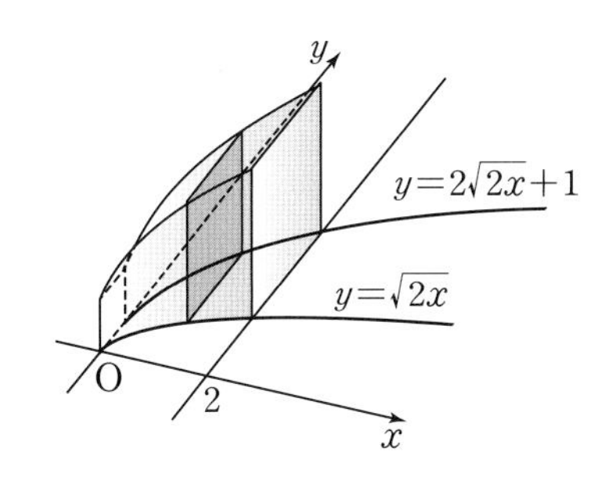

16

2018학년도 10월 학평-가형 16번

그림과 같이 함수 $f(x)=\sqrt{x\sin x^2}\left(\frac{\sqrt{\pi}}{2}\le x\le\frac{\sqrt{3\pi}}{2}\right)$에 대하여 곡선 $y=f(x)$와 곡선 $y=-f(x)$ 및 두 직선 $x=\frac{\sqrt{\pi}}{2}$, $x=\frac{\sqrt{3\pi}}{2}$로 둘러싸인 도형을 밑면으로 하는 입체도형이 있다. 이 입체도형을 x축에 수직인 평면으로 자른 단면이 모두 정사각형일 때, 이 입체도형의 부피는? [4점]

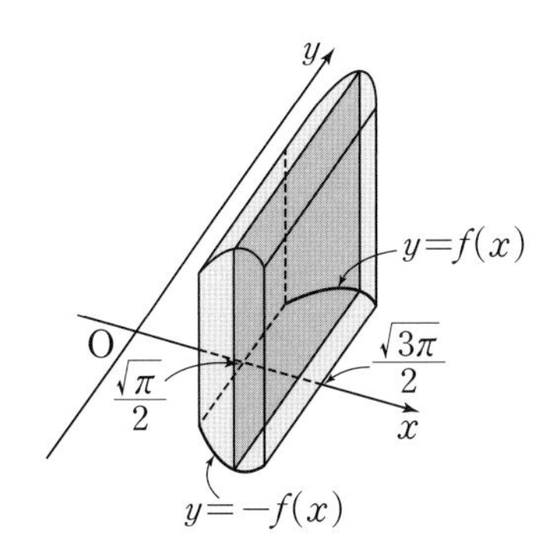

① $2\sqrt{2}$　② $2\sqrt{3}$　③ 4　④ $4\sqrt{2}$　⑤ $4\sqrt{3}$

17

2016학년도 3월 학평-가형 20번

그림과 같이 함수

$$f(x)=\begin{cases} e^{-x} & (x<0) \\ \sqrt{\ln(x+1)+1} & (x\ge 0) \end{cases}$$

의 그래프 위의 점 $\mathrm{P}(x, f(x))$에서 x축에 내린 수선의 발을 H라 하고, 선분 PH를 한 변으로 하는 정사각형을 x축에 수직인 평면 위에 그린다. 점 P의 x좌표가 $x=-\ln 2$에서 $x=e-1$까지 변할 때, 이 정사각형이 만드는 입체도형의 부피는? [4점]

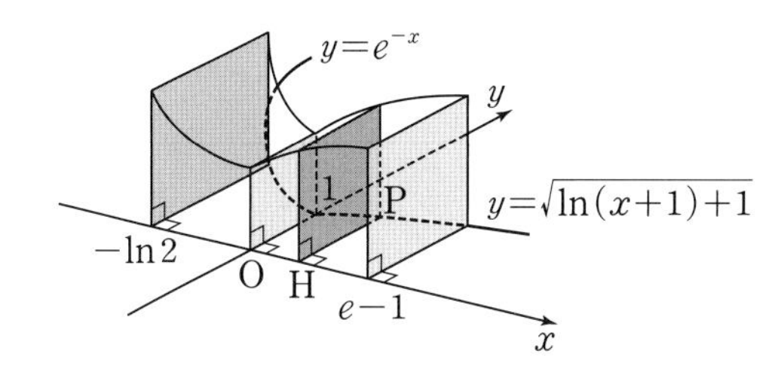

① $e-\frac{3}{2}$　② $e+\frac{2}{3}$　③ $2e-\frac{3}{2}$　④ $e+\frac{3}{2}$　⑤ $2e-\frac{2}{3}$

18

2017학년도 3월 학평-가형 19번

곡선 $y=e^x$과 y축 및 직선 $y=e$로 둘러싸인 도형을 밑면으로 하는 입체도형이 있다. 이 입체도형을 y축에 수직인 평면으로 자른 단면이 모두 정삼각형일 때, 이 입체도형의 부피는? [4점]

① $\frac{\sqrt{3}(e+1)}{4}$ ② $\frac{\sqrt{3}(e-1)}{2}$ ③ $\frac{\sqrt{3}(e-1)}{4}$

④ $\frac{\sqrt{3}(e-2)}{2}$ ⑤ $\frac{\sqrt{3}(e-2)}{4}$

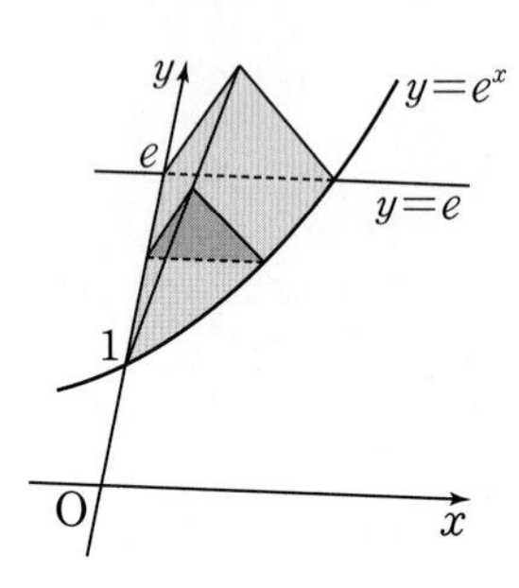

유형 02 움직인 거리

19 대표 문제

2017학년도 7월 학평-가형 19번

좌표평면 위를 움직이는 점 P의 시각 $t\,(0\le t\le 2\pi)$에서의 위치 (x, y)가

$x=t+2\cos t$, $y=\sqrt{3}\sin t$

일 때, 〈보기〉에서 옳은 것만을 있는 대로 고른 것은? [4점]

〈 보기 〉

ㄱ. $t=\frac{\pi}{2}$일 때, 점 P의 속도는 $(-1, 0)$이다.

ㄴ. 점 P의 속도의 크기의 최솟값은 1이다.

ㄷ. 점 P가 $t=\pi$에서 $t=2\pi$까지 움직인 거리는 $2\pi+2$이다.

① ㄱ ② ㄷ ③ ㄱ, ㄴ

④ ㄴ, ㄷ ⑤ ㄱ, ㄴ, ㄷ

20

2017학년도 6월 모평 가형 29번

양의 실수 전체의 집합에서 이계도함수를 갖는 함수 $f(t)$에 대하여 좌표평면 위를 움직이는 점 P의 시각 $t\,(t \geq 1)$에서의 위치 $(x,\ y)$가

$$\begin{cases} x = 2\ln t \\ y = f(t) \end{cases}$$

이다. 점 P가 점 $(0,\ f(1))$로부터 움직인 거리가 s가 될 때 시각 t는 $t=\dfrac{s+\sqrt{s^2+4}}{2}$이고, $t=2$일 때 점 P의 속도는 $\left(1,\ \dfrac{3}{4}\right)$이다. 시각 $t=2$일 때 점 P의 가속도를 $\left(-\dfrac{1}{2},\ a\right)$라 할 때, $60a$의 값을 구하시오. [4점]

21

2022학년도 수능 (홀) 27번

좌표평면 위를 움직이는 점 P의 시각 $t\,(t>0)$에서의 위치가 곡선 $y=x^2$과 직선 $y=t^2x-\dfrac{\ln t}{8}$가 만나는 서로 다른 두 점의 중점일 때, 시각 $t=1$에서 $t=e$까지 점 P가 움직인 거리는?

[3점]

① $\dfrac{e^4}{2}-\dfrac{3}{8}$　② $\dfrac{e^4}{2}-\dfrac{5}{16}$　③ $\dfrac{e^4}{2}-\dfrac{1}{4}$

④ $\dfrac{e^4}{2}-\dfrac{3}{16}$　⑤ $\dfrac{e^4}{2}-\dfrac{1}{8}$

26 일차

• 해설편 471쪽

유형 03 곡선의 길이

22 대표 문제

2019학년도 6월 모평 가형 12번

$x=0$에서 $x=\ln 2$까지의 곡선 $y=\frac{1}{8}e^{2x}+\frac{1}{2}e^{-2x}$의 길이는? [3점]

① $\frac{1}{2}$　② $\frac{9}{16}$　③ $\frac{5}{8}$　④ $\frac{11}{16}$　⑤ $\frac{3}{4}$

23

2016학년도 7월 학평-가형 25번

좌표평면 위의 곡선 $y=\frac{1}{3}x\sqrt{x}\,(0\leq x\leq 12)$에 대하여 $x=0$에서 $x=12$까지의 곡선의 길이를 l이라 할 때, $3l$의 값을 구하시오. [3점]

24

2024학년도 9월 모평 27번

$x=-\ln 4$에서 $x=1$까지의 곡선 $y=\frac{1}{2}(|e^{x}-1|-e^{|x|}+1)$의 길이는? [3점]

① $\frac{23}{8}$　② $\frac{13}{4}$　③ $\frac{29}{8}$　④ 4　⑤ $\frac{35}{8}$

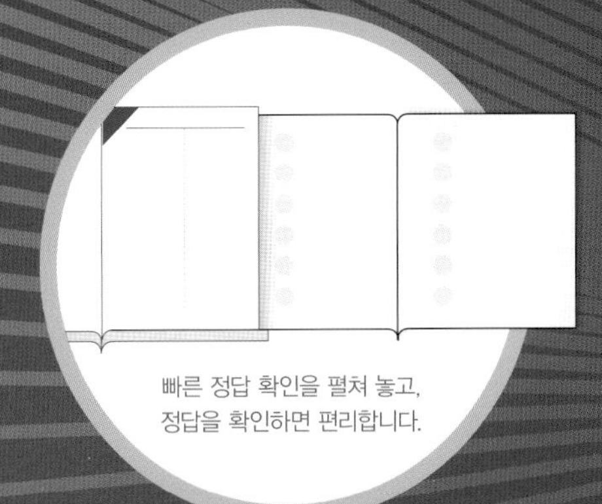

Full수록

수능기출문제집

빠른 정답 확인

미적분

visang

우리는 남다른 상상과 혁신으로
교육 문화의 새로운 전형을 만들어
모든 이의 행복한 경험과 성장에 기여한다.

https://book.visang.com

수능 준비 마무리 전략

- ✓ 새로운 것을 준비하기보다는 그동안 공부했던 내용들을 정리한다.
- ✓ 수능 시험일 기상 시간에 맞춰 일어나는 습관을 기른다.
- ✓ 수능 시간표에 생활 패턴을 맞춰 보면서 시험 당일 최적의 상태가 될 수 있도록 한다.
- ✓ 무엇보다 중요한 것은 체력 관리이다. 늦게까지 공부한다거나 과도한 스트레스를 받으면 집중력이 저하되어 몸에 무리가 올 수 있으므로 평소 수면 상태를 유지한다.

1일차

010쪽~019쪽

01 ③ 02 ③ 03 ③ 04 ⑤ 05 ④ 06 ⑤ 07 ④ 08 ⑤ 09 ③ 10 ② 11 ① 12 ①
13 ② 14 14 15 ④ 16 ⑤ 17 ③ 18 ② 19 ② 20 ① 21 ④ 22 110
23 21 24 4 25 ① 26 ⑤ 27 ③ 28 ⑤ 29 12 30 ⑤ 31 33 32 ⑤ 33 ②
34 ② 35 ⑤ 36 ① 37 ③ 38 ③ 39 ② 40 ③ 41 ④
42 ① 43 ② 44 ③ 45 ③ 46 ② 47 50 48 ② 49 ②

2일차

020쪽~033쪽

01 2 02 ④ 03 20 04 ④ 05 5 06 ③ 07 ③
08 ⑤ 09 ④ 10 ④ 11 50 12 ③
13 ② 14 ① 15 ② 16 ⑤
17 5 18 ④ 19 64 20 ① 21 ③
22 4 23 25 24 ④ 25 ⑤
26 ④ 27 ① 28 5 29 ⑤ 30 ③ 31 ① 32 ② 33 ⑤ 34 ④
35 270 36 80 37 5 38 12

3일차

037쪽~049쪽

01 ⑤ 02 ① 03 ② 04 ① 05 ⑤ 06 ⑤
07 ⑤ 08 ① 09 ② 10 ③ 11 ⑤ 12 ⑤ 13 ② 14 ② 15 ② 16 ⑤ 17 ④
18 ④ 19 ② 20 4 21 ② 22 ③ 23 ② 24 ① 25 ④ 26 ④
27 ④ 28 33 29 18 30 ④ 31 ④ 32 ③ 33 ② 34 ⑤
35 63 36 28 37 16 38 ③ 39 ③ 40 ②
41 ④ 42 ③ 43 192 44 25
45 13 46 84 47 ⑤ 48 9

4일차

053쪽~065쪽

01 ② 02 54 03 1 04 14
05 ① 06 ① 07 ⑤ 08 ③ 09 ⑤ 10 ② 11 ② 12 57
13 ① 14 9 15 ③ 16 21 17 ① 18 ② 19 5 20 ⑤ 21 ② 22 ③ 23 ④ 24 ②
25 ⑤ 26 ③ 27 ③ 28 ④ 29 ② 30 ④ 31 ③ 32 ④
33 ③ 34 ⑤ 35 ③ 36 ① 37 ② 38 ③ 39 ④ 40 32 41 16
42 ② 43 ① 44 ① 45 16 46 ③ 47 ⑤ 48 24
49 162 50 12 51 25 52 138

5일차

072쪽~088쪽

01 ② 02 ④ 03 ④ 04 ①
05 ⑤ 06 ③ 07 ③ 08 ②
09 ② 10 ⑤ 11 ④ 12 ⑤
13 ② 14 ① 15 ① 16 ①
17 ④ 18 ② 19 ② 20 ②
21 ② 22 ③ 23 ① 24 ①
25 ① 26 ③ 27 ④ 28 ②
29 ③ 30 ① 31 ③ 32 ①
33 ⑤ 34 ①

6일차

089쪽~101쪽

01 ② 02 ③
03 ③ 04 ① 05 ③ 06 ②
07 ④ 08 5 09 ② 10 ③
11 ③ 12 ④ 13 ② 14 ⑤
15 ② 16 ③ 17 ⑤ 18 ③
19 ① 20 ② 21 ② 22 ⑤
23 ① 24 ③ 25 ③ 26 ③

7일차

105쪽~117쪽

01 ⑤ 02 ⑤ 03 ④ 04 ③
05 ③ 06 ② 07 ② 08 ④ 09 12 10 ② 11 ② 12 ⑤ 13 ① 14 ②
15 ③ 16 ④ 17 ③ 18 ③ 19 ① 20 ① 21 ④ 22 6 23 ③ 24 ③ 25 ② 26 ④
27 ④ 28 ② 29 ② 30 ③ 31 ③ 32 ⑤ 33 ① 34 ② 35 ⑤
36 ② 37 ⑤ 38 ① 39 ② 40 ④ 41 ②
42 ④ 43 ① 44 ② 45 ③
46 ④ 47 ④ 48 ⑤ 49 4 50 ① 51 ① 52 ① 53 ② 54 ③

8일차

122쪽~127쪽

01 7 02 ③ 03 49 04 26 05 99 06 ① 07 ③ 08 ① 09 ③ 10 ① 11 ③ 12 ②
13 ① 14 11 15 ② 16 ① 17 ⑤ 18 ④ 19 ① 20 ② 21 ②
22 ⑤ 23 ③ 24 ⑤ 25 ④ 26 ⑤ 27 ⑤ 28 ④ 29 ③ 30 ④ 31 25

9일차

128쪽~135쪽

01 ④ 02 ④ 03 ① 04 32 05 ⑤ 06 ④ 07 ⑤ 08 5
09 ③ 10 ⑤ 11 18 12 ⑤ 13 ④ 14 ⑤ 15 ①
16 79 17 ② 18 5 19 ④ 20 ⑤
21 20 22 18 23 11 24 ⑤

10 일차

139쪽~152쪽

01 ⑤ 02 2 03 ④ 04 2 05 ① 06 ③ 07 ③ 08 20 09 8 10 ④ 11 ② 12 ⑤ 13 ③ 14 ⑤ 15 ③ 16 ③ 17 2 18 ③ 19 ④ 20 ① 21 25 22 ④ 23 ① 24 15 25 ③ 26 ④

27 ④ 28 60 29 4 30 ② 31 ② 32 ⑤ 33 18 34 20 35 ① 36 25 37 40 38 4 39 23 40 11

11 일차

153쪽~171쪽

01 ③ 02 ④ 03 ④ 04 100 05 16 06 6 07 ① 08 30 09 ② 10 ④ 11 ② 12 ② 13 ② 14 ④

15 ② 16 ③ 17 ② 18 ① 19 ① 20 9 21 ② 22 20 23 ① 24 ④ 25 ③ 26 18 27 ② 28 ③ 29 ④ 30 ① 31 2 32 ① 33 ⑤

34 ② 35 ⑤ 36 135 37 ③ 38 15 39 50 40 120

12 일차

176쪽~191쪽

01 8 02 12 03 54 04 ① 05 ① 06 ⑤ 07 ② 08 16 09 ④ 10 ② 11 ② 12 49 13 ⑤ 14 ④ 15 2 16 ③ 17 ③ 18 ④ 19 ③ 20 15 21 8 22 ② 23 ② 24 4 25 5 26 ① 27 ② 28 3 29 48 30 ① 31 ③ 32 ④ 33 2 34 1 35 ③

36 ⑤ 37 ③ 38 ② 39 ④ 40 ① 41 10 42 ④ 43 ④ 44 ⑤ 45 ④ 46 5 47 32 48 ② 49 11 50 107 51 ④ 52 55 53 39 54 331

13 일차

196쪽~201쪽

01 ④ 02 ① 03 ① 04 ④ 05 ② 06 ② 07 ① 08 ③ 09 ④ 10 ② 11 2 12 ② 13 ⑤ 14 ⑤ 15 ④ 16 4 17 2 18 ③ 19 ① 20 ① 21 ④ 22 ③ 23 ④ 24 7 25 4 26 ① 27 40

14 일차

202쪽~211쪽

01 ② 02 ② 03 ④ 04 ③ 05 ③ 06 25 07 ⑤ 08 ⑤ 09 4 10 ⑤ 11 ① 12 ③ 13 ① 14 3 15 ① 16 16 17 ⑤ 18 ② 19 ③ 20 ① 21 ⑤ 22 ① 23 ① 24 ④ 25 ① 26 ④ 27 ④ 28 3 29 ② 30 15

31 ② 32 48 33 10 34 72

15 일차

215쪽~223쪽

01 ⑤ 02 ① 03 ④ 04 ③ 05 ③ 06 ① 07 ① 08 ④ 09 ⑤ 10 32 11 ① 12 50 13 5 14 ③ 15 ③ 16 10 17 ② 18 26 19 ⑤ 20 ② 21 ④ 22 ③

23 ① 24 90 25 64 26 ④

16 일차

228쪽~237쪽

01 ③ 02 ① 03 ③ 04 ④ 05 ① 06 ③ 07 ② 08 ① 09 ② 10 ③ 11 ① 12 17 13 ③ 14 ③ 15 ① 16 ② 17 ② 18 50 19 29 20 208

21 27 22 17 23 95 24 216

17 일차

242쪽~255쪽

01 ④ 02 3 03 96 04 ① 05 ④ 06 2 07 ③ 08 ① 09 ① 10 ③ 11 ③ 12 25 13 91 14 ④ 15 ① 16 34 17 ④ 18 ② 19 ④ 20 ⑤ 21 ②

22 109 23 ② 24 ④ 25 40 26 43 27 24 28 71 29 129 30 125 31 77 32 6 33 9

빠른 정답 확인 뒷면에 이어집니다.

18 일차

260쪽~269쪽

01 ④ 02 ② 03 ⑤ 04 ③ 05 ③ 06 ③ 07 34 08 ② 09 ⑤ 10 ④ 11 ③ 12 ③ 13 15 14 ⑤ 15 ③ 16 ④ 17 40 18 4 19 8 20 ④ 21 ③ 22 ⑤ 23 72 24 30 25 16 26 31

19 일차

274쪽~281쪽

01 6 02 ② 03 ② 04 ① 05 ④ 06 ⑤ 07 ③ 08 ① 09 ④ 10 ⑤ 11 ③ 12 ④ 13 ③ 14 13 15 ④ 16 ② 17 23 18 ⑤ 19 ② 20 ① 21 ① 22 ⑤ 23 ⑤ 24 ⑤ 25 25 26 128 27 49

20 일차

285쪽~289쪽

01 ② 02 ① 03 4 04 ③ 05 ⑤ 06 ③ 07 ④ 08 ① 09 ③ 10 ② 11 6 12 ⑤ 13 3 14 ② 15 ③ 16 ⑤ 17 15 18 ① 19 ④ 20 ④ 21 ⑤ 22 ② 23 ① 24 ⑤

21 일차

290쪽~299쪽

01 12 02 ① 03 ④ 04 ① 05 51 06 ② 07 ⑤ 08 12 09 ① 10 ⑤ 11 ④ 12 ③ 13 17 14 14 15 283 16 ② 17 ② 18 25 19 115 20 12 21 144 22 48

22 일차

303쪽~311쪽

01 ⑤ 02 ① 03 ② 04 ③ 05 ② 06 ② 07 ③ 08 ③ 09 72 10 ④ 11 ④ 12 ② 13 ② 14 ④ 15 ⑤ 16 ③ 17 ④ 18 12 19 12 20 ① 21 ⑤ 22 26 23 25 24 93 25 16 26 586 27 21

23 일차

316쪽~325쪽

01 ② 02 ② 03 ② 04 ④ 05 ③ 06 64 07 12 08 9 09 ⑤ 10 ③ 11 325 12 ③ 13 ① 14 ④ 15 ④ 16 ① 17 ① 18 ① 19 ④ 20 ⑤ 21 ⑤ 22 ⑤ 23 ② 24 ④ 25 ② 26 83 27 125 28 16 29 26

24 일차

329쪽~335쪽

01 ④ 02 ② 03 242 04 ④ 05 ① 06 ③ 07 ① 08 19 09 12 10 5 11 ④ 12 ① 13 ② 14 ① 15 ② 16 ③ 17 ⑤ 18 ② 19 ① 20 ③ 21 100 22 32 23 11

25 일차

339쪽~349쪽

01 ③ 02 ② 03 ⑤ 04 ② 05 ④ 06 ⑤ 07 ② 08 ① 09 ⑤ 10 ① 11 50 12 ② 13 ④ 14 96 15 ② 16 ④ 17 ④ 18 ② 19 ② 20 ③ 21 ③ 22 7 23 ② 24 ① 25 ② 26 24 27 54 28 ② 29 143 30 36 31 80 32 350

26 일차

353쪽~360쪽

01 ② 02 ④ 03 ③ 04 7 05 ④ 06 ② 07 ③ 08 ① 09 ③ 10 ③ 11 12 12 ① 13 ③ 14 ③ 15 340 16 ① 17 ④ 18 ⑤ 19 ⑤ 20 15 21 ① 22 ⑤ 23 56 24 ①

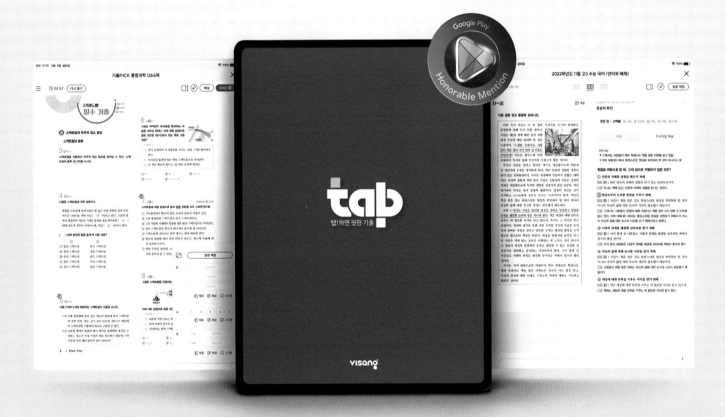

https://book.visang.com/
발간 이후에 발견되는 오류 고등교재 〉 학습자료실 〉 정오표
본 교재의 정답 고등교재 〉 학습자료실 〉 정답과해설

품질혁신코드 VS01QI25

2026

수능대비

868제 26일 완성!

정답 확인 해설 이해 문제 분석

미적분

visang

ABOVE IMAGINATION

우리는 남다른 상상과 혁신으로
교육 문화의 새로운 전형을 만들어
모든 이의 행복한 경험과 성장에 기여한다

1일차 문제편 010쪽~019쪽
01 ③ 02 ③ 03 ③ 04 ⑤ 05 ④ 06 ⑤
07 ④ 08 ⑤ 09 ③ 10 ② 11 ① 12 ①
13 ② 14 14 15 ④ 16 ⑤ 17 ③ 18 ②
19 ② 20 ① 21 ④ 22 110 23 21 24 4
25 ① 26 ⑤ 27 ③ 28 ⑤ 29 12 30 ⑤
31 33 32 ⑤ 33 ② 34 ② 35 ⑤ 36 ①
37 ③ 38 ③ 39 ② 40 ③ 41 ④ 42 ①
43 ② 44 ③ 45 ③ 46 ② 47 50 48 ②
49 ②

2일차 문제편 020쪽~033쪽
01 2 02 ④ 03 20 04 ④ 05 5 06 ③
07 ③ 08 ⑤ 09 ④ 10 ④ 11 50 12 ③
13 ② 14 ① 15 ② 16 ⑤ 17 5 18 ④
19 64 20 ① 21 ③ 22 4 23 25 24 ④
25 ⑤ 26 ④ 27 ① 28 5 29 ⑤ 30 ③
31 ① 32 ② 33 ⑤ 34 ④ 35 270 36 80
37 5 38 12

3일차 문제편 037쪽~049쪽
01 ⑤ 02 ① 03 ② 04 ① 05 ⑤ 06 ⑤
07 ⑤ 08 ① 09 ② 10 ③ 11 ⑤ 12 ⑤
13 ② 14 ② 15 ② 16 ⑤ 17 ④ 18 ④
19 ② 20 4 21 ② 22 ③ 23 ② 24 ①
25 ④ 26 ④ 27 ④ 28 33 29 18 30 ④
31 ④ 32 ③ 33 ② 34 ⑤ 35 63 36 28
37 16 38 ③ 39 ③ 40 ② 41 ④ 42 ③
43 192 44 25 45 13 46 84 47 ⑤ 48 9

4일차 문제편 053쪽~065쪽
01 ② 02 54 03 1 04 14 05 ① 06 ①
07 ⑤ 08 ③ 09 ⑤ 10 ② 11 ② 12 57
13 ① 14 9 15 ③ 16 21 17 ① 18 ②
19 5 20 ⑤ 21 ② 22 ③ 23 ④ 24 ②
25 ⑤ 26 ③ 27 ③ 28 ④ 29 ② 30 ④
31 ③ 32 ④ 33 ③ 34 ⑤ 35 ③ 36 ①
37 ② 38 ③ 39 ④ 40 32 41 16 42 ②
43 ① 44 ① 45 16 46 ③ 47 ⑤ 48 24
49 162 50 12 51 25 52 138

5일차 문제편 072쪽~088쪽
01 ② 02 ④ 03 ④ 04 ① 05 ⑤ 06 ③
07 ③ 08 ② 09 ② 10 ⑤ 11 ④ 12 ⑤
13 ② 14 ① 15 ① 16 ① 17 ④ 18 ②
19 ② 20 ② 21 ② 22 ③ 23 ① 24 ①
25 ① 26 ③ 27 ④ 28 ② 29 ③ 30 ①
31 ③ 32 ① 33 ⑤ 34 ①

6일차 문제편 089쪽~101쪽
01 ② 02 ③ 03 ③ 04 ① 05 ③ 06 ②
07 ④ 08 5 09 ② 10 ③ 11 ③ 12 ④
13 ② 14 ⑤ 15 ② 16 ③ 17 ⑤ 18 ③
19 ① 20 ② 21 ② 22 ⑤ 23 ① 24 ③
25 ③ 26 ③

7일차 문제편 105쪽~117쪽
01 ⑤ 02 ⑤ 03 ④ 04 ③ 05 ③ 06 ②
07 ② 08 ④ 09 12 10 ② 11 ② 12 ⑤
13 ① 14 ② 15 ③ 16 ④ 17 ③ 18 ③
19 ① 20 ① 21 ④ 22 6 23 ③ 24 ③
25 ② 26 ④ 27 ④ 28 ② 29 ② 30 ③
31 ③ 32 ⑤ 33 ① 34 ② 35 ⑤ 36 ②
37 ⑤ 38 ① 39 ② 40 ④ 41 ② 42 ④
43 ① 44 ② 45 ③ 46 ④ 47 ④ 48 ⑤
49 4 50 ① 51 ① 52 ① 53 ② 54 ③

8일차 문제편 122쪽~127쪽
01 7 02 ③ 03 49 04 26 05 99 06 ①
07 ③ 08 ① 09 ③ 10 ① 11 ③ 12 ②
13 ① 14 11 15 ② 16 ① 17 ⑤ 18 ④
19 ① 20 ② 21 ② 22 ⑤ 23 ③ 24 ⑤
25 ④ 26 ⑤ 27 ⑤ 28 ④ 29 ③ 30 ④
31 25

9일차 문제편 128쪽~135쪽
01 ④ 02 ④ 03 ① 04 32 05 ⑤ 06 ④
07 ⑤ 08 5 09 ③ 10 ⑤ 11 18 12 ⑤
13 ④ 14 ⑤ 15 ① 16 79 17 ② 18 5
19 ④ 20 ⑤ 21 20 22 18 23 11 24 ⑤

10일차 문제편 139쪽~152쪽
01 ⑤ 02 2 03 ④ 04 2 05 ① 06 ③
07 ③ 08 20 09 8 10 ④ 11 ② 12 ⑤
13 ③ 14 ⑤ 15 ③ 16 ③ 17 2 18 ③
19 ④ 20 ① 21 25 22 ④ 23 ① 24 15
25 ③ 26 ④ 27 ④ 28 60 29 4 30 ②
31 ② 32 ⑤ 33 18 34 20 35 ① 36 25
37 40 38 4 39 23 40 11

11일차 문제편 153쪽~171쪽
01 ③ 02 ④ 03 ④ 04 100 05 16 06 6
07 ① 08 30 09 ② 10 ④ 11 ② 12 ②
13 ② 14 ④ 15 ② 16 ③ 17 ② 18 ①
19 ① 20 9 21 ② 22 20 23 ① 24 ④
25 ③ 26 18 27 ② 28 ③ 29 ④ 30 ①
31 2 32 ① 33 ⑤ 34 ② 35 ⑤ 36 135
37 ③ 38 15 39 50 40 120

12일차 문제편 176쪽~191쪽
01 8 02 12 03 54 04 ① 05 ① 06 ⑤
07 ② 08 16 09 ④ 10 ② 11 ② 12 49
13 ⑤ 14 ④ 15 2 16 ③ 17 ③ 18 ④
19 ③ 20 15 21 8 22 ② 23 ② 24 4
25 5 26 ① 27 ② 28 3 29 48 30 ①
31 ③ 32 ④ 33 2 34 1 35 ③ 36 ⑤
37 ③ 38 ② 39 ④ 40 ① 41 10 42 ④
43 ④ 44 ⑤ 45 ④ 46 5 47 32 48 ②
49 11 50 107 51 ④ 52 55 53 39 54 331

13일차 문제편 196쪽~201쪽
01 ④ 02 ① 03 ① 04 ④ 05 ② 06 ②
07 ① 08 ③ 09 ④ 10 ② 11 2 12 ②
13 ⑤ 14 ⑤ 15 ④ 16 4 17 2 18 ③
19 ① 20 ① 21 ④ 22 ③ 23 ④ 24 7
25 4 26 ① 27 40

14일차 문제편 202쪽~211쪽
01 ② 02 ② 03 ④ 04 ③ 05 ③ 06 25
07 ⑤ 08 ⑤ 09 4 10 ⑤ 11 ① 12 ③
13 ① 14 3 15 ① 16 16 17 ⑤ 18 ②
19 ③ 20 ① 21 ⑤ 22 ① 23 ① 24 ④
25 ① 26 ④ 27 ④ 28 3 29 ② 30 15
31 ② 32 48 33 10 34 72

15일차 문제편 215쪽~223쪽
01 ⑤ 02 ① 03 ④ 04 ③ 05 ③ 06 ①
07 ① 08 ④ 09 ⑤ 10 32 11 ① 12 50
13 5 14 ③ 15 ③ 16 10 17 ② 18 26
19 ⑤ 20 ② 21 ④ 22 ③ 23 ① 24 90
25 64 26 ④

16일차 문제편 228쪽~237쪽
01 ③ 02 ① 03 ③ 04 ④ 05 ① 06 ③
07 ② 08 ① 09 ② 10 ③ 11 ① 12 17
13 ③ 14 ③ 15 ① 16 ② 17 ② 18 50
19 29 20 208 21 27 22 17 23 95 24 216

17일차 문제편 242쪽~255쪽
01 ④ 02 3 03 96 04 ① 05 ④ 06 2
07 ③ 08 ① 09 ① 10 ③ 11 ③ 12 25
13 91 14 ④ 15 ① 16 34 17 ④ 18 ②
19 ④ 20 ⑤ 21 ② 22 109 23 ② 24 ④
25 40 26 43 27 24 28 71 29 129 30 125
31 77 32 6 33 9

18일차 문제편 260쪽~269쪽
01 ④ 02 ② 03 ⑤ 04 ③ 05 ③ 06 ③
07 34 08 ② 09 ⑤ 10 ④ 11 ③ 12 ③
13 15 14 ⑤ 15 ③ 16 ④ 17 40 18 4
19 8 20 ④ 21 ③ 22 ⑤ 23 72 24 30
25 16 26 31

19일차 문제편 274쪽~281쪽
01 6 02 ② 03 ② 04 ① 05 ④ 06 ⑤
07 ③ 08 ① 09 ④ 10 ⑤ 11 ③ 12 ④
13 ③ 14 13 15 ④ 16 ② 17 23 18 ⑤
19 ② 20 ① 21 ① 22 ⑤ 23 ⑤ 24 ⑤
25 25 26 128 27 49

20일차 문제편 285쪽~289쪽
01 ② 02 ① 03 4 04 ③ 05 ⑤ 06 ③
07 ④ 08 ① 09 ③ 10 ② 11 6 12 ⑤
13 3 14 ② 15 ③ 16 ⑤ 17 15 18 ①
19 ④ 20 ④ 21 ⑤ 22 ② 23 ① 24 ⑤

21일차 문제편 290쪽~299쪽
01 12 02 ① 03 ④ 04 ① 05 51 06 ②
07 ⑤ 08 12 09 ① 10 ⑤ 11 ④ 12 ③
13 17 14 14 15 283 16 ② 17 ② 18 25
19 115 20 12 21 144 22 48

22일차 문제편 303쪽~311쪽
01 ⑤ 02 ① 03 ② 04 ③ 05 ② 06 ②
07 ③ 08 ③ 09 72 10 ④ 11 ④ 12 ②
13 ② 14 ④ 15 ⑤ 16 ③ 17 ④ 18 12
19 12 20 ① 21 ⑤ 22 26 23 25 24 93
25 16 26 586 27 21

23일차 문제편 316쪽~325쪽
01 ② 02 ② 03 ② 04 ④ 05 ③ 06 64
07 12 08 9 09 ⑤ 10 ③ 11 325 12 ③
13 ① 14 ④ 15 ④ 16 ① 17 ① 18 ①
19 ④ 20 ⑤ 21 ⑤ 22 ⑤ 23 ② 24 ④
25 ② 26 83 27 125 28 16 29 26

24일차 문제편 329쪽~335쪽
01 ④ 02 ② 03 242 04 ④ 05 ① 06 ③
07 ① 08 19 09 12 10 5 11 ④ 12 ①
13 ② 14 ① 15 ② 16 ③ 17 ⑤ 18 ②
19 ① 20 ③ 21 100 22 32 23 11

25일차 문제편 339쪽~349쪽
01 ③ 02 ② 03 ⑤ 04 ② 05 ④ 06 ⑤
07 ② 08 ① 09 ⑤ 10 ① 11 50 12 ②
13 ④ 14 96 15 ② 16 ④ 17 ④ 18 ②
19 ② 20 ③ 21 ③ 22 7 23 ② 24 ①
25 ② 26 24 27 54 28 ② 29 143 30 36
31 80 32 350

26일차 문제편 353쪽~360쪽
01 ② 02 ④ 03 ③ 04 7 05 ④ 06 ②
07 ③ 08 ① 09 ③ 10 ③ 11 12 12 ①
13 ③ 14 ③ 15 340 16 ① 17 ④ 18 ⑤
19 ⑤ 20 15 21 ① 22 ⑤ 23 56 24 ①

1 일차

01 ③	02 ③	03 ③	04 ⑤	05 ④	06 ⑤	07 ④	08 ⑤	09 ③	10 ②	11 ①	12 ①
13 ②	14 14	15 ④	16 ⑤	17 ③	18 ②	19 ②	20 ①	21 ④	22 110	23 21	24 4
25 ①	26 ⑤	27 ③	28 ⑤	29 12	30 ⑤	31 33	32 ⑤	33 ②	34 ②	35 ⑤	36 ①
37 ③	38 ③	39 ②	40 ③	41 ④	42 ①	43 ②	44 ③	45 ③	46 ②	47 50	48 ②
49 ②											

문제편 010쪽~019쪽

01 $\frac{\infty}{\infty}$ 꼴의 극한의 계산 정답 ③ | 정답률 95%

문제 보기

$\lim\limits_{n\to\infty}\frac{\sqrt{9n^2+4}}{5n-2}$의 값은? [2점]

└→ 분모의 최고차항인 n으로 분모와 분자를 각각 나눈다.

① $\frac{1}{5}$ ② $\frac{2}{5}$ ③ $\frac{3}{5}$ ④ $\frac{4}{5}$ ⑤ 1

Step 1 극한값 구하기

$$\lim_{n\to\infty}\frac{\sqrt{9n^2+4}}{5n-2}=\lim_{n\to\infty}\frac{\sqrt{9+\frac{4}{n^2}}}{5-\frac{2}{n}}=\frac{3}{5}$$

02 $\frac{\infty}{\infty}$ 꼴의 극한의 계산 정답 ③ | 정답률 96%

문제 보기

$\lim\limits_{n\to\infty}\frac{6n^2-3}{2n^2+5n}$의 값은? [2점]

└→ 분모의 최고차항인 n^2으로 분모와 분자를 각각 나눈다.

① 5 ② 4 ③ 3 ④ 2 ⑤ 1

Step 1 극한값 구하기

$$\lim_{n\to\infty}\frac{6n^2-3}{2n^2+5n}=\lim_{n\to\infty}\frac{6-\frac{3}{n^2}}{2+\frac{5}{n}}=3$$

03 $\frac{\infty}{\infty}$ 꼴의 극한의 계산 정답 ③ | 정답률 90%

문제 보기

$\lim\limits_{n\to\infty}\frac{3n^2+n+1}{2n^2+1}$의 값은? [2점]

└→ 분모의 최고차항인 n^2으로 분모와 분자를 각각 나눈다.

① $\frac{1}{2}$ ② 1 ③ $\frac{3}{2}$ ④ 2 ⑤ $\frac{5}{2}$

Step 1 극한값 구하기

$$\lim_{n\to\infty}\frac{3n^2+n+1}{2n^2+1}=\lim_{n\to\infty}\frac{3+\frac{1}{n}+\frac{1}{n^2}}{2+\frac{1}{n^2}}=\frac{3}{2}$$

04 $\frac{\infty}{\infty}$ 꼴의 극한의 계산 정답 ⑤ | 정답률 95%

문제 보기

$\lim\limits_{n\to\infty}\frac{5n^3+1}{n^3+3}$의 값은? [2점]

└→ 분모의 최고차항인 n^3으로 분모와 분자를 각각 나눈다.

① 1 ② 2 ③ 3 ④ 4 ⑤ 5

Step 1 극한값 구하기

$$\lim_{n\to\infty}\frac{5n^3+1}{n^3+3}=\lim_{n\to\infty}\frac{5+\frac{1}{n^3}}{1+\frac{3}{n^3}}=5$$

05 $\frac{\infty}{\infty}$ 꼴의 극한의 계산

정답 ④ | 정답률 95%

문제 보기

$\lim_{n\to\infty}\frac{(2n+1)(3n-1)}{n^2+1}$의 값은? [2점]

└→ 분모의 최고차항인 n^2으로 분모와 분자를 각각 나눈다.

① 3 ② 4 ③ 5 ④ 6 ⑤ 7

Step 1 극한값 구하기

$$\lim_{n\to\infty}\frac{(2n+1)(3n-1)}{n^2+1}=\lim_{n\to\infty}\frac{6n^2+n-1}{n^2+1}$$
$$=\lim_{n\to\infty}\frac{6+\frac{1}{n}-\frac{1}{n^2}}{1+\frac{1}{n^2}}=6$$

06 $\frac{\infty}{\infty}$ 꼴의 극한의 계산

정답 ⑤ | 정답률 94%

문제 보기

$\lim_{n\to\infty}\frac{10n^3-1}{(n+2)(2n^2+3)}$의 값은? [2점]

└→ 분모를 정리한 후 분모의 최고차항인 n^3으로 분모와 분자를 각각 나눈다.

① 1 ② 2 ③ 3 ④ 4 ⑤ 5

Step 1 극한값 구하기

$$\lim_{n\to\infty}\frac{10n^3-1}{(n+2)(2n^2+3)}=\lim_{n\to\infty}\frac{10n^3-1}{2n^3+4n^2+3n+6}$$
$$=\lim_{n\to\infty}\frac{10-\frac{1}{n^3}}{2+\frac{4}{n}+\frac{3}{n^2}+\frac{6}{n^3}}=5$$

07 $\frac{\infty}{\infty}$ 꼴의 극한의 계산

정답 ④ | 정답률 96%

문제 보기

$\lim_{n\to\infty}\frac{(2n+1)^2-(2n-1)^2}{2n+5}$의 값은? [2점]

└→ 분자를 정리한 후 분모의 최고차항인 n으로 분모와 분자를 각각 나눈다.

① 1 ② 2 ③ 3 ④ 4 ⑤ 5

Step 1 극한값 구하기

$$\lim_{n\to\infty}\frac{(2n+1)^2-(2n-1)^2}{2n+5}=\lim_{n\to\infty}\frac{(4n^2+4n+1)-(4n^2-4n+1)}{2n+5}$$
$$=\lim_{n\to\infty}\frac{8n}{2n+5}$$
$$=\lim_{n\to\infty}\frac{8}{2+\frac{5}{n}}=4$$

08 $\frac{\infty}{\infty}$ 꼴의 극한의 계산

정답 ⑤ | 정답률 96%

문제 보기

$\lim_{n\to\infty}\frac{\frac{5}{n}+\frac{3}{n^2}}{\frac{1}{n}-\frac{2}{n^3}}$의 값은? [2점]

└→ 분모, 분자에 각각 n을 곱한 후 계산한다.

① 1 ② 2 ③ 3 ④ 4 ⑤ 5

Step 1 극한값 구하기

$$\lim_{n\to\infty}\frac{\frac{5}{n}+\frac{3}{n^2}}{\frac{1}{n}-\frac{2}{n^3}}=\lim_{n\to\infty}\frac{\left(\frac{5}{n}+\frac{3}{n^2}\right)\times n}{\left(\frac{1}{n}-\frac{2}{n^3}\right)\times n}=\lim_{n\to\infty}\frac{5+\frac{3}{n}}{1-\frac{2}{n^2}}=5$$

09 $\frac{\infty}{\infty}$ 꼴의 극한의 계산

정답 ③ | 정답률 92%

문제 보기

$\lim_{n\to\infty}\frac{\sqrt{9n^2+4n+1}}{2n+5}$의 값은? [2점]

└→ 분모의 최고차항인 n으로 분모와 분자를 각각 나눈다.

① $\frac{1}{2}$ ② 1 ③ $\frac{3}{2}$ ④ 2 ⑤ $\frac{5}{2}$

Step 1 극한값 구하기

$$\lim_{n\to\infty}\frac{\sqrt{9n^2+4n+1}}{2n+5}=\lim_{n\to\infty}\frac{\sqrt{9+\frac{4}{n}+\frac{1}{n^2}}}{2+\frac{5}{n}}=\frac{3}{2}$$

10 $\frac{\infty}{\infty}$ 꼴의 극한의 계산

정답 ② | 정답률 92%

문제 보기

$\lim_{n\to\infty}\frac{8n-1}{\sqrt{n^2+1}}$의 값은? [2점]

└→ 분모의 최고차항인 n으로 분모와 분자를 각각 나눈다.

① 7 ② 8 ③ 9 ④ 10 ⑤ 11

Step 1 극한값 구하기

$$\lim_{n\to\infty}\frac{8n-1}{\sqrt{n^2+1}}=\lim_{n\to\infty}\frac{8-\frac{1}{n}}{\sqrt{1+\frac{1}{n^2}}}=8$$

11 $\frac{\infty}{\infty}$ 꼴의 극한의 계산 정답 ① | 정답률 89%

문제 보기

모든 항이 양수인 수열 $\{a_n\}$에 대하여 $\frac{1+a_n}{a_n}=n^2+2$가 성립할 때,

└ a_n을 구한다.

$\lim_{n\to\infty} n^2a_n$의 값은? [3점]

└ a_n을 대입하여 극한값을 구한다.

① 1 ② 2 ③ 3 ④ 4 ⑤ 5

Step 1 a_n 구하기

$\frac{1+a_n}{a_n}=n^2+2$에서 $\frac{1}{a_n}+1=n^2+2$

$\therefore a_n=\frac{1}{n^2+1}$

Step 2 극한값 구하기

$\therefore \lim_{n\to\infty} n^2a_n=\lim_{n\to\infty}\frac{n^2}{n^2+1}=\lim_{n\to\infty}\frac{1}{1+\frac{1}{n^2}}=1$

12 $\frac{\infty}{\infty}$ 꼴의 극한의 계산 정답 ① | 정답률 94%

문제 보기

첫째항이 1이고 공차가 2인 등차수열 $\{a_n\}$에 대하여

└ a_n을 구한다.

$\lim_{n\to\infty}\frac{a_n}{3n+1}$의 값은? [2점]

└ a_n을 대입하여 극한값을 구한다.

① $\frac{2}{3}$ ② 1 ③ $\frac{4}{3}$ ④ $\frac{5}{3}$ ⑤ 2

Step 1 a_n 구하기

첫째항이 1이고 공차가 2이므로

$a_n=1+(n-1)\times 2=2n-1$

Step 2 극한값 구하기

$\therefore \lim_{n\to\infty}\frac{a_n}{3n+1}=\lim_{n\to\infty}\frac{2n-1}{3n+1}=\lim_{n\to\infty}\frac{2-\frac{1}{n}}{3+\frac{1}{n}}=\frac{2}{3}$

13 $\infty-\infty$ 꼴의 극한의 계산 정답 ② | 정답률 95%

문제 보기

$\lim_{n\to\infty}(\sqrt{9n^2+12n}-3n)$의 값은? [2점]

└ 유리화하여 $\frac{\infty}{\infty}$ 꼴로 변형한다.

① 1 ② 2 ③ 3 ④ 4 ⑤ 5

Step 1 극한값 구하기

$$\lim_{n\to\infty}(\sqrt{9n^2+12n}-3n)=\lim_{n\to\infty}\frac{(\sqrt{9n^2+12n}-3n)(\sqrt{9n^2+12n}+3n)}{\sqrt{9n^2+12n}+3n}$$

$$=\lim_{n\to\infty}\frac{12n}{\sqrt{9n^2+12n}+3n}$$

$$=\lim_{n\to\infty}\frac{12}{\sqrt{9+\frac{12}{n}}+3}$$

$$=\frac{12}{3+3}=2$$

14 $\infty-\infty$ 꼴의 극한의 계산 정답 14 | 정답률 88%

문제 보기

$\lim_{n\to\infty}(\sqrt{n^2+28n}-n)$의 값을 구하시오. [3점]

└ 유리화하여 $\frac{\infty}{\infty}$ 꼴로 변형한다.

Step 1 극한값 구하기

$$\lim_{n\to\infty}(\sqrt{n^2+28n}-n)=\lim_{n\to\infty}\frac{(\sqrt{n^2+28n}-n)(\sqrt{n^2+28n}+n)}{\sqrt{n^2+28n}+n}$$

$$=\lim_{n\to\infty}\frac{28n}{\sqrt{n^2+28n}+n}$$

$$=\lim_{n\to\infty}\frac{28}{\sqrt{1+\frac{28}{n}}+1}$$

$$=\frac{28}{1+1}=14$$

15 $\infty-\infty$ 꼴의 극한의 계산 정답 ④ | 정답률 96%

문제 보기

$\lim_{n\to\infty}(\sqrt{n^4+5n^2+5}-n^2)$의 값은? [2점]

└ 유리화하여 $\frac{\infty}{\infty}$ 꼴로 변형한다.

① $\frac{7}{4}$ ② 2 ③ $\frac{9}{4}$ ④ $\frac{5}{2}$ ⑤ $\frac{11}{4}$

Step 1 극한값 구하기

$$\lim_{n\to\infty}(\sqrt{n^4+5n^2+5}-n^2)$$
$$=\lim_{n\to\infty}\frac{(\sqrt{n^4+5n^2+5}-n^2)(\sqrt{n^4+5n^2+5}+n^2)}{\sqrt{n^4+5n^2+5}+n^2}$$
$$=\lim_{n\to\infty}\frac{5n^2+5}{\sqrt{n^4+5n^2+5}+n^2}$$
$$=\lim_{n\to\infty}\frac{5+\frac{5}{n^2}}{\sqrt{1+\frac{5}{n^2}+\frac{5}{n^4}}+1}$$
$$=\frac{5}{1+1}=\frac{5}{2}$$

16 $\infty-\infty$ 꼴의 극한의 계산 정답 ⑤ | 정답률 92%

문제 보기

$\lim_{n\to\infty}(\sqrt{n^2+9n}-\sqrt{n^2+4n})$의 값은? [2점]

└ 유리화하여 $\frac{\infty}{\infty}$ 꼴로 변형한다.

① $\frac{1}{2}$ ② 1 ③ $\frac{3}{2}$ ④ 2 ⑤ $\frac{5}{2}$

Step 1 극한값 구하기

$$\lim_{n\to\infty}(\sqrt{n^2+9n}-\sqrt{n^2+4n})$$
$$=\lim_{n\to\infty}\frac{(\sqrt{n^2+9n}-\sqrt{n^2+4n})(\sqrt{n^2+9n}+\sqrt{n^2+4n})}{\sqrt{n^2+9n}+\sqrt{n^2+4n}}$$
$$=\lim_{n\to\infty}\frac{5n}{\sqrt{n^2+9n}+\sqrt{n^2+4n}}$$
$$=\lim_{n\to\infty}\frac{5}{\sqrt{1+\frac{9}{n}}+\sqrt{1+\frac{4}{n}}}$$
$$=\frac{5}{1+1}=\frac{5}{2}$$

17 $\infty-\infty$ 꼴의 극한의 계산 정답 ③ | 정답률 88%

문제 보기

$\lim_{n\to\infty}2n(\sqrt{n^2+4}-\sqrt{n^2+1})$의 값은? [2점]

└ 유리화하여 $\frac{\infty}{\infty}$ 꼴로 변형한다.

① 1 ② 2 ③ 3 ④ 4 ⑤ 5

Step 1 극한값 구하기

$$\lim_{n\to\infty}2n(\sqrt{n^2+4}-\sqrt{n^2+1})$$
$$=\lim_{n\to\infty}\frac{2n(\sqrt{n^2+4}-\sqrt{n^2+1})(\sqrt{n^2+4}+\sqrt{n^2+1})}{\sqrt{n^2+4}+\sqrt{n^2+1}}$$
$$=\lim_{n\to\infty}\frac{2n\times 3}{\sqrt{n^2+4}+\sqrt{n^2+1}}$$
$$=\lim_{n\to\infty}\frac{6}{\sqrt{1+\frac{4}{n^2}}+\sqrt{1+\frac{1}{n^2}}}$$
$$=\frac{6}{1+1}=3$$

18 $\infty-\infty$ 꼴의 극한의 계산 정답 ② | 정답률 96%

문제 보기

$\lim_{n\to\infty}\frac{1}{\sqrt{n^2+n+1}-n}$의 값은? [2점]

└ 유리화하여 $\frac{\infty}{\infty}$ 꼴로 변형한다.

① 1 ② 2 ③ 3 ④ 4 ⑤ 5

Step 1 극한값 구하기

$$\lim_{n\to\infty}\frac{1}{\sqrt{n^2+n+1}-n}=\lim_{n\to\infty}\frac{\sqrt{n^2+n+1}+n}{(\sqrt{n^2+n+1}-n)(\sqrt{n^2+n+1}+n)}$$
$$=\lim_{n\to\infty}\frac{\sqrt{n^2+n+1}+n}{n+1}$$
$$=\lim_{n\to\infty}\frac{\sqrt{1+\frac{1}{n}+\frac{1}{n^2}}+1}{1+\frac{1}{n}}$$
$$=\frac{1+1}{1}=2$$

19 $\infty-\infty$ 꼴의 극한의 계산

정답 ② | 정답률 95%

문제 보기

$\lim_{n\to\infty}\frac{1}{\sqrt{4n^2+2n+1}-2n}$의 값은? [2점]

└ 유리화하여 $\frac{\infty}{\infty}$ 꼴로 변형한다.

① 1 ② 2 ③ 3 ④ 4 ⑤ 5

Step 1 극한값 구하기

$$\lim_{n\to\infty}\frac{1}{\sqrt{4n^2+2n+1}-2n}$$
$$=\lim_{n\to\infty}\frac{\sqrt{4n^2+2n+1}+2n}{(\sqrt{4n^2+2n+1}-2n)(\sqrt{4n^2+2n+1}+2n)}$$
$$=\lim_{n\to\infty}\frac{\sqrt{4n^2+2n+1}+2n}{2n+1}$$
$$=\lim_{n\to\infty}\frac{\sqrt{4+\frac{2}{n}+\frac{1}{n^2}}+2}{2+\frac{1}{n}}$$
$$=\frac{2+2}{2}=2$$

20 $\infty-\infty$ 꼴의 극한의 계산

정답 ① | 정답률 97%

문제 보기

$\lim_{n\to\infty}\frac{1}{\sqrt{n^2+3n}-\sqrt{n^2+n}}$의 값은? [2점]

└ 유리화하여 $\frac{\infty}{\infty}$ 꼴로 변형한다.

① 1 ② $\frac{3}{2}$ ③ 2 ④ $\frac{5}{2}$ ⑤ 3

Step 1 극한값 구하기

$$\lim_{n\to\infty}\frac{1}{\sqrt{n^2+3n}-\sqrt{n^2+n}}$$
$$=\lim_{n\to\infty}\frac{\sqrt{n^2+3n}+\sqrt{n^2+n}}{(\sqrt{n^2+3n}-\sqrt{n^2+n})(\sqrt{n^2+3n}+\sqrt{n^2+n})}$$
$$=\lim_{n\to\infty}\frac{\sqrt{n^2+3n}+\sqrt{n^2+n}}{2n}$$
$$=\lim_{n\to\infty}\frac{\sqrt{1+\frac{3}{n}}+\sqrt{1+\frac{1}{n}}}{2}$$
$$=\frac{1+1}{2}=1$$

21 $\infty-\infty$ 꼴의 극한에서 미정계수의 결정

정답 ④ | 정답률 83%

문제 보기

$\lim_{n\to\infty}(\sqrt{an^2+n}-\sqrt{an^2-an})=\frac{5}{4}$를 만족시키는 모든 양수 a의 값의 합은? [3점]

└ 극한값을 a를 이용하여 나타낸 후 이를 주어진 극한값과 비교한다.

① $\frac{7}{2}$ ② $\frac{15}{4}$ ③ 4 ④ $\frac{17}{4}$ ⑤ $\frac{9}{2}$

Step 1 극한값을 a를 이용하여 나타내기

$$\lim_{n\to\infty}(\sqrt{an^2+n}-\sqrt{an^2-an})$$
$$=\lim_{n\to\infty}\frac{(\sqrt{an^2+n}-\sqrt{an^2-an})(\sqrt{an^2+n}+\sqrt{an^2-an})}{\sqrt{an^2+n}+\sqrt{an^2-an}}$$
$$=\lim_{n\to\infty}\frac{an^2+n-(an^2-an)}{\sqrt{an^2+n}+\sqrt{an^2-an}}$$
$$=\lim_{n\to\infty}\frac{(a+1)n}{\sqrt{an^2+n}+\sqrt{an^2-an}}$$
$$=\lim_{n\to\infty}\frac{a+1}{\sqrt{a+\frac{1}{n}}+\sqrt{a-\frac{a}{n}}}$$
$$=\frac{a+1}{\sqrt{a}+\sqrt{a}}=\frac{a+1}{2\sqrt{a}}$$

Step 2 모든 양수 a의 값의 합 구하기

즉, $\frac{a+1}{2\sqrt{a}}=\frac{5}{4}$이므로

$2(a+1)=5\sqrt{a}$

양변을 제곱하면

$4a^2+8a+4=25a$, $4a^2-17a+4=0$

$(4a-1)(a-4)=0$ $\quad\therefore a=\frac{1}{4}$ 또는 $a=4$

따라서 모든 양수 a의 값의 합은

$\frac{1}{4}+4=\frac{17}{4}$

22 $\infty-\infty$ 꼴의 극한에서 미정계수의 결정

정답 110 | 정답률 63%

문제 보기

양수 a와 실수 b에 대하여

$$\lim_{n\to\infty}(\sqrt{an^2+4n}-bn)=\frac{1}{5}$$ → 극한값을 a, b를 이용하여 나타낸 후 이를 주어진 극한값과 비교한다.

일 때, $a+b$의 값을 구하시오. [4점]

Step 1 극한값을 a, b를 이용하여 나타내기

$$\lim_{n\to\infty}(\sqrt{an^2+4n}-bn)=\lim_{n\to\infty}\frac{(\sqrt{an^2+4n}-bn)(\sqrt{an^2+4n}+bn)}{\sqrt{an^2+4n}+bn}$$
$$=\lim_{n\to\infty}\frac{an^2+4n-b^2n^2}{\sqrt{an^2+4n}+bn}$$
$$=\lim_{n\to\infty}\frac{(a-b^2)n^2+4n}{\sqrt{an^2+4n}+bn}$$
$$=\lim_{n\to\infty}\frac{(a-b^2)n+4}{\sqrt{a+\frac{4}{n}}+b} \quad \cdots\cdots ㉠$$

Step 2 수렴하기 위한 조건 구하기

$a-b^2\neq0$이면 ㉠은 발산하므로 → (분자의 차수)>(분모의 차수) ⇨ 발산

$a-b^2=0$

$\therefore a=b^2 \quad \cdots\cdots ㉡$

Step 3 a, b의 값 구하기

㉠에 ㉡을 대입하면

$$\lim_{n\to\infty}\frac{4}{\sqrt{b^2+\frac{4}{n}}+b}=\frac{4}{|b|+b}$$

$$\therefore \frac{4}{|b|+b}=\frac{1}{5} \quad \cdots\cdots ㉢$$

$b\le0$이면 $|b|+b=0$이므로 → $b<0$이면 $|b|=-b$

$b>0$

㉢에서 $\frac{4}{2b}=\frac{1}{5}$이므로

$2b=20 \qquad \therefore b=10$

이를 ㉡에 대입하면

$a=100$

Step 4 $a+b$의 값 구하기

$\therefore a+b=100+10=110$

23 수열의 극한에 대한 성질 - 식 변형

정답 21 | 정답률 89%

문제 보기

두 수열 $\{a_n\}$, $\{b_n\}$이

$$\lim_{n\to\infty}n^2a_n=3,\ \lim_{n\to\infty}\frac{b_n}{n}=5$$ → *

를 만족시킬 때, $\lim_{n\to\infty}na_n(b_n+2n)$의 값을 구하시오. [3점]

→ *을 이용할 수 있도록 식을 변형한다.

Step 1 극한값 구하기

$\lim_{n\to\infty}n^2a_n=3$, $\lim_{n\to\infty}\frac{b_n}{n}=5$이므로

$$\lim_{n\to\infty}na_n(b_n+2n)=\lim_{n\to\infty}(na_nb_n+2n^2a_n)$$
$$=\lim_{n\to\infty}\left(n^2a_n\times\frac{b_n}{n}+2n^2a_n\right)$$
$$=\lim_{n\to\infty}n^2a_n\times\lim_{n\to\infty}\frac{b_n}{n}+2\lim_{n\to\infty}n^2a_n$$
$$=3\times5+2\times3=21$$

24 수열의 극한에 대한 성질

정답 4 | 정답률 91%

문제 보기

두 수열 $\{a_n\}$, $\{b_n\}$에 대하여

$$\lim_{n\to\infty}a_n=2,\ \lim_{n\to\infty}b_n=1$$

일 때, $\lim_{n\to\infty}(a_n+2b_n)$의 값을 구하시오. [3점]

→ 수열의 극한에 대한 성질을 이용한다.

Step 1 극한값 구하기

$$\lim_{n\to\infty}(a_n+2b_n)=\lim_{n\to\infty}a_n+2\lim_{n\to\infty}b_n$$
$$=2+2\times1=4$$

25 수열의 극한에 대한 성질-식 변형

정답 ① | 정답률 83%

문제 보기

모든 항이 양수인 수열 $\{a_n\}$에 대하여 $\lim_{n\to\infty}\frac{1}{a_n}=0$일 때,

$\lim_{n\to\infty}\frac{-2a_n+1}{a_n+3}$의 값은? [3점]

└→ *을 이용할 수 있도록 분모와 분자를 각각 a_n으로 나눈다.

① -2 ② -1 ③ 0 ④ 1 ⑤ 2

Step 1 극한값 구하기

$\lim_{n\to\infty}\frac{1}{a_n}=0$이므로

$$\lim_{n\to\infty}\frac{-2a_n+1}{a_n+3}=\lim_{n\to\infty}\frac{-2+\frac{1}{a_n}}{1+\frac{3}{a_n}}=\frac{\lim_{n\to\infty}\left(-2+\frac{1}{a_n}\right)}{\lim_{n\to\infty}\left(1+\frac{3}{a_n}\right)}=-2$$

26 수열의 극한에 대한 성질-식 변형

정답 ⑤ | 정답률 88%

문제 보기

두 수열 $\{a_n\}$, $\{b_n\}$이

$\lim_{n\to\infty}\frac{a_n}{3n}=2$, $\lim_{n\to\infty}\frac{2n+3}{b_n}=6$ → *

을 만족시킬 때, $\lim_{n\to\infty}\frac{a_n}{b_n}$의 값은? (단, $b_n\neq0$) [3점]

└→ *을 이용할 수 있도록 식을 변형한다.

① 10 ② 12 ③ 14 ④ 16 ⑤ 18

Step 1 극한값 구하기

$\lim_{n\to\infty}\frac{a_n}{3n}=2$, $\lim_{n\to\infty}\frac{2n+3}{b_n}=6$이므로

$$\lim_{n\to\infty}\frac{a_n}{b_n}=\lim_{n\to\infty}\left(\frac{a_n}{3n}\times\frac{2n+3}{b_n}\times\frac{3n}{2n+3}\right)$$
$$=\lim_{n\to\infty}\frac{a_n}{3n}\times\lim_{n\to\infty}\frac{2n+3}{b_n}\times\lim_{n\to\infty}\frac{3n}{2n+3}$$
$$=2\times6\times\frac{3}{2}=18$$

27 수열의 극한에 대한 성질-식 변형

정답 ③ | 정답률 92%

문제 보기

두 수열 $\{a_n\}$, $\{b_n\}$이

$\lim_{n\to\infty}na_n=1$, $\lim_{n\to\infty}\frac{b_n}{n}=3$ → *

을 만족시킬 때, $\lim_{n\to\infty}\frac{n^2a_n+b_n}{1+2b_n}$의 값은? [3점]

└→ *을 이용할 수 있도록 식을 변형한다.

① $\frac{1}{3}$ ② $\frac{1}{2}$ ③ $\frac{2}{3}$ ④ $\frac{5}{6}$ ⑤ 1

Step 1 극한값 구하기

$\lim_{n\to\infty}na_n=1$, $\lim_{n\to\infty}\frac{b_n}{n}=3$이므로

$$\lim_{n\to\infty}\frac{n^2a_n+b_n}{1+2b_n}=\lim_{n\to\infty}\frac{na_n+\frac{b_n}{n}}{\frac{1}{n}+\frac{2b_n}{n}}=\frac{\lim_{n\to\infty}\left(na_n+\frac{b_n}{n}\right)}{\lim_{n\to\infty}\left(\frac{1}{n}+\frac{2b_n}{n}\right)}$$
$$=\frac{\lim_{n\to\infty}na_n+\lim_{n\to\infty}\frac{b_n}{n}}{\lim_{n\to\infty}\frac{1}{n}+2\lim_{n\to\infty}\frac{b_n}{n}}$$
$$=\frac{1+3}{0+2\times3}=\frac{2}{3}$$

28 수열의 극한에 대한 성질-치환

정답 ⑤ | 정답률 92%

문제 보기

두 수열 $\{a_n\}$, $\{b_n\}$에 대하여 $\lim_{n\to\infty}a_n=5$, $\lim_{n\to\infty}(b_n-4)=0$이 성립할 때, $\lim_{n\to\infty}a_nb_n$의 값은? [3점]

└→ $\lim_{n\to\infty}b_n$의 값을 구한다.

① 16 ② 17 ③ 18 ④ 19 ⑤ 20

Step 1 $\lim_{n\to\infty}b_n$의 값 구하기

$b_n-4=c_n$이라 하면 $\lim_{n\to\infty}c_n=0$

$b_n=c_n+4$이므로

$\lim_{n\to\infty}b_n=\lim_{n\to\infty}(c_n+4)=\lim_{n\to\infty}c_n+4=0+4=4$

Step 2 $\lim_{n\to\infty}a_nb_n$의 값 구하기

$\lim_{n\to\infty}a_n=5$이므로

$\lim_{n\to\infty}a_nb_n=\lim_{n\to\infty}a_n\times\lim_{n\to\infty}b_n=5\times4=20$

29 수열의 극한에 대한 성질-치환 정답 12 | 정답률 78%

문제 보기

두 수열 $\{a_n\}$, $\{b_n\}$이

$\lim_{n\to\infty}(a_n-1)=2$, $\lim_{n\to\infty}(a_n+2b_n)=9$

└→ $\lim_{n\to\infty}a_n$의 값을 구한다. └→ $\lim_{n\to\infty}b_n$의 값을 구한다.

를 만족시킬 때, $\lim_{n\to\infty}a_n(1+b_n)$의 값을 구하시오. [3점]

Step 1 $\lim_{n\to\infty}a_n$의 값 구하기

$a_n-1=c_n$이라 하면 $\lim_{n\to\infty}c_n=2$

$a_n=c_n+1$이므로

$\lim_{n\to\infty}a_n=\lim_{n\to\infty}(c_n+1)=2+1=3$

Step 2 $\lim_{n\to\infty}b_n$의 값 구하기

$a_n+2b_n=d_n$이라 하면 $\lim_{n\to\infty}d_n=9$

$b_n=\frac{1}{2}(d_n-a_n)$이므로

$$\lim_{n\to\infty}b_n=\lim_{n\to\infty}\frac{1}{2}(d_n-a_n)=\frac{1}{2}\lim_{n\to\infty}d_n-\frac{1}{2}\lim_{n\to\infty}a_n$$
$$=\frac{1}{2}\times9-\frac{1}{2}\times3=3$$

Step 3 $\lim_{n\to\infty}a_n(1+b_n)$의 값 구하기

$$\therefore \lim_{n\to\infty}a_n(1+b_n)=\lim_{n\to\infty}(a_n+a_nb_n)$$
$$=\lim_{n\to\infty}a_n+\lim_{n\to\infty}a_n\times\lim_{n\to\infty}b_n$$
$$=3+3\times3=12$$

30 수열의 극한에 대한 성질-치환 정답 ⑤ | 정답률 87%

문제 보기

수열 $\{a_n\}$에 대하여 $\lim_{n\to\infty}\frac{a_n+2}{2}=6$일 때, $\lim_{n\to\infty}\frac{na_n+1}{a_n+2n}$의 값은? [3점]

└→ $\lim_{n\to\infty}a_n$의 값을 구한다.

① 1 ② 2 ③ 3 ④ 4 ⑤ 5

Step 1 $\lim_{n\to\infty}a_n$의 값 구하기

$\frac{a_n+2}{2}=b_n$이라 하면 $\lim_{n\to\infty}b_n=6$

$a_n=2b_n-2$이므로

$$\lim_{n\to\infty}a_n=\lim_{n\to\infty}(2b_n-2)=2\lim_{n\to\infty}b_n-2$$
$$=2\times6-2=10$$

Step 2 $\lim_{n\to\infty}\frac{na_n+1}{a_n+2n}$의 값 구하기

$$\therefore \lim_{n\to\infty}\frac{na_n+1}{a_n+2n}=\lim_{n\to\infty}\frac{a_n+\frac{1}{n}}{\frac{a_n}{n}+2}=\frac{10}{2}=5$$

└→ $\lim_{n\to\infty}\frac{a_n}{n}=\lim_{n\to\infty}\left(a_n\times\frac{1}{n}\right)=0$

1 일차

31 수열의 극한에 대한 성질 – 치환 정답 33 | 정답률 75%

문제 보기

두 수열 $\{a_n\}$, $\{b_n\}$에 대하여

$\lim_{n\to\infty}(a_n+2b_n)=9$, $\lim_{n\to\infty}(2a_n+b_n)=90$

└→ $a_n+2b_n=c_n$, $2a_n+b_n=d_n$으로 놓고 a_n, b_n을 c_n과 d_n을 이용하여 나타낸다.

일 때, $\lim_{n\to\infty}(a_n+b_n)$의 값을 구하시오. [3점]

Step 1 a_n+b_n을 수렴하는 두 수열을 이용하여 나타내기

$a_n+2b_n=c_n$ …… ㉠, $2a_n+b_n=d_n$ …… ㉡

이라 하면

$\lim_{n\to\infty}c_n=9$, $\lim_{n\to\infty}d_n=90$

$2\times$㉡$-$㉠에서 $3a_n=2d_n-c_n$이므로

$a_n=-\frac{1}{3}c_n+\frac{2}{3}d_n$

$2\times$㉠$-$㉡에서 $3b_n=2c_n-d_n$이므로

$b_n=\frac{2}{3}c_n-\frac{1}{3}d_n$

$\therefore a_n+b_n=\frac{1}{3}(c_n+d_n)$

Step 2 $\lim_{n\to\infty}(a_n+b_n)$의 값 구하기

$$\therefore \lim_{n\to\infty}(a_n+b_n)=\lim_{n\to\infty}\frac{1}{3}(c_n+d_n)=\frac{1}{3}(\lim_{n\to\infty}c_n+\lim_{n\to\infty}d_n)=\frac{1}{3}(9+90)=33$$

다른 풀이 수렴하는 두 수열의 극한의 합 이용하기

$\lim_{n\to\infty}(a_n+2b_n)+\lim_{n\to\infty}(2a_n+b_n)=9+90=99$이므로

$\lim_{n\to\infty}\{(a_n+2b_n)+(2a_n+b_n)\}=99$

$\lim_{n\to\infty}3(a_n+b_n)=99$

$$\therefore \lim_{n\to\infty}(a_n+b_n)=\lim_{n\to\infty}\left\{\frac{1}{3}\times 3(a_n+b_n)\right\}=\frac{1}{3}\lim_{n\to\infty}3(a_n+b_n)=\frac{1}{3}\times 99=33$$

32 수열의 극한에 대한 성질 – 치환 정답 ⑤ | 정답률 88%

문제 보기

수열 $\{a_n\}$이 $\lim_{n\to\infty}(3a_n-5n)=2$를 만족시킬 때, $\lim_{n\to\infty}\frac{(2n+1)a_n}{4n^2}$의 값은? [3점]

└→ $3a_n-5n=b_n$으로 놓고 a_n을 b_n을 이용하여 나타낸다.

① $\frac{1}{6}$ ② $\frac{1}{3}$ ③ $\frac{1}{2}$ ④ $\frac{2}{3}$ ⑤ $\frac{5}{6}$

Step 1 a_n을 수렴하는 수열을 이용하여 나타내기

$3a_n-5n=b_n$이라 하면 $\lim_{n\to\infty}b_n=2$

$3a_n-5n=b_n$에서 $3a_n=b_n+5n$

$\therefore a_n=\frac{b_n+5n}{3}$

Step 2 $\lim_{n\to\infty}\frac{(2n+1)a_n}{4n^2}$의 값 구하기

$$\therefore \lim_{n\to\infty}\frac{(2n+1)a_n}{4n^2}=\lim_{n\to\infty}\left(\frac{2n+1}{4n^2}\times a_n\right)=\lim_{n\to\infty}\left(\frac{2n+1}{4n^2}\times\frac{b_n+5n}{3}\right)=\lim_{n\to\infty}\frac{\left(2+\frac{1}{n}\right)\left(\frac{b_n}{n}+5\right)}{12}=\frac{2\times 5}{12}=\frac{5}{6}$$

└→ $\lim_{n\to\infty}\frac{b_n}{n}=\lim_{n\to\infty}\left(b_n\times\frac{1}{n}\right)=0$

33 수열의 극한에 대한 성질－치환 정답 ② | 정답률 87%

문제 보기

모든 항이 양수인 수열 $\{a_n\}$에 대하여

$$\lim_{n\to\infty}\{a_n\times(\sqrt{n^2+4}-n)\}=6$$

└→ $a_n\times(\sqrt{n^2+4}-n)=b_n$으로 놓고 a_n을 b_n을 이용하여 나타낸다.

일 때, $\lim_{n\to\infty}\frac{2a_n+6n^2}{na_n+5}$의 값은? [3점]

① $\frac{3}{2}$ ② 2 ③ $\frac{5}{2}$ ④ 3 ⑤ $\frac{7}{2}$

Step 1 a_n을 수렴하는 수열을 이용하여 나타내기

$a_n\times(\sqrt{n^2+4}-n)=b_n$이라 하면 $\lim_{n\to\infty}b_n=6$

$a_n\times(\sqrt{n^2+4}-n)=b_n$에서 $a_n=\frac{b_n}{\sqrt{n^2+4}-n}$

$\therefore a_n=\frac{b_n}{4}(\sqrt{n^2+4}+n)$

Step 2 $\lim_{n\to\infty}\frac{2a_n+6n^2}{na_n+5}$의 값 구하기

$$\therefore \lim_{n\to\infty}\frac{2a_n+6n^2}{na_n+5}=\lim_{n\to\infty}\frac{\frac{b_n}{2}(\sqrt{n^2+4}+n)+6n^2}{\frac{nb_n}{4}(\sqrt{n^2+4}+n)+5}$$

$$=\lim_{n\to\infty}\frac{\frac{b_n}{2}\times\frac{\sqrt{n^2+4}+n}{n^2}+6}{\frac{b_n}{4}\times\frac{\sqrt{n^2+4}+n}{n}+\frac{5}{n^2}}$$

$$=\frac{\frac{6}{2}\times 0+6}{\frac{6}{4}\times 2+0}=\frac{6}{3}=2$$

34 수열의 극한에 대한 성질－치환 정답 ② | 정답률 90%

문제 보기

수열 $\{a_n\}$에 대하여 $\lim_{n\to\infty}\frac{na_n}{n^2+3}=1$일 때, $\lim_{n\to\infty}(\sqrt{a_n^2+n}-a_n)$의 값은? [3점]

└→ $\frac{na_n}{n^2+3}=b_n$으로 놓고 a_n을 b_n을 이용하여 나타낸다.

① $\frac{1}{3}$ ② $\frac{1}{2}$ ③ 1 ④ 2 ⑤ 3

Step 1 a_n을 수렴하는 수열을 이용하여 나타내기

$\frac{na_n}{n^2+3}=b_n$이라 하면 $\lim_{n\to\infty}b_n=1$

$\frac{na_n}{n^2+3}=b_n$에서 $na_n=(n^2+3)b_n$

$\therefore a_n=\frac{(n^2+3)b_n}{n}$

Step 2 $\lim_{n\to\infty}(\sqrt{a_n^2+n}-a_n)$의 값 구하기

$$\therefore \lim_{n\to\infty}(\sqrt{a_n^2+n}-a_n)=\lim_{n\to\infty}\frac{(\sqrt{a_n^2+n}-a_n)(\sqrt{a_n^2+n}+a_n)}{\sqrt{a_n^2+n}+a_n}$$

$$=\lim_{n\to\infty}\frac{n}{\sqrt{a_n^2+n}+a_n}$$

$$=\lim_{n\to\infty}\frac{n}{\sqrt{\left\{\frac{(n^2+3)b_n}{n}\right\}^2+n}+\frac{(n^2+3)b_n}{n}}$$

$$=\lim_{n\to\infty}\frac{n^2}{\sqrt{(n^2+3)^2b_n^2+n^3}+(n^2+3)b_n}$$

$$=\lim_{n\to\infty}\frac{1}{\sqrt{\left(1+\frac{3}{n^2}\right)^2b_n^2+\frac{1}{n}}+\left(1+\frac{3}{n^2}\right)b_n}$$

$$=\frac{1}{1+1\times 1}=\frac{1}{2}$$

35 수열의 극한에 대한 성질-치환 정답 ⑤ | 정답률 76%

문제 보기

두 수열 $\{a_n\}$, $\{b_n\}$에 대하여

$$\lim_{n\to\infty}(n^2+1)a_n=3,\ \lim_{n\to\infty}(4n^2+1)(a_n+b_n)=1$$

└ $(n^2+1)a_n=c_n$, $(4n^2+1)(a_n+b_n)=d_n$으로 놓고 a_n, b_n을 c_n과 d_n을 이용하여 나타낸다.

일 때, $\lim_{n\to\infty}(2n^2+1)(a_n+2b_n)$의 값은? [3점]

① -3　② $-\frac{7}{2}$　③ -4　④ $-\frac{9}{2}$　⑤ -5

Step 1 $(2n^2+1)(a_n+2b_n)$을 수렴하는 두 수열을 이용하여 나타내기

$(n^2+1)a_n=c_n$, $(4n^2+1)(a_n+b_n)=d_n$이라 하면

$$a_n=\frac{c_n}{n^2+1},\ b_n=\frac{d_n}{4n^2+1}-a_n=\frac{d_n}{4n^2+1}-\frac{c_n}{n^2+1}$$

$$\therefore (2n^2+1)(a_n+2b_n)=(2n^2+1)\left(\frac{2d_n}{4n^2+1}-\frac{c_n}{n^2+1}\right)$$

Step 2 $\lim_{n\to\infty}(2n^2+1)(a_n+2b_n)$의 값 구하기

$\lim_{n\to\infty}c_n=3$, $\lim_{n\to\infty}d_n=1$이므로

$$\lim_{n\to\infty}(2n^2+1)(a_n+2b_n)$$
$$=\lim_{n\to\infty}(2n^2+1)\left(\frac{2d_n}{4n^2+1}-\frac{c_n}{n^2+1}\right)$$
$$=\lim_{n\to\infty}\left(\frac{4n^2+2}{4n^2+1}\times d_n-\frac{2n^2+1}{n^2+1}\times c_n\right)$$
$$=\lim_{n\to\infty}\frac{4n^2+2}{4n^2+1}\times\lim_{n\to\infty}d_n-\lim_{n\to\infty}\frac{2n^2+1}{n^2+1}\times\lim_{n\to\infty}c_n$$
$$=\lim_{n\to\infty}\frac{4+\frac{2}{n^2}}{4+\frac{1}{n^2}}\times\lim_{n\to\infty}d_n-\lim_{n\to\infty}\frac{2+\frac{1}{n^2}}{1+\frac{1}{n^2}}\times\lim_{n\to\infty}c_n$$
$$=1\times1-2\times3=-5$$

36 수열의 극한에 대한 성질-응용 정답 ① | 정답률 31%

문제 보기

두 수열 $\{a_n\}$, $\{b_n\}$이 다음 조건을 만족시킨다.

(가) $\sum_{k=1}^{n}(a_k+b_k)=\frac{1}{n+1}\ (n\ge1)$

└ 수열 $\{a_n+b_n\}$의 일반항을 구한 후 $\lim_{n\to\infty}n^2(a_n+b_n)$의 값을 구한다.

(나) $\lim_{n\to\infty}n^2b_n=2$

$\lim_{n\to\infty}n^2a_n$의 값은? [4점]

└ $\lim_{n\to\infty}n^2(a_n+b_n)$의 값과 $\lim_{n\to\infty}n^2b_n=2$를 이용할 수 있도록 식을 변형한다.

① -3　② -2　③ -1　④ 0　⑤ 1

Step 1 $\lim_{n\to\infty}n^2(a_n+b_n)$의 값 구하기

조건 (가)에서 $\sum_{k=1}^{n}(a_k+b_k)=S_n$이라 하면

$$a_n+b_n=S_n-S_{n-1}=\frac{1}{n+1}-\frac{1}{n}=-\frac{1}{n^2+n}\ (n\ge2)$$

$$\therefore \lim_{n\to\infty}n^2(a_n+b_n)=\lim_{n\to\infty}\left(-\frac{n^2}{n^2+n}\right)=-1$$

Step 2 $\lim_{n\to\infty}n^2a_n$의 값 구하기

조건 (나)에서 $\lim_{n\to\infty}n^2b_n=2$이므로

$$\lim_{n\to\infty}n^2a_n=\lim_{n\to\infty}(n^2a_n+n^2b_n-n^2b_n)$$
$$=\lim_{n\to\infty}n^2(a_n+b_n)-\lim_{n\to\infty}n^2b_n$$
$$=-1-2=-3$$

37 수열의 극한에 대한 성질-응용 정답 ③ | 정답률 53%

문제 보기

두 수열 $\{a_n\}$, $\{b_n\}$의 일반항이

$$a_n=\frac{(-1)^n+3}{2},\ b_n=p\times(-1)^{n+1}+q$$

└→ $n=1, 2, 3, \cdots$을 차례대로 대입하여 수열의 수렴, 발산을 조사한다.

일 때, 〈보기〉에서 옳은 것만을 있는 대로 고른 것은?

(단, p, q는 실수이다.) [4점]

〈보기〉

ㄱ. 수열 $\{a_n\}$은 발산한다.

ㄴ. 수열 $\{b_n\}$이 수렴하도록 하는 실수 p가 존재한다.

ㄷ. 두 수열 $\{a_n+b_n\}$, $\{a_nb_n\}$이 모두 수렴하면 $\lim_{n\to\infty}\{(a_n)^2+(b_n)^2\}=6$이다.

① ㄱ ② ㄴ ③ ㄱ, ㄴ ④ ㄱ, ㄷ ⑤ ㄱ, ㄴ, ㄷ

Step 1 ㄱ이 옳은지 확인하기

ㄱ. $\{a_n\}$: 1, 2, 1, 2, $\cdots$

이므로 수열 $\{a_n\}$은 발산(진동)한다.

Step 2 ㄴ이 옳은지 확인하기

ㄴ. $\{b_n\}$: $p+q,\ -p+q,\ p+q,\ -p+q,\ \cdots$

이므로 $p=0$이면 $b_n=q$에서 $\lim_{n\to\infty}b_n=q$

Step 3 ㄷ이 옳은지 확인하기

ㄷ. $\{a_n+b_n\}$: $1+p+q,\ 2-p+q,\ 1+p+q,\ 2-p+q,\ \cdots$

이므로 수열 $\{a_n+b_n\}$이 수렴하려면

$1+p+q=2-p+q \quad \therefore p=\frac{1}{2}$

$\{a_nb_n\}$: $p+q,\ 2(-p+q),\ p+q,\ 2(-p+q),\ \cdots$

이므로 수열 $\{a_nb_n\}$이 수렴하려면

$p+q=2(-p+q)$, $q=3p$

$\therefore q=3\times\frac{1}{2}=\frac{3}{2}$

$a_n+b_n=1+\frac{1}{2}+\frac{3}{2}=3$, $a_nb_n=\frac{1}{2}+\frac{3}{2}=2$이므로

$$\begin{aligned}\lim_{n\to\infty}\{(a_n)^2+(b_n)^2\}&=\lim_{n\to\infty}\{(a_n+b_n)^2-2a_nb_n\}\\&=\lim_{n\to\infty}(a_n+b_n)\times\lim_{n\to\infty}(a_n+b_n)-2\lim_{n\to\infty}a_nb_n\\&=3^2-2\times2=5\end{aligned}$$

Step 4 옳은 것 구하기

따라서 보기 중 옳은 것은 ㄱ, ㄴ이다.

38 수열의 극한의 응용 정답 ③ | 정답률 84%

문제 보기

첫째항이 1인 두 수열 $\{a_n\}$, $\{b_n\}$이 모든 자연수 n에 대하여

$$a_{n+1}-a_n=3,\ \sum_{k=1}^{n}\frac{1}{b_k}=n^2$$

└→ a_n을 구한다. └→ $n\geq2$일 때 b_n을 구한다.

을 만족시킬 때, $\lim_{n\to\infty}a_nb_n$의 값은? [3점]

① $\frac{7}{6}$ ② $\frac{4}{3}$ ③ $\frac{3}{2}$ ④ $\frac{5}{3}$ ⑤ $\frac{11}{6}$

Step 1 a_n 구하기

첫째항이 1, $a_{n+1}-a_n=3$이므로 수열 $\{a_n\}$은 첫째항이 1, 공차가 3인 등차수열이다.

$\therefore a_n=1+(n-1)\times3=3n-2$

Step 2 b_n 구하기

$\sum_{k=1}^{n}\frac{1}{b_k}=S_n$이라 하면 $n\geq2$일 때,

$\frac{1}{b_n}=S_n-S_{n-1}=n^2-(n-1)^2=2n-1$

$\therefore b_n=\frac{1}{2n-1}\ (n\geq2)$

Step 3 극한값 구하기

$$\therefore \lim_{n\to\infty}a_nb_n=\lim_{n\to\infty}\frac{3n-2}{2n-1}=\lim_{n\to\infty}\frac{3-\frac{2}{n}}{2-\frac{1}{n}}=\frac{3}{2}$$

39 수열의 극한의 응용 정답 ② | 정답률 79%

문제 보기

등차수열 $\{a_n\}$이 $a_3=5$, $a_6=11$일 때, $\lim_{n\to\infty}\sqrt{n}(\sqrt{a_{n+1}}-\sqrt{a_n})$의 값은?

└→ a_n을 구한다.

[3점]

① $\frac{1}{2}$ ② $\frac{\sqrt{2}}{2}$ ③ 1 ④ $\sqrt{2}$ ⑤ 2

Step 1 a_n 구하기

등차수열 $\{a_n\}$의 첫째항을 a, 공차를 d라 하면 $a_3=5$, $a_6=11$이므로

$a+2d=5$, $a+5d=11$

두 식을 연립하여 풀면 $a=1$, $d=2$

$\therefore a_n=1+(n-1)\times2=2n-1$

Step 2 극한값 구하기

$$\begin{aligned}&\therefore \lim_{n\to\infty}\sqrt{n}(\sqrt{a_{n+1}}-\sqrt{a_n})\\&=\lim_{n\to\infty}\sqrt{n}(\sqrt{2n+1}-\sqrt{2n-1})\\&=\lim_{n\to\infty}\frac{\sqrt{n}(\sqrt{2n+1}-\sqrt{2n-1})(\sqrt{2n+1}+\sqrt{2n-1})}{\sqrt{2n+1}+\sqrt{2n-1}}\\&=\lim_{n\to\infty}\frac{2\sqrt{n}}{\sqrt{2n+1}+\sqrt{2n-1}}\\&=\lim_{n\to\infty}\frac{2}{\sqrt{2+\frac{1}{n}}+\sqrt{2-\frac{1}{n}}}\\&=\frac{2}{\sqrt{2}+\sqrt{2}}=\frac{\sqrt{2}}{2}\end{aligned}$$

→ $\sqrt{a_{n+1}}=\sqrt{2(n+1)-1}=\sqrt{2n+1}$

40 수열의 극한의 응용 정답 ③ | 정답률 80%

문제 보기

등차수열 $\{a_n\}$에 대하여

$$\lim_{n\to\infty}\frac{a_{2n}-6n}{a_n+5}=4$$

→ 극한값을 공차를 이용하여 나타낸 후 이를 주어진 극한값과 비교한다.

일 때, a_2-a_1의 값은? [3점]

→ 공차를 구한다.

① -1 ② -2 ③ -3 ④ -4 ⑤ -5

Step 1 극한값을 공차를 이용하여 나타내기

등차수열 $\{a_n\}$의 공차를 d라 하면

$a_n=a_1+(n-1)d$

$$\therefore \lim_{n\to\infty}\frac{a_{2n}-6n}{a_n+5}=\lim_{n\to\infty}\frac{a_1+(2n-1)d-6n}{a_1+(n-1)d+5}$$

$$=\lim_{n\to\infty}\frac{(2d-6)n+a_1-d}{dn+a_1-d+5}$$

$$=\lim_{n\to\infty}\frac{2d-6+\frac{a_1-d}{n}}{d+\frac{a_1-d+5}{n}}$$

$$=\frac{2d-6}{d}$$

Step 2 a_2-a_1의 값 구하기

따라서 $\frac{2d-6}{d}=4$이므로

$2d-6=4d \qquad \therefore d=-3$

$a_2-a_1=d$이므로

$a_2-a_1=-3$

41 수열의 극한의 응용 정답 ④ | 정답률 82%

문제 보기

수열 $\{a_n\}$이 모든 자연수 n에 대하여

$a_{n+1}-a_n=a_1+2$ → a_n을 a_1을 이용하여 나타낸다.

를 만족시킨다. $\lim_{n\to\infty}\frac{2a_n+n}{a_n-n+1}=3$일 때, a_{10}의 값은? (단, $a_1>0$)

→ a_n을 대입하여 a_1을 구한다.

[3점]

① 35 ② 36 ③ 37 ④ 38 ⑤ 39

Step 1 a_n 구하기

$a_{n+1}-a_n=a_1+2$이므로 수열 $\{a_n\}$은 공차가 a_1+2인 등차수열이다.

$\therefore a_n=a_1+(n-1)\times(a_1+2)=(a_1+2)n-2$ …… ㉠

Step 2 a_{10} 구하기

$\lim_{n\to\infty}\frac{2a_n+n}{a_n-n+1}=3$에 ㉠을 대입하면

$$\lim_{n\to\infty}\frac{2\{(a_1+2)n-2\}+n}{(a_1+2)n-2-n+1}=3$$

$$\lim_{n\to\infty}\frac{(2a_1+5)n-4}{(a_1+1)n-1}=3$$

$$\lim_{n\to\infty}\frac{2a_1+5-\frac{4}{n}}{a_1+1-\frac{1}{n}}=3$$

$\frac{2a_1+5}{a_1+1}=3$, $2a_1+5=3a_1+3 \qquad \therefore a_1=2$

$\therefore a_{10}=(2+2)\times10-2=38$

42 수열의 극한의 응용 　　정답 ① | 정답률 49%

문제 보기

$a_1=3$, $a_2=-4$인 수열 $\{a_n\}$과 등차수열 $\{b_n\}$이 모든 자연수 n에 대하여

└→ a_1, a_2를 이용하여 b_n을 구한다.

$$\sum_{k=1}^{n}\frac{a_k}{b_k}=\frac{6}{n+1}$$ → $n\geq2$일 때 a_n을 구한다.

을 만족시킬 때, $\lim_{n\to\infty}a_nb_n$의 값은? [3점]

① -54 ② $-\frac{75}{2}$ ③ -24 ④ $-\frac{27}{2}$ ⑤ -6

Step 1 b_n 구하기

등차수열 $\{b_n\}$의 공차를 d라 하면

$b_n=b_1+(n-1)d$ ...... ㉠

$\sum_{k=1}^{n}\frac{a_k}{b_k}=\frac{6}{n+1}$의 양변에 $n=1$을 대입하면

$\frac{a_1}{b_1}=3$, $\frac{3}{b_1}=3$ $\therefore b_1=1$

$\sum_{k=1}^{n}\frac{a_k}{b_k}=\frac{6}{n+1}$의 양변에 $n=2$를 대입하면

$\frac{a_1}{b_1}+\frac{a_2}{b_2}=2$, $3+\frac{-4}{b_2}=2$ $\therefore b_2=4$

$d=b_2-b_1=4-1=3$이므로 ㉠에서

$b_n=1+(n-1)\times3=3n-2$

Step 2 $n\geq2$일 때, a_n 구하기

$n\geq2$일 때,

$$\frac{a_n}{b_n}=\sum_{k=1}^{n}\frac{a_k}{b_k}-\sum_{k=1}^{n-1}\frac{a_k}{b_k}=\frac{6}{n+1}-\frac{6}{n}=-\frac{6}{n(n+1)}$$

$$\therefore a_n=-\frac{6b_n}{n(n+1)}=-\frac{6(3n-2)}{n^2+n}\ (n\geq2)$$

Step 3 극한값 구하기

$$\therefore \lim_{n\to\infty}a_nb_n=\lim_{n\to\infty}\left\{-\frac{6(3n-2)^2}{n^2+n}\right\}$$

$$=\lim_{n\to\infty}\frac{-54n^2+72n-24}{n^2+n}$$

$$=\lim_{n\to\infty}\frac{-54+\frac{72}{n}-\frac{24}{n^2}}{1+\frac{1}{n}}$$

$$=-54$$

43 수열의 극한의 응용 　　정답 ② | 정답률 67%

문제 보기

$a_1=3$, $a_2=6$인 등차수열 $\{a_n\}$과 모든 항이 양수인 수열 $\{b_n\}$이 모든

└→ 공차를 구한 후 a_n을 구한다.

자연수 n에 대하여

$$\sum_{k=1}^{n}a_k(b_k)^2=n^3-n+3$$ → 수열의 합과 일반항 사이의 관계를 이용하여 b_n을 구한다.

을 만족시킬 때, $\lim_{n\to\infty}\frac{a_n}{b_nb_{2n}}$의 값은? [3점]

① $\frac{3}{2}$ ② $\frac{3\sqrt{2}}{2}$ ③ 3 ④ $3\sqrt{2}$ ⑤ 6

Step 1 a_n 구하기

등차수열 $\{a_n\}$의 공차는 $a_2-a_1=6-3=3$이므로

$a_n=3+(n-1)\times3=3n$ ...... ㉠

Step 2 b_n 구하기

$S_n=\sum_{k=1}^{n}a_k(b_k)^2=n^3-n+3$이라 하면

$n\geq2$일 때,

$a_n(b_n)^2=S_n-S_{n-1}=(n^3-n+3)-\{(n-1)^3-(n-1)+3\}$

$=3n^2-3n=3n(n-1)$

$\therefore (b_n)^2=n-1$ ($\because$ ㉠)

$n=1$일 때,

$S_1=a_1(b_1)^2=3$이고 $a_1=3$이므로

$(b_1)^2=1$

수열 $\{b_n\}$의 모든 항이 양수이므로

$b_n=\sqrt{n-1}\ (n\geq2)$, $b_1=1$

Step 3 극한값 구하기

$$\therefore \lim_{n\to\infty}\frac{a_n}{b_nb_{2n}}=\lim_{n\to\infty}\frac{3n}{\sqrt{n-1}\sqrt{2n-1}}$$

$$=\lim_{n\to\infty}\frac{3}{\sqrt{1-\frac{1}{n}}\sqrt{2-\frac{1}{n}}}$$

$$=\frac{3}{\sqrt{2}}=\frac{3\sqrt{2}}{2}$$

44 수열의 극한의 응용 정답 ③ | 정답률 59%

문제 보기

수열 $\{a_n\}$이 모든 자연수 n에 대하여

$$\sum_{k=1}^{n}\frac{a_k}{(k-1)!}=\frac{3}{(n+2)!}$$ → a_1의 값과 $n\geq2$일 때 a_n을 구한다.

을 만족시킨다. $\lim_{n\to\infty}(a_1+n^2a_n)$의 값은? [3점]

① $-\frac{7}{2}$ ② -3 ③ $-\frac{5}{2}$ ④ -2 ⑤ $-\frac{3}{2}$

Step 1 a_1의 값 구하기

$\sum_{k=1}^{n}\frac{a_k}{(k-1)!}=\frac{3}{(n+2)!}$의 양변에 $n=1$을 대입하면

$\frac{a_1}{0!}=\frac{3}{3!}$ $\therefore a_1=\frac{1}{2}$

Step 2 $n\geq2$일 때, a_n 구하기

$\sum_{k=1}^{n}\frac{a_k}{(k-1)!}=S_n$이라 하면 $n\geq2$일 때,

$$\frac{a_n}{(n-1)!}=S_n-S_{n-1}=\frac{3}{(n+2)!}-\frac{3}{(n+1)!}=\frac{3-3(n+2)}{(n+2)!}=\frac{-3(n+1)}{(n+2)!}$$

$\therefore a_n=\frac{-3(n+1)(n-1)!}{(n+2)!}=-\frac{3}{n(n+2)}$ $(n\geq2)$

Step 3 극한값 구하기

$$\therefore \lim_{n\to\infty}(a_1+n^2a_n)=\lim_{n\to\infty}\left\{\frac{1}{2}-\frac{3n^2}{n(n+2)}\right\}=\lim_{n\to\infty}\left(\frac{1}{2}-\frac{3n}{n+2}\right)=\frac{1}{2}-3=-\frac{5}{2}$$

45 수열의 극한의 응용 정답 ③ | 정답률 65%

문제 보기

두 수열 $\{a_n\}$, $\{b_n\}$에 대하여 이차방정식 $a_nx^2+2a_{n+1}x+a_{n+2}=0$의 두 근이 -1, b_n일 때, $\lim_{n\to\infty}b_n$의 값은? [3점]

→ 이차방정식에 $x=-1$을 대입하여 a_n을 구한 후 근과 계수의 관계를 이용하여 b_n을 구한다.

① -2 ② $-\sqrt{3}$ ③ -1 ④ $\sqrt{3}$ ⑤ 2

Step 1 a_n 구하기

$x=-1$을 $a_nx^2+2a_{n+1}x+a_{n+2}=0$에 대입하면

$a_n-2a_{n+1}+a_{n+2}=0$

$\therefore 2a_{n+1}=a_n+a_{n+2}$

즉, 수열 $\{a_n\}$은 등차수열이므로 첫째항을 a, 공차를 d라 하면

$a_n=a+(n-1)d$

Step 2 b_n 구하기

이차방정식의 근과 계수의 관계에 의하여

→ 이차방정식 $ax^2+bx+c=0$의 두 근을 α, β라 하면 $\alpha+\beta=-\frac{b}{a}$, $\alpha\beta=\frac{c}{a}$

$(-1)\times b_n=\frac{a_{n+2}}{a_n}$

$$\therefore b_n=-\frac{a_{n+2}}{a_n}=-\frac{a+(n+1)d}{a+(n-1)d}=-\frac{dn+a+d}{dn+a-d}$$

Step 3 극한값 구하기

(i) $d=0$일 때

$$\lim_{n\to\infty}b_n=\lim_{n\to\infty}\left(-\frac{a}{a}\right)=-1$$

(ii) $d\neq0$일 때

$$\lim_{n\to\infty}b_n=\lim_{n\to\infty}\left(-\frac{dn+a+d}{dn+a-d}\right)=\lim_{n\to\infty}\left(-\frac{d+\frac{a}{n}+\frac{d}{n}}{d+\frac{a}{n}-\frac{d}{n}}\right)=-1$$

(i), (ii)에서

$\lim_{n\to\infty}b_n=-1$

46 수열의 극한의 응용 정답 ② | 정답률 60%

문제 보기

함수 $f(x)$가 $f(x)=(x-3)^2$이다.

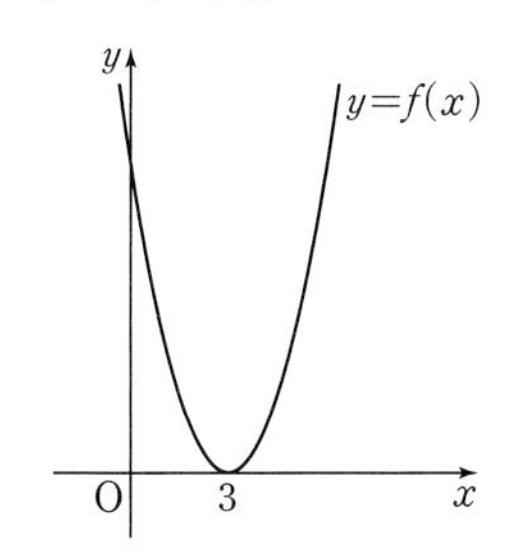

자연수 n에 대하여 방정식 $f(x)=n$의 두 근이 α, β일 때 $h(n)=|\alpha-\beta|$ 라 하자.

└ 두 근 α, β를 구한다. └ $h(n)$을 구한다.

$$\lim_{n\to\infty}\sqrt{n}\{h(n+1)-h(n)\}$$

의 값은? [4점]

① $\frac{1}{2}$ ② 1 ③ $\frac{3}{2}$ ④ 2 ⑤ $\frac{5}{2}$

Step 1 $h(n)$ 구하기

$f(x)=n$에서 $(x-3)^2=n$

$x-3=\pm\sqrt{n}$

$\therefore x=3+\sqrt{n}$ 또는 $x=3-\sqrt{n}$

두 근이 $3+\sqrt{n}$, $3-\sqrt{n}$이므로

$h(n)=|\alpha-\beta|=|(3+\sqrt{n})-(3-\sqrt{n})|=2\sqrt{n}$

Step 2 극한값 구하기

$$\begin{aligned}\therefore \lim_{n\to\infty}\sqrt{n}\{h(n+1)-h(n)\}&=\lim_{n\to\infty}\sqrt{n}(2\sqrt{n+1}-2\sqrt{n})\\&=\lim_{n\to\infty}2\sqrt{n}(\sqrt{n+1}-\sqrt{n})\\&=\lim_{n\to\infty}\frac{2\sqrt{n}(\sqrt{n+1}-\sqrt{n})(\sqrt{n+1}+\sqrt{n})}{\sqrt{n+1}+\sqrt{n}}\\&=\lim_{n\to\infty}\frac{2\sqrt{n}}{\sqrt{n+1}+\sqrt{n}}\\&=\lim_{n\to\infty}\frac{2}{\sqrt{1+\frac{1}{n}}+1}\\&=\frac{2}{1+1}=1\end{aligned}$$

47 수열의 극한의 응용 정답 50 | 정답률 28%

문제 보기

자연수 n에 대하여 x에 대한 부등식 $x^2-4nx-n<0$을 만족시키는 정수 x의 개수를 a_n이라 하자. 두 상수 p, q에 대하여

└ 부등식의 해를 이용하여 a_n을 구한다.

$$\lim_{n\to\infty}(\sqrt{na_n}-pn)=q$$

└ 유리화하여 $\frac{\infty}{\infty}$ 꼴로 변형한다.

일 때, $100pq$의 값을 구하시오. [4점]

Step 1 a_n 구하기

이차방정식 $x^2-4nx-n=0$의 해는 $x=2n\pm\sqrt{4n^2+n}$이므로

부등식 $x^2-4nx-n<0$의 해는

$2n-\sqrt{4n^2+n}<x<2n+\sqrt{4n^2+n}$

$2n<\sqrt{4n^2+n}<2n+1$이므로

$-1<2n-\sqrt{4n^2+n}<0$, $4n<2n+\sqrt{4n^2+n}<4n+1$

따라서 부등식 $x^2-4nx-n<0$을 만족시키는 정수 x는 $0, 1, 2, \cdots, 4n$의 $(4n+1)$개이므로

$a_n=4n+1$

Step 2 p, q의 값 구하기

$\lim_{n\to\infty}\sqrt{na_n}=\infty$이고 $p\le0$이면 $\lim_{n\to\infty}(\sqrt{na_n}-pn)=\infty$이므로 $p>0$이다.

$$\begin{aligned}\lim_{n\to\infty}(\sqrt{na_n}-pn)&=\lim_{n\to\infty}\{\sqrt{n(4n+1)}-pn\}\\&=\lim_{n\to\infty}\frac{\{\sqrt{n(4n+1)}-pn\}\{\sqrt{n(4n+1)}+pn\}}{\sqrt{n(4n+1)}+pn}\\&=\lim_{n\to\infty}\frac{(4-p^2)n^2+n}{\sqrt{4n^2+n}+pn}\quad\cdots\cdots\ ㉠\end{aligned}$$

$4-p^2\neq0$이면 ㉠은 발산하므로 $4-p^2=0$

$\therefore p=2$ ($\because p>0$)

㉠에 $p=2$를 대입하면

$$\lim_{n\to\infty}\frac{n}{\sqrt{4n^2+n}+2n}=\lim_{n\to\infty}\frac{1}{\sqrt{4+\frac{1}{n}}+2}=\frac{1}{2+2}=\frac{1}{4}$$

$\therefore q=\frac{1}{4}$

Step 3 $100pq$의 값 구하기

$\therefore 100pq=100\times2\times\frac{1}{4}=50$

48 수열의 극한의 응용 정답 ② | 정답률 47%

문제 보기

1부터 $2n$까지의 자연수가 각각 하나씩 적힌 $2n$장의 카드가 있다. 이 중 세 장의 카드를 동시에 뽑을 때, 세 장의 카드에 적힌 수의 합이 짝수가 되도록 뽑는 경우의 수를 a_n이라 하자. $\lim_{n\to\infty}\frac{a_n}{n^3}$의 값은?
└→ 조합을 이용하여 a_n을 구한다.

(단, $n\geq 2$인 자연수이다.) [3점]

① $\frac{1}{2}$ ② $\frac{2}{3}$ ③ $\frac{5}{6}$ ④ 1 ⑤ $\frac{7}{6}$

Step 1 a_n 구하기

$2n$장의 카드에서 세 장의 카드를 동시에 뽑을 때, 세 장의 카드에 적힌 수의 합이 짝수인 경우는 세 수 모두 짝수인 경우와 두 수는 홀수이고 나머지 한 수는 짝수인 경우가 있다.

(i) 세 수 모두 짝수인 경우

짝수 n개 중 3개를 택하는 경우의 수는

$${}_nC_3=\frac{n(n-1)(n-2)}{3!}=\frac{n(n-1)(n-2)}{6}$$

→ 서로 다른 n개에서 r개를 택하는 경우의 수는 ${}_nC_r=\frac{{}_nP_r}{r!}=\frac{n!}{r!(n-r)!}$

(ii) 세 수 중 두 수는 홀수이고 나머지 한 수는 짝수인 경우

홀수 n개 중 2개를 택하고 짝수 n개 중 한 개를 택하는 경우의 수는

$${}_nC_2\times{}_nC_1=\frac{n(n-1)}{2!}\times n=\frac{n^2(n-1)}{2}$$

(i), (ii)에서

$$a_n=\frac{n(n-1)(n-2)}{6}+\frac{n^2(n-1)}{2}=\frac{n(n-1)(n-2+3n)}{6}=\frac{n(n-1)(2n-1)}{3}$$

Step 2 극한값 구하기

$$\therefore \lim_{n\to\infty}\frac{a_n}{n^3}=\lim_{n\to\infty}\frac{n(n-1)(2n-1)}{3n^3}=\lim_{n\to\infty}\frac{\left(1-\frac{1}{n}\right)\left(2-\frac{1}{n}\right)}{3}=\frac{2}{3}$$

49 수열의 극한의 응용 정답 ② | 정답률 56%

문제 보기

자연수 n에 대하여 집합 $S_n=\{x\,|\,x$는 $3n$ 이하의 자연수$\}$의 부분집합 중에서 원소의 개수가 두 개이고, 이 두 원소의 차가 $2n$보다 큰 원소로만 이루어진 모든 집합의 개수를 a_n이라 하자. $\lim_{n\to\infty}\frac{1}{n^3}\sum_{k=1}^{n}a_k$의 값은?
└→ 두 개의 원소를 a, $b\,(a<b)$로 놓고 b를 a와 $2n$에 대한 부등식으로 나타낸 후 a_n을 구한다.

[4점]

① $\frac{1}{7}$ ② $\frac{1}{6}$ ③ $\frac{1}{5}$ ④ $\frac{1}{4}$ ⑤ $\frac{1}{3}$

Step 1 a_n 구하기

집합 S_n의 부분집합 중 원소의 개수가 두 개인 집합에 대하여 이 두 원소의 차가 $2n$보다 큰 임의의 집합의 두 원소를 a, $b\,(a<b)$라 하자.

$b-a>2n$이므로 $b>a+2n$ (단, $1\leq a<b\leq 3n$)

$a=1$일 때, $b=2n+2,\ 2n+3,\ \cdots,\ 3n$이므로 조건을 만족시키는 집합 S_n의 부분집합은

$\{1,\ 2n+2\},\ \{1,\ 2n+3\},\ \cdots,\ \{1,\ 3n\}$ ⇨ $(n-1)$개

$a=2$일 때, $b=2n+3,\ 2n+4,\ \cdots,\ 3n$이므로 조건을 만족시키는 집합 S_n의 부분집합은

$\{2,\ 2n+3\},\ \{2,\ 2n+4\},\ \cdots,\ \{2,\ 3n\}$ ⇨ $(n-2)$개

⋮

$a=n-1$일 때, $b=3n$이므로 조건을 만족시키는 집합 S_n의 부분집합은

$\{n-1,\ 3n\}$ ⇨ 1개

$n\leq a<3n$일 때, b는 존재하지 않는다.

따라서 조건을 만족시키는 집합 S_n의 부분집합도 존재하지 않는다.

$$\therefore a_n=(n-1)+(n-2)+\cdots+1=1+2+\cdots+(n-2)+(n-1)=\sum_{k=1}^{n-1}k=\frac{n(n-1)}{2}$$

Step 2 극한값 구하기

$$\therefore \lim_{n\to\infty}\frac{1}{n^3}\sum_{k=1}^{n}a_k=\lim_{n\to\infty}\frac{1}{n^3}\sum_{k=1}^{n}\frac{k(k-1)}{2}=\lim_{n\to\infty}\frac{1}{2n^3}\sum_{k=1}^{n}(k^2-k)$$

$$=\lim_{n\to\infty}\frac{1}{2n^3}\left\{\frac{n(n+1)(2n+1)}{6}-\frac{n(n+1)}{2}\right\}$$

└→ $\sum_{k=1}^{n}k^2=\frac{n(n+1)(2n+1)}{6}$

$$=\lim_{n\to\infty}\frac{n^3-n}{6n^3}=\lim_{n\to\infty}\frac{1-\frac{1}{n^2}}{6}=\frac{1}{6}$$

2 일차

01 2	02 ④	03 20	04 ④	05 5	06 ③	07 ③	08 ⑤	09 ④	10 ④	11 50	12 ③
13 ②	14 ①	15 ②	16 ⑤	17 5	18 ④	19 64	20 ①	21 ③	22 4	23 25	24 ④
25 ⑤	26 ④	27 ①	28 5	29 ⑤	30 ③	31 ①	32 ②	33 ⑤	34 ④	35 270	36 80
37 5	38 12										

문제편 020쪽~033쪽

01 수열의 극한의 활용－좌표 정답 2 | 정답률 45%

문제 보기

자연수 n에 대하여 점 $(1, 0)$을 지나고 점 (n, n)에서 직선 $y=x$와 접하는 원의 중심의 좌표를 (a_n, b_n)이라 할 때, $\lim_{n\to\infty}\frac{a_n-b_n}{n^2}$의 값을 구하시오. [4점]

└→ 원의 중심과 접점을 지나는 직선은 그 접점에서의 접선과 수직임을 이용하여 a_n과 b_n 사이의 관계식을 구한다.

Step 1 a_n과 b_n 사이의 관계식 구하기

오른쪽 그림과 같이 $\text{P}_n(n, n)$, $\text{C}_n(a_n, b_n)$이라 하면 점 P_n에서의 접선 $y=x$와 직선 C_nP_n은 서로 수직이므로

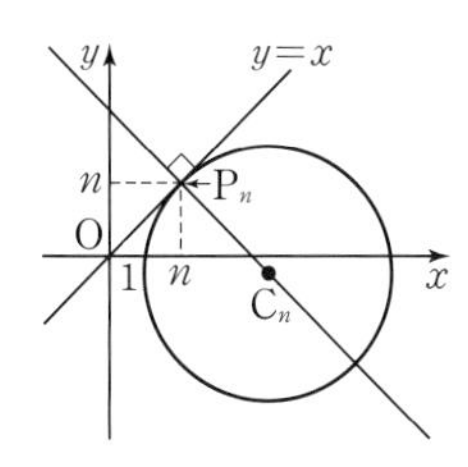

$\frac{b_n-n}{a_n-n}=-1$, $b_n-n=-a_n+n$

$\therefore b_n=-a_n+2n$ ⋯⋯ ㉠

Step 2 a_n-b_n 구하기

원의 중심 $\text{C}_n(a_n, -a_n+2n)$은 두 점 (n, n), $(1, 0)$으로부터 같은 거리만큼 떨어져 있으므로

$(a_n-n)^2+\{(-a_n+2n)-n\}^2=(a_n-1)^2+(-a_n+2n)^2$

$(a_n)^2-2na_n+n^2+(a_n)^2-2na_n+n^2$

$=(a_n)^2-2a_n+1+(a_n)^2-4na_n+4n^2$

$2a_n=2n^2+1$ $\therefore a_n=n^2+\frac{1}{2}$

$\therefore a_n-b_n=a_n-(-a_n+2n)$ ($\because$ ㉠)

$=2a_n-2n$

$=2\left(n^2+\frac{1}{2}\right)-2n$

$=2n^2-2n+1$

Step 3 극한값 구하기

$\therefore \lim_{n\to\infty}\frac{a_n-b_n}{n^2}=\lim_{n\to\infty}\frac{2n^2-2n+1}{n^2}$

$=\lim_{n\to\infty}\left(2-\frac{2}{n}+\frac{1}{n^2}\right)$

$=2$

02 수열의 극한의 활용－좌표 정답 ④ | 정답률 72%

문제 보기

자연수 n에 대하여 원 $x^2+y^2=4n^2$과 직선 $y=\sqrt{n}$이 제1사분면에서 만나는 점의 x좌표를 a_n이라 할 때, $\lim_{n\to\infty}(2n-a_n)$의 값은? [4점]

└→ a_n을 구한다.

① $\frac{1}{16}$ ② $\frac{1}{8}$ ③ $\frac{3}{16}$ ④ $\frac{1}{4}$ ⑤ $\frac{5}{16}$

Step 1 a_n 구하기

원 $x^2+y^2=4n^2$과 직선 $y=\sqrt{n}$이 제1사분면에서 만나는 점의 x좌표가 a_n $(a_n>0)$이므로 그 점의 좌표는

$(a_n, \sqrt{n})$

점 $(a_n, \sqrt{n})$은 원 $x^2+y^2=4n^2$ 위의 점이므로

$(a_n)^2+(\sqrt{n})^2=4n^2$, $(a_n)^2=4n^2-n$

그런데 $a_n>0$이므로

$a_n=\sqrt{4n^2-n}$

Step 2 극한값 구하기

$\therefore \lim_{n\to\infty}(2n-a_n)=\lim_{n\to\infty}(2n-\sqrt{4n^2-n})$

$=\lim_{n\to\infty}\frac{n}{2n+\sqrt{4n^2-n}}$

$=\lim_{n\to\infty}\frac{1}{2+\sqrt{4-\frac{1}{n}}}$

$=\frac{1}{2+2}=\frac{1}{4}$

03 수열의 극한의 활용-좌표 정답 20 | 정답률 24%

문제 보기

자연수 n에 대하여 곡선 $y=x^2-\left(4+\frac{1}{n}\right)x+\frac{4}{n}$와 직선 $y=\frac{1}{n}x+1$이 만나는 두 점을 각각 P_n, Q_n이라 하자. 삼각형 OP_nQ_n의 무게중심의 y좌표를 a_n이라 할 때, $30\lim_{n\to\infty}a_n$의 값을 구하시오.

(단, O는 원점이다.) [4점]

└ 두 점의 x좌표는 두 식을 연립하여 얻은 이차방정식의 두 근임을 이용한다.

└ a_n을 구한다.

Step 1 a_n 구하기

직선 $y=\frac{1}{n}x+1$ 위의 두 점 P_n, Q_n을 $P_n\left(\alpha_n, \frac{\alpha_n}{n}+1\right)$, $Q_n\left(\beta_n, \frac{\beta_n}{n}+1\right)$이라 하면 α_n, β_n은 방정식 $x^2-\left(4+\frac{1}{n}\right)x+\frac{4}{n}=\frac{1}{n}x+1$, 즉

$x^2-\left(4+\frac{2}{n}\right)x+\frac{4}{n}-1=0$의 두 근이다.

이차방정식의 근과 계수의 관계에 의하여

$\alpha_n+\beta_n=4+\frac{2}{n}$

삼각형 OP_nQ_n의 무게중심의 y좌표는

$$a_n=\frac{1}{3}\left\{0+\left(\frac{\alpha_n}{n}+1\right)+\left(\frac{\beta_n}{n}+1\right)\right\}$$

$$=\frac{1}{3}\left(\frac{\alpha_n+\beta_n}{n}+2\right)=\frac{1}{3}\left(\frac{4+\frac{2}{n}}{n}+2\right)$$

$$=\frac{1}{3}\left(\frac{4}{n}+\frac{2}{n^2}+2\right)$$

→ 세 점 (x_1, y_1), (x_2, y_2), (x_3, y_3)을 꼭짓점으로 하는 삼각형의 무게중심의 좌표는 $\left(\frac{x_1+x_2+x_3}{3}, \frac{y_1+y_2+y_3}{3}\right)$

Step 2 극한값 구하기

$$\therefore 30\lim_{n\to\infty}a_n=30\lim_{n\to\infty}\frac{1}{3}\left(\frac{4}{n}+\frac{2}{n^2}+2\right)$$

$$=10\lim_{n\to\infty}\left(\frac{4}{n}+\frac{2}{n^2}+2\right)$$

$$=10\times2=20$$

04 수열의 극한의 활용-선분의 길이 정답 ④ | 정답률 90%

문제 보기

자연수 n에 대하여 직선 $y=2nx$ 위의 점 $P(n, 2n^2)$을 지나고 이 직선과 수직인 직선이 x축과 만나는 점을 Q라 할 때, 선분 OQ의 길이를 l_n이라 하자. $\lim_{n\to\infty}\frac{l_n}{n^3}$의 값은? (단, O는 원점이다.) [3점]

└ 수직인 두 직선의 기울기의 곱이 -1임을 이용하여 직선 PQ의 방정식을 구한 후 점 Q의 좌표를 구한다.

└ l_n을 구한다.

① 1 ② 2 ③ 3 ④ 4 ⑤ 5

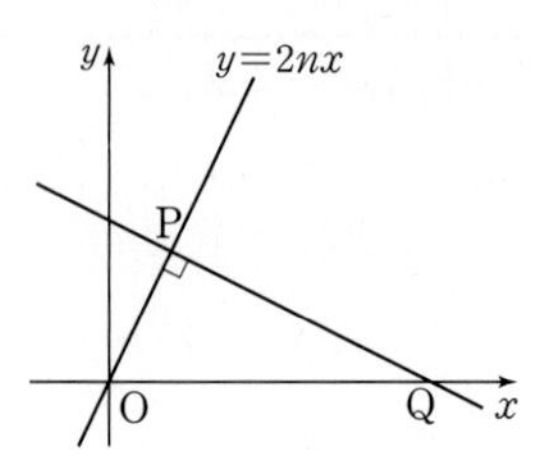

Step 1 l_n 구하기

직선 $y=2nx$와 수직인 직선의 기울기는

$-\frac{1}{2n}$ → 기울기가 각각 m, n인 두 직선이 서로 수직이면 $mn=-1$

점 $P(n, 2n^2)$을 지나고 기울기가 $-\frac{1}{2n}$인 직선의 방정식은

$y-2n^2=-\frac{1}{2n}(x-n)$

$y=0$을 대입하면

$-2n^2=-\frac{1}{2n}(x-n)$, $x-n=4n^3$

$\therefore x=4n^3+n$

즉, $Q(4n^3+n, 0)$이므로

$l_n=\overline{OQ}=4n^3+n$

Step 2 극한값 구하기

$$\therefore \lim_{n\to\infty}\frac{l_n}{n^3}=\lim_{n\to\infty}\frac{4n^3+n}{n^3}$$

$$=\lim_{n\to\infty}\left(4+\frac{1}{n^2}\right)$$

$$=4$$

05 수열의 극한의 활용 – 선분의 길이 정답 5 | 정답률 80%

문제 보기

자연수 n에 대하여 좌표평면 위에 두 점 $A_n(n, 0)$, $B_n(n, 3)$이 있다. 점 $P(1, 0)$을 지나고 x축에 수직인 직선이 직선 OB_n과 만나는 점을

└→ 점 P를 지나고 x축에 수직인 직선과 직선 OB_n의 방정식을 각각 구한 후 두 직선의 교점 C_n의 좌표를 구한다.

C_n이라 할 때, $\lim_{n\to\infty}\frac{\overline{PC_n}}{\overline{OB_n}-\overline{OA_n}}=\frac{q}{p}$이다. $p+q$의 값을 구하시오.

└→ $\overline{PC_n}$, $\overline{OB_n}$, $\overline{OA_n}$을 구하여 대입한다.

(단, O는 원점이고, p와 q는 서로소인 자연수이다.) [4점]

Step 1 점 C_n의 좌표 구하기

점 $P(1, 0)$을 지나고 x축에 수직인 직선의 방정식은 $x=1$

직선 OB_n의 방정식은 $y=\frac{3}{n}x$

따라서 두 직선의 교점 C_n의 좌표는 $\left(1, \frac{3}{n}\right)$

Step 2 $\overline{PC_n}$, $\overline{OB_n}$, $\overline{OA_n}$ 구하기

$A_n(n, 0)$, $B_n(n, 3)$, $P(1, 0)$, $C_n\left(1, \frac{3}{n}\right)$이므로

$\overline{PC_n}=\frac{3}{n}$, $\overline{OB_n}=\sqrt{n^2+3^2}=\sqrt{n^2+9}$, $\overline{OA_n}=n$

Step 3 극한값 구하기

$$\begin{aligned}\therefore \lim_{n\to\infty}\frac{\overline{PC_n}}{\overline{OB_n}-\overline{OA_n}}&=\lim_{n\to\infty}\frac{3}{n(\sqrt{n^2+9}-n)}\\&=\lim_{n\to\infty}\frac{3(\sqrt{n^2+9}+n)}{9n}\\&=\lim_{n\to\infty}\frac{\sqrt{1+\frac{9}{n^2}}+1}{3}\\&=\frac{1+1}{3}=\frac{2}{3}\end{aligned}$$

Step 4 $p+q$의 값 구하기

따라서 $p=3$, $q=2$이므로

$p+q=5$

06 수열의 극한의 활용 – 선분의 길이 정답 ③ | 정답률 70%

문제 보기

그림과 같이 자연수 n에 대하여 직선 $x=n$이 두 곡선 $y=\sqrt{5x+4}$, $y=\sqrt{2x-1}$과 만나는 점을 각각 A_n, B_n이라 하자. 선분 OA_n의 길이

└→ 두 점 A_n, B_n의 좌표를 구한다.

를 a_n, 선분 OB_n의 길이를 b_n이라 할 때, $\lim_{n\to\infty}\frac{12}{a_n-b_n}$의 값은?

└→ a_n, b_n을 구한다.

(단, O는 원점이다.) [4점]

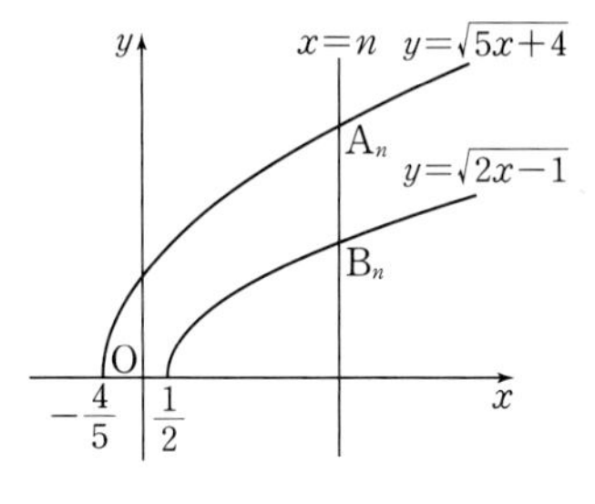

① 4 ② 6 ③ 8 ④ 10 ⑤ 12

Step 1 a_n, b_n 구하기

$A_n(n, \sqrt{5n+4})$, $B_n(n, \sqrt{2n-1})$이므로

$a_n=\overline{OA_n}=\sqrt{n^2+(\sqrt{5n+4})^2}=\sqrt{n^2+5n+4}$

$b_n=\overline{OB_n}=\sqrt{n^2+(\sqrt{2n-1})^2}=\sqrt{n^2+2n-1}$

Step 2 극한값 구하기

$$\begin{aligned}\therefore \lim_{n\to\infty}\frac{12}{a_n-b_n}&=\lim_{n\to\infty}\frac{12}{\sqrt{n^2+5n+4}-\sqrt{n^2+2n-1}}\\&=\lim_{n\to\infty}\frac{12(\sqrt{n^2+5n+4}+\sqrt{n^2+2n-1})}{3n+5}\\&=\lim_{n\to\infty}\frac{12\left(\sqrt{1+\frac{5}{n}+\frac{4}{n^2}}+\sqrt{1+\frac{2}{n}-\frac{1}{n^2}}\right)}{3+\frac{5}{n}}\\&=\frac{12(1+1)}{3}=8\end{aligned}$$

2 일차

07 수열의 극한의 활용 – 선분의 길이 정답 ③ | 정답률 70%

문제 보기

자연수 n에 대하여 곡선 $y=\frac{2n}{x}$과 직선 $y=-\frac{x}{n}+3$의 두 교점을 A_n, B_n이라 하자.

└→ 곡선의 방정식과 직선의 방정식을 연립하여 두 점 A_n, B_n의 좌표를 구한다.

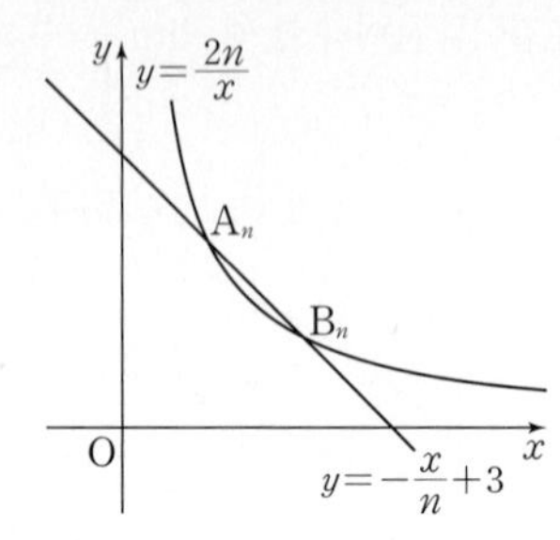

선분 A_nB_n의 길이를 l_n이라 할 때, $\lim_{n\to\infty}(l_{n+1}-l_n)$의 값은? [3점]

└→ l_n을 구한다.

① $\frac{1}{2}$ ② $\frac{\sqrt{2}}{2}$ ③ 1 ④ $\sqrt{2}$ ⑤ 2

Step 1 l_n 구하기

곡선 $y=\frac{2n}{x}$과 직선 $y=-\frac{x}{n}+3$의 교점의 x좌표는 $\frac{2n}{x}=-\frac{x}{n}+3$에서

$2n^2=-x^2+3nx$, $x^2-3nx+2n^2=0$

$(x-n)(x-2n)=0$ $\therefore x=n$ 또는 $x=2n$

즉, $A_n(n, 2)$, $B_n(2n, 1)$이므로

$l_n=\overline{A_nB_n}=\sqrt{(2n-n)^2+(1-2)^2}=\sqrt{n^2+1}$

Step 2 극한값 구하기

$$\therefore \lim_{n\to\infty}(l_{n+1}-l_n)=\lim_{n\to\infty}(\sqrt{n^2+2n+2}-\sqrt{n^2+1})$$

└→ $\sqrt{l_{n+1}}=\sqrt{(n+1)^2+1}=\sqrt{n^2+2n+2}$

$$=\lim_{n\to\infty}\frac{2n+1}{\sqrt{n^2+2n+2}+\sqrt{n^2+1}}$$

$$=\lim_{n\to\infty}\frac{2+\frac{1}{n}}{\sqrt{1+\frac{2}{n}+\frac{2}{n^2}}+\sqrt{1+\frac{1}{n^2}}}$$

$$=\frac{2}{1+1}=1$$

08 수열의 극한의 활용 – 선분의 길이 정답 ⑤ | 정답률 72%

문제 보기

그림과 같이 자연수 n에 대하여 곡선 $y=x^2$ 위의 점 $A_n(n, n^2)$을 지나고 기울기가 $-\sqrt{3}$인 직선이 x축과 만나는 점을 B_n이라 할 때,

└→ 직선 A_nB_n의 방정식을 구한 후 점 B_n의 좌표를 구한다.

$\lim_{n\to\infty}\frac{\overline{OB_n}}{\overline{OA_n}}$의 값은? (단, O는 원점이다.) [4점]

└→ $\overline{OA_n}$, $\overline{OB_n}$을 구하여 대입한다.

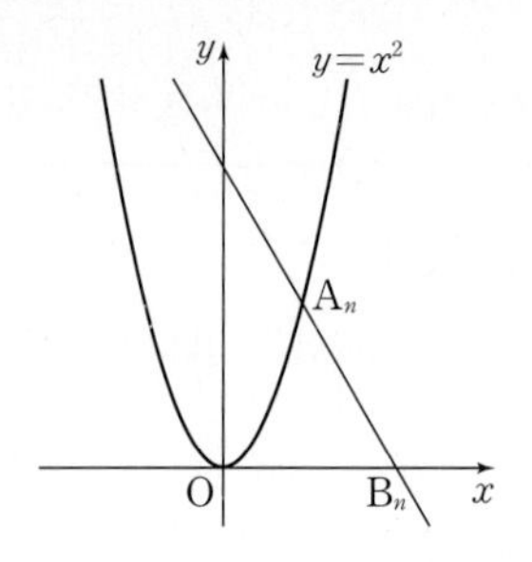

① $\frac{\sqrt{3}}{7}$ ② $\frac{\sqrt{3}}{6}$ ③ $\frac{\sqrt{3}}{5}$ ④ $\frac{\sqrt{3}}{4}$ ⑤ $\frac{\sqrt{3}}{3}$

Step 1 $\overline{OA_n}$ 구하기

$A_n(n, n^2)$이므로

$\overline{OA_n}=\sqrt{n^2+(n^2)^2}=\sqrt{n^2+n^4}$

Step 2 $\overline{OB_n}$ 구하기

점 $A_n(n, n^2)$을 지나고 기울기가 $-\sqrt{3}$인 직선의 방정식은

$y-n^2=-\sqrt{3}(x-n)$

$y=0$을 대입하면

$-n^2=-\sqrt{3}(x-n)$, $x-n=\frac{n^2}{\sqrt{3}}$

$\therefore x=\frac{n^2}{\sqrt{3}}+n$

즉, $B_n\left(\frac{n^2}{\sqrt{3}}+n, 0\right)$이므로

$\overline{OB_n}=\frac{n^2}{\sqrt{3}}+n$

Step 3 극한값 구하기

$$\therefore \lim_{n\to\infty}\frac{\overline{OB_n}}{\overline{OA_n}}=\lim_{n\to\infty}\frac{\frac{n^2}{\sqrt{3}}+n}{\sqrt{n^2+n^4}}$$

$$=\lim_{n\to\infty}\frac{\frac{1}{\sqrt{3}}+\frac{1}{n}}{\sqrt{\frac{1}{n^2}+1}}$$

$$=\frac{1}{\sqrt{3}}=\frac{\sqrt{3}}{3}$$

09 수열의 극한의 활용 – 선분의 길이 정답 ④ | 정답률 69%

문제 보기

자연수 n에 대하여 직선 $y=n$이 두 곡선 $y=2^x$, $y=2^{x-1}$과 만나는 점을 각각 A_n, B_n이라 하자. 또, 점 B_n을 지나고 y축과 평행한 직선이 곡선 $y=2^x$과 만나는 점을 C_n이라 하자.

└→ 두 점 A_n, B_n의 좌표를 구한다.

└→ 점 C_n의 좌표를 구한다.

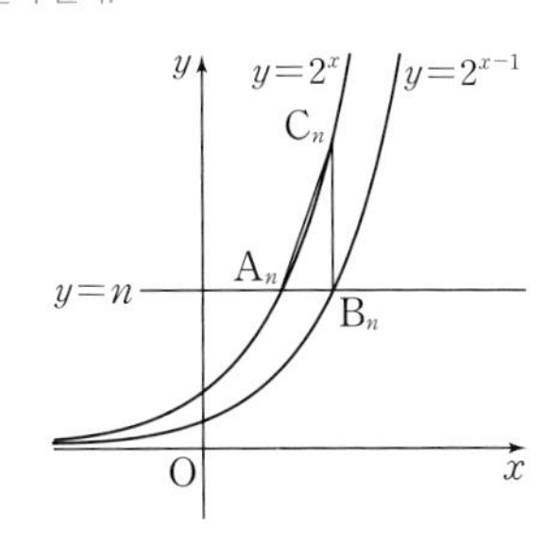

선분 A_nC_n의 길이를 $f(n)$, 선분 B_nC_n의 길이를 $g(n)$이라 할 때, $\lim_{n\to\infty} n\{f(n)-g(n)\}$의 값은? [3점] └→ $f(n)$, $g(n)$을 구한다.

① $\frac{1}{5}$ ② $\frac{1}{4}$ ③ $\frac{1}{3}$ ④ $\frac{1}{2}$ ⑤ 1

Step 1 세 점 A_n, B_n, C_n의 좌표 구하기

점 A_n은 곡선 $y=2^x$ 위의 점이고 y좌표가 n이므로

$n=2^x$ $\therefore x=\log_2 n$ → $b=a^x \iff x=\log_a b$

$\therefore A_n(\log_2 n,\ n)$

점 B_n은 곡선 $y=2^{x-1}$ 위의 점이고 y좌표가 n이므로

$n=2^{x-1}$, $x-1=\log_2 n$

$\therefore x=\log_2 n+1=\log_2 n+\log_2 2=\log_2 2n$

$\therefore B_n(\log_2 2n,\ n)$

점 C_n은 곡선 $y=2^x$ 위의 점이고 x좌표가 $\log_2 2n$이므로

$y=2^{\log_2 2n}=2n$ → $a^{\log_a b}=b$

$\therefore C_n(\log_2 2n,\ 2n)$

Step 2 $f(n)$, $g(n)$ 구하기

$f(n)=\overline{A_nC_n}=\sqrt{(\log_2 2n-\log_2 n)^2+(2n-n)^2}=\sqrt{n^2+1}$

$g(n)=\overline{B_nC_n}=2n-n=n$ └→ $\log_2 2n-\log_2 n=\log_2 \frac{2n}{n}=\log_2 2=1$

Step 3 극한값 구하기

$$\therefore \lim_{n\to\infty} n\{f(n)-g(n)\}=\lim_{n\to\infty} n(\sqrt{n^2+1}-n)$$
$$=\lim_{n\to\infty}\frac{n}{\sqrt{n^2+1}+n}$$
$$=\lim_{n\to\infty}\frac{1}{\sqrt{1+\frac{1}{n^2}}+1}$$
$$=\frac{1}{1+1}=\frac{1}{2}$$

10 수열의 극한의 활용 – 선분의 길이 정답 ④ | 정답률 44%

문제 보기

그림과 같이 자연수 n에 대하여 직선 $y=\frac{1}{n}$과 원 $x^2+(y-1)^2=1$의 두 교점을 각각 A_n, B_n이라 하자. 선분 A_nB_n의 길이를 l_n이라 할 때, $\lim_{n\to\infty} n(l_n)^2$의 값은? [4점]

└→ 교점의 x좌표를 구하여 l_n을 구한다.

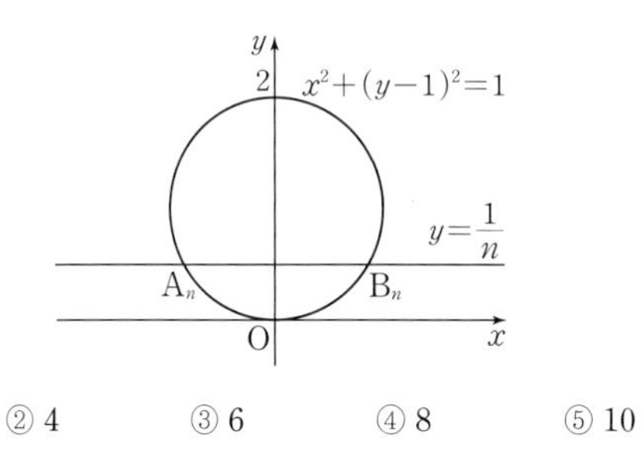

① 2 ② 4 ③ 6 ④ 8 ⑤ 10

Step 1 l_n 구하기

원 $x^2+(y-1)^2=1$과 직선 $y=\frac{1}{n}$의 교점의 x좌표는 $x^2+(y-1)^2=1$에 $y=\frac{1}{n}$을 대입하면

$x^2+\left(\frac{1}{n}-1\right)^2=1$, $x^2+\frac{1}{n^2}-\frac{2}{n}+1=1$

$x^2=\frac{2n-1}{n^2}$ $\therefore x=\pm\frac{\sqrt{2n-1}}{n}$

$\therefore l_n=\frac{\sqrt{2n-1}}{n}-\left(-\frac{\sqrt{2n-1}}{n}\right)=\frac{2\sqrt{2n-1}}{n}$

Step 2 극한값 구하기

$$\therefore \lim_{n\to\infty} n(l_n)^2=\lim_{n\to\infty}\left\{n\times\frac{4(2n-1)}{n^2}\right\}$$
$$=\lim_{n\to\infty}\frac{8n-4}{n}$$
$$=\lim_{n\to\infty}\left(8-\frac{4}{n}\right)=8$$

다른 풀이 직각삼각형의 변의 길이 이용하기

원 $x^2+(y-1)^2=1$의 중심을 $C(0,\ 1)$, 선분 A_nB_n의 중점을 M_n이라 하면 삼각형 CM_nB_n은 직각삼각형이다.

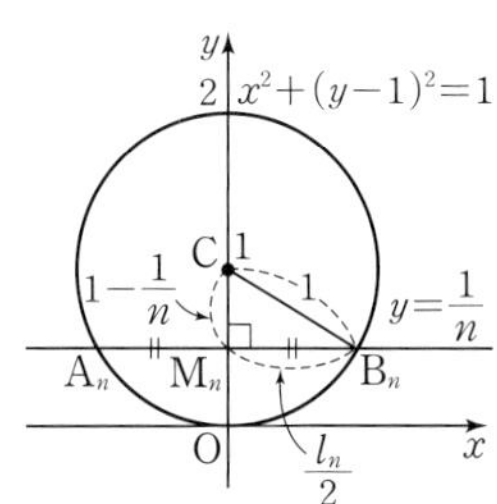

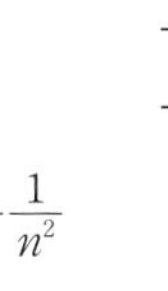

$\overline{CB_n}=1$, $\overline{CM_n}=1-\frac{1}{n}$, $\overline{M_nB_n}=\frac{l_n}{2}$이므로

삼각형 CM_nB_n에서

$\overline{M_nB_n}^2=\overline{CB_n}^2-\overline{CM_n}^2$

$\left(\frac{l_n}{2}\right)^2=1^2-\left(1-\frac{1}{n}\right)^2$, $\frac{(l_n)^2}{4}=\frac{2}{n}-\frac{1}{n^2}$

$\therefore (l_n)^2=\frac{8}{n}-\frac{4}{n^2}$

$\therefore \lim_{n\to\infty} n(l_n)^2=\lim_{n\to\infty} n\left(\frac{8}{n}-\frac{4}{n^2}\right)=\lim_{n\to\infty}\left(8-\frac{4}{n}\right)=8$

11 수열의 극한의 활용 – 선분의 길이 정답 50 | 정답률 25%

문제 보기

그림과 같이 자연수 n에 대하여 곡선 $y=x^2$ 위의 점 $\mathrm{P}_n(n, n^2)$에서의 접선을 l_n이라 하고, 직선 l_n이 y축과 만나는 점을 Y_n이라 하자. x축에

└→ 접선 l_n의 방정식을 구한 후 점 Y_n의 좌표를 구한다.

접하고 점 P_n에서 직선 l_n에 접하는 원을 C_n, y축에 접하고 점 P_n에서 직선 l_n에 접하는 원을 C_n'이라 할 때, 원 C_n과 x축과의 교점을 Q_n, 원 C_n'과 y축과의 교점을 R_n이라 하자. $\lim\limits_{n\to\infty}\dfrac{\overline{\mathrm{OQ}_n}}{\overline{\mathrm{Y}_n\mathrm{R}_n}}=\alpha$라 할 때, 100α의

└→ 접선의 성질을 이용하여 $\overline{\mathrm{Y}_n\mathrm{R}_n}$, $\overline{\mathrm{OQ}_n}$을 구한다.

값을 구하시오. (단, O는 원점이고, 점 Q_n의 x좌표와 점 R_n의 y좌표는 양수이다.) [4점]

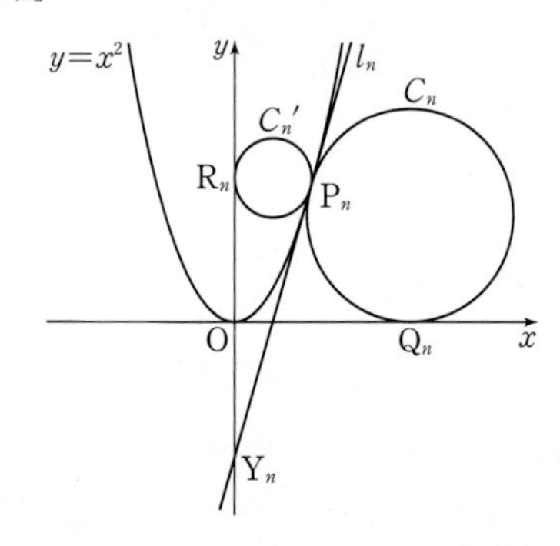

Step 1 $\overline{\mathrm{Y}_n\mathrm{R}_n}$ 구하기

$y=x^2$에서 $y'=2x$

점 $\mathrm{P}_n(n, n^2)$에서의 접선의 기울기는 $2n$이므로 직선 l_n의 방정식은

$y-n^2=2n(x-n)$ $\quad\therefore y=2nx-n^2$

$x=0$을 대입하면 $y=-n^2$ $\quad\therefore \mathrm{Y}_n(0, -n^2)$

점 Y_n에서 원 C_n'에 그은 두 접선의 길이는 같으므로

$\overline{\mathrm{Y}_n\mathrm{R}_n}=\overline{\mathrm{Y}_n\mathrm{P}_n}=\sqrt{n^2+(n^2+n^2)^2}=\sqrt{4n^4+n^2}$

Step 2 $\overline{\mathrm{OQ}_n}$ 구하기

직선 l_n이 x축과 만나는 점을 X_n이라 하자.

$y=2nx-n^2$에 $y=0$을 대입하면

$0=2nx-n^2$ $\quad\therefore x=\dfrac{n}{2}$

$\therefore \mathrm{X}_n\left(\dfrac{n}{2}, 0\right)$

점 X_n에서 원 C_n에 그은 두 접선의 길이는 같으므로

$\overline{\mathrm{X}_n\mathrm{Q}_n}=\overline{\mathrm{X}_n\mathrm{P}_n}=\sqrt{\left(n-\dfrac{n}{2}\right)^2+(n^2)^2}=\sqrt{n^4+\dfrac{n^2}{4}}$

$\therefore \overline{\mathrm{OQ}_n}=\overline{\mathrm{OX}_n}+\overline{\mathrm{X}_n\mathrm{Q}_n}=\dfrac{n}{2}+\sqrt{n^4+\dfrac{n^2}{4}}$

Step 3 극한값 구하기

$$\therefore \lim_{n\to\infty}\frac{\overline{\mathrm{OQ}_n}}{\overline{\mathrm{Y}_n\mathrm{R}_n}}=\lim_{n\to\infty}\frac{\dfrac{n}{2}+\sqrt{n^4+\dfrac{n^2}{4}}}{\sqrt{4n^4+n^2}}$$

$$=\lim_{n\to\infty}\frac{\dfrac{1}{2n}+\sqrt{1+\dfrac{1}{4n^2}}}{\sqrt{4+\dfrac{1}{n^2}}}=\frac{1}{2}$$

Step 4 100α의 값 구하기

따라서 $\alpha=\dfrac{1}{2}$이므로

$100\alpha=100\times\dfrac{1}{2}=50$

12 수열의 극한의 활용 – 선분의 길이 정답 ③ | 정답률 68%

문제 보기

자연수 n에 대하여 $\angle\mathrm{A}=90°$, $\overline{\mathrm{AB}}=2$, $\overline{\mathrm{CA}}=n$인 삼각형 ABC에서

└→ 피타고라스 정리를 이용하여 $\overline{\mathrm{BC}}$를 n에 대한 식으로 나타낸다.

$\angle\mathrm{A}$의 이등분선이 선분 BC와 만나는 점을 D라 하자. 선분 CD의 길

└→ 각의 이등분선의 성질을 이용하여 a_n을 구한다.

이를 a_n이라 할 때, $\lim\limits_{n\to\infty}(n-a_n)$의 값은? [4점]

① 1 ② $\sqrt{2}$ ③ 2 ④ $2\sqrt{2}$ ⑤ 4

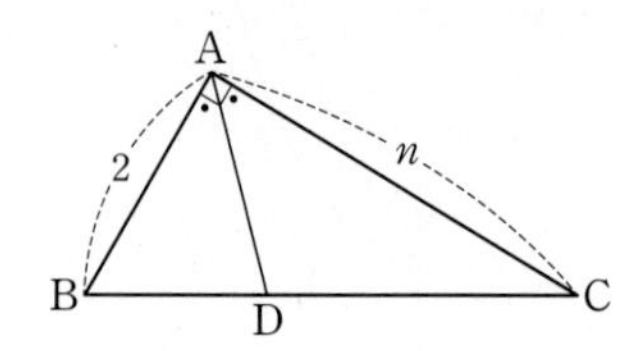

Step 1 a_n 구하기

직각삼각형 ABC에서

$\overline{\mathrm{BC}}=\sqrt{\overline{\mathrm{AB}}^2+\overline{\mathrm{CA}}^2}=\sqrt{2^2+n^2}=\sqrt{n^2+4}$

$\overline{\mathrm{CD}}=a_n$이므로

$\overline{\mathrm{BD}}=\overline{\mathrm{BC}}-\overline{\mathrm{CD}}=\sqrt{n^2+4}-a_n$

선분 AD가 $\angle\mathrm{A}$의 이등분선이므로

$\overline{\mathrm{AB}}:\overline{\mathrm{CA}}=\overline{\mathrm{BD}}:\overline{\mathrm{CD}}$

$2:n=(\sqrt{n^2+4}-a_n):a_n$

$n\sqrt{n^2+4}-na_n=2a_n$, $n\sqrt{n^2+4}=(n+2)a_n$

$\therefore a_n=\dfrac{n\sqrt{n^2+4}}{n+2}$

Step 2 극한값 구하기

$$\therefore \lim_{n\to\infty}(n-a_n)=\lim_{n\to\infty}\left(n-\frac{n\sqrt{n^2+4}}{n+2}\right)$$

$$=\lim_{n\to\infty}\frac{n(n+2)-n\sqrt{n^2+4}}{n+2}$$

$$=\lim_{n\to\infty}\frac{n\{(n+2)-\sqrt{n^2+4}\}}{n+2}$$

$$=\lim_{n\to\infty}\left\{\frac{n}{n+2}\times\frac{(n+2-\sqrt{n^2+4})(n+2+\sqrt{n^2+4})}{n+2+\sqrt{n^2+4}}\right\}$$

$$=\lim_{n\to\infty}\left(\frac{n}{n+2}\times\frac{4n}{n+2+\sqrt{n^2+4}}\right)$$

$$=\lim_{n\to\infty}\left(\frac{1}{1+\dfrac{2}{n}}\times\frac{4}{1+\dfrac{2}{n}+\sqrt{1+\dfrac{4}{n^2}}}\right)$$

$$=1\times\frac{4}{1+1}=2$$

13 수열의 극한의 활용 – 선분의 길이 정답 ② | 정답률 49%

문제 보기

자연수 n에 대하여 그림과 같이 두 점 $A_n(n, 0)$, $B_n(0, n+1)$이 있다. 삼각형 OA_nB_n에 내접하는 원의 중심을 C_n이라 하고, 두 점 B_n과
└→ 내접원의 성질을 이용하여 원의 반지름의 길이를 n에 대한 식으로 나타낸다.
C_n을 지나는 직선이 x축과 만나는 점을 P_n이라 하자. $\lim_{n\to\infty}\frac{\overline{OP_n}}{n}$의 값은? (단, O는 원점이다.) [4점]

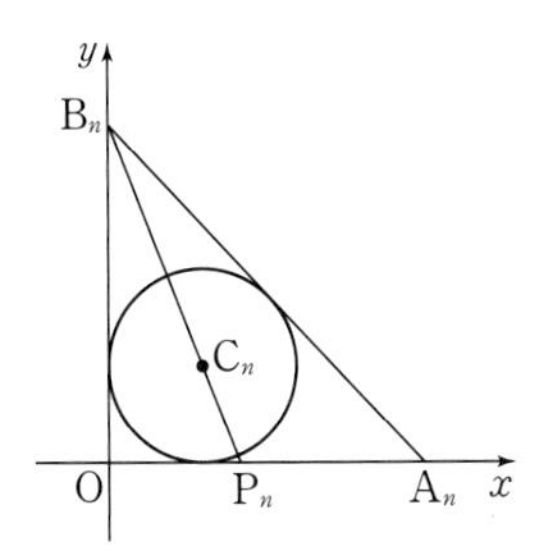

① $\frac{\sqrt{2}-1}{2}$ ② $\sqrt{2}-1$ ③ $2-\sqrt{2}$ ④ $\frac{\sqrt{2}}{2}$ ⑤ $2\sqrt{2}-2$

Step 1 $\overline{OP_n}$ 구하기

오른쪽 그림과 같이 삼각형 OA_nB_n의 내접원의 반지름의 길이를 r_n, 내접원이 삼각형 OA_nB_n의 세 변과 만나는 점을 각각 D_n, E_n, F_n이라 하자.

내접원이 제1사분면에서 x축, y축에 동시에 접하므로

$C_n(r_n, r_n)(r_n>0)$

$\triangle B_nF_nC_n \backsim \triangle B_nOP_n$ (AA 닮음)이므로

$\overline{B_nF_n} : \overline{F_nC_n} = \overline{B_nO} : \overline{OP_n}$

$(n+1-r_n) : r_n = (n+1) : \overline{OP_n}$

$(n+1-r_n)\overline{OP_n} = (n+1)r_n$

$\therefore \overline{OP_n} = \frac{(n+1)r_n}{n+1-r_n}$ …… ㉠

삼각형 OA_nB_n에서

$\overline{A_nB_n} = \sqrt{\overline{OA_n}^2 + \overline{OB_n}^2} = \sqrt{n^2+(n+1)^2} = \sqrt{2n^2+2n+1}$

$\overline{B_nE_n} = \overline{B_nF_n}$, $\overline{E_nA_n} = \overline{D_nA_n}$이고 $\overline{B_nE_n} + \overline{E_nA_n} = \overline{A_nB_n}$이므로

$(n+1-r_n) + (n-r_n) = \sqrt{2n^2+2n+1}$

$\therefore r_n = \frac{2n+1-\sqrt{2n^2+2n+1}}{2}$ …… ㉡

㉡을 ㉠에 대입하면

$$\overline{OP_n} = \frac{\frac{(n+1)(2n+1-\sqrt{2n^2+2n+1})}{2}}{n+1-\frac{2n+1-\sqrt{2n^2+2n+1}}{2}}$$

$$= \frac{(n+1)(2n+1-\sqrt{2n^2+2n+1})}{1+\sqrt{2n^2+2n+1}}$$

Step 2 극한값 구하기

$$\therefore \lim_{n\to\infty}\frac{\overline{OP_n}}{n} = \lim_{n\to\infty}\frac{(n+1)(2n+1-\sqrt{2n^2+2n+1})}{n(1+\sqrt{2n^2+2n+1})}$$

$$= \lim_{n\to\infty}\frac{\left(1+\frac{1}{n}\right)\left(2+\frac{1}{n}-\sqrt{2+\frac{2}{n}+\frac{1}{n^2}}\right)}{\frac{1}{n}+\sqrt{2+\frac{2}{n}+\frac{1}{n^2}}}$$

$$= \frac{2-\sqrt{2}}{\sqrt{2}} = \sqrt{2}-1$$

14 수열의 극한의 활용 – 선분의 길이 정답 ① | 정답률 58%

문제 보기

자연수 n에 대하여 좌표평면 위의 점 A_n을 다음 규칙에 따라 정한다.

> (가) A_1은 원점이다.
> (나) n이 홀수이면 A_{n+1}은 점 A_n을 x축의 방향으로 a만큼 평행이동한 점이다. → n이 홀수일 때, 점 A_{n+1}의 x좌표를 점 A_n의 x좌표를 이용하여 나타낸다.
> (다) n이 짝수이면 A_{n+1}은 점 A_n을 y축의 방향으로 $a+1$만큼 평행이동한 점이다. → n이 짝수일 때, 점 A_{n+1}의 y좌표를 점 A_n의 y좌표를 이용하여 나타낸다.

$\lim_{n\to\infty}\frac{\overline{A_1A_{2n}}}{n} = \frac{\sqrt{34}}{2}$일 때, 양수 a의 값은? [4점]
└→ $\overline{A_1A_{2n}}$을 구하여 대입한다.

① $\frac{3}{2}$ ② $\frac{7}{4}$ ③ 2 ④ $\frac{9}{4}$ ⑤ $\frac{5}{2}$

Step 1 $\overline{A_1A_{2n}}$ 구하기

점 A_n의 좌표를 (x_n, y_n)이라 하면

$A_{n+1}(x_{n+1}, y_{n+1})$

$n=2k-1$ (k는 자연수)이면 조건 (나)에서

$x_{2k} = x_{2k-1}+a$, $y_{2k} = y_{2k-1}$

조건 (가)에서 $x_1=0$, $y_1=0$이므로

$x_2 = x_1+a = a$, $y_2 = y_1 = 0$

$n=2k$ (k는 자연수)이면 조건 (다)에서

$x_{2k+1} = x_{2k}$, $y_{2k+1} = y_{2k}+(a+1)$

$\therefore x_{2k+2} = x_{2k+1}+a = x_{2k}+a$, $y_{2k+2} = y_{2k+1} = y_{2k}+(a+1)$

따라서 $x_2=a$, $x_{2n+2}=x_{2n}+a$이므로 수열 $\{x_{2n}\}$은 첫째항이 a, 공차가 a인 등차수열이다.
└→ $x_{2(n+1)}-x_{2n}=a$

$\therefore x_{2n} = a+(n-1)a = an$

또 $y_2=0$, $y_{2n+2}=y_{2n}+(a+1)$이므로 수열 $\{y_{2n}\}$은 첫째항이 0, 공차가 $a+1$인 등차수열이다.
└→ $y_{2(n+1)}-y_{2n}=a+1$

$\therefore y_{2n} = (n-1)(a+1) = (a+1)(n-1)$

$A_1(0, 0)$, $A_{2n}(an, (a+1)(n-1))$이므로

$\overline{A_1A_{2n}} = \sqrt{a^2n^2+(a+1)^2(n-1)^2}$

Step 2 양수 a의 값 구하기

$$\therefore \lim_{n\to\infty}\frac{\overline{A_1A_{2n}}}{n} = \lim_{n\to\infty}\frac{\sqrt{a^2n^2+(a+1)^2(n-1)^2}}{n}$$

$$= \lim_{n\to\infty}\sqrt{a^2+(a+1)^2\left(1-\frac{1}{n}\right)^2}$$

$$= \sqrt{a^2+(a+1)^2}$$

$$= \sqrt{2a^2+2a+1}$$

즉, $\sqrt{2a^2+2a+1} = \frac{\sqrt{34}}{2}$이므로

$2\sqrt{2a^2+2a+1} = \sqrt{34}$

양변을 제곱하면

$8a^2+8a+4=34$, $4a^2+4a-15=0$

$(2a+5)(2a-3)=0$ $\therefore a=-\frac{5}{2}$ 또는 $a=\frac{3}{2}$

그런데 a는 양수이므로 $a=\frac{3}{2}$

15 수열의 극한의 활용 – 선분의 길이 정답 ② | 정답률 53%

문제 보기

좌표평면 위의 점 $P_n(n=1, 2, 3, \cdots)$은 다음 규칙을 만족시킨다.

> (가) 점 P_1의 좌표는 $(1, 1)$이다.
> (나) $\overline{P_nP_{n+1}}=1$
> (다) 점 P_{n+2}는 점 P_{n+1}을 지나고 직선 P_nP_{n+1}에 수직인 직선 위의 점 중 $\overline{P_1P_{n+2}}$가 최대인 점이다.
> └ $P_2, P_3, P_4, \cdots$를 좌표평면 위에 나타낸다.

수열 $\{a_n\}$은 $a_1=0$, $a_2=1$이고,

$a_n=\overline{P_1P_n}$ $(n=3, 4, 5, \cdots)$

일 때, $\lim_{n\to\infty}(a_{n+1}-a_n)$의 값은? [4점]

① $\frac{1}{2}$ ② $\frac{\sqrt{2}}{2}$ ③ $\frac{\sqrt{3}}{2}$ ④ 1 ⑤ 2

Step 1 a_n에 대한 규칙 찾기

$P_1(1, 1)$, $\overline{P_1P_2}=1$이므로

$P_2(2, 1)$

$\overline{P_2P_3}=1$이고 조건 (다)에 의하여

$P_3(2, 2)$

$\therefore a_3=\overline{P_1P_3}$

$=\sqrt{(2-1)^2+(2-1)^2}$

$=\sqrt{1^2+1^2}=\sqrt{2}$

$\overline{P_3P_4}=1$이고 조건 (다)에 의하여

$P_4(3, 2)$

$\therefore a_4=\overline{P_1P_4}$

$=\sqrt{(3-1)^2+(2-1)^2}$

$=\sqrt{2^2+1^2}=\sqrt{5}$

$\overline{P_4P_5}=1$이고 조건 (다)에 의하여

$P_5(3, 3)$

$\therefore a_5=\overline{P_1P_5}=\sqrt{(3-1)^2+(3-1)^2}$

$=\sqrt{2^2+2^2}=2\sqrt{2}$

$\overline{P_5P_6}=1$이고 조건 (다)에 의하여

$P_6(4, 3)$

$\therefore a_6=\overline{P_1P_6}=\sqrt{(4-1)^2+(3-1)^2}$

$=\sqrt{3^2+2^2}=\sqrt{13}$

같은 방법으로 하면 자연수 m에 대하여

$P_{2m}(m+1, m)$, $P_{2m+1}(m+1, m+1)$이므로

$a_{2m}=\sqrt{m^2+(m-1)^2}=\sqrt{2m^2-2m+1}$

$a_{2m+1}=\sqrt{m^2+m^2}=\sqrt{2m^2}$

y, m, 3, 2, 1, O, 1, 2, 3, 4, ⋯, m, m+1, x, P_1, P_2, P_3, P_4, P_5, P_6, P_{2m-1}, P_{2m}

Step 2 극한값 구하기

(i) $n=2m$ (m은 자연수)일 때

$$\lim_{n\to\infty}(a_{n+1}-a_n)=\lim_{m\to\infty}(a_{2m+1}-a_{2m})$$
$$=\lim_{m\to\infty}(\sqrt{2m^2}-\sqrt{2m^2-2m+1})$$
$$=\lim_{m\to\infty}\frac{2m-1}{\sqrt{2m^2}+\sqrt{2m^2-2m+1}}$$
$$=\lim_{m\to\infty}\frac{2-\frac{1}{m}}{\sqrt{2}+\sqrt{2-\frac{2}{m}+\frac{1}{m^2}}}$$
$$=\frac{2}{\sqrt{2}+\sqrt{2}}=\frac{\sqrt{2}}{2}$$

(ii) $n=2m+1$ (m은 자연수)일 때

$$\lim_{n\to\infty}(a_{n+1}-a_n)=\lim_{m\to\infty}(a_{2m+2}-a_{2m+1})$$
$$=\lim_{m\to\infty}(\sqrt{2m^2+2m+1}-\sqrt{2m^2})$$

└ $a_{2m+2}=\sqrt{2(m+1)^2-2(m+1)+1}=\sqrt{2m^2+2m+1}$

$$=\lim_{m\to\infty}\frac{2m+1}{\sqrt{2m^2+2m+1}+\sqrt{2m^2}}$$
$$=\lim_{m\to\infty}\frac{2+\frac{1}{m}}{\sqrt{2+\frac{2}{m}+\frac{1}{m^2}}+\sqrt{2}}$$
$$=\frac{2}{\sqrt{2}+\sqrt{2}}=\frac{\sqrt{2}}{2}$$

(i), (ii)에서

$$\lim_{n\to\infty}(a_{n+1}-a_n)=\frac{\sqrt{2}}{2}$$

16 수열의 극한의 활용 - 넓이　　정답 ⑤ | 정답률 82%

문제 보기

자연수 n에 대하여 좌표가 $(0,\ 2n+1)$인 점을 P라 하고, 함수 $f(x)=nx^2$의 그래프 위의 점 중 y좌표가 1이고 제1사분면에 있는 점을 Q라 하자.
└→ 점 Q의 좌표를 구한다.

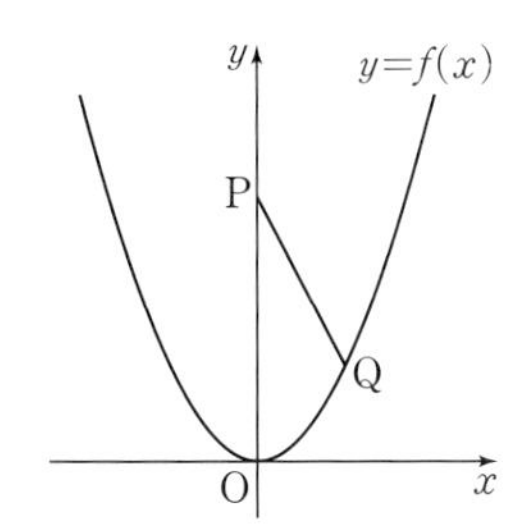

점 R$(0,\ 1)$에 대하여 삼각형 PRQ의 넓이를 S_n, 선분 PQ의 길이를 l_n이라 할 때, $\lim_{n\to\infty}\frac{S_n^{\ 2}}{l_n}$의 값은? [4점]
└→ S_n, l_n을 구한다.

① $\frac{3}{2}$　② $\frac{5}{4}$　③ 1　④ $\frac{3}{4}$　⑤ $\frac{1}{2}$

Step 1 점 Q의 좌표 구하기

점 Q는 함수 $f(x)=nx^2$의 그래프 위의 점이고 y좌표가 1이므로

$1=nx^2$, $x^2=\frac{1}{n}$

$\therefore x=\pm\frac{1}{\sqrt{n}}$

점 Q는 제1사분면에 있으므로 Q$\left(\frac{1}{\sqrt{n}},\ 1\right)$

Step 2 l_n 구하기

P$(0,\ 2n+1)$이므로

$l_n=\overline{\mathrm{PQ}}=\sqrt{\left(\frac{1}{\sqrt{n}}\right)^2+\{1-(2n+1)\}^2}=\sqrt{4n^2+\frac{1}{n}}$

Step 3 S_n 구하기

오른쪽 그림과 같이 두 점 Q, R의 y좌표가 같으므로 삼각형 PRQ는 $\angle\mathrm{PRQ}=\frac{\pi}{2}$인 직각삼각형이다.

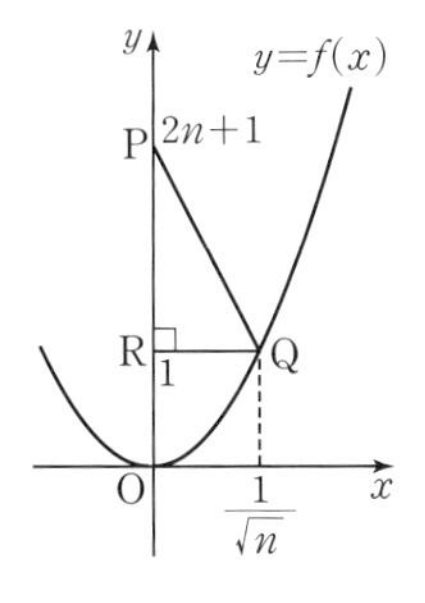

$\overline{\mathrm{PR}}=2n$, $\overline{\mathrm{RQ}}=\frac{1}{\sqrt{n}}$이므로

$S_n=\triangle\mathrm{PRQ}=\frac{1}{2}\times\overline{\mathrm{PR}}\times\overline{\mathrm{RQ}}$

$=\frac{1}{2}\times 2n\times\frac{1}{\sqrt{n}}=\sqrt{n}$

Step 4 극한값 구하기

$$\therefore \lim_{n\to\infty}\frac{S_n^{\ 2}}{l_n}=\lim_{n\to\infty}\frac{n}{\sqrt{4n^2+\frac{1}{n}}}$$

$$=\lim_{n\to\infty}\frac{1}{\sqrt{4+\frac{1}{n^3}}}$$

$$=\frac{1}{2}$$

17 수열의 극한의 활용 - 넓이　　정답 5 | 정답률 69%

문제 보기

그림과 같이 직선 $x=1$이 두 곡선 $y=\frac{4}{x}$, $y=-\frac{6}{x}$과 만나는 점을 각각 A, B라 하자. 자연수 n에 대하여 직선 $x=n+1$이 두 곡선 $y=\frac{4}{x}$,
└→ 두 점 A, B의 좌표를 구한다.

$y=-\frac{6}{x}$과 만나는 점을 각각 P_n, Q_n이라 할 때, 사다리꼴 $\mathrm{ABQ}_n\mathrm{P}_n$의
└→ 두 점 P_n, Q_n의 좌표를 구한다.

넓이를 S_n이라 하자. $\lim_{n\to\infty}\frac{S_n}{n}$의 값을 구하시오. [4점]
└→ S_n을 구한다.

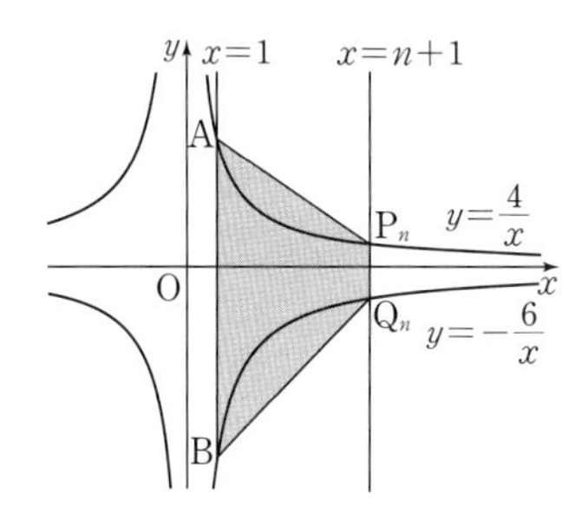

Step 1 네 점 A, B, P_n, Q_n의 좌표 구하기

직선 $x=1$이 곡선 $y=\frac{4}{x}$와 만나는 점 A의 좌표는

$(1,\ 4)$

직선 $x=1$이 곡선 $y=-\frac{6}{x}$과 만나는 점 B의 좌표는

$(1,\ -6)$

직선 $x=n+1$이 곡선 $y=\frac{4}{x}$와 만나는 점 P_n의 좌표는

$\left(n+1,\ \frac{4}{n+1}\right)$

직선 $x=n+1$이 곡선 $y=-\frac{6}{x}$과 만나는 점 Q_n의 좌표는

$\left(n+1,\ -\frac{6}{n+1}\right)$

Step 2 S_n 구하기

$\overline{\mathrm{AB}}=|-6-4|=10$, $\overline{\mathrm{P}_n\mathrm{Q}_n}=\left|-\frac{6}{n+1}-\frac{4}{n+1}\right|=\frac{10}{n+1}$이므로

$S_n=\square\mathrm{ABQ}_n\mathrm{P}_n=\frac{1}{2}\times(\overline{\mathrm{P}_n\mathrm{Q}_n}+\overline{\mathrm{AB}})\times n$
└→ 두 직선 $x=1$, $x=n+1$ 사이의 거리야.

$=\frac{1}{2}\times\left(\frac{10}{n+1}+10\right)\times n$

$=\frac{5n^2+10n}{n+1}$

Step 3 극한값 구하기

$$\therefore \lim_{n\to\infty}\frac{S_n}{n}=\lim_{n\to\infty}\frac{5n^2+10n}{n^2+n}$$

$$=\lim_{n\to\infty}\frac{5+\frac{10}{n}}{1+\frac{1}{n}}$$

$$=5$$

18 수열의 극한의 활용 – 넓이 정답 ④ | 정답률 82%

문제 보기

좌표평면에서 자연수 n에 대하여 원 $x^2+y^2=n^2$과 직선 $y=\frac{1}{n}x$가 제1사분면에서 만나는 점을 중심으로 하고 x축에 접하는 원의 넓이를 S_n
└ 교점의 y좌표와 원의 반지름의 길이가 같음을 이용하여 S_n을 구한다.
이라 할 때, $\lim_{n\to\infty} S_n$의 값은? [3점]

① $\frac{\pi}{4}$ ② $\frac{\pi}{2}$ ③ $\frac{3}{4}\pi$ ④ π ⑤ $\frac{5}{4}\pi$

Step 1 S_n 구하기

다음 그림과 같이 원 $x^2+y^2=n^2$과 직선 $y=\frac{1}{n}x$가 제1사분면에서 만나는 점을 중심으로 하고 x축에 접하는 원을 C_n이라 하고, 원 C_n의 반지름의 길이를 r_n이라 하면 r_n은 원 $x^2+y^2=n^2$과 직선 $y=\frac{1}{n}x$가 제1사분면에서 만나는 점의 y좌표와 같다.

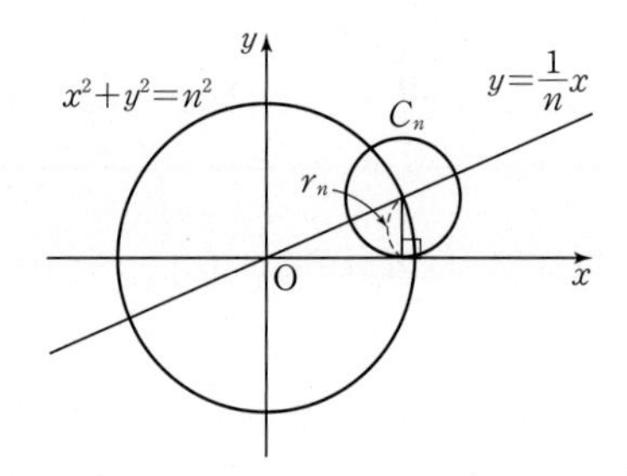

$x^2+y^2=n^2$에 $y=\frac{1}{n}x$, 즉 $x=ny$를 대입하면

$(ny)^2+y^2=n^2$, $(n^2+1)y^2=n^2$

$y^2=\frac{n^2}{n^2+1}$ $\therefore y=\sqrt{\frac{n^2}{n^2+1}}$ $(\because y>0)$
└ 제1사분면의 점의 y좌표는 양수야.

즉, $r_n=\sqrt{\frac{n^2}{n^2+1}}$이므로

$S_n=\pi\times(r_n)^2=\frac{\pi n^2}{n^2+1}$

Step 2 극한값 구하기

$$\therefore \lim_{n\to\infty} S_n=\lim_{n\to\infty}\frac{\pi n^2}{n^2+1}=\lim_{n\to\infty}\frac{\pi}{1+\frac{1}{n^2}}=\pi$$

19 수열의 극한의 활용 – 넓이 정답 64 | 정답률 44%

문제 보기

그림과 같이 자연수 n에 대하여 좌표평면 위의 원 $x^2+y^2=n$을 C_n이라 하고, 직선 $y=\sqrt{3}x$ 위의 점 중에서 원점 O로부터 거리가 $n+2$인 점을 P_n, 점 P_n에서 x축에 내린 수선의 발을 Q_n이라 하자. 삼각형 P_nOQ_n의 내부와 원 C_n의 외부의 공통부분의 넓이를 S_n이라 하자.
└ 삼각형 P_nOQ_n의 넓이를 구한 후 S_n을 구한다.

$\lim_{n\to\infty}\frac{n^2}{S_n}=a$일 때, $3a^2$의 값을 구하시오.

(단, 점 P_n은 제1사분면 위의 점이다.) [4점]

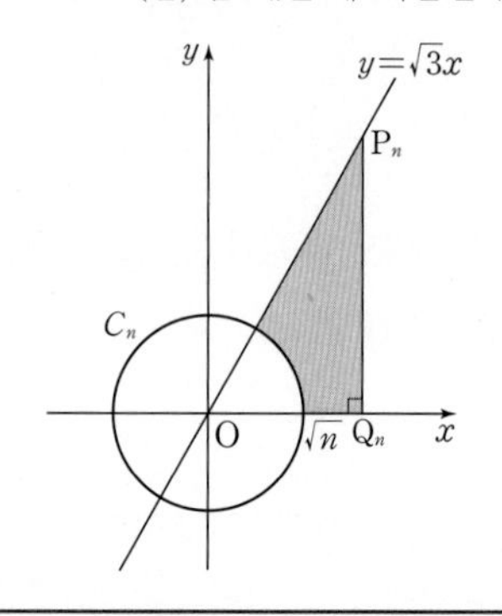

Step 1 삼각형 P_nOQ_n의 넓이 구하기

직선 $y=\sqrt{3}x$의 기울기는 $\sqrt{3}$이므로

$\tan(\angle P_nOQ_n)=\sqrt{3}$ $\therefore \angle P_nOQ_n=60°$ → $\tan 60°=\sqrt{3}$

$\overline{OP_n}=n+2$이므로 직각삼각형 P_nOQ_n에서

$\overline{OQ_n}=\overline{OP_n}\cos 60°=\frac{1}{2}(n+2)$

$\overline{P_nQ_n}=\overline{OP_n}\sin 60°=\frac{\sqrt{3}}{2}(n+2)$

$$\therefore \triangle P_nOQ_n=\frac{1}{2}\times\overline{OQ_n}\times\overline{P_nQ_n}=\frac{1}{2}\times\frac{1}{2}(n+2)\times\frac{\sqrt{3}}{2}(n+2)=\frac{\sqrt{3}}{8}(n+2)^2$$

Step 2 S_n 구하기

$$\therefore S_n=\triangle P_nOQ_n-(\text{원 } C_n\text{의 넓이})\times\frac{60}{360}=\frac{\sqrt{3}}{8}(n+2)^2-\pi\times(\sqrt{n})^2\times\frac{1}{6}=\frac{\sqrt{3}}{8}(n+2)^2-\frac{\pi n}{6}$$

Step 3 극한값 구하기

$$\therefore \lim_{n\to\infty}\frac{n^2}{S_n}=\lim_{n\to\infty}\frac{n^2}{\frac{\sqrt{3}}{8}(n+2)^2-\frac{\pi n}{6}}=\lim_{n\to\infty}\frac{1}{\frac{\sqrt{3}}{8}\left(1+\frac{2}{n}\right)^2-\frac{\pi}{6n}}=\frac{1}{\frac{\sqrt{3}}{8}}=\frac{8}{\sqrt{3}}$$

Step 4 $3a^2$의 값 구하기

따라서 $a=\frac{8}{\sqrt{3}}$이므로

$3a^2=3\times\left(\frac{8}{\sqrt{3}}\right)^2=64$

20 수열의 극한의 활용 – 넓이 정답 ① | 정답률 56%

문제 보기

자연수 n에 대하여 좌표가 $(0,\ 3n+1)$인 점을 P_n, 함수 $f(x)=x^2$ $(x\geq0)$이라 하자. 점 P_n을 지나고 x축과 평행한 직선이 곡선 $y=f(x)$와 만나는 점을 Q_n이라 하자. └→ 점 Q_n의 좌표를 구한다.

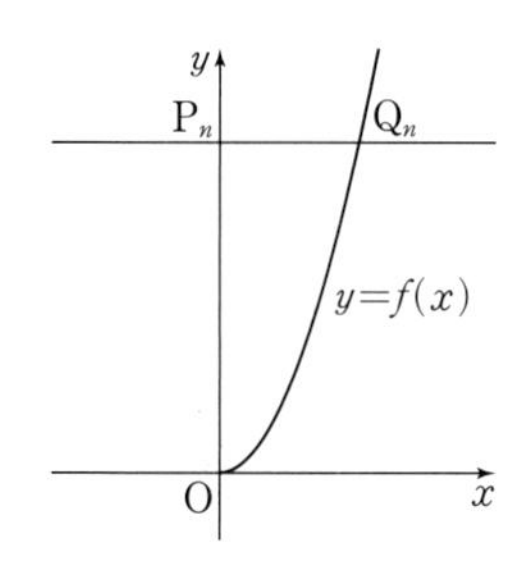

곡선 $y=f(x)$ 위의 점 R_n은 직선 P_nR_n의 기울기가 음수이고 y좌표가 자연수인 점이다. 삼각형 P_nOQ_n의 넓이를 S_n, 삼각형 P_nOR_n의 넓이가 최대일 때 삼각형 P_nOR_n의 넓이를 T_n이라 하자. $\lim_{n\to\infty}\dfrac{S_n-T_n}{\sqrt{n}}$의 값은? (단, O는 원점이다.) [4점]

└→ S_n을 구한다.

└→ $\overline{OP_n}$을 밑변, 점 R_n의 x좌표를 높이로 생각하면 T_n은 점 R_n의 x좌표가 최대일 때의 삼각형 P_nOR_n의 넓이이다.

① $\dfrac{\sqrt{3}}{4}$ ② $\dfrac{1}{2}$ ③ $\dfrac{\sqrt{5}}{4}$ ④ $\dfrac{\sqrt{6}}{4}$ ⑤ $\dfrac{\sqrt{7}}{4}$

Step 1 S_n 구하기

$P_n(0,\ 3n+1)$이고, 점 Q_n은 곡선 $y=f(x)$ 위의 점이므로

$3n+1=x^2 \quad \therefore x=\sqrt{3n+1}\ (\because x\geq0)$

$Q(\sqrt{3n+1},\ 3n+1)$이므로

$\overline{OP_n}=3n+1,\ \overline{P_nQ_n}=\sqrt{3n+1}$

$\therefore S_n=\triangle P_nOQ_n=\dfrac{1}{2}\times\overline{OP_n}\times\overline{P_nQ_n}=\dfrac{1}{2}(3n+1)\sqrt{3n+1}$

Step 2 T_n 구하기

점 R_n은 곡선 $y=f(x)$ 위의 점이므로 $R_n(\sqrt{a},\ a)$(a는 자연수)라 하자.

직선 P_nR_n의 기울기가 음수이므로 $\dfrac{a-(3n+1)}{\sqrt{a}}<0$에서

$0<a<3n+1 \quad \cdots\cdots ㉠$

삼각형 P_nOR_n의 넓이가 최대인 경우는 $\overline{OP_n}$을 밑변, 점 R_n의 x좌표를 높이로 생각할 때 점 R_n의 x좌표 $\sqrt{a}$가 최대일 때이다.

㉠에서 a는 자연수이므로 $a=3n$일 때 최대이고, 이때 점 R_n의 좌표는 $(\sqrt{3n},\ 3n)$

$\therefore T_n=\triangle P_nOR_n=\dfrac{1}{2}\times\overline{OP_n}\times\sqrt{3n}=\dfrac{1}{2}(3n+1)\sqrt{3n}$

Step 3 극한값 구하기

$$\begin{aligned}\therefore \lim_{n\to\infty}\frac{S_n-T_n}{\sqrt{n}}&=\lim_{n\to\infty}\frac{\frac{1}{2}(3n+1)\sqrt{3n+1}-\frac{1}{2}(3n+1)\sqrt{3n}}{\sqrt{n}}\\&=\lim_{n\to\infty}\frac{(3n+1)(\sqrt{3n+1}-\sqrt{3n})}{2\sqrt{n}}\\&=\lim_{n\to\infty}\frac{3n+1}{2\sqrt{n}(\sqrt{3n+1}+\sqrt{3n})}\\&=\lim_{n\to\infty}\frac{3+\frac{1}{n}}{2\left(\sqrt{3+\frac{1}{n}}+\sqrt{3}\right)}\\&=\frac{3}{2(\sqrt{3}+\sqrt{3})}=\frac{\sqrt{3}}{4}\end{aligned}$$

21 수열의 극한의 활용 – 넓이 정답 ③ | 정답률 42%

문제 보기

자연수 n에 대하여 직선 $y=2nx$가 곡선 $y=x^2+n^2-1$과 만나는 두 점을 각각 A_n, B_n이라 하자. 원 $(x-2)^2+y^2=1$ 위의 점 P에 대하여 삼각형 A_nB_nP의 넓이가 최대가 되도록 하는 점 P를 P_n이라 할 때, 삼각형 $A_nB_nP_n$의 넓이를 S_n이라 하자. $\lim_{n\to\infty}\dfrac{S_n}{n}$의 값은? [4점]

└→ 원과 직선이 만나지 않을 때, 원 위의 점과 직선 사이의 거리의 최댓값은 (원의 중심과 직선 사이의 거리)+(원의 반지름의 길이)임을 이용한다.

① 2 ② 4 ③ 6 ④ 8 ⑤ 10

Step 1 선분 A_nB_n의 길이 구하기

직선 $y=2nx$와 곡선 $y=x^2+n^2-1$이 만나는 점의 x좌표는 방정식 $x^2+n^2-1=2nx$의 해와 같으므로

$x^2-2nx+(n+1)(n-1)=0$

$(x-n+1)(x-n-1)=0$

$\therefore x=n-1$ 또는 $x=n+1$

$x=n-1$을 $y=2nx$에 대입하면 $y=2n^2-2n$,

$x=n+1$을 $y=2nx$에 대입하면 $y=2n^2+2n$

$A_n(n-1,\ 2n^2-2n)$, $B_n(n+1,\ 2n^2+2n)$이라 하면

$$\begin{aligned}\overline{A_nB_n}&=\sqrt{\{n+1-(n-1)\}^2+\{2n^2+2n-(2n^2-2n)\}^2}\\&=\sqrt{2^2+(4n)^2}=\sqrt{16n^2+4}\\&=2\sqrt{4n^2+1}\end{aligned}$$

Step 2 점 P_n의 위치 파악하기

원의 중심 $(2,\ 0)$과 직선 $y=2nx$, 즉 $2nx-y=0$ 사이의 거리는 $\dfrac{4n}{\sqrt{4n^2+1}}$이고 원의 반지름의 길이는 1이므로 점 P와 직선 $y=2nx$ 사이의 거리를 d라 하면

$\dfrac{4n}{\sqrt{4n^2+1}}-1\leq d\leq\dfrac{4n}{\sqrt{4n^2+1}}+1$

따라서 삼각형 A_nB_nP의 넓이가 최대가 되도록 하는 점 P는 오른쪽 그림의 점 P_n에 위치할 때이다.

$y=x^2+n^2-1$, y, B_n, A_n, O, 2, x, P_n, $y=2nx$

Step 3 S_n 구하기

$$\begin{aligned}\therefore S_n&=\frac{1}{2}\times\overline{A_nB_n}\times\left(\frac{4n}{\sqrt{4n^2+1}}+1\right)\\&=\frac{1}{2}\times2\sqrt{4n^2+1}\times\left(\frac{4n}{\sqrt{4n^2+1}}+1\right)\\&=4n+\sqrt{4n^2+1}\end{aligned}$$

Step 4 극한값 구하기

$$\begin{aligned}\therefore \lim_{n\to\infty}\frac{S_n}{n}&=\lim_{n\to\infty}\frac{4n+\sqrt{4n^2+1}}{n}\\&=\lim_{n\to\infty}\frac{4+\sqrt{4+\frac{1}{n^2}}}{1}\\&=4+\sqrt{4}=6\end{aligned}$$

2 일차

22 수열의 극한의 활용 – 거리 정답 4 | 정답률 59%

문제 보기

자연수 n에 대하여 점 $(3n, 4n)$을 중심으로 하고 y축에 접하는 원 O_n
└ 원 O_n의 반지름의 길이는 $3n$이다.
이 있다. 원 O_n 위를 움직이는 점과 점 $(0, -1)$ 사이의 거리의 최댓값을 a_n, 최솟값을 b_n이라 할 때, $\lim_{n\to\infty}\frac{a_n}{b_n}$의 값을 구하시오. [4점]
└ 두 점 $(3n, 4n)$, $(0, -1)$ 사이의 거리를 이용하여 a_n, b_n을 구한다.

Step 1 a_n, b_n 구하기

두 점 $(3n, 4n)$, $(0, -1)$ 사이의 거리는

$\sqrt{(3n)^2+(-1-4n)^2}=\sqrt{25n^2+8n+1}$

오른쪽 그림과 같이 점 $(3n, 4n)$을 중심으로 하고 y축에 접하는 원 O_n의 반지름의 길이는 $3n$이므로

$a_n=\sqrt{25n^2+8n+1}+3n$

$b_n=\sqrt{25n^2+8n+1}-3n$

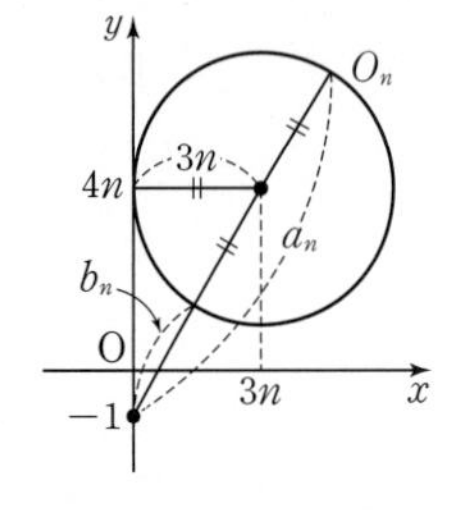

Step 2 극한값 구하기

$$\therefore \lim_{n\to\infty}\frac{a_n}{b_n}=\lim_{n\to\infty}\frac{\sqrt{25n^2+8n+1}+3n}{\sqrt{25n^2+8n+1}-3n}$$

$$=\lim_{n\to\infty}\frac{\sqrt{25+\frac{8}{n}+\frac{1}{n^2}}+3}{\sqrt{25+\frac{8}{n}+\frac{1}{n^2}}-3}$$

$$=\frac{5+3}{5-3}=4$$

23 수열의 극한의 활용 – 거리 정답 25 | 정답률 59%

문제 보기

좌표평면 위에 직선 $y=\sqrt{3}x$가 있다. 자연수 n에 대하여 x축 위의 점 중에서 x좌표가 n인 점을 P_n, 직선 $y=\sqrt{3}x$ 위의 점 중에서 x좌표가 $\frac{1}{n}$인 점을 Q_n이라 하자. 삼각형 OP_nQ_n의 내접원의 중심에서 x축까지
└ 두 점 P_n, Q_n의 좌표를 구한다.
의 거리를 a_n, 삼각형 OP_nQ_n의 외접원의 중심에서 x축까지의 거리를
└ a_n을 구한다. └ b_n을 구한다.
b_n이라 할 때 $\lim_{n\to\infty}a_nb_n=L$이다. $100L$의 값을 구하시오.

(단, O는 원점이다.) [4점]

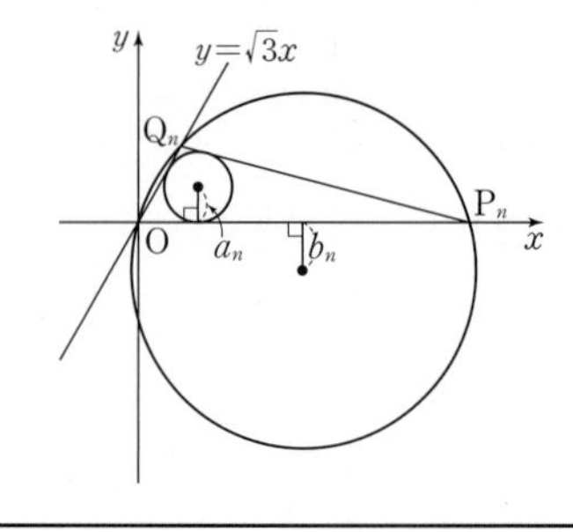

Step 1 a_n 구하기

점 P_n은 x축 위의 점 중에서 x좌표가 n인 점이므로

$P_n(n, 0)$

점 Q_n은 직선 $y=\sqrt{3}x$ 위의 점 중에서 x좌표가 $\frac{1}{n}$인 점이므로

$Q_n\left(\frac{1}{n}, \frac{\sqrt{3}}{n}\right)$

$\therefore \overline{OP_n}=n$, $\overline{OQ_n}=\sqrt{\left(\frac{1}{n}\right)^2+\left(\frac{\sqrt{3}}{n}\right)^2}=\frac{2}{n}$,

$\overline{P_nQ_n}=\sqrt{\left(\frac{1}{n}-n\right)^2+\left(\frac{\sqrt{3}}{n}\right)^2}=\frac{\sqrt{n^4-2n^2+4}}{n}$

삼각형 OP_nQ_n의 넓이는

$\frac{1}{2}\times\overline{OP_n}\times$(점 Q_n의 y좌표)$=\frac{1}{2}\times a_n\times(\overline{OP_n}+\overline{OQ_n}+\overline{P_nQ_n})$

$\frac{1}{2}\times n\times\frac{\sqrt{3}}{n}=\frac{1}{2}\times a_n\times\left(n+\frac{2}{n}+\frac{\sqrt{n^4-2n^2+4}}{n}\right)$

$$\therefore a_n=\frac{\sqrt{3}}{n+\frac{2}{n}+\frac{\sqrt{n^4-2n^2+4}}{n}}$$

$$=\frac{\sqrt{3}n}{n^2+2+\sqrt{n^4-2n^2+4}}$$

Step 2 b_n 구하기

삼각형 OP_nQ_n의 외접원의 중심을 $C_n(x_n, y_n)$이라 하면 점 C_n에서 x축에 내린 수선은 선분 OP_n을 수직이등분하므로

$x_n=\frac{n}{2}$ $\therefore C_n\left(\frac{n}{2}, y_n\right)$

$\overline{OC_n}=\overline{Q_nC_n}$에서 $\overline{OC_n}^2=\overline{Q_nC_n}^2$이므로

$\left(\frac{n}{2}\right)^2+y_n^2=\left(\frac{n}{2}-\frac{1}{n}\right)^2+\left(y_n-\frac{\sqrt{3}}{n}\right)^2$

$\frac{n^2}{4}+y_n^2=\frac{n^2}{4}-1+\frac{1}{n^2}+y_n^2-\frac{2\sqrt{3}}{n}y_n+\frac{3}{n^2}$

$\therefore y_n=\frac{4-n^2}{2\sqrt{3}n}$

$b_n=|y_n|$이므로 $n\geq2$일 때

$b_n=\frac{n^2-4}{2\sqrt{3}n}$

Step 3 극한값 구하기

$$\therefore \lim_{n\to\infty} a_nb_n = \lim_{n\to\infty}\left(\frac{\sqrt{3}n}{n^2+2+\sqrt{n^4-2n^2+4}} \times \frac{n^2-4}{2\sqrt{3}n}\right)$$
$$= \lim_{n\to\infty} \frac{n^2-4}{2(n^2+2+\sqrt{n^4-2n^2+4})}$$
$$= \lim_{n\to\infty} \frac{1-\frac{4}{n^2}}{2\left(1+\frac{2}{n^2}+\sqrt{1-\frac{2}{n^2}+\frac{4}{n^4}}\right)}$$
$$= \frac{1}{2(1+1)} = \frac{1}{4}$$

Step 4 $100L$의 값 구하기

따라서 $L=\frac{1}{4}$이므로

$100L=100\times\frac{1}{4}=25$

24 수열의 극한의 활용 – 직선 정답 ④ | 정답률 60%

문제 보기

자연수 n에 대하여 원점을 지나는 직선과 곡선 $y=-(x-n)(x-n-2)$가 제1사분면에서 접할 때, 접점의 x좌표를 a_n, 직선의 기울기를 b_n이라 하자.

다음은 $\lim_{n\to\infty} a_nb_n$의 값을 구하는 과정이다.

> 원점을 지나고 기울기가 b_n인 직선의 방정식은 $y=b_nx$이다.
> 이 직선이 곡선 $y=-(x-n)(x-n-2)$에 접하므로 이차방정식 $b_nx=-(x-n)(x-n-2)$의 근 $x=a_n$은 중근이다.
> └→ 중근 a_n을 구한다.
> 그러므로 이차방정식
> $x^2+\{b_n-2(n+1)\}x+n(n+2)=0$
> 에서 이차식
> $x^2+\{b_n-2(n+1)\}x+n(n+2)$
> 는 완전제곱식으로 나타내어진다.
> 그런데 $a_n>0$이므로
> $x^2+\{b_n-2(n+1)\}x+n(n+2)=\{x-\sqrt{n(n+2)}\}^2$
> └→ x의 계수를 비교하여 b_n을 구한다.
> 에서
> $a_n=$ (가), $b_n=$ (나)
> 이다.
> 따라서 $\lim_{n\to\infty} a_nb_n=$ (다)이다.

위의 (가)와 (나)에 알맞은 식을 각각 $f(n)$, $g(n)$이라 하고, (다)에 알맞은 값을 α라 할 때, $2f(\alpha)+g(\alpha)$의 값은? [4점]

① 1 ② 2 ③ 3 ④ 4 ⑤ 5

Step 1 (가)에 알맞은 식 구하기

$x^2+\{b_n-2(n+1)\}x+n(n+2)=\{x-\sqrt{n(n+2)}\}^2$ …… ㉠

$\{x-\sqrt{n(n+2)}\}^2=0$에서 $x=\sqrt{n(n+2)}$

$\therefore a_n=$ (가) $\sqrt{n(n+2)}$

Step 2 (나)에 알맞은 식 구하기

㉠에서 x의 계수는

$b_n-2(n+1)=-2\sqrt{n(n+2)}$

$\therefore b_n=$ (나) $2\{n+1-\sqrt{n(n+2)}\}$

Step 3 (다)에 알맞은 값 구하기

$$\therefore \lim_{n\to\infty} a_nb_n = \lim_{n\to\infty} 2\sqrt{n(n+2)}\{n+1-\sqrt{n(n+2)}\}$$
$$= \lim_{n\to\infty} \frac{2\sqrt{n(n+2)}}{n+1+\sqrt{n(n+2)}}$$
$$= \lim_{n\to\infty} \frac{2\sqrt{1+\frac{2}{n}}}{1+\frac{1}{n}+\sqrt{1+\frac{2}{n}}}$$
$$= \frac{2}{1+1} = \text{(다) } 1$$

Step 4 $2f(\alpha)+g(\alpha)$의 값 구하기

따라서 $f(n)=\sqrt{n(n+2)}$, $g(n)=2\{n+1-\sqrt{n(n+2)}\}$, $\alpha=1$이므로

$2f(\alpha)+g(\alpha)=2f(1)+g(1)=2\sqrt{3}+2(2-\sqrt{3})=4$

25 수열의 극한의 활용 - 직선 정답 ⑤ | 정답률 57%

문제 보기

좌표평면에서 자연수 n에 대하여 곡선 $y=(x-2n)^2$이 x축, y축과 만나는 점을 각각 P_n, Q_n이라 하자.
두 점 P_n, Q_n을 지나는 직선과 곡선 $y=(x-2n)^2$으로 둘러싸인 영역(경계선 포함)에 속하고 x좌표와 y좌표가 모두 자연수인 점의 개수를 a_n이라 하자. 다음은 $\lim_{n\to\infty}\frac{a_n}{n^3}$의 값을 구하는 과정이다.

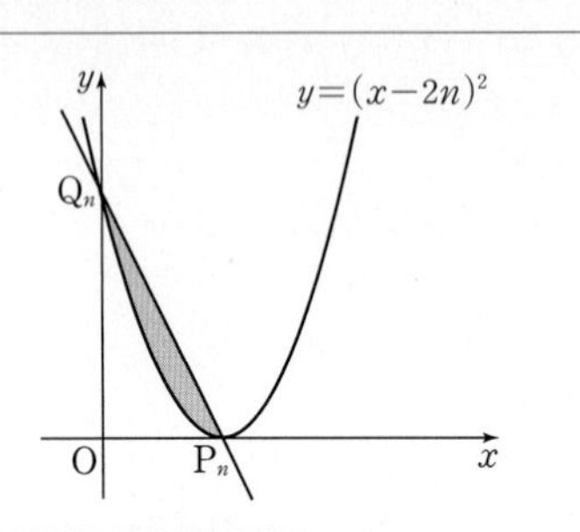

두 점 P_n, Q_n을 지나는 직선의 방정식은
└→ 두 점 P_n, Q_n의 좌표를 구한 후 직선의 방정식을 구한다.

$y=$ [(가)] $\times x+4n^2$

이다.
주어진 영역에 속하는 점 중에서 x좌표가 k (k는 $2n-1$ 이하의 자연수)이고 y좌표가 자연수인 점의 개수는 [(나)] $+2nk$이므로

$a_n=\sum_{k=1}^{2n-1}($ [(나)] $+2nk)$ → 수열의 합을 이용하여 a_n을 구한다.

이다.
따라서 $\lim_{n\to\infty}\frac{a_n}{n^3}=$ [(다)] 이다.

위의 (가), (나)에 알맞은 식을 각각 $f(n)$, $g(k)$라 하고, (다)에 알맞은 수를 p라 할 때, $p\times f(3)\times g(4)$의 값은? [4점]

① 100 ② 105 ③ 110 ④ 115 ⑤ 120

Step 1 (가)에 알맞은 식 구하기

$P_n(2n,\ 0)$, $Q_n(0,\ 4n^2)$이므로 직선 P_nQ_n의 방정식은

$y-4n^2=-\frac{4n^2}{2n}x$

$\therefore\ y=$ [(가) $-2n$] $\times x+4n^2$

Step 2 (나)에 알맞은 식 구하기

x좌표가 k (k는 $2n-1$ 이하의 자연수)일 때 영역에 속하는 점의 y좌표는 $(k-2n)^2$부터 $-2nk+4n^2$까지이므로 그 개수는
└→ $x=k$일 때의 직선 $y=-2nx+4n^2$의 y좌표야.
└→ $x=k$일 때의 곡선 $y=(x-2n)^2$의 y좌표야.

$-2nk+4n^2-(k-2n)^2+1=$ [(나) $-k^2+1$] $+2nk$
└→ $a<b$인 두 자연수 a, b에 대하여 a부터 b까지의 자연수의 개수는 $b-a+1$

Step 3 (다)에 알맞은 수 구하기

$\therefore\ a_n=\sum_{k=1}^{2n-1}($ [(나) $-k^2+1$] $+2nk)$

$=-\frac{(2n-1)\times 2n\times(4n-1)}{6}+(2n-1)+2n\times\frac{(2n-1)\times 2n}{2}$

$=-\frac{n(2n-1)(4n-1)}{3}+(2n-1)+2n^2(2n-1)$

$=(2n-1)\left\{-\frac{n(4n-1)}{3}+1+2n^2\right\}$

$=(2n-1)\left(\frac{2}{3}n^2+\frac{n}{3}+1\right)$

$\therefore\ \lim_{n\to\infty}\frac{a_n}{n^3}=\lim_{n\to\infty}\frac{(2n-1)\left(\frac{2}{3}n^2+\frac{n}{3}+1\right)}{n^3}$

$=\lim_{n\to\infty}\left(2-\frac{1}{n}\right)\left(\frac{2}{3}+\frac{1}{3n}+\frac{1}{n^2}\right)$

$=2\times\frac{2}{3}=$ [(다) $\frac{4}{3}$]

Step 4 $p\times f(3)\times g(4)$의 값 구하기

따라서 $f(n)=-2n$, $g(k)=-k^2+1$, $p=\frac{4}{3}$이므로

$p\times f(3)\times g(4)=\frac{4}{3}\times(-6)\times(-15)$

$=120$

26 수열의 극한의 대소 관계 정답 ④ | 정답률 90%

문제 보기

모든 항이 양수인 수열 $\{a_n\}$이 모든 자연수 n에 대하여 부등식

$$\sqrt{9n^2+4}<\sqrt{na_n}<3n+2 \quad \cdots *$$

를 만족시킬 때, $\lim_{n\to\infty}\frac{a_n}{n}$의 값은? [3점]

└ *을 $\square<\frac{a_n}{n}<\bigcirc$ 꼴로 변형한 후 수열의 극한의 대소 관계를 이용한다.

① 6 ② 7 ③ 8 ④ 9 ⑤ 10

Step 1 부등식 변형하기

$\sqrt{9n^2+4}<\sqrt{na_n}<3n+2$의 각 변을 제곱하면

$9n^2+4<na_n<9n^2+12n+4$

각 변을 n^2으로 나누면

$\frac{9n^2+4}{n^2}<\frac{a_n}{n}<\frac{9n^2+12n+4}{n^2}$

Step 2 극한값 구하기

$\lim_{n\to\infty}\frac{9n^2+4}{n^2}=9$, $\lim_{n\to\infty}\frac{9n^2+12n+4}{n^2}=9$이므로 수열의 극한의 대소 관계에 의하여

$\lim_{n\to\infty}\frac{a_n}{n}=9$

27 수열의 극한의 대소 관계 정답 ① | 정답률 94%

문제 보기

수열 $\{a_n\}$이 모든 자연수 n에 대하여

$$\frac{3n-1}{n^2+1}<a_n<\frac{3n+2}{n^2+1} \quad \cdots *$$

를 만족시킬 때, $\lim_{n\to\infty}na_n$의 값은? [2점]

└ *을 $\square<na_n<\bigcirc$ 꼴로 변형한 후 수열의 극한의 대소 관계를 이용한다.

① 3 ② 4 ③ 5 ④ 6 ⑤ 7

Step 1 부등식 변형하기

$\frac{3n-1}{n^2+1}<a_n<\frac{3n+2}{n^2+1}$의 각 변에 n을 곱하면

$\frac{3n^2-n}{n^2+1}<na_n<\frac{3n^2+2n}{n^2+1}$

Step 2 극한값 구하기

$\lim_{n\to\infty}\frac{3n^2-n}{n^2+1}=3$, $\lim_{n\to\infty}\frac{3n^2+2n}{n^2+1}=3$이므로 수열의 극한의 대소 관계에 의하여

$\lim_{n\to\infty}na_n=3$

28 수열의 극한의 대소 관계 정답 5 | 정답률 84%

문제 보기

수열 $\{a_n\}$이 모든 자연수 n에 대하여 부등식

$$\frac{10}{2n^2+3n}<a_n<\frac{10}{2n^2+n} \quad \cdots *$$

을 만족시킬 때, $\lim_{n\to\infty}n^2a_n$의 값을 구하시오. [3점]

└ *을 $\square<n^2a_n<\bigcirc$ 꼴로 변형한 후 수열의 극한의 대소 관계를 이용한다.

Step 1 부등식 변형하기

$\frac{10}{2n^2+3n}<a_n<\frac{10}{2n^2+n}$의 각 변에 n^2을 곱하면

$\frac{10n^2}{2n^2+3n}<n^2a_n<\frac{10n^2}{2n^2+n}$

Step 2 극한값 구하기

$\lim_{n\to\infty}\frac{10n^2}{2n^2+3n}=5$, $\lim_{n\to\infty}\frac{10n^2}{2n^2+n}=5$이므로 수열의 극한의 대소 관계에 의하여

$\lim_{n\to\infty}n^2a_n=5$

29 수열의 극한의 대소 관계 정답 ⑤ | 정답률 91%

문제 보기

수열 $\{a_n\}$이 모든 자연수 n에 대하여

$$2n+3<a_n<2n+4$$

└ $\square<\frac{a_n}{n}<\bigcirc$ 꼴로 변형한 후 수열의 극한의 대소 관계를 이용하여 $\lim_{n\to\infty}\frac{a_n}{n}$의 값을 구한다.

를 만족시킬 때, $\lim_{n\to\infty}\frac{(a_n+1)^2+6n^2}{na_n}$의 값은? [3점]

└ $\lim_{n\to\infty}\frac{a_n}{n}$을 이용할 수 있도록 식을 변형한다.

① 1 ② 2 ③ 3 ④ 4 ⑤ 5

Step 1 부등식 변형하기

$2n+3<a_n<2n+4$의 각 변을 n으로 나누면

$\frac{2n+3}{n}<\frac{a_n}{n}<\frac{2n+4}{n}$

Step 2 $\lim_{n\to\infty}\frac{a_n}{n}$의 값 구하기

$\lim_{n\to\infty}\frac{2n+3}{n}=2$, $\lim_{n\to\infty}\frac{2n+4}{n}=2$이므로 수열의 극한의 대소 관계에 의하여

$\lim_{n\to\infty}\frac{a_n}{n}=2$

Step 3 극한값 구하기

$$\therefore \lim_{n\to\infty}\frac{(a_n+1)^2+6n^2}{na_n}=\lim_{n\to\infty}\frac{\left(\frac{a_n}{n}+\frac{1}{n}\right)^2+6}{\frac{a_n}{n}}$$

$$=\frac{(2+0)^2+6}{2}=5$$

30 수열의 극한의 대소 관계 정답 ③ | 정답률 90%

문제 보기

모든 항이 양수인 수열 $\{a_n\}$이 모든 자연수 n에 대하여

$1+2\log_3 n<\log_3 a_n<1+2\log_3 (n+1)$ ⟶ *

을 만족시킬 때, $\lim_{n\to\infty}\frac{a_n}{n^2}$의 값은? [3점]

└→ *을 $\square<\frac{a_n}{n^2}<\bigcirc$ 꼴로 변형한 후 수열의 극한의 대소 관계를 이용한다.

① 1 ② 2 ③ 3 ④ 4 ⑤ 5

Step 1 부등식 변형하기

$1+2\log_3 n<\log_3 a_n<1+2\log_3 (n+1)$에서

$\log_3 3+\log_3 n^2<\log_3 a_n<\log_3 3+\log_3 (n+1)^2$

$\log_3 3n^2<\log_3 a_n<\log_3 3(n+1)^2$

$\therefore 3n^2<a_n<3(n+1)^2$ ⟶ $a>1$일 때, $\log_a M<\log_a N$이면 $M<N$

각 변을 n^2으로 나누면

$3<\frac{a_n}{n^2}<\frac{3(n+1)^2}{n^2}$

Step 2 극한값 구하기

$\lim_{n\to\infty}\frac{3(n+1)^2}{n^2}=3$이므로 수열의 극한의 대소 관계에 의하여

$\lim_{n\to\infty}\frac{a_n}{n^2}=3$

31 수열의 극한의 대소 관계 정답 ① | 정답률 68%

문제 보기

수열 $\{a_n\}$이 모든 자연수 n에 대하여

$a_n{}^2<4na_n+n-4n^2$ ⟶ *

을 만족시킬 때, $\lim_{n\to\infty}\frac{a_n+3n}{2n+4}$의 값은? [3점]

└→ *을 $\square<\frac{a_n+3n}{2n+4}<\bigcirc$ 꼴로 변형한 후 수열의 극한의 대소 관계를 이용한다.

① $\frac{5}{2}$ ② 3 ③ $\frac{7}{2}$ ④ 4 ⑤ $\frac{9}{2}$

Step 1 부등식 변형하기

$a_n{}^2<4na_n+n-4n^2$에서

$a_n{}^2-4na_n+4n^2<n$

$(a_n-2n)^2<n$

$-\sqrt{n}<a_n-2n<\sqrt{n}$

$5n-\sqrt{n}<a_n+3n<5n+\sqrt{n}$

각 변을 $2n+4$로 나누면

$\frac{5n-\sqrt{n}}{2n+4}<\frac{a_n+3n}{2n+4}<\frac{5n+\sqrt{n}}{2n+4}$

Step 2 극한값 구하기

$\lim_{n\to\infty}\frac{5n-\sqrt{n}}{2n+4}=\frac{5}{2}$, $\lim_{n\to\infty}\frac{5n+\sqrt{n}}{2n+4}=\frac{5}{2}$이므로 수열의 극한의 대소 관계에 의하여

$\lim_{n\to\infty}\frac{a_n+3n}{2n+4}=\frac{5}{2}$

32 수열의 극한의 대소 관계 정답 ② | 정답률 82%

문제 보기

수열 $\{a_n\}$이 모든 자연수 n에 대하여

$2n^2-3<a_n<2n^2+4$ ⟶ *

를 만족시킨다. 수열 $\{a_n\}$의 첫째항부터 제n항까지의 합을 S_n이라 할 때, $\lim_{n\to\infty}\frac{S_n}{n^3}$의 값은? [3점]

└→ *을 $\square<\frac{S_n}{n^3}<\bigcirc$ 꼴로 변형한 후 수열의 극한의 대소 관계를 이용한다.

① $\frac{1}{2}$ ② $\frac{2}{3}$ ③ $\frac{5}{6}$ ④ 1 ⑤ $\frac{7}{6}$

Step 1 부등식 변형하기

$2n^2-3<a_n<2n^2+4$에서

$\sum_{k=1}^{n}(2k^2-3)<S_n<\sum_{k=1}^{n}(2k^2+4)$

$2\times\frac{n(n+1)(2n+1)}{6}-3n<S_n<2\times\frac{n(n+1)(2n+1)}{6}+4n$

$\frac{2n^3+3n^2-8n}{3}<S_n<\frac{2n^3+3n^2+13n}{3}$

각 변을 n^3으로 나누면

$\frac{2n^3+3n^2-8n}{3n^3}<\frac{S_n}{n^3}<\frac{2n^3+3n^2+13n}{3n^3}$

Step 2 극한값 구하기

$\lim_{n\to\infty}\frac{2n^3+3n^2-8n}{3n^3}=\frac{2}{3}$, $\lim_{n\to\infty}\frac{2n^3+3n^2+13n}{3n^3}=\frac{2}{3}$이므로 수열의 극한의 대소 관계에 의하여

$\lim_{n\to\infty}\frac{S_n}{n^3}=\frac{2}{3}$

33 수열의 극한의 대소 관계 정답 ⑤ | 정답률 76%

문제 보기

수열 $\{a_n\}$에 대하여 곡선 $y=x^2-(n+1)x+a_n$은 x축과 만나고, 곡선 $y=x^2-nx+a_n$은 x축과 만나지 않는다. $\lim_{n\to\infty}\frac{a_n}{n^2}$의 값은? [3점]

└ 곡선의 방정식과 직선의 방정식을 연립하여 얻은 이차방정식의 판별식을 이용하여 a_n에 대한 부등식을 세운다.

① $\frac{1}{20}$ ② $\frac{1}{10}$ ③ $\frac{3}{20}$ ④ $\frac{1}{5}$ ⑤ $\frac{1}{4}$

Step 1 a_n에 대한 부등식 세우기

이차방정식 $x^2-(n+1)x+a_n=0$의 판별식을 D_1이라 하면

$D_1=(n+1)^2-4a_n\geq 0$

$\therefore a_n\leq\frac{(n+1)^2}{4}$ …… ㉠

이차방정식 $x^2-nx+a_n=0$의 판별식을 D_2라 하면

$D_2=n^2-4a_n<0$

$\therefore a_n>\frac{n^2}{4}$ …… ㉡

㉠, ㉡에서 $\frac{n^2}{4}<a_n\leq\frac{(n+1)^2}{4}$

Step 2 부등식 변형하기

각 변을 n^2으로 나누면

$\frac{1}{4}<\frac{a_n}{n^2}\leq\frac{(n+1)^2}{4n^2}$

Step 3 극한값 구하기

$\lim_{n\to\infty}\frac{(n+1)^2}{4n^2}=\frac{1}{4}$이므로 수열의 극한의 대소 관계에 의하여

$\lim_{n\to\infty}\frac{a_n}{n^2}=\frac{1}{4}$

34 수열의 극한의 대소 관계 정답 ④ | 정답률 62%

문제 보기

자연수 n에 대하여 직선 $y=n$과 함수 $y=\tan x$의 그래프가 제1사분면에서 만나는 점의 x좌표를 작은 수부터 크기순으로 나열할 때, n번째 수를 a_n이라 하자. $\lim_{n\to\infty}\frac{a_n}{n}$의 값은? [4점]

└ 탄젠트 함수의 대칭성을 이용하여 a_n에 대한 부등식을 세운다.

① $\frac{\pi}{4}$ ② $\frac{\pi}{2}$ ③ $\frac{3}{4}\pi$ ④ π ⑤ $\frac{5}{4}\pi$

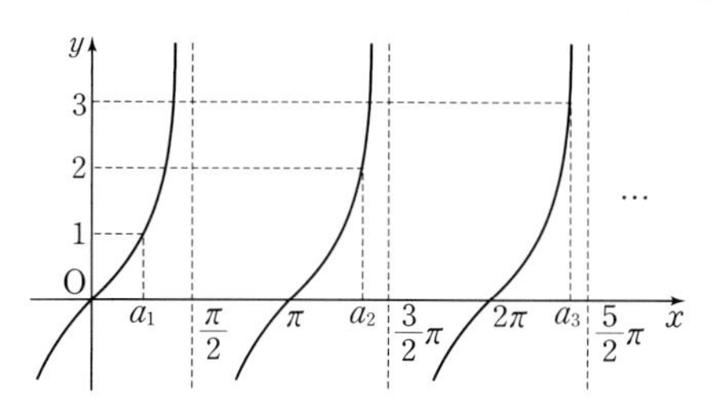

Step 1 a_n에 대한 부등식 세우기

$0<x<\frac{\pi}{2}$일 때, $\tan x=1$에서 $x=\frac{\pi}{4}$

$\therefore a_1=\frac{\pi}{4}$

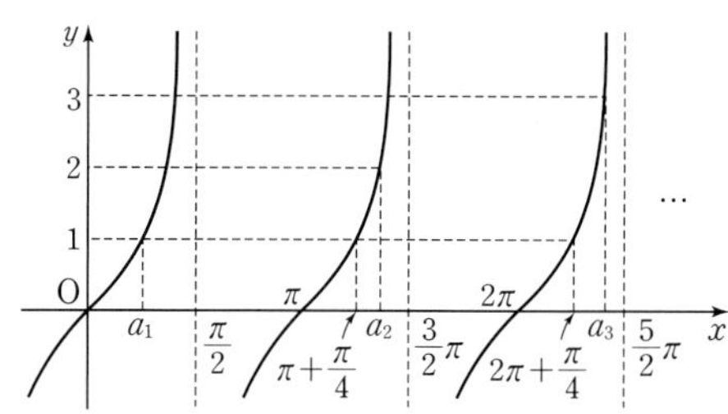

위의 그래프에서 a_2, a_3, …의 값의 범위를 구하면

$\pi+\frac{\pi}{4}<a_2<\frac{3}{2}\pi$, $2\pi+\frac{\pi}{4}<a_3<\frac{5}{2}\pi$, …

같은 방법으로 하면

$(n-1)\pi+\frac{\pi}{4}<a_n<\frac{2n-1}{2}\pi$

$\therefore \frac{4n-3}{4}\pi<a_n<\frac{2n-1}{2}\pi$

Step 2 부등식 변형하기

각 변을 n으로 나누면

$\frac{4n-3}{4n}\pi<\frac{a_n}{n}<\frac{2n-1}{2n}\pi$

Step 3 극한값 구하기

$\lim_{n\to\infty}\frac{4n-3}{4n}\pi=\pi$, $\lim_{n\to\infty}\frac{2n-1}{2n}\pi=\pi$이므로 수열의 극한의 대소 관계에 의하여

$\lim_{n\to\infty}\frac{a_n}{n}=\pi$

35 수열의 극한의 활용 – 선분의 길이

정답 270 | 정답률 12%

문제 보기

자연수 n에 대하여 함수 $f(x)$를

$$f(x)=\frac{4}{n^3}x^3+1$$

이라 하자. 원점에서 곡선 $y=f(x)$에 그은 접선을 l_n, 접선 l_n의 접점을
└→ 미분을 이용하여 점 P_n의 좌표를 구한다.

P_n이라 하자. x축과 직선 l_n에 동시에 접하고 점 P_n을 지나는 원 중 중심의 x좌표가 양수인 것을 C_n이라 하자. 원 C_n의 반지름의 길이를 r_n
└→ 원의 중심과 접선 사이의 관계, 원 밖의 한 점에서 원에 그은 두 접선의 길이가 같음을 이용하여 r_n의 값을 구한다.

이라 할 때, $40\times\lim_{n\to\infty}n^2(4r_n-3)$의 값을 구하시오. [4점]

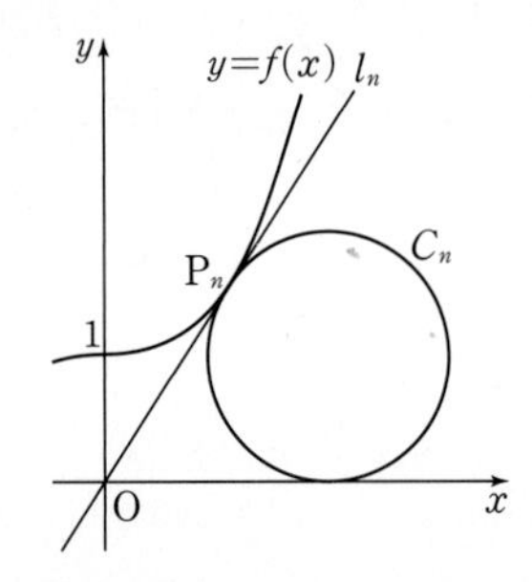

Step 1 $\overline{OP_n}$의 길이 구하기

$f(x)=\frac{4}{n^3}x^3+1$에서 $f'(x)=\frac{12}{n^3}x^2$

양의 실수 t에 대하여 점 P_n의 좌표를 $(t,\ f(t))$라 하면 직선 l_n의 기울기 $\frac{f(t)}{t}$는 $f(t)$의 $x=t$에서의 순간변화율, 즉 $f'(t)$와 같으므로

$f'(t)=\frac{f(t)}{t}$에서

$$\frac{12t^2}{n^3}=\frac{\frac{4t^3}{n^3}+1}{t}$$

$$\frac{12t^3}{n^3}=\frac{4t^3}{n^3}+1,\ \frac{8t^3}{n^3}=1$$

$$t^3=\frac{n^3}{8}\qquad\therefore\ t=\frac{n}{2}$$

$f\left(\frac{n}{2}\right)=\frac{4}{n^3}\times\left(\frac{n}{2}\right)^3+1=\frac{3}{2}$이므로 $P_n\left(\frac{n}{2},\ \frac{3}{2}\right)$

$$\therefore\ \overline{OP_n}=\sqrt{\left(\frac{n}{2}\right)^2+\left(\frac{3}{2}\right)^2}=\frac{\sqrt{n^2+9}}{2}$$

Step 2 $4r_n-3$의 값 구하기

원 C_n의 중심을 M_n이라 하면 원 밖의 한 점에서 원에 그은 두 접선의 길이는 같으므로 점 M_n의 x좌표는 $\overline{OP_n}$의 길이, 즉 $\frac{\sqrt{n^2+9}}{2}$이고, y좌표는 원의 반지름의 길이와 같으므로 r_n이다.

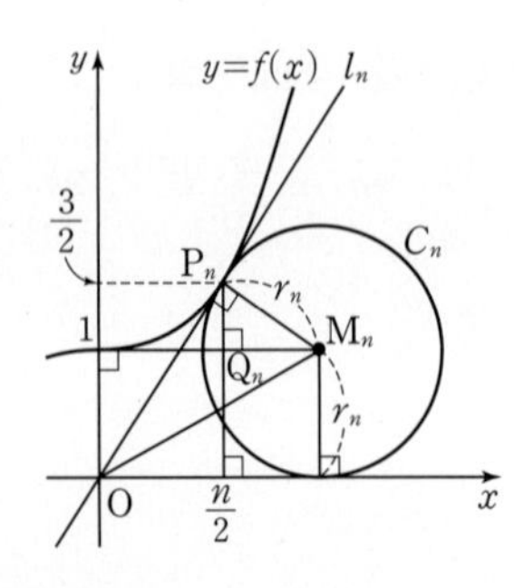

이때 $\overline{M_nP_n}=r_n$이고, 점 P_n에서 x축에 내린 수선과 점 M_n에서 y축에 내린 수선이 만나는 점을 Q_n이라 하면

$\angle P_nQ_nM_n=90°$이므로 직각삼각형 $P_nQ_nM_n$에서

$$\left(\frac{\sqrt{n^2+9}}{2}-\frac{n}{2}\right)^2+\left(\frac{3}{2}-r_n\right)^2=r_n^2$$

$$\frac{1}{4}(\sqrt{n^2+9}-n)^2-3r_n+\frac{9}{4}=0,\ 12r_n-9=(\sqrt{n^2+9}-n)^2$$

$$\therefore\ 4r_n-3=\frac{1}{3}(\sqrt{n^2+9}-n)^2$$

Step 3 극한값 구하기

$$\begin{aligned}\therefore\ 40\times\lim_{n\to\infty}n^2(4r_n-3)&=40\times\lim_{n\to\infty}\left\{n^2\times\frac{1}{3}(\sqrt{n^2+9}-n)^2\right\}\\&=\frac{40}{3}\times\lim_{n\to\infty}\left\{n^2\times\left(\frac{9}{\sqrt{n^2+9}+n}\right)^2\right\}\\&=\frac{40}{3}\times81\times\lim_{n\to\infty}\left(\frac{n}{\sqrt{n^2+9}+n}\right)^2\\&=\frac{40}{3}\times81\times\left(\frac{1}{1+1}\right)^2\\&=270\end{aligned}$$

다른 풀이

$P_n\left(\frac{n}{2},\ \frac{3}{2}\right)$이므로 직선 l_n의 방정식은 $y=\frac{3}{n}x$이다.

원 C_n의 중심을 M_n, 두 점 P_n, M_n에서 x축에 내린 수선의 발을 각각 Q_n, R_n이라 하고 점 M_n에서 선분 P_nQ_n에 내린 수선의 발을 H_n이라 하자.

$\angle M_nP_nO=\angle OQ_nP_n=\frac{\pi}{2}$이므로

$\angle P_nOQ_n=\frac{\pi}{2}-\angle OP_nQ_n=\angle M_nP_nH_n$

$\overline{OP_n}=\sqrt{\left(\frac{n}{2}\right)^2+\left(\frac{3}{2}\right)^2}=\frac{\sqrt{n^2+9}}{2}$이고,

$\angle P_nOQ_n=\theta$라 하면

$$\cos\theta=\frac{\overline{OQ_n}}{\overline{OP_n}}=\frac{\frac{n}{2}}{\frac{\sqrt{n^2+9}}{2}}=\frac{n}{\sqrt{n^2+9}}$$

$\overline{P_nM_n}=\overline{M_nR_n}=\overline{H_nQ_n}=r_n$, $\overline{P_nQ_n}=\frac{3}{2}$이므로

$\overline{P_nQ_n}=\overline{P_nH_n}+\overline{H_nQ_n}=r_n\times\cos\theta+r_n=\frac{3}{2}$

$$\begin{aligned}\therefore\ r_n&=\frac{3}{2(1+\cos\theta)}=\frac{3}{2\left(1+\frac{n}{\sqrt{n^2+9}}\right)}\\&=\frac{3}{\frac{2(\sqrt{n^2+9}+n)}{\sqrt{n^2+9}}}=\frac{3\sqrt{n^2+9}}{2(\sqrt{n^2+9}+n)}\end{aligned}$$

$$\begin{aligned}\therefore\ \lim_{n\to\infty}n^2(4r_n-3)&=\lim_{n\to\infty}\left\{n^2\times\left(\frac{6\sqrt{n^2+9}}{\sqrt{n^2+9}+n}-3\right)\right\}\\&=\lim_{n\to\infty}n^2\left(\frac{3\sqrt{n^2+9}-3n}{\sqrt{n^2+9}+n}\right)\\&=\lim_{n\to\infty}\frac{3n^2(\sqrt{n^2+9}-n)(\sqrt{n^2+9}+n)}{(\sqrt{n^2+9}+n)^2}\\&=\lim_{n\to\infty}\frac{27n^2}{(\sqrt{n^2+9}+n)^2}\\&=\lim_{n\to\infty}\frac{27}{\left(\sqrt{1+\frac{9}{n^2}}+1\right)^2}\\&=\frac{27}{(1+1)^2}=\frac{27}{4}\end{aligned}$$

$$\therefore\ 40\times\lim_{n\to\infty}n^2(4r_n-3)=40\times\frac{27}{4}=270$$

36 수열의 극한의 활용 – 넓이 정답 80 | 정답률 12%

문제 보기

그림과 같이 자연수 n에 대하여 곡선

$$T_n : y=\frac{\sqrt{3}}{n+1}x^2\ (x\geq 0)$$

위에 있고 원점 O와의 거리가 $2n+2$인 점을 P_n이라 하고, 점 P_n에서 x축에 내린 수선의 발을 H_n이라 하자.

중심이 P_n이고 점 H_n을 지나는 원을 C_n이라 할 때, 곡선 T_n과 원 C_n의 교점 중 원점에 가까운 점을 Q_n, 원점에서 원 C_n에 그은 두 접선의 접점 중 H_n이 아닌 점을 R_n이라 하자.

점 R_n을 포함하지 않는 호 Q_nH_n과 선분 P_nH_n, 곡선 T_n으로 둘러싸인 부분의 넓이를 $f(n)$, 점 H_n을 포함하지 않는 호 R_nQ_n과 선분 OR_n, 곡선 T_n으로 둘러싸인 부분의 넓이를 $g(n)$이라 할 때,

└→ $f(n)-g(n)=$(곡선 T_n과 x축 및 선분 P_nH_n으로 둘러싸인 부분의 넓이) $-$(호 R_nH_n과 두 선분 OR_n, OH_n으로 둘러싸인 부분의 넓이) 임을 이용한다.

$\lim_{n\to\infty}\frac{f(n)-g(n)}{n^2}=\frac{\pi}{2}+k$이다. $60k^2$의 값을 구하시오.

(단, k는 상수이다.) [4점]

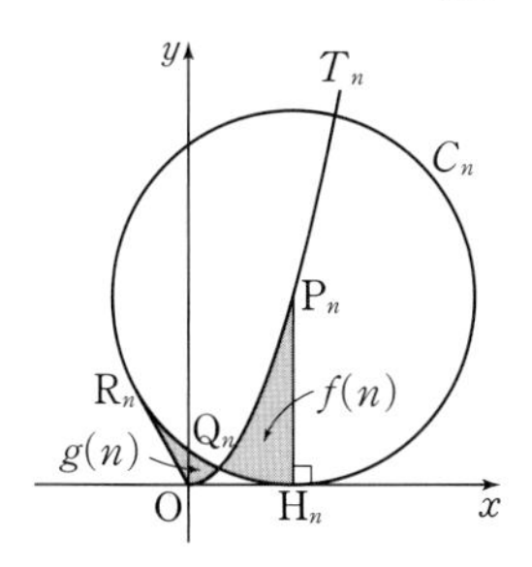

Step 1 점 P_n의 좌표 구하기

점 P_n의 x좌표를 t라 하면

$P_n\left(t, \frac{\sqrt{3}t^2}{n+1}\right)$, $H_n(t, 0)$

$\overline{OP_n}=2n+2$이므로

$$\sqrt{t^2+\left(\frac{\sqrt{3}t^2}{n+1}\right)^2}=2n+2$$

양변을 제곱하면

$$t^2+\frac{3t^4}{(n+1)^2}=4(n+1)^2$$

$$3t^4+(n+1)^2t^2-4(n+1)^4=0$$

$$\{3t^2+4(n+1)^2\}\{t^2-(n+1)^2\}=0$$

$\therefore t^2=(n+1)^2$ ($\because$ t는 실수)

이때 $t>0$이고 n은 자연수이므로

$t=n+1$

$\therefore P_n(n+1, \sqrt{3}(n+1))$

Step 2 $f(n)-g(n)$ 구하기

$\overline{OH_n}=n+1$, $\overline{P_nH_n}=\sqrt{3}(n+1)$이므로 직각삼각형 P_nOH_n에서

$\overline{OH_n} : \overline{P_nH_n}=1 : \sqrt{3}$

따라서 $\angle P_nOH_n=\frac{\pi}{3}$이므로

$$\angle H_nP_nO=\frac{\pi}{2}-\frac{\pi}{3}=\frac{\pi}{6}$$

$\overline{OR_n}=\overline{OH_n}$, $\angle OR_nP_n=\angle OH_nP_n=\frac{\pi}{2}$, $\overline{OP_n}$은 공통이므로

$\triangle OR_nP_n\equiv\triangle OH_nP_n$ (RHS 합동)

$\therefore \angle H_nP_nR_n=2\angle H_nP_nO=2\times\frac{\pi}{6}=\frac{\pi}{3}$

점 R_n을 포함하지 않는 호 Q_nH_n과 선분 OH_n, 곡선 T_n으로 둘러싸인 부분의 넓이를 $h(n)$이라 하자.

곡선 T_n과 x축 및 선분 P_nH_n으로 둘러싸인 부분의 넓이는 $f(n)+h(n)$이므로

$$f(n)+h(n)=\int_0^{n+1}\frac{\sqrt{3}}{n+1}x^2dx$$
$$=\left[\frac{\sqrt{3}}{3(n+1)}x^3\right]_0^{n+1}$$
$$=\frac{\sqrt{3}}{3}(n+1)^2 \quad \cdots\cdots ㉠$$

점 Q_n을 포함하는 호 R_nH_n과 두 선분 OR_n, OH_n으로 둘러싸인 부분의 넓이는 $g(n)+h(n)$이므로

$g(n)+h(n)$

$=2\triangle OH_nP_n-$(부채꼴 $P_nR_nH_n$의 넓이)

$$=2\times\frac{1}{2}\times\overline{OH_n}\times\overline{P_nH_n}-\frac{1}{2}\times\overline{P_nH_n}^2\times\frac{\pi}{3}$$

$$=2\times\frac{1}{2}\times(n+1)\times\sqrt{3}(n+1)-\frac{1}{2}\times\{\sqrt{3}(n+1)\}^2\times\frac{\pi}{3}$$

$$=\sqrt{3}(n+1)^2-\frac{\pi}{2}(n+1)^2$$

$$=\left(\sqrt{3}-\frac{\pi}{2}\right)(n+1)^2 \quad \cdots\cdots ㉡$$

㉠$-$㉡을 하면

$$f(n)-g(n)=\left(\frac{\pi}{2}-\frac{2\sqrt{3}}{3}\right)(n+1)^2$$

Step 3 $\lim_{n\to\infty}\frac{f(n)-g(n)}{n^2}$의 값 구하기

$$\therefore \lim_{n\to\infty}\frac{f(n)-g(n)}{n^2}=\lim_{n\to\infty}\frac{\left(\frac{\pi}{2}-\frac{2\sqrt{3}}{3}\right)(n+1)^2}{n^2}$$
$$=\lim_{n\to\infty}\left(\frac{\pi}{2}-\frac{2\sqrt{3}}{3}\right)\left(1+\frac{1}{n}\right)^2$$
$$=\frac{\pi}{2}-\frac{2\sqrt{3}}{3}$$

Step 4 $60k^2$의 값 구하기

따라서 $k=-\frac{2\sqrt{3}}{3}$이므로

$$60k^2=60\times\left(-\frac{2\sqrt{3}}{3}\right)^2=80$$

37 수열의 극한의 활용 – 좌표 정답 5 | 정답률 18%

문제 보기

자연수 n에 대하여 삼차함수 $f(x)=x(x-n)(x-3n^2)$이 극대가 되는 x를 a_n이라 하자. x에 대한 방정식 $f(x)=f(a_n)$의 근 중에서 a_n이 아닌 근을 b_n이라 할 때, $\lim_{n\to\infty}\frac{a_nb_n}{n^3}=\frac{q}{p}$이다. $p+q$의 값을 구하시오.

└→ a_n을 구한다.
└→ 방정식을 a_n, b_n을 이용하여 나타낸다.
└→ $\frac{a_nb_n}{n^3}$을 a_n과 n을 이용하여 나타낸다.

(단, p와 q는 서로소인 자연수이다.) [4점]

Step 1 a_n 구하기

$f(x)=x(x-n)(x-3n^2)=x^3-(3n^2+n)x^2+3n^3x$에서

$f'(x)=3x^2-2(3n^2+n)x+3n^3$

$f'(x)=0$인 x의 값은

$x=\frac{3n^2+n-\sqrt{9n^4-3n^3+n^2}}{3}$ 또는 $x=\frac{3n^2+n+\sqrt{9n^4-3n^3+n^2}}{3}$

함수 $f(x)$는 최고차항의 계수가 1인 삼차함수이므로

$x=\frac{3n^2+n-\sqrt{9n^4-3n^3+n^2}}{3}$에서 극댓값을 갖는다.

└→ * (* 의 좌우에서 $f'(x)$의 부호가 양에서 음으로 바뀌므로 극댓값을 가져.)

$\therefore a_n=\frac{3n^2+n-\sqrt{9n^4-3n^3+n^2}}{3}$

Step 2 $\lim_{n\to\infty}\frac{a_n}{n}$의 값 구하기

$$\begin{aligned}\therefore \lim_{n\to\infty}\frac{a_n}{n}&=\lim_{n\to\infty}\frac{3n^2+n-\sqrt{9n^4-3n^3+n^2}}{3n}\\&=\lim_{n\to\infty}\frac{(3n^2+n-\sqrt{9n^4-3n^3+n^2})(3n^2+n+\sqrt{9n^4-3n^3+n^2})}{3n(3n^2+n+\sqrt{9n^4-3n^3+n^2})}\\&=\lim_{n\to\infty}\frac{9n^4+6n^3+n^2-(9n^4-3n^3+n^2)}{3n(3n^2+n+\sqrt{9n^4-3n^3+n^2})}\\&=\lim_{n\to\infty}\frac{9n^3}{3n^2(3n+1+\sqrt{9n^2-3n+1})}\\&=\lim_{n\to\infty}\frac{3n}{3n+1+\sqrt{9n^2-3n+1}}\\&=\lim_{n\to\infty}\frac{3}{3+\frac{1}{n}+\sqrt{9-\frac{3}{n}+\frac{1}{n^2}}}\\&=\frac{3}{3+3}=\frac{1}{2}\end{aligned}$$

Step 3 $\frac{a_nb_n}{n^3}$을 a_n과 n을 이용하여 나타내기

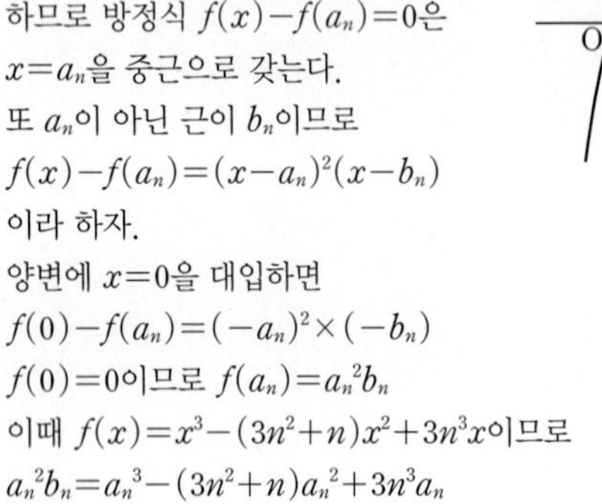

오른쪽 그림과 같이 곡선 $y=f(x)$와 직선 $y=f(a_n)$이 $x=a_n$인 점에서 접하므로 방정식 $f(x)-f(a_n)=0$은 $x=a_n$을 중근으로 갖는다.

또 a_n이 아닌 근이 b_n이므로

$f(x)-f(a_n)=(x-a_n)^2(x-b_n)$

이라 하자.

양변에 $x=0$을 대입하면

$f(0)-f(a_n)=(-a_n)^2\times(-b_n)$

$f(0)=0$이므로 $f(a_n)=a_n^2b_n$

이때 $f(x)=x^3-(3n^2+n)x^2+3n^3x$이므로

$a_n^2b_n=a_n^3-(3n^2+n)a_n^2+3n^3a_n$

양변을 n^3a_n으로 나누면

$\frac{a_nb_n}{n^3}=\frac{a_n^2-(3n^2+n)a_n+3n^3}{n^3}$

Step 4 $\lim_{n\to\infty}\frac{a_nb_n}{n^3}$의 값 구하기

$\lim_{n\to\infty}\frac{a_n}{n}=\frac{1}{2}$이므로

$$\begin{aligned}\lim_{n\to\infty}\frac{a_nb_n}{n^3}&=\lim_{n\to\infty}\frac{a_n^2-(3n^2+n)a_n+3n^3}{n^3}\\&=\lim_{n\to\infty}\left\{\frac{1}{n}\times\left(\frac{a_n}{n}\right)^2-\frac{3n^2+n}{n^2}\times\frac{a_n}{n}+3\right\}\\&=0-3\times\frac{1}{2}+3=\frac{3}{2}\end{aligned}$$

Step 5 $p+q$의 값 구하기

따라서 $p=2$, $q=3$이므로

$p+q=5$

38 수열의 극한의 활용 – 직선 정답 12 | 정답률 22%

문제 보기

자연수 n에 대하여 곡선 $y=x^2$ 위의 점 $P_n(2n,\ 4n^2)$에서의 접선과 수직이고 점 $Q_n(0,\ 2n^2)$을 지나는 직선을 l_n이라 하자. 점 P_n을 지나고 점 Q_n에서 직선 l_n과 접하는 원을 C_n이라 할 때, 원점을 지나고 원 C_n의 넓이를 이등분하는 직선의 기울기를 a_n이라 하자. $\lim_{n\to\infty}\frac{a_n}{n}$의 값을 구하시오. [4점]

└ 점 Q_n을 지나면서 직선 l_n에 수직인 직선과 선분 P_nQ_n을 수직이등분하는 직선의 교점이 원 C_n의 중심임을 이용하여 a_n을 구한다.

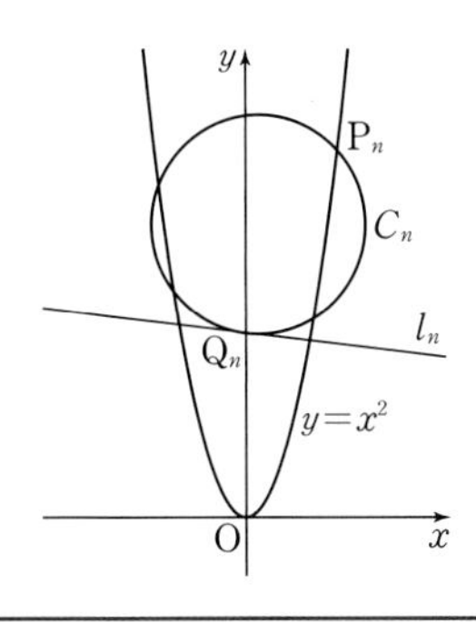

Step 1 점 Q_n을 지나면서 직선 l_n에 수직인 직선의 방정식 구하기

오른쪽 그림과 같이 점 $Q_n(0,\ 2n^2)$을 지나면서 직선 l_n에 수직인 직선을 m_n이라 하면 원 C_n의 중심은 직선 m_n 위에 있다.
직선 l_n은 곡선 $y=x^2$ 위의 점 P_n에서의 접선과 수직이므로 직선 m_n은 이 접선과 평행하다.

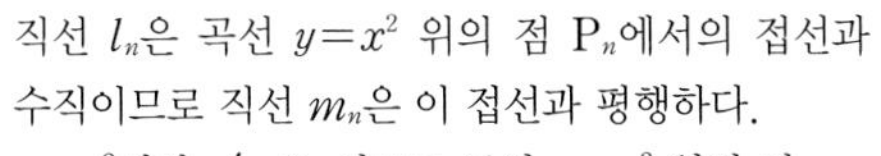

$y=x^2$에서 $y'=2x$이므로 곡선 $y=x^2$ 위의 점 $P_n(2n,\ 4n^2)$에서의 접선의 기울기는

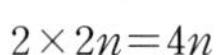

$2\times 2n=4n$

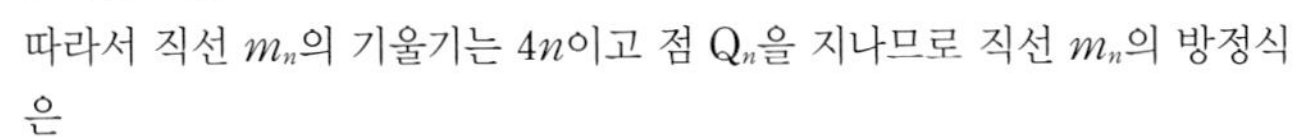

따라서 직선 m_n의 기울기는 $4n$이고 점 Q_n을 지나므로 직선 m_n의 방정식은

$y=4nx+2n^2$

Step 2 선분 P_nQ_n을 수직이등분하는 직선의 방정식 구하기

선분 P_nQ_n을 수직이등분하는 직선을 k_n이라 하면 원 C_n의 중심은 직선 k_n 위에 있다.
직선 P_nQ_n의 기울기는 $\frac{4n^2-2n^2}{2n-0}=n$이고
직선 k_n은 직선 P_nQ_n과 수직이므로
직선 k_n의 기울기는 $-\frac{1}{n}$
선분 P_nQ_n의 중점의 좌표는

$\left(\frac{2n+0}{2},\ \frac{4n^2+2n^2}{2}\right)\qquad \therefore (n,\ 3n^2)$

따라서 직선 k_n의 방정식은

$y-3n^2=-\frac{1}{n}(x-n)\qquad \therefore y=-\frac{1}{n}x+3n^2+1$

Step 3 a_n 구하기

원 C_n의 중심의 좌표를 $(x_n,\ y_n)$이라 하면 원 C_n의 중심은 두 직선 m_n, k_n의 교점과 같다.

$4nx_n+2n^2=-\frac{1}{n}x_n+3n^2+1$에서

$\left(4n+\frac{1}{n}\right)x_n=n^2+1\qquad \therefore x_n=\frac{n^3+n}{4n^2+1}$

$\therefore y_n=4n\times\frac{n^3+n}{4n^2+1}+2n^2=\frac{12n^4+6n^2}{4n^2+1}$

원 C_n의 넓이를 이등분하는 직선은 원 C_n의 중심을 지나므로 원점과 점 $(x_n,\ y_n)$을 지나는 직선의 기울기 a_n은

$$a_n=\frac{y_n}{x_n}=\frac{\frac{12n^4+6n^2}{4n^2+1}}{\frac{n^3+n}{4n^2+1}}=\frac{12n^3+6n}{n^2+1}$$

Step 4 극한값 구하기

$$\therefore \lim_{n\to\infty}\frac{a_n}{n}=\lim_{n\to\infty}\frac{12n^3+6n}{n^3+n}=\lim_{n\to\infty}\frac{12+\frac{6}{n^2}}{1+\frac{1}{n^2}}=12$$

2 일차

3 일차

01 ⑤	02 ①	03 ②	04 ①	05 ⑤	06 ⑤	07 ⑤	08 ①	09 ②	10 ③	11 ⑤	12 ⑤
13 ②	14 ②	15 ②	16 ⑤	17 ④	18 ④	19 ②	20 4	21 ②	22 ③	23 ②	24 ①
25 ④	26 ④	27 ④	28 33	29 18	30 ④	31 ④	32 ③	33 ②	34 ⑤	35 63	36 28
37 16	38 ③	39 ③	40 ②	41 ④	42 ③	43 192	44 25	45 13	46 84	47 ⑤	48 9

문제편 037쪽~049쪽

01 등비수열의 수렴 조건 정답 ⑤ | 정답률 66%

문제 보기

수열 $\left\{\left(\frac{2x-1}{5}\right)^n\right\}$이 수렴하도록 하는 모든 정수 x의 값의 합은? [3점]

└ 등비수열의 수렴 조건을 이용하여 x의 값의 범위를 구한다.

① 1 ② 2 ③ 3 ④ 4 ⑤ 5

Step 1 x의 값의 범위 구하기

수열 $\left\{\left(\frac{2x-1}{5}\right)^n\right\}$이 수렴하려면

$-1<\frac{2x-1}{5}\le 1$, $-5<2x-1\le 5$

$-4<2x\le 6$ $\quad\therefore -2<x\le 3$

Step 2 모든 정수 x의 값의 합 구하기

따라서 정수 x의 값은 -1, 0, 1, 2, 3이므로 모든 x의 값의 합은

$-1+0+1+2+3=5$

02 등비수열의 수렴 조건 정답 ① | 정답률 90%

문제 보기

수열 $\{a_n\}$의 일반항이

$a_n=\left(\frac{x^2-4x}{5}\right)^n$ → 등비수열의 수렴 조건을 이용하여 x의 값의 범위를 구한다.

일 때, 수열 $\{a_n\}$이 수렴하도록 하는 모든 정수 x의 개수는? [3점]

① 7 ② 8 ③ 9 ④ 10 ⑤ 11

Step 1 x의 값의 범위 구하기

$a_n=\left(\frac{x^2-4x}{5}\right)^n$이므로 수열 $\{a_n\}$이 수렴하려면

$-1<\frac{x^2-4x}{5}\le 1$ $\quad\therefore -5<x^2-4x\le 5$

(i) $x^2-4x+5>0$일 때

$(x-2)^2+1>0$이므로 모든 실수 x에 대하여 성립한다.

(ii) $x^2-4x-5\le 0$일 때

$(x+1)(x-5)\le 0$ $\quad\therefore -1\le x\le 5$

(i), (ii)에서 $-1\le x\le 5$

Step 2 정수 x의 개수 구하기

따라서 정수 x는 -1, 0, 1, 2, 3, 4, 5의 7개이다.

03 등비수열의 수렴 조건 정답 ② | 정답률 67%

문제 보기

수열 $\left\{\frac{(4x-1)^n}{2^{3n}+3^{2n}}\right\}$이 수렴하도록 하는 모든 정수 x의 개수는? [3점]

└ 등비수열의 수렴 조건을 이용하여 x의 값의 범위를 구한다.

① 2 ② 4 ③ 6 ④ 8 ⑤ 10

Step 1 수렴하기 위한 조건 구하기

수열 $\left\{\frac{(4x-1)^n}{2^{3n}+3^{2n}}\right\}$의 일반항은

$$\frac{(4x-1)^n}{2^{3n}+3^{2n}}=\frac{(4x-1)^n}{8^n+9^n}=\frac{\left(\frac{4x-1}{9}\right)^n}{\left(\frac{8}{9}\right)^n+1}$$

$\lim_{n\to\infty}\left(\frac{8}{9}\right)^n=0$이므로 주어진 수열이 수렴하려면 등비수열 $\left\{\left(\frac{4x-1}{9}\right)^n\right\}$이 수렴해야 한다.

Step 2 x의 값의 범위 구하기

$-1<\frac{4x-1}{9}\le 1$이어야 하므로

$-9<4x-1\le 9$, $-8<4x\le 10$

$\therefore -2<x\le\frac{5}{2}$

Step 3 정수 x의 개수 구하기

따라서 정수 x는 -1, 0, 1, 2의 4개이다.

04 등비수열의 극한의 계산 정답 ① | 정답률 92%

문제 보기

$\lim_{n\to\infty}\frac{2^{n+1}+3^{n-1}}{2^n-3^n}$의 값은? [2점]

└ 3^n으로 분모와 분자를 각각 나눈다.

① $-\frac{1}{3}$ ② $-\frac{1}{6}$ ③ 0 ④ $\frac{1}{6}$ ⑤ $\frac{1}{3}$

Step 1 극한값 구하기

$$\lim_{n\to\infty}\frac{2^{n+1}+3^{n-1}}{2^n-3^n}=\lim_{n\to\infty}\frac{2\times\left(\frac{2}{3}\right)^n+\frac{1}{3}}{\left(\frac{2}{3}\right)^n-1}=-\frac{1}{3}$$

05 등비수열의 극한의 계산 정답 ⑤ | 정답률 80%

문제 보기

$\lim_{n\to\infty}\left(2+\frac{1}{3^n}\right)\left(a+\frac{1}{2^n}\right)=10$일 때, 상수 a의 값은? [3점]

└ $\lim_{n\to\infty}\frac{1}{3^n}=0$, $\lim_{n\to\infty}\frac{1}{2^n}=0$임을 이용한다.

① 1 ② 2 ③ 3 ④ 4 ⑤ 5

Step 1 극한값을 a를 이용하여 나타내기

$\lim_{n\to\infty}\frac{1}{3^n}=0$, $\lim_{n\to\infty}\frac{1}{2^n}=0$이므로 $\lim_{n\to\infty}\left(2+\frac{1}{3^n}\right)\left(a+\frac{1}{2^n}\right)=2a$

Step 2 a의 값 구하기

따라서 $2a=10$이므로 $a=5$

06 등비수열의 극한의 계산 정답 ⑤ | 정답률 91%

문제 보기

$\lim_{n\to\infty}\frac{a+\left(\frac{1}{4}\right)^n}{5+\left(\frac{1}{2}\right)^n}=3$일 때, 상수 a의 값은? [3점]

→ $\lim_{n\to\infty}\left(\frac{1}{4}\right)^n=0$, $\lim_{n\to\infty}\left(\frac{1}{2}\right)^n=0$임을 이용한다.

① 11 ② 12 ③ 13 ④ 14 ⑤ 15

Step 1 극한값을 a를 이용하여 나타내기

$\lim_{n\to\infty}\left(\frac{1}{4}\right)^n=0$, $\lim_{n\to\infty}\left(\frac{1}{2}\right)^n=0$이므로 $\lim_{n\to\infty}\frac{a+\left(\frac{1}{4}\right)^n}{5+\left(\frac{1}{2}\right)^n}=\frac{a}{5}$

Step 2 a의 값 구하기

따라서 $\frac{a}{5}=3$이므로 $a=15$

07 등비수열의 극한의 계산 정답 ⑤ | 정답률 91%

문제 보기

$\lim_{n\to\infty}\frac{4\times3^{n+1}+1}{3^n}$의 값은? [3점]

└ 3^n으로 분모와 분자를 각각 나눈다.

① 8 ② 9 ③ 10 ④ 11 ⑤ 12

Step 1 극한값 구하기

$$\lim_{n\to\infty}\frac{4\times3^{n+1}+1}{3^n}=\lim_{n\to\infty}\left(4\times3+\frac{1}{3^n}\right)=12$$

08 등비수열의 극한의 계산 정답 ① | 정답률 89%

문제 보기

$\lim_{n\to\infty}\frac{5^n-3}{5^{n+1}}$의 값은? [2점]

└ 5^n으로 분모와 분자를 각각 나눈다.

① $\frac{1}{5}$ ② $\frac{1}{4}$ ③ $\frac{1}{3}$ ④ $\frac{1}{2}$ ⑤ 1

Step 1 극한값 구하기

$$\lim_{n\to\infty}\frac{5^n-3}{5^{n+1}}=\lim_{n\to\infty}\frac{1-\frac{3}{5^n}}{5}=\frac{1}{5}$$

09 등비수열의 극한의 계산 정답 ② | 정답률 88%

문제 보기

$\lim_{n\to\infty}\frac{8^{n+1}-4^n}{8^n+3}$의 값은? [2점]

└ 8^n으로 분모와 분자를 각각 나눈다.

① 6 ② 8 ③ 10 ④ 12 ⑤ 14

Step 1 극한값 구하기

$$\lim_{n\to\infty}\frac{8^{n+1}-4^n}{8^n+3}=\lim_{n\to\infty}\frac{8-\left(\frac{1}{2}\right)^n}{1+\frac{3}{8^n}}=8$$

10 등비수열의 극한의 계산 정답 ③ | 정답률 94%

문제 보기

$\lim_{n\to\infty}\frac{2\times3^{n+1}+5}{3^n+2^{n+1}}$의 값은? [2점]

└→ 3^n으로 분모와 분자를 각각 나눈다.

① 2 ② 4 ③ 6 ④ 8 ⑤ 10

Step 1 극한값 구하기

$$\lim_{n\to\infty}\frac{2\times3^{n+1}+5}{3^n+2^{n+1}}=\lim_{n\to\infty}\frac{2\times3+\frac{5}{3^n}}{1+2\times\left(\frac{2}{3}\right)^n}=6$$

11 등비수열의 극한의 계산 정답 ⑤ | 정답률 90%

문제 보기

$\lim_{n\to\infty}\frac{4^{n+2}-2^n}{4^n+1}$의 값은? [2점]

└→ 4^n으로 분모와 분자를 각각 나눈다.

① 8 ② 10 ③ 12 ④ 14 ⑤ 16

Step 1 극한값 구하기

$$\lim_{n\to\infty}\frac{4^{n+2}-2^n}{4^n+1}=\lim_{n\to\infty}\frac{4^2-\left(\frac{1}{2}\right)^n}{1+\frac{1}{4^n}}=16$$

12 등비수열의 극한의 계산 정답 ⑤ | 정답률 87%

문제 보기

$\lim_{n\to\infty}\frac{3n-1}{n+1}=a$일 때, $\lim_{n\to\infty}\frac{a^{n+2}+1}{a^n-1}$의 값은? (단, a는 상수이다.) [4점]

└→ a의 값을 구한다. └→ a^n으로 분모와 분자를 각각 나눈다.

① 1 ② 3 ③ 5 ④ 7 ⑤ 9

Step 1 a의 값 구하기

$$\lim_{n\to\infty}\frac{3n-1}{n+1}=\lim_{n\to\infty}\frac{3-\frac{1}{n}}{1+\frac{1}{n}}=3 \qquad \therefore a=3$$

Step 2 극한값 구하기

$$\therefore \lim_{n\to\infty}\frac{a^{n+2}+1}{a^n-1}=\lim_{n\to\infty}\frac{3^{n+2}+1}{3^n-1}=\lim_{n\to\infty}\frac{3^2+\frac{1}{3^n}}{1-\frac{1}{3^n}}=9$$

13 등비수열의 극한의 계산 정답 ② | 정답률 91%

문제 보기

$\lim_{n\to\infty}\frac{2^{n+1}+3^{n-1}}{(-2)^n+3^n}$의 값은? [2점]

└→ 3^n으로 분모와 분자를 각각 나눈다.

① $\frac{1}{9}$ ② $\frac{1}{3}$ ③ 1 ④ 3 ⑤ 9

Step 1 극한값 구하기

$$\lim_{n\to\infty}\frac{2^{n+1}+3^{n-1}}{(-2)^n+3^n}=\lim_{n\to\infty}\frac{2\times\left(\frac{2}{3}\right)^n+\frac{1}{3}}{\left(-\frac{2}{3}\right)^n+1}=\frac{1}{3}$$

14 등비수열의 극한의 계산 정답 ② | 정답률 94%

문제 보기

$\lim_{n\to\infty}\frac{\left(\frac{1}{2}\right)^n+\left(\frac{1}{3}\right)^{n+1}}{\left(\frac{1}{2}\right)^{n+1}+\left(\frac{1}{3}\right)^n}$의 값은? [2점]

└→ $\left(\frac{1}{2}\right)^n$으로 분모와 분자를 각각 나눈다.

① 1 ② 2 ③ 3 ④ 4 ⑤ 5

Step 1 극한값 구하기

$$\lim_{n\to\infty}\frac{\left(\frac{1}{2}\right)^n+\left(\frac{1}{3}\right)^{n+1}}{\left(\frac{1}{2}\right)^{n+1}+\left(\frac{1}{3}\right)^n}=\lim_{n\to\infty}\frac{1+\frac{1}{3}\times\left(\frac{2}{3}\right)^n}{\frac{1}{2}+\left(\frac{2}{3}\right)^n}=2$$

15 등비수열의 극한의 계산 정답 ② | 정답률 89%

문제 보기

두 양의 실수 a, $b\,(a>b)$에 대하여 $\lim_{n\to\infty}\frac{2a^n}{a^n+b^n}$의 값은? [3점]

└→ a^n으로 분모와 분자를 각각 나눈다.

① 1 ② 2 ③ 3 ④ 4 ⑤ 5

Step 1 극한값 구하기

$a>b>0$이므로 $0<\frac{b}{a}<1$에서

$$\lim_{n\to\infty}\left(\frac{b}{a}\right)^n=0$$

$$\therefore \lim_{n\to\infty}\frac{2a^n}{a^n+b^n}=\lim_{n\to\infty}\frac{2}{1+\left(\frac{b}{a}\right)^n}=2$$

16 등비수열의 극한의 응용 정답 ⑤ | 정답률 88%

문제 보기

등비수열 $\{a_n\}$에 대하여 $\lim_{n\to\infty}\frac{a_n+1}{3^n+2^{2n-1}}=3$일 때, a_2의 값은? [3점]

└ 4^n으로 분모와 분자를 각각 나눈다.

① 16 ② 18 ③ 20 ④ 22 ⑤ 24

Step 1 a_n 구하기

등비수열 $\{a_n\}$의 첫째항을 a, 공비를 r라 하면

$a_n=ar^{n-1}$

$$\therefore \lim_{n\to\infty}\frac{a_n+1}{3^n+2^{2n-1}}=\lim_{n\to\infty}\frac{ar^{n-1}+1}{3^n+2^{2n-1}}=\lim_{n\to\infty}\frac{\frac{a}{r}\times\left(\frac{r}{4}\right)^n+\left(\frac{1}{4}\right)^n}{\left(\frac{3}{4}\right)^n+\frac{1}{2}}=\frac{2a}{r}\lim_{n\to\infty}\left(\frac{r}{4}\right)^n$$

이때 $\lim_{n\to\infty}\frac{a_n+1}{3^n+2^{2n-1}}$의 값이 존재하고 0이 아니므로

$\frac{r}{4}=1$ $\quad\therefore r=4$

$$\therefore \lim_{n\to\infty}\frac{a_n+1}{3^n+2^{2n-1}}=\frac{2a}{r}\lim_{n\to\infty}\left(\frac{r}{4}\right)^n=\frac{a}{2}\times1=\frac{a}{2}$$

즉, $\frac{a}{2}=3$이므로 $a=6$

$\therefore a_n=6\times4^{n-1}$

Step 2 a_2의 값 구하기

$\therefore a_2=6\times4=24$

17 등비수열의 극한의 응용 정답 ④ | 정답률 89%

문제 보기

등비수열 $\{a_n\}$에 대하여

$$\lim_{n\to\infty}\frac{4^n\times a_n-1}{3\times2^{n+1}}=1$$ → 2^n으로 분모와 분자를 각각 나눈다.

일 때, a_1+a_2의 값은? [3점]

① $\frac{3}{2}$ ② $\frac{5}{2}$ ③ $\frac{7}{2}$ ④ $\frac{9}{2}$ ⑤ $\frac{11}{2}$

Step 1 등비수열 $\{a_n\}$의 첫째항, 공비 구하기

등비수열 $\{a_n\}$의 공비를 r라 하면

$a_n=a_1r^{n-1}$

$$\therefore \lim_{n\to\infty}\frac{4^n\times a_n-1}{3\times2^{n+1}}=\lim_{n\to\infty}\frac{4^n\times a_1r^{n-1}-1}{3\times2^{n+1}}=\lim_{n\to\infty}\frac{2^n\times a_1r^{n-1}-\frac{1}{2^n}}{3\times2}=\lim_{n\to\infty}\frac{\frac{a_1}{r}\times(2r)^n-\frac{1}{2^n}}{3\times2}=\frac{a_1}{6r}\lim_{n\to\infty}(2r)^n$$

이때 $\lim_{n\to\infty}\frac{4^n\times a_n-1}{3\times2^{n+1}}$의 값이 존재하고 0이 아니므로

$2r=1$ $\quad\therefore r=\frac{1}{2}$

$$\therefore \lim_{n\to\infty}\frac{4^n\times a_n-1}{3\times2^{n+1}}=\frac{a_1}{6r}\lim_{n\to\infty}(2r)^n=\frac{a_1}{3}\times1=\frac{a_1}{3}$$

즉, $\frac{a_1}{3}=1$이므로 $a_1=3$

Step 2 a_1+a_2의 값 구하기

$\therefore a_1+a_2=3+3\times\frac{1}{2}=\frac{9}{2}$

18 등비수열의 극한의 응용 정답 ④ | 정답률 73%

문제 보기

수열 $a_n=\left(\frac{k}{2}\right)^n$이 수렴하도록 하는 모든 자연수 k에 대하여

└→ 등비수열의 수렴 조건을 이용하여 자연수 k의 값을 구한다.

$$\lim_{n\to\infty}\frac{a\times a_n+\left(\frac{1}{2}\right)^n}{a_n+b\times\left(\frac{1}{2}\right)^n}=\frac{k}{2}$$

→ k의 값을 대입하여 조건을 만족시키는 a, b의 값을 구한다.

일 때, $a+b$의 값은? (단, a와 b는 상수이다.) [3점]

① 1 ② 2 ③ 3 ④ 4 ⑤ 5

Step 1 k의 값 구하기

수열 $a_n=\left(\frac{k}{2}\right)^n$은 공비가 $\frac{k}{2}$인 등비수열이므로 수열 $\{a_n\}$이 수렴하려면

$-1<\frac{k}{2}\le1$이어야 한다.

따라서 $-2<k\le2$이고 k는 자연수이므로

$k=1$ 또는 $k=2$

Step 2 $a+b$의 값 구하기

(i) $k=1$인 경우

$a_n=\left(\frac{1}{2}\right)^n$이므로

$$\lim_{n\to\infty}\frac{a\times a_n+\left(\frac{1}{2}\right)^n}{a_n+b\times\left(\frac{1}{2}\right)^n}=\lim_{n\to\infty}\frac{a\times\left(\frac{1}{2}\right)^n+\left(\frac{1}{2}\right)^n}{\left(\frac{1}{2}\right)^n+b\times\left(\frac{1}{2}\right)^n}$$

$$=\frac{a+1}{1+b}=\frac{1}{2}$$

$2(a+1)=1+b$ $\therefore 2a-b=-1$

(ii) $k=2$인 경우

$a_n=1$이므로

$$\lim_{n\to\infty}\frac{a\times a_n+\left(\frac{1}{2}\right)^n}{a_n+b\times\left(\frac{1}{2}\right)^n}=\lim_{n\to\infty}\frac{a+\left(\frac{1}{2}\right)^n}{1+b\times\left(\frac{1}{2}\right)^n}$$

$$=a=1$$

(i), (ii)에서 $a=1$, $b=3$

$\therefore a+b=1+3=4$

19 등비수열의 극한의 응용 정답 ② | 정답률 85%

문제 보기

공비가 3인 등비수열 $\{a_n\}$의 첫째항부터 제n항까지의 합 S_n이

└→ S_n을 a_1을 이용하여 나타낸다.

$$\lim_{n\to\infty}\frac{S_n}{3^n}=5$$

└→ 극한값을 a_1을 이용하여 나타낸 후 이를 주어진 극한값과 비교한다.

를 만족시킬 때, 첫째항 a_1의 값은? [3점]

① 8 ② 10 ③ 12 ④ 14 ⑤ 16

Step 1 S_n을 a_1을 이용하여 나타내기

첫째항이 a_1, 공비가 3이므로

$$S_n=\frac{a_1(3^n-1)}{3-1}=\frac{a_1}{2}\times3^n-\frac{a_1}{2}$$

Step 2 극한값을 a_1을 이용하여 나타내기

$$\therefore \lim_{n\to\infty}\frac{S_n}{3^n}=\lim_{n\to\infty}\frac{\frac{a_1}{2}\times3^n-\frac{a_1}{2}}{3^n}$$

$$=\lim_{n\to\infty}\left(\frac{a_1}{2}-\frac{a_1}{2\times3^n}\right)=\frac{a_1}{2}$$

Step 3 a_1의 값 구하기

따라서 $\frac{a_1}{2}=5$이므로

$a_1=10$

20 등비수열의 극한의 응용 정답 4 | 정답률 89%

문제 보기

첫째항이 1이고 공비가 $r\,(r>1)$인 등비수열 $\{a_n\}$에 대하여

$S_n=\sum_{k=1}^{n}a_k$일 때, $\lim_{n\to\infty}\frac{a_n}{S_n}=\frac{3}{4}$이다. r의 값을 구하시오. [3점]

└→ a_n, S_n을 r를 이용하여 나타낸다.

Step 1 a_n, S_n을 r를 이용하여 나타내기

첫째항이 1, 공비가 $r\,(r>1)$이므로

$$a_n=r^{n-1},\ S_n=\frac{r^n-1}{r-1}$$

Step 2 극한값을 r를 이용하여 나타내기

$$\therefore \lim_{n\to\infty}\frac{a_n}{S_n}=\lim_{n\to\infty}\frac{r^{n-1}}{\frac{r^n-1}{r-1}}=\lim_{n\to\infty}\frac{r^{n-1}(r-1)}{r^n-1}$$

$$=\lim_{n\to\infty}\frac{\frac{1}{r}(r-1)}{1-\frac{1}{r^n}}=\frac{r-1}{r}$$

Step 3 r의 값 구하기

따라서 $\frac{r-1}{r}=\frac{3}{4}$이므로

$4r-4=3r$ $\therefore r=4$

21 등비수열의 극한의 응용

정답 ② | 정답률 94%

문제 보기

수열 $\{a_n\}$이 모든 자연수 n에 대하여

$3^n-2^n<a_n<3^n+2^n$ → *

을 만족시킬 때, $\lim_{n\to\infty}\frac{a_n}{3^{n+1}+2^n}$의 값은? [3점]

└→ *을 $\square<\frac{a_n}{3^{n+1}+2^n}<\bigcirc$ 꼴로 변형한 후 수열의 극한의 대소 관계를 이용한다.

① $\frac{1}{6}$ ② $\frac{1}{3}$ ③ $\frac{1}{2}$ ④ $\frac{2}{3}$ ⑤ $\frac{5}{6}$

Step 1 부등식 변형하기

$3^n-2^n<a_n<3^n+2^n$의 각 변을 $3^{n+1}+2^n$으로 나누면

$$\frac{3^n-2^n}{3^{n+1}+2^n}<\frac{a_n}{3^{n+1}+2^n}<\frac{3^n+2^n}{3^{n+1}+2^n}$$

Step 2 극한값 구하기

$$\lim_{n\to\infty}\frac{3^n-2^n}{3^{n+1}+2^n}=\lim_{n\to\infty}\frac{1-\left(\frac{2}{3}\right)^n}{3+\left(\frac{2}{3}\right)^n}=\frac{1}{3},$$

$\lim_{n\to\infty}\frac{3^n+2^n}{3^{n+1}+2^n}=\lim_{n\to\infty}\frac{1+\left(\frac{2}{3}\right)^n}{3+\left(\frac{2}{3}\right)^n}=\frac{1}{3}$이므로 수열의 극한의 대소 관계에 의하여

$$\lim_{n\to\infty}\frac{a_n}{3^{n+1}+2^n}=\frac{1}{3}$$

22 등비수열의 극한의 응용

정답 ③ | 정답률 51%

문제 보기

두 수열 $\{a_n\}$, $\{b_n\}$이 모든 자연수 n에 대하여 다음 조건을 만족시킨다.

(가) $4^n<a_n<4^n+1$

└→ 수열의 극한의 대소 관계를 이용하여 $\lim_{n\to\infty}\frac{a_n}{4^n}$의 값을 구한다.

(나) $2+2^2+2^3+\cdots+2^n<b_n<2^{n+1}$

└→ 수열의 극한의 대소 관계를 이용하여 $\lim_{n\to\infty}\frac{b_n}{2^n}$, $\lim_{n\to\infty}\frac{b_n}{4^n}$의 값을 구한다.

$\lim_{n\to\infty}\frac{4a_n+b_n}{2a_n+2^nb_n}$의 값은? [4점]

① $\frac{1}{4}$ ② $\frac{1}{2}$ ③ 1 ④ 2 ⑤ 4

Step 1 $\lim_{n\to\infty}\frac{a_n}{4^n}$의 값 구하기

조건 (가)에서 각 변을 4^n으로 나누면

$$1<\frac{a_n}{4^n}<1+\frac{1}{4^n}$$

$\lim_{n\to\infty}\left(1+\frac{1}{4^n}\right)=1$이므로 수열의 극한의 대소 관계에 의하여

$$\lim_{n\to\infty}\frac{a_n}{4^n}=1$$

Step 2 $\lim_{n\to\infty}\frac{b_n}{2^n}$, $\lim_{n\to\infty}\frac{b_n}{4^n}$의 값 구하기

조건 (나)에서

$$2+2^2+2^3+\cdots+2^n=\frac{2(2^n-1)}{2-1}=2\times2^n-2$$

$2\times2^n-2<b_n<2^{n+1}$ …… ㉠

㉠에서 각 변을 2^n으로 나누면

$$2-\frac{2}{2^n}<\frac{b_n}{2^n}<2$$

$\lim_{n\to\infty}\left(2-\frac{2}{2^n}\right)=2$이므로 수열의 극한의 대소 관계에 의하여

$$\lim_{n\to\infty}\frac{b_n}{2^n}=2$$

또 ㉠에서 각 변을 4^n으로 나누면

$$\frac{2}{2^n}-\frac{2}{4^n}<\frac{b_n}{4^n}<\frac{2}{2^n}$$

$\lim_{n\to\infty}\left(\frac{2}{2^n}-\frac{2}{4^n}\right)=0$, $\lim_{n\to\infty}\frac{2}{2^n}=0$이므로 수열의 극한의 대소 관계에 의하여 $\lim_{n\to\infty}\frac{b_n}{4^n}=0$

Step 3 극한값 구하기

$$\therefore \lim_{n\to\infty}\frac{4a_n+b_n}{2a_n+2^nb_n}=\lim_{n\to\infty}\frac{\frac{4a_n}{4^n}+\frac{b_n}{4^n}}{\frac{2a_n}{4^n}+\frac{b_n}{2^n}}=\frac{4\times1+0}{2\times1+2}=1$$

23 x^n을 포함한 수열의 극한 정답 ② | 정답률 90%

문제 보기

함수

$$f(x)=\lim_{n\to\infty}\frac{2\times\left(\frac{x}{4}\right)^{2n+1}-1}{\left(\frac{x}{4}\right)^{2n}+3}$$

→ $\frac{x}{4}$의 값의 범위를 $\left|\frac{x}{4}\right|<1$, $\frac{x}{4}=-1$, $\frac{x}{4}=1$, $\left|\frac{x}{4}\right|>1$로 나누어 $f(x)$를 구한다.

에 대하여 $f(k)=-\frac{1}{3}$을 만족시키는 정수 k의 개수는? [3점]

① 5 ② 7 ③ 9 ④ 11 ⑤ 13

Step 1 $f(x)$ 구하기

(i) $\left|\frac{x}{4}\right|<1$, 즉 $-4<x<4$인 경우

$\lim_{n\to\infty}\left(\frac{x}{4}\right)^{2n}=0$이므로

$$f(x)=\lim_{n\to\infty}\frac{2\times\left(\frac{x}{4}\right)^{2n+1}-1}{\left(\frac{x}{4}\right)^{2n}+3}=-\frac{1}{3}$$

(ii) $\frac{x}{4}=-1$, 즉 $x=-4$인 경우

$\lim_{n\to\infty}\left(\frac{x}{4}\right)^{2n}=1$, $\lim_{n\to\infty}\left(\frac{x}{4}\right)^{2n+1}=-1$이므로

$$f(x)=\lim_{n\to\infty}\frac{2\times\left(\frac{x}{4}\right)^{2n+1}-1}{\left(\frac{x}{4}\right)^{2n}+3}=\frac{2\times(-1)-1}{1+3}=-\frac{3}{4}$$

(iii) $\frac{x}{4}=1$, 즉 $x=4$인 경우

$\lim_{n\to\infty}\left(\frac{x}{4}\right)^{2n}=1$이므로

$$f(x)=\lim_{n\to\infty}\frac{2\times\left(\frac{x}{4}\right)^{2n+1}-1}{\left(\frac{x}{4}\right)^{2n}+3}=\frac{2\times1-1}{1+3}=\frac{1}{4}$$

(iv) $\left|\frac{x}{4}\right|>1$, 즉 $x<-4$ 또는 $x>4$인 경우

$\lim_{n\to\infty}\left(\frac{x}{4}\right)^{2n}=\infty$이므로

$$f(x)=\lim_{n\to\infty}\frac{2\times\left(\frac{x}{4}\right)^{2n+1}-1}{\left(\frac{x}{4}\right)^{2n}+3}=\lim_{n\to\infty}\frac{2\times\frac{x}{4}-\frac{1}{\left(\frac{x}{4}\right)^{2n}}}{1+\frac{3}{\left(\frac{x}{4}\right)^{2n}}}=\frac{x}{2}$$

→ $x<-4$ 또는 $x>4$이므로 $\frac{x}{2}<-2$ 또는 $\frac{x}{2}>2$야.

Step 2 정수 k의 개수 구하기

따라서 $f(k)=-\frac{1}{3}$을 만족시키는 정수 k는 -3, -2, -1, 0, 1, 2, 3의 7개이다.

→ (i)에서 $-4<k<4$인 정수

24 x^n을 포함한 수열의 극한 정답 ① | 정답률 74%

문제 보기

$\lim_{n\to\infty}\frac{\left(\frac{m}{5}\right)^{n+1}+2}{\left(\frac{m}{5}\right)^{n}+1}=2$가 되도록 하는 자연수 m의 개수는? [3점]

→ $\frac{m}{5}$의 값의 범위를 $0<\frac{m}{5}<1$, $\frac{m}{5}=1$, $\frac{m}{5}>1$로 나누어 각각의 극한값을 구한다.

① 5 ② 6 ③ 7 ④ 8 ⑤ 9

Step 1 $\frac{m}{5}$의 값에 따른 극한값 구하기

(i) $0<\frac{m}{5}<1$, 즉 $0<m<5$인 경우

$\lim_{n\to\infty}\left(\frac{m}{5}\right)^{n}=0$이므로

$$\lim_{n\to\infty}\frac{\left(\frac{m}{5}\right)^{n+1}+2}{\left(\frac{m}{5}\right)^{n}+1}=2$$

(ii) $\frac{m}{5}=1$, 즉 $m=5$인 경우

$\lim_{n\to\infty}\left(\frac{m}{5}\right)^{n}=1$이므로

$$\lim_{n\to\infty}\frac{\left(\frac{m}{5}\right)^{n+1}+2}{\left(\frac{m}{5}\right)^{n}+1}=\frac{1+2}{1+1}=\frac{3}{2}$$

(iii) $\frac{m}{5}>1$, 즉 $m>5$인 경우

$\lim_{n\to\infty}\left(\frac{m}{5}\right)^{n}=\infty$이므로

$$\lim_{n\to\infty}\frac{\left(\frac{m}{5}\right)^{n+1}+2}{\left(\frac{m}{5}\right)^{n}+1}=\lim_{n\to\infty}\frac{\frac{m}{5}+\frac{2}{\left(\frac{m}{5}\right)^{n}}}{1+\frac{1}{\left(\frac{m}{5}\right)^{n}}}=\frac{m}{5}$$

Step 2 자연수 m의 개수 구하기

따라서 $\lim_{n\to\infty}\frac{\left(\frac{m}{5}\right)^{n+1}+2}{\left(\frac{m}{5}\right)^{n}+1}=2$가 되도록 하는 자연수 m은 1, 2, 3, 4, 10의 5개이다.

→ (i)에서 $0<m<5$인 자연수

(iii)에서 $\frac{m}{5}=2$ $\therefore m=10$

25 x^n을 포함한 수열의 극한 정답 ④ | 정답률 87%

문제 보기

자연수 r에 대하여 $\lim_{n\to\infty}\frac{3^n+r^{n+1}}{3^n+7\times r^n}=1$이 성립하도록 하는 모든 r의 값의 합은? [3점]

└ r의 값의 범위를 $1\le r<3$, $r=3$, $r>3$으로 나누어 각각의 극한값을 구한다.

① 7 ② 8 ③ 9 ④ 10 ⑤ 11

Step 1 r의 값에 따른 극한값 구하기

(i) $1\le r<3$인 경우

$\lim_{n\to\infty}\left(\frac{r}{3}\right)^n=0$이므로

$$\lim_{n\to\infty}\frac{3^n+r^{n+1}}{3^n+7\times r^n}=\lim_{n\to\infty}\frac{1+r\times\left(\frac{r}{3}\right)^n}{1+7\times\left(\frac{r}{3}\right)^n}=1$$

(ii) $r=3$인 경우

$\lim_{n\to\infty}\left(\frac{r}{3}\right)^n=1$이므로

$$\lim_{n\to\infty}\frac{3^n+r^{n+1}}{3^n+7\times r^n}=\lim_{n\to\infty}\frac{1+r\times\left(\frac{r}{3}\right)^n}{1+7\times\left(\frac{r}{3}\right)^n}=\frac{1+3}{1+7}=\frac{1}{2}$$

(iii) $r>3$인 경우

$\lim_{n\to\infty}\left(\frac{3}{r}\right)^n=0$이므로

$$\lim_{n\to\infty}\frac{3^n+r^{n+1}}{3^n+7\times r^n}=\lim_{n\to\infty}\frac{\left(\frac{3}{r}\right)^n+r}{\left(\frac{3}{r}\right)^n+7}=\frac{r}{7}$$

Step 2 모든 r의 값의 합 구하기

따라서 $\lim_{n\to\infty}\frac{3^n+r^{n+1}}{3^n+7\times r^n}=1$이 성립하도록 하는 자연수 r의 값은 1, 2, 7 이므로 모든 r의 값의 합은

└ (i)에서 $1\le r<3$인 자연수
(iii)에서 $\frac{r}{7}=1$ $\therefore r=7$

$1+2+7=10$

26 x^n을 포함한 수열의 극한 정답 ④ | 정답률 72%

문제 보기

함수

$$f(x)=\lim_{n\to\infty}\frac{3\times\left(\frac{x}{2}\right)^{2n+1}-1}{\left(\frac{x}{2}\right)^{2n}+1}$$

→ $\frac{x}{2}$의 값의 범위를 $\left|\frac{x}{2}\right|<1$, $\frac{x}{2}=-1$, $\frac{x}{2}=1$, $\left|\frac{x}{2}\right|>1$로 나누어 $f(x)$를 구한다.

에 대하여 $f(k)=k$를 만족시키는 모든 실수 k의 값의 합은? [3점]

① -6 ② -5 ③ -4 ④ -3 ⑤ -2

Step 1 $f(x)$ 구하기

(i) $\left|\frac{x}{2}\right|<1$, 즉 $-2<x<2$인 경우

$\lim_{n\to\infty}\left(\frac{x}{2}\right)^{2n}=0$이므로

$$f(x)=\lim_{n\to\infty}\frac{3\times\left(\frac{x}{2}\right)^{2n+1}-1}{\left(\frac{x}{2}\right)^{2n}+1}=-1$$

(ii) $\frac{x}{2}=-1$, 즉 $x=-2$인 경우

$\lim_{n\to\infty}\left(\frac{x}{2}\right)^{2n}=1$, $\lim_{n\to\infty}\left(\frac{x}{2}\right)^{2n+1}=-1$이므로

$$f(x)=\lim_{n\to\infty}\frac{3\times\left(\frac{x}{2}\right)^{2n+1}-1}{\left(\frac{x}{2}\right)^{2n}+1}=\frac{-3-1}{1+1}=-2$$

(iii) $\frac{x}{2}=1$, 즉 $x=2$인 경우

$\lim_{n\to\infty}\left(\frac{x}{2}\right)^{2n}=1$이므로

$$f(x)=\lim_{n\to\infty}\frac{3\times\left(\frac{x}{2}\right)^{2n+1}-1}{\left(\frac{x}{2}\right)^{2n}+1}=\frac{3-1}{1+1}=1$$

(iv) $\left|\frac{x}{2}\right|>1$, 즉 $x<-2$ 또는 $x>2$인 경우

$\lim_{n\to\infty}\left(\frac{x}{2}\right)^{2n}=\infty$이므로

$$f(x)=\lim_{n\to\infty}\frac{3\times\left(\frac{x}{2}\right)^{2n+1}-1}{\left(\frac{x}{2}\right)^{2n}+1}=\lim_{n\to\infty}\frac{\frac{3}{2}x-\frac{1}{\left(\frac{x}{2}\right)^{2n}}}{1+\frac{1}{\left(\frac{x}{2}\right)^{2n}}}=\frac{3}{2}x$$

Step 2 모든 실수 k의 값의 합 구하기

따라서 $f(k)=k$를 만족시키는 실수 k의 값은 -2, -1이므로 모든 실수 k의 값의 합은

└ (i)에서 $k=-1$
(ii)에서 $k=-2$

$-2+(-1)=-3$

3 일차

27 x^n을 포함한 수열의 극한 정답 ④ | 정답률 70%

문제 보기

열린구간 $(0, \infty)$에서 정의된 함수

$$f(x)=\lim_{n\to\infty}\frac{x^{n+1}+\left(\frac{4}{x}\right)^n}{x^n+\left(\frac{4}{x}\right)^{n+1}}$$

→ x와 $\frac{4}{x}$의 대소 관계에 따라 범위를 나누어 $f(x)$를 구한다.

이 있다. $x>0$일 때, 방정식 $f(x)=2x-3$의 모든 실근의 합은? [3점]

① $\frac{41}{7}$ ② $\frac{43}{7}$ ③ $\frac{45}{7}$ ④ $\frac{47}{7}$ ⑤ 7

Step 1 x와 $\frac{4}{x}$의 대소 관계에 따라 범위를 나누어 x의 값 구하기

(i) $0<x<\frac{4}{x}$, 즉 $0<x<2$인 경우

$\lim_{n\to\infty}\left(\frac{x^2}{4}\right)^n=0$이므로

$$f(x)=\lim_{n\to\infty}\frac{x\times\left(\frac{x^2}{4}\right)^n+1}{\left(\frac{x^2}{4}\right)^n+\frac{4}{x}}=\frac{x}{4}$$

따라서 방정식 $f(x)=2x-3$에서 $\frac{x}{4}=2x-3$

$\frac{7}{4}x=3$ $\therefore x=\frac{12}{7}$ → $0<x<2$를 만족시킨다.

(ii) $x=\frac{4}{x}$, 즉 $x=2$인 경우

$$f(2)=\lim_{n\to\infty}\frac{2^{n+1}+2^n}{2^n+2^{n+1}}=1$$

따라서 방정식 $f(2)=2x-3$에서 $1=2x-3$

$2x=4$ $\therefore x=2$ → $x=2$를 만족시킨다.

(iii) $0<\frac{4}{x}<x$, 즉 $x>2$인 경우

$\lim_{n\to\infty}\left(\frac{4}{x^2}\right)^n=0$이므로

$$f(x)=\lim_{n\to\infty}\frac{x+\left(\frac{4}{x^2}\right)^n}{1+\frac{4}{x}\times\left(\frac{4}{x^2}\right)^n}=x$$

따라서 방정식 $f(x)=2x-3$에서 $x=2x-3$

$\therefore x=3$ → $x>2$를 만족시킨다.

Step 2 방정식 $f(x)=2x-3$의 모든 실근의 합 구하기

(i), (ii), (iii)에서 방정식 $f(x)=2x-3$의 모든 실근의 합은

$\frac{12}{7}+2+3=\frac{47}{7}$

28 x^n을 포함한 수열의 극한 정답 33 | 정답률 44%

문제 보기

자연수 k에 대하여

$$a_k=\lim_{n\to\infty}\frac{\left(\frac{6}{k}\right)^{n+1}}{\left(\frac{6}{k}\right)^n+1}$$

→ $\frac{6}{k}$의 값의 범위를 $\frac{6}{k}<1$, $\frac{6}{k}=1$, $\frac{6}{k}>1$로 나누어 a_k를 구한다.

이라 할 때, $\sum_{k=1}^{10}ka_k$의 값을 구하시오. [4점]

Step 1 a_k 구하기

(i) $\frac{6}{k}<1$, 즉 $k>6$인 경우

$\lim_{n\to\infty}\left(\frac{6}{k}\right)^n=0$이므로

$$a_k=\lim_{n\to\infty}\frac{\left(\frac{6}{k}\right)^{n+1}}{\left(\frac{6}{k}\right)^n+1}=0$$

(ii) $\frac{6}{k}=1$, 즉 $k=6$인 경우

$\lim_{n\to\infty}\left(\frac{6}{k}\right)^n=1$이므로

$$a_k=\lim_{n\to\infty}\frac{\left(\frac{6}{k}\right)^{n+1}}{\left(\frac{6}{k}\right)^n+1}=\frac{1}{1+1}=\frac{1}{2}$$

(iii) $\frac{6}{k}>1$, 즉 $k<6$인 경우

$\lim_{n\to\infty}\left(\frac{6}{k}\right)^n=\infty$이므로

$$a_k=\lim_{n\to\infty}\frac{\left(\frac{6}{k}\right)^{n+1}}{\left(\frac{6}{k}\right)^n+1}=\lim_{n\to\infty}\frac{\frac{6}{k}}{1+\frac{1}{\left(\frac{6}{k}\right)^n}}=\frac{6}{k}$$

Step 2 $\sum_{k=1}^{10}ka_k$의 값 구하기

$\therefore \sum_{k=1}^{10}ka_k=1\times a_1+2\times a_2+\cdots+10\times a_{10}$

$=1\times\frac{6}{1}+2\times\frac{6}{2}+3\times\frac{6}{3}+4\times\frac{6}{4}+5\times\frac{6}{5}$ → $k<6$일 때, $a_k=\frac{6}{k}$

$+6\times\frac{1}{2}+7\times0+8\times0+9\times0+10\times0$ → $k=6$일 때, $a_k=\frac{1}{2}$ / $k>6$일 때, $a_k=0$

$=6+6+6+6+6+3$

$=33$

29 x^n을 포함한 수열의 극한 정답 18 | 정답률 63%

문제 보기

두 실수 a, b $(a>1,\ b>1)$이

$$\lim_{n\to\infty}\frac{3^n+a^{n+1}}{3^{n+1}+a^n}=a,\ \lim_{n\to\infty}\frac{a^n+b^{n+1}}{a^{n+1}+b^n}=\frac{9}{a}$$

└ a의 값의 범위를 $1<a<3$, $a=3$, $a>3$으로 나누어 각각의 극한값을 구한다.
└ a, b의 대소 관계를 $a>b$, $a=b$, $a<b$로 나누어 각각의 극한값을 구한다.

를 만족시킬 때, $a+b$의 값을 구하시오. [4점]

Step 1 a의 값의 범위 구하기

(i) $1<a<3$인 경우

$\lim_{n\to\infty}\left(\frac{a}{3}\right)^n=0$이므로

$$a=\lim_{n\to\infty}\frac{3^n+a^{n+1}}{3^{n+1}+a^n}=\lim_{n\to\infty}\frac{1+a\times\left(\frac{a}{3}\right)^n}{3+\left(\frac{a}{3}\right)^n}=\frac{1}{3}$$

이는 $1<a<3$을 만족시키지 않는다.

(ii) $a=3$인 경우

$$a=\lim_{n\to\infty}\frac{3^n+a^{n+1}}{3^{n+1}+a^n}=\lim_{n\to\infty}\frac{3^n+3^{n+1}}{3^{n+1}+3^n}=1$$

이는 $a=3$에 모순이다.

(iii) $a>3$인 경우

$\lim_{n\to\infty}\left(\frac{3}{a}\right)^n=0$이므로

$$a=\lim_{n\to\infty}\frac{3^n+a^{n+1}}{3^{n+1}+a^n}=\lim_{n\to\infty}\frac{\left(\frac{3}{a}\right)^n+a}{3\times\left(\frac{3}{a}\right)^n+1}=a$$

(i), (ii), (iii)에서 $a>3$ ...... ㉠

Step 2 a, b의 값 구하기

(i) $a>b$인 경우

$\lim_{n\to\infty}\left(\frac{b}{a}\right)^n=0$이므로

$$\lim_{n\to\infty}\frac{a^n+b^{n+1}}{a^{n+1}+b^n}=\lim_{n\to\infty}\frac{1+b\left(\frac{b}{a}\right)^n}{a+\left(\frac{b}{a}\right)^n}=\frac{1}{a}$$

그런데 $\frac{1}{a}\neq\frac{9}{a}$이므로 조건을 만족시키지 않는다.

(ii) $a=b$인 경우

$$\lim_{n\to\infty}\frac{a^n+b^{n+1}}{a^{n+1}+b^n}=\lim_{n\to\infty}\frac{a^n+a^{n+1}}{a^{n+1}+a^n}=1$$

$1=\frac{9}{a}$에서 $a=9$, $b=9$

(iii) $a<b$인 경우

$\lim_{n\to\infty}\left(\frac{a}{b}\right)^n=0$이므로

$$\lim_{n\to\infty}\frac{a^n+b^{n+1}}{a^{n+1}+b^n}=\lim_{n\to\infty}\frac{\left(\frac{a}{b}\right)^n+b}{a\left(\frac{a}{b}\right)^n+1}=b$$

$b=\frac{9}{a}$에서 $ab=9$

그런데 ㉠에서 $a>3$이므로 $a>b$가 되어 $a<b$에 모순이다.

(i), (ii), (iii)에서 $a=9$, $b=9$

Step 3 $a+b$의 값 구하기

$\therefore a+b=9+9=18$

30 x^n을 포함한 수열의 극한 정답 ④ | 정답률 80%

문제 보기

모든 항이 양수인 수열 $\{a_n\}$이 모든 자연수 n에 대하여

$$a_{n+1}=a_1a_n$$

→ a_n을 a_1을 이용하여 나타낸다.

을 만족시킨다. $\lim_{n\to\infty}\frac{3a_{n+3}-5}{2a_n+1}=12$일 때, a_1의 값은? [3점]

└ 극한값을 a_1을 이용하여 나타낸 후 a_1의 값의 범위를 $0<a_1<1$, $a_1=1$, $a_1>1$로 나누어 각각의 극한값을 구한다.

① $\frac{1}{2}$ ② 1 ③ $\frac{3}{2}$ ④ 2 ⑤ $\frac{5}{2}$

Step 1 a_n을 a_1을 이용하여 나타내기

$a_{n+1}=a_1a_n$이므로 수열 $\{a_n\}$은 첫째항이 a_1, 공비가 a_1인 등비수열이다.

$\therefore a_n=a_1\times a_1^{n-1}=a_1^n$ (단, $a_1>0$)

Step 2 a_1의 값에 따른 극한값 구하기

(i) $0<a_1<1$인 경우

$\lim_{n\to\infty}a_n=\lim_{n\to\infty}a_1^n=0$이므로

$$\lim_{n\to\infty}\frac{3a_{n+3}-5}{2a_n+1}=\lim_{n\to\infty}\frac{3a_1^{n+3}-5}{2a_1^n+1}=-5$$

(ii) $a_1=1$인 경우

$\lim_{n\to\infty}a_n=\lim_{n\to\infty}a_1^n=1$이므로

$$\lim_{n\to\infty}\frac{3a_{n+3}-5}{2a_n+1}=\lim_{n\to\infty}\frac{3a_1^{n+3}-5}{2a_1^n+1}=\frac{3-5}{2+1}=-\frac{2}{3}$$

(iii) $a_1>1$인 경우

$\lim_{n\to\infty}a_n=\lim_{n\to\infty}a_1^n=\infty$이므로

$$\lim_{n\to\infty}\frac{3a_{n+3}-5}{2a_n+1}=\lim_{n\to\infty}\frac{3a_1^{n+3}-5}{2a_1^n+1}=\lim_{n\to\infty}\frac{3a_1^3-\frac{5}{a_1^n}}{2+\frac{1}{a_1^n}}=\frac{3}{2}a_1^3$$

Step 3 a_1의 값 구하기

$\lim_{n\to\infty}\frac{3a_{n+3}-5}{2a_n+1}=12$이므로 (iii)에서 $\frac{3}{2}a_1^3=12$

$a_1^3-8=0$, $(a_1-2)(a_1^2+2a_1+4)=0$

$\therefore a_1=2$ ($\because a_1^2+2a_1+4\neq0$)

31 x^n을 포함한 수열의 극한 　정답 ④ | 정답률 47%

문제 보기

두 함수

$$f(x)=\lim_{n\to\infty}\frac{2x^{2n+1}}{1+x^{2n}},\ g(x)=x+a$$

└→ x의 값의 범위를 $|x|<1$, $x=-1$, $x=1$, $|x|>1$로 나누어 $f(x)$를 구한다.

의 그래프의 교점의 개수를 $h(a)$라 할 때, $h(0)+\lim_{a\to1+}h(a)$의 값은?

└→ 두 함수 $y=f(x)$, $y=g(x)$의 그래프를 그려 교점의 개수를 구한다.

(단, a는 실수이다.) [4점]

① 1 　② 2 　③ 3 　④ 4 　⑤ 5

Step 1 $f(x)$ 구하기

(i) $|x|<1$, 즉 $-1<x<1$인 경우

$\lim_{n\to\infty}x^{2n}=0$이므로

$$f(x)=\lim_{n\to\infty}\frac{2x^{2n+1}}{1+x^{2n}}=0$$

(ii) $x=-1$인 경우

$\lim_{n\to\infty}x^{2n}=1$, $\lim_{n\to\infty}x^{2n+1}=-1$이므로

$$f(x)=\lim_{n\to\infty}\frac{2x^{2n+1}}{1+x^{2n}}=\frac{2\times(-1)}{1+1}=-1$$

(iii) $x=1$인 경우

$\lim_{n\to\infty}x^{2n}=1$이므로

$$f(x)=\lim_{n\to\infty}\frac{2x^{2n+1}}{1+x^{2n}}=\frac{2\times1}{1+1}=1$$

(iv) $|x|>1$, 즉 $x<-1$ 또는 $x>1$인 경우

$\lim_{n\to\infty}x^{2n}=\infty$이므로

$$f(x)=\lim_{n\to\infty}\frac{2x^{2n+1}}{1+x^{2n}}=\lim_{n\to\infty}\frac{2x}{\frac{1}{x^{2n}}+1}=2x$$

Step 2 $h(0)+\lim_{a\to1+}h(a)$의 값 구하기

두 함수 $y=f(x)$, $y=g(x)$의 그래프는 $a=0$일 때와 $a>1$일 때 각각 다음 그림과 같다.

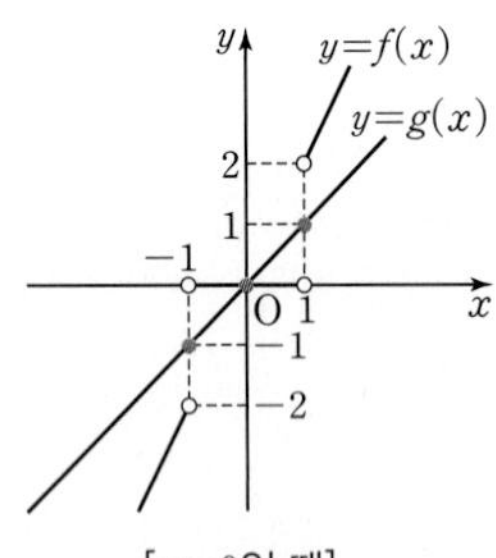

[$a=0$일 때]

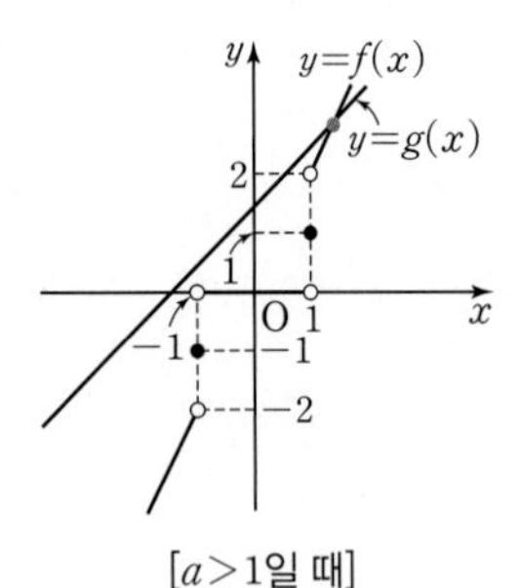

[$a>1$일 때]

$\therefore h(0)+\lim_{a\to1+}h(a)=3+1=4$

32 x^n을 포함한 수열의 극한 　정답 ③ | 정답률 80%

문제 보기

실수 a에 대하여 함수 $f(x)$를

$$f(x)=\lim_{n\to\infty}\frac{(a-2)x^{2n+1}+2x}{3x^{2n}+1}$$

└→ x의 값의 범위를 $|x|<1$, $x=-1$, $x=1$, $|x|>1$로 나누어 $f(x)$를 구한다.

라 하자. $(f\circ f)(1)=\frac{5}{4}$가 되도록 하는 모든 a의 값의 합은? [4점]

① $\frac{11}{2}$ 　② $\frac{13}{2}$ 　③ $\frac{15}{2}$ 　④ $\frac{17}{2}$ 　⑤ $\frac{19}{2}$

Step 1 $f(x)$ 구하기

(i) $|x|<1$, 즉 $-1<x<1$인 경우

$\lim_{n\to\infty}x^{2n}=0$이므로

$$f(x)=\lim_{n\to\infty}\frac{(a-2)x^{2n+1}+2x}{3x^{2n}+1}=2x$$

(ii) $x=-1$인 경우

$\lim_{n\to\infty}x^{2n}=1$, $\lim_{n\to\infty}x^{2n+1}=-1$이므로

$$f(x)=\lim_{n\to\infty}\frac{(a-2)x^{2n+1}+2x}{3x^{2n}+1}=\frac{-a+2-2}{3+1}=-\frac{a}{4}$$

(iii) $x=1$인 경우

$\lim_{n\to\infty}x^{2n}=1$이므로

$$f(x)=\lim_{n\to\infty}\frac{(a-2)x^{2n+1}+2x}{3x^{2n}+1}=\frac{a-2+2}{3+1}=\frac{a}{4}$$

(iv) $|x|>1$, 즉 $x<-1$ 또는 $x>1$인 경우

$\lim_{n\to\infty}x^{2n}=\infty$이므로

$$f(x)=\lim_{n\to\infty}\frac{(a-2)x^{2n+1}+2x}{3x^{2n}+1}=\lim_{n\to\infty}\frac{(a-2)x+\frac{2x}{x^{2n}}}{3+\frac{1}{x^{2n}}}=\frac{a-2}{3}x$$

Step 2 a의 값 구하기

$f(1)=\frac{a}{4}$이므로 $(f\circ f)(1)=f(f(1))=f\left(\frac{a}{4}\right)=\frac{5}{4}$

(i) $\left|\frac{a}{4}\right|<1$, 즉 $-4<a<4$인 경우

$f(x)=2x$이므로 $f\left(\frac{a}{4}\right)=2\times\frac{a}{4}=\frac{5}{4}$ 　$\therefore a=\frac{5}{2}$

(ii) $\frac{a}{4}=-1$, 즉 $a=-4$인 경우

$f(x)=-\frac{a}{4}$이므로 $f\left(\frac{a}{4}\right)=f(-1)=1$

(iii) $\frac{a}{4}=1$, 즉 $a=4$인 경우

$f(x)=\frac{a}{4}$이므로 $f\left(\frac{a}{4}\right)=f(1)=1$

(iv) $\left|\frac{a}{4}\right|>1$, 즉 $a<-4$ 또는 $a>4$인 경우

$f(x)=\frac{a-2}{3}x$이므로 $f\left(\frac{a}{4}\right)=\frac{a-2}{3}\times\frac{a}{4}=\frac{5}{4}$에서

$a^2-2a-15=0$, $(a+3)(a-5)=0$

$\therefore a=5$ ($\because a<-4$ 또는 $a>4$)

Step 3 모든 a의 값의 합 구하기

따라서 $(f\circ f)(1)=\frac{5}{4}$가 되도록 하는 a의 값은 $\frac{5}{2}$, 5이므로 모든 a의 값의 합은

$\frac{5}{2}+5=\frac{15}{2}$

33 등비수열의 극한과 연속 정답 ② | 정답률 82%

문제 보기

함수

$$f(x)=\begin{cases} x+a & (x\le 1) \\ \lim_{n\to\infty}\dfrac{2x^{n+1}+3x^n}{x^n+1} & (x>1) \end{cases}$$ ⟶ x^n으로 분모와 분자를 각각 나눈다.

이 실수 전체의 집합에서 연속일 때, 상수 a의 값은? [3점]

└→ $x=1$에서 연속임을 이용한다.

① 2 ② 4 ③ 6 ④ 8 ⑤ 10

Step 1 $f(x)$ 구하기

$x>1$일 때, $\lim_{n\to\infty}x^n=\infty$이므로

$$f(x)=\lim_{n\to\infty}\frac{2x^{n+1}+3x^n}{x^n+1}=\lim_{n\to\infty}\frac{2x+3}{1+\frac{1}{x^n}}=2x+3$$

Step 2 a의 값 구하기

함수 $f(x)$가 실수 전체의 집합에서 연속이면 $x=1$에서도 연속이므로

$\lim_{x\to 1+}f(x)=\lim_{x\to 1-}f(x)$ ⟶ $f(x)=x+a\ (x\le 1)$이므로 $f(1)$의 값은 $\lim_{x\to 1-}f(x)$의 값과 같아서 따로 확인하지 않아도 돼.

$\lim_{x\to 1+}(2x+3)=\lim_{x\to 1-}(x+a)$

$5=1+a$

$\therefore a=4$

34 등비수열의 극한과 연속 정답 ⑤ | 정답률 62%

문제 보기

함수

$$f(x)=\lim_{n\to\infty}\frac{x^{2n+1}+ax^2+bx-2}{x^{2n}+1}$$

└→ x의 값의 범위를 $|x|<1$, $x=-1$, $x=1$, $|x|>1$로 나누어 $f(x)$를 구한다.

가 실수 전체의 집합에서 연속일 때, 두 상수 a, b의 곱 ab의 값은?

└→ $x=-1$, $x=1$에서 연속임을 이용한다. [4점]

① -2 ② -1 ③ 0 ④ 1 ⑤ 2

Step 1 $f(x)$ 구하기

(i) $|x|<1$, 즉 $-1<x<1$인 경우

$\lim_{n\to\infty}x^{2n}=0$이므로

$$f(x)=\lim_{n\to\infty}\frac{x^{2n+1}+ax^2+bx-2}{x^{2n}+1}=ax^2+bx-2$$

(ii) $x=-1$인 경우

$\lim_{n\to\infty}x^{2n}=1$, $\lim_{n\to\infty}x^{2n+1}=-1$이므로

$$f(x)=\lim_{n\to\infty}\frac{x^{2n+1}+ax^2+bx-2}{x^{2n}+1}=\frac{-1+a-b-2}{1+1}=\frac{a-b-3}{2}$$

(iii) $x=1$인 경우

$\lim_{n\to\infty}x^{2n}=1$이므로

$$f(x)=\lim_{n\to\infty}\frac{x^{2n+1}+ax^2+bx-2}{x^{2n}+1}=\frac{1+a+b-2}{1+1}=\frac{a+b-1}{2}$$

(iv) $|x|>1$, 즉 $x<-1$ 또는 $x>1$인 경우

$\lim_{n\to\infty}x^{2n}=\infty$이므로

$$f(x)=\lim_{n\to\infty}\frac{x^{2n+1}+ax^2+bx-2}{x^{2n}+1}=\lim_{n\to\infty}\frac{x+\frac{ax^2}{x^{2n}}+\frac{bx}{x^{2n}}-\frac{2}{x^{2n}}}{1+\frac{1}{x^{2n}}}=x$$

Step 2 ab의 값 구하기

함수 $f(x)$가 실수 전체의 집합에서 연속이면 $x=-1$, $x=1$에서도 연속이다.

$x=-1$에서 연속이므로

$\lim_{x\to -1+}f(x)=\lim_{x\to -1-}f(x)=f(-1)$

$\lim_{x\to -1+}(ax^2+bx-2)=\lim_{x\to -1-}x=\frac{a-b-3}{2}$

$a-b-2=-1=\frac{a-b-3}{2}$

$\therefore a-b=1$ …… ㉠

$x=1$에서 연속이므로

$\lim_{x\to 1+}f(x)=\lim_{x\to 1-}f(x)=f(1)$

$\lim_{x\to 1+}x=\lim_{x\to 1-}(ax^2+bx-2)=\frac{a+b-1}{2}$

$1=a+b-2=\frac{a+b-1}{2}$

$\therefore a+b=3$ …… ㉡

㉠, ㉡을 연립하여 풀면

$a=2$, $b=1$

$\therefore ab=2$

35 등비수열의 극한과 연속 정답 63 | 정답률 50%

문제 보기

함수 $f(x)=\lim_{n\to\infty}\frac{x^{2n}}{1+x^{2n}}$과 최고차항의 계수가 1인 이차함수 $g(x)$에 대하여 함수 $f(x)g(x)$가 실수 전체의 집합에서 연속일 때, $g(8)$의 값을 구하시오. [4점]

→ $g(x)=x^2+ax+b$로 놓는다.
→ x의 값의 범위를 $|x|<1$, $x=-1$, $x=1$, $|x|>1$로 나누어 $f(x)$를 구한다.
→ $x=-1$, $x=1$에서 연속임을 이용한다.

Step 1 $f(x)$ 구하기

(i) $|x|<1$, 즉 $-1<x<1$인 경우
$\lim_{n\to\infty}x^{2n}=0$이므로
$$f(x)=\lim_{n\to\infty}\frac{x^{2n}}{1+x^{2n}}=0$$
(ii) $x=-1$ 또는 $x=1$인 경우
$\lim_{n\to\infty}x^{2n}=1$이므로
$$f(x)=\lim_{n\to\infty}\frac{x^{2n}}{1+x^{2n}}=\frac{1}{1+1}=\frac{1}{2}$$
(iii) $|x|>1$, 즉 $x<-1$ 또는 $x>1$인 경우
$\lim_{n\to\infty}x^{2n}=\infty$이므로
$$f(x)=\lim_{n\to\infty}\frac{x^{2n}}{1+x^{2n}}=\lim_{n\to\infty}\frac{1}{\frac{1}{x^{2n}}+1}=1$$

Step 2 $g(x)$ 구하기

이차함수 $g(x)$는 최고차항의 계수가 1이므로
$g(x)=x^2+ax+b$ (a, b는 상수)라 하자.
함수 $f(x)g(x)$가 실수 전체의 집합에서 연속이면 $x=1$, $x=-1$에서도 연속이다.
$x=-1$에서 연속이므로
$$\lim_{x\to-1+}f(x)g(x)=\lim_{x\to-1-}f(x)g(x)=f(-1)g(-1)$$
$$\lim_{x\to-1+}0=\lim_{x\to-1-}(x^2+ax+b)=\frac{1}{2}(1-a+b)$$
$$0=1-a+b=\frac{1}{2}(1-a+b)$$
$\therefore a-b=1$ …… ㉠
$x=1$에서 연속이므로
$$\lim_{x\to1+}f(x)g(x)=\lim_{x\to1-}f(x)g(x)=f(1)g(1)$$
$$\lim_{x\to1+}(x^2+ax+b)=\lim_{x\to1-}0=\frac{1}{2}(1+a+b)$$
$$1+a+b=0=\frac{1}{2}(1+a+b)$$
$\therefore a+b=-1$ …… ㉡
㉠, ㉡을 연립하여 풀면
$a=0$, $b=-1$
$\therefore g(x)=x^2-1$

Step 3 $g(8)$의 값 구하기

$\therefore g(8)=64-1=63$

36 등비수열의 극한과 연속 정답 28 | 정답률 20%

문제 보기

실수 t에 대하여 직선 $y=tx-2$가 함수
$$f(x)=\lim_{n\to\infty}\frac{2x^{2n+1}-1}{x^{2n}+1}$$
의 그래프와 만나는 점의 개수를 $g(t)$라 하자. 함수 $g(t)$가 $t=a$에서 불연속인 모든 a의 값을 작은 수부터 크기순으로 나열한 것을 a_1, a_2, $\cdots$, a_m(m은 자연수)라 할 때, $m\times a_m$의 값을 구하시오. [4점]

→ x의 값의 범위를 $|x|<1$, $x=-1$, $x=1$, $|x|>1$로 나누어 $f(x)$를 구한다.

Step 1 $f(x)$ 구하기

(i) $|x|<1$, 즉 $-1<x<1$인 경우
$\lim_{n\to\infty}x^{2n}=0$이므로
$$f(x)=\lim_{n\to\infty}\frac{2x^{2n+1}-1}{x^{2n}+1}=-1$$
(ii) $x=-1$인 경우
$\lim_{n\to\infty}x^{2n}=1$, $\lim_{n\to\infty}x^{2n+1}=-1$이므로
$$f(x)=\lim_{n\to\infty}\frac{2x^{2n+1}-1}{x^{2n}+1}=\frac{-2-1}{1+1}=-\frac{3}{2}$$
(iii) $x=1$인 경우
$\lim_{n\to\infty}x^{2n}=1$이므로
$$f(x)=\lim_{n\to\infty}\frac{2x^{2n+1}-1}{x^{2n}+1}=\frac{2-1}{1+1}=\frac{1}{2}$$
(iv) $|x|>1$, 즉 $x<-1$ 또는 $x>1$인 경우
$\lim_{n\to\infty}x^{2n}=\infty$이므로
$$f(x)=\lim_{n\to\infty}\frac{2x^{2n+1}-1}{x^{2n}+1}=\lim_{n\to\infty}\frac{2x-\frac{1}{x^{2n}}}{1+\frac{1}{x^{2n}}}=2x$$
(i)~(iv)에서
$$f(x)=\begin{cases}-1 & (-1<x<1)\\ -\frac{3}{2} & (x=-1)\\ \frac{1}{2} & (x=1)\\ 2x & (x<-1 \text{ 또는 } x>1)\end{cases}$$

Step 2 $g(t)$ 구하기

함수 $y=f(x)$의 그래프와 $t=-\frac{1}{2}$, $t=2$일 때 직선 $y=tx-2$는 다음 그림과 같다.
→ t의 값에 관계없이 항상 점 $(0, -2)$를 지나.

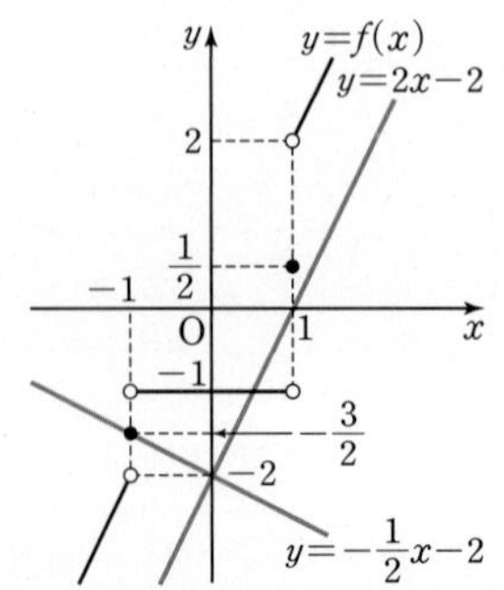

(i) $-1\le t<-\frac{1}{2}$ 또는 $-\frac{1}{2}<t\le0$일 때
함수 $y=f(x)$의 그래프와 직선 $y=tx-2$는 만나지 않으므로
$g(t)=0$
(ii) $t<-1$ 또는 $t=-\frac{1}{2}$ 또는 $0<t\le1$ 또는 $t=2$ 또는 $t\ge4$일 때
함수 $y=f(x)$의 그래프와 직선 $y=tx-2$는 한 점에서 만나므로
$g(t)=1$

(iii) $1<t<2$ 또는 $2<t<\frac{5}{2}$ 또는 $\frac{5}{2}<t<4$일 때

함수 $y=f(x)$의 그래프와 직선 $y=tx-2$는 두 점에서 만나므로
$g(t)=2$

(iv) $t=\frac{5}{2}$일 때

함수 $y=f(x)$의 그래프와 직선 $y=tx-2$는 세 점에서 만나므로
$g(t)=3$

(i)~(iv)에서

$$g(t)=\begin{cases} 0 \left(-1\le t<-\frac{1}{2} \text{ 또는 } -\frac{1}{2}<t\le 0\right) \\ 1 \left(t<-1 \text{ 또는 } t=-\frac{1}{2} \text{ 또는 } 0<t\le 1 \text{ 또는 } t=2 \text{ 또는 } t\ge 4\right) \\ 2 \left(1<t<2 \text{ 또는 } 2<t<\frac{5}{2} \text{ 또는 } \frac{5}{2}<t<4\right) \\ 3 \left(t=\frac{5}{2}\right) \end{cases}$$

Step 3 $m\times a_m$의 값 구하기

함수 $y=g(t)$의 그래프는 오른쪽 그림과 같으므로 함수 $g(t)$가 $t=a$에서 불연속인 a의 값은

$-1,\ -\frac{1}{2},\ 0,\ 1,\ 2,\ \frac{5}{2},\ 4$

따라서 $m=7$, $a_m=4$이므로

$m\times a_m=7\times 4=28$

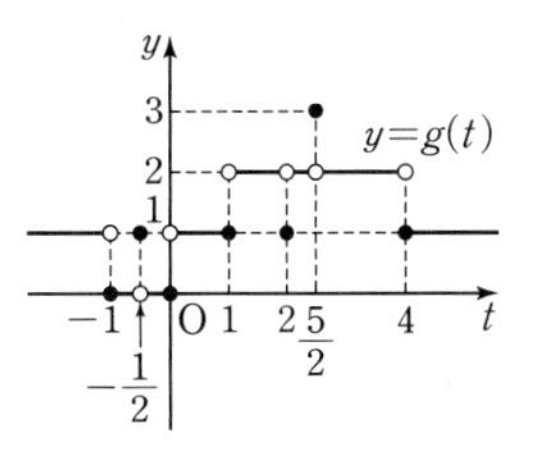

37 등비수열의 극한의 활용

정답 16 | 정답률 60%

문제 보기

자연수 n에 대하여 직선 $x=4^n$이 곡선 $y=\sqrt{x}$와 만나는 점을 P_n이라 하자. 선분 P_nP_{n+1}의 길이를 L_n이라 할 때, $\lim_{n\to\infty}\left(\frac{L_{n+1}}{L_n}\right)^2$의 값을 구하시오. [4점]

└ 두 점 P_n, P_{n+1}의 좌표를 구한다.

└ L_n을 구한다.

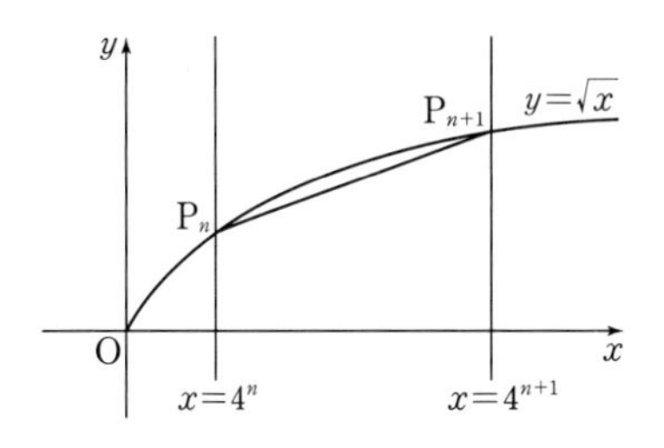

Step 1 두 점 P_n, P_{n+1}의 좌표 구하기

$P_n(4^n,\ 2^n)$이므로 $P_{n+1}(4^{n+1},\ 2^{n+1})$

Step 2 L_n 구하기

$$\therefore L_n=\overline{P_nP_{n+1}}=\sqrt{(4^{n+1}-4^n)^2+(2^{n+1}-2^n)^2}$$
$$=\sqrt{(3\times 4^n)^2+(2^n)^2}=\sqrt{9\times 16^n+4^n}$$

Step 3 극한값 구하기

$$\therefore \lim_{n\to\infty}\left(\frac{L_{n+1}}{L_n}\right)^2=\lim_{n\to\infty}\left(\frac{\sqrt{9\times 16^{n+1}+4^{n+1}}}{\sqrt{9\times 16^n+4^n}}\right)^2$$
$$=\lim_{n\to\infty}\frac{9\times 16^{n+1}+4^{n+1}}{9\times 16^n+4^n}$$
$$=\lim_{n\to\infty}\frac{9\times 16+\frac{4}{4^n}}{9+\frac{1}{4^n}}=16$$

38 등비수열의 극한의 활용 정답 ③ | 정답률 88%

문제 보기

$a>3$인 상수 a에 대하여 두 곡선 $y=a^{x-1}$과 $y=3^x$이 점 P에서 만난다.
└ 두 곡선의 교점 P의 x좌표가 k임을 이용하여 a와 k 사이의 관계식을 구한다.

점 P의 x좌표를 k라 할 때, $\lim_{n\to\infty}\frac{\left(\frac{a}{3}\right)^{n+k}}{\left(\frac{a}{3}\right)^{n+1}+1}$의 값은? [3점]
└ $\left(\frac{a}{3}\right)^n$으로 분모와 분자를 각각 나눈다.

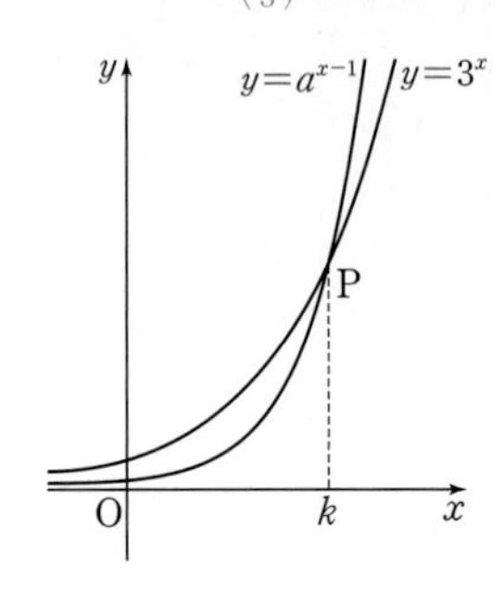

① 1 ② 2 ③ 3 ④ 4 ⑤ 5

Step 1 a와 k 사이의 관계식 구하기

두 곡선 $y=a^{x-1}$, $y=3^x$의 교점의 x좌표가 k이므로

$a^{k-1}=3^k$, $a^{k-1}=3\times3^{k-1}$

$\therefore \frac{a^{k-1}}{3^{k-1}}=\left(\frac{a}{3}\right)^{k-1}=3$

Step 2 극한값 구하기

$a>3$에서 $\frac{a}{3}>1$이므로 $\lim_{n\to\infty}\left(\frac{a}{3}\right)^n=\infty$

$$\therefore \lim_{n\to\infty}\frac{\left(\frac{a}{3}\right)^{n+k}}{\left(\frac{a}{3}\right)^{n+1}+1}=\lim_{n\to\infty}\frac{\left(\frac{a}{3}\right)^k}{\frac{a}{3}+\frac{1}{\left(\frac{a}{3}\right)^n}}$$

$$=\frac{\left(\frac{a}{3}\right)^k}{\frac{a}{3}}=\left(\frac{a}{3}\right)^{k-1}=3$$

39 등비수열의 극한의 활용 정답 ③ | 정답률 57%

문제 보기

그림과 같이 곡선 $y=f(x)$와 직선 $y=g(x)$가 원점과 점 (3, 3)에서
└ 직선 $y=g(x)$의 방정식을 구한다.

만난다. $h(x)=\lim_{n\to\infty}\frac{\{f(x)\}^{n+1}+5\{g(x)\}^n}{\{f(x)\}^n+\{g(x)\}^n}$일 때, $h(2)+h(3)$의 값은? [3점]

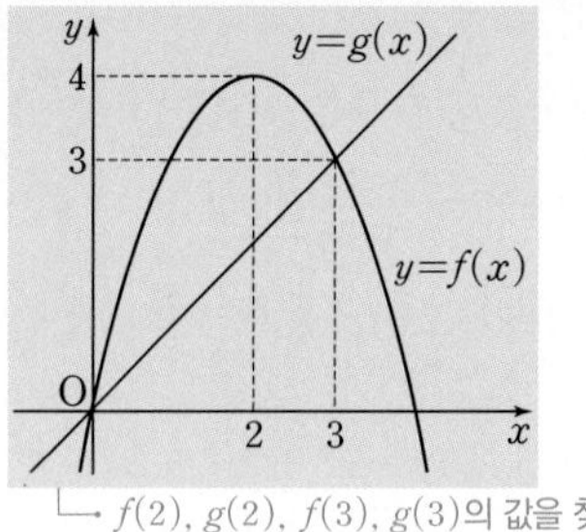

└ $f(2)$, $g(2)$, $f(3)$, $g(3)$의 값을 찾아 $h(2)$, $h(3)$의 값을 구한다.

① 6 ② 7 ③ 8 ④ 9 ⑤ 10

Step 1 $h(2)$의 값 구하기

직선 $y=g(x)$는 원점과 점 (3, 3)을 지나므로 직선의 방정식은
$y=x$

함수의 그래프에서 $f(2)=4$이고 $g(x)=x$에서 $g(2)=2$이므로

$$h(2)=\lim_{n\to\infty}\frac{\{f(2)\}^{n+1}+5\{g(2)\}^n}{\{f(2)\}^n+\{g(2)\}^n}$$

$$=\lim_{n\to\infty}\frac{4^{n+1}+5\times2^n}{4^n+2^n}$$

$$=\lim_{n\to\infty}\frac{4+\frac{5}{2^n}}{1+\frac{1}{2^n}}=4$$

Step 2 $h(3)$의 값 구하기

함수의 그래프에서 $f(3)=3$, $g(3)=3$이므로

$$h(3)=\lim_{n\to\infty}\frac{\{f(3)\}^{n+1}+5\{g(3)\}^n}{\{f(3)\}^n+\{g(3)\}^n}$$

$$=\lim_{n\to\infty}\frac{3^{n+1}+5\times3^n}{3^n+3^n}$$

$$=\lim_{n\to\infty}\frac{3+5}{1+1}=4$$

Step 3 $h(2)+h(3)$의 값 구하기

$\therefore h(2)+h(3)=4+4=8$

40 등비수열의 극한의 활용 정답 ② | 정답률 30%

문제 보기

$a>0$, $a\neq1$인 실수 a와 자연수 n에 대하여 직선 $y=n$이 y축과 만나는 점을 A_n, 직선 $y=n$이 곡선 $y=\log_a(x-1)$과 만나는 점을 B_n이라 하자. 사각형 $\mathrm{A}_n\mathrm{B}_n\mathrm{B}_{n+1}\mathrm{A}_{n+1}$의 넓이를 S_n이라 할 때,

└→ 네 점 A_n, B_n, A_{n+1}, B_{n+1}의 좌표를 구한다.

└→ $0<a<1$, $a>1$인 경우로 나누어 S_n을 구한다.

$$\lim_{n\to\infty}\frac{\overline{\mathrm{B}_n\mathrm{B}_{n+1}}}{S_n}=\frac{3}{2a+2}$$ → $\overline{\mathrm{B}_n\mathrm{B}_{n+1}}$, S_n을 구하여 대입한다.

을 만족시키는 모든 a의 값의 합은? [4점]

① 2 ② $\frac{9}{4}$ ③ $\frac{5}{2}$ ④ $\frac{11}{4}$ ⑤ 3

Step 1 네 점 A_n, B_n, A_{n+1}, B_{n+1}의 좌표를 구한다.

$\mathrm{A}_n(0,\ n)$이므로 $\mathrm{A}_{n+1}(0,\ n+1)$

점 B_n은 곡선 $y=\log_a(x-1)$ 위의 점이고 y좌표가 n이므로

$\log_a(x-1)=n$, $x-1=a^n$ $\therefore x=a^n+1$

$\mathrm{B}_n(a^n+1,\ n)$이므로 $\mathrm{B}_{n+1}(a^{n+1}+1,\ n+1)$

Step 2 a의 값 구하기

(i) $0<a<1$인 경우

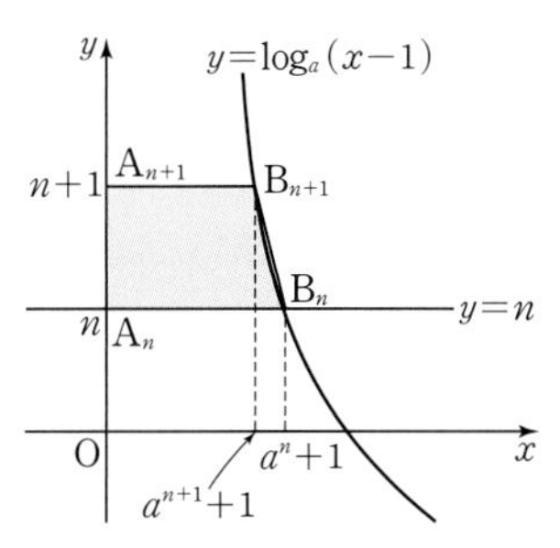

$\overline{\mathrm{B}_n\mathrm{B}_{n+1}}=\sqrt{\{(a^{n+1}+1)-(a^n+1)\}^2+\{(n+1)-n\}^2}$

$=\sqrt{(a^{n+1}-a^n)^2+1}=\sqrt{a^{2n}(a-1)^2+1}$

$\overline{\mathrm{A}_{n+1}\mathrm{B}_{n+1}}=a^{n+1}+1$, $\overline{\mathrm{A}_n\mathrm{B}_n}=a^n+1$이므로

$S_n=\square\mathrm{A}_n\mathrm{B}_n\mathrm{B}_{n+1}\mathrm{A}_{n+1}$

$=\frac{1}{2}\times(\overline{\mathrm{A}_{n+1}\mathrm{B}_{n+1}}+\overline{\mathrm{A}_n\mathrm{B}_n})\times1$

$=\frac{1}{2}\times(a^{n+1}+1+a^n+1)\times1=\frac{a^n(a+1)+2}{2}$

$0<a<1$에서 $\lim_{n\to\infty}a^n=0$이므로

$\lim_{n\to\infty}\frac{\overline{\mathrm{B}_n\mathrm{B}_{n+1}}}{S_n}=\lim_{n\to\infty}\frac{2\sqrt{a^{2n}(a-1)^2+1}}{a^n(a+1)+2}$

$=\frac{2\times1}{2}=1$

$\lim_{n\to\infty}\frac{\overline{\mathrm{B}_n\mathrm{B}_{n+1}}}{S_n}=\frac{3}{2a+2}$이므로

$\frac{3}{2a+2}=1$

$2a+2=3$, $2a=1$ $\therefore a=\frac{1}{2}$

(ii) $a>1$인 경우

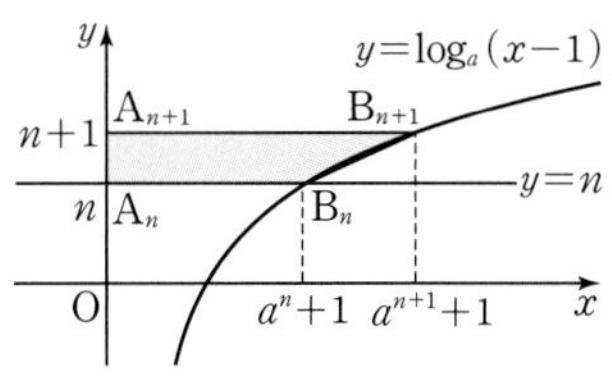

(i)과 마찬가지로

$\overline{\mathrm{B}_n\mathrm{B}_{n+1}}=\sqrt{a^{2n}(a-1)^2+1}$

$S_n=\square\mathrm{A}_n\mathrm{B}_n\mathrm{B}_{n+1}\mathrm{A}_{n+1}=\frac{a^n(a+1)+2}{2}$

$a>1$에서 $\lim_{n\to\infty}a^n=\infty$이므로

$\lim_{n\to\infty}\frac{\overline{\mathrm{B}_n\mathrm{B}_{n+1}}}{S_n}=\lim_{n\to\infty}\frac{2\sqrt{a^{2n}(a-1)^2+1}}{a^n(a+1)+2}$

$=\lim_{n\to\infty}\frac{2\sqrt{(a-1)^2+\frac{1}{a^{2n}}}}{(a+1)+\frac{2}{a^n}}$

$=\frac{2(a-1)}{a+1}$

$\lim_{n\to\infty}\frac{\overline{\mathrm{B}_n\mathrm{B}_{n+1}}}{S_n}=\frac{3}{2a+2}$이므로

$\frac{3}{2a+2}=\frac{2(a-1)}{a+1}$

$3a+3=4a^2-4$, $4a^2-3a-7=0$

$(4a-7)(a+1)=0$ $\therefore a=\frac{7}{4}$ ($\because a>1$)

Step 3 모든 a의 값의 합 구하기

따라서 모든 a의 값의 합은

$\frac{1}{2}+\frac{7}{4}=\frac{9}{4}$

41 등비수열의 극한의 활용

정답 ④ | 정답률 60%

문제 보기

자연수 n에 대하여 중심이 x축 위에 있고 반지름의 길이가 r_n인 원 C_n을 다음과 같은 규칙으로 그린다.

> (가) 원점을 중심으로 하고 반지름의 길이가 1인 원 C_1을 그린다.
> └ $a_1=0$, $r_1=1$
> (나) 원 C_{n-1}의 중심을 x축의 방향으로 $2r_{n-1}$만큼 평행이동시킨 점을 중심으로 하고 반지름의 길이가 $2r_{n-1}$인 원 C_n을 그린다.
> └ 규칙에 따라 a_n, r_n을 구한다. $(n=2, 3, 4, \cdots)$

원 C_n의 중심을 $(a_n, 0)$이라 할 때, $\lim_{n\to\infty}\frac{a_n}{r_n}$의 값은? [4점]

① $\frac{1}{2}$ ② 1 ③ 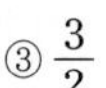 $\frac{3}{2}$ ④ 2 ⑤ 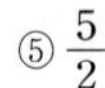 $\frac{5}{2}$

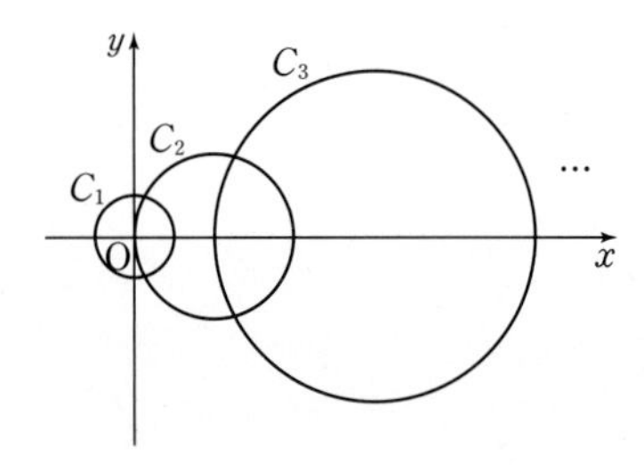

Step 1 a_n, r_n 구하기

조건 (가)에서 $a_1=0$, $r_1=1$

조건 (나)에 $n=2$를 대입하면 원 C_1의 중심 $(0, 0)$을 x축의 방향으로 $2r_1=2$만큼 평행이동시킨 점 $(2, 0)$을 중심으로 하고 반지름의 길이가 $2r_1=2$인 원이 C_2이므로

$a_2=2$, $r_2=2$

조건 (나)에 $n=3$을 대입하면 원 C_2의 중심 $(2, 0)$을 x축의 방향으로 $2r_2=2^2$만큼 평행이동시킨 점 $(2+2^2, 0)$을 중심으로 하고 반지름의 길이가 $2r_2=2^2$인 원이 C_3이므로

$a_3=2+2^2$, $r_3=2^2$

⋮

$n\ge2$일 때, $a_n=2+2^2+\cdots+2^{n-1}=\frac{2(2^{n-1}-1)}{2-1}=2^n-2$, $r_n=2^{n-1}$

Step 2 극한값 구하기

$$\therefore \lim_{n\to\infty}\frac{a_n}{r_n}=\lim_{n\to\infty}\frac{2^n-2}{2^{n-1}}=\lim_{n\to\infty}\left(2-\frac{2}{2^{n-1}}\right)=2$$

42 등비수열의 극한의 활용

정답 ③ | 정답률 57%

문제 보기

그림과 같이 좌표평면에 원 C_1: $(x-1)^2+y^2=1$과 점 A$(2, 0)$이 있다. 원 C_1의 중심을 O_1이라 하고, 선분 O_1A를 지름으로 하는 원을 C_2라 하자. 원 C_2의 중심을 O_2라 하고, 선분 O_2A를 지름으로 하는 원을 C_3이라 하자. 이와 같은 과정을 계속하여 n번째 얻은 원을 C_n이라 하자.
└ 규칙에 따라 원 C_n의 반지름의 길이와 중심의 좌표를 구한다.

점 B$(-1, 0)$에서 원 C_n에 그은 접선의 기울기를 a_n이라 할 때,
└ 원 C_n의 중심과 접선 사이의 거리는 원의 반지름의 길이와 같음을 이용하여 a_n을 구한다.

$\lim_{n\to\infty}2^na_n$의 값은? (단, $a_n>0$이다.) [4점]

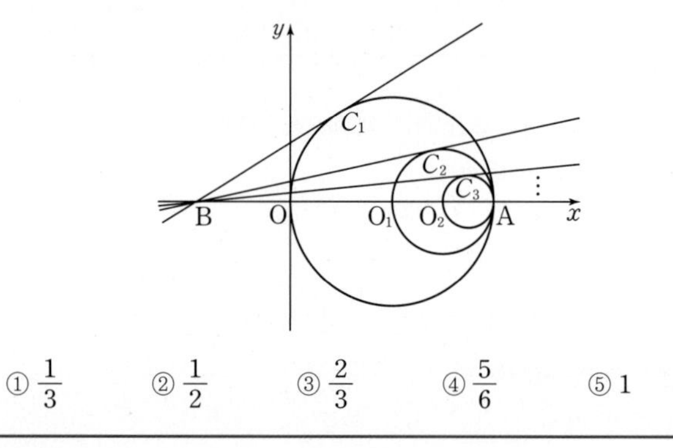

① $\frac{1}{3}$ ② $\frac{1}{2}$ ③ $\frac{2}{3}$ ④ $\frac{5}{6}$ ⑤ 1

Step 1 원 C_n의 반지름의 길이와 중심의 좌표 구하기

원 C_1의 반지름의 길이는 1, $O_1(2-1, 0)$

원 C_2의 반지름의 길이는 $\frac{1}{2}\overline{O_1A}=\frac{1}{2}$, $O_2\left(2-\frac{1}{2}, 0\right)$

(점 O_2의 x좌표)=(점 A의 x좌표)−(원 C_2의 반지름의 길이)

원 C_3의 반지름의 길이는 $\frac{1}{2}\overline{O_2A}=\left(\frac{1}{2}\right)^2$, $O_3\left(2-\left(\frac{1}{2}\right)^2, 0\right)$

⋮

원 C_n의 반지름의 길이는 $\left(\frac{1}{2}\right)^{n-1}$, $O_n\left(2-\left(\frac{1}{2}\right)^{n-1}, 0\right)$

Step 2 a_n 구하기

점 B$(-1, 0)$을 지나고 기울기가 a_n인 직선의 방정식은

$y=a_n(x+1)$ $\therefore a_nx-y+a_n=0$

점 O_n과 직선 $a_nx-y+a_n=0$ 사이의 거리는 원 C_n의 반지름의 길이와 같으므로

$$\frac{\left|a_n\left\{2-\left(\frac{1}{2}\right)^{n-1}\right\}+a_n\right|}{\sqrt{a_n^2+(-1)^2}}=\left(\frac{1}{2}\right)^{n-1}$$

$$\sqrt{a_n^2+1}=2^{n-1}\left|3a_n-\frac{a_n}{2^{n-1}}\right|$$

양변을 제곱하면

$$a_n^2+1=4^{n-1}\left(9a_n^2-\frac{6a_n^2}{2^{n-1}}+\frac{a_n^2}{4^{n-1}}\right)$$

$$a_n^2+1=a_n^2(9\times4^{n-1}-3\times2^n+1)$$

$$a_n^2(9\times4^{n-1}-3\times2^n)=1,\ a_n^2=\frac{1}{9\times4^{n-1}-3\times2^n}$$

$$\therefore a_n=\frac{1}{\sqrt{9\times4^{n-1}-3\times2^n}}\ (\because a_n>0)$$

Step 3 극한값 구하기

$$\therefore \lim_{n\to\infty}2^na_n=\lim_{n\to\infty}\frac{2^n}{\sqrt{9\times4^{n-1}-3\times2^n}}=\lim_{n\to\infty}\frac{1}{\sqrt{\frac{9}{4}-\frac{3}{2^n}}}=\frac{1}{\frac{3}{2}}=\frac{2}{3}$$

43 등비수열의 극한의 활용 정답 192 | 정답률 21%

문제 보기

그림과 같이 한 변의 길이가 4인 정삼각형 ABC와 점 A를 지나고 직선 BC와 평행한 직선 l이 있다. 자연수 n에 대하여 중심 O_n이 변 AC 위에 있고 반지름의 길이가 $\sqrt{3}\left(\frac{1}{2}\right)^{n-1}$인 원이 직선 AB와 직선 l에 모두 접한다. 이 원과 직선 AB가 접하는 점을 P_n, 직선 O_nP_n과 직선 l이 만나는 점을 Q_n이라 하자. 삼각형 BO_nQ_n의 넓이를 S_n이라 할 때, $\lim_{n\to\infty} 2^n S_n = k$이다. k^2의 값을 구하시오. [4점]

→ $AB \perp O_nP_n$

→ $S_n = \frac{1}{2} \times \overline{O_nQ_n} \times \overline{BP_n}$임을 이용한다.

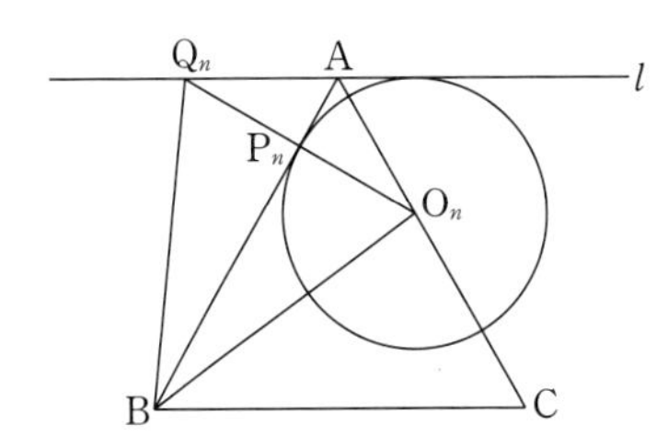

Step 1 $\overline{O_nQ_n}$ 구하기

원 O_n이 직선 AB와 점 P_n에서 접하므로 직선 AB와 직선 O_nQ_n은 서로 수직이다.

$\therefore \angle AP_nQ_n = \angle AP_nO_n = 90^\circ$

직선 l과 직선 BC가 평행하므로 $\angle Q_nAB = \angle ABC = 60^\circ$

$\triangle AP_nQ_n \equiv \triangle AP_nO_n$ (RHA 합동)이므로 → $\angle AP_nQ_n = \angle AP_nO_n = 90^\circ$, $\overline{AP_n}$은 공통, $\angle Q_nAP_n = \angle O_nAP_n$

$\overline{Q_nP_n} = \overline{O_nP_n}$

$\therefore \overline{O_nQ_n} = 2\overline{O_nP_n} = 2\times\sqrt{3}\left(\frac{1}{2}\right)^{n-1}$

Step 2 $\overline{BP_n}$ 구하기

직각삼각형 AP_nO_n에서 $\angle O_nAP_n = 60^\circ$이므로

$$\overline{AP_n} = \frac{\overline{O_nP_n}}{\tan 60^\circ} = \frac{\sqrt{3}\left(\frac{1}{2}\right)^{n-1}}{\sqrt{3}} = \left(\frac{1}{2}\right)^{n-1}$$

$\therefore \overline{BP_n} = \overline{AB} - \overline{AP_n} = 4 - \left(\frac{1}{2}\right)^{n-1}$

Step 3 S_n 구하기

$$\therefore S_n = \triangle BO_nQ_n = \frac{1}{2}\times\overline{O_nQ_n}\times\overline{BP_n}$$
$$= \frac{1}{2}\times\left\{2\times\sqrt{3}\left(\frac{1}{2}\right)^{n-1}\right\}\times\left\{4-\left(\frac{1}{2}\right)^{n-1}\right\}$$
$$= \sqrt{3}\left(\frac{1}{2}\right)^{n-1}\left\{4-\left(\frac{1}{2}\right)^{n-1}\right\}$$

Step 4 극한값 구하기

$$\therefore \lim_{n\to\infty} 2^n S_n = \lim_{n\to\infty} 2\sqrt{3}\left\{4-\left(\frac{1}{2}\right)^{n-1}\right\} = 8\sqrt{3}$$

Step 5 k^2의 값 구하기

따라서 $k = 8\sqrt{3}$이므로 $k^2 = 192$

44 등비수열의 극한의 응용 정답 25 | 정답률 7%

문제 보기

함수

$$f(x) = \lim_{n\to\infty} \frac{x^{2n+1} - x}{x^{2n}+1}$$

→ x의 값의 범위를 $|x|<1$, $x=-1$, $x=1$, $|x|>1$로 나누어 $f(x)$를 구한다.

에 대하여 실수 전체의 집합에서 정의된 함수 $g(x)$가 다음 조건을 만족시킨다.

> $2k-2 \le |x| < 2k$일 때,
> $$g(x) = (2k-1)\times f\left(\frac{x}{2k-1}\right)$$
> → $k=1, 2, 3, \cdots$을 대입하여 $g(x)$를 구한다.
>
> 이다. (단, k는 자연수이다.)

$0<t<10$인 실수 t에 대하여 직선 $y=t$가 함수 $y=g(x)$의 그래프와 만나지 않도록 하는 모든 t의 값의 합을 구하시오. [4점]

Step 1 $f(x)$ 구하기

(i) $|x|<1$, 즉 $-1<x<1$인 경우

$\lim_{n\to\infty} x^{2n} = 0$이므로

$$f(x) = \lim_{n\to\infty}\frac{x^{2n+1}-x}{x^{2n}+1} = -x$$

(ii) $x=-1$인 경우

$\lim_{n\to\infty} x^{2n} = 1$, $\lim_{n\to\infty} x^{2n+1} = -1$이므로

$$f(x) = \lim_{n\to\infty}\frac{x^{2n+1}-x}{x^{2n}+1} = \frac{-1-(-1)}{1+1} = 0$$

(iii) $x=1$인 경우

$\lim_{n\to\infty} x^{2n} = 1$이므로

$$f(x) = \lim_{n\to\infty}\frac{x^{2n+1}-x}{x^{2n}+1} = \frac{1-1}{1+1} = 0$$

(iv) $|x|>1$, 즉 $x<-1$ 또는 $x>1$인 경우

$\lim_{n\to\infty} x^{2n} = \infty$이므로

$$f(x) = \lim_{n\to\infty}\frac{x^{2n+1}-x}{x^{2n}+1} = \lim_{n\to\infty}\frac{x-\frac{x}{x^{2n}}}{1+\frac{1}{x^{2n}}} = x$$

(i)~(iv)에서
$$f(x) = \begin{cases} -x & (-1<x<1) \\ 0 & (x=-1 \text{ 또는 } x=1) \\ x & (x<-1 \text{ 또는 } x>1) \end{cases} \quad \cdots\cdots ㉠$$

Step 2 k의 값에 따른 $g(x)$ 구하기

(i) $k=1$인 경우

$0\le|x|<2$, 즉 $-2<x<2$일 때

$$g(x) = f(x) = \begin{cases} -x & (-1<x<1) \\ 0 & (x=-1 \text{ 또는 } x=1) \\ x & (-2<x<-1 \text{ 또는 } 1<x<2) \end{cases}$$

→ $-2<x<2$와 $x<-1$ 또는 $x>1$의 공통범위야.

(ii) $k=2$인 경우

$$f\left(\frac{x}{3}\right) = \begin{cases} -\frac{x}{3} & (-3<x<3) \\ 0 & (x=-3 \text{ 또는 } x=3)\text{이므로} \\ \frac{x}{3} & (x<-3 \text{ 또는 } x>3) \end{cases}$$

$2\le|x|<4$, 즉 $-4<x\le-2$ 또는 $2\le x<4$일 때

$$g(x) = 3f\left(\frac{x}{3}\right) = \begin{cases} -x & (-3<x\le-2 \text{ 또는 } 2\le x<3) \\ 0 & (x=-3 \text{ 또는 } x=3) \\ x & (-4<x<-3 \text{ 또는 } 3<x<4) \end{cases}$$

→ $-4<x\le-2$ 또는 $2\le x<4$와 $-3<x<3$의 공통범위야.

(iii) $k=3$인 경우

$$f\left(\frac{x}{5}\right)=\begin{cases} -\frac{x}{5} & (-5<x<5) \\ 0 & (x=-5 \text{ 또는 } x=5)\text{이므로} \\ \frac{x}{5} & (x<-5 \text{ 또는 } x>5) \end{cases}$$

$4\le|x|<6$, 즉 $-6<x\le-4$ 또는 $4\le x<6$일 때

$$g(x)=5f\left(\frac{x}{5}\right)$$
$$=\begin{cases} -x & (-5<x\le-4 \text{ 또는 } 4\le x<5) \\ 0 & (x=-5 \text{ 또는 } x=5) \\ x & (-6<x<-5 \text{ 또는 } 5<x<6) \end{cases}$$

⋮

(i), (ii), (iii)에서

$$g(x)=\begin{cases} -x & (0\le|x|<1 \text{ 또는 } 2\le|x|<3 \text{ 또는 } 4\le|x|<5 \text{ 또는 } \cdots) \\ 0 & (|x|=1 \text{ 또는 } |x|=3 \text{ 또는 } |x|=5 \text{ 또는 } \cdots) \\ x & (1<|x|<2 \text{ 또는 } 3<|x|<4 \text{ 또는 } 5<|x|<6 \text{ 또는 } \cdots) \end{cases}$$

Step 3 **모든 t의 값의 합 구하기**

함수 $y=g(x)$의 그래프는 다음 그림과 같다.

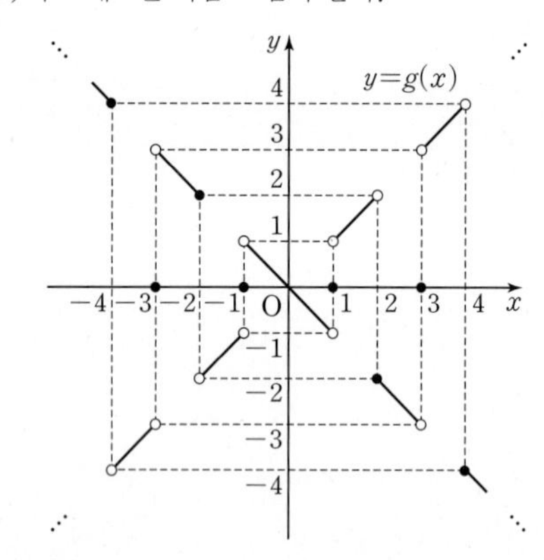

$t=2m-1$(m은 정수)일 때, 직선 $y=t$는 함수 $y=g(x)$의 그래프와 만나지 않고 $0<t<10$이므로 모든 t의 값의 합은

$1+3+5+7+9=25$

다른 풀이

Step 2 **$g(x)$ 구하기**

$$\text{㉠에서 } f\left(\frac{x}{2k-1}\right)=\begin{cases} -\frac{x}{2k-1} & \left(\left|\frac{x}{2k-1}\right|<1\right) \\ 0 & \left(\left|\frac{x}{2k-1}\right|=1\right) \\ \frac{x}{2k-1} & \left(\left|\frac{x}{2k-1}\right|>1\right) \end{cases}$$

$2k-2\le|x|<2k$이므로 자연수 k에 대하여

(i) $2k-2\le|x|<2k-1$일 때

$\left|\frac{x}{2k-1}\right|<1$이므로 └→ $2k-1>0$이므로 $\frac{|x|}{2k-1}<1$, 즉 $\left|\frac{x}{2k-1}\right|<1$이야.

$$g(x)=(2k-1)\times f\left(\frac{x}{2k-1}\right)=(2k-1)\times\left(-\frac{x}{2k-1}\right)=-x$$

(ii) $|x|=2k-1$일 때

$\left|\frac{x}{2k-1}\right|=1$이므로

$$g(x)=(2k-1)\times f\left(\frac{x}{2k-1}\right)=0$$

(iii) $2k-1<|x|<2k$일 때

$\left|\frac{x}{2k-1}\right|>1$이므로

$$g(x)=(2k-1)\times f\left(\frac{x}{2k-1}\right)=(2k-1)\times\frac{x}{2k-1}=x$$

45 등비수열의 극한의 응용 정답 13 | 정답률 10%

문제 보기

함수 $f(x)$를

$$f(x)=\lim_{n\to\infty}\frac{ax^{2n}+bx^{2n-1}+x}{x^{2n}+2} \ (a,\ b\text{는 양의 상수})$$

└→ x의 값의 범위를 $|x|<1$, $x=-1$, $x=1$, $|x|>1$로 나누어 $f(x)$를 구한다.

라 하자. 자연수 m에 대하여 방정식 $f(x)=2(x-1)+m$의 실근의 개수를 c_m이라 할 때, $c_k=5$인 자연수 k가 존재한다. $k+\sum_{m=1}^{\infty}(c_m-1)$

└→ 두 함수 $y=f(x)$, $y=2(x-1)+k$의 그래프가 만나는 점의 개수가 5일 때의 k의 값을 구한다.

의 값을 구하시오. [4점]

Step 1 **$f(x)$ 구하기**

(i) $|x|<1$, 즉 $-1<x<1$인 경우

$\lim_{n\to\infty}x^{2n}=0$이므로

$$f(x)=\lim_{n\to\infty}\frac{ax^{2n}+bx^{2n-1}+x}{x^{2n}+2}=\frac{x}{2}$$

(ii) $x=-1$인 경우

$\lim_{n\to\infty}x^{2n}=1$, $\lim_{n\to\infty}x^{2n-1}=-1$이므로

$$f(x)=\lim_{n\to\infty}\frac{ax^{2n}+bx^{2n-1}+x}{x^{2n}+2}=\frac{a-b-1}{1+2}=\frac{a-b-1}{3}$$

(iii) $x=1$인 경우

$\lim_{n\to\infty}x^{2n}=1$이므로

$$f(x)=\lim_{n\to\infty}\frac{ax^{2n}+bx^{2n-1}+x}{x^{2n}+2}=\frac{a+b+1}{1+2}=\frac{a+b+1}{3}$$

(iv) $|x|>1$, 즉 $x<-1$ 또는 $x>1$인 경우

$\lim_{n\to\infty}x^{2n}=\infty$이므로

$$f(x)=\lim_{n\to\infty}\frac{ax^{2n}+bx^{2n-1}+x}{x^{2n}+2}=\lim_{n\to\infty}\frac{a+\frac{b}{x}+\frac{1}{x^{2n-1}}}{1+\frac{2}{x^{2n}}}=a+\frac{b}{x}$$

$$\text{(i)}\sim\text{(iv)에서 } f(x)=\begin{cases} a+\frac{b}{x} & (x<-1 \text{ 또는 } x>1) \\ \frac{a+b+1}{3} & (x=1) \\ \frac{a-b-1}{3} & (x=-1) \\ \frac{x}{2} & (-1<x<1) \end{cases}$$

Step 2 **a, b, k의 값 구하기**

함수 $g(x)=2(x-1)+m$이라 하면 방정식 $f(x)=2(x-1)+m$의 실근의 개수는 두 함수 $y=f(x)$, $y=g(x)$의 그래프가 만나는 점의 개수와 같다.

따라서 $c_k=5$인 자연수 k가 존재하려면 두 함수 $y=f(x)$, $y=g(x)$의 그래프는 오른쪽 그림과 같이 $f(1)=g(1)$, $f(-1)=g(-1)$이어야 한다.

즉, 함수 $g(x)=2(x-1)+k$의 그래프는 두 점 $\left(1,\ \frac{a+b+1}{3}\right)$, $\left(-1,\ \frac{a-b-1}{3}\right)$을 지나야 하므로

$$\frac{a+b+1}{3}=k,\ \frac{a-b-1}{3}=k-4$$

$\therefore a+b=3k-1$, $a-b=3k-11$

두 식을 변끼리 빼면

$2b=10 \qquad \therefore b=5$

$\frac{a+b+1}{3}=k$에 $b=5$를 대입하면 $k=\frac{a}{3}+2$

이때 k는 자연수이므로 a는 3의 배수이다. …… ㉠

한편 $\lim_{x\to-1-}f(x)<f(-1)<\lim_{x\to-1+}f(x)$이어야 하므로

$\lim_{x\to-1-}\left(a+\frac{b}{x}\right)<\frac{a-b-1}{3}<\lim_{x\to-1+}\frac{x}{2}$

$a-5<\frac{a}{3}-2<-\frac{1}{2}$ $\quad\therefore a<\frac{9}{2}$ ...... ㉡

또 $\lim_{x\to1-}f(x)<f(1)<\lim_{x\to1+}f(x)$이어야 하므로

$\lim_{x\to1-}\frac{x}{2}<\frac{a+b+1}{3}<\lim_{x\to1+}\left(a+\frac{b}{x}\right)$

$\frac{1}{2}<\frac{a}{3}+2<a+5$

이때 $a>0$이므로 항상 성립한다.

따라서 ㉠, ㉡에서 a는 $0<a<\frac{9}{2}$인 3의 배수이므로

$a=3$ $\quad\therefore k=3$

Step 3 c_m의 값 구하기

두 함수 $f(x)=\begin{cases}3+\frac{5}{x} & (x<-1 \text{ 또는 } x>1)\\ 3 & (x=1)\\ -1 & (x=-1)\\ \frac{x}{2} & (-1<x<1)\end{cases}$, $g(x)=2(x-1)+m$의

그래프는 다음 그림과 같다.

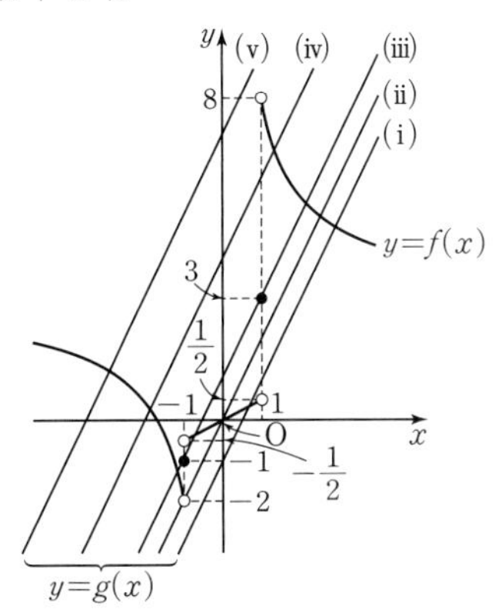

(i) $m=1$일 때, $g(x)=2x-1$
  두 함수 $y=f(x)$, $y=g(x)$의 그래프는 두 점에서 만나므로 $c_1=2$

(ii) $m=2$일 때, $g(x)=2x$
  두 함수 $y=f(x)$, $y=g(x)$의 그래프는 두 점에서 만나므로 $c_2=2$

(iii) $m=3$일 때, $g(x)=2x+1$
  $m=k=3$이므로 $c_3=5$

(iv) $4\le m\le7$일 때, $2x+2\le g(x)\le 2x+5$
  두 함수 $y=f(x)$, $y=g(x)$의 그래프는 두 점에서 만나므로 $c_m=2$

(v) $m\ge8$일 때, $g(x)\ge 2x+6$
  두 함수 $y=f(x)$, $y=g(x)$의 그래프는 한 점에서 만나므로 $c_m=1$

Step 4 $k+\sum_{m=1}^{\infty}(c_m-1)$의 값 구하기

(i)~(v)에서

$m=1$일 때, $c_m-1=2-1=1$

$m=2$일 때, $c_m-1=2-1=1$

$m=3$일 때, $c_m-1=5-1=4$

$4\le m\le7$일 때, $c_m-1=2-1=1$

$m\ge8$일 때, $c_m-1=1-1=0$

$\therefore k+\sum_{m=1}^{\infty}(c_m-1)=3+1+1+4+1\times4=13$

46 x^n을 포함한 수열의 극한
정답 84 | 정답률 7%

문제 보기

최고차항의 계수가 1인 삼차함수 $f(x)$와 자연수 m에 대하여 구간 $(0, \infty)$에서 정의된 함수 $g(x)$를

$$g(x)=\lim_{n\to\infty}\frac{f(x)\left(\frac{x}{m}\right)^n+x}{\left(\frac{x}{m}\right)^n+1}$$

→ x의 값의 범위를 $0<x<m$, $x=m$, $x>m$으로 나누어 $g(x)$를 간단히 나타낸다.

라 하자. 함수 $g(x)$는 다음 조건을 만족시킨다.

> (가) 함수 $g(x)$는 구간 $(0, \infty)$에서 미분가능하고, $g'(m+1)\le0$이다.
> (나) $g(k)g(k+1)=0$을 만족시키는 자연수 k의 개수는 3이다.
> └→ $y=g(x)$, $y=g(x+1)$의 그래프를 이용하여 조건을 만족시키는 그래프의 개형을 찾아본다.
> (다) $g(l)\ge g(l+1)$을 만족시키는 자연수 l의 개수는 3이다.
> └→ $g(x)$가 감소하는 구간에 주목한다.

$g(12)$의 값을 구하시오. [4점]

Step 1 $g(x)$를 간단히 나타내기

$x>0$일 때, 함수 $g(x)$를 구하면 다음과 같다.

(i) $0<x<m$인 경우

$\lim_{n\to\infty}\left(\frac{x}{m}\right)^n=0$이므로 $g(x)=x$

(ii) $x=m$인 경우

$\lim_{n\to\infty}\left(\frac{x}{m}\right)^n=1$이므로 $g(x)=\frac{f(x)+x}{2}=\frac{f(m)+m}{2}$

(iii) $x>m$인 경우

$\lim_{n\to\infty}\left(\frac{x}{m}\right)^n=\infty$이므로 $g(x)=f(x)$

→ $\lim_{n\to\infty}\frac{f(x)\left(\frac{x}{m}\right)^n+x}{\left(\frac{x}{m}\right)^n+1}=\lim_{n\to\infty}\frac{f(x)+\frac{x}{\left(\frac{x}{m}\right)^n}}{1+\frac{1}{\left(\frac{x}{m}\right)^n}}=f(x)$

(i), (ii), (iii)에서 $g(x)=\begin{cases}x & (0<x<m)\\ \frac{f(m)+m}{2} & (x=m)\\ f(x) & (x>m)\end{cases}$

Step 2 $f(x)$ 구하기

조건 (가)에서 함수 $g(x)$가 $x=m$에서 미분가능하므로

$\lim_{x\to m-}g'(x)=\lim_{x\to m+}g'(x)$에서

$\lim_{x\to m-}1=\lim_{x\to m+}f'(x)$ $\quad\therefore f'(m)=1$ ...... ㉠

또 함수 $g(x)$가 $x=m$에서 연속이므로

$\lim_{x\to m-}g(x)=\lim_{x\to m+}g(x)=g(m)$에서

$\lim_{x\to m-}x=\lim_{x\to m+}f(x)=\frac{f(m)+m}{2}$

$m=f(m)=\frac{f(m)+m}{2}$

$\therefore f(m)=m$ ...... ㉡

조건 (나)에서 $g(k)g(k+1)=0$을 만족시키는 자연수 k의 개수가 3이 되려면 $g(x)=0$을 만족시키는 자연수 x는 연속된 2개의 자연수이어야 한다.

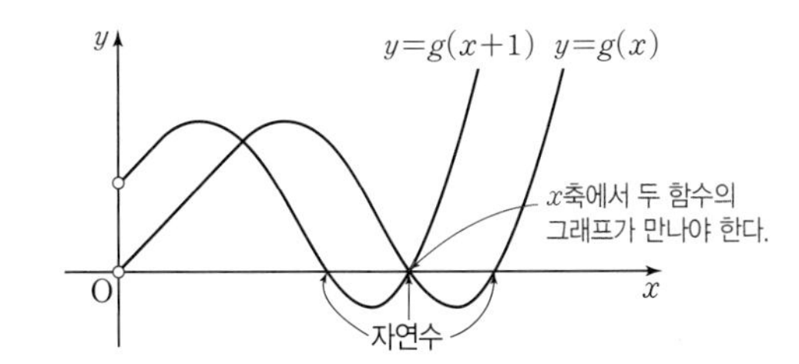

이 두 자연수를 α, $\alpha+1$이라 하면 함수 $y=g(x)$의 그래프의 개형은 다음과 같다.

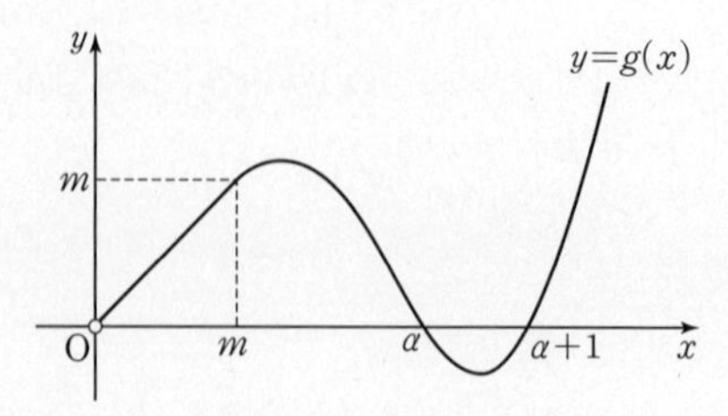

삼차방정식 $f(x)=0$의 세 근을 α, $\alpha+1$, β라 하자.
조건 ㈎에서 $g'(m+1)\le 0$이므로 조건 ㈐에서 $g(l)\ge g(l+1)$을 만족시키는 세 자연수 l은 구간 $[m, \alpha+1)$ 안에 있어야 한다.
따라서 l은 연속된 세 자연수이고 이 중에서 가장 큰 수는 α이다.

(i) $g(m)<g(m+1)$일 때,
$g(l)\ge g(l+1)$을 만족시키는 세 자연수 l은 $m+1$, $m+2$, $m+3$이다.
즉, $\alpha=m+3$이므로

$$\begin{aligned}f(x)&=(x-\alpha)(x-\alpha-1)(x-\beta)\\&=(x-m-3)(x-m-4)(x-\beta)\\&=\{x^2-(2m+7)x+m^2+7m+12\}(x-\beta)\quad\cdots\cdots ㉢\end{aligned}$$

$f'(x)=(2x-2m-7)(x-\beta)+\{x^2-(2m+7)x+m^2+7m+12\}$

$$\begin{aligned}f'(m)&=-7(m-\beta)+(m^2-2m^2-7m+m^2+7m+12)\\&=-7(m-\beta)+12\end{aligned}$$

㉠에 의하여 $-7(m-\beta)+12=1$

$\therefore m-\beta=\dfrac{11}{7}\quad\cdots\cdots ㉣$

㉢에서
$f(m)=(m^2-2m^2-7m+m^2+7m+12)(m-\beta)=12(m-\beta)$
㉡에 의하여

$$\begin{aligned}m&=12(m-\beta)=12\times\frac{11}{7}\ (\because ㉣)\\&=\frac{132}{7}\end{aligned}$$

이때 m은 자연수가 아니므로 조건을 만족시키지 않는다.

(ii) $g(m)\ge g(m+1)$일 때,
$g(l)\ge g(l+1)$을 만족시키는 세 자연수 l은 m, $m+1$, $m+2$이다.
즉, $\alpha=m+2$이므로

$$\begin{aligned}f(x)&=(x-\alpha)(x-\alpha-1)(x-\beta)\\&=(x-m-2)(x-m-3)(x-\beta)\\&=\{x^2-(2m+5)x+m^2+5m+6\}(x-\beta)\quad\cdots\cdots ㉤\end{aligned}$$

$f'(x)=(2x-2m-5)(x-\beta)+\{x^2-(2m+5)x+m^2+5m+6\}$

$$\begin{aligned}f'(m)&=-5(m-\beta)+(m^2-2m^2-5m+m^2+5m+6)\\&=-5(m-\beta)+6\end{aligned}$$

㉠에 의하여 $-5(m-\beta)+6=1$

$\therefore m-\beta=1\quad\cdots\cdots ㉥$

㉤에서
$f(m)=(m^2-2m^2-5m+m^2+5m+6)(m-\beta)=6(m-\beta)$
㉡에 의하여

$$\begin{aligned}m&=6(m-\beta)=6\times 1\ (\because ㉥)\\&=6\end{aligned}$$

㉥에 $m=6$을 대입하면 $\beta=5$
$\therefore f(x)=(x-5)(x-8)(x-9)$
이때 $g'(m+1)=f'(m+1)=f'(7)=-5\times(7-5)+6=-4$이므로 조건 ㈎를 만족시키고, $g(m)=f(6)$, $g(m+1)=f(7)$이고 $f(6)=6$, $f(7)=4$이므로 $g(m)\ge g(m+1)$을 만족시킨다.

(i), (ii)에서 $f(x)=(x-5)(x-8)(x-9)$

Step 3 $g(12)$의 값 구하기

$\therefore g(12)=f(12)=7\times 4\times 3=84$

47 등비수열의 극한과 연속 정답 ⑤ | 정답률 36%

문제 보기

함수

$$f(x)=\lim_{n\to\infty}\frac{\left(\frac{x-1}{k}\right)^{2n}-1}{\left(\frac{x-1}{k}\right)^{2n}+1}\ (k>0)$$

└ $\frac{x-1}{k}$의 값의 범위를 $\left|\frac{x-1}{k}\right|<1$, $\left|\frac{x-1}{k}\right|=1$, $\left|\frac{x-1}{k}\right|>1$로 나누어 $f(x)$를 구한다.

에 대하여 함수

$$g(x)=\begin{cases}(f\circ f)(x) & (x=k)\\(x-k)^2 & (x\ne k)\end{cases}$$

가 실수 전체의 집합에서 연속이다. 상수 k에 대하여 $(g\circ f)(k)$의 값은? [4점]
└ $x=k$에서 연속임을 이용한다.

① 1 ② 3 ③ 5 ④ 7 ⑤ 9

Step 1 $f(x)$ 구하기

(i) $\left|\frac{x-1}{k}\right|<1$, 즉 $1-k<x<1+k$인 경우

$\lim_{n\to\infty}\left(\frac{x-1}{k}\right)^{2n}=0$이므로

$$f(x)=\lim_{n\to\infty}\frac{\left(\frac{x-1}{k}\right)^{2n}-1}{\left(\frac{x-1}{k}\right)^{2n}+1}=-1$$

(ii) $\left|\frac{x-1}{k}\right|=1$, 즉 $x=1-k$ 또는 $x=1+k$인 경우

$\lim_{n\to\infty}\left(\frac{x-1}{k}\right)^{2n}=1$이므로

$$f(x)=\lim_{n\to\infty}\frac{\left(\frac{x-1}{k}\right)^{2n}-1}{\left(\frac{x-1}{k}\right)^{2n}+1}=0$$

(iii) $\left|\frac{x-1}{k}\right|>1$, 즉 $x<1-k$ 또는 $x>1+k$인 경우

$\lim_{n\to\infty}\left(\frac{x-1}{k}\right)^{2n}=\infty$이므로

$$f(x)=\lim_{n\to\infty}\frac{\left(\frac{x-1}{k}\right)^{2n}-1}{\left(\frac{x-1}{k}\right)^{2n}+1}=\lim_{n\to\infty}\frac{1-\frac{1}{\left(\frac{x-1}{k}\right)^{2n}}}{1+\frac{1}{\left(\frac{x-1}{k}\right)^{2n}}}=1$$

(i), (ii), (iii)에서

$$f(x)=\begin{cases}1 & (x<1-k \text{ 또는 } x>1+k)\\0 & (x=1-k \text{ 또는 } x=1+k)\\-1 & (1-k<x<1+k)\end{cases}\quad\cdots\cdots ㉠$$

Step 2 k의 값 구하기

함수 $g(x)$가 실수 전체의 집합에서 연속이면 $x=k$에서도 연속이므로
$\lim_{x\to k}g(x)=g(k)$
이때 $\lim_{x\to k}g(x)=\lim_{x\to k}(x-k)^2=0$이고, $g(k)=(f\circ f)(k)$이므로
$(f\circ f)(k)=0$, $f(f(k))=0$
㉠에서 $f(1-k)=0$ 또는 $f(1+k)=0$이므로
$f(k)=1-k$ 또는 $f(k)=1+k$
그런데 $k>0$이므로 $1+k>1$이고, $f(x)$의 치역은 $\{-1, 0, 1\}$이므로 $1+k$는 치역에 속하지 않는다.
$\therefore f(k)=1-k$

(i) $1-k=1$, 즉 $k=0$인 경우

$k>0$인 조건을 만족시키지 않는다.

(ii) $1-k=0$, 즉 $k=1$인 경우

$$f(x)=\begin{cases} 1 & (x<0 \text{ 또는 } x>2) \\ 0 & (x=0 \text{ 또는 } x=2) \\ -1 & (0<x<2) \end{cases}$$

그런데 $f(f(1))=f(-1)=1\neq0$이므로 조건을 만족시키지 않는다.

(iii) $1-k=-1$, 즉 $k=2$인 경우

$$f(x)=\begin{cases} 1 & (x<-1 \text{ 또는 } x>3) \\ 0 & (x=-1 \text{ 또는 } x=3) \\ -1 & (-1<x<3) \end{cases}$$

$\therefore f(f(2))=f(-1)=0$

(i), (ii), (iii)에서 $k=2$

Step 3 $(g\circ f)(k)$의 값 구하기

따라서 $f(x)=\begin{cases} 1 & (x<-1 \text{ 또는 } x>3) \\ 0 & (x=-1 \text{ 또는 } x=3) \\ -1 & (-1<x<3) \end{cases}$, $g(x)=\begin{cases} (f\circ f)(x) & (x=2) \\ (x-2)^2 & (x\neq2) \end{cases}$

이므로

$(g\circ f)(k)=(g\circ f)(2)=g(f(2))$

$=g(-1)=(-1-2)^2=9$

48 등비수열의 극한의 응용 정답 9 | 정답률 9%

문제 보기

이차함수 $f(x)=\dfrac{3x-x^2}{2}$에 대하여 구간 $[0, \infty)$에서 정의된 함수 $g(x)$가 다음 조건을 만족시킨다.

> (가) $0\le x<1$일 때, $g(x)=f(x)$이다.
> (나) $n\le x<n+1$일 때,
> $g(x)=\dfrac{1}{2^n}\{f(x-n)-(x-n)\}+x$
> 이다. (단, n은 자연수이다.)

어떤 자연수 $k(k\ge6)$에 대하여 함수 $h(x)$는

$$h(x)=\begin{cases} g(x) & (0\le x<5 \text{ 또는 } x\ge k) \\ 2x-g(x) & (5\le x<k) \end{cases} \;\cdots *$$

이다. 수열 $\{a_n\}$을 $a_n=\displaystyle\int_0^n h(x)\,dx$라 할 때, $\displaystyle\lim_{n\to\infty}(2a_n-n^2)=\frac{241}{768}$

a_n을 대입하여 정적분으로 나타낸 후 $*$을 이용하여 x의 값에 따라 $g(x)$에 대한 식으로 나타낸다.

이다. k의 값을 구하시오. [4점]

Step 1 $\displaystyle\lim_{n\to\infty}(2a_n-n^2)=\frac{241}{768}$을 정적분을 포함한 식으로 나타내기

$\displaystyle\lim_{n\to\infty}(2a_n-n^2)=\frac{241}{768}$에서

$$2\lim_{n\to\infty}\left(a_n-\frac{n^2}{2}\right)=\frac{241}{768} \quad \cdots\cdots ㉠$$

$\dfrac{n^2}{2}$은 직선 $y=x$와 x축 및 직선 $x=n$으로 둘러싸인 삼각형의 넓이와 같으므로 정적분으로 나타내면

$\displaystyle\int_0^n x\,dx$

따라서 ㉠에서

$$2\lim_{n\to\infty}\left(a_n-\frac{n^2}{2}\right)=2\lim_{n\to\infty}\left\{\int_0^n h(x)\,dx-\int_0^n x\,dx\right\}$$
$$=2\lim_{n\to\infty}\int_0^n\{h(x)-x\}\,dx$$
$$=\frac{241}{768} \quad \cdots\cdots ㉡$$

Step 2 $\displaystyle\lim_{n\to\infty}(2a_n-n^2)$을 k를 이용하여 나타내기

$F(x)=h(x)-x=\begin{cases} g(x)-x & (0\le x<5 \text{ 또는 } x\ge k) \\ x-g(x) & (5\le x<k) \end{cases}$로 놓으면 ㉡에서

$$2\lim_{n\to\infty}\int_0^n F(x)\,dx=\frac{241}{768}$$

이때

$\displaystyle\int_0^n F(x)\,dx$

$\displaystyle=\int_0^5\{g(x)-x\}\,dx+\int_5^k\{x-g(x)\}\,dx+\int_k^n\{g(x)-x\}\,dx$

$\displaystyle=\int_0^1\{g(x)-x\}\,dx+\cdots+\int_4^5\{g(x)-x\}\,dx$

$\displaystyle\quad+\int_5^6\{x-g(x)\}\,dx+\cdots+\int_{k-1}^k\{x-g(x)\}\,dx$

$\displaystyle\quad+\int_k^{k+1}\{g(x)-x\}\,dx+\cdots+\int_{n-1}^n\{g(x)-x\}\,dx$

$\cdots\cdots ㉢$

3 일차

조건 ㈏에 의하여 $n \le x < n+1$일 때,

$$g(x)-x=\frac{1}{2^n}\{f(x-n)-(x-n)\}$$
$$=\frac{1}{2^n}\left\{\frac{3}{2}(x-n)-\frac{1}{2}(x-n)^2-(x-n)\right\}$$
$$=\frac{1}{2^n}\left\{\frac{1}{2}(x-n)-\frac{1}{2}(x-n)^2\right\}$$
$$=\frac{1}{2^{n+1}}(x-n)(1+n-x)$$
$$=-\frac{1}{2^{n+1}}(x-n)\{x-(n+1)\}$$

이고 함수 $y=(x-n)\{x-(n+1)\}$의 그래프는 함수 $y=x(x-1)$의 그래프를 x축의 방향으로 n만큼 평행이동한 것이므로

$$\int_n^{n+1}\{g(x)-x\}\,dx$$
$$=\int_n^{n+1}\left[-\frac{1}{2^{n+1}}(x-n)\{x-(n+1)\}\right]dx$$
$$=-\frac{1}{2^{n+1}}\int_n^{n+1}(x-n)\{x-(n+1)\}\,dx$$
$$=-\frac{1}{2^{n+1}}\int_0^1 x(x-1)\,dx$$
$$=-\frac{1}{2^{n+1}}\left[\frac{1}{3}x^3-\frac{1}{2}x^2\right]_0^1$$
$$=\frac{1}{2^{n+1}}\times\frac{1}{6} \quad \cdots\cdots \text{㉣}$$

㉣은 $n=0$일 때도 성립하므로 ㉢에서

$$\int_0^n F(x)\,dx$$
$$=\frac{1}{6}\left\{\frac{1}{2}+\left(\frac{1}{2}\right)^2+\cdots+\left(\frac{1}{2}\right)^5\right\}-\frac{1}{6}\left\{\left(\frac{1}{2}\right)^6+\left(\frac{1}{2}\right)^7+\cdots+\left(\frac{1}{2}\right)^k\right\}$$
$$+\frac{1}{6}\left\{\left(\frac{1}{2}\right)^{k+1}+\left(\frac{1}{2}\right)^{k+2}+\cdots+\left(\frac{1}{2}\right)^n\right\}$$
$$=\frac{1}{6}\left\{\frac{1}{2}+\left(\frac{1}{2}\right)^2+\cdots+\left(\frac{1}{2}\right)^n\right\}-2\times\frac{1}{6}\left\{\left(\frac{1}{2}\right)^6+\left(\frac{1}{2}\right)^7+\cdots+\left(\frac{1}{2}\right)^k\right\}$$
$$=\frac{1}{6}\times\frac{\frac{1}{2}\left\{1-\left(\frac{1}{2}\right)^n\right\}}{1-\frac{1}{2}}-\frac{1}{3}\times\frac{\left(\frac{1}{2}\right)^6\left\{1-\left(\frac{1}{2}\right)^{k-5}\right\}}{1-\frac{1}{2}}$$
$$=\frac{1}{6}\left\{1-\left(\frac{1}{2}\right)^n\right\}-\frac{1}{3}\left(\frac{1}{2}\right)^5\left\{1-\left(\frac{1}{2}\right)^{k-5}\right\}$$
$$=\frac{1}{6}\left\{1-\left(\frac{1}{2}\right)^n\right\}-\frac{1}{96}\left\{1-\left(\frac{1}{2}\right)^{k-5}\right\}$$

$$\therefore\ 2\lim_{n\to\infty}\int_0^n F(x)\,dx=\lim_{n\to\infty}\left[\frac{1}{3}\left\{1-\left(\frac{1}{2}\right)^n\right\}-\frac{1}{48}\left\{1-\left(\frac{1}{2}\right)^{k-5}\right\}\right]$$
$$=\frac{1}{3}-\frac{1}{48}\left\{1-\left(\frac{1}{2}\right)^{k-5}\right\}$$
$$=\frac{5}{16}+\frac{1}{48}\left(\frac{1}{2}\right)^{k-5}$$

Step 3 **k의 값 구하기**

따라서 $\frac{5}{16}+\frac{1}{48}\left(\frac{1}{2}\right)^{k-5}=\frac{241}{768}$이므로

$\left(\frac{1}{2}\right)^{k-5}=\frac{1}{16}$, $\left(\frac{1}{2}\right)^{k-5}=\left(\frac{1}{2}\right)^4$

$k-5=4 \qquad \therefore k=9$

4 일차											
01 ②	02 54	03 1	04 14	05 ①	06 ①	07 ⑤	08 ③	09 ⑤	10 ②	11 ②	12 57
13 ①	14 9	15 ③	16 21	17 ①	18 ②	19 5	20 ⑤	21 ②	22 ③	23 ④	24 ②
25 ⑤	26 ③	27 ③	28 ④	29 ②	30 ④	31 ③	32 ④	33 ③	34 ⑤	35 ③	36 ①
37 ②	38 ③	39 ④	40 32	41 16	42 ②	43 ①	44 ①	45 16	46 ③	47 ⑤	48 24
49 162	50 12	51 25	52 138								

문제편 053쪽~065쪽

01 급수의 합

정답 ② | 정답률 87%

문제 보기

$\sum_{n=1}^{\infty}\frac{2}{n(n+2)}$의 값은? [3점]

└ $\frac{1}{AB}=\frac{1}{B-A}\left(\frac{1}{A}-\frac{1}{B}\right)$임을 이용하여 변형한다.

① 1 ② $\frac{3}{2}$ ③ 2 ④ $\frac{5}{2}$ ⑤ 3

Step 1 급수의 합 구하기

$$\sum_{n=1}^{\infty}\frac{2}{n(n+2)}=\sum_{n=1}^{\infty}\left(\frac{1}{n}-\frac{1}{n+2}\right)$$
$$=\lim_{n\to\infty}\sum_{k=1}^{n}\left(\frac{1}{k}-\frac{1}{k+2}\right)$$
$$=\lim_{n\to\infty}\left\{\left(1-\frac{1}{3}\right)+\left(\frac{1}{2}-\frac{1}{4}\right)+\left(\frac{1}{3}-\frac{1}{5}\right)+\cdots+\left(\frac{1}{n-1}-\frac{1}{n+1}\right)+\left(\frac{1}{n}-\frac{1}{n+2}\right)\right\}$$
$$=\lim_{n\to\infty}\left(1+\frac{1}{2}-\frac{1}{n+1}-\frac{1}{n+2}\right)$$
$$=1+\frac{1}{2}=\frac{3}{2}$$

02 급수의 합

정답 54 | 정답률 91%

문제 보기

두 수열 $\{a_n\}$, $\{b_n\}$에 대하여

$\sum_{n=1}^{\infty}a_n=4$, $\sum_{n=1}^{\infty}b_n=10$

일 때, $\sum_{n=1}^{\infty}(a_n+5b_n)$의 값을 구하시오. [3점]

└ 급수의 성질을 이용한다.

Step 1 급수의 합 구하기

$$\sum_{n=1}^{\infty}(a_n+5b_n)=\sum_{n=1}^{\infty}a_n+5\sum_{n=1}^{\infty}b_n$$
$$=4+5\times10=54$$

03 급수의 합

정답 1 | 정답률 79%

문제 보기

$\sum_{n=1}^{\infty}\frac{2}{(n+1)(n+2)}$의 값을 구하시오. [3점]

└ $\frac{1}{AB}=\frac{1}{B-A}\left(\frac{1}{A}-\frac{1}{B}\right)$임을 이용하여 변형한다.

Step 1 급수의 합 구하기

$$\sum_{n=1}^{\infty}\frac{2}{(n+1)(n+2)}$$
$$=\sum_{n=1}^{\infty}2\left(\frac{1}{n+1}-\frac{1}{n+2}\right)$$
$$=2\lim_{n\to\infty}\sum_{k=1}^{n}\left(\frac{1}{k+1}-\frac{1}{k+2}\right)$$
$$=2\lim_{n\to\infty}\left\{\left(\frac{1}{2}-\frac{1}{3}\right)+\left(\frac{1}{3}-\frac{1}{4}\right)+\cdots+\left(\frac{1}{n+1}-\frac{1}{n+2}\right)\right\}$$
$$=2\lim_{n\to\infty}\left(\frac{1}{2}-\frac{1}{n+2}\right)$$
$$=2\times\frac{1}{2}=1$$

04 급수의 합

정답 14 | 정답률 70%

문제 보기

$\sum_{n=1}^{\infty}\frac{84}{(2n+1)(2n+3)}$의 값을 구하시오. [3점]

└ $\frac{1}{AB}=\frac{1}{B-A}\left(\frac{1}{A}-\frac{1}{B}\right)$임을 이용하여 변형한다.

Step 1 급수의 합 구하기

$$\sum_{n=1}^{\infty}\frac{84}{(2n+1)(2n+3)}$$
$$=\sum_{n=1}^{\infty}42\left(\frac{1}{2n+1}-\frac{1}{2n+3}\right)$$
$$=42\lim_{n\to\infty}\sum_{k=1}^{n}\left(\frac{1}{2k+1}-\frac{1}{2k+3}\right)$$
$$=42\lim_{n\to\infty}\left\{\left(\frac{1}{3}-\frac{1}{5}\right)+\left(\frac{1}{5}-\frac{1}{7}\right)+\cdots+\left(\frac{1}{2n+1}-\frac{1}{2n+3}\right)\right\}$$
$$=42\lim_{n\to\infty}\left(\frac{1}{3}-\frac{1}{2n+3}\right)$$
$$=42\times\frac{1}{3}=14$$

05 급수의 합의 응용 정답 ① | 정답률 89%

문제 보기

등차수열 $\{a_n\}$에 대하여 $a_1=4$, $a_4-a_2=4$일 때, $\sum_{n=1}^{\infty}\frac{2}{na_n}$의 값은? [3점]

└ a_n을 구한다.

① 1 ② $\frac{3}{2}$ ③ 2 ④ $\frac{5}{2}$ ⑤ 3

Step 1 a_n 구하기

공차를 d라 하면 $a_4-a_2=4$에서

$(a_1+3d)-(a_1+d)=4$

$2d=4$ $\quad\therefore d=2$

첫째항이 4, 공차가 2이므로 일반항 a_n은

$a_n=4+(n-1)\times 2=2n+2$

Step 2 급수의 합 구하기

$$\begin{aligned}\therefore \sum_{n=1}^{\infty}\frac{2}{na_n}&=\sum_{n=1}^{\infty}\frac{2}{n(2n+2)}\\&=\sum_{n=1}^{\infty}\frac{1}{n(n+1)}\\&=\sum_{n=1}^{\infty}\left(\frac{1}{n}-\frac{1}{n+1}\right)=\lim_{n\to\infty}\sum_{k=1}^{n}\left(\frac{1}{k}-\frac{1}{k+1}\right)\\&=\lim_{n\to\infty}\left\{\left(1-\frac{1}{2}\right)+\left(\frac{1}{2}-\frac{1}{3}\right)+\cdots+\left(\frac{1}{n}-\frac{1}{n+1}\right)\right\}\\&=\lim_{n\to\infty}\left(1-\frac{1}{n+1}\right)=1\end{aligned}$$

06 급수의 합의 응용 정답 ① | 정답률 81%

문제 보기

자연수 n에 대하여 $3^n\times 5^{n+1}$의 모든 양의 약수의 개수를 a_n이라 할 때, $\sum_{n=1}^{\infty}\frac{1}{a_n}$의 값은? [3점]

└ a_n을 구한다.

① $\frac{1}{2}$ ② $\frac{7}{12}$ ③ $\frac{2}{3}$ ④ $\frac{3}{4}$ ⑤ $\frac{5}{6}$

Step 1 a_n 구하기

$3^n\times 5^{n+1}$의 모든 양의 약수의 개수 a_n은

$a_n=(n+1)(n+2)$

Step 2 급수의 합 구하기

$$\begin{aligned}\therefore \sum_{n=1}^{\infty}\frac{1}{a_n}&=\sum_{n=1}^{\infty}\frac{1}{(n+1)(n+2)}\\&=\sum_{n=1}^{\infty}\left(\frac{1}{n+1}-\frac{1}{n+2}\right)\\&=\lim_{n\to\infty}\sum_{k=1}^{n}\left(\frac{1}{k+1}-\frac{1}{k+2}\right)\\&=\lim_{n\to\infty}\left\{\left(\frac{1}{2}-\frac{1}{3}\right)+\left(\frac{1}{3}-\frac{1}{4}\right)+\cdots+\left(\frac{1}{n+1}-\frac{1}{n+2}\right)\right\}\\&=\lim_{n\to\infty}\left(\frac{1}{2}-\frac{1}{n+2}\right)=\frac{1}{2}\end{aligned}$$

07 급수의 합의 응용 정답 ⑤ | 정답률 81%

문제 보기

모든 자연수 n에 대하여 수열 $\{a_n\}$은 다음 두 조건을 만족시킨다. 이때 $\sum_{n=1}^{\infty}a_n$의 값은? [3점]

(가) $a_n\neq 0$
(나) x에 대한 다항식 $a_nx^2+a_nx+2$를 $x-n$으로 나눈 나머지가 20이다.
└ $f(x)$를 $x-\alpha$로 나눈 나머지는 $f(\alpha)$임을 이용하여 a_n을 구한다.

① 10 ② 12 ③ 14 ④ 16 ⑤ 18

Step 1 a_n 구하기

다항식 $a_nx^2+a_nx+2$를 $x-n$으로 나눈 나머지는 20이므로

$n^2a_n+na_n+2=20$, $n(n+1)a_n=18$

$\therefore a_n=\frac{18}{n(n+1)}$

Step 2 급수의 합 구하기

$$\begin{aligned}\therefore \sum_{n=1}^{\infty}a_n&=\sum_{n=1}^{\infty}\frac{18}{n(n+1)}\\&=\sum_{n=1}^{\infty}18\left(\frac{1}{n}-\frac{1}{n+1}\right)\\&=18\lim_{n\to\infty}\sum_{k=1}^{n}\left(\frac{1}{k}-\frac{1}{k+1}\right)\\&=18\lim_{n\to\infty}\left\{\left(1-\frac{1}{2}\right)+\left(\frac{1}{2}-\frac{1}{3}\right)+\cdots+\left(\frac{1}{n}-\frac{1}{n+1}\right)\right\}\\&=18\lim_{n\to\infty}\left(1-\frac{1}{n+1}\right)=18\end{aligned}$$

08 급수의 합의 응용 정답 ③ | 정답률 79%

문제 보기

첫째항이 1이고 공차가 $d\,(d>0)$인 등차수열 $\{a_n\}$에 대하여

└ a_n을 d에 대한 식으로 나타낸다.

$\sum_{n=1}^{\infty}\left(\frac{n}{a_n}-\frac{n+1}{a_{n+1}}\right)=\frac{2}{3}$일 때, d의 값은? [3점]

└ 급수의 합을 d를 이용하여 나타낸다.

① 1 ② 2 ③ 3 ④ 4 ⑤ 5

Step 1 a_n을 d에 대한 식으로 나타내기

등차수열 $\{a_n\}$의 첫째항이 1이고 공차가 $d\,(d>0)$이므로 일반항 a_n은

$a_n=1+(n-1)d$

Step 2 d의 값 구하기

$$\begin{aligned}\sum_{n=1}^{\infty}\left(\frac{n}{a_n}-\frac{n+1}{a_{n+1}}\right)&=\lim_{n\to\infty}\sum_{k=1}^{n}\left(\frac{k}{a_k}-\frac{k+1}{a_{k+1}}\right)\\&=\lim_{n\to\infty}\left\{\left(\frac{1}{a_1}-\frac{2}{a_2}\right)+\left(\frac{2}{a_2}-\frac{3}{a_3}\right)+\cdots+\left(\frac{n}{a_n}-\frac{n+1}{a_{n+1}}\right)\right\}\\&=\lim_{n\to\infty}\left(1-\frac{n+1}{a_{n+1}}\right)=\lim_{n\to\infty}\left(1-\frac{n+1}{dn+1}\right)\\&=\lim_{n\to\infty}\left(1-\frac{1+\frac{1}{n}}{d+\frac{1}{n}}\right)=1-\frac{1}{d}\end{aligned}$$

└ $a_{n+1}=1+\{(n+1)-1\}d=dn+1$

따라서 $1-\frac{1}{d}=\frac{2}{3}$이므로

$\frac{1}{d}=\frac{1}{3}$ $\quad\therefore d=3$

09 급수의 합의 응용 정답 ⑤ | 정답률 67%

문제 보기

첫째항이 양수이고 공차가 3인 등차수열 $\{a_n\}$과 모든 항이 양수인 수열
└ $a_{n+1}-a_n=3$임을 이용한다.
$\{b_n\}$이 다음 조건을 만족시킬 때, a_1의 값은? [4점]

> (가) 모든 자연수 n에 대하여
> $\log a_n+\log a_{n+1}+\log b_n=0$ → b_n을 a_n, a_{n+1}로 나타낸다.
> (나) $\sum_{n=1}^{\infty} b_n=\frac{1}{12}$
> └ 급수의 합을 a_1을 이용하여 나타낸다.

① 2 ② $\frac{5}{2}$ ③ 3 ④ $\frac{7}{2}$ ⑤ 4

Step 1 b_n을 a_n, a_{n+1}로 나타내기

$\log a_n+\log a_{n+1}+\log b_n=0$에서
$\log a_na_{n+1}b_n=0$, $a_na_{n+1}b_n=1$
$a_n>0$이므로
$b_n=\frac{1}{a_na_{n+1}}=\frac{1}{a_{n+1}-a_n}\left(\frac{1}{a_n}-\frac{1}{a_{n+1}}\right)$
수열 $\{a_n\}$은 공차가 3인 등차수열이므로 $a_{n+1}-a_n=3$에서
$b_n=\frac{1}{3}\left(\frac{1}{a_n}-\frac{1}{a_{n+1}}\right)$

Step 2 급수의 합 구하기

$$\therefore \sum_{n=1}^{\infty} b_n=\sum_{n=1}^{\infty}\frac{1}{3}\left(\frac{1}{a_n}-\frac{1}{a_{n+1}}\right)$$
$$=\frac{1}{3}\lim_{n\to\infty}\sum_{k=1}^{n}\left(\frac{1}{a_k}-\frac{1}{a_{k+1}}\right)$$
$$=\frac{1}{3}\lim_{n\to\infty}\left\{\left(\frac{1}{a_1}-\frac{1}{a_2}\right)+\left(\frac{1}{a_2}-\frac{1}{a_3}\right)+\cdots+\left(\frac{1}{a_n}-\frac{1}{a_{n+1}}\right)\right\}$$
$$=\frac{1}{3}\lim_{n\to\infty}\left(\frac{1}{a_1}-\frac{1}{a_{n+1}}\right)$$
$$=\frac{1}{3a_1}$$

└ $a_n=a_1+(n-1)\times3=3n+a_1-3$이므로
$\lim_{n\to\infty}\frac{1}{a_{n+1}}=\lim_{n\to\infty}\frac{1}{3(n+1)+a_1-3}=\lim_{n\to\infty}\frac{1}{3n+a_1}=0$

Step 3 a_1의 값 구하기

따라서 $\frac{1}{3a_1}=\frac{1}{12}$이므로 $a_1=4$

10 급수의 합의 응용 정답 ② | 정답률 68%

문제 보기

자연수 n에 대하여 곡선 $y=x^2-2nx-2n$이 직선 $y=x+1$과 만나는
두 점을 각각 P_n, Q_n이라 하자. 선분 $\mathrm{P}_n\mathrm{Q}_n$을 대각선으로 하는 정사각
└ 이차방정식 $x^2-2nx-2n=x+1$의 두 실근이 두 점 P_n, Q_n의 x좌표임을 이용한다.
형의 넓이를 a_n이라 할 때, $\sum_{n=1}^{\infty}\frac{1}{a_n}$의 값은? [3점]
└ (정사각형의 한 변의 길이)=|(점 P_n의 x좌표)−(점 Q_n의 x좌표)|임을 이용한다.

① $\frac{1}{10}$ ② $\frac{2}{15}$ ③ $\frac{1}{6}$ ④ $\frac{1}{5}$ ⑤ $\frac{7}{30}$

Step 1 a_n 구하기

직선 $y=x+1$의 기울기가 1이므로 직선 $y=x+1$이 x축의 양의 방향과 이루는 각의 크기는 45°이다.
이때 두 점 P_n, Q_n은 직선 $y=x+1$ 위의 점이므로 선분 $\mathrm{P}_n\mathrm{Q}_n$을 대각선으로 하는 정사각형의 각 변은 x축 또는 y축과 평행하다.
점 P_n의 x좌표를 α_n, 점 Q_n의 x좌표를 β_n이라 하면 정사각형의 한 변의 길이는
$|\alpha_n-\beta_n|$ $\therefore a_n=(\alpha_n-\beta_n)^2$ …… ㉠
α_n, β_n은 이차방정식 $x^2-2nx-2n=x+1$, 즉
$x^2-(2n+1)x-(2n+1)=0$의 두 근이므로 이차방정식의 근과 계수의 관계에 의하여
$\alpha_n+\beta_n=2n+1$, $\alpha_n\beta_n=-(2n+1)$
㉠에서
$$a_n=(\alpha_n-\beta_n)^2$$
$$=(\alpha_n+\beta_n)^2-4\alpha_n\beta_n$$
$$=(2n+1)^2+4(2n+1)$$
$$=4n^2+12n+5$$
$$=(2n+1)(2n+5)$$

Step 2 급수의 합 구하기

$$\therefore \sum_{n=1}^{\infty}\frac{1}{a_n}=\sum_{n=1}^{\infty}\frac{1}{(2n+1)(2n+5)}$$
$$=\sum_{n=1}^{\infty}\frac{1}{4}\left(\frac{1}{2n+1}-\frac{1}{2n+5}\right)$$
$$=\frac{1}{4}\lim_{n\to\infty}\sum_{k=1}^{n}\left(\frac{1}{2k+1}-\frac{1}{2k+5}\right)$$
$$=\frac{1}{4}\lim_{n\to\infty}\left\{\left(\frac{1}{3}-\frac{1}{7}\right)+\left(\frac{1}{5}-\frac{1}{9}\right)+\left(\frac{1}{7}-\frac{1}{11}\right)+\cdots+\left(\frac{1}{2n-1}-\frac{1}{2n+3}\right)+\left(\frac{1}{2n+1}-\frac{1}{2n+5}\right)\right\}$$
$$=\frac{1}{4}\lim_{n\to\infty}\left(\frac{1}{3}+\frac{1}{5}-\frac{1}{2n+3}-\frac{1}{2n+5}\right)$$
$$=\frac{1}{4}\left(\frac{1}{3}+\frac{1}{5}\right)=\frac{2}{15}$$

4 일차

11 급수의 합의 응용 정답 ② | 정답률 37%

문제 보기

수열 $\{a_n\}$에 대하여

집합 $A=\{x \mid x^2-1<a<x^2+2x,\ x$는 자연수$\}$

가 공집합이 되도록 하는 자연수 a를 작은 수부터 크기순으로 나열할 때, n번째 수를 a_n이라 하자.

→ $x^2-1<a<x^2+2x$에 $x=1, 2, 3, \cdots$을 차례대로 대입하여 모든 부등식의 해가 없도록 하는 자연수 a의 값을 구한다.

예를 들어, $a=3$은 $x^2-1<a<x^2+2x$를 만족시키는 자연수 x가 존재하지 않는 첫 번째 수이므로 $a_1=3$이다.

$\sum_{n=1}^{\infty}\frac{1}{a_n}$의 값은? [4점]

① $\frac{1}{2}$　② $\frac{3}{4}$　③ 1　④ $\frac{5}{4}$　⑤ $\frac{3}{2}$

Step 1 a_n 구하기

집합 A에서 $x^2-1<a<x^2+2x$에

$x=1$을 대입하면 $0<a<3$

$x=2$를 대입하면 $3<a<8$

$x=3$을 대입하면 $8<a<15$

⋮

$x=n$을 대입하면 $n^2-1<a<n^2+2n$

즉, 집합 A가 공집합이 되도록 하는 자연수 a는

$3, 8, 15, \cdots, n^2+2n, \cdots$

$\therefore a_n=n^2+2n$

Step 2 급수의 합 구하기

$$\therefore \sum_{n=1}^{\infty}\frac{1}{a_n}=\sum_{n=1}^{\infty}\frac{1}{n^2+2n}=\sum_{n=1}^{\infty}\frac{1}{n(n+2)}$$
$$=\sum_{n=1}^{\infty}\frac{1}{2}\left(\frac{1}{n}-\frac{1}{n+2}\right)$$
$$=\frac{1}{2}\lim_{n\to\infty}\sum_{k=1}^{n}\left(\frac{1}{k}-\frac{1}{k+2}\right)$$
$$=\frac{1}{2}\lim_{n\to\infty}\left\{\left(1-\frac{1}{3}\right)+\left(\frac{1}{2}-\frac{1}{4}\right)+\left(\frac{1}{3}-\frac{1}{5}\right)+\cdots+\left(\frac{1}{n-1}-\frac{1}{n+1}\right)+\left(\frac{1}{n}-\frac{1}{n+2}\right)\right\}$$
$$=\frac{1}{2}\lim_{n\to\infty}\left(1+\frac{1}{2}-\frac{1}{n+1}-\frac{1}{n+2}\right)$$
$$=\frac{1}{2}\left(1+\frac{1}{2}\right)=\frac{3}{4}$$

12 급수의 합의 응용 정답 57 | 정답률 49%

문제 보기

수열 $\{a_n\}$의 첫째항부터 제m항까지의 합을 S_m이라 하자. 모든 자연수 m에 대하여

$$S_m=\sum_{n=1}^{\infty}\frac{m+1}{n(n+m+1)}$$

→ $\frac{1}{AB}=\frac{1}{B-A}\left(\frac{1}{A}-\frac{1}{B}\right)$임을 이용하여 식을 변형한다.

일 때, $a_1+a_{10}=\frac{q}{p}$이다. $p+q$의 값을 구하시오.

(단, p와 q는 서로소인 자연수이다.) [4점]

→ 수열의 합과 일반항 사이의 관계를 이용하여 a_1, a_{10}을 구한다.

Step 1 급수의 합을 간단히 나타내기

$$S_m=\sum_{n=1}^{\infty}\frac{m+1}{n(n+m+1)}$$
$$=\lim_{n\to\infty}\sum_{k=1}^{n}\frac{m+1}{k(k+m+1)}$$
$$=\lim_{n\to\infty}\sum_{k=1}^{n}\left(\frac{1}{k}-\frac{1}{k+m+1}\right)$$
$$=\lim_{n\to\infty}\left\{\left(\frac{1}{1}-\frac{1}{m+2}\right)+\left(\frac{1}{2}-\frac{1}{m+3}\right)+\cdots+\left(\frac{1}{n}-\frac{1}{n+m+1}\right)\right\}$$
$$=\lim_{n\to\infty}\left\{\left(\frac{1}{1}+\frac{1}{2}+\cdots+\frac{1}{m+1}\right)-\left(\frac{1}{n+1}+\frac{1}{n+2}+\cdots+\frac{1}{n+m+1}\right)\right\}$$
$$=\frac{1}{1}+\frac{1}{2}+\cdots+\frac{1}{m+1}=\sum_{k=1}^{m+1}\frac{1}{k}$$

Step 2 a_1+a_{10}의 값 구하기

$a_1=S_1=\sum_{k=1}^{2}\frac{1}{k}=1+\frac{1}{2}=\frac{3}{2}$,

$a_{10}=S_{10}-S_9=\sum_{k=1}^{11}\frac{1}{k}-\sum_{k=1}^{10}\frac{1}{k}=\frac{1}{11}$

이므로

$a_1+a_{10}=\frac{3}{2}+\frac{1}{11}=\frac{35}{22}$

Step 3 $p+q$의 값 구하기

따라서 $p=22$, $q=35$이므로

$p+q=57$

13 급수와 수열의 극한값 사이의 관계

정답 ① | 정답률 92%

문제 보기

수열 $\{a_n\}$에 대하여 $\sum_{n=1}^{\infty}\frac{a_n}{n}=10$일 때, $\lim_{n\to\infty}\frac{a_n+2a_n^2+3n^2}{a_n^2+n^2}$의 값은? [3점]

($\lim_{n\to\infty}\frac{a_n}{n}$의 값을 구한다.) ($\lim_{n\to\infty}\frac{a_n}{n}$의 값을 이용할 수 있도록 식을 변형한다.)

① 3 ② $\frac{7}{2}$ ③ 4 ④ $\frac{9}{2}$ ⑤ 5

Step 1 $\lim_{n\to\infty}\frac{a_n}{n}$의 값 구하기

$\sum_{n=1}^{\infty}\frac{a_n}{n}$이 수렴하므로 $\lim_{n\to\infty}\frac{a_n}{n}=0$

Step 2 $\lim_{n\to\infty}\frac{a_n+2a_n^2+3n^2}{a_n^2+n^2}$의 값 구하기

$$\therefore \lim_{n\to\infty}\frac{a_n+2a_n^2+3n^2}{a_n^2+n^2}=\lim_{n\to\infty}\frac{\frac{1}{n}\left(\frac{a_n}{n}\right)+2\left(\frac{a_n}{n}\right)^2+3}{\left(\frac{a_n}{n}\right)^2+1}=3$$

15 급수와 수열의 극한값 사이의 관계

정답 ③ | 정답률 62%

문제 보기

두 수열 $\{a_n\}$, $\{b_n\}$에 대하여 $\lim_{n\to\infty}\frac{a_n}{n}=1$, $\sum_{n=1}^{\infty}\frac{b_n}{n}=2$일 때,

$\lim_{n\to\infty}\frac{a_n+4n}{b_n+3n-2}$의 값은? [3점]

($\lim_{n\to\infty}\frac{b_n}{n}$의 값을 구한다.) ($\lim_{n\to\infty}\frac{a_n}{n}$, $\lim_{n\to\infty}\frac{b_n}{n}$의 값을 이용할 수 있도록 식을 변형한다.)

① 1 ② $\frac{4}{3}$ ③ $\frac{5}{3}$ ④ 2 ⑤ $\frac{7}{3}$

Step 1 $\lim_{n\to\infty}\frac{b_n}{n}$의 값 구하기

$\sum_{n=1}^{\infty}\frac{b_n}{n}$이 수렴하므로 $\lim_{n\to\infty}\frac{b_n}{n}=0$

Step 2 $\lim_{n\to\infty}\frac{a_n+4n}{b_n+3n-2}$의 값 구하기

$$\therefore \lim_{n\to\infty}\frac{a_n+4n}{b_n+3n-2}=\lim_{n\to\infty}\frac{\frac{a_n}{n}+4}{\frac{b_n}{n}+3-\frac{2}{n}}=\frac{1+4}{3}=\frac{5}{3}$$

14 급수와 수열의 극한값 사이의 관계

정답 9 | 정답률 84%

문제 보기

수열 $\{a_n\}$에 대하여 급수 $\sum_{n=1}^{\infty}\frac{a_n}{n}$이 수렴할 때, $\lim_{n\to\infty}\frac{a_n+9n}{n}$의 값을 구하시오. [4점]

($\lim_{n\to\infty}\frac{a_n}{n}$의 값을 구한다.) ($\lim_{n\to\infty}\frac{a_n}{n}$의 값을 이용할 수 있도록 식을 변형한다.)

Step 1 $\lim_{n\to\infty}\frac{a_n}{n}$의 값 구하기

$\sum_{n=1}^{\infty}\frac{a_n}{n}$이 수렴하므로 $\lim_{n\to\infty}\frac{a_n}{n}=0$

Step 2 $\lim_{n\to\infty}\frac{a_n+9n}{n}$의 값 구하기

$$\therefore \lim_{n\to\infty}\frac{a_n+9n}{n}=\lim_{n\to\infty}\left(\frac{a_n}{n}+9\right)=\lim_{n\to\infty}\frac{a_n}{n}+9=9$$

16 급수와 수열의 극한값 사이의 관계

정답 21 | 정답률 71%

문제 보기

수열 $\{a_n\}$의 첫째항부터 제n항까지의 합을 S_n이라 하자. $\lim_{n\to\infty}S_n=7$일 때, $\lim_{n\to\infty}(2a_n+3S_n)$의 값을 구하시오. [3점]

($\lim_{n\to\infty}a_n$의 값을 구한다.)

Step 1 $\lim_{n\to\infty}a_n$의 값 구하기

$\lim_{n\to\infty}S_n$이 수렴하므로 $\lim_{n\to\infty}a_n=0$

Step 2 $\lim_{n\to\infty}(2a_n+3S_n)$의 값 구하기

$$\therefore \lim_{n\to\infty}(2a_n+3S_n)=2\lim_{n\to\infty}a_n+3\lim_{n\to\infty}S_n=3\times7=21$$

17 급수와 수열의 극한값 사이의 관계

정답 ① | 정답률 83%

문제 보기

수열 $\{a_n\}$에 대하여 $\sum_{n=1}^{\infty}\left(3a_n-\frac{1}{4}\right)=4$일 때, $\lim_{n\to\infty} a_n$의 값은? [3점]

└→ $\lim_{n\to\infty}\left(3a_n-\frac{1}{4}\right)$의 값을 구한다.

① $\frac{1}{12}$ ② $\frac{1}{6}$ ③ $\frac{1}{4}$ ④ $\frac{1}{3}$ ⑤ $\frac{1}{2}$

Step 1 $\lim_{n\to\infty}\left(3a_n-\frac{1}{4}\right)$의 값 구하기

$\sum_{n=1}^{\infty}\left(3a_n-\frac{1}{4}\right)$이 수렴하므로 $\lim_{n\to\infty}\left(3a_n-\frac{1}{4}\right)=0$

Step 2 $\lim_{n\to\infty} a_n$의 값 구하기

$3a_n-\frac{1}{4}=b_n$이라 하면 $\lim_{n\to\infty} b_n=0$

$a_n=\frac{1}{3}b_n+\frac{1}{12}$이므로

$$\lim_{n\to\infty} a_n=\lim_{n\to\infty}\left(\frac{1}{3}b_n+\frac{1}{12}\right)=\frac{1}{3}\lim_{n\to\infty} b_n+\frac{1}{12}=\frac{1}{12}$$

18 급수와 수열의 극한값 사이의 관계

정답 ② | 정답률 92%

문제 보기

두 수열 $\{a_n\}$, $\{b_n\}$에 대하여 $\lim_{n\to\infty} a_n=3$이고 급수 $\sum_{n=1}^{\infty}(a_n+2b_n-7)$이 수렴할 때, $\lim_{n\to\infty} b_n$의 값은? [3점]

└→ $\lim_{n\to\infty}(a_n+2b_n-7)$의 값을 구한다.

① 1 ② 2 ③ 3 ④ 4 ⑤ 5

Step 1 $\lim_{n\to\infty}(a_n+2b_n-7)$의 값 구하기

$\sum_{n=1}^{\infty}(a_n+2b_n-7)$이 수렴하므로 $\lim_{n\to\infty}(a_n+2b_n-7)=0$

Step 2 $\lim_{n\to\infty} b_n$의 값 구하기

$a_n+2b_n-7=c_n$이라 하면 $\lim_{n\to\infty} c_n=0$

$b_n=\frac{1}{2}(c_n-a_n+7)$이므로

$$\lim_{n\to\infty} b_n=\lim_{n\to\infty}\frac{1}{2}(c_n-a_n+7)=\frac{1}{2}\left(\lim_{n\to\infty} c_n-\lim_{n\to\infty} a_n+7\right)=\frac{1}{2}(-3+7)=2$$

19 급수와 수열의 극한값 사이의 관계

정답 5 | 정답률 88%

문제 보기

수열 $\{a_n\}$에 대하여 급수 $\sum_{n=1}^{\infty}\left(a_n-\frac{5n}{n+1}\right)$이 수렴할 때, $\lim_{n\to\infty} a_n$의 값을 구하시오. [3점]

└→ $\lim_{n\to\infty}\left(a_n-\frac{5n}{n+1}\right)$의 값을 구한다.

Step 1 $\lim_{n\to\infty}\left(a_n-\frac{5n}{n+1}\right)$의 값 구하기

$\sum_{n=1}^{\infty}\left(a_n-\frac{5n}{n+1}\right)$이 수렴하므로 $\lim_{n\to\infty}\left(a_n-\frac{5n}{n+1}\right)=0$

Step 2 $\lim_{n\to\infty} a_n$의 값 구하기

$a_n-\frac{5n}{n+1}=b_n$이라 하면 $\lim_{n\to\infty} b_n=0$

$a_n=b_n+\frac{5n}{n+1}$이므로

$$\lim_{n\to\infty} a_n=\lim_{n\to\infty}\left(b_n+\frac{5n}{n+1}\right)=\lim_{n\to\infty} b_n+\lim_{n\to\infty}\frac{5n}{n+1}=5$$

20 급수와 수열의 극한값 사이의 관계

정답 ⑤ | 정답률 84%

문제 보기

수열 $\{a_n\}$에 대하여 $\sum_{n=1}^{\infty}\left(a_n-\frac{5n^2+1}{2n+3}\right)=4$일 때, $\lim_{n\to\infty}\frac{2a_n}{n+1}$의 값은? [3점]

└→ $\lim_{n\to\infty}\left(a_n-\frac{5n^2+1}{2n+3}\right)$의 값을 구한다.

① 3 ② $\frac{7}{2}$ ③ 4 ④ $\frac{9}{2}$ ⑤ 5

Step 1 $\lim_{n\to\infty}\left(a_n-\frac{5n^2+1}{2n+3}\right)$의 값 구하기

$\sum_{n=1}^{\infty}\left(a_n-\frac{5n^2+1}{2n+3}\right)$이 수렴하므로 $\lim_{n\to\infty}\left(a_n-\frac{5n^2+1}{2n+3}\right)=0$

Step 2 $\lim_{n\to\infty}\frac{2a_n}{n+1}$의 값 구하기

$a_n-\frac{5n^2+1}{2n+3}=b_n$이라 하면 $\lim_{n\to\infty} b_n=0$

$a_n=b_n+\frac{5n^2+1}{2n+3}$이므로

$$\lim_{n\to\infty}\frac{2a_n}{n+1}=\lim_{n\to\infty}\frac{2b_n+\frac{10n^2+2}{2n+3}}{n+1}=2\lim_{n\to\infty}\frac{b_n}{n+1}+\lim_{n\to\infty}\frac{10n^2+2}{(2n+3)(n+1)}=5$$

21 급수와 수열의 극한값 사이의 관계

정답 ② | 정답률 91%

문제 보기

수열 $\{a_n\}$에 대하여 $\sum_{n=1}^{\infty}(a_n-2)=4$일 때, $\lim_{n\to\infty}\left(4a_n+\frac{3n^2-1}{n^2+1}\right)$의 값은? [3점]

└→ $\lim_{n\to\infty}(a_n-2)$의 값을 구한다.

① 10 ② 11 ③ 12 ④ 13 ⑤ 14

Step 1 $\lim_{n\to\infty}(a_n-2)$의 값 구하기

$\sum_{n=1}^{\infty}(a_n-2)$가 수렴하므로 $\lim_{n\to\infty}(a_n-2)=0$

Step 2 $\lim_{n\to\infty}\left(4a_n+\frac{3n^2-1}{n^2+1}\right)$의 값 구하기

$a_n-2=b_n$이라 하면 $\lim_{n\to\infty}b_n=0$

$a_n=b_n+2$이므로

$$\begin{aligned}\lim_{n\to\infty}\left(4a_n+\frac{3n^2-1}{n^2+1}\right)&=\lim_{n\to\infty}\left(4b_n+8+\frac{3n^2-1}{n^2+1}\right)\\&=4\lim_{n\to\infty}b_n+8+\lim_{n\to\infty}\frac{3n^2-1}{n^2+1}\\&=8+3=11\end{aligned}$$

22 급수와 수열의 극한값 사이의 관계

정답 ③ | 정답률 91%

문제 보기

수열 $\{a_n\}$에 대하여 $\sum_{n=1}^{\infty}\frac{a_n-4n}{n}=1$일 때, $\lim_{n\to\infty}\frac{5n+a_n}{3n-1}$의 값은? [3점]

└→ $\lim_{n\to\infty}\frac{a_n-4n}{n}$의 값을 구한다.

① 1 ② 2 ③ 3 ④ 4 ⑤ 5

Step 1 $\lim_{n\to\infty}\frac{a_n-4n}{n}$의 값 구하기

$\sum_{n=1}^{\infty}\frac{a_n-4n}{n}$이 수렴하므로 $\lim_{n\to\infty}\frac{a_n-4n}{n}=0$

Step 2 $\lim_{n\to\infty}\frac{5n+a_n}{3n-1}$의 값 구하기

$\frac{a_n-4n}{n}=b_n$이라 하면 $\lim_{n\to\infty}b_n=0$

$\frac{a_n}{n}=b_n+4$이므로

$$\begin{aligned}\lim_{n\to\infty}\frac{5n+a_n}{3n-1}&=\lim_{n\to\infty}\frac{5+\frac{a_n}{n}}{3-\frac{1}{n}}=\lim_{n\to\infty}\frac{5+b_n+4}{3-\frac{1}{n}}\\&=\lim_{n\to\infty}\frac{b_n+9}{3-\frac{1}{n}}=3\end{aligned}$$

23 급수와 수열의 극한값 사이의 관계

정답 ④ | 정답률 89%

문제 보기

수열 $\{a_n\}$에 대하여 $\sum_{n=1}^{\infty}\left(\frac{a_n}{n}-2\right)=5$일 때, $\lim_{n\to\infty}\frac{2n^2+3na_n}{n^2+4}$의 값은? [3점]

└→ $\lim_{n\to\infty}\left(\frac{a_n}{n}-2\right)$의 값을 구한다.

① 2 ② 4 ③ 6 ④ 8 ⑤ 10

Step 1 $\lim_{n\to\infty}\left(\frac{a_n}{n}-2\right)$의 값 구하기

$\sum_{n=1}^{\infty}\left(\frac{a_n}{n}-2\right)$가 수렴하므로 $\lim_{n\to\infty}\left(\frac{a_n}{n}-2\right)=0$

Step 2 $\lim_{n\to\infty}\frac{2n^2+3na_n}{n^2+4}$의 값 구하기

$\frac{a_n}{n}-2=b_n$이라 하면 $\lim_{n\to\infty}b_n=0$

$\frac{a_n}{n}=b_n+2$이므로

$$\begin{aligned}\lim_{n\to\infty}\frac{2n^2+3na_n}{n^2+4}&=\lim_{n\to\infty}\frac{2+\frac{3a_n}{n}}{1+\frac{4}{n^2}}=\lim_{n\to\infty}\frac{2+3(b_n+2)}{1+\frac{4}{n^2}}\\&=\lim_{n\to\infty}\frac{3b_n+8}{1+\frac{4}{n^2}}=8\end{aligned}$$

24 급수와 수열의 극한값 사이의 관계

정답 ② | 정답률 90%

문제 보기

수열 $\{a_n\}$이 $\sum_{n=1}^{\infty}\left(\frac{a_n}{n}-\frac{2n}{n+3}\right)=5$를 만족시킬 때, $\lim_{n\to\infty}\frac{5a_n-2n}{a_n+2n+1}$의 값은? [3점]

└→ $\lim_{n\to\infty}\left(\frac{a_n}{n}-\frac{2n}{n+3}\right)$의 값을 구한다.

① 1 ② 2 ③ 3 ④ 4 ⑤ 5

Step 1 $\lim_{n\to\infty}\left(\frac{a_n}{n}-\frac{2n}{n+3}\right)$의 값 구하기

$\sum_{n=1}^{\infty}\left(\frac{a_n}{n}-\frac{2n}{n+3}\right)$이 수렴하므로 $\lim_{n\to\infty}\left(\frac{a_n}{n}-\frac{2n}{n+3}\right)=0$

Step 2 $\lim_{n\to\infty}\frac{5a_n-2n}{a_n+2n+1}$의 값 구하기

$\frac{a_n}{n}-\frac{2n}{n+3}=b_n$이라 하면 $\lim_{n\to\infty}b_n=0$

$\frac{a_n}{n}=b_n+\frac{2n}{n+3}$이므로

$$\begin{aligned}\lim_{n\to\infty}\frac{5a_n-2n}{a_n+2n+1}&=\lim_{n\to\infty}\frac{\frac{5a_n}{n}-2}{\frac{a_n}{n}+2+\frac{1}{n}}\\&=\lim_{n\to\infty}\frac{5b_n+\frac{10n}{n+3}-2}{b_n+\frac{2n}{n+3}+2+\frac{1}{n}}\\&=\frac{10-2}{2+2}=2\end{aligned}$$

25 급수와 수열의 극한값 사이의 관계

정답 ⑤ | 정답률 89%

문제 보기

수열 $\{a_n\}$에 대하여 $\sum_{n=1}^{\infty}\left(\frac{a_n}{n+1}-\frac{1}{2}\right)$이 수렴할 때, $\lim_{n\to\infty}\frac{a_n}{4n+1}$의 값은? [3점]

└ $\lim_{n\to\infty}\left(\frac{a_n}{n+1}-\frac{1}{2}\right)$의 값을 구한다.

① $\frac{5}{8}$ ② $\frac{1}{2}$ ③ $\frac{3}{8}$ ④ $\frac{1}{4}$ ⑤ $\frac{1}{8}$

Step 1 $\lim_{n\to\infty}\left(\frac{a_n}{n+1}-\frac{1}{2}\right)$의 값 구하기

$\sum_{n=1}^{\infty}\left(\frac{a_n}{n+1}-\frac{1}{2}\right)$이 수렴하므로 $\lim_{n\to\infty}\left(\frac{a_n}{n+1}-\frac{1}{2}\right)=0$

Step 2 $\lim_{n\to\infty}\frac{a_n}{4n+1}$의 값 구하기

$\frac{a_n}{n+1}-\frac{1}{2}=b_n$이라 하면 $\lim_{n\to\infty}b_n=0$

$\frac{a_n}{n+1}=b_n+\frac{1}{2}$이므로

$$\begin{aligned}\lim_{n\to\infty}\frac{a_n}{4n+1}&=\lim_{n\to\infty}\left(\frac{a_n}{n+1}\times\frac{n+1}{4n+1}\right)\\&=\lim_{n\to\infty}\left\{\left(b_n+\frac{1}{2}\right)\times\frac{n+1}{4n+1}\right\}\\&=\lim_{n\to\infty}\left(b_n+\frac{1}{2}\right)\times\lim_{n\to\infty}\frac{n+1}{4n+1}\\&=\frac{1}{2}\times\frac{1}{4}=\frac{1}{8}\end{aligned}$$

26 급수와 수열의 극한값 사이의 관계

정답 ③ | 정답률 74%

문제 보기

첫째항이 4인 등차수열 $\{a_n\}$에 대하여 급수

$\sum_{n=1}^{\infty}\left(\frac{a_n}{n}-\frac{3n+7}{n+2}\right)$ → $\lim_{n\to\infty}\left(\frac{a_n}{n}-\frac{3n+7}{n+2}\right)$의 값을 구한다.

이 실수 S에 수렴할 때, S의 값은? [3점]

① $\frac{1}{2}$ ② 1 ③ $\frac{3}{2}$ ④ 2 ⑤ $\frac{5}{2}$

Step 1 $\lim_{n\to\infty}\left(\frac{a_n}{n}-\frac{3n+7}{n+2}\right)$의 값 구하기

$\sum_{n=1}^{\infty}\left(\frac{a_n}{n}-\frac{3n+7}{n+2}\right)$이 수렴하므로 $\lim_{n\to\infty}\left(\frac{a_n}{n}-\frac{3n+7}{n+2}\right)=0$

Step 2 a_n 구하기

등차수열 $\{a_n\}$의 공차를 d라 하면

$a_n=4+(n-1)\times d=dn+4-d$

$\lim_{n\to\infty}\left(\frac{a_n}{n}-\frac{3n+7}{n+2}\right)=0$에서

$\lim_{n\to\infty}\left(\frac{dn+4-d}{n}-\frac{3n+7}{n+2}\right)=0$

$d-3=0 \quad \therefore d=3$

$\therefore a_n=3n+1$

Step 3 S의 값 구하기

$$\begin{aligned}\therefore S&=\sum_{n=1}^{\infty}\left(\frac{a_n}{n}-\frac{3n+7}{n+2}\right)\\&=\sum_{n=1}^{\infty}\left(\frac{3n+1}{n}-\frac{3n+7}{n+2}\right)\\&=\sum_{n=1}^{\infty}\frac{(3n+1)(n+2)-n(3n+7)}{n(n+2)}\\&=\sum_{n=1}^{\infty}\frac{2}{n(n+2)}\\&=\sum_{n=1}^{\infty}\left(\frac{1}{n}-\frac{1}{n+2}\right)\\&=\lim_{n\to\infty}\sum_{k=1}^{n}\left(\frac{1}{k}-\frac{1}{k+2}\right)\\&=\lim_{n\to\infty}\left\{\left(1-\frac{1}{3}\right)+\left(\frac{1}{2}-\frac{1}{4}\right)+\left(\frac{1}{3}-\frac{1}{5}\right)+\cdots+\left(\frac{1}{n-1}-\frac{1}{n+1}\right)+\left(\frac{1}{n}-\frac{1}{n+2}\right)\right\}\\&=\lim_{n\to\infty}\left(1+\frac{1}{2}-\frac{1}{n+1}-\frac{1}{n+2}\right)\\&=1+\frac{1}{2}=\frac{3}{2}\end{aligned}$$

27 급수와 수열의 극한값 사이의 관계

정답 ③ | 정답률 82%

문제 보기

수열 $\{a_n\}$이 $\sum_{n=1}^{\infty}(2a_n-3)=2$를 만족시킨다. $\lim_{n\to\infty} a_n=r$일 때,

└ $\lim_{n\to\infty}(2a_n-3)$의 값을 구한다. └ $\lim_{n\to\infty} a_n$의 값을 구한다.

$\lim_{n\to\infty}\frac{r^{n+2}-1}{r^n+1}$의 값은? [3점]

└ r^n으로 분모와 분자를 각각 나눈다.

① $\frac{7}{4}$ ② 2 ③ $\frac{9}{4}$ ④ $\frac{5}{2}$ ⑤ $\frac{11}{4}$

Step 1 $\lim_{n\to\infty}(2a_n-3)$의 값 구하기

$\sum_{n=1}^{\infty}(2a_n-3)$이 수렴하므로 $\lim_{n\to\infty}(2a_n-3)=0$

Step 2 $\lim_{n\to\infty} a_n$의 값 구하기

$2a_n-3=b_n$이라 하면 $\lim_{n\to\infty} b_n=0$

$a_n=\frac{1}{2}(b_n+3)$이므로 $\lim_{n\to\infty} a_n=\lim_{n\to\infty}\frac{1}{2}(b_n+3)=\frac{1}{2}\lim_{n\to\infty} b_n+\frac{3}{2}=\frac{3}{2}$

Step 3 $\lim_{n\to\infty}\frac{r^{n+2}-1}{r^n+1}$의 값 구하기

따라서 $r=\frac{3}{2}$이므로

$$\lim_{n\to\infty}\frac{r^{n+2}-1}{r^n+1}=\lim_{n\to\infty}\frac{\left(\frac{3}{2}\right)^{n+2}-1}{\left(\frac{3}{2}\right)^n+1}=\lim_{n\to\infty}\frac{\frac{9}{4}-\frac{1}{\left(\frac{3}{2}\right)^n}}{1+\frac{1}{\left(\frac{3}{2}\right)^n}}=\frac{9}{4}$$

28 급수와 수열의 극한값 사이의 관계

정답 ④ | 정답률 82%

문제 보기

수열 $\{a_n\}$에 대하여 $\sum_{n=1}^{\infty}\left(7-\frac{a_n}{2^n}\right)=19$일 때, $\lim_{n\to\infty}\frac{a_n}{2^{n+1}}$의 값은? [3점]

└ $\lim_{n\to\infty}\left(7-\frac{a_n}{2^n}\right)$의 값을 구한다.

① 2 ② $\frac{5}{2}$ ③ 3 ④ $\frac{7}{2}$ ⑤ 4

Step 1 $\lim_{n\to\infty}\left(7-\frac{a_n}{2^n}\right)$의 값 구하기

$\sum_{n=1}^{\infty}\left(7-\frac{a_n}{2^n}\right)$이 수렴하므로 $\lim_{n\to\infty}\left(7-\frac{a_n}{2^n}\right)=0$

Step 2 $\lim_{n\to\infty}\frac{a_n}{2^{n+1}}$의 값 구하기

$7-\frac{a_n}{2^n}=b_n$이라 하면 $\lim_{n\to\infty} b_n=0$

$\frac{a_n}{2^n}=7-b_n$이므로

$$\lim_{n\to\infty}\frac{a_n}{2^{n+1}}=\lim_{n\to\infty}\frac{1}{2}(7-b_n)$$
$$=\frac{7}{2}-\frac{1}{2}\lim_{n\to\infty} b_n=\frac{7}{2}$$

29 급수와 수열의 극한값 사이의 관계

정답 ② | 정답률 70%

문제 보기

수열 $\{a_n\}$에 대하여 $\sum_{n=1}^{\infty}\frac{2^n a_n-2^{n+1}}{2^n+1}=1$일 때, $\lim_{n\to\infty} a_n$의 값은? [4점]

└ $\lim_{n\to\infty}\frac{2^n a_n-2^{n+1}}{2^n+1}$의 값을 구한다.

① 1 ② 2 ③ 3 ④ 4 ⑤ 5

Step 1 $\lim_{n\to\infty}\left(\frac{2^n a_n-2^{n+1}}{2^n+1}\right)$의 값 구하기

$\sum_{n=1}^{\infty}\frac{2^n a_n-2^{n+1}}{2^n+1}$이 수렴하므로 $\lim_{n\to\infty}\frac{2^n a_n-2^{n+1}}{2^n+1}=0$

Step 2 $\lim_{n\to\infty} a_n$의 값 구하기

$\frac{2^n a_n-2^{n+1}}{2^n+1}=b_n$이라 하면 $\lim_{n\to\infty} b_n=0$

$a_n=\frac{b_n(2^n+1)+2^{n+1}}{2^n}=b_n\left(1+\frac{1}{2^n}\right)+2$이므로

$$\lim_{n\to\infty} a_n=\lim_{n\to\infty}\left\{b_n\left(1+\frac{1}{2^n}\right)+2\right\}$$
$$=\lim_{n\to\infty} b_n\left(1+\frac{1}{2^n}\right)+2=2$$

30 급수와 수열의 극한값 사이의 관계

정답 ④ | 정답률 87%

문제 보기

수열 $\{a_n\}$에 대하여 급수 $\sum_{n=1}^{\infty}\left(a_n-\frac{2^{n+1}}{2^n+1}\right)$이 수렴할 때,

└ $\lim_{n\to\infty}\left(a_n-\frac{2^{n+1}}{2^n+1}\right)$의 값을 구한다.

$\lim_{n\to\infty}\frac{2^n\times a_n+5\times 2^{n+1}}{2^n+3}$의 값은? [3점]

① 6 ② 8 ③ 10 ④ 12 ⑤ 14

Step 1 $\lim_{n\to\infty}\left(a_n-\frac{2^{n+1}}{2^n+1}\right)$의 값 구하기

$\sum_{n=1}^{\infty}\left(a_n-\frac{2^{n+1}}{2^n+1}\right)$이 수렴하므로 $\lim_{n\to\infty}\left(a_n-\frac{2^{n+1}}{2^n+1}\right)=0$

Step 2 $\lim_{n\to\infty}\frac{2^n\times a_n+5\times 2^{n+1}}{2^n+3}$의 값 구하기

$a_n-\frac{2^{n+1}}{2^n+1}=b_n$이라 하면 $\lim_{n\to\infty} b_n=0$

$a_n=b_n+\frac{2^{n+1}}{2^n+1}$이므로

$$\lim_{n\to\infty}\frac{2^n\times a_n+5\times 2^{n+1}}{2^n+3}=\lim_{n\to\infty}\frac{2^n\times\left(b_n+\frac{2^{n+1}}{2^n+1}\right)+5\times 2^{n+1}}{2^n+3}$$
$$=\lim_{n\to\infty}\frac{b_n+\frac{2^{n+1}}{2^n+1}+5\times 2}{1+\frac{3}{2^n}}$$

→ $\lim_{n\to\infty}\frac{2^{n+1}}{2^n+1}=\lim_{n\to\infty}\frac{2}{1+\frac{1}{2^n}}=2$

$$=\frac{2+10}{1}=12$$

4 일차

31 급수와 수열의 극한값 사이의 관계

정답 ③ | 정답률 91%

문제 보기

수열 $\{a_n\}$이

$$\sum_{n=1}^{\infty}\left(a_n-\frac{3n^2-n}{2n^2+1}\right)=2$$ → $\lim_{n\to\infty}\left(a_n-\frac{3n^2-n}{2n^2+1}\right)$의 값을 구한다.

를 만족시킬 때, $\lim_{n\to\infty}(a_n{}^2+2a_n)$의 값은? [3점]

① $\frac{17}{4}$ ② $\frac{19}{4}$ ③ $\frac{21}{4}$ ④ $\frac{23}{4}$ ⑤ $\frac{25}{4}$

Step 1 $\lim_{n\to\infty}\left(a_n-\frac{3n^2-n}{2n^2+1}\right)$의 값 구하기

$\sum_{n=1}^{\infty}\left(a_n-\frac{3n^2-n}{2n^2+1}\right)$이 수렴하므로 $\lim_{n\to\infty}\left(a_n-\frac{3n^2-n}{2n^2+1}\right)=0$

Step 2 $\lim_{n\to\infty}a_n$의 값 구하기

$a_n-\frac{3n^2-n}{2n^2+1}=b_n$이라 하면 $\lim_{n\to\infty}b_n=0$

$a_n=b_n+\frac{3n^2-n}{2n^2+1}$이므로

$$\begin{aligned}\lim_{n\to\infty}a_n&=\lim_{n\to\infty}\left(b_n+\frac{3n^2-n}{2n^2+1}\right)\\&=\lim_{n\to\infty}b_n+\lim_{n\to\infty}\frac{3n^2-n}{2n^2+1}\\&=0+\frac{3}{2}=\frac{3}{2}\end{aligned}$$

Step 3 $\lim_{n\to\infty}(a_n{}^2+2a_n)$의 값 구하기

$$\begin{aligned}\therefore \lim_{n\to\infty}(a_n{}^2+2a_n)&=\lim_{n\to\infty}\{a_n(a_n+2)\}\\&=\lim_{n\to\infty}a_n\times\lim_{n\to\infty}(a_n+2)\\&=\frac{3}{2}\times\left(\frac{3}{2}+2\right)\\&=\frac{21}{4}\end{aligned}$$

다른 풀이

Step 3 $\lim_{n\to\infty}(a_n{}^2+2a_n)$의 값 구하기

$$\begin{aligned}\therefore \lim_{n\to\infty}(a_n{}^2+2a_n)&=\lim_{n\to\infty}a_n{}^2+2\lim_{n\to\infty}a_n\\&=\lim_{n\to\infty}a_n\times\lim_{n\to\infty}a_n+2\lim_{n\to\infty}a_n\\&=\frac{3}{2}\times\frac{3}{2}+2\times\frac{3}{2}\\&=\frac{21}{4}\end{aligned}$$

32 급수와 수열의 극한값 사이의 관계

정답 ④ | 정답률 73%

문제 보기

두 수열 $\{a_n\}$, $\{b_n\}$이 다음 조건을 만족시킬 때, $\lim_{n\to\infty}a_n$의 값은? [3점]

(가) $\frac{2n^3+3}{1^2+2^2+3^2+\cdots+n^2}<a_n<2b_n$ $(n=1, 2, 3, \cdots)$
└→ 수열의 극한의 대소 관계를 이용하여 $\lim_{n\to\infty}a_n$의 값을 구한다.

(나) $\sum_{n=1}^{\infty}(b_n-3)=2$ → $\lim_{n\to\infty}(b_n-3)$의 값을 구한다.

① 3 ② 4 ③ 5 ④ 6 ⑤ 7

Step 1 $\lim_{n\to\infty}(b_n-3)$의 값 구하기

조건 (나)에서 $\sum_{n=1}^{\infty}(b_n-3)$이 수렴하므로 $\lim_{n\to\infty}(b_n-3)=0$

Step 2 $\lim_{n\to\infty}a_n$의 값 구하기

$b_n-3=c_n$이라 하면 $\lim_{n\to\infty}c_n=0$

$b_n=c_n+3$이므로 조건 (가)에서

$\lim_{n\to\infty}2b_n=\lim_{n\to\infty}(2c_n+6)=6$

$$\lim_{n\to\infty}\frac{2n^3+3}{1^2+2^2+3^2+\cdots+n^2}=\lim_{n\to\infty}\frac{6(2n^3+3)}{n(n+1)(2n+1)}=6$$

└→ $\sum_{k=1}^{n}k^2=\frac{n(n+1)(2n+1)}{6}$

따라서 수열의 극한의 대소 관계에 의하여

$\lim_{n\to\infty}a_n=6$

33 급수와 수열의 극한값 사이의 관계

정답 ③ | 정답률 65%

문제 보기

두 수열 $\{a_n\}$, $\{b_n\}$이 모든 자연수 n에 대하여

$$1+2+2^2+\cdots+2^{n-1}<a_n<2^n$$

└→ 수열의 극한의 대소 관계를 이용하여 $\lim_{n\to\infty}\frac{a_n}{2^n}$의 값을 구한다.

$$\frac{3n-1}{n+1}<\sum_{k=1}^{n}b_k<\frac{3n+1}{n}$$

└→ 수열의 극한의 대소 관계를 이용하여 $\lim_{n\to\infty}\sum_{k=1}^{n}b_k$의 값을 구한 후 $\lim_{n\to\infty}b_n$의 값을 구한다.

을 만족시킬 때, $\lim_{n\to\infty}\frac{8^n-1}{4^{n-1}a_n+8^{n+1}b_n}$의 값은? [3점]

└→ $\lim_{n\to\infty}\frac{a_n}{2^n}$, $\lim_{n\to\infty}b_n$의 값을 이용할 수 있도록 식을 변형한다.

① 1 ② 2 ③ 4 ④ 8 ⑤ 16

Step 1 $\lim_{n\to\infty}\frac{a_n}{2^n}$의 값 구하기

$1+2+2^2+\cdots+2^{n-1}<a_n<2^n$에서

$\frac{2^n-1}{2-1}<a_n<2^n$, $2^n-1<a_n<2^n$

$\therefore 1-\frac{1}{2^n}<\frac{a_n}{2^n}<1$

$\lim_{n\to\infty}\left(1-\frac{1}{2^n}\right)=1$이므로 수열의 극한의 대소 관계에 의하여

$\lim_{n\to\infty}\frac{a_n}{2^n}=1$

Step 2 $\lim_{n\to\infty}b_n$의 값 구하기

$\frac{3n-1}{n+1}<\sum_{k=1}^{n}b_k<\frac{3n+1}{n}$에서 $\lim_{n\to\infty}\frac{3n-1}{n+1}=3$, $\lim_{n\to\infty}\frac{3n+1}{n}=3$이므로

수열의 극한의 대소 관계에 의하여

$\lim_{n\to\infty}\sum_{k=1}^{n}b_k=3$

$\lim_{n\to\infty}\sum_{k=1}^{n}b_k$가 수렴하므로 $\lim_{n\to\infty}b_n=0$

Step 3 $\lim_{n\to\infty}\frac{8^n-1}{4^{n-1}a_n+8^{n+1}b_n}$의 값 구하기

$$\therefore \lim_{n\to\infty}\frac{8^n-1}{4^{n-1}a_n+8^{n+1}b_n}=\lim_{n\to\infty}\frac{1-\frac{1}{8^n}}{\frac{1}{4}\times\frac{a_n}{2^n}+8\times b_n}$$

$$=\frac{1}{\frac{1}{4}}=4$$

34 등비급수의 수렴 조건

정답 ⑤ | 정답률 73%

문제 보기

급수 $\sum_{n=1}^{\infty}\left(\frac{x}{5}\right)^n$이 수렴하도록 하는 모든 정수 x의 개수는? [3점]

└→ 등비급수의 수렴 조건을 이용하여 x의 값의 범위를 구한다.

① 1 ② 3 ③ 5 ④ 7 ⑤ 9

Step 1 x의 값의 범위 구하기

$\sum_{n=1}^{\infty}\left(\frac{x}{5}\right)^n$이 수렴하려면

$-1<\frac{x}{5}<1$ $\quad\therefore -5<x<5$

Step 2 정수 x의 개수 구하기

따라서 정수 x는 $-4, -3, -2, \cdots, 3, 4$의 9개이다.

35 등비급수의 수렴 조건

정답 ③ | 정답률 76%

문제 보기

등비급수 $\sum_{n=1}^{\infty}\left(\frac{2x-3}{7}\right)^n$이 수렴하도록 하는 정수 x의 개수는? [3점]

└→ 등비급수의 수렴 조건을 이용하여 x의 값의 범위를 구한다.

① 2 ② 4 ③ 6 ④ 8 ⑤ 10

Step 1 x의 값의 범위 구하기

$\sum_{n=1}^{\infty}\left(\frac{2x-3}{7}\right)^n$이 수렴하려면

$-1<\frac{2x-3}{7}<1$, $-7<2x-3<7$

$-4<2x<10$ $\quad\therefore -2<x<5$

Step 2 정수 x의 개수 구하기

따라서 정수 x는 $-1, 0, 1, 2, 3, 4$의 6개이다.

36 등비급수의 합 정답 ① | 정답률 89%

문제 보기

등비수열 $\{a_n\}$에 대하여 $a_1=3$, $a_2=1$일 때, $\sum_{n=1}^{\infty}(a_n)^2$의 값은? [3점]

└ 등비수열 $\{a_n\}$의 공비를 구한다.
└ 수열 $\{(a_n)^2\}$의 첫째항과 공비를 이용한다.

① $\frac{81}{8}$ ② $\frac{83}{8}$ ③ $\frac{85}{8}$ ④ $\frac{87}{8}$ ⑤ $\frac{89}{8}$

Step 1 등비수열 $\{a_n\}$의 첫째항과 공비 구하기

등비수열 $\{a_n\}$의 첫째항은 $a_1=3$이고 공비는 $\frac{a_2}{a_1}=\frac{1}{3}$이다.

Step 2 급수의 합 구하기

따라서 수열 $\{(a_n)^2\}$은 첫째항이 $(a_1)^2=9$이고 공비가 $r^2=\frac{1}{9}$인 등비수열이므로

$$\sum_{n=1}^{\infty}(a_n)^2=\frac{9}{1-\frac{1}{9}}=\frac{81}{8}$$

37 등비급수의 합 정답 ② | 정답률 77%

문제 보기

급수 $\sum_{n=1}^{\infty}\frac{1+(-1)^n}{3^n}$의 합은? [3점]

└ 두 등비급수의 합으로 식을 변형한다.

① $\frac{1}{8}$ ② $\frac{1}{4}$ ③ $\frac{3}{8}$ ④ $\frac{1}{2}$ ⑤ $\frac{5}{8}$

Step 1 급수의 합 구하기

$$\sum_{n=1}^{\infty}\frac{1+(-1)^n}{3^n}=\sum_{n=1}^{\infty}\left\{\left(\frac{1}{3}\right)^n+\left(-\frac{1}{3}\right)^n\right\}$$
$$=\sum_{n=1}^{\infty}\left(\frac{1}{3}\right)^n+\sum_{n=1}^{\infty}\left(-\frac{1}{3}\right)^n$$

첫째항과 공비가 $\frac{1}{3}$인 등비급수의 합 / 첫째항과 공비가 $-\frac{1}{3}$인 등비급수의 합

$$=\frac{\frac{1}{3}}{1-\frac{1}{3}}+\frac{-\frac{1}{3}}{1-\left(-\frac{1}{3}\right)}$$
$$=\frac{1}{2}-\frac{1}{4}=\frac{1}{4}$$

38 등비급수의 합 정답 ③ | 정답률 85%

문제 보기

수열 $\{a_n\}$은 첫째항이 3이고 공비가 $\frac{1}{2}$인 등비수열이다. $\sum_{n=1}^{\infty}a_n$의 값은? [3점]

└ $\sum_{n=1}^{\infty}a_n=\frac{a}{1-r}$임을 이용한다.

① 4 ② 5 ③ 6 ④ 7 ⑤ 8

Step 1 급수의 합 구하기

수열 $\{a_n\}$은 첫째항이 3이고 공비가 $\frac{1}{2}$인 등비수열이므로

$$\sum_{n=1}^{\infty}a_n=\frac{3}{1-\frac{1}{2}}=6$$

39 등비급수의 합 정답 ④ | 정답률 77%

문제 보기

수열 $\{a_n\}$이 $a_1=1$이고 $2a_{n+1}=7a_n\,(n\geq1)$을 만족시킬 때, 급수 $\sum_{n=1}^{\infty}\frac{10}{a_n}$의 값은? [3점]

└ a_n을 구한다.
└ 수열 $\left\{\frac{10}{a_n}\right\}$의 첫째항과 공비를 이용한다.

① 11 ② 12 ③ 13 ④ 14 ⑤ 15

Step 1 a_n 구하기

$a_1=1$이고 $2a_{n+1}=7a_n$에서 $a_{n+1}=\frac{7}{2}a_n$이므로 수열 $\{a_n\}$은 첫째항이 1이고 공비가 $\frac{7}{2}$인 등비수열이다.

$$\therefore a_n=\left(\frac{7}{2}\right)^{n-1}$$

Step 2 급수의 합 구하기

따라서 $\frac{10}{a_n}=10\times\left(\frac{2}{7}\right)^{n-1}$이므로 수열 $\left\{\frac{10}{a_n}\right\}$은 첫째항이 10이고 공비가 $\frac{2}{7}$인 등비수열이다.

$$\therefore \sum_{n=1}^{\infty}\frac{10}{a_n}=\frac{10}{1-\frac{2}{7}}=14$$

40 등비급수의 합

정답 32 | 정답률 66%

문제 보기

수열 $\{a_n\}$이 모든 자연수 n에 대하여

$$a_1=3,\ a_{n+1}=\frac{2}{3}a_n$$ → a_n을 구한다.

을 만족시킬 때, $\sum_{n=1}^{\infty}a_{2n-1}=\frac{q}{p}$이다. $p+q$의 값을 구하시오.
→ 수열 $\{a_{2n-1}\}$의 첫째항과 공비를 이용한다.

(단, p와 q는 서로소인 자연수이다.) [4점]

Step 1 a_n 구하기

$a_1=3$이고 $a_{n+1}=\frac{2}{3}a_n$이므로 수열 $\{a_n\}$은 첫째항이 3이고 공비가 $\frac{2}{3}$인 등비수열이다.

$\therefore a_n=3\times\left(\frac{2}{3}\right)^{n-1}$

Step 2 급수의 합 구하기

$a_{2n-1}=3\times\left(\frac{2}{3}\right)^{2n-2}=3\times\left(\frac{4}{9}\right)^{n-1}$이므로 수열 $\{a_{2n-1}\}$은 첫째항이 3이고 공비가 $\frac{4}{9}$인 등비수열이다.

$\therefore \sum_{n=1}^{\infty}a_{2n-1}=\frac{3}{1-\frac{4}{9}}=\frac{27}{5}$

Step 3 $p+q$의 값 구하기

따라서 $p=5$, $q=27$이므로 $p+q=32$

41 등비급수의 합

정답 16 | 정답률 83%

문제 보기

공비가 양수인 등비수열 $\{a_n\}$이

$$a_1+a_2=20,\ \sum_{n=3}^{\infty}a_n=\frac{4}{3}$$ → 등비수열 $\{a_n\}$의 공비를 구한다.

를 만족시킬 때, a_1의 값을 구하시오. [3점]

Step 1 등비수열 $\{a_n\}$의 공비 구하기

등비수열 $\{a_n\}$의 공비를 $r\,(r>0)$라 하면 $a_1+a_2=20$에서

$a_1+a_1r=20$, $a_1(1+r)=20$

$\therefore a_1=\frac{20}{1+r}$ …… ㉠

$\therefore \sum_{n=3}^{\infty}a_n=\frac{a_3}{1-r}=\frac{a_1r^2}{1-r}=\frac{20r^2}{(1+r)(1-r)}=\frac{20r^2}{1-r^2}$

즉, $\frac{20r^2}{1-r^2}=\frac{4}{3}$이므로

$60r^2=4-4r^2$, $64r^2=4$

$r^2=\frac{1}{16}$ $\quad\therefore r=\frac{1}{4}$ ($\because r>0$)

Step 2 a_1의 값 구하기

㉠에 $r=\frac{1}{4}$을 대입하면 $a_1=\frac{20}{1+\frac{1}{4}}=16$

42 등비급수의 합

정답 ② | 정답률 76%

문제 보기

등비수열 $\{a_n\}$에 대하여

$$\sum_{n=1}^{\infty}(a_{2n-1}-a_{2n})=3,\ \sum_{n=1}^{\infty}a_n^2=6$$
→ 세 등비수열 $\{a_{2n-1}\}$, $\{a_{2n}\}$, $\{a_n^2\}$의 첫째항과 공비를 각각 구한다.

일 때, $\sum_{n=1}^{\infty}a_n$의 값은? [3점]

① 1 ② 2 ③ 3 ④ 4 ⑤ 5

Step 1 세 등비수열 $\{a_{2n-1}\}$, $\{a_{2n}\}$, $\{a_n^2\}$의 첫째항과 공비 구하기

등비수열 $\{a_n\}$의 첫째항을 a, 공비를 r라 하면

$a_{2n-1}=ar^{2n-2}=a(r^2)^{n-1}$이므로 수열 $\{a_{2n-1}\}$은 첫째항이 a, 공비가 r^2인 등비수열이다.

$a_{2n}=ar^{2n-1}=ar(r^2)^{n-1}$이므로 수열 $\{a_{2n}\}$은 첫째항이 ar, 공비가 r^2인 등비수열이다.

$a_n^2=a^2r^{2n-2}=a^2(r^2)^{n-1}$이므로 수열 $\{a_n^2\}$은 첫째항이 a^2, 공비가 r^2인 등비수열이다.

Step 2 $\sum_{n=1}^{\infty}a_n$의 값 구하기

$$\sum_{n=1}^{\infty}(a_{2n-1}-a_{2n})=\frac{a}{1-r^2}-\frac{ar}{1-r^2}=\frac{a(1-r)}{(1-r)(1+r)}=\frac{a}{1+r}$$

$\therefore \frac{a}{1+r}=3$ …… ㉠

$\sum_{n=1}^{\infty}a_n^2=\frac{a^2}{1-r^2}=\frac{a^2}{(1-r)(1+r)}$

$\therefore \frac{a^2}{(1-r)(1+r)}=6$

㉠을 대입하면 $\frac{3a}{1-r}=6$ $\quad\therefore \frac{a}{1-r}=2$

$\therefore \sum_{n=1}^{\infty}a_n=\frac{a}{1-r}=2$

43 등비급수의 합 정답 ① | 정답률 56%

문제 보기

모든 항이 자연수인 등비수열 $\{a_n\}$에 대하여

$\sum_{n=1}^{\infty}\frac{a_n}{3^n}=4$ → 수열 $\{a_n\}$의 첫째항과 공비를 구한다.

이고 급수 $\sum_{n=1}^{\infty}\frac{1}{a_{2n}}$이 실수 S에 수렴할 때, S의 값은? [3점]

→ 수열 $\left\{\frac{1}{a_{2n}}\right\}$의 첫째항과 공비를 구한다.

① $\frac{1}{6}$ ② $\frac{1}{5}$ ③ $\frac{1}{4}$ ④ $\frac{1}{3}$ ⑤ $\frac{1}{2}$

Step 1 등비수열 $\{a_n\}$의 첫째항과 공비 구하기

등비수열 $\{a_n\}$의 첫째항을 $a\,(a>0)$, 공비를 $r\,(r>0)$라 하면

$\frac{a_n}{3^n}=\frac{ar^{n-1}}{3^n}=\frac{a}{r}\left(\frac{r}{3}\right)^n$이므로 수열 $\left\{\frac{a_n}{3^n}\right\}$은 첫째항이 $\frac{a}{3}$, 공비가 $\frac{r}{3}$인 등비수열이다.

$\frac{1}{a_{2n}}=\frac{1}{ar^{2n-1}}=\frac{r}{a}\left(\frac{1}{r^2}\right)^n$이므로 수열 $\left\{\frac{1}{a_{2n}}\right\}$은 첫째항이 $\frac{1}{ar}$, 공비가 $\frac{1}{r^2}$인 등비수열이다.

이때 $\sum_{n=1}^{\infty}\frac{a_n}{3^n}$이 수렴하므로

$-1<\frac{r}{3}<1 \quad \therefore 0<r<3\ (\because r>0)$ …… ㉠

또 $\sum_{n=1}^{\infty}\frac{1}{a_{2n}}$이 수렴하므로

$-1<\frac{1}{r^2}<1,\ r^2>1$

$\therefore r>1\ (\because r>0)$ …… ㉡

㉠, ㉡에서 $1<r<3$

그런데 등비수열 $\{a_n\}$의 모든 항이 자연수이므로 $r=2$

따라서 수열 $\left\{\frac{a_n}{3^n}\right\}$은 첫째항이 $\frac{a}{3}$이고 공비가 $\frac{r}{3}=\frac{2}{3}$인 등비수열이므로

$\sum_{n=1}^{\infty}\frac{a_n}{3^n}=\frac{\frac{a}{3}}{1-\frac{2}{3}}=a \quad \therefore a=4$

Step 2 S의 값 구하기

수열 $\left\{\frac{1}{a_{2n}}\right\}$은 첫째항이 $\frac{1}{ar}=\frac{1}{8}$이고 공비가 $\frac{1}{r^2}=\frac{1}{4}$인 등비수열이므로

$S=\sum_{n=1}^{\infty}\frac{1}{a_{2n}}=\frac{\frac{1}{8}}{1-\frac{1}{4}}=\frac{1}{6}$

44 등비급수의 합 정답 ① | 정답률 71%

문제 보기

모든 항이 양의 실수인 수열 $\{a_n\}$이

$a_1=k,\ a_na_{n+1}+a_{n+1}=ka_n^2+ka_n\ (n\geq1)$

→ a_n과 a_{n+1} 사이의 관계식을 구한다.

을 만족시키고 $\sum_{n=1}^{\infty}a_n=5$일 때, 실수 k의 값은? (단, $0<k<1$) [3점]

→ k에 대한 식을 세운다.

① $\frac{5}{6}$ ② $\frac{4}{5}$ ③ $\frac{3}{4}$ ④ $\frac{2}{3}$ ⑤ $\frac{1}{2}$

Step 1 a_n과 a_{n+1} 사이의 관계식 구하기

$a_na_{n+1}+a_{n+1}=ka_n^2+ka_n$에서

$(a_n+1)a_{n+1}=ka_n(a_n+1)$

$a_n+1\neq0$이므로 양변을 a_n+1로 나누면 $a_{n+1}=ka_n$

Step 2 k의 값 구하기

수열 $\{a_n\}$은 첫째항과 공비가 $k\,(0<k<1)$인 등비수열이므로

$\sum_{n=1}^{\infty}a_n=\frac{k}{1-k}$

즉, $\frac{k}{1-k}=5$이므로 $k=5-5k \quad \therefore k=\frac{5}{6}$

45 등비급수의 합 정답 16 | 정답률 81%

문제 보기

수열 $\{a_n\}$이 $a_1=\frac{1}{8}$이고,

$a_na_{n+1}=2^n\ (n\geq1)$

→ $n=1, 2, 3, \cdots$을 차례대로 대입하여 수열 $\{a_{2n-1}\}$을 구한다.

을 만족시킬 때, $\sum_{n=1}^{\infty}\frac{1}{a_{2n-1}}$의 값을 구하시오. [4점]

→ 수열 $\left\{\frac{1}{a_{2n-1}}\right\}$의 첫째항과 공비를 이용한다.

Step 1 수열 $\{a_{2n-1}\}$ 구하기

$a_1=\frac{1}{2^3}$

$a_1a_2=2^1$에서 $a_2=\frac{2}{a_1}=2^4$

$a_2a_3=2^2$에서 $a_3=\frac{2^2}{a_2}=\frac{1}{2^2}$

$a_3a_4=2^3$에서 $a_4=\frac{2^3}{a_3}=2^5$

$a_4a_5=2^4$에서 $a_5=\frac{2^4}{a_4}=\frac{1}{2^1}$

⋮

즉, 수열 $\{a_{2n-1}\}$은 $\frac{1}{2^3}, \frac{1}{2^2}, \frac{1}{2^1}, \cdots$

Step 2 급수의 합 구하기

따라서 수열 $\left\{\frac{1}{a_{2n-1}}\right\}$은 $2^3, 2^2, 2^1, \cdots$이므로 첫째항이 8이고 공비가 $\frac{1}{2}$인 등비수열이다.

$\therefore \sum_{n=1}^{\infty}\frac{1}{a_{2n-1}}=\frac{8}{1-\frac{1}{2}}=16$

46 등비급수의 합 정답 ③ | 정답률 89%

문제 보기

등비수열 $\{a_n\}$에 대하여 $\lim_{n\to\infty}\frac{3^n}{a_n+2^n}=6$일 때, $\sum_{n=1}^{\infty}\frac{1}{a_n}$의 값은? [3점]

└ a_n을 구한다.

└ 수열 $\left\{\frac{1}{a_n}\right\}$의 첫째항과 공비를 구한다.

① 1 ② 2 ③ 3 ④ 4 ⑤ 5

Step 1 a_n 구하기

등비수열 $\{a_n\}$의 첫째항을 a, 공비를 r라 하면

$a_n=ar^{n-1}$

$\therefore \lim_{n\to\infty}\frac{3^n}{a_n+2^n}=\lim_{n\to\infty}\frac{3^n}{ar^{n-1}+2^n}=\lim_{n\to\infty}\frac{1}{\frac{a}{r}\left(\frac{r}{3}\right)^n+\left(\frac{2}{3}\right)^n}$

극한값이 존재하고 $\lim_{n\to\infty}\left(\frac{2}{3}\right)^n=0$이므로

$\lim_{n\to\infty}\frac{a}{r}\left(\frac{r}{3}\right)^n=\frac{1}{6}$에서

$\frac{a}{r}=\frac{1}{6}$, $r=3$ $\quad\therefore a=\frac{1}{2}$, $r=3$

$\therefore a_n=\frac{1}{2}\times3^{n-1}$

Step 2 급수의 합 구하기

따라서 $\frac{1}{a_n}=2\times\left(\frac{1}{3}\right)^{n-1}$이므로 수열 $\left\{\frac{1}{a_n}\right\}$은 첫째항이 2이고 공비가 $\frac{1}{3}$인 등비수열이다.

$\therefore \sum_{n=1}^{\infty}\frac{1}{a_n}=\frac{2}{1-\frac{1}{3}}=3$

47 등비급수의 합 정답 ⑤ | 정답률 73%

문제 보기

공차가 양수인 등차수열 $\{a_n\}$과 등비수열 $\{b_n\}$에 대하여 $a_1=b_1=1$, $a_2b_2=1$이고

$$\sum_{n=1}^{\infty}\left(\frac{1}{a_na_{n+1}}+b_n\right)=2$$

→ 두 급수 $\sum_{n=1}^{\infty}\frac{1}{a_na_{n+1}}$, $\sum_{n=1}^{\infty}b_n$이 각각 수렴하는지 확인한 후 급수의 성질을 이용하여 등비수열 $\{b_n\}$의 공비를 구한다.

일 때, $\sum_{n=1}^{\infty}b_n$의 값은? [3점]

① $\frac{7}{6}$ ② $\frac{6}{5}$ ③ $\frac{5}{4}$ ④ $\frac{4}{3}$ ⑤ $\frac{3}{2}$

Step 1 두 급수 $\sum_{n=1}^{\infty}\frac{1}{a_na_{n+1}}$, $\sum_{n=1}^{\infty}b_n$이 수렴하는지 확인하기

등차수열 $\{a_n\}$의 공차를 $d\,(d>0)$, 등비수열 $\{b_n\}$의 공비를 r라 하면

$a_1=b_1=1$이므로

$a_2=a_1+d=1+d$, $b_2=b_1r=1\times r=r$

$a_2b_2=1$에서 $(1+d)r=1$

$\therefore r=\frac{1}{1+d}$ ······ ㉠

이때 $1+d>1$이므로 ㉠에서 $0<r<1$

즉, $\sum_{n=1}^{\infty}b_n$은 수렴한다.

$a_n=a_1+(n-1)d=dn+1-d$이므로

$\lim_{n\to\infty}a_n=\lim_{n\to\infty}(dn+1-d)=\infty$

따라서 $\lim_{n\to\infty}a_{n+1}=\lim_{n\to\infty}a_n=\infty$이므로

$\lim_{n\to\infty}\frac{1}{a_{n+1}}=0$

$$\begin{aligned}\therefore \sum_{n=1}^{\infty}\frac{1}{a_na_{n+1}}&=\lim_{n\to\infty}\sum_{k=1}^{n}\frac{1}{a_ka_{k+1}}\\&=\lim_{n\to\infty}\sum_{k=1}^{n}\frac{1}{a_{k+1}-a_k}\left(\frac{1}{a_k}-\frac{1}{a_{k+1}}\right)\\&=\lim_{n\to\infty}\sum_{k=1}^{n}\frac{1}{d}\left(\frac{1}{a_k}-\frac{1}{a_{k+1}}\right)\\&=\lim_{n\to\infty}\frac{1}{d}\left\{\left(\frac{1}{a_1}-\frac{1}{a_2}\right)+\left(\frac{1}{a_2}-\frac{1}{a_3}\right)+\left(\frac{1}{a_3}-\frac{1}{a_4}\right)+\cdots+\left(\frac{1}{a_n}-\frac{1}{a_{n+1}}\right)\right\}\\&=\lim_{n\to\infty}\frac{1}{d}\left(\frac{1}{a_1}-\frac{1}{a_{n+1}}\right)\\&=\frac{1}{d}\times1=\frac{1}{d}\end{aligned}$$

따라서 $\sum_{n=1}^{\infty}\frac{1}{a_na_{n+1}}$도 수렴한다.

Step 2 등비수열 $\{b_n\}$의 공비 구하기

$\sum_{n=1}^{\infty}\left(\frac{1}{a_na_{n+1}}+b_n\right)=2$에서 $\sum_{n=1}^{\infty}\frac{1}{a_na_{n+1}}+\sum_{n=1}^{\infty}b_n=2$

$\therefore \frac{1}{d}+\frac{1}{1-r}=2$

㉠을 대입하면

$\frac{1}{d}+\frac{1}{1-\frac{1}{1+d}}=2$, $\frac{1}{d}+\frac{1+d}{d}=2$

$2+d=2d$ $\quad\therefore d=2$

이를 ㉠에 대입하면 $r=\frac{1}{3}$

Step 3 $\sum_{n=1}^{\infty}b_n$의 값 구하기

$\therefore \sum_{n=1}^{\infty}b_n=\frac{1}{1-\frac{1}{3}}=\frac{3}{2}$

48 등비급수의 합 정답 24 | 정답률 10%

문제 보기

수열 $\{a_n\}$은 등비수열이고, 수열 $\{b_n\}$을 모든 자연수 n에 대하여

$$b_n=\begin{cases} -1 & (a_n \le -1) \\ a_n & (a_n > -1) \end{cases}$$

이라 할 때, 수열 $\{b_n\}$은 다음 조건을 만족시킨다.

> (가) 급수 $\sum_{n=1}^{\infty} b_{2n-1}$은 수렴하고 그 합은 -3이다.
>
> (나) 급수 $\sum_{n=1}^{\infty} b_{2n}$은 수렴하고 그 합은 8이다. → 등비수열 $\{a_n\}$의 공비의 조건을 파악한다.

$b_3=-1$일 때, $\sum_{n=1}^{\infty}|a_n|$의 값을 구하시오. [4점]

└ a_3의 값의 범위를 구한다.

Step 1 등비수열 $\{a_n\}$의 공비의 조건 알기

등비수열 $\{a_n\}$의 공비를 r라 하면

$a_n=a_1r^{n-1}$

이때 주어진 조건을 만족시키려면 $a_1\neq0$, $r\neq0$이어야 한다.

또 $b_3=-1$이므로

$a_3\le-1$

$r>0$이면 $a_3<0$이므로 수열 $\{a_n\}$의 모든 항은 음수이다.

즉, 수열 $\{b_{2n}\}$의 모든 항은 음수이다.

따라서 급수 $\sum_{n=1}^{\infty}b_{2n}$의 합은 음수이거나 발산하므로 조건 (나)를 만족시키지 않는다.

또 $r\le-1$이면 $a_3\le-1$이므로 $a_4\ge1$이고 $r^2\ge1$이므로

$a_{2n}\ge1$ (단, $n=2, 3, 4, \cdots$)

즉, $b_{2n}\ge1\,(n=2, 3, 4, \cdots)$이므로

$\lim_{n\to\infty}b_{2n}\ge1$

따라서 급수 $\sum_{n=1}^{\infty}b_{2n}$은 발산하므로 조건 (나)를 만족시키지 않는다.

$\therefore -1<r<0$

Step 2 수열 $\{b_n\}$ 구하기

$a_3\le-1$에서 $a_1r^2\le-1$, $a_1\le-\dfrac{1}{r^2}$

$0<r^2<1$이므로 $a_1<-1$

$\therefore b_1=-1$

$a_1<-1$, $-1<r<0$이므로

$a_2=a_1r>0$

$\therefore b_2=a_2$

$a_3\le-1$, $-1<r<0$이므로

$a_4=a_3r>0$

$\therefore b_4=a_4$

$a_5\le-1$이면 $b_5=-1$이므로

$b_1+b_3+b_5=-1+(-1)+(-1)=-3$

이때 $b_{2n-1}\,(n=4, 5, 6, \cdots)$의 값은 0이 아니므로 조건 (가)를 만족시키지 않는다.

따라서 $a_5>-1$이므로

$b_5=a_5=a_1r^4$

$a_6=a_4r^2$이고 $a_4>0$, $0<r^2<1$이므로

$a_6>0$

$\therefore b_6=a_6=a_1r^5$

같은 방법으로 하면 $b_7=a_7$, $b_8=a_8$, $b_9=a_9$, $\cdots$이므로

$$b_n=\begin{cases} -1 & (n=1 \text{ 또는 } n=3) \\ a_1r^{n-1} & (n=2 \text{ 또는 } n\ge4) \end{cases}$$

Step 3 등비수열 $\{a_n\}$의 첫째항과 공비 구하기

조건 (가)에서

$\sum_{n=1}^{\infty}b_{2n-1}=-1+(-1)+a_1r^4+a_1r^6+a_1r^8+\cdots=-2+\dfrac{a_1r^4}{1-r^2}$

즉, $-2+\dfrac{a_1r^4}{1-r^2}=-3$이므로

$\dfrac{a_1r^4}{1-r^2}=-1$

$\therefore a_1r^4=r^2-1$ …… ㉠

조건 (나)에서

$\sum_{n=1}^{\infty}b_{2n}=a_1r+a_1r^3+a_1r^5+\cdots=\dfrac{a_1r}{1-r^2}$

즉, $\dfrac{a_1r}{1-r^2}=8$이므로

$a_1r=8(1-r^2)$

$\therefore -\dfrac{a_1r}{8}=r^2-1$ …… ㉡

㉠, ㉡에서 $a_1r^4=-\dfrac{a_1r}{8}$이므로

$r^3=-\dfrac{1}{8}$ ($\because a_1\neq0$)

$\therefore r=-\dfrac{1}{2}$

이를 ㉠에 대입하면

$\dfrac{1}{16}a_1=-\dfrac{3}{4}$ $\quad\therefore a_1=-12$

Step 4 $\sum_{n=1}^{\infty}|a_n|$의 값 구하기

$$\therefore \sum_{n=1}^{\infty}|a_n|=\sum_{n=1}^{\infty}\left|-12\times\left(-\frac{1}{2}\right)^{n-1}\right|$$
$$=12\sum_{n=1}^{\infty}\left(\frac{1}{2}\right)^{n-1}$$
$$=\frac{12}{1-\frac{1}{2}}=24$$

49 등비급수의 합

정답 162 | 정답률 15%

문제 보기

첫째항과 공비가 각각 0이 아닌 두 등비수열 $\{a_n\}$, $\{b_n\}$에 대하여

두 급수 $\sum_{n=1}^{\infty} a_n$, $\sum_{n=1}^{\infty} b_n$이 각각 수렴하고

└→ 두 등비수열 $\{a_n\}$, $\{b_n\}$의 공비의 조건을 파악한다.

$\sum_{n=1}^{\infty} a_nb_n = \left(\sum_{n=1}^{\infty} a_n\right) \times \left(\sum_{n=1}^{\infty} b_n\right)$, $3 \times \sum_{n=1}^{\infty} |a_{2n}| = 7 \times \sum_{n=1}^{\infty} |a_{3n}|$

└→ 두 등비수열 $\{a_n\}$, $\{b_n\}$의 공비 사이의 관계식을 구한다.

└→ 두 등비수열 수열 $\{a_n\}$, $\{b_n\}$의 공비를 구한다.

이 성립한다. $\sum_{n=1}^{\infty} \frac{b_{2n-1}+b_{3n+1}}{b_n} = S$일 때, $120S$의 값을 구하시오. [4점]

Step 1 두 등비수열 $\{a_n\}$, $\{b_n\}$의 공비 사이의 관계식 구하기

두 등비수열 $\{a_n\}$, $\{b_n\}$의 공비를 각각 r, s라 하면

두 급수 $\sum_{n=1}^{\infty} a_n$, $\sum_{n=1}^{\infty} b_n$이 수렴하므로

$-1<r<0$ 또는 $0<r<1$, $-1<s<0$ 또는 $0<s<1$

$\sum_{n=1}^{\infty} a_nb_n = \left(\sum_{n=1}^{\infty} a_n\right) \times \left(\sum_{n=1}^{\infty} b_n\right)$에서

$\frac{a_1b_1}{1-rs} = \frac{a_1}{1-r} \times \frac{b_1}{1-s}$, $\frac{a_1b_1}{1-rs} = \frac{a_1b_1}{(1-r)(1-s)}$

$1-rs=(1-r)(1-s)$ ($\because a_1 \neq 0, b_1 \neq 0$)

$\therefore 2rs = r+s$ …… ㉠

Step 2 두 등비수열 $\{a_n\}$, $\{b_n\}$의 공비 구하기

등비수열 $\{a_{2n}\}$의 첫째항은 a_1r, 공비는 r^2이고,

등비수열 $\{a_{3n}\}$의 첫째항은 a_1r^2, 공비는 r^3이므로

$3 \times \sum_{n=1}^{\infty} |a_{2n}| = 7 \times \sum_{n=1}^{\infty} |a_{3n}|$에서

$3 \times \frac{|a_1r|}{1-|r|^2} = 7 \times \frac{|a_1r^2|}{1-|r|^3}$, $\frac{3}{1-|r|^2} = \frac{7|r|}{1-|r|^3}$

$7|r|-7|r|^3 = 3-3|r|^3$, $4|r|^3-7|r|+3=0$

$(|r|-1)(4|r|^2+4|r|-3)=0$, $(|r|-1)(2|r|-1)(2|r|+3)=0$

$\therefore |r| = \frac{1}{2}$ ($\because r \neq 1$, $|r|>0$)

(i) $r=\frac{1}{2}$일 때,

㉠에서 $s=\frac{1}{2}+s$이므로 이를 만족시키는 s의 값은 존재하지 않는다.

(ii) $r=-\frac{1}{2}$일 때,

㉠에서 $-s=-\frac{1}{2}+s$, $2s=\frac{1}{2}$ $\quad \therefore s=\frac{1}{4}$

(i), (ii)에서 $r=-\frac{1}{2}$, $s=\frac{1}{4}$

Step 3 $\sum_{n=1}^{\infty} \frac{b_{2n-1}+b_{3n+1}}{b_n}$의 값 구하기

$$\therefore \sum_{n=1}^{\infty} \frac{b_{2n-1}+b_{3n+1}}{b_n} = \sum_{n=1}^{\infty} \frac{b_1\left(\frac{1}{4}\right)^{2n-2}+b_1\left(\frac{1}{4}\right)^{3n}}{b_1\left(\frac{1}{4}\right)^{n-1}}$$

$$= \sum_{n=1}^{\infty} \frac{b_1\left(\frac{1}{4}\right)^{2n-2}}{b_1\left(\frac{1}{4}\right)^{n-1}} + \sum_{n=1}^{\infty} \frac{b_1\left(\frac{1}{4}\right)^{3n}}{b_1\left(\frac{1}{4}\right)^{n-1}}$$

$$= \sum_{n=1}^{\infty} \left(\frac{1}{4}\right)^{n-1} + \sum_{n=1}^{\infty} \left(\frac{1}{4}\right)^{2n+1}$$

$$= \frac{1}{1-\frac{1}{4}} + \frac{1}{64\left(1-\frac{1}{16}\right)}$$

$$= \frac{4}{3} + \frac{1}{60} = \frac{81}{60}$$

Step 4 $120S$의 값 구하기

따라서 $S=\frac{81}{60}$이므로

$120S = 120 \times \frac{81}{60} = 162$

4 일차

50 등비급수의 합 정답 12 | 정답률 16%

문제 보기

첫째항이 1이고 공비가 0이 아닌 등비수열 $\{a_n\}$에 대하여 급수 $\sum_{n=1}^{\infty} a_n$이 수렴하고

공비를 r라 하면 $-1<r<0$ 또는 $0<r<1$

$$\sum_{n=1}^{\infty}(20a_{2n}+21|a_{3n-1}|)=0$$

이다. 첫째항이 0이 아닌 등비수열 $\{b_n\}$에 대하여 급수 $\sum_{n=1}^{\infty}\frac{3|a_n|+b_n}{a_n}$이 수렴할 때, $b_1\times\sum_{n=1}^{\infty}b_n$의 값을 구하시오. [4점]

$\lim_{n\to\infty}\frac{3|a_n|+b_n}{a_n}=0$의 값을 구한다.

Step 1 a_n 구하기

등비수열 $\{a_n\}$의 공비를 r라 하면

$a_1=1$이므로 $a_n=r^{n-1}$ (단, n은 자연수)

급수 $\sum_{n=1}^{\infty}a_n$이 수렴하므로

$-1<r<0$ 또는 $0<r<1$

이때 $0<r<1$이면 $\sum_{n=1}^{\infty}(20a_{2n}+21|a_{3n-1}|)>0$이므로 주어진 조건을 만족시키지 않는다.

따라서 $-1<r<0$이다.

수열 $\{a_{2n}\}$은 첫째항이 $a_2=r$, 공비가 r^2인 등비수열이고

수열 $\{|a_{3n-1}|\}$은 첫째항이 $|a_2|=-r$, 공비가 $-r^3$인 등비수열이다.

이때 $0<r^2<1$, $0<-r^3<1$이므로 두 급수 $\sum_{n=1}^{\infty}a_{2n}$, $\sum_{n=1}^{\infty}|a_{3n-1}|$은 각각 수렴한다.

$$\sum_{n=1}^{\infty}(20a_{2n}+21|a_{3n-1}|)=\frac{20r}{1-r^2}+\frac{21\times(-r)}{1-(-r^3)}$$
$$=\frac{20r}{1-r^2}-\frac{21r}{1+r^3}=0$$

$20r(1+r^3)-21r(1-r^2)=0$

$20r(1+r)(1-r+r^2)-21r(1+r)(1-r)=0$

$r(1+r)\{20(1-r+r^2)-21(1-r)\}=0$

$20(1-r+r^2)-21(1-r)=0$ ($\because r(1+r)\neq0$)

$20r^2+r-1=0$, $(4r+1)(5r-1)=0$

$\therefore r=-\frac{1}{4}$ ($\because -1<r<0$)

$\therefore a_n=\left(-\frac{1}{4}\right)^{n-1}$

Step 2 b_n 구하기

급수 $\sum_{n=1}^{\infty}\frac{3|a_n|+b_n}{a_n}$이 수렴하므로 $\lim_{n\to\infty}\frac{3|a_n|+b_n}{a_n}=0$이어야 한다.

등비수열 $\{b_n\}$의 공비를 s라 하면

$\frac{|a_n|}{a_n}=(-1)^{n-1}$, $\frac{b_n}{a_n}=\frac{b_1\times s^{n-1}}{\left(-\frac{1}{4}\right)^{n-1}}=b_1\times(-4s)^{n-1}$이므로

$$\lim_{n\to\infty}\frac{3|a_n|+b_n}{a_n}=\lim_{n\to\infty}\left(\frac{3|a_n|}{a_n}+\frac{b_n}{a_n}\right)$$
$$=\lim_{n\to\infty}\{3\times(-1)^{n-1}+b_1\times(-4s)^{n-1}\}$$
$$=\lim_{n\to\infty}[(-1)^{n-1}\{3+b_1\times(4s)^{n-1}\}]$$

(i) $-1<4s<1$인 경우

$\lim_{n\to\infty}(4s)^{n-1}=0$이므로

$\lim_{n\to\infty}\{3+b_1\times(4s)^{n-1}\}=3$

따라서 급수 $\sum_{n=1}^{\infty}\frac{3|a_n|+b_n}{a_n}$은 발산한다.

(ii) $4s<-1$ 또는 $4s>1$인 경우

$\lim_{n\to\infty}\{3+b_1\times(4s)^{n-1}\}$은 발산하므로 급수 $\sum_{n=1}^{\infty}\frac{3|a_n|+b_n}{a_n}$은 발산한다.

(iii) $4s=-1$인 경우

$\lim_{n\to\infty}\frac{3|a_n|+b_n}{a_n}=\lim_{n\to\infty}\{3\times(-1)^{n-1}+b_1\}$

이때 $\lim_{n\to\infty}\{3\times(-1)^{n-1}\}$은 발산하므로 급수 $\sum_{n=1}^{\infty}\frac{3|a_n|+b_n}{a_n}$은 발산한다.

(iv) $4s=1$인 경우

$\lim_{n\to\infty}\frac{3|a_n|+b_n}{a_n}=\lim_{n\to\infty}\{(-1)^{n-1}(3+b_1)\}$

$b_1=-3$일 때, $\lim_{n\to\infty}\frac{3|a_n|+b_n}{a_n}=0$

따라서 급수 $\sum_{n=1}^{\infty}\frac{3|a_n|+b_n}{a_n}$은 수렴한다.

(i)~(iv)에서

$b_1=-3$, $s=\frac{1}{4}$

$\therefore b_n=(-3)\times\left(\frac{1}{4}\right)^{n-1}$

Step 3 $b_1\times\sum_{n=1}^{\infty}b_n$의 값 구하기

따라서 $\sum_{n=1}^{\infty}b_n=\frac{-3}{1-\frac{1}{4}}=-4$이므로

$b_1\times\sum_{n=1}^{\infty}b_n=-3\times(-4)=12$

51 등비급수의 합

정답 25 | 정답률 21%

문제 보기

등비수열 $\{a_n\}$이

$$\sum_{n=1}^{\infty}(|a_n|+a_n)=\frac{40}{3},\ \sum_{n=1}^{\infty}(|a_n|-a_n)=\frac{20}{3}$$

└→ 두 급수가 각각 수렴하므로 급수의 성질을 이용하여 $\sum_{n=1}^{\infty}|a_n|$, $\sum_{n=1}^{\infty}a_n$의 값을 구한다.

을 만족시킨다. 부등식

$$\lim_{n\to\infty}\sum_{k=1}^{2n}\left((-1)^{\frac{k(k+1)}{2}}\times a_{m+k}\right)>\frac{1}{700}$$

└→ 등비급수의 첫째항과 공비를 찾아 그 합을 구한다.

을 만족시키는 모든 자연수 m의 값의 합을 구하시오. [4점]

Step 1 $\sum_{n=1}^{\infty}|a_n|$, $\sum_{n=1}^{\infty}a_n$의 값 구하기

$\sum_{n=1}^{\infty}(|a_n|+a_n)=\frac{40}{3}$, $\sum_{n=1}^{\infty}(|a_n|-a_n)=\frac{20}{3}$에서

$\sum_{n=1}^{\infty}(|a_n|+a_n)+\sum_{n=1}^{\infty}(|a_n|-a_n)=20$

$2\sum_{n=1}^{\infty}|a_n|=20 \quad \therefore \sum_{n=1}^{\infty}|a_n|=10 \quad \cdots\cdots ㉠$

$\sum_{n=1}^{\infty}(|a_n|+a_n)-\sum_{n=1}^{\infty}(|a_n|-a_n)=\frac{20}{3}$

$2\sum_{n=1}^{\infty}a_n=\frac{20}{3} \quad \therefore \sum_{n=1}^{\infty}a_n=\frac{10}{3} \quad \cdots\cdots ㉡$

Step 2 a_n 구하기

등비수열 $\{a_n\}$의 첫째항을 a, 공비를 r라 하면 등비급수 $\sum_{n=1}^{\infty}a_n$이 수렴하므로 $-1<r<1$

이때 $r\ge0$이면 주어진 두 등식을 만족시키지 않으므로

$-1<r<0$

└→ $r\ge0$이면 $a<0$일 때 $|a_n|+a_n=0$, $a>0$일 때 $|a_n|-a_n=0$

(i) $a<0$일 때,

㉠에서 $\frac{-a}{1-(-r)}=10$, $\frac{a}{1+r}=-10$

㉡에서 $\frac{a}{1-r}=\frac{10}{3}$

위의 두 식을 연립하여 풀면 $a=10$, $r=-2$이므로 조건을 만족시키지 않는다.

(ii) $a>0$일 때,

㉠에서 $\frac{a}{1-(-r)}=10$, $\frac{a}{1+r}=10$

㉡에서 $\frac{a}{1-r}=\frac{10}{3}$

위의 두 식을 연립하여 풀면

$a=5$, $r=-\frac{1}{2}$

(i), (ii)에서 $a_n=5\times\left(-\frac{1}{2}\right)^{n-1}$

Step 3 $\lim_{n\to\infty}\sum_{k=1}^{2n}\left((-1)^{\frac{k(k+1)}{2}}\times a_{m+k}\right)$가 등비급수의 합임을 파악하기

$$\begin{aligned}&\lim_{n\to\infty}\sum_{k=1}^{2n}\left((-1)^{\frac{k(k+1)}{2}}\times a_{m+k}\right)\\&=-a_{m+1}-a_{m+2}+a_{m+3}+a_{m+4}-\cdots\\&=-(a_{m+1}+a_{m+2})+(a_{m+3}+a_{m+4})-\cdots\\&=-\left\{5\times\left(-\frac{1}{2}\right)^m+5\times\left(-\frac{1}{2}\right)^{m+1}\right\}\\&\qquad+\left\{5\times\left(-\frac{1}{2}\right)^{m+2}+5\times\left(-\frac{1}{2}\right)^{m+3}\right\}-\cdots\\&=-\frac{5}{2}\times\left(-\frac{1}{2}\right)^m+\frac{5}{2}\times\left(-\frac{1}{2}\right)^{m+2}-\cdots\end{aligned}$$

이므로 $\lim_{n\to\infty}\sum_{k=1}^{2n}\left((-1)^{\frac{k(k+1)}{2}}\times a_{m+k}\right)$의 값은 첫째항이 $-\frac{5}{2}\times\left(-\frac{1}{2}\right)^m$, 공비가 $-\frac{1}{4}$인 등비급수의 합과 같다.

Step 4 모든 자연수 m의 값의 합 구하기

$\lim_{n\to\infty}\sum_{k=1}^{2n}\left((-1)^{\frac{k(k+1)}{2}}\times a_{m+k}\right)>\frac{1}{700}$에서

$$\frac{-\frac{5}{2}\times\left(-\frac{1}{2}\right)^m}{1-\left(-\frac{1}{4}\right)}>\frac{1}{700}$$

$-\frac{5}{2}\times\left(-\frac{1}{2}\right)^m>\frac{1}{560}$

$\left(-\frac{1}{2}\right)^m<-\frac{1}{1400}$

따라서 주어진 부등식을 만족시키는 자연수 m의 값은 1, 3, 5, 7, 9이므로 모든 자연수 m의 값의 합은

$1+3+5+7+9=25$

52 등비급수의 합 정답 138 | 정답률 3%

문제 보기

수열 $\{a_n\}$은 공비가 0이 아닌 등비수열이고, 수열 $\{b_n\}$을 모든 자연수 n에 대하여

$$b_n=\begin{cases} a_n & (|a_n|<\alpha) \\ -\dfrac{5}{a_n} & (|a_n|\ge\alpha) \end{cases} \quad (\alpha\text{는 양의 상수})$$

라 할 때, 두 수열 $\{a_n\}$, $\{b_n\}$과 자연수 p가 다음 조건을 만족시킨다.

(가) $\sum_{n=1}^{\infty} a_n=4$ → 등비급수의 합이 4로 수렴하므로 $0<|(\text{공비})|<1$이고 첫째항은 양수이다.

(나) $\sum_{n=1}^{m} \dfrac{a_n}{b_n}$의 값이 최소가 되도록 하는 자연수 m은 p이고,

→ 수열 $\left\{\dfrac{a_n}{b_n}\right\}$의 각 항의 부호를 확인한 후 $\sum_{n=1}^{m}\dfrac{a_n}{b_n}$의 값이 최소가 되는 상황을 파악한다.

$\sum_{n=1}^{p} b_n=51$, $\sum_{n=p+1}^{\infty} b_n=\dfrac{1}{64}$이다.

$32\times(a_3+p)$의 값을 구하시오. [4점]

Step 1 수열 $\{a_n\}$의 공비 구하기

등비수열 $\{a_n\}$의 첫째항을 a, 공비를 r라 하면

$a_n=ar^{n-1}$

조건 (가)에서 등비급수의 합이 4로 수렴하므로

$0<|r|<1$, $a>0$이고 $\dfrac{a}{1-r}=4$ …… ㉠

따라서 $|a_n|$은 양수이면서 점점 작아지는 수열이다.

수열 $\left\{\dfrac{a_n}{b_n}\right\}$은 모든 자연수 n에 대하여

$$\frac{a_n}{b_n}=\begin{cases} 1 & (|a_n|<\alpha) \\ -\dfrac{{a_n}^2}{5} & (|a_n|\ge\alpha) \end{cases}$$

이때 모든 자연수 n에 대하여 $|a_n|<\alpha$라 하면

$\sum_{n=1}^{m}\dfrac{a_n}{b_n}=\sum_{n=1}^{m}1=m$이므로 $\sum_{n=1}^{m}\dfrac{a_n}{b_n}$의 값이 최소가 되도록 하는 자연수 m은 1이다.

$\therefore p=1$

따라서 조건 (나)에서 $\sum_{n=1}^{1} b_n=51$이므로

$\sum_{n=1}^{1} b_n=\sum_{n=1}^{1} a_n=a=51$

$a=51$을 ㉠에 대입하면 $r=-\dfrac{47}{4}<-1$이므로 $\sum_{n=1}^{\infty} a_n$이 수렴한다는 조건을 만족시키지 않는다.

그러므로 $|a_k|\ge\alpha$, $|a_{k+1}|<\alpha$인 자연수 k가 존재하고,

$1\le n\le k$일 때, $\dfrac{a_n}{b_n}=-\dfrac{{a_n}^2}{5}<0$

$n\ge k+1$일 때, $\dfrac{a_n}{b_n}=1>0$

그러므로 $\sum_{n=1}^{m}\dfrac{a_n}{b_n}$의 값이 최소가 되도록 하는 자연수 m은 k, 즉 $p=k$이고

조건 (나)에서 $\sum_{n=k+1}^{\infty} b_n=\dfrac{1}{64}$이므로

$\sum_{n=k+1}^{\infty} b_n=\sum_{n=k+1}^{\infty} a_n=\dfrac{ar^k}{1-r}=\dfrac{1}{64}$

이 식에 ㉠을 대입하면 $4r^k=\dfrac{1}{64}$

$r^k=\dfrac{1}{256}$ $\quad\therefore \left(\dfrac{1}{r}\right)^k=256$ …… ㉡

또 조건 (나)에서 $\sum_{n=1}^{k} b_n=51$이므로

$$\sum_{n=1}^{k} b_n=\sum_{n=1}^{k}\left(-\frac{5}{a_n}\right)=\sum_{n=1}^{k}\left\{-\frac{5}{a}\left(\frac{1}{r}\right)^{n-1}\right\}$$

$$=\frac{-\dfrac{5}{a}\left\{1-\left(\dfrac{1}{r}\right)^k\right\}}{1-\dfrac{1}{r}}=51$$

이 식에 ㉡을 대입하면

$\dfrac{-\dfrac{5}{a}(1-256)}{1-\dfrac{1}{r}}=51$, $\dfrac{25}{a}=1-\dfrac{1}{r}$

$\therefore a(r-1)=25r$ …… ㉢

한편 ㉠에서 $a=4(1-r)$이므로 ㉢에 대입하면

$4(1-r)(r-1)=25r$, $4r^2+17r+4=0$

$(4r+1)(r+4)=0$

$\therefore r=-\dfrac{1}{4}$ ($\because 0<|r|<1$)

Step 2 수열 $\{a_n\}$의 첫째항과 p의 값 구하기

$r=-\dfrac{1}{4}$일 때,

$a=4\times\left\{1-\left(-\dfrac{1}{4}\right)\right\}=5$

$r=-\dfrac{1}{4}$을 ㉡에 대입하면

$(-4)^k=256$, $(-4)^k=4^4$ $\quad\therefore k=4$

$\therefore p=k=4$

Step 3 $32\times(a_3+p)$의 값 구하기

$\therefore 32\times(a_3+p)=32\times\left\{5\times\left(-\dfrac{1}{4}\right)^2+4\right\}=138$

→ $a_n=5\times\left(-\dfrac{1}{4}\right)^{n-1}$

5 일차											
01 ②	02 ④	03 ④	04 ①	05 ⑤	06 ③	07 ③	08 ②	09 ②	10 ⑤	11 ④	12 ⑤
13 ②	14 ①	15 ①	16 ①	17 ④	18 ②	19 ②	20 ②	21 ②	22 ③	23 ①	24 ①
25 ①	26 ③	27 ④	28 ②	29 ③	30 ①	31 ③	32 ①	33 ⑤	34 ①		

문제편 072쪽~088쪽

01 등비급수의 활용 – 함수의 그래프 정답 ② | 정답률 67%

문제 보기

자연수 n에 대하여 직선 $y=\left(\frac{1}{2}\right)^{n-1}(x-1)$과 이차함수 $y=3x(x-1)$의 그래프가 만나는 두 점을 $\mathrm{A}(1, 0)$과 P_n이라 하자. 점 P_n에서 x축에 내린 수선의 발을 H_n이라 할 때, $\sum_{n=1}^{\infty}\overline{\mathrm{P}_n\mathrm{H}_n}$의 값은? [4점]

└→ 점 P_n의 좌표를 구한다.

└→ $\overline{\mathrm{P}_n\mathrm{H}_n}$을 구한 후 등비급수의 합을 구한다.

① $\frac{3}{2}$ ② $\frac{14}{9}$ ③ $\frac{29}{18}$ ④ $\frac{5}{3}$ ⑤ $\frac{31}{18}$

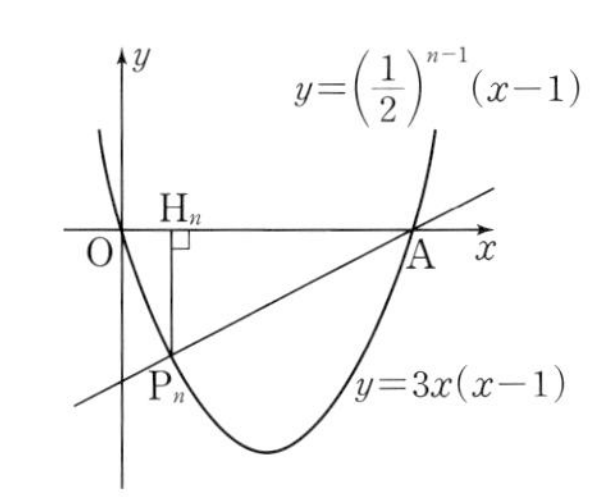

Step 1 점 P_n의 좌표 구하기

$x\neq1$일 때, $\left(\frac{1}{2}\right)^{n-1}(x-1)=3x(x-1)$에서

$\left(\frac{1}{2}\right)^{n-1}=3x$

$\therefore x=\frac{1}{3}\times\left(\frac{1}{2}\right)^{n-1}$

점 P_n은 직선 $y=\left(\frac{1}{2}\right)^{n-1}(x-1)$ 위의 점이므로

$\mathrm{P}_n\left(\frac{1}{3}\times\left(\frac{1}{2}\right)^{n-1}, \left(\frac{1}{2}\right)^{n-1}\left\{\frac{1}{3}\times\left(\frac{1}{2}\right)^{n-1}-1\right\}\right)$

Step 2 $\overline{\mathrm{P}_n\mathrm{H}_n}$ 구하기

$$\therefore \overline{\mathrm{P}_n\mathrm{H}_n}=\left(\frac{1}{2}\right)^{n-1}\left\{1-\frac{1}{3}\times\left(\frac{1}{2}\right)^{n-1}\right\}=\left(\frac{1}{2}\right)^{n-1}-\frac{1}{3}\times\left(\frac{1}{4}\right)^{n-1}$$

Step 3 급수의 합 구하기

$$\therefore \sum_{n=1}^{\infty}\overline{\mathrm{P}_n\mathrm{H}_n}=\sum_{n=1}^{\infty}\left\{\left(\frac{1}{2}\right)^{n-1}-\frac{1}{3}\times\left(\frac{1}{4}\right)^{n-1}\right\}$$
$$=\sum_{n=1}^{\infty}\left(\frac{1}{2}\right)^{n-1}-\frac{1}{3}\sum_{n=1}^{\infty}\left(\frac{1}{4}\right)^{n-1}$$
$$=\frac{1}{1-\frac{1}{2}}-\frac{1}{3}\times\frac{1}{1-\frac{1}{4}}$$
$$=2-\frac{4}{9}=\frac{14}{9}$$

첫째항이 1이고 공비가 $\frac{1}{2}$인 등비급수의 합

첫째항이 1이고 공비가 $\frac{1}{4}$인 등비급수의 합

02 등비급수의 활용 – 함수의 그래프 정답 ④ | 정답률 60%

문제 보기

함수 $f(x)=\begin{cases} x+2 & (x\leq0) \\ -\frac{1}{2}x & (x>0) \end{cases}$의 그래프가 그림과 같다.

└→ $x\leq0$일 때와 $x>0$일 때로 구분하여 계산한다.

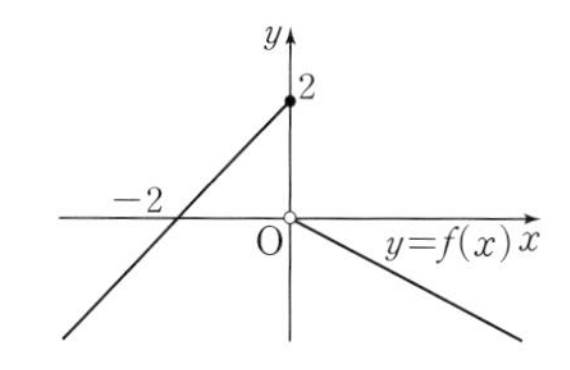

수열 $\{a_n\}$은 $a_1=1$이고

$a_{n+1}=f(f(a_n))\,(n\geq1)$ ─→ $n=1, 2, 3, \cdots$을 차례대로 대입하여 수열 $\{a_n\}$의 규칙을 찾는다.

을 만족시킬 때, $\lim_{n\to\infty}a_n$은? [4점]

① $\frac{1}{3}$ ② $\frac{2}{3}$ ③ 1 ④ $\frac{4}{3}$ ⑤ $\frac{5}{3}$

Step 1 a_n 구하기

$a_1=1$

$a_2=f(f(a_1))=f(f(1))$
$=f\left(-\frac{1}{2}\right)=-\frac{1}{2}+2$

$a_3=f(f(a_2))=f\left(f\left(-\frac{1}{2}+2\right)\right)$
$=f\left(\left(-\frac{1}{2}\right)^2+2\left(-\frac{1}{2}\right)\right)$
$=\left(-\frac{1}{2}\right)^2+2\left(-\frac{1}{2}\right)+2$

$a_4=f(f(a_3))=f\left(f\left(\left(-\frac{1}{2}\right)^2+2\left(-\frac{1}{2}\right)+2\right)\right)$
$=f\left(\left(-\frac{1}{2}\right)^3+2\left(-\frac{1}{2}\right)^2+2\left(-\frac{1}{2}\right)\right)$
$=\left(-\frac{1}{2}\right)^3+2\left(-\frac{1}{2}\right)^2+2\left(-\frac{1}{2}\right)+2$

⋮

$a_n=\left(-\frac{1}{2}\right)^{n-1}+2\left(-\frac{1}{2}\right)^{n-2}+\cdots+2\left(-\frac{1}{2}\right)+2$
$=\left(-\frac{1}{2}\right)^{n-1}+2\sum_{k=1}^{n-1}\left(-\frac{1}{2}\right)^{k-1}$

Step 2 극한값 구하기

$$\therefore \lim_{n\to\infty}a_n=\lim_{n\to\infty}\left\{\left(-\frac{1}{2}\right)^{n-1}+2\sum_{k=1}^{n-1}\left(-\frac{1}{2}\right)^{k-1}\right\}$$
$$=\lim_{n\to\infty}\left(-\frac{1}{2}\right)^{n-1}+2\lim_{n\to\infty}\sum_{k=1}^{n-1}\left(-\frac{1}{2}\right)^{k-1}$$
$$=2\times\frac{1}{1-\left(-\frac{1}{2}\right)}=\frac{4}{3}$$

└→ 첫째항이 1이고 공비가 $-\frac{1}{2}$인 등비급수의 합

03 등비급수의 활용 - 사분원 정답 ④ | 정답률 75%

문제 보기

그림과 같이 $\overline{OA_1}=4$, $\overline{OB_1}=4\sqrt{3}$인 직각삼각형 OA_1B_1이 있다. 중심이 O이고 반지름의 길이가 $\overline{OA_1}$인 원이 선분 OB_1과 만나는 점을 B_2라 하자. 삼각형 OA_1B_1의 내부와 부채꼴 OA_1B_2의 내부에서 공통된 부분을 제외한 ◣ 모양의 도형에 색칠하여 얻은 그림을 R_1이라 하자.

└→ S_1의 값을 구한다.

그림 R_1에서 점 B_2를 지나고 선분 A_1B_1에 평행한 직선이 선분 OA_1과 만나는 점을 A_2, 중심이 O이고 반지름의 길이가 $\overline{OA_2}$인 원이 선분 OB_2와 만나는 점을 B_3이라 하자. 삼각형 OA_2B_2의 내부와 부채꼴 OA_2B_3의 내부에서 공통된 부분을 제외한 ◣ 모양의 도형에 색칠하여 얻은 그림을 R_2라 하자.

└→ 두 삼각형 OA_1B_1, OA_2B_2의 닮음비를 이용하여 R_n에 새로 색칠한 부분과 R_{n+1}에 새로 색칠한 부분의 넓이의 비를 구한다.

이와 같은 과정을 계속하여 n번째 얻은 그림 R_n에 색칠되어 있는 부분의 넓이를 S_n이라 할 때, $\lim_{n\to\infty} S_n$의 값은? [4점]

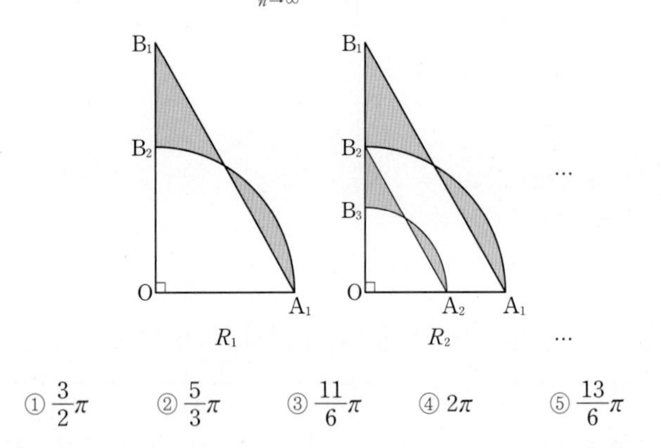

① $\frac{3}{2}\pi$ ② $\frac{5}{3}\pi$ ③ $\frac{11}{6}\pi$ ④ 2π ⑤ $\frac{13}{6}\pi$

Step 1 S_1의 값 구하기

오른쪽 그림과 같이 부채꼴 OA_1B_2의 호 A_1B_2와 선분 A_1B_1이 만나는 점을 C라 하자.

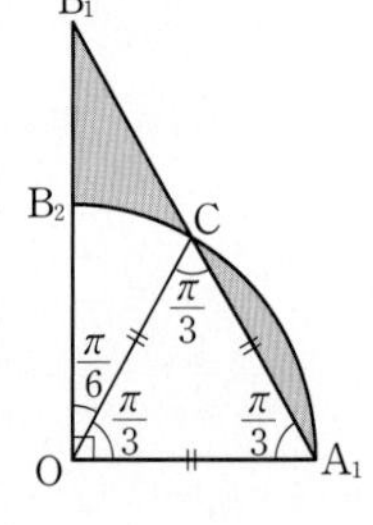

직각삼각형 OA_1B_1에서 $\overline{OA_1}:\overline{OB_1}=1:\sqrt{3}$이므로

$\angle OA_1B_1=\frac{\pi}{3}$

$\overline{OA_1}=\overline{OC}$에서 삼각형 OA_1C는 한 변의 길이가 4인 정삼각형이므로 $\angle B_2OC=\frac{\pi}{2}-\frac{\pi}{3}=\frac{\pi}{6}$

$\therefore S_1=(\text{부채꼴 } OA_1C\text{의 넓이})-\triangle OA_1C+\triangle OCB_1-(\text{부채꼴 } OCB_2\text{의 넓이})$

$=\frac{1}{2}\times4^2\times\frac{\pi}{3}-\frac{\sqrt{3}}{4}\times4^2+\frac{1}{2}\times4\sqrt{3}\times4\times\sin\frac{\pi}{6}-\frac{1}{2}\times4^2\times\frac{\pi}{6}$

$=\frac{8}{3}\pi-4\sqrt{3}+4\sqrt{3}-\frac{4}{3}\pi=\frac{4}{3}\pi$

Step 2 넓이의 비 구하기

두 삼각형 OA_1B_1, OA_2B_2는 닮음이고 닮음비는 $\overline{OB_1}:\overline{OB_2}=\sqrt{3}:1$이므로 넓이의 비는 $(\sqrt{3})^2:1^2=3:1$이다.

즉, 두 삼각형 OA_nB_n, $OA_{n+1}B_{n+1}$의 넓이의 비는 $3:1$이므로 그림 R_n에 새로 색칠한 부분과 그림 R_{n+1}에 새로 색칠한 부분의 넓이의 비도 $3:1$이다.

Step 3 극한값 구하기

따라서 $\lim_{n\to\infty} S_n$은 첫째항이 $\frac{4}{3}\pi$이고 공비가 $\frac{1}{3}$인 등비급수의 합이므로

$$\lim_{n\to\infty} S_n=\frac{\frac{4}{3}\pi}{1-\frac{1}{3}}=2\pi$$

04 등비급수의 활용 - 사분원 정답 ① | 정답률 75%

문제 보기

그림과 같이 $\overline{A_1D_1}=2$, $\overline{A_1B_1}=1$인 직사각형 $A_1B_1C_1D_1$에서 선분 A_1D_1의 중점을 M_1이라 하자. 중심이 A_1, 반지름의 길이가 $\overline{A_1B_1}$이고 중심각의 크기가 $\frac{\pi}{2}$인 부채꼴 $A_1B_1M_1$을 그리고, 부채꼴 $A_1B_1M_1$에 색칠하여 얻은 그림을 R_1이라 하자. → S_1의 값을 구한다.

그림 R_1에서 부채꼴 $A_1B_1M_1$의 호 B_1M_1이 선분 A_1C_1과 만나는 점을 A_2라 하고, 중심이 A_1, 반지름의 길이가 $\overline{A_1D_1}$인 원이 선분 A_1C_1과 만나는 점을 C_2라 하자. 가로와 세로의 길이의 비가 $2:1$이고 가로가 선분 A_1D_1과 평행한 직사각형 $A_2B_2C_2D_2$를 그리고, 직사각형 $A_2B_2C_2D_2$에서 그림 R_1을 얻는 것과 같은 방법으로 만들어지는 부채꼴에 색칠하여 얻은 그림을 R_2라 하자.

└→ 두 직사각형 $A_1B_1C_1D_1$, $A_2B_2C_2D_2$의 닮음비를 이용하여 R_n에 새로 색칠한 부분과 R_{n+1}에 새로 색칠한 부분의 넓이의 비를 구한다.

이와 같은 과정을 계속하여 n번째 얻은 그림 R_n에 색칠되어 있는 부분의 넓이를 S_n이라 할 때, $\lim_{n\to\infty} S_n$의 값은? [4점]

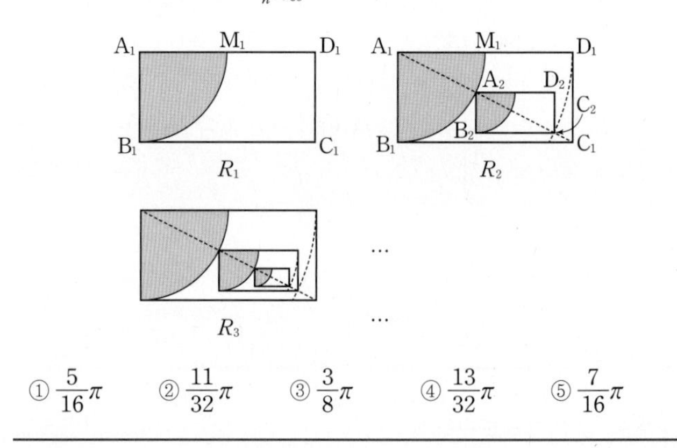

① $\frac{5}{16}\pi$ ② $\frac{11}{32}\pi$ ③ $\frac{3}{8}\pi$ ④ $\frac{13}{32}\pi$ ⑤ $\frac{7}{16}\pi$

Step 1 S_1의 값 구하기

$\overline{A_1M_1}=\frac{1}{2}\overline{A_1D_1}=1$이므로

$S_1=(\text{부채꼴 } A_1B_1M_1\text{의 넓이})=\frac{1}{2}\times1^2\times\frac{\pi}{2}=\frac{\pi}{4}$

Step 2 넓이의 비 구하기

직각삼각형 $A_1C_1D_1$에서

$\overline{A_1C_1}=\sqrt{\overline{A_1D_1}^2+\overline{C_1D_1}^2}=\sqrt{2^2+1^2}=\sqrt{5}$

$\overline{A_1A_2}=\overline{AM_1}=1$, $\overline{A_1C_2}=\overline{A_1D_1}=2$이므로

$\overline{A_2C_2}=\overline{A_1C_2}-\overline{A_1A_2}=2-1=1$

두 직사각형 $A_1B_1C_1D_1$, $A_2B_2C_2D_2$는 닮음이고 닮음비는

$\overline{A_1C_1}:\overline{A_2C_2}=\sqrt{5}:1$이므로 넓이의 비는 $(\sqrt{5})^2:1^2=5:1$이다.

즉, 두 직사각형 $A_nB_nC_nD_n$, $A_{n+1}B_{n+1}C_{n+1}D_{n+1}$의 넓이의 비는 $5:1$이므로 그림 R_n에 새로 색칠한 부분과 그림 R_{n+1}에 새로 색칠한 부분의 넓이의 비도 $5:1$이다.

Step 3 극한값 구하기

따라서 $\lim_{n\to\infty} S_n$은 첫째항이 $\frac{\pi}{4}$이고 공비가 $\frac{1}{5}$인 등비급수의 합이므로

$$\lim_{n\to\infty} S_n=\frac{\frac{\pi}{4}}{1-\frac{1}{5}}=\frac{5}{16}\pi$$

05 등비급수의 활용 – 사분원 정답 ⑤ | 정답률 73%

문제 보기

빗변 BC의 길이가 2인 직각이등변삼각형 ABC가 있다. 그림과 같이 삼각형 ABC의 직각을 낀 두 변에 내접하고 두 점 B_1, C_1이 선분 BC 위에 놓이도록 정사각형 $P_1B_1C_1Q_1$을 그린다. 중심이 A, 반지름의 길이가 $\overline{AP_1}$이고 중심각의 크기가 $\frac{\pi}{2}$인 부채꼴 AP_1Q_1을 그린 후 부채꼴 AP_1Q_1의 호 P_1Q_1과 선분 P_1Q_1로 둘러싸인 부분인 ⌓ 모양에 색칠하여 얻은 그림을 F_1이라 하자. → S_1의 값을 구한다.

그림 F_1에 선분 B_1C_1을 빗변으로 하는 직각이등변삼각형 $A_1B_1C_1$을 그리고, 직각이등변삼각형 $A_1B_1C_1$에서 그림 F_1을 얻는 것과 같은 방법으로 만들어 지는 ⌓ 모양에 색칠하여 얻은 그림을 F_2라 하자.

└→ 두 직각이등변삼각형 ABC, $A_1B_1C_1$의 닮음비를 이용하여 F_n에 새로 색칠한 부분과 F_{n+1}에 새로 색칠한 부분의 넓이의 비를 구한다.

이와 같은 과정을 계속하여 n번째 얻은 그림 F_n에 색칠되어 있는 부분의 넓이를 S_n이라 할 때, $\lim_{n\to\infty} S_n$의 값은? [4점]

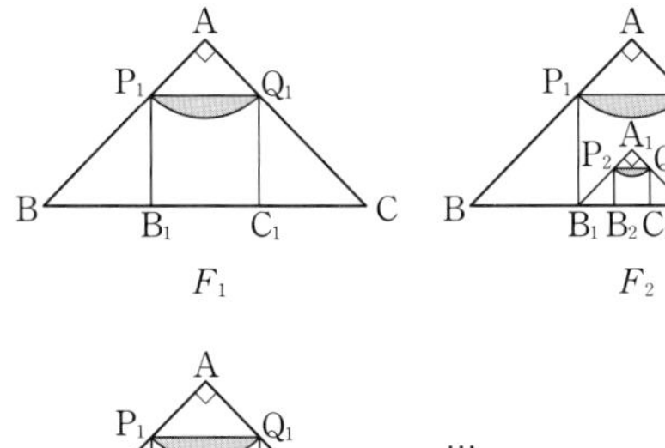

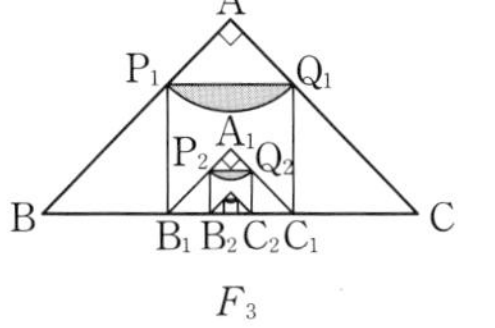

① $\frac{5(\pi-2)}{16}$ ② $\frac{\pi-2}{4}$ ③ $\frac{3(\pi-2)}{16}$

④ $\frac{\pi-2}{8}$ ⑤ $\frac{\pi-2}{16}$

Step 1 S_1의 값 구하기

오른쪽 그림에서 두 삼각형 P_1BB_1, Q_1CC_1은 직각이등변삼각형이고, 사각형 $P_1B_1C_1Q_1$은 정사각형이므로

$\overline{BB_1}=\overline{B_1C_1}=\overline{C_1C}=\frac{2}{3}$

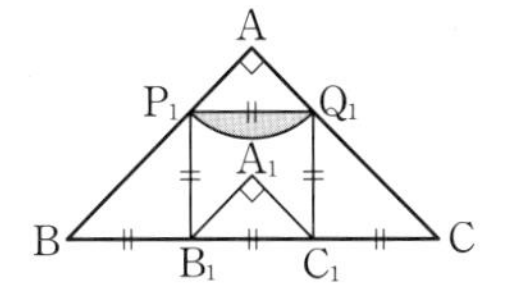

직각이등변삼각형 AP_1Q_1에서 $\overline{P_1Q_1}=\frac{2}{3}$이므로 $\overline{AP_1}=\frac{1}{\sqrt{2}}\times\frac{2}{3}=\frac{\sqrt{2}}{3}$

$\therefore S_1=$(부채꼴 AP_1Q_1의 넓이)$-\triangle AP_1Q_1$

$=\frac{1}{2}\times\left(\frac{\sqrt{2}}{3}\right)^2\times\frac{\pi}{2}-\frac{1}{2}\times\frac{\sqrt{2}}{3}\times\frac{\sqrt{2}}{3}=\frac{\pi-2}{18}$

Step 2 넓이의 비 구하기

두 직각이등변삼각형 ABC, $A_1B_1C_1$은 닮음이고 닮음비는 $\overline{BC}:\overline{B_1C_1}=3:1$이므로 넓이의 비는 $3^2:1^2=9:1$이다.

즉, 두 직각이등변삼각형 $A_nB_nC_n$, $A_{n+1}B_{n+1}C_{n+1}$의 넓이의 비는 $9:1$이므로 그림 F_n에 새로 색칠한 부분과 그림 F_{n+1}에 새로 색칠한 부분의 넓이의 비도 $9:1$이다.

Step 3 극한값 구하기

따라서 $\lim_{n\to\infty} S_n$은 첫째항이 $\frac{\pi-2}{18}$이고 공비가 $\frac{1}{9}$인 등비급수의 합이므로

$$\lim_{n\to\infty} S_n=\frac{\frac{\pi-2}{18}}{1-\frac{1}{9}}=\frac{\pi-2}{16}$$

06 등비급수의 활용 – 사분원 정답 ③ | 정답률 68%

문제 보기

그림과 같이 한 변의 길이가 1인 정사각형 $A_1B_1C_1D_1$ 안에 꼭짓점 A_1, C_1을 중심으로 하고 선분 A_1B_1, C_1D_1을 반지름으로 하는 사분원을 각각 그린다. 선분 A_1C_1이 두 사분원과 만나는 점 중 점 A_1과 가까운 점을 A_2, 점 C_1과 가까운 점을 C_2라 하자. 선분 A_1D_1에 평행하고 점 A_2를 지나는 직선이 선분 A_1B_1과 만나는 점을 E_1, 선분 B_1C_1에 평행하고 점 C_2를 지나는 직선이 선분 C_1D_1과 만나는 점을 F_1이라 하자. 삼각형 $A_1E_1A_2$와 삼각형 $C_1F_1C_2$를 그린 후 두 삼각형의 내부에 속하는 영역을 색칠하여 얻은 그림을 R_1이라 하자. → S_1의 값을 구한다.

그림 R_1에 선분 A_2C_2를 대각선으로 하는 정사각형을 그리고, 새로 그려진 정사각형 안에 그림 R_1을 얻는 것과 같은 방법으로 두 개의 사분원과 두 개의 삼각형을 그리고 두 삼각형의 내부에 속하는 영역을 색칠하여 얻은 그림을 R_2라 하자.

└→ 정사각형 $A_1B_1C_1D_1$과 R_2에 새로 그린 정사각형의 닮음비를 이용하여 R_n에 새로 색칠한 부분과 R_{n+1}에 새로 색칠한 부분의 넓이의 비를 구한다.

이와 같은 과정을 계속하여 n번째 얻은 그림 R_n에 색칠되어 있는 부분의 넓이를 S_n이라 할 때, $\lim_{n\to\infty} S_n$의 값은? [4점]

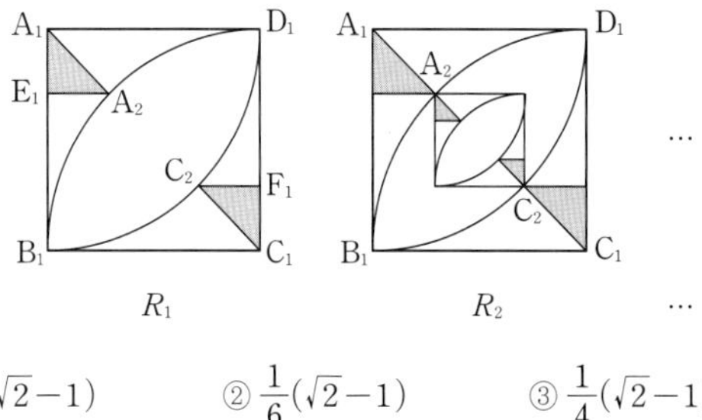

① $\frac{1}{12}(\sqrt{2}-1)$ ② $\frac{1}{6}(\sqrt{2}-1)$ ③ $\frac{1}{4}(\sqrt{2}-1)$

④ $\frac{1}{3}(\sqrt{2}-1)$ ⑤ $\frac{5}{12}(\sqrt{2}-1)$

Step 1 S_1의 값 구하기

오른쪽 그림과 같이 $\overline{A_1E_1}=x$라 하면 삼각형 $A_1E_1A_2$에서 $\overline{A_1A_2}=\sqrt{2}x$

$\overline{A_1C_1}=\sqrt{2}$, $\overline{A_2C_1}=1$이므로

$\overline{A_1C_1}=\overline{A_1A_2}+\overline{A_2C_1}$에서 $\sqrt{2}=\sqrt{2}x+1$

$\sqrt{2}x=\sqrt{2}-1$ $\therefore x=\frac{\sqrt{2}-1}{\sqrt{2}}=\frac{2-\sqrt{2}}{2}$

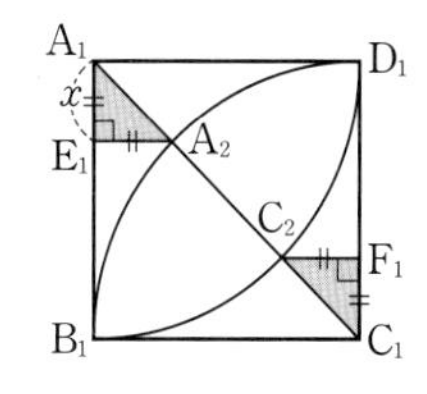

$\therefore S_1=2\triangle A_1E_1A_2=2\times\frac{1}{2}\times\frac{2-\sqrt{2}}{2}\times\frac{2-\sqrt{2}}{2}=\frac{3-2\sqrt{2}}{2}$

Step 2 넓이의 비 구하기

$\overline{A_2C_2}=\overline{A_1C_2}-\overline{A_1A_2}=1-(\sqrt{2}-1)=2-\sqrt{2}$

정사각형 $A_1B_1C_1D_1$과 R_2에 새로 그린 정사각형은 닮음이고 닮음비는

└→ 선분 A_2C_2를 대각선으로 하는 정사각형이야.

$\overline{A_1C_1}:\overline{A_2C_2}=\sqrt{2}:(2-\sqrt{2})$이므로 넓이의 비는

$(\sqrt{2})^2:(2-\sqrt{2})^2=1:(3-2\sqrt{2})$이다.

즉, R_n과 R_{n+1}에 각각 새로 그린 정사각형의 넓이의 비는 $1:(3-2\sqrt{2})$이므로 그림 R_n에 새로 색칠한 부분과 그림 R_{n+1}에 새로 색칠한 부분의 넓이의 비도 $1:(3-2\sqrt{2})$이다.

Step 3 극한값 구하기

따라서 $\lim_{n\to\infty} S_n$은 첫째항이 $\frac{3-2\sqrt{2}}{2}$이고 공비가 $3-2\sqrt{2}$인 등비급수의 합이므로

$$\lim_{n\to\infty} S_n=\frac{\frac{3-2\sqrt{2}}{2}}{1-(3-2\sqrt{2})}=\frac{3-2\sqrt{2}}{4(\sqrt{2}-1)}=\frac{1}{4}(\sqrt{2}-1)$$

07 등비급수의 활용 – 사분원 정답 ③ | 정답률 80%

문제 보기

그림과 같이 한 변의 길이가 4인 정사각형 $OA_1B_1C_1$의 대각선 OB_1을 $3:1$로 내분하는 점을 D_1이라 하고, 네 선분 A_1B_1, B_1C_1, C_1D_1, D_1A_1로 둘러싸인 ◥ 모양의 도형에 색칠하여 얻은 그림을 R_1이라 하자.

└ S_1의 값을 구한다.

그림 R_1에서 중심이 O이고 두 직선 A_1D_1, C_1D_1에 동시에 접하는 원과 선분 OB_1이 만나는 점을 B_2라 하자. 선분 OB_2를 대각선으로 하는 정사각형 $OA_2B_2C_2$를 그리고 정사각형 $OA_2B_2C_2$에 그림 R_1을 얻는 것과 같은 방법으로 ◥ 모양의 도형을 그리고 색칠하여 얻은 그림을 R_2라 하자.

└ 두 정사각형 $OA_1B_1C_1$, $OA_2B_2C_2$의 닮음비를 이용하여 R_n에 새로 색칠한 부분과 R_{n+1}에 새로 색칠한 부분의 넓이의 비를 구한다.

이와 같은 과정을 계속하여 n번째 얻은 그림 R_n에 색칠되어 있는 부분의 넓이를 S_n이라 할 때, $\lim_{n\to\infty} S_n$의 값은? [3점]

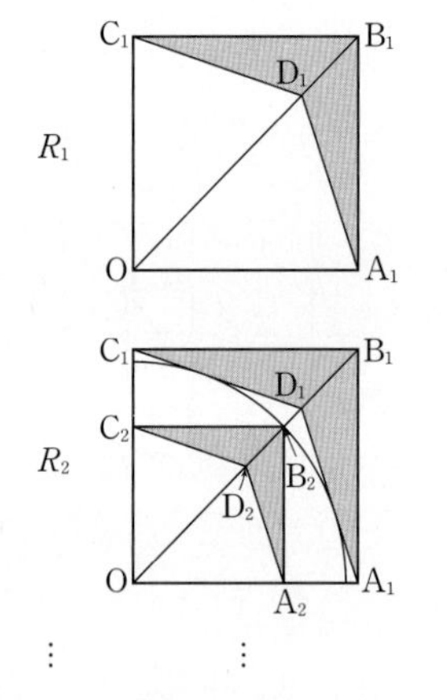

① $\frac{70}{11}$ ② $\frac{75}{11}$ ③ $\frac{80}{11}$ ④ $\frac{80}{9}$ ⑤ $\frac{85}{9}$

Step 1 S_1의 값 구하기

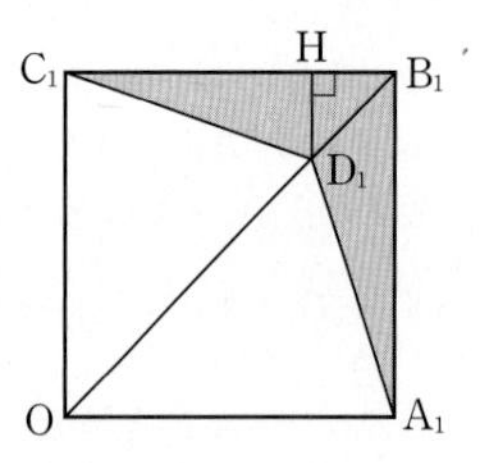

오른쪽 그림과 같이 점 D_1에서 선분 C_1B_1에 내린 수선의 발을 H라 하면 $\overline{C_1O} /\!/ \overline{HD_1}$이므로

$\overline{C_1O} : \overline{HD_1} = \overline{OB_1} : \overline{D_1B_1} = 4:1$

$4\overline{HD_1} = \overline{C_1O}$

$\therefore \overline{HD_1} = \frac{1}{4}\overline{C_1O} = \frac{1}{4}\times 4 = 1$

$\therefore S_1 = 2\triangle B_1C_1D_1 = 2\times\frac{1}{2}\times 4\times 1 = 4$

Step 2 넓이의 비 구하기

오른쪽 그림과 같이 중심이 O이고 두 직선 A_1D_1, C_1D_1에 동시에 접하는 원과 직선 C_1D_1이 만나는 점을 I, 점 D_1에서 선분 C_1O에 내린 수선의 발을 J라 하자.

$\overline{C_1O} /\!/ \overline{HD_1}$이므로

$\overline{C_1H} : \overline{C_1B_1} = \overline{OD_1} : \overline{OB_1} = 3:4$

$3\overline{C_1B_1} = 4\overline{C_1H}$

$\therefore \overline{C_1H} = \frac{3}{4}\overline{C_1B_1} = \frac{3}{4}\times 4 = 3$

직각삼각형 C_1D_1H에서

$\overline{C_1D_1} = \sqrt{\overline{C_1H}^2 + \overline{HD_1}^2} = \sqrt{3^2+1^2} = \sqrt{10}$

$\overline{JD_1} = \overline{C_1H} = 3$이므로

$\triangle OD_1C_1 = \frac{1}{2}\times\overline{C_1D_1}\times\overline{OI} = \frac{1}{2}\times\overline{C_1O}\times\overline{JD_1}$에서

$\frac{1}{2}\times\sqrt{10}\times\overline{OI} = \frac{1}{2}\times 4\times 3$

$\therefore \overline{OI} = \frac{12}{\sqrt{10}} = \frac{6\sqrt{10}}{5}$

$\therefore \overline{OB_2} = \overline{OI} = \frac{6\sqrt{10}}{5}$

$\overline{OB_1}$은 한 변의 길이가 4인 정사각형 $OA_1B_1C_1$의 대각선이므로

$\overline{OB_1} = 4\sqrt{2}$

두 정사각형 $OA_1B_1C_1$, $OA_2B_2C_2$는 닮음이고 닮음비는

$\overline{OB_1} : \overline{OB_2} = 10 : 3\sqrt{5}$이므로 넓이의 비는 $10^2 : (3\sqrt{5})^2 = 20:9$이다.

즉, 두 정사각형 $OA_nB_nC_n$, $OA_{n+1}B_{n+1}C_{n+1}$의 넓이의 비는 $20:9$이므로 그림 R_n에 새로 색칠한 부분과 그림 R_{n+1}에 새로 색칠한 부분의 넓이의 비도 $20:9$이다.

Step 3 극한값 구하기

따라서 $\lim_{n\to\infty} S_n$은 첫째항이 4이고 공비가 $\frac{9}{20}$인 등비급수의 합이므로

$\lim_{n\to\infty} S_n = \frac{4}{1-\frac{9}{20}} = \frac{80}{11}$

08 등비급수의 활용 - 사분원 　정답 ② | 정답률 68%

문제 보기

그림과 같이 중심이 O_1, 반지름의 길이가 2이고 중심각의 크기가 $90°$인 부채꼴 $O_1A_1B_1$에서 두 선분 O_1A_1, O_1B_1 위에 두 점 M_1, O_2를 각각 $\overline{O_1M_1}=\frac{\sqrt{2}}{2}\overline{O_1A_1}$, $\overline{O_1O_2}=\frac{\sqrt{2}}{2}\overline{O_1B_1}$이 되도록 정하자. 두 점 M_1, O_2와 호 A_1B_1 위의 두 점 C_1, A_2를 꼭짓점으로 하는 직사각형 $O_2M_1C_1A_2$를 그리고, 직사각형 $O_2M_1C_1A_2$와 삼각형 $O_1C_1A_2$의 내부의 공통부분에 색칠하여 얻은 그림을 R_1이라 하자. → S_1의 값을 구한다.

그림 R_1에 중심이 O_2, 반지름의 길이가 $\overline{O_2A_2}$이고 중심각의 크기가 $90°$인 부채꼴 $O_2A_2B_2$를 점 B_2가 부채꼴 $O_1A_1B_1$의 외부에 있도록 그리고, 두 선분 O_2A_2, O_2B_2 위에 두 점 M_2, O_3을 각각 $\overline{O_2M_2}=\frac{\sqrt{2}}{2}\overline{O_2A_2}$, $\overline{O_2O_3}=\frac{\sqrt{2}}{2}\overline{O_2B_2}$가 되도록 정하자. 두 점 M_2, O_3과 호 A_2B_2 위의 두 점 C_2, A_3을 꼭짓점으로 하는 직사각형 $O_3M_2C_2A_3$을 그리고, 직사각형 $O_3M_2C_2A_3$과 삼각형 $O_2C_2A_3$의 내부의 공통부분에 색칠하여 얻은 그림을 R_2라 하자.
└→ 두 부채꼴 $O_1A_1B_1$, $O_2A_2B_2$의 닮음비를 이용하여 R_n에 새로 색칠한 부분과 R_{n+1}에 새로 색칠한 부분의 넓이의 비를 구한다.

이와 같은 과정을 계속하여 n번째 얻은 그림 R_n에 색칠되어 있는 부분의 넓이를 S_n이라 할 때, $\lim_{n\to\infty} S_n$의 값은? [4점]

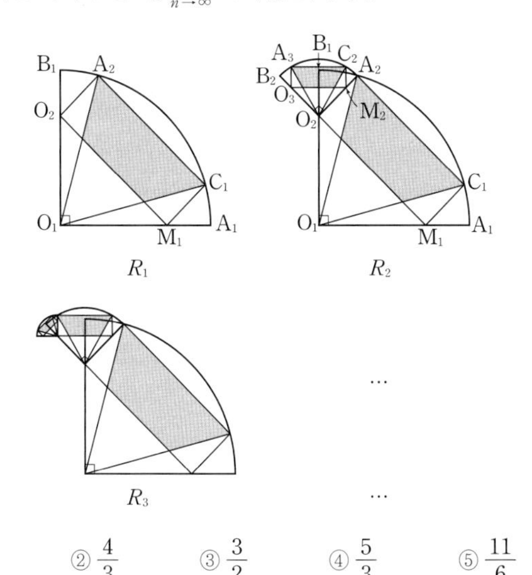

① $\frac{7}{6}$ 　② $\frac{4}{3}$ 　③ $\frac{3}{2}$ 　④ $\frac{5}{3}$ 　⑤ $\frac{11}{6}$

Step 1 S_1의 값 구하기

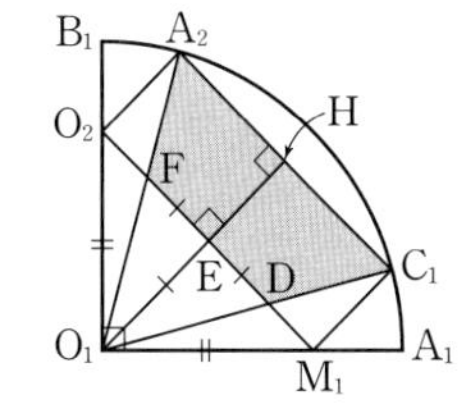

오른쪽 그림과 같이 점 O_1에서 선분 C_1A_2에 내린 수선의 발을 H라 하고, 세 선분 O_1C_1, O_1H, O_1A_2가 선분 M_1O_2와 만나는 점을 각각 D, E, F라 하자.

$\overline{O_1M_1}=\overline{O_1O_2}=\frac{\sqrt{2}}{2}\times2=\sqrt{2}$이고 삼각형 $O_1M_1O_2$는 직각이등변삼각형이므로

$\overline{O_2M_1}=\sqrt{2}\times\sqrt{2}=2$

이때 사각형 $O_2M_1C_1A_2$가 직사각형이므로 $\overline{A_2C_1}=\overline{O_2M_1}=2$

$\overline{O_1C_1}=\overline{O_1A_2}=\overline{A_2C_1}=2$이므로 삼각형 $O_1C_1A_2$는 정삼각형이다.

$\overline{O_1H}$는 정삼각형 $O_1C_1A_2$의 높이이므로

$\overline{O_1H}=\frac{\sqrt{3}}{2}\times2=\sqrt{3}$

삼각형 O_1EO_2도 직각이등변삼각형이므로

$\overline{O_1E}=\overline{O_2E}=1$

두 삼각형 O_1DF, $O_1C_1A_2$는 닮음이고 닮음비는 $\overline{O_1E}:\overline{O_1H}=1:\sqrt{3}$이므로 넓이의 비는 $1^2:(\sqrt{3})^2=1:3$이다.

$$\therefore S_1=\triangle O_1C_1A_2-\triangle O_1DF$$
$$=\triangle O_1C_1A_2-\frac{1}{3}\triangle O_1C_1A_2$$
$$=\frac{2}{3}\triangle O_1C_1A_2$$
$$=\frac{2}{3}\times\frac{\sqrt{3}}{4}\times2^2=\frac{2\sqrt{3}}{3}$$

Step 2 넓이의 비 구하기

$\overline{O_2A_2}=\overline{EH}=\overline{O_1H}-\overline{O_1E}=\sqrt{3}-1$

두 부채꼴 $O_1A_1B_1$, $O_2A_2B_2$는 닮음이고 닮음비는 $\overline{O_1A_1}:\overline{O_2A_2}=2:(\sqrt{3}-1)$이므로 넓이의 비는 $2^2:(\sqrt{3}-1)^2=2:(2-\sqrt{3})$이다.

즉, 두 부채꼴 $O_nA_nB_n$, $O_{n+1}A_{n+1}B_{n+1}$의 넓이의 비는 $2:(2-\sqrt{3})$이므로 그림 R_n에 새로 색칠한 부분과 그림 R_{n+1}에 새로 색칠한 부분의 넓이의 비도 $2:(2-\sqrt{3})$이다.

Step 3 극한값 구하기

따라서 $\lim_{n\to\infty} S_n$은 첫째항이 $\frac{2\sqrt{3}}{3}$이고 공비가 $1-\frac{\sqrt{3}}{2}$인 등비급수의 합이므로

$$\lim_{n\to\infty} S_n=\frac{\frac{2\sqrt{3}}{3}}{1-\left(1-\frac{\sqrt{3}}{2}\right)}=\frac{4}{3}$$

09 등비급수의 활용 – 사분원 정답 ② | 정답률 68%

문제 보기

그림과 같이 중심이 O, 반지름의 길이가 1이고 중심각의 크기가 $\frac{\pi}{2}$인 부채꼴 OA_1B_1이 있다. 호 A_1B_1 위에 점 P_1, 선분 OA_1 위에 점 C_1, 선분 OB_1 위에 점 D_1을 사각형 $OC_1P_1D_1$이 $\overline{OC_1}:\overline{OD_1}=3:4$인 직사각형이 되도록 잡는다. 부채꼴 OA_1B_1의 내부에 점 Q_1을 $\overline{P_1Q_1}=\overline{A_1Q_1}$, $\angle P_1Q_1A_1=\frac{\pi}{2}$가 되도록 잡고, 이등변삼각형 $P_1Q_1A_1$에 색칠하여 얻은 그림을 R_1이라 하자. → S_1의 값을 구한다.

그림 R_1에서 선분 OA_1 위의 점 A_2와 선분 OB_1 위의 점 B_2를 $\overline{OQ_1}=\overline{OA_2}=\overline{OB_2}$가 되도록 잡고, 중심이 O, 반지름의 길이가 $\overline{OQ_1}$, 중심각의 크기가 $\frac{\pi}{2}$인 부채꼴 OA_2B_2를 그린다. 그림 R_1을 얻은 것과 같은 방법으로 네 점 P_2, C_2, D_2, Q_2를 잡고, 이등변삼각형 $P_2Q_2A_2$에 색칠하여 얻은 그림을 R_2라 하자.

└→ 두 부채꼴 OA_1B_1, OA_2B_2의 닮음비를 이용하여 그림 R_n에 새로 색칠한 부분과 R_{n+1}에 새로 색칠한 부분의 넓이의 비를 구한다.

이와 같은 과정을 계속하여 n번째 얻은 그림 R_n에 색칠되어 있는 부분의 넓이를 S_n이라 할 때, $\lim_{n\to\infty} S_n$의 값은? [3점]

R_1

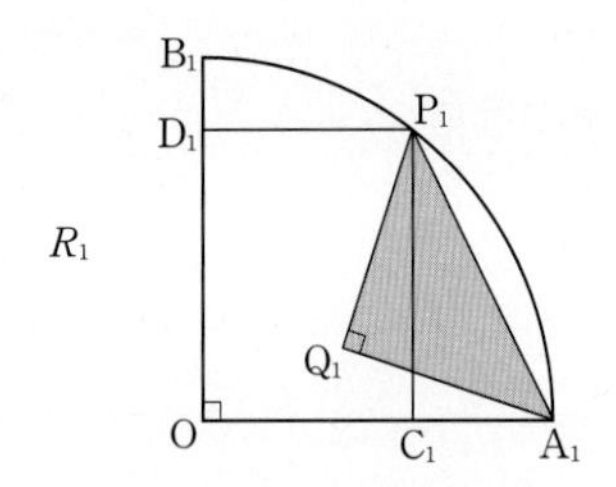

R_2

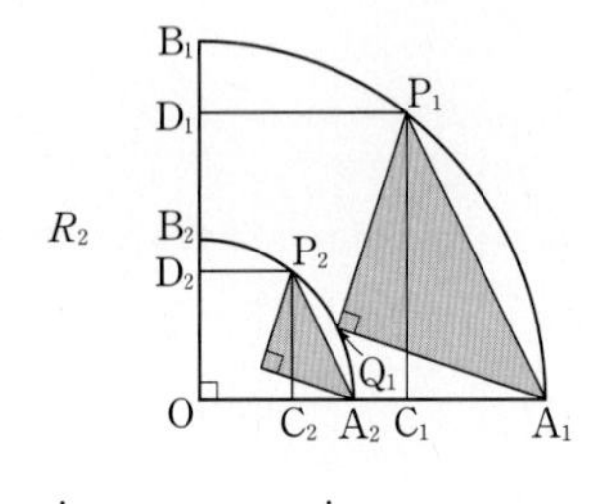

⋮ ⋮

① $\frac{9}{40}$ ② $\frac{1}{4}$ ③ $\frac{11}{40}$ ④ $\frac{3}{10}$ ⑤ $\frac{13}{40}$

Step 1 S_1의 값 구하기

사각형 $OC_1P_1D_1$에서 $\overline{OC_1}=3k$, $\overline{OD_1}=4k\,(k>0)$라 하면

$\overline{OP_1}=\sqrt{(3k)^2+(4k)^2}=5k$

즉, $5k=1$이므로 $k=\frac{1}{5}$

$\therefore \overline{OC_1}=\frac{3}{5}$, $\overline{OD_1}=\frac{4}{5}$

$\therefore \overline{A_1C_1}=\overline{OA_1}-\overline{OC_1}=1-\frac{3}{5}=\frac{2}{5}$

직각삼각형 $P_1C_1A_1$에서

$\overline{P_1A_1}=\sqrt{\overline{P_1C_1}^2+\overline{A_1C_1}^2}=\sqrt{\left(\frac{4}{5}\right)^2+\left(\frac{2}{5}\right)^2}=\frac{2\sqrt{5}}{5}$

직각이등변삼각형 $P_1Q_1A_1$에서

$\overline{P_1Q_1}=\frac{1}{\sqrt{2}}\times\overline{P_1A_1}=\frac{1}{\sqrt{2}}\times\frac{2\sqrt{5}}{5}=\frac{\sqrt{10}}{5}$

$\therefore S_1=\frac{1}{2}\times\overline{P_1Q_1}^2$

$=\frac{1}{2}\times\left(\frac{\sqrt{10}}{5}\right)^2=\frac{1}{5}$

Step 2 넓이의 비 구하기

점 O에서 선분 P_1A_1에 내린 수선의 발을 H 하면

$\overline{P_1H}=\frac{1}{2}\overline{P_1A_1}=\frac{1}{2}\times\frac{2\sqrt{5}}{5}=\frac{\sqrt{5}}{5}$

직각삼각형 P_1OH에서

$\overline{OH}=\sqrt{\overline{OP_1}^2-\overline{P_1H}^2}$

$=\sqrt{1^2-\left(\frac{\sqrt{5}}{5}\right)^2}=\frac{2\sqrt{5}}{5}$

삼각형 P_1Q_1H는 $\overline{P_1H}=\overline{Q_1H}$인 직각이등변삼각형이므로

$\overline{Q_1H}=\frac{\sqrt{5}}{5}$

이때 두 삼각형 P_1OA_1, $P_1Q_1A_1$은 밑변 P_1A_1이 공통인 이등변삼각형이므로 점 Q_1은 선분 OH 위에 있다.

$\therefore \overline{OQ_1}=\overline{OH}-\overline{Q_1H}=\frac{2\sqrt{5}}{5}-\frac{\sqrt{5}}{5}=\frac{\sqrt{5}}{5}$

$\therefore \overline{OA_2}=\overline{OQ_1}=\frac{\sqrt{5}}{5}$

두 부채꼴 OA_1B_1, OA_2B_2는 닮음이고 닮음비는 $\overline{OA_1}:\overline{OA_2}=1:\frac{\sqrt{5}}{5}$이므로 넓이의 비는 $1^2:\left(\frac{\sqrt{5}}{5}\right)^2=1:\frac{1}{5}$이다.

즉, 두 부채꼴 OA_nB_n, $OA_{n+1}B_{n+1}$의 넓이의 비는 $1:\frac{1}{5}$이므로 그림 R_n에 새로 색칠한 부분과 그림 R_{n+1}에 새로 색칠한 부분의 넓이의 비도 $1:\frac{1}{5}$이다.

Step 3 극한값 구하기

따라서 $\lim_{n\to\infty} S_n$은 첫째항이 $\frac{1}{5}$이고 공비가 $\frac{1}{5}$인 등비급수의 합이므로

$$\lim_{n\to\infty} S_n=\frac{\frac{1}{5}}{1-\frac{1}{5}}=\frac{1}{4}$$

10 등비급수의 활용 - 사분원 정답 ⑤ | 정답률 37%

문제 보기

그림과 같이 한 변의 길이가 3인 정사각형 $A_1B_1C_1D_1$이 있다. 네 선분 A_1B_1, B_1C_1, C_1D_1, D_1A_1을 각각 $1:2$로 내분하는 점을 각각 E_1, F_1, G_1, H_1이라 하고, 정사각형 $A_1B_1C_1D_1$의 네 꼭짓점을 중심으로 하고 네 선분 A_1E_1, B_1F_1, C_1G_1, D_1H_1을 각각 반지름으로 하는 4개의 사분원을 잘라내어 얻은 ⬡ 모양의 도형을 R_1이라 하자. → S_1의 값을 구한다.

정사각형 $E_1F_1G_1H_1$과 도형 R_1과의 교점 중 정사각형 $E_1F_1G_1H_1$의 꼭짓점이 아닌 4개의 점을 A_2, B_2, C_2, D_2라 하자. 정사각형 $A_2B_2C_2D_2$에서 네 선분 A_2B_2, B_2C_2, C_2D_2, D_2A_2를 각각 $1:2$로 내분하는 점을 각각 E_2, F_2, G_2, H_2라 하고, 정사각형 $A_2B_2C_2D_2$의 네 꼭짓점을 중심으로 하고 네 선분 A_2E_2, B_2F_2, C_2G_2, D_2H_2를 각각 반지름으로 하는 4개의 사분원을 잘라내어 얻은 ⬡ 모양의 도형을 R_2라 하자.
→ 두 정사각형 $A_1B_1C_1D_1$, $A_2B_2C_2D_2$의 닮음비를 이용하여 두 도형 R_n, R_{n+1}의 넓이의 비를 구한다.

정사각형 $E_2F_2G_2H_2$에서 도형 R_2를 얻는 것과 같은 방법으로 얻은 ⬡ 모양의 도형을 R_3이라 하자.

이와 같은 과정을 계속하여 n번째 얻은 ⬡ 모양의 도형 R_n의 넓이를 S_n이라 할 때, $\sum_{n=1}^{\infty} S_n$의 값은? [4점]

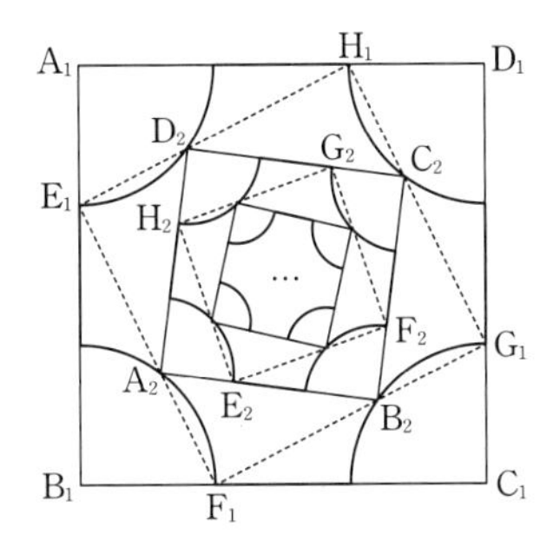

① $\frac{39}{32}(9-\pi)$ ② $\frac{5}{4}(9-\pi)$ ③ $\frac{21}{16}(9-\pi)$
④ $\frac{11}{8}(9-\pi)$ ⑤ $\frac{45}{32}(9-\pi)$

Step 1 S_1의 값 구하기

$\overline{A_1E_1}=\frac{1}{3}\overline{A_1B_1}=1$이고 네 선분 A_1E_1, B_1F_1, C_1G_1, D_1H_1을 각각 반지름으로 하는 4개의 사분원의 넓이의 합은 반지름의 길이가 1인 원의 넓이와 같다.

$\therefore S_1=\square A_1B_1C_1D_1-$(반지름의 길이가 1인 원의 넓이)
$=3^2-\pi\times1^2=9-\pi$

Step 2 넓이의 비 구하기

오른쪽 그림과 같이 점 B_1에서 선분 E_1F_1에 내린 수선의 발을 I라 하자.

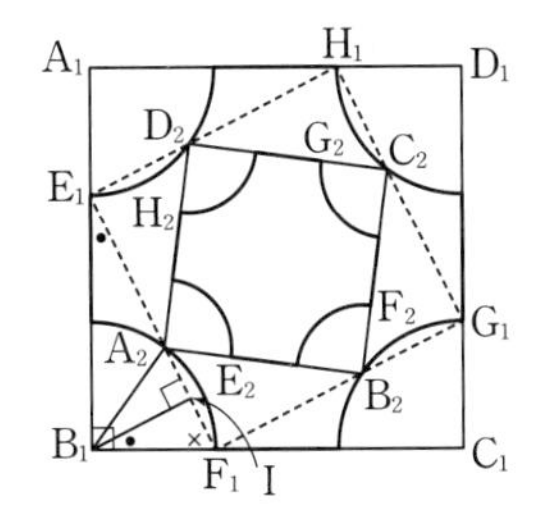

직각삼각형 $E_1B_1F_1$에서
$\overline{E_1F_1}=\sqrt{\overline{E_1B_1}^2+\overline{B_1F_1}^2}=\sqrt{2^2+1^2}=\sqrt{5}$
삼각형 $B_1F_1E_1$과 삼각형 IF_1B_1에서
$\angle E_1B_1F_1=\angle B_1IF_1$, $\angle B_1E_1F_1=\angle IB_1F_1$
이므로
$\triangle B_1F_1E_1 \backsim \triangle IF_1B_1$ (AA 닮음)
$\overline{E_1F_1}:\overline{B_1F_1}=\overline{B_1F_1}:\overline{IF_1}$에서
$\sqrt{5}:1=1:\overline{IF_1}$ $\therefore \overline{IF_1}=\frac{1}{\sqrt{5}}$
$\overline{B_1F_1}=\overline{B_1A_2}=1$이므로 이등변삼각형 $B_1F_1A_2$에서
$\overline{A_2F_1}=2\overline{IF_1}=\frac{2}{\sqrt{5}}$

$\therefore \overline{A_2E_1}=\overline{E_1F_1}-\overline{A_2F_1}=\frac{3}{\sqrt{5}}$
$\triangle D_2E_1A_2\equiv\triangle A_2F_1B_2$ (RHA 합동)이므로
$\overline{B_2F_1}=\overline{A_2E_1}=\frac{3}{\sqrt{5}}$
직각삼각형 $A_2F_1B_2$에서
$\overline{A_2B_2}=\sqrt{\overline{A_2F_1}^2+\overline{B_2F_1}^2}=\sqrt{\left(\frac{2}{\sqrt{5}}\right)^2+\left(\frac{3}{\sqrt{5}}\right)^2}=\sqrt{\frac{13}{5}}$
두 정사각형 $A_1B_1C_1D_1$, $A_2B_2C_2D_2$는 닮음이고 닮음비는
$\overline{A_1B_1}:\overline{A_2B_2}=3:\sqrt{\frac{13}{5}}$이므로 넓이의 비는 $3^2:\left(\sqrt{\frac{13}{5}}\right)^2=9:\frac{13}{5}$이다.

즉, 두 정사각형 $A_nB_nC_nD_n$, $A_{n+1}B_{n+1}C_{n+1}D_{n+1}$의 넓이의 비는 $9:\frac{13}{5}$이므로 두 도형 R_n, R_{n+1}의 넓이의 비도 $9:\frac{13}{5}$이다.

Step 3 급수의 합 구하기

따라서 $\sum_{n=1}^{\infty}S_n$은 첫째항이 $9-\pi$이고 공비가 $\frac{13}{45}$인 등비급수의 합이므로
$\sum_{n=1}^{\infty}S_n=\frac{9-\pi}{1-\frac{13}{45}}=\frac{45}{32}(9-\pi)$

11 등비급수의 활용 – 사분원 정답 ④ | 정답률 74%

문제 보기

그림과 같이 $\overline{A_1B_1}=1$, $\overline{B_1C_1}=2\sqrt{6}$인 직사각형 $A_1B_1C_1D_1$이 있다. 중심이 B_1이고 반지름의 길이가 1인 원이 선분 B_1C_1과 만나는 점을 E_1이라 하고, 중심이 D_1이고 반지름의 길이가 1인 원이 선분 A_1D_1과 만나는 점을 F_1이라 하자. 선분 B_1D_1이 호 A_1E_1, 호 C_1F_1과 만나는 점을 각각 B_2, D_2라 하고, 두 선분 B_1B_2, D_1D_2의 중점을 각각 G_1, H_1이라 하자.

두 선분 A_1G_1, G_1B_2와 호 B_2A_1로 둘러싸인 부분인 ◺ 모양의 도형과 두 선분 D_2H_1, H_1F_1과 호 F_1D_2로 둘러싸인 부분인 ▻ 모양의 도형에 색칠하여 얻은 그림을 R_1이라 하자. → S_1의 값을 구한다.

그림 R_1에서 선분 B_2D_2가 대각선이고 모든 변이 선분 A_1B_1 또는 선분 B_1C_1에 평행한 직사각형 $A_2B_2C_2D_2$를 그린다.

직사각형 $A_2B_2C_2D_2$에 그림 R_1을 얻은 것과 같은 방법으로 ◺ 모양의 도형과 ▻ 모양의 도형을 그리고 색칠하여 얻은 그림을 R_2라 하자.

└→ 두 정사각형 $A_1B_1C_1D_1$, $A_2B_2C_2D_2$의 닮음비를 이용하여 R_n에 새로 색칠한 부분과 R_{n+1}에 새로 색칠한 부분의 넓이의 비를 구한다.

이와 같은 과정을 계속하여 n번째 얻은 그림 R_n에 색칠되어 있는 부분의 넓이를 S_n이라 할 때, $\lim_{n\to\infty} S_n$의 값은? [3점]

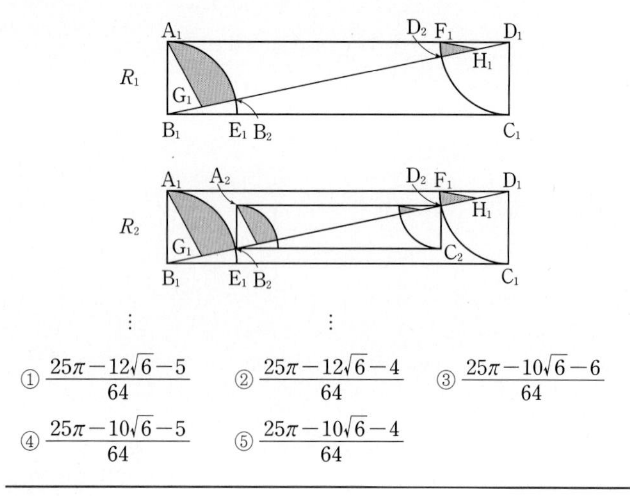

① $\frac{25\pi-12\sqrt{6}-5}{64}$ ② $\frac{25\pi-12\sqrt{6}-4}{64}$ ③ $\frac{25\pi-10\sqrt{6}-6}{64}$

④ $\frac{25\pi-10\sqrt{6}-5}{64}$ ⑤ $\frac{25\pi-10\sqrt{6}-4}{64}$

Step 1 S_1의 값 구하기

직각삼각형 $A_1B_1D_1$에서

$\overline{B_1D_1}=\sqrt{\overline{A_1B_1}^2+\overline{A_1D_1}^2}=\sqrt{1^2+(2\sqrt{6})^2}=5$

$\angle A_1B_1D_1=\theta$라 하면

$\sin\theta=\frac{2\sqrt{6}}{5}$, $\cos\theta=\frac{1}{5}$ …… ㉠

$\angle A_1D_1B_1=\frac{\pi}{2}-\theta$, $\overline{B_1G_1}=\frac{1}{2}\overline{B_1B_2}=\frac{1}{2}$, $\overline{D_1H_1}=\frac{1}{2}\overline{D_1D_2}=\frac{1}{2}$이므로

$S_1=$(부채꼴 $B_1B_2A_1$의 넓이)$-\triangle A_1B_1G_1$

$+$(부채꼴 $D_1F_1D_2$의 넓이)$-\triangle D_1F_1H_1$

$=\frac{1}{2}\times1^2\times\theta-\frac{1}{2}\times1\times\frac{1}{2}\times\sin\theta$

$+\frac{1}{2}\times1^2\times\left(\frac{\pi}{2}-\theta\right)-\frac{1}{2}\times1\times\frac{1}{2}\times\sin\left(\frac{\pi}{2}-\theta\right)$

$=\frac{\pi}{4}-\frac{1}{4}\sin\theta-\frac{1}{4}\cos\theta=\frac{\pi}{4}-\frac{1}{4}\times\frac{2\sqrt{6}}{5}-\frac{1}{4}\times\frac{1}{5}$ ($\because$ ㉠)

$=\frac{5\pi-2\sqrt{6}-1}{20}$

Step 2 넓이의 비 구하기

$\overline{B_1B_2}=\overline{D_1D_2}=1$이므로

$\overline{B_2D_2}=\overline{B_1D_1}-\overline{B_1B_2}-\overline{D_1D_2}=5-1-1=3$

두 직사각형 $A_1B_1C_1D_1$, $A_2B_2C_2D_2$는 닮음이고 닮음비는 $\overline{B_1D_1}:\overline{B_2D_2}=5:3$이므로 넓이의 비는 $5^2:3^2=25:9$이다.

즉, 두 정사각형 $A_nB_nC_nD_n$, $A_{n+1}B_{n+1}C_{n+1}D_{n+1}$의 넓이의 비는 $25:9$이므로 그림 R_n에 새로 색칠한 부분과 그림 R_{n+1}에 새로 색칠한 부분의 넓이의 비도 $25:9$이다.

Step 3 극한값 구하기

따라서 $\lim_{n\to\infty} S_n$은 첫째항이 $\frac{5\pi-2\sqrt{6}-1}{20}$이고 공비가 $\frac{9}{25}$인 등비급수의 합이므로

$$\lim_{n\to\infty} S_n=\frac{\frac{5\pi-2\sqrt{6}-1}{20}}{1-\frac{9}{25}}=\frac{25\pi-10\sqrt{6}-5}{64}$$

12 등비급수의 활용 - 사분원 정답 ⑤ | 정답률 59%

문제 보기

그림과 같이 한 변의 길이가 5인 정사각형 ABCD에 중심이 A이고 중심각의 크기가 $90°$인 부채꼴 ABD를 그린다. 선분 AD를 $3:2$로 내분하는 점을 A_1, 점 A_1을 지나고 선분 AB에 평행한 직선이 호 BD와 만나는 점을 B_1이라 하자. 선분 A_1B_1을 한 변으로 하고 선분 DC와 만나도록 정사각형 $A_1B_1C_1D_1$을 그린 후, 중심이 D_1이고 중심각의 크기가 $90°$인 부채꼴 $D_1A_1C_1$을 그린다. 선분 DC가 호 A_1C_1, 선분 B_1C_1과 만나는 점을 각각 E_1, F_1이라 하고, 두 선분 DA_1, DE_1과 호 A_1E_1로 둘러싸인 부분과 두 선분 E_1F_1, F_1C_1과 호 E_1C_1로 둘러싸인 부분인 ◿ 모양의 도형에 색칠하여 얻은 그림을 R_1이라 하자. — S_1의 값을 구한다.

그림 R_1에서 정사각형 $A_1B_1C_1D_1$에 중심이 A_1이고 중심각의 크기가 $90°$인 부채꼴 $A_1B_1D_1$을 그린다. 선분 A_1D_1을 $3:2$로 내분하는 점을 A_2, 점 A_2를 지나고 선분 A_1B_1에 평행한 직선이 호 B_1D_1과 만나는 점을 B_2라 하자. 선분 A_2B_2를 한 변으로 하고 선분 D_1C_1과 만나도록 정사각형 $A_2B_2C_2D_2$를 그린 후, 그림 R_1을 얻은 것과 같은 방법으로 정사각형 $A_2B_2C_2D_2$에 ◿ 모양의 도형을 그리고 색칠하여 얻은 그림을 R_2라 하자. — 두 정사각형 ABCD, $A_1B_1C_1D_1$의 닮음비를 이용하여 R_n에 새로 색칠한 부분과 R_{n+1}에 새로 색칠한 부분의 넓이의 비를 구한다.

이와 같은 과정을 계속하여 n번째 얻은 그림 R_n에 색칠되어 있는 부분의 넓이를 S_n이라 할 때, $\lim_{n\to\infty} S_n$의 값은? [4점]

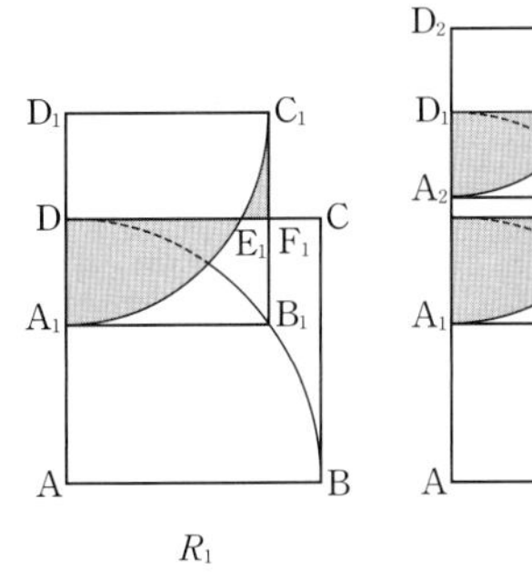

R_1

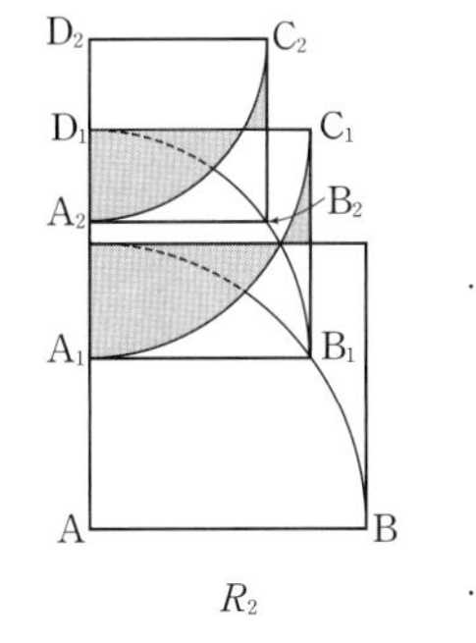

R_2

⋯

① $\frac{50}{3}\left(3-\sqrt{3}+\frac{\pi}{6}\right)$ ② $\frac{100}{9}\left(3-\sqrt{3}+\frac{\pi}{3}\right)$

③ $\frac{50}{3}\left(2-\sqrt{3}+\frac{\pi}{3}\right)$ ④ $\frac{100}{9}\left(3-\sqrt{3}+\frac{\pi}{6}\right)$

⑤ $\frac{100}{9}\left(2-\sqrt{3}+\frac{\pi}{3}\right)$

Step 1 S_1의 값 구하기

오른쪽 그림과 같이 $\overline{AA_1}=3$, $\overline{AB_1}=5$이므로

직각삼각형 A_1AB_1에서

$\overline{A_1B_1}=\sqrt{\overline{AB_1}^2-\overline{A_1A}^2}=\sqrt{5^2-3^2}=4$

직각삼각형 D_1DE_1에서

$\overline{D_1E_1}=\overline{D_1C_1}=\overline{A_1B_1}=4$, $\overline{D_1D}=2$이므로

$\overline{DE_1}=2\sqrt{3}$, $\angle E_1D_1D=\frac{\pi}{3}$

$\therefore\ \angle C_1D_1E_1=\frac{\pi}{2}-\frac{\pi}{3}=\frac{\pi}{6}$

$\therefore\ S_1=$(부채꼴 $D_1A_1E_1$의 넓이)$-\triangle D_1DE_1$

$+\square D_1DF_1C_1-$(부채꼴 $D_1E_1C_1$의 넓이)$-\triangle D_1DE_1$

$=\frac{1}{2}\times 4^2\times\frac{\pi}{3}-\frac{1}{2}\times 2\times 2\sqrt{3}+2\times 4-\frac{1}{2}\times 4^2\times\frac{\pi}{6}-\frac{1}{2}\times 2\times 2\sqrt{3}$

$=8-4\sqrt{3}+\frac{4}{3}\pi$

Step 2 넓이의 비 구하기

두 정사각형 ABCD, $A_1B_1C_1D_1$은 닮음이고 닮음비는 $\overline{AB}:\overline{A_1B_1}=5:4$이므로 넓이의 비는 $5^2:4^2=25:16$이다.

즉, 두 정사각형 $A_nB_nC_nD_n$, $A_{n+1}B_{n+1}C_{n+1}D_{n+1}$의 넓이의 비는 $25:16$이므로 그림 R_n에 새로 색칠한 부분과 그림 R_{n+1}에 새로 색칠한 부분의 넓이의 비도 $25:16$이다.

Step 3 극한값 구하기

따라서 $\lim_{n\to\infty} S_n$은 첫째항이 $8-4\sqrt{3}+\frac{4}{3}\pi$이고 공비가 $\frac{16}{25}$인 등비급수의 합이므로

$$\lim_{n\to\infty} S_n=\frac{8-4\sqrt{3}+\frac{4}{3}\pi}{1-\frac{16}{25}}=\frac{100}{9}\left(2-\sqrt{3}+\frac{\pi}{3}\right)$$

13 등비급수의 활용 – 사분원 정답 ② | 정답률 61%

문제 보기

그림과 같이 $\overline{A_1B_1}=3$, $\overline{B_1C_1}=1$인 직사각형 $OA_1B_1C_1$이 있다. 중심이 C_1이고 반지름의 길이가 $\overline{B_1C_1}$인 원과 선분 OC_1의 교점을 D_1, 중심이 O이고 반지름의 길이가 $\overline{OD_1}$인 원과 선분 A_1B_1의 교점을 E_1이라 하자. 직사각형 $OA_1B_1C_1$에 호 B_1D_1, 호 D_1E_1, 선분 B_1E_1로 둘러싸인 ◸ 모양의 도형을 그리고 색칠하여 얻은 그림을 R_1이라 하자.

└ S_1의 값을 구한다.

그림 R_1에 선분 OA_1 위의 점 A_2와 호 D_1E_1 위의 점 B_2, 선분 OD_1 위의 점 C_2와 점 O를 꼭짓점으로 하고 $\overline{A_2B_2}:\overline{B_2C_2}=3:1$인 직사각형 $OA_2B_2C_2$를 그리고, 그림 R_1을 얻은 것과 같은 방법으로 직사각형 $OA_2B_2C_2$에 ◸ 모양의 도형을 그리고 색칠하여 얻은 그림을 R_2라 하자.

└ 두 직사각형 $OA_1B_1C_1$, $OA_2B_2C_2$의 닮음비를 이용하여 R_n에 새로 색칠한 부분과 R_{n+1}에 새로 색칠한 부분의 넓이의 비를 구한다.

이와 같은 과정을 계속하여 n번째 얻은 그림 R_n에 색칠되어 있는 부분의 넓이를 S_n이라 할 때, $\lim_{n\to\infty} S_n$의 값은? [4점]

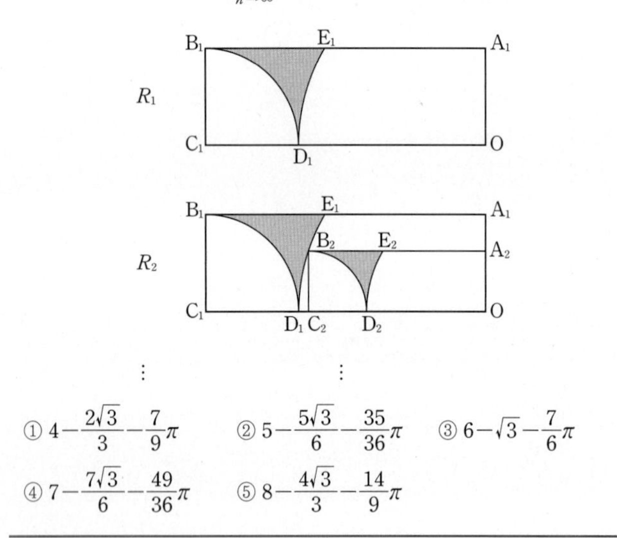

① $4-\frac{2\sqrt{3}}{3}-\frac{7}{9}\pi$ ② $5-\frac{5\sqrt{3}}{6}-\frac{35}{36}\pi$ ③ $6-\sqrt{3}-\frac{7}{6}\pi$

④ $7-\frac{7\sqrt{3}}{6}-\frac{49}{36}\pi$ ⑤ $8-\frac{4\sqrt{3}}{3}-\frac{14}{9}\pi$

Step 1 S_1의 값 구하기

다음 그림과 같이 직각삼각형 OA_1E_1에서 $\overline{OE_1}=2$, $\overline{OA_1}=1$이므로

$\overline{A_1E_1}=\sqrt{3}$, $\angle A_1E_1O=\frac{\pi}{6}$

$\therefore \angle D_1OE_1=\frac{\pi}{6}$

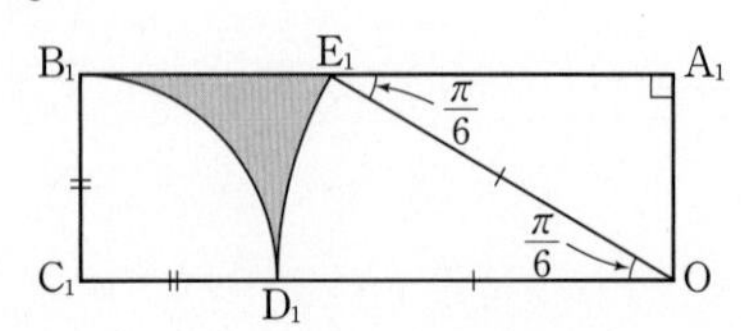

$\therefore S_1=\square OA_1B_1C_1-(\text{부채꼴 }B_1C_1D_1\text{의 넓이})$

$-(\text{부채꼴 }D_1OE_1\text{의 넓이})-\triangle OA_1E_1$

$=1\times3-\frac{1}{2}\times1^2\times\frac{\pi}{2}-\frac{1}{2}\times2^2\times\frac{\pi}{6}-\frac{1}{2}\times1\times\sqrt{3}$

$=3-\frac{\pi}{4}-\frac{\pi}{3}-\frac{\sqrt{3}}{2}=3-\frac{\sqrt{3}}{2}-\frac{7}{12}\pi$

Step 2 넓이의 비 구하기

다음 그림과 같이 $\overline{OA_2}=x\,(0<x<1)$라 하면 $\overline{A_2B_2}=3x$

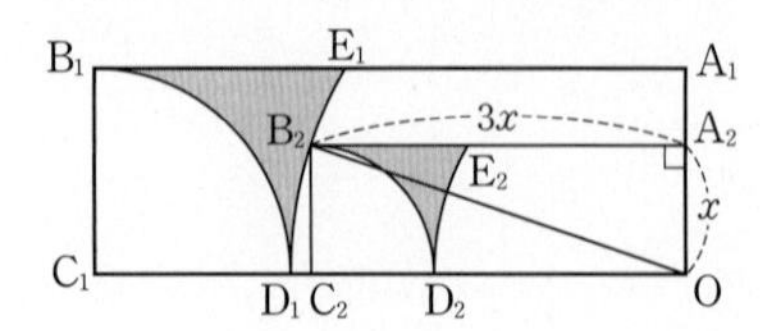

$\overline{OB_2}=\overline{OD_1}=2$이므로 직각삼각형 OA_2B_2에서

$\overline{OB_2}^2=\overline{A_2B_2}^2+\overline{OA_2}^2$

$2^2=(3x)^2+x^2$, $10x^2=4$

$x^2=\frac{2}{5}$ $\therefore x=\sqrt{\frac{2}{5}}$ ($\because 0<x<1$)

두 직사각형 $OA_1B_1C_1$, $OA_2B_2C_2$는 닮음이고 닮음비는

$\overline{OA_1}:\overline{OA_2}=1:\sqrt{\frac{2}{5}}$이므로 넓이의 비는 $1^2:\left(\sqrt{\frac{2}{5}}\right)^2=1:\frac{2}{5}$이다.

즉, 두 직사각형 $OA_nB_nC_n$, $OA_{n+1}B_{n+1}C_{n+1}$의 넓이의 비는 $1:\frac{2}{5}$이므로 그림 R_n에 새로 색칠한 부분과 그림 R_{n+1}에 새로 색칠한 부분의 넓이의 비도 $1:\frac{2}{5}$이다.

Step 3 극한값 구하기

따라서 $\lim_{n\to\infty} S_n$은 첫째항이 $3-\frac{\sqrt{3}}{2}-\frac{7}{12}\pi$이고 공비가 $\frac{2}{5}$인 등비급수의 합이므로

$$\lim_{n\to\infty} S_n=\frac{3-\frac{\sqrt{3}}{2}-\frac{7}{12}\pi}{1-\frac{2}{5}}=5-\frac{5\sqrt{3}}{6}-\frac{35}{36}\pi$$

14 등비급수의 활용 – 반원 정답 ① | 정답률 65%

문제 보기

한 변의 길이가 $2\sqrt{3}$인 정삼각형 $A_1B_1C_1$이 있다. 그림과 같이 $\angle A_1B_1C_1$의 이등분선과 $\angle A_1C_1B_1$의 이등분선이 만나는 점을 A_2라 하자. 두 선분 B_1A_2, C_1A_2를 각각 지름으로 하는 반원의 내부와 정삼각형 $A_1B_1C_1$의 내부의 공통부분인 모양의 도형에 색칠하여 얻은 그림을 R_1이라 하자. → S_1의 값을 구한다.

그림 R_1에서 점 A_2를 지나고 선분 A_1B_1에 평행한 직선이 선분 B_1C_1과 만나는 점을 B_2, 점 A_2를 지나고 선분 A_1C_1에 평행한 직선이 선분 B_1C_1과 만나는 점을 C_2라 하자. 그림 R_1에 정삼각형 $A_2B_2C_2$를 그리고, 그림 R_1을 얻는 것과 같은 방법으로 정삼각형 $A_2B_2C_2$의 내부에 모양의 도형을 그리고 색칠하여 얻은 그림을 R_2라 하자.
└→ 두 정삼각형 $A_1B_1C_1$, $A_2B_2C_2$의 닮음비를 이용하여 R_n에 새로 색칠한 부분과 R_{n+1}에 새로 색칠한 부분의 넓이의 비를 구한다.

이와 같은 과정을 계속하여 n번째 얻은 그림 R_n에 색칠되어 있는 부분의 넓이를 S_n이라 할 때, $\lim_{n\to\infty} S_n$의 값은? [4점]

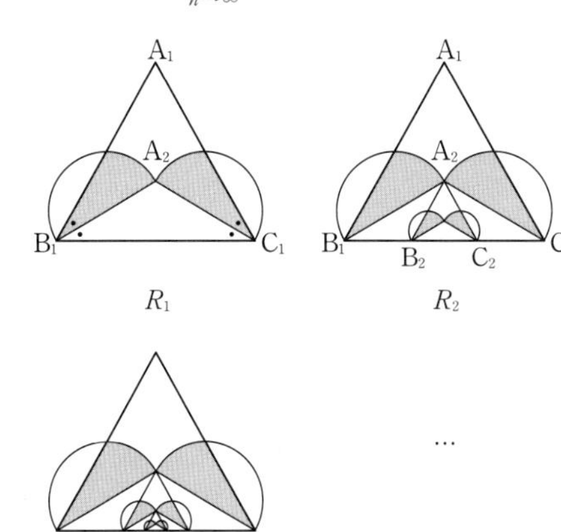

R_3 …

① $\frac{9\sqrt{3}+6\pi}{16}$ ② $\frac{3\sqrt{3}+4\pi}{8}$ ③ $\frac{9\sqrt{3}+8\pi}{16}$
④ $\frac{3\sqrt{3}+2\pi}{4}$ ⑤ $\frac{3\sqrt{3}+6\pi}{8}$

Step 1 S_1의 값 구하기

오른쪽 그림과 같이 점 A_2에서 선분 B_1C_1에 내린 수선의 발을 H, 선분 A_2B_1의 중점을 M, 지름이 A_2B_1인 반원과 변 A_1B_1이 만나는 점을 N이라 하자.

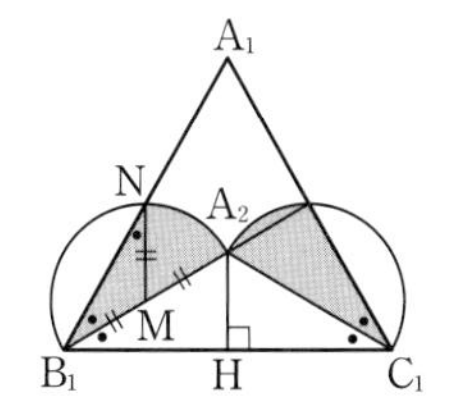

$\angle A_2B_1H=\frac{\pi}{6}$, $\overline{B_1H}=\sqrt{3}$이므로 직각삼각형 A_2B_1H에서

$$\overline{B_1A_2}=\frac{\overline{B_1H}}{\cos\frac{\pi}{6}}=\frac{\sqrt{3}}{\frac{\sqrt{3}}{2}}=2$$

삼각형 B_1MN은 $\overline{B_1M}=\overline{MN}=1$인 이등변삼각형이므로

$\angle MB_1N=\angle MNB_1=\frac{\pi}{6}$

$\therefore \angle B_1MN=\frac{2}{3}\pi$, $\angle NMA_2=\frac{\pi}{3}$

$$\therefore S_1=2\{\triangle B_1MN+(\text{부채꼴 } MA_2N\text{의 넓이})\}$$
$$=2\left\{\frac{1}{2}\times1\times1\times\sin\frac{2}{3}\pi+\frac{1}{2}\times1^2\times\frac{\pi}{3}\right\}$$
$$=\frac{\sqrt{3}}{2}+\frac{\pi}{3}$$

Step 2 넓이의 비 구하기

정삼각형 $A_1B_1C_1$의 높이는

$\overline{A_1H}=\frac{\sqrt{3}}{2}\times2\sqrt{3}=3$

점 A_2는 정삼각형 $A_1B_1C_1$의 무게중심이므로 정삼각형 $A_2B_2C_2$의 높이는

$\overline{A_2H}=\frac{1}{3}\overline{A_1H}=\frac{1}{3}\times3=1$

두 정삼각형 $A_1B_1C_1$, $A_2B_2C_2$는 닮음이고 닮음비는 $\overline{A_1H}:\overline{A_2H}=3:1$이므로 넓이의 비는 $3^2:1^2=9:1$이다.

즉, 두 정삼각형 $A_nB_nC_n$, $A_{n+1}B_{n+1}C_{n+1}$의 넓이의 비는 $9:1$이므로 그림 R_n에 새로 색칠한 부분과 그림 R_{n+1}에 새로 색칠한 부분의 넓이의 비도 $9:1$이다.

Step 3 극한값 구하기

따라서 $\lim_{n\to\infty} S_n$은 첫째항이 $\frac{\sqrt{3}}{2}+\frac{\pi}{3}$이고 공비가 $\frac{1}{9}$인 등비급수의 합이므로

$$\lim_{n\to\infty} S_n=\frac{\frac{\sqrt{3}}{2}+\frac{\pi}{3}}{1-\frac{1}{9}}=\frac{9\sqrt{3}+6\pi}{16}$$

15 등비급수의 활용 – 반원 정답 ① | 정답률 73%

문제 보기

그림과 같이 한 변의 길이가 2인 정사각형 $A_1B_1C_1D_1$이 있다. 네 변 A_1B_1, B_1C_1, C_1D_1, D_1A_1을 각각 지름으로 하는 반원을 정사각형 $A_1B_1C_1D_1$의 외부에 그려 만들어진 4개의 호로 둘러싸인 모양의 도형을 E_1이라 하자. 네 변 D_1A_1, A_1B_1, B_1C_1, C_1D_1의 중점 P_1, Q_1, R_1, S_1을 꼭짓점으로 하는 정사각형에 도형 E_1을 얻는 것과 같은 방법으로 만들어지는 모양의 도형을 F_1이라 하자. 도형 E_1의 내부와 도형 F_1의 외부의 공통부분에 색칠하여 얻은 그림을 G_1이라 하자.

└→ T_1의 값을 구한다.

그림 G_1에 네 변 P_1Q_1, Q_1R_1, R_1S_1, S_1P_1의 중점 A_2, B_2, C_2, D_2를 꼭짓점으로 하는 정사각형을 그리고 도형 E_1을 얻는 것과 같은 방법으로 새로 만들어지는 모양의 도형을 E_2라 하자. 네 변 D_2A_2, A_2B_2, B_2C_2, C_2D_2의 중점 P_2, Q_2, R_2, S_2를 꼭짓점으로 하는 정사각형을 그리고 도형 E_1을 얻는 것과 같은 방법으로 새로 만들어지는 모양의 도형을 F_2라 하자. 그림 G_1에 도형 E_2의 내부와 도형 F_2의 외부의 공통부분에 색칠하여 얻은 그림을 G_2라 하자.

└→ 두 정사각형 $A_1B_1C_1D_1$, $A_2B_2C_2D_2$의 닮음비를 이용하여 G_n에 새로 색칠한 부분과 G_{n+1}에 새로 색칠한 부분의 넓이의 비를 구한다.

이와 같은 과정을 계속하여 n번째 얻은 그림 G_n에 색칠되어 있는 부분의 넓이를 T_n이라 할 때, $\lim_{n\to\infty} T_n$의 값은? [4점]

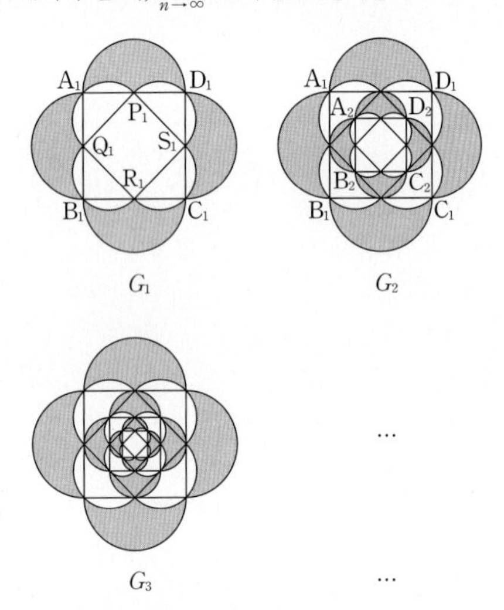

G_3 ⋯

① $\frac{4}{3}(\pi+2)$ ② $\frac{3}{2}(\pi+2)$ ③ $\frac{5}{3}(\pi+2)$

④ $\frac{4}{3}(\pi+4)$ ⑤ $\frac{5}{3}(\pi+4)$

Step 1 T_1의 값 구하기

직각이등변삼각형 $A_1Q_1P_1$에서

$\overline{A_1Q_1}=\overline{A_1P_1}=\frac{1}{2}\overline{A_1B_1}=1$

$\therefore \overline{P_1Q_1}=\sqrt{2}\times 1=\sqrt{2}$

$\therefore T_1=$(도형 E_1의 넓이)$-$(도형 F_1의 넓이)

$=\{4\times$(변 A_1B_1을 지름으로 하는 반원의 넓이)$+\square A_1B_1C_1D_1\}$
$-\{4\times$(변 P_1Q_1을 지름으로 하는 반원의 넓이)$+\square P_1Q_1R_1S_1\}$

$=\{2\times$(변 A_1B_1을 지름으로 하는 원의 넓이)$+\square A_1B_1C_1D_1\}$
$-\{2\times$(변 P_1Q_1을 지름으로 하는 원의 넓이)$+\square P_1Q_1R_1S_1\}$

$=(2\times\pi\times 1^2+2^2)-\left\{2\times\pi\times\left(\frac{\sqrt{2}}{2}\right)^2+(\sqrt{2})^2\right\}$

$=(2\pi+4)-(\pi+2)$

$=\pi+2$

Step 2 넓이의 비 구하기

오른쪽 그림과 같이 직각이등변삼각형 $A_2D_2P_1$에서 $\overline{P_1A_2}=\frac{1}{2}\overline{P_1Q_1}=\frac{\sqrt{2}}{2}$이므로

$\overline{A_2D_2}=\sqrt{2}\,\overline{P_1A_2}=1$

두 정사각형 $A_1B_1C_1D_1$, $A_2B_2C_2D_2$는 닮음이고 닮음비는 $\overline{A_1D_1}:\overline{A_2D_2}=2:1$이므로 넓이의 비는 $2^2:1^2=4:1$이다.

즉, 두 정사각형 $A_nB_nC_nD_n$, $A_{n+1}B_{n+1}C_{n+1}D_{n+1}$의 넓이의 비는 $4:1$이므로 그림 G_n에 새로 색칠한 부분과 그림 G_{n+1}에 새로 색칠한 부분의 넓이의 비도 $4:1$이다.

P_1, A_2, D_2, Q_1, S_1, B_2, C_2, R_1

Step 3 극한값 구하기

따라서 $\lim_{n\to\infty} T_n$은 첫째항이 $\pi+2$이고 공비가 $\frac{1}{4}$인 등비급수의 합이므로

$\lim_{n\to\infty} T_n=\frac{\pi+2}{1-\frac{1}{4}}=\frac{4}{3}(\pi+2)$

16 등비급수의 활용 – 반원 정답 ① | 정답률 62%

문제 보기

그림과 같이 한 변의 길이가 4인 정삼각형 $A_1B_1C_1$이 있다. 세 선분 B_1C_1, C_1A_1, A_1B_1의 중점을 각각 A_2, B_2, C_2라 하자. 선분 C_1C_2를 지름으로 하는 반원의 호와 선분 B_2A_2의 연장선이 만나는 점을 P_1, 선분 B_1B_2를 지름으로 하는 반원의 호와 선분 C_2A_2의 연장선이 만나는 점을 Q_1이라 하자. 두 선분 C_2A_2, A_2P_1과 호 P_1C_2로 둘러싸인 영역과 두 선분 B_2A_2, A_2Q_1과 호 Q_1B_2로 둘러싸인 영역에 색칠하여 얻은 그림을 R_1이라 하자. → S_1의 값을 구한다.

그림 R_1에서 정삼각형 $A_2B_2C_2$의 세 변 B_2C_2, C_2A_2, A_2B_2의 중점을 각각 A_3, B_3, C_3이라 하자. 선분 C_2C_3을 지름으로 하는 반원의 호와 선분 B_3A_3의 연장선이 만나는 점을 P_2, 선분 B_2B_3을 지름으로 하는 반원의 호와 선분 C_3A_3의 연장선이 만나는 점을 Q_2라 하자. 두 선분 C_3A_3, A_3P_2와 호 P_2C_3으로 둘러싸인 영역과 두 선분 B_3A_3, A_3Q_2와 호 Q_2B_3으로 둘러싸인 영역에 색칠하여 얻은 그림을 R_2라 하자.
└→ 두 정삼각형 $A_1B_1C_1$, $A_2B_2C_2$의 닮음비를 이용하여 R_n에 새로 색칠한 부분과 R_{n+1}에 새로 색칠한 부분의 넓이의 비를 구한다.

이와 같은 과정을 계속하여 n번째 얻은 그림 R_n에 색칠되어 있는 부분의 넓이를 S_n이라 할 때, $\lim_{n\to\infty} S_n$의 값은? [4점]

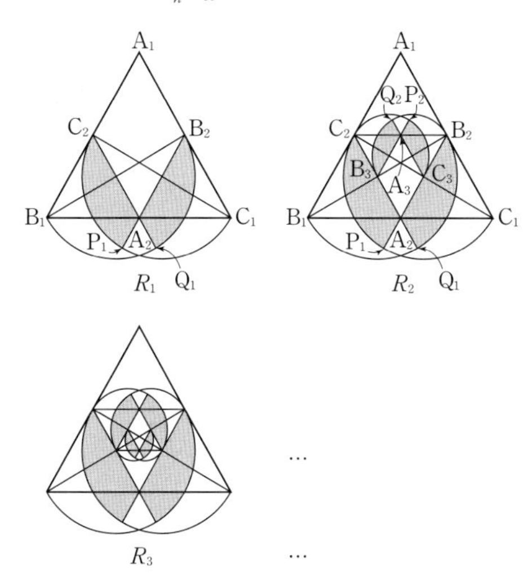

① $\dfrac{6\pi-4\sqrt{3}}{3}$　② $\dfrac{6\pi-2\sqrt{3}}{3}$　③ $\dfrac{6\pi-\sqrt{3}}{3}$
④ $\dfrac{8\pi-4\sqrt{3}}{3}$　⑤ $\dfrac{8\pi-2\sqrt{3}}{3}$

Step 1 S_1의 값 구하기

오른쪽 그림과 같이 $\overline{A_1A_2}$는 정삼각형 $A_1B_1C_1$의 높이이므로

$\overline{A_1A_2}=\dfrac{\sqrt{3}}{2}\times 4=2\sqrt{3}$

$\therefore\ \overline{C_1C_2}=\overline{A_1A_2}=2\sqrt{3}$

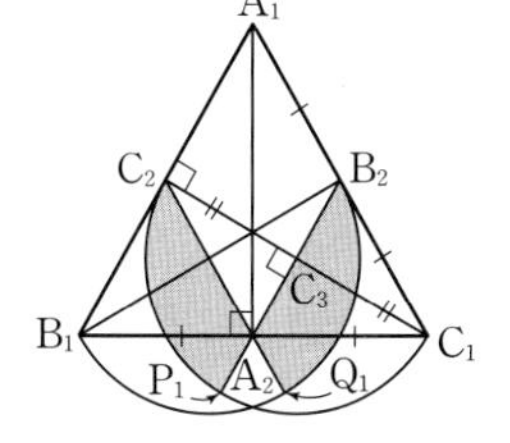

두 점 A_2, B_2가 각각 $\overline{B_1C_1}$, $\overline{A_1C_1}$의 중점이므로

$\overline{B_2A_2}=\dfrac{1}{2}\overline{B_1A_1}=2$, $\overline{B_2A_2}\,/\!/\,\overline{A_1B_1}$

$\therefore\ \overline{C_2C_3}=\dfrac{1}{2}\overline{C_1C_2}=\sqrt{3}$, $\overline{C_3A_2}=\dfrac{1}{2}\overline{B_2A_2}=1$

$\therefore\ S_1=2\{($부채꼴 $C_3C_2P_1$의 넓이$)-\triangle C_3C_2A_2\}$

$=2\left\{\dfrac{1}{2}\times(\sqrt{3})^2\times\dfrac{\pi}{2}-\dfrac{1}{2}\times\sqrt{3}\times 1\right\}$

$=\dfrac{3\pi-2\sqrt{3}}{2}$

Step 2 넓이의 비 구하기

두 정삼각형 $A_1B_1C_1$, $A_2B_2C_2$는 닮음이고 닮음비는 $\overline{A_1B_1}:\overline{A_2B_2}=2:1$이므로 넓이의 비는 $2^2:1^2=4:1$이다.

즉, 두 정삼각형 $A_nB_nC_n$, $A_{n+1}B_{n+1}C_{n+1}$의 넓이의 비는 $4:1$이므로 그림 R_n에 새로 색칠한 부분과 그림 R_{n+1}에 새로 색칠한 부분의 넓이의 비도 $4:1$이다.

Step 3 극한값 구하기

따라서 $\lim_{n\to\infty} S_n$은 첫째항이 $\dfrac{3\pi-2\sqrt{3}}{2}$이고 공비가 $\dfrac{1}{4}$인 등비급수의 합이므로

$$\lim_{n\to\infty} S_n=\dfrac{\dfrac{3\pi-2\sqrt{3}}{2}}{1-\dfrac{1}{4}}=\dfrac{6\pi-4\sqrt{3}}{3}$$

17 등비급수의 활용 – 반원 　　정답 ④ | 정답률 59%

문제 보기

그림과 같이 한 변의 길이가 3인 정삼각형 $A_1B_1C_1$이 있다. 세 선분 A_1B_1, B_1C_1, C_1A_1을 $1:2$로 내분하는 점을 각각 A_2, B_2, C_2라 하자. 선분 B_2C_1을 지름으로 하는 반원의 내부와 선분 B_2C_2를 지름으로 하는 반원의 외부의 공통부분인 ◡ 모양의 도형에 색칠하여 얻은 그림을 R_1이라 하자. → S_1의 값을 구한다.

그림 R_1에서 세 선분 A_2B_2, B_2C_2, C_2A_2를 $1:2$로 내분하는 점을 각각 A_3, B_3, C_3이라 하자. 선분 B_3C_2를 지름으로 하는 반원의 내부와 선분 B_3C_3을 지름으로 하는 반원의 외부의 공통부분인 ◡ 모양의 도형에 색칠하여 얻은 그림을 R_2라 하자.

└→ 두 정삼각형 $A_1B_1C_1$, $A_2B_2C_2$의 닮음비를 이용하여 R_n에 새로 색칠한 부분과 R_{n+1}에 새로 색칠한 부분의 넓이의 비를 구한다.

이와 같은 과정을 계속하여 n번째 얻은 그림 R_n에 색칠되어 있는 부분의 넓이를 S_n이라 할 때, $\lim_{n\to\infty} S_n$의 값은? [4점]

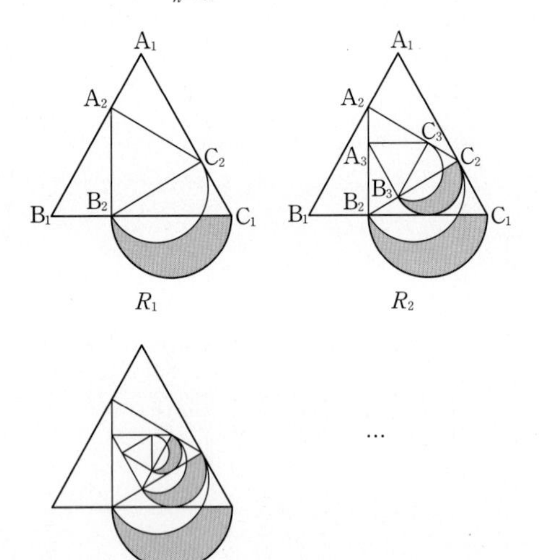

① $\dfrac{11\pi+8\sqrt{3}}{32}$ 　② $\dfrac{11\pi+9\sqrt{3}}{32}$ 　③ $\dfrac{3\pi+2\sqrt{3}}{8}$

④ $\dfrac{12\pi+9\sqrt{3}}{32}$ 　⑤ $\dfrac{3\pi+3\sqrt{3}}{8}$

Step 1 S_1의 값 구하기

오른쪽 그림과 같이 선분 B_2C_2의 중점을 M, 선분 B_2C_2를 지름으로 하는 반원의 호와 선분 B_2C_1이 만나는 점을 N이라 하자.

삼각형 $B_2C_1C_2$에서 $\overline{B_2C_1}=2$, $\overline{C_1C_2}=1$, $\angle B_2C_1C_2=\dfrac{\pi}{3}$이므로

$\angle C_2B_2C_1=\dfrac{\pi}{6}$, $\angle C_1C_2B_2=\dfrac{\pi}{2}$, $\overline{B_2C_2}=\sqrt{3}$

삼각형 MB_2N은 $\overline{MB_2}=\overline{MN}=\dfrac{1}{2}\overline{B_2C_2}=\dfrac{\sqrt{3}}{2}$인 이등변삼각형이므로

$\angle MB_2N=\angle MNB_2=\dfrac{\pi}{6}$ 　　$\therefore \angle NMB_2=\dfrac{2}{3}\pi$

$\therefore S_1=$(선분 B_2C_1을 지름으로 하는 반원의 넓이)
$-\{$(부채꼴 MB_2N의 넓이)$-\triangle MB_2N\}$

$$=\frac{1}{2}\times\pi\times1^2-\left\{\frac{1}{2}\times\left(\frac{\sqrt{3}}{2}\right)^2\times\frac{2}{3}\pi-\frac{1}{2}\times\frac{\sqrt{3}}{2}\times\frac{\sqrt{3}}{2}\times\sin\frac{2}{3}\pi\right\}$$

$$=\frac{\pi}{2}-\left(\frac{\pi}{4}-\frac{3\sqrt{3}}{16}\right)=\frac{4\pi+3\sqrt{3}}{16}$$

Step 2 넓이의 비 구하기

$\overline{B_2C_2}=\sqrt{3}$이고, $\triangle C_1C_2B_2\equiv\triangle A_1A_2C_2\equiv\triangle B_1B_2A_2$ (SAS 합동)이므로 삼각형 $A_2B_2C_2$는 한 변의 길이가 $\sqrt{3}$인 정삼각형이다.

두 정삼각형 $A_1B_1C_1$, $A_2B_2C_2$는 닮음이고 닮음비는 $\overline{B_1C_1}:\overline{B_2C_2}=3:\sqrt{3}$이므로 넓이의 비는 $3^2:(\sqrt{3})^2=3:1$이다.

즉, 두 정삼각형 $A_nB_nC_n$, $A_{n+1}B_{n+1}C_{n+1}$의 넓이의 비는 $3:1$이므로 그림 R_n에 새로 색칠한 부분과 그림 R_{n+1}에 새로 색칠한 부분의 넓이의 비도 $3:1$이다.

Step 3 극한값 구하기

따라서 $\lim_{n\to\infty} S_n$은 첫째항이 $\dfrac{4\pi+3\sqrt{3}}{16}$이고 공비가 $\dfrac{1}{3}$인 등비급수의 합이므로

$$\lim_{n\to\infty} S_n=\frac{\frac{4\pi+3\sqrt{3}}{16}}{1-\frac{1}{3}}=\frac{12\pi+9\sqrt{3}}{32}$$

18 등비급수의 활용 – 반원 정답 ② | 정답률 73%

문제 보기

그림과 같이 길이가 2인 선분 A_1B를 지름으로 하는 반원 O_1이 있다. 호 BA_1 위에 점 C_1을 $\angle BA_1C_1=\frac{\pi}{6}$가 되도록 잡고, 선분 A_2B를 지름으로 하는 반원 O_2가 선분 A_1C_1과 접하도록 선분 A_1B 위에 점 A_2를 잡는다. 반원 O_2와 선분 A_1C_1의 접점을 D_1이라 할 때, 두 선분 A_1A_2, A_1D_1과 호 D_1A_2로 둘러싸인 부분과 선분 C_1D_1과 두 호 BC_1, BD_1로 둘러싸인 부분인 ◿◠ 모양의 도형에 색칠하여 얻은 그림을 R_1이라 하자.
└→ S_1의 값을 구한다.

그림 R_1에서 호 BA_2 위에 점 C_2를 $\angle BA_2C_2=\frac{\pi}{6}$가 되도록 잡고, 선분 A_3B를 지름으로 하는 반원 O_3이 선분 A_2C_2와 접하도록 선분 A_2B 위에 점 A_3을 잡는다. 반원 O_3과 선분 A_2C_2의 접점을 D_2라 할 때, 두 선분 A_2A_3, A_2D_2와 호 D_2A_3으로 둘러싸인 부분과 선분 C_2D_2와 두 호 BC_2, BD_2로 둘러싸인 부분인 ◿◠ 모양의 도형에 색칠하여 얻은 그림을 R_2라 하자. → 두 반원 O_1, O_2의 닮음비를 이용하여 R_n에 새로 색칠한 부분과 R_{n+1}에 새로 색칠한 부분의 넓이의 비를 구한다.

이와 같은 과정을 계속하여 n번째 얻은 그림 R_n에 색칠되어 있는 부분의 넓이를 S_n이라 할 때, $\lim_{n\to\infty} S_n$의 값은? [3점]

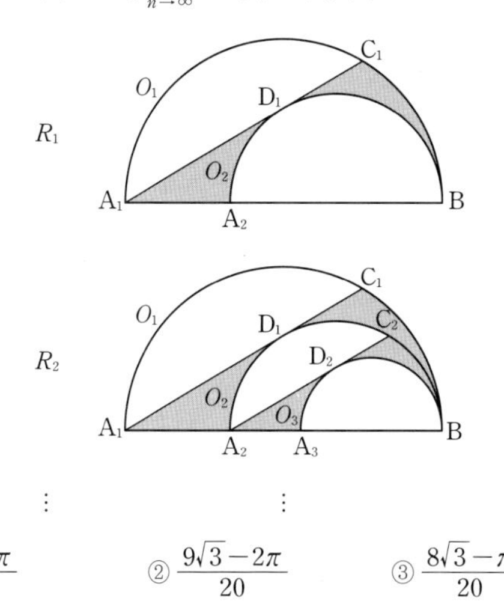

① $\frac{4\sqrt{3}-\pi}{10}$ ② $\frac{9\sqrt{3}-2\pi}{20}$ ③ $\frac{8\sqrt{3}-\pi}{20}$ ④ $\frac{5\sqrt{3}-\pi}{10}$ ⑤ $\frac{9\sqrt{3}-\pi}{20}$

Step 1 S_1의 값 구하기

오른쪽 그림과 같이 두 반원 O_1, O_2의 중심을 각각 O_1, O_2라 하자.

$\overline{A_1B}=2$, $\angle BA_1C_1=\frac{\pi}{6}$이고

$\angle A_1C_1B=\frac{\pi}{2}$이므로 직각삼각형 A_1BC_1에서

$\overline{BC_1}=\overline{A_1B}\sin\frac{\pi}{6}=2\times\frac{1}{2}=1$

$\overline{BC_1}\,/\!/\,\overline{O_2D_1}$이므로

$\overline{A_1B}:\overline{A_1O_2}=\overline{BC_1}:\overline{O_2D_1}$에서

$2:\overline{A_1O_2}=1:\overline{O_2D_1}$ $\quad\therefore \overline{A_1O_2}=2\overline{O_2D_1}$ ⋯⋯ ㉠

$\overline{O_2D_1}=r$라 하면 $\overline{O_2B}=r$이므로 $\overline{A_1O_2}=2-r$

따라서 ㉠에서 $2-r=2r$ $\quad\therefore r=\frac{2}{3}$

호 BC_1에 대한 중심각의 크기는 원주각의 크기의 2배이므로

$\angle BO_1C_1=2\angle BA_1C_1=\frac{\pi}{3}$

$\therefore \angle C_1O_1A_1=\pi-\angle BO_1C_1=\frac{2}{3}\pi$

$\therefore S_1=\triangle A_1O_1C_1+(\text{부채꼴 }O_1BC_1\text{의 넓이})-(\text{반원 }O_2\text{의 넓이})$

$=\frac{1}{2}\times1^2\times\sin\frac{2}{3}\pi+\frac{1}{2}\times1^2\times\frac{\pi}{3}-\frac{1}{2}\times\pi\times\left(\frac{2}{3}\right)^2$

$=\frac{\sqrt{3}}{4}+\frac{\pi}{6}-\frac{2}{9}\pi=\frac{\sqrt{3}}{4}-\frac{\pi}{18}$

Step 2 넓이의 비 구하기

두 반원 O_1, O_2는 닮음이고 닮음비는 $\overline{A_1O_1}:\overline{A_2O_2}=1:\frac{2}{3}$이므로 넓이의 비는 $1^2:\left(\frac{2}{3}\right)^2=1:\frac{4}{9}$이다.

즉, 두 반원 O_n, O_{n+1}의 넓이의 비는 $1:\frac{4}{9}$이므로 그림 R_n에 새로 색칠한 부분과 그림 R_{n+1}에 새로 색칠한 부분의 넓이의 비도 $1:\frac{4}{9}$이다.

Step 3 극한값 구하기

따라서 $\lim_{n\to\infty} S_n$은 첫째항이 $\frac{\sqrt{3}}{4}-\frac{\pi}{18}$이고 공비가 $\frac{4}{9}$인 등비급수의 합이므로

$$\lim_{n\to\infty} S_n=\frac{\frac{\sqrt{3}}{4}-\frac{\pi}{18}}{1-\frac{4}{9}}=\frac{9\sqrt{3}-2\pi}{20}$$

19 등비급수의 활용 – 반원 정답 ② | 정답률 78%

문제 보기

그림과 같이 길이가 4인 선분 A_1B_1을 지름으로 하는 반원 O_1의 호 A_1B_1을 4등분하는 점을 점 A_1에서 가까운 순서대로 각각 C_1, D_1, E_1이라 하고, 두 점 C_1, E_1에서 선분 A_1B_1에 내린 수선의 발을 각각 A_2, B_2라 하자. 사각형 $C_1A_2B_2E_1$의 외부와 삼각형 $D_1A_1B_1$의 외부의 공통부분 중 반원 O_1의 내부에 있는 ⌒ 모양의 도형에 색칠하여 얻은 그림을 R_1이라 하자. → S_1의 값을 구한다.

그림 R_1에서 선분 A_2B_2를 지름으로 하는 반원 O_2를 반원 O_1의 내부에 그리고, 반원 O_2의 호 A_2B_2를 4등분하는 점을 점 A_2에서 가까운 순서대로 각각 C_2, D_2, E_2라 하고, 두 점 C_2, E_2에서 선분 A_2B_2에 내린 수선의 발을 각각 A_3, B_3이라 하자. 사각형 $C_2A_3B_3E_2$의 외부와 삼각형 $D_2A_2B_2$의 외부의 공통부분 중 반원 O_2의 내부에 있는 ⌒ 모양의 도형에 색칠을 하여 얻은 그림을 R_2라 하자.

└→ 두 반원 O_1, O_2의 닮음비를 이용하여 R_n에 새로 색칠한 부분과 R_{n+1}에 새로 색칠한 부분의 넓이의 비를 구한다.

이와 같은 과정을 계속하여 n번째 얻은 그림 R_n에 색칠되어 있는 부분의 넓이를 S_n이라 할 때, $\lim_{n\to\infty} S_n$의 값은? [4점]

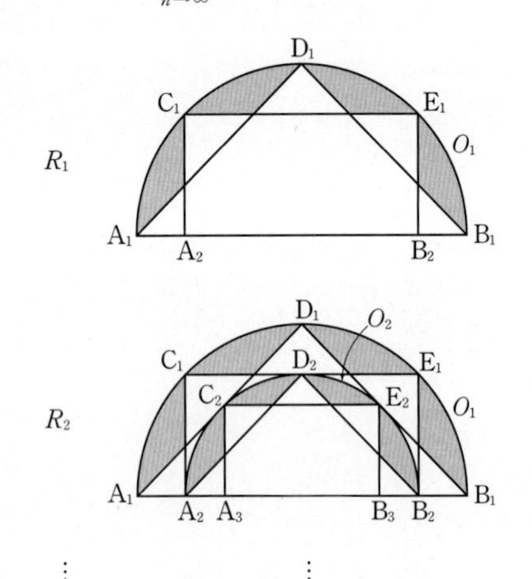

① $4\pi+4\sqrt{2}-16$　② $4\pi+16\sqrt{2}-32$　③ $4\pi+8\sqrt{2}-20$

④ $2\pi+16\sqrt{2}-24$　⑤ $2\pi+8\sqrt{2}-12$

Step 1 S_1의 값 구하기

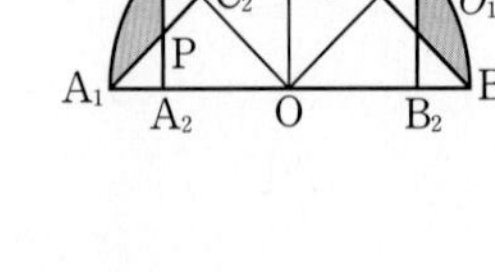

오른쪽 그림과 같이 선분 A_1B_1의 중점을 O, 선분 A_1D_1이 선분 C_1A_2와 만나는 점을 P라 하자.

호 A_1B_1의 4등분점이 C_1, D_1, E_1이므로

$\angle A_1OC_1=\angle C_1OD_1=\angle D_1OE_1$

$=\angle E_1OB_1=\frac{\pi}{4}$

$\angle C_1A_2O=\frac{\pi}{2}$이므로 삼각형 A_2OC_1은 직각이등변삼각형이다.

직각이등변삼각형 A_2OC_1에서 $\overline{OC_1}=2$이므로

$\overline{OA_2}=\frac{\overline{OC_1}}{\sqrt{2}}=\sqrt{2}$

$\angle OC_2A_1=\frac{\pi}{2}$이므로 삼각형 PA_1A_2도 직각이등변삼각형이다.

직각이등변삼각형 PA_1A_2에서

$\overline{PA_2}=\overline{A_1A_2}=\overline{OA_1}-\overline{OA_2}=2-\sqrt{2}$

$\therefore S_1=4\{(\text{부채꼴 } A_1OC_1\text{의 넓이})-\triangle A_2OC_1-\triangle PA_1A_2\}$

$=4\left\{\frac{1}{2}\times2^2\times\frac{\pi}{4}-\frac{1}{2}\times\sqrt{2}\times\sqrt{2}-\frac{1}{2}\times(2-\sqrt{2})\times(2-\sqrt{2})\right\}$

$=2\pi+8\sqrt{2}-16$

Step 2 넓이의 비 구하기

두 반원 O_1, O_2는 닮음이고 닮음비는 $\overline{OA_1}:\overline{OA_2}=2:\sqrt{2}$이므로 넓이의 비는 $2^2:(\sqrt{2})^2=2:1$이다.

즉, 두 반원 O_n, O_{n+1}의 넓이의 비는 $2:1$이므로 그림 R_n에 새로 색칠한 부분과 그림 R_{n+1}에 새로 색칠한 부분의 넓이의 비도 $2:1$이다.

Step 3 극한값 구하기

따라서 $\lim_{n\to\infty} S_n$은 첫째항이 $2\pi+8\sqrt{2}-16$이고 공비가 $\frac{1}{2}$인 등비급수의 합이므로

$\lim_{n\to\infty} S_n=\frac{2\pi+8\sqrt{2}-16}{1-\frac{1}{2}}=4\pi+16\sqrt{2}-32$

20 등비급수의 활용 – 반원 정답 ② | 정답률 39%

문제 보기

그림과 같이 $\overline{A_1B_1}=2$, $\overline{B_1C_1}=2\sqrt{3}$인 직사각형 $A_1B_1C_1D_1$이 있다. 선분 A_1D_1을 $1:2$로 내분하는 점을 E_1이라 하고 선분 B_1C_1을 지름으로 하는 반원의 호 B_1C_1이 두 선분 B_1E_1, B_1D_1과 만나는 점 중 점 B_1이 아닌 점을 각각 F_1, G_1이라 하자. 세 선분 F_1E_1, E_1D_1, D_1G_1과 호 F_1G_1로 둘러싸인 ▱ 모양의 도형에 색칠하여 얻은 그림을 R_1이라 하자.

└→ S_1의 값을 구한다.

그림 R_1에 선분 B_1G_1 위의 점 A_2, 호 G_1C_1 위의 점 D_2와 선분 B_1C_1 위의 두 점 B_2, C_2를 꼭짓점으로 하고 $\overline{A_2B_2}:\overline{B_2C_2}=1:\sqrt{3}$인 직사각형 $A_2B_2C_2D_2$를 그린다. 직사각형 $A_2B_2C_2D_2$에 그림 R_1을 얻은 것과 같은 방법으로 ▱ 모양의 도형을 그리고 색칠하여 얻은 그림을 R_2라 하자.

└→ 두 직사각형 $A_1B_1C_1D_1$, $A_2B_2C_2D_2$의 닮음비를 이용하여 R_n에 새로 색칠한 부분과 R_{n+1}에 새로 색칠한 부분의 넓이의 비를 구한다.

이와 같은 과정을 계속하여 n번째 얻은 그림 R_n에 색칠되어 있는 부분의 넓이를 S_n이라 할 때, $\lim_{n\to\infty} S_n$의 값은? [4점]

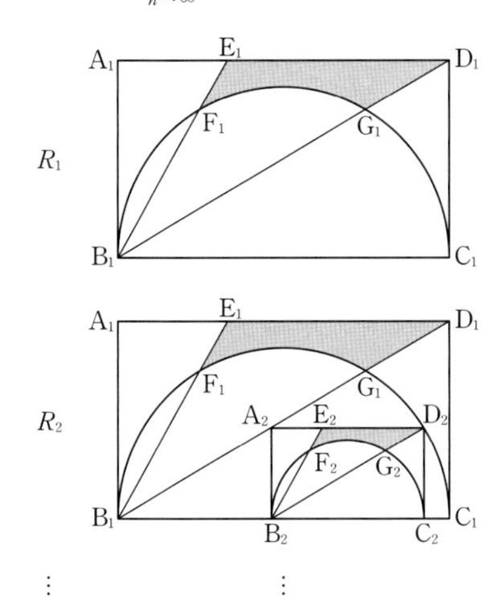

① $\frac{169}{864}(8\sqrt{3}-3\pi)$ ② $\frac{169}{798}(8\sqrt{3}-3\pi)$ ③ $\frac{169}{720}(8\sqrt{3}-3\pi)$

④ $\frac{169}{864}(16\sqrt{3}-3\pi)$ ⑤ $\frac{169}{798}(16\sqrt{3}-3\pi)$

Step 1 S_1의 값 구하기

직각삼각형 $B_1C_1D_1$에서 $\overline{B_1C_1}:\overline{C_1D_1}=\sqrt{3}:1$이므로

$\angle D_1B_1C_1=\frac{\pi}{6}$

오른쪽 그림과 같이 선분 B_1C_1의 중점을 M이라 하면 $\angle G_1B_1C_1=\frac{\pi}{6}$이고 호 G_1C_1에 대한 중심각의 크기는 원주각의 크기의 2배이므로

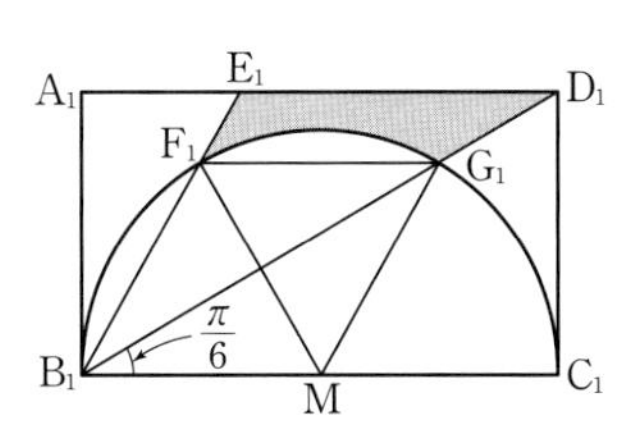

$\angle G_1MC_1=2\angle G_1B_1C_1=\frac{\pi}{3}$

점 E_1은 선분 A_1D_1을 $1:2$로 내분하는 점이므로

$\overline{A_1E_1}=\frac{1}{3}\overline{A_1D_1}=\frac{2\sqrt{3}}{3}$, $\overline{E_1D_1}=\frac{2}{3}\overline{A_1D_1}=\frac{4\sqrt{3}}{3}$

직각삼각형 $A_1B_1E_1$에서 $\overline{A_1E_1}:\overline{A_1B_1}=1:\sqrt{3}$이므로

$\angle A_1B_1E_1=\frac{\pi}{6}$

$$\therefore \angle F_1B_1G_1=\angle E_1B_1D_1=\frac{\pi}{2}-(\angle D_1B_1C_1+\angle A_1B_1E_1)$$
$$=\frac{\pi}{2}-\left(\frac{\pi}{6}+\frac{\pi}{6}\right)=\frac{\pi}{6}$$

호 F_1G_1에 대한 중심각의 크기는 원주각의 크기의 2배이므로

$\angle F_1MG_1=2\angle F_1B_1G_1=\frac{\pi}{3}$

$$\therefore \angle B_1MF_1=\pi-(\angle G_1MC_1+\angle F_1MG_1)$$
$$=\pi-\left(\frac{\pi}{3}+\frac{\pi}{3}\right)=\frac{\pi}{3}$$

$\angle B_1MF_1=\frac{\pi}{3}$, $\angle F_1MG_1=\frac{\pi}{3}$, $\overline{B_1M}=\overline{F_1M}=\overline{G_1M}$이므로 두 삼각형 B_1MF_1, MG_1F_1은 모두 정삼각형이다.

따라서 $\angle B_1MF_1=\angle G_1F_1M$이므로 $\overline{F_1G_1}\,/\!/\,\overline{B_1C_1}$

$\therefore \triangle B_1G_1F_1=\triangle MG_1F_1$

$\therefore S_1=\triangle B_1D_1E_1$
$\quad -$(호 F_1G_1과 두 직선 B_1F_1, B_1G_1로 둘러싸인 도형의 넓이)

$=\triangle B_1D_1E_1-$(부채꼴 MG_1F_1의 넓이)

$=\frac{1}{2}\times\frac{4\sqrt{3}}{3}\times 2-\frac{1}{2}\times(\sqrt{3})^2\times\frac{\pi}{3}$

$=\frac{4\sqrt{3}}{3}-\frac{\pi}{2}$

Step 2 넓이의 비 구하기

$\overline{A_2D_2}\,/\!/\,\overline{B_1C_1}$, $\overline{B_1D_1}\,/\!/\,\overline{B_2D_2}$이므로

$\overline{A_2D_2}=\overline{B_1B_2}$

$\overline{A_2B_2}=\overline{C_2D_2}=x$라 하면

$\overline{B_1B_2}=\overline{A_2D_2}=\overline{B_2C_2}=\sqrt{3}x$

$\therefore \overline{B_1C_2}=2\sqrt{3}x$

$\overline{B_1M}=\overline{C_1M}=\overline{D_2M}=\sqrt{3}$이므로

$\overline{C_2M}=\overline{B_1C_2}-\overline{B_1M}=2\sqrt{3}x-\sqrt{3}=\sqrt{3}(2x-1)$

삼각형 MC_2D_2에서

$\overline{D_2M}^2=\overline{C_2M}^2+\overline{C_2D_2}^2$

$(\sqrt{3})^2=\{\sqrt{3}(2x-1)\}^2+x^2$

$3=12x^2-12x+3+x^2$

$13x^2-12x=0$, $x(13x-12)=0$

$\therefore x=\frac{12}{13}$ ($\because x>0$)

두 직사각형 $A_1B_1C_1D_1$, $A_2B_2C_2D_2$는 닮음이고 닮음비는

$\overline{A_1B_1}:\overline{A_2B_2}=1:\frac{6}{13}$이므로 넓이의 비는 $1^2:\left(\frac{6}{13}\right)^2=1:\frac{36}{169}$이다.

즉, 두 직사각형 $A_nB_nC_nD_n$, $A_{n+1}B_{n+1}C_{n+1}D_{n+1}$의 넓이의 비는 $1:\frac{36}{169}$이므로 그림 R_n에 새로 색칠한 부분과 그림 R_{n+1}에 새로 색칠한 부분의 넓이의 비도 $1:\frac{36}{169}$이다.

Step 3 극한값 구하기

따라서 $\lim_{n\to\infty} S_n$은 첫째항이 $\frac{4\sqrt{3}}{3}-\frac{\pi}{2}$이고 공비가 $\frac{36}{169}$인 등비급수의 합이므로

$$\lim_{n\to\infty} S_n=\frac{\frac{4\sqrt{3}}{3}-\frac{\pi}{2}}{1-\frac{36}{169}}=\frac{169}{798}(8\sqrt{3}-3\pi)$$

21 등비급수의 활용 – 반원 정답 ② | 정답률 56%

문제 보기

그림과 같이 한 변의 길이가 2인 정사각형 $A_1B_1C_1D_1$이 있다. 세 변 A_1B_1, B_1C_1, D_1A_1의 중점을 각각 E_1, F_1, G_1이라 하자. 선분 G_1F_1을 지름으로 하고 선분 D_1C_1에 접하는 반원의 호 G_1F_1과 두 선분 G_1E_1, E_1F_1로 둘러싸인 ◯ 모양의 도형의 외부와 정사각형 $A_1B_1C_1D_1$의 내부의 공통부분을 색칠하여 얻은 그림을 R_1이라 하자. → S_1의 값을 구한다.

그림 R_1에서 선분 G_1E_1 위의 점 A_2, 선분 E_1F_1 위의 점 B_2와 호 G_1F_1 위의 두 점 C_2, D_2를 꼭짓점으로 하고 선분 A_2B_2가 선분 A_1B_1과 평행한 정사각형 $A_2B_2C_2D_2$를 그린다. 정사각형 $A_2B_2C_2D_2$에 그림 R_1을 얻는 것과 같은 방법으로 그린 ◯ 모양의 도형의 외부와 정사각형 $A_2B_2C_2D_2$의 내부의 공통부분을 색칠하여 얻은 그림을 R_2라 하자.

└→ 두 정사각형 $A_1B_1C_1D_1$, $A_2B_2C_2D_2$의 닮음비를 이용하여 R_n에 새로 색칠한 부분과 R_{n+1}에 새로 색칠한 부분의 넓이의 비를 구한다.

이와 같은 과정을 계속하여 n번째 얻은 그림 R_n에 색칠되어 있는 부분의 넓이를 S_n이라 할 때, $\lim_{n\to\infty} S_n$의 값은? [4점]

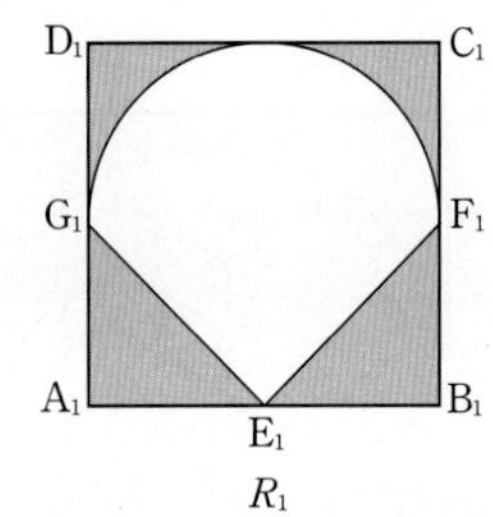

R_1

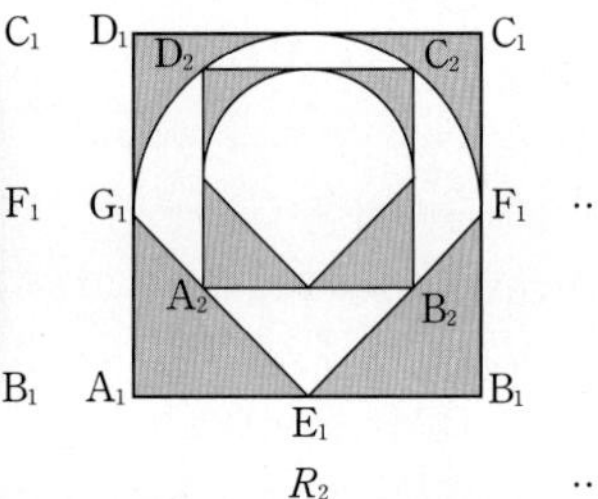

R_2 ⋯

① $\frac{25(6-\pi)}{42}$ ② $\frac{25(6-\pi)}{32}$ ③ $\frac{25(6-\pi)}{24}$
④ $\frac{25(6-\pi)}{21}$ ⑤ $\frac{5(6-\pi)}{4}$

Step 1 S_1의 값 구하기

$S_1=\square A_1B_1C_1D_1-\triangle G_1E_1F_1-(\overline{G_1F_1}$을 지름으로 하는 반원의 넓이$)$

$=2^2-\frac{1}{2}\times2\times1-\frac{1}{2}\times\pi\times1^2=3-\frac{\pi}{2}$

Step 2 넓이의 비 구하기

오른쪽 그림과 같이 선분 G_1F_1의 중점을 O, 두 선분 G_1F_1, C_2B_2가 만나는 점을 H, $\overline{OH}=x\ (0<x<1)$라 하면

$\overline{HB_2}=\overline{HF_1}=1-x$,

$\overline{C_2B_2}=\overline{A_2B_2}=2\overline{OH}=2x$

$\therefore \overline{C_2H}=\overline{C_2B_2}-\overline{HB_2}$

$=2x-(1-x)=3x-1$

직각삼각형 OHC_2에서

$\overline{OC_2}^2=\overline{OH}^2+\overline{C_2H}^2$이므로 $1^2=x^2+(3x-1)^2$

$2x(5x-3)=0 \quad \therefore x=\frac{3}{5}\ (\because 0<x<1)$

$\therefore \overline{A_2B_2}=2x=\frac{6}{5}$

두 정사각형 $A_1B_1C_1D_1$, $A_2B_2C_2D_2$는 닮음이고 닮음비는

$\overline{A_1B_1}:\overline{A_2B_2}=1:\frac{3}{5}$이므로 넓이의 비는 $1^2:\left(\frac{3}{5}\right)^2=1:\frac{9}{25}$이다.

즉, 두 정사각형 $A_nB_nC_nD_n$, $A_{n+1}B_{n+1}C_{n+1}D_{n+1}$의 넓이의 비는 $1:\frac{9}{25}$이므로 그림 R_n에 새로 색칠한 부분과 그림 R_{n+1}에 새로 색칠한 부분의 넓이의 비도 $1:\frac{9}{25}$이다.

Step 3 극한값 구하기

따라서 $\lim_{n\to\infty} S_n$은 첫째항이 $3-\frac{\pi}{2}$이고 공비가 $\frac{9}{25}$인 등비급수의 합이므로

$$\lim_{n\to\infty} S_n=\frac{3-\frac{\pi}{2}}{1-\frac{9}{25}}=\frac{25(6-\pi)}{32}$$

22 등비급수의 활용 – 원 정답 ③ | 정답률 55%

문제 보기

그림과 같이 반지름의 길이가 2인 원 O_1에 내접하는 정삼각형 $A_1B_1C_1$이 있다. 점 A_1에서 선분 B_1C_1에 내린 수선의 발을 D_1이라 하고, 선분 A_1C_1을 2 : 1로 내분하는 점을 E_1이라 하자. 점 A_1을 포함하지 않는 호 B_1C_1과 선분 B_1C_1로 둘러싸인 도형의 내부와 삼각형 $A_1D_1E_1$의 내부를 색칠하여 얻은 그림을 R_1이라 하자. → S_1의 값을 구한다.

그림 R_1에 삼각형 $A_1B_1D_1$에 내접하는 원 O_2와 원 O_2에 내접하는 정삼각형 $A_2B_2C_2$를 그리고, 점 A_2에서 선분 B_2C_2에 내린 수선의 발을 D_2, 선분 A_2C_2를 2 : 1로 내분하는 점을 E_2라 하자. 점 A_2를 포함하지 않는 호 B_2C_2와 선분 B_2C_2로 둘러싸인 도형의 내부와 삼각형 $A_2D_2E_2$의 내부를 색칠하여 얻은 그림을 R_2라 하자.

→ 두 원 O_1, O_2의 닮음비를 이용하여 R_n에 새로 색칠한 부분과 R_{n+1}에 새로 색칠한 부분의 넓이의 비를 구한다.

이와 같은 과정을 계속하여 n번째 얻은 그림 R_n에 색칠되어 있는 부분의 넓이를 S_n이라 할 때, $\lim_{n\to\infty} S_n$의 값은? [4점]

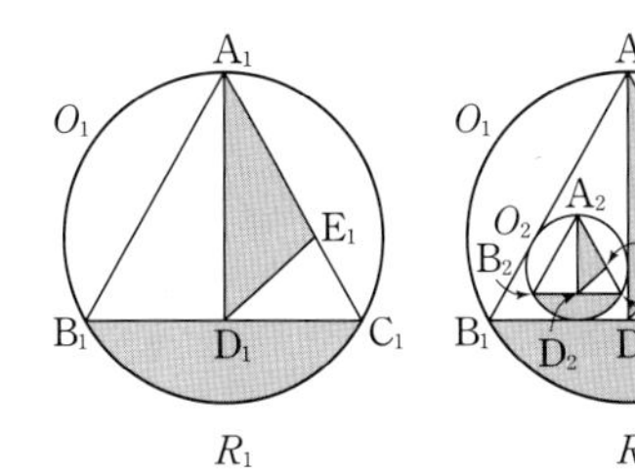

R_1 R_2 …

① $\frac{16(3\sqrt{3}-2)\pi}{69}$ ② $\frac{16(3\sqrt{3}-1)\pi}{65}$ ③ $\frac{32(3\sqrt{3}-2)\pi}{69}$
④ $\frac{32(3\sqrt{3}-1)\pi}{69}$ ⑤ $\frac{32(3\sqrt{3}-1)\pi}{65}$

Step 1 S_1의 값 구하기

오른쪽 그림과 같이 원 O_1의 중심을 O라 하면

$\overline{A_1O}=2$

$\angle B_1A_1C_1=\frac{\pi}{3}$이므로

$\angle B_1OC_1=2\angle B_1A_1C_1=\frac{2}{3}\pi$

→ $\angle B_1OC_1$은 호 B_1C_1에 대한 중심각이야.

정삼각형 $A_1B_1C_1$의 한 변의 길이를 a라 하면 $\overline{A_1D_1}$은 정삼각형 $A_1B_1C_1$의 높이이므로

$\overline{A_1D_1}=\frac{\sqrt{3}}{2}a$

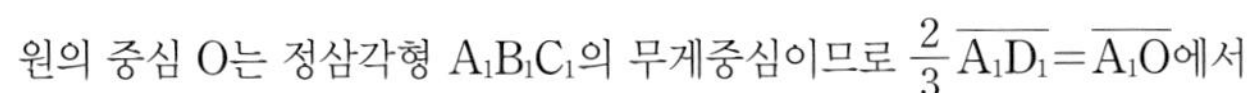
원의 중심 O는 정삼각형 $A_1B_1C_1$의 무게중심이므로 $\frac{2}{3}\overline{A_1D_1}=\overline{A_1O}$에서

$\frac{2}{3}\times\frac{\sqrt{3}}{2}a=2$ $\therefore a=2\sqrt{3}$

$\overline{A_1D_1}=\frac{\sqrt{3}}{2}a=3$이므로

$\overline{OD_1}=\frac{1}{3}\overline{A_1D_1}=1$

$\overline{A_1E_1}:\overline{E_1C_1}=2:1$이므로

$\triangle A_1D_1E_1=\frac{2}{3}\triangle A_1D_1C_1$

$\therefore S_1=$(부채꼴 OB_1C_1의 넓이)$-\triangle OB_1C_1+\triangle AD_1E_1$

$=$(부채꼴 OB_1C_1의 넓이)$-\triangle OB_1C_1+\frac{2}{3}\triangle A_1D_1C_1$

$=\frac{1}{2}\times2^2\times\frac{2}{3}\pi-\frac{1}{2}\times2\sqrt{3}\times1+\frac{2}{3}\times\frac{1}{2}\times\sqrt{3}\times3$

$=\frac{4}{3}\pi$

Step 2 넓이의 비 구하기

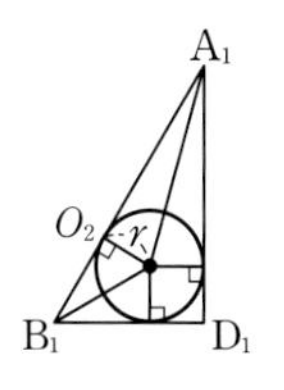

삼각형 $A_1B_1D_1$에 내접하는 원 O_2의 반지름의 길이를 r라 하면

$\triangle A_1B_1D_1=\frac{1}{2}\times r\times(\overline{A_1B_1}+\overline{B_1D_1}+\overline{A_1D_1})$

$=\frac{1}{2}\triangle A_1B_1C_1$

이므로

$\frac{r}{2}(2\sqrt{3}+\sqrt{3}+3)=\frac{1}{2}\times\frac{\sqrt{3}}{4}\times(2\sqrt{3})^2$

$\therefore r=\frac{\sqrt{3}}{\sqrt{3}+1}=\frac{3-\sqrt{3}}{2}$

두 원 O_1, O_2는 닮음이고 닮음비는 $2:\frac{3-\sqrt{3}}{2}$이므로 넓이의 비는

$2^2:\left(\frac{3-\sqrt{3}}{2}\right)^2=4:\frac{6-3\sqrt{3}}{2}$이다.

즉, 두 원 O_n, O_{n+1}의 넓이의 비는 $4:\frac{6-3\sqrt{3}}{2}$이므로 그림 R_n에 새로 색칠한 부분과 그림 R_{n+1}에 새로 색칠한 부분의 넓이의 비도 $4:\frac{6-3\sqrt{3}}{2}$이다.

Step 3 극한값 구하기

따라서 $\lim_{n\to\infty} S_n$은 첫째항이 $\frac{4}{3}\pi$이고 공비가 $\frac{6-3\sqrt{3}}{8}$인 등비급수의 합이므로

$$\lim_{n\to\infty} S_n=\frac{\frac{4}{3}\pi}{1-\frac{6-3\sqrt{3}}{8}}=\frac{32\pi}{3(2+3\sqrt{3})}=\frac{32(3\sqrt{3}-2)\pi}{69}$$

23 등비급수의 활용 – 원 　정답 ① | 정답률 59%

문제 보기

한 변의 길이가 4인 정사각형이 있다. 그림과 같이 지름이 2인 두 원이 서로 한 점 P_1에서 만나고 정사각형의 두 변에 각각 접하도록 그린다. 정사각형의 네 변 중 원과 접하지 않는 변의 중점을 Q_1이라 하고, 선분 P_1Q_1을 대각선으로 하는 정사각형 R_1을 그린다. 이때, R_1의 한 변의 길이를 l_1이라 하자. → l_1의 값을 구한다.

지름이 $\frac{l_1}{2}$인 두 원이 서로 한 점 P_2에서 만나고 정사각형 R_1의 두 변에 각각 접하도록 그린다. 정사각형 R_1의 네 변 중 원과 접하지 않는 변의 중점을 Q_2라 하고, 선분 P_2Q_2를 대각선으로 하는 정사각형 R_2를 그린다. 이때, R_2의 한 변의 길이를 l_2라 하자.
└→ 처음 정사각형과 정사각형 R_1의 닮음비를 이용하여 두 정사각형 R_n, R_{n+1}의 닮음비를 구한다.

지름이 $\frac{l_2}{2}$인 두 원이 서로 한 점 P_3에서 만나고 정사각형 R_2의 두 변에 각각 접하도록 그린다. 정사각형 R_2의 네 변 중 원과 접하지 않는 변의 중점을 Q_3이라 하고, 선분 P_3Q_3을 대각선으로 하는 정사각형 R_3을 그린다. 이때, R_3의 한 변의 길이를 l_3이라 하자.

이와 같은 과정을 계속하여 n번째 그린 정사각형 R_n의 한 변의 길이를 l_n이라 할 때, $\sum_{n=1}^{\infty} l_n$의 값은? [4점]

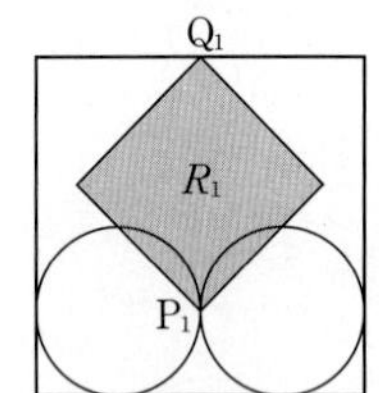

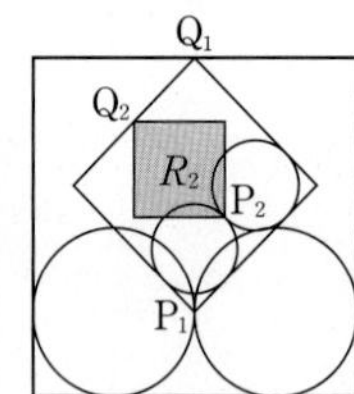

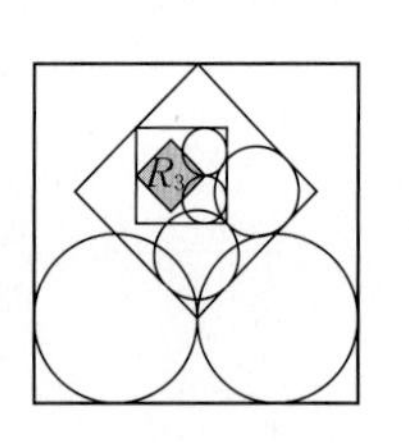

…

① $\frac{12(3+4\sqrt{2})}{23}$　② $\frac{24(2+\sqrt{2})}{23}$　③ $\frac{12(1+4\sqrt{2})}{23}$
④ $\frac{3(3+2\sqrt{2})}{7}$　⑤ $\frac{3(3+\sqrt{2})}{7}$

Step 1 l_1의 값 구하기

오른쪽 그림과 같이 점 P_1에서 한 변의 길이가 4인 정사각형의 한 변에 내린 수선의 발을 H라 하면

$\overline{P_1H}=1$, $\overline{P_1Q_1}=3$

$\overline{P_1Q_1}=3$을 대각선으로 하는 정사각형 R_1의 한 변의 길이는

$l_1=\frac{1}{\sqrt{2}}\times 3=\frac{3\sqrt{2}}{2}$

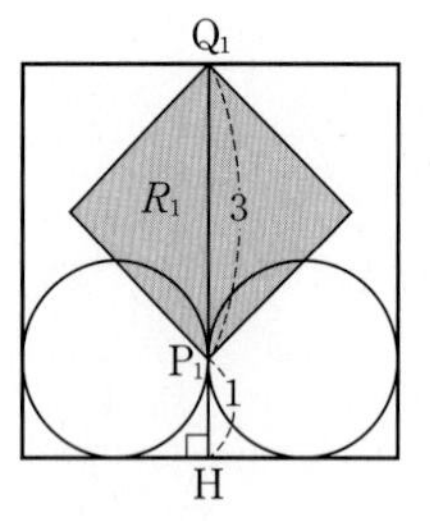

Step 2 닮음비 구하기

처음 정사각형과 정사각형 R_1은 닮음이고 닮음비는 $4:\frac{3\sqrt{2}}{2}$이다.

즉, 두 정사각형 R_n, R_{n+1}의 닮음비는 $4:\frac{3\sqrt{2}}{2}$이다.

Step 3 급수의 합 구하기

따라서 $\sum_{n=1}^{\infty} l_n$은 첫째항이 $\frac{3\sqrt{2}}{2}$이고 공비가 $\frac{3\sqrt{2}}{8}$인 등비급수의 합이므로

$$\sum_{n=1}^{\infty} l_n=\frac{\frac{3\sqrt{2}}{2}}{1-\frac{3\sqrt{2}}{8}}=\frac{12\sqrt{2}}{8-3\sqrt{2}}=\frac{12(3+4\sqrt{2})}{23}$$

24 등비급수의 활용 – 원 　정답 ① | 정답률 68%

문제 보기

반지름의 길이가 2인 원 O_1에 내접하는 정삼각형 $A_1B_1C_1$이 있다. 그림과 같이 직선 A_1C_1과 평행하고 점 B_1을 지나지 않는 원 O_1의 접선 위에 두 점 D_1, E_1을 사각형 $A_1C_1D_1E_1$이 직사각형이 되도록 잡고, 직사각형 $A_1C_1D_1E_1$의 내부와 원 O_1의 외부의 공통부분에 색칠하여 얻은 그림을 R_1이라 하자. → S_1의 값을 구한다.

그림 R_1에 정삼각형 $A_1B_1C_1$에 내접하는 원 O_2와 원 O_2에 내접하는 정삼각형 $A_2B_2C_2$를 그리고, 그림 R_1을 얻는 것과 같은 방법으로 직사각형 $A_2C_2D_2E_2$를 그리고 직사각형 $A_2C_2D_2E_2$의 내부와 원 O_2의 외부의 공통부분에 색칠하여 얻은 그림을 R_2라 하자.
└→ 두 원 O_1, O_2의 닮음비를 이용하여 R_n에 새로 색칠한 부분과 R_{n+1}에 새로 색칠한 부분의 넓이의 비를 구한다.

이와 같은 과정을 계속하여 n번째 얻은 그림 R_n에 색칠되어 있는 부분의 넓이를 S_n이라 할 때, $\lim_{n\to\infty} S_n$의 값은? [4점]

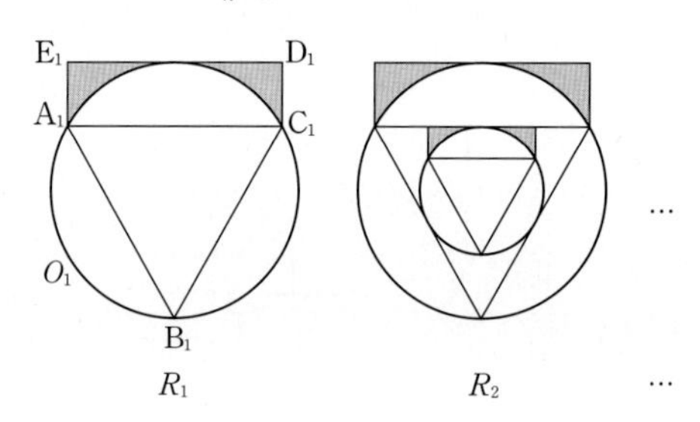

① $4\sqrt{3}-\frac{16}{9}\pi$　② $4\sqrt{3}-\frac{5}{3}\pi$　③ $4\sqrt{3}-\frac{4}{3}\pi$
④ $5\sqrt{3}-\frac{16}{9}\pi$　⑤ $5\sqrt{3}-\frac{5}{3}\pi$

Step 1 S_1의 값 구하기

오른쪽 그림과 같이 원 O_1의 중심을 O, 직선 B_1O가 두 선분 A_1C_1, E_1D_1과 만나는 점을 각각 F, G라 하자.

$\angle A_1B_1C_1=\frac{\pi}{3}$이므로

$\angle A_1OC_1=2\angle A_1B_1C_1=\frac{2}{3}\pi$
└→ $\angle A_1OC_1$은 호 A_1C_1에 대한 중심각이야.

직각삼각형 A_1OF에서 $\overline{A_1O}=2$, $\angle A_1OF=\frac{\pi}{3}$이므로

$\overline{A_1F}=\sqrt{3}$, $\overline{OF}=1$　$\therefore \overline{GF}=\overline{OG}-\overline{OF}=2-1=1$

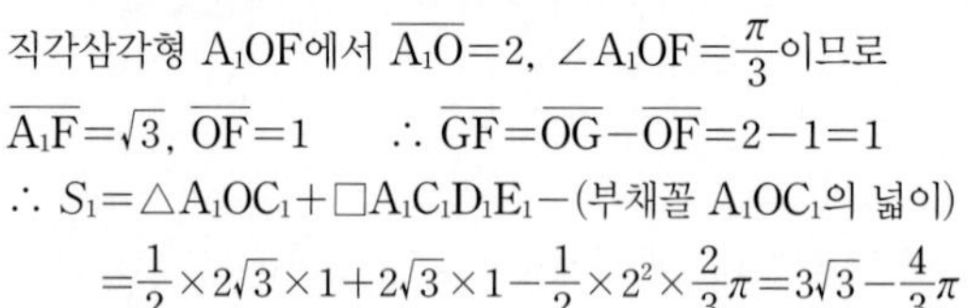

$\therefore S_1=\triangle A_1OC_1+\square A_1C_1D_1E_1-$(부채꼴 A_1OC_1의 넓이)

$=\frac{1}{2}\times 2\sqrt{3}\times 1+2\sqrt{3}\times 1-\frac{1}{2}\times 2^2\times\frac{2}{3}\pi=3\sqrt{3}-\frac{4}{3}\pi$

Step 2 넓이의 비 구하기

원 O_2의 반지름의 길이는 $\overline{OF}=1$

두 원 O_1, O_2는 닮음이고 닮음비는 $\overline{OG}:\overline{OF}=2:1$이므로 넓이의 비는 $2^2:1^2=4:1$이다.

즉, 두 원 O_n, O_{n+1}의 넓이의 비는 $4:1$이므로 그림 R_n에 새로 색칠한 부분과 그림 R_{n+1}에 새로 색칠한 부분의 넓이의 비도 $4:1$이다.

Step 3 극한값 구하기

따라서 $\lim_{n\to\infty} S_n$은 첫째항이 $3\sqrt{3}-\frac{4}{3}\pi$이고 공비가 $\frac{1}{4}$인 등비급수의 합이므로

$$\lim_{n\to\infty} S_n=\frac{3\sqrt{3}-\frac{4}{3}\pi}{1-\frac{1}{4}}=4\sqrt{3}-\frac{16}{9}\pi$$

25 등비급수의 활용 - 원

정답 ① | 정답률 65%

문제 보기

그림과 같이 한 변의 길이가 4인 정사각형에 내접하는 원 O_1이 있다. 정사각형과 원 O_1의 접점을 각각 A_1, B_1, C_1, D_1이라 할 때, 원 O_1과 두 선분 A_1B_1, B_1C_1로 둘러싸인 ◖ 모양의 도형에 색칠하여 얻은 그림을 R_1이라 하자. → S_1의 값을 구한다.

그림 R_1에서 두 선분 A_1B_1, B_1C_1을 각각 $3:1$로 내분하는 두 점을 이은 선분을 한 변으로 하는 정사각형을 원 O_1의 내부에 그린다. 이 정사각형에 내접하는 원을 O_2라 하고 그 접점을 각각 A_2, B_2, C_2, D_2라 할 때, 원 O_2와 두 선분 A_2B_2, B_2C_2로 둘러싸인 ◖ 모양의 도형에 색칠하여 얻은 그림을 R_2라 하자.

└→ 두 정사각형 $A_1B_1C_1D_1$, $A_2B_2C_2D_2$의 닮음비를 이용하여 R_n에 새로 색칠한 부분과 R_{n+1}에 새로 색칠한 부분의 넓이의 비를 구한다.

그림 R_2에서 두 선분 A_2B_2, B_2C_2를 각각 $3:1$로 내분하는 두 점을 이은 선분을 한 변으로 하는 정사각형에 그림 R_1에서 그림 R_2를 얻는 것과 같은 방법으로 만들어진 ◖ 모양의 도형에 색칠하여 얻은 그림을 R_3이라 하자.

이와 같은 과정을 계속하여 n번째 얻은 그림 R_n에 색칠되어 있는 부분의 넓이를 S_n이라 할 때, $\lim_{n\to\infty} S_n$의 값은? [4점]

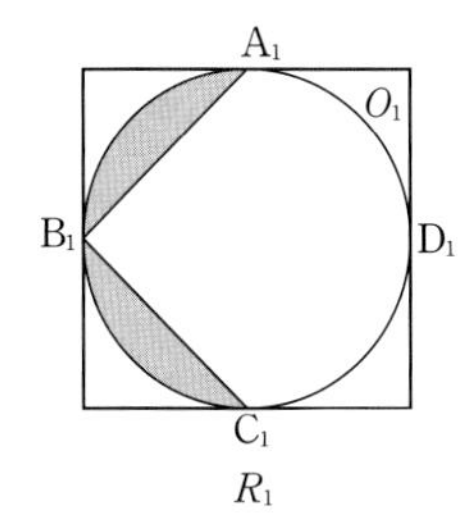

R_1

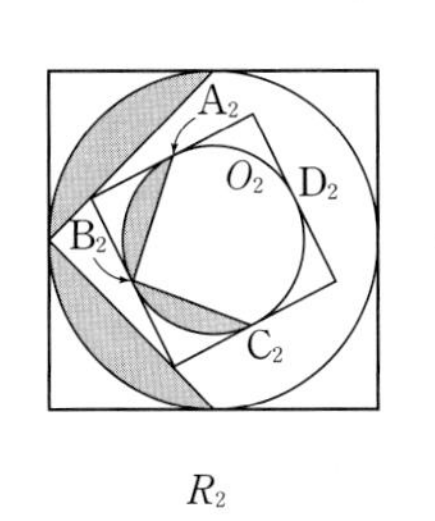

R_2

…

① $\frac{32}{11}(\pi-2)$ ② $\frac{34}{11}(\pi-2)$ ③ $\frac{36}{11}(\pi-2)$

④ $\frac{32}{11}(\pi-1)$ ⑤ $\frac{34}{11}(\pi-1)$

Step 1 S_1의 값 구하기

$$S_1=\frac{1}{2}\times(\text{원 } O_1\text{의 넓이})-\triangle A_1B_1C_1$$
$$=\frac{1}{2}\times\pi\times 2^2-\frac{1}{2}\times 4\times 2=2\pi-4$$

Step 2 넓이의 비 구하기

$\overline{A_1C_1}=4$, $\angle A_1B_1C_1=90°$이므로 직각이등변삼각형 $A_1B_1C_1$에서

$$\overline{A_1B_1}=\frac{\overline{A_1C_1}}{\sqrt{2}}=2\sqrt{2}$$

오른쪽 그림과 같이 두 선분 A_1B_1, B_1C_1을 각각 $3:1$로 내분하는 점을 각각 P, Q라 하면

$$\overline{B_1P}=\frac{1}{4}\overline{A_1B_1}=\frac{\sqrt{2}}{2}$$

$$\overline{B_1Q}=\frac{3}{4}\overline{B_1C_1}=\frac{3\sqrt{2}}{2}$$

직각삼각형 PB_1Q에서

$$\overline{PQ}=\sqrt{\overline{B_1P}^2+\overline{B_1Q}^2}$$
$$=\sqrt{\left(\frac{\sqrt{2}}{2}\right)^2+\left(\frac{3\sqrt{2}}{2}\right)^2}=\sqrt{5}$$

직각이등변삼각형 A_2PB_2에서 $\overline{B_2P}=\frac{\sqrt{5}}{2}$이므로

$$\overline{A_2B_2}=\sqrt{2}\,\overline{B_2P}=\frac{\sqrt{10}}{2}$$

두 정사각형 $A_1B_1C_1D_1$, $A_2B_2C_2D_2$는 닮음이고 닮음비는 $\overline{A_1B_1}:\overline{A_2B_2}=4:\sqrt{5}$이므로 넓이의 비는 $4^2:(\sqrt{5})^2=16:5$이다.

즉, 두 정사각형 $A_nB_nC_nD_n$, $A_{n+1}B_{n+1}C_{n+1}D_{n+1}$의 넓이의 비는 $16:5$이므로 그림 R_n에 새로 색칠한 부분과 그림 R_{n+1}에 새로 색칠한 부분의 넓이의 비도 $16:5$이다.

Step 3 극한값 구하기

따라서 $\lim_{n\to\infty} S_n$은 첫째항이 $2\pi-4$이고 공비가 $\frac{5}{16}$인 등비급수의 합이므로

$$\lim_{n\to\infty} S_n=\frac{2\pi-4}{1-\frac{5}{16}}=\frac{32}{11}(\pi-2)$$

26 등비급수의 활용 – 원 　정답 ③ | 정답률 71%

문제 보기

$\overline{B_1C_1}=8$이고 $\angle B_1A_1C_1=120°$인 이등변삼각형 $A_1B_1C_1$이 있다. 그림과 같이 중심이 선분 B_1C_1 위에 있고 직선 A_1B_1과 직선 A_1C_1에 동시에 접하는 원 O_1을 그리고 이등변삼각형 $A_1B_1C_1$의 내부와 원 O_1의 외부의 공통부분에 색칠하여 얻은 그림을 R_1이라 하자. → S_1의 값을 구한다.
그림 R_1에서 원 O_1과 선분 B_1C_1이 만나는 점을 각각 B_2, C_2라 할 때, 삼각형 $A_1B_1C_1$ 내부의 점 A_2를 삼각형 $A_2B_2C_2$가 $\angle B_2A_2C_2=120°$인 이등변삼각형이 되도록 잡는다. 중심이 선분 B_2C_2 위에 있고 직선 A_2B_2와 직선 A_2C_2에 동시에 접하는 원 O_2를 그리고 이등변삼각형 $A_2B_2C_2$의 내부와 원 O_2의 외부의 공통부분에 색칠하여 얻은 그림을 R_2라 하자.
└→ 두 삼각형 $A_1B_1C_1$, $A_2B_2C_2$의 닮음비를 이용하여 R_n에 새로 색칠한 부분과 R_{n+1}에 새로 색칠한 부분의 넓이의 비를 구한다.
이와 같은 과정을 계속하여 n번째 얻은 그림 R_n에 색칠되어 있는 부분의 넓이를 S_n이라 할 때, $\lim_{n\to\infty} S_n$의 값은? [4점]

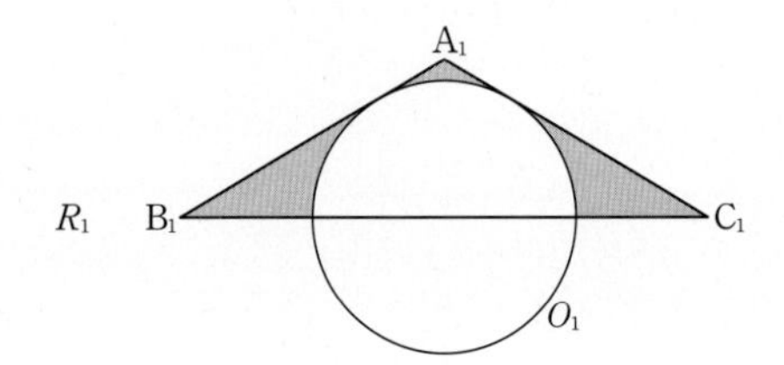

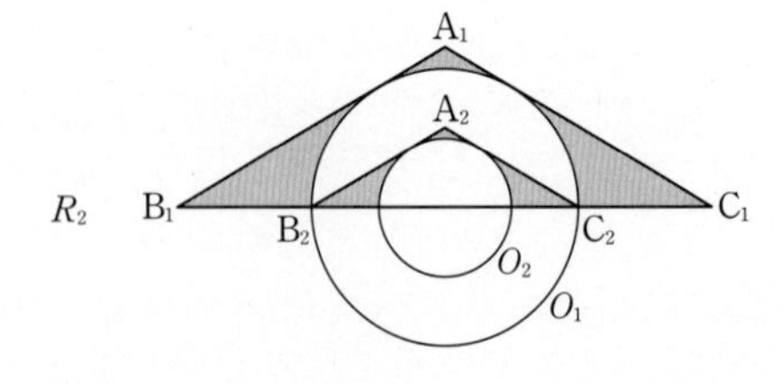

⋮ 　　　⋮

① $\frac{32}{3}\sqrt{3}-\frac{8}{3}\pi$ 　② $\frac{32}{3}\sqrt{3}-\frac{4}{3}\pi$ 　③ $\frac{64}{9}\sqrt{3}-\frac{8}{3}\pi$
④ $\frac{64}{9}\sqrt{3}-\frac{5}{3}\pi$ 　⑤ $\frac{64}{9}\sqrt{3}-\frac{4}{3}\pi$

Step 1 S_1의 값 구하기

다음 그림과 같이 선분 B_1C_1의 중점을 M, 원 O_1과 직선 A_1B_1이 접하는 점을 N이라 하자.

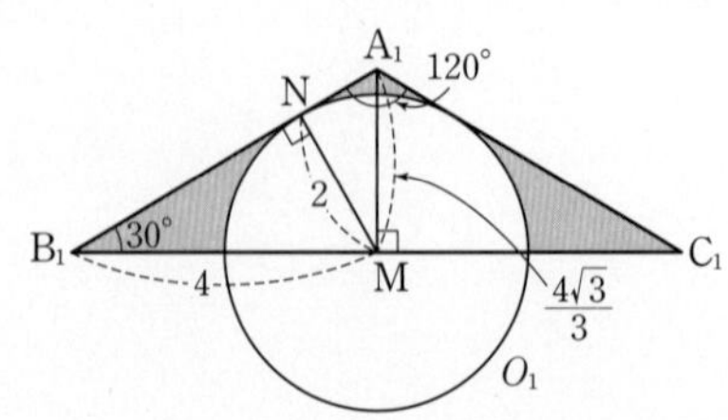

삼각형 $A_1B_1C_1$은 이등변삼각형이므로 원 O_1의 중심은 M이다.
직각삼각형 B_1MN에서 $\angle MB_1N=30°$, $\overline{B_1M}=\frac{1}{2}\overline{B_1C_1}=4$이므로

$\overline{MN}=\overline{B_1M}\sin 30°=4\times\frac{1}{2}=2$

직각삼각형 A_1B_1M에서

$\overline{A_1M}=\overline{B_1M}\tan 30°=4\times\frac{\sqrt{3}}{3}=\frac{4\sqrt{3}}{3}$

$\therefore S_1=\triangle A_1B_1C_1-\frac{1}{2}\times$(원 O_1의 넓이)

$=\frac{1}{2}\times 8\times\frac{4\sqrt{3}}{3}-\frac{1}{2}\times\pi\times 2^2=\frac{16\sqrt{3}}{3}-2\pi$

Step 2 넓이의 비 구하기

$\overline{B_2C_2}$는 원 O_1의 지름이므로
$\overline{B_2C_2}=2\overline{MN}=4$
두 삼각형 $A_1B_1C_1$, $A_2B_2C_2$는 닮음이고 닮음비는 $\overline{B_1C_1}:\overline{B_2C_2}=2:1$이므로 넓이의 비는 $2^2:1^2=4:1$이다.
즉, 두 삼각형 $A_nB_nC_n$, $A_{n+1}B_{n+1}C_{n+1}$의 넓이의 비는 $4:1$이므로 그림 R_n에 새로 색칠한 부분과 그림 R_{n+1}에 새로 색칠한 부분의 넓이의 비도 $4:1$이다.

Step 3 극한값 구하기

따라서 $\lim_{n\to\infty} S_n$은 첫째항이 $\frac{16\sqrt{3}}{3}-2\pi$이고 공비가 $\frac{1}{4}$인 등비급수의 합이므로

$$\lim_{n\to\infty} S_n=\frac{\frac{16\sqrt{3}}{3}-2\pi}{1-\frac{1}{4}}=\frac{64}{9}\sqrt{3}-\frac{8}{3}\pi$$

27 등비급수의 활용 – 원 정답 ④ | 정답률 27%

문제 보기

그림과 같이 $\overline{AB_1}=2$, $\overline{B_1C_1}=\sqrt{3}$, $\overline{C_1D_1}=1$이고 $\angle C_1B_1A=\frac{\pi}{2}$인 사다리꼴 $AB_1C_1D_1$이 있다. 세 점 A, B_1, D_1을 지나는 원이 선분 B_1C_1과 만나는 점 중 B_1이 아닌 점을 E_1이라 할 때, 두 선분 C_1D_1, C_1E_1과 호 E_1D_1로 둘러싸인 부분과 선분 B_1E_1과 호 B_1E_1로 둘러싸인 부분인 ⌉ 모양의 도형에 색칠하여 얻은 그림을 R_1이라 하자. → S_1의 값을 구한다.

그림 R_1에서 선분 AB_1 위의 점 B_2, 호 E_1D_1 위의 점 C_2, 선분 AD_1 위의 점 D_2와 점 A를 꼭짓점으로 하고 $\overline{B_2C_2}:\overline{C_2D_2}=\sqrt{3}:1$이고 $\angle C_2B_2A=\frac{\pi}{2}$인 사다리꼴 $AB_2C_2D_2$를 그린다. 그림 R_1을 얻은 것과 같은 방법으로 점 E_2를 잡고, 사다리꼴 $AB_2C_2D_2$에 ⌉ 모양의 도형을 그리고 색칠하여 얻은 그림을 R_2라 하자.

└→ 두 사다리꼴 $AB_1C_1D_1$, $AB_2C_2D_2$의 닮음비를 이용하여 R_n에 새로 색칠한 부분과 R_{n+1}에 새로 색칠한 부분의 넓이의 비를 구한다.

이와 같은 과정을 계속하여 n번째 얻은 그림 R_n에 색칠되어 있는 부분의 넓이를 S_n이라 할 때, $\lim_{n\to\infty} S_n$의 값은? [4점]

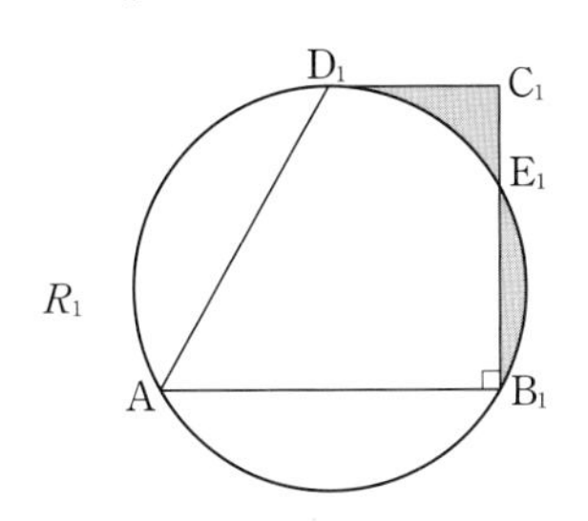

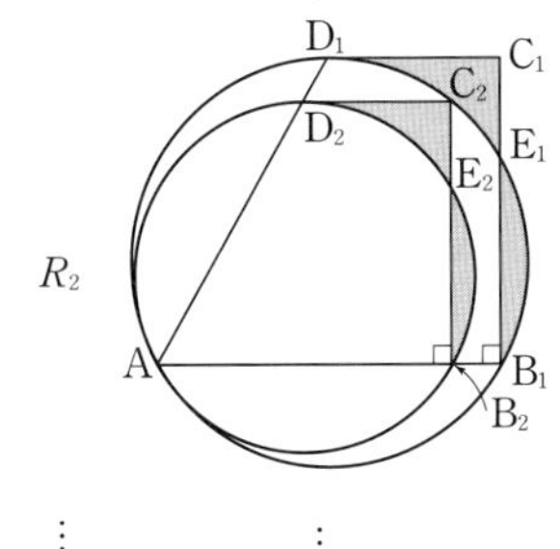

⋮ ⋮

① $\frac{49}{144}\sqrt{3}$ ② $\frac{49}{122}\sqrt{3}$ ③ $\frac{49}{100}\sqrt{3}$ ④ $\frac{49}{78}\sqrt{3}$ ⑤ $\frac{7}{8}\sqrt{3}$

Step 1 S_1의 값 구하기

사각형 $AB_1C_1D_1$은 사다리꼴이므로 $\angle D_1C_1B_1=\frac{\pi}{2}$

$\overline{B_1C_1}=\sqrt{3}$, $\overline{C_1D_1}=1$이므로 $\overline{B_1D_1}=\sqrt{(\sqrt{3})^2+1^2}=2$

따라서 $\angle D_1B_1C_1=\frac{\pi}{6}$이므로 $\angle D_1B_1A=\frac{\pi}{2}-\frac{\pi}{6}=\frac{\pi}{3}$

이때 $\overline{AB_1}=\overline{B_1D_1}=2$이므로 삼각형 AB_1D_1은 한 변의 길이가 2인 정삼각형이다.

오른쪽 그림과 같이 삼각형 AB_1D_1의 외접원을 O_1이라 하면 $\angle E_1B_1A=\frac{\pi}{2}$이므로 선분 AE_1은 원 O_1의 지름이다. 원 O_1의 중심을 O_1이라 하면 선분 AE_1은 $\angle B_1AD_1$의 이등분선이므로 $\widehat{D_1E_1}=\widehat{B_1E_1}$, 즉 빗금친 부분의 넓이는 같으므로 R_1에 색칠된 부분의 넓이는 삼각형 $E_1C_1D_1$의 넓이와 같다.

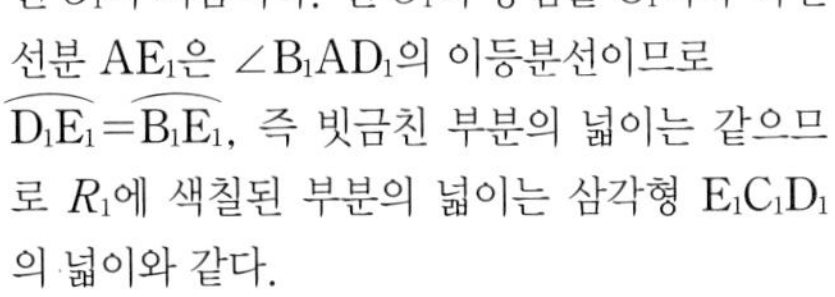

$\angle B_1AE_1=\frac{\pi}{3}\times\frac{1}{2}=\frac{\pi}{6}$

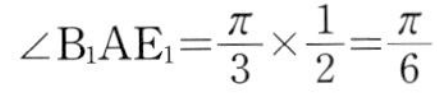

$\therefore \angle B_1O_1E_1=2\angle B_1AE_1=\frac{\pi}{3}$

이때 $\overline{O_1B_1}=\overline{O_1E_1}$이므로 삼각형 $O_1B_1E_1$은 정삼각형이다.

직각삼각형 AB_1E_1에서 $\overline{AE_1}=\frac{2}{\cos\frac{\pi}{6}}=\frac{4\sqrt{3}}{3}$이므로

$\overline{O_1E_1}=\frac{1}{2}\times\frac{4\sqrt{3}}{3}=\frac{2\sqrt{3}}{3}$

$\therefore \overline{C_1E_1}=\overline{B_1C_1}-\overline{B_1E_1}=\overline{B_1C_1}-\overline{O_1E_1}=\sqrt{3}-\frac{2\sqrt{3}}{3}=\frac{\sqrt{3}}{3}$

$\therefore S_1=\frac{1}{2}\times\overline{C_1E_1}\times\overline{C_1D_1}=\frac{1}{2}\times\frac{\sqrt{3}}{3}\times1=\frac{\sqrt{3}}{6}$

Step 2 넓이의 비 구하기

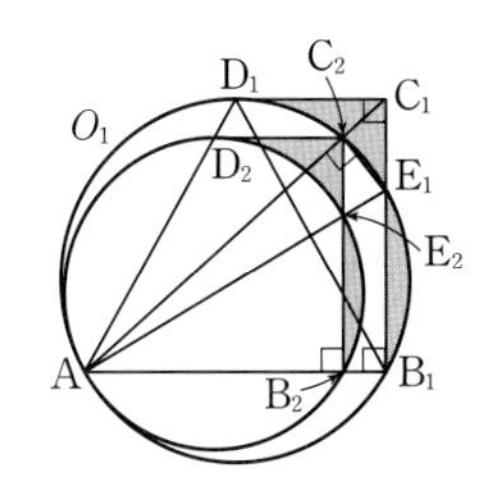

오른쪽 그림과 같이 그림 R_2에 두 선분 AC_1, AE_1을 그으면 각각 점 C_2, E_2를 지난다.

이때 선분 AE_1은 원 O_1의 지름이므로

$\angle E_1C_2A=\frac{\pi}{2}$

한편 직각삼각형 AB_1C_1에서

$\overline{AC_1}=\sqrt{2^2+(\sqrt{3})^2}=\sqrt{7}$

두 직각삼각형 AB_1C_1, $E_1C_2C_1$은 닮음이므로

$\overline{AC_1}:\overline{AB_1}=\overline{E_1C_1}:\overline{E_1C_2}$

$\sqrt{7}:2=\frac{\sqrt{3}}{3}:\overline{E_1C_2}$ $\therefore \overline{E_1C_2}=\frac{2\sqrt{21}}{21}$

직각삼각형 AE_1C_2에서

$\overline{AC_2}=\sqrt{\left(\frac{4\sqrt{3}}{3}\right)^2-\left(\frac{2\sqrt{21}}{21}\right)^2}=\frac{6\sqrt{7}}{7}$

두 사다리꼴 $AB_1C_1D_1$, $AB_2C_2D_2$는 닮음이고 닮음비는

$\overline{AC_1}:\overline{AC_2}=\sqrt{7}:\frac{6\sqrt{7}}{7}=7:6$이므로 넓이의 비는 $7^2:6^2=49:36$이다.

즉, 두 사다리꼴 $AB_nC_nD_n$, $AB_{n+1}C_{n+1}D_{n+1}$의 넓이의 비는 $49:36$이므로 그림 R_n에 새로 색칠한 부분과 그림 R_{n+1}에 새로 색칠한 부분의 넓이의 비도 $49:36$이다.

Step 3 극한값 구하기

따라서 $\lim_{n\to\infty} S_n$은 첫째항이 $\frac{\sqrt{3}}{6}$이고 공비가 $\frac{36}{49}$인 등비급수의 합이므로

$$\lim_{n\to\infty} S_n=\frac{\frac{\sqrt{3}}{6}}{1-\frac{36}{49}}=\frac{49}{78}\sqrt{3}$$

28 등비급수의 활용 – 원 정답 ② | 정답률 69%

문제 보기

그림과 같이 $\overline{A_1B_1}=2$, $\overline{B_1A_2}=3$이고 $\angle A_1B_1A_2=\frac{\pi}{3}$인 삼각형 $A_1A_2B_1$과 이 삼각형의 외접원 O_1이 있다.
점 A_2를 지나고 직선 A_1B_1에 평행한 직선이 원 O_1과 만나는 점 중 A_2가 아닌 점을 B_2라 하자. 두 선분 A_1B_2, B_1A_2가 만나는 점을 C_1이라 할 때, 두 삼각형 $A_1A_2C_1$, $B_1C_1B_2$로 만들어진 ⧖ 모양의 도형에 색칠하여 얻은 그림을 R_1이라 하자. → S_1의 값을 구한다.
그림 R_1에서 점 B_2를 지나고 직선 B_1A_2에 평행한 직선이 직선 A_1A_2와 만나는 점을 A_3이라 할 때, 삼각형 $A_2A_3B_2$의 외접원을 O_2라 하자. 그림 R_1을 얻은 것과 같은 방법으로 두 점 B_3, C_2를 잡아 원 O_2에 ⧖ 모양의 도형을 그리고 색칠하여 얻은 그림을 R_2라 하자.
└→ 두 삼각형 $A_1C_1B_1$, $A_2C_2B_2$의 닮음비를 이용하여 R_n에 새로 색칠한 부분과 R_{n+1}에 새로 색칠한 부분의 넓이의 비를 구한다.
이와 같은 과정을 계속하여 n번째 얻은 그림 R_n에 색칠되어 있는 부분의 넓이를 S_n이라 할 때, $\lim_{n\to\infty} S_n$의 값은? [3점]

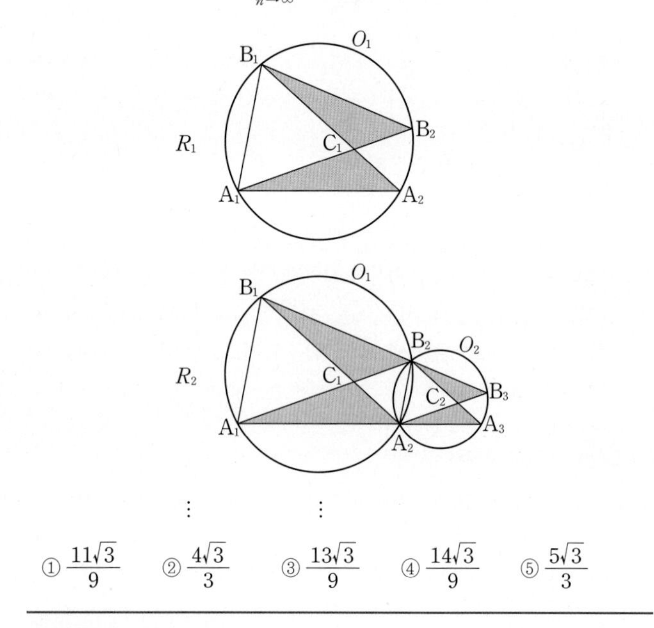

① $\frac{11\sqrt{3}}{9}$ ② $\frac{4\sqrt{3}}{3}$ ③ $\frac{13\sqrt{3}}{9}$ ④ $\frac{14\sqrt{3}}{9}$ ⑤ $\frac{5\sqrt{3}}{3}$

Step 1 S_1의 값 구하기

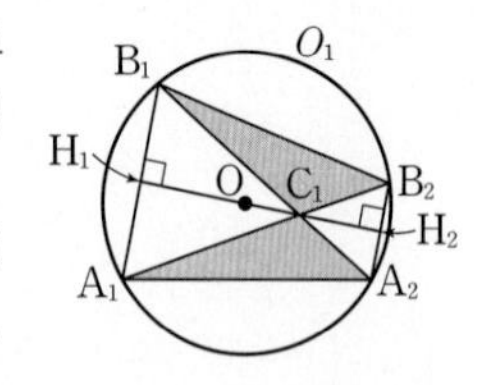

오른쪽 그림과 같이 원 O_1의 중심을 O라 하고 점 O에서 두 선분 A_1B_1, A_2B_2에 내린 수선의 발을 각각 H_1, H_2라 하자.
원의 중심에서 현에 내린 수선은 그 현을 수직이등분하므로 두 점 H_1, H_2는 각각 선분 A_1B_1, A_2B_2의 중점이다.
두 직선 A_1B_1, A_2B_2는 평행하므로 세 점 H_1, O, H_2는 한 직선 위에 있다.
$\overline{B_1H_1}=\frac{1}{2}\overline{A_1B_1}=1$, $\angle H_1B_1C_1=\angle A_1B_1A_2=\frac{\pi}{3}$이므로 직각삼각형 $B_1H_1C_1$에서

$$\overline{B_1C_1}=\frac{\overline{B_1H_1}}{\cos\frac{\pi}{3}}=\frac{1}{\frac{1}{2}}=2$$

$\overline{A_1B_1}=\overline{B_1C_1}=2$, $\angle A_1B_1C_1=\frac{\pi}{3}$이므로 삼각형 $A_1C_1B_1$은 한 변의 길이가 2인 정삼각형이다.

$\therefore \angle C_1A_1B_1=\angle B_1C_1A_1=\angle A_1B_1C_1=\frac{\pi}{3}$

호 A_1A_2에 대한 원주각의 크기는 같으므로

$\angle A_1B_2A_2=\angle A_1B_1A_2=\frac{\pi}{3}$

호 B_1B_2에 대한 원주각의 크기는 같으므로

$\angle B_1A_2B_2=\angle B_1A_1B_2=\frac{\pi}{3}$

이때 $\angle A_2C_1B_2=\angle B_1C_1A_1=\frac{\pi}{3}$이므로

$\angle A_2C_1B_2=\angle A_2B_2C_1=\angle B_2A_2C_1=\frac{\pi}{3}$

$\overline{C_1A_2}=\overline{B_1A_2}-\overline{B_1C_1}=3-2=1$이므로 삼각형 $A_2B_2C_1$은 한 변의 길이가 1인 정삼각형이다.
$\triangle A_1A_2C_1\equiv\triangle B_1B_2C_1$ (SAS 합동)이므로

$$\begin{aligned}S_1&=2\triangle A_1A_2C_1\\&=2(\triangle A_1A_2B_1-\triangle A_1C_1B_1)\\&=2\left(\frac{1}{2}\times2\times3\times\sin\frac{\pi}{3}-\frac{\sqrt{3}}{4}\times2^2\right)\\&=2\left(\frac{3\sqrt{3}}{2}-\sqrt{3}\right)=\sqrt{3}\end{aligned}$$

Step 2 넓이의 비 구하기

$\overline{A_2B_2}=1$이고 삼각형 $A_2C_2B_2$도 정삼각형이므로
$\overline{A_2C_2}=1$
두 삼각형 $A_1C_1B_1$, $A_2C_2B_2$는 닮음이고 닮음비는 $\overline{A_1C_1}:\overline{A_2C_2}=2:1$이므로 넓이의 비는 $2^2:1^2=4:1$이다.
즉, 두 삼각형 $A_nC_nB_n$, $A_{n+1}C_{n+1}B_{n+1}$의 넓이의 비는 $4:1$이므로 그림 R_n에 새로 색칠한 부분과 그림 R_{n+1}에 새로 색칠한 부분의 넓이의 비도 $4:1$이다.

Step 3 극한값 구하기

따라서 $\lim_{n\to\infty} S_n$은 첫째항이 $\sqrt{3}$이고 공비가 $\frac{1}{4}$인 등비급수의 합이므로

$$\lim_{n\to\infty} S_n=\frac{\sqrt{3}}{1-\frac{1}{4}}=\frac{4\sqrt{3}}{3}$$

29 등비급수의 활용 - 원 　정답 ③ | 정답률 47%

문제 보기

그림과 같이 길이가 4인 선분 A_1B_1을 지름으로 하는 원 O_1이 있다. 원 O_1의 외부에 $\angle B_1A_1C_1=\frac{\pi}{2}$, $\overline{A_1B_1}:\overline{A_1C_1}=4:3$이 되도록 점 C_1을 잡고 두 선분 A_1C_1, B_1C_1을 그린다. 원 O_1과 선분 B_1C_1의 교점 중 B_1이 아닌 점을 D_1이라 하고, 점 D_1을 포함하지 않는 호 A_1B_1과 두 선분 A_1D_1, B_1D_1로 둘러싸인 부분에 색칠하여 얻은 그림을 R_1이라 하자.

└→ S_1의 값을 구한다.

그림 R_1에서 호 A_1D_1과 두 선분 A_1C_1, C_1D_1에 동시에 접하는 원 O_2를 그리고 선분 A_1C_1과 원 O_2의 교점을 A_2, 점 A_2를 지나고 직선 A_1B_1과 평행한 직선이 원 O_2와 만나는 점 중 A_2가 아닌 점을 B_2라 하자. 그림 R_1에서 얻은 것과 같은 방법으로 두 점 C_2, D_2를 잡고, 점 D_2를 포함하지 않는 호 A_2B_2와 두 선분 A_2D_2, B_2D_2로 둘러싸인 부분에 색칠하여 얻은 그림을 R_2라 하자.

└→ 두 원 O_1, O_2의 닮음비를 이용하여 R_n에 새로 색칠한 부분과 R_{n+1}에 새로 색칠한 부분의 넓이의 비를 구한다.

이와 같은 과정을 계속하여 n번째 얻은 그림 R_n에 색칠되어 있는 부분의 넓이를 S_n이라 할 때, $\lim_{n\to\infty} S_n$의 값은? [4점]

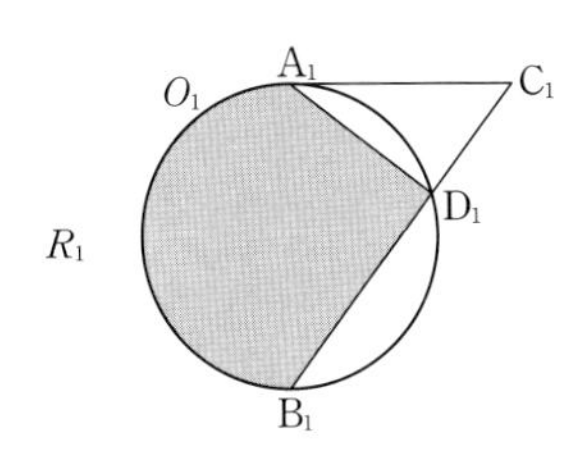

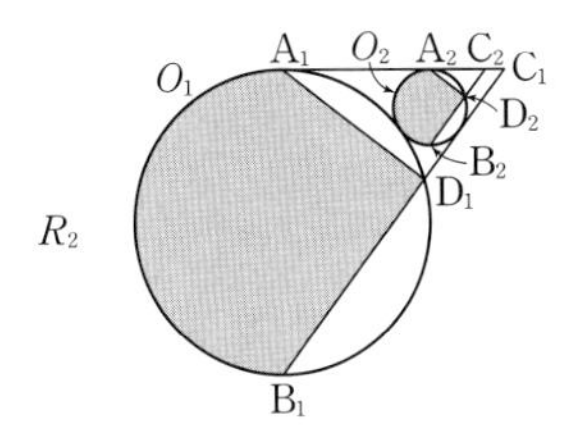

⋮ 　　　⋮

① $\frac{32}{15}\pi+\frac{256}{125}$ 　② $\frac{9}{4}\pi+\frac{54}{25}$ 　③ $\frac{32}{15}\pi+\frac{512}{125}$

④ $\frac{9}{4}\pi+\frac{108}{25}$ 　⑤ $\frac{8}{3}\pi+\frac{128}{25}$

Step 1 S_1의 값 구하기

직각삼각형 $A_1B_1C_1$에서 $\overline{A_1B_1}=4$, $\overline{A_1C_1}=3$이므로

$\overline{B_1C_1}=\sqrt{\overline{A_1B_1}^2+\overline{A_1C_1}^2}=\sqrt{4^2+3^2}=5$

$\triangle A_1B_1C_1=\frac{1}{2}\times\overline{A_1B_1}\times\overline{A_1C_1}=\frac{1}{2}\times\overline{B_1C_1}\times\overline{A_1D_1}$에서

$\frac{1}{2}\times4\times3=\frac{1}{2}\times5\times\overline{A_1D_1}$

$\therefore \overline{A_1D_1}=\frac{12}{5}$

$\angle A_1D_1B_1=\frac{\pi}{2}$이므로 직각삼각형 $A_1B_1D_1$에서

$\overline{B_1D_1}=\sqrt{\overline{A_1B_1}^2-\overline{A_1D_1}^2}=\sqrt{4^2-\left(\frac{12}{5}\right)^2}=\frac{16}{5}$

$\therefore S_1=\frac{1}{2}\times$(원 O_1의 넓이)$+\triangle A_1B_1D_1$

$=\frac{1}{2}\times\pi\times2^2+\frac{1}{2}\times\frac{16}{5}\times\frac{12}{5}$

$=2\pi+\frac{96}{25}$

Step 2 넓이의 비 구하기

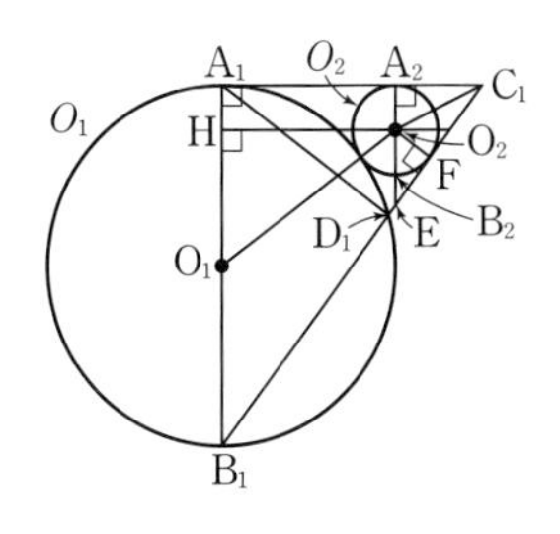

오른쪽 그림과 같이 두 원 O_1, O_2의 중심을 각각 O_1, O_2라 하고, 점 O_2에서 선분 A_1B_1에 내린 수선의 발을 H, 직선 A_2B_2가 선분 C_1D_1과 만나는 점을 E, 원 O_2가 직선 B_1C_1과 만나는 점을 F라 하자.

$\overline{A_2O_2}=a\,(a<2)$라 하면 $\overline{FO_2}=a$

$\angle B_1A_1C_1=\angle EFO_2$,

$\angle A_1B_1C_1=\angle O_2EF$이므로

$\triangle A_1B_1C_1\backsim\triangle FEO_2$ (AA 닮음)

$\overline{A_1C_1}:\overline{B_1C_1}=\overline{FO_2}:\overline{EO_2}$에서

$3:5=a:\overline{EO_2}$ 　$\therefore \overline{EO_2}=\frac{5}{3}a$

$\therefore \overline{A_2E}=\overline{A_2O_2}+\overline{EO_2}=a+\frac{5}{3}a=\frac{8}{3}a$

$\overline{A_1B_1}\,/\!/\,\overline{A_2E}$이므로 $\overline{A_1B_1}:\overline{A_2E}=\overline{A_1C_1}:\overline{A_2C_1}$에서

$4:\frac{8}{3}a=3:\overline{A_2C_1}$ 　$\therefore \overline{A_2C_1}=2a$

$\therefore \overline{HO_2}=\overline{A_1A_2}=\overline{A_1C_1}-\overline{A_2C_1}=3-2a$

한편 $\overline{A_1H}=\overline{A_2O_2}=a$이므로

$\overline{HO_1}=\overline{A_1O_1}-\overline{A_1H}=2-a$

또 $\overline{O_1O_2}=2+a$이므로 직각삼각형 O_1O_2H에서

$\overline{O_1O_2}^2=\overline{HO_1}^2+\overline{HO_2}^2$, $(2+a)^2=(2-a)^2+(3-2a)^2$

$a^2+4a+4=a^2-4a+4+4a^2-12a+9$

$4a^2-20a+9=0$, $(2a-9)(2a-1)=0$

$\therefore a=\frac{1}{2}$ ($\because a<2$)

따라서 $\overline{A_2O_2}=\frac{1}{2}$이므로 $\overline{A_2B_2}=2\overline{A_2O_2}=2\times\frac{1}{2}=1$

두 원 O_1, O_2는 닮음이고 닮음비는 $\overline{A_1B_1}:\overline{A_2B_2}=4:1$이므로 넓이의 비는 $4^2:1^2=16:1$이다.

즉, 두 원 O_n, O_{n+1}의 넓이의 비는 $16:1$이므로 그림 R_n에 새로 색칠한 부분과 그림 R_{n+1}에 새로 색칠한 부분의 넓이의 비도 $16:1$이다.

Step 3 극한값 구하기

따라서 $\lim_{n\to\infty} S_n$은 첫째항이 $2\pi+\frac{96}{25}$이고 공비가 $\frac{1}{16}$인 등비급수의 합이므로

$$\lim_{n\to\infty} S_n=\frac{2\pi+\frac{96}{25}}{1-\frac{1}{16}}=\frac{32}{15}\pi+\frac{512}{125}$$

30 등비급수의 활용－원 정답 ① | 정답률 66%

문제 보기

그림과 같이 한 변의 길이가 2인 정사각형 $A_1B_1C_1D$가 있다. 정사각형 $A_1B_1C_1D$의 두 대각선의 교점을 B_2라 하고, 점 B_2에서 두 변 A_1D, C_1D에 내린 수선의 발을 각각 A_2, C_2라 하자. 점 B_2를 지나고 두 변 A_1B_1, B_1C_1에 동시에 접하는 원을 O_1이라 하고, 원 O_1이 두 변 A_1B_1, B_1C_1에 접하는 점을 각각 P_1, Q_1이라 할 때, 삼각형 $B_2P_1Q_1$의 내부에 색칠하여 얻은 그림을 R_1이라 하자. → S_1의 값을 구한다.

그림 R_1에서 정사각형 $A_2B_2C_2D$의 두 대각선의 교점을 B_3이라 하고, 점 B_3에서 두 변 A_2D, C_2D에 내린 수선의 발을 각각 A_3, C_3이라 하자. 점 B_3을 지나고 두 변 A_2B_2, B_2C_2에 동시에 접하는 원을 O_2라 하고, 원 O_2가 두 변 A_2B_2, B_2C_2에 접하는 점을 각각 P_2, Q_2라 할 때, 삼각형 $B_3P_2Q_2$의 내부에 색칠하여 얻은 그림을 R_2라 하자.

→ 두 정사각형 $A_1B_1C_1D$, $A_2B_2C_2D$의 닮음비를 이용하여 R_n에 새로 색칠한 부분과 R_{n+1}에 새로 색칠한 부분의 넓이의 비를 구한다.

이와 같은 과정을 계속하여 n번째 얻은 그림 R_n에 색칠되어 있는 부분의 넓이를 S_n이라 할 때, $\lim_{n\to\infty} S_n$의 값은? [4점]

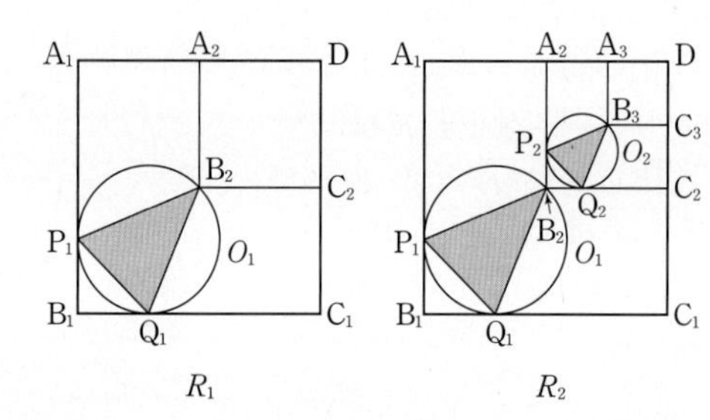

① $\frac{4\sqrt{2}-4}{3}$　② $\frac{4\sqrt{3}-5}{3}$　③ $\frac{8\sqrt{3}-8}{9}$

④ $\frac{4\sqrt{2}-3}{4}$　⑤ $\frac{5\sqrt{2}-3}{6}$

Step 1 S_1의 값 구하기

오른쪽 그림과 같이 원 O_1의 중심을 O, 반지름의 길이를 x라 하고, 점 B_2에서 선분 P_1Q_1에 내린 수선의 발을 H라 하자.

$\overline{B_1D}=2\sqrt{2}$이므로

$\overline{B_1B_2}=\frac{1}{2}\overline{B_1D}=\sqrt{2}$

$\overline{OP_1}=\overline{OQ_1}=x$, $\angle OP_1B_1=90°$, $\angle B_1Q_1O=90°$이므로 사각형 $OP_1B_1Q_1$은 한 변의 길이가 x인 정사각형이다.

$\overline{B_1O}=\sqrt{2}x$, $\overline{OB_2}=x$이므로 $\overline{B_1B_2}=\overline{B_1O}+\overline{OB_2}$에서

$\sqrt{2}=\sqrt{2}x+x$, $\sqrt{2}=(\sqrt{2}+1)x$

$\therefore x=\frac{\sqrt{2}}{\sqrt{2}+1}=2-\sqrt{2}$

$\therefore \overline{P_1Q_1}=\overline{B_1O}=\sqrt{2}x=2\sqrt{2}-2$

직각이등변삼각형 OP_1H에서 $\overline{OP_1}=2-\sqrt{2}$이므로

$\overline{OH}=\frac{\overline{OP_1}}{\sqrt{2}}=\frac{2-\sqrt{2}}{\sqrt{2}}=\sqrt{2}-1$

$\therefore \overline{B_2H}=\overline{OH}+\overline{OB_2}=(\sqrt{2}-1)+(2-\sqrt{2})=1$

$\therefore S_1=\triangle P_1Q_1B_2$

$=\frac{1}{2}\times(2\sqrt{2}-2)\times 1$

$=\sqrt{2}-1$

Step 2 넓이의 비 구하기

두 정사각형 $A_1B_1C_1D$, $A_2B_2C_2D$는 닮음이고 닮음비는 $\overline{B_1D}:\overline{B_2D}=2:1$이므로 넓이의 비는 $2^2:1^2=4:1$이다.

즉, 두 정사각형 $A_nB_nC_nD$, $A_{n+1}B_{n+1}C_{n+1}D$의 넓이의 비는 $4:1$이므로 그림 R_n에 새로 색칠한 부분과 그림 R_{n+1}에 새로 색칠한 부분의 넓이의 비도 $4:1$이다.

Step 3 극한값 구하기

따라서 $\lim_{n\to\infty} S_n$은 첫째항이 $\sqrt{2}-1$이고 공비가 $\frac{1}{4}$인 등비급수의 합이므로

$\lim_{n\to\infty} S_n=\frac{\sqrt{2}-1}{1-\frac{1}{4}}=\frac{4\sqrt{2}-4}{3}$

31 등비급수의 활용 – 원

정답 ③ | 정답률 65%

문제 보기

그림과 같이 한 변의 길이가 2인 정사각형 ABCD가 있다. 이 정사각형에 내접하는 원을 C_1이라 하자. 원 C_1이 변 BC, CD와 접하는 점을 각각 E, F라 하고, 점 F를 중심으로 하고 점 E를 지나는 원을 C_2라 하자. 원 C_1의 내부와 원 C_2의 외부의 공통부분인 ◡ 모양의 도형과, 원 C_1의 외부와 원 C_2의 내부 및 정사각형 ABCD의 내부의 공통부분인 ⌈⌉ 모양의 도형에 색칠하여 얻은 그림을 R_1이라 하자.

└→ S_1의 값을 구한다.

그림 R_1에서 두 꼭짓점이 변 CD 위에 있고 나머지 두 꼭짓점이 정사각형 ABCD의 외부에 있으면서 원 C_2 위에 있는 정사각형 PQRS를 그리고, 이 정사각형 안에 그림 R_1을 얻는 것과 같은 방법으로 만들어지는 ◡ 모양과 ⌈⌉ 모양의 도형에 색칠하여 얻은 그림을 R_2라 하자.

└→ 두 정사각형 ABCD, PQRS의 닮음비를 이용하여 R_n에 새로 색칠한 부분과 R_{n+1}에 새로 색칠한 부분의 넓이의 비를 구한다.

이와 같은 과정을 계속하여 n번째 얻은 그림 R_n에 색칠되어 있는 부분의 넓이를 S_n이라 할 때, $\lim_{n\to\infty} S_n$의 값은? [4점]

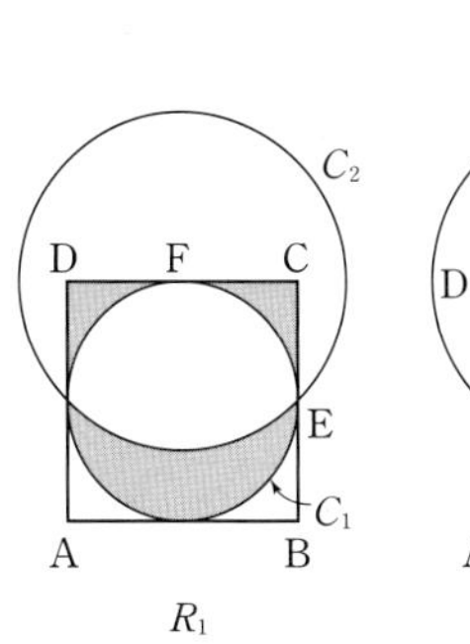

R_1

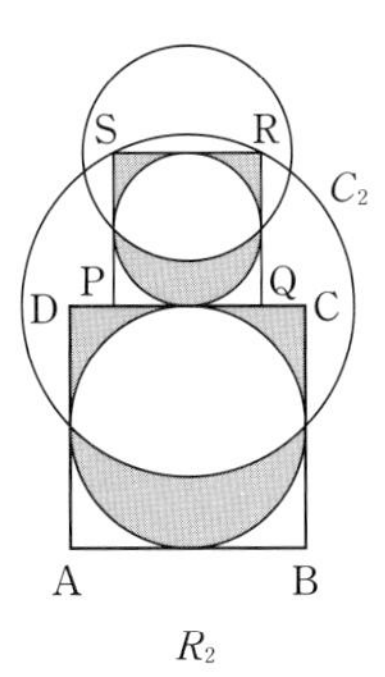

R_2

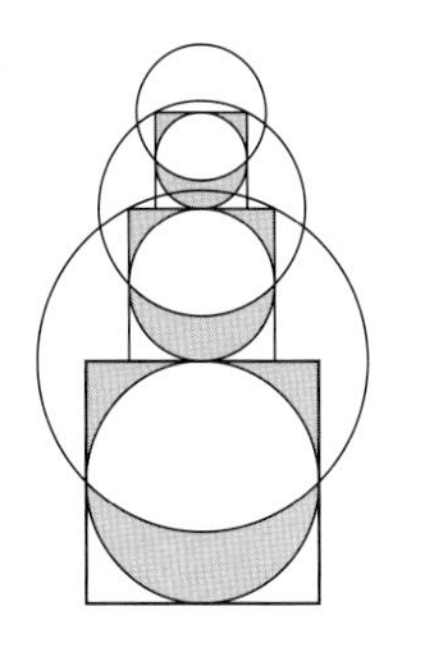
R_3

① $\frac{26-5\pi}{6}$ ② $\frac{28-5\pi}{6}$ ③ $\frac{30-5\pi}{6}$

④ $\frac{32-5\pi}{6}$ ⑤ $\frac{34-5\pi}{6}$

Step 1 S_1의 값 구하기

직각이등변삼각형 CFE에서 $\overline{FC}=\overline{CE}=1$이므로

$\overline{FE}=\sqrt{2}$

원 C_1이 변 AD와 접하는 점을 G라 하면 오른쪽 그림과 같이 사각형 GECD에서 색칠한 부분의 넓이는 사각형 ABEG에서 빗금 친 부분의 넓이와 같다.

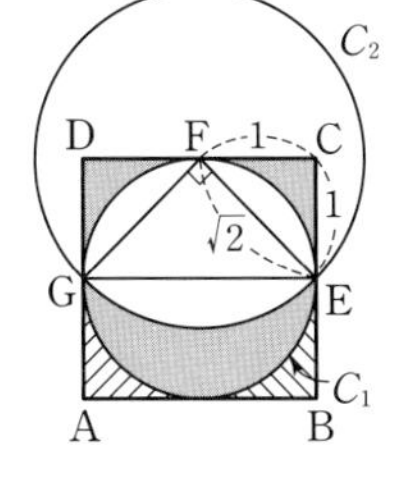

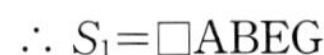

$\therefore S_1=\square ABEG$

$-\{(\text{부채꼴 FGE의 넓이})-\triangle FGE\}$

$=2\times1-\left\{\frac{1}{2}\times(\sqrt{2})^2\times\frac{\pi}{2}-\frac{1}{2}\times\sqrt{2}\times\sqrt{2}\right\}$

$=3-\frac{\pi}{2}$

Step 2 넓이의 비 구하기

오른쪽 그림과 같이 정사각형 PQRS의 한 변의 길이를 $a\,(0<a<\sqrt{2})$라 하면

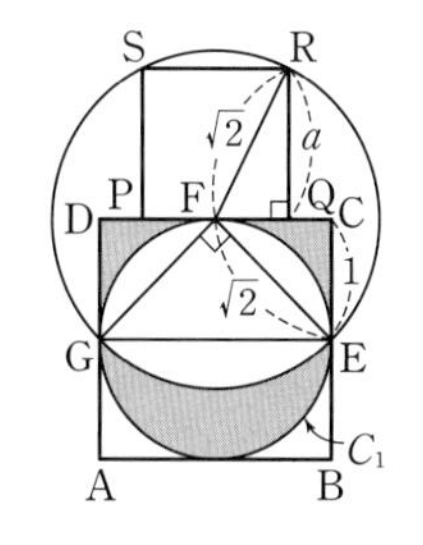

$\overline{FQ}=\frac{a}{2}$, $\overline{QR}=a$

직각삼각형 FQR에서 $\overline{FR}^2=\overline{FQ}^2+\overline{QR}^2$이므로

$(\sqrt{2})^2=\left(\frac{a}{2}\right)^2+a^2$, $2=\frac{a^2}{4}+a^2$

$a^2=\frac{8}{5}$ $\therefore a=\frac{2\sqrt{10}}{5}$ $(\because 0<a<\sqrt{2})$

두 정사각형 ABCD, PQRS는 닮음이고 닮음비는 $\overline{AB}:\overline{PQ}=1:\frac{\sqrt{10}}{5}$이므로 넓이의 비는 $1^2:\left(\frac{\sqrt{10}}{5}\right)^2=1:\frac{2}{5}$이다.

즉, 그림 R_n에서 새로 그린 정사각형과 그림 R_{n+1}에서 새로 그린 정사각형의 넓이의 비는 $1:\frac{2}{5}$이므로 그림 R_n에 새로 색칠한 부분과 그림 R_{n+1}에 새로 색칠한 부분의 넓이의 비도 $1:\frac{2}{5}$이다.

Step 3 극한값 구하기

따라서 $\lim_{n\to\infty} S_n$은 첫째항이 $3-\frac{\pi}{2}$이고 공비가 $\frac{2}{5}$인 등비급수의 합이므로

$$\lim_{n\to\infty} S_n=\frac{3-\frac{\pi}{2}}{1-\frac{2}{5}}=\frac{30-5\pi}{6}$$

32 등비급수의 활용 - 원 　정답 ① | 정답률 57%

문제 보기

그림과 같이 한 변의 길이가 3인 정삼각형 $A_1B_1C_1$의 무게중심을 A_2, 점 A_2를 지나는 원과 두 변 A_1B_1, A_1C_1의 접점을 각각 B_2, C_2라 하자. 호 A_2B_2, 선분 B_2B_1, 선분 B_1A_2와 호 A_2C_2, 선분 C_2C_1, 선분 C_1A_2로 둘러싸인 부분인 ⩘ 모양의 도형을 색칠하여 얻은 그림을 R_1이라 하자. → S_1의 값을 구한다.

그림 R_1에서 삼각형 $A_2B_2C_2$의 무게중심을 A_3, 점 A_3을 지나는 원과 두 변 A_2B_2, A_2C_2의 접점을 각각 B_3, C_3이라 하자. 그림 R_1에 호 A_3B_3, 선분 B_3B_2, 선분 B_2A_3과 호 A_3C_3, 선분 C_3C_2, 선분 C_2A_3으로 둘러싸인 부분인 ⩗ 모양의 도형을 색칠하고 추가하여 얻은 그림을 R_2라 하자. → 두 정삼각형 $A_1B_1C_1$, $A_2B_2C_2$의 닮음비를 이용하여 R_n에 새로 색칠한 부분과 R_{n+1}에 새로 색칠한 부분의 넓이의 비를 구한다.

그림 R_2에서 삼각형 $A_3B_3C_3$의 무게중심을 A_4, 점 A_4를 지나는 원과 두 변 A_3B_3, A_3C_3의 접점을 각각 B_4, C_4라 하자. 그림 R_2에 호 A_4B_4, 선분 B_4B_3, 선분 B_3A_4와 호 A_4C_4, 선분 C_4C_3, 선분 C_3A_4로 둘러싸인 부분인 ⩘ 모양의 도형을 색칠하고 추가하여 얻은 그림을 R_3이라 하자.

이와 같은 과정을 계속하여 n번째 얻은 그림을 R_n, 그림 R_n에 색칠되어 있는 부분의 넓이를 S_n이라 할 때, $\lim_{n\to\infty} S_n$의 값은? [4점]

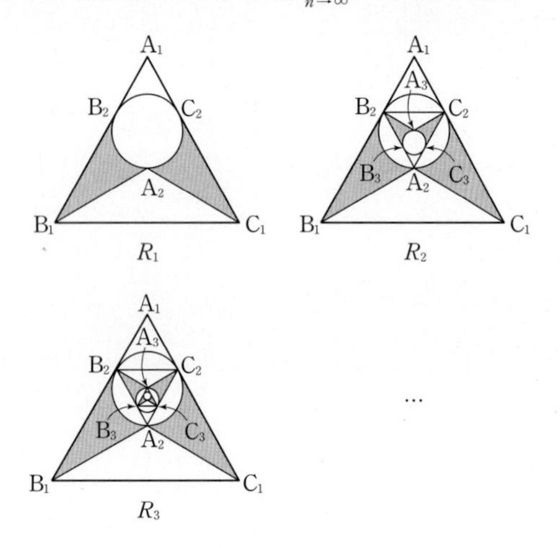

① $\frac{1}{16}(21\sqrt{3}-4\pi)$ ② $\frac{1}{16}(7\sqrt{3}-2\pi)$ ③ $\frac{1}{8}(21\sqrt{3}-4\pi)$
④ $\frac{1}{8}(7\sqrt{3}-2\pi)$ ⑤ $\frac{1}{8}(21\sqrt{3}-2\pi)$

Step 1 S_1의 값 구하기

오른쪽 그림과 같이 점 A_2를 지나고 선분 B_1C_1에 평행한 직선이 두 선분 A_1B_1, A_1C_1과 만나는 점을 각각 P, Q라 하고, 정삼각형 $A_2B_2C_2$의 외접원의 중심을 O라 하자.
점 A_2는 삼각형 $A_1B_1C_1$의 무게중심이므로

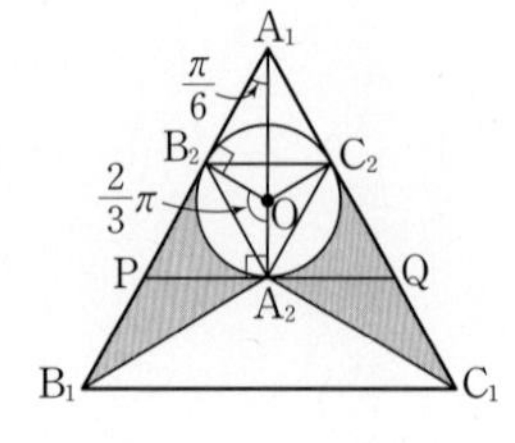

$\triangle A_1B_1A_2=\frac{1}{3}\triangle A_1B_1C_1$

$\overline{A_1P}=\frac{2}{3}\overline{A_1B_1}=2$

$\overline{A_1B_2}=\overline{B_2P}=1$, $\angle A_2OB_2=\frac{2}{3}\pi$, $\angle OA_1B_2=\frac{\pi}{6}$이므로 직각삼각형 A_1B_2O에서

$\overline{B_2O}=\overline{A_1B_2}\tan\frac{\pi}{6}$
$=1\times\frac{\sqrt{3}}{3}=\frac{\sqrt{3}}{3}$

$\therefore S_1=2\{\triangle A_1B_1A_2-(\text{부채꼴 } A_2OB_2\text{의 넓이})-\triangle A_1B_2O\}$
$=2\left\{\frac{1}{3}\times\frac{\sqrt{3}}{4}\times3^2-\frac{1}{2}\times\left(\frac{\sqrt{3}}{3}\right)^2\times\frac{2}{3}\pi-\frac{1}{2}\times1\times\frac{\sqrt{3}}{3}\right\}$
$=\frac{7\sqrt{3}}{6}-\frac{2}{9}\pi$

Step 2 넓이의 비 구하기

$\triangle A_2B_2C_2\equiv\triangle B_2PA_2\equiv\triangle C_2A_2Q$(SSS 합동)에서 두 정삼각형 $A_1B_1C_1$, $A_2B_2C_2$는 닮음이고 닮음비는 $\overline{A_1B_1}:\overline{B_2C_2}=3:1$이므로 넓이의 비는 $3^2:1^2=9:1$이다.
즉, 두 정삼각형 $A_nB_nC_n$, $A_{n+1}B_{n+1}C_{n+1}$의 넓이의 비는 $9:1$이므로 그림 R_n에 새로 색칠한 부분과 그림 R_{n+1}에 새로 색칠한 부분의 넓이의 비도 $9:1$이다.

Step 3 극한값 구하기

따라서 $\lim_{n\to\infty} S_n$은 첫째항이 $\frac{7\sqrt{3}}{6}-\frac{2}{9}\pi$이고 공비가 $\frac{1}{9}$인 등비급수의 합이므로

$$\lim_{n\to\infty} S_n=\frac{\frac{7\sqrt{3}}{6}-\frac{2}{9}\pi}{1-\frac{1}{9}}=\frac{1}{16}(21\sqrt{3}-4\pi)$$

33 등비급수의 활용 - 원 　　정답 ⑤ | 정답률 46%

문제 보기

반지름의 길이가 $\sqrt{3}$인 원 O가 있다. 그림과 같이 원 O 위의 한 점 A에 대하여 정삼각형 ABC를 높이가 원 O의 반지름의 길이와 같고 선분 BC의 중점이 원 O 위의 점이 되도록 그린다. 그리고 정삼각형 ABC와 합동인 정삼각형 DEF를 점 D가 원 O 위에 있고 네 점 B, C, E, F가 한 직선 위에 있도록 그린다. 원 O의 내부와 정삼각형 ABC의 내부의 공통부분인 ◺ 모양의 도형과 원 O의 내부와 정삼각형 DEF의 내부의 공통부분인 ◿ 모양의 도형에 색칠하여 얻은 그림을 R_1이라 하자.
└ S_1의 값을 구한다.

그림 R_1에서 두 선분 AC, DE에 동시에 접하고 원 O에 내접하는 원을 그린 후, 새로 그려진 원에 그림 R_1을 얻은 것과 같은 방법으로 만들어지는 ◺ 모양의 도형과 ◿ 모양의 도형에 색칠하여 얻은 그림을 R_2라 하자. → 원 O와 R_2에 새로 그려진 원의 닮음비를 이용하여 R_n에 새로 색칠한 부분과 R_{n+1}에 새로 색칠한 부분의 넓이의 비를 구한다.

이와 같은 과정을 계속하여 n번째 얻은 그림 R_n에 색칠되어 있는 부분의 넓이를 S_n이라 할 때, $\lim_{n\to\infty} S_n$의 값은? [4점]

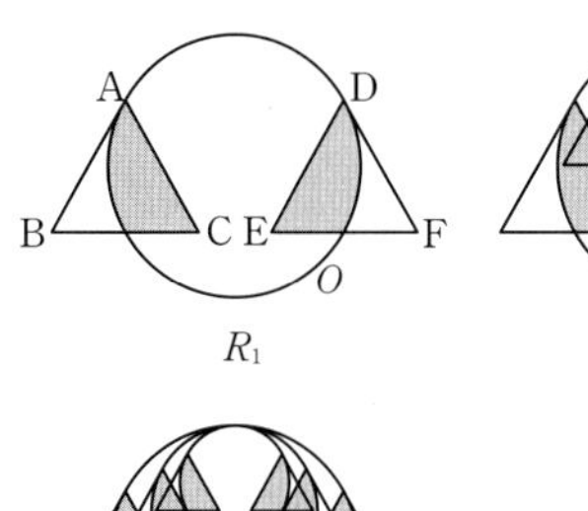

R_1

R_2

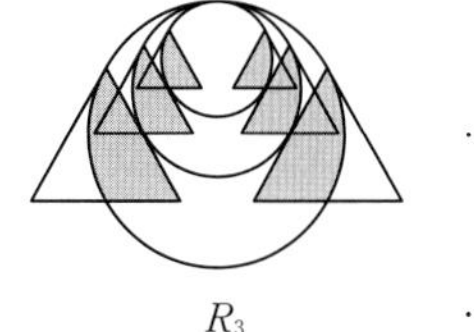
R_3

…

① $2\pi-\sqrt{3}$　② $\frac{4\pi-\sqrt{3}}{3}$　③ $\frac{6\pi-3\sqrt{3}}{4}$

④ $\frac{16\pi-4\sqrt{3}}{7}$　⑤ $\frac{18\pi-9\sqrt{3}}{10}$

Step 1 S_1의 값 구하기

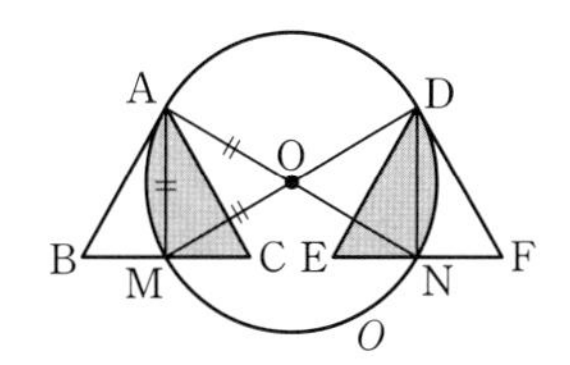

오른쪽 그림과 같이 원 O의 중심을 O, 선분 BC의 중점을 M, 선분 EF의 중점을 N이라 하자.

삼각형 OAM은 $\overline{AM}=\overline{MO}=\overline{AO}=\sqrt{3}$인 정삼각형이므로

$\angle MOA=\frac{\pi}{3}$

$\overline{AM}$은 정삼각형 ABC의 높이이므로

$\sqrt{3}=\frac{\sqrt{3}}{2}\overline{BC}$　$\therefore \overline{BC}=2$

$\therefore \overline{CM}=\frac{1}{2}\overline{BC}=\frac{1}{2}\times 2=1$

$\therefore S_1=2\{$(부채꼴 OAM의 넓이)$-\triangle OAM+\triangle AMC\}$

$=2\left\{\frac{1}{2}\times(\sqrt{3})^2\times\frac{\pi}{3}-\frac{\sqrt{3}}{4}\times(\sqrt{3})^2+\frac{1}{2}\times 1\times\sqrt{3}\right\}$

$=\pi-\frac{\sqrt{3}}{2}$

Step 2 넓이의 비 구하기

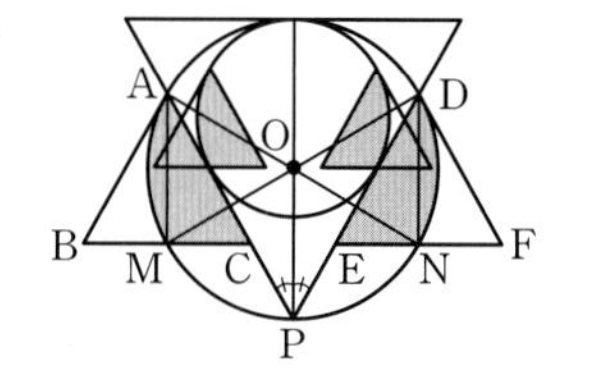

오른쪽 그림과 같이 두 직선 AC, DE가 만나는 점을 P라 하면 R_2에 새로 그려진 원은 점 P를 꼭짓점으로 하는 삼각형에 내접한다.

$\angle APO=\angle CAM=\frac{\pi}{6}$,

$\angle DPO=\angle EDN=\frac{\pi}{6}$이므로

$\angle APD=\frac{\pi}{3}$

호 AD의 중심각의 크기는 $\angle AOD=\frac{2}{3}\pi$이고 호 AD의 원주각의 크기는 $\frac{\pi}{3}$이므로 점 P는 원 O 위의 점이다.

즉, 그림 R_2에 새로 그려진 원은 높이가 원 O의 지름과 같고 점 P를 한 꼭짓점으로 하는 정삼각형에 내접한다.

그림 R_2에 새로 그려진 원의 중심은 점 P를 꼭짓점으로 하는 정삼각형의 무게중심이므로 반지름의 길이는

$\frac{1}{3}\times 2\sqrt{3}=\frac{2\sqrt{3}}{3}$

원 O와 그림 R_2에 새로 그려진 원은 닮음이고 닮음비는 $1:\frac{2}{3}$이므로 넓이의 비는 $1^2:\left(\frac{2}{3}\right)^2=1:\frac{4}{9}$이다.

즉, 그림 R_n에 새로 그려진 원과 그림 R_{n+1}에 새로 그려진 원의 넓이의 비는 $1:\frac{4}{9}$이므로 그림 R_n에 새로 색칠한 부분과 그림 R_{n+1}에 새로 색칠한 부분의 넓이의 비도 $1:\frac{4}{9}$이다.

Step 3 극한값 구하기

따라서 $\lim_{n\to\infty} S_n$은 첫째항이 $\pi-\frac{\sqrt{3}}{2}$이고 공비가 $\frac{4}{9}$인 등비급수의 합이므로

$$\lim_{n\to\infty} S_n=\frac{\pi-\frac{\sqrt{3}}{2}}{1-\frac{4}{9}}=\frac{18\pi-9\sqrt{3}}{10}$$

34 등비급수의 활용 - 원 정답 ① | 정답률 33%

문제 보기

그림과 같이 $\overline{AB_1}=3$, $\overline{AC_1}=2$이고 $\angle B_1AC_1=\frac{\pi}{3}$인 삼각형 AB_1C_1이 있다. $\angle B_1AC_1$의 이등분선이 선분 B_1C_1과 만나는 점을 D_1, 세 점 A, D_1, C_1을 지나는 원이 선분 AB_1과 만나는 점 중 A가 아닌 점을 B_2라 할 때, 두 선분 B_1B_2, B_1D_1과 호 B_2D_1로 둘러싸인 부분과 선분 C_1D_1과 호 C_1D_1로 둘러싸인 부분인 ◿◡ 모양의 도형에 색칠하여 얻은 그림을 R_1이라 하자. → S_1의 값을 구한다.

그림 R_1에서 점 B_2를 지나고 직선 B_1C_1에 평행한 직선이 두 선분 AD_1, AC_1과 만나는 점을 각각 D_2, C_2라 하자. 세 점 A, D_2, C_2를 지나는 원이 선분 AB_2와 만나는 점 중 A가 아닌 점을 B_3이라 할 때, 두 선분 B_2B_3, B_2D_2와 호 B_3D_2로 둘러싸인 부분과 선분 C_2D_2와 호 C_2D_2로 둘러싸인 부분인 ◿◡ 모양의 도형에 색칠하여 얻은 그림을 R_2라 하자.

└→ 두 삼각형 AB_1C_1, AB_2C_2의 닮음비를 이용하여 R_n에 새로 색칠한 부분과 R_{n+1}에 새로 색칠한 부분의 넓이의 비를 구한다.

이와 같은 과정을 계속하여 n번째 얻은 그림 R_n에 색칠되어 있는 부분의 넓이를 S_n이라 할 때, $\lim_{n\to\infty} S_n$의 값은? [4점]

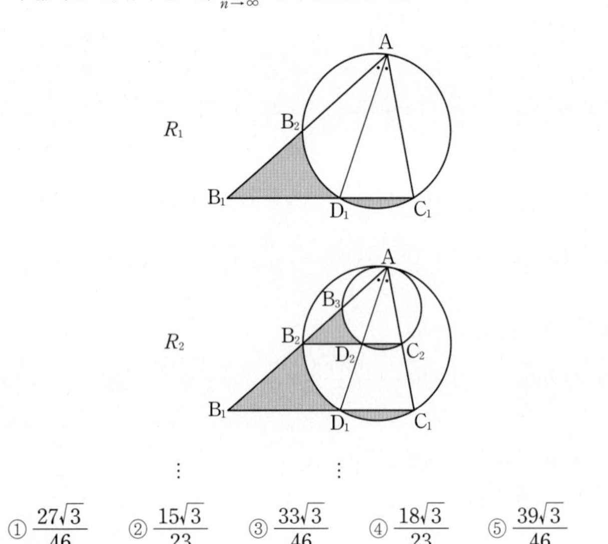

① $\frac{27\sqrt{3}}{46}$ ② $\frac{15\sqrt{3}}{23}$ ③ $\frac{33\sqrt{3}}{46}$ ④ $\frac{18\sqrt{3}}{23}$ ⑤ $\frac{39\sqrt{3}}{46}$

Step 1 S_1의 값 구하기

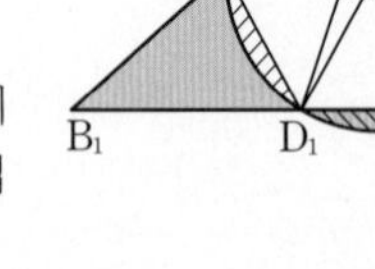

오른쪽 그림과 같이 세 점 A, D_1, C_1을 지나는 원의 중심을 O라 하자.

$\angle D_1AB_2=\angle C_1AD_1=\frac{\pi}{6}$이므로

$\widehat{B_2D_1}=\widehat{D_1C_1}$

즉, 빗금 친 부분의 넓이는 같으므로 R_1에 색칠된 부분의 넓이는 삼각형 $B_1D_1B_2$의 넓이와 같다.

삼각형 AB_1C_1에서 코사인법칙에 의하여

$\overline{B_1C_1}^2=3^2+2^2-2\times3\times2\times\cos\frac{\pi}{3}=7$

$\therefore \overline{B_1C_1}=\sqrt{7}$

$\angle B_1AC_1$의 이등분선이 선분 B_1C_1과 만나는 점이 D_1이므로

$\overline{AB_1}:\overline{AC_1}=\overline{B_1D_1}:\overline{D_1C_1}=3:2$에서

$\overline{B_1D_1}=\frac{3}{5}\overline{B_1C_1}=\frac{3\sqrt{7}}{5}$

$\overline{B_2D_1}=\overline{D_1C_1}=\frac{2}{5}\overline{B_1C_1}=\frac{2\sqrt{7}}{5}$

$\angle B_2AC_1=\frac{\pi}{3}$이므로

$\angle B_2OC_1=2\angle B_2AC_1=\frac{2}{3}\pi$

$\angle D_1OC_1=\angle B_2OD_1=\frac{\pi}{3}$, $\overline{OB_2}=\overline{OD_1}=\overline{OC_1}$이므로 두 삼각형 B_2OD_1, D_1OC_1은 모두 정삼각형이다.

$\therefore \angle B_1D_1B_2=\frac{\pi}{3}$

$\therefore S_1=\triangle B_1D_1B_2$

$=\frac{1}{2}\times\frac{3\sqrt{7}}{5}\times\frac{2\sqrt{7}}{5}\times\sin\frac{\pi}{3}=\frac{21\sqrt{3}}{50}$

Step 2 넓이의 비 구하기

삼각형 $B_1D_1B_2$에서 코사인법칙에 의하여

$\overline{B_1B_2}^2=\left(\frac{3\sqrt{7}}{5}\right)^2+\left(\frac{2\sqrt{7}}{5}\right)^2-2\times\frac{3\sqrt{7}}{5}\times\frac{2\sqrt{7}}{5}\times\cos\frac{\pi}{3}=\frac{49}{25}$

$\therefore \overline{B_1B_2}=\frac{7}{5}$

$\therefore \overline{AB_2}=\overline{AB_1}-\overline{B_1B_2}=3-\frac{7}{5}=\frac{8}{5}$

두 삼각형 AB_1C_1, AB_2C_2는 닮음이고 닮음비는 $\overline{AB_1}:\overline{AB_2}=3:\frac{8}{5}$이므로 넓이의 비는 $3^2:\left(\frac{8}{5}\right)^2=9:\frac{64}{25}$이다.

즉, 두 삼각형 AB_nC_n, $AB_{n+1}C_{n+1}$의 넓이의 비는 $9:\frac{64}{25}$이므로 그림 R_n에 새로 색칠한 부분과 그림 R_{n+1}에 새로 색칠한 부분의 넓이의 비도 $9:\frac{64}{25}$이다.

Step 3 극한값 구하기

따라서 $\lim_{n\to\infty} S_n$은 첫째항이 $\frac{21\sqrt{3}}{50}$이고 공비가 $\frac{64}{225}$인 등비급수의 합이므로

$$\lim_{n\to\infty} S_n=\frac{\frac{21\sqrt{3}}{50}}{1-\frac{64}{225}}=\frac{27\sqrt{3}}{46}$$

6 일차											
01 ②	02 ③	03 ③	04 ①	05 ③	06 ②	07 ④	08 5	09 ②	10 ③	11 ③	12 ④
13 ②	14 ⑤	15 ②	16 ③	17 ⑤	18 ③	19 ①	20 ②	21 ②	22 ⑤	23 ①	24 ③
25 ③	26 ③										

문제편 089쪽~101쪽

01 등비급수의 활용 - 부채꼴 　정답 ② | 정답률 63%

문제 보기

그림과 같이 한 변의 길이가 1인 정삼각형 $A_1B_1C_1$이 있다. 선분 A_1B_1의 중점을 D_1이라 하고, 선분 B_1C_1 위의 $\overline{C_1D_1}=\overline{C_1B_2}$인 점 B_2에 대하여 중심이 C_1인 부채꼴 $C_1D_1B_2$를 그린다. 점 B_2에서 선분 C_1D_1에 내린 수선의 발을 A_2, 선분 C_1B_2의 중점을 C_2라 하자. 두 선분 B_1B_2, B_1D_1과 호 D_1B_2로 둘러싸인 영역과 삼각형 $C_1A_2C_2$의 내부에 색칠하여 얻은 그림을 R_1이라 하자. → S_1의 값을 구한다.

그림 R_1에서 선분 A_2B_2의 중점을 D_2라 하고, 선분 B_2C_2 위의 $\overline{C_2D_2}=\overline{C_2B_3}$인 점 B_3에 대하여 중심이 C_2인 부채꼴 $C_2D_2B_3$을 그린다. 점 B_3에서 선분 C_2D_2에 내린 수선의 발을 A_3, 선분 C_2B_3의 중점을 C_3이라 하자. 두 선분 B_2B_3, B_2D_2와 호 D_2B_3으로 둘러싸인 영역과 삼각형 $C_2A_3C_3$의 내부에 색칠하여 얻은 그림을 R_2라 하자.
└→ 두 정삼각형 $A_1B_1C_1$, $A_2B_2C_2$의 닮음비를 이용하여 R_n에 새로 색칠한 부분과 R_{n+1}에 새로 색칠한 부분의 넓이의 비를 구한다.

이와 같은 과정을 계속하여 n번째 얻은 그림 R_n에 색칠되어 있는 부분의 넓이를 S_n이라 할 때, $\lim_{n\to\infty} S_n$의 값은? [4점]

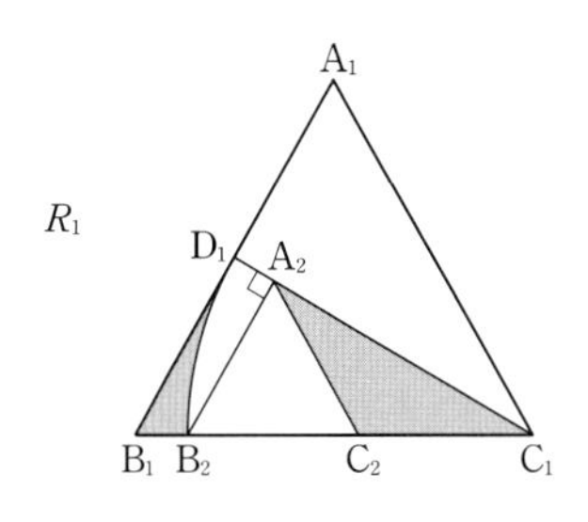

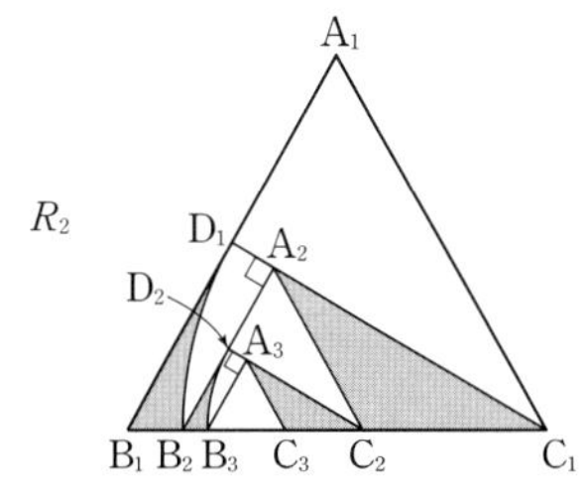

⋮　　　⋮

① $\frac{11\sqrt{3}-4\pi}{56}$　② $\frac{11\sqrt{3}-4\pi}{52}$　③ $\frac{15\sqrt{3}-6\pi}{56}$
④ $\frac{15\sqrt{3}-6\pi}{52}$　⑤ $\frac{15\sqrt{3}-4\pi}{52}$

Step 1 S_1의 값 구하기

오른쪽 그림에서 $\overline{C_1D_1}$은 정삼각형 $A_1B_1C_1$의 높이이므로 $\overline{C_1D_1}=\overline{B_2C_1}=\frac{\sqrt{3}}{2}$

직각삼각형 $A_2B_2C_1$에서 $\angle B_2C_1A_2=\frac{\pi}{6}$이므로

$\overline{A_2C_1}=\overline{B_2C_1}\cos\frac{\pi}{6}=\frac{\sqrt{3}}{2}\times\frac{\sqrt{3}}{2}=\frac{3}{4}$

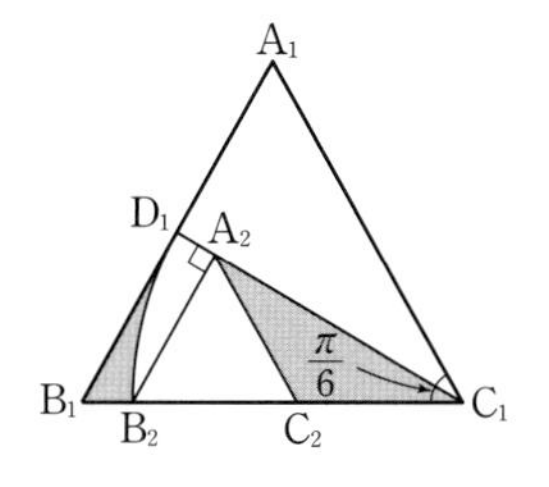

선분 B_2C_1의 중점이 점 C_2이므로

$\overline{C_1C_2}=\frac{1}{2}\overline{B_2C_1}=\frac{\sqrt{3}}{4}$

$\therefore S_1=\triangle D_1B_1C_1-(\text{부채꼴 } C_1D_1B_2\text{의 넓이})+\triangle C_1A_2C_2$

$=\frac{1}{2}\times\frac{1}{2}\times\frac{\sqrt{3}}{2}-\frac{1}{2}\times\left(\frac{\sqrt{3}}{2}\right)^2\times\frac{\pi}{6}+\frac{1}{2}\times\frac{\sqrt{3}}{4}\times\frac{3}{4}\times\sin\frac{\pi}{6}$

$=\frac{\sqrt{3}}{8}-\frac{\pi}{16}+\frac{3\sqrt{3}}{64}=\frac{11\sqrt{3}-4\pi}{64}$

Step 2 넓이의 비 구하기

직각삼각형 $A_2B_2C_1$에서

$\overline{A_2B_2}=\overline{B_2C_1}\sin\frac{\pi}{6}=\frac{\sqrt{3}}{2}\times\frac{1}{2}=\frac{\sqrt{3}}{4}$

또 $\overline{B_2C_2}=\frac{1}{2}\overline{B_2C_1}=\frac{\sqrt{3}}{4}$이므로 삼각형 $A_2B_2C_2$는 한 변의 길이가 $\frac{\sqrt{3}}{4}$인 정삼각형이다.

두 정삼각형 $A_1B_1C_1$, $A_2B_2C_2$는 닮음이고 닮음비는 $\overline{B_1C_1}:\overline{B_2C_2}=1:\frac{\sqrt{3}}{4}$이므로 넓이의 비는 $1^2:\left(\frac{\sqrt{3}}{4}\right)^2=1:\frac{3}{16}$이다.

즉, 두 정삼각형 $A_nB_nC_n$, $A_{n+1}B_{n+1}C_{n+1}$의 넓이의 비는 $1:\frac{3}{16}$이므로 그림 R_n에 새로 색칠한 부분과 그림 R_{n+1}에 새로 색칠한 부분의 넓이의 비도 $1:\frac{3}{16}$이다.

Step 3 극한값 구하기

따라서 $\lim_{n\to\infty} S_n$은 첫째항이 $\frac{11\sqrt{3}-4\pi}{64}$이고 공비가 $\frac{3}{16}$인 등비급수의 합이므로

$$\lim_{n\to\infty} S_n=\frac{\frac{11\sqrt{3}-4\pi}{64}}{1-\frac{3}{16}}=\frac{11\sqrt{3}-4\pi}{52}$$

02 등비급수의 활용-부채꼴　정답 ③ | 정답률 80%

문제 보기

그림과 같이 중심이 O_1, 반지름의 길이가 1이고 중심각의 크기가 $\frac{5\pi}{12}$인 부채꼴 $O_1A_1O_2$가 있다. 호 A_1O_2 위에 점 B_1을 $\angle A_1O_1B_1=\frac{\pi}{4}$가 되도록 잡고, 부채꼴 $O_1A_1B_1$에 색칠하여 얻은 그림을 R_1이라 하자.

└→ S_1의 값을 구한다.

그림 R_1에서 점 O_2를 지나고 선분 O_1A_1에 평행한 직선이 직선 O_1B_1과 만나는 점을 A_2라 하자. 중심이 O_2이고 중심각의 크기가 $\frac{5\pi}{12}$인 부채꼴 $O_2A_2O_3$을 부채꼴 $O_1A_1B_1$과 겹치지 않도록 그린다. 호 A_2O_3 위에 점 B_2를 $\angle A_2O_2B_2=\frac{\pi}{4}$가 되도록 잡고, 부채꼴 $O_2A_2B_2$에 색칠하여 얻은 그림을 R_2라 하자.

└→ 두 부채꼴 $O_1A_1B_1$, $O_2A_2B_2$의 닮음비를 이용하여 R_n에 새로 색칠한 부분과 R_{n+1}에 새로 색칠한 부분의 넓이의 비를 구한다.

이와 같은 과정을 계속하여 n번째 얻은 그림 R_n에 색칠되어 있는 부분의 넓이를 S_n이라 할 때, $\lim_{n\to\infty} S_n$의 값은? [3점]

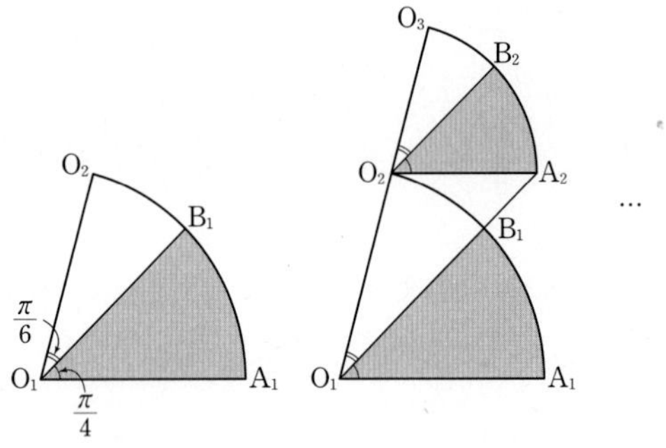

① $\frac{3\pi}{16}$　② $\frac{7\pi}{32}$　③ $\frac{\pi}{4}$　④ $\frac{9\pi}{32}$　⑤ $\frac{5\pi}{16}$

Step 1 S_1의 값 구하기

S_1=(부채꼴 $O_1A_1B_1$의 넓이)

$=\frac{1}{2}\times 1^2\times\frac{\pi}{4}=\frac{\pi}{8}$

Step 2 넓이의 비 구하기

$\overline{O_1A_1}\mathbin{/\mkern-6mu/}\overline{O_2A_2}$이므로

$\angle O_1A_2O_2=\angle A_1O_1B_1=\frac{\pi}{4}$

삼각형 $O_1A_2O_2$에서 사인법칙에 의하여

$\frac{\overline{O_2A_2}}{\sin\frac{\pi}{6}}=\frac{\overline{O_1O_2}}{\sin\frac{\pi}{4}}$

$\therefore \overline{O_2A_2}=\frac{\overline{O_1O_2}\sin\frac{\pi}{6}}{\sin\frac{\pi}{4}}=\frac{\frac{1}{2}}{\frac{1}{\sqrt{2}}}=\frac{\sqrt{2}}{2}$

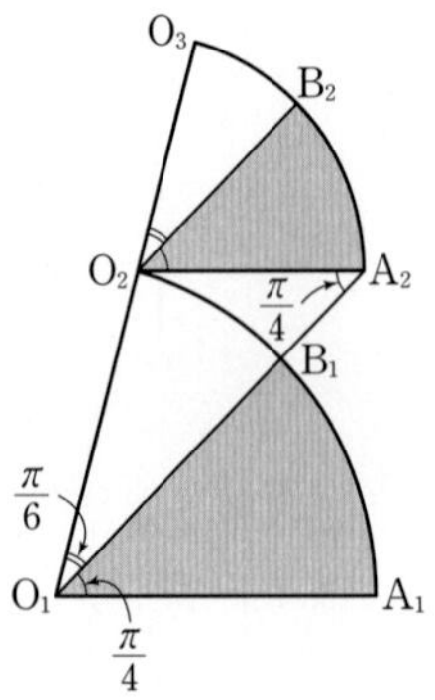

두 부채꼴 $O_1A_1B_1$, $O_2A_2B_2$는 닮음이고 닮음비는 $\overline{O_1A_1}:\overline{O_2A_2}=1:\frac{\sqrt{2}}{2}$이므로 넓이의 비는 $1^2:\left(\frac{\sqrt{2}}{2}\right)^2=1:\frac{1}{2}$이다.

즉, 두 부채꼴 $O_nA_nB_n$, $O_{n+1}A_{n+1}B_{n+1}$의 넓이의 비는 $1:\frac{1}{2}$이므로 그림 R_n에 새로 색칠한 부분과 그림 R_{n+1}에 새로 색칠한 부분의 넓이의 비도 $1:\frac{1}{2}$이다.

Step 3 극한값 구하기

따라서 $\lim_{n\to\infty} S_n$은 첫째항이 $\frac{\pi}{8}$이고 공비가 $\frac{1}{2}$인 등비급수의 합이므로

$\lim_{n\to\infty} S_n=\frac{\frac{\pi}{8}}{1-\frac{1}{2}}=\frac{\pi}{4}$

03 등비급수의 활용 – 부채꼴 정답 ③ | 정답률 65%

문제 보기

그림과 같이 $\overline{AB}=2$, $\overline{BC}=4$이고 $\angle ABC=60°$인 삼각형 ABC가 있다. 사각형 $D_1BE_1F_1$이 마름모가 되도록 세 선분 AB, BC, CA 위에 각각 점 D_1, E_1, F_1을 잡고, 마름모 $D_1BE_1F_1$의 내부와 중심이 B인 부채꼴 BE_1D_1의 외부의 공통부분에 색칠하여 얻은 그림을 R_1이라 하자.

└→ S_1의 값을 구한다.

그림 R_1에서 사각형 $D_2E_1E_2F_2$가 마름모가 되도록 세 선분 F_1E_1, E_1C, CF_1 위에 각각 점 D_2, E_2, F_2를 잡고, 마름모 $D_2E_1E_2F_2$의 내부와 중심이 E_1인 부채꼴 $E_1E_2D_2$의 외부의 공통부분에 색칠하여 얻은 그림을 R_2라 하자.

└→ 두 삼각형 ABC, F_1E_1C의 닮음비를 이용하여 R_n에 새로 색칠한 부분과 R_{n+1}에 새로 색칠한 부분의 넓이의 비를 구한다.

이와 같은 과정을 계속하여 n번째 얻은 그림 R_n에 색칠되어 있는 부분의 넓이를 S_n이라 할 때, $\lim_{n\to\infty} S_n$의 값은? [4점]

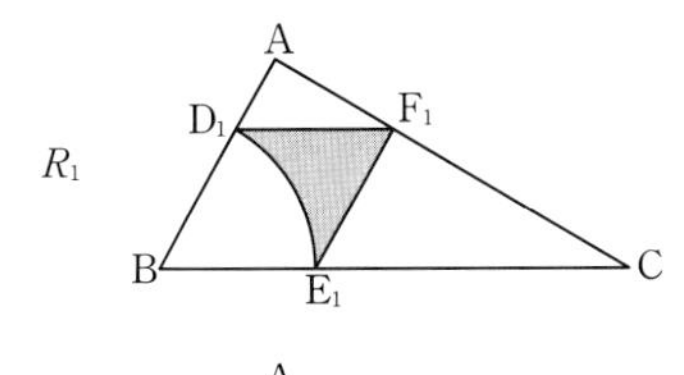

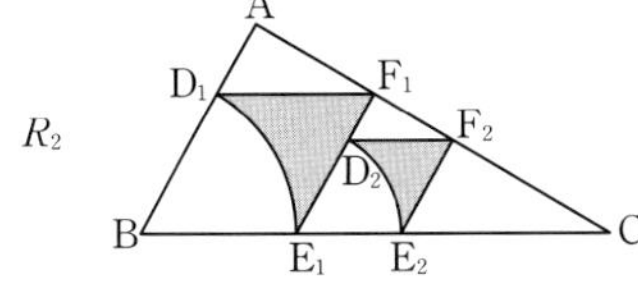

⋮ ⋮

① $\frac{4(3\sqrt{3}-\pi)}{15}$ ② $\frac{4(3\sqrt{3}-\pi)}{9}$ ③ $\frac{8(3\sqrt{3}-\pi)}{15}$

④ $\frac{2(3\sqrt{3}-\pi)}{3}$ ⑤ $\frac{8(3\sqrt{3}-\pi)}{9}$

Step 1 S_1의 값 구하기

오른쪽 그림과 같이 $\overline{D_1F_1}=x$라 하면

$\overline{BD_1}=x$이므로 $\overline{AD_1}=2-x$

$\overline{D_1F_1} \,/\!/\, \overline{BC}$이므로

$\overline{AB} : \overline{AD_1}=\overline{BC} : \overline{D_1F_1}$에서

$2:(2-x)=4:x$

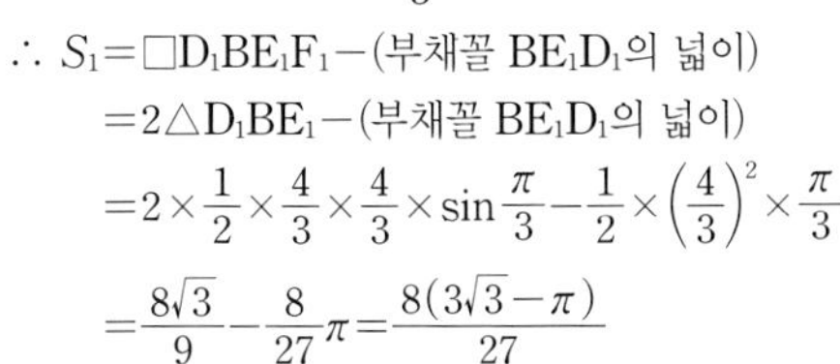

$8-4x=2x \qquad \therefore x=\frac{4}{3}$

$\therefore S_1=\square D_1BE_1F_1-(\text{부채꼴 } BE_1D_1\text{의 넓이})$

$=2\triangle D_1BE_1-(\text{부채꼴 } BE_1D_1\text{의 넓이})$

$=2\times\frac{1}{2}\times\frac{4}{3}\times\frac{4}{3}\times\sin\frac{\pi}{3}-\frac{1}{2}\times\left(\frac{4}{3}\right)^2\times\frac{\pi}{3}$

$=\frac{8\sqrt{3}}{9}-\frac{8}{27}\pi=\frac{8(3\sqrt{3}-\pi)}{27}$

Step 2 넓이의 비 구하기

$\overline{E_1C}=\overline{BC}-\overline{BE_1}=4-\frac{4}{3}=\frac{8}{3}$

두 삼각형 ABC, F_1E_1C는 닮음이고 닮음비는 $\overline{BC}:\overline{E_1C}=1:\frac{2}{3}$이므로

넓이의 비는 $1^2:\left(\frac{2}{3}\right)^2=1:\frac{4}{9}$이다.

즉, 두 삼각형 F_nE_nC, $F_{n+1}E_{n+1}C$의 넓이의 비는 $1:\frac{4}{9}$이므로 그림 R_n에 새로 색칠한 부분과 그림 R_{n+1}에 새로 색칠한 부분의 넓이의 비도 $1:\frac{4}{9}$이다.

Step 3 극한값 구하기

따라서 $\lim_{n\to\infty} S_n$은 첫째항이 $\frac{8(3\sqrt{3}-\pi)}{27}$이고 공비가 $\frac{4}{9}$인 등비급수의 합이므로

$$\lim_{n\to\infty} S_n=\frac{\frac{8(3\sqrt{3}-\pi)}{27}}{1-\frac{4}{9}}=\frac{8(3\sqrt{3}-\pi)}{15}$$

04 등비급수의 활용 – 부채꼴　정답 ① | 정답률 68%

문제 보기

그림과 같이 한 변의 길이가 2인 정삼각형 $A_1B_1C_1$이 있다. 세 선분 A_1B_1, B_1C_1, C_1A_1의 중점을 각각 L_1, M_1, N_1이라 하고, 중심이 M_1, 반지름의 길이가 $\overline{M_1N_1}$이고 중심각의 크기가 60°인 부채꼴 $M_1N_1L_1$을 그린 후 부채꼴 $M_1N_1L_1$의 호 N_1L_1과 두 선분 A_1L_1, A_1N_1로 둘러싸인 부분인 △ 모양의 도형을 T_1이라 하자. 두 정삼각형 $L_1B_1M_1$과 $N_1M_1C_1$에 도형 T_1을 얻은 것과 같은 방법으로 만들어지는 각각의 부채꼴의 호와 두 선분으로 둘러싸인 부분인 △ 모양의 도형을 각각 T_2, T_3이라 하자. 정삼각형 $A_1B_1C_1$에서 세 도형 T_1, T_2, T_3으로 이루어진 모양의 도형에 색칠하여 얻은 그림을 R_1이라 하자.

└→ S_1의 값을 구한다.

그림 R_1에서 부채꼴 $M_1N_1L_1$의 호 N_1L_1을 이등분하는 점을 A_2라 할 때, 부채꼴 $M_1N_1L_1$에 내접하는 정삼각형 $A_2B_2C_2$를 그리고 그림 R_1을 얻은 것과 같은 방법으로 만들어지는 모양의 도형에 색칠하여 얻은 그림을 R_2라 하자.

└→ 두 정삼각형 $A_1B_1C_1$, $A_2B_2C_2$의 닮음비를 이용하여 R_n에 새로 색칠한 부분과 R_{n+1}에 새로 색칠한 부분의 넓이의 비를 구한다.

이와 같은 과정을 계속하여 n번째 얻은 그림 R_n에 색칠되어 있는 부분의 넓이를 S_n이라 할 때, $\lim_{n\to\infty} S_n$의 값은? [4점]

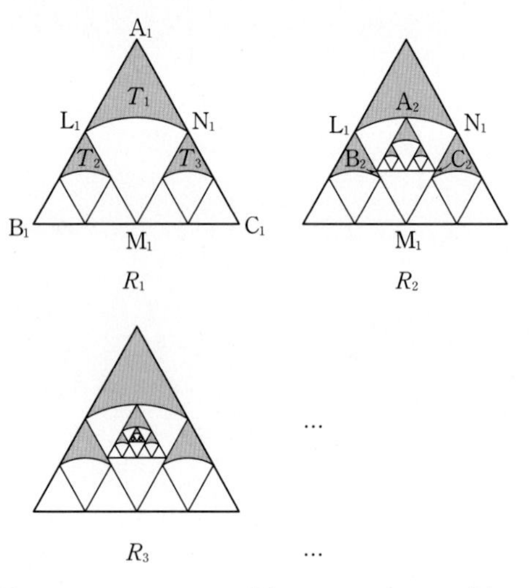

① $\frac{3(3\sqrt{3}-\pi)}{11}$　② $\frac{13(3\sqrt{3}-\pi)}{44}$　③ $\frac{7(3\sqrt{3}-\pi)}{22}$

④ $\frac{15(3\sqrt{3}-\pi)}{44}$　⑤ $\frac{4(3\sqrt{3}-\pi)}{11}$

Step 1 S_1의 값 구하기

$\overline{A_1L_1}=\frac{1}{2}\overline{A_1B_1}=1$

두 정삼각형 $A_1B_1C_1$, $A_1L_1N_1$은 닮음이고 닮음비는 $\overline{A_1B_1}:\overline{A_1L_1}=2:1$이므로 넓이의 비는 $2^2:1^2=4:1$이다.

즉, 두 도형 T_1, T_2의 넓이의 비도 4 : 1이므로

$T_1+T_2+T_3=T_1+\frac{1}{4}T_1+\frac{1}{4}T_1=\frac{3}{2}T_1$

$\therefore S_1=\frac{3}{2}T_1$

$=\frac{3}{2}\{2\triangle A_1L_1N_1-(\text{부채꼴 } M_1N_1L_1\text{의 넓이})\}$

$=\frac{3}{2}\left(2\times\frac{\sqrt{3}}{4}\times1^2-\frac{1}{2}\times1^2\times\frac{\pi}{3}\right)$

$=\frac{3\sqrt{3}-\pi}{4}$

Step 2 넓이의 비 구하기

오른쪽 그림과 같이 $\overline{A_2B_2}=x\ (0<x<1)$라 하면

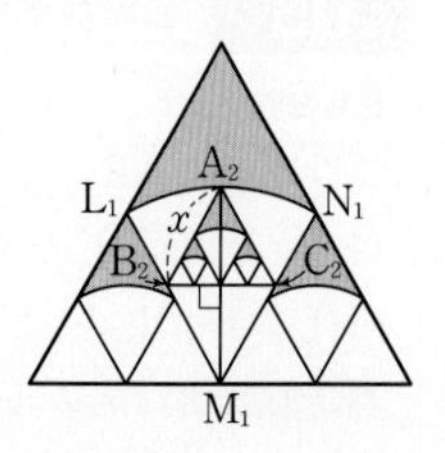

$\triangle A_2B_2C_2\equiv\triangle M_1B_2C_2$ (SSS 합동)이므로

$\overline{A_2M_1}=2\times\frac{\sqrt{3}}{2}x=\sqrt{3}x$

└→ 2×(정삼각형 $A_2B_2C_2$의 높이)

$\overline{A_2M_1}=\overline{L_1M_1}=1$이므로

$\sqrt{3}x=1\qquad\therefore x=\frac{1}{\sqrt{3}}$

두 정삼각형 $A_1B_1C_1$, $A_2B_2C_2$는 닮음이고 닮음비는 $\overline{A_1B_1}:\overline{A_2B_2}=2:\frac{1}{\sqrt{3}}$이므로 넓이의 비는 $2^2:\left(\frac{1}{\sqrt{3}}\right)^2=4:\frac{1}{3}$이다.

즉, 두 정삼각형 $A_nB_nC_n$, $A_{n+1}B_{n+1}C_{n+1}$의 넓이의 비는 $4:\frac{1}{3}$이므로 그림 R_n에 새로 색칠한 부분과 그림 R_{n+1}에 새로 색칠한 부분의 넓이의 비도 $4:\frac{1}{3}$이다.

Step 3 극한값 구하기

따라서 $\lim_{n\to\infty} S_n$은 첫째항이 $\frac{3\sqrt{3}-\pi}{4}$이고 공비가 $\frac{1}{12}$인 등비급수의 합이므로

$$\lim_{n\to\infty} S_n=\frac{\frac{3\sqrt{3}-\pi}{4}}{1-\frac{1}{12}}=\frac{3(3\sqrt{3}-\pi)}{11}$$

05 등비급수의 활용 – 부채꼴

정답 ③ | 정답률 72%

문제 보기

그림과 같이 중심각의 크기가 $\frac{\pi}{3}$이고 반지름의 길이가 6인 부채꼴 OAB가 있다. 부채꼴 OAB에 내접하는 원 O_1이 두 선분 OA, OB, 호 AB와 만나는 점을 각각 A_1, B_1, C_1이라 하고, 부채꼴 OA_1B_1의 외부와 삼각형 $A_1C_1B_1$의 내부의 공통부분의 넓이를 S_1이라 하자.
└ S_1의 값을 구한다.
부채꼴 OA_1B_1에 내접하는 원 O_2가 두 선분 OA_1, OB_1, 호 A_1B_1과 만나는 점을 각각 A_2, B_2, C_2라 하고, 부채꼴 OA_2B_2의 외부와 삼각형 $A_2C_2B_2$의 내부의 공통부분의 넓이를 S_2라 하자.
└ 두 부채꼴 OAB, OA_1B_1의 닮음비를 이용하여 n번째와 $(n+1)$번째 얻은 부채꼴의 외부와 삼각형의 내부의 공통부분의 넓이의 비를 구한다.
위와 같은 과정을 계속하여 n번째 얻은 부채꼴 OA_nB_n의 외부와 삼각형 $A_nC_nB_n$의 내부의 공통부분의 넓이를 S_n이라 할 때, $\sum_{n=1}^{\infty}S_n$의 값은? [4점]

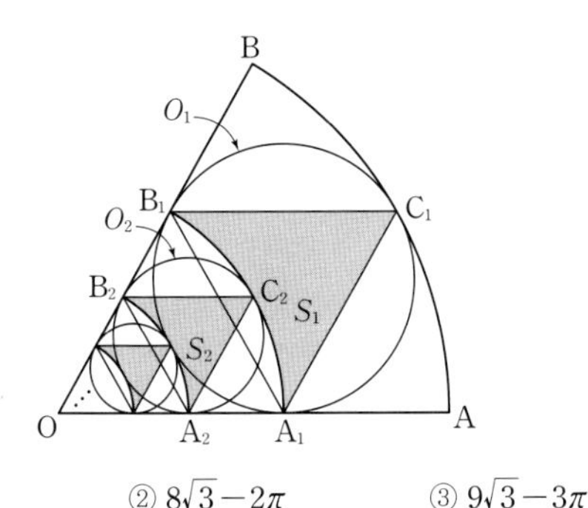

① $8\sqrt{3}-3\pi$　② $8\sqrt{3}-2\pi$　③ $9\sqrt{3}-3\pi$
④ $9\sqrt{3}-2\pi$　⑤ $10\sqrt{3}-3\pi$

Step 1 S_1의 값 구하기

오른쪽 그림과 같이 부채꼴 OAB에서 원 O_1의 중심을 C라 하자.

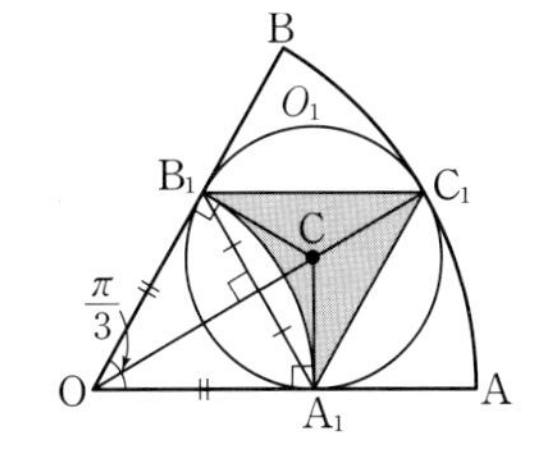

$\overline{OA_1}=\overline{OB_1}$, $\angle A_1OB_1=\frac{\pi}{3}$이므로 삼각형 OA_1B_1은 정삼각형이다.
선분 OC_1이 선분 A_1B_1의 중점과 점 C를 지나므로 삼각형 $A_1C_1B_1$은 이등변삼각형이다.
$\angle A_1CB_1=\frac{2}{3}\pi$이므로
$\angle A_1C_1B_1=\frac{\pi}{3}$ → $\angle A_1C_1B_1$은 호 A_1B_1에 대한 원주각이야.
즉, 삼각형 $A_1C_1B_1$도 정삼각형이므로
$\triangle OA_1B_1 \equiv \triangle C_1B_1A_1$ (SAS 합동)
직각삼각형 OA_1C에서 $\overline{CA_1}=a$라 하면
$\overline{OA_1}=\sqrt{3}a$, $\overline{OC}=2a$
$\overline{OC_1}=\overline{OC}+\overline{CC_1}=2a+a=3a$
즉, $3a=6$이므로 $a=2$
$\therefore \overline{OA_1}=2\sqrt{3}$
$\therefore S_1=\square OA_1C_1B_1-$(부채꼴 OA_1B_1의 넓이)
$=2\triangle OA_1B_1-$(부채꼴 OA_1B_1의 넓이)
$=2\times\frac{\sqrt{3}}{4}\times(2\sqrt{3})^2-\frac{1}{2}\times(2\sqrt{3})^2\times\frac{\pi}{3}$
$=6\sqrt{3}-2\pi$

Step 2 넓이의 비 구하기

두 부채꼴 OAB, OA_1B_1은 닮음이고 닮음비는 $\overline{OA}:\overline{OA_1}=3:\sqrt{3}$이므로 넓이의 비는 $3^2:(\sqrt{3})^2=3:1$이다.
즉, 두 부채꼴 OA_nB_n, $OA_{n+1}B_{n+1}$의 넓이의 비는 $3:1$이므로 n번째와 $(n+1)$번째 얻은 부채꼴의 외부와 삼각형의 내부의 공통부분의 넓이의 비도 $3:1$이다.

Step 3 급수의 합 구하기

따라서 $\sum_{n=1}^{\infty}S_n$은 첫째항이 $6\sqrt{3}-2\pi$이고 공비가 $\frac{1}{3}$인 등비급수의 합이므로
$\sum_{n=1}^{\infty}S_n=\frac{6\sqrt{3}-2\pi}{1-\frac{1}{3}}=9\sqrt{3}-3\pi$

6 일차

06 등비급수의 활용 – 부채꼴 정답 ② | 정답률 67%

문제 보기

그림과 같이 $\overline{A_1B_1}=1$, $\overline{A_1D_1}=2$인 직사각형 $A_1B_1C_1D_1$이 있다. 선분 A_1D_1 위의 $\overline{B_1C_1}=\overline{B_1E_1}$, $\overline{C_1B_1}=\overline{C_1F_1}$인 두 점 E_1, F_1에 대하여 중심이 B_1인 부채꼴 $B_1E_1C_1$과 중심이 C_1인 부채꼴 $C_1F_1B_1$을 각각 직사각형 $A_1B_1C_1D_1$ 내부에 그리고, 선분 B_1E_1과 선분 C_1F_1의 교점을 G_1이라 하자. 두 선분 G_1F_1, G_1B_1과 호 F_1B_1로 둘러싸인 부분과 두 선분 G_1E_1, G_1C_1과 호 E_1C_1로 둘러싸인 부분인 ⋈ 모양의 도형에 색칠하여 얻은 그림을 R_1이라 하자. → S_1의 값을 구한다.

그림 R_1에서 선분 B_1G_1 위의 점 A_2, 선분 C_1G_1 위의 점 D_2와 선분 B_1C_1 위의 두 점 B_2, C_2를 꼭짓점으로 하고 $\overline{A_2B_2}:\overline{A_2D_2}=1:2$인 직사각형 $A_2B_2C_2D_2$를 그리고, 그림 R_1을 얻는 것과 같은 방법으로 직사각형 $A_2B_2C_2D_2$ 내부에 ⋈ 모양의 도형을 그리고 색칠하여 얻은 그림을 R_2라 하자.

└→ 두 직사각형 $A_1B_1C_1D_1$, $A_2B_2C_2D_2$의 닮음비를 이용하여 R_n에 새로 색칠한 부분과 R_{n+1}에 새로 색칠한 부분의 넓이의 비를 구한다.

이와 같은 과정을 계속하여 n번째 얻은 그림 R_n에 색칠되어 있는 부분의 넓이를 S_n이라 할 때, $\lim_{n\to\infty} S_n$의 값은? [4점]

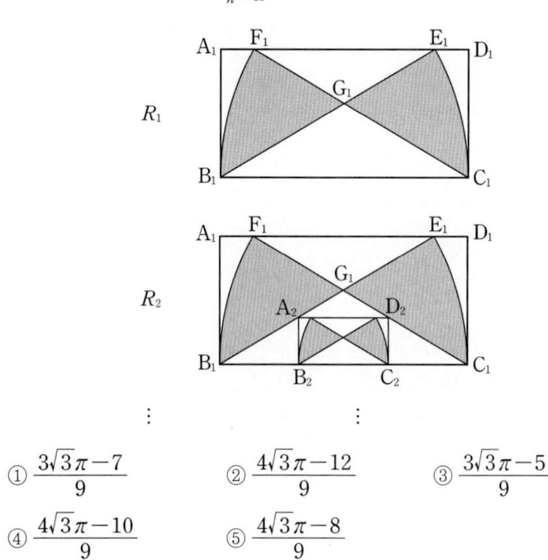

① $\frac{3\sqrt{3}\pi-7}{9}$ ② $\frac{4\sqrt{3}\pi-12}{9}$ ③ $\frac{3\sqrt{3}\pi-5}{9}$

④ $\frac{4\sqrt{3}\pi-10}{9}$ ⑤ $\frac{4\sqrt{3}\pi-8}{9}$

Step 1 S_1의 값 구하기

오른쪽 그림과 같이 두 점 E_1, G_1에서 변 B_1C_1에 내린 수선의 발을 각각 H, I라 하자.

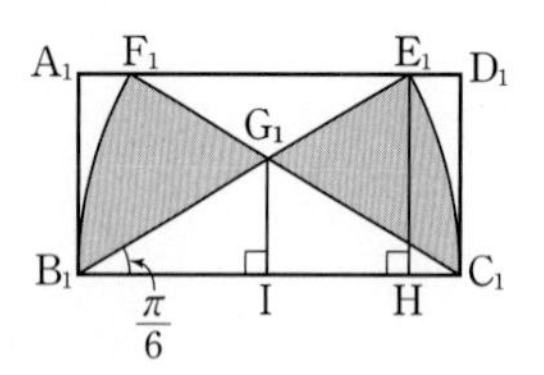

직각삼각형 E_1B_1H에서 $\overline{B_1E_1}=2$, $\overline{E_1H}=1$이므로

$\angle E_1B_1H_1=\frac{\pi}{6}$, $\overline{B_1H}=\sqrt{3}$

직각삼각형 B_1IG_1에서 $\overline{B_1I}=\frac{1}{2}\overline{B_1C_1}=1$이므로

$\overline{G_1I}=\overline{B_1I}\tan\frac{\pi}{6}=1\times\frac{\sqrt{3}}{3}=\frac{\sqrt{3}}{3}$

$\therefore S_1=2\{(\text{부채꼴 } B_1C_1E_1\text{의 넓이})-\triangle B_1C_1G_1\}$

$=2\left(\frac{1}{2}\times2^2\times\frac{\pi}{6}-\frac{1}{2}\times2\times\frac{\sqrt{3}}{3}\right)$

$=\frac{2(\pi-\sqrt{3})}{3}$

Step 2 넓이의 비 구하기

오른쪽 그림에서

$\triangle B_1IG_1\backsim\triangle B_1B_2A_2$ (AA 닮음)이므로

$\overline{A_2B_2}=x$라 하면

$\overline{B_1B_2}=\overline{C_1C_2}=\sqrt{3}x$, $\overline{B_2C_2}=2x$

$\overline{B_1C_1}=\overline{B_1B_2}+\overline{B_2C_2}+\overline{C_1C_2}$에서

$2=\sqrt{3}x+2x+\sqrt{3}x$, $2(\sqrt{3}+1)x=2$

$\therefore x=\frac{1}{\sqrt{3}+1}=\frac{\sqrt{3}-1}{2}$

두 직사각형 $A_1B_1C_1D_1$, $A_2B_2C_2D_2$는 닮음이고 닮음비는

$\overline{A_1B_1}:\overline{A_2B_2}=1:\frac{\sqrt{3}-1}{2}$이므로 넓이의 비는 $1^2:\left(\frac{\sqrt{3}-1}{2}\right)^2=1:\frac{2-\sqrt{3}}{2}$ 이다.

즉, 두 직사각형 $A_nB_nC_nD_n$, $A_{n+1}B_{n+1}C_{n+1}D_{n+1}$의 넓이의 비는 $1:\frac{2-\sqrt{3}}{2}$이므로 그림 R_n에 새로 색칠한 부분과 그림 R_{n+1}에 새로 색칠한 부분의 넓이의 비도 $1:\frac{2-\sqrt{3}}{2}$이다.

Step 3 극한값 구하기

따라서 $\lim_{n\to\infty}S_n$은 첫째항이 $\frac{2(\pi-\sqrt{3})}{3}$이고 공비가 $\frac{2-\sqrt{3}}{2}$인 등비급수의 합이므로

$$\lim_{n\to\infty}S_n=\frac{\frac{2(\pi-\sqrt{3})}{3}}{1-\frac{2-\sqrt{3}}{2}}=\frac{4\sqrt{3}\pi-12}{9}$$

07 등비급수의 활용 – 부채꼴 　정답 ④ | 정답률 55%

문제 보기

중심이 O, 반지름의 길이가 1이고 중심각의 크기가 $\frac{2}{3}\pi$인 부채꼴 OAB가 있다. 그림과 같이 호 AB를 이등분하는 점을 M이라 하고 호 AM과 호 MB를 각각 이등분하는 점을 두 꼭짓점으로 하는 직사각형을 부채꼴 OAB에 내접하도록 그리고, 부채꼴의 내부와 직사각형의 외부의 공통부분에 색칠하여 얻은 그림을 R_1이라 하자.

└→ S_1의 값을 구한다.

그림 R_1에 직사각형의 네 변의 중점을 모두 지나도록 중심각의 크기가 $\frac{2}{3}\pi$인 부채꼴을 그리고, 이 부채꼴에 그림 R_1을 얻는 것과 같은 방법으로 직사각형을 그리고 색칠하여 얻은 그림을 R_2라 하자.

└→ 부채꼴 OAB와 R_2에 새로 그린 부채꼴의 닮음비를 이용하여 R_n에 새로 색칠한 부분과 R_{n+1}에 새로 색칠한 부분의 넓이의 비를 구한다.

그림 R_2에 새로 그려진 직사각형의 네 변의 중점을 모두 지나도록 중심각의 크기가 $\frac{2}{3}\pi$인 부채꼴을 그리고, 이 부채꼴에 그림 R_1을 얻는 것과 같은 방법으로 직사각형을 그리고 색칠하여 얻은 그림을 R_3이라 하자.

이와 같은 과정을 계속하여 n번째 얻은 그림 R_n에 색칠되어 있는 부분의 넓이를 S_n이라 할 때, $\lim_{n\to\infty} S_n$의 값은? [4점]

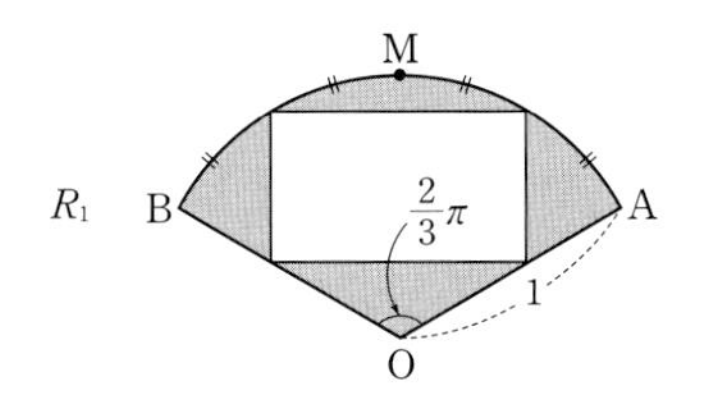

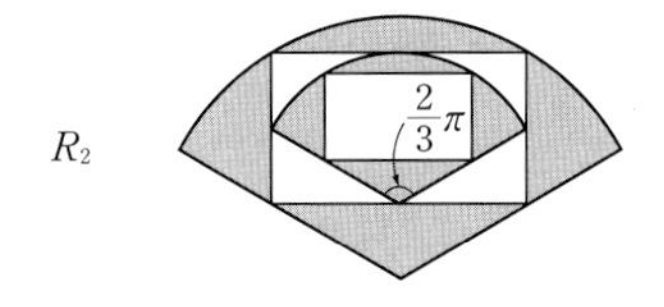

⋮　　　⋮

① $\frac{2\pi-3\sqrt{3}}{2}$　② $\frac{\pi-\sqrt{2}}{3}$　③ $\frac{2\pi-3\sqrt{2}}{3}$
④ $\frac{\pi-\sqrt{3}}{2}$　⑤ $\frac{2\pi-2\sqrt{3}}{3}$

Step 1 S_1의 값 구하기

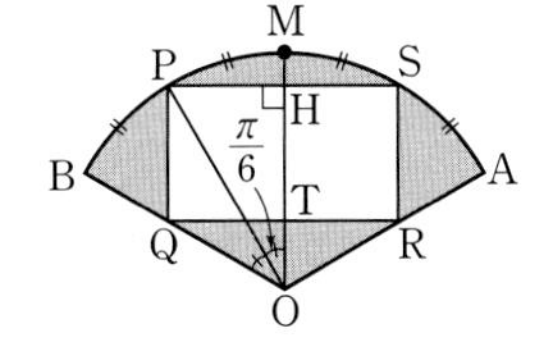

오른쪽 그림과 같이 직사각형의 네 꼭짓점을 각각 P, Q, R, S라 하고, 선분 OM이 두 선분 PS, QR와 만나는 점을 각각 H, T라 하자.

직각삼각형 POH에서 $\angle POH=\frac{\pi}{6}$, $\overline{OP}=1$이므로

$\overline{PH}=\overline{OP}\sin\frac{\pi}{6}=\frac{1}{2}$, $\overline{OH}=\overline{OP}\cos\frac{\pi}{6}=\frac{\sqrt{3}}{2}$

$\therefore \overline{PS}=2\overline{PH}=1$

직각삼각형 QOT에서 $\angle QOT=\frac{\pi}{3}$, $\overline{TQ}=\overline{PH}=\frac{1}{2}$이므로

$\overline{OT}=\frac{\overline{TQ}}{\tan\frac{\pi}{3}}=\frac{\sqrt{3}}{6}$

$\therefore \overline{PQ}=\overline{HT}=\overline{OH}-\overline{OT}=\frac{\sqrt{3}}{2}-\frac{\sqrt{3}}{6}=\frac{\sqrt{3}}{3}$

$\therefore S_1=$(부채꼴 OAB의 넓이)$-\square$PQRS

$=\frac{1}{2}\times1^2\times\frac{2}{3}\pi-1\times\frac{\sqrt{3}}{3}=\frac{\pi-\sqrt{3}}{3}$

Step 2 넓이의 비 구하기

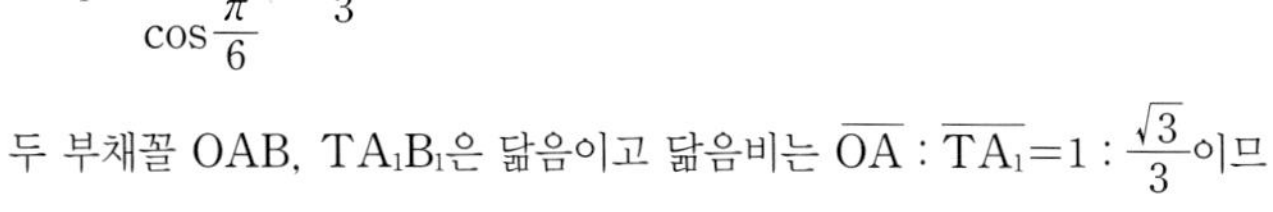

오른쪽 그림과 같이 두 변 PQ, SR의 중점을 각각 B_1, A_1이라 하면

$\angle A_1TR=\frac{\pi}{6}$, $\overline{TR}=\overline{TQ}=\frac{1}{2}$

직각삼각형 A_1TR에서

$\overline{TA_1}=\frac{\overline{TR}}{\cos\frac{\pi}{6}}=\frac{\sqrt{3}}{3}$

두 부채꼴 OAB, TA_1B_1은 닮음이고 닮음비는 $\overline{OA}:\overline{TA_1}=1:\frac{\sqrt{3}}{3}$이므로 넓이의 비는 $1^2:\left(\frac{\sqrt{3}}{3}\right)^2=1:\frac{1}{3}$이다.

즉, 그림 R_n에 새로 그린 부채꼴과 그림 R_{n+1}에 새로 그린 부채꼴의 넓이의 비는 $1:\frac{1}{3}$이므로 그림 R_n에 새로 색칠한 부분과 그림 R_{n+1}에 새로 색칠한 부분의 넓이의 비도 $1:\frac{1}{3}$이다.

Step 3 극한값 구하기

따라서 $\lim_{n\to\infty} S_n$은 첫째항이 $\frac{\pi-\sqrt{3}}{3}$이고 공비가 $\frac{1}{3}$인 등비급수의 합이므로

$\lim_{n\to\infty} S_n=\frac{\frac{\pi-\sqrt{3}}{3}}{1-\frac{1}{3}}=\frac{\pi-\sqrt{3}}{2}$

08 등비급수의 활용 – 부채꼴 정답 5 | 정답률 37%

문제 보기

그림과 같이 길이가 4인 선분 B_1C_1을 빗변으로 하고 $\angle B_1A_1C_1=90°$인 직각이등변삼각형 $A_1B_1C_1$을 그린다. $\overline{B_1A_1}=\overline{B_1C_2}$이고 $\overline{C_1A_1}=\overline{C_1B_2}$인 선분 B_1C_1 위의 두 점 C_2와 B_2에 대하여 부채꼴 $B_1A_1C_2$와 부채꼴 $C_1A_1B_2$를 그린 후 생긴 ⩘ 모양에 색칠하고 그 넓이를 S_1이라 하자.
└→ S_1의 값을 구한다.

선분 B_2C_2를 빗변으로 하고 삼각형 $A_1B_1C_1$의 내부의 점 A_2에 대하여 $\angle B_2A_2C_2=90°$인 직각이등변삼각형 $A_2B_2C_2$를 그린다. $\overline{B_2A_2}=\overline{B_2C_3}$이고 $\overline{C_2A_2}=\overline{C_2B_3}$인 선분 B_2C_2 위의 두 점 C_3과 B_3에 대하여 부채꼴 $B_2A_2C_3$과 부채꼴 $C_2A_2B_3$을 그린 후 생긴 ⩘ 모양에 색칠하고 그 넓이를 S_2라 하자. → 두 삼각형 $A_1B_1C_1$, $A_2B_2C_2$의 닮음비를 이용하여 두 삼각형 $A_nB_nC_n$, $A_{n+1}B_{n+1}C_{n+1}$의 넓이의 비를 구한다.

선분 B_3C_3을 빗변으로 하고 삼각형 $A_2B_2C_2$의 내부의 점 A_3에 대하여 $\angle B_3A_3C_3=90°$인 직각이등변삼각형 $A_3B_3C_3$을 그린다. $\overline{B_3A_3}=\overline{B_3C_4}$이고 $\overline{C_3A_3}=\overline{C_3B_4}$인 선분 B_3C_3 위의 두 점 C_4와 B_4에 대하여 부채꼴 $B_3A_3C_4$와 부채꼴 $C_3A_3B_4$를 그린 후 생긴 ⩘ 모양에 색칠하고 그 넓이를 S_3이라 하자.

이와 같은 과정을 계속하여 얻은 S_n에 대하여 $\frac{1}{4-\pi}\sum_{n=1}^{\infty}S_n=a+\sqrt{b}$ $(a, b$는 정수)일 때, a^2+b^2의 값을 구하시오. [4점]

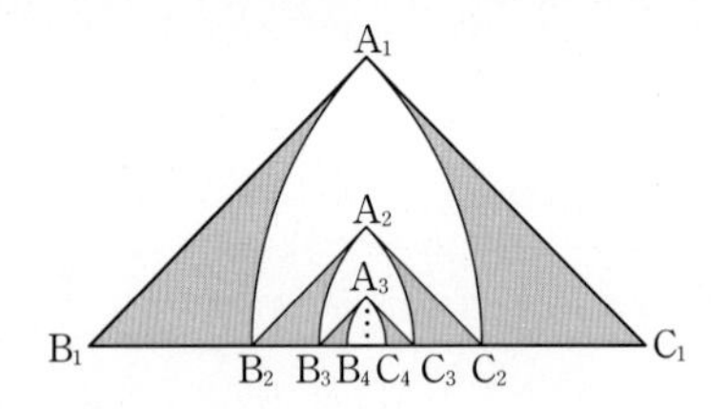

Step 1 S_1의 값 구하기

직각삼각형 $A_1B_1C_1$에서 $\angle A_1B_1C_1=\frac{\pi}{4}$, $\overline{B_1C_1}=4$이므로

$\overline{A_1B_1}=\overline{A_1C_1}=\frac{\overline{B_1C_1}}{\sqrt{2}}=2\sqrt{2}$

$\therefore S_1=2\{\triangle A_1B_1C_1-(\text{부채꼴 } B_1A_1C_2\text{의 넓이})\}$

$=2\left\{\frac{1}{2}\times2\sqrt{2}\times2\sqrt{2}-\frac{1}{2}\times(2\sqrt{2})^2\times\frac{\pi}{4}\right\}$

$=8-2\pi$

Step 2 넓이의 비 구하기

$\overline{B_1C_2}=\overline{A_1B_1}=2\sqrt{2}$이므로

$\overline{C_1C_2}=\overline{B_1C_1}-\overline{B_1C_2}=4-2\sqrt{2}$

$\therefore \overline{B_2C_2}=\overline{B_1C_1}-(\overline{B_1B_2}+\overline{C_1C_2})$

$=\overline{B_1C_1}-2\overline{C_1C_2}$

$=4-2(4-2\sqrt{2})=4(\sqrt{2}-1)$

두 삼각형 $A_1B_1C_1$, $A_2B_2C_2$는 닮음이고 닮음비는

$\overline{B_1C_1}:\overline{B_2C_2}=1:(\sqrt{2}-1)$이므로 넓이의 비는

$1^2:(\sqrt{2}-1)^2=1:(3-2\sqrt{2})$이다.

즉, 두 삼각형 $A_nB_nC_n$, $A_{n+1}B_{n+1}C_{n+1}$의 넓이의 비는 $1:(3-2\sqrt{2})$이다.

Step 3 급수의 합 구하기

$\sum_{n=1}^{\infty}S_n$은 첫째항이 $8-2\pi$이고 공비가 $3-2\sqrt{2}$인 등비급수의 합이므로

$\frac{1}{4-\pi}\sum_{n=1}^{\infty}S_n=\frac{1}{4-\pi}\times\frac{8-2\pi}{1-(3-2\sqrt{2})}$

$=\frac{1}{\sqrt{2}-1}=1+\sqrt{2}$

Step 4 a^2+b^2의 값 구하기

따라서 $a=1$, $b=2$이므로

$a^2+b^2=1+4=5$

09 등비급수의 활용 – 다각형

정답 ② | 정답률 56%

문제 보기

그림과 같이 한 변의 길이가 4인 정사각형 $A_1B_1C_1D_1$이 있다. 선분 C_1D_1의 중점을 E_1이라 하고, 직선 A_1B_1 위에 두 점 F_1, G_1을 $\overline{E_1F_1}=\overline{E_1G_1}$, $\overline{E_1F_1}:\overline{F_1G_1}=5:6$이 되도록 잡고 이등변삼각형 $E_1F_1G_1$을 그린다. 선분 D_1A_1과 선분 E_1F_1의 교점을 P_1, 선분 B_1C_1과 선분 G_1E_1의 교점을 Q_1이라 할 때, 네 삼각형 $E_1D_1P_1$, $P_1F_1A_1$, $Q_1B_1G_1$, $E_1Q_1C_1$로 만들어진 ◸◹ 모양의 도형에 색칠하여 얻은 그림을 R_1이라 하자. → S_1의 값을 구한다.

그림 R_1에 선분 F_1G_1 위의 두 점 A_2, B_2와 선분 G_1E_1 위의 점 C_2, 선분 E_1F_1 위의 점 D_2를 꼭짓점으로 하는 정사각형 $A_2B_2C_2D_2$를 그리고, 그림 R_1을 얻는 것과 같은 방법으로 정사각형 $A_2B_2C_2D_2$에 ◸◹ 모양의 도형을 그리고 색칠하여 얻은 그림을 R_2라 하자.

└→ 두 정사각형 $A_1B_1C_1D_1$, $A_2B_2C_2D_2$의 닮음비를 이용하여 R_n에 새로 색칠한 부분과 R_{n+1}에 새로 색칠한 부분의 넓이의 비를 구한다.

이와 같은 과정을 계속하여 n번째 얻은 그림 R_n에 색칠되어 있는 부분의 넓이를 S_n이라 할 때, $\lim_{n\to\infty} S_n$의 값은? [4점]

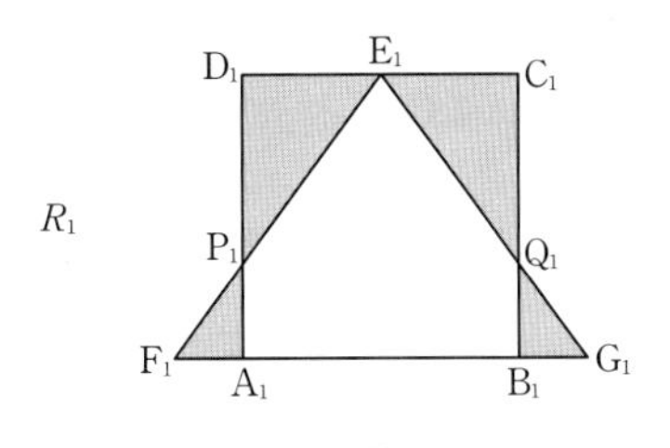

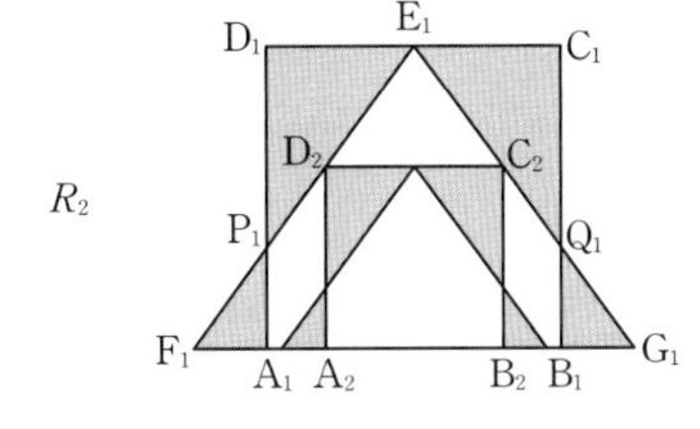

⋮ ⋮

① $\frac{61}{6}$ ② $\frac{125}{12}$ ③ $\frac{32}{3}$ ④ $\frac{131}{12}$ ⑤ $\frac{67}{6}$

Step 1 S_1의 값 구하기

오른쪽 그림과 같이 점 E_1에서 선분 A_1B_1에 내린 수선의 발을 H라 하자.

삼각형 $E_1F_1G_1$은 이등변삼각형이므로

$\overline{F_1H}=\overline{HG_1}$

$\overline{E_1F_1}:\overline{F_1G_1}=5:6$이므로 $\overline{E_1F_1}=5a$라 하면

$\overline{F_1G_1}=6a$, $\overline{F_1H}=3a$

직각삼각형 E_1F_1H에서

$\overline{E_1H}=\sqrt{\overline{E_1F_1}^2-\overline{F_1H}^2}=\sqrt{(5a)^2-(3a)^2}=4a$

즉, $4a=4$이므로 $a=1$

$\overline{E_1F_1}=5$, $\overline{F_1G_1}=6$, $\overline{F_1H}=3$이므로

$\overline{F_1A_1}=\overline{F_1H}-\overline{A_1H}=3-2=1$

$\overline{E_1H}\,/\!/\,\overline{P_1A_1}$이므로 $\overline{E_1H}:\overline{P_1A_1}=\overline{F_1H}:\overline{F_1A_1}$에서

$4:\overline{P_1A_1}=3:1$ $\quad\therefore \overline{P_1A_1}=\frac{4}{3}$

$\overline{D_1P_1}=\overline{D_1A_1}-\overline{P_1A_1}=4-\frac{4}{3}=\frac{8}{3}$

$\therefore S_1=2(\triangle E_1D_1P_1+\triangle P_1F_1A_1)$

$=2\left(\frac{1}{2}\times2\times\frac{8}{3}+\frac{1}{2}\times1\times\frac{4}{3}\right)=\frac{20}{3}$

Step 2 넓이의 비 구하기

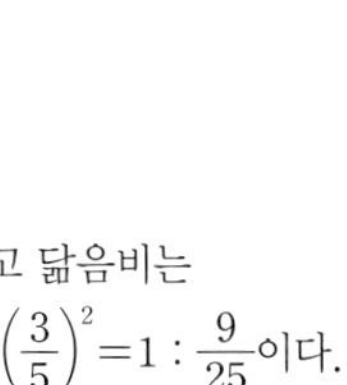

오른쪽 그림과 같이 점 E_1에서 선분 D_2C_2에 내린 수선의 발을 I라 하고 정사각형 $A_2B_2C_2D_2$의 한 변의 길이를 x라 하면

$\overline{D_2I}=\frac{x}{2}$, $\overline{E_1I}=4-x$

$\overline{E_1H}\,/\!/\,\overline{D_2A_2}$이므로

$\overline{E_1H}:\overline{E_1I}=\overline{F_1H}:\overline{D_2I}$에서

$4:(4-x)=3:\frac{x}{2}$, $12-3x=2x$

$5x=12$ $\quad\therefore x=\frac{12}{5}$

두 정사각형 $A_1B_1C_1D_1$, $A_2B_2C_2D_2$는 닮음이고 닮음비는

$\overline{A_1B_1}:\overline{A_2B_2}=1:\frac{3}{5}$이므로 넓이의 비는 $1^2:\left(\frac{3}{5}\right)^2=1:\frac{9}{25}$이다.

즉, 두 정사각형 $A_nB_nC_nD_n$, $A_{n+1}B_{n+1}C_{n+1}D_{n+1}$의 넓이의 비는 $1:\frac{9}{25}$이므로 그림 R_n에 새로 색칠한 부분과 그림 R_{n+1}에 새로 색칠한 부분의 넓이의 비도 $1:\frac{9}{25}$이다.

Step 3 극한값 구하기

따라서 $\lim_{n\to\infty} S_n$은 첫째항이 $\frac{20}{3}$이고 공비가 $\frac{9}{25}$인 등비급수의 합이므로

$$\lim_{n\to\infty} S_n=\frac{\frac{20}{3}}{1-\frac{9}{25}}=\frac{125}{12}$$

6 일차

10 등비급수의 활용 – 다각형 정답 ③ | 정답률 52%

문제 보기

그림과 같이 $\overline{AB_1}=1$, $\overline{B_1C_1}=2$인 직사각형 $AB_1C_1D_1$이 있다. $\angle AD_1C_1$을 삼등분하는 두 직선이 선분 B_1C_1과 만나는 점 중 점 B_1에 가까운 점을 E_1, 점 C_1에 가까운 점을 F_1이라 하자. $\overline{E_1F_1}=\overline{F_1G_1}$, $\angle E_1F_1G_1=\frac{\pi}{2}$이고 선분 AD_1과 선분 F_1G_1이 만나도록 점 G_1을 잡아 삼각형 $E_1F_1G_1$을 그린다.

선분 E_1D_1과 선분 F_1G_1이 만나는 점을 H_1이라 할 때, 두 삼각형 $G_1E_1H_1$, $H_1F_1D_1$로 만들어진 ◿◿ 모양의 도형에 색칠하여 얻은 그림을 R_1이라 하자. → S_1의 값을 구한다.

그림 R_1에 선분 AB_1 위의 점 B_2, 선분 E_1G_1 위의 점 C_2, 선분 AD_1 위의 점 D_2와 점 A를 꼭짓점으로 하고 $\overline{AB_2}:\overline{B_2C_2}=1:2$인 직사각형 $AB_2C_2D_2$를 그린다. 직사각형 $AB_2C_2D_2$에 그림 R_1을 얻은 것과 같은 방법으로 ◿◿ 모양의 도형을 그리고 색칠하여 얻은 그림을 R_2라 하자.
└→ 두 직사각형 $AB_1C_1D_1$, $AB_2C_2D_2$의 닮음비를 이용하여 R_n에 새로 색칠한 부분과 R_{n+1}에 새로 색칠한 부분의 넓이의 비를 구한다.

이와 같은 과정을 계속하여 n번째 얻은 그림 R_n에 색칠되어 있는 부분의 넓이를 S_n이라 할 때, $\lim_{n\to\infty} S_n$의 값은? [3점]

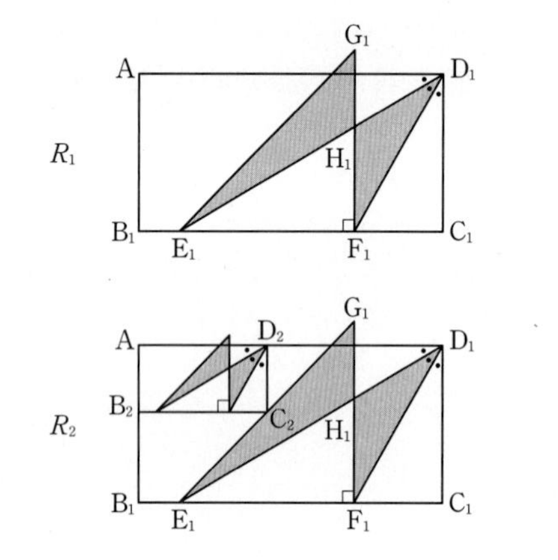

① $\frac{2\sqrt{3}}{9}$　② $\frac{5\sqrt{3}}{18}$　③ $\frac{\sqrt{3}}{3}$　④ $\frac{7\sqrt{3}}{18}$　⑤ $\frac{4\sqrt{3}}{9}$

Step 1 S_1의 값 구하기

직각삼각형 $C_1D_1F_1$에서 $\angle C_1D_1F_1=\frac{1}{3}\times\frac{\pi}{2}=\frac{\pi}{6}$이므로

$\overline{C_1F_1}=\overline{C_1D_1}\times\tan\frac{\pi}{6}=1\times\frac{\sqrt{3}}{3}=\frac{\sqrt{3}}{3}$

직각삼각형 $C_1D_1E_1$에서 $\angle C_1D_1E_1=\frac{2}{3}\times\frac{\pi}{2}=\frac{\pi}{3}$이므로

$\overline{C_1E_1}=\overline{C_1D_1}\times\tan\frac{\pi}{3}=1\times\sqrt{3}=\sqrt{3}$

직각삼각형 $E_1F_1H_1$에서

$\angle H_1E_1F_1=\angle AD_1E_1=\frac{\pi}{6}$ ($\because \overline{AD_1}\,/\!/\,\overline{E_1F_1}$),

$\overline{E_1F_1}=\overline{C_1E_1}-\overline{C_1F_1}=\sqrt{3}-\frac{\sqrt{3}}{3}=\frac{2\sqrt{3}}{3}$이므로

$\overline{F_1H_1}=\overline{E_1F_1}\times\tan\frac{\pi}{6}=\frac{2\sqrt{3}}{3}\times\frac{\sqrt{3}}{3}=\frac{2}{3}$

$\therefore S_1=\triangle E_1F_1G_1+\triangle E_1F_1D_1-2\triangle E_1F_1H_1$

$=\frac{1}{2}\times\frac{2\sqrt{3}}{3}\times\frac{2\sqrt{3}}{3}+\frac{1}{2}\times\frac{2\sqrt{3}}{3}\times1-2\times\frac{1}{2}\times\frac{2\sqrt{3}}{3}\times\frac{2}{3}$

$=\frac{6-\sqrt{3}}{9}$

Step 2 넓이의 비 구하기

$\overline{AB_2}:\overline{B_2C_2}=1:2$이므로 $\overline{AB_2}=k$, $\overline{B_2C_2}=2k\,(k>0)$라 하자.

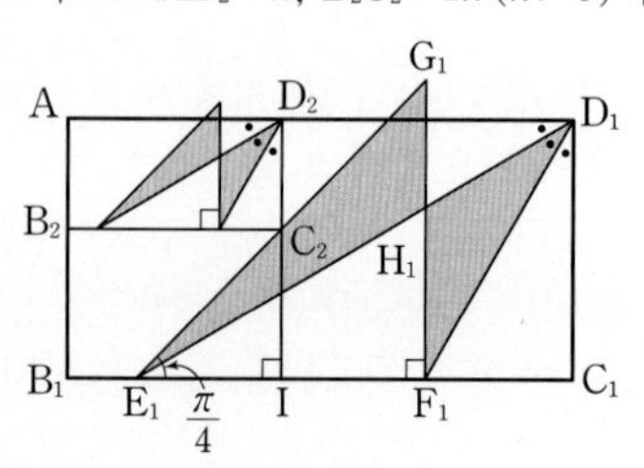

위의 그림과 같이 점 C_2에서 선분 B_1C_1에 내린 수선의 발을 I라 하면

$\overline{E_1I}=\overline{C_2I}=1-k$, $\overline{IC_1}=\overline{D_2D_1}=2-2k$
└→ $\overline{E_1F_1}=\overline{F_1G_1}$에서 $\angle G_1E_1F_1=\frac{\pi}{4}$이므로 $\overline{E_1I}=\overline{C_2I}$야.

$\overline{C_1E_1}=\overline{E_1I}+\overline{IC_1}$에서

$\sqrt{3}=(1-k)+(2-2k)$　　$\therefore k=\frac{3-\sqrt{3}}{3}$

두 직사각형 $AB_1C_1D_1$, $AB_2C_2D_2$는 닮음이고 닮음비는

$\overline{AB_1}:\overline{AB_2}=1:\frac{3-\sqrt{3}}{3}$이므로 넓이의 비는

$1^2:\left(\frac{3-\sqrt{3}}{3}\right)^2=1:\frac{4-2\sqrt{3}}{3}$이다.

즉, 두 직사각형 $AB_nC_nD_n$, $AB_{n+1}C_{n+1}D_{n+1}$의 넓이의 비는 $1:\frac{4-2\sqrt{3}}{3}$이므로 그림 R_n에 새로 색칠한 부분과 그림 R_{n+1}에 새로 색칠한 부분의 넓이의 비도 $1:\frac{4-2\sqrt{3}}{3}$이다.

Step 3 극한값 구하기

따라서 $\lim_{n\to\infty} S_n$은 첫째항이 $\frac{6-\sqrt{3}}{9}$이고 공비가 $\frac{4-2\sqrt{3}}{3}$인 등비급수의 합이므로

$$\lim_{n\to\infty} S_n=\frac{\frac{6-\sqrt{3}}{9}}{1-\frac{4-2\sqrt{3}}{3}}=\frac{6-\sqrt{3}}{3(2\sqrt{3}-1)}=\frac{\sqrt{3}}{3}$$

11 등비급수의 활용 – 다각형 정답 ③ | 정답률 43%

문제 보기

그림과 같이 $\overline{AB_1}=\overline{AC_1}=\sqrt{17}$, $\overline{B_1C_1}=2$인 삼각형 AB_1C_1이 있다. 선분 AB_1 위의 점 B_2, 선분 AC_1 위의 점 C_2, 삼각형 AB_1C_1의 내부의 점 D_1을

$$\overline{B_1D_1}=\overline{B_2D_1}=\overline{C_1D_1}=\overline{C_2D_1},\ \angle B_1D_1B_2=\angle C_1D_1C_2=\frac{\pi}{2}$$

가 되도록 잡고, 두 삼각형 $B_1D_1B_2$, $C_1D_1C_2$에 색칠하여 얻은 그림을 R_1이라 하자. → S_1의 값을 구한다.

그림 R_1에서 선분 AB_2 위의 점 B_3, 선분 AC_2 위의 점 C_3, 삼각형 AB_2C_2의 내부의 점 D_2를

$$\overline{B_2D_2}=\overline{B_3D_2}=\overline{C_2D_2}=\overline{C_3D_2},\ \angle B_2D_2B_3=\angle C_2D_2C_3=\frac{\pi}{2}$$

가 되도록 잡고, 두 삼각형 $B_2D_2B_3$, $C_2D_2C_3$에 색칠하여 얻은 그림을 R_2라 하자. → 두 삼각형 AB_1C_1, AB_2C_2의 닮음비를 이용하여 R_n에 새로 색칠한 부분과 R_{n+1}에 새로 색칠한 부분의 넓이의 비를 구한다.

이와 같은 과정을 계속하여 n번째 얻은 그림 R_n에 색칠되어 있는 부분의 넓이를 S_n이라 할 때, $\lim_{n\to\infty} S_n$의 값은? [3점]

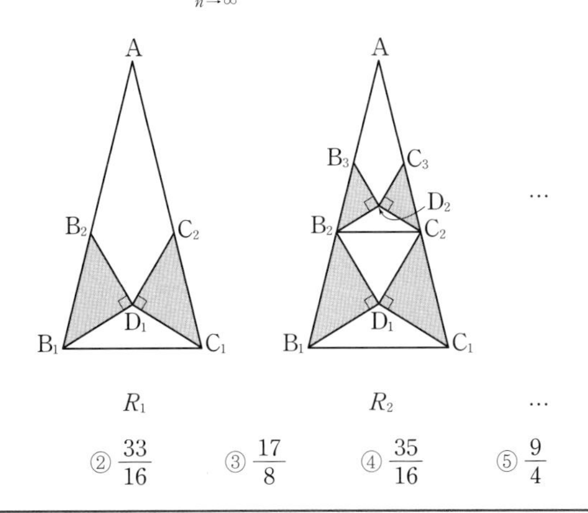

① 2 ② $\frac{33}{16}$ ③ $\frac{17}{8}$ ④ $\frac{35}{16}$ ⑤ $\frac{9}{4}$

Step 1 S_1의 값 구하기

오른쪽 그림과 같이 점 A에서 선분 B_1C_1에 내린 수선의 발을 H_1이라 하면 점 D_1은 선분 AH_1 위에 있다.

점 B_2에서 선분 AH_1에 내린 수선의 발을 E라 하자.

두 직각삼각형 B_2D_1E와 $D_1B_1H_1$에서

$\overline{B_2D_1}=\overline{D_1B_1}$, $\angle B_2ED_1=\angle D_1H_1B_1=\frac{\pi}{2}$

$\angle B_2D_1E=\frac{\pi}{2}-\angle B_1D_1H_1=\angle D_1B_1H_1$

$\therefore \triangle B_2D_1E\equiv\triangle D_1B_1H_1$ (RHA 합동)

직각삼각형 $B_2B_1D_1$에서 $\overline{B_1D_1}=\overline{B_2D_1}$이므로 $\overline{B_1D_1}=x$라 하면

$\overline{B_1B_2}=\sqrt{2}x$ $\therefore \overline{AB_2}=\sqrt{17}-\sqrt{2}x$

직각삼각형 $B_1H_1D_1$에서 $\overline{D_1H_1}=\sqrt{x^2-1}$이므로

$\overline{B_2E}=\overline{D_1H_1}=\sqrt{x^2-1}$

$\triangle AB_2E \backsim \triangle AB_1H_1$이므로

$\overline{AB_2}:\overline{AB_1}=\overline{B_2E}:\overline{B_1H_1}$

$(\sqrt{17}-\sqrt{2}x):\sqrt{17}=\sqrt{x^2-1}:1$

$\sqrt{17(x^2-1)}=\sqrt{17}-\sqrt{2}x$

양변을 제곱하면 $17(x^2-1)=17-2\sqrt{34}x+2x^2$

$15x^2+2\sqrt{34}x-34=0$ $\therefore x=\frac{\sqrt{34}}{5}$ $(\because x>0)$

즉, $\overline{B_1D_1}=\frac{\sqrt{34}}{5}$이므로

$S_1=2\times\left(\frac{1}{2}\times\frac{\sqrt{34}}{5}\times\frac{\sqrt{34}}{5}\right)=\frac{34}{25}$

Step 2 넓이의 비 구하기

$\overline{B_1B_2}=\sqrt{2}x=\frac{2\sqrt{17}}{5}$이므로

$\overline{AB_2}=\overline{AB_1}-\overline{B_1B_2}=\sqrt{17}-\frac{2\sqrt{17}}{5}=\frac{3\sqrt{17}}{5}$

두 삼각형 AB_1C_1, AB_2C_2는 닮음이고 닮음비는

$\overline{AB_1}:\overline{AB_2}=\sqrt{17}:\frac{3\sqrt{17}}{5}=1:\frac{3}{5}$이므로 넓이의 비는 $1^2:\left(\frac{3}{5}\right)^2=1:\frac{9}{25}$이다.

즉, 두 삼각형 AB_nC_n, $AB_{n+1}C_{n+1}$의 넓이의 비는 $1:\frac{9}{25}$이므로 그림 R_n에 새로 색칠한 부분과 그림 R_{n+1}에 새로 색칠한 부분의 넓이의 비도 $1:\frac{9}{25}$이다.

Step 3 극한값 구하기

따라서 $\lim_{n\to\infty} S_n$은 첫째항이 $\frac{34}{25}$이고 공비가 $\frac{9}{25}$인 등비급수의 합이므로

$$\lim_{n\to\infty} S_n=\frac{\frac{34}{25}}{1-\frac{9}{25}}=\frac{17}{8}$$

다른 풀이 삼각함수의 덧셈정리를 이용하여 닮음비 구하기

오른쪽 그림과 같이 점 A에서 선분 B_1C_1에 내린 수선의 발을 H_1이라 하면 점 D_1은 선분 AH_1 위에 있다.

$\angle AB_1H_1=\alpha$, $\angle D_1B_1H_1=\beta$라 하면

직각삼각형 AB_1H_1에서

$\overline{AH_1}=\sqrt{(\sqrt{17})^2-1^2}=4$이므로

$\tan\alpha=\frac{\overline{AH_1}}{\overline{B_1H_1}}=4$

직각삼각형 $B_2B_1D_1$에서 $\overline{B_1D_1}=\overline{B_2D_1}$이므로

$\angle B_2B_1D_1=\frac{\pi}{4}$

$$\therefore \tan\beta=\tan\left(\alpha-\frac{\pi}{4}\right)=\frac{\tan\alpha-\tan\frac{\pi}{4}}{1+\tan\alpha\tan\frac{\pi}{4}}$$

$$=\frac{4-1}{1+4\times1}=\frac{3}{5}$$

직각삼각형 $D_1B_1H_1$에서

$\overline{D_1H_1}=\overline{B_1H_1}\tan\beta=\frac{3}{5}$ $\therefore \overline{B_1D_1}=\sqrt{1^2+\left(\frac{3}{5}\right)^2}=\frac{\sqrt{34}}{5}$

$\therefore S_1=2\times\left(\frac{1}{2}\times\frac{\sqrt{34}}{5}\times\frac{\sqrt{34}}{5}\right)=\frac{34}{25}$

점 D_2에서 선분 B_2C_2에 내린 수선의 발을 H_2라 하면 두 삼각형 $D_1B_1H_1$, $B_2D_1H_2$는 합동이므로

$\overline{B_2H_2}=\overline{D_1H_1}=\frac{3}{5}$

두 삼각형 $D_1B_1H_1$, $D_2B_2H_2$는 닮음이고 닮음비는

$\overline{B_1H_1}:\overline{B_2H_2}=1:\frac{3}{5}$이다.

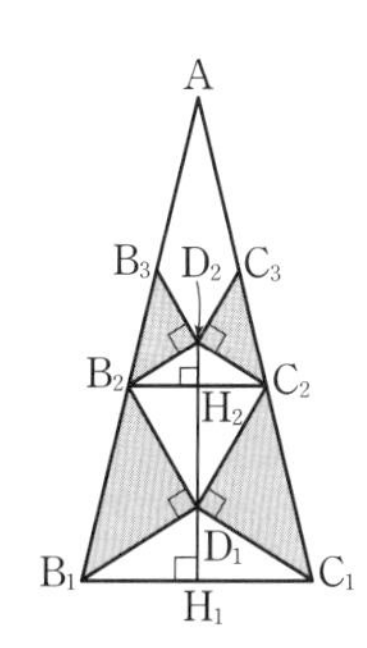

12 등비급수의 활용 – 다각형 정답 ④ | 정답률 66%

문제 보기

그림과 같이 $\overline{A_1B_1}=2$, $\overline{B_1C_1}=3$인 직사각형 $A_1B_1C_1D_1$이 있다. 선분 A_1D_1을 삼등분하는 점 중에서 A_1에 가까운 점부터 차례대로 E_1, F_1이라 하고, 선분 B_1F_1과 선분 C_1E_1의 교점을 G_1이라 하자. 삼각형 $B_1G_1E_1$과 삼각형 $C_1F_1G_1$의 내부에 색칠하여 얻은 그림을 R_1이라 하자.

└ S_1의 값을 구한다.

그림 R_1에서 선분 B_1C_1 위에 두 꼭짓점 B_2, C_2가 있고, 선분 B_1G_1 위에 꼭짓점 A_2, 선분 C_1G_1 위에 꼭짓점 D_2가 있으며 $\overline{A_2B_2}:\overline{B_2C_2}=2:3$인 직사각형 $A_2B_2C_2D_2$를 그린다. 선분 A_2D_2를 삼등분하는 점 중에서 A_2에 가까운 점부터 차례대로 E_2, F_2라 하고, 선분 B_2F_2와 선분 C_2E_2의 교점을 G_2라 하자. 삼각형 $B_2G_2E_2$와 삼각형 $C_2F_2G_2$의 내부에 색칠하여 얻은 그림을 R_2라 하자.

└ 두 직사각형 $A_1B_1C_1D_1$, $A_2B_2C_2D_2$의 닮음비를 이용하여 R_n에 새로 색칠한 부분과 R_{n+1}에 새로 색칠한 부분의 넓이의 비를 구한다.

이와 같은 과정을 계속하여 n번째 얻은 그림 R_n에 색칠되어 있는 부분의 넓이를 S_n이라 할 때, $\lim_{n\to\infty} S_n$의 값은? [4점]

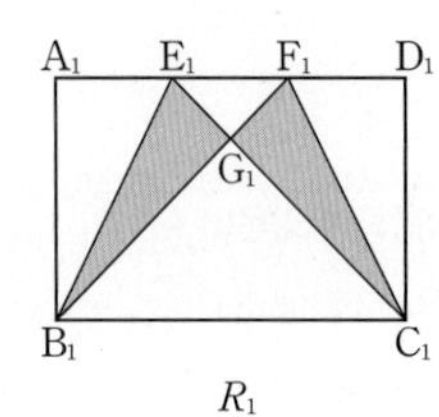

R_1

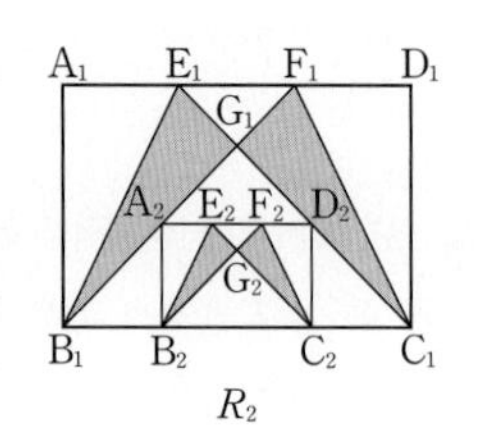

R_2

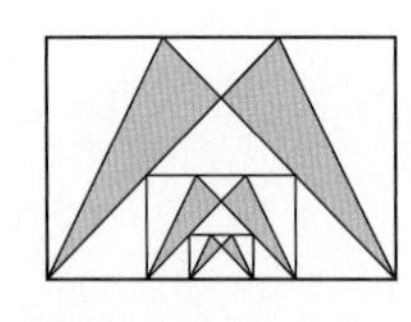
R_3

⋯

① $\frac{141}{80}$ ② $\frac{143}{80}$ ③ $\frac{29}{16}$ ④ $\frac{147}{80}$ ⑤ $\frac{149}{80}$

Step 1 S_1의 값 구하기

오른쪽 그림과 같이 직각삼각형 $A_1B_1F_1$에서 $\overline{A_1F_1}=2$이므로

$\overline{A_1B_1}=\overline{A_1F_1}$

$\therefore \angle A_1B_1F_1=\frac{\pi}{4}$

직각삼각형 $C_1D_1E_1$에서 $\overline{D_1E_1}=2$이므로

$\overline{C_1D_1}=\overline{D_1E_1}$

$\therefore \angle E_1C_1D_1=\frac{\pi}{4}$

삼각형 $B_1C_1G_1$에서 $\angle G_1B_1C_1=\angle G_1C_1B_1=\frac{\pi}{4}$이므로

$\angle C_1G_1B_1=\frac{\pi}{2}$

삼각형 $B_1C_1G_1$은 직각이등변삼각형이고 $\triangle B_1C_1G_1 \backsim \triangle F_1E_1G_1$ (AA 닮음)이므로 삼각형 $F_1E_1G_1$도 직각이등변삼각형이다.

직각이등변삼각형 $F_1E_1G_1$에서 $\overline{E_1F_1}=1$이므로

$\overline{E_1G_1}=\frac{\overline{E_1F_1}}{\sqrt{2}}=\frac{\sqrt{2}}{2}$

직각이등변삼각형 $B_1C_1G_1$에서 $\overline{B_1C_1}=3$이므로

$\overline{B_1G_1}=\frac{\overline{B_1C_1}}{\sqrt{2}}=\frac{3\sqrt{2}}{2}$

$\therefore S_1=2\triangle E_1B_1G_1$

$=2\times\frac{1}{2}\times\frac{3\sqrt{2}}{2}\times\frac{\sqrt{2}}{2}=\frac{3}{2}$

Step 2 넓이의 비 구하기

오른쪽 그림과 같이 $\overline{A_2B_2}=2x$라 하면 $\overline{B_2C_2}=3x$

두 삼각형 $B_1B_2A_2$, $C_1C_2D_2$가 직각이등변삼각형이므로

$\overline{B_1B_2}=\overline{A_2B_2}=2x$, $\overline{C_1C_2}=\overline{C_2D_2}=2x$

$\overline{B_1C_1}=\overline{B_1B_2}+\overline{B_2C_2}+\overline{C_1C_2}$이므로

$3=2x+3x+2x \quad \therefore x=\frac{3}{7}$

$\therefore \overline{A_2B_2}=2x=\frac{6}{7}$

두 직사각형 $A_1B_1C_1D_1$, $A_2B_2C_2D_2$는 닮음이고 닮음비는

$\overline{A_1B_1}:\overline{A_2B_2}=1:\frac{3}{7}$이므로 넓이의 비는 $1^2:\left(\frac{3}{7}\right)^2=1:\frac{9}{49}$이다.

즉, 두 직사각형 $A_nB_nC_nD_n$, $A_{n+1}B_{n+1}C_{n+1}D_{n+1}$의 넓이의 비는 $1:\frac{9}{49}$이므로 그림 R_n에 새로 색칠한 부분과 그림 R_{n+1}에 새로 색칠한 부분의 넓이의 비도 $1:\frac{9}{49}$이다.

Step 3 극한값 구하기

따라서 $\lim_{n\to\infty} S_n$은 첫째항이 $\frac{3}{2}$이고 공비가 $\frac{9}{49}$인 등비급수의 합이므로

$$\lim_{n\to\infty} S_n=\frac{\frac{3}{2}}{1-\frac{9}{49}}=\frac{147}{80}$$

13 등비급수의 활용 – 다각형

정답 ② | 정답률 52%

문제 보기

그림과 같이 $\overline{A_1B_1}=1$, $\overline{B_1C_1}=2$인 직사각형 $A_1B_1C_1D_1$이 있다. 선분 A_1D_1의 중점 E_1에 대하여 두 선분 B_1D_1, C_1E_1이 만나는 점을 F_1이라 하자. $\overline{G_1E_1}=\overline{G_1F_1}$이 되도록 선분 B_1D_1 위에 점 G_1을 잡아 삼각형 $G_1F_1E_1$을 그린다. 두 삼각형 $C_1D_1F_1$, $G_1F_1E_1$로 만들어진 ⋈ 모양의 도형에 색칠하여 얻은 그림을 R_1이라 하자. → S_1의 값을 구한다.

그림 R_1에서 선분 B_1F_1 위의 점 A_2, 선분 B_1C_1 위의 두 점 B_2, C_2, 선분 C_1F_1 위의 점 D_2를 꼭짓점으로 하고 $\overline{A_2B_2}:\overline{B_2C_2}=1:2$인 직사각형 $A_2B_2C_2D_2$를 그린다. 직사각형 $A_2B_2C_2D_2$에 그림 R_1을 얻은 것과 같은 방법으로 ⋈ 모양의 도형에 색칠하여 얻은 그림을 R_2라 하자.

└→ 두 직사각형 $A_1B_1C_1D_1$, $A_2B_2C_2D_2$의 닮음비를 이용하여 R_n에 새로 색칠한 부분과 R_{n+1}에 새로 색칠한 부분의 넓이의 비를 구한다.

이와 같은 과정을 계속하여 n번째 얻은 그림 R_n에 색칠되어 있는 부분의 넓이를 S_n이라 할 때, $\lim_{n\to\infty} S_n$의 값은? [3점]

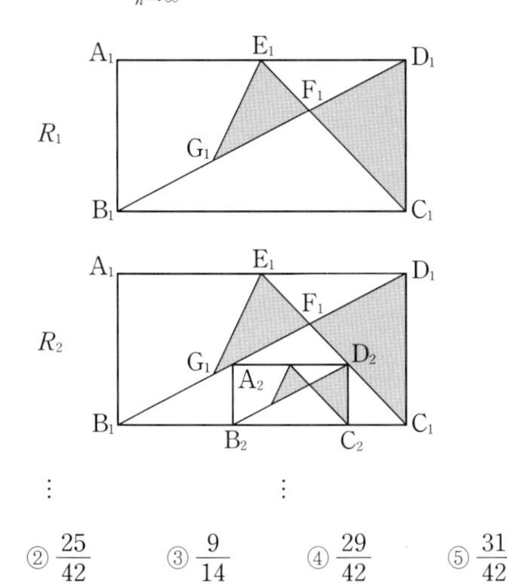

① $\frac{23}{42}$ ② $\frac{25}{42}$ ③ $\frac{9}{14}$ ④ $\frac{29}{42}$ ⑤ $\frac{31}{42}$

Step 1 S_1의 값 구하기

오른쪽 그림과 같이 점 F_1에서 선분 C_1D_1에 내린 수선의 발을 H라 하고, $\overline{D_1H}=a$라 하면

$\overline{F_1H}=2a$

$\angle F_1C_1H=\frac{\pi}{4}$이므로 삼각형 C_1HF_1은 직각이등변삼각형이다.

$\therefore \overline{C_1H}=\overline{F_1H}=2a$

$\overline{C_1D_1}=\overline{C_1H}+\overline{D_1H}$이므로 $1=2a+a$ $\quad\therefore a=\frac{1}{3}$

$\therefore \overline{F_1H}=\frac{2}{3}$

한편 두 삼각형 $A_1B_1E_1$, $D_1C_1E_1$은 모두 직각이등변삼각형이므로

$\angle B_1E_1A_1=\angle C_1E_1D_1=\frac{\pi}{4}$

$\therefore \angle B_1E_1C_1=\pi-(\angle B_1E_1A_1+\angle C_1E_1D_1)=\frac{\pi}{2}$

삼각형 $B_1F_1E_1$은 직각삼각형이고, 직각삼각형의 외접원의 지름은 직각삼각형의 빗변과 같고 $\overline{G_1E_1}=\overline{G_1F_1}$에서 점 G_1은 직각삼각형 $B_1F_1E_1$의 외접원의 중심이므로

$\overline{B_1G_1}=\overline{G_1F_1}$

따라서 삼각형 $G_1F_1E_1$의 넓이는 삼각형 $B_1F_1E_1$의 넓이의 $\frac{1}{2}$이다.

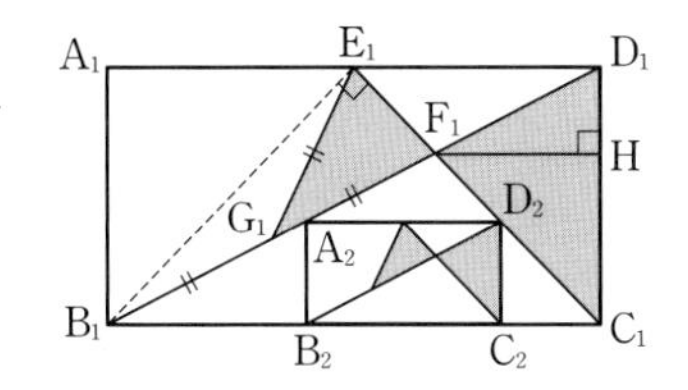

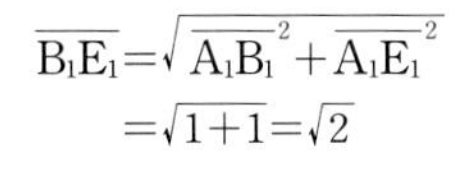

$\overline{B_1E_1}=\sqrt{\overline{A_1B_1}^2+\overline{A_1E_1}^2}$
$=\sqrt{1+1}=\sqrt{2}$

$\triangle C_1D_1E_1 \backsim \triangle C_1HF_1$ (AA 닮음)이므로

$\overline{C_1E_1}:\overline{F_1E_1}=\overline{C_1D_1}:\overline{HD_1}=3:1$

$\therefore \overline{F_1E_1}=\frac{1}{3}\overline{C_1E_1}=\frac{1}{3}\overline{B_1E_1}=\frac{\sqrt{2}}{3}$

$\therefore S_1=\triangle G_1F_1E_1+\triangle C_1D_1F_1$

$=\frac{1}{2}\triangle B_1F_1E_1+\triangle C_1D_1F_1$

$=\frac{1}{2}\times\frac{1}{2}\times\sqrt{2}\times\frac{\sqrt{2}}{3}+\frac{1}{2}\times1\times\frac{2}{3}=\frac{1}{2}$

Step 2 넓이의 비 구하기

$\overline{B_2C_2}=b$라 하면 $\overline{A_2B_2}=\frac{b}{2}$

직각삼각형 $A_2B_1B_2$에서

$\overline{B_1B_2}=2\overline{A_2B_2}=b$

직각이등변삼각형 $C_1D_2C_2$에서

$\overline{C_1C_2}=\overline{D_2C_2}=\overline{A_2B_2}=\frac{b}{2}$

$\therefore \overline{B_1C_1}=\overline{B_1B_2}+\overline{B_2C_2}+\overline{C_1C_2}=\frac{5}{2}b$

두 직사각형 $A_1B_1C_1D_1$, $A_2B_2C_2D_2$는 닮음이고 닮음비는 $\overline{B_1C_1}:\overline{B_2C_2}=5:2$이므로 넓이의 비는 $5^2:2^2=25:4$이다.

즉, 두 직사각형 $A_nB_nC_nD_n$, $A_{n+1}B_{n+1}C_{n+1}D_{n+1}$의 넓이의 비는 $25:4$이므로 그림 R_n에 새로 색칠한 부분과 그림 R_{n+1}에 새로 색칠한 부분의 넓이의 비도 $25:4$이다.

Step 3 극한값 구하기

따라서 $\lim_{n\to\infty} S_n$은 첫째항이 $\frac{1}{2}$이고 공비가 $\frac{4}{25}$인 등비급수의 합이므로

$$\lim_{n\to\infty} S_n=\frac{\frac{1}{2}}{1-\frac{4}{25}}=\frac{25}{42}$$

14 등비급수의 활용 – 다각형 정답 ⑤ | 정답률 46%

문제 보기

그림과 같이 한 변의 길이가 2인 정사각형 $A_1B_1C_1D_1$에서 선분 A_1B_1과 선분 B_1C_1의 중점을 각각 E_1, F_1이라 하자. 정사각형 $A_1B_1C_1D_1$의 내부와 삼각형 $E_1F_1D_1$의 외부의 공통부분에 색칠하여 얻은 그림을 R_1이라 하자. → S_1의 값을 구한다.

그림 R_1에 선분 D_1E_1 위의 점 A_2, 선분 D_1F_1 위의 점 D_2와 선분 E_1F_1 위의 두 점 B_2, C_2를 꼭짓점으로 하는 정사각형 $A_2B_2C_2D_2$를 그리고, 정사각형 $A_2B_2C_2D_2$에 그림 R_1을 얻은 것과 같은 방법으로 삼각형 $E_2F_2D_2$를 그리고 정사각형 $A_2B_2C_2D_2$의 내부와 삼각형 $E_2F_2D_2$의 외부의 공통부분에 색칠하여 얻은 그림을 R_2라 하자.

└→ 두 정사각형 $A_1B_1C_1D_1$, $A_2B_2C_2D_2$의 닮음비를 이용하여 R_n에 새로 색칠한 부분과 R_{n+1}에 새로 색칠한 부분의 넓이의 비를 구한다.

이와 같은 과정을 계속하여 n번째 얻은 그림 R_n에 색칠되어 있는 부분의 넓이를 S_n이라 할 때, $\lim_{n\to\infty} S_n$의 값은? [4점]

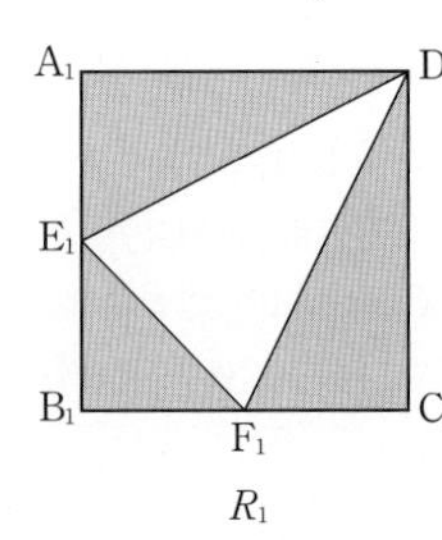

R_1

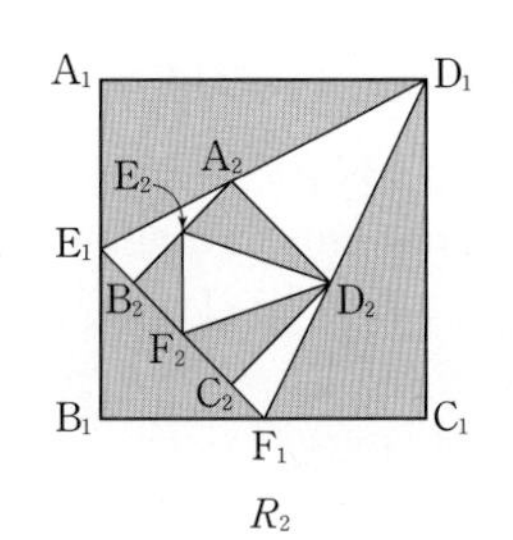

R_2

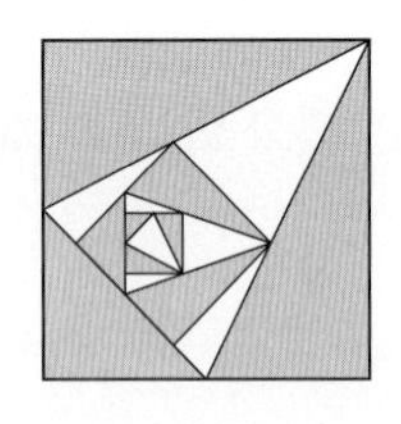
R_3 …

① $\frac{125}{37}$ ② $\frac{125}{38}$ ③ $\frac{125}{39}$ ④ $\frac{25}{8}$ ⑤ $\frac{125}{41}$

Step 1 S_1의 값 구하기

$S_1=2\triangle A_1E_1D_1+\triangle E_1B_1F_1$

$=2\times\frac{1}{2}\times1\times2+\frac{1}{2}\times1\times1=\frac{5}{2}$

Step 2 넓이의 비 구하기

오른쪽 그림과 같이 대각선 B_1D_1이 선분 A_2D_2와 만나는 점을 H라 하자.

직각이등변삼각형 $B_1F_1E_1$에서 $\overline{B_1E_1}=\overline{B_1F_1}=1$이므로

$\overline{E_1F_1}=\sqrt{2}$

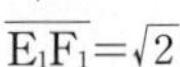

직각이등변삼각형 $B_1F_2E_1$에서

$\overline{B_1F_2}=\overline{E_1F_2}=\frac{1}{2}\overline{E_1F_1}=\frac{\sqrt{2}}{2}$

직각이등변삼각형 $A_1B_1D_1$에서 $\overline{B_1D_1}=2\sqrt{2}$이므로

$\overline{F_2D_1}=\overline{B_1D_1}-\overline{B_1F_2}=2\sqrt{2}-\frac{\sqrt{2}}{2}=\frac{3\sqrt{2}}{2}$

정사각형 $A_2B_2C_2D_2$의 한 변의 길이를 $x\,(0<x<\sqrt{2})$라 하면

$\triangle E_1F_1D_1 \backsim \triangle A_2D_2D_1$ (AA 닮음)이므로

$\overline{E_1F_1}:\overline{F_2D_1}=\overline{A_2D_2}:\overline{D_1H}$에서

$\sqrt{2}:\frac{3\sqrt{2}}{2}=x:\left(\frac{3\sqrt{2}}{2}-x\right)$, $\frac{3\sqrt{2}}{2}x=3-\sqrt{2}x$

$\frac{5\sqrt{2}}{2}x=3$ $\quad\therefore x=\frac{3\sqrt{2}}{5}$

두 정사각형 $A_1B_1C_1D_1$, $A_2B_2C_2D_2$는 닮음이고 닮음비는

$\overline{A_1B_1}:\overline{A_2B_2}=2:\frac{3\sqrt{2}}{5}$이므로 넓이의 비는 $2^2:\left(\frac{3\sqrt{2}}{5}\right)^2=2:\frac{9}{25}$이다.

즉, 두 정사각형 $A_nB_nC_nD_n$, $A_{n+1}B_{n+1}C_{n+1}D_{n+1}$의 넓이의 비는 $2:\frac{9}{25}$이므로 그림 R_n에 새로 색칠한 부분과 그림 R_{n+1}에 새로 색칠한 부분의 넓이의 비도 $2:\frac{9}{25}$이다.

Step 3 극한값 구하기

따라서 $\lim_{n\to\infty} S_n$은 첫째항이 $\frac{5}{2}$이고 공비가 $\frac{9}{50}$인 등비급수의 합이므로

$$\lim_{n\to\infty} S_n=\frac{\frac{5}{2}}{1-\frac{9}{50}}=\frac{125}{41}$$

15 등비급수의 활용－다각형 정답 ② | 정답률 73%

문제 보기

그림과 같이 한 변의 길이가 8인 정삼각형 $A_1B_1C_1$의 세 선분 A_1B_1, B_1C_1, C_1A_1의 중점을 각각 D_1, E_1, F_1이라 하고, 세 선분 A_1D_1, B_1E_1, C_1F_1의 중점을 각각 G_1, H_1, I_1이라 하고, 세 선분 G_1D_1, H_1E_1, I_1F_1의 중점을 각각 A_2, B_2, C_2라 하자. 세 사각형 $A_2C_2F_1G_1$, $B_2A_2D_1H_1$, $C_2B_2E_1I_1$에 모두 색칠하여 얻은 그림을 R_1이라 하자. → S_1의 값을 구한다.

그림 R_1에서 삼각형 $A_2B_2C_2$에 그림 R_1을 얻은 것과 같은 방법으로 세 사각형 $A_3C_3F_2G_2$, $B_3A_3D_2H_2$, $C_3B_3E_2I_2$에 모두 색칠하여 얻은 그림을 R_2라 하자. → 두 정삼각형 $A_1B_1C_1$, $A_2B_2C_2$의 닮음비를 이용하여 R_n에 새로 색칠한 부분과 R_{n+1}에 새로 색칠한 부분의 넓이의 비를 구한다.

이와 같은 과정을 계속하여 n번째 얻은 그림 R_n에 색칠되어 있는 부분의 넓이를 S_n이라 할 때, $\lim_{n\to\infty} S_n$의 값은? [4점]

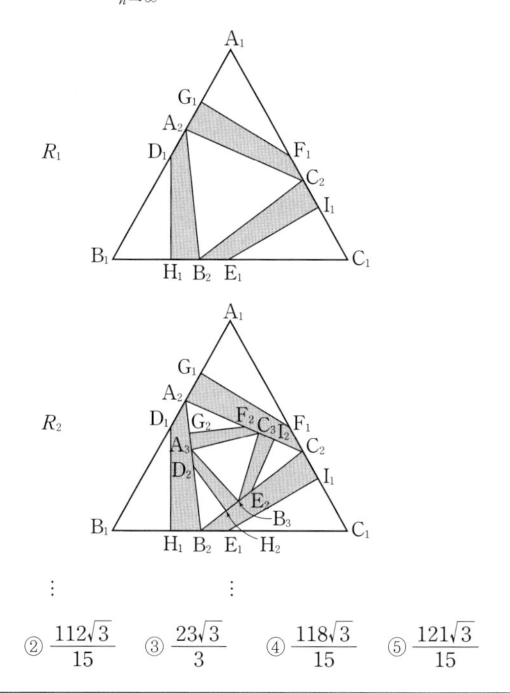

① $\frac{109\sqrt{3}}{15}$ ② $\frac{112\sqrt{3}}{15}$ ③ $\frac{23\sqrt{3}}{3}$ ④ $\frac{118\sqrt{3}}{15}$ ⑤ $\frac{121\sqrt{3}}{15}$

Step 1 S_1의 값 구하기

$\overline{A_1A_2}=\overline{B_1B_2}=\overline{C_1C_2}=3$, $\overline{A_1C_2}=\overline{B_1A_2}=\overline{C_1B_2}=5$,

$\angle C_2A_1A_2=\angle A_2B_1B_2=\angle B_2C_1C_2=\frac{\pi}{3}$이므로

$\triangle A_1A_2C_2\equiv\triangle B_1B_2A_2\equiv\triangle C_1C_2B_2$ (SAS 합동)

즉, $\overline{A_2C_2}=\overline{A_2B_2}=\overline{B_2C_2}$이므로 삼각형 $A_2B_2C_2$는 정삼각형이다.

삼각형 $A_1A_2C_2$에서 코사인법칙에 의하여

$$\overline{A_2C_2}^2=\overline{A_1A_2}^2+\overline{A_1C_2}^2-2\times\overline{A_1A_2}\times\overline{A_1C_2}\times\cos\frac{\pi}{3}$$
$$=3^2+5^2-2\times3\times5\times\frac{1}{2}$$
$$=19$$

$\therefore \overline{A_2C_2}=\sqrt{19}$

또 $\overline{A_1G_1}=\overline{B_1H_1}=\overline{C_1I_1}=2$, $\overline{A_1F_1}=\overline{B_1D_1}=\overline{C_1E_1}=4$이므로

$$S_1=\triangle A_1B_1C_1-\triangle A_2B_2C_2-3\triangle A_1G_1F_1$$
$$=\frac{\sqrt{3}}{4}\times8^2-\frac{\sqrt{3}}{4}\times(\sqrt{19})^2-3\times\frac{1}{2}\times2\times4\times\sin\frac{\pi}{3}$$
$$=16\sqrt{3}-\frac{19\sqrt{3}}{4}-6\sqrt{3}$$
$$=\frac{21\sqrt{3}}{4}$$

Step 2 넓이의 비 구하기

두 정삼각형 $A_1B_1C_1$, $A_2B_2C_2$는 닮음이고 닮음비는 $\overline{A_1C_1}:\overline{A_2C_2}=8:\sqrt{19}$이므로 넓이의 비는 $8^2:(\sqrt{19})^2=64:19$이다.

즉, 두 정삼각형 $A_nB_nC_n$, $A_{n+1}B_{n+1}C_{n+1}$의 넓이의 비는 $64:19$이므로 그림 R_n에 새로 색칠한 부분과 그림 R_{n+1}에 새로 색칠한 부분의 넓이의 비도 $64:19$이다.

Step 3 극한값 구하기

따라서 $\lim_{n\to\infty} S_n$은 첫째항이 $\frac{21\sqrt{3}}{4}$이고 공비가 $\frac{19}{64}$인 등비급수의 합이므로

$$\lim_{n\to\infty} S_n=\frac{\frac{21\sqrt{3}}{4}}{1-\frac{19}{64}}=\frac{112\sqrt{3}}{15}$$

6 일차

16 등비급수의 활용 – 다각형 정답 ③ | 정답률 59%

문제 보기

그림과 같이 $\overline{A_1B_1}=4$, $\overline{A_1D_1}=1$인 직사각형 $A_1B_1C_1D_1$에서 두 대각선의 교점을 E_1이라 하자. $\overline{A_2D_1}=\overline{D_1E_1}$, $\angle A_2D_1E_1=\frac{\pi}{2}$이고 선분 D_1C_1과 선분 A_2E_1이 만나도록 점 A_2를 잡고, $\overline{B_2C_1}=\overline{C_1E_1}$, $\angle B_2C_1E_1=\frac{\pi}{2}$이고 선분 D_1C_1과 선분 B_2E_1이 만나도록 점 B_2를 잡는다. 두 삼각형 $A_2D_1E_1$, $B_2C_1E_1$을 그린 후 ◺◿ 모양의 도형에 색칠하여 얻은 그림을 R_1이라 하자. → S_1의 값을 구한다.

그림 R_1에서 $\overline{A_2B_2}:\overline{A_2D_2}=4:1$이고 선분 D_2C_2가 두 선분 A_2E_1, B_2E_1과 만나지 않도록 직사각형 $A_2B_2C_2D_2$를 그린다. 그림 R_1을 얻은 것과 같은 방법으로 세 점 E_2, A_3, B_3을 잡고 두 삼각형 $A_3D_2E_2$, $B_3C_2E_2$를 그린 후 ◺◿ 모양의 도형에 색칠하여 얻은 그림을 R_2라 하자. → 두 직사각형 $A_1B_1C_1D_1$, $A_2B_2C_2D_2$의 닮음비를 이용하여 R_n에 새로 색칠한 부분과 R_{n+1}에 새로 색칠한 부분의 넓이의 비를 구한다.

이와 같은 과정을 계속하여 n번째 얻은 그림 R_n에 색칠되어 있는 부분의 넓이를 S_n이라 할 때, $\lim_{n\to\infty} S_n$의 값은? [3점]

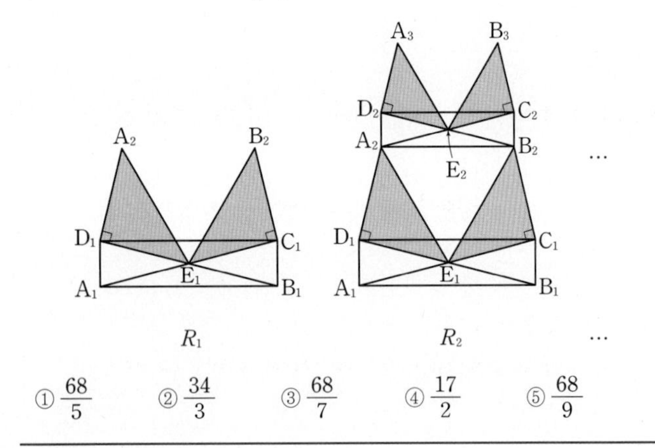

① $\frac{68}{5}$ ② $\frac{34}{3}$ ③ $\frac{68}{7}$ ④ $\frac{17}{2}$ ⑤ $\frac{68}{9}$

Step 1 S_1의 값 구하기

$\overline{A_1B_1}=4$, $\overline{A_1D_1}=1$이므로 직각삼각형 $A_1B_1D_1$에서

$\overline{D_1B_1}=\sqrt{\overline{A_1B_1}^2+\overline{A_1D_1}^2}=\sqrt{4^2+1^2}=\sqrt{17}$

$\therefore \overline{D_1E_1}=\frac{1}{2}\overline{D_1B_1}=\frac{\sqrt{17}}{2}$

$\triangle A_2D_1E_1 \equiv \triangle B_2C_1E_1$ (SAS 합동)이므로

$S_1=2\triangle A_2D_1E_1$

$=2\times\frac{1}{2}\times\frac{\sqrt{17}}{2}\times\frac{\sqrt{17}}{2}=\frac{17}{4}$

Step 2 넓이의 비 구하기

오른쪽 그림과 같이 $\angle C_1D_1B_1=\theta$라 하고, 두 점 A_2, B_2에서 선분 D_1C_1에 내린 수선의 발을 각각 H_1, H_2라 하자.

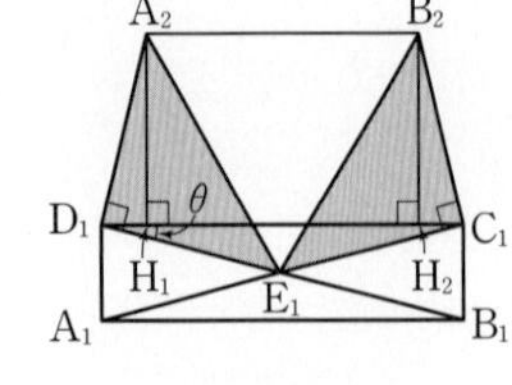

직각삼각형 $B_1C_1D_1$에서

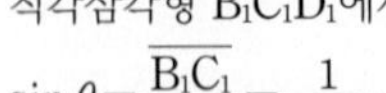

$\sin\theta=\frac{\overline{B_1C_1}}{\overline{D_1B_1}}=\frac{1}{\sqrt{17}}$

$\angle A_2D_1H_1=\frac{\pi}{2}-\theta$, $\overline{A_2D_1}=\overline{D_1E_1}=\frac{\sqrt{17}}{2}$이므로 직각삼각형 $A_2D_1H_1$에서

$\overline{D_1H_1}=\overline{A_2D_1}\cos\left(\frac{\pi}{2}-\theta\right)$

$=\overline{A_2D_1}\sin\theta$

$=\frac{\sqrt{17}}{2}\times\frac{1}{\sqrt{17}}=\frac{1}{2}$

이때 $\overline{C_1H_2}=\overline{D_1H_1}=\frac{1}{2}$이므로

$\overline{A_2B_2}=\overline{H_1H_2}=\overline{D_1C_1}-(\overline{D_1H_1}+\overline{C_1H_2})$

$=4-\left(\frac{1}{2}+\frac{1}{2}\right)=3$

두 직사각형 $A_1B_1C_1D_1$, $A_2B_2C_2D_2$는 닮음이고 닮음비는 $\overline{A_1B_1}:\overline{A_2B_2}=4:3$이므로 넓이의 비는 $4^2:3^2=16:9$이다.

즉, 두 직사각형 $A_nB_nC_nD_n$, $A_{n+1}B_{n+1}C_{n+1}D_{n+1}$의 넓이의 비는 $16:9$이므로 그림 R_n에 새로 색칠한 부분과 그림 R_{n+1}에 새로 색칠한 부분의 넓이의 비도 $16:9$이다.

Step 3 극한값 구하기

따라서 $\lim_{n\to\infty} S_n$은 첫째항이 $\frac{17}{4}$이고 공비가 $\frac{9}{16}$인 등비급수의 합이므로

$$\lim_{n\to\infty} S_n=\frac{\frac{17}{4}}{1-\frac{9}{16}}=\frac{68}{7}$$

17 등비급수의 활용 – 다각형

정답 ⑤ | 정답률 36%

문제 보기

그림과 같이 두 선분 A_1B_1, C_1D_1이 서로 평행하고 $\overline{A_1B_1}=10$, $\overline{B_1C_1}=\overline{C_1D_1}=\overline{D_1A_1}=6$인 사다리꼴 $A_1B_1C_1D_1$이 있다. 세 선분 B_1C_1, C_1D_1, D_1A_1의 중점을 각각 E_1, F_1, G_1이라 하고 두 개의 삼각형 $C_1F_1E_1$, $D_1G_1F_1$을 색칠하여 얻은 그림을 R_1이라 하자.

└ S_1의 값을 구한다.

그림 R_1에 선분 A_1B_1 위의 두 점 A_2, B_2와 선분 E_1F_1 위의 점 C_2, 선분 F_1G_1 위의 점 D_2를 꼭짓점으로 하고 두 선분 A_2B_2, C_2D_2가 서로 평행하며 $\overline{B_2C_2}=\overline{C_2D_2}=\overline{D_2A_2}$, $\overline{A_2B_2}:\overline{B_2C_2}=5:3$인 사다리꼴 $A_2B_2C_2D_2$를 그린다. 그림 R_1을 얻은 것과 같은 방법으로 사다리꼴 $A_2B_2C_2D_2$에 두 개의 삼각형을 그리고 색칠하여 얻은 그림을 R_2라 하자.

└ 두 사다리꼴 $A_1B_1C_1D_1$, $A_2B_2C_2D_2$의 닮음비를 이용하여 R_n에 새로 색칠한 부분과 R_{n+1}에 새로 색칠한 부분의 넓이의 비를 구한다.

이와 같은 과정을 계속하여 n번째 얻은 그림 R_n에 색칠되어 있는 부분의 넓이를 S_n이라 할 때, $\lim_{n\to\infty} S_n$의 값은? [4점]

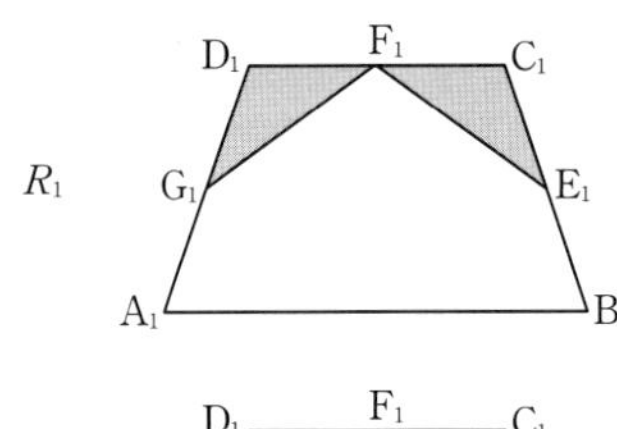

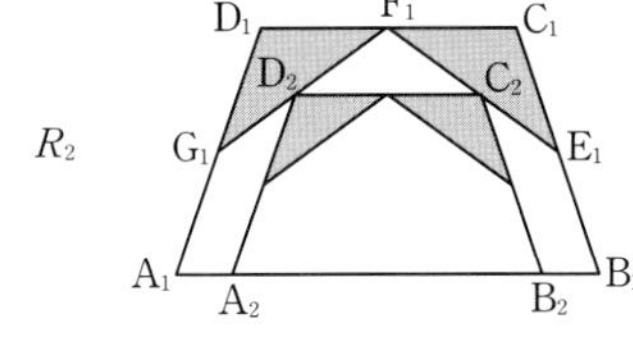

⋮ ⋮

① $\frac{234}{19}\sqrt{2}$ ② $\frac{236}{19}\sqrt{2}$ ③ $\frac{238}{19}\sqrt{2}$ ④ $\frac{240}{19}\sqrt{2}$ ⑤ $\frac{242}{19}\sqrt{2}$

Step 1 S_1의 값 구하기

오른쪽 그림과 같이 점 C_1에서 선분 A_1B_1에 내린 수선의 발을 H, 점 D_1에서 선분 G_1F_1에 내린 수선의 발을 I라 하자.

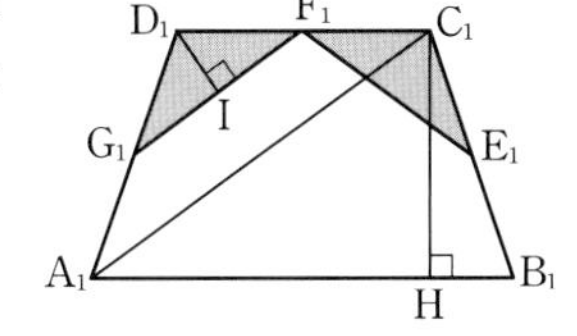

직각삼각형 C_1HB_1에서 $\overline{B_1H}=2$, $\overline{B_1C_1}=6$이므로

$\overline{C_1H}=\sqrt{\overline{B_1C_1}^2-\overline{B_1H}^2}=\sqrt{6^2-2^2}=4\sqrt{2}$

직각삼각형 A_1HC_1에서 $\overline{AH}=8$이므로

$\overline{A_1C_1}=\sqrt{\overline{A_1H}^2+\overline{C_1H}^2}=\sqrt{8^2+(4\sqrt{2})^2}=4\sqrt{6}$

두 점 G_1, F_1이 각각 $\overline{D_1A_1}$, $\overline{C_1D_1}$의 중점이므로 $\overline{G_1F_1}=\frac{1}{2}\overline{A_1C_1}=2\sqrt{6}$

직각삼각형 D_1IF_1에서 $\overline{D_1F_1}=3$, $\overline{IF_1}=\frac{1}{2}\overline{G_1F_1}=\sqrt{6}$이므로

$\overline{D_1I}=\sqrt{\overline{D_1F_1}^2-\overline{IF_1}^2}=\sqrt{3^2-(\sqrt{6})^2}=\sqrt{3}$

$\therefore S_1=2\triangle G_1F_1D_1=2\times\frac{1}{2}\times2\sqrt{6}\times\sqrt{3}=6\sqrt{2}$

Step 2 넓이의 비 구하기

오른쪽 그림과 같이 선분 A_2D_2의 연장선이 선분 C_1D_1과 만나는 점을 O라 하고, $\overline{C_2D_2}=3x$, $\overline{A_2B_2}=5x$라 하자.

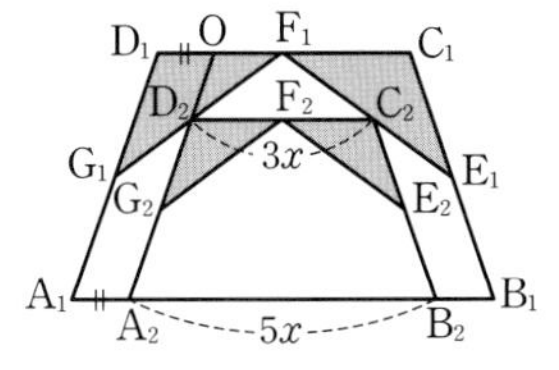

$\triangle G_1F_1D_1\backsim\triangle D_2C_2F_1$ (AA 닮음)이므로

$\overline{G_1F_1}:\overline{D_1G_1}=\overline{C_2D_2}:\overline{D_2F_1}$에서

$2\sqrt{6}:3=3x:\overline{D_2F_1}$, $2\sqrt{6}\,\overline{D_2F_1}=9x$

$\therefore \overline{D_2F_1}=\frac{3\sqrt{6}}{4}x$

$\overline{D_1G_1}\,/\!/\,\overline{OD_2}$이므로 $\overline{G_1F_1}:\overline{D_2F_1}=\overline{D_1F_1}:\overline{OF_1}$에서

$2\sqrt{6}:\frac{3\sqrt{6}}{4}x=3:\overline{OF_1}$, $2\sqrt{6}\,\overline{OF_1}=\frac{9\sqrt{6}}{4}x$

$\therefore \overline{OF_1}=\frac{9}{8}x$

$\therefore \overline{D_1O}=\overline{D_1F_1}-\overline{OF_1}=3-\frac{9}{8}x$

$\overline{A_2B_2}=5x$이므로 $\overline{A_1A_2}=\frac{10-5x}{2}=5-\frac{5}{2}x$

$\overline{A_1A_2}=\overline{D_1O}$이므로

$5-\frac{5}{2}x=3-\frac{9}{8}x$, $\frac{11}{8}x=2$

$\therefore x=\frac{16}{11}$ $\quad\therefore \overline{C_2D_2}=3x=\frac{48}{11}$

두 사다리꼴 $A_1B_1C_1D_1$, $A_2B_2C_2D_2$는 닮음이고 닮음비는

$\overline{C_1D_1}:\overline{C_2D_2}=1:\frac{8}{11}$이므로 넓이의 비는 $1^2:\left(\frac{8}{11}\right)^2=1:\frac{64}{121}$이다.

즉, 두 사다리꼴 $A_nB_nC_nD_n$, $A_{n+1}B_{n+1}C_{n+1}D_{n+1}$의 넓이의 비는 $1:\frac{64}{121}$이므로 그림 R_n에 새로 색칠한 부분과 그림 R_{n+1}에 새로 색칠한 부분의 넓이의 비도 $1:\frac{64}{121}$이다.

Step 3 극한값 구하기

따라서 $\lim_{n\to\infty} S_n$은 첫째항이 $6\sqrt{2}$이고 공비가 $\frac{64}{121}$인 등비급수의 합이므로

$\lim_{n\to\infty} S_n=\frac{6\sqrt{2}}{1-\frac{64}{121}}=\frac{242}{19}\sqrt{2}$

18 등비급수의 활용 – 다각형 정답 ③ | 정답률 68%

문제 보기

그림과 같이 $\overline{AB_1}=2$, $\overline{AD_1}=4$인 직사각형 $AB_1C_1D_1$이 있다. 선분 AD_1을 $3:1$로 내분하는 점을 E_1이라 하고, 직사각형 $AB_1C_1D_1$의 내부에 점 F_1을 $\overline{F_1E_1}=\overline{F_1C_1}$, $\angle E_1F_1C_1=\frac{\pi}{2}$가 되도록 잡고 삼각형 $E_1F_1C_1$을 그린다. 사각형 $E_1F_1C_1D_1$을 색칠하여 얻은 그림을 R_1이라 하자.

└ S_1의 값을 구한다.

그림 R_1에서 선분 AB_1 위의 점 B_2, 선분 E_1F_1 위의 점 C_2, 선분 AE_1 위의 점 D_2와 점 A를 꼭짓점으로 하고 $\overline{AB_2}:\overline{AD_2}=1:2$인 직사각형 $AB_2C_2D_2$를 그린다. 그림 R_1을 얻은 것과 같은 방법으로 직사각형 $AB_2C_2D_2$에 삼각형 $E_2F_2C_2$를 그리고 사각형 $E_2F_2C_2D_2$를 색칠하여 얻은 그림을 R_2라 하자.

└ 두 직사각형 $AB_1C_1D_1$, $AB_2C_2D_2$의 닮음비를 이용하여 R_n에 새로 색칠한 부분과 R_{n+1}에 새로 색칠한 부분의 넓이의 비를 구한다.

이와 같은 과정을 계속하여 n번째 얻은 그림 R_n에 색칠되어 있는 부분의 넓이를 S_n이라 할 때, $\lim_{n\to\infty} S_n$의 값은? [4점]

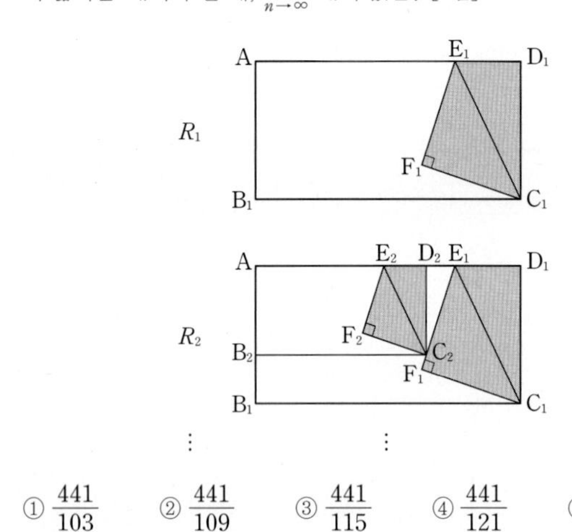

⋮ ⋮

① $\frac{441}{103}$ ② $\frac{441}{109}$ ③ $\frac{441}{115}$ ④ $\frac{441}{121}$ ⑤ $\frac{441}{127}$

Step 1 S_1의 값 구하기

직각삼각형 $C_1D_1E_1$에서 $\overline{D_1E_1}=1$, $\overline{D_1C_1}=2$이므로

$\overline{E_1C_1}=\sqrt{\overline{D_1E_1}^2+\overline{D_1C_1}^2}=\sqrt{1^2+2^2}=\sqrt{5}$

직각삼각형 $E_1F_1C_1$은 $\overline{F_1E_1}=\overline{F_1C_1}$인 직각이등변삼각형이므로

$\overline{F_1E_1}=\frac{\overline{E_1C_1}}{\sqrt{2}}=\frac{\sqrt{5}}{\sqrt{2}}$

$\therefore S_1=\triangle C_1D_1E_1+\triangle E_1F_1C_1$

$=\frac{1}{2}\times1\times2+\frac{1}{2}\times\frac{\sqrt{5}}{\sqrt{2}}\times\frac{\sqrt{5}}{\sqrt{2}}=\frac{9}{4}$

Step 2 넓이의 비 구하기

다음 그림과 같이 점 F_1에서 두 선분 AD_1, B_1C_1에 내린 수선의 발을 각각 G, H라 하자.

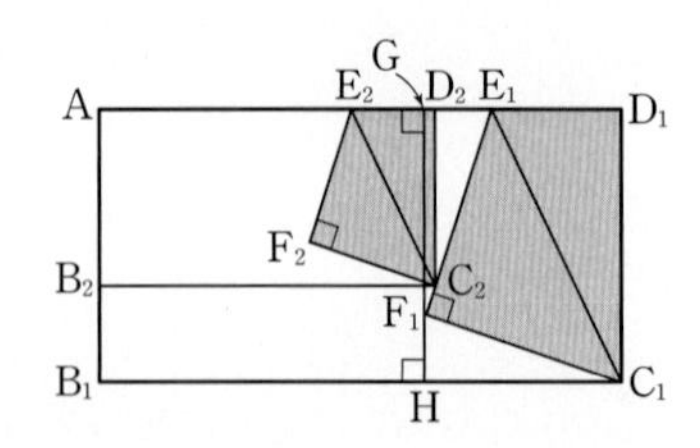

$\overline{E_1F_1}=\overline{F_1C_1}$, $\angle E_1F_1G=\angle F_1C_1H$, $\angle E_1GF_1=\angle F_1HC_1=\frac{\pi}{2}$이므로

$\triangle E_1F_1G\equiv\triangle F_1C_1H$ (RHA 합동)

$\overline{GF_1}=a$, $\overline{F_1H}=b$라 하면

$\overline{GE_1}=\overline{F_1H}=b$, $\overline{HC_1}=\overline{GF_1}=a$

$\overline{GD_1}=\overline{GE_1}+\overline{D_1E_1}=\overline{HC_1}$이므로

$b+1=a$ $\quad\therefore a-b=1$ ⋯⋯ ㉠

$\overline{GH}=\overline{GF_1}+\overline{F_1H}=\overline{D_1C_1}$이므로

$a+b=2$ ⋯⋯ ㉡

㉠, ㉡을 연립하여 풀면

$a=\frac{3}{2}$, $b=\frac{1}{2}$

삼각형 GF_1E_1에서 $\overline{GF_1}:\overline{GE_1}=a:b=3:1$

$\overline{D_2C_2}=x\,(0<x<2)$라 하면 $\overline{GF_1}/\!/\overline{D_2C_2}$이므로

$\overline{GF_1}:\overline{D_2C_2}=\overline{GE_1}:\overline{D_2E_1}$에서

$3:x=1:\overline{D_2E_1}$ $\quad\therefore \overline{D_2E_1}=\frac{x}{3}$

$\overline{AB_2}:\overline{AD_2}=1:2$이므로

$\overline{AD_2}=2\overline{AB_2}=2\overline{D_2C_2}=2x$

$\overline{AD_1}=\overline{AD_2}+\overline{D_2E_1}+\overline{E_1D_1}$이므로

$4=2x+\frac{x}{3}+1$, $\frac{7}{3}x=3$ $\quad\therefore x=\frac{9}{7}$

두 직사각형 $AB_1C_1D_1$, $AB_2C_2D_2$의 닮음비는 $\overline{D_1C_1}:\overline{D_2C_2}=2:\frac{9}{7}$이므로

넓이의 비는 $2^2:\left(\frac{9}{7}\right)^2=4:\frac{81}{49}$이다.

즉, 두 직사각형 $AB_nC_nD_n$, $AB_{n+1}C_{n+1}D_{n+1}$의 넓이의 비는 $4:\frac{81}{49}$이므로 그림 R_n에 새로 색칠한 부분과 그림 R_{n+1}에 새로 색칠한 부분의 넓이의 비도 $4:\frac{81}{49}$이다.

Step 3 극한값 구하기

따라서 $\lim_{n\to\infty} S_n$은 첫째항이 $\frac{9}{4}$이고 공비가 $\frac{81}{196}$인 등비급수의 합이므로

$$\lim_{n\to\infty} S_n=\frac{\frac{9}{4}}{1-\frac{81}{196}}=\frac{441}{115}$$

다른 풀이 삼각함수의 덧셈정리를 이용하여 닮음비 구하기

$\angle C_1E_1D_1=\theta$라 하면 $\angle C_1E_1F_1=\frac{\pi}{4}$이므로

$\angle C_2E_1D_2=\pi-(\angle C_1E_1F_1+\angle C_1E_1D_1)=\frac{3}{4}\pi-\theta$

직각삼각형 $C_1E_1D_1$에서 $\tan\theta=\frac{\overline{D_1C_1}}{\overline{E_1D_1}}=2$

$$\therefore \tan(\angle C_2E_1D_2)=\tan\left(\frac{3}{4}\pi-\theta\right)=\frac{\tan\frac{3}{4}\pi-\tan\theta}{1+\tan\frac{3}{4}\pi\tan\theta}$$

$$=\frac{-1-2}{1+(-1)\times2}=3$$

$\overline{D_2C_2}=k\,(0<k<2)$라 하면 $\overline{AD_2}=2k$이므로

$\overline{D_2E_1}=\overline{AD_1}-\overline{AD_2}-\overline{E_1D_1}=3-2k$

직각삼각형 $C_2E_1D_2$에서

$\tan(\angle C_2E_1D_2)=\frac{\overline{D_2C_2}}{\overline{D_2E_1}}=\frac{k}{3-2k}$

즉, $\frac{k}{3-2k}=3$이므로 $k=\frac{9}{7}$

따라서 두 직사각형 $AB_1C_1D_1$, $AB_2C_2D_2$의 닮음비는

$\overline{D_1C_1}:\overline{D_2C_2}=2:\frac{9}{7}$이다.

19 등비급수의 활용 – 개수가 증가하는 도형

정답 ① | 정답률 67%

문제 보기

그림과 같이 중심이 O, 반지름의 길이가 2이고 중심각의 크기가 90°인 부채꼴 OAB가 있다. 선분 OA의 중점을 C, 선분 OB의 중점을 D라 하자. 점 C를 지나고 선분 OB와 평행한 직선이 호 AB와 만나는 점을 E, 점 D를 지나고 선분 OA와 평행한 직선이 호 AB와 만나는 점을 F라 하자. 선분 CE와 선분 DF가 만나는 점을 G, 선분 OE와 선분 DG가 만나는 점을 H, 선분 OF와 선분 CG가 만나는 점을 I라 하자. 사각형 OIGH를 색칠하여 얻은 그림을 R_1이라 하자. → S_1의 값을 구한다.

그림 R_1에 중심이 C, 반지름의 길이가 $\overline{CI}$, 중심각의 크기가 90°인 부채꼴 CJI와 중심이 D, 반지름의 길이가 $\overline{DH}$, 중심각의 크기가 90°인 부채꼴 DHK를 그린다. 두 부채꼴 CJI, DHK에 그림 R_1을 얻는 것과 같은 방법으로 두 개의 사각형을 그리고 색칠하여 얻은 그림을 R_2라 하자.

→ 두 부채꼴 OAB, DHK의 닮음비를 이용하여 R_n에 새로 색칠한 사각형 1개와 R_{n+1}에 새로 색칠한 사각형 1개의 넓이의 비를 구하고, 이때 새로 색칠한 사각형의 개수가 몇 배씩 늘어나는지 구한다.

이와 같은 과정을 계속하여 n번째 얻은 그림 R_n에 색칠되어 있는 부분의 넓이를 S_n이라 할 때, $\lim_{n\to\infty} S_n$의 값은? [4점]

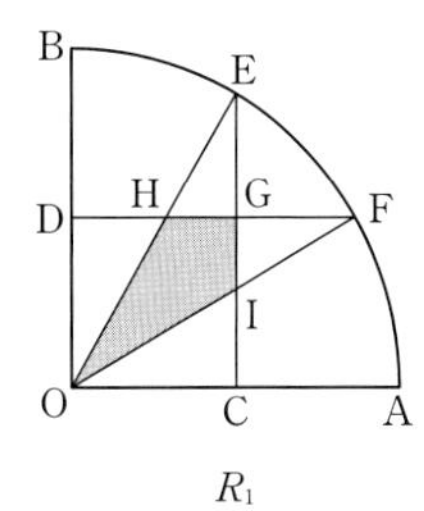

R_1

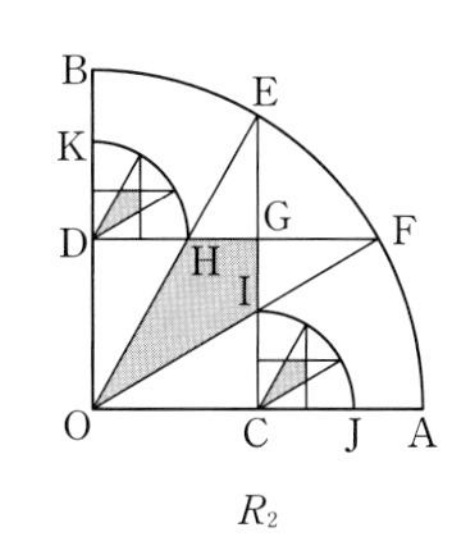

R_2

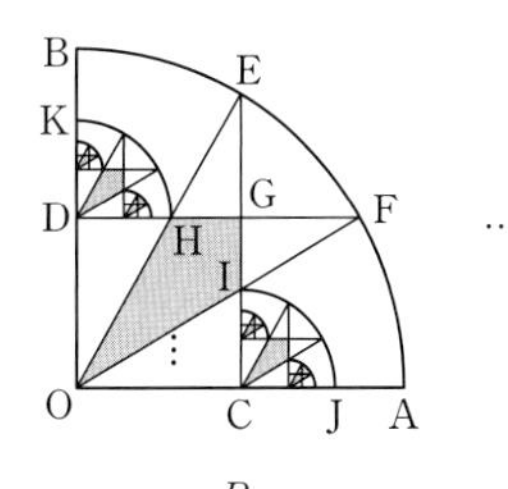

R_3

① $\frac{2(3-\sqrt{3})}{5}$　② $\frac{7(3-\sqrt{3})}{15}$　③ $\frac{8(3-\sqrt{3})}{15}$　④ $\frac{3(3-\sqrt{3})}{5}$　⑤ $\frac{2(3-\sqrt{3})}{3}$

Step 1 S_1의 값 구하기

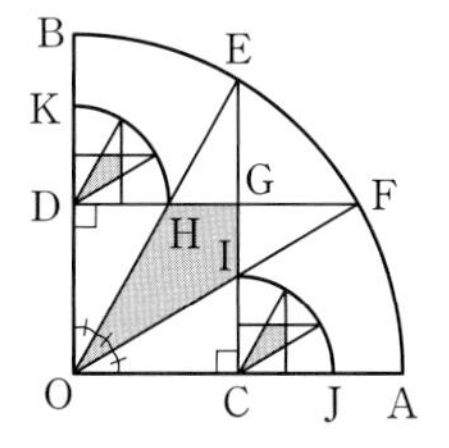

오른쪽 그림과 같이 직각삼각형 OCE에서 $\overline{OC}=1$, $\overline{OE}=2$이므로

$\angle COE=\frac{\pi}{3}$

$\triangle OCE \equiv \triangle ODF$ (RHA 합동)이므로

$\angle DOF=\frac{\pi}{3}$

직각삼각형 OCI에서 $\angle IOC=\frac{\pi}{6}$, $\overline{OC}=1$이므로

$\overline{IC}=\overline{OC}\tan\frac{\pi}{6}=\frac{\sqrt{3}}{3}$

$\therefore S_1=\square OCGD-2\triangle OCI$

$=1^2-2\times\frac{1}{2}\times1\times\frac{\sqrt{3}}{3}$

$=\frac{3-\sqrt{3}}{3}$

Step 2 넓이의 비, 도형의 개수의 비 구하기

$\overline{DH}=\overline{IC}=\frac{\sqrt{3}}{3}$

두 부채꼴 OAB, DHK는 닮음이고 닮음비는 $\overline{OA}:\overline{DH}=2:\frac{\sqrt{3}}{3}$이므로

넓이의 비는 $2^2:\left(\frac{\sqrt{3}}{3}\right)^2=4:\frac{1}{3}$이다.

즉, 그림 R_n에 새로 그린 부채꼴 1개와 그림 R_{n+1}에 새로 그린 부채꼴 1개의 넓이의 비는 $4:\frac{1}{3}$이므로 그림 R_n에 새로 색칠한 사각형 1개와 그림 R_{n+1}에 새로 색칠한 사각형 1개의 넓이의 비도 $4:\frac{1}{3}$이다.

이때 새로 색칠한 사각형의 개수는 2배씩 늘어난다.

Step 3 극한값 구하기

따라서 $\lim_{n\to\infty} S_n$은 첫째항이 $\frac{3-\sqrt{3}}{3}$이고 공비가 $\frac{1}{6}$인 등비급수의 합이므로

→ $\frac{1}{12}\times2=\frac{1}{6}$

$$\lim_{n\to\infty} S_n=\frac{\frac{3-\sqrt{3}}{3}}{1-\frac{1}{6}}=\frac{2(3-\sqrt{3})}{5}$$

20 등비급수의 활용 – 개수가 증가하는 도형

정답 ② | 정답률 82%

문제 보기

그림과 같이 한 변의 길이가 5인 정사각형 ABCD의 대각선 BD의 5등분점을 점 B에서 가까운 순서대로 각각 P_1, P_2, P_3, P_4라 하고, 선분 BP_1, P_2P_3, P_4D를 각각 대각선으로 하는 정사각형과 선분 P_1P_2, P_3P_4를 각각 지름으로 하는 원을 그린 후, ⬨ 모양의 도형에 색칠하여 얻은 그림을 R_1이라 하자. → S_1의 값을 구한다.

그림 R_1에서 선분 P_2P_3을 대각선으로 하는 정사각형의 꼭짓점 중 점 A와 가장 가까운 점을 Q_1, 점 C와 가장 가까운 점을 Q_2라 하자. 선분 AQ_1을 대각선으로 하는 정사각형과 선분 CQ_2를 대각선으로 하는 정사각형을 그리고, 새로 그려진 2개의 정사각형 안에 그림 R_1을 얻는 것과 같은 방법으로 ⬨ 모양의 도형을 각각 그리고 색칠하여 얻은 그림을 R_2라 하자.

└→ 정사각형 ABCD와 R_2에 새로 그린 정사각형 1개의 닮음비를 이용하여 R_n에 새로 색칠한 ⬨ 모양의 도형 1개와 R_{n+1}에 새로 색칠한 ⬨ 모양의 도형 1개의 넓이의 비를 구하고, 이때 새로 색칠한 ⬨ 모양의 도형의 개수가 몇 배씩 늘어나는지 구한다.

그림 R_2에서 선분 AQ_1을 대각선으로 하는 정사각형과 선분 CQ_2를 대각선으로 하는 정사각형에 그림 R_1에서 그림 R_2를 얻는 것과 같은 방법으로 ⬨ 모양의 도형을 각각 그리고 색칠하여 얻은 그림을 R_3이라 하자.

이와 같은 과정을 계속하여 n번째 얻은 그림 R_n에 색칠되어 있는 부분의 넓이를 S_n이라 할 때, $\lim_{n\to\infty} S_n$의 값은? [4점]

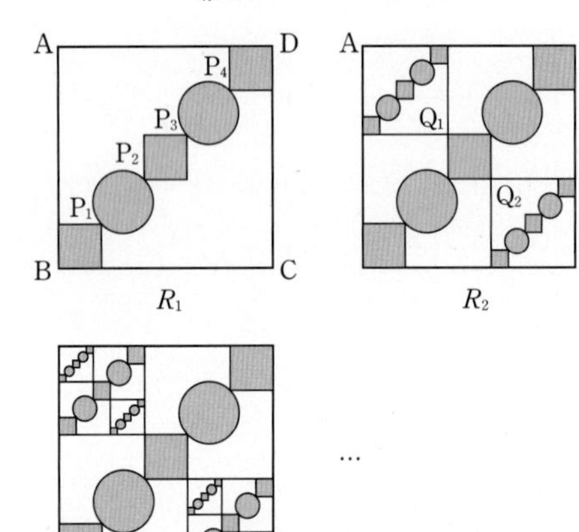

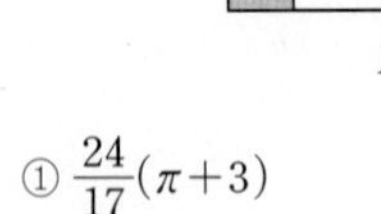

① $\frac{24}{17}(\pi+3)$ ② $\frac{25}{17}(\pi+3)$ ③ $\frac{26}{17}(\pi+3)$

④ $\frac{24}{17}(2\pi+1)$ ⑤ $\frac{25}{17}(2\pi+1)$

Step 1 S_1의 값 구하기

정사각형 ABCD의 한 변의 길이가 5이므로

$\overline{BD}=5\sqrt{2}$

대각선 BD의 5등분점이 각각 P_1, P_2, P_3, P_4이므로

$\overline{BP_1}=\overline{P_1P_2}=\overline{P_2P_3}=\overline{P_3P_4}=\overline{P_4D}=\sqrt{2}$

대각선의 길이가 $\sqrt{2}$인 정사각형의 한 변의 길이는 1

$\therefore S_1=3\times1^2+2\times\pi\times\left(\frac{\sqrt{2}}{2}\right)^2$

$=\pi+3$

Step 2 넓이의 비, 도형의 개수의 비 구하기

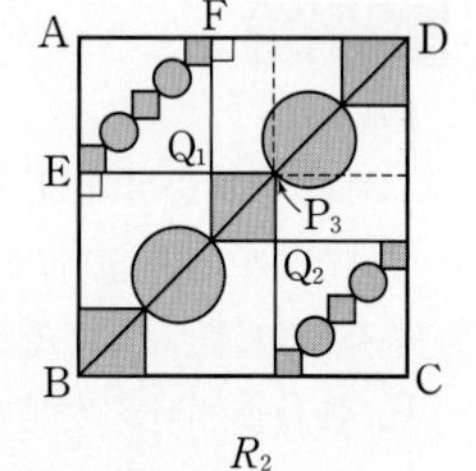

오른쪽 그림과 같이 점 Q_1에서 두 선분 AB, AD에 내린 수선의 발을 각각 E, F라 하면

$\overline{BD}:\overline{EF}=\overline{BD}:\overline{P_3D}=5:2$

두 정사각형 ABCD, AEQ_1F의 닮음비는 $5:2$이므로 넓이의 비는 $5^2:2^2=25:4$이다.

즉, 그림 R_n에 새로 그린 정사각형 1개와 그림 R_{n+1}에 새로 그린 정사각형 1개의 넓이의 비는 $25:4$이므로 그림 R_n에 새로 색칠한 ⬨ 모양의 도형 1개와 그림 R_{n+1}에 새로 색칠한 ⬨ 모양의 도형 1개의 넓이의 비도 $25:4$이다.

└→ R_2에서 정사각형 AEQ_1F

이때 새로 색칠한 ⬨ 모양의 도형의 개수는 2배씩 늘어난다.

Step 3 극한값 구하기

따라서 $\lim_{n\to\infty} S_n$은 첫째항이 $\pi+3$이고 공비가 $\frac{8}{25}$인 등비급수의 합이므로

└→ $\frac{4}{25}\times2=\frac{8}{25}$

$$\lim_{n\to\infty} S_n=\frac{\pi+3}{1-\frac{8}{25}}=\frac{25}{17}(\pi+3)$$

21 등비급수의 활용 – 개수가 증가하는 도형

정답 ② | 정답률 35%

문제 보기

그림과 같이 한 변의 길이가 4인 정사각형 ABCD에서 선분 AB, 선분 CD, 선분 DA의 중점을 각각 E, F, G라 하자. 선분 EG를 한 변으로 하고 점 A가 내부에 있도록 정삼각형 EGH를 그리고, 선분 GF를 한 변으로 하고 점 D가 내부에 있도록 정삼각형 GFI를 그린다. 두 정삼각형 EGH, GFI의 내부와 정사각형 ABCD의 외부의 공통부분인 ⊓ 모양의 도형에 색칠하여 얻은 그림을 R_1이라 하자. → S_1의 값을 구한다.

그림 R_1에서 선분 HG의 중점을 M, 선분 IG의 중점을 N이라 하고, 선분 HM을 한 변으로 하는 정사각형 T_1과 선분 IN을 한 변으로 하는 정사각형 T_2를 각각 정사각형 ABCD와 만나지 않게 그린다. 정사각형 T_1, T_2에 각각 그림 R_1을 얻은 것과 같은 방법으로 ⊓ 모양의 2개의 도형에 색칠하여 얻은 그림을 R_2라 하자.

└→ 두 정사각형 ABCD, T_1의 닮음비를 이용하여 R_n에 새로 색칠한 ⊓ 모양의 도형 1개와 R_{n+1}에 새로 색칠한 ⊓ 모양의 도형 1개의 넓이의 비를 구하고, 이때 새로 색칠한 ⊓ 모양의 도형의 개수가 몇 배씩 늘어나는지 구한다.

이와 같은 과정을 계속하여 n번째 얻은 그림 R_n에 색칠되어 있는 부분의 넓이를 S_n이라 할 때, $\lim_{n\to\infty} S_n$의 값은? [4점]

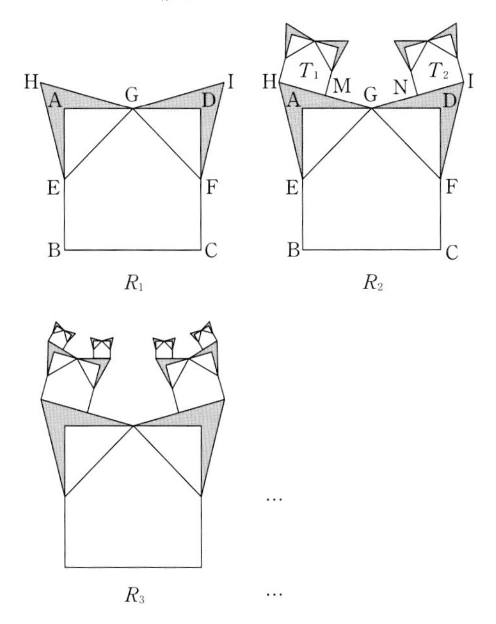

① $\frac{14}{3}(\sqrt{3}-1)$ ② $\frac{16}{3}(\sqrt{3}-1)$ ③ $6(\sqrt{3}-1)$

④ $\frac{20}{3}(\sqrt{3}-1)$ ⑤ $\frac{22}{3}(\sqrt{3}-1)$

Step 1 S_1의 값 구하기

직각이등변삼각형 AEG에서 $\overline{AG}=2$이므로

$\overline{EG}=2\sqrt{2}$

$$\therefore S_1=2(\triangle EGH-\triangle EGA)$$
$$=2\left\{\frac{\sqrt{3}}{4}\times(2\sqrt{2})^2-\frac{1}{2}\times2\times2\right\}$$
$$=4(\sqrt{3}-1)$$

Step 2 넓이의 비, 도형의 개수의 비 구하기

$\overline{HM}=\frac{1}{2}\overline{HG}=\frac{1}{2}\overline{EG}=\sqrt{2}$

두 정사각형 ABCD, T_1은 닮음이고 닮음비는 $\overline{BC}:\overline{HM}=4:\sqrt{2}$이므로 넓이의 비는 $4^2:(\sqrt{2})^2=8:1$이다.

즉, 그림 R_n에 새로 그린 정사각형 1개와 그림 R_{n+1}에 새로 그린 정사각형 1개의 넓이의 비는 $8:1$이므로 그림 R_n에 새로 색칠한 ⊓ 모양의 도형 1개와 그림 R_{n+1}에 새로 색칠한 ⊓ 모양의 도형 1개의 넓이의 비도 $8:1$이다.

이때 새로 색칠한 ⊓ 모양의 도형의 개수는 2배씩 늘어난다.

Step 3 극한값 구하기

따라서 $\lim_{n\to\infty} S_n$은 첫째항이 $4(\sqrt{3}-1)$이고 공비가 $\frac{1}{4}$인 등비급수의 합이므로

└→ $\frac{1}{8}\times2=\frac{1}{4}$

$$\lim_{n\to\infty} S_n=\frac{4(\sqrt{3}-1)}{1-\frac{1}{4}}=\frac{16}{3}(\sqrt{3}-1)$$

22 등비급수의 활용－개수가 증가하는 도형

정답 ⑤ | 정답률 68%

문제 보기

한 변의 길이가 4인 정사각형 ABCD가 있다. 그림과 같이 선분 BC를 1 : 3으로 내분하는 점을 E, 선분 DA를 1 : 3으로 내분하는 점을 F라 하고 평행사변형 BEDF를 색칠하여 얻은 그림을 R_1이라 하자.

└ S_1의 값을 구한다.

그림 R_1에서 정사각형 안에 있는 각 직각삼각형에 내접하는 가장 큰 정사각형을 각각 그리자. 새로 그려진 각 정사각형에 그림 R_1을 얻은 것과 같은 방법으로 평행사변형을 색칠하여 얻은 그림을 R_2라 하자.

└ 정사각형 ABCD와 R_2에 새로 그린 정사각형 1개의 닮음비를 이용하여 R_n에 새로 색칠한 평행사변형 1개와 R_{n+1}에 새로 색칠한 평행사변형 1개의 넓이의 비를 구하고, 이때 새로 색칠한 평행사변형의 개수가 몇 배씩 늘어나는지 구한다.

그림 R_2에서 새로 그려진 정사각형 안에 있는 각 직각삼각형에 내접하는 가장 큰 정사각형을 각각 그리자. 새로 그려진 각 정사각형에 그림 R_1을 얻은 것과 같은 방법으로 평행사변형을 색칠하여 얻은 그림을 R_3이라 하자.

이와 같은 과정을 계속하여 n번째 얻은 그림 R_n에 색칠되어 있는 모든 평행사변형의 넓이의 합을 S_n이라 할 때, $\lim_{n\to\infty} S_n$의 값은? [4점]

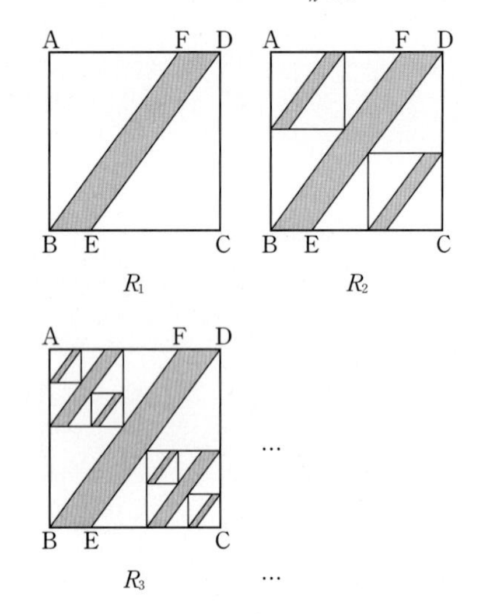

① $\frac{28}{5}$ ② $\frac{98}{17}$ ③ $\frac{196}{33}$ ④ $\frac{49}{8}$ ⑤ $\frac{196}{31}$

Step 1 S_1의 값 구하기

$\overline{BE}=1$, $\overline{CD}=4$이므로

$S_1=\square BEDF=1\times4=4$

Step 2 넓이의 비, 도형의 개수의 비 구하기

오른쪽 그림과 같이 그림 R_2에 새로 그린 정사각형 중 1개를 정사각형 AGHI라 하고,

$\overline{AI}=x\ (0<x<3)$라 하면

$\overline{IH}=x$, $\overline{IF}=3-x$

삼각형 ABF에서 $\overline{AB}\,/\!/\,\overline{IH}$이므로

$\overline{AF} : \overline{IF}=\overline{AB} : \overline{IH}$에서

$3 : (3-x)=4 : x$

$12-4x=3x$

$\therefore x=\frac{12}{7}$

두 정사각형 ABCD, AGHI는 닮음이고 닮음비는 $\overline{AD} : \overline{AI}=1 : \frac{3}{7}$이므로 넓이의 비는 $1^2 : \left(\frac{3}{7}\right)^2=1 : \frac{9}{49}$이다.

즉, 그림 R_n에 새로 그린 정사각형 1개와 그림 R_{n+1}에 새로 그린 정사각형 1개의 넓이의 비는 $1 : \frac{9}{49}$이므로 그림 R_n에 새로 색칠한 평행사변형 1개와 그림 R_{n+1}에 새로 색칠한 평행사변형 1개의 넓이의 비도 $1 : \frac{9}{49}$이다.

이때 새로 색칠한 평행사변형의 개수는 2배씩 늘어난다.

Step 3 극한값 구하기

따라서 $\lim_{n\to\infty} S_n$은 첫째항이 4이고 공비가 $\frac{18}{49}$인 등비급수의 합이므로

└ $\frac{9}{49}\times2=\frac{18}{49}$

$$\lim_{n\to\infty} S_n=\frac{4}{1-\frac{18}{49}}=\frac{196}{31}$$

23 등비급수의 활용 – 개수가 증가하는 도형

정답 ① | 정답률 62%

문제 보기

그림과 같이 한 변의 길이가 8인 정삼각형 ABC가 있다. 세 선분 AB, BC, CA의 중점을 각각 D, E, F라 하고 두 정삼각형 BED, ECF를 그린 후 마름모 ADEF에 중심이 O인 원을 내접하도록 그린다. 원과 두 선분 DE, EF의 접점을 각각 P, Q라 할 때, 사각형 OPEQ를 그리고 색칠하여 얻은 그림을 R_1이라 하자. → S_1의 값을 구한다.

그림 R_1에서 새로 그려진 두 개의 정삼각형의 내부에 그림 R_1을 얻은 것과 같은 방법으로 두 개의 사각형을 그리고 색칠하여 얻은 그림을 R_2라 하자. → 두 정삼각형 ABC, DBE의 닮음비를 이용하여 R_n에 새로 색칠한 사각형 1개와 R_{n+1}에 새로 색칠한 사각형 1개의 넓이의 비를 구하고, 이때 새로 색칠한 사각형의 개수가 몇 배씩 늘어나는지 구한다.

그림 R_2에서 새로 그려진 네 개의 정삼각형의 내부에 그림 R_1을 얻은 것과 같은 방법으로 네 개의 사각형을 그리고 색칠하여 얻은 그림을 R_3이라 하자.

이와 같은 과정을 계속하여 n번째 얻은 그림 R_n에 색칠되어 있는 부분의 넓이를 S_n이라 할 때, $\lim_{n\to\infty} S_n$의 값은? [4점]

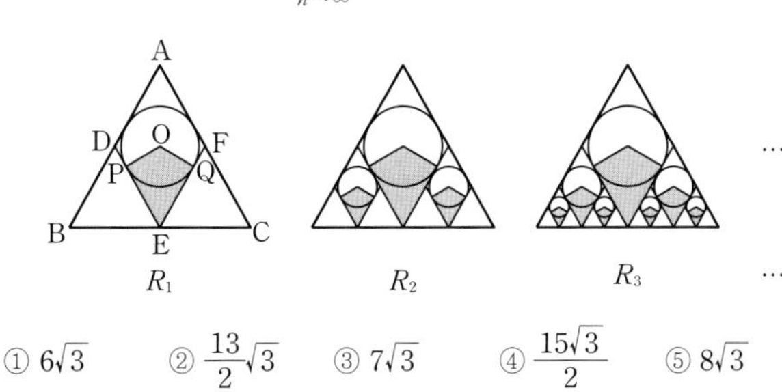

① $6\sqrt{3}$ ② $\frac{13}{2}\sqrt{3}$ ③ $7\sqrt{3}$ ④ $\frac{15\sqrt{3}}{2}$ ⑤ $8\sqrt{3}$

Step 1 S_1의 값 구하기

$\overline{AE}$는 한 변의 길이가 8인 정삼각형 ABC의 높이이므로

$\overline{AE}=\frac{\sqrt{3}}{2}\times 8=4\sqrt{3}$

마름모 ADEF의 두 대각선이 만나는 점은 원의 중심 O와 일치하므로

$\overline{OE}=\frac{1}{2}\overline{AE}=2\sqrt{3}$

직각삼각형 OPE에서 $\angle PEO=\frac{1}{2}\angle DEF=\frac{\pi}{6}$이므로

$\overline{OP}=\overline{OE}\sin\frac{\pi}{6}=\sqrt{3}$, $\overline{PE}=\overline{OE}\cos\frac{\pi}{6}=3$

$\therefore S_1=2\triangle OPE=2\times\frac{1}{2}\times\sqrt{3}\times 3=3\sqrt{3}$

Step 2 넓이의 비, 도형의 개수의 비 구하기

두 정삼각형 ABC, DBE는 닮음이고 닮음비는 $\overline{AB}:\overline{DB}=2:1$이므로 넓이의 비는 $2^2:1^2=4:1$이다.

즉, 그림 R_n에 새로 그린 정삼각형 1개와 그림 R_{n+1}에 새로 그린 정삼각형 1개의 넓이의 비는 $4:1$이므로 그림 R_n에 새로 색칠한 사각형 1개와 그림 R_{n+1}에 새로 색칠한 사각형 1개의 넓이의 비도 $4:1$이다.

이때 새로 색칠한 사각형의 개수는 2배씩 늘어난다.

Step 3 극한값 구하기

따라서 $\lim_{n\to\infty} S_n$은 첫째항이 $3\sqrt{3}$이고 공비가 $\frac{1}{2}$인 등비급수의 합이므로

└→ $\frac{1}{4}\times 2=\frac{1}{2}$

$$\lim_{n\to\infty} S_n=\frac{3\sqrt{3}}{1-\frac{1}{2}}=6\sqrt{3}$$

24 등비급수의 활용 – 개수가 증가하는 도형

정답 ③ | 정답률 68%

문제 보기

그림과 같이 반지름의 길이가 1인 원에 중심각의 크기가 60°이고 반지름의 길이가 1인 부채꼴을 서로 겹치지 않게 4개 그린 후 원의 내부와 새로 그린 부채꼴의 외부에 공통으로 속하는 영역을 색칠하여 얻은 그림을 [그림 1]이라 하자. → S_1의 값을 구한다.

[그림 1]에서 색칠되지 않은 각 부채꼴에 두 반지름과 호에 모두 접하도록 원을 그린다. 새로 그린 각 원에 중심각의 크기가 60°이고 반지름의 길이가 새로 그린 원의 반지름의 길이와 같은 부채꼴을 서로 겹치지 않게 4개씩 그린 후 새로 그린 원의 내부와 새로 그린 부채꼴의 외부에 공통으로 속하는 영역을 색칠하여 얻은 그림을 [그림 2]라 하자.

└→ [그림 1]의 원과 [그림 2]에 새로 그린 원 1개의 닮음비를 이용하여 n번째와 $n+1$번째 얻은 그림에 새로 색칠한 도형 1개의 넓이의 비를 구하고, 이때 새로 색칠한 도형의 개수가 몇 배씩 늘어나는지 구한다.

이와 같은 과정을 계속하여 n번째 얻은 그림에서 색칠되어 있는 부분의 넓이를 S_n이라 할 때, $\lim_{n\to\infty} S_n$의 값은? [4점]

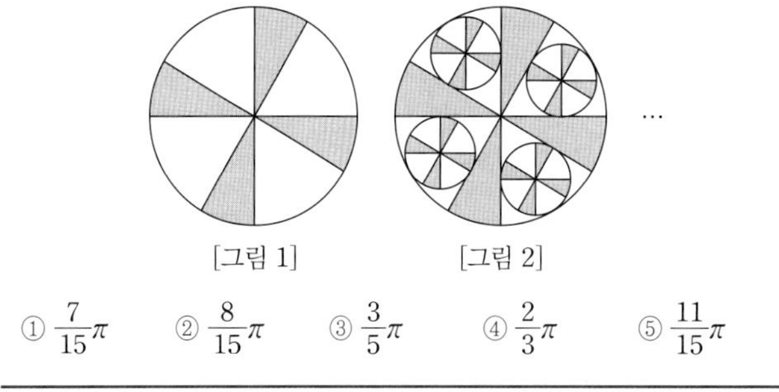

[그림 1] [그림 2]

① $\frac{7}{15}\pi$ ② $\frac{8}{15}\pi$ ③ $\frac{3}{5}\pi$ ④ $\frac{2}{3}\pi$ ⑤ $\frac{11}{15}\pi$

Step 1 S_1의 값 구하기

$S_1=\pi\times 1^2-4\times\frac{1}{2}\times 1^2\times\frac{\pi}{3}=\frac{\pi}{3}$

Step 2 넓이의 비, 도형의 개수의 비 구하기

오른쪽 그림과 같이 중심각의 크기가 60°인 부채꼴 OAB에 내접하는 원의 중심을 O′이라 하고, 점 O′에서 선분 OA에 내린 수선의 발을 H, 원이 호 AB와 만나는 점을 C라 하자.

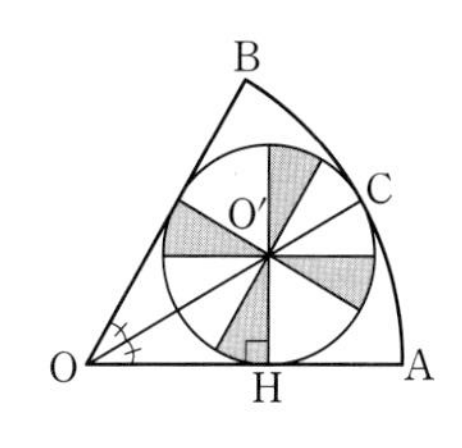

직각삼각형 O′OH에서 $\angle O'OH=\frac{\pi}{6}$

$\overline{O'H}=a$라 하면

$\overline{OO'}=2a$, $\overline{O'C}=\overline{O'H}=a$

$\overline{OC}=\overline{OO'}+\overline{O'C}$에서 $1=2a+a$ $\therefore a=\frac{1}{3}$

[그림 1]의 원과 [그림 2]에 새로 그린 원 1개는 닮음이고 닮음비는 $\overline{OA}:\overline{O'H}=1:\frac{1}{3}$이므로 넓이의 비는 $1^2:\left(\frac{1}{3}\right)^2=1:\frac{1}{9}$이다.

즉, n번째와 $(n+1)$번째 얻은 그림에 새로 그린 원 1개의 넓이의 비는 $1:\frac{1}{9}$이므로 n번째와 $(n+1)$번째 얻은 그림에 새로 색칠한 도형 1개의 넓이의 비도 $1:\frac{1}{9}$이다.

이때 새로 색칠한 도형의 개수는 4배씩 늘어난다.

Step 3 극한값 구하기

따라서 $\lim_{n\to\infty} S_n$은 첫째항이 $\frac{\pi}{3}$이고 공비가 $\frac{4}{9}$인 등비급수의 합이므로

└→ $\frac{1}{9}\times 4=\frac{4}{9}$

$$\lim_{n\to\infty} S_n=\frac{\frac{\pi}{3}}{1-\frac{4}{9}}=\frac{3}{5}\pi$$

25	등비급수의 활용 – 개수가 증가하는 도형 정답 ③ ｜ 정답률 72%

문제 보기

그림과 같이 길이가 4인 선분 AB를 지름으로 하는 원 O가 있다. 원의 중심을 C라 하고, 선분 AC의 중점과 선분 BC의 중점을 각각 D, P라 하자. 선분 AC의 수직이등분선과 선분 BC의 수직이등분선이 원 O의 위쪽 반원과 만나는 점을 각각 E, Q라 하자. 선분 DE를 한 변으로 하고 원 O와 점 A에서 만나며 선분 DF가 대각선인 정사각형 DEFG를 그리고, 선분 PQ를 한 변으로 하고 원 O와 점 B에서 만나며 선분 PR가 대각선인 정사각형 PQRS를 그린다. 원 O의 내부와 정사각형 DEFG의 내부의 공통부분인 ◢ 모양의 도형과 원 O의 내부와 정사각형 PQRS의 내부의 공통부분인 ◣ 모양의 도형에 색칠하여 얻은 그림을 R_1이라 하자. → S_1의 값을 구한다.

그림 R_1에서 점 F를 중심으로 하고 반지름의 길이가 $\frac{1}{2}\overline{\mathrm{DE}}$인 원 O_1, 점 R를 중심으로 하고 반지름의 길이가 $\frac{1}{2}\overline{\mathrm{PQ}}$인 원 O_2를 그린다. 두 원 O_1, O_2에 각각 그림 R_1을 얻은 것과 같은 방법으로 만들어지는 ◢ 모양의 2개의 도형과 ◣ 모양의 2개의 도형에 색칠하여 얻은 그림을 R_2라 하자. → 두 원 O, O_1의 닮음비를 이용하여 R_n에 새로 색칠한 ◢ ◣ 모양의 도형 1개와 R_{n+1}에 새로 색칠한 ◢ ◣ 모양의 도형 1개의 넓이의 비를 구하고, 이때 새로 색칠한 ◢ ◣ 모양의 도형의 개수가 몇 배씩 늘어나는지 구한다.

이와 같은 과정을 계속하여 n번째 얻은 그림 R_n에 색칠되어 있는 부분의 넓이를 S_n이라 할 때, $\lim_{n\to\infty} S_n$의 값은? [4점]

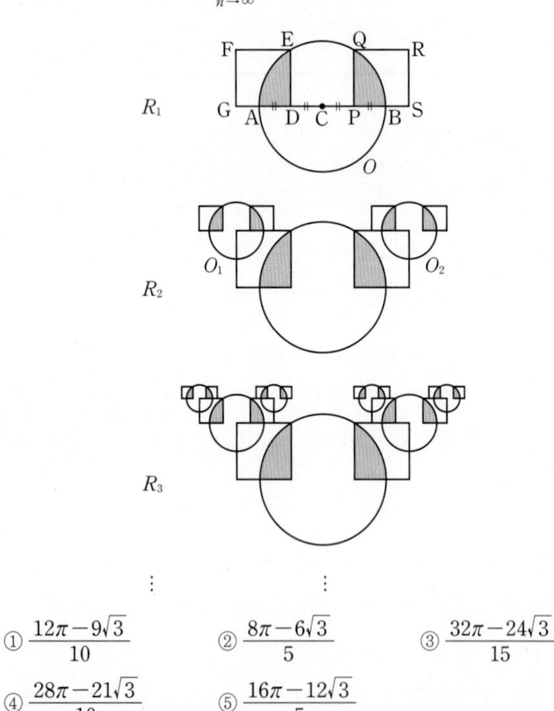

① $\frac{12\pi-9\sqrt{3}}{10}$　② $\frac{8\pi-6\sqrt{3}}{5}$　③ $\frac{32\pi-24\sqrt{3}}{15}$

④ $\frac{28\pi-21\sqrt{3}}{10}$　⑤ $\frac{16\pi-12\sqrt{3}}{5}$

Step 1 S_1의 값 구하기

오른쪽 그림과 같이 직각삼각형 EDC에서 $\overline{\mathrm{CE}}=2$, $\overline{\mathrm{CD}}=1$이므로

$\angle\mathrm{ECD}=\frac{\pi}{3}$, $\overline{\mathrm{DE}}=\sqrt{3}$

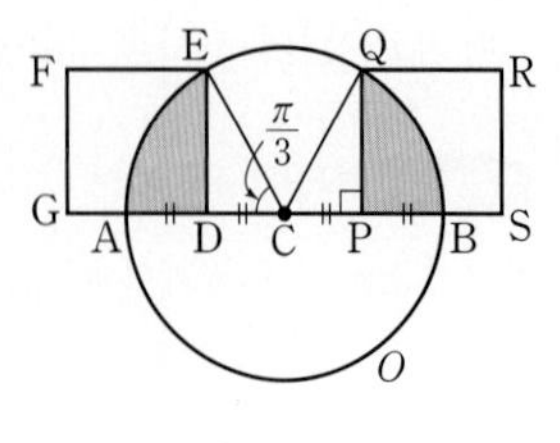

$\therefore S_1=2\{$(부채꼴 ACE의 넓이) $-\triangle\mathrm{CED}\}$

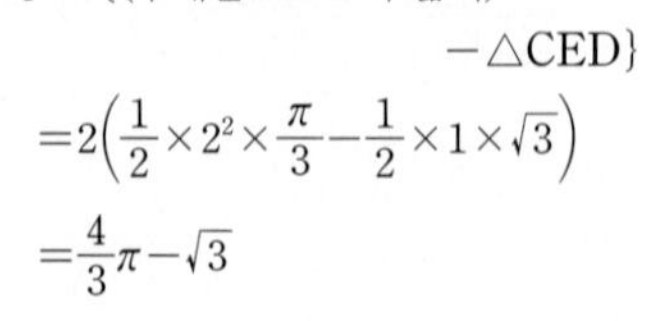

$=2\left(\frac{1}{2}\times2^2\times\frac{\pi}{3}-\frac{1}{2}\times1\times\sqrt{3}\right)$

$=\frac{4}{3}\pi-\sqrt{3}$

Step 2 넓이의 비, 도형의 개수의 비 구하기

원 O_1의 지름의 길이는 $\overline{\mathrm{DE}}=\sqrt{3}$

두 원 O, O_1은 닮음이고 닮음비는 $4:\sqrt{3}$이므로 넓이의 비는 $4^2:(\sqrt{3})^2=16:3$이다.

즉, 그림 R_n에 새로 그린 원 1개와 그림 R_{n+1}에 새로 그린 원 1개의 넓이의 비는 $16:3$이므로 그림 R_n에 새로 색칠한 ◢, ◣ 모양의 도형 1개와 그림 R_{n+1}에 새로 색칠한 ◢, ◣ 모양의 도형 1개의 넓이의 비도 $16:3$이다.

이때 새로 색칠한 ◢, ◣ 모양의 도형의 개수는 2배씩 늘어난다.

Step 3 극한값 구하기

따라서 $\lim_{n\to\infty} S_n$은 첫째항이 $\frac{4}{3}\pi-\sqrt{3}$이고 공비가 $\frac{3}{8}$인 등비급수의 합이므로 ($\frac{3}{16}\times2=\frac{3}{8}$)

$$\lim_{n\to\infty} S_n=\frac{\frac{4}{3}\pi-\sqrt{3}}{1-\frac{3}{8}}=\frac{32\pi-24\sqrt{3}}{15}$$

26 등비급수의 활용 – 개수가 증가하는 도형

정답 ③ | 정답률 81%

문제 보기

그림과 같이 한 변의 길이가 6인 정삼각형 ABC가 있다. 정삼각형 ABC의 외심을 O라 할 때, 중심이 A이고 반지름의 길이가 $\overline{AO}$인 원을 O_A, 중심이 B이고 반지름의 길이가 $\overline{BO}$인 원을 O_B, 중심이 C이고 반지름의 길이가 $\overline{CO}$인 원을 O_C라 하자. 원 O_A와 원 O_B의 내부의 공통부분, 원 O_A와 원 O_C의 내부의 공통부분, 원 O_B와 원 O_C의 내부의 공통부분 중 삼각형 ABC 내부에 있는 모양의 도형에 색칠하여 얻은 그림을 R_1이라 하자. → S_1의 값을 구한다.

그림 R_1에 원 O_A가 두 선분 AB, AC와 만나는 점을 각각 D, E, 원 O_B가 두 선분 AB, BC와 만나는 점을 각각 F, G, 원 O_C가 두 선분 BC, AC와 만나는 점을 각각 H, I라 하고, 세 정삼각형 AFI, BHD, CEG에서 R_1을 얻는 과정과 같은 방법으로 각각 만들어지는 모양의 도형 3개에 색칠하여 얻은 그림을 R_2라 하자.

└→ 두 정삼각형 ABC, AFI의 닮음비를 이용하여 R_n에 새로 색칠한 모양의 도형 1개와 R_{n+1}에 새로 색칠한 모양의 도형 1개의 넓이의 비를 구하고, 이때 새로 색칠한 모양의 도형의 개수가 몇 배씩 늘어나는지 구한다.

그림 R_2에 새로 만들어진 세 개의 정삼각형에 각각 R_1에서 R_2를 얻는 과정과 같은 방법으로 만들어지는 모양의 도형 9개에 색칠하여 얻은 그림을 R_3이라 하자.

이와 같은 과정을 계속하여 n번째 얻은 그림 R_n에 색칠되어 있는 부분의 넓이를 S_n이라 할 때, $\lim_{n\to\infty} S_n$의 값은? [4점]

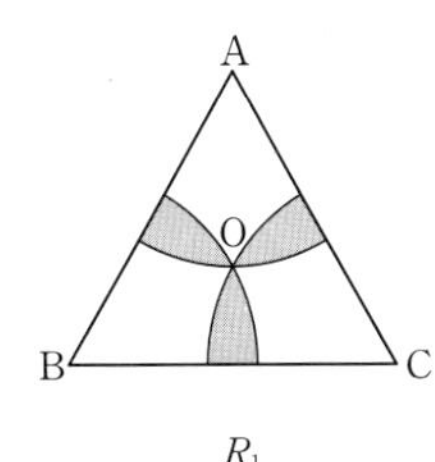

R_1

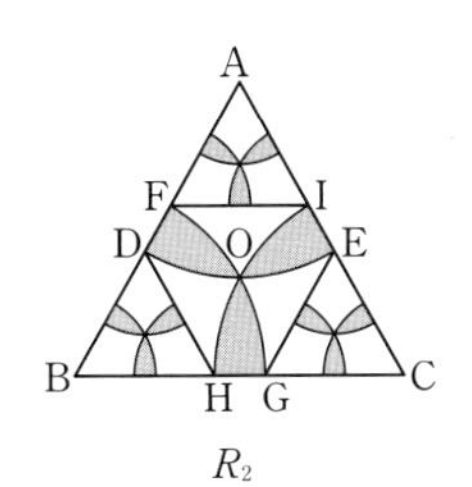

R_2

R_3

…

① $(2\pi-3\sqrt{3})(\sqrt{3}+3)$　② $(\pi-\sqrt{3})(\sqrt{3}+3)$
③ $(2\pi-3\sqrt{3})(2\sqrt{3}+3)$　④ $(\pi-\sqrt{3})(2\sqrt{3}+3)$
⑤ $(2\pi-2\sqrt{3})(\sqrt{3}+3)$

Step 1 S_1의 값 구하기

오른쪽 그림과 같이 점 O에서 선분 AB에 내린 수선의 발을 J라 하자.

$\overline{CJ}$는 한 변의 길이가 6인 정삼각형 ABC의 높이이므로

$\overline{CJ}=\frac{\sqrt{3}}{2}\times6=3\sqrt{3}$

점 O는 정삼각형 ABC의 외심이고, 정삼각형의 외심, 내심, 무게중심은 일치하므로

$\angle OBJ=\frac{\pi}{6}$, $\overline{BJ}=\frac{1}{2}\overline{AB}=3$, $\overline{BO}=\overline{CO}=\frac{2}{3}\overline{CJ}=2\sqrt{3}$, $\overline{OJ}=\frac{1}{3}\overline{CJ}=\sqrt{3}$

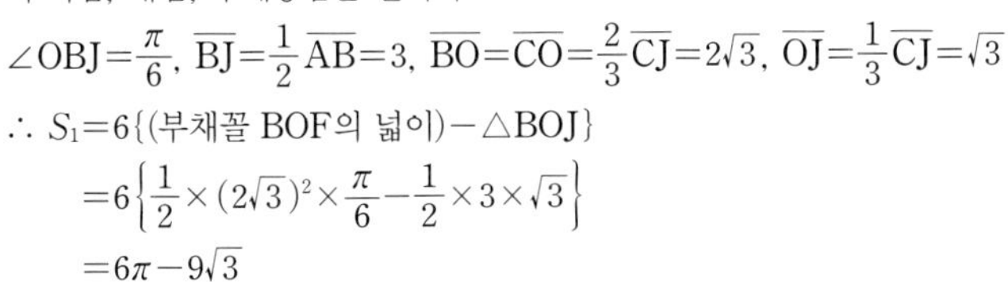

$\therefore S_1=6\{(\text{부채꼴 BOF의 넓이})-\triangle BOJ\}$

$=6\left\{\frac{1}{2}\times(2\sqrt{3})^2\times\frac{\pi}{6}-\frac{1}{2}\times3\times\sqrt{3}\right\}$

$=6\pi-9\sqrt{3}$

Step 2 넓이의 비, 도형의 개수의 비 구하기

$\overline{BF}=\overline{BO}=2\sqrt{3}$이므로

$\overline{AF}=\overline{AB}-\overline{BF}=6-2\sqrt{3}$

두 정삼각형 ABC, AFI는 닮음이고 닮음비는 $\overline{AB}:\overline{AF}=3:(3-\sqrt{3})$이므로 넓이의 비는 $3^2:(3-\sqrt{3})^2=3:(4-2\sqrt{3})$이다.

즉, 그림 R_n에 새로 그린 정삼각형 1개와 그림 R_{n+1}에 새로 그린 정삼각형 1개의 넓이의 비는 $3:(4-2\sqrt{3})$이므로 그림 R_n에 새로 색칠한 모양의 도형 1개와 그림 R_{n+1}에 새로 색칠한 모양의 도형 1개의 넓이의 비도 $3:(4-2\sqrt{3})$이다.

이때 새로 색칠한 모양의 도형의 개수는 3배씩 늘어난다.

Step 3 극한값 구하기

따라서 $\lim_{n\to\infty} S_n$은 첫째항이 $6\pi-9\sqrt{3}$이고 공비가 $4-2\sqrt{3}$인 등비급수의 합이므로

└→ $\frac{4-2\sqrt{3}}{3}\times3=4-2\sqrt{3}$

$\lim_{n\to\infty} S_n=\frac{6\pi-9\sqrt{3}}{1-(4-2\sqrt{3})}=\frac{3(2\pi-3\sqrt{3})}{2\sqrt{3}-3}$

$=(2\pi-3\sqrt{3})(2\sqrt{3}+3)$

6 일차

7 일차

01 ⑤	02 ⑤	03 ④	04 ③	05 ③	06 ②	07 ②	08 ④	09 12	10 ②	11 ②	12 ⑤
13 ①	14 ②	15 ③	16 ④	17 ③	18 ③	19 ①	20 ①	21 ④	22 6	23 ③	24 ③
25 ②	26 ④	27 ④	28 ②	29 ②	30 ③	31 ③	32 ⑤	33 ①	34 ②	35 ⑤	36 ②
37 ⑤	38 ①	39 ②	40 ④	41 ②	42 ④	43 ①	44 ②	45 ③	46 ④	47 ④	48 ⑤
49 4	50 ①	51 ①	52 ①	53 ②	54 ③						

문제편 105쪽~117쪽

01 무리수 e의 정의 　정답 ⑤ | 정답률 94%

문제 보기

$\lim_{x\to0}(1+x)^{\frac{5}{x}}$의 값은? [2점]

└ $\lim_{x\to0}(1+\square x)^{\frac{1}{\square x}}$ 꼴로 고쳐 극한값을 구한다.

① $\frac{1}{e^5}$ ② $\frac{1}{e^3}$ ③ 1 ④ e^3 ⑤ e^5

Step 1 극한값 구하기

$\lim_{x\to0}(1+x)^{\frac{5}{x}}=\lim_{x\to0}\{(1+x)^{\frac{1}{x}}\}^5=e^5$

02 무리수 e의 정의 　정답 ⑤ | 정답률 88%

문제 보기

$\lim_{x\to0}(1+2x)^{\frac{1}{x}}$의 값은? [2점]

└ $\lim_{x\to0}(1+\square x)^{\frac{1}{\square x}}$ 꼴로 고쳐 극한값을 구한다.

① $\frac{1}{e^2}$ ② $\frac{1}{2e}$ ③ $\frac{1}{e}$ ④ $2e$ ⑤ e^2

Step 1 극한값 구하기

$\lim_{x\to0}(1+2x)^{\frac{1}{x}}=\lim_{x\to0}\{(1+2x)^{\frac{1}{2x}}\}^2=e^2$

03 밑이 e인 지수함수와 로그함수의 그래프 　정답 ④ | 정답률 87%

문제 보기

함수 $y=\ln(x-a)+b$의 그래프는 점 (2, 5)를 지나고, 직선 $x=1$을 점근선으로 갖는다. $a+b$의 값은? (단, a, b는 상수이다.) [3점]

└ 점근선의 방정식과 점의 좌표를 이용하여 a, b의 값을 구한다.

① 3 ② 4 ③ 5 ④ 6 ⑤ 7

Step 1 a의 값 구하기

함수 $y=\ln(x-a)+b$의 그래프의 점근선의 방정식은 $x=a$

$\therefore a=1$

Step 2 b의 값 구하기

함수 $y=\ln(x-1)+b$의 그래프가 점 (2, 5)를 지나므로

$5=\ln 1+b$

$\therefore b=5$

Step 3 $a+b$의 값 구하기

$\therefore a+b=1+5=6$

04 밑이 e인 지수함수와 로그함수의 그래프

정답 ③ | 정답률 65%

문제 보기

자연수 n에 대하여 함수 $y=e^{-x}-\frac{n-1}{e}$의 그래프와 함수 $y=|\ln x|$의 그래프가 만나는 점의 개수를 $f(n)$이라 할 때, $f(1)+f(2)$의 값은? [3점]

└→ 두 함수의 그래프를 그려 만나는 점의 개수를 구한다.

① 1 ② 2 ③ 3 ④ 4 ⑤ 5

Step 1 $f(1)$의 값 구하기

$n=1$일 때, $y=e^{-x}$

두 함수 $y=e^{-x}$, $y=|\ln x|$의 그래프는 오른쪽 그림과 같으므로 만나는 점은 2개이다.

$\therefore f(1)=2$

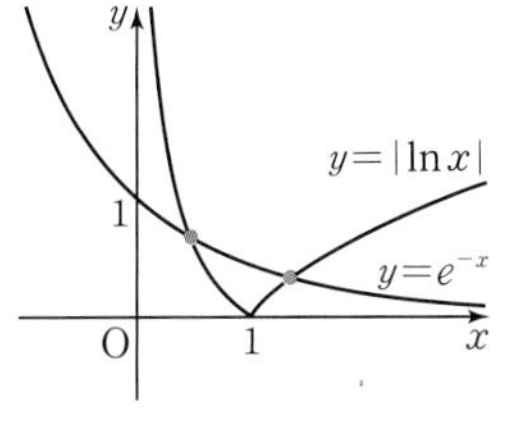

Step 2 $f(2)$의 값 구하기

$n=2$일 때, $y=e^{-x}-\frac{1}{e}$

두 함수 $y=e^{-x}-\frac{1}{e}$, $y=|\ln x|$의 그래프는 오른쪽 그림과 같으므로 만나는 점은 1개이다.

$\therefore f(2)=1$

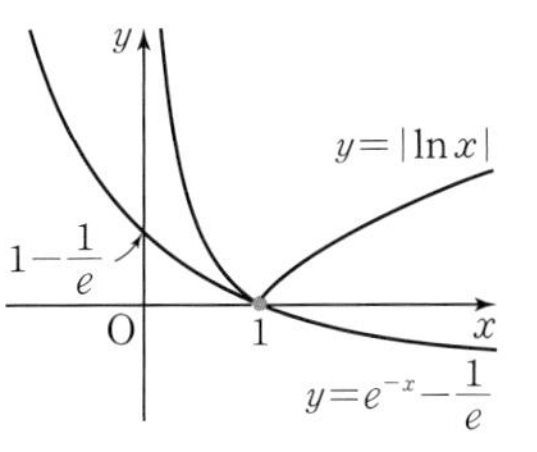

Step 3 $f(1)+f(2)$의 값 구하기

$\therefore f(1)+f(2)=2+1=3$

05 밑이 e인 지수함수와 로그함수의 그래프

정답 ③ | 정답률 62%

문제 보기

함수 $y=e^x$의 그래프 위의 x좌표가 양수인 점 A와 함수 $y=-\ln x$의 그래프 위의 점 B가 다음 조건을 만족시킨다.

└→ 점 B의 좌표를 $(a, -\ln a)(a>0)$로 놓는다.

(가) $\overline{OA}=2\overline{OB}$
(나) $\angle AOB=90°$

→ 점 A의 좌표를 구한다.

직선 OA의 기울기는? (단, O는 원점이다.) [4점]

① e ② $\frac{3}{\ln 3}$ ③ $\frac{2}{\ln 2}$ ④ $\frac{5}{\ln 5}$ ⑤ $\frac{e^2}{2}$

Step 1 점 B의 x좌표를 a로 놓고 두 점 A, B의 좌표를 a를 이용하여 나타내기

두 조건 (가), (나)에서 점 A는 직선 OB에 수직인 직선 위에 있고 $\overline{OA}=2\overline{OB}$를 만족시키는 점이다.

점 B는 함수 $y=-\ln x$의 그래프 위의 점이므로 $B(a, -\ln a)(a>0)$라 하면

$\overline{OB}=\sqrt{a^2+(-\ln a)^2}=\sqrt{a^2+(\ln a)^2}$

두 점 O, B를 지나는 직선의 방정식은

$y=-\frac{\ln a}{a}x$

이 직선에 수직이고 원점을 지나는 직선의 방정식은

$y=\frac{a}{\ln a}x$

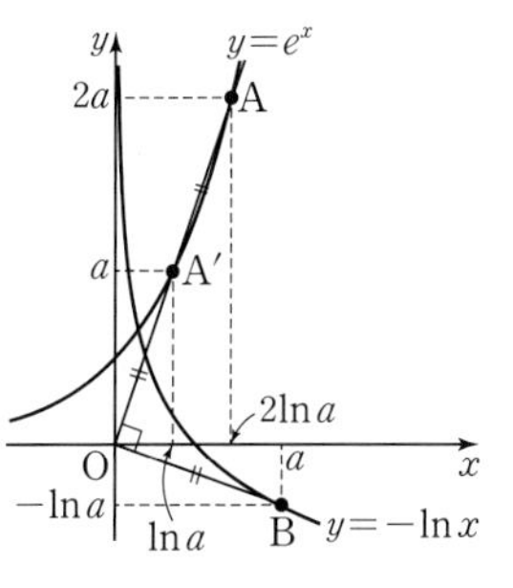

직선 $y=\frac{a}{\ln a}x$ 위의 점 $(\ln a, a)$를 A′이라 하면

$\overline{OA'}=\sqrt{(\ln a)^2+a^2}=\overline{OB}$

따라서 $\overline{OA}=2\overline{OB}$를 만족시키는 점 A의 좌표는

$(2\ln a, 2a)$

Step 2 점 A의 좌표 구하기

점 A는 함수 $y=e^x$의 그래프 위의 점이므로

$2a=e^{2\ln a}$, $2a=e^{\ln a^2}$, $2a=a^2$

$a(a-2)=0$ $\therefore a=2$ ($\because a>0$)

$\therefore A(2\ln 2, 4)$

Step 3 직선 OA의 기울기 구하기

따라서 직선 OA의 기울기는 $\frac{4}{2\ln 2}=\frac{2}{\ln 2}$

다른 풀이 삼각형의 닮음 이용하기

두 점 A, B에서 x축에 내린 수선의 발을 각각 A′, B′이라 하면

$\triangle AOA' \backsim \triangle OBB'$ (AA 닮음)이고 조건 (가)에서 닮음비는 2 : 1이다.

$\overline{OB'}=a\,(a>0)$라 하면 $\overline{AA'}=2a$이므로

$A(\ln 2a, 2a)$, $B(a, -\ln a)$

└→ 점 A의 y좌표가 $2a$이므로 $2a=e^x$에서 $x=\ln 2a$야.

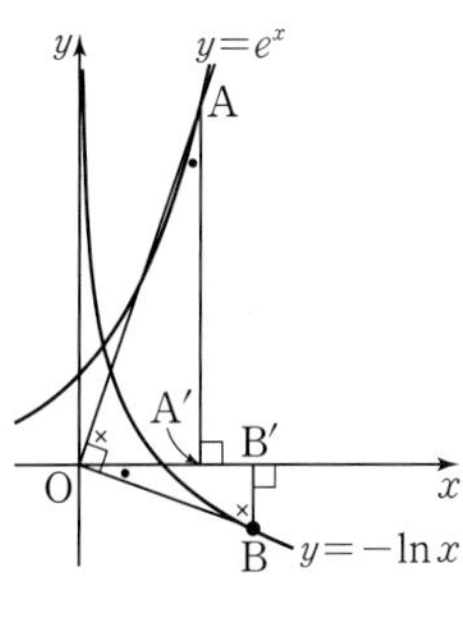

조건 (나)에서 두 직선 OA, OB는 서로 수직이므로

$\frac{2a}{\ln 2a}\times\frac{-\ln a}{a}=-1$, $2\ln a=\ln 2a$, $\ln a^2=\ln 2a$

$a^2=2a$, $a(a-2)=0$ $\therefore a=2$ ($\because a>0$)

06 지수함수의 극한 정답 ② | 정답률 93%

문제 보기

$\lim_{x\to 0}\frac{e^{4x}-1}{3x}$의 값은? [2점]

└→ $\lim_{x\to 0}\frac{e^{\square x}-1}{\square x}$ 꼴로 고쳐 극한값을 구한다.

① 1 ② $\frac{4}{3}$ ③ $\frac{5}{3}$ ④ 2 ⑤ $\frac{7}{3}$

Step 1 극한값 구하기

$$\lim_{x\to 0}\frac{e^{4x}-1}{3x}=\lim_{x\to 0}\frac{e^{4x}-1}{4x}\times\frac{4}{3}$$
$$=1\times\frac{4}{3}=\frac{4}{3}$$

07 지수함수의 극한 정답 ② | 정답률 90%

문제 보기

$\lim_{x\to 0}\frac{e^{x}-1}{4x}$의 값은? [2점]

└→ $\lim_{x\to 0}\frac{e^{\square x}-1}{\square x}$ 꼴로 고쳐 극한값을 구한다.

① $\frac{1}{5}$ ② $\frac{1}{4}$ ③ $\frac{1}{3}$ ④ $\frac{1}{2}$ ⑤ 1

Step 1 극한값 구하기

$$\lim_{x\to 0}\frac{e^{x}-1}{4x}=\lim_{x\to 0}\frac{e^{x}-1}{x}\times\frac{1}{4}$$
$$=1\times\frac{1}{4}=\frac{1}{4}$$

08 지수함수의 극한-치환 정답 ④ | 정답률 74%

문제 보기

$\lim_{x\to 0}\frac{1-e^{-x}}{x}$의 값은? [2점]

└→ $\lim_{x\to 0}\frac{e^{\square x}-1}{\square x}$ 꼴로 고쳐 극한값을 구한다.

① $-e$ ② -1 ③ 0 ④ 1 ⑤ e

Step 1 극한값 구하기

$-x=t$로 놓으면 $x\to 0$일 때 $t\to 0$이므로

$$\lim_{x\to 0}\frac{1-e^{-x}}{x}=\lim_{t\to 0}\frac{1-e^{t}}{-t}$$
$$=\lim_{t\to 0}\frac{e^{t}-1}{t}$$
$$=1$$

09 지수함수의 극한 정답 12 | 정답률 90%

문제 보기

$\lim_{x\to 0}\frac{e^{2x}+10x-1}{x}$의 값을 구하시오. [3점]

└→ $\lim_{x\to 0}\frac{e^{\square x}-1}{\square x}=1$을 이용할 수 있도록 식을 변형한다.

Step 1 극한값 구하기

$$\lim_{x\to 0}\frac{e^{2x}+10x-1}{x}=\lim_{x\to 0}\left(\frac{e^{2x}-1}{x}+10\right)$$
$$=\lim_{x\to 0}\frac{e^{2x}-1}{x}+10$$
$$=\lim_{x\to 0}\frac{e^{2x}-1}{2x}\times 2+10$$
$$=1\times 2+10=12$$

10 지수함수의 극한 정답 ② | 정답률 95%

문제 보기

$\lim_{x\to 0}\frac{e^{x}-1}{x(x^2+2)}$의 값은? [2점]

└→ $\lim_{x\to 0}\frac{e^{\square x}-1}{\square x}=1$을 이용할 수 있도록 식을 변형한다.

① 1 ② $\frac{1}{2}$ ③ $\frac{1}{3}$ ④ $\frac{1}{4}$ ⑤ $\frac{1}{5}$

Step 1 극한값 구하기

$$\lim_{x\to 0}\frac{e^{x}-1}{x(x^2+2)}=\lim_{x\to 0}\left(\frac{e^{x}-1}{x}\times\frac{1}{x^2+2}\right)$$
$$=\lim_{x\to 0}\frac{e^{x}-1}{x}\times\lim_{x\to 0}\frac{1}{x^2+2}$$
$$=1\times\frac{1}{2}=\frac{1}{2}$$

11 지수함수의 극한 정답 ② | 정답률 93%

문제 보기

$\lim_{x\to 0}\frac{e^{3x}-1}{x(x+2)}$의 값은? [2점]

└→ $\lim_{x\to 0}\frac{e^{\square x}-1}{\square x}=1$을 이용할 수 있도록 식을 변형한다.

① 1 ② $\frac{3}{2}$ ③ 2 ④ $\frac{5}{2}$ ⑤ 3

Step 1 극한값 구하기

$$\lim_{x\to 0}\frac{e^{3x}-1}{x(x+2)}=\lim_{x\to 0}\left(\frac{e^{3x}-1}{3x}\times\frac{3}{x+2}\right)$$
$$=\lim_{x\to 0}\frac{e^{3x}-1}{3x}\times\lim_{x\to 0}\frac{3}{x+2}$$
$$=1\times\frac{3}{2}=\frac{3}{2}$$

12 지수함수의 극한 정답 ⑤ | 정답률 90%

문제 보기

$\lim_{x\to0}\frac{e^{2x}+e^{3x}-2}{2x}$의 값은? [2점]

└→ $\lim_{x\to0}\frac{e^{\square x}-1}{\square x}=1$을 이용할 수 있도록 식을 변형한다.

① $\frac{1}{2}$ ② 1 ③ $\frac{3}{2}$ ④ 2 ⑤ $\frac{5}{2}$

Step 1 극한값 구하기

$$\begin{aligned}\lim_{x\to0}\frac{e^{2x}+e^{3x}-2}{2x}&=\lim_{x\to0}\frac{(e^{2x}-1)+(e^{3x}-1)}{2x}\\&=\lim_{x\to0}\frac{e^{2x}-1}{2x}+\lim_{x\to0}\frac{e^{3x}-1}{2x}\\&=\lim_{x\to0}\frac{e^{2x}-1}{2x}+\lim_{x\to0}\frac{e^{3x}-1}{3x}\times\frac{3}{2}\\&=1+1\times\frac{3}{2}=\frac{5}{2}\end{aligned}$$

13 지수함수의 극한 정답 ① | 정답률 93%

문제 보기

$\lim_{x\to0}\frac{e^{6x}-e^{4x}}{2x}$의 값은? [2점]

└→ $\lim_{x\to0}\frac{e^{\square x}-1}{\square x}=1$을 이용할 수 있도록 식을 변형한다.

① 1 ② 2 ③ 3 ④ 4 ⑤ 5

Step 1 극한값 구하기

$$\begin{aligned}\lim_{x\to0}\frac{e^{6x}-e^{4x}}{2x}&=\lim_{x\to0}\frac{(e^{6x}-1)-(e^{4x}-1)}{2x}\\&=\lim_{x\to0}\frac{e^{6x}-1}{2x}-\lim_{x\to0}\frac{e^{4x}-1}{2x}\\&=\lim_{x\to0}\frac{e^{6x}-1}{6x}\times3-\lim_{x\to0}\frac{e^{4x}-1}{4x}\times2\\&=1\times3-1\times2=1\end{aligned}$$

14 지수함수의 극한 정답 ② | 정답률 90%

문제 보기

함수 $f(x)=e^{x}-e^{-x}$에 대하여 $\lim_{x\to0}\frac{f(x)}{x}$의 값은? [3점]

└→ $\lim_{x\to0}\frac{e^{\square x}-1}{\square x}=1$을 이용할 수 있도록 식을 변형한다.

① 1 ② 2 ③ 3 ④ 4 ⑤ 5

Step 1 극한값 구하기

$$\begin{aligned}\lim_{x\to0}\frac{f(x)}{x}&=\lim_{x\to0}\frac{e^{x}-e^{-x}}{x}\\&=\lim_{x\to0}\frac{(e^{x}-1)-(e^{-x}-1)}{x}\\&=\lim_{x\to0}\frac{e^{x}-1}{x}+\lim_{x\to0}\frac{e^{-x}-1}{-x}\\&=1+1=2\end{aligned}$$

└→ $-x=t$로 놓으면 $x\to0$일 때 $t\to0$이므로 $\lim_{x\to0}\frac{e^{-x}-1}{-x}=\lim_{t\to0}\frac{e^{t}-1}{t}=1$

15 지수함수의 극한 정답 ③ | 정답률 89%

문제 보기

$\lim_{x\to0}\frac{x^3+2x}{e^{3x}-1}$의 값은? [2점]

└→ $\lim_{x\to0}\frac{\square x}{e^{\square x}-1}=1$을 이용할 수 있도록 식을 변형한다.

① $\frac{1}{3}$ ② $\frac{1}{2}$ ③ $\frac{2}{3}$ ④ $\frac{5}{6}$ ⑤ 1

Step 1 극한값 구하기

$$\begin{aligned}\lim_{x\to0}\frac{x^3+2x}{e^{3x}-1}&=\lim_{x\to0}\frac{x(x^2+2)}{e^{3x}-1}\\&=\lim_{x\to0}\left(\frac{3x}{e^{3x}-1}\times\frac{x^2+2}{3}\right)\\&=\lim_{x\to0}\frac{3x}{e^{3x}-1}\times\lim_{x\to0}\frac{x^2+2}{3}\\&=1\times\frac{2}{3}=\frac{2}{3}\end{aligned}$$

16 지수함수의 극한 정답 ④ | 정답률 97%

문제 보기

$\lim_{x\to0}\frac{e^{7x}-1}{e^{2x}-1}$의 값은? [2점]

└→ $\lim_{x\to0}\frac{e^{\square x}-1}{\square x}=1$, $\lim_{x\to0}\frac{\square x}{e^{\square x}-1}=1$을 이용할 수 있도록 식을 변형한다.

① $\frac{1}{2}$ ② $\frac{3}{2}$ ③ $\frac{5}{2}$ ④ $\frac{7}{2}$ ⑤ $\frac{9}{2}$

Step 1 극한값 구하기

$$\begin{aligned}\lim_{x\to0}\frac{e^{7x}-1}{e^{2x}-1}&=\lim_{x\to0}\left(\frac{e^{7x}-1}{7x}\times\frac{2x}{e^{2x}-1}\times\frac{7}{2}\right)\\&=\lim_{x\to0}\frac{e^{7x}-1}{7x}\times\lim_{x\to0}\frac{2x}{e^{2x}-1}\times\frac{7}{2}\\&=1\times1\times\frac{7}{2}=\frac{7}{2}\end{aligned}$$

17 지수함수의 극한 정답 ③ | 정답률 96%

문제 보기

$\lim_{x\to0}\frac{6x}{e^{4x}-e^{2x}}$의 값은? [2점]

└→ $\lim_{x\to0}\frac{e^{\square x}-1}{\square x}=1$을 이용할 수 있도록 식을 변형한다.

① 1 ② 2 ③ 3 ④ 4 ⑤ 5

Step 1 극한값 구하기

$$\begin{aligned}\lim_{x\to0}\frac{6x}{e^{4x}-e^{2x}}&=\lim_{x\to0}\frac{1}{\frac{(e^{4x}-1)-(e^{2x}-1)}{6x}}=\frac{1}{\lim_{x\to0}\frac{e^{4x}-1}{6x}-\lim_{x\to0}\frac{e^{2x}-1}{6x}}\\&=\frac{1}{\lim_{x\to0}\frac{e^{4x}-1}{4x}\times\frac{2}{3}-\lim_{x\to0}\frac{e^{2x}-1}{2x}\times\frac{1}{3}}\\&=\frac{1}{1\times\frac{2}{3}-1\times\frac{1}{3}}=3\end{aligned}$$

18 지수함수의 극한 정답 ③ | 정답률 93%

문제 보기

$\lim_{x\to 0}\frac{5^{2x}-1}{e^{3x}-1}$의 값은? [2점]

└ $\lim_{x\to 0}\frac{e^{\square x}-1}{\square x}=1$, $\lim_{x\to 0}\frac{a^{\square x}-1}{\square x}=\ln a$를 이용할 수 있도록 식을 변형한다.

① $\frac{\ln 5}{3}$ ② $\frac{1}{\ln 5}$ ③ $\frac{2}{3}\ln 5$ ④ $\frac{2}{\ln 5}$ ⑤ $\ln 5$

Step 1 극한값 구하기

$$\lim_{x\to 0}\frac{5^{2x}-1}{e^{3x}-1}=\lim_{x\to 0}\left(\frac{5^{2x}-1}{2x}\times\frac{3x}{e^{3x}-1}\times\frac{2}{3}\right)$$
$$=\lim_{x\to 0}\frac{5^{2x}-1}{2x}\times\lim_{x\to 0}\frac{3x}{e^{3x}-1}\times\frac{2}{3}$$
$$=\ln 5\times 1\times\frac{2}{3}=\frac{2}{3}\ln 5$$

19 지수함수의 극한 정답 ① | 정답률 87%

문제 보기

$\lim_{x\to 0}\frac{4^x-2^x}{x}$의 값은? [2점]

└ $\lim_{x\to 0}\frac{a^x-1}{x}=\ln a$를 이용할 수 있도록 식을 변형한다.

① $\ln 2$ ② 1 ③ $2\ln 2$ ④ 2 ⑤ $3\ln 2$

Step 1 극한값 구하기

$$\lim_{x\to 0}\frac{4^x-2^x}{x}=\lim_{x\to 0}\frac{4^x-1-(2^x-1)}{x}$$
$$=\lim_{x\to 0}\frac{4^x-1}{x}-\lim_{x\to 0}\frac{2^x-1}{x}$$
$$=\ln 4-\ln 2$$
$$=\ln\frac{4}{2}=\ln 2$$

20 지수함수의 극한 정답 ① | 정답률 79%

문제 보기

$\lim_{x\to 0}\frac{2^{ax+b}-8}{2^{bx}-1}=16$일 때, $a+b$의 값은?

└ $x\to 0$일 때 (분자) → 0임을 이용하여 b의 값을 구한 후 $\lim_{x\to 0}\frac{p^{\square x}-1}{\square x}=\ln p$를 이용할 수 있도록 식을 변형한다.

(단, a와 b는 0이 아닌 상수이다.) [3점]

① 9 ② 10 ③ 11 ④ 12 ⑤ 13

Step 1 b의 값 구하기

$\lim_{x\to 0}\frac{2^{ax+b}-8}{2^{bx}-1}=16$에서 $x\to 0$일 때 (분모) → 0이고 극한값이 존재하므로 (분자) → 0이다.

즉, $\lim_{x\to 0}(2^{ax+b}-8)=0$에서 $2^b-8=0$

$2^b=8$ $\therefore b=3$

Step 2 a의 값 구하기

$b=3$을 $\lim_{x\to 0}\frac{2^{ax+b}-8}{2^{bx}-1}=16$의 좌변에 대입하면

$$\lim_{x\to 0}\frac{2^{ax+3}-8}{2^{3x}-1}=\lim_{x\to 0}\frac{8(2^{ax}-1)}{2^{3x}-1}$$
$$=\lim_{x\to 0}\left(\frac{\frac{2^{ax}-1}{ax}}{\frac{2^{3x}-1}{3x}}\times\frac{8}{3}a\right)$$
$$=\frac{\ln 2}{\ln 2}\times\frac{8}{3}a$$
$$=\frac{8}{3}a$$

즉, $\frac{8}{3}a=16$이므로

$a=6$

Step 3 $a+b$의 값 구하기

$\therefore a+b=6+3=9$

21 로그함수의 극한 정답 ④ | 정답률 91%

문제 보기

$\lim_{x\to 0}\frac{\ln(1+12x)}{3x}$의 값은? [2점]

└ $\lim_{x\to 0}\frac{\ln(1+\square x)}{\square x}=1$을 이용할 수 있도록 식을 변형한다.

① 1 ② 2 ③ 3 ④ 4 ⑤ 5

Step 1 극한값 구하기

$$\lim_{x\to 0}\frac{\ln(1+12x)}{3x}=\lim_{x\to 0}\frac{\ln(1+12x)}{12x}\times 4$$
$$=1\times 4=4$$

22 로그함수의 극한 정답 6 | 정답률 93%

문제 보기

$\lim_{x\to0}\frac{\ln(1+3x)+9x}{2x}$의 값을 구하시오. [3점]

└ $\lim_{x\to0}\frac{\ln(1+\square x)}{\square x}=1$을 이용할 수 있도록 식을 변형한다.

Step 1 극한값 구하기

$$\lim_{x\to0}\frac{\ln(1+3x)+9x}{2x}=\lim_{x\to0}\left\{\frac{\ln(1+3x)}{3x}\times\frac{3}{2}+\frac{9}{2}\right\}$$
$$=1\times\frac{3}{2}+\frac{9}{2}=6$$

23 로그함수의 극한 정답 ③ | 정답률 85%

문제 보기

$\lim_{x\to0+}\frac{\ln(2x^2+3x)-\ln 3x}{x}$의 값은? [3점]

└ $\lim_{x\to0+}\frac{\ln(1+\square x)}{\square x}=1$을 이용할 수 있도록 식을 변형한다.

① $\frac{1}{3}$ ② $\frac{1}{2}$ ③ $\frac{2}{3}$ ④ $\frac{5}{6}$ ⑤ 1

Step 1 극한값 구하기

$$\lim_{x\to0+}\frac{\ln(2x^2+3x)-\ln 3x}{x}=\lim_{x\to0+}\frac{\ln\left(\frac{2x}{3}+1\right)}{x}$$
$$=\lim_{x\to0+}\frac{\ln\left(1+\frac{2x}{3}\right)}{\frac{2x}{3}}\times\frac{2}{3}$$
$$=1\times\frac{2}{3}=\frac{2}{3}$$

24 로그함수의 극한 정답 ③ | 정답률 97%

문제 보기

$\lim_{x\to0}\frac{x^2+5x}{\ln(1+3x)}$의 값은? [2점]

└ $\lim_{x\to0}\frac{\square x}{\ln(1+\square x)}=1$을 이용할 수 있도록 식을 변형한다.

① $\frac{7}{3}$ ② 2 ③ $\frac{5}{3}$ ④ $\frac{4}{3}$ ⑤ 1

Step 1 극한값 구하기

$$\lim_{x\to0}\frac{x^2+5x}{\ln(1+3x)}=\lim_{x\to0}\frac{x(x+5)}{\ln(1+3x)}$$
$$=\lim_{x\to0}\left\{\frac{3x}{\ln(1+3x)}\times\frac{x+5}{3}\right\}$$
$$=\lim_{x\to0}\frac{3x}{\ln(1+3x)}\times\lim_{x\to0}\frac{x+5}{3}$$
$$=1\times\frac{5}{3}=\frac{5}{3}$$

25 로그함수의 극한 정답 ② | 정답률 89%

문제 보기

$\lim_{x\to0}\frac{x^2+4x}{\ln(x^2+x+1)}$의 값은? [3점]

└ $\lim_{x\to0}\frac{\square x}{\ln(1+\square x)}=1$을 이용할 수 있도록 식을 변형한다.

① 3 ② 4 ③ 5 ④ 6 ⑤ 7

Step 1 극한값 구하기

$$\lim_{x\to0}\frac{x^2+4x}{\ln(x^2+x+1)}=\lim_{x\to0}\left\{\frac{x^2+x}{\ln(1+x^2+x)}\times\frac{x+4}{x+1}\right\}$$
$$=\lim_{x\to0}\frac{x^2+x}{\ln(1+x^2+x)}\times\lim_{x\to0}\frac{x+4}{x+1}$$
$$=1\times4=4$$

26 로그함수의 극한 정답 ④ | 정답률 89%

문제 보기

$\lim_{x\to0}\frac{\ln(x+1)}{\sqrt{x+4}-2}$의 값은? [2점]

└ $\lim_{x\to0}\frac{\ln(1+\square x)}{\square x}=1$을 이용할 수 있도록 식을 변형한다.

① 1 ② 2 ③ 3 ④ 4 ⑤ 5

Step 1 극한값 구하기

$$\begin{aligned}\lim_{x\to0}\frac{\ln(x+1)}{\sqrt{x+4}-2}&=\lim_{x\to0}\left\{\frac{\ln(1+x)}{x}\times\frac{x}{\sqrt{x+4}-2}\right\}\\&=\lim_{x\to0}\frac{\ln(1+x)}{x}\times\lim_{x\to0}\frac{x}{\sqrt{x+4}-2}\\&=1\times\lim_{x\to0}\frac{x}{\sqrt{x+4}-2}\\&=\lim_{x\to0}\frac{x(\sqrt{x+4}+2)}{(\sqrt{x+4}-2)(\sqrt{x+4}+2)}\\&=\lim_{x\to0}(\sqrt{x+4}+2)\\&=4\end{aligned}$$

27 로그함수의 극한 정답 ④ | 정답률 96%

문제 보기

$\lim_{x\to0}\frac{\ln(1+5x)}{e^{2x}-1}$의 값은? [2점]

└ $\lim_{x\to0}\frac{\ln(1+\square x)}{\square x}=1$, $\lim_{x\to0}\frac{\square x}{e^{\square x}-1}=1$을 이용할 수 있도록 식을 변형한다.

① 1 ② $\frac{3}{2}$ ③ 2 ④ $\frac{5}{2}$ ⑤ 3

Step 1 극한값 구하기

$$\begin{aligned}\lim_{x\to0}\frac{\ln(1+5x)}{e^{2x}-1}&=\lim_{x\to0}\left\{\frac{\ln(1+5x)}{5x}\times\frac{2x}{e^{2x}-1}\times\frac{5}{2}\right\}\\&=\lim_{x\to0}\frac{\ln(1+5x)}{5x}\times\lim_{x\to0}\frac{2x}{e^{2x}-1}\times\frac{5}{2}\\&=1\times1\times\frac{5}{2}=\frac{5}{2}\end{aligned}$$

28 로그함수의 극한 정답 ② | 정답률 96%

문제 보기

$\lim_{x\to0}\frac{e^{6x}-1}{\ln(1+3x)}$의 값은? [2점]

└ $\lim_{x\to0}\frac{\square x}{\ln(1+\square x)}=1$, $\lim_{x\to0}\frac{e^{\square x}-1}{\square x}=1$을 이용할 수 있도록 식을 변형한다.

① 1 ② 2 ③ 3 ④ 4 ⑤ 5

Step 1 극한값 구하기

$$\begin{aligned}\lim_{x\to0}\frac{e^{6x}-1}{\ln(1+3x)}&=\lim_{x\to0}\left\{\frac{e^{6x}-1}{6x}\times\frac{3x}{\ln(1+3x)}\times2\right\}\\&=\lim_{x\to0}\frac{e^{6x}-1}{6x}\times\lim_{x\to0}\frac{3x}{\ln(1+3x)}\times2\\&=1\times1\times2=2\end{aligned}$$

29 로그함수의 극한 정답 ② | 정답률 95%

문제 보기

$\lim_{x\to0}\frac{e^{3x}-1}{\ln(1+2x)}$의 값은? [2점]

└ $\lim_{x\to0}\frac{\square x}{\ln(1+\square x)}=1$, $\lim_{x\to0}\frac{e^{\square x}-1}{\square x}=1$을 이용할 수 있도록 식을 변형한다.

① 1 ② $\frac{3}{2}$ ③ 2 ④ $\frac{5}{2}$ ⑤ 3

Step 1 극한값 구하기

$$\begin{aligned}\lim_{x\to0}\frac{e^{3x}-1}{\ln(1+2x)}&=\lim_{x\to0}\left\{\frac{e^{3x}-1}{3x}\times\frac{2x}{\ln(1+2x)}\times\frac{3}{2}\right\}\\&=\lim_{x\to0}\frac{e^{3x}-1}{3x}\times\lim_{x\to0}\frac{2x}{\ln(1+2x)}\times\frac{3}{2}\\&=1\times1\times\frac{3}{2}=\frac{3}{2}\end{aligned}$$

30 로그함수의 극한 정답 ③ | 정답률 96%

문제 보기

$\lim_{x\to 0}\frac{\ln(1+3x)}{\ln(1+5x)}$의 값은? [2점]

└ $\lim_{x\to 0}\frac{\ln(1+\square x)}{\square x}=1$, $\lim_{x\to 0}\frac{\square x}{\ln(1+\square x)}=1$을 이용할 수 있도록 식을 변형한다.

① $\frac{1}{5}$ ② $\frac{2}{5}$ ③ $\frac{3}{5}$ ④ $\frac{4}{5}$ ⑤ 1

Step 1 극한값 구하기

$$\lim_{x\to 0}\frac{\ln(1+3x)}{\ln(1+5x)}=\lim_{x\to 0}\left\{\frac{\ln(1+3x)}{3x}\times\frac{5x}{\ln(1+5x)}\times\frac{3}{5}\right\}$$
$$=\lim_{x\to 0}\frac{\ln(1+3x)}{3x}\times\lim_{x\to 0}\frac{5x}{\ln(1+5x)}\times\frac{3}{5}$$
$$=1\times1\times\frac{3}{5}=\frac{3}{5}$$

31 로그함수의 극한 정답 ③ | 정답률 94%

문제 보기

미분가능한 함수 $f(x)$에 대하여

$$\lim_{x\to 0}\frac{f(x)-f(0)}{\ln(1+3x)}=2$$

→ $\lim_{x\to 0}\frac{\square x}{\ln(1+\square x)}=1$을 이용할 수 있도록 식을 변형한다.

일 때, $f'(0)$의 값은? [3점]

① 4 ② 5 ③ 6 ④ 7 ⑤ 8

Step 1 극한값을 $f'(0)$을 이용하여 나타내기

$$\lim_{x\to 0}\frac{f(x)-f(0)}{\ln(1+3x)}=\lim_{x\to 0}\left\{\frac{f(x)-f(0)}{x}\times\frac{3x}{\ln(1+3x)}\times\frac{1}{3}\right\}$$
$$=\lim_{x\to 0}\frac{f(x)-f(0)}{x}\times\lim_{x\to 0}\frac{3x}{\ln(1+3x)}\times\frac{1}{3}$$
$$=f'(0)\times1\times\frac{1}{3}=\frac{1}{3}f'(0)$$

Step 2 $f'(0)$의 값 구하기

따라서 $\frac{1}{3}f'(0)=2$이므로

$f'(0)=6$

32 로그함수의 극한-치환 정답 ⑤ | 정답률 93%

문제 보기

연속함수 $f(x)$에 대하여

$$\lim_{x\to 0}\frac{\ln\{1+f(2x)\}}{x}=10 \cdots *$$

일 때, $\lim_{x\to 0}\frac{f(x)}{x}$의 값은? [3점]

└ *을 이용할 수 있도록 식을 변형한다.

① 1 ② 2 ③ 3 ④ 4 ⑤ 5

Step 1 극한값 구하기

$x=2t$로 놓으면 $x\to 0$일 때 $t\to 0$이므로

$$\lim_{x\to 0}\frac{f(x)}{x}=\lim_{t\to 0}\frac{f(2t)}{2t}=\lim_{t\to 0}\left[\frac{f(2t)}{\ln\{1+f(2t)\}}\times\frac{\ln\{1+f(2t)\}}{t}\times\frac{1}{2}\right]$$
$$=\lim_{t\to 0}\frac{f(2t)}{\ln\{1+f(2t)\}}\times\lim_{t\to 0}\frac{\ln\{1+f(2t)\}}{t}\times\frac{1}{2}$$
$$=1\times10\times\frac{1}{2}=5$$

└ *에서 $\lim_{x\to 0}\ln\{1+f(2x)\}=0$이므로 $x\to 0$일 때 $f(2x)\to 0$

33 지수함수와 로그함수의 연속 정답 ① | 정답률 88%

문제 보기

함수 $f(x)=\begin{cases}\frac{e^{ax}-1}{3x} & (x<0)\\ x^2+3x+2 & (x\geq 0)\end{cases}$이 실수 전체의 집합에서 연속일 때,

└ $x=0$에서 연속임을 이용한다.

상수 a의 값은? (단, $a\neq 0$) [3점]

① 6 ② 7 ③ 8 ④ 9 ⑤ 10

Step 1 함수 $f(x)$가 $x=0$에서 연속일 조건 파악하기

함수 $f(x)$가 실수 전체의 집합에서 연속이면 $x=0$에서도 연속이므로

$\lim_{x\to 0+}f(x)=\lim_{x\to 0-}f(x)$ → $f(x)=x^2+3x+2\ (x\geq 0)$이므로 $f(0)$의 값은 $\lim_{x\to 0+}f(x)$의 값과 같아서 따로 확인하지 않아도 돼.

Step 2 a의 값 구하기

$$\lim_{x\to 0+}f(x)=\lim_{x\to 0+}(x^2+3x+2)=2$$

$$\lim_{x\to 0-}f(x)=\lim_{x\to 0-}\frac{e^{ax}-1}{3x}=\lim_{x\to 0-}\frac{e^{ax}-1}{ax}\times\frac{a}{3}=\frac{a}{3}$$

따라서 $\frac{a}{3}=2$이므로 $a=6$

34 지수함수와 로그함수의 연속 정답 ② | 정답률 64%

문제 보기

이차항의 계수가 1인 이차함수 $f(x)$와 함수
└ $f(x)=x^2+ax+b$로 놓는다.

$$g(x)=\begin{cases} \frac{1}{\ln(x+1)} & (x\neq 0) \\ 8 & (x=0) \end{cases}$$

에 대하여 함수 $f(x)g(x)$가 구간 $(-1, \infty)$에서 연속일 때, $f(3)$의 값은? [3점]
└ $x=0$에서 연속임을 이용한다.

① 6 ② 9 ③ 12 ④ 15 ⑤ 18

Step 1 함수 $f(x)g(x)$가 $x=0$에서 연속일 조건 파악하기

$f(x)$는 이차항의 계수가 1인 이차함수이므로
$f(x)=x^2+ax+b$ (a, b는 상수)라 하면

$$f(x)g(x)=\begin{cases} \frac{x^2+ax+b}{\ln(x+1)} & (x\neq 0,\ x>-1) \\ 8b & (x=0) \end{cases}$$

함수 $f(x)g(x)$가 구간 $(-1, \infty)$에서 연속이면 $x=0$에서도 연속이므로
$\lim_{x\to 0} f(x)g(x)=f(0)g(0)$

Step 2 a, b의 값 구하기

$\lim_{x\to 0}\frac{x^2+ax+b}{\ln(x+1)}=8b$에서 $x\to 0$일 때 (분모) $\to 0$이고 극한값이 존재하므로 (분자) $\to 0$이다.
즉, $\lim_{x\to 0}(x^2+ax+b)=0$에서 $b=0$

$b=0$을 $\lim_{x\to 0}\frac{x^2+ax+b}{\ln(x+1)}=8b$의 좌변에 대입하면

$$\lim_{x\to 0}\frac{x^2+ax}{\ln(1+x)}=\lim_{x\to 0}\left\{\frac{x}{\ln(1+x)}\times(x+a)\right\}$$
$$=\lim_{x\to 0}\frac{x}{\ln(1+x)}\times\lim_{x\to 0}(x+a)$$
$$=1\times a=a$$

$\therefore a=0$

Step 3 $f(3)$의 값 구하기

따라서 $f(x)=x^2$이므로
$f(3)=3^2=9$

35 지수함수와 로그함수의 연속 정답 ⑤ | 정답률 81%

문제 보기

두 함수

$$f(x)=\begin{cases} ax & (x<1) \\ -3x+4 & (x\geq 1) \end{cases},\quad g(x)=2^x+2^{-x}$$

에 대하여 합성함수 $(g\circ f)(x)$가 실수 전체의 집합에서 연속이 되도록 하는 모든 실수 a의 값의 곱은? [4점]
└ $x=1$에서 연속임을 이용한다.

① -5 ② -4 ③ -3 ④ -2 ⑤ -1

Step 1 함수 $(g\circ f)(x)$가 $x=1$에서 연속일 조건 파악하기

$$(g\circ f)(x)=\begin{cases} 2^{ax}+2^{-ax} & (x<1) \\ 2^{-3x+4}+2^{3x-4} & (x\geq 1) \end{cases}$$

합성함수 $(g\circ f)(x)$가 실수 전체의 집합에서 연속이 되려면 $x=1$에서 연속이어야 하므로
$\lim_{x\to 1+}(g\circ f)(x)=\lim_{x\to 1-}(g\circ f)(x)$

Step 2 a의 값 구하기

$$\lim_{x\to 1+}(g\circ f)(x)=\lim_{x\to 1+}(2^{-3x+4}+2^{3x-4})$$
$$=2+2^{-1}=\frac{5}{2}$$
$$\lim_{x\to 1-}(g\circ f)(x)=\lim_{x\to 1-}(2^{ax}+2^{-ax})$$
$$=2^a+2^{-a}$$

즉, $2^a+2^{-a}=\frac{5}{2}$이므로 $2^a=t\ (t>0)$로 놓으면
$t+\frac{1}{t}=\frac{5}{2}$, $2t^2-5t+2=0$
└ a^x 꼴이 반복되는 지수방정식은 $a^x=t$로 치환하여 t에 대한 방정식을 풀면 돼.

$(2t-1)(t-2)=0$ $\therefore t=\frac{1}{2}$ 또는 $t=2$

즉, $2^a=\frac{1}{2}$ 또는 $2^a=2$이므로
$a=-1$ 또는 $a=1$

Step 3 모든 실수 a의 값의 곱 구하기

따라서 모든 실수 a의 값의 곱은
$-1\times 1=-1$

36 지수함수와 로그함수의 극한의 활용

정답 ② | 정답률 69%

문제 보기

$a>e$인 실수 a에 대하여 두 곡선 $y=e^{x-1}$과 $y=a^x$이 만나는 점의 x좌표를 $f(a)$라 할 때, $\lim_{a \to e+} \frac{1}{(e-a)f(a)}$의 값은? [4점]

└→ 방정식 $e^{x-1}=a^x$의 해를 구하여 $f(a)$를 구한다.

① $\frac{1}{e^2}$ ② $\frac{1}{e}$ ③ 1 ④ e ⑤ e^2

Step 1 $f(a)$ 구하기

$e^{x-1}=a^x$에서 양변에 자연로그를 취하면

$x-1=x\ln a$, $x(1-\ln a)=1$

$\therefore x=\frac{1}{1-\ln a}$ $\therefore f(a)=\frac{1}{1-\ln a}$

Step 2 $\lim_{a \to e+} \frac{1}{(e-a)f(a)}$의 값 구하기

$$\therefore \lim_{a \to e+} \frac{1}{(e-a)f(a)}=\lim_{a \to e+} \frac{1}{\frac{e-a}{1-\ln a}}=\lim_{a \to e+} \frac{1-\ln a}{e-a}$$

$a-e=t$로 놓으면 $a \to e+$일 때 $t \to 0+$이므로

$$\lim_{a \to e+} \frac{1-\ln a}{e-a}=\lim_{t \to 0+} \frac{1-\ln(e+t)}{-t}$$
$$=\lim_{t \to 0+} \frac{\ln(e+t)-\ln e}{t}$$
$$=\lim_{t \to 0+} \frac{\ln\left(1+\frac{t}{e}\right)}{t}$$
$$=\lim_{t \to 0+} \frac{\ln\left(1+\frac{t}{e}\right)}{\frac{t}{e}}\times\frac{1}{e}$$
$$=1\times\frac{1}{e}=\frac{1}{e}$$

37 지수함수와 로그함수의 극한의 활용

정답 ⑤ | 정답률 78%

문제 보기

함수 $f(x)$가

$$f(x)=\begin{cases} e^x & (x\le 0,\ x\ge 2) \\ \ln(x+1) & (0<x<2) \end{cases}$$

이고, 함수 $y=g(x)$의 그래프가 그림과 같다.

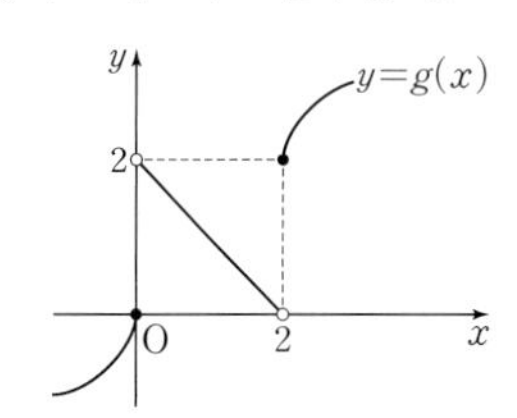

┌→ $f(x)=s$로 치환한 후 극한값을 구한다.

$\lim_{x \to 2+} f(g(x))+\lim_{x \to 0+} g(f(x))$의 값은? [3점]

└→ $g(x)=t$로 치환한 후 극한값을 구한다.

① e ② $e+1$ ③ $e+2$ ④ e^2+1 ⑤ e^2+2

Step 1 $\lim_{x \to 2+} f(g(x))$의 값 구하기

$g(x)=t$로 놓으면 $x \to 2+$일 때 $t \to 2+$이므로

$\lim_{x \to 2+} f(g(x))=\lim_{t \to 2+} f(t)=\lim_{t \to 2+} e^t=e^2$

Step 2 $\lim_{x \to 0+} g(f(x))$의 값 구하기

$f(x)=s$로 놓으면 $x \to 0+$일 때 $s \to 0+$이므로

$\lim_{x \to 0+} g(f(x))=\lim_{s \to 0+} g(s)=2$

Step 3 $\lim_{x \to 2+} f(g(x))+\lim_{x \to 0+} g(f(x))$의 값 구하기

$\therefore \lim_{x \to 2+} f(g(x))+\lim_{x \to 0+} g(f(x))=e^2+2$

38 지수함수와 로그함수의 극한의 활용

정답 ① | 정답률 79%

문제 보기

좌표평면에 두 함수 $f(x)=2^x$의 그래프와 $g(x)=\left(\frac{1}{2}\right)^x$의 그래프가 있다. 두 곡선 $y=f(x)$, $y=g(x)$가 직선 $x=t\ (t>0)$과 만나는 점을 각각 A, B라 하자.

└→ $\overline{AB}$를 t를 이용하여 나타낸다.

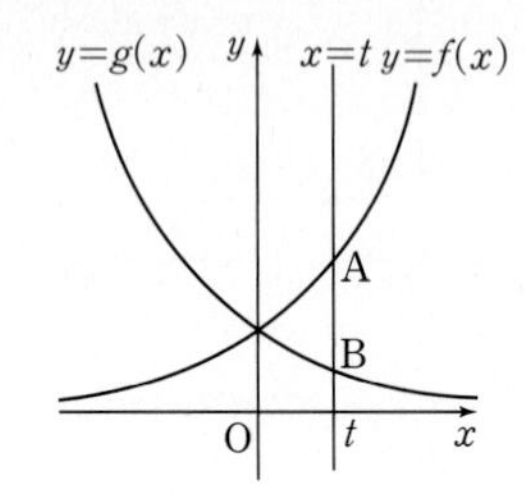

점 A에서 y축에 내린 수선의 발을 H라 할 때, $\lim_{t\to 0+}\frac{\overline{AB}}{\overline{AH}}$의 값은?

└→ $\overline{AH}$를 t를 이용하여 나타낸다.

[4점]

① $2\ln 2$　② $\frac{7}{4}\ln 2$　③ $\frac{3}{2}\ln 2$　④ $\frac{5}{4}\ln 2$　⑤ $\ln 2$

Step 1 $\overline{AH}$, $\overline{AB}$를 t를 이용하여 나타내기

$A(t,\ 2^t)$이므로 $H(0,\ 2^t)$에서

$\overline{AH}=t$

$B\left(t,\ \left(\frac{1}{2}\right)^t\right)$이므로

$\overline{AB}=2^t-\left(\frac{1}{2}\right)^t$

Step 2 $\lim_{t\to 0+}\frac{\overline{AB}}{\overline{AH}}$의 값 구하기

$$\therefore \lim_{t\to 0+}\frac{\overline{AB}}{\overline{AH}}=\lim_{t\to 0+}\frac{2^t-\left(\frac{1}{2}\right)^t}{t}$$

$$=\lim_{t\to 0+}\frac{(2^t-1)-\left\{\left(\frac{1}{2}\right)^t-1\right\}}{t}$$

$$=\lim_{t\to 0+}\frac{2^t-1}{t}-\lim_{t\to 0+}\frac{\left(\frac{1}{2}\right)^t-1}{t}$$

$$=\ln 2-\ln\frac{1}{2}=2\ln 2$$

39 지수함수와 로그함수의 극한의 활용

정답 ② | 정답률 77%

문제 보기

좌표평면에서 양의 실수 t에 대하여 직선 $x=t$가 두 곡선 $y=e^{2x+k}$, $y=e^{-3x+k}$과 만나는 점을 각각 P, Q라 할 때, $\overline{PQ}=t$를 만족시키는 실수 k의 값을 $f(t)$라 하자. 함수 $f(t)$에 대하여 $\lim_{t\to 0+}e^{f(t)}$의 값은? [3점]

└→ $\overline{PQ}$를 구한 후 $e^{f(t)}$을 t를 이용하여 나타낸다.

① $\frac{1}{6}$　② $\frac{1}{5}$　③ $\frac{1}{4}$　④ $\frac{1}{3}$　⑤ $\frac{1}{2}$

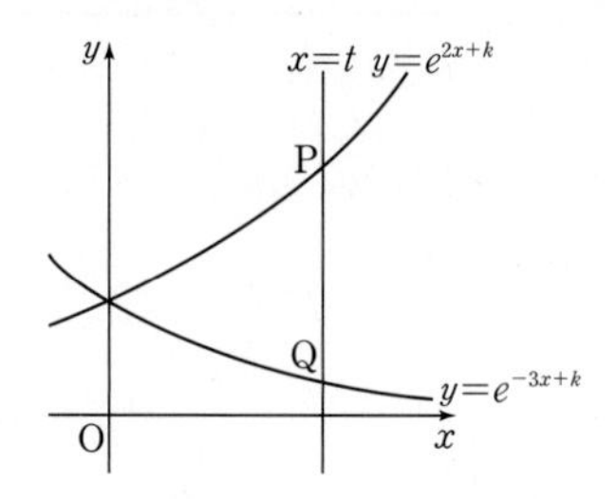

Step 1 $e^{f(t)}$을 t를 이용하여 나타내기

$P(t,\ e^{2t+k})$, $Q(t,\ e^{-3t+k})$이므로

$\overline{PQ}=e^{2t+k}-e^{-3t+k}$

$\overline{PQ}=t$를 만족시키는 k의 값이 $f(t)$이므로

$e^{2t+f(t)}-e^{-3t+f(t)}=t$

$e^{f(t)}(e^{2t}-e^{-3t})=t$

$\therefore e^{f(t)}=\frac{t}{e^{2t}-e^{-3t}}$

Step 2 $\lim_{t\to 0+}e^{f(t)}$의 값 구하기

$$\therefore \lim_{t\to 0+}e^{f(t)}=\lim_{t\to 0+}\frac{t}{e^{2t}-e^{-3t}}$$

$$=\lim_{t\to 0+}\frac{1}{\frac{e^{2t}-e^{-3t}}{t}}$$

$$=\frac{1}{\lim_{t\to 0+}\frac{e^{2t}-1}{t}-\lim_{t\to 0+}\frac{e^{-3t}-1}{t}}$$

$$=\frac{1}{\lim_{t\to 0+}\frac{e^{2t}-1}{2t}\times 2-\lim_{t\to 0+}\frac{e^{-3t}-1}{-3t}\times(-3)}$$

$$=\frac{1}{1\times 2-1\times(-3)}=\frac{1}{5}$$

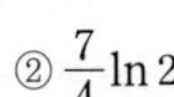

40 지수함수와 로그함수의 극한의 활용

정답 ④ | 정답률 59%

문제 보기

곡선 $y=e^{2x}-1$ 위의 점 $\mathrm{P}(t,\ e^{2t}-1)\ (t>0)$에 대하여 $\overline{\mathrm{PQ}}=\overline{\mathrm{OQ}}$를 만족시키는 x축 위의 점 Q의 x좌표를 $f(t)$라 할 때, $\lim\limits_{t\to0+}\dfrac{f(t)}{t}$의 값

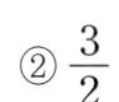
두 점 사이의 거리 공식을 이용하여 선분 PQ의 길이를 구한 후 $\overline{\mathrm{PQ}}=\overline{\mathrm{OQ}}$임을 이용하여 $f(t)$를 구한다.

은? (단, O는 원점이다.) [3점]

① 1 ② $\dfrac{3}{2}$ ③ 2 ④ $\dfrac{5}{2}$ ⑤ 3

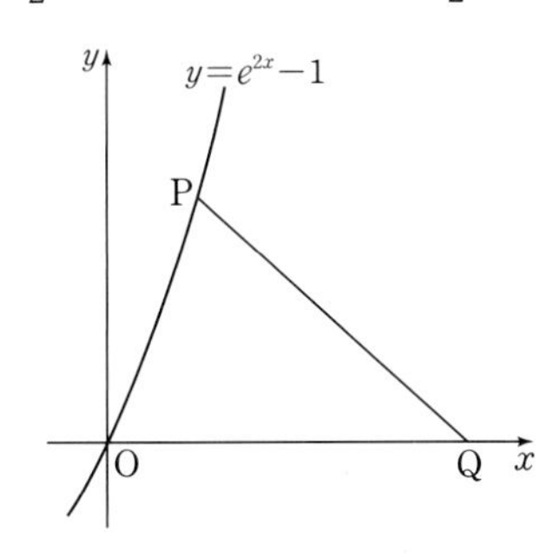

Step 1 $f(t)$ 구하기

$\mathrm{P}(t,\ e^{2t}-1)$, $\mathrm{Q}(f(t),\ 0)$이므로

$\overline{\mathrm{PQ}}=\overline{\mathrm{OQ}}$, 즉 $\overline{\mathrm{PQ}}^2=\overline{\mathrm{OQ}}^2$에서

$\{f(t)-t\}^2+\{0-(e^{2t}-1)\}^2=\{f(t)\}^2$

$-2tf(t)+t^2+(e^{2t}-1)^2=0$

$\therefore\ f(t)=\dfrac{t}{2}+\dfrac{(e^{2t}-1)^2}{2t}$

Step 2 $\lim\limits_{t\to0+}\dfrac{f(t)}{t}$의 값 구하기

$$\begin{aligned}\therefore\ \lim_{t\to0+}\frac{f(t)}{t}&=\lim_{t\to0+}\left\{\frac{1}{2}+\frac{1}{2}\left(\frac{e^{2t}-1}{t}\right)^2\right\}\\&=\lim_{t\to0+}\left\{\frac{1}{2}+\frac{1}{2}\left(\frac{e^{2t}-1}{2t}\times2\right)^2\right\}\\&=\frac{1}{2}+2\lim_{t\to0+}\left(\frac{e^{2t}-1}{2t}\right)^2\\&=\frac{1}{2}+2\times1^2\\&=\frac{5}{2}\end{aligned}$$

41 지수함수와 로그함수의 극한의 활용

정답 ② | 정답률 82%

문제 보기

좌표평면 위의 한 점 $\mathrm{P}(t,\ 0)$을 지나는 직선 $x=t$와 두 곡선 $y=\ln x$, $y=-\ln x$가 만나는 점을 각각 A, B라 하자. 삼각형 AQB의 넓이가

└→ $\overline{\mathrm{AB}}$를 t를 이용하여 나타낸다.

1이 되도록 하는 x축 위의 점을 Q라 할 때, 선분 PQ의 길이를 $f(t)$라

└→ $\dfrac{1}{2}\times\overline{\mathrm{AB}}\times\overline{\mathrm{PQ}}=1$임을 이용하여 $f(t)$를 구한다.

하자. $\lim\limits_{t\to1+}(t-1)f(t)$의 값은? (단, 점 Q의 x좌표는 t보다 작다.)

[3점]

① $\dfrac{1}{2}$ ② 1 ③ $\dfrac{3}{2}$ ④ 2 ⑤ $\dfrac{5}{2}$

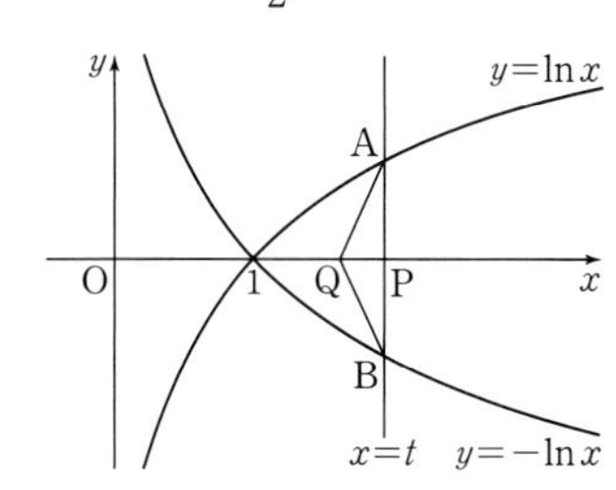

Step 1 $\overline{\mathrm{AB}}$를 t를 이용하여 나타내기

$\mathrm{A}(t,\ \ln t)$, $\mathrm{B}(t,\ -\ln t)$이므로

$\overline{\mathrm{AB}}=2\ln t$

Step 2 $f(t)$ 구하기

삼각형 AQB의 넓이가 1이 되려면 $\dfrac{1}{2}\times\overline{\mathrm{AB}}\times\overline{\mathrm{PQ}}=1$에서

$\dfrac{1}{2}\times2\ln t\times f(t)=1\qquad\therefore\ f(t)=\dfrac{1}{\ln t}$

Step 3 $\lim\limits_{t\to1+}(t-1)f(t)$의 값 구하기

$\therefore\ \lim\limits_{t\to1+}(t-1)f(t)=\lim\limits_{t\to1+}\dfrac{t-1}{\ln t}$

$t-1=s$로 놓으면 $t\to1+$일 때 $s\to0+$이므로

$\lim\limits_{t\to1+}\dfrac{t-1}{\ln t}=\lim\limits_{s\to0+}\dfrac{s}{\ln(1+s)}=1$

42 지수함수와 로그함수의 극한의 활용

정답 ④ | 정답률 57%

문제 보기

2보다 큰 실수 a에 대하여 두 곡선 $y=2^x$, $y=-2^x+a$가 y축과 만나는 점을 각각 A, B라 하고, 두 곡선의 교점을 C라 하자.

└→ 점 C의 좌표를 a를 이용하여 나타낸다.

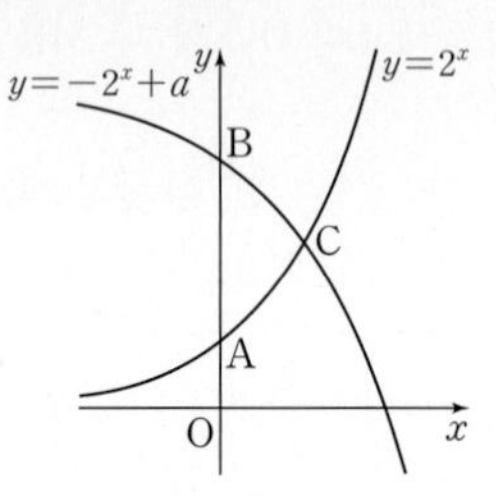

직선 AC의 기울기를 $f(a)$, 직선 BC의 기울기를 $g(a)$라 할 때,

└→ $f(a)$를 구한다. └→ $g(a)$를 구한다.

$\lim_{a\to 2+}\{f(a)-g(a)\}$의 값은? [4점]

① $\frac{1}{\ln 2}$ ② $\frac{2}{\ln 2}$ ③ $\ln 2$ ④ $2\ln 2$ ⑤ 2

Step 1 점 C의 좌표를 a를 이용하여 나타내기

$2^x=-2^x+a$에서 $2\times 2^x=a$, $2^{x+1}=a$ → $a^x=N \Longleftrightarrow x=\log_a N$

$x+1=\log_2 a$ $\therefore x=\log_2 a-1=\log_2 \frac{a}{2}$

$x=\log_2 \frac{a}{2}$를 $y=2^x$에 대입하면

$y=2^{\log_2 \frac{a}{2}}=\frac{a}{2}$

$\therefore \mathrm{C}\left(\log_2 \frac{a}{2}, \frac{a}{2}\right)$

Step 2 $f(a)$ 구하기

A$(0, 1)$이므로 $f(a)=\dfrac{\frac{a}{2}-1}{\log_2 \frac{a}{2}}$

Step 3 $g(a)$ 구하기

B$(0, a-1)$이므로 $g(a)=\dfrac{\frac{a}{2}-(a-1)}{\log_2 \frac{a}{2}}=-\dfrac{\frac{a}{2}-1}{\log_2 \frac{a}{2}}$

Step 4 $\lim_{a\to 2+}\{f(a)-g(a)\}$의 값 구하기

$$\therefore \lim_{a\to 2+}\{f(a)-g(a)\}=\lim_{a\to 2+}\left(\frac{\frac{a}{2}-1}{\log_2 \frac{a}{2}}+\frac{\frac{a}{2}-1}{\log_2 \frac{a}{2}}\right)$$

$$=2\lim_{a\to 2+}\frac{\frac{a}{2}-1}{\log_2 \frac{a}{2}}$$

$a-2=t$로 놓으면 $a\to 2+$일 때 $t\to 0+$이므로

$$2\lim_{a\to 2+}\frac{\frac{a}{2}-1}{\log_2 \frac{a}{2}}=2\lim_{t\to 0+}\frac{\frac{t}{2}}{\log_2\left(1+\frac{t}{2}\right)}$$ → $a=2+t$이므로 $\frac{a}{2}=1+\frac{t}{2}$

$$=2\ln 2$$

43 지수함수와 로그함수의 극한의 활용

정답 ① | 정답률 57%

문제 보기

$t<1$인 실수 t에 대하여 곡선 $y=\ln x$와 직선 $x+y=t$가 만나는 점을 P라 하자. 점 P에서 x축에 내린 수선의 발을 H, 직선 PH와 곡선

└→ P$(a, \ln a)$로 놓고 점 P가 직선 $x+y=t$ 위의 점임을 이용한다.

$y=e^x$이 만나는 점을 Q라 할 때, 삼각형 OHQ의 넓이를 $S(t)$라 하자.

$\lim_{t\to 0+}\dfrac{2S(t)-1}{t}$의 값은? [4점] └→ $S(t)=\frac{1}{2}\times\overline{\mathrm{OH}}\times\overline{\mathrm{HQ}}$임을 이용한다.

① 1 ② $e-1$ ③ 2 ④ e ⑤ 3

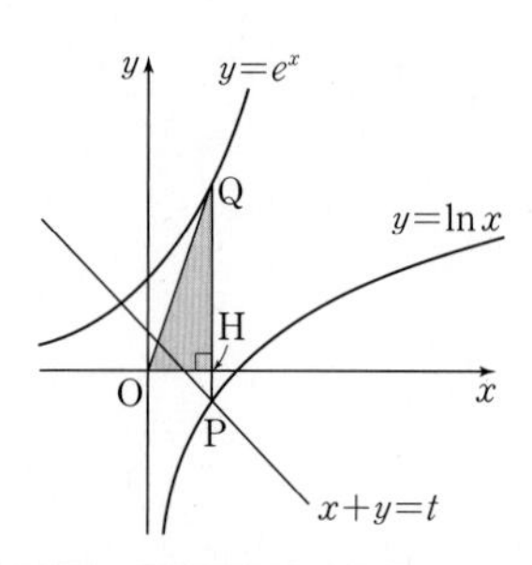

Step 1 $S(t)$ 구하기

점 P의 좌표를 $(a, \ln a)(a>0)$라 하면 점 P는 직선 $x+y=t$ 위의 점이므로

$a+\ln a=t$, $\ln a=t-a$

$e^{t-a}=a$ $\therefore ae^a=e^t$ …… ㉠

H$(a, 0)$, Q(a, e^a)이므로

$\overline{\mathrm{OH}}=a$, $\overline{\mathrm{HQ}}=e^a$

$\therefore S(t)=\triangle\mathrm{OHQ}$

$=\frac{1}{2}\times\overline{\mathrm{OH}}\times\overline{\mathrm{HQ}}$

$=\frac{1}{2}ae^a$

$=\frac{1}{2}e^t$ ($\because$ ㉠)

Step 2 $\lim_{t\to 0+}\dfrac{2S(t)-1}{t}$의 값 구하기

$$\therefore \lim_{t\to 0+}\frac{2S(t)-1}{t}=\lim_{t\to 0+}\frac{2\times\frac{1}{2}e^t-1}{t}$$

$$=\lim_{t\to 0+}\frac{e^t-1}{t}$$

$$=1$$

44 지수함수와 로그함수의 극한의 활용

정답 ② | 정답률 76%

문제 보기

두 점 A, B의 x좌표를 t로 나타낸다.

양수 t에 대하여 곡선 $y=e^{x^2}-1$ $(x\geq 0)$이 두 직선 $y=t$, $y=5t$와 만나는 점을 각각 A, B라 하고, 점 B에서 x축에 내린 수선의 발을 C라 하자. 삼각형 ABC의 넓이를 $S(t)$라 할 때, $\lim_{t\to 0+}\frac{S(t)}{t\sqrt{t}}$의 값은? [3점]

선분 BC의 길이, 점 A와 선분 BC 사이의 거리를 구한 후 $S(t)$를 구한다.

① $\frac{5}{4}(\sqrt{5}-1)$ ② $\frac{5}{2}(\sqrt{5}-1)$ ③ $5(\sqrt{5}-1)$
④ $\frac{5}{4}(\sqrt{5}+1)$ ⑤ $\frac{5}{2}(\sqrt{5}+1)$

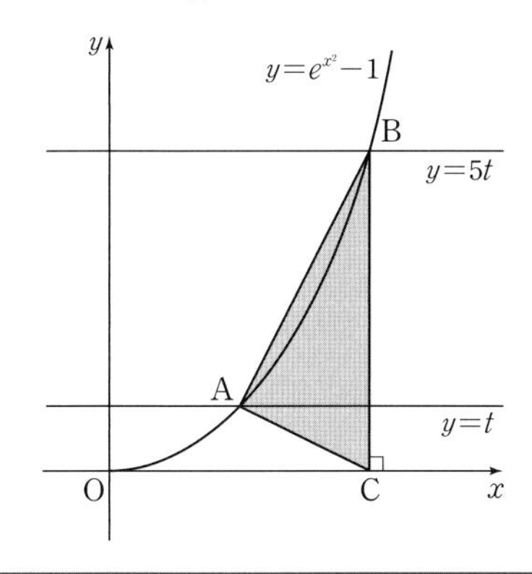

Step 1 $S(t)$ 구하기

점 A의 x좌표는 방정식 $e^{x^2}-1=t$의 실근이므로
$e^{x^2}=1+t$에서 $x=\sqrt{\ln(1+t)}$
또 점 B의 x좌표는 방정식 $e^{x^2}-1=5t$의 실근이므로
$e^{x^2}=1+5t$에서 $x=\sqrt{\ln(1+5t)}$
점 A에서 선분 BC에 내린 수선의 발을 H라 하면
$\overline{AH}=\sqrt{\ln(1+5t)}-\sqrt{\ln(1+t)}$

$$\therefore S(t)=\frac{1}{2}\times\overline{BC}\times\overline{AH}=\frac{1}{2}\times 5t\times\{\sqrt{\ln(1+5t)}-\sqrt{\ln(1+t)}\}=\frac{5}{2}t\{\sqrt{\ln(1+5t)}-\sqrt{\ln(1+t)}\}$$

Step 2 $\lim_{t\to 0+}\frac{S(t)}{t\sqrt{t}}$의 값 구하기

$$\therefore \lim_{t\to 0+}\frac{S(t)}{t\sqrt{t}}=\lim_{t\to 0+}\frac{\frac{5}{2}t\{\sqrt{\ln(1+5t)}-\sqrt{\ln(1+t)}\}}{t\sqrt{t}}$$
$$=\frac{5}{2}\lim_{t\to 0+}\left\{\frac{\sqrt{\ln(1+5t)}}{\sqrt{t}}-\frac{\sqrt{\ln(1+t)}}{\sqrt{t}}\right\}$$
$$=\frac{5}{2}\lim_{t\to 0+}\left\{\sqrt{5\times\frac{\ln(1+5t)}{5t}}-\sqrt{\frac{\ln(1+t)}{t}}\right\}$$
$$=\frac{5}{2}(\sqrt{5}-1)$$

45 지수함수와 로그함수의 극한의 활용

정답 ③ | 정답률 78%

문제 보기

양수 t에 대하여 다음 조건을 만족시키는 실수 k의 값을 $f(t)$라 하자.

> 직선 $x=k$와 두 곡선 $y=e^{\frac{x}{2}}$, $y=e^{\frac{x}{2}+3t}$이 만나는 점을 각각 P, Q라
> P$(k, e^{\frac{k}{2}})$, Q$(k, e^{\frac{k}{2}+3t})$으로 놓는다.
> 하고, 점 Q를 지나고 y축에 수직인 직선이 곡선 $y=e^{\frac{x}{2}}$과 만나는 점을 R라 할 때, $\overline{PQ}=\overline{QR}$이다.
> 점 R의 좌표를 k, t를 이용하여 나타낸다.
> $\overline{PQ}$, $\overline{QR}$를 구한 후 $f(t)$를 구한다.

함수 $f(t)$에 대하여 $\lim_{t\to 0+}f(t)$의 값은? [4점]

① $\ln 2$ ② $\ln 3$ ③ $\ln 4$ ④ $\ln 5$ ⑤ $\ln 6$

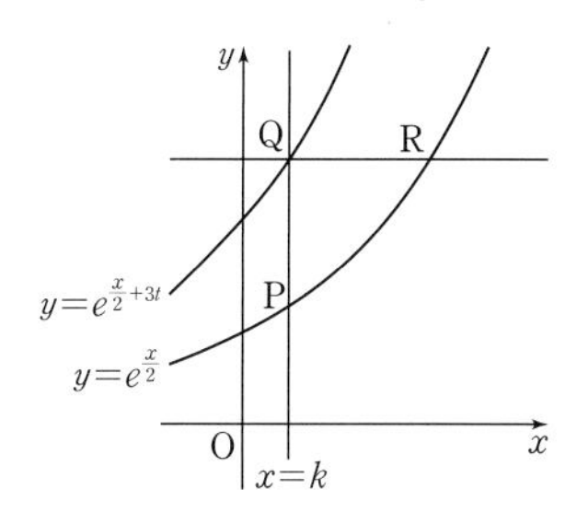

Step 1 점 R의 좌표를 k, t를 이용하여 나타내기

Q$(k, e^{\frac{k}{2}+3t})$이므로 점 R의 y좌표는 $e^{\frac{k}{2}+3t}$
점 R는 곡선 $y=e^{\frac{x}{2}}$ 위의 점이므로 $e^{\frac{x}{2}}=e^{\frac{k}{2}+3t}$에서
$\frac{x}{2}=\frac{k}{2}+3t$ $\therefore x=k+6t$
$\therefore$ R$(k+6t, e^{\frac{k}{2}+3t})$

Step 2 $f(t)$ 구하기

P$(k, e^{\frac{k}{2}})$, Q$(k, e^{\frac{k}{2}+3t})$, R$(k+6t, e^{\frac{k}{2}+3t})$이므로
$\overline{PQ}=e^{\frac{k}{2}+3t}-e^{\frac{k}{2}}=e^{\frac{k}{2}}(e^{3t}-1)$, $\overline{QR}=k+6t-k=6t$
$\overline{PQ}=\overline{QR}$에서
$e^{\frac{k}{2}}(e^{3t}-1)=6t$, $e^{\frac{k}{2}}=\frac{6t}{e^{3t}-1}$
$\therefore k=2\ln\frac{6t}{e^{3t}-1}$
$\therefore f(t)=2\ln\frac{6t}{e^{3t}-1}$

Step 3 $\lim_{t\to 0+}f(t)$의 값 구하기

$$\therefore \lim_{t\to 0+}f(t)=\lim_{t\to 0+}2\ln\frac{6t}{e^{3t}-1}=2\lim_{t\to 0+}\ln\left(\frac{3t}{e^{3t}-1}\times 2\right)=2\ln 2=\ln 4$$

46 지수함수의 도함수 정답 ④ | 정답률 91%

문제 보기

함수 $f(x)=e^x(2x+1)$에 대하여 $f'(1)$의 값은? [3점]

└→ $f'(x)$를 구한 후 $x=1$을 대입한다.

① $8e$ ② $7e$ ③ $6e$ ④ $5e$ ⑤ $4e$

Step 1 $f'(x)$ 구하기

$f(x)=e^x(2x+1)$에서

$f'(x)=e^x(2x+1)+e^x\times 2=e^x(2x+3)$

Step 2 $f'(1)$의 값 구하기

$\therefore f'(1)=e(2+3)=5e$

47 지수함수의 도함수 정답 ④ | 정답률 93%

문제 보기

함수 $f(x)=e^x+x^2-3x$에 대하여 $f'(0)$의 값은? [2점]

└→ $f'(x)$를 구한 후 $x=0$을 대입한다.

① -5 ② -4 ③ -3 ④ -2 ⑤ -1

Step 1 $f'(x)$ 구하기

$f(x)=e^x+x^2-3x$에서

$f'(x)=e^x+2x-3$

Step 2 $f'(0)$의 값 구하기

$\therefore f'(0)=e^0-3=-2$

48 지수함수의 도함수 정답 ⑤ | 정답률 89%

문제 보기

함수 $f(x)=(x+a)e^x$에 대하여 $f'(2)=8e^2$일 때, 상수 a의 값은? [2점]

└→ $f'(x)$를 구한 후 $x=2$를 대입한다.

① 1 ② 2 ③ 3 ④ 4 ⑤ 5

Step 1 $f'(x)$ 구하기

$f(x)=(x+a)e^x$에서

$f'(x)=e^x+(x+a)e^x=(x+a+1)e^x$

Step 2 a의 값 구하기

$f'(2)=8e^2$에서

$(a+3)e^2=8e^2$

$a+3=8 \qquad \therefore a=5$

49 로그함수의 도함수 정답 4 | 정답률 92%

문제 보기

함수 $f(x)=x^3\ln x$에 대하여 $\dfrac{f'(e)}{e^2}$의 값을 구하시오. [3점]

└→ $f'(x)$를 구한 후 $x=e$를 대입한다.

Step 1 $f'(x)$ 구하기

$f(x)=x^3\ln x$에서

$f'(x)=3x^2\ln x+x^3\times\dfrac{1}{x}=3x^2\ln x+x^2$

Step 2 $\dfrac{f'(e)}{e^2}$의 값 구하기

$\therefore \dfrac{f'(e)}{e^2}=\dfrac{3e^2+e^2}{e^2}=4$

50 로그함수의 도함수 정답 ① | 정답률 93%

문제 보기

함수 $f(x)=7+3\ln x$에 대하여 $f'(3)$의 값은? [2점]

└→ $f'(x)$를 구한 후 $x=3$을 대입한다.

① 1 ② 2 ③ 3 ④ 4 ⑤ 5

Step 1 $f'(x)$ 구하기

$f(x)=7+3\ln x$에서

$f'(x)=\frac{3}{x}$

Step 2 $f'(3)$의 값 구하기

$\therefore f'(3)=\frac{3}{3}=1$

51 로그함수의 도함수 정답 ① | 정답률 85%

문제 보기

함수 $f(x)=\log_3 6x$에 대하여 $f'(9)$의 값은? [3점]

└→ $f'(x)$를 구한 후 $x=9$를 대입한다.

① $\frac{1}{9\ln 3}$ ② $\frac{1}{6\ln 3}$ ③ $\frac{2}{9\ln 3}$ ④ $\frac{5}{18\ln 3}$ ⑤ $\frac{1}{3\ln 3}$

Step 1 $f'(x)$ 구하기

$f(x)=\log_3 6x=\log_3 6+\log_3 x$에서

$f'(x)=\frac{1}{x\ln 3}$

Step 2 $f'(9)$의 값 구하기

$\therefore f'(9)=\frac{1}{9\ln 3}$

52 로그함수의 도함수 정답 ① | 정답률 91%

문제 보기

함수 $f(x)=x\ln x$에 대하여 $\lim_{h\to 0}\frac{f(1+h)-f(1)}{h}$의 값은? [3점]

└→ 미분계수를 이용하여 나타낸다.

① 1 ② 2 ③ 3 ④ 4 ⑤ 5

Step 1 극한을 미분계수로 나타내기

$$\lim_{h\to 0}\frac{f(1+h)-f(1)}{h}=f'(1) \quad \cdots\cdots ㉠$$

Step 2 $f'(x)$ 구하기

$f(x)=x\ln x$에서

$f'(x)=\ln x+x\times\frac{1}{x}=\ln x+1$

Step 3 극한값 구하기

따라서 구하는 극한값은 ㉠에서

$f'(1)=1$

53 로그함수의 도함수 정답 ② | 정답률 91%

문제 보기

함수 $f(x)=\log_3 x$에 대하여 $\lim_{h\to 0}\frac{f(3+h)-f(3-h)}{h}$의 값은? [3점]

└→ 미분계수를 이용하여 나타낸다.

① $\frac{1}{2\ln 3}$ ② $\frac{2}{3\ln 3}$ ③ $\frac{5}{6\ln 3}$ ④ $\frac{1}{\ln 3}$ ⑤ $\frac{7}{6\ln 3}$

Step 1 극한을 미분계수로 나타내기

$$\begin{aligned}\lim_{h\to 0}\frac{f(3+h)-f(3-h)}{h}&=\lim_{h\to 0}\frac{f(3+h)-f(3)-\{f(3-h)-f(3)\}}{h}\\&=\lim_{h\to 0}\frac{f(3+h)-f(3)}{h}+\lim_{h\to 0}\frac{f(3-h)-f(3)}{-h}\\&=f'(3)+f'(3)\\&=2f'(3) \quad \cdots\cdots ㉠\end{aligned}$$

Step 2 $f'(x)$ 구하기

$f(x)=\log_3 x$에서

$f'(x)=\frac{1}{x\ln 3}$

Step 3 극한값 구하기

따라서 구하는 극한값은 ㉠에서

$2f'(3)=\frac{2}{3\ln 3}$

54 로그함수의 도함수 정답 ③ | 정답률 64%

문제 보기

두 함수 $f(x)=a^x$, $g(x)=2\log_b x$에 대하여

$$\lim_{x\to e}\frac{f(x)-g(x)}{x-e}=0$$ → $f(e)=g(e)$, $f'(e)-g'(e)=0$임을 이용한다.

일 때, $a\times b$의 값은? (단, a와 b는 1보다 큰 상수이다.) [3점]

① $e^{\frac{1}{e}}$ ② $e^{\frac{2}{e}}$ ③ $e^{\frac{3}{e}}$ ④ $e^{\frac{4}{e}}$ ⑤ $e^{\frac{5}{e}}$

Step 1 a의 값 구하기

$\lim_{x\to e}\frac{f(x)-g(x)}{x-e}=0$에서 $x\to e$일 때 (분모) → 0이고 극한값이 존재하므로 (분자) → 0이다.

즉, $\lim_{x\to e}\{f(x)-g(x)\}=0$에서 $f(e)-g(e)=0$

$\therefore f(e)=g(e)$

따라서 $a^e=2\log_b e$이므로

$\frac{2}{\ln b}=a^e$ ...... ㉠

또 $f'(x)=a^x\ln a$, $g'(x)=\frac{2}{x\ln b}$이므로

$\lim_{x\to e}\frac{f(x)-g(x)}{x-e}$

$=\lim_{x\to e}\frac{\{f(x)-f(e)\}-\{g(x)-g(e)\}}{x-e}$ ($\because f(e)=g(e)$)

$=\lim_{x\to e}\frac{f(x)-f(e)}{x-e}-\lim_{x\to e}\frac{g(x)-g(e)}{x-e}$

$=f'(e)-g'(e)$

$=a^e\ln a-\frac{2}{e\ln b}$

즉, $a^e\ln a-\frac{2}{e\ln b}=0$이므로 ㉠을 대입하면

$a^e\ln a-\frac{a^e}{e}=0$, $\ln a=\frac{1}{e}$ ($\because a^e\neq 0$)

$\therefore a=e^{\frac{1}{e}}$ ...... ㉡

Step 2 b의 값 구하기

㉡을 ㉠에 대입하면

$\frac{2}{\ln b}=e$, $\ln b=\frac{2}{e}$

$\therefore b=e^{\frac{2}{e}}$

Step 3 $a\times b$의 값 구하기

$\therefore a\times b=e^{\frac{1}{e}}\times e^{\frac{2}{e}}=e^{\frac{3}{e}}$

8 일차											
01 7	02 ③	03 49	04 26	05 99	06 ①	07 ③	08 ①	09 ③	10 ①	11 ③	12 ②
13 ①	14 11	15 ②	16 ①	17 ⑤	18 ④	19 ①	20 ②	21 ②	22 ⑤	23 ③	24 ⑤
25 ④	26 ⑤	27 ⑤	28 ④	29 ③	30 ④	31 25					

문제편 122쪽~127쪽

01 삼각함수 사이의 관계

정답 7 | 정답률 91%

문제 보기

$\cos\theta=\frac{1}{7}$일 때, $\csc\theta\times\tan\theta$의 값을 구하시오. [3점]

└ $\csc\theta=\frac{1}{\sin\theta}$, $\tan\theta=\frac{\sin\theta}{\cos\theta}$임을 이용한다.

Step 1 $\csc\theta\times\tan\theta$의 값 구하기

$\cos\theta=\frac{1}{7}$이므로

$$\csc\theta\times\tan\theta=\frac{1}{\sin\theta}\times\frac{\sin\theta}{\cos\theta}$$
$$=\frac{1}{\cos\theta}=7$$

02 삼각함수 사이의 관계

정답 ③ | 정답률 91%

문제 보기

$\cos\theta=\frac{2}{3}$일 때, $\sec\theta$의 값은? [2점]

└ $\sec\theta=\frac{1}{\cos\theta}$임을 이용한다.

① 1 ② $\frac{5}{4}$ ③ $\frac{3}{2}$ ④ $\frac{7}{4}$ ⑤ 2

Step 1 $\sec\theta$의 값 구하기

$\cos\theta=\frac{2}{3}$이므로

$$\sec\theta=\frac{1}{\cos\theta}=\frac{3}{2}$$

03 삼각함수 사이의 관계

정답 49 | 정답률 87%

문제 보기

$\cos\theta=\frac{1}{7}$일 때, $\sec^2\theta$의 값을 구하시오. [3점]

└ $\sec\theta=\frac{1}{\cos\theta}$임을 이용한다.

Step 1 $\sec^2\theta$의 값 구하기

$\cos\theta=\frac{1}{7}$이므로

$$\sec^2\theta=\frac{1}{\cos^2\theta}=7^2=49$$

04 삼각함수 사이의 관계

정답 26 | 정답률 92%

문제 보기

$\tan\theta=5$일 때, $\sec^2\theta$의 값을 구하시오. [3점]

└ $1+\tan^2\theta=\sec^2\theta$임을 이용한다.

Step 1 $\sec^2\theta$의 값 구하기

$\tan\theta=5$이므로

$$\sec^2\theta=1+\tan^2\theta$$
$$=1+5^2=26$$

05 삼각함수 사이의 관계 정답 99 | 정답률 87%

문제 보기

$\sec\theta=10$일 때, $\tan^2\theta$의 값을 구하시오. [3점]

└→ $1+\tan^2\theta=\sec^2\theta$임을 이용한다.

Step 1 $\tan^2\theta$의 값 구하기

$\sec\theta=10$이므로

$\tan^2\theta=\sec^2\theta-1$

$=10^2-1=99$

06 삼각함수 사이의 관계 정답 ① | 정답률 93%

문제 보기

$\sec\theta=\frac{\sqrt{10}}{3}$일 때, $\sin^2\theta$의 값은? [3점]

└→ $\sec\theta=\frac{1}{\cos\theta}$, $\sin^2\theta+\cos^2\theta=1$임을 이용한다.

① $\frac{1}{10}$ ② $\frac{3}{20}$ ③ $\frac{1}{5}$ ④ $\frac{1}{4}$ ⑤ $\frac{3}{10}$

Step 1 $\cos\theta$의 값 구하기

$\sec\theta=\frac{1}{\cos\theta}$이므로

$\cos\theta=\frac{3}{\sqrt{10}}$

Step 2 $\sin^2\theta$의 값 구하기

$\therefore \sin^2\theta=1-\cos^2\theta=1-\left(\frac{3}{\sqrt{10}}\right)^2=\frac{1}{10}$

07 삼각함수 사이의 관계 정답 ③ | 정답률 90%

문제 보기

$\sin\theta-\cos\theta=\frac{\sqrt{3}}{2}$일 때, $\tan\theta+\cot\theta$의 값은? [3점]

└→ 양변을 제곱하여 $\sin\theta\cos\theta$의 값을 구한다.

① 6 ② 7 ③ 8 ④ 9 ⑤ 10

Step 1 $\sin\theta\cos\theta$의 값 구하기

$\sin\theta-\cos\theta=\frac{\sqrt{3}}{2}$의 양변을 제곱하면

$\sin^2\theta-2\sin\theta\cos\theta+\cos^2\theta=\frac{3}{4}$

$1-2\sin\theta\cos\theta=\frac{3}{4}$, $-2\sin\theta\cos\theta=-\frac{1}{4}$

$\therefore \sin\theta\cos\theta=\frac{1}{8}$

Step 2 $\tan\theta+\cot\theta$의 값 구하기

$\therefore \tan\theta+\cot\theta=\frac{\sin\theta}{\cos\theta}+\frac{\cos\theta}{\sin\theta}=\frac{\sin^2\theta+\cos^2\theta}{\sin\theta\cos\theta}$

$=\frac{1}{\sin\theta\cos\theta}=8$

08 삼각함수 사이의 관계 정답 ① | 정답률 94%

문제 보기

$0<\theta<\frac{\pi}{2}$인 θ에 대하여 $\sin\theta=\frac{\sqrt{5}}{5}$일 때, $\sec\theta$의 값은? [2점]

└→ $\sin^2\theta+\cos^2\theta=1$임을 이용하여 $\cos\theta$의 값을 구한다.

① $\frac{\sqrt{5}}{2}$ ② $\frac{3\sqrt{5}}{4}$ ③ $\sqrt{5}$ ④ $\frac{5\sqrt{5}}{4}$ ⑤ $\frac{3\sqrt{5}}{2}$

Step 1 $\cos\theta$의 값 구하기

$\sin\theta=\frac{\sqrt{5}}{5}$이므로

$\cos^2\theta=1-\sin^2\theta=1-\left(\frac{\sqrt{5}}{5}\right)^2=\frac{4}{5}$

$0<\theta<\frac{\pi}{2}$에서 $\cos\theta>0$이므로

$\cos\theta=\frac{2}{\sqrt{5}}$

Step 2 $\sec\theta$의 값 구하기

$\therefore \sec\theta=\frac{1}{\cos\theta}=\frac{\sqrt{5}}{2}$

09 삼각함수 사이의 관계

정답 ③ | 정답률 86%

문제 보기

$\frac{\pi}{2}<\theta<\pi$인 θ에 대하여 $\cos\theta=-\frac{3}{5}$일 때, $\csc(\pi+\theta)$의 값은?

└→ $\sin^2\theta+\cos^2\theta=1$임을 이용하여 $\sin\theta$의 값을 구한다. [3점]

① $-\frac{5}{2}$ ② $-\frac{5}{3}$ ③ $-\frac{5}{4}$ ④ $\frac{5}{4}$ ⑤ $\frac{5}{3}$

Step 1 $\sin\theta$의 값 구하기

$\cos\theta=-\frac{3}{5}$이므로

$\sin^2\theta=1-\cos^2\theta=1-\left(-\frac{3}{5}\right)^2=\frac{16}{25}$

$\frac{\pi}{2}<\theta<\pi$에서 $\sin\theta>0$이므로

$\sin\theta=\frac{4}{5}$

Step 2 $\csc(\pi+\theta)$의 값 구하기

$\therefore \csc(\pi+\theta)=\frac{1}{\sin(\pi+\theta)}=\frac{1}{-\sin\theta}=-\frac{5}{4}$

10 삼각함수의 덧셈정리

정답 ① | 정답률 93%

문제 보기

$\cos(\alpha+\beta)=\frac{5}{7}$, $\cos\alpha\cos\beta=\frac{4}{7}$일 때, $\sin\alpha\sin\beta$의 값은? [3점]

└→ 삼각함수의 덧셈정리를 이용한다.

① $-\frac{1}{7}$ ② $-\frac{2}{7}$ ③ $-\frac{3}{7}$ ④ $-\frac{4}{7}$ ⑤ $-\frac{5}{7}$

Step 1 $\sin\alpha\sin\beta$의 값 구하기

$\cos\alpha\cos\beta=\frac{4}{7}$이므로 $\cos(\alpha+\beta)=\frac{5}{7}$에서

$\cos\alpha\cos\beta-\sin\alpha\sin\beta=\frac{5}{7}$

$\frac{4}{7}-\sin\alpha\sin\beta=\frac{5}{7}$

$\therefore \sin\alpha\sin\beta=-\frac{1}{7}$

11 삼각함수의 덧셈정리

정답 ③ | 정답률 84%

문제 보기

$\sin\theta=\frac{\sqrt{3}}{3}$일 때, $2\sin\left(\theta-\frac{\pi}{6}\right)+\cos\theta$의 값은? $\left(단,\ 0<\theta<\frac{\pi}{2}\right)$

└→ 삼각함수의 덧셈정리를 이용한다. [3점]

① $\frac{1}{2}$ ② $\frac{\sqrt{3}}{3}$ ③ 1 ④ $\sqrt{3}$ ⑤ 2

Step 1 $2\sin\left(\theta-\frac{\pi}{6}\right)+\cos\theta$의 값 구하기

$$2\sin\left(\theta-\frac{\pi}{6}\right)+\cos\theta=2\left(\sin\theta\cos\frac{\pi}{6}-\cos\theta\sin\frac{\pi}{6}\right)+\cos\theta$$
$$=2\left(\sin\theta\times\frac{\sqrt{3}}{2}-\cos\theta\times\frac{1}{2}\right)+\cos\theta$$
$$=\sqrt{3}\sin\theta-\cos\theta+\cos\theta$$
$$=\sqrt{3}\sin\theta$$
$$=\sqrt{3}\times\frac{\sqrt{3}}{3}=1$$

12 삼각함수의 덧셈정리

정답 ② | 정답률 92%

문제 보기

$\sin\alpha=\frac{3}{5}$, $\cos\beta=\frac{\sqrt{5}}{5}$일 때, $\sin(\beta-\alpha)$의 값은?

└→ $\cos\alpha$, $\sin\beta$의 값을 구한다. └→ 삼각함수의 덧셈정리를 이용한다.

(단, α, β는 예각이다.) [3점]

① $\frac{3\sqrt{5}}{20}$ ② $\frac{\sqrt{5}}{5}$ ③ $\frac{\sqrt{5}}{4}$ ④ $\frac{3\sqrt{5}}{10}$ ⑤ $\frac{7\sqrt{5}}{20}$

Step 1 $\cos\alpha$의 값 구하기

$\sin\alpha=\frac{3}{5}$이므로 $\cos^2\alpha=1-\sin^2\alpha=1-\left(\frac{3}{5}\right)^2=\frac{16}{25}$

$0<\alpha<\frac{\pi}{2}$에서 $\cos\alpha>0$이므로 $\cos\alpha=\frac{4}{5}$

Step 2 $\sin\beta$의 값 구하기

$\cos\beta=\frac{\sqrt{5}}{5}$이므로

$\sin^2\beta=1-\cos^2\beta=1-\left(\frac{\sqrt{5}}{5}\right)^2=\frac{4}{5}$

$0<\beta<\frac{\pi}{2}$에서 $\sin\beta>0$이므로 $\sin\beta=\frac{2}{\sqrt{5}}=\frac{2\sqrt{5}}{5}$

Step 3 $\sin(\beta-\alpha)$의 값 구하기

$$\therefore \sin(\beta-\alpha)=\sin\beta\cos\alpha-\cos\beta\sin\alpha$$
$$=\frac{2\sqrt{5}}{5}\times\frac{4}{5}-\frac{\sqrt{5}}{5}\times\frac{3}{5}=\frac{\sqrt{5}}{5}$$

13 삼각함수의 덧셈정리 정답 ① | 정답률 80%

문제 보기

$0<\alpha<\beta<2\pi$이고 $\cos\alpha=\cos\beta=\frac{1}{3}$일 때, $\sin(\beta-\alpha)$의 값은? [3점]

└→ $\sin\alpha$, $\sin\beta$의 값을 구한다. └→ 삼각함수의 덧셈정리를 이용한다.

① $-\frac{4\sqrt{2}}{9}$ ② $-\frac{4}{9}$ ③ 0 ④ $\frac{4}{9}$ ⑤ $\frac{4\sqrt{2}}{9}$

Step 1 α, β의 값의 범위 구하기

$0<\alpha<\beta<2\pi$이고 $\cos\alpha=\cos\beta=\frac{1}{3}$이므로

$0<\alpha<\frac{\pi}{2}$, $\frac{3}{2}\pi<\beta<2\pi$ → $0<\theta<\frac{\pi}{2}$, $\frac{3}{2}\pi<\theta<2\pi$에서 $\cos\theta>0$

Step 2 $\sin\alpha$, $\sin\beta$의 값 구하기

$\cos\alpha=\frac{1}{3}$이므로 $\sin^2\alpha=1-\cos^2\alpha=1-\left(\frac{1}{3}\right)^2=\frac{8}{9}$

$0<\alpha<\frac{\pi}{2}$에서 $\sin\alpha>0$이므로 $\sin\alpha=\frac{2\sqrt{2}}{3}$

또 $\sin^2\beta=\frac{8}{9}$이고 $\frac{3}{2}\pi<\beta<2\pi$에서 $\sin\beta<0$이므로 $\sin\beta=-\frac{2\sqrt{2}}{3}$

Step 3 $\sin(\beta-\alpha)$의 값 구하기

$\therefore \sin(\beta-\alpha)=\sin\beta\cos\alpha-\cos\beta\sin\alpha$

$=-\frac{2\sqrt{2}}{3}\times\frac{1}{3}-\frac{1}{3}\times\frac{2\sqrt{2}}{3}=-\frac{4\sqrt{2}}{9}$

14 삼각함수의 덧셈정리 정답 11 | 정답률 84%

문제 보기

$\tan\alpha=4$, $\tan\beta=-2$일 때, $\tan(\alpha+\beta)=\frac{q}{p}$이다. $p+q$의 값을 구하시오. (단, p와 q는 서로소인 자연수이다.) [3점]

└→ 삼각함수의 덧셈정리를 이용한다.

Step 1 $\tan(\alpha+\beta)$의 값 구하기

$\tan\alpha=4$, $\tan\beta=-2$이므로

$\tan(\alpha+\beta)=\frac{\tan\alpha+\tan\beta}{1-\tan\alpha\tan\beta}$

$=\frac{4+(-2)}{1-4\times(-2)}=\frac{2}{9}$

Step 2 $p+q$의 값 구하기

따라서 $p=9$, $q=2$이므로

$p+q=11$

15 삼각함수의 덧셈정리 정답 ② | 정답률 92%

문제 보기

$2\cos\alpha=3\sin\alpha$이고 $\tan(\alpha+\beta)=1$일 때, $\tan\beta$의 값은? [3점]

└→ $\tan\alpha$의 값을 구한다. └→ 삼각함수의 덧셈정리를 이용한다.

① $\frac{1}{6}$ ② $\frac{1}{5}$ ③ $\frac{1}{4}$ ④ $\frac{1}{3}$ ⑤ $\frac{1}{2}$

Step 1 $\tan\alpha$의 값 구하기

$2\cos\alpha=3\sin\alpha$에서

$\frac{\sin\alpha}{\cos\alpha}=\frac{2}{3}$ $\therefore \tan\alpha=\frac{2}{3}$

Step 2 $\tan\beta$의 값 구하기

$\tan(\alpha+\beta)=1$에서

$\frac{\tan\alpha+\tan\beta}{1-\tan\alpha\tan\beta}=1$, $\frac{\frac{2}{3}+\tan\beta}{1-\frac{2}{3}\tan\beta}=1$

$\frac{2}{3}+\tan\beta=1-\frac{2}{3}\tan\beta$, $\frac{5}{3}\tan\beta=\frac{1}{3}$

$\therefore \tan\beta=\frac{1}{5}$

16 삼각함수의 덧셈정리 정답 ① | 정답률 85%

문제 보기

$\tan\left(\alpha+\frac{\pi}{4}\right)=2$일 때, $\tan\alpha$의 값은? [3점]

└→ 삼각함수의 덧셈정리를 이용한다.

① $\frac{1}{3}$ ② $\frac{4}{9}$ ③ $\frac{5}{9}$ ④ $\frac{2}{3}$ ⑤ $\frac{7}{9}$

Step 1 $\tan\alpha$의 값 구하기

$\tan\left(\alpha+\frac{\pi}{4}\right)=2$에서

$\frac{\tan\alpha+\tan\frac{\pi}{4}}{1-\tan\alpha\tan\frac{\pi}{4}}=2$, $\frac{\tan\alpha+1}{1-\tan\alpha}=2$

$\tan\alpha+1=2-2\tan\alpha$, $3\tan\alpha=1$

$\therefore \tan\alpha=\frac{1}{3}$

17 삼각함수의 덧셈정리 정답 ⑤ | 정답률 68%

문제 보기

함수 $f(x)=\cos 2x\cos x-\sin 2x\sin x$의 주기는? [3점]

└→ $f(x)$를 코사인함수로 나타낸다.

① 2π ② $\frac{5}{3}\pi$ ③ $\frac{4}{3}\pi$ ④ π ⑤ $\frac{2}{3}\pi$

Step 1 $f(x)$를 코사인함수로 나타내기

$f(x)=\cos 2x\cos x-\sin 2x\sin x$

$=\cos(2x+x)=\cos 3x$

Step 2 주기 구하기

따라서 함수 $f(x)=\cos 3x$의 주기는

$\frac{2\pi}{3}=\frac{2}{3}\pi$

18 삼각함수의 덧셈정리 정답 ④ | 정답률 78%

문제 보기

$\tan\alpha=-\frac{5}{12}\left(\frac{3}{2}\pi<\alpha<2\pi\right)$이고 $0\le x<\frac{\pi}{2}$일 때, 부등식

└→ $\sin\alpha$, $\cos\alpha$의 값을 구한다.

$\cos x\le\sin(x+\alpha)\le 2\cos x$

└→ 각 변을 $\cos x$로 나누어 $\tan x$에 대한 부등식으로 변형한다.

를 만족시키는 x에 대하여 $\tan x$의 최댓값과 최솟값의 합은? [4점]

① $\frac{31}{12}$ ② $\frac{37}{12}$ ③ $\frac{43}{12}$ ④ $\frac{49}{12}$ ⑤ $\frac{55}{12}$

Step 1 $\sin\alpha$, $\cos\alpha$의 값 구하기

$\tan\alpha=-\frac{5}{12}$이므로

$\sec^2\alpha=1+\tan^2\alpha=1+\left(-\frac{5}{12}\right)^2=\frac{169}{144}$

$\therefore \cos^2\alpha=\frac{144}{169}$

$\sin^2\alpha=1-\cos^2\alpha=\frac{25}{169}$

$\frac{3}{2}\pi<\alpha<2\pi$에서 $\sin\alpha<0$, $\cos\alpha>0$이므로

$\sin\alpha=-\frac{5}{13}$, $\cos\alpha=\frac{12}{13}$

Step 2 $\tan x$의 값의 범위 구하기

$0\le x<\frac{\pi}{2}$일 때 $\cos x>0$이므로

$\cos x\le\sin(x+\alpha)\le 2\cos x$의 양변을 $\cos x$로 나누면

$1\le\frac{\sin(x+\alpha)}{\cos x}\le 2$

$1\le\frac{\sin x\cos\alpha+\cos x\sin\alpha}{\cos x}\le 2$

$1\le\tan x\cos\alpha+\sin\alpha\le 2$

$1\le\frac{12}{13}\tan x-\frac{5}{13}\le 2$

$\frac{18}{13}\le\frac{12}{13}\tan x\le\frac{31}{13}$

$\therefore \frac{3}{2}\le\tan x\le\frac{31}{12}$ → $\tan x$는 $0\le x<\frac{\pi}{2}$에서 연속이야.

Step 3 최댓값과 최솟값의 합 구하기

따라서 $\tan x$의 최댓값은 $\frac{31}{12}$, 최솟값은 $\frac{3}{2}$이므로 그 합은

$\frac{31}{12}+\frac{3}{2}=\frac{49}{12}$

8 일차

19 삼각함수의 덧셈정리의 응용 - 삼각함수의 값

정답 ① | 정답률 96%

문제 보기

$\sin\theta=\frac{2}{3}$일 때, $\cos 2\theta$의 값은? [2점]

└→ 삼각함수의 덧셈정리를 이용한다.

① $\frac{1}{9}$ ② $\frac{2}{9}$ ③ $\frac{1}{3}$ ④ $\frac{4}{9}$ ⑤ $\frac{5}{9}$

Step 1 $\cos 2\theta$의 값 구하기

$\sin\theta=\frac{2}{3}$이므로

$$\cos 2\theta=1-2\sin^2\theta=1-2\times\left(\frac{2}{3}\right)^2$$
$$=1-\frac{8}{9}=\frac{1}{9}$$

20 삼각함수의 덧셈정리의 응용 - 삼각함수의 값

정답 ② | 정답률 92%

문제 보기

$\cos\theta=\frac{2}{\sqrt{5}}$일 때, $\cos 2\theta$의 값은? $\left(\text{단, } 0<\theta<\frac{\pi}{2}\right)$ [2점]

└→ 삼각함수의 덧셈정리를 이용한다.

① $\frac{1}{2}$ ② $\frac{3}{5}$ ③ $\frac{7}{10}$ ④ $\frac{4}{5}$ ⑤ $\frac{9}{10}$

Step 1 $\cos 2\theta$의 값 구하기

$\cos\theta=\frac{2}{\sqrt{5}}$이므로

$$\cos 2\theta=2\cos^2\theta-1=2\times\left(\frac{2}{\sqrt{5}}\right)^2-1$$
$$=\frac{8}{5}-1=\frac{3}{5}$$

21 삼각함수의 덧셈정리의 응용 - 삼각함수의 값

정답 ② | 정답률 94%

문제 보기

$\tan\theta=\frac{1}{2}$일 때, $\tan 2\theta$의 값은? [2점]

└→ 삼각함수의 덧셈정리를 이용한다.

① $\frac{3}{2}$ ② $\frac{4}{3}$ ③ $\frac{5}{4}$ ④ $\frac{6}{5}$ ⑤ 1

Step 1 $\tan 2\theta$의 값 구하기

$\tan\theta=\frac{1}{2}$이므로

$$\tan 2\theta=\frac{2\tan\theta}{1-\tan^2\theta}=\frac{2\times\frac{1}{2}}{1-\left(\frac{1}{2}\right)^2}$$
$$=\frac{1}{1-\frac{1}{4}}=\frac{4}{3}$$

22 삼각함수의 덧셈정리의 응용 - 삼각함수의 값

정답 ⑤ | 정답률 93%

문제 보기

$\cos\theta=\frac{3}{5}$일 때, $\sin 2\theta$의 값은? $\left(\text{단, } 0<\theta<\frac{\pi}{2}\right)$ [2점]

└→ $\sin\theta$의 값을 구한다. └→ 삼각함수의 덧셈정리를 이용한다.

① $\frac{16}{25}$ ② $\frac{18}{25}$ ③ $\frac{4}{5}$ ④ $\frac{22}{25}$ ⑤ $\frac{24}{25}$

Step 1 $\sin\theta$의 값 구하기

$\cos\theta=\frac{3}{5}$이므로

$$\sin^2\theta=1-\cos^2\theta=1-\left(\frac{3}{5}\right)^2=\frac{16}{25}$$

$0<\theta<\frac{\pi}{2}$에서 $\sin\theta>0$이므로

$\sin\theta=\frac{4}{5}$

Step 2 $\sin 2\theta$의 값 구하기

$$\therefore \sin 2\theta=2\sin\theta\cos\theta=2\times\frac{4}{5}\times\frac{3}{5}=\frac{24}{25}$$

23 삼각함수의 덧셈정리의 응용-삼각함수의 값

정답 ③ | 정답률 94%

문제 보기

$\tan\theta=\frac{\sqrt{5}}{5}$일 때, $\cos 2\theta$의 값은? [2점]

└→ $\cos^2\theta$의 값을 구한다. └→ 삼각함수의 덧셈정리를 이용한다.

① $\frac{\sqrt{6}}{3}$ ② $\frac{\sqrt{5}}{3}$ ③ $\frac{2}{3}$ ④ $\frac{\sqrt{3}}{3}$ ⑤ $\frac{\sqrt{2}}{3}$

Step 1 $\cos^2\theta$의 값 구하기

$\tan\theta=\frac{\sqrt{5}}{5}$이므로

$\sec^2\theta=1+\tan^2\theta=1+\left(\frac{\sqrt{5}}{5}\right)^2=\frac{6}{5}$

$\therefore \cos^2\theta=\frac{5}{6}$

Step 2 $\cos 2\theta$의 값 구하기

$\therefore \cos 2\theta=2\cos^2\theta-1=2\times\frac{5}{6}-1=\frac{2}{3}$

24 삼각함수의 덧셈정리의 응용-삼각함수의 값

정답 ⑤ | 정답률 93%

문제 보기

$\tan\theta=\frac{1}{7}$일 때, $\sin 2\theta$의 값은? [3점]

└→ $\sin\theta$, $\cos\theta$의 값을 구한다. └→ 삼각함수의 덧셈정리를 이용한다.

① $\frac{1}{5}$ ② $\frac{11}{50}$ ③ $\frac{6}{25}$ ④ $\frac{13}{50}$ ⑤ $\frac{7}{25}$

Step 1 $\sin\theta$, $\cos\theta$의 값 구하기

$\tan\theta=\frac{1}{7}$이므로

$\sec^2\theta=1+\tan^2\theta=1+\left(\frac{1}{7}\right)^2=\frac{50}{49}$

$\therefore \cos^2\theta=\frac{1}{\sec^2\theta}=\frac{49}{50}$

따라서 $\sin^2\theta=1-\cos^2\theta=1-\frac{49}{50}=\frac{1}{50}$이므로

$\sin\theta=\frac{1}{5\sqrt{2}}$, $\cos\theta=\frac{7}{5\sqrt{2}}$ 또는 $\sin\theta=-\frac{1}{5\sqrt{2}}$, $\cos\theta=-\frac{7}{5\sqrt{2}}$

Step 2 $\sin 2\theta$의 값 구하기

$\therefore \sin 2\theta=2\sin\theta\cos\theta=2\times\frac{1}{5\sqrt{2}}\times\frac{7}{5\sqrt{2}}=\frac{7}{25}$ → 두 경우 모두 곱한 값은 양수야.

25 삼각함수의 덧셈정리의 응용-삼각함수의 값

정답 ④ | 정답률 94%

문제 보기

$\sin 2x=\frac{1}{3}$일 때, $\cos^2 x-\sin^2 x$의 값은? $\left(\text{단, } 0<x<\frac{\pi}{4}\text{이다.}\right)$ [2점]

└→ $\cos 2x$의 값을 구한다. └→ 삼각함수의 덧셈정리를 이용한다.

① 0 ② $\frac{\sqrt{2}}{3}$ ③ $\frac{\sqrt{2}}{2}$ ④ $\frac{2\sqrt{2}}{3}$ ⑤ 1

Step 1 $\cos 2x$의 값 구하기

$\sin 2x=\frac{1}{3}$이므로

$\cos^2 2x=1-\sin^2 2x=1-\left(\frac{1}{3}\right)^2=\frac{8}{9}$

$0<x<\frac{\pi}{4}$에서 $0<2x<\frac{\pi}{2}$이고 $\cos 2x>0$이므로

$\cos 2x=\frac{2\sqrt{2}}{3}$

Step 2 $\cos^2 x-\sin^2 x$의 값 구하기

$\therefore \cos^2 x-\sin^2 x=\cos 2x=\frac{2\sqrt{2}}{3}$

26 삼각함수의 덧셈정리의 응용-삼각함수의 값

정답 ⑤ | 정답률 89%

문제 보기

$0<\theta<\frac{\pi}{4}$인 θ에 대하여 $(1+\tan\theta)\tan 2\theta=3$일 때, $\tan\theta$의 값은? [3점]

└→ 삼각함수의 덧셈정리를 이용한다.

① $\frac{1}{5}$ ② $\frac{3}{10}$ ③ $\frac{2}{5}$ ④ $\frac{1}{2}$ ⑤ $\frac{3}{5}$

Step 1 $\tan\theta$의 값 구하기

$$(1+\tan\theta)\tan 2\theta=(1+\tan\theta)\times\frac{2\tan\theta}{1-\tan^2\theta}$$
$$=(1+\tan\theta)\times\frac{2\tan\theta}{(1+\tan\theta)(1-\tan\theta)}$$
$$=\frac{2\tan\theta}{1-\tan\theta}$$

즉, $\frac{2\tan\theta}{1-\tan\theta}=3$이므로

$2\tan\theta=3-3\tan\theta$, $5\tan\theta=3$

$\therefore \tan\theta=\frac{3}{5}$

27 삼각함수의 덧셈정리의 응용-삼각함수의 값

정답 ⑤ | 정답률 90%

문제 보기

$\tan 2\theta=\frac{3}{4}$일 때, $\tan\theta$의 값은? $\left(\text{단, } 0<\theta<\frac{\pi}{2}\text{이다.}\right)$ [3점]

└ $\tan\theta$에 대한 식으로 나타낸다.

① $\frac{1}{12}$ ② $\frac{1}{8}$ ③ $\frac{1}{6}$ ④ $\frac{1}{4}$ ⑤ $\frac{1}{3}$

Step 1 $\tan\theta$의 값 구하기

$\tan 2\theta=\frac{3}{4}$에서

$\frac{2\tan\theta}{1-\tan^2\theta}=\frac{3}{4}$, $8\tan\theta=3-3\tan^2\theta$

$3\tan^2\theta+8\tan\theta-3=0$, $(3\tan\theta-1)(\tan\theta+3)=0$

$\therefore \tan\theta=\frac{1}{3}$ 또는 $\tan\theta=-3$

$0<\theta<\frac{\pi}{2}$에서 $\tan\theta>0$이므로

$\tan\theta=\frac{1}{3}$

28 삼각함수의 덧셈정리의 응용-삼각방정식

정답 ④ | 정답률 92%

문제 보기

$0\le x\le\pi$일 때, 삼각방정식

$\sin x=\sin 2x$ → x에 대한 삼각방정식으로 변형한다.

의 모든 해의 합은? [3점]

① π ② $\frac{7}{6}\pi$ ③ $\frac{5}{4}\pi$ ④ $\frac{4}{3}\pi$ ⑤ $\frac{3}{2}\pi$

Step 1 방정식의 해 구하기

$\sin x=\sin 2x$에서

$\sin x=2\sin x\cos x$, $\sin x(2\cos x-1)=0$

$\therefore \sin x=0$ 또는 $\cos x=\frac{1}{2}$

(i) $\sin x=0$의 해는

$x=0$ 또는 $x=\pi$ ($\because 0\le x\le\pi$)

(ii) $\cos x=\frac{1}{2}$의 해는

$x=\frac{\pi}{3}$ ($\because 0\le x\le\pi$)

(i), (ii)에서 $x=0$ 또는 $x=\frac{\pi}{3}$ 또는 $x=\pi$

Step 2 모든 해의 합 구하기

따라서 모든 해의 합은

$0+\frac{\pi}{3}+\pi=\frac{4}{3}\pi$

29 삼각함수의 덧셈정리의 응용-삼각방정식

정답 ③ | 정답률 92%

문제 보기

$0\le x\le 2\pi$일 때, 방정식

$\sin 2x-\sin x=4\cos x-2$ → x에 대한 삼각방정식으로 변형한다.

의 모든 해의 합은? [3점]

① π ② $\frac{3}{2}\pi$ ③ 2π ④ $\frac{5}{2}\pi$ ⑤ 3π

Step 1 방정식의 해 구하기

$\sin 2x-\sin x=4\cos x-2$에서

$2\sin x\cos x-\sin x=4\cos x-2$

$\sin x(2\cos x-1)=2(2\cos x-1)$

$(2\cos x-1)(\sin x-2)=0$

$-1\le\sin x\le 1$이므로 $\cos x=\frac{1}{2}$

$\therefore x=\frac{\pi}{3}$ 또는 $x=\frac{5}{3}\pi$ ($\because 0\le x\le 2\pi$)

Step 2 모든 해의 합 구하기

따라서 모든 해의 합은

$\frac{\pi}{3}+\frac{5}{3}\pi=2\pi$

30 삼각함수의 덧셈정리의 응용-삼각방정식

정답 ④ | 정답률 86%

문제 보기

$0\le x<\pi$일 때, 방정식 $3\cos 2x-2\sin^2 x-4\cos x+5=0$의 모든 실근의 합은? [3점]

└ x에 대한 삼각방정식으로 변형한다.

① $\frac{7}{12}\pi$ ② $\frac{2}{3}\pi$ ③ $\frac{3}{4}\pi$ ④ $\frac{5}{6}\pi$ ⑤ $\frac{11}{12}\pi$

Step 1 방정식의 해 구하기

$3\cos 2x-2\sin^2 x-4\cos x+5=0$에서

$3(2\cos^2 x-1)-2(1-\cos^2 x)-4\cos x+5=0$

$8\cos^2 x-4\cos x=0$, $4\cos x(2\cos x-1)=0$

$\therefore \cos x=0$ 또는 $\cos x=\frac{1}{2}$

(i) $\cos x=0$의 해는

$x=\frac{\pi}{2}$ ($\because 0\le x<\pi$)

(ii) $\cos x=\frac{1}{2}$의 해는

$x=\frac{\pi}{3}$ ($\because 0\le x<\pi$)

(i), (ii)에서 $x=\frac{\pi}{2}$ 또는 $x=\frac{\pi}{3}$

Step 2 모든 실근의 합 구하기

따라서 모든 실근의 합은

$\frac{\pi}{2}+\frac{\pi}{3}=\frac{5}{6}\pi$

31 삼각함수의 덧셈정리의 응용 – 삼각방정식

정답 25 | 정답률 6%

문제 보기

함수 $y=\frac{\sqrt{x}}{10}$의 그래프와 함수 $y=\tan x$의 그래프가 만나는 모든 점의 x좌표를 작은 수부터 크기순으로 나열할 때, n번째 수를 a_n이라 하자.

$$\frac{1}{\pi^2}\times\lim_{n\to\infty}a_n^3\tan^2(a_{n+1}-a_n)$$

의 값을 구하시오. [4점]

└ 방정식 $\frac{\sqrt{x}}{10}=\tan x$의 해는 $x=a_n$이다.

└ 삼각함수의 덧셈정리를 이용하여 식을 변형한다.

Step 1 삼각함수의 덧셈정리를 이용하여 식 정리하기

두 함수 $y=\frac{\sqrt{x}}{10}$, $y=\tan x$의 그래프와 수열 $\{a_n\}$을 좌표평면에 나타내면 다음 그림과 같다.

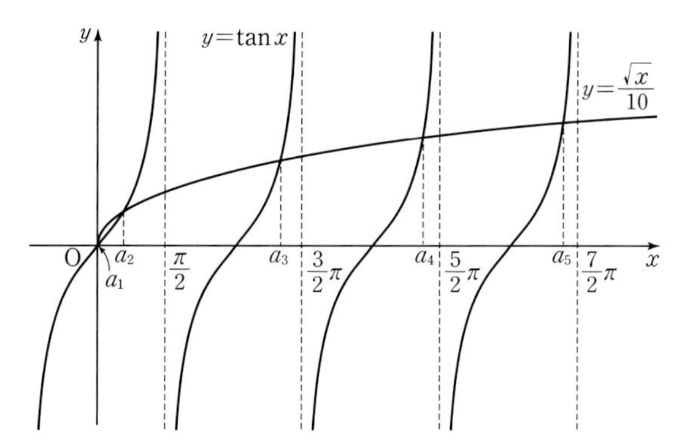

이때 $\frac{\sqrt{a_n}}{10}=\tan a_n$이므로 삼각함수의 덧셈정리에 의하여

$$\begin{aligned}\tan(a_{n+1}-a_n)&=\frac{\tan a_{n+1}-\tan a_n}{1+\tan a_{n+1}\times\tan a_n}\\&=\frac{\frac{\sqrt{a_{n+1}}}{10}-\frac{\sqrt{a_n}}{10}}{1+\frac{\sqrt{a_{n+1}}}{10}\times\frac{\sqrt{a_n}}{10}}\\&=\frac{10(\sqrt{a_{n+1}}-\sqrt{a_n})}{100+\sqrt{a_{n+1}a_n}}\\&=\frac{10(a_{n+1}-a_n)}{(100+\sqrt{a_{n+1}a_n})(\sqrt{a_{n+1}}+\sqrt{a_n})}\end{aligned}$$

$$\therefore \tan^2(a_{n+1}-a_n)=\frac{100(a_{n+1}-a_n)^2}{(100+\sqrt{a_{n+1}a_n})^2(\sqrt{a_{n+1}}+\sqrt{a_n})^2}$$

Step 2 극한값 구하기

이때 $\lim_{n\to\infty}a_n=\infty$이고 $\lim_{n\to\infty}(a_{n+1}-a_n)=\pi$이므로

$\lim_{n\to\infty}b_n=0$인 수열 $\{b_n\}$에 대하여 $a_{n+1}-a_n=\pi+b_n\,(b_n>0)$이라 하면

$a_{n+1}=a_n+\pi+b_n$이므로

$$\begin{aligned}\lim_{n\to\infty}\frac{a_{n+1}}{a_n}&=\lim_{n\to\infty}\frac{a_n+\pi+b_n}{a_n}\\&=\lim_{n\to\infty}\left(1+\frac{\pi}{a_n}+\frac{b_n}{a_n}\right)\\&=1+0+0=1\end{aligned}$$

$$\begin{aligned}\therefore \lim_{n\to\infty}a_n^3\tan^2(a_{n+1}-a_n)&=\lim_{n\to\infty}\frac{100(a_{n+1}-a_n)^2}{\frac{(100+\sqrt{a_{n+1}a_n})^2(\sqrt{a_{n+1}}+\sqrt{a_n})^2}{a_n^3}}\\&=\lim_{n\to\infty}\frac{100(a_{n+1}-a_n)^2}{\frac{(100+\sqrt{a_{n+1}a_n})^2}{a_n^2}\times\frac{(\sqrt{a_{n+1}}+\sqrt{a_n})^2}{a_n}}\\&=\lim_{n\to\infty}\frac{100(a_{n+1}-a_n)^2}{\left(\frac{100}{a_n}+\sqrt{\frac{a_{n+1}}{a_n}}\right)^2\times\left(\sqrt{\frac{a_{n+1}}{a_n}}+1\right)^2}\\&=\frac{100\pi^2}{(0+1)^2\times(1+1)^2}=25\pi^2\end{aligned}$$

$$\therefore \frac{1}{\pi^2}\times\lim_{n\to\infty}a_n^3\tan^2(a_{n+1}-a_n)=\frac{1}{\pi^2}\times25\pi^2=25$$

8 일차

9 일차

01 ④	02 ④	03 ①	04 32	05 ⑤	06 ④	07 ⑤	08 5	09 ③	10 ⑤	11 18	12 ⑤
13 ④	14 ⑤	15 ①	16 79	17 ②	18 5	19 ④	20 ⑤	21 20	22 18	23 11	24 ⑤

문제편 128쪽~135쪽

01 두 직선이 이루는 각 정답 ④ | 정답률 78%

문제 보기

원점에서 곡선 $y=e^{|x|}$에 그은 두 접선이 이루는 예각의 크기를 θ라 할 때, $\tan\theta$의 값은? [3점]

└→ 두 접선의 기울기를 구한다.

① $\frac{e}{e^2+1}$ ② $\frac{e}{e^2-1}$ ③ $\frac{2e}{e^2+1}$ ④ $\frac{2e}{e^2-1}$ ⑤ 1

Step 1 두 접선의 관계 이해하기

곡선 $y=e^{|x|}$은 y축에 대하여 대칭이므로 원점에서 그은 두 접선도 y축에 대하여 대칭이다.

Step 2 원점에서 그은 두 접선의 기울기 구하기

$x>0$일 때 $y=e^x$이고 원점에서 그은 접선의 접점을 (t, e^t)이라 하면

$y'=e^x$이므로 점 (t, e^t)에서의 접선의 기울기는 e^t

따라서 점 (t, e^t)에서의 접선의 방정식은

$y-e^t=e^t(x-t)$

$\therefore y=e^tx+(1-t)e^t$

이 접선이 원점을 지나므로

$0=(1-t)e^t \quad \therefore t=1 \ (\because e^t>0)$

따라서 $x>0$일 때 접선의 기울기는 e이므로 $x<0$일 때 접선의 기울기는 $-e$이다.

Step 3 $\tan\theta$의 값 구하기

두 접선이 x축의 양의 방향과 이루는 각의 크기를 각각 α, β라 하면

$\tan\alpha=e$, $\tan\beta=-e$

$$\therefore \tan\theta=\tan(\beta-\alpha)=\frac{\tan\beta-\tan\alpha}{1+\tan\beta\tan\alpha}$$

$$=\frac{-e-e}{1+(-e)\times e}=\frac{2e}{e^2-1}$$

02 두 직선이 이루는 각 정답 ④ | 정답률 92%

문제 보기

좌표평면에서 두 직선 $x-y-1=0$, $ax-y+1=0$이 이루는 예각의 크기를 θ라 하자. $\tan\theta=\frac{1}{6}$일 때, 상수 a의 값은? (단, $a>1$) [3점]

└→ 두 직선이 이루는 예각의 크기에 대한 식을 세운다.

① $\frac{11}{10}$ ② $\frac{6}{5}$ ③ $\frac{13}{10}$ ④ $\frac{7}{5}$ ⑤ $\frac{3}{2}$

Step 1 두 직선이 이루는 예각의 크기에 대한 식 세우기

두 직선 $x-y-1=0$, $ax-y+1=0$, 즉 $y=x-1$, $y=ax+1$이 x축의 양의 방향과 이루는 각의 크기를 각각 α, β라 하면

$\tan\alpha=1$, $\tan\beta=a$

두 직선이 이루는 예각의 크기 θ에 대하여 $\tan\theta=\frac{1}{6}$이므로

$$|\tan(\beta-\alpha)|=\tan\theta,\ \left|\frac{\tan\beta-\tan\alpha}{1+\tan\beta\tan\alpha}\right|=\frac{1}{6}$$

$$\left|\frac{a-1}{1+a}\right|=\frac{1}{6}$$

Step 2 a의 값 구하기

이때 $a>1$이므로

$\frac{a-1}{1+a}=\frac{1}{6}$, $6a-6=1+a$

$\therefore a=\frac{7}{5}$

03 두 직선이 이루는 각 정답 ① | 정답률 76%

문제 보기

그림과 같이 곡선 $y=e^x$ 위의 두 점 $A(t, e^t)$, $B(-t, e^{-t})$에서의 접선을 각각 l, m이라 하자. 두 직선 l과 m이 이루는 예각의 크기가 $\frac{\pi}{4}$일 때, 두 점 A, B를 지나는 직선의 기울기는? (단, $t>0$) [4점]

└→ 두 직선 l, m의 기울기를 구한다.

└→ 두 직선이 이루는 예각의 크기에 대한 식을 세운다.

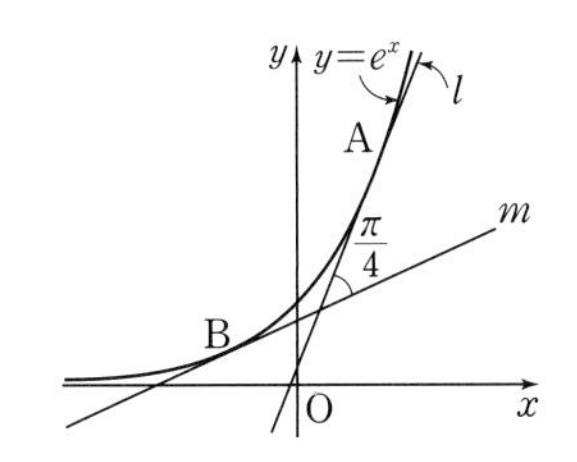

① $\frac{1}{\ln(1+\sqrt{2})}$ ② $\frac{1}{\ln 2}$ ③ $\frac{4}{3\ln(1+\sqrt{2})}$

④ $\frac{7}{6\ln 2}$ ⑤ $\frac{3}{2\ln(1+\sqrt{2})}$

Step 1 두 직선 l, m의 기울기 구하기

$y'=e^x$이므로 곡선 $y=e^x$ 위의 두 점 $A(t, e^t)$, $B(-t, e^{-t})$에서의 접선 l, m의 기울기는 각각 e^t, e^{-t}이다.

Step 2 두 직선 l, m이 이루는 예각의 크기에 대한 식 세우기

두 직선 l, m이 x축의 양의 방향과 이루는 각의 크기를 각각 α, β라 하면

$\tan\alpha=e^t\ (e^t>0)$, $\tan\beta=e^{-t}\ (e^{-t}>0)$

두 직선 l과 m이 이루는 예각의 크기가 $\frac{\pi}{4}$이므로

$\tan(\alpha-\beta)=\tan\frac{\pi}{4}$, $\frac{\tan\alpha-\tan\beta}{1+\tan\alpha\tan\beta}=1$

$\frac{e^t-e^{-t}}{1+e^te^{-t}}=1$, $\frac{e^t-e^{-t}}{2}=1$

Step 3 t의 값 구하기

$e^t-e^{-t}=2$이므로

$(e^t)^2-2e^t-1=0$ ⟶ e^t에 대한 이차방정식으로 생각하고 근의 공식을 이용해.

$\therefore e^t=1-\sqrt{2}$ 또는 $e^t=1+\sqrt{2}$

그런데 $e^t>0$이므로 $e^t=1+\sqrt{2}$

$\therefore t=\ln(1+\sqrt{2})$

Step 4 두 점 A, B를 지나는 직선의 기울기 구하기

따라서 두 점 A, B를 지나는 직선의 기울기는

$\frac{e^t-e^{-t}}{t-(-t)}=\frac{e^t-e^{-t}}{2t}=\frac{1}{\ln(1+\sqrt{2})}$

04 두 직선이 이루는 각 정답 32 | 정답률 54%

문제 보기

좌표평면에 함수 $f(x)=\sqrt{3}\ln x$의 그래프와 직선 $l: y=-\frac{\sqrt{3}}{2}x+\frac{\sqrt{3}}{2}$이 있다. 곡선 $y=f(x)$ 위의 서로 다른 두 점 $A(\alpha, f(\alpha))$, $B(\beta, f(\beta))$에서의 접선을 각각 m, n이라 하자. 세 직선 l, m, n으로 둘러싸인 삼각형이 정삼각형일 때, $6(\alpha+\beta)$의 값을 구하시오. [4점]

└→ 직선 l과 두 직선 m, n이 이루는 예각의 크기가 60°임을 이용한다.

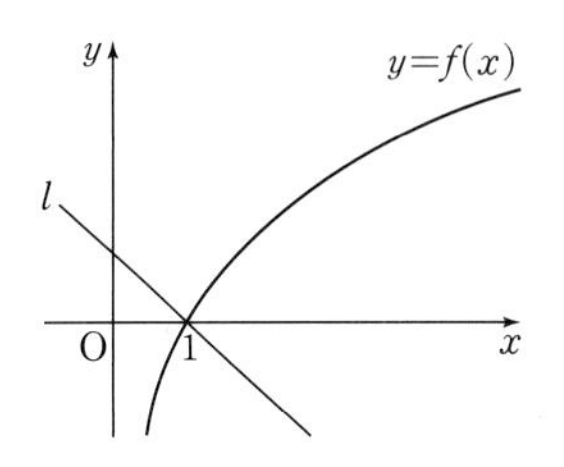

Step 1 직선 l과 두 직선 m, n이 이루는 예각의 크기 구하기

세 직선 l, m, n으로 둘러싸인 삼각형이 정삼각형이므로 두 접선 m, n과 직선 l이 이루는 예각의 크기는 60°이다.

Step 2 직선 l과 이루는 예각의 크기가 60°인 직선의 기울기 구하기

직선 l과 이루는 예각의 크기가 60°인 접선의 기울기를 k라 하고, 직선 l과 기울기가 k인 직선이 x축의 양의 방향과 이루는 각의 크기를 각각 s, t라 하면

$\tan s=-\frac{\sqrt{3}}{2}$, $\tan t=k$

위의 두 직선이 이루는 예각의 크기가 60°이므로

$|\tan(s-t)|=\tan 60°$, $\left|\frac{\tan s-\tan t}{1+\tan s\tan t}\right|=\sqrt{3}$

$\left|\frac{-\frac{\sqrt{3}}{2}-k}{1-\frac{\sqrt{3}}{2}k}\right|=\sqrt{3}$, $\frac{-\frac{\sqrt{3}}{2}-k}{1-\frac{\sqrt{3}}{2}k}=\pm\sqrt{3}$

$-\frac{\sqrt{3}}{2}-k=\sqrt{3}-\frac{3}{2}k$ 또는 $-\frac{\sqrt{3}}{2}-k=-\sqrt{3}+\frac{3}{2}k$

$\therefore k=3\sqrt{3}$ 또는 $k=\frac{\sqrt{3}}{5}$

Step 3 $6(\alpha+\beta)$의 값 구하기

$f(x)=\sqrt{3}\ln x$에서 $f'(x)=\frac{\sqrt{3}}{x}$이므로

$\frac{\sqrt{3}}{x}=3\sqrt{3}$ 또는 $\frac{\sqrt{3}}{x}=\frac{\sqrt{3}}{5}$

$\therefore x=\frac{1}{3}$ 또는 $x=5$

따라서 $\alpha=\frac{1}{3}$, $\beta=5$ 또는 $\alpha=5$, $\beta=\frac{1}{3}$이므로

$6(\alpha+\beta)=6\left(\frac{1}{3}+5\right)=32$

05 삼각함수의 덧셈정리의 활용 – 도형

정답 ⑤ | 정답률 86%

문제 보기

그림과 같이 $\overline{AB}=5$, $\overline{AC}=2\sqrt{5}$인 삼각형 ABC의 꼭짓점 A에서 선분 BC에 내린 수선의 발을 D라 하자.
선분 AD를 3 : 1로 내분하는 점 E에 대하여 $\overline{EC}=\sqrt{5}$이다.
$\angle ABD=\alpha$, $\angle DCE=\beta$라 할 때, $\cos(\alpha-\beta)$의 값은? [4점]

└ $\sin\alpha$, $\cos\alpha$의 값을 구한다. └ $\sin\beta$, $\cos\beta$의 값을 구한다. └ 삼각함수의 덧셈정리를 이용한다.

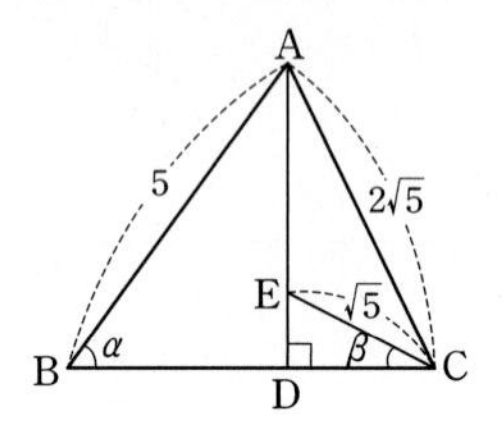

① $\frac{\sqrt{5}}{5}$ ② $\frac{\sqrt{5}}{4}$ ③ $\frac{3\sqrt{5}}{10}$ ④ $\frac{7\sqrt{5}}{20}$ ⑤ $\frac{2\sqrt{5}}{5}$

Step 1 $\overline{ED}$, $\overline{AD}$, $\overline{CD}$, $\overline{BD}$ 구하기

$\overline{ED}=a\,(a>0)$라 하면 $\overline{AE}=3a$, $\overline{AD}=4a$

직각삼각형 CED에서

$\overline{CD}^2=\overline{CE}^2-\overline{ED}^2=(\sqrt{5})^2-a^2=5-a^2$

직각삼각형 CAD에서

$\overline{CD}^2=\overline{CA}^2-\overline{AD}^2=(2\sqrt{5})^2-(4a)^2=20-16a^2$

즉, $5-a^2=20-16a^2$이므로

$15a^2=15$, $a^2=1$

$a>0$이므로 $a=1$

$\therefore \overline{ED}=1$, $\overline{AD}=4$

$\overline{CD}^2=5-1^2=4$이므로 $\overline{CD}=2$

직각삼각형 ABD에서

$\overline{BD}=\sqrt{\overline{AB}^2-\overline{AD}^2}=\sqrt{5^2-4^2}=3$

Step 2 $\sin\alpha$, $\cos\alpha$, $\sin\beta$, $\cos\beta$의 값 구하기

직각삼각형 ABD에서

$\sin\alpha=\frac{\overline{AD}}{\overline{AB}}=\frac{4}{5}$, $\cos\alpha=\frac{\overline{BD}}{\overline{AB}}=\frac{3}{5}$

직각삼각형 CED에서

$\sin\beta=\frac{\overline{ED}}{\overline{EC}}=\frac{1}{\sqrt{5}}$, $\cos\beta=\frac{\overline{CD}}{\overline{EC}}=\frac{2}{\sqrt{5}}$

Step 3 $\cos(\alpha-\beta)$의 값 구하기

$\therefore \cos(\alpha-\beta)=\cos\alpha\cos\beta+\sin\alpha\sin\beta$

$=\frac{3}{5}\times\frac{2}{\sqrt{5}}+\frac{4}{5}\times\frac{1}{\sqrt{5}}=\frac{2\sqrt{5}}{5}$

06 삼각함수의 덧셈정리의 활용 – 도형

정답 ④ | 정답률 88%

문제 보기

$\overline{AB}=\overline{AC}$인 이등변삼각형 ABC에서 $\angle A=\alpha$, $\angle B=\beta$라 하자.

└ α, β 사이의 관계식을 구한다.

$\tan(\alpha+\beta)=-\frac{3}{2}$일 때, $\tan\alpha$의 값은? [3점]

└ $\tan\beta$의 값을 구한다. └ β에 대한 삼각함수로 나타낸 후 값을 구한다.

① $\frac{21}{10}$ ② $\frac{11}{5}$ ③ $\frac{23}{10}$ ④ $\frac{12}{5}$ ⑤ $\frac{5}{2}$

Step 1 α, β 사이의 관계식 구하기

삼각형 ABC에서 $\overline{AB}=\overline{AC}$이므로

$\angle C=\angle B=\beta$

삼각형 ABC의 세 내각의 크기의 합은 π이므로

$\alpha+2\beta=\pi$

Step 2 $\tan\beta$의 값 구하기

$\alpha+\beta=\pi-\beta$이므로

$\tan(\alpha+\beta)=\tan(\pi-\beta)=-\tan\beta$

즉, $-\tan\beta=-\frac{3}{2}$이므로

$\tan\beta=\frac{3}{2}$

Step 3 $\tan\alpha$의 값 구하기

$\alpha=\pi-2\beta$이므로

$\tan\alpha=\tan(\pi-2\beta)=-\tan 2\beta$

$=-\frac{2\tan\beta}{1-\tan^2\beta}=-\frac{2\times\frac{3}{2}}{1-\left(\frac{3}{2}\right)^2}$

$=\frac{12}{5}$

07 삼각함수의 덧셈정리의 활용 - 도형

정답 ⑤ | 정답률 85%

문제 보기

점 O를 중심으로 하고 반지름의 길이가 각각 1, $\sqrt{2}$인 두 원 C_1, C_2가 있다. 원 C_1 위의 두 점 P, Q와 원 C_2 위의 점 R에 대하여 $\angle QOP=\alpha$, $\angle ROQ=\beta$라 하자. $\overline{OQ}\perp\overline{QR}$이고 $\sin\alpha=\frac{4}{5}$일 때, $\cos(\alpha+\beta)$의 값은? $\left(\text{단, } 0<\alpha<\frac{\pi}{2},\ 0<\beta<\frac{\pi}{2}\right)$ [3점]

└→ $\cos\alpha$의 값을 구한다.

└→ 삼각함수의 덧셈정리를 이용한다.

① $-\frac{\sqrt{6}}{10}$ ② $-\frac{\sqrt{5}}{10}$ ③ $-\frac{1}{5}$ ④ $-\frac{\sqrt{3}}{10}$ ⑤ $-\frac{\sqrt{2}}{10}$

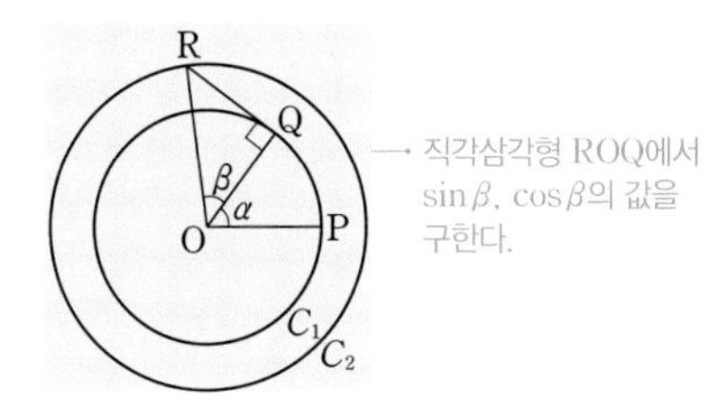

Step 1 $\cos\alpha$의 값 구하기

$\sin\alpha=\frac{4}{5}$이므로

$\cos^2\alpha=1-\sin^2\alpha=1-\left(\frac{4}{5}\right)^2=\frac{9}{25}$

$0<\alpha<\frac{\pi}{2}$에서 $\cos\alpha>0$이므로

$\cos\alpha=\frac{3}{5}$

Step 2 $\sin\beta$, $\cos\beta$의 값 구하기

직각삼각형 ROQ에서 $\overline{OR}=\sqrt{2}$, $\overline{OQ}=1$이므로

$\beta=\frac{\pi}{4}$

$\therefore \sin\beta=\sin\frac{\pi}{4}=\frac{\sqrt{2}}{2}$, $\cos\beta=\cos\frac{\pi}{4}=\frac{\sqrt{2}}{2}$

Step 3 $\cos(\alpha+\beta)$의 값 구하기

$$\therefore \cos(\alpha+\beta)=\cos\alpha\cos\beta-\sin\alpha\sin\beta$$
$$=\frac{3}{5}\times\frac{\sqrt{2}}{2}-\frac{4}{5}\times\frac{\sqrt{2}}{2}$$
$$=-\frac{\sqrt{2}}{10}$$

08 삼각함수의 덧셈정리의 활용 - 도형

정답 5 | 정답률 36%

문제 보기

삼각형 ABC에 대하여 $\angle A=\alpha$, $\angle B=\beta$, $\angle C=\gamma$라 할 때, α, β, γ가 이 순서대로 등차수열을 이루고 $\cos\alpha$, $2\cos\beta$, $8\cos\gamma$가 이 순서대로 등비수열을 이룰 때, $\tan\alpha\tan\gamma$의 값을 구하시오.

└→ α, β, γ 사이의 관계식을 구한다.

└→ $\cos\alpha\cos\gamma$, $\sin\alpha\sin\gamma$의 값을 구한다.

└→ $\tan\alpha\tan\gamma=\frac{\sin\alpha\sin\gamma}{\cos\alpha\cos\gamma}$임을 이용한다.

(단, $\alpha<\beta<\gamma$) [4점]

Step 1 $\cos\alpha\cos\gamma$의 값 구하기

α, β, γ가 이 순서대로 등차수열을 이루므로

$2\beta=\alpha+\gamma$ …… ㉠

삼각형 ABC의 세 내각의 크기의 합은 π이므로

$\alpha+\beta+\gamma=\pi$ …… ㉡

㉠을 ㉡에 대입하면

$3\beta=\pi$ $\therefore \beta=\frac{\pi}{3}$

$\cos\alpha$, $2\cos\beta$, $8\cos\gamma$가 이 순서대로 등비수열을 이루므로

$(2\cos\beta)^2=8\cos\alpha\cos\gamma$

이때 $2\cos\beta=2\cos\frac{\pi}{3}=2\times\frac{1}{2}=1$이므로

$1=8\cos\alpha\cos\gamma$

$\therefore \cos\alpha\cos\gamma=\frac{1}{8}$ …… ㉢

Step 2 $\sin\alpha\sin\gamma$의 값 구하기

㉠에서 $\alpha+\gamma=2\beta=\frac{2}{3}\pi$이므로

$\cos(\alpha+\gamma)=\cos\frac{2}{3}\pi=\cos\left(\pi-\frac{\pi}{3}\right)=-\cos\frac{\pi}{3}=-\frac{1}{2}$

$\cos(\alpha+\gamma)=\cos\alpha\cos\gamma-\sin\alpha\sin\gamma$에서

$\cos\alpha\cos\gamma-\sin\alpha\sin\gamma=-\frac{1}{2}$

㉢을 대입하면

$\frac{1}{8}-\sin\alpha\sin\gamma=-\frac{1}{2}$ $\therefore \sin\alpha\sin\gamma=\frac{5}{8}$

Step 3 $\tan\alpha\tan\gamma$의 값 구하기

$$\therefore \tan\alpha\tan\gamma=\frac{\sin\alpha\sin\gamma}{\cos\alpha\cos\gamma}=\frac{\frac{5}{8}}{\frac{1}{8}}=5$$

09 삼각함수의 덧셈정리의 활용-도형

정답 ③ | 정답률 85%

문제 보기

그림과 같이 선분 AB의 길이가 8, 선분 AD의 길이가 6인 직사각형 ABCD가 있다. 선분 AB를 1 : 3으로 내분하는 점을 E, 선분 AD의 중점을 F라 하자. $\angle EFC=\theta$라 할 때, $\tan\theta$의 값은? [4점]

└→ 점 F에서 선분 BC에 수선의 발을 내려 θ를 두 각의 합으로 나타낸다.

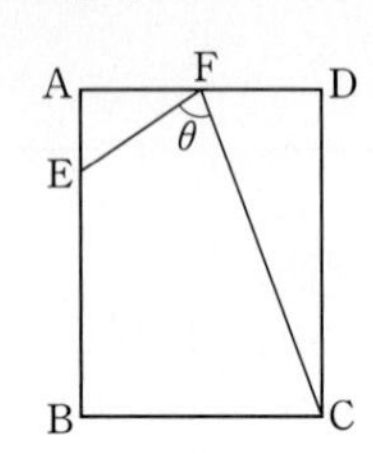

① $\frac{22}{7}$ ② $\frac{26}{7}$ ③ $\frac{30}{7}$ ④ $\frac{34}{7}$ ⑤ $\frac{38}{7}$

Step 1 θ를 두 각 α, β의 합으로 나타내기

오른쪽 그림과 같이 점 F에서 선분 BC에 내린 수선의 발을 G, 점 E에서 선분 FG에 내린 수선의 발을 H라 하고, $\angle EFH=\alpha$, $\angle CFG=\beta$라 하면
$\theta=\alpha+\beta$

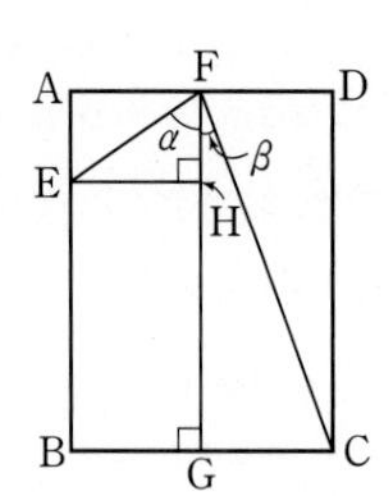

Step 2 $\tan\alpha$, $\tan\beta$의 값 구하기

직각삼각형 FEH에서 $\overline{EH}=\overline{AF}=\frac{1}{2}\overline{AD}=3$, $\overline{FH}=\frac{1}{4}\overline{FG}=2$이므로

$\tan\alpha=\frac{\overline{EH}}{\overline{FH}}=\frac{3}{2}$

직각삼각형 CFG에서 $\overline{GC}=\frac{1}{2}\overline{BC}=3$, $\overline{FG}=8$이므로

$\tan\beta=\frac{\overline{GC}}{\overline{FG}}=\frac{3}{8}$

Step 3 $\tan\theta$의 값 구하기

$$\therefore \tan\theta=\tan(\alpha+\beta)=\frac{\tan\alpha+\tan\beta}{1-\tan\alpha\tan\beta}$$
$$=\frac{\frac{3}{2}+\frac{3}{8}}{1-\frac{3}{2}\times\frac{3}{8}}=\frac{30}{7}$$

10 삼각함수의 덧셈정리의 활용-도형

정답 ⑤ | 정답률 75%

문제 보기

그림과 같이 평면에 정삼각형 ABC와 $\overline{CD}=1$이고 $\angle ACD=\frac{\pi}{4}$인 점 D가 있다. 점 D와 직선 BC 사이의 거리는?

└→ 점 D에서 직선 BC에 수선의 발 H를 내려 선분 DH의 길이를 구한다.

(단, 선분 CD는 삼각형 ABC의 내부를 지나지 않는다.) [3점]

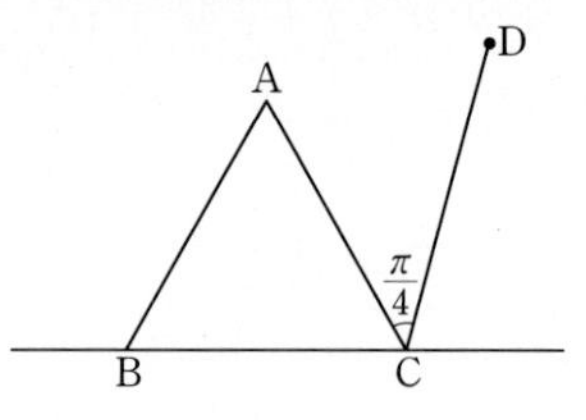

① $\frac{\sqrt{6}-\sqrt{2}}{6}$ ② $\frac{\sqrt{6}-\sqrt{2}}{4}$ ③ $\frac{\sqrt{6}-\sqrt{2}}{3}$
④ $\frac{\sqrt{6}+\sqrt{2}}{6}$ ⑤ $\frac{\sqrt{6}+\sqrt{2}}{4}$

Step 1 점 D와 직선 BC 사이의 거리를 나타내는 선분의 길이 찾기

오른쪽 그림과 같이 점 D에서 직선 BC에 내린 수선의 발을 H라 하면 점 D와 직선 BC 사이의 거리는 선분 DH의 길이와 같다.

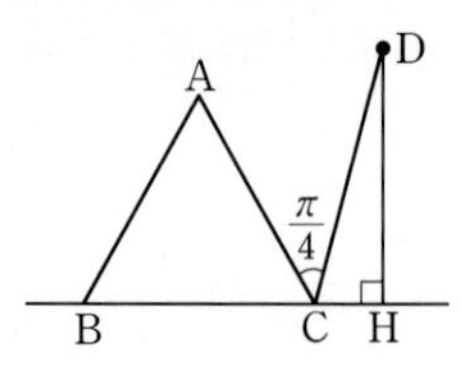

Step 2 점 D와 직선 BC 사이의 거리 구하기

$\angle ACB=\frac{\pi}{3}$이므로 직각삼각형 CHD에서

$\angle DCH=\pi-\left(\frac{\pi}{3}+\frac{\pi}{4}\right)$

$$\therefore \overline{DH}=\overline{CD}\sin(\angle DCH)$$
$$=\sin\left\{\pi-\left(\frac{\pi}{3}+\frac{\pi}{4}\right)\right\}=\sin\left(\frac{\pi}{3}+\frac{\pi}{4}\right)$$
$$=\sin\frac{\pi}{3}\cos\frac{\pi}{4}+\cos\frac{\pi}{3}\sin\frac{\pi}{4}$$
$$=\frac{\sqrt{3}}{2}\times\frac{\sqrt{2}}{2}+\frac{1}{2}\times\frac{\sqrt{2}}{2}=\frac{\sqrt{6}+\sqrt{2}}{4}$$

따라서 점 D와 직선 BC 사이의 거리는 $\frac{\sqrt{6}+\sqrt{2}}{4}$이다.

11 삼각함수의 덧셈정리의 활용 – 도형

정답 18 | 정답률 33%

문제 보기

그림과 같이 $\angle BAC=\frac{2}{3}\pi$이고 $\overline{AB}>\overline{AC}$인 삼각형 ABC가 있다. $\overline{BD}=\overline{CD}$인 선분 AB 위의 점 D에 대하여 $\angle CBD=\alpha$, $\angle ACD=\beta$라 하자. $\cos^2\alpha=\frac{7+\sqrt{21}}{14}$일 때, $54\sqrt{3}\times\tan\beta$의 값을 구하시오. [4점]

β를 α를 이용하여 나타낸다.

$\cos 2\alpha$의 값을 구한 후 $\tan 2\alpha$의 값을 구한다.

β를 2α를 이용하여 나타낸다.

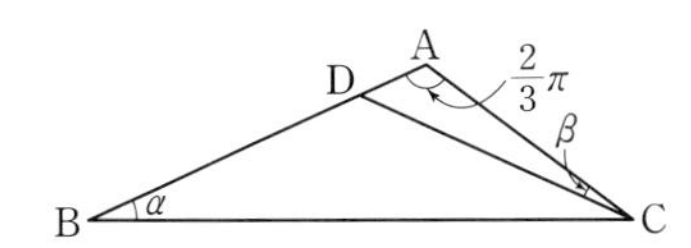

Step 1 α, β 사이의 관계식 구하기

삼각형 BCD에서 $\overline{BD}=\overline{CD}$이므로

$\angle DCB=\angle CBD=\alpha$

삼각형의 한 외각의 크기는 그와 이웃하지 않은 두 내각의 크기의 합과 같으므로

$\angle ADC=\angle CBD+\angle DCB=2\alpha$

$\therefore \beta=\pi-\left(2\alpha+\frac{2}{3}\pi\right)=\frac{\pi}{3}-2\alpha$

Step 2 $\tan 2\alpha$의 값 구하기

$\cos^2\alpha=\frac{7+\sqrt{21}}{14}$이므로

$\cos 2\alpha=2\cos^2\alpha-1=2\times\frac{7+\sqrt{21}}{14}-1=\frac{\sqrt{21}}{7}$

$\sin^2 2\alpha=1-\cos^2 2\alpha=1-\left(\frac{\sqrt{21}}{7}\right)^2=\frac{28}{49}$

$0<2\alpha<\pi$에서 $\sin 2\alpha>0$이므로 $\sin 2\alpha=\frac{2\sqrt{7}}{7}$

$$\therefore \tan 2\alpha=\frac{\sin 2\alpha}{\cos 2\alpha}=\frac{\frac{2\sqrt{7}}{7}}{\frac{\sqrt{21}}{7}}=\frac{2\sqrt{3}}{3}$$

Step 3 $54\sqrt{3}\times\tan\beta$의 값 구하기

$$\therefore 54\sqrt{3}\times\tan\beta=54\sqrt{3}\times\tan\left(\frac{\pi}{3}-2\alpha\right)$$

$$=54\sqrt{3}\times\frac{\tan\frac{\pi}{3}-\tan 2\alpha}{1+\tan\frac{\pi}{3}\tan 2\alpha}$$

$$=54\sqrt{3}\times\frac{\sqrt{3}-\frac{2\sqrt{3}}{3}}{1+\sqrt{3}\times\frac{2\sqrt{3}}{3}}$$

$$=54\sqrt{3}\times\frac{\sqrt{3}}{9}=18$$

12 삼각함수의 덧셈정리의 활용 – 도형

정답 ⑤ | 정답률 80%

문제 보기

그림과 같이 한 변의 길이가 1인 정사각형 ABCD가 있다. 선분 AD 위의 점 E와 정사각형 ABCD의 내부에 있는 점 F가 다음 조건을 만족시킨다.

(가) 두 삼각형 ABE와 FBE는 서로 합동이다.

조건 (나)를 이용하여 삼각형 ABE의 넓이를 구한 후 $\angle ABE=\theta$로 놓고 $\tan\theta$의 값을 구한다.

(나) 사각형 ABFE의 넓이는 $\frac{1}{3}$이다.

$\tan(\angle ABF)$의 값은? [4점]

$\angle ABF=2\theta$이므로 삼각함수의 덧셈정리를 이용한다.

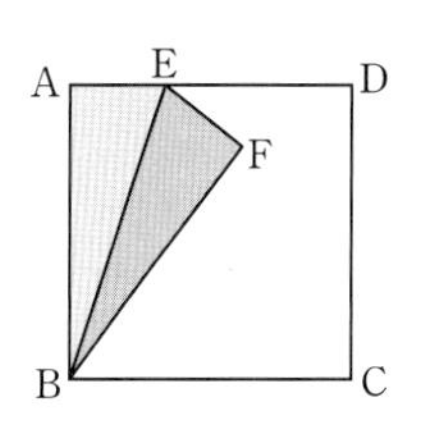

① $\frac{5}{12}$ ② $\frac{1}{2}$ ③ $\frac{7}{12}$ ④ $\frac{2}{3}$ ⑤ $\frac{3}{4}$

Step 1 삼각형 ABE의 넓이 구하기

두 삼각형 ABE와 FBE는 서로 합동이고 사각형 ABFE의 넓이가 $\frac{1}{3}$이므로

$\triangle ABE=\triangle FBE=\frac{1}{2}\square ABFE=\frac{1}{6}$

Step 2 $\tan(\angle ABE)$의 값 구하기

$\angle ABE=\theta$라 하면 $\overline{AB}=1$이므로 직각삼각형 ABE에서

$\overline{AE}=\tan\theta$

직각삼각형 ABE의 넓이는 $\frac{1}{6}$이므로

$\frac{1}{2}\times1\times\tan\theta=\frac{1}{6}$ $\quad\therefore \tan\theta=\frac{1}{3}$

Step 3 $\tan(\angle ABF)$의 값 구하기

$\angle ABF=2\angle ABE=2\theta$이므로

$$\tan(\angle ABF)=\tan 2\theta=\frac{2\tan\theta}{1-\tan^2\theta}$$

$$=\frac{2\times\frac{1}{3}}{1-\left(\frac{1}{3}\right)^2}=\frac{3}{4}$$

13 삼각함수의 덧셈정리의 활용-도형

정답 ④ | 정답률 62%

문제 보기

그림과 같이 $\overline{AB}=\overline{BC}=1$이고 $\angle ABC=\frac{\pi}{2}$인 삼각형 ABC가 있다. 선분 AB 위의 점 D와 선분 BC 위의 점 E가

$\overline{AD}=2\overline{BE}$ $(0<\overline{AD}<1)$

을 만족시킬 때, 두 선분 AE, CD가 만나는 점을 F라 하자. $\tan(\angle CFE)=\frac{16}{15}$일 때, $\tan(\angle CDB)$의 값은? $\left(단,\ \frac{\pi}{4}<\angle CDB<\frac{\pi}{2}\right)$ [3점]

└ $\angle CFE=\angle AFD=\angle CDB-\angle BAE$이므로 탄젠트함수의 덧셈정리를 이용한다.

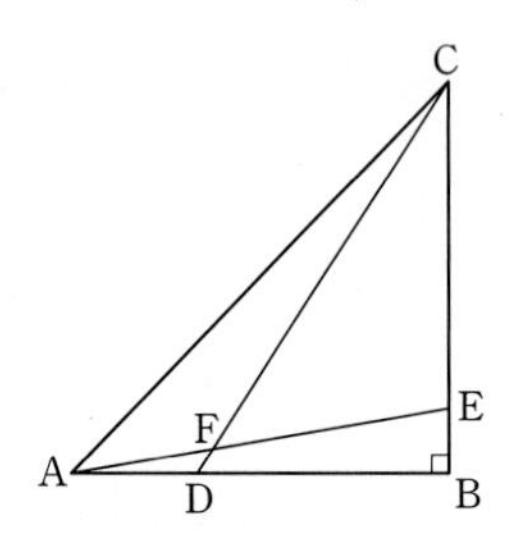

① $\frac{9}{7}$ ② $\frac{4}{3}$ ③ $\frac{7}{5}$ ④ $\frac{3}{2}$ ⑤ $\frac{5}{3}$

Step 1 $\overline{BE}=x$로 놓고 $\tan(\angle CFE)$를 x로 나타내기

$\angle EAB=\alpha$, $\overline{BE}=x\left(0<x<\frac{1}{2}\right)$이라 하면

$\tan\alpha=x$

$\angle CDB=\beta$라 하면 $\overline{AD}=2x$, $\overline{DB}=1-2x$이므로

$\tan\beta=\frac{1}{1-2x}$

$\angle CFE=\angle AFD$이므로

$$\tan(\angle CFE)=\tan(\angle AFD)=\tan(\beta-\alpha)$$

$$=\frac{\tan\beta-\tan\alpha}{1+\tan\beta\times\tan\alpha}=\frac{\frac{1}{1-2x}-x}{1+\frac{1}{1-2x}\times x}$$

$$=\frac{1-x(1-2x)}{(1-2x)+x}=\frac{2x^2-x+1}{1-x}$$

Step 2 $\tan(\angle CDB)$의 값 구하기

즉, $\frac{2x^2-x+1}{1-x}=\frac{16}{15}$이므로

$15(2x^2-x+1)=16(1-x)$, $30x^2+x-1=0$

$(5x+1)(6x-1)=0$ $\quad\therefore x=\frac{1}{6}\ \left(\because 0<x<\frac{1}{2}\right)$

$$\therefore \tan(\angle CDB)=\tan\beta=\frac{1}{1-2x}=\frac{1}{1-\frac{1}{3}}=\frac{3}{2}$$

14 삼각함수의 덧셈정리의 활용-도형

정답 ⑤ | 정답률 84%

문제 보기

그림과 같이 중심이 O인 원 위에 세 점 A, B, C가 있다. $\overline{AC}=4$, $\overline{BC}=3$이고 삼각형 ABC의 넓이가 2이다. $\angle AOB=\theta$일 때,

└ $\sin\frac{\theta}{2}$의 값을 구한다. └ $\angle ACB=\frac{\theta}{2}$

$\sin\theta$의 값은? (단, $0<\theta<\pi$) [3점]

└ $\sin\theta=\sin\left(2\times\frac{\theta}{2}\right)$임을 이용한다.

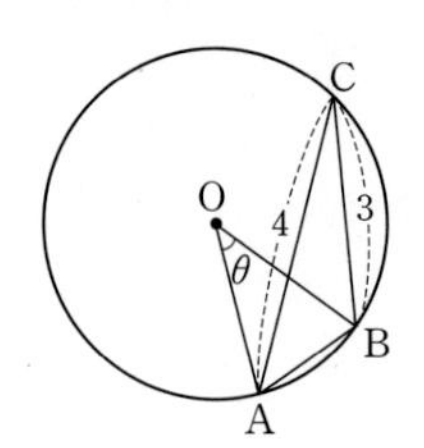

① $\frac{2\sqrt{2}}{9}$ ② $\frac{5\sqrt{2}}{18}$ ③ $\frac{\sqrt{2}}{3}$ ④ $\frac{7\sqrt{2}}{18}$ ⑤ $\frac{4\sqrt{2}}{9}$

Step 1 $\sin\frac{\theta}{2}$의 값 구하기

호 AB에 대한 중심각의 크기는 원주각의 크기의 2배이므로

$2\angle ACB=\angle AOB=\theta$ $\quad\therefore \angle ACB=\frac{\theta}{2}$

삼각형 ABC의 넓이가 2이므로

$\frac{1}{2}\times4\times3\times\sin\frac{\theta}{2}=2$

$\therefore \sin\frac{\theta}{2}=\frac{1}{3}$

Step 2 $\cos\frac{\theta}{2}$의 값 구하기

$\cos^2\frac{\theta}{2}=1-\sin^2\frac{\theta}{2}=1-\left(\frac{1}{3}\right)^2=\frac{8}{9}$

$0<\theta<\pi$에서 $0<\frac{\theta}{2}<\frac{\pi}{2}$이고 $\cos\frac{\theta}{2}>0$이므로

$\cos\frac{\theta}{2}=\frac{2\sqrt{2}}{3}$

Step 3 $\sin\theta$의 값 구하기

$$\therefore \sin\theta=\sin\left(2\times\frac{\theta}{2}\right)=2\sin\frac{\theta}{2}\cos\frac{\theta}{2}$$

$$=2\times\frac{1}{3}\times\frac{2\sqrt{2}}{3}=\frac{4\sqrt{2}}{9}$$

15 삼각함수의 덧셈정리의 활용 – 도형

정답 ① | 정답률 57%

문제 보기

그림과 같이 반지름의 길이가 6이고 중심각의 크기가 $\frac{\pi}{2}$인 부채꼴 OAB가 있다. $\angle\text{COA}=\theta\left(0<\theta<\frac{\pi}{4}\right)$가 되도록 호 AB 위의 점 C를 잡고, 점 C에서의 접선이 변 OA의 연장선, 변 OB의 연장선과 만나는 점을 각각 P, Q라 하자. $\overline{\text{PQ}}=15$일 때, $\tan 2\theta$의 값은? [4점]

$\overline{\text{PQ}}=\overline{\text{PC}}+\overline{\text{QC}}$임을 이용하여 $\tan\theta$의 값을 구한다.

삼각함수의 덧셈정리를 이용한다.

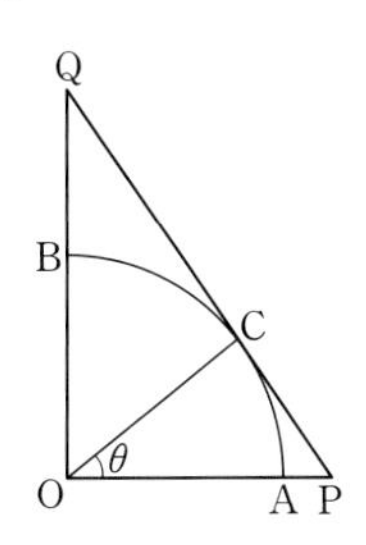

① $\frac{4}{3}$ ② $\frac{3}{2}$ ③ $\frac{5}{3}$ ④ $\frac{11}{6}$ ⑤ 2

Step 1 $\tan\theta$의 값 구하기

$\overline{\text{OC}}\perp\overline{\text{PQ}}$이므로 직각삼각형 COP에서

$\overline{\text{PC}}=\overline{\text{OC}}\tan\theta=6\tan\theta$

직각삼각형 COP에서 $\angle\text{OPC}=\frac{\pi}{2}-\theta$

직각삼각형 OPQ에서 $\angle\text{PQO}=\theta$

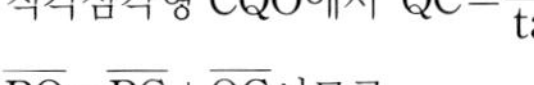

직각삼각형 CQO에서 $\overline{\text{QC}}=\frac{\overline{\text{OC}}}{\tan\theta}=\frac{6}{\tan\theta}$

$\overline{\text{PQ}}=\overline{\text{PC}}+\overline{\text{QC}}$이므로

$15=6\tan\theta+\frac{6}{\tan\theta}$

$2\tan^2\theta-5\tan\theta+2=0$

$(2\tan\theta-1)(\tan\theta-2)=0$

$\therefore \tan\theta=\frac{1}{2}$ 또는 $\tan\theta=2$

$0<\theta<\frac{\pi}{4}$에서 $0<\tan\theta<1$이므로

$\tan\theta=\frac{1}{2}$

Step 2 $\tan 2\theta$의 값 구하기

$$\therefore \tan 2\theta=\frac{2\tan\theta}{1-\tan^2\theta}=\frac{2\times\frac{1}{2}}{1-\left(\frac{1}{2}\right)^2}=\frac{4}{3}$$

16 삼각함수의 덧셈정리의 활용 – 도형

정답 79 | 정답률 3%

문제 보기

그림과 같이 중심이 O, 반지름의 길이가 8이고 중심각의 크기가 $\frac{\pi}{2}$인 부채꼴 OAB가 있다. 호 AB 위의 점 C에 대하여 점 B에서 선분 OC에 내린 수선의 발을 D라 하고, 두 선분 BD, CD와 호 BC에 동시에 접하는 원을 C라 하자. 점 O에서 원 C에 그은 접선 중 점 C를 지나지 않는 직선이 호 AB와 만나는 점을 E라 할 때, $\cos(\angle\text{COE})=\frac{7}{25}$이다.

원 C의 중심을 F로 놓고 $\angle\text{COE}=2\angle\text{COF}$임을 이용한다.

$\sin(\angle\text{AOE})=p+q\sqrt{7}$일 때, $200\times(p+q)$의 값을 구하시오.

$\angle\text{AOE}=\angle\text{AOC}+\angle\text{COE}$임을 이용한다.

(단, p와 q는 유리수이고, 점 C는 점 B가 아니다.) [4점]

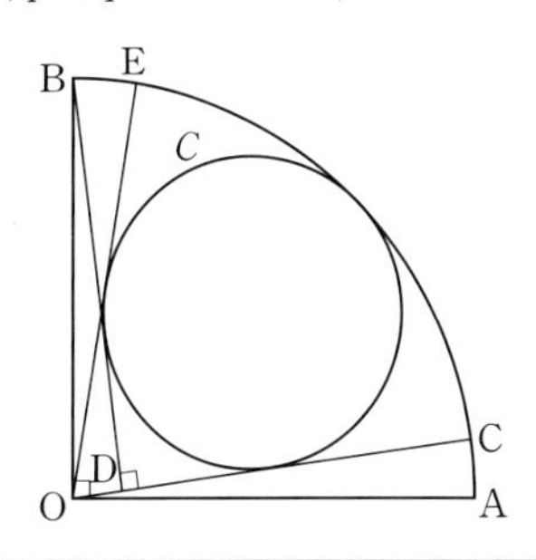

Step 1 원 C의 중심을 F, $\angle\text{COF}=\alpha$로 놓고 $\sin\alpha$, $\cos\alpha$, $\sin 2\alpha$의 값 구하기

오른쪽 그림과 같이 원 C의 중심을 F라 하고 $\angle\text{COF}=\alpha$라 하자.

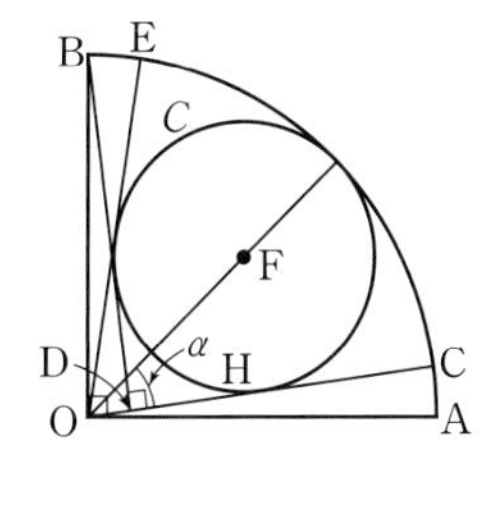

$\angle\text{COF}=\angle\text{FOE}$이므로

$\cos(\angle\text{COE})=\frac{7}{25}$

즉, $\cos 2\alpha=\frac{7}{25}$에서

$2\cos^2\alpha-1=\frac{7}{25}$ $\therefore \cos^2\alpha=\frac{16}{25}$

$\therefore \sin^2\alpha=1-\cos^2\alpha=1-\frac{16}{25}=\frac{9}{25}$

$0<\alpha<\frac{\pi}{4}$에서 $\sin\alpha>0$, $\cos\alpha>0$이므로

$\sin\alpha=\frac{3}{5}$, $\cos\alpha=\frac{4}{5}$

$\therefore \sin 2\alpha=2\sin\alpha\cos\alpha=2\times\frac{3}{5}\times\frac{4}{5}=\frac{24}{25}$

Step 2 $\angle\text{AOC}=\beta$로 놓고 $\sin\beta$, $\cos\beta$의 값 구하기

오른쪽 그림과 같이 두 직선 BD, CD가 원 C와 접하는 점을 각각 G, H라 하자.

원 C의 반지름의 길이를 r라 하면

$\overline{\text{OF}}=8-r$, $\overline{\text{FH}}=r$이므로 직각삼각형 OHF에서

$\sin\alpha=\frac{\overline{\text{FH}}}{\overline{\text{OF}}}=\frac{r}{8-r}=\frac{3}{5}$

$5r=3(8-r)$, $8r=24$

$\therefore r=3$

따라서 $\overline{\text{OF}}=5$, $\overline{\text{FH}}=3$이므로

$\overline{\text{OH}}=\sqrt{5^2-3^2}=4$

사각형 DHFG는 한 변의 길이가 3인 정사각형이므로

$\overline{\text{OD}}=\overline{\text{OH}}-\overline{\text{DH}}=4-3=1$

$\angle\text{AOC}=\beta$라 하면

$\angle\text{OBD}=\frac{\pi}{2}-\angle\text{DOB}=\angle\text{AOC}=\beta$

직각삼각형 BOD에서 $\overline{BD}=\sqrt{8^2-1^2}=3\sqrt{7}$이므로

$\sin\beta=\frac{\overline{OD}}{\overline{OB}}=\frac{1}{8}$, $\cos\beta=\frac{\overline{BD}}{\overline{OB}}=\frac{3\sqrt{7}}{8}$

Step 3 $\sin(\angle AOE)$의 값 구하기

$$\begin{aligned}\sin(\angle AOE)&=\sin(2\alpha+\beta)\\&=\sin 2\alpha\cos\beta+\cos 2\alpha\sin\beta\\&=\frac{24}{25}\times\frac{3\sqrt{7}}{8}+\frac{7}{25}\times\frac{1}{8}\\&=\frac{7}{200}+\frac{9\sqrt{7}}{25}\end{aligned}$$

Step 4 $200\times(p+q)$의 값 구하기

따라서 $p=\frac{7}{200}$, $q=\frac{9}{25}$이므로

$200\times(p+q)=200\times\left(\frac{7}{200}+\frac{9}{25}\right)=79$

17 삼각함수의 덧셈정리의 활용 – 도형

정답 ② | 정답률 38%

문제 보기

그림과 같이 정삼각형 ABC의 한 변 CB 위에 점 D를 $\angle DAB=\frac{\pi}{12}$가 되도록 정하고, 선분 CD를 지름으로 하는 원을 평면 ABC 위에 그린다. 이 원 위를 움직이는 점 P에 대하여 $\angle CDP=\theta$라 하자. 삼각형 ADP의 넓이가 최대가 되도록 하는 θ에 대하여 $\sin\theta\cos\theta$의 값은? [4점]

└→ 삼각형 ADP의 넓이가 최대일 때의 점 P의 위치는 선분 AD와 평행한 접선의 접점일 때이다.

$\sin\theta\cos\theta=\frac{1}{2}\sin 2\theta$ 임을 이용한다.

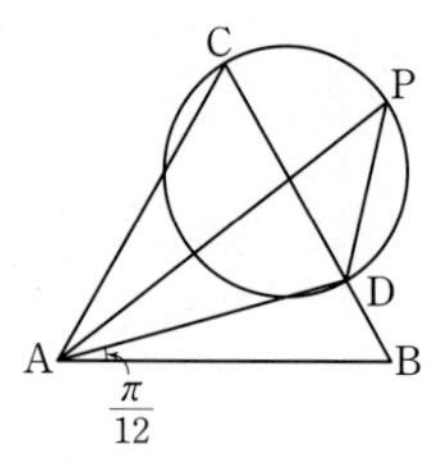

① $\frac{1}{8}$　② $\frac{\sqrt{6}-\sqrt{2}}{8}$　③ $\frac{1}{4}$
④ $\frac{\sqrt{6}-\sqrt{2}}{4}$　⑤ $\frac{\sqrt{6}+\sqrt{2}}{4}$

Step 1 2θ의 값 구하기

삼각형 ADP에서 밑변을 $\overline{AD}$로 생각하면 높이는 점 P와 직선 AD 사이의 거리와 같으므로 원에 접하고 직선 AD에 평행한 접선의 접점이 P일 때 삼각형 ADP의 넓이가 최대이다.

이때 점 P에서 직선 AD에 내린 수선의 발을 H, 원의 중심을 O라 하자.

$\overline{OD}=\overline{OP}$인 이등변삼각형 ODP에서 한 외각의 크기는 그와 이웃하지 않는 두 내각의 크기의 합과 같으므로

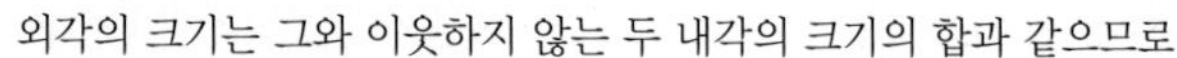

$\angle DOH=\angle ODP+\angle OPD=2\theta$

직각삼각형 OHD에서

$\angle ODH=\frac{\pi}{2}-\angle DOH=\frac{\pi}{2}-2\theta$

삼각형 ABD에서 한 외각의 크기는 그와 이웃하지 않는 두 내각의 크기의 합과 같으므로

$\angle ODH=\angle DAB+\angle DBA$

$\frac{\pi}{2}-2\theta=\frac{\pi}{12}+\frac{\pi}{3}$　　$\therefore 2\theta=\frac{\pi}{12}$

Step 2 $\sin\theta\cos\theta$의 값 구하기

$$\begin{aligned}\therefore \sin\theta\cos\theta&=\frac{1}{2}\sin 2\theta=\frac{1}{2}\sin\frac{\pi}{12}\\&=\frac{1}{2}\sin\left(\frac{\pi}{3}-\frac{\pi}{4}\right)\\&=\frac{1}{2}\left(\sin\frac{\pi}{3}\cos\frac{\pi}{4}-\cos\frac{\pi}{3}\sin\frac{\pi}{4}\right)\\&=\frac{1}{2}\left(\frac{\sqrt{3}}{2}\times\frac{\sqrt{2}}{2}-\frac{1}{2}\times\frac{\sqrt{2}}{2}\right)\\&=\frac{\sqrt{6}-\sqrt{2}}{8}\end{aligned}$$

18 삼각함수의 덧셈정리의 활용 – 도형

정답 5 | 정답률 41%

문제 보기

지름의 길이가 1인 원에 내접하는 사각형 ABCD가 다음 조건을 만족시킨다.

> (가) 선분 AB는 원의 지름이다.
> (나) $\overline{AD}=\overline{CD}<\frac{\sqrt{2}}{2}$
> └ $\angle ABD=\theta$로 놓고 $\angle ABC$를 θ에 대한 식으로 나타낸다.

사각형 ABCD의 둘레의 길이가 $\frac{19}{8}$일 때, 선분 AD의 길이는 $\frac{q}{p}$이다.
└ 사각형의 둘레의 길이는 $2\overline{AD}+\overline{BC}+\overline{AB}$임을 이용한다.
$p+q$의 값을 구하시오. (단, p와 q는 서로소인 자연수이다.) [4점]

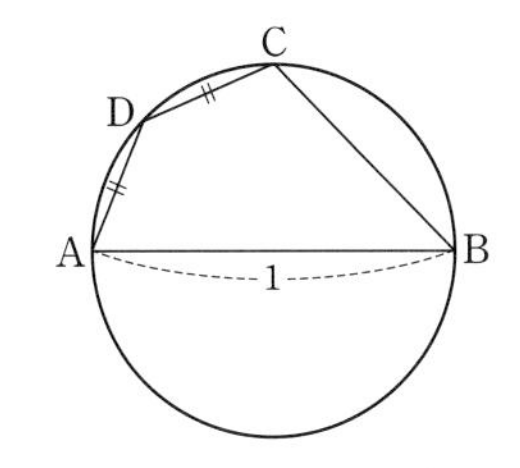

Step 1 $\angle ABD=\theta$로 놓고 $\overline{AD}$, $\overline{BC}$를 θ에 대한 삼각함수로 나타내기

$\angle ABD=\theta$라 하면 $\overline{AD}=\overline{DC}$에서 $\widehat{AD}=\widehat{DC}$이므로

$\angle DBC=\theta$ $\quad\therefore \angle ABC=2\theta$

$\angle ADB=\frac{\pi}{2}$이므로 직각삼각형 ADB에서

$\overline{AD}=\overline{AB}\sin\theta=\sin\theta$ …… ㉠

$\angle ACB=\frac{\pi}{2}$이므로 직각삼각형 ACB에서

$\overline{BC}=\overline{AB}\cos 2\theta=\cos 2\theta$

Step 2 $\sin\theta$의 값 구하기

사각형 ABCD의 둘레의 길이는

$$2\overline{AD}+\overline{BC}+\overline{AB}=2\sin\theta+\cos 2\theta+1$$
$$=2\sin\theta+(1-2\sin^2\theta)+1$$
$$=-2\sin^2\theta+2\sin\theta+2$$

즉, $-2\sin^2\theta+2\sin\theta+2=\frac{19}{8}$이므로

$16\sin^2\theta-16\sin\theta+3=0$, $(4\sin\theta-1)(4\sin\theta-3)=0$

$\therefore \sin\theta=\frac{1}{4}$ 또는 $\sin\theta=\frac{3}{4}$

㉠에서 $\overline{AD}=\sin\theta$이고 조건 (나)에서 $\overline{AD}<\frac{\sqrt{2}}{2}$이므로

$\sin\theta=\frac{1}{4}$

Step 3 $p+q$의 값 구하기

$\overline{AD}=\sin\theta=\frac{1}{4}$이므로 $p=4$, $q=1$

$\therefore p+q=5$

19 삼각함수의 덧셈정리의 활용 – 좌표평면

정답 ④ | 정답률 82%

문제 보기

곡선 $y=1-x^2\,(0<x<1)$ 위의 점 P에서 y축에 내린 수선의 발을 H
└ 점 P의 좌표를 $(t,\ 1-t^2)$으로 놓는다.
라 하고, 원점 O와 점 A(0, 1)에 대하여 $\angle APH=\theta_1$, $\angle HPO=\theta_2$
라 하자. $\tan\theta_1=\frac{1}{2}$일 때, $\tan(\theta_1+\theta_2)$의 값은? [4점]
└ t의 값을 구한다. └ 삼각함수의 덧셈정리를 이용한다.

① 2 ② 4 ③ 6 ④ 8 ⑤ 10

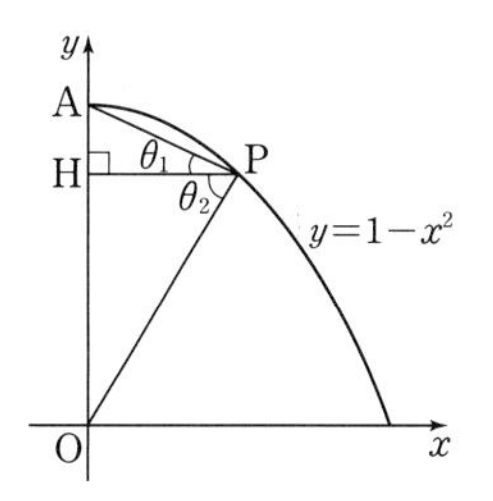

Step 1 $\tan\theta_2$의 값 구하기

점 P의 좌표를 $(t,\ 1-t^2)(0<t<1)$이라 하면 $H(0,\ 1-t^2)$이므로

$\overline{AH}=1-(1-t^2)=t^2$, $\overline{PH}=t$

직각삼각형 AHP에서

$\tan\theta_1=\frac{\overline{AH}}{\overline{PH}}=\frac{t^2}{t}=t$

$\therefore t=\frac{1}{2}$

$P\left(\frac{1}{2},\ \frac{3}{4}\right)$이므로

$\overline{PH}=\frac{1}{2}$, $\overline{OH}=\frac{3}{4}$

직각삼각형 PHO에서

$\tan\theta_2=\frac{\overline{OH}}{\overline{PH}}=\frac{3}{2}$

Step 2 $\tan(\theta_1+\theta_2)$의 값 구하기

$$\therefore \tan(\theta_1+\theta_2)=\frac{\tan\theta_1+\tan\theta_2}{1-\tan\theta_1\tan\theta_2}$$
$$=\frac{\frac{1}{2}+\frac{3}{2}}{1-\frac{1}{2}\times\frac{3}{2}}=8$$

20 삼각함수의 덧셈정리의 활용 – 좌표평면

정답 ⑤ | 정답률 73%

문제 보기

그림과 같이 원점에서 x축에 접하는 원 C가 있다. 원 C와 직선 $y=\frac{2}{3}x$가 만나는 점 중 원점이 아닌 점을 P라 할 때, 원 C 위의 점 P에서의 접선의 기울기는? [3점]

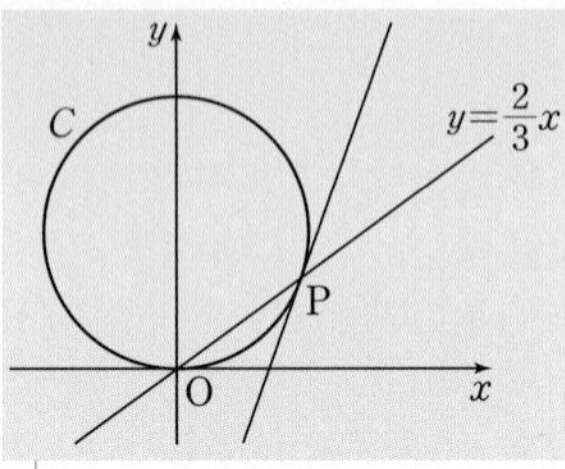

└→ 직선 $y=\frac{2}{3}x$와 접선이 x축의 양의 방향과 이루는 각의 크기 사이의 관계를 생각한다.

① $\frac{4}{3}$ ② $\frac{8}{5}$ ③ $\frac{28}{15}$ ④ $\frac{32}{15}$ ⑤ $\frac{12}{5}$

Step 1 직선 $y=\frac{2}{3}x$가 x축의 양의 방향과 이루는 각의 크기를 θ로 놓고 $\tan\theta$의 값 구하기

직선 $y=\frac{2}{3}x$가 x축의 양의 방향과 이루는 각의 크기를 θ라 하면

$\tan\theta=\frac{2}{3}$

Step 2 접선의 기울기 구하기

오른쪽 그림과 같이 원 C 위의 점 P에서의 접선이 x축과 만나는 점을 Q, 점 P에서 x축에 내린 수선의 발을 H라 하자.

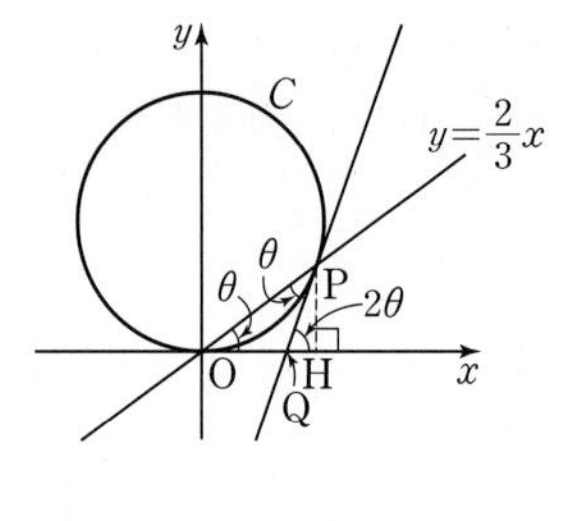

$\angle\text{QOP}=\theta$, $\overline{\text{QO}}=\overline{\text{QP}}$이므로

$\angle\text{QPO}=\angle\text{QOP}=\theta$

삼각형 POQ의 한 외각의 크기는 그와 이웃하지 않는 두 내각의 크기의 합과 같으므로

$\angle\text{PQH}=\angle\text{POQ}+\angle\text{QOP}=2\theta$

따라서 원 C 위의 점 P에서의 접선, 즉 직선 PQ의 기울기는

$$\tan2\theta=\frac{2\tan\theta}{1-\tan^2\theta}=\frac{2\times\frac{2}{3}}{1-\left(\frac{2}{3}\right)^2}=\frac{12}{5}$$

21 삼각함수의 덧셈정리의 활용 – 좌표평면

정답 20 | 정답률 45%

문제 보기

그림과 같이 기울기가 $-\frac{1}{3}$인 직선 l이 원 $x^2+y^2=1$과 점 A에서 접

└→ $\overline{\text{OA}}\perp l$임을 이용하여 직선 OA의 기울기를 구한다.

하고, 기울기가 1인 직선 m이 원 $x^2+y^2=1$과 점 B에서 접한다.

└→ $\overline{\text{OB}}\perp m$임을 이용하여 직선 OB의 기울기를 구한다.

$100\cos^2(\angle\text{AOB})$의 값을 구하시오. (단, O는 원점이다.) [4점]

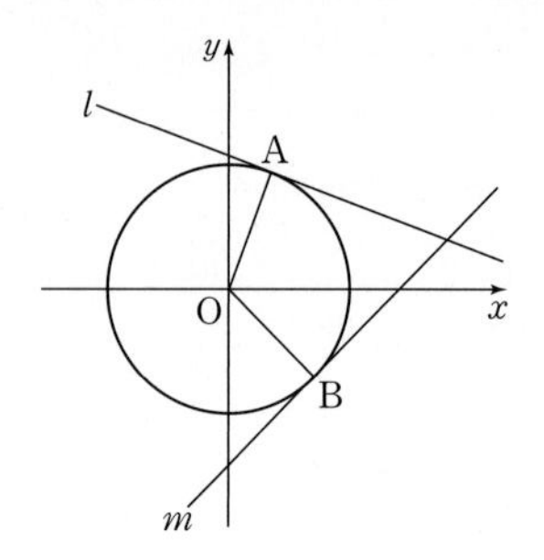

Step 1 직선 OA가 x축의 양의 방향과 이루는 각의 크기를 α로 놓고 $\sin\alpha$, $\cos\alpha$의 값 구하기

점 A가 제1사분면, 점 B가 제4사분면에 있는 경우

직선 l이 원 $x^2+y^2=1$과 점 A에서 접하므로 $\overline{\text{OA}}\perp l$

직선 l의 기울기는 $-\frac{1}{3}$이므로 직선 OA의 기울기는 3이다.

└→ 서로 수직인 두 직선의 기울기의 곱은 -1이야.

직선 OA가 x축의 양의 방향과 이루는 예각의 크기를 α라 하면

$\tan\alpha=3$

$\sec^2\alpha=1+\tan^2\alpha=1+3^2=10$이므로

$\cos^2\alpha=\frac{1}{10}$

$\sin^2\alpha=1-\cos^2\alpha=1-\frac{1}{10}=\frac{9}{10}$

$0<\alpha<\frac{\pi}{2}$에서 $\sin\alpha>0$, $\cos\alpha>0$이므로

$\sin\alpha=\frac{3}{\sqrt{10}}$, $\cos\alpha=\frac{1}{\sqrt{10}}$

Step 2 직선 OB가 x축의 양의 방향과 이루는 각의 크기를 β로 놓고 $\sin\beta$, $\cos\beta$의 값 구하기

직선 m이 $x^2+y^2=1$과 점 B에서 접하므로 $\overline{\text{OB}}\perp m$

직선 m의 기울기는 1이므로 직선 OB의 기울기는 -1이다.

직선 OB가 x축의 양의 방향과 이루는 예각의 크기를 β라 하면

$\tan\beta=1$

$0<\beta<\frac{\pi}{2}$에서 $\beta=\frac{\pi}{4}$이므로

$\sin\beta=\frac{\sqrt{2}}{2}$, $\cos\beta=\frac{\sqrt{2}}{2}$

Step 3 $100\cos^2(\angle\text{AOB})$의 값 구하기

$\angle\text{AOB}=\alpha+\beta$이므로

$$\cos(\angle\text{AOB})=\cos(\alpha+\beta)=\cos\alpha\cos\beta-\sin\alpha\sin\beta$$
$$=\frac{1}{\sqrt{10}}\times\frac{\sqrt{2}}{2}-\frac{3}{\sqrt{10}}\times\frac{\sqrt{2}}{2}=-\frac{1}{\sqrt{5}}$$

한편 점 A가 제3사분면에 있거나 점 B가 제2사분면에 있는 경우에도 같은 방법으로 하면

$\cos(\angle\text{AOB})=-\frac{1}{\sqrt{5}}$ 또는 $\cos(\angle\text{AOB})=\frac{1}{\sqrt{5}}$

$\therefore\ 100\cos^2(\angle\text{AOB})=100\times\frac{1}{5}=20$

22	삼각함수의 덧셈정리의 활용 - 좌표평면
	정답 18 ǀ 정답률 18%

문제 보기

그림과 같이 좌표평면 위의 제2사분면에 있는 점 A를 지나고 기울기가 각각 m_1, $m_2(0<m_1<m_2<1)$인 두 직선을 l_1, l_2라 하고, 직선 l_1을 y축에 대하여 대칭이동한 직선을 l_3이라 하자. 직선 l_3이 두 직선 l_1, l_2 와 만나는 점을 각각 B, C라 하면 삼각형 ABC가 다음 조건을 만족시킨다.

└ 두 직선 l_1, l_3과 x축으로 둘러싸인 도형은 이등변삼각형임을 이용한다.

> (가) $\overline{AB}=12$, $\overline{AC}=9$
>
> (나) 삼각형 ABC의 외접원의 반지름의 길이는 $\frac{15}{2}$이다.
>
> └ 사인법칙을 이용한다.

$78\times m_1\times m_2$의 값을 구하시오. [4점]

└ 삼각함수의 덧셈정리를 이용한다.

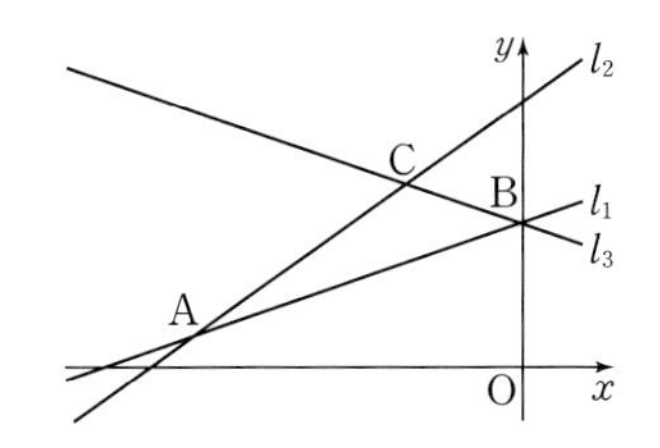

Step 1 m_1의 값 구하기

두 직선 l_1, l_2가 x축의 양의 방향과 이루는 각의 크기를 각각 α, β라 하면

$m_1=\tan\alpha$, $m_2=\tan\beta$

$0<m_1<m_2<1$에서 $0<\alpha<\beta<\frac{\pi}{4}$

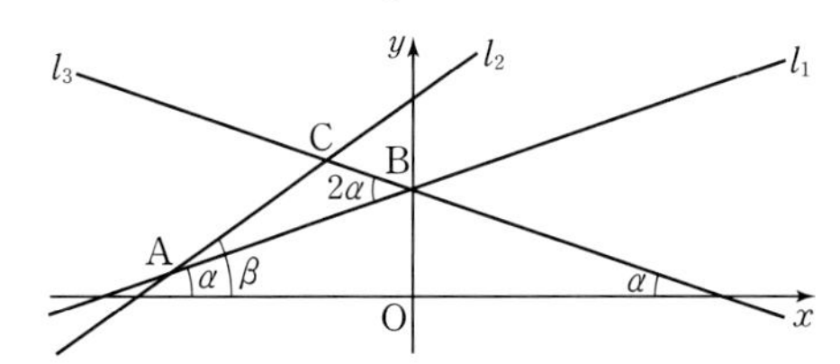

직선 l_3은 직선 l_1을 y축에 대하여 대칭이동한 직선이므로 두 직선 l_1, l_3과 x축으로 둘러싸인 도형은 이등변삼각형이다.

삼각형의 한 외각의 크기는 그와 이웃하지 않은 두 내각의 크기의 합과 같으므로 $\angle ABC=\alpha+\alpha=2\alpha$

이때 $\angle CAB=\beta-\alpha$이므로

$$\begin{aligned}\angle BCA&=\pi-(\angle ABC+\angle CAB)\\&=\pi-(2\alpha+\beta-\alpha)\\&=\pi-(\alpha+\beta)\end{aligned}$$

삼각형 ABC에서 사인법칙에 의하여

$$\frac{\overline{AC}}{\sin(\angle ABC)}=\frac{\overline{AB}}{\sin(\angle BCA)}=2\times\frac{15}{2}$$

$$\frac{9}{\sin 2\alpha}=\frac{12}{\sin\{\pi-(\alpha+\beta)\}}=15$$

$\therefore \sin 2\alpha=\frac{3}{5}$, $\sin(\alpha+\beta)=\frac{4}{5}$

$\sin 2\alpha=\frac{3}{5}$이므로

$$\cos^2 2\alpha=1-\sin^2 2\alpha=1-\left(\frac{3}{5}\right)^2=\frac{16}{25}$$

$0<2\alpha<\frac{\pi}{2}$에서 $\cos 2\alpha>0$이므로 $\cos 2\alpha=\frac{4}{5}$

$$\therefore \tan 2\alpha=\frac{\sin 2\alpha}{\cos 2\alpha}=\frac{\frac{3}{5}}{\frac{4}{5}}=\frac{3}{4}$$

$\tan 2\alpha=\frac{3}{4}$에서 $\frac{2\tan\alpha}{1-\tan^2\alpha}=\frac{3}{4}$

$8\tan\alpha=3-3\tan^2\alpha$, $3\tan^2\alpha+8\tan\alpha-3=0$

$(3\tan\alpha-1)(\tan\alpha+3)=0$

$\therefore \tan\alpha=-3$ 또는 $\tan\alpha=\frac{1}{3}$

$0<\alpha<\frac{\pi}{4}$에서 $\tan\alpha>0$이므로

$\tan\alpha=\frac{1}{3}$

$\therefore m_1=\frac{1}{3}$

Step 2 m_2의 값 구하기

$\sin(\alpha+\beta)=\frac{4}{5}$이므로

$$\cos^2(\alpha+\beta)=1-\sin^2(\alpha+\beta)=1-\left(\frac{4}{5}\right)^2=\frac{9}{25}$$

$0<\alpha+\beta<\frac{\pi}{2}$에서 $\cos(\alpha+\beta)>0$이므로

$\cos(\alpha+\beta)=\frac{3}{5}$

$$\therefore \tan(\alpha+\beta)=\frac{\sin(\alpha+\beta)}{\cos(\alpha+\beta)}=\frac{\frac{4}{5}}{\frac{3}{5}}=\frac{4}{3}$$

$\tan(\alpha+\beta)=\frac{4}{3}$에서 $\frac{\tan\alpha+\tan\beta}{1-\tan\alpha\tan\beta}=\frac{4}{3}$

$$\frac{\frac{1}{3}+\tan\beta}{1-\frac{1}{3}\tan\beta}=\frac{4}{3},\ 1+3\tan\beta=4-\frac{4}{3}\tan\beta$$

$\frac{13}{3}\tan\beta=3$ $\therefore \tan\beta=\frac{9}{13}$

$\therefore m_2=\frac{9}{13}$

Step 3 $78\times m_1\times m_2$의 값 구하기

$$\therefore 78\times m_1\times m_2=78\times\frac{1}{3}\times\frac{9}{13}=18$$

23 삼각함수의 덧셈정리의 활용 – 좌표평면

정답 11 | 정답률 23%

문제 보기

그림과 같이 중심이 점 $A(1, 0)$이고 반지름의 길이가 1인 원 C_1과 중심이 점 $B(-2, 0)$이고 반지름의 길이가 2인 원 C_2가 있다. y축 위의 점 $P(0, a)(a>\sqrt{2})$에서 원 C_1에 그은 접선 중 y축이 아닌 직선이 원 C_1과 접하는 점을 Q, 원 C_2에 그은 접선 중 y축이 아닌 직선이 원 C_2와 접하는 점을 R라 하고 $\angle RPQ=\theta$라 하자. $\tan\theta=\frac{4}{3}$일 때, $(a-3)^2$의 값을 구하시오. [4점]

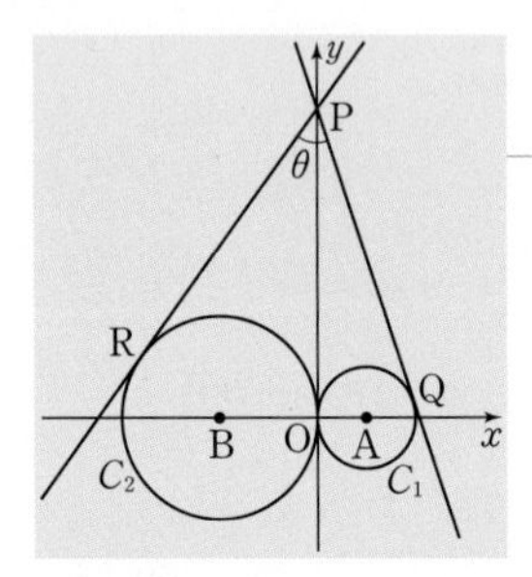

→ $\angle OPA=\alpha$, $\angle OPB=\beta$로 놓고 θ를 α, β를 이용하여 나타낸다.

Step 1 $\tan(\alpha+\beta)$의 값 구하기

오른쪽 그림과 같이

$\angle OPA=\alpha$, $\angle OPB=\beta$라 하면

$\triangle POA\equiv\triangle PQA$ (RHS 합동)

$\triangle PRB\equiv\triangle POB$ (RHS 합동)이므로

$\angle QPA=\angle OPA=\alpha$,

$\angle RPB=\angle OPB=\beta$

$\angle RPQ=\theta=2(\alpha+\beta)$이므로

$\tan\theta=\frac{4}{3}$에서

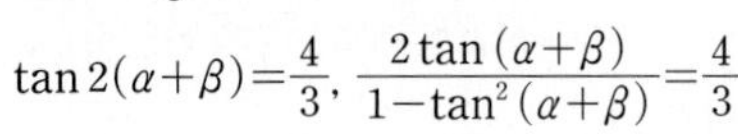

$\tan 2(\alpha+\beta)=\frac{4}{3}$, $\frac{2\tan(\alpha+\beta)}{1-\tan^2(\alpha+\beta)}=\frac{4}{3}$

$\tan(\alpha+\beta)=t$로 놓으면 $\frac{2t}{1-t^2}=\frac{4}{3}$, $2t^2+3t-2=0$

$(t+2)(2t-1)=0 \qquad \therefore t=-2$ 또는 $t=\frac{1}{2}$

$0<\theta<\pi$이고 $\tan\theta=\frac{4}{3}>0$이므로

$0<\theta<\frac{\pi}{2} \qquad \therefore 0<\alpha+\beta<\frac{\pi}{4}$

즉, $0<\tan(\alpha+\beta)<1$에서 $0<t<1$이므로

$t=\frac{1}{2} \qquad \therefore \tan(\alpha+\beta)=\frac{1}{2}$

Step 2 a의 값 구하기

$P(0, a)(a>\sqrt{2})$에서 $\overline{OP}=a$

직각삼각형 POA에서 $\tan\alpha=\frac{\overline{OA}}{\overline{OP}}=\frac{1}{a}$

직각삼각형 POB에서 $\tan\beta=\frac{\overline{OB}}{\overline{OP}}=\frac{2}{a}$

$$\therefore \tan(\alpha+\beta)=\frac{\tan\alpha+\tan\beta}{1-\tan\alpha\tan\beta}=\frac{\frac{1}{a}+\frac{2}{a}}{1-\frac{1}{a}\times\frac{2}{a}}=\frac{3a}{a^2-2}$$

즉, $\frac{3a}{a^2-2}=\frac{1}{2}$이므로 $a^2-6a-2=0 \qquad \therefore a=3\pm\sqrt{11}$

$a>\sqrt{2}$이므로 $a=3+\sqrt{11}$

Step 3 $(a-3)^2$의 값 구하기

$\therefore (a-3)^2=(\sqrt{11})^2=11$

24 삼각함수의 덧셈정리의 활용 – 좌표평면

정답 ⑤ | 정답률 62%

문제 보기

좌표평면에 중심이 원점 O이고 반지름의 길이가 3인 원 C_1과 중심이 점 $A(t, 6)$이고 반지름의 길이가 3인 원 C_2가 있다. 그림과 같이 기울기가 양수인 직선 l이 선분 OA와 만나고, 두 원 C_1, C_2에 각각 접할 때, 다음은 직선 l의 기울기를 t에 대한 식으로 나타내는 과정이다.

(단, $t>6$)

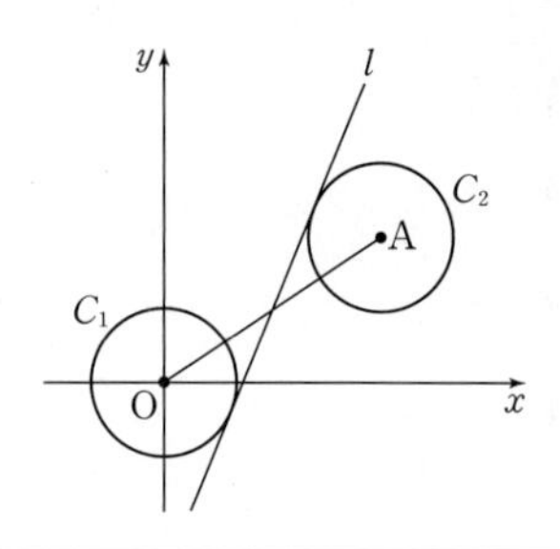

직선 OA가 x축의 양의 방향과 이루는 각의 크기를 α, 점 O를 지나고 직선 l에 평행한 직선 m이 직선 OA와 이루는 예각의 크기를 β라 하면

→ 직선 m을 그린 후 α, β 사이의 관계식을 구한다.

$\tan\alpha=\frac{6}{t}$

$\tan\beta=$ (가)

이다.

직선 l이 x축의 양의 방향과 이루는 각의 크기를 θ라 하면

$\theta=\alpha+\beta$

이므로

$\tan\theta=$ (나)

→ 삼각함수의 덧셈정리를 이용한다.

이다.

따라서 직선 l의 기울기는 (나) 이다.

위의 (가), (나)에 알맞은 식을 각각 $f(t)$, $g(t)$라 할 때, $\frac{g(8)}{f(7)}$의 값은?

[4점]

① 2 ② $\frac{5}{2}$ ③ 3 ④ $\frac{7}{2}$ ⑤ 4

Step 1 (가)에 알맞은 식 구하기

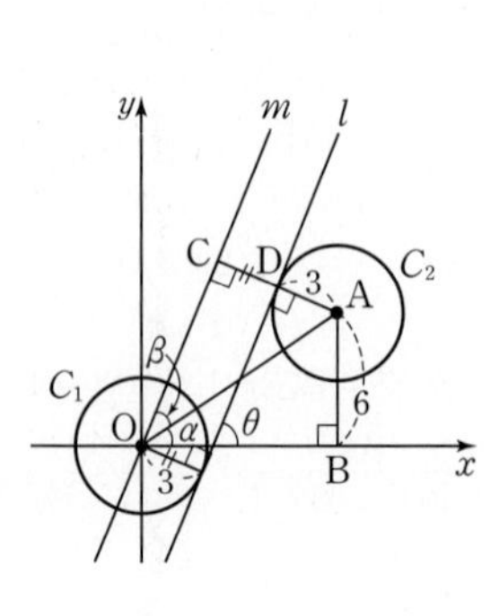

오른쪽 그림과 같이 점 A에서 x축과 직선 m에 내린 수선의 발을 각각 B, C라 하고, 선분 AC가 원 C_2와 만나는 점을 D라 하자.

$\overline{DC}$는 원 C_1의 반지름의 길이와 같으므로

$\overline{AC}=\overline{AD}+\overline{DC}=3+3=6$

두 삼각형 AOB, AOC에서

$\angle OBA=\angle OCA=90°$, $\overline{AB}=\overline{AC}=6$,

선분 OA는 공통이므로

$\triangle AOB\equiv\triangle AOC$ (RHS 합동)

즉, $\angle AOB=\angle AOC$이므로

$\alpha=\beta$

$A(t, 6)$이므로

$\overline{OB}=t$

직각삼각형 AOB에서

$\tan\alpha=\tan\beta=$ (가) $\frac{6}{t}$

Step 2 (나)에 알맞은 식 구하기

직선 l이 x축의 양의 방향과 이루는 각의 크기를 θ라 하면 $\theta=\alpha+\beta$이므로

$$\tan\theta=\tan(\alpha+\beta)=\frac{\tan\alpha+\tan\beta}{1-\tan\alpha\tan\beta}$$

$$=\frac{\frac{6}{t}+\frac{6}{t}}{1-\frac{6}{t}\times\frac{6}{t}}=\boxed{^{(나)}\ \frac{12t}{t^2-36}}$$

Step 3 $\frac{g(8)}{f(7)}$의 값 구하기

따라서 $f(t)=\frac{6}{t}$, $g(t)=\frac{12t}{t^2-36}$이므로

$$\frac{g(8)}{f(7)}=\frac{\frac{24}{7}}{\frac{6}{7}}=4$$

10 일차

01 ⑤	02 2	03 ④	04 2	05 ①	06 ③	07 ③	08 20	09 8	10 ④	11 ②	12 ⑤
13 ③	14 ⑤	15 ③	16 ③	17 2	18 ③	19 ④	20 ①	21 25	22 ④	23 ①	24 15
25 ③	26 ④	27 ④	28 60	29 4	30 ②	31 ②	32 ⑤	33 18	34 20	35 ①	36 25
37 40	38 4	39 23	40 11								

문제편 139쪽~152쪽

01 삼각함수의 극한 정답 ⑤ | 정답률 97%

문제 보기

$\lim_{x\to 0}\frac{\sin 5x}{x}$의 값은? [2점]

→ $\lim_{x\to 0}\frac{\sin \square x}{\square x}$ 꼴로 고쳐 극한값을 구한다.

① 1 ② 2 ③ 3 ④ 4 ⑤ 5

Step 1 극한값 구하기

$$\lim_{x\to 0}\frac{\sin 5x}{x}=\lim_{x\to 0}\frac{\sin 5x}{5x}\times 5$$
$$=1\times 5=5$$

02 삼각함수의 극한 정답 2 | 정답률 89%

문제 보기

$\lim_{x\to 0}\frac{\sin^2 x}{1-\cos x}$의 값을 구하시오. [3점]

→ $\sin^2 x+\cos^2 x=1$임을 이용하여 식을 변형한다.

Step 1 극한값 구하기

$$\lim_{x\to 0}\frac{\sin^2 x}{1-\cos x}=\lim_{x\to 0}\frac{1-\cos^2 x}{1-\cos x}$$
$$=\lim_{x\to 0}\frac{(1-\cos x)(1+\cos x)}{1-\cos x}$$
$$=\lim_{x\to 0}(1+\cos x)$$
$$=1+1=2$$

03 삼각함수의 극한 정답 ④ | 정답률 88%

문제 보기

$\lim_{x\to 0}\frac{3x+\tan x}{x}$의 값은? [2점]

→ $\lim_{x\to 0}\frac{\tan \square x}{\square x}=1$을 이용할 수 있도록 식을 변형한다.

① 1 ② 2 ③ 3 ④ 4 ⑤ 5

Step 1 극한값 구하기

$$\lim_{x\to 0}\frac{3x+\tan x}{x}=\lim_{x\to 0}\left(3+\frac{\tan x}{x}\right)$$
$$=3+1=4$$

04 삼각함수의 극한 정답 2 | 정답률 82%

문제 보기

$\lim_{x\to 0}\frac{\sin 2x}{x\cos x}$의 값을 구하시오. [3점]

→ $\lim_{x\to 0}\frac{\sin \square x}{\square x}=1$을 이용할 수 있도록 식을 변형한다.

Step 1 극한값 구하기

$$\lim_{x\to 0}\frac{\sin 2x}{x\cos x}=\lim_{x\to 0}\left(\frac{\sin 2x}{2x}\times\frac{2}{\cos x}\right)$$
$$=1\times 2=2$$

05 삼각함수의 극한 정답 ① | 정답률 97%

문제 보기

$\lim_{x\to0}\frac{\tan x}{xe^x}$의 값은? [2점]

└ $\lim_{x\to0}\frac{\tan\square x}{\square x}=1$을 이용할 수 있도록 식을 변형한다.

① 1 ② 2 ③ 3 ④ 4 ⑤ 5

Step 1 극한값 구하기

$$\lim_{x\to0}\frac{\tan x}{xe^x}=\lim_{x\to0}\left(\frac{\tan x}{x}\times\frac{1}{e^x}\right)$$
$$=1\times1=1$$

06 삼각함수의 극한 정답 ③ | 정답률 97%

문제 보기

$\lim_{x\to0}\frac{3x^2}{\sin^2 x}$의 값은? [2점]

└ $\lim_{x\to0}\frac{x}{\sin x}=1$을 이용할 수 있도록 식을 변형한다.

① 1 ② 2 ③ 3 ④ 4 ⑤ 5

Step 1 극한값 구하기

$$\lim_{x\to0}\frac{3x^2}{\sin^2 x}=3\lim_{x\to0}\left(\frac{x}{\sin x}\right)^2$$
$$=3\times1^2=3$$

07 삼각함수의 극한 정답 ③ | 정답률 97%

문제 보기

$\lim_{x\to0}\frac{\ln(1+5x)}{\sin 3x}$의 값은? [2점]

└ $\lim_{x\to0}\frac{\square x}{\sin\square x}=1$, $\lim_{x\to0}\frac{\ln(1+\square x)}{\square x}=1$을 이용할 수 있도록 식을 변형한다.

① 1 ② $\frac{4}{3}$ ③ $\frac{5}{3}$ ④ 2 ⑤ $\frac{7}{3}$

Step 1 극한값 구하기

$$\lim_{x\to0}\frac{\ln(1+5x)}{\sin 3x}=\lim_{x\to0}\left\{\frac{\ln(1+5x)}{5x}\times\frac{3x}{\sin 3x}\times\frac{5}{3}\right\}$$
$$=1\times1\times\frac{5}{3}=\frac{5}{3}$$

08 삼각함수의 극한 정답 20 | 정답률 78%

문제 보기

함수 $f(\theta)=1-\frac{1}{1+2\sin\theta}$일 때, $\lim_{\theta\to0}\frac{10f(\theta)}{\theta}$의 값을 구하시오. [3점]

└ $\lim_{x\to0}\frac{\sin\square x}{\square x}=1$을 이용할 수 있도록 식을 변형한다.

Step 1 극한값 구하기

$f(\theta)=1-\frac{1}{1+2\sin\theta}=\frac{2\sin\theta}{1+2\sin\theta}$이므로

$$\lim_{\theta\to0}\frac{10f(\theta)}{\theta}=\lim_{\theta\to0}\frac{20\sin\theta}{\theta(1+2\sin\theta)}$$
$$=\lim_{\theta\to0}\left(20\times\frac{\sin\theta}{\theta}\times\frac{1}{1+2\sin\theta}\right)$$
$$=20\times1\times1=20$$

09 삼각함수의 극한 정답 8 | 정답률 65%

문제 보기

함수 $f(x)$에 대하여 $\lim_{x\to 0}f(x)\left(1-\cos\frac{x}{2}\right)=1$일 때,

$\lim_{x\to 0}x^2f(x)$의 값을 구하시오. [3점]

└ *을 이용할 수 있도록 식을 변형한다.

Step 1 극한값 구하기

$$\lim_{x\to 0}x^2f(x)=\lim_{x\to 0}\left\{f(x)\left(1-\cos\frac{x}{2}\right)\times\frac{x^2}{1-\cos\frac{x}{2}}\right\}$$

$$=\lim_{x\to 0}\left\{f(x)\left(1-\cos\frac{x}{2}\right)\times\frac{x^2\left(1+\cos\frac{x}{2}\right)}{\left(1-\cos\frac{x}{2}\right)\left(1+\cos\frac{x}{2}\right)}\right\}$$

$$=\lim_{x\to 0}\left\{f(x)\left(1-\cos\frac{x}{2}\right)\times\frac{x^2\left(1+\cos\frac{x}{2}\right)}{1-\cos^2\frac{x}{2}}\right\}$$

$$=\lim_{x\to 0}\left\{f(x)\left(1-\cos\frac{x}{2}\right)\times\frac{x^2\left(1+\cos\frac{x}{2}\right)}{\sin^2\frac{x}{2}}\right\}$$

$$=\lim_{x\to 0}\left\{f(x)\left(1-\cos\frac{x}{2}\right)\times\left(\frac{\frac{x}{2}}{\sin\frac{x}{2}}\right)^2\times\left(1+\cos\frac{x}{2}\right)\times 4\right\}$$

$$=1\times1\times2\times4=8$$

10 삼각함수의 연속 정답 ④ | 정답률 83%

문제 보기

$0\le x\le\pi$에서 정의된 함수

$$f(x)=\begin{cases}2\cos x\tan x+a & \left(x\ne\frac{\pi}{2}\right)\\ 3a & \left(x=\frac{\pi}{2}\right)\end{cases}$$

가 $x=\frac{\pi}{2}$에서 연속일 때, 함수 $f(x)$의 최댓값과 최솟값의 합은?

└ $\lim_{x\to\frac{\pi}{2}}f(x)=f\left(\frac{\pi}{2}\right)$임을 이용하여 a의 값을 구한다.

(단, a는 상수이다.) [3점]

① $\frac{5}{2}$ ② 3 ③ $\frac{7}{2}$ ④ 4 ⑤ $\frac{9}{2}$

Step 1 $f(x)$ 구하기

함수 $f(x)$가 $x=\frac{\pi}{2}$에서 연속이므로 $\lim_{x\to\frac{\pi}{2}}f(x)=f\left(\frac{\pi}{2}\right)$에서

$\lim_{x\to\frac{\pi}{2}}(2\cos x\tan x+a)=3a$

$$\lim_{x\to\frac{\pi}{2}}(2\cos x\tan x+a)=\lim_{x\to\frac{\pi}{2}}\left(2\cos x\times\frac{\sin x}{\cos x}+a\right)$$

$$=\lim_{x\to\frac{\pi}{2}}(2\sin x+a)=2+a$$

즉, $2+a=3a$이므로 $a=1$

$\therefore\ f(x)=2\cos x\tan x+1$

$=2\cos x\times\frac{\sin x}{\cos x}+1$

$=2\sin x+1\ (0\le x\le\pi)$

Step 2 최댓값과 최솟값의 합 구하기

$0\le x\le\pi$에서 $0\le\sin x\le1$이므로

$0\le2\sin x\le2$

$\therefore\ 1\le2\sin x+1\le3$

따라서 함수 $f(x)$의 최댓값은 3, 최솟값은 1이므로 그 합은

$3+1=4$

11 삼각함수의 연속 정답 ② | 정답률 83%

문제 보기

함수

$$f(x)=\begin{cases} \dfrac{e^x-\sin 2x-a}{3x} & (x\neq 0) \\ b & (x=0) \end{cases}$$

가 $x=0$에서 연속일 때, 두 상수 a, b에 대하여 $a+b$의 값은? [3점]

└→ $\lim_{x\to 0} f(x)=f(0)$임을 이용하여 a, b의 값을 구한다.

① $\frac{1}{3}$ ② $\frac{2}{3}$ ③ 1 ④ $\frac{4}{3}$ ⑤ $\frac{5}{3}$

Step 1 a의 값 구하기

함수 $f(x)$가 $x=0$에서 연속이므로 $\lim_{x\to 0} f(x)=f(0)$에서

$$\lim_{x\to 0}\frac{e^x-\sin 2x-a}{3x}=b \quad \cdots\cdots ㉠$$

$x \to 0$일 때 (분모) $\to 0$이고, 극한값이 존재하므로 (분자) $\to 0$이다.

즉, $\lim_{x\to 0}(e^x-\sin 2x-a)=0$에서

$1-a=0 \quad \therefore a=1$

Step 2 b의 값 구하기

㉠의 좌변에 $a=1$을 대입하면

$$\begin{aligned}\lim_{x\to 0}\frac{e^x-\sin 2x-1}{3x}&=\lim_{x\to 0}\left(\frac{e^x-1}{3x}-\frac{\sin 2x}{3x}\right)\\&=\lim_{x\to 0}\left(\frac{e^x-1}{x}\times\frac{1}{3}-\frac{\sin 2x}{2x}\times\frac{2}{3}\right)\\&=1\times\frac{1}{3}-1\times\frac{2}{3}=-\frac{1}{3}\end{aligned}$$

$\therefore b=-\frac{1}{3}$

Step 3 $a+b$의 값 구하기

$\therefore a+b=1-\frac{1}{3}=\frac{2}{3}$

12 삼각함수의 연속 정답 ⑤ | 정답률 78%

문제 보기

실수 전체의 집합에서 연속인 함수 $f(x)$가 모든 실수 x에 대하여

$$(e^{2x}-1)^2 f(x)=a-4\cos\frac{\pi}{2}x$$

→ $x\neq 0$일 때 $f(x)$를 구한 후 $x=0$에서 연속임을 이용한다.

를 만족시킬 때, $a\times f(0)$의 값은? (단, a는 상수이다.) [3점]

① $\frac{\pi^2}{6}$ ② $\frac{\pi^2}{5}$ ③ $\frac{\pi^2}{4}$ ④ $\frac{\pi^2}{3}$ ⑤ $\frac{\pi^2}{2}$

Step 1 a의 값 구하기

함수 $f(x)$가 실수 전체의 집합에서 연속이면 $x=0$에서도 연속이므로 $\lim_{x\to 0} f(x)=f(0)$

$x\neq 0$일 때, $f(x)=\dfrac{a-4\cos\frac{\pi}{2}x}{(e^{2x}-1)^2}$이므로

$$\lim_{x\to 0}\frac{a-4\cos\frac{\pi}{2}x}{(e^{2x}-1)^2}=f(0) \quad \cdots\cdots ㉠$$

$x \to 0$일 때 (분모) $\to 0$이고, 극한값이 존재하므로 (분자) $\to 0$이다.

즉, $\lim_{x\to 0}\left(a-4\cos\frac{\pi}{2}x\right)=0$에서

$a-4=0 \quad \therefore a=4$

Step 2 $f(0)$의 값 구하기

㉠의 좌변에 $a=4$를 대입하면

$$\begin{aligned}\lim_{x\to 0}\frac{4-4\cos\frac{\pi}{2}x}{(e^{2x}-1)^2}&=\lim_{x\to 0}\frac{4\left(1-\cos\frac{\pi}{2}x\right)}{(e^{2x}-1)^2}\\&=\lim_{x\to 0}\frac{4\left(1-\cos\frac{\pi}{2}x\right)\left(1+\cos\frac{\pi}{2}x\right)}{(e^{2x}-1)^2\left(1+\cos\frac{\pi}{2}x\right)}\\&=\lim_{x\to 0}\frac{4\left(1-\cos^2\frac{\pi}{2}x\right)}{(e^{2x}-1)^2\left(1+\cos\frac{\pi}{2}x\right)}\\&=\lim_{x\to 0}\frac{4\sin^2\frac{\pi}{2}x}{(e^{2x}-1)^2\left(1+\cos\frac{\pi}{2}x\right)}\\&=\lim_{x\to 0}\left\{\left(\frac{2x}{e^{2x}-1}\right)^2\times\left(\frac{\sin\frac{\pi}{2}x}{\frac{\pi}{2}x}\right)^2\times\frac{\frac{\pi^2}{4}}{1+\cos\frac{\pi}{2}x}\right\}\\&=1\times 1\times\frac{\pi^2}{8}=\frac{\pi^2}{8}\end{aligned}$$

$\therefore f(0)=\frac{\pi^2}{8}$

Step 3 $a\times f(0)$의 값 구하기

$\therefore a\times f(0)=4\times\frac{\pi^2}{8}=\frac{\pi^2}{2}$

13 삼각함수의 연속 정답 ③ | 정답률 64%

문제 보기

함수

$$f(x)=\begin{cases} x^2 & (|x|<1) \\ x^2-4|x|+3 & (|x|\geq 1)\end{cases}$$ → 함수 $y=f(x)$의 그래프를 그린다.

에 대하여 옳은 것만을 〈보기〉에서 있는 대로 고른 것은? [4점]

〈 보기 〉

ㄱ. 함수 $f(x)$가 불연속인 점은 2개이다.
→ 함수 $y=f(x)$의 그래프를 이용하여 함수 $f(x)$가 불연속인 점을 찾는다.

ㄴ. 함수 $y=f(x)\cos\frac{\pi}{2}x$는 $x=-1$과 $x=1$에서 연속이다.
→ $x=-1$, $x=1$에서의 함숫값과 극한값이 일치하는지 확인한다.

ㄷ. 함수 $y=f(x)f(x-a)$가 실수 전체의 집합에서 연속이 되도록 하는 상수 a는 없다. → 함수 $f(x)$가 불연속인 점을 이용하여 함수 $f(x-a)$가 불연속인 점을 찾아 확인한다.

① ㄱ ② ㄷ ③ ㄱ, ㄴ ④ ㄴ, ㄷ ⑤ ㄱ, ㄴ, ㄷ

Step 1 함수 $y=f(x)$의 그래프 그리기

$$f(x)=\begin{cases} x^2-4x+3 & (x\geq 1) \\ x^2 & (-1<x<1) \\ x^2+4x+3 & (x\leq -1)\end{cases}$$이므로 함수 $y=f(x)$의 그래프는 다음 그림과 같다.

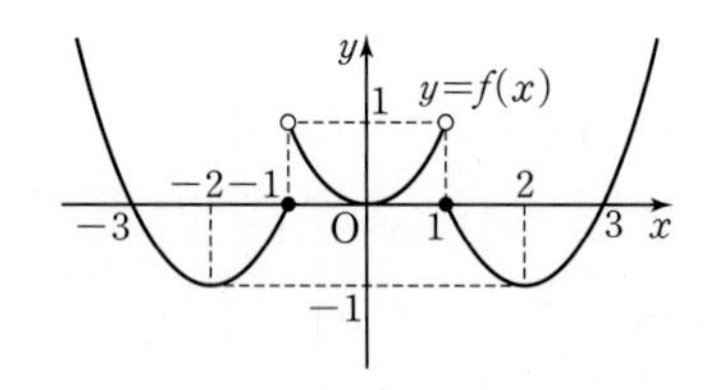

Step 2 ㄱ이 옳은지 확인하기

ㄱ. 함수 $y=f(x)$의 그래프에서 함수 $f(x)$는 $x=-1$, $x=1$에서 불연속이므로 불연속인 점은 2개이다.

Step 3 ㄴ이 옳은지 확인하기

ㄴ. (i) $\lim_{x\to -1+} f(x)\cos\frac{\pi}{2}x=\lim_{x\to -1+} x^2\cos\frac{\pi}{2}x=0$

$\lim_{x\to -1-} f(x)\cos\frac{\pi}{2}x=\lim_{x\to -1-} (x^2+4x+3)\cos\frac{\pi}{2}x=0$

$f(-1)\cos\left(-\frac{\pi}{2}\right)=0$

$\therefore \lim_{x\to -1} f(x)\cos\frac{\pi}{2}x=f(-1)\cos\left(-\frac{\pi}{2}\right)$

(ii) $\lim_{x\to 1+} f(x)\cos\frac{\pi}{2}x=\lim_{x\to 1+} (x^2-4x+3)\cos\frac{\pi}{2}x=0$

$\lim_{x\to 1-} f(x)\cos\frac{\pi}{2}x=\lim_{x\to 1-} x^2\cos\frac{\pi}{2}x=0$

$f(1)\cos\frac{\pi}{2}=0$

$\therefore \lim_{x\to 1} f(x)\cos\frac{\pi}{2}x=f(1)\cos\frac{\pi}{2}$

(i), (ii)에서 함수 $y=f(x)\cos\frac{\pi}{2}x$는 $x=-1$과 $x=1$에서 연속이다.

Step 4 ㄷ이 옳은지 확인하기

ㄷ. ㄱ에서 함수 $y=f(x)$는 $x=-1$, $x=1$에서 불연속이므로 함수 $y=f(x-a)$는 $x=a-1$, $x=a+1$에서 불연속이다.
$a=2$일 때 함수 $y=f(x-2)$는 $x=1$, $x=3$에서 불연속이므로 $x=-1$, $x=1$, $x=3$에서 함수 $y=f(x)f(x-2)$의 연속과 불연속을 조사해 보자.

(i) $\lim_{x\to -1+} f(x)f(x-2)=1\times 0=0$

$\lim_{x\to -1-} f(x)f(x-2)=0\times 0=0$

$f(-1)f(-3)=0\times 0=0$

$\therefore \lim_{x\to -1} f(x)f(x-2)=f(-1)f(-3)$

(ii) $\lim_{x\to 1+} f(x)f(x-2)=0\times 1=0$

$\lim_{x\to 1-} f(x)f(x-2)=1\times 0=0$

$f(1)f(-1)=0\times 0=0$

$\therefore \lim_{x\to 1} f(x)f(x-2)=f(1)f(-1)$

(iii) $\lim_{x\to 3+} f(x)f(x-2)=0\times 0=0$

$\lim_{x\to 3-} f(x)f(x-2)=0\times 1=0$

$f(3)f(1)=0\times 0=0$

$\therefore \lim_{x\to 3} f(x)f(x-2)=f(3)f(1)$

(i), (ii), (iii)에서 $a=2$일 때, 함수 $y=f(x)f(x-2)$는 실수 전체의 집합에서 연속이다.

Step 5 옳은 것 구하기

따라서 보기 중 옳은 것은 ㄱ, ㄴ이다.

14 삼각함수의 연속 정답 ⑤ | 정답률 80%

문제 보기

열린구간 $(-2, 2)$에서 정의된 함수 $y=f(x)$의 그래프가 그림과 같을 때, 옳은 것만을 〈보기〉에서 있는 대로 고른 것은? [4점]

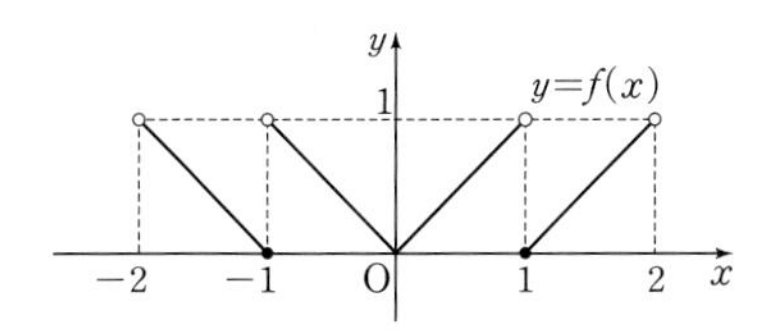

〈보기〉

ㄱ. $\lim_{x\to1+}\{f(x)+f(-x)\}=0$

└→ $-x=t$로 놓고 $\lim_{x\to1+}f(-x)=\lim_{t\to-1-}f(t)$임을 이용한다.

ㄴ. $\lim_{x\to0}f(x)\sin\frac{1}{x}=0$

└→ $-1\le\sin\frac{1}{x}\le1$에서 함수의 극한의 대소 관계를 이용한다.

ㄷ. $g(x)=\sin\pi x$라 할 때, 함수 $(g\circ f)(x)$는 열린구간 $(-2, 2)$에서 연속이다. → 함수 $f(x)$가 불연속인 점에서 함수 $(g\circ f)(x)$의 연속과 불연속을 조사한다.

① ㄱ ② ㄷ ③ ㄱ, ㄴ ④ ㄴ, ㄷ ⑤ ㄱ, ㄴ, ㄷ

Step 1 ㄱ이 옳은지 확인하기

ㄱ. $\lim_{x\to1+}f(x)=0$

$-x=t$로 놓으면

$\lim_{x\to1+}f(-x)=\lim_{t\to-1-}f(t)=0$

$\therefore \lim_{x\to1+}\{f(x)+f(-x)\}=0+0=0$

Step 2 ㄴ이 옳은지 확인하기

ㄴ. $x\neq0$일 때,

$-1\le\sin\frac{1}{x}\le1$이고 $f(x)\ge0$이므로

$-f(x)\le f(x)\sin\frac{1}{x}\le f(x)$

$\lim_{x\to0}\{-f(x)\}=0$, $\lim_{x\to0}f(x)=0$이므로

함수의 극한의 대소 관계에 의하여

$\lim_{x\to0}f(x)\sin\frac{1}{x}=0$

Step 3 ㄷ이 옳은지 확인하기

ㄷ. 열린구간 $(-2, 2)$에서 함수 $f(x)$는 $x=-1$, $x=1$에서 불연속이고, 함수 $g(x)$는 연속이므로 $x=-1$, $x=1$에서 함수 $(g\circ f)(x)$의 연속과 불연속을 조사해 보자.

(i) $(g\circ f)(-1)=g(f(-1))=g(0)$

$=\sin0=0$

$f(x)=t$로 놓으면

$x\to-1+$일 때 $t\to1-$이므로

$\lim_{x\to-1+}(g\circ f)(x)=\lim_{t\to1-}g(t)=\sin\pi=0$

$x\to-1-$일 때 $t\to0+$이므로

$\lim_{x\to-1-}(g\circ f)(x)=\lim_{t\to0+}g(t)=\sin0=0$

$\therefore \lim_{x\to-1}(g\circ f)(x)=(g\circ f)(-1)$

(ii) $(g\circ f)(1)=g(f(1))=g(0)$

$=\sin0=0$

$f(x)=t$로 놓으면

$x\to1+$일 때 $t\to0+$이므로

$\lim_{x\to1+}(g\circ f)(x)=\lim_{t\to0+}g(t)=\sin0=0$

$x\to1-$일 때 $t\to1-$이므로

$\lim_{x\to1-}(g\circ f)(x)=\lim_{t\to1-}g(t)=\sin\pi=0$

$\therefore \lim_{x\to1}(g\circ f)(x)=(g\circ f)(1)$

(i), (ii)에서 함수 $(g\circ f)(x)$는 열린구간 $(-2, 2)$에서 연속이다.

Step 4 옳은 것 구하기

따라서 보기 중 옳은 것은 ㄱ, ㄴ, ㄷ이다.

15 삼각함수의 연속 정답 ③ | 정답률 69%

문제 보기

실수 전체의 집합에서 정의된 두 함수

$$f(x)=\sin^2 x+a\cos x,\ g(x)=\begin{cases} 0 & \left(x<-\frac{\pi}{2}\right) \\ x & \left(-\frac{\pi}{2}\le x<\pi\right) \\ bx & (x\ge\pi) \end{cases}$$

에 대하여 〈보기〉에서 옳은 것만을 있는 대로 고른 것은?

(단, a, b는 실수이다.) [4점]

〈 보기 〉

ㄱ. $\lim_{x\to-\frac{\pi}{2}-} g(x)=0$

ㄴ. $a=2$이면 합성함수 $(f\circ g)(x)$는 $x=-\frac{\pi}{2}$에서 연속이다.

└ $a=2$를 대입하여 $f(x)$를 구한 후 $g(x)=t$로 놓고 함숫값과 극한값을 확인한다.

ㄷ. a의 값에 관계없이 합성함수 $(f\circ g)(x)$가 $x=\pi$에서 연속이면

└ $\lim_{x\to\pi}(f\circ g)(x)=(f\circ g)(\pi)$임을 이용한다.

$b=2n-1$(n은 정수)이다.

① ㄱ ② ㄴ ③ ㄱ, ㄷ ④ ㄴ, ㄷ ⑤ ㄱ, ㄴ, ㄷ

Step 1 ㄱ이 옳은지 확인하기

ㄱ. $x<-\frac{\pi}{2}$일 때 $g(x)=0$이므로 $\lim_{x\to-\frac{\pi}{2}-} g(x)=\lim_{x\to-\frac{\pi}{2}-} 0=0$

Step 2 ㄴ이 옳은지 확인하기

ㄴ. $a=2$일 때, $f(x)=\sin^2 x+2\cos x$

$(f\circ g)\left(-\frac{\pi}{2}\right)=f\left(-\frac{\pi}{2}\right)=\sin^2\left(-\frac{\pi}{2}\right)+2\cos\left(-\frac{\pi}{2}\right)=1$

$g(x)=t$로 놓으면 $x\to-\frac{\pi}{2}+$일 때 $t\to-\frac{\pi}{2}+$이므로

$\lim_{x\to-\frac{\pi}{2}+}(f\circ g)(x)=\lim_{t\to-\frac{\pi}{2}+}f(t)=\sin^2\left(-\frac{\pi}{2}\right)+2\cos\left(-\frac{\pi}{2}\right)=1$

$x\to-\frac{\pi}{2}-$일 때 $t=0$이므로 $\lim_{x\to-\frac{\pi}{2}-}(f\circ g)(x)=f(0)=2$

$\therefore \lim_{x\to-\frac{\pi}{2}+}(f\circ g)(x)\ne\lim_{x\to-\frac{\pi}{2}-}(f\circ g)(x)$

즉, 합성함수 $(f\circ g)(x)$는 $x=-\frac{\pi}{2}$에서 불연속이다.

Step 3 ㄷ이 옳은지 확인하기

ㄷ. $(f\circ g)(\pi)=f(b\pi)=\sin^2 b\pi+a\cos b\pi$

$g(x)=t$로 놓으면 $x\to\pi+$일 때 $t\to b\pi+$이므로

$\lim_{x\to\pi+}(f\circ g)(x)=\lim_{t\to b\pi+}f(t)=\sin^2 b\pi+a\cos b\pi$

$x\to\pi-$일 때 $t\to\pi-$이므로

$\lim_{x\to\pi-}(f\circ g)(x)=\lim_{t\to\pi-}f(t)=\sin^2\pi+a\cos\pi=-a$

a의 값에 관계없이 $x=\pi$에서 연속이면

$\sin^2 b\pi+a\cos b\pi=-a$ $\quad\therefore 1-\cos^2 b\pi+a(1+\cos b\pi)=0$

이 식은 a에 대한 항등식이므로

$1-\cos^2 b\pi=0,\ 1+\cos b\pi=0$ $\quad\therefore \cos b\pi=-1$

$\cos(-\pi)=-1$이므로 $\cos b\pi=-1$을 만족시키는 $b\pi$의 값은

$b\pi=2n\pi-\pi=(2n-1)\pi$ (n은 정수)

$\therefore b=2n-1$ (n은 정수)

Step 4 옳은 것 구하기

따라서 보기 중 옳은 것은 ㄱ, ㄷ이다.

16 삼각함수의 극한의 활용 – 두 직선이 이루는 각의 크기 정답 ③ | 정답률 67%

문제 보기

실수 $t\,(0<t<\pi)$에 대하여 곡선 $y=\sin x$ 위의 점 $\mathrm{P}(t, \sin t)$에서의

└ 접선의 기울기를 구한다.

접선과 점 P를 지나고 기울기가 -1인 직선이 이루는 예각의 크기를 θ라 할 때, $\lim_{t\to\pi-}\frac{\tan\theta}{(\pi-t)^2}$의 값은? [3점]

└ 두 직선이 이루는 예각의 크기를 이용하여 $\tan\theta$를 t에 대한 식으로 나타낸다.

① $\frac{1}{16}$ ② $\frac{1}{8}$ ③ $\frac{1}{4}$ ④ $\frac{1}{2}$ ⑤ 1

Step 1 $\tan\theta$ 구하기

$y'=\cos x$이므로 곡선 $y=\sin x$ 위의 점 $\mathrm{P}(t, \sin t)$에서의 접선의 기울기는 $\cos t$

접선이 x축의 양의 방향과 이루는 각의 크기를 α라 하면

$\tan\alpha=\cos t$

또 기울기가 -1인 직선이 x축의 양의 방향과 이루는 각의 크기를 β라 하면 $\tan\beta=-1$

두 직선이 이루는 예각의 크기가 θ이므로

$$\tan\theta=|\tan(\alpha-\beta)|=\left|\frac{\tan\alpha-\tan\beta}{1+\tan\alpha\tan\beta}\right|$$

$$=\left|\frac{\cos t-(-1)}{1+\cos t\times(-1)}\right|=\left|\frac{\cos t+1}{1-\cos t}\right|$$

그런데 $0<t<\pi$이므로

$$\tan\theta=\frac{\cos t+1}{1-\cos t}$$

Step 2 $\lim_{t\to\pi-}\frac{\tan\theta}{(\pi-t)^2}$의 값 구하기

$$\lim_{t\to\pi-}\frac{\tan\theta}{(\pi-t)^2}=\lim_{t\to\pi-}\frac{\frac{\cos t+1}{1-\cos t}}{(\pi-t)^2}$$

$$=\lim_{t\to\pi-}\frac{\cos t+1}{(\pi-t)^2(1-\cos t)}$$

$\pi-t=s$로 놓으면 $t\to\pi-$일 때 $s\to0+$이므로

$$\lim_{t\to\pi-}\frac{\tan\theta}{(\pi-t)^2}=\lim_{t\to\pi-}\frac{\cos t+1}{(\pi-t)^2(1-\cos t)}$$

$$=\lim_{s\to0+}\frac{\cos(\pi-s)+1}{s^2\{1-\cos(\pi-s)\}}$$

$$=\lim_{s\to0+}\frac{1-\cos s}{s^2(1+\cos s)}$$

$$=\lim_{s\to0+}\frac{(1-\cos s)(1+\cos s)}{s^2(1+\cos s)^2}$$

$$=\lim_{s\to0+}\frac{1-\cos^2 s}{s^2(1+\cos s)^2}$$

$$=\lim_{s\to0+}\frac{\sin^2 s}{s^2(1+\cos s)^2}$$

$$=\lim_{s\to0+}\left\{\left(\frac{\sin s}{s}\right)^2\times\frac{1}{(1+\cos s)^2}\right\}$$

$$=1\times\frac{1}{4}=\frac{1}{4}$$

17 삼각함수의 극한의 활용 – 길이 정답 2 | 정답률 80%

문제 보기

좌표평면에서 곡선 $y=\sin x$ 위의 점 $\mathrm{P}(t, \sin t)(0<t<\pi)$를 중심으로 하고 x축에 접하는 원을 C라 하자. 원 C가 x축에 접하는 점을 Q, 선분 OP와 만나는 점을 R라 하자. $\lim_{t \to 0+} \frac{\overline{\mathrm{OQ}}}{\overline{\mathrm{OR}}}=a+b\sqrt{2}$일 때, $a+b$의 값을 구하시오. (단, O는 원점이고, a, b는 정수이다.) [3점]

└ Q(t, 0)
└ 직각삼각형 POQ에서 $\overline{\mathrm{OP}}$를 t에 대한 삼각함수로 나타낸다.
└ $\overline{\mathrm{OR}}=\overline{\mathrm{OP}}-\overline{\mathrm{PR}}$임을 이용한다.

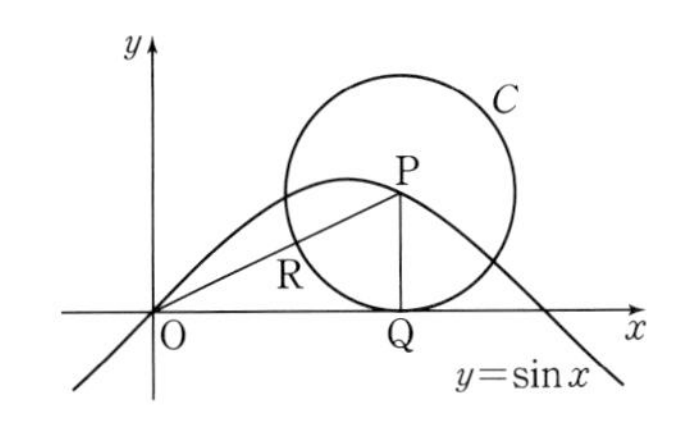

Step 1 $\overline{\mathrm{OR}}$를 t에 대한 삼각함수로 나타내기

$\mathrm{P}(t, \sin t)(0<t<\pi)$이므로 $\mathrm{Q}(t, 0)$에서

$\overline{\mathrm{OQ}}=t$, $\overline{\mathrm{PQ}}=\sin t$

직각삼각형 POQ에서

$\overline{\mathrm{OP}}=\sqrt{\overline{\mathrm{OQ}}^2+\overline{\mathrm{PQ}}^2}=\sqrt{t^2+\sin^2 t}$

$\overline{\mathrm{PR}}=\overline{\mathrm{PQ}}=\sin t$이므로

$\overline{\mathrm{OR}}=\overline{\mathrm{OP}}-\overline{\mathrm{PR}}=\sqrt{t^2+\sin^2 t}-\sin t$

Step 2 $\lim_{t \to 0+} \frac{\overline{\mathrm{OQ}}}{\overline{\mathrm{OR}}}$의 값 구하기

$$\therefore \lim_{t \to 0+} \frac{\overline{\mathrm{OQ}}}{\overline{\mathrm{OR}}}=\lim_{t \to 0+} \frac{t}{\sqrt{t^2+\sin^2 t}-\sin t}$$
$$=\lim_{t \to 0+} \frac{t(\sqrt{t^2+\sin^2 t}+\sin t)}{(\sqrt{t^2+\sin^2 t}-\sin t)(\sqrt{t^2+\sin^2 t}+\sin t)}$$
$$=\lim_{t \to 0+} \frac{\sqrt{t^2+\sin^2 t}+\sin t}{t}$$
$$=\lim_{t \to 0+} \left\{\sqrt{1+\left(\frac{\sin t}{t}\right)^2}+\frac{\sin t}{t}\right\}$$
$$=\sqrt{1+1}+1=1+\sqrt{2}$$

Step 3 $a+b$의 값 구하기

따라서 $a=1$, $b=1$이므로

$a+b=2$

18 삼각함수의 극한의 활용 – 길이 정답 ③ | 정답률 61%

문제 보기

그림과 같이 곡선 $y=x\sin x$ 위의 점 $\mathrm{P}(t, t\sin t)(0<t<\pi)$를 중심으로 하고 y축에 접하는 원이 선분 OP와 만나는 점을 Q라 하자. 점 Q의 x좌표를 $f(t)$라 할 때, $\lim_{t \to 0+} \frac{f(t)}{t^3}$의 값은? (단, O는 원점이다.) [3점]

└ 두 점 P, Q에서 각각 x축에 수선의 발 P′, Q′을 내려 직각삼각형을 만들고, 두 직각삼각형 OQ′Q, OP′P의 닮음비를 이용하여 $f(t)$를 t에 대한 삼각함수로 나타낸다.

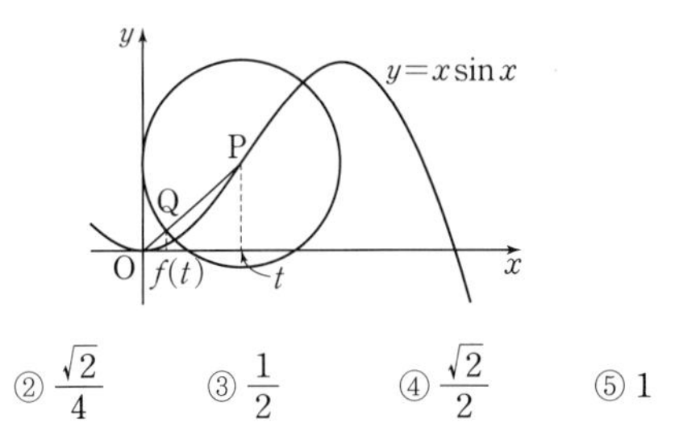

① $\frac{1}{4}$ ② $\frac{\sqrt{2}}{4}$ ③ $\frac{1}{2}$ ④ $\frac{\sqrt{2}}{2}$ ⑤ 1

Step 1 $f(t)$ 구하기

$\mathrm{P}(t, t\sin t)$이므로

$\overline{\mathrm{OP}}=\sqrt{t^2+(t\sin t)^2}=\sqrt{t^2(1+\sin^2 t)}=t\sqrt{1+\sin^2 t}$

점 P를 중심으로 하고 y축에 접하는 원의 반지름의 길이는 점 P의 x좌표와 같으므로

$\overline{\mathrm{PQ}}=t$

$\therefore \overline{\mathrm{OQ}}=\overline{\mathrm{OP}}-\overline{\mathrm{PQ}}=t\sqrt{1+\sin^2 t}-t=t(\sqrt{1+\sin^2 t}-1)$

오른쪽 그림과 같이 두 점 P, Q에서 x축에 내린 수선의 발을 각각 P′, Q′이라 하면

$\overline{\mathrm{OP'}}=t$, $\overline{\mathrm{OQ'}}=f(t)$

$\overline{\mathrm{QQ'}} /\!/ \overline{\mathrm{PP'}}$이므로

$\overline{\mathrm{OQ'}} : \overline{\mathrm{OP'}}=\overline{\mathrm{OQ}} : \overline{\mathrm{OP}}$에서

$f(t) : t=t(\sqrt{1+\sin^2 t}-1) : t\sqrt{1+\sin^2 t}$

$$\therefore f(t)=\frac{t(\sqrt{1+\sin^2 t}-1)}{\sqrt{1+\sin^2 t}}$$

Step 2 $\lim_{t \to 0+} \frac{f(t)}{t^3}$의 값 구하기

$$\therefore \lim_{t \to 0+} \frac{f(t)}{t^3}=\lim_{t \to 0+} \frac{\sqrt{1+\sin^2 t}-1}{t^2\sqrt{1+\sin^2 t}}$$
$$=\lim_{t \to 0+} \frac{(\sqrt{1+\sin^2 t}-1)(\sqrt{1+\sin^2 t}+1)}{t^2\sqrt{1+\sin^2 t}(\sqrt{1+\sin^2 t}+1)}$$
$$=\lim_{t \to 0+} \frac{\sin^2 t}{t^2\sqrt{1+\sin^2 t}(\sqrt{1+\sin^2 t}+1)}$$
$$=\lim_{t \to 0+} \left\{\left(\frac{\sin t}{t}\right)^2 \times \frac{1}{\sqrt{1+\sin^2 t}(\sqrt{1+\sin^2 t}+1)}\right\}$$
$$=1 \times \frac{1}{2}=\frac{1}{2}$$

10 일차

19 삼각함수의 극한의 활용 – 길이 정답 ④ | 정답률 92%

문제 보기

그림과 같이 길이가 2인 선분 AB를 지름으로 하는 반원 위의 점 P에 대하여 $\angle PAB=\theta$라 하자. 선분 OB 위의 점 C가 $\angle APO=\angle OPC$

└ 이등변삼각형 OPA에서 $\angle APO=\angle OPC=\theta$이므로 $\angle OCP$를 θ를 이용하여 나타낸다.

를 만족시킬 때, $\lim\limits_{\theta\to0+}\overline{OC}$의 값은?

└ 삼각형 POC에서 $\overline{OC}$를 θ에 대한 삼각함수로 나타낸다.

$\left(단,\ 0<\theta<\frac{\pi}{4}이고,\ 점\ O는\ 선분\ AB의\ 중점이다.\right)$ [3점]

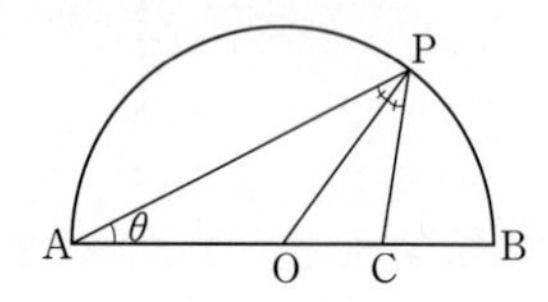

① $\frac{1}{12}$ ② $\frac{1}{6}$ ③ $\frac{1}{4}$ ④ $\frac{1}{3}$ ⑤ $\frac{5}{12}$

Step 1 $\overline{OC}$를 θ에 대한 삼각함수로 나타내기

오른쪽 그림과 같이 $\overline{OA}=\overline{OP}$이므로 이등변삼각형 OPA에서

$\angle APO=\angle PAO=\theta$

삼각형의 한 외각의 크기는 그와 이웃하지 않는 두 내각의 크기의 합과 같으므로

$\angle POC=\angle PAO+\angle APO=2\theta$

$\therefore\ \angle OCP=\pi-3\theta$

삼각형 POC에서 사인법칙에 의하여

$$\frac{\overline{OC}}{\sin\theta}=\frac{\overline{OP}}{\sin(\pi-3\theta)}$$

$$\therefore\ \overline{OC}=\frac{\overline{OP}\sin\theta}{\sin(\pi-3\theta)}=\frac{\sin\theta}{\sin3\theta}$$

Step 2 $\lim\limits_{\theta\to0+}\overline{OC}$의 값 구하기

$$\therefore\ \lim_{\theta\to0+}\overline{OC}=\lim_{\theta\to0+}\frac{\sin\theta}{\sin3\theta}$$

$$=\lim_{\theta\to0+}\left(\frac{\sin\theta}{\theta}\times\frac{3\theta}{\sin3\theta}\times\frac{1}{3}\right)$$

$$=1\times1\times\frac{1}{3}=\frac{1}{3}$$

20 삼각함수의 극한의 활용 – 길이 정답 ① | 정답률 75%

문제 보기

자연수 n에 대하여 중심이 원점 O이고 점 $P(2^n,\ 0)$을 지나는 원 C가 있다. 원 C 위에 점 Q를 호 PQ의 길이가 π가 되도록 잡는다. 점 Q에서 x축에 내린 수선의 발을 H라 할 때, $\lim\limits_{n\to\infty}(\overline{OQ}\times\overline{HP})$의 값은? [4점]

└ $\angle QOP=\theta$로 놓고 호 PQ의 길이 π는 $\overline{OP}\times\theta$임을 이용한다.

└ $\overline{HP}=\overline{OP}-\overline{OH}$임을 이용한다.

① $\frac{\pi^2}{2}$ ② $\frac{3}{4}\pi^2$ ③ π^2 ④ $\frac{5}{4}\pi^2$ ⑤ $\frac{3}{2}\pi^2$

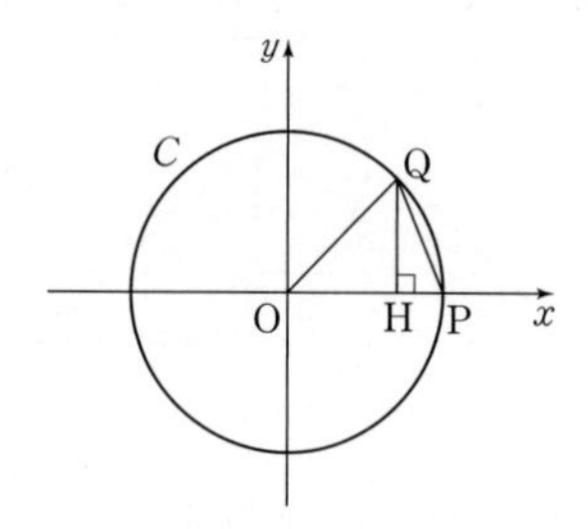

Step 1 $\overline{HP}$를 $\angle QOP$에 대한 삼각함수로 나타내기

부채꼴 OPQ에서 $\angle QOP=\theta$라 하면 $\overline{OP}=2^n$이고, 호 PQ의 길이가 π이므로

$2^n\times\theta=\pi\qquad\therefore\ \theta=\frac{\pi}{2^n}$

$\overline{OQ}=\overline{OP}=2^n$이므로 직각삼각형 OHQ에서

$\overline{OH}=\overline{OQ}\cos\theta=2^n\cos\frac{\pi}{2^n}$

$\therefore\ \overline{HP}=\overline{OP}-\overline{OH}=2^n-2^n\cos\frac{\pi}{2^n}=2^n\left(1-\cos\frac{\pi}{2^n}\right)$

Step 2 $\lim\limits_{n\to\infty}(\overline{OQ}\times\overline{HP})$의 값 구하기

$$\therefore\ \lim_{n\to\infty}(\overline{OQ}\times\overline{HP})=\lim_{n\to\infty}\left\{2^n\times2^n\left(1-\cos\frac{\pi}{2^n}\right)\right\}$$

$\frac{\pi}{2^n}=t$로 놓으면 $n\to\infty$일 때 $t\to0+$이므로

$$\lim_{n\to\infty}\left\{2^n\times2^n\left(1-\cos\frac{\pi}{2^n}\right)\right\}=\lim_{t\to0+}\frac{\pi^2(1-\cos t)}{t^2}$$

$$=\lim_{t\to0+}\frac{\pi^2(1-\cos t)(1+\cos t)}{t^2(1+\cos t)}$$

$$=\lim_{t\to0+}\frac{\pi^2(1-\cos^2t)}{t^2(1+\cos t)}$$

$$=\lim_{t\to0+}\frac{\pi^2\sin^2t}{t^2(1+\cos t)}$$

$$=\lim_{t\to0+}\left\{\left(\frac{\sin t}{t}\right)^2\times\frac{\pi^2}{1+\cos t}\right\}$$

$$=1\times\frac{\pi^2}{2}=\frac{\pi^2}{2}$$

21 삼각함수의 극한의 활용 – 길이 정답 25 | 정답률 66%

문제 보기

그림과 같이 $\overline{BC}=1$, $\angle A=\frac{\pi}{2}$, $\angle B=\theta\left(0<\theta<\frac{\pi}{2}\right)$인 삼각형 ABC가 있다. 선분 AC 위의 점 D에 대하여 선분 AD를 지름으로 하는 원이 선분 BC와 접할 때, $\lim_{\theta\to0+}\frac{\overline{CD}}{\theta^3}=k$라 하자. 100k의 값을 구하시오. [4점]

└→ 선분 BC는 원의 접점과 원의 중심을 지나는 직선에 수직임을 이용한다.

└→ $\overline{CD}=\overline{AC}-\overline{AD}$임을 이용한다.

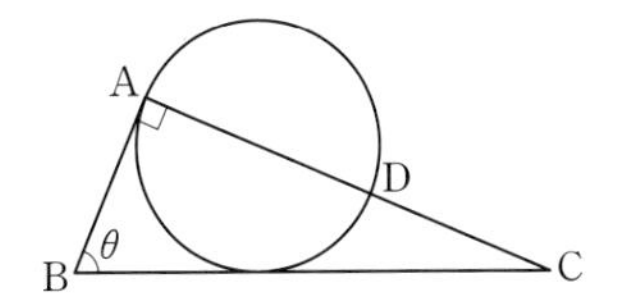

Step 1 $\overline{CD}$를 θ에 대한 삼각함수로 나타내기

오른쪽 그림과 같이 선분 AD를 지름으로 하는 원의 중심을 O, 점 O에서 선분 BC에 내린 수선의 발을 H라 하면 점 H는 원과 선분 BC의 접점이다.

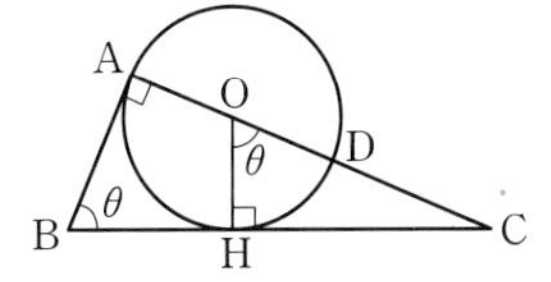

$\angle ACB=\frac{\pi}{2}-\theta$이므로

$\angle COH=\theta$

$\overline{BC}=1$이므로 직각삼각형 ABC에서

$\overline{AB}=\overline{BC}\cos\theta=\cos\theta$, $\overline{AC}=\overline{BC}\sin\theta=\sin\theta$ …… ㉠

$\overline{OD}=r$라 하면

$\overline{OC}=\overline{AC}-\overline{OA}=\sin\theta-r$

직각삼각형 OHC에서 $\overline{OH}=\overline{OC}\cos\theta$이므로

$r=(\sin\theta-r)\cos\theta$, $r(1+\cos\theta)=\sin\theta\cos\theta$

$\therefore r=\frac{\sin\theta\cos\theta}{1+\cos\theta}$

$$\begin{aligned}\therefore \overline{CD}&=\overline{AC}-\overline{AD}\\&=\sin\theta-2r\\&=\sin\theta-\frac{2\sin\theta\cos\theta}{1+\cos\theta}\\&=\frac{\sin\theta-\sin\theta\cos\theta}{1+\cos\theta}\\&=\frac{\sin\theta(1-\cos\theta)}{1+\cos\theta}\end{aligned}$$

Step 2 $\lim_{\theta\to0+}\frac{\overline{CD}}{\theta^3}$의 값 구하기

$$\begin{aligned}\therefore \lim_{\theta\to0+}\frac{\overline{CD}}{\theta^3}&=\lim_{\theta\to0+}\frac{\sin\theta(1-\cos\theta)}{\theta^3(1+\cos\theta)}\\&=\lim_{\theta\to0+}\frac{\sin\theta(1-\cos\theta)(1+\cos\theta)}{\theta^3(1+\cos\theta)^2}\\&=\lim_{\theta\to0+}\frac{\sin\theta(1-\cos^2\theta)}{\theta^3(1+\cos\theta)^2}\\&=\lim_{\theta\to0+}\frac{\sin^3\theta}{\theta^3(1+\cos\theta)^2}\\&=\lim_{\theta\to0+}\left\{\left(\frac{\sin\theta}{\theta}\right)^3\times\frac{1}{(1+\cos\theta)^2}\right\}\\&=1\times\frac{1}{4}=\frac{1}{4}\end{aligned}$$

Step 3 100k의 값 구하기

따라서 $k=\frac{1}{4}$이므로

$100k=100\times\frac{1}{4}=25$

다른 풀이 접선의 길이 이용하기

㉠에서 $\overline{AB}=\cos\theta$이고, 원 밖의 점 B에서 원에 그은 두 접선의 길이는 같으므로

$\overline{BH}=\overline{AB}=\cos\theta$ $\quad\therefore \overline{CH}=1-\cos\theta$

직각삼각형 OHC에서

$$\begin{aligned}\overline{CH}^2&=\overline{OC}^2-\overline{OH}^2\\&=(\overline{OC}-\overline{OH})(\overline{OC}+\overline{OH})\\&=(\overline{OC}-\overline{OD})(\overline{OC}+\overline{OA})\\&=\overline{CD}\times\overline{AC}\end{aligned}$$

$(1-\cos\theta)^2=\overline{CD}\times\sin\theta$

$\therefore \overline{CD}=\frac{(1-\cos\theta)^2}{\sin\theta}$

$$\begin{aligned}\therefore \lim_{\theta\to0+}\frac{\overline{CD}}{\theta^3}&=\lim_{\theta\to0+}\frac{(1-\cos\theta)^2}{\theta^3\sin\theta}\\&=\lim_{\theta\to0+}\frac{(1-\cos\theta)^2(1+\cos\theta)^2}{\theta^3\sin\theta(1+\cos\theta)^2}\\&=\lim_{\theta\to0+}\frac{(1-\cos^2\theta)^2}{\theta^3\sin\theta(1+\cos\theta)^2}\\&=\lim_{\theta\to0+}\frac{\sin^3\theta}{\theta^3(1+\cos\theta)^2}\\&=\lim_{\theta\to0+}\left\{\left(\frac{\sin\theta}{\theta}\right)^3\times\frac{1}{(1+\cos\theta)^2}\right\}\\&=1\times\frac{1}{4}=\frac{1}{4}\end{aligned}$$

따라서 $k=\frac{1}{4}$이므로

$100k=100\times\frac{1}{4}=25$

22 삼각함수의 극한의 활용 – 원의 반지름의 길이

정답 ④ | 정답률 83%

문제 보기

그림과 같이 한 변의 길이가 1인 정사각형 ABCD가 있다. 변 CD 위의 점 E에 대하여 선분 DE를 지름으로 하는 원과 직선 BE가 만나는 점 중 E가 아닌 점을 F라 하자. $\angle \mathrm{EBC}=\theta$라 할 때, 점 E를 포함하지 않는 호 DF를 이등분하는 점과 선분 DF의 중점을 지름의 양 끝점으로 하는 원의 반지름의 길이를 $r(\theta)$라 하자. $\lim_{\theta \to \frac{\pi}{4}-} \frac{r(\theta)}{\frac{\pi}{4}-\theta}$의 값은?

└→ *

└→ 이 두 점을 지나는 직선은 * 의 중심을 지난다.

$\left(단, 0<\theta<\frac{\pi}{4}\right)$ [4점]

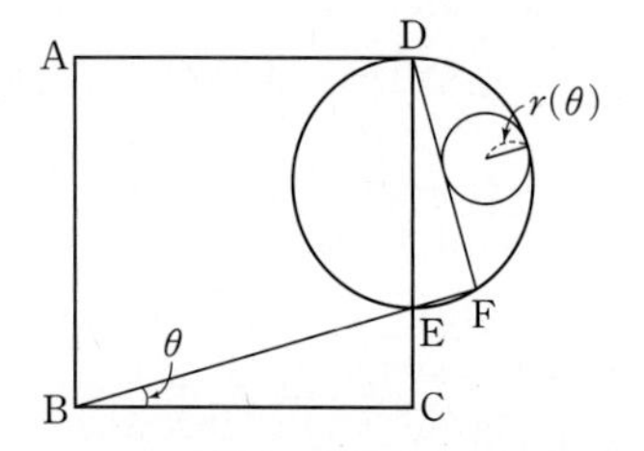

① $\frac{1}{7}(2-\sqrt{2})$　② $\frac{1}{6}(2-\sqrt{2})$　③ $\frac{1}{5}(2-\sqrt{2})$

④ $\frac{1}{4}(2-\sqrt{2})$　⑤ $\frac{1}{3}(2-\sqrt{2})$

Step 1 $r(\theta)$ 구하기

$\angle \mathrm{BCE}=\frac{\pi}{2}$이므로 $\angle \mathrm{DEF}=\angle \mathrm{CEB}=\frac{\pi}{2}-\theta$

$\angle \mathrm{EFD}=\frac{\pi}{2}$이므로 $\angle \mathrm{EDF}=\theta$

$\overline{\mathrm{BC}}=1$이므로 직각삼각형 BCE에서

$\overline{\mathrm{EC}}=\overline{\mathrm{BC}}\tan\theta=\tan\theta$

$\therefore \overline{\mathrm{DE}}=\overline{\mathrm{DC}}-\overline{\mathrm{EC}}=1-\tan\theta$

오른쪽 그림과 같이 선분 DE의 중점을 M, 선분 DF가 작은 원과 접하는 점을 P, 점 E를 포함하지 않는 호 DF를 이등분하는 점을 Q라 하면 선분 DF의 수직이등분선은 두 점 M, Q를 지나므로 세 점 M, P, Q는 한 직선 위에 있다.

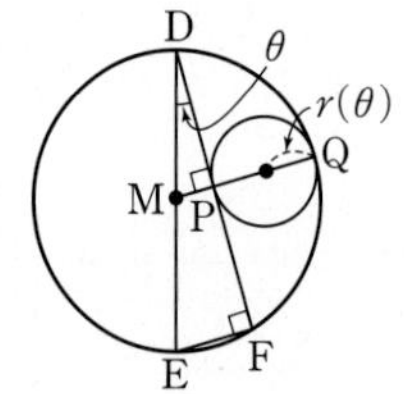

$\overline{\mathrm{DM}}=\frac{1}{2}\overline{\mathrm{DE}}=\frac{1-\tan\theta}{2}$이므로 직각삼각형 DMP에서

$\overline{\mathrm{MP}}=\overline{\mathrm{DM}}\sin\theta=\left(\frac{1-\tan\theta}{2}\right)\sin\theta$

$$\begin{aligned}\therefore r(\theta)&=\frac{1}{2}\overline{\mathrm{PQ}}=\frac{1}{2}(\overline{\mathrm{MQ}}-\overline{\mathrm{MP}})\\&=\frac{1}{2}(\overline{\mathrm{DM}}-\overline{\mathrm{MP}})\\&=\frac{1}{2}\left\{\frac{1-\tan\theta}{2}-\left(\frac{1-\tan\theta}{2}\right)\sin\theta\right\}\\&=\frac{(1-\tan\theta)(1-\sin\theta)}{4}\end{aligned}$$

Step 2 $\lim_{\theta \to \frac{\pi}{4}-} \frac{r(\theta)}{\frac{\pi}{4}-\theta}$의 값 구하기

$$\begin{aligned}\therefore \lim_{\theta \to \frac{\pi}{4}-} \frac{r(\theta)}{\frac{\pi}{4}-\theta}&=\lim_{\theta \to \frac{\pi}{4}-}\frac{(1-\tan\theta)(1-\sin\theta)}{4\left(\frac{\pi}{4}-\theta\right)}\\&=\lim_{\theta \to \frac{\pi}{4}-}\frac{1-\tan\theta}{\frac{\pi}{4}-\theta}\times\lim_{\theta \to \frac{\pi}{4}-}\frac{1-\sin\theta}{4}\end{aligned}$$

$\lim_{\theta \to \frac{\pi}{4}-}\frac{1-\tan\theta}{\frac{\pi}{4}-\theta}$에서 $\frac{\pi}{4}-\theta=t$로 놓으면 $\theta \to \frac{\pi}{4}-$일 때 $t \to 0+$이므로

$$\begin{aligned}\lim_{\theta \to \frac{\pi}{4}-}\frac{1-\tan\theta}{\frac{\pi}{4}-\theta}&=\lim_{t\to 0+}\frac{1-\tan\left(\frac{\pi}{4}-t\right)}{t}\\&=\lim_{t\to 0+}\frac{1-\frac{\tan\frac{\pi}{4}-\tan t}{1+\tan\frac{\pi}{4}\tan t}}{t}\\&=\lim_{t\to 0+}\frac{1-\frac{1-\tan t}{1+\tan t}}{t}\\&=\lim_{t\to 0+}\frac{2\tan t}{t(1+\tan t)}\\&=\lim_{t\to 0+}\left(\frac{\tan t}{t}\times\frac{2}{1+\tan t}\right)\\&=1\times 2=2\end{aligned}$$

$$\begin{aligned}\therefore \lim_{\theta \to \frac{\pi}{4}-} \frac{r(\theta)}{\frac{\pi}{4}-\theta}&=\lim_{\theta \to \frac{\pi}{4}-}\frac{1-\tan\theta}{\frac{\pi}{4}-\theta}\times\lim_{\theta \to \frac{\pi}{4}-}\frac{1-\sin\theta}{4}\\&=2\times\frac{1-\frac{\sqrt{2}}{2}}{4}=\frac{1}{4}(2-\sqrt{2})\end{aligned}$$

23 삼각함수의 극한의 활용 – 원의 반지름의 길이

정답 ① | 정답률 74%

문제 보기

그림과 같이 반지름의 길이가 1이고 중심각의 크기가 $\frac{\pi}{2}$인 부채꼴 OAB가 있다. 호 AB 위의 점 P에 대하여 점 B에서 선분 OP에 내린 수선의 발을 Q, 점 Q에서 선분 OB에 내린 수선의 발을 R라 하자. $\angle BOP=\theta$일 때, 삼각형 RQB에 내접하는 원의 반지름의 길이를

└→ $\triangle RQB=\frac{1}{2}\times\overline{BR}\times\overline{RQ}=\frac{1}{2}r(\theta)(\overline{BR}+\overline{RQ}+\overline{BQ})$임을 이용한다.

$r(\theta)$라 하자. $\lim_{\theta\to0+}\frac{r(\theta)}{\theta^2}$의 값은? $\left(\text{단, } 0<\theta<\frac{\pi}{2}\right)$ [4점]

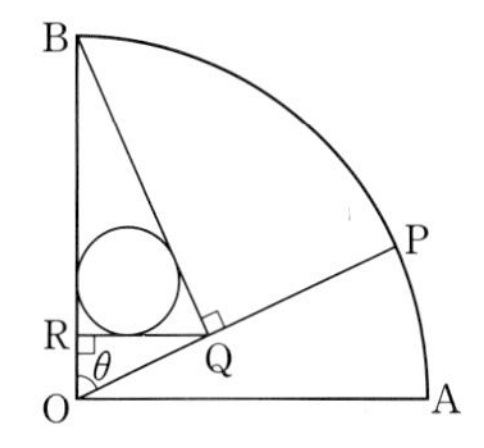

① $\frac{1}{2}$　② 1　③ $\frac{3}{2}$　④ 2　⑤ $\frac{5}{2}$

Step 1 $r(\theta)$ 구하기

$\overline{OB}=1$이므로 직각삼각형 OQB에서

$\overline{BQ}=\overline{OB}\sin\theta=\sin\theta$

$\angle QBO=\frac{\pi}{2}-\theta$이므로 $\angle RQB=\theta$

직각삼각형 RQB에서

$\overline{BR}=\overline{BQ}\sin\theta=\sin^2\theta$, $\overline{RQ}=\overline{BQ}\cos\theta=\sin\theta\cos\theta$

$\triangle RQB=\frac{1}{2}\times\overline{BR}\times\overline{RQ}=\frac{1}{2}r(\theta)(\overline{BR}+\overline{RQ}+\overline{BQ})$이므로

$\frac{1}{2}\times\sin^2\theta\times\sin\theta\cos\theta=\frac{1}{2}r(\theta)(\sin^2\theta+\sin\theta\cos\theta+\sin\theta)$

$\therefore r(\theta)=\frac{\sin^2\theta\cos\theta}{\sin\theta+\cos\theta+1}$

Step 2 $\lim_{\theta\to0+}\frac{r(\theta)}{\theta^2}$의 값 구하기

$$\begin{aligned}\therefore \lim_{\theta\to0+}\frac{r(\theta)}{\theta^2}&=\lim_{\theta\to0+}\frac{\sin^2\theta\cos\theta}{\theta^2(\sin\theta+\cos\theta+1)}\\&=\lim_{\theta\to0+}\left\{\left(\frac{\sin\theta}{\theta}\right)^2\times\frac{\cos\theta}{\sin\theta+\cos\theta+1}\right\}\\&=1\times\frac{1}{2}=\frac{1}{2}\end{aligned}$$

24 삼각함수의 극한의 활용 – 원의 반지름의 길이

정답 15 | 정답률 61%

문제 보기

그림과 같이 좌표평면에서 점 P가 원점 O를 출발하여 x축을 따라 양의 방향으로 이동할 때, 점 Q는 점 (0, 30)을 출발하여 $\overline{PQ}=30$을 만족시키며 y축을 따라 음의 방향으로 이동한다. $\angle OPQ=\theta\left(0<\theta<\frac{\pi}{2}\right)$일 때, 삼각형 OPQ의 내접원의 반지름의 길이를 $r(\theta)$라 하자. 이때,

└→ $\triangle OPQ=\frac{1}{2}\times\overline{OP}\times\overline{OQ}=\frac{1}{2}r(\theta)(\overline{OP}+\overline{PQ}+\overline{OQ})$임을 이용한다.

$\lim_{\theta\to0+}\frac{r(\theta)}{\theta}$의 값을 구하시오. [3점]

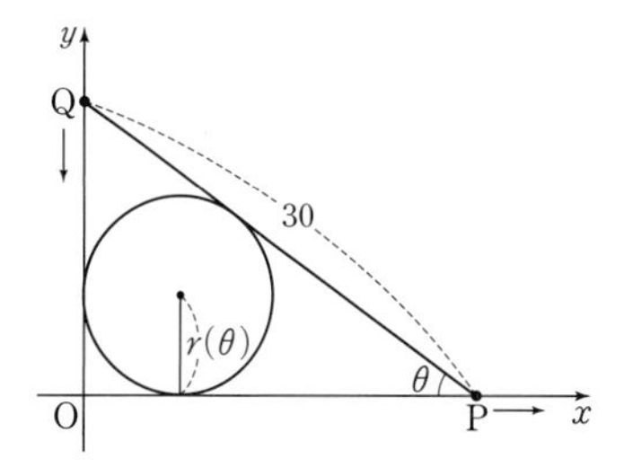

Step 1 $r(\theta)$ 구하기

$\overline{PQ}=30$이므로 직각삼각형 OPQ에서

$\overline{OP}=\overline{PQ}\cos\theta=30\cos\theta$, $\overline{OQ}=\overline{PQ}\sin\theta=30\sin\theta$

$\triangle OPQ=\frac{1}{2}\times\overline{OP}\times\overline{OQ}=\frac{1}{2}r(\theta)(\overline{OP}+\overline{PQ}+\overline{OQ})$이므로

$\frac{1}{2}\times30\cos\theta\times30\sin\theta=\frac{1}{2}r(\theta)(30\cos\theta+30+30\sin\theta)$

$\therefore r(\theta)=\frac{30\sin\theta\cos\theta}{\sin\theta+\cos\theta+1}$

Step 2 $\lim_{\theta\to0+}\frac{r(\theta)}{\theta}$의 값 구하기

$$\begin{aligned}\therefore \lim_{\theta\to0+}\frac{r(\theta)}{\theta}&=\lim_{\theta\to0+}\frac{30\sin\theta\cos\theta}{\theta(\sin\theta+\cos\theta+1)}\\&=\lim_{\theta\to0+}\left(\frac{\sin\theta}{\theta}\times\frac{30\cos\theta}{\sin\theta+\cos\theta+1}\right)\\&=1\times15=15\end{aligned}$$

25 삼각함수의 극한의 활용 – 원의 반지름의 길이

정답 ③ | 정답률 74%

문제 보기

$\overline{AB}=8$, $\overline{AC}=\overline{BC}$, $\angle ABC=\theta$인 이등변삼각형 ABC가 있다. 그림과 같이 선분 BC의 연장선 위에 $\overline{AC}=\overline{AD}$인 점 D를 잡는다. 삼각형 ABC에 내접하는 원의 반지름의 길이를 r_1, 삼각형 ACD에 내접하는 원의 반지름의 길이를 r_2라 할 때, $\lim\limits_{\theta \to 0+} \dfrac{r_1 r_2}{\theta^2}$의 값은? [4점]

└ 두 원의 중심에서 각각 $\overline{AB}$, $\overline{CD}$에 수선의 발을 내려 직각삼각형을 만들고, 이를 이용하여 r_1, r_2를 θ에 대한 삼각함수로 나타낸다.

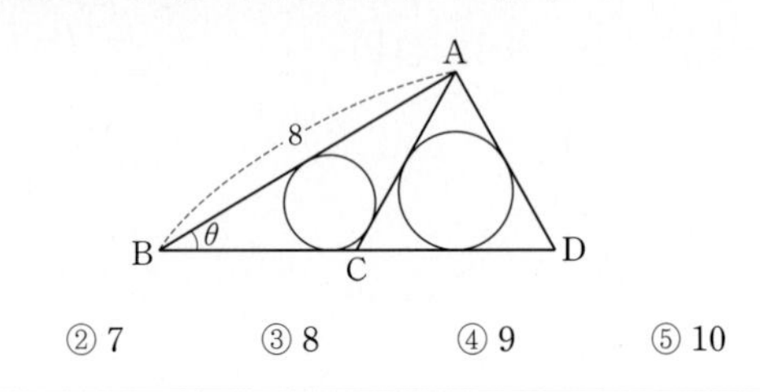

① 6 ② 7 ③ 8 ④ 9 ⑤ 10

Step 1 r_1을 θ에 대한 삼각함수로 나타내기

다음 그림과 같이 삼각형 ABC에 내접하는 원의 중심을 O_1, 점 O_1에서 선분 AB에 내린 수선의 발을 M이라 하고, 삼각형 ACD에 내접하는 원의 중심을 O_2, 점 A에서 선분 CD에 내린 수선의 발을 N이라 하자.

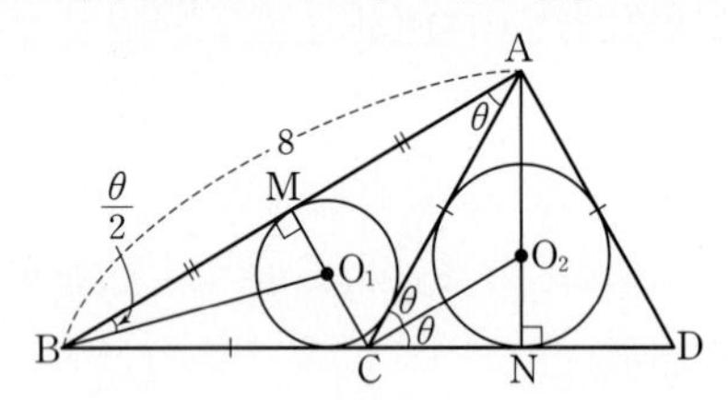

$\overline{BM}=\dfrac{1}{2}\overline{AB}=4$, $\angle MBO_1=\dfrac{\theta}{2}$이므로 직각삼각형 BO_1M에서

$r_1=\overline{MO_1}=\overline{BM}\tan\dfrac{\theta}{2}=4\tan\dfrac{\theta}{2}$

Step 2 r_2를 θ에 대한 삼각함수로 나타내기

직각삼각형 BCM에서

$\overline{BC}=\dfrac{\overline{BM}}{\cos\theta}=\dfrac{4}{\cos\theta}$

삼각형의 한 외각의 크기는 그와 이웃하지 않는 두 내각의 크기의 합과 같으므로

$\angle ACN=\angle ABC+\angle BAC=2\theta$

$\overline{AC}=\overline{BC}=\dfrac{4}{\cos\theta}$이므로 직각삼각형 ACN에서

$\overline{CN}=\overline{AC}\cos 2\theta=\dfrac{4\cos 2\theta}{\cos\theta}$

직각삼각형 CNO_2에서

$r_2=\overline{O_2N}=\overline{CN}\tan\theta=\dfrac{4\tan\theta\cos 2\theta}{\cos\theta}$

Step 3 $\lim\limits_{\theta \to 0+} \dfrac{r_1 r_2}{\theta^2}$의 값 구하기

$$\therefore \lim_{\theta \to 0+} \frac{r_1 r_2}{\theta^2}=\lim_{\theta \to 0+} \frac{16\tan\frac{\theta}{2}\tan\theta\cos 2\theta}{\theta^2\cos\theta}$$

$$=\lim_{\theta \to 0+}\left(16\times\frac{\tan\frac{\theta}{2}}{\frac{\theta}{2}}\times\frac{1}{2}\times\frac{\tan\theta}{\theta}\times\frac{\cos 2\theta}{\cos\theta}\right)$$

$$=16\times1\times\frac{1}{2}\times1\times1=8$$

26 삼각함수의 극한의 활용 – 원의 반지름의 길이

정답 ④ | 정답률 55%

문제 보기

그림과 같이 중심이 원점 O이고 반지름의 길이가 1인 원 C가 있다. 원 C가 x축의 양의 방향과 만나는 점을 A, 원 C 위에 있고 제1사분면에 있는 점 P에서 x축에 내린 수선의 발을 H, $\angle POA=\theta$라 하자. 삼각형 APH에 내접하는 원의 반지름의 길이를 $r(\theta)$라 할 때,

└ 원의 중심에서 $\overline{PH}$에 수선의 발을 내려 직각삼각형을 만들고, 이를 이용하여 $r(\theta)$를 θ에 대한 삼각함수로 나타낸다.

$\lim\limits_{\theta \to 0+} \dfrac{r(\theta)}{\theta^2}$의 값은? [4점]

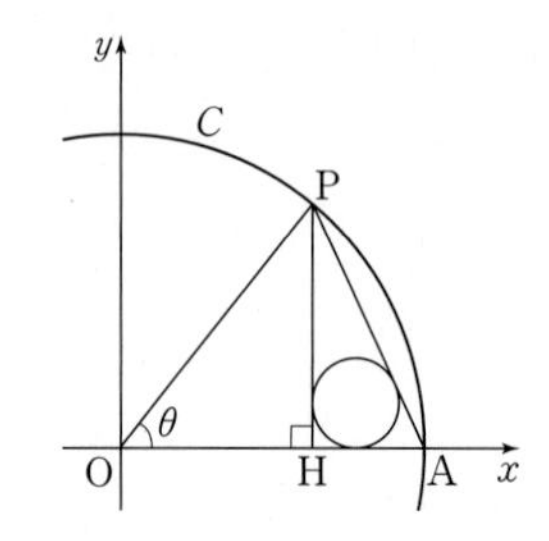

① $\dfrac{1}{10}$ ② $\dfrac{1}{8}$ ③ $\dfrac{1}{6}$ ④ $\dfrac{1}{4}$ ⑤ $\dfrac{1}{2}$

Step 1 $r(\theta)$ 구하기

삼각형 OAP는 $\overline{OA}=\overline{OP}=1$인 이등변삼각형이므로

$\angle OAP=\angle OPA=\dfrac{\pi}{2}-\dfrac{\theta}{2}$

$\angle PHA=\dfrac{\pi}{2}$이므로 $\angle APH=\dfrac{\theta}{2}$

오른쪽 그림과 같이 내접원의 중심을 Q, 내접원과 두 선분 PA, PH의 접점을 각각 S, T라 하면

$\angle QPT=\dfrac{1}{2}\angle APH=\dfrac{\theta}{4}$

직각삼각형 OHP에서

$\overline{PH}=\overline{OP}\sin\theta=\sin\theta$

$\overline{PT}=\overline{PH}-\overline{TH}=\sin\theta-r(\theta)$이므로 직각삼각형 QPT에서

$\overline{QT}=\overline{PT}\tan\dfrac{\theta}{4}$, $r(\theta)=\{\sin\theta-r(\theta)\}\tan\dfrac{\theta}{4}$

$\tan\dfrac{\theta}{4}=\dfrac{\overline{QT}}{\overline{PT}}=\dfrac{r(\theta)}{\sin\theta-r(\theta)}$

$\left(1+\tan\dfrac{\theta}{4}\right)r(\theta)=\sin\theta\tan\dfrac{\theta}{4}$

$\therefore r(\theta)=\dfrac{\sin\theta\tan\frac{\theta}{4}}{1+\tan\frac{\theta}{4}}$

Step 2 $\lim\limits_{\theta \to 0+} \dfrac{r(\theta)}{\theta^2}$의 값 구하기

$$\therefore \lim_{\theta \to 0+} \frac{r(\theta)}{\theta^2}=\lim_{\theta \to 0+} \frac{\sin\theta\tan\frac{\theta}{4}}{\theta^2\left(1+\tan\frac{\theta}{4}\right)}$$

$$=\lim_{\theta \to 0+}\left(\frac{\sin\theta}{\theta}\times\frac{\tan\frac{\theta}{4}}{\frac{\theta}{4}}\times\frac{1}{4}\times\frac{1}{1+\tan\frac{\theta}{4}}\right)$$

$$=1\times1\times\frac{1}{4}\times1=\frac{1}{4}$$

27 삼각함수의 극한의 활용 – 원, 부채꼴의 넓이

정답 ④ | 정답률 68%

문제 보기

그림과 같이 반지름의 길이가 1이고 중심각의 크기가 $\frac{\pi}{2}$인 부채꼴 OAB가 있다. 호 AB 위의 점 P에서 선분 OA에 내린 수선의 발을 H, 점 P에서 호 AB에 접하는 직선과 직선 OA의 교점을 Q라 하자. 점 Q를 중심으로 하고 반지름의 길이가 $\overline{QA}$인 원과 선분 PQ의 교점을 R라 하자. $\angle POA=\theta$일 때, 삼각형 OHP의 넓이를 $f(\theta)$, 부채꼴 QRA의 넓이를 $g(\theta)$라 하자. $\lim_{\theta\to0+}\frac{\sqrt{g(\theta)}}{\theta\times f(\theta)}$의 값은? $\left(단, 0<\theta<\frac{\pi}{2}\right)$ [4점]

└ $f(\theta)=\frac{1}{2}\times\overline{OH}\times\overline{PH}$임을 이용한다.

└ $g(\theta)=\frac{1}{2}\times\overline{AQ}^2\times\angle AQR$임을 이용한다.

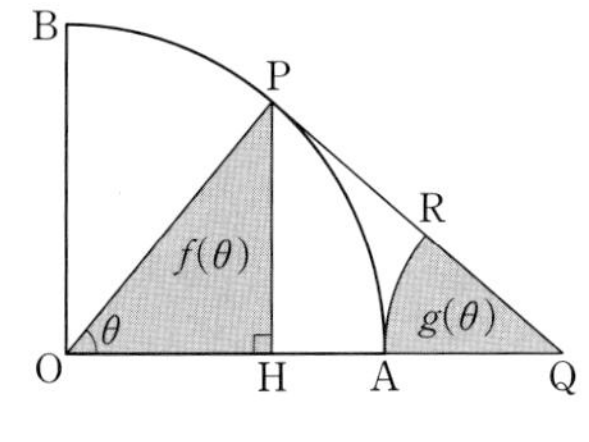

① $\frac{\sqrt{\pi}}{5}$ ② $\frac{\sqrt{\pi}}{4}$ ③ $\frac{\sqrt{\pi}}{3}$ ④ $\frac{\sqrt{\pi}}{2}$ ⑤ $\sqrt{\pi}$

Step 1 $f(\theta)$ 구하기

$\overline{OP}=1$이므로 직각삼각형 OHP에서

$\overline{PH}=\overline{OP}\sin\theta=\sin\theta$, $\overline{OH}=\overline{OP}\cos\theta=\cos\theta$

$\therefore f(\theta)=\frac{1}{2}\times\overline{OH}\times\overline{PH}=\frac{1}{2}\sin\theta\cos\theta$

Step 2 $g(\theta)$ 구하기

$\angle QPO=\frac{\pi}{2}$이므로 $\angle AQR=\angle OQP=\frac{\pi}{2}-\theta$

직각삼각형 OQP에서 $\overline{OQ}=\frac{\overline{OP}}{\cos\theta}=\frac{1}{\cos\theta}$

$\therefore \overline{AQ}=\overline{OQ}-\overline{OA}=\frac{1}{\cos\theta}-1=\frac{1-\cos\theta}{\cos\theta}$

$\therefore g(\theta)=\frac{1}{2}\times\overline{AQ}^2\times\left(\frac{\pi}{2}-\theta\right)=\frac{1}{2}\left(\frac{1-\cos\theta}{\cos\theta}\right)^2\left(\frac{\pi}{2}-\theta\right)$

Step 3 $\lim_{\theta\to0+}\frac{\sqrt{g(\theta)}}{\theta\times f(\theta)}$의 값 구하기

$$\therefore \lim_{\theta\to0+}\frac{\sqrt{g(\theta)}}{\theta\times f(\theta)}=\lim_{\theta\to0+}\frac{\frac{1-\cos\theta}{\cos\theta}\sqrt{\frac{1}{2}\left(\frac{\pi}{2}-\theta\right)}}{\frac{\theta}{2}\sin\theta\cos\theta}$$

$$=\lim_{\theta\to0+}\frac{2(1-\cos\theta)\sqrt{\frac{1}{2}\left(\frac{\pi}{2}-\theta\right)}}{\theta\sin\theta\cos^2\theta}$$

$$=\lim_{\theta\to0+}\frac{2(1-\cos^2\theta)\sqrt{\frac{1}{2}\left(\frac{\pi}{2}-\theta\right)}}{\theta\sin\theta\cos^2\theta(1+\cos\theta)}$$

$$=\lim_{\theta\to0+}\frac{2\sin\theta\sqrt{\frac{1}{2}\left(\frac{\pi}{2}-\theta\right)}}{\theta\cos^2\theta(1+\cos\theta)}$$

$$=\lim_{\theta\to0+}\left\{2\times\frac{\sin\theta}{\theta}\times\frac{\sqrt{\frac{1}{2}\left(\frac{\pi}{2}-\theta\right)}}{\cos^2\theta(1+\cos\theta)}\right\}$$

$$=2\times1\times\frac{\sqrt{\pi}}{4}=\frac{\sqrt{\pi}}{2}$$

28 삼각함수의 극한의 활용 – 원, 부채꼴의 넓이

정답 60 | 정답률 78%

문제 보기

그림과 같이 $\overline{AB}=2$, $\angle B=\frac{\pi}{2}$인 직각삼각형 ABC에서 중심이 A, 반지름의 길이가 1인 원이 두 선분 AB, AC와 만나는 점을 각각 D, E라 하자.

호 DE의 삼등분점 중 점 D에 가까운 점을 F라 하고, 직선 AF가 선분 BC와 만나는 점을 G라 하자.

$\angle BAG=\theta$라 할 때, 삼각형 ABG의 내부와 부채꼴 ADF의 외부의 공통부분의 넓이를 $f(\theta)$, 부채꼴 AFE의 넓이를 $g(\theta)$라 하자.

└ $f(\theta)=\triangle ABG-$(부채꼴 ADF의 넓이)임을 이용한다.

└ $g(\theta)=\frac{1}{2}\times\overline{AF}^2\times\angle EAF$임을 이용한다.

$40\times\lim_{\theta\to0+}\frac{f(\theta)}{g(\theta)}$의 값을 구하시오. $\left(단, 0<\theta<\frac{\pi}{6}\right)$ [3점]

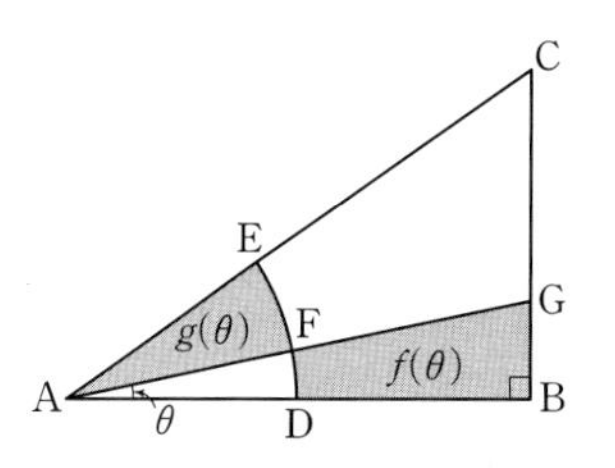

Step 1 $f(\theta)$ 구하기

$f(\theta)=\triangle ABG-$(부채꼴 ADF의 넓이) ······ ㉠

$\overline{AB}=2$이므로 직각삼각형 ABG에서

$\overline{BG}=\overline{AB}\tan\theta=2\tan\theta$

$\therefore \triangle ABG=\frac{1}{2}\times\overline{AB}\times\overline{BG}$

$=\frac{1}{2}\times2\times2\tan\theta=2\tan\theta$

부채꼴 ADF의 넓이는

$\frac{1}{2}\times\overline{AD}^2\times\theta=\frac{1}{2}\times1^2\times\theta=\frac{\theta}{2}$

㉠에서 $f(\theta)=2\tan\theta-\frac{\theta}{2}$

Step 2 $g(\theta)$ 구하기

호 DE의 삼등분점 중 점 D에 가까운 점이 F이므로

$\angle EAF=2\angle FAD=2\theta$

$\therefore g(\theta)=\frac{1}{2}\times\overline{AF}^2\times2\theta=\frac{1}{2}\times1^2\times2\theta=\theta$

Step 3 $40\times\lim_{\theta\to0+}\frac{f(\theta)}{g(\theta)}$의 값 구하기

$$\therefore 40\times\lim_{\theta\to0+}\frac{f(\theta)}{g(\theta)}=40\times\lim_{\theta\to0+}\frac{2\tan\theta-\frac{\theta}{2}}{\theta}$$

$$=40\times\lim_{\theta\to0+}\left(2\times\frac{\tan\theta}{\theta}-\frac{1}{2}\right)$$

$$=40\left(2\times1-\frac{1}{2}\right)=40\times\frac{3}{2}=60$$

29 삼각함수의 극한의 활용 – 원, 부채꼴의 넓이

정답 4 | 정답률 52%

문제 보기

그림과 같이 길이가 2인 선분 AB를 지름으로 하는 반원이 있다. 호 AB 위의 한 점 P에 대하여 $\angle \mathrm{PAB}=\theta$라 하자. 선분 PB의 중점 M에서 선분 PB에 접하고 호 PB에 접하는 원의 넓이를 $S(\theta)$, 선분 AP 위에 $\overline{\mathrm{AQ}}=\overline{\mathrm{BQ}}$가 되도록 점 Q를 잡고 삼각형 ABQ에 내접하는 원의

원의 중심에서 $\overline{\mathrm{AB}}$에 수선의 발을 내려 직각삼각형을 만들고, 이를 이용하여 반지름의 길이를 θ에 대한 삼각함수로 나타낸다.

넓이를 $T(\theta)$라 하자. $\lim_{\theta\to0+}\frac{\theta^2\times T(\theta)}{S(\theta)}$의 값을 구하시오.

$\left(\text{단, } 0<\theta<\frac{\pi}{4}\right)$ [4점]

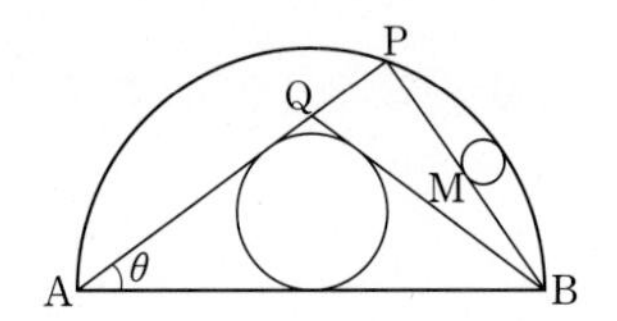

Step 1 $S(\theta)$ 구하기

다음 그림과 같이 선분 AB의 중점을 O, 선분 PB와 호 PB에 접하는 원의 반지름의 길이를 r_1, M이 아닌 접점을 N, 삼각형 ABQ에 내접하는 원의 중심을 C, 반지름의 길이를 r_2라 하자.

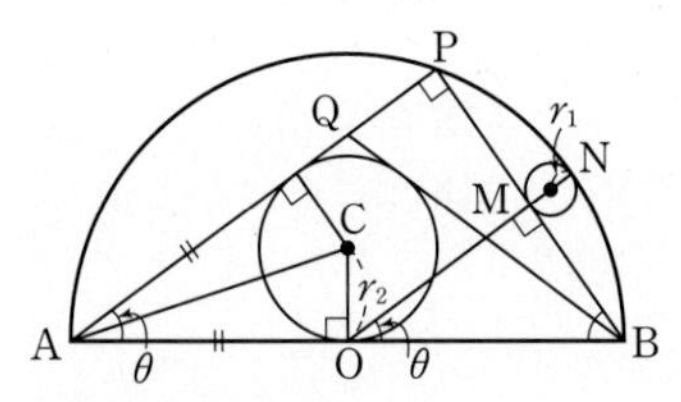

$\angle \mathrm{PAB}=\theta$이고 $\angle \mathrm{BPA}=\frac{\pi}{2}$이므로

$\angle \mathrm{ABP}=\frac{\pi}{2}-\theta$

$\angle \mathrm{BMO}=\frac{\pi}{2}$이므로

$\angle \mathrm{MOB}=\theta$

$\overline{\mathrm{OB}}=1$이므로 직각삼각형 MOB에서

$\overline{\mathrm{OM}}=\overline{\mathrm{OB}}\cos\theta=\cos\theta$

$\overline{\mathrm{ON}}=\overline{\mathrm{OM}}+\overline{\mathrm{MN}}$이므로

$1=\cos\theta+2r_1$

$\therefore r_1=\frac{1-\cos\theta}{2}$

$\therefore S(\theta)=\pi\left(\frac{1-\cos\theta}{2}\right)^2$

Step 2 $T(\theta)$ 구하기

$\angle \mathrm{CAO}=\frac{\theta}{2}$, $\overline{\mathrm{OA}}=1$이므로 직각삼각형 CAO에서

$r_2=\overline{\mathrm{CO}}=\overline{\mathrm{AO}}\tan\frac{\theta}{2}=\tan\frac{\theta}{2}$

$\therefore T(\theta)=\pi\tan^2\frac{\theta}{2}$

Step 3 $\lim_{\theta\to0+}\frac{\theta^2\times T(\theta)}{S(\theta)}$의 값 구하기

$$\therefore \lim_{\theta\to0+}\frac{\theta^2\times T(\theta)}{S(\theta)}=\lim_{\theta\to0+}\frac{\pi\theta^2\tan^2\frac{\theta}{2}}{\pi\left(\frac{1-\cos\theta}{2}\right)^2}$$

$$=\lim_{\theta\to0+}\frac{4\theta^2\tan^2\frac{\theta}{2}}{(1-\cos\theta)^2}$$

$$=\lim_{\theta\to0+}\frac{4\theta^2\tan^2\frac{\theta}{2}(1+\cos\theta)^2}{(1-\cos\theta)^2(1+\cos\theta)^2}$$

$$=\lim_{\theta\to0+}\frac{4\theta^2\tan^2\frac{\theta}{2}(1+\cos\theta)^2}{(1-\cos^2\theta)^2}$$

$$=\lim_{\theta\to0+}\frac{4\theta^2\tan^2\frac{\theta}{2}(1+\cos\theta)^2}{\sin^4\theta}$$

$$=\lim_{\theta\to0+}\left\{\left(\frac{\theta}{\sin\theta}\right)^4\times\left(\frac{\tan\frac{\theta}{2}}{\frac{\theta}{2}}\right)^2\times(1+\cos\theta)^2\right\}$$

$=1\times1\times4=4$

30 삼각함수의 극한의 활용 – 원, 부채꼴의 넓이

정답 ② | 정답률 53%

문제 보기

그림과 같이 길이가 1인 선분 AB를 지름으로 하는 반원이 있다. 호 AB 위의 점 P에 대하여 $\overline{BP}=\overline{BC}$가 되도록 선분 AB 위의 점 C를 잡고, $\overline{AC}=\overline{AD}$가 되도록 선분 AP 위의 점 D를 잡는다. $\angle PAB=\theta$에 대하여 선분 CD를 반지름으로 하고 중심각의 크기가 $\angle PCD$인 부채꼴의 넓이를 $S(\theta)$, 선분 CP를 반지름으로 하고 중심각의 크기가 $\angle PCD$인 부채꼴의 넓이를 $T(\theta)$라 할 때, $\lim_{\theta\to0+}\frac{T(\theta)-S(\theta)}{\theta^2}$의 값은? $\left(\text{단, } 0<\theta<\frac{\pi}{2}\text{이고 } \angle PCD\text{는 예각이다.}\right)$ [4점]

└ $S(\theta)=\frac{1}{2}\times\overline{CD}^2\times\angle PCD$임을 이용한다.

└ $T(\theta)=\frac{1}{2}\times\overline{CP}^2\times\angle PCD$임을 이용한다.

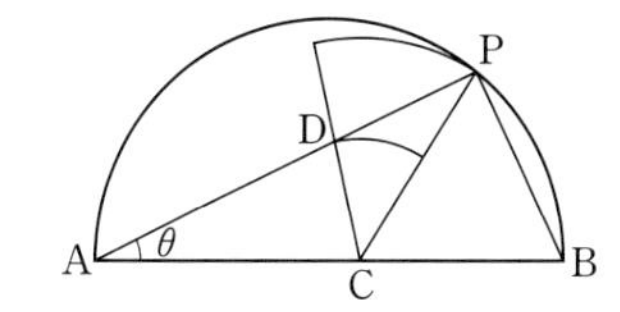

① $\frac{\pi}{16}$ ② $\frac{\pi}{8}$ ③ $\frac{3}{16}\pi$ ④ $\frac{\pi}{4}$ ⑤ $\frac{5}{16}\pi$

Step 1 $\angle PCD$의 크기 구하기

$\overline{AB}=1$이고 $\angle APB=\frac{\pi}{2}$이므로 직각삼각형 ABP에서

$\overline{BP}=\overline{AB}\sin\theta=\sin\theta$

$\therefore \overline{AC}=\overline{AB}-\overline{BC}=\overline{AB}-\overline{BP}=1-\sin\theta$

삼각형 ACD는 $\overline{AC}=\overline{AD}$인 이등변삼각형이므로

$\angle ACD=\frac{\pi}{2}-\frac{\theta}{2}$

직각삼각형 ABP에서 $\angle ABP=\frac{\pi}{2}-\theta$

삼각형 PCB는 $\overline{BP}=\overline{BC}$인 이등변삼각형이므로

$\angle PCB=\frac{\pi}{4}+\frac{\theta}{2}$

$$\therefore \angle PCD=\pi-(\angle ACD+\angle PCB)=\pi-\left\{\left(\frac{\pi}{2}-\frac{\theta}{2}\right)+\left(\frac{\pi}{4}+\frac{\theta}{2}\right)\right\}=\frac{\pi}{4}$$

Step 2 $S(\theta)$ 구하기

삼각형 ACD에서 사인법칙에 의하여

$$\frac{\overline{AC}}{\sin\left(\frac{\pi}{2}-\frac{\theta}{2}\right)}=\frac{\overline{CD}}{\sin\theta}$$

$$\therefore \overline{CD}=\frac{\overline{AC}\sin\theta}{\sin\left(\frac{\pi}{2}-\frac{\theta}{2}\right)}=\frac{\sin\theta(1-\sin\theta)}{\cos\frac{\theta}{2}}$$

$$\therefore S(\theta)=\frac{1}{2}\times\overline{CD}^2\times\frac{\pi}{4}=\frac{1}{2}\times\left\{\frac{\sin\theta(1-\sin\theta)}{\cos\frac{\theta}{2}}\right\}^2\times\frac{\pi}{4}=\frac{\pi\sin^2\theta(1-\sin\theta)^2}{8\cos^2\frac{\theta}{2}}$$

Step 3 $T(\theta)$ 구하기

삼각형 BPC에서 사인법칙에 의하여

$$\frac{\overline{BP}}{\sin\left(\frac{\pi}{4}+\frac{\theta}{2}\right)}=\frac{\overline{CP}}{\sin\left(\frac{\pi}{2}-\theta\right)}$$

$$\therefore \overline{CP}=\frac{\overline{BP}\sin\left(\frac{\pi}{2}-\theta\right)}{\sin\left(\frac{\pi}{4}+\frac{\theta}{2}\right)}=\frac{\sin\theta\cos\theta}{\sin\left(\frac{\pi}{4}+\frac{\theta}{2}\right)}$$

$$\therefore T(\theta)=\frac{1}{2}\times\overline{CP}^2\times\frac{\pi}{4}=\frac{1}{2}\times\left\{\frac{\sin\theta\cos\theta}{\sin\left(\frac{\pi}{4}+\frac{\theta}{2}\right)}\right\}^2\times\frac{\pi}{4}=\frac{\pi\sin^2\theta\cos^2\theta}{8\sin^2\left(\frac{\pi}{4}+\frac{\theta}{2}\right)}$$

Step 4 $\lim_{\theta\to0+}\frac{T(\theta)-S(\theta)}{\theta^2}$의 값 구하기

$$\therefore \lim_{\theta\to0+}\frac{T(\theta)-S(\theta)}{\theta^2}$$

$$=\lim_{\theta\to0+}\left\{\frac{\pi\sin^2\theta\cos^2\theta}{8\theta^2\sin^2\left(\frac{\pi}{4}+\frac{\theta}{2}\right)}-\frac{\pi\sin^2\theta(1-\sin\theta)^2}{8\theta^2\cos^2\frac{\theta}{2}}\right\}$$

$$=\lim_{\theta\to0+}\left\{\frac{\pi}{8}\times\left(\frac{\sin\theta}{\theta}\right)^2\times\frac{\cos^2\theta}{\sin^2\left(\frac{\pi}{4}+\frac{\theta}{2}\right)}-\frac{\pi}{8}\times\left(\frac{\sin\theta}{\theta}\right)^2\times\frac{(1-\sin\theta)^2}{\cos^2\frac{\theta}{2}}\right\}$$

$$=\frac{\pi}{8}\times1\times2-\frac{\pi}{8}\times1\times1=\frac{\pi}{8}$$

31 삼각함수의 극한의 활용 – 원, 부채꼴의 넓이

정답 ② | 정답률 67%

문제 보기

그림과 같이 $\overline{AB}=1$, $\angle B=\frac{\pi}{2}$인 직각삼각형 ABC에서 $\angle C$를 이등분하는 직선과 선분 AB의 교점을 D, 중심이 A이고 반지름의 길이가 $\overline{AD}$인 원과 선분 AC의 교점을 E라 하자. $\angle A=\theta$일 때, 부채꼴 ADE의 넓이를 $S(\theta)$, 삼각형 BCE의 넓이를 $T(\theta)$라 하자.

└ $\overline{AC}:\overline{BC}=\overline{AD}:\overline{BD}$

└ $S(\theta)=\frac{1}{2}\times\overline{AD}^2\times\theta$ 임을 이용한다.

└ $T(\theta)=\frac{1}{2}\times\overline{CE}\times\overline{BC}\times\sin C$ 임을 이용한다.

$\lim\limits_{\theta\to0+}\frac{\{S(\theta)\}^2}{T(\theta)}$의 값은? [4점]

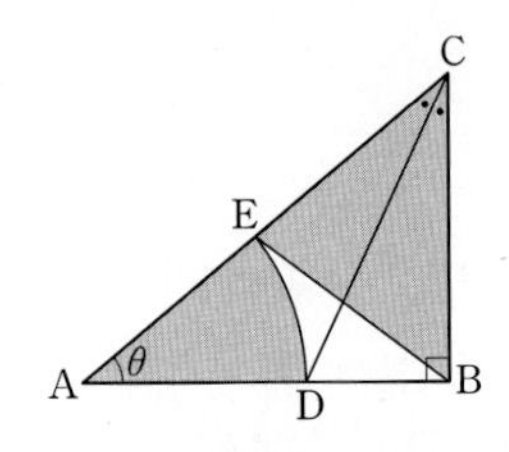

① $\frac{1}{4}$ ② $\frac{1}{2}$ ③ $\frac{3}{4}$ ④ 1 ⑤ $\frac{5}{4}$

Step 1 $S(\theta)$ 구하기

$\overline{AB}=1$이므로 직각삼각형 ABC에서

$\overline{AC}=\frac{\overline{AB}}{\cos\theta}=\frac{1}{\cos\theta}$, $\overline{BC}=\overline{AB}\tan\theta=\tan\theta$

$\overline{AD}=r$라 하면

$\overline{BD}=\overline{AB}-\overline{AD}=1-r$

직선 CD는 직각삼각형 ABC에서 $\angle C$를 이등분하므로

$\overline{AC}:\overline{BC}=\overline{AD}:\overline{BD}$에서

$\frac{1}{\cos\theta}:\tan\theta=r:(1-r)$

$r\tan\theta=\frac{1-r}{\cos\theta}$

$1-r=r\sin\theta$

$r(1+\sin\theta)=1$

$\therefore r=\frac{1}{1+\sin\theta}$

$$\therefore S(\theta)=\frac{1}{2}\times\overline{AD}^2\times\theta=\frac{1}{2}\times\left(\frac{1}{1+\sin\theta}\right)^2\times\theta=\frac{\theta}{2(1+\sin\theta)^2}$$

Step 2 $T(\theta)$ 구하기

$\overline{AE}=\overline{AD}$이므로

$\overline{CE}=\overline{AC}-\overline{AE}=\frac{1}{\cos\theta}-\frac{1}{1+\sin\theta}$

직각삼각형 ABC에서 $\angle C=\frac{\pi}{2}-\theta$

$$\begin{aligned}\therefore T(\theta)&=\frac{1}{2}\times\overline{CE}\times\overline{BC}\times\sin C\\&=\frac{1}{2}\times\left(\frac{1}{\cos\theta}-\frac{1}{1+\sin\theta}\right)\times\tan\theta\times\sin\left(\frac{\pi}{2}-\theta\right)\\&=\frac{1}{2}\times\frac{1+\sin\theta-\cos\theta}{\cos\theta(1+\sin\theta)}\times\tan\theta\times\cos\theta\\&=\frac{\sin\theta(1+\sin\theta-\cos\theta)}{2\cos\theta(1+\sin\theta)}\end{aligned}$$

Step 3 $\lim\limits_{\theta\to0+}\frac{\{S(\theta)\}^2}{T(\theta)}$의 값 구하기

$$\begin{aligned}\therefore \lim_{\theta\to0+}\frac{\{S(\theta)\}^2}{T(\theta)}&=\lim_{\theta\to0+}\frac{\frac{\theta^2}{4(1+\sin\theta)^4}}{\frac{\sin\theta(1+\sin\theta-\cos\theta)}{2\cos\theta(1+\sin\theta)}}\\&=\lim_{\theta\to0+}\frac{\theta^2\cos\theta}{2\sin\theta(1+\sin\theta)^3(1+\sin\theta-\cos\theta)}\\&=\lim_{\theta\to0+}\frac{\theta^2\cos\theta(1-\sin\theta+\cos\theta)}{2\sin\theta(1+\sin\theta)^3(1+\sin\theta-\cos\theta)(1-\sin\theta+\cos\theta)}\\&=\lim_{\theta\to0+}\frac{\theta^2\cos\theta(1-\sin\theta+\cos\theta)}{2\sin\theta(1+\sin\theta)^3\times2\sin\theta\cos\theta}\\&=\lim_{\theta\to0+}\frac{\theta^2(1-\sin\theta+\cos\theta)}{4\sin^2\theta(1+\sin\theta)^3}\\&=\lim_{\theta\to0+}\left\{\frac{1}{4}\times\left(\frac{\theta}{\sin\theta}\right)^2\times\frac{1-\sin\theta+\cos\theta}{(1+\sin\theta)^3}\right\}\\&=\frac{1}{4}\times1\times2=\frac{1}{2}\end{aligned}$$

32 삼각함수의 극한의 활용 – 원, 부채꼴의 넓이

정답 ⑤ | 정답률 53%

문제 보기

그림과 같이 길이가 4인 선분 AB를 지름으로 하는 반원 위에 두 점 P, Q를 $\angle PAB=\theta$, $\angle QAB=2\theta$가 되도록 잡는다. 선분 AB의 중점 O에 대하여 선분 OQ와 선분 AP가 만나는 점을 R라 하자. 호 PQ와 두 선분 QR, RP로 둘러싸인 부분의 넓이를 $S(\theta)$라 할 때, $\lim_{\theta\to0+}\frac{S(\theta)}{\theta}$의 값은? $\left(\text{단, } 0<\theta<\frac{\pi}{4}\right)$ [4점]

└→ 삼각형 AOQ에서 선분 AR는 ∠A의 이등분선이다.

└→ $S(\theta)$=(부채꼴 OPQ의 넓이)−△OPR임을 이용한다.

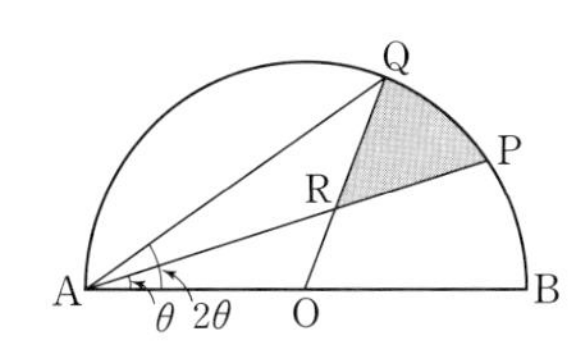

① $\frac{4}{3}$ ② $\frac{5}{3}$ ③ 2 ④ $\frac{7}{3}$ ⑤ $\frac{8}{3}$

Step 1 $S(\theta)$ 구하기

$S(\theta)$=(부채꼴 OPQ의 넓이)−△OPR …… ㉠

$\angle QAP=\theta$이고 호 QP에 대한 중심각의 크기는 원주각의 크기의 2배이므로

$\angle QOP=2\angle QAP=2\theta$

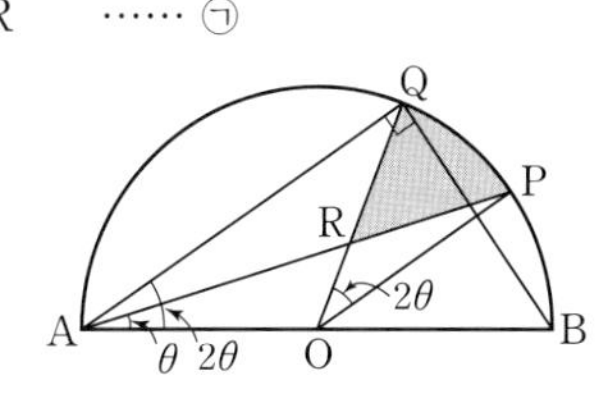

부채꼴 OPQ의 넓이는

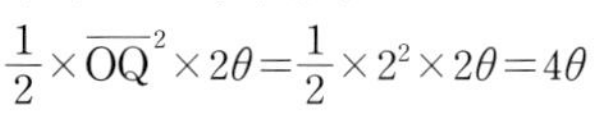

$\frac{1}{2}\times\overline{OQ}^2\times2\theta=\frac{1}{2}\times2^2\times2\theta=4\theta$

$\overline{AB}=4$, $\angle BQA=\frac{\pi}{2}$이므로 직각삼각형 ABQ에서

$\overline{AQ}=\overline{AB}\cos2\theta=4\cos2\theta$

$\overline{OR}=a$라 하면 삼각형 AOQ에서 $\overline{AO}=\overline{OQ}=2$이므로

$\overline{RQ}=\overline{OQ}-\overline{OR}=2-a$

삼각형 AOQ에서 선분 AR는 ∠A의 이등분선이므로

$\overline{AO}:\overline{AQ}=\overline{OR}:\overline{RQ}$에서

$2:4\cos2\theta=a:(2-a)$, $4a\cos2\theta=4-2a$

$\therefore a=\frac{2}{2\cos2\theta+1}$

$\therefore \triangle OPR=\frac{1}{2}\times\overline{OR}\times\overline{OP}\times\sin2\theta$

$=\frac{1}{2}\times\frac{2}{2\cos2\theta+1}\times2\times\sin2\theta$

$=\frac{2\sin2\theta}{2\cos2\theta+1}$

㉠에서 $S(\theta)=4\theta-\frac{2\sin2\theta}{2\cos2\theta+1}$

Step 2 $\lim_{\theta\to0+}\frac{S(\theta)}{\theta}$의 값 구하기

$$\therefore \lim_{\theta\to0+}\frac{S(\theta)}{\theta}=\lim_{\theta\to0+}\frac{4\theta-\frac{2\sin2\theta}{2\cos2\theta+1}}{\theta}$$

$$=\lim_{\theta\to0+}\left\{4-\frac{2\sin2\theta}{\theta(2\cos2\theta+1)}\right\}$$

$$=\lim_{\theta\to0+}\left(4-\frac{\sin2\theta}{2\theta}\times2\times\frac{2}{2\cos2\theta+1}\right)$$

$$=4-1\times2\times\frac{2}{3}=\frac{8}{3}$$

33 삼각함수의 극한의 활용 – 원, 부채꼴의 넓이

정답 18 | 정답률 69%

문제 보기

그림과 같이 길이가 12인 선분 AB를 지름으로 하는 반원의 호 AB 위에 $\angle PAB=\theta\left(0<\theta<\frac{\pi}{6}\right)$인 점 P가 있다. $\angle APQ=3\theta$가 되도록 선분 AB 위의 점 Q를 잡을 때, 두 선분 PQ, QB와 호 BP로 둘러싸인 부분의 넓이를 $S(\theta)$라 하자. $\lim_{\theta\to0+}\frac{S(\theta)}{\theta}$의 값을 구하시오. [4점]

└→ $\overline{AB}$의 중점을 O로 놓고 $S(\theta)$=(부채꼴 OBP의 넓이)−△OQP임을 이용한다.

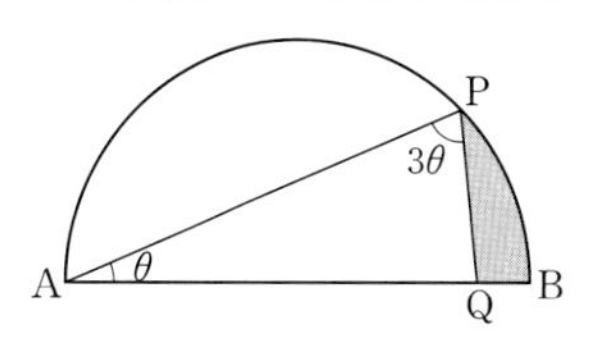

Step 1 $S(\theta)$ 구하기

선분 AB의 중점을 O라 하면

$S(\theta)$=(부채꼴 OBP의 넓이)−△OQP …… ㉠

오른쪽 그림에서 $\overline{OP}=6$이고 삼각형 AOP는 $\overline{OA}=\overline{OP}$인 이등변삼각형이므로

$\angle OAP=\angle OPA=\theta$

삼각형의 한 외각의 크기는 그와 이웃하지 않는 두 내각의 크기의 합과 같으므로

$\angle POQ=\angle OAP+\angle OPA=2\theta$

부채꼴 OBP의 넓이는

$\frac{1}{2}\times\overline{OP}^2\times2\theta=\frac{1}{2}\times6^2\times2\theta=36\theta$

$\angle APQ=3\theta$에서 $\angle QPO=\angle POQ=2\theta$이므로

$\angle OQP=\pi-4\theta$

삼각형 OQP에서 사인법칙에 의하여

$$\frac{\overline{PQ}}{\sin2\theta}=\frac{\overline{OP}}{\sin(\pi-4\theta)}$$

$$\therefore \overline{PQ}=\frac{\overline{OP}\sin2\theta}{\sin(\pi-4\theta)}=\frac{6\sin2\theta}{\sin4\theta}=\frac{6\sin2\theta}{2\sin2\theta\cos2\theta}=\frac{3}{\cos2\theta}$$

$\therefore \triangle OQP=\frac{1}{2}\times\overline{OP}\times\overline{PQ}\times\sin2\theta$

$=\frac{1}{2}\times6\times\frac{3}{\cos2\theta}\times\sin2\theta$

$=9\tan2\theta$

㉠에서 $S(\theta)=36\theta-9\tan2\theta$

Step 2 $\lim_{\theta\to0+}\frac{S(\theta)}{\theta}$의 값 구하기

$$\therefore \lim_{\theta\to0+}\frac{S(\theta)}{\theta}=\lim_{\theta\to0+}\frac{36\theta-9\tan2\theta}{\theta}$$

$$=\lim_{\theta\to0+}\left(36-\frac{\tan2\theta}{2\theta}\times18\right)$$

$$=36-1\times18=18$$

34 삼각함수의 극한의 활용 – 원, 부채꼴의 넓이

정답 20 | 정답률 36%

문제 보기

그림과 같이 길이가 2인 선분 AB를 지름으로 하는 반원이 있다. 선분 AB의 중점을 O라 하고 호 AB 위에 두 점 P, Q를

$\angle BOP=\theta$, $\angle BOQ=2\theta$

가 되도록 잡는다. 점 Q를 지나고 선분 AB에 평행한 직선이 호 AB와 만나는 점 중 Q가 아닌 점을 R라 하고, 선분 BR가 두 선분 OP, OQ와 만나는 점을 각각 S, T라 하자. 세 선분 AO, OT, TR와 호 RA로 둘러싸인 부분의 넓이를 $f(\theta)$라 하고, 세 선분 QT, TS, SP와 호

└ $f(\theta)$=(부채꼴 ORA의 넓이)+△OTR임을 이용한다.

PQ로 둘러싸인 부분의 넓이를 $g(\theta)$라 하자. $\lim_{\theta\to0+}\frac{g(\theta)}{f(\theta)}=a$일 때,

└ $g(\theta)$=(부채꼴 OPQ의 넓이)−△OST임을 이용한다.

$80a$의 값을 구하시오. $\left(단,\ 0<\theta<\frac{\pi}{4}\right)$ [4점]

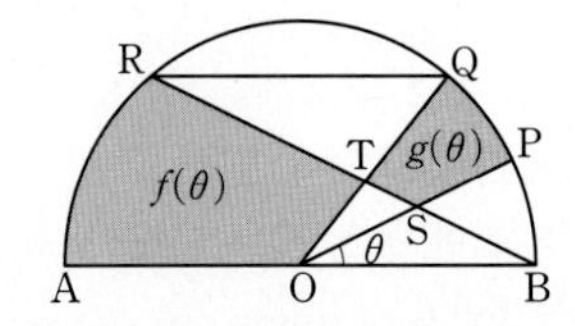

Step 1 $f(\theta)$ 구하기

호 BQ에 대한 중심각의 크기는 원주각의 크기의 2배이므로

$\angle BOQ=2\angle BRQ$

$\therefore \angle BRQ=\theta$

$\overline{AB}/\!/\overline{RQ}$이므로 $\angle RBA=\angle BRQ=\theta$

호 AR에 대한 중심각의 크기는 원주각의 크기의 2배이므로

$\angle ROA=2\angle RBA=2\theta$

$\angle OTB=\pi-3\theta$이므로 삼각형 OBT에서 사인법칙에 의하여

$$\frac{\overline{OT}}{\sin\theta}=\frac{\overline{OB}}{\sin(\pi-3\theta)}$$

$$\frac{\overline{OT}}{\sin\theta}=\frac{1}{\sin3\theta}$$

$$\therefore \overline{OT}=\frac{\sin\theta}{\sin3\theta}$$

$\angle ROT=\pi-(\angle ROA+\angle BOQ)=\pi-4\theta$이므로

$f(\theta)$=(부채꼴 ORA의 넓이)+△OTR

$$=\frac{1}{2}\times\overline{OA}^2\times2\theta+\frac{1}{2}\times\overline{OR}\times\overline{OT}\times\sin(\angle ROT)$$

$$=\frac{1}{2}\times1^2\times2\theta+\frac{1}{2}\times1\times\frac{\sin\theta}{\sin3\theta}\times\sin(\pi-4\theta)$$

$$=\theta+\frac{\sin\theta\sin4\theta}{2\sin3\theta}$$

Step 2 $g(\theta)$ 구하기

$\angle OSB=\pi-2\theta$이므로 삼각형 OBS에서 사인법칙에 의하여

$$\frac{\overline{OS}}{\sin\theta}=\frac{\overline{OB}}{\sin(\pi-2\theta)}$$

$$\frac{\overline{OS}}{\sin\theta}=\frac{1}{\sin2\theta}$$

$$\therefore \overline{OS}=\frac{\sin\theta}{\sin2\theta}$$

$\angle SOT=\angle BOQ-\angle BOP=\theta$이므로

$g(\theta)$=(부채꼴 OPQ의 넓이)−△OST

$$=\frac{1}{2}\times\overline{OP}^2\times\theta-\frac{1}{2}\times\overline{OT}\times\overline{OS}\times\sin(\angle SOT)$$

$$=\frac{1}{2}\times1^2\times\theta-\frac{1}{2}\times\frac{\sin\theta}{\sin3\theta}\times\frac{\sin\theta}{\sin2\theta}\times\sin\theta$$

$$=\frac{\theta}{2}-\frac{\sin^3\theta}{2\sin3\theta\sin2\theta}$$

Step 3 $\lim_{\theta\to0+}\frac{g(\theta)}{f(\theta)}$의 값 구하기

$$\therefore \lim_{\theta\to0+}\frac{g(\theta)}{f(\theta)}=\lim_{\theta\to0+}\frac{\frac{\theta}{2}-\frac{\sin^3\theta}{2\sin3\theta\sin2\theta}}{\theta+\frac{\sin\theta\sin4\theta}{2\sin3\theta}}$$

$$=\lim_{\theta\to0+}\frac{\frac{1}{2}-\frac{\left(\frac{\sin\theta}{\theta}\right)^3}{2\times\frac{\sin3\theta}{3\theta}\times\frac{\sin2\theta}{2\theta}}\times\frac{1}{6}}{1+\frac{\frac{\sin\theta}{\theta}\times\frac{\sin4\theta}{4\theta}}{2\times\frac{\sin3\theta}{3\theta}}\times\frac{4}{3}}$$

$$=\frac{\frac{1}{2}-\frac{1}{2\times1\times1}\times\frac{1}{6}}{1+\frac{1\times1}{2\times1}\times\frac{4}{3}}=\frac{1}{4}$$

Step 4 $80a$의 값 구하기

따라서 $a=\frac{1}{4}$이므로

$80a=80\times\frac{1}{4}=20$

35 삼각함수의 극한의 활용 - 원, 부채꼴의 넓이

정답 ① | 정답률 45%

문제 보기

그림과 같이 중심이 O이고 길이가 2인 선분 AB를 지름으로 하는 반원이 있다. 호 AB 위를 움직이는 점 P에 대하여 $\angle\mathrm{AOP}=\theta\left(0<\theta<\frac{\pi}{2}\right)$일 때, 세 점 A, O, P를 지나는 원의 넓이를 $f(\theta)$, 세 점 B, O, P를

└ 반지름의 길이를 R_1로 놓고 삼각형 AOP에서 사인법칙을 이용하여 R_1을 θ에 대한 삼각함수로 나타낸다.

지나는 원의 넓이를 $g(\theta)$라 하자. $\lim_{\theta\to\frac{\pi}{2}-}\frac{g(\theta)-f(\theta)}{\frac{\pi}{2}-\theta}$의 값은? [4점]

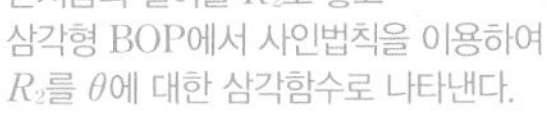

└ 반지름의 길이를 R_2로 놓고
삼각형 BOP에서 사인법칙을 이용하여
R_2를 θ에 대한 삼각함수로 나타낸다.

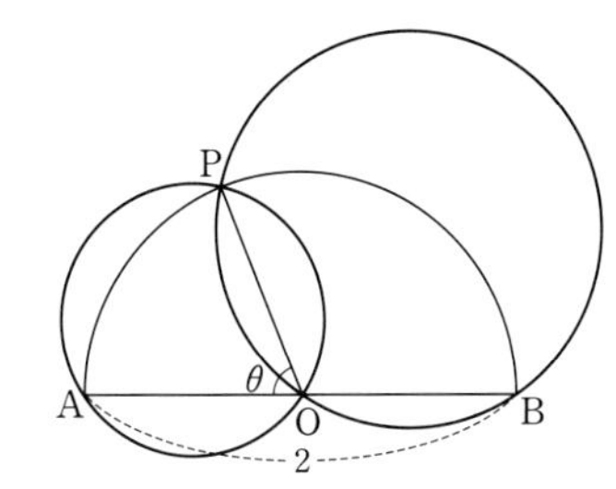

P
A
O
B
θ
2

① π ② $\frac{2\pi}{3}$ ③ $\frac{\pi}{2}$ ④ $\frac{\pi}{3}$ ⑤ $\frac{\pi}{4}$

Step 1 $f(\theta)$ 구하기

삼각형 AOP는 $\overline{\mathrm{OA}}=\overline{\mathrm{OP}}=1$인 이등변삼각형이므로

$$\angle\mathrm{OAP}=\angle\mathrm{OPA}=\frac{\pi}{2}-\frac{\theta}{2}$$

삼각형 AOP의 외접원의 반지름의 길이를 R_1이라 하면 사인법칙에 의하여

$$\frac{\overline{\mathrm{OP}}}{\sin\left(\frac{\pi}{2}-\frac{\theta}{2}\right)}=2R_1$$

$$\therefore R_1=\frac{\overline{\mathrm{OP}}}{2\sin\left(\frac{\pi}{2}-\frac{\theta}{2}\right)}=\frac{1}{2\cos\frac{\theta}{2}}$$

$$\therefore f(\theta)=\pi\times\left(\frac{1}{2\cos\frac{\theta}{2}}\right)^2=\frac{\pi}{4\cos^2\frac{\theta}{2}}$$

Step 2 $g(\theta)$ 구하기

호 AP에 대한 중심각의 크기는 원주각의 크기의 2배이므로

$$\angle\mathrm{AOP}=2\angle\mathrm{ABP}$$

$$\therefore \angle\mathrm{ABP}=\frac{\theta}{2}$$

삼각형 OBP의 외접원의 반지름의 길이를 R_2라 하면 사인법칙에 의하여

$$\frac{\overline{\mathrm{OP}}}{\sin\frac{\theta}{2}}=2R_2$$

$$\therefore R_2=\frac{\overline{\mathrm{OP}}}{2\sin\frac{\theta}{2}}=\frac{1}{2\sin\frac{\theta}{2}}$$

$$\therefore g(\theta)=\pi\times\left(\frac{1}{2\sin\frac{\theta}{2}}\right)^2=\frac{\pi}{4\sin^2\frac{\theta}{2}}$$

Step 3 $\lim_{\theta\to\frac{\pi}{2}-}\frac{g(\theta)-f(\theta)}{\frac{\pi}{2}-\theta}$의 값 구하기

$$\therefore \lim_{\theta\to\frac{\pi}{2}-}\frac{g(\theta)-f(\theta)}{\frac{\pi}{2}-\theta}=\lim_{\theta\to\frac{\pi}{2}-}\frac{\frac{\pi}{4\sin^2\frac{\theta}{2}}-\frac{\pi}{4\cos^2\frac{\theta}{2}}}{\frac{\pi}{2}-\theta}$$

$$=\lim_{\theta\to\frac{\pi}{2}-}\frac{\pi\left(\cos^2\frac{\theta}{2}-\sin^2\frac{\theta}{2}\right)}{\left(\frac{\pi}{2}-\theta\right)4\sin^2\frac{\theta}{2}\cos^2\frac{\theta}{2}}$$

$$=\lim_{\theta\to\frac{\pi}{2}-}\frac{\pi\cos\left(2\times\frac{\theta}{2}\right)}{\left(\frac{\pi}{2}-\theta\right)\sin^2\left(2\times\frac{\theta}{2}\right)}$$

$$=\lim_{\theta\to\frac{\pi}{2}-}\frac{\pi\cos\theta}{\left(\frac{\pi}{2}-\theta\right)\sin^2\theta}$$

$\frac{\pi}{2}-\theta=t$로 놓으면 $\theta\to\frac{\pi}{2}-$일 때 $t\to 0+$이므로

$$\lim_{\theta\to\frac{\pi}{2}-}\frac{\pi\cos\theta}{\left(\frac{\pi}{2}-\theta\right)\sin^2\theta}=\lim_{t\to0+}\frac{\pi\cos\left(\frac{\pi}{2}-t\right)}{t\sin^2\left(\frac{\pi}{2}-t\right)}$$

$$=\lim_{t\to0+}\frac{\pi\sin t}{t\cos^2 t}$$

$$=\lim_{t\to0+}\left(\frac{\sin t}{t}\times\frac{\pi}{\cos^2 t}\right)$$

$$=1\times\pi=\pi$$

36 삼각함수의 극한의 활용 – 원의 반지름의 길이

정답 25 | 정답률 43%

문제 보기

그림과 같이 길이가 1인 선분 AB를 지름으로 하는 반원 위에 점 C를 잡고 $\angle BAC=\theta$라 하자. 호 BC와 두 선분 AB, AC에 동시에 접하는 원의 반지름의 길이를 $f(\theta)$라 할 때, $\lim_{\theta \to 0+} \frac{\tan\frac{\theta}{2}-f(\theta)}{\theta^2}=\alpha$이다. 100α의 값을 구하시오. $\left(단, 0<\theta<\frac{\pi}{4}\right)$ [4점]

└ 원의 중심에서 두 선분 AB, AC에 수선의 발을 내려 만든 두 직각삼각형은 합동이다.

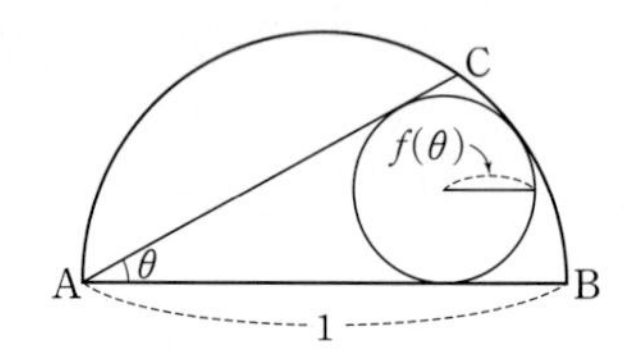

Step 1 $f(\theta)$ 구하기

오른쪽 그림과 같이 호 BC와 두 선분 AB, AC에 동시에 접하는 원의 중심을 D, 점 D에서 두 선분 AC, AB에 내린 수선의 발을 각각 E, H라 하고, 선분 AB의 중점을 O라 하자.

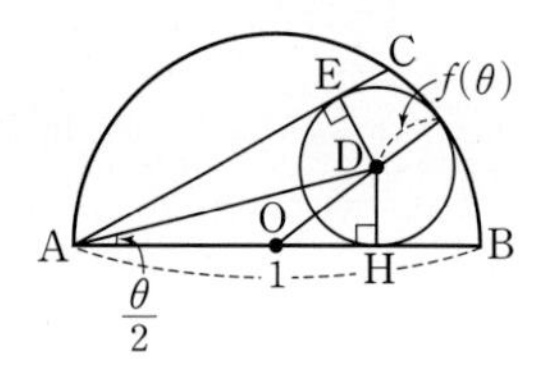

$\triangle ADE \equiv \triangle ADH$ (RHS 합동)이므로

$\angle DAH=\frac{\theta}{2}$

직각삼각형 AHD에서 $\overline{AH}=\frac{\overline{DH}}{\tan\frac{\theta}{2}}=\frac{f(\theta)}{\tan\frac{\theta}{2}}$

$\therefore \overline{OH}=\overline{AH}-\overline{AO}=\frac{f(\theta)}{\tan\frac{\theta}{2}}-\frac{1}{2}$

$\overline{OD}=\frac{1}{2}-f(\theta)$이므로 직각삼각형 OHD에서

$\overline{OH}^2=\overline{OD}^2-\overline{DH}^2$

$\left\{\frac{f(\theta)}{\tan\frac{\theta}{2}}-\frac{1}{2}\right\}^2=\left\{\frac{1}{2}-f(\theta)\right\}^2-\{f(\theta)\}^2$

$\frac{\{f(\theta)\}^2}{\tan^2\frac{\theta}{2}}-\frac{f(\theta)}{\tan\frac{\theta}{2}}=-f(\theta)$

$0<\theta<\frac{\pi}{4}$에서 $0<\frac{\theta}{2}<\frac{\pi}{8}$이고 $\tan\frac{\theta}{2}\neq 0$이므로 양변에 $\tan^2\frac{\theta}{2}$를 곱하여 정리하면

$f(\theta)\left\{f(\theta)-\tan\frac{\theta}{2}+\tan^2\frac{\theta}{2}\right\}=0$

$\therefore f(\theta)=\tan\frac{\theta}{2}-\tan^2\frac{\theta}{2}$ ($\because f(\theta)\neq 0$)

Step 2 $\lim_{\theta \to 0+} \frac{\tan\frac{\theta}{2}-f(\theta)}{\theta^2}$의 값 구하기

$$\therefore \lim_{\theta \to 0+} \frac{\tan\frac{\theta}{2}-f(\theta)}{\theta^2}=\lim_{\theta \to 0+} \frac{\tan^2\frac{\theta}{2}}{\theta^2}=\lim_{\theta \to 0+}\left(\frac{\tan\frac{\theta}{2}}{\frac{\theta}{2}}\right)^2\times\frac{1}{4}$$

$$=1\times\frac{1}{4}=\frac{1}{4}$$

Step 3 100α의 값 구하기

따라서 $\alpha=\frac{1}{4}$이므로 $100\alpha=100\times\frac{1}{4}=25$

37 삼각함수의 극한의 활용 – 원, 부채꼴의 넓이

정답 40 | 정답률 42%

문제 보기

그림과 같이 길이가 2인 선분 AB를 지름으로 하는 반원의 호 AB 위에 점 P가 있다. 중심이 A이고 반지름의 길이가 $\overline{AP}$인 원과 선분 AB의 교점을 Q라 하자. 호 PB 위에 점 R를 호 PR와 호 RB의 길이의 비가 3 : 7이 되도록 잡는다. 선분 AB의 중점을 O라 할 때, 선분 OR와 호 PQ의 교점을 T, 점 O에서 선분 AP에 내린 수선의 발을 H라 하자. 세 선분 PH, HO, OT와 호 TP로 둘러싸인 부분의 넓이를 S_1, 두 선분 RT, QB와 두 호 TQ, BR로 둘러싸인 부분의 넓이를 S_2라 하자. $\angle PAB=\theta$라 할 때, $\lim_{\theta \to 0+}\frac{S_1-S_2}{\overline{OH}}=a$이다. $50a$의 값을 구하시오. $\left(단, 0<\theta<\frac{\pi}{4}\right)$ [4점]

└ $\angle POR : \angle ROB=3:7$에서 $\angle ROB=\frac{7}{10}\angle POB$이다.

└ $S_1-S_2=$(부채꼴 AQP의 넓이)$-\triangle AOH-$(부채꼴 OBR의 넓이)임을 이용한다.

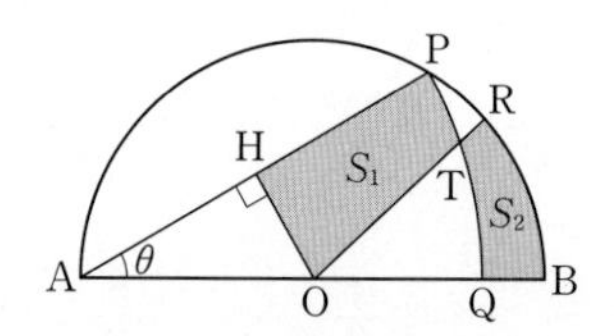

Step 1 S_1-S_2를 θ에 대한 삼각함수로 나타내기

$S_1-S_2=$(부채꼴 AQP의 넓이)$-\triangle AOH-$(부채꼴 OBR의 넓이) …… ㉠

$\overline{AB}=2$, $\angle APB=\frac{\pi}{2}$이므로 직각삼각형 ABP에서

$\overline{AP}=\overline{AB}\cos\theta=2\cos\theta$

부채꼴 AQP의 넓이는

$\frac{1}{2}\times\overline{AP}^2\times\theta=\frac{1}{2}\times(2\cos\theta)^2\times\theta=2\theta\cos^2\theta$

$\overline{OA}=1$이므로 직각삼각형 AOH에서

$\overline{AH}=\overline{OA}\cos\theta=\cos\theta$, $\overline{OH}=\overline{OA}\sin\theta=\sin\theta$

$\therefore \triangle AOH=\frac{1}{2}\times\overline{AH}\times\overline{OH}=\frac{1}{2}\times\cos\theta\times\sin\theta=\frac{\sin\theta\cos\theta}{2}$

호 BP에 대한 중심각의 크기는 원주각의 크기의 2배이므로

$\angle POB=2\angle PAB=2\theta$

$\overset{\frown}{PR} : \overset{\frown}{RB}=3:7$이므로 $\angle ROB=\frac{7}{10}\times 2\theta=\frac{7}{5}\theta$

부채꼴 ROB의 넓이는

$\frac{1}{2}\times\overline{OB}^2\times\frac{7}{5}\theta=\frac{1}{2}\times1^2\times\frac{7}{5}\theta=\frac{7}{10}\theta$

㉠에서 $S_1-S_2=2\theta\cos^2\theta-\frac{\sin\theta\cos\theta}{2}-\frac{7}{10}\theta$

Step 2 $\lim_{\theta \to 0+}\frac{S_1-S_2}{\overline{OH}}$의 값 구하기

$$\therefore \lim_{\theta \to 0+}\frac{S_1-S_2}{\overline{OH}}=\lim_{\theta \to 0+}\frac{2\theta\cos^2\theta-\frac{\sin\theta\cos\theta}{2}-\frac{7}{10}\theta}{\sin\theta}$$

$$=\lim_{\theta \to 0+}\left(2\cos^2\theta\times\frac{\theta}{\sin\theta}-\frac{\cos\theta}{2}-\frac{\theta}{\sin\theta}\times\frac{7}{10}\right)$$

$$=2\times1-\frac{1}{2}-1\times\frac{7}{10}=\frac{4}{5}$$

Step 3 $50a$의 값 구하기

따라서 $a=\frac{4}{5}$이므로 $50a=50\times\frac{4}{5}=40$

38 삼각함수의 극한의 활용 – 원, 부채꼴의 넓이

정답 4 | 정답률 20%

문제 보기

그림과 같이 길이가 2인 선분 AB를 지름으로 하는 반원의 호 AB 위에 점 P가 있다. 호 AP 위에 점 Q를 호 PB와 호 PQ의 길이가 같도록
└→ $\angle BAP=\angle PBQ$
잡을 때, 두 선분 AP, BQ가 만나는 점을 R라 하고 점 B를 지나고 선분 AB에 수직인 직선이 직선 AP와 만나는 점을 S라 하자. $\angle BAP=\theta$라 할 때, 두 선분 PR, QR와 호 PQ로 둘러싸인 부분의 넓이를 $f(\theta)$, 두 선분 PS, BS와 호 BP로 둘러싸인 부분의 넓이를 $g(\theta)$라 하자.
└→ 두 삼각형 RPB, SPB 사이의 관계를 이용하여 $f(\theta)+g(\theta)$를 한 도형의 넓이로 나타낸다.

$\lim\limits_{\theta\to 0+}\dfrac{f(\theta)+g(\theta)}{\theta^3}$의 값을 구하시오. $\left(\text{단, } 0<\theta<\dfrac{\pi}{4}\right)$ [4점]

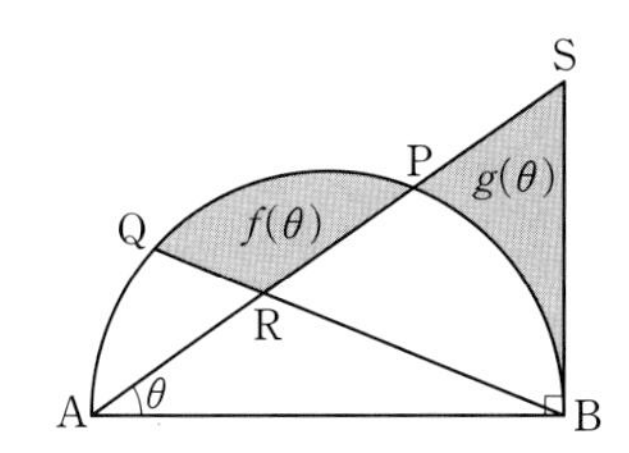

Step 1 두 삼각형 RPB, SPB 사이의 관계 파악하기

호 PB와 호 PQ의 길이가 같으므로 원주각의 성질에 의하여

$\angle BAP=\angle PBQ=\theta$

삼각형 ABP에서 선분 AB는 원의 지름이므로

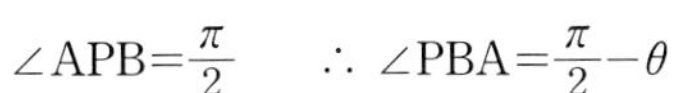

$\angle APB=\dfrac{\pi}{2}$ $\quad\therefore \angle PBA=\dfrac{\pi}{2}-\theta$

$\angle SBA=\dfrac{\pi}{2}$이므로 직각삼각형 ABS에서

$\angle SBP=\angle SBA-\angle PBA=\theta$

$\angle RPB=\angle SPB=\dfrac{\pi}{2}$, $\angle PBR=\angle PBS=\theta$, $\overline{PB}$는 공통이므로

$\triangle RPB\equiv\triangle SPB$ (RHA 합동)

$\therefore \triangle RPB=\triangle SPB$

Step 2 $f(\theta)+g(\theta)$ 구하기

호 PQ와 선분 PQ로 둘러싸인 부분의 넓이를 S라 하면 호 PB와 선분 PB로 둘러싸인 부분의 넓이도 S이므로

$f(\theta)=S+\triangle PQR$, $g(\theta)=\triangle SPB-S$

$$\begin{aligned}\therefore f(\theta)+g(\theta)&=\triangle PQR+\triangle SPB\\&=\triangle PQR+\triangle RPB\\&=\triangle BPQ\end{aligned}$$

$\overline{AB}=2$이므로 직각삼각형 ABS에서

$\overline{BS}=\overline{AB}\tan\theta=2\tan\theta$

직각삼각형 ABP에서

$\overline{PB}=\overline{AB}\sin\theta=2\sin\theta$

호 PB에 대하여 $\angle BQP=\angle BAP=\theta$

$\angle BQP=\angle PBQ=\theta$에서 삼각형 BPQ는 이등변삼각형이므로

$\angle QPB=\pi-2\theta$, $\overline{PQ}=\overline{PB}=2\sin\theta$

$$\begin{aligned}\therefore f(\theta)+g(\theta)&=\triangle BPQ\\&=\frac{1}{2}\times\overline{PQ}\times\overline{PB}\times\sin(\pi-2\theta)\\&=\frac{1}{2}\times 2\sin\theta\times 2\sin\theta\times\sin 2\theta\\&=2\sin^2\theta\sin 2\theta\\&=4\sin^3\theta\cos\theta\end{aligned}$$

Step 3 $\lim\limits_{\theta\to 0+}\dfrac{f(\theta)+g(\theta)}{\theta^3}$의 값 구하기

$$\begin{aligned}\therefore \lim_{\theta\to 0+}\frac{f(\theta)+g(\theta)}{\theta^3}&=\lim_{\theta\to 0+}\frac{4\sin^3\theta\cos\theta}{\theta^3}\\&=\lim_{\theta\to 0+}\left\{4\cos\theta\times\left(\frac{\sin\theta}{\theta}\right)^3\right\}\\&=4\times 1=4\end{aligned}$$

39 삼각함수의 극한의 활용 – 원, 부채꼴의 넓이

정답 23 | 정답률 27%

문제 보기

그림과 같이 길이가 2인 선분 AB를 지름으로 하는 반원이 있다. 선분 AB의 중점을 O라 할 때, 호 AB 위에 두 점 P, Q를 $\angle POA=\theta$, $\angle QOB=2\theta$가 되도록 잡는다. 두 선분 PB, OQ의 교점을 R라 하고, 점 R에서 선분 PQ에 내린 수선의 발을 H라 하자. 삼각형 POR의 넓이를 $f(\theta)$, 두 선분 RQ, RB와 호 QB로 둘러싸인 부분의 넓이를 $g(\theta)$라 할 때, $\lim_{\theta\to0+}\frac{f(\theta)+g(\theta)}{\overline{RH}}=\frac{q}{p}$이다. $p+q$의 값을 구하시오.

└ $f(\theta)+g(\theta)=\triangle POR+$(부채꼴 OBQ의 넓이)$-\triangle OBR$임을 이용한다.

└ 직각삼각형 PRH에서 $\overline{RH}=\overline{PR}\sin(\angle QPB)$임을 이용한다.

(단, $0<\theta<\frac{\pi}{3}$이고, p와 q는 서로소인 자연수이다.) [4점]

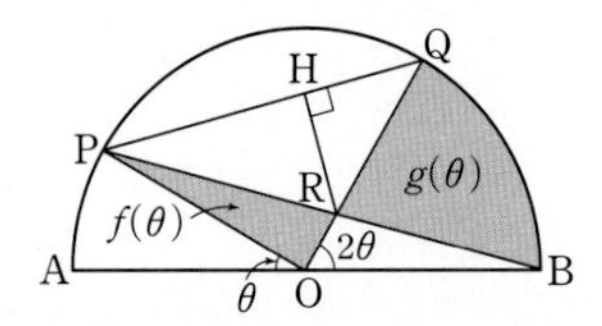

Step 1 $f(\theta)+g(\theta)$ 구하기

$f(\theta)+g(\theta)=\triangle POR+$(부채꼴 OBQ의 넓이)$-\triangle OBR$ ⋯⋯ ㉠

부채꼴 OBQ의 넓이는

$$\frac{1}{2}\times\overline{OB}^2\times2\theta=\frac{1}{2}\times1^2\times2\theta=\theta$$

호 AP에 대한 중심각의 크기는 원주각의 크기의 2배이므로

$\angle AOP=2\angle ABP$ $\quad\therefore \angle ABP=\frac{\theta}{2}$

$$\therefore \angle BRO=\pi-\left(2\theta+\frac{\theta}{2}\right)=\pi-\frac{5\theta}{2}$$

삼각형 OBR에서 사인법칙에 의하여

$$\frac{\overline{OB}}{\sin\left(\pi-\frac{5\theta}{2}\right)}=\frac{\overline{OR}}{\sin\frac{\theta}{2}}$$

$$\therefore \overline{OR}=\frac{\overline{OB}\sin\frac{\theta}{2}}{\sin\left(\pi-\frac{5\theta}{2}\right)}=\frac{\sin\frac{\theta}{2}}{\sin\frac{5\theta}{2}}$$

$\angle POR=\pi-(\theta+2\theta)=\pi-3\theta$이므로 두 삼각형 POR, OBR의 넓이는

$$\triangle POR=\frac{1}{2}\times\overline{OP}\times\overline{OR}\times\sin(\pi-3\theta)$$

$$=\frac{1}{2}\times1\times\frac{\sin\frac{\theta}{2}}{\sin\frac{5\theta}{2}}\times\sin3\theta=\frac{\sin\frac{\theta}{2}\sin3\theta}{2\sin\frac{5\theta}{2}}$$

$$\triangle OBR=\frac{1}{2}\times\overline{OR}\times\overline{OB}\times\sin2\theta$$

$$=\frac{1}{2}\times\frac{\sin\frac{\theta}{2}}{\sin\frac{5\theta}{2}}\times1\times\sin2\theta=\frac{\sin\frac{\theta}{2}\sin2\theta}{2\sin\frac{5\theta}{2}}$$

㉠에서

$$f(\theta)+g(\theta)=\frac{\sin\frac{\theta}{2}\sin3\theta}{2\sin\frac{5\theta}{2}}+\theta-\frac{\sin\frac{\theta}{2}\sin2\theta}{2\sin\frac{5\theta}{2}}$$

$$=\theta+\frac{\sin\frac{\theta}{2}}{2\sin\frac{5\theta}{2}}(\sin3\theta-\sin2\theta)$$

Step 2 $\overline{RH}$를 θ에 대한 삼각함수로 나타내기

삼각형 OBP는 $\overline{OB}=\overline{OP}$인 이등변삼각형이므로

$$\angle RPO=\angle OBR=\frac{\theta}{2}$$

$\angle POR=\pi-3\theta$이므로 삼각형 POR에서 사인법칙에 의하여

$$\frac{\overline{OR}}{\sin\frac{\theta}{2}}=\frac{\overline{PR}}{\sin(\pi-3\theta)}$$

$$\therefore \overline{PR}=\frac{\overline{OR}\sin(\pi-3\theta)}{\sin\frac{\theta}{2}}=\frac{\sin3\theta}{\sin\frac{5\theta}{2}}$$

호 BQ에 대한 중심각의 크기는 원주각의 크기의 2배이므로

$\angle QOB=2\angle QPB$ $\quad\therefore \angle QPB=\theta$

직각삼각형 PRH에서

$$\overline{RH}=\overline{PR}\sin\theta=\frac{\sin\theta\sin3\theta}{\sin\frac{5\theta}{2}}$$

Step 3 $\lim_{\theta\to0+}\frac{f(\theta)+g(\theta)}{\overline{RH}}$의 값 구하기

$$\therefore \lim_{\theta\to0+}\frac{f(\theta)+g(\theta)}{\overline{RH}}$$

$$=\lim_{\theta\to0+}\frac{\theta+\frac{\sin\frac{\theta}{2}}{2\sin\frac{5\theta}{2}}(\sin3\theta-\sin2\theta)}{\frac{\sin\theta\sin3\theta}{\sin\frac{5\theta}{2}}}$$

$$=\lim_{\theta\to0+}\frac{\theta\sin\frac{5\theta}{2}}{\sin\theta\sin3\theta}+\lim_{\theta\to0+}\frac{\sin\frac{\theta}{2}}{2\sin\theta}\left(1-\frac{\sin2\theta}{\sin3\theta}\right)$$

$$=\lim_{\theta\to0+}\left(\frac{5}{6}\times\frac{\theta}{\sin\theta}\times\frac{3\theta}{\sin3\theta}\times\frac{\sin\frac{5\theta}{2}}{\frac{5\theta}{2}}\right)$$

$$+\lim_{\theta\to0+}\left\{\frac{1}{4}\times\frac{\sin\frac{\theta}{2}}{\frac{\theta}{2}}\times\frac{\theta}{\sin\theta}\left(1-\frac{\sin2\theta}{2\theta}\times\frac{3\theta}{\sin3\theta}\times\frac{2}{3}\right)\right\}$$

$$=\left(\frac{5}{6}\times1\times1\times1\right)+\left\{\frac{1}{4}\times1\times1\times\left(1-1\times1\times\frac{2}{3}\right)\right\}$$

$$=\frac{11}{12}$$

Step 4 $p+q$의 값 구하기

따라서 $p=12$, $q=11$이므로

$p+q=23$

40 삼각함수의 극한의 활용 – 원, 부채꼴의 넓이

정답 11 | 정답률 23%

문제 보기

그림과 같이 길이가 2인 선분 AB를 지름으로 하는 반원이 있다. 호 AB 위에 두 점 P, Q를 $\angle PAB=\theta$, $\angle QBA=2\theta$가 되도록 잡고, 두 선분 AP, BQ의 교점을 R라 하자.
선분 AB 위의 점 S, 선분 BR 위의 점 T, 선분 AR 위의 점 U를 선분 UT가 선분 AB에 평행하고 삼각형 STU가 정삼각형이 되도록 잡는다. 두 선분 AR, QR와 호 AQ로 둘러싸인 부분의 넓이를 $f(\theta)$, 삼

└ 반원의 중심을 O로 놓고
$f(\theta)=$(부채꼴 OQA의 넓이)$+\triangle OBQ-\triangle ABR$임을 이용한다.

각형 STU의 넓이를 $g(\theta)$라 할 때, $\lim_{\theta\to0+}\frac{g(\theta)}{\theta\times f(\theta)}=\frac{q}{p}\sqrt{3}$이다.

└ 한 변의 길이가 a인 정삼각형의 높이는 $\frac{\sqrt{3}}{2}a$이고 넓이는 $\frac{\sqrt{3}}{4}a^2$임을 이용한다.

$p+q$의 값을 구하시오.

(단, $0<\theta<\frac{\pi}{6}$이고, p와 q는 서로소인 자연수이다.) [4점]

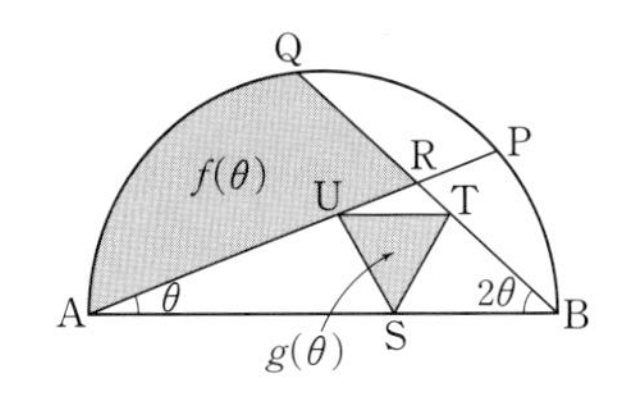

Step 1 $f(\theta)$ 구하기

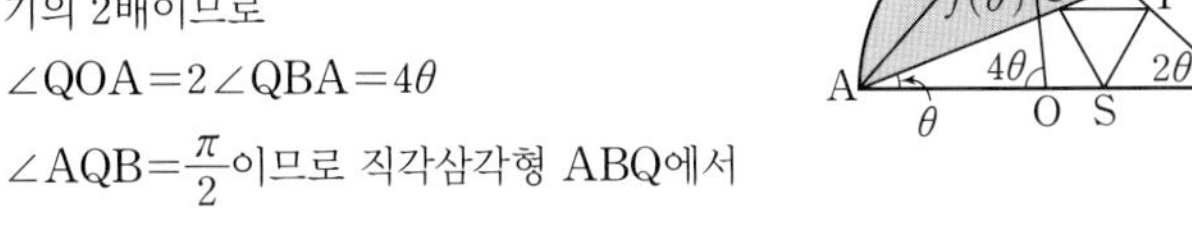

오른쪽 그림과 같이 반원의 중심을 O라 하면 호 AQ에 대한 중심각의 크기는 원주각의 크기의 2배이므로

$\angle QOA=2\angle QBA=4\theta$

$\angle AQB=\frac{\pi}{2}$이므로 직각삼각형 ABQ에서

$\overline{AQ}=\overline{AB}\sin2\theta=2\sin2\theta$

삼각형의 한 외각의 크기는 그와 이웃하지 않는 두 내각의 크기의 합과 같으므로 $\angle QRA=\angle RAB+\angle RBA=3\theta$

$\angle BRA=\pi-3\theta$이므로 삼각형 ABR에서 사인법칙에 의하여

$$\frac{\overline{AB}}{\sin(\pi-3\theta)}=\frac{\overline{AR}}{\sin2\theta}=\frac{\overline{BR}}{\sin\theta}$$

$$\therefore \overline{AR}=\frac{\overline{AB}\sin2\theta}{\sin(\pi-3\theta)}=\frac{2\sin2\theta}{\sin3\theta},\ \overline{BR}=\frac{\overline{AB}\sin\theta}{\sin(\pi-3\theta)}=\frac{2\sin\theta}{\sin3\theta}$$

$\therefore f(\theta)=$(부채꼴 OQA의 넓이)$+\triangle OBQ-\triangle ABR$

$$=\frac{1}{2}\times\overline{OA}^2\times4\theta+\frac{1}{2}\times\overline{OQ}\times\overline{OB}\times\sin(\angle QOB)-\frac{1}{2}\times\overline{AR}\times\overline{BR}\times\sin(\angle BRA)$$

$$=\frac{1}{2}\times1^2\times4\theta+\frac{1}{2}\times1\times1\times\sin(\pi-4\theta)-\frac{1}{2}\times\frac{2\sin2\theta}{\sin3\theta}\times\frac{2\sin\theta}{\sin3\theta}\times\sin(\pi-3\theta)$$

$$=2\theta+\frac{\sin4\theta}{2}-\frac{2\sin2\theta\sin\theta}{\sin3\theta}$$

Step 2 $g(\theta)$ 구하기

오른쪽 그림과 같이 두 점 U, T에서 선분 AB에 내린 수선의 발을 각각 H_1, H_2라 하고, 정삼각형 STU의 한 변의 길이를 a라 하면 $\overline{UH_1}=\overline{TH_2}=\frac{\sqrt{3}}{2}a$

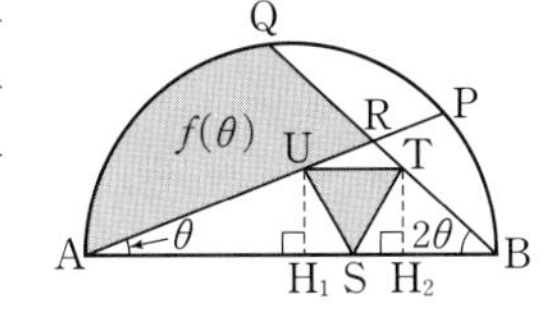

$$\therefore \overline{AH_1}=\frac{\sqrt{3}a}{2\tan\theta},\ \overline{BH_2}=\frac{\sqrt{3}a}{2\tan2\theta}$$

$\overline{AB}=\overline{AH_1}+\overline{H_1H_2}+\overline{BH_2}$이므로

$$2=\frac{\sqrt{3}a}{2\tan\theta}+a+\frac{\sqrt{3}a}{2\tan2\theta}$$

$$\therefore a=\frac{2}{\frac{\sqrt{3}}{2\tan2\theta}+\frac{\sqrt{3}}{2\tan\theta}+1}$$

$$\therefore g(\theta)=\frac{\sqrt{3}}{4}a^2=\frac{\sqrt{3}}{\left(\frac{\sqrt{3}}{2\tan2\theta}+\frac{\sqrt{3}}{2\tan\theta}+1\right)^2}$$

Step 3 $\lim_{\theta\to0+}\frac{g(\theta)}{\theta\times f(\theta)}$의 값 구하기

$$\therefore \lim_{\theta\to0+}\frac{g(\theta)}{\theta\times f(\theta)}$$

$$=\lim_{\theta\to0+}\frac{\frac{\sqrt{3}}{\left(\frac{\sqrt{3}}{2\tan2\theta}+\frac{\sqrt{3}}{2\tan\theta}+1\right)^2}}{\theta\left(2\theta+\frac{\sin4\theta}{2}-\frac{2\sin\theta\sin2\theta}{\sin3\theta}\right)}$$

$$=\lim_{\theta\to0+}\frac{\frac{\sqrt{3}}{\left(\frac{\sqrt{3}}{4}\times\frac{2\theta}{\tan2\theta}+\frac{\sqrt{3}}{2}\times\frac{\theta}{\tan\theta}+\theta\right)^2}}{2+2\times\frac{\sin4\theta}{4\theta}-\frac{4}{3}\times\frac{\sin\theta}{\theta}\times\frac{\sin2\theta}{2\theta}\times\frac{3\theta}{\sin3\theta}}$$

$$=\frac{\frac{\sqrt{3}}{\left(\frac{\sqrt{3}}{4}\times1+\frac{\sqrt{3}}{2}\times1\right)^2}}{2+2\times1-\frac{4}{3}\times1\times1\times1}=\frac{2}{9}\sqrt{3}$$

Step 4 $p+q$의 값 구하기

따라서 $p=9$, $q=2$이므로

$p+q=11$

다른 풀이 **Step 2** 좌표평면을 이용하여 $g(\theta)$ 구하기

오른쪽 그림과 같이 주어진 반원을 반원의 중심이 원점 O, 선분 AB가 x축에 오도록 좌표평면 위에 나타내자.

직선 AP의 기울기는 $\tan\theta$이고 점 $(-1,\ 0)$을 지나므로 직선의 방정식은

$y=\tan\theta(x+1)$

직선 BQ의 기울기는 $\tan(\pi-2\theta)=-\tan2\theta$이고 점 $(1,\ 0)$을 지나므로 직선의 방정식은

$y=-\tan2\theta(x-1)$

삼각형 STU는 정삼각형이므로 $\overline{UT}=a$라 하면 두 점 U, T의 y좌표는 정삼각형 STU의 높이와 같으므로

$y=\frac{\sqrt{3}}{2}a$

직선 UT가 직선 AP와 만나는 점 U의 x좌표는

$\frac{\sqrt{3}}{2}a=\tan\theta(x+1)\qquad\therefore x=\frac{\sqrt{3}a}{2\tan\theta}-1$

직선 UT가 직선 BQ와 만나는 점 T의 x좌표는

$\frac{\sqrt{3}}{2}a=-\tan2\theta(x-1)\qquad\therefore x=1-\frac{\sqrt{3}a}{2\tan2\theta}$

$\overline{UT}=a$이므로

$$1-\frac{\sqrt{3}a}{2\tan2\theta}-\left(\frac{\sqrt{3}a}{2\tan\theta}-1\right)=a\qquad\therefore a=\frac{2}{\frac{\sqrt{3}}{2\tan2\theta}+\frac{\sqrt{3}}{2\tan\theta}+1}$$

$$\therefore g(\theta)=\frac{\sqrt{3}}{4}a^2=\frac{\sqrt{3}}{\left(\frac{\sqrt{3}}{2\tan2\theta}+\frac{\sqrt{3}}{2\tan\theta}+1\right)^2}$$

11 일차

01 ③	02 ④	03 ④	04 100	05 16	06 6	07 ①	08 30	09 ②	10 ④	11 ②	12 ②
13 ②	14 ④	15 ②	16 ③	17 ②	18 ①	19 ①	20 9	21 ②	22 20	23 ①	24 ④
25 ③	26 18	27 ②	28 ③	29 ④	30 ①	31 2	32 ①	33 ⑤	34 ②	35 ⑤	36 135
37 ③	38 15	39 50	40 120								

문제편 153쪽~171쪽

01 삼각함수의 극한의 활용-다각형의 넓이

정답 ③ | 정답률 81%

문제 보기

그림과 같이 한 변의 길이가 1인 마름모 ABCD가 있다. 점 C에서 선분 AB의 연장선에 내린 수선의 발을 E, 점 E에서 선분 AC에 내린 수선의 발을 F, 선분 EF와 선분 BC의 교점을 G라 하자. $\angle DAB=\theta$일 때, 삼각형 CFG의 넓이를 $S(\theta)$라 하자. $\lim_{\theta\to0+}\frac{S(\theta)}{\theta^5}$의 값은?

└ $S(\theta)=\frac{1}{2}\times\overline{CF}\times\overline{FG}$임을 이용한다.

$\left(단, 0<\theta<\frac{\pi}{2}\right)$ [4점]

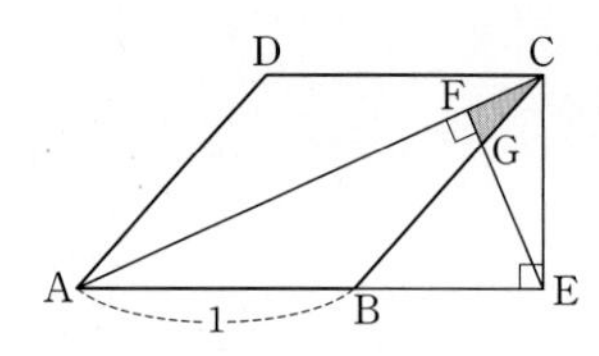

① $\frac{1}{24}$ ② $\frac{1}{20}$ ③ $\frac{1}{16}$ ④ $\frac{1}{12}$ ⑤ $\frac{1}{8}$

Step 1 $S(\theta)$ 구하기

$\angle CBE=\angle DAB=\theta$, $\overline{BC}=1$이므로 직각삼각형 BEC에서
$\overline{CE}=\overline{BC}\sin\theta=\sin\theta$

$\triangle ACD\equiv\triangle ACB$(SSS 합동)이므로 $\angle CAB=\frac{\theta}{2}$

$\angle ECA=\frac{\pi}{2}-\frac{\theta}{2}$이므로 직각삼각형 CEF에서

$\overline{CF}=\overline{CE}\cos\left(\frac{\pi}{2}-\frac{\theta}{2}\right)=\sin\theta\sin\frac{\theta}{2}$

삼각형 ABC는 $\overline{AB}=\overline{BC}$인 이등변삼각형이므로 $\angle BCA=\angle CAB=\frac{\theta}{2}$
직각삼각형 CFG에서

$\overline{FG}=\overline{CF}\tan\frac{\theta}{2}=\sin\theta\sin\frac{\theta}{2}\tan\frac{\theta}{2}$

$$\therefore S(\theta)=\frac{1}{2}\times\overline{CF}\times\overline{FG}$$
$$=\frac{1}{2}\times\sin\theta\sin\frac{\theta}{2}\times\sin\theta\sin\frac{\theta}{2}\tan\frac{\theta}{2}$$
$$=\frac{1}{2}\sin^2\theta\sin^2\frac{\theta}{2}\tan\frac{\theta}{2}$$

Step 2 $\lim_{\theta\to0+}\frac{S(\theta)}{\theta^5}$의 값 구하기

$$\therefore \lim_{\theta\to0+}\frac{S(\theta)}{\theta^5}=\lim_{\theta\to0+}\frac{\sin^2\theta\sin^2\frac{\theta}{2}\tan\frac{\theta}{2}}{2\theta^5}$$
$$=\lim_{\theta\to0+}\left\{\left(\frac{\sin\theta}{\theta}\right)^2\times\left(\frac{\sin\frac{\theta}{2}}{\frac{\theta}{2}}\right)^2\times\frac{\tan\frac{\theta}{2}}{\frac{\theta}{2}}\times\frac{1}{16}\right\}$$
$$=1\times1\times1\times\frac{1}{16}=\frac{1}{16}$$

02 삼각함수의 극한의 활용-다각형의 넓이

정답 ④ | 정답률 70%

문제 보기

그림과 같이 $\overline{AB}=1$, $\angle B=\frac{\pi}{2}$인 직각삼각형 ABC에서 선분 AB 위에 $\overline{AD}=\overline{CD}$가 되도록 점 D를 잡는다. 점 D에서 선분 AC에 내린 수선의 발을 E, 점 D를 지나고 직선 AC에 평행한 직선이 선분 BC와 만나는 점을 F라 하자. $\angle BAC=\theta$일 때, 삼각형 DEF의 넓이를 $S(\theta)$라 하자. $\lim_{\theta\to0+}\frac{S(\theta)}{\theta}$의 값은? $\left(단, 0<\theta<\frac{\pi}{4}\right)$ [4점]

└ 삼각형 ADC는 이등변삼각형이다.

└ $\angle FDB=\angle BAC$, $\angle EDF=\frac{\pi}{2}$

└ $S(\theta)=\frac{1}{2}\times\overline{DE}\times\overline{DF}$임을 이용한다.

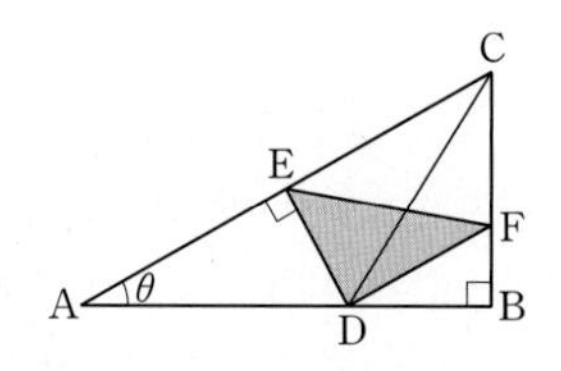

① $\frac{1}{32}$ ② $\frac{1}{16}$ ③ $\frac{3}{32}$ ④ $\frac{1}{8}$ ⑤ $\frac{5}{32}$

Step 1 $S(\theta)$ 구하기

삼각형 ADC는 $\overline{AD}=\overline{CD}$인 이등변삼각형이므로
$\overline{AE}=\overline{CE}$
$\overline{AB}=1$이므로 직각삼각형 ABC에서

$\overline{AC}=\frac{\overline{AB}}{\cos\theta}=\frac{1}{\cos\theta}$ $\therefore \overline{AE}=\frac{1}{2}\overline{AC}=\frac{1}{2\cos\theta}$

직각삼각형 ADE에서

$\overline{DE}=\overline{AE}\tan\theta=\frac{\tan\theta}{2\cos\theta}$, $\overline{AD}=\frac{\overline{AE}}{\cos\theta}=\frac{1}{2\cos^2\theta}$

$\therefore \overline{DB}=\overline{AB}-\overline{AD}=1-\frac{1}{2\cos^2\theta}$

$\overline{AC}\,/\!/\,\overline{DF}$이므로 $\angle EDF=\frac{\pi}{2}$, $\angle FDB=\theta$

직각삼각형 DBF에서

$\overline{DF}=\frac{\overline{DB}}{\cos\theta}=\frac{1}{\cos\theta}-\frac{1}{2\cos^3\theta}$

$$\therefore S(\theta)=\frac{1}{2}\times\overline{DE}\times\overline{DF}=\frac{1}{2}\times\frac{\tan\theta}{2\cos\theta}\times\left(\frac{1}{\cos\theta}-\frac{1}{2\cos^3\theta}\right)$$
$$=\frac{\tan\theta}{4}\left(\frac{1}{\cos^2\theta}-\frac{1}{2\cos^4\theta}\right)$$

Step 2 $\lim_{\theta\to0+}\frac{S(\theta)}{\theta}$의 값 구하기

$$\therefore \lim_{\theta\to0+}\frac{S(\theta)}{\theta}=\lim_{\theta\to0+}\frac{\tan\theta}{4\theta}\left(\frac{1}{\cos^2\theta}-\frac{1}{2\cos^4\theta}\right)$$
$$=\lim_{\theta\to0+}\left\{\frac{1}{4}\times\frac{\tan\theta}{\theta}\times\left(\frac{1}{\cos^2\theta}-\frac{1}{2\cos^4\theta}\right)\right\}$$
$$=\frac{1}{4}\times1\times\frac{1}{2}=\frac{1}{8}$$

03 삼각함수의 극한의 활용 – 다각형의 넓이

정답 ④ | 정답률 70%

문제 보기

그림과 같이 빗변 AC의 길이가 1이고 $\angle BAC=\theta$인 직각삼각형 ABC가 있다. 점 B를 중심으로 하고 점 C를 지나는 원이 선분 AC와 만나는 점 중 점 C가 아닌 점을 D라 하고, 점 D에서 선분 AB에 내린 수선의 발을 E라 하자. 사각형 BCDE의 넓이를 $S(\theta)$라 할 때,

└ $\overline{BC}=\overline{BD}$

└ $S(\theta)=\frac{1}{2}\times(\overline{ED}+\overline{BC})\times\overline{BE}$임을 이용한다.

$\lim_{\theta\to0+}\frac{S(\theta)}{\theta^3}$의 값은? $\left(단,\ 0<\theta<\frac{\pi}{4}\right)$ [4점]

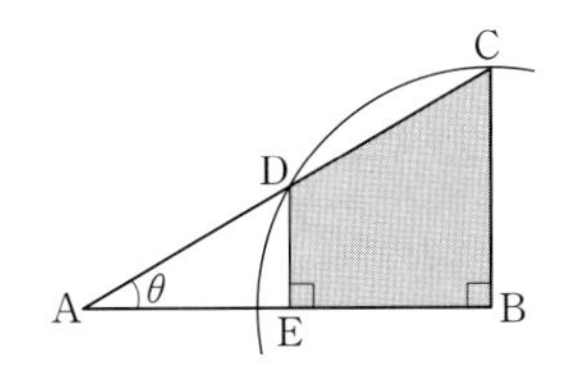

① $\frac{1}{4}$　② $\frac{1}{2}$　③ 1　④ 2　⑤ 4

Step 1 $S(\theta)$ 구하기

$\overline{AC}=1$이므로 직각삼각형 ABC에서

$\overline{BC}=\overline{AC}\sin\theta=\sin\theta$

오른쪽 그림과 같이 삼각형 BCD는 $\overline{BC}=\overline{BD}$인 이등변삼각형이므로

$\angle BCD=\angle BDC=\frac{\pi}{2}-\theta$

$\angle CBD=\pi-2\left(\frac{\pi}{2}-\theta\right)=2\theta$, $\overline{BC}\,/\!/\,\overline{ED}$이므로 $\angle BDE=2\theta$

$\overline{BD}=\overline{BC}=\sin\theta$이므로 직각삼각형 BDE에서

$\overline{ED}=\overline{BD}\cos2\theta=\sin\theta\cos2\theta$

$\overline{BE}=\overline{BD}\sin2\theta=\sin\theta\sin2\theta$

$$\begin{aligned}\therefore S(\theta)&=\frac{1}{2}\times(\overline{ED}+\overline{BC})\times\overline{BE}\\&=\frac{1}{2}\times(\sin\theta\cos2\theta+\sin\theta)\times\sin\theta\sin2\theta\\&=\frac{1}{2}\sin^2\theta\sin2\theta\cos2\theta+\frac{1}{2}\sin^2\theta\sin2\theta\\&=\frac{1}{2}\sin^2\theta\sin2\theta(\cos2\theta+1)\end{aligned}$$

$\lim_{\theta\to0+}\frac{S(\theta)}{\theta^3}$의 값 구하기

$$\begin{aligned}\therefore \lim_{\theta\to0+}\frac{S(\theta)}{\theta^3}&=\lim_{\theta\to0+}\frac{\sin^2\theta\sin2\theta(\cos2\theta+1)}{2\theta^3}\\&=\lim_{\theta\to0+}\left\{\left(\frac{\sin\theta}{\theta}\right)^2\times\frac{\sin2\theta}{2\theta}\times(\cos2\theta+1)\right\}\\&=1\times1\times2=2\end{aligned}$$

04 삼각함수의 극한의 활용 – 다각형의 넓이

정답 100 | 정답률 52%

문제 보기

그림과 같이 길이가 1인 선분 AB를 빗변으로 하고 $\angle BAC=\theta\left(0<\theta<\frac{\pi}{6}\right)$인 직각삼각형 ABC에 대하여 점 D를

$\angle ACD=\frac{2}{3}\pi$, $\angle CAD=2\theta$

가 되도록 잡는다. 삼각형 BCD의 넓이를 $S(\theta)$라 할 때,

└ $S(\theta)=\frac{1}{2}\times\overline{CD}\times\overline{BC}\times\sin(\angle BCD)$임을 이용한다.

$\lim_{\theta\to0+}\frac{S(\theta)}{\theta^2}=p$이다. $300p^2$의 값을 구하시오.

(단, 네 점 A, B, C, D는 한 평면 위에 있다.) [4점]

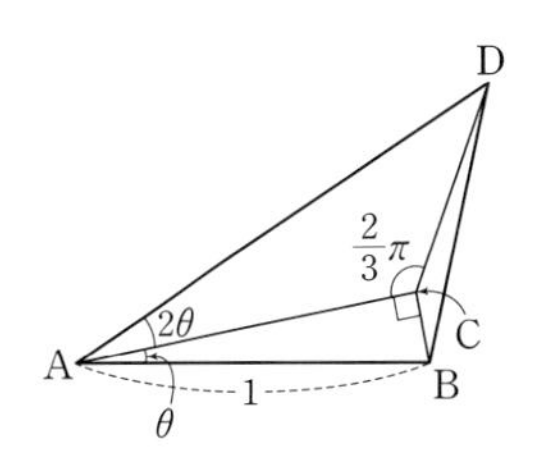

Step 1 $S(\theta)$ 구하기

$\overline{AB}=1$이므로 직각삼각형 ABC에서

$\overline{BC}=\overline{AB}\sin\theta=\sin\theta$, $\overline{AC}=\overline{AB}\cos\theta=\cos\theta$

$\angle ADC=\pi-\left(2\theta+\frac{2}{3}\pi\right)=\frac{\pi}{3}-2\theta$이므로 삼각형 ACD에서 사인법칙에 의하여

$$\frac{\overline{AC}}{\sin\left(\frac{\pi}{3}-2\theta\right)}=\frac{\overline{CD}}{\sin2\theta}$$

$$\therefore \overline{CD}=\frac{\overline{AC}\sin2\theta}{\sin\left(\frac{\pi}{3}-2\theta\right)}=\frac{\cos\theta\sin2\theta}{\sin\left(\frac{\pi}{3}-2\theta\right)}$$

$\angle BCD=2\pi-\left(\frac{2}{3}\pi+\frac{\pi}{2}\right)=\frac{5}{6}\pi$

$$\begin{aligned}\therefore S(\theta)&=\frac{1}{2}\times\overline{CD}\times\overline{BC}\times\sin(\angle BCD)\\&=\frac{1}{2}\times\frac{\cos\theta\sin2\theta}{\sin\left(\frac{\pi}{3}-2\theta\right)}\times\sin\theta\times\sin\frac{5}{6}\pi\\&=\frac{\sin\theta\sin2\theta\cos\theta}{4\sin\left(\frac{\pi}{3}-2\theta\right)}\end{aligned}$$

Step 2 $\lim_{\theta\to0+}\frac{S(\theta)}{\theta^2}$의 값 구하기

$$\begin{aligned}\therefore \lim_{\theta\to0+}\frac{S(\theta)}{\theta^2}&=\lim_{\theta\to0+}\frac{\sin\theta\sin2\theta\cos\theta}{4\theta^2\sin\left(\frac{\pi}{3}-2\theta\right)}\\&=\lim_{\theta\to0+}\left\{\frac{\sin\theta}{\theta}\times\frac{\sin2\theta}{2\theta}\times\frac{\cos\theta}{2\sin\left(\frac{\pi}{3}-2\theta\right)}\right\}\\&=1\times1\times\frac{1}{\sqrt{3}}=\frac{1}{\sqrt{3}}\end{aligned}$$

Step 3 $300p^2$의 값 구하기

따라서 $p=\frac{1}{\sqrt{3}}$이므로

$300p^2=300\times\frac{1}{3}=100$

05 삼각함수의 극한의 활용 – 다각형의 넓이

정답 16 | 정답률 54%

문제 보기

그림과 같이 길이가 4인 선분 AB를 한 변으로 하고, $\overline{AC}=\overline{BC}$, $\angle ACB=\theta$인 이등변삼각형 ABC가 있다. 선분 AB의 연장선 위에 $\overline{AC}=\overline{AD}$인 점 D를 잡고, $\overline{AC}=\overline{AP}$이고 $\angle PAB=2\theta$인 점 P를 잡는다. 삼각형 BDP의 넓이를 $S(\theta)$라 할 때, $\lim_{\theta\to0+}(\theta\times S(\theta))$의 값을 구하시오. $\left(\text{단, } 0<\theta<\frac{\pi}{6}\right)$ [4점]

└ $S(\theta)=\triangle ADP-\triangle ABP$임을 이용한다.

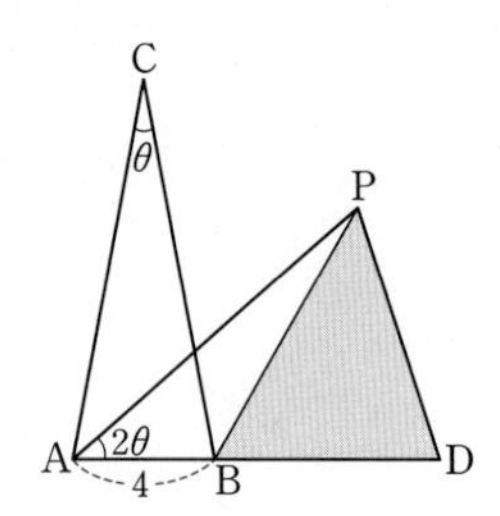

Step 1 $S(\theta)$ 구하기

$S(\theta)=\triangle ADP-\triangle ABP$ ⋯⋯ ㉠

삼각형 ABC는 $\overline{AC}=\overline{BC}$인 이등변삼각형이므로

$\angle CAB=\angle CBA=\frac{\pi}{2}-\frac{\theta}{2}$

$\overline{AB}=4$이므로 삼각형 ABC에서 사인법칙에 의하여

$$\frac{\overline{AC}}{\sin\left(\frac{\pi}{2}-\frac{\theta}{2}\right)}=\frac{\overline{AB}}{\sin\theta}$$

$$\therefore \overline{AC}=\frac{\overline{AB}\sin\left(\frac{\pi}{2}-\frac{\theta}{2}\right)}{\sin\theta}=\frac{4\cos\frac{\theta}{2}}{\sin\theta}=\frac{4\cos\frac{\theta}{2}}{2\sin\frac{\theta}{2}\cos\frac{\theta}{2}}=\frac{2}{\sin\frac{\theta}{2}}$$

$\overline{AC}=\overline{BC}=\overline{AP}=\overline{AD}$이므로 두 삼각형 ADP, ABP의 넓이는

$$\triangle ADP=\frac{1}{2}\times\overline{AP}\times\overline{AD}\times\sin2\theta$$
$$=\frac{1}{2}\times\frac{2}{\sin\frac{\theta}{2}}\times\frac{2}{\sin\frac{\theta}{2}}\times\sin2\theta$$
$$=\frac{2\sin2\theta}{\sin^2\frac{\theta}{2}}$$

$$\triangle ABP=\frac{1}{2}\times\overline{AP}\times\overline{AB}\times\sin2\theta$$
$$=\frac{1}{2}\times\frac{2}{\sin\frac{\theta}{2}}\times4\times\sin2\theta=\frac{4\sin2\theta}{\sin\frac{\theta}{2}}$$

㉠에서 $S(\theta)=\frac{2\sin2\theta}{\sin^2\frac{\theta}{2}}-\frac{4\sin2\theta}{\sin\frac{\theta}{2}}=\frac{2\sin2\theta}{\sin\frac{\theta}{2}}\left(\frac{1}{\sin\frac{\theta}{2}}-2\right)$

Step 2 $\lim_{\theta\to0+}(\theta\times S(\theta))$의 값 구하기

$$\therefore \lim_{\theta\to0+}(\theta\times S(\theta))=\lim_{\theta\to0+}\frac{2\sin2\theta}{\sin\frac{\theta}{2}}\left(\frac{\theta}{\sin\frac{\theta}{2}}-2\theta\right)$$
$$=\lim_{\theta\to0+}\left\{\frac{\sin2\theta}{2\theta}\times\frac{\frac{\theta}{2}}{\sin\frac{\theta}{2}}\times8\times\left(\frac{\frac{\theta}{2}}{\sin\frac{\theta}{2}}\times2-2\theta\right)\right\}$$
$$=1\times1\times8\times2=16$$

06 삼각함수의 극한의 활용 – 다각형의 넓이

정답 6 | 정답률 67%

문제 보기

그림과 같이 서로 평행한 두 직선 l_1과 l_2 사이의 거리가 1이다. 직선 l_1 위의 점 A에 대하여 직선 l_2 위에 점 B를 선분 AB와 직선 l_1이 이루는 각의 크기가 θ가 되도록 잡고, 직선 l_1 위에 점 C를 $\angle ABC=4\theta$가 되도록 잡는다. 직선 l_2 위에 점 D를 $\angle BCD=2\theta$이고 선분 CD가 선분 AB와 만나지 않도록 잡는다. 삼각형 ABC의 넓이를 T_1, 삼각형 BCD의 넓이를 T_2라 할 때, $\lim_{\theta\to0+}\frac{T_1}{T_2}$의 값을 구하시오. $\left(\text{단, } 0<\theta<\frac{\pi}{10}\right)$ [4점]

└ $T_1=\frac{1}{2}\times\overline{AB}\times\overline{BC}\times\sin4\theta$임을 이용한다.

└ $T_2=\frac{1}{2}\times\overline{BC}\times\overline{BD}\times\sin(\angle DBC)$임을 이용한다.

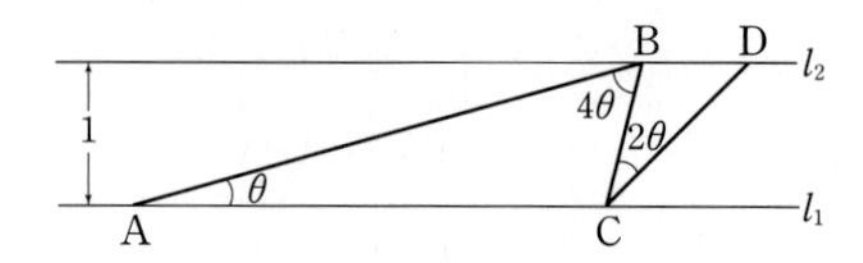

Step 1 T_1을 θ에 대한 삼각함수로 나타내기

다음 그림과 같이 점 B에서 직선 l_1에 내린 수선의 발을 B′이라 하자.

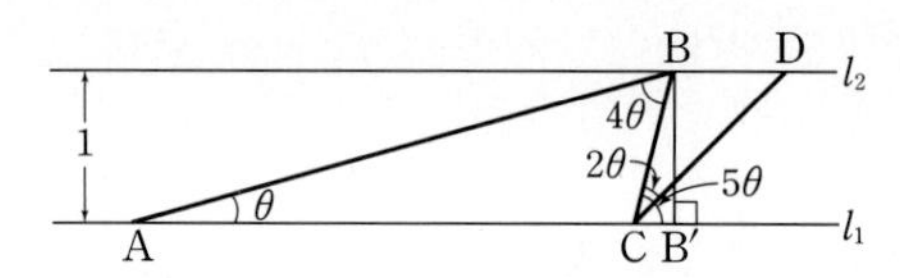

직각삼각형 AB′B에서

$$\overline{AB}=\frac{\overline{BB'}}{\sin\theta}=\frac{1}{\sin\theta}$$

삼각형의 한 외각의 크기는 그와 이웃하지 않는 두 내각의 크기의 합과 같으므로

$\angle BCB'=\angle ABC+\angle BAC=5\theta$

직각삼각형 BCB′에서

$$\overline{BC}=\frac{\overline{BB'}}{\sin5\theta}=\frac{1}{\sin5\theta}$$

$$\therefore T_1=\frac{1}{2}\times\overline{AB}\times\overline{BC}\times\sin4\theta$$
$$=\frac{1}{2}\times\frac{1}{\sin\theta}\times\frac{1}{\sin5\theta}\times\sin4\theta$$
$$=\frac{\sin4\theta}{2\sin\theta\sin5\theta}$$

Step 2 T_2를 θ에 대한 삼각함수로 나타내기

$\angle BDC=\angle DCB'=5\theta-2\theta=3\theta$

삼각형 BCD에서 사인법칙에 의하여

$$\frac{\overline{BC}}{\sin3\theta}=\frac{\overline{BD}}{\sin2\theta}$$

$$\therefore \overline{BD}=\frac{\overline{BC}\sin2\theta}{\sin3\theta}=\frac{\sin2\theta}{\sin3\theta\sin5\theta}$$

$\angle DBC=\pi-(2\theta+3\theta)=\pi-5\theta$

$$\therefore T_2=\frac{1}{2}\times\overline{BC}\times\overline{BD}\times\sin(\pi-5\theta)$$
$$=\frac{1}{2}\times\frac{1}{\sin5\theta}\times\frac{\sin2\theta}{\sin3\theta\sin5\theta}\times\sin5\theta$$
$$=\frac{\sin2\theta}{2\sin3\theta\sin5\theta}$$

Step 3 $\lim_{\theta\to0+}\frac{T_1}{T_2}$의 값 구하기

$$\therefore \lim_{\theta\to0+}\frac{T_1}{T_2}=\lim_{\theta\to0+}\frac{\frac{\sin4\theta}{2\sin\theta\sin5\theta}}{\frac{\sin2\theta}{2\sin3\theta\sin5\theta}}$$

$$=\lim_{\theta\to0+}\frac{\sin3\theta\sin4\theta}{\sin\theta\sin2\theta}$$

$$=\lim_{\theta\to0+}\left(\frac{\frac{\sin3\theta}{3\theta}\times\frac{\sin4\theta}{4\theta}}{\frac{\sin\theta}{\theta}\times\frac{\sin2\theta}{2\theta}}\times6\right)$$

$$=\frac{1\times1}{1\times1}\times6=6$$

07 삼각함수의 극한의 활용 – 원에서 다각형의 넓이

정답 ① | 정답률 76%

문제 보기

그림과 같이 길이가 2인 선분 AB를 지름으로 하는 원 C_1과 점 B를 중심으로 하고 원 C_1 위의 점 P를 지나는 원 C_2가 있다. 원 C_1의 중심 O에서 원 C_2에 그은 두 접선의 접점을 각각 Q, R라 하자. $\angle PAB=\theta$

└ $\triangle OBQ\equiv\triangle OBR$, $\angle BQO=\frac{\pi}{2}$

일 때, 사각형 ORBQ의 넓이를 $S(\theta)$라 하자. $\lim_{\theta\to0+}\frac{S(\theta)}{\theta}$의 값은?

└ $S(\theta)=2\triangle OBQ=2\times\frac{1}{2}\times\overline{OQ}\times\overline{BQ}$ 임을 이용한다.

$\left(\text{단, } 0<\theta<\frac{\pi}{6}\right)$ [4점]

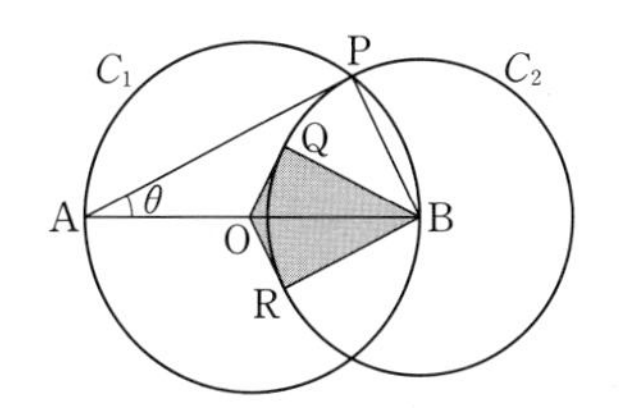

① 2 ② $\sqrt{3}$ ③ 1 ④ $\frac{\sqrt{3}}{2}$ ⑤ $\frac{1}{2}$

Step 1 $S(\theta)$ 구하기

$\overline{AB}=2$, $\angle BPA=\frac{\pi}{2}$이므로 직각삼각형 ABP에서

$\overline{BP}=\overline{AB}\sin\theta=2\sin\theta$

$\overline{BQ}=\overline{BP}=2\sin\theta$, $\overline{OB}=1$, $\angle BQO=\frac{\pi}{2}$이므로 직각삼각형 OBQ에서

$\overline{OQ}=\sqrt{\overline{OB}^2-\overline{BQ}^2}=\sqrt{1-4\sin^2\theta}$

$\overline{OQ}=\overline{OR}$, $\angle OQB=\angle ORB=\frac{\pi}{2}$, $\overline{OB}$는 공통이므로

$\triangle OBQ\equiv\triangle OBR$ (RHS 합동)

$\therefore S(\theta)=2\triangle OBQ$

$=2\times\frac{1}{2}\times\overline{OQ}\times\overline{BQ}$

$=2\sin\theta\sqrt{1-4\sin^2\theta}$

Step 2 $\lim_{\theta\to0+}\frac{S(\theta)}{\theta}$의 값 구하기

$$\therefore \lim_{\theta\to0+}\frac{S(\theta)}{\theta}=\lim_{\theta\to0+}\frac{2\sin\theta\sqrt{1-4\sin^2\theta}}{\theta}$$

$$=\lim_{\theta\to0+}\left(2\times\frac{\sin\theta}{\theta}\times\sqrt{1-4\sin^2\theta}\right)$$

$$=2\times1\times1=2$$

08 삼각함수의 극한의 활용 – 원에서 다각형의 넓이

정답 30 | 정답률 36%

문제 보기

그림과 같이 $\overline{AB}=\overline{AC}$, $\overline{BC}=2$인 삼각형 ABC에 대하여 선분 AB를 지름으로 하는 원이 선분 AC와 만나는 점 중 A가 아닌 점을 D라 하

└ $\angle BDA=\frac{\pi}{2}$

고, 선분 AB의 중점을 E라 하자. $\angle BAC=\theta$일 때, 삼각형 CDE의 넓이를 $S(\theta)$라 하자. $60\times\lim_{\theta\to0+}\frac{S(\theta)}{\theta}$의 값을 구하시오.

└ $S(\theta)=\frac{1}{2}\times\overline{CD}\times$(점 E에서 선분 AC까지의 길이) 임을 이용한다.

$\left(단, 0<\theta<\frac{\pi}{2}\right)$ [4점]

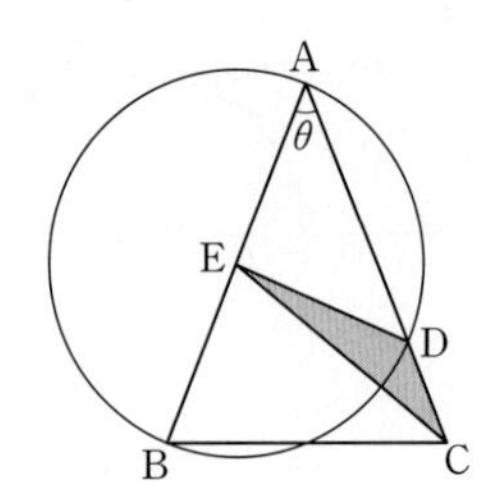

Step 1 $S(\theta)$ 구하기

$\overline{AB}=\overline{AC}$, $\angle BAC=\theta$이므로 이등변삼각형 ABC에서

$\angle BCA=\frac{\pi}{2}-\frac{\theta}{2}$

선분 AB가 지름이므로 $\angle BDA=\frac{\pi}{2}$ → 지름에 대한 원주각의 크기는 $\frac{\pi}{2}$야.

즉, 삼각형 BCD는 $\angle BDC=\frac{\pi}{2}$인 직각삼각형이므로

$\overline{CD}=\overline{BC}\cos\left(\frac{\pi}{2}-\frac{\theta}{2}\right)=2\sin\frac{\theta}{2}$

$\overline{BD}=\overline{BC}\sin\left(\frac{\pi}{2}-\frac{\theta}{2}\right)=2\cos\frac{\theta}{2}$

점 E에서 선분 AC에 내린 수선의 발을 H라 하면 $\triangle AEH\backsim\triangle ABD$ (AA 닮음)이고 $\overline{AB}=2\overline{AE}$이므로 닮음비는 1 : 2이다.

$\therefore \overline{EH}=\frac{1}{2}\overline{BD}=\cos\frac{\theta}{2}$

$\therefore S(\theta)=\frac{1}{2}\times\overline{CD}\times\overline{EH}=\sin\frac{\theta}{2}\cos\frac{\theta}{2}$

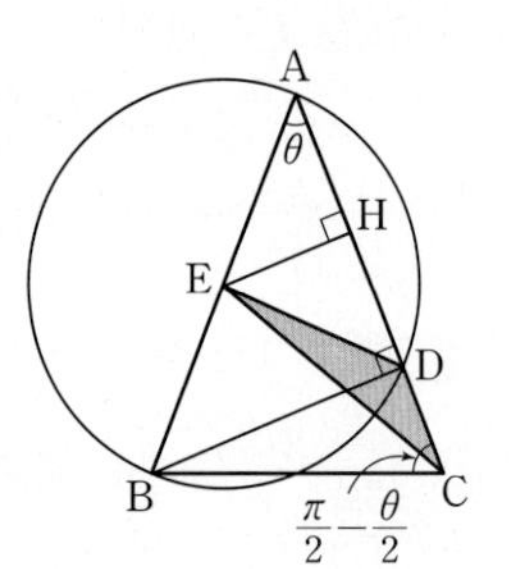

Step 2 $60\times\lim_{\theta\to0+}\frac{S(\theta)}{\theta}$의 값 구하기

$$\therefore 60\times\lim_{\theta\to0+}\frac{S(\theta)}{\theta}=60\lim_{\theta\to0+}\frac{\sin\frac{\theta}{2}\cos\frac{\theta}{2}}{\theta}$$

$$=60\lim_{\theta\to0+}\left(\frac{1}{2}\times\frac{\sin\frac{\theta}{2}}{\frac{\theta}{2}}\times\cos\frac{\theta}{2}\right)$$

$$=60\left(\frac{1}{2}\times1\times1\right)=30$$

09 삼각함수의 극한의 활용 – 원에서 다각형의 넓이

정답 ② | 정답률 62%

문제 보기

그림과 같이 반지름의 길이가 5인 원에 내접하고, $\overline{AB}=\overline{AC}$인 삼각형 ABC가 있다. $\angle BAC=\theta$라 하고, 점 B를 지나고 직선 AB에 수직인 직선이 원과 만나는 점 중 B가 아닌 점을 D, 직선 BD와 직선 AC가

└ 선분 AD는 원의 지름이다.

만나는 점을 E라 하자. 삼각형 ABC의 넓이를 $f(\theta)$, 삼각형 CDE의

└ $f(\theta)=\frac{1}{2}\times\overline{AB}\times\overline{AC}\times\sin\theta$임을 이용한다.

넓이를 $g(\theta)$라 할 때, $\lim_{\theta\to0+}\frac{g(\theta)}{\theta^2\times f(\theta)}$의 값은? $\left(단, 0<\theta<\frac{\pi}{2}\right)$

└ $g(\theta)=\frac{1}{2}\times\overline{CD}\times\overline{CE}$임을 이용한다.

[4점]

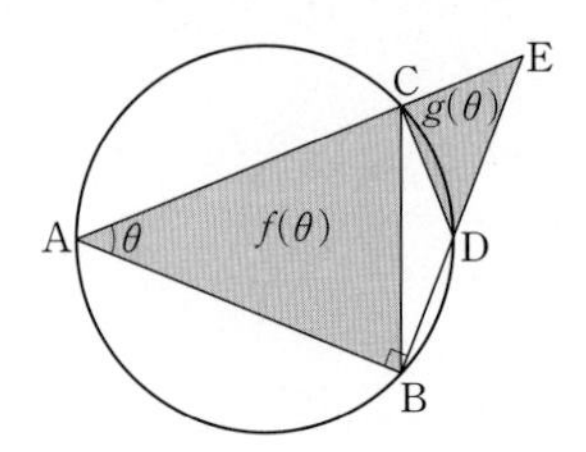

① $\frac{1}{8}$　② $\frac{1}{4}$　③ $\frac{3}{8}$　④ $\frac{1}{2}$　⑤ $\frac{5}{8}$

Step 1 $f(\theta)$ 구하기

삼각형 ABD에서 $\angle ABD=\frac{\pi}{2}$이므로

선분 AD는 원의 지름이다.

$\therefore \overline{AD}=10$

$\angle ACD=\frac{\pi}{2}$, $\overline{AB}=\overline{AC}$, $\overline{AD}$는 공통

이므로

$\triangle ABD\equiv\triangle ACD$ (RHS 합동)

$\angle CAD=\angle BAD=\frac{\theta}{2}$이므로 직각삼각형 ABD에서

$\overline{AB}=\overline{AD}\cos\frac{\theta}{2}=10\cos\frac{\theta}{2}$

$\therefore \overline{AC}=\overline{AB}=10\cos\frac{\theta}{2}$

$\therefore f(\theta)=\frac{1}{2}\times\overline{AB}\times\overline{AC}\times\sin\theta$

$=\frac{1}{2}\times10\cos\frac{\theta}{2}\times10\cos\frac{\theta}{2}\times\sin\theta$

$=50\cos^2\frac{\theta}{2}\sin\theta$

Step 2 $g(\theta)$ 구하기

직각삼각형 ADC에서 $\overline{CD}=\overline{AD}\sin\frac{\theta}{2}=10\sin\frac{\theta}{2}$

직각삼각형 ABE에서 $\angle AEB=\frac{\pi}{2}-\theta$이므로 $\angle CED=\frac{\pi}{2}-\theta$

$\angle DCE=\frac{\pi}{2}$이므로 직각삼각형 CDE에서

$\angle EDC=\frac{\pi}{2}-\angle CED=\frac{\pi}{2}-\left(\frac{\pi}{2}-\theta\right)=\theta$

$\therefore \overline{CE}=\overline{CD}\tan\theta=10\sin\frac{\theta}{2}\tan\theta$

$\therefore g(\theta)=\frac{1}{2}\times\overline{CD}\times\overline{CE}$

$=\frac{1}{2}\times10\sin\frac{\theta}{2}\times10\sin\frac{\theta}{2}\tan\theta$

$=50\sin^2\frac{\theta}{2}\tan\theta$

Step 3 $\lim_{\theta\to0+}\frac{g(\theta)}{\theta^2\times f(\theta)}$의 값 구하기

$$\therefore \lim_{\theta\to0+}\frac{g(\theta)}{\theta^2\times f(\theta)}=\lim_{\theta\to0+}\frac{50\sin^2\frac{\theta}{2}\tan\theta}{\theta^2 50\cos^2\frac{\theta}{2}\sin\theta}$$

$$=\lim_{\theta\to0+}\frac{\sin^2\frac{\theta}{2}\times\frac{\sin\theta}{\cos\theta}}{\theta^2\cos^2\frac{\theta}{2}\sin\theta}$$

$$=\lim_{\theta\to0+}\left\{\frac{1}{4}\times\left(\frac{\sin\frac{\theta}{2}}{\frac{\theta}{2}}\right)^2\times\frac{1}{\cos^2\frac{\theta}{2}\cos\theta}\right\}$$

$$=\frac{1}{4}\times1\times1=\frac{1}{4}$$

10 삼각함수의 극한의 활용 – 원에서 다각형의 넓이

정답 ④ | 정답률 81%

문제 보기

그림과 같이 반지름의 길이가 1인 원에 외접하고 $\angle CAB=\angle BCA=\theta$인 이등변삼각형 ABC가 있다. 선분 AB의 연장선 위에 점 A가 아닌 점 D를 $\angle DCB=\theta$가 되도록 잡는다. 삼각형 BCD의 넓이를 $S(\theta)$라 할 때, $\lim_{\theta\to0+}\{\theta\times S(\theta)\}$의 값은?

└ $S(\theta)=\frac{1}{2}\times\overline{BC}\times\overline{CD}\times\sin\theta$임을 이용한다.

(단, $0<\theta<\frac{\pi}{4}$) [4점]

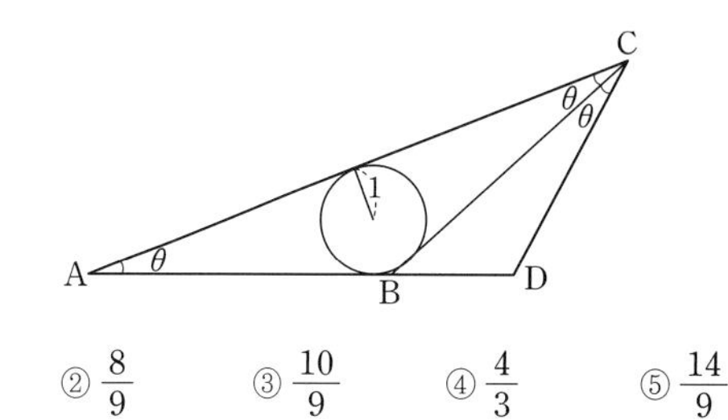

① $\frac{2}{3}$ ② $\frac{8}{9}$ ③ $\frac{10}{9}$ ④ $\frac{4}{3}$ ⑤ $\frac{14}{9}$

Step 1 $S(\theta)$ 구하기

다음 그림과 같이 이등변삼각형 ABC의 내접원의 중심을 O, 내접원과 선분 AC의 접점을 M, 점 C에서 선분 AD의 연장선에 내린 수선의 발을 H라 하자.

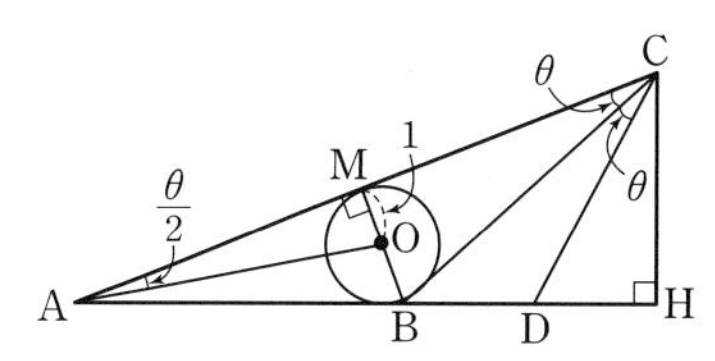

$\overline{OM}=1$, $\angle MAO=\frac{\theta}{2}$이므로 직각삼각형 MAO에서

$$\overline{AM}=\frac{\overline{OM}}{\tan\frac{\theta}{2}}=\frac{1}{\tan\frac{\theta}{2}}$$

직각삼각형 ABM에서

$$\overline{AB}=\frac{\overline{AM}}{\cos\theta}=\frac{1}{\cos\theta\tan\frac{\theta}{2}}$$

삼각형의 한 외각의 크기는 이웃하지 않은 두 내각의 크기의 합과 같으므로

$\angle CBD=\angle BAC+\angle BCA=2\theta$

$\overline{BC}=\overline{AB}$이므로 직각삼각형 BHC에서

$$\overline{CH}=\overline{BC}\sin2\theta=\frac{\sin2\theta}{\cos\theta\tan\frac{\theta}{2}}$$

$\angle CDH=\angle DAC+\angle DCA=3\theta$이므로 직각삼각형 CDH에서

$$\overline{CD}=\frac{\overline{CH}}{\sin3\theta}=\frac{\sin2\theta}{\sin3\theta\cos\theta\tan\frac{\theta}{2}}$$

$$\therefore S(\theta)=\frac{1}{2}\times\overline{BC}\times\overline{CD}\times\sin\theta$$

$$=\frac{1}{2}\times\frac{1}{\cos\theta\tan\frac{\theta}{2}}\times\frac{\sin2\theta}{\sin3\theta\cos\theta\tan\frac{\theta}{2}}\times\sin\theta$$

$$=\frac{\sin\theta\sin2\theta}{2\sin3\theta\cos^2\theta\tan^2\frac{\theta}{2}}$$

$$=\frac{2\sin^2\theta\cos\theta}{2\sin3\theta\cos^2\theta\tan^2\frac{\theta}{2}}$$

$$=\frac{\sin^2\theta}{\sin3\theta\cos\theta\tan^2\frac{\theta}{2}}$$

Step 2 $\lim_{\theta\to0+}\{\theta\times S(\theta)\}$의 값 구하기

$\therefore \lim_{\theta\to0+}\{\theta\times S(\theta)\}$

$=\lim_{\theta\to0+}\dfrac{\theta\sin^2\theta}{\sin3\theta\cos\theta\tan^2\dfrac{\theta}{2}}$

$=\lim_{\theta\to0+}\left\{\dfrac{3\theta}{\sin3\theta}\times\left(\dfrac{\sin\theta}{\theta}\right)^2\times\dfrac{1}{\cos\theta}\times\left(\dfrac{\dfrac{\theta}{2}}{\tan\dfrac{\theta}{2}}\right)^2\times\dfrac{4}{3}\right\}$

$=1\times1\times1\times1\times\dfrac{4}{3}=\dfrac{4}{3}$

11 삼각함수의 극한의 활용 - 원에서 다각형의 넓이

정답 ② | 정답률 36%

문제 보기

그림과 같이 중심이 O이고 길이가 2인 선분 AB를 지름으로 하는 원이 있다. 원 위에 점 P를 $\angle PAB=\theta$가 되도록 잡고, 점 P를 포함하지 않는 호 AB 위에 점 Q를 $\angle QAB=2\theta$가 되도록 잡는다. 직선 OQ가 원과 만나는 점 중 Q가 아닌 점을 R, 두 선분 PA와 QR가 만나는 점을 S라 하자. 삼각형 BOQ의 넓이를 $f(\theta)$, 삼각형 PRS의 넓이를 $g(\theta)$

$f(\theta)=\frac{1}{2}\times\overline{OB}\times\overline{OQ}\times\sin(\angle QOB)$임을 이용한다.

$g(\theta)=\frac{1}{2}\times\overline{RP}\times\overline{RS}\times\sin(\angle PRS)$임을 이용한다.

라 할 때, $\lim_{\theta\to0+}\dfrac{g(\theta)}{f(\theta)}$의 값은? $\left(단,\ 0<\theta<\dfrac{\pi}{6}\right)$ [4점]

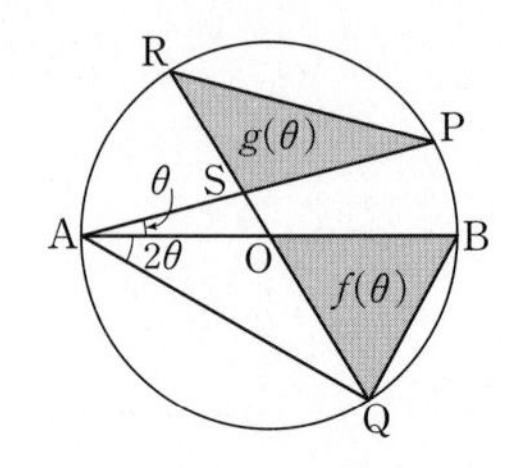

① $\dfrac{11}{10}$ ② $\dfrac{6}{5}$ ③ $\dfrac{13}{10}$ ④ $\dfrac{7}{5}$ ⑤ $\dfrac{3}{2}$

Step 1 $f(\theta)$ 구하기

호 BQ에 대한 중심각의 크기는 원주각의 크기의 2배이므로

$\angle QOB=2\angle QAB=4\theta$

$\overline{OB}=\overline{OQ}=\dfrac{1}{2}\overline{AB}=1$이므로

$f(\theta)=\dfrac{1}{2}\times\overline{OB}\times\overline{OQ}\times\sin(\angle QOB)$

$=\dfrac{1}{2}\times1\times1\times\sin4\theta$

$=\dfrac{1}{2}\sin4\theta$

Step 2 $g(\theta)$ 구하기

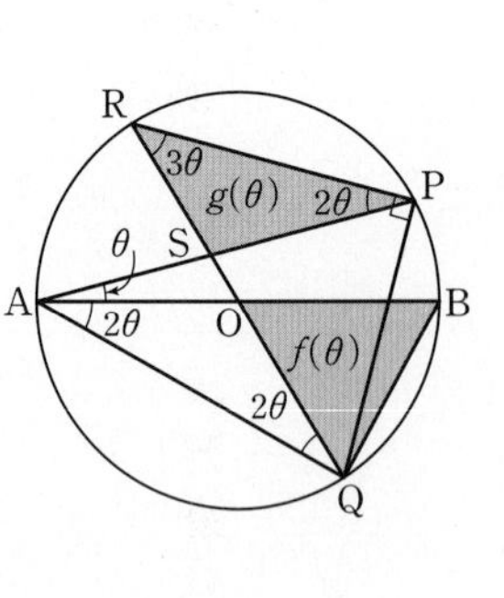

선분 RQ는 원의 지름이므로

$\angle RPQ=\dfrac{\pi}{2}$

호 PQ에 대한 원주각의 크기는 모두 같으므로

$\angle PRQ=\angle PAQ=3\theta$

직각삼각형 RQP에서

$\overline{RP}=\overline{RQ}\cos3\theta=2\cos3\theta$

또 $\overline{OQ}=\overline{OA}$이므로

$\angle OQA=\angle OAQ=2\theta$

호 AR에 대한 원주각의 크기는 모두 같으므로

$\angle RPA=\angle RQA=2\theta$

삼각형 PRS에서 $\angle PSR=\pi-5\theta$이므로 사인법칙에 의하여

$\dfrac{\overline{RS}}{\sin2\theta}=\dfrac{\overline{RP}}{\sin(\pi-5\theta)}$, $\dfrac{\overline{RS}}{\sin2\theta}=\dfrac{2\cos3\theta}{\sin5\theta}$

$\therefore \overline{RS}=\dfrac{2\cos3\theta\sin2\theta}{\sin5\theta}$

$\therefore g(\theta)=\dfrac{1}{2}\times\overline{RP}\times\overline{RS}\times\sin(\angle PRS)$

$=\dfrac{1}{2}\times2\cos3\theta\times\dfrac{2\cos3\theta\sin2\theta}{\sin5\theta}\times\sin3\theta$

$=\dfrac{2\cos^23\theta\sin2\theta\sin3\theta}{\sin5\theta}$

Step 3 $\lim_{\theta\to0+}\frac{g(\theta)}{f(\theta)}$의 값 구하기

$$\therefore \lim_{\theta\to0+}\frac{g(\theta)}{f(\theta)}=\lim_{\theta\to0+}\frac{\frac{2\cos^2 3\theta\sin 2\theta\sin 3\theta}{\sin 5\theta}}{\frac{1}{2}\sin 4\theta}$$

$$=\lim_{\theta\to0+}\frac{4\cos^2 3\theta\sin 2\theta\sin 3\theta}{\sin 4\theta\sin 5\theta}$$

$$=\lim_{\theta\to0+}\frac{24\cos^2 3\theta\times\frac{\sin 2\theta}{2\theta}\times\frac{\sin 3\theta}{3\theta}}{20\times\frac{\sin 4\theta}{4\theta}\times\frac{\sin 5\theta}{5\theta}}$$

$$=\frac{24\times1\times1\times1}{20\times1\times1}=\frac{6}{5}$$

12 삼각함수의 극한의 활용 – 반원에서 다각형의 넓이

정답 ② | 정답률 69%

문제 보기

그림과 같이 길이가 2인 선분 AB를 지름으로 하는 반원이 있다. 선분 AB 위의 점 P에 대하여 $\overline{QB}=\overline{QP}$를 만족시키는 반원 위의 점을 Q라
(└ $\angle QPB=\angle QBP$, $\angle BQA=\frac{\pi}{2}$)
할 때, $\angle BQP=\theta\left(0<\theta<\frac{\pi}{2}\right)$라 하자. 삼각형 QPB의 넓이를 $S(\theta)$
(└ $S(\theta)=\frac{1}{2}\times\overline{QB}\times\overline{QP}\times\sin\theta$임을 이용한다.)
라 할 때, $\lim_{\theta\to0+}\frac{S(\theta)}{\theta^3}$의 값은? [4점]

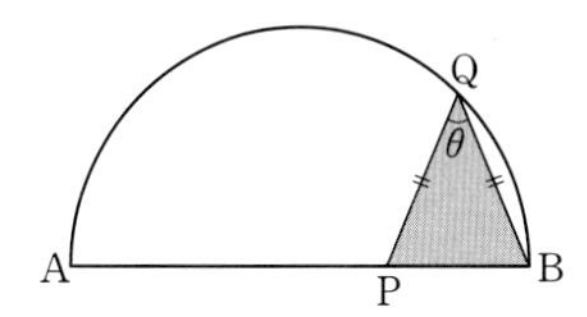

① $\frac{1}{4}$　② $\frac{1}{2}$　③ 1　④ 2　⑤ 4

Step 1 $S(\theta)$ 구하기

삼각형 QPB는 $\overline{QB}=\overline{QP}$인 이등변삼각형이므로

$\angle QPB=\angle QBP=\frac{\pi}{2}-\frac{\theta}{2}$

$\angle BQA=\frac{\pi}{2}$이므로 $\angle QAB=\frac{\theta}{2}$

$\overline{AB}=2$이므로 직각삼각형 ABQ에서

$\overline{QB}=\overline{AB}\sin\frac{\theta}{2}=2\sin\frac{\theta}{2}$

$$\therefore S(\theta)=\frac{1}{2}\times\overline{QB}\times\overline{QP}\times\sin\theta$$

$$=\frac{1}{2}\times2\sin\frac{\theta}{2}\times2\sin\frac{\theta}{2}\times\sin\theta$$

$$=2\sin^2\frac{\theta}{2}\sin\theta$$

Step 2 $\lim_{\theta\to0+}\frac{S(\theta)}{\theta^3}$의 값 구하기

$$\therefore \lim_{\theta\to0+}\frac{S(\theta)}{\theta^3}=\lim_{\theta\to0+}\frac{2\sin^2\frac{\theta}{2}\sin\theta}{\theta^3}$$

$$=\lim_{\theta\to0+}\left\{2\times\left(\frac{\sin\frac{\theta}{2}}{\frac{\theta}{2}}\right)^2\times\frac{1}{4}\times\frac{\sin\theta}{\theta}\right\}$$

$$=2\times1\times\frac{1}{4}\times1=\frac{1}{2}$$

13 삼각함수의 극한의 활용 – 반원에서 다각형의 넓이

정답 ② | 정답률 65%

문제 보기

그림과 같이 길이가 1인 선분 AB를 지름으로 하는 반원 위의 점 P에

└ $\angle BPA=\frac{\pi}{2}$

대하여 $\angle ABP$를 삼등분하는 두 직선이 선분 AP와 만나는 점을 각각 Q, R라 하자. $\angle PAB=\theta$일 때, 삼각형 BRQ의 넓이를 $S(\theta)$라 하자.

$S(\theta)=\frac{1}{2}\times\overline{BQ}\times\overline{BR}\times\sin(\angle QBR)$임을 이용한다. ┘

$\lim_{\theta\to0+}\frac{S(\theta)}{\theta^2}$의 값은? $\left(\text{단, } 0<\theta<\frac{\pi}{2}\right)$ [4점]

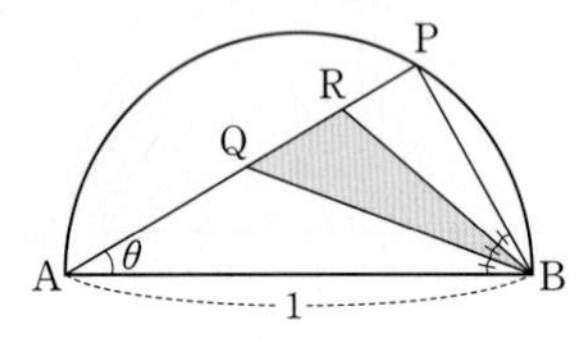

① $\frac{1}{3}$ ② $\frac{\sqrt{3}}{3}$ ③ 1 ④ $\sqrt{3}$ ⑤ 3

Step 1 $S(\theta)$ 구하기

$\angle BPA=\frac{\pi}{2}$이므로 $\angle ABP=\frac{\pi}{2}-\theta$

$\therefore \angle QBR=\frac{1}{3}\angle ABP=\frac{\pi}{6}-\frac{\theta}{3}$

$\overline{AB}=1$이므로 직각삼각형 ABP에서

$\overline{BP}=\overline{AB}\sin\theta=\sin\theta$

직각삼각형 QBP에서

$$\overline{BQ}=\frac{\overline{BP}}{\cos\left(\frac{\pi}{3}-\frac{2}{3}\theta\right)}=\frac{\sin\theta}{\cos\left(\frac{\pi}{3}-\frac{2}{3}\theta\right)}$$

직각삼각형 RBP에서

$$\overline{BR}=\frac{\overline{BP}}{\cos\left(\frac{\pi}{6}-\frac{\theta}{3}\right)}=\frac{\sin\theta}{\cos\left(\frac{\pi}{6}-\frac{\theta}{3}\right)}$$

$$\begin{aligned}\therefore S(\theta)&=\frac{1}{2}\times\overline{BQ}\times\overline{BR}\times\sin(\angle QBR)\\&=\frac{1}{2}\times\frac{\sin\theta}{\cos\left(\frac{\pi}{3}-\frac{2}{3}\theta\right)}\times\frac{\sin\theta}{\cos\left(\frac{\pi}{6}-\frac{\theta}{3}\right)}\times\sin\left(\frac{\pi}{6}-\frac{\theta}{3}\right)\\&=\frac{\sin^2\theta\sin\left(\frac{\pi}{6}-\frac{\theta}{3}\right)}{2\cos\left(\frac{\pi}{3}-\frac{2}{3}\theta\right)\cos\left(\frac{\pi}{6}-\frac{\theta}{3}\right)}\end{aligned}$$

Step 2 $\lim_{\theta\to0+}\frac{S(\theta)}{\theta^2}$의 값 구하기

$$\begin{aligned}\therefore \lim_{\theta\to0+}\frac{S(\theta)}{\theta^2}&=\lim_{\theta\to0+}\frac{\sin^2\theta\sin\left(\frac{\pi}{6}-\frac{\theta}{3}\right)}{2\theta^2\cos\left(\frac{\pi}{3}-\frac{2}{3}\theta\right)\cos\left(\frac{\pi}{6}-\frac{\theta}{3}\right)}\\&=\lim_{\theta\to0+}\left\{\frac{1}{2}\times\left(\frac{\sin\theta}{\theta}\right)^2\times\frac{\sin\left(\frac{\pi}{6}-\frac{\theta}{3}\right)}{\cos\left(\frac{\pi}{3}-\frac{2}{3}\theta\right)\cos\left(\frac{\pi}{6}-\frac{\theta}{3}\right)}\right\}\\&=\frac{1}{2}\times1\times\frac{\frac{1}{2}}{\frac{\sqrt{3}}{4}}=\frac{\sqrt{3}}{3}\end{aligned}$$

14 삼각함수의 극한의 활용 – 반원에서 다각형의 넓이

정답 ④ | 정답률 50%

문제 보기

그림과 같이 길이가 2인 선분 AB를 지름으로 하는 반원이 있다. 호

└ $\angle BPA=\frac{\pi}{2}$

AB 위의 점 P와 선분 AB 위의 점 C에 대하여 $\angle PAC=\theta$일 때, $\angle APC=2\theta$이다. $\angle ADC=\angle PCD=\frac{\pi}{2}$인 점 D에 대하여 두 선분 AP와 CD가 만나는 점을 E라 하자. 삼각형 DEP의 넓이를 $S(\theta)$라

└ $S(\theta)=\frac{1}{2}\times\overline{ED}\times\overline{PC}$임을 이용한다.

할 때, $\lim_{\theta\to0+}\frac{S(\theta)}{\theta}$의 값은? $\left(\text{단, } 0<\theta<\frac{\pi}{6}\right)$ [4점]

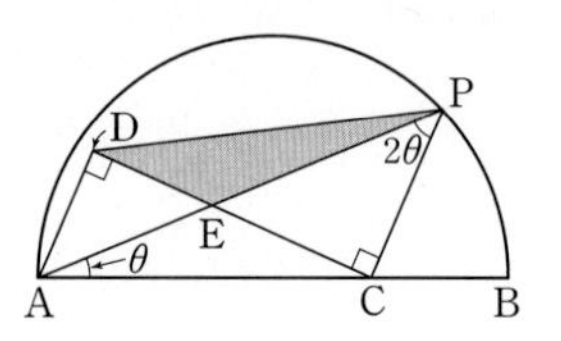

① $\frac{5}{9}$ ② $\frac{2}{3}$ ③ $\frac{7}{9}$ ④ $\frac{8}{9}$ ⑤ 1

Step 1 $S(\theta)$ 구하기

$\overline{AB}=2$, $\angle BPA=\frac{\pi}{2}$이므로 직각삼각형 ABP에서

$\overline{AP}=\overline{AB}\cos\theta=2\cos\theta$

$\angle ACP=\pi-(\theta+2\theta)=\pi-3\theta$이므로 삼각형 ACP에서 사인법칙에 의하여

$$\frac{\overline{AP}}{\sin(\pi-3\theta)}=\frac{\overline{PC}}{\sin\theta}=\frac{\overline{AC}}{\sin2\theta}$$

$$\frac{2\cos\theta}{\sin3\theta}=\frac{\overline{PC}}{\sin\theta}=\frac{\overline{AC}}{\sin2\theta}$$

$$\therefore \overline{PC}=\frac{2\sin\theta\cos\theta}{\sin3\theta}=\frac{\sin2\theta}{\sin3\theta},\ \overline{AC}=\frac{2\sin2\theta\cos\theta}{\sin3\theta}$$

$\triangle PEC\backsim\triangle AED$ (AA 닮음)이므로 $\angle DAE=2\theta$

$\angle DAC=3\theta$이므로 직각삼각형 ACD에서

$$\overline{AD}=\overline{AC}\cos3\theta=\frac{2\sin2\theta\cos\theta\cos3\theta}{\sin3\theta}$$

직각삼각형 AED에서

$$\overline{ED}=\overline{AD}\tan2\theta=\frac{2\sin2\theta\cos\theta\cos3\theta\tan2\theta}{\sin3\theta}$$

$$\begin{aligned}\therefore S(\theta)&=\frac{1}{2}\times\overline{ED}\times\overline{PC}\\&=\frac{1}{2}\times\frac{2\sin2\theta\cos\theta\cos3\theta\tan2\theta}{\sin3\theta}\times\frac{\sin2\theta}{\sin3\theta}\\&=\frac{\sin^3 2\theta\cos\theta\cos3\theta}{\sin^2 3\theta\cos2\theta}\end{aligned}$$

Step 2 $\lim_{\theta\to0+}\frac{S(\theta)}{\theta}$의 값 구하기

$$\begin{aligned}\therefore \lim_{\theta\to0+}\frac{S(\theta)}{\theta}&=\lim_{\theta\to0+}\frac{\sin^3 2\theta\cos\theta\cos3\theta}{\theta\sin^2 3\theta\cos2\theta}\\&=\lim_{\theta\to0+}\left\{\left(\frac{\sin2\theta}{2\theta}\right)^3\times\left(\frac{3\theta}{\sin3\theta}\right)^2\times\frac{8}{9}\times\frac{\cos\theta\cos3\theta}{\cos2\theta}\right\}\\&=1\times1\times\frac{8}{9}\times1=\frac{8}{9}\end{aligned}$$

15 삼각함수의 극한의 활용 – 반원에서 다각형의 넓이

정답 ② | 정답률 61%

문제 보기

그림과 같이 중심이 O이고 길이가 2인 선분 AB를 지름으로 하는 반원이 있다. 호 AB 위의 점 P에서 선분 AB에 내린 수선의 발을 H라 하고, 점 H를 지나고 선분 OP에 수직인 직선이 선분 OP, 호 AB와 만나는 점을 각각 I, Q라 하자. 점 Q를 지나고 직선 OP에 평행한 직선이 호 AB와 만나는 점 중 Q가 아닌 점을 R라 하자. $\angle POB=\theta$일 때, 두

└ $\triangle RIP=\triangle QIP$

삼각형 RIP, IHP의 넓이를 각각 $S(\theta)$, $T(\theta)$라 하자.

└ $S(\theta)=\frac{1}{2}\times\overline{PI}\times\overline{QI}$, $T(\theta)=\frac{1}{2}\times\overline{IH}\times\overline{PI}$임을 이용한다.

$\lim_{\theta\to0+}\frac{S(\theta)-T(\theta)}{\theta^3}$의 값은? $\left(단,\ 0<\theta<\frac{\pi}{2}\right)$ [4점]

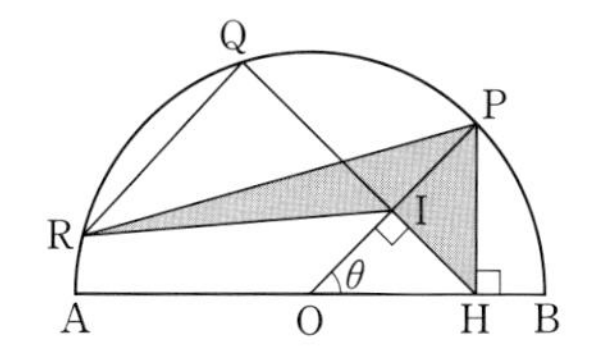

① $\frac{\sqrt{2}-1}{4}$ ② $\frac{\sqrt{2}-1}{2}$ ③ $\sqrt{2}-1$ ④ $\frac{2\sqrt{2}-1}{4}$ ⑤ $\frac{2\sqrt{2}-1}{2}$

Step 1 $T(\theta)$ 구하기

$\overline{OP}=\frac{1}{2}\overline{AB}=1$이므로 직각삼각형 OHP에서

$\overline{PH}=\overline{OP}\sin\theta=\sin\theta$

$\angle HPO=\frac{\pi}{2}-\theta$, $\angle PIH=\frac{\pi}{2}$이므로 $\angle IHP=\theta$

직각삼각형 IHP에서

$\overline{IH}=\overline{PH}\cos\theta=\sin\theta\cos\theta$, $\overline{PI}=\overline{PH}\sin\theta=\sin^2\theta$

$\therefore\ T(\theta)=\frac{1}{2}\times\overline{IH}\times\overline{PI}$

$=\frac{1}{2}\times\sin\theta\cos\theta\times\sin^2\theta$

$=\frac{1}{2}\sin^3\theta\cos\theta$

Step 2 $S(\theta)$ 구하기

$\overline{OP}\,/\!/\,\overline{RQ}$이므로 $\triangle RIP=\triangle QIP$

$\overline{OI}=\overline{OP}-\overline{PI}=1-\sin^2\theta$, $\overline{OQ}=1$이므로 직각삼각형 OIQ에서

$\overline{QI}=\sqrt{\overline{OQ}^2-\overline{OI}^2}=\sqrt{1^2-(1-\sin^2\theta)^2}=\sqrt{\sin^2\theta(2-\sin^2\theta)}$

$0<\theta<\frac{\pi}{2}$이므로

$\overline{QI}=\sin\theta\sqrt{2-\sin^2\theta}=\sin\theta\sqrt{2-(1-\cos^2\theta)}=\sin\theta\sqrt{1+\cos^2\theta}$

$\therefore\ S(\theta)=\frac{1}{2}\times\overline{PI}\times\overline{QI}$

$=\frac{1}{2}\times\sin^2\theta\times\sin\theta\sqrt{1+\cos^2\theta}$

$=\frac{1}{2}\sin^3\theta\sqrt{1+\cos^2\theta}$

Step 3 $\lim_{\theta\to0+}\frac{S(\theta)-T(\theta)}{\theta^3}$의 값 구하기

$\therefore\ \lim_{\theta\to0+}\frac{S(\theta)-T(\theta)}{\theta^3}=\lim_{\theta\to0+}\frac{\sin^3\theta(\sqrt{1+\cos^2\theta}-\cos\theta)}{2\theta^3}$

$=\lim_{\theta\to0+}\left\{\frac{1}{2}\times\left(\frac{\sin\theta}{\theta}\right)^3\times(\sqrt{1+\cos^2\theta}-\cos\theta)\right\}$

$=\frac{1}{2}\times1\times(\sqrt{2}-1)=\frac{\sqrt{2}-1}{2}$

16 삼각함수의 극한의 활용 – 반원에서 다각형의 넓이

정답 ③ | 정답률 51%

문제 보기

그림과 같이 길이가 2인 선분 AB를 지름으로 하는 반원 위에 점 P가 있다. 점 B를 지나고 선분 AB에 수직인 직선이 직선 AP와 만나는 점을 Q라 하고, 점 P에서 이 반원에 접하는 직선과 선분 BQ가 만나는

└ $\overline{PR}=\overline{BR}$

점을 R라 하자. $\angle PAB=\theta$라 하고 삼각형 PRQ의 넓이를 $S(\theta)$라

$S(\theta)=\frac{1}{2}\times\overline{PR}\times\overline{QR}\times\sin(\angle PRQ)$임을 이용한다. ┘

할 때, $\lim_{\theta\to0+}\frac{S(\theta)}{\theta^3}$의 값은? $\left(단,\ 0<\theta<\frac{\pi}{4}\right)$ [4점]

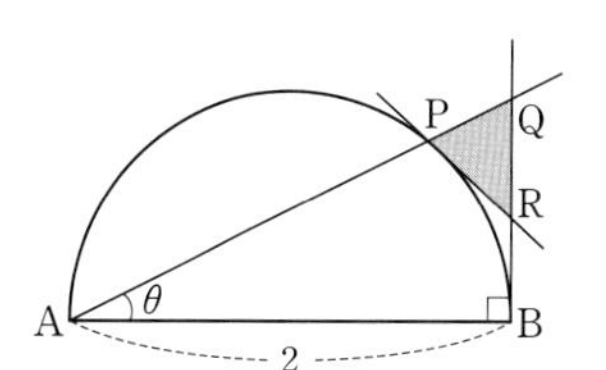

① $\frac{1}{2}$ ② $\frac{3}{4}$ ③ 1 ④ $\frac{5}{4}$ ⑤ 2

Step 1 $S(\theta)$ 구하기

오른쪽 그림과 같이 반원의 중심을 O라 하면 호 BP에 대한 중심각의 크기는 원주각의 크기의 2배이므로

$\angle POB=2\angle PAB=2\theta$

$\overline{PR}=\overline{BR}$, $\angle RPO=\angle RBO=\frac{\pi}{2}$, $\overline{OR}$는 공통이므로

$\triangle ORP\equiv\triangle ORB$ (RHS 합동)

$\overline{OB}=1$, $\angle ROB=\frac{1}{2}\angle POB=\theta$이므로 직각삼각형 ROB에서

$\overline{BR}=\overline{OB}\tan\theta=\tan\theta$, $\overline{PR}=\overline{BR}=\tan\theta$

$\angle BRP=\pi-2\theta$이므로 $\angle PRQ=2\theta$

$\triangle ABQ\backsim\triangle OBR$ (SAS 닮음)이고 닮음비가 2 : 1이므로

$\overline{QR}=\overline{BR}=\tan\theta$

$\therefore\ S(\theta)=\frac{1}{2}\times\overline{PR}\times\overline{QR}\times\sin(\angle PRQ)$

$=\frac{1}{2}\times\tan\theta\times\tan\theta\times\sin2\theta$

$=\frac{1}{2}\tan^2\theta\sin2\theta$

Step 2 $\lim_{\theta\to0+}\frac{S(\theta)}{\theta^3}$의 값 구하기

$\therefore\ \lim_{\theta\to0+}\frac{S(\theta)}{\theta^3}=\lim_{\theta\to0+}\frac{\tan^2\theta\sin2\theta}{2\theta^3}$

$=\lim_{\theta\to0+}\left\{\left(\frac{\tan\theta}{\theta}\right)^2\times\frac{\sin2\theta}{2\theta}\right\}$

$=1\times1=1$

17 삼각함수의 극한의 활용 – 반원에서 다각형의 넓이

정답 ② | 정답률 44%

문제 보기

그림과 같이 중심이 O이고 길이가 2인 선분 AB를 지름으로 하는 반원 위에 $\angle AOC=\frac{\pi}{2}$인 점 C가 있다. 호 BC 위에 점 P와 호 CA 위에 점 Q를 $\overline{PB}=\overline{QC}$가 되도록 잡고, 선분 AP 위에 점 R를 $\angle CQR=\frac{\pi}{2}$가 되도록 잡는다. 선분 AP와 선분 CO의 교점을 S라 하자. $\angle PAB=\theta$일 때, 삼각형 POB의 넓이를 $f(\theta)$, 사각형 CQRS의 넓이를 $g(\theta)$라 하자. $\lim_{\theta\to0+}\frac{3f(\theta)-2g(\theta)}{\theta^2}$의 값은? $\left(\text{단, } 0<\theta<\frac{\pi}{4}\right)$

└ $f(\theta)=\frac{1}{2}\times\overline{OP}\times\overline{OB}\times\sin(\angle POB)$임을 이용한다.

└ 삼각형 QOC의 넓이가 $f(\theta)$임을 이용한다.

[4점]

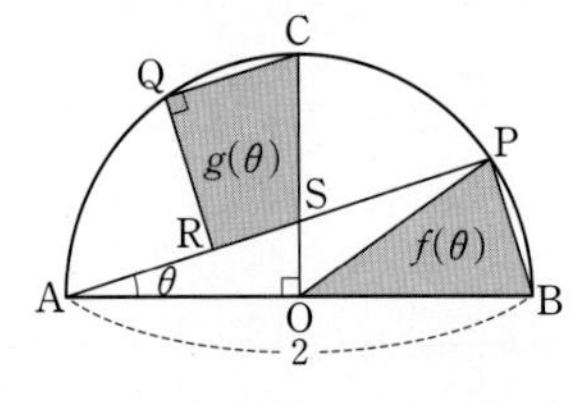

① 1 ② 2 ③ 3 ④ 4 ⑤ 5

Step 1 $f(\theta)$ 구하기

호 BP에 대한 중심각의 크기는 원주각의 크기의 2배이므로

$\angle POB=2\angle PAB=2\theta$

$\overline{OP}=\frac{1}{2}\overline{AB}=1$이므로

$f(\theta)=\frac{1}{2}\times\overline{OP}\times\overline{OB}\times\sin(\angle POB)$

$=\frac{1}{2}\times1\times1\times\sin2\theta=\frac{\sin2\theta}{2}$

$=\sin\theta\cos\theta$

Step 2 $g(\theta)$ 구하기

$\overline{PB}=\overline{QC}$이므로 $\angle QOC=\angle POB$

삼각형 QOC의 넓이와 삼각형 POB의 넓이는 같다.

점 O에서 선분 QC에 내린 수선의 발을 H라 하면 $\angle QOH=\frac{1}{2}\angle QOC=\theta$이고

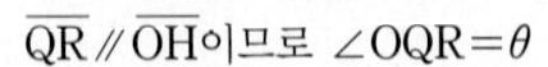

$\overline{QR}\,/\!/\,\overline{OH}$이므로 $\angle OQR=\theta$

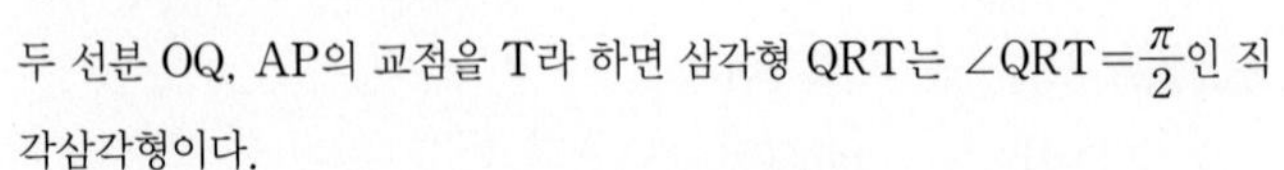

두 선분 OQ, AP의 교점을 T라 하면 삼각형 QRT는 $\angle QRT=\frac{\pi}{2}$인 직각삼각형이다.

두 선분 OH, AP의 교점을 I라 하면 직각삼각형 OIA에서

$\overline{OI}=\overline{OA}\sin\theta=\sin\theta$

직각삼각형 QOH에서 $\overline{OH}=\overline{OQ}\cos\theta=\cos\theta$

$\therefore\ \overline{HI}=\overline{OH}-\overline{OI}=\cos\theta-\sin\theta$

$\therefore\ \overline{QR}=\cos\theta-\sin\theta$

직각삼각형 QRT에서

$\overline{RT}=\overline{QR}\tan\theta=(\cos\theta-\sin\theta)\tan\theta$

직각삼각형 TOI에서 $\overline{TI}=\overline{OI}\tan\theta=\sin\theta\tan\theta$

$\therefore\ \overline{ST}=2\overline{TI}=2\sin\theta\tan\theta$

$\therefore\ g(\theta)=f(\theta)+\triangle QRT-\triangle TOS$

$=\sin\theta\cos\theta+\frac{1}{2}\times\overline{RT}\times\overline{QR}-\frac{1}{2}\times\overline{ST}\times\overline{OI}$

$=\sin\theta\cos\theta+\frac{1}{2}(\cos\theta-\sin\theta)^2\tan\theta-\sin^2\theta\tan\theta$

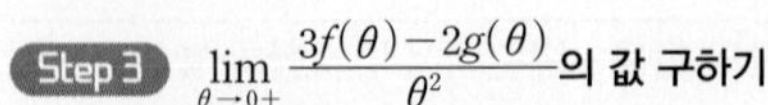

Step 3 $\lim_{\theta\to0+}\frac{3f(\theta)-2g(\theta)}{\theta^2}$의 값 구하기

$\therefore\ 3f(\theta)-2g(\theta)$

$=3\sin\theta\cos\theta-2\sin\theta\cos\theta-(\cos\theta-\sin\theta)^2\tan\theta+2\sin^2\theta\tan\theta$

$=\sin\theta\cos\theta-(1-2\sin\theta\cos\theta)\tan\theta+2\sin^2\theta\tan\theta$

$=\tan\theta(\cos^2\theta-1+2\sin\theta\cos\theta+2\sin^2\theta)$

$=\tan\theta(2\sin\theta\cos\theta+\sin^2\theta)$ ← $\sin^2\theta+\cos^2\theta=1$

$=\tan\theta\sin\theta(2\cos\theta+\sin\theta)$

$\therefore\ \lim_{\theta\to0+}\frac{3f(\theta)-2g(\theta)}{\theta^2}=\lim_{\theta\to0+}\frac{\tan\theta\sin\theta(2\cos\theta+\sin\theta)}{\theta^2}$

$=\lim_{\theta\to0+}\left\{\frac{\tan\theta}{\theta}\times\frac{\sin\theta}{\theta}\times(2\cos\theta+\sin\theta)\right\}$

$=1\times1\times2=2$

18 삼각함수의 극한의 활용 – 반원에서 다각형의 넓이

정답 ① | 정답률 52%

문제 보기

그림과 같이 길이가 2인 선분 AB를 지름으로 하는 반원의 호 AB 위에 점 P가 있다. 선분 AB의 중점을 O라 할 때, 점 B를 지나고 선분 AB에 수직인 직선이 직선 OP와 만나는 점을 Q라 하고, $\angle$OQB의 이등분선이 직선 AP와 만나는 점을 R라 하자. $\angle \mathrm{OAP}=\theta$일 때, 삼각형 OAP의 넓이를 $f(\theta)$, 삼각형 PQR의 넓이를 $g(\theta)$라 하자.

→ $f(\theta)=\frac{1}{2}\times\overline{\mathrm{OA}}\times\overline{\mathrm{OP}}\times\sin(\angle\mathrm{POA})$임을 이용한다.

→ 점 P에서 $\overline{\mathrm{QB}}$에 수선의 발 T를 내려 삼각형 PTQ의 내접원의 반지름의 길이를 r로 놓고, $g(\theta)=\frac{1}{2}\times\overline{\mathrm{PQ}}\times r$임을 이용한다.

$\lim_{\theta\to0+}\frac{g(\theta)}{\theta^4\times f(\theta)}$의 값은? $\left(\text{단, } 0<\theta<\frac{\pi}{4}\right)$ [4점]

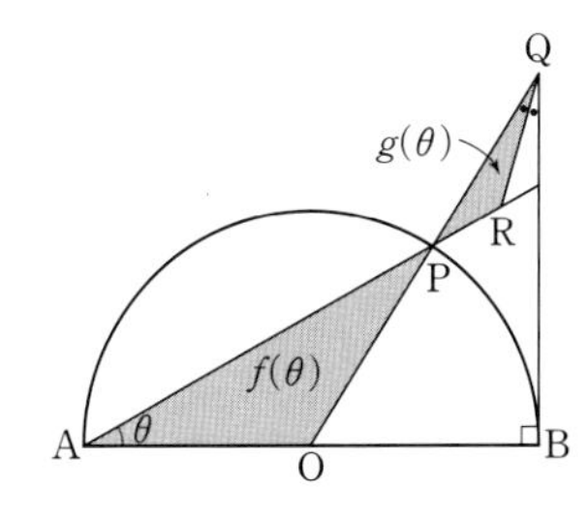

① 2 ② $\frac{5}{2}$ ③ 3 ④ $\frac{7}{2}$ ⑤ 4

Step 1 $f(\theta)$ 구하기

삼각형 OAP는 $\overline{\mathrm{OA}}=\overline{\mathrm{OP}}$인 이등변삼각형이므로

$\angle\mathrm{APO}=\angle\mathrm{OAP}=\theta$

$\therefore \angle\mathrm{POA}=\pi-2\theta$

$$\therefore f(\theta)=\frac{1}{2}\times\overline{\mathrm{OA}}\times\overline{\mathrm{OP}}\times\sin(\angle\mathrm{POA})$$
$$=\frac{1}{2}\times1\times1\times\sin(\pi-2\theta)$$
$$=\frac{\sin2\theta}{2}$$

Step 2 $g(\theta)$ 구하기

다음 그림과 같이 점 P에서 두 선분 AB, QB에 내린 수선의 발을 각각 S, T라 하자.

$\angle\mathrm{BOP}=2\theta$이고 $\overline{\mathrm{PT}}\,/\!/\,\overline{\mathrm{OB}}$이므로

$\angle\mathrm{TPQ}=\angle\mathrm{BOP}=2\theta$

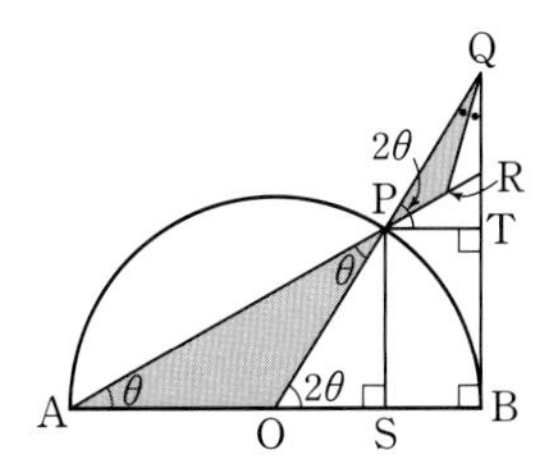

이때 $\angle\mathrm{RPQ}=\angle\mathrm{APO}=\theta$이므로

$\angle\mathrm{TPR}=\angle\mathrm{TPQ}-\angle\mathrm{RPQ}=2\theta-\theta=\theta$

즉, $\overline{\mathrm{PR}}$는 $\angle$TPQ의 이등분선이다.

따라서 직각삼각형 QPT에서 $\angle$TPQ의 이등분선과 $\angle$PQT의 이등분선이 점 R에서 만나므로 점 R는 삼각형 QPT의 내심이다.

직각삼각형 OSP에서

$\overline{\mathrm{OS}}=\overline{\mathrm{OP}}\cos2\theta=\cos2\theta$, $\overline{\mathrm{PS}}=\overline{\mathrm{OP}}\sin2\theta=\sin2\theta$

직각삼각형 OBQ에서

$\overline{\mathrm{OQ}}=\frac{\overline{\mathrm{OB}}}{\cos2\theta}=\frac{1}{\cos2\theta}$, $\overline{\mathrm{QB}}=\overline{\mathrm{OB}}\tan2\theta=\tan2\theta$

삼각형 QPT의 내접원의 반지름의 길이를 r라 하면 삼각형 QPT의 넓이는

$$\frac{1}{2}\times\overline{\mathrm{PT}}\times\overline{\mathrm{QT}}=\frac{1}{2}r(\overline{\mathrm{PT}}+\overline{\mathrm{QT}}+\overline{\mathrm{PQ}})$$

이때 $\overline{\mathrm{PT}}=\overline{\mathrm{SB}}=\overline{\mathrm{OB}}-\overline{\mathrm{OS}}=1-\cos2\theta$,

$\overline{\mathrm{QT}}=\overline{\mathrm{QB}}-\overline{\mathrm{TB}}=\overline{\mathrm{QB}}-\overline{\mathrm{PS}}$

$=\tan2\theta-\sin2\theta=\tan2\theta(1-\cos2\theta)$,

$\overline{\mathrm{PQ}}=\overline{\mathrm{OQ}}-\overline{\mathrm{OP}}=\frac{1}{\cos2\theta}-1=\frac{1-\cos2\theta}{\cos2\theta}$이므로

$$\frac{1}{2}\times(1-\cos2\theta)\times\tan2\theta(1-\cos2\theta)$$
$$=\frac{1}{2}r\left\{1-\cos2\theta+\tan2\theta(1-\cos2\theta)+\frac{1-\cos2\theta}{\cos2\theta}\right\}$$
$$(1-\cos2\theta)^2\tan2\theta=r(1-\cos2\theta)\left(1+\tan2\theta+\frac{1}{\cos2\theta}\right)$$
$$\therefore r=\frac{(1-\cos2\theta)\tan2\theta}{1+\tan2\theta+\frac{1}{\cos2\theta}}$$
$$=\frac{\frac{(1-\cos2\theta)\sin2\theta}{\cos2\theta}}{\frac{\cos2\theta+\sin2\theta+1}{\cos2\theta}}$$
$$=\frac{(1-\cos2\theta)\sin2\theta}{1+\sin2\theta+\cos2\theta}$$
$$\therefore g(\theta)=\frac{1}{2}\times\overline{\mathrm{PQ}}\times r$$
$$=\frac{1}{2}\times\frac{1-\cos2\theta}{\cos2\theta}\times\frac{(1-\cos2\theta)\sin2\theta}{1+\sin2\theta+\cos2\theta}$$
$$=\frac{(1-\cos2\theta)^2\sin2\theta}{2\cos2\theta(1+\sin2\theta+\cos2\theta)}$$
$$=\frac{\{(1-\cos2\theta)(1+\cos2\theta)\}^2\sin2\theta}{2\cos2\theta(1+\sin2\theta+\cos2\theta)(1+\cos2\theta)^2}$$
$$=\frac{(1-\cos^2 2\theta)^2\sin2\theta}{2\cos2\theta(1+\sin2\theta+\cos2\theta)(1+\cos2\theta)^2}$$
$$=\frac{\sin^5 2\theta}{2\cos2\theta(1+\sin2\theta+\cos2\theta)(1+\cos2\theta)^2}$$

Step 3 $\lim_{\theta\to0+}\frac{g(\theta)}{\theta^4\times f(\theta)}$의 값 구하기

$$\therefore \lim_{\theta\to0+}\frac{g(\theta)}{\theta^4\times f(\theta)}$$
$$=\lim_{\theta\to0+}\frac{\frac{\sin^5 2\theta}{2\cos2\theta(1+\sin2\theta+\cos2\theta)(1+\cos2\theta)^2}}{\theta^4\times\frac{\sin2\theta}{2}}$$
$$=\lim_{\theta\to0+}\frac{\sin^4 2\theta}{\theta^4\cos2\theta(1+\sin2\theta+\cos2\theta)(1+\cos2\theta)^2}$$
$$=\lim_{\theta\to0+}\left\{16\times\left(\frac{\sin2\theta}{2\theta}\right)^4\times\frac{1}{\cos2\theta(1+\sin2\theta+\cos2\theta)(1+\cos2\theta)^2}\right\}$$
$$=16\times1\times\frac{1}{8}=2$$

19 삼각함수의 극한의 활용 – 사분원, 부채꼴에서 다각형의 넓이

정답 ① | 정답률 84%

문제 보기

그림과 같이 반지름의 길이가 1이고 중심각의 크기가 $\frac{\pi}{2}$인 부채꼴 OAB가 있다. 호 AB 위의 점 P에서 선분 OA에 내린 수선의 발을 H, 선분 PH와 선분 AB의 교점을 Q라 하자. $\angle POH=\theta$일 때, 삼각형 AQH의 넓이를 $S(\theta)$라 하자. $\lim_{\theta\to0+}\frac{S(\theta)}{\theta^4}$의 값은? $\left(\text{단, } 0<\theta<\frac{\pi}{2}\right)$ [4점]

└ $S(\theta)=\frac{1}{2}\times\overline{HA}\times\overline{QH}$임을 이용한다.

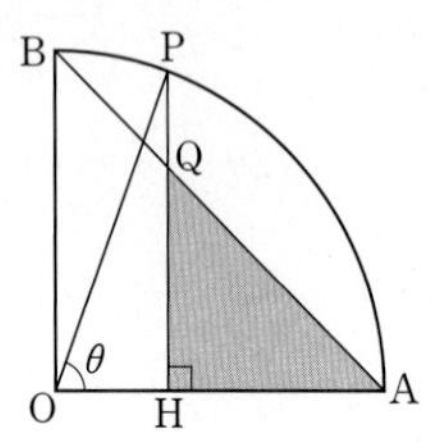

① $\frac{1}{8}$ ② $\frac{1}{4}$ ③ $\frac{3}{8}$ ④ $\frac{1}{2}$ ⑤ $\frac{5}{8}$

Step 1 $S(\theta)$ 구하기

$\overline{OP}=1$이므로 직각삼각형 OHP에서

$\overline{OH}=\overline{OP}\cos\theta=\cos\theta$

$\therefore \overline{HA}=\overline{OA}-\overline{OH}=1-\cos\theta$

$\angle OAB=\frac{\pi}{4}$이므로 직각이등변삼각형 QHA에서

$\overline{QH}=\overline{HA}=1-\cos\theta$

$$\therefore S(\theta)=\frac{1}{2}\times\overline{HA}\times\overline{QH}=\frac{1}{2}\times(1-\cos\theta)\times(1-\cos\theta)=\frac{(1-\cos\theta)^2}{2}$$

Step 2 $\lim_{\theta\to0+}\frac{S(\theta)}{\theta^4}$의 값 구하기

$$\begin{aligned}\therefore \lim_{\theta\to0+}\frac{S(\theta)}{\theta^4}&=\lim_{\theta\to0+}\frac{(1-\cos\theta)^2}{2\theta^4}\\&=\lim_{\theta\to0+}\frac{(1-\cos\theta)^2(1+\cos\theta)^2}{2\theta^4(1+\cos\theta)^2}\\&=\lim_{\theta\to0+}\frac{(1-\cos^2\theta)^2}{2\theta^4(1+\cos\theta)^2}\\&=\lim_{\theta\to0+}\frac{\sin^4\theta}{2\theta^4(1+\cos\theta)^2}\\&=\lim_{\theta\to0+}\left\{\frac{1}{2}\times\left(\frac{\sin\theta}{\theta}\right)^4\times\frac{1}{(1+\cos\theta)^2}\right\}\\&=\frac{1}{2}\times1\times\frac{1}{4}=\frac{1}{8}\end{aligned}$$

20 삼각함수의 극한의 활용 – 사분원, 부채꼴에서 다각형의 넓이

정답 9 | 정답률 68%

문제 보기

그림과 같이 한 변의 길이가 3인 정사각형 ABCD 안에 중심각의 크기가 $\frac{\pi}{2}$이고 반지름의 길이가 3인 부채꼴 BCA가 있다. 호 AC 위의 점 P에서의 접선이 선분 CD와 만나는 점을 Q, 선분 BP의 연장선이 선분 CD와 만나는 점을 R라 하자. $\angle PBC=\theta$일 때, 삼각형 PQR의 넓이를 $f(\theta)$라 하자. $\lim_{\theta\to0+}\frac{8f(\theta)}{\theta^3}$의 값을 구하시오. $\left(\text{단, } 0<\theta<\frac{\pi}{4}\right)$ [4점]

└ $\overline{BR}\perp\overline{PQ}$, $\overline{QP}=\overline{QC}$

└ $f(\theta)=\frac{1}{2}\times\overline{QP}\times\overline{PR}$임을 이용한다.

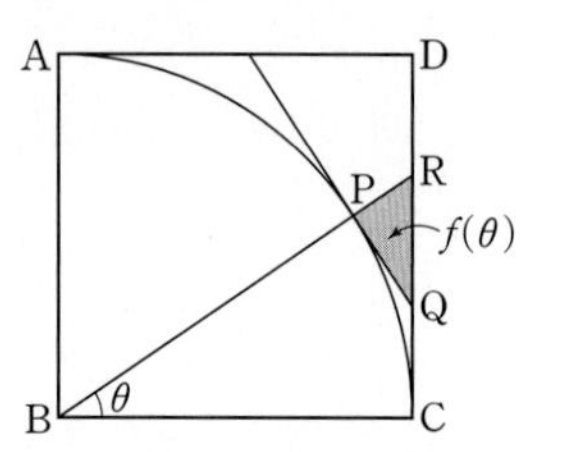

Step 1 $f(\theta)$ 구하기

$\overline{QP}=\overline{QC}$, $\angle QPB=\angle QCB=\frac{\pi}{2}$, $\overline{BQ}$는 공통이므로

$\triangle BQP\equiv\triangle BQC$ (RHS 합동)

$\overline{BC}=3$, $\angle QBC=\frac{\theta}{2}$이므로 직각삼각형 QBC에서

$\overline{QC}=\overline{BC}\tan\frac{\theta}{2}=3\tan\frac{\theta}{2}$, $\overline{QP}=\overline{QC}=3\tan\frac{\theta}{2}$

$\angle CQP=\pi-\theta$이므로 $\angle PQR=\theta$

직각삼각형 PQR에서

$\overline{PR}=\overline{QP}\tan\theta=3\tan\frac{\theta}{2}\tan\theta$

$$\therefore f(\theta)=\frac{1}{2}\times\overline{QP}\times\overline{PR}=\frac{1}{2}\times3\tan\frac{\theta}{2}\times3\tan\frac{\theta}{2}\tan\theta=\frac{9}{2}\tan^2\frac{\theta}{2}\tan\theta$$

Step 2 $\lim_{\theta\to0+}\frac{8f(\theta)}{\theta^3}$의 값 구하기

$$\begin{aligned}\therefore \lim_{\theta\to0+}\frac{8f(\theta)}{\theta^3}&=\lim_{\theta\to0+}\frac{36\tan^2\frac{\theta}{2}\tan\theta}{\theta^3}\\&=\lim_{\theta\to0+}\left\{\left(\frac{\tan\frac{\theta}{2}}{\frac{\theta}{2}}\right)^2\times\frac{\tan\theta}{\theta}\times9\right\}\\&=1\times1\times9=9\end{aligned}$$

21 삼각함수의 극한의 활용 – 사분원, 부채꼴에서 다각형의 넓이

정답 ② | 정답률 60%

문제 보기

그림과 같이 반지름의 길이가 1이고 중심각의 크기가 $\frac{\pi}{2}$인 부채꼴 OAB와 선분 OA를 지름으로 하는 반원이 있다. 호 AB 위의 점 P에 대하여 점 P에서 선분 OA에 내린 수선의 발을 Q, 선분 OP와 반원의 교점 중 O가 아닌 점을 R라 하고, $\angle POA=\theta$라 하자. 삼각형 PRQ

└ $\angle ARO=\frac{\pi}{2}$

의 넓이를 $S(\theta)$라 할 때, $\lim_{\theta \to 0+}\frac{S(\theta)}{\theta^3}$의 값은? [4점]

└ $S(\theta)=\frac{1}{2}\times\overline{PR}\times\overline{PQ}\times\sin(\angle QPR)$임을 이용한다.

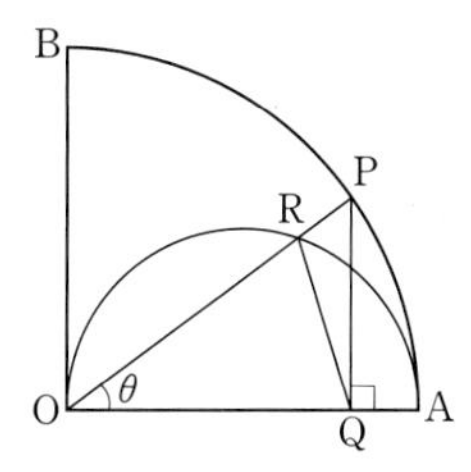

① $\frac{1}{8}$ ② $\frac{1}{4}$ ③ $\frac{3}{8}$ ④ $\frac{1}{2}$ ⑤ $\frac{5}{8}$

Step 1 $S(\theta)$ 구하기

$\overline{OA}=1$, $\angle ARO=\frac{\pi}{2}$이므로 직각삼각형 OAR에서

$\overline{OR}=\overline{OA}\cos\theta=\cos\theta$

$\therefore\ \overline{PR}=\overline{OP}-\overline{OR}=1-\cos\theta$

직각삼각형 OQP에서

$\overline{PQ}=\overline{OP}\sin\theta=\sin\theta$

$\angle QPR=\frac{\pi}{2}-\theta$이므로

$$S(\theta)=\frac{1}{2}\times\overline{PR}\times\overline{PQ}\times\sin(\angle QPR)$$
$$=\frac{1}{2}\times(1-\cos\theta)\times\sin\theta\times\sin\left(\frac{\pi}{2}-\theta\right)$$
$$=\frac{\sin\theta\cos\theta(1-\cos\theta)}{2}$$

Step 2 $\lim_{\theta \to 0+}\frac{S(\theta)}{\theta^3}$의 값 구하기

$$\therefore \lim_{\theta \to 0+}\frac{S(\theta)}{\theta^3}=\lim_{\theta \to 0+}\frac{\sin\theta\cos\theta(1-\cos\theta)}{2\theta^3}$$
$$=\lim_{\theta \to 0+}\frac{\sin\theta\cos\theta(1-\cos\theta)(1+\cos\theta)}{2\theta^3(1+\cos\theta)}$$
$$=\lim_{\theta \to 0+}\frac{\sin\theta\cos\theta(1-\cos^2\theta)}{2\theta^3(1+\cos\theta)}$$
$$=\lim_{\theta \to 0+}\frac{\sin^3\theta\cos\theta}{2\theta^3(1+\cos\theta)}$$
$$=\lim_{\theta \to 0+}\left\{\frac{1}{2}\times\left(\frac{\sin\theta}{\theta}\right)^3\times\frac{\cos\theta}{1+\cos\theta}\right\}$$
$$=\frac{1}{2}\times1\times\frac{1}{2}=\frac{1}{4}$$

22 삼각함수의 극한의 활용 – 사분원, 부채꼴에서 다각형의 넓이

정답 20 | 정답률 44%

문제 보기

그림과 같이 반지름의 길이가 1이고 중심각의 크기가 θ인 부채꼴 OAB에서 호 AB의 삼등분점 중 점 A에 가까운 점을 C라 하자. 변 DE가 선분 OA 위에 있고, 꼭짓점 G, F가 각각 선분 OC, 호 AC 위에 있는 정사각형 DEFG의 넓이를 $f(\theta)$라 하자. 점 D에서 선분 OB

└ $f(\theta)=\overline{GD}^2$임을 이용한다.

에 내린 수선의 발을 P, 선분 DP와 선분 OC가 만나는 점을 Q라 할 때, 삼각형 OQP의 넓이를 $g(\theta)$라 하자. $\lim_{\theta \to 0+}\frac{f(\theta)}{\theta\times g(\theta)}=k$일 때,

└ $g(\theta)=\frac{1}{2}\times\overline{OP}\times\overline{PQ}$임을 이용한다.

$60k$의 값을 구하시오. $\left(\text{단, } 0<\theta<\frac{\pi}{2}\text{이고, } \overline{OD}<\overline{OE}\text{이다.}\right)$ [4점]

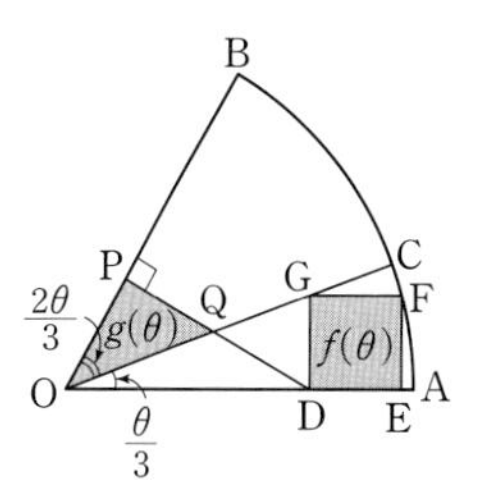

Step 1 $f(\theta)$ 구하기

$\overline{OD}=a(a>0)$라 하면 직각삼각형 ODG에서

$\overline{GD}=\overline{OD}\tan\frac{\theta}{3}=a\tan\frac{\theta}{3}$

$\therefore\ f(\theta)=\overline{GD}^2=\left(a\tan\frac{\theta}{3}\right)^2=a^2\tan^2\frac{\theta}{3}$

Step 2 $g(\theta)$ 구하기

직각삼각형 POD에서 $\overline{OP}=\overline{OD}\cos\theta=a\cos\theta$

직각삼각형 POQ에서 $\overline{PQ}=\overline{OP}\tan\frac{2\theta}{3}=a\cos\theta\tan\frac{2\theta}{3}$

$$\therefore\ g(\theta)=\frac{1}{2}\times\overline{OP}\times\overline{PQ}$$
$$=\frac{1}{2}\times a\cos\theta\times a\cos\theta\tan\frac{2\theta}{3}$$
$$=\frac{a^2}{2}\cos^2\theta\tan\frac{2\theta}{3}$$

Step 3 $\lim_{\theta \to 0+}\frac{f(\theta)}{\theta\times g(\theta)}$의 값 구하기

$$\therefore \lim_{\theta \to 0+}\frac{f(\theta)}{\theta\times g(\theta)}=\lim_{\theta \to 0+}\frac{a^2\tan^2\frac{\theta}{3}}{\frac{a^2}{2}\theta\cos^2\theta\tan\frac{2\theta}{3}}$$
$$=\lim_{\theta \to 0+}\frac{2\tan^2\frac{\theta}{3}}{\theta\cos^2\theta\tan\frac{2\theta}{3}}$$
$$=\lim_{\theta \to 0+}\left\{\left(\frac{\tan\frac{\theta}{3}}{\frac{\theta}{3}}\right)^2\times\frac{\frac{2\theta}{3}}{\tan\frac{2\theta}{3}}\times\frac{1}{3}\times\frac{1}{\cos^2\theta}\right\}$$
$$=1\times1\times\frac{1}{3}\times1=\frac{1}{3}$$

Step 4 $60k$의 값 구하기

따라서 $k=\frac{1}{3}$이므로

$60k=60\times\frac{1}{3}=20$

23 삼각함수의 극한의 활용 – 사분원, 부채꼴에서 다각형의 넓이

정답 ① | 정답률 67%

문제 보기

그림과 같이 반지름의 길이가 1이고 중심각의 크기가 $\frac{\pi}{2}$인 부채꼴 OAB가 있다. 호 AB 위의 점 P에서 선분 OA에 내린 수선의 발을 H라 하고, 호 BP 위에 점 Q를 $\angle$POH$=\angle$PHQ가 되도록 잡는다. $\angle$POH$=\theta$일 때, 삼각형 OHQ의 넓이를 $S(\theta)$라 하자. $\lim_{\theta\to0+}\frac{S(\theta)}{\theta}$의 값은? $\left(단,\ 0<\theta<\frac{\pi}{6}\right)$ [4점]

→ $\overline{\text{QH}}$, $\overline{\text{OP}}$가 만나는 점을 M으로 놓고 $S(\theta)=\frac{1}{2}\times\overline{\text{QH}}\times\overline{\text{OM}}$임을 이용한다.

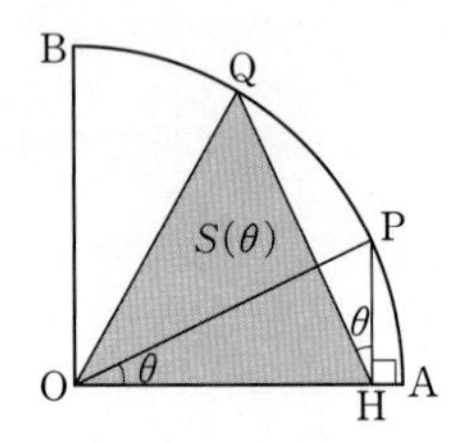

① $\frac{1+\sqrt{2}}{2}$　② $\frac{2+\sqrt{2}}{2}$　③ $\frac{3+\sqrt{2}}{2}$　④ $\frac{4+\sqrt{2}}{2}$　⑤ $\frac{5+\sqrt{2}}{2}$

Step 1 $S(\theta)$ 구하기

오른쪽 그림과 같이 두 선분 QH, OP가 만나는 점을 M이라 하자.

$\angle\text{HPO}=\frac{\pi}{2}-\theta$이므로 $\angle\text{PMH}=\frac{\pi}{2}$

$\overline{\text{OP}}=1$이므로 직각삼각형 POH에서

$\overline{\text{OH}}=\overline{\text{OP}}\cos\theta=\cos\theta$

직각삼각형 OHM에서

$\overline{\text{MH}}=\overline{\text{OH}}\sin\theta=\cos\theta\sin\theta$, $\overline{\text{OM}}=\overline{\text{OH}}\cos\theta=\cos^2\theta$

$\overline{\text{OQ}}=1$이므로 직각삼각형 OMQ에서

$$\overline{\text{QM}}=\sqrt{\overline{\text{OQ}}^2-\overline{\text{OM}}^2}=\sqrt{1^2-(\cos^2\theta)^2}$$
$$=\sqrt{1-\cos^4\theta}=\sqrt{(1-\cos^2\theta)(1+\cos^2\theta)}$$
$$=\sqrt{\sin^2\theta(1+\cos^2\theta)}=\sin\theta\sqrt{1+\cos^2\theta}\ \left(\because\ 0<\theta<\frac{\pi}{6}\right)$$

$$\therefore\ \overline{\text{QH}}=\overline{\text{QM}}+\overline{\text{MH}}$$
$$=\sin\theta\sqrt{1+\cos^2\theta}+\cos\theta\sin\theta$$
$$=\sin\theta(\sqrt{1+\cos^2\theta}+\cos\theta)$$

$$\therefore\ S(\theta)=\frac{1}{2}\times\overline{\text{QH}}\times\overline{\text{OM}}$$
$$=\frac{1}{2}\times\sin\theta(\sqrt{1+\cos^2\theta}+\cos\theta)\times\cos^2\theta$$
$$=\frac{\sin\theta\cos^2\theta(\sqrt{1+\cos^2\theta}+\cos\theta)}{2}$$

Step 2 $\lim_{\theta\to0+}\frac{S(\theta)}{\theta}$의 값 구하기

$$\therefore\ \lim_{\theta\to0+}\frac{S(\theta)}{\theta}=\lim_{\theta\to0+}\frac{\sin\theta\cos^2\theta(\sqrt{1+\cos^2\theta}+\cos\theta)}{2\theta}$$
$$=\lim_{\theta\to0+}\left\{\frac{1}{2}\times\frac{\sin\theta}{\theta}\times\cos^2\theta(\sqrt{1+\cos^2\theta}+\cos\theta)\right\}$$
$$=\frac{1}{2}\times1\times(\sqrt{2}+1)=\frac{1+\sqrt{2}}{2}$$

24 삼각함수의 극한의 활용 – 사분원, 부채꼴에서 다각형의 넓이

정답 ④ | 정답률 61%

문제 보기

그림과 같이 반지름의 길이가 1이고 중심각의 크기가 $\frac{\pi}{2}$인 부채꼴 OAB가 있다. 호 AB 위의 점 P에 대하여 $\overline{\text{PA}}=\overline{\text{PC}}=\overline{\text{PD}}$가 되도록 호 PB 위에 점 C와 선분 OA 위에 점 D를 잡는다. 점 D를 지나고 선분 OP와 평행한 직선이 선분 PA와 만나는 점을 E라 하자.

→ 세 삼각형 APD, POA, COP는 모두 이등변삼각형이고 서로 닮음이다.

$\angle$POA$=\theta$일 때, 삼각형 CDP의 넓이를 $f(\theta)$, 삼각형 EDA의 넓이를 $g(\theta)$라 하자. $\lim_{\theta\to0+}\frac{g(\theta)}{\theta^2\times f(\theta)}$의 값은? $\left(단,\ 0<\theta<\frac{\pi}{4}\right)$ [4점]

→ $f(\theta)=\frac{1}{2}\times\overline{\text{PC}}\times\overline{\text{PD}}\times\sin(\angle\text{DPC})$임을 이용한다.

→ $g(\theta)=\frac{1}{2}\times\overline{\text{DA}}\times\overline{\text{EA}}\times\sin(\angle\text{DAE})$임을 이용한다.

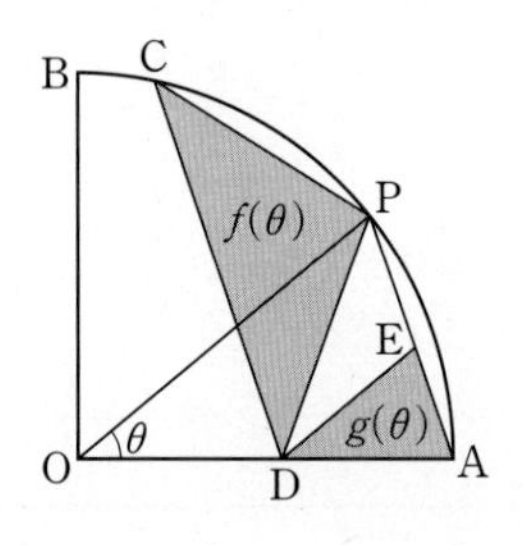

① $\frac{1}{8}$　② $\frac{1}{4}$　③ $\frac{1}{3}$　④ $\frac{1}{2}$　⑤ $\frac{5}{8}$

Step 1 $g(\theta)$ 구하기

삼각형 POA는 $\overline{\text{OA}}=\overline{\text{OP}}$인 이등변삼각형이므로

$\angle\text{OAP}=\angle\text{APO}=\frac{\pi}{2}-\frac{\theta}{2}$

$\overline{\text{OP}}=1$이므로 삼각형 POA에서 사인법칙에 의하여

$$\frac{\overline{\text{PA}}}{\sin\theta}=\frac{\overline{\text{OP}}}{\sin\left(\frac{\pi}{2}-\frac{\theta}{2}\right)}$$

$$\therefore\ \overline{\text{PA}}=\frac{\sin\theta}{\cos\frac{\theta}{2}}$$

삼각형 PDA는 $\overline{\text{PA}}=\overline{\text{PD}}$인 이등변삼각형이므로

$\angle\text{PDA}=\angle\text{DAP}=\frac{\pi}{2}-\frac{\theta}{2}$

$\triangle$POA$\backsim\triangle$APD (AA 닮음)이므로

$\overline{\text{OP}}:\overline{\text{PA}}=\overline{\text{PA}}:\overline{\text{DA}}$

$\therefore\ \overline{\text{DA}}=\overline{\text{PA}}^2$

$\overline{\text{OP}}\,/\!/\,\overline{\text{DE}}$이므로

$\angle\text{POA}=\angle\text{EDA}=\theta$

$\angle\text{APD}=\angle\text{POA}$이므로

$\angle\text{APD}=\angle\text{EDA}=\theta$

$\triangle$APD$\backsim\triangle$EDA (AA 닮음)이므로

$\overline{\text{PA}}:\overline{\text{DA}}=\overline{\text{DA}}:\overline{\text{EA}}$

$$\therefore\ \overline{\text{EA}}=\frac{\overline{\text{DA}}^2}{\overline{\text{PA}}}=\frac{\overline{\text{PA}}^4}{\overline{\text{PA}}}=\overline{\text{PA}}^3$$

$$\therefore\ g(\theta)=\frac{1}{2}\times\overline{\text{DA}}\times\overline{\text{EA}}\times\sin(\angle\text{DAE})$$
$$=\frac{1}{2}\times\overline{\text{DA}}\times\overline{\text{EA}}\times\sin\left(\frac{\pi}{2}-\frac{\theta}{2}\right)$$
$$=\frac{1}{2}\times\overline{\text{PA}}^5\times\cos\frac{\theta}{2}$$
$$=\frac{\sin^5\theta}{2\cos^4\frac{\theta}{2}}$$

Step 2 $f(\theta)$ 구하기

$\overline{PA}=\overline{PC}$, $\overline{OA}=\overline{OP}=\overline{OC}$이므로

$\triangle OAP \equiv \triangle OPC$

$\angle APD=\theta$이므로

$$\begin{aligned}\angle DPC&=\angle APC-\angle APD\\&=2\angle APO-\angle APD\\&=2\left(\frac{\pi}{2}-\frac{\theta}{2}\right)-\theta\\&=\pi-2\theta\end{aligned}$$

$\overline{PC}=\overline{PD}=\overline{PA}$이므로

$$\begin{aligned}f(\theta)&=\frac{1}{2}\times\overline{PC}\times\overline{PD}\times\sin(\angle DPC)\\&=\frac{1}{2}\times\overline{PC}\times\overline{PD}\times\sin(\pi-2\theta)\\&=\frac{1}{2}\times\overline{PA}^2\times\sin 2\theta\\&=\frac{\sin^2\theta\sin 2\theta}{2\cos^2\frac{\theta}{2}}\end{aligned}$$

Step 3 $\lim\limits_{\theta\to0+}\dfrac{g(\theta)}{\theta^2\times f(\theta)}$의 값 구하기

$$\begin{aligned}\therefore \lim_{\theta\to0+}\frac{g(\theta)}{\theta^2\times f(\theta)}&=\lim_{\theta\to0+}\frac{\dfrac{\sin^5\theta}{2\cos^4\frac{\theta}{2}}}{\dfrac{\theta^2\sin^2\theta\sin 2\theta}{2\cos^2\frac{\theta}{2}}}\\&=\lim_{\theta\to0+}\frac{\sin^3\theta}{\theta^2\sin 2\theta\cos^2\frac{\theta}{2}}\\&=\lim_{\theta\to0+}\left\{\frac{1}{2}\times\left(\frac{\sin\theta}{\theta}\right)^3\times\frac{2\theta}{\sin 2\theta}\times\frac{1}{\cos^2\frac{\theta}{2}}\right\}\\&=\frac{1}{2}\times1\times1\times1=\frac{1}{2}\end{aligned}$$

25 삼각함수의 극한의 활용 – 좌표평면에서 다각형의 넓이

정답 ③ | 정답률 59%

문제 보기

그림과 같이 좌표평면 위에 점 A(0, 1)을 중심으로 하고 반지름의 길이가 1인 원 C가 있다. 원점 O를 지나고 x축의 양의 방향과 이루는 각의 크기가 θ인 직선이 원 C와 만나는 점 중 O가 아닌 점을 P라 하고, 호 OP 위에 점 Q를 $\angle OPQ=\frac{\theta}{3}$가 되도록 잡는다. 삼각형 POQ의 넓이를 $f(\theta)$라 할 때, $\lim\limits_{\theta\to0+}\dfrac{f(\theta)}{\theta^3}$의 값은?

→ $f(\theta)=\frac{1}{2}\times\overline{OP}\times\overline{OQ}\times\sin(\angle POQ)$임을 이용한다.

(단, 점 Q는 제1사분면 위의 점이고, $0<\theta<\pi$이다.) [3점]

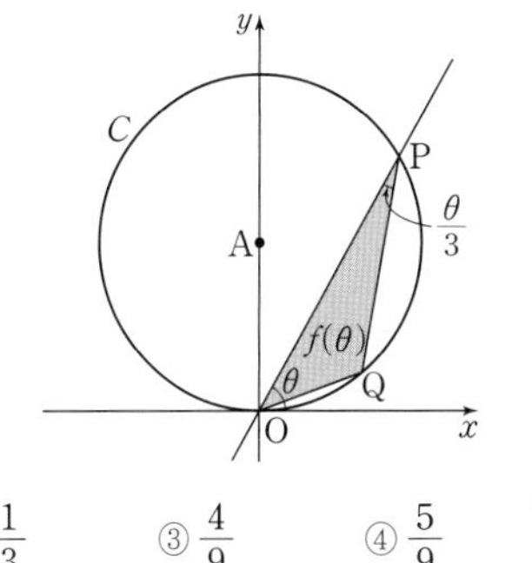

① $\frac{2}{9}$ ② $\frac{1}{3}$ ③ $\frac{4}{9}$ ④ $\frac{5}{9}$ ⑤ $\frac{2}{3}$

Step 1 $f(\theta)$ 구하기

오른쪽 그림과 같이 원 C가 y축과 만나는 점 중 O가 아닌 점을 R라 하면

$\overline{OR}=2$이고 반원의 원주각은 $\frac{\pi}{2}$이므로 두 삼각형 OPR, OQR는 직각삼각형이다.

직각삼각형 OPR에서

$\angle ORP=\frac{\pi}{2}-\angle POR=\theta$

$\therefore \overline{OP}=\overline{OR}\sin\theta=2\sin\theta$

$\overset{\frown}{OQ}$에 대하여

$\angle ORQ=\angle OPQ=\frac{\theta}{3}$

직각삼각형 OQR에서 $\overline{OQ}=\overline{OR}\sin\frac{\theta}{3}=2\sin\frac{\theta}{3}$

$\overset{\frown}{PQ}$에 대하여

$\angle POQ=\angle PRQ=\theta-\frac{\theta}{3}=\frac{2}{3}\theta$

$$\begin{aligned}\therefore f(\theta)&=\frac{1}{2}\times\overline{OP}\times\overline{OQ}\times\sin(\angle POQ)\\&=\frac{1}{2}\times2\sin\theta\times2\sin\frac{\theta}{3}\times\sin\frac{2}{3}\theta=2\sin\theta\sin\frac{\theta}{3}\sin\frac{2}{3}\theta\end{aligned}$$

Step 2 $\lim\limits_{\theta\to0+}\dfrac{f(\theta)}{\theta^3}$의 값 구하기

$$\begin{aligned}\therefore \lim_{\theta\to0+}\frac{f(\theta)}{\theta^3}&=\lim_{\theta\to0+}\frac{2\sin\theta\sin\frac{\theta}{3}\sin\frac{2}{3}\theta}{\theta^3}\\&=\lim_{\theta\to0+}\left(2\times\frac{\sin\theta}{\theta}\times\frac{\sin\frac{\theta}{3}}{\frac{\theta}{3}}\times\frac{\sin\frac{2}{3}\theta}{\frac{2}{3}\theta}\times\frac{2}{9}\right)\\&=2\times1\times1\times1\times\frac{2}{9}=\frac{4}{9}\end{aligned}$$

26 삼각함수의 극한의 활용 – 좌표평면에서 다각형의 넓이

정답 18 | 정답률 42%

문제 보기

그림과 같이 중심이 A(3, 0)이고 점 B(6, 0)을 지나는 원이 있다. 이 원 위의 점 P를 지나는 두 직선 AP, BP가 y축과 만나는 점을 각각 Q, R라 하자. $\angle$PBA$=\theta$라 하고, 삼각형 PQR의 넓이를 $S(\theta)$라 할 때,

$S(\theta)=\frac{1}{2}\times\overline{QR}\times$(점 P의 x좌표)임을 이용한다.

$\lim_{\theta\to0+}\frac{S(\theta)}{\theta^5}$의 값을 구하시오. $\left(단, 0<\theta<\frac{\pi}{4}\right)$ [4점]

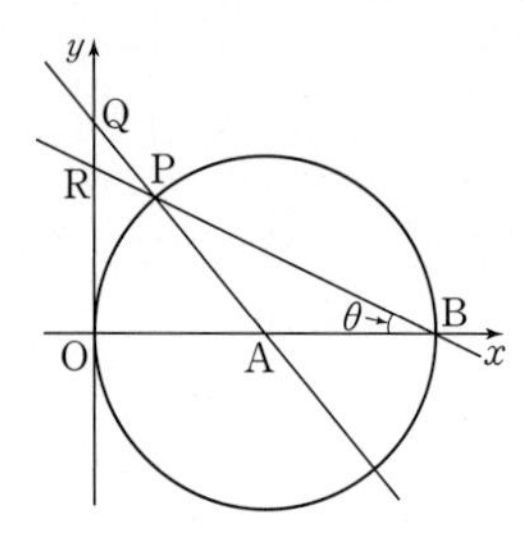

Step 1 $S(\theta)$ 구하기

호 OP에 대한 중심각의 크기는 원주각의 크기의 2배이므로

$\angle PAO=2\angle PBO=2\theta$

오른쪽 그림과 같이 점 P에서 x축에 내린 수선의 발을 H라 하자.

$\overline{AP}=3$이므로 직각삼각형 APH에서

$\overline{AH}=\overline{AP}\cos2\theta=3\cos2\theta$

$\therefore\ \overline{OH}=\overline{OA}-\overline{AH}=3-3\cos2\theta$

직각삼각형 AQO에서

$\overline{OQ}=\overline{OA}\tan2\theta=3\tan2\theta$

직각삼각형 OBR에서

$\overline{OR}=\overline{OB}\tan\theta=6\tan\theta$

$\therefore\ \overline{QR}=\overline{OQ}-\overline{OR}=3\tan2\theta-6\tan\theta$

$$\begin{aligned}\therefore\ S(\theta)&=\frac{1}{2}\times\overline{QR}\times\overline{OH}\\&=\frac{1}{2}\times(3\tan2\theta-6\tan\theta)\times(3-3\cos2\theta)\\&=\frac{9}{2}(\tan2\theta-2\tan\theta)(1-\cos2\theta)\\&=\frac{9}{2}\left(\frac{2\tan\theta}{1-\tan^2\theta}-2\tan\theta\right)\{1-(1-2\sin^2\theta)\}\\&=\frac{18\tan^3\theta\sin^2\theta}{1-\tan^2\theta}\end{aligned}$$

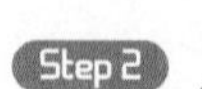

$\lim_{\theta\to0+}\frac{S(\theta)}{\theta^5}$의 값 구하기

$$\begin{aligned}\therefore\ \lim_{\theta\to0+}\frac{S(\theta)}{\theta^5}&=\lim_{\theta\to0+}\frac{18\tan^3\theta\sin^2\theta}{\theta^5(1-\tan^2\theta)}\\&=\lim_{\theta\to0+}\left\{\frac{18}{1-\tan^2\theta}\times\left(\frac{\tan\theta}{\theta}\right)^3\times\left(\frac{\sin\theta}{\theta}\right)^2\right\}\\&=18\times1\times1=18\end{aligned}$$

27 삼각함수의 극한의 활용 – 좌표평면에서 다각형의 넓이

정답 ② | 정답률 46%

문제 보기

그림과 같이 좌표평면 위에 중심이 O(0, 0)이고 점 A(1, 0)을 지나는 원 C_1 위의 제1사분면 위의 점을 P라 하자. 점 P를 원점에 대하여 대칭이동시킨 점을 Q, x축에 대하여 대칭이동시킨 점을 R라 하자. 선분

$\overline{PQ}$는 원 C_1의 지름이다.

QR를 지름으로 하는 원 C_2와 두 선분 PQ, AQ와의 교점을 각각 M,

$\angle QMR=\frac{\pi}{2}$, $\angle QNR=\frac{\pi}{2}$

N이라 하자. $\angle$POA$=\theta$라 할 때, 두 삼각형 MQN, PNR의 넓이를 각각 $S(\theta)$, $T(\theta)$라 하자. $\lim_{\theta\to0+}\frac{\theta^2\times S(\theta)}{T(\theta)}$의 값은? [4점]

$S(\theta)=\frac{1}{2}\times\overline{QM}\times\overline{QN}\times\sin(\angle PQA)$, $T(\theta)=\frac{1}{2}\times\overline{PR}\times$(높이)임을 이용한다.

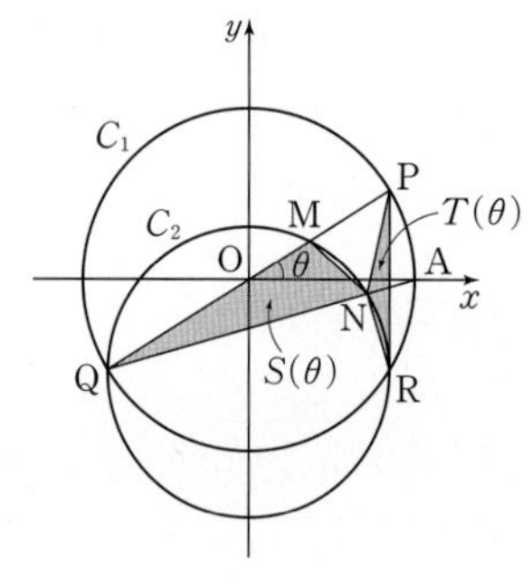

① 1　② 2　③ 3　④ 4　⑤ 5

Step 1 $S(\theta)$ 구하기

$\overline{OA}\,/\!/\,\overline{QR}$이므로

$\angle PQR=\theta$

$\overline{QP}=2$이므로 직각삼각형 PQR에서

$\overline{PR}=\overline{QP}\sin\theta=2\sin\theta$, $\overline{QR}=\overline{QP}\cos\theta=2\cos\theta$

$\angle QMR=\frac{\pi}{2}$이므로 직각삼각형 MQR에서

$\overline{QM}=\overline{QR}\cos\theta=2\cos^2\theta$

$\widehat{PA}=\widehat{AR}$이므로

$\angle PQA=\angle AQR$　　$\therefore\ \angle AQR=\frac{\theta}{2}$

$\angle QNR=\frac{\pi}{2}$이므로 직각삼각형 NQR에서

$\overline{QN}=\overline{QR}\cos\frac{\theta}{2}=2\cos\theta\cos\frac{\theta}{2}$

$$\begin{aligned}\therefore\ S(\theta)&=\frac{1}{2}\times\overline{QM}\times\overline{QN}\times\sin(\angle PQA)\\&=\frac{1}{2}\times2\cos^2\theta\times2\cos\theta\cos\frac{\theta}{2}\times\sin\frac{\theta}{2}\\&=2\sin\frac{\theta}{2}\cos\frac{\theta}{2}\cos^3\theta\end{aligned}$$

Step 2 $T(\theta)$ 구하기

오른쪽 그림과 같이 점 N에서 선분 QR에 내린 수선의 발을 H라 하자.

직각삼각형 NQH에서

$\overline{QH}=\overline{QN}\cos\frac{\theta}{2}=2\cos\theta\cos^2\frac{\theta}{2}$

$$\begin{aligned}\therefore\ \overline{HR}&=\overline{QR}-\overline{QH}\\&=2\cos\theta-2\cos\theta\cos^2\frac{\theta}{2}\\&=2\cos\theta\left(1-\cos^2\frac{\theta}{2}\right)\\&=2\sin^2\frac{\theta}{2}\cos\theta\end{aligned}$$

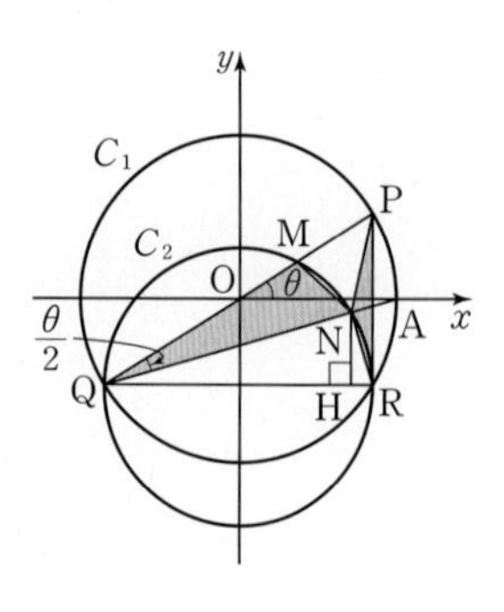

$\therefore T(\theta)=\frac{1}{2}\times\overline{PR}\times\overline{HR}$

$=\frac{1}{2}\times 2\sin\theta\times 2\sin^2\frac{\theta}{2}\cos\theta$

$=2\sin^2\frac{\theta}{2}\sin\theta\cos\theta$

Step 3 $\lim_{\theta\to 0+}\frac{\theta^2\times S(\theta)}{T(\theta)}$**의 값 구하기**

$$\therefore \lim_{\theta\to 0+}\frac{\theta^2\times S(\theta)}{T(\theta)}=\lim_{\theta\to 0+}\frac{2\theta^2\sin\frac{\theta}{2}\cos\frac{\theta}{2}\cos^3\theta}{2\sin^2\frac{\theta}{2}\sin\theta\cos\theta}$$

$$=\lim_{\theta\to 0+}\frac{\theta^2\cos\frac{\theta}{2}\cos^2\theta}{\sin\theta\sin\frac{\theta}{2}}$$

$$=\lim_{\theta\to 0+}\left(\frac{\theta}{\sin\theta}\times\frac{\frac{\theta}{2}}{\sin\frac{\theta}{2}}\times 2\times\cos\frac{\theta}{2}\times\cos^2\theta\right)$$

$=1\times 1\times 2\times 1\times 1=2$

28 삼각함수의 도함수

정답 ③ | 정답률 96%

문제 보기

함수 $f(x)=\sin x-4x$에 대하여 $f'(0)$의 값은? [2점]

└→ $f'(x)$를 구한 후 $x=0$을 대입한다.

① -5 ② -4 ③ -3 ④ -2 ⑤ -1

Step 1 $f'(x)$ **구하기**

$f(x)=\sin x-4x$에서

$f'(x)=\cos x-4$

Step 2 $f'(0)$**의 값 구하기**

$\therefore f'(0)=\cos 0-4=1-4=-3$

29 삼각함수의 도함수

정답 ④ | 정답률 89%

문제 보기

$f(x)=\sin x$일 때, $f'\left(\frac{\pi}{3}\right)$의 값은? [2점]

└→ $f'(x)$를 구한 후 $x=\frac{\pi}{3}$를 대입한다.

① -1 ② $-\frac{1}{2}$ ③ 0 ④ $\frac{1}{2}$ ⑤ 1

Step 1 $f'(x)$ **구하기**

$f(x)=\sin x$에서

$f'(x)=\cos x$

Step 2 $f'\left(\frac{\pi}{3}\right)$**의 값 구하기**

$\therefore f'\left(\frac{\pi}{3}\right)=\cos\frac{\pi}{3}=\frac{1}{2}$

30 삼각함수의 도함수 정답 ① | 정답률 92%

문제 보기

함수 $f(x)=\cos x$에 대하여 $f'\left(\frac{\pi}{2}\right)$의 값은? [3점]

└→ $f'(x)$를 구한 후 $x=\frac{\pi}{2}$를 대입한다.

① -1 ② $-\frac{1}{2}$ ③ 0 ④ $\frac{1}{2}$ ⑤ 1

Step 1 $f'(x)$ 구하기

$f(x)=\cos x$에서
$f'(x)=-\sin x$

Step 2 $f'\left(\frac{\pi}{2}\right)$의 값 구하기

$\therefore f'\left(\frac{\pi}{2}\right)=-\sin\frac{\pi}{2}=-1$

31 삼각함수의 도함수 정답 2 | 정답률 92%

문제 보기

함수 $f(x)=\sin x-\sqrt{3}\cos x$에 대하여 $f'\left(\frac{\pi}{3}\right)$의 값을 구하시오. [3점]

$f'(x)$를 구한 후 $x=\frac{\pi}{3}$를 대입한다. ←┘

Step 1 $f'(x)$ 구하기

$f(x)=\sin x-\sqrt{3}\cos x$에서
$f'(x)=\cos x+\sqrt{3}\sin x$

Step 2 $f'\left(\frac{\pi}{3}\right)$의 값 구하기

$$\therefore f'\left(\frac{\pi}{3}\right)=\cos\frac{\pi}{3}+\sqrt{3}\sin\frac{\pi}{3}$$
$$=\frac{1}{2}+\sqrt{3}\times\frac{\sqrt{3}}{2}=2$$

32 삼각함수의 도함수

정답 ① | 정답률 94%

문제 보기

함수 $f(x)=e^x(2\sin x+\cos x)$에 대하여 $f'(0)$의 값은? [3점]

$f'(x)$를 구한 후 $x=0$을 대입한다.

① 3 ② 4 ③ 5 ④ 6 ⑤ 7

Step 1 $f'(x)$ 구하기

$f(x)=e^x(2\sin x+\cos x)$에서

$f'(x)=e^x(2\sin x+\cos x)+e^x(2\cos x-\sin x)$

$=e^x(\sin x+3\cos x)$

Step 2 $f'(0)$의 값 구하기

$\therefore f'(0)=e^0(\sin 0+3\cos 0)=1\times 3=3$

33 삼각함수의 도함수

정답 ⑤ | 정답률 89%

문제 보기

함수 $f(x)=\frac{x}{2}+\sin x$에 대하여 $\lim_{x\to\pi}\frac{f(x)-f(\pi)}{x-\pi}$의 값은? [3점]

미분계수를 이용하여 나타낸다.

① $-\frac{5}{2}$ ② -2 ③ $-\frac{3}{2}$ ④ -1 ⑤ $-\frac{1}{2}$

Step 1 극한을 미분계수로 나타내기

$\lim_{x\to\pi}\frac{f(x)-f(\pi)}{x-\pi}=f'(\pi)$ …… ㉠

Step 2 $f'(x)$ 구하기

$f(x)=\frac{x}{2}+\sin x$에서

$f'(x)=\frac{1}{2}+\cos x$

Step 3 극한값 구하기

따라서 구하는 극한값은 ㉠에서

$f'(\pi)=\frac{1}{2}+\cos\pi=\frac{1}{2}-1=-\frac{1}{2}$

34 삼각함수의 도함수 정답 ② | 정답률 83%

문제 보기

함수 $f(x)=\sin x+a\cos x$에 대하여 $\lim_{x\to\frac{\pi}{2}}\frac{f(x)-1}{x-\frac{\pi}{2}}=3$일 때, $f\left(\frac{\pi}{4}\right)$의 값은? (단, a는 상수이다.) [3점]

└→ 미분계수를 이용하여 나타낸다.

① $-2\sqrt{2}$ ② $-\sqrt{2}$ ③ 0 ④ $\sqrt{2}$ ⑤ $2\sqrt{2}$

Step 1 극한을 미분계수로 나타내기

$f(x)=\sin x+a\cos x$에서 $f\left(\frac{\pi}{2}\right)=\sin\frac{\pi}{2}+a\cos\frac{\pi}{2}=1$

$$\therefore \lim_{x\to\frac{\pi}{2}}\frac{f(x)-1}{x-\frac{\pi}{2}}=\lim_{x\to\frac{\pi}{2}}\frac{f(x)-f\left(\frac{\pi}{2}\right)}{x-\frac{\pi}{2}}=f'\left(\frac{\pi}{2}\right)=3 \quad \cdots\cdots ㉠$$

Step 2 $f'(x)$ 구하기

$f(x)=\sin x+a\cos x$에서 $f'(x)=\cos x-a\sin x$

Step 3 $f(x)$ 구하기

㉠에서 $\cos\frac{\pi}{2}-a\sin\frac{\pi}{2}=3$, $-a=3$ $\quad\therefore a=-3$

$\therefore f(x)=\sin x-3\cos x$

Step 4 $f\left(\frac{\pi}{4}\right)$의 값 구하기

$$\therefore f\left(\frac{\pi}{4}\right)=\sin\frac{\pi}{4}-3\cos\frac{\pi}{4}=\frac{\sqrt{2}}{2}-3\times\frac{\sqrt{2}}{2}=-\sqrt{2}$$

35 삼각함수의 도함수 정답 ⑤ | 정답률 63%

문제 보기

점 $\left(-\frac{\pi}{2}, 0\right)$에서 곡선 $y=\sin x\,(x>0)$에 접선을 그어 접점의 x좌표를 작은 수부터 크기순으로 모두 나열할 때, n번째 수를 a_n이라 하자. 모든 자연수 n에 대하여 〈보기〉에서 옳은 것만을 있는 대로 고른 것은? [4점]

└→ 접선의 기울기를 이용하여 a_n에 대한 식으로 나타낸다.

〈보기〉

ㄱ. $\tan a_n=a_n+\frac{\pi}{2}$

ㄴ. $\tan a_{n+2}-\tan a_n>2\pi$

ㄷ. $a_{n+1}+a_{n+2}>a_n+a_{n+3}$

① ㄱ ② ㄱ, ㄴ ③ ㄱ, ㄷ ④ ㄴ, ㄷ ⑤ ㄱ, ㄴ, ㄷ

Step 1 ㄱ이 옳은지 확인하기

ㄱ. $y=\sin x$에서 $y'=\cos x$

점 $(a_n, \sin a_n)$에서의 접선의 기울기는 $\cos a_n$

두 점 $\left(-\frac{\pi}{2}, 0\right)$, $(a_n, \sin a_n)$을 지나는 직선의 기울기는 $\frac{\sin a_n}{a_n+\frac{\pi}{2}}$

즉, $\cos a_n=\frac{\sin a_n}{a_n+\frac{\pi}{2}}$이므로 $\frac{\sin a_n}{\cos a_n}=a_n+\frac{\pi}{2}$

$\therefore \tan a_n=a_n+\frac{\pi}{2}$

Step 2 ㄴ이 옳은지 확인하기

ㄴ. ㄱ에서 a_n은 곡선 $y=\tan x$와 직선 $y=x+\frac{\pi}{2}$의 교점의 x좌표를 작은 수부터 크기순으로 나열한 것이다.

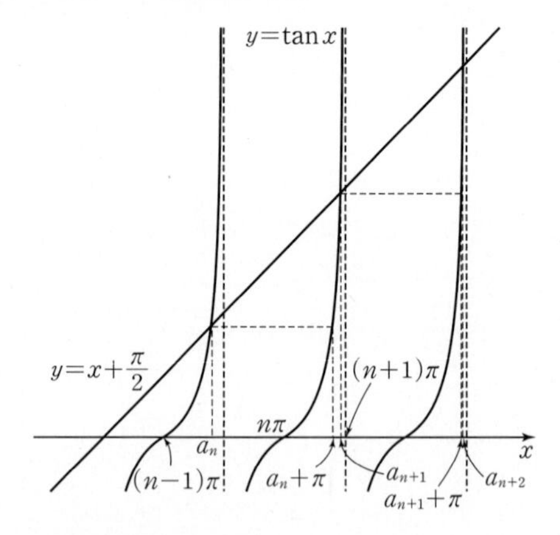

$a_{n+1}>a_n+\pi$이므로 $a_{n+1}-a_n>\pi$

$$\begin{aligned}\therefore \tan a_{n+2}-\tan a_n&=\left(a_{n+2}+\frac{\pi}{2}\right)-\left(a_n+\frac{\pi}{2}\right)\\&=a_{n+2}-a_n\\&=(a_{n+2}-a_{n+1})+(a_{n+1}-a_n)\\&>\pi+\pi=2\pi\end{aligned}$$

Step 3 ㄷ이 옳은지 확인하기

ㄷ. ㄴ의 그림에서 $a_{n+1}-a_n>a_{n+3}-a_{n+2}$이므로

$a_{n+1}+a_{n+2}>a_n+a_{n+3}$

Step 4 옳은 것 구하기

따라서 보기 중 옳은 것은 ㄱ, ㄴ, ㄷ이다.

36 삼각함수의 도함수 정답 135 | 정답률 5%

문제 보기

함수 $f(x)=a\cos x+x\sin x+b$와 $-\pi<\alpha<0<\beta<\pi$인 두 실수 α, β가 다음 조건을 만족시킨다.

> (가) $f'(\alpha)=f'(\beta)=0$ ← $f'(x)=0$을 만족시키는 x의 값을 구한다.
>
> (나) $\dfrac{\tan\beta-\tan\alpha}{\beta-\alpha}+\dfrac{1}{\beta}=0$

$\displaystyle\lim_{x\to0}\frac{f(x)}{x^2}=c$일 때, $f\left(\dfrac{\beta-\alpha}{3}\right)+c=p+q\pi$이다. 두 유리수 p, q에

└ $x\to0$일 때 $f(x)\to0$임을 이용하여 b를 a에 대한 식으로 나타낸 후 $f(x)$를 대입하여 극한값 c를 구한다.

대하여 $120\times(p+q)$의 값을 구하시오.

(단, a, b, c는 상수이고, $a<1$이다.) [4점]

Step 1 $f'(x)$ 구하기

$f(x)=a\cos x+x\sin x+b$에서

$f'(x)=-a\sin x+\sin x+x\cos x$

$=(1-a)\sin x+x\cos x$

Step 2 a, c의 값 구하기

$f'(x)=(1-a)\sin x+x\cos x$에서 $\cos x=0$이면 $\sin x\neq0$이고 $a<1$에서 $1-a\neq0$이므로

$f'(x)\neq0$

이는 조건 (가)를 만족시키지 않는다.

$\therefore \cos x\neq0$

$\cos x\neq0$이므로 $f'(x)=0$에서

$(1-a)\sin x+x\cos x=0$

$x\cos x=(a-1)\sin x$

$\therefore \tan x=\dfrac{x}{a-1}$ …… ㉠

함수 $y=\tan x$의 그래프와 직선 $y=\dfrac{x}{a-1}$는 모두 원점에 대하여 대칭이고 $a<1$에서 직선 $y=\dfrac{x}{a-1}$의 기울기가 음수이므로 오른쪽 그림과 같이 $-\pi<x<\pi$에서 함수 $y=\tan x$의 그래프와 직선 $y=\dfrac{x}{a-1}$는 원점을 포함한 서로 다른 세 점에서 만난다.

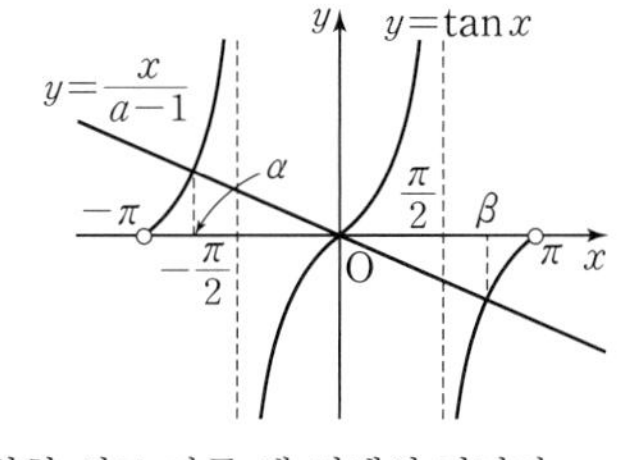

조건 (가)에서 원점을 제외한 두 점의 x좌표는 α, β이고, 이 두 점은 원점에 대하여 대칭이므로

$\alpha=-\beta$

조건 (나)에서 $\dfrac{\tan\beta-\tan\alpha}{\beta-\alpha}=-\dfrac{1}{\beta}$

$\dfrac{\tan\beta-\tan(-\beta)}{\beta-(-\beta)}=-\dfrac{1}{\beta}$

$\dfrac{2\tan\beta}{2\beta}=-\dfrac{1}{\beta}$ $\therefore \tan\beta=-1$

$0<\beta<\pi$이므로

$\beta=\dfrac{3}{4}\pi$ $\therefore \alpha=-\beta=-\dfrac{3}{4}\pi$

㉠에 $x=\dfrac{3}{4}\pi$를 대입하면

$\tan\dfrac{3}{4}\pi=\dfrac{3}{4(a-1)}\pi$

$-1=\dfrac{3}{4(a-1)}\pi$, $-4a+4=3\pi$

$\therefore a=1-\dfrac{3}{4}\pi$ …… ㉡

$\displaystyle\lim_{x\to0}\frac{f(x)}{x^2}=c$에서 $x\to0$일 때 (분모) $\to0$이고 극한값이 존재하므로 (분자) $\to0$이다.

즉, $\displaystyle\lim_{x\to0}f(x)=0$에서

$\displaystyle\lim_{x\to0}(a\cos x+x\sin x+b)=0$

$a+b=0$ $\therefore b=-a$

따라서 $f(x)=a\cos x+x\sin x-a=a(\cos x-1)+x\sin x$이므로

$$\begin{aligned}\lim_{x\to0}\frac{f(x)}{x^2}&=\lim_{x\to0}\frac{a(\cos x-1)+x\sin x}{x^2}\\&=\lim_{x\to0}\left\{\frac{a(\cos x-1)}{x^2}+\frac{\sin x}{x}\right\}\\&=\lim_{x\to0}\left\{\frac{a(\cos x-1)(\cos x+1)}{x^2(\cos x+1)}+\frac{\sin x}{x}\right\}\\&=\lim_{x\to0}\left\{-\frac{a\sin^2x}{x^2(\cos x+1)}+\frac{\sin x}{x}\right\}\\&=\lim_{x\to0}\left\{-\frac{a}{\cos x+1}\times\left(\frac{\sin x}{x}\right)^2+\frac{\sin x}{x}\right\}\\&=-\frac{a}{2}\times1+1=-\frac{a}{2}+1\end{aligned}$$

즉, $-\dfrac{a}{2}+1=c$이므로

$c=-\dfrac{a}{2}+1=-\dfrac{1}{2}\left(1-\dfrac{3}{4}\pi\right)+1$ ($\because$ ㉡)

$=\dfrac{1}{2}+\dfrac{3}{8}\pi$

Step 3 $f\left(\dfrac{\beta-\alpha}{3}\right)+c$의 값 구하기

$f(x)=\left(1-\dfrac{3}{4}\pi\right)(\cos x-1)+x\sin x$이므로

$$\begin{aligned}f\left(\frac{\beta-\alpha}{3}\right)+c&=f\left(\frac{2\beta}{3}\right)+\frac{1}{2}+\frac{3}{8}\pi\\&=f\left(\frac{\pi}{2}\right)+\frac{1}{2}+\frac{3}{8}\pi\\&=-\left(1-\frac{3}{4}\pi\right)+\frac{\pi}{2}+\frac{1}{2}+\frac{3}{8}\pi\\&=-\frac{1}{2}+\frac{13}{8}\pi\end{aligned}$$

Step 4 $120\times(p+q)$의 값 구하기

따라서 $p=-\dfrac{1}{2}$, $q=\dfrac{13}{8}$이므로

$120\times(p+q)=120\times\left(-\dfrac{1}{2}+\dfrac{13}{8}\right)=135$

37 삼각함수의 극한의 활용 – 다각형의 넓이

정답 ③ | 정답률 34%

문제 보기

그림과 같이 $\overline{AB}=1$, $\overline{BC}=2$인 삼각형 ABC에 대하여 선분 AC의 중점을 M이라 하고, 점 M을 지나고 선분 AB에 평행한 직선이 선분 BC와 만나는 점을 D라 하자. $\angle BAC$의 이등분선이 두 직선 BC, DM과 만나는 점을 각각 E, F라 하자. $\angle CBA=\theta$일 때, 삼각형 ABE의 넓이를 $f(\theta)$, 삼각형 DFC의 넓이를 $g(\theta)$라 하자. $\lim_{\theta \to 0+} \frac{g(\theta)}{\theta^2 \times f(\theta)}$의 값은? (단, $0<\theta<\pi$) [4점]

$f(\theta)=\frac{1}{2}\times\overline{AB}\times\overline{BE}\times\sin\theta$임을 이용한다.

$g(\theta)=\frac{1}{2}\times\overline{CD}\times\overline{DF}\times\sin(\angle CDF)$임을 이용한다.

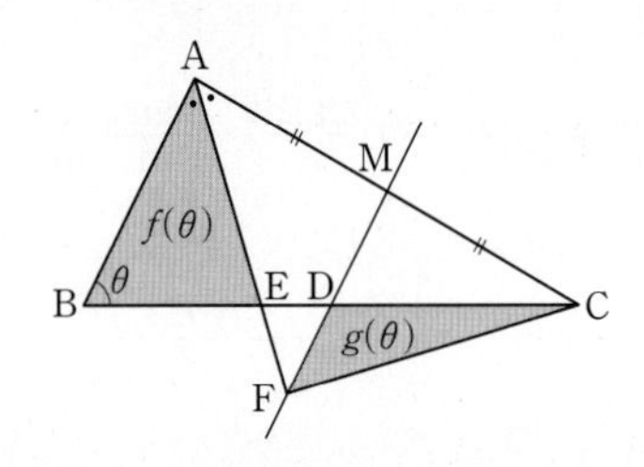

① $\frac{1}{8}$ ② $\frac{1}{4}$ ③ $\frac{1}{2}$ ④ 1 ⑤ 2

Step 1 $f(\theta)$ 구하기

삼각형 ABC에서 코사인법칙에 의하여

$$\overline{AC}^2=\overline{AB}^2+\overline{BC}^2-2\times\overline{AB}\times\overline{BC}\times\cos\theta$$
$$=1^2+2^2-2\times1\times2\times\cos\theta$$
$$=5-4\cos\theta$$

$\therefore \overline{AC}=\sqrt{5-4\cos\theta}$

직선 AE가 $\angle BAC$의 이등분선이므로

$\overline{AB}:\overline{AC}=\overline{BE}:\overline{CE}$에서

$1:\sqrt{5-4\cos\theta}=\overline{BE}:(2-\overline{BE})$

$\therefore \overline{BE}=\frac{2}{\sqrt{5-4\cos\theta}+1}$

$$\therefore f(\theta)=\frac{1}{2}\times\overline{AB}\times\overline{BE}\times\sin\theta$$
$$=\frac{1}{2}\times1\times\frac{2}{\sqrt{5-4\cos\theta}+1}\times\sin\theta$$
$$=\frac{\sin\theta}{\sqrt{5-4\cos\theta}+1}$$

Step 2 $g(\theta)$ 구하기

$\overline{AB}/\!/\overline{MF}$이므로 $\angle CDM=\angle CBA=\theta$

$\therefore \angle CDF=\pi-\theta$

$\angle BAF=\angle MFA$이므로 삼각형 MAF에서

$\angle MFA=\angle BAF=\angle MAF$

따라서 삼각형 MAF는 $\overline{MA}=\overline{MF}$인 이등변삼각형이다.

점 M은 선분 AC의 중점이므로

$\overline{MF}=\overline{MA}=\frac{1}{2}\overline{AC}=\frac{\sqrt{5-4\cos\theta}}{2}$

$\overline{AB}/\!/\overline{MD}$이므로 $\overline{AB}:\overline{MD}=\overline{AC}:\overline{MC}$에서

$\overline{AB}:\overline{MD}=2:1$ $\therefore \overline{MD}=\frac{1}{2}\overline{AB}=\frac{1}{2}$

$$\therefore \overline{DF}=\overline{MF}-\overline{MD}$$
$$=\frac{\sqrt{5-4\cos\theta}-1}{2}$$

또 $\overline{CD}:\overline{CB}=\overline{CM}:\overline{CA}$에서

$\overline{CD}:2=1:2$ $\therefore \overline{CD}=1$

$$\therefore g(\theta)=\frac{1}{2}\times\overline{CD}\times\overline{DF}\times\sin(\angle CDF)$$
$$=\frac{1}{2}\times1\times\frac{\sqrt{5-4\cos\theta}-1}{2}\times\sin(\pi-\theta)$$
$$=\frac{\sin\theta(\sqrt{5-4\cos\theta}-1)}{4}$$

Step 3 $\lim_{\theta \to 0+}\frac{g(\theta)}{\theta^2\times f(\theta)}$의 값 구하기

$$\therefore \lim_{\theta \to 0+}\frac{g(\theta)}{\theta^2\times f(\theta)}=\lim_{\theta \to 0+}\frac{\frac{\sin\theta(\sqrt{5-4\cos\theta}-1)}{4}}{\theta^2\times\frac{\sin\theta}{\sqrt{5-4\cos\theta}+1}}$$
$$=\lim_{\theta \to 0+}\frac{(\sqrt{5-4\cos\theta}-1)(\sqrt{5-4\cos\theta}+1)}{4\theta^2}$$
$$=\lim_{\theta \to 0+}\frac{(5-4\cos\theta)-1}{4\theta^2}$$
$$=\lim_{\theta \to 0+}\frac{1-\cos\theta}{\theta^2}$$
$$=\lim_{\theta \to 0+}\frac{(1-\cos\theta)(1+\cos\theta)}{\theta^2(1+\cos\theta)}$$
$$=\lim_{\theta \to 0+}\frac{\sin^2\theta}{\theta^2(1+\cos\theta)}$$
$$=\lim_{\theta \to 0+}\left\{\left(\frac{\sin\theta}{\theta}\right)^2\times\frac{1}{1+\cos\theta}\right\}$$
$$=1\times\frac{1}{2}=\frac{1}{2}$$

38 삼각함수의 극한의 활용 – 사분원, 부채꼴에서 다각형의 넓이

정답 15 | 정답률 24%

문제 보기

그림과 같이 $\overline{AB}=1$, $\overline{BC}=2$인 두 선분 AB, BC에 대하여 선분 BC의 중점을 M, 점 M에서 선분 AB에 내린 수선의 발을 H라 하자. 중심이 M이고 반지름의 길이가 $\overline{MH}$인 원이 선분 AM과 만나는 점을 D, 선분 HC가 선분 DM과 만나는 점을 E라 하자. $\angle ABC=\theta$라 할 때, 삼각형 CDE의 넓이를 $f(\theta)$, 삼각형 MEH의 넓이를 $g(\theta)$라 하자.

└→ $\overline{BM}=\frac{1}{2}\overline{BC}$, $\angle MHB=\frac{\pi}{2}$

└→ $f(\theta)-g(\theta)=\triangle DMC-\triangle HMC$임을 이용한다.

$\lim_{\theta\to 0+}\frac{f(\theta)-g(\theta)}{\theta^3}=a$일 때, $80a$의 값을 구하시오. $\left(단, 0<\theta<\frac{\pi}{2}\right)$ [4점]

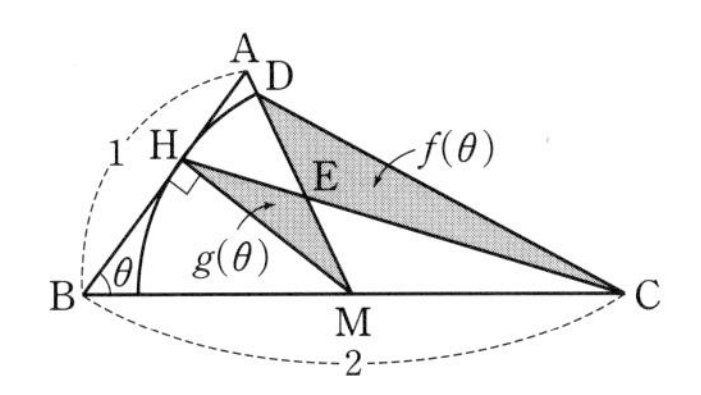

Step 1 $f(\theta)-g(\theta)$ 구하기

$f(\theta)-g(\theta)=\triangle DMC-\triangle HMC$ …… ㉠

$\overline{BM}=1$이므로 직각삼각형 BMH에서

$\overline{MH}=\overline{BM}\sin\theta=\sin\theta$

삼각형 ABM은 $\overline{BM}=\overline{BA}=1$인 이등변삼각형이므로

$\angle BMA=\frac{\pi}{2}-\frac{\theta}{2}$

$\therefore\ \angle DMC=\pi-\left(\frac{\pi}{2}-\frac{\theta}{2}\right)=\frac{\pi}{2}+\frac{\theta}{2}$

$\angle BMH=\frac{\pi}{2}-\theta$이므로

$\angle HMC=\pi-\left(\frac{\pi}{2}-\theta\right)=\frac{\pi}{2}+\theta$

$\overline{MD}=\overline{MH}=\sin\theta$, $\overline{MC}=1$이므로 두 삼각형 DMC, HMC의 넓이는

$$\begin{aligned}\triangle DMC&=\frac{1}{2}\times\overline{MD}\times\overline{MC}\times\sin(\angle DMC)\\&=\frac{1}{2}\times\sin\theta\times1\times\sin\left(\frac{\pi}{2}+\frac{\theta}{2}\right)\\&=\frac{1}{2}\sin\theta\cos\frac{\theta}{2}\end{aligned}$$

$$\begin{aligned}\triangle HMC&=\frac{1}{2}\times\overline{MH}\times\overline{MC}\times\sin(\angle HMC)\\&=\frac{1}{2}\times\sin\theta\times1\times\sin\left(\frac{\pi}{2}+\theta\right)\\&=\frac{1}{2}\sin\theta\cos\theta\end{aligned}$$

㉠에서

$$\begin{aligned}f(\theta)-g(\theta)&=\frac{1}{2}\sin\theta\cos\frac{\theta}{2}-\frac{1}{2}\sin\theta\cos\theta\\&=\frac{1}{2}\sin\theta\left(\cos\frac{\theta}{2}-\cos\theta\right)\end{aligned}$$

Step 2 $\lim_{\theta\to 0+}\frac{f(\theta)-g(\theta)}{\theta^3}$의 값 구하기

$$\begin{aligned}\therefore\ &\lim_{\theta\to 0+}\frac{f(\theta)-g(\theta)}{\theta^3}\\&=\lim_{\theta\to 0+}\frac{\sin\theta\left(\cos\frac{\theta}{2}-\cos\theta\right)}{2\theta^3}\\&=\lim_{\theta\to 0+}\frac{\sin\theta\left(\cos\frac{\theta}{2}-\cos\theta\right)\left(\cos\frac{\theta}{2}+\cos\theta\right)}{2\theta^3\left(\cos\frac{\theta}{2}+\cos\theta\right)}\\&=\lim_{\theta\to 0+}\frac{\sin\theta\left(\cos^2\frac{\theta}{2}-\cos^2\theta\right)}{2\theta^3\left(\cos\frac{\theta}{2}+\cos\theta\right)}\\&=\lim_{\theta\to 0+}\frac{\sin\theta\left\{1-\sin^2\frac{\theta}{2}-(1-\sin^2\theta)\right\}}{2\theta^3\left(\cos\frac{\theta}{2}+\cos\theta\right)}\\&=\lim_{\theta\to 0+}\frac{\sin\theta\left(\sin^2\theta-\sin^2\frac{\theta}{2}\right)}{2\theta^3\left(\cos\frac{\theta}{2}+\cos\theta\right)}\\&=\lim_{\theta\to 0+}\left[\frac{1}{2}\times\frac{\sin\theta}{\theta}\left\{\left(\frac{\sin\theta}{\theta}\right)^2-\left(\frac{\sin\frac{\theta}{2}}{\frac{\theta}{2}}\right)^2\times\frac{1}{4}\right\}\times\frac{1}{\cos\frac{\theta}{2}+\cos\theta}\right]\\&=\frac{1}{2}\times1\times\left(1-\frac{1}{4}\right)\times\frac{1}{2}=\frac{3}{16}\end{aligned}$$

Step 3 $80a$의 값 구하기

따라서 $a=\frac{3}{16}$이므로

$80a=80\times\frac{3}{16}=15$

39 삼각함수의 극한의 활용 – 사분원, 부채꼴에서 다각형의 넓이

정답 50 | 정답률 17%

문제 보기

그림과 같이 반지름의 길이가 1이고 중심각의 크기가 $\frac{\pi}{2}$인 부채꼴 OAB가 있다. 호 AB 위의 점 P에서 선분 OA에 내린 수선의 발을 H라 하고, $\angle$OAP를 이등분하는 직선과 세 선분 HP, OP, OB의 교점을 각각 Q, R, S라 하자. $\angle \mathrm{APH}=\theta$일 때, 삼각형 AQH의 넓이를 $f(\theta)$, 삼각형 PSR의 넓이를 $g(\theta)$라 하자. $\lim_{\theta \to 0+} \frac{\theta^3 \times g(\theta)}{f(\theta)}=k$일

└→ $f(\theta)=\frac{1}{2}\times\overline{\mathrm{HA}}\times\overline{\mathrm{HQ}}$, $g(\theta)=\triangle\mathrm{OPS}-\triangle\mathrm{ORS}$임을 이용한다.

때, $100k$의 값을 구하시오. $\left(\text{단, } 0<\theta<\frac{\pi}{4}\right)$ [4점]

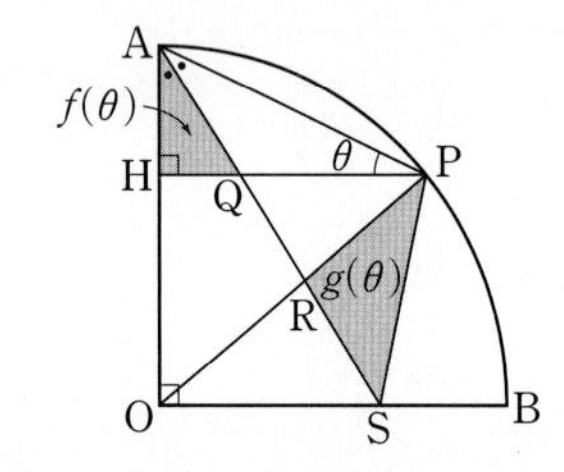

Step 1 $f(\theta)$ 구하기

직각삼각형 APH에서

$\angle\mathrm{HAP}=\frac{\pi}{2}-\angle\mathrm{APH}=\frac{\pi}{2}-\theta$

삼각형 OAP는 $\overline{\mathrm{OA}}=\overline{\mathrm{OP}}=1$인 이등변삼각형이므로

$\angle\mathrm{POA}=\pi-2\angle\mathrm{HAP}=2\theta$

직각삼각형 OHP에서 $\overline{\mathrm{OP}}=1$이므로

$\overline{\mathrm{OH}}=\overline{\mathrm{OP}}\cos 2\theta=\cos 2\theta$

$\therefore \overline{\mathrm{HA}}=\overline{\mathrm{OA}}-\overline{\mathrm{OH}}$

$=1-\cos 2\theta$

오른쪽 그림과 같이 점 O에서 선분 AP에 내린 수선의 발을 I라 하면

$\angle\mathrm{POI}=\frac{1}{2}\angle\mathrm{POA}=\theta$

직각삼각형 OIP에서

$\overline{\mathrm{IP}}=\overline{\mathrm{OP}}\sin\theta=\sin\theta$

$\therefore \overline{\mathrm{AP}}=2\overline{\mathrm{IP}}=2\sin\theta$

$\overline{\mathrm{HQ}}=a$라 하면

$f(\theta)=\frac{1}{2}\times\overline{\mathrm{HA}}\times\overline{\mathrm{HQ}}$

$=\frac{a(1-\cos 2\theta)}{2}$

Step 2 $g(\theta)$ 구하기

$\triangle\mathrm{AQH}\backsim\triangle\mathrm{ASO}$ (AA 닮음)이므로

$\overline{\mathrm{HA}}:\overline{\mathrm{HQ}}=\overline{\mathrm{OA}}:\overline{\mathrm{OS}}$

$(1-\cos 2\theta):a=1:\overline{\mathrm{OS}}$

$a=\overline{\mathrm{OS}}(1-\cos 2\theta)$

$\therefore \overline{\mathrm{OS}}=\frac{a}{1-\cos 2\theta}$

선분 AR가 $\angle$OAP의 이등분선이므로

$\overline{\mathrm{OA}}:\overline{\mathrm{AP}}=\overline{\mathrm{OR}}:\overline{\mathrm{RP}}$

$1:2\sin\theta=\overline{\mathrm{OR}}:(1-\overline{\mathrm{OR}})$

$2\sin\theta\,\overline{\mathrm{OR}}=1-\overline{\mathrm{OR}}$

$\overline{\mathrm{OR}}(2\sin\theta+1)=1$

$\therefore \overline{\mathrm{OR}}=\frac{1}{2\sin\theta+1}$

$\angle\mathrm{SOP}=\frac{\pi}{2}-\angle\mathrm{POA}=\frac{\pi}{2}-2\theta$이므로

$g(\theta)=\triangle\mathrm{OPS}-\triangle\mathrm{ORS}$

$=\frac{1}{2}\times\overline{\mathrm{OP}}\times\overline{\mathrm{OS}}\times\sin(\angle\mathrm{SOP})-\frac{1}{2}\times\overline{\mathrm{OR}}\times\overline{\mathrm{OS}}\times\sin(\angle\mathrm{SOP})$

$=\frac{\overline{\mathrm{OS}}\sin(\angle\mathrm{SOP})}{2}(\overline{\mathrm{OP}}-\overline{\mathrm{OR}})$

$=\frac{a\sin\left(\frac{\pi}{2}-2\theta\right)}{2(1-\cos 2\theta)}\left(1-\frac{1}{2\sin\theta+1}\right)$

$=\frac{a\sin\theta\cos 2\theta}{(1-\cos 2\theta)(2\sin\theta+1)}$

Step 3 $\lim_{\theta \to 0+}\frac{\theta^3\times g(\theta)}{f(\theta)}$의 값 구하기

$\therefore \lim_{\theta \to 0+}\frac{\theta^3\times g(\theta)}{f(\theta)}$

$=\lim_{\theta \to 0+}\frac{\frac{a\theta^3\sin\theta\cos 2\theta}{(1-\cos 2\theta)(2\sin\theta+1)}}{\frac{a(1-\cos 2\theta)}{2}}$

$=\lim_{\theta \to 0+}\frac{2\theta^3\sin\theta\cos 2\theta}{(2\sin\theta+1)(1-\cos 2\theta)^2}$

$=\lim_{\theta \to 0+}\frac{2\theta^3\sin\theta\cos 2\theta(1+\cos 2\theta)^2}{(2\sin\theta+1)(1-\cos 2\theta)^2(1+\cos 2\theta)^2}$

$=\lim_{\theta \to 0+}\frac{2\theta^3\sin\theta\cos 2\theta(1+\cos 2\theta)^2}{(2\sin\theta+1)(1-\cos^2 2\theta)^2}$

$=\lim_{\theta \to 0+}\frac{2\theta^3\sin\theta\cos 2\theta(1+\cos 2\theta)^2}{(2\sin\theta+1)\sin^4 2\theta}$

$=\lim_{\theta \to 0+}\left\{\frac{1}{8}\times\frac{\sin\theta}{\theta}\times\left(\frac{2\theta}{\sin 2\theta}\right)^4\times\frac{\cos 2\theta(1+\cos 2\theta)^2}{2\sin\theta+1}\right\}$

$=\frac{1}{8}\times 1\times 1\times 4=\frac{1}{2}$

Step 4 $100k$의 값 구하기

따라서 $k=\frac{1}{2}$이므로

$100k=100\times\frac{1}{2}=50$

40 삼각함수의 극한의 활용 – 원에서 다각형의 넓이

정답 120 | 정답률 12%

문제 보기

그림과 같이 길이가 4인 선분 AB를 지름으로 하고 중심이 O인 원 C가 있다. 원 C 위를 움직이는 점 P에 대하여 $\angle\text{PAB}=\theta$라 할 때, 선분 AB 위에 $\angle\text{APQ}=2\theta$를 만족시키는 점을 Q라 하자. 직선 PQ가 원 C와 만나는 점 중 P가 아닌 점을 R라 할 때, 중심이 삼각형 AQP의 내부에 있고 두 선분 PA, PR에 동시에 접하는 원을 C'이라 하자. 원 C'이 점 O를 지날 때, 원 C'의 반지름의 길이를 $r(\theta)$, 삼각형 BQR의 넓이를 $S(\theta)$라 하자. $\lim_{\theta\to0+}\frac{S(\theta)}{r(\theta)}=a$일 때, $45a$의 값을 구하시오. $\left(\text{단, } 0<\theta<\frac{\pi}{4}\right)$ [4점]

└ $S(\theta)=\frac{1}{2}\times\overline{\text{RQ}}\times\overline{\text{RB}}\times\sin(\angle\text{QRB})$임을 이용한다.

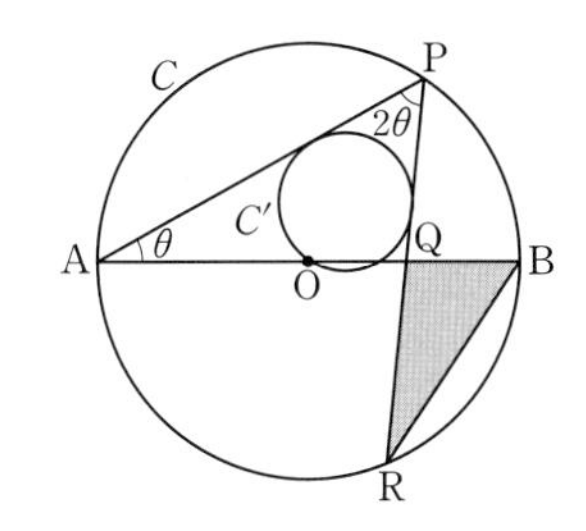

Step 1 $r(\theta)$ 구하기

오른쪽 그림과 같이 원 C'의 중심을 O′, 원 C'과 선분 PA가 만나는 점을 H라 하자.

삼각형 OPA는 $\overline{\text{OP}}=\overline{\text{OA}}=2$인 이등변삼각형이므로

$\angle\text{OPA}=\theta$

$r(\theta)=\overline{\text{O'O}}$이므로

$\overline{\text{PO'}}=\overline{\text{PO}}-\overline{\text{OO'}}=2-r(\theta)$

$\overline{\text{O'H}}=r(\theta)$이고, 직각삼각형 O′PH에서 $\overline{\text{O'H}}=\overline{\text{PO'}}\sin\theta$이므로

$r(\theta)=\{2-r(\theta)\}\sin\theta$

$\therefore\ r(\theta)=\frac{2\sin\theta}{1+\sin\theta}$

Step 2 $S(\theta)$ 구하기

호 BP에 대한 원주각의 크기는 모두 같으므로

$\angle\text{PRB}=\angle\text{PAB}=\theta$

$\therefore\ \angle\text{QRB}=\theta$

호 AR에 대한 원주각의 크기는 모두 같으므로

$\angle\text{RBA}=\angle\text{RPA}=2\theta$

$\overline{\text{AB}}=4$, $\angle\text{ARB}=\frac{\pi}{2}$이므로 직각삼각형 ARB에서

$\overline{\text{RB}}=\overline{\text{AB}}\cos2\theta=4\cos2\theta$

$\angle\text{BQR}=\pi-3\theta$이므로 삼각형 QRB에서 사인법칙에 의하여

$$\frac{\overline{\text{RB}}}{\sin(\pi-3\theta)}=\frac{\overline{\text{RQ}}}{\sin2\theta}$$

$$\therefore\ \overline{\text{RQ}}=\frac{\overline{\text{RB}}\sin2\theta}{\sin(\pi-3\theta)}=\frac{4\sin2\theta\cos2\theta}{\sin3\theta}$$

$$\begin{aligned}\therefore\ S(\theta)&=\frac{1}{2}\times\overline{\text{RQ}}\times\overline{\text{RB}}\times\sin(\angle\text{QRB})\\&=\frac{1}{2}\times\frac{4\sin2\theta\cos2\theta}{\sin3\theta}\times4\cos2\theta\times\sin\theta\\&=\frac{8\sin\theta\sin2\theta\cos^2 2\theta}{\sin3\theta}\end{aligned}$$

Step 3 $\lim_{\theta\to0+}\frac{S(\theta)}{r(\theta)}$의 값 구하기

$$\begin{aligned}\therefore\ \lim_{\theta\to0+}\frac{S(\theta)}{r(\theta)}&=\lim_{\theta\to0+}\frac{\frac{8\sin\theta\sin2\theta\cos^2 2\theta}{\sin3\theta}}{\frac{2\sin\theta}{1+\sin\theta}}\\&=\lim_{\theta\to0+}\frac{4\sin2\theta\cos^2 2\theta(1+\sin\theta)}{\sin3\theta}\\&=\lim_{\theta\to0+}\left\{\frac{\sin2\theta}{2\theta}\times\frac{3\theta}{\sin3\theta}\times\frac{8}{3}\times\cos^2 2\theta(1+\sin\theta)\right\}\\&=1\times1\times\frac{8}{3}\times1\times1=\frac{8}{3}\end{aligned}$$

Step 4 $45a$의 값 구하기

따라서 $a=\frac{8}{3}$이므로

$45a=45\times\frac{8}{3}=120$

12 일차

01 8	**02** 12	**03** 54	**04** ①	**05** ①	**06** ⑤	**07** ②	**08** 16	**09** ④	**10** ②	**11** ②	**12** 49
13 ⑤	**14** ④	**15** 2	**16** ③	**17** ③	**18** ④	**19** ③	**20** 15	**21** 8	**22** ②	**23** ②	**24** 4
25 5	**26** ①	**27** ②	**28** 3	**29** 48	**30** ①	**31** ③	**32** ④	**33** 2	**34** 1	**35** ③	**36** ⑤
37 ③	**38** ②	**39** ④	**40** ①	**41** 10	**42** ④	**43** ④	**44** ⑤	**45** ④	**46** 5	**47** 32	**48** ②
49 11	**50** 107	**51** ④	**52** 55	**53** 39	**54** 331						

문제편 176쪽~191쪽

01 함수의 몫의 미분법 정답 8 | 정답률 90%

문제 보기

함수 $f(x)=\frac{x^2-2x-6}{x-1}$에 대하여 $f'(0)$의 값을 구하시오. [3점]

└ $f'(x)$를 구한 후 $x=0$을 대입한다.

Step 1 $f(x)$ 구하기

$f(x)=\frac{x^2-2x-6}{x-1}$에서

$$f'(x)=\frac{(2x-2)(x-1)-(x^2-2x-6)\times1}{(x-1)^2}=\frac{x^2-2x+8}{(x-1)^2}$$

Step 2 $f'(0)$의 값 구하기

$\therefore f'(0)=\frac{8}{(-1)^2}=8$

02 함수의 몫의 미분법 정답 12 | 정답률 83%

문제 보기

함수 $f(x)=8x-\frac{4}{x}$에 대하여 $f'(1)$의 값을 구하시오. [3점]

└ $f'(x)$를 구한 후 $x=1$을 대입한다.

Step 1 $f'(x)$ 구하기

$f(x)=8x-\frac{4}{x}$에서 $f'(x)=8-\left(-\frac{4}{x^2}\right)=8+\frac{4}{x^2}$

Step 2 $f'(1)$의 값 구하기

$\therefore f'(1)=8+4=12$

다른 풀이 $y=x^n$(n은 정수)의 도함수 이용하기

$f(x)=8x-\frac{4}{x}=8x-4x^{-1}$에서

$f'(x)=8-(-4x^{-2})=8+\frac{4}{x^2}$

$\therefore f'(1)=8+4=12$

03 함수의 몫의 미분법 정답 54 | 정답률 82%

문제 보기

함수 $f(x)=-\frac{1}{x^2}$에 대하여 $f'\left(\frac{1}{3}\right)$의 값을 구하시오. [3점]

└ $f'(x)$를 구한 후 $x=\frac{1}{3}$을 대입한다.

Step 1 $f'(x)$ 구하기

$f(x)=-\frac{1}{x^2}$에서 $f'(x)=-\left(-\frac{2x}{x^4}\right)=\frac{2}{x^3}$

Step 2 $f'\left(\frac{1}{3}\right)$의 값 구하기

$\therefore f'\left(\frac{1}{3}\right)=\frac{2}{\left(\frac{1}{3}\right)^3}=54$

다른 풀이 $y=x^n$(n은 정수)의 도함수 이용하기

$f(x)=-\frac{1}{x^2}=-x^{-2}$에서 $f'(x)=-(-2x^{-3})=\frac{2}{x^3}$

$\therefore f'\left(\frac{1}{3}\right)=\frac{2}{\left(\frac{1}{3}\right)^3}=54$

04 함수의 몫의 미분법 정답 ① | 정답률 89%

문제 보기

함수 $f(x)=\frac{e^x}{x}$에 대하여 $f'(2)$의 값은? [2점]

└ $f'(x)$를 구한 후 $x=2$를 대입한다.

① $\frac{e^2}{4}$ ② $\frac{e^2}{2}$ ③ e^2 ④ $2e^2$ ⑤ $4e^2$

Step 1 $f'(x)$ 구하기

$f(x)=\frac{e^x}{x}$에서 $f'(x)=\frac{e^x\times x-e^x\times1}{x^2}=\frac{(x-1)e^x}{x^2}$

Step 2 $f'(2)$의 값 구하기

$\therefore f'(2)=\frac{(2-1)e^2}{2^2}=\frac{e^2}{4}$

다른 풀이 $y=x^n$(n은 정수)의 도함수 이용하기

$f(x)=\frac{e^x}{x}=e^xx^{-1}$에서

$f'(x)=e^xx^{-1}+e^x(-x^{-2})=\left(\frac{1}{x}-\frac{1}{x^2}\right)e^x$

$\therefore f'(2)=\left(\frac{1}{2}-\frac{1}{4}\right)e^2=\frac{e^2}{4}$

05 함수의 몫의 미분법

정답 ① | 정답률 88%

문제 보기

함수 $f(x)=\frac{1}{x-2}$에 대하여 $\lim_{h\to 0}\frac{f(a+h)-f(a)}{h}=-\frac{1}{4}$을 만족시키는 양수 a의 값은? [3점]

└→ 극한을 미분계수로 나타낸 후 a에 대한 식을 세운다.

① 4 ② $\frac{9}{2}$ ③ 5 ④ $\frac{11}{2}$ ⑤ 6

Step 1 $f'(a)$의 값 구하기

$\lim_{h\to 0}\frac{f(a+h)-f(a)}{h}=f'(a)$이므로

$f'(a)=-\frac{1}{4}$

Step 2 $f'(x)$ 구하기

$f(x)=\frac{1}{x-2}$에서

$f'(x)=-\frac{1}{(x-2)^2}$

Step 3 양수 a의 값 구하기

$f'(a)=-\frac{1}{4}$에서

$-\frac{1}{(a-2)^2}=-\frac{1}{4}$, $(a-2)^2=4$

$a-2=\pm 2$ $\quad\therefore a=0$ 또는 $a=4$

a는 양수이므로 $a=4$

06 함수의 몫의 미분법

정답 ⑤ | 정답률 91%

문제 보기

함수 $f(x)=\frac{\ln x}{x^2}$에 대하여 $\lim_{h\to 0}\frac{f(e+h)-f(e-2h)}{h}$의 값은? [3점]

└→ 미분계수를 이용하여 나타낸다.

① $-\frac{2}{e}$ ② $-\frac{3}{e^2}$ ③ $-\frac{1}{e}$ ④ $-\frac{2}{e^2}$ ⑤ $-\frac{3}{e^3}$

Step 1 극한을 미분계수로 나타내기

$\lim_{h\to 0}\frac{f(e+h)-f(e-2h)}{h}$

$=\lim_{h\to 0}\frac{\{f(e+h)-f(e)\}-\{f(e-2h)-f(e)\}}{h}$

$=\lim_{h\to 0}\frac{f(e+h)-f(e)}{h}+\lim_{h\to 0}\frac{f(e-2h)-f(e)}{-h}$

$=\lim_{h\to 0}\frac{f(e+h)-f(e)}{h}+\lim_{h\to 0}\frac{f(e-2h)-f(e)}{-2h}\times 2$

$=f'(e)+2f'(e)$

$=3f'(e)$ …… ㉠

Step 2 $f'(x)$ 구하기

$f(x)=\frac{\ln x}{x^2}$에서

$f'(x)=\frac{\frac{1}{x}\times x^2-\ln x\times 2x}{x^4}=\frac{1-2\ln x}{x^3}$

Step 3 극한값 구하기

따라서 구하는 극한값은 ㉠에서

$3f'(e)=3\times\frac{1-2\ln e}{e^3}=3\times\left(-\frac{1}{e^3}\right)=-\frac{3}{e^3}$

07 함수의 몫의 미분법 정답 ② | 정답률 93%

문제 보기

실수 전체의 집합에서 미분가능한 함수 $f(x)$에 대하여 함수 $g(x)$를

$$g(x)=\frac{f(x)}{e^{x-2}}$$

라 하자. $\lim_{x\to2}\frac{f(x)-3}{x-2}=5$일 때, $g'(2)$의 값은? [3점]

└→ $f(2)$, $f'(2)$의 값을 구한다. └→ $g'(x)$를 구한 후 $x=2$를 대입한다.

① 1 ② 2 ③ 3 ④ 4 ⑤ 5

Step 1 $f(2)$, $f'(2)$의 값 구하기

$\lim_{x\to2}\frac{f(x)-3}{x-2}=5$에서 $x \to 2$일 때 (분모) $\to$ 0이고 극한값이 존재하므로 (분자) $\to$ 0이다.

즉, $\lim_{x\to2}\{f(x)-3\}=0$에서 → 함수 $f(x)$가 실수 전체의 집합에서 미분가능하므로 실수 전체의 집합에서 연속이야.

$f(2)-3=0$ $\quad\therefore f(2)=3$

$$\therefore \lim_{x\to2}\frac{f(x)-3}{x-2}=\lim_{x\to2}\frac{f(x)-f(2)}{x-2}=f'(2)=5$$

Step 2 $g'(x)$ 구하기

$g(x)=\frac{f(x)}{e^{x-2}}$에서

$$g'(x)=\frac{f'(x)e^{x-2}-f(x)e^{x-2}}{(e^{x-2})^2}=\frac{f'(x)-f(x)}{e^{x-2}}$$

Step 3 $g'(2)$의 값 구하기

$$\therefore g'(2)=\frac{f'(2)-f(2)}{e^{2-2}}=\frac{5-3}{1}=2$$

08 함수의 몫의 미분법 정답 16 | 정답률 83%

문제 보기

함수 $f(x)=\frac{x}{x^2+x+8}$에 대하여 부등식 $f'(x)>0$의 해가 $\alpha<x<\beta$

└→ $f'(x)$를 구한다. └→ $f'(x)$를 대입하여 x에 대한 부등식을 푼다.

일 때, $\alpha^2+\beta^2$의 값을 구하시오. [3점]

Step 1 $f'(x)$ 구하기

$f(x)=\frac{x}{x^2+x+8}$에서

$$f'(x)=\frac{1\times(x^2+x+8)-x(2x+1)}{(x^2+x+8)^2}=\frac{-x^2+8}{(x^2+x+8)^2}$$

Step 2 $f'(x)>0$ 풀기

$f'(x)>0$에서 $\frac{-x^2+8}{(x^2+x+8)^2}>0$

이때 $(x^2+x+8)^2=\left\{\left(x+\frac{1}{2}\right)^2+\frac{31}{4}\right\}^2>0$이므로

$-x^2+8>0$, $x^2-8<0$

$(x+2\sqrt{2})(x-2\sqrt{2})<0$

$\therefore -2\sqrt{2}<x<2\sqrt{2}$

Step 3 $\alpha^2+\beta^2$의 값 구하기

따라서 $\alpha=-2\sqrt{2}$, $\beta=2\sqrt{2}$이므로

$\alpha^2+\beta^2=(-2\sqrt{2})^2+(2\sqrt{2})^2=16$

09 함수의 몫의 미분법

정답 ④ | 정답률 82%

문제 보기

실수 전체의 집합에서 미분가능한 함수 $f(x)$에 대하여 함수 $g(x)$를

$g(x)=\dfrac{f(x)\cos x}{e^x}$ → $g'(x)$를 구한다.

라 하자. $g'(\pi)=e^{\pi}g(\pi)$일 때, $\dfrac{f'(\pi)}{f(\pi)}$의 값은? (단, $f(\pi)\neq 0$) [4점]

→ $f'(\pi)$, $f(\pi)$에 대한 식을 세운다.

① $e^{-2\pi}$ ② 1 ③ $e^{-\pi}+1$ ④ $e^{\pi}+1$ ⑤ $e^{2\pi}$

Step 1 $g'(x)$ 구하기

$g(x)=\dfrac{f(x)\cos x}{e^x}$에서

$$g'(x)=\frac{\{f'(x)\cos x-f(x)\sin x\}e^x-f(x)\cos x\times e^x}{e^{2x}}$$

$$=\frac{f'(x)\cos x-(\sin x+\cos x)f(x)}{e^x}$$

Step 2 $g(\pi)$, $g'(\pi)$의 값 구하기

$$g(\pi)=\frac{f(\pi)\cos\pi}{e^{\pi}}=-\frac{f(\pi)}{e^{\pi}}$$

$$g'(\pi)=\frac{f'(\pi)\cos\pi-(\sin\pi+\cos\pi)f(\pi)}{e^{\pi}}=\frac{-f'(\pi)+f(\pi)}{e^{\pi}}$$

Step 3 $\dfrac{f'(\pi)}{f(\pi)}$의 값 구하기

$g'(\pi)=e^{\pi}g(\pi)$에서

$$\frac{-f'(\pi)+f(\pi)}{e^{\pi}}=e^{\pi}\times\left\{-\frac{f(\pi)}{e^{\pi}}\right\}$$

$-f'(\pi)+f(\pi)=-f(\pi)e^{\pi}$, $(e^{\pi}+1)f(\pi)=f'(\pi)$

$$\therefore \frac{f'(\pi)}{f(\pi)}=e^{\pi}+1$$

다른 풀이 로그함수의 도함수 이용하기

$g(x)=\dfrac{f(x)\cos x}{e^x}$의 양변에 자연로그를 취하면

$\ln|g(x)|=\ln|f(x)|+\ln|\cos x|-x$

양변을 x에 대하여 미분하면

$$\frac{g'(x)}{g(x)}=\frac{f'(x)}{f(x)}+\frac{-\sin x}{\cos x}-1$$

$x=\pi$를 대입하면

$$\frac{g'(\pi)}{g(\pi)}=\frac{f'(\pi)}{f(\pi)}+\frac{-\sin\pi}{\cos\pi}-1=\frac{f'(\pi)}{f(\pi)}-1$$

이때 $g'(\pi)=e^{\pi}g(\pi)$에서 $\dfrac{g'(\pi)}{g(\pi)}=e^{\pi}$이므로

$$e^{\pi}=\frac{f'(\pi)}{f(\pi)}-1$$

$$\therefore \frac{f'(\pi)}{f(\pi)}=e^{\pi}+1$$

10 함수의 몫의 미분법의 활용

정답 ② | 정답률 82%

문제 보기

1보다 큰 실수 t에 대하여 그림과 같이 점 $\mathrm{P}\left(t+\dfrac{1}{t},\ 0\right)$에서 원

$x^2+y^2=\dfrac{1}{2t^2}$에 접선을 그었을 때, 원과 접선이 제1사분면에서 만나는

점을 Q, 원 위의 점 $\left(0,\ -\dfrac{1}{\sqrt{2}t}\right)$을 R라 하자.

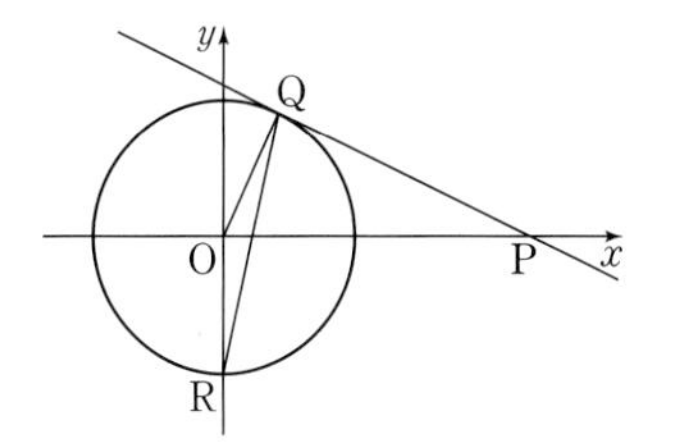

$\overline{\mathrm{OP}}\times\overline{\mathrm{OQ}}$를 $f(t)$라 할 때, $f'(\sqrt{2})$의 값은? [3점]

→ $\overline{\mathrm{OP}}$, $\overline{\mathrm{OQ}}$를 t를 이용하여 나타낸 후 $f(t)$를 구한다.

→ $f'(t)$를 구한 후 $t=\sqrt{2}$를 대입한다.

① -1 ② $-\dfrac{1}{2}$ ③ $-\dfrac{1}{4}$ ④ $-\dfrac{1}{8}$ ⑤ $-\dfrac{1}{16}$

Step 1 $f(t)$ 구하기

점 P의 x좌표가 $t+\dfrac{1}{t}$이므로

$$\overline{\mathrm{OP}}=t+\frac{1}{t}$$

원 $x^2+y^2=\dfrac{1}{2t^2}$의 반지름의 길이가 $\sqrt{\dfrac{1}{2t^2}}=\dfrac{\sqrt{2}}{2t}$이므로

$$\overline{\mathrm{OQ}}=\frac{\sqrt{2}}{2t}$$

$$\therefore f(t)=\overline{\mathrm{OP}}\times\overline{\mathrm{OQ}}=\left(t+\frac{1}{t}\right)\times\frac{\sqrt{2}}{2t}=\frac{\sqrt{2}}{2}+\frac{\sqrt{2}}{2t^2}$$

Step 2 $f'(t)$ 구하기

$f(t)=\dfrac{\sqrt{2}}{2}+\dfrac{\sqrt{2}}{2t^2}$에서

$$f'(t)=-\frac{4\sqrt{2}t}{4t^4}=-\frac{\sqrt{2}}{t^3}$$

Step 3 $f'(\sqrt{2})$의 값 구하기

$$\therefore f'(\sqrt{2})=-\frac{\sqrt{2}}{(\sqrt{2})^3}=-\frac{1}{2}$$

12 일차

11 함수의 몫의 미분법의 활용 정답 ② | 정답률 76%

문제 보기

그림과 같이 $\overline{BC}=1$, $\angle ABC=\frac{\pi}{3}$, $\angle ACB=2\theta$인 삼각형 ABC에 내접하는 원의 반지름의 길이를 $r(\theta)$라 하자. $h(\theta)=\frac{r(\theta)}{\tan\theta}$일 때, $h'\left(\frac{\pi}{6}\right)$의 값은? $\left(\text{단, } 0<\theta<\frac{\pi}{3}\right)$ [3점]

└→ 삼각형의 내심의 성질과 삼각비를 이용하여 $r(\theta)$를 구한다.

└→ $h'(\theta)$를 구한 후 $\theta=\frac{\pi}{6}$를 대입한다.

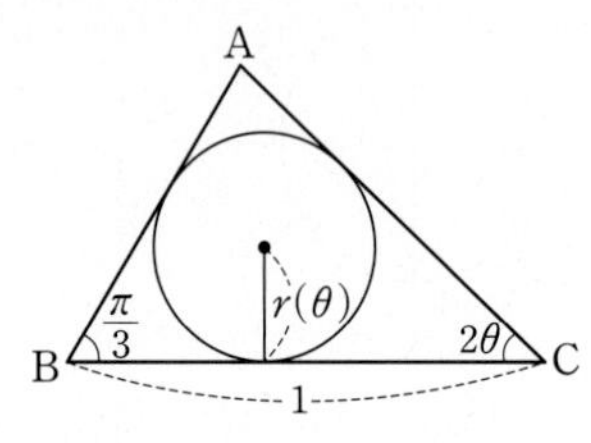

① $-\sqrt{3}$ ② $-\frac{\sqrt{3}}{3}$ ③ $\frac{\sqrt{3}}{6}$ ④ $\frac{\sqrt{3}}{3}$ ⑤ $\sqrt{3}$

Step 1 $r(\theta)$ 구하기

오른쪽 그림과 같이 삼각형 ABC에 내접하는 원의 중심을 O라 하고, 점 O에서 변 BC에 내린 수선의 발을 H라 하자.

점 O는 삼각형 ABC의 내심이므로

$\angle OBH=\frac{1}{2}\angle ABC=\frac{\pi}{6}$

$\angle OCH=\frac{1}{2}\angle ACH=\theta$

$\overline{OH}=r(\theta)$이므로 직각삼각형 OBH에서

$\overline{BH}=\frac{\overline{OH}}{\tan\frac{\pi}{6}}=\sqrt{3}r(\theta)$

직각삼각형 OHC에서

$\overline{CH}=\frac{\overline{OH}}{\tan\theta}=\frac{r(\theta)}{\tan\theta}$

이때 $\overline{BC}=1$, $\overline{BH}+\overline{CH}=\overline{BC}$이므로

$\sqrt{3}r(\theta)+\frac{r(\theta)}{\tan\theta}=1$, $r(\theta)\times\frac{\sqrt{3}\tan\theta+1}{\tan\theta}=1$

$\therefore r(\theta)=\frac{\tan\theta}{\sqrt{3}\tan\theta+1}$

Step 2 $h'(\theta)$ 구하기

$h(\theta)=\frac{r(\theta)}{\tan\theta}$이므로

$h(\theta)=\frac{1}{\tan\theta}\times\frac{\tan\theta}{\sqrt{3}\tan\theta+1}=\frac{1}{\sqrt{3}\tan\theta+1}$

$\therefore h'(\theta)=-\frac{\sqrt{3}\sec^2\theta}{(\sqrt{3}\tan\theta+1)^2}$

Step 3 $h'\left(\frac{\pi}{6}\right)$의 값 구하기

$$\therefore h'\left(\frac{\pi}{6}\right)=-\frac{\sqrt{3}\sec^2\frac{\pi}{6}}{\left(\sqrt{3}\tan\frac{\pi}{6}+1\right)^2}=-\frac{\sqrt{3}\times\left(\frac{2}{\sqrt{3}}\right)^2}{\left(\sqrt{3}\times\frac{1}{\sqrt{3}}+1\right)^2}=-\frac{\sqrt{3}}{3}$$

12 합성함수의 미분법: $y=x^n$ 꼴 정답 49 | 정답률 84%

문제 보기

함수 $f(x)=x^3+4\sqrt{x}$에 대하여 $f'(4)$의 값을 구하시오. [3점]

└→ $f'(x)$를 구한 후 $x=4$를 대입한다.

Step 1 $f'(x)$ 구하기

$f(x)=x^3+4\sqrt{x}=x^3+4x^{\frac{1}{2}}$에서

$f'(x)=3x^2+4\times\frac{1}{2}x^{-\frac{1}{2}}$

$=3x^2+\frac{2}{\sqrt{x}}$

Step 2 $f'(4)$의 값 구하기

$\therefore f'(4)=3\times4^2+\frac{2}{\sqrt{4}}=48+\frac{2}{2}=49$

13 합성함수의 미분법: $y=x^n$ 꼴 정답 ⑤ | 정답률 91%

문제 보기

곡선 $y=x\sqrt{x}$ 위의 점 $(4, 8)$에서의 접선의 기울기는? [3점]

└→ y'을 구한 후 $x=4$에서의 미분계수를 구한다.

① $\sqrt{2}$ ② $\sqrt{3}$ ③ 2 ④ $2\sqrt{2}$ ⑤ 3

Step 1 y' 구하기

$y=x\sqrt{x}=x\times x^{\frac{1}{2}}=x^{\frac{3}{2}}$에서

$y'=\frac{3}{2}x^{\frac{1}{2}}=\frac{3}{2}\sqrt{x}$

Step 2 점 $(4, 8)$에서의 접선의 기울기 구하기

따라서 점 $(4, 8)$에서의 접선의 기울기는 $x=4$에서의 미분계수와 같으므로

$\frac{3}{2}\times\sqrt{4}=\frac{3}{2}\times2=3$

14 합성함수의 미분법: $y=x^n$ 꼴 정답 ④ | 정답률 92%

문제 보기

실수 전체의 집합에서 미분가능한 함수 $f(x)$가 모든 실수 x에 대하여

$f(x^3+x)=e^x$ → *

을 만족시킬 때, $f'(2)$의 값은? [3점]

└→ *의 양변을 x에 대하여 미분한 식에 $x^3+x=2$를 만족시키는 x의 값을 대입한다.

① e ② $\frac{e}{2}$ ③ $\frac{e}{3}$ ④ $\frac{e}{4}$ ⑤ $\frac{e}{5}$

Step 1 $f(x^3+x)=e^x$의 양변을 x에 대하여 미분하기

$f(x^3+x)=e^x$의 양변을 x에 대하여 미분하면

$f'(x^3+x)\times(x^3+x)'=e^x$

$f'(x^3+x)\times(3x^2+1)=e^x$

$\therefore f'(x^3+x)=\frac{e^x}{3x^2+1}$ ...... ㉠

Step 2 $f'(2)$의 값 구하기

$f'(x^3+x)=f'(2)$에서

$x^3+x=2,\ x^3+x-2=0$

$(x-1)(x^2+x+2)=0$

1	1	0	1	−2
		1	1	2
	1	1	2	0

$\therefore x=1\ (\because x^2+x+2>0)$

㉠의 양변에 $x=1$을 대입하면

$f'(2)=\frac{e}{4}$

15 합성함수의 미분법: $y=\{f(x)\}^n$ 꼴 정답 2 | 정답률 85%

문제 보기

함수 $f(x)=\sqrt{x^3+1}$에 대하여 $f'(2)$의 값을 구하시오. [3점]

└→ $f'(x)$를 구한 후 $x=2$를 대입한다.

Step 1 $f'(x)$ 구하기

$f(x)=\sqrt{x^3+1}=(x^3+1)^{\frac{1}{2}}$에서

$f'(x)=\frac{1}{2}(x^3+1)^{-\frac{1}{2}}\times(x^3+1)'$

$=\frac{1}{2}(x^3+1)^{-\frac{1}{2}}\times 3x^2$

$=\frac{3x^2}{2\sqrt{x^3+1}}$

Step 2 $f'(2)$의 값 구하기

$\therefore f'(2)=\frac{3\times 2^2}{2\sqrt{2^3+1}}=\frac{12}{6}=2$

16 합성함수의 미분법: $y=\{f(x)\}^n$ 꼴 정답 ③ | 정답률 96%

문제 보기

함수 $f(x)=(2e^x+1)^3$에 대하여 $f'(0)$의 값은? [3점]

└→ $f'(x)$를 구한 후 $x=0$을 대입한다.

① 48 ② 51 ③ 54 ④ 57 ⑤ 60

Step 1 $f'(x)$ 구하기

$f(x)=(2e^x+1)^3$에서

$f'(x)=3(2e^x+1)^2\times(2e^x+1)'$

$=3(2e^x+1)^2\times 2e^x$

$=6e^x(2e^x+1)^2$

Step 2 $f'(0)$의 값 구하기

$\therefore f'(0)=6e^0\times(2e^0+1)^2=6\times 3^2=54$

17 합성함수의 미분법: $y=\{f(x)\}^n$ 꼴 정답 ③ | 정답률 92%

문제 보기

실수 전체의 집합에서 미분가능한 함수 $f(x)$에 대하여 함수 $g(x)$를

$g(x)=\frac{f(x)}{(e^x+1)^2}$

라 하자. $f'(0)-f(0)=2$일 때, $g'(0)$의 값은? [3점]

└→ $g'(x)$를 구한 후 $x=0$을 대입한다.

① $\frac{1}{4}$ ② $\frac{3}{8}$ ③ $\frac{1}{2}$ ④ $\frac{5}{8}$ ⑤ $\frac{3}{4}$

Step 1 $g'(x)$ 구하기

$g(x)=\frac{f(x)}{(e^x+1)^2}$에서

$g'(x)=\frac{f'(x)(e^x+1)^2-f(x)\times 2(e^x+1)\times(e^x+1)'}{(e^x+1)^4}$

$=\frac{f'(x)(e^x+1)^2-f(x)\times 2(e^x+1)\times e^x}{(e^x+1)^4}$

$=\frac{f'(x)(e^x+1)-2e^xf(x)}{(e^x+1)^3}$

Step 2 $g'(0)$의 값 구하기

$\therefore g'(0)=\frac{f'(0)(e^0+1)-2e^0f(0)}{(e^0+1)^3}=\frac{2f'(0)-2f(0)}{2^3}$

$=\frac{f'(0)-f(0)}{4}=\frac{2}{4}=\frac{1}{2}$

18 합성함수의 미분법: $y=\{f(x)\}^n$ 꼴

정답 ④ | 정답률 90%

문제 보기

실수 전체의 집합에서 미분가능한 함수 $f(x)$가 모든 실수 x에 대하여

$f(2x+1)=(x^2+1)^2$ → *

을 만족시킬 때, $f'(3)$의 값은? [3점]

└→ *의 양변을 x에 대하여 미분한 식에 $2x+1=3$을 만족시키는 x의 값을 대입한다.

① 1 ② 2 ③ 3 ④ 4 ⑤ 5

Step 1 $f(2x+1)=(x^2+1)^2$의 양변을 x에 대하여 미분하기

$f(2x+1)=(x^2+1)^2$의 양변을 x에 대하여 미분하면

$f'(2x+1)\times(2x+1)'=2(x^2+1)\times(x^2+1)'$

$f'(2x+1)\times 2=2(x^2+1)\times 2x$

$\therefore f'(2x+1)=2x(x^2+1)$ …… ㉠

Step 2 $f'(3)$의 값 구하기

$f'(2x+1)=f'(3)$에서

$2x+1=3$ $\therefore x=1$

㉠의 양변에 $x=1$을 대입하면

$f'(3)=2\times1\times2=4$

19 합성함수의 미분법 – 지수함수

정답 ③ | 정답률 92%

문제 보기

함수 $f(x)=e^{3x-2}$에 대하여 $f'(1)$의 값은? [2점]

└→ $f'(x)$를 구한 후 $x=1$을 대입한다.

① e ② $2e$ ③ $3e$ ④ $4e$ ⑤ $5e$

Step 1 $f'(x)$ 구하기

$f(x)=e^{3x-2}$에서

$f'(x)=e^{3x-2}\times(3x-2)'$

$=e^{3x-2}\times3$

$=3e^{3x-2}$

Step 2 $f'(1)$의 값 구하기

$\therefore f'(1)=3e^{3-2}=3e$

20 합성함수의 미분법 – 지수함수

정답 15 | 정답률 91%

문제 보기

함수 $f(x)=5e^{3x-3}$에 대하여 $f'(1)$의 값을 구하시오. [3점]

└→ $f'(x)$를 구한 후 $x=1$을 대입한다.

Step 1 $f'(x)$ 구하기

$f(x)=5e^{3x-3}$에서

$f'(x)=5e^{3x-3}\times(3x-3)'$

$=5e^{3x-3}\times3$

$=15e^{3x-3}$

Step 2 $f'(1)$의 값 구하기

$\therefore f'(1)=15e^{3-3}=15\times1=15$

21 합성함수의 미분법 – 지수함수

정답 8 | 정답률 86%

문제 보기

함수 $f(x)=\cos x+4e^{2x}$에 대하여 $f'(0)$의 값을 구하시오. [3점]

└→ $f'(x)$를 구한 후 $x=0$을 대입한다.

Step 1 $f'(x)$ 구하기

$f(x)=\cos x+4e^{2x}$에서

$f'(x)=-\sin x+4e^{2x}\times(2x)'$

$=-\sin x+4e^{2x}\times2$

$=-\sin x+8e^{2x}$

Step 2 $f'(0)$의 값 구하기

$\therefore f'(0)=-\sin 0+8e^0=0+8=8$

22 합성함수의 미분법 - 지수함수 정답 ② | 정답률 89%

문제 보기

함수 $f(x)=e^{x^2-1}$에 대하여 $f'(1)$의 값은? [2점]

└→ $f'(x)$를 구한 후 $x=1$을 대입한다.

① 1 ② 2 ③ 3 ④ 4 ⑤ 5

Step 1 $f'(x)$ 구하기

$f(x)=e^{x^2-1}$에서

$f'(x)=e^{x^2-1}\times(x^2-1)'$

$=e^{x^2-1}\times 2x$

$=2xe^{x^2-1}$

Step 2 $f'(1)$의 값 구하기

$\therefore f'(1)=2e^{1-1}=2\times1=2$

23 합성함수의 미분법 - 지수함수 정답 ② | 정답률 85%

문제 보기

곡선 $y=2^{2x-3}+1$ 위의 점 $\left(1, \frac{3}{2}\right)$에서의 접선의 기울기는? [3점]

└→ y'을 구한 후 $x=1$에서의 미분계수를 구한다.

① $\frac{1}{2}\ln2$ ② $\ln2$ ③ $\frac{3}{2}\ln2$ ④ $2\ln2$ ⑤ $\frac{5}{2}\ln2$

Step 1 y' 구하기

$y=2^{2x-3}+1$에서

$y'=2^{2x-3}\times\ln2\times(2x-3)'$

$=2\times2^{2x-3}\ln2$

$=2^{2x-2}\ln2$

Step 2 점 $\left(1, \frac{3}{2}\right)$에서의 접선의 기울기 구하기

따라서 점 $\left(1, \frac{3}{2}\right)$에서의 접선의 기울기는 $x=1$에서의 미분계수와 같으므로

$2^{2-2}\ln2=\ln2$

24 합성함수의 미분법 - 지수함수 정답 4 | 정답률 84%

문제 보기

두 함수 $f(x)=kx^2-2x$, $g(x)=e^{3x}+1$이 있다. 함수 $h(x)=(f\circ g)(x)$에 대하여 $h'(0)=42$일 때, 상수 k의 값을 구하시오. [3점]

└→ $h'(0)=f'(g(0))g'(0)$임을 이용하여 k에 대한 식으로 나타낸다.

Step 1 $f'(x)$, $g'(x)$ 구하기

$f(x)=kx^2-2x$, $g(x)=e^{3x}+1$에서

$f'(x)=2kx-2$, $g'(x)=e^{3x}\times(3x)'=3e^{3x}$

Step 2 k의 값 구하기

$h'(x)=(f\circ g)'(x)=f'(g(x))g'(x)$이므로

$h'(0)=f'(g(0))g'(0)$

$=f'(2)\times3=(4k-2)\times3$ ($\because$ $g(0)=2$, $g'(0)=3$)

이때 $h'(0)=42$이므로

$(4k-2)\times3=42$, $4k-2=14$

$4k=16$ $\therefore k=4$

25 합성함수의 미분법 – 지수함수 정답 5 | 정답률 77%

문제 보기

함수 $f(x)=(x^2+2)e^{-x}$에 대하여 함수 $g(x)$가 미분가능하고

$$g\left(\frac{x+8}{10}\right)=f^{-1}(x),\ g(1)=0$$

└ $f(f^{-1}(x))=x$임을 이용하여 식을 변형한다.

을 만족시킬 때, $|g'(1)|$의 값을 구하시오. [4점]

Step 1 $g\left(\frac{x+8}{10}\right)=f^{-1}(x)$를 합성함수의 미분법을 이용하여 미분하기

$g\left(\frac{x+8}{10}\right)=f^{-1}(x)$에서 $f\left(g\left(\frac{x+8}{10}\right)\right)=x$

양변을 x에 대하여 미분하면

$f'\left(g\left(\frac{x+8}{10}\right)\right)\times g'\left(\frac{x+8}{10}\right)\times\frac{1}{10}=1$ …… ㉠

Step 2 $g'(1)$에 대한 식 구하기

$g'\left(\frac{x+8}{10}\right)=g'(1)$에서

$\frac{x+8}{10}=1$ $\therefore x=2$

㉠의 양변에 $x=2$를 대입하면

$f'(g(1))\times g'(1)\times\frac{1}{10}=1$

$f'(0)\times g'(1)=10$ ($\because g(1)=0$) …… ㉡

Step 3 $f'(0)$의 값 구하기

$f(x)=(x^2+2)e^{-x}$에서

$f'(x)=2xe^{-x}-(x^2+2)e^{-x}=(-x^2+2x-2)e^{-x}$

$\therefore f'(0)=-2\times e^0=-2\times1=-2$

Step 4 $|g'(1)|$의 값 구하기

㉡에서 $f'(0)\times g'(1)=10$이므로

$-2g'(1)=10$ ($\because f'(0)=-2$)

$\therefore g'(1)=-5$

$\therefore |g'(1)|=|-5|=5$

다른 풀이 역함수의 미분법 이용하기

$g\left(\frac{x+8}{10}\right)=f^{-1}(x)$의 양변에 $x=2$를 대입하면

$g\left(\frac{2+8}{10}\right)=g(1)=f^{-1}(2)=0$

$g\left(\frac{x+8}{10}\right)=f^{-1}(x)$의 양변을 x에 대하여 미분하면

$g'\left(\frac{x+8}{10}\right)\times\frac{1}{10}=\frac{1}{f'(f^{-1}(x))}$

양변에 $x=2$를 대입하면

$g'\left(\frac{2+8}{10}\right)\times\frac{1}{10}=\frac{1}{f'(f^{-1}(2))}$

$\therefore \frac{1}{10}g'(1)=\frac{1}{f'(0)}$ ($\because f^{-1}(2)=0$)

$f(x)=(x^2+2)e^{-x}$에서

$f'(x)=(-x^2+2x-2)e^{-x}$

$f'(0)=-2$이므로 $\frac{1}{10}g'(1)=-\frac{1}{2}$

$\therefore g'(1)=-5$

$\therefore |g'(1)|=5$

26 합성함수의 미분법 – 지수함수 정답 ① | 정답률 71%

문제 보기

함수 $f(x)=e^{3x}-ax$ (a는 상수)와 상수 k에 대하여 함수

$$g(x)=\begin{cases} f(x) & (x\ge k) \\ -f(x) & (x<k)\end{cases}$$

가 실수 전체의 집합에서 연속이고 역함수를 가질 때, $a\times k$의 값은? [3점]

└ $x=k$에서 연속임을 이용하여 $f(k)$의 값을 구한다.

└ $g(x)$는 실수 전체의 집합에서 항상 증가하거나 항상 감소해야 한다.

① e ② $e^{\frac{3}{2}}$ ③ e^2 ④ $e^{\frac{5}{2}}$ ⑤ e^3

Step 1 $g'(x)$의 부호 파악하기

함수 $g(x)$가 실수 전체의 집합에서 연속이고 역함수를 가지려면 함수 $g(x)$는 실수 전체의 집합에서 항상 증가하거나 항상 감소해야 한다.

즉, 모든 실수 x에 대하여 항상 $g'(x)\ge0$이거나 항상 $g'(x)\le0$이어야 한다.

이때 $f'(x)=3e^{3x}-a$, $g'(x)=\begin{cases} f'(x) & (x>k) \\ -f'(x) & (x<k)\end{cases}$이고

$\lim_{x\to\infty}f'(x)=\infty$이므로 모든 실수 x에 대하여 $g'(x)\ge0$이어야 한다. …… ㉠

Step 2 k, a의 값 구하기

(i) $a\le0$인 경우

모든 실수 x에 대하여 $f'(x)>0$이므로

$x>k$일 때 $g'(x)>0$이고 $x<k$일 때 $g'(x)<0$이다.

따라서 함수 $g(x)$는 역함수를 갖지 않는다.

(ii) $a>0$인 경우

$f'(x)=0$에서 $x=\frac{1}{3}\ln\frac{a}{3}$이고

$x<\frac{1}{3}\ln\frac{a}{3}$이면 $f'(x)<0$,

$x>\frac{1}{3}\ln\frac{a}{3}$이면 $f'(x)>0$이므로

㉠을 만족시키려면 $k=\frac{1}{3}\ln\frac{a}{3}$이어야 한다.

이때 함수 $g(x)$가 $x=k$에서 연속이므로

$f(k)=-f(k)$에서 $f(k)=0$

즉, $f\left(\frac{1}{3}\ln\frac{a}{3}\right)=\frac{a}{3}-\frac{a}{3}\ln\frac{a}{3}=0$이므로

$\frac{a}{3}\left(1-\ln\frac{a}{3}\right)=0$ $\therefore a=3e$ ($\because a>0$)

Step 3 $a\times k$의 값 구하기

(i), (ii)에서 $a=3e$, $k=\frac{1}{3}\ln\frac{3e}{3}=\frac{1}{3}$이므로

$a\times k=3e\times\frac{1}{3}=e$

27 합성함수의 미분법 - 삼각함수 정답 ② | 정답률 79%

문제 보기

실수 전체의 집합에서 미분가능한 함수 $f(x)$가 모든 실수 x에 대하여

$$f(x)+f\left(\frac{1}{2}\sin x\right)=\sin x \quad \cdots *$$

를 만족시킬 때, $f'(\pi)$의 값은? [3점]

└ *의 양변을 x에 대하여 미분한 식에 $x=0$, $x=\pi$를 대입한다.

① $-\frac{5}{6}$ ② $-\frac{2}{3}$ ③ $-\frac{1}{2}$ ④ $-\frac{1}{3}$ ⑤ $-\frac{1}{6}$

Step 1 주어진 식의 양변을 x에 대하여 미분하기

$f(x)+f\left(\frac{1}{2}\sin x\right)=\sin x$의 양변을 x에 대하여 미분하면

$f'(x)+f'\left(\frac{1}{2}\sin x\right)\times\frac{1}{2}\cos x=\cos x$ …… ㉠

Step 2 $f'(\pi)$의 값 구하기

㉠의 양변에 $x=0$을 대입하면

$f'(0)+f'(0)\times\frac{1}{2}=1$

$\therefore f'(0)=\frac{2}{3}$ …… ㉡

㉠의 양변에 $x=\pi$를 대입하면

$f'(\pi)+f'(0)\times\left(-\frac{1}{2}\right)=-1$

$f'(\pi)+\frac{2}{3}\times\left(-\frac{1}{2}\right)=-1$ ($\because$ ㉡)

$\therefore f'(\pi)=-\frac{2}{3}$

28 합성함수의 미분법 - 삼각함수 정답 3 | 정답률 92%

문제 보기

함수 $f(x)=\sin(3x-6)$에 대하여 $f'(2)$의 값을 구하시오. [3점]

└ $f'(x)$를 구한 후 $x=2$를 대입한다.

Step 1 $f'(x)$ 구하기

$f(x)=\sin(3x-6)$에서

$f'(x)=\cos(3x-6)\times(3x-6)'$

$=\cos(3x-6)\times 3$

$=3\cos(3x-6)$

Step 2 $f'(2)$의 값 구하기

$\therefore f'(2)=3\cos(3\times2-6)$

$=3\cos 0=3\times1$

$=3$

29 합성함수의 미분법 - 삼각함수 정답 48 | 정답률 74%

문제 보기

함수 $f(x)=6\tan 2x$에 대하여 $f'\left(\frac{\pi}{6}\right)$의 값을 구하시오. [3점]

└ $f'(x)$를 구한 후 $x=\frac{\pi}{6}$를 대입한다.

Step 1 $f'(x)$ 구하기

$f(x)=6\tan 2x$에서

$f'(x)=6\sec^2 2x\times(2x)'$

$=6\sec^2 2x\times 2$

$=12\sec^2 2x$

Step 2 $f'\left(\frac{\pi}{6}\right)$의 값 구하기

$\therefore f'\left(\frac{\pi}{6}\right)=12\sec^2\frac{\pi}{3}$

$=12\times2^2$

$=48$

30 합성함수의 미분법 - 삼각함수 정답 ① | 정답률 86%

문제 보기

함수 $f(x)=\tan 2x+3\sin x$에 대하여 $\lim_{h\to0}\frac{f(\pi+h)-f(\pi-h)}{h}$의 값은? [3점]

└ 미분계수를 이용하여 나타낸다.

① -2 ② -4 ③ -6 ④ -8 ⑤ -10

Step 1 극한을 미분계수로 나타내기

$\lim_{h\to0}\frac{f(\pi+h)-f(\pi-h)}{h}$

$=\lim_{h\to0}\frac{f(\pi+h)-f(\pi)-f(\pi-h)-f(\pi)}{h}$

$=\lim_{h\to0}\frac{f(\pi+h)-f(\pi)}{h}+\lim_{h\to0}\frac{f(\pi-h)-f(\pi)}{-h}$

$=f'(\pi)+f'(\pi)$

$=2f'(\pi)$ …… ㉠

Step 2 $f'(x)$ 구하기

$f(x)=\tan 2x+3\sin x$에서

$f'(x)=\sec^2 2x\times(2x)'+3\cos x$

$=2\sec^2 2x+3\cos x$

Step 3 극한값 구하기

따라서 구하는 극한값은 ㉠에서

$2f'(\pi)=2(2\sec^2 2\pi+3\cos\pi)$

$=2\{2\times1^2+3\times(-1)\}$

$=-2$

31 합성함수의 미분법 - 삼각함수 정답 ③ | 정답률 86%

문제 보기

함수 $f(x)=\frac{x}{2}+2\sin x$에 대하여 함수 $g(x)$를 $g(x)=(f\circ f)(x)$라 할 때, $g'(\pi)$의 값은? [3점]

└→ $g'(x)$를 구한 후 $x=\pi$를 대입한다.

① -1 ② $-\frac{7}{8}$ ③ $-\frac{3}{4}$ ④ $-\frac{5}{8}$ ⑤ $-\frac{1}{2}$

Step 1 $g'(\pi)$를 f를 이용하여 나타내기

$g(x)=(f\circ f)(x)$에서

$g'(x)=f'(f(x))f'(x)$

$\therefore g'(\pi)=f'(f(\pi))f'(\pi)$ …… ㉠

Step 2 $f'(x)$ 구하기

$f(x)=\frac{x}{2}+2\sin x$에서

$f'(x)=\frac{1}{2}+2\cos x$

Step 3 $g'(\pi)$의 값 구하기

$f(\pi)=\frac{\pi}{2}+2\sin\pi=\frac{\pi}{2}$, $f'(\pi)=\frac{1}{2}+2\cos\pi=-\frac{3}{2}$이므로 ㉠에서

$$\begin{aligned}g'(\pi)&=f'(f(\pi))f'(\pi)\\&=f'\left(\frac{\pi}{2}\right)\times\left(-\frac{3}{2}\right)\\&=\left(\frac{1}{2}+2\cos\frac{\pi}{2}\right)\times\left(-\frac{3}{2}\right)\\&=\frac{1}{2}\times\left(-\frac{3}{2}\right)=-\frac{3}{4}\end{aligned}$$

32 합성함수의 미분법 - 삼각함수 정답 ④ | 정답률 81%

문제 보기

두 함수 $f(x)=\sin^2 x$, $g(x)=e^x$에 대하여 $\lim_{x\to\frac{\pi}{4}}\frac{g(f(x))-\sqrt{e}}{x-\frac{\pi}{4}}$의 값은? [4점]

└→ 미분계수를 이용하여 나타낸다.

① $\frac{1}{e}$ ② $\frac{1}{\sqrt{e}}$ ③ 1 ④ $\sqrt{e}$ ⑤ e

Step 1 극한을 미분계수로 나타내기

$h(x)=g(f(x))$라 하면

$h\left(\frac{\pi}{4}\right)=g\left(f\left(\frac{\pi}{4}\right)\right)$ → $f\left(\frac{\pi}{4}\right)=\sin^2\frac{\pi}{4}=\left(\frac{\sqrt{2}}{2}\right)^2=\frac{1}{2}$

$\quad=g\left(\frac{1}{2}\right)=e^{\frac{1}{2}}=\sqrt{e}$

$\therefore \lim_{x\to\frac{\pi}{4}}\frac{g(f(x))-\sqrt{e}}{x-\frac{\pi}{4}}=\lim_{x\to\frac{\pi}{4}}\frac{h(x)-h\left(\frac{\pi}{4}\right)}{x-\frac{\pi}{4}}=h'\left(\frac{\pi}{4}\right)$ …… ㉠

Step 2 $h'\left(\frac{\pi}{4}\right)$를 f, g를 이용하여 나타내기

$h(x)=g(f(x))$에서

$h'(x)=g'(f(x))f'(x)$

$\therefore h'\left(\frac{\pi}{4}\right)=g'\left(f\left(\frac{\pi}{4}\right)\right)f'\left(\frac{\pi}{4}\right)$

Step 3 $f'(x)$, $g'(x)$ 구하기

$f(x)=\sin^2 x$에서

$f'(x)=2\sin x\cos x$

$g(x)=e^x$에서

$g'(x)=e^x$

Step 4 극한값 구하기

$f\left(\frac{\pi}{4}\right)=\left(\frac{\sqrt{2}}{2}\right)^2=\frac{1}{2}$, $f'\left(\frac{\pi}{4}\right)=2\times\frac{\sqrt{2}}{2}\times\frac{\sqrt{2}}{2}=1$이므로 구하는 극한값은 ㉠에서

$$\begin{aligned}h'\left(\frac{\pi}{4}\right)&=g'\left(f\left(\frac{\pi}{4}\right)\right)f'\left(\frac{\pi}{4}\right)\\&=g'\left(\frac{1}{2}\right)\times 1\\&=e^{\frac{1}{2}}=\sqrt{e}\end{aligned}$$

33 합성함수의 미분법-로그함수 정답 2 | 정답률 92%

문제 보기

함수 $f(x)=x\ln(2x-1)$에 대하여 $f'(1)$의 값을 구하시오. [3점]

└ $f'(x)$를 구한 후 $x=1$을 대입한다.

Step 1 $f'(x)$ 구하기

$f(x)=x\ln(2x-1)$에서

$$f'(x)=\ln(2x-1)+x\times\frac{2}{2x-1}$$
$$=\ln(2x-1)+\frac{2x}{2x-1}$$

Step 2 $f'(1)$의 값 구하기

$$\therefore f'(1)=\ln(2-1)+\frac{2}{2-1}$$
$$=0+2=2$$

34 합성함수의 미분법-로그함수 정답 1 | 정답률 94%

문제 보기

함수 $f(x)=\ln(x^2+1)$에 대하여 $f'(1)$의 값을 구하시오. [3점]

└ $f'(x)$를 구한 후 $x=1$을 대입한다.

Step 1 $f'(x)$ 구하기

$f(x)=\ln(x^2+1)$에서

$$f'(x)=\frac{(x^2+1)'}{x^2+1}=\frac{2x}{x^2+1}$$

Step 2 $f'(1)$의 값 구하기

$$\therefore f'(1)=\frac{2}{1+1}=1$$

35 합성함수의 미분법-로그함수 정답 ③ | 정답률 76%

문제 보기

함수 $f(x)=\ln(ax+b)$에 대하여 $\lim_{x\to0}\frac{f(x)}{x}=2$일 때, $f(2)$의 값은? (단, a, b는 상수이다.) [3점]

$f(0)$, $f'(0)$의 값을 구한 후 *에서 a, b의 값을 구한다.

① $\ln3$ ② $2\ln2$ ③ $\ln5$ ④ $\ln6$ ⑤ $\ln7$

Step 1 $f(0)$, $f'(0)$의 값 구하기

$\lim_{x\to0}\frac{f(x)}{x}=2$에서 $x\to0$일 때 (분모) $\to0$이고 극한값이 존재하므로 (분자) $\to0$이다.

즉, $\lim_{x\to0}f(x)=0$에서 $f(0)=0$

$$\therefore \lim_{x\to0}\frac{f(x)}{x}=\lim_{x\to0}\frac{f(x)-f(0)}{x-0}=f'(0)=2$$

Step 2 a, b의 값 구하기

$f(0)=0$에서 $\ln b=0$ $\quad\therefore b=1$

$f(x)=\ln(ax+1)$에서

$$f'(x)=\frac{a}{ax+1}$$

$f'(0)=2$에서 $a=2$

Step 3 $f(2)$의 값 구하기

따라서 $f(x)=\ln(2x+1)$이므로

$f(2)=\ln(2\times2+1)=\ln5$

12 일차

36 합성함수의 미분법 – 미분계수가 주어지는 경우

정답 ⑤ | 정답률 91%

문제 보기

실수 전체의 집합에서 미분가능한 두 함수 $f(x)$, $g(x)$에 대하여 함수 $h(x)$를 $h(x)=(f\circ g)(x)$라 하자.
└→ *

$$\lim_{x\to 1}\frac{g(x)+1}{x-1}=2,\ \lim_{x\to 1}\frac{h(x)-2}{x-1}=12$$ → $h(1)$, $h'(1)$의 값을 구한다.

└→ $g(1)$, $g'(1)$의 값을 구한다.

일 때, $f(-1)+f'(-1)$의 값은? [3점]
└→ *을 이용하여 $f(-1)$, $f'(-1)$의 값을 구한다.

① 4 ② 5 ③ 6 ④ 7 ⑤ 8

Step 1 $g(1)$, $g'(1)$의 값 구하기

$\lim_{x\to 1}\frac{g(x)+1}{x-1}=2$에서 $x\to 1$일 때 (분모) → 0이고 극한값이 존재하므로 (분자) → 0이다.

즉, $\lim_{x\to 1}\{g(x)+1\}=0$에서

$g(1)+1=0 \quad \therefore g(1)=-1$ …… ㉠

$\therefore \lim_{x\to 1}\frac{g(x)+1}{x-1}=\lim_{x\to 1}\frac{g(x)-g(1)}{x-1}=g'(1)=2$ …… ㉡

Step 2 $h(1)$, $h'(1)$의 값 구하기

$\lim_{x\to 1}\frac{h(x)-2}{x-1}=12$에서 $x\to 1$일 때 (분모) → 0이고 극한값이 존재하므로 (분자) → 0이다.

즉, $\lim_{x\to 1}\{h(x)-2\}=0$에서

$h(1)-2=0 \quad \therefore h(1)=2$ …… ㉢

$\therefore \lim_{x\to 1}\frac{h(x)-2}{x-1}=\lim_{x\to 1}\frac{h(x)-h(1)}{x-1}=h'(1)=12$ …… ㉣

Step 3 $f(-1)$, $f'(-1)$의 값 구하기

$h(x)=(f\circ g)(x)$에서

$h(1)=f(g(1))=f(-1)$ ($\because$ ㉠)

이때 ㉢에 의하여 $f(-1)=2$

$h'(x)=f'(g(x))g'(x)$에서

$h'(1)=f'(g(1))g'(1)=2f'(-1)$ ($\because$ ㉠, ㉡)

이때 ㉣에 의하여 $2f'(-1)=12$

$\therefore f'(-1)=6$

Step 4 $f(-1)+f'(-1)$의 값 구하기

$\therefore f(-1)+f'(-1)=2+6=8$

37 합성함수의 미분법 – 미분계수가 주어지는 경우

정답 ③ | 정답률 89%

문제 보기

실수 전체의 집합에서 미분가능한 두 함수 $f(x)$, $g(x)$에 대하여 함수 $h(x)$를

$h(x)=(g\circ f)(x)$ → *

라 할 때, 두 함수 $f(x)$, $h(x)$가 다음 조건을 만족시킨다.

> (가) $f(1)=2$, $f'(1)=3$
>
> (나) $\lim_{x\to 1}\frac{h(x)-5}{x-1}=12$ → $h(1)$, $h'(1)$의 값을 구한다.

$g(2)+g'(2)$의 값은? [3점]
└→ *을 이용하여 $g(2)$, $g'(2)$의 값을 구한다.

① 5 ② 7 ③ 9 ④ 11 ⑤ 13

Step 1 $h(1)$, $h'(1)$의 값 구하기

조건 (나)에서 $x\to 1$일 때 (분모) → 0이고 극한값이 존재하므로 (분자) → 0이다.

즉, $\lim_{x\to 1}\{h(x)-5\}=0$에서

$h(1)-5=0 \quad \therefore h(1)=5$ …… ㉠

$\therefore \lim_{x\to 1}\frac{h(x)-5}{x-1}=\lim_{x\to 1}\frac{h(x)-h(1)}{x-1}=h'(1)=12$ …… ㉡

Step 2 $g(2)$, $g'(2)$의 값 구하기

$h(x)=(g\circ f)(x)$에서

$h(1)=g(f(1))=g(2)$ ($\because$ 조건 (가))

이때 ㉠에 의하여 $g(2)=5$

$h'(x)=g'(f(x))f'(x)$에서

$h'(1)=g'(f(1))f'(1)=3g'(2)$ ($\because$ 조건 (가))

이때 ㉡에 의하여 $3g'(2)=12$

$\therefore g'(2)=4$

Step 3 $g(2)+g'(2)$의 값 구하기

$\therefore g(2)+g'(2)=5+4=9$

38 합성함수의 미분법 – 미분계수가 주어지는 경우

정답 ② | 정답률 90%

문제 보기

함수 $f(x)=\ln(x^2-x+2)$와 실수 전체의 집합에서 미분가능한 함수 $g(x)$가 있다. 실수 전체의 집합에서 정의된 합성함수 $h(x)$를 $h(x)=f(g(x))$라 하자.
└→ *

$\lim_{x\to 2}\frac{g(x)-4}{x-2}=12$일 때, $h'(2)$의 값은? [3점]
└→ $g(2)$, $g'(2)$의 값을 구한다. └→ *을 이용하여 $h'(2)$의 값을 구한다.

① 4 ② 6 ③ 8 ④ 10 ⑤ 12

Step 1 $g(2)$, $g(-2)$의 값 구하기

$\lim_{x\to 2}\frac{g(x)-4}{x-2}=12$에서 $x \to 2$일 때 (분모) → 0이고 극한값이 존재하므로 (분자) → 0이다.

즉, $\lim_{x\to 2}\{g(x)-4\}=0$에서

$g(2)-4=0 \quad \therefore g(2)=4$ …… ㉠

$\therefore \lim_{x\to 2}\frac{g(x)-4}{x-2}=\lim_{x\to 2}\frac{g(x)-g(2)}{x-2}=g'(2)=12$ …… ㉡

Step 2 $h'(2)$의 값 구하기

$h(x)=f(g(x))$에서 $h'(x)=f'(g(x))g'(x)$이므로

$h'(2)=f'(g(2))g'(2)=12f'(4)$ ($\because$ ㉠, ㉡) …… ㉢

한편 $f(x)=\ln(x^2-x+2)$에서

$f'(x)=\frac{2x-1}{x^2-x+2}$

$\therefore f'(4)=\frac{8-1}{16-4+2}=\frac{1}{2}$

이를 ㉢에 대입하면

$h'(2)=12\times\frac{1}{2}=6$

39 합성함수의 미분법 – 미분계수가 주어지는 경우

정답 ④ | 정답률 90%

문제 보기

함수 $f(x)=\frac{2^x}{\ln 2}$과 실수 전체의 집합에서 미분가능한 함수 $g(x)$가 다음 조건을 만족시킬 때, $g(2)$의 값은? [3점]

(가) $\lim_{h\to 0}\frac{g(2+4h)-g(2)}{h}=8$ → $g'(2)$의 값을 구한다.

(나) 함수 $(f\circ g)(x)$의 $x=2$에서의 미분계수는 10이다.
└→ $(f\circ g)'(2)=10$

① 1 ② $\log_2 3$ ③ 2 ④ $\log_2 5$ ⑤ $\log_2 6$

Step 1 $g'(2)$의 값 구하기

조건 (가)에서

$\lim_{h\to 0}\frac{g(2+4h)-g(2)}{h}=\lim_{h\to 0}\frac{g(2+4h)-g(2)}{4h}\times 4$

$=4g'(2)$

즉, $4g'(2)=8$이므로

$g'(2)=2$ …… ㉠

Step 2 $f'(g(2))$의 값 구하기

$\{f(g(x))\}'=f'(g(x))g'(x)$이므로 조건 (나)에서

$f'(g(2))g'(2)=10$

$f'(g(2))\times 2=10$ ($\because$ ㉠)

$\therefore f'(g(2))=5$ …… ㉡

Step 3 $g(2)$의 값 구하기

$f(x)=\frac{2^x}{\ln 2}$에서 $f'(x)=2^x$

㉡에서 $f'(g(2))=5$이므로

$2^{g(2)}=5$ → $a^x=N \iff x=\log_a N$

$\therefore g(2)=\log_2 5$

12 일차

40 합성함수의 미분법 – 미분계수가 주어지는 경우

정답 ① | 정답률 69%

문제 보기

다항함수 $f(x)$가

$$\lim_{x\to 0}\frac{x}{f(x)}=1,\ \lim_{x\to 1}\frac{x-1}{f(x)}=2$$ → $f(1)$, $f'(1)$의 값을 구한다.

└ $f(0)$, $f'(0)$의 값을 구한다.

를 만족시킬 때, $\lim_{x\to 1}\frac{f(f(x))}{2x^2-x-1}$의 값은? [3점]

└ 미분계수를 이용하여 나타낸다.

① $\frac{1}{6}$ ② $\frac{1}{3}$ ③ $\frac{1}{2}$ ④ $\frac{2}{3}$ ⑤ $\frac{5}{6}$

Step 1 $f(0)$, $f'(0)$의 값 구하기

$\lim_{x\to 0}\frac{x}{f(x)}=1$에서 $x \to 0$일 때 (분자) → 0이고 0이 아닌 극한값이 존재하므로 (분모) → 0이다.

즉, $\lim_{x\to 0}f(x)=0$에서 $f(0)=0$ …… ㉠

$$\therefore \lim_{x\to 0}\frac{x}{f(x)}=\lim_{x\to 0}\frac{x}{f(x)-f(0)}=\lim_{x\to 0}\frac{1}{\frac{f(x)-f(0)}{x-0}}=\frac{1}{f'(0)}=1$$

$\therefore f'(0)=1$ …… ㉡

Step 2 $f(1)$, $f'(1)$의 값 구하기

$\lim_{x\to 1}\frac{x-1}{f(x)}=2$에서 $x \to 1$일 때 (분자) → 0이고 0이 아닌 극한값이 존재하므로 (분모) → 0이다.

즉, $\lim_{x\to 1}f(x)=0$에서 $f(1)=0$ …… ㉢

$$\therefore \lim_{x\to 1}\frac{x-1}{f(x)}=\lim_{x\to 1}\frac{x-1}{f(x)-f(1)}=\lim_{x\to 1}\frac{1}{\frac{f(x)-f(1)}{x-1}}=\frac{1}{f'(1)}=2$$

$\therefore f'(1)=\frac{1}{2}$ …… ㉣

Step 3 $\lim_{x\to 1}\frac{f(f(x))}{2x^2-x-1}$를 미분계수로 나타내기

$h(x)=f(f(x))$라 하면

$h(1)=f(f(1))=f(0)=0$ ($\because$ ㉠, ㉢)

$$\therefore \lim_{x\to 1}\frac{f(f(x))}{2x^2-x-1}=\lim_{x\to 1}\frac{h(x)}{(2x+1)(x-1)}$$

$$=\lim_{x\to 1}\left\{\frac{h(x)-h(1)}{x-1}\times\frac{1}{2x+1}\right\}$$

$$=\frac{1}{3}h'(1)$$ …… ㉤

Step 4 극한값 구하기

$h(x)=f(f(x))$에서 $h'(x)=f'(f(x))f'(x)$이므로

$h'(1)=f'(f(1))f'(1)=f'(0)f'(1)$ ($\because$ ㉢)

$=1\times\frac{1}{2}$ ($\because$ ㉡, ㉣)

$=\frac{1}{2}$

따라서 구하는 극한값은 ㉤에서

$\frac{1}{3}h'(1)=\frac{1}{3}\times\frac{1}{2}=\frac{1}{6}$

41 미분가능성과 합성함수의 미분법

정답 10 | 정답률 88%

문제 보기

함수

$$f(x)=\begin{cases}x+1 & (x<0)\\ e^{ax+b} & (x\ge 0)\end{cases}$$ → *

은 $x=0$에서 미분가능하다. $f(10)=e^k$일 때, 상수 k의 값을 구하시오.

└ $x=0$에서 미분가능하면 $\lim_{x\to 0}f(x)=f(0)$이고 $f'(0)$이 존재함을 이용하여 *에서 a, b의 값을 구한다.

(단, a와 b는 상수이다.) [3점]

Step 1 b의 값 구하기

함수 $f(x)$가 $x=0$에서 미분가능하면 $x=0$에서 연속이므로

$\lim_{x\to 0+}e^{ax+b}=\lim_{x\to 0-}(x+1)$

$e^b=1$ $\therefore b=0$

Step 2 a의 값 구하기

함수 $f(x)$가 $x=0$에서 미분가능하면 $f'(0)$이 존재하므로

$f'(x)=\begin{cases}1 & (x<0)\\ ae^{ax} & (x>0)\end{cases}$에서

$\lim_{x\to 0+}ae^{ax}=\lim_{x\to 0-}1$

$\therefore a=1$

Step 3 k의 값 구하기

따라서 $f(x)=\begin{cases}x+1 & (x<0)\\ e^x & (x\ge 0)\end{cases}$이므로

$f(10)=e^{10}=e^k$

$\therefore k=10$

다른 풀이 Step 2에서 미분계수의 정의를 이용하여 a의 값 구하기

$$\lim_{h\to 0+}\frac{f(h)-f(0)}{h}=\lim_{h\to 0+}\frac{e^{ah}-1}{h}=\lim_{h\to 0+}\frac{e^{ah}-1}{ah}\times a=a$$

$$\lim_{h\to 0-}\frac{f(h)-f(0)}{h}=\lim_{h\to 0-}\frac{(h+1)-1}{h}=\lim_{h\to 0-}\frac{h}{h}=1$$

$\therefore a=1$

42 미분가능성과 합성함수의 미분법 정답 ④ | 정답률 84%

문제 보기

함수 $f(x)=xe^{-2x+1}$에 대하여 함수

$$g(x)=\begin{cases} f(x)-a & (x>b) \\ 0 & (x\le b) \end{cases}$$ ⟶ *

가 실수 전체에서 미분가능할 때, 두 상수 a, b의 곱 ab의 값은? [4점]
└→ $x=b$에서 미분가능하면 $\lim_{x\to b} g(x)=g(b)$이고 $g'(b)$가 존재함을 이용하여 *에서 a, b의 값을 구한다.

① $\frac{1}{10}$ ② $\frac{1}{8}$ ③ $\frac{1}{6}$ ④ $\frac{1}{4}$ ⑤ $\frac{1}{2}$

Step 1 $g(x)$가 $x=b$에서 연속임을 이용하여 관계식 구하기

함수 $g(x)$가 실수 전체에서 미분가능하면 실수 전체에서 연속이다.
즉, 함수 $g(x)$는 $x=b$에서 연속이므로

$\lim_{x\to b+}\{f(x)-a\}=\lim_{x\to b-}0$

$f(b)-a=0$ $\therefore f(b)=a$ …… ㉠

Step 2 b의 값 구하기

함수 $f(x)$가 실수 전체에서 미분가능하므로 $x=b$에서 미분가능하다.
즉, $g'(b)$가 존재하므로

$g'(x)=\begin{cases} (1-2x)e^{-2x+1} & (x>b) \\ 0 & (x<b) \end{cases}$에서 ⟶ $(xe^{-2x+1})'=e^{-2x+1}+x\times e^{-2x+1}\times(-2x+1)'=(1-2x)e^{-2x+1}$

$\lim_{x\to b+}\{(1-2x)e^{-2x+1}\}=\lim_{x\to b-}0$

$(1-2b)e^{-2b+1}=0$, $1-2b=0$ ($\because e^{-2b+1}>0$)

$\therefore b=\frac{1}{2}$

Step 3 a의 값 구하기

㉠에서 $f\left(\frac{1}{2}\right)=a$이므로

$\frac{1}{2}e^0=a$ $\therefore a=\frac{1}{2}$

Step 4 ab의 값 구하기

$\therefore ab=\frac{1}{2}\times\frac{1}{2}=\frac{1}{4}$

다른 풀이 **Step 2**에서 미분계수의 정의를 이용하여 b의 값 구하기

$\lim_{x\to b+}\frac{g(x)-g(b)}{x-b}=\lim_{x\to b+}\frac{f(x)-a-0}{x-b}=\lim_{x\to b+}\frac{f(x)-f(b)}{x-b}=f'(b)$

$\lim_{x\to b-}\frac{g(x)-g(b)}{x-b}=0$

$\therefore f'(b)=0$

$f'(x)=(1-2x)e^{-2x+1}$이므로

$(1-2b)e^{-2b+1}=0$, $1-2b=0$ ($\because e^{-2b+1}>0$)

$\therefore b=\frac{1}{2}$

43 미분가능성과 합성함수의 미분법 정답 ④ | 정답률 83%

문제 보기

실수 전체의 집합에서 미분가능한 함수 $f(x)$가 다음 조건을 만족시킨다.
└→ 실수 전체의 집합에서 연속이다.

> (가) $x>0$일 때, $f(x)=axe^{2x}+bx^2$
> (나) $x_1<x_2<0$인 임의의 두 실수 x_1, x_2에 대하여
> $f(x_2)-f(x_1)=3x_2-3x_1$ ⟶ $x<0$일 때, $f(x)$를 구한다.

$f\left(\frac{1}{2}\right)=2e$일 때, $f'\left(\frac{1}{2}\right)$의 값은? (단, a, b는 상수이다.) [4점]

① $2e$ ② $4e$ ③ $6e$ ④ $8e$ ⑤ $10e$

Step 1 $f(x)$ 구하기

함수 $f(x)$가 실수 전체의 집합에서 미분가능하므로 실수 전체의 집합에서 연속이다.
즉, 함수 $f(x)$는 $x=0$에서 연속이므로

$\lim_{x\to 0+}f(x)=\lim_{x\to 0-}f(x)=f(0)$

(i) $x>0$일 때

$\lim_{x\to 0+}f(x)=f(0)$이므로 조건 (가)에서

$\lim_{x\to 0+}(axe^{2x}+bx^2)=f(0)$ $\therefore f(0)=0$ …… ㉠

(ii) $x<0$일 때

조건 (나)에서 $x_1<x_2<0$인 임의의 두 실수 x_1, x_2에 대하여

$\frac{f(x_2)-f(x_1)}{x_2-x_1}=3$

이때 $f'(x_1)=\lim_{x_2\to x_1}\frac{f(x_2)-f(x_1)}{x_2-x_1}$이므로 $f'(x_1)=\lim_{x_2\to x_1}3=3$

따라서 $x<0$인 모든 실수 x에 대하여 $f'(x)=3$이므로

$f(x)=\int 3\,dx=3x+C$

이때 $\lim_{x\to 0-}f(x)=f(0)$이므로

$\lim_{x\to 0-}(3x+C)=f(0)$, $C=f(0)$ $\therefore C=0$ ($\because$ ㉠)

$\therefore f(x)=3x$

(i), (ii)에서 $f(x)=\begin{cases} axe^{2x}+bx^2 & (x>0) \\ 3x & (x\le 0) \end{cases}$

Step 2 a의 값 구하기

함수 $f(x)$가 실수 전체의 집합에서 미분가능하므로 $x=0$에서 미분가능하다.
즉, $f'(0)$이 존재하므로

$f'(x)=\begin{cases} a(1+2x)e^{2x}+2bx & (x>0) \\ 3 & (x<0) \end{cases}$에서 ⟶ $(axe^{2x}+bx^2)'=ae^{2x}+axe^{2x}\times 2+2bx=a(1+2x)e^{2x}+2bx$

$\lim_{x\to 0+}\{a(1+2x)e^{2x}+2bx\}=\lim_{x\to 0-}3$ $\therefore a=3$

Step 3 b의 값 구하기

$f(x)=\begin{cases} 3xe^{2x}+bx^2 & (x>0) \\ 3x & (x\le 0) \end{cases}$이고, $f\left(\frac{1}{2}\right)=2e$이므로

$\frac{3}{2}e+\frac{1}{4}b=2e$, $\frac{1}{4}b=\frac{1}{2}e$ $\therefore b=2e$

Step 4 $f'\left(\frac{1}{2}\right)$의 값 구하기

따라서 $f'(x)=\begin{cases} 3(1+2x)e^{2x}+4ex & (x>0) \\ 3 & (x<0) \end{cases}$이므로

$f'\left(\frac{1}{2}\right)=3\times(1+1)\times e+2e=8e$

44 합성함수의 미분법의 활용 정답 ⑤ | 정답률 90%

문제 보기

점 A(1, 0)을 지나고 기울기가 양수인 직선 l이 곡선 $y=2\sqrt{x}$와 만나는 점을 B, 점 B에서 x축에 내린 수선의 발을 C, 직선 l이 y축과 만나는 점을 D라 하자.
└ 두 점 B, C의 x좌표는 같다.

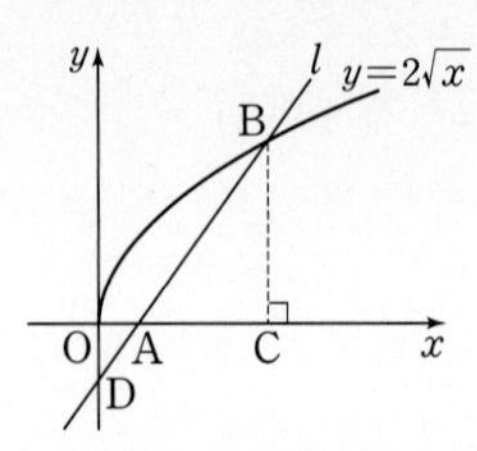

점 B$(t, 2\sqrt{t})$에 대하여 삼각형 BAC의 넓이를 $f(t)$라 할 때, $f'(9)$의 값은? [3점]
└ $f(t)=\frac{1}{2}\times\overline{AC}\times\overline{BC}$임을 이용한다.

① 3 ② $\frac{10}{3}$ ③ $\frac{11}{3}$ ④ 4 ⑤ $\frac{13}{3}$

Step 1 $f(t)$ 구하기

A(1, 0), B$(t, 2\sqrt{t})$, C$(t, 0)$이므로

$\overline{AC}=t-1$, $\overline{BC}=2\sqrt{t}$

$\therefore f(t)=\frac{1}{2}\times\overline{AC}\times\overline{BC}$

$=\frac{1}{2}\times(t-1)\times2\sqrt{t}$

$=t\sqrt{t}-\sqrt{t}=t^{\frac{3}{2}}-t^{\frac{1}{2}}$

Step 2 $f'(9)$의 값 구하기

따라서 $f'(t)=\frac{3}{2}t^{\frac{1}{2}}-\frac{1}{2}t^{-\frac{1}{2}}=\frac{3}{2}\sqrt{t}-\frac{1}{2\sqrt{t}}$이므로

$f'(9)=\frac{3}{2}\times\sqrt{9}-\frac{1}{2\sqrt{9}}$

$=\frac{3}{2}\times3-\frac{1}{2\times3}$

$=\frac{9}{2}-\frac{1}{6}=\frac{13}{3}$

45 합성함수의 미분법의 활용 정답 ④ | 정답률 80%

문제 보기

실수 전체의 집합에서 미분가능한 함수 $f(x)$에 대하여 곡선 $y=f(x)$ 위의 점 $(4, f(4))$에서의 접선 l이 다음 조건을 만족시킨다.

> (가) 직선 l은 제2사분면을 지나지 않는다.
> └ 직선 l의 기울기와 y절편의 부호를 파악한다.
> (나) 직선 l과 x축 및 y축으로 둘러싸인 도형은 넓이가 2인 직각이등변삼각형이다. ─ 직선 l의 x절편, y절편을 파악한다.

함수 $g(x)=xf(2x)$에 대하여 $g'(2)$의 값은? [4점]
└ $g'(x)$를 구한 후 $x=2$를 대입한다.

① 3 ② 4 ③ 5 ④ 6 ⑤ 7

Step 1 $g'(2)$를 f를 이용하여 나타내기

$g(x)=xf(2x)$에서

$g'(x)=f(2x)+2xf'(2x)$

$\therefore g'(2)=f(4)+4f'(4)$ …… ㉠

Step 2 직선 l의 방정식 구하기

조건 (가)에서 직선 l이 제2사분면을 지나지 않으므로

(기울기)>0, (y절편)≤0

조건 (나)에서 직선 l과 x축 및 y축으로 둘러싸인 도형이 직각이등변삼각형이고 넓이가 2이므로

$|x$절편$|=|y$절편$|=2$

따라서 직선 l은 오른쪽 그림과 같으므로 직선 l의 방정식은

$y=x-2$

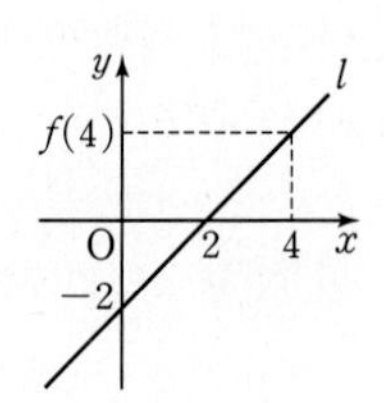

Step 3 $g'(2)$의 값 구하기

점 $(4, f(4))$는 직선 l 위의 점이므로

$f(4)=4-2=2$

$f'(4)$는 직선 l의 기울기이므로

$f'(4)=1$

따라서 ㉠에서

$g'(2)=f(4)+4f'(4)$

$=2+4\times1=6$

46 합성함수의 미분법의 활용 정답 5 | 정답률 35%

문제 보기

점 (0, 1)을 지나고 기울기가 양수인 직선 l과 곡선 $y=e^{\frac{x}{a}}-1\,(a>0)$이 있다. 직선 l이 x축의 양의 방향과 이루는 각의 크기가 θ일 때, 직선
└ 직선의 기울기는 $\tan\theta$이다.
l이 곡선 $y=e^{\frac{x}{a}}-1\,(a>0)$과 제1사분면에서 만나는 점의 x좌표를
└ $x=f(\theta)$는 방정식 $(\tan\theta)x+1=e^{\frac{x}{a}}-1$의 해이다.
$f(\theta)$라 하자. $f\left(\frac{\pi}{4}\right)=a$일 때, $\sqrt{f'\left(\frac{\pi}{4}\right)}=pe+q$이다. p^2+q^2의 값을 구하시오. (단, a는 상수이고, p, q는 정수이다.) [4점]

Step 1 a의 값 구하기

직선 l과 곡선 $y=e^{\frac{x}{a}}-1\,(a>0)$을 그래프로 나타내면 다음 그림과 같다.

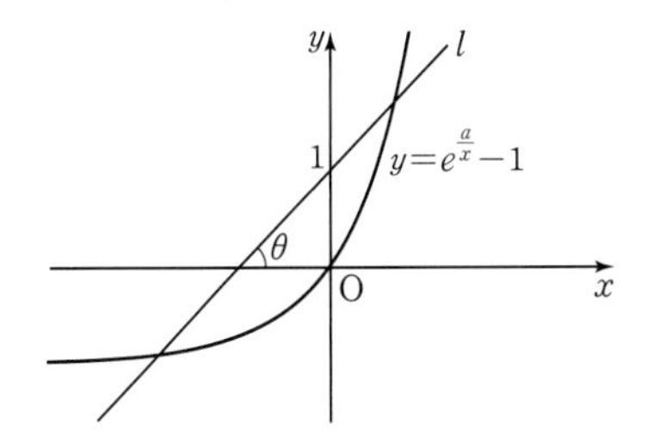

직선 l의 기울기는 $\tan\theta\left(0<\theta<\frac{\pi}{2}\right)$이므로

직선 l의 방정식은 $y=(\tan\theta)x+1$

직선 $y=(\tan\theta)x+1$이 곡선 $y=e^{\frac{x}{a}}-1$과 제1사분면에서 만나는 점의 x좌표가 $f(\theta)$이므로

$\tan\theta\times f(\theta)+1=e^{\frac{f(\theta)}{a}}-1$ …… ㉠

㉠의 양변에 $\theta=\frac{\pi}{4}$를 대입하면 $1\times a+1=e^{\frac{a}{a}}-1$

$\therefore a=e-2$

Step 2 $\sqrt{f'\left(\frac{\pi}{4}\right)}$의 값 구하기

㉠의 양변을 θ에 대하여 미분하면

$\sec^2\theta\times f(\theta)+\tan\theta\times f'(\theta)=\frac{f'(\theta)}{a}\times e^{\frac{f(\theta)}{a}}$

이 식의 양변에 $\theta=\frac{\pi}{4}$를 대입하면

$$2\times a+f'\left(\frac{\pi}{4}\right)=\frac{f'\left(\frac{\pi}{4}\right)}{a}\times e^{\frac{a}{a}}$$

$$2\times(e-2)+f'\left(\frac{\pi}{4}\right)=\frac{f'\left(\frac{\pi}{4}\right)}{e-2}\times e$$

$f'\left(\frac{\pi}{4}\right)=(e-2)^2 \quad \therefore \sqrt{f'\left(\frac{\pi}{4}\right)}=e-2$

Step 3 p^2+q^2의 값 구하기

따라서 $p=1$, $q=-2$이므로

$p^2+q^2=1+4=5$

47 합성함수의 미분법의 활용 정답 32 | 정답률 15%

문제 보기

길이가 10인 선분 AB를 지름으로 하는 원과 선분 AB 위에 $\overline{AC}=4$인 점 C가 있다. 이 원 위의 점 P를 $\angle PCB=\theta$가 되도록 잡고, 점 P를 지나고 선분 AB에 수직인 직선이 이 원과 만나는 점 중 P가 아닌 점을 Q라 하자. 삼각형 PCQ의 넓이를 $S(\theta)$라 할 때, $-7\times S'\left(\frac{\pi}{4}\right)$의 값을 구하시오. $\left(\text{단, } 0<\theta<\frac{\pi}{2}\right)$ [4점]
└ CP의 길이를 θ에 대한 식으로 나타낸다.
$S'(\theta)$를 구한 후 $\theta=\frac{\pi}{4}$를 대입한다.

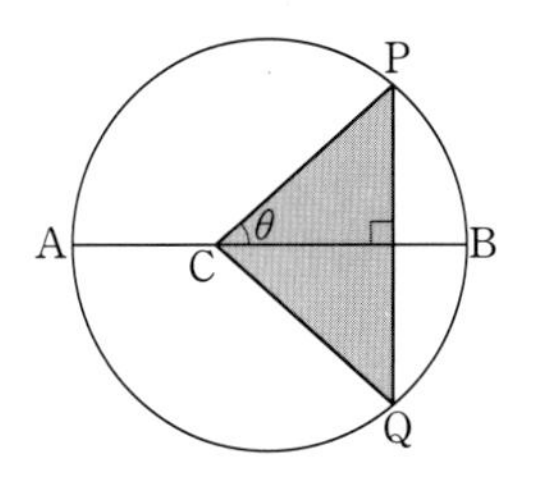

Step 1 $\overline{CP}$의 길이를 θ에 대한 식으로 나타내기

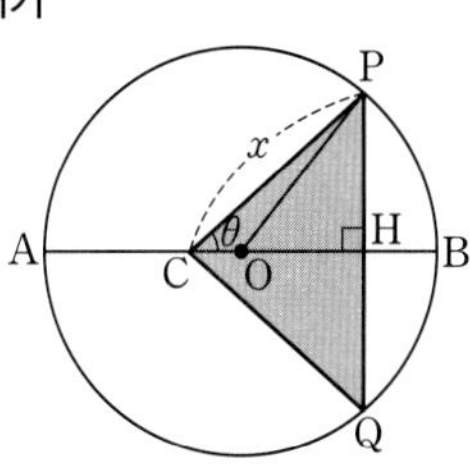

원의 중심을 O, 선분 AB와 선분 PQ의 교점을 H, $\overline{CP}=x$라 하면

$\overline{OC}=5-4=1$, $\overline{OP}=5$이므로 삼각형 PCO에서 코사인법칙에 의하여

$5^2=x^2+1^2-2\times x\times1\times\cos\theta$

$x^2-2x\cos\theta-24=0$

$\therefore x=\cos\theta+\sqrt{\cos^2\theta+24}\ (\because x>0)$

Step 2 $S(\theta)$, $S'(\theta)$ 구하기

$\overline{CQ}=\overline{CP}=x$, $\angle PCQ=2\theta$이므로

$$S(\theta)=\frac{1}{2}x^2\sin2\theta=\frac{1}{2}(\cos\theta+\sqrt{\cos^2\theta+24})^2\sin2\theta$$

$$\therefore S'(\theta)=(\cos\theta+\sqrt{\cos^2\theta+24})\left(-\sin\theta-\frac{\cos\theta\sin\theta}{\sqrt{\cos^2\theta+24}}\right)\sin2\theta+(\cos\theta+\sqrt{\cos^2\theta+24})^2\cos2\theta$$

Step 3 $-7\times S'\left(\frac{\pi}{4}\right)$의 값 구하기

$$\therefore -7\times S'\left(\frac{\pi}{4}\right)=-7\times\left\{\left(\frac{\sqrt2}{2}+\sqrt{\frac12+24}\right)\left(-\frac{\sqrt2}{2}-\frac{\frac{\sqrt2}{2}\times\frac{\sqrt2}{2}}{\sqrt{\frac12+24}}\right)\times1+0\right\}$$

$$=-7\times4\sqrt2\times\left(-\frac{4\sqrt2}{7}\right)=32$$

48 합성함수의 미분법의 활용 정답 ② | 정답률 44%

문제 보기

두 상수 $a\,(a>0)$, b에 대하여 두 함수 $f(x)$, $g(x)$를

$$f(x)=a\sin x-\cos x,\ g(x)=e^{2x-b}-1$$

이라 하자. 두 함수 $f(x)$, $g(x)$가 다음 조건을 만족시킬 때, $\tan b$의 값은? [4점]

> (가) $f(k)=g(k)=0$을 만족시키는 실수 k가 열린구간 $\left(-\frac{\pi}{2},\ \frac{\pi}{2}\right)$에 존재한다. → a, b에 대한 관계식을 만든다.
>
> (나) 열린구간 $\left(-\frac{\pi}{2},\ \frac{\pi}{2}\right)$에서 방정식 $\{f(x)g(x)\}'=2f(x)$의 모든 해의 합은 $\frac{\pi}{4}$이다. → 방정식의 해를 구한 후 삼각함수의 덧셈정리를 이용하여 $\tan b$의 값을 구한다.

① $\frac{5}{2}$ ② 3 ③ $\frac{7}{2}$ ④ 4 ⑤ $\frac{9}{2}$

Step 1 $\tan\frac{b}{2}$를 a에 대한 식으로 나타내기

$f(x)=0$에서 $a\sin x-\cos x=0$ $\quad\therefore \tan x=\frac{1}{a}$

$\tan x=\frac{1}{a}$을 만족시키는 실수 x는 열린구간 $\left(-\frac{\pi}{2},\ \frac{\pi}{2}\right)$에서 오직 하나뿐이므로 조건 (가)에서

$\tan k=\frac{1}{a}$ ······ ㉠

또 $g(x)=0$에서 $e^{2x-b}-1=0$, $e^{2x-b}=e^0$

$2x-b=0$ $\quad\therefore x=\frac{b}{2}$

따라서 조건 (가)에서 $k=\frac{b}{2}$이고 이것을 ㉠에 대입하면

$\tan\frac{b}{2}=\frac{1}{a}$

Step 2 열린구간 $\left(-\frac{\pi}{2},\ \frac{\pi}{2}\right)$에서 방정식 $\{f(x)g(x)\}'=2f(x)$의 모든 해 구하기

$f(x)=a\sin x-\cos x$, $g(x)=e^{2x-b}-1$에서

$f'(x)=a\cos x+\sin x$, $g'(x)=2e^{2x-b}$

$\{f(x)g(x)\}'=2f(x)$에서

$f'(x)g(x)+f(x)g'(x)-2f(x)=0$

$f'(x)g(x)+f(x)\{g'(x)-2\}=0$

$(a\cos x+\sin x)(e^{2x-b}-1)+(a\sin x-\cos x)(2e^{2x-b}-2)=0$

$(e^{2x-b}-1)\{(2a+1)\sin x+(a-2)\cos x\}=0$

$e^{2x-b}-1=0$ 또는 $(2a+1)\sin x+(a-2)\cos x=0$

$\therefore x=\frac{b}{2}$ 또는 $\tan x=\frac{2-a}{2a+1}$

$\tan x=\frac{2-a}{2a+1}$인 실수 x를 $\alpha\left(-\frac{\pi}{2}<\alpha<\frac{\pi}{2}\right)$라 하면 ······ ㉡

$\tan\frac{b}{2}=\frac{1}{a}\neq\frac{2-a}{2a+1}$이므로 $\frac{b}{2}\neq\alpha$이다. → $\frac{1}{a}=\frac{2-a}{2a+1}$를 만족시키는 실수 a는 없다.

그러므로 열린구간 $\left(-\frac{\pi}{2},\ \frac{\pi}{2}\right)$에서 방정식 $\{f(x)g(x)\}'=2f(x)$의 모든 해는 $\frac{b}{2}$, α이다.

Step 3 $\tan b$의 값 구하기

조건 (나)에서 $\frac{b}{2}+\alpha=\frac{\pi}{4}$이므로

$$\tan\alpha=\tan\left(\frac{\pi}{4}-\frac{b}{2}\right)=\frac{\tan\frac{\pi}{4}-\tan\frac{b}{2}}{1+\tan\frac{\pi}{4}\times\tan\frac{b}{2}}$$

$$=\frac{1-\frac{1}{a}}{1+\frac{1}{a}}=\frac{a-1}{a+1}\quad\cdots\cdots\ ㉢$$

㉡, ㉢에서

$\frac{a-1}{a+1}=\frac{2-a}{2a+1}$이므로 $(a-1)(2a+1)=(2-a)(a+1)$

$2a^2-a-1=-a^2+a+2$, $3(a^2-1)=2a$

$\therefore a^2-1=\frac{2}{3}a$ ······ ㉣

$$\therefore \tan b=\tan\left(\frac{b}{2}+\frac{b}{2}\right)=\frac{2\tan\frac{b}{2}}{1-\tan^2\frac{b}{2}}$$

$$=\frac{2\times\frac{1}{a}}{1-\left(\frac{1}{a}\right)^2}=\frac{2a}{a^2-1}=\frac{2a}{\frac{2}{3}a}\ (\because ㉣)$$

$=3$

49 합성함수의 미분법의 활용 정답 11 | 정답률 12%

문제 보기

$t>\frac{1}{2}\ln 2$인 실수 t에 대하여 곡선 $y=\ln(1+e^{2x}-e^{-2t})$과 직선 $y=x+t$가 만나는 서로 다른 두 점 사이의 거리를 $f(t)$라 할 때,

└ $f(t)$를 방정식 $\ln(1+e^{2x}-e^{-2t})=x+t$의 두 근을 이용하여 나타낸다.

$f'(\ln 2)=\frac{q}{p}\sqrt{2}$이다. $p+q$의 값을 구하시오.

└ $f'(t)$를 구한 후 $t=\ln 2$를 대입한다.

(단, p와 q는 서로소인 자연수이다.) [4점]

Step 1 $f(t)$ 구하기

곡선 $y=\ln(1+e^{2x}-e^{-2t})$과 직선 $y=x+t$가 만나는 두 점의 좌표를 $(\alpha,\ \alpha+t)$, $(\beta,\ \beta+t)\ (\alpha<\beta)$라 하면

$f(t)=\sqrt{(\beta-\alpha)^2+(\beta-\alpha)^2}=\sqrt{2}(\beta-\alpha)\ (\because\ \alpha<\beta)$

$\ln(1+e^{2x}-e^{-2t})=x+t$에서

$1+e^{2x}-e^{-2t}=e^{x+t}$

$\therefore\ e^{2x}-e^x\times e^t+1-e^{-2t}=0$

$e^x=k\ (k>0)$로 놓으면

$k^2-e^tk+1-e^{-2t}=0$

$\therefore\ k=\frac{e^t\pm\sqrt{e^{2t}+4e^{-2t}-4}}{2}$

이때 α, β는 방정식 $\ln(1+e^{2x}-e^{-2t})=x+t$의 서로 다른 두 실근이므로

$e^\alpha=\frac{e^t-\sqrt{e^{2t}+4e^{-2t}-4}}{2}$, $e^\beta=\frac{e^t+\sqrt{e^{2t}+4e^{-2t}-4}}{2}$

즉, $\alpha=\ln\frac{e^t-\sqrt{e^{2t}+4e^{-2t}-4}}{2}$, $\beta=\ln\frac{e^t+\sqrt{e^{2t}+4e^{-2t}-4}}{2}$이므로

$$\begin{aligned}f(t)&=\sqrt{2}(\beta-\alpha)\\&=\sqrt{2}\ln\frac{e^t+\sqrt{e^{2t}+4e^{-2t}-4}}{e^t-\sqrt{e^{2t}+4e^{-2t}-4}}\\&=\sqrt{2}\ln\frac{(e^t+\sqrt{e^{2t}+4e^{-2t}-4})^2}{4(1-e^{-2t})}\\&=2\sqrt{2}\ln(e^t+\sqrt{e^{2t}+4e^{-2t}-4})-\sqrt{2}\ln 4-\sqrt{2}\ln(1-e^{-2t})\end{aligned}$$

Step 2 $f'(\ln 2)$의 값 구하기

$$f'(t)=\frac{2\sqrt{2}\left(e^t+\frac{2e^{2t}-8e^{-2t}}{2\sqrt{e^{2t}+4e^{-2t}-4}}\right)}{e^t+\sqrt{e^{2t}+4e^{-2t}-4}}-\frac{2\sqrt{2}e^{-2t}}{1-e^{-2t}}$$이므로

$$\begin{aligned}f'(\ln 2)&=\frac{2\sqrt{2}\left(e^{\ln 2}+\frac{2e^{2\ln 2}-8e^{-2\ln 2}}{2\sqrt{e^{2\ln 2}+4e^{-2\ln 2}-4}}\right)}{e^{\ln 2}+\sqrt{e^{2\ln 2}+4e^{-2\ln 2}-4}}-\frac{2\sqrt{2}e^{-2\ln 2}}{1-e^{-2\ln 2}}\\&=\frac{2\sqrt{2}\left(2+\frac{2\times4-8\times\frac{1}{4}}{2\sqrt{4+4\times\frac{1}{4}-4}}\right)}{2+\sqrt{4+4\times\frac{1}{4}-4}}-\frac{2\sqrt{2}\times\frac{1}{4}}{1-\frac{1}{4}}\\&=\frac{10\sqrt{2}}{3}-\frac{2\sqrt{2}}{3}=\frac{8}{3}\sqrt{2}\end{aligned}$$

Step 3 $p+q$의 값 구하기

따라서 $p=3$, $q=8$이므로

$p+q=11$

50 합성함수의 미분법의 활용 정답 107 | 정답률 1%

문제 보기

$x\ge0$에서 정의된 함수 $f(x)$가 다음 조건을 만족시킨다.

> (가) $f(x)=\begin{cases}2^x-1 & (0\le x\le1)\\ 4\times\left(\frac{1}{2}\right)^x-1 & (1<x\le2)\end{cases}$
>
> (나) 모든 양의 실수 x에 대하여 $f(x+2)=-\frac{1}{2}f(x)$이다.
>
> └ 조건을 이용하여 함수 $y=f(x)$의 그래프를 그리고 $f'(x)$를 구한다.

$x>0$에서 정의된 함수 $g(x)$를

$$g(x)=\lim_{h\to0+}\frac{f(x+h)-f(x-h)}{h}$$ → 함수 $y=g(x)$의 그래프를 그린다.

라 할 때,

$$\lim_{t\to0+}\{g(n+t)-g(n-t)\}+2g(n)=\frac{\ln 2}{2^{24}}$$

└ $\lim_{t\to0+}g(n+t)$는 함수 $g(x)$의 $x=n$에서의 우극한, $\lim_{t\to0+}g(n-t)$는 함수 $g(x)$의 $x=n$에서의 좌극한임을 이용한다.

를 만족시키는 모든 자연수 n의 값의 합을 구하시오. [4점]

Step 1 함수 $y=g(x)$의 그래프 그리기

조건 (가), (나)에서 함수 $y=f(x)$의 그래프는 다음 그림과 같다.

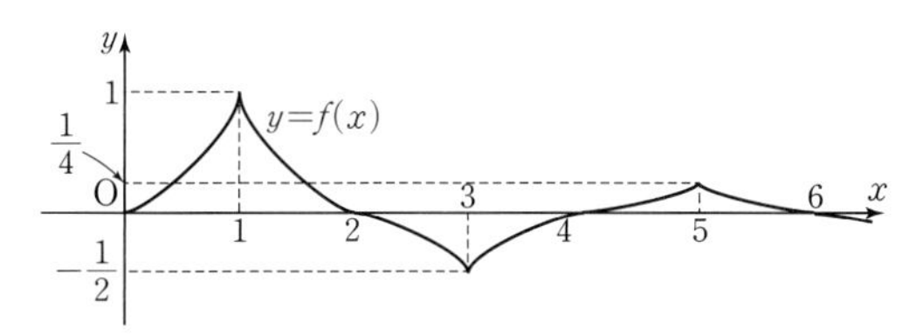

$$\begin{aligned}g(x)&=\lim_{h\to0+}\frac{f(x+h)-f(x-h)}{h}\\&=\lim_{h\to0+}\frac{f(x+h)-f(x)-f(x-h)+f(x)}{h}\\&=\lim_{h\to0+}\frac{f(x+h)-f(x)}{h}+\lim_{h\to0+}\frac{f(x-h)-f(x)}{-h}\\&=\lim_{h\to0+}\frac{f(x+h)-f(x)}{h}+\lim_{h\to0-}\frac{f(x+h)-f(x)}{h}\end{aligned}$$

이때 x가 자연수이면 함수 $f(x)$는 미분가능하지 않으므로

$$g(x)=\lim_{h\to0+}\frac{f(x+h)-f(x)}{h}+\lim_{h\to0-}\frac{f(x+h)-f(x)}{h}$$

또 x가 자연수가 아닌 양수이면 함수 $f(x)$는 미분가능하므로

$$\begin{aligned}g(x)&=\lim_{h\to0+}\frac{f(x+h)-f(x)}{h}+\lim_{h\to0-}\frac{f(x+h)-f(x)}{h}\\&=f'(x)+f'(x)=2f'(x)\end{aligned}$$ → $f'(x)=\begin{cases}2^x\ln 2 & (0<x<1)\\ -2^{2-x}\ln 2 & (1<x<2)\end{cases}$

따라서 함수 $y=g(x)$의 그래프는 다음 그림과 같다.

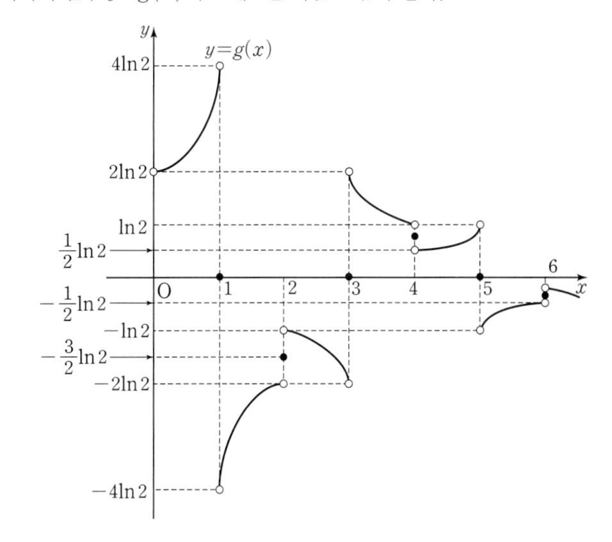

Step 2 n의 값 구하기

$\lim_{t \to 0+} \{g(n+t)-g(n-t)\}+2g(n)$에서 $\lim_{t \to 0+} g(n+t)$는 함수 $g(x)$의 $x=n$에서의 우극한, $\lim_{t \to 0+} g(n-t)$는 함수 $g(x)$의 $x=n$에서의 좌극한, $g(n)$은 함숫값을 나타낸다.

따라서 $\lim_{t \to 0+} \{g(n+t)-g(n-t)\}+2g(n)=\frac{\ln 2}{2^{24}}$를 만족시키는 자연수 n의 값을 n이 홀수인 경우와 n이 짝수인 경우로 나누어 구하면 다음과 같다.

(i) n이 홀수인 경우

$n=1$일 때

$\lim_{t \to 0+} g(1+t)=-4\ln 2$, $\lim_{t \to 0+} g(1-t)=4\ln 2$, $g(1)=0$이므로

$\lim_{t \to 0+} \{g(1+t)-g(1-t)\}+2g(1)=-8\ln 2$

$n=3$일 때

$\lim_{t \to 0+} g(3+t)=2\ln 2$, $\lim_{t \to 0+} g(3-t)=-2\ln 2$, $g(3)=0$이므로

$\lim_{t \to 0+} \{g(3+t)-g(3-t)\}+2g(3)=4\ln 2$

$n=5$일 때

$\lim_{t \to 0+} g(5+t)=-\ln 2$, $\lim_{t \to 0+} g(5-t)=\ln 2$, $g(5)=0$이므로

$\lim_{t \to 0+} \{g(5+t)-g(5-t)\}+2g(5)=-2\ln 2$

⋮

따라서 $n=2s-1$(s는 자연수)일 때

$\lim_{t \to 0+} \{g(n+t)-g(n-t)\}+2g(n)=16\times\left(-\frac{1}{2}\right)^s \ln 2$이므로

$16\times\left(-\frac{1}{2}\right)^s \ln 2=\frac{\ln 2}{2^{24}}$, $\left(-\frac{1}{2}\right)^s=\left(\frac{1}{2}\right)^{28}$

$\therefore s=28$

$\therefore n=2\times 28-1=55$

(ii) n이 짝수인 경우

$n=2$일 때

$\lim_{t \to 0+} g(2+t)=-\ln 2$, $\lim_{t \to 0+} g(2-t)=-2\ln 2$, $g(2)=-\frac{3}{2}\ln 2$이므로

$\lim_{t \to 0+} \{g(2+t)-g(2-t)\}+2g(2)=-2\ln 2$

$n=4$일 때

$\lim_{t \to 0+} g(4+t)=\frac{1}{2}\ln 2$, $\lim_{t \to 0+} g(4-t)=\ln 2$, $g(4)=\frac{3}{4}\ln 2$이므로

$\lim_{t \to 0+} \{g(4+t)-g(4-t)\}+2g(4)=\ln 2$

$n=6$일 때

$\lim_{t \to 0+} g(6+t)=-\frac{1}{4}\ln 2$, $\lim_{t \to 0+} g(6-t)=-\frac{1}{2}\ln 2$,

$g(6)=-\frac{3}{8}\ln 2$이므로

$\lim_{t \to 0+} \{g(6+t)-g(6-t)\}+2g(6)=-\frac{1}{2}\ln 2$

⋮

따라서 $n=2s$(s는 자연수)일 때

$\lim_{t \to 0+} \{g(n+t)-g(n-t)\}+2g(n)=4\times\left(-\frac{1}{2}\right)^s \ln 2$이므로

$4\times\left(-\frac{1}{2}\right)^s \ln 2=\frac{\ln 2}{2^{24}}$, $\left(-\frac{1}{2}\right)^s=\left(\frac{1}{2}\right)^{26}$

$\therefore s=26$

$\therefore n=2\times 26=52$

Step 3 모든 자연수 n의 값의 합 구하기

(i), (ii)에서 조건을 만족시키는 모든 자연수 n의 값의 합은

$55+52=107$

51 합성함수의 미분법의 활용 정답 ④ | 정답률 37%

문제 보기

최고차항의 계수가 1인 사차함수 $f(x)$에 대하여

$F(x)=\ln|f(x)|$

라 하고, 최고차항의 계수가 1인 삼차함수 $g(x)$에 대하여

$G(x)=\ln|g(x)\sin x|$

라 하자.

$\lim_{x \to 1}(x-1)F'(x)=3$, $\lim_{x \to 0}\frac{F'(x)}{G'(x)}=\frac{1}{4}$ → $G'(x)$와 $F'(x)$를 대입하여 $g(x)$를 구한다.

└ $F'(x)$를 대입하여 $f(x)$를 구한다.

일 때, $f(3)+g(3)$의 값은? [4점]

① 57 ② 55 ③ 53 ④ 51 ⑤ 49

Step 1 $f(x)$의 식 세우기

$F(x)=\ln|f(x)|$에서 $F'(x)=\frac{f'(x)}{f(x)}$

$\lim_{x \to 1}(x-1)F'(x)=3$에서

$\lim_{x \to 1}\frac{(x-1)f'(x)}{f(x)}=3$ …… ㉠

$x \to 1$일 때 (분자) → 0이고 0이 아닌 극한값이 존재하므로 (분모) → 0이다.

즉, $\lim_{x \to 1} f(x)=0$에서 $f(1)=0$ → $f(x)$는 $x-1$을 인수로 가져.

$f(x)=(x-1)Q(x)$($Q(x)$는 최고차항의 계수가 1인 삼차식)라 하면

$f'(x)=Q(x)+(x-1)Q'(x)$

$f(x)$, $f'(x)$를 ㉠에 대입하면

$\lim_{x \to 1}\frac{(x-1)\{Q(x)+(x-1)Q'(x)\}}{(x-1)Q(x)}=\lim_{x \to 1}\left\{1+\frac{(x-1)Q'(x)}{Q(x)}\right\}=3$

$\therefore \lim_{x \to 1}\frac{(x-1)Q'(x)}{Q(x)}=2$ …… ㉡

$x \to 1$일 때 (분자) → 0이고 0이 아닌 극한값이 존재하므로 (분모) → 0이다.

즉, $\lim_{x \to 1} Q(x)=0$에서 $Q(1)=0$ → $Q(x)$는 $x-1$을 인수로 가져.

$Q(x)=(x-1)h(x)$($h(x)$는 최고차항의 계수가 1인 이차식)라 하면

$Q'(x)=h(x)+(x-1)h'(x)$

$Q(x)$, $Q'(x)$를 ㉡에 대입하면

$\lim_{x \to 1}\frac{(x-1)\{h(x)+(x-1)h'(x)\}}{(x-1)h(x)}=\lim_{x \to 1}\left\{1+\frac{(x-1)h'(x)}{h(x)}\right\}=2$

$\therefore \lim_{x \to 1}\frac{(x-1)h'(x)}{h(x)}=1$ …… ㉢

$x \to 1$일 때 (분자) → 0이고 0이 아닌 극한값이 존재하므로 (분모) → 0이다.

즉, $\lim_{x \to 1} h(x)=0$에서 $h(1)=0$ → $h(x)$는 $x-1$을 인수로 가져.

$h(x)=(x-1)(x+a)$(a는 상수)라 하면

$f(x)=(x-1)Q(x)=(x-1)^2h(x)$

$=(x-1)^3(x+a)$

이때 $a=-1$이면 $h(x)=(x-1)^2$, $h'(x)=2(x-1)$이므로 ㉢에서

$\lim_{x \to 1}\frac{2(x-1)^2}{(x-1)^2}=2\neq 1$이 되어 ㉢을 만족시키지 않는다.

$\therefore f(x)=(x-1)^3(x+a)\ (a\neq -1)$

Step 2 $\lim_{x \to 0}\frac{F'(x)}{G'(x)}=\frac{1}{4}$을 만족시키는 a와 $g(0)$의 조건 구하기

$F'(x)=\frac{f'(x)}{f(x)}=\frac{3(x-1)^2(x+a)+(x-1)^3}{(x-1)^3(x+a)}=\frac{4x+3a-1}{(x-1)(x+a)}$

또 $G(x)=\ln|g(x)\sin x|$에서 $G'(x)=\dfrac{g'(x)\sin x+g(x)\cos x}{g(x)\sin x}$이므로

$$\lim_{x\to0}\frac{F'(x)}{G'(x)}=\lim_{x\to0}\frac{\dfrac{4x+3a-1}{(x-1)(x+a)}}{\dfrac{g'(x)\sin x+g(x)\cos x}{g(x)\sin x}}$$

$$=\lim_{x\to0}\frac{(4x+3a-1)g(x)\sin x}{(x-1)(x+a)\{g'(x)\sin x+g(x)\cos x\}}$$

$$=\frac{1}{4}\quad\cdots\cdots ㉣$$

$x\to0$일 때 (분자) $\to0$이고 0이 아닌 극한값이 존재하므로 (분모) $\to0$이다.

즉, $\lim_{x\to0}[(x-1)(x+a)\{g'(x)\sin x+g(x)\cos x\}]=0$에서

$(-1)\times a\times\{g'(0)\sin 0+g(0)\cos 0\}=0$, $ag(0)=0$

$\therefore\ a=0$ 또는 $g(0)=0$

Step 3 **a의 값과 $f(x)$, $g(x)$ 구하기**

(i) $a=0$인 경우, ㉣에서

$$\lim_{x\to0}\frac{(4x-1)g(x)\sin x}{x(x-1)\{g'(x)\sin x+g(x)\cos x\}}$$

$$=\lim_{x\to0}\left\{\frac{g(x)}{g'(x)\sin x+g(x)\cos x}\times\frac{4x-1}{x-1}\times\frac{\sin x}{x}\right\}$$

→ $\lim_{x\to0}\frac{4x-1}{x-1}=1$, $\lim_{x\to0}\frac{\sin x}{x}=1$

$$=\lim_{x\to0}\frac{g(x)}{g'(x)\sin x+g(x)\cos x}=\frac{1}{4}\quad\cdots\cdots ㉤$$

이때 $g(0)\neq0$이면 $\lim_{x\to0}\dfrac{g(x)}{g'(x)\sin x+g(x)\cos x}=1$이므로 ㉤을 만족시키지 않는다.

$\therefore\ g(0)=0$ → $g(x)$는 x를 인수로 가져.

ⓘ $g(x)=x(x^2+bx+c)\,(c\neq0)$ 꼴인 경우 → $g(x)=x^3+bx^2+cx$에서 $c\neq0$인 경우야.

$$\lim_{x\to0}\frac{g(x)}{g'(x)\sin x+g(x)\cos x}$$

$$=\lim_{x\to0}\frac{x(x^2+bx+c)}{(3x^2+2bx+c)\sin x+x(x^2+bx+c)\cos x}$$

$$=\lim_{x\to0}\frac{x^2+bx+c}{(3x^2+2bx+c)\times\dfrac{\sin x}{x}+(x^2+bx+c)\cos x}$$

$$=\frac{c}{c+c}=\frac{1}{2}\neq\frac{1}{4}$$

ⓘⓘ $g(x)=x^2(x+b)\,(b\neq0)$ 꼴인 경우 → $g(x)=x^3+bx^2+cx$에서 $b\neq0$, $c=0$인 경우야.

$$\lim_{x\to0}\frac{g(x)}{g'(x)\sin x+g(x)\cos x}$$

$$=\lim_{x\to0}\frac{x^2(x+b)}{(3x^2+2bx)\sin x+x^2(x+b)\cos x}$$

$$=\lim_{x\to0}\frac{x+b}{(3x+2b)\times\dfrac{\sin x}{x}+(x+b)\cos x}$$

$$=\frac{b}{2b+b}=\frac{1}{3}\neq\frac{1}{4}$$

ⓘⓘⓘ $g(x)=x^3$인 경우 → $g(x)=x^3+bx^2+cx$에서 $b=0$, $c=0$인 경우야.

$$\lim_{x\to0}\frac{g(x)}{g'(x)\sin x+g(x)\cos x}$$

$$=\lim_{x\to0}\frac{x^3}{3x^2\times\sin x+x^3\cos x}$$

$$=\lim_{x\to0}\frac{1}{3\times\dfrac{\sin x}{x}+\cos x}$$

$$=\frac{1}{3+1}=\frac{1}{4}$$

ⓘ, ⓘⓘ, ⓘⓘⓘ에서 $g(x)=x^3$

(ii) $a\neq0$인 경우, ㉣에서

$$\lim_{x\to0}\frac{(4x+3a-1)g(x)\sin x}{(x-1)(x+a)\{g'(x)\sin x+g(x)\cos x\}}$$

$$=\lim_{x\to0}\left\{\frac{4x+3a-1}{(x-1)(x+a)}\times\frac{g(x)\sin x}{g'(x)\sin x+g(x)\cos x}\right\}$$

$$=\frac{3a-1}{-a}\times\lim_{x\to0}\frac{g(x)\sin x}{g'(x)\sin x+g(x)\cos x}=\frac{1}{4}$$

이므로

$$\lim_{x\to0}\frac{g(x)\sin x}{g'(x)\sin x+g(x)\cos x}\neq0\quad\cdots\cdots ㉥$$

이어야 한다.

$x\to0$일 때 (분자) $\to0$이고 0이 아닌 극한값이 존재하므로 (분모) $\to0$이다.

즉, $\lim_{x\to0}\{g'(x)\sin x+g(x)\cos x\}=0$에서

$g(0)=0$

$g(x)=xk(x)$($k(x)$는 최고차항의 계수가 1인 이차식)라 하면

$g'(x)=k(x)+xk'(x)$

$g(x)$, $g'(x)$를 ㉥에 대입하면

$$\lim_{x\to0}\frac{xk(x)\sin x}{\{k(x)+xk'(x)\}\sin x+xk(x)\cos x}$$

$$=\lim_{x\to0}\frac{k(x)\sin x}{\{k(x)+xk'(x)\}\times\dfrac{\sin x}{x}+k(x)\cos x}=\frac{1}{4}$$

$x\to0$일 때 (분자) $\to0$이고 0이 아닌 극한값이 존재하므로 (분모) $\to0$이다.

즉, $\lim_{x\to0}\left[\{k(x)\times xk'(x)\}\times\dfrac{\sin x}{x}+k(x)\cos x\right]=0$에서

$k(0)=0$

$k(x)=x(x+d)$ (d는 상수)라 하면

$g(x)=xk(x)=x^2(x+d)$, $g'(x)=3x^2+2dx$

$g(x)$, $g'(x)$를 ㉥에 대입하면

$$\lim_{x\to0}\frac{g(x)\sin x}{g'(x)\sin x+g(x)\cos x}$$

$$=\lim_{x\to0}\frac{x^2(x+d)\sin x}{(3x^2+2dx)\sin x+x^2(x+d)\cos x}$$

$$=\lim_{x\to0}\frac{(x+d)\sin x}{(3x+2d)\times\dfrac{\sin x}{x}+(x+d)\cos x}=\frac{1}{4}$$

$x\to0$일 때 (분자) $\to0$이고 0이 아닌 극한값이 존재하므로 (분모) $\to0$이다.

즉, $\lim_{x\to0}\left\{(3x+2d)\times\dfrac{\sin x}{x}+(x+d)\cos x\right\}=0$에서

$d=0$

이때 $g(x)=x^3$, $g'(x)=3x^2$이므로 ㉥에서

$\lim_{x\to0}\dfrac{x^3\sin x}{3x^2\sin x+x^3\cos x}=\lim_{x\to0}\dfrac{\sin x}{3\times\dfrac{\sin x}{x}+\cos x}=0$이 되어 ㉥을 만족시키지 않는다.

(i), (ii)에서 $a=0$, $g(x)=x^3$

$a=0$이므로 $f(x)=x(x-1)^3$

Step 4 **$f(3)+g(3)$의 값 구하기**

$\therefore\ f(3)+g(3)=3\times(3-1)^3+3^3=51$

52 미분가능성과 합성함수의 미분법

정답 55 | 정답률 15%

문제 보기

함수 $f(x)=\frac{1}{3}x^3-x^2+\ln(1+x^2)+a$($a$는 상수)와 두 양수 b, c에 대하여 함수

└→ 실수 전체의 집합에서 증가하는 함수임을 파악한다.

$$g(x)=\begin{cases} f(x) & (x\ge b) \\ -f(x-c) & (x<b) \end{cases}$$

는 실수 전체의 집합에서 미분가능하다. $a+b+c=p+q\ln 2$일 때, $30(p+q)$의 값을 구하시오.

└→ 미분가능하므로 연속이다.

(단, p, q는 유리수이고, $\ln 2$는 무리수이다.) [4점]

Step 1 b, c의 값 구하기

$f(x)=\frac{1}{3}x^3-x^2+\ln(1+x^2)+a$에서

$$f'(x)=x^2-2x+\frac{2x}{1+x^2}=\frac{x^2+x^4-2x-2x^3+2x}{1+x^2}$$
$$=\frac{x^4-2x^3+x^2}{1+x^2}$$
$$=\frac{x^2(x-1)^2}{1+x^2}\ge 0$$

이므로 함수 $f(x)$는 실수 전체의 집합에서 증가하고

$f'(x)=0$에서 $x=0$ 또는 $x=1$이다.

$g(x)=\begin{cases} f(x) & (x\ge b) \\ -f(x-c) & (x<b) \end{cases}$에서

함수 $g(x)$가 실수 전체의 집합에서 미분가능하므로 $x=b$에서 미분가능하다. 즉, $g'(b)$가 존재하므로

$g'(x)=\begin{cases} f'(x) & (x>b) \\ -f'(x-c) & (x<b) \end{cases}$에서

$$\lim_{x\to b+}f'(x)=\lim_{x\to b-}\{-f'(x-c)\}$$

$\therefore f'(b)=-f'(b-c)$ …… ㉠

이때 모든 실수 x에 대하여 $f'(x)\ge 0$이므로 ㉠을 만족시키려면

$f'(b)=-f'(b-c)=0$이어야 한다.

$f'(b)=0$에서 $b=0$ 또는 $b=1$이고 b는 양수이므로 $b=1$

따라서 $-f'(b-c)=0$, 즉 $f'(1-c)=0$에서 $1-c=0$ 또는 $1-c=1$이고 c는 양수이므로

$c=1$

Step 2 a의 값 구하기

함수 $g(x)$가 실수 전체의 집합에서 미분가능하면 실수 전체에서 연속이다.

즉, 함수 $g(x)$는 $x=b$에서 연속이므로

$$\lim_{x\to b+}f(x)=\lim_{x\to b-}\{-f(x-c)\}$$

$f(b)=-f(b-c)$

이때 $b=1$, $c=1$이므로 $f(1)=-f(0)$이고,

$f(1)=\frac{1}{3}-1+\ln(1+1)+a=-\frac{2}{3}+\ln 2+a$, $f(0)=a$이므로

$-\frac{2}{3}+\ln 2+a=-a$

$\therefore a=\frac{1}{3}-\frac{1}{2}\ln 2$

Step 3 $30(p+q)$의 값 구하기

$\therefore a+b+c=\left(\frac{1}{3}-\frac{1}{2}\ln 2\right)+1+1=\frac{7}{3}-\frac{1}{2}\ln 2$

따라서 $p=\frac{7}{3}$, $q=-\frac{1}{2}$이므로

$$30(p+q)=30\times\left\{\frac{7}{3}+\left(-\frac{1}{2}\right)\right\}=30\times\frac{11}{6}=55$$

53 미분가능성과 합성함수의 미분법

정답 39 | 정답률 15%

문제 보기

함수 $f(x)=e^{x+1}-1$과 자연수 n에 대하여 함수 $g(x)$를

$$g(x)=100|f(x)|-\sum_{k=1}^{n}|f(x^k)|$$

└→ $f(x)=0$이 되는 x의 값을 기준으로 $|f(x)|$를 구한다.

이라 하자. $g(x)$가 실수 전체의 집합에서 미분가능하도록 하는 모든 자연수 n의 값의 합을 구하시오. [4점]

└→ $g(x)$는 연속함수이고 모든 실수 x에 대하여 미분계수가 존재한다.

Step 1 $|f(x)|$ 구하기

$f(x)=0$에서 $e^{x+1}-1=0$, $e^{x+1}=1$

$x+1=0$ $\quad\therefore x=-1$

$x<-1$일 때 $e^{x+1}-1<0$, $x\ge -1$일 때 $e^{x+1}-1\ge 0$이므로

$$|f(x)|=\begin{cases} 1-e^{x+1} & (x<-1) \\ e^{x+1}-1 & (x\ge -1) \end{cases}$$

Step 2 $|f(x^k)|$ 구하기

$f(x^k)=e^{x^k+1}-1$

$f(x^k)=0$에서 $e^{x^k+1}-1=0$, $e^{x^k+1}=1$

(i) k가 짝수일 때

$x^k\ge 0$이므로 $x^k+1\ge 1$

즉, 모든 실수 x에 대하여 $e^{x^k+1}-1\ge e-1>0$이므로

$|f(x^k)|=f(x^k)=e^{x^k+1}-1$

(ii) k가 홀수일 때

$e^{x^k+1}=1$에서 $x^k+1=0$, $x^k=-1$ $\quad\therefore x=-1$

$x<-1$일 때 $e^{x^k+1}-1<0$, $x\ge -1$일 때 $e^{x^k+1}-1\ge 0$이므로

$$|f(x^k)|=\begin{cases} 1-e^{x^k+1} & (x<-1) \\ e^{x^k+1}-1 & (x\ge -1) \end{cases}$$

Step 3 함수 $g(x)$가 실수 전체의 집합에서 미분가능할 조건 확인하기

함수 $g(x)$가 실수 전체의 집합에서 미분가능하므로 $x=-1$에서 미분가능하다.

즉, $g'(-1)$이 존재하므로

$$\lim_{x\to -1+}g'(x)=\lim_{x\to -1-}g'(x) \quad \cdots\cdots ㉠$$

Step 4 $g(x)$ 구하기

$$g(x)=100|f(x)|-\sum_{k=1}^{n}|f(x^k)|$$
$$=100|f(x)|-\{|f(x)|+|f(x^2)|+|f(x^3)|+\cdots+|f(x^n)|\}$$
$$=100|e^{x+1}-1|-(|e^{x+1}-1|+|e^{x^2+1}-1|+|e^{x^3+1}-1|+\cdots+|e^{x^n+1}-1|)$$

Step 5 n이 홀수일 때, n의 값 구하기

$n=2m-1$ (m은 자연수)일 때

(i) $x<-1$이면

$$g(x)=100(1-e^{x+1})-\{(1-e^{x+1})+(e^{x^2+1}-1)+(1-e^{x^3+1})+\cdots+(1-e^{x^{2m-1}+1})\}$$

에서

$$g'(x)=-100e^{x+1}-\{-e^{x+1}+2xe^{x^2+1}-3x^2e^{x^3+1}+4x^3e^{x^4+1}-\cdots-(2m-1)x^{2m-2}e^{x^{2m-1}+1}\}$$

$$\therefore \lim_{x\to -1-}g'(x)=-100-\{-1-2e^2-3-4e^2-\cdots-(2m-1)\}$$
$$=-100+\{1+3+\cdots+(2m-1)\}+2e^2\{1+2+\cdots+(m-1)\}$$
$$=-100+\sum_{k=1}^{m}(2k-1)+2e^2\sum_{k=1}^{m-1}k$$

(ii) $x \ge -1$이면

$$g(x)=100(e^{x+1}-1)-\{(e^{x+1}-1)+(e^{x^2+1}-1)+(e^{x^3+1}-1)+\cdots+(e^{x^{2m-1}+1}-1)\}$$

에서

$$g'(x)=100e^{x+1}-\{e^{x+1}+2xe^{x^2+1}+3x^2e^{x^3+1}+4x^3e^{x^4+1}+\cdots+(2m-1)x^{2m-2}e^{x^{2m-1}+1}\}$$

$$\begin{aligned}\therefore \lim_{x\to -1+} g'(x)&=100-\{1-2e^2+3-4e^2+\cdots+(2m-1)\}\\&=100-\{1+3+\cdots+(2m-1)\}+2e^2\{1+2+\cdots+(m-1)\}\\&=100-\sum_{k=1}^{m}(2k-1)+2e^2\sum_{k=1}^{m-1}k\end{aligned}$$

㉠에서

$$100-\sum_{k=1}^{m}(2k-1)+2e^2\sum_{k=1}^{m-1}k=-100+\sum_{k=1}^{m}(2k-1)+2e^2\sum_{k=1}^{m-1}k$$

$\sum_{k=1}^{m}(2k-1)=100$, $2\times\frac{m(m+1)}{2}-m=100$

$m^2=100$ $\quad \therefore m=10$ ($\because$ m은 자연수)

이때 $n=2m-1$이므로 $n=20-1=19$

Step 6 n이 짝수일 때, n의 값 구하기

$n=2m$ (m은 자연수)일 때

(i) $x<-1$이면

$$g(x)=100(1-e^{x+1})-\{(1-e^{x+1})+(e^{x^2+1}-1)+(1-e^{x^3+1})+\cdots+(e^{x^{2m}+1}-1)\}$$

에서

$$g'(x)=-100e^{x+1}-(-e^{x+1}+2xe^{x^2+1}-3x^2e^{x^3+1}+4x^3e^{x^4+1}-\cdots+2mx^{2m-1}e^{x^{2m}+1})$$

$$\begin{aligned}\therefore \lim_{x\to -1-} g'(x)&=-100-(-1-2e^2-3-4e^2-\cdots-2me^2)\\&=-100+\{1+3+\cdots+(2m-1)\}+2e^2(1+2+\cdots+m)\\&=-100+\sum_{k=1}^{m}(2k-1)+2e^2\sum_{k=1}^{m}k\end{aligned}$$

(ii) $x \ge -1$이면

$$g(x)=100(e^{x+1}-1)-\{(e^{x+1}-1)+(e^{x^2+1}-1)+(e^{x^3+1}-1)+\cdots+(e^{x^{2m}+1}-1)\}$$

에서

$$g'(x)=100e^{x+1}-(e^{x+1}+2xe^{x^2+1}+3x^2e^{x^3+1}+4x^3e^{x^4+1}+\cdots+2mx^{2m-1}e^{x^{2m}+1})$$

$$\begin{aligned}\therefore \lim_{x\to -1+} g'(x)&=100-(1-2e^2+3-\cdots-2me^2)\\&=100-\{1+3+\cdots+(2m-1)\}+2e^2(1+2+\cdots+m)\\&=100-\sum_{k=1}^{m}(2k-1)+2e^2\sum_{k=1}^{m}k\end{aligned}$$

㉠에서

$$100-\sum_{k=1}^{m}(2k-1)+2e^2\sum_{k=1}^{m}k=-100+\sum_{k=1}^{m}(2k-1)+2e^2\sum_{k=1}^{m}k$$

$\sum_{k=1}^{m}(2k-1)=100$, $2\times\frac{m(m+1)}{2}-m=100$

$m^2=100$ $\quad \therefore m=10$ ($\because$ m은 자연수)

이때 $n=2m$이므로 $n=20$

Step 7 모든 자연수 n의 값의 합 구하기

따라서 $g(x)$가 실수 전체의 집합에서 미분가능하도록 하는 n의 값은 19, 20이므로 모든 자연수 n의 값의 합은

$19+20=39$

54 미분가능성과 합성함수의 미분법 정답 331 | 정답률 3%

문제 보기

실수 전체의 집합에서 정의된 함수 $f(x)$는 $0 \le x < 3$일 때 $f(x)=|x-1|+|x-2|$이고, 모든 실수 x에 대하여 $f(x+3)=f(x)$를 만족시킨다. 함수 $g(x)$를

$$g(x)=\lim_{h\to 0+}\left|\frac{f(2^{x+h})-f(2^x)}{h}\right|$$ → 미분계수를 이용하여 나타낸다.

이라 하자. 함수 $g(x)$가 $x=a$에서 불연속인 a의 값 중에서 열린구간 $(-5, 5)$에 속하는 모든 값을 작은 수부터 크기순으로 나열한 것을 a_1, a_2, $\cdots$, a_n (n은 자연수)라 할 때, $n+\sum_{k=1}^{n}\frac{g(a_k)}{\ln 2}$의 값을 구하시오.

[4점]

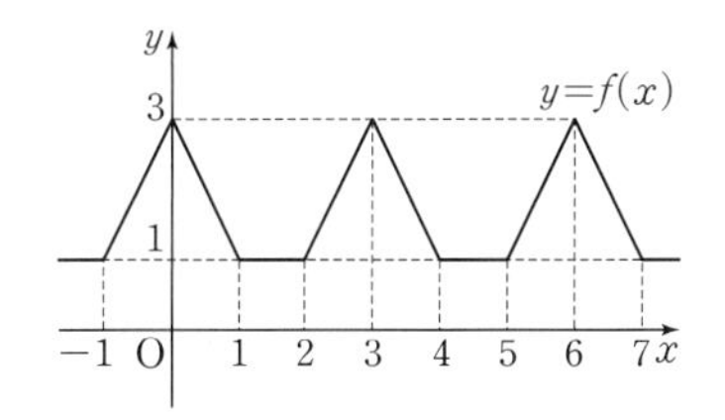

Step 1 $g(x)$를 미분계수로 나타내기

$p(x)=2^x$으로 놓으면 $p(x+h)=2^{x+h}$이므로

$f(2^x)=f(p(x))$, $f(2^{x+h})=f(p(x+h))$

이때 $f(p(x))=q(x)$, $f(p(x+h))=q(x+h)$라 하면

$$\begin{aligned}g(x)&=\lim_{h\to 0+}\left|\frac{f(2^{x+h})-f(2^x)}{h}\right|\\&=\lim_{h\to 0+}\left|\frac{q(x+h)-q(x)}{h}\right|\\&=|q'(x)|=|f'(p(x))p'(x)|\\&=|f'(2^x)|\times 2^x\ln 2 \quad \cdots\cdots ㉠\end{aligned}$$

Step 2 n의 값 구하기

$p(x)=2^x$은 실수 전체의 집합에서 미분가능하고 연속이므로 함수 $g(x)$가 불연속인 x의 값은 $|f'(2^x)|$이 불연속인 2^x의 값에 의하여 결정된다.

함수 $y=f(x)$의 그래프에서 자연수 m에 대하여

$3m-3<x<3m-2$일 때, $f'(x)=-2$

$3m-2<x<3m-1$일 때, $f'(x)=0$

$3m-1<x<3m$일 때, $f'(x)=2$

이므로

$3m-3<x<3m-2$일 때, $|f'(x)|=2$

$3m-2<x<3m-1$일 때, $|f'(x)|=0$

$3m-1<x<3m$일 때, $|f'(x)|=2$

즉, 함수 $|f'(x)|$는 $x=3m-2$, $x=3m-1$에서 불연속이다.

따라서 함수 $|f'(2^x)|$은 $2^x=3m-2$, $2^x=3m-1$, 즉 $x=\log_2(3m-2)$, $x=\log_2(3m-1)$에서 불연속이다.

이때 $-5<x<5$에서 $\frac{1}{32}<2^x<32$이므로 함수 $g(x)$는

$x=\log_2 1$, $\log_2 2$, $\log_2 4$, $\log_2 5$, $\cdots$, $\log_2 29$, $\log_2 31$

에서 불연속이다.

즉, n은 1부터 31까지의 자연수 중에서 3의 배수를 제외한 것이므로

$n=31-10=21$

Step 3 $\sum_{k=1}^{n}\frac{g(a_k)}{\ln 2}$의 값 구하기

㉠에서

(i) $2^{a_k}=3m-2$, 즉 $a_k=\log_2(3m-2)$인 경우

$3m-2<2^x<3m-1$일 때, $g(x)=0$이므로

$g(a_k)=|f'(2^{a_k})|\times 2^{a_k}\ln 2=0$

(ii) $2^{a_k}=3m-1$, 즉 $a_k=\log_2(3m-1)$인 경우

$3m-1<2^x<3m$일 때, $g(x)=2$이므로

$g(a_k)=|f'(2^{a_k})|\times 2^{a_k}\ln 2=2\ln 2\times(3m-1)$

(i), (ii)에서

$$\sum_{k=1}^{n}\frac{g(a_k)}{\ln 2}=\frac{1}{\ln 2}\sum_{k=1}^{n}g(a_k)$$
$$=\frac{1}{\ln 2}[\{g(a_1)+g(a_2)\}+\{g(a_3)+g(a_4)\}+\cdots+\{g(a_{19})+g(a_{20})\}+g(a_{21})]$$
$$=\frac{1}{\ln 2}\{(0+2\ln 2\times 2)+(0+2\ln 2\times 5)+\cdots+(0+2\ln 2\times 29)+0\}$$
$$=2(2+5+8+\cdots+29)$$
$$=2\times\frac{10(2+29)}{2}=310$$

Step 4 $n+\sum_{k=1}^{n}\frac{g(a_k)}{\ln 2}$**의 값 구하기**

$\therefore n+\sum_{k=1}^{n}\frac{g(a_k)}{\ln 2}=21+310=331$

13 일차

01 ④	02 ①	03 ①	04 ④	05 ②	06 ②	07 ①	08 ③	09 ④	10 ②	11 2	12 ②
13 ⑤	14 ⑤	15 ④	16 4	17 2	18 ③	19 ①	20 ①	21 ④	22 ③	23 ④	24 7
25 4	26 ①	27 40									

문제편 196쪽~201쪽

01 매개변수로 나타낸 함수의 미분법 정답 ④ | 정답률 89%

문제 보기

매개변수 t로 나타내어진 곡선

$x=t^2+2$, $y=t^3+t-1$

에서 $t=1$일 때, $\frac{dy}{dx}$의 값은? [3점]

└ $\frac{dx}{dt}$, $\frac{dy}{dt}$를 구한 후 $\frac{\frac{dy}{dt}}{\frac{dx}{dt}}$에 $t=1$을 대입한다.

① $\frac{1}{2}$ ② 1 ③ $\frac{3}{2}$ ④ 2 ⑤ $\frac{5}{2}$

Step 1 $\frac{dy}{dx}$ 구하기

$x=t^2+2$, $y=t^3+t-1$에서

$\frac{dx}{dt}=2t$, $\frac{dy}{dt}=3t^2+1$

$\therefore \frac{dy}{dx}=\frac{\frac{dy}{dt}}{\frac{dx}{dt}}=\frac{3t^2+1}{2t}$ (단, $t\neq0$)

Step 2 $t=1$일 때, $\frac{dy}{dx}$의 값 구하기

따라서 $t=1$일 때,

$\frac{dy}{dx}=\frac{3\times1^2+1}{2\times1}=2$

02 매개변수로 나타낸 함수의 미분법 정답 ① | 정답률 88%

문제 보기

매개변수 $t\,(t>0)$으로 나타내어진 함수

$x=t-\frac{2}{t}$, $y=t^2+\frac{2}{t^2}$

에서 $t=1$일 때, $\frac{dy}{dx}$의 값은? [4점]

└ $\frac{dx}{dt}$, $\frac{dy}{dt}$를 구한 후 $\frac{\frac{dy}{dt}}{\frac{dx}{dt}}$에 $t=1$을 대입한다.

① $-\frac{2}{3}$ ② -1 ③ $-\frac{4}{3}$ ④ $-\frac{5}{3}$ ⑤ -2

Step 1 $\frac{dy}{dx}$ 구하기

$x=t-\frac{2}{t}$, $y=t^2+\frac{2}{t^2}$에서

$\frac{dx}{dt}=1+\frac{2}{t^2}$, $\frac{dy}{dt}=2t-\frac{4}{t^3}$

$\therefore \frac{dy}{dx}=\frac{\frac{dy}{dt}}{\frac{dx}{dt}}=\frac{2t-\frac{4}{t^3}}{1+\frac{2}{t^2}}=\frac{2t^4-4}{t^3+2t}$

Step 2 $t=1$일 때, $\frac{dy}{dx}$의 값 구하기

따라서 $t=1$일 때,

$\frac{dy}{dx}=\frac{2\times1^4-4}{1^3+2\times1}=-\frac{2}{3}$

03 매개변수로 나타낸 함수의 미분법 정답 ① | 정답률 92%

문제 보기

매개변수 $t\,(t>0)$로 나타내어진 곡선

$x=t^2+1,\ y=4\sqrt{t}$

에서 $t=4$일 때, $\frac{dy}{dx}$의 값은? [3점]

└ $\frac{dx}{dt}$, $\frac{dy}{dt}$를 구한 후 $\frac{\frac{dy}{dt}}{\frac{dx}{dt}}$에 $t=4$를 대입한다.

① $\frac{1}{8}$ ② $\frac{1}{4}$ ③ $\frac{3}{8}$ ④ $\frac{1}{2}$ ⑤ $\frac{5}{8}$

Step 1 $\frac{dy}{dx}$ 구하기

$x=t^2+1,\ y=4\sqrt{t}$에서

$\frac{dx}{dt}=2t,\ \frac{dy}{dt}=\frac{2}{\sqrt{t}}$

$\therefore \frac{dy}{dx}=\frac{\frac{dy}{dt}}{\frac{dx}{dt}}=\frac{\frac{2}{\sqrt{t}}}{2t}=\frac{1}{t\sqrt{t}}$

Step 2 $t=4$일 때, $\frac{dy}{dx}$의 값 구하기

따라서 $t=4$일 때,

$\frac{dy}{dx}=\frac{1}{4\sqrt{4}}=\frac{1}{8}$

04 매개변수로 나타낸 함수의 미분법 정답 ④ | 정답률 93%

문제 보기

매개변수 t로 나타내어진 곡선

$x=e^t-4e^{-t},\ y=t+1$

에서 $t=\ln 2$일 때, $\frac{dy}{dx}$의 값은? [3점]

└ $\frac{dx}{dt}$, $\frac{dy}{dt}$를 구한 후 $\frac{\frac{dy}{dt}}{\frac{dx}{dt}}$에 $t=\ln 2$를 대입한다.

① 1 ② $\frac{1}{2}$ ③ $\frac{1}{3}$ ④ $\frac{1}{4}$ ⑤ $\frac{1}{5}$

Step 1 $\frac{dy}{dx}$ 구하기

$x=e^t-4e^{-t},\ y=t+1$에서

$\frac{dx}{dt}=e^t+4e^{-t},\ \frac{dy}{dt}=1$

$\therefore \frac{dy}{dx}=\frac{\frac{dy}{dt}}{\frac{dx}{dt}}=\frac{1}{e^t+4e^{-t}}$

Step 2 $t=\ln 2$일 때, $\frac{dy}{dx}$의 값 구하기

따라서 $t=\ln 2$일 때,

$\frac{dy}{dx}=\frac{1}{e^{\ln 2}+4e^{-\ln 2}}=\frac{1}{2+4\times\frac{1}{2}}=\frac{1}{4}$

05 매개변수로 나타낸 함수의 미분법 정답 ② | 정답률 93%

문제 보기

매개변수 t로 나타내어진 곡선

$x=e^t+\cos t,\ y=\sin t$

에서 $t=0$일 때, $\frac{dy}{dx}$의 값은? [3점]

└ $\frac{dx}{dt}$, $\frac{dy}{dt}$를 구한 후 $\frac{\frac{dy}{dt}}{\frac{dx}{dt}}$에 $t=0$을 대입한다.

① $\frac{1}{2}$ ② 1 ③ $\frac{3}{2}$ ④ 2 ⑤ $\frac{5}{2}$

Step 1 $\frac{dy}{dx}$ 구하기

$x=e^t+\cos t,\ y=\sin t$에서

$\frac{dx}{dt}=e^t-\sin t,\ \frac{dy}{dt}=\cos t$

$\therefore \frac{dy}{dx}=\frac{\frac{dy}{dt}}{\frac{dx}{dt}}=\frac{\cos t}{e^t-\sin t}$ (단, $e^t\neq\sin t$)

Step 2 $t=0$일 때, $\frac{dy}{dx}$의 값 구하기

따라서 $t=0$일 때,

$\frac{dy}{dx}=\frac{1}{1-0}=1$

06 매개변수로 나타낸 함수의 미분법 정답 ② | 정답률 85%

문제 보기

매개변수 t로 나타내어진 곡선

$x=t+\cos 2t,\ y=\sin^2 t$

에서 $t=\frac{\pi}{4}$일 때, $\frac{dy}{dx}$의 값은? [3점]

└ $\frac{dx}{dt}$, $\frac{dy}{dt}$를 구한 후 $\frac{\frac{dy}{dt}}{\frac{dx}{dt}}$에 $t=\frac{\pi}{4}$를 대입한다.

① -2 ② -1 ③ 0 ④ 1 ⑤ 2

Step 1 $\frac{dy}{dx}$ 구하기

$x=t+\cos 2t,\ y=\sin^2 t$에서

$\frac{dx}{dt}=1-2\sin 2t,\ \frac{dy}{dt}=2\sin t\cos t$

$\therefore \frac{dy}{dx}=\frac{\frac{dy}{dt}}{\frac{dx}{dt}}=\frac{2\sin t\cos t}{1-2\sin 2t}$ (단, $1-2\sin 2t\neq 0$)

Step 2 $t=\frac{\pi}{4}$일 때, $\frac{dy}{dx}$의 값 구하기

따라서 $t=\frac{\pi}{4}$일 때,

$\frac{dy}{dx}=\frac{2\times\frac{\sqrt{2}}{2}\times\frac{\sqrt{2}}{2}}{1-2\times 1}=-1$

07 매개변수로 나타낸 함수의 미분법 정답 ① | 정답률 86%

문제 보기

매개변수 $t\,(t>0)$으로 나타내어진 함수

$$x=3t-\frac{1}{t},\ y=te^{t-1}$$

에서 $t=1$일 때, $\frac{dy}{dx}$의 값은? [3점]

└ $\frac{dx}{dt}$, $\frac{dy}{dt}$를 구한 후 $\frac{\frac{dy}{dt}}{\frac{dx}{dt}}$에 $t=1$을 대입한다.

① $\frac{1}{2}$ ② $\frac{2}{3}$ ③ $\frac{5}{6}$ ④ 1 ⑤ $\frac{7}{6}$

Step 1 $\frac{dy}{dx}$ 구하기

$x=3t-\frac{1}{t}$, $y=te^{t-1}$에서

$\frac{dx}{dt}=3+\frac{1}{t^2}$, $\frac{dy}{dt}=e^{t-1}+te^{t-1}$

$$\therefore \frac{dy}{dx}=\frac{\frac{dy}{dt}}{\frac{dx}{dt}}=\frac{e^{t-1}+te^{t-1}}{3+\frac{1}{t^2}}=\frac{(t^2+t^3)e^{t-1}}{3t^2+1}$$

Step 2 $t=1$일 때, $\frac{dy}{dx}$ 구하기

따라서 $t=1$일 때,

$$\frac{dy}{dx}=\frac{(1^2+1^3)e^{1-1}}{3\times1^2+1}=\frac{1}{2}$$

08 매개변수로 나타낸 함수의 미분법 정답 ③ | 정답률 89%

문제 보기

매개변수 $t\,(t>0)$으로 나타내어진 곡선

$$x=t^2\ln t+3t,\ y=6te^{t-1}$$

에서 $t=1$일 때, $\frac{dy}{dx}$의 값은? [3점]

└ $\frac{dx}{dt}$, $\frac{dy}{dt}$를 구한 후 $\frac{\frac{dy}{dt}}{\frac{dx}{dt}}$에 $t=1$을 대입한다.

① 1 ② 2 ③ 3 ④ 4 ⑤ 5

Step 1 $\frac{dy}{dx}$ 구하기

$x=t^2\ln t+3t$, $y=6te^{t-1}$에서

$\frac{dx}{dt}=2t\ln t+t^2\times\frac{1}{t}+3=2t\ln t+t+3$, $\frac{dy}{dt}=6e^{t-1}+6te^{t-1}$

$$\therefore \frac{dy}{dx}=\frac{\frac{dy}{dt}}{\frac{dx}{dt}}=\frac{6e^{t-1}+6te^{t-1}}{2t\ln t+t+3}$$

Step 2 $t=1$일 때, $\frac{dy}{dx}$의 값 구하기

따라서 $t=1$일 때,

$$\frac{dy}{dx}=\frac{6+6}{1+3}=3$$

09 매개변수로 나타낸 함수의 미분법 정답 ④ | 정답률 85%

문제 보기

매개변수 t로 나타내어진 곡선

$$x=\frac{5t}{t^2+1},\ y=3\ln(t^2+1)$$

에서 $t=2$일 때, $\frac{dy}{dx}$의 값은? [3점]

└ $\frac{dx}{dt}$, $\frac{dy}{dt}$를 구한 후 $\frac{\frac{dy}{dt}}{\frac{dx}{dt}}$에 $t=2$를 대입한다.

① -1 ② -2 ③ -3 ④ -4 ⑤ -5

Step 1 $\frac{dy}{dx}$ 구하기

$x=\frac{5t}{t^2+1}$, $y=3\ln(t^2+1)$에서

$\frac{dx}{dt}=\frac{5(t^2+1)-5t\times2t}{(t^2+1)^2}=\frac{-5t^2+5}{(t^2+1)^2}$, $\frac{dy}{dt}=\frac{3\times2t}{t^2+1}=\frac{6t}{t^2+1}$

$$\therefore \frac{dy}{dx}=\frac{\frac{dy}{dt}}{\frac{dx}{dt}}=\frac{\frac{6t}{t^2+1}}{\frac{-5t^2+5}{(t^2+1)^2}}=\frac{6t(t^2+1)}{-5t^2+5}\ (\text{단, } t\neq\pm1)$$

Step 2 $t=2$일 때, $\frac{dy}{dx}$의 값 구하기

따라서 $t=2$일 때,

$$\frac{dy}{dx}=\frac{6\times2\times(2^2+1)}{-5\times2^2+5}=\frac{60}{-15}=-4$$

10 매개변수로 나타낸 함수의 미분법 정답 ② | 정답률 87%

문제 보기

매개변수 $t\,(t>0)$으로 나타내어진 곡선

$$x=\ln(t^3+1),\ y=\sin\pi t$$

에서 $t=1$일 때, $\frac{dy}{dx}$의 값은? [3점]

└ $\frac{dx}{dt}$, $\frac{dy}{dt}$를 구한 후 $\frac{\frac{dy}{dt}}{\frac{dx}{dt}}$에 $t=1$를 대입한다.

① $-\frac{1}{3}\pi$ ② $-\frac{2}{3}\pi$ ③ $-\pi$ ④ $-\frac{4}{3}\pi$ ⑤ $-\frac{5}{3}\pi$

Step 1 $\frac{dy}{dx}$ 구하기

$x=\ln(t^3+1)$, $y=\sin\pi t$에서

$\frac{dx}{dt}=\frac{3t^2}{t^3+1}$, $\frac{dy}{dt}=\pi\cos\pi t$

$$\therefore \frac{dy}{dx}=\frac{\frac{dy}{dt}}{\frac{dx}{dt}}=\frac{\pi\cos\pi t}{\frac{3t^2}{t^3+1}}=\frac{(t^3+1)\pi\cos\pi t}{3t^2}$$

Step 2 $t=1$일 때, $\frac{dy}{dx}$의 값 구하기

따라서 $t=1$일 때,

$$\frac{dy}{dx}=\frac{2\pi\times(-1)}{3}=-\frac{2}{3}\pi$$

11 매개변수로 나타낸 함수의 미분법 정답 2 | 정답률 90%

문제 보기

매개변수 $t\,(t>0)$으로 나타내어진 함수

$$x=\ln t,\ y=\ln(t^2+1)$$

에 대하여 $\lim\limits_{t\to\infty}\dfrac{dy}{dx}$의 값을 구하시오. [3점]

└ $\dfrac{dx}{dt}$, $\dfrac{dy}{dt}$를 구한 후 극한값을 구한다.

Step 1 $\dfrac{dy}{dx}$ 구하기

$x=\ln t,\ y=\ln(t^2+1)$에서

$\dfrac{dx}{dt}=\dfrac{1}{t},\ \dfrac{dy}{dt}=\dfrac{2t}{t^2+1}$

$$\therefore \frac{dy}{dx}=\frac{\frac{dy}{dt}}{\frac{dx}{dt}}=\frac{\frac{2t}{t^2+1}}{\frac{1}{t}}=\frac{2t^2}{t^2+1}$$

Step 2 $\lim\limits_{t\to\infty}\dfrac{dy}{dx}$의 값 구하기

$$\therefore \lim_{t\to\infty}\frac{dy}{dx}=\lim_{t\to\infty}\frac{2t^2}{t^2+1}=\lim_{t\to\infty}\frac{2}{1+\frac{1}{t^2}}=2$$

12 매개변수로 나타낸 함수의 미분법 정답 ② | 정답률 86%

문제 보기

좌표평면 위를 움직이는 점 P의 좌표 $(x,\ y)$가 $t\,(t>0)$을 매개변수로 하여

$$x=2t+1,\ y=t+\frac{3}{t}$$

으로 나타내어진다. 점 P가 그리는 곡선 위의 한 점 $(a,\ b)$에서의 접선의 기울기가 -1일 때, $a+b$의 값은? [3점]

└ $\dfrac{dy}{dx}$의 값이 -1이 되도록 하는 t의 값을 찾아 a, b의 값을 구한다.

① 6 ② 7 ③ 8 ④ 9 ⑤ 10

Step 1 $\dfrac{dy}{dx}$ 구하기

$x=2t+1,\ y=t+\dfrac{3}{t}$에서

$\dfrac{dx}{dt}=2,\ \dfrac{dy}{dt}=1-\dfrac{3}{t^2}$

$$\therefore \frac{dy}{dx}=\frac{\frac{dy}{dt}}{\frac{dx}{dt}}=\frac{1-\frac{3}{t^2}}{2}=\frac{t^2-3}{2t^2}$$

Step 2 t의 값 구하기

접선의 기울기가 -1일 때 t의 값은

$\dfrac{t^2-3}{2t^2}=-1,\ t^2-3=-2t^2$

$t^2=1 \qquad \therefore t=1\ (\because t>0)$

Step 3 $a+b$의 값 구하기

따라서 $a=2\times1+1=3,\ b=1+\dfrac{3}{1}=4$이므로

$a+b=7$

13 매개변수로 나타낸 함수의 미분법 정답 ⑤ | 정답률 76%

문제 보기

매개변수 $t\,(0<t<\pi)$로 나타내어진 곡선

$x=\sin t-\cos t,\ y=3\cos t+\sin t$

위의 점 $(a,\ b)$에서의 접선의 기울기가 3일 때, $a+b$의 값은? [3점]

└ $\frac{dy}{dx}$의 값이 3이 되도록 하는 $\sin t$, $\cos t$의 값을 이용하여 a, b의 값을 구한다.

① 0 ② $-\frac{\sqrt{10}}{10}$ ③ $-\frac{\sqrt{10}}{5}$ ④ $-\frac{3\sqrt{10}}{10}$ ⑤ $-\frac{2\sqrt{10}}{5}$

Step 1 $\frac{dy}{dx}$ 구하기

$x=\sin t-\cos t,\ y=3\cos t+\sin t$에서

$\frac{dx}{dt}=\cos t+\sin t,\ \frac{dy}{dt}=-3\sin t+\cos t$

$\therefore \frac{dy}{dx}=\frac{\frac{dy}{dt}}{\frac{dx}{dt}}=\frac{-3\sin t+\cos t}{\cos t+\sin t}$ (단, $\cos t+\sin t\neq 0$)

Step 2 $a+b$의 값 구하기

접선의 기울기가 3일 때 t의 값을 $\alpha\,(0<\alpha<\pi)$라 하면

$\frac{-3\sin\alpha+\cos\alpha}{\cos\alpha+\sin\alpha}=3$

$-3\sin\alpha+\cos\alpha=3\cos\alpha+3\sin\alpha$

$\therefore \cos\alpha=-3\sin\alpha$ ...... ㉠

$\sin^2\alpha+\cos^2\alpha=1$이므로 ㉠을 대입하면

$\sin^2\alpha+9\sin^2\alpha=1,\ \sin^2\alpha=\frac{1}{10}$

$0<\alpha<\pi$에서 $\sin\alpha>0$이므로

$\sin\alpha=\frac{1}{\sqrt{10}}=\frac{\sqrt{10}}{10}$

이를 ㉠에 대입하면 $\cos\alpha=-\frac{3\sqrt{10}}{10}$

$t=\alpha$인 접점의 좌표가 $(a,\ b)$이므로

$a=\sin\alpha-\cos\alpha=\frac{\sqrt{10}}{10}-\left(-\frac{3\sqrt{10}}{10}\right)=\frac{2\sqrt{10}}{5}$

$b=3\cos\alpha+\sin\alpha=-\frac{9\sqrt{10}}{10}+\frac{\sqrt{10}}{10}=-\frac{4\sqrt{10}}{5}$

$\therefore a+b=-\frac{2\sqrt{10}}{5}$

14 매개변수로 나타낸 함수의 미분법 정답 ⑤ | 정답률 91%

문제 보기

매개변수 $t\,(t>0)$로 나타내어진 함수

$x=\ln t+t,\ y=-t^3+3t$

에 대하여 $\frac{dy}{dx}$가 $t=a$에서 최댓값을 가질 때, a의 값은? [3점]

└ $\frac{dy}{dx}$를 구한 후 t에 대한 함수가 최대가 되도록 하는 t의 값을 구한다.

① $\frac{1}{6}$ ② $\frac{1}{5}$ ③ $\frac{1}{4}$ ④ $\frac{1}{3}$ ⑤ $\frac{1}{2}$

Step 1 $\frac{dy}{dx}$ 구하기

$x=\ln t+t,\ y=-t^3+3t$에서

$\frac{dx}{dt}=\frac{1}{t}+1,\ \frac{dy}{dt}=-3t^2+3$

$\therefore \frac{dy}{dx}=\frac{\frac{dy}{dt}}{\frac{dx}{dt}}=\frac{-3t^2+3}{\frac{1}{t}+1}=-3t(t-1)$

Step 2 a의 값 구하기

$\frac{dy}{dx}=-3t(t-1)$에서 $f(t)=-3t(t-1)$이라 하면

$f(t)=-3t(t-1)=-3\left(t-\frac{1}{2}\right)^2+\frac{3}{4}$

따라서 $t=\frac{1}{2}$에서 최댓값을 가지므로 $a=\frac{1}{2}$

15 음함수의 미분법 정답 ④ | 정답률 96%

문제 보기

곡선 $x^2-3xy+y^2=x$ 위의 점 $(1,\ 0)$에서의 접선의 기울기는? [3점]

└ $\frac{dy}{dx}$를 구한 후 $x=1,\ y=0$을 대입한다.

① $\frac{1}{12}$ ② $\frac{1}{6}$ ③ $\frac{1}{4}$ ④ $\frac{1}{3}$ ⑤ $\frac{5}{12}$

Step 1 $\frac{dy}{dx}$ 구하기

$x^2-3xy+y^2=x$의 양변을 x에 대하여 미분하면

$2x-3y-3x\frac{dy}{dx}+2y\frac{dy}{dx}=1$

$(3x-2y)\frac{dy}{dx}=2x-3y-1$

$\therefore \frac{dy}{dx}=\frac{2x-3y-1}{3x-2y}$ (단, $3x\neq 2y$) ...... ㉠

Step 2 점 $(1,\ 0)$에서의 접선의 기울기 구하기

점 $(1,\ 0)$에서의 접선의 기울기는 ㉠에 $x=1,\ y=0$을 대입한 값과 같으므로

$\frac{dy}{dx}=\frac{2\times1-3\times0-1}{3\times1-2\times0}=\frac{1}{3}$

16 음함수의 미분법 정답 4 | 정답률 89%

문제 보기

곡선 $5x+xy+y^2=5$ 위의 점 $(1, -1)$에서의 접선의 기울기를 구하시오. [3점]

└→ $\frac{dy}{dx}$를 구한 후 $x=1$, $y=-1$을 대입한다.

Step 1 $\frac{dy}{dx}$ 구하기

$5x+xy+y^2=5$의 양변을 x에 대하여 미분하면

$5+y+x\frac{dy}{dx}+2y\frac{dy}{dx}=0$

$(x+2y)\frac{dy}{dx}=-(5+y)$

$\therefore \frac{dy}{dx}=-\frac{5+y}{x+2y}$ (단, $x\neq-2y$) …… ㉠

Step 2 점 $(1, -1)$에서의 접선의 기울기 구하기

점 $(1, -1)$에서의 접선의 기울기는 ㉠에 $x=1$, $y=-1$을 대입한 값과 같으므로

$\frac{dy}{dx}=-\frac{5+(-1)}{1+2\times(-1)}=4$

17 음함수의 미분법 정답 2 | 정답률 92%

문제 보기

곡선 $2x+x^2y-y^3=2$ 위의 점 $(1, 1)$에서의 접선의 기울기를 구하시오. [3점]

└→ $\frac{dy}{dx}$를 구한 후 $x=1$, $y=1$을 대입한다.

Step 1 $\frac{dy}{dx}$ 구하기

$2x+x^2y-y^3=2$의 양변을 x에 대하여 미분하면

$2+2xy+x^2\frac{dy}{dx}-3y^2\frac{dy}{dx}=0$

$(x^2-3y^2)\frac{dy}{dx}=-2(xy+1)$

$\therefore \frac{dy}{dx}=-\frac{2(xy+1)}{x^2-3y^2}$ (단, $x^2\neq3y^2$) …… ㉠

Step 2 점 $(1, 1)$에서의 접선의 기울기 구하기

점 $(1, 1)$에서의 접선의 기울기는 ㉠에 $x=1$, $y=1$을 대입한 값과 같으므로

$\frac{dy}{dx}=-\frac{2(1\times1+1)}{1^2-3\times1^2}=2$

18 음함수의 미분법 정답 ③ | 정답률 96%

문제 보기

곡선 $e^x-xe^y=y$ 위의 점 $(0, 1)$에서의 접선의 기울기는? [3점]

└→ $\frac{dy}{dx}$를 구한 후 $x=0$, $y=1$을 대입한다.

① $3-e$ ② $2-e$ ③ $1-e$ ④ $-e$ ⑤ $-1-e$

Step 1 $\frac{dy}{dx}$ 구하기

$e^x-xe^y=y$의 양변을 x에 대하여 미분하면

$e^x-e^y-xe^y\frac{dy}{dx}=\frac{dy}{dx}$

$(1+xe^y)\frac{dy}{dx}=e^x-e^y$

$\therefore \frac{dy}{dx}=\frac{e^x-e^y}{1+xe^y}$ (단, $xe^y\neq-1$) …… ㉠

Step 2 점 $(0, 1)$에서의 접선의 기울기 구하기

점 $(0, 1)$에서의 접선의 기울기는 ㉠에 $x=0$, $y=1$을 대입한 값과 같으므로

$\frac{dy}{dx}=\frac{e^0-e^1}{1+0\times e^1}=1-e$

19 음함수의 미분법 정답 ① | 정답률 71%

문제 보기

곡선 $2e^{x+y-1}=3e^x+x-y$ 위의 점 $(0, 1)$에서의 접선의 기울기는? [3점]

└→ $\frac{dy}{dx}$를 구한 후 $x=0$, $y=1$을 대입한다.

① $\frac{2}{3}$ ② 1 ③ $\frac{4}{3}$ ④ $\frac{5}{3}$ ⑤ 2

Step 1 $\frac{dy}{dx}$ 구하기

$2e^{x+y-1}=3e^x+x-y$의 양변을 x에 대하여 미분하면

$2e^{x+y-1}\left(1+\frac{dy}{dx}\right)=3e^x+1-\frac{dy}{dx}$

$(2e^{x+y-1}+1)\frac{dy}{dx}=3e^x-2e^{x+y-1}+1$

$\therefore \frac{dy}{dx}=\frac{3e^x-2e^{x+y-1}+1}{2e^{x+y-1}+1}$ …… ㉠

Step 2 점 $(0, 1)$에서의 접선의 기울기 구하기

점 $(0, 1)$에서의 접선의 기울기는 ㉠에 $x=0$, $y=1$을 대입한 값과 같으므로

$\frac{dy}{dx}=\frac{3e^0-2e^0+1}{2e^0+1}=\frac{2}{3}$

20 음함수의 미분법 정답 ① | 정답률 86%

문제 보기

곡선 $x^2-y\ln x+x=e$ 위의 점 (e, e^2)에서의 접선의 기울기는? [3점]

└ $\frac{dy}{dx}$를 구한 후 $x=e$, $y=e^2$을 대입한다.

① $e+1$ ② $e+2$ ③ $e+3$ ④ $2e+1$ ⑤ $2e+2$

Step 1 $\frac{dy}{dx}$ 구하기

$x^2-y\ln x+x=e$의 양변을 x에 대하여 미분하면

$2x-\ln x\frac{dy}{dx}-\frac{y}{x}+1=0$, $\ln x\frac{dy}{dx}=2x-\frac{y}{x}+1$

$\therefore \frac{dy}{dx}=\frac{2x^2-y+x}{x\ln x}$ (단, $x\ln x\neq0$) …… ㉠

Step 2 점 (e, e^2)에서의 접선의 기울기 구하기

점 (e, e^2)에서의 접선의 기울기는 ㉠에 $x=e$, $y=e^2$을 대입한 값과 같으므로

$\frac{dy}{dx}=\frac{2e^2-e^2+e}{e\ln e}=e+1$

21 음함수의 미분법 정답 ④ | 정답률 94%

문제 보기

곡선 $\pi x=\cos y+x\sin y$ 위의 점 $\left(0, \frac{\pi}{2}\right)$에서의 접선의 기울기는? [3점]

└ $\frac{dy}{dx}$를 구한 후 $x=0$, $y=\frac{\pi}{2}$를 대입한다.

① $1-\frac{5}{2}\pi$ ② $1-2\pi$ ③ $1-\frac{3}{2}\pi$ ④ $1-\pi$ ⑤ $1-\frac{\pi}{2}$

Step 1 $\frac{dy}{dx}$ 구하기

$\pi x=\cos y+x\sin y$의 양변을 x에 대하여 미분하면

$\pi=-\sin y\frac{dy}{dx}+\sin y+x\cos y\frac{dy}{dx}$

$(\sin y-x\cos y)\frac{dy}{dx}=\sin y-\pi$

$\therefore \frac{dy}{dx}=\frac{\sin y-\pi}{\sin y-x\cos y}$ (단, $\sin y\neq x\cos y$) …… ㉠

Step 2 점 $\left(0, \frac{\pi}{2}\right)$에서의 접선의 기울기 구하기

점 $\left(0, \frac{\pi}{2}\right)$에서의 접선의 기울기는 ㉠에 $x=0$, $y=\frac{\pi}{2}$를 대입한 값과 같으므로

$\frac{dy}{dx}=\frac{\sin\frac{\pi}{2}-\pi}{\sin\frac{\pi}{2}-0\times\cos\frac{\pi}{2}}=1-\pi$

22 음함수의 미분법 정답 ③ | 정답률 87%

문제 보기

곡선 $x\sin 2y+3x=3$ 위의 점 $\left(1, \frac{\pi}{2}\right)$에서의 접선의 기울기는? [3점]

└ $\frac{dy}{dx}$를 구한 후 $x=1$, $y=\frac{\pi}{2}$를 대입한다.

① $\frac{1}{2}$ ② 1 ③ $\frac{3}{2}$ ④ 2 ⑤ $\frac{5}{2}$

Step 1 $\frac{dy}{dx}$ 구하기

$x\sin 2y+3x=3$의 양변을 x에 대하여 미분하면

$\sin 2y+x\cos 2y\times2\frac{dy}{dx}+3=0$

$\therefore \frac{dy}{dx}=-\frac{\sin 2y+3}{2x\cos 2y}$ (단, $x\cos 2y\neq0$) …… ㉠

Step 2 점 $\left(1, \frac{\pi}{2}\right)$에서의 접선의 기울기 구하기

점 $\left(1, \frac{\pi}{2}\right)$에서의 접선의 기울기는 ㉠에 $x=1$, $y=\frac{\pi}{2}$를 대입한 값과 같으므로

$\frac{dy}{dx}=-\frac{\sin\pi+3}{2\times\cos\pi}=\frac{3}{2}$

23 음함수의 미분법 정답 ④ | 정답률 86%

문제 보기

곡선 $xy-y^3\ln x=2$에 대하여 $x=1$일 때, $\frac{dy}{dx}$의 값은? [3점]

└ $x=1$을 $xy-y^3\ln x=2$에 대입하여 y의 값을 구한다.

① 0 ② 2 ③ 4 ④ 6 ⑤ 8

Step 1 $x=1$일 때, y의 값 구하기

$x=1$을 $xy-y^3\ln x=2$에 대입하면

$1\times y-y^3\ln 1=2$ $\therefore y=2$

Step 2 $\frac{dy}{dx}$ 구하기

$xy-y^3\ln x=2$의 양변을 x에 대하여 미분하면

$y+x\frac{dy}{dx}-3y^2\ln x\frac{dy}{dx}-\frac{y^3}{x}=0$

$(x-3y^2\ln x)\frac{dy}{dx}=\frac{y^3}{x}-y$

$\therefore \frac{dy}{dx}=\frac{\frac{y^3}{x}-y}{x-3y^2\ln x}$ (단, $x\neq3y^2\ln x$) …… ㉠

Step 3 $x=1$일 때, $\frac{dy}{dx}$의 값 구하기

㉠에 $x=1$, $y=2$를 대입하면

$\frac{dy}{dx}=\frac{\frac{2^3}{1}-2}{1-3\times2^2\ln 1}=6$

24 음함수의 미분법 정답 7 | 정답률 86%

문제 보기

곡선 $x^2-y^2-y=1$ 위의 점 $\mathrm{A}(a, b)$에서의 접선의 기울기가 $\frac{2}{15}a$일 때, b의 값을 구하시오. [3점] └ a, b에 대한 식을 세운다.

Step 1 $\frac{dy}{dx}$ 구하기

$x^2-y^2-y=1$의 양변을 x에 대하여 미분하면

$2x-2y\frac{dy}{dx}-\frac{dy}{dx}=0$, $(2y+1)\frac{dy}{dx}=2x$

$\therefore \frac{dy}{dx}=\frac{2x}{2y+1}$ $\left(단, y\neq-\frac{1}{2}\right)$

Step 2 b의 값 구하기

점 $\mathrm{A}(a, b)$에서의 접선의 기울기는 $\frac{2a}{2b+1}$이므로

$\frac{2a}{2b+1}=\frac{2}{15}a$ …… ㉠

이때 $a=0$이면 $a^2-b^2-b=1$에서 $b^2+b+1=0$이어야 하지만
└ 점 $\mathrm{A}(a, b)$는 곡선 $x^2-y^2-y=1$ 위의 점이야.

$b^2+b+1=\left(b+\frac{1}{2}\right)^2+\frac{3}{4}>0$이므로 $b^2+b+1=0$을 만족시키는 실수 b는 존재하지 않는다.

따라서 $a\neq0$이므로 ㉠에서 양변을 a로 나누면

$\frac{2}{2b+1}=\frac{2}{15}$, $2b+1=15$ $\therefore b=7$

25 음함수의 미분법 정답 4 | 정답률 69%

문제 보기

곡선 $x^3-y^3=e^{xy}$ 위의 점 $(a, 0)$에서의 접선의 기울기가 b일 때, $a+b$의 값을 구하시오. [3점]
└ a의 값을 구한다.
└ $\frac{dy}{dx}$를 구한 후 $x=a$, $y=0$을 대입하여 b의 값을 구한다.

Step 1 a의 값 구하기

점 $(a, 0)$이 곡선 $x^3-y^3=e^{xy}$ 위의 점이므로

$a^3=1$ $\therefore a=1$ ($\because$ a는 실수)

Step 2 b의 값 구하기

$x^3-y^3=e^{xy}$의 양변을 x에 대하여 미분하면

$3x^2-3y^2\frac{dy}{dx}=ye^{xy}+xe^{xy}\frac{dy}{dx}$ → $(e^{xy})'=e^{xy}\times(xy)'=e^{xy}\times\left(y+x\frac{dy}{dx}\right)$ $=ye^{xy}+xe^{xy}\frac{dy}{dx}$

$(xe^{xy}+3y^2)\frac{dy}{dx}=3x^2-ye^{xy}$

$\therefore \frac{dy}{dx}=\frac{3x^2-ye^{xy}}{xe^{xy}+3y^2}$ (단, $xe^{xy}\neq-3y^2$)

점 $(1, 0)$에서의 접선의 기울기는

$\frac{3\times1^2-0\times e^{1\times0}}{1\times e^{1\times0}+3\times0^2}=3$

$\therefore b=3$

Step 3 $a+b$의 값 구하기

$\therefore a+b=1+3=4$

26 음함수의 미분법 정답 ① | 정답률 86%

문제 보기

곡선 $e^x-e^y=y$ 위의 점 (a, b)에서의 접선의 기울기가 1일 때, $a+b$의 값은? [3점] └ a, b에 대한 식을 세운다.

① $1+\ln(e+1)$ ② $2+\ln(e^2+2)$ ③ $3+\ln(e^3+3)$
④ $4+\ln(e^4+4)$ ⑤ $5+\ln(e^5+5)$

Step 1 접선의 기울기가 1임을 이용하여 a, b 사이의 관계식 구하기

$e^x-e^y=y$의 양변을 x에 대하여 미분하면

$e^x-e^y\frac{dy}{dx}=\frac{dy}{dx}$, $(1+e^y)\frac{dy}{dx}=e^x$ $\therefore \frac{dy}{dx}=\frac{e^x}{1+e^y}$

점 (a, b)에서의 접선의 기울기는 $\frac{e^a}{1+e^b}$이므로

$\frac{e^a}{1+e^b}=1$ $\therefore e^a=1+e^b$ …… ㉠

Step 2 점 (a, b)가 곡선 위의 점임을 이용하여 a, b 사이의 관계식 구하기

점 (a, b)가 곡선 $e^x-e^y=y$ 위의 점이므로

$e^a-e^b=b$ …… ㉡

Step 3 a, b의 값 구하기

㉡에 ㉠을 대입하면 $1+e^b-e^b=b$ $\therefore b=1$

이를 ㉠에 대입하면 $e^a=1+e$ $\therefore a=\ln(e+1)$

Step 4 $a+b$의 값 구하기

$\therefore a+b=1+\ln(e+1)$

27 음함수의 미분법 정답 40 | 정답률 3%

문제 보기

그림과 같이 길이가 3인 선분 AB를 삼등분하는 점 중 A와 가까운 점을 C, B와 가까운 점을 D라 하고, 선분 BC를 지름으로 하는 원을 O

└→ $\overline{AC}=\overline{CD}=\overline{DB}=1$이고 점 D는 원 O의 중심이다.

라 하자. 원 O 위의 점 P를 $\angle BAP=\theta\left(0<\theta<\frac{\pi}{6}\right)$가 되도록 잡고, 두 점 P, D를 지나는 직선이 원 O와 만나는 점 중 P가 아닌 점을 Q라 하자. 선분 AQ의 길이를 $f(\theta)$라 할 때, $\cos\theta_0=\frac{7}{8}$인 θ_0에 대하여

└→ $\angle APD=\alpha$로 놓고 코사인법칙을 이용하여 $f(\theta)$를 θ에 대한 삼각함수로 나타낸다.

$f'(\theta_0)=k$이다. k^2의 값을 구하시오.

$\left(단, \angle APD<\frac{\pi}{2}이고 0<\theta_0<\frac{\pi}{6}이다.\right)$ [4점]

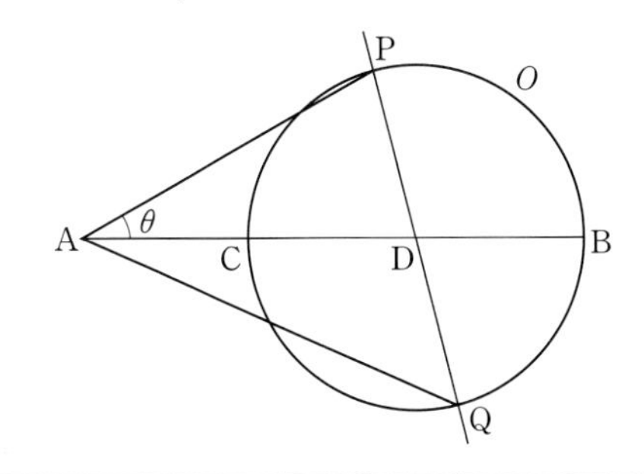

Step 1 $f(\theta)f'(\theta)$ 구하기

$\angle APD=\alpha\left(0<\alpha<\frac{\pi}{2}\right)$라 하면 $\angle ADQ=\theta+\alpha$

선분 BC는 원 O의 지름이므로 점 D는 원 O의 중심이고

$\overline{AC}=\overline{CD}=\overline{DB}=1$, $\overline{AD}=2$이다.

또 선분 PQ도 점 D를 지나므로 원 O의 지름이다.

$\therefore \overline{DQ}=1$

따라서 삼각형 AQD에서 코사인법칙에 의하여

$\{f(\theta)\}^2=2^2+1^2-2\times2\times1\times\cos(\theta+\alpha)$

$\therefore \{f(\theta)\}^2=5-4\cos(\theta+\alpha)$ …… ㉠

$\overline{DP}=1$이므로 삼각형 ADP에서 사인법칙에 의하여

$\frac{1}{\sin\theta}=\frac{2}{\sin\alpha}$ $\therefore \sin\alpha=2\sin\theta$ …… ㉡

이 식의 양변을 θ에 대하여 미분하면

$\cos\alpha\frac{d\alpha}{d\theta}=2\cos\theta$ $\therefore \frac{d\alpha}{d\theta}=\frac{2\cos\theta}{\cos\alpha}$ → α는 θ에 대한 함수이므로 음함수의 미분법을 이용해.

㉠의 양변을 θ에 대하여 미분하면

$2f(\theta)f'(\theta)=4\sin(\theta+\alpha)\left(1+\frac{d\alpha}{d\theta}\right)$

$\therefore f(\theta)f'(\theta)=2\sin(\theta+\alpha)\left(1+\frac{2\cos\theta}{\cos\alpha}\right)$ …… ㉢

Step 2 $f'(\theta_0)$의 값 구하기

$\theta=\theta_0$일 때 α의 값을 α_0이라 하면 $\cos\theta_0=\frac{7}{8}$이므로

$\sin\theta_0=\sqrt{1-\left(\frac{7}{8}\right)^2}=\frac{\sqrt{15}}{8}$ $\left(\because 0<\theta_0<\frac{\pi}{6}\right)$

㉡에서 $\sin\alpha_0=2\sin\theta_0=2\times\frac{\sqrt{15}}{8}=\frac{\sqrt{15}}{4}$이므로

$\cos\alpha_0=\sqrt{1-\left(\frac{\sqrt{15}}{4}\right)^2}=\frac{1}{4}$ $\left(\because 0<\alpha_0<\frac{\pi}{2}\right)$

$\therefore \cos(\theta_0+\alpha_0)=\cos\theta_0\cos\alpha_0-\sin\theta_0\sin\alpha_0$

$=\frac{7}{8}\times\frac{1}{4}-\frac{\sqrt{15}}{8}\times\frac{\sqrt{15}}{4}=-\frac{1}{4}$

$\sin(\theta_0+\alpha_0)=\sqrt{1-\left(-\frac{1}{4}\right)^2}=\frac{\sqrt{15}}{4}$ $(\because 0<\theta_0+\alpha_0<\pi)$

㉠에서

$\{f(\theta_0)\}^2=5-4\times\left(-\frac{1}{4}\right)=6$ $\therefore f(\theta_0)=\sqrt{6}$

㉢에서

$\sqrt{6}f'(\theta_0)=2\times\frac{\sqrt{15}}{4}\times\left(1+\frac{2\times\frac{7}{8}}{\frac{1}{4}}\right)=4\sqrt{15}$

$\therefore f'(\theta_0)=\frac{4\sqrt{15}}{\sqrt{6}}=2\sqrt{10}$

Step 3 k^2의 값 구하기

따라서 $k=2\sqrt{10}$이므로

$k^2=(2\sqrt{10})^2=40$

14 일차

01 ②	02 ②	03 ④	04 ③	05 ③	06 25	07 ⑤	08 ⑤	09 4	10 ⑤	11 ①	12 ③
13 ①	14 3	15 ①	16 16	17 ⑤	18 ②	19 ③	20 ①	21 ⑤	22 ①	23 ①	24 ④
25 ①	26 ④	27 ④	28 3	29 ②	30 15	31 ②	32 48	33 10	34 72		

문제편 202쪽~211쪽

01 역함수의 미분법 정답 ② | 정답률 84%

문제 보기

함수 $f(x)=x^3+2x+3$의 역함수를 $g(x)$라 할 때, $g'(3)$의 값은? [3점]

$g'(3)=\frac{1}{f'(g(3))}$이므로 $g(3)$의 값을 먼저 구한다.

① 1 ② $\frac{1}{2}$ ③ $\frac{1}{3}$ ④ $\frac{1}{4}$ ⑤ $\frac{1}{5}$

Step 1 $g(3)$의 값 구하기

$g'(3)=\frac{1}{f'(g(3))}$에서 $g(3)=a$ (a는 상수)라 하면 $f(a)=3$이므로

$a^3+2a+3=3$, $a(a^2+2)=0$

$\therefore a=0$ ($\because a^2+2>0$)

$\therefore g(3)=0$

Step 2 $g'(3)$의 값 구하기

$f'(x)=3x^2+2$이므로

$g'(3)=\frac{1}{f'(g(3))}=\frac{1}{f'(0)}=\frac{1}{2}$

02 역함수의 미분법 정답 ② | 정답률 85%

문제 보기

함수 $f(x)=\frac{x^2-1}{x}$ $(x>0)$의 역함수 $g(x)$에 대하여 $g'(0)$의 값은? [4점]

$g'(0)=\frac{1}{f'(g(0))}$이므로 $g(0)$의 값을 먼저 구한다.

① $\frac{1}{4}$ ② $\frac{1}{2}$ ③ $\frac{3}{4}$ ④ 1 ⑤ $\frac{5}{4}$

Step 1 $g(0)$의 값 구하기

$g'(0)=\frac{1}{f'(g(0))}$에서 $g(0)=a$ (a는 상수)라 하면 $f(a)=0$이므로

$\frac{a^2-1}{a}=0$, $a^2=1$

$\therefore a=1$ ($\because a>0$)

$\therefore g(0)=1$

Step 2 $g'(0)$의 값 구하기

$f'(x)=\frac{2x\times x-(x^2-1)\times 1}{x^2}=\frac{x^2+1}{x^2}$이므로

$g'(0)=\frac{1}{f'(g(0))}=\frac{1}{f'(1)}=\frac{1}{\frac{1^2+1}{1^2}}=\frac{1}{2}$

03 역함수의 미분법 정답 ④ | 정답률 93%

문제 보기

함수 $f(x)=\frac{1}{e^x+2}$의 역함수 $g(x)$에 대하여 $g'\left(\frac{1}{4}\right)$의 값은? [3점]

$g'\left(\frac{1}{4}\right)=\frac{1}{f'\left(g\left(\frac{1}{4}\right)\right)}$이므로 $g\left(\frac{1}{4}\right)$의 값을 먼저 구한다.

① -5 ② -6 ③ -7 ④ -8 ⑤ -9

Step 1 $g\left(\frac{1}{4}\right)$의 값 구하기

$g'\left(\frac{1}{4}\right)=\frac{1}{f'\left(g\left(\frac{1}{4}\right)\right)}$에서 $g\left(\frac{1}{4}\right)=a$ (a는 상수)라 하면 $f(a)=\frac{1}{4}$이므로

$\frac{1}{e^a+2}=\frac{1}{4}$, $e^a+2=4$

$e^a=2$ $\therefore a=\ln 2$

$\therefore g\left(\frac{1}{4}\right)=\ln 2$

Step 2 $g'\left(\frac{1}{4}\right)$의 값 구하기

$f'(x)=-\frac{e^x}{(e^x+2)^2}$이므로

$g'\left(\frac{1}{4}\right)=\frac{1}{f'\left(g\left(\frac{1}{4}\right)\right)}=\frac{1}{f'(\ln 2)}=\frac{1}{-\frac{2}{(2+2)^2}}=-8$

04 역함수의 미분법 정답 ③ | 정답률 88%

문제 보기

함수 $f(x)=e^{x^3+2x-2}$의 역함수를 $g(x)$라 할 때, $g'(e)$의 값은? [3점]

$g'(e)=\frac{1}{f'(g(e))}$이므로 $g(e)$의 값을 먼저 구한다.

① $\frac{1}{e}$ ② $\frac{1}{3e}$ ③ $\frac{1}{5e}$ ④ $\frac{1}{7e}$ ⑤ $\frac{1}{9e}$

Step 1 $g(e)$의 값 구하기

$g'(e)=\frac{1}{f'(g(e))}$에서 $g(e)=a$ (a는 상수)라 하면 $f(a)=e$이므로

$e^{a^3+2a-2}=e$, $a^3+2a-2=1$

$a^3+2a-3=0$, $(a-1)(a^2+a+3)=0$

$\therefore a=1 \left(\because a^2+a+3=\left(a+\frac{1}{2}\right)^2+\frac{11}{4}>0\right)$

$\therefore g(e)=1$

Step 2 $g'(e)$의 값 구하기

$f'(x)=(3x^2+2)e^{x^3+2x-2}$이므로

$$g'(e)=\frac{1}{f'(g(e))}=\frac{1}{f'(1)}$$

$$=\frac{1}{(3\times1^2+2)e^{1^3+2\times1-2}}=\frac{1}{5e}$$

05 역함수의 미분법 정답 ③ | 정답률 85%

문제 보기

$0\le x\le\frac{\pi}{2}$에서 정의된 함수 $f(x)=2\sin x+1$의 역함수를 $g(x)$라 하자. $g'(2)$의 값은? [3점]

$g'(2)=\frac{1}{f'(g(2))}$이므로 $g(2)$의 값을 먼저 구한다.

① $\frac{\sqrt{2}}{3}$ ② $\frac{1}{2}$ ③ $\frac{\sqrt{3}}{3}$ ④ $\frac{\sqrt{2}}{2}$ ⑤ $\frac{\sqrt{3}}{2}$

Step 1 $g(2)$의 값 구하기

$g'(2)=\frac{1}{f'(g(2))}$에서 $g(2)=a$ (a는 상수)라 하면 $f(a)=2$이므로

$2\sin a+1=2$, $\sin a=\frac{1}{2}$

$\therefore a=\frac{\pi}{6} \left(\because 0\le a\le\frac{\pi}{2}\right)$

$\therefore g(2)=\frac{\pi}{6}$

Step 2 $g'(2)$의 값 구하기

$f'(x)=2\cos x$이므로

$$g'(2)=\frac{1}{f'(g(2))}=\frac{1}{f'\left(\frac{\pi}{6}\right)}$$

$$=\frac{1}{2\cos\frac{\pi}{6}}=\frac{1}{2\times\frac{\sqrt{3}}{2}}=\frac{\sqrt{3}}{3}$$

06 역함수의 미분법 정답 25 | 정답률 81%

문제 보기

정의역이 $\left\{x\middle|-\frac{\pi}{4}<x<\frac{\pi}{4}\right\}$인 함수 $f(x)=\tan 2x$의 역함수를 $g(x)$라 할 때, $100\times g'(1)$의 값을 구하시오. [3점]

$g'(1)=\frac{1}{f'(g(1))}$이므로 $g(1)$의 값을 먼저 구한다.

Step 1 $g(1)$의 값 구하기

$g'(1)=\frac{1}{f'(g(1))}$에서 $g(1)=a$ (a는 상수)라 하면 $f(a)=1$이므로

$\tan 2a=1$, $2a=\frac{\pi}{4} \left(\because -\frac{\pi}{2}<2a<\frac{\pi}{2}\right)$

$\therefore a=\frac{\pi}{8}$

$\therefore g(1)=\frac{\pi}{8}$

Step 2 $g'(1)$의 값 구하기

$f'(x)=2\sec^2 2x$이므로

$$g'(1)=\frac{1}{f'(g(1))}=\frac{1}{f'\left(\frac{\pi}{8}\right)}$$

$$=\frac{1}{2\sec^2\frac{\pi}{4}}=\frac{1}{2\times(\sqrt{2})^2}=\frac{1}{4}$$

Step 3 $100\times g'(1)$의 값 구하기

$\therefore 100\times g'(1)=100\times\frac{1}{4}=25$

14 일차

07 역함수의 미분법 정답 ⑤ | 정답률 93%

문제 보기

함수 $f(x)=\frac{1}{1+e^{-x}}$의 역함수를 $g(x)$라 할 때, $g'(f(-1))$의 값은? [3점]

$g'(f(-1))=\frac{1}{f'(g(f(-1)))}$이므로 $g(f(-1))$의 값을 먼저 구한다.

① $\frac{1}{(1+e)^2}$　② $\frac{e}{1+e}$　③ $\left(\frac{1+e}{e}\right)^2$　④ $\frac{e^2}{1+e}$　⑤ $\frac{(1+e)^2}{e}$

Step 1 $g(f(-1))$의 값 구하기

$g'(f(-1))=\frac{1}{f'(g(f(-1)))}$에서 $g(f(-1))=a$ (a는 상수)라 하면

$f(a)=f(-1)$

함수 $f(x)$는 역함수를 가지므로 일대일대응이다.

$\therefore a=-1$

$\therefore g(f(-1))=-1$

Step 2 $g'(f(-1))$의 값 구하기

$f'(x)=\frac{e^{-x}}{(1+e^{-x})^2}$이므로

$$g'(f(-1))=\frac{1}{f'(g(f(-1)))}=\frac{1}{f'(-1)}=\frac{1}{\frac{e}{(1+e)^2}}=\frac{(1+e)^2}{e}$$

다른 풀이 $g(f(x))=x$임을 이용하기

함수 $f(x)$의 역함수가 $g(x)$이므로

$g(f(x))=x$

양변을 x에 대하여 미분하면

$g'(f(x))f'(x)=1$

$g'(f(x))=\frac{1}{f'(x)}$

$\therefore g'(f(-1))=\frac{1}{f'(-1)}$

$f'(x)=\frac{e^{-x}}{(1+e^{-x})^2}$이므로

$$g'(f(-1))=\frac{1}{f'(-1)}=\frac{1}{\frac{e}{(1+e)^2}}=\frac{(1+e)^2}{e}$$

08 역함수의 미분법 정답 ⑤ | 정답률 75%

문제 보기

함수 $f(x)=e^{2x}+e^x-1$의 역함수를 $g(x)$라 할 때, 함수 $g(5f(x))$의 $x=0$에서의 미분계수는? [3점]

$\{g(5f(x))\}'=5g'(5f(x))f'(x)$임을 이용한다.

① $\frac{1}{2}$　② $\frac{3}{4}$　③ 1　④ $\frac{5}{4}$　⑤ $\frac{3}{2}$

Step 1 $g(5)$의 값 구하기

$h(x)=g(5f(x))$라 하면 $h'(x)=5g'(5f(x))f'(x)$

$\therefore h'(0)=5g'(5f(0))f'(0)$

$=5g'(5)f'(0)$ ($\because f(0)=1$)

$g'(5)=\frac{1}{f'(g(5))}$에서 $g(5)=a$ (a는 상수)라 하면 $f(a)=5$이므로

$e^{2a}+e^a-1=5$

$e^{2a}+e^a-6=0$, $(e^a+3)(e^a-2)=0$

$e^a=2$ ($\because e^a>0$)　$\therefore a=\ln 2$

$\therefore g(5)=\ln 2$

Step 2 $g(5f(x))$의 $x=0$에서의 미분계수 구하기

$f'(x)=2e^{2x}+e^x$이므로

$$h'(0)=5g'(5)f'(0)=\frac{5f'(0)}{f'(g(5))}=\frac{5f'(0)}{f'(\ln 2)}=\frac{5(2+1)}{8+2}=\frac{3}{2}$$

09 역함수의 미분법 정답 4 | 정답률 85%

문제 보기

함수 $f(x)=2x+\sin x$의 역함수를 $g(x)$라 할 때, 곡선 $y=g(x)$ 위의 점 $(4\pi,\ 2\pi)$에서의 접선의 기울기는 $\frac{q}{p}$이다. $p+q$의 값을 구하시오. (단, p와 q는 서로소인 자연수이다.) [4점]

$g'(4\pi)$의 값을 구한다.

Step 1 접선의 기울기를 미분계수로 나타내기

곡선 $y=g(x)$ 위의 점 $(4\pi,\ 2\pi)$에서의 접선의 기울기는

$g'(4\pi)=\frac{1}{f'(g(4\pi))}$

Step 2 $g(4\pi)$의 값 구하기

점 $(4\pi,\ 2\pi)$가 곡선 $y=g(x)$ 위의 점이므로

$g(4\pi)=2\pi$

Step 3 $g'(4\pi)$의 값 구하기

$f'(x)=2+\cos x$이므로

$$g'(4\pi)=\frac{1}{f'(g(4\pi))}=\frac{1}{f'(2\pi)}=\frac{1}{2+\cos 2\pi}=\frac{1}{2+1}=\frac{1}{3}$$

Step 4 $p+q$의 값 구하기

따라서 점 $(4\pi,\ 2\pi)$에서의 접선의 기울기는 $\frac{1}{3}$이므로

$p=3$, $q=1$　$\therefore p+q=4$

10 역함수의 미분법 정답 ⑤ | 정답률 81%

문제 보기

함수 $f(x)=x^3-5x^2+9x-5$의 역함수를 $g(x)$라 할 때, 곡선 $y=g(x)$ 위의 점 $(4,\ g(4))$에서의 접선의 기울기는? [4점]

└→ $g'(4)$의 값을 구한다.

① $\frac{1}{18}$ ② $\frac{1}{12}$ ③ $\frac{1}{9}$ ④ $\frac{5}{36}$ ⑤ $\frac{1}{6}$

Step 1 접선의 기울기를 미분계수로 나타내기

곡선 $y=g(x)$ 위의 점 $(4,\ g(4))$에서의 접선의 기울기는

$g'(4)=\frac{1}{f'(g(4))}$

Step 2 $g(4)$의 값 구하기

$g(4)=a$ (a는 상수)라 하면 $f(a)=4$이므로

$a^3-5a^2+9a-5=4,\ a^3-5a^2+9a-9=0$

$(a-3)(a^2-2a+3)=0$

$\therefore\ a=3\ (\because\ a^2-2a+3=(a-1)^2+2>0)$

$\therefore\ g(4)=3$

Step 3 접선의 기울기 구하기

$f'(x)=3x^2-10x+9$이므로 구하는 접선의 기울기는

$g'(4)=\frac{1}{f'(g(4))}=\frac{1}{f'(3)}=\frac{1}{3\times3^2-10\times3+9}=\frac{1}{6}$

11 역함수의 미분법 정답 ① | 정답률 85%

문제 보기

함수 $f(x)=\tan^3 x\left(-\frac{\pi}{2}<x<\frac{\pi}{2}\right)$의 역함수를 $g(x)$라 할 때, 곡선 $y=g(x)$ 위의 점 $(1,\ g(1))$에서의 접선의 기울기는? [4점]

└→ $g'(1)$의 값을 구한다.

① $\frac{1}{6}$ ② $\frac{1}{3}$ ③ $\frac{1}{2}$ ④ $\frac{2}{3}$ ⑤ $\frac{5}{6}$

Step 1 접선의 기울기를 미분계수로 나타내기

곡선 $y=g(x)$ 위의 점 $(1,\ g(1))$에서의 접선의 기울기는

$g'(1)=\frac{1}{f'(g(1))}$

Step 2 $g(1)$의 값 구하기

$g(1)=a$ (a는 상수)라 하면 $f(a)=1$이므로

$\tan^3 a=1,\ \tan a=1 \quad \therefore\ a=\frac{\pi}{4}\ \left(\because\ -\frac{\pi}{2}<a<\frac{\pi}{2}\right)$

$\therefore\ g(1)=\frac{\pi}{4}$

Step 3 접선의 기울기 구하기

$f'(x)=3\tan^2 x\sec^2 x$이므로 구하는 접선의 기울기는

$$g'(1)=\frac{1}{f'(g(1))}=\frac{1}{f'\left(\frac{\pi}{4}\right)}$$

$$=\frac{1}{3\tan^2\frac{\pi}{4}\sec^2\frac{\pi}{4}}=\frac{1}{3\times1^2\times(\sqrt{2})^2}=\frac{1}{6}$$

12 역함수의 미분법 정답 ③ | 정답률 92%

문제 보기

실수 전체의 집합에서 미분가능한 두 함수 $f(x)$, $g(x)$가 있다. $f(x)$가 $g(x)$의 역함수이고 $f(1)=2$, $f'(1)=3$이다. 함수 $h(x)=xg(x)$

└→ $g(x)$가 $f(x)$의 역함수임을 이용하여 $g(2)$, $g'(2)$의 값을 구한다.

라 할 때, $h'(2)$의 값은? [3점]

└→ $h'(x)$를 구한 후 $x=2$를 대입한다.

① 1 ② $\frac{4}{3}$ ③ $\frac{5}{3}$ ④ 2 ⑤ $\frac{7}{3}$

Step 1 $h'(2)$를 g를 이용하여 나타내기

$h(x)=xg(x)$에서

$h'(x)=g(x)+xg'(x)$

$\therefore\ h'(2)=g(2)+2g'(2)$

Step 2 $h'(2)$의 값 구하기

$f(1)=2$이므로 $g(2)=1$

$f'(1)=3$이므로

$g'(2)=\frac{1}{f'(g(2))}=\frac{1}{f'(1)}=\frac{1}{3}$

$\therefore\ h'(2)=g(2)+2g'(2)$

$=1+2\times\frac{1}{3}=\frac{5}{3}$

13 역함수의 미분법 정답 ① | 정답률 88%

문제 보기

함수 $f(x)=x^3+3x$의 역함수를 $g(x)$라 할 때,

$\lim_{x \to 4} \frac{g(x)-g(4)}{x-4}$ → 미분계수를 이용하여 나타낸다.

의 값은? [3점]

① $\frac{1}{6}$ ② $\frac{1}{5}$ ③ $\frac{1}{4}$ ④ $\frac{1}{3}$ ⑤ $\frac{1}{2}$

Step 1 극한을 미분계수로 나타내기

$\lim_{x \to 4} \frac{g(x)-g(4)}{x-4}=g'(4)=\frac{1}{f'(g(4))}$ ...... ㉠

Step 2 $g(4)$의 값 구하기

$g(4)=a$ (a는 상수)라 하면 $f(a)=4$이므로

$a^3+3a=4$, $a^3+3a-4=0$

$(a-1)(a^2+a+4)=0$

$\therefore a=1 \left(\because a^2+a+4=\left(a+\frac{1}{2}\right)^2+\frac{15}{4}>0\right)$

$\therefore g(4)=1$

Step 3 극한값 구하기

$f'(x)=3x^2+3$이므로 구하는 극한값은 ㉠에서

$\frac{1}{f'(g(4))}=\frac{1}{f'(1)}=\frac{1}{3\times1^2+3}=\frac{1}{6}$

14 역함수의 미분법 정답 3 | 정답률 89%

문제 보기

함수 $f(x)=e^{x-1}$의 역함수 $g(x)$에 대하여 $\lim_{h \to 0} \frac{g(1+h)-g(1-2h)}{h}$ → 미분계수를 이용하여 나타낸다.

의 값을 구하시오. [3점]

Step 1 극한을 미분계수로 나타내기

$\lim_{h \to 0} \frac{g(1+h)-g(1-2h)}{h}$

$=\lim_{h \to 0} \frac{g(1+h)-g(1)-\{g(1-2h)-g(1)\}}{h}$

$=\lim_{h \to 0} \frac{g(1+h)-g(1)}{h}+\lim_{h \to 0} \frac{g(1-2h)-g(1)}{-2h}\times2$

$=g'(1)+2g'(1)$

$=3g'(1)$

$=\frac{3}{f'(g(1))}$ ...... ㉠

Step 2 $g(1)$의 값 구하기

$g(1)=a$ (a는 상수)라 하면 $f(a)=1$이므로

$e^{a-1}=1$, $a-1=0$

$\therefore a=1$

$\therefore g(1)=1$

Step 3 극한값 구하기

$f'(x)=e^{x-1}$이므로 구하는 극한값은 ㉠에서

$\frac{3}{f'(g(1))}=\frac{3}{f'(1)}=\frac{3}{e^{1-1}}=3$

15 역함수의 미분법 정답 ① | 정답률 91%

문제 보기

$x\ge\frac{1}{e}$에서 정의된 함수 $f(x)=3x\ln x$의 그래프가 점 $(e,\ 3e)$를 지난다. 함수 $f(x)$의 역함수를 $g(x)$라고 할 때,
└→ $f(e)=3e$

$\lim_{h\to0}\frac{g(3e+h)-g(3e-h)}{h}$의 값은? [3점]
└→ 미분계수를 이용하여 나타낸다.

① $\frac{1}{3}$ ② $\frac{1}{2}$ ③ $\frac{2}{3}$ ④ $\frac{5}{6}$ ⑤ 1

Step 1 극한을 미분계수로 나타내기

$$\lim_{h\to0}\frac{g(3e+h)-g(3e-h)}{h}$$
$$=\lim_{h\to0}\frac{g(3e+h)-g(3e)-\{g(3e-h)-g(3e)\}}{h}$$
$$=\lim_{h\to0}\frac{g(3e+h)-g(3e)}{h}+\lim_{h\to0}\frac{g(3e-h)-g(3e)}{-h}$$
$$=g'(3e)+g'(3e)$$
$$=2g'(3e)$$
$$=\frac{2}{f'(g(3e))}\quad\cdots\cdots ㉠$$

Step 2 $g(3e)$의 값 구하기

함수 $f(x)=3x\ln x$의 그래프가 점 $(e,\ 3e)$를 지나므로

$f(e)=3e$

$\therefore\ g(3e)=e$

Step 3 극한값 구하기

$f'(x)=3\ln x+3x\times\frac{1}{x}=3\ln x+3$이므로 구하는 극한값은 ㉠에서

$$\frac{2}{f'(g(3e))}=\frac{2}{f'(e)}=\frac{2}{3\ln e+3}=\frac{1}{3}$$

16 역함수의 미분법 정답 16 | 정답률 61%

문제 보기

함수 $f(x)=\ln(\tan x)\left(0<x<\frac{\pi}{2}\right)$의 역함수 $g(x)$에 대하여

$\lim_{h\to0}\frac{4g(8h)-\pi}{h}$의 값을 구하시오. [4점]
└→ 미분계수를 이용하여 나타낸다.

Step 1 극한을 미분계수로 나타내기

$f(x)=\ln(\tan x)$에서

$f\left(\frac{\pi}{4}\right)=\ln\left(\tan\frac{\pi}{4}\right)=\ln 1=0$

$\therefore\ g(0)=\frac{\pi}{4}$

즉, $4g(0)=\pi$이므로

$$\lim_{h\to0}\frac{4g(8h)-\pi}{h}=\lim_{h\to0}\frac{4g(8h)-4g(0)}{h}$$
$$=4\lim_{h\to0}\frac{g(8h)-g(0)}{8h}\times8$$
$$=32g'(0)$$
$$=\frac{32}{f'(g(0))}\quad\cdots\cdots ㉠$$

Step 2 극한값 구하기

$f'(x)=\frac{\sec^2 x}{\tan x}$이므로 구하는 극한값은 ㉠에서

$$\frac{32}{f'(g(0))}=\frac{32}{f'\left(\frac{\pi}{4}\right)}=\frac{32}{\frac{\sec^2\frac{\pi}{4}}{\tan\frac{\pi}{4}}}=\frac{32}{(\sqrt{2})^2}=16$$

14 일차

17 역함수의 미분법 정답 ⑤ | 정답률 84%

문제 보기

실수 전체의 집합에서 증가하고 미분가능한 함수 $f(x)$가 $\lim_{x\to1}\frac{f(x)-2}{x-1}=\frac{1}{3}$을 만족시킨다. $f(x)$의 역함수를 $g(x)$라 할 때, $g(2)+g'(2)$의 값은? [3점]

└→ $f(1)$, $f'(1)$의 값을 구한다.

① $\frac{4}{3}$ ② 2 ③ $\frac{8}{3}$ ④ $\frac{10}{3}$ ⑤ 4

Step 1 $f(1)$, $f'(1)$의 값 구하기

$\lim_{x\to1}\frac{f(x)-2}{x-1}=\frac{1}{3}$에서 $x\to1$일 때 (분모) $\to0$이고 극한값이 존재하므로 (분자) $\to0$이다.

즉, $\lim_{x\to1}\{f(x)-2\}=0$에서 $f(1)=2$

$\therefore \lim_{x\to1}\frac{f(x)-2}{x-1}=\lim_{x\to1}\frac{f(x)-f(1)}{x-1}=f'(1)=\frac{1}{3}$

Step 2 $g(2)$, $g'(2)$의 값 구하기

$f(1)=2$이므로 $g(2)=1$

$f'(1)=\frac{1}{3}$이므로

$g'(2)=\frac{1}{f'(g(2))}=\frac{1}{f'(1)}=3$

Step 3 $g(2)+g'(2)$의 값 구하기

$\therefore g(2)+g'(2)=1+3=4$

18 역함수의 미분법 정답 ② | 정답률 83%

문제 보기

양의 실수 전체의 집합에서 정의된 미분가능한 두 함수 $f(x)$, $g(x)$에 대하여 $f(x)$가 함수 $g(x)$의 역함수이고, $\lim_{x\to2}\frac{f(x)-2}{x-2}=\frac{1}{3}$이다. 함수 $h(x)=\frac{g(x)}{f(x)}$라 할 때, $h'(2)$의 값은? [3점]

└→ $f(2)$, $f'(2)$의 값을 구한다.

└→ $h'(x)$를 구한 후 $x=2$를 대입한다.

① $\frac{7}{6}$ ② $\frac{4}{3}$ ③ $\frac{3}{2}$ ④ $\frac{5}{3}$ ⑤ $\frac{11}{6}$

Step 1 $f(2)$, $f'(2)$의 값 구하기

$\lim_{x\to2}\frac{f(x)-2}{x-2}=\frac{1}{3}$에서 $x\to2$일 때 (분모) $\to0$이고 극한값이 존재하므로 (분자) $\to0$이다.

즉, $\lim_{x\to2}\{f(x)-2\}=0$에서 $f(2)=2$

$\therefore \lim_{x\to2}\frac{f(x)-2}{x-2}=\lim_{x\to2}\frac{f(x)-f(2)}{x-2}=f'(2)=\frac{1}{3}$

Step 2 $g(2)$, $g'(2)$의 값 구하기

$f(2)=2$이므로 $g(2)=2$

$f'(2)=\frac{1}{3}$이므로

$g'(2)=\frac{1}{f'(g(2))}=\frac{1}{f'(2)}=3$

Step 3 $h'(2)$의 값 구하기

$f(2)\neq0$이고 양의 실수 전체의 집합에서 미분가능하므로 함수 $h(x)$는 $x=2$에서 미분가능하다.

$h(x)=\frac{g(x)}{f(x)}$이므로

$h'(x)=\frac{g'(x)f(x)-g(x)f'(x)}{\{f(x)\}^2}$

$\therefore h'(2)=\frac{g'(2)f(2)-g(2)f'(2)}{\{f(2)\}^2}$

$=\frac{3\times2-2\times\frac{1}{3}}{2^2}=\frac{4}{3}$

19 역함수의 미분법 정답 ③ | 정답률 86%

문제 보기

열린구간 $\left(-\frac{\pi}{2}, \frac{\pi}{2}\right)$에서 정의된 함수

$$f(x)=\ln\left(\frac{\sec x+\tan x}{a}\right)$$

의 역함수를 $g(x)$라 하자. $\lim_{x\to -2}\frac{g(x)}{x+2}=b$일 때, 두 상수 a, b의 곱 ab의 값은? (단, $a>0$) [4점]

└ $g(-2)=0$임을 이용하여 a의 값을 구한 후 $g'(-2)=b$임을 이용하여 b의 값을 구한다.

① $\frac{e^2}{4}$ ② $\frac{e^2}{2}$ ③ e^2 ④ $2e^2$ ⑤ $4e^2$

Step 1 극한을 미분계수로 나타내기

$\lim_{x\to -2}\frac{g(x)}{x+2}=b$에서 $x\to -2$일 때 (분모) → 0이고 극한값이 존재하므로 (분자) → 0이다.

즉, $\lim_{x\to -2}g(x)=0$에서 $g(-2)=0$

$\therefore \lim_{x\to -2}\frac{g(x)}{x+2}=\lim_{x\to -2}\frac{g(x)-g(-2)}{x-(-2)}=g'(-2)=b$

Step 2 a의 값 구하기

$g(-2)=0$이므로 $f(0)=-2$

이때 $f(0)=\ln\left(\frac{\sec 0+\tan 0}{a}\right)=\ln\frac{1}{a}$이므로

$\ln\frac{1}{a}=-2$, $\ln a=2$ $\therefore a=e^2$

Step 3 b의 값 구하기

$g'(-2)=b$이므로

$g'(-2)=\frac{1}{f'(g(-2))}=\frac{1}{f'(0)}=b$ ...... ㉠

$f(x)=\ln\left(\frac{\sec x+\tan x}{e^2}\right)$에서

$$f'(x)=\frac{\frac{\sec x\tan x+\sec^2 x}{e^2}}{\frac{\sec x+\tan x}{e^2}}=\frac{\sec x(\sec x+\tan x)}{\sec x+\tan x}=\sec x$$

따라서 ㉠에서

$b=\frac{1}{f'(0)}=\frac{1}{\sec 0}=1$

Step 4 ab의 값 구하기

$\therefore ab=e^2\times 1=e^2$

20 역함수의 미분법 정답 ① | 정답률 77%

문제 보기

미분가능한 함수 $f(x)$와 $f(x)$의 역함수 $g(x)$가 $g\left(3f(x)-\frac{2}{e^x+e^{2x}}\right)=x$를 만족시킬 때, 다음은 $g'\left(\frac{1}{2}\right)$의 값을 구하는 과정이다.

> $g\left(3f(x)-\frac{2}{e^x+e^{2x}}\right)=x$에서
>
> $3f(x)-\frac{2}{e^x+e^{2x}}=g^{-1}(x)$이므로
>
> $f(x)=\frac{1}{\boxed{(가)}}$
>
> 이다.
>
> $f(x)$의 도함수를 구하면
>
> $f'(x)=\frac{-e^x-2e^{2x}}{(\boxed{(가)})^2}$
>
> 이다.
>
> $f(0)=\frac{1}{2}$이므로 $g\left(\frac{1}{2}\right)=0$이다.
>
> 그러므로 $g'\left(\frac{1}{2}\right)=\boxed{(나)}$이다.
>
> └ $g'\left(\frac{1}{2}\right)=\frac{1}{f'\left(g\left(\frac{1}{2}\right)\right)}$임을 이용한다.

위의 (가)에 알맞은 식을 $h(x)$, (나)에 알맞은 수를 p라 할 때, $p\times h(\ln 2)$의 값은? [4점]

① -8 ② -4 ③ 0 ④ 4 ⑤ 8

Step 1 (가)에 알맞은 식 구하기

$g\left(3f(x)-\frac{2}{e^x+e^{2x}}\right)=x$에서 $3f(x)-\frac{2}{e^x+e^{2x}}=g^{-1}(x)$

즉, $3f(x)-\frac{2}{e^x+e^{2x}}=f(x)$이므로

$2f(x)=\frac{2}{e^x+e^{2x}}$ $\therefore f(x)=\frac{1}{\boxed{^{(가)}e^x+e^{2x}}}$ ...... ㉠

$\therefore f'(x)=\frac{-e^x-2e^{2x}}{(\boxed{^{(가)}e^x+e^{2x}})^2}$

Step 2 (나)에 알맞은 수 구하기

㉠에서 $f(0)=\frac{1}{e^0+e^{2\times 0}}=\frac{1}{2}$이므로 $g\left(\frac{1}{2}\right)=0$

$\therefore g'\left(\frac{1}{2}\right)=\frac{1}{f'\left(g\left(\frac{1}{2}\right)\right)}=\frac{1}{f'(0)}=\frac{1}{\frac{-e^0-2e^{2\times 0}}{(e^0+e^{2\times 0})^2}}=\boxed{^{(나)}-\frac{4}{3}}$

Step 3 $p\times h(\ln 2)$의 값 구하기

따라서 $h(x)=e^x+e^{2x}$, $p=-\frac{4}{3}$이므로

$p\times h(\ln 2)=\left(-\frac{4}{3}\right)\times(e^{\ln 2}+e^{2\ln 2})$

└ $e^{2\ln 2}=e^{\ln 2^2}=e^{\ln 4}=4^{\ln e}=4$

$=\left(-\frac{4}{3}\right)\times(2+4)$

$=-8$

21 역함수의 미분법 정답 ⑤ | 정답률 76%

문제 보기

함수 $f(x)=x^3+x+1$의 역함수를 $g(x)$라 하자. 매개변수 t로 나타내어진 곡선

└ 역함수의 미분법을 이용하여 $g'(3)$의 값을 구한다.

$$x=g(t)+t,\ y=g(t)-t$$

에서 $t=3$일 때, $\frac{dy}{dx}$의 값은? [3점]

└ $\frac{dx}{dt}$, $\frac{dy}{dt}$를 구한 후 $\frac{\frac{dy}{dt}}{\frac{dx}{dt}}$에 $t=3$을 대입한다.

① $-\frac{1}{5}$ ② $-\frac{3}{10}$ ③ $-\frac{2}{5}$ ④ $-\frac{1}{2}$ ⑤ $-\frac{3}{5}$

Step 1 $\frac{dy}{dx}$ 구하기

$x=g(t)+t$, $y=g(t)-t$에서

$\frac{dx}{dt}=g'(t)+1$, $\frac{dy}{dt}=g'(t)-1$

$\therefore \frac{dy}{dx}=\frac{\frac{dy}{dt}}{\frac{dx}{dt}}=\frac{g'(t)-1}{g'(t)+1}$ …… ㉠

Step 2 $g'(3)$의 값 구하기

$g'(3)=\frac{1}{f'(g(3))}$에서 $g(3)=a$ (a는 상수)라 하면 $f(a)=3$이므로

$a^3+a+1=3$, $a^3+a-2=0$

$(a-1)(a^2+a+2)=0$

$\therefore a=1$ ($\because a^2+a+2>0$)

$\therefore g(3)=1$

$f'(x)=3x^2+1$이므로 $f'(1)=4$

$\therefore g'(3)=\frac{1}{f'(g(3))}=\frac{1}{f'(1)}=\frac{1}{4}$

Step 3 $t=3$일 때 $\frac{dy}{dx}$ 구하기

㉠에 $t=3$을 대입하면

$\frac{dy}{dx}=\frac{g'(3)-1}{g'(3)+1}=\frac{\frac{1}{4}-1}{\frac{1}{4}+1}=-\frac{3}{5}$

22 역함수의 미분법 정답 ① | 정답률 49%

문제 보기

최고차항의 계수가 1인 삼차함수 $f(x)$에 대하여 함수 $g(x)$를

$$g(x)=f(e^x)+e^x$$

이라 하자. 곡선 $y=g(x)$ 위의 점 $(0, g(0))$에서의 접선이 x축이고

└ $g(0)=0$, $g'(0)=0$

함수 $g(x)$가 역함수 $h(x)$를 가질 때, $h'(8)$의 값은? [3점]

└ $h'(8)=\frac{1}{g'(h(8))}$이므로 $h(8)$의 값을 먼저 구한다.

① $\frac{1}{36}$ ② $\frac{1}{18}$ ③ $\frac{1}{12}$ ④ $\frac{1}{9}$ ⑤ $\frac{5}{36}$

Step 1 $f(1)$, $f'(1)$의 값 구하기

$g(x)=f(e^x)+e^x$에서 $g'(x)=f'(e^x)\times e^x+e^x$ …… ㉠

곡선 $y=g(x)$ 위의 점 $(0, g(0))$에서의 접선이 x축이므로

$g(0)=0$, $g'(0)=0$

$g(0)=f(1)+1=0$에서 $f(1)=-1$

$g'(0)=f'(1)+1=0$에서 $f'(1)=-1$

Step 2 $f(x)$ 구하기

함수 $g(x)$가 역함수를 가지려면 $g'(x)\ge 0$이어야 한다.

$g'(x)=f'(e^x)\times e^x+e^x\ge 0$에서 $e^x\{f'(e^x)+1\}\ge 0$

$e^x>0$이므로 $f'(e^x)+1\ge 0$

$e^x=t$ $(t>0)$라 하면 $f'(t)+1\ge 0$

$\therefore f'(t)\ge -1$

이때 $f(x)$는 최고차항의 계수가 1인 삼차함수이고 $f'(1)=-1$이므로 $f'(x)$는 최고차항의 계수가 3이고 $x=1$에서 최솟값 -1을 갖는 이차함수이다.

$\therefore f'(x)=3(x-1)^2-1=3x^2-6x+2$ …… ㉡

$\therefore f(x)=\int f'(x)dx=\int (3x^2-6x+2)dx$

$=x^3-3x^2+2x+C$

$f(1)=-1$이므로

$1-3+2+C=-1$ $\therefore C=-1$

$\therefore f(x)=x^3-3x^2+2x-1$

Step 3 $h(8)$의 값 구하기

$h'(8)=\frac{1}{g'(h(8))}$에서 $h(8)=a$ (a는 상수)라 하면 $g(a)=8$이므로

$f(e^a)+e^a=8$

$e^a=s$ $(s>0)$라 하면 $f(s)+s=8$

$s^3-3s^2+2s-1+s=8$

$s^3-3s^2+3s-9=0$, $(s-3)(s^2+3)=0$

$\therefore s=3$ ($\because s^2+3\ne 0$)

즉, $e^a=3$이므로 $a=\ln 3$

$\therefore h(8)=\ln 3$

Step 4 $h'(8)$의 값 구하기

$\therefore h'(8)=\frac{1}{g'(h(8))}=\frac{1}{g'(\ln 3)}$

$=\frac{1}{3f'(3)+3}$ ($\because$ ㉠)

이때 ㉡에서 $f'(3)=3\times 3^2-6\times 3+2=11$이므로

$h'(8)=\frac{1}{3\times 11+3}=\frac{1}{36}$

23 이계도함수 정답 ① | 정답률 85%

문제 보기

함수 $f(x)=\sin 2x$에 대하여 $f''\left(\frac{\pi}{4}\right)$의 값은? [2점]

└ $f''(x)$를 구한 후 $x=\frac{\pi}{4}$를 대입한다.

① -4 ② -2 ③ 0 ④ 2 ⑤ 4

Step 1 $f''(x)$ 구하기

$f(x)=\sin 2x$에서 $f'(x)=2\cos 2x$

$\therefore f''(x)=-4\sin 2x$

Step 2 $f''\left(\frac{\pi}{4}\right)$ 구하기

$\therefore f''\left(\frac{\pi}{4}\right)=-4\sin\left(2\times\frac{\pi}{4}\right)=-4\sin\frac{\pi}{2}$

$=-4\times 1=-4$

24 이계도함수 정답 ④ | 정답률 90%

문제 보기

함수 $f(x)=12x\ln x-x^3+2x$에 대하여 $f''(a)=0$인 실수 a의 값은? [3점]

└ $f''(x)$를 구한 후 $x=a$를 대입한다.

① $\frac{1}{2}$ ② $\frac{\sqrt{2}}{2}$ ③ 1 ④ $\sqrt{2}$ ⑤ 2

Step 1 $f''(x)$ 구하기

$f(x)=12x\ln x-x^3+2x$에서

$f'(x)=12\ln x+12x\times\frac{1}{x}-3x^2+2$

$=12\ln x-3x^2+14$

$\therefore f''(x)=\frac{12}{x}-6x$

Step 2 a의 값 구하기

$f''(a)=0$이므로

$\frac{12}{a}-6a=0$, $12-6a^2=0$, $a^2=2$

$\therefore a=\sqrt{2}$ ($\because a>0$) → $\ln x$에서 $x>0$이어야 하므로 $a>0$이야.

25 이계도함수 정답 ① | 정답률 88%

문제 보기

함수 $f(x)=\frac{1}{x+3}$에 대하여 $\lim_{h\to 0}\frac{f'(a+h)-f'(a)}{h}=2$를 만족시키는 실수 a의 값은? [3점]

└→ 미분계수를 이용하여 나타낸다.

① -2 ② -1 ③ 0 ④ 1 ⑤ 2

Step 1 극한을 미분계수로 나타내기

$\lim_{h\to 0}\frac{f'(a+h)-f'(a)}{h}=f''(a)=2$

Step 2 $f''(x)$ 구하기

$f(x)=\frac{1}{x+3}$에서 $f'(x)=-\frac{1}{(x+3)^2}$

$\therefore f''(x)=\frac{2(x+3)}{(x+3)^4}=\frac{2}{(x+3)^3}$

Step 3 a의 값 구하기

$f''(a)=2$이므로

$\frac{2}{(a+3)^3}=2$, $(a+3)^3=1$

$a^3+9a^2+27a+26=0$, $(a+2)(a^2+7a+13)=0$

$\therefore a=-2\left(\because a^2+7a+13=\left(a+\frac{7}{2}\right)^2+\frac{3}{4}>0\right)$

26 이계도함수 정답 ④ | 정답률 56%

문제 보기

함수 $f(x)=(x^2+ax+b)e^x$과 함수 $g(x)$가 다음 조건을 만족시킨다.
└→ *

> (가) $f(1)=e$, $f'(1)=e$ ← *에서 a, b의 값을 구한다.
> (나) 모든 실수 x에 대하여 $g(f(x))=f'(x)$이다.

함수 $h(x)=f^{-1}(x)g(x)$에 대하여 $h'(e)$의 값은?
└→ $h'(x)$를 구한 후 $h'(e)$의 값을 구하기 위해 필요한 값을 파악한다.

(단, a, b는 상수이다.) [4점]

① 1 ② 2 ③ 3 ④ 4 ⑤ 5

Step 1 $f(x)$, $f'(x)$ 구하기

조건 (가)에서 $f(1)=e$이므로

$(1+a+b)e=e$, $1+a+b=1$

$\therefore a+b=0$ …… ㉠

$f'(x)=(2x+a)e^x+(x^2+ax+b)e^x$

$=\{x^2+(a+2)x+a+b\}e^x$

$f'(1)=e$이므로

$\{1+(a+2)+a+b\}e=e$, $2a+b+3=1$

$\therefore 2a+b=-2$ …… ㉡

㉠, ㉡을 연립하여 풀면 $a=-2$, $b=2$

$\therefore f(x)=(x^2-2x+2)e^x$, $f'(x)=x^2e^x$

Step 2 $h'(e)$를 f, g를 이용하여 나타내기

$h(x)=f^{-1}(x)g(x)$에서

$h'(x)=(f^{-1})'(x)g(x)+f^{-1}(x)g'(x)$

$\therefore h'(e)=(f^{-1})'(e)g(e)+f^{-1}(e)g'(e)$

$=\frac{g(e)}{f'(f^{-1}(e))}+f^{-1}(e)g'(e)$ …… ㉢

Step 3 $f^{-1}(e)$, $g(e)$의 값 구하기

모든 실수 x에 대하여 $f'(x)=x^2e^x\geq 0$이므로 함수 $f(x)$는 실수 전체의 집합에서 증가한다.

즉, 함수 $f(x)$는 일대일대응이므로 역함수 $f^{-1}(x)$가 존재한다.

이때 조건 (가)에서 $f(1)=e$이므로 $f^{-1}(e)=1$

조건 (나)에서 $g(f(x))=f'(x)$이므로 양변에 $x=1$을 대입하면

$g(f(1))=f'(1)$ $\therefore g(e)=e$ ($\because$ 조건 (가))

Step 4 $g'(e)$의 값 구하기

조건 (나)에서 $g(f(x))=f'(x)$의 양변을 x에 대하여 미분하면

$g'(f(x))f'(x)=f''(x)$

양변에 $x=1$을 대입하면

$g'(f(1))f'(1)=f''(1)$

$g'(e)\times e=f''(1)$ ($\because$ 조건 (가)) …… ㉣

이때 $f''(x)=2xe^x+x^2e^x=x(x+2)e^x$이므로 $f''(1)=3e$

이를 ㉣에 대입하면

$g'(e)\times e=3e$ $\therefore g'(e)=3$

Step 5 $h'(e)$의 값 구하기

따라서 ㉢에서

$h'(e)=\frac{g(e)}{f'(f^{-1}(e))}+f^{-1}(e)g'(e)$

$=\frac{e}{f'(1)}+1\times 3=\frac{e}{e}+1\times 3=4$

27 역함수의 미분법 정답 ④ | 정답률 45%

문제 보기

$0<t<41$인 실수 t에 대하여 곡선 $y=x^3+2x^2-15x+5$와 직선 $y=t$가 만나는 세 점 중에서 x좌표가 가장 큰 점의 좌표를 $(f(t),\ t)$, x좌표가 가장 작은 점의 좌표를 $(g(t),\ t)$라 하자.

$h(t)=t\times\{f(t)-g(t)\}$라 할 때, $h'(5)$의 값은? [4점]

└ $h'(t)$를 구한 후 $h'(5)$의 값을 구하기 위해 필요한 값을 파악한다.

① $\frac{79}{12}$ ② $\frac{85}{12}$ ③ $\frac{91}{12}$ ④ $\frac{97}{12}$ ⑤ $\frac{103}{12}$

Step 1 $h'(5)$를 f, g를 이용하여 나타내기

$h(t)=t\times\{f(t)-g(t)\}$에서

$h'(t)=\{f(t)-g(t)\}+t\times\{f'(t)-g'(t)\}$

$\therefore h'(5)=\{f(5)-g(5)\}+5\{f'(5)-g'(5)\}$ …… ㉠

Step 2 $f(5)$, $g(5)$의 값 구하기

곡선 $y=x^3+2x^2-15x+5$와 직선 $y=5$의 교점의 x좌표는

$x^3+2x^2-15x+5=5$에서

$x^3+2x^2-15x=0$, $x(x^2+2x-15)=0$

$x(x+5)(x-3)=0$

$\therefore x=-5$ 또는 $x=0$ 또는 $x=3$

이때 x좌표가 가장 큰 점의 x좌표는 $f(5)$, 가장 작은 점의 x좌표는 $g(5)$이므로

$f(5)=3$, $g(5)=-5$

Step 3 $f'(5)$, $g'(5)$의 값 구하기

$k(x)=x^3+2x^2-15x+5$라 하면

$k'(x)=3x^2+4x-15$

이때 두 점 $(f(t),\ t)$, $(g(t),\ t)$는 곡선 $y=k(x)$ 위의 점이므로

$k(f(t))=t$, $k(g(t))=t$

즉, 두 함수 $k(t)$, $f(t)$와 두 함수 $k(t)$, $g(t)$는 각각 서로 역함수 관계이고, $f(5)=3$, $g(5)=-5$이므로

$$f'(5)=\frac{1}{k'(f(5))}=\frac{1}{k'(3)}=\frac{1}{3\times3^2+4\times3-15}=\frac{1}{24}$$

$$g'(5)=\frac{1}{k'(g(5))}=\frac{1}{k'(-5)}=\frac{1}{3\times(-5)^2+4\times(-5)-15}=\frac{1}{40}$$

Step 4 $h'(5)$의 값 구하기

따라서 ㉠에서

$$h'(5)=\{f(5)-g(5)\}+5\{f'(5)-g'(5)\}=\{3-(-5)\}+5\left(\frac{1}{24}-\frac{1}{40}\right)=8+\frac{1}{12}=\frac{97}{12}$$

28 역함수의 미분법 정답 3 | 정답률 20%

문제 보기

함수 $f(x)=e^x+x$가 있다. 양수 t에 대하여 점 $(t,\ 0)$과 점 $(x,\ f(x))$ 사이의 거리가 $x=s$에서 최소일 때, 실수 $f(s)$의 값을 $g(t)$라 하자. 함수 $g(t)$의 역함수를 $h(t)$라 할 때, $h'(1)$의 값을 구하시오. [4점]

└ 점 $(s,\ f(s))$에서의 접선은 두 점 $(s,\ f(s))$, $(t,\ 0)$을 지나는 직선과 수직이다.

└ $g(t)$는 t에 대한 함수이다.

└ $h'(1)=\frac{1}{g'(h(1))}$이므로 $h(1)$의 값을 먼저 구한다.

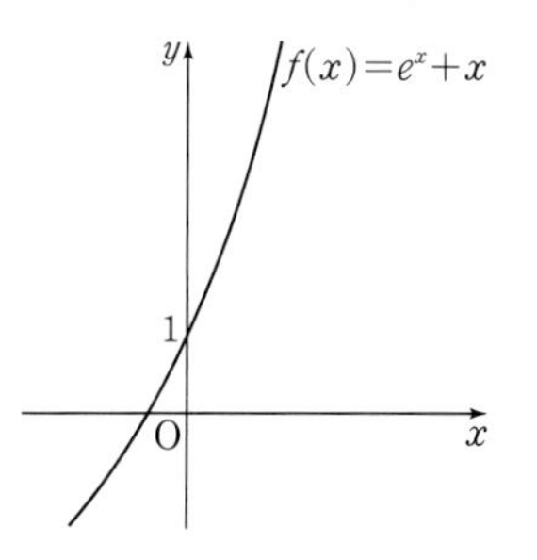

Step 1 t, $g(t)$를 s에 대한 식으로 나타내기

$\mathrm{T}(t,\ 0)$, $\mathrm{S}(s,\ f(s))$라 하면 점 T와 곡선 $y=e^x+x$ 위의 점 S 사이의 거리가 최소이므로 점 S에서의 접선과 직선 TS는 서로 수직이어야 한다.

$f(x)=e^x+x$에서 $f'(x)=e^x+1$

점 S에서의 접선의 기울기는 $f'(s)=e^s+1$

직선 TS의 기울기는 $\frac{f(s)-0}{s-t}=\frac{e^s+s}{s-t}$

즉, $(e^s+1)\times\frac{e^s+s}{s-t}=-1$이므로

$(e^s+1)(e^s+s)=t-s$

$\therefore t=(e^s+1)(e^s+s)+s$ …… ㉠

이때 $f(s)$의 값이 $g(t)$이므로

$g(t)=e^s+s$ …… ㉡

Step 2 $h(1)$의 값 구하기

$h'(1)=\frac{1}{g'(h(1))}$에서 $h(1)=a$ (a는 상수)라 하면 $g(a)=1$

$f(x)=e^x+x$에서 $f(0)=1$이므로 $f(s)=1$을 만족시키는 s의 값은 0이다.

㉠에 $s=0$을 대입하면

$t=2\times1+0=2$ $\therefore a=2$

$\therefore h(1)=2$

Step 3 $h'(1)$의 값 구하기

㉡의 양변을 t에 대하여 미분하면

$$g'(t)=e^s\frac{ds}{dt}+\frac{ds}{dt}=(e^s+1)\frac{ds}{dt}$$

㉠의 양변을 t에 대하여 미분하면

$$1=e^s(e^s+s)\frac{ds}{dt}+(e^s+1)^2\frac{ds}{dt}+\frac{ds}{dt}$$

$$\therefore \frac{ds}{dt}=\frac{1}{e^s(e^s+s)+(e^s+1)^2+1}$$

즉, $g'(t)=\frac{e^s+1}{e^s(e^s+s)+(e^s+1)^2+1}$이므로 $s=0$, $t=2$를 대입하면

$$g'(2)=\frac{1+1}{1\times1+2^2+1}=\frac{1}{3}$$

$$\therefore h'(1)=\frac{1}{g'(h(1))}=\frac{1}{g'(2)}=3$$

14 일차

29 역함수의 미분법 정답 ② | 정답률 18%

문제 보기

최고차항의 계수가 1이고 역함수가 존재하는 삼차함수 $f(x)$에 대하여
└ 모든 실수 x에서 함수 $f(x)$는 증가한다.
함수 $f(x)$의 역함수를 $g(x)$라 하자. 실수 $k\,(k>0)$에 대하여 함수 $h(x)$는

$$h(x)=\begin{cases}\dfrac{g(x)-k}{x-k} & (x\neq k)\\ \dfrac{1}{3} & (x=k)\end{cases}$$

이다. 함수 $h(x)$가 다음 조건을 만족시키도록 하는 모든 함수 $f(x)$에 대하여 $f'(0)$의 값이 최대일 때, k의 값을 a라 하자.

> (가) $h(0)=1$
> (나) 함수 $h(x)$는 실수 전체의 집합에서 연속이다.
> └ $g(0)$, $g(k)$의 값을 구한 후 함수 $f(x)$의 역함수가 $g(x)$임을 이용하여 $f(x)$의 식을 세운다.

$k=a$일 때, $a\times h(9)\times g'(9)$의 값은? [4점]

① $\dfrac{1}{84}$ ② $\dfrac{1}{42}$ ③ $\dfrac{1}{28}$ ④ $\dfrac{1}{21}$ ⑤ $\dfrac{5}{84}$

Step 1 a의 값 구하기

조건 (가)에 의하여 $h(0)=\dfrac{g(0)-k}{0-k}=1$, $g(0)-k=-k$

$\therefore g(0)=0$

함수 $f(x)$의 역함수가 $g(x)$이므로

$f(0)=0$

조건 (나)에 의하여 함수 $h(x)$는 $x=k$에서 연속이므로

$h(k)=\lim\limits_{x\to k}h(x)$에서 $\dfrac{1}{3}=\lim\limits_{x\to k}\dfrac{g(x)-k}{x-k}$

$x\to k$일 때 (분모) $\to 0$이고 극한값이 존재하므로 (분자) $\to 0$이다.

즉, $\lim\limits_{x\to k}\{g(x)-k\}=0$에서

$g(k)=k$ $\quad\therefore f(k)=k$

따라서 $\lim\limits_{x\to k}\dfrac{g(x)-k}{x-k}=\lim\limits_{x\to k}\dfrac{g(x)-g(k)}{x-k}=\dfrac{1}{3}$이므로

$g'(k)=\dfrac{1}{3}$이고 역함수의 미분법에 의하여

$g'(k)=\dfrac{1}{f'(g(k))}=\dfrac{1}{f'(k)}=\dfrac{1}{3}$

$\therefore f'(k)=3$

$f(0)=0$, $f(k)=k$이고 최고차항의 계수가 1인 삼차함수 $f(x)$에 대하여

$f(x)-x=x(x-k)(x-t)$ (t는 상수)이므로

$f(x)=x^3-(k+t)x^2+(tk+1)x$

$f'(x)=3x^2-2(k+t)x+tk+1$

$f'(k)=3$이므로 $3k^2-2k^2-2tk+tk+1=3$

$k^2-tk-2=0$ $\quad\therefore t=k-\dfrac{2}{k}$ …… ㉠

최고차항의 계수가 1이고 역함수가 존재하는 삼차함수 $f(x)$는 모든 실수 x에 대하여 증가하므로

$f'(x)=3x^2-2(k+t)x+tk+1\geq 0$

따라서 x에 대한 이차방정식 $3x^2-2(k+t)x+tk+1=0$의 판별식을 D라 하면

$\dfrac{D}{4}=(k+t)^2-3(tk+1)\leq 0$

이 식에 ㉠을 대입하면 $\left(2k-\dfrac{2}{k}\right)^2-3(k^2-1)\leq 0$

$k^2-5+\dfrac{4}{k^2}\leq 0$

$k>0$이므로 양변에 k^2을 곱하면

$k^4-5k^2+4\leq 0$, $(k^2-1)(k^2-4)\leq 0$

$(k-1)(k+1)(k-2)(k+2)\leq 0$

$(k-1)(k-2)\leq 0$ ($\because k+1>0$, $k+2>0$)

$\therefore 1\leq k\leq 2$

$f'(0)=tk+1=\left(k-\dfrac{2}{k}\right)k+1$ ($\because$ ㉠)

$=k^2-1$

이므로 $k=2$일 때 $f'(0)$의 값이 최대이다.

$\therefore a=2$

Step 2 $h(9)$의 값 구하기

㉠에서 $k=2$일 때 $t=1$이므로

$f(x)=x^3-3x^2+3x$

$f'(x)=3x^2-6x+3=3(x-1)^2$ …… ㉡

$h(x)=\begin{cases}\dfrac{g(x)-2}{x-2} & (x\neq 2)\\ \dfrac{1}{3} & (x=2)\end{cases}$에서

$h(9)=\dfrac{g(9)-2}{9-2}$ …… ㉢

$g(9)=p$ (p는 상수)라 하면 $f(p)=9$이므로

$p^3-3p^2+3p=9$, $p^3-3p^2+3p-9=0$

$(p-3)(p^2+3)=0$ $\quad\therefore p=3$

$\therefore g(9)=3$

이를 ㉢에 대입하여 정리하면

$h(9)=\dfrac{1}{7}$

Step 3 $g'(9)$의 값 구하기

역함수의 미분법에 의하여

$g'(9)=\dfrac{1}{f'(g(9))}=\dfrac{1}{f'(3)}$이고

㉡에 의하여 $f'(3)=12$이므로

$g'(9)=\dfrac{1}{12}$

Step 4 $a\times h(9)\times g'(9)$의 값 구하기

$\therefore a\times h(9)\times g'(9)=2\times\dfrac{1}{7}\times\dfrac{1}{12}=\dfrac{1}{42}$

30 역함수의 미분법 정답 15 | 정답률 39%

문제 보기

함수 $f(x)=x^3-x$와 실수 전체의 집합에서 미분가능한 역함수가 존재하는 삼차함수 $g(x)=ax^3+x^2+bx+1$이 있다. 함수 $g(x)$의 역함수 $g^{-1}(x)$에 대하여 함수 $h(x)$를

└ 함수 $g(x)$는 일대일함수이다.

$$h(x)=\begin{cases}(f\circ g^{-1})(x) & (x<0 \text{ 또는 } x>1)\\ \dfrac{1}{\pi}\sin\pi x & (0\le x\le 1)\end{cases}$$

이라 하자. 함수 $h(x)$가 실수 전체의 집합에서 미분가능할 때, $g(a+b)$

└ 함수 $h(x)$가 실수 전체의 집합에서 연속이고 미분가능함을 이용하여 식을 세운다.

의 값을 구하시오. (단, a, b는 상수이다.) [4점]

Step 1 함수 $h(x)$가 연속임을 이용하기

함수 $h(x)$가 실수 전체의 집합에서 미분가능하면 연속이므로 $x=0$, $x=1$에서 연속이다.

(i) 함수 $h(x)$가 $x=0$에서 연속이므로

$\lim_{x\to0+}h(x)=\lim_{x\to0-}h(x)=h(0)$

$\lim_{x\to0+}\frac{1}{\pi}\sin\pi x=\lim_{x\to0-}f(g^{-1}(x))=h(0)$

$\therefore h(0)=f(g^{-1}(0))=0$

이때 $g^{-1}(0)=\alpha$ (α는 상수)라 하면 $f(\alpha)=0$이므로

$\alpha^3-\alpha=0$, $\alpha(\alpha+1)(\alpha-1)=0$

$\therefore \alpha=-1$ 또는 $\alpha=0$ 또는 $\alpha=1$ …… ㉠

(ii) 함수 $h(x)$가 $x=1$에서 연속이므로

$\lim_{x\to1+}h(x)=\lim_{x\to1-}h(x)=h(1)$

$\lim_{x\to1+}f(g^{-1}(x))=\lim_{x\to1-}\frac{1}{\pi}\sin\pi x=h(1)$

$\therefore h(1)=f(g^{-1}(1))=0$

이때 $g(0)=1$에서 $g^{-1}(1)=0$이므로

$h(1)=f(g^{-1}(1))=f(0)=0$

Step 2 함수 $h(x)$가 미분가능함을 이용하기

또 함수 $h(x)$가 실수 전체의 집합에서 미분가능하므로 $x=0$, $x=1$에서 미분가능하다.

$$h'(x)=\begin{cases}f'(g^{-1}(x))(g^{-1})'(x) & (x<0 \text{ 또는 } x>1)\\ \cos\pi x & (0\le x\le 1)\end{cases}$$에서

(i) $h'(0)$이 존재하므로

$\lim_{x\to0+}\cos\pi x=\lim_{x\to0-}f'(g^{-1}(x))(g^{-1})'(x)$

즉, $f'(g^{-1}(0))(g^{-1})'(0)=1$이므로

$f'(g^{-1}(0))\times\frac{1}{g'(g^{-1}(0))}=1$

$f'(\alpha)\times\frac{1}{g'(\alpha)}=1$ ($\because g^{-1}(0)=\alpha$)

$\therefore f'(\alpha)=g'(\alpha)$

이때 $f'(x)=3x^2-1$, $g'(x)=3ax^2+2x+b$이므로

$3\alpha^2-1=3a\alpha^2+2\alpha+b$ …… ㉡

(ii) $h'(1)$이 존재하므로

$\lim_{x\to1+}f'(g^{-1}(x))(g^{-1})'(x)=\lim_{x\to1-}\cos\pi x$

즉, $f'(g^{-1}(1))(g^{-1})'(1)=-1$이므로

$f'(g^{-1}(1))\times\frac{1}{g'(g^{-1}(1))}=-1$

$f'(0)\times\frac{1}{g'(0)}=-1$ ($\because g^{-1}(1)=0$)

$\therefore f'(0)=-g'(0)$

이때 $f'(0)=-1$이므로 $g'(0)=1$ $\therefore b=1$

Step 3 $g(x)$ 구하기

한편 삼차함수 $g(x)$는 역함수가 존재하므로 일대일함수이고, $g'(0)=1>0$이므로 x의 값이 증가하면 $g(x)$의 값도 증가한다.

이때 $g^{-1}(0)=\alpha$에서 $g(\alpha)=0$이고, $g(0)=1$이므로

$g(\alpha)<g(0)$ $\therefore \alpha<0$

따라서 ㉠에서 $\alpha=-1$

$b=1$, $\alpha=-1$을 ㉡에 대입하면

$3-1=3a-2+1$, $3a=3$ $\therefore a=1$

$\therefore g(x)=x^3+x^2+x+1$

Step 4 $g(a+b)$의 값 구하기

$\therefore g(a+b)=g(2)$

$=8+4+2+1=15$

31 역함수의 미분법 정답 ② | 정답률 25%

문제 보기

함수 $f(x)=-\frac{kx^3}{x^2+1}$ $(k>1)$에 대하여 곡선 $y=f(x)$와 곡선 $y=f^{-1}(x)$가 만나는 점의 x좌표 중 가장 작은 값을 α, 가장 큰 값을 β라 하자. 함수 $y=f(x-2\beta)+2\alpha$의 역함수 $g(x)$에 대하여 $f'(\beta)=2g'(\alpha)$일 때, 상수 k의 값은? [4점]

└→ 두 곡선 $y=f(x)$, $y=f^{-1}(x)$의 교점의 위치를 파악한다.

① $\frac{5+2\sqrt{2}}{7}$ ② $\frac{6+2\sqrt{2}}{7}$ ③ $\frac{4+2\sqrt{2}}{5}$
④ $\frac{5+2\sqrt{2}}{5}$ ⑤ $\frac{6+2\sqrt{2}}{5}$

Step 1 함수 $f(x)$의 증가, 감소 파악하기

$f(x)=-\frac{kx^3}{x^2+1}$에서

$$f'(x)=-\frac{3kx^2\times(x^2+1)-kx^3\times 2x}{(x^2+1)^2}=-\frac{k(x^2+3)x^2}{(x^2+1)^2}$$

이때 $k>1$이므로 모든 실수 x에 대하여 $f'(x)\le 0$이다.
즉, 함수 $f(x)$는 실수 전체의 집합에서 감소한다. …… ㉠

Step 2 두 곡선 $y=f(x)$, $y=f^{-1}(x)$의 교점의 위치 파악하기

두 곡선 $y=f(x)$, $y=f^{-1}(x)$의 임의의 한 교점의 좌표를 (a, b)라 하면
$f(a)=b$, $f^{-1}(a)=b$이므로
$f^{-1}(b)=a$, $f(b)=a$
즉, 점 (b, a)도 두 곡선 $y=f(x)$, $y=f^{-1}(x)$의 교점이다.
또 $f(-x)=-\frac{k\times(-x)^3}{(-x)^2+1}=\frac{kx^3}{x^2+1}=-f(x)$가 성립하므로 곡선 $y=f(x)$는 원점에 대하여 대칭이다.
즉, 곡선 $y=f(x)$는 점 $(-a, -b)$를 지난다.
└→ 점 (a, b)를 원점에 대하여 대칭이동한 점이야.
따라서 곡선 $y=f(x)$는 두 점 (b, a), $(-a, -b)$를 지난다.
이때 $a\ne -b$이면 두 점 (b, a), $(-a, -b)$를 지나는 직선의 기울기가 $\frac{-b-a}{-a-b}=1$이므로 ㉠을 만족시키지 않는다.
따라서 $a=-b$이고 두 곡선 $y=f(x)$, $y=f^{-1}(x)$의 교점은 모두 직선 $y=-x$ 위에 있다.

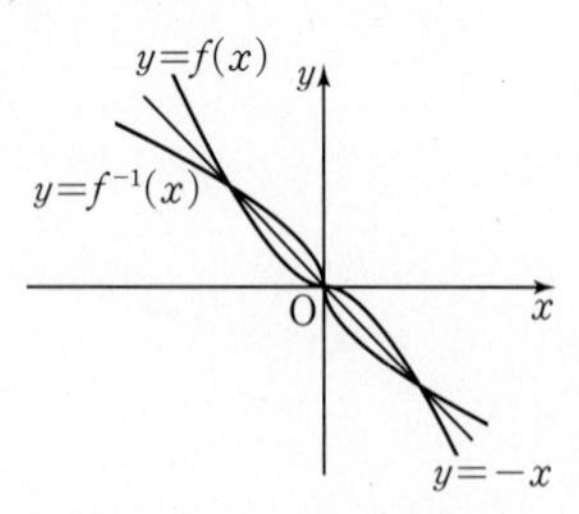

Step 3 α, β의 값 구하기

두 곡선 $y=f(x)$, $y=f^{-1}(x)$의 교점의 x좌표는 곡선 $y=f(x)$와 직선 $y=-x$의 교점의 x좌표와 같으므로 $f(x)=-x$에서

$-\frac{kx^3}{x^2+1}=-x$
$kx^3=x(x^2+1)$
$x\{(k-1)x^2-1\}=0$

$\therefore x=-\sqrt{\frac{1}{k-1}}$ 또는 $x=0$ 또는 $x=\sqrt{\frac{1}{k-1}}$ $(\because k>1)$

이때 두 곡선 $y=f(x)$, $y=f^{-1}(x)$의 교점의 x좌표 중 가장 작은 값이 α, 가장 큰 값이 β이므로

$\alpha=-\sqrt{\frac{1}{k-1}}$, $\beta=\sqrt{\frac{1}{k-1}}$ …… ㉡

Step 4 $f'(\beta)$의 값 구하기

$h(x)=f(x-2\beta)+2\alpha$라 하면 ㉡에서 $\alpha=-\beta$이므로
$h(\beta)=f(-\beta)+2\alpha=f(\alpha)+2\alpha$
이때 α는 곡선 $y=f(x)$와 직선 $y=-x$의 교점의 x좌표이므로
$f(\alpha)=-\alpha$
$\therefore h(\beta)=f(\alpha)+2\alpha=-\alpha+2\alpha=\alpha$
한편 두 함수 $h(x)$, $g(x)$는 서로 역함수 관계이므로 $h(\beta)=\alpha$에서
$g(\alpha)=\beta$

$\therefore g'(\alpha)=\frac{1}{h'(g(\alpha))}=\frac{1}{h'(\beta)}$

$h'(x)=f'(x-2\beta)$이므로

$g'(\alpha)=\frac{1}{h'(\beta)}=\frac{1}{f'(-\beta)}$ …… ㉢

$f(-x)=-f(x)$에서 $f'(-x)=f'(x)$이므로
└→ $f'(-x)\times(-1)=-f'(x)$
$\therefore f'(-x)=f'(x)$
$f'(-\beta)=f'(\beta)$
즉, ㉢에서

$g'(\alpha)=\frac{1}{f'(-\beta)}=\frac{1}{f'(\beta)}$

이때 $f'(\beta)=2g'(\alpha)$에서

$f'(\beta)=\frac{2}{f'(\beta)}$, $\{f'(\beta)\}^2=2$

$\therefore f'(\beta)=-\sqrt{2}$ $(\because$ ㉠$)$

Step 5 k의 값 구하기

$$f'(\beta)=f'\left(\sqrt{\frac{1}{k-1}}\right)=-\frac{k\left(\frac{1}{k-1}+3\right)\times\frac{1}{k-1}}{\left(\frac{1}{k-1}+1\right)^2}=-\frac{3k-2}{k}$$

즉, $-\frac{3k-2}{k}=-\sqrt{2}$이므로

$3k-2=\sqrt{2}k$, $(3-\sqrt{2})k=2$

$\therefore k=\frac{2}{3-\sqrt{2}}=\frac{6+2\sqrt{2}}{7}$

32 이계도함수 　정답 48 | 정답률 12%

문제 보기

최고차항의 계수가 1인 사차함수 $f(x)$와 함수

$$g(x)=|2\sin(x+2|x|)+1|$$

에 대하여 함수 $h(x)=f(g(x))$는 실수 전체의 집합에서 이계도함수 $h''(x)$를 갖고, $h''(x)$는 실수 전체의 집합에서 연속이다. $f'(3)$의 값을 구하시오. [4점]

└→ $h(x)$, $h'(x)$가 실수 전체의 집합에서 미분가능하다.

Step 1 함수 $g(x)$의 미분가능성과 함수 $h(x)$의 연속성 조사하기

$$g(x)=\begin{cases}|2\sin 3x+1| & (x\ge 0)\\ |-2\sin x+1| & (x<0)\end{cases}$$

$g(x)=|2\sin(x-2x)+1|=|2\sin(-x)+1|=|-2\sin x+1|$

이므로 함수 $y=g(x)$의 그래프의 개형은 다음 그림과 같다.

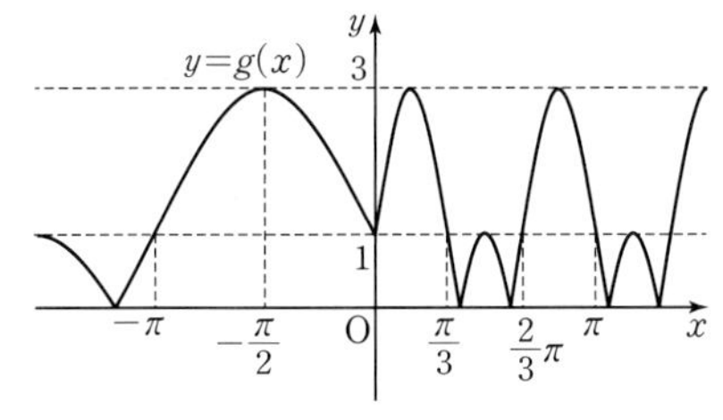

따라서 함수 $g(x)$는 실수 전체의 집합에서 연속이고, $x=0$과 $g(x)=0$을 만족시키는 x의 값에서 미분가능하지 않다.

이때 두 함수 $f(x)$, $g(x)$는 실수 전체의 집합에서 연속이므로 합성함수 $h(x)$도 실수 전체의 집합에서 연속이다.

Step 2 함수 $h(x)$가 이계도함수를 가짐을 이용하여 조건 파악하기

함수 $h(x)=f(g(x))$가 실수 전체의 집합에서 이계도함수 $h''(x)$를 가지므로 두 함수 $h(x)$, $h'(x)$는 실수 전체의 집합에서 미분가능하다.

따라서 함수 $g(x)$가 미분가능하지 않은 점에서도 $h(x)$, $h'(x)$는 미분가능하므로 $g(x)=0$을 만족시키는 x의 값을 a라 하면 $h(x)$, $h'(x)$는 $x=0$과 $x=a$에서 미분가능하다.

함수 $g(x)$는 $x\neq 0$인 모든 실수 x에서 미분가능하므로

$$g'(x)=\begin{cases}6\cos 3x & \left(0<x<\dfrac{\pi}{3}\right)\\ -2\cos x & \left(-\dfrac{\pi}{2}<x<0\right)\end{cases}$$

Step 3 $h(x)$가 미분가능함을 이용하기

(i) 함수 $h(x)$가 $x=0$에서 미분가능하므로 $\lim_{x\to 0+}h'(x)=\lim_{x\to 0-}h'(x)$

$\lim_{x\to 0+}h'(x)=\lim_{x\to 0+}f'(g(x))g'(x)$

$=\lim_{x\to 0+}f'(g(x))\times\lim_{x\to 0+}g'(x)$ 　→ $\lim_{x\to 0+}6\cos 3x=6$

$=f'(1)\times 6=6f'(1)$

$\lim_{x\to 0-}h'(x)=\lim_{x\to 0-}f'(g(x))g'(x)$

$=\lim_{x\to 0-}f'(g(x))\times\lim_{x\to 0-}g'(x)$ 　→ $\lim_{x\to 0-}(-2\cos x)=-2$

$=f'(1)\times(-2)=-2f'(1)$

즉, $6f'(1)=-2f'(1)$에서

$f'(1)=0$ 　…… ㉠

(ii) 함수 $h(x)$가 $x=a$에서 미분가능하므로 $\lim_{x\to a+}h'(x)=\lim_{x\to a-}h'(x)$

이때 양수 k에 대하여 $\lim_{x\to a+}g'(x)=k$, $\lim_{x\to a-}g'(x)=-k$라 하면

$\lim_{x\to a+}h'(x)=\lim_{x\to a+}f'(g(x))g'(x)$

$=\lim_{x\to a+}f'(g(x))\times\lim_{x\to a+}g'(x)$

$=f'(0)\times k=kf'(0)$

$\lim_{x\to a-}h'(x)=\lim_{x\to a-}f'(g(x))g'(x)$

$=\lim_{x\to a-}f'(g(x))\times\lim_{x\to a-}g'(x)$

$=f'(0)\times(-k)=-kf'(0)$

즉, $kf'(0)=-kf'(0)$에서

$f'(0)=0$ 　…… ㉡

Step 4 $h'(x)$가 미분가능함을 이용하기

$h'(x)=f'(g(x))g'(x)$이므로

$h''(x)=f''(g(x))\{g'(x)\}^2+f'(g(x))g''(x)$

(i) 함수 $h'(x)$가 $x=0$에서 미분가능하므로 $\lim_{x\to 0+}h''(x)=\lim_{x\to 0-}h''(x)$

$\lim_{x\to 0+}h''(x)$

$=\lim_{x\to 0+}[f''(g(x))\{g'(x)\}^2+f'(g(x))g''(x)]$

$=\lim_{x\to 0+}f''(g(x))\{g'(x)\}^2+\lim_{x\to 0+}f'(g(x))g''(x)$

$=\lim_{x\to 0+}f''(g(x))\times\lim_{x\to 0+}\{g'(x)\}^2+0$

$(\because \lim_{x\to 0+}g(x)=1,\ f'(1)=0)$

$=f''(1)\times 6^2=36f''(1)$

$\lim_{x\to 0-}h''(x)$

$=\lim_{x\to 0-}[f''(g(x))\{g'(x)\}^2+f'(g(x))g''(x)]$

$=\lim_{x\to 0-}f''(g(x))\{g'(x)\}^2+\lim_{x\to 0-}f'(g(x))g''(x)$

$=\lim_{x\to 0-}f''(g(x))\times\lim_{x\to 0-}\{g'(x)\}^2+0$ $(\because \lim_{x\to 0-}g(x)=1,\ f'(1)=0)$

$=f''(1)\times(-2)^2=4f''(1)$

즉, $36f''(1)=4f''(1)$에서

$f''(1)=0$ 　…… ㉢

(ii) 함수 $h'(x)$가 $x=a$에서 미분가능하므로 $\lim_{x\to a+}h''(x)=\lim_{x\to a-}h''(x)$

$\lim_{x\to a+}h''(x)$

$=\lim_{x\to a+}[f''(g(x))\{g'(x)\}^2+f'(g(x))g''(x)]$

$=\lim_{x\to a+}f''(g(x))\{g'(x)\}^2+\lim_{x\to a+}f'(g(x))g''(x)$

$=\lim_{x\to a+}f''(g(x))\times\lim_{x\to a+}\{g'(x)\}^2+0$ $(\because \lim_{x\to a+}g(x)=0,\ f'(0)=0)$

$=f''(0)\times k^2=k^2f''(0)$

$\lim_{x\to a-}h''(x)$

$=\lim_{x\to a-}[f''(g(x))\{g'(x)\}^2+f'(g(x))g''(x)]$

$=\lim_{x\to a-}f''(g(x))\{g'(x)\}^2+\lim_{x\to a-}f'(g(x))g''(x)$

$=\lim_{x\to a-}f''(g(x))\times\lim_{x\to a-}\{g'(x)\}^2+0$ $(\because \lim_{x\to a-}g(x)=0,\ f'(0)=0)$

$=f''(0)\times(-k)^2=k^2f''(0)$

따라서 $\lim_{x\to a+}h''(x)=\lim_{x\to a-}h''(x)$이므로 함수 $h'(x)$는 $x=a$에서 미분가능하다.

Step 5 $f'(x)$ 구하기

함수 $f(x)$는 최고차항의 계수가 1인 사차함수이므로 $f'(x)$는 최고차항의 계수가 4인 삼차함수이다.

㉠, ㉡에서 $f'(1)=0$, $f'(0)=0$이므로

$f'(x)=4x(x-1)(x-a)$ (a는 상수)라 하면

$f'(x)=(4x^2-4x)(x-a)$에서

$f''(x)=(8x-4)(x-a)+(4x^2-4x)$

㉢에서 $f''(1)=0$이므로

$4(1-a)=0$ 　$\therefore a=1$

$\therefore f'(x)=4x(x-1)^2$

Step 6 $f'(3)$의 값 구하기

$\therefore f'(3)=4\times 3\times 2^2=48$

33 역함수의 미분법 정답 10 | 정답률 7%

문제 보기

서로 다른 두 양수 a, b에 대하여 함수 $f(x)$를

$$f(x)=-\frac{ax^3+bx}{x^2+1}$$

→ $f'(x)$의 값의 범위를 구한다.

라 하자. 모든 실수 x에 대하여 $f'(x)\neq 0$이고, 두 함수

$g(x)=f(x)-f^{-1}(x)$, $h(x)=(g\circ f)(x)$가 다음 조건을 만족시킨다.

└→ 역함수의 미분법을 이용한다.

> (가) $g(2)=h(0)$
>
> (나) $g'(2)=-5h'(2)$ → $f'(2)$의 값을 구한다.

$4(b-a)$의 값을 구하시오. [4점]

Step 1 $f'(x)$의 값의 범위 구하기

$f(x)=-\dfrac{ax^3+bx}{x^2+1}$에서

$$f'(x)=-\frac{(3ax^2+b)(x^2+1)-(ax^3+bx)\times 2x}{(x^2+1)^2}$$
$$=-\frac{ax^4+(3a-b)x^2+b}{(x^2+1)^2}$$

이때 모든 실수 x에 대하여 $f'(x)\neq 0$이고 $f'(0)=-b<0$이므로 모든 실수 x에 대하여 $f'(x)<0$이다.

즉, 함수 $f(x)$는 실수 전체의 집합에서 감소한다. …… ㉠

Step 2 $f(2)$의 값 구하기

$f(0)=0$이고, $h(x)=g(f(x))=f(f(x))-x$이므로

$h(0)=f(f(0))-0=f(0)=0$

$g(2)=f(2)-f^{-1}(2)$, $h(0)=0$이므로 조건 (가)의 $g(2)=h(0)$에서

$f(2)-f^{-1}(2)=0$ $\quad\therefore f(2)=f^{-1}(2)$

$f(2)=f^{-1}(2)=t$ (t는 상수)로 놓으면

$f(t)=2$

이때 모든 실수 x에 대하여

$$f(-x)=-\frac{a\times(-x)^3+b\times(-x)}{(-x)^2+1}=-\left(-\frac{ax^3+bx}{x^2+1}\right)=-f(x)$$

가 성립하므로 함수 $y=f(x)$의 그래프는 원점에 대하여 대칭이다.

$f(2)=t$이므로 $f(-x)=-f(x)$에서

$f(-2)=-f(2)=-t$

즉, 두 점 $(t, 2)$, $(-2, -t)$는 함수 $y=f(x)$의 그래프 위의 점이다.

$t\neq -2$일 때, 두 점 $(t, 2)$, $(-2, -t)$를 지나는 직선의 기울기는 $\dfrac{2-(-t)}{t-(-2)}=1$이므로 ㉠을 만족시키지 않는다.

$\therefore t=f(2)=-2$

Step 3 $f'(2)$의 값 구하기

$f(2)=-2$이므로

$-\dfrac{8a+2b}{5}=-2$ $\quad\therefore 4a+b=5$ …… ㉡

또 $f^{-1}(2)=-2$이고, $g(x)=f(x)-f^{-1}(x)$에서

$g'(x)=f'(x)-(f^{-1})'(x)$이므로

$g'(2)=f'(2)-(f^{-1})'(2)=f'(2)-\dfrac{1}{f'(-2)}$ …… ㉢

$f(-x)=-f(x)$에서 $f'(-x)=f'(x)$이므로

$f'(-2)=f'(2)$

$f'(-2)=f'(2)=k$ ($k<0$)로 놓으면 ㉢에서

$g'(2)=k-\dfrac{1}{k}$

$h(x)=f(f(x))-x$에서 $h'(x)=f'(f(x))f'(x)-1$이므로

$h'(2)=f'(f(2))f'(2)-1=f'(-2)f'(2)-1$

$\quad=\{f'(2)\}^2-1=k^2-1$

조건 (나)의 $g'(2)=-5h'(2)$에서

$k-\dfrac{1}{k}=-5(k^2-1)$

$5k^3+k^2-5k-1=0$

$(k+1)(k-1)(5k+1)=0$

1	5	1	−5	−1
		5	6	1
−1	5	6	1	0
		−5	−1	
	5	1	0	

$\therefore k=-1$ 또는 $k=-\dfrac{1}{5}$ 또는 $k=1$

그런데 $k<0$이므로 $k=-1$ 또는 $k=-\dfrac{1}{5}$

$\therefore f'(2)=-1$ 또는 $f'(2)=-\dfrac{1}{5}$

Step 4 $4(b-a)$의 값 구하기

$$f'(2)=-\frac{16a+4(3a-b)+b}{(4+1)^2}=-\frac{28a-3b}{25}$$

(i) $f'(2)=-1$일 때

$-\dfrac{28a-3b}{25}=-1$에서 $28a-3b=25$ …… ㉣

㉡, ㉣을 연립하여 풀면

$a=1$, $b=1$

그런데 a, b는 서로 다른 양수이므로 이를 만족시키지 않는다.

(ii) $f'(2)=-\dfrac{1}{5}$일 때

$-\dfrac{28a-3b}{25}=-\dfrac{1}{5}$에서 $28a-3b=5$ …… ㉤

㉡, ㉤을 연립하여 풀면

$a=\dfrac{1}{2}$, $b=3$

(i), (ii)에서 $a=\dfrac{1}{2}$, $b=3$이므로

$4(b-a)=4\times\left(3-\dfrac{1}{2}\right)=10$

34 역함수의 미분법   정답 72 | 정답률 33%

문제 보기

두 상수 a, $b\,(a<b)$에 대하여 함수 $f(x)$를

$$f(x)=(x-a)(x-b)^2$$

이라 하자. 함수 $g(x)=x^3+x+1$의 역함수 $g^{-1}(x)$에 대하여 합성함수 $h(x)=(f\circ g^{-1})(x)$가 다음 조건을 만족시킬 때, $f(8)$의 값을 구하시오. [4점]

> (가) 함수 $(x-1)|h(x)|$가 실수 전체의 집합에서 미분가능하다.
> └→ 함수 $|h(x)|$가 미분가능하지 않을 조건을 파악한다.
> (나) $h'(3)=2$ → 역함수의 미분법을 이용한다.

Step 1 함수 $|h(x)|$가 미분가능하지 않을 조건 파악하기

함수 $g(x)=x^3+x+1$에서 $g'(x)=3x^2+1>0$이고, 함수 $g(x)$는 실수 전체의 집합에서 미분가능하므로 역함수인 $g^{-1}(x)$도 실수 전체의 집합에서 미분가능하다.

또 함수 $f(x)$가 실수 전체의 집합에서 미분가능하므로 함수 $h(x)=(f\circ g^{-1})(x)$도 실수 전체의 집합에서 미분가능하다.

따라서 함수 $(x-1)|h(x)|$의 미분가능성은 함수 $|h(x)|$의 미분가능성만 살펴보면 된다.

함수 $y=|f(x)|$의 그래프는 오른쪽 그림과 같으므로 함수 $|f(x)|$는 $x=a$에서 미분가능하지 않다.

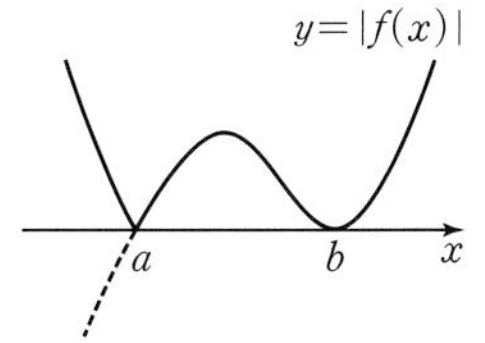

$h(x)=(f\circ g^{-1})(x)=f(g^{-1}(x))$에서

$h(x)=\{g^{-1}(x)-a\}\{g^{-1}(x)-b\}^2$

즉, 함수 $|h(x)|$는 $g^{-1}(k)=a$가 되는 $x=k$에서 미분가능하지 않다.

Step 2 a의 값 구하기

조건 (가)에서 함수 $(x-1)|h(x)|$가 실수 전체의 집합에서 미분가능하려면 함수 $y=(x-1)|h(x)|$의 그래프가 꺾이는 경우가 없어야 한다.

즉, $(x-1)|h(x)|=(x-1)|\{g^{-1}(x)-a\}\{g^{-1}(x)-b\}^2|$에서 $x=1$일 때 $g^{-1}(x)-a$의 값이 0이 되어야 하므로

$g^{-1}(1)-a=0$

$g^{-1}(1)=a$에서 $g(a)=1$이므로

$a^3+a+1=1$

$a(a^2+1)=0$

$\therefore a=0\ (\because a^2+1>0)$

Step 3 b의 값 구하기

$h'(x)=f'(g^{-1}(x))(g^{-1})'(x)$이고, 조건 (나)에서 $h'(3)=2$이므로

$f'(g^{-1}(3))(g^{-1})'(3)=2$ ...... ㉠

$g^{-1}(3)=l\,(l$은 상수)이라 하면 $g(l)=3$이므로

$l^3+l+1=3$

$l^3+l-2=0$

$(l-1)(l^2+l+2)=0$

$\therefore l=1\left(\because l^2+l+2=\left(l+\frac{1}{2}\right)^2+\frac{7}{4}>0\right)$

$\therefore g^{-1}(3)=1$

$g'(x)=3x^2+1$이므로

$(g^{-1})'(3)=\dfrac{1}{g'(g^{-1}(3))}=\dfrac{1}{g'(1)}=\dfrac{1}{3\times1^2+1}=\dfrac{1}{4}$

따라서 ㉠에서

$f'(g^{-1}(3))(g^{-1})'(3)=f'(1)\times\frac{1}{4}=2$

$\therefore f'(1)=8$

$f(x)=x(x-b)^2$에서

$f'(x)=(x-b)^2+2x(x-b)=3x^2-4bx+b^2$

$f'(1)=8$에서

$3-4b+b^2=8$, $b^2-4b-5=0$

$(b+1)(b-5)=0$

$\therefore b=5\ (\because b>a)$

Step 4 $f(8)$의 값 구하기

따라서 $f(x)=x(x-5)^2$이므로

$f(8)=8\times(8-5)^2=72$

15 일차

01 ⑤	02 ①	03 ④	04 ③	05 ③	06 ①	07 ①	08 ④	09 ⑤	10 32	11 ①	12 50
13 5	14 ③	15 ③	16 10	17 ②	18 26	19 ⑤	20 ②	21 ④	22 ③	23 ①	24 90
25 64	26 ④										

문제편 215쪽~223쪽

01 접점이 주어진 접선의 방정식 정답 ⑤ | 정답률 90%

문제 보기

곡선 $e^y\ln x=2y+1$ 위의 점 $(e, 0)$에서의 접선의 방정식을 $y=ax+b$
└→ $e^y\ln x=2y+1$을 미분하여 접선의 기울기를 구한다.
라 할 때, ab의 값은? (단, a, b는 상수이다.) [3점]

① $-2e$ ② $-e$ ③ -1 ④ $-\frac{2}{e}$ ⑤ $-\frac{1}{e}$

Step 1 접선의 기울기 구하기

$e^y\ln x=2y+1$의 양변을 x에 대하여 미분하면

$e^y\frac{dy}{dx}\times\ln x+e^y\times\frac{1}{x}=2\frac{dy}{dx}$

$(e^y\ln x-2)\frac{dy}{dx}=-\frac{e^y}{x}$

$\therefore \frac{dy}{dx}=-\frac{e^y}{x(e^y\ln x-2)}$ (단, $e^y\ln x\neq 2$)

따라서 점 $(e, 0)$에서의 접선의 기울기는

$\frac{dy}{dx}=-\frac{e^0}{e(e^0\ln e-2)}=-\frac{1}{e(1\times1-2)}=\frac{1}{e}$

Step 2 접선의 방정식 구하기

점 $(e, 0)$에서의 접선의 방정식은

$y=\frac{1}{e}(x-e)$ $\therefore y=\frac{1}{e}x-1$

Step 3 ab의 값 구하기

따라서 $a=\frac{1}{e}$, $b=-1$이므로

$ab=-\frac{1}{e}$

02 접점이 주어진 접선의 방정식 정답 ① | 정답률 87%

문제 보기

곡선 $y=\ln(x-3)+1$ 위의 점 $(4, 1)$에서의 접선의 방정식이
└→ $y=\ln(x-3)+1$을 미분하여 접선의 기울기를 구한다.
$y=ax+b$일 때, 두 상수 a, b의 합 $a+b$의 값은? [3점]

① -2 ② -1 ③ 0 ④ 1 ⑤ 2

Step 1 접선의 기울기 구하기

$f(x)=\ln(x-3)+1$이라 하면

$f'(x)=\frac{1}{x-3}$

따라서 점 $(4, 1)$에서의 접선의 기울기는

$f'(4)=\frac{1}{4-3}=1$

Step 2 접선의 방정식 구하기

점 $(4, 1)$에서의 접선의 방정식은

$y-1=x-4$ $\therefore y=x-3$

Step 3 $a+b$의 값 구하기

따라서 $a=1$, $b=-3$이므로

$a+b=-2$

03 접점이 주어진 접선의 방정식 정답 ④ | 정답률 94%

문제 보기

곡선 $y=\ln 5x$ 위의 점 $\left(\frac{1}{5},\ 0\right)$에서의 접선의 y절편은? [3점]

└→ $y=\ln 5x$를 미분하여 접선의 기울기를 구한다.

① $-\frac{5}{2}$ ② -2 ③ $-\frac{3}{2}$ ④ -1 ⑤ $-\frac{1}{2}$

Step 1 접선의 기울기 구하기

$f(x)=\ln 5x$라 하면

$f'(x)=\frac{5}{5x}=\frac{1}{x}$

따라서 점 $\left(\frac{1}{5},\ 0\right)$에서의 접선의 기울기는

$f'\left(\frac{1}{5}\right)=5$

Step 2 접선의 방정식 구하기

점 $\left(\frac{1}{5},\ 0\right)$에서의 접선의 방정식은

$y=5\left(x-\frac{1}{5}\right)$ $\therefore y=5x-1$

Step 3 접선의 y절편 구하기

직선 $y=5x-1$에서 $x=0$일 때 $y=-1$

따라서 구하는 접선의 y절편은 -1이다.

04 접점이 주어진 접선의 방정식 정답 ③ | 정답률 88%

문제 보기

함수 $f(x)=\tan 2x+\frac{\pi}{2}$의 그래프 위의 점 $\mathrm{P}\left(\frac{\pi}{8},\ f\left(\frac{\pi}{8}\right)\right)$에서의 접선의 y절편은? [3점]

└→ $f(x)$에 $x=\frac{\pi}{8}$를 대입하여 $f\left(\frac{\pi}{8}\right)$의 값을 구하고, $f(x)$를 미분하여 접선의 기울기를 구한다.

① $\frac{1}{2}$ ② $\frac{3}{4}$ ③ 1 ④ $\frac{5}{4}$ ⑤ $\frac{3}{2}$

Step 1 점 P의 좌표 구하기

점 $\mathrm{P}\left(\frac{\pi}{8},\ f\left(\frac{\pi}{8}\right)\right)$가 함수 $f(x)=\tan 2x+\frac{\pi}{2}$의 그래프 위의 점이므로

$f\left(\frac{\pi}{8}\right)=\tan\frac{\pi}{4}+\frac{\pi}{2}=1+\frac{\pi}{2}$

$\therefore \mathrm{P}\left(\frac{\pi}{8},\ 1+\frac{\pi}{2}\right)$

Step 2 접선의 기울기 구하기

$f(x)=\tan 2x+\frac{\pi}{2}$에서

$f'(x)=2\sec^2 2x$

따라서 점 $\mathrm{P}\left(\frac{\pi}{8},\ 1+\frac{\pi}{2}\right)$에서의 접선의 기울기는

$f'\left(\frac{\pi}{8}\right)=2\sec^2\frac{\pi}{4}=2\times(\sqrt{2})^2=4$

Step 3 접선의 방정식 구하기

점 $\mathrm{P}\left(\frac{\pi}{8},\ 1+\frac{\pi}{2}\right)$에서의 접선의 방정식은

$y-\left(1+\frac{\pi}{2}\right)=4\left(x-\frac{\pi}{8}\right)$ $\therefore y=4x+1$

Step 4 접선의 y절편 구하기

직선 $y=4x+1$에서 $x=0$일 때 $y=1$

따라서 구하는 접선의 y절편은 1이다.

05 접점이 주어진 접선의 방정식 정답 ③ | 정답률 88%

문제 보기

좌표평면에서 곡선 $y=e^{x-2}$ 위의 점 $(3, e)$에서의 접선이 x축, y축과 만나는 점을 각각 A, B라 하자. 삼각형 OAB의 넓이는?

└→ $y=e^{x-2}$을 미분하여 접선의 기울기를 구한다.

(단, O는 원점이다.) [3점]

① e ② $\frac{3}{2}e$ ③ $2e$ ④ $\frac{5}{2}e$ ⑤ $3e$

Step 1 접선의 기울기 구하기

$f(x)=e^{x-2}$이라 하면

$f'(x)=e^{x-2}$

따라서 점 $(3, e)$에서의 접선의 기울기는

$f'(3)=e^{3-2}=e$

Step 2 접선의 방정식 구하기

점 $(3, e)$에서의 접선의 방정식은

$y-e=e(x-3)$ $\quad \therefore y=ex-2e$

Step 3 삼각형 OAB의 넓이 구하기

따라서 A(2, 0), B(0, $-2e$)이므로 삼각형 OAB의 넓이는

$\frac{1}{2}\times 2\times 2e=2e$

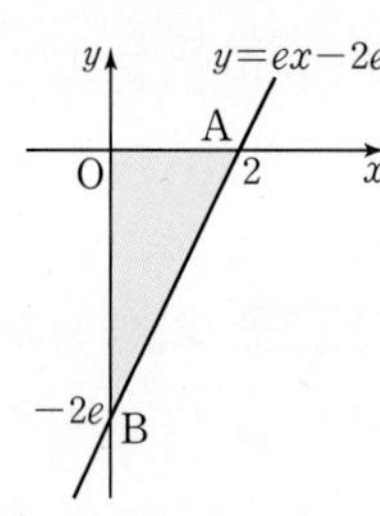

06 접점이 주어진 접선의 방정식 정답 ① | 정답률 85%

문제 보기

좌표평면에서 곡선 $y=\frac{1}{x-1}$ 위의 점 $\left(\frac{3}{2}, 2\right)$에서의 접선과 x축 및 y축으로 둘러싸인 부분의 넓이는? [3점]

└→ $y=\frac{1}{x-1}$을 미분하여 접선의 기울기를 구한다.

① 8 ② $\frac{17}{2}$ ③ 9 ④ $\frac{19}{2}$ ⑤ 10

Step 1 접선의 기울기 구하기

$f(x)=\frac{1}{x-1}$이라 하면

$f'(x)=-\frac{1}{(x-1)^2}$

따라서 점 $\left(\frac{3}{2}, 2\right)$에서의 접선의 기울기는

$f'\left(\frac{3}{2}\right)=-\frac{1}{\left(\frac{3}{2}-1\right)^2}=-4$

Step 2 접선의 방정식 구하기

점 $\left(\frac{3}{2}, 2\right)$에서의 접선의 방정식은

$y-2=-4\left(x-\frac{3}{2}\right)$ $\quad \therefore y=-4x+8$

Step 3 접선과 x축 및 y축으로 둘러싸인 부분의 넓이 구하기

직선 $y=-4x+8$에서 x절편은 2, y절편은 8이므로 접선과 x축 및 y축으로 둘러싸인 부분의 넓이는

$\frac{1}{2}\times 2\times 8=8$

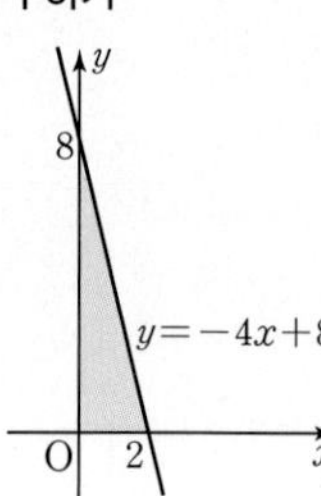

07 접점이 주어진 접선의 방정식 정답 ① | 정답률 88%

문제 보기

곡선 $x^2+5xy-2y^2+11=0$ 위의 점 $(1, 4)$에서의 접선과 x축 및 y축
└ $x^2+5xy-2y^2+11=0$을 미분하여 접선의 기울기를 구한다.
으로 둘러싸인 부분의 넓이는? [4점]

① 1 ② 2 ③ 3 ④ 4 ⑤ 5

Step 1 접선의 기울기 구하기

$x^2+5xy-2y^2+11=0$의 양변을 x에 대하여 미분하면

$2x+5y+5x\frac{dy}{dx}-4y\frac{dy}{dx}=0$

$(5x-4y)\frac{dy}{dx}=-(2x+5y)$

$\therefore \frac{dy}{dx}=-\frac{2x+5y}{5x-4y}$ (단, $5x\neq 4y$)

따라서 점 $(1, 4)$에서의 접선의 기울기는

$\frac{dy}{dx}=-\frac{2\times1+5\times4}{5\times1-4\times4}=2$

Step 2 접선의 방정식 구하기

점 $(1, 4)$에서의 접선의 방정식은

$y-4=2(x-1)$ $\therefore y=2x+2$

Step 3 접선과 x축 및 y축으로 둘러싸인 부분의 넓이 구하기

직선 $y=2x+2$에서 x절편은 -1, y절편은 2이므로 접선과 x축 및 y축으로 둘러싸인 부분의 넓이는

$\frac{1}{2}\times1\times2=1$

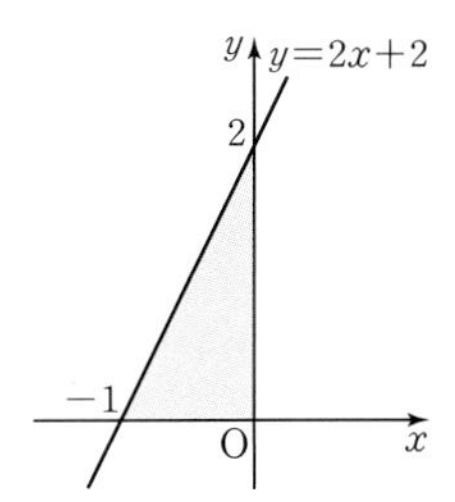

08 접점이 주어진 접선의 방정식 정답 ④ | 정답률 85%

문제 보기

$0<x<\frac{\pi}{2}$에서 정의된 함수 $f(x)=\ln(\tan x)$의 그래프와 x축이 만나는 점을 P라 하자. 곡선 $y=f(x)$ 위의 점 P에서의 접선의 y절편은?
└ 점 P의 y좌표가 0임을 이용하여 점 P의 좌표를 구한다.
[3점]

① $-\pi$ ② $-\frac{5}{6}\pi$ ③ $-\frac{2}{3}\pi$ ④ $-\frac{\pi}{2}$ ⑤ $-\frac{\pi}{3}$

Step 1 점 P의 좌표 구하기

함수 $y=f(x)$의 그래프와 x축이 만나는 점의 y좌표는 0이므로

$\ln(\tan x)=0$, $\tan x=1$

$\therefore x=\frac{\pi}{4}$ $\left(\because 0<x<\frac{\pi}{2}\right)$

즉, 점 P의 좌표는 $\left(\frac{\pi}{4}, 0\right)$

Step 2 접선의 방정식 구하기

$f(x)=\ln(\tan x)$에서

$f'(x)=\frac{\sec^2 x}{\tan x}$

점 $P\left(\frac{\pi}{4}, 0\right)$에서의 접선의 기울기는

$f'\left(\frac{\pi}{4}\right)=\frac{\sec^2\frac{\pi}{4}}{\tan\frac{\pi}{4}}=\frac{(\sqrt{2})^2}{1}=2$

따라서 점 $P\left(\frac{\pi}{4}, 0\right)$에서의 접선의 방정식은

$y=2\left(x-\frac{\pi}{4}\right)$ $\therefore y=2x-\frac{\pi}{2}$

Step 3 접선의 y절편 구하기

직선 $y=2x-\frac{\pi}{2}$에서 $x=0$일 때 $y=-\frac{\pi}{2}$

따라서 구하는 접선의 y절편은 $-\frac{\pi}{2}$이다.

09 접점이 주어지지 않은 접선의 방정식

정답 ⑤ | 정답률 92%

문제 보기

곡선 $y=3e^{x-1}$ 위의 점 A에서의 접선이 원점 O를 지날 때, 선분 OA의 길이는? [3점]

└→ 점 A의 좌표를 $(t,\ 3e^{t-1})$으로 놓고 접선의 방정식을 세운다.

① $\sqrt{6}$ ② $\sqrt{7}$ ③ $2\sqrt{2}$ ④ 3 ⑤ $\sqrt{10}$

Step 1 $A(t,\ 3e^{t-1})$으로 놓고 접선의 방정식 세우기

$f(x)=3e^{x-1}$이라 하면

$f'(x)=3e^{x-1}$

점 A의 좌표를 $(t,\ 3e^{t-1})$이라 하면 접선의 기울기는

$f'(t)=3e^{t-1}$

따라서 점 $A(t,\ 3e^{t-1})$에서의 접선의 방정식은

$y-3e^{t-1}=3e^{t-1}(x-t)$

$\therefore\ y=3e^{t-1}x-3te^{t-1}+3e^{t-1}$

Step 2 t의 값 구하기

접선이 원점을 지나므로

$0=-3te^{t-1}+3e^{t-1}$

$(1-t)e^{t-1}=0$

$\therefore\ t=1\ (\because\ e^{t-1}>0)$

Step 3 선분 OA의 길이 구하기

따라서 점 A의 좌표는 (1, 3)이므로

$\overline{OA}=\sqrt{1^2+3^2}=\sqrt{10}$

10 접점이 주어지지 않은 접선의 방정식

정답 32 | 정답률 80%

문제 보기

곡선 $y=\ln(x-7)$에 접하고 기울기가 1인 직선이 x축, y축과 만나는 점을 각각 A, B라 할 때, 삼각형 AOB의 넓이를 구하시오.

(단, O는 원점이다.) [3점]

└→ 접점의 좌표를 $(t,\ \ln(t-7))$로 놓고 $f'(t)=1$임을 이용한다.

Step 1 접선의 방정식 구하기

$f(x)=\ln(x-7)$이라 하면

$f'(x)=\dfrac{1}{x-7}$

접점의 좌표를 $(t,\ \ln(t-7))$이라 하면 접선의 기울기는 $f'(t)=1$에서

$\dfrac{1}{t-7}=1,\ t-7=1$

$\therefore\ t=8$

따라서 접점의 좌표는 $(8,\ \ln 1)$, 즉 $(8,\ 0)$이므로 접선의 방정식은

$y=x-8$

Step 2 삼각형 AOB의 넓이 구하기

따라서 $A(8,\ 0)$, $B(0,\ -8)$이므로 삼각형 AOB의 넓이는

$\dfrac{1}{2}\times8\times8=32$

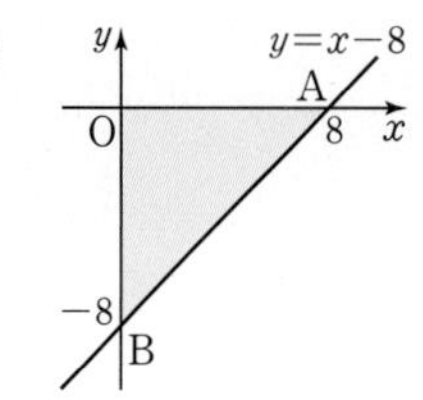

11 수직 조건이 주어진 접선

정답 ① | 정답률 87%

문제 보기

양수 k에 대하여 두 곡선 $y=ke^x+1$, $y=x^2-3x+4$가 점 P에서 만나고, 점 P에서 두 곡선에 접하는 두 직선이 서로 수직일 때, k의 값은? [3점]

└→ 두 접선의 기울기의 곱이 −1임을 이용한다.

① $\dfrac{1}{e}$ ② $\dfrac{1}{e^2}$ ③ $\dfrac{2}{e^2}$ ④ $\dfrac{2}{e^3}$ ⑤ $\dfrac{3}{e^3}$

Step 1 두 접선이 수직임을 이용하여 식 세우기

$f(x)=ke^x+1,\ g(x)=x^2-3x+4$라 하면

$f'(x)=ke^x,\ g'(x)=2x-3$

점 P의 x좌표를 a라 하면 $x=a$인 점에서 두 곡선이 만나므로

$f(a)=g(a)$에서

$ke^a+1=a^2-3a+4$

$\therefore\ ke^a=a^2-3a+3$ …… ㉠

또 $x=a$인 점에서 두 접선이 서로 수직이므로 $f'(a)\times g'(a)=-1$에서

$ke^a\times(2a-3)=-1$ …… ㉡

Step 2 a의 값 구하기

㉠을 ㉡에 대입하면

$(a^2-3a+3)(2a-3)=-1$

$2a^3-9a^2+15a-8=0$

$(a-1)(2a^2-7a+8)=0$

$\therefore\ a=1\ \left(\because\ 2a^2-7a+8=2\left(a-\dfrac{7}{4}\right)^2+\dfrac{15}{8}>0\right)$

Step 3 k의 값 구하기

$a=1$을 ㉠에 대입하면

$ke=1\quad \therefore\ k=\dfrac{1}{e}$

12 수직 조건이 주어진 접선 정답 50 | 정답률 80%

문제 보기

양의 실수 전체의 집합에서 미분가능한 함수 $f(x)$에 대하여 함수 $g(x)$를

$g(x)=f(x)\ln x^4$

이라 하자. 곡선 $y=f(x)$ 위의 점 $(e, -e)$에서의 접선과 곡선 $y=g(x)$ 위의 점 $(e, -4e)$에서의 접선이 서로 수직일 때, $100f'(e)$의 값을 구하시오. [4점]

└→ 두 접선의 기울기의 곱이 -1임을 이용한다.

Step 1 $g'(e)$를 $f'(e)$를 이용하여 나타내기

$g(x)=f(x)\ln x^4=4f(x)\ln x$에서

$g'(x)=4f'(x)\ln x+\frac{4f(x)}{x}$

점 $(e, -4e)$에서의 접선의 기울기는

$g'(e)=4f'(e)\ln e+\frac{4f(e)}{e}$

$=4f'(e)+\frac{4\times(-e)}{e}$ ($\because f(e)=-e$)

$=4f'(e)-4$ …… ㉠

Step 2 $f'(e)$의 값 구하기

곡선 $y=f(x)$ 위의 점 $(e, -e)$에서의 접선과 곡선 $y=g(x)$ 위의 점 $(e, -4e)$에서의 접선이 서로 수직이므로

$f'(e)\times g'(e)=-1$

$f'(e)\{4f'(e)-4\}=-1$ ($\because$ ㉠)

$4\{f'(e)\}^2-4f'(e)+1=0$

$\{2f'(e)-1\}^2=0$

$2f'(e)-1=0$

$\therefore f'(e)=\frac{1}{2}$

Step 3 $100f'(e)$의 값 구하기

$\therefore 100f'(e)=100\times\frac{1}{2}=50$

13 수직 조건이 주어진 접선 정답 5 | 정답률 22%

문제 보기

세 실수 a, b, k에 대하여 두 점 $A(a, a+k)$, $B(b, b+k)$가 곡선 $C: x^2-2xy+2y^2=15$ 위에 있다. 곡선 C 위의 점 A에서의 접선과 곡선 C 위의 점 B에서의 접선이 서로 수직일 때, k^2의 값을 구하시오.

└→ 두 접선의 기울기의 곱이 -1임을 이용한다.

(단, $a+2k\neq0$, $b+2k\neq0$) [4점]

Step 1 두 점 A, B에서의 접선이 수직임을 이용하여 식 세우기

$x^2-2xy+2y^2=15$의 양변을 x에 대하여 미분하면

$2x-2y-2x\frac{dy}{dx}+4y\frac{dy}{dx}=0$

$\therefore \frac{dy}{dx}=\frac{x-y}{x-2y}$ (단, $x\neq2y$)

두 점 $A(a, a+k)$, $B(b, b+k)$에서의 접선의 기울기는 각각

$\frac{a-(a+k)}{a-2(a+k)}=\frac{k}{a+2k}$, $\frac{b-(b+k)}{b-2(b+k)}=\frac{k}{b+2k}$

두 점 A, B에서의 접선이 서로 수직이므로

$\frac{k}{a+2k}\times\frac{k}{b+2k}=-1$, $k^2=-(a+2k)(b+2k)$

$\therefore ab+2(a+b)k+5k^2=0$ …… ㉠

Step 2 두 점 A, B가 곡선 위에 있음을 이용하여 식 세우기

점 $A(a, a+k)$는 곡선 $x^2-2xy+2y^2=15$ 위의 점이므로

$a^2-2a(a+k)+2(a+k)^2=15$

$a^2-2a^2-2ka+2a^2+4ka+2k^2-15=0$

$a^2+2ka+2k^2-15=0$ …… ㉡

점 $B(b, b+k)$는 곡선 $x^2-2xy+2y^2=15$ 위의 점이므로

$b^2-2b(b+k)+2(b+k)^2=15$

$b^2-2b^2-2kb+2b^2+4kb+2k^2-15=0$

$b^2+2kb+2k^2-15=0$ …… ㉢

㉡, ㉢에서 a, b는 t에 대한 이차방정식 $t^2+2kt+2k^2-15=0$의 두 근이므로 이차방정식의 근과 계수의 관계에 의하여

$a+b=-2k$, $ab=2k^2-15$ …… ㉣

Step 3 k^2의 값 구하기

㉣을 ㉠에 대입하면

$2k^2-15-4k^2+5k^2=0$, $3k^2=15$

$\therefore k^2=5$

14 접선의 방정식의 활용 정답 ③ | 정답률 78%

문제 보기

그림과 같이 함수 $f(x)=\log_2\left(x+\frac{1}{2}\right)$의 그래프와 함수 $g(x)=a^x\ (a>1)$의 그래프가 있다. 곡선 $y=g(x)$가 y축과 만나는 점을 A, 점 A를 지나고 x축에 평행한 직선이 곡선 $y=f(x)$와 만나는 점 중 점 A가 아닌 점을 B, 점 B를 지나고 y축에 평행한 직선이 곡선 $y=g(x)$와 만나는 점을 C라 하자.

└ 점 A의 x좌표는 0이다.
└ 점 B의 y좌표는 점 A의 y좌표와 같다.
└ 점 C의 x좌표는 점 B의 x좌표와 같다.

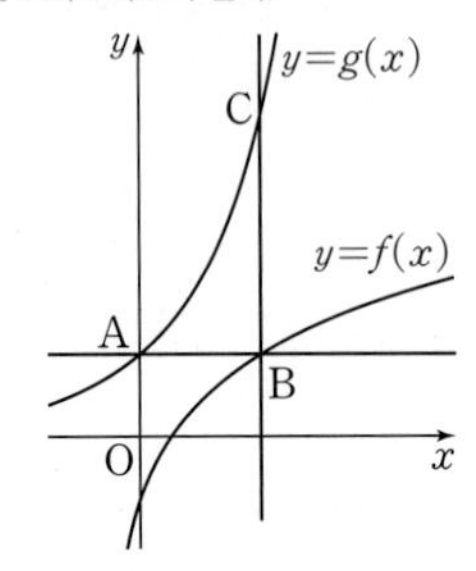

곡선 $y=g(x)$ 위의 점 C에서의 접선이 x축과 만나는 점을 D라 하자. $\overline{AD}=\overline{BD}$일 때, $g(2)$의 값은? [4점]

└ 점 D의 y좌표는 0이다.

① $e^{\frac{2}{3}}$ ② $e^{\frac{5}{3}}$ ③ $e^{\frac{8}{3}}$ ④ $e^{\frac{11}{3}}$ ⑤ $e^{\frac{14}{3}}$

Step 1 두 점 A, B의 좌표 구하기

함수 $g(x)=a^x$의 그래프가 y축과 만나는 점 A의 좌표는 $(0,\ a^0)$, 즉 $(0,\ 1)$이다.

$B(b,\ 1)$이라 하면 점 B는 함수 $f(x)=\log_2\left(x+\frac{1}{2}\right)$의 그래프 위의 점이므로

$1=\log_2\left(b+\frac{1}{2}\right),\ b+\frac{1}{2}=2$

$\therefore b=\frac{3}{2}\qquad \therefore B\left(\frac{3}{2},\ 1\right)$

Step 2 점 D의 좌표를 a를 이용하여 나타내기

$C\left(\frac{3}{2},\ c\right)$라 하면 점 C는 함수 $g(x)=a^x$의 그래프 위의 점이므로

$c=a^{\frac{3}{2}}\qquad \therefore C\left(\frac{3}{2},\ a^{\frac{3}{2}}\right)$

$g(x)=a^x$에서 $g'(x)=a^x\ln a$

점 $C\left(\frac{3}{2},\ a^{\frac{3}{2}}\right)$에서의 접선의 기울기는 $g'\left(\frac{3}{2}\right)=a^{\frac{3}{2}}\ln a$이므로 접선의 방정식은

$y-a^{\frac{3}{2}}=a^{\frac{3}{2}}\ln a\left(x-\frac{3}{2}\right)$

이 직선이 x축과 만나는 점이 D이므로 $y=0$을 대입하면

$-a^{\frac{3}{2}}=a^{\frac{3}{2}}\ln a\left(x-\frac{3}{2}\right),\ x-\frac{3}{2}=-\frac{1}{\ln a}$

$\therefore x=\frac{3}{2}-\frac{1}{\ln a}\qquad \therefore D\left(\frac{3}{2}-\frac{1}{\ln a},\ 0\right)$

Step 3 a의 값 구하기

세 점 $A(0,\ 1)$, $B\left(\frac{3}{2},\ 1\right)$, $D\left(\frac{3}{2}-\frac{1}{\ln a},\ 0\right)$에 대하여

$\overline{AD}=\overline{BD}$에서 $\overline{AD}^2=\overline{BD}^2$이므로

$\left(\frac{3}{2}-\frac{1}{\ln a}\right)^2+(-1)^2=\left(-\frac{1}{\ln a}\right)^2+(-1)^2$

$\frac{9}{4}-\frac{3}{\ln a}=0,\ \frac{1}{\ln a}=\frac{3}{4},\ \ln a=\frac{4}{3}$

$\therefore a=e^{\frac{4}{3}}$

Step 4 $g(2)$의 값 구하기

따라서 $g(x)=e^{\frac{4}{3}x}$이므로

$g(2)=e^{\frac{8}{3}}$

다른 풀이 수직이등분선의 성질 이용하기

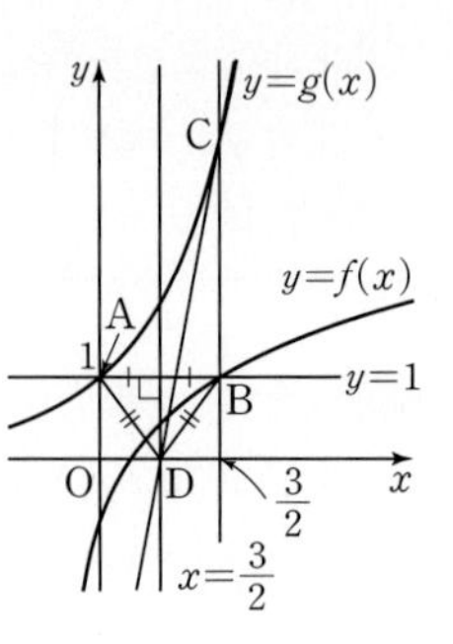

$\overline{AD}=\overline{BD}$이므로 점 D는 두 점 $A(0,\ 1)$, $B\left(\frac{3}{2},\ 1\right)$에 대하여 선분 AB의 수직이등분선과 x축의 교점이다.

$\therefore D\left(\frac{3}{4},\ 0\right)$

즉, $\frac{3}{2}-\frac{1}{\ln a}=\frac{3}{4}$이므로

$\frac{1}{\ln a}=\frac{3}{4},\ \ln a=\frac{4}{3}\qquad \therefore a=e^{\frac{4}{3}}$

따라서 $g(x)=e^{\frac{4}{3}x}$이므로

$g(2)=e^{\frac{8}{3}}$

15 접선의 방정식의 활용 정답 ③ | 정답률 86%

문제 보기

닫힌구간 $[0, 4]$에서 정의된 함수

$$f(x)=2\sqrt{2}\sin\frac{\pi}{4}x$$

의 그래프가 그림과 같고, 직선 $y=g(x)$가 $y=f(x)$의 그래프 위의 점 $\mathrm{A}(1, 2)$를 지난다.→ *

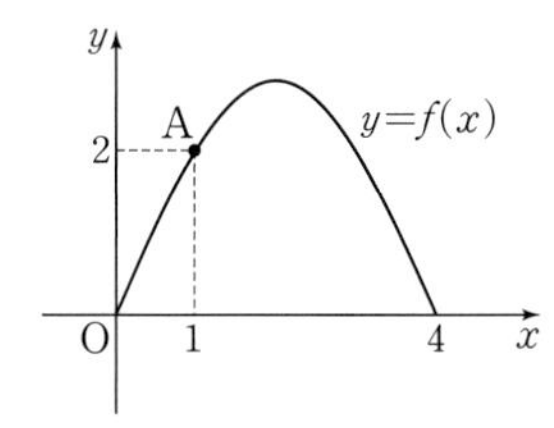

일차함수 $g(x)$가 닫힌구간 $[0, 4]$에서 $f(x)\le g(x)$를 만족시킬 때, $g(3)$의 값은? [4점]

└→ *에서 직선 $y=g(x)$는 곡선 $y=f(x)$ 위의 점 A에서의 접선임을 이용한다.

① π ② $\pi+1$ ③ $\pi+2$ ④ $\pi+3$ ⑤ $\pi+4$

Step 1 주어진 조건에서 직선과 곡선의 위치 관계 파악하기

두 함수 $y=f(x)$, $y=g(x)$의 그래프가 모두 점 $\mathrm{A}(1, 2)$를 지나고, 일차함수 $g(x)$가 닫힌구간 $[0, 4]$에서 $f(x)\le g(x)$를 만족시키기 위해서는 오른쪽 그림과 같이 일차함수 $y=g(x)$의 그래프가 점 $\mathrm{A}(1, 2)$에서 함수 $y=f(x)$의 그래프에 접해야 한다.

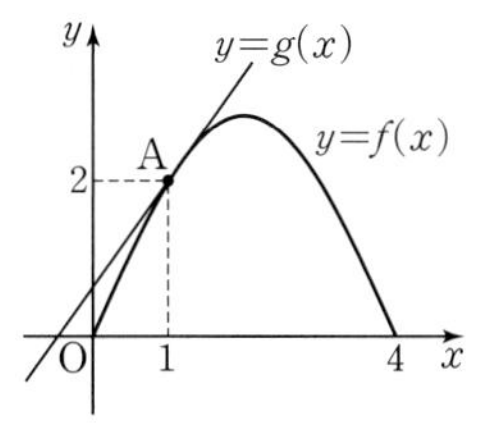

즉, 직선 $y=g(x)$는 곡선 $y=f(x)$ 위의 점 $\mathrm{A}(1, 2)$에서의 접선이다.

Step 2 $g(x)$ 구하기

$f(x)=2\sqrt{2}\sin\frac{\pi}{4}x$에서

$f'(x)=2\sqrt{2}\cos\frac{\pi}{4}x\times\frac{\pi}{4}=\frac{\sqrt{2}}{2}\pi\cos\frac{\pi}{4}x$

점 $\mathrm{A}(1, 2)$에서의 접선의 기울기는

$f'(1)=\frac{\sqrt{2}}{2}\pi\cos\frac{\pi}{4}=\frac{\sqrt{2}}{2}\pi\times\frac{\sqrt{2}}{2}=\frac{\pi}{2}$

따라서 점 $\mathrm{A}(1, 2)$에서의 접선의 방정식은

$y-2=\frac{\pi}{2}(x-1)$ $\quad\therefore y=\frac{\pi}{2}x-\frac{\pi}{2}+2$

$\therefore g(x)=\frac{\pi}{2}x-\frac{\pi}{2}+2$

Step 3 $g(3)$의 값 구하기

$\therefore g(3)=\frac{3}{2}\pi-\frac{\pi}{2}+2=\pi+2$

16 접선의 방정식의 활용 정답 10 | 정답률 83%

문제 보기

미분가능한 함수 $f(x)$와 함수 $g(x)=\sin x$에 대하여 합성함수 $y=(g\circ f)(x)$의 그래프 위의 점 $(1, (g\circ f)(1))$에서의 접선이 원점을 지난다.

└→ $(g\circ f)(1)=g(f(1))$이므로 먼저 $f(1)$의 값을 구한다.

$$\lim_{x\to1}\frac{f(x)-\frac{\pi}{6}}{x-1}=k$$ → $f(1)$, $f'(1)$의 값을 구한다.

일 때, 상수 k에 대하여 $30k^2$의 값을 구하시오. [4점]

Step 1 극한을 미분계수로 나타내기

$\lim_{x\to1}\frac{f(x)-\frac{\pi}{6}}{x-1}=k$에서 $x\to1$일 때 (분모) $\to0$이고 극한값이 존재하므로 (분자) $\to0$이다.

즉, $\lim_{x\to1}\left\{f(x)-\frac{\pi}{6}\right\}=0$에서 $f(1)=\frac{\pi}{6}$ ...... ㉠

$\therefore \lim_{x\to1}\frac{f(x)-\frac{\pi}{6}}{x-1}=\lim_{x\to1}\frac{f(x)-f(1)}{x-1}=f'(1)=k$ ...... ㉡

Step 2 점 $(1, (g\circ f)(1))$에서의 접선의 방정식 구하기

$h(x)=(g\circ f)(x)$라 하면

$h(1)=(g\circ f)(1)=g(f(1))$

$=g\left(\frac{\pi}{6}\right)$ ($\because$ ㉠)

$=\sin\frac{\pi}{6}=\frac{1}{2}$

$h(x)=(g\circ f)(x)$에서 $h'(x)=g'(f(x))f'(x)$이므로 점 $(1, (g\circ f)(1))$, 즉 $\left(1, \frac{1}{2}\right)$에서의 접선의 기울기는

$h'(1)=g'(f(1))f'(1)$

$=g'\left(\frac{\pi}{6}\right)k$ ($\because$ ㉠, ㉡)

$=\cos\frac{\pi}{6}\times k=\frac{\sqrt{3}}{2}k$ → $g(x)=\sin x$에서 $g'(x)=\cos x$

따라서 곡선 $y=h(x)$ 위의 점 $\left(1, \frac{1}{2}\right)$에서의 접선의 방정식은

$y-\frac{1}{2}=\frac{\sqrt{3}}{2}k(x-1)$ ...... ㉢

Step 3 $30k^2$의 값 구하기

직선 ㉢이 원점을 지나므로

$-\frac{1}{2}=\frac{\sqrt{3}}{2}k\times(-1)$ $\quad\therefore k=\frac{1}{\sqrt{3}}$

$\therefore 30k^2=30\times\left(\frac{1}{\sqrt{3}}\right)^2=10$

17 접선의 방정식의 활용 정답 ② | 정답률 51%

문제 보기

$0<t<1$인 실수 t에 대하여 직선 $y=t$와 함수 $f(x)=\sin x\left(0<x<\frac{\pi}{2}\right)$의 그래프가 만나는 점을 P라 할 때, 곡선 $y=f(x)$ 위의 점 P에서 그은 접선의 x절편을 $g(t)$라 하자. $g'\left(\frac{2\sqrt{2}}{3}\right)$의 값은? [4점]

└→ 점 P의 x좌표를 미지수로 놓고 접선의 방정식을 세운다.

① -28 ② -24 ③ -20 ④ -16 ⑤ -12

Step 1 접선의 방정식 세우기

직선 $y=t$와 함수 $y=f(x)$의 그래프가 만나는 점 P의 y좌표는 t이므로 점 P의 좌표를 (α, t)라 하면

$\sin\alpha=t$ …… ㉠

$f(x)=\sin x$에서 $f'(x)=\cos x$

점 $\mathrm{P}(\alpha, t)$에서의 접선의 기울기는

$f'(\alpha)=\cos\alpha$

따라서 점 $\mathrm{P}(\alpha, t)$, 즉 $\mathrm{P}(\alpha, \sin\alpha)$에서의 접선의 방정식은

$y-\sin\alpha=\cos\alpha(x-\alpha)$ …… ㉡

Step 2 $g(t)$ 구하기

㉡에 $y=0$을 대입하면

$-\sin\alpha=\cos\alpha(x-\alpha)$, $-\frac{\sin\alpha}{\cos\alpha}=x-\alpha$ ($\because \cos\alpha>0$)

$\therefore x=\alpha-\tan\alpha$

$\therefore g(t)=\alpha-\tan\alpha$ …… ㉢

Step 3 $g'\left(\frac{2\sqrt{2}}{3}\right)$의 값 구하기

㉠을 ㉢에 대입하면

$g(\sin\alpha)=\alpha-\tan\alpha$

양변을 α에 대하여 미분하면

$g'(\sin\alpha)\cos\alpha=1-\sec^2\alpha$

$\therefore g'(\sin\alpha)=\frac{1-\sec^2\alpha}{\cos\alpha}$

이때 $\sin\alpha=\frac{2\sqrt{2}}{3}$, $\cos\alpha>0$이면

$\cos\alpha=\sqrt{1-\sin^2\alpha}=\sqrt{1-\left(\frac{2\sqrt{2}}{3}\right)^2}=\frac{1}{3}$ → $\sin^2\theta+\cos^2\theta=1$이므로 $\cos\theta=\pm\sqrt{1-\sin^2\theta}$

$\therefore g'\left(\frac{2\sqrt{2}}{3}\right)=\frac{1-3^2}{\frac{1}{3}}=-24$

18 접선의 방정식의 활용 정답 26 | 정답률 52%

문제 보기

원 $x^2+y^2=1$ 위의 임의의 점 P와 곡선 $y=\sqrt{x}-3$ 위의 임의의 점 Q에 대하여 $\overline{\mathrm{PQ}}$의 최솟값은 $\sqrt{a}-b$이다. 자연수 a, b에 대하여 a^2+b^2의 값을 구하시오. [4점]

└→ 두 점 P, Q가 어느 위치에 있을 때 $\overline{\mathrm{PQ}}$가 최소가 되는지 파악한다.

Step 1 $\overline{\mathrm{PQ}}$가 최소가 되기 위한 조건 파악하기

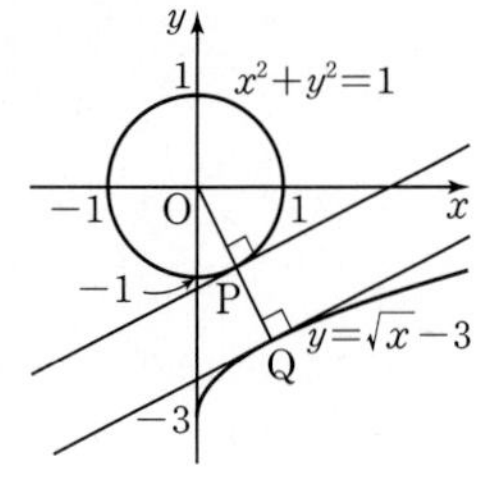

오른쪽 그림과 같이 원 $x^2+y^2=1$ 위의 점 P에서의 접선과 곡선 $y=\sqrt{x}-3$ 위의 점 Q에서의 접선이 평행하고 두 접선 사이의 거리가 최소일 때 $\overline{\mathrm{PQ}}$가 최소가 된다.

이때 원 $x^2+y^2=1$의 중심은 원점 O이므로 점 P에서의 접선은 직선 OP와 수직이고 점 Q에서의 접선도 직선 OQ와 수직이다.

Step 2 점 Q의 좌표 구하기

$f(x)=\sqrt{x}-3$이라 하면 $f'(x)=\frac{1}{2\sqrt{x}}$

곡선 $y=f(x)$ 위의 점 Q의 좌표를 $(t, \sqrt{t}-3)(t>0)$이라 하면 점 Q에서의 접선의 기울기는

$f'(t)=\frac{1}{2\sqrt{t}}$

직선 OQ의 기울기는 $\frac{\sqrt{t}-3}{t}$이고 점 Q에서의 접선과 직선 OQ는 서로 수직이므로

$\frac{1}{2\sqrt{t}}\times\frac{\sqrt{t}-3}{t}=-1$, $\sqrt{t}-3=-2t\sqrt{t}$

$2t\sqrt{t}+\sqrt{t}-3=0$

이때 $\sqrt{t}=X(X>0)$로 놓으면

$2X^3+X-3=0$

$(X-1)(2X^2+2X+3)=0$

$\therefore X=1\left(\because 2X^2+2X+3=2\left(X+\frac{1}{2}\right)^2+\frac{5}{2}>0\right)$

즉, $\sqrt{t}=1$이므로 $t=1$

$\therefore \mathrm{Q}(1, -2)$

Step 3 $\overline{\mathrm{PQ}}$의 최솟값 구하기

$\overline{\mathrm{PQ}}\geq\overline{\mathrm{OQ}}-\overline{\mathrm{OP}}$

$=\overline{\mathrm{OQ}}-1=\sqrt{1^2+(-2)^2}-1=\sqrt{5}-1$

따라서 $\overline{\mathrm{PQ}}$의 최솟값은 $\sqrt{5}-1$

Step 4 a^2+b^2의 값 구하기

따라서 $a=5$, $b=1$이므로

$a^2+b^2=5^2+1^2=26$

19 접선의 방정식의 활용 정답 ⑤ | 정답률 76%

문제 보기

두 함수 $f(x)=\ln x$, $g(x)=\ln\frac{1}{x}$의 그래프가 만나는 점을 P라 할 때 〈보기〉에서 옳은 것만을 있는 대로 고른 것은? [4점]

〈 보기 〉

ㄱ. 점 P의 좌표는 $(1, 0)$이다. → $f(x)=g(x)$의 해를 구한다.

ㄴ. 두 곡선 $y=f(x)$, $y=g(x)$ 위의 점 P에서의 각각의 접선은 서로 수직이다. → 두 접선의 기울기의 곱이 -1임을 확인한다.

ㄷ. $t>1$일 때, $-1<\frac{f(t)g(t)}{(t-1)^2}<0$이다.

① ㄱ ② ㄷ ③ ㄱ, ㄴ ④ ㄴ, ㄷ ⑤ ㄱ, ㄴ, ㄷ

Step 1 ㄱ이 옳은지 확인하기

ㄱ. 두 함수 $f(x)=\ln x$, $g(x)=\ln\frac{1}{x}$의 그래프의 교점의 x좌표는

$\ln x=\ln\frac{1}{x}$에서

$\ln x=-\ln x$, $2\ln x=0$ $\quad\therefore x=1$

따라서 점 P의 좌표는 $(1, f(1))$, 즉 $(1, 0)$이다. ($f(1)=\ln 1=0$)

Step 2 ㄴ이 옳은지 확인하기

ㄴ. $f'(x)=\frac{1}{x}$, $g'(x)=-\frac{1}{x}$이므로 점 $P(1, 0)$에서의 접선의 기울기는 각각

$f'(1)=1$, $g'(1)=-1$

$\therefore f'(1)\times g'(1)=1\times(-1)=-1$

따라서 두 곡선 $y=f(x)$, $y=g(x)$ 위의 점 P에서의 각각의 접선은 서로 수직이다.

Step 3 ㄷ이 옳은지 확인하기

ㄷ. 두 함수 $y=f(x)$, $y=g(x)$의 그래프는 오른쪽 그림과 같다.

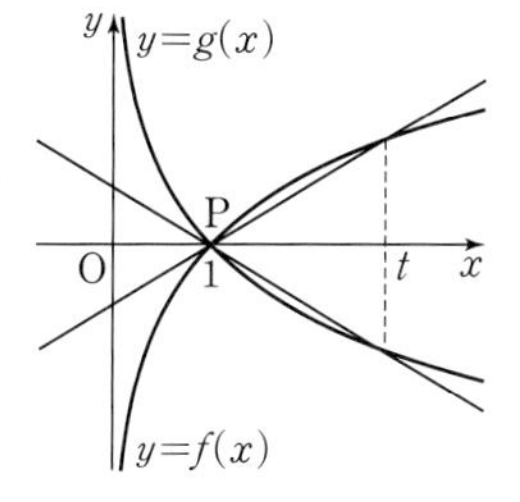

ㄴ에 의하여 함수 $y=f(x)$의 그래프 위의 점 P에서의 접선의 기울기는 $f'(1)=1$이고 함수 $y=f(x)$의 그래프에서 1보다 큰 실수 t에 대하여 $t\to\infty$일 때, 두 점 $P(1, 0)$, $(t, f(t))$를 지나는 직선의 기울기는 0에 한없이 가까워진다.

$\therefore 0<\frac{f(t)}{t-1}<1$ $\quad\cdots\cdots$ ㉠

또 ㄴ에 의하여 함수 $y=g(x)$의 그래프 위의 점 P에서의 접선의 기울기는 $g'(1)=-1$이고 함수 $y=g(x)$의 그래프에서 1보다 큰 실수 t에 대하여 $t\to\infty$일 때, 두 점 $P(1, 0)$, $(t, g(t))$를 지나는 직선의 기울기는 0에 한없이 가까워진다.

$\therefore -1<\frac{g(t)}{t-1}<0$ $\quad\cdots\cdots$ ㉡

㉠, ㉡에 의하여

$-1<\frac{f(t)}{t-1}\times\frac{g(t)}{t-1}<0$ $\quad\therefore -1<\frac{f(t)g(t)}{(t-1)^2}<0$

Step 4 옳은 것 구하기

따라서 보기 중 옳은 것은 ㄱ, ㄴ, ㄷ이다.

20 접선의 방정식의 활용 정답 ② | 정답률 68%

문제 보기

함수 $f(x)=\frac{\ln x}{x}$와 양의 실수 t에 대하여 기울기가 t인 직선이 곡선 $y=f(x)$에 접할 때 접점의 x좌표를 $g(t)$라 하자. 원점에서 곡선 $y=f(x)$에 그은 접선의 기울기가 a일 때, 미분가능한 함수 $g(t)$에 대하여 $a\times g'(a)$의 값은? [4점]

(→ $f'(g(t))=t$) (→ 접선의 방정식은 $y=ax$이다.)

① $-\frac{\sqrt{e}}{3}$ ② $-\frac{\sqrt{e}}{4}$ ③ $-\frac{\sqrt{e}}{5}$ ④ $-\frac{\sqrt{e}}{6}$ ⑤ $-\frac{\sqrt{e}}{7}$

Step 1 a의 값 구하기

$f(x)=\frac{\ln x}{x}$에서 $f'(x)=\frac{\frac{1}{x}\times x-\ln x\times 1}{x^2}=\frac{1-\ln x}{x^2}$

원점에서 곡선 $y=f(x)$에 그은 접선의 접점의 좌표를 $\left(b, \frac{\ln b}{b}\right)$라 하면 이 점에서의 접선의 기울기는

$f'(b)=\frac{1-\ln b}{b^2}$

이때 접선의 기울기가 a이므로

$\frac{1-\ln b}{b^2}=a$ $\quad\cdots\cdots$ ㉠

또 원점을 지나고 기울기가 a인 직선의 방정식은 $y=ax$

즉, 점 $\left(b, \frac{\ln b}{b}\right)$는 직선 $y=ax$ 위의 점이므로

$\frac{\ln b}{b}=ab$ $\quad\therefore a=\frac{\ln b}{b^2}$ $\quad\cdots\cdots$ ㉡

㉠, ㉡에서

$\frac{1-\ln b}{b^2}=\frac{\ln b}{b^2}$, $1-\ln b=\ln b$

$\ln b=\frac{1}{2}$ $\quad\therefore b=\sqrt{e}$ $\quad\cdots\cdots$ ㉢

이를 ㉡에 대입하면

$a=\frac{\ln\sqrt{e}}{e}=\frac{1}{2e}$

Step 2 $g'(a)$의 값 구하기

기울기가 t인 직선이 곡선 $y=f(x)$에 접할 때 접점의 x좌표가 $g(t)$이므로 $f'(g(t))=t$에서

$\frac{1-\ln g(t)}{\{g(t)\}^2}=t$ $\quad\therefore 1-\ln g(t)=t\{g(t)\}^2$

양변을 t에 대하여 미분하면

$-\frac{g'(t)}{g(t)}=\{g(t)\}^2+2tg(t)g'(t)$

양변에 $x=a$를 대입하면

$-\frac{g'(a)}{g(a)}=\{g(a)\}^2+2ag(a)g'(a)$ $\quad\cdots\cdots$ ㉣

이때 기울기가 a인 직선이 곡선 $y=f(x)$에 접할 때의 x좌표는 b이므로

$g(a)=b=\sqrt{e}$ ($\because$ ㉢)

이를 ㉣에 대입하면

$-\frac{g'(a)}{\sqrt{e}}=e+2\times\frac{1}{2e}\times\sqrt{e}\times g'(a)$ $\left(\because a=\frac{1}{2e}\right)$

$g'(a)=-e\sqrt{e}-g'(a)$, $2g'(a)=-e\sqrt{e}$

$\therefore g'(a)=-\frac{e\sqrt{e}}{2}$

Step 3 $a\times g'(a)$의 값 구하기

$\therefore a\times g'(a)=\frac{1}{2e}\times\left(-\frac{e\sqrt{e}}{2}\right)=-\frac{\sqrt{e}}{4}$

21 접선의 방정식의 활용 정답 ④ | 정답률 64%

문제 보기

실수 k에 대하여 함수 $f(x)$는

$$f(x)=\begin{cases} x^2+k & (x\le 2) \\ \ln(x-2) & (x>2) \end{cases}$$

이다. 실수 t에 대하여 직선 $y=x+t$와 함수 $y=f(x)$의 그래프가 만나는 점의 개수를 $g(t)$라 하자. 함수 $g(t)$가 $t=a$에서 불연속인 a의 값이 한 개일 때, k의 값은? [4점]

└ $g(t)$가 한 점에서만 불연속일 때의 직선 $y=x+t$와 함수 $y=f(x)$의 그래프의 위치 관계를 파악한다.

① -2 ② $-\frac{9}{4}$ ③ $-\frac{5}{2}$ ④ $-\frac{11}{4}$ ⑤ -3

Step 1 직선 $y=x+t$와 함수 $y=f(x)$의 그래프의 위치 관계 파악하기

함수 $g(t)$가 $t=a$에서 불연속인 a의 값이 한 개이려면

$g(t)=\begin{cases} c_1 & (t\le a) \\ c_2 & (t>a) \end{cases}$ (a는 실수, c_1, c_2는 상수) 꼴이어야 한다.

따라서 함수 $y=f(x)$의 그래프와 직선 $y=x+t$는 다음 그림과 같이 직선 $y=x+t$는 $x>2$에서 함수 $y=f(x)$의 그래프, 즉 곡선 $y=\ln(x-2)$와 접하고 동시에 $x\le 2$에서 함수 $y=f(x)$의 그래프, 즉 곡선 $y=x^2+k$와 접해야 한다.

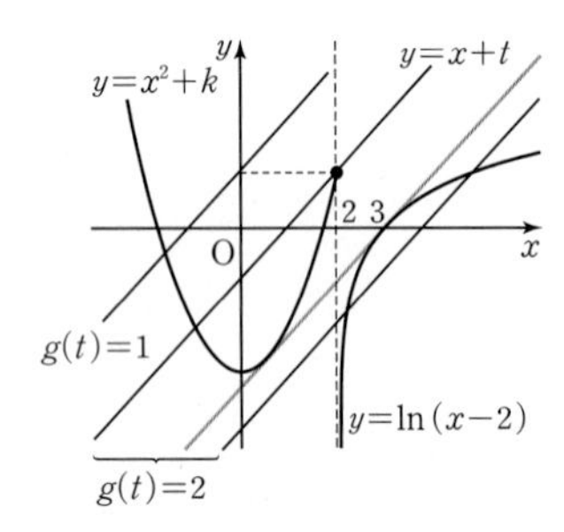

Step 2 k의 값 구하기

$x>2$에서 직선 $y=x+t$와 곡선 $y=\ln(x-2)$의 접점의 좌표를 $(s, \ln(s-2))$라 하자.

$y=\ln(x-2)$에서 $y'=\frac{1}{x-2}$이고 직선 $y=x+t$의 기울기는 1이므로

$\frac{1}{s-2}=1 \quad \therefore s=3$

즉, 접점의 좌표는 $(3, 0)$이고 이 점은 직선 $y=x+t$ 위의 점이므로

$0=3+t \quad \therefore t=-3$

$x\le 2$에서 직선 $y=x-3$과 곡선 $y=x^2+k$의 접점의 좌표를 $(r, r-3)$이라 하자.

$y=x^2+k$에서 $y'=2x$이고 직선 $y=x-3$의 기울기는 1이므로

$2r=1 \quad \therefore r=\frac{1}{2}$

즉, 접점의 좌표는 $\left(\frac{1}{2}, -\frac{5}{2}\right)$이고 이 점은 곡선 $y=x^2+k$ 위의 점이므로

$-\frac{5}{2}=\frac{1}{4}+k \quad \therefore k=-\frac{11}{4}$

다른 풀이 Step 2에서 판별식을 이용하여 k의 값 구하기

$x\le 2$에서 직선 $y=x-3$과 곡선 $y=x^2+k$가 접해야 하므로 방정식 $x-3=x^2+k$, 즉 $x^2-x+k+3=0$이 중근을 가져야 한다.

이차방정식 $x^2-x+k+3=0$의 판별식을 D라 하면

$D=1-4(k+3)=0 \quad \therefore k=-\frac{11}{4}$

22 접선의 방정식의 활용 정답 ③ | 정답률 45%

문제 보기

정수 n에 대하여 점 $(a, 0)$에서 곡선 $y=(x-n)e^x$에 그은 접선의 개수를 $f(n)$이라 하자. <보기>에서 옳은 것만을 있는 대로 고른 것은? [4점]

└ 접점의 좌표를 $(t, (t-n)e^t)$으로 놓고 접선의 방정식을 세운다.

< 보기 >

ㄱ. $a=0$일 때, $f(4)=1$이다. → 점 $(0, 0)$에서 곡선 $y=(x-4)e^x$에 그은 접선의 개수를 구한다.

ㄴ. $f(n)=1$인 정수 n의 개수가 1인 정수 a가 존재한다.

ㄷ. $\sum_{n=1}^{5} f(n)=5$를 만족시키는 정수 a의 값은 -1 또는 3이다.

① ㄱ ② ㄱ, ㄴ ③ ㄱ, ㄷ ④ ㄴ, ㄷ ⑤ ㄱ, ㄴ, ㄷ

Step 1 $f(n)$ 구하기

$g(x)=(x-n)e^x$이라 하면

$g'(x)=e^x+(x-n)e^x=(x-n+1)e^x$

접점의 좌표를 $(t, (t-n)e^t)$이라 하면 접선의 기울기는

$g'(t)=(t-n+1)e^t$이므로 접선의 방정식은

$y-(t-n)e^t=(t-n+1)e^t(x-t)$

이 직선이 점 $(a, 0)$을 지나므로

$-(t-n)e^t=(t-n+1)e^t(a-t)$

$t-n=(t-n+1)(t-a)$ ($\because e^t>0$)

$\therefore t^2-(n+a)t+an+n-a=0 \quad \cdots\cdots$ ㉠

방정식 ㉠의 실근이 접점의 x좌표이므로 방정식 ㉠의 서로 다른 실근의 개수가 $f(n)$이다.

이차방정식 ㉠의 판별식을 D라 하면

$D=(n+a)^2-4(an+n-a)$

$=n^2-2an+a^2-4n+4a$

$=(n-a)^2-4(n-a)$

$=(n-a)(n-a-4)$

$\therefore f(n)=\begin{cases} 0 & (a<n<a+4) \\ 1 & (n=a \text{ 또는 } n=a+4) \\ 2 & (n<a \text{ 또는 } n>a+4) \end{cases}$

Step 2 ㄱ이 옳은지 확인하기

ㄱ. $a=0$일 때,

$f(n)=\begin{cases} 0 & (0<n<4) \\ 1 & (n=0 \text{ 또는 } n=4) \\ 2 & (n<0 \text{ 또는 } n>4) \end{cases} \quad \therefore f(4)=1$

Step 3 ㄴ이 옳은지 확인하기

ㄴ. $f(n)=1$인 정수 n은 a, $a+4$이므로 $f(n)=1$인 정수 n의 개수는 2이다.

즉, $f(n)=1$인 정수 n의 개수가 1인 정수 a는 존재하지 않는다.

Step 4 ㄷ이 옳은지 확인하기

ㄷ. $f(n)$이 가질 수 있는 값은 0, 1, 2뿐이므로 $\sum_{n=1}^{5} f(n)=5$를 만족시키는 경우는 다음과 같다.

(i) $f(1)=0$, $f(2)=0$, $f(3)=1$, $f(4)=2$, $f(5)=2$인 경우

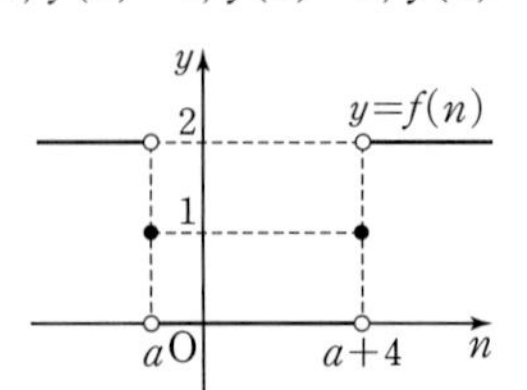

$f(3)=f(a+4)=1$이어야 하므로

$3=a+4$ $\quad\therefore a=-1$

(ii) $f(1)=2$, $f(2)=2$, $f(3)=1$, $f(4)=0$, $f(5)=0$인 경우

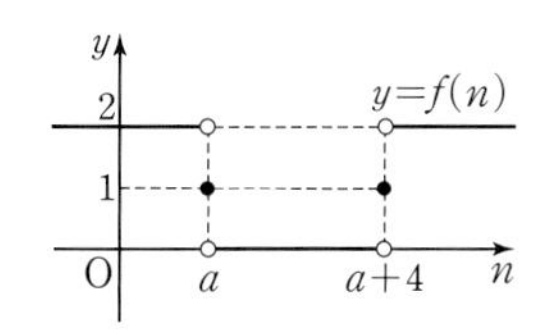

$f(3)=f(a)=1$이어야 하므로

$a=3$

(i), (ii)에서 $a=-1$ 또는 $a=3$

Step 5 옳은 것 구하기

따라서 보기 중 옳은 것은 ㄱ, ㄷ이다.

23 접선의 방정식의 활용 정답 ① | 정답률 38%

문제 보기

실수 t에 대하여 원점을 지나고 곡선 $y=\frac{1}{e^x}+e^t$에 접하는 직선의 기울

└→ 접점을 좌표를 $P(s, e^{-s}+e^t)$으로 놓고 접선의 방정식을 세운다.

기를 $f(t)$라 하자. $f(a)=-e\sqrt{e}$를 만족시키는 상수 a에 대하여 $f'(a)$의 값은? [3점]

└→ $f'(t)$를 구한 후, $t=a$일 때 $f(a)=-e\sqrt{e}$를 만족시키는 s의 값을 찾아 대입한다.

① $-\frac{1}{3}e\sqrt{e}$ ② $-\frac{1}{2}e\sqrt{e}$ ③ $-\frac{2}{3}e\sqrt{e}$ ④ $-\frac{5}{6}e\sqrt{e}$ ⑤ $-e\sqrt{e}$

Step 1 $f(t)$ 구하기

원점을 지나고 곡선 $y=\frac{1}{e^x}+e^t$, 즉 $y=e^{-x}+e^t$에 접하는 직선의 접점의 좌표를 $P(s, e^{-s}+e^t)$이라 하면

점 P에서의 접선의 기울기는

$f(t)=-e^{-s}$ …… ㉠

Step 2 $f'(t)$ 구하기

따라서 점 P에서의 접선의 방정식은

$y-(e^{-s}+e^t)=-e^{-s}(x-s)$이고

이 접선이 원점을 지나므로

$0-(e^{-s}+e^t)=-e^{-s}(0-s)$

$\therefore e^t=-e^{-s}(1+s)$ …… ㉡

㉠의 양변을 s에 대하여 미분하면

$f'(t)\times\frac{dt}{ds}=e^{-s}$ …… ㉢

㉡의 양변을 s에 대하여 미분하면

$e^t\times\frac{dt}{ds}=e^{-s}(1+s)-e^{-s}=se^{-s}$

$\therefore \frac{dt}{ds}=se^{-(s+t)}$

이를 ㉢에 대입하면 $f'(t)\times se^{-(s+t)}=e^{-s}$

$\therefore f'(t)=\frac{e^t}{s}$ ($\because s\neq0$) …… ㉣

Step 3 $f'(a)$의 값 구하기

㉠에서 $t=a$일 때, s의 값을 k라 하면

$f(a)=-e^{-k}$

이때 $f(a)=-e\sqrt{e}$를 만족시키므로 $-e^{-k}=-e\sqrt{e}=-e^{\frac{3}{2}}$

$\therefore k=-\frac{3}{2}$

즉, $t=a$일 때 $k=-\frac{3}{2}$을 ㉡에 대입하면

$e^a=-e^{-k}(1+k)=-e^{\frac{3}{2}}\left(1-\frac{3}{2}\right)=\frac{e\sqrt{e}}{2}$

따라서 ㉣에서

$$f'(a)=\frac{e^a}{k}=\frac{\frac{e\sqrt{e}}{2}}{-\frac{3}{2}}=-\frac{1}{3}e\sqrt{e}$$

24 접선의 방정식의 활용 정답 90 | 정답률 32%

문제 보기

그림과 같이 제1사분면에 있는 점 $\mathrm{P}(a, 2a)$에서 곡선 $y=-\frac{2}{x}$에 그은 두 접선의 접점을 각각 A, B라 할 때, $\overline{\mathrm{PA}}^2+\overline{\mathrm{PB}}^2+\overline{\mathrm{AB}}^2$의 최솟값을 구하시오. [4점]

└ 접점의 좌표를 $\left(t, -\frac{2}{t}\right)$로 놓고 접선의 방정식을 세운다.

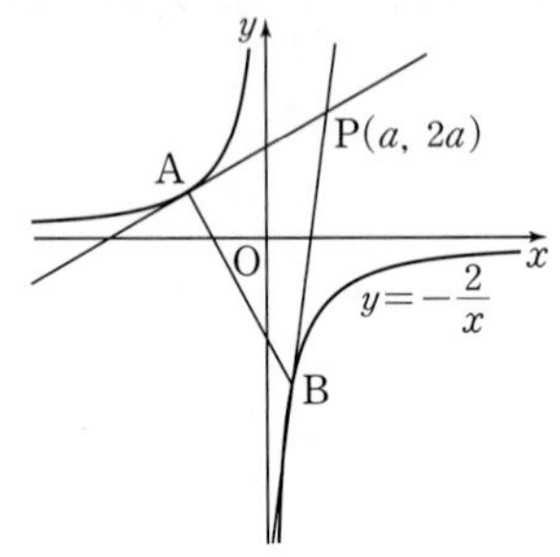

Step 1 점 P에서 곡선 $y=-\frac{2}{x}$에 그은 접선의 방정식 구하기

$f(x)=-\frac{2}{x}$라 하면

$f'(x)=\frac{2}{x^2}$

접점의 좌표를 $\left(t, -\frac{2}{t}\right)$라 하면 접선의 기울기는 $f'(t)=\frac{2}{t^2}$이므로 접선의 방정식은

$y-\left(-\frac{2}{t}\right)=\frac{2}{t^2}(x-t)$

$\therefore y=\frac{2}{t^2}x-\frac{4}{t}$ …… ㉠

Step 2 $\mathrm{A}\left(\alpha, -\frac{2}{\alpha}\right)$, $\mathrm{B}\left(\beta, -\frac{2}{\beta}\right)$로 놓고 두 점의 x좌표 사이의 관계 파악하기

직선 ㉠이 점 $\mathrm{P}(a, 2a)$를 지나므로

$2a=\frac{2}{t^2}a-\frac{4}{t}$

$\therefore at^2+2t-a=0$ …… ㉡

$\mathrm{A}\left(\alpha, -\frac{2}{\alpha}\right)$, $\mathrm{B}\left(\beta, -\frac{2}{\beta}\right)$라 하면 α, β는 이차방정식 ㉡의 두 근이므로 이차방정식의 근과 계수의 관계에 의하여

$\alpha+\beta=-\frac{2}{a}$, $\alpha\beta=-1$

└ 이차방정식 $a_1x^2+b_1x+c_1=0$에서 (두 근의 합)$=-\frac{b_1}{a_1}$, (두 근의 곱)$=\frac{c_1}{a_1}$

Step 3 $\overline{\mathrm{PA}}^2+\overline{\mathrm{PB}}^2+\overline{\mathrm{AB}}^2$을 a를 이용하여 나타내기

$\overline{\mathrm{PA}}^2+\overline{\mathrm{PB}}^2$

$=(\alpha-a)^2+\left(-\frac{2}{\alpha}-2a\right)^2+(\beta-a)^2+\left(-\frac{2}{\beta}-2a\right)^2$

$=\alpha^2-2a\alpha+a^2+\frac{4}{\alpha^2}+\frac{8a}{\alpha}+4a^2+\beta^2-2a\beta+a^2+\frac{4}{\beta^2}+\frac{8a}{\beta}+4a^2$

$=10a^2-2a(\alpha+\beta)+(\alpha^2+\beta^2)+8a\left(\frac{1}{\alpha}+\frac{1}{\beta}\right)+4\left(\frac{1}{\alpha^2}+\frac{1}{\beta^2}\right)$

$=10a^2-2a(\alpha+\beta)+\{(\alpha+\beta)^2-2\alpha\beta\}+8a\times\frac{\alpha+\beta}{\alpha\beta}+4\times\frac{(\alpha+\beta)^2-2\alpha\beta}{(\alpha\beta)^2}$

$=10a^2+4+\frac{4}{a^2}+2+16+\frac{16}{a^2}+8$

$=10a^2+\frac{20}{a^2}+30$

$\overline{\mathrm{AB}}^2=(\beta-\alpha)^2+\left(-\frac{2}{\beta}+\frac{2}{\alpha}\right)^2=(\beta-\alpha)^2+4\left(\frac{1}{\alpha}-\frac{1}{\beta}\right)^2$

$=(\beta-\alpha)^2+4\left(\frac{\beta-\alpha}{\alpha\beta}\right)^2=5(\alpha-\beta)^2$

$=5\{(\alpha+\beta)^2-4\alpha\beta\}=5\left(\frac{4}{a^2}+4\right)$

$=\frac{20}{a^2}+20$

$\therefore \overline{\mathrm{PA}}^2+\overline{\mathrm{PB}}^2+\overline{\mathrm{AB}}^2=10a^2+\frac{40}{a^2}+50$ …… ㉢

Step 4 $\overline{\mathrm{PA}}^2+\overline{\mathrm{PB}}^2+\overline{\mathrm{AB}}^2$의 최솟값 구하기

㉢에서 $a^2>0$, $\frac{1}{a^2}>0$이므로 산술평균과 기하평균의 관계에 의하여

└ $m>0$, $n>0$일 때, $m+n\geq 2\sqrt{mn}$ (단, 등호는 $m=n$일 때 성립)

$\overline{\mathrm{PA}}^2+\overline{\mathrm{PB}}^2+\overline{\mathrm{AB}}^2=10a^2+\frac{40}{a^2}+50$

$\geq 2\sqrt{10a^2\times\frac{40}{a^2}}+50$

$=2\times 20+50$

$=90$ $\left(\text{단, 등호는 } 10a^2=\frac{40}{a^2}, \text{ 즉 } a=\sqrt{2}\text{일 때 성립}\right)$

따라서 $\overline{\mathrm{PA}}^2+\overline{\mathrm{PB}}^2+\overline{\mathrm{AB}}^2$의 최솟값은 90이다.

다른 풀이 **Step 4**에서 함수의 최대, 최소 이용하기

$\overline{\mathrm{PA}}^2+\overline{\mathrm{PB}}^2+\overline{\mathrm{AB}}^2=10a^2+\frac{40}{a^2}+50$에서

$g(a)=10a^2+\frac{40}{a^2}+50$이라 하면

$g'(a)=20a-\frac{80}{a^3}=\frac{20}{a^3}(a^4-4)=\frac{20}{a^3}(a^2+2)(a+\sqrt{2})(a-\sqrt{2})$

$g'(a)=0$인 a의 값은

$a=-\sqrt{2}$ 또는 $a=\sqrt{2}$

이때 점 $\mathrm{P}(a, 2a)$는 제1사분면에 있는 점이므로 $a>0$

$\therefore a=\sqrt{2}$

$a>0$에서 함수 $g(a)$의 증가와 감소를 표로 나타내면 다음과 같다.

a	0	$\cdots$	$\sqrt{2}$	$\cdots$
$g'(a)$		$-$	0	$+$
$g(a)$		↘	극소	↗

따라서 함수 $g(a)$는 $a=\sqrt{2}$에서 극소이면서 최소이다.

즉, $\overline{\mathrm{PA}}^2+\overline{\mathrm{PB}}^2+\overline{\mathrm{AB}}^2$의 최솟값은

$g(\sqrt{2})=10\times(\sqrt{2})^2+\frac{40}{(\sqrt{2})^2}+50=90$

25 접선의 방정식의 활용 정답 64 | 정답률 8%

문제 보기

양의 실수 t에 대하여 곡선 $y=t^3\ln(x-t)$가 곡선 $y=2e^{x-a}$과 오직 한 점에서 만나도록 하는 실수 a의 값을 $f(t)$라 하자. $\left\{f'\left(\frac{1}{3}\right)\right\}^2$의 값을 구하시오. [4점]

└→ 두 함수의 그래프가 접해야 한다.

Step 1 두 곡선이 만나는 점의 x좌표를 p로 놓고 식 세우기

$g(x)=t^3\ln(x-t)$, $h(x)=2e^{x-a}$이라 하면

$g'(x)=\frac{t^3}{x-t}$, $h'(x)=2e^{x-a}$

두 곡선 $y=g(x)$, $y=h(x)$가 오직 한 점에서 만나려면 두 곡선이 접해야 하므로 두 곡선이 접하는 점의 x좌표를 $p\ (p>t)$라 하면

(i) $g(p)=h(p)$에서

$t^3\ln(p-t)=2e^{p-a}$ …… ㉠

(ii) $g'(p)=h'(p)$에서

$\frac{t^3}{p-t}=2e^{p-a}$ …… ㉡

㉠, ㉡에서

$t^3\ln(p-t)=\frac{t^3}{p-t}$

$\therefore \ln(p-t)=\frac{1}{p-t}\ (\because t>0)$ …… ㉢

Step 2 $f'(t)$ 구하기

㉡에서 $\frac{t^3}{p-t}=\frac{2e^p}{e^a}$이므로

$e^a=\frac{2e^p(p-t)}{t^3}$

$\therefore a=\ln\frac{2e^p(p-t)}{t^3}=\ln2+p+\ln(p-t)-3\ln t\ (\because p>t)$

$\therefore f(t)=\ln2+p+\ln(p-t)-3\ln t$

양변을 t에 대하여 미분하면

$f'(t)=\frac{dp}{dt}+\frac{\frac{dp}{dt}-1}{p-t}-\frac{3}{t}$ …… ㉣

Step 3 $\frac{dp}{dt}$의 값 구하기

㉢의 양변을 t에 대하여 미분하면

$\frac{\frac{dp}{dt}-1}{p-t}=-\frac{\frac{dp}{dt}-1}{(p-t)^2}$

$\left(\frac{dp}{dt}-1\right)(p-t)^2=-\left(\frac{dp}{dt}-1\right)(p-t)$

$\left(\frac{dp}{dt}-1\right)(p-t)(p-t+1)=0$

$\therefore \frac{dp}{dt}-1=0$ 또는 $p-t=0$ 또는 $p-t+1=0$

그런데 $p>t$에서 $p-t>0$이므로

$\frac{dp}{dt}-1=0 \quad \therefore \frac{dp}{dt}=1$

Step 4 $\left\{f'\left(\frac{1}{3}\right)\right\}^2$의 값 구하기

따라서 ㉣에서 $f'(t)=1-\frac{3}{t}$이므로

$\left\{f'\left(\frac{1}{3}\right)\right\}^2=(1-9)^2=64$

다른 풀이 Step 2에서 함수의 그래프를 이용하여 $f'(t)$ 구하기

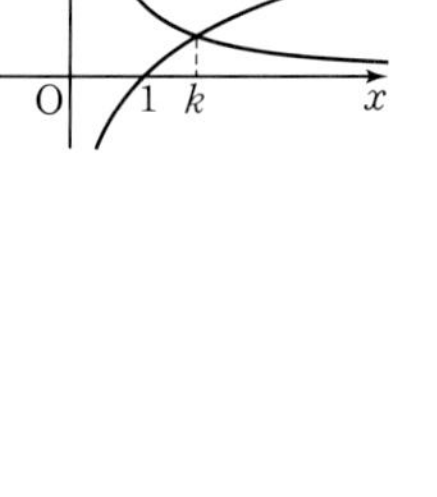

오른쪽 그림에서 두 곡선 $y=\ln x$, $y=\frac{1}{x}$의 교점은 오직 하나이므로 방정식 $\ln x=\frac{1}{x}$의 근을 $x=k$ (k는 상수)라 하면 $\ln(p-t)=\frac{1}{p-t}$에서

$p-t=k$

$p-t=k$를 ㉡에 대입하면

$\frac{t^3}{k}=2e^{t+k-a}$

양변에 자연로그를 취하면

$3\ln t-\ln k=\ln2+t+k-a$

$\therefore a=t-3\ln t+\ln2+\ln k+k$

$\therefore f(t)=t-3\ln t+\ln2+\ln k+k$

$\therefore f'(t)=1-\frac{3}{t}$

26 접선의 방정식의 활용 정답 ④ | 정답률 28%

문제 보기

양수 t에 대하여 구간 $[1, \infty)$에서 정의된 함수 $f(x)$가

$$f(x)=\begin{cases} \ln x & (1\le x<e) \\ -t+\ln x & (x\ge e) \end{cases}$$

└ $y=-t+\ln x$의 그래프는 $y=\ln x$의 그래프를 y축의 방향으로 $-t$만큼 평행이동한 것이다.

일 때, 다음 조건을 만족시키는 일차함수 $g(x)$ 중에서 직선 $y=g(x)$의 기울기의 최솟값을 $h(t)$라 하자.

> 1 이상의 모든 실수 x에 대하여 $(x-e)\{g(x)-f(x)\}\ge 0$이다.
> └ $1\le x<e$와 $x\ge e$일 때로 나누어 $f(x)$, $g(x)$의 대소 관계를 파악한다.

미분가능한 함수 $h(t)$에 대하여 양수 a가 $h(a)=\dfrac{1}{e+2}$을 만족시킨다. $h'\left(\dfrac{1}{2e}\right)\times h'(a)$의 값은? [4점]

① $\dfrac{1}{(e+1)^2}$ ② $\dfrac{1}{e(e+1)}$ ③ $\dfrac{1}{e^2}$
④ $\dfrac{1}{(e-1)(e+1)}$ ⑤ $\dfrac{1}{e(e-1)}$

Step 1 조건을 만족시키는 직선 $y=g(x)$ 파악하기

(i) $1\le x<e$일 때
$f(x)=\ln x$이고, 부등식 $(x-e)\{g(x)-f(x)\}\ge 0$에서
$x-e<0$이므로 $g(x)-f(x)\le 0$
$\therefore g(x)\le f(x)$

(ii) $x\ge e$일 때
$f(x)=-t+\ln x$이고, 부등식 $(x-e)\{g(x)-f(x)\}\ge 0$에서
$x-e\ge 0$이므로 $g(x)-f(x)\ge 0$
$\therefore g(x)\ge f(x)$

곡선 $y=-t+\ln x$는 곡선 $y=\ln x$를 y축의 방향으로 $-t$만큼 평행이동한 것이므로 (i), (ii)를 만족시키려면 다음 그림과 같이 직선 $y=g(x)$는 곡선 $y=\ln x\,(1\le x<e)$와 곡선 $y=-t+\ln x\,(x\ge e)$ 사이에 위치해야 한다.

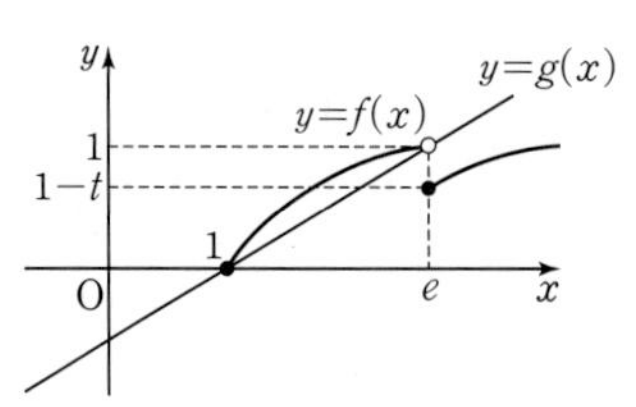

Step 2 $y=g(x)$의 기울기가 최소가 되는 경우의 t의 값의 범위 구하기

직선 $y=g(x)$의 기울기가 최소가 되는 경우는 [그림 1]과 같이 직선 $y=g(x)$가 점 $(1, 0)$을 지나고 점 $(e, 1-t)$에서만 곡선 $y=-t+\ln x$와 만날 때와 [그림 2]와 같이 점 $(1, 0)$을 지나면서 곡선 $y=-t+\ln x$에 접할 때로 나누어 생각할 수 있다.

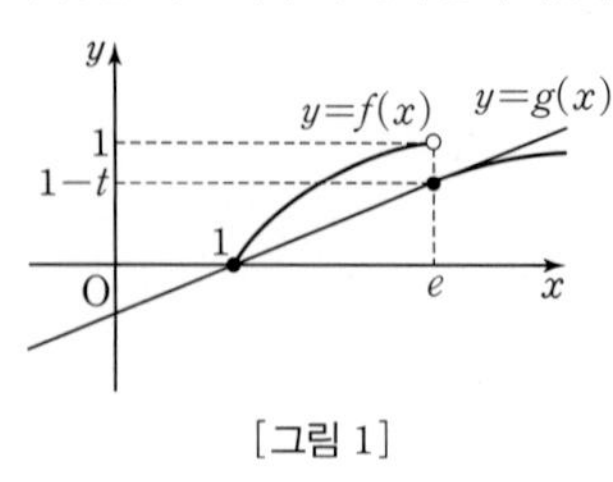

[그림 1]

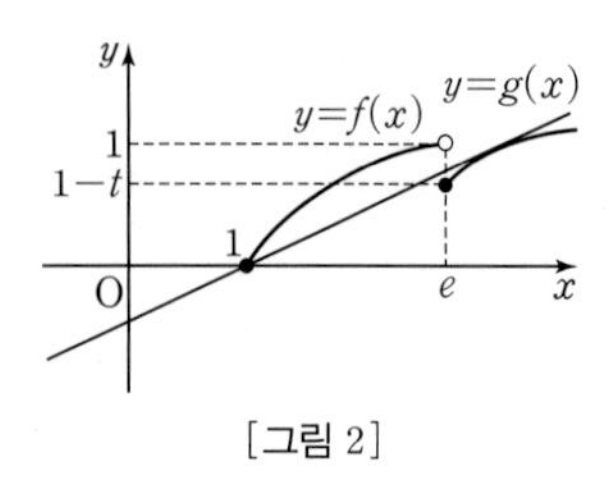

[그림 2]

두 점 $(1, 0)$, $(e, 1-t)$를 지나는 직선의 기울기는

$\dfrac{1-t}{e-1}$ ...... ㉠

$y=-t+\ln x$에서 $y'=\dfrac{1}{x}$이므로 점 $(e, 1-t)$에서의 접선의 기울기는

$\dfrac{1}{e}$ ...... ㉡

㉠, ㉡이 같을 때의 t의 값을 구하면

$\dfrac{1-t}{e-1}=\dfrac{1}{e}$, $1-t=\dfrac{e-1}{e}$ $\quad\therefore t=\dfrac{1}{e}$

따라서 [그림 1]의 경우는 $0<t<\dfrac{1}{e}$일 때이고, [그림 2]의 경우는 $t\ge\dfrac{1}{e}$일 때이다.

Step 3 $h'(t)$ 구하기

(i) $0<t<\dfrac{1}{e}$일 때
직선 $y=g(x)$가 두 점 $(1, 0)$, $(e, 1-t)$를 지날 때, 기울기가 최소이므로
$h(t)=\dfrac{1-t}{e-1}$ $\quad\therefore h'(t)=-\dfrac{1}{e-1}$

(ii) $t\ge\dfrac{1}{e}$일 때
직선 $y=g(x)$가 점 $(1, 0)$을 지나면서 곡선 $y=-t+\ln x$와 접할 때 기울기가 최소이다.
접점의 좌표를 $(k, -t+\ln k)$라 하면 $y=-t+\ln x$에서 $y'=\dfrac{1}{x}$이므로
$h(t)=\dfrac{1}{k}$
즉, 접선의 방정식은
$y-(-t+\ln k)=\dfrac{1}{k}(x-k)$
이 직선이 점 $(1, 0)$을 지나므로
$-(-t+\ln k)=\dfrac{1}{k}(1-k)$ $\quad\therefore t=\dfrac{1}{k}-1+\ln k$
이때 $h(t)=\dfrac{1}{k}$이므로 위의 식에 $k=\dfrac{1}{h(t)}$을 대입하면
$t=h(t)-1+\ln\dfrac{1}{h(t)}$ $\quad\therefore t=h(t)-1-\ln h(t)$
양변을 t에 대하여 미분하면
$1=h'(t)-\dfrac{h'(t)}{h(t)}$, $1=h'(t)\left\{1-\dfrac{1}{h(t)}\right\}$
$\therefore h'(t)=\dfrac{h(t)}{h(t)-1}$

(i), (ii)에서 $h'(t)=\begin{cases} -\dfrac{1}{e-1} & \left(0<t<\dfrac{1}{e}\right) \\ \dfrac{h(t)}{h(t)-1} & \left(t\ge\dfrac{1}{e}\right) \end{cases}$

Step 4 $h'\left(\dfrac{1}{2e}\right)$, $h'(a)$의 값 구하기

$\dfrac{1}{2e}<\dfrac{1}{e}$이므로 $h'\left(\dfrac{1}{2e}\right)=-\dfrac{1}{e-1}$

또 $h(a)=\dfrac{1}{e+2}<\dfrac{1}{e}$에서

$a\ge\dfrac{1}{e}$ → $0<t<\dfrac{1}{e}$일 때 $h(t)>\dfrac{1}{e}$, $t\ge\dfrac{1}{e}$일 때 $h(t)\le\dfrac{1}{e}$

$\therefore h'(a)=\dfrac{h(a)}{h(a)-1}=\dfrac{\dfrac{1}{e+2}}{\dfrac{1}{e+2}-1}=-\dfrac{1}{e+1}$

Step 5 $h'\left(\dfrac{1}{2e}\right)\times h'(a)$의 값 구하기

$\therefore h'\left(\dfrac{1}{2e}\right)\times h'(a)=-\dfrac{1}{e-1}\times\left(-\dfrac{1}{e+1}\right)=\dfrac{1}{(e-1)(e+1)}$

16 일차

01 ③	02 ①	03 ③	04 ④	05 ①	06 ③	07 ②	08 ①	09 ②	10 ③	11 ①	12 17
13 ③	14 ③	15 ①	16 ②	17 ②	18 50	19 29	20 208	21 27	22 17	23 95	24 216

문제편 228쪽~237쪽

01 함수의 증가와 감소

정답 ③ | 정답률 90%

문제 보기

함수 $f(x)=e^{x+1}(x^2+3x+1)$이 구간 (a, b)에서 감소할 때, $b-a$의 최댓값은? [3점]

└→ $f'(x)\le 0$을 만족시키는 x의 값의 범위를 구한다.

① 1 ② 2 ③ 3 ④ 4 ⑤ 5

Step 1 $f'(x)$ 구하기

$f(x)=e^{x+1}(x^2+3x+1)$에서

$f'(x)=e^{x+1}(x^2+3x+1)+e^{x+1}(2x+3)$

$=e^{x+1}(x^2+5x+4)$

Step 2 함수가 감소하는 x의 값의 범위 구하기

함수 $f(x)$가 감소하는 구간은 $f'(x)\le 0$에서

$e^{x+1}(x^2+5x+4)\le 0$

이때 $e^{x+1}>0$이므로

$x^2+5x+4\le 0$, $(x+4)(x+1)\le 0$

$\therefore -4\le x\le -1$

Step 3 $b-a$의 최댓값 구하기

함수 $f(x)$가 감소하는 구간은 $[-4, -1]$이므로 $b-a$의 값이 최대인 경우는 $a=-4$, $b=-1$일 때이다.

따라서 $b-a$의 최댓값은

$-1-(-4)=3$

02 함수의 증가와 감소

정답 ① | 정답률 81%

문제 보기

실수 전체의 집합에서 함수 $f(x)=(x^2+2ax+11)e^x$이 증가하도록 하는 자연수 a의 최댓값은? [3점]

└→ $f'(x)\ge 0$임을 이용하여 부등식을 세운다.

① 3 ② 4 ③ 5 ④ 6 ⑤ 7

Step 1 $f'(x)$ 구하기

$f(x)=(x^2+2ax+11)e^x$에서

$f'(x)=(2x+2a)e^x+(x^2+2ax+11)e^x$

$=\{x^2+2(a+1)x+2a+11\}e^x$

Step 2 함수가 증가하기 위한 조건을 이용하여 부등식 세우기

실수 전체의 집합에서 함수 $f(x)$가 증가하려면 모든 실수 x에 대하여 $f'(x)\ge 0$이어야 하므로

$\{x^2+2(a+1)x+2a+11\}e^x\ge 0$

이때 $e^x>0$이므로

$x^2+2(a+1)x+2a+11\ge 0$

Step 3 자연수 a의 최댓값 구하기

이차방정식 $x^2+2(a+1)x+2a+11=0$의 판별식을 D라 하면

$\frac{D}{4}=(a+1)^2-(2a+11)\le 0$

$a^2-10\le 0$, $(a+\sqrt{10})(a-\sqrt{10})\le 0$

$\therefore -\sqrt{10}\le a\le \sqrt{10}$

따라서 자연수 a의 최댓값은 3이다.

03 함수의 증가와 감소

정답 ③ | 정답률 79%

문제 보기

함수 $f(x)=\frac{1}{2}x^2-3x-\frac{k}{x}$가 열린구간 $(0, \infty)$에서 증가할 때, 실수 k의 최솟값은? [4점]

└ $x>0$에서 $f'(x)\geq 0$임을 이용하여 부등식을 세운다.

① 3 ② $\frac{7}{2}$ ③ 4 ④ $\frac{9}{2}$ ⑤ 5

Step 1 $f'(x)$ 구하기

$f(x)=\frac{1}{2}x^2-3x-\frac{k}{x}$에서

$f'(x)=x-3+\frac{k}{x^2}$

Step 2 함수가 증가하기 위한 조건을 이용하여 부등식 세우기

함수 $f(x)$가 열린구간 $(0, \infty)$에서 증가하려면 $x>0$에서 $f'(x)\geq 0$이어야 하므로

$x-3+\frac{k}{x^2}\geq 0$

이때 $x^2>0$이므로

$x^3-3x^2+k\geq 0$ ⋯⋯ ㉠

Step 3 k의 최솟값 구하기

㉠에서 $g(x)=x^3-3x^2+k$라 하면

$g'(x)=3x^2-6x=3x(x-2)$

$g'(x)=0$인 x의 값은

$x=2$ ($\because x>0$)

$x>0$에서 함수 $g(x)$의 증가와 감소를 표로 나타내면 다음과 같다.

x	0	⋯	2	⋯
$g'(x)$		−	0	+
$g(x)$		↘	$k-4$ 극소	↗

$x>0$에서 함수 $g(x)$의 최솟값은 $k-4$이므로 $g(x)\geq 0$이 성립하려면

$k-4\geq 0$ $\therefore k\geq 4$

따라서 실수 k의 최솟값은 4이다.

04 함수의 극대와 극소

정답 ④ | 정답률 91%

문제 보기

함수 $f(x)=(x^2-3)e^{-x}$의 극댓값과 극솟값을 각각 a, b라 할 때, $a\times b$의 값은? [3점]

└ $f'(x)=0$인 x의 값의 좌우에서 $f'(x)$의 부호를 조사한다.

① $-12e^2$ ② $-12e$ ③ $-\frac{12}{e}$ ④ $-\frac{12}{e^2}$ ⑤ $-\frac{12}{e^3}$

Step 1 $f'(x)$ 구하기

$f(x)=(x^2-3)e^{-x}$에서

$f'(x)=2xe^{-x}+(x^2-3)\times(-e^{-x})$

$=(-x^2+2x+3)e^{-x}=-(x+1)(x-3)e^{-x}$

Step 2 함수 $f(x)$의 극댓값, 극솟값 구하기

$f'(x)=0$인 x의 값은 $x=-1$ 또는 $x=3$ ($\because e^{-x}>0$)

함수 $f(x)$의 증가와 감소를 표로 나타내면 다음과 같다.

x	⋯	−1	⋯	3	⋯
$f'(x)$	−	0	+	0	−
$f(x)$	↘	$-2e$ 극소	↗	$6e^{-3}$ 극대	↘

즉, 함수 $f(x)$는 $x=-1$에서 극소이고 극솟값은 $-2e$, $x=3$에서 극대이고 극댓값은 $6e^{-3}$이다.

Step 3 $a\times b$의 값 구하기

따라서 $a=6e^{-3}$, $b=-2e$이므로 $a\times b=6e^{-3}\times(-2e)=-12e^{-2}=-\frac{12}{e^2}$

05 함수의 극대와 극소

정답 ① | 정답률 94%

문제 보기

함수 $f(x)=(x^2-2x-7)e^x$의 극댓값과 극솟값을 각각 a, b라 할 때, $a\times b$의 값은? [3점]

└ $f'(x)=0$인 x의 값의 좌우에서 $f'(x)$의 부호를 조사한다.

① −32 ② −30 ③ −28 ④ −26 ⑤ −24

Step 1 $f'(x)$ 구하기

$f(x)=(x^2-2x-7)e^x$에서

$f'(x)=(2x-2)e^x+(x^2-2x-7)e^x$

$=(x^2-9)e^x=(x+3)(x-3)e^x$

Step 2 함수 $f(x)$의 극댓값, 극솟값 구하기

$f'(x)=0$인 x의 값은 $x=-3$ 또는 $x=3$ ($\because e^x>0$)

함수 $f(x)$의 증가와 감소를 표로 나타내면 다음과 같다.

x	⋯	−3	⋯	3	⋯
$f'(x)$	+	0	−	0	+
$f(x)$	↗	$8e^{-3}$ 극대	↘	$-4e^3$ 극소	↗

즉, 함수 $f(x)$는 $x=-3$에서 극대이고 극댓값은 $8e^{-3}$, $x=3$에서 극소이고 극솟값은 $-4e^3$이다.

Step 3 $a\times b$의 값 구하기

따라서 $a=8e^{-3}$, $b=-4e^3$이므로 $a\times b=8e^{-3}\times(-4e^3)=-32$

06 함수의 극대와 극소 정답 ③ | 정답률 85%

문제 보기

함수 $f(x)=\frac{x-1}{x^2-x+1}$의 극댓값과 극솟값의 합은? [3점]

└→ $f'(x)=0$인 x의 값의 좌우에서 $f'(x)$의 부호를 조사한다.

① -1 ② $-\frac{5}{6}$ ③ $-\frac{2}{3}$ ④ $-\frac{1}{2}$ ⑤ $-\frac{1}{3}$

Step 1 $f'(x)$ 구하기

$f(x)=\frac{x-1}{x^2-x+1}$에서

$$f'(x)=\frac{(x^2-x+1)-(x-1)(2x-1)}{(x^2-x+1)^2}$$
$$=\frac{-x^2+2x}{(x^2-x+1)^2}$$
$$=\frac{-x(x-2)}{(x^2-x+1)^2}$$

Step 2 함수 $f(x)$의 극댓값, 극솟값 구하기

$f'(x)=0$인 x의 값은

$x=0$ 또는 $x=2$ ($\because (x^2-x+1)^2>0$)

함수 $f(x)$의 증가와 감소를 표로 나타내면 다음과 같다.

x	$\cdots$	0	$\cdots$	2	$\cdots$
$f'(x)$	$-$	0	$+$	0	$-$
$f(x)$	↘	-1 극소	↗	$\frac{1}{3}$ 극대	↘

즉, 함수 $f(x)$는 $x=0$에서 극소이고 극솟값은 -1, $x=2$에서 극대이고 극댓값은 $\frac{1}{3}$이다.

Step 3 극댓값과 극솟값의 합 구하기

따라서 극댓값과 극솟값의 합은

$\frac{1}{3}+(-1)=-\frac{2}{3}$

07 함수의 극대와 극소 정답 ② | 정답률 84%

문제 보기

함수 $f(x)=(x^2-8)e^{-x+1}$은 극솟값 a와 극댓값 b를 갖는다. 두 수 a, b의 곱 ab의 값은? [3점]

└→ $f'(x)=0$인 x의 값의 좌우에서 $f'(x)$의 부호를 조사한다.

① -34 ② -32 ③ -30 ④ -28 ⑤ -26

Step 1 $f'(x)$ 구하기

$f(x)=(x^2-8)e^{-x+1}$에서

$$f'(x)=2xe^{-x+1}+(x^2-8)\times(-e^{-x+1})$$
$$=(-x^2+2x+8)e^{-x+1}$$
$$=-(x+2)(x-4)e^{-x+1}$$

Step 2 함수 $f(x)$의 극댓값, 극솟값 구하기

$f'(x)=0$인 x의 값은

$x=-2$ 또는 $x=4$ ($\because e^{-x+1}>0$)

함수 $f(x)$의 증가와 감소를 표로 나타내면 다음과 같다.

x	$\cdots$	-2	$\cdots$	4	$\cdots$
$f'(x)$	$-$	0	$+$	0	$-$
$f(x)$	↘	$-4e^3$ 극소	↗	$8e^{-3}$ 극대	↘

즉, 함수 $f(x)$는 $x=-2$에서 극소이고 극솟값은 $-4e^3$, $x=4$에서 극대이고 극댓값은 $8e^{-3}$이다.

Step 3 ab의 값 구하기

따라서 $a=-4e^3$, $b=8e^{-3}$이므로

$ab=-4e^3\times 8e^{-3}=-32$

16 일차

08 함수의 극대와 극소 정답 ① | 정답률 85%

문제 보기

열린구간 $(0, 2\pi)$에서 정의된 함수 $f(x)=e^x(\sin x+\cos x)$의 극댓값을 M, 극솟값을 m이라 할 때, Mm의 값은? [3점]

└ $f'(x)=0$인 x의 값의 좌우에서 $f'(x)$의 부호를 조사한다.

① $-e^{2\pi}$ ② $-e^{\pi}$ ③ $\frac{1}{e^{3\pi}}$ ④ $\frac{1}{e^{2\pi}}$ ⑤ $\frac{1}{e^{\pi}}$

Step 1 $f'(x)$ 구하기

$f(x)=e^x(\sin x+\cos x)$에서

$f'(x)=e^x(\sin x+\cos x)+e^x(\cos x-\sin x)$

$=2e^x\cos x$

Step 2 함수 $f(x)$의 극댓값, 극솟값 구하기

$f'(x)=0$인 x의 값은

$\cos x=0$ ($\because e^x>0$)

$\therefore x=\frac{\pi}{2}$ 또는 $x=\frac{3}{2}\pi$ ($\because 0<x<2\pi$)

열린구간 $(0, 2\pi)$에서 함수 $f(x)$의 증가와 감소를 표로 나타내면 다음과 같다.

x	0	$\cdots$	$\frac{\pi}{2}$	$\cdots$	$\frac{3}{2}\pi$	$\cdots$	2π
$f'(x)$		+	0	−	0	+	
$f(x)$		↗	$e^{\frac{\pi}{2}}$ 극대	↘	$-e^{\frac{3}{2}\pi}$ 극소	↗	

즉, 함수 $f(x)$는 $x=\frac{\pi}{2}$에서 극대이고 극댓값은 $e^{\frac{\pi}{2}}$, $x=\frac{3}{2}\pi$에서 극소이고 극솟값은 $-e^{\frac{3}{2}\pi}$이다.

Step 3 Mm의 값 구하기

따라서 $M=e^{\frac{\pi}{2}}$, $m=-e^{\frac{3}{2}\pi}$이므로

$Mm=e^{\frac{\pi}{2}}\times(-e^{\frac{3}{2}\pi})=-e^{2\pi}$

09 함수의 극대와 극소 정답 ② | 정답률 79%

문제 보기

함수 $f(x)=\tan(\pi x^2+ax)$가 $x=\frac{1}{2}$에서 극솟값 k를 가질 때, k의 값은? (단, a는 상수이다.) [3점]

└ $f'\left(\frac{1}{2}\right)=0$, $f\left(\frac{1}{2}\right)=k$임을 이용한다.

① $-\sqrt{3}$ ② -1 ③ $-\frac{\sqrt{3}}{3}$ ④ 0 ⑤ $\frac{\sqrt{3}}{3}$

Step 1 a의 값 구하기

$f(x)=\tan(\pi x^2+ax)$에서

$f'(x)=\sec^2(\pi x^2+ax)\times(2\pi x+a)$

$=(2\pi x+a)\sec^2(\pi x^2+ax)$

$x=\frac{1}{2}$에서 극솟값을 가지므로 $f'\left(\frac{1}{2}\right)=0$에서

$(\pi+a)\sec^2\left(\frac{\pi}{4}+\frac{a}{2}\right)=0$

이때 $\sec^2\left(\frac{\pi}{4}+\frac{a}{2}\right)\neq0$이므로 → $\sec^2\left(\frac{\pi}{4}+\frac{a}{2}\right)=\frac{1}{\cos^2\left(\frac{\pi}{4}+\frac{a}{2}\right)}\neq0$

$\pi+a=0$ $\therefore a=-\pi$

Step 2 k의 값 구하기

따라서 $f(x)=\tan(\pi x^2-\pi x)$이므로

$k=f\left(\frac{1}{2}\right)=\tan\left(\frac{\pi}{4}-\frac{\pi}{2}\right)$

$=\tan\left(-\frac{\pi}{4}\right)=-\tan\frac{\pi}{4}=-1$

10 함수의 극대와 극소 정답 ③ | 정답률 75%

문제 보기

양의 실수 t에 대하여 곡선 $y=\ln x$ 위의 두 점 $P(t, \ln t)$, $Q(2t, \ln 2t)$에서의 접선이 x축과 만나는 점을 각각 $R(r(t), 0)$, $S(s(t), 0)$이라 하자. 함수 $f(t)$를 $f(t)=r(t)-s(t)$라 할 때, 함수 $f(t)$의 극솟값은? [4점]

└ 접선의 방정식을 구하여 $r(t)$, $s(t)$를 구한다.

$f'(t)=0$인 t의 값의 좌우에서 $f'(t)$의 부호를 조사한다. ┘

① $-\frac{1}{2}$ ② $-\frac{1}{3}$ ③ $-\frac{1}{4}$ ④ $-\frac{1}{5}$ ⑤ $-\frac{1}{6}$

Step 1 $r(t)$ 구하기

$h(x)=\ln x$라 하면 $h'(x)=\frac{1}{x}$

점 $P(t, \ln t)$에서의 접선의 기울기는 $h'(t)=\frac{1}{t}$이므로 접선의 방정식은

$y-\ln t=\frac{1}{t}(x-t)$ $\quad\therefore y=\frac{1}{t}x+\ln t-1$

이 직선이 x축과 만나는 점의 x좌표는 $0=\frac{1}{t}x+\ln t-1$에서

$x=t-t\ln t$ $\quad\therefore r(t)=t-t\ln t$

Step 2 $s(t)$ 구하기

점 $Q(2t, \ln 2t)$에서의 접선의 기울기는 $h'(2t)=\frac{1}{2t}$이므로 접선의 방정식은

$y-\ln 2t=\frac{1}{2t}(x-2t)$ $\quad\therefore y=\frac{1}{2t}x+\ln 2t-1$

이 직선이 x축과 만난 점의 x좌표는 $0=\frac{1}{2t}x+\ln 2t-1$에서

$x=2t-2t\ln 2t$ $\quad\therefore s(t)=2t-2t\ln 2t$

Step 3 $f'(t)$ 구하기

$\therefore f(t)=r(t)-s(t)=t-t\ln t-(2t-2t\ln 2t)$
$=t-t\ln t-2t+2t(\ln 2+\ln t)$
$=(2\ln 2-1)t+t\ln t$

$\therefore f'(t)=2\ln 2-1+\ln t+t\times\frac{1}{t}=2\ln 2+\ln t$

Step 4 함수 $f(t)$의 극솟값 구하기

$f'(t)=0$인 t의 값은

$2\ln 2+\ln t=0$, $\ln t=-2\ln 2$

$\ln t=\ln\frac{1}{4}$ $\quad\therefore t=\frac{1}{4}$

$t>0$에서 함수 $f(t)$의 증가와 감소를 표로 나타내면 다음과 같다.

t	0	$\cdots$	$\frac{1}{4}$	$\cdots$
$f'(t)$		$-$	0	$+$
$f(t)$		↘	$-\frac{1}{4}$ 극소	↗

따라서 함수 $f(t)$는 $t=\frac{1}{4}$에서 극소이고 극솟값은 $-\frac{1}{4}$이다.

11 극값을 가질 조건 정답 ① | 정답률 47%

문제 보기

모든 실수 x에 대하여 $f(x+2)=f(x)$이고, $0\le x<2$일 때

└ $f(x)$는 주기함수이다.

$f(x)=\frac{(x-a)^2}{x+1}$인 함수 $f(x)$가 $x=0$에서 극댓값을 갖는다. 구간 $[0, 2)$에서 극솟값을 갖도록 하는 모든 정수 a의 값의 곱은? [4점]

└ $f'(x)=0$인 x의 값을 a에 대한 식으로 나타낸다.

① -3 ② -2 ③ -1 ④ 1 ⑤ 2

Step 1 $f'(x)=0$인 x의 값 구하기

$f(x)=\frac{(x-a)^2}{x+1}$에서

$f'(x)=\frac{2(x-a)(x+1)-(x-a)^2}{(x+1)^2}=\frac{(x-a)(x+a+2)}{(x+1)^2}$

$f'(x)=0$인 x의 값은

$x=a$ 또는 $x=-a-2$

Step 2 a의 값 구하기

(i) $a=-a-2$, 즉 $a=-1$일 때

구간 $[0, 2)$에서

$f(x)=\frac{(x+1)^2}{x+1}=x+1$

이고, $f(x+2)=f(x)$이므로 함수 $y=f(x)$의 그래프는 오른쪽 그림과 같다.

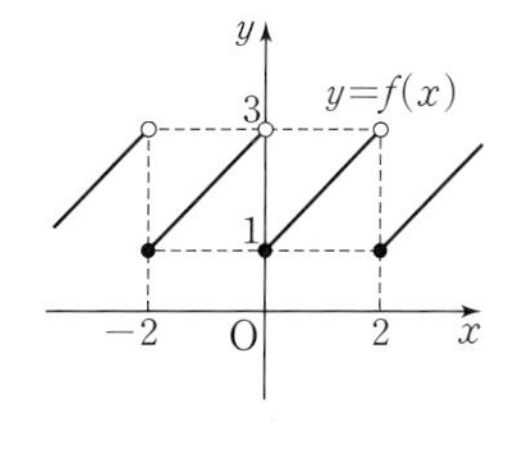

이때 $f(x)$는 $x=0$에서 극댓값을 갖지 않으므로

$a\ne-1$

(ii) $a<-a-2$, 즉 $a<-1$일 때

$x=-a-2$의 좌우에서 $f'(x)$의 부호가 음에서 양으로 바뀌므로 $x=-a-2$에서 $f(x)$는 극솟값을 갖는다.

이때 함수 $f(x)$는 $x=0$에서 극댓값을 가지므로 구간 $[0, 2)$에서 극솟값을 가지려면 구간 $(0, 2)$에서 극솟값을 가져야 한다.

즉, $0<-a-2<2$에서 $-4<a<-2$

$\therefore a=-3$ ($\because$ a는 정수)

(iii) $a>-a-2$, 즉 $a>-1$일 때

$x=a$의 좌우에서 $f'(x)$의 부호가 음에서 양으로 바뀌므로 $x=a$에서 $f(x)$는 극솟값을 갖는다.

이때 함수 $f(x)$는 $x=0$에서 극댓값을 가지므로 구간 $[0, 2)$에서 극솟값을 가지려면 구간 $(0, 2)$에서 극솟값을 가져야 한다.

$\therefore 0<a<2$

$\therefore a=1$ ($\because$ a는 정수)

(i), (ii), (iii)에서 $a=-3$ 또는 $a=1$

Step 3 모든 정수 a의 값의 곱 구하기

따라서 조건을 만족시키는 모든 정수 a의 값의 곱은

$-3\times1=-3$

12 극값을 가질 조건

정답 17 | 정답률 34%

문제 보기

$t>2e$인 실수 t에 대하여 함수 $f(x)=t(\ln x)^2-x^2$이 $x=k$에서 극대 (└ $f'(k)=0$) 일 때, 실수 k의 값을 $g(t)$라 하면 $g(t)$는 미분가능한 함수이다. (└ $f'(k)=0$에 k 대신 $g(t)$를 대입한다.)

$g(\alpha)=e^2$인 실수 α에 대하여 $\alpha\times\{g'(\alpha)\}^2=\frac{q}{p}$일 때, $p+q$의 값을 구하시오. (단, p와 q는 서로소인 자연수이다.) [4점]

Step 1 $f'(x)$ 구하기

$f(x)=t(\ln x)^2-x^2$에서

$f'(x)=\frac{2t\ln x}{x}-2x=\frac{2t\ln x-2x^2}{x}$

Step 2 $\alpha\times\{g'(\alpha)\}^2$의 값 구하기

함수 $f(x)$가 $x=k$에서 극대이므로 $f'(k)=0$에서

$\frac{2t\ln k-2k^2}{k}=0$, $2t\ln k-2k^2=0$

$\therefore t\ln k=k^2$

이때 실수 k의 값이 $g(t)$이므로

$t\ln g(t)=\{g(t)\}^2$ ...... ㉠

㉠에 $t=\alpha$를 대입하면

$\alpha\ln g(\alpha)=\{g(\alpha)\}^2$

$2\alpha=e^4$ ($\because g(\alpha)=e^2$)

$\therefore \alpha=\frac{e^4}{2}$

㉠의 양변을 t에 대하여 미분하면

$\ln g(t)+t\times\frac{g'(t)}{g(t)}=2g(t)\times g'(t)$

$t=\alpha$를 대입하면

$\ln g(\alpha)+\alpha\times\frac{g'(\alpha)}{g(\alpha)}=2g(\alpha)\times g'(\alpha)$

$2+\frac{e^4}{2}\times\frac{g'(\alpha)}{e^2}=2e^2\times g'(\alpha)$ $\left(\because \alpha=\frac{e^4}{2},\ g(\alpha)=e^2\right)$

$\frac{3}{2}e^2\times g'(\alpha)=2$, $g'(\alpha)=\frac{4}{3e^2}$

$\therefore \alpha\times\{g'(\alpha)\}^2=\frac{e^4}{2}\times\frac{16}{9e^4}=\frac{8}{9}$

Step 3 $p+q$의 값 구하기

따라서 $p=9$, $q=8$이므로

$p+q=17$

13 극값을 가질 조건

정답 ③ | 정답률 75%

문제 보기

함수 $f(x)=e^{-x}(\ln x-2)$가 $x=a$에서 극값을 가질 때, 다음 중 a가 속하는 구간은? [3점] (└ $f'(a)=0$이고 $x=a$의 좌우에서 $f'(x)$의 부호가 바뀜을 이용한다.)

① $(1, e)$ ② (e, e^2) ③ (e^2, e^3) ④ (e^3, e^4) ⑤ (e^4, e^5)

Step 1 함수 $f(x)$가 $x=a$에서 극값을 가짐을 이용하여 조건 파악하기

함수 $f(x)=e^{-x}(\ln x-2)$의 정의역은 $x>0$이고 (└ $\ln x$의 진수 조건을 이용해.)

$f'(x)=-e^{-x}(\ln x-2)+e^{-x}\times\frac{1}{x}$

$=e^{-x}\left(\frac{1}{x}-\ln x+2\right)$

함수 $f(x)$가 $x=a$에서 극값을 가지므로 $f'(a)=0$이고, $x=a\,(a>0)$의 좌우에서 $f'(x)$의 부호가 바뀐다.

이때 $e^{-x}>0$이므로 $g(x)=\frac{1}{x}-\ln x+2$라 하면 $g(a)=0$이고, $x=a\,(a>0)$의 좌우에서 $g(x)$의 부호가 바뀌어야 한다.

Step 2 $x=a$의 좌우에서 $g(x)$의 부호 조사하기

$x>0$에서 두 함수 $y=\frac{1}{x}+2$와 $y=\ln x$의 그래프는 다음 그림과 같다.

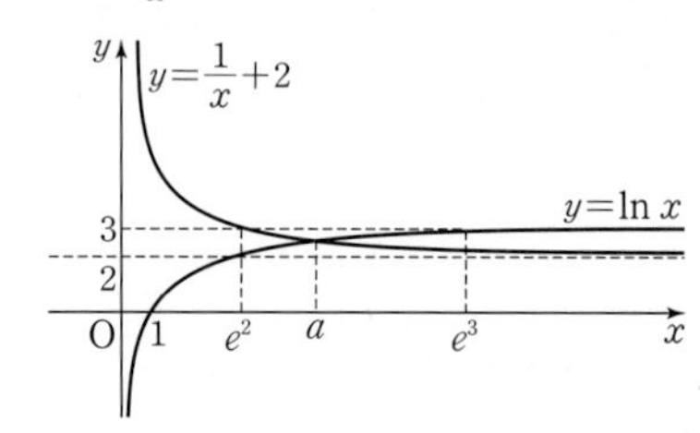

이때 $g(a)=0$에서 위의 두 그래프의 교점의 x좌표는 a이다.

$x=e^2$일 때 $\frac{1}{x}+2>\ln x$이므로 $g(e^2)=\frac{1}{e^2}-\ln e^2+2=\frac{1}{e^2}>0$

$x=e^3$일 때 $\frac{1}{x}+2<\ln x$이므로 $g(e^3)=\frac{1}{e^3}-\ln e^3+2=\frac{1}{e^3}-1<0$

Step 3 a가 속하는 구간 구하기

구간 (e^2, e^3)에서 양수 a에 대하여 $g(a)=0$, 즉 $f'(a)=0$이고 $f'(e^2)>0$, $f'(e^3)<0$이다.

따라서 함수 $f(x)$가 $x=a$에서 극값을 가질 때 a가 속하는 구간은 (e^2, e^3)이다.

다른 풀이 사잇값의 정리 이용하기

함수 $f(x)$가 $x=a$에서 극값을 가지므로 $f'(a)=0$이어야 한다.

$f'(x)=e^{-x}\left(\frac{1}{x}-\ln x+2\right)$에서 $e^{-x}>0$이므로

$g(x)=\frac{1}{x}-\ln x+2$라 하면 $g(a)=0$

함수 $g(x)$는 $x>0$에서 연속이고, $g(1)=3>0$, $g(e)=\frac{1}{e}+1>0$,

$g(e^2)=\frac{1}{e^2}>0$, $g(e^3)=\frac{1}{e^3}-1<0$, $g(e^4)=\frac{1}{e^4}-2<0$,

$g(e^5)=\frac{1}{e^5}-3<0$이므로 $g(e^2)g(e^3)<0$

따라서 사잇값의 정리에 의하여 $g(x)=0$은 열린구간 (e^2, e^3)에서 적어도 하나의 실근을 갖는다.

이때 $g'(x)=-\frac{1}{x^2}-\frac{1}{x}=-\frac{1+x}{x^2}<0$ ($\because x>0$)이므로 함수 $g(x)$는 $x>0$에서 감소한다.

따라서 $g(x)=0$은 열린구간 (e^2, e^3)에서 오직 하나의 실근을 가지므로 a가 속하는 구간은 (e^2, e^3)이다.

14 함수의 극대와 극소의 응용 정답 ③ | 정답률 47%

문제 보기

열린구간 $(0, 2\pi)$에서 정의된 함수 $f(x)=\cos x+2x\sin x$가 $x=\alpha$와 $x=\beta$에서 극값을 가진다. 〈보기〉에서 옳은 것만을 있는 대로 고른 것은? (단, $\alpha<\beta$) [4점] ($\rightarrow f'(\alpha)=0,\ f'(\beta)=0$)

〈 보기 〉

ㄱ. $\tan(\alpha+\pi)=-2\alpha$ → $\tan(\alpha+\pi)=\tan\alpha$임을 이용한다.

ㄴ. $g(x)=\tan x$라 할 때, $g'(\alpha+\pi)<g'(\beta)$이다. → $x=\alpha+\pi$, $x=\beta$에서의 접선의 기울기를 생각한다.

ㄷ. $\dfrac{2(\beta-\alpha)}{\alpha+\pi-\beta}<\sec^2\alpha$

① ㄱ ② ㄷ ③ ㄱ, ㄴ ④ ㄴ, ㄷ ⑤ ㄱ, ㄴ, ㄷ

Step 1 ㄱ이 옳은지 확인하기

ㄱ. $f(x)=\cos x+2x\sin x$에서

$f'(x)=-\sin x+2\sin x+2x\cos x$

$=\sin x+2x\cos x$

함수 $f(x)$가 $x=\alpha$에서 극값을 가지므로 $f'(\alpha)=0$에서

$\sin\alpha+2\alpha\cos\alpha=0$

양변을 $\cos\alpha(\cos\alpha\neq0)$로 나누면

→ $\cos\alpha=0$인 α의 값은 $\frac{\pi}{2}$, $\frac{3}{2}\pi$이지만 $\sin\frac{\pi}{2}\neq0$, $\sin\frac{3}{2}\pi\neq0$이므로 $\cos\alpha$의 값은 0이 될 수 없어.

$\dfrac{\sin\alpha}{\cos\alpha}+2\alpha=0$, $\tan\alpha+2\alpha=0$

$\therefore \tan\alpha=-2\alpha$ ...... ㉠

$\therefore \tan(\alpha+\pi)=\tan\alpha=-2\alpha$ ...... ㉡

Step 2 ㄴ이 옳은지 확인하기

ㄴ. 함수 $f(x)$가 $x=\beta$에서 극값을 가지므로 $f'(\beta)=0$이고 ㄱ과 같은 방법으로 하면

$\tan\beta=-2\beta$ ...... ㉢

㉠, ㉢에서 α, β는 열린구간 $(0, 2\pi)$에서 방정식 $\tan x=-2x$의 실근이므로 함수 $y=g(x)$의 그래프와 직선 $y=-2x$의 교점의 x좌표가 α, β이다.

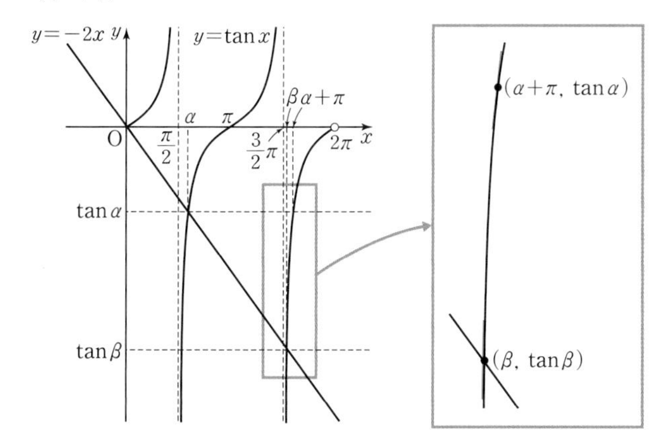

위의 그림에서 $x=\alpha+\pi$에서의 접선의 기울기와 $x=\beta$에서의 접선의 기울기를 비교하면 $x=\beta$에서의 접선의 기울기가 크다.

$\therefore g'(\alpha+\pi)<g'(\beta)$

Step 3 ㄷ이 옳은지 확인하기

ㄷ. ㉡, ㉢에 의하여

$\dfrac{2(\beta-\alpha)}{\alpha+\pi-\beta}=\dfrac{-2\alpha-(-2\beta)}{(\alpha+\pi)-\beta}$

$=\dfrac{\tan(\alpha+\pi)-\tan\beta}{(\alpha+\pi)-\beta}$

따라서 $\dfrac{2(\beta-\alpha)}{\alpha+\pi-\beta}$는 두 점 $(\beta, \tan\beta)$, $(\alpha+\pi, \tan(\alpha+\pi))$를 지나는 직선의 기울기와 같다.

또 $\sec^2\alpha=(\tan\alpha)'=\{\tan(\alpha+\pi)\}'$이므로 $\sec^2\alpha$는 곡선 $y=g(x)$ 위의 점 $(\alpha+\pi, g(\alpha+\pi))$에서의 접선의 기울기와 같다.

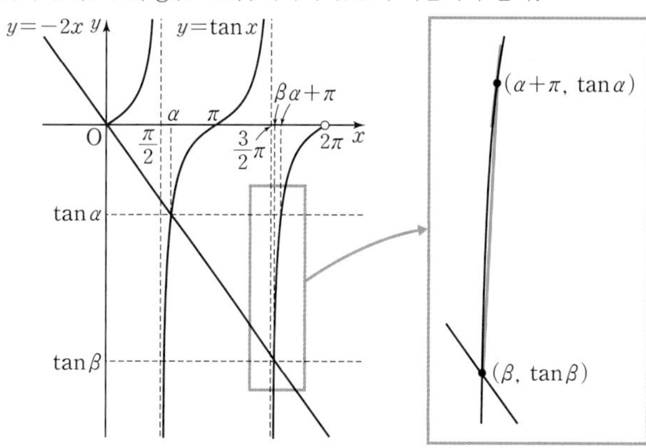

$\tan(\alpha+\pi)=\tan\alpha$이므로 위의 그림에서 두 점 $(\beta, \tan\beta)$, $(\alpha+\pi, \tan\alpha)$를 지나는 직선의 기울기는 점 $(\alpha+\pi, \tan\alpha)$에서의 접선의 기울기보다 크다.

$\therefore \dfrac{2(\beta-\alpha)}{\alpha+\pi-\beta}>\sec^2\alpha$

Step 4 옳은 것 구하기

따라서 보기 중 옳은 것은 ㄱ, ㄴ이다.

15 함수의 극대와 극소의 응용 정답 ① | 정답률 47%

문제 보기

자연수 n에 대하여 열린구간 $(3n-3,\ 3n)$에서 함수

$$f(x)=(2x-3n)\sin 2x-(2x^2-6nx+4n^2-1)\cos 2x$$

가 $x=a$에서 극대 또는 극소가 되는 모든 a의 값의 합을 a_n이라 하자.

└→ $f'(a)=0$이고, $x=a$의 좌우에서 $f'(x)$의 부호가 바뀐다.

$\cos a_m=0$이 되도록 하는 자연수 m의 최솟값을 l이라 할 때, $\sum_{k=1}^{l+2} a_k$의 값은? [4점]

└→ $a_m=\frac{2k-1}{2}\pi$ (k는 정수) 꼴이다.

① $7+\frac{45}{2}\pi$ ② $8+\frac{45}{2}\pi$ ③ $7+\frac{47}{2}\pi$ ④ $8+\frac{47}{2}\pi$ ⑤ $7+\frac{49}{2}\pi$

Step 1 $f'(x)=0$인 x의 값 구하기

$f(x)=(2x-3n)\sin 2x-(2x^2-6nx+4n^2-1)\cos 2x$에서

$$f'(x)=2\sin 2x+2(2x-3n)\cos 2x-(4x-6n)\cos 2x+2(2x^2-6nx+4n^2-1)\sin 2x$$
$$=(4x^2-12nx+8n^2)\sin 2x$$
$$=4(x-n)(x-2n)\sin 2x$$

$f'(x)=0$인 x의 값은

$x=n$ 또는 $x=2n$ 또는 $\sin 2x=0$

$\therefore\ x=n$ 또는 $x=2n$ 또는 $x=\frac{m}{2}\pi$ (단, m은 정수)

Step 2 $a_1,\ a_2,\ \cdots,\ a_{l+2}$의 값과 l의 값 구하기

(i) $n=1$일 때

$f'(x)=4(x-1)(x-2)\sin 2x$

$0<x<3$에서 $f'(x)=0$인 x의 값은

$x=1$ 또는 $x=\frac{\pi}{2}$ 또는 $x=2$

$0<x<3$에서 함수 $f(x)$의 증가와 감소를 표로 나타내면 다음과 같다.

x	0	$\cdots$	1	$\cdots$	$\frac{\pi}{2}$	$\cdots$	2	$\cdots$	3
$f'(x)$		+	0	−	0	+	0	−	
$f(x)$		↗	극대	↘	극소	↗	극대	↘	

즉, 함수 $f(x)$는 $x=1,\ x=2$에서 극대이고, $x=\frac{\pi}{2}$에서 극소이므로

$a_1=1+2+\frac{\pi}{2}=\frac{\pi}{2}+3$

이때 $\cos a_1=\cos\left(\frac{\pi}{2}+3\right)=-\sin 3\neq 0$이므로 $l\neq 1$

(ii) $n=2$일 때

$f'(x)=4(x-2)(x-4)\sin 2x$

$3<x<6$에서 $f'(x)=0$인 x의 값은

$x=\pi$ 또는 $x=4$ 또는 $x=\frac{3}{2}\pi$

$3<x<6$에서 함수 $f(x)$의 증가와 감소를 표로 나타내면 다음과 같다.

x	3	$\cdots$	π	$\cdots$	4	$\cdots$	$\frac{3}{2}\pi$	$\cdots$	6
$f'(x)$		+	0	−	0	+	0	−	
$f(x)$		↗	극대	↘	극소	↗	극대	↘	

즉, 함수 $f(x)$는 $x=\pi,\ x=\frac{3}{2}\pi$에서 극대이고, $x=4$에서 극소이므로

$a_2=\pi+\frac{3}{2}\pi+4=\frac{5}{2}\pi+4$

이때 $\cos a_2=\cos\left(\frac{5}{2}\pi+4\right)=-\sin 4\neq 0$이므로 $l\neq 2$

(iii) $n=3$일 때

$f'(x)=4(x-3)(x-6)\sin 2x$

$6<x<9$에서 $f'(x)=0$인 x의 값은

$x=2\pi$ 또는 $x=\frac{5}{2}\pi$

$6<x<9$에서 함수 $f(x)$의 증가와 감소를 표로 나타내면 다음과 같다.

x	6	$\cdots$	2π	$\cdots$	$\frac{5}{2}\pi$	$\cdots$	9
$f'(x)$		−	0	+	0	−	
$f(x)$		↘	극소	↗	극대	↘	

즉, 함수 $f(x)$는 $x=\frac{5}{2}\pi$에서 극대이고, $x=2\pi$에서 극소이므로

$a_3=\frac{5}{2}\pi+2\pi=\frac{9}{2}\pi$

이때 $\cos a_3=\cos\frac{9}{2}\pi=0$이므로 $l=3$

$\therefore\ \sum_{k=1}^{l+2} a_k=\sum_{k=1}^{5} a_k$ …… ㉠

(iv) $n=4$일 때

$f'(x)=4(x-4)(x-8)\sin 2x$

$9<x<12$에서 $f'(x)=0$인 x의 값은

$x=3\pi$ 또는 $x=\frac{7}{2}\pi$

$9<x<12$에서 함수 $f(x)$의 증가와 감소를 표로 나타내면 다음과 같다.

x	9	$\cdots$	3π	$\cdots$	$\frac{7}{2}\pi$	$\cdots$	12
$f'(x)$		−	0	+	0	−	
$f(x)$		↘	극소	↗	극대	↘	

즉, 함수 $f(x)$는 $x=\frac{7}{2}\pi$에서 극대이고, $x=3\pi$에서 극소이므로

$a_4=\frac{7}{2}\pi+3\pi=\frac{13}{2}\pi$

(v) $n=5$일 때

$f'(x)=4(x-5)(x-10)\sin 2x$

$12<x<15$에서 $f'(x)=0$인 x의 값은

$x=4\pi$ 또는 $x=\frac{9}{2}\pi$

$12<x<15$에서 함수 $f(x)$의 증가와 감소를 표로 나타내면 다음과 같다.

x	12	$\cdots$	4π	$\cdots$	$\frac{9}{2}\pi$	$\cdots$	15
$f'(x)$		−	0	+	0	−	
$f(x)$		↘	극소	↗	극대	↘	

즉, 함수 $f(x)$는 $x=\frac{9}{2}\pi$에서 극대이고, $x=4\pi$에서 극소이므로

$a_5=\frac{9}{2}\pi+4\pi=\frac{17}{2}\pi$

Step 3 $\sum_{k=1}^{l+2} a_k$의 값 구하기

$$\therefore\ \sum_{k=1}^{l+2} a_k=\sum_{k=1}^{5} a_k=a_1+a_2+a_3+a_4+a_5\ (\because ㉠)$$
$$=\left(\frac{\pi}{2}+3\right)+\left(\frac{5}{2}\pi+4\right)+\frac{9}{2}\pi+\frac{13}{2}\pi+\frac{17}{2}\pi$$
$$=7+\frac{45}{2}\pi$$

16 함수의 극대와 극소의 응용 정답 ② | 정답률 25%

문제 보기

두 상수 $a(a>0)$, b에 대하여 실수 전체의 집합에서 연속인 함수 $f(x)$가 다음 조건을 만족시킬 때, $a\times b$의 값은? [4점]

(가) 모든 실수 x에 대하여
$\{f(x)\}^2+2f(x)=a\cos^3\pi x\times e^{\sin^2\pi x}+b$
이다.
(나) $f(0)=f(2)+1$
└→ $f(0)$, $f(2)$의 값을 구한 후 함수 $f(x)$가 연속임을 이용하여 a, b의 값을 구한다.

① $-\frac{1}{16}$ ② $-\frac{7}{64}$ ③ $-\frac{5}{32}$ ④ $-\frac{13}{64}$ ⑤ $-\frac{1}{4}$

Step 1 $f(0)$, $f(2)$의 값 구하기

조건 (가)에서
$\{f(x)\}^2+2f(x)=a\cos^3\pi x\times e^{\sin^2\pi x}+b$ …… ㉠
㉠의 양변에 $x=0$을 대입하면
$\{f(0)\}^2+2f(0)=a+b$ …… ㉡
㉠의 양변에 $x=2$를 대입하면
$\{f(2)\}^2+2f(2)=a+b$ …… ㉢
㉡, ㉢에서
$\{f(0)\}^2+2f(0)=\{f(2)\}^2+2f(2)$
$\{f(2)\}^2-\{f(0)\}^2+2f(2)-2f(0)=0$
$\{f(2)+f(0)\}\{f(2)-f(0)\}+2\{f(2)-f(0)\}=0$
$\{f(2)-f(0)\}\{f(2)+f(0)+2\}=0$
$\therefore f(2)=f(0)$ 또는 $f(2)+f(0)+2=0$
이때 $f(2)=f(0)$이면 조건 (나)를 만족시키지 않으므로
$f(2)+f(0)+2=0$
이 식과 조건 (나)의 식을 연립하여 풀면
$f(0)=-\frac{1}{2}$, $f(2)=-\frac{3}{2}$

Step 2 $f(0)$의 값을 이용하여 a, b의 관계식 찾기

$f(0)=-\frac{1}{2}$을 ㉡에 대입하면
$\left(-\frac{1}{2}\right)^2+2\times\left(-\frac{1}{2}\right)=a+b$
$\therefore a+b=-\frac{3}{4}$ …… ㉣

Step 3 함수 $f(x)$가 연속임을 이용하여 a, b의 관계식 찾기

㉠에서
$\{f(x)+1\}^2=a\cos^3\pi x\times e^{\sin^2\pi x}+b+1$
$g(x)=a\cos^3\pi x\times e^{\sin^2\pi x}+b+1$이라 하면
$\{f(x)+1\}^2=g(x)$ …… ㉤
이때 $\{f(x)+1\}^2\geq 0$이므로
$g(x)\geq 0$
한편 함수 $f(x)$는 실수 전체의 집합에서 연속이므로 닫힌구간 $[0, 2]$에서 연속이고 $f(0)=-\frac{1}{2}$, $f(2)=-\frac{3}{2}$이므로 사잇값의 정리에 의하여 $f(c)=-1$인 c가 0과 2 사이에 적어도 하나 존재한다.
따라서 ㉤에 $x=c$를 대입하면
$g(c)=0$
함수 $g(x)$는 실수 전체의 집합에서 미분가능하고 $g(x)\geq 0$이므로 $g(x)$는 $x=c$일 때 극솟값 0을 갖는다.

$$g'(x)=3a\cos^2\pi x\times(-\pi\sin\pi x)\times e^{\sin^2\pi x}+a\cos^3\pi x\times 2\sin\pi x\times\pi\cos\pi x\times e^{\sin^2\pi x}$$
$$=a\pi\cos^2\pi x\sin\pi x(-3+2\cos^2\pi x)\times e^{\sin^2\pi x}$$

열린구간 $(0, 2)$에서 $g'(x)=0$인 x의 값은
$x=\frac{1}{2}$ 또는 $x=1$ 또는 $x=\frac{3}{2}$

함수 $g(x)$의 증가와 감소를 표로 나타내면 다음과 같다.

x	(0)	$\cdots$	$\frac{1}{2}$	$\cdots$	1	$\cdots$	$\frac{3}{2}$	$\cdots$	(2)
$g'(x)$		$-$	0	$-$	0	$+$	0	$+$	
$g(x)$		↘	$b+1$	↘	$-a+b+1$ 극소	↗	$b+1$	↗	

따라서 함수 $g(x)$는 $x=1$일 때 극소이고, 극솟값이 $g(1)=-a+b+1$이므로
$-a+b+1=0$ …… ㉥

Step 4 a, b의 값 구하기

㉣, ㉥을 연립하여 풀면
$a=\frac{1}{8}$, $b=-\frac{7}{8}$

Step 5 $a\times b$의 값 구하기

$\therefore a\times b=\frac{1}{8}\times\left(-\frac{7}{8}\right)=-\frac{7}{64}$

16 일차

17 함수의 극대와 극소의 응용 정답 ② | 정답률 55%

문제 보기

함수 $f(x)=6\pi(x-1)^2$에 대하여 함수 $g(x)$를

$$g(x)=3f(x)+4\cos f(x)$$

라 하자. 0<x<2에서 함수 $g(x)$가 극소가 되는 x의 개수는? [4점]

└→ $g'(x)=0$을 만족시키는 x의 값의 좌우에서 $g'(x)$의 부호가 음에서 양으로 바뀐다.

① 6 ② 7 ③ 8 ④ 9 ⑤ 10

Step 1 $g'(x)=0$이 되는 경우 조사하기

$g(x)=3f(x)+4\cos f(x)$에서

$g'(x)=3f'(x)-4\sin f(x)\times f'(x)$

$\quad\quad=-f'(x)\{4\sin f(x)-3\}$

$g'(x)=0$에서

$f'(x)=0$ 또는 $\sin f(x)=\frac{3}{4}$

Step 2 극소가 되는 x의 개수 구하기

$f(x)=6\pi(x-1)^2$에서

$f'(x)=12\pi(x-1)$

$f'(x)=0$인 x의 값은 $x=1$

한편 $0<x<2$에서 $0\le f(x)<6\pi$이므로 다음 그림과 같이 $0\le x<6\pi$에서 $\sin x=\frac{3}{4}$을 만족시키는 x의 값을 작은 것부터 차례대로 a_1, a_2, a_3, $\cdots$, a_6이라 하자.

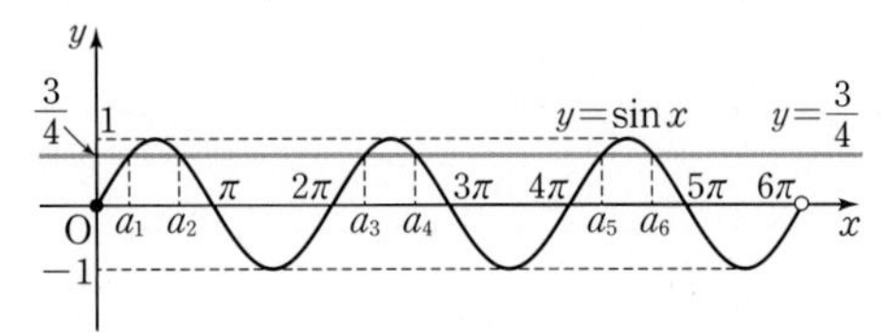

다음 그림과 같이 함수 $f(x)=6\pi(x-1)^2$의 그래프가 직선 $y=a_1$, $y=a_2$, $\cdots$, $y=a_6$과 만나는 점의 x좌표를 작은 것부터 차례대로 c_1, c_2, c_3, $\cdots$, c_{12}라 하자.

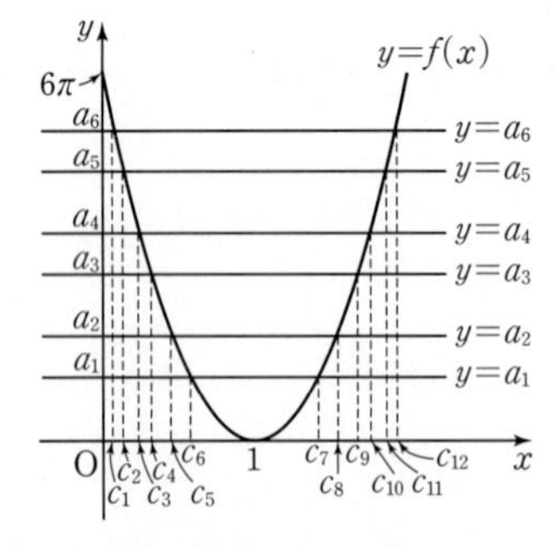

$x<c_1$일 때, $f'(x)<0$, $4\sin f(x)-3<0$이므로

$g'(x)<0$

$c_1<x<c_2$일 때, $f'(x)<0$, $4\sin f(x)-3>0$이므로

$g'(x)>0$

$c_2<x<c_3$일 때, $f'(x)<0$, $4\sin f(x)-3<0$이므로

$g'(x)<0$

$c_3<x<c_4$일 때, $f'(x)<0$, $4\sin f(x)-3>0$이므로

$g'(x)>0$

$c_4<x<c_5$일 때, $f'(x)<0$, $4\sin f(x)-3<0$이므로

$g'(x)<0$

$c_5<x<c_6$일 때, $f'(x)<0$, $4\sin f(x)-3>0$이므로

$g'(x)>0$

$f'(1)=0$이고 함수 $f(x)=6\pi(x-1)^2$의 그래프는 직선 $x=1$에 대하여 대칭이므로 $0<x<2$에서 함수 $g(x)$의 증가와 감소를 표로 나타내면 다음과 같다.

x	0	$\cdots$	c_1	$\cdots$	c_2	$\cdots$	c_3	$\cdots$	c_4	$\cdots$
$g'(x)$		$-$	0	$+$	0	$-$	0	$+$	0	
$g(x)$		↘	극소	↗	극대	↘	극소	↗	극대	↘

x	c_5	$\cdots$	c_6	$\cdots$	1	$\cdots$	c_7	$\cdots$	c_8	$\cdots$
$g'(x)$	0	$+$	0	$-$	0	$+$	0	$-$	0	$+$
$g(x)$	극소	↗	극대	↘	극소	↗	극대	↘	극소	↗

x	c_9	$\cdots$	c_{10}	$\cdots$	c_{11}	$\cdots$	c_{12}	$\cdots$	2
$g'(x)$	0	$-$	0	$+$	0	$-$	0	$+$	
$g(x)$	극대	↘	극소	↗	극대	↘	극소	↗	

따라서 함수 $g(x)$가 극소가 되는 x의 개수는 7이다.

18 함수의 극대와 극소의 응용 정답 50 | 정답률 18%

문제 보기

최고차항의 계수가 1인 다항함수 $f(x)$와 함수

$$g(x)=x-\frac{f(x)}{f'(x)}$$

가 다음 조건을 만족시킨다.

> (가) 방정식 $f(x)=0$의 실근은 0과 2뿐이고 허근은 존재하지 않는다.
> └→ 다항식 $f(x)$의 인수가 x와 $x-2$뿐이다.
>
> (나) $\lim_{x\to 2}\frac{(x-2)^3}{f(x)}$이 존재한다. → 극한값이 존재할 조건을 이용하여 다항함수 $f(x)$의 차수를 파악한다.
>
> (다) 함수 $\left|\frac{g(x)}{x}\right|$는 $x=\frac{5}{4}$에서 연속이고 미분가능하지 않다.

함수 $g(x)$의 극솟값을 k라 할 때, $27k$의 값을 구하시오. [4점]

Step 1 $f(x)$의 식 세우기

조건 (가)에서 방정식 $f(x)=0$의 실근은 0과 2뿐이고 허근은 존재하지 않으므로 최고차항의 계수가 1인 다항함수 $f(x)$를

$f(x)=x^m(x-2)^n$ (m, n은 자연수) …… ㉠

이라 하자.

Step 2 $f(x)$의 차수 조건 파악하기

$$\lim_{x\to 2}\frac{(x-2)^3}{f(x)}=\lim_{x\to 2}\frac{(x-2)^3}{x^m(x-2)^n}$$

(i) $n<3$일 때

$$\lim_{x\to 2}\frac{(x-2)^3}{x^m(x-2)^n}=\lim_{x\to 2}\frac{(x-2)^{3-n}}{x^m}=0$$

(ii) $n=3$일 때

$$\lim_{x\to 2}\frac{(x-2)^3}{x^m(x-2)^n}=\lim_{x\to 2}\frac{(x-2)^3}{x^m(x-2)^3}=\lim_{x\to 2}\frac{1}{x^m}=\frac{1}{2^m}$$

(iii) $n>3$일 때

$$\lim_{x\to 2}\frac{(x-2)^3}{x^m(x-2)^n}=\lim_{x\to 2}\frac{1}{x^m(x-2)^{n-3}}$$은 발산한다.

(i), (ii), (iii)에서

$$\lim_{x\to 2}\frac{(x-2)^3}{x^m(x-2)^n}=\begin{cases}0 & (n<3)\\ \frac{1}{2^m} & (n=3)\\ \text{발산} & (n>3)\end{cases}$$

이때 조건 (나)에서 $\lim_{x\to 2}\frac{(x-2)^3}{f(x)}$이 존재하므로 n은 3 이하의 자연수이다.

Step 3 $g(x)$ 구하기

$f(x)=x^m(x-2)^n$에서

$$\begin{aligned}f'(x)&=mx^{m-1}(x-2)^n+x^mn(x-2)^{n-1}\\&=x^{m-1}(x-2)^{n-1}\{m(x-2)+nx\}\\&=x^{m-1}(x-2)^{n-1}\{(m+n)x-2m\}\end{aligned}$$

$$\begin{aligned}g(x)&=x-\frac{f(x)}{f'(x)}\\&=x-\frac{x^m(x-2)^n}{x^{m-1}(x-2)^{n-1}\{(m+n)x-2m\}}\\&=x-\frac{x(x-2)}{(m+n)x-2m}\quad\cdots\cdots\ ㉡\end{aligned}$$

즉, 함수 $g(x)$는 $x\neq 0$, $x\neq 2$, $x\neq\frac{2m}{m+n}$인 모든 실수에서 정의된다.

$$\begin{aligned}\therefore\ \frac{g(x)}{x}&=1-\frac{x-2}{(m+n)x-2m}\\&=\frac{(m+n-1)x-2(m-1)}{(m+n)x-2m}\\&=\frac{\frac{m+n-1}{m+n}\left(x-\frac{2m}{m+n}\right)+\frac{2m(m+n-1)}{(m+n)^2}-\frac{2(m-1)}{m+n}}{x-\frac{2m}{m+n}}\\&=\frac{\frac{2n}{(m+n)^2}}{x-\frac{2m}{m+n}}+\frac{m+n-1}{m+n}\end{aligned}$$

따라서 함수 $y=\left|\frac{g(x)}{x}\right|$의 그래프는 다음 그림과 같다.

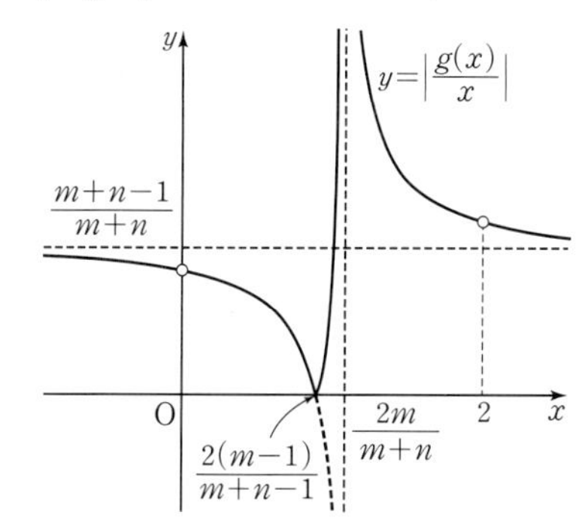

함수 $\left|\frac{g(x)}{x}\right|$는 $x=\frac{2(m-1)}{m+n-1}$일 때 연속이고 미분가능하지 않으므로 조건 (다)에 의하여

$\frac{2(m-1)}{m+n-1}=\frac{5}{4}$, $3m=5n+3$ $\quad\therefore\ m=\frac{5n+3}{3}$

이때 n은 3 이하의 자연수이므로

$n=1$일 때, $m=\frac{8}{3}$에서 m이 자연수가 아니므로 ㉠을 만족시키지 않는다.

$n=2$일 때, $m=\frac{13}{3}$에서 m이 자연수가 아니므로 ㉠을 만족시키지 않는다.

$n=3$일 때, $m=6$

따라서 ㉡에서

$$g(x)=x-\frac{x(x-2)}{(6+3)x-2\times 6}=x-\frac{x(x-2)}{9x-12}=\frac{8x^2-10x}{9x-12}=\frac{2x(4x-5)}{3(3x-4)}$$

Step 4 함수 $g(x)$의 극솟값 구하기

$$\begin{aligned}g'(x)&=\frac{\{2(4x-5)+2x\times 4\}\times 3(3x-4)-2x(4x-5)\times 9}{\{3(3x-4)\}^2}\\&=\frac{8(3x^2-8x+5)}{3(3x-4)^2}=\frac{8(x-1)(3x-5)}{3(3x-4)^2}\end{aligned}$$

$g'(x)=0$인 x의 값은 $x=1$ 또는 $x=\frac{5}{3}$

함수 $g(x)$의 증가와 감소를 표로 나타내면 다음과 같다.

x	$\cdots$	1	$\cdots$	$\frac{4}{3}$	$\cdots$	$\frac{5}{3}$	$\cdots$
$g'(x)$	$+$	0	$-$		$-$	0	$+$
$g(x)$	↗	$\frac{2}{3}$ 극대	↘		↘	$\frac{50}{27}$ 극소	↗

즉, 함수 $g(x)$는 $x=\frac{5}{3}$에서 극소이고 극솟값은 $\frac{50}{27}$이다.

Step 5 $27k$의 값 구하기

따라서 $k=\frac{50}{27}$이므로 $27k=27\times\frac{50}{27}=50$

19 함수의 극대와 극소의 응용 정답 29 | 정답률 10%

문제 보기

최고차항의 계수가 1인 삼차함수 $f(x)$에 대하여 실수 전체의 집합에서 정의된 함수 $g(x)=f(\sin^2\pi x)$가 다음 조건을 만족시킨다.

└→ 함수 $y=g(x)$의 그래프의 성질을 파악한다.

> (가) $0<x<1$에서 함수 $g(x)$가 극대가 되는 x의 개수가 3이고, 이때 극댓값이 모두 동일하다.
>
> (나) 함수 $g(x)$의 최댓값은 $\frac{1}{2}$이고 최솟값은 0이다.
>
> └→ 함수 $y=g(x)$의 그래프의 개형을 파악한다.

$f(2)=a+b\sqrt{2}$일 때, a^2+b^2의 값을 구하시오.

(단, a와 b는 유리수이다.) [4점]

Step 1 함수 $y=g(x)$의 그래프의 성질 파악하기

$g(x)=f(\sin^2\pi x)$에 대하여

$g(1-x)=f(\sin^2\pi(1-x))$

$=f(\{\sin(\pi-\pi x)\}^2)$

$=f(\sin^2\pi x)$

즉, $g(1-x)=g(x)$이므로 함수 $y=g(x)$의 그래프는 직선 $x=\frac{1}{2}$에 대하여 대칭이다.

Step 2 $f(x)$의 식 세우기

$g(x)=f(\sin^2\pi x)$에서

$g'(x)=f'(\sin^2\pi x)\times 2\sin\pi x\times\pi\cos\pi x$

$=f'(\sin^2\pi x)\times\pi\sin 2\pi x$ ⟶ $2\sin\pi x\cos\pi x=\sin 2\pi x$

$g'(x)=0$에서

$f'(\sin^2\pi x)=0$ 또는 $\pi\sin 2\pi x=0$

조건 (가)에서 $0<x<1$일 때 함수 $g(x)$가 극대가 되는 x의 개수가 3이어야 한다.

이때 $x=\frac{1}{2}$에서 $\pi\sin 2\pi x=0$이므로 함수 $g(x)$는 $x=\frac{1}{2}$에서 극값을 갖는다.

따라서 함수 $y=g(x)$의 그래프의 개형은 다음 그림과 같다.

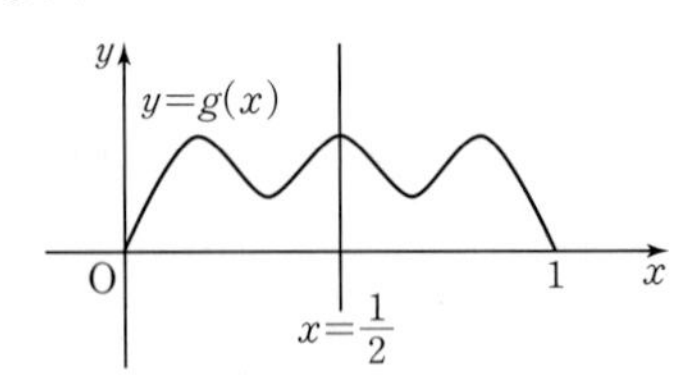

한편 $0<x<\frac{1}{2}$일 때, $0<\sin^2\pi x<1$이므로 조건 (가)를 만족시키려면 함수 $f(x)$는 $0<x<1$에서 극댓값과 극솟값을 가져야 한다. …… ㉠

└→ $\sin^2\pi x=t$로 놓으면 $0<t<1$에서 $f'(t)=0$

또 조건 (나)에서 함수 $g(x)$의 최댓값은 $\frac{1}{2}$이므로 $g\left(\frac{1}{2}\right)=\frac{1}{2}$에서

$f(1)=\frac{1}{2}$ …… ㉡

└→ $g\left(\frac{1}{2}\right)=f\left(\sin^2\frac{\pi}{2}\right)=f(1)=\frac{1}{2}$

함수 $f(x)$는 최고차항의 계수가 1인 삼차함수이므로 ㉠, ㉡에서

$f(x)=(x-\alpha)^2(x-1)+\frac{1}{2}$ $(0<\alpha<1)$이라 하자.

Step 3 $f(x)$ 구하기

$f(x)=(x-\alpha)^2(x-1)+\frac{1}{2}$에서

$f'(x)=2(x-\alpha)(x-1)+(x-\alpha)^2$

$=(x-\alpha)(3x-\alpha-2)$

$f'(x)=0$인 x의 값은

$x=\alpha$ 또는 $x=\frac{\alpha+2}{3}$

(i) 함수 $f(x)$가 $x=\frac{\alpha+2}{3}$에서 최솟값 0을 갖는 경우

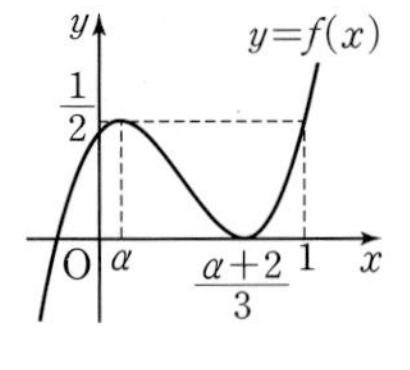

$f\left(\frac{\alpha+2}{3}\right)=0$

$\left(\frac{\alpha+2}{3}-\alpha\right)^2\left(\frac{\alpha+2}{3}-1\right)+\frac{1}{2}=0$

$4\left(\frac{\alpha-1}{3}\right)^3=-\frac{1}{2}$, $\left(\frac{\alpha-1}{3}\right)^3=-\frac{1}{8}$

$\frac{\alpha-1}{3}=-\frac{1}{2}$ $\therefore \alpha=-\frac{1}{2}$

그런데 $0<\alpha<1$이므로 조건을 만족시키지 않는다.

(ii) 함수 $f(x)$가 $x=0$에서 최솟값 0을 갖는 경우

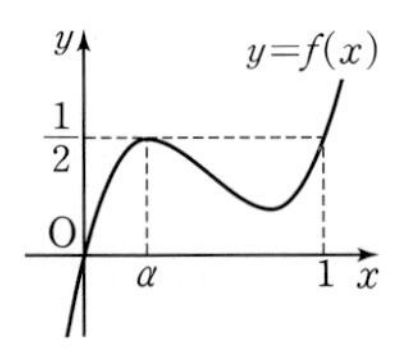

$f(0)=0$

$-\alpha^2+\frac{1}{2}=0$, $\alpha^2=\frac{1}{2}$

$\therefore \alpha=\frac{\sqrt{2}}{2}$ $(\because 0<\alpha<1)$

(i), (ii)에서

$f(x)=\left(x-\frac{\sqrt{2}}{2}\right)^2(x-1)+\frac{1}{2}$

Step 4 a^2+b^2의 값 구하기

$\therefore f(2)=\left(2-\frac{\sqrt{2}}{2}\right)^2+\frac{1}{2}=5-2\sqrt{2}$

따라서 $a=5$, $b=-2$이므로

$a^2+b^2=5^2+(-2)^2=29$

20 함수의 극대와 극소의 응용 정답 208 | 정답률 3%

문제 보기

최고차항의 계수가 1인 삼차함수 $f(x)$에 대하여 함수 $g(x)$를

$g(x)=\sin|\pi f(x)|$

라 하자. 함수 $y=g(x)$의 그래프와 x축이 만나는 점의 x좌표 중 양수인 것을 작은 수부터 크기순으로 모두 나열할 때, n번째 수를 a_n이라 하자. 함수 $g(x)$와 자연수 m이 다음 조건을 만족시킨다.

└→ $f(a_n)$은 정수임을 이용한다.

(가) 함수 $g(x)$는 $x=a_4$와 $x=a_8$에서 극대이다.

└→ $x=a_4$, $x=a_8$에서 함수 $f(x)$의 조건을 파악한다.

(나) $f(a_m)=f(0)$

$f(a_k)\le f(m)$을 만족시키는 자연수 k의 최댓값을 구하시오. [4점]

Step 1 m의 값 구하기

$h(x)=\sin|\pi x|$라 하면 $g(x)=h(f(x))$

함수 $y=\sin|\pi x|$의 그래프는 다음 그림과 같다.

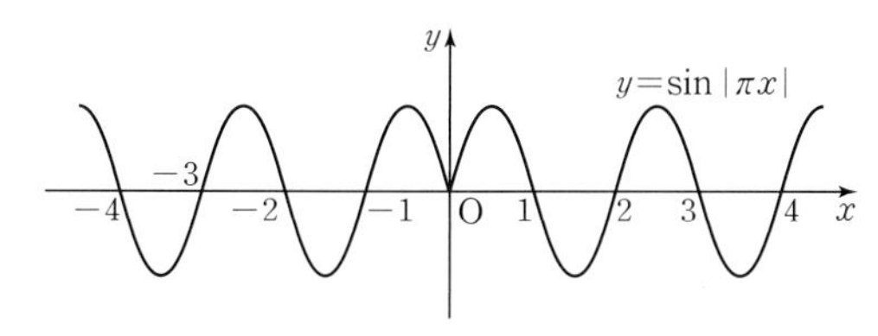

위의 그래프를 보면 x가 정수일 때 함수 $y=h(x)$의 그래프와 x축이 만난다.

즉, $g(x)=\sin|\pi f(x)|$에서 $f(x)$가 정수일 때 함수 $y=g(x)$의 그래프와 x축이 만나므로 a_n은 $y=f(x)$의 그래프의 y좌표가 정수가 되는 x좌표 중 양수인 것을 작은 수부터 크기순으로 나열한 것이다.

이때 함수 $h(x)$는 x가 정수일 때 극댓값을 갖지 않으므로 조건 (가)를 만족시키려면 함수 $f(x)$가 $x=a_4$와 $x=a_8$에서 극값을 가져야 한다.

따라서 정수 p에 대하여 함수 $y=f(x)$의 그래프의 개형은 다음 그림과 같아야 한다.

└→ a_4와 a_8 사이에 a_5, a_6, a_7이 있어야 하므로 $f(a_4)-f(a_8)=4$이어야 해.

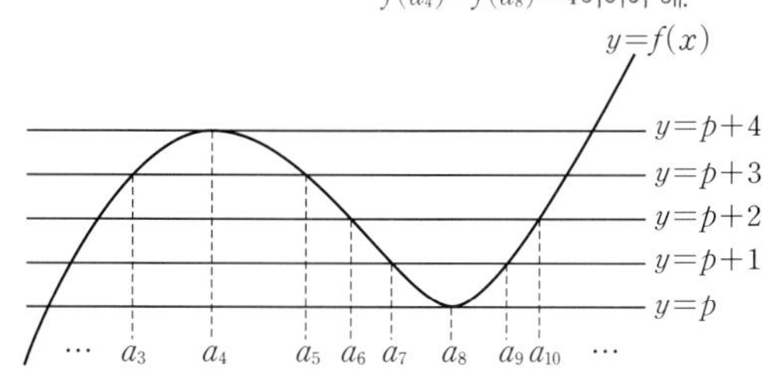

$f(a_4)$는 극댓값이므로 $y=\sin|\pi x|$의 그래프에서 $f(a_4)$의 값이 될 수 있는 값은 $\cdots$, -3, -1, 2, 4, $\cdots$이다.

또 $f(a_8)$은 극솟값이므로 $y=\sin|\pi x|$의 그래프에서 $f(a_8)$의 값이 될 수 있는 값은 $\cdots$, -4, -2, 1, 3, $\cdots$이다.

이때 $f(a_4)-f(a_8)=4$이어야 하므로

$f(a_4)=2$, $f(a_8)=-2$

따라서 함수 $y=f(x)$의 그래프는 다음 그림과 같다.

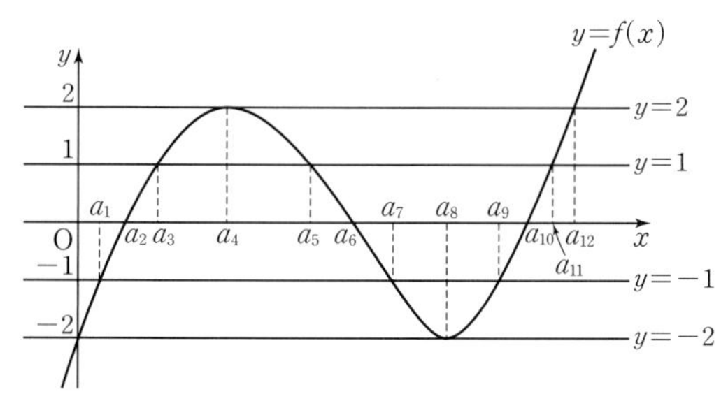

이때 $f(0)=f(a_8)$이므로 조건 (나)에서 $m=8$

Step 2 $f(x)$ 구하기

$f(x)+2=x(x-a_8)^2$에서

$f(x)=x(x-a_8)^2-2$

$f'(x)=(x-a_8)^2+2x(x-a_8)=(x-a_8)(3x-a_8)$

$f'(a_4)=0$이므로 $x=a_4$를 대입하면

$(a_4-a_8)(3a_4-a_8)=0 \qquad \therefore a_4=\dfrac{a_8}{3}$ ($\because a_4\ne a_8$)

이때 $f(a_4)=2$이므로

$a_4(a_4-a_8)^2-2=2$

$\dfrac{a_8}{3}\times\left(-\dfrac{2a_8}{3}\right)^2=4$, $a_8^3=27$

$\therefore a_8=3$

$\therefore f(x)=x(x-3)^2-2$

Step 3 자연수 k의 최댓값 구하기

따라서 $f(m)=f(8)=8\times25-2=198$이고

$k\ge8$일 때 $f(a_k)=k-10$이므로 $f(a_k)\le198$에서

$k-10\le198 \qquad \therefore k\le208$

따라서 자연수 k의 최댓값은 208이다.

16 일차

21 함수의 극대와 극소의 응용 정답 27 | 정답률 7%

문제 보기

최고차항의 계수가 6π인 삼차함수 $f(x)$에 대하여 함수

$g(x)=\dfrac{1}{2+\sin(f(x))}$이 $x=\alpha$에서 극대 또는 극소이고, $\alpha\ge0$인 모든 α를 작은 수부터 크기순으로 나열한 것을 $\alpha_1,\ \alpha_2,\ \alpha_3,\ \alpha_4,\ \alpha_5,\ \cdots$라 할 때, $g(x)$는 다음 조건을 만족시킨다. └→ $g'(\alpha_i)=0\ (i=1,\ 2,\ 3,\ \cdots)$

> (가) $\alpha_1=0$이고 $g(\alpha_1)=\dfrac{2}{5}$이다. → $g'(0)=0,\ g(0)=\dfrac{2}{5}$
>
> (나) $\dfrac{1}{g(\alpha_5)}=\dfrac{1}{g(\alpha_2)}+\dfrac{1}{2}$

$g'\left(-\dfrac{1}{2}\right)=a\pi$라 할 때, a^2의 값을 구하시오. $\left(\text{단, } 0<f(0)<\dfrac{\pi}{2}\right)$

[4점]

Step 1 $f(x)$의 식 세우기

$g(x)=\dfrac{1}{2+\sin f(x)}$에서 $g'(x)=-\dfrac{\cos f(x)\times f'(x)}{\{2+\sin f(x)\}^2}$

$g'(x)=0$에서

$-\cos f(x)\times f'(x)=0\ (\because\ \{2+\sin f(x)\}^2>0)$

$\therefore\ \cos f(x)=0$ 또는 $f'(x)=0$ …… ㉠

조건 (가)에서 $g(0)=\dfrac{2}{5}$이므로

$\dfrac{1}{2+\sin f(0)}=\dfrac{2}{5},\ 4+2\sin f(0)=5$

$\sin f(0)=\dfrac{1}{2}\qquad \therefore\ f(0)=\dfrac{\pi}{6}\ \left(\because\ 0<f(0)<\dfrac{\pi}{2}\right)$ …… ㉡

또 함수 $g(x)$는 $x=\alpha$에서 극대 또는 극소이므로 $x=\alpha_1=0$에서도 극대 또는 극소이다.

즉, $g'(0)=0$이므로 ㉠에서

$\cos f(0)=0$ 또는 $f'(0)=0$

그런데 ㉡에서 $f(0)=\dfrac{\pi}{6}$이므로 $\cos f(0)=\cos\dfrac{\pi}{6}\neq0$

$\therefore\ f'(0)=0$ …… ㉢

최고차항의 계수가 6π인 삼차함수 $f(x)$를

$f(x)=6\pi x^3+kx^2+lx+m$ ($k,\ l,\ m$은 상수)이라 하면

㉡에서 $m=\dfrac{\pi}{6}$

$f'(x)=18\pi x^2+2kx+l$이므로

㉢에서 $l=0$

$\therefore\ f(x)=6\pi x^3+kx^2+\dfrac{\pi}{6}$

Step 2 $f'(x)$에 대한 조건 파악하기

조건 (나)에서 $\dfrac{1}{g(\alpha_5)}-\dfrac{1}{g(\alpha_2)}=\dfrac{1}{2}$이므로

$\{2+\sin f(\alpha_5)\}-\{2+\sin f(\alpha_2)\}=\dfrac{1}{2}$

$\therefore\ \sin f(\alpha_5)-\sin f(\alpha_2)=\dfrac{1}{2}$ …… ㉣

이때 $\alpha_i(i=1,\ 2,\ 3,\ \cdots)$에 대하여 $g'(\alpha_i)=0$이므로 ㉠에서 $\cos f(\alpha_i)=0$이면 이를 만족시키는 $f(\alpha_i)$의 값은

$f(\alpha_i)=\pm\dfrac{\pi}{2},\ \pm\dfrac{3}{2}\pi,\ \pm\dfrac{5}{2}\pi,\ \cdots$

$\therefore\ \sin f(\alpha_i)=-1$ 또는 $\sin f(\alpha_i)=1$

따라서 ㉣을 만족시키려면 $\cos f(\alpha_2)\neq0$ 또는 $\cos f(\alpha_5)\neq0$이어야 한다.

$\therefore\ f'(\alpha_2)=0$ 또는 $f'(\alpha_5)=0$

이때 $f'(x)$는 이차함수이고 ㉢에서 $f'(0)=0$이므로

$f'(\alpha_2)=0,\ f'(\alpha_5)\neq0$ 또는 $f'(\alpha_2)\neq0,\ f'(\alpha_5)=0$

Step 3 $f(x),\ f'(x)$ 구하기

(i) $f'(\alpha_2)=0,\ f'(\alpha_5)\neq0$인 경우

$x\ge0$에서 함수 $y=f(x)$의 그래프는 다음과 같다.

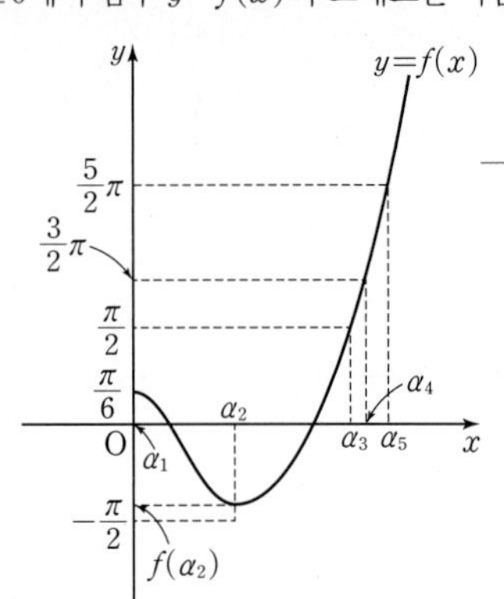

→ x좌표가 $\alpha_i(i=1,\ 2,\ 3,\ \cdots)$가 아닌 점에서 함숫값이 $\pm\dfrac{\pi}{2},\ \pm\dfrac{3}{2}\pi,\ \pm\dfrac{5}{2}\pi,\ \cdots$이면 그 점에서 $g(x)$가 $x=\alpha_i$인 점이 아닌 또다른 극점을 갖게 되므로 $\dfrac{\pi}{2},\ \dfrac{3}{2}\pi,\ \dfrac{5}{2}\pi$에 순서대로 $\alpha_3,\ \alpha_4,\ \alpha_5$를 대응시켜.

즉, $f(\alpha_5)=\dfrac{5}{2}\pi$이므로 ㉣에서

$\sin\dfrac{5}{2}\pi-\sin f(\alpha_2)=\dfrac{1}{2},\ 1-\sin f(\alpha_2)=\dfrac{1}{2}$

$\therefore\ \sin f(\alpha_2)=\dfrac{1}{2}$

이때 $f(x)$는 연속함수이므로 $f(\alpha_2)<-\dfrac{\pi}{2}$이면 $f(t)=-\dfrac{\pi}{2}$를 만족시키는 t가 구간 $(\alpha_1,\ \alpha_2)$에 존재하여 $g(x)$가 $x=t$에서 극값을 갖게 되어 조건을 만족시키지 않는다.

즉, $-\dfrac{\pi}{2}<f(\alpha_2)<\dfrac{\pi}{6}$이므로 이를 만족시키는 α_2는 존재하지 않는다.

(ii) $f'(\alpha_2)\neq0,\ f'(\alpha_5)=0$인 경우

$x\ge0$에서 함수 $y=f(x)$의 그래프는 다음과 같다.

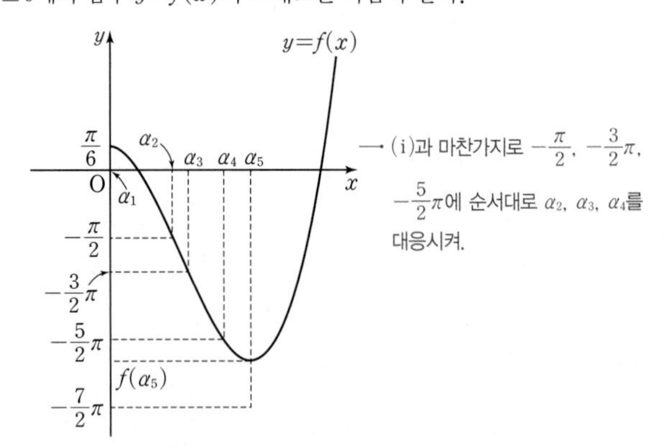

즉, $f(\alpha_2)=-\dfrac{\pi}{2}$이므로 ㉣에서

$\sin f(\alpha_5)-\sin\left(-\dfrac{\pi}{2}\right)=\dfrac{1}{2},\ \sin f(\alpha_5)+1=\dfrac{1}{2}$

$\therefore\ \sin f(\alpha_5)=-\dfrac{1}{2}$

이때 $f(x)$는 연속함수이므로 $f(\alpha_5)<-\dfrac{7}{2}\pi$이면 $f(t)=-\dfrac{7}{2}\pi$를 만족시키는 t가 구간 $(\alpha_4,\ \alpha_5)$에 존재하여 $g(x)$가 $x=t$에서 극값을 갖게 되어 조건을 만족시키지 않는다.

즉, $-\dfrac{7}{2}\pi<f(\alpha_5)<-\dfrac{5}{2}\pi$이므로 $\sin f(\alpha_5)=-\dfrac{1}{2}$에서

$f(\alpha_5)=-3\pi+\dfrac{\pi}{6}$ → $\sin\left(-3\pi+\dfrac{\pi}{6}\right)=-\sin\left(3\pi-\dfrac{\pi}{6}\right)=-\sin\left(\pi-\dfrac{\pi}{6}\right)$ $=-\sin\dfrac{\pi}{6}=-\dfrac{1}{2}$

한편 $f(x)=6\pi x^3+kx^2+\dfrac{\pi}{6}$에서

$f'(x)=18\pi x^2+2kx=2x(9\pi x+k)$

$f'(x)=0$인 x의 값은

$x=0$ 또는 $x=-\frac{k}{9\pi}$

즉, $\alpha_5=-\frac{k}{9\pi}$이므로 ⟶ $\alpha_5\neq 0$

$f(\alpha_5)=f\left(-\frac{k}{9\pi}\right)$

$=6\pi\times\left(-\frac{k}{9\pi}\right)^3+k\times\left(-\frac{k}{9\pi}\right)^2+\frac{\pi}{6}$

$=\frac{k^3}{3^5\pi^2}+\frac{\pi}{6}$

즉, $\frac{k^3}{3^5\pi^2}+\frac{\pi}{6}=-3\pi+\frac{\pi}{6}$이므로

$\frac{k^3}{3^5\pi^2}=-3\pi$, $k^3=-3^6\pi^3$ $\therefore k=-9\pi$ ($\because$ k는 실수)

$\therefore f(x)=6\pi x^3-9\pi x^2+\frac{\pi}{6}$, $f'(x)=18\pi x^2-18\pi x$

Step 4 $g'\left(-\frac{1}{2}\right)$의 값 구하기

$g'\left(-\frac{1}{2}\right)=-\frac{\cos f\left(-\frac{1}{2}\right)\times f'\left(-\frac{1}{2}\right)}{\left\{2+\sin f\left(-\frac{1}{2}\right)\right\}^2}$에서

$f'\left(-\frac{1}{2}\right)=18\pi\times\left(-\frac{1}{2}\right)^2-18\pi\times\left(-\frac{1}{2}\right)=\frac{27}{2}\pi$,

$f\left(-\frac{1}{2}\right)=6\pi\times\left(-\frac{1}{2}\right)^3-9\pi\times\left(-\frac{1}{2}\right)^2+\frac{\pi}{6}=-\frac{17}{6}\pi$이므로

$\sin f\left(-\frac{1}{2}\right)=\sin\left(-\frac{17}{6}\pi\right)=-\sin\frac{17}{6}\pi=-\sin\left(3\pi-\frac{\pi}{6}\right)$

$=-\sin\left(\pi-\frac{\pi}{6}\right)=-\sin\frac{\pi}{6}=-\frac{1}{2}$

$\cos f\left(-\frac{1}{2}\right)=\cos\left(-\frac{17}{6}\pi\right)=\cos\frac{17}{6}\pi=\cos\left(3\pi-\frac{\pi}{6}\right)$

$=\cos\left(\pi-\frac{\pi}{6}\right)=-\cos\frac{\pi}{6}=-\frac{\sqrt{3}}{2}$

$\therefore g'\left(-\frac{1}{2}\right)=-\frac{\left(-\frac{\sqrt{3}}{2}\right)\times\frac{27}{2}\pi}{\left\{2+\left(-\frac{1}{2}\right)\right\}^2}=3\sqrt{3}\pi$

Step 5 a^2의 값 구하기

따라서 $a=3\sqrt{3}$이므로

$a^2=27$

22 함수의 극대와 극소의 응용 정답 17 | 정답률 18%

문제 보기

두 상수 $a\,(1\leq a\leq 2)$, b에 대하여 함수 $f(x)=\sin(ax+b+\sin x)$가 다음 조건을 만족시킨다.

> (가) $f(0)=0$, $f(2\pi)=2\pi a+b$ ⟶ a, b의 값을 구한다.
> (나) $f'(0)=f'(t)$인 양수 t의 최솟값은 4π이다.

함수 $f(x)$가 $x=\alpha$에서 극대인 α의 값 중 열린구간 $(0, 4\pi)$에 속하는 모든 값의 집합을 A라 하자. 집합 A의 원소의 개수를 n, 집합 A의 원소 중 가장 작은 값을 α_1이라 하면, $n\alpha_1-ab=\frac{q}{p}\pi$이다. $p+q$의 값을 구하시오. (단, p와 q는 서로소인 자연수이다.) [4점]

└ $f'(\alpha)=0$이고 $x=\alpha$의 좌우에서 $f'(x)$의 부호가 바뀜을 이용한다.

Step 1 조건 (가)를 만족시키는 a, b의 값 구하기

조건 (가)에서 $f(0)=\sin b=0$이므로

$b=k\pi$ (단, k는 정수) …… ㉠

또 $f(2\pi)=\sin(2\pi a+b)=2\pi a+b$이므로

$2\pi a+b=0$

$\therefore b=-2\pi a$ …… ㉡

㉠, ㉡에서 $k\pi=-2\pi a$이므로 $a=-\frac{k}{2}$ (단, k는 정수)

$\therefore a=1$ 또는 $a=\frac{3}{2}$ 또는 $a=2$ ($\because$ $1\leq a\leq 2$)

따라서 조건 (가)를 만족시키는 두 상수 a, b의 순서쌍 (a, b)는

$(1, -2\pi)$, $\left(\frac{3}{2}, -3\pi\right)$, $(2, -4\pi)$

Step 2 a, b의 값 구하기

$f'(x)=\cos(ax+b+\sin x)\times(a+\cos x)$이므로

$f'(0)=\cos b\times(a+1)=(a+1)\cos b$

이때 조건 (나)에서 $f'(0)=f'(t)$이므로

$(a+1)\cos b=\cos(at+b+\sin t)\times(a+\cos t)$ …… ㉢

(i) $a=1$, $b=-2\pi$인 경우

㉢의 양변에 각각 $a=1$, $b=-2\pi$를 대입하면

$2\cos(-2\pi)=\cos(t-2\pi+\sin t)\times(1+\cos t)$

$2=\cos(t+\sin t-2\pi)\times(1+\cos t)$

$\cos(t+\sin t)\times(1+\cos t)=2$ …… ㉣

이때 $-1\leq\cos(t+\sin t)\leq 1$이고 $0\leq 1+\cos t\leq 2$이므로

$1+\cos t=2$ $\therefore \cos t=1$

이를 만족시키는 양수 t의 값은 2π, 4π, 6π, $\cdots$이고

㉣에 $t=2\pi$를 대입하면 등식이 성립하므로 양수 t의 최솟값은 2π가 되어 조건 (나)를 만족시키지 않는다.

(ii) $a=\frac{3}{2}$, $b=-3\pi$인 경우

㉢의 양변에 각각 $a=\frac{3}{2}$, $b=-3\pi$를 대입하면

$\frac{5}{2}\cos(-3\pi)=\cos\left(\frac{3}{2}t-3\pi+\sin t\right)\times\left(\frac{3}{2}+\cos t\right)$

$-\frac{5}{2}=\cos\left(\frac{3}{2}t+\sin t-3\pi\right)\times\left(\frac{3}{2}+\cos t\right)$

$\cos\left(\frac{3}{2}t+\sin t\right)\times\left(\frac{3}{2}+\cos t\right)=\frac{5}{2}$ …… ㉤

이때 $-1\leq\cos\left(\frac{3}{2}t+\sin t\right)\leq 1$이고 $\frac{1}{2}\leq\frac{3}{2}+\cos t\leq\frac{5}{2}$이므로

$\frac{3}{2}+\cos t=\frac{5}{2}$ $\therefore \cos t=1$

이를 만족시키는 양수 t의 값은 2π, 4π, 6π, $\cdots$이고

16 일차

㉤에 $t=2\pi$를 대입하면 등식이 성립하지 않고, $t=4\pi$를 대입하면 등식이 성립하므로 양수 t의 최솟값은 4π가 되어 조건 (나)를 만족시킨다.

(iii) $a=2$, $b=-4\pi$인 경우

㉢의 양변에 각각 $a=2$, $b=-4\pi$를 대입하면

$3\cos(-4\pi)=\cos(2t-4\pi+\sin t)\times(2+\cos t)$

$3=\cos(2t+\sin t-4\pi)\times(2+\cos t)$

$\cos(2t+\sin t)\times(2+\cos t)=3$ …… ㉥

이때 $-1\leq\cos(2t+\sin t)\leq1$이고 $1\leq2+\cos t\leq3$이므로

$2+\cos t=3$ $\quad\therefore \cos t=1$

이를 만족시키는 양수 t의 값은 2π, 4π, 6π, $\cdots$이고

㉥에 $t=2\pi$를 대입하면 등식이 성립하므로 양수 t의 최솟값은 2π가 되어 조건 (나)를 만족시키지 않는다.

(i), (ii), (iii)에서 $a=\frac{3}{2}$, $b=-3\pi$

Step 3 n, α_1의 값 구하기

$f'(x)=\cos\left(\frac{3}{2}x-3\pi+\sin x\right)\times\left(\frac{3}{2}+\cos x\right)$

$f(x)$가 $x=\alpha$에서 극대이면 $f'(\alpha)=0$이므로

$\cos\left(\frac{3}{2}\alpha-3\pi+\sin\alpha\right)=0 \left(\because \frac{3}{2}+\cos\alpha>0\right)$

$x=\alpha$의 좌우에서 $f'(x)$의 부호가 양에서 음으로 바뀌므로

$\frac{3}{2}\alpha-3\pi+\sin\alpha=2m\pi+\frac{\pi}{2}$ (단, m은 정수)

$\therefore \frac{3}{2}\alpha+\sin\alpha=(2m+3)\pi+\frac{\pi}{2}$ (단, m은 정수) …… ㉦

$g(x)=\frac{3}{2}x+\sin x$로 놓으면 $g'(x)=\frac{3}{2}+\cos x>0$이므로 함수 $g(x)$는 실수 전체의 집합에서 증가하고 $g(0)=0$, $g(4\pi)=6\pi$이므로 ㉦에서

$0<(2m+3)\pi+\frac{\pi}{2}<6\pi$

이를 만족시키는 정수 m의 값은 -1, 0, 1이므로 집합 A의 원소의 개수는 3이다.

$\therefore n=3$

또 $m=-1$일 때, α의 값이 최소이므로 ㉦에서

$\frac{3}{2}\alpha+\sin\alpha=\frac{3}{2}\pi$, $\sin\alpha=\frac{3}{2}(\pi-\alpha)$

이때 곡선 $y=\sin x$와 직선 $y=\frac{3}{2}(\pi-x)$는 점 $(\pi, 0)$에서만 만난다.

$\therefore \alpha_1=\pi$

Step 4 $n\alpha_1-ab$의 값 구하기

$\therefore n\alpha_1-ab=3\times\pi-\frac{3}{2}\times(-3\pi)=\frac{15}{2}\pi$

Step 5 $p+q$의 값 구하기

따라서 $p=2$, $q=15$이므로

$p+q=17$

23 함수의 극대와 극소의 응용 정답 95 | 정답률 3%

문제 보기

$x=a\ (a>0)$에서 극댓값을 갖는 사차함수 $f(x)$에 대하여 함수 $g(x)$가 ($f'(a)=0$)

$$g(x)=\begin{cases}\dfrac{1-\cos\pi x}{f(x)} & (f(x)\neq0)\\ \dfrac{7}{128}\pi^2 & (f(x)=0)\end{cases}$$

일 때, 함수 $g(x)$는 실수 전체의 집합에서 미분가능하고 다음 조건을 만족시킨다. (함수 $g(x)$가 실수 전체의 집합에서 연속이다.)

> (가) $g'(0)\times g'(2a)\neq0$ → $g'(0)\neq0$이고 $g'(2a)\neq0$이다.
> (나) 함수 $g(x)$는 $x=a$에서 극값을 갖는다. → $g'(a)=0$

$g(1)=\frac{2}{7}$일 때, $g(-1)=\frac{q}{p}$이다. $p+q$의 값을 구하시오.
(단, p와 q는 서로소인 자연수이다.) [4점]

Step 1 $f(0)$, $g(0)$의 값 구하기

조건 (가)에서 $g'(0)\neq0$, $g'(2a)\neq0$

$$g(x)=\begin{cases}\dfrac{1-\cos\pi x}{f(x)} & (f(x)\neq0)\\ \dfrac{7}{128}\pi^2 & (f(x)=0)\end{cases}$$ 에서 $f(x)\neq0$일 때,

$g'(x)=\dfrac{(\pi\sin\pi x)f(x)-(1-\cos\pi x)f'(x)}{\{f(x)\}^2}$ …… ㉠

이때 $f(0)\neq0$이면

$g'(0)=\dfrac{(\pi\sin0)f(0)-(1-\cos0)f'(0)}{\{f(0)\}^2}=0$

이므로 조건 (가)를 만족시키지 않는다.

$\therefore f(0)=0$, $g(0)=\frac{7}{128}\pi^2$

Step 2 $f(x)$의 식 세우기

함수 $g(x)$가 실수 전체의 집합에서 미분가능하므로 실수 전체의 집합에서 연속이다.

즉, 함수 $g(x)$는 $x=0$에서 연속이므로 $\lim_{x\to0}g(x)=g(0)$에서

$\lim_{x\to0}\dfrac{1-\cos\pi x}{f(x)}=\dfrac{7}{128}\pi^2$

$\lim_{x\to0}\dfrac{1-\cos\pi x}{f(x)}=\lim_{x\to0}\dfrac{(1-\cos\pi x)(1+\cos\pi x)}{f(x)(1+\cos\pi x)}$

$=\lim_{x\to0}\dfrac{\sin^2\pi x}{f(x)(1+\cos\pi x)}$

$=\lim_{x\to0}\left\{\left(\dfrac{\sin\pi x}{\pi x}\right)^2\times\pi^2\times\dfrac{x^2}{f(x)}\times\dfrac{1}{1+\cos\pi x}\right\}$

$=1\times\pi^2\times\lim_{x\to0}\dfrac{x^2}{f(x)}\times\dfrac{1}{2}$

$=\dfrac{\pi^2}{2}\lim_{x\to0}\dfrac{x^2}{f(x)}$

즉, $\dfrac{\pi^2}{2}\lim_{x\to0}\dfrac{x^2}{f(x)}=\dfrac{7}{128}\pi^2$이므로

$\lim_{x\to0}\dfrac{x^2}{f(x)}=\dfrac{7}{64}$ …… ㉡

㉡에서 $x\to0$일 때 (분자) $\to0$이고 0이 아닌 극한값이 존재하므로 (분모) $\to0$이어야 한다. ($f(x)$는 x^2을 인수로 가져.)

즉, 최고차항의 계수가 1인 이차함수 $h(x)$에 대하여

$f(x)=kx^2h(x)\ (k\neq0,\ h(0)\neq0)$ …… ㉢

라 하자.

함수 $f(x)$가 $x=a$에서 극댓값을 가지므로 $f'(a)=0$

이때 $f(a)=0$이면

$f(x)=kx^2(x-a)^2$ → $f'(a)=0$, $f(a)=0$이면 $f(x)$는 $(x-a)^2$을 인수로 가져.

(i) $k>0$일 때

함수 $y=f(x)$의 그래프는 오른쪽 그림과 같으므로 $f(x)$가 $x=a$에서 극솟값을 갖는다.

이는 $f(x)$가 $x=a$에서 극댓값을 갖는다는 조건을 만족시키지 않는다.

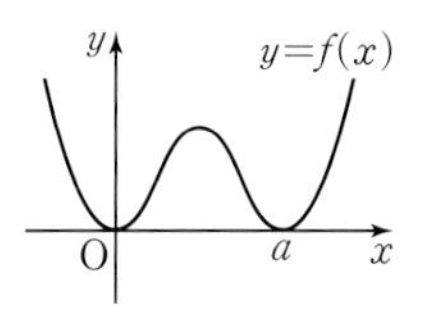

(ii) $k<0$일 때

$f(1)=k(1-a)^2$에서 $k<0$, $(1-a)^2\geq 0$이므로 $f(1)\leq 0$

$f(1)=0$이면 $g(1)=\frac{7}{128}\pi^2$이 되어 $g(1)=\frac{2}{7}$라는 조건을 만족시키지 않는다.

즉, $f(1)\neq 0$이고 $g(1)=\frac{1-\cos\pi}{f(1)}=\frac{2}{f(1)}=\frac{2}{7}$에서

$f(1)=7>0$

따라서 $k<0$이면 $f(1)\leq 0$이므로 $g(1)=\frac{2}{7}$라는 조건을 만족시키지 않는다.

(i), (ii)에 의하여 $f(a)\neq 0$

조건 (나)에서 함수 $g(x)$가 $x=a$에서 극값을 가지므로 $g'(a)=0$에서

$$\frac{(\pi\sin a\pi)f(a)-(1-\cos a\pi)f'(a)}{\{f(a)\}^2}=0$$

$$\frac{(\pi\sin a\pi)f(a)}{\{f(a)\}^2}=0\ (\because f'(a)=0)$$

$\therefore \sin a\pi=0\ (\because f(a)\neq 0)$

즉, a는 자연수이므로

$\sin 2a\pi=0$, $\cos 2a\pi=1$ …… ㉣

㉠에 $x=2a$를 대입하면

$$g'(2a)=\frac{(\pi\sin 2a\pi)f(2a)-(1-\cos 2a\pi)f'(2a)}{\{f(2a)\}^2}$$

이때 $f(2a)\neq 0$이면 $g'(2a)=0$ (∵ ㉣)이 되어 조건 (가)를 만족시키지 않는다.

즉, $f(2a)=0$이므로 ㉢에서 $f(x)=kx^2(x-2a)(x-b)$ (b는 상수)라 하면

$f'(x)=2kx(x-2a)(x-b)+kx^2(x-b)+kx^2(x-2a)$

$f'(a)=ka^2(b-2a)$이므로 $f'(a)=0$에서 $b=2a$ (∵ a는 자연수)

$\therefore f(x)=kx^2(x-2a)^2$

Step 3 $f(x)$ 구하기

함수 $y=f(x)$의 그래프가 오른쪽 그림과 같을 때 $f(x)$가 $x=a$에서 극댓값을 가지므로 $k>0$

㉡에서 $\lim_{x\to 0}\frac{x^2}{kx^2(x-2a)^2}=\frac{7}{64}$이므로

$\frac{1}{4ka^2}=\frac{7}{64}$, $ka^2=\frac{16}{7}$

$\therefore \frac{1}{k}=\frac{7a^2}{16}$ …… ㉤

또 $g(1)=\frac{2}{7}$에서 $\frac{1-\cos\pi}{f(1)}=\frac{2}{7}$이므로

$\frac{2}{k(1-2a)^2}=\frac{2}{7}$ $\quad\therefore \frac{1}{k}=\frac{(1-2a)^2}{7}$ …… ㉥

㉤, ㉥에서 $\frac{7a^2}{16}=\frac{(1-2a)^2}{7}$이므로

$49a^2=16(4a^2-4a+1)$, $15a^2-64a+16=0$

$(15a-4)(a-4)=0$ $\quad\therefore a=4$ (∵ a는 자연수)

$\therefore k=\frac{16}{7\times 4^2}=\frac{1}{7}$

$\therefore f(x)=\frac{1}{7}x^2(x-8)^2$

Step 4 $g(-1)$의 값 구하기

$$g(x)=\begin{cases}\frac{7(1-\cos\pi x)}{x^2(x-8)^2} & (x\neq 0,\ x\neq 8)\\ \frac{7}{128}\pi^2 & (x=0 \text{ 또는 } x=8)\end{cases}$$ 이므로

$$g(-1)=\frac{7\{1-\cos(-\pi)\}}{(-1)^2\times(-9)^2}=\frac{14}{81}$$

Step 5 $p+q$의 값 구하기

따라서 $p=81$, $q=14$이므로

$p+q=95$

16 일차

24 함수의 극대와 극소의 응용 정답 216 | 정답률 3%

문제 보기

$x>a$에서 정의된 함수 $f(x)$와 최고차항의 계수가 -1인 사차함수 $g(x)$가 다음 조건을 만족시킨다. (단, a는 상수이다.)

> (가) $x>a$인 모든 실수 x에 대하여 $(x-a)f(x)=g(x)$이다.
> (나) 서로 다른 두 실수 α, β에 대하여 함수 $f(x)$는 $x=\alpha$, $x=\beta$에서 동일한 극댓값 M을 갖는다. (단, $M>0$) → $f(\alpha)=f(\beta)=M$, $f'(\alpha)=f'(\beta)=0$
> (다) 함수 $f(x)$가 극대 또는 극소가 되는 x의 개수는 함수 $g(x)$가 극대 또는 극소가 되는 x의 개수보다 많다.

$\beta-\alpha=6\sqrt{3}$일 때, M의 최솟값을 구하시오. [4점]

Step 1 $g(x)$의 식 세우기

조건 (가)에서 $f(x)=\dfrac{g(x)}{x-a}$ $(x>a)$

조건 (나)에서 $f(\alpha)=f(\beta)=M$, $f'(\alpha)=f'(\beta)=0$

$f(\alpha)=M$에서 $\dfrac{g(\alpha)}{\alpha-a}=M$

$f(\beta)=M$에서 $\dfrac{g(\beta)}{\beta-a}=M$

$h(x)=g(x)-(x-a)M$이라 하면

$g(x)=h(x)+(x-a)M$이므로

$f(x)=\dfrac{g(x)}{x-a}=\dfrac{h(x)}{x-a}+M$

$f(\alpha)=M$에서

$\dfrac{h(\alpha)}{\alpha-a}+M=M$ $\quad\therefore h(\alpha)=0$

$f(\beta)=M$에서

$\dfrac{h(\beta)}{\beta-a}+M=M$ $\quad\therefore h(\beta)=0$

또 $f'(x)=\dfrac{h'(x)(x-a)-h(x)}{(x-a)^2}$이므로 $f'(\alpha)=0$에서

$h'(\alpha)(\alpha-a)-h(\alpha)=0$

$\therefore h'(\alpha)=0$ ($\because \alpha\neq a$, $h(\alpha)=0$)

$f'(\beta)=0$에서

$h'(\beta)(\beta-a)-h(\beta)=0$

$\therefore h'(\beta)=0$ ($\because \beta\neq a$, $h(\beta)=0$)

즉, $h(\alpha)=0$, $h'(\alpha)=0$, $h(\beta)=0$, $h'(\beta)=0$이고,
→ $h(x)$는 $(x-\alpha)^2$과 $(x-\beta)^2$을 인수로 가져.

$h(x)$는 최고차항의 계수가 -1인 사차함수이므로

$h(x)=-(x-\alpha)^2(x-\beta)^2$

$\therefore g(x)=h(x)+(x-a)M$

$\qquad=-(x-\alpha)^2(x-\beta)^2+(x-a)M$

Step 2 함수 $f(x)$가 극대 또는 극소가 되는 x의 개수 구하기

$f'(x)=\dfrac{h'(x)(x-a)-h(x)}{(x-a)^2}=0$에서

$h'(x)(x-a)-h(x)=0$ ($\because x>a$)

$h(x)=-(x-\alpha)^2(x-\beta)^2$이므로

$h'(x)=-2(x-\alpha)(x-\beta)^2-2(x-\alpha)^2(x-\beta)$

$\quad=(x-\alpha)(x-\beta)\{-2(x-\beta)-2(x-\alpha)\}$

$\quad=(x-\alpha)(x-\beta)(-4x+2\alpha+2\beta)$

$\quad=-4(x-\alpha)\left(x-\dfrac{\alpha+\beta}{2}\right)(x-\beta)$

$h'(x)(x-a)=-4(x-a)(x-\alpha)\left(x-\dfrac{\alpha+\beta}{2}\right)(x-\beta)$

즉, $h'(x)(x-a)-h(x)=0$에서 $h'(x)(x-a)=h(x)$이므로 $f'(x)=0$을 만족시키는 x의 값은 두 함수 $y=h'(x)(x-a)$, $y=h(x)$의 그래프의 교점의 x좌표이다.

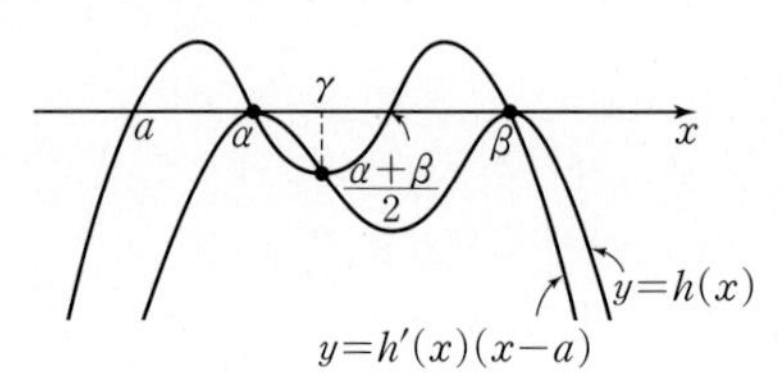

위의 그림과 같이 두 함수 $y=h'(x)(x-a)$, $y=h(x)$의 그래프의 교점의 x좌표는

$x=\alpha$, $x=\gamma\left(\alpha<\gamma<\dfrac{\alpha+\beta}{2}\right)$, $x=\beta$

함수 $f(x)$의 증가와 감소를 표로 나타내면 다음과 같다.

x	$\cdots$	α	$\cdots$	γ	$\cdots$	β	$\cdots$
$f'(x)$	$+$	0	$-$	0	$+$	0	$-$
$f(x)$	↗	극대	↘	극소	↗	극대	↘

즉, 함수 $f(x)$는 $x=\alpha$, $x=\beta$에서 극대이고, $x=\gamma$에서 극소이므로 함수 $f(x)$가 극대 또는 극소가 되는 x의 개수는 3이다.

Step 3 M의 최솟값 구하기

조건 (다)에 의하여 함수 $g(x)$가 극대 또는 극소가 되는 x의 개수는 2 이하이어야 한다.

$g(x)=h(x)+(x-a)M$이고 $g'(x)=h'(x)+M$이므로

$g'(x)=0$에서 $h'(x)=-M$

$-4(x-\alpha)\left(x-\dfrac{\alpha+\beta}{2}\right)(x-\beta)=-M$

$4(x-\alpha)(x-\beta)\left(x-\dfrac{\alpha+\beta}{2}\right)=M$

이 방정식의 서로 다른 실근의 개수가 1 또는 2이어야 하므로

$p(x)=4(x-\alpha)(x-\beta)\left(x-\dfrac{\alpha+\beta}{2}\right)$라 하면 곡선 $y=p(x)$와 직선 $y=M$ $(M>0)$은 한 점 또는 두 점에서 만나야 한다.

한편 $\beta-\alpha=6\sqrt{3}$이므로 $\alpha=-3\sqrt{3}$, $\beta=3\sqrt{3}$이라 하면 → $|\alpha|=|\beta|$, $\alpha<\beta$

$p(x)=4x(x+3\sqrt{3})(x-3\sqrt{3})$

$\quad=4x(x^2-27)=4(x^3-27x)$

$p'(x)=4(3x^2-27)=12(x^2-9)$

$\quad=12(x+3)(x-3)$

$p'(x)=0$인 x의 값은

$x=-3$ 또는 $x=3$

함수 $p(x)$의 증가와 감소를 표로 나타내면 다음과 같다.

x	$\cdots$	-3	$\cdots$	3	$\cdots$
$p'(x)$	$+$	0	$-$	0	$+$
$p(x)$	↗	216 극대	↘	-216 극소	↗

따라서 함수 $y=p(x)$의 그래프는 오른쪽 그림과 같으므로 곡선 $y=p(x)$와 직선 $y=M$이 한 점 또는 두 점에서 만나려면 $M\geq 216$이어야 한다.

즉, M의 최솟값은 216이다.

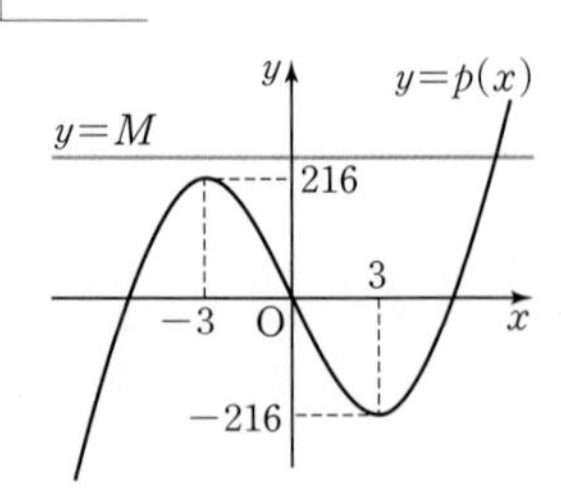

17 일차											
01 ④	**02** 3	**03** 96	**04** ①	**05** ④	**06** 2	**07** ③	**08** ①	**09** ①	**10** ③	**11** ③	**12** 25
13 91	**14** ④	**15** ①	**16** 34	**17** ④	**18** ②	**19** ④	**20** ⑤	**21** ②	**22** 109	**23** ②	**24** ④
25 40	**26** 43	**27** 24	**28** 71	**29** 129	**30** 125	**31** 77	**32** 6	**33** 9			

문제편 242쪽~255쪽

01 변곡점

정답 ④ | 정답률 90%

문제 보기

함수 $f(x)=xe^x$에 대하여 곡선 $y=f(x)$의 변곡점의 좌표가 $(a,\ b)$일 때, 두 수 a, b의 곱 ab의 값은? [3점]

→ $f''(x)=0$인 x의 값의 좌우에서 $f''(x)$의 부호를 조사한다.

① $4e^2$ ② e ③ $\frac{1}{e}$ ④ $\frac{4}{e^2}$ ⑤ $\frac{9}{e^3}$

Step 1 $f''(x)$ 구하기

$f(x)=xe^x$에서

$f'(x)=e^x+xe^x=(x+1)e^x$

$f''(x)=e^x+(x+1)e^x=(x+2)e^x$

Step 2 변곡점의 좌표 구하기

$f''(x)=0$인 x의 값은

$x=-2$ ($\because e^x>0$)

$x<-2$에서 $f''(x)<0$

$x>-2$에서 $f''(x)>0$

따라서 $x=-2$의 좌우에서 $f''(x)$의 부호가 바뀌므로 곡선 $y=f(x)$의 변곡점의 좌표는

$\left(-2,\ -\frac{2}{e^2}\right)$

Step 3 ab의 값 구하기

따라서 $a=-2$, $b=-\frac{2}{e^2}$이므로

$ab=-2\times\left(-\frac{2}{e^2}\right)=\frac{4}{e^2}$

02 변곡점

정답 3 | 정답률 85%

문제 보기

곡선 $y=\frac{1}{3}x^3+2\ln x$의 변곡점에서의 접선의 기울기를 구하시오. [3점]

→ $y''=0$인 x의 값의 좌우에서 y''의 부호를 조사한다.

Step 1 곡선 $y=f(x)$에서 $f''(x)$ 구하기

$f(x)=\frac{1}{3}x^3+2\ln x$라 하면

$f'(x)=x^2+\frac{2}{x}$

$f''(x)=2x-\frac{2}{x^2}$

Step 2 변곡점의 x좌표 구하기

$f''(x)=0$인 x의 값은

$2x-\frac{2}{x^2}=0$, $x^3-1=0$

$(x-1)(x^2+x+1)=0$

$\therefore x=1$ $\left(\because x^2+x+1=\left(x+\frac{1}{2}\right)^2+\frac{3}{4}>0\right)$

$x<1$에서 $f''(x)<0$

$x>1$에서 $f''(x)>0$

따라서 $x=1$의 좌우에서 $f''(x)$의 부호가 바뀌므로 곡선 $y=f(x)$의 변곡점의 x좌표는 1이다.

Step 3 접선의 기울기 구하기

따라서 곡선 $y=f(x)$의 변곡점에서의 접선의 기울기는

$f'(1)=1^2+\frac{2}{1}=3$

03 변곡점

정답 96 | 정답률 64%

문제 보기

좌표평면에서 점 $(2, a)$가 곡선 $y=\frac{2}{x^2+b}$ $(b>0)$의 변곡점일 때,

└ $f(x)=\frac{2}{x^2+b}$로 놓고 $f(2)=a$, $f''(2)=0$임을 이용한다.

$\frac{b}{a}$의 값을 구하시오. (단, a, b는 상수이다.) [4점]

Step 1 곡선 $y=f(x)$에서 $f''(x)$ 구하기

$f(x)=\frac{2}{x^2+b}$ $(b>0)$라 하면

$f'(x)=-\frac{2\times 2x}{(x^2+b)^2}=-\frac{4x}{(x^2+b)^2}$

$f''(x)=\frac{-4(x^2+b)^2+4x\times 2(x^2+b)\times 2x}{(x^2+b)^4}=\frac{12x^2-4b}{(x^2+b)^3}$

Step 2 a, b의 값 구하기

$f(2)=a$에서 $\frac{2}{2^2+b}=a$ ······ ㉠

$f''(2)=0$에서 $\frac{12\times 2^2-4b}{(2^2+b)^3}=0$

$48-4b=0$ ($\because$ $b>0$)

$\therefore$ $b=12$

이를 ㉠에 대입하면 $a=\frac{2}{4+12}=\frac{1}{8}$

Step 3 $\frac{b}{a}$의 값 구하기

$\therefore$ $\frac{b}{a}=\frac{12}{\frac{1}{8}}=96$

04 변곡점

정답 ① | 정답률 85%

문제 보기

곡선 $y=xe^{-2x}$의 변곡점을 A라 하자. 곡선 $y=xe^{-2x}$ 위의 점 A에서

└ $y''=0$인 x의 값의 좌우에서 y''의 부호를 조사하여 점 A의 좌표를 구한다.

의 접선이 x축과 만나는 점을 B라 할 때, 삼각형 OAB의 넓이는?

└ 점 A에서의 접선의 방정식을 구한 후 점 B의 좌표를 구한다.

(단, O는 원점이다.) [3점]

① e^{-2} ② $3e^{-2}$ ③ 1 ④ e^2 ⑤ $3e^2$

Step 1 곡선 $y=f(x)$에서 $f''(x)$ 구하기

$f(x)=xe^{-2x}$이라 하면

$f'(x)=e^{-2x}+x\times(-2e^{-2x})=(1-2x)e^{-2x}$

$f''(x)=-2e^{-2x}+(1-2x)(-2e^{-2x})=4(x-1)e^{-2x}$

Step 2 변곡점 A의 좌표 구하기

$f''(x)=0$인 x의 값은

$x-1=0$ $\therefore$ $x=1$ ($\because$ $e^{-2x}>0$)

$x<1$에서 $f''(x)<0$

$x>1$에서 $f''(x)>0$

따라서 $x=1$의 좌우에서 $f''(x)$의 부호가 바뀌므로 곡선 $y=f(x)$의 변곡점 A의 좌표는

$(1, e^{-2})$

Step 3 점 B의 좌표 구하기

$f'(1)=-e^{-2}$이므로 곡선 $y=f(x)$ 위의 점 A에서의 접선의 방정식은

$y-e^{-2}=-e^{-2}(x-1)$

$\therefore$ $y=(-x+2)e^{-2}$

$\therefore$ B$(2, 0)$

Step 4 삼각형 OAB의 넓이 구하기

따라서 삼각형 OAB의 넓이는

$\frac{1}{2}\times 2\times e^{-2}=e^{-2}$

05 변곡점

정답 ④ | 정답률 76%

문제 보기

곡선 $y=ax^2-2\sin 2x$가 변곡점을 갖도록 하는 정수 a의 개수는? [3점]

└→ $y''=0$인 x의 값의 좌우에서 y''의 부호를 조사한다.

① 4 ② 5 ③ 6 ④ 7 ⑤ 8

Step 1 곡선 $y=f(x)$에서 $f''(x)$ 구하기

$f(x)=ax^2-2\sin 2x$라 하면

$f'(x)=2ax-4\cos 2x$

$f''(x)=2a+8\sin 2x$

Step 2 a의 값의 범위 구하기

곡선 $y=f(x)$가 변곡점을 가지려면 방정식 $f''(x)=0$이 실근을 갖고, 그 근의 좌우에서 $f''(x)$의 부호가 바뀌어야 한다.

$f''(x)=0$에서 $2a+8\sin 2x=0$

$\therefore \sin 2x=-\frac{a}{4}$

이때 $-1\le\sin 2x\le 1$이므로

$-1\le-\frac{a}{4}\le 1$ $\therefore -4\le a\le 4$

(i) $a=-4$일 때

$f''(x)=-8+8\sin 2x\le 0$이므로 $f''(x)=0$을 만족시키는 x의 값의 좌우에서 $f''(x)$의 부호가 바뀌지 않는다.

(ii) $a=4$일 때

$f''(x)=8+8\sin 2x\ge 0$이므로 $f''(x)=0$을 만족시키는 x의 값의 좌우에서 $f''(x)$의 부호가 바뀌지 않는다.

(i), (ii)에서 변곡점을 갖도록 하는 a의 값의 범위는

$-4<a<4$

Step 3 정수 a의 개수 구하기

따라서 곡선 $y=f(x)$가 변곡점을 갖도록 하는 정수 a는 -3, -2, -1, 0, 1, 2, 3의 7개이다.

06 변곡점

정답 2 | 정답률 76%

문제 보기

함수 $f(x)=3\sin kx+4x^3$의 그래프가 오직 하나의 변곡점을 가지도록 하는 실수 k의 최댓값을 구하시오. [4점]

└→ $f''(x)=0$인 x의 값의 좌우에서 $f''(x)$의 부호가 바뀌는 x의 값이 오직 하나이다.

Step 1 $f''(x)$ 구하기

$f(x)=3\sin kx+4x^3$에서

$f'(x)=3k\cos kx+12x^2$

$f''(x)=-3k^2\sin kx+24x$

Step 2 오직 하나의 변곡점을 갖는 경우 구하기

함수 $f(x)$의 그래프가 오직 하나의 변곡점을 가지려면 방정식 $f''(x)=0$의 실근은 1개이고, 그 근의 좌우에서 $f''(x)$의 부호가 바뀌어야 한다.

$f''(x)=0$에서 $-3k^2\sin kx+24x=0$

$\therefore k^2\sin kx=8x$

이 방정식이 오직 하나의 실근을 가지려면 $g(x)=k^2\sin kx$라 할 때 곡선 $y=g(x)$와 직선 $y=8x$는 오직 한 점에서 만나야 한다.

오른쪽 그림과 같이 곡선 $y=g(x)$와 직선 $y=8x$는 모두 원점에 대하여 대칭이고 원점을 지나므로 $x=0$의 좌우에서 $f''(x)$의 부호가 바뀐다.

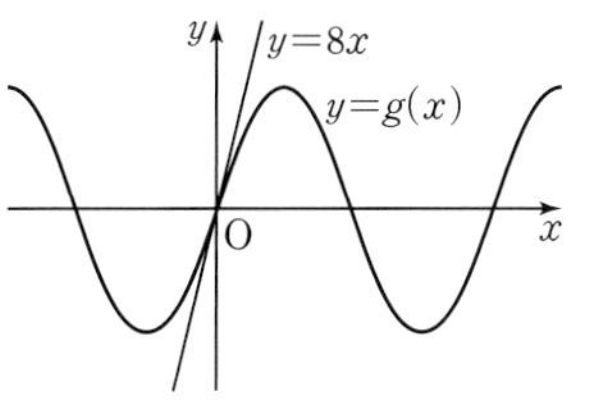

따라서 곡선 $y=g(x)$와 직선 $y=8x$는 원점에서만 만나야 하므로 곡선 $y=g(x)$ 위의 점 $(0, 0)$에서의 접선의 기울기는 8 이하이어야 한다.

Step 3 실수 k의 최댓값 구하기

$g'(x)=k^3\cos kx$이므로 점 $(0, 0)$에서의 접선의 기울기는

$g'(0)=k^3$

즉, $k^3\le 8$에서

$(k-2)(k^2+2k+4)\le 0$

$\therefore k\le 2$ ($\because k^2+2k+4=(k+1)^2+3>0$)

따라서 실수 k의 최댓값은 2이다.

07 변곡점

정답 ③ | 정답률 59%

문제 보기

3 이상의 자연수 n에 대하여 함수 $f(x)$가

$f(x)=x^ne^{-x}$

일 때, 〈보기〉에서 옳은 것만을 있는 대로 고른 것은? [4점]

〈 보기 〉

ㄱ. $f\left(\frac{n}{2}\right)=f'\left(\frac{n}{2}\right)$

ㄴ. 함수 $f(x)$는 $x=n$에서 극댓값을 갖는다.

→ $f'(n)=0$이고, $x=n$의 좌우에서 $f'(x)$의 부호가 양에서 음으로 바뀐다.

ㄷ. 점 $(0, 0)$은 곡선 $y=f(x)$의 변곡점이다.

→ $f''(0)=0$이고, $x=0$의 좌우에서 $f''(x)$의 부호가 바뀐다.

① ㄴ ② ㄷ ③ ㄱ, ㄴ ④ ㄱ, ㄷ ⑤ ㄱ, ㄴ, ㄷ

Step 1 $f'(x)$, $f''(x)$ 구하기

$f(x)=x^ne^{-x}$에서

$f'(x)=nx^{n-1}e^{-x}-x^ne^{-x}=e^{-x}x^{n-1}(n-x)$

$f''(x)=-e^{-x}x^{n-1}(n-x)+e^{-x}(n-1)x^{n-2}(n-x)+e^{-x}x^{n-1}\times(-1)$

$=e^{-x}x^{n-2}(x^2-2nx+n^2-n)$

Step 2 ㄱ이 옳은지 확인하기

ㄱ. $f\left(\frac{n}{2}\right)=\left(\frac{n}{2}\right)^ne^{-\frac{n}{2}}$, $f'\left(\frac{n}{2}\right)=e^{-\frac{n}{2}}\left(\frac{n}{2}\right)^{n-1}\left(n-\frac{n}{2}\right)=\left(\frac{n}{2}\right)^ne^{-\frac{n}{2}}$

$\therefore f\left(\frac{n}{2}\right)=f'\left(\frac{n}{2}\right)$

Step 3 ㄴ이 옳은지 확인하기

ㄴ. $f'(x)=0$인 x의 값은 $x=0$ 또는 $x=n$ ($\because e^{-x}>0$)

$0<x<n$에서 $f'(x)>0$

$x>n$에서 $f'(x)<0$

따라서 함수 $f(x)$는 $x=n$에서 극댓값을 갖는다.

Step 4 ㄷ이 옳은지 확인하기

ㄷ. $f''(0)=0$이므로 $x=0$의 좌우에서 $f''(x)$의 부호를 확인한다.

$g(x)=x^2-2nx+n^2-n$이라 하면 $g(0)=n^2-n$이므로 n이 3 이상의 자연수일 때 $g(x)$는 $x=0$의 좌우에서 부호가 바뀌지 않는다.

또 $e^{-x}>0$이므로 $x=0$의 좌우에서 x^{n-2}의 부호만 확인하면 된다.

(i) n이 3 이상의 홀수일 때

$x<0$이면 $x^{n-2}<0$, $x>0$이면 $x^{n-2}>0$

즉, $x=0$의 좌우에서 $f''(x)$의 부호가 바뀐다.

(ii) n이 3 이상의 짝수일 때

$x\neq0$이면 $x^{n-2}>0$

즉, $x=0$의 좌우에서 $f''(x)$의 부호가 바뀌지 않는다.

(i), (ii)에서 n이 3 이상의 짝수일 때 점 $(0, 0)$은 곡선 $y=f(x)$의 변곡점이 아니다.

Step 5 옳은 것 구하기

따라서 보기 중 옳은 것은 ㄱ, ㄴ이다.

다른 풀이 Step 3에서 이계도함수 이용하기

ㄴ. $f'(x)=0$인 x의 값은 $x=0$ 또는 $x=n$ ($\because e^{-x}>0$)

$f''(n)=e^{-n}n^{n-2}\times(-n)=-e^{-n}\times n^{n-1}<0$

따라서 함수 $f(x)$는 $x=n$에서 극댓값을 갖는다.

08 변곡점

정답 ① | 정답률 57%

문제 보기

실수 전체의 집합에서 미분가능한 함수 $f(x)$가 모든 실수 x에 대하여 다음 조건을 만족시킨다.

(가) $f(x)\neq1$

(나) $f(x)+f(-x)=0$ → 함수 $y=f(x)$의 그래프는 원점에 대하여 대칭이다.

(다) $f'(x)=\{1+f(x)\}\{1+f(-x)\}$

〈보기〉에서 옳은 것만을 있는 대로 고른 것은? [4점]

〈 보기 〉

ㄱ. 모든 실수 x에 대하여 $f(x)\neq-1$이다.

ㄴ. 함수 $f(x)$는 어떤 열린구간에서 감소한다. → $f'(x)$의 부호를 확인한다.

ㄷ. 곡선 $y=f(x)$는 세 개의 변곡점을 갖는다.

① ㄱ ② ㄴ ③ ㄱ, ㄷ ④ ㄴ, ㄷ ⑤ ㄱ, ㄴ, ㄷ

Step 1 ㄱ이 옳은지 확인하기

ㄱ. 조건 (나)에서 $f(-x)=-f(x)$이므로 함수 $y=f(x)$의 그래프는 원점에 대하여 대칭이다.

이때 조건 (가)에서 모든 실수 x에 대하여 $f(x)\neq1$이므로 모든 실수 x에 대하여 $f(x)\neq-1$이다.

Step 2 ㄴ이 옳은지 확인하기

ㄴ. 조건 (다)에서

$f'(x)=\{1+f(x)\}\{1+f(-x)\}$

$=\{1+f(x)\}\{1-f(x)\}$

$=1-\{f(x)\}^2$ …… ㉠

한편 함수 $f(x)$는 실수 전체의 집합에서 미분가능하므로 실수 전체의 집합에서 연속이다.

조건 (나)에 $x=0$을 대입하면

$f(0)+f(0)=0$ $\therefore f(0)=0$

즉, 함수 $y=f(x)$의 그래프는 원점을 지나고 조건 (가)에서 $f(x)\neq1$, $f(x)\neq-1$이므로

$-1<f(x)<1$

즉, $0\leq\{f(x)\}^2<1$이므로

$0<1-\{f(x)\}^2\leq1$ $\therefore f'(x)>0$ ($\because$ ㉠)

따라서 함수 $f(x)$는 실수 전체의 집합에서 증가한다.

Step 3 ㄷ이 옳은지 확인하기

ㄷ. ㉠에서 $f'(x)=1-\{f(x)\}^2$이므로

$f''(x)=-2f(x)f'(x)$

$f''(x)=0$에서 $f(x)=0$ ($\because f'(x)>0$)

이때 $f(0)=0$이고 $f(x)$는 증가하는 함수이므로 $f(x)=0$인 x의 값은 0뿐이다.

즉, $x=0$의 좌우에서 $f(x)$의 부호가 바뀌므로 $x=0$의 좌우에서 $f''(x)$의 부호가 바뀐다.

따라서 곡선 $y=f(x)$의 변곡점은 점 $(0, 0)$의 1개이다.

Step 4 옳은 것 구하기

따라서 보기 중 옳은 것은 ㄱ이다.

09 변곡점의 응용 정답 ① | 정답률 67%

문제 보기

두 함수 $f(x)$, $g(x)$가 실수 전체의 집합에서 이계도함수를 갖고 $g(x)$가 증가함수일 때, 함수 $h(x)$를

$h(x)=(f\circ g)(x)$ → $h'(x)$, $h''(x)$를 구한다.

라 하자. 점 $(2,\ 2)$가 곡선 $y=g(x)$의 변곡점이고 $\frac{h''(2)}{f''(2)}=4$이다.
→ $g(2)=2$, $g''(2)=0$

$f'(2)=4$일 때, $h'(2)$의 값은? [4점]

① 8 ② 10 ③ 12 ④ 14 ⑤ 16

Step 1 $h''(2)$를 f, g를 이용하여 나타내기

$h(x)=(f\circ g)(x)$에서

$h'(x)=f'(g(x))g'(x)$

$h''(x)=f''(g(x))g'(x)\times g'(x)+f'(g(x))g''(x)$

$=f''(g(x))\{g'(x)\}^2+f'(g(x))g''(x)$

$\therefore h''(2)=f''(g(2))\{g'(2)\}^2+f'(g(2))g''(2)$ ...... ㉠

Step 2 $g'(2)$의 값 구하기

점 $(2,\ 2)$가 곡선 $y=g(x)$의 변곡점이므로

$g(2)=2$, $g''(2)=0$

이를 ㉠에 대입하면

$h''(2)=f''(2)\{g'(2)\}^2$

이때 $\frac{h''(2)}{f''(2)}=4$이므로

$\frac{f''(2)\{g'(2)\}^2}{f''(2)}=4$, $\{g'(2)\}^2=4$

$\therefore g'(2)=-2$ 또는 $g'(2)=2$

그런데 $g(x)$가 증가함수이므로 $g'(2)=2$

Step 3 $h'(2)$의 값 구하기

$\therefore h'(2)=f'(g(2))g'(2)=f'(2)g'(2)$

$=4\times 2=8$

10 변곡점의 응용 정답 ③ | 정답률 57%

문제 보기

함수 $f(x)=x^2+ax+b\left(0<b<\frac{\pi}{2}\right)$에 대하여 함수

$g(x)=\sin(f(x))$가 다음 조건을 만족시킨다.
→ $f(x)$를 대입하여 $g(x)$의 식을 구한다.

> (가) 모든 실수 x에 대하여 $g'(-x)=-g'(x)$이다.
> (나) 점 $(k,\ g(k))$는 곡선 $y=g(x)$의 변곡점이고, $2kg(k)=\sqrt{3}g'(k)$이다.
> → $g''(k)=0$

두 상수 a, b에 대하여 $a+b$의 값은? [4점]

① $\frac{\pi}{3}-\frac{\sqrt{3}}{2}$ ② $\frac{\pi}{3}-\frac{\sqrt{3}}{3}$ ③ $\frac{\pi}{3}-\frac{\sqrt{3}}{6}$
④ $\frac{\pi}{2}-\frac{\sqrt{3}}{3}$ ⑤ $\frac{\pi}{2}-\frac{\sqrt{3}}{6}$

Step 1 a의 값 구하기

$g(x)=\sin(f(x))=\sin(x^2+ax+b)$이므로

$g'(x)=(2x+a)\cos(x^2+ax+b)$

조건 (가)에서 $g'(-x)=-g'(x)$이므로

$(-2x+a)\cos(x^2-ax+b)=-(2x+a)\cos(x^2+ax+b)$

양변에 $x=0$을 대입하면

$a\cos b=-a\cos b$

$a\cos b=0$

이때 $0<b<\frac{\pi}{2}$에서 $\cos b\neq 0$이므로

$a=0$

Step 2 점 $(k,\ g(k))$가 변곡점임을 이용하여 식 세우기

$g(x)=\sin(x^2+b)$이므로

$g'(x)=2x\cos(x^2+b)$

$g''(x)=2\cos(x^2+b)-2x\sin(x^2+b)\times 2x$

$=2\cos(x^2+b)-4x^2\sin(x^2+b)$

조건 (나)에서 점 $(k,\ g(k))$는 곡선 $y=g(x)$의 변곡점이므로 $g''(k)=0$에서

$2\cos(k^2+b)-4k^2\sin(k^2+b)=0$

$2\cos(k^2+b)=4k^2\sin(k^2+b)$ ...... ㉠

이때 $\cos(k^2+b)=0$이면

$k=0$ 또는 $\sin(k^2+b)=0$

(i) $k=0$이면

㉠에서 $2\cos b=0$

그런데 $0<b<\frac{\pi}{2}$이므로 조건을 만족시키는 k의 값은 존재하지 않는다.

$\therefore k\neq 0$

(ii) $\sin(k^2+b)=0$이면

㉠에서 $\cos(k^2+b)=0$이므로 $\sin^2(k^2+b)+\cos^2(k^2+b)=0$이 되어 $\sin^2(k^2+b)+\cos^2(k^2+b)=1$을 만족시키지 않는다.

$\therefore \sin^2(k^2+b)\neq 0$

(i), (ii)에서 $k\neq 0$, $\cos(k^2+b)\neq 0$이므로 ㉠에서

$\frac{\sin(k^2+b)}{\cos(k^2+b)}=\frac{1}{2k^2}$

$\therefore \tan(k^2+b)=\frac{1}{2k^2}$ ...... ㉡

이때 조건 (나)에서 $2kg(k)=\sqrt{3}g'(k)$이므로

$2k\sin(k^2+b)=2\sqrt{3}k\cos(k^2+b)$

$\therefore \tan(k^2+b)=\sqrt{3}$ ...... ㉢

Step 3 b의 값 구하기

㉡, ㉢에서

$\frac{1}{2k^2}=\sqrt{3}$ $\quad\therefore k^2=\frac{\sqrt{3}}{6}$

㉢에서 $\tan\left(\frac{\sqrt{3}}{6}+b\right)=\sqrt{3}$

이때 $0<b<\frac{\pi}{2}$에서 $\frac{\sqrt{3}}{6}<\frac{\sqrt{3}}{6}+b<\frac{\sqrt{3}}{6}+\frac{\pi}{2}$이므로

$\frac{\sqrt{3}}{6}+b=\frac{\pi}{3}$ $\quad\therefore b=\frac{\pi}{3}-\frac{\sqrt{3}}{6}$

Step 4 $a+b$의 값 구하기

따라서 $a=0$, $b=\frac{\pi}{3}-\frac{\sqrt{3}}{6}$이므로

$a+b=\frac{\pi}{3}-\frac{\sqrt{3}}{6}$

11 변곡점의 응용 정답 ③ | 정답률 59%

문제 보기

양수 a와 실수 b에 대하여 함수 $f(x)=ae^{3x}+be^{x}$이 다음 조건을 만족시킬 때, $f(0)$의 값은? [4점]

> (가) $x_1<\ln\frac{2}{3}<x_2$를 만족시키는 모든 실수 x_1, x_2에 대하여
> $f''(x_1)f''(x_2)<0$이다. → $x=\ln\frac{2}{3}$의 좌우에서 $f''(x)$의 부호가 바뀐다.
> (나) 구간 $[k, \infty)$에서 함수 $f(x)$의 역함수가 존재하도록 하는 실수 k의
> └→ 구간 $[k, \infty)$에서 $f(x)$는 항상 증가하거나 감소해야 한다.
> 최솟값을 m이라 할 때, $f(2m)=-\frac{80}{9}$이다.

① -15 ② -12 ③ -9 ④ -6 ⑤ -3

Step 1 a, b에 대한 식 세우기

조건 (가)에서 $x_1<\ln\frac{2}{3}<x_2$를 만족시키는 모든 실수 x_1, x_2에 대하여

$f''(x_1)f''(x_2)<0$이므로

$f''(x_1)$과 $f''(x_2)$의 부호가 서로 다르다.

즉, 곡선 $y=f(x)$는 $x=\ln\frac{2}{3}$에서 변곡점을 가지므로

$f''\left(\ln\frac{2}{3}\right)=0$

$f(x)=ae^{3x}+be^{x}$에서

$f'(x)=3ae^{3x}+be^{x}$, $f''(x)=9ae^{3x}+be^{x}$

$f''\left(\ln\frac{2}{3}\right)=0$에서 $9ae^{3\ln\frac{2}{3}}+be^{\ln\frac{2}{3}}=0$

$9a\times\left(\frac{2}{3}\right)^3+b\times\frac{2}{3}=0$

$\frac{8}{3}a+\frac{2}{3}b=0$

$\therefore b=-4a$ $\quad\cdots\cdots$ ㉠

Step 2 m의 값 구하기

$f'(x)=3ae^{3x}-4ae^{x}=ae^{x}(3e^{2x}-4)$ ($\because$ ㉠)

$f'(x)=0$인 x의 값은

$3e^{2x}-4=0$ ($\because e^{x}>0$), $e^{2x}=\frac{4}{3}$

$2x=\ln\frac{4}{3}$

$\therefore x=\frac{1}{2}\ln\frac{4}{3}$

함수 $f(x)$의 증가와 감소를 표로 나타내면 다음과 같다.

x	$\cdots$	$\frac{1}{2}\ln\frac{4}{3}$	$\cdots$
$f'(x)$	$-$	0	$+$
$f(x)$	↘	극소	↗

이때 조건 (나)에서 구간 $[k, \infty)$에서 함수 $f(x)$의 역함수가 존재하려면 $f(x)$가 일대일대응이어야 한다.

즉, 구간 $[k, \infty)$에서 $f(x)$는 항상 증가하거나 감소해야 한다.

함수 $f(x)$는 구간 $\left[\frac{1}{2}\ln\frac{4}{3}, \infty\right)$에서 증가하므로

$k\geq\frac{1}{2}\ln\frac{4}{3}$

$\therefore m=\frac{1}{2}\ln\frac{4}{3}$

Step 3 a의 값 구하기

$f(x)=ae^{3x}-4ae^{x}$에서

$$f(2m)=f\left(\ln\frac{4}{3}\right)$$
$$=ae^{3\ln\frac{4}{3}}-4ae^{\ln\frac{4}{3}}$$
$$=a\times\left(\frac{4}{3}\right)^3-4a\times\frac{4}{3}$$
$$=-\frac{80}{27}a$$

즉, $-\frac{80}{27}a=-\frac{80}{9}$이므로 $a=3$

Step 4 $f(0)$의 값 구하기

따라서 $f(x)=3e^{3x}-12e^{x}$이므로

$f(0)=3-12=-9$

12 함수의 그래프의 활용 정답 25 | 정답률 55%

문제 보기

함수 $f(x)=x^2e^{ax}\,(a<0)$에 대하여 부등식 $f(x)\geq t\,(t>0)$을 만족시키는 x의 최댓값을 $g(t)$라 정의하자. 함수 $g(t)$가 $t=\frac{16}{e^2}$에서 불연속일 때, $100a^2$의 값을 구하시오. (단, $\lim_{x\to\infty}f(x)=0$) [4점]

└ 함수 $y=f(x)$의 그래프가 직선 $y=t$보다 위쪽에 있는 부분의 x의 값의 범위이다.

Step 1 함수 $y=f(x)$의 그래프의 개형 파악하기

$f(x)=x^2e^{ax}$에서

$f'(x)=2xe^{ax}+x^2\times ae^{ax}=(2x+ax^2)e^{ax}=ax\left(x+\frac{2}{a}\right)e^{ax}$

$f'(x)=0$인 x의 값은

$x=0$ 또는 $x=-\frac{2}{a}$ ($\because e^{ax}>0$)

$a<0$이므로 함수 $f(x)$의 증가와 감소를 표로 나타내면 다음과 같다.

x	$\cdots$	0	$\cdots$	$-\frac{2}{a}$	$\cdots$
$f'(x)$	$-$	0	$+$	0	$-$
$f(x)$	↘	0 극소	↗	$\frac{4}{a^2e^2}$ 극대	↘

또 $\lim_{x\to\infty}f(x)=0$, $\lim_{x\to-\infty}f(x)=\infty$이므로 함수 $y=f(x)$의 그래프는 다음 그림과 같다.

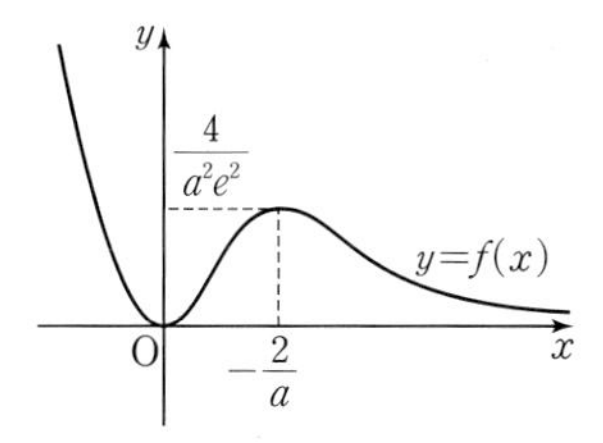

Step 2 함수 $g(t)$ 파악하기

(i) $0<t<\frac{4}{a^2e^2}$일 때

다음 그림과 같이 t의 값이 커질수록 $g(t)$는 작아지고 항상 연속이다.

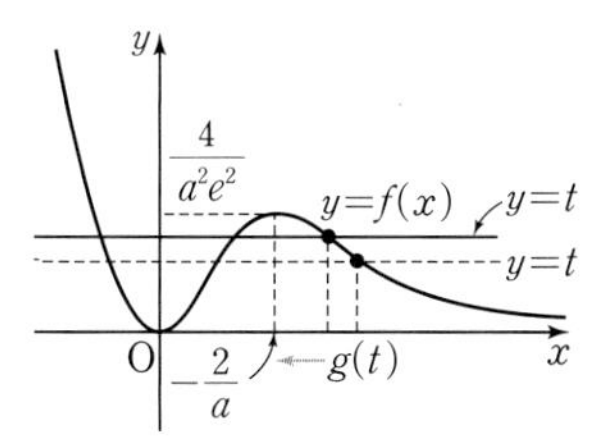

(ii) $t=\frac{4}{a^2e^2}$일 때, $g(t)=-\frac{2}{a}$

(iii) $t>\frac{4}{a^2e^2}$일 때

다음 그림과 같이 t의 값이 커질수록 $g(t)$는 작아지고 항상 연속이다.

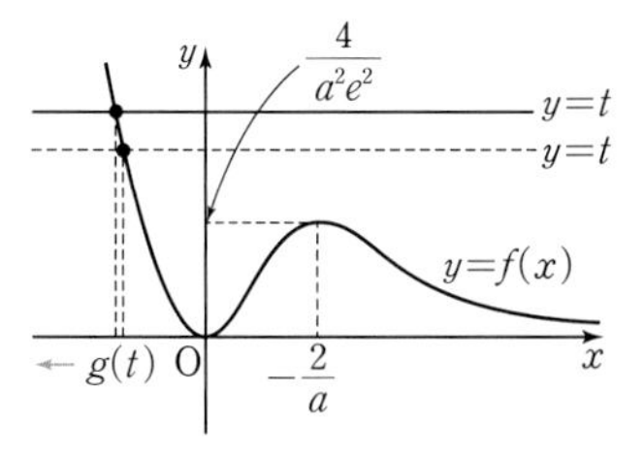

(i), (ii), (iii)에서 함수 $y=g(t)$의 그래프는 오른쪽 그림과 같으므로 함수 $g(t)$는 $t=\frac{4}{a^2e^2}$에서만 불연속이다.

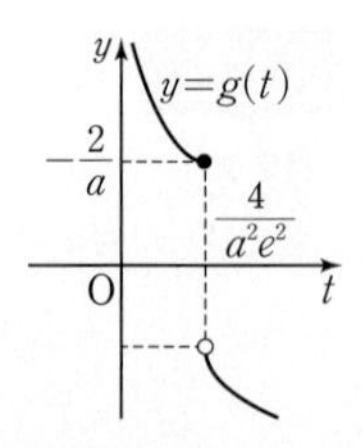

Step 3 $100a^2$의 값 구하기

함수 $g(t)$가 $t=\frac{16}{e^2}$에서 불연속이므로

$\frac{4}{a^2e^2}=\frac{16}{e^2}$ $\quad\therefore a^2=\frac{1}{4}$ $\quad\therefore 100a^2=100\times\frac{1}{4}=25$

13 함수의 그래프의 활용 정답 91 | 정답률 16%

문제 보기

두 정수 a, b에 대하여 함수 $f(x)=(x^2+ax+b)e^{-x}$이 다음 조건을 만족시킨다.

> (가) 함수 $f(x)$는 극값을 갖는다. → $f'(x)=0$임을 이용한다.
> (나) 함수 $|f(x)|$가 $x=k$에서 극대 또는 극소인 모든 k의 값의 합은 3이다. → $y=|f(x)|$의 그래프의 개형을 그려서 극값을 갖는 x의 값을 구한다.

$f(10)=pe^{-10}$일 때, p의 값을 구하시오. [4점]

Step 1 함수 $f(x)$가 극값을 가질 조건 알기

$f(x)=(x^2+ax+b)e^{-x}$에서

$f'(x)=(2x+a)e^{-x}-(x^2+ax+b)e^{-x}$

$\quad=-\{x^2+(a-2)x-a+b\}e^{-x}$

$f'(x)=0$에서

$x^2+(a-2)x-a+b=0$ ($\because e^{-x}>0$) $\quad\cdots\cdots$ ㉠

조건 (가)에서 이차방정식 ㉠이 서로 다른 두 실근을 가져야 하므로

이차방정식 ㉠의 판별식을 D_1이라 하면

$D_1=(a-2)^2-4(-a+b)>0$

$\therefore a^2-4b+4>0$

Step 2 a, b의 값 구하기

이차방정식 ㉠의 두 실근을 α, β $(\alpha<\beta)$라 하면

함수 $f(x)$는 $x=\alpha$, $x=\beta$에서 극값을 갖고

$\lim_{x\to\infty}f(x)=0$, $\lim_{x\to-\infty}f(x)=\infty$

$f(x)=0$에서

$x^2+ax+b=0$ ($\because e^{-x}>0$) $\quad\cdots\cdots$ ㉡

이차방정식 ㉡의 판별식을 D_2라 하면

$D_2=a^2-4b$

(i) $D_2>0$일 때

함수 $y=f(x)$의 그래프는 x축과 두 점에서 만나므로 이 두 점을 $x=\gamma$, $x=\delta$ $(\gamma<\delta)$라 하자.

함수 $y=f(x)$의 그래프가 x축과 두 점에서 만나려면 극댓값은 양수, 극솟값은 음수이어야 한다.

따라서 두 함수 $y=f(x)$, $y=|f(x)|$의 그래프의 개형은 다음 그림과 같다.

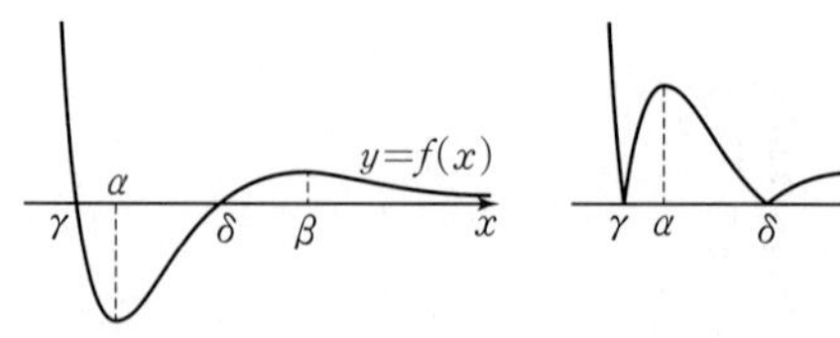

함수 $|f(x)|$는 $x=\alpha$, $x=\beta$에서 극대이고 $x=\gamma$, $x=\delta$에서 극소이므로 조건 (나)에서

$\alpha+\beta+\gamma+\delta=3$

이차방정식 ㉠에서 근과 계수의 관계에 의하여

$\alpha+\beta=-(a-2)$

또 이차방정식 ㉡에서 근과 계수의 관계에 의하여

$\gamma+\delta=-a$

즉, $-(a-2)-a=3$이므로

$-2a=1$

$\therefore a=-\frac{1}{2}$

그런데 a는 정수이므로 조건을 만족시키지 않는다.

(ii) $D_2=0$일 때

함수 $y=f(x)$의 그래프는 x축에 접하므로 극솟값은 0, 극댓값은 양수이어야 한다.

따라서 두 함수 $y=f(x)$, $y=|f(x)|$의 그래프의 개형은 다음 그림과 같다.

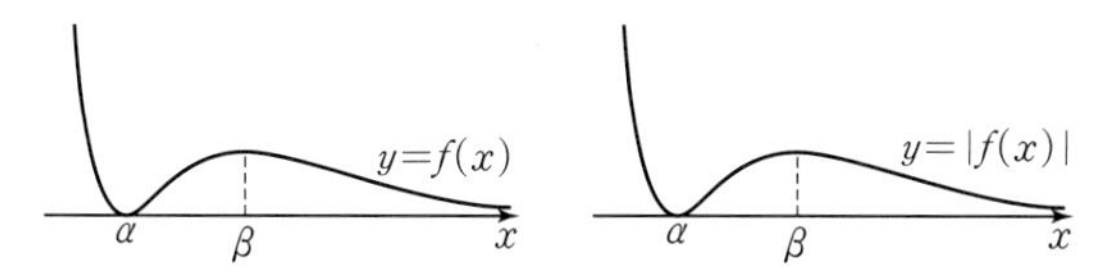

함수 $|f(x)|$는 $x=\beta$에서 극대이고 $x=\alpha$에서 극소이므로 조건 (나)에서 $\alpha+\beta=3$

이차방정식 ㉠에서 근과 계수의 관계에 의하여

$\alpha+\beta=-(a-2)$

즉, $-(a-2)=3$이므로

$a=-1$

이때 $D_2=0$이므로

$1-4b=0 \quad \therefore b=\frac{1}{4}$

그런데 b는 정수이므로 조건을 만족시키지 않는다.

(iii) $D_2<0$일 때

함수 $y=f(x)$의 그래프는 x축과 만나지 않으므로 극솟값과 극댓값이 모두 양수이어야 한다.

따라서 두 함수 $y=f(x)$, $y=|f(x)|$의 그래프의 개형은 다음 그림과 같다.

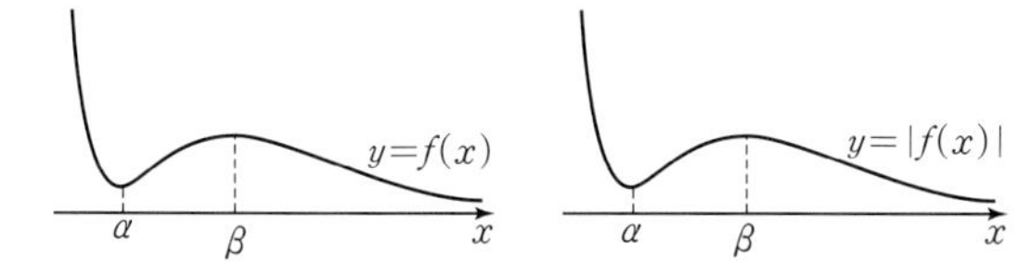

함수 $|f(x)|$는 $x=\beta$에서 극대이고 $x=\alpha$에서 극소이므로 조건 (나)에서 $\alpha+\beta=3$

이차방정식 ㉠에서 근과 계수의 관계에 의하여

$\alpha+\beta=-(a-2)$

즉, $-(a-2)=3$이므로

$a=-1$

이때 $D_1>0$, $D_2<0$이므로

$-4b+5>0$, $1-4b<0$

$\therefore \frac{1}{4}<b<\frac{5}{4}$

이를 만족시키는 정수 b의 값은 $b=1$

Step 3 p의 값 구하기

따라서 $f(x)=(x^2-x+1)e^{-x}$이므로

$f(10)=(100-10+1)e^{-10}=91e^{-10}$

$\therefore p=91$

14 함수의 그래프의 활용 　정답 ④ | 정답률 56%

문제 보기

함수 $f(x)$가

$$f(x)=\begin{cases} (x-a-2)^2e^x & (x\ge a) \\ e^{2a}(x-a)+4e^a & (x<a) \end{cases}$$ → 함수 $y=f(x)$의 그래프의 개형을 파악한다.

일 때, 실수 t에 대하여 $f(x)=t$를 만족시키는 x의 최솟값을 $g(t)$라 하 └→ $f(x)=t$를 만족시키는 x의 값 중에서 가장 작은 x가 $g(t)$이다.

자. 함수 $g(t)$가 $t=12$에서만 불연속일 때, $\frac{g'(f(a+2))}{g'(f(a+6))}$의 값은?

(단, a는 상수이다.) [4점]

① $6e^4$ ② $9e^4$ ③ $12e^4$ ④ $8e^6$ ⑤ $10e^6$

Step 1 함수 $y=f(x)$의 그래프의 개형 파악하기

$h_1(x)=(x-a-2)^2e^x$, $h_2(x)=e^{2a}(x-a)+4e^a$이라 하면

$$f(x)=\begin{cases} h_1(x) & (x\ge a) \\ h_2(x) & (x<a) \end{cases}$$

$h_1'(x)=2(x-a-2)e^x+(x-a-2)^2e^x=(x-a)(x-a-2)e^x$,

$h_2'(x)=e^{2a}$이고

$$f'(x)=\begin{cases} h_1'(x) & (x>a) \\ h_2'(x) & (x<a) \end{cases}$$

따라서 함수 $f(x)$는 $x=a$에서 극댓값 $4e^a$, $x=a+2$에서 극솟값 0을 갖고, $x<a$에서 함수 $y=f(x)$의 그래프는 기울기가 e^{2a}인 직선이므로 함수 $y=f(x)$의 그래프의 개형은 다음 그림과 같다.

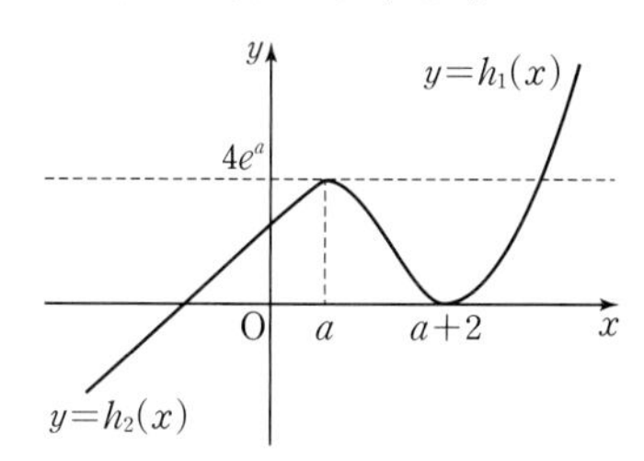

Step 2 $g'(f(a+2))$, $g'(f(a+6))$의 값 구하기

이때 실수 t에 대하여 $f(x)=t$를 만족시키는 x의 최솟값이 $g(t)$이므로

$t\le 4e^a$일 때, $h_2(g(t))=t$ ······ ㉠

$t>4e^a$일 때, $h_1(g(t))=t$ ······ ㉡

가 성립한다.

이때 함수 $g(t)$는 $t=4e^a$에서 불연속이므로 $4e^a=12$에서 $e^a=3$

한편 $f(a+2)=0$이므로 $f(a+2)<12$이고 ㉠의 양변을 t에 대하여 미분하면

$h_2'(g(t))g'(t)=1$에서 $g'(t)=\frac{1}{h_2'(g(t))}$

$\therefore g'(f(a+2))=\frac{1}{h_2'(a+2)}=\frac{1}{e^{2a}}=\frac{1}{9}$

또 $f(a+6)=16e^{a+6}=48e^6$이므로 $f(a+6)>12$이고 ㉡의 양변을 t에 대하여 미분하면

$h_1'(g(t))g'(t)=1$에서 $g'(t)=\frac{1}{h_1'(g(t))}$

$\therefore g'(f(a+6))=\frac{1}{h_1'(a+6)}=\frac{1}{24e^{a+6}}=\frac{1}{72e^6}$

Step 3 $\frac{g'(f(a+2))}{g'(f(a+6))}$의 값 구하기

$$\therefore \frac{g'(f(a+2))}{g'(f(a+6))}=\frac{\frac{1}{9}}{\frac{1}{72e^6}}=8e^6$$

15 함수의 그래프의 활용 정답 ① | 정답률 47%

문제 보기

함수 $f(x)=\begin{cases} (x-2)^2e^x+k & (x\ge 0) \\ -x^2 & (x<0) \end{cases}$에 대하여 함수

$g(x)=|f(x)|-f(x)$가 다음 조건을 만족하도록 하는 정수 k의 개수는? [4점] └ $f(x)\ge 0$일 때와 $f(x)<0$일 때로 나누어 생각한다.

(가) 함수 $g(x)$는 모든 실수에서 연속이다.
(나) 함수 $g(x)$는 미분가능하지 않은 점이 2개다.
└ 함수 $y=g(x)$의 그래프에서 꺾이는 점이 2개 존재한다.

① 3 ② 4 ③ 5 ④ 6 ⑤ 7

Step 1 $x\ge 0$일 때, 함수 $y=f(x)$의 그래프의 개형 파악하기

$x\ge 0$일 때, $f(x)=(x-2)^2e^x+k$에서

$f'(x)=2(x-2)e^x+(x-2)^2e^x=x(x-2)e^x=(x^2-2x)e^x$

$f''(x)=(2x-2)e^x+(x^2-2x)e^x=(x^2-2)e^x$

$f'(x)=0$인 x의 값은 $x=0$ 또는 $x=2$ ($\because e^x>0$)

$f''(x)=0$인 x의 값은 $x=\sqrt{2}$ ($\because x\ge 0,\ e^x>0$)

$x\ge 0$에서 함수 $f(x)$의 증가와 감소, 오목과 볼록을 표로 나타내면 다음과 같다.

x	0	$\cdots$	$\sqrt{2}$	$\cdots$	2	$\cdots$
$f'(x)$	0	$-$	$-$	$-$	0	$+$
$f''(x)$	$-$	$-$	0	$+$	$+$	$+$
$f(x)$	$4+k$	↘	변곡점	↘	k 극소	↗

또 $\lim_{x\to\infty}f(x)=\infty$이므로 $x\ge 0$일 때의 함수 $y=f(x)$의 그래프는 오른쪽 그림과 같다.

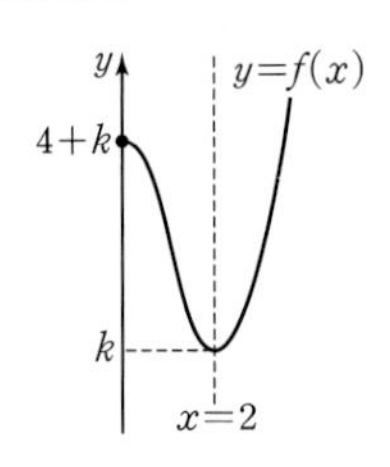

Step 2 함수 $y=g(x)$의 그래프의 개형 파악하기

함수 $g(x)=|f(x)|-f(x)=\begin{cases} 0 & (f(x)\ge 0) \\ -2f(x) & (f(x)<0) \end{cases}$이므로 k의 값의 범위에 따라 함수 $y=g(x)$의 그래프를 그리면 다음과 같다.

(i) $k\ge 0$일 때

$g(x)=\begin{cases} 0 & (x\ge 0) \\ 2x^2 & (x<0) \end{cases}$이므로 함수 $y=g(x)$의 그래프는 [그림 1]과 같다.

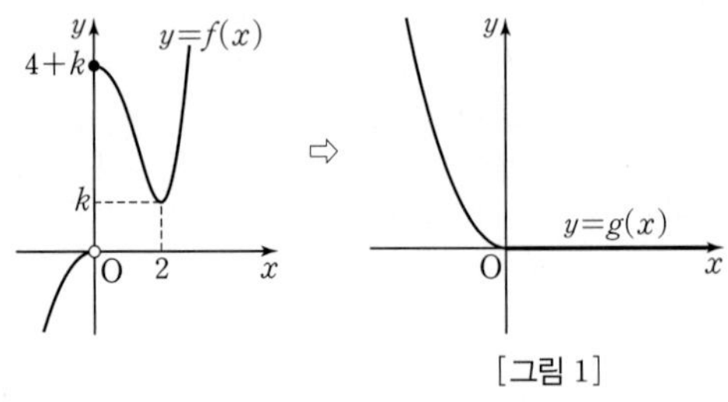

[그림 1]

함수 $g(x)$는 모든 실수에서 연속이므로 $x=0$에서 연속이고,

$$\lim_{x\to 0+}\frac{g(x)-g(0)}{x-0}=\lim_{x\to 0+}\frac{0}{x}=0$$

$$\lim_{x\to 0-}\frac{g(x)-g(0)}{x-0}=\lim_{x\to 0-}\frac{2x^2}{x}=0$$

이므로 함수 $g(x)$는 $x=0$에서 미분가능하다.

따라서 함수 $g(x)$는 모든 실수에서 연속이고 미분가능하므로 조건 (나)를 만족시키지 않는다.

(ii) $-4<k<0$일 때

함수 $y=g(x)$의 그래프는 [그림 2]와 같다.

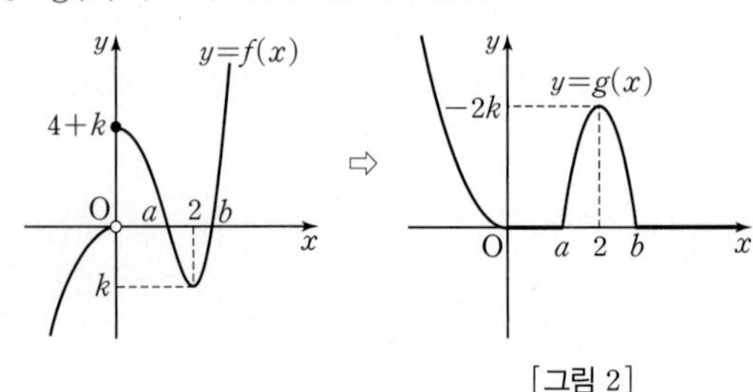

[그림 2]

이때 함수 $g(x)$는 모든 실수에서 연속이고 $x=a$, $x=b$인 점에서만 미분가능하지 않다.

따라서 조건 (가), (나)를 모두 만족시킨다.

(iii) $k=-4$일 때

$x=c\ (c>0)$에서 $f(x)=0$이라 하면

$$g(x)=\begin{cases} 0 & (x\ge c) \\ -2\{(x-2)^2e^x-4\} & (0\le x<c) \\ 2x^2 & (x<0) \end{cases}$$

즉, 함수 $y=g(x)$의 그래프는 [그림 3]과 같다.

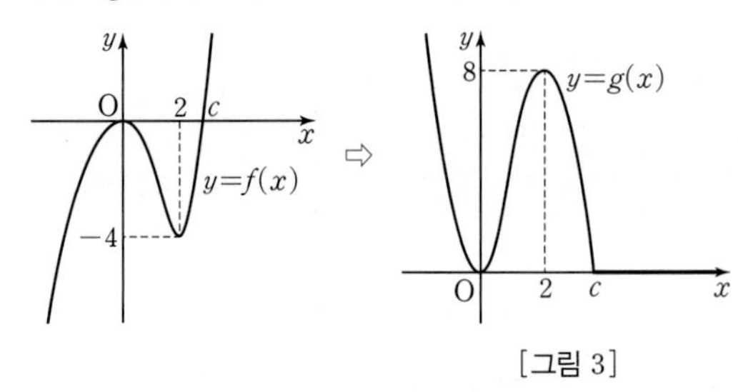

[그림 3]

함수 $g(x)$는 모든 실수에서 연속이므로 $x=0$에서 연속이고,

$$\lim_{x\to 0+}\frac{g(x)-g(0)}{x-0}=\lim_{x\to 0+}\frac{-2\{(x-2)^2e^x-4\}}{x-0}$$

$$=-2\lim_{x\to 0+}\left\{\frac{(x-2)^2(e^x-1)}{x}+\frac{(x-2)^2-4}{x}\right\}$$

$$=-2\lim_{x\to 0+}\left\{(x-2)^2\times\frac{e^x-1}{x}+x-4\right\}$$

$$=-2\times\{4\times 1+(-4)\}=0$$

$$\lim_{x\to 0-}\frac{g(x)-g(0)}{x-0}=\lim_{x\to 0-}\frac{2x^2}{x}=0$$

이므로 함수 $g(x)$는 $x=0$에서 미분가능하다.

따라서 함수 $g(x)$는 모든 실수에서 연속이고 $x=c$인 점에서만 미분가능하지 않으므로 조건 (나)를 만족시키지 않는다.

(iv) $k<-4$일 때

함수 $y=g(x)$의 그래프는 [그림 4]와 같다.

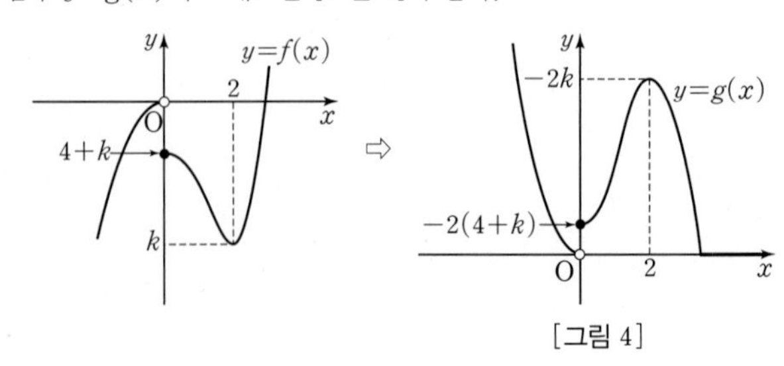

[그림 4]

이때 함수 $g(x)$는 $x=0$에서 불연속이므로 조건 (가)를 만족시키지 않는다.

Step 3 정수 k의 개수 구하기

따라서 (i)~(iv)에 의하여 k의 값의 범위는 $-4<k<0$이므로 정수 k는 -3, -2, -1의 3개이다.

16 함수의 최대와 최소의 활용 정답 34 | 정답률 51%

문제 보기

그림과 같이 좌표평면에서 점 A(1, 0)을 중심으로 하고 반지름의 길이가 1인 원이 있다. 원 위의 점 Q에 대하여 $\angle AOQ=\theta\left(0<\theta<\frac{\pi}{3}\right)$라 할 때, 선분 OQ 위에 $\overline{PQ}=1$인 점 P를 정한다. 점 P의 y좌표가 최대가 될 때 $\cos\theta=\frac{a+\sqrt{b}}{8}$이다. $a+b$의 값을 구하시오.

(단, O는 원점이고, a와 b는 자연수이다.) [4점]

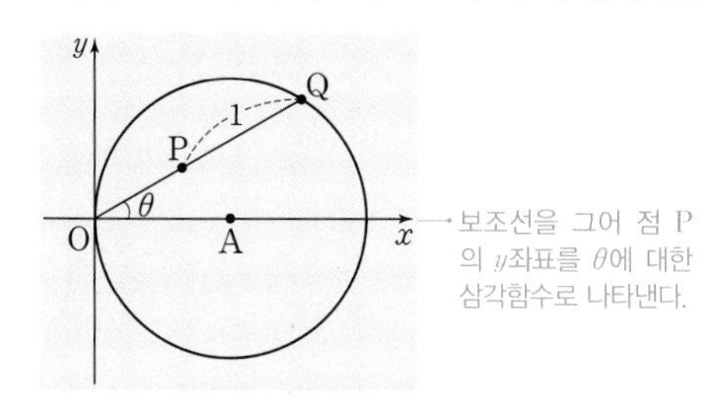

Step 1 점 P의 y좌표를 θ에 대한 삼각함수로 나타내기

오른쪽 그림과 같이 중심이 A인 원이 x축과 만나는 두 점 중 원점이 아닌 점을 B라 하고 점 P에서 x축에 내린 수선의 발을 H라 하자. 삼각형 OBQ는 $\angle OQB=90°$인 직각삼각형이므로 (└ 반원에 대한 원주각이야.)

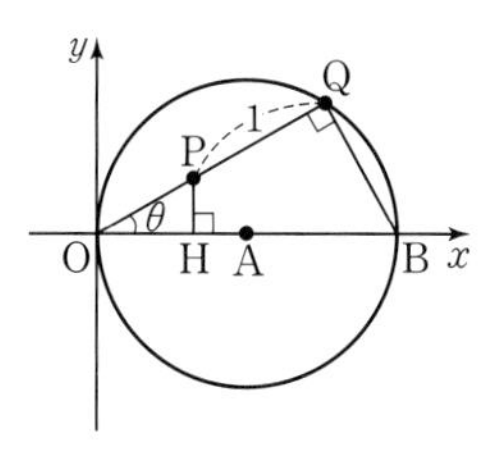

$\overline{OQ}=\overline{OB}\cos\theta=2\cos\theta$

$\therefore \overline{OP}=\overline{OQ}-\overline{PQ}=2\cos\theta-1$

직각삼각형 POH에서

$\overline{PH}=\overline{OP}\sin\theta=(2\cos\theta-1)\sin\theta$

Step 2 점 P의 y좌표가 최대가 되도록 하는 θ의 값 파악하기

$f(\theta)=(2\cos\theta-1)\sin\theta$라 하면

$f'(\theta)=-2\sin\theta\times\sin\theta+(2\cos\theta-1)\cos\theta$

$=-2\sin^2\theta+2\cos^2\theta-\cos\theta$

$=-2(1-\cos^2\theta)+2\cos^2\theta-\cos\theta$

$=4\cos^2\theta-\cos\theta-2$

$f'(\theta)=0$에서 $4\cos^2\theta-\cos\theta-2=0$

└ $\cos\theta$에 대한 이차방정식으로 생각하고 근의 공식을 이용해.

$\therefore \cos\theta=\frac{1+\sqrt{33}}{8}\left(\because 0<\theta<\frac{\pi}{3}\text{에서 } \frac{1}{2}<\cos\theta<1\right)$

$0<\theta<\frac{\pi}{3}$에서 $\cos\theta=\frac{1+\sqrt{33}}{8}$을 만족시키는 θ의 값을 θ_1이라 하자.

$0<\theta<\frac{\pi}{3}$에서 함수 $f(\theta)$의 증가와 감소를 표로 나타내면 다음과 같다.

θ	0	$\cdots$	θ_1	$\cdots$	$\frac{\pi}{3}$
$f'(\theta)$		+	0	−	
$f(\theta)$		↗	극대	↘	

따라서 함수 $f(\theta)$는 $\theta=\theta_1$일 때 최대이다.

Step 3 $a+b$의 값 구하기

따라서 점 P의 y좌표가 최대가 될 때 $\cos\theta=\frac{1+\sqrt{33}}{8}$이므로

$a=1$, $b=33$

$\therefore a+b=34$

17 함수의 최대와 최소의 활용 정답 ④ | 정답률 85%

문제 보기

곡선 $y=2e^{-x}$ 위의 점 $P(t, 2e^{-t})$ $(t>0)$에서 y축에 내린 수선의 발을 A라 하고, 점 P에서의 접선이 y축과 만나는 점을 B라 하자. 삼각형 APB의 넓이가 최대가 되도록 하는 t의 값은? [4점]

(└ 점 A의 y좌표는 점 P의 y좌표와 같다.)
(└ 점 P에서의 접선의 방정식을 구한 후 점 B의 좌표를 구한다.)

① 1 ② $\frac{e}{2}$ ③ $\sqrt{2}$ ④ 2 ⑤ e

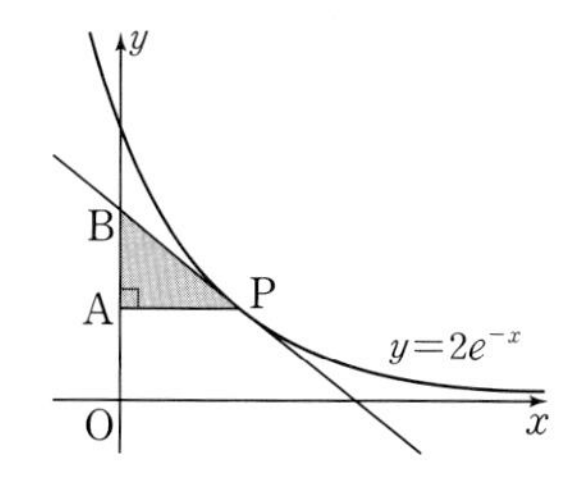

Step 1 두 점 A, B의 좌표 구하기

점 A의 좌표는 $(0, 2e^{-t})$

$f(x)=2e^{-x}$이라 하면

$f'(x)=-2e^{-x}$

점 $P(t, 2e^{-t})$에서의 접선의 방정식은

$y-2e^{-t}=-2e^{-t}(x-t)$

$\therefore y=-2e^{-t}x+2e^{-t}(t+1)$

따라서 점 B의 좌표는

$(0, 2e^{-t}(t+1))$

Step 2 삼각형 APB의 넓이를 t를 이용하여 나타내기

$\overline{AB}=2e^{-t}(t+1)-2e^{-t}=2te^{-t}$, $\overline{AP}=t$이므로 삼각형 APB의 넓이를 $S(t)$라 하면

$S(t)=\frac{1}{2}\times\overline{AB}\times\overline{AP}$

$=\frac{1}{2}\times2te^{-t}\times t$

$=t^2e^{-t}$

Step 3 삼각형 APB의 넓이가 최대가 되도록 하는 t의 값 구하기

$S'(t)=2te^{-t}-t^2e^{-t}=t(2-t)e^{-t}$

$S'(t)=0$인 t의 값은

$t=2$ $(\because t>0, e^{-t}>0)$

$t>0$에서 함수 $S(t)$의 증가와 감소를 표로 나타내면 다음과 같다.

t	0	$\cdots$	2	$\cdots$
$S'(t)$		+	0	−
$S(t)$		↗	극대	↘

따라서 $S(t)$는 $t=2$일 때 최대이므로 삼각형 APB의 넓이가 최대가 되도록 하는 t의 값은 2이다.

18 함수의 최대와 최소의 활용 정답 ② | 정답률 37%

문제 보기

상수 $a\,(a>1)$과 실수 $t\,(t>0)$에 대하여 곡선 $y=a^x$ 위의 점 $A(t,\ a^t)$에서의 접선을 l이라 하자. 점 A를 지나고 직선 l에 수직인 직선이 x축과 만나는 점을 B, y축과 만나는 점을 C라 하자. $\dfrac{\overline{AC}}{\overline{AB}}$의 값이 $t=1$에서 최대일 때, a의 값은? [3점]

수직인 두 직선의 기울기의 곱은 -1이다.

t에 대한 함수로 나타낸다.

① $\sqrt{2}$ ② $\sqrt{e}$ ③ 2 ④ $\sqrt{2e}$ ⑤ e

Step 1 점 A를 지나고 직선 l에 수직인 직선의 방정식 구하기

$y=a^x$에서 $y'=a^x\ln a$이므로 직선 l의 기울기는 $a^t\ln a$

따라서 점 $A(t,\ a^t)$을 지나고 직선 l에 수직인 직선의 방정식은

$$y-a^t=-\frac{1}{a^t\ln a}(x-t)$$

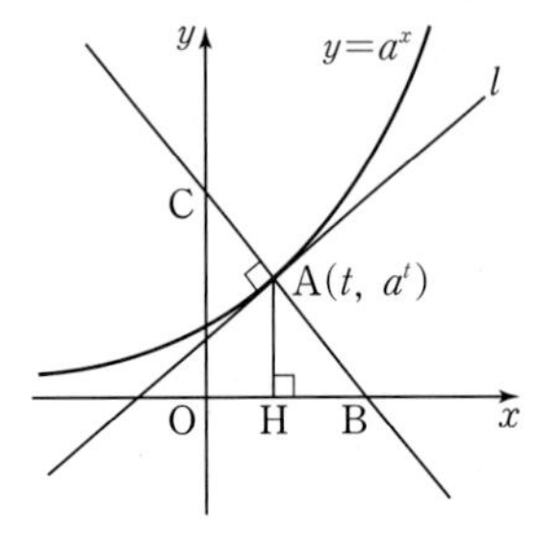

Step 2 $\dfrac{\overline{AC}}{\overline{AB}}$를 t에 대한 함수로 나타내기

점 B의 y좌표는 0이므로

$0-a^t=-\dfrac{1}{a^t\ln a}(x-t)$에서

$x=t+a^{2t}\ln a$ $\quad\therefore B(t+a^{2t}\ln a,\ 0)$

점 A에서 x축에 내린 수선의 발을 H, 원점을 O라 하면

$\triangle AHB \backsim \triangle COB$이므로

$$\frac{\overline{AC}}{\overline{AB}}=\frac{\overline{OH}}{\overline{HB}}=\frac{t}{(t+a^{2t}\ln a)-t}=\frac{t}{a^{2t}\ln a}$$

Step 3 a의 값 구하기

$f(t)=\dfrac{t}{a^{2t}\ln a}$라 하면

$$f'(t)=\frac{a^{2t}\ln a-2ta^{2t}(\ln a)^2}{(a^{2t}\ln a)^2}$$
$$=\frac{a^{2t}\ln a(1-2t\ln a)}{(a^{2t}\ln a)^2}$$
$$=\frac{1-2t\ln a}{a^{2t}\ln a}\ (\because a^{2t}\ln a\neq 0)$$

$f'(t)=0$에서 $1-2t\ln a=0$

$\therefore t=\dfrac{1}{2\ln a}$

$t=\dfrac{1}{2\ln a}$의 좌우에서 $f'(t)$의 부호는 양에서 음으로 바뀌므로 함수 $f(t)$는 $t=\dfrac{1}{2\ln a}$에서 극대이면서 최대이다.

이때 함수 $f(t)$는 $t=1$에서 최대이므로

$\dfrac{1}{2\ln a}=1$에서 $\ln a=\dfrac{1}{2}$

$\therefore a=\sqrt{e}$

19 함수의 최대와 최소의 활용 정답 ④ | 정답률 52%

문제 보기

그림과 같이 길이가 2인 선분 AB를 지름으로 하는 반원 모양의 색종이가 있다. 호 AB 위의 점 P에 대하여 두 점 A, P를 연결하는 선을 접는 선으로 하여 색종이를 접는다. $\angle PAB=\theta$일 때, 포개어지는 부분의 넓이를 $S(\theta)$라 하자. $\theta=\alpha$에서 $S(\theta)$가 최댓값을 갖는다고 할 때, $\cos 2\alpha$의 값은? $\left(단,\ 0<\theta<\dfrac{\pi}{4}\right)$ [4점]

포개어지는 부분과 넓이가 같은 도형을 찾아본다.

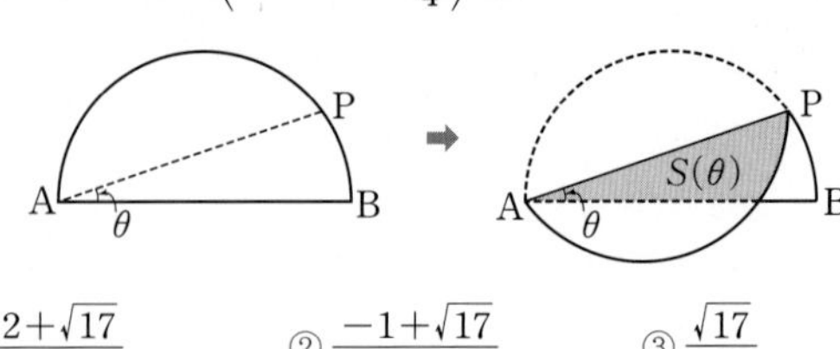

① $\dfrac{-2+\sqrt{17}}{8}$ ② $\dfrac{-1+\sqrt{17}}{8}$ ③ $\dfrac{\sqrt{17}}{8}$
④ $\dfrac{1+\sqrt{17}}{8}$ ⑤ $\dfrac{2+\sqrt{17}}{8}$

Step 1 $S(\theta)$ 구하기

오른쪽 그림과 같이 반원의 중심을 O라 하고, 색종이를 접었을 때 호 AP와 선분 AB의 교점을 Q, 접힌 색종이를 다시 폈을 때 점 Q가 호 AB 위에 있게 되는 점을 Q′이라 하자.

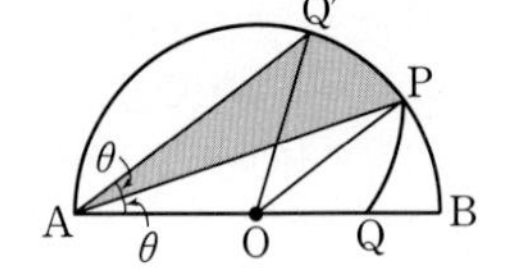

$S_1=$(부채꼴 AOP의 넓이)$-\triangle AOP$,

$S_2=$(부채꼴 AOQ′의 넓이)$-\triangle AOQ'$이라 하면

$S(\theta)=S_1-S_2$ ⋯⋯ ㉠

삼각형 AOP는 $\overline{OA}=\overline{OP}$인 이등변삼각형이므로

$\angle PAO=\angle APO=\theta$

$\therefore \angle AOP=\pi-2\theta$

또 삼각형 AOQ′은 $\overline{OA}=\overline{OQ'}$인 이등변삼각형이므로

$\angle Q'AO=\angle AQ'O=2\theta$

$\therefore \angle AOQ'=\pi-4\theta$

$\overline{OA}=\overline{OP}=\overline{OQ'}=1$이므로

$S_1=$(부채꼴 AOP의 넓이)$-\triangle AOP$

$=\dfrac{1}{2}\times 1^2\times(\pi-2\theta)-\dfrac{1}{2}\times 1\times 1\times\sin(\pi-2\theta)$

$=\dfrac{1}{2}(\pi-2\theta-\sin 2\theta)$

$S_2=$(부채꼴 AOQ′의 넓이)$-\triangle AOQ'$

$=\dfrac{1}{2}\times 1^2\times(\pi-4\theta)-\dfrac{1}{2}\times 1\times 1\times\sin(\pi-4\theta)$

$=\dfrac{1}{2}(\pi-4\theta-\sin 4\theta)$

㉠에서

$S(\theta)=S_1-S_2=\dfrac{1}{2}(2\theta-\sin 2\theta+\sin 4\theta)$

Step 2 $S(\theta)$가 최대가 되도록 하는 θ의 값 파악하기

$S'(\theta)=\dfrac{1}{2}(2-2\cos 2\theta+4\cos 4\theta)$

$=2\cos 4\theta-\cos 2\theta+1$

$=2(2\cos^2 2\theta-1)-\cos 2\theta+1$

$=4\cos^2 2\theta-\cos 2\theta-1$

$S'(\theta)=0$에서 $4\cos^2 2\theta-\cos 2\theta-1=0$

$\cos 2\theta$에 대한 이차방정식으로 생각하고 근의 공식을 이용해.

$\therefore \cos 2\theta=\dfrac{1+\sqrt{17}}{8}$ $\left(\because 0<\theta<\dfrac{\pi}{4}에서\ 0<\cos 2\theta<1\right)$

$0<\theta<\dfrac{\pi}{4}$에서 $\cos 2\theta=\dfrac{1+\sqrt{17}}{8}$을 만족시키는 θ의 값을 θ_1이라 하자.

$0<\theta<\frac{\pi}{4}$에서 함수 $S(\theta)$의 증가와 감소를 표로 나타내면 다음과 같다.

θ	0	$\cdots$	θ_1	$\cdots$	$\frac{\pi}{4}$
$S'(\theta)$		$+$	0	$-$	
$S(\theta)$		↗	극대	↘	

따라서 함수 $S(\theta)$는 $\theta=\theta_1$일 때 최대이다.

Step 3 $\cos 2\alpha$**의 값 구하기**

따라서 $\alpha=\theta_1$이므로

$\cos 2\alpha=\cos 2\theta_1=\frac{1+\sqrt{17}}{8}$

20 함수의 최대와 최소의 활용 정답 ⑤ | 정답률 57%

문제 보기

그림과 같이 $\overline{OP}=1$인 제1사분면 위의 점 P를 중심으로 하고 원점을 지나는 원 C_1이 x축과 만나는 점 중 원점이 아닌 점을 Q라 하자. $\overline{OR}=2$이고 $\angle ROQ=\frac{1}{2}\angle POQ$인 제4사분면 위의 점 R를 중심으로 하고 원점을 지나는 원 C_2가 x축과 만나는 점 중 원점이 아닌 점을 S라 하자. $\angle POQ=\theta$라 할 때, 삼각형 OQP와 삼각형 ORS의 넓이의 합이 최대가 되도록 하는 θ에 대하여 $\cos\theta$의 값은?

└→ 넓이의 합을 θ에 대한 삼각함수로 나타낸다.

(단, O는 원점이고, $0<\theta<\frac{\pi}{2}$이다.) [4점]

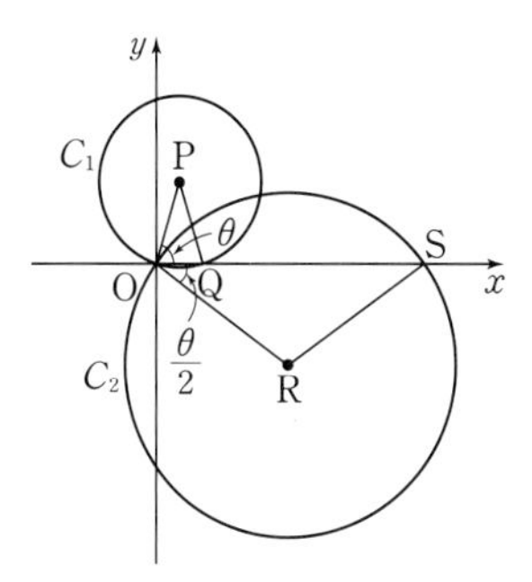

① $\frac{-3+2\sqrt{3}}{4}$ ② $\frac{2-\sqrt{3}}{2}$ ③ $\frac{-1+\sqrt{3}}{4}$

④ $\frac{-3+2\sqrt{3}}{2}$ ⑤ $\frac{-1+\sqrt{3}}{2}$

Step 1 **삼각형 OQP의 넓이를 θ에 대한 삼각함수로 나타내기**

삼각형 OQP가 $\overline{OP}=\overline{PQ}$인 이등변삼각형이므로

$\angle POQ=\angle PQO=\theta$ $\therefore\ \angle OPQ=\pi-2\theta$

$\therefore\ \triangle OQP=\frac{1}{2}\times\overline{OP}\times\overline{PQ}\times\sin(\pi-2\theta)$

$=\frac{1}{2}\times1\times1\times\sin2\theta$

$=\sin\theta\cos\theta$ → $\sin2\theta=2\sin\theta\cos\theta$

Step 2 **삼각형 ORS의 넓이를 θ에 대한 삼각함수로 나타내기**

삼각형 ORS가 $\overline{OR}=\overline{RS}$인 이등변삼각형이므로

$\angle ROS=\angle RSO=\frac{\theta}{2}$

$\therefore\ \angle ORS=\pi-\theta$

$\therefore\ \triangle ORS=\frac{1}{2}\times\overline{OR}\times\overline{OS}\times\sin(\pi-\theta)$

$=\frac{1}{2}\times2\times2\times\sin\theta$

$=2\sin\theta$

Step 3 **삼각형 OQP와 삼각형 ORS의 넓이의 합이 최대가 되도록 하는 θ의 값 파악하기**

$f(\theta)=\triangle OQP+\triangle ORS$라 하면

$f(\theta)=\sin\theta\cos\theta+2\sin\theta$이므로

$f'(\theta)=\cos\theta\cos\theta+\sin\theta\times(-\sin\theta)+2\cos\theta$

$=\cos^2\theta-\sin^2\theta+2\cos\theta$

$=\cos^2\theta-(1-\cos^2\theta)+2\cos\theta$

$=2\cos^2\theta+2\cos\theta-1$

$f'(\theta)=0$에서 $2\cos^2\theta+2\cos\theta-1=0$

└→ $\cos\theta$에 대한 이차방정식으로 생각하고 근의 공식을 이용해.

$\therefore\ \cos\theta=\frac{-1+\sqrt{3}}{2}$ $\left(\because\ 0<\theta<\frac{\pi}{2}\text{에서 }\cos\theta>0\right)$

$0<\theta<\frac{\pi}{2}$에서 $\cos\theta=\frac{-1+\sqrt{3}}{2}$을 만족시키는 θ의 값을 θ_1이라 하자.

$0<\theta<\frac{\pi}{2}$에서 함수 $f(\theta)$의 증가와 감소를 표로 나타내면 다음과 같다.

θ	0	$\cdots$	θ_1	$\cdots$	$\frac{\pi}{2}$
$f'(\theta)$		+	0	−	
$f(\theta)$		↗	극대	↘	

따라서 함수 $f(\theta)$는 $\theta=\theta_1$일 때 최대이다.

Step 4 $\cos\theta$의 값 구하기

따라서 $f(\theta)$가 최대가 되도록 하는 θ에 대하여 $\cos\theta$의 값은

$\frac{-1+\sqrt{3}}{2}$

21 함수의 최대와 최소의 활용 정답 ② | 정답률 44%

문제 보기

자연수 n에 대하여 함수 $y=f(x)$를 매개변수 t로 나타내면

$$\begin{cases} x=e^t \\ y=(2t^2+nt+n)e^t \end{cases}$$

→ 매개변수로 나타낸 함수의 미분법을 이용하여 $\frac{dy}{dx}$를 구한다.

이고, $x\geq e^{-\frac{n}{2}}$일 때 함수 $y=f(x)$는 $x=a_n$에서 최솟값 b_n을 갖는다.

$\frac{b_3}{a_3}+\frac{b_4}{a_4}+\frac{b_5}{a_5}+\frac{b_6}{a_6}$의 값은? [4점]

① $\frac{23}{2}$ ② 12 ③ $\frac{25}{2}$ ④ 13 ⑤ $\frac{27}{2}$

Step 1 $\frac{dy}{dx}$ 구하기

$x=e^t$, $y=(2t^2+nt+n)e^t$에서

$\frac{dx}{dt}=e^t$

$\frac{dy}{dt}=(4t+n)e^t+(2t^2+nt+n)e^t$

$=\{2t^2+(4+n)t+2n\}e^t$

$\therefore \frac{dy}{dx}=\frac{\frac{dy}{dt}}{\frac{dx}{dt}}=\frac{\{2t^2+(4+n)t+2n\}e^t}{e^t}=(2t+n)(t+2)$ ⋯⋯ ㉠

Step 2 $\frac{dy}{dx}$에 $n=3$, 4, 5, 6을 대입하여 $\frac{b_n}{a_n}$의 값 구하기

(i) $n=3$일 때

㉠에서 $\frac{dy}{dx}=(2t+3)(t+2)$

$\frac{dy}{dx}=0$에서 $t=-\frac{3}{2}$ 또는 $t=-2$

이때 함수 $y=f(x)$는 $x\geq e^{-\frac{3}{2}}$, 즉 $t\geq-\frac{3}{2}$에서 정의되므로 $t\geq-\frac{3}{2}$에서 함수 $f(x)$의 증가와 감소를 표로 나타내면 다음과 같다.

t	$-\frac{3}{2}$	$\cdots$
$\frac{dy}{dx}$	0	+
$f(x)$		↗

함수 $y=f(x)$는 $t=-\frac{3}{2}$, 즉 $x=e^{-\frac{3}{2}}$에서 최솟값

$y=\left\{2\times\frac{9}{4}+3\times\left(-\frac{3}{2}\right)+3\right\}e^{-\frac{3}{2}}=3e^{-\frac{3}{2}}$을 갖는다.

따라서 $a_3=e^{-\frac{3}{2}}$, $b_3=3e^{-\frac{3}{2}}$이므로

$\frac{b_3}{a_3}=\frac{3e^{-\frac{3}{2}}}{e^{-\frac{3}{2}}}=3$

(ii) $n=4$일 때

㉠에서 $\frac{dy}{dx}=(2t+4)(t+2)=2(t+2)^2\geq0$이므로 함수 $f(x)$는 증가한다.

이때 함수 $y=f(x)$는 $x\geq e^{-2}$, 즉 $t\geq-2$에서 정의되므로 $t=-2$, 즉 $x=e^{-2}$에서 최솟값 $y=\{2\times4+4\times(-2)+4\}e^{-2}=4e^{-2}$을 갖는다.

따라서 $a_4=e^{-2}$, $b_4=4e^{-2}$이므로

$\frac{b_4}{a_4}=\frac{4e^{-2}}{e^{-2}}=4$

(iii) $n=5$일 때

㉠에서 $\frac{dy}{dx}=(2t+5)(t+2)$

$\frac{dy}{dx}=0$에서 $t=-\frac{5}{2}$ 또는 $t=-2$

이때 함수 $y=f(x)$는 $x\ge e^{-\frac{5}{2}}$, 즉 $t\ge-\frac{5}{2}$에서 정의되므로 $t\ge-\frac{5}{2}$에서 함수 $f(x)$의 증가와 감소를 표로 나타내면 다음과 같다.

t	$-\frac{5}{2}$	$\cdots$	-2	$\cdots$
$\frac{dy}{dx}$	0	$-$	0	$+$
$f(x)$		↘	극소	↗

함수 $y=f(x)$는 $t=-2$, 즉 $x=e^{-2}$에서 최솟값
$y=\{2\times4+5\times(-2)+5\}e^{-2}=3e^{-2}$을 갖는다.
따라서 $a_5=e^{-2}$, $b_5=3e^{-2}$이므로
$\frac{b_5}{a_5}=\frac{3e^{-2}}{e^{-2}}=3$

(iv) $n=6$일 때
㉠에서 $\frac{dy}{dx}=(2t+6)(t+2)$
$\frac{dy}{dx}=0$에서 $t=-3$ 또는 $t=-2$
이때 함수 $y=f(x)$는 $x\ge e^{-3}$, 즉 $t\ge-3$에서 정의되므로 $t\ge-3$에서 함수 $f(x)$의 증가와 감소를 표로 나타내면 다음과 같다.

t	-3	$\cdots$	-2	$\cdots$
$\frac{dy}{dx}$	0	$-$	0	$+$
$f(x)$		↘	극소	↗

함수 $y=f(x)$는 $t=-2$, 즉 $x=e^{-2}$에서 최솟값
$y=\{2\times4+6\times(-2)+6\}e^{-2}=2e^{-2}$을 갖는다.
따라서 $a_6=e^{-2}$, $b_6=2e^{-2}$이므로
$\frac{b_6}{a_6}=\frac{2e^{-2}}{e^{-2}}=2$

Step 3 $\frac{b_3}{a_3}+\frac{b_4}{a_4}+\frac{b_5}{a_5}+\frac{b_6}{a_6}$의 값 구하기

$\therefore \frac{b_3}{a_3}+\frac{b_4}{a_4}+\frac{b_5}{a_5}+\frac{b_6}{a_6}=3+4+3+2=12$

22 함수의 최대와 최소의 활용 정답 109 | 정답률 11%

문제 보기

좌표평면에서 곡선 $y=x^2+x$ 위의 두 점 A, B의 x좌표를 각각 s, t $(0<s<t)$라 하자. 양수 k에 대하여 두 직선 OA, OB와 곡선 $y=x^2+x$로 둘러싸인 부분의 넓이가 k가 되도록 하는 점 (s, t)가 나타내는 곡선을 C라 하자. 곡선 C 위의 점 중에서 점 $(1, 0)$과의 거리가 최소인 점의 x좌표가 $\frac{2}{3}$일 때, $k=\frac{q}{p}$이다. $p+q$의 값을 구하시오.
(단, O는 원점이고, p와 q는 서로소인 자연수이다.) [4점]

└ OA, OB와 곡선 $y=x^2+x$를 좌표평면 위에 나타내어 넓이를 구한다.

Step 1 점 (s, t)가 나타내는 곡선 C 구하기

오른쪽 그림과 같이 곡선 $y=x^2+x$ 위의 두 점 A, B에서 x축에 내린 수선의 발을 각각 H, K라 하면 두 직선 OA, OB와 곡선 $y=x^2+x$로 둘러싸인 부분의 넓이는

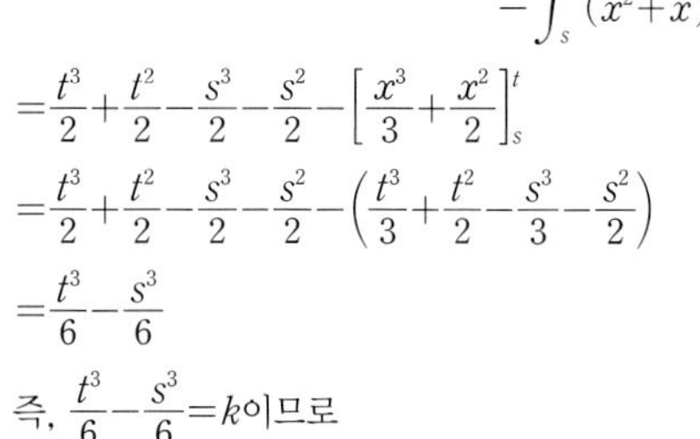

△OKB−△OHA−(도형 AHKB의 넓이)

$=\frac{1}{2}\times t\times(t^2+t)-\frac{1}{2}\times s\times(s^2+s)-\int_s^t(x^2+x)\,dx$

$=\frac{t^3}{2}+\frac{t^2}{2}-\frac{s^3}{2}-\frac{s^2}{2}-\left[\frac{x^3}{3}+\frac{x^2}{2}\right]_s^t$

$=\frac{t^3}{2}+\frac{t^2}{2}-\frac{s^3}{2}-\frac{s^2}{2}-\left(\frac{t^3}{3}+\frac{t^2}{2}-\frac{s^3}{3}-\frac{s^2}{2}\right)$

$=\frac{t^3}{6}-\frac{s^3}{6}$

즉, $\frac{t^3}{6}-\frac{s^3}{6}=k$이므로
$t^3-s^3=6k$
따라서 점 (s, t)가 나타내는 곡선 C는 → s 대신 x, t 대신 y를 대입해.
$y^3=x^3+6k$ (단, $x>0$) ······ ㉠

Step 2 k의 값 구하기

곡선 C 위의 점 (x, y)와 점 $(1, 0)$ 사이의 거리를 d라 하면
$d^2=(x-1)^2+y^2$
$=(x-1)^2+(x^3+6k)^{\frac{2}{3}}$ ($\because$ ㉠)
이때 d가 최소이면 d^2도 최소이다.
즉, $f(x)=(x-1)^2+(x^3+6k)^{\frac{2}{3}}$으로 놓으면 문제의 조건에서 $x=\frac{2}{3}$일 때 $f(x)$는 극소이면서 최소이므로 $f'\left(\frac{2}{3}\right)=0$이다.

$f'(x)=2(x-1)+\frac{2}{3}(x^3+6k)^{-\frac{1}{3}}\times3x^2$이므로 $f'\left(\frac{2}{3}\right)=0$에서

$2\left(\frac{2}{3}-1\right)+\frac{2}{3}\left(\frac{8}{27}+6k\right)^{-\frac{1}{3}}\times\frac{4}{3}=0$

$-\frac{2}{3}+\frac{8}{9}\left(\frac{8}{27}+6k\right)^{-\frac{1}{3}}=0$

$\left(\frac{8}{27}+6k\right)^{-\frac{1}{3}}=\frac{3}{4}$, $\frac{8}{27}+6k=\frac{64}{27}$

$\therefore k=\frac{28}{81}$

Step 3 $p+q$의 값 구하기

따라서 $p=81$, $q=28$이므로
$p+q=109$

23 함수의 최대와 최소의 활용 정답 ② | 정답률 27%

문제 보기

양의 실수 전체의 집합에서 정의된 함수 $f(x)=\frac{4x^2}{x^2+3}$에 대하여 $f(x)$의 역함수를 $g(x)$라 할 때, 함수 $h(x)$를

└→ 두 함수 $y=f(x)$, $y=g(x)$의 그래프를 그려 본다.

$$h(x)=f(x)-g(x)\ (0<x<4)$$

라 하자. 〈보기〉에서 옳은 것만을 있는 대로 고른 것은? [4점]

〈보기〉

ㄱ. $h(1)=0$

ㄴ. 두 양수 a, b $(a<b<4)$에 대하여 $\int_a^b h(x)\,dx$의 값이 최대일 때, $b-a=2$이다.

ㄷ. $h(x)$의 도함수 $h'(x)$의 최댓값은 $\frac{7}{6}$이다.

① ㄱ ② ㄱ, ㄴ ③ ㄱ, ㄷ ④ ㄴ, ㄷ ⑤ ㄱ, ㄴ, ㄷ

Step 1 두 함수 $y=f(x)$, $y=g(x)$의 그래프의 개형 파악하기

$f(x)=\frac{4x^2}{x^2+3}$에서

$$f'(x)=\frac{8x(x^2+3)-4x^2\times 2x}{(x^2+3)^2}=\frac{24x}{(x^2+3)^2}$$

$$f''(x)=\frac{24(x^2+3)^2-24x\times 2(x^2+3)\times 2x}{(x^2+3)^4}$$

$$=\frac{72(1+x)(1-x)}{(x^2+3)^3}$$

$f''(x)=0$인 x의 값은 $x=1$ ($\because x>0$)

$x>0$에서 함수 $f(x)$의 증가와 감소, 오목과 볼록을 표로 나타내면 다음과 같다.

x	0	$\cdots$	1	$\cdots$
$f'(x)$		+	+	+
$f''(x)$		+	0	−
$f(x)$		⤴	변곡점	↗

한편 함수 $y=f(x)$의 그래프와 그 역함수 $y=g(x)$의 그래프는 직선 $y=x$에 대하여 대칭이므로 두 함수 $y=f(x)$, $y=g(x)$의 그래프의 교점은 함수 $y=f(x)$의 그래프와 직선 $y=x$의 교점과 같다.

즉, $f(x)=x$에서

$\frac{4x^2}{x^2+3}=x$, $4x^2=x^3+3x$

$x^3-4x^2+3x=0$, $x(x^2-4x+3)=0$

$x(x-1)(x-3)=0$ $\therefore x=1$ 또는 $x=3$ ($\because x>0$)

따라서 함수 $y=f(x)$의 그래프와 그 역함수 $y=g(x)$의 그래프의 교점의 x좌표는 1, 3이므로 두 함수의 그래프는 오른쪽 그림과 같다.

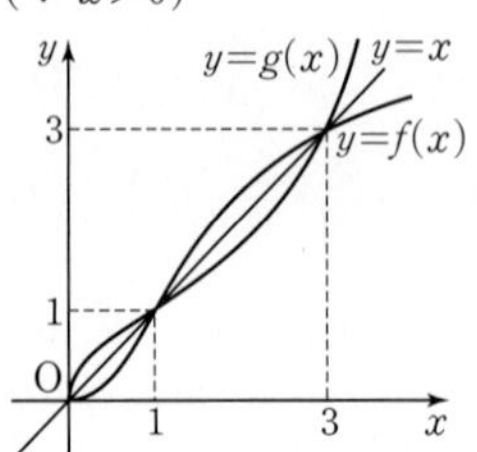

Step 2 ㄱ이 옳은지 확인하기

ㄱ. 함수 $y=f(x)$의 그래프와 그 역함수 $y=g(x)$의 그래프의 교점의 x좌표가 1이므로

$f(1)=g(1)$

$\therefore h(1)=f(1)-g(1)=0$

Step 3 ㄴ이 옳은지 확인하기

ㄴ. 두 양수 a, b에 대하여 $\int_a^b h(x)\,dx$의 값이 최대가 되려면 구간 $[a, b]$에서 $h(x)\geq 0$이고 $b-a$의 값이 최대이어야 한다.

구간 $[1, 3]$에서 $h(x)=f(x)-g(x)\geq 0$이므로

$a=1$, $b=3$ $\therefore b-a=2$

Step 4 ㄷ이 옳은지 확인하기

ㄷ. $h'(x)=f'(x)-g'(x)$이고 역함수의 미분법에 의하여

$g'(x)=\frac{1}{f'(g(x))}$이므로

$$h'(x)=f'(x)-\frac{1}{f'(g(x))}$$

$$\therefore h''(x)=f''(x)+\frac{f''(g(x))g'(x)}{\{f'(g(x))\}^2} \quad \cdots\cdots ㉠$$

이때 점 $(1, 1)$은 곡선 $y=f(x)$의 변곡점이므로

$f''(1)=0$, $f(1)=g(1)=1$

$$\therefore h''(1)=f''(1)+\frac{f''(g(1))g'(1)}{\{f'(g(1))\}^2}$$

$$=f''(1)+\frac{f''(1)g'(1)}{\{f'(1)\}^2}=0$$

(i) $0<x<1$인 모든 실수 x에 대하여

$f''(x)>0$, $g'(x)>0$, $0<g(x)<1$이므로

└→ $x>0$에서 $f'(x)>0$이므로 $g'(x)=\frac{1}{f'(g(x))}>0$

$\frac{f''(g(x))g'(x)}{\{f'(g(x))\}^2}>0$

따라서 ㉠에서 구간 $(0, 1)$일 때, $h''(x)>0$

(ii) $1<x<4$인 모든 실수 x에 대하여

$f''(x)<0$, $g'(x)>0$, $g(x)>1$이므로

$\frac{f''(g(x))g'(x)}{\{f'(g(x))\}^2}<0$

따라서 ㉠에서 구간 $(1, 4)$일 때, $h''(x)<0$

$0<x<4$에서 함수 $h'(x)$의 증가와 감소를 표로 나타내면 다음과 같다.

x	0	$\cdots$	1	$\cdots$	4
$h''(x)$		+	0	−	
$h'(x)$		↗	극대	↘	

즉, 함수 $h'(x)$는 $x=1$에서 최대이다.

따라서 함수 $h'(x)$의 최댓값은

$$h'(1)=f'(1)-\frac{1}{f'(g(1))}$$

$$=f'(1)-\frac{1}{f'(1)}=\frac{5}{6}\ \left(\because f'(1)=\frac{3}{2}\right)$$

Step 5 옳은 것 구하기

따라서 보기 중 옳은 것은 ㄱ, ㄴ이다.

24 함수의 그래프의 활용 　정답 ④ | 정답률 28%

문제 보기

열린구간 $\left(-\frac{\pi}{2}, \frac{3\pi}{2}\right)$에서 정의된 함수

$$f(x)=\begin{cases} 2\sin^3 x & \left(-\frac{\pi}{2}<x<\frac{\pi}{4}\right) \\ \cos x & \left(\frac{\pi}{4}\le x<\frac{3\pi}{2}\right) \end{cases}$$

가 있다. 실수 t에 대하여 다음 조건을 만족시키는 모든 실수 k의 개수를 $g(t)$라 하자.

> (가) $-\frac{\pi}{2}<k<\frac{3\pi}{2}$
> (나) 함수 $\sqrt{|f(x)-t|}$는 $x=k$에서 미분가능하지 않다.
> └ 함수 $y=|f(t)-t|$의 그래프를 그려 $g(t)$를 구한다.

함수 $g(t)$에 대하여 합성함수 $(h\circ g)(t)$가 실수 전체의 집합에서 연속이 되도록 하는 최고차항의 계수가 1인 사차함수 $h(x)$가 있다.
└ $g(t)$가 불연속인 $x=t$에서 $h(x)$는 연속이다.

$g\left(\frac{\sqrt{2}}{2}\right)=a$, $g(0)=b$, $g(-1)=c$라 할 때, $h(a+5)-h(b+3)+c$의 값은? [4점] └ $g(t)$를 구해 a, b, c의 값을 구한다.

① 96 　② 97 　③ 98 　④ 99 　⑤ 100

Step 1 함수 $y=f(x)$의 그래프의 개형 파악하기

$$f(x)=\begin{cases} 2\sin^3 x & \left(-\frac{\pi}{2}<x<\frac{\pi}{4}\right) \\ \cos x & \left(\frac{\pi}{4}\le x<\frac{3}{2}\pi\right) \end{cases}$$에서

$$f'(x)=\begin{cases} 6\sin^2 x\cos x & \left(-\frac{\pi}{2}<x<\frac{\pi}{4}\right) \\ -\sin x & \left(\frac{\pi}{4}<x<\frac{3}{2}\pi\right) \end{cases}$$

$$f''(x)=\begin{cases} 6\sin x(3\cos^2 x-1) & \left(-\frac{\pi}{2}<x<\frac{\pi}{4}\right) \\ -\cos x & \left(\frac{\pi}{4}<x<\frac{3}{2}\pi\right) \end{cases}$$

$\lim_{x\to\frac{\pi}{4}+} f(x)=\lim_{x\to\frac{\pi}{4}+}\cos x=\cos\frac{\pi}{4}=\frac{\sqrt{2}}{2}$,

$\lim_{x\to\frac{\pi}{4}-} f(x)=\lim_{x\to\frac{\pi}{4}-} 2\sin^3 x=2\times\left(\sin\frac{\pi}{4}\right)^3=\frac{\sqrt{2}}{2}$, $f\left(\frac{\pi}{4}\right)=\frac{\sqrt{2}}{2}$에서

$\lim_{x\to\frac{\pi}{4}+} f(x)=\lim_{x\to\frac{\pi}{4}-} f(x)=f\left(\frac{\pi}{4}\right)$이므로 함수 $f(x)$는 $x=\frac{\pi}{4}$에서 연속이다.

$\lim_{x\to\frac{\pi}{4}+} f'(x)=\lim_{x\to\frac{\pi}{4}+}(-\sin x)=-\sin\frac{\pi}{4}=-\frac{\sqrt{2}}{2}$,

$\lim_{x\to\frac{\pi}{4}-} f'(x)=\lim_{x\to\frac{\pi}{4}-} 6\sin^2 x\cos x=6\times\left(\sin\frac{\pi}{4}\right)^2\times\cos\frac{\pi}{4}=\frac{3\sqrt{2}}{2}$에서

$\lim_{x\to\frac{\pi}{4}+} f'(x)\neq\lim_{x\to\frac{\pi}{4}-} f'(x)$이므로 함수 $f(x)$는 $x=\frac{\pi}{4}$에서 미분가능하지 않다.

$-\frac{\pi}{2}<x<\frac{\pi}{4}$일 때 $f'(x)=0$인 x의 값은

$6\sin^2 x\cos x=0$

$\sin^2 x=0$ ($\because \cos x\neq 0$)

$\therefore x=0$

$-\frac{\pi}{2}<x<\frac{\pi}{4}$일 때 $f''(x)=0$에서

$\sin x=0$ 또는 $3\cos^2 x-1=0$

$\sin x=0$에서 $x=0$

$\cos x=-\frac{\sqrt{3}}{3}$을 만족시키는 x의 값을 $\alpha\left(-\frac{\pi}{2}<\alpha<0\right)$라 하면 열린구간 $\left(-\frac{\pi}{2}, \alpha\right)$에서 $f''(x)>0$, 열린구간 $(\alpha, 0)$에서 $f''(x)<0$이다.

열린구간 $\left(-\frac{\pi}{2}, \frac{\pi}{4}\right)$에서 함수 $f(x)$의 증가와 감소, 오목과 볼록을 표로 나타내면 다음과 같다.

x	$-\frac{\pi}{2}$	$\cdots$	α	$\cdots$	0	$\cdots$	$\frac{\pi}{4}$
$f'(x)$		$+$	$+$	$+$	0	$+$	
$f''(x)$		$+$	0	$-$	0	$+$	
$f(x)$		⤴	변곡점	⤴	0 변곡점	⤴	

또 $\lim_{x\to-\frac{\pi}{2}+} f(x)=2\sin^3\left(-\frac{\pi}{2}\right)=2\times(-1)^3=-2$이다.

따라서 열린구간 $\left(-\frac{\pi}{2}, \frac{\pi}{4}\right)$에서 함수 $y=2\sin^3 x$의 그래프와 열린구간 $\left(\frac{\pi}{4}, \frac{3}{2}\pi\right)$에서 함수 $y=\cos x$의 그래프는 다음 그림과 같다.

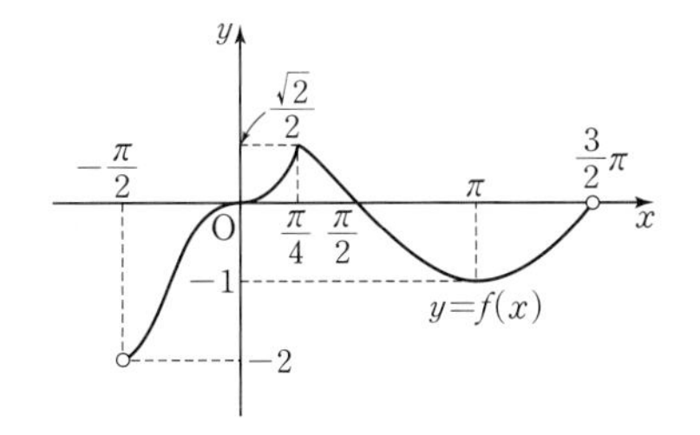

Step 2 $g(t)$ 구하기

$p(x)=|f(x)-t|$라 하면 $(\sqrt{p(x)})'=\frac{1}{2}\times\frac{1}{\sqrt{p(x)}}\times p'(x)$이므로 함수 $\sqrt{p(x)}$는 $p(x)=0$인 x의 값과 $p(x)$가 미분가능하지 않은 x의 값에서 미분가능하지 않다.

함수 $y=p(x)$의 그래프는 $y=f(x)$의 그래프를 y축의 방향으로 $-t$만큼 평행이동한 후 x축의 아랫부분을 x축에 대하여 대칭이동한 것이므로 t의 값에 따라 함수 $y=p(x)$의 그래프를 그려 보자.

(i) $t\ge\frac{\sqrt{2}}{2}$일 때

함수 $p(x)=|f(x)-t|$의 그래프는 오른쪽 그림과 같으므로 미분가능하지 않은 x의 값이 1개이다. └ 뾰족한 점이 1개야.

즉, k의 개수는 1이다.

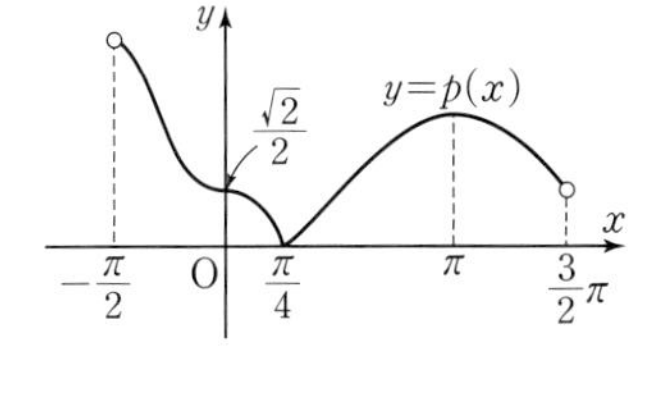

(ii) $0<t<\frac{\sqrt{2}}{2}$일 때

함수 $p(x)=|f(x)-t|$의 그래프는 오른쪽 그림과 같으므로 미분가능하지 않은 x의 값이 3개이다. └ 뾰족한 점이 3개야.

즉, k의 개수는 3이다.

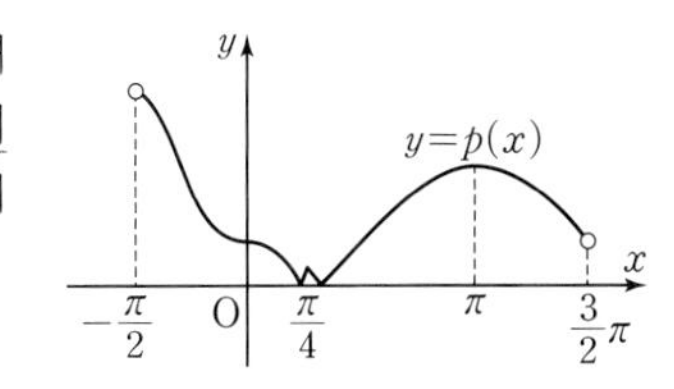

(iii) $t=0$일 때

함수 $p(x)=|f(x)|$의 그래프는 오른쪽 그림과 같다.

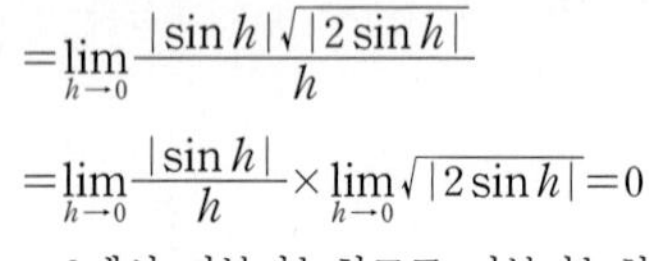

이때 $i(x)=\sqrt{|2\sin^3 x|}$라 하면

$$i'(0)=\lim_{h\to0}\frac{i(0+h)-i(0)}{h}$$
$$=\lim_{h\to0}\frac{\sqrt{|2\sin^3 h|}}{h}$$
$$=\lim_{h\to0}\frac{|\sin h|\sqrt{|2\sin h|}}{h}$$
$$=\lim_{h\to0}\frac{|\sin h|}{h}\times\lim_{h\to0}\sqrt{|2\sin h|}=0$$

즉, $x=0$에서 미분가능하므로 미분가능하지 않은 x의 값이 2개이다. (뾰족한 점이 2개야.)

따라서 k의 개수는 2이다.

(iv) $-1<t<0$일 때

함수 $p(x)=|f(x)-t|$의 그래프는 오른쪽 그림과 같으므로 미분가능하지 않은 x의 값이 4개이다. (뾰족한 점이 4개야.)

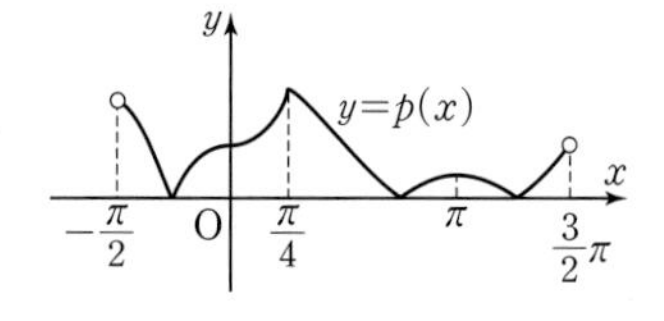

즉, k의 개수는 4이다.

(v) $t=-1$일 때

함수 $p(x)=|f(x)+1|$의 그래프는 오른쪽 그림과 같다.

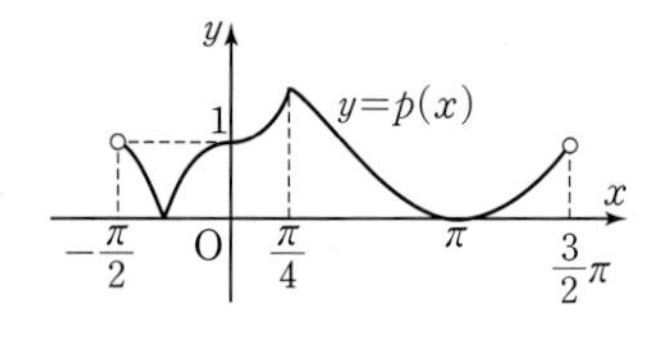

이때 $j(x)=\sqrt{|\cos x+1|}$이라 하면

$$\lim_{h\to0+}\frac{j(\pi+h)-j(\pi)}{h}$$
$$=\lim_{h\to0+}\frac{\sqrt{|\cos(\pi+h)+1|}-\sqrt{|\cos\pi+1|}}{h}$$
$$=\lim_{h\to0+}\frac{\sqrt{|-\cos h+1|}}{h}=\lim_{h\to0+}\frac{\sqrt{-\cos h+1}}{h}$$
$$=\lim_{h\to0+}\sqrt{\frac{1-\cos h}{h^2}}=\lim_{h\to0+}\sqrt{\frac{(1-\cos h)(1+\cos h)}{h^2(1+\cos h)}}$$
$$=\lim_{h\to0+}\sqrt{\frac{\sin^2 h}{h^2(1+\cos h)}}=\lim_{h\to0+}\left(\frac{\sin h}{h}\sqrt{\frac{1}{1+\cos h}}\right)$$
$$=1\times\sqrt{\frac{1}{2}}=\frac{\sqrt{2}}{2}$$

$$\lim_{h\to0-}\frac{j(\pi+h)-j(\pi)}{h}$$
$$=\lim_{h\to0-}\frac{\sqrt{|\cos(\pi+h)+1|}-\sqrt{|\cos\pi+1|}}{h}$$
$$=\lim_{h\to0-}\frac{\sqrt{|-\cos h+1|}}{h}=\lim_{h\to0-}\frac{\sqrt{-\cos h+1}}{h}$$
$$=-\lim_{h\to0-}\sqrt{\frac{1-\cos h}{h^2}}=\lim_{h\to0-}\left(-\frac{\sin h}{h}\sqrt{\frac{1}{1+\cos h}}\right)$$
$$=-1\times\sqrt{\frac{1}{2}}=-\frac{\sqrt{2}}{2}$$

즉, $\displaystyle\lim_{h\to0+}\frac{j(\pi+h)-j(\pi)}{h}\neq\lim_{h\to0-}\frac{j(\pi+h)-j(\pi)}{h}$이므로 $x=\pi$에서 미분가능하지 않다.

따라서 미분가능하지 않은 x의 값이 3개이므로 k의 개수는 3이다.

(vi) $-2<t<-1$일 때

함수 $p(x)=|f(x)-t|$의 그래프는 오른쪽 그림과 같으므로 미분가능하지 않은 x의 값이 2개이다. (뾰족한 점이 2개야.)

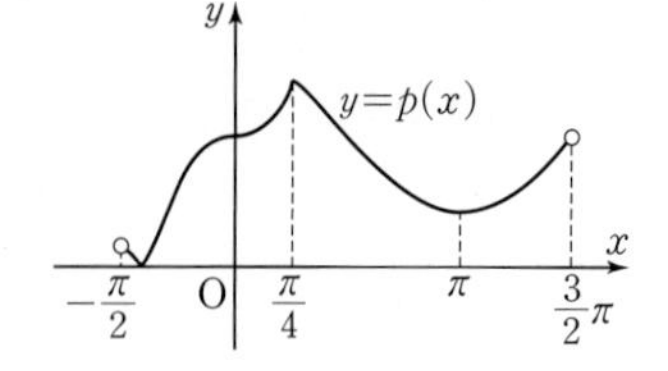

즉, k의 개수는 2이다.

(vii) $t\le-2$일 때

함수 $p(x)=|f(x)-t|$의 그래프는 오른쪽 그림과 같으므로 미분가능하지 않은 x의 값이 1개이다. (뾰족한 점이 1개야.)

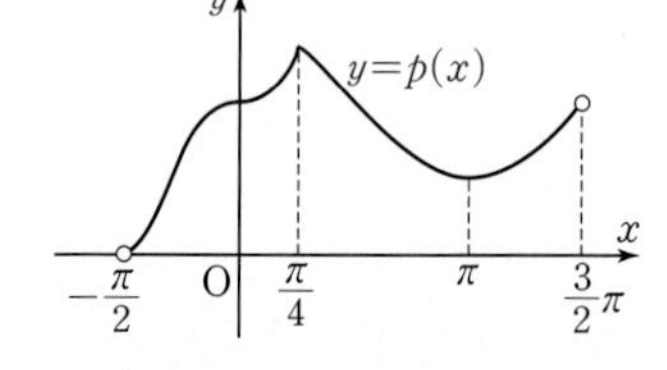

즉, k의 개수는 1이다.

(i)~(vii)에서 함수 $g(t)$와 그 그래프는 다음과 같다.

$$g(t)=\begin{cases}1 & (t\le-2)\\ 2 & (-2<t<-1)\\ 3 & (t=-1)\\ 4 & (-1<t<0)\\ 2 & (t=0)\\ 3 & \left(0<t<\frac{\sqrt{2}}{2}\right)\\ 1 & \left(t\ge\frac{\sqrt{2}}{2}\right)\end{cases}$$

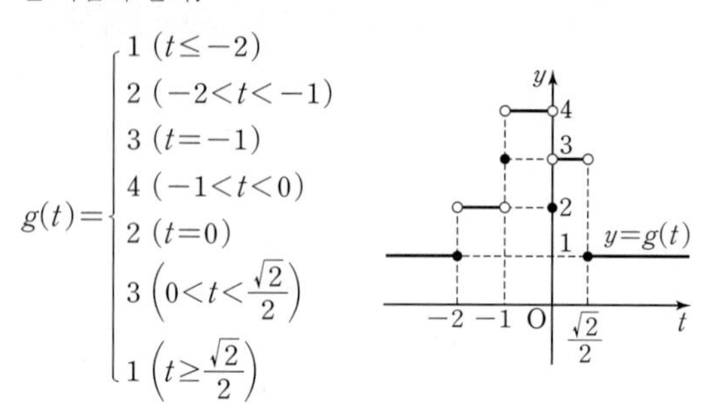

Step 3 $h(x)$ 구하기

합성함수 $(h\circ g)(t)$가 실수 전체의 집합에서 연속이면 $t=\frac{\sqrt{2}}{2}$에서 연속이어야 하므로

$$\lim_{t\to\frac{\sqrt{2}}{2}+}(h\circ g)(t)=\lim_{t\to\frac{\sqrt{2}}{2}-}(h\circ g)(t)=(h\circ g)\left(\frac{\sqrt{2}}{2}\right)$$

$\therefore h(1)=h(3)$ ...... ㉠

$t=0$에서 연속이어야 하므로

$$\lim_{t\to0+}(h\circ g)(t)=\lim_{t\to0-}(h\circ g)(t)=(h\circ g)(0)$$

$\therefore h(3)=h(4)=h(2)$ ...... ㉡

$t=-1$에서 연속이어야 하므로

$$\lim_{t\to-1+}(h\circ g)(t)=\lim_{t\to-1-}(h\circ g)(t)=(h\circ g)(-1)$$

$\therefore h(4)=h(2)=h(3)$ ...... ㉢

$t=-2$에서 연속이어야 하므로

$$\lim_{t\to-2+}(h\circ g)(t)=\lim_{t\to-2-}(h\circ g)(t)=(h\circ g)(-2)$$

$\therefore h(2)=h(1)$ ...... ㉣

㉠, ㉡, ㉢, ㉣에 의하여

$h(1)=h(2)=h(3)=h(4)$

$h(1)=h(2)=h(3)=h(4)=m$ (m은 상수)이라 하면 사차함수 $h(x)$의 최고차항의 계수가 1이므로

$h(x)=(x-1)(x-2)(x-3)(x-4)+m$

Step 4 $h(a+5)-h(b+3)+c$의 값 구하기

$a=g\left(\frac{\sqrt{2}}{2}\right)=1$, $b=g(0)=2$, $c=g(-1)=3$이므로

$$\begin{aligned}h(a+5)-h(b+3)+c&=h(6)-h(5)+3\\&=(5\times4\times3\times2+m)-(4\times3\times2\times1+m)+3\\&=(120+m)-(24+m)+3\\&=99\end{aligned}$$

25 함수의 그래프의 활용 정답 40 | 정답률 22%

문제 보기

두 상수 $a\,(a>0)$, b에 대하여 함수 $f(x)=(ax^2+bx)e^{-x}$이 다음 조건을 만족시킬 때, $60\times(a+b)$의 값을 구하시오. [4점]

└ 그래프가 원점을 지난다.

> (가) $\{x\,|\,f(x)=f'(t)\times x\}=\{0\}$을 만족시키는 실수 t의 개수가 1이다.
> └ 곡선 $y=f(x)$와 직선 $y=f'(x)\times x$의 교점의 x좌표가 0뿐이다.
> (나) $f(2)=2e^{-2}$

Step 1 조건 (나)를 이용하여 a, b에 대한 식 구하기

조건 (나)에서 $f(2)=(4a+2b)e^{-2}=2e^{-2}$이므로

$2a+b=1$ …… ㉠

Step 2 조건 (가)에서 $f''(0)=0$임을 파악하기

$f(x)=(ax^2+bx)e^{-x}=ax\left(x+\dfrac{b}{a}\right)e^{-x}$

$e^{-x}>0$이므로 함수 $y=f(x)$의 그래프와 x축의 교점의 x좌표는 0, $-\dfrac{b}{a}$이고, $\lim\limits_{x\to-\infty}f(x)=\infty$, $\lim\limits_{x\to\infty}f(x)=0$이므로 b의 값의 범위에 따라 함수 $y=f(x)$의 그래프의 개형은 다음 그림과 같다.

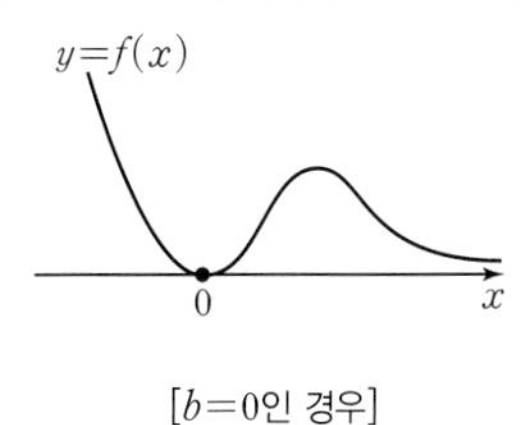

[$b=0$인 경우]

[$b<0$인 경우]

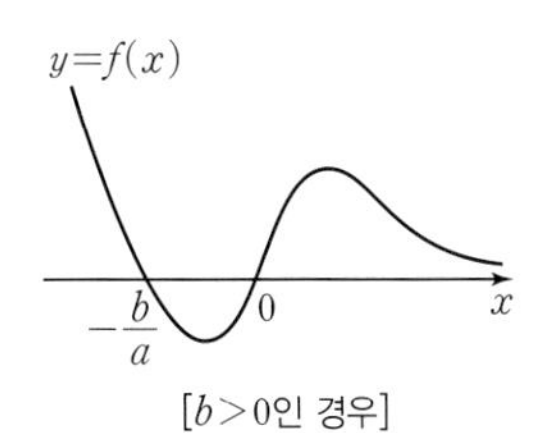

[$b>0$인 경우]

조건 (가)에서 $\{x\,|\,f(x)=f'(t)\times x\}=\{0\}$을 만족시키므로 곡선 $y=f(x)$와 직선 $y=f'(t)\times x$의 교점의 x좌표가 0뿐이다. …… ㉡

또 ㉡을 만족시키는 실수 t의 개수가 1이어야 한다.

(i) $b=0$인 경우

다음 그림과 같이 점 $(0,\,0)$을 지나고 점 $(t_1,\,f(t_1))$에 접하는 직선 $y=f'(t_1)\times x$에 대하여 $f'(t_1)<f'(t_2)$를 만족시키는 t_1보다 작은 t_2의 값이 무수히 많이 존재하고, 이때의 t_2는 $\{x\,|\,f(x)=f'(t_2)\times x\}=\{0\}$을 만족시킨다.

따라서 조건 (가)를 만족시키지 않는다.

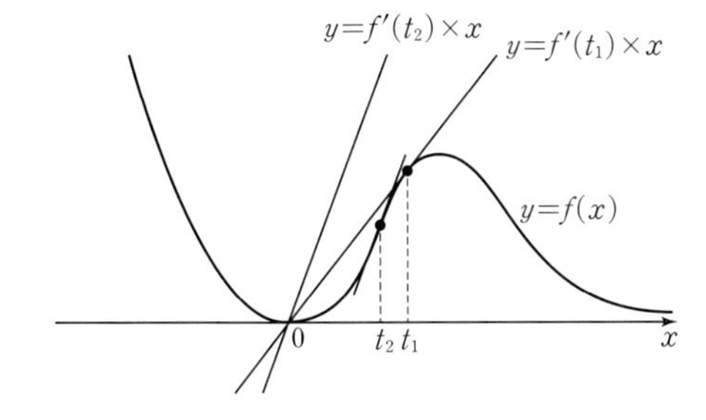

(ii) $b<0$인 경우

(i)과 마찬가지로 조건 (가)를 만족시키지 않는다.

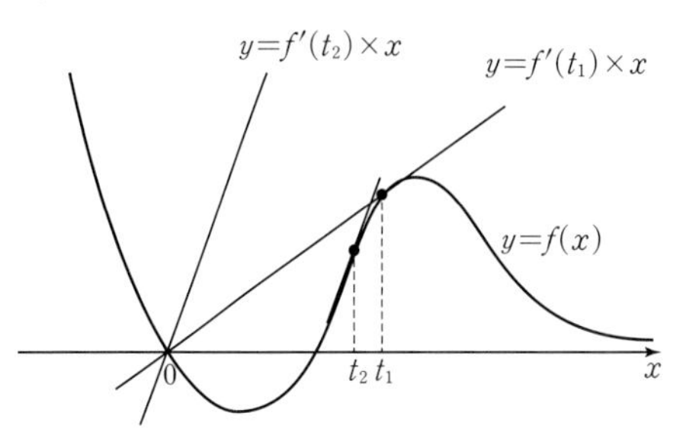

(iii) $b>0$인 경우

$\{x\,|\,f(x)=f'(t)\times x\}=\{0\}$을 만족시키는 실수 t의 개수가 1인 경우는 다음 그림과 같이 직선 $y=f'(t)\times x$가 함수 $y=f(x)$의 그래프의 변곡점에서의 접선일 때이다.

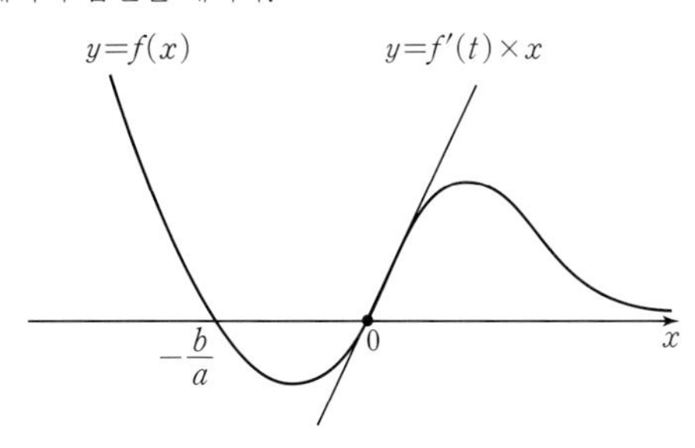

(i), (ii), (iii)에서 $f''(0)=0$

Step 3 $f''(0)=0$임을 이용하여 a, b에 대한 식 구하기

$f(x)=(ax^2+bx)e^{-x}$에서

$f'(x)=(2ax+b)e^{-x}-(ax^2+bx)e^{-x}$
$\quad=\{-ax^2+(2a-b)x+b\}e^{-x}$

$f''(x)=(-2ax+2a-b)e^{-x}-\{-ax^2+(2a-b)x+b\}e^{-x}$
$\quad=\{ax^2-(4a-b)x+2a-2b\}e^{-x}$

$f''(0)=2a-2b=0$이므로

$a=b$ …… ㉢

Step 4 $60\times(a+b)$의 값 구하기

㉠, ㉢을 연립하여 풀면

$a=\dfrac{1}{3}$, $b=\dfrac{1}{3}$

$\therefore\ 60\times(a+b)=60\times\left(\dfrac{1}{3}+\dfrac{1}{3}\right)=40$

26 함수의 최대와 최소의 활용 정답 43 | 정답률 12%

문제 보기

다음 조건을 만족시키는 실수 a, b에 대하여 ab의 최댓값을 M, 최솟값을 m이라 하자.

> 모든 실수 x에 대하여 부등식
> $-e^{-x+1}<ax+b<e^{x-2}$ → 직선 $y=ax+b$의 위치를 파악한다.
> 이 성립한다.

$|M\times m^3|=\frac{q}{p}$일 때, $p+q$의 값을 구하시오.

(단, p와 q는 서로소인 자연수이다.) [4점]

Step 1 주어진 부등식에서 곡선과 직선의 위치 관계 파악하기

$-e^{-x+1}\le ax+b\le e^{x-2}$에서 $f(x)=e^{x-2}$, $g(x)=-e^{-x+1}$이라 하면 직선 $y=ax+b$는 두 곡선 $y=f(x)$, $y=g(x)$ 사이에 있거나 접해야 한다.

Step 2 ab의 값의 범위 구하기

오른쪽 그림과 같이 기울기가 a인 직선이 $x=t$인 점에서 곡선 $y=f(x)$에 접하고, $x=s$인 점에서 곡선 $y=g(x)$에 접한다고 하자.

곡선 $y=f(x)$ 위의 점 $(t,\ e^{t-2})$에서의 접선의 방정식은

$y-e^{t-2}=e^{t-2}(x-t)$

$\therefore\ y=e^{t-2}x+(1-t)e^{t-2}$ …… ㉠

곡선 $y=g(x)$ 위의 점 $(s,\ -e^{-s+1})$에서의 접선의 방정식은

$y+e^{-s+1}=e^{-s+1}(x-s)$

$\therefore\ y=e^{-s+1}x-(s+1)e^{-s+1}$ …… ㉡

두 접선 ㉠, ㉡의 기울기가 같으므로 $e^{t-2}=e^{-s+1}$에서

$t-2=-s+1$

$\therefore\ s=-t+3$

이를 ㉡에 대입하면

$y=e^{t-2}x+(t-4)e^{t-2}$ …… ㉢

㉠, ㉢에서

$a=e^{t-2}$, $(t-4)e^{t-2}\le b\le(1-t)e^{t-2}$

$\therefore\ (t-4)e^{2t-4}\le ab\le(1-t)e^{2t-4}$ …… ㉣

Step 3 $|M\times m^3|$의 값 구하기

오른쪽 그림과 같이 두 직선 ㉠, ㉢이 일치하면

$(1-t)e^{t-2}=(t-4)e^{t-2}$

$e^{t-2}(2t-5)=0$

$\therefore\ t=\frac{5}{2}$ ($\because\ e^{t-2}>0$)

즉, $t=\frac{5}{2}$일 때 두 접선이 일치하므로

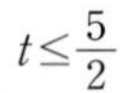

$t\le\frac{5}{2}$

㉣에서 $h(t)=(1-t)e^{2t-4}$이라 하면

$h'(t)=-e^{2t-4}+(2-2t)e^{2t-4}=(1-2t)e^{2t-4}$

$h'(t)=0$인 t의 값은 $t=\frac{1}{2}$ ($\because\ e^{2t-4}>0$)

$t\le\frac{5}{2}$에서 함수 $h(t)$의 증가와 감소를 표로 나타내면 다음과 같다.

t	$\cdots$	$\frac{1}{2}$	$\cdots$	$\frac{5}{2}$
$h'(t)$	$+$	0	$-$	$-$
$h(t)$	↗	$\frac{1}{2}e^{-3}$ 극대	↘	$-\frac{3}{2}e$

즉, 함수 $h(t)$는 $t=\frac{1}{2}$에서 최댓값 $\frac{1}{2}e^{-3}$을 갖는다.

또 ㉣에서 $k(t)=(t-4)e^{2t-4}$이라 하면

$k'(t)=e^{2t-4}+(2t-8)e^{2t-4}=(2t-7)e^{2t-4}$

$k'(t)=0$인 t의 값은 $t=\frac{7}{2}$ ($\because\ e^{2t-4}>0$)

$t\le\frac{5}{2}$에서 함수 $k(t)$의 증가와 감소를 표로 나타내면 다음과 같다.

t	$\cdots$	$\frac{5}{2}$
$k'(t)$	$-$	$-$
$k(t)$	↘	$-\frac{3}{2}e$

즉, $t\le\frac{5}{2}$에서 함수 $k(t)$는 $t=\frac{5}{2}$에서 최솟값 $-\frac{3}{2}e$를 갖는다.

따라서 $M=\frac{1}{2}e^{-3}$, $m=-\frac{3}{2}e$이므로

$|M\times m^3|=\left|\frac{1}{2}e^{-3}\times\left(-\frac{3}{2}e\right)^3\right|=\frac{27}{16}$

Step 4 $p+q$의 값 구하기

따라서 $p=16$, $q=27$이므로

$p+q=43$

27 함수의 최대와 최소의 활용 　정답 24 | 정답률 28%

문제 보기

이차함수 $f(x)$에 대하여 함수 $g(x)=\{f(x)+2\}e^{f(x)}$이 다음 조건을 만족시킨다.

└→ $g'(x)$를 구한다.

> (가) $f(a)=6$인 a에 대하여 $g(x)$는 $x=a$에서 최댓값을 갖는다.
> $f(x)$가 최대일 때 $g(x)$도 최대이므로 $f'(a)=0$이다.
> (나) $g(x)$는 $x=b$, $x=b+6$에서 최솟값을 갖는다.
> └→ $g'(x)=0$에서 $g(x)$가 최솟값을 갖는 경우를 생각한다.

방정식 $f(x)=0$의 서로 다른 두 실근을 α, β라 할 때, $(\alpha-\beta)^2$의 값을 구하시오. (단, a, b는 실수이다.) [4점]

Step 1 주어진 조건 파악하기

$g(x)=\{f(x)+2\}e^{f(x)}$에서

$g'(x)=f'(x)e^{f(x)}+\{f(x)+2\}e^{f(x)}\times f'(x)=f'(x)\{f(x)+3\}e^{f(x)}$

$g'(x)=0$에서 $f'(x)=0$ 또는 $f(x)+3=0$ ($\because e^{f(x)}>0$)

한편 함수 $g(x)=\{f(x)+2\}e^{f(x)}$이 최댓값을 가지려면 이차함수 $f(x)$는 최고차항의 계수가 음수이어야 한다.

오른쪽 그림과 같이 이차함수 $y=f(x)$의 그래프의 꼭짓점의 x좌표를 c, $f(x)+3=0$을 만족시키는 x의 값을 c_1, c_2 $(c_1<c_2)$라 하면

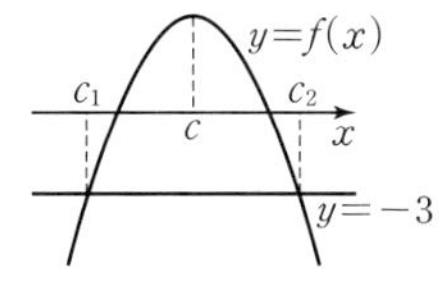

$f'(c)=0$, $f(c_1)+3=0$, $f(c_2)+3=0$

$x<c_1$일 때,

$f'(x)>0$, $f(x)+3<0$이므로 $g'(x)<0$

$c_1<x<c$일 때,

$f'(x)>0$, $f(x)+3>0$이므로 $g'(x)>0$

$c<x<c_2$일 때,

$f'(x)<0$, $f(x)+3>0$이므로 $g'(x)<0$

$x>c_2$일 때,

$f'(x)<0$, $f(x)+3<0$이므로 $g'(x)>0$

함수 $g(x)$의 증가와 감소를 표로 나타내면 다음과 같다.

x	$\cdots$	c_1	$\cdots$	c	$\cdots$	c_2	$\cdots$
$g'(x)$	$-$	0	$+$	0	$-$	0	$+$
$g(x)$	↘	극소	↗	극대	↘	극소	↗

따라서 함수 $g(x)$는 $x=c$에서 최대이고 $x=c_1$, $x=c_2$에서 최소이므로 조건 (가), (나)에 의하여

$f'(a)=0$, $f(b)+3=0$, $f(b+6)+3=0$ 　　…… ㉠

Step 2 $f(x)$를 a에 대한 식으로 나타내기

이차함수 $f(x)$의 최고차항의 계수를 k $(k<0)$라 하면 ㉠에서 방정식 $f(x)+3=0$의 해가 $x=b$, $x=b+6$이므로

$f(x)+3=k(x-b)(x-b-6)$

$\therefore f(x)=k(x-b)(x-b-6)-3$ 　　…… ㉡

$f'(x)=k(x-b-6)+k(x-b)=2k(x-b-3)$

이때 $f'(a)=0$이므로

$2k(a-b-3)=0$, $a-b-3=0$

$\therefore b=a-3$

이를 ㉡에 대입하면

$f(x)=k(x-a+3)(x-a-3)-3$

조건 (가)의 $f(a)=6$에서

$-9k-3=6$, $9k=-9$ 　$\therefore k=-1$

$\therefore f(x)=-(x-a+3)(x-a-3)-3$

Step 3 $(\alpha-\beta)^2$의 값 구하기

방정식 $f(x)=0$에서

$-(x-a+3)(x-a-3)-3=0$

$(x-a)^2=6$ 　$\therefore x=a-\sqrt{6}$ 또는 $x=a+\sqrt{6}$

따라서 두 근 α, β가 $a-\sqrt{6}$, $a+\sqrt{6}$이므로

$(\alpha-\beta)^2=\{(a+\sqrt{6})-(a-\sqrt{6})\}^2=24$

28 함수의 최대와 최소의 활용 정답 71 | 정답률 12%

문제 보기

상수항을 포함한 모든 항의 계수가 유리수인 이차함수 $f(x)$가 있다. 함수 $g(x)$가

$g(x)=|f'(x)|e^{f(x)}$ → 이차함수의 그래프는 축에 대하여 대칭임을 이용하여 함수 $y=g(x)$의 그래프의 개형을 파악한다.

일 때, 함수 $g(x)$는 다음 조건을 만족시킨다.

> (가) 함수 $g(x)$는 $x=2$에서 극솟값을 갖는다.
> (나) 함수 $g(x)$의 최댓값은 $4\sqrt{e}$이다.
> └→ $g(x)$의 극댓값 중 가장 큰 값이 최댓값이다.
> (다) 방정식 $g(x)=4\sqrt{e}$의 근은 모두 유리수이다.

$|f(-1)|$의 값을 구하시오. [4점]

Step 1 함수 $y=g(x)$의 그래프의 개형 파악하기

$f(x)$는 이차함수이므로 $f(x)=a(x-m)^2+n\,(a\neq0)$이라 하면

$f'(x)=2a(x-m)$, $f''(x)=2a$

두 함수 $y=f(x)$, $y=|f'(x)|$의 그래프 모두 직선 $x=m$에 대하여 대칭이므로

$f(x-m)=f(x+m)$, $|f'(x-m)|=|f'(x+m)|$

$g(x)=|f'(x)|e^{f(x)}$에서

$g(x-m)=|f'(x-m)|e^{f(x-m)}$

$\qquad=|f'(x+m)|e^{f(x+m)}=g(x+m)$

즉, 함수 $y=g(x)$의 그래프도 직선 $x=m$에 대하여 대칭이다.

한편 $a>0$일 때 $\lim_{x\to\infty}|f'(x)|=\infty$, $\lim_{x\to\infty}e^{f(x)}=\infty$이므로

$\lim_{x\to\infty}g(x)=\lim_{x\to\infty}|f'(x)|e^{f(x)}=\infty$

이때 함수 $g(x)$는 최댓값을 갖지 않으므로 조건 (나)를 만족시키지 않는다.

$\therefore a<0$

함수 $g(x)=|f'(x)|e^{f(x)}$에서 $e^{f(x)}>0$이므로

$g(x)=|f'(x)|e^{f(x)}=|f'(x)e^{f(x)}|$으로 놓을 수 있다.

이때 $h(x)=f'(x)e^{f(x)}$이라 하면

$h'(x)=f''(x)e^{f(x)}+f'(x)e^{f(x)}\times f'(x)$

$\qquad=f''(x)e^{f(x)}+\{f'(x)\}^2e^{f(x)}$

$\qquad=2ae^{f(x)}+\{2a(x-m)\}^2e^{f(x)}$

$\qquad=\{2a+4a^2(x-m)^2\}e^{f(x)}$

$h'(x)=0$인 x의 값은

$2a+4a^2(x-m)^2=0$, $2a(x-m)^2=-1$

$(x-m)^2=-\frac{1}{2a}$, $x-m=\pm\frac{1}{\sqrt{-2a}}$

$\therefore x=m\pm\frac{1}{\sqrt{-2a}}$

함수 $h(x)$의 증가와 감소를 표로 나타내면 다음과 같다.

x	$\cdots$	$m-\frac{1}{\sqrt{-2a}}$	$\cdots$	m	$\cdots$	$m+\frac{1}{\sqrt{-2a}}$	$\cdots$
$h'(x)$	$+$	0	$-$	$-$	$-$	0	$+$
$h(x)$	↗	극대	↘	0	↘	극소	↗

$a<0$일 때 $\lim_{x\to\infty}|f'(x)|=\infty$, $\lim_{x\to\infty}e^{f(x)}=0$, $\lim_{x\to-\infty}e^{f(x)}=0$이므로

$\lim_{x\to\infty}h(x)=0$, $\lim_{x\to-\infty}h(x)=0$

즉, 함수 $y=h(x)$의 그래프는 다음 그림과 같다.

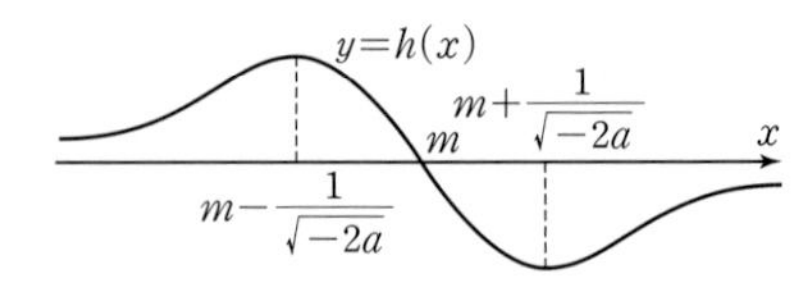

따라서 함수 $y=g(x)$의 그래프는 다음 그림과 같다.

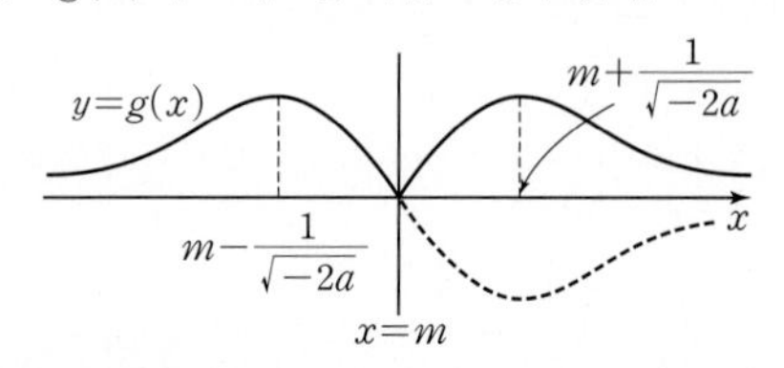

Step 2 $f(x)$ 구하기

조건 (가)에 의하여 $m=2$

$\therefore f(x)=a(x-2)^2+n$, $f'(x)=2a(x-2)$

함수 $g(x)$는 $x=2\pm\frac{1}{\sqrt{-2a}}$에서 최댓값을 가지므로 조건 (나)에 의하여

$g\left(2-\frac{1}{\sqrt{-2a}}\right)=4\sqrt{e}$

이때 $f'\left(2-\frac{1}{\sqrt{-2a}}\right)=2a\left\{\left(2-\frac{1}{\sqrt{-2a}}\right)-2\right\}=\sqrt{-2a}$,

$f\left(2-\frac{1}{\sqrt{-2a}}\right)=a\left\{\left(2-\frac{1}{\sqrt{-2a}}\right)-2\right\}^2+n=n-\frac{1}{2}$이므로

$g\left(2-\frac{1}{\sqrt{-2a}}\right)=\sqrt{-2a}\,e^{n-\frac{1}{2}}$

즉, $\sqrt{-2a}\,e^{n-\frac{1}{2}}=4\sqrt{e}$이므로

$\sqrt{-2a}=4$, $e^{n-\frac{1}{2}}=\sqrt{e}$

$-2a=16$, $n-\frac{1}{2}=\frac{1}{2}$

$\therefore a=-8$, $n=1$

$\therefore f(x)=-8(x-2)^2+1$

Step 3 $|f(-1)|$의 값 구하기

$\therefore |f(-1)|=|-8(-1-2)^2+1|=71$

29 함수의 그래프의 활용 정답 129 | 정답률 6%

문제 보기

최고차항의 계수가 3보다 크고 실수 전체의 집합에서 최솟값이 양수인 이차함수 $f(x)$에 대하여 함수 $g(x)$가

$$g(x)=e^{x}f(x)$$

이다. 양수 k에 대하여 집합 $\{x \mid g(x)=k,\ x\text{는 실수}\}$의 모든 원소의 합을 $h(k)$라 할 때, 양의 실수 전체의 집합에서 정의된 함수 $h(k)$는 다음 조건을 만족시킨다.

> (가) 함수 $h(k)$가 $k=t$에서 불연속인 t의 개수는 1이다.
> └→ 함수 $h(k)$가 불연속인 점이 1개 존재하는 경우에 대하여 함수 $y=g(x)$의 그래프의 개형을 파악한다.
> (나) $\lim_{k\to 3e+} h(k)-\lim_{k\to 3e-} h(k)=2$ → 함수 $h(k)$는 $k=3e$에서 불연속이다.

$g(-6)\times g(2)$의 값을 구하시오. (단, $\lim_{x\to -\infty} x^2e^x=0$) [4점]

Step 1 함수 $y=g(x)$의 그래프의 개형 파악하기

$f(x)=ax^2+bx+c$ (a, b, c는 상수, $a>3$, $c>0$)라 하면

$g(x)=e^x(ax^2+bx+c)$이므로

$g'(x)=e^x(ax^2+bx+c)+e^x(2ax+b)$

$\quad =e^x\{ax^2+(2a+b)x+b+c\}$

$g'(x)=0$에서 $e^x>0$이므로

$ax^2+(2a+b)x+b+c=0$ …… ㉠

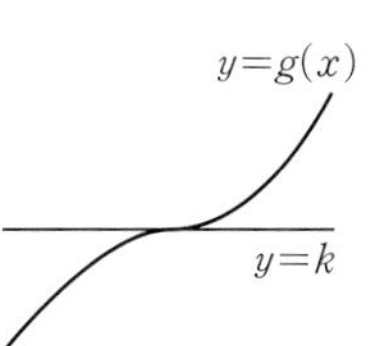

이때 오른쪽 그림과 같이 함수 $g(x)$가 극값을 갖지 않으면 양수 k에 대하여 함수 $y=g(x)$의 그래프와 직선 $y=k$는 한 점에서 만나게 되어 조건 (가)를 만족시키지 않는다.

따라서 함수 $g(x)$는 극값을 가져야 하므로 이차방정식 ㉠은 서로 다른 두 실근을 가져야 한다.

이 두 실근을 α, β $(\alpha<\beta)$라 하면

$g'(x)=ae^x(x-\alpha)(x-\beta)$ …… ㉡

함수 $g(x)$의 증가와 감소를 표로 나타내면 다음과 같다.

x	$\cdots$	α	$\cdots$	β	$\cdots$
$g'(x)$	+	0	−	0	+
$g(x)$	↗	극대	↘	극소	↗

또 $\lim_{x\to -\infty} x^2e^x=0$이므로 함수 $y=g(x)$의 그래프는 오른쪽 그림과 같다.

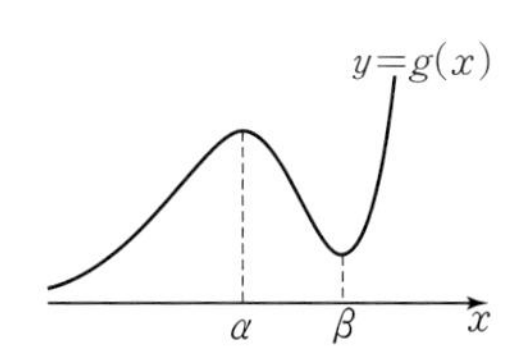

Step 2 $g(x)$ 구하기

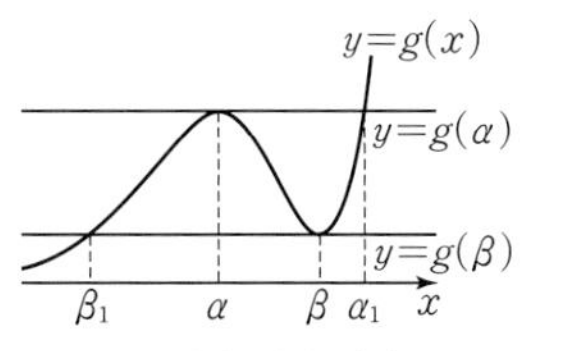

함수 $y=g(x)$의 그래프가 두 직선 $y=g(\alpha)$, $y=g(\beta)$와 만나는 점 중 접점이 아닌 점의 x좌표를 각각 α_1, β_1이라 하자.

$t\neq g(\alpha)$, $t\neq g(\beta)$일 때 함수 $h(k)$는 $k=t$에서 $\lim_{k\to t+} h(k)=\lim_{k\to t-} h(k)=h(t)$이므로 $k=t$에서 연속이다.

조건 (가)에서 함수 $h(k)$가 $k=t$에서 불연속인 t의 개수는 1이고, 조건 (나)에서 $\lim_{k\to 3e+} h(k)\neq\lim_{k\to 3e-} h(k)$이므로 함수 $h(k)$는 $k=3e$에서 불연속이다.

따라서 함수 $h(k)$는 $k=g(\alpha)$에서 연속이고 $k=g(\beta)=3e$에서 불연속이거나 $k=g(\alpha)=3e$에서 불연속이고 $k=g(\beta)$에서 연속이다.

(i) $k=g(\alpha)$에서 연속이고 $k=g(\beta)=3e$에서 불연속인 경우

$\lim_{k\to g(\alpha)+} h(k)=\lim_{k\to g(\alpha)-} h(k)=h(g(\alpha))$에서

$\alpha_1=2\alpha+\alpha_1=\alpha+\alpha_1 \qquad \therefore\ \alpha=0$

$k=g(\beta)=3e$에서

$\lim_{k\to 3e+} h(k)-\lim_{k\to 3e-} h(k)=(\beta_1+2\beta)-\beta_1=2\beta$

조건 (나)에서 $2\beta=2$이므로 $\beta=1$

$\therefore\ g(1)=3e$

이때 최고차항의 계수가 a이고 두 근이 0, 1인 이차방정식은

$ax(x-1)=0 \qquad \therefore\ ax^2-ax=0$

이 이차방정식이 ㉠과 같아야 하므로

$2a+b=-a$, $b+c=0$

$\therefore\ b=-3a$, $c=3a$

$\therefore\ g(x)=e^x(ax^2-3ax+3a)=ae^x(x^2-3x+3)$

$g(1)=3e$이므로

$ae=3e \qquad \therefore\ a=3$

그런데 $a>3$이므로 조건을 만족시키지 않는다.

(ii) $k=g(\alpha)=3e$에서 불연속이고 $k=g(\beta)$에서 연속인 경우

$\lim_{k\to g(\beta)+} h(k)=\lim_{k\to g(\beta)-} h(k)=h(g(\beta))$에서

$\beta_1+2\beta=\beta_1=\beta_1+\beta \qquad \therefore\ \beta=0$

$k=g(\alpha)=3e$에서

$\lim_{k\to 3e+} h(k)-\lim_{k\to 3e-} h(k)=\alpha_1-(2\alpha+\alpha_1)=-2\alpha$

조건 (나)에서 $-2\alpha=2$이므로 $\alpha=-1$

$\therefore\ g(-1)=3e$

이때 최고차항의 계수가 a이고 두 근이 -1, 0인 이차방정식은

$ax(x+1)=0 \qquad \therefore\ ax^2+ax=0$

이 이차방정식이 ㉠과 같아야 하므로

$2a+b=a$, $b+c=0$

$\therefore\ b=-a$, $c=a$

$\therefore\ g(x)=e^x(ax^2-ax+a)=ae^x(x^2-x+1)$

$g(-1)=3e$이므로

$3ae^{-1}=3e \qquad \therefore\ a=e^2$

(i), (ii)에서

$g(x)=e^{x+2}(x^2-x+1)$

Step 3 $g(-6)\times g(2)$의 값 구하기

$\therefore\ g(-6)\times g(2)=43e^{-4}\times 3e^4=129$

30 함수의 그래프의 활용 정답 125 | 정답률 8%

문제 보기

실수 전체의 집합에서 미분가능한 함수 $f(x)$의 도함수 $f'(x)$가

$f'(x)=|\sin x|\cos x$ → 함수 $y=f'(x)$의 그래프의 개형을 파악한다.

이다. 양수 a에 대하여 곡선 $y=f(x)$ 위의 점 $(a,\ f(a))$에서의 접선의 방정식을 $y=g(x)$라 하자. 함수

$h(x)=\int_0^x \{f(t)-g(t)\}dt$ → $h'(x)=f(x)-g(x)$

가 $x=a$에서 극대 또는 극소가 되도록 하는 모든 양수 a를 작은 수부터 크기순으로 나열할 때, n번째 수를 a_n이라 하자.
└→ $h'(a)=0$

$\frac{100}{\pi}\times(a_6-a_2)$의 값을 구하시오. [4점]

Step 1 함수 $y=f'(x)$의 그래프의 개형 파악하기

$$f'(x)=|\sin x|\cos x=\begin{cases}\sin x\cos x & (\sin x\geq 0)\\ -\sin x\cos x & (\sin x<0)\end{cases}=\begin{cases}\frac{1}{2}\sin 2x & (\sin x\geq 0)\\ -\frac{1}{2}\sin 2x & (\sin x<0)\end{cases}$$

따라서 $x\geq 0$에서 함수 $y=f'(x)$의 그래프의 개형은 다음 그림과 같다.

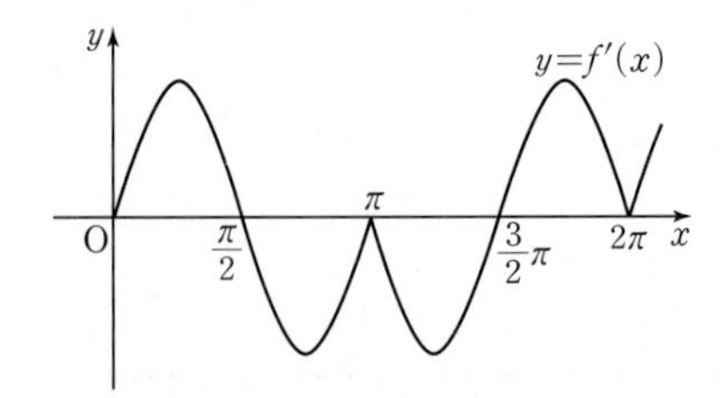

Step 2 함수 $h(x)$가 $x=a$에서 극대 또는 극소가 될 조건 알기

$h(x)=\int_0^x \{f(t)-g(t)\}dt$에서 $h'(x)=f(x)-g(x)$

함수 $h(x)$가 $x=a$에서 극대 또는 극소가 되려면 $h'(x)=0$이어야 하므로 $f(a)=g(a)$이고, $x=a$의 좌우에서 $h'(x)$의 부호, 즉 $f(x)-g(x)$의 부호가 바뀌어야 한다.

따라서 $x=a$인 점은 곡선 $y=f(x)$의 변곡점이다.

Step 3 변곡점의 x좌표 구하기

따라서 함수 $y=f(x)$의 그래프의 개형은 다음 그림과 같다.

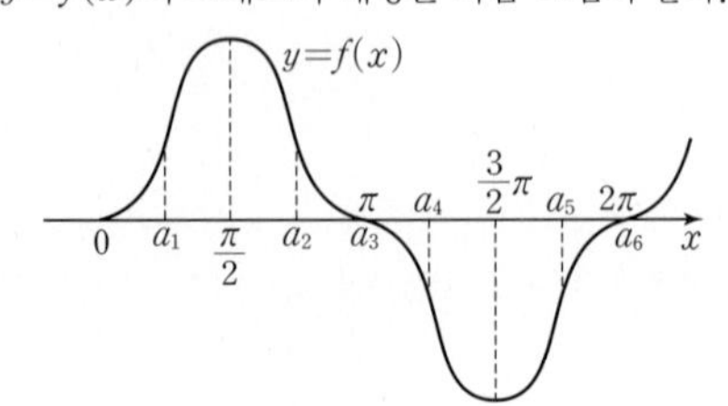

$$f'(x)=\begin{cases}\sin x\cos x & (\sin x\geq 0)\\ -\sin x\cos x & (\sin x<0)\end{cases}\text{에서}$$

$$f''(x)=\begin{cases}\cos^2 x-\sin^2 x & (\sin x>0)\\ -\cos^2 x+\sin^2 x & (\sin x<0)\end{cases}$$

(i) $\sin x>0$일 때,

$\cos^2 x-\sin^2 x=0$에서

$(\cos x+\sin x)(\cos x-\sin x)=0$

$\therefore \sin x=-\cos x$ 또는 $\sin x=\cos x$

$\therefore x=\frac{\pi}{4}$ 또는 $\frac{3}{4}\pi$

(ii) $\sin x<0$일 때,

$-\cos^2 x+\sin^2 x=0$에서

$(\sin x+\cos x)(\sin x-\cos x)=0$

$\therefore \sin x=-\cos x$ 또는 $\sin x=\cos x$

$\therefore x=\frac{5}{4}\pi$ 또는 $x=\frac{7}{4}\pi$

(i), (ii)에서 곡선 $y=f(x)$의 변곡점의 x좌표는

$x=\frac{\pi}{4}$ 또는 $x=\frac{3}{4}\pi$ 또는 $\frac{5}{4}\pi$ 또는 $\frac{7}{4}\pi$

또한 $x=\pi$인 점과 $x=2\pi$인 점도 곡선 $y=f(x)$의 변곡점이므로

$a_1=\frac{\pi}{4},\ a_2=\frac{3}{4}\pi,\ a_3=\pi,\ a_4=\frac{5}{4}\pi,\ a_5=\frac{7}{4}\pi,\ a_6=2\pi$

Step 4 $\frac{100}{\pi}\times(a_6-a_2)$의 값 구하기

$\therefore \frac{100}{\pi}\times(a_6-a_2)=\frac{100}{\pi}\times\left(2\pi-\frac{3}{4}\pi\right)=125$

31 함수의 그래프의 활용 정답 77 | 정답률 7%

문제 보기

다음 조건을 만족시키며 최고차항의 계수가 1인 모든 사차함수 $f(x)$에 대하여 $f(0)$의 최댓값과 최솟값의 합을 구하시오.

$\left(\text{단, } \lim_{x \to \infty} \frac{x}{e^x}=0\right)$ [4점]

> (가) $f(1)=0$, $f'(1)=0$ → $f(x)$는 $(x-1)^2$을 인수로 갖는다.
> (나) 방정식 $f(x)=0$의 모든 실근은 10 이하의 자연수이다.
> (다) 함수 $g(x)=\frac{3x}{e^{x-1}}+k$에 대하여 함수 $|(f \circ g)(x)|$가 실수 전체의 집합에서 미분가능하도록 하는 자연수 k의 개수는 4이다.
> └→ $(f \circ g)(x)$의 부호가 바뀌는 x의 값에서 미분가능성을 조사한다.

Step 1 함수 $y=g(x)$의 그래프의 개형 파악하기

$g(x)=\frac{3x}{e^{x-1}}+k=3xe^{1-x}+k$에서

$g'(x)=3e^{1-x}-3xe^{1-x}=3(1-x)e^{1-x}$

$g''(x)=-3e^{1-x}-3(1-x)e^{1-x}=-3(2-x)e^{1-x}$

$g'(x)=0$인 x의 값은 $x=1$ ($\because e^{1-x}>0$)

$g''(x)=0$인 x의 값은 $x=2$ ($\because e^{1-x}>0$)

함수 $g(x)$의 증가와 감소, 오목과 볼록을 표로 나타내면 다음과 같다.

x	$\cdots$	1	$\cdots$	2	$\cdots$
$g'(x)$	$+$	0	$-$	$-$	$-$
$g''(x)$	$-$	$-$	$-$	0	$+$
$g(x)$	↗	$k+3$ 극대	↘	변곡점	↘

또 $\lim_{x \to \infty} g(x)=k$, $\lim_{x \to -\infty} g(x)=-\infty$이므로 함수 $y=g(x)$의 그래프는 다음 그림과 같다.

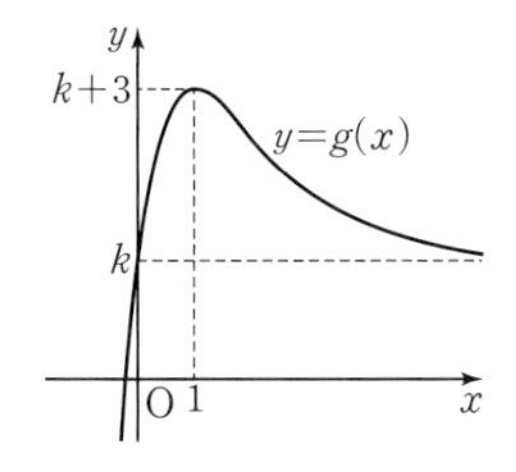

Step 2 $f(0)$의 값 구하기

$g(x) \le k+3$이므로 $(f \circ g)(x)$에서 함수 $f(x)$의 정의역은 $\{x \mid x \le k+3\}$

조건 (가)에서 $f(1)=0$, $f'(1)=0$이므로 최고차항의 계수가 1인 사차함수 $f(x)$를 $f(x)=(x-1)^2(x^2+ax+b)$ (a, b는 상수)라 하자.

(i) 방정식 $f(x)=0$이 $x=1$에서 사중근을 갖는 경우

$f(x)=(x-1)^4$이므로 함수 $y=f(x)$의 그래프는 오른쪽 그림과 같다.

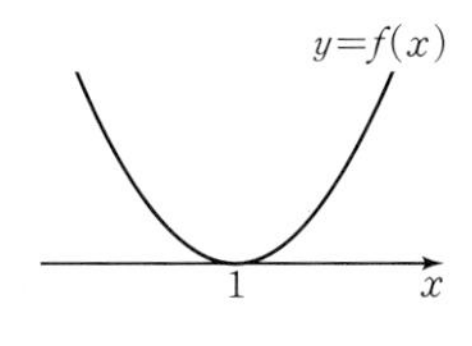

이때 $f(x) \ge 0$이므로 k의 값에 관계없이 함수 $|(f \circ g)(x)|$는 실수 전체의 집합에서 미분가능하다.

(ii) 방정식 $f(x)=0$이 삼중근을 갖는 경우

$f(x)=(x-1)^3(x-\alpha)$

(α는 $1<\alpha \le 10$인 자연수)

이므로 함수 $y=f(x)$의 그래프는 오른쪽 그림과 같다.

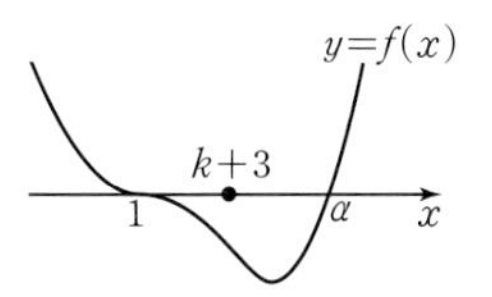

이때 $1<k+3 \le \alpha$이면 함수 $|(f \circ g)(x)|$는 실수 전체의 집합에서 미분가능하지만 $\alpha<k+3$이면 함수 $|(f \circ g)(x)|$는 $x=\alpha$에서 미분가능하지 않다.

조건 (다)에서 자연수 k의 개수는 4이므로 k의 값이 1, 2, 3, 4일 때 이를 만족시킨다.

즉, $k+3$의 값은 4, 5, 6, 7이므로 $\alpha=7$

따라서 $f(x)=(x-1)^3(x-7)$이므로

$f(0)=7$

(iii) 방정식 $f(x)=0$이 중근을 갖는 경우

ⓘ 방정식 $f(x)=0$이 서로 다른 2개의 중근을 가질 때

$f(x)=(x-1)^2(x-\alpha)^2$ ($1<\alpha \le 10$)

이므로 함수 $y=f(x)$의 그래프는 오른쪽 그림과 같다.

이때 $f(x) \ge 0$이므로 k의 값에 관계없이 함수 $|(f \circ g)(x)|$는 실수 전체의 집합에서 미분가능하다.

ⓘⓘ 방정식 $f(x)=0$이 $x=1$에서 중근과 서로 다른 두 근을 가질 때

$f(x)=(x-1)^2(x-\alpha)(x-\beta)$

($\alpha<\beta \le 10$)

이므로 함수 $y=f(x)$의 그래프는 오른쪽 그림과 같다.

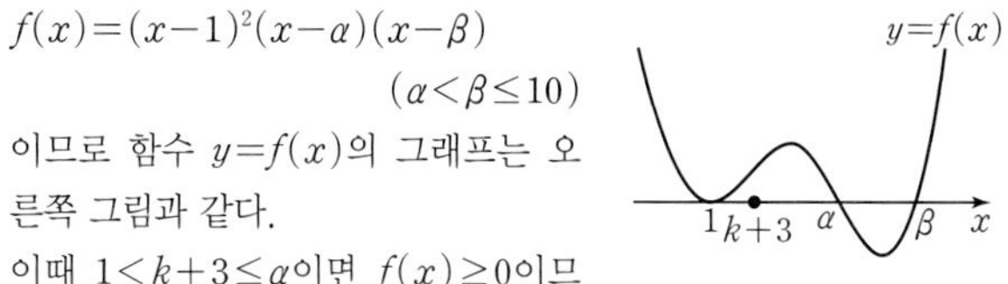

이때 $1<k+3 \le \alpha$이면 $f(x) \ge 0$이므로 함수 $|(f \circ g)(x)|$는 실수 전체의 집합에서 미분가능하다.

$\alpha<k+3$이면 $f(\alpha)=f(\beta)$이므로 $x=\alpha$, $x=\beta$에서 함수 $|(f \circ g)(x)|$는 미분가능하지 않다.

즉, (ii)와 같이 $\alpha=7$이므로 β의 값으로 8, 9, 10이 가능하다.

$f(x)=(x-1)^2(x-7)(x-\beta)$에서

$f(0)=(-1)^2 \times (-7) \times (-\beta)=7\beta$이므로 $f(0)$의 값은 56, 63, 70

ⓘⓘⓘ 방정식 $f(x)=0$이 중근과 허근을 가질 때

$f(x)>0$이므로 k의 값에 관계없이 함수 $|(f \circ g)(x)|$는 실수 전체의 집합에서 미분가능하다.

ⓘ, ⓘⓘ, ⓘⓘⓘ에서 $f(0)$의 값은 56, 63, 70

(i), (ii), (iii)에서 $f(0)$의 값은 7, 56, 63, 70

Step 3 $f(0)$의 최댓값과 최솟값의 합 구하기

따라서 $f(0)$의 최댓값은 70, 최솟값은 7이므로 최댓값과 최솟값의 합은

$70+7=77$

32 함수의 최대와 최소의 활용 정답 6 | 정답률 7%

문제 보기

함수 $f(x)=\ln(e^x+1)+2e^x$에 대하여 이차함수 $g(x)$와 실수 k는 다음 조건을 만족시킨다.

> 함수 $h(x)=|g(x)-f(x-k)|$는 $x=k$에서 최솟값 $g(k)$를 갖고,
> └ $h(k)=g(k)$
> 닫힌구간 $[k-1, k+1]$에서 최댓값 $2e+\ln\left(\frac{1+e}{\sqrt{2}}\right)$를 갖는다.

$g'\left(k-\frac{1}{2}\right)$의 값을 구하시오. $\left(\text{단, } \frac{5}{2}<e<3\text{이다.}\right)$ [4점]
└ 먼저 $g(x)$를 구해야 한다.

Step 1 $g(k)$의 값 구하기

함수 $h(x)$는 $x=k$에서 최솟값 $g(k)$를 가지므로 $h(k)=g(k)$에서

$|g(k)-f(0)|=g(k)$

$g(k)-f(0)=g(k)$ 또는 $g(k)-f(0)=-g(k)$

$\therefore f(0)=0$ 또는 $g(k)=\frac{1}{2}f(0)$

그런데 $f(0)=\ln 2+2\neq 0$이므로

$g(k)=\frac{1}{2}f(0)=\frac{1}{2}\ln 2+1=\ln\sqrt{2}+1$ ...... ㉠

Step 2 함수 $y=g(x)$의 그래프의 개형 파악하기

함수 $y=g(x)-f(x-k)$의 그래프가 x축과 만나면, 즉 두 함수 $y=g(x)$, $y=f(x-k)$의 그래프의 교점이 존재하면 함수 $h(x)=|g(x)-f(x-k)|$의 최솟값은 0이다.

그런데 ㉠에서 함수 $h(x)$는 $x=k$에서 최솟값 $g(k)=\ln\sqrt{2}+1$을 갖고 $g(k)\neq 0$이므로 두 함수 $y=g(x)$, $y=f(x-k)$의 그래프는 만나지 않는다.

이때 $f(x)=\ln(e^x+1)+2e^x$에서

$f'(x)=\frac{e^x}{e^x+1}+2e^x$

즉, $f'(x)>0$이므로 함수 $f(x)$는 실수 전체의 집합에서 증가하고 함수 $f(x-k)$도 실수 전체의 집합에서 증가한다.

따라서 두 함수 $y=g(x)$, $y=f(x-k)$의 그래프가 만나지 않으려면 오른쪽 그림과 같이 함수 $y=g(x)$의 그래프는 위로 볼록한 포물선이어야 한다.

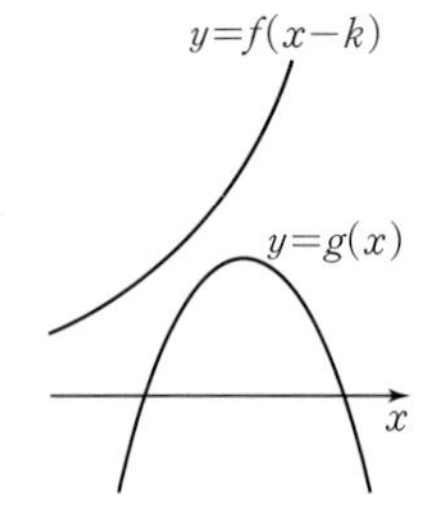

Step 3 $g'(k)$의 값 구하기

함수 $y=f(x-k)$의 그래프가 함수 $y=g(x)$의 그래프보다 위쪽에 있으므로 $g(x)-f(x-k)<0$에서

$h(x)=|g(x)-f(x-k)|=-\{g(x)-f(x-k)\}=f(x-k)-g(x)$

함수 $h(x)$는 $x=k$에서 극소이면서 최소이므로

$h'(k)=0$

또 $h'(x)=f'(x-k)-g'(x)$이므로 $h'(k)=f'(0)-g'(k)=0$에서

$g'(k)=f'(0)=\frac{e^0}{e^0+1}+2e^0=\frac{1}{2}+2=\frac{5}{2}$

$g(x)=ax^2+bx+c\ (a<0)$라 하면

$g(k)=ak^2+bk+c=\ln\sqrt{2}+1\ (\because ㉠)$ ...... ㉡

$g'(x)=2ax+b$이므로

$g'(k)=2ak+b=\frac{5}{2}$ ...... ㉢

Step 4 $h(x)$가 최댓값을 가질 수 있는 x의 값 구하기

$f''(x)=\frac{e^x(e^x+1)-e^x\times e^x}{(e^x+1)^2}+2e^x$

$=\frac{e^x}{(e^x+1)^2}+2e^x>0$

즉, $f'(x)$는 증가함수이므로 $f'(x-4)$도 증가함수이다.

$g'(x)$는 일차항의 계수가 음수인 일차함수이므로 함수 $y=f'(x-k)$의 그래프와 함수 $y=g'(x)$의 그래프는 오른쪽 그림과 같다.

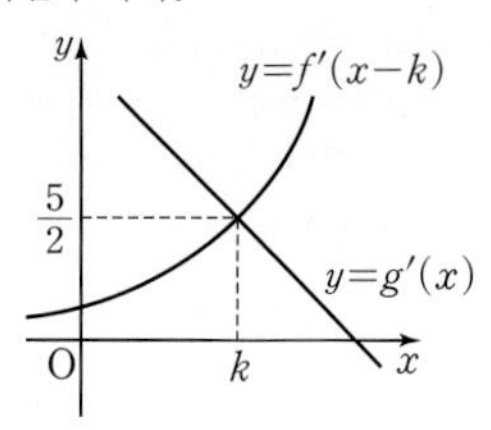

이를 이용하여 닫힌구간 $[k-1, k+1]$에서 함수 $h(x)$의 증가와 감소를 표로 나타내면 다음과 같다.

x	$k-1$	$\cdots$	k	$\cdots$	$k+1$
$h'(x)$		$-$	0	$+$	
$h(x)$	$h(k-1)$	↘	극소	↗	$h(k+1)$

따라서 함수 $h(x)$는 $x=k-1$ 또는 $x=k+1$일 때 최댓값을 갖는다.

$h(k+1)=f(1)-g(k+1)$

$=\ln(e+1)+2e-\{a(k+1)^2+b(k+1)+c\}$

$=\ln(e+1)+2e-(ak^2+bk+c+2ak+b+a)$

$=\ln(e+1)+2e-\ln\sqrt{2}-\frac{7}{2}-a\ (\because ㉡, ㉢)$

$h(k-1)=f(-1)-g(k-1)$

$=\ln\left(\frac{1}{e}+1\right)+\frac{2}{e}-\{a(k-1)^2+b(k-1)+c\}$

$=\ln(e+1)-\ln e+\frac{2}{e}-(ak^2+bk+c-2ak-b+a)$

$=\ln(e+1)+\frac{2}{e}-\ln\sqrt{2}+\frac{1}{2}-a\ (\because ㉡, ㉢)$

$\therefore h(k+1)-h(k-1)=2e-\frac{2}{e}-4=2\left(e-\frac{1}{e}\right)-4$

이때 $\frac{5}{2}<e<3$이므로

$\frac{1}{3}<\frac{1}{e}<\frac{2}{5}$, $\frac{21}{10}<e-\frac{1}{e}<\frac{8}{3}$

$\therefore 2\left(e-\frac{1}{e}\right)-4>0$

따라서 $h(k+1)>h(k-1)$이므로 닫힌구간 $[k-1, k+1]$에서 함수 $h(x)$는 $x=k+1$일 때 최댓값을 갖는다.

Step 5 a의 값 구하기

$h(k+1)=2e+\ln\left(\frac{1+e}{\sqrt{2}}\right)$이므로

$\ln(e+1)+2e-\ln\sqrt{2}-\frac{7}{2}-a=2e+\ln(1+e)-\ln\sqrt{2}$

$-\frac{7}{2}-a=0 \quad \therefore a=-\frac{7}{2}$

Step 6 $g'\left(k-\frac{1}{2}\right)$의 값 구하기

$\therefore g'\left(k-\frac{1}{2}\right)=2a\left(k-\frac{1}{2}\right)+b=(2ak+b)-a$

$=\frac{5}{2}-\left(-\frac{7}{2}\right)=6$

33 함수의 그래프의 활용 정답 9 | 정답률 7%

문제 보기

삼차함수 $f(x)=x^3+ax^2+bx$ (a, b는 정수)에 대하여 함수 $g(x)=e^{f(x)}-f(x)$는 $x=\alpha$, $x=-1$, $x=\beta$ ($\alpha<-1<\beta$)에서만 극값을 갖는다. 함수 $y=|g(x)-g(\alpha)|$가 미분가능하지 않은 점의 개수가 2일 때, $\{f(-1)\}^2$의 최댓값을 구하시오. [4점]

└→ $g'(x)=0$을 만족시키고 그 좌우에서 $g'(x)$의 부호가 바뀌는 x의 값이 3개이다.

└→ 그래프에서 뾰족한 점의 개수가 2이다.

Step 1 $g'(x)=0$이 되는 경우 조사하기

$g(x)=e^{f(x)}-f(x)$에서

$g'(x)=e^{f(x)}\times f'(x)-f'(x)=f'(x)\{e^{f(x)}-1\}$

$g'(x)=0$에서 $f'(x)=0$ 또는 $e^{f(x)}-1=0$

$\therefore f'(x)=0$ 또는 $f(x)=0$

Step 2 $\{f(-1)\}^2$의 값 구하기

$f(x)=x^3+ax^2+bx=x(x^2+ax+b)$이므로

$f(x)=0$에서 $x=0$ 또는 $x^2+ax+b=0$

(i) 방정식 $f(x)=0$이 서로 다른 세 실근을 갖는 경우

오른쪽 그림과 같이 방정식 $f(x)=0$의 세 실근 m_1, m_2, m_3은 방정식 $f'(x)=0$의 두 실근 k_1, k_2와 다르므로 $g'(x)=0$을 만족시키는 x의 개수는 5이다.

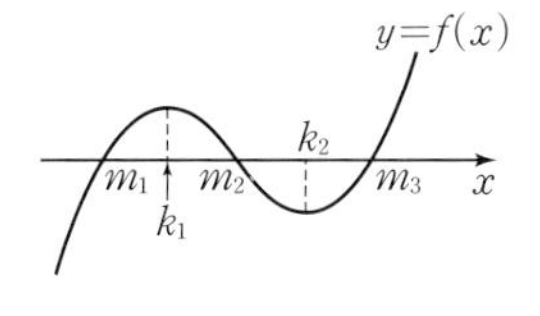

이때 5개의 x의 값의 좌우에서 $g'(x)$의 부호가 바뀌므로 함수 $g(x)$가 극값을 갖는 x의 개수는 5이다.

따라서 함수 $g(x)$가 $x=\alpha$, $x=-1$, $x=\beta$에서만 극값을 갖는다는 조건을 만족시키지 않는다.

(ii) 방정식 $f(x)=0$이 서로 다른 두 실근을 갖는 경우

ⓘ 방정식 $x^2+ax+b=0$의 한 근이 0이고, 다른 한 근이 0이 아닐 때

$x^2+ax=0$에서

$x(x+a)=0$ $\quad\therefore x=0$ 또는 $x=-a$

또 $f(x)=x^3+ax^2$이므로

$f'(x)=3x^2+2ax=x(3x+2a)$

$f'(x)=0$인 x의 값은 $x=0$ 또는 $x=-\frac{2}{3}a$

즉, $g'(x)=0$인 x의 값은

$x=-a$ 또는 $x=-\frac{2}{3}a$ 또는 $x=0$

이때 함수 $g(x)$가 $x=-1$에서 극값을 가지므로 $a>0$

따라서 함수 $g(x)$의 증가와 감소를 표로 나타내면 다음과 같다.

x	$\cdots$	$-a$	$\cdots$	$-\frac{2}{3}a$	$\cdots$	0	$\cdots$
$f'(x)$	$+$	$+$	$+$	0	$-$	0	$+$
$f(x)$	$-$	0	$+$	$+$	$+$	0	$+$
$g'(x)$	$-$	0	$+$	0	$-$	0	$+$
$g(x)$	↘	극소	↗	극대	↘	극소	↗

즉, 함수 $g(x)$는 $x=-a$, $x=-\frac{2}{3}a$, $x=0$에서 극값을 갖고

$\alpha<-1<\beta$에서 $-\frac{2}{3}a=-1$이므로 $a=\frac{3}{2}$

그런데 a는 정수이므로 조건을 만족시키지 않는다.

ⓙ 방정식 $x^2+ax+b=0$이 0이 아닌 중근을 가질 때

이차방정식 $x^2+ax+b=0$의 판별식을 D_1이라 하면

$D_1=a^2-4b=0$ $\quad\therefore b=\frac{a^2}{4}$ $\quad\cdots\cdots$ ㉠

즉, $f(x)=x^3+ax^2+\frac{a^2}{4}x=x\left(x+\frac{a}{2}\right)^2$이므로

$f(x)=0$인 x의 값은 $x=0$ 또는 $x=-\frac{a}{2}$

또 $f'(x)=3x^2+2ax+\frac{a^2}{4}=\frac{1}{4}(6x+a)(2x+a)$이므로

$f'(x)=0$인 x의 값은 $x=-\frac{a}{2}$ 또는 $x=-\frac{a}{6}$

즉, $g'(x)=0$인 x의 값은

$x=-\frac{a}{2}$ 또는 $x=-\frac{a}{6}$ 또는 $x=0$

이때 함수 $g(x)$가 $x=-1$에서 극값을 가지므로 $a>0$

따라서 함수 $g(x)$의 증가와 감소를 표로 나타내면 다음과 같다.

x	$\cdots$	$-\frac{a}{2}$	$\cdots$	$-\frac{a}{6}$	$\cdots$	0	$\cdots$
$f'(x)$	$+$	0	$-$	0	$+$	$+$	$+$
$f(x)$	$-$	0	$-$	$-$	$-$	0	$+$
$g'(x)$	$-$	0	$+$	0	$-$	0	$+$
$g(x)$	↘	극소	↗	극대	↘	극소	↗

즉, 함수 $g(x)$는 $x=-\frac{a}{2}$, $x=-\frac{a}{6}$, $x=0$에서 극값을 갖고

$\alpha<-1<\beta$에서 $-\frac{a}{6}=-1$이므로 $a=6$

이를 ㉠에 대입하면 $b=9$

즉, $\alpha=-\frac{a}{2}=-3$, $\beta=0$에서

$g(\alpha)=g(-3)=e^{f(-3)}-f(-3)=1$,

$g(\beta)=g(0)=e^{f(0)}-f(0)=1$이므로

함수 $y=|g(x)-g(\alpha)|=|g(x)-1|$의 그래프는 오른쪽 그림과 같다.

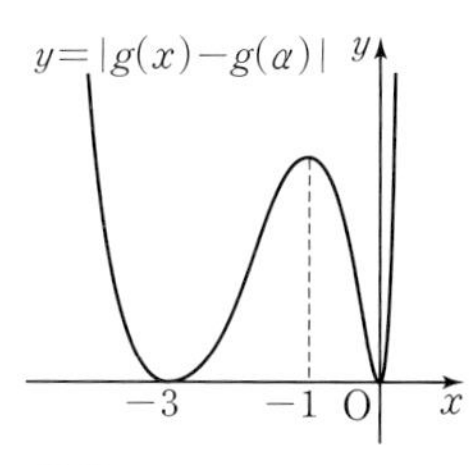

따라서 함수 $y=|g(x)-g(\alpha)|$는 실수 전체의 집합에서 미분가능하므로 조건을 만족시키지 않는다.

(iii) 방정식 $f(x)=0$이 오직 하나의 실근을 갖는 경우

ⓘ 방정식 $x^2+ax+b=0$이 $x=0$을 중근으로 가질 때

$a=b=0$이므로 $f(x)=x^3$, $f'(x)=3x^2$

따라서 $g'(x)=0$인 x의 값은 0뿐이므로 함수 $g(x)$가 $x=-1$에서 극값을 갖는다는 조건을 만족시키지 않는다.

ⓙ 방정식 $x^2+ax+b=0$의 실근이 존재하지 않을 때

$g(x)$가 $x=-1$에서 극값을 갖고, $f(-1)\neq0$이므로 $f'(-1)=0$이어야 한다.

$f(x)=x^3+ax^2+bx$에서

$f'(x)=3x^2+2ax+b$

$f'(-1)=0$에서 $3-2a+b=0$

$\therefore b=2a-3$

이차방정식 $x^2+ax+(2a-3)=0$의 판별식을 D_2라 하면

$D_2=a^2-4(2a-3)<0$

$a^2-8a+12<0$, $(a-2)(a-6)<0$

$\therefore 2<a<6$ $\quad\cdots\cdots$ ㉡

$f'(x)=3x^2+2ax+(2a-3)=(3x+2a-3)(x+1)$이므로

$f'(x)=0$인 x의 값은 $x=\frac{3-2a}{3}$ 또는 $x=-1$

즉, $g'(x)=0$인 x의 값은

$x=\frac{3-2a}{3}$ 또는 $x=-1$ 또는 $x=0$

이때 함수 $g(x)$가 $x=\alpha$, $x=-1$, $x=\beta$에서만 극값을 가지므로

$\alpha=\frac{3-2a}{3}<-1$, $\beta=0$이어야 한다.

$\alpha=\frac{3-2a}{3}<-1$ $\quad\therefore a>3$ $\quad\cdots\cdots$ ㉢

따라서 함수 $g(x)$의 증가와 감소를 표로 나타내면 다음과 같다.

x	$\cdots$	$\frac{3-2a}{3}$	$\cdots$	-1	$\cdots$	0	$\cdots$
$f'(x)$	$+$	0	$-$	0	$+$	$+$	$+$
$f(x)$	$-$	$-$	$-$	$-$	$-$	0	$+$
$g'(x)$	$-$	0	$+$	0	$-$	0	$+$
$g(x)$	↘	극소	↗	극대	↘	극소	↗

즉, 함수 $g(x)$는 $x=\frac{3-2a}{3}$, $x=-1$, $x=0$에서 극값을 갖고 ㉡, ㉢을 동시에 만족시키는 정수 a의 값은 4, 5이다.

$a=4$이면 $b=5$이므로 함수 $g(x)$는 $x=-\frac{5}{3}$, $x=-1$, $x=0$에서 극값을 갖는다.

$f(x)=x^3+4x^2+5x$에서 $f\left(-\frac{5}{3}\right)=-\frac{50}{27}$이므로

$$g(\alpha)=g\left(-\frac{5}{3}\right)=e^{f\left(-\frac{5}{3}\right)}-f\left(-\frac{5}{3}\right)$$
$$=e^{-\frac{50}{27}}+\frac{50}{27}>1$$

이때 $g(0)=e^{f(0)}-f(0)=e^0-0=1$이므로

$g(\alpha)>g(0)$

따라서 오른쪽 그림에서 함수 $y=|g(x)-g(\alpha)|$가 미분가능하지 않은 점의 개수는 2이다.

└→ 그래프에서 뾰족한 점이 2개야.

$\therefore \{f(-1)\}^2=(-1+4-5)^2=4$

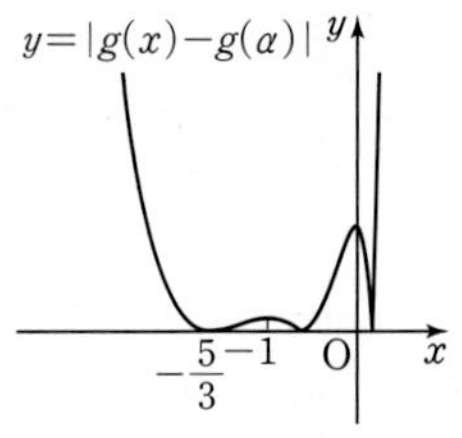

$a=5$이면 $b=7$이므로 함수 $g(x)$는 $x=-\frac{7}{3}$, $x=-1$, $x=0$에서 극값을 갖는다.

$f(x)=x^3+5x^2+7x$에서 $f\left(-\frac{7}{3}\right)=-\frac{49}{27}$이므로

$$g(\alpha)=g\left(-\frac{7}{3}\right)=e^{f\left(-\frac{3}{7}\right)}-f\left(-\frac{7}{3}\right)$$
$$=e^{-\frac{49}{27}}+\frac{49}{27}>1$$

이때 $g(0)=e^{f(0)}-f(0)=e^0-0=1$이므로

$g(\alpha)>g(0)$

따라서 오른쪽 그림에서 함수 $y=|g(x)-g(\alpha)|$가 미분가능하지 않은 점의 개수는 2이다.

└→ 그래프에서 뾰족한 점이 2개야.

$\therefore \{f(-1)\}^2=(-1+5-7)^2=9$

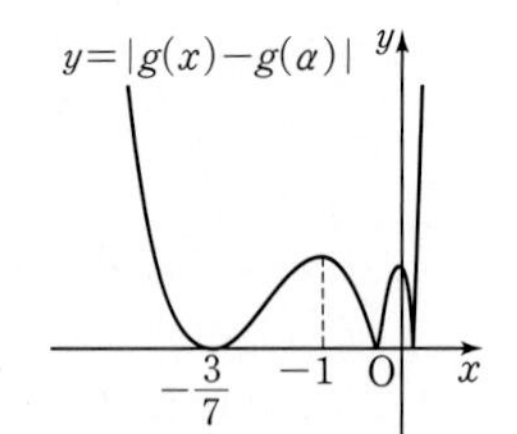

Step 3 **$\{f(-1)\}^2$의 최댓값 구하기**

(i), (ii), (iii)에서 가능한 $\{f(-1)\}^2$의 값은 4 또는 9이므로 구하는 $\{f(-1)\}^2$의 최댓값은 9이다.

18 일차

01 ④	02 ②	03 ⑤	04 ③	05 ③	06 ③	07 34	08 ②	09 ⑤	10 ④	11 ③	12 ③
13 15	14 ⑤	15 ③	16 ④	17 40	18 4	19 8	20 ④	21 ③	22 ⑤	23 72	24 30
25 16	26 31										

문제편 260쪽~269쪽

01 방정식의 실근의 개수 정답 ④ | 정답률 71%

문제 보기

두 함수

$f(x)=e^{x},\ g(x)=k\sin x$

에 대하여 방정식 $f(x)=g(x)$의 서로 다른 양의 실근의 개수가 3일 때, 양수 k의 값은? [3점]

└→ $x>0$에서 함수 $y=\frac{\sin x}{e^{x}}$의 그래프와 직선 $y=\frac{1}{k}$의 교점의 개수를 조사한다.

① $\sqrt{2}e^{\frac{3\pi}{2}}$ ② $\sqrt{2}e^{\frac{7\pi}{4}}$ ③ $\sqrt{2}e^{2\pi}$ ④ $\sqrt{2}e^{\frac{9\pi}{4}}$ ⑤ $\sqrt{2}e^{\frac{5\pi}{2}}$

Step 1 방정식의 실근의 개수의 의미 파악하기

$f(x)=g(x)$에서 $e^{x}=k\sin x$ $\quad\therefore \frac{\sin x}{e^{x}}=\frac{1}{k}$

이 방정식의 실근의 개수는 함수 $y=\frac{\sin x}{e^{x}}$의 그래프와 직선 $y=\frac{1}{k}$의 교점의 개수와 같다.

Step 2 k의 값 구하기

$h(x)=\frac{\sin x}{e^{x}}$라 하면

$h'(x)=\frac{\cos x\times e^{x}-\sin x\times e^{x}}{e^{2x}}=\frac{\cos x-\sin x}{e^{x}}$

$h'(x)=0$인 x의 값은 $\cos x=\sin x$ ($\because e^{x}>0$)

$\therefore x=\frac{\pi}{4}$ 또는 $x=\frac{5}{4}\pi$ 또는 $x=\frac{9}{4}\pi$ 또는 $x=\frac{13}{4}\pi$ 또는 $\cdots$ ($\because x>0$)

└→ $\cos x=\sin x$에서 $0<x<\frac{\pi}{2}$일 때 $x=\frac{\pi}{4}$이므로
$x=\frac{\pi}{4},\ x=\frac{\pi}{4}+\pi=\frac{5}{4}\pi,\ x=\frac{\pi}{4}+2\pi=\frac{9}{4}\pi,\ x=\frac{\pi}{4}+3\pi=\frac{13}{4}\pi,\ \cdots$

$x>0$에서 함수 $h(x)$의 증가와 감소를 표로 나타내면 다음과 같다.

x	0	$\cdots$	$\frac{\pi}{4}$	$\cdots$	$\frac{5}{4}\pi$	$\cdots$	$\frac{9}{4}\pi$
$h'(x)$		+	0	−	0	+	0
$h(x)$		↗	$\frac{1}{\sqrt{2}e^{\frac{\pi}{4}}}$ 극대	↘	$-\frac{1}{\sqrt{2}e^{\frac{5}{4}\pi}}$ 극소	↗	$\frac{1}{\sqrt{2}e^{\frac{9}{4}\pi}}$ 극대

x	$\cdots$	$\frac{13}{4}\pi$	$\cdots$	$\frac{17}{4}\pi$	$\cdots$
$h'(x)$	−	0	+	0	−
$h(x)$	↘	$-\frac{1}{\sqrt{2}e^{\frac{13}{4}\pi}}$ 극소	↗	$\frac{1}{\sqrt{2}e^{\frac{17}{4}\pi}}$ 극대	↘

따라서 $x>0$에서 함수 $y=h(x)$의 그래프는 다음 그림과 같다.

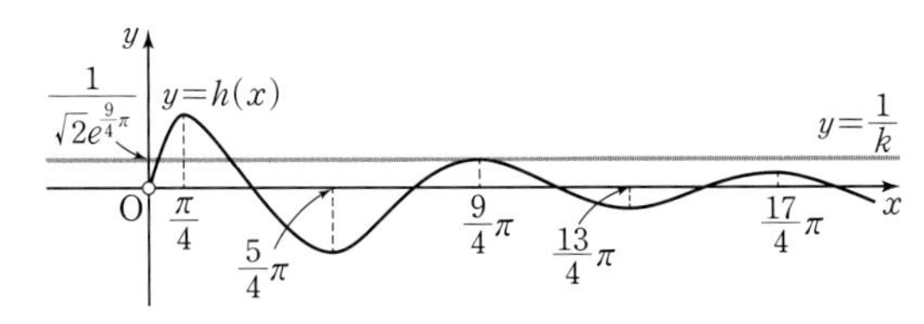

즉, 함수 $y=h(x)$의 그래프와 직선 $y=\frac{1}{k}$의 교점의 개수가 3이려면 직선 $y=\frac{1}{k}$이 $x=\frac{9}{4}\pi$에서 함수 $y=h(x)$의 그래프에 접해야 하므로

$\frac{1}{k}=\frac{1}{\sqrt{2}e^{\frac{9}{4}\pi}}$ $\quad\therefore k=\sqrt{2}e^{\frac{9}{4}\pi}$

02 방정식의 실근의 개수 정답 ② | 정답률 75%

문제 보기

x에 대한 방정식 $x^2-5x+2\ln x=t$의 서로 다른 실근의 개수가 2가 되

└→ $x>0$에서 함수 $y=x^2-5x+2\ln x$의 그래프와 직선 $y=t$의 교점의 개수를 조사한다.

도록 하는 모든 실수 t의 값의 합은? [3점]

① $-\frac{17}{2}$ ② $-\frac{33}{4}$ ③ -8 ④ $-\frac{31}{4}$ ⑤ $-\frac{15}{2}$

Step 1 방정식의 실근의 개수의 의미 파악하기

방정식 $x^2-5x+2\ln x=t$의 실근의 개수는 함수 $y=x^2-5x+2\ln x$의 그래프와 직선 $y=t$의 교점의 개수와 같다.

Step 2 t의 값 구하기

$x>0$일 때 $f(x)=x^2-5x+2\ln x$라 하면

$$f'(x)=2x-5+\frac{2}{x}=\frac{2x^2-5x+2}{x}=\frac{(2x-1)(x-2)}{x}$$

$f'(x)=0$인 x의 값은 $x=\frac{1}{2}$ 또는 $x=2$

$x>0$에서 함수 $f(x)$의 증가와 감소를 표로 나타내면 다음과 같다.

x	(0)	$\cdots$	$\frac{1}{2}$	$\cdots$	2	$\cdots$
$f'(x)$		$+$	0	$-$	0	$+$
$f(x)$		↗	$-\frac{9}{4}-2\ln 2$ 극대	↘	$-6+2\ln 2$ 극소	↗

또 $\lim_{x\to\infty} f(x)=\infty$, $\lim_{x\to 0+} f(x)=-\infty$이므로 $x>0$에서 함수 $y=f(x)$의 그래프는 오른쪽 그림과 같다.

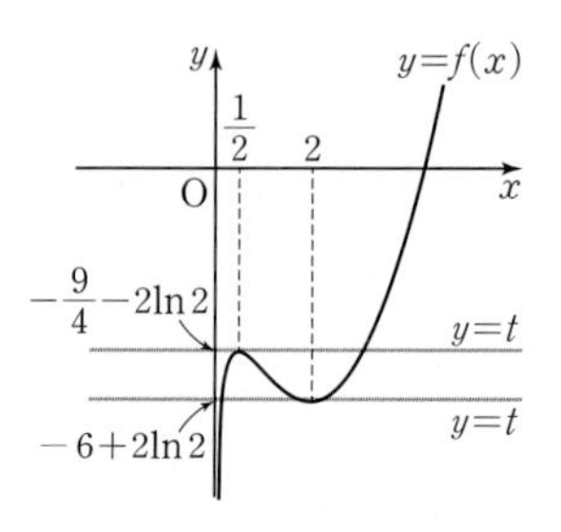

즉, 함수 $y=f(x)$의 그래프와 직선 $y=t$의 교점의 개수가 2이려면

$t=-\frac{9}{4}-2\ln 2$ 또는 $t=-6+2\ln 2$

Step 3 모든 실수 t의 값의 합 구하기

따라서 모든 실수 t의 값의 합은

$$\left(-\frac{9}{4}-2\ln 2\right)+(-6+2\ln 2)=-\frac{33}{4}$$

03 방정식의 실근의 개수 정답 ⑤ | 정답률 74%

문제 보기

닫힌구간 $[0, 2\pi]$에서 x에 대한 방정식 $\sin x-x\cos x-k=0$의 서로 다른 실근의 개수가 2가 되도록 하는 모든 정수 k의 값의 합은? [4점]

└→ 함수 $y=\sin x-x\cos x$의 그래프와 직선 $y=k$의 교점의 개수를 조사한다.

① -6 ② -3 ③ 0 ④ 3 ⑤ 6

Step 1 방정식의 실근의 개수의 의미 파악하기

$\sin x-x\cos x-k=0$에서

$\sin x-x\cos x=k$

이 방정식의 실근의 개수는 함수 $y=\sin x-x\cos x$의 그래프와 직선 $y=k$의 교점의 개수와 같다.

Step 2 k의 값의 범위 구하기

$f(x)=\sin x-x\cos x$라 하면

$f'(x)=\cos x-(\cos x-x\sin x)=x\sin x$

$f'(x)=0$인 x의 값은 $x=0$ 또는 $\sin x=0$

$\therefore x=0$ 또는 $x=\pi$ 또는 $x=2\pi$ ($\because 0\le x\le 2\pi$)

닫힌구간 $[0, 2\pi]$에서 함수 $f(x)$의 증가와 감소를 표로 나타내면 다음과 같다.

x	0	$\cdots$	π	$\cdots$	2π
$f'(x)$	0	$+$	0	$-$	0
$f(x)$	0	↗	π 극대	↘	-2π

따라서 닫힌구간 $[0, 2\pi]$에서 함수 $y=f(x)$의 그래프는 오른쪽 그림과 같으므로 함수 $y=f(x)$의 그래프와 직선 $y=k$의 교점의 개수가 2이려면

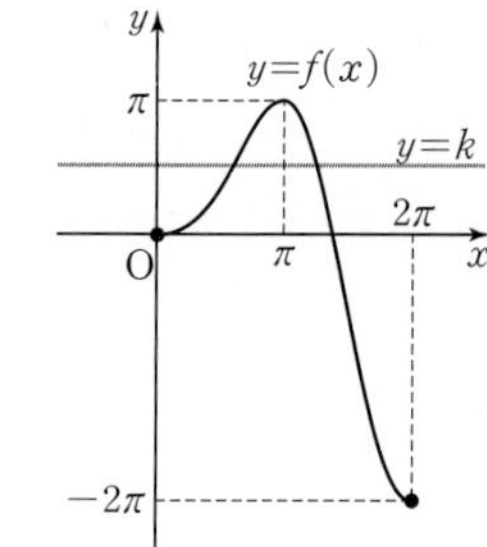

$0\le k<\pi$

Step 3 모든 정수 k의 값의 합 구하기

따라서 정수 k의 값은 0, 1, 2, 3이므로 모든 k의 값의 합은

$0+1+2+3=6$

04 방정식의 실근의 개수 정답 ③ | 정답률 51%

문제 보기

자연수 n에 대하여 함수 $f(x)$와 $g(x)$는 $f(x)=x^n-1$, $g(x)=\log_3(x^4+2n)$이다. 함수 $h(x)$가 $h(x)=g(f(x))$일 때, 〈보기〉에서 옳은 것만을 있는 대로 고른 것은? [4점]

〈 보기 〉

ㄱ. $h'(1)=0$ → $h'(x)$를 구한 후 $x=1$을 대입한다.

ㄴ. 열린구간 $(0, 1)$에서 함수 $h(x)$는 증가한다.
→ $0<x<1$에서 $h'(x)$의 부호를 조사한다.

ㄷ. $x>0$일 때, 방정식 $h(x)=n$의 서로 다른 실근의 개수는 1이다.
→ 함수 $y=h(x)$의 그래프와 직선 $y=n$의 교점의 개수이다.

① ㄱ ② ㄴ ③ ㄱ, ㄷ ④ ㄴ, ㄷ ⑤ ㄱ, ㄴ, ㄷ

Step 1 ㄱ이 옳은지 확인하기

ㄱ. $h(x)=g(f(x))$에서 $h'(x)=g'(f(x))f'(x)$이므로

$h'(1)=g'(f(1))f'(1)$

이때 $f'(x)=nx^{n-1}$, $g'(x)=\dfrac{4x^3}{(x^4+2n)\ln 3}$이므로

$h'(1)=g'(f(1))f'(1)=0\times n=0$

$(\because f(1)=0,\ f'(1)=n,\ g'(0)=0)$

Step 2 ㄴ이 옳은지 확인하기

ㄴ. $h'(x)=g'(f(x))f'(x)=\dfrac{4nx^{n-1}(x^n-1)^3}{\{(x^n-1)^4+2n\}\ln 3}$

$0<x<1$일 때 $x^{n-1}>0$이고 $-1<x^n-1<0$이므로

$(x^n-1)^3<0$ $\quad\therefore h'(x)<0$

따라서 열린구간 $(0, 1)$에서 함수 $h(x)$는 감소한다.

Step 3 ㄷ이 옳은지 확인하기

ㄷ. $h'(x)=0$인 x의 값은 $x=1$ $(\because x>0)$

$x>0$에서 함수 $h(x)$의 증가와 감소를 표로 나타내면 다음과 같다.

x	0	$\cdots$	1	$\cdots$
$h'(x)$		$-$	0	$+$
$h(x)$		↘	$\log_3 2n$ 극소	↗

따라서 함수 $y=h(x)$의 그래프는 다음 그림과 같다.

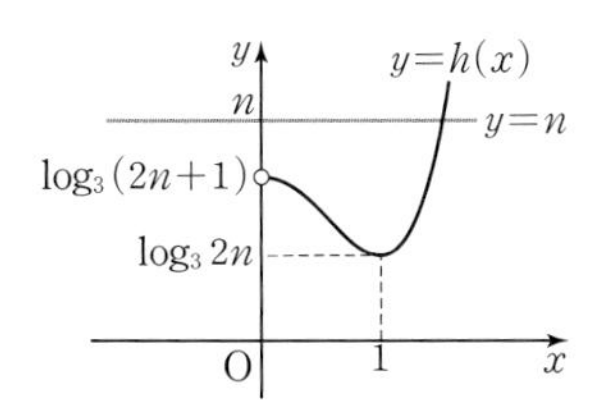

이때 자연수 n에 대하여 $n=\log_3 3^n\ge\log_3(2n+1)$이므로 함수 $y=h(x)$의 그래프와 직선 $y=n$의 교점의 개수는 1이다.

즉, $x>0$일 때 방정식 $h(x)=n$의 서로 다른 실근의 개수는 1이다.

Step 4 옳은 것 구하기

따라서 보기 중 옳은 것은 ㄱ, ㄷ이다.

05 방정식의 실근의 개수 정답 ③ | 정답률 51%

문제 보기

실수 전체의 집합에서 미분가능한 함수 $f(x)$가 다음 조건을 만족시킨다.
→ 실수 전체의 집합에서 연속이다.

(가) 모든 실수 x에 대하여 $f(x)=f(-x)$이다.
→ 함수 $y=f(x)$의 그래프는 y축에 대하여 대칭이다.

(나) 모든 양의 실수 x에 대하여 $f'(x)>0$이다.
→ $x>0$에서 $f(x)$는 증가한다.

(다) $\displaystyle\lim_{x\to 0}f(x)=0$, $\displaystyle\lim_{x\to\infty}f(x)=\pi$

함수 $g(x)=\dfrac{\sin f(x)}{x}$에 대하여 〈보기〉에서 옳은 것만을 있는 대로 고른 것은? [4점]

〈 보기 〉

ㄱ. 모든 양의 실수 x에 대하여 $g(x)+g(-x)=0$이다.
→ $g(-x)=-g(x)$

ㄴ. $\displaystyle\lim_{x\to 0}g(x)=0$

ㄷ. $f(a)=\dfrac{\pi}{2}\ (a>0)$이면 방정식 $|g(x)|=\dfrac{1}{a}$의 서로 다른 실근의 개수는 2이다.
→ 함수 $y=|g(x)|$의 그래프와 직선 $y=\dfrac{1}{a}$의 교점의 개수이다.

① ㄱ ② ㄷ ③ ㄱ, ㄴ ④ ㄴ, ㄷ ⑤ ㄱ, ㄴ, ㄷ

Step 1 ㄱ이 옳은지 확인하기

ㄱ. $g(-x)=\dfrac{\sin f(-x)}{-x}$

$=-\dfrac{\sin f(x)}{x}$ ($\because$ 조건 (가))

$=-g(x)$

따라서 모든 양의 실수 x에 대하여

$g(x)+g(-x)=0$

Step 2 ㄴ이 옳은지 확인하기

ㄴ. 함수 $f(x)$가 실수 전체의 집합에서 미분가능하므로 실수 전체의 집합에서 연속이다.

즉, $x=0$에서 연속이므로 조건 (다)에 의하여

$\displaystyle\lim_{x\to 0}f(x)=f(0)=0$ $\quad\cdots\cdots$ ㉠

조건 (가)의 $f(x)=f(-x)$의 양변을 x에 대하여 미분하면

$f'(x)=-f'(-x)$이므로

$f'(0)=0$ $\quad\cdots\cdots$ ㉡

$\displaystyle\therefore \lim_{x\to 0}g(x)=\lim_{x\to 0}\frac{\sin f(x)}{x}$

$\displaystyle=\lim_{x\to 0}\left\{\frac{\sin f(x)}{f(x)}\times\frac{f(x)}{x}\right\}$

$\displaystyle=\lim_{x\to 0}\frac{\sin f(x)}{f(x)}\times\lim_{x\to 0}\frac{f(x)-f(0)}{x-0}$ ($\because$ ㉠)

$=1\times f'(0)=0$ ($\because$ ㉡)

Step 3 ㄷ이 옳은지 확인하기

ㄷ. $f(a)=\dfrac{\pi}{2}\ (a>0)$이면 $g(a)=\dfrac{\sin f(a)}{a}=\dfrac{\sin\frac{\pi}{2}}{a}=\dfrac{1}{a}>0$

즉, 함수 $y=g(x)$의 그래프는 점 $\left(a, \dfrac{1}{a}\right)$을 지나고

$\displaystyle\lim_{x\to 0}g(x)=0$ ($\because$ ㄴ)이므로 $0<x<a$에서 함수 $g(x)$가 증가하는 구간이 존재한다.

또 $g'(x)=\frac{xf'(x)\cos f(x)-\sin f(x)}{x^2}$에서

$$g'(\alpha)=\frac{\alpha f'(\alpha)\cos f(\alpha)-\sin f(\alpha)}{\alpha^2}$$

$$=\frac{\alpha f'(\alpha)\cos\frac{\pi}{2}-\sin\frac{\pi}{2}}{\alpha^2}=-\frac{1}{\alpha^2}<0$$

따라서 오른쪽 그림과 같이 구간 $(0,\ \alpha)$에서 $g'(x)$의 부호가 양에서 음으로 변하는 지점이 적어도 하나 존재한다.

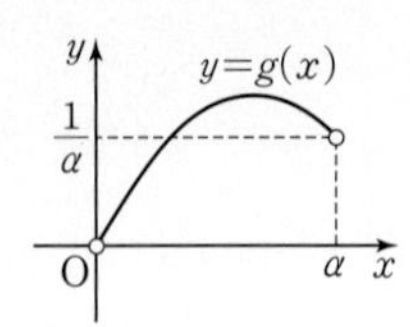

즉, 함수 $g(x)$는 구간 $(0,\ \alpha)$에서 $\frac{1}{\alpha}$보다 큰 극댓값을 가지므로 방정식 $g(x)=\frac{1}{\alpha}$은 $0<x\le\alpha$에서 적어도 2개의 서로 다른 실근을 갖는다.

이때 ㄱ에 의하여 $g(-x)=-g(x)$이므로 함수 $y=g(x)$의 그래프는 원점에 대하여 대칭이다.

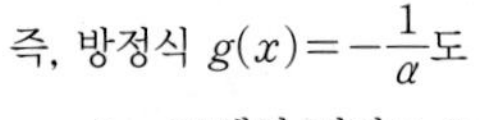
즉, 방정식 $g(x)=-\frac{1}{\alpha}$도 $-\alpha\le x<0$에서 적어도 2개의 서로 다른 실근을 갖는다.

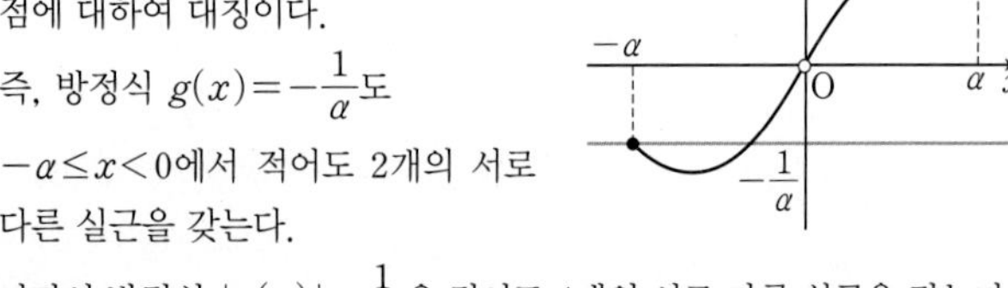

따라서 방정식 $|g(x)|=\frac{1}{\alpha}$은 적어도 4개의 서로 다른 실근을 갖는다.

Step 4 옳은 것 구하기

따라서 보기 중 옳은 것은 ㄱ, ㄴ이다.

06 방정식의 실근의 개수 정답 ③ | 정답률 51%

문제 보기

좌표평면 위에 원 $x^2+y^2=9$와 직선 $y=4$가 있다. $t\neq-3$, $t\neq3$인 실수 t에 대하여 직선 $y=4$ 위의 점 $\mathrm{P}(t,\ 4)$에서 원 $x^2+y^2=9$에 그은 두 접선의 기울기의 곱을 $f(t)$라 할 때, 〈보기〉에서 옳은 것만을 있는 대로 고른 것은? [4점]

→ 원과 직선이 접할 때의 위치 관계를 이용하여 $f(t)$를 구한다.

〈보기〉

ㄱ. $f(\sqrt{2})=-1$

ㄴ. 열린구간 $(-3,\ 3)$에서 $f''(t)<0$이다.

ㄷ. 방정식 $9f(x)=3^{x+2}-7$의 서로 다른 실근의 개수는 2이다.

→ 두 함수 $y=f(x)$, $y=3^x-\frac{7}{9}$의 그래프의 교점의 개수이다.

① ㄱ ② ㄷ ③ ㄱ, ㄴ ④ ㄴ, ㄷ ⑤ ㄱ, ㄴ, ㄷ

Step 1 $f(t)$ 구하기

점 $\mathrm{P}(t,\ 4)$에서 원 $x^2+y^2=9$에 그은 접선의 기울기를 m이라 하면 접선의 방정식은

$y-4=m(x-t)$ $\quad\therefore y=mx-mt+4$

원 $x^2+y^2=9$의 중심 $(0,\ 0)$과 직선 $y=mx-mt+4$, 즉 $mx-y-mt+4=0$ 사이의 거리는 원의 반지름의 길이와 같으므로

$$\frac{|-mt+4|}{\sqrt{m^2+(-1)^2}}=3,\ |-mt+4|=3\sqrt{m^2+1}$$

양변을 제곱하면

$m^2t^2-8tm+16=9(m^2+1)$

$\therefore (t^2-9)m^2-8tm+7=0$ → $\frac{D}{4}>0$이므로 m의 값은 2개 존재해.

$t\neq-3$, $t\neq3$인 실수 t에 대하여 두 접선의 기울기의 곱 $f(t)$는 위의 이차방정식의 두 근의 곱과 같으므로 이차방정식의 근과 계수의 관계에 의하여

$$f(t)=\frac{7}{t^2-9}$$

Step 2 ㄱ이 옳은지 확인하기

ㄱ. $f(\sqrt{2})=\frac{7}{(\sqrt{2})^2-9}=-1$

Step 3 ㄴ이 옳은지 확인하기

ㄴ. $f(t)=\frac{7}{t^2-9}$에서

$$f'(t)=-\frac{14t}{(t^2-9)^2}$$

$$f''(t)=\frac{-14(t^2-9)^2-(-14t)\times2(t^2-9)\times2t}{(t^2-9)^4}$$

$$=\frac{-14(t^2-9)+56t^2}{(t^2-9)^3}=\frac{42(t^2+3)}{(t^2-9)^3}$$

$-3<t<3$일 때 $0<t^2<9$이므로

$(t^2-9)^3<0$

따라서 열린구간 $(-3,\ 3)$에서 $f''(t)<0$

Step 4 ㄷ이 옳은지 확인하기

ㄷ. 방정식 $9f(x)=3^{x+2}-7$에서

$$f(x)=3^x-\frac{7}{9}$$

방정식 $f(x)=3^x-\frac{7}{9}$의 서로 다른 실근의 개수는 두 함수 $y=f(x)$, $y=3^x-\frac{7}{9}$의 그래프의 교점의 개수와 같다.

$f'(x)=0$인 x의 값은 ⟶ $f'(x)=-\frac{14x}{(x^2-9)^2}=0$

$14x=0$ $\quad\therefore x=0$

함수 $f(x)$의 증가와 감소, 오목과 볼록을 표로 나타내면 다음과 같다.

x	$\cdots$	-3	$\cdots$	0	$\cdots$	3	$\cdots$
$f'(x)$	$+$		$+$	0	$-$		$-$
$f''(x)$	$+$		$-$	$-$	$-$		$+$
$f(x)$	⤴		↱	$-\frac{7}{9}$ 극대	↘		↘

$\lim_{x\to-\infty}f(x)=0$, $\lim_{x\to-3-}f(x)=\infty$, $\lim_{x\to-3+}f(x)=-\infty$,

$\lim_{x\to3-}f(x)=-\infty$, $\lim_{x\to3+}f(x)=\infty$, $\lim_{x\to\infty}f(x)=0$

따라서 두 함수 $y=f(x)$, $y=3^x-\frac{7}{9}$의 그래프는 다음 그림과 같다.

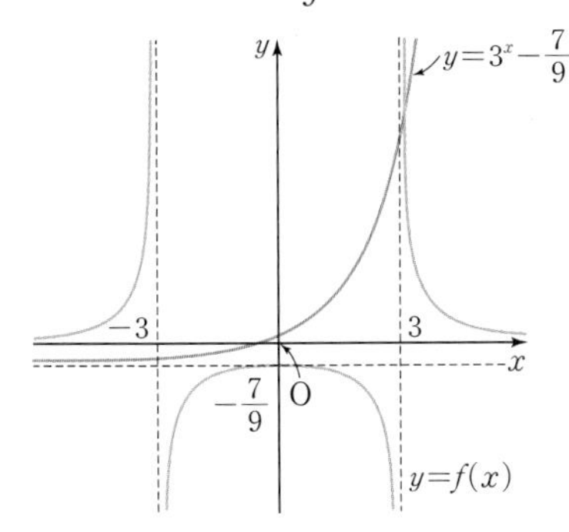

즉, 두 함수 $y=f(x)$, $y=3^x-\frac{7}{9}$의 그래프의 교점의 개수는 1이므로 방정식 $9f(x)=3^{x+2}-7$의 서로 다른 실근의 개수는 1이다.

Step 5 옳은 것 구하기

따라서 보기 중 옳은 것은 ㄱ, ㄴ이다.

07 방정식의 실근의 개수

정답 34 | 정답률 7%

문제 보기

함수 $f(x)=\frac{\ln x^2}{x}$의 극댓값을 a라 하자. 함수 $f(x)$와 자연수 n에 대하여 x에 대한 방정식 $f(x)-\frac{a}{n}x=0$의 서로 다른 실근의 개수를 a_n이라 할 때, $\sum_{n=1}^{10}a_n$의 값을 구하시오. [4점]

└ $f'(x)=0$인 x의 값의 좌우에서 $f'(x)$의 부호를 조사한다.

└ 함수 $y=f(x)$의 그래프와 직선 $y=\frac{a}{n}x$의 교점의 개수이다.

└ $a_1+a_2+a_3+\cdots+a_{10}$

Step 1 a의 값 구하기

$x>0$일 때 $f(x)=\frac{\ln x^2}{x}=\frac{2\ln x}{x}$이므로

$$f'(x)=\frac{\frac{2}{x}\times x-2\ln x}{x^2}=\frac{2(1-\ln x)}{x^2}$$

$f'(x)=0$인 x의 값은

$\ln x=1$ $\quad\therefore x=e$

$x>0$에서 함수 $f(x)$의 증가와 감소를 표로 나타내면 다음과 같다.

x	0	$\cdots$	e	$\cdots$
$f'(x)$		$+$	0	$-$
$f(x)$		↗	$\frac{2}{e}$ 극대	↘

따라서 함수 $f(x)$의 극댓값은 $\frac{2}{e}$이므로

$a=\frac{2}{e}$

Step 2 함수 $y=f(x)$의 그래프의 개형 파악하기

$f(x)=\frac{\ln x^2}{x}$에서 $x\neq0$이고

$$f(-x)=\frac{\ln(-x)^2}{-x}=-\frac{\ln x^2}{x}=-f(x)$$

이므로 함수 $y=f(x)$의 그래프는 원점에 대하여 대칭이다.

또 $\lim_{x\to\infty}f(x)=0$, $\lim_{x\to0+}f(x)=-\infty$

이므로 함수 $y=f(x)$의 그래프는 오른쪽 그림과 같다.

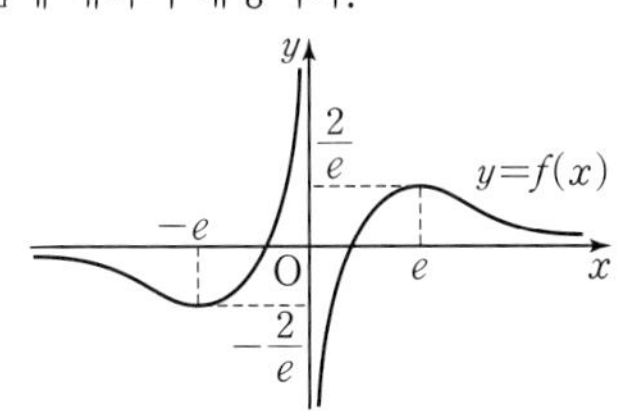

Step 3 원점에서 곡선 $f(x)=\frac{\ln x^2}{x}$에 그은 접선의 방정식 구하기

$y=\frac{a}{n}x=\frac{2}{en}x$의 그래프는 원점을 지나는 직선이고, 원점에서 곡선 $y=\frac{2\ln x}{x}$에 그은 접선의 접점의 좌표를 $\left(t, \frac{2\ln t}{t}\right)$라 하면 접선의 방정식은

$$y-\frac{2\ln t}{t}=\frac{2-2\ln t}{t^2}(x-t) \quad \cdots\cdots ㉠$$

이 직선이 원점을 지나므로

$$-\frac{2\ln t}{t}=\frac{2-2\ln t}{t^2}\times(-t)$$

$\ln t=1-\ln t$, $2\ln t=1$

$\ln t=\frac{1}{2}$ $\quad\therefore t=\sqrt{e}$

이를 ㉠에 대입하여 정리하면 접선의 방정식은

$y=\frac{1}{e}x$

Step 4 a_n 구하기

방정식 $f(x)-\frac{a}{n}x=0$, 즉 $f(x)=\frac{2}{en}x$의 서로 다른 실근의 개수는 곡선 $y=f(x)$와 직선 $y=\frac{2}{en}x$의 교점의 개수와 같다.

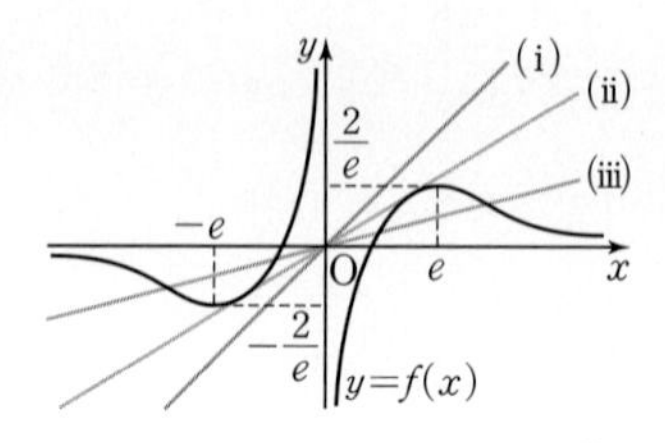

(i) $n=1$일 때

$\frac{1}{e}<\frac{2}{e}$이므로 직선 $y=\frac{2}{e}x$와 곡선 $y=f(x)$의 교점의 개수는 0이다.

$\therefore a_1=0$

(ii) $n=2$일 때

직선 $y=\frac{1}{e}x$와 곡선 $y=f(x)$는 접하므로 교점의 개수는 2이다.

$\therefore a_2=2$

(iii) $3\le n\le 10$일 때

$\frac{1}{e}>\frac{2}{en}$이므로 직선 $y=\frac{2}{en}x$와 곡선 $y=f(x)$의 교점의 개수는 4이다.

$\therefore a_n=4$

Step 5 $\sum_{n=1}^{10}a_n$의 값 구하기

$\therefore \sum_{n=1}^{10}a_n=a_1+a_2+a_3+\cdots+a_{10}=0+2+4\times 8=34$

08 방정식의 실근의 개수 　정답 ② | 정답률 38%

문제 보기

자연수 n에 대하여 실수 전체의 집합에서 정의된 함수 $f(x)$가

$$f(x)=\begin{cases}\frac{nx}{x^n+1} & (x\ne -1)\\ -2 & (x=-1)\end{cases}$$

일 때, ⟨보기⟩에서 옳은 것만을 있는 대로 고른 것은? [4점]

⟨보기⟩

ㄱ. $n=3$일 때, 함수 $f(x)$는 구간 $(-\infty, -1)$에서 증가한다.
　└ $f'(x)$를 구한 후 $f'(x)$의 부호를 확인한다.

ㄴ. 함수 $f(x)$가 $x=-1$에서 연속이 되도록 하는 n에 대하여 방정식 $f(x)=2$의 서로 다른 실근의 개수는 2이다.
　└ 함수 $y=f(x)$의 그래프와 직선 $y=2$의 교점의 개수를 확인한다.

ㄷ. 구간 $(-1, \infty)$에서 함수 $f(x)$가 극솟값을 갖도록 하는 10 이하의 모든 자연수 n의 값의 합은 24이다.
　└ $f'(x)=0$인 x의 값의 좌우에서 $f'(x)$의 부호를 조사한다.

① ㄱ　② ㄱ, ㄴ　③ ㄱ, ㄷ　④ ㄴ, ㄷ　⑤ ㄱ, ㄴ, ㄷ

Step 1 $f'(x)$ 구하기

$$f(x)=\begin{cases}\frac{nx}{x^n+1} & (x\ne -1)\\ -2 & (x=-1)\end{cases}$$ 에서

$$f'(x)=\begin{cases}\frac{n-(n^2-n)x^n}{(x^n+1)^2} & (x\ne -1)\\ 0 & (x=-1)\end{cases}$$

Step 2 ㄱ이 옳은지 확인하기

ㄱ. $n=3$이면 $f'(x)=\frac{3-6x^3}{(x^3+1)^2}$

$x<-1$일 때 $3-6x^3>0$이므로

$f'(x)=\frac{3-6x^3}{(x^3+1)^2}>0$

즉, 함수 $f(x)$는 구간 $(-\infty, -1)$에서 증가한다.

Step 3 ㄴ이 옳은지 확인하기

ㄴ. 함수 $f(x)$가 $x=-1$에서 연속이므로 $\lim_{x\to -1}f(x)=f(-1)$에서

$\lim_{x\to -1}\frac{nx}{x^n+1}=-2$ 　…… ㉠

(i) n이 홀수인 경우

㉠에서 $x\to -1$일 때 (분모) → 0이고 극한값이 존재하므로 (분자) → 0이다.

즉, $\lim_{x\to -1}nx=0$에서 $-n=0$

$\therefore n=0$

이는 n이 자연수라는 조건을 만족시키지 않는다.

(ii) n이 짝수인 경우

㉠에서 $\lim_{x\to -1}\frac{nx}{x^n+1}=-\frac{n}{2}$이므로

$-\frac{n}{2}=-2$ 　$\therefore n=4$

(i), (ii)에서 $n=4$이므로

$f(x)=\frac{4x}{x^4+1}$, $f'(x)=\frac{4-12x^4}{(x^4+1)^2}$

$f'(x)=0$인 x의 값은

$12x^4=4$, $x^4=\frac{1}{3}$

$\therefore x=-\frac{1}{\sqrt[4]{3}}$ 또는 $x=\frac{1}{\sqrt[4]{3}}$

함수 $f(x)$의 증가와 감소를 표로 나타내면 다음과 같다.

x	$\cdots$	$-\frac{1}{\sqrt[4]{3}}$	$\cdots$	$\frac{1}{\sqrt[4]{3}}$	$\cdots$
$f'(x)$	$-$	0	$+$	0	$-$
$f(x)$	↘	$-\frac{3}{\sqrt[4]{3}}$ 극소	↗	$\frac{3}{\sqrt[4]{3}}$ 극대	↘

또 $\lim_{x\to\infty} f(x)=0$, $\lim_{x\to-\infty} f(x)=0$이므로 함수 $y=f(x)$의 그래프는 오른쪽 그림과 같다.

즉, 함수 $y=f(x)$의 그래프와 직선 $y=2$의 교점의 개수는 2이므로 방정식 $f(x)=2$의 서로 다른 실근의 개수는 2이다.

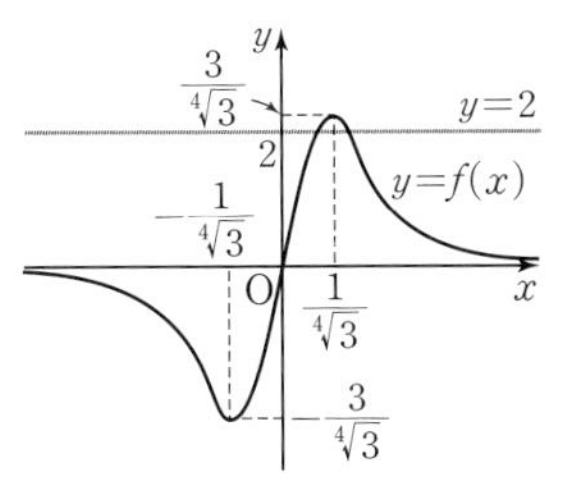

Step 4 ㄷ이 옳은지 확인하기

ㄷ. $f'(x)=0$에서

$n-(n^2-n)x^n=0$, $n=(n^2-n)x^n$

$\therefore x^n=\frac{1}{n-1}$ $(n\neq1)$

(i) n이 홀수인 경우

$x=\frac{1}{\sqrt[n]{n-1}}$이므로 구간 $(-1, \infty)$에서 함수 $f(x)$의 증가와 감소를 표로 나타내면 다음과 같다.

x	-1	$\cdots$	$\frac{1}{\sqrt[n]{n-1}}$	$\cdots$
$f'(x)$		$+$	0	$-$
$f(x)$		↗	극대	↘

즉, 함수 $f(x)$는 극솟값을 갖지 않는다.

(ii) n이 짝수인 경우

ⓘ $n=2$일 때

$x=1$이므로 구간 $(-1, \infty)$에서 함수 $f(x)$의 증가와 감소를 표로 나타내면 다음과 같다.

x	-1	$\cdots$	1	$\cdots$
$f'(x)$		$+$	0	$-$
$f(x)$		↗	극대	↘

즉, 함수 $f(x)$는 극솟값을 갖지 않는다.

ⓘⓘ $n\geq4$일 때

$x=\pm\frac{1}{\sqrt[n]{n-1}}$이므로 구간 $(-1, \infty)$에서 함수 $f(x)$의 증가와 감소를 표로 나타내면 다음과 같다.

x	-1	$\cdots$	$-\frac{1}{\sqrt[n]{n-1}}$	$\cdots$	$\frac{1}{\sqrt[n]{n-1}}$	$\cdots$
$f'(x)$		$-$	0	$+$	0	$-$
$f(x)$		↘	극소	↗	극대	↘

즉, 함수 $f(x)$는 $x=-\frac{1}{\sqrt[n]{n-1}}$에서 극솟값을 갖는다.

(i), (ii)에서 구간 $(-1, \infty)$에서 함수 $f(x)$가 극솟값을 갖도록 하는 10 이하의 자연수 n의 값은 4, 6, 8, 10이므로 모든 n의 값의 합은

$4+6+8+10=28$

Step 5 옳은 것 구하기

따라서 보기 중 옳은 것은 ㄱ, ㄴ이다.

09 방정식의 실근의 개수 정답 ⑤ | 정답률 46%

문제 보기

최고차항의 계수가 $\frac{1}{2}$인 삼차함수 $f(x)$에 대하여 함수 $g(x)$가

$$g(x)=\begin{cases}\ln|f(x)| & (f(x)\neq0)\\ 1 & (f(x)=0)\end{cases}$$

이고 다음 조건을 만족시킬 때, 함수 $g(x)$의 극솟값은? [4점]

(가) 함수 $g(x)$는 $x\neq1$인 모든 실수 x에서 연속이다.
→ $x=1$일 때 $f(x)=0$, $x\neq1$일 때 $f(x)\neq0$

(나) 함수 $g(x)$는 $x=2$에서 극대이고, 함수 $|g(x)|$는 $x=2$에서 극소이다. → $g'(2)=0$, $g(2)\leq0$

(다) 방정식 $g(x)=0$의 서로 다른 실근의 개수는 3이다.
→ 함수 $y=f(x)$의 그래프에서 함수 $y=g(x)$의 그래프의 개형을 파악한다.

① $\ln\frac{13}{27}$ ② $\ln\frac{16}{27}$ ③ $\ln\frac{19}{27}$ ④ $\ln\frac{22}{27}$ ⑤ $\ln\frac{25}{27}$

Step 1 함수 $y=g(x)$의 그래프의 개형 파악하기

삼차함수 $f(x)$에 대하여 조건 (가)에서 함수 $g(x)$가 $x\neq1$인 모든 실수 x에서 연속이므로

$x=1$일 때 $f(x)=0$, $x\neq1$일 때 $f(x)\neq0$ …… ㉠

$f(x)\neq0$일 때 $g(x)=\ln|f(x)|$에서 $g'(x)=\frac{f'(x)}{f(x)}$이고 조건 (나)에서 함수 $g(x)$가 $x=2$에서 극값을 가지므로

$g'(2)=\frac{f'(2)}{f(2)}=0$

$\therefore f'(2)=0$ ($\because$ ㉠) …… ㉡

한편 $g(x)=0$에서

$\ln|f(x)|=0$, $|f(x)|=1$

$\therefore f(x)=-1$ 또는 $f(x)=1$

조건 (다)에 의하여 삼차함수 $y=f(x)$의 그래프는 두 직선 $y=-1$, $y=1$과 세 점에서 만나고 ㉠을 만족시키려면 함수 $f(x)$는 극값을 가져야 한다.

이때 ㉡에서 함수 $f(x)$는 $x=2$에서 극값을 가지므로 삼차함수 $f(x)$가 $x=\alpha$, $x=\beta$ $(1<\alpha<\beta)$에서 극값을 갖는다고 하면

$\alpha=2$ 또는 $\beta=2$

이때 최고차항의 계수가 양수인 삼차함수의 그래프는 x축과 적어도 한 점에서 만나므로 조건 (다)를 만족시키는 함수 $y=f(x)$의 그래프와 그에 따른 함수 $y=g(x)$의 그래프는 다음과 같다.

(i) $f(\alpha)=1$인 경우

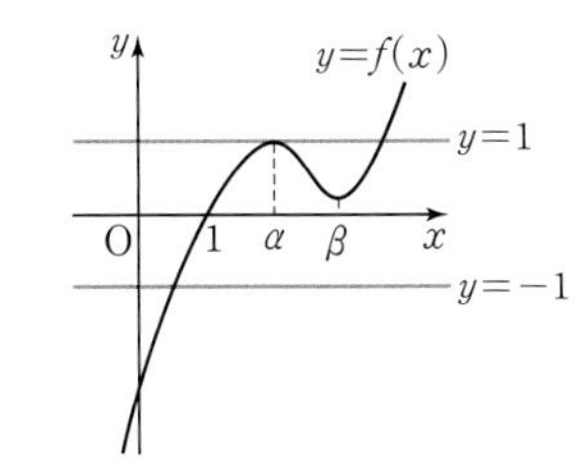

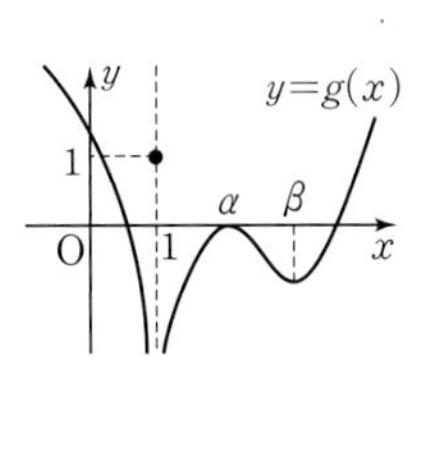

(ii) $f(\beta)=1$인 경우

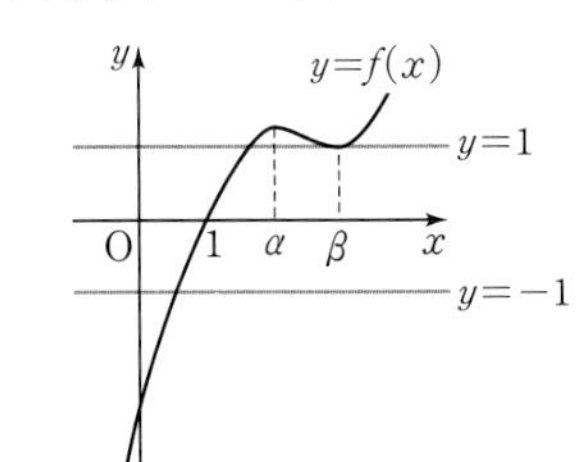

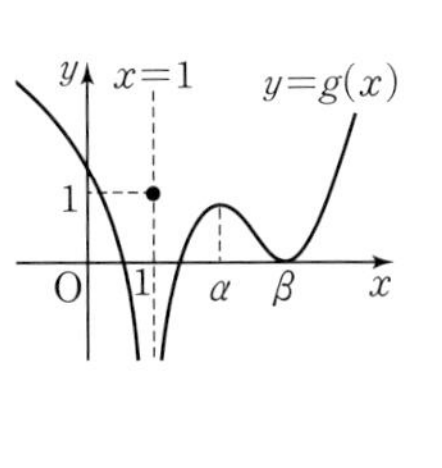

18 일차

Step 2 $f(x)\neq 0$일 때, $g(x)$ 구하기

조건 (나)에서 함수 $g(x)$는 $x=2$에서 극대이고, 함수 $|g(x)|$는 $x=2$에서 극소이므로 함수 $y=g(x)$의 그래프는 (i)과 같고 $\alpha=2$이다.

삼차함수 $f(x)$의 최고차항의 계수가 $\frac{1}{2}$이므로

$f(x)=\frac{1}{2}(x-2)^2(x-k)+1\ (k>2)$이라 하면 $f(1)=0$이므로

$\frac{1}{2}\times 1\times(1-k)+1=0,\ 1-k=-2$

$\therefore\ k=3$

$f(x)=\frac{1}{2}(x-2)^2(x-3)+1$이므로 $f(x)\neq 0$일 때,

$g(x)=\ln\left|\frac{1}{2}(x-2)^2(x-3)+1\right|$

Step 3 함수 $g(x)$의 극솟값 구하기

$f'(x)=(x-2)(x-3)+\frac{1}{2}(x-2)^2=\frac{1}{2}(x-2)(3x-8)$

$f'(x)=0$인 x의 값은 $x=2$ 또는 $x=\frac{8}{3}$

$\therefore\ \beta=\frac{8}{3}$

따라서 함수 $g(x)$는 $x=\frac{8}{3}$에서 극솟값을 가지므로

$g\left(\frac{8}{3}\right)=\ln\left|f\left(\frac{8}{3}\right)\right|=\ln\left|\frac{1}{2}\times\frac{4}{9}\times\left(-\frac{1}{3}\right)+1\right|=\ln\frac{25}{27}$

10 부등식에의 활용 정답 ④ | 정답률 48%

문제 보기

2 이상의 자연수 n에 대하여 실수 전체의 집합에서 정의된 함수

$$f(x)=e^{x+1}\{x^2+(n-2)x-n+3\}+ax$$

가 역함수를 갖도록 하는 실수 a의 최솟값을 $g(n)$이라 하자.

└→ $f(x)$는 증가하거나 감소해야 한다.

$1\le g(n)\le 8$을 만족시키는 모든 n의 값의 합은? [4점]

① 43 ② 46 ③ 49 ④ 52 ⑤ 55

Step 1 $f(x)$가 역함수를 가질 조건 파악하기

함수 $f(x)$가 역함수를 가지려면 $f(x)$가 일대일대응이어야 하므로 함수 $f(x)$는 실수 전체의 집합에서 증가하거나 감소해야 한다.

$f(x)=e^{x+1}\{x^2+(n-2)x-n+3\}+ax$에서

$f'(x)=e^{x+1}\{x^2+(n-2)x-n+3\}+e^{x+1}(2x+n-2)+a$

$=e^{x+1}(x^2+nx+1)+a$

이때 $\lim_{x\to\infty}f'(x)=\infty$이므로 $f'(x)\ge 0$이어야 한다.

따라서 $e^{x+1}(x^2+nx+1)+a\ge 0$, 즉 $e^{x+1}(x^2+nx+1)\ge -a$가 성립해야 한다.

Step 2 $g(n)$ 구하기

$h(x)=e^{x+1}(x^2+nx+1)$이라 하면

$h'(x)=e^{x+1}(x^2+nx+1)+e^{x+1}(2x+n)$

$=e^{x+1}\{x^2+(n+2)x+n+1\}$

$=e^{x+1}(x+n+1)(x+1)$

$h'(x)=0$인 x의 값은

$x=-n-1$ 또는 $x=-1$ ($\because\ e^{x+1}>0$)

함수 $h(x)$의 증가와 감소를 표로 나타내면 다음과 같다.

x	$\cdots$	$-n-1$	$\cdots$	-1	$\cdots$
$h'(x)$	+	0	−	0	+
$h(x)$	↗	$\frac{n+2}{e^n}$ 극대	↘	$2-n$ 극소	↗

또 $\lim_{x\to\infty}h(x)=\infty$, $\lim_{x\to-\infty}h(x)=0$

이므로 함수 $y=h(x)$의 그래프는 오른쪽 그림과 같다.

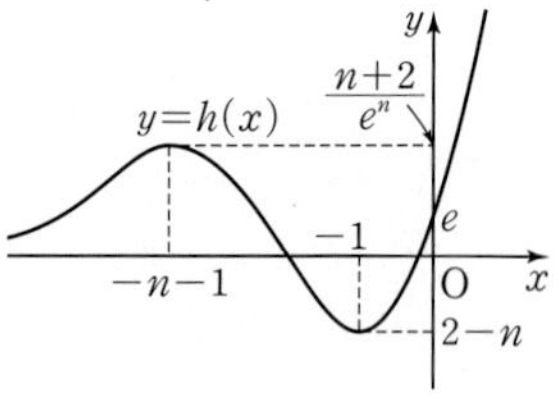

따라서 함수 $h(x)$의 최솟값은 $2-n$이므로 $h(x)\ge -a$가 성립하려면

$2-n\ge -a\qquad\therefore\ a\ge n-2$

a의 최솟값이 $n-2$이므로

$g(n)=n-2$

Step 3 $1\le g(n)\le 8$을 만족시키는 모든 n의 값의 합 구하기

$1\le g(n)\le 8$에서 $1\le n-2\le 8$

$\therefore\ 3\le n\le 10$

따라서 자연수 n의 값은 3, 4, 5, $\cdots$, 10이므로 모든 n의 값의 합은

$3+4+5+\cdots+10=\frac{8(3+10)}{2}=52$

11 부등식에의 활용 정답 ③ | 정답률 84%

문제 보기

다음은 모든 실수 x에 대하여 $2x-1\geq ke^{x^2}$을 성립시키는 실수 k의 최댓값을 구하는 과정이다. └→ (함수 $f(x)$의 최솟값)$\geq k$임을 보인다.

> $f(x)=(2x-1)e^{-x^2}$이라 하자.
> $f'(x)=($ (가) $)\times e^{-x^2}$
> $f'(x)=0$에서 $x=-\frac{1}{2}$ 또는 $x=1$
> 함수 $f(x)$의 증가와 감소를 조사하면 함수 $f(x)$의 극솟값은 (나) 이다. └→ $f'(x)=0$인 x의 값의 좌우에서 $f'(x)$의 부호를 정한다.
> 또한 $\lim_{x\to\infty}f(x)=0$, $\lim_{x\to-\infty}f(x)=0$이므로 함수 $y=f(x)$의 그래프의 개형을 그리면 함수 $f(x)$의 최솟값은 (나) 이다.
> 따라서 $2x-1\geq ke^{x^2}$을 성립시키는 실수 k의 최댓값은 (나) 이다.

위의 (가)에 알맞은 식을 $g(x)$, (나)에 알맞은 수를 p라 할 때, $g(2)\times p$의 값은? [4점]

① $\frac{10}{e}$ ② $\frac{15}{e}$ ③ $\frac{20}{\sqrt[4]{e}}$ ④ $\frac{25}{\sqrt[4]{e}}$ ⑤ $\frac{30}{\sqrt[4]{e}}$

Step 1 (가)에 알맞은 식 구하기

$2x-1\geq ke^{x^2}$에서 $(2x-1)e^{-x^2}\geq k$ ⋯⋯ ㉠

$f(x)=(2x-1)e^{-x^2}$이라 하면

$$f'(x)=2e^{-x^2}+(2x-1)e^{-x^2}\times(-2x)$$
$$=(\boxed{^{(가)}-4x^2+2x+2})\times e^{-x^2}$$
$$=-2(2x+1)(x-1)e^{-x^2}$$

Step 2 (나)에 알맞은 수 구하기

$f'(x)=0$에서 $x=-\frac{1}{2}$ 또는 $x=1$ ($\because e^{-x^2}>0$)

함수 $f(x)$의 증가와 감소를 표로 나타내면 다음과 같다.

x	⋯	$-\frac{1}{2}$	⋯	1	⋯
$f'(x)$	$-$	0	$+$	0	$-$
$f(x)$	↘	$-\frac{2}{\sqrt[4]{e}}$ 극소	↗	$\frac{1}{e}$ 극대	↘

함수 $f(x)$의 증가와 감소를 조사하면 함수 $f(x)$의 극솟값은 $\boxed{^{(나)}-\frac{2}{\sqrt[4]{e}}}$이다.

또한 $\lim_{x\to\infty}f(x)=0$, $\lim_{x\to-\infty}f(x)=0$이므로 함수 $y=f(x)$의 그래프는 오른쪽 그림과 같다.

즉, $f(x)$의 최솟값은 $\boxed{^{(나)}-\frac{2}{\sqrt[4]{e}}}$이고 ㉠이

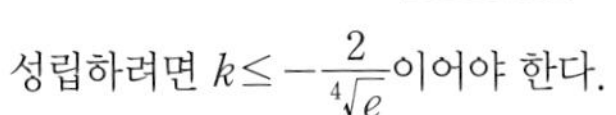

성립하려면 $k\leq-\frac{2}{\sqrt[4]{e}}$이어야 한다.

따라서 $2x-1\geq ke^{x^2}$을 성립시키는 실수 k의 최댓값은 $\boxed{^{(나)}-\frac{2}{\sqrt[4]{e}}}$이다.

Step 3 $g(2)\times p$의 값 구하기

따라서 $g(x)=-4x^2+2x+2$, $p=-\frac{2}{\sqrt[4]{e}}$이므로

$$g(2)\times p=-10\times\left(-\frac{2}{\sqrt[4]{e}}\right)=\frac{20}{\sqrt[4]{e}}$$

12 부등식에의 활용 정답 ③ | 정답률 72%

문제 보기

함수 $f(x)=\frac{x}{x^2+1}$에 대하여 <보기>에서 옳은 것만을 있는 대로 고른 것은? [4점]

> <보기>
> ㄱ. $f'(0)=1$ → $f'(x)$를 구하여 $x=0$을 대입한다.
> ㄴ. 모든 실수 x에 대하여 $f(x)\geq-\frac{1}{2}$이다. → $f(x)$의 최솟값을 구한다.
> ㄷ. $0<a<b<1$일 때, $\frac{f(b)-f(a)}{b-a}>1$이다. → 평균값 정리를 이용한다.

① ㄱ ② ㄷ ③ ㄱ, ㄴ ④ ㄴ, ㄷ ⑤ ㄱ, ㄴ, ㄷ

Step 1 ㄱ이 옳은지 확인하기

ㄱ. $f(x)=\frac{x}{x^2+1}$에서

$$f'(x)=\frac{x^2+1-x\times2x}{(x^2+1)^2}=\frac{1-x^2}{(x^2+1)^2}$$

$\therefore f'(0)=1$

Step 2 ㄴ이 옳은지 확인하기

ㄴ. $f'(x)=\frac{1-x^2}{(x^2+1)^2}=\frac{(1+x)(1-x)}{(x^2+1)^2}$에서

$f'(x)=0$인 x의 값은 $x=-1$ 또는 $x=1$

함수 $f(x)$의 증가와 감소를 표로 나타내면 다음과 같다.

x	⋯	-1	⋯	1	⋯
$f'(x)$	$-$	0	$+$	0	$-$
$f(x)$	↘	$-\frac{1}{2}$ 극소	↗	$\frac{1}{2}$ 극대	↘

또 $\lim_{x\to\infty}f(x)=0$, $\lim_{x\to-\infty}f(x)=0$이므로 함수 $y=f(x)$의 그래프는 오른쪽 그림과 같다.

따라서 함수 $f(x)$는 $x=-1$일 때 최솟값 $-\frac{1}{2}$을 가지므로 모든 실수 x에 대하여 $f(x)\geq-\frac{1}{2}$이다.

Step 3 ㄷ이 옳은지 확인하기

ㄷ. $f'(x)=\frac{1-x^2}{(x^2+1)^2}$에서

$$f''(x)=\frac{-2x(x^2+1)^2-(1-x^2)\times2(x^2+1)\times2x}{(x^2+1)^4}$$
$$=\frac{-2x(x^2+1)+4x(x^2-1)}{(x^2+1)^3}$$
$$=\frac{2x(x^2-3)}{(x^2+1)^3}$$
$$=\frac{2x(x+\sqrt{3})(x-\sqrt{3})}{(x^2+1)^3}$$

$f''(x)=0$인 x의 값은 $x=-\sqrt{3}$ 또는 $x=0$ 또는 $x=\sqrt{3}$

함수 $f'(x)$의 증가와 감소를 표로 나타내면 다음과 같다.

x	⋯	$-\sqrt{3}$	⋯	0	⋯	$\sqrt{3}$	⋯
$f''(x)$	$-$	0	$+$	0	$-$	0	$+$
$f'(x)$	↘	극소	↗	극대	↘	극소	↗

즉, 함수 $f'(x)$는 열린구간 $(0, 1)$에서 감소하므로 $0<x<1$인 모든 실수 x에 대하여

$f'(x)<f'(0)=1$ ...... ㉠

또 함수 $f(x)$가 닫힌구간 $[0, 1]$에서 연속이고 열린구간 $(0, 1)$에서 미분가능하므로 평균값 정리에 의하여 $0<a<b<1$인 모든 실수 a, b에 대하여

$\dfrac{f(b)-f(a)}{b-a}=f'(c)$

를 만족시키는 c가 열린구간 $(0, 1)$에 적어도 하나 존재한다. ...... ㉡

따라서 ㉠, ㉡에서 $0<a<b<1$일 때,

$\dfrac{f(b)-f(a)}{b-a}<f'(0)=1$

Step 4 옳은 것 구하기

따라서 보기 중 옳은 것은 ㄱ, ㄴ이다.

13 부등식에의 활용 정답 15 | 정답률 44%

문제 보기

양수 a와 두 실수 b, c에 대하여 함수 $f(x)=(ax^2+bx+c)e^x$은 다음 조건을 만족시킨다.

> (가) $f(x)$는 $x=-\sqrt{3}$과 $x=\sqrt{3}$에서 극값을 갖는다. → $f'(-\sqrt{3})=0$, $f'(\sqrt{3})=0$
> (나) $0\le x_1<x_2$인 임의의 두 실수 x_1, x_2에 대하여 $f(x_2)-f(x_1)+x_2-x_1\ge 0$이다. → 평균값 정리를 이용한다.

세 수 a, b, c의 곱 abc의 최댓값을 $\dfrac{k}{e^3}$라 할 때, $60k$의 값을 구하시오. [4점]

Step 1 $f'(x)$ 구하기

조건 (가)에서 $f'(-\sqrt{3})=0$, $f'(\sqrt{3})=0$ ...... ㉠

$f(x)=(ax^2+bx+c)e^x$에서

$f'(x)=(2ax+b)e^x+(ax^2+bx+c)e^x$

$\quad=\{ax^2+(2a+b)x+b+c\}e^x$

$f'(x)=0$에서

$ax^2+(2a+b)x+b+c=0$ ($\because e^x>0$) ...... ㉡

이때 ㉠에 의하여 이차방정식 ㉡의 두 근이 $-\sqrt{3}$, $\sqrt{3}$이므로 이차방정식의 근과 계수의 관계에 의하여

$-\dfrac{2a+b}{a}=0$, $\dfrac{b+c}{a}=-3$

$\therefore b=-2a$, $c=-a$ ...... ㉢

$\therefore f(x)=(ax^2+bx+c)e^x=(ax^2-2ax-a)e^x$

$\quad=a(x^2-2x-1)e^x$

$\therefore f'(x)=\{ax^2+(2a+b)x+b+c\}e^x$

$\quad=(ax^2-3a)e^x=a(x^2-3)e^x$

Step 2 조건 (나)를 만족시키는 부등식 세우기

조건 (나)에서 $0\le x_1<x_2$일 때 $f(x_2)-f(x_1)+x_2-x_1\ge 0$이므로 양변을 x_2-x_1로 나누면

$\dfrac{f(x_2)-f(x_1)}{x_2-x_1}+1\ge 0$ ($\because x_2-x_1>0$)

이때 함수 $f(x)$는 닫힌구간 $[x_1, x_2]$에서 연속이고 열린구간 (x_1, x_2)에서 미분가능하므로 평균값 정리에 의하여

$\dfrac{f(x_2)-f(x_1)}{x_2-x_1}=f'(t)$

인 t가 열린구간 (x_1, x_2)에 적어도 하나 존재한다.

즉, 임의의 양수 t에 대하여 $f'(t)+1\ge 0$이 성립하므로 $x>0$일 때 부등식 $f'(x)+1\ge 0$이 성립한다.

$f'(x)+1\ge 0$에서 $a(x^2-3)e^x+1\ge 0$이므로

$(x^2-3)e^x\ge -\dfrac{1}{a}$ ($\because a>0$) ...... ㉣

Step 3 부등식이 성립하도록 하는 a의 값의 범위 구하기

㉣에서 $g(x)=(x^2-3)e^x$ $(x>0)$이라 하면

$g'(x)=2xe^x+(x^2-3)e^x=(x^2+2x-3)e^x$

$\quad=(x+3)(x-1)e^x$

$g'(x)=0$인 x의 값은 $x=1$ ($\because x>0$, $e^x>0$)

$x>0$에서 함수 $g(x)$의 증가와 감소를 표로 나타내면 다음과 같다.

x	0	$\cdots$	1	$\cdots$
$g'(x)$		$-$	0	$+$
$g(x)$		↘	$-2e$ 극소	↗

따라서 $x>0$에서 함수 $g(x)$의 최솟값은 $-2e$이므로 부등식 ㉣이 성립하려면

$-2e \ge -\frac{1}{a}$ $\quad \therefore a \le \frac{1}{2e}$

Step 4 abc의 최댓값 구하기

㉢에 의하여

$$abc = a \times (-2a) \times (-a) = 2a^3 \le 2 \times \left(\frac{1}{2e}\right)^3 = \frac{1}{4e^3}$$

따라서 abc의 최댓값은 $\frac{1}{4e^3}$

Step 5 $60k$의 값 구하기

따라서 $k=\frac{1}{4}$이므로

$60k = 60 \times \frac{1}{4} = 15$

14 속도와 가속도 정답 ⑤ | 정답률 80%

문제 보기

좌표평면 위를 움직이는 점 P의 시각 $t\,(t>0)$에서의 위치 (x, y)가

$x=2\sqrt{t+1}$, $y=t-\ln(t+1)$

이다. 점 P의 속력의 최솟값은? [4점]

└ $\sqrt{\left(\frac{dx}{dt}\right)^2+\left(\frac{dy}{dt}\right)^2}$

① $\frac{\sqrt{3}}{8}$ ② $\frac{\sqrt{6}}{8}$ ③ $\frac{\sqrt{3}}{4}$ ④ $\frac{\sqrt{6}}{4}$ ⑤ $\frac{\sqrt{3}}{2}$

Step 1 시각 t에서의 점 P의 속력 구하기

$x=2\sqrt{t+1}$, $y=t-\ln(t+1)$에서

$\frac{dx}{dt}=\frac{1}{\sqrt{t+1}}$, $\frac{dy}{dt}=1-\frac{1}{t+1}$

따라서 시각 t에서의 점 P의 속력은

$$\sqrt{\left(\frac{dx}{dt}\right)^2+\left(\frac{dy}{dt}\right)^2}=\sqrt{\left(\frac{1}{\sqrt{t+1}}\right)^2+\left(1-\frac{1}{t+1}\right)^2}=\sqrt{\frac{1}{(t+1)^2}-\frac{1}{t+1}+1} \quad \cdots\cdots ㉠$$

Step 2 점 P의 속력의 최솟값 구하기

$t>0$이므로 ㉠에서 $\frac{1}{t+1}=k\,(0<k<1)$라 하면

$$\sqrt{\left(\frac{dx}{dt}\right)^2+\left(\frac{dy}{dt}\right)^2}=\sqrt{k^2-k+1}=\sqrt{\left(k-\frac{1}{2}\right)^2+\frac{3}{4}}$$

따라서 $k=\frac{1}{2}$일 때 속력의 최솟값은 $\sqrt{\frac{3}{4}}=\frac{\sqrt{3}}{2}$

15 속도와 가속도 정답 ③ | 정답률 93%

문제 보기

좌표평면 위를 움직이는 점 P의 시각 $t\,(t>0)$에서의 위치 (x, y)가

$x=t-\frac{2}{t}$, $y=2t+\frac{1}{t}$

이다. 시각 $t=1$에서 점 P의 속력은? [3점]

└ $t=1$에서의 속도를 구한 후 속력을 구한다.

① $2\sqrt{2}$ ② 3 ③ $\sqrt{10}$ ④ $\sqrt{11}$ ⑤ $2\sqrt{3}$

Step 1 $t=1$에서의 점 P의 속도 구하기

$x=t-\frac{2}{t}$, $y=2t+\frac{1}{t}$에서

$\frac{dx}{dt}=1+\frac{2}{t^2}$, $\frac{dy}{dt}=2-\frac{1}{t^2}$

따라서 시각 $t=1$에서의 점 P의 속도는

$(1+2,\ 2-1)$ $\quad \therefore (3,\ 1)$

Step 2 $t=1$에서의 점 P의 속력 구하기

따라서 시각 $t=1$에서의 점 P의 속력은

$\sqrt{3^2+1^2}=\sqrt{10}$

18 일차

16 속도와 가속도 정답 ④ | 정답률 81%

문제 보기

좌표평면 위를 움직이는 점 P의 시각 $t\,(t>2)$에서의 위치 (x, y)가

$$x=t\ln t,\ y=\frac{4t}{\ln t}$$

이다. 시각 $t=e^2$에서 점 P의 속력은? [3점]

└→ $t=e^2$에서의 속도를 구한 후 속력을 구한다.

① $\sqrt{7}$ ② $2\sqrt{2}$ ③ 3 ④ $\sqrt{10}$ ⑤ $\sqrt{11}$

Step 1 $t=e^2$에서의 점 P의 속도 구하기

$x=t\ln t,\ y=\frac{4t}{\ln t}$에서

$\frac{dx}{dt}=\ln t+t\times\frac{1}{t}=\ln t+1$

$\frac{dy}{dt}=\frac{4\ln t-4t\times\frac{1}{t}}{(\ln t)^2}=\frac{4(\ln t-1)}{(\ln t)^2}$

따라서 시각 $t=e^2$에서의 점 P의 속도는

$\left(2+1,\ \frac{4(2-1)}{2^2}\right)$ $\therefore (3, 1)$

Step 2 $t=e^2$에서의 점 P의 속력 구하기

따라서 시각 $t=e^2$에서의 점 P의 속력은

$\sqrt{3^2+1^2}=\sqrt{10}$

17 속도와 가속도 정답 40 | 정답률 83%

문제 보기

수직선 위를 움직이는 점 P의 시각 t에서의 위치 $x(t)$가

$$x(t)=t+\frac{20}{\pi^2}\cos(2\pi t)$$

이다. 점 P의 시각 $t=\frac{1}{3}$에서의 가속도의 크기를 구하시오. [4점]

└→ $\left|x''\left(\frac{1}{3}\right)\right|$의 값을 구한다.

Step 1 점 P의 시각 t에서의 속도와 가속도 구하기

시각 t에서의 점 P의 속도를 $v(t)$, 가속도를 $a(t)$라 하면

$v(t)=x'(t)=1-\frac{20}{\pi^2}\sin 2\pi t\times 2\pi=1-\frac{40}{\pi}\sin 2\pi t$

$a(t)=v'(t)=x''(t)=-\frac{40}{\pi}\cos 2\pi t\times 2\pi=-80\cos 2\pi t$

Step 2 점 P의 시각 $t=\frac{1}{3}$에서의 가속도의 크기 구하기

따라서 점 P의 시각 $t=\frac{1}{3}$에서의 가속도의 크기는

$\left|a\left(\frac{1}{3}\right)\right|=\left|-80\cos\frac{2}{3}\pi\right|=40$

18 속도와 가속도 정답 4 | 정답률 83%

문제 보기

좌표평면 위를 움직이는 점 P의 시각 $t\,(t\ge 0)$에서의 위치 (x, y)가

$$x=\frac{1}{2}e^{2(t-1)}-at,\ y=be^{t-1}$$

이다. 시각 $t=1$에서의 점 P의 속도가 $(-1, 2)$일 때, $a+b$의 값을 구하시오. (단, a와 b는 상수이다.) [3점]

└→ 속도를 구한 후 a, b의 값을 구한다.

Step 1 $t=1$에서의 점 P의 속도 구하기

$x=\frac{1}{2}e^{2(t-1)}-at,\ y=be^{t-1}$에서

$\frac{dx}{dt}=e^{2(t-1)}-a,\ \frac{dy}{dt}=be^{t-1}$

따라서 시각 $t=1$에서의 점 P의 속도는

$(e^{2(1-1)}-a,\ be^{1-1})$ $\therefore (1-a, b)$

Step 2 a, b의 값 구하기

즉, $1-a=-1$, $b=2$이므로

$a=2$, $b=2$

Step 3 $a+b$의 값 구하기

$\therefore a+b=4$

19 속도와 가속도 정답 8 | 정답률 82%

문제 보기

좌표평면 위를 움직이는 점 P의 시각 $t\,(t>0)$에서의 위치 $P(x, y)$가

$$x=t+\ln t,\ y=\frac{1}{2}t^2+t$$

이다. $\frac{dx}{dt}=\frac{dy}{dt}$일 때, 점 P의 속력을 k라 하자. k^2의 값을 구하시오. [3점]

└→ $\frac{dx}{dt}=\frac{dy}{dt}$를 만족시키는 t의 값을 구한다.

Step 1 $\frac{dx}{dt}=\frac{dy}{dt}$를 만족시키는 t의 값 구하기

$x=t+\ln t,\ y=\frac{1}{2}t^2+t$에서

$\frac{dx}{dt}=1+\frac{1}{t},\ \frac{dy}{dt}=t+1$

$\frac{dx}{dt}=\frac{dy}{dt}$에서 $1+\frac{1}{t}=t+1$

$t^2-1=0,\ (t+1)(t-1)=0$

$\therefore t=1\ (\because t>0)$

Step 2 $t=1$에서의 점 P의 속력 구하기

시각 $t=1$에서의 점 P의 속도는

$(1+1, 1+1)$ $\therefore (2, 2)$

따라서 $t=1$에서의 점 P의 속력은

$\sqrt{2^2+2^2}=2\sqrt{2}$

Step 3 k^2의 값 구하기

따라서 $k=2\sqrt{2}$이므로 $k^2=8$

20 속도와 가속도

정답 ④ | 정답률 89%

문제 보기

좌표평면 위를 움직이는 점 P의 시각 $t\,(t\geq0)$에서의 위치 (x, y)가

$x=3t-\sin t,\ y=4-\cos t$

이다. 점 P의 속력의 최댓값을 M, 최솟값을 m이라 할 때, $M+m$의 값은? [3점] └ $\sqrt{\left(\frac{dx}{dt}\right)^2+\left(\frac{dy}{dt}\right)^2}$

① 3 ② 4 ③ 5 ④ 6 ⑤ 7

Step 1 시각 t에서의 점 P의 속력 구하기

$x=3t-\sin t,\ y=4-\cos t$에서

$\frac{dx}{dt}=3-\cos t,\ \frac{dy}{dt}=\sin t$

따라서 시각 t에서의 점 P의 속력은

$$\begin{aligned}\sqrt{\left(\frac{dx}{dt}\right)^2+\left(\frac{dy}{dt}\right)^2}&=\sqrt{(3-\cos t)^2+\sin^2 t}\\&=\sqrt{9-6\cos t+\cos^2 t+\sin^2 t}\\&=\sqrt{9-6\cos t+\cos^2 t+1-\cos^2 t}\\&=\sqrt{10-6\cos t}\end{aligned}$$

Step 2 점 P의 속력의 범위 구하기

$-1\leq\cos t\leq1$에서

$-6\leq-6\cos t\leq6,\ 4\leq10-6\cos t\leq16$

$\therefore\ 2\leq\sqrt{10-6\cos t}\leq4$

Step 3 $M+m$의 값 구하기

따라서 $M=4,\ m=2$이므로

$M+m=6$

21 속도와 가속도

정답 ③ | 정답률 77%

문제 보기

좌표평면 위를 움직이는 점 P의 시각 $t\left(0<t<\frac{\pi}{2}\right)$에서의 위치 (x, y)가

$x=t+\sin t\cos t,\ y=\tan t$

이다. $0<t<\frac{\pi}{2}$에서 점 P의 속력의 최솟값은? [3점] └ $\sqrt{\left(\frac{dx}{dt}\right)^2+\left(\frac{dy}{dt}\right)^2}$

① 1 ② $\sqrt{3}$ ③ 2 ④ $2\sqrt{2}$ ⑤ $2\sqrt{3}$

Step 1 시각 t에서의 점 P의 속력 구하기

$x=t+\sin t\cos t,\ y=\tan t$에서

$\frac{dx}{dt}=1+\cos^2 t-\sin^2 t=1+\cos^2 t-(1-\cos^2 t)=2\cos^2 t$

$\frac{dy}{dt}=\sec^2 t$

따라서 시각 t에서의 점 P의 속력은

$$\begin{aligned}\sqrt{\left(\frac{dx}{dt}\right)^2+\left(\frac{dy}{dt}\right)^2}&=\sqrt{(2\cos^2 t)^2+(\sec^2 t)^2}\\&=\sqrt{4\cos^4 t+\sec^4 t}\\&=\sqrt{4\cos^4 t+\frac{1}{\cos^4 t}}\qquad\cdots\cdots\ ㉠\end{aligned}$$

Step 2 점 P의 속력의 최솟값 구하기

$0<t<\frac{\pi}{2}$에서 $4\cos^4 t>0,\ \frac{1}{\cos^4 t}>0$이므로 산술평균과 기하평균의 관계에 의하여

└ $a>0,\ b>0$일 때, $a+b\geq2\sqrt{ab}$ (단, 등호는 $a=b$일 때 성립)

$$\begin{aligned}4\cos^4 t+\frac{1}{\cos^4 t}&\geq2\sqrt{4\cos^4 t\times\frac{1}{\cos^4 t}}\\&=4\ \left(\text{단, 등호는 } 4\cos^4 t=\frac{1}{\cos^4 t}\text{일 때 성립}\right)\end{aligned}$$

㉠에서 $\sqrt{\left(\frac{dx}{dt}\right)^2+\left(\frac{dy}{dt}\right)^2}\geq\sqrt{4}=2$

따라서 점 P의 속력의 최솟값은 2이다.

22 속도와 가속도 정답 ⑤ | 정답률 62%

문제 보기

원점 O를 중심으로 하고 두 점 A(1, 0), B(0, 1)을 지나는 사분원이 있다. 그림과 같이 점 P는 점 A에서 출발하여 호 AB를 따라 점 B를 향하여 매초 1의 일정한 속력으로 움직인다. 선분 OP와 선분 AB가

→ t초 후의 호 AP의 길이는 t이다.

만나는 점을 Q라 하자. 점 P의 x좌표가 $\frac{4}{5}$인 순간 점 Q의 속도는

→ 두 직선 OP, AB의 방정식을 구하여 점 Q의 좌표를 구한다.

(a, b)이다. $b-a$의 값은? [4점]

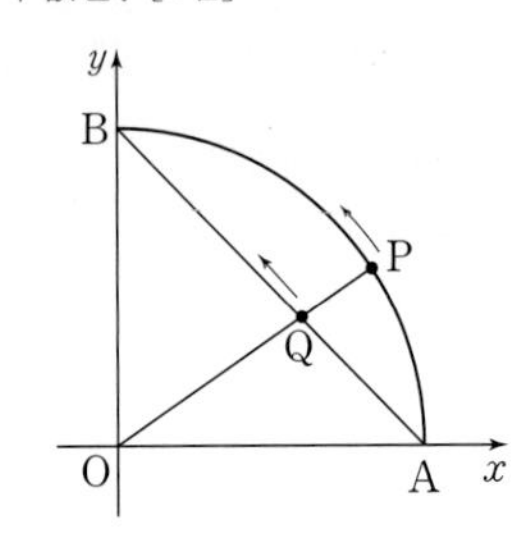

① $\frac{2}{49}$　② $\frac{8}{49}$　③ $\frac{18}{49}$　④ $\frac{32}{49}$　⑤ $\frac{50}{49}$

Step 1 t초 후의 점 Q의 좌표 구하기

점 P는 점 A에서 출발하여 호 AB를 따라 점 B를 향하여 매초 1의 일정한 속력으로 움직이므로 t초 후의 호 AP의 길이는

$t\left(0<t<\frac{\pi}{2}\right)$

이때 부채꼴 POA의 반지름의 길이가 1이므로 중심각의 크기는 t이다.

사분원의 반지름의 길이가 1이고 동경 OP가 x축의 양의 방향과 이루는 각의 크기가 t이므로

$\mathrm{P}(\cos t, \sin t)$ → $x=\overline{\mathrm{OP}}\cos t,\ y=\overline{\mathrm{OP}}\sin t$

두 점 O(0, 0), P$(\cos t, \sin t)$를 지나는 직선 OP의 방정식은

$y=\frac{\sin t}{\cos t}x \qquad \therefore y=(\tan t)x$

또 두 점 A(1, 0), B(0, 1)을 지나는 직선 AB의 방정식은

$y=\frac{1-0}{0-1}(x-1) \qquad \therefore y=-x+1$

점 Q는 두 직선 $y=(\tan t)x$, $y=-x+1$의 교점이므로

$(\tan t)x=-x+1$에서

$(1+\tan t)x=1$

$\therefore x=\frac{1}{1+\tan t}$

$\therefore \mathrm{Q}\left(\frac{1}{1+\tan t}, \frac{\tan t}{1+\tan t}\right)$

Step 2 t초 후의 점 Q의 속도 구하기

$x=\frac{1}{1+\tan t}$, $y=\frac{\tan t}{1+\tan t}$에서

$\frac{dx}{dt}=-\frac{\sec^2 t}{(1+\tan t)^2}$

$\frac{dy}{dt}=\frac{\sec^2 t(1+\tan t)-\tan t\times\sec^2 t}{(1+\tan t)^2}$

$=\frac{\sec^2 t}{(1+\tan t)^2}$

따라서 t초 후의 점 Q의 속도는

$\left(-\frac{\sec^2 t}{(1+\tan t)^2}, \frac{\sec^2 t}{(1+\tan t)^2}\right)$

Step 3 점 P의 x좌표가 $\frac{4}{5}$인 순간 점 Q의 속도 구하기

점 P의 x좌표가 $\frac{4}{5}$이므로 $\cos t=\frac{4}{5}$

$\therefore \sin t=\sqrt{1-\cos^2 t}=\sqrt{1-\left(\frac{4}{5}\right)^2}=\frac{3}{5}\ \left(\because 0<t<\frac{\pi}{2}\right)$

$\therefore \tan t=\frac{\sin t}{\cos t}=\frac{3}{4}$

따라서 점 P의 x좌표가 $\frac{4}{5}$인 순간 점 Q의 속도는

$\left(-\frac{\left(\frac{5}{4}\right)^2}{\left(1+\frac{3}{4}\right)^2}, \frac{\left(\frac{5}{4}\right)^2}{\left(1+\frac{3}{4}\right)^2}\right)$

$\therefore \left(-\frac{25}{49}, \frac{25}{49}\right)$

Step 4 $b-a$의 값 구하기

따라서 $a=-\frac{25}{49}$, $b=\frac{25}{49}$이므로

$b-a=\frac{25}{49}-\left(-\frac{25}{49}\right)=\frac{50}{49}$

23 방정식의 실근의 개수 정답 72 | 정답률 15%

문제 보기

이차함수 $f(x)$에 대하여 함수 $g(x)=f(x)e^{-x}$이 다음 조건을 만족시킨다. └ $f(x)=ax^2+bx+c$로 놓고 식을 정리한다.

> (가) 점 $(1, g(1))$과 점 $(4, g(4))$는 곡선 $y=g(x)$의 변곡점이다.
> └ $g''(1)=0$, $g''(4)=0$
> (나) 점 $(0, k)$에서 곡선 $y=g(x)$에 그은 접선의 개수가 3인 k의 값의 범위는 $-1<k<0$이다. └ 접점의 개수가 3이다.

$g(-2)\times g(4)$의 값을 구하시오. [4점]

Step 1 $f(x)=ax^2+bx+c$로 놓고 $g(x)$ 정리하기

조건 (가)에서 두 점 $(1, g(1))$, $(4, g(4))$가 곡선 $y=g(x)$의 변곡점이므로

$g''(1)=0$, $g''(4)=0$ …… ㉠

$f(x)$는 이차함수이므로 $f(x)=ax^2+bx+c$ (a, b, c는 상수, $a\neq0$)라 하면

$f'(x)=2ax+b$, $f''(x)=2a$

$g(x)=f(x)e^{-x}$에서

$g'(x)=f'(x)e^{-x}-f(x)e^{-x}$

$=\{f'(x)-f(x)\}e^{-x}$

$g''(x)=\{f''(x)-f'(x)\}e^{-x}-\{f'(x)-f(x)\}e^{-x}$

$=\{f''(x)-2f'(x)+f(x)\}e^{-x}$

$=\{2a-2(2ax+b)+ax^2+bx+c\}e^{-x}$

$=\{ax^2+(b-4a)x+2a-2b+c\}e^{-x}$

$g''(x)=0$에서

$ax^2+(b-4a)x+2a-2b+c=0$ ($\because e^{-x}>0$) …… ㉡

이때 ㉠에 의하여 이차방정식 ㉡의 두 근이 1, 4이므로 이차방정식의 근과 계수의 관계에 의하여

$\frac{4a-b}{a}=5$, $\frac{2a-2b+c}{a}=4$

$4a-b=5a$, $2a-2b+c=4a$

$a+b=0$, $2a+2b-c=0$

$\therefore b=-a$, $c=0$

따라서 $f(x)=ax^2-ax$이므로

$g(x)=(ax^2-ax)e^{-x}$ …… ㉢

Step 2 k의 식 구하기

곡선 $y=g(x)$ 위의 점 $(t, g(t))$에서의 접선의 방정식은

$y-g(t)=g'(t)(x-t)$

이 직선이 점 $(0, k)$를 지나므로

$k-g(t)=g'(t)\times(-t)$

$\therefore k=-tg'(t)+g(t)$

이때 ㉢에서

$g'(x)=(2ax-a)e^{-x}-(ax^2-ax)e^{-x}$

$=(-ax^2+3ax-a)e^{-x}$

$\therefore k=-t(-at^2+3at-a)e^{-t}+(at^2-at)e^{-t}$

$=ae^{-t}(t^3-3t^2+t)+ae^{-t}(t^2-t)$

$=ae^{-t}(t^3-2t^2)$

Step 3 $g(x)$ 구하기

조건 (나)에서 $-1<k<0$일 때, 점 $(0, k)$에서 곡선 $y=g(x)$에 그은 접선의 개수가 3이므로 t에 대한 방정식

$ae^{-t}(t^3-2t^2)=k$ …… ㉣

는 $-1<k<0$에서 서로 다른 세 실근을 가져야 한다.

$h(t)=ae^{-t}(t^3-2t^2)$이라 하면

$h'(t)=-ae^{-t}(t^3-2t^2)+ae^{-t}(3t^2-4t)$

$=-ae^{-t}(t^3-5t^2+4t)$

$=-at(t-1)(t-4)e^{-t}$

$h'(t)=0$인 t의 값은

$t=0$ 또는 $t=1$ 또는 $t=4$ ($\because e^{-t}>0$)

(i) $a<0$일 때

함수 $h(t)$의 증가와 감소를 표로 나타내면 다음과 같다.

t	$\cdots$	0	$\cdots$	1	$\cdots$	4	$\cdots$
$h'(t)$	$-$	0	$+$	0	$-$	0	$+$
$h(t)$	↘	0 극소	↗	$-\frac{a}{e}$ 극대	↘	$\frac{32a}{e^4}$ 극소	↗

또 $\lim_{t\to\infty}h(t)=0$, $\lim_{t\to-\infty}h(t)=\infty$이므로 함수 $y=h(t)$의 그래프는 다음 그림과 같다.

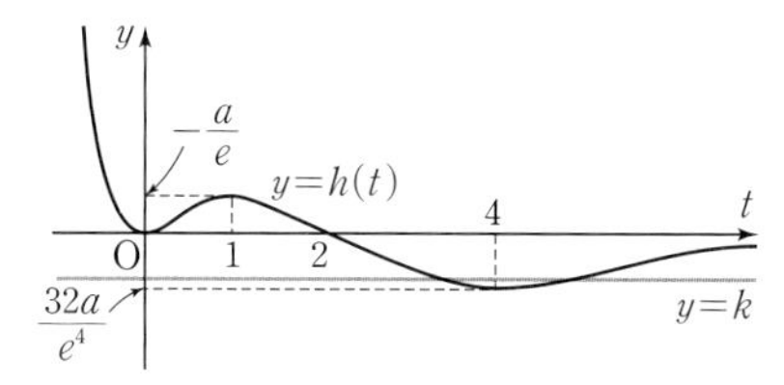

그런데 함수 $y=h(t)$의 그래프와 직선 $y=k$ $(-1<k<0)$의 교점의 개수가 2 이하이므로 방정식 ㉣은 2개 이하의 실근을 갖는다.

따라서 조건을 만족시키지 않는다.

(ii) $a>0$일 때

함수 $y=h(t)$의 그래프는 $a<0$일 때의 $y=h(t)$의 그래프를 t축에 대하여 대칭이동한 것이므로 다음 그림과 같다.

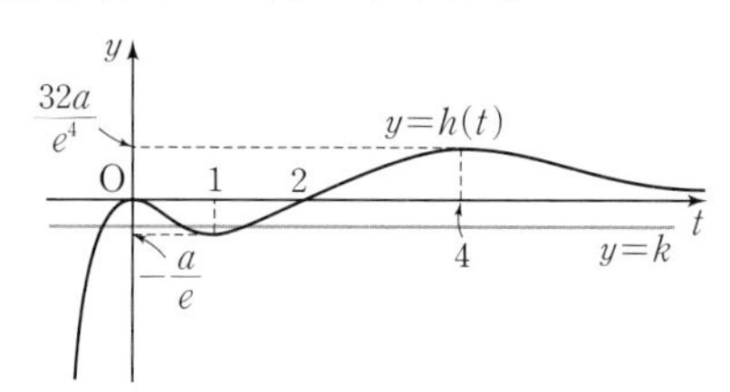

이때 함수 $y=h(t)$의 그래프와 직선 $y=k$ $(-1<k<0)$의 교점의 개수가 3이 되기 위해서는 $h(1)=-1$이어야 하므로

$-\frac{a}{e}=-1$ $\therefore a=e$

(i), (ii)에서

$g(x)=(ex^2-ex)e^{-x}=(x^2-x)e^{1-x}$

Step 4 $g(-2)\times g(4)$의 값 구하기

$\therefore g(-2)\times g(4)=6e^3\times12e^{-3}=72$

24 방정식의 실근의 개수 정답 30 | 정답률 13%

문제 보기

최고차항의 계수가 $\frac{1}{2}$이고 최솟값이 0인 사차함수 $f(x)$와 함수

└→ $f(x)$의 극솟값이 0이고, 그래프가 x축에 접한다.

$g(x)=2x^4e^{-x}$에 대하여 합성함수 $h(x)=(f\circ g)(x)$가 다음 조건을 만족시킨다.

> (가) 방정식 $h(x)=0$의 서로 다른 실근의 개수는 4이다.
> (나) 함수 $h(x)$는 $x=0$에서 극소이다.
> └→ $h'(0)=0$이고 $x=0$의 좌우에서 $h'(x)$의 부호가 바뀐다.
> (다) 방정식 $h(x)=8$의 서로 다른 실근의 개수는 6이다.
> └→ 함수 $y=h(x)$의 그래프와 직선 $y=8$의 교점의 개수가 6이다.

$f'(5)$의 값을 구하시오. (단, $\lim_{x\to\infty}g(x)=0$) [4점]

Step 1 함수 $y=g(x)$의 그래프의 개형 파악하기

$g(x)=2x^4e^{-x}$에서

$g'(x)=8x^3e^{-x}-2x^4e^{-x}=-2x^3(x-4)e^{-x}$

$g'(x)=0$인 x의 값은 $x=0$ 또는 $x=4$ ($\because e^{-x}>0$)

함수 $g(x)$의 증가와 감소를 표로 나타내면 다음과 같다.

x	$\cdots$	0	$\cdots$	4	$\cdots$
$g'(x)$	$-$	0	$+$	0	$-$
$g(x)$	↘	0 극소	↗	$\frac{512}{e^4}$ 극대	↘

또 $\lim_{x\to\infty}g(x)=0$이므로 함수 $y=g(x)$의 그래프는 오른쪽 그림과 같다.

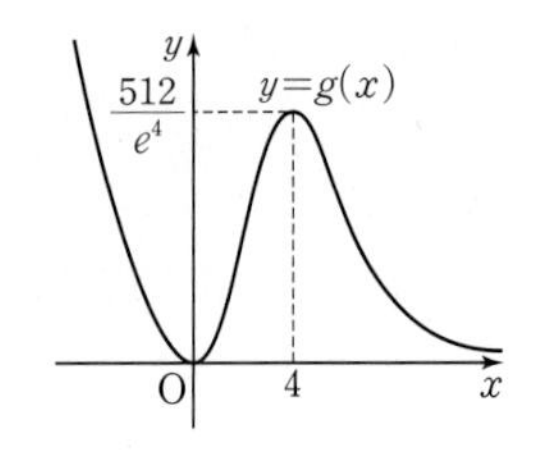

Step 2 $f(x)$의 식 세우기

함수 $f(x)$는 최고차항의 계수가 $\frac{1}{2}$이고 최솟값이 0인 사차함수이므로 $f(x)$의 극솟값은 0이다.

조건 (가)에서 방정식 $h(x)=0$, 즉 $f(g(x))=0$은 서로 다른 4개의 실근을 갖는다.

$g(x)=t$로 놓고 방정식 $f(t)=0$의 한 근을 α라 하면

$g(x)=\alpha$

이때 $g(x)\geq0$이므로 $\alpha\geq0$이어야 한다.

또 함수 $y=g(x)$의 그래프와 직선 $y=\alpha$는 최대 3개의 점에서 만나므로 방정식 $h(x)=0$의 서로 다른 실근의 개수가 4가 되기 위해서는 방정식 $f(t)=0$은 0 이상인 실근을 적어도 2개 가져야 한다.

이때 방정식 $f(t)=0$의 서로 다른 두 실근을 α, β라 하면

(i) $\alpha=0$, $0<\beta<g(4)$ 또는 (ii) $0<\alpha<g(4)<\beta$

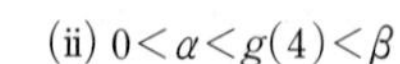

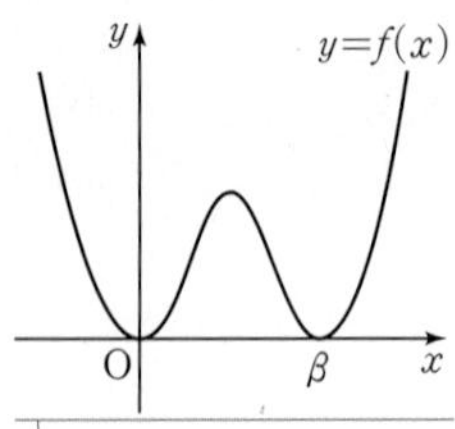

└→ 방정식 $g(x)=\alpha=0$의 실근은 1개, 방정식 $g(x)=\beta$의 실근은 3개이니까 총 4개야.

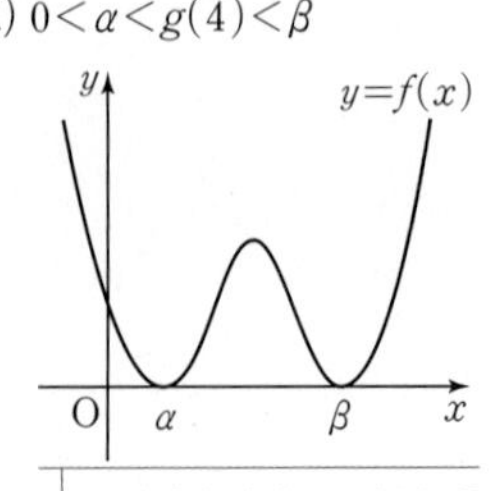

└→ 방정식 $g(x)=\alpha$의 실근은 3개, 방정식 $g(x)=\beta$의 실근은 1개이니까 총 4개야.

또 조건 (나)에서 함수 $h(x)$는 $x=0$에서 극소이므로 $x=0$의 좌우에서 $h'(x)=f'(g(x))g'(x)$의 부호가 음에서 양으로 바뀐다.

이때 $x=0$의 좌우에서 $g'(x)$의 부호는 음에서 양으로 바뀌고, $g(x)$의 부호는 항상 양이므로 (ii)의 경우 $f'(g(x))$의 부호는 모두 음이다.

즉, (ii)의 경우 $h'(x)=f'(g(x))g'(x)$의 부호는 양에서 음으로 바뀌므로 함수 $h(x)$는 $x=0$에서 극대이다.

따라서 조건 (가), (나)를 만족시키려면 (i)의 경우, 즉 $\alpha=0$, $0<\beta<g(4)$이어야 하므로

$f(x)=\frac{1}{2}x^2(x-\beta)^2$ (단, $0<\beta<g(4)$) ······ ㉠

Step 3 함수 $f(x)$의 극댓값 구하기

조건 (다)에서 방정식 $h(x)=8$, 즉 $f(g(x))=8$에서 $g(x)=t$로 놓으면 $f(t)=8$이고 $g(x)\geq0$이므로 $t\geq0$이다.

(i) 함수 $f(x)$의 극댓값이 8보다 작은 경우

함수 $y=f(x)$의 그래프와 직선 $y=8$이 만나는 두 점의 x좌표를 a, $b(a<b)$라 하면 방정식 $h(x)=8$은 $g(x)=a$ 또는 $g(x)=b$를 만족시키는 x의 값을 근으로 갖는다.

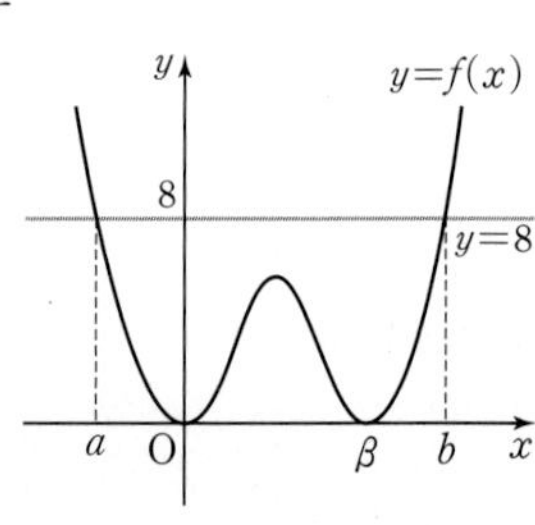

이때 $a<0$이므로 방정식 $g(x)=a$를 만족시키는 x의 값은 존재하지 않는다.

즉, $g(x)=b$를 만족시키는 x의 값은 6개이어야 한다.

그런데 함수 $y=g(x)$의 그래프와 직선 $y=b$는 최대 3개의 점에서 만나므로 조건을 만족시키지 않는다.

(ii) 함수 $f(x)$의 극댓값이 8인 경우

함수 $y=f(x)$의 그래프와 직선 $y=8$이 만나는 세 점의 x좌표를 a, b, c라 하면 방정식 $h(x)=8$은 $g(x)=a$ 또는 $g(x)=b$ 또는 $g(x)=c$를 만족시키는 x의 값을 근으로 갖는다.

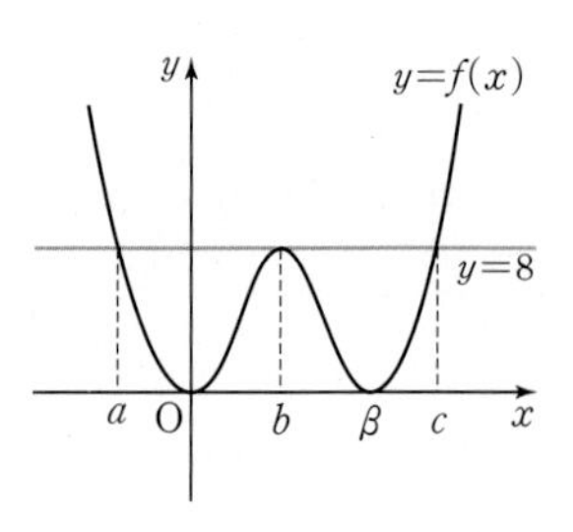

이때 $a<0$이므로 방정식 $g(x)=a$를 만족시키는 x의 값은 존재하지 않는다.

즉, $g(x)=b$ 또는 $g(x)=c$를 만족시키는 x의 값은 6개이어야 한다.

따라서 함수 $y=g(x)$의 그래프와 직선 $y=b$의 교점의 개수가 3, 직선 $y=c$의 교점의 개수가 3이면 조건을 만족시킨다.

(iii) 함수 $f(x)$의 극댓값이 8보다 큰 경우

함수 $y=f(x)$의 그래프와 직선 $y=8$이 만나는 네 점의 x좌표를 a, b, c, $d(a<b<c<d)$라 하면 방정식 $h(x)=8$은 $g(x)=a$ 또는 $g(x)=b$ 또는 $g(x)=c$ 또는 $g(x)=d$를 만족시키는 x의 값을 근으로 갖는다.

이때 $a<0$이므로 방정식 $g(x)=a$를 만족시키는 x의 값은 존재하지 않는다.

즉, $g(x)=b$ 또는 $g(x)=c$ 또는 $g(x)=d$를 만족시키는 x의 값은 6개이어야 한다.

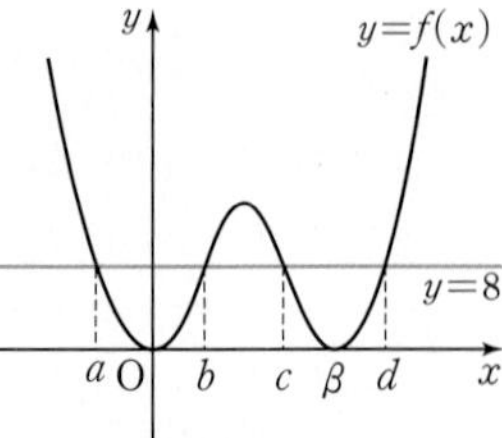

따라서 함수 $y=g(x)$의 그래프가 직선 $y=b$, $y=c$, $y=d$와 모두 교점을 2개씩 가져야 하므로

$b=c=d=\frac{512}{e^4}$

그런데 $b<c<d$이므로 조건을 만족시키지 않는다.

(i), (ii), (iii)에서 함수 $f(x)$의 극댓값은 8이다.

Step 4 $f'(x)$ 구하기

㉠에서

$f'(x)=x(x-\beta)^2+x^2(x-\beta)$

$=x(x-\beta)(2x-\beta)$

$=2x(x-\beta)\left(x-\frac{\beta}{2}\right)$ ...... ㉡

$f'(x)=0$인 x의 값은

$x=0$ 또는 $x=\frac{\beta}{2}$ 또는 $x=\beta$

함수 $f(x)$의 증가와 감소를 표로 나타내면 다음과 같다.

x	$\cdots$	0	$\cdots$	$\frac{\beta}{2}$	$\cdots$	β	$\cdots$
$f'(x)$	$-$	0	$+$	0	$-$	0	$+$
$f(x)$	↘	극소	↗	극대	↘	극소	↗

따라서 $f\left(\frac{\beta}{2}\right)=8$이므로 ㉠에서 → (ii)에서 $b=\frac{\beta}{2}$

$\frac{1}{2}\times\left(\frac{\beta}{2}\right)^2\times\left(\frac{\beta}{2}-\beta\right)^2=8$, $\beta^4=2^8$

$\therefore \beta=4$ ($\because \beta>0$)

따라서 ㉡에서

$f'(x)=2x(x-2)(x-4)$

Step 5 $f'(5)$의 값 구하기

$\therefore f'(5)=2\times5\times3\times1=30$

25 방정식의 실근의 개수 정답 16 | 정답률 11%

문제 보기

양수 a에 대하여 함수 $f(x)$는

$f(x)=\frac{x^2-ax}{e^x}$

이다. 실수 t에 대하여 x에 대한 방정식

$f(x)=f'(t)(x-t)+f(t)$

의 서로 다른 실근의 개수를 $g(t)$라 하자. $g(5)+\lim_{t\to5}g(t)=5$일 때,

→ $g(t)$의 값은 음이 아닌 정수임을 이용한다.

→ $x=5$에서 연속인지 불연속인지 조사한다.

$\lim_{t\to k-}g(t)\neq\lim_{t\to k+}g(t)$를 만족시키는 모든 실수 k의 값의 합은 $\frac{q}{p}$이다. $p+q$의 값을 구하시오. (단, p와 q는 서로소인 자연수이다.) [4점]

→ 함수 $g(t)$는 $t=k$에서 극한값이 존재하지 않는다.

Step 1 함수 $y=f(x)$의 그래프의 개형 파악하기

$f(x)=\frac{x^2-ax}{e^x}$에서

$f'(x)=\frac{(2x-a)e^x-(x^2-ax)e^x}{e^{2x}}$

$=-e^{-x}\{x^2-(a+2)x+a\}$

$f'(x)=0$에서 $e^{-x}>0$이므로

$x^2-(a+2)x+a=0$ ...... ㉠

이차방정식 ㉠의 판별식을 D_1이라 하면

$D_1=(a+2)^2-4a=a^2+4>0$

이차방정식 ㉠이 서로 다른 두 실근을 가지므로 이 두 실근을 α, β라 하면

이차방정식의 근과 계수의 관계에 의하여

$\alpha+\beta=a+2>0$, $\alpha\beta=a>0$

따라서 두 근이 모두 양수이므로 $0<\alpha<\beta$라 하고 함수 $f(x)$의 증가와 감소를 표로 나타내면 다음과 같다.

x	$\cdots$	α	$\cdots$	β	$\cdots$
$f'(x)$	$-$	0	$+$	0	$-$
$f(x)$	↘	극소	↗	극대	↘

이때 $f(0)=0$, $f(a)=0$, $\lim_{x\to\infty}\frac{x^2-ax}{e^x}=0$이므로 함수 $y=f(x)$의 그래프는 오른쪽 그림과 같다.

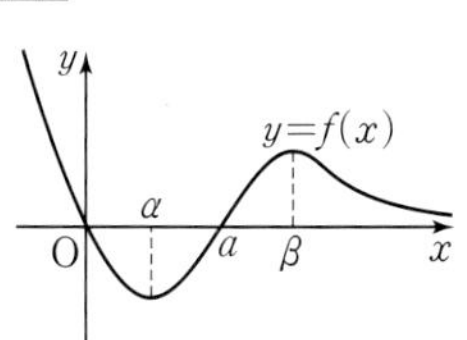

Step 2 $g(5)$, $\lim_{t\to5}g(t)$의 값 구하기

$f'(x)=-e^{-x}\{x^2-(a+2)x+a\}$에서

$f''(x)=e^{-x}\{x^2-(a+2)x+a\}-e^{-x}\{2x-(a+2)\}$

$=e^{-x}\{x^2-(a+4)x+2a+2\}$

$f''(x)=0$에서 $e^{-x}>0$이므로

$x^2-(a+4)x+2a+2=0$ ...... ㉡

이차방정식 ㉡의 판별식을 D_2라 하면

$D_2=(a+4)^2-4(2a+2)=a^2+8>0$

이차방정식 ㉡이 서로 다른 두 실근을 가지므로 함수 $y=f(x)$의 그래프가 변곡점을 갖는 x의 값의 개수는 2이다. → ㉡의 두 근을 α', β'이라 하면 $x=\alpha'$, $x=\beta'$의 좌우에서 각각 $f''(x)$의 부호가 바뀌어.

이때 $g(t)$는 방정식 $f(x)=f'(t)(x-t)+f(t)$의 서로 다른 실근의 개수이므로 $g(t)$의 값은 음이 아닌 정수이다.

$g(5)+\lim_{t\to5}g(t)=5$에서 $\lim_{t\to5}g(t)=g(5)$이면 $g(5)=\frac{5}{2}$이므로 $g(t)$의 값이 음이 아닌 정수라는 조건을 만족시키지 않는다.

$\therefore \lim_{t\to5}g(t)\neq g(5)$

방정식 $f(x)=f'(t)(x-t)+f(t)$의 서로 다른 실근은 함수 $y=f(x)$의 그래프와 직선 $y=f'(t)(x-t)+f(t)$의 교점의 x좌표와 같다.
이때 직선 $y=f'(t)(x-t)+f(t)$는 함수 $y=f(x)$의 그래프 위의 점 $(t,\ f(t))$에서의 접선이므로 $\lim_{t\to a} g(t)\neq g(a)$를 만족시키는 t의 값은 함수 $y=f(x)$의 그래프가 변곡점을 갖는 x의 값이거나 극값을 갖는 x의 값이다.

(i) 함수 $y=f(x)$의 그래프가 $x=m$에서 변곡점을 갖는 경우
$\alpha<m<\beta$일 때, $\lim_{t\to m+} g(t)=\lim_{t\to m-} g(t)=2$
$m>\beta$일 때, $\lim_{t\to m+} g(t)=\lim_{t\to m-} g(t)=3$
따라서 함수 $g(t)$는 $t=m$에서 극한값을 갖는다.

(ii) 함수 $f(x)$가 $x=n$에서 극값을 갖는 경우
$n=\alpha$일 때, $\lim_{t\to n+} g(t)=2,\ \lim_{t\to n-} g(t)=1$이므로
$\lim_{t\to n+} g(t)\neq\lim_{t\to n-} g(t)$
$n=\beta$일 때, $\lim_{t\to n+} g(t)=3,\ \lim_{t\to n-} g(t)=2$이므로
$\lim_{t\to n+} g(t)\neq\lim_{t\to n-} g(t)$
따라서 함수 $g(t)$는 $t=n$에서 극한값을 갖지 않는다.

(i), (ii)에서 $g(5)+\lim_{t\to 5} g(t)=5$를 만족시키는 t의 값은 함수 $y=f(x)$의 그래프가 변곡점을 갖는 x의 값이다.

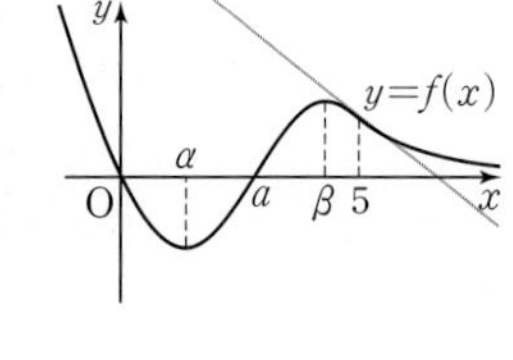

함수 $y=f(x)$의 그래프가 $x=5$에서 변곡점을 가지면 $\lim_{t\to 5} g(t)=3,\ g(5)=2$이므로
$g(5)+\lim_{t\to 5} g(t)=5$를 만족시킨다.

Step 3 모든 실수 k의 값의 합 구하기

함수 $y=f(x)$의 그래프는 $x=5$에서 변곡점을 가지므로 이차방정식 ㉡의 한 근은 5이다.
㉡에 $x=5$를 대입하면
$25-5(a+4)+2a+2=0$
$-3a+7=0\qquad\therefore\ a=\frac{7}{3}$
또 $\lim_{t\to k-} g(t)\neq\lim_{t\to k+} g(t)$를 만족시키는 k의 값은 함수 $f(x)$가 극값을 갖는 x의 값이므로
$k=\alpha$ 또는 $k=\beta$
㉠에 $x=k,\ a=\frac{7}{3}$을 대입하면
$k^2-\frac{13}{3}k+\frac{7}{3}=0$
이차방정식의 근과 계수의 관계에 의하여 모든 실수 k의 값의 합은
$\frac{13}{3}$

Step 4 $p+q$의 값 구하기

따라서 $p=3,\ q=13$이므로
$p+q=16$

26 방정식의 실근의 개수 정답 31 | 정답률 11%

문제 보기

최고차항의 계수가 양수인 삼차함수 $f(x)$와 함수 $g(x)=e^{\sin\pi x}-1$에 대하여 실수 전체의 집합에서 정의된 합성함수 $h(x)=g(f(x))$가 다음 조건을 만족시킨다. ($h'(x)=g'(f(x))f'(x)$임을 이용한다.)

(가) 함수 $h(x)$는 $x=0$에서 극댓값 0을 갖는다. ($h(0)=0,\ h'(0)=0$)
(나) 열린구간 $(0,\ 3)$에서 방정식 $h(x)=1$의 서로 다른 실근의 개수는 7이다. ($f(x)=t$로 놓고 식을 변형한 후 함수의 그래프와 직선의 교점의 개수를 이용한다.)

$f(3)=\frac{1}{2},\ f'(3)=0$일 때, $f(2)=\frac{q}{p}$이다. $p+q$의 값을 구하시오.
(단, p와 q는 서로소인 자연수이다.) [4점]

Step 1 열린구간 $(0,\ 3)$에서 $f(x)$의 값의 범위 구하기

조건 (가)에서 $h(0)=0,\ h'(0)=0$
$h(0)=0$에서 $g(f(0))=0$
$e^{\sin\{\pi f(0)\}}-1=0,\ e^{\sin\{\pi f(0)\}}=1$
$\sin\{\pi f(0)\}=0$
$\therefore\ f(0)=n$ (단, n은 정수) …… ㉠
$h(x)=g(f(x))$에서 $h'(x)=g'(f(x))f'(x)$
$g(x)=e^{\sin\pi x}-1$에서 $g'(x)=e^{\sin\pi x}\times\pi\cos\pi x$
$h'(0)=0$에서 $g'(f(0))f'(0)=0$
$g'(n)f'(0)=0$ ($\because$ ㉠)
$e^{\sin n\pi}\times\pi\cos n\pi\times f'(0)=0$
$\pi\cos n\pi\times f'(0)=0$
이때 $\cos n\pi\neq0$이므로 $f'(0)=0$
$f'(3)=0,\ f'(0)=0$이고 삼차함수 $f(x)$의 최고차항의 계수가 양수이므로 함수 $f(x)$는 $x=0$에서 극댓값 $f(0)=n$을 갖고, $x=3$에서 극솟값 $f(3)=\frac{1}{2}$을 갖는다.

삼차함수의 극댓값은 극솟값보다 크므로 $n>\frac{1}{2}$
즉, n은 자연수이므로 함수 $y=f(x)$의 그래프는 오른쪽 그림과 같다.
따라서 열린구간 $(0,\ 3)$에서
$\frac{1}{2}<f(x)<n$ (단, n은 자연수)

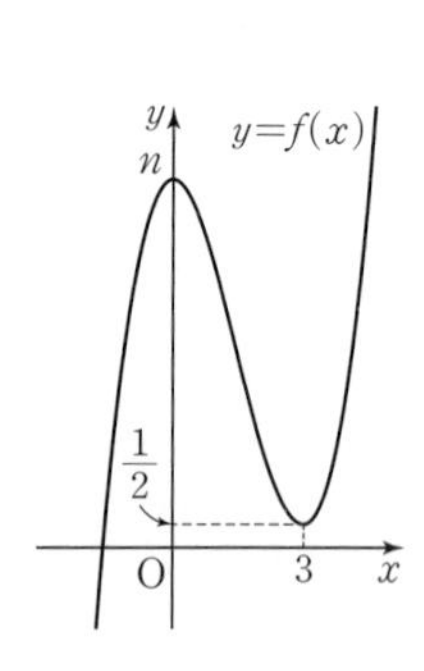

Step 2 $f(0)$의 값 구하기

조건 (나)의 방정식 $h(x)=1$에서
$g(f(x))=1,\ e^{\sin\{\pi f(x)\}}-1=1$
$e^{\sin\{\pi f(x)\}}=2,\ \sin\{\pi f(x)\}=\ln2$
이때 $f(x)=t$로 놓으면 열린구간 $(0,\ 3)$에서 $\frac{1}{2}<t<n$이므로 함수 $y=\sin\pi t$의 그래프와 직선 $y=\ln2$는 다음 그림과 같다.

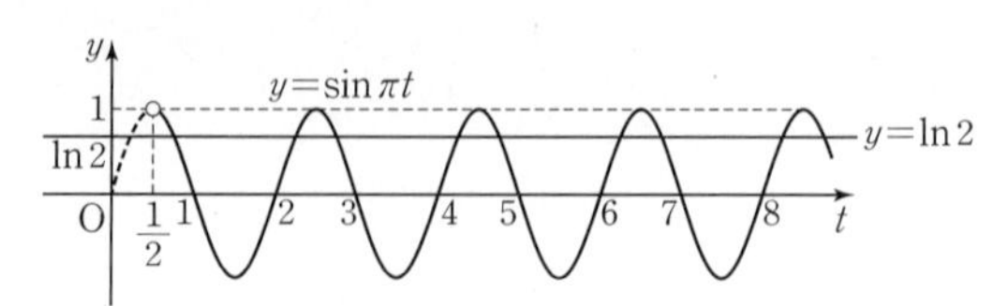

따라서 $\frac{1}{2}<t<n$에서 함수 $y=\sin \pi t$의 그래프와 직선 $y=\ln 2$의 교점의 개수가 7이려면

$n=7$ 또는 $n=8$ …… ㉡

한편 조건 ㈎에서 함수 $h(x)$가 $x=0$에서 극대이므로 $x=0$의 좌우에서 $h'(x)$의 부호가 양에서 음으로 바뀐다. …… ㉢

$h'(x)=g'(f(x))f'(x)=e^{\sin\{\pi f(x)\}}\times\pi\cos\{\pi f(x)\}\times f'(x)$에서

$e^{\sin\{\pi f(x)\}}>0$이고 $x=0$의 좌우에서 $f'(x)$의 부호는 양에서 음으로 바뀐다.

또 $\cos\{\pi f(x)\}$에서 $f(0)=n$(n은 자연수)이고, n이 짝수이면 $x=0$의 좌우에서 $\cos\{\pi f(x)\}$의 값은 양수이고, n이 홀수이면 $x=0$의 좌우에서 $\cos\{\pi f(x)\}$의 값은 음수이다.

따라서 ㉢을 만족시키려면 n이 짝수이어야 하므로 ㉡에서

$n=8$

Step 3 **$f(x)$ 구하기**

$f(x)=ax^3+bx^2+cx+8$ (a, b, c는 상수, $a>0$)이라 하면

$f'(x)=3ax^2+2bx+c$

$f'(0)=0$에서 $c=0$

$f'(3)=0$에서 $27a+6b=0$

$\therefore b=-\frac{9}{2}a$

즉, $f(x)=ax^3-\frac{9}{2}ax^2+8$이므로 $f(3)=\frac{1}{2}$에서

$27a-\frac{81}{2}a+8=\frac{1}{2}$, $\frac{27}{2}a=\frac{15}{2}$

$\therefore a=\frac{5}{9}$

$\therefore f(x)=\frac{5}{9}x^3-\frac{5}{2}x^2+8$

Step 4 **$p+q$의 값 구하기**

$\therefore f(2)=\frac{5}{9}\times 8-\frac{5}{2}\times 4+8=\frac{22}{9}$

따라서 $p=9$, $q=22$이므로

$p+q=31$

19 일차

01 6	**02** ②	**03** ②	**04** ①	**05** ④	**06** ⑤	**07** ③	**08** ①	**09** ④	**10** ⑤	**11** ③	**12** ④
13 ③	**14** 13	**15** ④	**16** ②	**17** 23	**18** ⑤	**19** ②	**20** ①	**21** ①	**22** ⑤	**23** ⑤	**24** ⑤
25 25	**26** 128	**27** 49									

문제편 274쪽~281쪽

01 여러 가지 함수의 정적분의 계산: x^n 꼴

정답 6 | 정답률 91%

문제 보기

$\int_1^{16} \frac{1}{\sqrt{x}} dx$의 값을 구하시오. [3점]

└→ $\frac{1}{\sqrt{x}}=x^{-\frac{1}{2}}$임을 이용한다.

Step 1 정적분의 값 구하기

$$\int_1^{16} \frac{1}{\sqrt{x}} dx=\int_1^{16} x^{-\frac{1}{2}} dx=\left[2x^{\frac{1}{2}}\right]_1^{16}$$
$$=2\times16^{\frac{1}{2}}-2\times1$$
$$=8-2=6$$

02 여러 가지 함수의 정적분의 계산: x^n 꼴

정답 ② | 정답률 97%

문제 보기

$\int_0^1 3\sqrt{x}\, dx$의 값은? [3점]

└→ $\sqrt{x}=x^{\frac{1}{2}}$임을 이용한다.

① 1　② 2　③ 3　④ 4　⑤ 5

Step 1 정적분의 값 구하기

$$\int_0^1 3\sqrt{x}\, dx=3\int_0^1 x^{\frac{1}{2}} dx=3\left[\frac{2}{3}x^{\frac{3}{2}}\right]_0^1$$
$$=3\left(\frac{2}{3}-0\right)=2$$

03 여러 가지 함수의 정적분의 계산: x^n 꼴

정답 ② | 정답률 90%

문제 보기

$\int_0^4 (5x-3)\sqrt{x}\, dx$의 값은? [3점]

└→ $\sqrt{x}=x^{\frac{1}{2}}$임을 이용한다.

① 47　② 48　③ 49　④ 50　⑤ 51

Step 1 정적분의 값 구하기

$$\int_0^4 (5x-3)\sqrt{x}\, dx=\int_0^4 (5x-3)x^{\frac{1}{2}} dx=\int_0^4 (5x^{\frac{3}{2}}-3x^{\frac{1}{2}})\, dx$$
$$=\left[2x^{\frac{5}{2}}-2x^{\frac{3}{2}}\right]_0^4=2\times4^{\frac{5}{2}}-2\times4^{\frac{3}{2}}-(0-0)$$
$$=64-16=48$$

04 여러 가지 함수의 정적분의 계산: x^n 꼴

정답 ① | 정답률 87%

문제 보기

$\int_1^{16} \frac{1}{x\sqrt{x}} dx$의 값은? [3점]

└→ $\frac{1}{x\sqrt{x}}=x^{-\frac{3}{2}}$임을 이용한다.

① $\frac{3}{2}$　② $\frac{4}{3}$　③ $\frac{5}{4}$　④ $\frac{6}{5}$　⑤ $\frac{7}{6}$

Step 1 정적분의 값 구하기

$$\int_1^{16} \frac{1}{x\sqrt{x}} dx=\int_1^{16} x^{-\frac{3}{2}} dx=\left[-2x^{-\frac{1}{2}}\right]_1^{16}$$
$$=-2\times16^{-\frac{1}{2}}-(-2)=-\frac{1}{2}+2=\frac{3}{2}$$

05 여러 가지 함수의 정적분의 계산: x^n 꼴

정답 ④ | 정답률 92%

문제 보기

$\int_0^{10} \frac{x+2}{x+1}dx$의 값은? [3점]

└ $\frac{x+2}{x+1}=1+\frac{1}{x+1}$로 변형한다.

① $10+\ln 5$ ② $10+\ln 7$ ③ $10+2\ln 3$
④ $10+\ln 11$ ⑤ $10+\ln 13$

Step 1 정적분의 값 구하기

$$\int_0^{10} \frac{x+2}{x+1}dx=\int_0^{10}\left(1+\frac{1}{x+1}\right)dx$$
$$=\left[x+\ln|x+1|\right]_0^{10}$$
$$=10+\ln 11$$

06 여러 가지 함수의 정적분의 계산: x^n 꼴

정답 ⑤ | 정답률 81%

문제 보기

$\int_1^{2} \frac{3x+2}{x^2}dx$의 값은? [3점]

└ $\frac{3x+2}{x^2}=\frac{3}{x}+\frac{2}{x^2}$로 변형한다.

① $2\ln 2-1$ ② $3\ln 2-1$ ③ $\ln 2+1$
④ $2\ln 2+1$ ⑤ $3\ln 2+1$

Step 1 정적분의 값 구하기

$$\int_1^{2} \frac{3x+2}{x^2}dx=\int_1^{2}\left(\frac{3}{x}+\frac{2}{x^2}\right)dx=\int_1^{2}\left(\frac{3}{x}+2x^{-2}\right)dx$$
$$=\left[3\ln|x|-\frac{2}{x}\right]_1^{2}=(3\ln 2-1)-(0-2)$$
$$=3\ln 2+1$$

07 여러 가지 함수의 정적분의 계산 - 지수함수

정답 ③ | 정답률 91%

문제 보기

$\int_0^{1}(e^x+1)dx$의 값은? [2점]

└ $\int e^x dx=e^x+C$임을 이용한다.

① $e-2$ ② $e-1$ ③ e ④ $e+1$ ⑤ $e+2$

Step 1 정적분의 값 구하기

$$\int_0^{1}(e^x+1)dx=\left[e^x+x\right]_0^{1}$$
$$=(e+1)-(1+0)=e$$

08 여러 가지 함수의 정적분의 계산 - 지수함수

정답 ① | 정답률 94%

문제 보기

$\int_0^{1} e^{x+4}dx$의 값은? [3점]

└ $e^{x+4}=e^4\times e^x$으로 변형한다.

① e^5-e^4 ② e^5 ③ e^5+e^4 ④ e^5+2e^4 ⑤ e^5+3e^4

Step 1 정적분의 값 구하기

$$\int_0^{1} e^{x+4}dx=\int_0^{1}(e^4\times e^x)dx=e^4\int_0^{1}e^x dx$$
$$=e^4\left[e^x\right]_0^{1}=e^4(e-1)=e^5-e^4$$

다른 풀이 $\{e^{f(x)}\}'=e^{f(x)}\times f'(x)$임을 이용하기

$(e^{x+4})'=e^{x+4}$이므로 $\int_0^{1} e^{x+4}dx=\left[e^{x+4}\right]_0^{1}=e^5-e^4$

09 여러 가지 함수의 정적분의 계산 - 지수함수

정답 ④ | 정답률 92%

문제 보기

$\int_0^{\ln 3} e^{x+3}dx$의 값은? [3점]

└ $e^{x+3}=e^3\times e^x$으로 변형한다.

① $\frac{e^3}{2}$ ② e^3 ③ $\frac{3}{2}e^3$ ④ $2e^3$ ⑤ $\frac{5}{2}e^3$

Step 1 정적분의 값 구하기

$$\int_0^{\ln 3} e^{x+3}dx=\int_0^{\ln 3}(e^3\times e^x)dx=e^3\int_0^{\ln 3}e^x dx=e^3\left[e^x\right]_0^{\ln 3}$$
$$=e^3(e^{\ln 3}-e^0)=e^3(3-1)=2e^3$$

└ $e^{\ln 3}=3^{\ln e}=3$

다른 풀이 $\{e^{f(x)}\}'=e^{f(x)}\times f'(x)$임을 이용하기

$(e^{x+3})'=e^{x+3}$이므로

$$\int_0^{\ln 3} e^{x+3}dx=\left[e^{x+3}\right]_0^{\ln 3}=e^{\ln 3+3}-e^3=e^3(e^{\ln 3}-1)=e^3(3-1)=2e^3$$

10 여러 가지 함수의 정적분의 계산 - 삼각함수

정답 ⑤ | 정답률 94%

문제 보기

$\int_0^{\frac{\pi}{2}} 2\sin x\,dx$의 값은? [2점]

└ $\int \sin x\,dx=-\cos x+C$임을 이용한다.

① 0 ② $\frac{1}{2}$ ③ 1 ④ $\frac{3}{2}$ ⑤ 2

Step 1 정적분의 값 구하기

$$\int_0^{\frac{\pi}{2}} 2\sin x\,dx=2\left[-\cos x\right]_0^{\frac{\pi}{2}}$$
$$=-2\left(\cos\frac{\pi}{2}-\cos 0\right)$$
$$=-2(0-1)=2$$

11 여러 가지 함수의 정적분의 계산 – 삼각함수

정답 ③ | 정답률 96%

문제 보기

$\int_0^{\frac{\pi}{2}} 3\cos x\,dx$의 값은? [3점]

└ $\int \cos x\,dx = \sin x + C$임을 이용한다.

① 0 ② $\frac{3}{2}$ ③ 3 ④ $\frac{9}{2}$ ⑤ 6

Step 1 정적분의 값 구하기

$$\int_0^{\frac{\pi}{2}} 3\cos x\,dx = 3\Big[\sin x\Big]_0^{\frac{\pi}{2}}$$
$$= 3\left(\sin\frac{\pi}{2} - \sin 0\right)$$
$$= 3(1-0) = 3$$

12 여러 가지 함수의 정적분의 계산 – 삼각함수

정답 ④ | 정답률 92%

문제 보기

$\int_0^{\frac{\pi}{3}} \tan x\cos x\,dx$의 값은? [3점]

└ $\tan x = \frac{\sin x}{\cos x}$임을 이용하여 식을 변형한다.

① $\frac{3}{4}$ ② $\frac{4-\sqrt{2}}{4}$ ③ $\frac{4-\sqrt{3}}{4}$ ④ $\frac{1}{2}$ ⑤ $\frac{4-\sqrt{5}}{4}$

Step 1 정적분의 값 구하기

$$\int_0^{\frac{\pi}{3}} \tan x\cos x\,dx = \int_0^{\frac{\pi}{3}} \left(\frac{\sin x}{\cos x} \times \cos x\right)dx$$
$$= \int_0^{\frac{\pi}{3}} \sin x\,dx$$
$$= \Big[-\cos x\Big]_0^{\frac{\pi}{3}}$$
$$= -\left(\cos\frac{\pi}{3} - \cos 0\right)$$
$$= -\left(\frac{1}{2} - 1\right) = \frac{1}{2}$$

13 여러 가지 함수의 부정적분

정답 ③ | 정답률 78%

문제 보기

연속함수 $f(x)$의 도함수 $f'(x)$가

└ ❶

$$f'(x) = \begin{cases} \frac{1}{x^2} & (x < -1) \\ 3x^2+1 & (x > -1) \end{cases}$$

→ $f'(x)$의 부정적분을 구한 후 ❶, ❷를 이용하여 $f(x)$를 구한다.

이고 $f(-2) = \frac{1}{2}$일 때, $f(0)$의 값은? [3점]

└ ❷

① 1 ② 2 ③ 3 ④ 4 ⑤ 5

Step 1 $f'(x)$의 부정적분 구하기

$x < -1$일 때, $\int \frac{1}{x^2}dx = \int x^{-2}dx = -x^{-1} + C_1 = -\frac{1}{x} + C_1$

$x > -1$일 때, $\int (3x^2+1)\,dx = x^3 + x + C_2$

$$\therefore f(x) = \begin{cases} -\frac{1}{x} + C_1 & (x < -1) \\ x^3 + x + C_2 & (x > -1) \end{cases}$$

Step 2 $f(x)$ 구하기

$x < -1$일 때 $f(x) = -\frac{1}{x} + C_1$이므로 $f(-2) = \frac{1}{2}$에서

$\frac{1}{2} + C_1 = \frac{1}{2}$ $\therefore C_1 = 0$

함수 $f(x)$가 실수 전체의 집합에서 연속이면 $x = -1$에서도 연속이므로

$$\lim_{x \to -1+} f(x) = \lim_{x \to -1-} f(x)$$

$$\lim_{x \to -1+} (x^3 + x + C_2) = \lim_{x \to -1-} \left(-\frac{1}{x}\right)$$

$-1-1+C_2 = 1$ $\therefore C_2 = 3$

$$\therefore f(x) = \begin{cases} -\frac{1}{x} & (x \le -1) \\ x^3 + x + 3 & (x > -1) \end{cases}$$

Step 3 $f(0)$의 값 구하기

$x > -1$일 때 $f(x) = x^3 + x + 3$이므로

$f(0) = 3$

14 여러 가지 함수의 부정적분 정답 13 | 정답률 84%

문제 보기

함수 $f(x)$의 도함수가 $f'(x)=\frac{1}{x}$이고 $f(1)=10$일 때, $f(e^3)$의 값을 구하시오. [3점]

└ $f'(x)$의 부정적분을 구한 후 *을 이용하여 $f(x)$를 구한다.

Step 1 $f'(x)$의 부정적분 구하기

$f(x)=\int f'(x)dx=\int \frac{1}{x}dx=\ln|x|+C$

Step 2 $f(x)$ 구하기

$f(1)=10$에서

$\ln 1+C=10 \quad \therefore C=10$

$\therefore f(x)=\ln|x|+10$

Step 3 $f(e^3)$의 값 구하기

$\therefore f(e^3)=\ln e^3+10=3+10=13$

15 여러 가지 함수의 부정적분 정답 ④ | 정답률 91%

문제 보기

양의 실수 전체의 집합에서 정의된 미분가능한 함수 $f(x)$가 있다. 양수 t에 대하여 곡선 $y=f(x)$ 위의 점 $(t, f(t))$에서의 접선의 기울기는 $\frac{1}{t}+4e^{2t}$이다. $f(1)=2e^2+1$일 때, $f(e)$의 값은? [3점]

└ $f'(t)$의 부정적분을 구한 후 *을 이용하여 $f(t)$를 구한다.

① $2e^{2e}-1$ ② $2e^{2e}$ ③ $2e^{2e}+1$ ④ $2e^{2e}+2$ ⑤ $2e^{2e}+3$

Step 1 $f'(t)$의 부정적분 구하기

곡선 $y=f(x)$ 위의 점 $(t, f(t))$에서의 접선의 기울기는 $f'(t)$이므로

$f'(t)=\frac{1}{t}+4e^{2t}$

$\therefore f(t)=\int\left(\frac{1}{t}+4e^{2t}\right)dt=\ln t+2e^{2t}+C \ (\because t>0)$

Step 2 $f(t)$ 구하기

$f(1)=2e^2+1$에서

$\ln 1+2e^2+C=2e^2+1 \quad \therefore C=1$

$\therefore f(t)=\ln t+2e^{2t}+1$

Step 3 $f(e)$의 값 구하기

$\therefore f(e)=1+2e^{2e}+1=2e^{2e}+2$

16 여러 가지 함수의 부정적분 정답 ② | 정답률 77%

문제 보기

$x>0$에서 미분가능한 함수 $f(x)$에 대하여

$f'(x)=2-\frac{3}{x^2}$, $f(1)=5$ ─ ❶

└ $f'(x)$의 부정적분을 구한 후 ❶을 이용하여 $f(x)$를 구한다.

이다. $x<0$에서 미분가능한 함수 $g(x)$가 다음 조건을 만족시킬 때, $g(-3)$의 값은? [4점]

(가) $x<0$인 모든 실수 x에 대하여 $g'(x)=f'(-x)$이다.
└ $f'(x)$를 이용하여 $g'(x)$의 부정적분을 구한 후 ❷를 이용하여 $g(x)$를 구한다.
(나) $f(2)+g(-2)=9$ ─ ❷

① 1 ② 2 ③ 3 ④ 4 ⑤ 5

Step 1 $f(x)$ 구하기

$x>0$일 때,

$f(x)=\int f'(x)dx=\int\left(2-\frac{3}{x^2}\right)dx=2x+\frac{3}{x}+C_1$

$f(1)=5$에서

$2+3+C_1=5 \quad \therefore C_1=0$

$\therefore f(x)=2x+\frac{3}{x}$

Step 2 $g(x)$ 구하기

조건 (가)에서 $x<0$인 모든 실수 x에 대하여

$g'(x)=f'(-x)=2-\frac{3}{x^2}$

$\therefore g(x)=\int g'(x)dx=\int\left(2-\frac{3}{x^2}\right)dx=2x+\frac{3}{x}+C_2 \ (x<0)$

조건 (나)의 $f(2)+g(-2)=9$에서

$4+\frac{3}{2}+\left(-4-\frac{3}{2}+C_2\right)=9 \quad \therefore C_2=9$

$\therefore g(x)=2x+\frac{3}{x}+9 \ (x<0)$

Step 3 $g(-3)$의 값 구하기

$\therefore g(-3)=-6-1+9=2$

17 여러 가지 함수의 부정적분 정답 23 | 정답률 76%

문제 보기

모든 실수 x에서 연속인 함수 $f(x)$에 대하여 ❶

$$f'(x)=\begin{cases} 3\sqrt{x} & (x>1) \\ 2x & (x<1) \end{cases}$$

→ $f'(x)$의 부정적분을 구한 후 ❶, ❷를 이용하여 $f(x)$를 구한다.

이다. $f(4)=13$일 때, $f(-5)$의 값을 구하시오. [3점] ❷

Step 1 $f'(x)$의 부정적분 구하기

$x>1$일 때, $\int 3\sqrt{x}\,dx=3\int x^{\frac{1}{2}}dx=2x^{\frac{3}{2}}+C_1$

$x<1$일 때, $\int 2x\,dx=x^2+C_2$

$$\therefore f(x)=\begin{cases} 2x^{\frac{3}{2}}+C_1 & (x>1) \\ x^2+C_2 & (x<1) \end{cases}$$

Step 2 $f(x)$ 구하기

$x>1$일 때 $f(x)=2x^{\frac{3}{2}}+C_1$이므로 $f(4)=13$에서

$16+C_1=13 \qquad \therefore C_1=-3$

함수 $f(x)$가 모든 실수 x에서 연속이면 $x=1$에서도 연속이므로

$\lim_{x\to1+} f(x)=\lim_{x\to1-} f(x)$, $\lim_{x\to1+} (2x^{\frac{3}{2}}-3)=\lim_{x\to1-} (x^2+C_2)$

$2-3=1+C_2 \qquad \therefore C_2=-2$

$$\therefore f(x)=\begin{cases} 2x^{\frac{3}{2}}-3 & (x\ge1) \\ x^2-2 & (x<1) \end{cases}$$

Step 3 $f(-5)$의 값 구하기

$x<1$일 때 $f(x)=x^2-2$이므로

$f(-5)=25-2=23$

18 여러 가지 함수의 부정적분 정답 ⑤ | 정답률 70%

문제 보기

함수 $f(x)$가 모든 실수에서 연속일 때, 도함수 $f'(x)$가 ❶

$$f'(x)=\begin{cases} e^{x-1} & (x\le1) \\ \frac{1}{x} & (x>1) \end{cases}$$

→ $f'(x)$의 부정적분을 구한 후 ❶, ❷를 이용하여 $f(x)$를 구한다.

이다. $f(-1)=e+\frac{1}{e^2}$일 때, $f(e)$의 값은? [3점] ❷

① $e-2$ ② $e-1$ ③ e ④ $e+1$ ⑤ $e+2$

Step 1 $f'(x)$의 부정적분 구하기

$x\le1$일 때, $\int e^{x-1}dx=e^{-1}\int e^x dx=e^{-1}\times e^x+C_1=e^{x-1}+C_1$

$x>1$일 때, $\int \frac{1}{x}dx=\ln|x|+C_2=\ln x+C_2$

$$\therefore f(x)=\begin{cases} e^{x-1}+C_1 & (x\le1) \\ \ln x+C_2 & (x>1) \end{cases}$$

Step 2 $f(x)$ 구하기

$x\le1$일 때 $f(x)=e^{x-1}+C_1$이므로 $f(-1)=e+\frac{1}{e^2}$에서

$e^{-2}+C_1=e+\frac{1}{e^2} \qquad \therefore C_1=e$

함수 $f(x)$가 모든 실수에서 연속이면 $x=1$에서도 연속이므로

$\lim_{x\to1+} f(x)=\lim_{x\to1-} f(x)$

$\lim_{x\to1+} (\ln x+C_2)=\lim_{x\to1-} (e^{x-1}+e)$

$\ln 1+C_2=e^0+e \qquad \therefore C_2=1+e$

$$\therefore f(x)=\begin{cases} e^{x-1}+e & (x\le1) \\ \ln x+1+e & (x>1) \end{cases}$$

Step 3 $f(e)$의 값 구하기

$x>1$일 때 $f(x)=\ln x+1+e$이므로

$f(e)=\ln e+1+e=e+2$

19 여러 가지 함수의 정적분 정답 ② | 정답률 76%

문제 보기

$x>0$에서 정의된 연속함수 $f(x)$가 모든 양수 x에 대하여

$$2f(x)+\frac{1}{x^2}f\left(\frac{1}{x}\right)=\frac{1}{x}+\frac{1}{x^2}$$ → x 대신 $\frac{1}{x}$을 대입하여 새로운 등식을 만든다.

을 만족시킬 때, $\int_{\frac{1}{2}}^{2} f(x)\,dx$의 값은? [4점]

① $\frac{\ln 2}{3}+\frac{1}{2}$ ② $\frac{2\ln 2}{3}+\frac{1}{2}$ ③ $\frac{\ln 2}{3}+1$ ④ $\frac{2\ln 2}{3}+1$ ⑤ $\frac{2\ln 2}{3}+\frac{3}{2}$

Step 1 주어진 등식에 x 대신 $\frac{1}{x}$ 대입하기

$2f(x)+\frac{1}{x^2}f\left(\frac{1}{x}\right)=\frac{1}{x}+\frac{1}{x^2}$ ······ ㉠

㉠에 x 대신 $\frac{1}{x}$을 대입하면

$2f\left(\frac{1}{x}\right)+x^2f(x)=x+x^2$ ······ ㉡

Step 2 $f(x)$ 구하기

㉡의 양변을 $2x^2$으로 나누면

$\frac{1}{x^2}f\left(\frac{1}{x}\right)+\frac{1}{2}f(x)=\frac{1}{2x}+\frac{1}{2}$ ······ ㉢

㉠−㉢을 하면

$\frac{3}{2}f(x)=\frac{1}{2x}+\frac{1}{x^2}-\frac{1}{2}$

$\therefore f(x)=\frac{1}{3x}+\frac{2}{3x^2}-\frac{1}{3}$

Step 3 정적분의 값 구하기

$$\begin{aligned}\therefore \int_{\frac{1}{2}}^{2} f(x)\,dx&=\int_{\frac{1}{2}}^{2}\left(\frac{1}{3x}+\frac{2}{3x^2}-\frac{1}{3}\right)dx\\&=\int_{\frac{1}{2}}^{2}\left(\frac{1}{3x}+\frac{2}{3}x^{-2}-\frac{1}{3}\right)dx\\&=\left[\frac{1}{3}\ln|x|-\frac{2}{3x}-\frac{1}{3}x\right]_{\frac{1}{2}}^{2}\\&=\left(\frac{1}{3}\ln 2-\frac{1}{3}-\frac{2}{3}\right)-\left(\frac{1}{3}\ln\frac{1}{2}-\frac{4}{3}-\frac{1}{6}\right)\\&=\frac{2\ln 2}{3}+\frac{1}{2}\end{aligned}$$

20 여러 가지 함수의 정적분 정답 ① | 정답률 79%

문제 보기

미분가능한 두 함수 $f(x)$, $g(x)$에 대하여 $g(x)$는 $f(x)$의 역함수이다. $f(1)=3$, $g(1)=3$일 때,

$$\int_1^3\left\{\frac{f(x)}{f'(g(x))}+\frac{g(x)}{g'(f(x))}\right\}dx$$ → 역함수의 미분법을 이용하여 식을 정리한다.

의 값은? [4점]

① -8 ② -4 ③ 0 ④ 4 ⑤ 8

Step 1 역함수의 미분법을 이용하여 주어진 식 정리하기

$g(x)$가 $f(x)$의 역함수이고, $f(x)$가 $g(x)$의 역함수이므로

$g'(x)=\frac{1}{f'(g(x))}$, $f'(x)=\frac{1}{g'(f(x))}$

$$\begin{aligned}\therefore \int_1^3\left\{\frac{f(x)}{f'(g(x))}+\frac{g(x)}{g'(f(x))}\right\}dx&=\int_1^3\{f(x)g'(x)+g(x)f'(x)\}dx\\&=\int_1^3\{f(x)g(x)\}'dx\\&=\Big[f(x)g(x)\Big]_1^3\\&=f(3)g(3)-f(1)g(1)\end{aligned}$$ ······ ㉠

Step 2 $f(3)$, $g(3)$의 값 구하기

$f(1)=3$에서 $g(3)=1$

$g(1)=3$에서 $f(3)=1$

Step 3 정적분의 값 구하기

따라서 ㉠에서

$$\begin{aligned}\int_1^3\left\{\frac{f(x)}{f'(g(x))}+\frac{g(x)}{g'(f(x))}\right\}dx&=f(3)g(3)-f(1)g(1)\\&=1\times1-3\times3=-8\end{aligned}$$

21 여러 가지 함수의 정적분 정답 ① | 정답률 59%

문제 보기

함수 $f(x)$를

$$f(x)=\begin{cases} |\sin x|-\sin x & \left(-\frac{7}{2}\pi\le x<0\right) \\ \sin x-|\sin x| & \left(0\le x\le\frac{7}{2}\pi\right)\end{cases}$$

→ $\sin x$의 부호에 따라 함수 $f(x)$의 식을 구한다.

라 하자. 닫힌구간 $\left[-\frac{7}{2}\pi,\ \frac{7}{2}\pi\right]$에 속하는 모든 실수 x에 대하여 $\int_a^x f(t)\,dt\ge0$이 되도록 하는 실수 a의 최솟값을 α, 최댓값을 β라 할 때, $\beta-\alpha$의 값은? $\left(\text{단, } -\frac{7}{2}\pi\le a\le\frac{7}{2}\pi\right)$ [4점]

① $\frac{\pi}{2}$ ② $\frac{3}{2}\pi$ ③ $\frac{5}{2}\pi$ ④ $\frac{7}{2}\pi$ ⑤ $\frac{9}{2}\pi$

Step 1 함수 $y=f(x)$의 그래프의 개형 파악하기

$-\frac{7}{2}\pi\le x\le\frac{7}{2}\pi$에서 $\sin x=0$인 x의 값은

$x=-3\pi$ 또는 $x=-2\pi$ 또는 $x=-\pi$ 또는 $x=0$ 또는 $x=\pi$ 또는 $x=2\pi$ 또는 $x=3\pi$

$$\therefore f(x)=\begin{cases} 0 & \left(-\frac{7}{2}\pi\le x<-3\pi\right) \\ -2\sin x & (-3\pi\le x<-2\pi) \\ 0 & (-2\pi\le x<-\pi) \\ -2\sin x & (-\pi\le x<0) \\ 0 & (0\le x<\pi) \\ 2\sin x & (\pi\le x<2\pi) \\ 0 & (2\pi\le x<3\pi) \\ 2\sin x & \left(3\pi\le x\le\frac{7}{2}\pi\right)\end{cases}$$

따라서 함수 $y=f(x)$의 그래프는 다음 그림과 같다.

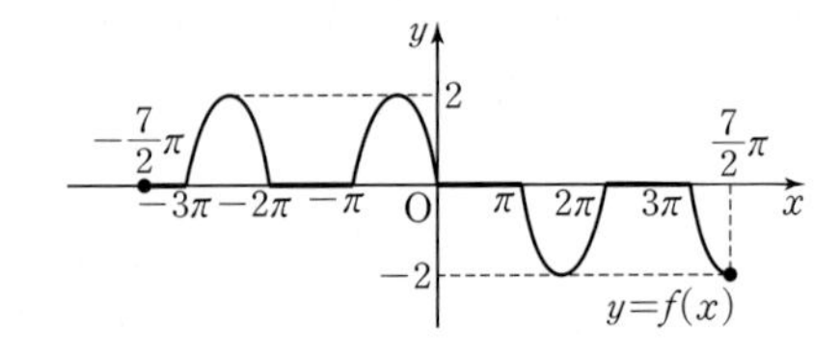

Step 2 a의 값의 범위 구하기

(i) $-\frac{7}{2}\pi\le a\le-3\pi$일 때

닫힌구간 $\left[-\frac{7}{2}\pi,\ \frac{7}{2}\pi\right]$에 속하는 모든 실수 x에 대하여

$\int_a^x f(t)\,dt\ge0$

(ii) $-3\pi<a\le\frac{7}{2}\pi$일 때

$x=-\frac{7}{2}\pi$이면 $\int_x^a f(t)\,dt>0$ $\quad\therefore \int_a^x f(t)\,dt<0$

(i), (ii)에서 $\int_a^x f(t)\,dt\ge0$이 되도록 하는 a의 값의 범위는

$-\frac{7}{2}\pi\le a\le-3\pi$

Step 3 $\beta-\alpha$의 값 구하기

따라서 $\alpha=-\frac{7}{2}\pi$, $\beta=-3\pi$이므로

$\beta-\alpha=-3\pi-\left(-\frac{7}{2}\pi\right)=\frac{\pi}{2}$

22 여러 가지 함수의 정적분 정답 ⑤ | 정답률 28%

문제 보기

함수 $f(x)=\sin\pi x$와 이차함수 $g(x)=x(x+1)$에 대하여 실수 전체의 집합에서 정의된 함수 $h(x)$를

→ 함수 $y=f(x)$의 그래프의 성질을 파악한다.

$$h(x)=\int_{g(x)}^{g(x+1)} f(t)\,dt$$

라 할 때, 닫힌구간 $[-1,\ 1]$에서 방정식 $h(x)=0$의 서로 다른 실근의 개수는? [4점]

① 1 ② 2 ③ 3 ④ 4 ⑤ 5

Step 1 $g(x)$와 $g(x+1)$ 사이의 관계 파악하기

함수 $f(x)=\sin\pi x$는 주기가 $\frac{2\pi}{\pi}=2$이고, 그래프가 원점에 대하여 대칭이므로 실수 t와 정수 k에 대하여

$\int_t^{t+2k} f(x)\,dx=0,\ \int_{-t}^{t} f(x)\,dx=0$

$\therefore \int_{-t}^{t+2k} f(x)\,dx=\int_{-t}^{t} f(x)\,dx+\int_t^{t+2k} f(x)\,dx=0$

닫힌구간 $[-1,\ 1]$에서 $h(x)=\int_{g(x)}^{g(x+1)} f(t)\,dt=0$이려면

$g(x+1)-g(x)=2m$ (m은 정수) 또는 $g(x+1)+g(x)=2n$ (n은 정수)이어야 한다.

Step 2 방정식 $h(x)=0$의 서로 다른 실근의 개수 구하기

(i) $g(x+1)-g(x)=2m$ (m은 정수)인 경우

$g(x+1)-g(x)=(x+1)(x+2)-x(x+1)=2(x+1)$

$2(x+1)=2m$에서 $x=m-1$이고 $-1\le x\le1$이므로

$0\le m\le2$

따라서 정수 m의 값은 0, 1, 2이므로 방정식 $h(x)=0$을 만족시키는 x의 값은 -1, 0, 1이다.

(ii) $g(x+1)+g(x)=2n$ (n은 정수)인 경우

$g(x+1)+g(x)=(x+1)(x+2)+x(x+1)=2(x+1)^2$

$2(x+1)^2=2n$에서 $(x+1)^2=n$이고 $-1\le x\le1$이므로

$0\le n\le4$

따라서 정수 n의 값은 0, 1, 2, 3, 4이므로 방정식 $h(x)=0$을 만족시키는 x의 값은 -1, 0, $-1+\sqrt{2}$, $-1+\sqrt{3}$, 1이다.

→ $(x+1)^2=n$에서 $x=-1+\sqrt{n}$ ($\because -1\le x\le1$)

(i), (ii)에서 방정식 $h(x)=0$을 만족시키는 x는 -1, 0, $-1+\sqrt{2}$, $-1+\sqrt{3}$, 1의 5개이다.

23 여러 가지 함수의 정적분 정답 ⑤ | 정답률 23%

문제 보기

0이 아닌 세 정수 l, m, n이

$|l|+|m|+|n|\le 10$

을 만족시킨다. $0\le x\le \frac{3}{2}\pi$에서 정의된 연속함수 $f(x)$가 $f(0)=0$, $f\left(\frac{3}{2}\pi\right)=1$이고

$$f'(x)=\begin{cases} l\cos x & \left(0<x<\frac{\pi}{2}\right) \\ m\cos x & \left(\frac{\pi}{2}<x<\pi\right) \\ n\cos x & \left(\pi<x<\frac{3}{2}\pi\right) \end{cases}$$

→ $f'(x)$의 부정적분을 구한 후 ❶, ❷를 이용하여 $f(x)$를 구한다.

를 만족시킬 때, $\int_0^{\frac{3}{2}\pi} f(x)\,dx$의 값이 최대가 되도록 하는 l, m, n에 대하여 $l+2m+3n$의 값은? [4점]

① 12 ② 13 ③ 14 ④ 15 ⑤ 16

Step 1 $f(x)$를 l, m, n을 이용하여 나타내기

$$f(x)=\begin{cases} l\sin x+C_1 & \left(0<x<\frac{\pi}{2}\right) \\ m\sin x+C_2 & \left(\frac{\pi}{2}<x<\pi\right) \\ n\sin x+C_3 & \left(\pi<x<\frac{3}{2}\pi\right) \end{cases}$$

$0\le x\le \frac{3}{2}\pi$에서 $f(x)$는 연속함수이므로 $x=0$, $x=\frac{\pi}{2}$, $x=\pi$, $x=\frac{3}{2}\pi$에서 연속이다.

함수 $f(x)$가 $x=0$에서 연속이고 $f(0)=0$이므로

$\lim_{x\to 0+} f(x)=f(0)$에서

$\lim_{x\to 0+} (l\sin x+C_1)=0 \qquad \therefore C_1=0$

함수 $f(x)$가 $x=\frac{3}{2}\pi$에서 연속이고 $f\left(\frac{3}{2}\pi\right)=1$이므로

$\lim_{x\to \frac{3}{2}\pi-} f(x)=f\left(\frac{3}{2}\pi\right)$에서

$\lim_{x\to \frac{3}{2}\pi-} (n\sin x+C_3)=1$

$-n+C_3=1$

$\therefore C_3=n+1 \quad \cdots\cdots$ ㉠

함수 $f(x)$가 $x=\frac{\pi}{2}$에서 연속이므로

$\lim_{x\to \frac{\pi}{2}+} f(x)=\lim_{x\to \frac{\pi}{2}-} f(x)$에서

$\lim_{x\to \frac{\pi}{2}+} (m\sin x+C_2)=\lim_{x\to \frac{\pi}{2}-} l\sin x$

$m+C_2=l$

$\therefore C_2=l-m \quad \cdots\cdots$ ㉡

함수 $f(x)$가 $x=\pi$에서 연속이므로

$\lim_{x\to \pi+} f(x)=\lim_{x\to \pi-} f(x)$에서

$\lim_{x\to \pi+} (n\sin x+C_3)=\lim_{x\to \pi-} (m\sin x+C_2)$

$C_3=C_2 \quad \cdots\cdots$ ㉢

$$\therefore f(x)=\begin{cases} l\sin x & \left(0\le x\le \frac{\pi}{2}\right) \\ m\sin x+n+1 & \left(\frac{\pi}{2}\le x\le \pi\right) \\ n\sin x+n+1 & \left(\pi\le x\le \frac{3}{2}\pi\right) \end{cases}$$

Step 2 $\int_0^{\frac{3}{2}\pi} f(x)\,dx$를 m, n을 이용하여 나타내기

$$\begin{aligned} \therefore \int_0^{\frac{3}{2}\pi} f(x)\,dx &= \int_0^{\frac{\pi}{2}} f(x)\,dx+\int_{\frac{\pi}{2}}^{\pi} f(x)\,dx+\int_{\pi}^{\frac{3}{2}\pi} f(x)\,dx \\ &= \int_0^{\frac{\pi}{2}} l\sin x\,dx+\int_{\frac{\pi}{2}}^{\pi} (m\sin x+n+1)\,dx + \int_{\pi}^{\frac{3}{2}\pi} (n\sin x+n+1)\,dx \\ &= \Big[-l\cos x\Big]_0^{\frac{\pi}{2}}+\Big[-m\cos x+(n+1)x\Big]_{\frac{\pi}{2}}^{\pi} + \Big[-n\cos x+(n+1)x\Big]_{\pi}^{\frac{3}{2}\pi} \\ &= l+\left\{m+(n+1)\pi-(n+1)\frac{\pi}{2}\right\}+\left\{(n+1)\frac{3}{2}\pi-n-(n+1)\pi\right\} \\ &= l+m+(\pi-1)n+\pi \end{aligned}$$

이때 ㉠, ㉡, ㉢에서 $l-m=n+1$, 즉 $l=m+n+1$이므로

$$\begin{aligned} \int_0^{\frac{3}{2}\pi} f(x)\,dx &= l+m+(\pi-1)n+\pi \\ &= (m+n+1)+m+(\pi-1)n+\pi \\ &= 2m+(n+1)\pi+1 \end{aligned}$$

Step 3 $\int_0^{\frac{3}{2}\pi} f(x)\,dx$의 값 구하기

$\int_0^{\frac{3}{2}\pi} f(x)\,dx=2m+(n+1)\pi+1$의 값이 최대가 되려면 $m>0$, $n>0$이어야 한다.

$|l|+|m|+|n|\le 10$에 $l=m+n+1$을 대입하면

$|m+n+1|+|m|+|n|\le 10$

$(m+n+1)+m+n\le 10$ ($\because m>0$, $n>0$)

$2m+2n+1\le 10 \qquad \therefore m+n\le \frac{9}{2}$

이를 만족시키는 양의 정수 m, n에 대하여

$\int_0^{\frac{3}{2}\pi} f(x)\,dx=2m+(n+1)\pi+1$의 값은 다음과 같다.

m	1	1	1	2	2	3
n	1	2	3	1	2	1
$2m+(n+1)\pi+1$	$3+2\pi$	$3+3\pi$	$3+4\pi$	$5+2\pi$	$5+3\pi$	$7+2\pi$

Step 4 $l+2m+3n$의 값 구하기

$7+2\pi<5+3\pi<3+4\pi$이므로 $\int_0^{\frac{3}{2}\pi} f(x)\,dx$의 값이 최대인 경우는

$m=1$, $n=3$

이를 $l=m+n+1$에 대입하면 $l=5$

$\therefore l+2m+3n=5+2+9=16$

24 여러 가지 함수의 정적분 정답 ⑤ | 정답률 46%

문제 보기

실수 t에 대하여 곡선 $y=e^x$ 위의 점 (t, e^t)에서의 접선의 방정식을 $y=f(x)$라 할 때, 함수 $y=|f(x)+k-\ln x|$가 양의 실수 전체의 집합에서 미분가능하도록 하는 실수 k의 최솟값을 $g(t)$라 하자. 두 실수 $a, b\,(a<b)$에 대하여 $\int_a^b g(t)\,dt=m$이라 할 때, <보기>에서 옳은 것만을 있는 대로 고른 것은? [4점]

└→ 직선 $y=f(x)+k$와 곡선 $y=\ln x$가 어떤 관계에 있을 때 미분가능한지 파악한다.

<보기>

ㄱ. $m<0$이 되도록 하는 두 실수 $a, b\,(a<b)$가 존재한다.

ㄴ. 실수 c에 대하여 $g(c)=0$이면 $g(-c)=0$이다.

ㄷ. $a=\alpha,\ b=\beta\,(\alpha<\beta)$일 때 m의 값이 최소이면 $\dfrac{1+g'(\beta)}{1+g'(\alpha)}<-e^2$ 이다.

① ㄱ ② ㄴ ③ ㄱ, ㄴ ④ ㄱ, ㄷ ⑤ ㄱ, ㄴ, ㄷ

Step 1 $f(x)$ 구하기

$y=e^x$에서 $y'=e^x$

곡선 $y=e^x$ 위의 점 (t, e^t)에서의 접선의 기울기는 e^t이므로 접선의 방정식은

$y-e^t=e^t(x-t)$ $\quad\therefore y=e^tx+(1-t)e^t$

$\therefore f(x)=e^tx+(1-t)e^t$

Step 2 $g(t)$ 구하기

$y=|f(x)+k-\ln x|=|e^tx-\ln x+(1-t)e^t+k|$에서

$u(x)=e^tx+(1-t)e^t+k$, $v(x)=\ln x$라 하자.

함수 $y=u(x)$의 그래프는 곡선 $y=e^x$ 위의 점 (t, e^t)에서의 접선을 y축의 방향으로 k만큼 평행이동한 것이므로 함수 $y=|f(x)+k-\ln x|$가 양의 실수 전체의 집합에서 미분가능하려면 $x>0$에서 함수 $y=u(x)$의 그래프와 $y=v(x)$의 그래프가 만나지 않거나 접해야 한다.

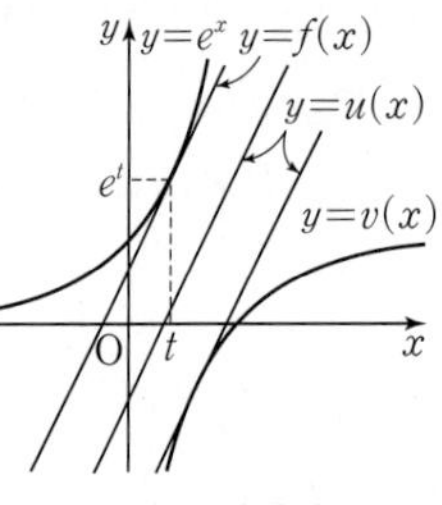

이때 실수 k가 최소가 되는 경우는 두 함수의 그래프가 접할 때이다.

$u'(x)=f'(x)=e^t$, $v'(x)=\dfrac{1}{x}$이고, 두 함수 $y=u(x)$, $y=v(x)$의 그래프가 접할 때의 접점의 x좌표를 $p\,(p>0)$라 하면

$u(p)=v(p)$에서

$e^tp+(1-t)e^t+k=\ln p$ $\quad\cdots\cdots$ ㉠

$u'(p)=v'(p)$에서

$e^t=\dfrac{1}{p}$ $\quad\therefore p=e^{-t}$

이를 ㉠에 대입하면

$1+(1-t)e^t+k=-t$

$\therefore k=(t-1)e^t-(t+1)$

$\therefore g(t)=(t-1)e^t-(t+1)$ $\quad\cdots\cdots$ ㉡

Step 3 ㄱ이 옳은지 확인하기

ㄱ. $g(t)=(t-1)e^t-(t+1)$에서

$g'(t)=e^t+(t-1)e^t-1=te^t-1$ $\quad\cdots\cdots$ ㉢

$g''(t)=e^t+te^t=(t+1)e^t$

$g''(t)=0$인 t의 값은

$t=-1$ $(\because e^t>0)$

함수 $g'(t)$의 증가와 감소를 표로 나타내면 다음과 같다.

t	$\cdots$	-1	$\cdots$
$g''(t)$	$-$	0	$+$
$g'(t)$	↘	$-\dfrac{1}{e}-1$ 극소	↗

또 $\lim\limits_{t\to\infty}g'(t)=\infty$, $\lim\limits_{t\to-\infty}g'(t)=-1$이므로 함수 $y=g'(t)$의 그래프는 오른쪽 그림과 같다.

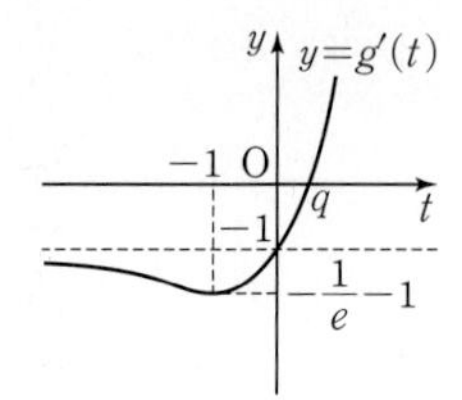

$g'(t)=0$을 만족시키는 t의 값을 $q\,(q>0)$라 하면 $t=q$의 좌우에서 $g'(t)$의 값의 부호가 음에서 양으로 바뀌므로 $g(t)$는 $t=q$에서 극소이고 극솟값은

$g(q)=(q-1)e^q-(q+1)$

$=qe^q-e^q-q-1$

$=-e^q-q$ $(\because$ ㉢에서 $g'(q)=qe^q-1=0)$

이때 $e^q>0$, $q>0$이므로 $g(q)<0$이고

$\lim\limits_{t\to\infty}g(t)=\infty$, $\lim\limits_{t\to-\infty}g(t)=\infty$이므로 함수 $y=g(t)$의 그래프는 오른쪽 그림과 같다.

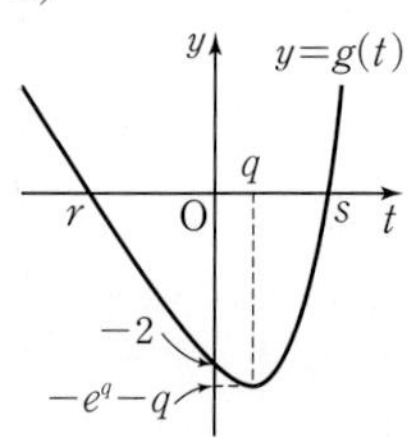

함수 $y=g(t)$의 그래프가 t축과 만나는 점의 t좌표를 $r, s\,(r<s)$라 하자. $\quad\cdots\cdots$ ㉣

$r<a<b<s$가 되도록 a, b를 정하면

$m=\int_a^b g(t)\,dt<0$

따라서 $m<0$이 되도록 하는 두 실수 $a, b\,(a<b)$가 존재한다.

Step 4 ㄴ이 옳은지 확인하기

ㄴ. $g(c)=0$이면 ㉡에서

$(c-1)e^c-(c+1)=0$ $\quad\therefore e^c=\dfrac{c+1}{c-1}$

$\therefore g(-c)=(-c-1)e^{-c}-(-c+1)$

$=-(c+1)\times\dfrac{c-1}{c+1}+c-1$

$=0$

Step 5 ㄷ이 옳은지 확인하기

ㄷ. ㉣에서 $r\le t\le s$일 때 $g(t)\le 0$이므로 $\alpha=r$, $\beta=s$일 때

$m=\int_\alpha^\beta g(t)\,dt$의 값이 최소가 된다.

또 ㄴ이 참이므로 $g(\alpha)=g(r)=0$에서 $g(-\alpha)=0$

이때 $g(\beta)=g(s)=0$이므로 $-\alpha=\beta$

즉, ㉢에서

$g'(\alpha)=\alpha e^\alpha-1=-\beta e^{-\beta}-1$, $g'(\beta)=\beta e^\beta-1$

$\therefore \dfrac{1+g'(\beta)}{1+g'(\alpha)}=\dfrac{\beta e^\beta}{-\beta e^{-\beta}}=-e^{2\beta}$ $\quad\cdots\cdots$ ㉤

이때 ㉡에서 $g(1)=-2<0$이고 $g(\beta)=0$이므로

$\beta>1$

즉, $e^{2\beta}>e^2$이므로 $-e^{2\beta}<-e^2$

따라서 ㉤에서

$\dfrac{1+g'(\beta)}{1+g'(\alpha)}<-e^2$

Step 6 옳은 것 구하기

따라서 보기 중 옳은 것은 ㄱ, ㄴ, ㄷ이다.

25 여러 가지 함수의 정적분 정답 25 | 정답률 18%

문제 보기

$0\le\theta\le\frac{\pi}{2}$인 θ에 대하여 좌표평면 위의 두 직선 l, m은 다음 조건을 만족시킨다.

> (가) 두 직선 l, m은 서로 평행하고 x축의 양의 방향과 이루는 각의 크기는 각각 θ이다. → 두 직선 l, m의 기울기가 $\tan\theta$이다.
> (나) 두 직선 l, m은 곡선 $y=\sqrt{2-x^2}\,(-1\le x\le1)$과 각각 만난다.
> └→ 원 $x^2+y^2=2$의 일부를 나타낸다.

두 직선 l과 m 사이의 거리의 최댓값을 $f(\theta)$라 할 때,

$\int_0^{\frac{\pi}{2}}f(\theta)\,d\theta=a+b\sqrt{2}\pi$이다. $20(a+b)$의 값을 구하시오.

(단, a와 b는 유리수이다.) [4점]

Step 1 두 직선 l, m 사이의 거리가 최대가 되는 경우 파악하기

$y=\sqrt{2-x^2}$의 양변을 제곱하면

$y^2=2-x^2\quad\therefore\ x^2+y^2=2$

즉, 곡선 $y=\sqrt{2-x^2}\,(-1\le x\le1)$은 오른쪽 그림과 같이 중심이 원점이고 반지름의 길이가 $\sqrt{2}$인 원의 일부이다.

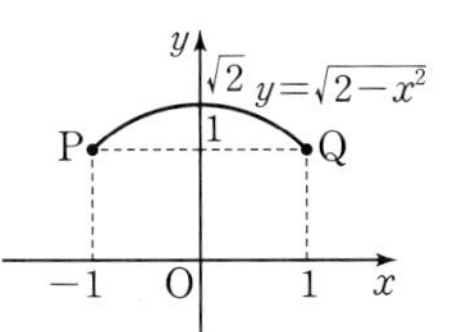

이때 두 점 $(-1,\ 1)$, $(1,\ 1)$을 각각 P, Q라 하고 직선 l의 y절편이 직선 m의 y절편보다 크다고 하면 두 직선 l, m의 기울기는 양수일 때만 생각하면 된다.

즉, 두 직선 l, m 사이의 거리의 최댓값은 직선 m이 점 Q를 지날 때이다.

$y=\sqrt{2-x^2}$에서 $y'=-\frac{x}{\sqrt{2-x^2}}$

점 P, 즉 $x=-1$인 점에서의 접선의 기울기는 1이므로 접선이 x축의 양의 방향과 이루는 각의 크기는 $\frac{\pi}{4}$이다. → $\tan\theta=1$이므로 $\theta=\frac{\pi}{4}$야.

따라서 두 직선 l, m이 x축의 양의 방향과 이루는 각의 크기가 $\frac{\pi}{4}$보다 작으면 점 Q를 지나는 직선 m과 기울기가 같은 직선 l이 곡선의 접선이 될 때 두 직선 l, m 사이의 거리가 최대가 되고, 두 직선 l, m이 x축의 양의 방향과 이루는 각의 크기가 $\frac{\pi}{4}$보다 크거나 같으면 직선 l이 반드시 점 P를 지날 때 두 직선 l, m 사이의 거리가 최대가 된다.

Step 2 $f(\theta)$ 구하기

(i) $0\le\theta<\frac{\pi}{4}$일 때

직선 m의 기울기가 $\tan\theta$이므로 직선 l의 방정식을 $y=\tan\theta\times x+k$, 즉 $x\tan\theta-y+k=0\,(k>0)$이라 하면 직선 l과 원점 사이의 거리는 $\sqrt{2}$이어야 하므로

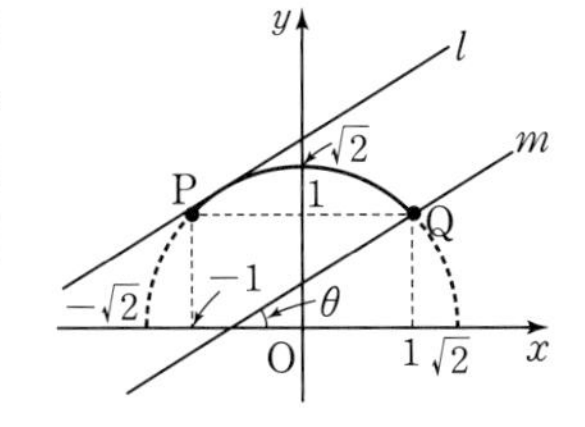

$$\frac{|k|}{\sqrt{\tan^2\theta+(-1)^2}}=\sqrt{2}$$

$\therefore\ |k|=\sqrt{2}\sqrt{\tan^2\theta+1}=\sqrt{2}\sec\theta\ \left(\because\ 0\le\theta<\frac{\pi}{4}\right)$

따라서 직선 l의 방정식은 $x\tan\theta-y+\sqrt{2}\sec\theta=0$

즉, $f(\theta)$는 점 Q$(1,\ 1)$과 직선 l 사이의 거리이므로

$$f(\theta)=\frac{|\tan\theta-1+\sqrt{2}\sec\theta|}{\sqrt{\tan^2\theta+(-1)^2}}=\frac{|\tan\theta-1+\sqrt{2}\sec\theta|}{\sec\theta}$$
$$=|\sin\theta-\cos\theta+\sqrt{2}|$$
$$=\sin\theta-\cos\theta+\sqrt{2}\ (\because\ -1\le\sin\theta-\cos\theta\le0)$$

(ii) $\frac{\pi}{4}\le\theta\le\frac{\pi}{2}$일 때

점 P에서 직선 m에 내린 수선의 발을 H라 하면 $f(\theta)$는 선분 PH의 길이와 같다.

이때 직각삼각형 PQH에서

$\overline{\text{PQ}}=2$, $\angle\text{PQH}=\theta$이므로

$f(\theta)=\overline{\text{PH}}=\overline{\text{PQ}}\sin\theta=2\sin\theta$

(i), (ii)에서

$$f(\theta)=\begin{cases}\sin\theta-\cos\theta+\sqrt{2} & \left(0\le\theta<\frac{\pi}{4}\right)\\ 2\sin\theta & \left(\frac{\pi}{4}\le\theta\le\frac{\pi}{2}\right)\end{cases}$$

Step 3 $\int_0^{\frac{\pi}{2}}f(\theta)\,d\theta$의 값 구하기

$\therefore\ \int_0^{\frac{\pi}{2}}f(\theta)\,d\theta$

$$=\int_0^{\frac{\pi}{4}}(\sin\theta-\cos\theta+\sqrt{2})\,d\theta+\int_{\frac{\pi}{4}}^{\frac{\pi}{2}}2\sin\theta\,d\theta$$
$$=\Big[-\cos\theta-\sin\theta+\sqrt{2}\theta\Big]_0^{\frac{\pi}{4}}+\Big[-2\cos\theta\Big]_{\frac{\pi}{4}}^{\frac{\pi}{2}}$$
$$=\left\{\left(-\frac{\sqrt{2}}{2}-\frac{\sqrt{2}}{2}+\frac{\sqrt{2}}{4}\pi\right)-(-1-0+0)\right\}+\{0-(-\sqrt{2})\}$$
$$=1+\frac{\sqrt{2}}{4}\pi$$

Step 4 $20(a+b)$의 값 구하기

따라서 $a=1$, $b=\frac{1}{4}$이므로

$20(a+b)=20\left(1+\frac{1}{4}\right)=20\times\frac{5}{4}=25$

26 여러 가지 함수의 정적분　정답 128 | 정답률 11%

문제 보기

정의역이 $\{x|0\le x\le 8\}$이고 다음 조건을 만족시키는 모든 연속함수 $f(x)$에 대하여 $\int_0^8 f(x)\,dx$의 최댓값은 $p+\frac{q}{\ln 2}$이다. $p+q$의 값을 구하시오. (단, p, q는 자연수이고, $\ln 2$는 무리수이다.) [4점]

> (가) $f(0)=1$이고 $f(8)\le 100$이다.
> (나) $0\le k\le 7$인 각각의 정수 k에 대하여
> $f(k+t)=f(k)\ (0<t\le 1)$
> 또는
> $f(k+t)=2^t\times f(k)\ (0<t\le 1)$
> 이다.
> → $k=0, 1, \cdots, 7$일 때 $f(x)$를 파악한다.
> (다) 열린구간 $(0, 8)$에서 함수 $f(x)$가 미분가능하지 않은 점의 개수는 2이다.

Step 1 $f(x)$ 파악하기

(ⅰ) $0\le k\le 7$인 각각의 정수 k에 대하여 $f(k+t)=f(k)\ (0<t\le 1)$인 경우
$k=0$이면 $f(t)=f(0)\ (0<t\le 1)$
$\therefore f(x)=f(0)\ (0<x\le 1)$
$k=1$이면 $f(1+t)=f(1)\ (1<1+t\le 2)$
$\therefore f(x)=f(1)\ (1<x\le 2)$
같은 방법으로 하면 $0\le k\le 7$인 각각의 정수 k에 대하여
$f(x)=f(k)\ (k<x\le k+1)$
따라서 함수 $y=f(x)$의 그래프는 x축에 평행하다.

(ⅱ) $0\le k\le 7$인 각각의 정수 k에 대하여 $f(k+t)=2^t\times f(k)\ (0<t\le 1)$인 경우
$k=0$이면 $f(t)=2^t\times f(0)\ (0<t\le 1)$
$\therefore f(x)=2^x\times f(0)\ (0<x\le 1)$
$k=1$이면 $f(1+t)=2^t\times f(1)\ (1<1+t\le 2)$
$\therefore f(x)=2^{x-1}\times f(1)\ (1<x\le 2)$
같은 방법으로 하면 $0\le k\le 7$인 각각의 정수 k에 대하여
$f(x)=2^{x-k}\times f(k)\ (k<x\le k+1)$
따라서 함수 $y=f(x)$의 그래프는 밑이 2인 지수함수의 그래프이다.

(ⅰ), (ⅱ)에서 x의 값이 증가할 때 $f(x)$의 값은 일정하거나 증가한다.
이때 조건 (가)에서 $f(8)\le 100$이고 $2^6=64$, $2^7=128$이므로 $\int_0^8 f(x)\,dx$의 값이 최대가 되려면 $f(8)=64$이어야 한다.

Step 2 $\int_0^8 f(x)\,dx$의 값 구하기

상수함수와 지수함수는 각각 미분가능한 함수이지만 상수함수와 지수함수가 이어지는 부분에서 미분가능하지 않은 점이 생긴다.
따라서 함수 $f(x)$가 $0\le x\le 8$에서 연속이면서 조건 (다)의 열린구간 $(0, 8)$에서 미분가능하지 않은 점이 2개이려면 다음과 같아야 한다.

(ⅰ) '상수함수 → 지수함수 → 상수함수'인 경우

$$f(x)=\begin{cases} 1 & (0\le x\le 1) \\ 2^{x-1} & (1\le x\le 7) \\ 64 & (7\le x\le 8)\end{cases}$$

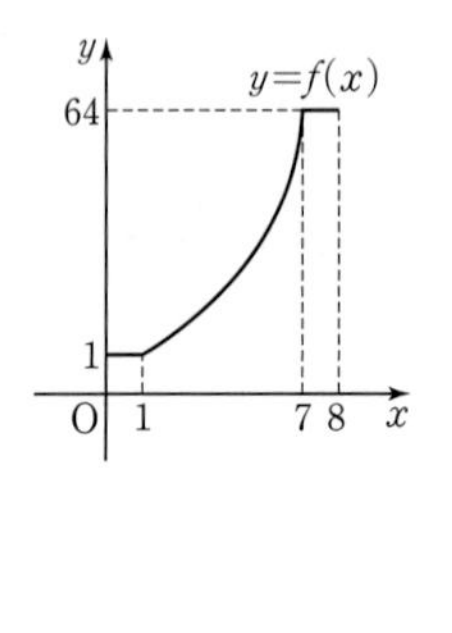

$$\therefore \int_0^8 f(x)\,dx$$
$$=1\times 1+\int_1^7 2^{x-1}dx+1\times 64$$
$$=65+\left[\frac{2^{x-1}}{\ln 2}\right]_1^7=65+\left(\frac{2^6}{\ln 2}-\frac{1}{\ln 2}\right)$$
$$=65+\frac{63}{\ln 2}$$

(ⅱ) '지수함수 → 상수함수 → 지수함수'인 경우

$$f(x)=\begin{cases} 2^x & (0\le x\le 5) \\ 32 & (5\le x\le 7) \\ 2^{x-2} & (7\le x\le 8)\end{cases}$$

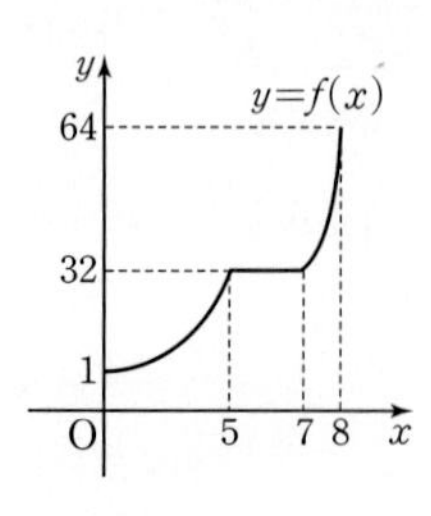

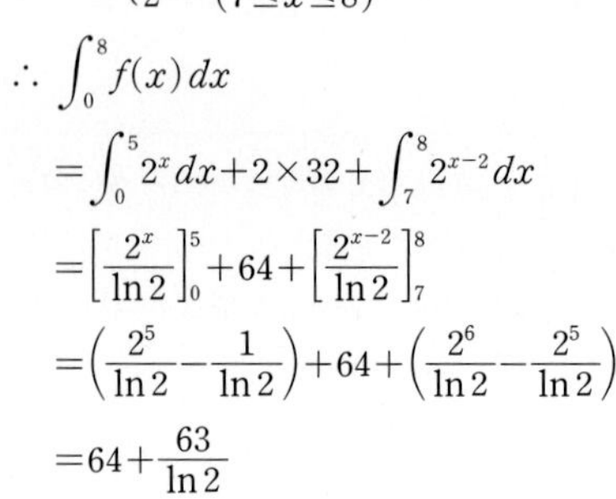

$$\therefore \int_0^8 f(x)\,dx$$
$$=\int_0^5 2^x dx+2\times 32+\int_7^8 2^{x-2}dx$$
$$=\left[\frac{2^x}{\ln 2}\right]_0^5+64+\left[\frac{2^{x-2}}{\ln 2}\right]_7^8$$
$$=\left(\frac{2^5}{\ln 2}-\frac{1}{\ln 2}\right)+64+\left(\frac{2^6}{\ln 2}-\frac{2^5}{\ln 2}\right)$$
$$=64+\frac{63}{\ln 2}$$

Step 3 $p+q$의 값 구하기

(ⅰ), (ⅱ)에서 $\int_0^8 f(x)\,dx$의 최댓값은 $65+\frac{63}{\ln 2}$이므로
$p=65$, $q=63$
$\therefore p+q=128$

27 여러 가지 함수의 정적분 　정답 49 | 정답률 5%

문제 보기

함수 $f(x)=e^x(ax^3+bx^2)$과 양의 실수 t에 대하여 닫힌구간 $[-t, t]$에서 함수 $f(x)$의 최댓값을 $M(t)$, 최솟값을 $m(t)$라 할 때, 두 함수 $M(t)$, $m(t)$는 다음 조건을 만족시킨다.

> (가) 모든 양의 실수 t에 대하여 $M(t)=f(t)$이다.
> └ $x>0$에서 함수 $f(x)$는 증가한다.
> (나) 양수 k에 대하여 닫힌구간 $[k, k+2]$에 있는 임의의 실수 t에 대해서만 $m(t)=f(-t)$가 성립한다.
> (다) $\int_1^5 \{e^t\times m(t)\}dt=\frac{7}{3}-8e$

$f(k+1)=\frac{q}{p}e^{k+1}$일 때, $p+q$의 값을 구하시오. $\left(\text{단, } a\text{와 } b\text{는 0이 아닌 상수, } p\text{와 } q\text{는 서로소인 자연수이고, } \lim_{x\to\infty}\frac{x^3}{e^x}=0\text{이다.}\right)$ [4점]

Step 1 a, b의 부호 파악하기

$f(x)=e^x(ax^3+bx^2)$에서

$f'(x)=e^x(ax^3+bx^2)+e^x(3ax^2+2bx)$

$=xe^x\{ax^2+(3a+b)x+2b\}$

$f(0)=f'(0)=0$이므로 함수 $y=f(x)$의 그래프는 $x=0$에서 x축에 접하고, 조건 (가)에서 함수 $f(x)$는 $x>0$에서 증가하므로 $a>0$

$f(x)=e^x(ax^3+bx^2)=x^2e^x(ax+b)$에서 $f(0)=0$, $f\left(-\frac{b}{a}\right)=0$이고

$x>0$에서 함수 $f(x)$가 증가하므로 $x>0$에서 함수 $y=f(x)$의 그래프는 x축과 만나지 않는다.

즉, $-\frac{b}{a}<0$이므로 $b>0$

Step 2 함수 $y=f(x)$의 그래프의 개형 파악하기

$f'(x)=xe^x\{ax^2+(3a+b)x+2b\}$에서 이차방정식 $ax^2+(3a+b)x+2b=0$의 판별식을 D라 하면

$D=(3a+b)^2-8ab=9a^2-2ab+b^2$

$=(a-b)^2+8a^2>0$

즉, 이차방정식 $ax^2+(3a+b)x+2b=0$은 서로 다른 두 실근을 갖는다.

이때 이차방정식의 두 실근을 α, β $(\alpha<\beta)$라 하면 이차방정식의 근과 계수의 관계에 의하여

$\alpha+\beta=-\frac{3a+b}{a}<0$, $\alpha\beta=\frac{2b}{a}>0$ 　$\therefore \alpha<\beta<0$

즉, $f'(x)=0$인 x의 값은

$x=\alpha$ 또는 $x=\beta$ 또는 $x=0$ $(\because e^x>0)$

함수 $f(x)$의 증가와 감소를 표로 나타내면 다음과 같다.

x	$\cdots$	α	$\cdots$	β	$\cdots$	0	$\cdots$
$f'(x)$	$-$	0	$+$	0	$-$	0	$+$
$f(x)$	↘	극소	↗	극대	↘	극소	↗

또 $\lim_{x\to\infty}f(x)=\infty$, $\lim_{x\to-\infty}f(x)=0$이므로 함수 $y=f(x)$의 그래프는 다음 그림과 같다.

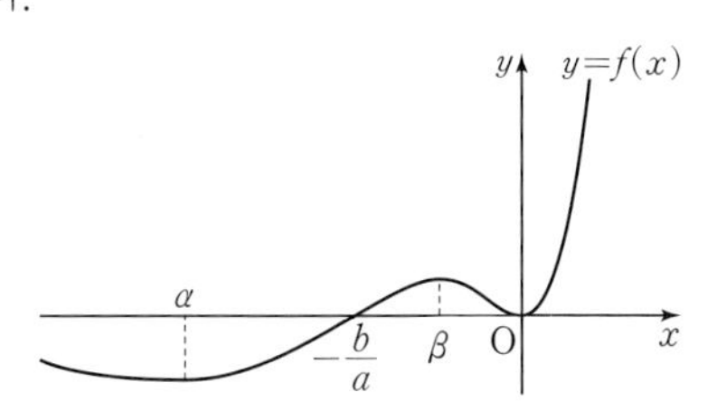

Step 3 $m(t)$ 구하기

$$m(t)=\begin{cases} 0 & \left(0<t<\frac{b}{a}\right) \\ f(-t) & \left(\frac{b}{a}\le t\le -\alpha\right) \\ f(\alpha) & (t>-\alpha)\end{cases}$$

이므로 함수 $y=m(t)$의 그래프는 다음 그림과 같다.

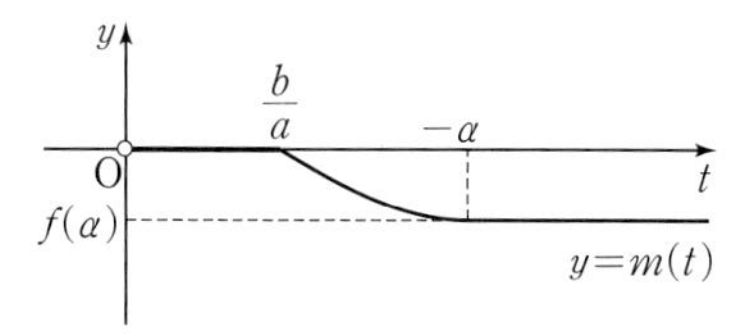

조건 (나)에서 양수 k에 대하여 닫힌구간 $[k, k+2]$에 있는 임의의 실수 t에 대해서만 $m(t)=f(-t)$가 성립하므로

$\frac{b}{a}=k$, $-\alpha=k+2$

$\therefore b=ak$, $\alpha=-k-2$ 　…… ㉠

㉠에 의하여 $f'(\alpha)=0$에서

$f'(-k-2)=0$

$\frac{-k-2}{e^{k+2}}\{a(-k-2)^2+(3a+ak)(-k-2)+2ak\}=0$

$a(-k-2)^2+(3a+ak)(-k-2)+2ak=0$ $\left(\because \frac{-k-2}{e^{k+2}}\neq 0\right)$

$(k+2)^2-(k+3)(k+2)+2k=0$ $(\because a>0)$

$k^2+4k+4-k^2-5k-6+2k=0$

$k-2=0$ 　$\therefore k=2$

$\therefore b=ak=2a$, $\alpha=-k-2=-4$

따라서 $f(x)=e^x(ax^3+bx^2)=ae^x(x^3+2x^2)$이므로

$$m(t)=\begin{cases} 0 & (0<t<2) \\ ae^{-t}(-t^3+2t^2) & (2\le t\le 4) \\ -\frac{32a}{e^4} & (t>4)\end{cases}$$

Step 4 $f(k+1)$의 값 구하기

$\therefore \int_1^5\{e^t\times m(t)\}dt$

$=\int_1^2 0\,dt+\int_2^4(-at^3+2at^2)dt+\int_4^5\left(-\frac{32a}{e^4}e^t\right)dt$

$=\left[-\frac{a}{4}t^4+\frac{2a}{3}t^3\right]_2^4+\left[-\frac{32a}{e^4}e^t\right]_4^5$

$=\frac{28}{3}a-32ae$

조건 (다)에 의하여 $\frac{28}{3}a-32ae=\frac{7}{3}-8e$이므로

$\frac{28}{3}a=\frac{7}{3}$, $32ae=8e$ 　$\therefore a=\frac{1}{4}$

즉, $f(x)=\frac{1}{4}e^x(x^3+2x^2)$이므로

$f(k+1)=f(3)=\frac{1}{4}e^3\times(27+18)=\frac{45}{4}e^3$

Step 5 $p+q$의 값 구하기

따라서 $p=4$, $q=45$이므로

$p+q=49$

01 ②	02 ①	03 4	04 ③	05 ⑤	06 ③	07 ④	08 ①	09 ③	10 ②	11 6	12 ⑤
13 3	14 ②	15 ③	16 ⑤	17 15	18 ①	19 ④	20 ④	21 ⑤	22 ②	23 ①	24 ⑤

문제편 285쪽~289쪽

01 치환적분법 정답 ② | 정답률 80%

문제 보기

$\int_1^{\sqrt{2}} x^3\sqrt{x^2-1}\,dx$의 값은? [3점]

└→ $x^2-1=t$로 치환하여 계산한다.

① $\frac{7}{15}$ ② $\frac{8}{15}$ ③ $\frac{3}{5}$ ④ $\frac{2}{3}$ ⑤ $\frac{11}{15}$

Step 1 $x^2-1=t$로 치환하여 적분 구간 구하기

$x^2-1=t$로 놓으면 $\frac{dt}{dx}=2x$이고,

$x=1$일 때 $t=0$, $x=\sqrt{2}$일 때 $t=1$이다.

Step 2 정적분의 값 구하기

$$\therefore \int_1^{\sqrt{2}} x^3\sqrt{x^2-1}\,dx=\int_0^1 (t+1)\sqrt{t}\times\frac{1}{2}dt=\frac{1}{2}\int_0^1 (t+1)t^{\frac{1}{2}}dt$$
$$=\frac{1}{2}\int_0^1 (t^{\frac{3}{2}}+t^{\frac{1}{2}})dt=\frac{1}{2}\left[\frac{2}{5}t^{\frac{5}{2}}+\frac{2}{3}t^{\frac{3}{2}}\right]_0^1$$
$$=\frac{1}{2}\left(\frac{2}{5}+\frac{2}{3}\right)=\frac{8}{15}$$

02 치환적분법 정답 ① | 정답률 95%

문제 보기

$\int_0^1 2e^{2x}dx$의 값은? [3점]

└→ $2x=t$로 치환하여 계산한다.

① e^2-1 ② e^2+1 ③ e^2+2 ④ $2e^2-1$ ⑤ $2e^2+1$

Step 1 $2x=t$로 치환하여 적분 구간 구하기

$2x=t$로 놓으면 $\frac{dt}{dx}=2$이고,

$x=0$일 때 $t=0$, $x=1$일 때 $t=2$이다.

Step 2 정적분의 값 구하기

$$\therefore \int_0^1 2e^{2x}dx=\int_0^2 e^t dt=\left[e^t\right]_0^2=e^2-1$$

다른 풀이 $\{e^{f(x)}\}'=e^{f(x)}\times f'(x)$임을 이용하기

$(e^{2x})'=2e^{2x}$이므로

$$\int_0^1 2e^{2x}dx=\left[e^{2x}\right]_0^1=e^2-1$$

03 치환적분법 정답 4 | 정답률 86%

문제 보기

$\int_2^4 2e^{2x-4}dx=k$일 때, $\ln(k+1)$의 값을 구하시오. [3점]

└→ $2x-4=t$로 치환하여 계산한다.

Step 1 $2x-4=t$로 치환하여 적분 구간 구하기

$2x-4=t$로 놓으면 $\frac{dt}{dx}=2$이고,

$x=2$일 때 $t=0$, $x=4$일 때 $t=4$이다.

Step 2 k의 값 구하기

$$\therefore k=\int_2^4 2e^{2x-4}dx=\int_0^4 e^t dt=\left[e^t\right]_0^4=e^4-1$$

Step 3 $\ln(k+1)$의 값 구하기

$\therefore \ln(k+1)=\ln e^4=4$

다른 풀이 $\{e^{f(x)}\}'=e^{f(x)}\times f'(x)$임을 이용하여 k의 값 구하기

$(e^{2x-4})'=2e^{2x-4}$이므로

$$k=\int_2^4 2e^{2x-4}dx=\left[e^{2x-4}\right]_2^4=e^4-1$$

04 치환적분법 정답 ③ | 정답률 89%

문제 보기

$\int_0^{\frac{\pi}{6}} \cos 3x\,dx$의 값은? [3점]

└→ $3x=t$로 치환하여 계산한다.

① $\frac{1}{6}$ ② $\frac{1}{4}$ ③ $\frac{1}{3}$ ④ $\frac{5}{12}$ ⑤ $\frac{1}{2}$

Step 1 $3x=t$로 치환하여 적분 구간 구하기

$3x=t$로 놓으면 $\frac{dt}{dx}=3$이고,

$x=0$일 때 $t=0$, $x=\frac{\pi}{6}$일 때 $t=\frac{\pi}{2}$이다.

Step 2 정적분의 값 구하기

$$\therefore \int_0^{\frac{\pi}{6}} \cos 3x\,dx=\int_0^{\frac{\pi}{2}} \cos t\times\frac{1}{3}dt=\frac{1}{3}\left[\sin t\right]_0^{\frac{\pi}{2}}=\frac{1}{3}\times 1=\frac{1}{3}$$

다른 풀이 $\{\sin f(x)\}'=\cos f(x)\times f'(x)$임을 이용하기

$\left(\frac{1}{3}\sin 3x\right)'=\cos 3x$이므로

$$\int_0^{\frac{\pi}{6}} \cos 3x\,dx=\left[\frac{1}{3}\sin 3x\right]_0^{\frac{\pi}{6}}=\frac{1}{3}$$

05 치환적분법

정답 ⑤ | 정답률 90%

문제 보기

$\int_0^{\frac{\pi}{3}} \cos\left(\frac{\pi}{3}-x\right)dx$의 값은? [3점]

└ $\frac{\pi}{3}-x=t$로 치환하여 계산한다.

① $\frac{1}{3}$ ② $\frac{1}{2}$ ③ $\frac{\sqrt{3}}{3}$ ④ $\frac{\sqrt{2}}{2}$ ⑤ $\frac{\sqrt{3}}{2}$

Step 1 $\frac{\pi}{3}-x=t$로 치환하여 적분 구간 구하기

$\frac{\pi}{3}-x=t$로 놓으면 $\frac{dt}{dx}=-1$이고

$x=0$일 때 $t=\frac{\pi}{3}$, $x=\frac{\pi}{3}$일 때 $t=0$이다.

Step 2 정적분의 값 구하기

$$\therefore \int_0^{\frac{\pi}{3}} \cos\left(\frac{\pi}{3}-x\right)dx=-\int_{\frac{\pi}{3}}^0 \cos t\,dt=\int_0^{\frac{\pi}{3}} \cos t\,dt$$
$$=\Big[\sin t\Big]_0^{\frac{\pi}{3}}=\frac{\sqrt{3}}{2}$$

다른 풀이 $\{\sin f(x)\}'=\cos f(x)\times f'(x)$임을 이용하기

$\left\{-\sin\left(\frac{\pi}{3}-x\right)\right\}'=\cos\left(\frac{\pi}{3}-x\right)$이므로

$$\int_0^{\frac{\pi}{3}} \cos\left(\frac{\pi}{3}-x\right)dx=\left[-\sin\left(\frac{\pi}{3}-x\right)\right]_0^{\frac{\pi}{3}}=\frac{\sqrt{3}}{2}$$

06 치환적분법

정답 ③ | 정답률 83%

문제 보기

$\int_0^{\sqrt{3}} 2x\sqrt{x^2+1}\,dx$의 값은? [3점]

└ $x^2+1=t$로 치환하여 계산한다.

① 4 ② $\frac{13}{3}$ ③ $\frac{14}{3}$ ④ 5 ⑤ $\frac{16}{3}$

Step 1 $x^2+1=t$로 치환하여 적분 구간 구하기

$x^2+1=t$로 놓으면 $\frac{dt}{dx}=2x$이고,

$x=0$일 때 $t=1$, $x=\sqrt{3}$일 때 $t=4$이다.

Step 2 정적분의 값 구하기

$$\therefore \int_0^{\sqrt{3}} 2x\sqrt{x^2+1}\,dx=\int_1^4 \sqrt{t}\,dt=\int_1^4 t^{\frac{1}{2}}dt$$
$$=\left[\frac{2}{3}t^{\frac{3}{2}}\right]_1^4=\frac{16}{3}-\frac{2}{3}=\frac{14}{3}$$

07 치환적분법

정답 ④ | 정답률 88%

문제 보기

$\int_e^{e^3} \frac{\ln x}{x}dx$의 값은? [3점]

└ $\ln x=t$로 치환하여 계산한다.

① 1 ② 2 ③ 3 ④ 4 ⑤ 5

Step 1 $\ln x=t$로 치환하여 적분 구간 구하기

$\ln x=t$로 놓으면 $\frac{dt}{dx}=\frac{1}{x}$이고,

$x=e$일 때 $t=1$, $x=e^3$일 때 $t=3$이다.

Step 2 정적분의 값 구하기

$$\therefore \int_e^{e^3} \frac{\ln x}{x}dx=\int_1^3 t\,dt=\left[\frac{1}{2}t^2\right]_1^3$$
$$=\frac{9}{2}-\frac{1}{2}=4$$

08 치환적분법

정답 ① | 정답률 93%

문제 보기

$\int_1^e \frac{3(\ln x)^2}{x}dx$의 값은? [3점]

└ $\ln x=t$로 치환하여 계산한다.

① 1 ② $\frac{1}{2}$ ③ $\frac{1}{3}$ ④ $\frac{1}{4}$ ⑤ $\frac{1}{5}$

Step 1 $\ln x=t$로 치환하여 적분 구간 구하기

$\ln x=t$로 놓으면 $\frac{dt}{dx}=\frac{1}{x}$이고,

$x=1$일 때 $t=0$, $x=e$일 때 $t=1$이다.

Step 2 정적분의 값 구하기

$$\therefore \int_1^e \frac{3(\ln x)^2}{x}dx=\int_0^1 3t^2dt=\Big[t^3\Big]_0^1=1$$

09 치환적분법 정답 ③ | 정답률 83%

문제 보기

$\int_1^e \left(\frac{3}{x}+\frac{2}{x^2}\right)\ln x\,dx-\int_1^e \frac{2}{x^2}\ln x\,dx$의 값은? [3점]

└→ 정적분의 성질을 이용하여 식을 간단히 한 후 $\ln x=t$로 치환하여 계산한다.

① $\frac{1}{2}$ ② 1 ③ $\frac{3}{2}$ ④ 2 ⑤ $\frac{5}{2}$

Step 1 적분하는 식 변형하기

$$\int_1^e \left(\frac{3}{x}+\frac{2}{x^2}\right)\ln x\,dx-\int_1^e \frac{2}{x^2}\ln x\,dx$$
$$=\int_1^e \left\{\left(\frac{3}{x}+\frac{2}{x^2}\right)\ln x-\frac{2}{x^2}\ln x\right\}dx$$
$$=\int_1^e \frac{3}{x}\ln x\,dx$$

Step 2 정적분의 값 구하기

$\ln x=t$로 놓으면 $\frac{dt}{dx}=\frac{1}{x}$이고,

$x=1$일 때 $t=0$, $x=e$일 때 $t=1$이므로

$$\int_1^e \left(\frac{3}{x}+\frac{2}{x^2}\right)\ln x\,dx-\int_1^e \frac{2}{x^2}\ln x\,dx=\int_1^e \frac{3}{x}\ln x\,dx=\int_0^1 3t\,dt$$
$$=\left[\frac{3}{2}t^2\right]_0^1=\frac{3}{2}$$

10 치환적분법 정답 ② | 정답률 81%

문제 보기

함수 $f(x)=x+\ln x$에 대하여 $\int_1^e \left(1+\frac{1}{x}\right)f(x)\,dx$의 값은? [3점]

└→ $f(x)=t$로 치환하여 계산한다.

① $\frac{e^2}{2}+\frac{e}{2}$ ② $\frac{e^2}{2}+e$ ③ $\frac{e^2}{2}+2e$ ④ e^2+e ⑤ e^2+2e

Step 1 $f(x)=t$로 치환하여 적분 구간 구하기

$f(x)=t$로 놓으면 $\frac{dt}{dx}=f'(x)=1+\frac{1}{x}$이고,

$x=1$일 때 $t=f(1)=1$, $x=e$일 때 $t=f(e)=e+1$이다.

Step 2 정적분의 값 구하기

$$\therefore \int_1^e \left(1+\frac{1}{x}\right)f(x)\,dx=\int_1^{e+1} t\,dt=\left[\frac{1}{2}t^2\right]_1^{e+1}$$
$$=\frac{1}{2}(e^2+2e+1)-\frac{1}{2}$$
$$=\frac{e^2}{2}+e$$

11 치환적분법 정답 6 | 정답률 82%

문제 보기

함수 $f(x)=8x^2+1$에 대하여 $\int_{\frac{\pi}{6}}^{\frac{\pi}{2}} f'(\sin x)\cos x\,dx$의 값을 구하시오. [3점]

└→ $\sin x=t$로 치환하여 계산한다.

Step 1 $\sin x=t$로 치환하여 적분 구간 구하기

$\sin x=t$로 놓으면 $\frac{dt}{dx}=\cos x$이고,

$x=\frac{\pi}{6}$일 때 $t=\frac{1}{2}$, $x=\frac{\pi}{2}$일 때 $t=1$이다.

Step 2 정적분의 값 구하기

$$\therefore \int_{\frac{\pi}{6}}^{\frac{\pi}{2}} f'(\sin x)\cos x\,dx=\int_{\frac{1}{2}}^1 f'(t)\,dt=\Big[f(t)\Big]_{\frac{1}{2}}^1$$
$$=f(1)-f\left(\frac{1}{2}\right)=9-3=6$$

12 치환적분법 정답 ⑤ | 정답률 83%

문제 보기

$\int_0^{\frac{\pi}{4}} 2\cos 2x\sin^2 2x\,dx$의 값은? [3점]

└→ $\sin 2x=t$로 치환하여 계산한다.

① $\frac{1}{9}$ ② $\frac{1}{6}$ ③ $\frac{2}{9}$ ④ $\frac{5}{18}$ ⑤ $\frac{1}{3}$

Step 1 $\sin 2x=t$로 치환하여 적분 구간 구하기

$\sin 2x=t$로 놓으면 $\frac{dt}{dx}=2\cos 2x$이고,

$x=0$일 때 $t=0$, $x=\frac{\pi}{4}$일 때 $t=1$이다.

Step 2 정적분의 값 구하기

$$\therefore \int_0^{\frac{\pi}{4}} 2\cos 2x\sin^2 2x\,dx=\int_0^1 t^2\,dt=\left[\frac{1}{3}t^3\right]_0^1=\frac{1}{3}$$

13 치환적분법 정답 3 | 정답률 75%

문제 보기

$\int_0^{\frac{\pi}{2}}(\cos x+3\cos^3 x)\,dx$의 값을 구하시오. [3점]

└→ $\cos^2 x=1-\sin^2 x$임을 이용하여 식을 변형한다.

Step 1 적분하는 식 변형하기

$$\int_0^{\frac{\pi}{2}}(\cos x+3\cos^3 x)\,dx=\int_0^{\frac{\pi}{2}}\cos x(1+3\cos^2 x)\,dx$$
$$=\int_0^{\frac{\pi}{2}}\cos x\{1+3(1-\sin^2 x)\}\,dx$$
$$=\int_0^{\frac{\pi}{2}}\cos x(4-3\sin^2 x)\,dx$$

Step 2 정적분의 값 구하기

$\sin x=t$로 놓으면 $\frac{dt}{dx}=\cos x$이고,

$x=0$일 때 $t=0$, $x=\frac{\pi}{2}$일 때 $t=1$이므로

$$\int_0^{\frac{\pi}{2}}(\cos x+3\cos^3 x)\,dx=\int_0^{\frac{\pi}{2}}\cos x(4-3\sin^2 x)\,dx$$
$$=\int_0^1(4-3t^2)\,dt=\Big[4t-t^3\Big]_0^1$$
$$=4-1=3$$

14 치환적분법 정답 ② | 정답률 78%

문제 보기

$\int_{e^2}^{e^3}\frac{a+\ln x}{x}\,dx=\int_0^{\frac{\pi}{2}}(1+\sin x)\cos x\,dx$가 성립할 때, 상수 a의 값은? [4점]

└→ $\ln x=t$, $\sin x=s$로 치환하여 a에 대한 식으로 나타낸다.

① -2 ② -1 ③ 0 ④ 1 ⑤ 2

Step 1 $\int_{e^2}^{e^3}\frac{a+\ln x}{x}\,dx$의 값 구하기

$\ln x=t$로 놓으면 $\frac{dt}{dx}=\frac{1}{x}$이고,

$x=e^2$일 때 $t=2$, $x=e^3$일 때 $t=3$이므로

$$\int_{e^2}^{e^3}\frac{a+\ln x}{x}\,dx=\int_2^3(a+t)\,dt=\Big[at+\frac{1}{2}t^2\Big]_2^3$$
$$=\Big(3a+\frac{9}{2}\Big)-(2a+2)$$
$$=a+\frac{5}{2}$$

Step 2 $\int_0^{\frac{\pi}{2}}(1+\sin x)\cos x\,dx$의 값 구하기

$\sin x=s$로 놓으면 $\frac{ds}{dx}=\cos x$이고,

$x=0$일 때 $s=0$, $x=\frac{\pi}{2}$일 때 $s=1$이므로

$$\int_0^{\frac{\pi}{2}}(1+\sin x)\cos x\,dx=\int_0^1(1+s)\,ds$$
$$=\Big[s+\frac{1}{2}s^2\Big]_0^1$$
$$=1+\frac{1}{2}=\frac{3}{2}$$

Step 3 a의 값 구하기

$\int_{e^2}^{e^3}\frac{a+\ln x}{x}\,dx=\int_0^{\frac{\pi}{2}}(1+\sin x)\cos x\,dx$이므로

$a+\frac{5}{2}=\frac{3}{2}$ $\quad\therefore a=-1$

15 치환적분법: $\int \frac{f'(x)}{f(x)}dx$ 꼴

정답 ③ | 정답률 90%

문제 보기

$\int_0^3 \frac{2}{2x+1}dx$의 값은? [3점]

└→ $(2x+1)'=2$임을 이용한다.

① $\ln 5$ ② $\ln 6$ ③ $\ln 7$ ④ $3\ln 2$ ⑤ $2\ln 3$

Step 1 정적분의 값 구하기

$(2x+1)'=2$이므로

$$\int_0^3 \frac{2}{2x+1}dx=\int_0^3 \frac{(2x+1)'}{2x+1}dx$$
$$=\Big[\ln|2x+1|\Big]_0^3$$
$$=\ln 7$$

다른 풀이 $2x+1=t$로 치환하여 정적분의 값 구하기

$2x+1=t$로 놓으면 $\frac{dt}{dx}=2$이고,

$x=0$일 때 $t=1$, $x=3$일 때 $t=7$이므로

$$\int_0^3 \frac{2}{2x+1}dx=\int_1^7 \frac{1}{t}dt=\Big[\ln|t|\Big]_1^7=\ln 7$$

16 치환적분법: $\int \frac{f'(x)}{f(x)}dx$ 꼴

정답 ⑤ | 정답률 96%

문제 보기

$\int_0^e \frac{5}{x+e}dx$의 값은? [3점]

└→ $(x+e)'=1$임을 이용한다.

① $\ln 2$ ② $2\ln 2$ ③ $3\ln 2$ ④ $4\ln 2$ ⑤ $5\ln 2$

Step 1 정적분의 값 구하기

$(x+e)'=1$이므로

$$\int_0^e \frac{5}{x+e}dx=5\int_0^e \frac{(x+e)'}{(x+e)}dx=5\Big[\ln|x+e|\Big]_0^e$$
$$=5(\ln 2e-\ln e)=5\ln 2$$

다른 풀이 $x+e=t$로 치환하여 정적분의 값 구하기

$x+e=t$로 놓으면 $\frac{dt}{dx}=1$이고,

$x=0$일 때 $t=e$, $x=e$일 때 $t=2e$이므로

$$\int_0^e \frac{5}{x+e}dx=\int_e^{2e} \frac{5}{t}dt=\Big[5\ln|t|\Big]_e^{2e}$$
$$=5\ln 2e-5\ln e=5\ln 2$$

17 치환적분법: $\int \frac{f'(x)}{f(x)}dx$ 꼴

정답 15 | 정답률 78%

문제 보기

$\int_1^5 \left(\frac{1}{x+1}+\frac{1}{x}\right)dx=\ln a$일 때, 실수 a의 값을 구하시오. [3점]

└→ $(x+1)'=1$임을 이용한다.

Step 1 정적분의 값 구하기

$(x+1)'=1$이므로

$$\int_1^5 \left(\frac{1}{x+1}+\frac{1}{x}\right)dx=\Big[\ln|x+1|+\ln|x|\Big]_1^5$$
$$=\ln 6+\ln 5-\ln 2$$
$$=\ln 15$$

Step 2 a의 값 구하기

따라서 $\ln 15=\ln a$이므로

$a=15$

18 치환적분법: $\int \frac{f'(x)}{f(x)}dx$ 꼴

정답 ① | 정답률 79%

문제 보기

$\int_3^6 \frac{2}{x^2-2x}dx$의 값은? [3점]

└ $\frac{1}{AB}=\frac{1}{B-A}\left(\frac{1}{A}-\frac{1}{B}\right)$임을 이용하여 식을 변형한다.

① $\ln 2$ ② $\ln 3$ ③ $\ln 4$ ④ $\ln 5$ ⑤ $\ln 6$

Step 1 적분하는 식 변형하기

$$\frac{2}{x^2-2x}=\frac{2}{x(x-2)}=\frac{1}{x-2}-\frac{1}{x}$$

Step 2 정적분의 값 구하기

$(x-2)'=1$이므로

$$\int_3^6 \frac{2}{x^2-2x}dx=\int_3^6\left(\frac{1}{x-2}-\frac{1}{x}\right)dx$$
$$=\Big[\ln|x-2|-\ln|x|\Big]_3^6$$
$$=(\ln 4-\ln 6)-(-\ln 3)=\ln 2$$

19 치환적분법: $\int \frac{f'(x)}{f(x)}dx$ 꼴

정답 ④ | 정답률 81%

문제 보기

함수 $f(x)$가

$$f(x)=\int_0^x \frac{1}{1+e^{-t}}dt$$

└ 분모, 분자에 각각 e^t을 곱하여 식을 변형한다.

일 때, $(f\circ f)(a)=\ln 5$를 만족시키는 실수 a의 값은? [4점]

① $\ln 11$ ② $\ln 13$ ③ $\ln 15$ ④ $\ln 17$ ⑤ $\ln 19$

Step 1 적분하는 식 변형하기

$\frac{1}{1+e^{-t}}$의 분모, 분자에 각각 e^t을 곱하면 $\frac{e^t}{e^t+1}$

Step 2 정적분의 값 구하기

$(e^t+1)'=e^t$이므로

$$f(x)=\int_0^x \frac{1}{1+e^{-t}}dt=\int_0^x \frac{e^t}{e^t+1}dt$$
$$=\int_0^x \frac{(e^t+1)'}{e^t+1}dt=\Big[\ln|e^t+1|\Big]_0^x$$
$$=\ln(e^x+1)-\ln 2\ (\because e^x+1>0)$$
$$=\ln\frac{e^x+1}{2}$$

Step 3 a의 값 구하기

$$\therefore (f\circ f)(a)=f(f(a))=f\left(\ln\frac{e^a+1}{2}\right)$$
$$=\ln\frac{e^{\ln\frac{e^a+1}{2}}+1}{2}=\ln\frac{\frac{e^a+1}{2}+1}{2}=\ln\frac{e^a+3}{4}$$

따라서 $\ln\frac{e^a+3}{4}=\ln 5$이므로

$\frac{e^a+3}{4}=5$, $e^a=17$

$\therefore a=\ln 17$

20 치환적분법을 이용한 부정적분 정답 ④ | 정답률 43%

문제 보기

실수 전체의 집합에서 미분가능한 함수 $f(x)$가 다음 조건을 만족시킬 때, $f(-1)$의 값은? [4점]

> (가) 모든 실수 x에 대하여
> $2\{f(x)\}^2f'(x)=\{f(2x+1)\}^2f'(2x+1)$이다.
> └→ 양변을 적분하여 식을 세운다.
> (나) $f\left(-\frac{1}{8}\right)=1$, $f(6)=2$

① $\frac{\sqrt[3]{3}}{6}$ ② $\frac{\sqrt[3]{3}}{3}$ ③ $\frac{\sqrt[3]{3}}{2}$ ④ $\frac{2\sqrt[3]{3}}{3}$ ⑤ $\frac{5\sqrt[3]{3}}{6}$

Step 1 조건 (가)의 등식의 양변을 적분하여 식 세우기

조건 (가)의 좌변에서 $f(x)=t$로 놓으면 $\frac{dt}{dx}=f'(x)$이므로

$$\int 2\{f(x)\}^2f'(x)\,dx=\int 2t^2\,dt=\frac{2}{3}t^3+C_1$$
$$=\frac{2}{3}\{f(x)\}^3+C_1 \quad \cdots\cdots ㉠$$

조건 (가)의 우변에서 $f(2x+1)=s$로 놓으면 $\frac{ds}{dx}=2f'(2x+1)$이므로

$$\int \{f(2x+1)\}^2f'(2x+1)\,dx=\int s^2\times\frac{1}{2}\,ds=\frac{1}{2}\int s^2\,ds$$
$$=\frac{1}{6}s^3+C_2$$
$$=\frac{1}{6}\{f(2x+1)\}^3+C_2 \quad \cdots\cdots ㉡$$

㉠, ㉡에서

$$\frac{2}{3}\{f(x)\}^3+C_1=\frac{1}{6}\{f(2x+1)\}^3+C_2$$
$$\therefore 4\{f(x)\}^3=\{f(2x+1)\}^3+C \quad \cdots\cdots ㉢$$

Step 2 $f(-1)$의 값 구하기

조건 (나)에서 $f\left(-\frac{1}{8}\right)=1$이므로 ㉢의 양변에 $x=-\frac{1}{8}$을 대입하면

$$4\times1=\left\{f\left(\frac{3}{4}\right)\right\}^3+C \qquad \therefore \left\{f\left(\frac{3}{4}\right)\right\}^3=4-C$$

㉢의 양변에 $x=\frac{3}{4}$을 대입하면

$$4(4-C)=\left\{f\left(\frac{5}{2}\right)\right\}^3+C \qquad \therefore \left\{f\left(\frac{5}{2}\right)\right\}^3=16-5C$$

㉢의 양변에 $x=\frac{5}{2}$를 대입하면

$4(16-5C)=\{f(6)\}^3+C$

이때 조건 (나)에서 $f(6)=2$이므로

$$64-20C=8+C \qquad \therefore C=\frac{8}{3}$$

따라서 ㉢에서 $4\{f(x)\}^3=\{f(2x+1)\}^3+\frac{8}{3}$이므로 양변에 $x=-1$을 대입하면

$$4\{f(-1)\}^3=\{f(-1)\}^3+\frac{8}{3},\ \{f(-1)\}^3=\frac{8}{9}$$
$$\therefore f(-1)=\left(\frac{8}{9}\right)^{\frac{1}{3}}=\frac{2}{3^{\frac{2}{3}}}=\frac{2\times3^{\frac{1}{3}}}{3}=\frac{2\sqrt[3]{3}}{3}$$

21 치환적분법을 이용한 부정적분 정답 ⑤ | 정답률 67%

문제 보기

$x>1$인 모든 실수 x의 집합에서 정의되고 미분가능한 함수 $f(x)$가

$\sqrt{x-1}\,f'(x)=3x-4$ → $f'(x)$를 구한다.

를 만족시킬 때, $f(5)-f(2)$의 값은? [3점]

① 4 ② 6 ③ 8 ④ 10 ⑤ 12

Step 1 $f'(x)$ 구하기

$\sqrt{x-1}\,f'(x)=3x-4\ (x>1)$에서 $\sqrt{x-1}>0$이므로

$$f'(x)=\frac{3x-4}{\sqrt{x-1}}$$

Step 2 $f(x)$ 구하기

$$f(x)=\int f'(x)\,dx=\int\frac{3x-4}{\sqrt{x-1}}\,dx$$

$x-1=t$로 놓으면 $\frac{dt}{dx}=1$이므로

$$f(x)=\int\frac{3x-4}{\sqrt{x-1}}\,dx$$
$$=\int\frac{3t-1}{\sqrt{t}}\,dt \quad \to 3x-4=3(x-1)-1=3t-1$$
$$=\int(3t-1)t^{-\frac{1}{2}}\,dt$$
$$=\int\left(3t^{\frac{1}{2}}-t^{-\frac{1}{2}}\right)dt$$
$$=2t^{\frac{3}{2}}-2t^{\frac{1}{2}}+C$$
$$=2(x-1)^{\frac{3}{2}}-2(x-1)^{\frac{1}{2}}+C$$

Step 3 $f(5)-f(2)$의 값 구하기

따라서 $f(5)=12+C$, $f(2)=C$이므로

$f(5)-f(2)=12$

22 치환적분법을 이용한 부정적분 정답 ② | 정답률 86%

문제 보기

연속함수 $f(x)$가 다음 조건을 만족시킨다.

> (가) $x \neq 0$인 실수 x에 대하여 $\{f(x)\}^2 f'(x) = \dfrac{2x}{x^2+1}$
> └→ 양변을 적분하여 식을 세운다.
>
> (나) $f(0)=0$

$\{f(1)\}^3$의 값은? [4점]

① $2\ln 2$ ② $3\ln 2$ ③ $1+2\ln 2$ ④ $4\ln 2$ ⑤ $1+3\ln 2$

Step 1 조건 (가)의 등식의 양변을 적분하여 식 세우기

조건 (가)의 좌변에서 $f(x)=t$로 놓으면 $\dfrac{dt}{dx}=f'(x)$이므로

$$\int \{f(x)\}^2 f'(x)\,dx = \int t^2\,dt = \frac{1}{3}t^3 + C_1$$
$$= \frac{1}{3}\{f(x)\}^3 + C_1 \quad \cdots\cdots ㉠$$

조건 (가)의 우변에서 $(x^2+1)'=2x$이므로

$$\int \frac{2x}{x^2+1}\,dx = \int \frac{(x^2+1)'}{x^2+1}\,dx$$
$$= \ln(x^2+1) + C_2 \ (\because x^2+1>0) \quad \cdots\cdots ㉡$$

㉠, ㉡에서

$$\frac{1}{3}\{f(x)\}^3 + C_1 = \ln(x^2+1) + C_2$$
$$\therefore \{f(x)\}^3 = 3\ln(x^2+1) + C \quad \cdots\cdots ㉢$$

Step 2 $\{f(1)\}^3$의 값 구하기

조건 (나)에서 $f(0)=0$이므로 ㉢의 양변에 $x=0$을 대입하면

$0=3\ln 1 + C \qquad \therefore C=0$

따라서 ㉢에서 $\{f(x)\}^3 = 3\ln(x^2+1)$이므로

$\{f(1)\}^3 = 3\ln 2$

23 치환적분법을 이용한 부정적분 정답 ① | 정답률 78%

문제 보기

뉴턴의 냉각법칙에 따르면 온도가 20으로 일정한 실내에 있는 어떤 물질의 시각 t(분)에서의 온도를 $T(t)$라 할 때, 함수 $T(t)$의 도함수 $T'(t)$에 대하여 다음 식이 성립한다고 한다.

$$\int \frac{T'(t)}{T(t)-20}\,dt = kt + C \text{ (단, } k, C\text{는 상수이다.)}$$

└→ $\{T(t)-20\}'=T'(t)$임을 이용한다.

$T(0)=100$, $T(3)=60$일 때, k의 값은? (단, 온도의 단위는 ℃이다.) [4점]

① $-\dfrac{\ln 2}{3}$ ② $-\dfrac{2\ln 2}{3}$ ③ $-\ln 2$ ④ $-\dfrac{4\ln 2}{3}$ ⑤ $-\dfrac{5\ln 2}{3}$

Step 1 $\displaystyle\int \frac{T'(t)}{T(t)-20}\,dt$ 계산하기

$\{T(t)-20\}'=T'(t)$이므로

$$\int \frac{T'(t)}{T(t)-20}\,dt = \int \frac{\{T(t)-20\}'}{T(t)-20}\,dt$$
$$= \ln|T(t)-20| + C_1$$

따라서 $\ln|T(t)-20| + C_1 = kt + C$이므로

$\ln|T(t)-20| = kt + C_2 \quad \cdots\cdots ㉠$

Step 2 k의 값 구하기

$T(0)=100$이므로 ㉠의 양변에 $t=0$을 대입하면

$\ln|100-20| = C_2 \qquad \therefore C_2 = \ln 80$

$T(3)=60$이므로 $\ln|T(t)-20| = kt + \ln 80$의 양변에 $t=3$을 대입하면

$\ln|60-20| = 3k + \ln 80$

$\ln 40 = 3k + \ln 80$, $3k = \ln 40 - \ln 80 = \ln\dfrac{1}{2}$

$\therefore k = \dfrac{1}{3}\ln\dfrac{1}{2} = -\dfrac{\ln 2}{3}$

24 치환적분법을 이용한 부정적분 정답 ⑤ | 정답률 59%

문제 보기

$\frac{3}{5}<x<4$에서 정의된 미분가능한 함수 $f(x)$가 $f(1)=2$이고

$$f'(x)=\frac{1-x^2\{f(x)\}^3}{x^3\{f(x)\}^2}$$ → x 대신 $g(x)$를 대입하여 정리한다.

을 만족시킨다. 함수 $f(x)$의 역함수 $g(x)$가 존재하고 미분가능할 때, ⟨보기⟩에서 옳은 것만을 있는 대로 고른 것은? [4점]

⟨ 보기 ⟩

ㄱ. $g'(2)=-\frac{4}{7}$

ㄴ. $g(x)=\frac{1}{3}x^3\{g(x)\}^3-\frac{5}{3}$

ㄷ. $2<g(1)<\frac{5}{2}$

① ㄱ ② ㄱ, ㄴ ③ ㄱ, ㄷ ④ ㄴ, ㄷ ⑤ ㄱ, ㄴ, ㄷ

Step 1 ㄱ이 옳은지 확인하기

ㄱ. $f(x)$가 $g(x)$의 역함수이므로

$f(g(x))=x,\ g'(x)=\frac{1}{f'(g(x))}$ …… ㉠

$f'(x)=\frac{1-x^2\{f(x)\}^3}{x^3\{f(x)\}^2}$의 양변에 x 대신 $g(x)$를 대입하면

$f'(g(x))=\frac{1-\{g(x)\}^2\{f(g(x))\}^3}{\{g(x)\}^3\{f(g(x))\}^2}$

㉠을 대입하면

$\frac{1}{g'(x)}=\frac{1-x^3\{g(x)\}^2}{x^2\{g(x)\}^3}$

$\therefore\ g'(x)=\frac{x^2\{g(x)\}^3}{1-x^3\{g(x)\}^2}$ …… ㉡

$f(1)=2$에서 $g(2)=1$이므로

$g'(2)=\frac{2^2\times\{g(2)\}^3}{1-2^3\times\{g(2)\}^2}=\frac{4}{1-8}=-\frac{4}{7}$

Step 2 ㄴ이 옳은지 확인하기

ㄴ. ㉡에서

$g'(x)[1-x^3\{g(x)\}^2]=x^2\{g(x)\}^3$

$g'(x)=x^3\{g(x)\}^2g'(x)+x^2\{g(x)\}^3$

$g'(x)=\{xg(x)\}^2\{xg'(x)+g(x)\}$

$\therefore\ g(x)=\int g'(x)\,dx=\int\{xg(x)\}^2\{xg'(x)+g(x)\}\,dx$

이때 $xg(x)=t$로 놓으면 $g(x)+xg'(x)=\frac{dt}{dx}$이므로

$g(x)=\int\{xg(x)\}^2\{xg'(x)+g(x)\}\,dx$

$=\int t^2\,dt$

$=\frac{1}{3}t^3+C$

$=\frac{1}{3}\{xg(x)\}^3+C$

$g(2)=1$이므로

$g(2)=\frac{1}{3}\times\{2g(2)\}^3+C$

$1=\frac{8}{3}+C\qquad\therefore\ C=-\frac{5}{3}$

$\therefore\ g(x)=\frac{1}{3}x^3\{g(x)\}^3-\frac{5}{3}$ …… ㉢

Step 3 ㄷ이 옳은지 확인하기

ㄷ. ㉢의 양변에 $x=1$을 대입하면

$g(1)=\frac{1}{3}\{g(1)\}^3-\frac{5}{3}$

$\therefore\ \{g(1)\}^3-3g(1)-5=0$

이때 $h(t)=t^3-3t-5$라 하면 $g(1)$은 방정식 $h(t)=0$의 한 실근이다.

$h'(t)=3t^2-3=3(t+1)(t-1)$

$h'(t)=0$인 t의 값은

$t=-1$ 또는 $t=1$

함수 $h(t)$의 증가와 감소를 표로 나타내면 다음과 같다.

t	$\cdots$	-1	$\cdots$	1	$\cdots$
$h'(t)$	+	0	−	0	+
$h(t)$	↗	-3 극대	↘	-7 극소	↗

따라서 함수 $y=h(t)$의 그래프는 오른쪽 그림과 같다.

한편 함수 $h(t)$는 닫힌구간 $\left[2,\ \frac{5}{2}\right]$에서 연속이고 $h(2)=8-6-5=-3<0$,

$h\left(\frac{5}{2}\right)=\frac{125}{8}-\frac{15}{2}-5=\frac{25}{8}>0$이므로

사잇값의 정리에 의하여 방정식 $h(t)=0$은 열린구간 $\left(2,\ \frac{5}{2}\right)$에서 적어도 하나의 실근을 갖는다.

그런데 함수 $y=h(t)$의 그래프에서 $h(t)=0$의 실근은 $g(1)$뿐이므로

$2<g(1)<\frac{5}{2}$

Step 4 옳은 것 구하기

따라서 보기 중 옳은 것은 ㄱ, ㄴ, ㄷ이다.

21 일차

01 12	**02** ①	**03** ④	**04** ①	**05** 51	**06** ②	**07** ⑤	**08** 12	**09** ①	**10** ⑤	**11** ④	**12** ③
13 17	**14** 14	**15** 283	**16** ②	**17** ②	**18** 25	**19** 115	**20** 12	**21** 144	**22** 48		

문제편 290쪽~299쪽

01 치환적분법을 이용한 정적분 정답 12 | 정답률 57%

문제 보기

실수 전체의 집합에서 미분가능한 두 함수 $f(x)$, $g(x)$가 있다. $g(x)$가 $f(x)$의 역함수이고 $g(2)=1$, $g(5)=5$일 때,
└→ $f(1)=2$, $f(5)=5$

$\int_1^5 \frac{40}{g'(f(x))\{f(x)\}^2}dx$의 값을 구하시오. [4점]
└→ 역함수의 미분법을 이용하여 식을 변형한다.

Step 1 적분하는 식 변형하기

$g(x)$가 $f(x)$의 역함수이므로

$g(f(x))=x$, $g'(x)=\frac{1}{f'(g(x))}$

$\therefore g'(f(x))=\frac{1}{f'(g(f(x)))}=\frac{1}{f'(x)}$

$\therefore \int_1^5 \frac{40}{g'(f(x))\{f(x)\}^2}dx=40\int_1^5 \frac{f'(x)}{\{f(x)\}^2}dx$

Step 2 $\int_1^5 \frac{40}{g'(f(x))\{f(x)\}^2}dx$의 값 구하기

$f(x)=t$로 놓으면 $\frac{dt}{dx}=f'(x)$이고,

$x=1$일 때 $t=f(1)$, $x=5$일 때 $t=f(5)$

이때 $g(2)=1$, $g(5)=5$에서 $f(1)=2$, $f(5)=5$이므로

$$\int_1^5 \frac{40}{g'(f(x))\{f(x)\}^2}dx=40\int_1^5 \frac{f'(x)}{\{f(x)\}^2}dx$$
$$=40\int_2^5 \frac{1}{t^2}dt=40\int_2^5 t^{-2}dt$$
$$=40\left[-\frac{1}{t}\right]_2^5=40\left(-\frac{1}{5}+\frac{1}{2}\right)$$
$$=12$$

02 치환적분법을 이용한 정적분 정답 ① | 정답률 74%

문제 보기

그림과 같이 제1사분면에 있는 점 P에서 x축에 내린 수선의 발을 H라 하고, $\angle POH=\theta$라 하자. $\frac{\overline{OH}}{\overline{PH}}$를 $f(\theta)$라 할 때, $\int_{\frac{\pi}{6}}^{\frac{\pi}{3}} f(\theta)\,d\theta$의 값은? (단, O는 원점이다.) [3점]
└→ 두 선분의 길이를 θ에 대한 삼각함수로 나타낸다.

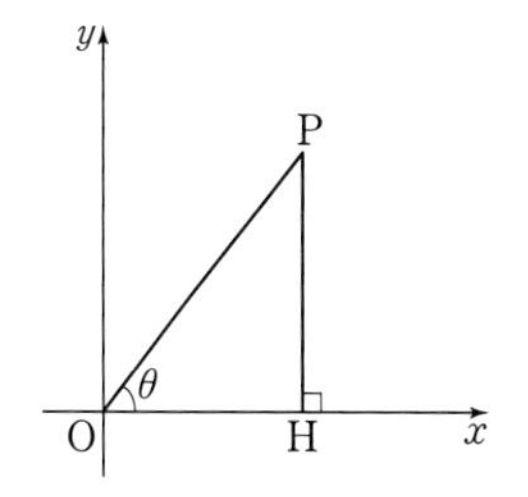

① $\frac{1}{2}\ln 3$ ② $\ln 3$ ③ $\ln 6$ ④ $2\ln 3$ ⑤ $2\ln 6$

Step 1 $f(\theta)$ 구하기

직각삼각형 POH에서 $\tan\theta=\frac{\overline{PH}}{\overline{OH}}$

$\therefore f(\theta)=\frac{\overline{OH}}{\overline{PH}}=\frac{1}{\tan\theta}=\frac{\cos\theta}{\sin\theta}$

Step 2 $\int_{\frac{\pi}{6}}^{\frac{\pi}{3}} f(\theta)\,d\theta$의 값 구하기

$(\sin\theta)'=\cos\theta$이므로

$$\int_{\frac{\pi}{6}}^{\frac{\pi}{3}} f(\theta)\,d\theta=\int_{\frac{\pi}{6}}^{\frac{\pi}{3}} \frac{\cos\theta}{\sin\theta}d\theta=\int_{\frac{\pi}{6}}^{\frac{\pi}{3}} \frac{(\sin\theta)'}{\sin\theta}d\theta$$
$$=\Big[\ln|\sin\theta|\Big]_{\frac{\pi}{6}}^{\frac{\pi}{3}}=\ln\frac{\sqrt{3}}{2}-\ln\frac{1}{2}$$
$$=\ln\sqrt{3}=\frac{1}{2}\ln 3$$

03 치환적분법을 이용한 정적분 정답 ④ | 정답률 78%

문제 보기

양의 실수 전체의 집합에서 정의되고 미분가능한 두 함수 $f(x)$, $g(x)$가 있다. $g(x)$는 $f(x)$의 역함수이고, $g'(x)$는 양의 실수 전체의 집합에서 연속이다. 모든 양수 a에 대하여

└→ $g(f(x))=x$

$$\int_1^a \frac{1}{g'(f(x))f(x)}dx=2\ln a+\ln(a+1)-\ln 2$$

└→ 역함수의 미분법을 이용하여 식을 변형한다.

이고 $f(1)=8$일 때, $f(2)$의 값은? [3점]

① 36 ② 40 ③ 44 ④ 48 ⑤ 52

Step 1 적분하는 식 변형하기

$g(x)$는 $f(x)$의 역함수이므로 $g(f(x))=x$이고, 두 함수 $f(x)$, $g(x)$는 양의 실수 전체의 집합에서 정의되므로 $f(x)>0$

$g'(x)=\frac{1}{f'(g(x))}$에서 $g'(f(x))=\frac{1}{f'(g(f(x)))}=\frac{1}{f'(x)}$

$\therefore \int_1^a \frac{1}{g'(f(x))f(x)}dx=\int_1^a \frac{f'(x)}{f(x)}dx$

Step 2 $f(2)$의 값 구하기

$\int_1^a \frac{f'(x)}{f(x)}dx=\Big[\ln|f(x)|\Big]_1^a$

$=\ln f(a)-\ln f(1)$ ($\because f(x)>0$)

$=\ln f(a)-\ln 8$

즉, $\ln f(a)-\ln 8=2\ln a+\ln(a+1)-\ln 2$

모든 양수 a에 대하여 위의 등식이 성립하므로 $a=2$를 대입하면

$\ln f(2)-3\ln 2=2\ln 2+\ln 3-\ln 2$

$\ln f(2)=4\ln 2+\ln 3=\ln 48$

$\therefore f(2)=48$

04 치환적분법을 이용한 정적분 정답 ① | 정답률 96%

문제 보기

연속함수 $y=f(x)$의 그래프가 y축에 대하여 대칭이고, 모든 실수 a에 대하여

└→ $\int_{-a}^a f(x)dx=2\int_0^a f(x)dx$

$$\int_{a-1}^{a+1} f(a-x)dx=24$$

└→ $a-x=t$로 치환하여 식을 변형한다.

일 때, $\int_0^1 f(x)dx$의 값은? [3점]

① 12 ② 14 ③ 16 ④ 18 ⑤ 20

Step 1 $\int_{-1}^1 f(x)dx$의 값 구하기

$a-x=t$로 놓으면 $\frac{dt}{dx}=-1$이고,

$x=a-1$일 때 $t=1$, $x=a+1$일 때 $t=-1$이므로

$\int_{a-1}^{a+1} f(a-x)dx=\int_1^{-1} f(t)\times(-1)dt$

$=-\int_1^{-1} f(t)dt$

$=\int_{-1}^1 f(t)dt$

$\therefore \int_{-1}^1 f(t)dt=\int_{-1}^1 f(x)dx=24$

Step 2 $\int_0^1 f(x)dx$의 값 구하기

함수 $y=f(x)$의 그래프가 y축에 대하여 대칭이므로

$\int_{-1}^1 f(x)dx=2\int_0^1 f(x)dx=24$

$\therefore \int_0^1 f(x)dx=12$

05 치환적분법을 이용한 정적분 정답 51 | 정답률 30%

문제 보기

함수 $f(x)=\dfrac{e^{\cos x}}{1+e^{\cos x}}$에 대하여

$$a=f(\pi-x)+f(x),\ b=\int_0^{\pi} f(x)\,dx$$

└ a의 값을 구한다.
└ $f(x)=a-f(\pi-x)$임을 이용하여 b의 값을 구한다.

일 때, $a+\dfrac{100}{\pi}b$의 값을 구하시오. [4점]

Step 1 a의 값 구하기

$f(x)=\dfrac{e^{\cos x}}{1+e^{\cos x}}$에 x 대신 $\pi-x$를 대입하면

$$f(\pi-x)=\frac{e^{\cos(\pi-x)}}{1+e^{\cos(\pi-x)}}=\frac{e^{-\cos x}}{1+e^{-\cos x}}$$ → $\cos(\pi-\theta)=-\cos\theta$

$$=\frac{e^{-\cos x}\times e^{\cos x}}{(1+e^{-\cos x})\times e^{\cos x}}=\frac{1}{e^{\cos x}+1}$$

$\therefore\ a=f(\pi-x)+f(x)$

$$=\frac{1}{e^{\cos x}+1}+\frac{e^{\cos x}}{1+e^{\cos x}}=\frac{1+e^{\cos x}}{1+e^{\cos x}}=1$$

Step 2 b의 값 구하기

$a=f(\pi-x)+f(x)$에서 $f(x)=a-f(\pi-x)=1-f(\pi-x)$이므로

$$\int_0^{\pi} f(x)\,dx=\int_0^{\pi}\{1-f(\pi-x)\}\,dx$$
$$=\int_0^{\pi} dx-\int_0^{\pi} f(\pi-x)\,dx$$

$\displaystyle\int_0^{\pi} f(\pi-x)\,dx$에서 $\pi-x=t$로 놓으면 $\dfrac{dt}{dx}=-1$이고,

$x=0$일 때 $t=\pi$, $x=\pi$일 때 $t=0$이므로

$$\int_0^{\pi} dx-\int_0^{\pi} f(\pi-x)\,dx=\int_0^{\pi} dx-\int_{\pi}^{0} f(t)\times(-1)\,dt$$
$$=\Big[x\Big]_0^{\pi}-\int_0^{\pi} f(t)\,dt$$
$$=\pi-\int_0^{\pi} f(x)\,dx=\pi-b$$

따라서 $b=\pi-b$이므로

$b=\dfrac{\pi}{2}$

Step 3 $a+\dfrac{100}{\pi}b$의 값 구하기

따라서 $a=1$, $b=\dfrac{\pi}{2}$이므로

$$a+\frac{100}{\pi}b=1+\frac{100}{\pi}\times\frac{\pi}{2}=1+50=51$$

06 치환적분법을 이용한 정적분 정답 ② | 정답률 75%

문제 보기

연속함수 $f(x)$가 다음 조건을 만족시킬 때, $\displaystyle\int_0^{a}\{f(2x)+f(2a-x)\}\,dx$의 값은? (단, a는 상수이다.) [4점]

└ *을 이용할 수 있도록 식을 변형한다.

> (가) 모든 실수 x에 대하여 $f(a-x)=f(a+x)$이다.
> └ 함수 $y=f(x)$의 그래프는 직선 $x=a$에 대하여 대칭이다.
> (나) $\displaystyle\int_0^{a} f(x)\,dx=8$ → *

① 12 ② 16 ③ 20 ④ 24 ⑤ 28

Step 1 조건 (가)를 이용하여 정적분의 식 간단히 하기

조건 (가)의 $f(a-x)=f(a+x)$에 x 대신 $x-a$를 대입하면

$f(2a-x)=f(x)$

$$\therefore\ \int_0^{a}\{f(2x)+f(2a-x)\}\,dx$$
$$=\int_0^{a}\{f(2x)+f(x)\}\,dx$$
$$=\int_0^{a} f(2x)\,dx+\int_0^{a} f(x)\,dx \quad\cdots\cdots\ ㉠$$

Step 2 $\displaystyle\int_0^{a}\{f(2x)+f(2a-x)\}\,dx$의 값 구하기

$\displaystyle\int_0^{a} f(2x)\,dx$에서 $2x=t$로 놓으면 $\dfrac{dt}{dx}=2$이고,

$x=0$일 때 $t=0$, $x=a$일 때 $t=2a$이므로

$$\int_0^{a} f(2x)\,dx=\int_0^{2a} f(t)\times\frac{1}{2}\,dt$$
$$=\frac{1}{2}\int_0^{2a} f(t)\,dt$$
$$=\frac{1}{2}\times 2\int_0^{a} f(t)\,dt$$

→ 함수 $y=f(x)$의 그래프는 직선 $x=a$에 대하여 대칭이므로 $\displaystyle\int_0^{a} f(x)\,dx=\int_a^{2a} f(x)\,dx$

$$=8\ (\because\ 조건\ (나))$$

따라서 ㉠에서

$$\int_0^{a}\{f(2x)+f(2a-x)\}\,dx=\int_0^{a} f(2x)\,dx+\int_0^{a} f(x)\,dx$$
$$=8+8=16$$

07 치환적분법을 이용한 정적분　정답 ⑤ | 정답률 67%

문제 보기

실수 전체의 집합에서 미분가능한 함수 $f(x)$가 모든 실수 x에 대하여

$$f(1+x)=f(1-x),\ f(2+x)=f(2-x)$$

를 만족시킨다. 실수 전체의 집합에서 $f'(x)$가 연속이고, $\int_2^5 f'(x)\,dx=4$일 때, 〈보기〉에서 옳은 것만을 있는 대로 고른 것은? [4점]

〈보기〉

ㄱ. 모든 실수 x에 대하여 $f(x+2)=f(x)$이다.

ㄴ. $f(1)-f(0)=4$

ㄷ. $\int_0^1 f(f(x))f'(x)dx=6$일 때, $\int_1^{10} f(x)dx=\frac{27}{2}$이다.

→ $f(x)=t$로 치환하여 식을 변형한다.

① ㄱ　② ㄷ　③ ㄱ, ㄴ　④ ㄴ, ㄷ　⑤ ㄱ, ㄴ, ㄷ

Step 1 ㄱ이 옳은지 확인하기

ㄱ. $f(1+x)=f(1-x)$, $f(2+x)=f(2-x)$이므로

$$f(2+x)=f(2-x)=f(1+(1-x))$$
$$=f(1-(1-x))=f(x) \quad \cdots\cdots ㉠$$

Step 2 ㄴ이 옳은지 확인하기

ㄴ. $\int_2^5 f'(x)\,dx=\Big[f(x)\Big]_2^5=f(5)-f(2)=4$

이때 ㄱ에 의하여 $f(x+2)=f(x)$이므로

$f(5)=f(3)=f(1)$, $f(2)=f(0)$

$\therefore f(1)-f(0)=f(5)-f(2)=4 \quad \cdots\cdots ㉡$

Step 3 ㄷ이 옳은지 확인하기

ㄷ. $f(x)=t$로 놓으면 $\frac{dt}{dx}=f'(x)$이고,

$x=0$일 때 $t=f(0)$, $x=1$일 때 $t=f(1)$이므로

$$\int_0^1 f(f(x))f'(x)\,dx=\int_{f(0)}^{f(1)} f(t)\,dt$$

이때 $f(0)=k$ (k는 상수)라 하면 ㉡에서 $f(1)=f(0)+4=k+4$이므로

$$\int_{f(0)}^{f(1)} f(t)\,dt=\int_k^{k+4} f(t)\,dt$$
$$=\int_k^{k+2} f(t)\,dt+\int_{k+2}^{k+4} f(t)\,dt$$
$$=2\int_k^{k+2} f(t)\,dt \ (\because ㉠)$$

즉, $2\int_k^{k+2} f(t)\,dt=6$이므로 $\int_k^{k+2} f(x)\,dx=3$

$$\therefore \int_0^{10} f(x)\,dx=\int_0^2 f(x)\,dx+\int_2^4 f(x)\,dx+\cdots+\int_8^{10} f(x)\,dx$$
$$=5\int_0^2 f(x)\,dx=5\times3=15$$

또 $f(1+x)=f(1-x)$이므로 $\int_0^1 f(x)\,dx=\int_1^2 f(x)\,dx$에서

$$\int_0^2 f(x)\,dx=\int_0^1 f(x)\,dx+\int_1^2 f(x)\,dx=2\int_0^1 f(x)\,dx$$

즉, $2\int_0^1 f(x)\,dx=3$이므로 $\int_0^1 f(x)\,dx=\frac{3}{2}$

$$\therefore \int_1^{10} f(x)\,dx=\int_0^{10} f(x)\,dx-\int_0^1 f(x)\,dx=15-\frac{3}{2}=\frac{27}{2}$$

Step 4 옳은 것 구하기

따라서 보기 중 옳은 것은 ㄱ, ㄴ, ㄷ이다.

08 치환적분법을 이용한 정적분　정답 12 | 정답률 53%

문제 보기

모든 실수 x에 대하여 연속인 함수 $f(x)$가 다음 조건을 만족시킨다.

(가) 모든 실수 x에 대하여 $f(x+2)=f(x)$이다. → 함수 $f(x)$는 주기가 2인 주기함수이다.
(나) $0\le x\le1$일 때, $f(x)=\sin\pi x+1$이다.
(다) $1<x<2$일 때, $f'(x)\ge0$이다.

$\int_0^6 f(x)\,dx=p+\frac{q}{\pi}$일 때, $p+q$의 값을 구하시오.

(단, p, q는 정수이다.) [4점]

Step 1 함수 $y=f(x)$의 그래프의 개형 파악하기

조건 (가)에 의하여 함수 $f(x)$는 주기가 2인 주기함수이므로 $2\le x\le3$, $4\le x\le5$, $6\le x\le7$, …에서의 그래프의 모양은 $0\le x\le1$에서의 그래프의 모양과 같다.

또 $3<x<4$, $5<x<6$, …에서의 그래프의 모양은 $1<x<2$에서의 그래프의 모양과 같다.

조건 (나)에서 $f(0)=\sin0+1=1$이므로 조건 (가)에 의하여

$f(2)=f(0)=1$

또 $f(1)=\sin\pi+1=1$이므로 $f(1)=f(2)=1$이고, 조건 (다)에서 $1<x<2$일 때 $f'(x)\ge0$이므로 $1<x<2$일 때 $f(x)=1$이다.

따라서 함수 $y=f(x)$의 그래프는 다음 그림과 같다.

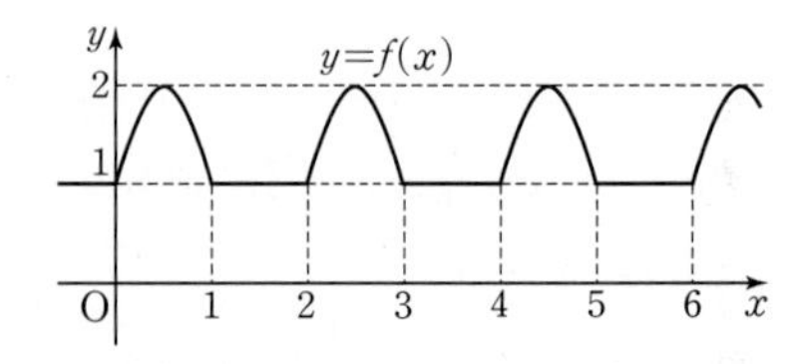

Step 2 $\int_0^6 f(x)\,dx$의 값 구하기

$$\therefore \int_0^6 f(x)\,dx=\int_0^2 f(x)\,dx+\int_2^4 f(x)\,dx+\int_4^6 f(x)\,dx$$
$$=3\int_0^2 f(x)\,dx$$
$$=3\int_0^1 (\sin\pi x+1)\,dx+3\int_1^2 dx$$
$$=3\int_0^1 \sin\pi x\,dx+3\int_0^1 dx+3\int_1^2 dx$$

$\int_0^1 \sin\pi x\,dx$에서 $\pi x=t$로 놓으면 $\frac{dt}{dx}=\pi$이고,

$x=0$일 때 $t=0$, $x=1$일 때 $t=\pi$이므로

$$\int_0^1 \sin\pi x\,dx=\int_0^\pi \sin t\times\frac{1}{\pi}\,dt=\frac{1}{\pi}\Big[-\cos t\Big]_0^\pi=\frac{2}{\pi}$$

$$\therefore \int_0^6 f(x)\,dx=3\times\frac{2}{\pi}+3\int_0^2 dx$$
$$=\frac{6}{\pi}+3\Big[x\Big]_0^2=6+\frac{6}{\pi}$$

Step 3 $p+q$의 값 구하기

따라서 $p=6$, $q=6$이므로

$p+q=12$

09 치환적분법을 이용한 정적분　정답 ① | 정답률 45%

문제 보기

좌표평면에서 원점을 중심으로 하고 반지름의 길이가 2인 원 C와 두 점 $\mathrm{A}(2,\ 0)$, $\mathrm{B}(0,\ -2)$가 있다. 원 C 위에 있고 x좌표가 음수인 점 P에 대하여 $\angle\mathrm{PAB}=\theta$라 하자. 점 $\mathrm{Q}(0,\ 2\cos\theta)$에서 직선 BP에 내린 수선의 발을 R라 하고, 두 점 P와 R 사이의 거리를 $f(\theta)$라 할 때,

└→ $f(\theta)=\overline{\mathrm{PB}}-\overline{\mathrm{RB}}$를 θ에 대한 삼각함수로 나타낸다.

$\displaystyle\int_{\frac{\pi}{6}}^{\frac{\pi}{3}} f(\theta)\,d\theta$의 값은? [4점]

① $\dfrac{2\sqrt{3}-3}{2}$　② $\sqrt{3}-1$　③ $\dfrac{3\sqrt{3}-3}{2}$

④ $\dfrac{2\sqrt{3}-1}{2}$　⑤ $\dfrac{4\sqrt{3}-3}{2}$

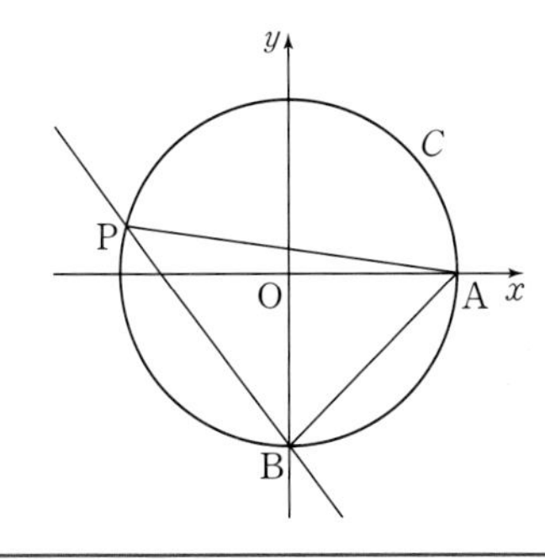

Step 1 $f(\theta)$ 구하기

호 AB에 대한 원주각의 크기는 중심각의 크기의 $\dfrac{1}{2}$이므로

$\angle\mathrm{BPA}=\dfrac{1}{2}\angle\mathrm{BOA}=\dfrac{1}{2}\times\dfrac{\pi}{2}=\dfrac{\pi}{4}$

삼각형 AOB는 직각이등변삼각형이므로

$\angle\mathrm{ABO}=\dfrac{\pi}{4}$

$\therefore\ \angle\mathrm{QBR}=\pi-(\angle\mathrm{ABO}+\angle\mathrm{BPA}+\angle\mathrm{PAB})$

$\qquad=\pi-\left(\dfrac{\pi}{4}+\dfrac{\pi}{4}+\theta\right)=\dfrac{\pi}{2}-\theta$

직각삼각형 QRB에서 $\overline{\mathrm{BQ}}=2+2\cos\theta=2(1+\cos\theta)$이므로

$\overline{\mathrm{RB}}=\overline{\mathrm{BQ}}\cos\left(\dfrac{\pi}{2}-\theta\right)=2(1+\cos\theta)\sin\theta$

한편 삼각형 APB의 외접원의 반지름의 길이가 2이므로 사인법칙에 의하여

$\dfrac{\overline{\mathrm{PB}}}{\sin\theta}=2\times2$　　$\therefore\ \overline{\mathrm{PB}}=4\sin\theta$

$\therefore\ f(\theta)=\overline{\mathrm{PB}}-\overline{\mathrm{RB}}$

$\qquad=4\sin\theta-2(1+\cos\theta)\sin\theta$

$\qquad=2\sin\theta-2\sin\theta\cos\theta$

$\qquad=2\sin\theta(1-\cos\theta)$

Step 2 $\displaystyle\int_{\frac{\pi}{6}}^{\frac{\pi}{3}} f(\theta)\,d\theta$의 값 구하기

$\therefore\ \displaystyle\int_{\frac{\pi}{6}}^{\frac{\pi}{3}} f(\theta)\,d\theta=\int_{\frac{\pi}{6}}^{\frac{\pi}{3}} 2\sin\theta(1-\cos\theta)\,d\theta$

$1-\cos\theta=t$로 놓으면 $\dfrac{dt}{d\theta}=\sin\theta$이고,

$\theta=\dfrac{\pi}{6}$일 때 $t=\dfrac{2-\sqrt{3}}{2}$, $\theta=\dfrac{\pi}{3}$일 때 $t=\dfrac{1}{2}$이므로

$\displaystyle\int_{\frac{\pi}{6}}^{\frac{\pi}{3}} f(\theta)\,d\theta=\int_{\frac{2-\sqrt{3}}{2}}^{\frac{1}{2}} 2t\,dt=\Big[t^2\Big]_{\frac{2-\sqrt{3}}{2}}^{\frac{1}{2}}$

$\qquad=\dfrac{1}{4}-\dfrac{7-4\sqrt{3}}{4}=\dfrac{2\sqrt{3}-3}{2}$

다른 풀이 $\{\cos f(x)\}'=-\sin f(x)\times f'(x)$임을 이용하기

$f(\theta)=\overline{\mathrm{PB}}-\overline{\mathrm{RB}}$

$\quad=4\sin\theta-2(1+\cos\theta)\sin\theta$

$\quad=2\sin\theta-2\sin\theta\cos\theta$

$\quad=2\sin\theta-\sin2\theta$

$\therefore\ \displaystyle\int_{\frac{\pi}{6}}^{\frac{\pi}{3}} f(\theta)\,d\theta=\int_{\frac{\pi}{6}}^{\frac{\pi}{3}} (2\sin\theta-\sin2\theta)\,d\theta$

$\qquad=\displaystyle 2\int_{\frac{\pi}{6}}^{\frac{\pi}{3}}\sin\theta\,d\theta-\int_{\frac{\pi}{6}}^{\frac{\pi}{3}}\sin2\theta\,d\theta$　$\left(\dfrac{1}{2}\cos2\theta\right)'=-\sin2\theta$

$\qquad=2\Big[-\cos\theta\Big]_{\frac{\pi}{6}}^{\frac{\pi}{3}}+\left[\dfrac{1}{2}\cos2\theta\right]_{\frac{\pi}{6}}^{\frac{\pi}{3}}$

$\qquad=2\left(-\dfrac{1}{2}+\dfrac{\sqrt{3}}{2}\right)+\left(-\dfrac{1}{4}-\dfrac{1}{4}\right)=\dfrac{2\sqrt{3}-3}{2}$

10 치환적분법을 이용한 정적분 정답 ⑤ | 정답률 55%

문제 보기

그림과 같이 세 점 A(1, 1), B(4, 1), C(4, 5)를 꼭짓점으로 하는 삼각형 ABC가 있다. 점 P는 점 A를 출발하여 삼각형 ABC의 변을 따라 점 B를 지나 점 C까지 매초 1의 일정한 속력으로 움직이고 이차함수 $f(x)=kx^2$의 그래프가 점 P를 지난다. t초 후 곡선 $y=f(x)$ 위의 점 P에서의 접선의 기울기를 $g(t)$라 하자. 〈보기〉에서 옳은 것만을 있는 대로 고른 것은?

(단, 점 P는 한 번 지나간 점은 다시 지나가지 않는다.) [4점]

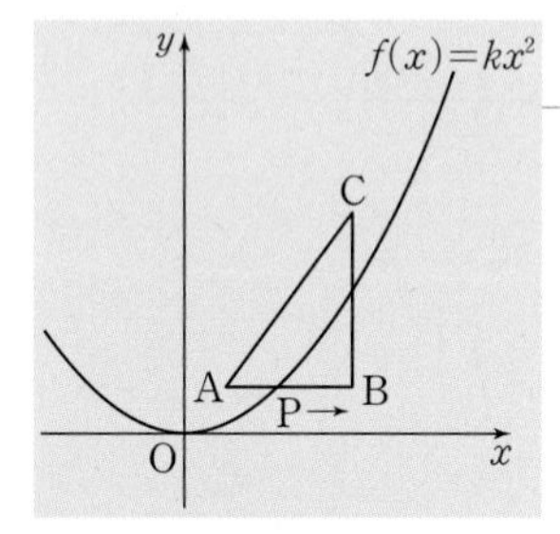

→ 점 P가 점 A에서 점 B까지 움직일 때는 y좌표가 1로 일정하고, 점 B에서 점 C까지 움직일 때는 x좌표가 4로 일정하다.

〈보기〉

ㄱ. $0\le t<3$일 때 점 P의 좌표는 $(t+1, 1)$

ㄴ. $g(t)=\frac{2}{t+1}$ $(0\le t<3)$

ㄷ. $\int_0^7 g(t)dt=6+4\ln 2$

→ 점 P가 $\overline{AB}$ 위에 있을 때와 $\overline{BC}$ 위에 있을 때로 나누어 생각한다.

① ㄱ ② ㄱ, ㄴ ③ ㄱ, ㄷ ④ ㄴ, ㄷ ⑤ ㄱ, ㄴ, ㄷ

Step 1 ㄱ이 옳은지 확인하기

ㄱ. $0\le t<3$일 때 점 P는 점 A에서 출발하여 매초 1의 속력으로 점 B까지 움직이므로 점 P의 좌표는 $(t+1, 1)$

Step 2 ㄴ이 옳은지 확인하기

ㄴ. $0\le t<3$일 때 점 $P(t+1, 1)$은 함수 $f(x)=kx^2$의 그래프 위의 점이므로

$1=k(t+1)^2 \quad \therefore k=\frac{1}{(t+1)^2}$

$f(x)=kx^2$에서 $f'(x)=2kx$

곡선 $y=f(x)$ 위의 점 $P(t+1, 1)$에서의 접선의 기울기는

$g(t)=f'(t+1)=2\times\frac{1}{(t+1)^2}\times(t+1)=\frac{2}{t+1}$

Step 3 ㄷ이 옳은지 확인하기

ㄷ. $3\le t\le 7$일 때 점 P는 점 B에서 출발하여 매초 1의 속력으로 점 C까지 움직이므로 점 P의 좌표는 $(4, t-2)$

→ 3초 후 y좌표가 1인 점에서 출발하므로 $(t-3)+1=t-2$

점 $P(4, t-2)$는 함수 $f(x)=kx^2$의 그래프 위의 점이므로

$t-2=16k \quad \therefore k=\frac{t-2}{16}$

곡선 $y=f(x)$ 위의 점 $P(4, t-2)$에서의 접선의 기울기는

$g(t)=f'(4)=2\times\frac{t-2}{16}\times 4=\frac{t-2}{2}$

$\therefore \int_0^7 g(t)dt=\int_0^3 g(t)dt+\int_3^7 g(t)dt=\int_0^3\frac{2}{t+1}dt+\int_3^7\frac{t-2}{2}dt$

$=\Big[2\ln|t+1|\Big]_0^3+\Big[\frac{1}{4}t^2-t\Big]_3^7=6+4\ln 2$

Step 4 옳은 것 구하기

따라서 보기 중 옳은 것은 ㄱ, ㄴ, ㄷ이다.

11 치환적분법을 이용한 정적분 정답 ④ | 정답률 60%

문제 보기

함수 $f(x)=\frac{5}{2}-\frac{10x}{x^2+4}$와 함수 $g(x)=\frac{4-|x-4|}{2}$의 그래프가 다음과 같다.

→ $x=4$를 기준으로 범위를 나누어서 생각한다.

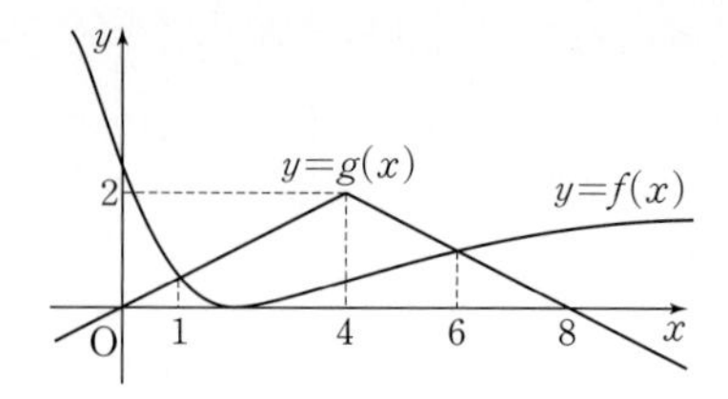

$0\le a\le 8$인 a에 대하여 $\int_0^a f(x)dx+\int_a^8 g(x)dx$의 최솟값은? [4점]

① $14-5\ln 5$ ② $15-5\ln 10$ ③ $15-5\ln 5$
④ $16-5\ln 10$ ⑤ $16-5\ln 5$

Step 1 a의 값의 범위를 나누어 정적분의 값 구하기

$g(x)=\begin{cases}\frac{1}{2}x & (0\le x\le 4)\\ -\frac{1}{2}x+4 & (4<x\le 8)\end{cases}$ 이므로 a의 값의 범위를 $0\le a\le 4$, $4<a\le 8$로 나누어 정적분의 값을 구해 보자.

이때 $S(a)=\int_0^a f(x)dx+\int_a^8 g(x)dx$라 하자.

(i) $0\le a\le 4$일 때

$$S(a)=\int_0^a f(x)dx+\int_a^8 g(x)dx$$
$$=\int_0^a\left(\frac{5}{2}-\frac{10x}{x^2+4}\right)dx+\int_a^4\frac{1}{2}xdx+\int_4^8\left(-\frac{1}{2}x+4\right)dx$$
$$=\left[\frac{5}{2}x-5\ln(x^2+4)\right]_0^a+\left[\frac{1}{4}x^2\right]_a^4+\left[-\frac{1}{4}x^2+4x\right]_4^8$$
$$=\left\{\frac{5}{2}a-5\ln(a^2+4)+5\ln 4\right\}+\left(4-\frac{1}{4}a^2\right)+(16-12)$$
$$=-5\ln(a^2+4)-\frac{1}{4}a^2+\frac{5}{2}a+5\ln 4+8$$

(ii) $4<a\le 8$일 때

$$S(a)=\int_0^a f(x)dx+\int_a^8 g(x)dx$$
$$=\int_0^a\left(\frac{5}{2}-\frac{10x}{x^2+4}\right)dx+\int_a^8\left(-\frac{1}{2}x+4\right)dx$$
$$=\left[\frac{5}{2}x-5\ln(x^2+4)\right]_0^a+\left[-\frac{1}{4}x^2+4x\right]_a^8$$
$$=\left\{\frac{5}{2}a-5\ln(a^2+4)+5\ln 4\right\}+\left(16+\frac{1}{4}a^2-4a\right)$$
$$=-5\ln(a^2+4)+\frac{1}{4}a^2-\frac{3}{2}a+5\ln 4+16$$

Step 2 정적분의 최솟값 구하기

(i) $0\le a\le 4$일 때

$S(a)=-5\ln(a^2+4)-\frac{1}{4}a^2+\frac{5}{2}a+5\ln 4+8$에서

$$S'(a)=-\frac{10a}{a^2+4}-\frac{1}{2}a+\frac{5}{2}$$
$$=-\frac{a^3-5a^2+24a-20}{2(a^2+4)}$$
$$=-\frac{(a-1)(a^2-4a+20)}{2(a^2+4)}$$

$S'(a)=0$인 a의 값은

$a=1$ $(\because a^2-4a+20=(a-2)^2+16>0)$

$0\le a\le 4$에서 함수 $S(a)$의 증가와 감소를 표로 나타내면 다음과 같다.

a	0	$\cdots$	1	$\cdots$	4
$S'(a)$	$+$	$+$	0	$-$	$-$
$S(a)$	$S(0)$	↗	극대	↘	$S(4)$

즉, 함수 $S(a)$는 $a=0$ 또는 $a=4$에서 최솟값을 가질 수 있다.

$S(0)=-5\ln 4+5\ln 4+8=8$

$S(4)=-5\ln 20-4+10+5\ln 4+8=14-5\ln 5$

따라서 $0\le a\le 4$일 때 함수 $S(a)$의 최솟값은

$S(4)=14-5\ln 5$

(ii) $4<a\le 8$일 때

$S(a)=-5\ln(a^2+4)+\frac{1}{4}a^2-\frac{3}{2}a+5\ln 4+16$에서

$$S'(a)=-\frac{10a}{a^2+4}+\frac{1}{2}a-\frac{3}{2}=\frac{a^3-3a^2-16a-12}{2(a^2+4)}=\frac{(a+1)(a+2)(a-6)}{2(a^2+4)}$$

$S'(a)=0$인 a의 값은

$a=6$ ($\because 4<a\le 8$)

$4<a\le 8$에서 함수 $S(a)$의 증가와 감소를 표로 나타내면 다음과 같다.

a	4	$\cdots$	6	$\cdots$	8
$S'(a)$		$-$	0	$+$	$+$
$S(a)$		↘	극소	↗	$S(8)$

즉, 함수 $S(a)$는 $a=6$에서 최솟값을 갖는다.

따라서 $4<a\le 8$일 때 함수 $S(a)$의 최솟값은

$S(6)=-5\ln 40+9-9+5\ln 4+16$
$=16-5\ln 10$

(i), (ii)에서 $S(6)<S(4)$이므로 함수 $S(a)$의 최솟값은

$S(6)=16-5\ln 10$

└ $S(6)-S(4)=16-5\ln 10-(14-5\ln 5)=2-5\ln 2$
$=\ln e^2-\ln 2^5<0$ ($\because 2<e<3$)
$\therefore S(6)<S(4)$

다른 풀이 $\frac{d}{dx}\int_a^x f(t)\,dt=f(x)$임을 이용하기

$S(a)=\int_0^a f(x)\,dx+\int_a^8 g(x)\,dx$에서

$S'(a)=f(a)-g(a)$

$S'(a)=0$인 a의 값은

$f(a)=g(a)$ $\quad\therefore a=1$ 또는 $a=6$ ($\because 0\le a\le 8$)

$0\le a\le 8$에서 함수 $S(a)$의 증가와 감소를 표로 나타내면 다음과 같다.

a	0	$\cdots$	1	$\cdots$	6	$\cdots$	8
$S'(a)$	$+$	$+$	0	$-$	0	$+$	$+$
$S(a)$	$S(0)$	↗	극대	↘	극소	↗	$S(8)$

즉, 함수 $S(a)$는 $a=0$ 또는 $a=6$에서 최솟값을 가질 수 있다.

$S(0)=8$, $S(6)=16-5\ln 10$이므로 함수 $S(a)$의 최솟값은

$S(6)=16-5\ln 10$

12 치환적분법을 이용한 정적분 정답 ③ | 정답률 49%

문제 보기

함수 $f(x)=\lim_{n\to\infty}\frac{x^{2n}+\cos 2\pi x}{x^{2n}+1}$에 대하여 함수 $g(x)$를

└ x의 값의 범위를 나누어 $f(x)$를 구한다.

$$g(x)=\int_{-x}^{2}f(t)\,dt+\int_2^x tf(t)\,dt$$

라 할 때, $g(-2)+g(2)$의 값은? [4점]

① -2 ② 0 ③ 2 ④ 4 ⑤ 6

Step 1 $f(x)$ 구하기

(i) $|x|>1$, 즉 $x>1$ 또는 $x<-1$일 때

$\lim_{n\to\infty}\frac{1}{x^{2n}}=0$이므로

$$f(x)=\lim_{n\to\infty}\frac{x^{2n}+\cos 2\pi x}{x^{2n}+1}=\lim_{n\to\infty}\frac{1+\frac{\cos 2\pi x}{x^{2n}}}{1+\frac{1}{x^{2n}}}=1$$

(ii) $x=1$일 때

$$f(1)=\lim_{n\to\infty}\frac{1^{2n}+\cos 2\pi}{1^{2n}+1}=\frac{1+1}{1+1}=1$$

(iii) $|x|<1$, 즉 $-1<x<1$일 때

$\lim_{n\to\infty}x^{2n}=0$이므로

$$f(x)=\lim_{n\to\infty}\frac{x^{2n}+\cos 2\pi x}{x^{2n}+1}=\cos 2\pi x$$

(iv) $x=-1$일 때

$$f(-1)=\lim_{n\to\infty}\frac{(-1)^{2n}+\cos(-2\pi)}{(-1)^{2n}+1}=\frac{1+1}{1+1}=1$$

(i)~(iv)에서

$$f(x)=\begin{cases}1 & (|x|\ge 1)\\ \cos 2\pi x & (|x|<1)\end{cases}$$

Step 2 $g(-2)$의 값 구하기

$$\therefore g(-2)=\int_2^2 f(t)\,dt+\int_2^{-2}tf(t)\,dt=\int_2^{-2}tf(t)\,dt$$

이때 $f(-x)=f(x)$이므로 $h(x)=xf(x)$라 하면

$h(-x)=-xf(-x)=-xf(x)=-h(x)$

즉, 함수 $y=xf(x)$의 그래프는 원점에 대하여 대칭이다.

$$\therefore g(-2)=\int_2^{-2}tf(t)\,dt=0$$

└ $k(-x)=-k(x)$이면 $\int_{-a}^{a}k(x)\,dx=0$

Step 3 $g(2)$의 값 구하기

$$\therefore g(2)=\int_{-2}^{2}f(t)\,dt+\int_2^2 tf(t)\,dt$$
$$=\int_{-2}^{2}f(t)\,dt=2\int_0^2 f(t)\,dt$$
$$=2\left\{\int_0^1 f(t)\,dt+\int_1^2 f(t)\,dt\right\}$$
$$=2\left(\int_0^1 \cos 2\pi t\,dt+\int_1^2 dt\right)$$
$$=2\left[\frac{1}{2\pi}\sin 2\pi t\right]_0^1+2\Big[t\Big]_1^2$$
$$=0+2=2$$

$\left(\frac{1}{2\pi}\sin 2\pi t\right)'=\cos 2\pi t$

Step 4 $g(-2)+g(2)$의 값 구하기

$\therefore g(-2)+g(2)=0+2=2$

13 치환적분법을 이용한 정적분 정답 17 | 정답률 33%

문제 보기

두 연속함수 $f(x)$, $g(x)$가

$$g(e^x)=\begin{cases} f(x) & (0\le x<1) \\ g(e^{x-1})+5 & (1\le x\le 2) \end{cases}$$ → $e^x=t$로 치환하여 식을 정리한다.

를 만족시키고, $\int_1^{e^2} g(x)\,dx=6e^2+4$이다. $\int_1^e f(\ln x)\,dx=ae+b$

└ 정리한 식과 *을 이용하여 a, b의 값을 구한다. └ *

일 때, a^2+b^2의 값을 구하시오. (단, a, b는 정수이다.) [4점]

Step 1 $e^x=t$로 치환하여 $g(t)$의 식 정리하기

$g(e^x)=\begin{cases} f(x) & (0\le x<1) \\ g(e^{x-1})+5 & (1\le x\le 2) \end{cases}$에서 $e^x=t$로 놓으면 $x=\ln t$이고,

$x=0$일 때 $t=1$, $x=1$일 때 $t=e$, $x=2$일 때 $t=e^2$이므로

$$g(t)=\begin{cases} f(\ln t) & (1\le t<e) \\ g\left(\frac{t}{e}\right)+5 & (e\le t\le e^2) \end{cases}$$

Step 2 $\int_1^{e^2} g(x)\,dx$를 a, b를 이용하여 나타내기

$$\therefore \int_1^{e^2} g(x)\,dx=\int_1^e f(\ln x)\,dx+\int_e^{e^2}\left\{g\left(\frac{x}{e}\right)+5\right\}dx$$
$$=ae+b+\int_e^{e^2}\left\{g\left(\frac{x}{e}\right)+5\right\}dx$$

$\int_e^{e^2}\left\{g\left(\frac{x}{e}\right)+5\right\}dx$에서 $\frac{x}{e}=s$로 놓으면 $\frac{ds}{dx}=\frac{1}{e}$이고,

$x=e$일 때 $s=1$, $x=e^2$일 때 $s=e$이므로

$$\int_e^{e^2}\left\{g\left(\frac{x}{e}\right)+5\right\}dx=\int_1^e \{g(s)+5\}\times e\,ds$$
$$=e\int_1^e g(s)\,ds+e\int_1^e 5\,ds$$
$$=e\int_1^e f(\ln s)\,ds+e\Big[5s\Big]_1^e$$
$$=e(ae+b)+5e(e-1)$$
$$=(a+5)e^2+(b-5)e$$

$$\therefore \int_1^{e^2} g(x)\,dx=ae+b+(a+5)e^2+(b-5)e$$
$$=(a+5)e^2+(a+b-5)e+b$$

Step 3 a^2+b^2의 값 구하기

따라서 $(a+5)e^2+(a+b-5)e+b=6e^2+4$이므로

$a+5=6$, $a+b-5=0$, $b=4$

$\therefore a=1$, $b=4$

$\therefore a^2+b^2=17$

14 치환적분법을 이용한 정적분 정답 14 | 정답률 14%

문제 보기

함수 $f(x)=\sin(ax)\ (a\ne 0)$에 대하여 다음 조건을 만족시키는 모든 실수 a의 값의 합을 구하시오. [4점]

(가) $\int_0^{\frac{\pi}{a}} f(x)\,dx\ge\frac{1}{2}$ → 식을 정리하여 a의 값의 범위를 구한다.

(나) $0<t<1$인 모든 실수 t에 대하여

$$\int_0^{3\pi}|f(x)+t|\,dx=\int_0^{3\pi}|f(x)-t|\,dx$$

이다. └ $g(x)=|f(x)+t|-|f(x)-t|$로 놓고 함수 $y=g(x)$의 그래프의 개형을 파악한다.

Step 1 a의 값의 범위 구하기

조건 (가)에서

$$\int_0^{\frac{\pi}{a}} f(x)\,dx=\int_0^{\frac{\pi}{a}}\sin(ax)\,dx$$
$$=\left[-\frac{1}{a}\cos(ax)\right]_0^{\frac{\pi}{a}}$$
$$=\frac{2}{a}$$

$\left\{-\frac{1}{a}\cos(ax)\right\}'=\sin(ax)$

즉, $\frac{2}{a}\ge\frac{1}{2}$이므로 $0<a\le 4$ …… ㉠

Step 2 $g(x)=|f(x)+t|-|f(x)-t|$로 놓고 함수 $y=g(x)$의 그래프의 개형 파악하기

조건 (나)에서

$$\int_0^{3\pi}\{|f(x)+t|-|f(x)-t|\}\,dx=0$$

$$\therefore \int_0^{3\pi}\{|\sin(ax)+t|-|\sin(ax)-t|\}\,dx=0$$

$g(x)=|\sin(ax)+t|-|\sin(ax)-t|$라 하면

$-1\le\sin(ax)<-t$일 때,

$g(x)=-\{\sin(ax)+t\}+\{\sin(ax)-t\}$
$=-2t$

$-t\le\sin(ax)<t$일 때,

$g(x)=\{\sin(ax)+t\}+\{\sin(ax)-t\}$
$=2\sin(ax)$

$t\le\sin(ax)\le 1$일 때,

$g(x)=\{\sin(ax)+t\}-\{\sin(ax)-t\}$
$=2t$

$$\therefore g(x)=\begin{cases} -2t & (-1\le\sin(ax)<-t) \\ 2\sin(ax) & (-t\le\sin(ax)<t) \\ 2t & (t\le\sin(ax)\le 1) \end{cases}$$

이때 함수 $y=\sin ax$의 주기는 $\frac{2\pi}{a}$이므로 함수 $y=g(x)$의 그래프의 개형은 다음 그림과 같다.

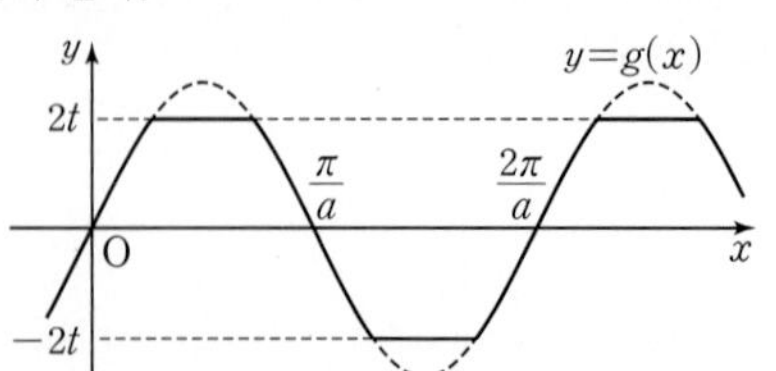

Step 3 주기 조건을 이용하여 a의 값의 범위 구하기

함수 $y=g(x)$의 그래프에서 $0<k<\frac{2\pi}{a}$인 모든 실수 k에 대하여

$\int_0^k g(x)\,dx>0$이고, $\int_0^{\frac{2\pi}{a}} g(x)\,dx=0$이다.

이때 함수 $g(x)$는 주기가 $\frac{2\pi}{a}$이고 $\int_0^{3\pi} g(x)\,dx=0$이므로

자연수 n에 대하여

$3\pi=\frac{2\pi}{a}\times n \qquad \therefore a=\frac{2}{3}n$

이를 ㉠에 대입하면

$0<\frac{2}{3}n\le 4$ (단, n은 자연수)

Step 4 **모든 실수 a의 값의 합 구하기**

따라서 실수 a의 값은 $\frac{2}{3}$, $\frac{4}{3}$, 2, $\frac{8}{3}$, $\frac{10}{3}$, 4이므로 모든 a의 값의 합은

$\frac{2}{3}+\frac{4}{3}+2+\frac{8}{3}+\frac{10}{3}+4=14$

15 치환적분법을 이용한 정적분

정답 283 | 정답률 7%

문제 보기

최고차항의 계수가 1인 사차함수 $f(x)$와 구간 $(0,\ \infty)$에서 $g(x)\ge 0$인 함수 $g(x)$가 다음 조건을 만족시킨다.

> (가) $x\le -3$인 모든 실수 x에 대하여 $f(x)\ge f(-3)$이다.
> (나) $x>-3$인 모든 실수 x에 대하여
> $g(x+3)\{f(x)-f(0)\}^2=f'(x)$이다.
> └ 사차함수 $f(x)$의 증가, 감소를 조사하여 $f'(x)$를 구한다.

$\int_4^5 g(x)\,dx=\frac{q}{p}$일 때, $p+q$의 값을 구하시오.

└ $\int_4^5 g(x)\,dx=\int_1^2 g(x+3)\,dx$ (단, p와 q는 서로소인 자연수이다.) [4점]

Step 1 **$f'(x)$ 구하기**

조건 (가)에서 함수 $f(x)$는 $x<-3$에서 감소하므로

$x<-3$에서 $f'(x)\le 0$이다.

조건 (나)에서 $x>-3$인 모든 실수 x에 대하여

$g(x+3)\{f(x)-f(0)\}^2=f'(x)$ ...... ㉠

구간 $(0,\ \infty)$에서 $g(x)\ge 0$이므로 $x>-3$에서 $f'(x)\ge 0$이다.

이때 $f(-3)$의 값이 최솟값이면서 극솟값이므로 $f'(-3)=0$이다.

또 ㉠의 양변에 $x=0$을 대입하면 $f'(0)=0$

$f(x)$는 최고차항의 계수가 1인 사차함수이고,

$x>-3$에서 $f'(x)\ge 0$, $f'(0)=0$,

$f'(-3)=0$이므로

$f'(x)=4x^2(x+3)=4x^3+12x^2$

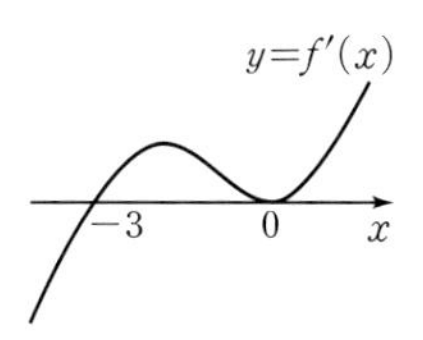

Step 2 **$\int_4^5 g(x)\,dx$의 값 구하기**

$f(x)=\int f'(x)\,dx=\int (4x^3+12x^2)\,dx$

$=x^4+4x^3+C$

$\therefore f(0)=C$

㉠에서 $g(x+3)(x^4+4x^3)^2=4x^3+12x^2$이므로

$g(x+3)=\frac{4x^3+12x^2}{(x^4+4x^3)^2}$ (단, $x\ne -4$, $x\ne 0$)

$\therefore \int_4^5 g(x)\,dx=\int_1^2 g(x+3)\,dx=\int_1^2 \frac{4x^3+12x^2}{(x^4+4x^3)^2}\,dx$

$x^4+4x^3=t$로 놓으면 $\frac{dt}{dx}=4x^3+12x^2$이고,

$x=1$일 때 $t=5$, $x=2$일 때 $t=48$이므로

$$\int_4^5 g(x)\,dx=\int_1^2 \frac{4x^3+12x^2}{(x^4+4x^3)^2}\,dx=\int_5^{48}\frac{1}{t^2}\,dt$$

$$=\int_5^{48} t^{-2}\,dt=\left[-\frac{1}{t}\right]_5^{48}$$

$$=\frac{43}{240}$$

Step 3 **$p+q$의 값 구하기**

따라서 $p=240$, $q=43$이므로

$p+q=283$

16 치환적분법을 이용한 정적분 정답 ② | 정답률 14%

문제 보기

실수 전체의 집합에서 연속인 함수 $f(x)$가 모든 실수 x에 대하여 $f(x)\ge 0$이고, $x<0$일 때 $f(x)=-4xe^{4x^2}$이다. 모든 양수 t에 대하여 x에 대한 방정식 $f(x)=t$의 서로 다른 실근의 개수는 2이고, 이 방정식의 두 실근 중 작은 값을 $g(t)$, 큰 값을 $h(t)$라 하자.

└→ 주어진 조건을 파악하여 함수 $y=f(x)$의 그래프의 개형을 추론한다.

두 함수 $g(t)$, $h(t)$는 모든 양수 t에 대하여

$2g(t)+h(t)=k$ (k는 상수)

└→ 주어진 조건을 이용하여 $x\ge 0$에서 함수 $f(x)$를 구한다.

를 만족시킨다. $\int_0^7 f(x)\,dx=e^4-1$일 때, $\frac{f(9)}{f(8)}$의 값은? [4점]

① $\frac{3}{2}e^5$ ② $\frac{4}{3}e^7$ ③ $\frac{5}{4}e^9$ ④ $\frac{6}{5}e^{11}$ ⑤ $\frac{7}{6}e^{13}$

Step 1 함수 $y=f(x)$의 그래프의 개형 파악하기

$f(x)=-4xe^{4x^2}\ (x<0)$에서

$f'(x)=-4e^{4x^2}-32x^2e^{4x^2}=-4e^{4x^2}(1+8x^2)<0$이므로

$x<0$에서 함수 $f(x)$는 감소한다.

또 함수 $f(x)$는 실수 전체의 집합에서 연속이므로

$f(0)=\lim_{x\to 0-}(-4xe^{4x^2})=0$

따라서 $f(x)=-4xe^{4x^2}\ (x\le 0)$의 그래프의 개형은 오른쪽 그림과 같으므로 $x<0$에서 함수 $y=f(x)$의 그래프와 직선 $y=t\ (t>0)$의 교점은 1개이다. 이때 방정식 $f(x)=t\ (t>0)$의 서로 다른 실근의 개수가 2가 되려면 $x>0$에서 함수 $y=f(x)$의 그래프와 직선 $y=t\ (t>0)$의 교점도 1개이어야 한다.

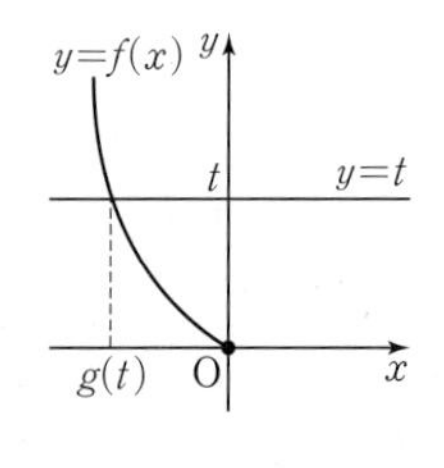

즉, $2g(t)+h(t)=k$에서 $h(t)=k-2g(t)$ …… ㉠

이고, 모든 실수 x에 대하여 $f(x)\ge 0$이므로 함수 $y=f(x)$의 그래프의 개형은 다음 그림과 같다.

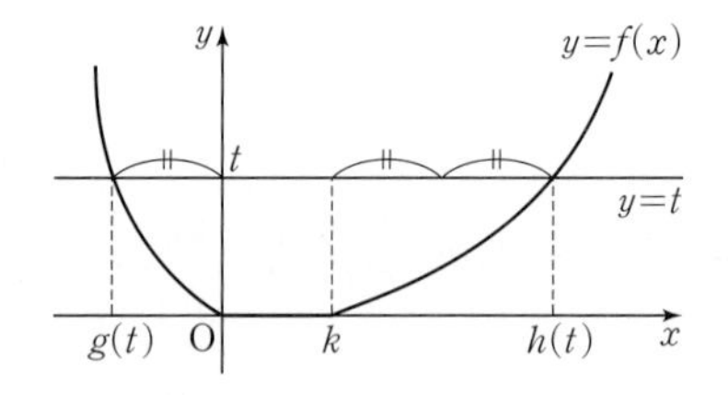

Step 2 함수 $f(x)$ 구하기

한편 방정식 $f(x)=t$의 두 실근이 $g(t)$, $h(t)\ (g(t)<0<h(t))$이므로

$f(g(t))=f(h(t))$이고

㉠에서 $f(g(t))=f(k-2g(t))$

이때 $g(t)=s\ (s<0)$라 하면 $f(s)=f(k-2s)$이고,

또 $k-2s=x$로 놓으면 $s=\frac{k-x}{2}$이므로

$f(x)=f\left(\frac{k-x}{2}\right)$

$\therefore f(x)=\begin{cases} 0 & (0\le x\le k) \\ f\left(\frac{k-x}{2}\right) & (x>k) \end{cases}$ …… ㉠

Step 3 k의 값 구하기

$\int_0^7 f(x)\,dx=e^4-1$에서

$\int_0^k f\left(\frac{k-x}{2}\right)dx+\int_k^7 f\left(\frac{k-x}{2}\right)dx=e^4-1$

$\therefore \int_k^7 f\left(\frac{k-x}{2}\right)dx=e^4-1\ \left(\because \int_0^k f\left(\frac{k-x}{2}\right)dx=0\right)$

이때 $\frac{k-x}{2}=u$로 놓으면 $\frac{du}{dx}=-\frac{1}{2}$이고

$x=k$일 때 $u=0$, $x=7$일 때 $u=\frac{k-7}{2}$이므로

$\int_k^7 f\left(\frac{k-x}{2}\right)dx=-2\int_0^{\frac{k-7}{2}} f(u)\,du$

$=-\int_{\frac{k-7}{2}}^0 8ue^{4u^2}du$

이때 $4u^2=v$로 놓으면 $\frac{dv}{du}=8u$이고

$u=\frac{k-7}{2}$일 때 $v=(k-7)^2$, $u=0$일 때 $v=0$이므로

$\int_k^7 f\left(\frac{k-x}{2}\right)dx=-\int_{\frac{k-7}{2}}^0 8ue^{4u^2}du=-\int_{(k-7)^2}^0 e^v dv$

$=-\left[e^v\right]_{(k-7)^2}^0=-1+e^{(k-7)^2}$

즉, $e^{(k-7)^2}-1=e^4-1$

$\therefore k=5\ (\because k<7)$

Step 4 $\frac{f(9)}{f(8)}$의 값 구하기

따라서 ㉠에서 $f(x)=\begin{cases} 0 & (0\le x\le 5) \\ f\left(\frac{5-x}{2}\right) & (x>5) \end{cases}$ 이므로

$\frac{f(9)}{f(8)}=\frac{f(-2)}{f\left(-\frac{3}{2}\right)}=\frac{8e^{16}}{6e^9}=\frac{4}{3}e^7$

17 치환적분법을 이용한 정적분 정답 ② | 정답률 42%

문제 보기

수열 $\{a_n\}$이

$$a_1=-1,\ a_n=2-\frac{1}{2^{n-2}}\ (n\geq 2)$$

이다. 구간 $[-1, 2)$에서 정의된 함수 $f(x)$가 모든 자연수 n에 대하여

$$f(x)=\sin(2^n\pi x)\ (a_n\leq x\leq a_{n+1})$$

└→ $n=1, 2, 3, \cdots$을 차례대로 대입하여 함수 $y=f(x)$의 그래프를 그린다.

이다. $-1<\alpha<0$인 실수 α에 대하여 $\int_\alpha^t f(x)\,dx=0$을 만족시키는 $t\,(0<t<2)$의 값의 개수가 103일 때, $\log_2(1-\cos(2\pi\alpha))$의 값은? [4점]

① -48 ② -50 ③ -52 ④ -54 ⑤ -56

Step 1 함수 $y=f(x)$의 그래프의 개형 파악하기

$a_1=-1$

$a_2=2-\frac{1}{2^0}=1$

$a_3=2-\frac{1}{2^1}=\frac{3}{2}$

$a_4=2-\frac{1}{2^2}=\frac{7}{4}$

⋮

따라서 $f(x)=\sin(2^n\pi x)\,(a_n\leq x\leq a_{n+1})$에서

$n=1$일 때, $f(x)=\sin(2\pi x)\ (-1\leq x\leq 1)$

$n=2$일 때, $f(x)=\sin(4\pi x)\ \left(1\leq x\leq \frac{3}{2}\right)$

$n=3$일 때, $f(x)=\sin(8\pi x)\ \left(\frac{3}{2}\leq x\leq \frac{7}{4}\right)$

⋮

즉, $f(x)$는 각 구간에서 주기가

$\frac{2\pi}{2\pi}=1,\ \frac{2\pi}{4\pi}=\frac{1}{2},\ \frac{2\pi}{8\pi}=\frac{1}{4},\ \cdots$

인 사인함수이므로 함수 $y=f(x)$의 그래프는 다음 그림과 같다.

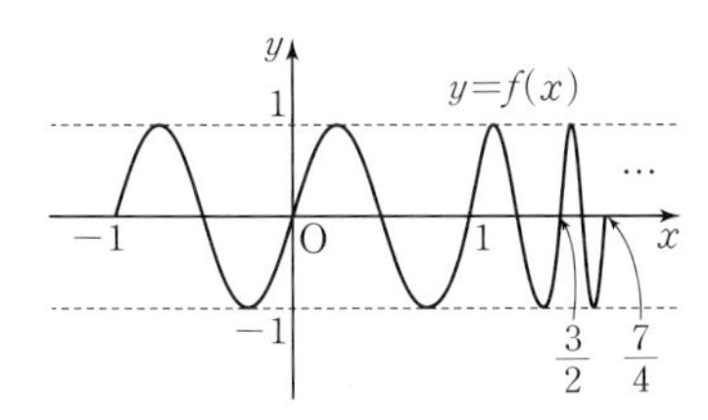

Step 2 $\int_\alpha^t f(x)\,dx=0$을 만족시키는 t의 값의 개수의 의미 파악하기

$-1<\alpha<0$인 실수 α에 대하여 $\int_\alpha^t f(x)\,dx=0$에서

$\int_\alpha^0 f(x)\,dx+\int_0^t f(x)\,dx=0$

$\therefore \int_0^t f(x)\,dx=-\int_\alpha^0 f(x)\,dx$

따라서 방정식 $\int_\alpha^t f(x)\,dx=0$의 서로 다른 실근의 개수는 함수 $y=\int_0^t f(x)\,dx$의 그래프와 직선 $y=-\int_\alpha^0 f(x)\,dx$의 교점의 개수와 같다.

Step 3 $\int_\alpha^t f(x)\,dx=0$을 만족시키는 t의 값의 개수가 103인 경우 파악하기

$g(t)=\int_0^t f(x)\,dx$라 하면 함수 $y=f(x)$의 그래프에서

$g(a_n)=\int_0^{a_n} f(x)\,dx=0$ …… ㉠

또 $g'(t)=f(t)$이므로 함수 $y=g(t)$의 그래프는 $t=\frac{a_2}{2},\ t=\frac{a_2+a_3}{2},\ t=\frac{a_3+a_4}{2},\ \cdots$에서 극값을 갖고, 극값의 절댓값은 점점 감소하므로 함수 $y=g(t)$의 그래프는 다음 그림과 같다.

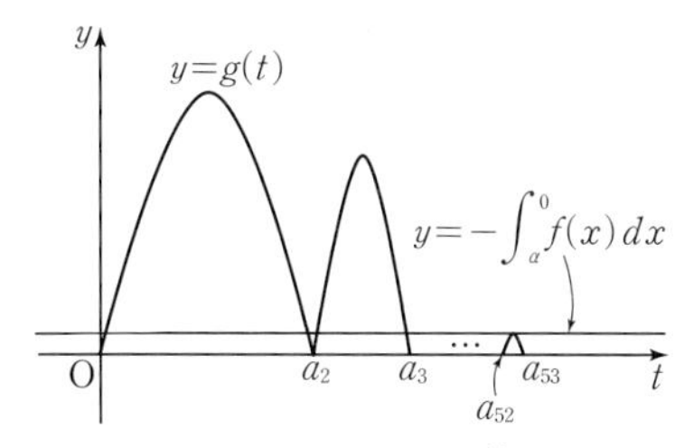

이때 함수 $y=g(t)$의 그래프와 직선 $y=-\int_\alpha^0 f(x)\,dx$의 교점의 개수가 103이려면 함수 $y=g(t)$의 그래프와 직선 $y=-\int_\alpha^0 f(x)\,dx$가 구간 $(0, a_2),\ (a_2, a_3),\ \cdots,\ (a_{51}, a_{52})$에서 각각 서로 다른 두 점에서 만나고 구간 (a_{52}, a_{53})에서 접해야 한다.

Step 4 $1-\cos(2\pi\alpha)$의 값 구하기

두 점 $(a_{52}, 0),\ (a_{53}, 0)$을 잇는 선분의 중점의 x좌표를 b_{52}라 하면

$g(b_{52})=-\int_\alpha^0 f(x)\,dx$ …… ㉡

이어야 한다.

$$\begin{aligned}g(b_{52})&=\int_0^{b_{52}} f(x)\,dx\\&=\int_0^{a_{52}} f(x)\,dx+\int_{a_{52}}^{b_{52}} f(x)\,dx\\&=\int_{a_{52}}^{b_{52}} \sin(2^{52}\pi x)\,dx\ (\because ㉠)\end{aligned}$$

함수 $y=\sin(2^{52}\pi x)$의 주기는 $\frac{2\pi}{2^{52}\pi}=\frac{1}{2^{51}}$이므로 오른쪽 그림에서

$$\begin{aligned}g(b_{52})&=\int_0^{\frac{1}{2^{52}}} \sin(2^{52}\pi x)\,dx\\&=\left[-\frac{1}{2^{52}\pi}\cos(2^{52}\pi x)\right]_0^{\frac{1}{2^{52}}}\\&=\frac{1}{2^{51}\pi}\end{aligned}$$

$$\begin{aligned}-\int_\alpha^0 f(x)\,dx&=-\int_\alpha^0 \sin(2\pi x)\,dx\\&=-\left[-\frac{1}{2\pi}\cos(2\pi x)\right]_\alpha^0\\&=\frac{1}{2\pi}\{1-\cos(2\pi\alpha)\}\end{aligned}$$

㉡에서

$\frac{1}{2\pi}\{1-\cos(2\pi\alpha)\}=\frac{1}{2^{51}\pi}$

$\therefore 1-\cos(2\pi\alpha)=\frac{1}{2^{50}}$

Step 5 $\log_2(1-\cos(2\pi\alpha))$의 값 구하기

$$\begin{aligned}\therefore \log_2(1-\cos(2\pi\alpha))&=\log_2\frac{1}{2^{50}}\\&=\log_2 2^{-50}=-50\end{aligned}$$

18 치환적분법을 이용한 정적분 정답 25 | 정답률 14%

문제 보기

최고차항의 계수가 $k\,(k>0)$인 이차함수 $f(x)$에 대하여

└→ $f(x)=kx^2+px+q$로 놓고 *을 이용하여 식을 정리한다.

$f(0)=f(-2)$, $f(0)\neq 0$이다. 함수 $g(x)=(ax+b)e^{f(x)}\,(a<0)$이

└→ * └→ $f(x)$를 대입하여 $g(x)$를 구한다.

다음 조건을 만족시킨다.

> (가) 모든 실수 x에 대하여 $(x+1)\{g(x)-mx-m\}\leq 0$을 만족시키는 실수 m의 최솟값은 -2이다.
>
> └→ $x\geq -1$, $x<-1$인 경우로 나누어 부등식을 정리한다.
>
> (나) $\displaystyle\int_0^1 g(x)\,dx=\int_{-2f(0)}^{1} g(x)\,dx=\frac{e-e^4}{k}$

$f(ab)$의 값을 구하시오. (단, a, b는 상수이다.) [4점]

Step 1 $f(x)$의 식 세우기

$f(x)=kx^2+px+q$ ($k>0$, p, q는 상수)라 하면

$f(0)=f(-2)$에서 $q=4k-2p+q$ $\quad\therefore p=2k$

또 $f(0)\neq 0$이므로 $q\neq 0$

$\therefore f(x)=kx^2+2kx+q$ (단, $k>0$, $q\neq 0$) …… ㉠

Step 2 a, b 사이의 관계식 구하기

조건 (가)의 $(x+1)\{g(x)-mx-m\}\leq 0$에서

$x\geq -1$일 때, $g(x)\leq mx+m$

$x<-1$일 때, $g(x)\geq mx+m$

이때 함수 $g(x)$는 모든 실수 x에서 연속이므로 $x=-1$에서 연속이다.

즉, $\displaystyle\lim_{x\to -1+} g(x)=\lim_{x\to -1-} g(x)=g(-1)$에서

$g(-1)=0$

$g(x)=(ax+b)e^{f(x)}$에서 $g(-1)=0$이므로

$(-a+b)e^{f(-1)}=0$ $\quad\therefore a=b$ ($\because e^{f(-1)}>0$) …… ㉡

Step 3 k의 값 구하기

$g(x)=(ax+a)e^{kx^2+2kx+q}$이므로

$g'(x)=a\{1+2k(x+1)^2\}e^{kx^2+2kx+q}$

$g''(x)=2ak(x+1)\{3+2k(x+1)^2\}e^{kx^2+2kx+q}$

$a<0$, $k>0$이므로 모든 실수 x에 대하여 $g'(x)<0$, 즉 모든 실수 x에 대하여 함수 $g(x)$는 감소하고, $x<-1$이면 $g''(x)>0$, $x>-1$이면 $g''(x)<0$이므로 함수 $y=g(x)$의 그래프는 $x=-1$인 점에서 변곡점을 갖는다.

따라서 조건 (가)에 의하여

$g'(-1)=-2$

$g'(x)=a\{1+2k(x+1)^2\}e^{kx^2+2kx+q}$에서 $g'(-1)=-2$이므로

$ae^{-k+q}=-2$ …… ㉢

조건 (나)의 $\displaystyle\int_0^1 g(x)\,dx$에서

$$\int_0^1 g(x)\,dx=\int_0^1 (ax+a)e^{kx^2+2kx+q}\,dx$$

$kx^2+2kx+q=t$로 놓으면 $2kx+2k=\dfrac{dt}{dx}$이고,

$x=0$일 때 $t=q$, $x=1$일 때 $t=3k+q$이므로

$$\int_0^1 g(x)\,dx=\int_q^{3k+q}\frac{a}{2k}e^t\,dt=\left[\frac{a}{2k}e^t\right]_q^{3k+q}=\frac{a}{2k}(e^{3k+q}-e^q)=\frac{-e^k}{k}(e^{3k}-1)\ (\because ㉢)$$

즉, $\dfrac{-e^k}{k}(e^{3k}-1)=\dfrac{e-e^4}{k}$이므로

$-e^{4k}+e^k=e-e^4$, $e^{4k}-e^4-e^k+e=0$

$(e^{2k}+e^2)(e^k+e)(e^k-e)-(e^k-e)=0$

$(e^k-e)\{(e^{2k}+e^2)(e^k+e)-1\}=0$

$e^k-e=0$ ($\because (e^{2k}+e^2)(e^k+e)-1>0$)

$\therefore k=1$

Step 4 a, b의 값 구하기

$g(x)=(ax+a)e^{x^2+2x+q}$이므로 조건 (나)의

$\displaystyle\int_0^1 g(x)\,dx=\int_{-2f(0)}^1 g(x)\,dx$에서

$\displaystyle\int_{-2f(0)}^1 g(x)\,dx-\int_0^1 g(x)\,dx=0$

$\displaystyle\int_{-2f(0)}^1 g(x)\,dx+\int_1^0 g(x)\,dx=0$

$\displaystyle\therefore \int_{-2f(0)}^0 g(x)\,dx=0$

$$\int_{-2f(0)}^0 g(x)\,dx=\int_{-2f(0)}^0 (ax+a)e^{x^2+2x+q}\,dx$$

$x^2+2x+q=s$로 놓으면 $2x+2=\dfrac{ds}{dx}$이고,

$x=-2f(0)=-2q$일 때 $s=4q^2-3q$, $x=0$일 때 $s=q$이므로

$$\int_{-2f(0)}^0 g(x)\,dx=\int_{4q^2-3q}^q \frac{a}{2}e^s\,ds=\left[\frac{a}{2}e^s\right]_{4q^2-3q}^q=\frac{a}{2}(e^q-e^{4q^2-3q})$$

즉, $\dfrac{a}{2}(e^q-e^{4q^2-3q})=0$이므로

$e^q=e^{4q^2-3q}$ ($\because a<0$)

$q=4q^2-3q$, $4q(q-1)=0$

$\therefore q=1$ ($\because q\neq 0$)

$k=1$, $q=1$을 ㉢에 대입하면

$ae^{-1+1}=-2$ $\quad\therefore a=-2$

㉡에서 $b=a=-2$

Step 5 $f(ab)$의 값 구하기

$k=1$, $q=1$을 ㉠에 대입하면

$f(x)=x^2+2x+1$

$\therefore f(ab)=f(4)=4^2+2\times 4+1=25$

19 치환적분법을 이용한 정적분 정답 115 | 정답률 7%

문제 보기

최고차항의 계수가 9인 삼차함수 $f(x)$가 다음 조건을 만족시킨다.

> (가) $\lim_{x\to0}\frac{\sin(\pi\times f(x))}{x}=0$ → $\sin(\pi\times f(0))=0$임을 이용하여 $f(0)$의 값을 파악한다.
> (나) $f(x)$의 극댓값과 극솟값의 곱은 5이다.

함수 $g(x)$는 $0\le x<1$일 때 $g(x)=f(x)$이고 모든 실수 x에 대하여 $g(x+1)=g(x)$이다. $g(x)$가 실수 전체의 집합에서 연속일 때,
→ * → *과 $g(x)$가 $x=1$에서 연속임을 이용하여 식을 세운다.

$\int_0^5 xg(x)\,dx=\frac{q}{p}$이다. $p+q$의 값을 구하시오.
→ *을 이용하여 $f(x)$에 대한 정적분으로 나타낸다.

(단, p와 q는 서로소인 자연수이다.) [4점]

Step 1 $f(x)$의 식 세우기

조건 (가)의 $\lim_{x\to0}\frac{\sin(\pi\times f(x))}{x}=0$에서 $x\to0$일 때 (분모) → 0이고 극한값이 존재하므로 (분자) → 0이다.

즉, $\lim_{x\to0}\sin(\pi\times f(x))=0$에서 $\sin(\pi\times f(0))=0$

$\therefore f(0)=n$ (단, n은 정수)

$f(x)$는 최고차항의 계수가 9인 삼차함수이므로

$f(x)=9x^3+ax^2+bx+n$ (a, b는 상수)

이라 하자.

Step 2 $f(x)$ 구하기

$h(x)=\sin(\pi\times f(x))$라 하면 $h(0)=0$이므로

$$\lim_{x\to0}\frac{\sin(\pi\times f(x))}{x}=\lim_{x\to0}\frac{h(x)-h(0)}{x}=h'(0)=0$$

$h'(x)=\cos(\pi\times f(x))\times(\pi\times f'(x))=\pi f'(x)\cos(\pi\times f(x))$이므로

$h'(0)=0$에서

$\pi f'(0)\cos(\pi\times f(0))=0$

$\therefore f'(0)=0$ ($\because$ 정수 n에 대하여 $\cos n\pi\neq0$)

$f'(x)=27x^2+2ax+b$이므로

$f'(0)=0$에서 $b=0$

한편 함수 $g(x)$가 실수 전체의 집합에서 연속이면 $x=1$에서 연속이므로

$\lim_{x\to1+}g(x)=\lim_{x\to1-}g(x)$ …… ㉠

이때 함수 $g(x)$는 $0\le x<1$일 때 $g(x)=f(x)$이고 모든 실수 x에 대하여 $g(x+1)=g(x)$이므로

$\lim_{x\to1+}g(x)=\lim_{x\to0+}g(x)$ …… ㉡

㉠, ㉡에서

$\lim_{x\to0+}g(x)=\lim_{x\to1-}g(x)$

$f(x)=9x^3+ax^2+n$이고,

$\lim_{x\to0+}g(x)=\lim_{x\to0+}f(x)=\lim_{x\to0+}(9x^3+ax^2+n)=n$,

$\lim_{x\to1-}g(x)=\lim_{x\to1-}f(x)=\lim_{x\to1-}(9x^3+ax^2+n)=9+a+n$이므로

$n=9+a+n$ $\therefore a=-9$

$f(x)=9x^3-9x^2+n$에서

$f'(x)=27x^2-18x=9x(3x-2)$

$f'(x)=0$인 x의 값은

$x=0$ 또는 $x=\frac{2}{3}$

따라서 함수 $f(x)$는 $x=0$, $x=\frac{2}{3}$에서 극값을 가지므로 조건 (나)에서

$f(0)\times f\left(\frac{2}{3}\right)=5$

$n\left(n-\frac{4}{3}\right)=5$, $3n^2-4n-15=0$

$(3n+5)(n-3)=0$ $\therefore n=3$ ($\because$ n은 정수)

$\therefore f(x)=9x^3-9x^2+3$

Step 3 $\int_0^5 xg(x)\,dx$의 값 구하기

$$\begin{aligned}\therefore \int_0^5 xg(x)\,dx &=\int_0^1 xg(x)\,dx+\int_1^2 xg(x)\,dx+\int_2^3 xg(x)\,dx+\int_3^4 xg(x)\,dx+\int_4^5 xg(x)\,dx\\ &=\int_0^1 xf(x)\,dx+\int_0^1(x+1)g(x+1)\,dx+\int_0^1(x+2)g(x+2)\,dx\\ &\quad+\int_0^1(x+3)g(x+3)\,dx+\int_0^1(x+4)g(x+4)\,dx\\ &=\int_0^1 xf(x)\,dx+\int_0^1(x+1)g(x)\,dx+\int_0^1(x+2)g(x)\,dx\\ &\quad+\int_0^1(x+3)g(x)\,dx+\int_0^1(x+4)g(x)\,dx\\ &=\int_0^1 xf(x)\,dx+\int_0^1(x+1)f(x)\,dx+\int_0^1(x+2)f(x)\,dx\\ &\quad+\int_0^1(x+3)f(x)\,dx+\int_0^1(x+4)f(x)\,dx\\ &=\int_0^1(5x+10)f(x)\,dx\\ &=\int_0^1(5x+10)(9x^3-9x^2+3)\,dx\\ &=\int_0^1(45x^4+45x^3-90x^2+15x+30)\,dx\\ &=\left[9x^5+\frac{45}{4}x^4-30x^3+\frac{15}{2}x^2+30x\right]_0^1\\ &=\frac{111}{4}\end{aligned}$$

Step 4 $p+q$의 값 구하기

따라서 $p=4$, $q=111$이므로

$p+q=115$

20 치환적분법을 이용한 정적분 정답 12 | 정답률 5%

문제 보기

상수 a, b에 대하여 함수 $f(x)=a\sin^3 x+b\sin x$가

$$f\left(\frac{\pi}{4}\right)=3\sqrt{2},\ f\left(\frac{\pi}{3}\right)=5\sqrt{3} \quad \cdots *$$

└→ *을 이용하여 a, b의 값을 구한다.

을 만족시킨다. 실수 $t\,(1<t<14)$에 대하여 함수 $y=f(x)$의 그래프와 직선 $y=t$가 만나는 점의 x좌표 중 양수인 것을 작은 수부터 크기순으로 모두 나열할 때, n번째 수를 x_n이라 하고

$$c_n=\int_{3\sqrt{2}}^{5\sqrt{3}} \frac{t}{f'(x_n)}\,dt$$

└→ $f(x_n)=t$가 성립한다.

라 하자. $\sum_{n=1}^{101} c_n=p+q\sqrt{2}$일 때, $q-p$의 값을 구하시오.

(단, p와 q는 유리수이다.) [4점]

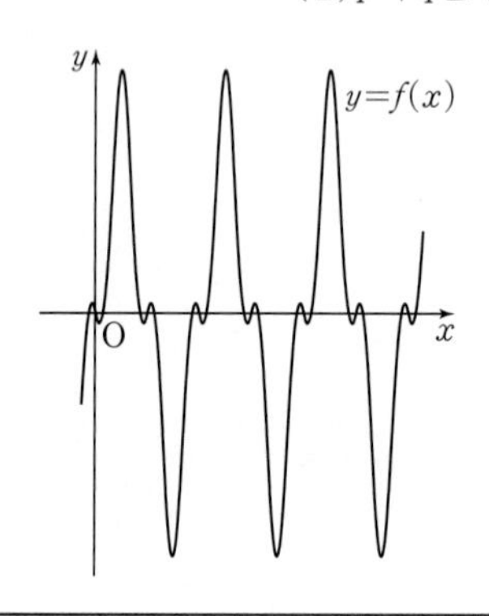

Step 1 $f(x)$ 구하기

$f(x)=a\sin^3 x+b\sin x$이므로

$f\left(\frac{\pi}{4}\right)=3\sqrt{2}$에서

$a\sin^3\frac{\pi}{4}+b\sin\frac{\pi}{4}=3\sqrt{2}$

$\frac{\sqrt{2}}{4}a+\frac{\sqrt{2}}{2}b=3\sqrt{2}$

$\therefore a+2b=12 \quad \cdots\cdots ㉠$

$f\left(\frac{\pi}{3}\right)=5\sqrt{3}$에서

$a\sin^3\frac{\pi}{3}+b\sin\frac{\pi}{3}=5\sqrt{3}$

$\frac{3\sqrt{3}}{8}a+\frac{\sqrt{3}}{2}b=5\sqrt{3}$

$\therefore 3a+4b=40 \quad \cdots\cdots ㉡$

㉠, ㉡을 연립하여 풀면

$a=16$, $b=-2$

$\therefore f(x)=16\sin^3 x-2\sin x$

Step 2 함수 $y=f(x)$의 그래프의 성질 파악하기

$f(x+2\pi)=16\sin^3(x+2\pi)-2\sin(x+2\pi)$

$=16\sin^3 x-2\sin x=f(x)$

이므로 함수 $f(x)$는 주기가 2π이다.

$f\left(2\times\left(n\pi+\frac{\pi}{2}\right)-x\right)=f(2n\pi+\pi-x)$

$=f(\pi-x)$

$=16\sin^3(\pi-x)-2\sin(\pi-x)$

$=16\sin^3 x-2\sin x$

$=f(x)$

이므로 함수 $y=f(x)$의 그래프는 직선 $x=n\pi+\frac{\pi}{2}$ (n은 정수)에 대하여 대칭이다. → $f(2k-t)=f(t)$에서 $f(k-t)=f(k+t)$이므로 함수 $y=f(t)$의 그래프는 직선 $x=k$에 대하여 대칭이야.

Step 3 직선 $y=t$와 x_n의 위치 관계 파악하기

$f'(x)=48\sin^2 x\cos x-2\cos x=2\cos x(24\sin^2 x-1)$이므로

$f'(x)=0$인 x의 값은

$\cos x=0$ 또는 $\sin x=\pm\frac{\sqrt{6}}{12}$

$\cos x=0$에서 $x=\frac{\pi}{2}, \frac{3}{2}\pi, \frac{5}{2}\pi, \cdots$ ($\because x>0$)

다음 그림과 같이 $\sin x=\pm\frac{\sqrt{6}}{12}$을 만족시키는 양수 x를 a_k $(k=1, 2, 3, \cdots)$라 하면

$0<a_1<\frac{\pi}{2}$, $\frac{\pi}{2}<a_2<\pi$, $\pi<a_3<\frac{3}{2}\pi$, $\cdots$

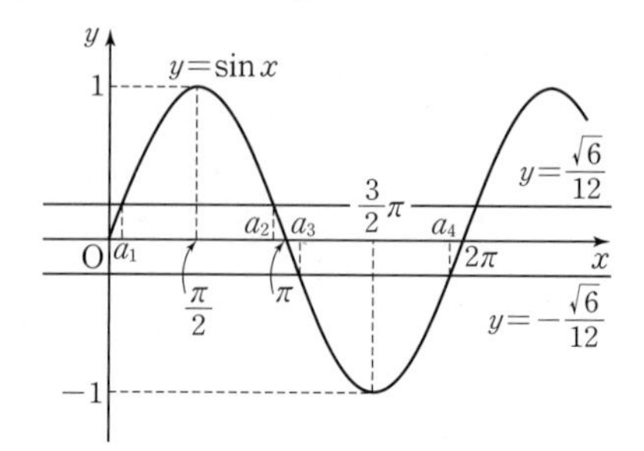

다음 그림에서 $x=\frac{\pi}{2}$, $x=a_3$일 때의 함숫값을 확인하면

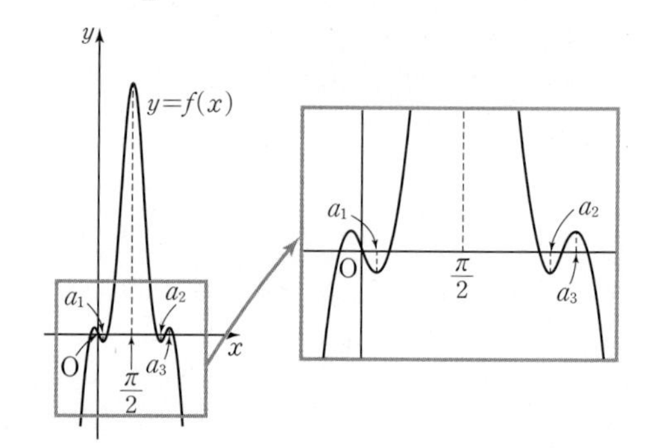

$f\left(\frac{\pi}{2}\right)=16\sin^3\frac{\pi}{2}-2\sin\frac{\pi}{2}=14$

$f(a_3)=16\sin^3 a_3-2\sin a_3$

$=16\times\left(-\frac{\sqrt{6}}{12}\right)^3-2\times\left(-\frac{\sqrt{6}}{12}\right)$

$=\frac{\sqrt{6}}{9}<1$

따라서 실수 $t\,(1<t<14)$에 대하여 함수 $y=f(x)$의 그래프와 직선 $y=t$는 다음 그림과 같다.

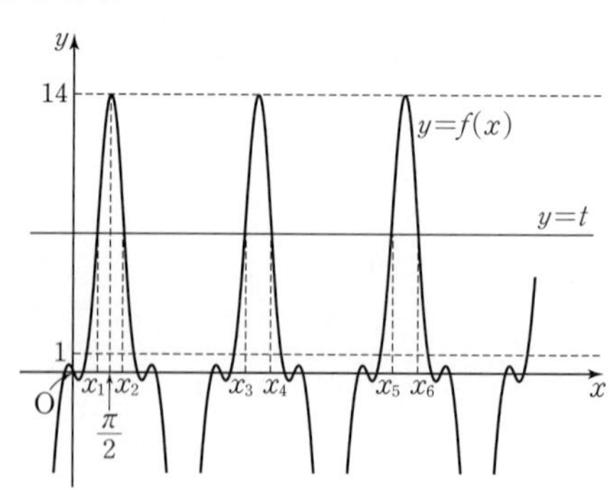

Step 4 c_n에 대한 규칙 파악하기

함수 $y=f(x)$의 그래프에서 $1<t<14$인 실수 t에 대하여 $1<f(x_n)<14$이고, $x_n=(n-1)\pi+(-1)^{n-1}x_1$

(i) n이 홀수일 때

$f'(x_n)=f'(x_1)$이므로

$$c_n=\int_{3\sqrt{2}}^{5\sqrt{3}}\frac{t}{f'(x_n)}\,dt=\int_{3\sqrt{2}}^{5\sqrt{3}}\frac{t}{f'(x_1)}\,dt$$

(ii) n이 짝수일 때

$f'(x_n)=-f'(x_1)$이므로

$c_n=\int_{3\sqrt{2}}^{5\sqrt{3}}\frac{t}{f'(x_n)}dt=-\int_{3\sqrt{2}}^{5\sqrt{3}}\frac{t}{f'(x_1)}dt$

(i), (ii)에서

$c_1+c_2=c_3+c_4=\cdots=c_{99}+c_{100}=0$

Step 5 $\sum_{n=1}^{101}c_n$의 값 구하기

$\therefore \sum_{n=1}^{100}c_n=(c_1+c_2)+(c_3+c_4)+\cdots+(c_{99}+c_{100})+c_{101}$

$=c_{101}=c_1=\int_{3\sqrt{2}}^{5\sqrt{3}}\frac{t}{f'(x_1)}dt$

$\frac{\pi}{4}\le x\le\frac{\pi}{3}$에서 함수 $f(x)$는 일대일대응이므로 역함수가 존재한다.

$h(x)=f^{-1}(x)$라 하면

$h'(t)=\frac{1}{f'(h(t))}$

이때 $f(x_1)=t$이므로 $h(t)=x_1$

$\therefore h'(t)=\frac{1}{f'(x_1)}$

$\therefore c_1=\int_{3\sqrt{2}}^{5\sqrt{3}}\frac{t}{f'(x_1)}dt=\int_{3\sqrt{2}}^{5\sqrt{3}}th'(t)\,dt$

$h(t)=y$로 놓으면 $t=f(y)$이고, $h'(t)=\frac{dy}{dt}$이다.

또 $t=3\sqrt{2}$일 때 $y=\frac{\pi}{4}$, $t=5\sqrt{3}$일 때 $y=\frac{\pi}{3}$이므로

$$\int_{3\sqrt{2}}^{5\sqrt{3}}th'(t)\,dt=\int_{\frac{\pi}{4}}^{\frac{\pi}{3}}f(y)\,dy=\int_{\frac{\pi}{4}}^{\frac{\pi}{3}}f(x)\,dx$$

$$=\int_{\frac{\pi}{4}}^{\frac{\pi}{3}}(16\sin^3 x-2\sin x)\,dx$$

$$=\int_{\frac{\pi}{4}}^{\frac{\pi}{3}}\{16\sin x(1-\cos^2 x)-2\sin x\}\,dx$$

$$=\int_{\frac{\pi}{4}}^{\frac{\pi}{3}}(14\sin x-16\sin x\cos^2 x)\,dx$$

$$=14\int_{\frac{\pi}{4}}^{\frac{\pi}{3}}\sin x\,dx-16\int_{\frac{\pi}{4}}^{\frac{\pi}{3}}\sin x\cos^2 x\,dx$$

$\left(-\frac{1}{3}\cos^3 x\right)'=\cos^2 x\sin x$

$$=14\Big[-\cos x\Big]_{\frac{\pi}{4}}^{\frac{\pi}{3}}-16\left[-\frac{1}{3}\cos^3 x\right]_{\frac{\pi}{4}}^{\frac{\pi}{3}}$$

$$=14\left(-\frac{1}{2}+\frac{\sqrt{2}}{2}\right)+\frac{16}{3}\left(\frac{1}{8}-\frac{\sqrt{2}}{4}\right)$$

$$=-7+7\sqrt{2}+\frac{2}{3}-\frac{4\sqrt{2}}{3}$$

$$=-\frac{19}{3}+\frac{17\sqrt{2}}{3}$$

$\therefore \sum_{n=1}^{101}c_n=-\frac{19}{3}+\frac{17\sqrt{2}}{3}$

Step 6 $q-p$의 값 구하기

따라서 $p=-\frac{19}{3}$, $q=\frac{17}{3}$이므로

$q-p=12$

21 치환적분법을 이용한 정적분 정답 144 | 정답률 2%

문제 보기

상수 $a\,(0<a<1)$에 대하여 함수 $f(x)$를

$$f(x)=\int_0^x \ln(e^{|t|}-a)\,dt$$

라 하자. 함수 $f(x)$와 상수 k는 다음 조건을 만족시킨다.

> (가) 함수 $f(x)$는 $x=\ln\frac{3}{2}$에서 극값을 갖는다. → $f'\left(\ln\frac{3}{2}\right)=0$
>
> (나) $f\left(-\ln\frac{3}{2}\right)=\frac{f(k)}{6}$ → 함수 $y=f(x)$의 그래프의 개형을 그려 k의 값의 범위를 구한다.

$\int_0^k\frac{|f'(x)|}{f(x)-f(-k)}dx=p$일 때, $100\times a\times e^p$의 값을 구하시오. [4점]

└→ $\{f(x)-f(-k)\}'=f'(x)$임을 이용한다.

Step 1 함수 $y=f'(x)$의 그래프의 개형 파악하기

$f(x)=\int_0^x\ln(e^{|t|}-a)\,dt$의 양변을 x에 대하여 미분하면

$f'(x)=\ln(e^{|x|}-a)$

조건 (가)에서 $f'\left(\ln\frac{3}{2}\right)=0$이므로

$\ln\left(\frac{3}{2}-a\right)=0$ $\therefore a=\frac{1}{2}$

$\therefore f'(x)=\ln\left(e^{|x|}-\frac{1}{2}\right)$

이때 모든 실수 x에 대하여 $f'(-x)=f'(x)$이므로 함수 $y=f'(x)$의 그래프는 y축에 대하여 대칭이고,

$f'(0)=\ln\frac{1}{2}=-\ln 2<0$

$x>0$일 때 $f''(x)=\frac{e^x}{e^x-\frac{1}{2}}$이므로 $f''(x)>0$

따라서 함수 $y=f'(x)$의 그래프의 개형은 다음 그림과 같다.

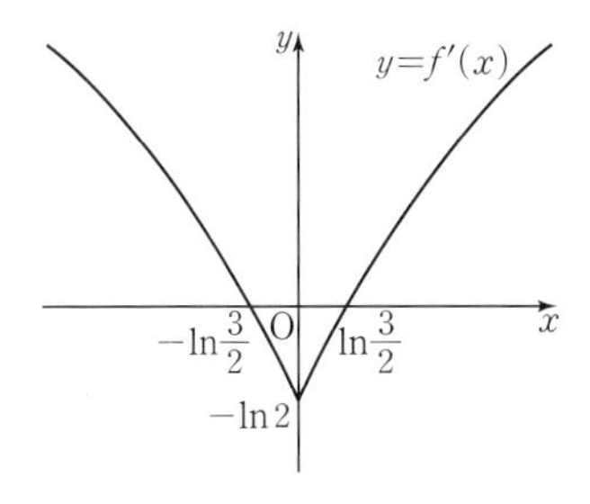

Step 2 함수 $y=f(x)$의 그래프의 개형 파악하기

모든 실수 x에 대하여 $f'(-x)=f'(x)$이므로

$f(x)=-f(-x)+C$

이때 $f(0)=0$이므로 $C=0$

따라서 모든 실수 x에 대하여

$f(-x)=-f(x)$

$x\ge0$에서 함수 $f(x)$의 증가와 감소를 표로 나타내면 다음과 같다.

x	0	$\cdots$	$\ln\frac{3}{2}$	$\cdots$
$f'(x)$	$-\ln 2$	$-$	0	$+$
$f''(x)$		$+$	$+$	$+$
$f(x)$	0	↘	극소	↗

함수 $f(x)$의 극솟값을 $m\,(m<0)$이라 하면

$f\left(\ln\frac{3}{2}\right)=m$

조건 (나)에서

$f\left(-\ln\frac{3}{2}\right)=-f\left(\ln\frac{3}{2}\right)=-m=\frac{f(k)}{6}$

$\therefore f(k)=-6m$

함수 $y=f(x)$의 그래프의 개형은 다음 그림과 같고 $k>\ln\frac{3}{2}$이다.

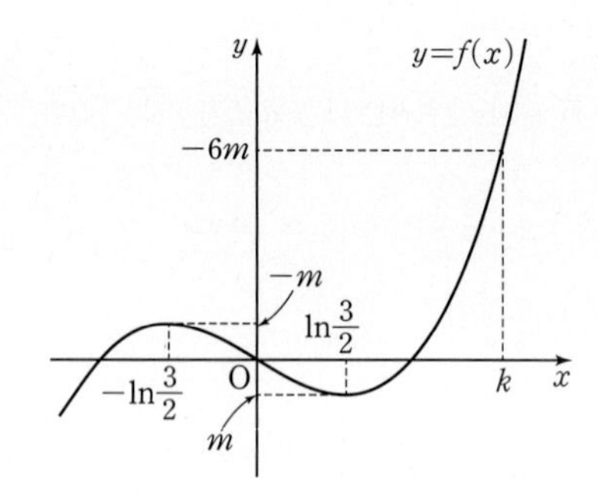

Step 3 $100\times a\times e^{p}$**의 값 구하기**

$$\therefore \int_0^k \frac{|f'(x)|}{f(x)-f(-k)}dx$$
$$=\int_0^k \frac{|f'(x)|}{f(x)+f(k)}dx$$
$$=\int_0^{\ln\frac{3}{2}} \frac{-f'(x)}{f(x)+f(k)}dx+\int_{\ln\frac{3}{2}}^k \frac{f'(x)}{f(x)+f(k)}dx$$
$$=\int_0^{\ln\frac{3}{2}} \frac{-\{f(x)+f(k)\}'}{f(x)+f(k)}dx+\int_{\ln\frac{3}{2}}^k \frac{\{f(x)+f(k)\}'}{f(x)+f(k)}dx$$
$$=-\Big[\ln|f(x)+f(k)|\Big]_0^{\ln\frac{3}{2}}+\Big[\ln|f(x)+f(k)|\Big]_{\ln\frac{3}{2}}^k$$
$$=-\Big[\ln\{f(x)+f(k)\}\Big]_0^{\ln\frac{3}{2}}+\Big[\ln\{f(x)+f(k)\}\Big]_{\ln\frac{3}{2}}^k$$
$$=-\ln(m-6m)+\ln(0-6m)+\ln(-6m-6m)-\ln(m-6m)$$
$$=\ln\frac{-6m\times(-12m)}{-5m\times(-5m)}=\ln\frac{72}{25}$$

따라서 $a=\frac{1}{2}$, $p=\ln\frac{72}{25}$이므로

$100\times a\times e^{p}=100\times\frac{1}{2}\times\frac{72}{25}=144$

22 치환적분법을 이용한 정적분

정답 48 | 정답률 3%

문제 보기

함수 $f(x)=\sin\frac{\pi}{2}x$와 0이 아닌 두 실수 a, b에 대하여 함수 $g(x)$를

$g(x)=e^{af(x)}+bf(x)\ (0<x<12)$

라 하자. 함수 $g(x)$가 $x=\alpha$에서 극대 또는 극소인 모든 α를 작은 수 ($g'(\alpha)=0$) 부터 크기순으로 나열한 것을 $\alpha_1, \alpha_2, \alpha_3, \cdots, \alpha_m$($m$은 자연수)라 할 때, m 이하의 자연수 n에 대하여 α_n은 다음 조건을 만족시킨다.

> (가) n이 홀수일 때, $\alpha_n=n$이다.
> (나) n이 짝수일 때, $g(\alpha_n)=0$이다.

함수 $g(x)$가 서로 다른 두 개의 극댓값을 갖고 그 합이 e^3+e^{-3}일 때, $m\pi\int_{\alpha_3}^{\alpha_4} g(x)\cos\frac{\pi}{2}x\,dx=pe^3+qe$이다. $p-q$의 값을 구하시오.

(단, p와 q는 정수이다.) [4점]

Step 1 a, b**의 부호 정하기**

$g'(x)=e^{af(x)}\times af'(x)+bf'(x)$
$\quad=f'(x)\{ae^{af(x)}+b\}$

$g'(x)=0$에서

$f'(x)=0$ 또는 $ae^{af(x)}+b=0$

(i) $f'(x)=0$인 경우

$f'(x)=\frac{\pi}{2}\cos\frac{\pi}{2}x$이므로 $f'(x)=0$인 x의 값은

$x=1$ 또는 $x=3$ 또는 $x=5$ 또는 $x=7$ 또는 $x=9$ 또는 $x=11$

($\because 0<x<12$)

즉, 조건 (가)에 의하여

$\alpha_1=1,\ \alpha_3=3,\ \alpha_5=5,\ \cdots,\ \alpha_{11}=11$

(ii) $ae^{af(x)}+b=0$인 경우

$e^{af(x)}=-\frac{b}{a}$를 만족시키는 x의 값이 존재해야 하므로

$-\frac{b}{a}>0$ ... wait

$\frac{b}{a}<0$

조건 (나)와 (i)에 의하여 n이 짝수일 때 α_n은 방정식 $ae^{af(x)}+b=0$의 실근이므로

$ae^{af(\alpha_n)}+b=0$ ...... ㉠

또 조건 (나)에 의하여 n이 짝수일 때

$e^{af(\alpha_n)}+bf(\alpha_n)=0$ ...... ㉡

㉠, ㉡에서

$abf(\alpha_n)-b=0$ ($a\times$㉡$-$㉠) $\quad\therefore f(\alpha_n)=\frac{1}{a}$ ($\because b\neq0$)

이때 $g'(\alpha)=0$이 되는 모든 α를 작은 수부터 크기순으로 나열한 것이 $\alpha_1, \alpha_2, \alpha_3, \cdots, \alpha_m$이 되려면 함수 $y=f(x)$의 그래프와 직선 $y=\frac{1}{a}$은 다음 그림과 같아야 한다.

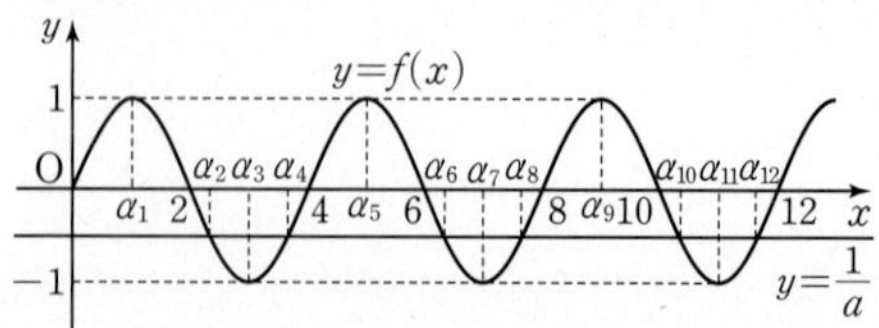

즉, n이 짝수일 때, $f(\alpha_n)=\frac{1}{a}$을 만족시키려면

$-1<\frac{1}{a}<0$

$\therefore a<-1,\ b>0$

Step 2 m, a, b의 값 구하기

구간 $(0,\ 4)$에서 함수 $g(x)$의 증가와 감소를 표로 나타내면 다음과 같다.

x	0	$\cdots$	α_1	$\cdots$	α_2	$\cdots$	α_3	$\cdots$	α_4	$\cdots$	4
$g'(x)$		$+$	0	$-$	0	$+$	0	$-$	0	$+$	
$g(x)$		$\nearrow$	e^a+b 극대	$\searrow$	0 극소	$\nearrow$	$e^{-a}-b$ 극대	$\searrow$	0 극소	$\nearrow$	

함수 $g(x)$는 $x=0$과 $x=4$에서 극값을 갖지 않고 구간 $(0,\ 12)$에서 $g(x+4)=g(x)$를 만족시킨다.

구간 $(0,\ 12)$에서 함수 $g(x)$가 극댓값을 갖도록 하는 서로 다른 x의 개수와 극솟값을 갖도록 하는 서로 다른 x의 개수는 각각 6이므로

$m=12$

함수 $g(x)$는 구간 $(0,\ 4)$에서 $x=\alpha_1$과 $x=\alpha_3$일 때 각각 극댓값 e^a+b, $e^{-a}-b$를 갖고, 두 극댓값의 합이 e^3+e^{-3}이므로

$(e^a+b)+(e^{-a}-b)=e^a+e^{-a}=e^3+e^{-3}$

$\therefore\ a=-3\ (\because\ a<-1)$

따라서 $f(\alpha_2)=f(\alpha_4)=-\dfrac{1}{3}$이므로

$g(\alpha_2)=e^{-3f(\alpha_2)}+bf(\alpha_2)=e-\dfrac{b}{3}=0$

$\therefore\ b=3e$

Step 3 $m\pi\displaystyle\int_{\alpha_3}^{\alpha_4} g(x)\cos\frac{\pi}{2}x\,dx$의 값 구하기

$m=12$, $g(x)=e^{-3\sin\frac{\pi}{2}x}+3e\sin\dfrac{\pi}{2}x$이므로

$$m\pi\int_{\alpha_3}^{\alpha_4} g(x)\cos\frac{\pi}{2}x\,dx=12\pi\int_{\alpha_3}^{\alpha_4}\left(e^{-3\sin\frac{\pi}{2}x}+3e\sin\frac{\pi}{2}x\right)\cos\frac{\pi}{2}x\,dx$$

이때 $\sin\dfrac{\pi}{2}x=t$로 놓으면 $\dfrac{\pi}{2}\cos\dfrac{\pi}{2}x=\dfrac{dt}{dx}$이고,

$x=\alpha_3$일 때 $\sin\dfrac{\pi}{2}\alpha_3=\sin\dfrac{3}{2}\pi=-1$, $x=\alpha_4$일 때 $\sin\dfrac{\pi}{2}\alpha_4=-\dfrac{1}{3}$이므로

$$12\pi\int_{\alpha_3}^{\alpha_4}\left(e^{-3\sin\frac{\pi}{2}x}+3e\sin\frac{\pi}{2}x\right)\cos\frac{\pi}{2}x\,dx$$

$$=12\pi\int_{-1}^{-\frac{1}{3}}(e^{-3t}+3et)\times\frac{2}{\pi}dt$$

$$=24\int_{-1}^{-\frac{1}{3}}(e^{-3t}+3et)\,dt$$

$$=24\left[-\frac{1}{3}e^{-3t}+\frac{3}{2}et^2\right]_{-1}^{-\frac{1}{3}}$$

$$=8e^3-40e$$

Step 4 $p-q$의 값 구하기

따라서 $p=8$, $q=-40$이므로

$p-q=48$

22 일차

01 ⑤	02 ①	03 ②	04 ③	05 ②	06 ②	07 ③	08 ③	09 72	10 ④	11 ④	12 ②
13 ②	14 ④	15 ⑤	16 ③	17 ④	18 12	19 12	20 ①	21 ⑤	22 26	23 25	24 93
25 16	26 586	27 21									

문제편 303쪽~311쪽

01 부분적분법 정답 ⑤ | 정답률 84%

문제 보기

$\int_e^{e^2} \frac{\ln x-1}{x^2}dx$의 값은? [3점]

└→ 부분적분법을 이용한다.

① $\frac{e+2}{e^2}$ ② $\frac{e+1}{e^2}$ ③ $\frac{1}{e}$ ④ $\frac{e-1}{e^2}$ ⑤ $\frac{e-2}{e^2}$

Step 1 $f(x)$, $g'(x)$를 정하고 $f'(x)$, $g(x)$ 구하기

$f(x)=\ln x-1$, $g'(x)=\frac{1}{x^2}$로 놓으면

$f'(x)=\frac{1}{x}$, $g(x)=-\frac{1}{x}$

Step 2 정적분의 값 구하기

$$\therefore \int_e^{e^2}\frac{\ln x-1}{x^2}dx=\left[-\frac{1}{x}(\ln x-1)\right]_e^{e^2}-\int_e^{e^2}\frac{1}{x}\times\left(-\frac{1}{x}\right)dx$$
$$=-\frac{1}{e^2}+\int_e^{e^2}\frac{1}{x^2}dx=-\frac{1}{e^2}+\left[-\frac{1}{x}\right]_e^{e^2}$$
$$=-\frac{1}{e^2}-\frac{1}{e^2}+\frac{1}{e}=\frac{e-2}{e^2}$$

02 부분적분법 정답 ① | 정답률 88%

문제 보기

$\int_1^2 (x-1)e^{-x}dx$의 값은? [3점]

└→ 부분적분법을 이용한다.

① $\frac{1}{e}-\frac{2}{e^2}$ ② $\frac{1}{e}-\frac{1}{e^2}$ ③ $\frac{1}{e}$ ④ $\frac{2}{e}-\frac{2}{e^2}$ ⑤ $\frac{2}{e}-\frac{1}{e^2}$

Step 1 $f(x)$, $g'(x)$를 정하고 $f'(x)$, $g(x)$ 구하기

$f(x)=x-1$, $g'(x)=e^{-x}$으로 놓으면

$f(x)=1$, $g(x)=-e^{-x}$

Step 2 정적분의 값 구하기

$$\therefore \int_1^2(x-1)e^{-x}dx=\left[-(x-1)e^{-x}\right]_1^2-\int_1^2(-e^{-x})dx$$
$$=-e^{-2}-\left[e^{-x}\right]_1^2$$
$$=-e^{-2}-e^{-2}+e^{-1}$$
$$=\frac{1}{e}-\frac{2}{e^2}$$

03 부분적분법 정답 ② | 정답률 87%

문제 보기

$\int_1^e x^3\ln x\,dx$의 값은? [3점]

└→ 부분적분법을 이용한다.

① $\frac{3e^4}{16}$ ② $\frac{3e^4+1}{16}$ ③ $\frac{3e^4+2}{16}$ ④ $\frac{3e^4+3}{16}$ ⑤ $\frac{3e^4+4}{16}$

Step 1 $f(x)$, $g'(x)$를 정하고 $f'(x)$, $g(x)$ 구하기

$f(x)=\ln x$, $g'(x)=x^3$으로 놓으면

$f'(x)=\frac{1}{x}$, $g(x)=\frac{1}{4}x^4$

Step 2 정적분의 값 구하기

$$\therefore \int_1^e x^3\ln x\,dx=\left[\frac{1}{4}x^4\ln x\right]_1^e-\int_1^e\frac{1}{x}\times\frac{1}{4}x^4dx$$
$$=\frac{1}{4}e^4-\frac{1}{4}\int_1^e x^3dx$$
$$=\frac{1}{4}e^4-\frac{1}{4}\left[\frac{1}{4}x^4\right]_1^e$$
$$=\frac{1}{4}e^4-\frac{1}{4}\times\frac{1}{4}(e^4-1)$$
$$=\frac{3e^4+1}{16}$$

04 부분적분법 정답 ③ | 정답률 84%

문제 보기

$\int_2^6 \ln(x-1)dx$의 값은? [4점]

└→ 부분적분법을 이용한다.

① $4\ln5-4$ ② $4\ln5-3$ ③ $5\ln5-4$ ④ $5\ln5-3$ ⑤ $6\ln5-4$

Step 1 $f(x)$, $g'(x)$를 정하고 $f'(x)$, $g(x)$ 구하기

$f(x)=\ln(x-1)$, $g'(x)=1$로 놓으면

$f'(x)=\frac{1}{x-1}$, $g(x)=x$

Step 2 정적분의 값 구하기

$$\therefore \int_2^6\ln(x-1)dx=\left[x\ln(x-1)\right]_2^6-\int_2^6\frac{x}{x-1}dx$$
$$=6\ln5-\int_2^6\left(1+\frac{1}{x-1}\right)dx$$
$$=6\ln5-\left[x+\ln(x-1)\right]_2^6$$
$$=6\ln5-(4+\ln5)=5\ln5-4$$

→ $\frac{x}{x-1}=\frac{(x-1)+1}{x-1}=1+\frac{1}{x-1}$

05 부분적분법
정답 ② | 정답률 91%

문제 보기

$\int_1^e \ln\frac{x}{e}dx$의 값은? [3점]

└→ $\ln\frac{x}{e}=\ln x-1$로 변형한 후 부분적분법을 이용한다.

① $\frac{1}{e}-1$ ② $2-e$ ③ $\frac{1}{e}-2$ ④ $1-e$ ⑤ $\frac{1}{2}-e$

Step 1 적분하는 식 변형하기

$$\int_1^e \ln\frac{x}{e}dx=\int_1^e(\ln x-1)dx=\int_1^e \ln x\,dx-\int_1^e dx \quad \cdots\cdots ㉠$$

Step 2 $f(x)$, $g'(x)$를 정하고 $f'(x)$, $g(x)$ 구하기

$\int_1^e \ln x\,dx$에서 $f(x)=\ln x$, $g'(x)=1$로 놓으면

$f'(x)=\frac{1}{x}$, $g(x)=x$

Step 3 정적분의 값 구하기

따라서 ㉠에서

$$\begin{aligned}\int_1^e \ln\frac{x}{e}dx&=\int_1^e \ln x\,dx-\int_1^e dx\\&=\Big[x\ln x\Big]_1^e-\int_1^e\frac{1}{x}\times x\,dx-\Big[x\Big]_1^e\\&=e-\int_1^e dx-(e-1)=1-\Big[x\Big]_1^e\\&=1-(e-1)=2-e\end{aligned}$$

06 부분적분법
정답 ② | 정답률 86%

문제 보기

$\int_0^\pi x\cos\left(\frac{\pi}{2}-x\right)dx$의 값은? [3점]

└→ $\cos\left(\frac{\pi}{2}-x\right)=\sin x$임을 이용하여 식을 변형한다.

① $\frac{\pi}{2}$ ② π ③ $\frac{3\pi}{2}$ ④ 2π ⑤ $\frac{5\pi}{2}$

Step 1 적분하는 식 변형하기

$\cos\left(\frac{\pi}{2}-x\right)=\sin x$이므로

$$\int_0^\pi x\cos\left(\frac{\pi}{2}-x\right)dx=\int_0^\pi x\sin x\,dx \quad \cdots\cdots ㉠$$

Step 2 $f(x)$, $g'(x)$를 정하고 $f'(x)$, $g(x)$ 구하기

$f(x)=x$, $g'(x)=\sin x$로 놓으면

$f'(x)=1$, $g(x)=-\cos x$

Step 3 정적분의 값 구하기

따라서 ㉠에서

$$\begin{aligned}\int_0^\pi x\cos\left(\frac{\pi}{2}-x\right)dx&=\int_0^\pi x\sin x\,dx\\&=\Big[-x\cos x\Big]_0^\pi-\int_0^\pi(-\cos x)dx\\&=\pi-\Big[-\sin x\Big]_0^\pi\\&=\pi\end{aligned}$$

07 부분적분법
정답 ③ | 정답률 81%

문제 보기

자연수 n에 대하여 함수 $f(n)=\int_1^n x^3e^{x^2}dx$라 할 때, $\frac{f(5)}{f(3)}$의 값은? [4점]

$x^2=t$로 치환하여 식을 변형한다.

① e^{14} ② $2e^{16}$ ③ $3e^{16}$ ④ $4e^{18}$ ⑤ $5e^{18}$

Step 1 $x^2=t$로 치환하여 $f(n)$ 변형하기

$f(n)=\int_1^n x^3e^{x^2}dx$에서 $x^2=t$로 놓으면 $\frac{dt}{dx}=2x$이고,

$x=1$일 때 $t=1$, $x=n$일 때 $t=n^2$이므로

$$f(n)=\int_1^n x^3e^{x^2}dx=\int_1^{n^2}te^t\times\frac{1}{2}dt=\frac{1}{2}\int_1^{n^2}te^t\,dt \quad \cdots\cdots ㉠$$

Step 2 $f(n)$ 구하기

$u(t)=t$, $v'(t)=e^t$으로 놓으면 $u'(t)=1$, $v(t)=e^t$이므로 ㉠에서

$$\begin{aligned}f(n)&=\frac{1}{2}\int_1^{n^2}te^t\,dt\\&=\frac{1}{2}\left(\Big[te^t\Big]_1^{n^2}-\int_1^{n^2}e^t\,dt\right)\\&=\frac{1}{2}\left(n^2e^{n^2}-e-\Big[e^t\Big]_1^{n^2}\right)\\&=\frac{1}{2}(n^2e^{n^2}-e-e^{n^2}+e)\\&=\frac{e^{n^2}}{2}(n^2-1)\end{aligned}$$

Step 3 $\frac{f(5)}{f(3)}$의 값 구하기

$$\therefore \frac{f(5)}{f(3)}=\frac{\frac{e^{25}}{2}\times 24}{\frac{e^9}{2}\times 8}=3e^{16}$$

22 일차

08 부분적분법 정답 ③ | 정답률 69%

문제 보기

양수 t에 대하여 곡선 $y=2\ln(x+1)$ 위의 점 $\mathrm{P}(t,\ 2\ln(t+1))$에서 x축, y축에 내린 수선의 발을 각각 Q, R이라 할 때, 직사각형 OQPR의 넓이를 $f(t)$라 하자. $\int_1^3 f(t)\,dt$의 값은? (단, O는 원점이다.) [3점]

→ 직사각형의 가로, 세로의 길이를 t에 대한 식으로 나타낸다.

① $-2+12\ln 2$　② $-1+12\ln 2$　③ $-2+16\ln 2$
④ $-1+16\ln 2$　⑤ $-2+20\ln 2$

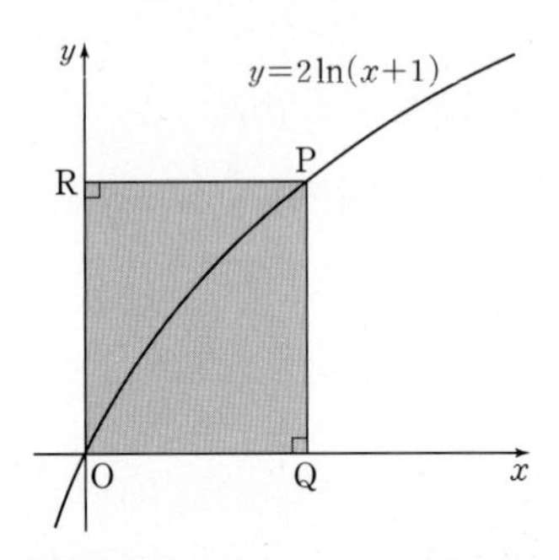

Step 1 $f(t)$ 구하기

$\mathrm{P}(t,\ 2\ln(t+1))$이므로

$\overline{\mathrm{RP}}=t$, $\overline{\mathrm{PQ}}=2\ln(t+1)$

따라서 직사각형 OQPR의 넓이 $f(t)$는

$f(t)=t\times 2\ln(t+1)=2t\ln(t+1)$

Step 2 $\int_1^3 f(t)\,dt$의 값 구하기

$\therefore \int_1^3 f(t)\,dt=\int_1^3 2t\ln(t+1)\,dt$ …… ㉠

$u(t)=\ln(t+1)$, $v'(t)=2t$로 놓으면

$u'(t)=\dfrac{1}{t+1}$, $v(t)=t^2$이므로 ㉠에서

$$\int_1^3 f(t)\,dt=\int_1^3 2t\ln(t+1)\,dt$$

$$=\Big[t^2\ln(t+1)\Big]_1^3-\int_1^3\frac{t^2}{t+1}\,dt$$

$$=\Big[t^2\ln(t+1)\Big]_1^3-\int_1^3\left(t-1+\frac{1}{t+1}\right)dt$$

$$=\Big[t^2\ln(t+1)\Big]_1^3-\left[\frac{1}{2}t^2-t+\ln(t+1)\right]_1^3$$

$$=(9\ln 4-\ln 2)-\left(\frac{9}{2}-3+\ln 4-\frac{1}{2}+1-\ln 2\right)$$

$$=-2+16\ln 2$$

$\dfrac{t^2}{t+1}=\dfrac{(t^2-1)+1}{t+1}=\dfrac{(t+1)(t-1)}{t+1}+\dfrac{1}{t+1}=t-1+\dfrac{1}{t+1}$

09 부분적분법을 이용한 부정적분 정답 72 | 정답률 57%

문제 보기

실수 전체의 집합에서 미분가능한 함수 $f(x)$가 다음 조건을 만족시킨다.

> (가) $f(1)=0$
> (나) 0이 아닌 모든 실수 x에 대하여 $\dfrac{xf'(x)-f(x)}{x^2}=xe^x$이다.
>
> $\left\{\dfrac{f(x)}{x}\right\}'=\dfrac{xf'(x)-f(x)}{x^2}$임을 이용한다.

$f(3)\times f(-3)$의 값을 구하시오. [4점]

Step 1 $\left\{\dfrac{f(x)}{x}\right\}'$의 부정적분 구하기

조건 (나)의 좌변에서

$\dfrac{xf'(x)-f(x)}{x^2}=\left\{\dfrac{f(x)}{x}\right\}'$

$\therefore \dfrac{f(x)}{x}=\int\left\{\dfrac{f(x)}{x}\right\}'dx=\int xe^x\,dx$

$u(x)=x$, $v'(x)=e^x$으로 놓으면

$u'(x)=1$, $v(x)=e^x$이므로

$\dfrac{f(x)}{x}=xe^x-\int e^x\,dx$

$\quad=e^x(x-1)+C$ …… ㉠

Step 2 $\dfrac{f(x)}{x}$ 구하기

조건 (가)에서 $f(1)=0$이므로 ㉠의 양변에 $x=1$을 대입하면

$0=0+C$　$\therefore C=0$

$\therefore \dfrac{f(x)}{x}=e^x(x-1)$ …… ㉡

Step 3 $f(3)\times f(-3)$의 값 구하기

㉡의 양변에 $x=3$을 대입하면

$\dfrac{f(3)}{3}=2e^3$　$\therefore f(3)=6e^3$

㉡의 양변에 $x=-3$을 대입하면

$\dfrac{f(-3)}{-3}=-4e^{-3}$　$\therefore f(-3)=12e^{-3}$

$\therefore f(3)\times f(-3)=6e^3\times 12e^{-3}=72$

10 부분적분법을 이용한 부정적분 정답 ④ | 정답률 84%

문제 보기

실수 전체의 집합에서 연속인 함수 $f(x)$의 도함수 $f'(x)$가

$$f'(x)=\begin{cases} 2x+3 & (x<1) \\ \ln x & (x>1) \end{cases}$$ ← ❶

→ $f'(x)$의 부정적분을 구한 후 ❶, ❷를 이용하여 $f(x)$를 구한다.

이다. $f(e)=2$일 때, $f(-6)$의 값은? [3점] ← ❷

① 9 ② 11 ③ 13 ④ 15 ⑤ 17

Step 1 $f'(x)$의 부정적분 구하기

(i) $x<1$일 때

$f(x)=\int f'(x)\,dx=\int(2x+3)\,dx=x^2+3x+C_1$

(ii) $x>1$일 때

$f(x)=\int \ln x\,dx$에서 $u(x)=\ln x$, $v'(x)=1$로 놓으면

$u'(x)=\frac{1}{x}$, $v(x)=x$이므로

$f(x)=\int \ln x\,dx=x\ln x-\int \frac{1}{x}\times x\,dx=x\ln x-x+C_2$

(i), (ii)에서 $f(x)=\begin{cases} x^2+3x+C_1 & (x<1) \\ x\ln x-x+C_2 & (x>1) \end{cases}$

Step 2 $f(x)$ 구하기

$f(e)=2$에서

$e-e+C_2=2$ $\therefore C_2=2$

함수 $f(x)$가 실수 전체의 집합에서 연속이면 $x=1$에서도 연속이므로

$\lim_{x\to1+}f(x)=\lim_{x\to1-}f(x)$

$\lim_{x\to1+}(x\ln x-x+2)=\lim_{x\to1-}(x^2+3x+C_1)$

$-1+2=1+3+C_1$ $\therefore C_1=-3$

$\therefore f(x)=\begin{cases} x^2+3x-3 & (x\le1) \\ x\ln x-x+2 & (x>1) \end{cases}$

Step 3 $f(-6)$의 값 구하기

$\therefore f(-6)=36-18-3=15$

11 부분적분법을 이용한 부정적분 정답 ④ | 정답률 86%

문제 보기

구간 $(0, \infty)$에서 연속인 함수 $f(x)$의 한 부정적분을 $F(x)$라 할 때, 함수 $F(x)$가 다음 조건을 만족시킨다.

> (가) 모든 양수 x에 대하여 $F(x)+xf(x)=(2x+2)e^x$
> (나) $F(1)=2e$
>
> → $\{xF(x)\}'=F(x)+xf(x)$임을 이용한다.

$F(3)$의 값은? [4점]

① $\frac{1}{4}e^3$ ② $\frac{1}{2}e^3$ ③ e^3 ④ $2e^3$ ⑤ $4e^3$

Step 1 $\{xF(x)\}'$의 부정적분 구하기

조건 (가)의 좌변에서

$F(x)+xf(x)=\{xF(x)\}'$

$\therefore xF(x)=\int\{xF(x)\}'\,dx=\int(2x+2)e^x\,dx$

$u(x)=2x+2$, $v'(x)=e^x$으로 놓으면

$u'(x)=2$, $v(x)=e^x$이므로

$xF(x)=(2x+2)e^x-\int 2e^x\,dx$

$=(2x+2)e^x-2e^x+C$

$=2xe^x+C$ …… ㉠

Step 2 $xF(x)$ 구하기

조건 (나)에서 $F(1)=2e$이므로 ㉠의 양변에 $x=1$을 대입하면

$2e=2e+C$ $\therefore C=0$

$\therefore xF(x)=2xe^x$ …… ㉡

Step 3 $F(3)$의 값 구하기

㉡의 양변에 $x=3$을 대입하면

$3F(3)=6e^3$ $\therefore F(3)=2e^3$

12 부분적분법을 이용한 부정적분 정답 ② | 정답률 76%

문제 보기

$x>0$에서 미분가능한 함수 $f(x)$가 다음 조건을 만족시킨다.

> (가) $f\left(\frac{\pi}{2}\right)=1$
> (나) $f(x)+xf'(x)=x\cos x$
> └→ $\{xf(x)\}'=f(x)+xf'(x)$임을 이용한다.

$f(\pi)$의 값은? [3점]

① $-\frac{2}{\pi}$ ② $-\frac{1}{\pi}$ ③ 0 ④ $\frac{1}{\pi}$ ⑤ $\frac{2}{\pi}$

Step 1 $\{xf(x)\}'$의 부정적분 구하기

조건 (나)의 좌변에서

$f(x)+xf'(x)=\{xf(x)\}'$

$\therefore xf(x)=\int\{xf(x)\}'dx=\int x\cos x\,dx$

$u(x)=x$, $v'(x)=\cos x$로 놓으면

$u'(x)=1$, $v(x)=\sin x$이므로

$xf(x)=x\sin x-\int\sin x\,dx$

$=x\sin x+\cos x+C$ …… ㉠

Step 2 $xf(x)$ 구하기

조건 (가)에서 $f\left(\frac{\pi}{2}\right)=1$이므로 ㉠의 양변에 $x=\frac{\pi}{2}$를 대입하면

$\frac{\pi}{2}=\frac{\pi}{2}+0+C$ $\therefore C=0$

$\therefore xf(x)=x\sin x+\cos x$ …… ㉡

Step 3 $f(\pi)$의 값 구하기

㉡의 양변에 $x=\pi$를 대입하면

$\pi f(\pi)=0-1=-1$

$\therefore f(\pi)=-\frac{1}{\pi}$

13 부분적분법을 이용한 정적분 정답 ② | 정답률 75%

문제 보기

두 함수 $f(x)$, $g(x)$는 실수 전체의 집합에서 도함수가 연속이고 다음 조건을 만족시킨다.

> (가) 모든 실수 x에 대하여 $f(x)g(x)=x^4-1$이다.
> (나) $\int_{-1}^{1}\{f(x)\}^2g'(x)dx=120$
> └→ 부분적분법을 이용하여 식을 변형한다.

$\int_{-1}^{1}x^3f(x)\,dx$의 값은? [4점]

① 12 ② 15 ③ 18 ④ 21 ⑤ 24

Step 1 조건 (나)의 식 변형하기

조건 (나)의 $\int_{-1}^{1}\{f(x)\}^2g'(x)\,dx$에서

$u(x)=\{f(x)\}^2$, $v'(x)=g'(x)$로 놓으면

$u'(x)=2f(x)f'(x)$, $v(x)=g(x)$이므로

$\int_{-1}^{1}\{f(x)\}^2g'(x)\,dx$

$=\Big[\{f(x)\}^2g(x)\Big]_{-1}^{1}-\int_{-1}^{1}2f(x)f'(x)g(x)\,dx$

$=\{f(1)\}^2g(1)-\{f(-1)\}^2g(-1)$

$-2\int_{-1}^{1}\{f(x)g(x)\}f'(x)\,dx$ …… ㉠

이때 조건 (가)에서 $f(x)g(x)=x^4-1$이므로

$f(1)g(1)=0$, $f(-1)g(-1)=0$

㉠에서

$\int_{-1}^{1}\{f(x)\}^2g'(x)\,dx=-2\int_{-1}^{1}(x^4-1)f'(x)\,dx$

즉, $-2\int_{-1}^{1}(x^4-1)f'(x)\,dx=120$이므로

$\int_{-1}^{1}(x^4-1)f'(x)\,dx=-60$ …… ㉡

Step 2 $\int_{-1}^{1}x^3f(x)\,dx$의 값 구하기

㉡에서 $t(x)=x^4-1$, $s'(x)=f'(x)$로 놓으면

$t'(x)=4x^3$, $s(x)=f(x)$이므로

$\int_{-1}^{1}(x^4-1)f'(x)\,dx=\Big[(x^4-1)f(x)\Big]_{-1}^{1}-\int_{-1}^{1}4x^3f(x)\,dx$

$=-4\int_{-1}^{1}x^3f(x)\,dx$

따라서 $-4\int_{-1}^{1}x^3f(x)\,dx=-60$이므로

$\int_{-1}^{1}x^3f(x)\,dx=15$

14 부분적분법을 이용한 정적분 정답 ④ | 정답률 65%

문제 보기

함수 $f(x)$는 실수 전체의 집합에서 도함수가 연속이고

$$\int_1^2 (x-1)f'\left(\frac{x}{2}\right)dx=2$$

└ 부분적분법을 이용하여 식을 변형한다.

를 만족시킨다. $f(1)=4$일 때, $\int_{\frac{1}{2}}^1 f(x)dx$의 값은? [3점]

└ 치환적분법을 이용한다.

① $\frac{3}{4}$ ② 1 ③ $\frac{5}{4}$ ④ $\frac{3}{2}$ ⑤ $\frac{7}{4}$

Step 1 $\int_1^2 f\left(\frac{x}{2}\right)dx$의 값 구하기

$\int_1^2 (x-1)f'\left(\frac{x}{2}\right)dx=2$에서

$u(x)=x-1$, $v'(x)=f'\left(\frac{x}{2}\right)$로 놓으면

$u'(x)=1$, $v(x)=2f\left(\frac{x}{2}\right)$이므로

$$\begin{aligned}\int_1^2 (x-1)f'\left(\frac{x}{2}\right)dx&=\left[2(x-1)f\left(\frac{x}{2}\right)\right]_1^2-\int_1^2 2f\left(\frac{x}{2}\right)dx\\&=2f(1)-2\int_1^2 f\left(\frac{x}{2}\right)dx\\&=8-2\int_1^2 f\left(\frac{x}{2}\right)dx\ (\because f(1)=4)\end{aligned}$$

즉, $8-2\int_1^2 f\left(\frac{x}{2}\right)dx=2$이므로

$$\int_1^2 f\left(\frac{x}{2}\right)dx=3$$

Step 2 $\int_{\frac{1}{2}}^1 f(x)dx$의 값 구하기

$\int_1^2 f\left(\frac{x}{2}\right)dx=3$에서 $\frac{x}{2}=t$로 놓으면 $\frac{dt}{dx}=\frac{1}{2}$이고,

$x=1$일 때 $t=\frac{1}{2}$, $x=2$일 때 $t=1$이므로

$\int_{\frac{1}{2}}^1 f(t)\times 2dt=3$ $\therefore \int_{\frac{1}{2}}^1 f(t)dt=\frac{3}{2}$

$\therefore \int_{\frac{1}{2}}^1 f(x)dx=\frac{3}{2}$

15 부분적분법을 이용한 정적분 정답 ⑤ | 정답률 41%

문제 보기

미분가능한 함수 $f(x)$가 다음 조건을 만족시킨다.

> (가) $x_1<x_2$인 임의의 두 실수 x_1, x_2에 대하여 $f(x_1)>f(x_2)$이다.
> └ x의 값이 커질수록 $f(x)$의 값은 작아진다.
> (나) 닫힌구간 $[-1, 3]$에서 함수 $f(x)$의 최댓값은 1이고 최솟값은 -2이다. ─ $f(-1)$의 값과 $f(3)$의 값을 확인한다.

$\int_{-1}^3 f(x)dx=3$일 때, $\int_{-2}^1 f^{-1}(x)dx$의 값은? [3점]

└ $f^{-1}(x)=t$로 치환하여 식을 변형한다.

① 4 ② 5 ③ 6 ④ 7 ⑤ 8

Step 1 $f(-1)$, $f(3)$, $f^{-1}(1)$, $f^{-1}(-2)$의 값 구하기

조건 (가)에서 x의 값이 커질수록 $f(x)$의 값은 작아지므로 조건 (나)에서

$f(-1)=1$, $f(3)=-2$

$\therefore f^{-1}(1)=-1$, $f^{-1}(-2)=3$

Step 2 $\int_{-2}^1 f^{-1}(x)dx$ 변형하기

$\int_{-2}^1 f^{-1}(x)dx$에서 $f^{-1}(x)=t$로 놓으면 $x=f(t)$이므로 $\frac{dx}{dt}=f'(t)$이고,

$x=-2$일 때 $t=3$, $x=1$일 때 $t=-1$이므로

$\int_{-2}^1 f^{-1}(x)dx=\int_3^{-1} tf'(t)dt$ …… ㉠

Step 3 $\int_{-2}^1 f^{-1}(x)dx$의 값 구하기

$u(t)=t$, $v'(t)=f'(t)$로 놓으면

$u'(t)=1$, $v(t)=f(t)$

따라서 ㉠에서

$$\begin{aligned}\int_{-2}^1 f^{-1}(x)dx&=\int_3^{-1} tf'(t)dt\\&=\Big[tf(t)\Big]_3^{-1}-\int_3^{-1} f(t)dt\\&=-f(-1)-3f(3)+\int_{-1}^3 f(t)dt\\&=-1-(-6)+3=8\end{aligned}$$

└ $\int_{-1}^3 f(t)dt=\int_{-1}^3 f(x)dx=3$

22 일차

16 부분적분법을 이용한 정적분 정답 ③ | 정답률 55%

문제 보기

함수 $f(x)$는 실수 전체의 집합에서 연속인 이계도함수를 갖고, 실수 전체의 집합에서 정의된 함수 $g(x)$를

$g(x)=f'(2x)\sin\pi x+x$ → $g(0)$, $g(1)$을 구한 후 $\int_0^1 g(x)dx$와 $\int_{g(0)}^{g(1)} g^{-1}(x)$ 사이의 관계식을 세운다.

라 하자. 함수 $g(x)$는 역함수 $g^{-1}(x)$를 갖고,

$$\int_0^1 g^{-1}(x)dx=2\int_0^1 f'(2x)\sin\pi x dx+\frac{1}{4}$$

→ $\int_0^1 f'(2x)\sin\pi x dx$의 값을 구한다.

을 만족시킬 때, $\int_0^2 f(x)\cos\frac{\pi}{2}x dx$의 값은? [4점]

→ 치환적분법과 부분적분법을 이용하여 $\int_0^1 f'(2x)\sin\pi x dx$ 꼴이 나오도록 식을 변형한다.

① $-\frac{1}{\pi}$ ② $-\frac{1}{2\pi}$ ③ $-\frac{1}{3\pi}$ ④ $-\frac{1}{4\pi}$ ⑤ $-\frac{1}{5\pi}$

Step 1 $\int_0^1 f'(2x)\sin\pi x dx$**의 값 구하기**

$g(0)=f'(0)\sin 0+0=0$, $g(1)=f'(2)\sin\pi+1=1$이므로

$$\int_0^1 g(x)dx+\int_{g(0)}^{g(1)} g^{-1}(x)dx=\int_0^1 g(x)dx+\int_0^1 g^{-1}(x)dx$$
$$=1\times1=1$$

즉, $\int_0^1 g(x)dx+\int_0^1 g^{-1}(x)dx=1$이므로 이 식에

$g(x)=f'(2x)\sin\pi x+x$,

$\int_0^1 g^{-1}(x)dx=2\int_0^1 f'(2x)\sin\pi x dx+\frac{1}{4}$

을 대입하면

$$\int_0^1 \{f'(2x)\sin\pi x+x\}dx+2\int_0^1 f'(2x)\sin\pi x dx+\frac{1}{4}=1$$

$$3\int_0^1 f'(2x)\sin\pi x dx+\left[\frac{1}{2}x^2\right]_0^1+\frac{1}{4}=1$$

$$3\int_0^1 f'(2x)\sin\pi x dx+\frac{1}{2}+\frac{1}{4}=1$$

$$\therefore \int_0^1 f'(2x)\sin\pi x dx=\frac{1}{12} \quad \cdots\cdots ㉠$$

Step 2 $\int_0^2 f(x)\cos\frac{\pi}{2}x dx$**의 값 구하기**

$\int_0^2 f(x)\cos\frac{\pi}{2}x dx$에서 $\frac{x}{2}=t$로 놓으면 $\frac{dt}{dx}=\frac{1}{2}$이고,

$x=0$일 때 $t=0$, $x=2$일 때 $t=1$이므로

$$\int_0^2 f(x)\cos\frac{\pi}{2}x dx=\int_0^1 f(2t)\cos\pi t\times 2dt$$
$$=2\int_0^1 f(2t)\cos\pi t dt$$

$u(t)=f(2t)$, $v'(t)=\cos\pi t$로 놓으면

$u'(t)=2f'(2t)$, $v(t)=\frac{1}{\pi}\sin\pi t$이므로

$$\int_0^2 f(x)\cos\frac{\pi}{2}x dx=2\int_0^1 f(2t)\cos\pi t dt$$
$$=2\left[\frac{1}{\pi}f(2t)\sin\pi t\right]_0^1-\frac{4}{\pi}\int_0^1 f'(2t)\sin\pi t dt$$
$$=0-\frac{4}{\pi}\int_0^1 f'(2t)\sin\pi t dt$$
$$=-\frac{4}{\pi}\times\frac{1}{12}\ (\because ㉠)$$
$$=-\frac{1}{3\pi}$$

17 부분적분법을 이용한 정적분 정답 ④ | 정답률 31%

문제 보기

함수 $f(x)=\sin x\cos x\times e^{a\sin x+b\cos x}$이 다음 조건을 만족시키도록 하는 서로 다른 두 실수 a, b의 순서쌍 (a, b)에 대하여 $a-b$의 최솟값은? [4점]

> (가) $ab=0$ → $a=0$, $b\neq0$ 또는 $a\neq0$, $b=0$임을 이용한다.
>
> (나) $\int_0^{\frac{\pi}{2}} f(x)dx=\frac{1}{a^2+b^2}-2e^{a+b}$
>
> → 치환적분법과 부분적분법을 이용하여 식을 변형한다.

① $-\frac{5}{2}$ ② -2 ③ $-\frac{3}{2}$ ④ -1 ⑤ $-\frac{1}{2}$

Step 1 a, b**의 조건 알기**

조건 (가)에서

$a=0$, $b\neq0$ 또는 $a\neq0$, $b=0$ ($\because a\neq b$)

Step 2 a, b**의 값 구하기**

(i) $a=0$, $b\neq0$일 때

$f(x)=\sin x\cos x\times e^{b\cos x}$이므로

$$\int_0^{\frac{\pi}{2}} f(x)dx=\int_0^{\frac{\pi}{2}} \sin x\cos x\times e^{b\cos x}dx$$

$\cos x=t$로 놓으면 $\frac{dt}{dx}=-\sin x$이고,

$x=0$일 때 $t=1$, $x=\frac{\pi}{2}$일 때 $t=0$이므로

$$\int_0^{\frac{\pi}{2}} f(x)dx=\int_0^{\frac{\pi}{2}} \sin x\cos x\times e^{b\cos x}dx$$
$$=-\int_1^0 te^{bt}dt=\int_0^1 te^{bt}dt$$

$g(t)=t$, $h'(t)=e^{bt}$으로 놓으면

$g'(t)=1$, $h(t)=\frac{1}{b}e^{bt}$이므로

$$\int_0^{\frac{\pi}{2}} f(x)dx=\int_0^1 te^{bt}dt=\left[\frac{1}{b}te^{bt}\right]_0^1-\int_0^1 \frac{1}{b}e^{bt}dt$$
$$=\frac{1}{b}e^b-\left[\frac{1}{b^2}e^{bt}\right]_0^1$$
$$=\frac{1}{b}e^b-\left(\frac{1}{b^2}e^b-\frac{1}{b^2}\right)$$
$$=\frac{1}{b^2}+\left(\frac{1}{b}-\frac{1}{b^2}\right)e^b$$

조건 (나)에서 $\frac{1}{b^2}+\left(\frac{1}{b}-\frac{1}{b^2}\right)e^b=\frac{1}{b^2}-2e^b$이므로

$\frac{1}{b}-\frac{1}{b^2}=-2$

$2b^2+b-1=0$, $(b+1)(2b-1)=0$

$\therefore b=-1$ 또는 $b=\frac{1}{2}$

(ii) $a\neq0$, $b=0$일 때

$f(x)=\sin x\cos x\times e^{a\sin x}$이므로

$$\int_0^{\frac{\pi}{2}} f(x)dx=\int_0^{\frac{\pi}{2}} \sin x\cos x\times e^{a\sin x}dx$$

$\sin x=s$로 놓으면 $\frac{ds}{dx}=\cos x$이고,

$x=0$일 때 $s=0$, $x=\frac{\pi}{2}$일 때 $s=1$이므로

$$\int_0^{\frac{\pi}{2}} f(x)dx=\int_0^{\frac{\pi}{2}} \sin x\cos x\times e^{a\sin x}dx$$
$$=\int_0^1 se^{as}ds$$

$u(s)=s$, $v'(s)=e^{as}$으로 놓으면

$u'(s)=1,\ v(s)=\frac{1}{a}e^{as}$이므로

$$\int_0^{\frac{\pi}{2}} f(x)\,dx=\int_0^1 se^{as}\,ds=\left[\frac{1}{a}se^{as}\right]_0^1-\int_0^1\frac{1}{a}e^{as}\,ds$$

$$=\frac{1}{a}e^a-\left[\frac{1}{a^2}e^{as}\right]_0^1$$

$$=\frac{1}{a}e^a-\left(\frac{1}{a^2}e^a-\frac{1}{a^2}\right)$$

$$=\frac{1}{a^2}+\left(\frac{1}{a}-\frac{1}{a^2}\right)e^a$$

조건 (나)에서 $\frac{1}{a^2}+\left(\frac{1}{a}-\frac{1}{a^2}\right)e^a=\frac{1}{a^2}-2e^a$이므로

$\frac{1}{a}-\frac{1}{a^2}=-2$

$2a^2+a-1=0,\ (a+1)(2a-1)=0$

$\therefore a=-1$ 또는 $a=\frac{1}{2}$

Step 3 $a-b$의 최솟값 구하기

(i), (ii)에서 순서쌍 $(a,\ b)$는

$(-1,\ 0),\ \left(\frac{1}{2},\ 0\right),\ (0,\ -1),\ \left(0,\ \frac{1}{2}\right)$

따라서 $a-b$의 최솟값은 -1이다.

18 부분적분법을 이용한 정적분 정답 12 | 정답률 13%

문제 보기

함수 $f(x)$는 실수 전체의 집합에서 도함수가 연속이고 다음 조건을 만족시킨다. (└→ *)

> (가) $x<1$일 때, $f'(x)=-2x+4$이다.
> (나) $x\geq 0$인 모든 실수 x에 대하여 $f(x^2+1)=ae^{2x}+bx$이다.
> (단, a, b는 상수이다.)
> └→ *을 이용하여 a, b의 값과 $x<1$일 때 $f(x)$를 구한다.

$\int_0^5 f(x)\,dx=pe^4-q$일 때, $p+q$의 값을 구하시오.
(단, p, q는 유리수이다.) [4점]

Step 1 a, b의 값 구하기

조건 (가)에서 $x<1$일 때

$$f(x)=\int f'(x)\,dx$$
$$=\int(-2x+4)\,dx=-x^2+4x+C$$

조건 (나)에서 $x\geq 0$일 때

$2xf'(x^2+1)=2ae^{2x}+b$

$x=0$을 대입하면

$0=2a+b \qquad \therefore b=-2a \qquad \cdots\cdots$ ㉠

따라서 $2xf'(x^2+1)=2ae^{2x}-2a$이므로

$f'(x^2+1)=\frac{2ae^{2x}-2a}{2x}$ (단, $x>0$)

함수 $f'(x)$가 실수 전체의 집합에서 연속이므로 $x=1$에서 연속이다.

즉, $\lim_{x\to 1+}f'(x)=\lim_{x\to 1-}f'(x)$이므로

$\lim_{x\to 1+}f'(x)$에서 $x=t^2+1(t\geq 0)$로 놓으면 $x\to 1+$일 때 $t\to 0+$이므로

$\lim_{x\to 1+}f'(x)=\lim_{t\to 0+}f'(t^2+1)=\lim_{t\to 0+}\frac{2a(e^{2t}-1)}{2t}=2a$

$\lim_{x\to 1-}f'(x)=\lim_{x\to 1-}(-2x+4)=-2+4=2$

즉, $2a=2$이므로 $a=1$

$\therefore b=-2$ ($\because$ ㉠)

Step 2 $x<1$일 때, $f(x)$ 구하기

함수 $f'(x)$가 실수 전체의 집합에서 연속이므로 함수 $f(x)$도 실수 전체의 집합에서 연속이다. 즉, $f(x)$는 $x=1$에서 연속이므로

$\lim_{x\to 1+}f(x)=\lim_{x\to 1-}f(x)=f(1)$이다.

$\lim_{x\to 1+}f(x)$에서 $x=s^2+1(s\geq 0)$로 놓으면 $x\to 1+$일 때 $s\to 0+$이므로

$\lim_{x\to 1+}f(x)=\lim_{s\to 0+}f(s^2+1)=\lim_{s\to 0+}(e^{2s}-2s)=1$

$\lim_{x\to 1-}f(x)=\lim_{x\to 1-}(-x^2+4x+C)=-1+4+C=C+3$

$f(1)=1$

즉, $C+3=1$이므로 $C=-2$

따라서 $x<1$일 때

$f(x)=-x^2+4x-2$

Step 3 $\int_0^5 f(x)\,dx$의 값 구하기

$\int_0^5 f(x)\,dx=\int_0^1 f(x)\,dx+\int_1^5 f(x)\,dx$이므로

$$\int_0^1 f(x)\,dx=\int_0^1(-x^2+4x-2)\,dx$$
$$=\left[-\frac{1}{3}x^3+2x^2-2x\right]_0^1=-\frac{1}{3}$$

22 일차

$\int_1^5 f(x)\,dx$에서 $x=r^2+1(r\ge0)$로 놓으면 $\frac{dx}{dr}=2r$이고, $x=1$일 때 $r=0$, $x=5$일 때 $r=2$이므로

$$\int_1^5 f(x)\,dx=\int_0^2 f(r^2+1)\times 2r\,dr$$
$$=\int_0^2 2r(e^{2r}-2r)\,dr$$
$$=\int_0^2 (2re^{2r}-4r^2)\,dr$$
$$=\int_0^2 2re^{2r}\,dr-\int_0^2 4r^2\,dr$$

$u(r)=r$, $v'(r)=2e^{2r}$으로 놓으면
$u'(r)=1$, $v(r)=e^{2r}$이므로

$$\int_1^5 f(x)\,dx=\int_0^2 2re^{2r}\,dr-\int_0^2 4r^2\,dr$$
$$=\Big[re^{2r}\Big]_0^2-\int_0^2 e^{2r}\,dr-\int_0^2 4r^2\,dr$$
$$=2e^4-\Big[\frac{1}{2}e^{2r}\Big]_0^2-\Big[\frac{4}{3}r^3\Big]_0^2$$
$$=2e^4-\left(\frac{1}{2}e^4-\frac{1}{2}\right)-\frac{32}{3}$$
$$=\frac{3}{2}e^4-\frac{61}{6}$$

$$\therefore \int_0^5 f(x)\,dx=\int_0^1 f(x)\,dx+\int_1^5 f(x)\,dx$$
$$=-\frac{1}{3}+\left(\frac{3}{2}e^4-\frac{61}{6}\right)=\frac{3}{2}e^4-\frac{21}{2}$$

Step 4 $p+q$의 값 구하기

따라서 $p=\frac{3}{2}$, $q=\frac{21}{2}$이므로
$p+q=12$

19 부분적분법을 이용한 정적분 정답 12 | 정답률 11%

문제 보기

최고차항의 계수가 1인 이차함수 $f(x)$에 대하여 실수 전체의 집합에서
└→ $f(x)=x^2+px+q$로 놓는다.
정의된 함수 $g(x)=\ln\{f(x)+f'(x)+1\}$이 있다. 상수 a와 함수 $g(x)$가 다음 조건을 만족시킨다.

> (가) 모든 실수 x에 대하여 $g(x)>0$이고
> $\int_{2a}^{3a+x} g(t)\,dt=\int_{3a-x}^{2a+2} g(t)\,dt$이다.
> └→ 양변을 x에 대하여 미분한다.
> (나) $g(4)=\ln 5$

$\int_3^5 \{f'(x)+2a\}g(x)\,dx=m+n\ln 2$일 때, $m+n$의 값을 구하시
└→ 부분적분법을 이용한다.
오. (단, m, n은 정수이고, $\ln 2$는 무리수이다.) [4점]

Step 1 a의 값 구하기

조건 (가)의 $\int_{2a}^{3a+x} g(t)\,dt=\int_{3a-x}^{2a+2} g(t)\,dt$의 양변에 $x=a$를 대입하면

$\int_{2a}^{4a} g(t)\,dt=\int_{2a}^{2a+2} g(t)\,dt$, $\int_{2a}^{4a} g(t)\,dt-\int_{2a}^{2a+2} g(t)\,dt=0$

$\int_{2a}^{4a} g(t)\,dt+\int_{2a+2}^{2a} g(t)\,dt=0$ $\quad\therefore \int_{2a+2}^{4a} g(t)\,dt=0$

이때 모든 실수 x에 대하여 $g(x)>0$이므로 $4a=2a+2$ $\quad\therefore a=1$

Step 2 $f'(x)$, $g(x)$ 구하기

$f(x)=x^2+px+q$ (p, q는 상수)라 하면 $f'(x)=2x+p$이므로
$g(x)=\ln\{f(x)+f'(x)+1\}=\ln\{x^2+(p+2)x+p+q+1\}$
$a=1$이므로 조건 (가)에서 $\int_2^{3+x} g(t)\,dt=\int_{3-x}^4 g(t)\,dt$의 양변을 x에 대하여 미분하면 $g(3+x)=g(3-x)$
즉, 함수 $y=g(x)$의 그래프는 직선 $x=3$에 대하여 대칭이므로
$g(4)=g(2)$에서 $\ln(5p+q+25)=\ln(3p+q+9)$
$5p+q+25=3p+q+9$, $2p=-16$ $\quad\therefore p=-8$ $\quad\cdots\cdots$ ㉠
조건 (나)의 $g(4)=\ln 5$에서 $\ln(5p+q+25)=\ln 5$
$5p+q+25=5$ $\quad\therefore q=-5p-20$
㉠을 대입하면 $q=40-20=20$
$\therefore f'(x)=2x-8$, $g(x)=\ln(x^2-6x+13)$

Step 3 $\int_3^5 \{f'(x)+2a\}g(x)\,dx$의 값 구하기

$$\therefore \int_3^5 \{f'(x)+2a\}g(x)\,dx=\int_3^5 \{f'(x)+2\}g(x)\,dx$$
$$=\int_3^5 (2x-6)\ln(x^2-6x+13)\,dx$$

$x^2-6x+13=s$로 놓으면 $2x-6=\frac{ds}{dx}$이고,
$x=3$일 때 $s=4$, $x=5$일 때 $s=8$이므로

$$\int_3^5 \{f'(x)+2a\}g(x)\,dx=\int_3^5 (2x-6)\ln(x^2-6x+13)\,dx=\int_4^8 \ln s\,ds$$

$u(s)=\ln s$, $v'(s)=1$로 놓으면 $u'(s)=\frac{1}{s}$, $v(s)=s$이므로

$$\int_3^5 \{f'(x)+2a\}g(x)\,dx=\int_4^8 \ln s\,ds=\Big[s\ln s\Big]_4^8-\int_4^8 ds$$
$$=8\ln 8-4\ln 4-\Big[s\Big]_4^8=24\ln 2-8\ln 2-4$$
$$=-4+16\ln 2$$

Step 4 $m+n$의 값 구하기

따라서 $m=-4$, $n=16$이므로 $m+n=12$

20 부분적분법을 이용한 정적분 정답 ① | 정답률 36%

문제 보기

실수 전체의 집합에서 도함수가 연속인 함수 $f(x)$가 모든 실수 x에 대하여 다음 조건을 만족시킨다.

(가) $f(-x)=f(x)$ → 함수 $y=f(x)$의 그래프는 y축에 대하여 대칭이다.
(나) $f(x+2)=f(x)$

$\int_{-1}^{5} f(x)(x+\cos 2\pi x)dx=\frac{47}{2}$, $\int_{0}^{1} f(x)dx=2$일 때,

$\int_{0}^{1} f'(x)\sin 2\pi x dx$의 값은? [4점]
└ 부분적분법을 이용한다.

① $\frac{\pi}{6}$ ② $\frac{\pi}{4}$ ③ $\frac{\pi}{3}$ ④ $\frac{5}{12}\pi$ ⑤ $\frac{\pi}{2}$

Step 1 $\int_{0}^{1} f(x)\cos 2\pi x dx$의 값 구하기

$\int_{-1}^{5} f(x)(x+\cos 2\pi x)dx=\frac{47}{2}$에서

$\int_{-1}^{5} xf(x)dx+\int_{-1}^{5} f(x)\cos 2\pi x dx=\frac{47}{2}$ …… ㉠

조건 (가)에서 함수 $y=f(x)$의 그래프는 y축에 대하여 대칭이므로

$\int_{0}^{1} f(x)dx=2$에서

$\int_{-1}^{1} f(x)dx=2\int_{0}^{1} f(x)dx=4$

$g(x)=xf(x)$라 하면

$g(-x)=-xf(-x)=-xf(x)=-g(x)$이므로

$\int_{-1}^{1} xf(x)dx=0$

$h(x)=\cos 2\pi x$라 하면

$h(-x)=\cos(-2\pi x)=\cos 2\pi x=h(x)$이므로

$\int_{-1}^{1} f(x)\cos 2\pi x dx=2\int_{0}^{1} f(x)\cos 2\pi x dx$

㉠에서

$$\begin{aligned}&\int_{-1}^{5} xf(x)dx+\int_{-1}^{5} f(x)\cos 2\pi x dx\\
&=\int_{-1}^{1} xf(x)dx+\int_{1}^{3} xf(x)dx+\int_{3}^{5} xf(x)dx\\
&\quad+\int_{-1}^{1} f(x)\cos 2\pi x dx+\int_{1}^{3} f(x)\cos 2\pi x dx+\int_{3}^{5} f(x)\cos 2\pi x dx\\
&=\int_{-1}^{1} xf(x)dx+\int_{-1}^{1} (x+2)f(x+2)dx+\int_{-1}^{1} (x+4)f(x+4)dx\\
&\quad+\int_{-1}^{1} f(x)\cos 2\pi x dx+\int_{-1}^{1} f(x+2)\{\cos 2\pi(x+2)\}dx\\
&\quad+\int_{-1}^{1} f(x+4)\{\cos 2\pi(x+4)\}dx\\
&=\int_{-1}^{1} xf(x)dx+\int_{-1}^{1} (x+2)f(x)dx+\int_{-1}^{1} (x+4)f(x)dx\\
&\quad+\int_{-1}^{1} f(x)\cos 2\pi x dx+\int_{-1}^{1} f(x)\underline{\cos 2\pi x}dx+\int_{-1}^{1} f(x)\cos 2\pi x dx\\
&=\int_{-1}^{1} (3x+6)f(x)dx+3\int_{-1}^{1} f(x)\cos 2\pi x dx\\
&=3\int_{-1}^{1} xf(x)dx+6\int_{-1}^{1} f(x)dx+6\int_{0}^{1} f(x)\cos 2\pi x dx\\
&=24+6\int_{0}^{1} f(x)\cos 2\pi x dx\end{aligned}$$

└ $\cos 2\pi(x+2)=\cos(2\pi x+4\pi)=\cos 2\pi x$

즉, $24+6\int_{0}^{1} f(x)\cos 2\pi x dx=\frac{47}{2}$이므로

$\int_{0}^{1} f(x)\cos 2\pi x dx=-\frac{1}{12}$

Step 2 $\int_{0}^{1} f'(x)\sin 2\pi x dx$의 값 구하기

$\int_{0}^{1} f'(x)\sin 2\pi x dx$에서 $u(x)=\sin 2\pi x$, $v'(x)=f'(x)$로 놓으면

$u'(x)=2\pi\cos 2\pi x$, $v(x)=f(x)$이므로

$$\begin{aligned}\int_{0}^{1} f'(x)\sin 2\pi x dx&=\Big[f(x)\sin 2\pi x\Big]_{0}^{1}-2\pi\int_{0}^{1} f(x)\cos 2\pi x dx\\
&=-2\pi\times\left(-\frac{1}{12}\right)=\frac{\pi}{6}\end{aligned}$$

21 부분적분법을 이용한 정적분 정답 ⑤ | 정답률 38%

문제 보기

함수 $f(x)=\pi\sin 2\pi x$에 대하여 정의역이 실수 전체의 집합이고 치역이 집합 $\{0, 1\}$인 함수 $g(x)$와 자연수 n이 다음 조건을 만족시킬 때, n의 값은? [4점]

└→ *

> 함수 $h(x)=f(nx)g(x)$는 실수 전체의 집합에서 연속이고
> └→ *을 이용하여 함수 $y=f(nx)$의 그래프의 개형을 파악한다.
> $$\int_{-1}^{1} h(x)\,dx=2,\ \int_{-1}^{1} xh(x)\,dx=-\frac{1}{32}$$
> 이다.

① 8 ② 10 ③ 12 ④ 14 ⑤ 16

Step 1 함수 $y=f(nx)$의 그래프의 개형 파악하기

함수 $f(nx)=\pi\sin 2n\pi x$의 주기는 $\frac{2\pi}{2n\pi}=\frac{1}{n}$

$f(nx)=0$인 x의 값은 $x=\frac{k}{2n}$ (단, $-2n\le k\le 2n$인 정수)

따라서 함수 $y=f(nx)$의 그래프는 다음 그림과 같다.

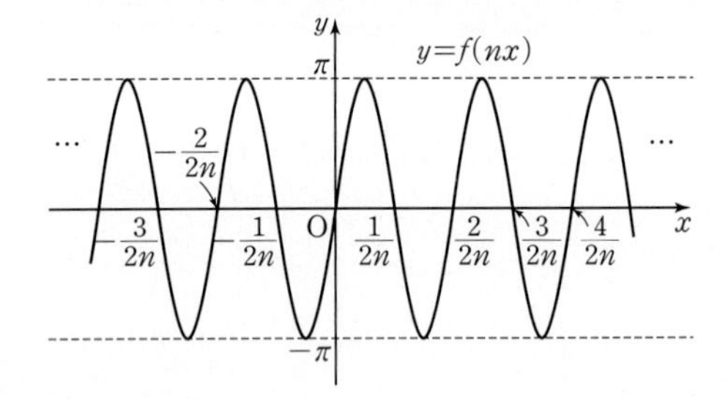

Step 2 $h(x)$ 구하기

함수 $f(x)=\pi\sin 2n\pi x$에 대하여

$$\int_0^{\frac{1}{2n}} f(nx)\,dx=\int_0^{\frac{1}{2n}} \pi\sin 2n\pi x\,dx$$
$$=\pi\left[-\frac{1}{2n\pi}\cos 2n\pi x\right]_0^{\frac{1}{2n}}=\frac{2}{2n}=\frac{1}{n}$$

즉, 구간 $[0, 1]$에서 곡선 $y=f(nx)$ $(y\ge 0)$와 x축으로 둘러싸인 부분의 넓이는

$\frac{1}{n}\times n=1$

같은 방법으로 구간 $[-1, 0]$에서 곡선 $y=f(nx)$ $(y\ge 0)$와 x축으로 둘러싸인 부분의 넓이도

$\frac{1}{n}\times n=1$

따라서 구간 $[-1, 1]$에서 곡선 $y=f(nx)$ $(y\ge 0)$와 x축으로 둘러싸인 부분의 넓이는 2이다.

함수 $h(x)=f(nx)g(x)$가 실수 전체의 집합에서 연속이므로

$\int_{-1}^{1} h(x)\,dx=2$이려면 $g(x)=\begin{cases}1 & (f(nx)>0)\\ 0 & (f(nx)\le 0)\end{cases}$이고, 함수 $y=h(x)$의 그래프는 다음 그림과 같다.

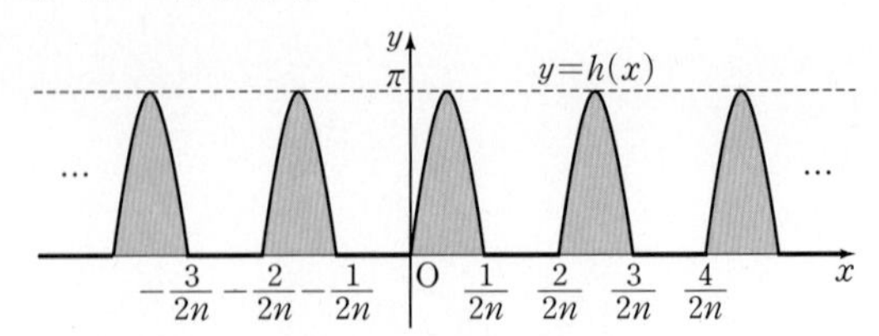

$\therefore h(x)=f(nx)g(x)=\begin{cases}f(nx) & (f(nx)>0)\\ 0 & (f(nx)\le 0)\end{cases}$

Step 3 n의 값 구하기

$xf(nx)=k(x)$라 하면

$k(-x)=-xf(-nx)=-\pi x\sin(-2n\pi x)$
$\quad=\pi x\sin 2n\pi x=k(x)$

즉, 함수 $y=k(x)$의 그래프는 y축에 대하여 대칭이다.

$$\therefore \int_{-1}^{1} xh(x)\,dx=\int_0^1 xf(nx)\,dx$$
$$=\int_0^1 \pi x\sin 2n\pi x\,dx$$

$u(x)=\pi x$, $v'(x)=\sin 2n\pi x$로 놓으면

$u'(x)=\pi$, $v(x)=-\frac{1}{2n\pi}\cos 2n\pi x$이므로

$$\int_0^1 \pi x\sin 2n\pi x\,dx=\left[-\frac{x}{2n}\cos 2n\pi x\right]_0^1-\int_0^1\left(-\frac{1}{2n}\cos 2n\pi x\right)dx$$
$$=-\frac{1}{2n}+\frac{1}{2n}\left[\frac{1}{2n\pi}\sin 2n\pi x\right]_0^1$$
$$=-\frac{1}{2n}$$

따라서 $\int_{-1}^{1} xh(x)\,dx=-\frac{1}{32}$이므로

$-\frac{1}{2n}=-\frac{1}{32}$ $\quad\therefore n=16$

22 부분적분법을 이용한 정적분 정답 26 | 정답률 28%

문제 보기

세 상수 a, b, c에 대하여 함수 $f(x)=ae^{2x}+be^{x}+c$가 다음 조건을 만족시킨다.

> (가) $\lim_{x\to-\infty}\frac{f(x)+6}{e^x}=1$ → $e^x=t$로 놓고 극한값이 1임을 이용하여 b, c의 값을 구한다.
> (나) $f(\ln 2)=0$ → $g(0)=\ln 2$

함수 $f(x)$의 역함수를 $g(x)$라 할 때, $\int_0^{14} g(x)\,dx=p+q\ln 2$이다.
→ $g'(x)=\frac{1}{f'(g(x))}$ 임을 이용한다.

$p+q$의 값을 구하시오. (단, p, q는 유리수이고, $\ln 2$는 무리수이다.)

[4점]

Step 1 $f(x)$ 구하기

조건 (가)에서 $e^x=t$로 놓으면 $x\to-\infty$일 때 $t\to 0+$이므로

$$\lim_{x\to-\infty}\frac{f(x)+6}{e^x}=\lim_{x\to-\infty}\frac{ae^{2x}+be^x+c+6}{e^x}=\lim_{t\to0+}\frac{at^2+bt+c+6}{t}$$
$$=\lim_{t\to0+}\left(at+b+\frac{c+6}{t}\right)$$
$$=b+\lim_{t\to0+}\frac{c+6}{t}\quad\cdots\cdots ㉠$$

이때 $\lim_{t\to0+}\frac{c+6}{t}$에서 $t\to0+$일 때 (분모) → 0이고 극한값이 존재하므로 (분자) → 0이다.

즉, $\lim_{t\to0+}(c+6)=0$에서 $c+6=0$ $\quad\therefore c=-6$

또 $\lim_{x\to-\infty}\frac{f(x)+6}{e^x}=1$이므로 ㉠에서 $b=1$

따라서 $f(x)=ae^{2x}+e^x-6$이므로 조건 (나)의 $f(\ln 2)=0$에서

$ae^{2\ln 2}+e^{\ln 2}-6=0$, $4a+2-6=0$

$4a=4$ $\quad\therefore a=1$

$\therefore f(x)=e^{2x}+e^x-6$

Step 2 $\int_0^{14} g(x)\,dx$의 값 구하기

$f(\ln 2)=0$에서 $g(0)=\ln 2$

$g(14)=k$ (k는 상수)라 하면 $f(k)=14$이므로

$e^{2k}+e^k-6=14$, $e^{2k}+e^k-20=0$

$(e^k+5)(e^k-4)=0$ $\quad\therefore e^k=4$ ($\because e^k>0$)

$\therefore k=\ln 4$

$\therefore f(\ln 4)=14$, $g(14)=\ln 4$

$\int_0^{14} g(x)\,dx$에서 $g(x)=s$로 놓으면 $g'(x)=\frac{ds}{dx}$, 즉 $\frac{1}{f'(g(x))}=\frac{ds}{dx}$이므로 $\frac{1}{f'(s)}=\frac{ds}{dx}$이고, $x=0$일 때 $s=g(0)=\ln 2$, $x=14$일 때 $s=g(14)=\ln 4$이므로

$$\int_0^{14} g(x)\,dx=\int_{\ln 2}^{\ln 4} sf'(s)\,ds$$

$u(s)=s$, $v'(s)=f'(s)$로 놓으면 $u'(s)=1$, $v(s)=f(s)$이므로

$$\int_0^{14} g(x)\,dx=\int_{\ln 2}^{\ln 4} sf'(s)\,ds$$
$$=\Big[sf(s)\Big]_{\ln 2}^{\ln 4}-\int_{\ln 2}^{\ln 4} f(s)\,ds$$
$$=\ln 4 f(\ln 4)-\ln 2 f(\ln 2)-\int_{\ln 2}^{\ln 4}(e^{2s}+e^s-6)\,ds$$
$$=14\ln 4-\left[\frac{1}{2}e^{2s}+e^s-6s\right]_{\ln 2}^{\ln 4}$$
$$=28\ln 2-(8-6\ln 2)$$
$$=-8+34\ln 2$$

Step 3 $p+q$의 값 구하기

따라서 $p=-8$, $q=34$이므로

$p+q=26$

22 일차

23 부분적분법을 이용한 부정적분 정답 25 | 정답률 16%

문제 보기

양수 k에 대하여 함수 $f(x)$를

$f(x)=(k-|x|)e^{-x}$ ← x의 값의 범위에 따라 $f(x)$, $F(x)$를 구한다.

이라 하자. 실수 전체의 집합에서 미분가능하고 다음 조건을 만족시키는 모든 함수 $F(x)$에 대하여 $F(0)$의 최솟값을 $g(k)$라 하자.

> 모든 실수 x에 대하여 $F'(x)=f(x)$이고 $F(x)\geq f(x)$이다.
> $h(x)=F(x)-f(x)$라 하면 모든 실수 x에 대하여 $h(x)\geq 0$이다.

$g\left(\frac{1}{4}\right)+g\left(\frac{3}{2}\right)=pe+q$일 때, $100(p+q)$의 값을 구하시오.

(단, $\lim_{x\to\infty}xe^{-x}=0$이고, p와 q는 유리수이다.) [4점]

Step 1 $h(x)=F(x)-f(x)$로 놓고 $h(x)$, $h'(x)$ 구하기

$$f(x)=(k-|x|)e^{-x}=\begin{cases}(k+x)e^{-x} & (x<0)\\(k-x)e^{-x} & (x\geq 0)\end{cases} \quad \cdots\cdots ㉠$$

이고, $F'(x)=f(x)$이므로 부분적분법을 이용하여 ㉠의 양변을 적분하면

$$F(x)=\begin{cases}-(k+x+1)e^{-x}+C_1 & (x<0)\\-(k-x-1)e^{-x}+C_2 & (x\geq 0)\end{cases}$$

이때 함수 $F(x)$가 실수 전체의 집합에서 미분가능하므로 $x=0$에서 연속이다. 즉,

$$\lim_{x\to 0+}F(x)=\lim_{x\to 0-}F(x)$$

$$\lim_{x\to 0+}\{-(k-x-1)e^{-x}+C_2\}=\lim_{x\to 0-}\{-(k+x+1)e^{-x}+C_1\}$$

$$-(k-1)+C_2=-(k+1)+C_1$$

$$\therefore C_2=C_1-2$$

$$\therefore F(x)=\begin{cases}-(k+x+1)e^{-x}+C_1 & (x<0)\\-(k-x-1)e^{-x}+C_1-2 & (x\geq 0)\end{cases}$$

한편 모든 실수 x에 대하여 $F(x)\geq f(x)$이므로

$h(x)=F(x)-f(x)$라 하면 모든 실수 x에 대하여 $h(x)\geq 0$이다. $\cdots\cdots$ ㉡

$$h(x)=\begin{cases}-(2k+2x+1)e^{-x}+C_1 & (x<0)\\-(2k-2x-1)e^{-x}+C_1-2 & (x\geq 0)\end{cases}$$ 이므로

$$h'(x)=\begin{cases}(2k+2x-1)e^{-x} & (x<0)\\(2k-2x+1)e^{-x} & (x>0)\end{cases}$$

Step 2 $g\left(\frac{1}{4}\right)$, $g\left(\frac{3}{2}\right)$의 값 구하기

$x<0$일 때 $h'(x)=0$에서 $x=\frac{1}{2}-k$ ($\because e^{-x}>0$)

$k\leq\frac{1}{2}$이면 함수 $h(x)$는 $x<0$에서 극값이 존재하지 않으므로 $x<0$에서 감소하고, $k>\frac{1}{2}$이면 함수 $h(x)$는 $x=\frac{1}{2}-k$에서 극소이다.

또 $x>0$일 때 $h'(x)=0$에서 $x=k+\frac{1}{2}$ ($\because e^{-x}>0$)

따라서 함수 $h(x)$는 $x=k+\frac{1}{2}$에서 극대이다.

한편 $\lim_{x\to\infty}h(x)=C_1-2$, $\lim_{x\to-\infty}h(x)=\infty$이다.

(i) $k=\frac{1}{4}$인 경우

함수 $h(x)$의 증가와 감소를 표로 나타내면 다음과 같다.

x	$\cdots$	0	$\cdots$	$\frac{3}{4}$	$\cdots$
$h'(x)$	$-$		$+$	0	$-$
$h(x)$	↘	극소	↗	극대	↘

$$h(0)=C_1-2k-1=C_1-2\times\frac{1}{4}-1=C_1-\frac{3}{2}>C_1-2$$

이므로 함수 $y=h(x)$의 그래프의 개형은 다음 그림과 같다.

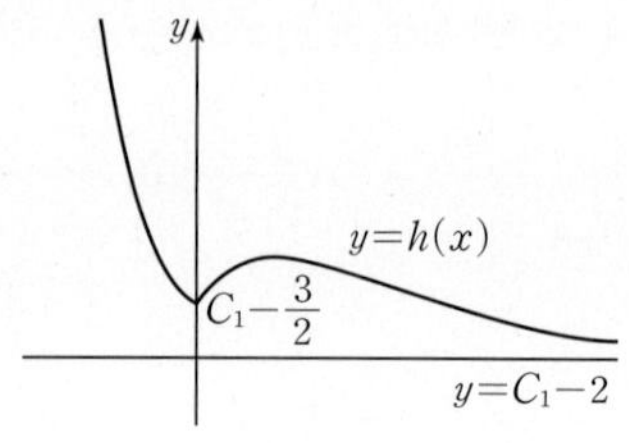

이때 ㉡을 만족시키려면 $C_1-2\geq 0$, 즉 $C_1\geq 2$이어야 하므로

$$F(0)=-(k-1)+C_1-2=-\left(\frac{1}{4}-1\right)+C_1-2$$

$$=C_1-\frac{5}{4}\geq\frac{3}{4}$$

$$\therefore g\left(\frac{1}{4}\right)=\frac{3}{4}$$

(ii) $k=\frac{3}{2}$인 경우

함수 $h(x)$의 증가와 감소를 표로 나타내면 다음과 같다.

x	$\cdots$	-1	$\cdots$	2	$\cdots$
$h'(x)$	$-$	0	$+$	0	$-$
$h(x)$	↘	극소	↗	극대	↘

$$h(-1)=C_1-(2k-1)e$$

$$=C_1-\left(2\times\frac{3}{2}-1\right)e$$

$$=C_1-2e<C_1-2$$

이므로 함수 $h(x)$는 $x=-1$에서 최솟값 C_1-2e를 갖고, $y=h(x)$의 그래프의 개형은 다음 그림과 같다.

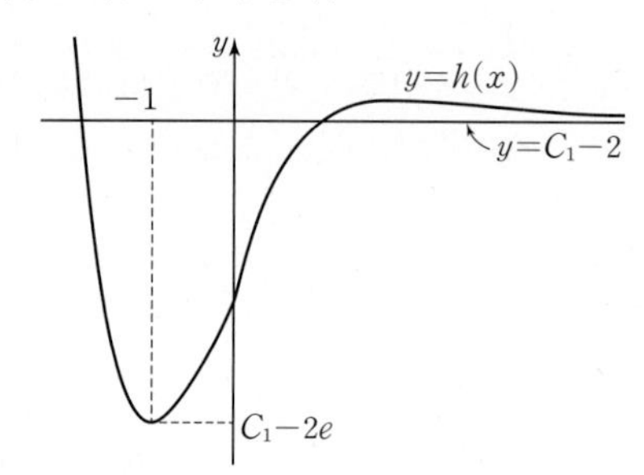

이때 ㉡을 만족시키려면 $C_1-2e\geq 0$, 즉 $C_1\geq 2e$이어야 하므로

$$F(0)=-(k-1)+C_1-2=-\left(\frac{3}{2}-1\right)+C_1-2$$

$$=C_1-\frac{5}{2}\geq 2e-\frac{5}{2}$$

$$\therefore g\left(\frac{3}{2}\right)=2e-\frac{5}{2}$$

Step 3 $100(p+q)$의 값 구하기

(i), (ii)에서

$$g\left(\frac{1}{4}\right)+g\left(\frac{3}{2}\right)=\frac{3}{4}+\left(2e-\frac{5}{2}\right)=2e-\frac{7}{4}$$

따라서 $p=2$, $q=-\frac{7}{4}$이므로

$$100(p+q)=100\times\left\{2+\left(-\frac{7}{4}\right)\right\}=25$$

24 부분적분법을 이용한 부정적분 정답 93 | 정답률 5%

문제 보기

실수 전체의 집합에서 미분가능한 함수 $f(x)$가 모든 실수 x에 대하여

$$f'(x^2+x+1)=\pi f(1)\sin\pi x+f(3)x+5x^2$$

└→ 양변에 $(x^2+x+1)'$을 곱한 후 양변을 적분하여 $f(x^2+x+1)$을 구한다.

을 만족시킬 때, $f(7)$의 값을 구하시오. [4점]

Step 1 $f(x^2+x+1)$의 식 세우기

주어진 등식의 좌변이 $f'(x^2+x+1)$이므로 $f'(g(x))g'(x)$ 꼴이 되도록 양변에 $(x^2+x+1)'$, 즉 $2x+1$을 곱하면

$f'(x^2+x+1)\times(2x+1)$

$=(2x+1)\pi f(1)\sin\pi x+f(3)(2x^2+x)+10x^3+5x^2$

이때 $f(1)=a$, $f(3)=b$ (a, b는 상수)라 하면

$f'(x^2+x+1)\times(2x+1)$

$=(2x+1)a\pi\sin\pi x+(2x^2+x)b+10x^3+5x^2$ …… ㉠

㉠의 좌변에서

$\int f'(x^2+x+1)\times(2x+1)\,dx=f(x^2+x+1)+C_1$ …… ㉡

㉠의 우변에서 $u(x)=2x+1$, $v'(x)=\pi\sin\pi x$로 놓으면

$u'(x)=2$, $v(x)=-\cos\pi x$이므로

$\int\{(2x+1)a\pi\sin\pi x+(2x^2+x)b+10x^3+5x^2\}\,dx$

$=a\int(2x+1)\pi\sin\pi x\,dx+\int\{(2x^2+x)b+10x^3+5x^2\}\,dx$

$=a\left\{(2x+1)(-\cos\pi x)-\int(-2\cos\pi x)\,dx\right\}$

$+b\left(\frac{2}{3}x^3+\frac{1}{2}x^2\right)+\frac{5}{2}x^4+\frac{5}{3}x^3+C_2$

$=\left\{\frac{2}{\pi}\sin\pi x-(2x+1)\cos\pi x\right\}a$

$+\left(\frac{2}{3}x^3+\frac{1}{2}x^2\right)b+\frac{5}{2}x^4+\frac{5}{3}x^3+C_2$ …… ㉢

㉡, ㉢에서

$f(x^2+x+1)=\left\{\frac{2}{\pi}\sin\pi x-(2x+1)\cos\pi x\right\}a$

$+\left(\frac{2}{3}x^3+\frac{1}{2}x^2\right)b+\frac{5}{2}x^4+\frac{5}{3}x^3+C$ …… ㉣

Step 2 $f(x^2+x+1)$ 구하기

$f(x^2+x+1)=f(1)$에서

$x^2+x+1=1$, $x^2+x=0$

$x(x+1)=0$ $\therefore x=0$ 또는 $x=-1$

㉣의 양변에 $x=0$을 대입하면

$f(1)=-a+C$

$f(1)=a$이므로

$-a+C=a$ $\therefore C=2a$ …… ㉤

㉣의 양변에 $x=-1$을 대입하면

$f(1)=-a-\frac{1}{6}b+\frac{5}{6}+C$

$f(1)=a$이므로

$-a-\frac{1}{6}b+\frac{5}{6}+C=a$ $\therefore 12a+b-6C=5$

㉤을 대입하면

$12a+b-12a=5$ $\therefore b=5$

$f(x^2+x+1)=f(3)$에서

$x^2+x+1=3$, $x^2+x-2=0$

$(x+2)(x-1)=0$ $\therefore x=-2$ 또는 $x=1$

㉣의 양변에 $x=1$을 대입하면

$f(3)=3a+\frac{7}{6}b+\frac{25}{6}+C=3a+10+C$ ($\because b=5$)

$f(3)=b=5$이므로

$3a+10+C=5$ $\therefore 3a+C=-5$

㉤을 대입하면

$3a+2a=-5$, $5a=-5$

$\therefore a=-1$

㉤에 $a=-1$을 대입하면 $C=-2$

$\therefore f(x^2+x+1)$

$=-\frac{2}{\pi}\sin\pi x+(2x+1)\cos\pi x+\frac{5}{2}x^4+5x^3+\frac{5}{2}x^2-2$ …… ㉥

Step 3 $f(7)$의 값 구하기

$f(x^2+x+1)=f(7)$에서

$x^2+x+1=7$, $x^2+x-6=0$

$(x+3)(x-2)=0$ $\therefore x=-3$ 또는 $x=2$

㉥의 양변에 $x=2$를 대입하면

$f(7)=-\frac{2}{\pi}\sin 2\pi+5\cos 2\pi+40+40+10-2$

$=5+88=93$

25 부분적분법을 이용한 정적분 정답 16 | 정답률 9%

문제 보기

실수 전체의 집합에서 미분가능한 함수 $f(x)$에 대하여 곡선 $y=f(x)$ 위의 점 $(t,\ f(t))$에서의 접선의 y절편을 $g(t)$라 하자. 모든 실수 t에 대하여

└→ $y-f(t)=f'(t)(x-t)$

$$(1+t^2)\{g(t+1)-g(t)\}=2t$$ → $f(t)$에 대한 식으로 변형한다.

이고, $\int_0^1 f(x)\,dx=-\frac{\ln 10}{4}$, $f(1)=4+\frac{\ln 17}{8}$일 때,

$2\{f(4)+f(-4)\}-\int_{-4}^{4} f(x)\,dx$의 값을 구하시오. [4점]

Step 1 $g(t)$ 구하기

곡선 $y=f(x)$ 위의 점 $(t,\ f(t))$에서의 접선의 방정식은

$y-f(t)=f'(t)(x-t)$ $\quad\therefore y=f'(t)x-tf'(t)+f(t)$

이때 접선의 y절편이 $g(t)$이므로 $g(t)=f(t)-tf'(t)$ …… ㉠

Step 2 $\int_t^{t+1} f(x)\,dx$ 구하기

$(1+t^2)\{g(t+1)-g(t)\}=2t$에서 $g(t+1)-g(t)=\frac{2t}{1+t^2}$

$\therefore \int_t^{t+1} g(x)\,dx=\ln(1+t^2)+C$

좌변에 ㉠을 대입하면

$\int_t^{t+1}\{f(x)-xf'(x)\}\,dx=\ln(1+t^2)+C$

$\int_t^{t+1} f(x)\,dx-\int_t^{t+1} xf'(x)\,dx=\ln(1+t^2)+C$

$\int_t^{t+1} xf'(x)\,dx$에서 $u(x)=x$, $v'(x)=f'(x)$로 놓으면

$u'(x)=1$, $v(x)=f(x)$이므로

$\int_t^{t+1} f(x)\,dx-\left\{\Big[xf(x)\Big]_t^{t+1}-\int_t^{t+1} f(x)\,dx\right\}=\ln(1+t^2)+C$

$2\int_t^{t+1} f(x)\,dx-\{(t+1)f(t+1)-tf(t)\}=\ln(1+t^2)+C$

$2\int_t^{t+1} f(x)\,dx=(t+1)f(t+1)-tf(t)+\ln(1+t^2)+C$

$\therefore \int_t^{t+1} f(x)\,dx=\frac{1}{2}\{(t+1)f(t+1)-tf(t)+\ln(1+t^2)+C\}$ …… ㉡

Step 3 $2\{f(4)+f(-4)\}-\int_{-4}^{4} f(x)\,dx$의 값 구하기

㉡에서 $(t+1)f(t+1)-tf(t)=h(t)$라 하면

$\int_t^{t+1} f(x)\,dx=\frac{1}{2}\{h(t)+\ln(1+t^2)+C\}$이므로

$$\int_{-4}^{4} f(x)\,dx=\int_{-4}^{-3} f(x)\,dx+\int_{-3}^{-2} f(x)\,dx+\int_{-2}^{-1} f(x)\,dx+\cdots+\int_3^4 f(x)\,dx$$

$$=\frac{1}{2}\{h(-4)+\ln 17+C\}+\frac{1}{2}\{h(-3)+\ln 10+C\}+\frac{1}{2}\{h(-2)+\ln 5+C\}+\cdots+\frac{1}{2}\{h(3)+\ln 10+C\}$$

$$=\frac{1}{2}[\{h(-4)+h(-3)+h(-2)+\cdots+h(3)\}+(\ln 17+\ln 10+\ln 5+\ln 2+\ln 2+\ln 5+\ln 10)+8C]$$

$$=\frac{1}{2}\{4f(-4)+4f(4)+\ln 17+4\ln 10+8C\}$$

$$=2\{f(4)+f(-4)\}+\frac{1}{2}\ln 17+2\ln 10+4C$$

$\therefore 2\{f(4)+f(-4)\}-\int_{-4}^{4} f(x)\,dx=-\frac{1}{2}\ln 17-2\ln 10-4C$ …… ㉢

㉡의 양변에 $t=0$을 대입하면

$\int_0^1 f(x)\,dx=\frac{1}{2}\{f(1)+C\}$, $2\int_0^1 f(x)\,dx=f(1)+C$

$\therefore C=2\int_0^1 f(x)\,dx-f(1)$

$=2\times\left(-\frac{\ln 10}{4}\right)-\left(4+\frac{\ln 17}{8}\right)$

$=-\frac{\ln 10}{2}-4-\frac{\ln 17}{8}$

이를 ㉢에 대입하면

$2\{f(4)+f(-4)\}-\int_{-4}^{4} f(x)\,dx$

$=-\frac{1}{2}\ln 17-2\ln 10-4\left(-\frac{\ln 10}{2}-4-\frac{\ln 17}{8}\right)$

$=16$

26 부분적분법을 이용한 정적분 정답 586 | 정답률 17%

문제 보기

두 자연수 a, b에 대하여 이차함수 $f(x)=ax^2+b$가 있다. 함수 $g(x)$를

└→ 함수 $y=f(x)$의 그래프는 y축에 대하여 대칭이다.

$$g(x)=\ln f(x)-\frac{1}{10}\{f(x)-1\}$$

└→ 함수 $g(x)$의 증가와 감소를 파악하여 그래프의 개형을 찾는다.

이라 하자. 실수 t에 대하여 직선 $y=|g(t)|$와 함수 $y=|g(x)|$의 그래프가 만나는 점의 개수를 $h(t)$라 하자. 두 함수 $g(x)$, $h(t)$가 다음 조건을 만족시킨다.

> (가) 함수 $g(x)$는 $x=0$에서 극솟값을 갖는다.
> └→ $x=0$의 좌우에서 $g'(x)$의 부호가 음에서 양으로 바뀐다.
> (나) 함수 $h(t)$가 $t=k$에서 불연속인 k의 값의 개수는 7이다.

$\int_0^a e^x f(x)\,dx=me^a-19$일 때, 자연수 m의 값을 구하시오. [4점]

Step 1 함수 $g(x)$의 증가와 감소를 파악하여 b의 값의 범위 구하기

$g(x)=\ln f(x)-\frac{1}{10}\{f(x)-1\}$에서

$$g'(x)=\frac{f'(x)}{f(x)}-\frac{1}{10}f'(x)=f'(x)\left\{\frac{1}{f(x)}-\frac{1}{10}\right\}$$

$g'(x)=0$에서

$f'(x)=0$ 또는 $f(x)=10$

$f(x)=ax^2+b$에서 $f'(x)=2ax$

$f'(x)=0$인 x의 값은 $x=0$ ($\because a>0$)

(i) 방정식 $f(x)=10$이 실근을 갖지 않을 때

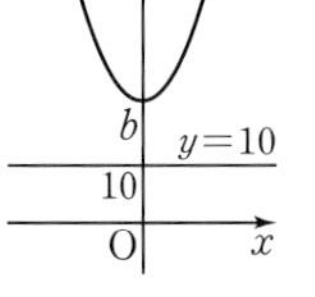

$x=0$일 때, $f'(0)=0$이므로 $g'(0)=0$

$x<0$일 때, $f'(x)<0$, $\frac{1}{f(x)}-\frac{1}{10}<0$이므로 $g'(x)>0$

$x>0$일 때, $f'(x)>0$, $\frac{1}{f(x)}-\frac{1}{10}<0$이므로 $g'(x)<0$

함수 $g(x)$의 증가와 감소를 표로 나타내면 다음과 같다.

x	$\cdots$	0	$\cdots$
$g'(x)$	+	0	−
$g(x)$	↗	극대	↘

즉, 함수 $g(x)$는 $x=0$에서 극댓값을 가지므로 조건 (가)를 만족시키지 않는다.

(ii) 방정식 $f(x)=10$이 중근을 가질 때

$x=0$일 때, $f'(0)=0$이므로 $g'(0)=0$

$x<0$일 때, $f'(x)<0$, $\frac{1}{f(x)}-\frac{1}{10}<0$이므로 $g'(x)>0$

$x>0$일 때, $f'(x)>0$, $\frac{1}{f(x)}-\frac{1}{10}<0$이므로 $g'(x)<0$

함수 $g(x)$의 증가와 감소를 표로 나타내면 다음과 같다.

x	$\cdots$	0	$\cdots$
$g'(x)$	+	0	−
$g(x)$	↗	극대	↘

즉, 함수 $g(x)$는 $x=0$에서 극댓값을 가지므로 조건 (가)를 만족시키지 않는다.

(iii) 방정식 $f(x)=10$이 서로 다른 두 실근을 가질 때

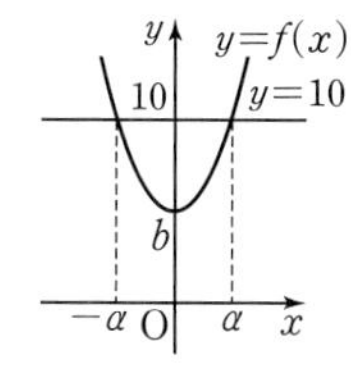

$f(x)=ax^2+b$에서 $b<10$이어야 하므로

$1\le b\le 9$ ($\because$ b는 자연수)

이때 이차함수 $y=f(x)$의 그래프는 y축에 대하여 대칭이므로 함수 $y=f(x)$의 그래프와 직선 $y=10$의 두 교점의 x좌표를 $-\alpha$, α ($\alpha>0$)라 하면 $f'(0)=0$, $f(-\alpha)=10$, $f(\alpha)=10$이므로

$g'(0)=0$, $g'(-\alpha)=0$, $g'(\alpha)=0$

$x<-\alpha$일 때, $f'(x)<0$, $\frac{1}{f(x)}-\frac{1}{10}<0$이므로 $g'(x)>0$

$-\alpha<x<0$일 때, $f'(x)<0$, $\frac{1}{f(x)}-\frac{1}{10}>0$이므로 $g'(x)<0$

$0<x<\alpha$일 때, $f'(x)>0$, $\frac{1}{f(x)}-\frac{1}{10}>0$이므로 $g'(x)>0$

$x>\alpha$일 때, $f'(x)>0$, $\frac{1}{f(x)}-\frac{1}{10}<0$이므로 $g'(x)<0$

함수 $g(x)$의 증가와 감소를 표로 나타내면 다음과 같다.

x	$\cdots$	$-\alpha$	$\cdots$	0	$\cdots$	α	$\cdots$
$g'(x)$	+	0	−	0	+	0	−
$g(x)$	↗	극대	↘	극소	↗	극대	↘

즉, 함수 $g(x)$는 $x=0$에서 극솟값을 가지므로 조건 (가)를 만족시킨다.

(i), (ii), (iii)에서 $1\le b\le 9$

Step 2 함수 $y=|g(x)|$의 그래프의 개형을 파악하여 $g(0)$의 값 구하기

$g(0)=\ln f(0)-\frac{1}{10}\{f(0)-1\}=\ln b-\frac{1}{10}(b-1)$

이때 $p(x)=\ln x-\frac{1}{10}(x-1)$이라 하면 $p'(x)=\frac{1}{x}-\frac{1}{10}$

$1\le x\le 9$일 때 $p'(x)>0$이므로 $p(x)$는 $1\le x\le 9$에서 증가한다.

즉, $g(0)=p(b)\ge p(1)=0$이므로 함수 $y=|g(x)|$의 그래프의 개형은 다음과 같이 2가지가 있다.

(i) $g(0)=0$일 때

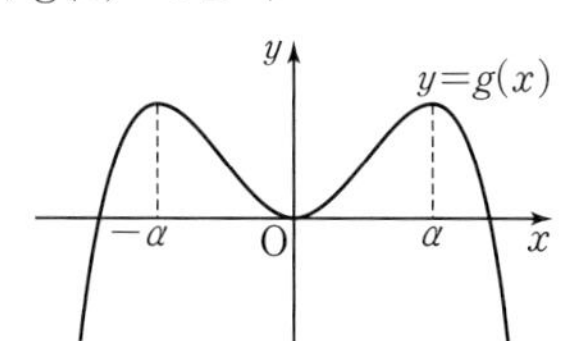

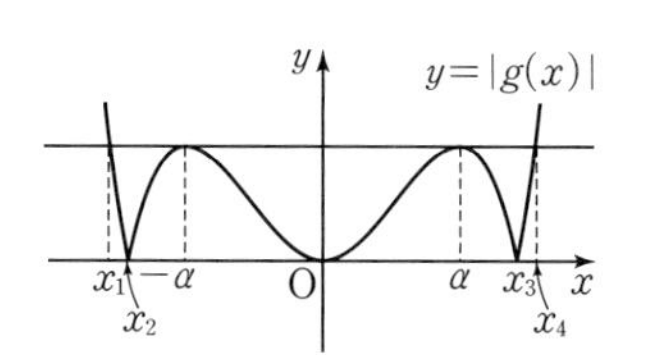

이때 함수 $y=h(t)$의 그래프는 오른쪽 그림과 같다.

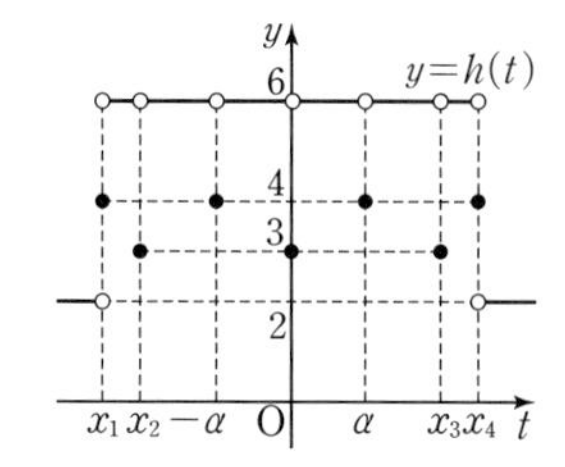

따라서 함수 $h(t)$가 $t=k$에서 불연속인 k의 값의 개수는 7이므로 조건 (나)를 만족시킨다.

(ii) $g(0)>0$일 때

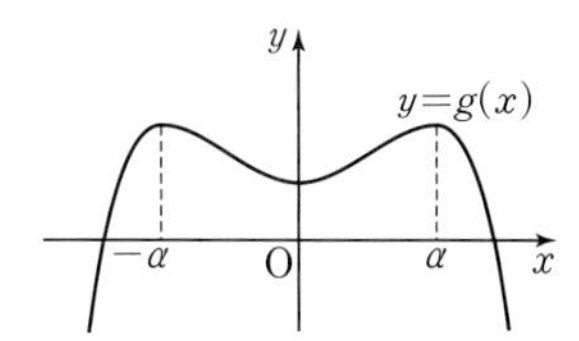

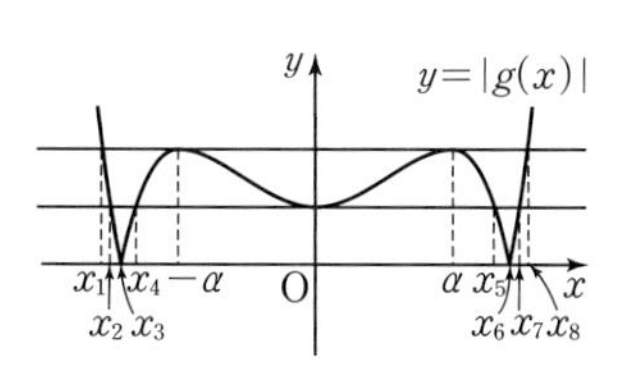

이때 함수 $y=h(t)$의 그래프는 오른쪽 그림과 같다.

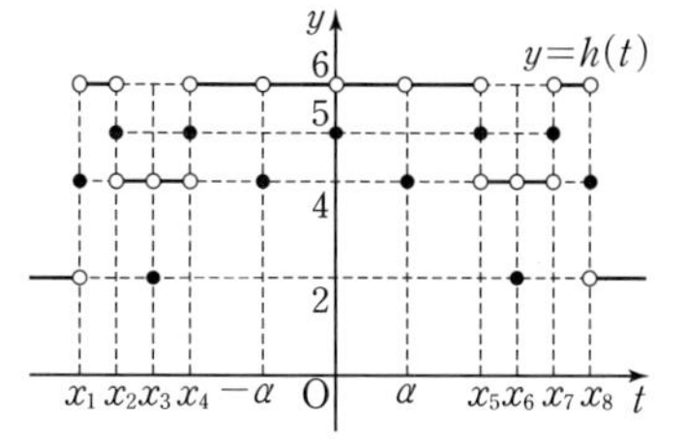

따라서 함수 $h(t)$가 $t=k$에서 불연속인 k의 값의 개수는 11이므로 조건 (나)를 만족시키지 않는다.

(i), (ii)에서 $g(0)=0$

Step 3 b의 값 구하기

따라서 $0=g(0)=p(b)\ge p(1)=0$이므로

$p(b)=p(1)$

이때 $p(x)$는 $1\le x\le 9$에서 증가하므로

$b=1$

Step 4 m의 값 구하기

$f(x)=ax^2+1$이므로

$\int_0^a e^x f(x)\,dx=\int_0^a e^x(ax^2+1)\,dx$

$u(x)=ax^2+1$, $v'(x)=e^x$으로 놓으면

$u'(x)=2ax$, $v(x)=e^x$이므로

$$\int_0^a e^x(ax^2+1)\,dx=\Big[(ax^2+1)e^x\Big]_0^a-\int_0^a 2axe^x\,dx$$
$$=(a^3+1)e^a-1-\int_0^a 2axe^x\,dx$$

$\int_0^a 2axe^x\,dx$에서 $s(x)=2ax$, $q'(x)=e^x$으로 놓으면

$s'(x)=2a$, $q(x)=e^x$이므로

$$\int_0^a 2axe^x\,dx=\Big[2axe^x\Big]_0^a-\int_0^a 2ae^x\,dx$$
$$=2a^2e^a-\Big[2ae^x\Big]_0^a$$
$$=2a^2e^a-(2ae^a-2a)$$
$$=(2a^2-2a)e^a+2a$$

$$\therefore \int_0^a e^x f(x)\,dx=(a^3+1)e^a-1-(2a^2-2a)e^a-2a$$
$$=(a^3-2a^2+2a+1)e^a-2a-1$$

즉, $(a^3-2a^2+2a+1)e^a-2a-1=me^a-19$이므로

$a^3-2a^2+2a+1=m$, $-2a-1=-19$

$-2a-1=-19$에서

$2a=18$ $\quad\therefore a=9$

$\therefore m=a^3-2a^2+2a+1$

$=729-162+18+1=586$

27 부분적분법을 이용한 정적분 정답 21 | 정답률 4%

문제 보기

실수 t에 대하여 함수 $f(x)$를

$$f(x)=\begin{cases}1-|x-t| & (|x-t|\le 1)\\ 0 & (|x-t|>1)\end{cases}$$

→ x의 값의 범위에 따라 $f(x)$를 구한다.

이라 할 때, 어떤 홀수 k에 대하여 함수

$$g(t)=\int_k^{k+8} f(x)\cos(\pi x)\,dx$$

가 다음 조건을 만족시킨다.

> 함수 $g(t)$가 $t=\alpha$에서 극소이고 $g(\alpha)<0$인 모든 α를 작은 수부터 크기순으로 나열한 것을 $\alpha_1, \alpha_2, \cdots, \alpha_m$ (m은 자연수)라 할 때, $\sum_{i=1}^{m}\alpha_i=45$이다.
>
> └→ $g'(\alpha)=0$

$k-\pi^2\sum_{i=1}^{m}g(\alpha_i)$의 값을 구하시오. [4점]

Step 1 함수 $y=f(x)$의 그래프의 개형 파악하기

$$f(x)=\begin{cases}x+1-t & (t-1\le x\le t)\\ -x+1+t & (t\le x\le t+1)\\ 0 & (x<t-1 \text{ 또는 } x>t+1)\end{cases}$$

이므로 함수 $y=f(x)$의 그래프는 다음 그림과 같다.

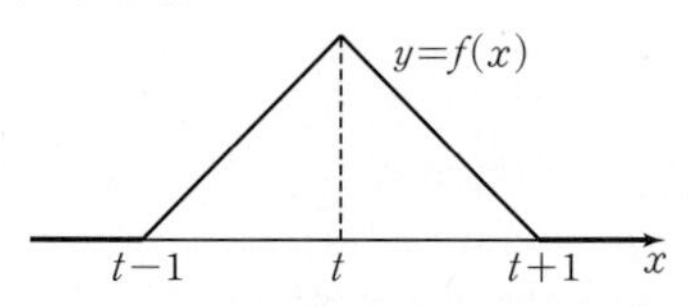

Step 2 적분 구간 $[k, k+8]$의 위치에 따라 $g(t)$, $g'(t)$ 구하기

$g(t)=\int_k^{k+8} f(x)\cos(\pi x)\,dx$에서

$u(x)=f(x)$, $v'(x)=\cos(\pi x)$로 놓으면

$u'(x)=f'(x)$, $v(x)=\frac{1}{\pi}\sin(\pi x)$이므로

$$g(t)=\Big[f(x)\times\frac{1}{\pi}\sin(\pi x)\Big]_k^{k+8}-\int_k^{k+8}\frac{1}{\pi}f'(x)\sin(\pi x)\,dx$$
$$=f(k+8)\times\frac{1}{\pi}\sin\pi(k+8)-f(k)\times\frac{1}{\pi}\sin\pi k-\frac{1}{\pi}\int_k^{k+8}f'(x)\sin(\pi x)\,dx$$
$$=-\frac{1}{\pi}\int_k^{k+8}f'(x)\sin(\pi x)\,dx$$

→ 정수 n에 대하여 $\sin n\pi=0$이야.

$$f'(x)=\begin{cases}1 & (t-1<x<t)\\ -1 & (t<x<t+1)\\ 0 & (x<t-1 \text{ 또는 } x>t+1)\end{cases}$$

(i) $t+1\le k$, 즉 $t\le k-1$일 때

$f'(x)=0$이므로

$g(t)=0$

(ii) $t\le k\le t+1$, 즉 $k-1\le t\le k$일 때

$$g(t)=-\frac{1}{\pi}\int_k^{k+8}f'(x)\sin(\pi x)\,dx$$
$$=\frac{1}{\pi}\int_k^{t+1}\sin(\pi x)\,dx=-\frac{1}{\pi^2}\Big[\cos(\pi x)\Big]_k^{t+1}$$
$$=-\frac{1}{\pi^2}\{\cos(\pi t+\pi)-\cos\pi k\}$$
$$=\frac{\cos\pi t-1}{\pi^2}\ (\because k\text{는 홀수})$$

$$\therefore g'(t)=\frac{-\pi\sin\pi t}{\pi^2}=-\frac{\sin\pi t}{\pi}$$

(iii) $t-1 \le k \le t$, 즉 $k \le t \le k+1$일 때

$$g(t)=-\frac{1}{\pi}\int_{k}^{k+8} f'(x)\sin(\pi x)\,dx$$
$$=-\frac{1}{\pi}\left\{\int_{k}^{t}\sin(\pi x)\,dx-\int_{t}^{t+1}\sin(\pi x)\,dx\right\}$$
$$=\frac{1}{\pi^2}\left\{\Big[\cos(\pi x)\Big]_{k}^{t}-\Big[\cos(\pi x)\Big]_{t}^{t+1}\right\}$$
$$=\frac{1}{\pi^2}[(\cos\pi t-\cos\pi k)-\{\cos(\pi t+\pi)-\cos\pi t\}]$$
$$=\frac{3\cos\pi t+1}{\pi^2}\ (\because k\text{는 홀수})$$
$$\therefore g'(t)=\frac{-3\pi\sin\pi t}{\pi^2}=-\frac{3\sin\pi t}{\pi}$$

(iv) $k \le t-1 < t+1 \le k+8$, 즉 $k+1 \le t \le k+7$일 때

$$g(t)=-\frac{1}{\pi}\int_{k}^{k+8} f'(x)\sin(\pi x)\,dx$$
$$=-\frac{1}{\pi}\left\{\int_{t-1}^{t}\sin(\pi x)\,dx-\int_{t}^{t+1}\sin(\pi x)\,dx\right\}$$
$$=\frac{1}{\pi^2}\left\{\Big[\cos(\pi x)\Big]_{t-1}^{t}-\Big[\cos(\pi x)\Big]_{t}^{t+1}\right\}$$
$$=\frac{1}{\pi^2}[\{\cos\pi t-\cos(\pi t-\pi)\}-\{\cos(\pi t+\pi)-\cos\pi t\}]$$
$$=\frac{4\cos\pi t}{\pi^2}$$
$$\therefore g'(t)=\frac{-4\pi\sin\pi t}{\pi^2}=-\frac{4\sin\pi t}{\pi}$$

(v) $t \le k+8 \le t+1$, 즉 $k+7 \le t \le k+8$일 때

$$g(t)=-\frac{1}{\pi}\int_{k}^{k+8} f'(x)\sin(\pi x)\,dx$$
$$=-\frac{1}{\pi}\left\{\int_{t-1}^{t}\sin(\pi x)\,dx-\int_{t}^{k+8}\sin(\pi x)\,dx\right\}$$
$$=\frac{1}{\pi^2}\left\{\Big[\cos(\pi x)\Big]_{t-1}^{t}-\Big[\cos(\pi x)\Big]_{t}^{k+8}\right\}$$
$$=\frac{1}{\pi^2}[\{\cos\pi t-\cos(\pi t-\pi)\}-\{\cos(\pi k+8\pi)-\cos\pi t\}]$$
$$=\frac{3\cos\pi t+1}{\pi^2}\ (\because k\text{는 홀수})$$
$$\therefore g'(t)=\frac{-3\pi\sin\pi t}{\pi^2}=-\frac{3\sin\pi t}{\pi}$$

(vi) $t-1 \le k+8 \le t$, 즉 $k+8 \le t \le k+9$일 때

$$g(t)=-\frac{1}{\pi}\int_{k}^{k+8} f'(x)\sin(\pi x)\,dx$$
$$=-\frac{1}{\pi}\int_{t-1}^{k+8}\sin(\pi x)\,dx$$
$$=\frac{1}{\pi^2}\Big[\cos(\pi x)\Big]_{t-1}^{k+8}$$
$$=\frac{1}{\pi^2}\{\cos(\pi k+8\pi)-\cos(\pi t-\pi)\}$$
$$=\frac{\cos\pi t-1}{\pi^2}\ (\because k\text{는 홀수})$$
$$\therefore g'(t)=\frac{-\pi\sin\pi t}{\pi^2}=-\frac{\sin\pi t}{\pi}$$

(vii) $t-1 \ge k+8$, 즉 $t \ge k+9$일 때

$f'(x)=0$이므로

$g(t)=0$

Step 3 $g(t)$의 극솟값 구하기

함수 $g(t)$의 증가와 감소를 표로 나타내면 다음과 같다.

t	$k-1$	$\cdots$	k	$\cdots$	$k+1$	$\cdots$	$k+2$
$g'(t)$	0	$-$	0	$+$	0	$-$	0
$g(t)$		↘	극소	↗	극대	↘	극소

t	$\cdots$	$k+3$	$\cdots$	$k+4$	$\cdots$	$k+5$	$\cdots$
$g'(t)$	$+$	0	$-$	0	$+$	0	$-$
$g(t)$	↗	극대	↘	극소	↗	극대	↘

t	$k+6$	$\cdots$	$k+7$	$\cdots$	$k+8$	$\cdots$	$k+9$
$g'(t)$	0	$+$	0	$-$	0	$+$	0
$g(t)$	극소	↗	극대	↘	극소	↗	

즉, 함수 $g(t)$는 $t=k$, $t=k+2$, $t=k+4$, $t=k+6$, $t=k+8$일 때 극솟값을 갖는다.

(ii)에서 $k-1 \le t \le k$이므로

$$g(k)=\frac{\cos\pi k-1}{\pi^2}=-\frac{2}{\pi^2}$$

(iv)에서 $k+1 \le t \le k+7$이므로

$$g(k+2)=g(k+4)=g(k+6)=\frac{4\cos\pi k}{\pi^2}=-\frac{4}{\pi^2}$$

(v)에서 $k+7 \le t \le k+8$이므로

$$g(k+8)=\frac{3\cos\pi k+1}{\pi^2}=-\frac{2}{\pi^2}$$

이때 $g(k)$, $g(k+2)$, $g(k+8)$의 값이 모두 음수이므로

$\alpha_1=k$, $\alpha_2=k+2$, $\alpha_3=k+4$, $\alpha_4=k+6$, $\alpha_5=k+8$

따라서 $m=5$이고

$$g(\alpha_1)=g(\alpha_5)=-\frac{2}{\pi^2},\ g(\alpha_2)=g(\alpha_3)=g(\alpha_4)=-\frac{4}{\pi^2}$$

Step 4 k의 값 구하기

$\sum_{i=1}^{m}\alpha_i=45$에서

$$\sum_{i=1}^{m}\alpha_i=\sum_{i=1}^{5}\alpha_i=\alpha_1+\alpha_2+\alpha_3+\alpha_4+\alpha_5$$
$$=k+(k+2)+(k+4)+(k+6)+(k+8)$$
$$=5k+20$$

즉, $5k+20=45$이므로

$5k=25 \qquad \therefore k=5$

Step 5 $k-\pi^2\sum_{i=1}^{m}g(\alpha_i)$의 값 구하기

$$\therefore k-\pi^2\sum_{i=1}^{m}g(\alpha_i)=5-\pi^2\sum_{i=1}^{5}g(\alpha_i)$$
$$=5-\pi^2\left(-\frac{2}{\pi^2}\times2-\frac{4}{\pi^2}\times3\right)$$
$$=21$$

23 일차

01 ②	02 ②	03 ②	04 ④	05 ③	06 64	07 12	08 9	09 ⑤	10 ③	11 325	12 ③
13 ①	14 ④	15 ④	16 ①	17 ①	18 ①	19 ④	20 ⑤	21 ⑤	22 ⑤	23 ②	24 ④
25 ②	26 83	27 125	28 16	29 26							

문제편 316쪽~325쪽

01 정적분을 포함한 등식 　정답 ② | 정답률 87%

문제 보기

양의 실수 전체의 집합에서 연속인 함수 $f(x)$가

$$\int_1^x f(t)\,dt=x^2-a\sqrt{x}\ (x>0)$$ → 양변에 $x=1$을 대입하여 a의 값을 구한다.

을 만족시킬 때, $f(1)$의 값은? (단, a는 상수이다.) [3점]

① 1　② $\frac{3}{2}$　③ 2　④ $\frac{5}{2}$　⑤ 3

Step 1 a의 값 구하기

$\int_1^x f(t)\,dt=x^2-a\sqrt{x}$의 양변에 $x=1$을 대입하면

$0=1-a$　$\therefore a=1$

Step 2 $f(x)$ 구하기

$\int_1^x f(t)\,dt=x^2-\sqrt{x}$이므로 양변을 x에 대하여 미분하면

$f(x)=2x-\frac{1}{2\sqrt{x}}$

Step 3 $f(1)$의 값 구하기

$\therefore f(1)=2-\frac{1}{2}=\frac{3}{2}$

02 정적분을 포함한 등식 　정답 ② | 정답률 89%

문제 보기

실수 전체의 집합에서 연속인 함수 $f(x)$가

$$\int_a^x f(t)\,dt=(x+a-4)e^x$$ → 양변에 $x=a$를 대입하여 a의 값을 구한다.

을 만족시킬 때, $f(a)$의 값은? (단, a는 상수이다.) [3점]

① e　② e^2　③ e^3　④ e^4　⑤ e^5

Step 1 a의 값 구하기

$\int_a^x f(t)\,dt=(x+a-4)e^x$의 양변에 $x=a$를 대입하면

$0=(2a-4)e^a$　$\therefore a=2\ (\because e^a>0)$

Step 2 $f(x)$ 구하기

$\int_2^x f(t)\,dt=(x-2)e^x$이므로 양변을 x에 대하여 미분하면

$f(x)=e^x+(x-2)e^x=(x-1)e^x$

Step 3 $f(a)$의 값 구하기

$\therefore f(a)=f(2)=e^2$

03 정적분을 포함한 등식 정답 ② | 정답률 92%

문제 보기

연속함수 $f(x)$가 모든 실수 x에 대하여

$$\int_0^x f(t)\,dt=\cos 2x+ax^2+a$$ → 양변에 $x=0$을 대입하여 a의 값을 구한다.

를 만족시킬 때, $f\left(\frac{\pi}{2}\right)$의 값은? (단, a는 상수이다.) [3점]

① $-\frac{3}{2}\pi$ ② $-\pi$ ③ $-\frac{\pi}{2}$ ④ 0 ⑤ $\frac{\pi}{2}$

Step 1 a의 값 구하기

$\int_0^x f(t)\,dt=\cos 2x+ax^2+a$의 양변에 $x=0$을 대입하면

$0=1+a$ $\therefore a=-1$

Step 2 $f(x)$ 구하기

$\int_0^x f(t)\,dt=\cos 2x-x^2-1$이므로 양변을 x에 대하여 미분하면

$f(x)=-2\sin 2x-2x$

Step 3 $f\left(\frac{\pi}{2}\right)$의 값 구하기

$\therefore f\left(\frac{\pi}{2}\right)=-\pi$

04 정적분을 포함한 등식 정답 ④ | 정답률 85%

문제 보기

실수 전체의 집합에서 미분가능한 함수 $f(x)$가

$$xf(x)=3^x+a+\int_0^x tf'(t)\,dt$$ → 양변에 $x=0$을 대입하여 a의 값을 구한다.

를 만족시킬 때, $f(a)$의 값은? (단, a는 상수이다.) [3점]

① $\frac{\ln 2}{6}$ ② $\frac{\ln 2}{3}$ ③ $\frac{\ln 2}{2}$ ④ $\frac{\ln 3}{3}$ ⑤ $\frac{\ln 3}{2}$

Step 1 a의 값 구하기

$xf(x)=3^x+a+\int_0^x tf'(t)\,dt$의 양변에 $x=0$을 대입하면

$0=1+a$ $\therefore a=-1$

Step 2 $f(x)$ 구하기

$xf(x)=3^x-1+\int_0^x tf'(t)\,dt$이므로 양변을 x에 대하여 미분하면

$f(x)+xf'(x)=3^x\ln 3+xf'(x)$

$\therefore f(x)=3^x\ln 3$

Step 3 $f(a)$의 값 구하기

$\therefore f(a)=f(-1)=3^{-1}\ln 3=\frac{\ln 3}{3}$

05 정적분을 포함한 등식 정답 ③ | 정답률 80%

문제 보기

연속함수 $f(x)$가 모든 양의 실수 x에 대하여

$$\int_0^{\ln t} f(x)\,dx=(t\ln t+a)^2-a$$ → 양변에 $t=1$을 대입하여 a의 값을 구한다.

를 만족시킬 때, $f(1)$의 값은? (단, a는 0이 아닌 상수이다.) [3점]

① $2e^2+2e$ ② $2e^2+4e$ ③ $4e^2+4e$ ④ $4e^2+8e$ ⑤ $8e^2+8e$

Step 1 a의 값 구하기

$\int_0^{\ln t} f(x)\,dx=(t\ln t+a)^2-a$의 양변에 $t=1$을 대입하면

$0=a^2-a$, $a(a-1)=0$

$\therefore a=1$ ($\because a\neq 0$)

Step 2 $f(1)$의 값 구하기

$\int_0^{\ln t} f(x)\,dx=(t\ln t+1)^2-1$이므로 양변을 t에 대하여 미분하면

$f(\ln t)\times\frac{1}{t}=2(t\ln t+1)\times(\ln t+1)$ …… ㉠

$f(\ln t)=f(1)$에서

$\ln t=1$ $\therefore t=e$

㉠의 양변에 $t=e$를 대입하면

$f(1)\times\frac{1}{e}=2(e+1)\times 2$

$\therefore f(1)=4e^2+4e$

06 정적분을 포함한 등식 정답 64 | 정답률 65%

문제 보기

실수 전체의 집합에서 연속인 함수 $f(x)$가 모든 실수 x에 대하여

$$x\int_0^x f(t)\,dt-\int_0^x tf(t)\,dt=ae^{2x}-4x+b$$

└ $\int_0^0 f(t)\,dt=0$, $\int_0^0 tf(t)\,dt=0$임을 이용한다.

를 만족시킬 때, $f(a)f(b)$의 값을 구하시오. (단, a, b는 상수이다.) [4점]

Step 1 a와 b 사이의 관계식 구하기

$$x\int_0^x f(t)\,dt-\int_0^x tf(t)\,dt=ae^{2x}-4x+b \quad \cdots\cdots ㉠$$

㉠의 양변에 $x=0$을 대입하면

$0=a+b \quad \therefore b=-a \quad \cdots\cdots ㉡$

Step 2 a, b의 값 구하기

㉠의 양변을 x에 대하여 미분하면

$$\int_0^x f(t)\,dt+xf(x)-xf(x)=2ae^{2x}-4$$

$$\therefore \int_0^x f(t)\,dt=2ae^{2x}-4$$

양변에 $x=0$을 대입하면

$0=2a-4 \quad \therefore a=2$

이를 ㉡에 대입하면 $b=-2$

Step 3 $f(x)$ 구하기

$\int_0^x f(t)\,dt=4e^{2x}-4$이므로 양변을 x에 대하여 미분하면

$f(x)=8e^{2x}$

Step 4 $f(a)f(b)$의 값 구하기

$\therefore f(a)f(b)=f(2)f(-2)=8e^4\times 8e^{-4}=64$

07 정적분을 포함한 등식 정답 12 | 정답률 77%

문제 보기

함수 $f(x)$가

$$f(x)=e^x+\int_0^1 tf(t)\,dt$$

└ $\int_0^1 tf(t)\,dt=k$로 놓고 $f(x)=e^x+k$임을 이용한다.

를 만족시킬 때, $f(\ln 10)$의 값을 구하시오. [4점]

Step 1 $\int_0^1 tf(t)\,dt=k$로 놓고 k에 대한 식 세우기

$\int_0^1 tf(t)\,dt=k$ (k는 상수)로 놓으면

$f(x)=e^x+k$

이를 $\int_0^1 tf(t)\,dt=k$에 대입하면

$$\int_0^1 t(e^t+k)\,dt=k$$

Step 2 k의 값 구하기

$\int_0^1 t(e^t+k)\,dt$에서 $u(t)=t$, $v'(t)=e^t+k$로 놓으면

$u'(t)=1$, $v(t)=e^t+kt$이므로

$$\begin{aligned}\int_0^1 t(e^t+k)\,dt&=\Big[t(e^t+kt)\Big]_0^1-\int_0^1(e^t+kt)\,dt\\&=e+k-\Big[e^t+\frac{1}{2}kt^2\Big]_0^1\\&=e+k-\Big(e+\frac{1}{2}k-1\Big)=\frac{1}{2}k+1\end{aligned}$$

즉, $\frac{1}{2}k+1=k$이므로 $k=2$

Step 3 $f(\ln 10)$의 값 구하기

따라서 $f(x)=e^x+2$이므로

$f(\ln 10)=e^{\ln 10}+2=10+2=12$

08 정적분을 포함한 등식 정답 9 | 정답률 53%

문제 보기

함수 $f(x)=\frac{1}{1+x}$에 대하여

$$F(x)=\int_0^x tf(x-t)\,dt\ (x\ge 0)$$ → $F'(x)$를 구한다.

일 때, $F'(a)=\ln 10$을 만족시키는 상수 a의 값을 구하시오. [4점]

Step 1 $F(x)$ 정리하기

$F(x)=\int_0^x tf(x-t)\,dt$에서 $x-t=s$로 놓으면 $\frac{ds}{dt}=-1$이고,
$t=0$일 때 $s=x$, $t=x$일 때 $s=0$이므로

$$\begin{aligned}F(x)&=\int_0^x tf(x-t)\,dt\\&=\int_x^0 (x-s)f(s)\times(-1)\,ds\\&=\int_0^x (x-s)f(s)\,ds\\&=\int_0^x xf(s)\,ds-\int_0^x sf(s)\,ds\\&=x\int_0^x f(s)\,ds-\int_0^x sf(s)\,ds\qquad\cdots\cdots ㉠\end{aligned}$$

Step 2 $F'(x)$ 구하기

㉠의 양변을 x에 대하여 미분하면

$$\begin{aligned}F'(x)&=\int_0^x f(s)\,ds+xf(x)-xf(x)\\&=\int_0^x f(s)\,ds=\int_0^x \frac{1}{1+s}\,ds\\&=\Big[\ln|1+s|\Big]_0^x\\&=\ln(1+x)\ (\because x\ge 0)\end{aligned}$$

Step 3 a의 값 구하기

$F'(a)=\ln 10$에서
$\ln(1+a)=\ln 10$
$1+a=10$ $\quad\therefore a=9$

다른 풀이 $F(x)$를 직접 구하기

$$\begin{aligned}F(x)&=\int_0^x tf(x-t)\,dt\\&=\int_0^x \frac{t}{1+x-t}\,dt\\&=\int_0^x\left(-1+\frac{1+x}{1+x-t}\right)dt\\&=\Big[-t-(1+x)\ln|1+x-t|\Big]_0^x\\&=-x+(1+x)\ln(1+x)\ (\because x\ge 0)\end{aligned}$$

→ $\frac{t}{1+x-t}=\frac{-(1+x-t)+1+x}{1+x-t}=-1+\frac{1+x}{1+x-t}$

$\therefore F'(x)=-1+\ln(1+x)+(1+x)\times\frac{1}{1+x}=\ln(1+x)$

$F'(a)=\ln 10$에서
$\ln(1+a)=\ln 10$
$1+a=10$ $\quad\therefore a=9$

09 정적분을 포함한 등식 정답 ⑤ | 정답률 72%

문제 보기

함수 $f(x)=a\cos(\pi x^2)$에 대하여

$$\lim_{x\to 0}\left\{\frac{x^2+1}{x}\int_1^{x+1} f(t)\,dt\right\}=3$$

└→ 미분계수의 정의를 이용한다.

일 때, $f(a)$의 값은? (단, a는 상수이다.) [4점]

① 1 ② $\frac{3}{2}$ ③ 2 ④ $\frac{5}{2}$ ⑤ 3

Step 1 주어진 등식의 좌변 정리하기

$f(t)$의 한 부정적분을 $F(t)$라 하면

$$\begin{aligned}\lim_{x\to 0}\left\{\frac{x^2+1}{x}\int_1^{x+1} f(t)\,dt\right\}&=\lim_{x\to 0}\left[\frac{x^2+1}{x}\{F(x+1)-F(1)\}\right]\\&=\lim_{x\to 0}\left\{(x^2+1)\times\frac{F(x+1)-F(1)}{x}\right\}\\&=\lim_{x\to 0}(x^2+1)\times\lim_{x\to 0}\frac{F(x+1)-F(1)}{x}\\&=F'(1)=f(1)\end{aligned}$$

Step 2 a의 값 구하기

즉, $f(1)=3$이므로 $f(x)=a\cos(\pi x^2)$에서
$a\cos\pi=3$, $-a=3$
$\therefore a=-3$

Step 3 $f(a)$의 값 구하기

따라서 $f(x)=-3\cos(\pi x^2)$이므로
$f(a)=f(-3)=-3\cos 9\pi=-3\times(-1)=3$

10 정적분으로 정의된 함수의 최대, 최소

정답 ③ | 정답률 87%

문제 보기

실수 전체의 집합에서 정의된 함수

$$f(x)=\int_0^x \frac{2t-1}{t^2-t+1}dt$$ → $f'(x)$를 구한다.

의 최솟값은? [3점]

① $\ln\frac{1}{2}$ ② $\ln\frac{2}{3}$ ③ $\ln\frac{3}{4}$ ④ $\ln\frac{4}{5}$ ⑤ $\ln\frac{5}{6}$

Step 1 $f'(x)=0$인 x의 값 구하기

$f(x)=\int_0^x \frac{2t-1}{t^2-t+1}dt$의 양변을 x에 대하여 미분하면

$f'(x)=\frac{2x-1}{x^2-x+1}$

$f'(x)=0$인 x의 값은

$x=\frac{1}{2}$ $\left(\because x^2-x+1=\left(x-\frac{1}{2}\right)^2+\frac{3}{4}>0\right)$

Step 2 $f(x)$가 최소일 때의 x의 값 구하기

함수 $f(x)$의 증가와 감소를 표로 나타내면 다음과 같다.

x	$\cdots$	$\frac{1}{2}$	$\cdots$
$f'(x)$	$-$	0	$+$
$f(x)$	↘	극소	↗

즉, 함수 $f(x)$는 $x=\frac{1}{2}$에서 극소이면서 최소이다.

Step 3 $f(x)$의 최솟값 구하기

따라서 함수 $f(x)$의 최솟값은

$$f\left(\frac{1}{2}\right)=\int_0^{\frac{1}{2}} \frac{2t-1}{t^2-t+1}dt=\int_0^{\frac{1}{2}} \frac{(t^2-t+1)'}{t^2-t+1}dt$$

$$=\left[\ln(t^2-t+1)\right]_0^{\frac{1}{2}}=\ln\frac{3}{4}$$

11 정적분으로 정의된 함수의 최대, 최소

정답 325 | 정답률 53%

문제 보기

자연수 n에 대하여 양의 실수 전체의 집합에서 정의된 함수

$$f(x)=\int_1^x \frac{n-\ln t}{t}dt$$ → $f'(x)$를 구한다.

의 최댓값을 $g(n)$이라 하자. $\sum_{n=1}^{12} g(n)$의 값을 구하시오. [4점]

Step 1 $f'(x)=0$인 x의 값 구하기

$f(x)=\int_1^x \frac{n-\ln t}{t}dt$의 양변을 x에 대하여 미분하면

$f'(x)=\frac{n-\ln x}{x}$

$f'(x)=0$인 x의 값은

$n=\ln x$ $\quad\therefore x=e^n$

Step 2 $f(x)$가 최대일 때의 x의 값 구하기

$x>0$에서 함수 $f(x)$의 증가와 감소를 표로 나타내면 다음과 같다.

x	0	$\cdots$	e^n	$\cdots$
$f'(x)$		$+$	0	$-$
$f(x)$		↗	극대	↘

즉, 함수 $f(x)$는 $x=e^n$에서 극대이면서 최대이다.

Step 3 $g(n)$ 구하기

함수 $f(x)$의 최댓값은

$g(n)=f(e^n)=\int_1^{e^n} \frac{n-\ln t}{t}dt$

$n-\ln t=s$로 놓으면 $\frac{ds}{dt}=-\frac{1}{t}$이고,

$t=1$일 때 $s=n$, $t=e^n$일 때 $s=0$이므로

$$g(n)=\int_1^{e^n} \frac{n-\ln t}{t}dt=\int_n^0 (-s)\,ds$$

$$=\left[-\frac{1}{2}s^2\right]_n^0=\frac{1}{2}n^2$$

Step 4 $\sum_{n=1}^{12} g(n)$의 값 구하기

$$\therefore \sum_{n=1}^{12} g(n)=\sum_{n=1}^{12}\frac{1}{2}n^2=\frac{1}{2}\sum_{n=1}^{12}n^2$$ → $\sum_{k=1}^{n}k^2=\frac{n(n+1)(2n+1)}{6}$

$$=\frac{1}{2}\times\frac{12\times13\times25}{6}=325$$

12 정적분으로 정의된 함수의 최대, 최소

정답 ③ | 정답률 72%

문제 보기

함수 $f(x)=\int_{x}^{x+2}|2^t-5|\,dt$의 최솟값을 m이라 할 때, 2^m의 값은?
└ $f'(x)$를 구한다.

[4점]

① $\left(\frac{5}{4}\right)^8$　② $\left(\frac{5}{4}\right)^9$　③ $\left(\frac{5}{4}\right)^{10}$　④ $\left(\frac{5}{4}\right)^{11}$　⑤ $\left(\frac{5}{4}\right)^{12}$

Step 1 $f'(x)=0$인 x의 값 구하기

$f(x)=\int_{x}^{x+2}|2^t-5|\,dt$의 양변을 x에 대하여 미분하면

$f'(x)=|2^{x+2}-5|-|2^x-5|$ …… ㉠

$f'(x)=0$에서 $|2^{x+2}-5|=|2^x-5|$

$2^{x+2}-5=2^x-5$ 또는 $2^{x+2}-5=-(2^x-5)$

$\therefore\ 2^{x+2}-2^x=0$ 또는 $2^{x+2}+2^x=10$

(i) $2^{x+2}-2^x=0$에서 $3\times2^x=0$

이때 $2^x>0$이므로 이 식을 만족시키는 x의 값은 존재하지 않는다.

(ii) $2^{x+2}+2^x=10$에서 $5\times2^x=10$

$2^x=2$　$\therefore\ x=1$

(i), (ii)에서 $x=1$

Step 2 $f(x)$가 최소일 때의 x의 값 구하기

두 함수 $y=|2^{x+2}-5|$, $y=|2^x-5|$의 그래프는 오른쪽 그림과 같이 $x=1$인 점에서 만난다.

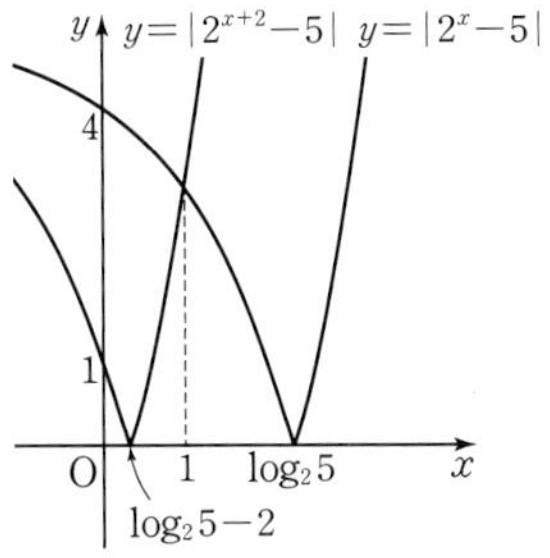

$x<1$일 때, $|2^{x+2}-5|<|2^x-5|$이므로 ㉠에서

$f'(x)<0$

$x>1$일 때, $|2^{x+2}-5|>|2^x-5|$이므로 ㉠에서

$f'(x)>0$

함수 $f(x)$의 증가와 감소를 표로 나타내면 다음과 같다.

x	$\cdots$	1	$\cdots$
$f'(x)$	$-$	0	$+$
$f(x)$	↘	극소	↗

즉, 함수 $f(x)$는 $x=1$에서 극소이면서 최소이다.

Step 3 m의 값 구하기

$\therefore\ m=f(1)=\int_{1}^{3}|2^t-5|\,dt$ → $2^t-5=0$에서 $t=\log_2 5$이므로 $\log_2 5$를 기준으로 적분 구간을 나눠.

$=\int_{1}^{\log_2 5}(-2^t+5)\,dt+\int_{\log_2 5}^{3}(2^t-5)\,dt$

$=\left[-\frac{2^t}{\ln 2}+5t\right]_1^{\log_2 5}+\left[\frac{2^t}{\ln 2}-5t\right]_{\log_2 5}^{3}$

$=\left\{\left(-\frac{2^{\log_2 5}}{\ln 2}+5\log_2 5\right)-\left(-\frac{2}{\ln 2}+5\right)\right\}$

$\quad+\left\{\left(\frac{2^3}{\ln 2}-15\right)-\left(\frac{2^{\log_2 5}}{\ln 2}-5\log_2 5\right)\right\}$

$=-\frac{5}{\ln 2}+5\log_2 5+\frac{2}{\ln 2}-5+\frac{8}{\ln 2}-15-\frac{5}{\ln 2}+5\log_2 5$

$=10\log_2 5-20$

Step 4 2^m의 값 구하기

$\therefore\ 2^m=2^{10\log_2 5-20}=\frac{2^{\log_2 5^{10}}}{2^{20}}=\frac{5^{10}}{2^{20}}=\frac{5^{10}}{4^{10}}=\left(\frac{5}{4}\right)^{10}$

13 정적분으로 정의된 함수의 활용

정답 ① | 정답률 41%

문제 보기

실수 전체의 집합에서 $f(x)>0$이고 도함수가 연속인 함수 $f(x)$가 있다. 실수 전체의 집합에서 함수 $g(x)$가

$$g(x)=\int_{0}^{x}\ln f(t)\,dt$$ → $g'(x)=\ln f(x)$, $g(0)=0$

일 때, 함수 $g(x)$와 $g(x)$의 도함수 $g'(x)$는 다음 조건을 만족시킨다.

> (가) 함수 $g(x)$는 $x=1$에서 극값 2를 갖는다. → $g(1)=2$, $g'(1)=0$
> (나) 모든 실수 x에 대하여 $g'(-x)=g'(x)$이다.
> └ 함수 $y=g'(x)$의 그래프는 y축에 대하여 대칭이다.

$\int_{-1}^{1}\frac{xf'(x)}{f(x)}dx$의 값은? [4점]

① -4　② -2　③ 0　④ 2　⑤ 4

Step 1 $\int_{-1}^{1}\frac{xf'(x)}{f(x)}dx$를 $g(x)$를 이용하여 나타내기

$g(x)=\int_{0}^{x}\ln f(t)\,dt$의 양변을 x에 대하여 미분하면

$g'(x)=\ln f(x)$

$g''(x)=\frac{f'(x)}{f(x)}$이므로 $xg''(x)=\frac{xf'(x)}{f(x)}$

$\therefore\ \int_{-1}^{1}\frac{xf'(x)}{f(x)}dx=\int_{-1}^{1}xg''(x)\,dx$

$u(x)=x$, $v'(x)=g''(x)$라 하면

$u'(x)=1$, $v(x)=g'(x)$이므로

$\int_{-1}^{1}\frac{xf'(x)}{f(x)}dx=\int_{-1}^{1}xg''(x)\,dx$

$=\left[xg'(x)\right]_{-1}^{1}-\int_{-1}^{1}g'(x)\,dx$

$=g'(1)+g'(-1)-2\int_{0}^{1}g'(x)\,dx$ ($\because$ 조건 (나))

$=g'(1)+g'(-1)-2\{g(1)-g(0)\}$ …… ㉠

Step 2 $g(0)$, $g(1)$, $g'(1)$, $g'(-1)$의 값 구하기

$g(x)=\int_{0}^{x}\ln f(t)\,dt$의 양변에 $x=0$을 대입하면

$g(0)=0$

조건 (가)에서 $g(1)=2$, $g'(1)=0$

조건 (나)에서 $g'(-x)=g'(x)$이므로

$g'(-1)=g'(1)=0$

Step 3 $\int_{-1}^{1}\frac{xf'(x)}{f(x)}dx$의 값 구하기

따라서 ㉠에서

$\int_{-1}^{1}\frac{xf'(x)}{f(x)}dx=g'(1)+g'(-1)-2\{g(1)-g(0)\}$

$=-2\times2=-4$

14 정적분으로 정의된 함수의 활용 정답 ④ | 정답률 80%

문제 보기

최고차항의 계수가 1인 이차함수 $f(x)$에 대하여 함수 $g(x)$가

$$g(x)=\int_0^x \frac{t}{f(t)}dt$$ → $g'(x)$를 구한다.

일 때, 함수 $g(x)$는 다음 조건을 만족시킨다.

> (가) 모든 실수 x에 대하여 $g'(-x)=-g'(x)$이다.
> (나) 점 $(1, g(1))$은 곡선 $y=g(x)$의 변곡점이다. → $g''(1)=0$

$g(1)$의 값은? [4점]

① $\frac{1}{5}\ln 2$ ② $\frac{1}{4}\ln 2$ ③ $\frac{1}{3}\ln 2$ ④ $\frac{1}{2}\ln 2$ ⑤ $\ln 2$

Step 1 $f(x)$의 식 세우기

$g(x)=\int_0^x \frac{t}{f(t)}dt$의 양변을 x에 대하여 미분하면

$g'(x)=\frac{x}{f(x)}$ …… ㉠

조건 (가)에서 $g'(-x)=-g'(x)$이므로

$\frac{-x}{f(-x)}=-\frac{x}{f(x)}$ $\therefore f(-x)=f(x)$

따라서 함수 $y=f(x)$의 그래프는 y축에 대하여 대칭이다.
이때 $f(x)$는 최고차항의 계수가 1인 이차함수이므로
$f(x)=x^2+k$ (k는 상수)라 하자.

Step 2 $f(x)$ 구하기

조건 (나)에서 $g''(1)=0$

㉠에서 $g''(x)=\frac{f(x)-xf'(x)}{\{f(x)\}^2}$이고 $f'(x)=2x$이므로

$g''(1)=\frac{f(1)-f'(1)}{\{f(1)\}^2}=\frac{1+k-2}{(1+k)^2}=\frac{k-1}{(1+k)^2}$

즉, $\frac{k-1}{(1+k)^2}=0$이므로 $k-1=0$ $\therefore k=1$

$\therefore f(x)=x^2+1$

Step 3 $g(1)$의 값 구하기

$\therefore g(1)=\int_0^1 \frac{t}{t^2+1}dt=\int_0^1 \frac{1}{2}\times\frac{(t^2+1)'}{t^2+1}dt$

$=\frac{1}{2}\Big[\ln(t^2+1)\Big]_0^1$

$=\frac{1}{2}\ln 2$

15 정적분으로 정의된 함수의 활용 정답 ④ | 정답률 77%

문제 보기

연속함수 $f(x)$가

$$\int_{-1}^1 f(x)\,dx=12,\ \int_0^1 xf(x)\,dx=\int_0^{-1} xf(x)\,dx$$

를 만족시킨다. $\int_{-1}^x f(t)\,dt=F(x)$라 할 때, $\int_{-1}^1 F(x)\,dx$의 값은?
→ $F'(x)=f(x)$, $F(-1)=0$

[4점]

① 6 ② 8 ③ 10 ④ 12 ⑤ 14

Step 1 $\int_{-1}^1 F(x)\,dx$ 변형하기

$\int_{-1}^x f(t)\,dt=F(x)$ …… ㉠

㉠의 양변을 x에 대하여 미분하면

$f(x)=F'(x)$

$\int_{-1}^1 F(x)\,dx$에서 $u(x)=F(x)$, $v'(x)=1$로 놓으면

$u'(x)=F'(x)=f(x)$, $v(x)=x$이므로

$\int_{-1}^1 F(x)\,dx=\Big[xF(x)\Big]_{-1}^1-\int_{-1}^1 xf(x)\,dx$

$=F(1)+F(-1)-\int_{-1}^1 xf(x)\,dx$ …… ㉡

Step 2 $\int_{-1}^1 F(x)\,dx$의 값 구하기

㉠의 양변에 $x=1$을 대입하면

$F(1)=\int_{-1}^1 f(t)\,dt=\int_{-1}^1 f(x)\,dx=12$

㉠의 양변에 $x=-1$을 대입하면

$F(-1)=0$

$\int_0^1 xf(x)\,dx=\int_0^{-1} xf(x)\,dx$이므로

$\int_{-1}^1 xf(x)\,dx=\int_{-1}^0 xf(x)\,dx+\int_0^1 xf(x)\,dx$

$=-\int_0^{-1} xf(x)\,dx+\int_0^1 xf(x)\,dx$

$=-\int_0^{-1} xf(x)\,dx+\int_0^{-1} xf(x)\,dx$

$=0$

따라서 ㉡에서

$\int_{-1}^1 F(x)\,dx=F(1)+F(-1)-\int_{-1}^1 xf(x)\,dx$

$=12$

16 정적분으로 정의된 함수의 활용 정답 ① | 정답률 52%

문제 보기

양의 실수 전체의 집합에서 미분가능한 두 함수 $f(x)$와 $g(x)$가 다음 조건을 만족시킨다.

> (가) 모든 양의 실수 x에 대하여 $g(x)=\int_1^x \frac{f(t^2+1)}{t}dt$
> └ $g'(x)=\frac{f(x^2+1)}{x}$, $g(1)=0$
>
> (나) $\int_2^5 f(x)dx=16$

$g(2)=3$일 때, $\int_1^2 xg(x)dx$의 값은? [4점]

① 2 ② 4 ③ 6 ④ 8 ⑤ 10

Step 1 $\int_1^2 xg(x)dx$ 변형하기

$g(x)=\int_1^x \frac{f(t^2+1)}{t}dt$ …… ㉠

㉠의 양변을 x에 대하여 미분하면

$g'(x)=\frac{f(x^2+1)}{x}$

$\int_1^2 xg(x)dx$에서 $u(x)=g(x)$, $v'(x)=x$로 놓으면

$u'(x)=g'(x)=\frac{f(x^2+1)}{x}$, $v(x)=\frac{1}{2}x^2$이므로

$\int_1^2 xg(x)dx=\left[\frac{1}{2}x^2g(x)\right]_1^2-\int_1^2\frac{f(x^2+1)}{x}\times\frac{1}{2}x^2dx$

$=2g(2)-\frac{1}{2}g(1)-\frac{1}{2}\int_1^2 xf(x^2+1)dx$ …… ㉡

이때 $g(2)=3$이고 ㉠의 양변에 $x=1$을 대입하면 $g(1)=0$이므로 ㉡에서

$\int_1^2 xg(x)dx=6-\frac{1}{2}\int_1^2 xf(x^2+1)dx$ …… ㉢

Step 2 $\int_1^2 xg(x)dx$의 값 구하기

$\int_1^2 xf(x^2+1)dx$에서 $x^2+1=s$로 놓으면 $\frac{ds}{dx}=2x$이고,

$x=1$일 때 $s=2$, $x=2$일 때 $s=5$이므로 ㉢에서

$\int_1^2 xg(x)dx=6-\frac{1}{2}\int_1^2 xf(x^2+1)dx$

$=6-\frac{1}{2}\int_2^5 f(s)\times\frac{1}{2}ds$

$=6-\frac{1}{4}\int_2^5 f(s)ds$

$=6-\frac{1}{4}\times 16$ (∵ 조건 (나))

$=2$

17 정적분으로 정의된 함수의 활용 정답 ① | 정답률 61%

문제 보기

함수 $f(x)=\sin(\pi\sqrt{x})$에 대하여 함수

$g(x)=\int_0^x tf(x-t)dt\ (x\geq 0)$

└ $x-t=s$로 치환하여 식을 변형한다.

이 $x=a$에서 극대인 모든 a를 작은 수부터 크기순으로 나열할 때,

└ $g'(x)=0$인 x의 값의 좌우에서 $g'(x)$의 부호를 조사한다.

n번째 수를 a_n이라 하자. $k^2<a_6<(k+1)^2$인 자연수 k의 값은? [4점]

① 11 ② 14 ③ 17 ④ 20 ⑤ 23

Step 1 $g(x)$ 변형하기

$\int_0^x tf(x-t)dt$에서 $x-t=s$로 놓으면 $\frac{ds}{dt}=-1$이고,

$t=0$일 때 $s=x$, $t=x$일 때 $s=0$이므로

$\int_0^x tf(x-t)dt=\int_x^0 (x-s)f(s)\times(-1)ds$

$=\int_0^x (x-s)f(s)ds$

$=x\int_0^x f(s)ds-\int_0^x sf(s)ds$

∴ $g(x)=x\int_0^x f(s)ds-\int_0^x sf(s)ds$ …… ㉠

Step 2 $g'(x)$ 구하기

㉠의 양변을 x에 대하여 미분하면

$g'(x)=\int_0^x f(s)ds+xf(x)-xf(x)$

$=\int_0^x f(s)ds=\int_0^x \sin(\pi\sqrt{s})ds$

Step 3 k의 값 구하기

함수 $y=\sin(\pi\sqrt{x})$의 그래프는 다음 그림과 같다.

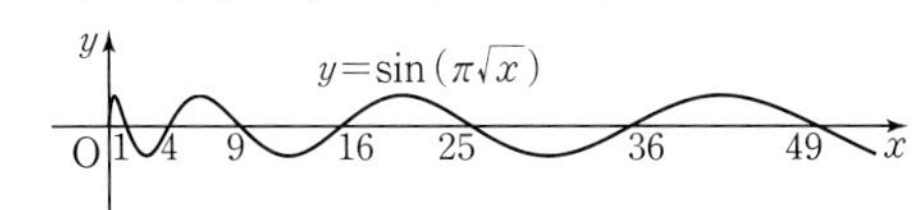

$g'(x)=0$이 되는 x의 값의 좌우에서 $g'(x)$의 부호, 즉 $\int_0^x f(s)ds$의 부호가 양에서 음으로 바뀔 때 극댓값을 가지므로

$1^2<a_1<2^2$, $3^2<a_2<4^2$, $5^2<a_3<6^2$, $\cdots$, $11^2<a_6<12^2$

∴ $k=11$

18 정적분으로 정의된 함수의 활용 정답 ① | 정답률 43%

문제 보기

연속함수 $y=f(x)$의 그래프가 원점에 대하여 대칭이고, 모든 실수 x에 대하여 ($\rightarrow f(-x)=-f(x)$)

$$f(x)=\frac{\pi}{2}\int_1^{x+1} f(t)\,dt \rightarrow f'(x)=\frac{\pi}{2}f(x+1)$$

이다. $f(1)=1$일 때,

$$\pi^2\int_0^1 xf(x+1)\,dx$$

의 값은? [4점]

① $2(\pi-2)$ ② $2\pi-3$ ③ $2(\pi-1)$ ④ $2\pi-1$ ⑤ 2π

Step 1 $f(x+1)$과 $f'(x)$ 사이의 관계식 구하기

$f(x)=\frac{\pi}{2}\int_1^{x+1} f(t)\,dt$ ...... ㉠

㉠의 양변을 x에 대하여 미분하면

$f'(x)=\frac{\pi}{2}f(x+1)$

$\therefore f(x+1)=\frac{2}{\pi}f'(x)$

Step 2 $\pi^2\int_0^1 xf(x+1)\,dx$ 변형하기

$\therefore \pi^2\int_0^1 xf(x+1)\,dx=\pi^2\int_0^1 x\times\frac{2}{\pi}f'(x)\,dx$

$=2\pi\int_0^1 xf'(x)\,dx$

$u(x)=x$, $v'(x)=f'(x)$로 놓으면

$u'(x)=1$, $v(x)=f(x)$이므로

$\pi^2\int_0^1 xf(x+1)\,dx=2\pi\int_0^1 xf'(x)\,dx$

$=2\pi\left\{\left[xf(x)\right]_0^1-\int_0^1 f(x)\,dx\right\}$

$=2\pi\left\{f(1)-\int_0^1 f(x)\,dx\right\}$

$=2\pi\left\{1-\int_0^1 f(x)\,dx\right\}$ ...... ㉡

Step 3 $\pi^2\int_0^1 xf(x+1)\,dx$의 값 구하기

㉠의 양변에 $x=-1$을 대입하면

$f(-1)=\frac{\pi}{2}\int_1^0 f(t)\,dt$

이때 함수 $y=f(x)$의 그래프가 원점에 대하여 대칭이므로

$f(-x)=-f(x)$

$f(1)=1$이므로

$f(-1)=-f(1)=-1$

즉, $-1=\frac{\pi}{2}\int_1^0 f(t)\,dt$이므로

$-1=-\frac{\pi}{2}\int_0^1 f(t)\,dt$ $\therefore \int_0^1 f(t)\,dt=\frac{2}{\pi}$

따라서 ㉡에서

$\pi^2\int_0^1 xf(x+1)\,dx=2\pi\left\{1-\int_0^1 f(x)\,dx\right\}$

$=2\pi\left(1-\frac{2}{\pi}\right)=2(\pi-2)$

19 정적분으로 정의된 함수의 활용 정답 ④ | 정답률 45%

문제 보기

닫힌구간 $[0, 1]$에서 증가하는 연속함수 $f(x)$가

$$\int_0^1 f(x)\,dx=2,\ \int_0^1 |f(x)|\,dx=2\sqrt{2} \rightarrow *\text{에서 } F(1)=2\sqrt{2}$$

를 만족시킨다. 함수 $F(x)$가

$$F(x)=\int_0^x |f(t)|\,dt\ (0\le x\le 1) \rightarrow *$$

일 때, $\int_0^1 f(x)F(x)\,dx$의 값은? [4점]

① $4-\sqrt{2}$ ② $2+\sqrt{2}$ ③ $5-\sqrt{2}$ ④ $1+2\sqrt{2}$ ⑤ $2+2\sqrt{2}$

Step 1 함수 $y=f(x)$의 그래프의 개형 파악하기

함수 $f(x)$가 닫힌구간 $[0, 1]$에서 증가하는 연속함수이고

$\int_0^1 f(x)\,dx\neq\int_0^1 |f(x)|\,dx$이므로 열린구간 $(0, 1)$에서 $f(x)=0$을 만족시키는 x의 값이 존재한다.

함수 $y=f(x)$의 그래프가 열린구간 $(0, 1)$에서 x축과 만나는 점의 x좌표를 k라 하면 닫힌구간 $[0, 1]$에서 함수 $y=f(x)$의 그래프의 개형은 오른쪽 그림과 같다.

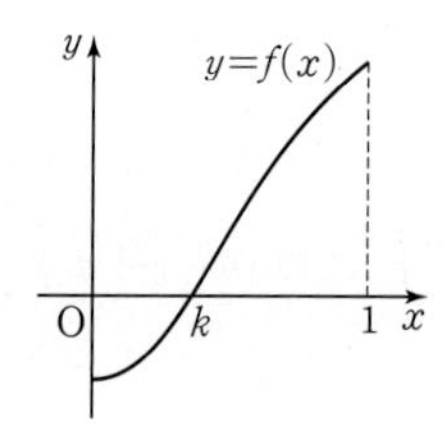

Step 2 $\int_0^1 f(x)F(x)\,dx$를 구간을 나누어 나타내기

$0\le x\le k$에서 $f(x)\le 0$, $k\le x\le 1$에서 $f(x)\ge 0$이므로

$$F(x)=\begin{cases}-\int_0^x f(t)\,dt & (0\le x\le k)\\ \int_0^x f(t)\,dt & (k\le x\le 1)\end{cases}$$

$\therefore \int_0^1 f(x)F(x)\,dx=\int_0^k f(x)F(x)\,dx+\int_k^1 f(x)F(x)\,dx$

Step 3 $\int_0^1 f(x)F(x)\,dx$의 값 구하기

(i) $0\le x\le k$일 때

$F(x)=-\int_0^x f(t)\,dt$이므로 양변을 x에 대하여 미분하면

$F'(x)=-f(x)$

$\int_0^k f(x)F(x)\,dx$에서 $F(x)=s$로 놓으면 $\frac{ds}{dx}=F'(x)=-f(x)$이고, $x=0$일 때 $s=F(0)$, $x=k$일 때 $s=F(k)$이므로

$\int_0^k f(x)F(x)\,dx=-\int_{F(0)}^{F(k)} s\,ds$ ...... ㉠

$F(x)=\int_0^x |f(t)|\,dt$의 양변에 $x=0$을 대입하면

$F(0)=0$

$\int_0^1 f(x)\,dx=2$에서

$\int_0^k f(x)\,dx+\int_k^1 f(x)\,dx=2$ ...... ㉡

$\int_0^1 |f(x)|\,dx=2\sqrt{2}$에서

$-\int_0^k f(x)\,dx+\int_k^1 f(x)\,dx=2\sqrt{2}$ ...... ㉢

㉡, ㉢을 연립하여 풀면

$\int_0^k f(x)\,dx=1-\sqrt{2}$, $\int_k^1 f(x)\,dx=1+\sqrt{2}$

$\therefore F(k)=-\int_0^k f(x)\,dx=-(1-\sqrt{2})=\sqrt{2}-1$

따라서 ㉠에서

$$\int_0^k f(x)F(x)\,dx = -\int_0^{\sqrt{2}-1} s\,ds$$
$$= -\left[\frac{1}{2}s^2\right]_0^{\sqrt{2}-1}$$
$$= \sqrt{2}-\frac{3}{2}$$

(ii) $k \le x \le 1$일 때

$F(x)=\int_0^x f(t)\,dt$이므로 양변을 x에 대하여 미분하면

$F'(x)=f(x)$

$\int_k^1 f(x)F(x)\,dx$에서 $F(x)=p$로 놓으면 $\frac{dp}{dx}=F'(x)=f(x)$이고,

$x=k$일 때 $p=F(k)=\sqrt{2}-1$, $x=1$일 때 $p=F(1)=2\sqrt{2}$이므로

→ $F(x)=\int_0^x |f(t)|\,dt$에서 $F(1)=\int_0^1 |f(t)|\,dt=2\sqrt{2}$

$$\int_k^1 f(x)F(x)\,dx = \int_{\sqrt{2}-1}^{2\sqrt{2}} p\,dp$$
$$= \left[\frac{1}{2}p^2\right]_{\sqrt{2}-1}^{2\sqrt{2}}$$
$$= 4-\frac{1}{2}(3-2\sqrt{2})$$
$$= \frac{5}{2}+\sqrt{2}$$

(i), (ii)에서

$$\int_0^1 f(x)F(x)\,dx = \int_0^k f(x)F(x)\,dx + \int_k^1 f(x)F(x)\,dx$$
$$= \sqrt{2}-\frac{3}{2}+\frac{5}{2}+\sqrt{2}$$
$$= 1+2\sqrt{2}$$

20 정적분으로 정의된 함수의 활용 정답 ⑤ | 정답률 72%

문제 보기

함수 $f(x)=e^{-x}\int_0^x \sin(t^2)\,dt$에 대하여 〈보기〉에서 옳은 것만을 있는 대로 고른 것은? [4점] └→ *

〈 보기 〉

ㄱ. $f(\sqrt{\pi})>0$ → *에 $x=\sqrt{\pi}$를 대입하여 확인한다.

ㄴ. $f'(a)>0$을 만족시키는 a가 열린구간 $(0, \sqrt{\pi})$에 적어도 하나 존재한다. → 평균값 정리를 이용한다.

ㄷ. $f'(b)=0$을 만족시키는 b가 열린구간 $(0, \sqrt{\pi})$에 적어도 하나 존재한다. → 사잇값의 정리를 이용한다.

① ㄱ ② ㄷ ③ ㄱ, ㄴ ④ ㄴ, ㄷ ⑤ ㄱ, ㄴ, ㄷ

Step 1 ㄱ이 옳은지 확인하기

ㄱ. $f(x)=e^{-x}\int_0^x \sin(t^2)\,dt$의 양변에 $x=\sqrt{\pi}$를 대입하면

$f(\sqrt{\pi})=e^{-\sqrt{\pi}}\int_0^{\sqrt{\pi}} \sin(t^2)\,dt$ …… ㉠

$0 \le t \le \sqrt{\pi}$에서 $0 \le t^2 \le \pi$이므로

$\int_0^{\sqrt{\pi}} \sin(t^2)\,dt>0$ → $0 \le t \le \sqrt{\pi}$에서 $\sin x^2 \ge 0$이야.

또 $e^{-\sqrt{\pi}}>0$이므로 $f(\sqrt{\pi})>0$ …… ㉡

Step 2 ㄴ이 옳은지 확인하기

ㄴ. 함수 $f(x)$가 닫힌구간 $[0, \sqrt{\pi}]$에서 연속이고 열린구간 $(0, \sqrt{\pi})$에서 미분가능하므로 평균값 정리에 의하여

$\frac{f(\sqrt{\pi})-f(0)}{\sqrt{\pi}-0}=f'(a)$

를 만족시키는 a가 열린구간 $(0, \sqrt{\pi})$에 적어도 하나 존재한다.

$f(x)=e^{-x}\int_0^x \sin(t^2)\,dt$의 양변에 $x=0$을 대입하면 $f(0)=0$이고,

ㄱ에서 $f(\sqrt{\pi})>0$이므로 $f'(a)>0$

즉, $f'(a)>0$을 만족시키는 a가 열린구간 $(0, \sqrt{\pi})$에 적어도 하나 존재한다.

Step 3 ㄷ이 옳은지 확인하기

ㄷ. $f(x)=e^{-x}\int_0^x \sin(t^2)\,dt$의 양변을 x에 대하여 미분하면

$f'(x)=-e^{-x}\int_0^x \sin(t^2)\,dt+e^{-x}\sin(x^2)$

ㄴ에서 $f'(a)>0$을 만족시키는 a에 대하여 함수 $f'(x)$가 닫힌구간 $[a, \sqrt{\pi}]$에서 연속이고

$$f'(\sqrt{\pi})=-e^{-\sqrt{\pi}}\int_0^{\sqrt{\pi}} \sin(t^2)\,dt+e^{-\sqrt{\pi}}\sin\pi$$
$$=-e^{-\sqrt{\pi}}\int_0^{\sqrt{\pi}} \sin(t^2)\,dt$$
$$=-f(\sqrt{\pi})<0 \ (\because ㉠, ㉡)$$

이므로 사잇값의 정리에 의하여 $f'(b)=0$인 b가 열린구간 $(a, \sqrt{\pi})$에 적어도 하나 존재한다.

즉, $f'(b)=0$을 만족시키는 b가 열린구간 $(0, \sqrt{\pi})$에 적어도 하나 존재한다.

Step 4 옳은 것 구하기

따라서 보기 중 옳은 것은 ㄱ, ㄴ, ㄷ이다.

21 정적분으로 정의된 함수의 활용 정답 ⑤ | 정답률 64%

문제 보기

함수 $f(x)=\int_0^x \sin(\pi\cos t)\,dt$에 대하여 〈보기〉에서 옳은 것만을 있는 대로 고른 것은? [4점]

〈 보기 〉

ㄱ. $f'(0)=0$ → *의 양변을 미분한 후 $x=0$을 대입하여 확인한다.

ㄴ. 함수 $y=f(x)$의 그래프는 원점에 대하여 대칭이다. → $f(-x)=-f(x)$가 성립하는지 확인한다.

ㄷ. $f(\pi)=0$

① ㄱ ② ㄷ ③ ㄱ, ㄴ ④ ㄴ, ㄷ ⑤ ㄱ, ㄴ, ㄷ

Step 1 ㄱ이 옳은지 확인하기

ㄱ. $f(x)=\int_0^x \sin(\pi\cos t)\,dt$의 양변을 x에 대하여 미분하면

$f'(x)=\sin(\pi\cos x)$

$\therefore f'(0)=\sin\pi=0$

Step 2 ㄴ이 옳은지 확인하기

ㄴ. 함수 $y=f(x)$의 그래프가 원점에 대하여 대칭이려면

$f(-x)=-f(x)$가 성립해야 한다.

$f(x)=\int_0^x \sin(\pi\cos t)\,dt$의 양변에 x 대신 $-x$를 대입하면

$f(-x)=\int_0^{-x} \sin(\pi\cos t)\,dt$

$t=-k$로 놓으면 $-\frac{dk}{dt}=1$이고,

$t=0$일 때 $k=0$, $t=-x$일 때 $k=x$이므로

$$f(-x)=\int_0^x \sin\{\pi\cos(-k)\}\times(-1)\,dk$$
$$=-\int_0^x \sin(\pi\cos k)\,dk$$
$$=-\int_0^x \sin(\pi\cos t)\,dt$$
$$=-f(x)$$

따라서 함수 $y=f(x)$의 그래프는 원점에 대하여 대칭이다.

Step 3 ㄷ이 옳은지 확인하기

ㄷ. $f(x)=\int_0^x \sin(\pi\cos t)\,dt$의 양변에 $x=\pi$를 대입하면

$$f(\pi)=\int_0^\pi \sin(\pi\cos t)\,dt$$
$$=-\int_0^\pi \sin\{\pi\cos(\pi-t)\}\,dt$$

$\pi-t=p$로 놓으면 $\frac{dp}{dt}=-1$이고,

$t=0$일 때 $p=\pi$, $t=\pi$일 때 $p=0$이므로

$$f(\pi)=-\int_\pi^0 \sin(\pi\cos p)\times(-1)\,dp$$
$$=\int_\pi^0 \sin(\pi\cos p)\,dp=-\int_0^\pi \sin(\pi\cos p)\,dp$$
$$=-\int_0^\pi \sin(\pi\cos t)\,dt$$
$$=-f(\pi)$$

따라서 $2f(\pi)=0$이므로 $f(\pi)=0$

Step 4 옳은 것 확인하기

따라서 보기 중 옳은 것은 ㄱ, ㄴ, ㄷ이다.

22 정적분으로 정의된 함수의 활용 정답 ⑤ | 정답률 60%

문제 보기

실수 전체의 집합에서 미분가능한 함수 $f(x)$가 모든 실수 x에 대하여 다음 조건을 만족시킨다.

(가) $f(x)>0$

(나) $\ln f(x)+2\int_0^x (x-t)f(t)\,dt=0$

〈보기〉에서 옳은 것만을 있는 대로 고른 것은? [4점]

〈 보기 〉

ㄱ. $x>0$에서 함수 $f(x)$는 감소한다. → $f'(x)$의 부호를 조사한다.

ㄴ. 함수 $f(x)$의 최댓값은 1이다. → 함수 $f(x)$의 증가, 감소를 조사한다.

ㄷ. 함수 $F(x)$를 $F(x)=\int_0^x f(t)\,dt$라 할 때, $f(1)+\{F(1)\}^2=1$이다.

① ㄱ ② ㄱ, ㄴ ③ ㄱ, ㄷ ④ ㄴ, ㄷ ⑤ ㄱ, ㄴ, ㄷ

Step 1 ㄱ이 옳은지 확인하기

ㄱ. 조건 (나)의 $\ln f(x)+2\int_0^x (x-t)f(t)\,dt=0$에서

$\ln f(x)+2x\int_0^x f(t)\,dt-2\int_0^x tf(t)\,dt=0$

양변을 x에 대하여 미분하면

$\frac{f'(x)}{f(x)}+2\int_0^x f(t)\,dt+2xf(x)-2xf(x)=0$

$\frac{f'(x)}{f(x)}+2\int_0^x f(t)\,dt=0$

$\therefore f'(x)=-2f(x)\int_0^x f(t)\,dt$ …… ㉠

이때 조건 (가)에서 $f(x)>0$이므로 $x>0$일 때

$\int_0^x f(t)\,dt>0$

따라서 ㉠에 의하여 $x>0$일 때 $f'(x)<0$이므로 $x>0$에서 함수 $f(x)$는 감소한다.

Step 2 ㄴ이 옳은지 확인하기

ㄴ. ㉠에서 $f'(x)=0$인 x의 값은 $x=0$

함수 $f(x)$의 증가와 감소를 표로 나타내면 다음과 같다.

x	…	0	…
$f'(x)$	+	0	−
$f(x)$	↗	극대	↘

즉, 함수 $f(x)$는 $x=0$에서 극대이면서 최대이다.

조건 (나)의 등식의 양변에 $x=0$을 대입하면

$\ln f(0)=0$ $\therefore f(0)=1$ …… ㉡

따라서 함수 $f(x)$의 최댓값은 1이다.

Step 3 ㄷ이 옳은지 확인하기

ㄷ. $F(x)=\int_0^x f(t)\,dt$ …… ㉢

㉢의 양변을 x에 대하여 미분하면

$F'(x)=f(x)$ …… ㉣

㉢, ㉣을 ㉠에 대입하면

$f'(x)=-2F'(x)F(x)=-[\{F(x)\}^2]'$

$\therefore f(x)=\int f'(x)\,dx=-\{F(x)\}^2+C$

ⓒ의 양변에 $x=0$을 대입하면 $F(0)=0$이므로
$f(0)=C$
ⓛ에서 $f(0)=1$이므로 $C=1$
따라서 $f(x)=-\{F(x)\}^2+1$이므로
$f(x)+\{F(x)\}^2=1$
$\therefore f(1)+\{F(1)\}^2=1$

Step 4 옳은 것 구하기
따라서 보기 중 옳은 것은 ㄱ, ㄴ, ㄷ이다.

23 정적분으로 정의된 함수의 활용 정답 ② | 정답률 40%

문제 보기

함수 $f(x)$의 도함수가 $f'(x)=xe^{-x^2}$이다. 모든 실수 x에 대하여 두 함수 $f(x)$, $g(x)$가 다음 조건을 만족시킬 때, 〈보기〉에서 옳은 것만을 있는 대로 고른 것은? [4점]

(가) $g(x)=\int_1^x f'(t)(x+1-t)\,dt$
(나) $f(x)=g'(x)-f'(x)$

〈 보기 〉
ㄱ. $g'(1)=\frac{1}{e}$ → (가)의 등식의 양변을 x에 대하여 미분한 후 $x=1$을 대입한다.
ㄴ. $f(1)=g(1)$ → (가), (나)의 등식에 $x=1$을 대입하여 비교한다.
ㄷ. 어떤 양수 x에 대하여 $g(x)<f(x)$이다.
└→ $h(x)=g(x)-f(x)$로 놓고 확인한다.

① ㄱ ② ㄱ, ㄴ ③ ㄱ, ㄷ ④ ㄴ, ㄷ ⑤ ㄱ, ㄴ, ㄷ

Step 1 ㄱ이 옳은지 확인하기
ㄱ. 조건 (가)의 $g(x)=\int_1^x f'(t)(x+1-t)\,dt$에서
$g(x)=(x+1)\int_1^x f'(t)\,dt-\int_1^x tf'(t)\,dt$
양변을 x에 대하여 미분하면
$g'(x)=\int_1^x f'(t)\,dt+(x+1)f'(x)-xf'(x)$
$=\int_1^x f'(t)\,dt+f'(x)$
양변에 $x=1$을 대입하면
$g'(1)=f'(1)=\frac{1}{e}$ …… ㉠

Step 2 ㄴ이 옳은지 확인하기
ㄴ. 조건 (가)의 등식의 양변에 $x=1$을 대입하면
$g(1)=0$
조건 (나)의 등식의 양변에 $x=1$을 대입하면
$f(1)=g'(1)-f'(1)=0$ ($\because$ ㉠) …… ㉡
$\therefore f(1)=g(1)$ …… ㉢

Step 3 ㄷ이 옳은지 확인하기
ㄷ. $h(x)=g(x)-f(x)$라 하면
$h'(x)=g'(x)-f'(x)=f(x)$ ($\because$ 조건 (나))
$h''(x)=f'(x)=xe^{-x^2}$
$x>0$에서 $h''(x)>0$이고 $h'(1)=f(1)=0$ ($\because$ ㉡)이므로 $0<x<1$에
└→ $x>0$에서 $h'(x)$는 증가해.
서 $h'(x)<0$이고, $x>1$에서 $h'(x)>0$이다.
따라서 $x>0$에서 함수 $h(x)$는 $x=1$에서 극소이면서 최소이므로 최솟값은
$h(1)=g(1)-f(1)=0$ ($\because$ ㉢)
즉, $x>0$에서 $h(x)\geq 0$이므로 $g(x)-f(x)\geq 0$
따라서 모든 양수 x에 대하여 $g(x)\geq f(x)$이므로 $g(x)<f(x)$인 양수 x는 존재하지 않는다.

Step 4 옳은 것 구하기
따라서 보기 중 옳은 것은 ㄱ, ㄴ이다.

24 정적분으로 정의된 함수의 활용 정답 ④ | 정답률 51%

문제 보기

구간 $[0, 1]$에서 정의된 연속함수 $f(x)$에 대하여 함수

$$F(x)=\int_0^x f(t)\,dt \ (0\le x\le 1)$$ → $F'(x)=f(x)$, $F(0)=0$

은 다음 조건을 만족시킨다.

> (가) $F(x)=f(x)-x$
> (나) $\int_0^1 F(x)\,dx=e-\frac{5}{2}$

〈보기〉에서 옳은 것만을 있는 대로 고른 것은? [4점]

〈보기〉

ㄱ. $F(1)=e$

ㄴ. $\int_0^1 xF(x)\,dx=\frac{1}{6}$

ㄷ. $\int_0^1 \{F(x)\}^2\,dx=\frac{1}{2}e^2-2e+\frac{11}{6}$

→ (가)의 식을 대입하여 확인한다.

① ㄴ ② ㄷ ③ ㄱ, ㄴ ④ ㄴ, ㄷ ⑤ ㄱ, ㄴ, ㄷ

Step 1 ㄱ이 옳은지 확인하기

ㄱ. $F(x)=\int_0^x f(t)\,dt$의 양변에 $x=1$을 대입하면

$F(1)=\int_0^1 f(t)\,dt$ …… ㉠

조건 (가)의 $F(x)=f(x)-x$를 조건 (나)의 등식의 좌변에 대입하면

$$\begin{aligned}\int_0^1 F(x)\,dx&=\int_0^1 \{f(x)-x\}\,dx\\&=\int_0^1 f(x)\,dx-\int_0^1 x\,dx\\&=\int_0^1 f(x)\,dx-\left[\frac{1}{2}x^2\right]_0^1\\&=\int_0^1 f(x)\,dx-\frac{1}{2}\\&=F(1)-\frac{1}{2}\ (\because ㉠)\end{aligned}$$

조건 (나)에 의하여 $F(1)-\frac{1}{2}=e-\frac{5}{2}$이므로

$F(1)=e-2$

Step 2 ㄴ이 옳은지 확인하기

ㄴ. $\int_0^1 xF(x)\,dx$에 조건 (가)의 $F(x)=f(x)-x$를 대입하면

$$\begin{aligned}\int_0^1 xF(x)\,dx&=\int_0^1 x\{f(x)-x\}\,dx\\&=\int_0^1 xf(x)\,dx-\int_0^1 x^2\,dx\\&=\int_0^1 xf(x)\,dx-\left[\frac{1}{3}x^3\right]_0^1\\&=\int_0^1 xf(x)\,dx-\frac{1}{3}\end{aligned}$$ …… ㉡

$F(x)=\int_0^x f(t)\,dt$의 양변을 x에 대하여 미분하면 $F'(x)=f(x)$

$\int_0^1 xf(x)\,dx$에서 $u(x)=x$, $v'(x)=f(x)=F'(x)$로 놓으면

$u'(x)=1$, $v(x)=F(x)$이므로 ㉡에서

$$\begin{aligned}\int_0^1 xF(x)\,dx&=\Big[xF(x)\Big]_0^1-\int_0^1 F(x)\,dx-\frac{1}{3}\\&=F(1)-\left(e-\frac{5}{2}\right)-\frac{1}{3}\ (\because \text{조건 (나)})\\&=e-2-e+\frac{5}{2}-\frac{1}{3}=\frac{1}{6}\end{aligned}$$

Step 3 ㄷ이 옳은지 확인하기

ㄷ. $F(x)=\int_0^x f(t)\,dt$의 양변에 $x=0$을 대입하면

$F(0)=0$

$\int_0^1 \{F(x)\}^2\,dx$에 조건 (가)의 $F(x)=f(x)-x$를 대입하면

$$\begin{aligned}\int_0^1 \{F(x)\}^2\,dx&=\int_0^1 F(x)\{f(x)-x\}\,dx\\&=\int_0^1 F(x)f(x)\,dx-\int_0^1 xF(x)\,dx\\&=\int_0^1 F(x)f(x)\,dx-\frac{1}{6}\end{aligned}$$ …… ㉢

$\int_0^1 F(x)f(x)\,dx$에서 $F(x)=s$로 놓으면 $\frac{ds}{dx}=F'(x)=f(x)$이고,

$x=0$일 때 $s=F(0)=0$, $x=1$일 때 $s=F(1)=e-2$이므로 ㉢에서

$$\begin{aligned}\int_0^1 \{F(x)\}^2\,dx&=\int_0^{e-2} s\,ds-\frac{1}{6}\\&=\left[\frac{1}{2}s^2\right]_0^{e-2}-\frac{1}{6}\\&=\frac{1}{2}e^2-2e+\frac{11}{6}\end{aligned}$$

Step 4 옳은 것 구하기

따라서 보기 중 옳은 것은 ㄴ, ㄷ이다.

25 정적분으로 정의된 함수의 활용 정답 ② | 정답률 20%

문제 보기

실수 $a\,(0<a<2)$에 대하여 함수 $f(x)$를

$$f(x)=\begin{cases}2|\sin 4x| & (x<0)\\ -\sin ax & (x\geq 0)\end{cases}$$ → 함수 $f(x)$가 실수 전체의 집합에서 연속이다.

이라 하자. 함수

$$g(x)=\left|\int_{-a\pi}^{x} f(t)\,dt\right|$$ → 함수 $\int_{-a\pi}^{x} f(t)\,dt$는 실수 전체의 집합에서 미분가능함을 이용한다.

가 실수 전체의 집합에서 미분가능할 때, a의 최솟값은? [4점]

① $\frac{1}{2}$ ② $\frac{3}{4}$ ③ 1 ④ $\frac{5}{4}$ ⑤ $\frac{3}{2}$

Step 1 함수 $y=\int_{-a\pi}^{x} f(t)\,dt$의 그래프의 개형 파악하기

함수 $y=f(x)$의 그래프는 다음 그림과 같다.

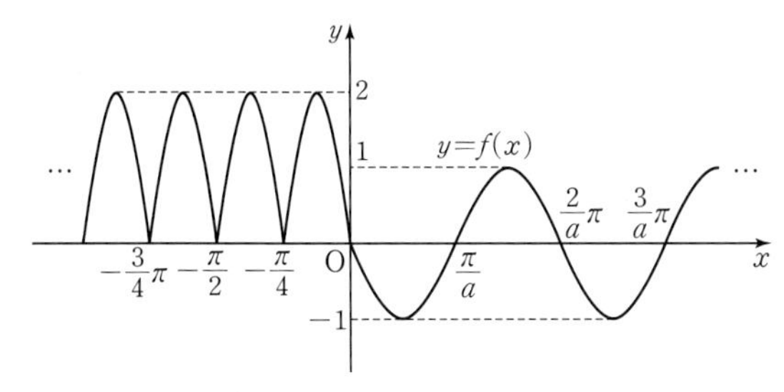

$$\int_{-\frac{\pi}{4}}^{0} 2|\sin 4x|\,dx=\int_{-\frac{\pi}{4}}^{0}(-2\sin 4x)\,dx$$

$$=\left[\frac{1}{2}\cos 4x\right]_{-\frac{\pi}{4}}^{0}=\frac{1}{2}-\left(-\frac{1}{2}\right)=1$$

$$\therefore \int_{-\frac{\pi}{4}}^{0} 2|\sin 4x|\,dx=\int_{-\frac{\pi}{2}}^{-\frac{\pi}{4}} 2|\sin 4x|\,dx=\cdots=1 \quad \cdots\cdots ㉠$$

$h(x)=\int_{-a\pi}^{x} f(t)\,dt$라 하면 $h'(x)=f(x)$

이때 실수 m에 대하여 $h(0)=\int_{-a\pi}^{0} f(t)\,dt=m$이라 하면

$$h\left(-\frac{\pi}{4}\right)=\int_{-a\pi}^{-\frac{\pi}{4}} f(t)\,dt$$

$$=\int_{-a\pi}^{0} f(t)\,dt-\int_{-\frac{\pi}{4}}^{0} f(t)\,dt=m-1 \ (\because ㉠)$$

같은 방법으로 하면

$$h\left(-\frac{\pi}{2}\right)=m-2,\ h\left(-\frac{3}{4}\pi\right)=m-3,\ \cdots \ (\because ㉠) \quad \cdots\cdots ㉡$$

따라서 함수 $y=h(x)$의 그래프의 개형은 다음 그림과 같다.

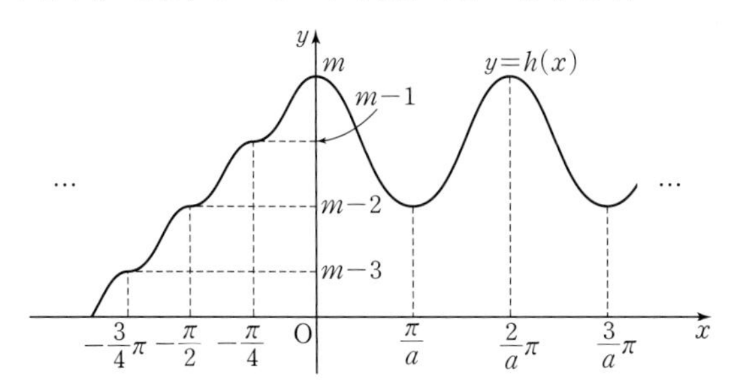

Step 2 a의 최솟값 구하기

함수 $f(x)$, 즉 $h'(x)$가 실수 전체의 집합에서 연속이므로 함수 $h(x)$는 실수 전체의 집합에서 미분가능하다.

따라서 함수 $g(x)=\left|\int_{-a\pi}^{x} f(t)\,dt\right|$가 실수 전체의 집합에서 미분가능하려면 $h(x)=0$인 모든 x에 대하여 $h'(x)=0$이어야 한다.

한편 $h(-a\pi)=\int_{-a\pi}^{-a\pi} f(t)\,dt=0$이고 $0<a<2$이므로

$$-a\pi=-\frac{k}{4}\pi \ (\text{단, } k=1,\ 2,\ 3,\ \cdots,\ 7)$$

$$\therefore a=\frac{k}{4} \ (\text{단, } k=1,\ 2,\ 3,\ \cdots,\ 7)$$

(i) $a=\frac{1}{4}$일 때

$h\left(-\frac{\pi}{4}\right)=0$이므로 $h(0)=1$ ($\because$ ㉡)

또 $x>0$에서 $h'(x)=f(x)=-\sin\frac{x}{4}$이므로

$$h(x)=\int\left(-\sin\frac{x}{4}\right)dx=4\cos\frac{x}{4}+C_1$$

$h(0)=1$이므로 $4+C_1=1$ $\quad\therefore C_1=-3$

$\therefore h(x)=4\cos\frac{x}{4}-3$

따라서 함수 $y=h(x)$의 그래프는 오른쪽 그림과 같다.

이때 $0\leq x\leq 4\pi$에서 $h(x)=0$, $h'(x)\neq 0$인 x의 값이 존재하므로 함수 $g(x)$는 실수 전체의 집합에서 미분가능하지 않다.

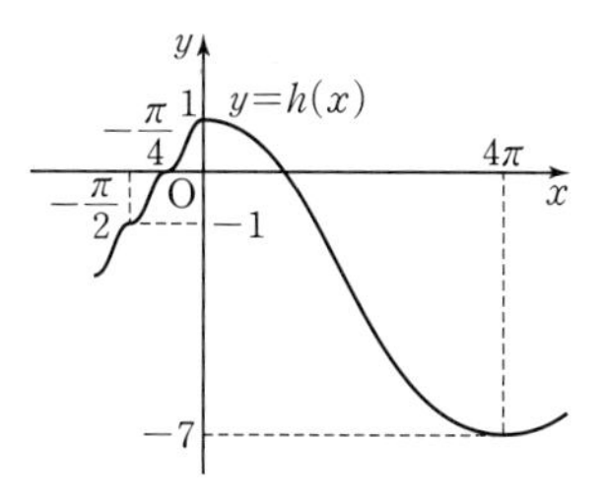

(ii) $a=\frac{2}{4}$, 즉 $a=\frac{1}{2}$일 때

$h\left(-\frac{\pi}{2}\right)=0$이므로 $h(0)=2$ ($\because$ ㉡)

또 $x>0$에서 $h'(x)=f(x)=-\sin\frac{x}{2}$이므로

$$h(x)=\int\left(-\sin\frac{x}{2}\right)dx=2\cos\frac{x}{2}+C_2$$

$h(0)=2$이므로 $2+C_2=2$ $\quad\therefore C_2=0$

$\therefore h(x)=2\cos\frac{x}{2}$

따라서 함수 $y=h(x)$의 그래프는 오른쪽 그림과 같다.

이때 $0\leq x\leq 2\pi$에서 $h(x)=0$, $h'(x)\neq 0$인 x의 값이 존재하므로 함수 $g(x)$는 실수 전체의 집합에서 미분가능하지 않다.

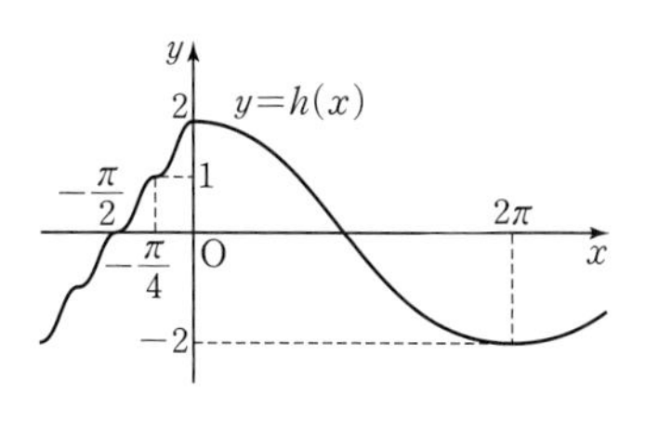

(iii) $a=\frac{3}{4}$일 때

$h\left(-\frac{3}{4}\pi\right)=0$이므로 $h(0)=3$ ($\because$ ㉡)

또 $x>0$에서 $h'(x)=f(x)=-\sin\frac{3}{4}x$이므로

$$h(x)=\int\left(-\sin\frac{3}{4}x\right)dx=\frac{4}{3}\cos\frac{3}{4}x+C_3$$

$h(0)=3$이므로 $\frac{4}{3}+C_3=3$ $\quad\therefore C_3=\frac{5}{3}$

$\therefore h(x)=\frac{4}{3}\cos\frac{3}{4}x+\frac{5}{3}$

따라서 함수 $y=h(x)$의 그래프는 다음 그림과 같으므로 함수 $g(x)$는 실수 전체의 집합에서 미분가능하다.

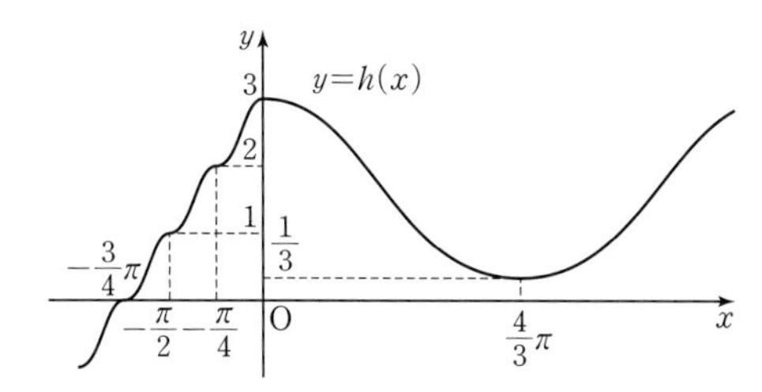

(i), (ii), (iii)에서 a의 최솟값은 $\frac{3}{4}$이다. → a의 최솟값을 구하는 것이므로 $k=4,\ 5,\ 6,\ 7$일 때의 미분가능성은 조사하지 않아도 돼.

26 정적분으로 정의된 함수의 활용 정답 83 | 정답률 5%

문제 보기

실수 전체의 집합에서 미분가능한 함수 $f(x)$가 상수 $a\,(0<a<2\pi)$와 모든 실수 x에 대하여 다음 조건을 만족시킨다.

> (가) $f(x)=f(-x)$ → 함수 $y=f(x)$의 그래프는 y축에 대하여 대칭이다.
>
> (나) $\int_{x}^{x+a} f(t)\,dt=\sin\left(x+\frac{\pi}{3}\right)$ → 양변을 x에 대하여 미분하여 $f(x)$에 대한 식을 구한다.

닫힌구간 $\left[0, \frac{a}{2}\right]$에서 두 실수 b, c에 대하여

$f(x)=b\cos(3x)+c\cos(5x)$일 때, $abc=-\frac{q}{p}\pi$이다. $p+q$의 값을 구하시오. (단, p와 q는 서로소인 자연수이다.) [4점]

Step 1 a의 값 구하기

조건 (나)에서

$\int_{x}^{x+a} f(t)\,dt=\sin\left(x+\frac{\pi}{3}\right)$ …… ㉠

㉠의 양변을 x에 대하여 미분하면

$f(x+a)-f(x)=\cos\left(x+\frac{\pi}{3}\right)$ …… ㉡

양변에 $x=-\frac{a}{2}$를 대입하면

$f\left(\frac{a}{2}\right)-f\left(-\frac{a}{2}\right)=\cos\left(-\frac{a}{2}+\frac{\pi}{3}\right)$

조건 (가)에서 $f(x)=f(-x)$이므로

$f\left(\frac{a}{2}\right)=f\left(-\frac{a}{2}\right)$

$\therefore \cos\left(-\frac{a}{2}+\frac{\pi}{3}\right)=0$

이때 $0<a<2\pi$에서 $-\frac{2}{3}\pi<-\frac{a}{2}+\frac{\pi}{3}<\frac{\pi}{3}$이므로

$-\frac{a}{2}+\frac{\pi}{3}=-\frac{\pi}{2}$ $\quad\therefore a=\frac{5}{3}\pi$

Step 2 b, c의 값 구하기

㉠의 양변에 $x=-\frac{a}{2}$를 대입하면

$\int_{-\frac{a}{2}}^{\frac{a}{2}} f(t)\,dt=\sin\left(-\frac{a}{2}+\frac{\pi}{3}\right)$

이때 조건 (가)에서 함수 $y=f(x)$의 그래프는 y축에 대하여 대칭이므로

$2\int_{0}^{\frac{a}{2}} f(t)\,dt=\sin\left(-\frac{a}{2}+\frac{\pi}{3}\right)$ …… ㉢

$f(x)=b\cos(3x)+c\cos(5x)$이므로

$$2\int_{0}^{\frac{a}{2}} f(t)\,dt=2\int_{0}^{\frac{a}{2}}\{b\cos(3t)+c\cos(5t)\}\,dt$$
$$=2\left[\frac{b}{3}\sin(3t)+\frac{c}{5}\sin(5t)\right]_{0}^{\frac{a}{2}}$$
$$=2\left(\frac{b}{3}\sin\frac{3}{2}a+\frac{c}{5}\sin\frac{5}{2}a\right)$$

이때 $a=\frac{5}{3}\pi$이므로 ㉢에서

$2\left(\frac{b}{3}\sin\frac{5}{2}\pi+\frac{c}{5}\sin\frac{25}{6}\pi\right)=\sin\left(-\frac{5}{6}\pi+\frac{\pi}{3}\right)$

$2\left(\frac{b}{3}+\frac{c}{10}\right)=-1$

$\therefore 10b+3c=-15$ …… ㉣

㉡의 양변을 x에 대하여 미분하면

$f'(x+a)-f'(x)=-\sin\left(x+\frac{\pi}{3}\right)$

양변에 $x=-\frac{a}{2}$를 대입하면

$f'\left(\frac{a}{2}\right)-f'\left(-\frac{a}{2}\right)=-\sin\left(-\frac{a}{2}+\frac{\pi}{3}\right)$

이때 조건 (가)에서 $f(x)=f(-x)$의 양변을 x에 대하여 미분하면

$f'(x)=-f'(-x)$이므로

$f'\left(-\frac{a}{2}\right)=-f'\left(\frac{a}{2}\right)$

$\therefore 2f'\left(\frac{a}{2}\right)=-\sin\left(-\frac{a}{2}+\frac{\pi}{3}\right)$ …… ㉤

$f(x)=b\cos(3x)+c\cos(5x)$에서

$f'(x)=-3b\sin(3x)-5c\sin(5x)$

㉤에서

$2\left(-3b\sin\frac{3}{2}a-5c\sin\frac{5}{2}a\right)=-\sin\left(-\frac{a}{2}+\frac{\pi}{3}\right)$

이때 $a=\frac{5}{3}\pi$이므로

$2\left(-3b\sin\frac{5}{2}\pi-5c\sin\frac{25}{6}\pi\right)=-\sin\left(-\frac{5}{6}\pi+\frac{\pi}{3}\right)$

$2\left(-3b-\frac{5}{2}c\right)=1$

$\therefore 6b+5c=-1$ …… ㉥

㉣, ㉥을 연립하여 풀면

$b=-\frac{9}{4}$, $c=\frac{5}{2}$

Step 3 $p+q$의 값 구하기

$\therefore abc=\frac{5}{3}\pi\times\left(-\frac{9}{4}\right)\times\frac{5}{2}=-\frac{75}{8}\pi$

따라서 $p=8$, $q=75$이므로

$p+q=83$

27 정적분으로 정의된 함수의 활용 정답 125 | 정답률 8%

문제 보기

$ab<0$인 상수 a, b에 대하여 함수 $f(x)$는 $f(x)=(ax+b)e^{-\frac{x}{2}}$이고 함수 $g(x)$는 $g(x)=\int_0^x f(t)\,dt$이다. 실수 $k\,(k>0)$에 대하여 부등식

$g(x)-k\geq xf(x)$ └ $g'(x)=f(x)$, $g(0)=0$

를 만족시키는 양의 실수 x가 존재할 때, 이 x의 값 중 최솟값을 $h(k)$라 하자. 함수 $g(x)$와 $h(k)$는 다음 조건을 만족시킨다.

> (가) 함수 $g(x)$는 극댓값 α를 갖고 $h(\alpha)=2$이다.
> (나) $h(k)$의 값이 존재하는 k의 최댓값은 $8e^{-2}$이다.

$100(a^2+b^2)$의 값을 구하시오. (단, $\lim_{x\to\infty}f(x)=0$) [4점]

Step 1 a, b의 부호 결정하기

$g(x)=\int_0^x f(t)\,dt$의 양변을 x에 대하여 미분하면

$g'(x)=f(x)=(ax+b)e^{-\frac{x}{2}}$

$g'(x)=0$인 x의 값은

$x=-\frac{b}{a}$ ($\because e^{-\frac{x}{2}}>0$)

$x=-\frac{b}{a}$의 좌우에서 $g'(x)$의 부호가 $a>0$일 때 음에서 양으로 바뀌고, $a<0$일 때 양에서 음으로 바뀐다.

이때 조건 (가)에서 함수 $g(x)$가 극댓값 α를 가지므로 $a<0$이고 $ab<0$이므로 $b>0$이다.

$\therefore a<0$, $b>0$

Step 2 a, b의 값 구하기

$g(x)-k\geq xf(x)$에서

$g(x)-xf(x)\geq k$

$p(x)=g(x)-xf(x)$라 하면

$$\begin{aligned}p'(x)&=g'(x)-f(x)-xf'(x)\\&=-xf'(x)\\&=-x\left\{ae^{-\frac{x}{2}}-\frac{1}{2}(ax+b)e^{-\frac{x}{2}}\right\}\\&=\frac{1}{2}ax\left(x-2+\frac{b}{a}\right)e^{-\frac{x}{2}}\end{aligned}$$

$p'(x)=0$인 x의 값은

$x=0$ 또는 $x=2-\frac{b}{a}$ ($\because e^{-\frac{x}{2}}>0$)

함수 $p(x)$의 증가와 감소를 표로 나타내면 다음과 같다.

x	$\cdots$	0	$\cdots$	$2-\frac{b}{a}$	$\cdots$
$p'(x)$	$-$	0	$+$	0	$-$
$p(x)$	↘	극소	↗	극대	↘

즉, 함수 $p(x)$는 $x=0$에서 극솟값 $p(0)=g(0)$, $x=2-\frac{b}{a}$에서 극댓값 $p\left(2-\frac{b}{a}\right)$를 갖는다.

$g(x)=\int_0^x f(t)\,dt$의 양변에 $x=0$을 대입하면 $g(0)=0$이므로

$p(0)=g(0)=0$

조건 (가)에서 $h(\alpha)=2$이므로 $p(x)=g(x)-xf(x)\geq\alpha$를 만족시키는 양의 실수 x의 값 중 최솟값은 2이다.

$\therefore p(2)=\alpha$

따라서 함수 $y=p(x)$의 그래프의 개형은 다음 그림과 같다.

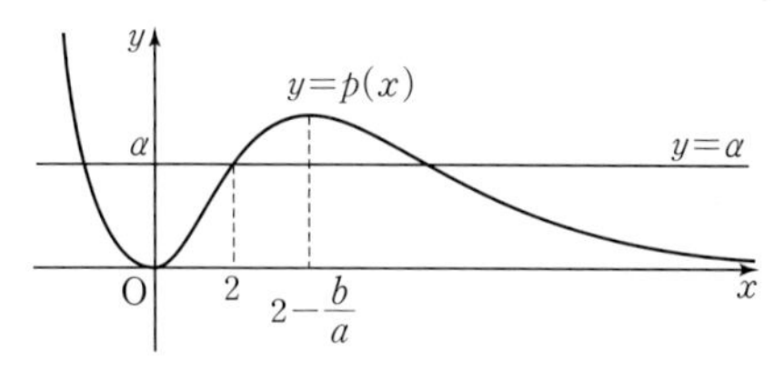

$p(x)=g(x)-xf(x)\geq\alpha$를 만족시키는 양의 실수 x의 값이 존재하려면 $0<k\leq p\left(2-\frac{b}{a}\right)$이어야 하므로

$p\left(2-\frac{b}{a}\right)=8e^{-2}$ ($\because$ 조건 (나))

함수 $g(x)$가 $x=-\frac{b}{a}$에서 극댓값 α를 가지므로

$g\left(-\frac{b}{a}\right)=\alpha$, $g'\left(-\frac{b}{a}\right)=f\left(-\frac{b}{a}\right)=0$

$\therefore p\left(-\frac{b}{a}\right)=g\left(-\frac{b}{a}\right)-\left(-\frac{b}{a}\right)f\left(-\frac{b}{a}\right)=\alpha$

즉, $2=-\frac{b}{a}$이므로 $b=-2a$ …… ㉠

$\therefore p\left(2-\frac{b}{a}\right)=p(4)=8e^{-2}$ …… ㉡

$f(x)=(ax-2a)e^{-\frac{x}{2}}=a(x-2)e^{-\frac{x}{2}}$이므로

$g(4)=\int_0^4 f(t)\,dt=a\int_0^4(t-2)e^{-\frac{t}{2}}\,dt$

$u(t)=t-2$, $v'(t)=e^{-\frac{t}{2}}$으로 놓으면

$u'(t)=1$, $v(t)=-2e^{-\frac{t}{2}}$이므로

$$\begin{aligned}g(4)&=a\left[(t-2)(-2e^{-\frac{t}{2}})\right]_0^4-a\int_0^4(-2e^{-\frac{t}{2}})\,dt\\&=-4ae^{-2}-4a-a\left[4e^{-\frac{t}{2}}\right]_0^4\\&=-4ae^{-2}-4a-4ae^{-2}+4a\\&=-8ae^{-2}\end{aligned}$$

$f(4)=2ae^{-2}$이므로

$p(4)=g(4)-4f(4)=-8ae^{-2}-4\times2ae^{-2}=-16ae^{-2}$

따라서 ㉡에 의하여

$-16ae^{-2}=8e^{-2}$ $\quad\therefore a=-\frac{1}{2}$

이를 ㉠에 대입하면

$b=-2\times\left(-\frac{1}{2}\right)=1$

Step 3 $100(a^2+b^2)$의 값 구하기

$\therefore 100(a^2+b^2)=100\times\left(\frac{1}{4}+1\right)=125$

28 정적분으로 정의된 함수의 활용 정답 16 | 정답률 9%

문제 보기

실수 a와 함수 $f(x)=\ln(x^4+1)-c$ ($c>0$인 상수)에 대하여 함수 $g(x)$를

$$g(x)=\int_a^x f(t)\,dt \rightarrow g'(x)=f(x),\ g(a)=0$$

라 하자. 함수 $y=g(x)$의 그래프가 x축과 만나는 서로 다른 점의 개수가 2가 되도록 하는 모든 a의 값을 작은 수부터 크기순으로 나열하면 $\alpha_1, \alpha_2, \cdots, \alpha_m$ (m은 자연수)이다. $a=\alpha_1$일 때, 함수 $g(x)$와 상수 k는 다음 조건을 만족시킨다.

> (가) 함수 $g(x)$는 $x=1$에서 극솟값을 갖는다. → $g'(1)=0$
> (나) $\int_{\alpha_1}^{\alpha_m} g(x)\,dx=k\alpha_m\int_0^1 |f(x)|\,dx$

$mk\times e^c$의 값을 구하시오. [4점]

Step 1 $f(x)$ 구하기

$g(x)=\int_a^x f(t)\,dt$의 양변을 x에 대하여 미분하면

$g'(x)=f(x)$ …… ㉠

$\therefore g'(x)=\ln(x^4+1)-c$

조건 (가)에서 $g'(1)=0$이므로 $\ln 2-c=0$ $\therefore c=\ln 2$

$\therefore f(x)=\ln(x^4+1)-\ln 2$

Step 2 함수 $y=g(x)$의 그래프의 개형 파악하기

$f(x)=\ln(x^4+1)-\ln 2$에서

$f'(x)=\dfrac{4x^3}{x^4+1}$

$f'(x)=0$인 x의 값은 $x=0$ ($\because x^4+1>0$)

함수 $f(x)$의 증가와 감소를 표로 나타내면 다음과 같다.

x	$\cdots$	0	$\cdots$
$f'(x)$	$-$	0	$+$
$f(x)$	↘	극소	↗

$f(x)=0$인 x의 값은 $\ln(x^4+1)=\ln 2$, $x^4+1=2$

$x^4=1$ $\therefore x=-1$ 또는 $x=1$

또 모든 실수 x에 대하여

$f(-x)=\ln\{(-x)^4+1\}-\ln 2=\ln(x^4+1)-\ln 2=f(x)$

즉, 함수 $y=f(x)$의 그래프는 y축에 대하여 대칭이다.

따라서 함수 $y=f(x)$의 그래프는 다음 그림과 같다.

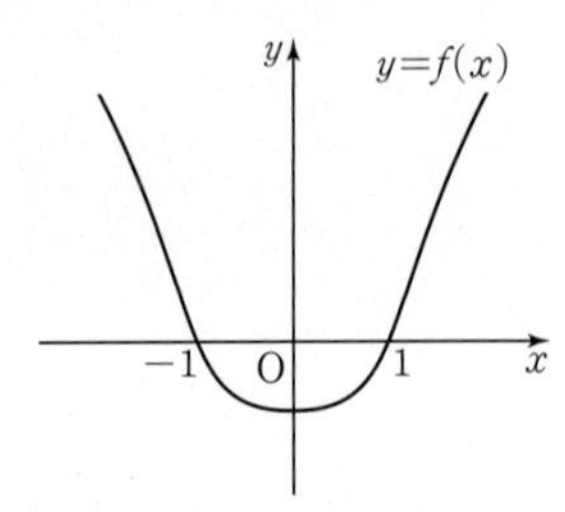

㉠에서 $g'(x)=f(x)$이므로 $g'(x)=0$, 즉 $f(x)=0$인 x의 값은

$x=-1$ 또는 $x=1$

함수 $y=f(x)$의 그래프를 이용하여 함수 $g(x)$의 증가와 감소를 표로 나타내면 다음과 같다.

x	$\cdots$	-1	$\cdots$	1	$\cdots$
$g'(x)$	$+$	0	$-$	0	$+$
$g(x)$	↗	극대	↘	극소	↗

이때 함수 $y=f(x)$의 그래프는 y축에 대하여 대칭이고, $g(x)$는 $f(x)$를 적분한 것이므로 함수 $y=g(x)$의 그래프는 점 $(0,\ g(0))$에 대하여 대칭이다.

또 함수 $y=g(x)$의 그래프가 x축과 만나는 서로 다른 점의 개수가 2가 되어야 하므로 함수 $y=g(x)$의 그래프는 다음 그림과 같아야 한다.

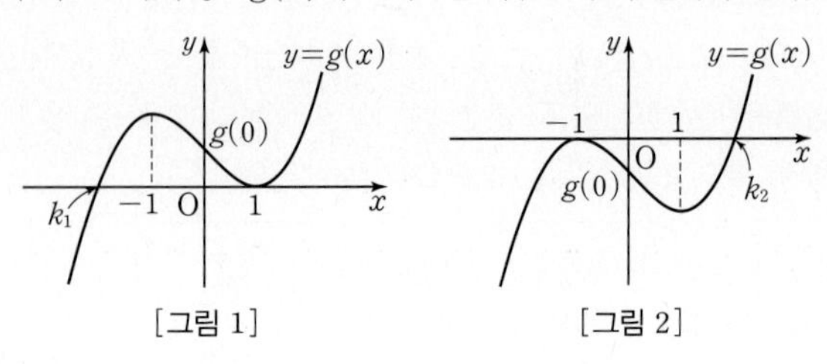

[그림 1] [그림 2]

Step 3 m의 값 구하기

$g(x)=\int_a^x f(t)\,dt$의 양변에 $x=a$를 대입하면

$g(a)=0$

[그림 1]에서 $g(a)=0$인 a의 값은

$a=k_1$ 또는 $a=1$

[그림 2]에서 $g(a)=0$인 a의 값은

$a=-1$ 또는 $a=k_2$

이때 a의 값을 작은 수부터 크기순으로 나열하면

$\alpha_1=k_1,\ \alpha_2=-1,\ \alpha_3=1,\ \alpha_4=k_2$

$\therefore m=4$

Step 4 k의 값 구하기

$a=\alpha_1$일 때 함수 $y=g(x)$의 그래프는 오른쪽 그림과 같다.

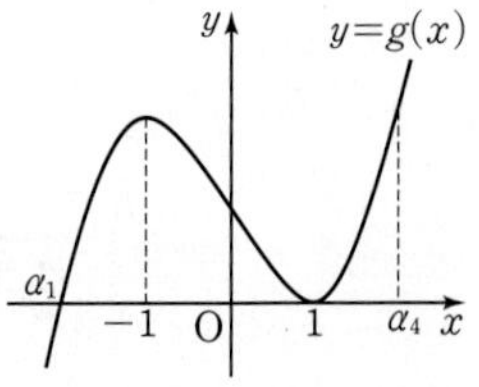

구간 $[0,\ 1]$에서 $f(x)\le 0$이므로

$|f(x)|=-f(x)$

$$\begin{aligned}\therefore \int_0^1 |f(x)|\,dx&=\int_0^1 \{-f(x)\}\,dx\\&=\int_0^1 \{-g'(x)\}\,dx\ (\because ㉠)\\&=-\Big[g(x)\Big]_0^1\\&=-g(1)+g(0)=g(0)\end{aligned}$$ …… ㉡

또 $\int_{\alpha_1}^{\alpha_4} g(x)\,dx$의 값은 오른쪽 그림에서 직사각형 OABC의 넓이와 같으므로

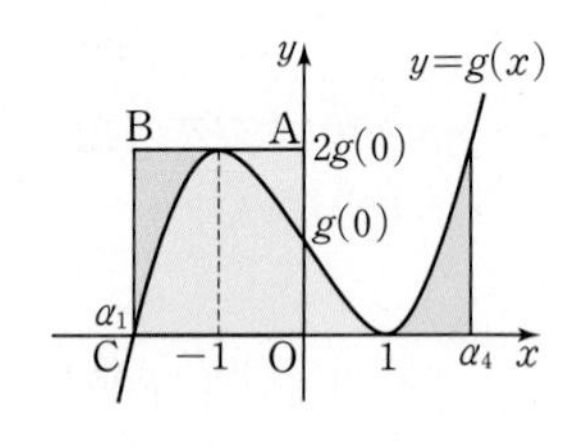

$$\begin{aligned}&\int_{\alpha_1}^{\alpha_4} g(x)\,dx\\&=(0-\alpha_1)\times 2g(0)\\&=-2\alpha_1\times\int_0^1 |f(x)|\,dx\ (\because ㉡)\\&=2\alpha_4\int_0^1 |f(x)|\,dx\end{aligned}$$

따라서 조건 (나)에서 $k=2$

Step 5 $mk\times e^c$의 값 구하기

따라서 $c=\ln 2$, $m=4$, $k=2$이므로

$mk\times e^c=4\times 2\times e^{\ln 2}=4\times 2\times 2=16$

29 정적분으로 정의된 함수의 활용 정답 26 | 정답률 6%

문제 보기

실수 전체의 집합에서 미분가능한 두 함수 $f(x)$, $g(x)$가 모든 실수 x에 대하여 다음 조건을 만족시킨다.

> (가) $g(x+1)-g(x)=-\pi(e+1)e^x\sin(\pi x)$
> (나) $g(x+1)=\int_0^x \{f(t+1)e^t-f(t)e^t+g(t)\}dt$
> └→ 양변을 x에 대하여 미분하고, 양변에 $x=0$을 대입한다.

$\int_0^1 f(x)\,dx=\frac{10}{9}e+4$일 때, $\int_1^{10} f(x)\,dx$의 값을 구하시오. [4점]

Step 1 (나)의 등식의 양변을 미분하여 정리하기

조건 (나)의 등식의 양변을 x에 대하여 미분하면

$$g'(x+1)=f(x+1)e^x-f(x)e^x+g(x)$$
$$=\{f(x+1)-f(x)\}e^x+g(x)$$
$$\therefore\ f(x+1)-f(x)=\{g'(x+1)-g(x)\}e^{-x}$$

Step 2 $\int_t^{t+1} f(x)\,dx$ 구하기

실수 t에 대하여

$$\int_0^t \{f(x+1)-f(x)\}dx=\int_0^t \{g'(x+1)-g(x)\}e^{-x}dx$$

$$\int_0^t \{f(x+1)-f(x)\}dx=\int_0^t f(x+1)\,dx-\int_0^t f(x)\,dx$$
$$=\int_1^{t+1} f(x)\,dx-\int_0^t f(x)\,dx$$
$$=\int_t^{t+1} f(x)\,dx-\int_0^1 f(x)\,dx \quad \cdots\cdots ㉠$$

$$\int_0^t \{g'(x+1)-g(x)\}e^{-x}dx=\int_0^t \{g'(x+1)-g(x)\}e^{-x}dx$$
$$=\int_0^t g'(x+1)e^{-x}dx-\int_0^t g(x)e^{-x}dx$$

$\int_0^t g'(x+1)e^{-x}dx$에서 $u(x)=e^{-x}$, $v'(x)=g'(x+1)$로 놓으면

$u'(x)=-e^{-x}$, $v(x)=g(x+1)$이므로

$$\int_0^t \{g'(x+1)-g(x)\}e^{-x}dx$$
$$=\int_0^t g'(x+1)e^{-x}dx-\int_0^t g(x)e^{-x}dx$$
$$=\Big[g(x+1)e^{-x}\Big]_0^t+\int_0^t g(x+1)e^{-x}dx-\int_0^t g(x)e^{-x}dx$$
$$=\Big[g(x+1)e^{-x}\Big]_0^t+\int_0^t \{g(x+1)-g(x)\}e^{-x}dx$$
$$=g(t+1)e^{-t}-g(1)-\int_0^t \pi(e+1)\sin(\pi x)\,dx \quad (\because \text{ 조건 (가)})$$
$$=g(t+1)e^{-t}+\Big[(e+1)\cos(\pi x)\Big]_0^t \quad (\because\ g(1)=0)$$
$$=g(t+1)e^{-t}+(e+1)\{\cos(\pi t)-1\} \quad \cdots\cdots ㉡$$

㉠, ㉡에서

$$\int_t^{t+1} f(x)\,dx=\int_0^1 f(x)\,dx+g(t+1)e^{-t}+(e+1)\{\cos(\pi t)-1\}$$
$$=\frac{10}{9}e+4+g(t+1)e^{-t}+(e+1)\{\cos(\pi t)-1\}$$

Step 3 $\int_1^{10} f(x)\,dx$의 값 구하기

조건 (가)에서 정수 k에 대하여

$g(k+1)-g(k)=-\pi(e+1)e^k\sin k\pi$이므로
└→ k가 정수이니까 $\sin k\pi=0$이야.

$g(k+1)-g(k)=0$

$\therefore\ g(k+1)=g(k)$

이때 조건 (나)의 양변에 $x=0$을 대입하면 $g(1)=0$이므로

$g(n)=0$ (단, n은 정수)

$$\therefore\ \int_1^{10} f(x)\,dx$$
$$=\int_1^2 f(x)\,dx+\int_2^3 f(x)\,dx+\cdots+\int_9^{10} f(x)\,dx$$
$$=\sum_{n=1}^{9}\int_n^{n+1} f(x)\,dx$$
$$=\sum_{n=1}^{9}\left\{\frac{10}{9}e+4+g(n+1)e^{-n}+(e+1)(\cos n\pi-1)\right\}$$
$$=9\left(\frac{10}{9}e+4\right)+5\times\{-2(e+1)\}$$
$$=26$$

└→ n이 홀수이면 $\cos n\pi=-1$이므로 $(e+1)(\cos \pi n-1)=-2(e+1)$이고, n이 짝수이면 $\cos n\pi=1$이므로 $(e+1)(\cos n\pi-1)=0$이야.

24 일차

01 ④ 02 ② 03 242 04 ④ 05 ① 06 ③ 07 ① 08 19 09 12 10 5 11 ④ 12 ①
13 ② 14 ① 15 ② 16 ③ 17 ⑤ 18 ② 19 ① 20 ③ 21 100 22 32 23 11

문제편 329쪽~335쪽

01 정적분과 급수의 관계 정답 ④ | 정답률 74%

문제 보기

함수 $f(x)=4x^3+x$에 대하여 $\lim_{n\to\infty}\sum_{k=1}^{n}\frac{1}{n}f\left(\frac{2k}{n}\right)$의 값은? [3점]
└→ 정적분으로 나타낸다.

① 6 ② 7 ③ 8 ④ 9 ⑤ 10

Step 1 급수를 정적분으로 나타내기

$$\lim_{n\to\infty}\sum_{k=1}^{n}\frac{1}{n}f\left(\frac{2k}{n}\right)=\frac{1}{2}\lim_{n\to\infty}\sum_{k=1}^{n}f\left(\frac{2k}{n}\right)\times\frac{2}{n}=\frac{1}{2}\int_0^2 f(x)\,dx$$

→ $\lim_{n\to\infty}\sum_{k=1}^{n}f\left(\frac{pk}{n}\right)\times\frac{p}{n}=\int_0^p f(x)\,dx$

Step 2 $\lim_{n\to\infty}\sum_{k=1}^{n}\frac{1}{n}f\left(\frac{2k}{n}\right)$의 값 구하기

$f(x)=4x^3+x$이므로

$$\lim_{n\to\infty}\sum_{k=1}^{n}\frac{1}{n}f\left(\frac{2k}{n}\right)=\frac{1}{2}\int_0^2(4x^3+x)\,dx=\frac{1}{2}\left[x^4+\frac{1}{2}x^2\right]_0^2=\frac{1}{2}\times18=9$$

02 정적분과 급수의 관계 정답 ② | 정답률 90%

문제 보기

함수 $f(x)=\frac{1}{x}$에 대하여 $\lim_{n\to\infty}\sum_{k=1}^{n}f\left(1+\frac{2k}{n}\right)\frac{2}{n}$의 값은? [3점]
└→ 정적분으로 나타낸다.

① ln2 ② ln3 ③ 2ln2 ④ ln5 ⑤ ln6

Step 1 급수를 정적분으로 나타내기

$$\lim_{n\to\infty}\sum_{k=1}^{n}f\left(1+\frac{2k}{n}\right)\frac{2}{n}=\int_1^3 f(x)\,dx$$

→ $\lim_{n\to\infty}\sum_{k=1}^{n}f\left(a+\frac{pk}{n}\right)\times\frac{p}{n}=\int_a^{a+p} f(x)\,dx$

Step 2 $\lim_{n\to\infty}\sum_{k=1}^{n}f\left(1+\frac{2k}{n}\right)\frac{2}{n}$의 값 구하기

$f(x)=\frac{1}{x}$이므로

$$\lim_{n\to\infty}\sum_{k=1}^{n}f\left(1+\frac{2k}{n}\right)\frac{2}{n}=\int_1^3\frac{1}{x}\,dx=\Big[\ln|x|\Big]_1^3=\ln3$$

03 정적분과 급수의 관계 정답 242 | 정답률 75%

문제 보기

$\lim_{n\to\infty}\sum_{k=1}^{n}\frac{2}{n}\left(1+\frac{2k}{n}\right)^4=a$일 때, $5a$의 값을 구하시오. [3점]
└→ 정적분으로 나타낸다.

Step 1 $\lim_{n\to\infty}\sum_{k=1}^{n}\frac{2}{n}\left(1+\frac{2k}{n}\right)^4$의 값 구하기

$f(x)=x^4$이라 하면

$$\lim_{n\to\infty}\sum_{k=1}^{n}\frac{2}{n}\left(1+\frac{2k}{n}\right)^4=\lim_{n\to\infty}\sum_{k=1}^{n}f\left(1+\frac{2k}{n}\right)\times\frac{2}{n}=\int_1^3 f(x)\,dx=\int_1^3 x^4\,dx=\left[\frac{1}{5}x^5\right]_1^3=\frac{243}{5}-\frac{1}{5}=\frac{242}{5}$$

→ $\lim_{n\to\infty}\sum_{k=1}^{n}f\left(a+\frac{pk}{n}\right)\times\frac{p}{n}=\int_a^{a+p} f(x)\,dx$

Step 2 $5a$의 값 구하기

따라서 $a=\frac{242}{5}$이므로

$5a=5\times\frac{242}{5}=242$

04 정적분과 급수의 관계 정답 ④ | 정답률 82%

문제 보기

함수 $f(x)=\frac{1}{x^2+x}$에 대하여 $\lim_{n\to\infty}\frac{2}{n}\sum_{k=1}^{n}f\left(1+\frac{2k}{n}\right)$의 값은? [4점]
└→ 정적분으로 나타낸다.

① $\ln\frac{9}{8}$ ② $\ln\frac{5}{4}$ ③ $\ln\frac{11}{8}$ ④ $\ln\frac{3}{2}$ ⑤ $\ln\frac{13}{8}$

Step 1 급수를 정적분으로 나타내기

$$\lim_{n\to\infty}\frac{2}{n}\sum_{k=1}^{n}f\left(1+\frac{2k}{n}\right)=\lim_{n\to\infty}\sum_{k=1}^{n}f\left(1+\frac{2k}{n}\right)\times\frac{2}{n}=\int_1^3 f(x)\,dx$$

→ $\lim_{n\to\infty}\sum_{k=1}^{n}f\left(a+\frac{pk}{n}\right)\times\frac{p}{n}=\int_a^{a+p} f(x)\,dx$

Step 2 $\lim_{n\to\infty}\frac{2}{n}\sum_{k=1}^{n}f\left(1+\frac{2k}{n}\right)$의 값 구하기

$f(x)=\frac{1}{x^2+x}$이므로

$$\lim_{n\to\infty}\frac{2}{n}\sum_{k=1}^{n}f\left(1+\frac{2k}{n}\right)=\int_1^3\frac{1}{x^2+x}\,dx=\int_1^3\frac{1}{x(x+1)}\,dx=\int_1^3\left(\frac{1}{x}-\frac{1}{x+1}\right)dx=\Big[\ln|x|-\ln|x+1|\Big]_1^3=\ln\frac{3}{4}-(-\ln2)=\ln\frac{3}{2}$$

05 정적분과 급수의 관계 정답 ① | 정답률 79%

문제 보기

$\lim_{n\to\infty}\frac{1}{n}\sum_{k=1}^{n}\sqrt{\frac{3n}{3n+k}}$의 값은? [3점]

└ 정적분으로 나타낸다.

① $4\sqrt{3}-6$ ② $\sqrt{3}-1$ ③ $5\sqrt{3}-8$ ④ $2\sqrt{3}-3$ ⑤ $3\sqrt{3}-5$

Step 1 $\lim_{n\to\infty}\frac{1}{n}\sum_{k=1}^{n}\sqrt{\frac{3n}{3n+k}}$의 값 구하기

$f(x)=\sqrt{\frac{1}{x}}$이라 하면

$$\lim_{n\to\infty}\frac{1}{n}\sum_{k=1}^{n}\sqrt{\frac{3n}{3n+k}}=\lim_{n\to\infty}\sum_{k=1}^{n}f\left(\frac{3n+k}{3n}\right)\times\frac{1}{n}$$
$$=\lim_{n\to\infty}\sum_{k=1}^{n}f\left(1+\frac{k}{3n}\right)\times\frac{1}{n}$$
$$=3\lim_{n\to\infty}\sum_{k=1}^{n}f\left(1+\frac{k}{3n}\right)\times\frac{1}{3n}$$
$$=3\int_{1}^{\frac{4}{3}}f(x)\,dx$$
$$=3\int_{1}^{\frac{4}{3}}\sqrt{\frac{1}{x}}\,dx=3\int_{1}^{\frac{4}{3}}x^{-\frac{1}{2}}\,dx$$
$$=3\left[2x^{\frac{1}{2}}\right]_{1}^{\frac{4}{3}}$$
$$=3\left(\frac{4}{\sqrt{3}}-2\right)=4\sqrt{3}-6$$

→ $\lim_{n\to\infty}\sum_{k=1}^{n}f\left(a+\frac{pk}{n}\right)\times\frac{p}{n}=\int_{a}^{a+p}f(x)\,dx$

06 정적분과 급수의 관계 정답 ③ | 정답률 78%

문제 보기

$\lim_{n\to\infty}\frac{1}{n}\sum_{k=1}^{n}\sqrt{1+\frac{3k}{n}}$의 값은? [3점]

└ 정적분으로 나타낸다.

① $\frac{4}{3}$ ② $\frac{13}{9}$ ③ $\frac{14}{9}$ ④ $\frac{5}{3}$ ⑤ $\frac{16}{9}$

Step 1 $\lim_{n\to\infty}\frac{1}{n}\sum_{k=1}^{n}\sqrt{1+\frac{3k}{n}}$의 값 구하기

$f(x)=\sqrt{x}$라 하면

$$\lim_{n\to\infty}\frac{1}{n}\sum_{k=1}^{n}\sqrt{1+\frac{3k}{n}}=\lim_{n\to\infty}\sum_{k=1}^{n}f\left(1+\frac{3k}{n}\right)\times\frac{1}{n}$$
$$=\frac{1}{3}\lim_{n\to\infty}\sum_{k=1}^{n}f\left(1+\frac{3k}{n}\right)\times\frac{3}{n}$$
$$=\frac{1}{3}\int_{1}^{4}\sqrt{x}\,dx$$
$$=\frac{1}{3}\left[\frac{2}{3}x^{\frac{3}{2}}\right]_{1}^{4}$$
$$=\frac{1}{3}\left(\frac{16}{3}-\frac{2}{3}\right)=\frac{14}{9}$$

→ $\lim_{n\to\infty}\sum_{k=1}^{n}f\left(a+\frac{pk}{n}\right)\times\frac{p}{n}=\int_{a}^{a+p}f(x)\,dx$

07 정적분과 급수의 관계 정답 ① | 정답률 79%

문제 보기

함수 $f(x)=\sin(3x)$에 대하여 $\lim_{n\to\infty}\sum_{k=1}^{n}\frac{\pi}{n}f\left(\frac{k\pi}{n}\right)$의 값은? [3점]

└ 정적분으로 나타낸다.

① $\frac{2}{3}$ ② 1 ③ $\frac{4}{3}$ ④ $\frac{5}{3}$ ⑤ 2

Step 1 급수를 정적분으로 나타내기

$$\lim_{n\to\infty}\sum_{k=1}^{n}\frac{\pi}{n}f\left(\frac{k\pi}{n}\right)=\lim_{n\to\infty}\sum_{k=1}^{n}f\left(\frac{k\pi}{n}\right)\times\frac{\pi}{n}$$
$$=\int_{0}^{\pi}f(x)\,dx$$

→ $\lim_{n\to\infty}\sum_{k=1}^{n}f\left(\frac{pk}{n}\right)\times\frac{p}{n}=\int_{0}^{p}f(x)\,dx$

Step 2 $\lim_{n\to\infty}\sum_{k=1}^{n}\frac{\pi}{n}f\left(\frac{k\pi}{n}\right)$의 값 구하기

$f(x)=\sin(3x)$이므로

$$\lim_{n\to\infty}\sum_{k=1}^{n}\frac{\pi}{n}f\left(\frac{k\pi}{n}\right)=\int_{0}^{\pi}\sin(3x)\,dx$$
$$=\left[-\frac{1}{3}\cos(3x)\right]_{0}^{\pi}$$
$$=\frac{1}{3}-\left(-\frac{1}{3}\right)=\frac{2}{3}$$

$\left\{-\frac{1}{3}\cos(3x)\right\}'=\sin(3x)$

08 정적분과 급수의 관계 정답 19 | 정답률 49%

문제 보기

함수 $f(x)=4x^2+6x+32$에 대하여

$\lim_{n\to\infty}\sum_{k=1}^{n}\frac{k}{n^2}f\left(\frac{k}{n}\right)$ → 정적분으로 나타낸다.

의 값을 구하시오. [4점]

Step 1 급수를 정적분으로 나타내기

$$\lim_{n\to\infty}\sum_{k=1}^{n}\frac{k}{n^2}f\left(\frac{k}{n}\right)=\lim_{n\to\infty}\sum_{k=1}^{n}\frac{k}{n}f\left(\frac{k}{n}\right)\times\frac{1}{n}$$
$$=\int_{0}^{1}xf(x)\,dx$$

→ $\lim_{n\to\infty}\sum_{k=1}^{n}f\left(\frac{k}{n}\right)\times\frac{1}{n}=\int_{0}^{1}f(x)\,dx$

Step 2 $\lim_{n\to\infty}\sum_{k=1}^{n}\frac{k}{n^2}f\left(\frac{k}{n}\right)$의 값 구하기

$f(x)=4x^2+6x+32$이므로

$$\lim_{n\to\infty}\sum_{k=1}^{n}\frac{k}{n^2}f\left(\frac{k}{n}\right)=\int_{0}^{1}x(4x^2+6x+32)\,dx$$
$$=\int_{0}^{1}(4x^3+6x^2+32x)\,dx$$
$$=\left[x^4+2x^3+16x^2\right]_{0}^{1}$$
$$=19$$

09 정적분과 급수의 관계 정답 12 | 정답률 64%

문제 보기

함수 $f(x)=3x^2-ax$가

$$\lim_{n\to\infty}\frac{1}{n}\sum_{k=1}^{n}f\left(\frac{3k}{n}\right)=f(1)$$

└ 정적분으로 나타낸다.

을 만족시킬 때, 상수 a의 값을 구하시오. [4점]

Step 1 급수를 정적분으로 나타내기

$$\lim_{n\to\infty}\frac{1}{n}\sum_{k=1}^{n}f\left(\frac{3k}{n}\right)=\frac{1}{3}\lim_{n\to\infty}\sum_{k=1}^{n}f\left(\frac{3k}{n}\right)\times\frac{3}{n}$$

$$=\frac{1}{3}\int_0^3 f(x)\,dx$$

Step 2 $\lim_{n\to\infty}\frac{1}{n}\sum_{k=1}^{n}f\left(\frac{3k}{n}\right)$의 값을 a를 이용하여 나타내기

$f(x)=3x^2-ax$이므로

$$\lim_{n\to\infty}\frac{1}{n}\sum_{k=1}^{n}f\left(\frac{3k}{n}\right)=\frac{1}{3}\int_0^3(3x^2-ax)\,dx$$

$$=\frac{1}{3}\left[x^3-\frac{a}{2}x^2\right]_0^3$$

$$=\frac{1}{3}\left(27-\frac{9}{2}a\right)=9-\frac{3}{2}a$$

Step 3 a의 값 구하기

이때 $f(1)=3-a$이므로

$9-\frac{3}{2}a=3-a \qquad \therefore a=12$

10 정적분과 급수의 관계 정답 5 | 정답률 55%

문제 보기

함수 $f(x)=\ln x$에 대하여 $\lim_{n\to\infty}\sum_{k=1}^{n}\frac{k}{n^2}f\left(1+\frac{k}{n}\right)=\frac{q}{p}$일 때, $p+q$의

└ 정적분으로 나타낸다.

값을 구하시오. (단, p와 q는 서로소인 자연수이다.) [4점]

Step 1 급수를 정적분으로 나타내기

$$\lim_{n\to\infty}\sum_{k=1}^{n}\frac{k}{n^2}f\left(1+\frac{k}{n}\right)=\lim_{n\to\infty}\sum_{k=1}^{n}\frac{k}{n}f\left(1+\frac{k}{n}\right)\times\frac{1}{n}=\int_1^2(x-1)f(x)\,dx$$

Step 2 $\lim_{n\to\infty}\sum_{k=1}^{n}\frac{k}{n^2}f\left(1+\frac{k}{n}\right)$의 값 구하기

$f(x)=\ln x$이므로

$$\lim_{n\to\infty}\sum_{k=1}^{n}\frac{k}{n^2}f\left(1+\frac{k}{n}\right)=\int_1^2(x-1)\ln x\,dx$$

$u(x)=\ln x$, $v'(x)=x-1$로 놓으면

$u'(x)=\frac{1}{x}$, $v(x)=\frac{1}{2}x^2-x$이므로

$$\int_1^2(x-1)\ln x\,dx=\left[\left(\frac{1}{2}x^2-x\right)\ln x\right]_1^2-\int_1^2\frac{1}{x}\left(\frac{1}{2}x^2-x\right)dx$$

$$=-\int_1^2\left(\frac{1}{2}x-1\right)dx=-\left[\frac{1}{4}x^2-x\right]_1^2$$

$$=-\left\{-1-\left(-\frac{3}{4}\right)\right\}=\frac{1}{4}$$

Step 3 $p+q$의 값 구하기

따라서 $p=4$, $q=1$이므로 $p+q=5$

11 정적분과 급수의 관계 정답 ④ | 정답률 70%

문제 보기

함수 $f(x)=\cos x$에 대하여 $\lim_{n\to\infty}\sum_{k=1}^{n}\frac{k\pi}{n^2}f\left(\frac{\pi}{2}+\frac{k\pi}{n}\right)$의 값은? [3점]

└ 정적분으로 나타낸다.

① $-\frac{5}{2}$ ② -2 ③ $-\frac{3}{2}$ ④ -1 ⑤ $-\frac{1}{2}$

Step 1 급수를 정적분으로 나타내기

$$\lim_{n\to\infty}\sum_{k=1}^{n}\frac{k\pi}{n^2}f\left(\frac{\pi}{2}+\frac{k\pi}{n}\right)=\frac{1}{\pi}\lim_{n\to\infty}\sum_{k=1}^{n}\frac{k\pi}{n}f\left(\frac{\pi}{2}+\frac{k\pi}{n}\right)\times\frac{\pi}{n}$$

$$=\frac{1}{\pi}\int_{\frac{\pi}{2}}^{\frac{3}{2}\pi}\left(x-\frac{\pi}{2}\right)f(x)\,dx$$

Step 2 $\lim_{n\to\infty}\sum_{k=1}^{n}\frac{k\pi}{n^2}f\left(\frac{\pi}{2}+\frac{k\pi}{n}\right)$의 값 구하기

$f(x)=\cos x$이므로

$$\lim_{n\to\infty}\sum_{k=1}^{n}\frac{k\pi}{n^2}f\left(\frac{\pi}{2}+\frac{k\pi}{n}\right)=\frac{1}{\pi}\int_{\frac{\pi}{2}}^{\frac{3}{2}\pi}\left(x-\frac{\pi}{2}\right)\cos x\,dx$$

$u(x)=x-\frac{\pi}{2}$, $v'(x)=\cos x$로 놓으면

$u'(x)=1$, $v(x)=\sin x$이므로

$$\frac{1}{\pi}\int_{\frac{\pi}{2}}^{\frac{3}{2}\pi}\left(x-\frac{\pi}{2}\right)\cos x\,dx=\frac{1}{\pi}\left\{\left[\left(x-\frac{\pi}{2}\right)\sin x\right]_{\frac{\pi}{2}}^{\frac{3}{2}\pi}-\int_{\frac{\pi}{2}}^{\frac{3}{2}\pi}\sin x\,dx\right\}$$

$$=\frac{1}{\pi}\left(-\pi+\left[\cos x\right]_{\frac{\pi}{2}}^{\frac{3}{2}\pi}\right)$$

$$=\frac{1}{\pi}\times(-\pi)=-1$$

12 정적분과 급수의 관계 정답 ① | 정답률 43%

문제 보기

함수 $f(x)=4x^4+4x^3$에 대하여 $\lim_{n\to\infty}\sum_{k=1}^{n}\frac{1}{n+k}f\left(\frac{k}{n}\right)$의 값은? [4점]

└ 정적분으로 나타낸다.

① 1 ② 2 ③ 3 ④ 4 ⑤ 5

Step 1 급수를 정적분으로 나타내기

$$\lim_{n\to\infty}\sum_{k=1}^{n}\frac{1}{n+k}f\left(\frac{k}{n}\right)=\lim_{n\to\infty}\sum_{k=1}^{n}\frac{1}{\frac{n+k}{n}}f\left(\frac{k}{n}\right)\times\frac{1}{n}$$

$$=\lim_{n\to\infty}\sum_{k=1}^{n}\frac{1}{1+\frac{k}{n}}f\left(\frac{k}{n}\right)\times\frac{1}{n}$$

$$=\int_0^1\frac{1}{1+x}f(x)\,dx$$

Step 2 $\lim_{n\to\infty}\sum_{k=1}^{n}\frac{1}{n+k}f\left(\frac{k}{n}\right)$의 값 구하기

$f(x)=4x^4+4x^3$이므로

$$\lim_{n\to\infty}\sum_{k=1}^{n}\frac{1}{n+k}f\left(\frac{k}{n}\right)=\int_0^1\frac{4x^4+4x^3}{1+x}dx$$

$$=\int_0^1\frac{4x^3(x+1)}{1+x}dx$$

$$=\int_0^1 4x^3\,dx$$

$$=\left[x^4\right]_0^1=1$$

13 정적분과 급수의 관계 정답 ② | 정답률 78%

문제 보기

이차함수 $y=f(x)$의 그래프는 그림과 같고, $f(0)=f(3)=0$이다.
└→ $f(x)=ax(x-3)(a<0)$으로 놓는다.

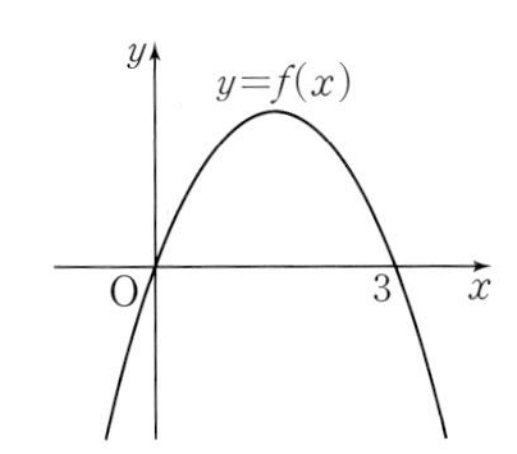

$\lim_{n\to\infty}\frac{1}{n}\sum_{k=1}^{n}f\left(\frac{k}{n}\right)=\frac{7}{6}$일 때, $f'(0)$의 값은? [4점]
└→ 정적분으로 나타낸다.

① $\frac{5}{2}$ ② 3 ③ $\frac{7}{2}$ ④ 4 ⑤ $\frac{9}{2}$

Step 1 $f(x)$의 식 세우기

$f(0)=f(3)=0$이고 이차함수 $y=f(x)$의 그래프가 위로 볼록하므로 $f(x)=ax(x-3)\,(a<0)$이라 하자.

Step 2 급수를 정적분으로 나타내기

$$\lim_{n\to\infty}\frac{1}{n}\sum_{k=1}^{n}f\left(\frac{k}{n}\right)=\lim_{n\to\infty}\sum_{k=1}^{n}f\left(\frac{k}{n}\right)\times\frac{1}{n}$$
$$=\int_0^1 f(x)\,dx$$

Step 3 a의 값 구하기

$f(x)=ax(x-3)=a(x^2-3x)\,(a<0)$이므로

$$\lim_{n\to\infty}\frac{1}{n}\sum_{k=1}^{n}f\left(\frac{k}{n}\right)=a\int_0^1(x^2-3x)\,dx$$
$$=a\left[\frac{1}{3}x^3-\frac{3}{2}x^2\right]_0^1$$
$$=a\times\left(-\frac{7}{6}\right)=-\frac{7}{6}a$$

즉, $-\frac{7}{6}a=\frac{7}{6}$이므로 $a=-1$

Step 4 $f'(0)$의 값 구하기

따라서 $f(x)=-x^2+3x$이므로

$f'(x)=-2x+3$

$\therefore f'(0)=3$

14 정적분과 급수의 관계 정답 ① | 정답률 34%

문제 보기

이차함수 $f(x)=x^2+1$에 대하여 $\lim_{n\to\infty}\sum_{k=1}^{n}f\left(1+\frac{k}{n}\right)\frac{k^2+2nk}{n^3}$의 값은? [4점]
└→ 정적분으로 나타낸다.

① $\frac{26}{5}$ ② $\frac{31}{5}$ ③ $\frac{36}{5}$ ④ $\frac{41}{5}$ ⑤ $\frac{46}{5}$

Step 1 급수를 정적분으로 나타내기

$$\lim_{n\to\infty}\sum_{k=1}^{n}f\left(1+\frac{k}{n}\right)\frac{k^2+2nk}{n^3}$$
$$=\lim_{n\to\infty}\sum_{k=1}^{n}f\left(1+\frac{k}{n}\right)\left\{\left(\frac{k}{n}\right)^2+2\left(\frac{k}{n}\right)+1-1\right\}\times\frac{1}{n}$$
$$=\lim_{n\to\infty}\sum_{k=1}^{n}f\left(1+\frac{k}{n}\right)\left\{\left(1+\frac{k}{n}\right)^2-1\right\}\times\frac{1}{n}$$
$$=\int_1^2 f(x)(x^2-1)\,dx$$

Step 2 $\lim_{n\to\infty}\sum_{k=1}^{n}f\left(1+\frac{k}{n}\right)\frac{k^2+2nk}{n^3}$의 값 구하기

$f(x)=x^2+1$이므로

$$\lim_{n\to\infty}\sum_{k=1}^{n}f\left(1+\frac{k}{n}\right)\frac{k^2+2nk}{n^3}=\int_1^2(x^2+1)(x^2-1)\,dx$$
$$=\int_1^2(x^4-1)\,dx$$
$$=\left[\frac{1}{5}x^5-x\right]_1^2$$
$$=\frac{22}{5}-\left(-\frac{4}{5}\right)=\frac{26}{5}$$

15 정적분과 급수의 관계 정답 ② | 정답률 65%

문제 보기

$\lim_{n\to\infty}\sum_{k=1}^{n}\frac{k}{(2n-k)^2}$의 값은? [3점]
└→ 정적분으로 나타낸다.

① $\frac{3}{2}-2\ln 2$ ② $1-\ln 2$ ③ $\frac{3}{2}-\ln 3$ ④ $\ln 2$ ⑤ $2-\ln 3$

Step 1 $\lim_{n\to\infty}\sum_{k=1}^{n}\frac{k}{(2n-k)^2}$의 값 구하기

$$\lim_{n\to\infty}\sum_{k=1}^{n}\frac{k}{(2n-k)^2}=\lim_{n\to\infty}\sum_{k=1}^{n}\frac{\frac{k}{n}}{\left(\frac{k}{n}-2\right)^2}\times\frac{1}{n}$$
$$=\int_{-2}^{-1}\frac{x+2}{x^2}\,dx$$
$$=\int_{-2}^{-1}\left(\frac{1}{x}+\frac{2}{x^2}\right)dx$$
$$=\left[\ln|x|-\frac{2}{x}\right]_{-2}^{-1}$$
$$=2-(\ln 2+1)=1-\ln 2$$

16 정적분과 급수의 관계 정답 ③ | 정답률 81%

문제 보기

$\lim_{n\to\infty}\sum_{k=1}^{n}\frac{k^2+2kn}{k^3+3k^2n+n^3}$의 값은? [3점]

└ 정적분으로 나타낸다.

① $\ln 5$ ② $\frac{\ln 5}{2}$ ③ $\frac{\ln 5}{3}$ ④ $\frac{\ln 5}{4}$ ⑤ $\frac{\ln 5}{5}$

Step 1 급수를 정적분으로 나타내기

$$\lim_{n\to\infty}\sum_{k=1}^{n}\frac{k^2+2kn}{k^3+3k^2n+n^3}=\lim_{n\to\infty}\sum_{k=1}^{n}\frac{\left(\frac{k}{n}\right)^2+2\left(\frac{k}{n}\right)}{\left(\frac{k}{n}\right)^3+3\left(\frac{k}{n}\right)^2+1}\times\frac{1}{n}$$
$$=\int_0^1\frac{x^2+2x}{x^3+3x^2+1}dx$$

Step 2 $\lim_{n\to\infty}\sum_{k=1}^{n}\frac{k^2+2kn}{k^3+3k^2n+n^3}$의 값 구하기

$(x^3+3x^2+1)'=3(x^2+2x)$이므로

$$\lim_{n\to\infty}\sum_{k=1}^{n}\frac{k^2+2kn}{k^3+3k^2n+n^3}=\int_0^1\frac{x^2+2x}{x^3+3x^2+1}dx$$
$$=\frac{1}{3}\int_0^1\frac{(x^3+3x^2+1)'}{x^3+3x^2+1}dx$$
$$=\frac{1}{3}\Big[\ln|x^3+3x^2+1|\Big]_0^1$$
$$=\frac{\ln 5}{3}$$

17 정적분과 급수의 관계 정답 ⑤ | 정답률 62%

문제 보기

연속함수 $f(x)$가 다음 조건을 만족시킨다.

> (가) $f(2)=1$
> (나) $\int_0^2 f(x)dx=\frac{1}{4}$

$\lim_{n\to\infty}\sum_{k=1}^{n}\left\{f\left(\frac{2k}{n}\right)-f\left(\frac{2k-2}{n}\right)\right\}\frac{k}{n}$의 값은? [4점]

└ $\sum$의 정의를 이용하여 주어진 식을 전개한 후 정적분으로 나타낸다.

① $\frac{3}{4}$ ② $\frac{4}{5}$ ③ $\frac{5}{6}$ ④ $\frac{6}{7}$ ⑤ $\frac{7}{8}$

Step 1 급수를 정적분으로 나타내기

$$\sum_{k=1}^{n}\left\{f\left(\frac{2k}{n}\right)-f\left(\frac{2k-2}{n}\right)\right\}\frac{k}{n}$$
$$=\frac{1}{n}\left\{f\left(\frac{2}{n}\right)-f(0)\right\}+\frac{2}{n}\left\{f\left(\frac{4}{n}\right)-f\left(\frac{2}{n}\right)\right\}+\frac{3}{n}\left\{f\left(\frac{6}{n}\right)-f\left(\frac{4}{n}\right)\right\}$$
$$+\cdots+\frac{n-1}{n}\left\{f\left(\frac{2n-2}{n}\right)-f\left(\frac{2n-4}{n}\right)\right\}$$
$$+\frac{n}{n}\left\{f\left(\frac{2n}{n}\right)-f\left(\frac{2n-2}{n}\right)\right\}$$
$$=-\frac{1}{n}\left\{f\left(\frac{0}{n}\right)+f\left(\frac{2}{n}\right)+f\left(\frac{4}{n}\right)+\cdots+f\left(\frac{2n-2}{n}\right)\right\}+\frac{n}{n}f\left(\frac{2n}{n}\right)$$
$$=f(2)-\sum_{k=0}^{n-1}f\left(\frac{2k}{n}\right)\times\frac{1}{n}$$
$$\therefore\ \lim_{n\to\infty}\sum_{k=1}^{n}\left\{f\left(\frac{2k}{n}\right)-f\left(\frac{2k-2}{n}\right)\right\}\frac{k}{n}=\lim_{n\to\infty}\left\{f(2)-\sum_{k=0}^{n-1}f\left(\frac{2k}{n}\right)\times\frac{1}{n}\right\}$$
$$=f(2)-\lim_{n\to\infty}\sum_{k=0}^{n-1}f\left(\frac{2k}{n}\right)\times\frac{1}{n}$$
$$=f(2)-\frac{1}{2}\lim_{n\to\infty}\sum_{k=0}^{n-1}f\left(\frac{2k}{n}\right)\times\frac{2}{n}$$
$$=f(2)-\frac{1}{2}\int_0^2 f(x)dx$$

Step 2 $\lim_{n\to\infty}\sum_{k=1}^{n}\left\{f\left(\frac{2k}{n}\right)-f\left(\frac{2k-2}{n}\right)\right\}\frac{k}{n}$의 값 구하기

조건 (가), (나)에서 $f(2)=1$, $\int_0^2 f(x)dx=\frac{1}{4}$이므로

$$\lim_{n\to\infty}\sum_{k=1}^{n}\left\{f\left(\frac{2k}{n}\right)-f\left(\frac{2k-2}{n}\right)\right\}\frac{k}{n}=1-\frac{1}{2}\times\frac{1}{4}$$
$$=\frac{7}{8}$$

18 정적분과 급수의 관계

정답 ② | 정답률 28%

문제 보기

함수 $y=\frac{2\pi}{x}$의 그래프와 함수 $y=\cos x$의 그래프가 만나는 점의 x좌표 중 양수인 것을 작은 수부터 크기순으로 모두 나열할 때, m번째 수

→ a_m은 두 곡선 $y=\frac{2\pi}{x}$와 $y=\cos x$의 교점의 x좌표이므로 $\frac{2\pi}{a_m}=\cos(a_m)$

를 a_m이라 하자. $\lim_{n\to\infty}\sum_{k=1}^{n}\{n\times\cos^2(a_{n+k})\}$의 값은? [4점]

→ 정적분으로 나타낸다.

① $\frac{3}{2}$ ② 2 ③ $\frac{5}{2}$ ④ 3 ⑤ $\frac{7}{2}$

Step 1 $n\times\cos^2(a_{n+k})$의 값의 범위를 n과 k를 이용하여 나타내기

두 함수 $y=\frac{2\pi}{x}$, $y=\cos x$의 그래프의 교점은 다음 그림과 같다.

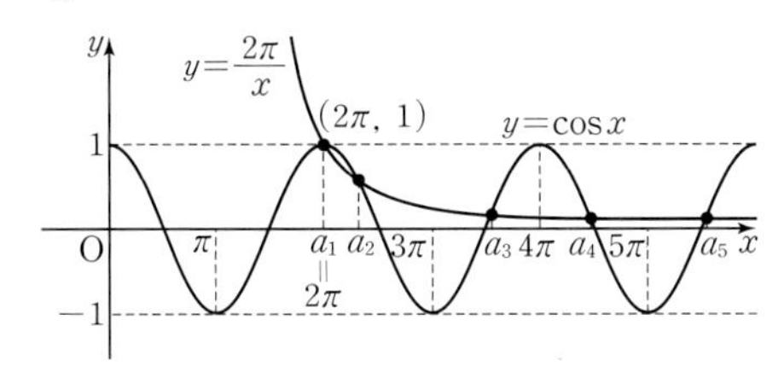

a_m은 두 곡선 $y=\frac{2\pi}{x}$와 $y=\cos x$의 교점의 x좌표이므로

$\frac{2\pi}{a_m}=\cos(a_m)$

$a_1=2\pi$이고 $m\ge2$에서 $m\pi<a_m<(m+1)\pi$

$\frac{2\pi}{a_m}=\cos(a_m)$에서 $\frac{2\pi}{a_{n+k}}=\cos(a_{n+k})$이므로 양변을 제곱하면

$\frac{4\pi^2}{(a_{n+k})^2}=\cos^2(a_{n+k})$ …… ㉠

한편 $m\pi<a_m<(m+1)\pi$에서 $(n+k)\pi<a_{n+k}<(n+k+1)\pi$이므로

$\frac{1}{(n+k+1)\pi}<\frac{1}{a_{n+k}}<\frac{1}{(n+k)\pi}$, $\frac{2}{n+k+1}<\frac{2\pi}{a_{n+k}}<\frac{2}{n+k}$

각 변은 모두 양수이므로 각 변을 제곱하면

$\frac{4}{(n+k+1)^2}<\frac{4\pi^2}{(a_{n+k})^2}<\frac{4}{(n+k)^2}$

$\frac{4}{(n+k+1)^2}<\cos^2(a_{n+k})<\frac{4}{(n+k)^2}$ ($\because$ ㉠)

$\therefore \frac{4n}{(n+k+1)^2}<n\times\cos^2(a_{n+k})<\frac{4n}{(n+k)^2}$

Step 2 $\lim_{n\to\infty}\sum_{k=1}^{n}\{n\times\cos^2(a_{n+k})\}$의 값 구하기

$\lim_{n\to\infty}\sum_{k=1}^{n}\frac{4n}{(n+k)^2}=\lim_{n\to\infty}\sum_{k=1}^{n}\frac{4}{\left(1+\frac{k}{n}\right)^2}\times\frac{1}{n}$

$=\int_1^2\frac{4}{x^2}dx=\left[-\frac{4}{x}\right]_1^2=2,$

$\lim_{n\to\infty}\sum_{k=1}^{n}\frac{4n}{(n+k+1)^2}$

→ $\sum_{k=1}^{n}\frac{4n}{(n+k+1)^2}=\frac{4n}{(n+2)^2}+\frac{4n}{(n+3)^2}+\cdots+\frac{4n}{(2n+1)^2}=\sum_{k=1}^{n}\frac{4n}{(n+k)^2}-\frac{4n}{(n+1)^2}+\frac{4n}{(2n+1)^2}$

$=\lim_{n\to\infty}\left\{\sum_{k=1}^{n}\frac{4n}{(n+k)^2}-\frac{4n}{(n+1)^2}+\frac{4n}{(2n+1)^2}\right\}$

$=\lim_{n\to\infty}\sum_{k=1}^{n}\frac{4}{\left(1+\frac{k}{n}\right)^2}\times\frac{1}{n}-0+0$

$=\int_1^2\frac{4}{x^2}dx=\left[-\frac{4}{x}\right]_1^2=2$

따라서 수열의 극한의 대소 관계에 의하여

$\lim_{n\to\infty}\sum_{k=1}^{n}\{n\times\cos^2(a_{n+k})\}=2$

19 정적분과 급수의 관계 – 도형에의 활용

정답 ① | 정답률 74%

문제 보기

그림과 같이 중심이 O, 반지름의 길이가 1이고 중심각의 크기가 $\frac{\pi}{2}$인 부채꼴 OAB가 있다. 자연수 n에 대하여 호 AB를 $2n$등분한 각 분점(양 끝점도 포함)을 차례로 $P_0(=A)$, P_1, P_2, $\cdots$, P_{2n-1}, $P_{2n}(=B)$라 하자.

→ $2n$등분된 부채꼴의 중심각의 크기는 $\frac{\pi}{2}\times\frac{1}{2n}=\frac{\pi}{4n}$이다.

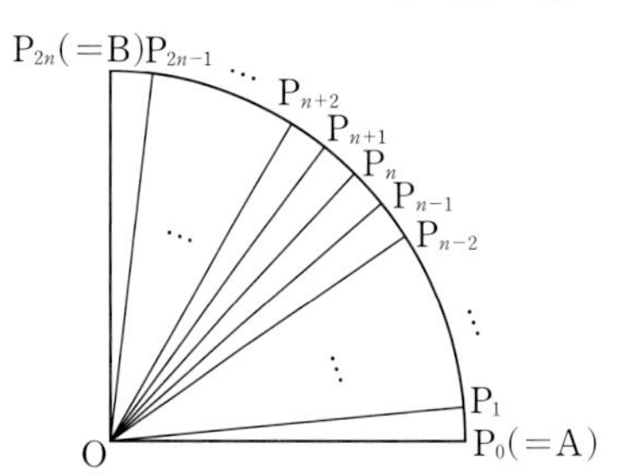

주어진 자연수 n에 대하여 $S_k(1\le k\le n)$을 삼각형 $OP_{n-k}P_{n+k}$의 넓이

→ $S_k=\frac{1}{2}\times\overline{OP_{n-k}}\times\overline{OP_{n+k}}\times\sin(\angle P_{n-k}OP_{n+k})$

라 할 때, $\lim_{n\to\infty}\frac{1}{n}\sum_{k=1}^{n}S_k$의 값은? [3점]

→ 정적분으로 나타낸다.

① $\frac{1}{\pi}$ ② $\frac{13}{12\pi}$ ③ $\frac{7}{6\pi}$ ④ $\frac{5}{4\pi}$ ⑤ $\frac{4}{3\pi}$

Step 1 S_k를 n과 k를 이용하여 나타내기

부채꼴 OAB의 중심각의 크기가 $\frac{\pi}{2}$이고, 호 AB를 $2n$등분 하였으므로

$\angle P_{n-1}OP_n=\frac{\pi}{2}\times\frac{1}{2n}=\frac{\pi}{4n}$

$\therefore \angle P_{n-k}OP_{n+k}=\frac{\pi}{4n}\times2k=\frac{k\pi}{2n}$

$\therefore S_k=\triangle OP_{n-k}P_{n+k}$

$=\frac{1}{2}\times\overline{OP_{n-k}}\times\overline{OP_{n+k}}\times\sin(\angle P_{n-k}OP_{n+k})$

$=\frac{1}{2}\times1\times1\times\sin\frac{k\pi}{2n}=\frac{1}{2}\sin\frac{k\pi}{2n}$

Step 2 급수를 정적분으로 나타내어 값 구하기

$\therefore \lim_{n\to\infty}\frac{1}{n}\sum_{k=1}^{n}S_k=\lim_{n\to\infty}\frac{1}{n}\sum_{k=1}^{n}\frac{1}{2}\sin\frac{k\pi}{2n}$

$=\frac{1}{\pi}\lim_{n\to\infty}\sum_{k=1}^{n}\sin\frac{k\pi}{2n}\times\frac{\pi}{2n}$

$=\frac{1}{\pi}\int_0^{\frac{\pi}{2}}\sin x\,dx$

$=\frac{1}{\pi}\left[-\cos x\right]_0^{\frac{\pi}{2}}=\frac{1}{\pi}$

20 정적분과 급수의 관계 - 도형에의 활용

정답 ③ | 정답률 64%

문제 보기

함수 $f(x)=e^x$이 있다. 2 이상인 자연수 n에 대하여 닫힌구간 $[1, 2]$를 n등분한 각 분점(양 끝점도 포함)을 차례로

$1=x_0, x_1, x_2, \cdots, x_{n-1}, x_n=2$

라 하자. 세 점 $(0, 0)$, $(x_k, 0)$, $(x_k, f(x_k))$를 꼭짓점으로 하는 삼각형의 넓이를 $A_k(k=1, 2, \cdots, n)$이라 할 때, $\lim_{n\to\infty}\frac{1}{n}\sum_{k=1}^{n}A_k$의 값은? [4점]

└ $A_k=\frac{1}{2}\times x_k\times f(x_k)$ 　 정적분으로 나타낸다.

① $\frac{1}{2}e^2-e$ 　 ② $\frac{1}{2}(e^2-e)$ 　 ③ $\frac{1}{2}e^2$

④ e^2-e 　 ⑤ $e^2-\frac{1}{2}e$

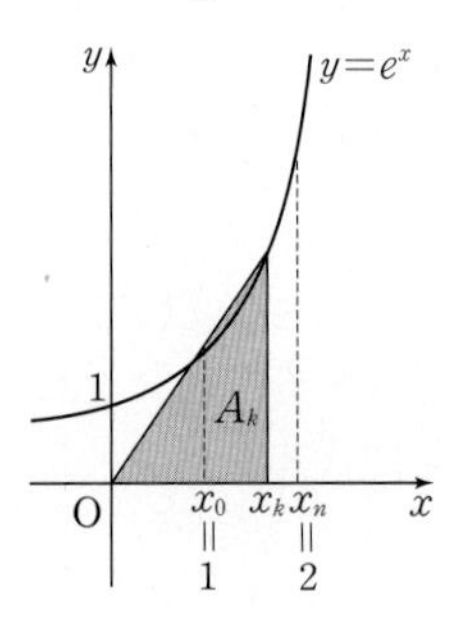

Step 1 A_k를 n과 k를 이용하여 나타내기

$x_k=1+\frac{k}{n}$이므로 $f(x_k)=e^{1+\frac{k}{n}}$

$\therefore A_k=\frac{1}{2}\times x_k\times f(x_k)=\frac{1}{2}\left(1+\frac{k}{n}\right)e^{1+\frac{k}{n}}$

Step 2 급수를 정적분으로 나타내어 값 구하기

$$\therefore \lim_{n\to\infty}\frac{1}{n}\sum_{k=1}^{n}A_k=\lim_{n\to\infty}\frac{1}{n}\sum_{k=1}^{n}\frac{1}{2}\left(1+\frac{k}{n}\right)e^{1+\frac{k}{n}}$$
$$=\frac{1}{2}\lim_{n\to\infty}\sum_{k=1}^{n}\left(1+\frac{k}{n}\right)e^{1+\frac{k}{n}}\times\frac{1}{n}$$
$$=\frac{1}{2}\int_1^2 xe^x\,dx$$

$u(x)=x$, $v'(x)=e^x$으로 놓으면

$u'(x)=1$, $v(x)=e^x$이므로

$$\frac{1}{2}\int_1^2 xe^x\,dx=\frac{1}{2}\left(\Big[xe^x\Big]_1^2-\int_1^2 e^x\,dx\right)$$
$$=\frac{1}{2}\left(2e^2-e-\Big[e^x\Big]_1^2\right)$$
$$=\frac{1}{2}\{2e^2-e-(e^2-e)\}$$
$$=\frac{1}{2}e^2$$

21 정적분과 급수의 관계 - 도형에의 활용

정답 100 | 정답률 40%

문제 보기

그림과 같이 한 변의 길이가 1인 정사각형 ABCD가 있다. 2 이상의 자연수 n에 대하여 변 BC를 n등분한 각 분점을 점 B에서 가까운 것부터 차례로 $P_1, P_2, P_3, \cdots, P_{n-1}$이라 하고, 변 CD를 n등분한 각 분점을 점 C에서 가까운 것부터 차례로 $Q_1, Q_2, Q_3, \cdots, Q_{n-1}$이라 하자. $1\le k\le n-1$인 자연수 k에 대하여 사각형 AP_kQ_kD의 넓이를 S_k라 하자.

└ $S_k=\square ABCD-(\triangle ABP_k+\triangle P_kCQ_k)$

$\lim_{n\to\infty}\frac{1}{n}\sum_{k=1}^{n-1}S_k=\alpha$일 때, 150α의 값을 구하시오. [4점]

└ 정적분으로 나타낸다.

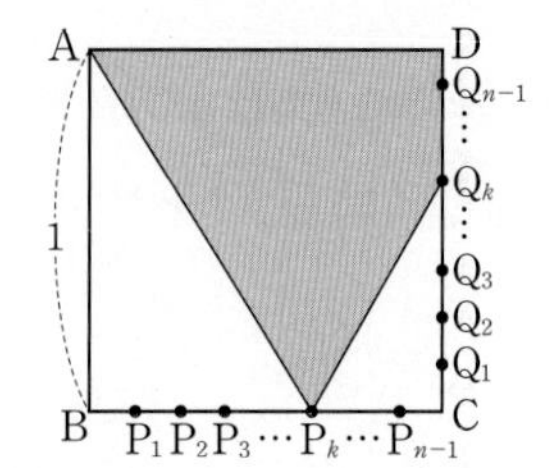

Step 1 S_k를 n과 k를 이용하여 나타내기

$\overline{BP_k}=\frac{k}{n}$, $\overline{CQ_k}=\frac{k}{n}$, $\overline{P_kC}=1-\frac{k}{n}$이므로

$$S_k=\square AP_kQ_kD$$
$$=\square ABCD-(\triangle ABP_k+\triangle P_kCQ_k)$$
$$=1-\left\{\frac{1}{2}\times\frac{k}{n}\times1+\frac{1}{2}\times\left(1-\frac{k}{n}\right)\times\frac{k}{n}\right\}$$
$$=1-\frac{k}{n}+\frac{1}{2}\left(\frac{k}{n}\right)^2$$

Step 2 급수를 정적분으로 나타내어 값 구하기

$$\therefore \lim_{n\to\infty}\frac{1}{n}\sum_{k=1}^{n-1}S_k=\lim_{n\to\infty}\frac{1}{n}\sum_{k=1}^{n-1}\left\{1-\frac{k}{n}+\frac{1}{2}\left(\frac{k}{n}\right)^2\right\}$$
$$=\int_0^1\left(1-x+\frac{1}{2}x^2\right)dx$$
$$=\left[x-\frac{1}{2}x^2+\frac{1}{6}x^3\right]_0^1=\frac{2}{3}$$

Step 3 150α의 값 구하기

따라서 $\alpha=\frac{2}{3}$이므로

$150\alpha=150\times\frac{2}{3}=100$

22 정적분과 급수의 관계-도형에의 활용

정답 32 | 정답률 49%

문제 보기

그림과 같이 중심각의 크기가 $\frac{\pi}{2}$이고, 반지름의 길이가 8인 부채꼴 OAB가 있다. 2 이상의 자연수 n에 대하여 호 AB를 n등분한 각 분점을 점 A에서 가까운 것부터 차례로 P_1, P_2, P_3, $\cdots$, P_{n-1}이라 하자.

└ n등분된 부채꼴의 중심각의 크기는 $\frac{\pi}{2}\times\frac{1}{n}=\frac{\pi}{2n}$이다.

$1\le k\le n-1$인 자연수 k에 대하여 점 B에서 선분 OP_k에 내린 수선의 발을 Q_k라 하고, 삼각형 OQ_kB의 넓이를 S_k라 하자. $\lim_{n\to\infty}\frac{1}{n}\sum_{k=1}^{n-1}S_k=\frac{a}{\pi}$ 일 때, a의 값을 구하시오. [4점]

└ $S_k=\frac{1}{2}\times\overline{OQ_k}\times\overline{BQ_k}$

└ 정적분으로 나타낸다.

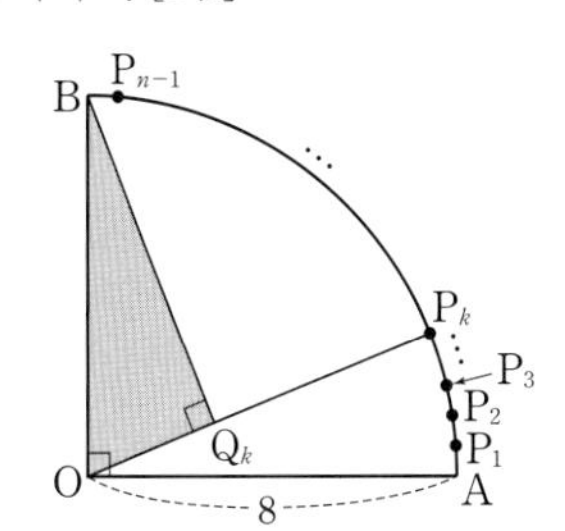

Step 1 S_k를 n과 k를 이용하여 나타내기

부채꼴 OAB의 중심각의 크기가 $\frac{\pi}{2}$이고, 호 AB를 n등분 하였으므로 n등분된 부채꼴의 중심각의 크기는

$\frac{\pi}{2}\times\frac{1}{n}=\frac{\pi}{2n}$ $\quad\therefore \angle AOP_k=\frac{\pi}{2n}\times k=\frac{k\pi}{2n}$

삼각형 OQ_kB에서

$\angle BOQ_k=\frac{\pi}{2}-\angle AOP_k=\frac{\pi}{2}-\frac{k\pi}{2n}$

이때 $\overline{OB}=8$이므로

$\overline{OQ_k}=\overline{OB}\cos\left(\frac{\pi}{2}-\frac{k\pi}{2n}\right)=8\sin\frac{k\pi}{2n}$

$\overline{BQ_k}=\overline{OB}\sin\left(\frac{\pi}{2}-\frac{k\pi}{2n}\right)=8\cos\frac{k\pi}{2n}$

$\therefore S_k=\frac{1}{2}\times\overline{OQ_k}\times\overline{BQ_k}$

$=\frac{1}{2}\times 8\sin\frac{k\pi}{2n}\times 8\cos\frac{k\pi}{2n}$

$=16\times\left(2\sin\frac{k\pi}{2n}\cos\frac{k\pi}{2n}\right)$

$=16\sin\frac{k\pi}{n}$ $\quad$ ⟶ $2\sin\theta\cos\theta=\sin 2\theta$

Step 2 급수를 정적분으로 나타내어 값 구하기

$\therefore \lim_{n\to\infty}\frac{1}{n}\sum_{k=1}^{n-1}S_k=\lim_{n\to\infty}\frac{1}{n}\sum_{k=1}^{n-1}16\sin\frac{k\pi}{n}$

$=\frac{16}{\pi}\lim_{n\to\infty}\sum_{k=1}^{n-1}\sin\frac{k\pi}{n}\times\frac{\pi}{n}$

$=\frac{16}{\pi}\int_0^{\pi}\sin x\,dx$

$=\frac{16}{\pi}\Big[-\cos x\Big]_0^{\pi}$

$=\frac{16}{\pi}\{1-(-1)\}=\frac{32}{\pi}$

Step 3 a의 값 구하기

따라서 $\frac{32}{\pi}=\frac{a}{\pi}$이므로

$a=32$

23 정적분과 급수의 관계-도형에의 활용

정답 11 | 정답률 28%

문제 보기

그림과 같이 곡선 $y=-x^2+1$ 위에 세 점 $A(-1, 0)$, $B(1, 0)$, $C(0, 1)$이 있다. 2 이상의 자연수 n에 대하여 선분 OC를 n등분할 때, 양 끝점을 포함한 각 분점을 차례로 $O=D_0$, D_1, D_2, $\cdots$, D_{n-1}, $D_n=C$라 하자. 직선 AD_k가 곡선과 만나는 점 중 A가 아닌 점을 P_k라 하고, 점 P_k에서 x축에 내린 수선의 발을 Q_k라 하자. $(k=1, 2, \cdots, n)$

삼각형 AP_kQ_k의 넓이를 S_k라 할 때, $\lim_{n\to\infty}\frac{1}{n}\sum_{k=1}^{n}S_k=a$이다. $24a$의 값을 구하시오. [4점]

└ $S_k=\frac{1}{2}\times\overline{AQ_k}\times\overline{P_kQ_k}$

└ 정적분으로 나타낸다.

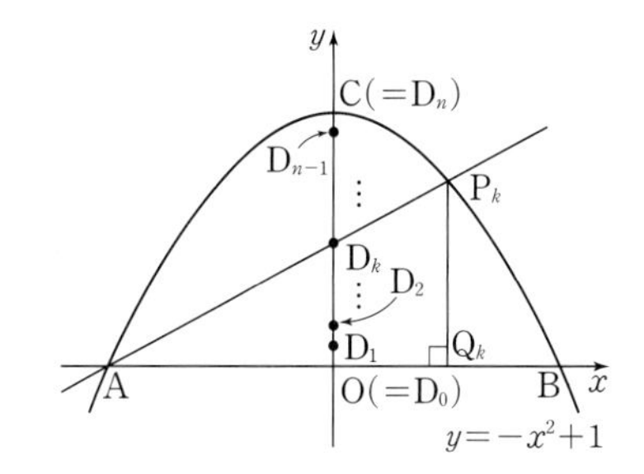

Step 1 두 점 P_k, Q_k의 좌표 구하기

점 D_k의 좌표가 $\left(0, \frac{k}{n}\right)$이므로 직선 AD_k의 방정식은

$y=\dfrac{\frac{k}{n}-0}{0-(-1)}\{x-(-1)\}$ $\quad\therefore y=\frac{k}{n}x+\frac{k}{n}$

직선 AD_k와 곡선 $y=-x^2+1$의 교점 중 점 A가 아닌 점 P_k의 x좌표는

$\frac{k}{n}x+\frac{k}{n}=-x^2+1$에서

$x^2+\frac{k}{n}x+\frac{k}{n}-1=0$, $(x+1)\left(x+\frac{k}{n}-1\right)=0$

$\therefore x=1-\frac{k}{n}$ $(\because x\neq -1)$

$\therefore P_k\left(1-\frac{k}{n}, \frac{2k}{n}-\left(\frac{k}{n}\right)^2\right)$, $Q_k\left(1-\frac{k}{n}, 0\right)$

Step 2 S_k를 n과 k를 이용하여 나타내기

$\overline{AQ_k}=\overline{AO}+\overline{OQ_k}=1+\left(1-\frac{k}{n}\right)=2-\frac{k}{n}$, $\overline{P_kQ_k}=\frac{2k}{n}-\left(\frac{k}{n}\right)^2$이므로

$S_k=\triangle AP_kQ_k=\frac{1}{2}\times\overline{AQ_k}\times\overline{P_kQ_k}$

$=\frac{1}{2}\times\left(2-\frac{k}{n}\right)\times\left\{\frac{2k}{n}-\left(\frac{k}{n}\right)^2\right\}=\frac{1}{2}\left(2-\frac{k}{n}\right)^2\frac{k}{n}$

Step 3 급수를 정적분으로 나타내어 값 구하기

$\therefore \lim_{n\to\infty}\frac{1}{n}\sum_{k=1}^{n}S_k=\lim_{n\to\infty}\frac{1}{n}\sum_{k=1}^{n}\frac{1}{2}\left(2-\frac{k}{n}\right)^2\frac{k}{n}=\frac{1}{2}\lim_{n\to\infty}\frac{k}{n}\left(2-\frac{k}{n}\right)^2\times\frac{1}{n}$

$=\frac{1}{2}\int_0^1 x(2-x)^2dx=\frac{1}{2}\int_0^1(x^3-4x^2+4x)dx$

$=\frac{1}{2}\left[\frac{1}{4}x^4-\frac{4}{3}x^3+2x^2\right]_0^1=\frac{1}{2}\times\frac{11}{12}=\frac{11}{24}$

Step 4 $24a$의 값 구하기

따라서 $a=\frac{11}{24}$이므로

$24a=24\times\frac{11}{24}=11$

25 일차

01 ③	**02** ②	**03** ⑤	**04** ②	**05** ④	**06** ⑤	**07** ②	**08** ①	**09** ⑤	**10** ①	**11** 50	**12** ②
13 ④	**14** 96	**15** ②	**16** ④	**17** ④	**18** ②	**19** ②	**20** ③	**21** ③	**22** 7	**23** ②	**24** ①
25 ②	**26** 24	**27** 54	**28** ②	**29** 143	**30** 36	**31** 80	**32** 350				

문제편 339쪽~349쪽

01 곡선과 좌표축 사이의 넓이 　정답 ③ | 정답률 77%

문제 보기

곡선 $y=|\sin 2x|+1$과 x축 및 두 직선 $x=\frac{\pi}{4}$, $x=\frac{5\pi}{4}$로 둘러싸인 부분의 넓이는? [3점]

└→ 곡선 $y=|\sin 2x|+1$을 그려서 구하는 넓이를 파악한다.

① $\pi+1$ ② $\pi+\frac{3}{2}$ ③ $\pi+2$ ④ $\pi+\frac{5}{2}$ ⑤ $\pi+3$

Step 1 구하는 넓이를 정적분으로 나타내기

곡선 $y=|\sin 2x|+1$과 x축 및 두 직선 $x=\frac{\pi}{4}$, $x=\frac{5\pi}{4}$로 둘러싸인 부분은 오른쪽 그림의 색칠한 부분과 같으므로 구하는 넓이는

$$\int_{\frac{\pi}{4}}^{\frac{5\pi}{4}}(|\sin 2x|+1)\,dx$$

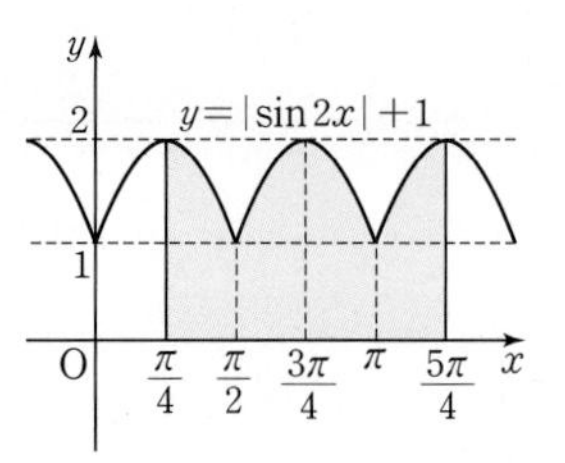

Step 2 넓이 구하기

함수 $y=|\sin 2x|+1$의 그래프는 직선 $x=\frac{n\pi}{4}$ (n은 정수)에 대하여 대칭이므로

$$\int_{\frac{\pi}{4}}^{\frac{5\pi}{4}}(|\sin 2x|+1)\,dx=4\int_{\frac{\pi}{4}}^{\frac{\pi}{2}}(\sin 2x+1)\,dx$$
$$=4\left[-\frac{1}{2}\cos 2x+x\right]_{\frac{\pi}{4}}^{\frac{\pi}{2}}$$
$$=4\left(\frac{1}{2}+\frac{\pi}{4}\right)=\pi+2$$

02 곡선과 좌표축 사이의 넓이 　정답 ② | 정답률 93%

문제 보기

곡선 $y=e^{2x}$과 x축 및 두 직선 $x=\ln\frac{1}{2}$, $x=\ln 2$로 둘러싸인 부분의 넓이는? [3점]

└→ 곡선 $y=e^{2x}$을 그려서 구하는 넓이를 파악한다.

① $\frac{5}{3}$ ② $\frac{15}{8}$ ③ $\frac{15}{7}$ ④ $\frac{5}{2}$ ⑤ 3

Step 1 넓이 구하기

곡선 $y=e^{2x}$과 x축 및 두 직선 $x=\ln\frac{1}{2}$, $x=\ln 2$로 둘러싸인 부분은 오른쪽 그림의 색칠한 부분과 같으므로 구하는 넓이는

$$\int_{\ln\frac{1}{2}}^{\ln 2}e^{2x}\,dx=\left[\frac{1}{2}e^{2x}\right]_{\ln\frac{1}{2}}^{\ln 2}$$
$$=\frac{1}{2}e^{2\ln 2}-\frac{1}{2}e^{2\ln\frac{1}{2}}$$
$$=2-\frac{1}{8}=\frac{15}{8}$$

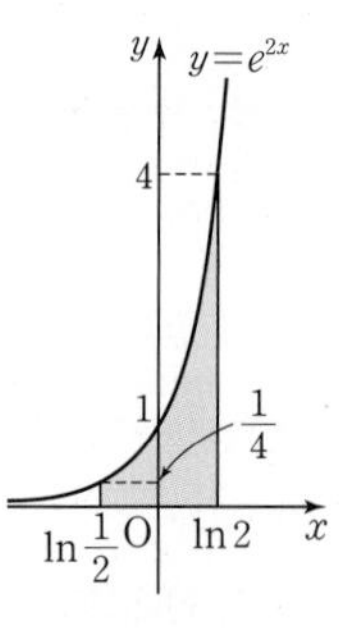

03 곡선과 좌표축 사이의 넓이 정답 ⑤ | 정답률 88%

문제 보기

좌표평면 위의 곡선 $y=\sqrt{x}-3$과 x축 및 y축으로 둘러싸인 부분의 넓이는? [3점]
└→ 곡선과 x축의 교점의 x좌표를 구한 후 y의 부호를 확인한다.

① 7 ② $\frac{15}{2}$ ③ 8 ④ $\frac{17}{2}$ ⑤ 9

Step 1 곡선과 x축의 교점의 x좌표 구하기

곡선 $y=\sqrt{x}-3$과 x축의 교점의 x좌표는 $\sqrt{x}-3=0$에서
$\sqrt{x}=3$ $\quad\therefore x=9$

Step 2 넓이 구하기

곡선 $y=\sqrt{x}-3$과 x축 및 y축으로 둘러싸인 부분은 오른쪽 그림의 색칠한 부분과 같으므로 구하는 넓이는

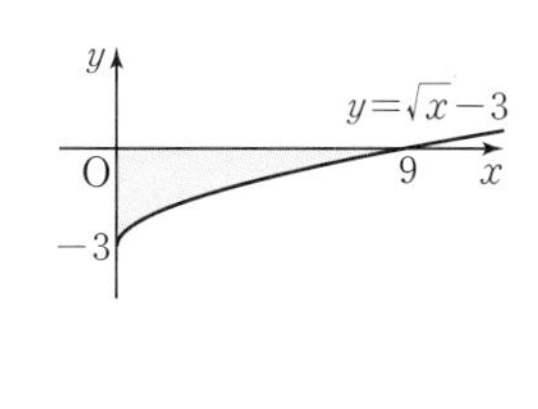

$$\int_0^9 |\sqrt{x}-3|\,dx=\int_0^9(-\sqrt{x}+3)\,dx$$
$$=\left[-\frac{2}{3}x^{\frac{3}{2}}+3x\right]_0^9$$
$$=9$$

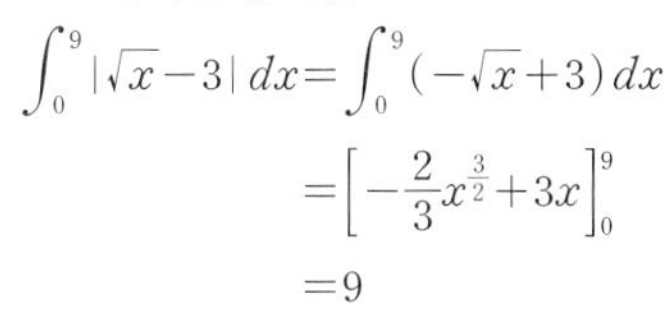

04 곡선과 좌표축 사이의 넓이 정답 ② | 정답률 92%

문제 보기

모든 실수 x에 대하여 $f(x)>0$인 연속함수 $f(x)$에 대하여 $\int_3^5 f(x)\,dx=36$일 때, 곡선 $y=f(2x+1)$과 x축 및 두 직선 $x=1$, $x=2$로 둘러싸인 부분의 넓이는? [3점]
└→ *에 의하여 $\int_1^2 f(2x+1)\,dx$

① 16 ② 18 ③ 20 ④ 22 ⑤ 24

Step 1 구하는 넓이를 정적분으로 나타내기

모든 실수 x에 대하여 $f(x)>0$이므로
$f(2x+1)>0$
따라서 구하는 넓이는 $\int_1^2 f(2x+1)\,dx$

Step 2 넓이 구하기

$2x+1=t$로 놓으면 $\frac{dt}{dx}=2$이고,
$x=1$일 때 $t=3$, $x=2$일 때 $t=5$이므로

$$\int_1^2 f(2x+1)\,dx=\int_3^5 \frac{1}{2}f(t)\,dt$$
$$=\frac{1}{2}\int_3^5 f(t)\,dt$$
$$=\frac{1}{2}\times 36=18$$

05 곡선과 좌표축 사이의 넓이 정답 ④ | 정답률 85%

문제 보기

함수 $f(x)=\frac{2x-2}{x^2-2x+2}$에 대하여 곡선 $y=f(x)$와 x축 및 y축으로 둘러싸인 영역을 A, 곡선 $y=f(x)$와 x축 및 직선 $x=3$으로 둘러싸인 영역을 B라 하자. 영역 A의 넓이와 영역 B의 넓이의 합은? [4점]
└→ 곡선과 x축의 교점의 x좌표를 구한 후 $f(x)$의 부호를 확인한다.

① $2\ln 2$ ② $\ln 6$ ③ $3\ln 2$ ④ $\ln 10$ ⑤ $\ln 12$

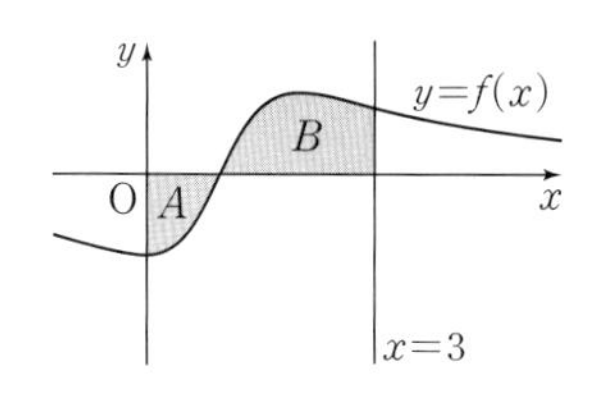

Step 1 곡선과 x축의 교점의 x좌표 구하기

곡선 $y=\frac{2x-2}{x^2-2x+2}$와 x축의 교점의 x좌표는 $\frac{2x-2}{x^2-2x+2}=0$에서
$2x-2=0$ $\quad\therefore x=1$

Step 2 영역 A의 넓이와 영역 B의 넓이의 합 구하기

$x\le 1$에서 $f(x)\le 0$이므로 영역 A의 넓이는
$$\int_0^1 |f(x)|\,dx=-\int_0^1 f(x)\,dx$$
$x\ge 1$에서 $f(x)\ge 0$이므로 영역 B의 넓이는
$$\int_1^3 |f(x)|\,dx=\int_1^3 f(x)\,dx$$
따라서 영역 A의 넓이와 영역 B의 넓이의 합은
$$-\int_0^1 f(x)\,dx+\int_1^3 f(x)\,dx$$
$$=-\int_0^1 \frac{2x-2}{x^2-2x+2}\,dx+\int_1^3 \frac{2x-2}{x^2-2x+2}\,dx$$
→ $\int \frac{f'(x)}{f(x)}\,dx=\ln|f(x)|+C$
$$=-\Big[\ln(x^2-2x+2)\Big]_0^1+\Big[\ln(x^2-2x+2)\Big]_1^3$$
$$=-(-\ln 2)+\ln 5=\ln 10$$

06 곡선과 좌표축 사이의 넓이 정답 ⑤ | 정답률 84%

문제 보기

그림과 같이 곡선 $y=xe^x$ 위의 점 $(1, e)$를 지나고 x축에 평행한 직선을 l이라 하자. 곡선 $y=xe^x$과 y축 및 직선 l로 둘러싸인 도형의 넓이는? [3점]

└→ 곡선과 x축 사이의 넓이를 이용하는 방법을 생각한다.

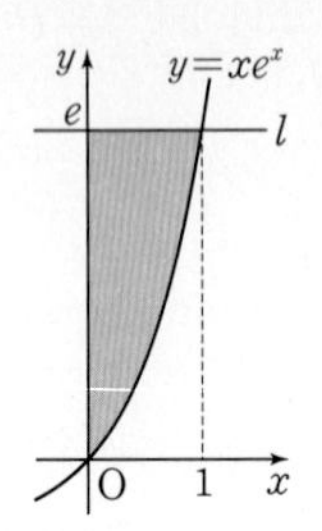

① $2e-3$　② $2e-\frac{5}{2}$　③ $e-2$　④ $e-\frac{3}{2}$　⑤ $e-1$

Step 1 구하는 넓이를 정적분으로 나타내기

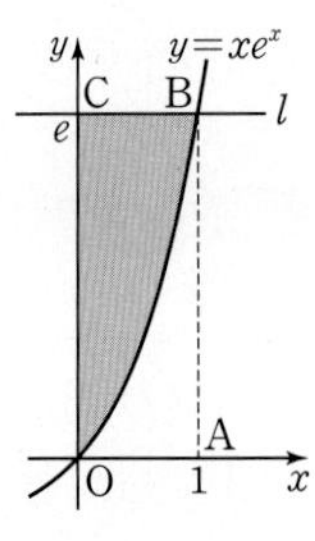

오른쪽 그림과 같이 세 점 $(1, 0)$, $(1, e)$, $(0, e)$를 각각 A, B, C라 하면 곡선 $y=xe^x$과 y축 및 직선 l로 둘러싸인 도형의 넓이는 직사각형 OABC의 넓이에서 곡선 $y=xe^x$과 x축 및 직선 $x=1$로 둘러싸인 도형의 넓이를 뺀 것과 같으므로 구하는 넓이는

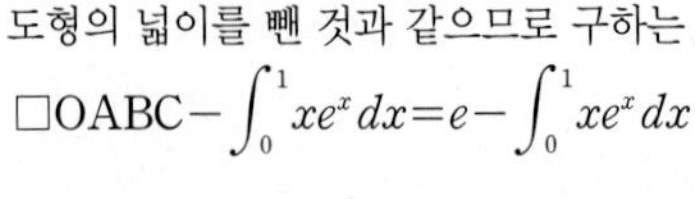

$\square\text{OABC}-\int_0^1 xe^x\,dx=e-\int_0^1 xe^x\,dx$

Step 2 넓이 구하기

$\int_0^1 xe^x\,dx$에서 $f(x)=x$, $g'(x)=e^x$으로 놓으면

$f'(x)=1$, $g(x)=e^x$이므로

$$\begin{aligned}e-\int_0^1 xe^x\,dx&=e-\left(\left[xe^x\right]_0^1-\int_0^1 e^x\,dx\right)\\&=e-\left(e-\left[e^x\right]_0^1\right)\\&=e-\{e-(e-1)\}\\&=e-1\end{aligned}$$

다른 풀이 직선과 곡선 사이의 넓이 이용하기

직선 l의 방정식은 $y=e$이므로 구하는 넓이는

$$\begin{aligned}\int_0^1(e-xe^x)\,dx&=\int_0^1 e\,dx-\int_0^1 xe^x\,dx\\&=\left[ex\right]_0^1-\left(\left[xe^x\right]_0^1-\int_0^1 e^x\,dx\right)\\&=e-\left(e-\left[e^x\right]_0^1\right)\\&=e-1\end{aligned}$$

07 곡선과 좌표축 사이의 넓이 정답 ② | 정답률 80%

문제 보기

곡선 $y=\sin^2 x\cos x\left(0\le x\le\frac{\pi}{2}\right)$와 x축으로 둘러싸인 도형의 넓이는? [3점]

└→ 곡선과 x축의 교점의 x좌표를 구한 후 y의 부호를 확인한다.

① $\frac{1}{4}$　② $\frac{1}{3}$　③ $\frac{1}{2}$　④ 1　⑤ 2

Step 1 곡선과 x축의 교점의 x좌표 구하기

곡선 $y=\sin^2 x\cos x$와 x축의 교점의 x좌표는 $\sin^2 x\cos x=0$에서

$\sin x=0$ 또는 $\cos x=0$

$\therefore x=0$ 또는 $x=\frac{\pi}{2}$ $\left(\because 0\le x\le\frac{\pi}{2}\right)$

Step 2 넓이 구하기

$0\le x\le\frac{\pi}{2}$일 때 $\sin^2 x\ge0$, $\cos x\ge0$이므로

$\sin^2 x\cos x\ge0$

따라서 구하는 넓이는

$\int_0^{\frac{\pi}{2}}\sin^2 x\cos x\,dx$

$\sin x=t$로 놓으면 $\frac{dt}{dx}=\cos x$이고,

$x=0$일 때 $t=0$, $x=\frac{\pi}{2}$일 때 $t=1$이므로

$$\int_0^{\frac{\pi}{2}}\sin^2 x\cos x\,dx=\int_0^1 t^2\,dt=\left[\frac{1}{3}t^3\right]_0^1=\frac{1}{3}$$

08 곡선과 좌표축 사이의 넓이 정답 ① | 정답률 77%

문제 보기

실수 전체의 집합에서 미분가능한 함수 $f(x)$가 $f(0)=0$이고 모든 실수 x에 대하여 $f'(x)>0$이다. 곡선 $y=f(x)$ 위의 점 $A(t, f(t))$

└→ 함수 $f(x)$는 모든 실수 x에서 증가한다.

$(t>0)$에서 x축에 내린 수선의 발을 B라 하고, 점 A를 지나고 점 A에서의 접선과 수직인 직선이 x축과 만나는 점을 C라 하자. 모든 양수

└→ 점 C의 좌표를 $f(t)$를 이용하여 나타낸다.

t에 대하여 삼각형 ABC의 넓이가 $\frac{1}{2}(e^{3t}-2e^{2t}+e^{t})$일 때, 곡선

└→ $f(t)$를 구한다.

$y=f(x)$와 x축 및 직선 $x=1$로 둘러싸인 부분의 넓이는? [4점]

① $e-2$ ② e ③ $e+2$ ④ $e+4$ ⑤ $e+6$

Step 1 삼각형 ABC의 넓이를 $f(t)$를 이용하여 나타내기

모든 실수 x에 대하여 $f'(x)>0$이므로 $f(x)$는 모든 실수 x에서 증가한다.
점 $A(t, f(t))$를 지나고 점 A에서의 접선과 수직인 직선의 방정식은

$y-f(t)=-\frac{1}{f'(t)}(x-t)$

$y=0$을 대입하면

$-f(t)=-\frac{1}{f'(t)}(x-t)$, $x-t=f(t)f'(t)$

$\therefore x=f(t)f'(t)+t$

$\therefore C(f(t)f'(t)+t, 0)$

이때 $B(t, 0)$이므로

$\overline{AB}=f(t)$, $\overline{BC}=f(t)f'(t)$

$\therefore \triangle ABC=\frac{1}{2}\times\overline{AB}\times\overline{BC}$

$=\frac{1}{2}\times f(t)\times f(t)f'(t)$

$=\frac{1}{2}\{f(t)\}^2f'(t)$

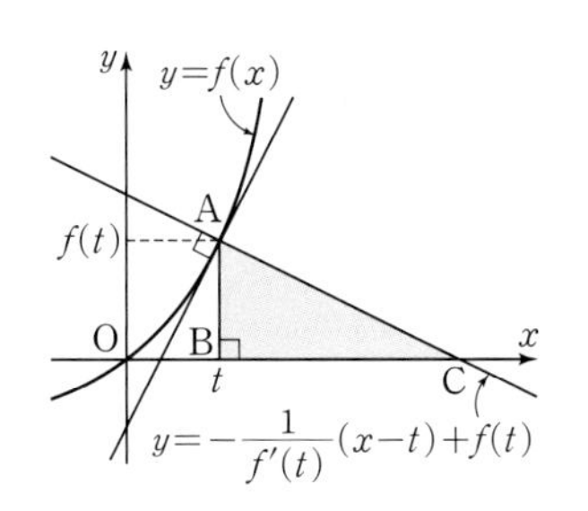

Step 2 $f(t)$ 구하기

삼각형 ABC의 넓이가 $\frac{1}{2}(e^{3t}-2e^{2t}+e^{t})$이므로

$\frac{1}{2}\{f(t)\}^2f'(t)=\frac{1}{2}(e^{3t}-2e^{2t}+e^{t})$

$\therefore \{f(t)\}^2f'(t)=e^{3t}-2e^{2t}+e^{t}$

양변을 t에 대하여 적분하면

$\int\{f(t)\}^2f'(t)\,dt=\int(e^{3t}-2e^{2t}+e^{t})\,dt$

$\frac{1}{3}\{f(t)\}^3=\frac{1}{3}e^{3t}-e^{2t}+e^{t}+C$

이때 $f(0)=0$이므로

$0=\frac{1}{3}-1+1+C \quad \therefore C=-\frac{1}{3}$

따라서 $\frac{1}{3}\{f(t)\}^3=\frac{1}{3}e^{3t}-e^{2t}+e^{t}-\frac{1}{3}$이므로

$\{f(t)\}^3=e^{3t}-3e^{2t}+3e^{t}-1=(e^{t}-1)^3$

$\therefore f(t)=e^{t}-1\ (\because t>0)$

Step 3 넓이 구하기

따라서 구하는 넓이는

$\int_0^1(e^x-1)\,dx=\left[e^x-x\right]_0^1=(e-1)-1=e-2$

09 곡선과 직선 사이의 넓이 정답 ⑤ | 정답률 69%

문제 보기

점 $(1, 0)$에서 곡선 $y=e^x$에 그은 접선을 l이라 하자. 곡선 $y=e^x$과 y축

└→ 접선 l의 방정식을 구한다.

및 직선 l로 둘러싸인 부분의 넓이는? [3점]

① $\frac{1}{2}e^2-2$ ② $\frac{1}{2}e^2-1$ ③ e^2-3 ④ e^2-2 ⑤ e^2-1

Step 1 접선 l의 방정식 구하기

$y=e^x$에서 $y'=e^x$

접점의 좌표를 (t, e^t)이라 하면 접선의 기울기는 e^t이므로 접선 l의 방정식은

$y-e^t=e^t(x-t)$

$\therefore y=e^tx+(1-t)e^t$ ······ ㉠

이 직선이 점 $(1, 0)$을 지나므로

$0=e^t+(1-t)e^t$, $(2-t)e^t=0$

$\therefore t=2\ (\because e^t>0)$

이를 ㉠에 대입하면 접선 l의 방정식은

$y=e^2x-e^2$

Step 2 넓이 구하기

따라서 구하는 넓이는

$\int_0^2\{e^x-(e^2x-e^2)\}\,dx=\int_0^2(e^x-e^2x+e^2)\,dx$

$=\left[e^x-\frac{e^2}{2}x^2+e^2x\right]_0^2$

$=e^2-1$

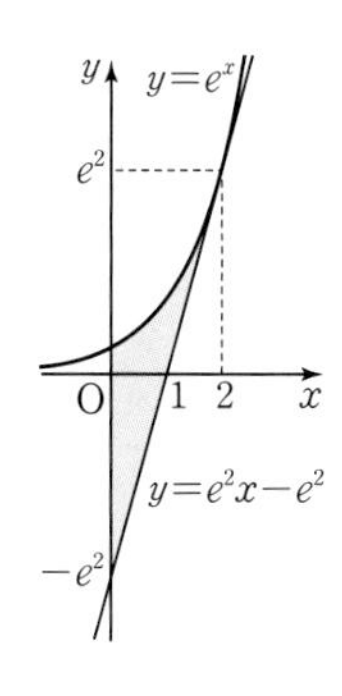

10 곡선과 직선 사이의 넓이 정답 ① | 정답률 90%

문제 보기

닫힌구간 $[0, 4]$에서 정의된 함수

$$f(x)=2\sqrt{2}\sin\frac{\pi}{4}x$$

의 그래프가 그림과 같고, 직선 $y=g(x)$가 $y=f(x)$의 그래프 위의 점 $A(1, 2)$를 지난다.

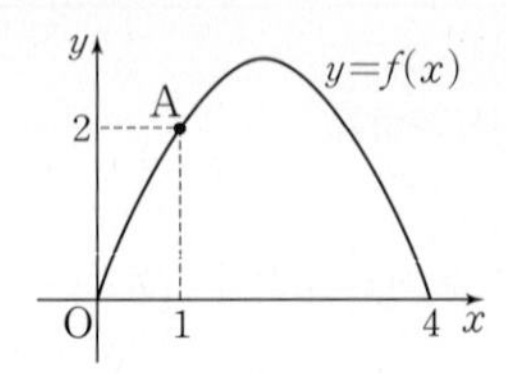

직선 $y=g(x)$가 x축에 평행할 때, 곡선 $y=f(x)$와 직선 $y=g(x)$에 의해 둘러싸인 부분의 넓이는? [3점]

└→ 곡선과 직선의 교점의 x좌표를 구한 후 곡선과 직선의 위치 관계를 파악한다.

① $\frac{16}{\pi}-4$ ② $\frac{17}{\pi}-4$ ③ $\frac{18}{\pi}-4$ ④ $\frac{16}{\pi}-2$ ⑤ $\frac{17}{\pi}-2$

Step 1 $g(x)$ 구하기

직선 $y=g(x)$가 점 $A(1, 2)$를 지나고 x축에 평행하므로

$g(x)=2$

Step 2 곡선 $y=f(x)$와 직선 $y=g(x)$의 교점의 x좌표 구하기

곡선 $y=2\sqrt{2}\sin\frac{\pi}{4}x$와 직선 $y=2$의 교점의 x좌표는 $2\sqrt{2}\sin\frac{\pi}{4}x=2$에서

$\sin\frac{\pi}{4}x=\frac{\sqrt{2}}{2}$

이때 $0\le x\le 4$에서 $0\le\frac{\pi}{4}x\le\pi$이므로

$\frac{\pi}{4}x=\frac{\pi}{4}$ 또는 $\frac{\pi}{4}x=\frac{3}{4}\pi$

$\therefore x=1$ 또는 $x=3$

Step 3 넓이 구하기

따라서 구하는 넓이는

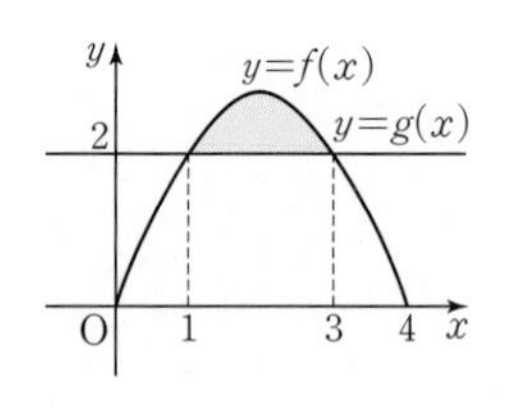

$\int_{1}^{3}\{f(x)-g(x)\}dx$

$=\int_{1}^{3}\left(2\sqrt{2}\sin\frac{\pi}{4}x-2\right)dx$

$=\left[-\frac{4}{\pi}\times 2\sqrt{2}\cos\frac{\pi}{4}x-2x\right]_{1}^{3}$

$=\left(\frac{8}{\pi}-6\right)-\left(-\frac{8}{\pi}-2\right)$

$=\frac{16}{\pi}-4$

11 곡선과 직선 사이의 넓이 정답 50 | 정답률 74%

문제 보기

양의 실수 k에 대하여 곡선 $y=k\ln x$와 직선 $y=x$가 접할 때, 곡선

└→ 접선의 기울기가 1임을 이용하여 k의 값을 구한다.

$y=k\ln x$, 직선 $y=x$ 및 x축으로 둘러싸인 부분의 넓이는 ae^2-be이다. $100ab$의 값을 구하시오. (단, a와 b는 유리수이다.) [4점]

Step 1 k의 값 구하기

접점의 좌표를 (t, t)라 하면

$t=k\ln t$ …… ㉠

$y=k\ln x$에서 $y'=\frac{k}{x}$이고 접점 (t, t)에서의 접선의 기울기가 1이므로

$\frac{k}{t}=1$ $\therefore t=k$

이를 ㉠에 대입하면

$k=k\ln k$, $\ln k=1$ $\therefore k=e$

Step 2 넓이 구하기

곡선 $y=e\ln x$와 직선 $y=x$ 및 x축으로 둘러싸인 부분은 오른쪽 그림의 색칠한 부분과 같다.

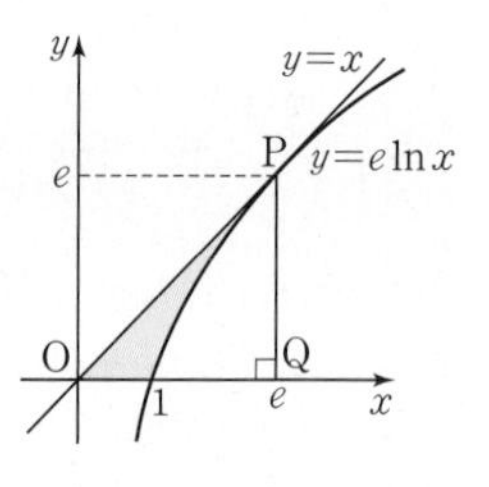

이때 곡선 $y=e\ln x$와 직선 $y=x$의 접점을 P, 점 P에서 x축에 내린 수선의 발을 Q라 하면 $Q(e, 0)$이므로 색칠한 부분의 넓이는 삼각형 OQP의 넓이에서 곡선 $y=e\ln x$와 직선 $x=e$ 및 x축으로 둘러싸인 부분의 넓이를 뺀 것과 같다.

따라서 색칠한 부분의 넓이를 S라 하면

$S=\triangle OQP-\int_{1}^{e}e\ln x\,dx$

$=\frac{1}{2}\times e\times e-e\int_{1}^{e}\ln x\,dx$

$\int_{1}^{e}\ln x\,dx$에서 $f(x)=\ln x$, $g'(x)=1$로 놓으면

$f'(x)=\frac{1}{x}$, $g(x)=x$이므로

$S=\frac{1}{2}e^2-e\left(\Big[x\ln x\Big]_{1}^{e}-\int_{1}^{e}dx\right)$

$=\frac{1}{2}e^2-e\left(e-\Big[x\Big]_{1}^{e}\right)$

$=\frac{1}{2}e^2-e\{e-(e-1)\}$

$=\frac{1}{2}e^2-e$

Step 3 $100ab$의 값 구하기

따라서 $a=\frac{1}{2}$, $b=1$이므로

$100ab=100\times\frac{1}{2}\times 1=50$

12 정적분과 도형의 넓이의 활용 정답 ② | 정답률 31%

문제 보기

실수 전체의 집합에서 미분가능한 함수 $f(x)$의 도함수 $f'(x)$가

$$f'(x)=-x+e^{1-x^2}$$

└→ $f''(x)$를 구하여 $x>0$에서 함수 $y=f(x)$의 그래프의 개형을 파악한다.

이다. 양수 t에 대하여 곡선 $y=f(x)$ 위의 점 $(t, f(t))$에서의 접선과 곡선 $y=f(x)$ 및 y축으로 둘러싸인 부분의 넓이를 $g(t)$라 하자. $g(1)+g'(1)$의 값은? [4점]

└→ 접선과 곡선 $y=f(x)$의 위치 관계를 파악한다.

① $\frac{1}{2}e+\frac{1}{2}$ ② $\frac{1}{2}e+\frac{2}{3}$ ③ $\frac{1}{2}e+\frac{5}{6}$
④ $\frac{2}{3}e+\frac{1}{2}$ ⑤ $\frac{2}{3}e+\frac{2}{3}$

Step 1 이계도함수를 이용하여 접선과 곡선 $y=f(x)$의 위치 관계 파악하기

$f'(x)=-x+e^{1-x^2}$에서

$$f''(x)=-1+e^{1-x^2}\times(-2x)$$
$$=-1-2xe^{1-x^2}$$

$x>0$에서 $f''(x)<0$이므로 곡선 $y=f(x)$는 $x>0$에서 위로 볼록하다.
즉, 양수 t에 대하여 점 $(t, f(t))$에서의 접선과 곡선 $y=f(x)(x>0)$의 교점은 점 $(t, f(t))$뿐이고, 접선은 곡선의 위쪽에 존재한다.

Step 2 $g(t)$, $g'(t)$ 구하기

점 $(t, f(t))$에서의 접선의 방정식은

$y-f(t)=f'(t)(x-t)$ $\therefore y=f'(t)x-tf'(t)+f(t)$

곡선 $y=f(x)$ 위의 점 $(t, f(t))$에서의 접선 $y=f'(t)x-tf'(t)+f(t)$와 곡선 $y=f(x)$ 및 y축으로 둘러싸인 부분의 넓이 $g(t)$는

$$g(t)=\int_0^t\{f'(t)x-tf'(t)+f(t)-f(x)\}dx$$
$$=\left[\frac{f'(t)}{2}x^2-tf'(t)x+f(t)x\right]_0^t-\int_0^t f(x)dx$$
$$=-\frac{1}{2}t^2f'(t)+tf(t)-\int_0^t f(x)dx$$

이때 $f'(x)=-x+e^{1-x^2}$의 양변에 x를 곱하면
$xf'(x)=-x^2+xe^{1-x^2}$이므로

$$\int xf'(x)dx=\int(-x^2+xe^{1-x^2})dx$$
$$xf(x)-\int f(x)dx=-\frac{1}{3}x^3-\frac{1}{2}e^{1-x^2}$$
$$\int f(x)dx=xf(x)+\frac{1}{3}x^3+\frac{1}{2}e^{1-x^2}$$

$$\therefore g(t)=-\frac{1}{2}t^2f'(t)+tf(t)-\int_0^t f(x)dx$$
$$=-\frac{1}{2}t^2f'(t)+tf(t)-\left[xf(x)+\frac{1}{3}x^3+\frac{1}{2}e^{1-x^2}\right]_0^t$$
$$=-\frac{1}{2}t^2f'(t)+tf(t)-\left\{tf(t)+\frac{1}{3}t^3+\frac{1}{2}e^{1-t^2}-\frac{1}{2}e\right\}$$
$$=-\frac{1}{2}t^2(-t+e^{1-t^2})-\frac{1}{3}t^3-\frac{1}{2}e^{1-t^2}+\frac{1}{2}e$$
$$=\frac{1}{6}t^3-\frac{1}{2}(t^2+1)e^{1-t^2}+\frac{1}{2}e$$

$$\therefore g'(t)=\frac{1}{2}t^2-\frac{1}{2}\times2t\times e^{1-t^2}-\frac{1}{2}(t^2+1)e^{1-t^2}\times(-2t)$$
$$=\frac{1}{2}t^2+t^3e^{1-t^2}$$

Step 3 $g(1)$, $g'(1)$의 값 구하기

$g(t)=\frac{1}{6}t^3-\frac{1}{2}(t^2+1)e^{1-t^2}+\frac{1}{2}e$에서

$$g(1)=\frac{1}{6}\times1^3-\frac{1}{2}\times(1^2+1)\times e^0+\frac{1}{2}e$$
$$=\frac{1}{2}e-\frac{5}{6}$$

$g'(t)=\frac{1}{2}t^2+t^3e^{1-t^2}$에서

$$g'(1)=\frac{1}{2}\times1^2+1^3\times e^0=\frac{3}{2}$$

Step 4 $g(1)+g'(1)$의 값 구하기

$$\therefore g(1)+g'(1)=\frac{1}{2}e-\frac{5}{6}+\frac{3}{2}=\frac{1}{2}e+\frac{2}{3}$$

13 곡선과 직선 사이의 넓이 정답 ④ | 정답률 68%

문제 보기

그림과 같이 원점을 지나고 x축의 양의 방향과 이루는 각의 크기가 $\theta\left(0\le\theta<\frac{\pi}{4}\right)$인 직선을 l이라 하자. 곡선 $y=-x^3+x\,(x\ge0)$과 직선 l로 둘러싸인 부분의 넓이를 $S(\theta)$라 할 때, $\lim_{\theta\to\frac{\pi}{4}-}\frac{S(\theta)}{\left(\theta-\frac{\pi}{4}\right)^2}$의 값은? [4점]

└ 직선 l의 기울기는 $\tan\theta$이다.

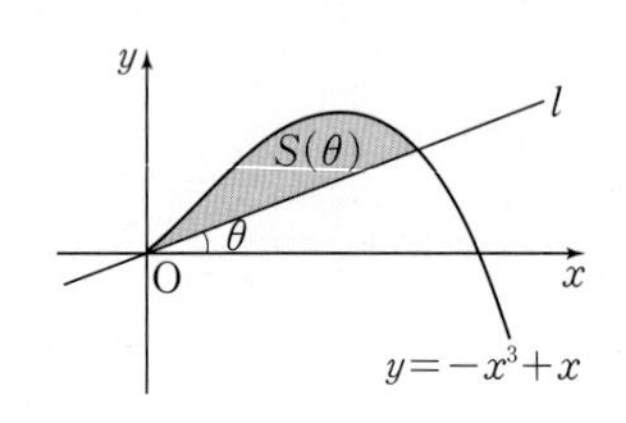

① $\frac{1}{3}$ ② $\frac{1}{2}$ ③ $\frac{2}{3}$ ④ 1 ⑤ $\frac{3}{2}$

Step 1 곡선 $y=-x^3+x$와 직선 l의 교점의 x좌표 구하기

직선 l이 원점을 지나고 x축의 양의 방향과 이루는 각의 크기가 θ이므로 직선 l의 방정식은

$y=(\tan\theta)x$

곡선 $y=-x^3+x$와 직선 $y=(\tan\theta)x$의 교점의 x좌표는

$-x^3+x=(\tan\theta)x$에서

$x(x^2+\tan\theta-1)=0$

$\therefore x=0$ 또는 $x=\sqrt{1-\tan\theta}$ ($\because x\ge0$)

Step 2 $S(\theta)$ 구하기

곡선 $y=-x^3+x$와 직선 $y=(\tan\theta)x$로 둘러싸인 부분의 넓이 $S(\theta)$는

$$S(\theta)=\int_0^{\sqrt{1-\tan\theta}}\{(-x^3+x)-(\tan\theta)x\}\,dx$$
$$=\left[-\frac{1}{4}x^4+\frac{1}{2}x^2-\frac{\tan\theta}{2}x^2\right]_0^{\sqrt{1-\tan\theta}}$$
$$=\frac{1}{4}(\tan\theta-1)^2$$

Step 3 $\lim_{\theta\to\frac{\pi}{4}-}\frac{S(\theta)}{\left(\theta-\frac{\pi}{4}\right)^2}$의 값 구하기

$$\lim_{\theta\to\frac{\pi}{4}-}\frac{S(\theta)}{\left(\theta-\frac{\pi}{4}\right)^2}=\frac{1}{4}\lim_{\theta\to\frac{\pi}{4}-}\left(\frac{\tan\theta-1}{\theta-\frac{\pi}{4}}\right)^2$$

이때 $f(\theta)=\tan\theta$라 하면 $f\left(\frac{\pi}{4}\right)=1$이므로

$$\frac{1}{4}\lim_{\theta\to\frac{\pi}{4}-}\left(\frac{\tan\theta-1}{\theta-\frac{\pi}{4}}\right)^2=\frac{1}{4}\lim_{\theta\to\frac{\pi}{4}-}\left\{\frac{f(\theta)-f\left(\frac{\pi}{4}\right)}{\theta-\frac{\pi}{4}}\right\}^2$$
$$=\frac{1}{4}\left\{f'\left(\frac{\pi}{4}\right)\right\}^2$$

따라서 $f'(\theta)=\sec^2\theta$이므로 구하는 극한값은

$$\frac{1}{4}\left\{f'\left(\frac{\pi}{4}\right)\right\}^2=\frac{1}{4}\times\left(\sec^2\frac{\pi}{4}\right)^2=\frac{1}{4}\times2^2=1$$

14 곡선과 직선 사이의 넓이 정답 96 | 정답률 54%

문제 보기

양수 a에 대하여 함수 $f(x)=\int_0^x(a-t)e^t\,dt$의 최댓값이 32이다. 곡선 $y=3e^x$과 두 직선 $x=a$, $y=3$으로 둘러싸인 부분의 넓이를 구하시오. [4점]

└ a에 대한 식을 세운다.

Step 1 a에 대한 식 세우기

$f(x)=\int_0^x(a-t)e^t\,dt$의 양변을 x에 대하여 미분하면

$f'(x)=(a-x)e^x$

$f'(x)=0$인 x의 값은

$x=a$ ($\because e^x>0$)

함수 $f(x)$의 증가와 감소를 표로 나타내면 다음과 같다.

x	$\cdots$	a	$\cdots$
$f'(x)$	+	0	−
$f(x)$	↗	극대	↘

즉, 함수 $f(x)$는 $x=a$에서 극대이면서 최대이다.

따라서 $x=a$에서 최댓값 32를 가지므로

$f(a)=32$

$\int_0^a(a-t)e^t\,dt=32$에서 $u(t)=a-t$, $v'(t)=e^t$으로 놓으면

$u'(t)=-1$, $v(t)=e^t$이므로

$$\left[(a-t)e^t\right]_0^a-\int_0^a(-e^t)\,dt=32$$

$-a+\left[e^t\right]_0^a=32$, $e^a-a-1=32$

$\therefore e^a-a=33$ …… ㉠

Step 2 넓이 구하기

곡선 $y=3e^x$과 직선 $y=3$의 교점의 x좌표는 $3e^x=3$에서

$e^x=1$ $\therefore x=0$

따라서 구하는 넓이는

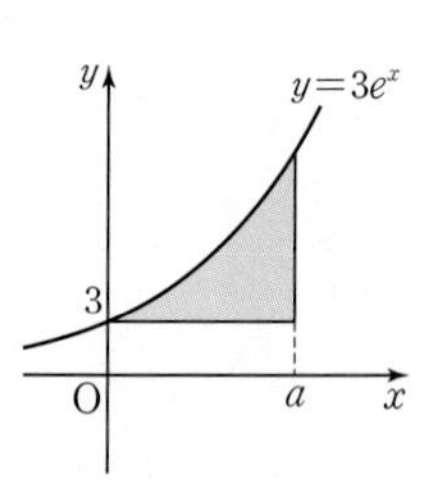

$$\int_0^a(3e^x-3)\,dx=\left[3e^x-3x\right]_0^a$$
$$=(3e^a-3a)-3$$
$$=3(e^a-a)-3$$
$$=3\times33-3\ (\because ㉠)$$
$$=96$$

15 두 곡선 사이의 넓이

정답 ② | 정답률 89%

문제 보기

그림과 같이 두 곡선 $y=2^x-1$, $y=\left|\sin\frac{\pi}{2}x\right|$가 원점 O와 점 (1, 1)에서 만난다. 두 곡선 $y=2^x-1$, $y=\left|\sin\frac{\pi}{2}x\right|$로 둘러싸인 부분의 넓이는? [3점]

└→ 두 곡선 사이의 위치 관계를 파악한다.

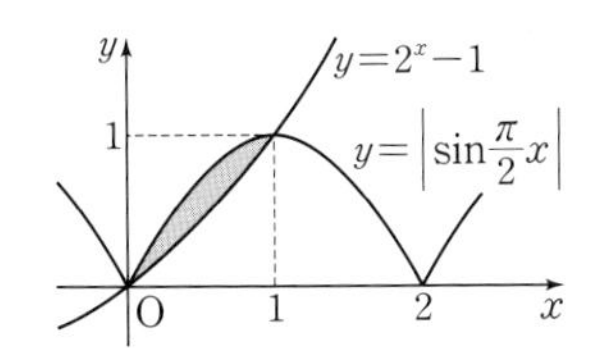

① $-\frac{1}{\pi}+\frac{1}{\ln 2}-1$ ② $\frac{2}{\pi}-\frac{1}{\ln 2}+1$ ③ $\frac{2}{\pi}+\frac{1}{2\ln 2}-1$
④ $\frac{1}{\pi}-\frac{1}{2\ln 2}+1$ ⑤ $\frac{1}{\pi}+\frac{1}{\ln 2}-1$

Step 1 구하는 넓이를 정적분으로 나타내기

두 곡선 $y=2^x-1$, $y=\left|\sin\frac{\pi}{2}x\right|$가 원점과 점 (1, 1)에서 만나고, 구간 $[0, 1]$에서 $\left|\sin\frac{\pi}{2}x\right|\geq 2^x-1$이다.

따라서 구하는 넓이는

$$\int_0^1\left\{\left|\sin\frac{\pi}{2}x\right|-(2^x-1)\right\}dx$$

Step 2 넓이 구하기

$0\leq x\leq 1$에서 $\left|\sin\frac{\pi}{2}x\right|=\sin\frac{\pi}{2}x$이므로

$$\begin{aligned}\int_0^1\left\{\left|\sin\frac{\pi}{2}x\right|-(2^x-1)\right\}dx&=\int_0^1\left(\sin\frac{\pi}{2}x-2^x+1\right)dx\\&=\left[-\frac{2}{\pi}\cos\frac{\pi}{2}x-\frac{2^x}{\ln 2}+x\right]_0^1\\&=\left(-\frac{2}{\ln 2}+1\right)-\left(-\frac{2}{\pi}-\frac{1}{\ln 2}\right)\\&=\frac{2}{\pi}-\frac{1}{\ln 2}+1\end{aligned}$$

16 두 곡선 사이의 넓이

정답 ④ | 정답률 77%

문제 보기

좌표평면에 두 함수 $f(x)=2^x$의 그래프와 $g(x)=\left(\frac{1}{2}\right)^x$의 그래프가 있다. 두 곡선 $y=f(x)$, $y=g(x)$가 직선 $x=t\,(t>0)$과 만나는 점을 각각 A, B라 하자.

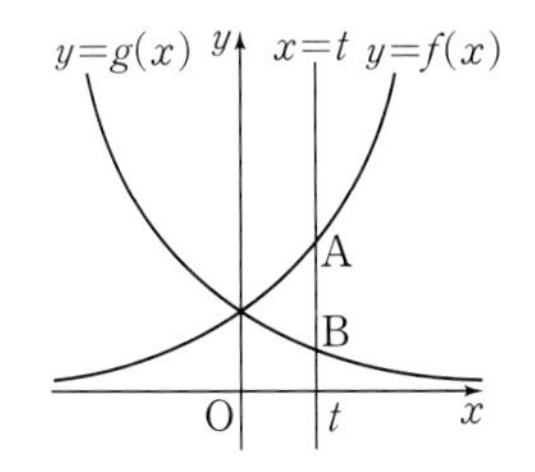

$t=1$일 때, 두 곡선 $y=f(x)$, $y=g(x)$와 직선 AB로 둘러싸인 부분의 넓이는? [3점]

└→ 두 곡선 사이의 위치 관계를 파악한다.

① $\frac{5}{4\ln 2}$ ② $\frac{1}{\ln 2}$ ③ $\frac{3}{4\ln 2}$ ④ $\frac{1}{2\ln 2}$ ⑤ $\frac{1}{4\ln 2}$

Step 1 넓이 구하기

두 곡선 $y=f(x)$, $y=g(x)$와 직선 AB로 둘러싸인 부분의 넓이는

$$\begin{aligned}\int_0^1\{f(x)-g(x)\}dx&=\int_0^1\left\{2^x-\left(\frac{1}{2}\right)^x\right\}dx\\&=\left[\frac{2^x}{\ln 2}-\frac{\left(\frac{1}{2}\right)^x}{\ln\frac{1}{2}}\right]_0^1\\&=\left(\frac{2}{\ln 2}-\frac{\frac{1}{2}}{\ln\frac{1}{2}}\right)-\left(\frac{1}{\ln 2}-\frac{1}{\ln\frac{1}{2}}\right)\\&=\frac{5}{2\ln 2}-\frac{2}{\ln 2}\\&=\frac{1}{2\ln 2}\end{aligned}$$

17 두 곡선 사이의 넓이 정답 ④ | 정답률 74%

문제 보기

두 곡선 $y=(\sin x)\ln x$, $y=\frac{\cos x}{x}$와 두 직선 $x=\frac{\pi}{2}$, $x=\pi$로 둘러싸인 부분의 넓이는? [4점]
└ 두 곡선 사이의 위치 관계를 파악한다.

① $\frac{1}{4}\ln\pi$ ② $\frac{1}{2}\ln\pi$ ③ $\frac{3}{4}\ln\pi$ ④ $\ln\pi$ ⑤ $\frac{5}{4}\ln\pi$

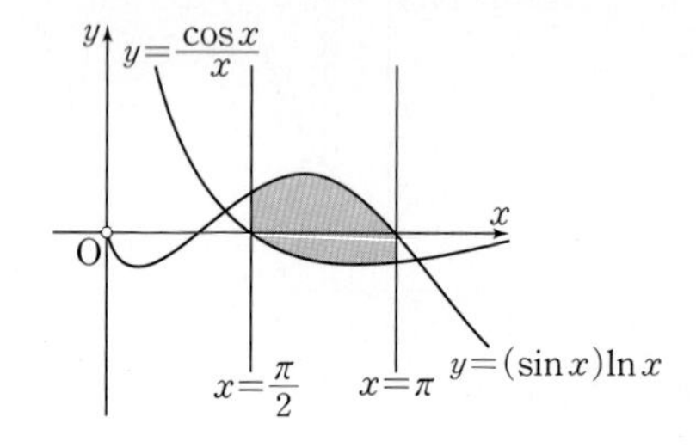

Step 1 넓이 구하기

구간 $\left[\frac{\pi}{2}, \pi\right]$에서 $(\sin x)\ln x>\frac{\cos x}{x}$이므로 구하는 넓이는

$\int_{\frac{\pi}{2}}^{\pi}\left\{(\sin x)\ln x-\frac{\cos x}{x}\right\}dx=\int_{\frac{\pi}{2}}^{\pi}(\sin x)\ln x\,dx-\int_{\frac{\pi}{2}}^{\pi}\frac{\cos x}{x}dx$

$\int_{\frac{\pi}{2}}^{\pi}(\sin x)\ln x\,dx$에서 $f(x)=\ln x$, $g'(x)=\sin x$로 놓으면

$f'(x)=\frac{1}{x}$, $g(x)=-\cos x$이므로

$\int_{\frac{\pi}{2}}^{\pi}\left\{(\sin x)\ln x-\frac{\cos x}{x}\right\}dx$

$=\left\{\left[(-\cos x)\ln x\right]_{\frac{\pi}{2}}^{\pi}-\int_{\frac{\pi}{2}}^{\pi}\left(-\frac{\cos x}{x}\right)dx\right\}-\int_{\frac{\pi}{2}}^{\pi}\frac{\cos x}{x}dx$

$=\left[(-\cos x)\ln x\right]_{\frac{\pi}{2}}^{\pi}$

$=\ln\pi$

18 두 곡선 사이의 넓이 정답 ② | 정답률 72%

문제 보기

두 함수 $f(x)=ax^2\,(a>0)$, $g(x)=\ln x$의 그래프가 한 점 P에서 만나고, 곡선 $y=f(x)$ 위의 점 P에서의 접선의 기울기와 곡선 $y=g(x)$ 위의 점 P에서의 접선의 기울기가 서로 같다. 두 곡선 $y=f(x)$, $y=g(x)$와 x축으로 둘러싸인 부분의 넓이는? (단, a는 상수이다.) [4점]
└ 점 P의 x좌표를 t라 하면 $f(t)=g(t)$이다.
└ $f'(t)=g'(t)$

① $\frac{2\sqrt{e}-3}{6}$ ② $\frac{2\sqrt{e}-3}{3}$ ③ $\frac{\sqrt{e}-1}{2}$ ④ $\frac{4\sqrt{e}-3}{6}$ ⑤ $\sqrt{e}-1$

Step 1 a의 값 구하기

$f(x)=ax^2$, $g(x)=\ln x$에서

$f'(x)=2ax$, $g'(x)=\frac{1}{x}$

점 P의 x좌표를 t라 하면

$f(t)=g(t)$에서

$at^2=\ln t$ ...... ㉠

$f'(t)=g'(t)$에서

$2at=\frac{1}{t}$ $\quad\therefore at^2=\frac{1}{2}$ ...... ㉡

㉠, ㉡에서

$\ln t=\frac{1}{2}$ $\quad\therefore t=\sqrt{e}$

이를 ㉡에 대입하면

$ae=\frac{1}{2}$ $\quad\therefore a=\frac{1}{2e}$

Step 2 넓이 구하기

$f(x)=\frac{x^2}{2e}$이므로 두 곡선 $y=f(x)$, $y=g(x)$와 x축으로 둘러싸인 부분은 다음 그림의 색칠한 부분과 같다.

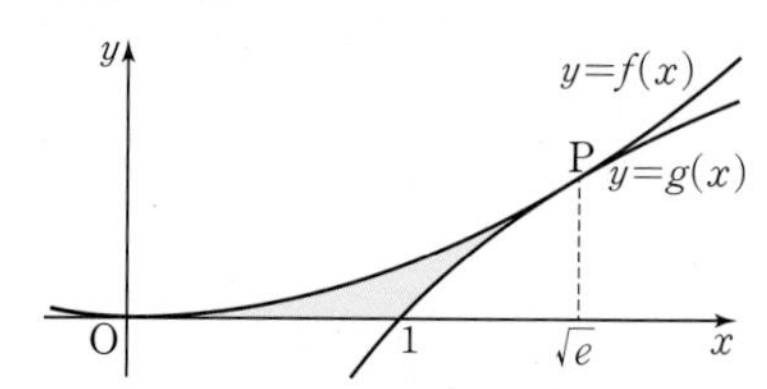

따라서 구하는 넓이는 곡선 $y=f(x)$와 x축 및 두 직선 $x=0$, $x=\sqrt{e}$로 둘러싸인 부분의 넓이에서 곡선 $y=g(x)$와 x축 및 직선 $x=\sqrt{e}$로 둘러싸인 부분의 넓이를 뺀 것과 같으므로

$\int_0^{\sqrt{e}}\frac{x^2}{2e}dx-\int_1^{\sqrt{e}}\ln x\,dx$

$\int_1^{\sqrt{e}}\ln x\,dx$에서 $u(x)=\ln x$, $v'(x)=1$로 놓으면

$u'(x)=\frac{1}{x}$, $v(x)=x$이므로

$\int_0^{\sqrt{e}}\frac{x^2}{2e}dx-\int_1^{\sqrt{e}}\ln x\,dx=\left[\frac{x^3}{6e}\right]_0^{\sqrt{e}}-\left(\left[x\ln x\right]_1^{\sqrt{e}}-\int_1^{\sqrt{e}}dx\right)$

$=\frac{\sqrt{e}}{6}-\left(\frac{\sqrt{e}}{2}-\left[x\right]_1^{\sqrt{e}}\right)$

$=\frac{\sqrt{e}}{6}-\left\{\frac{\sqrt{e}}{2}-(\sqrt{e}-1)\right\}$

$=\frac{2\sqrt{e}-3}{3}$

19 두 곡선 사이의 넓이

정답 ② | 정답률 87%

문제 보기

좌표평면에서 꼭짓점의 좌표가 O(0, 0), A$(2^n, 0)$, B$(2^n, 2^n)$, C$(0, 2^n)$인 정사각형 OABC와 두 곡선 $y=2^x$, $y=\log_2 x$가 있다.
직선 $y=x$에 대하여 대칭이다.
(단, n은 자연수이다.)

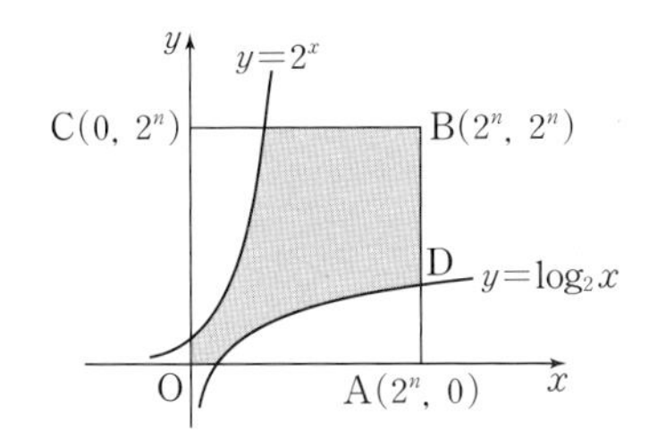

정사각형 OABC와 그 내부는 두 곡선 $y=2^x$, $y=\log_2 x$에 의하여 세 부분으로 나뉜다. $n=3$일 때 이 세 부분 중 색칠된 부분의 넓이는? [4점]

① $14+\frac{12}{\ln 2}$ ② $16+\frac{14}{\ln 2}$ ③ $18+\frac{16}{\ln 2}$ ④ $20+\frac{18}{\ln 2}$ ⑤ $22+\frac{20}{\ln 2}$

Step 1 $n=3$일 때, 세 점 A, B, C의 좌표 구하기

$n=3$일 때, A(8, 0), B(8, 8), C(0, 8)

Step 2 구하는 넓이를 정적분으로 나타내기

두 곡선 $y=2^x$, $y=\log_2 x$는 직선 $y=x$에 대하여 대칭이므로 오른쪽 그림에서 빗금 친 부분의 넓이는 같다.
따라서 구하는 넓이는

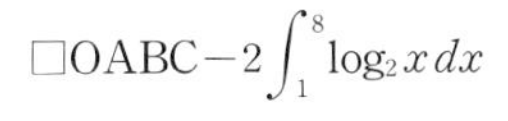
$\square\text{OABC}-2\int_1^8 \log_2 x\,dx$

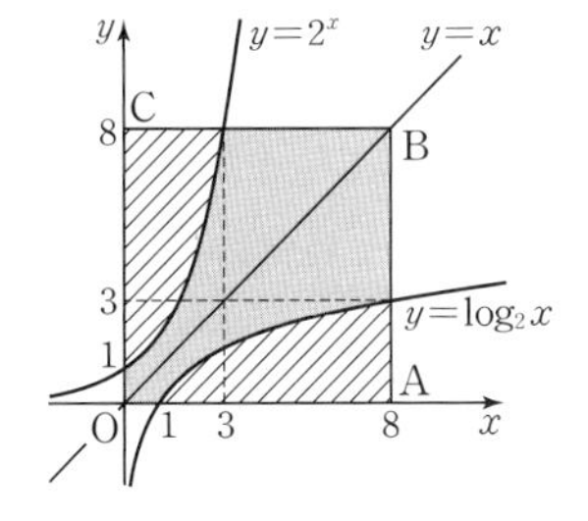

Step 3 넓이 구하기

$\int_1^8 \log_2 x\,dx$에서 $f(x)=\log_2 x$, $g'(x)=1$로 놓으면

$f'(x)=\frac{1}{x\ln 2}$, $g(x)=x$이므로

$$\begin{aligned}\square\text{OABC}-2\int_1^8 \log_2 x\,dx &= 8\times 8-2\left(\left[x\log_2 x\right]_1^8-\int_1^8 \frac{1}{\ln 2}dx\right)\\ &= 64-2\left(24-\left[\frac{1}{\ln 2}x\right]_1^8\right)\\ &= 64-2\left(24-\frac{7}{\ln 2}\right)\\ &= 16+\frac{14}{\ln 2}\end{aligned}$$

20 정적분과 도형의 넓이

정답 ③ | 정답률 88%

문제 보기

함수 $y=\cos 2x$의 그래프와 x축, y축 및 직선 $x=\frac{\pi}{12}$로 둘러싸인 영역의 넓이가 직선 $y=a$에 의하여 이등분될 때, 상수 a의 값은? [3점]
└ 직선 $y=a$에 의하여 이등분되는 영역을 확인한다.

① $\frac{1}{2\pi}$ ② $\frac{1}{\pi}$ ③ $\frac{3}{2\pi}$ ④ $\frac{2}{\pi}$ ⑤ $\frac{5}{2\pi}$

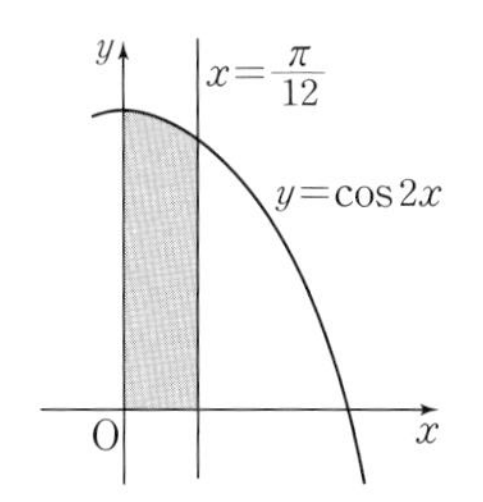

Step 1 함수 $y=\cos 2x$의 그래프와 x축, y축 및 직선 $x=\frac{\pi}{12}$로 둘러싸인 영역의 넓이 구하기

함수 $y=\cos 2x$의 그래프와 x축, y축 및 직선 $x=\frac{\pi}{12}$로 둘러싸인 영역의 넓이를 S라 하면

$S=\int_0^{\frac{\pi}{12}} \cos 2x\,dx=\left[\frac{1}{2}\sin 2x\right]_0^{\frac{\pi}{12}}=\frac{1}{4}$

Step 2 a의 값 구하기

직선 $y=a$에 의하여 S가 이등분되므로

$\frac{\pi}{12}\times a=\frac{1}{2}\times\frac{1}{4}$

$\therefore a=\frac{3}{2\pi}$

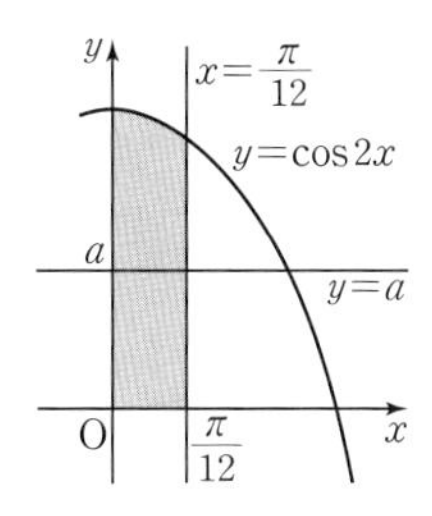

21 정적분과 도형의 넓이 정답 ③ | 정답률 90%

문제 보기

함수 $y=e^x$의 그래프와 x축, y축 및 직선 $x=1$로 둘러싸인 영역의 넓이가 직선 $y=ax$ $(0<a<e)$에 의하여 이등분될 때, 상수 a의 값은? [3점]

└→ 직선 $y=ax$에 의하여 이등분되는 영역을 확인한다.

① $e-\frac{1}{3}$ ② $e-\frac{1}{2}$ ③ $e-1$ ④ $e-\frac{4}{3}$ ⑤ $e-\frac{3}{2}$

Step 1 함수 $y=e^x$의 그래프와 x축, y축 및 직선 $x=1$로 둘러싸인 영역의 넓이 구하기

함수 $y=e^x$의 그래프와 x축, y축 및 직선 $x=1$로 둘러싸인 영역의 넓이를 S라 하면

$S=\int_0^1 e^x dx=\left[e^x\right]_0^1=e-1$

Step 2 a의 값 구하기

직선 $y=ax$에 의하여 S가 이등분되므로

$\frac{1}{2}\times1\times a=\frac{1}{2}(e-1)$

$\therefore a=e-1$

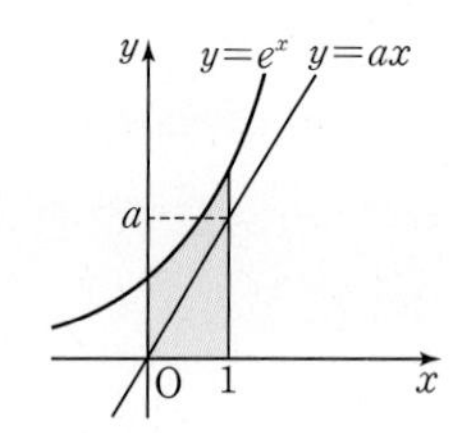

22 정적분과 도형의 넓이 정답 7 | 정답률 81%

문제 보기

실수 전체의 집합에서 도함수가 연속인 함수 $f(x)$에 대하여 $f(0)=0$, $f(2)=1$이다. 그림과 같이 $0\le x\le2$에서 곡선 $y=f(x)$와 x축 및 직선 $x=2$로 둘러싸인 두 부분의 넓이를 각각 A, B라 하자. $A=B$일 때, $\int_0^2(2x+3)f'(x)dx$의 값을 구하시오. [4점]

└→ 부분적분법을 이용한다.

$\int_0^2 f(x)dx$의 값을 구한다.

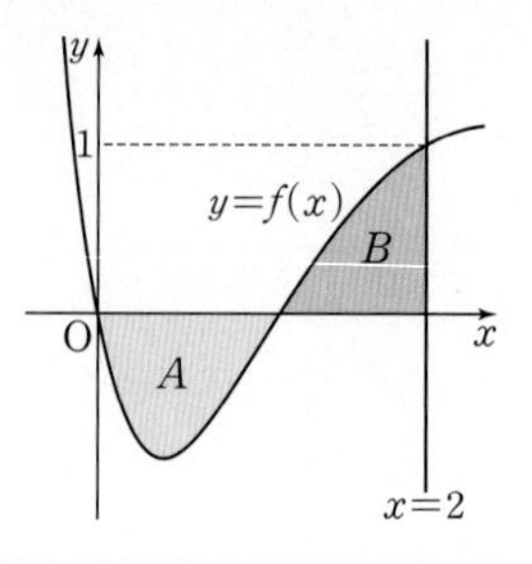

Step 1 $\int_0^2 f(x)dx$의 값 구하기

$A=B$이므로 $\int_0^2 f(x)dx=0$

Step 2 $\int_0^2(2x+3)f'(x)dx$의 값 구하기

$\int_0^2(2x+3)f'(x)dx$에서 $u(x)=2x+3$, $v'(x)=f'(x)$로 놓으면

$u'(x)=2$, $v(x)=f(x)$이므로

$\int_0^2(2x+3)f'(x)dx=\left[(2x+3)f(x)\right]_0^2-\int_0^2 2f(x)dx$

$=7f(2)-3f(0)-2\times0=7$

23 정적분과 도형의 넓이 　정답 ② | 정답률 85%

문제 보기

곡선 $y=\frac{1}{x}$과 두 직선 $x=1$, $x=2$ 및 x축으로 둘러싸인 부분의 넓이를 S라 하자. 곡선 $y=\frac{1}{x}$과 두 직선 $x=1$, $x=a$ 및 x축으로 둘러싸인 부분의 넓이가 $2S$가 되도록 하는 모든 양수 a의 값의 합은? [4점]

└ $a>1$일 때와 $0<a<1$일 때로 나누어 구한다.

① $\frac{15}{4}$ ② $\frac{17}{4}$ ③ $\frac{19}{4}$ ④ $\frac{21}{4}$ ⑤ $\frac{23}{4}$

Step 1 S의 값 구하기

곡선 $y=\frac{1}{x}$과 두 직선 $x=1$, $x=2$ 및 x축으로 둘러싸인 부분의 넓이는

$S=\int_1^2 \frac{1}{x}dx=\Big[\ln|x|\Big]_1^2=\ln 2$

Step 2 a의 값 구하기

(i) $a>1$일 때

곡선 $y=\frac{1}{x}$과 두 직선 $x=1$, $x=a$ 및 x축으로 둘러싸인 부분의 넓이는

$\int_1^a \frac{1}{x}dx=\Big[\ln|x|\Big]_1^a=\ln a$

이 넓이가 $2S$이므로

$\ln a=2\ln 2=\ln 4$

$\therefore a=4$

(ii) $0<a<1$일 때

곡선 $y=\frac{1}{x}$과 두 직선 $x=1$, $x=a$ 및 x축으로 둘러싸인 부분의 넓이는

$\int_a^1 \frac{1}{x}dx=\Big[\ln|x|\Big]_a^1=-\ln a$

이 넓이가 $2S$이므로

$-\ln a=2\ln 2$

$\ln a=-2\ln 2=\ln\frac{1}{4}$

$\therefore a=\frac{1}{4}$

(i), (ii)에서 $a=4$ 또는 $a=\frac{1}{4}$

Step 3 모든 양수 a의 값의 합 구하기

따라서 모든 양수 a의 값의 합은

$4+\frac{1}{4}=\frac{17}{4}$

24 정적분과 도형의 넓이 　정답 ① | 정답률 87%

문제 보기

곡선 $y=e^{2x}$과 y축 및 직선 $y=-2x+a$로 둘러싸인 영역을 A, 곡선 $y=e^{2x}$과 두 직선 $y=-2x+a$, $x=1$로 둘러싸인 영역을 B라 하자. A의 넓이와 B의 넓이가 같을 때, 상수 a의 값은? (단, $1<a<e^2$) [3점]

└ $\int_0^1\{(-2x+a)-e^{2x}\}dx=0$임을 이용한다.

① $\frac{e^2+1}{2}$ ② $\frac{2e^2+1}{4}$ ③ $\frac{e^2}{2}$ ④ $\frac{2e^2-1}{4}$ ⑤ $\frac{e^2-1}{2}$

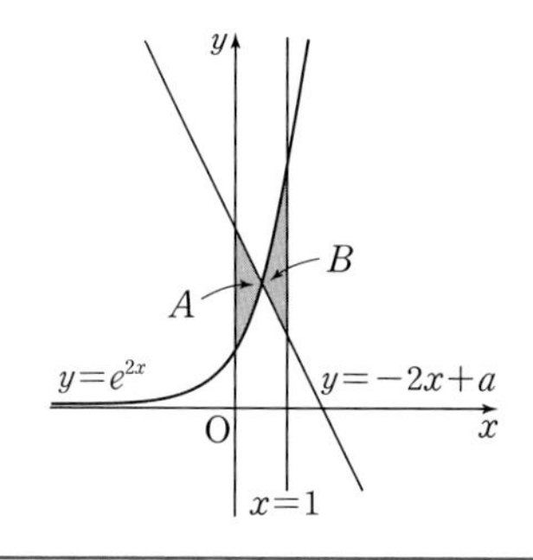

Step 1 a의 값 구하기

A의 넓이와 B의 넓이가 같으므로

$\int_0^1\{(-2x+a)-e^{2x}\}dx=0$

$\Big[-x^2+ax-\frac{1}{2}e^{2x}\Big]_0^1=0$

$\left(-1+a-\frac{e^2}{2}\right)-\left(-\frac{1}{2}\right)=0$

$\therefore a=\frac{e^2+1}{2}$

다른 풀이

A의 넓이와 B의 넓이가 같으므로 두 직선 $y=-2x+a$와 $x=1$ 및 x축, y축으로 둘러싸인 영역의 넓이와 곡선 $y=e^{2x}$과 직선 $x=1$ 및 x축, y축으로 둘러싸인 영역의 넓이가 같다.

즉, $\int_0^1(-2x+a)dx=\int_0^1 e^{2x}dx$이므로

$\Big[-x^2+ax\Big]_0^1=\Big[\frac{1}{2}e^{2x}\Big]_0^1$

$-1+a=\frac{1}{2}e^2-\frac{1}{2}$

$\therefore a=\frac{e^2+1}{2}$

25 정적분과 도형의 넓이 정답 ② | 정답률 55%

문제 보기

닫힌구간 $\left[0, \frac{\pi}{2}\right]$에서 정의된 함수 $f(x)=\sin x$의 그래프 위의 한 점 $\mathrm{P}(a, \sin a)\left(0<a<\frac{\pi}{2}\right)$에서의 접선을 l이라 하자. 곡선 $y=f(x)$와

└ 접선 l의 기울기는 $f'(a)=\cos a$이다.

x축 및 직선 l로 둘러싸인 부분의 넓이와 곡선 $y=f(x)$와 x축 및 직선 $x=a$로 둘러싸인 부분의 넓이가 같을 때, $\cos a$의 값은? [4점]

└ 곡선 $y=f(x)$와 직선 l을 그려서 넓이에 대한 식을 세운다.

① $\frac{1}{6}$ ② $\frac{1}{3}$ ③ $\frac{1}{2}$ ④ $\frac{2}{3}$ ⑤ $\frac{5}{6}$

Step 1 접선 l이 x축과 만나는 점의 좌표 구하기

$f(x)=\sin x$에서 $f'(x)=\cos x$

점 $\mathrm{P}(a, \sin a)$에서의 접선의 기울기는 $\cos a$이므로 접선 l의 방정식은

$y-\sin a=\cos a(x-a)$

$y=0$을 대입하면

$-\sin a=\cos a(x-a)$

$x-a=-\frac{\sin a}{\cos a}$

$\therefore x=a-\frac{\sin a}{\cos a}$

직선 l이 x축과 만나는 점을 Q라 하면

$\mathrm{Q}\left(a-\frac{\sin a}{\cos a}, 0\right)$

Step 2 $\cos a$의 값 구하기

다음 그림과 같이 점 P에서 x축에 내린 수선의 발을 R라 하면 $\mathrm{R}(a, 0)$

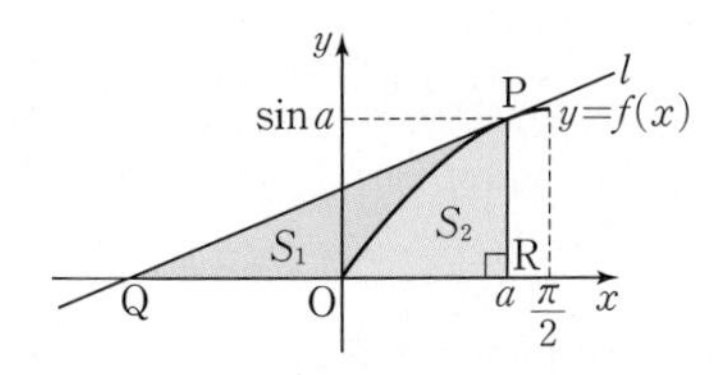

곡선 $y=f(x)$와 x축 및 직선 l로 둘러싸인 부분의 넓이를 S_1, 곡선 $y=f(x)$와 x축 및 직선 $x=a$로 둘러싸인 부분의 넓이를 S_2라 하면

$S_1+S_2=\triangle\mathrm{PQR}$

이때 $S_1=S_2$이므로

$2S_2=\triangle\mathrm{PQR}$

$2\int_0^a \sin x\,dx=\frac{1}{2}\times\left\{a-\left(a-\frac{\sin a}{\cos a}\right)\right\}\times\sin a$

$2\left[-\cos x\right]_0^a=\frac{\sin^2 a}{2\cos a}$, $-2\cos a+2=\frac{1-\cos^2 a}{2\cos a}$

$3\cos^2 a-4\cos a+1=0$, $(3\cos a-1)(\cos a-1)=0$

$\therefore \cos a=\frac{1}{3}\left(\because 0<a<\frac{\pi}{2}\right)$

26 정적분과 도형의 넓이의 활용 정답 24 | 정답률 45%

문제 보기

연속함수 $f(x)$와 그 역함수 $g(x)$가 다음 조건을 만족시킨다.

> (가) $f(1)=1$, $f(3)=3$, $f(7)=7$
> (나) $x\neq3$인 모든 실수 x에 대하여 $f''(x)<0$이다.
> └ $x\neq3$일 때 함수 $y=f(x)$의 그래프는 위로 볼록하다.
> (다) $\int_1^7 f(x)\,dx=27$, $\int_1^3 g(x)\,dx=3$

$12\int_3^7 |f(x)-x|\,dx$의 값을 구하시오. [4점]

Step 1 두 함수 $y=f(x)$, $y=g(x)$의 그래프의 개형 파악하기

함수 $f(x)$의 역함수가 존재하므로 $f(x)$는 일대일대응이고,

$f(1)<f(3)<f(7)$이므로 함수 $f(x)$는 구간 $[1, 7]$에서 증가한다.

조건 (가)에서 $f(1)=1$, $f(3)=3$, $f(7)=7$이므로

$g(1)=1$, $g(3)=3$, $g(7)=7$

조건 (나)에서 $x\neq3$인 모든 실수 x에 대하여 함수 $y=f(x)$의 그래프는 위로 볼록하다.

이때 함수 $y=f(x)$의 그래프와 그 역함수 $y=g(x)$의 그래프는 직선 $y=x$에 대하여 대칭이므로 두 함수 $y=f(x)$, $y=g(x)$의 그래프의 개형은 다음 그림과 같다.

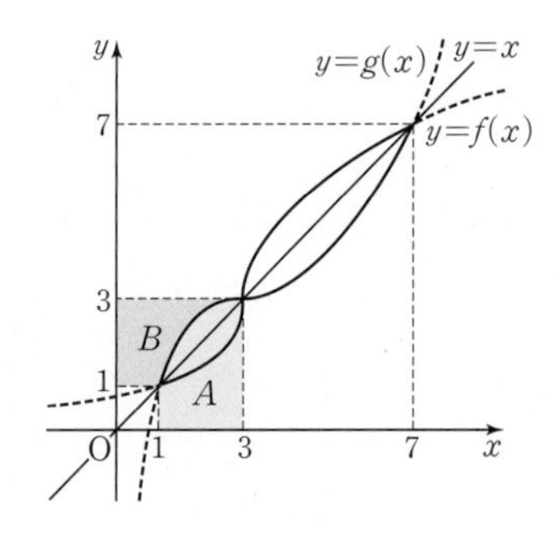

Step 2 $\int_3^7 f(x)\,dx$의 값 구하기

$A=\int_1^3 f(x)\,dx$, $B=\int_1^3 g(x)\,dx$라 하면 조건 (다)에서 $B=3$이므로

$A=\int_1^3 f(x)\,dx$

$=3\times3-1\times1-\int_1^3 g(x)\,dx$

$=9-1-3=5$

이때 조건 (다)에서 $\int_1^7 f(x)\,dx=27$이므로

$\int_3^7 f(x)\,dx=\int_1^7 f(x)\,dx-\int_1^3 f(x)\,dx$

$=27-5=22$

Step 3 $12\int_3^7 |f(x)-x|\,dx$의 값 구하기

$\therefore 12\int_3^7 |f(x)-x|\,dx=12\int_3^7 \{f(x)-x\}\,dx$

$=12\left\{\int_3^7 f(x)\,dx-\int_3^7 x\,dx\right\}$

$=12\left(22-\left[\frac{1}{2}x^2\right]_3^7\right)$

$=12(22-20)=24$

27 정적분과 도형의 넓이의 활용 정답 54 | 정답률 38%

문제 보기

$f(1)=1$인 이차함수 $f(x)$와 함수 $g(x)=x^2$이 다음 조건을 만족시킨다.

> (가) 모든 실수 x에 대하여 $f(-x)=f(x)$이다.
> └ 함수 $y=f(x)$의 그래프는 y축에 대하여 대칭이다.
> (나) $\lim_{n\to\infty}\frac{1}{n}\sum_{k=1}^{n}\left\{f\left(\frac{k}{n}\right)-g\left(\frac{k}{n}\right)\right\}=27$
> └ 정적분으로 나타낸다.

두 곡선 $y=f(x)$와 $y=g(x)$로 둘러싸인 부분의 넓이를 구하시오. [4점]

Step 1 두 함수 $y=f(x)$, $y=g(x)$의 그래프의 교점의 x좌표 구하기

$f(1)=1$이고 함수 $g(x)=x^2$에서 $g(1)=1$이므로
$f(1)=g(1)$
조건 (나)에서 $f(-x)=f(x)$이므로 $f(-1)=f(1)=1$
함수 $g(x)=x^2$에서 $g(-1)=1$이므로
$f(-1)=g(-1)$
따라서 두 함수 $y=f(x)$, $y=g(x)$의 그래프의 두 교점의 x좌표는 -1, 1이다.

Step 2 (나)의 등식의 좌변을 정적분으로 나타내기

조건 (나)에서
$$\lim_{n\to\infty}\frac{1}{n}\sum_{k=1}^{n}\left\{f\left(\frac{k}{n}\right)-g\left(\frac{k}{n}\right)\right\}=\int_0^1\{f(x)-g(x)\}\,dx$$
$$\therefore \int_0^1\{f(x)-g(x)\}\,dx=27$$

Step 3 넓이 구하기

$\int_0^1\{f(x)-g(x)\}\,dx=27$이므로 $0\le x\le 1$에서 $f(x)\ge g(x)$
조건 (가)에서 $f(-x)=f(x)$이고, $g(x)=x^2$이므로 두 함수 $y=f(x)$, $y=g(x)$의 그래프는 각각 y축에 대하여 대칭이다.
따라서 함수 $y=f(x)-g(x)$의 그래프도 y축에 대하여 대칭이므로 구하는 넓이는
$$\int_{-1}^1|f(x)-g(x)|\,dx=\int_{-1}^1\{f(x)-g(x)\}\,dx$$
$$=2\int_0^1\{f(x)-g(x)\}\,dx$$
$$=2\times27=54$$

28 정적분과 도형의 넓이의 활용 정답 ② | 정답률 39%

문제 보기

닫힌구간 $[0, 4\pi]$에서 연속이고 다음 조건을 만족시키는 모든 함수 $f(x)$에 대하여 $\int_0^{4\pi}|f(x)|\,dx$의 최솟값은? [4점]

> (가) $0\le x\le\pi$일 때, $f(x)=1-\cos x$이다.
> └ $0<x<\pi$에서 곡선 $y=f(x)$의 변곡점을 파악한다.
> (나) $1\le n\le 3$인 각각의 자연수 n에 대하여
> $f(n\pi+t)=f(n\pi)+f(t)$ $(0<t\le\pi)$
> 또는
> $f(n\pi+t)=f(n\pi)-f(t)$ $(0<t\le\pi)$
> 이다. └ $n\pi\le x\le(n+1)\pi$에서 곡선 $y=f(x)$를 파악한다.
> (다) $0<x<4\pi$에서 곡선 $y=f(x)$의 변곡점의 개수는 6이다.
> └ $f''(x)=0$인 x의 좌우에서 $f''(x)$의 부호가 바뀐다.

① 4π ② 6π ③ 8π ④ 10π ⑤ 12π

Step 1 $0<x<\pi$에서 곡선 $y=f(x)$의 변곡점 파악하기

$f(x)=1-\cos x$에서 $f'(x)=\sin x$, $f''(x)=\cos x$
$0<x<\pi$일 때, $f''(x)=0$인 x의 값은 $x=\frac{\pi}{2}$
$0<x<\frac{\pi}{2}$에서 $f''(x)>0$이고 $\frac{\pi}{2}<x<\pi$에서 $f''(x)<0$이므로 $x=\frac{\pi}{2}$의 좌우에서 $f''(x)$의 부호가 바뀐다.
따라서 $x=\frac{\pi}{2}$인 점은 곡선 $y=f(x)$의 변곡점이다.

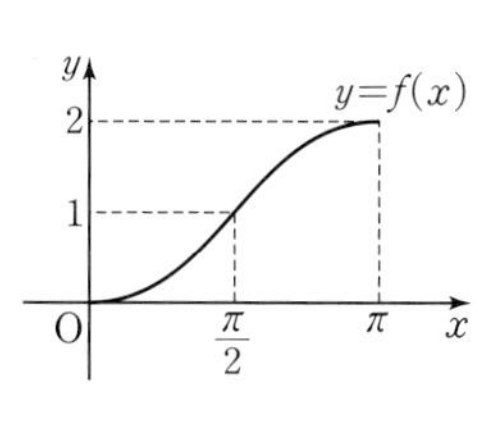

Step 2 $n\pi\le x\le(n+1)\pi$에서 곡선 $y=f(x)$ 파악하기

조건 (가)에서 $f(\pi)=1-\cos\pi=2$이므로 조건 (나)에서 $n=1$일 때,
$0<t\le\pi$에서 $f(\pi+t)=2+f(t)$ 또는 $f(\pi+t)=2-f(t)$
따라서 $0\le x\le 2\pi$에서 곡선 $y=f(x)$는 다음 그림과 같이 두 가지이다.

(i) $f(\pi+t)=2+f(t)$인 경우

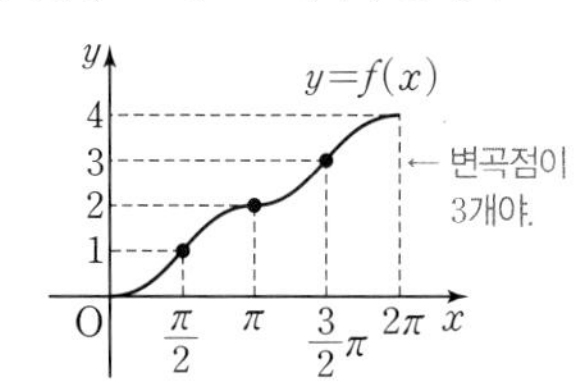

(ii) $f(\pi+t)=2-f(t)$인 경우

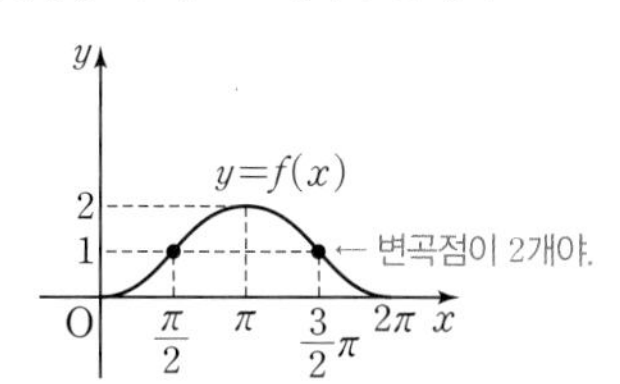

$n=2$, $n=3$인 경우에도 같은 방법으로 그려 보면 $n\pi\le x\le(n+1)\pi$에서 곡선 $y=f(x)$는 다음 그림과 같이 두 가지이다.

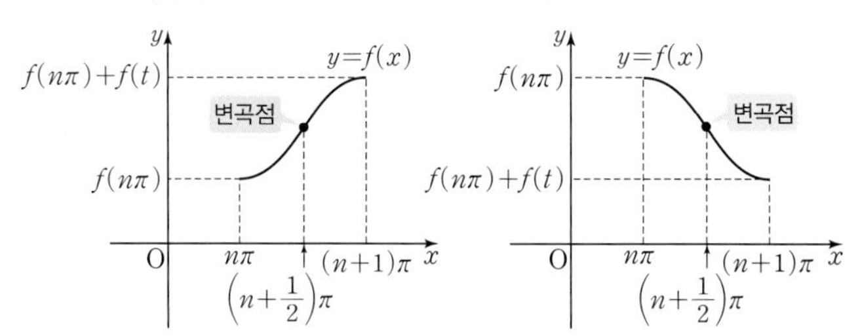

Step 3 변곡점의 개수가 6이 되는 경우에 따라 $\int_0^{4\pi}|f(x)|\,dx$의 값 구하기

$0<x<4\pi$에서 $x=\frac{\pi}{2}$, $x=\frac{3}{2}\pi$, $x=\frac{5}{2}\pi$, $x=\frac{7}{2}\pi$인 점은 항상 곡선 $y=f(x)$의 변곡점이므로 조건 (다)에서 변곡점이 6개이려면 $x=\pi$, $x=2\pi$, $x=3\pi$인 세 점 중에서 두 점만 변곡점이어야 한다.

(i) $x=\pi$, $x=2\pi$인 두 점이 변곡점인 경우
곡선 $y=f(x)$는 다음 그림과 같다.

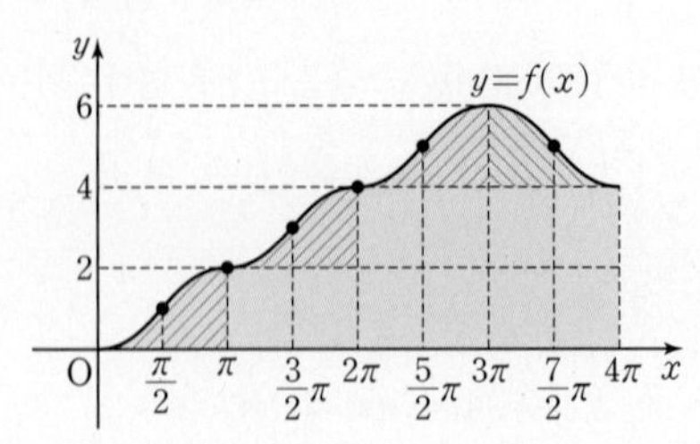

곡선 $y=f(x)$와 x축 및 직선 $x=\pi$로 둘러싸인 부분의 넓이는

$$\int_0^{\pi} f(x)\,dx=\int_0^{\pi}(1-\cos x)\,dx$$

$$=\Big[x-\sin x\Big]_0^{\pi}=\pi \qquad \cdots\cdots ㉠$$

이때 $\int_0^{4\pi}|f(x)|\,dx$의 값은 곡선 $y=f(x)$와 x축 및 직선 $x=4\pi$로 둘러싸인 부분의 넓이와 같으므로

$$\int_0^{4\pi}|f(x)|\,dx=4\int_0^{\pi}f(x)\,dx+\pi\times 2+2\pi\times 4$$

$$=4\times\pi+10\pi\ (\because ㉠)$$

$$=14\pi$$

→ 위의 곡선 $y=f(x)$에서 빗금친 부분의 넓이는 서로 같아.

(ii) $x=\pi$, $x=3\pi$인 두 점이 변곡점인 경우
곡선 $y=f(x)$는 다음 그림과 같다.

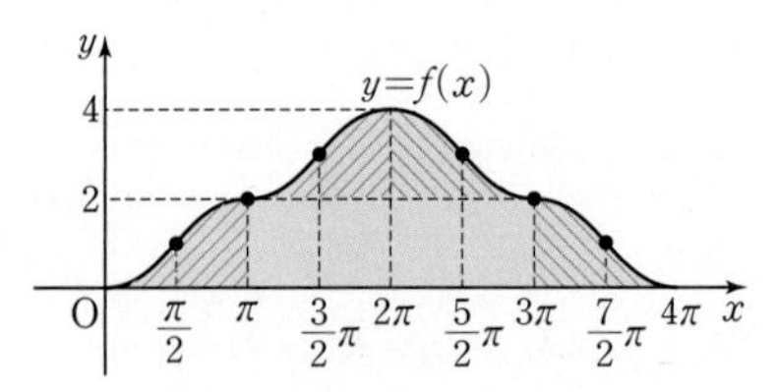

$$\therefore \int_0^{4\pi}|f(x)|\,dx=4\int_0^{\pi}f(x)\,dx+2\pi\times 2$$

$$=4\times\pi+4\pi\ (\because ㉠)$$

$$=8\pi$$

(iii) $x=2\pi$, $x=3\pi$인 두 점이 변곡점인 경우
곡선 $y=f(x)$는 다음 그림과 같다.

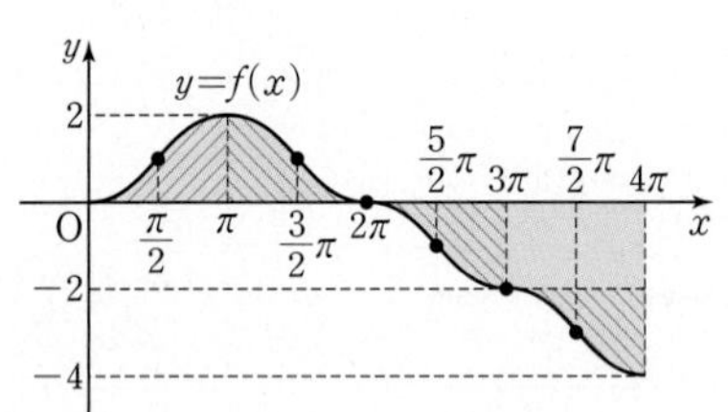

$$\therefore \int_0^{4\pi}|f(x)|\,dx=4\int_0^{\pi}f(x)\,dx+\pi\times 2$$

$$=4\times\pi+2\pi\ (\because ㉠)$$

$$=6\pi$$

Step 4 $\int_0^{4\pi}|f(x)|\,dx$**의 최솟값 구하기**

(i), (ii), (iii)에서 $\int_0^{4\pi}|f(x)|\,dx$의 최솟값은 6π이다.

29 정적분과 도형의 넓이의 활용 　정답 143 | 정답률 11%

문제 보기

실수 전체의 집합에서 증가하고 미분가능한 함수 $f(x)$가 다음 조건을 만족시킨다.

> (가) $f(1)=1$, $\int_1^2 f(x)\,dx=\frac{5}{4}$
> (나) 함수 $f(x)$의 역함수를 $g(x)$라 할 때, $x\geq 1$인 모든 실수 x에 대하여 $g(2x)=2f(x)$이다.
> └→ $f(2)$, $f(4)$, $f(8)$의 값을 구한다.

$\int_1^8 xf'(x)\,dx=\frac{q}{p}$일 때, $p+q$의 값을 구하시오.
└→ 부분적분법을 이용한다.
(단, p와 q는 서로소인 자연수이다.) [4점]

Step 1 $f(2)$, $f(4)$, $f(8)$**의 값 구하기**

조건 (가)에서 $f(1)=1$이므로 조건 (나)의 $g(2x)=2f(x)$에
$x=1$을 대입하면
$g(2)=2f(1)=2 \qquad \therefore f(2)=2$
$x=2$를 대입하면
$g(4)=2f(2)=4 \qquad \therefore f(4)=4$
$x=4$를 대입하면
$g(8)=2f(4)=8 \qquad \therefore f(8)=8$

Step 2 $\int_2^4 f(x)\,dx$**의 값 구하기**

$g(2x)=2f(x)$에서

$$\int_1^2 g(2x)\,dx=2\int_1^2 f(x)\,dx$$

$2x=t$로 놓으면 $\frac{dt}{dx}=2$이고,
$x=1$일 때 $t=2$, $x=2$일 때 $t=4$이므로

$$\frac{1}{2}\int_2^4 g(t)\,dt=2\int_1^2 f(x)\,dx$$

조건 (가)에서 $\int_1^2 f(x)\,dx=\frac{5}{4}$이므로

$$\frac{1}{2}\int_2^4 g(t)\,dt=2\times\frac{5}{4} \qquad \therefore \int_2^4 g(t)\,dt=5$$

함수 $y=f(x)$의 그래프와 그 역함수 $y=g(x)$의 그래프는 직선 $y=x$에 대하여 대칭이므로 오른쪽 그림에서

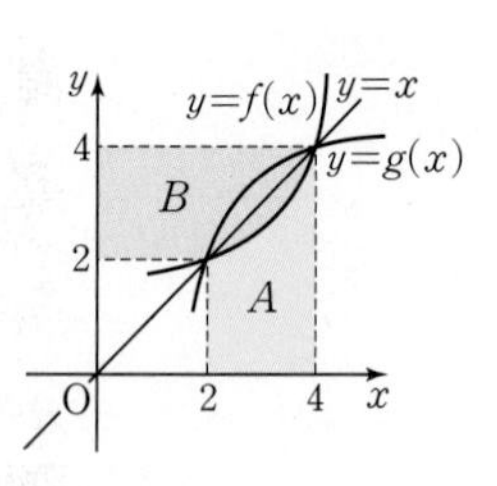

$A=\int_2^4 f(x)\,dx$, $B=\int_2^4 g(x)\,dx$
이때 $A+B$는 한 변의 길이가 4인 정사각형의 넓이에서 한 변의 길이가 2인 정사각형의 넓이를 뺀 것과 같으므로

$$\int_2^4 f(x)\,dx+\int_2^4 g(x)\,dx=4\times 4-2\times 2 \qquad \cdots\cdots ㉠$$

$$\int_2^4 f(x)\,dx+5=12 \qquad \therefore \int_2^4 f(x)\,dx=7$$

Step 3 $\int_4^8 f(x)\,dx$**의 값 구하기**

$g(2x)=2f(x)$에서

$$\int_2^4 g(2x)\,dx=2\int_2^4 f(x)\,dx$$

$2x=t$로 놓으면 $\frac{dt}{dx}=2$이고,
$x=2$일 때 $t=4$, $x=4$일 때 $t=8$이므로

$$\frac{1}{2}\int_4^8 g(t)\,dt=2\int_2^4 f(x)\,dx$$

$\frac{1}{2}\int_4^8 g(t)\,dt=2\times7 \quad \therefore \int_4^8 g(t)\,dt=28$

㉠과 같은 방법으로 하면

$\int_4^8 f(x)\,dx+\int_4^8 g(x)\,dx=8\times8-4\times4$

$\int_4^8 f(x)\,dx+28=48 \quad \therefore \int_4^8 f(x)\,dx=20$

Step 4 $\int_1^8 xf'(x)\,dx$**의 값 구하기**

$\int_1^8 xf'(x)\,dx$에서 $u(x)=x$, $v'(x)=f'(x)$로 놓으면

$u'(x)=1$, $v(x)=f(x)$이므로

$\int_1^8 xf'(x)\,dx$

$=\Big[xf(x)\Big]_1^8-\int_1^8 f(x)\,dx$

$=8f(8)-f(1)-\left\{\int_1^2 f(x)\,dx+\int_2^4 f(x)\,dx+\int_4^8 f(x)\,dx\right\}$

$=8\times8-1-\left(\frac{5}{4}+7+20\right)=\frac{139}{4}$

Step 5 $p+q$**의 값 구하기**

따라서 $p=4$, $q=139$이므로

$p+q=143$

30 정적분과 도형의 넓이의 활용 정답 36 | 정답률 18%

문제 보기

함수

$$f(x)=\begin{cases} e^x & (0\le x<1) \\ e^{2-x} & (1\le x\le 2)\end{cases}$$

에 대하여 열린구간 $(0, 2)$에서 정의된 함수

$$g(x)=\int_0^x |f(x)-f(t)|\,dt$$

→ 닫힌구간 $[0, x]$에서 함수 $y=f(x)$의 그래프와 함수 $y=f(t)$의 그래프로 둘러싸인 부분의 넓이이다.

의 극댓값과 극솟값의 차는 $ae+b\sqrt[3]{e^2}$이다. $(ab)^2$의 값을 구하시오.

(단, a, b는 유리수이다.) [4점]

Step 1 $g(x)$ **구하기**

(i) $0<x\le1$일 때

오른쪽 그림에서 $0<t\le x$일 때

$f(x)\ge f(t)$이므로

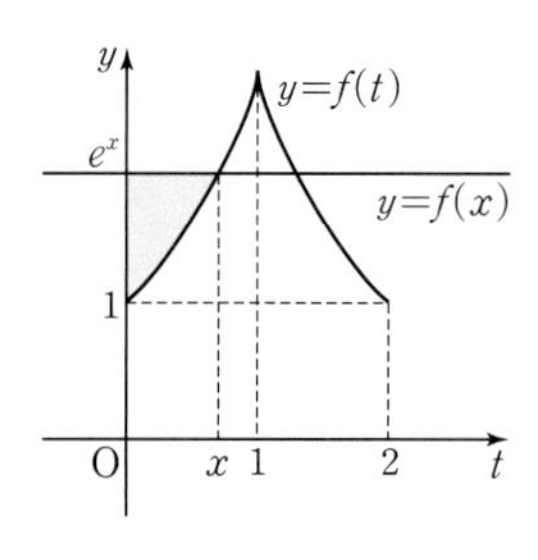

$g(x)=\int_0^x |f(x)-f(t)|\,dt$

$=\int_0^x \{f(x)-f(t)\}\,dt$

$=\int_0^x (e^x-e^t)\,dt$

$=\Big[te^x-e^t\Big]_0^x$

$=xe^x-e^x+1$

$=(x-1)e^x+1$

(ii) $1<x<2$일 때

오른쪽 그림에서 $0<t<2-x$일 때

$f(x)\ge f(t)$이고, $2-x\le t<x$일 때

$f(x)\le f(t)$이므로

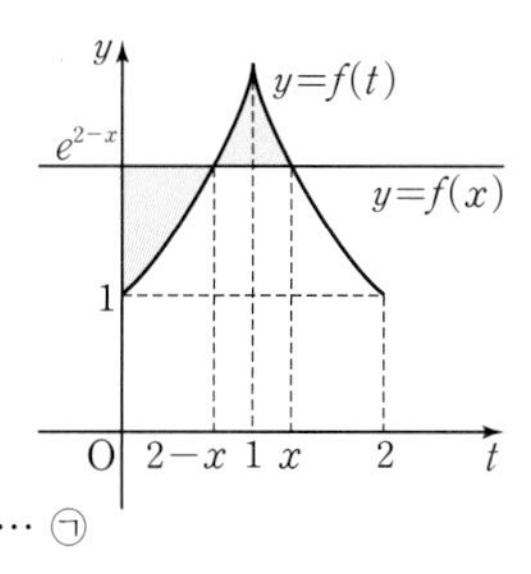

$g(x)=\int_0^x |f(x)-f(t)|\,dt$

$=\int_0^{2-x} \{f(x)-f(t)\}\,dt$

$+\int_{2-x}^x \{f(t)-f(x)\}\,dt$ …… ㉠

(i)에 의하여

$\int_0^{2-x} \{f(x)-f(t)\}\,dt=g(2-x)$

$=(2-x-1)e^{2-x}+1$

$=(1-x)e^{2-x}+1$

한편 함수 $y=e^{2-t}$의 그래프와 함수 $y=e^t$의 그래프는 직선 $t=1$에 대하여 대칭이므로

$\int_{2-x}^x \{f(t)-f(x)\}\,dt=2\int_1^x \{f(t)-f(x)\}\,dt$

$=2\int_1^x (e^{2-t}-e^{2-x})\,dt$

$=2\Big[-e^{2-t}-te^{2-x}\Big]_1^x$

$=2\{(-e^{2-x}-xe^{2-x})-(-e-e^{2-x})\}$

$=2e-2xe^{2-x}$

㉠에서

$g(x)=\{(1-x)e^{2-x}+1\}+(2e-2xe^{2-x})$

$=(1-3x)e^{2-x}+2e+1$

(i), (ii)에서

$$g(x)=\begin{cases} (x-1)e^x+1 & (0<x\le1) \\ (1-3x)e^{2-x}+2e+1 & (1<x<2)\end{cases}$$

Step 2 $g(x)$의 극댓값과 극솟값의 차 구하기

$$g'(x)=\begin{cases} xe^x & (0<x<1) \\ (3x-4)e^{2-x} & (1<x<2) \end{cases}$$

$g'(x)=0$인 x의 값은

$x=\frac{4}{3}$ ($\because x>0,\ e^x>0,\ e^{2-x}>0$)

$0<x<2$에서 함수 $g(x)$의 증가와 감소를 표로 나타내면 다음과 같다.

x	0	$\cdots$	1	$\cdots$	$\frac{4}{3}$	$\cdots$	2
$g'(x)$		+		−	0	+	
$g(x)$		↗	극대	↘	극소	↗	

즉, 함수 $g(x)$는 $x=1$에서 극댓값을 갖고, $x=\frac{4}{3}$에서 극솟값을 갖는다.
따라서 함수 $g(x)$의 극댓값은 $g(1)=(1-1)e+1=1$, 극솟값은

$g\left(\frac{4}{3}\right)=(1-4)e^{\frac{2}{3}}+2e+1=2e-3e^{\frac{2}{3}}+1$이므로 극댓값과 극솟값의 차는

$$\begin{aligned} g(1)-g\left(\frac{4}{3}\right)&=1-(2e-3e^{\frac{2}{3}}+1) \\ &=-2e+3e^{\frac{2}{3}} \\ &=-2e+3\sqrt[3]{e^2} \end{aligned}$$

Step 3 $(ab)^2$의 값 구하기

따라서 $a=-2$, $b=3$이므로

$(ab)^2=(-2\times3)^2=36$

31 정적분과 도형의 넓이의 활용 정답 80 | 정답률 7%

문제 보기

그림과 같이 길이가 2인 선분 AB 위의 점 P를 지나고 선분 AB에 수직인 직선이 선분 AB를 지름으로 하는 반원과 만나는 점을 Q라 하자. $\overline{AP}=x$라 할 때, $S(x)$를 다음과 같이 정의한다.

$0<x<2$일 때 $S(x)$는 두 선분 AP, PQ와 호 AQ로 둘러싸인 도형의 넓이이고, $x=2$일 때 $S(x)$는 선분 AB를 지름으로 하는 반원의 넓이이다. └→ 반원의 방정식을 $g(t)$라 하면 $S(x)=\int_0^x g(t)\,dt$이다.

$$\int_{\frac{\pi}{4}}^{\frac{3}{4}\pi}\{S(1+\sin\theta)-S(1+\cos\theta)\}\,d\theta=p+q\pi^2$$

일 때, $\frac{30p}{q}$의 값을 구하시오. (단, p와 q는 유리수이다.) [4점]

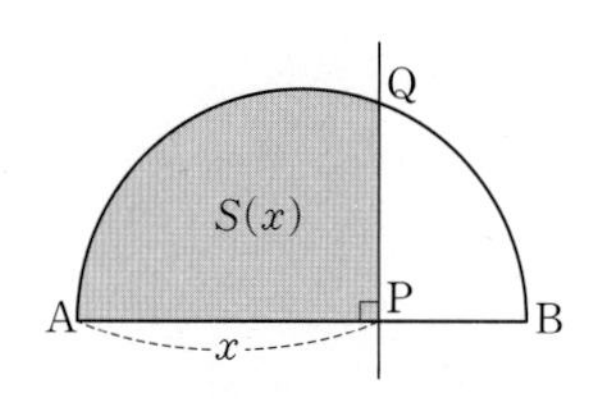

Step 1 $S(x)$ 구하기

오른쪽 그림과 같이 주어진 반원을 점 A가 원점, 선분 AB가 t축에 오도록 좌표평면 위에 나타내면 반원은 중심이 점 $(1, 0)$이고 반지름의 길이가 1인 원의 일부이므로 도형의 방정식은

$(t-1)^2+y^2=1$ (단, $y>0$)

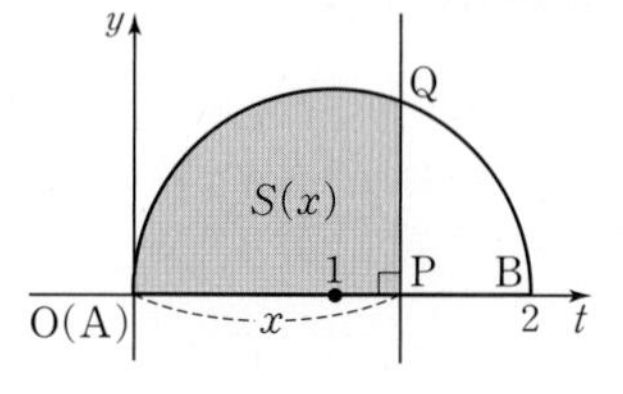

$\therefore y=\sqrt{1-(t-1)^2}$

$\therefore S(x)=\int_0^x\sqrt{1-(t-1)^2}\,dt$ ...... ㉠

Step 2 $S(1+\sin\theta)-S(1+\cos\theta)$의 식 구하기

㉠의 양변을 x에 대하여 미분하면

$S'(x)=\sqrt{1-(x-1)^2}$

$f(\theta)=S(1+\sin\theta)-S(1+\cos\theta)$ ...... ㉡

라 하면

$$\begin{aligned} f'(\theta)&=S'(1+\sin\theta)\cos\theta+S'(1+\cos\theta)\sin\theta \\ &=\sqrt{1-\sin^2\theta}\cos\theta+\sqrt{1-\cos^2\theta}\sin\theta \\ &=\sqrt{\cos^2\theta}\cos\theta+\sqrt{\sin^2\theta}\sin\theta \\ &=|\cos\theta|\cos\theta+|\sin\theta|\sin\theta \end{aligned}$$ ...... ㉢

(i) $0\le\theta<\frac{\pi}{2}$일 때

㉢에서 $f'(\theta)=\cos^2\theta+\sin^2\theta=1$이므로

$f(\theta)=\int f'(\theta)\,d\theta=\int d\theta=\theta+C_1$

이때 ㉡에서 $f(0)=S(1)-S(2)$이고 $S(1)$은 반지름의 길이가 1인 사분원의 넓이, $S(2)$는 반지름의 길이가 1인 반원의 넓이이므로

$S(1)=\frac{1}{4}\times\pi\times1^2=\frac{\pi}{4}$

$S(2)=\frac{1}{2}\times\pi\times1^2=\frac{\pi}{2}$

$\therefore f(0)=\frac{\pi}{4}-\frac{\pi}{2}=-\frac{\pi}{4}$

$f(\theta)=\theta+C_1$에서 $f(0)=C_1$이므로

$C_1=-\frac{\pi}{4}$

$\therefore f(\theta)=\theta-\frac{\pi}{4}$

(ii) $\frac{\pi}{2}\le\theta<\pi$일 때

㉢에서 $f'(\theta)=-\cos^2\theta+\sin^2\theta=-(\cos^2\theta-\sin^2\theta)=-\cos 2\theta$이므로

$$f(\theta)=\int f'(\theta)\,d\theta=\int(-\cos 2\theta)\,d\theta=-\frac{1}{2}\sin 2\theta+C_2$$

이때 ㉡에서 $f\left(\frac{\pi}{2}\right)=S(2)-S(1)$이므로

$$f\left(\frac{\pi}{2}\right)=\frac{\pi}{2}-\frac{\pi}{4}=\frac{\pi}{4}$$

$f(\theta)=-\frac{1}{2}\sin 2\theta+C_2$에서 $f\left(\frac{\pi}{2}\right)=C_2$이므로

$$C_2=\frac{\pi}{4}$$

$$\therefore f(\theta)=-\frac{1}{2}\sin 2\theta+\frac{\pi}{4}$$

(i), (ii)에서

$$f(\theta)=\begin{cases}\theta-\frac{\pi}{4} & \left(0\le\theta<\frac{\pi}{2}\right)\\ -\frac{1}{2}\sin 2\theta+\frac{\pi}{4} & \left(\frac{\pi}{2}\le\theta<\pi\right)\end{cases}$$

Step 3 $\int_{\frac{\pi}{4}}^{\frac{3}{4}\pi}\{S(1+\sin\theta)-S(1+\cos\theta)\}\,d\theta$의 값 구하기

구간 $\left[\frac{\pi}{4}, \frac{3}{4}\pi\right]$에서 함수 $y=f(\theta)$의 그래프는 다음 그림과 같다.

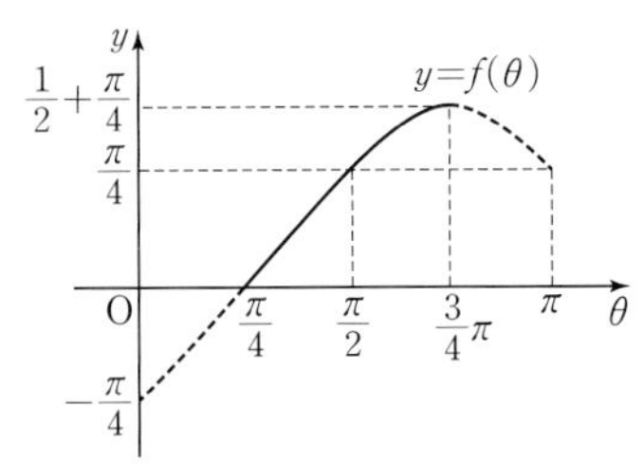

$$\therefore \int_{\frac{\pi}{4}}^{\frac{3}{4}\pi}\{S(1+\sin\theta)-S(1+\cos\theta)\}\,d\theta$$

$$=\int_{\frac{\pi}{4}}^{\frac{\pi}{2}}\left(\theta-\frac{\pi}{4}\right)d\theta+\int_{\frac{\pi}{2}}^{\frac{3}{4}\pi}\left(-\frac{1}{2}\sin 2\theta+\frac{\pi}{4}\right)d\theta$$

$$=\left[\frac{1}{2}\theta^2-\frac{\pi}{4}\theta\right]_{\frac{\pi}{4}}^{\frac{\pi}{2}}+\left[\frac{1}{4}\cos 2\theta+\frac{\pi}{4}\theta\right]_{\frac{\pi}{2}}^{\frac{3}{4}\pi}$$

$$=\frac{\pi^2}{32}+\left(\frac{1}{4}+\frac{\pi^2}{16}\right)=\frac{1}{4}+\frac{3}{32}\pi^2$$

Step 4 $\frac{30p}{q}$의 값 구하기

따라서 $p=\frac{1}{4}$, $q=\frac{3}{32}$이므로

$$\frac{30p}{q}=30\times\frac{1}{4}\times\frac{32}{3}=80$$

32 정적분과 도형의 넓이의 활용 정답 350 | 정답률 6%

문제 보기

함수

$$f(x)=\begin{cases}-x-\pi & (x<-\pi)\\ \sin x & (-\pi\le x\le\pi)\\ -x+\pi & (x>\pi)\end{cases}$$

가 있다. 실수 t에 대하여 부등식 $f(x)\le f(t)$를 만족시키는 실수 x의 최솟값을 $g(t)$라 하자. 예를 들어, $g(\pi)=-\pi$이다. **함수 $g(t)$가 $t=\alpha$에서 불연속일 때,**

└ t의 값에 따라 $g(t)$를 구해 불연속인 점을 찾는다.

$$\int_{-\pi}^{\alpha}g(t)\,dt=-\frac{7}{4}\pi^2+p\pi+q$$

이다. $100\times|p+q|$의 값을 구하시오. (단, p, q는 유리수이다.) [4점]

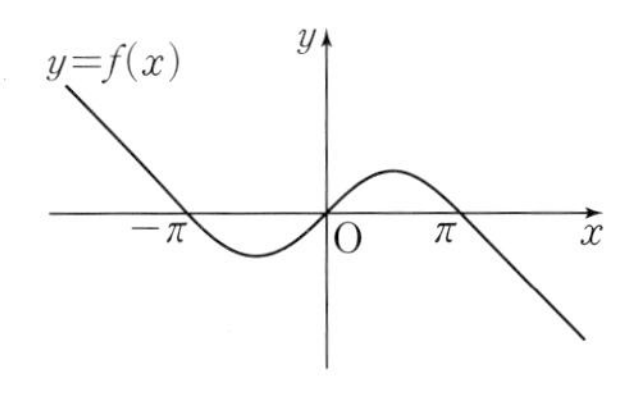

Step 1 $g(t)$의 의미 파악하기

부등식 $f(x)\le f(t)$를 만족시키는 x의 값의 범위는 곡선 $y=f(x)$가 직선 $y=f(t)$와 만나거나 아래쪽에 있는 실수 x의 값의 범위와 같다.
이때 $g(t)$는 부등식 $f(x)\le f(t)$를 만족시키는 실수 x의 최솟값이므로 곡선 $y=f(x)$와 직선 $y=f(t)$가 만나는 점의 x좌표 중 가장 작은 값이다.

Step 2 $g(t)$ 구하기

(i) $t\le-\frac{\pi}{2}$일 때

다음 그림과 같이 점 A의 x좌표가 t일 때, 점 A를 지나고 x축에 평행한 직선이 함수 $y=f(x)$의 그래프와 만나는 점 중 x좌표가 가장 작은 점은 A이므로

$g(t)=t$

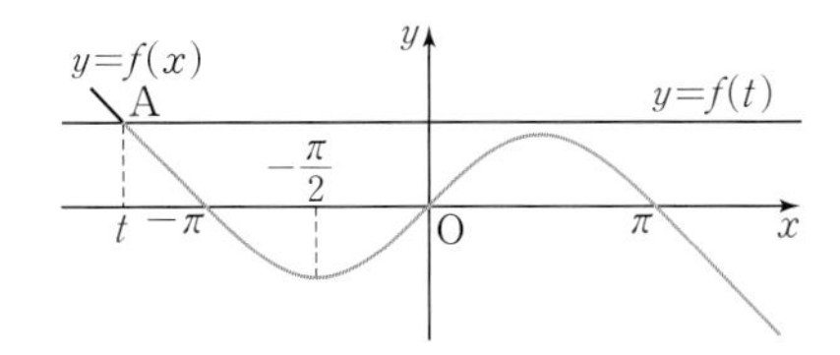

(ii) $-\frac{\pi}{2}<t\le 0$일 때

다음 그림과 같이 점 B의 x좌표가 t일 때, 점 B를 지나고 x축에 평행한 직선이 함수 $y=f(x)$의 그래프와 만나는 점 중 x좌표가 가장 작은 점을 B'이라 하면 점 B'의 x좌표는 $g(t)$이다.

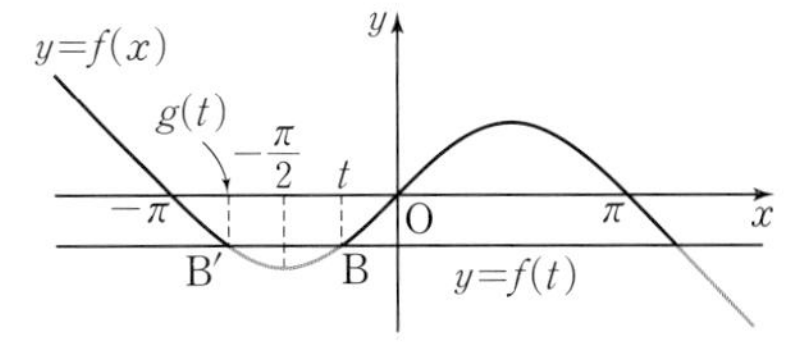

이때 두 점 B, B'은 직선 $x=-\frac{\pi}{2}$에 대하여 대칭이므로

$$\frac{t+g(t)}{2}=-\frac{\pi}{2} \qquad \therefore g(t)=-t-\pi$$

(iii) $0<t\le\pi$일 때

다음 그림과 같이 점 C의 x좌표가 t일 때, 점 C를 지나고 x축에 평행한 직선이 함수 $y=f(x)$의 그래프와 만나는 점 중 x좌표가 가장 작은 점을 C'이라 하면 점 C'의 x좌표는 $g(t)$이다.

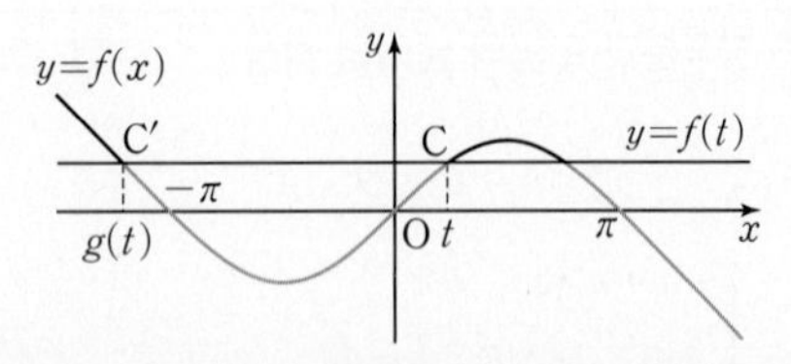

이때 점 C는 곡선 $y=\sin x$ 위의 점이고, 점 C′은 직선 $y=-x-\pi$ 위의 점이므로

$\sin t=-g(t)-\pi \qquad \therefore\ g(t)=-\sin t-\pi$

(iv) $\pi<t\le\pi+1$일 때

다음 그림과 같이 점 D의 x좌표가 t일 때, 점 D를 지나고 x축에 평행한 직선이 함수 $y=f(x)$의 그래프와 만나는 점 중 x좌표가 가장 작은 점을 D′이라 하면 점 D′의 x좌표는 $g(t)$이다.

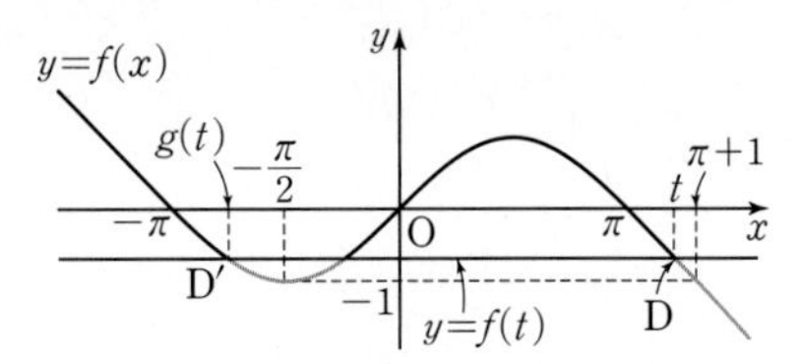

이때 점 D는 직선 $y=-x+\pi$ 위의 점이고, 점 D′은 곡선 $y=\sin x$ 위의 점이므로

$-t+\pi=\sin g(t)$

함수 $y=\sin x\left(-\pi\le x\le-\frac{\pi}{2}\right)$의 역함수를 $h(x)$라 하면

$g(t)=h(-t+\pi)$

(v) $t>\pi+1$일 때

다음 그림과 같이 점 E의 x좌표가 t일 때, 점 E를 지나고 x축에 평행한 직선이 함수 $y=f(x)$의 그래프와 만나는 점 중 x좌표가 가장 작은 점은 E이므로

$g(t)=t$

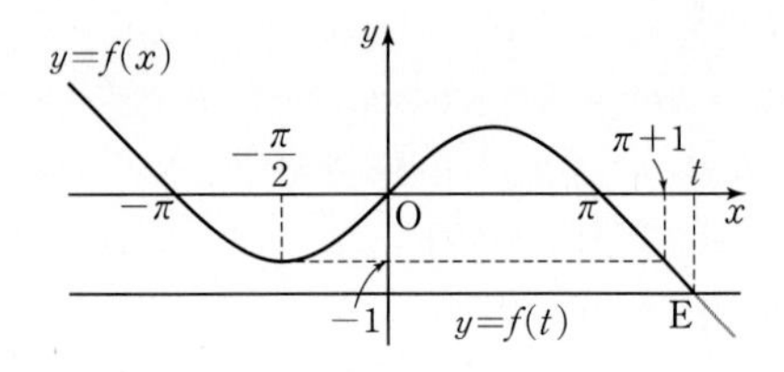

(i)~(v)에서

$$g(t)=\begin{cases} t & \left(t\le-\frac{\pi}{2}\right) \\ -t-\pi & \left(-\frac{\pi}{2}<t\le0\right) \\ -\sin t-\pi & (0<t\le\pi) \\ h(-t+\pi) & (\pi<t\le\pi+1) \\ t & (t>\pi+1) \end{cases}$$

Step 3 α의 값 구하기

(iv)의 함수 $y=h(-t+\pi)$의 그래프는 함수 $y=\sin t\left(-\pi\le t\le-\frac{\pi}{2}\right)$의 그래프를 직선 $y=t$에 대하여 대칭이동(㉠)한 후 y축에 대하여 대칭이동(㉡)하고 t축의 방향으로 π만큼 평행이동(㉢)한 것이므로 다음 그림과 같다.

└ $y=h(t)$ └ $y=h(-t)$ └ $y=h(-t+\pi)$

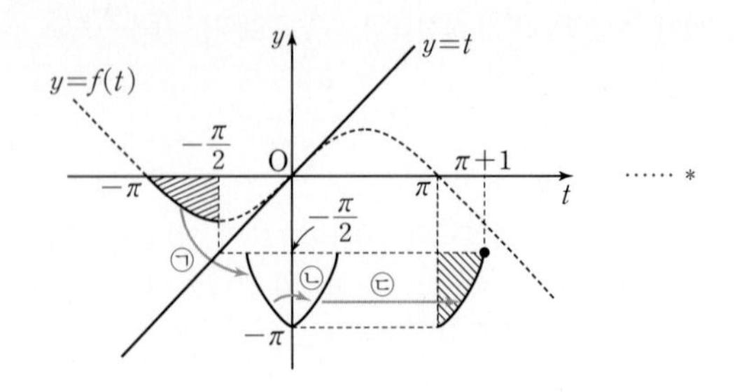

즉, 함수 $y=g(t)$의 그래프는 다음 그림과 같다.

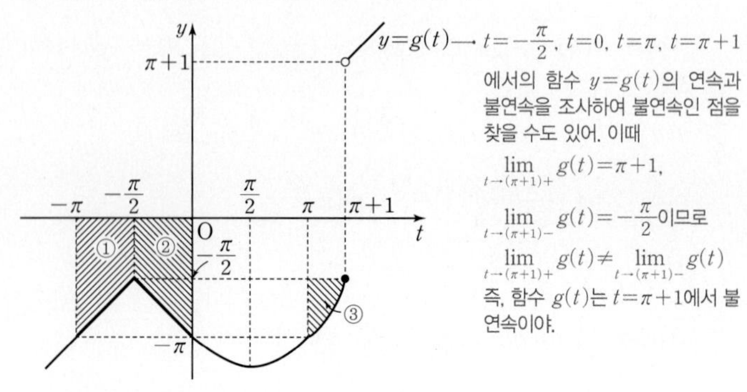

└ $t=-\frac{\pi}{2}$, $t=0$, $t=\pi$, $t=\pi+1$에서의 함수 $y=g(t)$의 연속과 불연속을 조사하여 불연속인 점을 찾을 수도 있어. 이때 $\lim_{t\to(\pi+1)+} g(t)=\pi+1$, $\lim_{t\to(\pi+1)-} g(t)=-\frac{\pi}{2}$이므로 $\lim_{t\to(\pi+1)+} g(t)\ne\lim_{t\to(\pi+1)-} g(t)$ 즉, 함수 $g(t)$는 $t=\pi+1$에서 불연속이야.

따라서 함수 $g(t)$는 $t=\pi+1$에서 불연속이므로

$\alpha=\pi+1$

Step 4 $\int_{-\pi}^{\alpha} g(t)\,dt$의 값 구하기

$\int_{-\pi}^{\alpha} g(t)\,dt=\int_{-\pi}^{\pi+1} g(t)\,dt=\int_{-\pi}^{\pi} g(t)\,dt+\int_{\pi}^{\pi+1} g(t)\,dt$에서

$$\begin{aligned}\int_{-\pi}^{\pi} g(t)\,dt&=\int_{-\pi}^{0} g(t)\,dt+\int_{0}^{\pi} g(t)\,dt\\ &=-2\times\left\{\frac{1}{2}\times\left(\frac{\pi}{2}+\pi\right)\times\frac{\pi}{2}\right\}+\int_{0}^{\pi}(-\sin t-\pi)\,dt\\ &=-\frac{3}{4}\pi^2+\Big[\cos t-\pi t\Big]_{0}^{\pi}\\ &=-\frac{3}{4}\pi^2+(-\pi^2-2)\\ &=-\frac{7}{4}\pi^2-2\end{aligned}$$

└ 함수 $y=g(t)$의 그래프에서 ①, ②의 넓이는 같고 ①의 넓이는 윗변의 길이가 $\frac{\pi}{2}$, 아랫변의 길이가 π, 높이가 $\frac{\pi}{2}$인 사다리꼴의 넓이와 같아.

$$\begin{aligned}\int_{\pi}^{\pi+1} g(t)\,dt&=-1\times\frac{\pi}{2}+\int_{-\pi}^{-\frac{\pi}{2}}\sin t\,dt\\ &=-\frac{\pi}{2}+\Big[-\cos t\Big]_{-\pi}^{-\frac{\pi}{2}}\\ &=-\frac{\pi}{2}-1\end{aligned}$$

└ 함수 $y=g(t)$의 그래프에서 ③의 넓이는 *에서 함수 $y=\sin t$의 그래프와 t축 및 두 직선 $t=-\pi$, $t=-\frac{\pi}{2}$로 둘러싸인 부분의 넓이와 같아.

$\therefore\ \int_{-\pi}^{\pi+1} g(t)\,dt=-\frac{7}{4}\pi^2-\frac{\pi}{2}-3$

Step 5 $100\times|p+q|$의 값 구하기

따라서 $p=-\frac{1}{2}$, $q=-3$이므로

$100\times|p+q|=100\times\left|-\frac{1}{2}-3\right|=350$

26 일차

01 ②	02 ④	03 ③	04 7	05 ④	06 ②	07 ③	08 ①	09 ③	10 ③	11 12	12 ①
13 ③	14 ③	15 340	16 ①	17 ④	18 ⑤	19 ⑤	20 15	21 ①	22 ⑤	23 56	24 ①

문제편 353쪽~360쪽

01 입체도형의 부피

정답 ② | 정답률 83%

문제 보기

그림과 같이 곡선 $y=\sqrt{\frac{3x+1}{x^2}}\ (x>0)$과 x축 및 두 직선 $x=1$, $x=2$로 둘러싸인 부분을 밑면으로 하고 x축에 수직인 평면으로 자른 단면이 모두 정사각형인 입체도형의 부피는? [3점]

└→ 단면의 넓이를 적분한다.

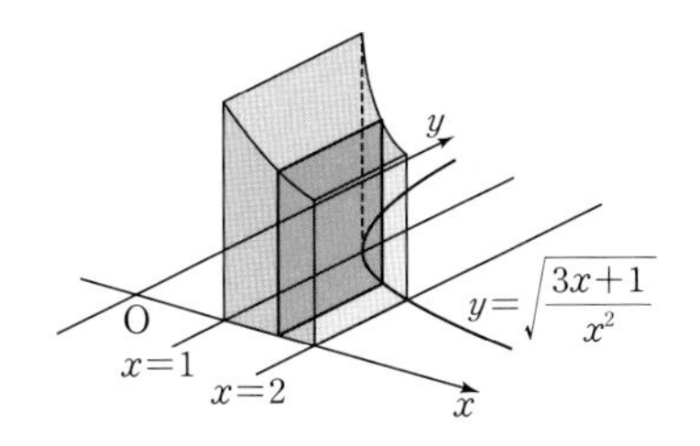

① $3\ln 2$　② $\frac{1}{2}+3\ln 2$　③ $1+3\ln 2$　④ $\frac{1}{2}+4\ln 2$　⑤ $1+4\ln 2$

Step 1 단면의 넓이를 식으로 나타내기

x좌표가 $t\ (1\le t\le 2)$일 때의 단면인 정사각형의 한 변의 길이는 $\sqrt{\frac{3t+1}{t^2}}$이므로 단면의 넓이는

$$\left(\sqrt{\frac{3t+1}{t^2}}\right)^2=\frac{3t+1}{t^2}$$

Step 2 입체도형의 부피 구하기

따라서 구하는 입체도형의 부피는

$$\begin{aligned}\int_1^2 \frac{3t+1}{t^2}dt&=\int_1^2\left(\frac{3}{t}+\frac{1}{t^2}\right)dt\\&=\left[3\ln t-\frac{1}{t}\right]_1^2\\&=\left(3\ln 2-\frac{1}{2}\right)-(-1)\\&=\frac{1}{2}+3\ln 2\end{aligned}$$

02 입체도형의 부피

정답 ④ | 정답률 89%

문제 보기

그림과 같이 곡선 $y=\sqrt{x}+1$과 x축, y축 및 직선 $x=1$로 둘러싸인 도형을 밑면으로 하는 입체도형이 있다. 이 입체도형을 x축에 수직인 평면으로 자른 단면이 모두 정사각형일 때, 이 입체도형의 부피는? [3점]

└→ 단면의 넓이를 적분한다.

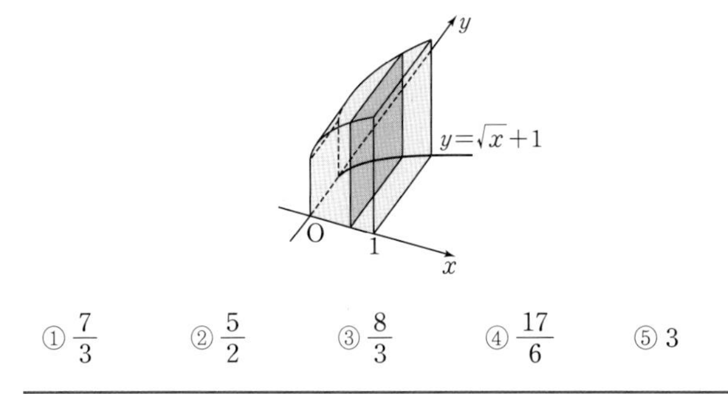

① $\frac{7}{3}$　② $\frac{5}{2}$　③ $\frac{8}{3}$　④ $\frac{17}{6}$　⑤ 3

Step 1 단면의 넓이를 식으로 나타내기

x좌표가 $t\ (0\le t\le 1)$일 때의 단면인 정사각형의 한 변의 길이는 $\sqrt{t}+1$이므로 단면의 넓이는

$(\sqrt{t}+1)^2=t+2\sqrt{t}+1$

Step 2 입체도형의 부피 구하기

따라서 구하는 입체도형의 부피는

$$\int_0^1 (t+2\sqrt{t}+1)\,dt=\left[\frac{1}{2}t^2+\frac{4}{3}t^{\frac{3}{2}}+t\right]_0^1=\frac{17}{6}$$

03 입체도형의 부피 정답 ③ | 정답률 89%

문제 보기

그림과 같이 곡선 $y=\frac{2}{\sqrt{x}}$와 x축 및 두 직선 $x=1$, $x=4$로 둘러싸인 부분을 밑면으로 하고 x축에 수직인 평면으로 자른 단면이 모두 정사각형인 입체도형의 부피는? [3점]

└→ 단면의 넓이를 적분한다.

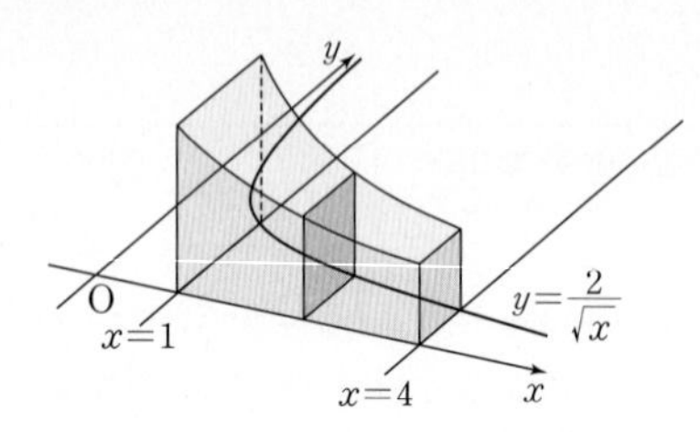

① $6\ln 2$ ② $7\ln 2$ ③ $8\ln 2$ ④ $9\ln 2$ ⑤ $10\ln 2$

Step 1 단면의 넓이를 식으로 나타내기

x좌표가 $t\,(1\le t\le 4)$일 때의 단면인 정사각형의 한 변의 길이는 $\frac{2}{\sqrt{t}}$이므로 단면의 넓이는

$$\left(\frac{2}{\sqrt{t}}\right)^2=\frac{4}{t}$$

Step 2 입체도형의 부피 구하기

따라서 구하는 입체도형의 부피는

$$\int_1^4 \frac{4}{t}dt=\Big[4\ln t\Big]_1^4=4\ln 4=8\ln 2$$

04 입체도형의 부피 정답 7 | 정답률 74%

문제 보기

그림과 같이 곡선 $y=\sqrt{x+\frac{\pi}{4}\sin\left(\frac{\pi}{2}x\right)}$와 x축 및 두 직선 $x=1$, $x=4$로 둘러싸인 도형을 밑면으로 하는 입체도형이 있다. 이 입체도형을 x축에 수직인 평면으로 자른 단면이 모두 정사각형일 때, 이 입체도형의 부피를 구하시오. [4점]

└→ 단면의 넓이를 적분한다.

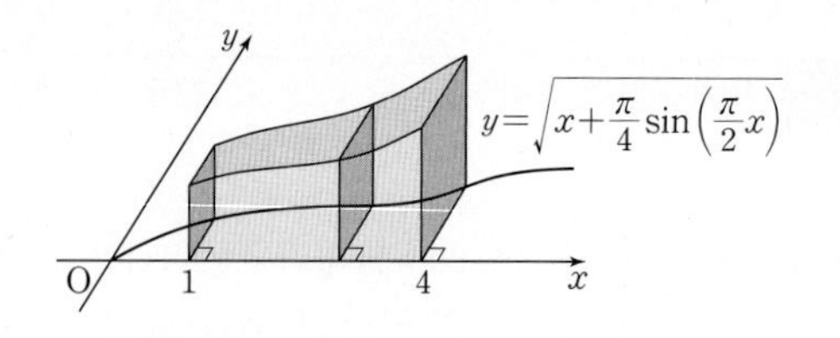

Step 1 단면의 넓이를 식으로 나타내기

x좌표가 $t\,(1\le t\le 4)$일 때의 단면인 정사각형의 한 변의 길이는 $\sqrt{t+\frac{\pi}{4}\sin\frac{\pi}{2}t}$이므로 단면의 넓이는

$$\left(\sqrt{t+\frac{\pi}{4}\sin\frac{\pi}{2}t}\right)^2=t+\frac{\pi}{4}\sin\frac{\pi}{2}t$$

Step 2 입체도형의 부피 구하기

따라서 구하는 입체도형의 부피는

$$\int_1^4\left(t+\frac{\pi}{4}\sin\frac{\pi}{2}t\right)dt=\left[\frac{1}{2}t^2-\frac{1}{2}\cos\frac{\pi}{2}t\right]_1^4$$
$$=\frac{15}{2}-\frac{1}{2}=7$$

05 입체도형의 부피

정답 ④ | 정답률 72%

문제 보기

그림과 같이 곡선 $y=\sqrt{\sec^2 x+\tan x}\left(0\le x\le\frac{\pi}{3}\right)$와 x축, y축 및 직선 $x=\frac{\pi}{3}$로 둘러싸인 부분을 밑면으로 하는 입체도형이 있다. 이 입체도형을 x축에 수직인 평면으로 자른 단면이 모두 정사각형일 때, 이 입체도형의 부피는? [3점]

└ 단면의 넓이를 적분한다.

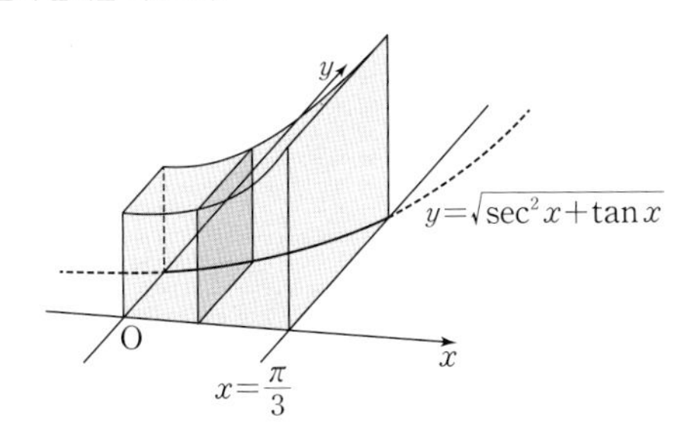

① $\frac{\sqrt{3}}{2}+\frac{\ln 2}{2}$ ② $\frac{\sqrt{3}}{2}+\ln 2$ ③ $\sqrt{3}+\frac{\ln 2}{2}$
④ $\sqrt{3}+\ln 2$ ⑤ $\sqrt{3}+2\ln 2$

Step 1 단면의 넓이를 식으로 나타내기

x좌표가 $t\left(0\le t\le\frac{\pi}{3}\right)$일 때의 단면인 정사각형의 한 변의 길이는 $\sqrt{\sec^2 t+\tan t}$이므로 단면의 넓이는

$(\sqrt{\sec^2 t+\tan t})^2=\sec^2 t+\tan t$

Step 2 입체도형의 부피 구하기

따라서 구하는 입체도형의 부피는

$$\int_0^{\frac{\pi}{3}}(\sec^2 t+\tan t)\,dt=\int_0^{\frac{\pi}{3}}\left(\sec^2 t+\frac{\sin t}{\cos t}\right)dt$$
$$=\int_0^{\frac{\pi}{3}}\left\{\sec^2 t-\frac{(\cos t)'}{\cos t}\right\}dt$$
$$=\Big[\tan t-\ln(\cos t)\Big]_0^{\frac{\pi}{3}}$$
$$=\sqrt{3}-\ln\frac{1}{2}$$
$$=\sqrt{3}+\ln 2$$

06 입체도형의 부피

정답 ② | 정답률 92%

문제 보기

그림과 같이 양수 k에 대하여 곡선 $y=\sqrt{\frac{e^x}{e^x+1}}$과 x축, y축 및 직선 $x=k$로 둘러싸인 부분을 밑면으로 하고 x축에 수직인 평면으로 자른 단면이 모두 정사각형인 입체도형의 부피가 $\ln 7$일 때, k의 값은? [3점]

└ 단면의 넓이를 적분하여 k에 대한 식을 세운다.

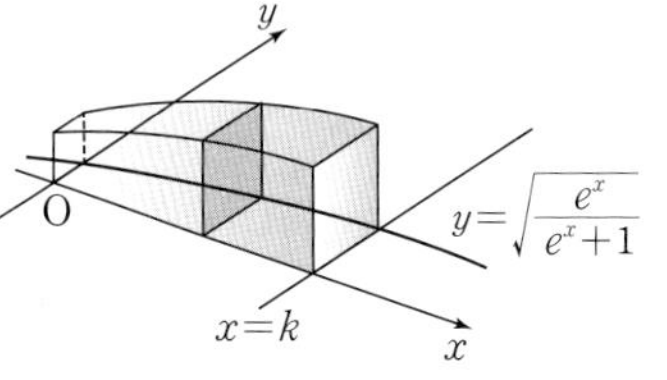

① $\ln 11$ ② $\ln 13$ ③ $\ln 15$ ④ $\ln 17$ ⑤ $\ln 19$

Step 1 단면의 넓이를 식으로 나타내기

x좌표가 $t\,(0\le t\le k)$일 때의 단면인 정사각형의 한 변의 길이는 $\sqrt{\frac{e^t}{e^t+1}}$이므로 단면의 넓이는

$\left(\sqrt{\frac{e^t}{e^t+1}}\right)^2=\frac{e^t}{e^t+1}$

Step 2 입체도형의 부피 구하기

입체도형의 부피는

$$\int_0^k\frac{e^t}{e^t+1}dt=\int_0^k\frac{(e^t+1)'}{e^t+1}dt$$
$$=\Big[\ln(e^t+1)\Big]_0^k$$
$$=\ln(e^k+1)-\ln 2$$
$$=\ln\frac{e^k+1}{2}$$

Step 3 k의 값 구하기

따라서 $\ln\frac{e^k+1}{2}=\ln 7$이므로

$\frac{e^k+1}{2}=7$, $e^k=13$

$\therefore k=\ln 13$

26 일차

07 입체도형의 부피 정답 ③ | 정답률 83%

문제 보기

그림과 같이 양수 k에 대하여 곡선 $y=\sqrt{\frac{kx}{2x^2+1}}$와 x축 및 두 직선 $x=1$, $x=2$로 둘러싸인 부분을 밑면으로 하고 x축에 수직인 평면으로 자른 단면이 모두 정사각형인 입체도형의 부피가 $2\ln 3$일 때, k의 값은? [3점]

└→ 단면의 넓이를 적분하여 k에 대한 식을 세운다.

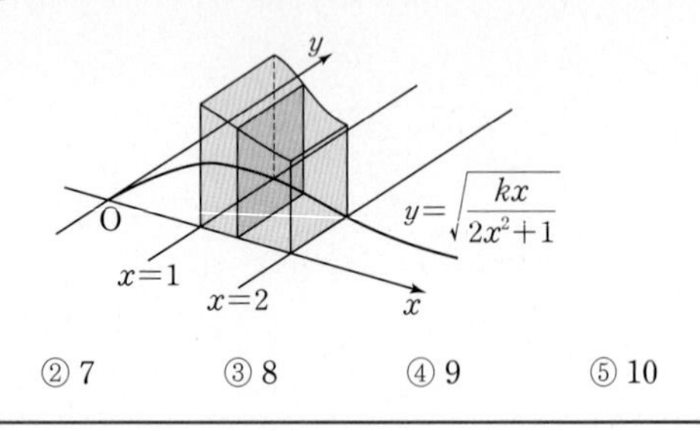

① 6 ② 7 ③ 8 ④ 9 ⑤ 10

Step 1 단면의 넓이를 식으로 나타내기

x좌표가 $t\ (1\le t\le 2)$일 때의 단면인 정사각형의 한 변의 길이는 $\sqrt{\frac{kt}{2t^2+1}}$이므로 단면의 넓이는

$$\left(\sqrt{\frac{kt}{2t^2+1}}\right)^2=\frac{kt}{2t^2+1}$$

Step 2 입체도형의 부피 구하기

입체도형의 부피는

$$\begin{aligned}\int_1^2 \frac{kt}{2t^2+1}dt&=\frac{k}{4}\int_1^2\frac{4t}{2t^2+1}dt\\&=\frac{k}{4}\int_1^2\frac{(2t^2+1)'}{2t^2+1}dt\\&=\frac{k}{4}\Big[\ln(2t^2+1)\Big]_1^2\\&=\frac{k}{4}(\ln 9-\ln 3)\\&=\frac{k}{4}\ln 3\end{aligned}$$

Step 3 k의 값 구하기

따라서 $\frac{k}{4}\ln 3=2\ln 3$이므로

$\frac{k}{4}=2 \qquad \therefore k=8$

08 입체도형의 부피 정답 ① | 정답률 82%

문제 보기

그림과 같이 곡선 $y=\sqrt{\frac{x+1}{x(x+\ln x)}}$과 x축 및 두 직선 $x=1$, $x=e$로 둘러싸인 부분을 밑면으로 하는 입체도형이 있다. 이 입체도형을 x축에 수직인 평면으로 자른 단면이 모두 정사각형일 때, 이 입체도형의 부피는? [3점]

└→ 단면의 넓이를 적분한다.

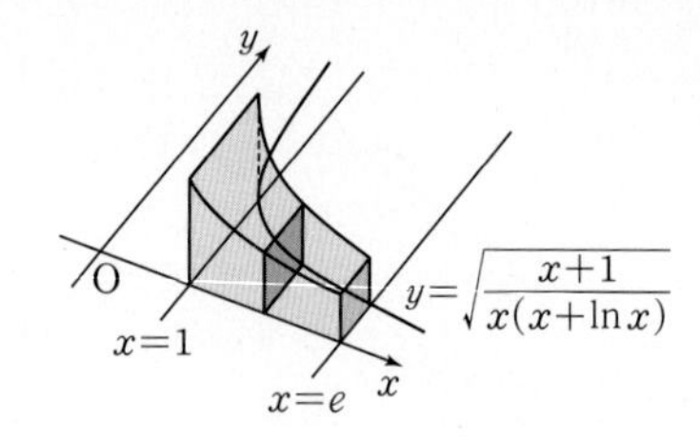

① $\ln(e+1)$ ② $\ln(e+2)$ ③ $\ln(e+3)$
④ $\ln(2e+1)$ ⑤ $\ln(2e+2)$

Step 1 단면의 넓이를 식으로 나타내기

x좌표가 $t\ (1\le t\le e)$일 때의 단면인 정사각형의 한 변의 길이는 $\sqrt{\frac{t+1}{t(t+\ln t)}}$이므로 단면의 넓이는

$$\left\{\sqrt{\frac{t+1}{t(t+\ln t)}}\right\}^2=\frac{t+1}{t(t+\ln t)}$$

Step 2 입체도형의 부피 구하기

따라서 구하는 입체도형의 부피는

$$\begin{aligned}\int_1^e\frac{t+1}{t(t+\ln t)}dt&=\int_1^e\frac{(t+\ln t)'}{t+\ln t}dt\\&=\Big[\ln(t+\ln t)\Big]_1^e\\&=\ln(e+1)\end{aligned}$$

09 입체도형의 부피

정답 ③ | 정답률 75%

문제 보기

그림과 같이 곡선 $y=\sqrt{(1-2x)\cos x}\ \left(\frac{3}{4}\pi\le x\le\frac{5}{4}\pi\right)$와 x축 및 두 직선 $x=\frac{3}{4}\pi$, $x=\frac{5}{4}\pi$로 둘러싸인 부분을 밑면으로 하는 입체도형이 있다. 이 입체도형을 x축에 수직인 평면으로 자른 단면이 모두 정사각형일 때, 이 입체도형의 부피는? [3점]

└→ 단면의 넓이를 적분한다.

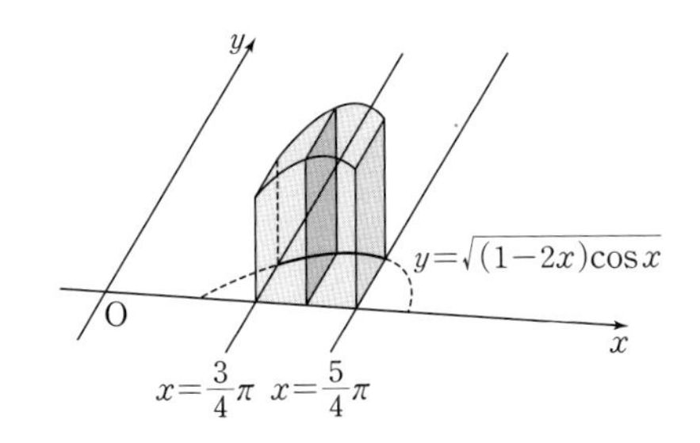

① $\sqrt{2}\pi-\sqrt{2}$ ② $\sqrt{2}\pi-1$ ③ $2\sqrt{2}\pi-\sqrt{2}$
④ $2\sqrt{2}\pi-1$ ⑤ $2\sqrt{2}\pi$

Step 1 단면의 넓이를 식으로 나타내기

x좌표가 $t\left(\frac{3}{4}\pi\le t\le\frac{5}{4}\pi\right)$일 때의 단면인 정사각형의 한 변의 길이는 $\sqrt{(1-2t)\cos t}$이므로 단면의 넓이는

$\{\sqrt{(1-2t)\cos t}\}^2=(1-2t)\cos t$

Step 2 입체도형의 부피 구하기

따라서 구하는 입체도형의 부피는

$\int_{\frac{3}{4}\pi}^{\frac{5}{4}\pi}(1-2t)\cos t\,dt$

$u(t)=1-2t$, $v'(t)=\cos t$로 놓으면

$u'(t)=-2$, $v(t)=\sin t$이므로

$$\begin{aligned}\int_{\frac{3}{4}\pi}^{\frac{5}{4}\pi}(1-2t)\cos t\,dt&=\Big[(1-2t)\sin t\Big]_{\frac{3}{4}\pi}^{\frac{5}{4}\pi}-\int_{\frac{3}{4}\pi}^{\frac{5}{4}\pi}(-2\sin t)\,dt\\&=(-\sqrt{2}+2\sqrt{2}\pi)-\Big[2\cos t\Big]_{\frac{3}{4}\pi}^{\frac{5}{4}\pi}\\&=-\sqrt{2}+2\sqrt{2}\pi-0\\&=2\sqrt{2}\pi-\sqrt{2}\end{aligned}$$

10 입체도형의 부피

정답 ③ | 정답률 85%

문제 보기

그림과 같이 곡선 $y=\sqrt{(5-x)\ln x}\ (2\le x\le 4)$와 x축 및 두 직선 $x=2$, $x=4$로 둘러싸인 부분을 밑면으로 하는 입체도형이 있다. 이 입체도형을 x축에 수직인 평면으로 자른 단면이 모두 정사각형일 때, 이 입체도형의 부피는? [3점]

└→ 단면의 넓이를 적분한다.

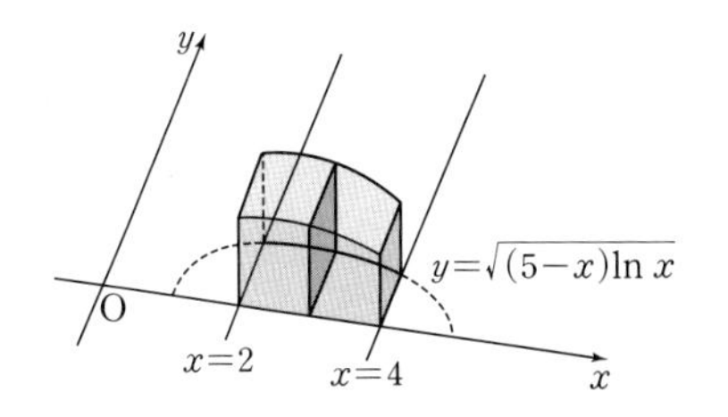

① $14\ln 2-7$ ② $14\ln 2-6$ ③ $16\ln 2-7$
④ $16\ln 2-6$ ⑤ $16\ln 2-5$

Step 1 단면의 넓이를 식으로 나타내기

x좌표가 $t\,(2\le t\le 4)$일 때의 단면인 정사각형의 한 변의 길이는 $\sqrt{(5-t)\ln t}$이므로 단면의 넓이는

$\{\sqrt{(5-t)\ln t}\}^2=(5-t)\ln t$

Step 2 입체도형의 부피 구하기

따라서 구하는 입체도형의 부피는

$\int_2^4(5-t)\ln t\,dt$

$u(t)=\ln t$, $v'(t)=5-t$로 놓으면

$u'(t)=\frac{1}{t}$, $v(t)=5t-\frac{1}{2}t^2$이므로

$$\begin{aligned}\int_2^4(5-t)\ln t\,dt&=\left[\ln t\times\left(5t-\frac{1}{2}t^2\right)\right]_2^4-\int_2^4\left(5-\frac{1}{2}t\right)dt\\&=(12\ln 4-8\ln 2)-\left[5t-\frac{1}{4}t^2\right]_2^4\\&=24\ln 2-8\ln 2-(16-9)\\&=16\ln 2-7\end{aligned}$$

11 입체도형의 부피 정답 12 | 정답률 77%

문제 보기

그림과 같이 함수 $f(x)=\sqrt{x}e^{\frac{x}{2}}$에 대하여 좌표평면 위의 두 점 A$(x, 0)$, B$(x, f(x))$를 이은 선분을 한 변으로 하는 정사각형을 x축에 수직인 평면 위에 그린다. 점 A의 x좌표가 $x=1$에서 $x=\ln 6$까지 변할 때, 이 정사각형이 만드는 입체도형의 부피는 $-a+b\ln 6$이다. $a+b$의 값을 구하시오. (단, a와 b는 자연수이다.) [4점]

└→ 단면의 넓이를 적분한다.

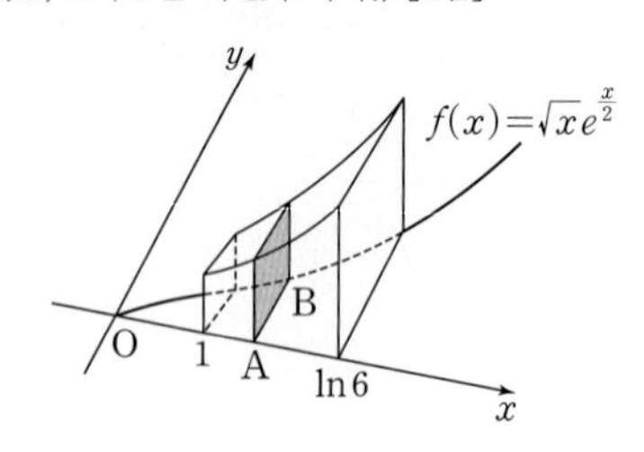

Step 1 단면의 넓이를 식으로 나타내기

x좌표가 $t\,(1\le t\le \ln 6)$일 때의 단면인 정사각형의 한 변의 길이는 $\sqrt{t}e^{\frac{t}{2}}$이므로 단면의 넓이는

$(\sqrt{t}e^{\frac{t}{2}})^2=te^t$

Step 2 입체도형의 부피 구하기

입체도형의 부피는

$\int_1^{\ln 6} te^t\,dt$

$u(t)=t$, $v'(t)=e^t$으로 놓으면

$u'(t)=1$, $v(t)=e^t$이므로

$$\int_1^{\ln 6} te^t\,dt=\left[te^t\right]_1^{\ln 6}-\int_1^{\ln 6} e^t\,dt$$
$$=6\ln 6-e-\left[e^t\right]_1^{\ln 6}$$
$$=6\ln 6-e-(6-e)$$
$$=-6+6\ln 6$$

Step 3 $a+b$의 값 구하기

따라서 $a=6$, $b=6$이므로

$a+b=12$

12 입체도형의 부피 정답 ① | 정답률 85%

문제 보기

그림과 같이 곡선 $y=3x+\frac{2}{x}\,(x>0)$와 x축 및 직선 $x=1$, 직선 $x=2$로 둘러싸인 도형을 밑면으로 하는 입체도형이 있다. 이 입체도형을 x축에 수직인 평면으로 자른 단면이 모두 정삼각형일 때, 이 입체도형의 부피는? [4점]

└→ 단면의 넓이를 적분한다.

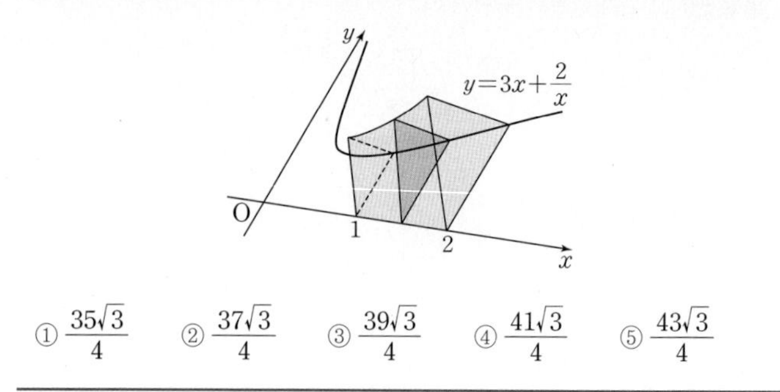

① $\frac{35\sqrt{3}}{4}$ ② $\frac{37\sqrt{3}}{4}$ ③ $\frac{39\sqrt{3}}{4}$ ④ $\frac{41\sqrt{3}}{4}$ ⑤ $\frac{43\sqrt{3}}{4}$

Step 1 단면의 넓이를 식으로 나타내기

x좌표가 $t\,(1\le t\le 2)$일 때의 단면인 정삼각형의 한 변의 길이는 $3t+\frac{2}{t}$이므로 단면의 넓이는

$$\frac{\sqrt{3}}{4}\times\left(3t+\frac{2}{t}\right)^2=\frac{\sqrt{3}}{4}\left(9t^2+12+\frac{4}{t^2}\right)$$

→ 한 변의 길이가 a인 정삼각형의 넓이는 $\frac{\sqrt{3}}{4}a^2$이야.

Step 2 입체도형의 부피 구하기

따라서 구하는 입체도형의 부피는

$$\int_1^2 \frac{\sqrt{3}}{4}\left(9t^2+12+\frac{4}{t^2}\right)dt=\frac{\sqrt{3}}{4}\left[3t^3+12t-\frac{4}{t}\right]_1^2$$
$$=\frac{\sqrt{3}}{4}(46-11)=\frac{35\sqrt{3}}{4}$$

13 입체도형의 부피

정답 ③ | 정답률 83%

문제 보기

그림과 같이 양수 k에 대하여 함수 $f(x)=2\sqrt{x}e^{kx^2}$의 그래프와 x축 및 두 직선 $x=\frac{1}{\sqrt{2k}}$, $x=\frac{1}{\sqrt{k}}$로 둘러싸인 부분을 밑면으로 하고 x축에 수직인 평면으로 자른 단면이 모두 정삼각형인 입체도형의 부피가 $\sqrt{3}(e^2-e)$일 때, k의 값은? [4점]

└→ 단면의 넓이를 적분하여 k에 대한 식을 세운다.

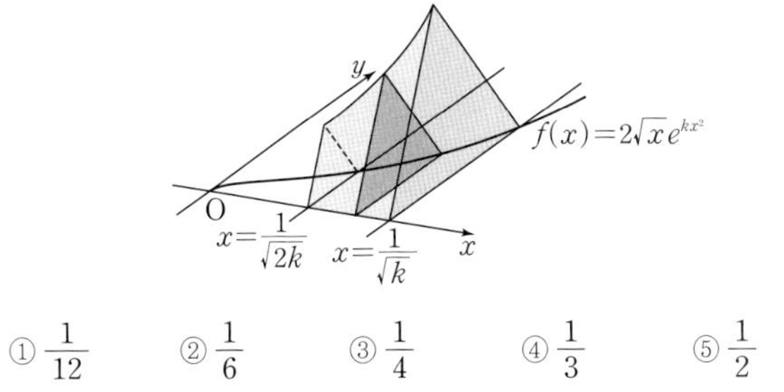

① $\frac{1}{12}$ ② $\frac{1}{6}$ ③ $\frac{1}{4}$ ④ $\frac{1}{3}$ ⑤ $\frac{1}{2}$

Step 1 단면의 넓이를 식으로 나타내기

x좌표가 $t\left(\frac{1}{\sqrt{2k}}\le t\le\frac{1}{\sqrt{k}}\right)$일 때의 단면인 정삼각형의 한 변의 길이는 $2\sqrt{t}e^{kt^2}$이므로 단면의 넓이는

$\frac{\sqrt{3}}{4}\times(2\sqrt{t}e^{kt^2})^2=\sqrt{3}te^{2kt^2}$

Step 2 입체도형의 부피 구하기

입체도형의 부피는

$\int_{\frac{1}{\sqrt{2k}}}^{\frac{1}{\sqrt{k}}}\sqrt{3}te^{2kt^2}dt$

$2kt^2=s$로 놓으면 $\frac{ds}{dt}=4kt$이고,

$t=\frac{1}{\sqrt{2k}}$일 때 $s=1$, $t=\frac{1}{\sqrt{k}}$일 때 $s=2$이므로

$$\begin{aligned}\int_{\frac{1}{\sqrt{2k}}}^{\frac{1}{\sqrt{k}}}\sqrt{3}te^{2kt^2}dt&=\int_1^2\frac{\sqrt{3}}{4k}e^s\,ds\\&=\frac{\sqrt{3}}{4k}\Big[e^s\Big]_1^2\\&=\frac{\sqrt{3}}{4k}(e^2-e)\end{aligned}$$

Step 3 k의 값 구하기

따라서 $\frac{\sqrt{3}}{4k}(e^2-e)=\sqrt{3}(e^2-e)$이므로

$4k=1 \quad \therefore k=\frac{1}{4}$

14 입체도형의 부피

정답 ③ | 정답률 82%

문제 보기

그림과 같이 곡선 $y=2x\sqrt{x\sin x^2}\,(0\le x\le\sqrt{\pi})$와 x축 및 두 직선 $x=\sqrt{\frac{\pi}{6}}$, $x=\sqrt{\frac{\pi}{2}}$로 둘러싸인 부분을 밑면으로 하는 입체도형이 있다. 이 입체도형을 x축에 수직인 평면으로 자른 단면이 모두 반원일 때, 이 입체도형의 부피는? [3점]

└→ 단면의 넓이를 적분한다.

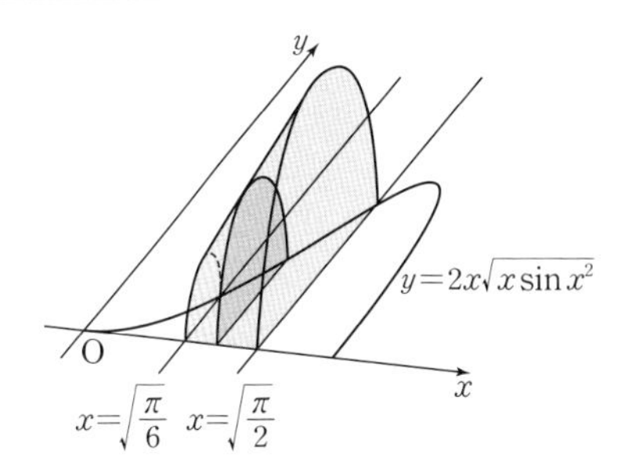

① $\frac{\pi^2+6\pi}{48}$ ② $\frac{\sqrt{2}\pi^2+6\pi}{48}$ ③ $\frac{\sqrt{3}\pi^2+6\pi}{48}$ ④ $\frac{\sqrt{2}\pi^2+12\pi}{48}$ ⑤ $\frac{\sqrt{3}\pi^2+12\pi}{48}$

Step 1 단면의 넓이를 식으로 나타내기

x좌표가 $t\left(\sqrt{\frac{\pi}{6}}\le t\le\sqrt{\frac{\pi}{2}}\right)$일 때의 단면인 반원의 반지름의 길이는 $t\sqrt{t\sin t^2}$이므로 단면의 넓이는

$\frac{1}{2}\times\pi\times(t\sqrt{t\sin t^2})^2=\frac{\pi}{2}t^3\sin t^2$

Step 2 입체도형의 부피 구하기

따라서 구하는 입체도형의 부피는

$\int_{\sqrt{\frac{\pi}{6}}}^{\sqrt{\frac{\pi}{2}}}\frac{\pi}{2}t^3\sin t^2dt$

$t^2=\theta$로 놓으면 $\frac{d\theta}{dt}=2t$이고,

$t=\sqrt{\frac{\pi}{6}}$일 때 $\theta=\frac{\pi}{6}$, $t=\sqrt{\frac{\pi}{2}}$일 때 $\theta=\frac{\pi}{2}$이므로

$\int_{\sqrt{\frac{\pi}{6}}}^{\sqrt{\frac{\pi}{2}}}\frac{\pi}{2}t^3\sin t^2dt=\int_{\frac{\pi}{6}}^{\frac{\pi}{2}}\frac{\pi}{4}\theta\sin\theta\,d\theta$

$u(\theta)=\frac{\pi}{4}\theta$, $v'(\theta)=\sin\theta$로 놓으면

$u'(\theta)=\frac{\pi}{4}$, $v(\theta)=-\cos\theta$이므로

$$\begin{aligned}\int_{\sqrt{\frac{\pi}{6}}}^{\sqrt{\frac{\pi}{2}}}\frac{\pi}{2}t^3\sin t^2dt&=\int_{\frac{\pi}{6}}^{\frac{\pi}{2}}\frac{\pi}{4}\theta\sin\theta\,d\theta\\&=\left[-\frac{\pi}{4}\theta\cos\theta\right]_{\frac{\pi}{6}}^{\frac{\pi}{2}}+\int_{\frac{\pi}{6}}^{\frac{\pi}{2}}\frac{\pi}{4}\cos\theta\,d\theta\\&=\frac{\pi}{4}\times\frac{\pi}{6}\times\frac{\sqrt{3}}{2}+\left[\frac{\pi}{4}\sin\theta\right]_{\frac{\pi}{6}}^{\frac{\pi}{2}}\\&=\frac{\sqrt{3}\pi^2}{48}+\frac{\pi}{4}\left(1-\frac{1}{2}\right)\\&=\frac{\sqrt{3}\pi^2+6\pi}{48}\end{aligned}$$

15 입체도형의 부피 정답 340 | 정답률 54%

문제 보기

그림과 같이 두 곡선 $y=2\sqrt{2x}+1$, $y=\sqrt{2x}$와 y축 및 직선 $x=2$로 둘러싸인 도형을 밑면으로 하는 입체도형이 있다. 이 입체도형을 x축에 수직인 평면으로 자른 단면이 모두 정사각형일 때, 이 입체도형의 부피를 V라 하자. $30V$의 값을 구하시오. [4점]

└→ 단면의 넓이를 적분한다.

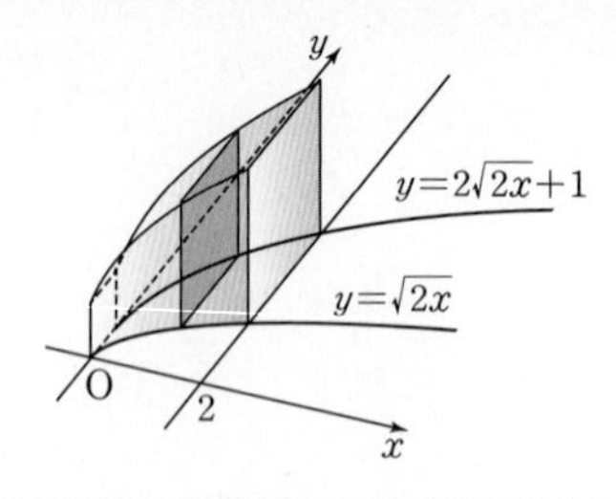

Step 1 단면의 넓이를 식으로 나타내기

x좌표가 $t\,(0\le t\le 2)$일 때의 단면인 정사각형의 한 변의 길이는

$(2\sqrt{2t}+1)-\sqrt{2t}=\sqrt{2t}+1$이므로 단면의 넓이는

$(\sqrt{2t}+1)^2=2t+2\sqrt{2t}+1$

Step 2 입체도형의 부피 구하기

입체도형의 부피 V는

$$V=\int_0^2 (2t+2\sqrt{2t}+1)\,dt$$
$$=\left[t^2+\frac{4\sqrt{2}}{3}t^{\frac{3}{2}}+t\right]_0^2=\frac{34}{3}$$

Step 3 $30V$의 값 구하기

$\therefore\ 30V=30\times\frac{34}{3}=340$

16 입체도형의 부피 정답 ① | 정답률 82%

문제 보기

그림과 같이 함수 $f(x)=\sqrt{x\sin x^2}\left(\frac{\sqrt{\pi}}{2}\le x\le\frac{\sqrt{3\pi}}{2}\right)$에 대하여 곡선 $y=f(x)$와 곡선 $y=-f(x)$ 및 두 직선 $x=\frac{\sqrt{\pi}}{2}$, $x=\frac{\sqrt{3\pi}}{2}$로 둘러싸인 도형을 밑면으로 하는 입체도형이 있다. 이 입체도형을 x축에 수직인 평면으로 자른 단면이 모두 정사각형일 때, 이 입체도형의 부피는?

└→ 단면의 넓이를 적분한다.

[4점]

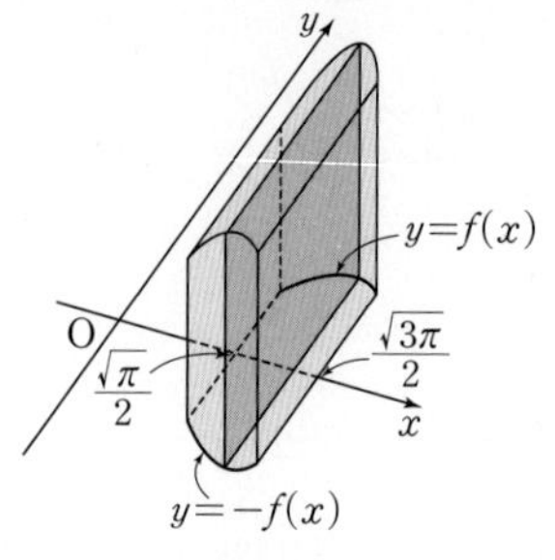

① $2\sqrt{2}$ ② $2\sqrt{3}$ ③ 4 ④ $4\sqrt{2}$ ⑤ $4\sqrt{3}$

Step 1 단면의 넓이를 식으로 나타내기

x좌표가 $t\left(\frac{\sqrt{\pi}}{2}\le t\le\frac{\sqrt{3\pi}}{2}\right)$일 때의 단면인 정사각형의 한 변의 길이는

$f(t)-\{-f(t)\}=2f(t)=2\sqrt{t\sin t^2}$이므로 단면의 넓이는

$(2\sqrt{t\sin t^2})^2=4t\sin t^2$

Step 2 입체도형의 부피 구하기

따라서 구하는 입체도형의 부피는

$$\int_{\frac{\sqrt{\pi}}{2}}^{\frac{\sqrt{3\pi}}{2}} 4t\sin t^2\,dt$$

$t^2=s$로 놓으면 $\frac{ds}{dt}=2t$이고,

$t=\frac{\sqrt{\pi}}{2}$일 때 $s=\frac{\pi}{4}$, $t=\frac{\sqrt{3\pi}}{2}$일 때 $s=\frac{3\pi}{4}$이므로

$$\int_{\frac{\sqrt{\pi}}{2}}^{\frac{\sqrt{3\pi}}{2}} 4t\sin t^2\,dt=2\int_{\frac{\pi}{4}}^{\frac{3\pi}{4}}\sin s\,ds$$
$$=2\Big[-\cos s\Big]_{\frac{\pi}{4}}^{\frac{3\pi}{4}}$$
$$=2\left(\frac{\sqrt{2}}{2}+\frac{\sqrt{2}}{2}\right)=2\sqrt{2}$$

17 입체도형의 부피 정답 ④ | 정답률 65%

문제 보기

그림과 같이 함수

$$f(x)=\begin{cases} e^{-x} & (x<0) \\ \sqrt{\ln(x+1)+1} & (x\ge 0)\end{cases}$$

의 그래프 위의 점 P$(x,\ f(x))$에서 x축에 내린 수선의 발을 H라 하고, 선분 PH를 한 변으로 하는 정사각형을 x축에 수직인 평면 위에 그린다. 점 P의 x좌표가 $x=-\ln 2$에서 $x=e-1$까지 변할 때, 이 정사각형이 만드는 입체도형의 부피는? [4점]

└→ 단면의 넓이를 적분한다.

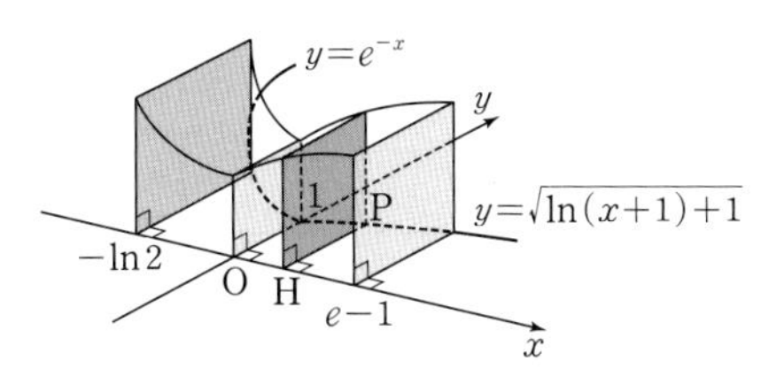

① $e-\dfrac{3}{2}$ ② $e+\dfrac{2}{3}$ ③ $2e-\dfrac{3}{2}$ ④ $e+\dfrac{3}{2}$ ⑤ $2e-\dfrac{2}{3}$

Step 1 단면의 넓이를 식으로 나타내기

x좌표가 $t\,(-\ln 2\le t<0)$일 때, $\overline{\text{PH}}=e^{-t}$

이때 선분 PH를 한 변으로 하는 정사각형의 넓이는

$\overline{\text{PH}}^2=e^{-2t}$

x좌표가 $t\,(0\le t\le e-1)$일 때, $\overline{\text{PH}}=\sqrt{\ln(t+1)+1}$

이때 선분 PH를 한 변으로 하는 정사각형의 넓이는

$\overline{\text{PH}}^2=\ln(t+1)+1$

Step 2 입체도형의 부피 구하기

입체도형의 부피는

$$\int_{-\ln 2}^{0} e^{-2t}\,dt+\int_{0}^{e-1}\{\ln(t+1)+1\}\,dt$$

$V_1=\displaystyle\int_{-\ln 2}^{0} e^{-2t}\,dt$, $V_2=\displaystyle\int_{0}^{e-1}\{\ln(t+1)+1\}\,dt$라 하면

$$V_1=\int_{-\ln 2}^{0} e^{-2t}\,dt=\left[-\frac{1}{2}e^{-2t}\right]_{-\ln 2}^{0}$$

$$=-\frac{1}{2}+\frac{1}{2}e^{2\ln 2}=-\frac{1}{2}+2=\frac{3}{2}$$

$$V_2=\int_{0}^{e-1}\{\ln(t+1)+1\}\,dt=\int_{1}^{e}(\ln t+1)\,dt$$

← $\displaystyle\int_a^b f(x)\,dx=\int_{a+p}^{b+p} f(x-p)\,dx$

$u(t)=\ln t+1$, $v'(t)=1$로 놓으면

$u'(t)=\dfrac{1}{t}$, $v(t)=t$이므로

$$V_2=\Big[t(\ln t+1)\Big]_1^e-\int_1^e dt$$

$$=2e-1-\Big[t\Big]_1^e$$

$$=2e-1-(e-1)=e$$

따라서 구하는 입체도형의 부피는

$$V_1+V_2=e+\frac{3}{2}$$

18 입체도형의 부피 정답 ⑤ | 정답률 61%

문제 보기

곡선 $y=e^x$과 y축 및 직선 $y=e$로 둘러싸인 도형을 밑면으로 하는 입체도형이 있다. 이 입체도형을 y축에 수직인 평면으로 자른 단면이 모두 정삼각형일 때, 이 입체도형의 부피는? [4점]

└→ 역함수를 이용하여 x축에 수직인 평면으로 잘랐을 때로 변형한다.

① $\dfrac{\sqrt{3}(e+1)}{4}$ ② $\dfrac{\sqrt{3}(e-1)}{2}$ ③ $\dfrac{\sqrt{3}(e-1)}{4}$

④ $\dfrac{\sqrt{3}(e-2)}{2}$ ⑤ $\dfrac{\sqrt{3}(e-2)}{4}$

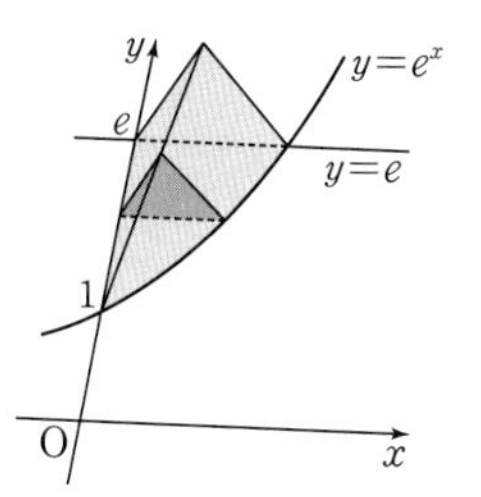

Step 1 단면의 넓이를 식으로 나타내기

함수 $y=e^x$의 역함수는 $y=\ln x$이므로 구하는 도형의 부피는 곡선 $y=\ln x$와 x축 및 직선 $x=e$로 둘러싸인 도형을 밑면으로 하는 입체도형의 부피와 같다.

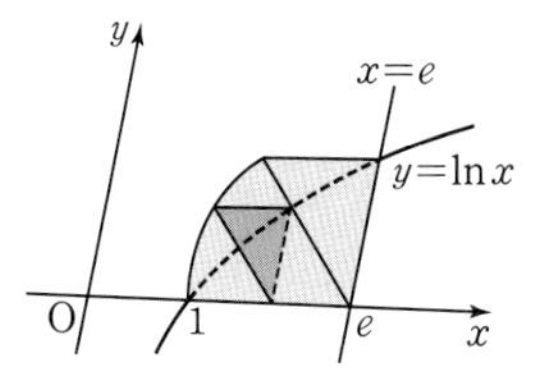

x좌표가 $t\,(1\le t\le e)$일 때의 단면인 정삼각형의 한 변의 길이는 $\ln t$이므로 단면의 넓이는

$$\frac{\sqrt{3}}{4}\times(\ln t)^2$$

Step 2 입체도형의 부피 구하기

따라서 구하는 입체도형의 부피는

$$\int_1^e \frac{\sqrt{3}}{4}(\ln t)^2\,dt=\frac{\sqrt{3}}{4}\int_1^e(\ln t)^2\,dt$$

$f(t)=(\ln t)^2$, $g'(t)=1$로 놓으면

$f'(t)=2\ln t\times\dfrac{1}{t}=\dfrac{2\ln t}{t}$, $g(t)=t$이므로

$$\frac{\sqrt{3}}{4}\int_1^e(\ln t)^2\,dt=\frac{\sqrt{3}}{4}\left\{\Big[t(\ln t)^2\Big]_1^e-\int_1^e 2\ln t\,dt\right\}$$

$$=\frac{\sqrt{3}}{4}\left(e-2\int_1^e \ln t\,dt\right)$$

$\displaystyle\int_1^e \ln t\,dt$에서 $u(t)=\ln t$, $v'(t)=1$로 놓으면

$u'(t)=\dfrac{1}{t}$, $v(t)=t$이므로

$$\frac{\sqrt{3}}{4}\int_1^e(\ln t)^2\,dt=\frac{\sqrt{3}}{4}\left(e-2\Big[t\ln t\Big]_1^e+2\int_1^e dt\right)$$

$$=\frac{\sqrt{3}}{4}\left(e-2e+2\Big[t\Big]_1^e\right)$$

$$=\frac{\sqrt{3}}{4}\{-e+2(e-1)\}$$

$$=\frac{\sqrt{3}(e-2)}{4}$$

19 움직인 거리 정답 ⑤ | 정답률 75%

문제 보기

좌표평면 위를 움직이는 점 P의 시각 $t\,(0\le t\le 2\pi)$에서의 위치 (x, y)가

$x=t+2\cos t$, $y=\sqrt{3}\sin t$

일 때, 〈보기〉에서 옳은 것만을 있는 대로 고른 것은? [4점]

〈보기〉

ㄱ. $t=\frac{\pi}{2}$일 때, 점 P의 속도는 $(-1, 0)$이다.
└ $\left(\frac{dx}{dt}, \frac{dy}{dt}\right)$

ㄴ. 점 P의 속도의 크기의 최솟값은 1이다.
└ $\sqrt{\left(\frac{dx}{dt}\right)^2+\left(\frac{dy}{dt}\right)^2}$

ㄷ. 점 P가 $t=\pi$에서 $t=2\pi$까지 움직인 거리는 $2\pi+2$이다.
└ $\int_{\pi}^{2\pi}\sqrt{\left(\frac{dx}{dt}\right)^2+\left(\frac{dy}{dt}\right)^2}\,dt$의 값을 구한다.

① ㄱ ② ㄷ ③ ㄱ, ㄴ ④ ㄴ, ㄷ ⑤ ㄱ, ㄴ, ㄷ

Step 1 ㄱ이 옳은지 확인하기

ㄱ. $x=t+2\cos t$, $y=\sqrt{3}\sin t$에서

$\frac{dx}{dt}=1-2\sin t$, $\frac{dy}{dt}=\sqrt{3}\cos t$

점 P의 시각 t에서의 속도는 $(1-2\sin t, \sqrt{3}\cos t)$

따라서 $t=\frac{\pi}{2}$일 때, 점 P의 속도는

$\left(1-2\sin\frac{\pi}{2}, \sqrt{3}\cos\frac{\pi}{2}\right)$ $\therefore (-1, 0)$

Step 2 ㄴ이 옳은지 확인하기

ㄴ. 점 P의 속도의 크기는

$$\begin{aligned}\sqrt{(1-2\sin t)^2+(\sqrt{3}\cos t)^2}&=\sqrt{4\sin^2 t-4\sin t+1+3\cos^2 t}\\&=\sqrt{4\sin^2 t-4\sin t+1+3(1-\sin^2 t)}\\&=\sqrt{\sin^2 t-4\sin t+4}\\&=\sqrt{(\sin t-2)^2}\\&=-(\sin t-2)\ (\because \sin t-2<0)\\&=2-\sin t \quad \cdots\cdots ㉠\end{aligned}$$

$0\le t\le 2\pi$에서 $-1\le \sin t\le 1$이므로

$-1\le -\sin t\le 1$ $\therefore 1\le 2-\sin t\le 3$

따라서 점 P의 속도의 크기의 최솟값은 1이다.

Step 3 ㄷ이 옳은지 확인하기

ㄷ. ㉠에서 점 P의 속력이 $2-\sin t$이므로 점 P가 $t=\pi$에서 $t=2\pi$까지 움직인 거리는

$$\begin{aligned}\int_{\pi}^{2\pi}(2-\sin t)\,dt&=\Big[2t+\cos t\Big]_{\pi}^{2\pi}\\&=(4\pi+1)-(2\pi-1)\\&=2\pi+2\end{aligned}$$

Step 4 옳은 것 구하기

따라서 보기 중 옳은 것은 ㄱ, ㄴ, ㄷ이다.

20 움직인 거리 정답 15 | 정답률 32%

문제 보기

양의 실수 전체의 집합에서 이계도함수를 갖는 함수 $f(t)$에 대하여 좌표평면 위를 움직이는 점 P의 시각 $t\,(t\ge 1)$에서의 위치 (x, y)가

$$\begin{cases}x=2\ln t\\y=f(t)\end{cases}$$

이다. 점 P가 점 $(0, f(1))$로부터 움직인 거리가 s가 될 때 시각 t는
└ $x=0$일 때 $2\ln t=0$, 즉 $t=1$이므로 $t=1$에서 출발한다.

$t=\frac{s+\sqrt{s^2+4}}{2}$이고, $t=2$일 때 점 P의 속도는 $\left(1, \frac{3}{4}\right)$이다. 시각 $t=2$
└ $\left(\frac{dx}{dt}, \frac{dy}{dt}\right)$

일 때 점 P의 가속도를 $\left(-\frac{1}{2}, a\right)$라 할 때, $60a$의 값을 구하시오. [4점]
└ $\left(\frac{d^2x}{dt^2}, \frac{d^2y}{dt^2}\right)$

Step 1 점 P가 시각 $t=1$에서 t까지 움직인 거리 나타내기

$x=2\ln t$, $y=f(t)$에서 $\frac{dx}{dt}=\frac{2}{t}$, $\frac{dy}{dt}=f'(t)$ $\cdots\cdots$ ㉠

시각 $t=1$에서 t까지 점 P가 움직인 거리 s는

$s=\int_1^t\sqrt{\left(\frac{dx}{dt}\right)^2+\left(\frac{dy}{dt}\right)^2}\,dt=\int_1^t\sqrt{\frac{4}{t^2}+\{f'(t)\}^2}\,dt$ $\cdots\cdots$ ㉡

Step 2 $f'(t)$ 구하기

$t=\frac{s+\sqrt{s^2+4}}{2}$에서 $2t-s=\sqrt{s^2+4}$

양변을 제곱하면

$4t^2-4ts+s^2=s^2+4$, $ts=t^2-1$

$\therefore s=t-\frac{1}{t}$

이를 ㉡에 대입하면

$\int_1^t\sqrt{\frac{4}{t^2}+\{f'(t)\}^2}\,dt=t-\frac{1}{t}$

양변을 t에 대하여 미분하면

$\sqrt{\frac{4}{t^2}+\{f'(t)\}^2}=1+\frac{1}{t^2}$

양변을 제곱하면

$\frac{4}{t^2}+\{f'(t)\}^2=1+\frac{2}{t^2}+\frac{1}{t^4}$

$\therefore \{f'(t)\}^2=\left(1-\frac{1}{t^2}\right)^2$ $\cdots\cdots$ ㉢

시각 $t=2$일 때 점 P의 속도가 $\left(1, \frac{3}{4}\right)$이므로 ㉠에서 $f'(2)=\frac{3}{4}>0$

따라서 ㉢에서 $f'(t)=1-\frac{1}{t^2}$ $\cdots\cdots$ ㉣

Step 3 a의 값 구하기

㉠에서 $\frac{d^2x}{dt^2}=-\frac{2}{t^2}$, $\frac{d^2y}{dt^2}=f''(t)$이고 ㉣에서 $f''(t)=\frac{2}{t^3}$이므로 점 P의 시각 t에서의 가속도는

$\left(-\frac{2}{t^2}, \frac{2}{t^3}\right)$

시각 $t=2$일 때 점 P의 가속도가 $\left(-\frac{1}{2}, a\right)$이므로 $a=\frac{1}{4}$

Step 4 $60a$의 값 구하기

$\therefore 60a=60\times\frac{1}{4}=15$

21 움직인 거리 정답 ① | 정답률 55%

문제 보기

좌표평면 위를 움직이는 점 P의 시각 $t\,(t>0)$에서의 위치가 곡선 $y=x^2$과 직선 $y=t^2x-\frac{\ln t}{8}$가 만나는 서로 다른 두 점의 중점일 때,

└ 방정식 $x^2-t^2x+\frac{\ln t}{8}=0$의 두 근이 곡선과 직선이 만나는 서로 다른 두 점의 x좌표임을 이용한다.

시각 $t=1$에서 $t=e$까지 점 P가 움직인 거리는? [3점]

└ $\int_1^e \sqrt{\left(\frac{dx}{dt}\right)^2+\left(\frac{dy}{dt}\right)^2}\,dt$의 값을 구한다.

① $\frac{e^4}{2}-\frac{3}{8}$ ② $\frac{e^4}{2}-\frac{5}{16}$ ③ $\frac{e^4}{2}-\frac{1}{4}$

④ $\frac{e^4}{2}-\frac{3}{16}$ ⑤ $\frac{e^4}{2}-\frac{1}{8}$

Step 1 점 P의 위치 (x, y) 구하기

곡선 $y=x^2$과 직선 $y=t^2x-\frac{\ln t}{8}$가 만나는 서로 다른 두 점의 x좌표를 α, β라 하면 α, β는 이차방정식 $x^2-t^2x+\frac{\ln t}{8}=0$의 두 근이다.

이차방정식의 근과 계수의 관계에 의하여

$\alpha+\beta=t^2$

이때 곡선 $y=x^2$과 직선 $y=t^2x-\frac{\ln t}{8}$가 만나는 서로 다른 두 점의 중점 P의 x좌표는

$\frac{\alpha+\beta}{2}=\frac{t^2}{2}$

점 P는 직선 $y=t^2x-\frac{\ln t}{8}$ 위의 점이므로 y좌표는

$y=t^2\times\frac{t^2}{2}-\frac{\ln t}{8}=\frac{t^4}{2}-\frac{\ln t}{8}$

따라서 점 P의 위치 (x, y)는

$x=\frac{t^2}{2}$, $y=\frac{t^4}{2}-\frac{\ln t}{8}$

Step 2 점 P가 시각 $t=1$에서 $t=e$까지 움직인 거리 구하기

$x=\frac{t^2}{2}$, $y=\frac{t^4}{2}-\frac{\ln t}{8}$에서

$\frac{dx}{dt}=t$, $\frac{dy}{dt}=2t^3-\frac{1}{8t}$

따라서 시각 $t=1$에서 $t=e$까지 점 P가 움직인 거리는

$$\begin{aligned}\int_1^e \sqrt{\left(\frac{dx}{dt}\right)^2+\left(\frac{dy}{dt}\right)^2}\,dt&=\int_1^e \sqrt{t^2+\left(2t^3-\frac{1}{8t}\right)^2}\,dt\\&=\int_1^e \sqrt{t^2+4t^6-\frac{t^2}{2}+\frac{1}{64t^2}}\,dt\\&=\int_1^e \sqrt{4t^6+\frac{t^2}{2}+\frac{1}{64t^2}}\,dt\\&=\int_1^e \sqrt{\left(2t^3+\frac{1}{8t}\right)^2}\,dt\\&=\int_1^e \left(2t^3+\frac{1}{8t}\right)dt\\&=\left[\frac{t^4}{2}+\frac{\ln t}{8}\right]_1^e\\&=\left(\frac{e^4}{2}+\frac{1}{8}\right)-\frac{1}{2}=\frac{e^4}{2}-\frac{3}{8}\end{aligned}$$

22 곡선의 길이 정답 ⑤ | 정답률 75%

문제 보기

$x=0$에서 $x=\ln 2$까지의 곡선 $y=\frac{1}{8}e^{2x}+\frac{1}{2}e^{-2x}$의 길이는? [3점]

└ $\int_0^{\ln 2}\sqrt{1+\left(\frac{dy}{dx}\right)^2}\,dx$의 값을 구한다.

① $\frac{1}{2}$ ② $\frac{9}{16}$ ③ $\frac{5}{8}$ ④ $\frac{11}{16}$ ⑤ $\frac{3}{4}$

Step 1 $\frac{dy}{dx}$ 구하기

$y=\frac{1}{8}e^{2x}+\frac{1}{2}e^{-2x}$의 양변을 x에 대하여 미분하면

$\frac{dy}{dx}=\frac{1}{4}e^{2x}-e^{-2x}$

Step 2 곡선의 길이 구하기

따라서 구하는 곡선의 길이는

$$\begin{aligned}\int_0^{\ln 2}\sqrt{1+\left(\frac{dy}{dx}\right)^2}\,dx&=\int_0^{\ln 2}\sqrt{1+\left(\frac{1}{4}e^{2x}-e^{-2x}\right)^2}\,dx\\&=\int_0^{\ln 2}\sqrt{\frac{1}{16}e^{4x}+\frac{1}{2}+e^{-4x}}\,dx\\&=\int_0^{\ln 2}\sqrt{\left(\frac{1}{4}e^{2x}+e^{-2x}\right)^2}\,dx\\&=\int_0^{\ln 2}\left(\frac{1}{4}e^{2x}+e^{-2x}\right)dx\ \left(\because \frac{1}{4}e^{2x}+e^{-2x}>0\right)\\&=\left[\frac{1}{8}e^{2x}-\frac{1}{2}e^{-2x}\right]_0^{\ln 2}\\&=\left(\frac{1}{8}e^{2\ln 2}-\frac{1}{2}e^{-2\ln 2}\right)-\left(\frac{1}{8}-\frac{1}{2}\right)\\&=\frac{3}{8}-\left(-\frac{3}{8}\right)=\frac{3}{4}\end{aligned}$$

23 곡선의 길이 정답 56 | 정답률 63%

문제 보기

좌표평면 위의 곡선 $y=\frac{1}{3}x\sqrt{x}\ (0\le x\le 12)$에 대하여 $x=0$에서 $x=12$까지의 곡선의 길이를 l이라 할 때, $3l$의 값을 구하시오. [3점]

└→ $\int_0^{12}\sqrt{1+\left(\frac{dy}{dx}\right)^2}\,dx$의 값을 구한다.

Step 1 $\frac{dy}{dx}$ 구하기

$y=\frac{1}{3}x\sqrt{x}=\frac{1}{3}x^{\frac{3}{2}}$의 양변을 x에 대하여 미분하면

$\frac{dy}{dx}=\frac{\sqrt{x}}{2}$

Step 2 곡선의 길이 l 구하기

곡선의 길이 l은

$$l=\int_0^{12}\sqrt{1+\left(\frac{dy}{dx}\right)^2}\,dx$$
$$=\int_0^{12}\sqrt{1+\left(\frac{\sqrt{x}}{2}\right)^2}\,dx$$
$$=\int_0^{12}\sqrt{1+\frac{x}{4}}\,dx$$

$\sqrt{1+\frac{x}{4}}=t$로 놓으면 $1+\frac{x}{4}=t^2$에서 $2t\frac{dt}{dx}=\frac{1}{4}$이고,

$x=0$일 때 $t=1$, $x=12$일 때 $t=2$이므로

$$l=\int_0^{12}\sqrt{1+\frac{x}{4}}\,dx$$
$$=\int_1^2 8t^2\,dt$$
$$=\left[\frac{8}{3}t^3\right]_1^2$$
$$=\frac{64}{3}-\frac{8}{3}=\frac{56}{3}$$

Step 3 $3l$의 값 구하기

$\therefore\ 3l=3\times\frac{56}{3}=56$

24 곡선의 길이 정답 ① | 정답률 52%

문제 보기

$x=-\ln 4$에서 $x=1$까지의 곡선 $y=\frac{1}{2}(|e^x-1|-e^{|x|}+1)$의 길이는? [3점]

└→ $-\ln 4\le x<0$, $0\le x\le 1$로 구간을 나누어 $\int_{-\ln 4}^{1}\sqrt{1+\left(\frac{dy}{dx}\right)^2}\,dx$의 값을 구한다.

① $\frac{23}{8}$ ② $\frac{13}{4}$ ③ $\frac{29}{8}$ ④ 4 ⑤ $\frac{35}{8}$

Step 1 $\frac{dy}{dx}$ 구하기

$$y=\frac{1}{2}(|e^x-1|-e^{|x|}+1)$$
$$=\begin{cases}\frac{1}{2}(-e^x-e^{-x}+2) & (-\ln 4\le x<0)\\ 0 & (0\le x\le 1)\end{cases}$$

$y=\frac{1}{2}(-e^x-e^{-x}+2)$의 양변을 x에 대하여 미분하면

$\frac{dy}{dx}=\frac{1}{2}(-e^x+e^{-x})$

Step 2 곡선의 길이 구하기

따라서 구하는 곡선의 길이는

$$\int_{-\ln 4}^{1}\sqrt{1+\left(\frac{dy}{dx}\right)^2}\,dx$$
$$=\int_{-\ln 4}^{0}\sqrt{1+\left(\frac{dy}{dx}\right)^2}\,dx+\int_0^1\sqrt{1+\left(\frac{dy}{dx}\right)^2}\,dx$$
$$=\int_{-\ln 4}^{0}\sqrt{1+\left\{\frac{1}{2}(-e^x+e^{-x})\right\}^2}\,dx+\int_0^1 dx$$
$$=\int_{-\ln 4}^{0}\sqrt{1+\frac{1}{4}(e^{2x}-2+e^{-2x})}\,dx+\Big[x\Big]_0^1$$
$$=\int_{-\ln 4}^{0}\sqrt{\frac{1}{4}(e^{2x}+2+e^{-2x})}\,dx+1$$
$$=\int_{-\ln 4}^{0}\sqrt{\frac{1}{4}(e^x+e^{-x})^2}\,dx+1$$
$$=\int_{-\ln 4}^{0}\frac{1}{2}(e^x+e^{-x})\,dx+1\ (\because\ e^x+e^{-x}>0)$$
$$=\frac{1}{2}\Big[e^x-e^{-x}\Big]_{-\ln 4}^{0}+1$$
$$=\frac{1}{2}\left\{(1-1)-(e^{-\ln 4}-e^{\ln 4})\right\}+1$$
$$=\frac{1}{2}\left(4-\frac{1}{4}\right)+1$$
$$=\frac{15}{8}+1=\frac{23}{8}$$